谨以新版《兽医生物制品学》

致　敬

尊敬的王明俊先生

同志们、大家好！

很高兴参加今天的讨论会，会前拜读了由研究员袁世才、陈光华共同编写的兽医生物制品学"第二版编写目录，就其内容的编排比第一版有较大的扩展和充实，预备在我国兽医生物制品研制水平的提高、生产工艺的现代化、产品种类也有较多的增加，质量监督更加完善。因而我认为完成的版兽医生物制品学后，必对我国畜牧业以及整个养殖业的健康发展，畜禽疫病更曲步控制，具有十分重要的意义。但是编写任务是繁重的，还有大量的工作要作，但我坚决相信有杨教授，周所长等在座的各位专家的大力支持，完成我们兽医生物制品学这一共同事业，是一定能顺利高质量完成编写工作。在此，我衷心祝第二版"兽医生物制品学"，即早完成出版发行，也表示万分感谢！

王明俊 2010.1

《兽医生物制品学》(第二版)编委会第一次会议

兽医生物制品学

（第 2 版）

夏业才　陈光华　丁家波　主　编

中国农业出版社

北京

图书在版编目（CIP）数据

兽医生物制品学/夏业才，陈光华，丁家波主编．
—2版．—北京：中国农业出版社，2018.11
ISBN 978-7-109-24447-4

Ⅰ.①兽…　Ⅱ.①夏…②陈…③丁…　Ⅲ.①兽医学
—生物制品　Ⅳ.①S859.79

中国版本图书馆CIP数据核字（2018）第178093号

中国农业出版社出版
（北京市朝阳区麦子店街18号楼）
（邮政编码100125）
责任编辑　黄向阳　周晓艳

北京通州皇家印刷厂印刷　新华书店北京发行所发行
2018年11月第1版　2018年11月北京第1次印刷

开本：889mm×1194mm 1/16　印张：62.75　插页：2
字数：2 000千字
定价：480.00元
（凡本版图书出现印刷、装订错误，请向出版社发行部调换）

第 2 版

编辑委员会

第 2 版

编写人员（以姓氏笔画为序）

丁家波	刁青云	万建青	习向锋	马欣	王芳	王劢	王炜
王栋	王瑞	王楠	王蕾	王川庆	王在时	王牟平	王志亮
王利永	王忠田	王承宝	王荣军	支海兵	戈胜强	毛开荣	毛娅卿
方鹏飞	邓永	孔璨	卢彤岩	叶建强	田国彬	付小哲	印春生
宁宜宝	冯力	冯宇	曲连东	曲鸿飞	朱真	朱庆虎	朱秀同
朱良全	乔传玲	任燕	刘莹	刘月焕	刘业兵	刘秀梵	刘贤勇
刘国英	刘岳龙	刘胜旺	闫喜军	孙进忠	苏敬良	杜吉革	杨旭夫
杨京岚	杨承槐	杨晓野	李宁	李虹	李宁求	李永胜	李旭妮
李安兴	李军燕	李俊平	李慧姣	肖燕	吴涛	吴发兴	吴华伟
吴思捷	吴移谋	何诚	何孔旺	佟有恩	辛九庆	沈青春	宋立
张伟	张兵	张强	张媛	张龙现	张永光	张永红	张永明
张永强	张伦照	张培君	陆慧君	陈小云	陈少莺	陈仕龙	陈光华
陈晓春	陈智英	陈瑞爱	范书才	范秀丽	范学政	范根成	林健
林旭埜	林锋强	林德锐	罗霞	罗玉峰	罗晓平	金梅林	周蛟
周煜	周俊明	郎洪武	赵炜	赵耘	赵鹏	赵静	赵飞骏
赵丽霞	赵启祖	赵治国	相文华	侯力丹	姜平	姜北宇	秦爱建
索勋	夏业才	徐磊	徐龙涛	徐高原	高金源	高艳春	郭海燕
唐旭东	黄小洁	黄志斌	黄银君	龚玉梅	崔治中	康凯	康孟佼
章振华	盖新娜	扈荣良	逯忠新	彭小兵	彭国瑞	蒋卉	蒋玉文
蒋桃珍	韩文瑜	韩凌霞	程水生	程安春	曾伟伟	蔡雪辉	谭克龙
颜新敏	薛青红	魏荣	魏津	魏财文	鑫婷		

第 1 版

编辑委员会

第 1 版

编写人员（以姓氏笔画为序）

丁庆猷	马思奇	马闻天	王 栋	王乐元	王在时
王茂良	王明俊	王绍华	王灿成	王殿中	王德镛
支海兵	毛开荣	文希喆	方时杰	孔繁瑶	甘孟侯
田子怡	白文彬	宁宜宝	冯 峰	朱润一	伍任鹏
刘 爵	刘秀梵	刘春华	刘桂芳	许宝琪	孙颖杰
苏敬良	杜念兴	杨汉春	杨圣典	杨兴业	杨孟平
李元润	李汉秋	李扬陇	李光焜	李孝欣	李慧姣
肖传发	吴福林	况乾惕	汪志楷	张大丙	张文涛
张先龙	张仲秋	张伦照	张麦岐	张启敬	张念祖
张振兴	陈永伺	陈光华	武 华	范书才	周 蛟
周泰冲	郑 明	房晓文	赵广珠	胡嘉骥	段希武
袁庆志	莫三球	夏 春	徐 桓	徐为燕	徐立仁
高 云	郭一德	郭玉璞	郭启源	郭明清	郭效仪
郭景煜	唐桂运	黄昌炳	黄树连	黄海波	曹人俊
康 凯	梁圣译	彭发泉	蒋玉文	粟寿初	傅沙丁
谢 昕	谢兰香	蔡宝祥	潘宝年	冀锡霖	

第 2 版序

　　人类始终与动物和微生物在同一个生态环境中生活和进步，病原微生物严重影响动物健康，也时刻威胁人类食品安全与公共卫生安全。现有研究表明，70％的动物疫病可以传染给人，75％的人新发传染病来源于动物或动物源性食品，流感、狂犬病、布鲁氏菌病等人畜共患病时有发生，严重威胁人类健康。我国作为畜牧业大国，口蹄疫、新城疫、小反刍兽疫、非洲猪瘟等常发和新发动物传染病严重威胁养殖业的健康发展；同时随着我国家庭宠物犬、猫数量增加，伴侣动物疫病流行风险日益增大，也时刻影响着人的身心健康。自《国家中长期动物疫病防治规划（2012—2020年）》全面实施以来，动物疫病防控水平得到极大提高，兽医生物制品保障能力得到显著增强。其中，诊断试剂为病原检测、鉴别诊断、监测预警、免疫效果评价等提供了有利工具，疫苗免疫已成为预防和控制动物疫病的有效手段，两者相辅相成，作为控制、净化、消灭动物疫病的有力武器，为保护动物健康、保障人类安全发挥着不可替代的作用。

　　1997年，中国兽医药品监察所王明俊研究员主编的《兽医生物制品学》出版，这是我国兽医生物制品领域的首部专著，该著作汇集了兽医生物制品产业的宝贵经验和当时国内外相关领域研究成果，内容丰富，既有理论知识又有具体实践经验。该书出版发行后，深受广大读者喜爱，对我国兽医生物制品产业的发展和动物疫病防控起到了很好的促进作用。

　　二十年来，兽医免疫学、微生物学、分子生物学等学科在理论研究方面取得了重大突破；生物技术、生产工艺、检验方法等相关应用取得了显著进展；兽医生物制品研发、注册、生产、流通等相关管理的政策法规得到了进一步完善，这些发展和变化对《兽医生物制品学》的再版提出了新要求。我所夏业才研究员等组织行业老、中、青四代专家团队，全面总结了兽医生物制品研发、生产、检验、管理等工作实践经验及国内外最新研究成果，经过七年严谨工作，完成了《兽医生物制品学》（第2版）的编撰。该书体现了本领域中的理论与实践的新进展和新技术，展望了兽医生物制品产业的发展趋势，可作为从事兽医生物制品领域教学培训、科研开发、生产检验及动物疫病防治等工作人员的有益参考书。

在此，我十分荣幸为本著作作序，以表达我心中的祝贺和期许，希望夏业才研究员等主编能及时掌握相关领域发展动态，积极汇总学科成果，适时规划该著作的第3版编写工作，使其能够与时俱进，满足广大读者的需求，为我国兽医生物制品产业的提升以及我国动物疫病控制、净化、消灭目标的实现做出新的贡献！努力实现"同一个世界、同一个健康"的梦想！

中国兽医药品监察所所长：李明

二〇一八年八月

第1版序

兽医生物制品是防制畜禽和水生饲养动物疫病，保障养殖业健康发展的有利武器。生物制品事业的发展提高，对畜牧业和水产养殖业的发展具有重要的作用。党的十四届三中全会制订的国民经济和社会发展"九五"计划和2010年远景目标的建议中提出，"鼓励农村集体和农民综合利用非耕地农业资源，全面发展林牧副渔各业"，并提出"逐步推广规模养猪，大力发展节粮型畜禽，扩大淡水和近海养殖"。可以预测我国畜牧业和水产养殖业定将有更大的发展，对生物制品也必将有更进一步的需求，不论是品种数量还是产品质量，均将有更高要求。王明俊等同志有鉴于此组织编写的《兽医生物制品学》正适应了这一要求。该书共有16章，约120万字。用相当篇幅叙述了有关生物制品的基础理论和生物技术的新成就；并着重介绍了生物制品生产的基础设施和基本技术；还分别介绍了我国当前用于防制和诊断畜禽疫病的各种生物制品的情况。此外，还介绍了我国兽医生物制品的监察制度和对检验动物的要求。内容丰富，取材新颖，既有理论知识又有具体实践经验，是兽医生物制品生产和检验人员不可缺少的宝贵资料，对从事生物制品研究和管理人员以及大专院校师生也是一本难得的参考书。可以预言，本书的出版，对我国兽医生物制品的发展、提高和规范化生产必将起一定的促进作用。

马闻天
1996年2月

第 2 版前言

兽医生物制品在防控动物疫病，维护养殖业安全、动物卫生安全、动物产品质量安全和生态安全中发挥了重要作用。在免疫学、微生物学、分子生物学理论指导下，我国先后创制了大量安全有效的传统疫苗，以其为主要工具，结合其他综合防治措施，使得一些极具危害性的动物传染病如牛瘟、牛肺疫、马传染性贫血、猪瘟、口蹄疫、高致病性禽流感等得到了消灭或有效控制。

近 20 年来，免疫学、微生物学，尤其是现代生物技术发展不断取得新突破，成为推动我国兽医生物制品快速发展的强大动力和技术支撑。基因工程技术在兽医生物制品研发中的应用越来越普遍，基因组学和蛋白质组学的不断发展，把基因工程技术不断推向新阶段。近些年来，兽用基因缺失活疫苗和灭活疫苗、基因工程亚单位疫苗、载体活疫苗、合成肽疫苗、核酸疫苗、抗独特型抗体疫苗均已在我国批准上市。细胞工程技术、微生物工程技术、蛋白分离纯化工程技术也已普遍成为提升我国兽医生物制品质量和生产效率、降低生产过程中生物安全风险的突破点，新制品、新工艺面世呈现不断加快的势头。我国俨然已经成为全世界现代生物技术疫苗研发、生产和应用的主战场。传统疫苗也正向多联和多价方向发展，质量上正走向精品化。生物制品的多样性趋势也日趋明显，兽医疫苗和诊断制品以外的产品，如抗体制剂、微生态制剂、干扰素、转移因子等产品也均已实现产业化。我国兽医生物制品正处于一个激烈变革的年代。

王明俊研究员主编的《兽医生物制品学》于 1997 年出版发行后，广受业内外人士欢迎。为适应兽医生物制品发展需要，我们于 2010 年开始组织编写《兽医生物制品学》（第 2 版）。为保证书稿质量，编委会精雕细琢，历时 7 年，方于今定稿出版。

与第 1 版相比，第 2 版的总体结构和具体内容都有所调整。第一，为进一步彰显本书的鲜明特点，避免与其他参考书内容雷同，本版未再编撰兽医免疫学基本理论。第二，根据近20年的发展成果，对涉及兽医生物制品研发、生产、质量控制技术，以及生物安全、生物制品注册、实验动物管理等内容做了全面更新。第三，考虑到兽医生物制品的正确使用对有效发挥其作用的重要性，并将本书的读者群拓宽到广大养殖户，本版用3章的篇幅介绍了免疫预防接种实用技术及免疫效果评估等。第四，在各论的编写中，为了突出本书独一无二的特点，我们紧扣与"制品"相关的内容，从"概述""病原""免疫学""制品""展望"等五方面编撰了与各疾病预防、治疗、诊断用制品开发相关的病原学、免疫学、制品学理论知识和技术。

《兽医生物制品学》（第2版）由总论与各论两篇组成，共31章。第一篇总论，对兽医生物制品概论，研究与开发，OIE兽医生物制品生产原则，我国兽医生物制品一般管理，国内外注册管理，生产质量管理，研究和生产中的生物安全管理，主要生产原材料，主要生产技术，冷冻真空干燥技术，主要生产设备，实验动物，质量检验技术，免疫预防技术和方法，疫苗及免疫接种的要求，接种疫苗的作用等方面的内容，进行了详细、系统的阐述。第二篇各论，按照兽医生物制品的类型，全面系统地介绍了需氧和兼性厌氧菌类制品，厌氧菌类制品，衣原体和真菌类制品，支原体类制品，螺旋体类制品，水生动物、蜜蜂、蚕的细菌类制品，多种动物共患的病毒类制品，牛羊的病毒类制品，马的病毒类制品，猪的病毒类制品，禽的病毒类制品，犬猫的病毒类制品，毛皮动物的病毒类制品，水生动物、蜜蜂、蚕的病毒类制品，寄生虫类制品。各论中就每种疾病的现状、历史及其危害性等进行了概述，并分别从病原学、免疫学方面对与其制品研究有关的内容加以论述，对已有的预防、治疗、诊断类制品研发、上市情况及其质量特点、用法等内容进行了详细介绍，并就其未来发展方向进行了展望。每节均附有主要参考文献，供深入查阅。

　　本书是编者们在总结长期从事兽医生物制品生产、检验、管理和研发等工作经验的基础上，结合国内外兽医生物制品学的大量发展成果，尤其突出了在此领域中的理论和实践的新进展、新技术撰写而成。本书内容较为全面、系统，繁简得当，既有系统的理论阐述，也有较为详尽的技术介绍；既有重要制品的全面论述，也有一般制品的简要概括；既阐明了现有基础知识、基本理论和现状，又注重知识的前瞻性、科学性、先进性、实用性，便于读者开阔视野，掌握兽医生物制品学的国内外动态与发展趋势。

　　该书具有较强的科学性、先进性和实用性，是从事兽医生物制品领域的教学、科研、开发、生产、经营、使用、技术服务、质量检验、质量监督、行政管理、动物疾病控制等相关技术人员的有益工具书。

　　本书涉及面广，且现代生物技术发展更是日新月异，因而撰写内容难以与最新发展成果完全同步，滞后、片面甚至谬误之处在所难免，敬请读者批评指正，反馈邮箱为 vet_biologicals@sina.com。

主　编

2017 年 12 月

第1版前言

　　兽医生物制品是防制畜禽传染病的主要手段，正确使用生物制品已使许多传染病得到了控制，从而促进了畜牧业的健康发展，保证人们的健康。

　　回顾生物制品的研制历史，自11世纪起中国的民间医生就应用患良性天花痘痂预防天花，创立了种痘术，被视为创制生物制品的雏形。1976年英国医生詹纳（Edwad Jenner）根据种豆术的启示，用牛痘浆或痘痂给人接种预防天花，发明了牛痘苗；1881年法国免疫学家巴斯德（Louis Posteur）利用物理、化学及生物学方法，减低病原微生物的毒力，并应用减毒菌株制成炭疽芽孢苗，随后用狂犬病毒通过兔体连续传代获得了减毒株制成狂犬病疫苗，以及用减毒株制成的禽霍乱与猪丹毒菌苗等等，为实验免疫学建立了基础。1890年德国学者冯·贝林（Von Behring）和日本学者北里发现用白喉外毒素注射动物，证明被接种的动物血清中产生了抗毒素，用于治疗能获得被动免疫，此一血清学的发现为以后制备各种被动免疫血清提供了科学依据。继之1896年 M. Gruber 和 H. Durham 又发现凝集素，R. Kuaus 1897年发现沉淀素，Border 发现补体并建立了补体结合诊断技术。他们把抗毒素、凝集素和溶血素等不同反应物质，统称为抗体，凡能引起抗体产生的物质成为抗原。这种抗原、抗体的概念，用于临床诊断和细菌鉴定，为诊断制剂建立起新门类。在上述发现的同时，R. Peiffer 和 W. Kohler（1898）提出制造与使用死菌苗，Gaston Ramon（1923）试用加热或甲醛溶液，可把一些细菌的蛋白质毒素（如白喉毒素、破伤风毒素）脱毒，命名为类毒素，用以免疫动物可获得保护。继后，Gaston Ramon（1925）、J. Freund（1935）和 Sven Schmidt 又先后使用明矾、氢氧化铝和矿物油作佐剂，对提高生物制品的免疫效果起了重要的作用。20世纪30年代以来，A. U. Woidruif 和 E. W. Goodpasture 二人（1931）用鸡胚繁殖鸡痘病毒获得成功，J. E. Genders 等（1949）又将脊髓灰质炎病毒接种在非神经组织中繁殖，这些研究为利用鸡胚组织培养技术，研制生物制品开辟了一个新途径。1975 年英国人 Kohler 和 Midstean 又创建了淋巴细胞杂交瘤技术，从而单克隆抗体的研制得到了蓬勃发展。20 世纪 80 年代基因工程技术迅速发展，获得了基因重组疫苗和遗传工程疫苗新制品。例如近年公布的大肠杆菌 K88、K99 工程疫苗、乙肝疫苗、把生物制品的研制推向了现代高新科技领域。此外，生物制品的生产工艺中应用生物发酵法大量培养细菌，用细胞培养大量繁殖病毒，用冷冻真空干燥技术生产干燥活疫苗以及实验动物技术的逐步提高等等。从理论与实践都说明生物制品的研究与生产已在免疫学和微生物学的基础上，结合生物新技术构成了生物制品学这一专门学科。

我国用现代技术研制兽医生物制品，始于 1918—1919 年的青岛商检局血清制造所、北平中央防疫处，研制出的鼻疽菌素和狂犬病疫苗、牛瘟血清等，开创了我国兽医生物制品的新时代。随后，于 1930—1931 年在上海商检局设立了兽医生物制品研制机构，生产出牛瘟、炭疽、猪瘟及禽霍乱等高免血清，以及牛瘟和狂犬病组织乳剂疫苗。南京中央农业实验所畜牧兽医系、广西家畜保育科、四川家畜保育所、兰州西北防疫处、江西农学院、中央畜牧实验所以及 1946 年农林部设立的五个兽医防治处都曾生产一些兽医生物制品。为配合我国兽疫防制，全国先后建立了若干个以生产抗血清和组织苗为主的血清厂，生产所需各种抗血清和几种疫苗。到了 20 世纪 50 年代以后，随着畜牧业的大发展，要求提供数量充足、品种更多、质量更高的兽医生物制品。为此，在总结国内外研制生物制品的基础上组织制订出我国第一部《兽医生物制品制造及检验规程》，加强对生产用菌（毒）种的选育与管理，从而促进了各地区畜禽疫病的防制研究，不断研制成功多种新型活疫苗和加不同佐剂的灭活疫苗，并应用现代免疫学原理与生物学新技术，培育成功领先国际水平的猪瘟兔化弱毒和牛瘟兔化弱毒两种疫苗，以及马传染性贫血、牛传染性胸膜肺炎、布鲁氏菌病、仔猪副伤寒、猪喘气病、鸭瘟、猪丹毒、猪肺疫等毒力稳定免疫原性良好的弱毒株；在诊断制剂方面发展很快，酶标记抗体、荧光素标记抗体、单克隆抗体等试剂盒研制成功，提高了疫病的诊断和检疫技术。除 1956 年宣布消灭了我国危害严重的牛瘟外，几年又消灭了牛肺疫，控制了多种畜禽传染病。所取得的这些防疫成就，都与不断发展的兽医生物制品紧密相关。至 1993 年国家批准的兽医生物制品标准达 138 种，并有 36 种收入《中华人民共和国兽药典》，还制定了一些达到国际标准的制品，并以兽医免疫学、生物学技术为基础的现代兽医科学技术研制出了我国畜禽疫病防制的新的免疫与诊断制品，形成了良好的生产工艺与质量管理体系。有鉴于此，为不断继续提高我国兽医生物制品的水平，中国畜牧兽医学会生物制品学分会第三届理事会倡议，将 1984—1987 年编写的《兽医生物制品》一书，改编成能全面系统反映 20 世纪 90 年代水平的《兽医生物制品学》，经组织兽医微生物学与免疫学教授和专家，在原书资料的基础上，由专家教授分别撰稿，重新编撰成约 120 万字的《兽医生物制品学》公开发行。

新编的《兽医生物制品学》分上、中、下三篇共 16 章，上篇为免疫学基础，以免疫识别、免疫应答新概念为主导，着重介绍了机体免疫系统，免疫细胞党的发生、分化和功能，体液中的免疫活性因子，特别是当前研究比较深入的白细胞介素，内源性抗原与外源性抗原的提呈过程，以及免疫调节，并结合生物制品的研制，对构成免疫的条件，不同性质抗原产生免疫的作用，以及人工合成抗原的制备及进展等，也进行了阐述。对抗体除叙述免疫球蛋白性质、结构、功能外，还介绍了抗体提纯和定量方法，各类抗原抗体反应的原理及其检测技术，特别是当前应用广泛的免疫酶和免疫荧光技术，以及新发展起来的免疫胶体金技术，免疫核酸探针和免疫传感器等近十余年的新发展均作了简要的阐述。

在生物技术及其制品章节中，首先从制备和应用单克隆抗体出发对其特征和优点进行概述，进而说明了用杂交瘤技术制备单克隆抗体的原理、流程及其发展，以及新发展起来基因工程抗体技术。在基因工程疫苗方面着重介绍重组亚单位疫苗、重组活载体疫苗及基因缺失疫苗等，对抗独特型疫苗合成肽疫苗等也进行了综述。此外还介绍了核酶技术和反义RNA技术、转基因动物和核酸诊断等近年新研制的成果，是兽医生物制品向高、新、尖迈进的标志。

在抗感染免疫中，分别对抗细菌感染免疫、抗病毒感染免疫和抗寄生虫感染免疫，从免疫理论和免疫实践两个方面进行了阐述。所有这些都是现代免疫学新知识、新成果、它将为开辟新制品的研制和应用提供重要启示。

中篇为兽医生物制品学总论，以较大的篇幅阐述了生物制品的分类、命名原则、国际标准化等有关问题，介绍了当前生物制品的现状和发展动向。在生物制品生产管理方面，参照国内外制药业的要求，结合我国现实情况，较系统的介绍了兽药生产质量管理规范（GMP），为修订和加强兽医生物制品的全貌质量管理提供了一些依据。

掌握生产基本技术，是生物制品学的重点。本书系统地介绍了了生产生物制品用菌（毒）种的选育、鉴定与保管方法，并搜集了大量新资料，用专门一节介绍微生物变异基本原理，一般诱变方法，DNA重组弱毒株和基因工程疫苗研制的有关理论与技术，以及生产用种子批的建立与鉴定，工业化生产中细菌与病毒培养技术，如对培养基制造用原材料选择方法，pH测定原理与具体操作，主要培养基的配方与制造方法，细胞营养液的配制要求以及支原体的培养鉴定与种子和细胞污染支原体的排除方法等作了较详细阐述。为提高研制灭活疫苗的免疫效力，还对免疫佐剂的作用机理、佐剂类型、主要佐剂的制备方法、使用、佐剂研究的新进展等作了较详细的论述。对活疫苗处介绍选择免疫原性良好的菌（毒）株的方法，如何提高抗原的内在质量之外，对冷冻干燥的基本原理、冻干机、冻干技术、冻干产品稳定剂、以及生产用主要设备等也作了一些必要的介绍。

实验动物是生产生物制品与检验制品的安全与效力的重要材料，动物状况及优劣直接影响产品质量和检验的正确性。我国目前实验动物的水平还较低，为尽快赶上国际水平，本书以较大的篇幅论述了实验动物的有关内容，从实验动物学基础理论，将实验动物分类，试验用动物基础指数，特别是常用小动物如小鼠、家兔、豚鼠等的繁育技术，饲养管理方法，繁育小动物的设施，环境要求、品质监测等进行了概述。

兽医生物制品监察制度，是对生产过程监督、全面检验与考核制品的依据，我国1952年开始建立这项制度，并制定了第一部产品制造及检验规程，同时设立了中国兽医生物制品监察所（现为中国兽医药品监察所），负责监督制度的执行和产品的抽检。兽医生物制品厂设立监察室负责产品质量检验。同时又成立了农业部兽用生物制品规程委员会，负责审定兽用生物制品制造及检验国家标准。四十余年来的实践证明，这是一项保证产品质量促进发展的好制度。本书对1992年第六次修订版规程所载各项制度作了扼要说明，产品检验中的几项主要技术作了摘要介绍，作为对从事生产与检验工作的主要参考。

本书下篇为兽医生物制品各论，共有四章，分别为细菌性和病毒性传染病诊断与免疫用生物制品，寄生虫病的诊断与免疫制品，对各种病的病原分离、病原特性、生化、血清学及病原性的鉴定作了系统介绍，同时对各病的免疫与诊断用生物制品的制备方案，作了比较详细的论述，与原《兽医生物制品》一书比较，本书更多收集了近十多年来新的研究成果，并增加了养鱼、虾、蚌及养蜂、养蚕中有关主要疫病防制的论述，畜禽疫病有关防制制品由原书的58种增加到100余种。尤其是抗寄生虫病的免疫制品，是目前生产与应用品种不多的一类制品，各种制品以其抗原复杂、免疫原性多不及细菌、病毒抗原制品的质量稳定，本章仅就几个重要的寄生虫病的免疫及其制品进行论述，期望通过有关介绍，对加强寄生虫病免疫制品的研究起到引导作用。

各论的最后一章，对微生态制剂作了专述。微生态制剂是近年来发展迅速的一类新制品，应用微生态制剂调节畜禽机体正常菌群，有利于畜禽的健康已得到了充分证实，特别是防制多种动物的胃肠道疾病，解决了临床上一些抗生素和其他抗菌药物达不到治疗目的的难题。同时，应用微生态制剂做饲料添加剂，对畜禽可起到保健与促生长作用。加强微生态制剂的研究，是保证畜禽健康发展的又一新课题。作者在本章中概述了微生态制剂的作用特点，对于动物体的作用机理，生产制剂用菌种的选择，生产方法和质量控制，以及发展微生态制剂存在问题和展望，对提高微生态制剂的研究及其推广应用效果，均有重要意义。

总之，本书在编写中，有关章节的作者尽力收集了近年免疫学、生物学新技术以及各种疫苗有关免疫防制资料，内容丰富，技术新颖，相信它的出版，对从事兽用生物制品的教学、研究、生产、检验与使用等各个方面，将会有积极的促进作用。本书涉及到免疫理论生物学新技术、生物制品工艺等各个方面，由于编写时间仓促，限于水平，难免有所遗漏和错误，诚望有关专家学者和广大读者予以批评指正。

《兽医生物制品学》编辑委员会

1995 年 12 月 30 日

目 录

第一篇 总 论

第二篇　各　论

01 第一篇｜总　　论

第一章 概　论

第一节　兽医生物制品的定义、分类和命名

一、定义

《中华人民共和国兽药典》（二〇一五年版）对兽医生物制品作了如下定义：兽医生物制品系指以天然或人工改造的微生物、寄生虫、生物毒素或生物组织及代谢产物等为材料，采用生物学、分子生物学或生物化学、生物工程等相应技术制成的，用于预防、治疗、诊断动物疫病或改变动物生产性能的药品。

该定义从材料、制法和用途三方面对兽医生物制品的内涵进行了界定。尽管这一定义基本沿袭了《中华人民共和国兽医生物制品规程》（二〇〇〇年版）以来的一贯定义，并根据《中华人民共和国兽药管理条例》（2004 年 11 月 1 日开始施行）中关于"兽药"的定义增加了"改变动物生产性能"这一用途（《中华人民共和国兽药管理条例》中的相关内容为"有目的地调节动物生理机能"），但在实际工作中仍然会经常遇到生物制品与其他类别兽药间的概念交叉问题。比如，按照上述定义，用天然菌株或人工改造的菌株发酵生产的抗生素、从天然植物中提取的中草药成分、从动物组织中提取的免疫调节因子等，似均应归属于生物制品，但实际工作中我们并未将抗生素、中药提取物等作为生物制品进行管理。通常情况下，生化药品都具备生物制品的一般特性，但将生化制

品全部作为生物制品进行管理，又不太符合科学和实际工作情况。要避免出现兽医生物制品与兽医生化制品、兽医化学药品之间的概念交叉，有必要对兽医生物制品进行更为准确的定义。

针对诊断制品是否应该按照兽医生物制品进行管理的争论也从未停息过，但因相关法规中已经做了明确定义，我国对"兽医生物制品"的定义中至今仍包含"兽医诊断制品"。

在实际工作中可能接触到的兽医生物制品通常包括：兽医疫苗、抗体、诊断制品、微生态制剂、生化制品。随着科学技术的飞速发展，各类制品的范畴都在不断发生变化。如："兽医疫苗"通常情况下是指用于免疫接种以达到预防动物病毒病、细菌病或寄生虫病的生物制品，近年来出现的去势疫苗即已超出传统的定义范围；抗体类制品中既包含了传统意义上的靶动物抗血清、抗毒素，还包括来源于异源动物的抗血清（或精制提纯抗体）、单克隆抗体、蛋黄抗体等；生化制品中除了包括组分极其复杂、结构多种多样的动物组织提取物外，有时还包括了组分单一、分子组成和结构非常明确的动物组织或培养物的提取物、表达产物或合成物。

因此，将来对"兽医生物制品"给出准确定义时，既要注意适当缩小范围以撇清与有关化学药品、生化制品的交叉关系，又要适当扩大各类生物制品的具体范围以便将有关新概念、新技术产品纳入管理范围。

二、分类

（一）疫苗

从传统意义上讲，兽医疫苗系指以天然的或人工改造的微生物、寄生虫及其组分（蛋白质或核酸）或产物（毒素）等为材料，采用生物学、分子生物学或生物化学、生物工程等相应技术制成的，用于预防动物疫病的一类兽医生物制品。此类制品构成了我国现有兽医生物制品的主体。

但是近年来，国内外出现了以人工合成的激素类物质等为模拟抗原制成的去势疫苗，用于改善动物生产性能和产品品质。尽管有不少专家认为，此类疫苗和通常所指的疫苗存在很多不同点，但其作用机理符合疫苗的免疫学特征，且符合有关法规中兽药的基本定义，因此，没有理由将这类制品排除在兽医疫苗之外。口蹄疫合成肽疫苗的制备原理与此相同，但因系用于预防口蹄疫，故从未有人对其是否属于疫苗产生过怀疑。

综合以上情况，我们可以为"兽医疫苗"给出更加全面的定义：兽医疫苗系指以天然的或人工改造的微生物（细菌、病毒、支原体）、寄生虫及其组分（蛋白质或核酸）或产物（毒素）、模拟抗原等为材料，采用生物学、分子生物学或生物化学、生物工程等相关技术制成的，用于预防动物疫病或有目的地调节动物生理机能的一类兽医生物制品。

兽医疫苗接种动物体后，能刺激动物免疫系统产生特异性免疫应答，继而使动物体主动产生相应免疫力，所以又称为主动免疫制品。

根据分类依据的差异，可对兽医疫苗进行多种不同的分类。如：

根据疫苗中所含微生物种类，可以将兽医疫苗分为细菌苗、病毒苗、寄生虫苗等。

根据疫苗中所含抗原型别的多少，可以将兽医疫苗分为单价苗和多价苗。

根据疫苗中所含抗原种类或防制疾病种类多少，可以将兽医疫苗分为单苗和联苗。

根据抗原制备方法，可以将兽医疫苗分为动物组织苗，如猪瘟活疫苗（兔源）、鸡胚苗、细胞苗（又可细分为转瓶培养苗、悬浮培养苗）、培养基苗、合成肽苗等。

根据疫苗中是否含有感染性微生物，可以将兽医疫苗分为活疫苗、灭活疫苗等。核酸疫苗兼具活疫苗和灭活疫苗的特性，尽管接种动物体后不能在体内繁殖，但能被动物体细胞吸纳并在细胞内指导疫苗抗原合成，诱导机体产生类似于活疫苗的免疫反应（既诱导产生保护性抗体，又激发机体产生细胞免疫反应），是一类具有广阔前景的新型疫苗。

根据疫苗株构建技术或抗原设计技术的应用情况，可以将兽医疫苗分为传统疫苗、亚单位疫苗、合成肽疫苗、基因工程疫苗、抗独特型疫苗等。

- 传统疫苗：包括弱毒活疫苗（用来源于田间的自然弱毒株或采用传统的物理、化学、生物学致弱方法获得的弱毒株培养繁殖后制备的疫苗）、灭活疫苗（用化学或物理灭活方法将细菌或病毒灭活后制成的疫苗）、抗原抗体复合物疫苗（将弱毒株与特异性抗体按一定比例混合制成的疫苗）。

- 亚单位疫苗：是指采用物理、化学等技术从细菌、病毒、寄生虫的免疫原性结构成分或代谢产物中提取有效抗原制成的兽医疫苗。

- 合成肽疫苗：是指用化学合成技术人工合成病原体保护性抗原并与适宜大分子载体连接制成的兽医疫苗。

- 基因工程疫苗：是指将利用基因工程技术获得的菌毒株进行培养并经适当处理后制成的疫苗，包括基因缺失活疫苗、基因工程载体（灭）活疫苗、基因工程亚单位疫苗、核酸疫苗等。

- 抗独特型疫苗：是指根据免疫网络学说、利用第一抗体分子中的独特抗原表位制备的具有抗原"内影像"结构的第二抗体制成的疫苗。

根据疫苗的外观，可以将兽医疫苗分为冻干疫苗、液体疫苗、干粉疫苗等。未来还可能会出现片剂、颗粒剂等疫苗。

根据疫苗中的佐剂类型，可以将兽医疫苗分为矿物油佐剂疫苗、铝胶佐剂疫苗、蜂胶佐剂疫苗、复合佐剂疫苗、水佐剂疫苗等。

根据疫苗接种方式，可以将兽医疫苗分为注射苗、口服苗、滴鼻点眼苗、气雾苗等。

由于兽医疫苗的研发技术在不断进步，新的兽医疫苗种类也将不断涌现，因而，很难依据一种分类方法对所有兽医疫苗进行全面分类。有时，为了更加全面地描述疫苗的特性，需同时按照数种分类方法对一种疫苗进行命名。

（二）抗体

抗体包括高免血清抗体、高免卵黄抗体、单克隆抗体等。此外还有基因工程抗体，但尚未有用于动物的报道。

高免血清抗体或高免卵黄抗体：系指用细菌、病毒、类毒素等抗原接种靶动物或非靶动物，采集血清或禽蛋制成的多克隆抗体。有的抗体生产工艺中包含了精制工艺。

单克隆抗体：系指将产生抗体的单个 B 淋巴细胞与鼠的骨髓瘤细胞进行杂交，获得既能产生抗体又能无限增殖的杂交瘤细胞后，在细胞瓶或鼠体内进行细胞培养，收获培养液或腹水制成的抗体。

这类制品统称为被动免疫制品，既能用于特异性治疗，又能用于短期内的特异性预防。

（三）诊断制品

兽医诊断制品包括用于动物体外或体内试验检测抗原抗体或核酸的各种诊断抗原、诊断抗体、试纸条、试剂盒等。兽医诊断制品的基本用途包括诊断疾病、检测机体免疫状态及病原微生物鉴定。动物体生理生化指标检测试剂、动物产品质量检测试剂（包括兽药残留检测试剂等）目前尚未纳入兽医诊断制品管理范畴。诊断制品种类繁多，针对每种疾病或病原，均可设计、研发多种各具特点的诊断制品。

按学科分，兽医诊断制品包括细菌学诊断制品、病毒学诊断制品、免疫学诊断制品及其他诊断制品。

按是否直接用于动物体分，兽医诊断制品包括体内诊断制品（如鼻疽菌素）和体外诊断制品（如鸡新城疫血凝抑制试验抗原）。我国目前所用兽医诊断制品多属于体外诊断制品。

多数情况下，按诊断或检测试验的类别进行兽医诊断制品分类，如凝集试验抗原和阴阳性血清、沉淀试验抗原和阴阳性血清、补体结合试验抗原和阴阳性血清、ELISA 抗体检测试剂盒、荧光抗体检测试剂盒、PCR 检测试剂盒等。

（四）微生态制剂

微生态制剂系指用动物消化道内的正常菌群组分，如嗜酸乳杆菌、脆弱拟杆菌、蜡样芽孢杆菌、双歧杆菌、粪链球菌等制成的含活菌制品，通常又称益生素。通过口服在肠道内大量繁殖并定植，从而达到抑制致病菌繁殖、改善肠道微环境、治疗畜禽正常菌群紊乱所致腹泻的目的。

（五）生化制品

生化制品系指从动物组织中提取或通过基因工程技术人工表达或人工合成的，可以刺激动物机体提高特异性和非特异性免疫力的免疫调节剂，如干扰素、胸腺肽、转移因子和免疫刺激复合物、CpG 寡核苷酸等。

三、命名

《中华人民共和国兽用生物制品规程》（二〇〇〇年版）和《兽用生物制品试验研究技术指导原则》（农业部公告第 683 号，2006 年发布），均对兽医生物制品通用名的命名方法进行了规范。需要指出的是，现有命名原则的制定初衷是对每个各具特色的制品给予唯一性名称，其应用范围应仅局限于适用个性化管理的企业工艺规程、内控标准、说明书、标签等，而不适用于追求通用性原则的国家标准（如兽药典等）。

（一）基本原则

兽医生物制品通用名采用规范的汉字进行命名，标注微生物的群、型、亚型、株名和毒素的群、型、亚型等时，可以使用字母、数字或其他符号。采用的病名、微生物名、毒素名等应为其最新命名或学名。采用的译名应符合国家有关规定。按照各项原则进行命名后，通用名中重复内容须删减。

（二）兽医疫苗的命名

一般采用"病名＋制品种类"的形式命名，如马传染性贫血活疫苗，猪萎缩性鼻炎灭活疫苗，猪瘟-猪丹毒-猪多杀性巴氏杆菌病三联活疫苗。

在某些情形下，采用上述一般命名方法进行命名不足以反映疫苗特征时，可视具体情况，按照下列有关原则增加描述性内容。

（1）当通用名中涉及微生物的型（血清型、亚型、毒素型、生物型等）时，采用"微生物名＋×型（亚型）＋制品种类"的形式命名，如牛口蹄疫病毒 O 型灭活疫苗。

（2）由属于相同种的两个或两个以上型（血清型、毒素型、生物型或亚型等）的微生物制成的一种疫苗，采用"微生物名＋若干型名＋×价＋制品种类"的形式命名，如牛口蹄疫病毒 O 型、A 型二价灭活疫苗。

（3）当疫苗中含有两种或两种以上微生物，其中一种或多种微生物含有两个或两个以上型（血清型或毒素型等）时，采用"微生物名 1＋微生物名 2（型别 1＋型别 2）＋×联＋制品种类"的形式命名，如鸡新城疫病毒、副鸡嗜血杆菌（A 型、C 型）二联灭活疫苗。

（4）对用转基因微生物制备的疫苗，采用"微生物名（或毒素等抗原名）＋修饰词＋制品种类＋（株名）"的形式命名，如猪伪狂犬病病毒基因缺失活疫苗（C 株），禽流感病毒 H5 亚型重组病毒灭活疫苗（Re－1 株），禽流感病毒 H5 亚型禽痘病毒载体活疫苗（FPV-HA-NA 株），大肠杆菌 ST 毒素、产气荚膜梭菌 β 毒素大肠杆菌载体灭活疫苗（EC－2 株）。

（5）对类毒素疫苗，采用"微生物名＋类毒素"的形式命名，如破伤风梭菌类毒素。

（6）当一种疫苗应用于两种或两种以上动物时，采用"动物＋病名（微生物名等）＋制品种类"的形式命名，如猪、牛多杀性巴氏杆菌病灭活疫苗，牛、羊口蹄疫病毒 O 型灭活疫苗。

（7）当按照上述原则获得的通用名不足以与已有同类制品或与将来可能注册的同类制品相区分时，可以按照顺序在通用名中标明动物种名、菌毒株名（一般标注在制品种类后，通用名中含有两个或两个以上株名时，则分别标注在各自的微生物名后，加括号）、剂型（标注在制品种类前）、佐剂（标注在制品种类前）、保护剂（标注在制品种类前）、特殊工艺（标注在制品种类前）、特殊原材料（标注在制品种类后，加括号）、特定使用途径（标注在制品种类前）中的一项或几项，但应尽可能减少此类内容，如犬狂犬病灭活疫苗（ERA 株），鸡新城疫病毒（La Sota 株）及鸡传染性支气管炎病毒（M41 株）二联灭活疫苗，鸡马立克氏病冻结活疫苗（HVT FC－126 株），鸡多杀性巴氏杆菌病蜂胶佐剂灭活疫苗（G190 株），鸡新城疫耐热保护剂活疫苗（La Sota 株），猪口蹄疫病毒 O 型合成肽疫苗，猪瘟耐热保护剂活疫苗（兔源），犬狂犬病口服活疫苗，猪胸膜肺炎放

线杆菌 1、4、7 型三价油佐剂灭活疫苗，鸡马立克氏病病毒 1 型活疫苗（Rispens/CVI988 株）。

（三）预防或治疗用抗血清、抗体的命名

（1）对于抗血清，采用"微生物名＋抗血清"的形式命名，如多杀性巴氏杆菌抗血清、猪瘟病毒抗血清、B 型产气荚膜梭菌抗血清。

（2）对于抗体，采用"微生物名＋抗体"的形式命名。必要时，在抗体前标明特殊生产工艺和来源，如鸡传染性法氏囊病病毒纯化卵黄抗体、鸡传染性法氏囊病病毒单克隆抗体。

（四）微生态制剂的命名

（1）对含有一种细菌的活菌制剂，采用"微生物名＋活菌制剂"的形式命名。必要时，在活菌制剂后标明菌株名。

（2）对含有两种或两种以上细菌的活菌制剂，采用"若干微生物名＋复合活菌制剂"的形式命名。必要时，在活菌制剂后标明菌株名。

（五）诊断制品的命名

（1）一般采用"病名＋试验名称＋制品种类"的形式。制品种类包括抗原、阳性血清、抗原与阴阳性血清等，如猪支原体肺炎微量间接血凝试验抗原、布鲁氏菌病试管凝集试验抗原与阴阳性血清。

（2）当通用名中涉及微生物特征（群、亚群、型、亚型、生物型、抗原种类）时，采用"微生物名＋特征描述＋试验名称＋制品种类"的形式命名，如禽流感病毒 H5 亚型血凝抑制试验抗原与阴、阳性血清。

（3）对抗体检测试剂盒的命名，采用"微生物名＋试验名称＋抗体检测试剂盒"的形式，如猪瘟病毒 ELISA 抗体检测试剂盒、鸡传染性法氏囊病病毒 ELISA 抗体检测试剂盒。

（4）对抗原检测试剂盒的命名，采用"微生物名＋试验名称＋检测试剂盒"的形式，如鸡传染性法氏囊病病毒夹心 ELISA 检测试剂盒。

（5）按照上述原则进行抗原、抗体检测试剂盒命名时，如果检测对象为特殊的抗原或抗体，可在微生物名后适当增加说明，如锥虫循环抗原 ELISA 检测试剂盒、口蹄疫病毒 O 型非结构蛋白 ELISA 抗体检测试剂盒。

（6）对试纸条的命名，采用"微生物名＋检测

"试纸条"的形式。例如用于检测抗体，则在微生物名后加"抗体"二字，如传染性法氏囊病病毒检测试纸条、传染性法氏囊病病毒抗体检测试纸条。

（7）对不能标明或无须标明试验方法的诊断制品的命名，可在上述原则基础上适当简化，如猪瘟病毒酶标抗体、猪瘟病毒荧光抗体。

（六）其他兽医生物制品的命名

对细胞因子等，参考通行学术名进行命名。必要时增加动物品种、特殊生产工艺等，如猪白细胞干扰素（冻干型）。

（张永红　陈光华）

第二节　我国兽医生物制品的发展历史

我国兽医生物制品的研究、生产和应用为保障养殖业健康发展发挥了重要作用，现代化、标准化、规模化养殖业的快速发展又显著促进了兽医生物制品的技术进步。我国兽医生物制品研究和生产起步于20世纪初，但真正取得明显进展还是在中华人民共和国成立以来的60多年内，尤其是近十几年来，随着化学、免疫学、生物技术等相关领域新技术、新方法的飞速发展及其推广应用，兽医生物制品事业呈现出加速发展的势头。

一、中华人民共和国成立之前

我国兽医生物制品研究始于1918年的青岛商品检验局血清制造所和1919年的北平中央防疫处，当时研制的鼻疽菌素、狂犬病疫苗和牛瘟抗血清等，是我国历史上最早利用现代技术开发出的兽医生物制品。1932年在实业部上海商品检验局建立了上海血清制造所，生产牛瘟、炭疽、猪瘟和禽霍乱等高免血清，以及牛瘟和狂犬病组织乳剂疫苗。1936年在南京建立中央农业实验所畜牧兽医系。此段时期近20年中生产的兽医生物制品有牛瘟抗血清、猪瘟抗血清、猪肺疫抗血清、牛出血性败血症抗血清、禽霍乱抗血清等治疗制剂，牛瘟脏器苗、炭疽芽孢苗、狂犬病疫苗、牛肺疫疫苗、猪肺疫疫苗等疫苗，以及马鼻疽菌素、牛结核菌素、炭疽沉降素等诊断制剂。当时的生

物制品产量不大，没有统一的产品质量标准。灭活疫苗主要通过将发病动物的脏器灭活作为抗原制成，生产工艺非常简单。

1937年后，中国相继进入抗日战争和解放战争年代，当时畜禽疫病流行非常严重。如牛瘟每隔3～5年就暴发一次大流行，仅在1938—1941年，在当时的四川、西康、青海、西藏、甘肃等部分地区即有至少100万头牛病死；鸡的死亡情况更为严重，死亡率高达60%以上。即使是在抗日战争时期最困难的年代，我国兽医生物制品的研究与生产也没有停止过。原中央农业实验所兽医系从南京迁至四川荣昌后恢复生产。1941年，重庆国民政府成立农林部中央畜牧实验所，设立荣昌血清厂，生产牛瘟脏器苗、猪瘟疫苗、抗猪瘟血清、抗出血性败血症血清、抗猪丹毒血清、鸡新城疫疫苗和猪出血性败血症疫苗等。

抗日战争结束前后，为了控制畜禽疾病流行，国民党政府相继成立了西南、东南、华北、华西、西北五个兽疫防治处，负责生产各辖区内及陕、甘、宁、青、内蒙古等地区所需兽医生物制品。该时期生产的兽医生物制品种类和产量都有所增加，但因缺少相关技术人员，且硬件水平很低，加上当时物资匮乏，又缺少统一的兽医生物制品质量标准，因而，那时的生物制品质量和技术水平都不高，防疫效果并不显著。此后，上述5个兽疫防治处被撤，同时建立了7个兽医生物药品厂，生产少数几种畜禽疫苗和抗血清。

二、中华人民共和国成立之后

中华人民共和国成立后，我国畜牧业获得了大发展，其对兽医生物制品行业的发展也提出更高要求，迫切需要政府和有关企业为保障畜牧业发展提供数量充足、品种更多、质量更高的兽医生物制品。自此，我国兽医生物制品事业的发展发生了巨大变革。

1949年9月召开的中国人民政治协商会议制定的《共同纲领》第34条规定"保护和发展畜牧业，防止兽疫"。各级政府对消除动物疫病危害高度重视，把消除动物疫病作为保护农牧业生产发展、促进国民经济恢复的重要任务对待。兽医生物制品作为消除动物疫病危害的有力工具，也得到高度重视。

1949年，中央人民政府设农业部，内设畜牧

兽医司。1952年，农业部在华北农业科学研究所家畜防疫系的基础上建立了中央人民政府农业部兽医药品监察所（1984年改为中国兽医药品监察所，简称"中监所"）。农业部和中监所十分重视兽医生物制品质量工作，通过加强技术人员培训，促进生产技术交流，积极开展新产品研究，改进生产工艺，努力提高生物制品效力。1952年1月，中央人民政府农业部组织召开全国兽医生物药品制造人员讲习会，到会的37名兽医专家和兽医工作者来自全国11个兽医生物药品制造厂等有关单位，他们在前苏联兽医专家伊瓦诺夫博士的帮助下，广泛开展学习、研究、总结和交流，立足于当时国内外兽医生物制品技术水平，制定出我国历史上第一部《兽医生物药品制造及检验规程》，从而统一了36种畜禽疫苗和诊断试剂制造工艺、检验方法和标准、用法和用量，建立了全国兽医生物制品监察制度，制定了兽医生物制品生产和检验用菌毒种制备、保存和发放等制度。第一部《兽医生物药品制造及检验规程》的颁布和实施首次统一了我国兽医生物制品的生产工艺和质量标准，为保证兽医生物制品供应和产品安全奠定了基础，同时也极大地促进了各地区畜禽疫病的防制研究和新产品研制。《兽医生物药品制造及检验规程》颁布、实施后几年内，多种新型活疫苗和含有不同佐剂的灭活疫苗连续研制成功；利用现代免疫学原理和生物学新技术，培育成功国际领先的猪瘟兔化弱毒疫苗株和牛瘟兔化弱毒疫苗株，马传染性贫血、牛传染性胸膜肺炎、布鲁氏菌病、仔猪副伤寒、猪气喘病、鸭瘟、猪丹毒、猪肺疫等毒力稳定且具有良好免疫原性的弱毒疫苗株亦先后问世。

20世纪50年代，中央政府对原有的兰州、江西、广西、南京、开封、成都、哈尔滨7个兽医生物药品厂进行了调整和改造。又在新疆、西藏、内蒙古等地区新建了兽医生物药品制造厂，使得全国兽医生物药品厂总数达到28个。在此期间，组织兽医生物制品专家赴前苏联和民主德国考察兽医生物药品制造技术，学习先进经验，并首次按国际标准制订了我国的鼻疽菌素、结核菌素和布鲁氏菌病诊断抗原检验标准。各生物药品厂和部分兽医研究所也不断加强生物制品生产研究，改进生产技术，提高疫苗质量。通过创造性地用牛瘟病毒兔化弱毒株就地制苗，并用此疫苗开展普遍预防接种，1956年在全国范围内消灭了危害严重的牛瘟。猪瘟兔化弱毒乳兔组织冻干苗大量生产后，在全国范围内通过大力推广春秋两季全面免疫接种，猪瘟的流行得到明显控制。在口蹄疫疫苗的研制中，将口蹄疫病毒流行毒株通过非靶动物传代，获得了口蹄疫病毒兔化毒，在使其感染性降低的同时保留了良好的免疫原性。用此毒株接种乳兔进行大批量生产的口蹄疫乳兔组织苗，经推广应用后，较快控制了口蹄疫，此种技术处于当时的国际领先水平。其后，通过非靶动物传代或利用异常培养条件进行培养的微生物诱变技术，被广泛应用于我国生物制品的研制，成功选育了一批毒力下降但免疫原性良好的制苗菌毒株，用于畜禽疫苗制造。例如，用添加锥黄素的培养基进行培养，结合动物诱变方法，成功选育出猪丹毒GC42和G4T10弱毒株；通过添加醋酸铊等化学试剂或通过逐步提高培养温度进行细菌培养，成功选育出仔猪副伤寒C500弱毒菌株和羊链球菌、猪链球菌弱毒株；将鸡痘病毒通过鹌鹑传代获得鸡痘病毒鹌鹑化弱毒株；将猪肺炎支原体强毒株经乳兔交替传代减毒，培育出猪肺炎支原体弱毒株；将O型口蹄疫病毒强毒株通过乳兔传代、A型口蹄疫病毒强毒株通过鸡胚传代，分别获得用于活疫苗制备的口蹄疫病毒兔化弱毒株和鸡胚化弱毒株。

20世纪50年代后，兽医生物制品生产工艺也取得显著进展，如疫苗冷冻真空干燥设备得到有效改造，冻干技术取得明显进步。60年代末，在细菌疫苗的生产中，大瓶通气培养技术逐渐被发酵罐培养技术取代，从而进一步提高了细菌培养效率，细菌产品的质量和数量得以成倍增长，更好地满足了畜禽疫病防制工作的需要。70年代初，兽医生物制品生产布局得到进一步调整。诊断制品的生产和供应主要由成都厂和吉林厂负责，抗血清主要由成都厂与兰州厂负责。

中华人民共和国成立之后的20多年中，兽医生物制品的供应能力得到显著提升。1972年，我国正式生产的兽医生物制品种类达到85种，产量为38亿mL，另外还有12种试制产品。新技术被相继应用于多种畜禽疫苗的研制与生产。例如，通气培养技术在炭疽芽孢苗生产中得到应用；采用驴白细胞培养方法对马传染性贫血病毒进行培育，成功获得了马传染性贫血病毒弱毒株，使得以疫苗开发为目的的微生物诱变技术由动物水平提高到了细胞水平，该技术的应用使得我国兽医生物制品的研发又一次达到国际领先水平。此后，采用细胞培养技术，又先后成功选育了鸭瘟、羊痘等弱毒疫苗株；猪瘟活疫苗、鸡新城疫活疫苗、牛环形泰勒虫白细胞疫苗等的生产中均采用了细胞培养技术。冻干技术和冻干保护剂的不断改进和应用，使冻干疫苗的质量得到提升。联苗的研制和生产，大大提高了防疫工作效率。例如，猪丹毒、猪肺疫二联活疫苗，猪瘟、猪丹毒、猪肺疫三联活疫苗等多联疫苗的生产和使用，使一针防多病得以实现。灭活疫苗的佐剂由初期使用明胶，逐步由氢氧化铝胶取代，部分疫苗的氢氧化铝胶佐剂又进一步被矿物油佐剂取代，这明显提高了灭活疫苗效力，延长了免疫期。

与此同时，诊断方法研究和诊断试剂制造方面也取得显著进展。传统的血清学诊断方法和诊断试剂得到进一步完善，如凝集反应试验、沉淀反应试验、补体结合试验和中和试验等的操作技术和方法得到统一，成为抗原或抗体检测的主要手段，用于畜禽传染病的诊断和血清定型。20世纪70年代后期，免疫荧光技术、酶联免疫吸附试验等标记放大技术的应用，大大提高了诊断方法的敏感性。

1966—1976年，全国动物疫病防控工作严重倒退，口蹄疫、猪瘟、鸡新城疫等疫病再次流行。1970年，国务院设农林部，内设农业组，组内设畜牧小组。1973年，农林部恢复畜牧局建制。

党的十一届三中全会后，兽医工作紧紧围绕经济建设中心，重新确定以"预防为主"的方针，通过积极恢复兽医机构、落实知识分子政策、组建技术队伍、加强法制建设等，狠抓动物疫病防治，使得全国兽医工作出现转机，兽医生物制品工作也再次迎来发展机遇。

1979年2月，第五届全国人大常委会第六次会议决定再次成立农业部。农业部内设畜牧总局。1982年国务院设农牧渔业局，部内设畜牧局，局内设药政药械管理处等。1984年，全国畜牧兽医总站与农牧渔业部畜牧兽医司合署办公。此后，兽药管理法规、制度不断完善，兽医兽药工作逐步纳入法制化轨道。1988年国家机构改革中，第七届全国人大一次会议决定将农牧渔业部改为农业部。农业部内设畜牧兽医司，司内设药政药械管理处等。自此，兽药管理机构一直保持稳定。

三、改革开放后

改革开放后，兽医生物制品的生产、监督管理和质量水平等均取得飞速发展。

20世纪80年代后，除了我国原有28家兽医生物制品厂专职从事兽医生物制品生产外，全国各农业大专院校、畜牧兽医研究所等单位都积极开展兽医生物制品研究、开发和中试产品田间试验和区域试验，部分研究所还依法建造了兽医生物制品中试车间，开展了较大规模的生产和经营活动。为了规范兽药生产活动，提高兽药生产质量管理水平，2002年农业部发布并实施《兽药生产质量管理规范》（简称"兽药GMP"），并经数年过渡，于2006年1月1日采取"零点行动"，对未通过兽药GMP验收的兽医生物制品生产企业及其他任何单位，执行禁止生产兽医生物制品的规定。从那时起，建立兽医生物制品生产企业的门槛显著提高，企业建设成本明显增加。但是，这些限制并未阻止全国兽医生物制品企业的兴建热潮。原有28家兽医生物制品厂中的大部分企业纷纷按照最新标准改建、原址扩建或易址扩建现代化GMP车间。很多研究单位依托其技术优势独立组建或联合民营资本合建新的兽医生物制品生产企业。有的兽用化学药品生产企业或其他社会资本力量投资兴建了兽医生物制品公司。2006年以来的10年间，兽医生物制品企业建设飞速发展，几乎到了狂热的程度。到目前为止，兽医生物制品企业已达110多家，其中不乏中外合资企业、上市公司。兽医生物制品生产产能已经严重过剩。

兽医生物制品生产企业投资和建设规模不断扩大的同时，生产质量管理和制品质量水平也迅速提升。《兽医生物制品规程》自1952年发布第一版后，农业部和中监所不断根据技术进步要求和实际需要组织开展修订工作，截至目前已经发布实施共8版。1992年版（第7版）规程的发布实施，为引进西方先进的兽医生物制品生产组织模式做出了重大贡献。与前6版《兽医生物制品规程》相比，第7版规程除在体例上做出重大调整外，还引入了种子批管理制度，强化了对基础种子的鉴定，全面提高了成品检验标准，尤其是在病毒活疫苗成品检验标准中引入支原体检验和外源病毒检验。通过上述调整，使得我国兽医生物制品质量标准越来越接近国际水平。针对兽医生物制品生产用原材料，第 7 版规程首次规定，禽用活疫苗生产和检验用鸡和鸡胚应符合 SPF 级标准，为我国禽用活疫苗 SPF 化打下了良好基础。2000 年，农业部颁布实施第 8 版《兽医生物制品规程》后，我国兽医生物制品质量标准得到进一步完善，禽用活疫苗生产全面实施 SPF 化。自 1990 年至 2015 年间共编制了 5 版《中华人民共和国兽药典》，也在一定程度上推动了我国兽医生物制品质量控制水平的提升。

2004 年，国务院发布并实施新的《兽药管理条例》。随后农业部又发布和实施了《兽药产品批准文号管理办法》《兽药注册办法》《兽药 GMP 检查验收管理办法》《兽药 GMP 飞行检查办法》等配套规章，建立了全新的兽药产品批准文号发放制度、新药研制和审批要求、兽药生产企业验收和日常监管制度。在对兽医生物制品的监管中，还借鉴发达国家相关经验建立和实施了批签发管理制度。农业部和中监所每年均有计划地实施大规模兽医生物制品监督抽检计划和飞行检查制度。

兽医生物制品企业生产条件的迅速改善、国家监管措施的严格到位、标准化水平的不断提高，有力推动了我国兽医生物制品质量水平的迅速提高。

随着我国养殖业迅速发展，养殖业对兽医生物制品的需求越来越旺盛，这促进了兽医生物制品研究水平的快速发展。为了及时加强管理，农业部不断完善对新生物制品的管理制度。1983 年 5 月 16 日，农牧渔业部发布了《新兽药管理办法》；1984 年 8 月 31 日，农牧渔业部发布了《兽医生物制品新制品管理办法》；1987 年 5 月 15 日，农牧渔业部发布了《新兽药审批程序》；1984 年 12 月 27 日，农牧渔业部畜牧局发布了《关于兽药中间试制产品的补充规定》；1987 年 4 月 18 日，农牧渔业部畜牧局发布《兽药试产品管理规定》。1989 年，农业部发布《兽用新生物制品管理办法》。2004 年 11 月 24 日，农业部发布了《兽药注册办法》，并自 2005 年 1 月 1 日起施行。2004 年 12 月 22 日，农业部又发布了《兽医生物制品注册分类及注册资料要求》和《兽医诊断制品注册分类及注册资料要求》。2005 年 8 月 31 日，农业部发布了《新兽药研制管理办法》，并自 2005 年 11 月 1 日起施行。为了进一步统一和规范兽医生物制品研究技术，2006 年 7 月 12 日，

农业部以 683 号公告发布了 11 个兽医生物制品研究技术指导原则。上述法律法规和技术指导原则的不断完善，对保证兽医生物制品沿着正确的方向快速发展起到强有力的推动作用。

随着时代的进步，在计划经济时代由国家政府统一组织开展生物制品研究并由国有生物制品企业组织生产的局面发生了巨变。生产企业技术和资金实力的不断壮大，大力推动了上述局面的改变，以及我国兽医生物制品研究水平大踏步前进。全国各农业大专院校、畜牧兽医研究所等事业单位积极开展兽医生物制品研究的同时，兽医生物制品生产企业在研究方面的人力和财力投入越来越多，兽医生物制品研发主体逐渐呈现由科研单位单独研发向科研单位与企业联合研发或企业独立研发转移的趋势。

兽医生物制品研究活动的日趋活跃带来了丰硕成果。自 1991 年农业部成立兽药审评委员会、2006 年成立兽药评审中心后，新生物制品的研制和审批步入互相促进的良性循环轨道，新的制品品种不断出现，转基因、合成肽等技术和悬浮培养等现代生产工艺不断应用，制品质量不断提高，满足了我国动物疫病防控工作需要。

1991 年，分别由军事医学科学院、中国农业科学院研究的仔猪大肠杆菌腹泻 K88 - LTB 双价基因工程活疫苗、仔猪腹泻基因工程 K88、K99 双价灭活疫苗通过审批，转基因技术在兽医生物制品研究中开始得到应用。此后，该类新制品层出不穷。例如，2003 年 9 月四川农业大学等研究的猪伪狂犬病三基因缺失活疫苗（SA215 株）获得批准；2004 年 8 月宁夏大学研究的犊牛、羔羊大肠埃希氏菌、B 型产气荚膜梭菌病基因工程灭活疫苗获得批准；2005 年 2 月复旦大学研究的猪口蹄疫 O 型基因工程疫苗获得批准；2005 年 1 月中国农业科学院哈尔滨兽医研究所研究的重组禽流感病毒灭活疫苗（H5N1 亚型，Re - 1 株）、鸡传染性喉气管炎重组鸡痘病毒基因工程疫苗、禽流感重组鸡痘病毒载体活疫苗获得批准；2006 年 11 月军事医学科学院研究的鸡衣原体病基因工程亚单位疫苗获得批准；2007 年 1 月中国农业科学院哈尔滨兽医研究所研究的禽流感、新城疫重组二联活疫苗（rL-H5 株）获得批准；2007 年 6 月中国农业科学院生物制品工程技术中心研究的羊棘球蚴（包虫）病基因工程亚单位疫苗获得批准；2007 年 6 月青岛易邦生物工程有限公

司研究的鸡传染性法氏囊病基因工程亚单位疫苗获得批准。

1997年1月，四川省乐至县生物技术公司研究的猪白细胞干扰素获得批准，并投入生产。这是我国批准商业化生产的第一个副免疫制品。此后，类似的产品也获得批准。例如，2008年8月，内蒙古神元生物工程股份有限公司研究的羊胎盘转移因子获得批准；2009年6月，山东信得科技股份有限公司研究的转移因子口服溶液获得批准。

2000年8月，四川省畜牧兽医学院研究的鸡传染性法氏囊病蛋黄抗体获得批准。此后，有关单位研究的小鹅瘟卵黄抗体、鸭病毒性肝炎卵黄抗体、抗小鹅瘟牛血清、驴抗犬细小病毒免疫球蛋白注射液也相继获得批准。

2001年6月，南京农业大学研究的嗜水气单胞菌灭活疫苗获得批准，我国历史上第一个水产专用疫苗成功面世。

2002年3月，河南农业大学研究的鸡新城疫、传染性支气管炎、减蛋综合征、传染性法氏囊病四联灭活疫苗获得批准，并投入生产，大规模抗原浓缩技术得到应用。

2004年11月，中牧实业股份有限公司、申联生物医药（上海）有限公司研究的猪口蹄疫O型合成肽疫苗获得批准，合成肽疫苗在我国成功面世。

2004年12月，北京海淀中海动物保健科技公司研究的鸡新城疫耐热保护剂活疫苗等6个产品获得批准，标志着新型保护剂技术在我国国产活疫苗生产中开始得到应用。

2005年1月，中国农业科学院特产研究所研究的水貂犬瘟热活疫苗获得批准，我国历史上第一个毛皮动物专用疫苗成功面世。

2006年11月，北京卓越海洋生物科技有限公司等研究的牙鲆溶藻弧菌、鳗弧菌、迟缓爱德华菌病多联抗独特型抗体疫苗获得批准，抗独特型抗体疫苗这一新概念疫苗在我国首次面世。

2010年5月，金宇保灵生物药品有限公司首次采用悬浮培养技术研究的猪口蹄疫病毒O型灭活疫苗获得批准。

2012年1月，中国兽医药品监察所等研究的猪瘟活疫苗（传代细胞源）获得批准，传代细胞在我国首次正式获准用于生产活疫苗。

经过近20年来的蓬勃发展，我国兽医生物制品领域众多空白被一一填补，与国际先进水平间的差距被迅速弥补。现有兽医生物制品的品种和数量已足以满足我国养殖业需求。今后，随着现代生物技术的继续进步和推广应用，生产企业的精细化管理水平进一步提高，规模化和标准化养殖业的持续发展，兽医生物制品市场的逐步完善，我国兽医生物制品行业必将迎来质量水平大比拼、大提升的时代。

目前，与世界发达国家相比，我国兽医生物制品领域存在的主要问题和差距在于活疫苗耐热保护剂尚未普遍应用、灭活疫苗佐剂单一、抗原纯化工艺落后、过多使用强毒株进行生产和检验等。

冻干活疫苗保护剂配方和质量是确保冻干活疫苗稳定性的最重要因素。我国目前普遍使用的冻干保护剂仍是数十年前即已使用的牛奶蔗糖或明胶蔗糖保护剂，这些保护剂成分简单，容易配制，成本低廉，工艺固定。但是，用此类保护剂制成的冻干制品只能在−20～−15℃条件下保存，有效期仅12～18个月。这类疫苗的保存和运输成本高。尤其重要的是，在运输这些疫苗的过程中，难以创造出−20～−15℃的温度条件，通常只是采用在疫苗包装中放置冰块或冰袋的方式维持低温环境，并以疫苗送达目的地时冰块或冰袋不化冰为运输环境是否符合要求的标准。这种运输条件已远低于冻干活疫苗的保存条件要求。但是，在我国不少农村及边远地区甚至连这样的冷藏保存和运输条件也不能保证。不少冻干疫苗只能在自然温度下运输或保存。经过如此条件下运输和保存的冻干活疫苗，其免疫效果就可想而知了。也许，这正是我国在已经具有全世界最好疫苗的情况下尚不能有效控制猪瘟等动物疫病的根本原因。世界发达国家和地区的冻干活疫苗已普遍使用耐热冻干保护剂，其疫苗在2～8℃条件下保存，有效期可达24个月，如此一来，因运输和保存环节的温度升高而使疫苗效力严重下降的问题即可基本解决。

我国的第一个耐热保护剂活疫苗于2004年12月首次获得农业部批准，主要有鸡新城疫、鸡传染性支气管炎、猪瘟、鸡传染性法氏囊病耐热保护剂活疫苗等产品。此后，国内其他疫苗生产企业也陆续开发了一些耐热保护剂活疫苗。但是，要将我国所有冻干活疫苗全部升级为耐热保护剂活疫苗，尚需进一步更新观念并共同奋斗若干年。

在灭活疫苗佐剂研究方面，我国近 30 年来未取得显著进展。目前我国普遍使用的灭活疫苗佐剂仍为矿物油佐剂、氢氧化铝胶佐剂。前者使用更普遍，多用于病毒灭活疫苗，后者用于细菌灭活疫苗和部分病毒灭活疫苗。个别灭活疫苗中不含佐剂。目前，对矿物油佐剂的研究工作不很深入，对矿物油质量与疫苗安全和效力的关系，以及对动物产品质量安全的影响尚不明确，对在哪些关键指标上对矿物油质量予以检测和控制也不十分清楚，缺少科学的矿物油佐剂标准。我国《中国兽药典》（二〇一五年版）中首次收载了《注射用白油（轻质矿物油）质量标准》，但该标准未在白油生产企业和疫苗生产企业广泛执行。国际国内市场上尚无专门用作灭活疫苗佐剂的矿物油，各企业只能采购有关化工企业产品用于疫苗生产，部分兽医生物制品企业采购食品级白油。新制品研发中，更多的精力和资金投在对菌毒种、抗原制备工艺等的研究上，对佐剂的研究关注度普遍不高。1994 年，山东滨州市畜牧兽医研究所利用蜂胶制备佐剂，研制成功禽巴氏杆菌病蜂胶佐剂灭活疫苗，获得农业部审批。此后，山东滨州华宏生物制品有限责任公司先后研发了兔病毒性出血症、兔多杀性巴氏杆菌病、兔产气荚膜梭菌病、鸡多杀性巴氏杆菌病、鸡大肠杆菌病、鸡传染性鼻炎、鸭传染性浆膜炎、鸭大肠杆菌病、猪传染性胸膜肺炎、副猪嗜血杆菌病、猪链球菌病、水貂出血性肺炎、水貂绿脓杆菌病蜂胶佐剂灭活疫苗。蜂胶佐剂系列产品的开发和应用为我国新型佐剂的研究和推广探索了一条新路子。以中药成分或寡聚核苷酸作为灭活疫苗佐剂的研究也时有报道。我国广大兽医生物制品生产企业迫切需要研制出具有本企业特色和自主知识产权的、满足疫苗安全和免疫效力要求的疫苗佐剂。可以预言，在佐剂方面率先取得突破的企业必将取得占领我国灭活疫苗市场高地的主动权。

抗原纯化是灭活疫苗生产过程中必不可少的工序，因为大量无效抗原成分的存在会干扰动物机体针对主要抗原诱导产生有效的免疫反应。但是，抗原纯化工序必然会带来生产成本的提高和部分有效抗原的丢失。因此，兽医生物制品生产企业对抗原进行有效纯化的意愿在很大程度上受其产品价格的影响。众所周知，我国市场上国产兽医疫苗长期以来一直处于低价销售甚至恶性竞争的状态。低廉的疫苗价格和粗糙的生产工艺间

亦长期处于一种恶性循环状态。因此，我国多数企业、多数兽医疫苗的抗原纯化工艺一直较为落后。大部分灭活疫苗生产中直接将病毒培养物或细菌全菌液灭活后与佐剂配制而成，大量的细胞成分、培养基组分、菌体抗原混杂在疫苗中。这类疫苗的安全性和效力都必然受到显著影响。十多年来，各种多联灭活疫苗相继研发成功，这些联苗在生产中，必须经过浓缩后再行混合。浓缩的同时，抗原亦得到初步纯化。在口蹄疫疫苗的生产中，由于多毒株的普遍使用及国家标准中关于总蛋白含量的限制，抗原的初步纯化工艺已经得到普遍应用。但在其他单苗的生产，特别是细菌灭活疫苗的生产中，抗原纯化工艺仍较少得到应用。总体上看，我国灭活疫苗生产中的抗原纯化工艺较为落后，一定程度上制约了有关疫苗的安全性和免疫效果。

除在新城疫和高致病性禽流感灭活疫苗的生产中，按照国际标准采用天然或人工构建的弱毒株作为毒种外，在其他绝大部分灭活疫苗的生产中仍采用天然强毒株。例如，猪或牛口蹄疫灭活疫苗生产中均使用不同时期分离鉴定的强毒流行株，鸡传染性支气管炎、减蛋综合征、禽流感（H9 亚型）、猪细小病毒病、圆环病毒病、兔病毒性出血症等灭活疫苗亦同样如此。这种做法对于保持菌毒种的免疫原性进而确保疫苗免疫效力具有一定优势，但对生产过程中的生物安全管理带来很大风险，也大大提高了设施运行成本。

在现有兽医生物制品检验中，使用强毒株进行免疫攻毒也司空见惯。出厂检验中，动物试验是所有生物制品生产企业质量检验员最繁重的检验工作，尤其是免疫攻毒效力检验。随着生物制品企业生产的产品品种越来越多，批量越来越大，以及在新产品研发方面的投入不断增加，大部分兽医生物制品企业在通过第一轮 GMP 检查验收后，都不同程度地扩建了动物舍，尤其是大动物试验舍。现有生物制品企业中最大规模的动物舍面积已经达到 10 000m² 左右。在新的兽医生物制品研发过程中，进行免疫攻毒也是广大研发人员试验研究工作的最重要内容，也是耗资最大的工作内容。应用动物试验进行兽医生物制品效力评价，在全世界范围内都是十分普遍的现象。在《美国联邦法规》中公布的 73 个兽医生物制品质量标准中，用动物进行安全或效力检验的产品达到 65 个，占 89%；用靶动物进行安全或效力检验的产品有 39 个，占 54%；用非标准化动物进

行安全或效力检验的产品有 23 个，占 32%。我国《中国兽药典》（二〇一〇年版，一部）收载的 82 个疫苗和抗血清（40 个活疫苗、40 个灭活疫苗和 2 个抗血清）中，涉及的检验用动物包括鸡、猪、牛、羊、鸭、鹅、兔、小鼠、豚鼠、马、鱼、貂等。其中，用猪进行安全或效力检验的产品达到 16 个；用牛羊进行安全或效力检验的产品有 18 个；总体上来看，用非标准化实验动物（鼠、鸡、兔以外的动物）进行安全或效力检验的产品有 36 个。免疫攻毒方法是评价兽用疫苗免疫效力的最直观方法，但是免疫攻毒试验中必然存在病原微生物扩散的风险，发达国家多采用免疫抗体效价测定、有效抗原含量测定等替代方法。但在我国，由于各新产品研发单位为了避免在寻找替代方法过程中必须完成的平行关系试验，而放弃寻找免疫攻毒效力检验的替代方法；对已经采取免疫攻毒方法进行效力检验的产品，在修订标准的过程中，更没有人愿意尝试寻找替代效力检验方法。因此，我国兽用疫苗质量控制中采取免疫攻毒方法的制品数量和比例明显高于发达国家。强毒攻击试验中，如果不能加强空气、人员、动物、废弃物和动物尸体等环节的管理，控制病原体外泄就难以实现。过多采用免疫攻毒法进行兽医生物制品检验，不仅反映出管理理念上存在的显著问题，也是兽医生物制品研究水平、制品质量标准水平和实际质量水平不高的体现。

（张永红　陈光华）

第三节　兽医生物制品的研究现状和发展趋势

生物制品的研究历史可以追溯到 11 世纪，那时我国民间医生应用良性天花痘痂预防天花，从而创立了种痘术。尽管当时尚未有免疫学这门科学，但却最早印证了生物制品学与免疫学之间的天然联系。现代生物制品学的每个进展都是在免疫学等相关学科和技术进步下取得的。在经典免疫学理论的指导下，我国创制了大量安全有效的传统疫苗，以其为主要工具，并结合其他综合防制措施，使得一些极具危害性的动物传染病得到有效控制或消灭，如猪瘟、牛瘟、牛肺疫等。

近 20 年来，现代生物技术发展连续取得新突破，成为推动兽医生物制品发展的最大动力。一批基于现代生物技术的新型疫苗、治疗药物、诊断试剂研制成功，极大丰富了兽医生物制品的内涵，改变了兽医生物制品的面貌。

通常认为现代生物技术主要包括基因工程、细胞工程、发酵工程和分离纯化工程四个部分。基因工程是现代生物技术的核心。基因工程技术是指在体外操作基因，通过无性繁殖和基因表达获得所需核酸、蛋白质或生物新品种的技术，其主要内容就是目的基因在微生物、动植物细胞中的表达。根据蛋白质结构和功能的关系对基因进行定点突变等使得表达的蛋白具有新的结构和功能，甚至通过化学合成方法创造新的基因和新的蛋白，这一技术称为第二代基因工程或蛋白工程技术。基因组学、功能基因组学和蛋白质组学的不断发展，将把基因工程技术不断推向新阶段。我国农业农村部已经审批的兽医生物制品中，基因工程疫苗已不在少数，包括基因缺失活疫苗和灭活疫苗、基因工程亚单位疫苗、载体活疫苗，有些核酸疫苗正在研究和审批中。上述几种类型的基因工程疫苗，与遗传重配疫苗（主要为高致病性禽流感 H5 亚型重组灭活疫苗）、合成肽疫苗（主要为口蹄疫合成肽疫苗）、抗独特型抗体疫苗一起，构成了我国现有兽医生物技术疫苗（或称兽医高技术疫苗）的主体。

细胞工程技术在兽医生物制品学上的应用目前主要是指单克隆抗体技术。将单克隆抗体技术用于兽医诊断试剂研究以提高诊断方法的特异性已经非常普遍，用作治疗药物的单克隆抗体也已获得批准。

发酵工程也称为微生物工程，包括微生物的遗传育种、生理代谢、发酵动力学、生物反应器和传感器、连续培养、固定化培养、发酵培养的自动控制等。近几年来，大规模、高密度细胞悬浮培养技术已成为发酵工程的主要内容，并将成为今后一段时期内我国兽医生物制品生产水平提升的最重要突破点。

分离纯化工程技术是决定兽医疫苗等制品纯度、效力、质量安全水平的关键技术，同时也决定着产品生产成本。分离纯化工程技术的发展不仅取决于物理化学技术的发展水平，更取决于其与其他现代生物技术的结合度，如需针对特定培养工艺、特定抗原结构和特性开发出具有实用价值的分离纯化新工艺新技术。

在现代生物技术大发展的推动下，我国兽医生物制品的研究在近 20 年内呈现出一些新特点和新趋势。一是我国兽医生物制品研发活动日趋活跃，新制品面世速度不断加快。截至 2015 年底，我国农业部审批的 607 个兽医生物制品中，最近 20 年（1996—2015 年）中审批的占 67%，最近 10 年（2006—2015 年）中审批的占 49%。二是病毒类疫苗研究成为重点。在已获审批的 146 个活疫苗中，病毒活疫苗占 71%（103 个）；261 个灭活疫苗中，病毒灭活疫苗占 70%（180 个）。三是传统疫苗向联苗和多价苗发展。由于动物的饲养期缩短，疫病种类增多，生产工艺的进步，联苗和多价苗的生产需求，以及满足需求的能力均在不断提高，这些疫苗已成为我国兽医疫苗的主体。这一现象在禽用疫苗中表现尤为突出。四是现代生物技术在兽医生物制品研究中应用越来越广泛。在兽医疫苗研究中使用淋巴细胞杂交瘤技术、基因缺失技术、转基因技术、人工合成多肽技术已经越发普遍，基于聚合酶链反应（PCR）技术和淋巴细胞杂交瘤技术的诊断试剂也已被人们广为接受。截至 2015 年，采用基因工程技术构建的菌毒株制备的病毒类活疫苗或灭活疫苗已达 24 个、细菌类活疫苗或灭活疫苗 4 个，这些产品绝大部分是在 2000 年后获批的。到目前为止，已经批准用于商业化生产的亚单位疫苗有 9 个，合成肽疫苗有 4 个。新的概念疫苗——抗独特型疫苗亦已获得审批。我国已经成为全世界现代兽医疫苗研发和生产技术应用的主战场。五是兽医生物制品多样性趋势明显，兽医疫苗、诊断试剂以外的兽医生物制品，如用于疫病治疗的抗血清或抗体制品、既可用于动物疫病预防又可用于治疗的微生态制剂、用于提高动物免疫力的干扰素、转移因子等均已商品化。

一、传统疫苗

传统疫苗是相对于现代生物技术疫苗（或称为高技术疫苗）而言的，是指用天然菌毒种和传统的生产工艺生产的兽医疫苗。传统疫苗主要包括传统致弱活疫苗、传统灭活疫苗。

传统灭活疫苗通常含有被灭活并失去感染性的微生物。灭活菌苗也可能系用细菌培养物上清或毒素制成，如山羊炭疽保护性抗原灭活疫苗、破伤风类毒素疫苗。为了获得足够的保护力，灭活疫苗制备中常需添加佐剂，以非特异性地增强动物的免疫反应。灭活疫苗常经肌内注射或皮下注射途径进行接种，首次接种时需要较大剂量才能诱导机体产生足够水平的免疫力。再次接种后，灭活疫苗常能刺激产生高水平的血清抗体，但灭活疫苗不足以诱导产生有效的细胞免疫和黏膜免疫反应。抗原含量和佐剂种类是决定灭活疫苗效力的关键因素。

传统活疫苗中含有采用传统方法使其毒力得以降低或消除而免疫原性得以保留的微生物。有时，活疫苗中也含有佐剂。活疫苗可经注射、鼻内或口腔途径接种。通常情况下，一次接种即可诱导产生足够水平的免疫力。与灭活疫苗相比，接种活疫苗更接近模拟自然感染，因而也更能有效刺激免疫系统并诱导产生免疫记忆。活疫苗中的微生物到达黏膜时可在局部繁殖，并诱导产生黏膜免疫。对有母源抗体的动物群进行接种时，黏膜免疫具有独特的优势。疫苗株的特性及抗原含量是决定活疫苗效力的关键因素。不同致弱疫苗株常具有明显不同的免疫原性。对高或中母源抗体水平动物群接种时，足够高的抗原含量显得尤其重要。接种活疫苗后产生免疫力的时间要明显早于灭活疫苗，个别活疫苗接种后最早在 2～3d 内即可产生显著免疫力。

针对灭活疫苗和活疫苗孰优孰劣的争论由来已久，二者各具优缺点，很难简单评判其优劣。选用疫苗的类型因疾病不同而不同，主要取决于病原体的分子生物学特性、疾病的致病机理和免疫机制等。活疫苗的最大优势在于其良好的免疫效果，以及不引起接种部位的局部反应，最大劣势在于其容易污染外源病原。灭活疫苗的最大劣势在于其更易引起接种部位炎性反应和全身性副反应。灭活疫苗更易长期保存。

与生物技术疫苗相比，传统疫苗具有至少 3 个特点。一是菌毒种系从自然界中分离到的野毒株经过实验室驯化，这种驯化是通过改变培养条件（生物、物理、化学条件）达到的，而未涉及体外基因操作过程。如传统的致弱活疫苗就是采用传统的人工致弱方法获得弱毒株并采用传统的生产工艺制造的兽医疫苗；传统的灭活疫苗则多采用天然强毒菌毒株（少数采用传统的致弱菌毒株）和传统的培养、灭活、配制等生产工艺进行生产。用强毒株进行生产时，极有可能出现抗原效价不够高、防范生物安全风险的成本加大等问题。二是生产效率较低。由于采用鸡胚培养、转瓶培养等传统培养工艺，因此生产中所需人员多、手工操作多，生产机械化、自动化程度低。三是产品质量安全水平较低。由于采用较为初级的生产工艺进行疫苗生产，因此必然带来污染率较高、产品均一性和稳定性较差等相关问题。此外，由于疫苗抗原未经纯化处理或仅经初步纯化，疫苗中的无效抗原多，甚至含有较多有害抗原成分，影响疫苗使用效果及其安全性。例如，现有细菌灭活疫苗多为全菌体灭活疫苗，疫苗中含有大量无助于提高免疫效果的菌体抗原；病毒灭活疫苗多为病毒培养物的灭活产品，疫苗中含有大量来源于培养基或动物组织的异源蛋白及来源于污染菌的内毒素。这类疫苗一旦用于接种，免疫效力必然受到影响，有时还会带来较显著的免疫副反应。

目前我国生产的兽医疫苗仍以传统疫苗为主，在迄今为止已获批准的约 420 种疫苗中约占 90%。但有人预测，随着生物技术的进一步发展和推广应用，以及我国兽医生物制品行业科技水平的进一步提高，这一趋势将在大约 10 年后发生逆转，那时的生物技术疫苗将不可避免地成为兽医疫苗的主体。

在对传统疫苗进行改造方面，一旦充分利用我国基因工程、细胞工程、发酵工程和分离纯化工程等现代生物技术发展成就并积极加以实践，我国兽医生物制品行业将发生翻天覆地的变化。首先，可考虑利用基因工程技术针对已有传统活疫苗研究基因缺失活疫苗、基因工程亚单位疫苗、载体疫苗、核酸疫苗，以满足鉴别诊断、提高效力、减少副反应等需求。其次，应考虑充分利用发酵工程技术和分离纯化工程技术进步成果对传统的抗原培养、分离纯化等关键生产工艺进行改造升级，使得相关传统疫苗升级为生物技术疫苗（高技术疫苗），如将鸡胚培养法、原代细胞培养法、传代细胞转瓶培养法等设法升级为传代细胞悬浮培养工艺，将全发酵菌液灭活疫苗升级为全发酵菌液分离纯化亚单位疫苗。再次，在对传统疫苗的一般生产工艺（培养、分离纯化等关键工艺以外的生产工艺）进行研究和改进上，也有很大的发展空间。例如，继续设计和研发联苗和多价苗，以达到一针防多病、提高免疫工作效率的目的；培育和选择更好的抗原培养基质以大幅度提高抗原效价；筛选更好的保护剂配方以改变我

国多数冻干活疫苗仍需在冷冻条件下保存和运输的落后局面；利用新的基因工程技术、化工技术、我国特有的中药资源等，研究更好的疫苗佐剂，进一步提高我国现有灭活疫苗的安全性和免疫效果。需要指出的是，兽医疫苗关键工艺的改进将促进我国现有疫苗的更新换代，而一般工艺的发展程度将从根本上长期决定我国兽医疫苗（无论是传统疫苗还是现代生物技术疫苗）的质量安全水平。

（张永红 陈光华）

二、亚单位疫苗

亚单位疫苗是指利用微生物的某种保护性抗原制成的不含核酸、能诱发机体产生保护性免疫应答的疫苗。该类疫苗成分明确，只含有产生保护性免疫应答所必需的免疫原，因此具有很多优点。首先，安全性好。由于疫苗中不含传染性材料，因此接种后动物不会发生急性、持续或潜伏感染，可用于不宜使用活疫苗的一些情况，如妊娠动物；由于疫苗中减少或消除了常规活疫苗或灭活疫苗中难以避免的热原、变应原、免疫抑制原和有害的反应原，接种后的副作用也小于传统疫苗。其次，扩大了疫苗的应用范围，可以用来制备针对外来病原体和一些不能采用细胞培养方法进行培养的病原微生物的疫苗。再次，便于鉴别诊断。其产生的免疫应答可以与自然感染相区别，因此更适用于疫病的预防和控制。此外，亚单位疫苗稳定性好，便于保存和运输。

根据亚单位疫苗中免疫原的制备途径，可以将亚单位疫苗分为两类。第一类是用物理或化学方法从病原微生物中直接获得保护性抗原成分后制成的疫苗，该类疫苗研制的关键在于提取纯化工艺的创新和优化。第二类是通过原核或真核表达系统表达相应保护性抗原基因，提取这些基因产物，加入适当佐剂后制成的疫苗。由于是通过其他生物表达系统获得病原微生物的抗原，因此该类亚单位疫苗又称为生物合成亚单位疫苗或者基因工程亚单位疫苗。用生物系统生产亚单位成分是有利的，因为生物系统不仅能有效地大量生产这些复杂的大分子物质，而且能对多肽作复杂的修饰，以保证其免疫原性。用基因克隆技术生

产免疫原作为疫苗还有两个优点：一是将高度危险和致病的病原体的免疫原性蛋白质编码基因转移到不致病而且无害的微生物中，在大量生产的同时提高了安全性；二是这种亚单位疫苗可以用于外来病原体和不能用细胞培养的病原体，扩大了应用疫苗控制动物疫病的范围。但是生物合成亚单位疫苗也存在局限性，如产品的研究、开发和生产过程的费用通常都较高；这类抗原的免疫原性可能较差，可能需要多次接种才能得到有效保护。

（一）基因工程亚单位疫苗的研制过程

1. 过程一：确定要表达的病原微生物的保护性抗原基因 对于细菌来说，保护性免疫原成分通常包括涉及细胞附着和定居的成分（如柔毛、黏附素、外膜蛋白），以及与致病性有关的成分（毒素、毒力因子），如大肠杆菌的黏附素（K88、K99、987p 等）和不耐热毒素（LT-B）、炭疽的致死因子和水肿因子、有结拟杆菌的柔毛蛋白、布鲁氏菌外膜蛋白和 O 多糖抗原。对于病毒来说，一般是病毒的囊膜蛋白或非囊膜病毒的衣壳蛋白，这些保护抗原具有诱导机体产生中和抗体的功能，如流感病毒的 HA 蛋白、口蹄疫病毒的衣壳前体蛋白、新城疫病毒 F 和 HN 蛋白、狂犬病病毒的囊膜蛋白 G、马立克氏病病毒的糖蛋白 B、传染性胃肠炎病毒的纤突蛋白、传染性法氏囊病病毒 VP2 蛋白，以及禽网状内皮组织增生病病毒 gp90 蛋白等。

对于某些疾病特别是病毒性疾病，细胞免疫在保护性应答中起重要作用。对细胞毒性 T 淋巴细胞（cytotoxic T lymphocyte，CTL）应答的研究表明，除病毒表面的糖蛋白外，病毒的非结构蛋白和非糖基化的内部蛋白也与保护性免疫应答有关。因此，有效的亚单位疫苗不应只限于传统的"表面抗原"，在选择保护性抗原基因时应充分考虑到细胞免疫。

疫苗除引起保护性免疫应答外，有时也可产生有害影响，即副反应。特别需要引起注意的是，在某些保护性抗原中存在能够诱导免疫学副反应的表位。如猪繁殖与呼吸综合征病毒（PRRSV）的结构蛋白 GP5 是诱导机体产生中和抗体的主要蛋白，但在该蛋白中同时存在中和表位和"诱饵表位"。"诱饵表位"诱导的抗体不仅没有中和作用，而且还可以引起病毒的抗体依赖增强作用（antibody-dependent enhancement，ADE）。此外，"诱饵表位"还与中和表位存在竞争关系，以至于中和抗体水平降低、产生的时间延迟。因此，在确定病原微生物的保护性抗原基因时，必须考虑到该基因中是否存在引起免疫学副反应的抗原表位。设计亚单位疫苗应考虑的免疫学副反应主要有：产生阻抑抗体（blocking antibody）；"抑制决定簇"引起免疫抑制作用；引起限制的应答，促进产生"逃避免疫监视的病原体变种"；对有些病原体某些成分的免疫应答可加重随后的自然感染和疾病，如阿留申病灭活疫苗免疫加重随后的自然感染造成的组织损害；引起自身免疫应答，如链球菌的一些抗原表位可引起对心脏组织的自身免疫病等。

2. 过程二：选择合适的表达系统 在构建重组表达载体之前，必须根据所需表达抗原的特点选择正确的表达系统。首先要确定所表达抗原是否需要经过糖基化等特殊的翻译后修饰，因为通过原核表达系统产生的重组蛋白缺乏相关的翻译后修饰（如糖基化等），这会导致某些重组蛋白质的生物学活性和免疫原性显著差于原来的蛋白质。如通过原核表达系统获得的 PRRSV-GP5 的免疫原性远远低于通过真核表达系统获得的；其次，根据重组蛋白的免疫原形式确定表达系统。例如，有结拟杆菌的柔毛蛋白基因在大肠杆菌中表达，只能产生大量的柔毛蛋白单体，不能装配为柔毛结构，因此不能产生保护性免疫应答。而改用绿脓假单胞菌作表达宿主，就能装配为柔毛，可用来制备疫苗。

3. 过程三：设计和构建重组表达载体 在确定表达系统后，重组表达载体的设计和构建在亚单位疫苗的研制过程中起着重要作用。首先，要根据免疫原的形式来设计重组表达载体，特别是根据目的蛋白是单体形式还是多聚体形式的免疫原性更好。如乙肝重组疫苗的研发成功与重组的乙肝表面抗原（HBsAg）能装配成免疫原性强的病毒样颗粒（VLPs）特性有关。HBsAg 的免疫原性依赖于 VLPs 的构象，离解的 HBsAg 免疫原性降低到原来的 1/1000。利用 HBsAg 装配的这一特点，在研究生长抑素疫苗时，将生长抑素基因与 HBs 基因融合，表达的融合蛋白呈颗粒状 VLPs，生长抑素位于颗粒外，因此具有很好的免疫原性。另外，在设计和构建重组表达载体时，可以将安全有效的佐剂与免疫原一起表达。例如，大肠杆菌不耐热肠毒素 B 亚单位（heat-labile enterotoxin B subunit，LTB）可作为佐剂与目的蛋白融合表达后免疫动物，提高细胞和免疫体液免疫，在病毒上主要用于甲型流感病毒疫苗的开发。Sun 等（2013）将大肠杆菌不耐热毒素 B 亚单位与甲流抗原基因连接后，通过原核表达系统表达的蛋白能够诱导机体产生较高的体液免疫和细胞免疫应答。再次，选择合适的修饰序列。例如，赖氨酸-天冬氨酸-谷氨酸-亮氨酸（Lys-AsP-Glu-Leu，KDAEL）基序是一种经典的内质网腔（edoplasmic reticulum，ER）靶向转运信号。罗萍等（2005）发现，在 HSV-2 中 CD8$^+$ T 细胞表位的 C 端加上 KDAEL 基序后，重组蛋白的免疫效果明显增强。

4. 过程四：重组抗原蛋白的表达与亚单位疫苗的配制 将重组表达质粒导入相应表达系统的受体细胞，在一定条件下生产外源保护性抗原蛋白，然后采取适宜方法分离表达的保护性抗原蛋白。最后在重组蛋白中加入适宜佐剂，对制备成的疫苗进行有效性和安全性评价。

（二）用于基因工程亚单位疫苗的表达系统

基因工程亚单位疫苗的生产前提是要有合适的表达系统来表达目的基因。到目前为止，已有原核生物、真菌、病毒、昆虫细胞、哺乳类动物细胞、植物等多种表达系统用于重组亚单位疫苗的研制和生产。这些表达系统的共同点有：编码所需多肽（保护性抗原）的基因通过 DNA 重组技术插入一表达载体（通常为质粒）；插入外源基因的重组表达载体被导入系统的宿主细胞；每一系统的目标都是为了使所需基因得到高水平表达。因此，研究和了解在各种表达系统中基因表达和产物稳定性的调节和控制参数是极其关键的。

1. 原核表达系统 最常用的是大肠杆菌和枯草杆菌。大多数大肠杆菌表达系统使用质粒载体，具有高效而且可调节的启动子来调控蛋白的表达水平。目的蛋白表达水平的高低除了受启动子的调控外，还受到翻译信号效率和合成产物稳定性的影响。因此，在设计表达载体时还需考虑防止产物的迅速水解。大肠杆菌表达目的基因时，往往会由于蛋白快速且大量的表达而无法完全正确地折叠，最终形成不溶性的包含体。如果需要，可以对包含体蛋白进行分离、溶解和复性。此外，由大肠杆菌产生的重组蛋白缺乏相关的翻译后修

饰（如糖基化等），这会导致某些重组蛋白的生物学活性和免疫原性显著差于原蛋白。与大肠杆菌表达系统相比，不致病的枯草杆菌表达系统具有较多优势。枯草杆菌不产生内毒素，并能将目的蛋白分泌到培养基中，便于产物的收获和纯化，并降低蛋白质在细胞内积聚可能引起的对细菌的毒性。此外，枯草杆菌表达的产物在胞质内的还原环境中可形成正确的二级结构，使之更接近原来的构型。由于起始的克隆工作在大肠杆菌中进行比较简单方便，因此在枯草杆菌表达系统中常用到带有枯草杆菌和大肠杆菌两者质粒复制子和选择标记的穿梭载体，可以在大肠杆菌中操作重组分子，并且在大肠杆菌中扩增出重组的质粒后转化进枯草杆菌。此外，枯草杆菌表达系统分泌蛋白质含量水平差异很大，从不到 1mg/L 到 50mg/L。分泌的异源蛋白获得率低的主要原因是在枯草杆菌生长的产芽孢期至少生产 3 种细胞外蛋白水解酶。为了克服这个问题，可在分泌载体中使用强营养启动子，将载体导入蛋白水解酶缺陷突变株，或使用营养培养基，保持细胞处于不形成芽孢的生长期。

2. 酵母表达系统 酵母是一种低等的单细胞真核生物，它既具有原核生物易于培养、繁殖快、便于基因工程操作等特点，同时又具有真核生物蛋白质加工、折叠、翻译后修饰等功能，可以表达在原核表达系统中表达为包含体或易降解的某些外源蛋白。其中，甲醇酵母基因表达系统较为重要。该系统除了具有一般酵母表达系统的上述优点外，还具有遗传稳定、高密度发酵、表达量高、易于纯化等优点。巴斯德毕赤酵母是一种甲醇酵母，目前已是仅次于大肠杆菌的最常用蛋白表达系统，既可以用于分泌表达又可以在胞内表达外源基因。由于该酵母菌体内无天然质粒，因此表达载体需与宿主染色体发生同源重组，将外源基因表达框架整合于染色体中以实现外源基因的表达，包括启动子、外源基因克隆位点、终止序列、筛选标记等。表达载体都是穿梭质粒，先在大肠杆菌复制扩增，然后被导入宿主酵母细胞。为使产物分泌胞外，表达载体还需带有信号肽序列。酵母的启动子与原核性启动子差别很大，但与高等真核细胞的启动子元件更接近。高效表达酵母基因的启动子主要有酿酒酵母组成型的强启动子 PGK、ADH1、GPD 等，诱导型强启动子 GAL1、GAL7 等。而巴斯德毕赤酵母常用的强启动子主要是 AOX1（诱导型）和 GAP（组成

型）。与细胞内蛋白质表达不同，启动子强度与分泌蛋白质的生产水平无直接关系。

3. 昆虫细胞表达系统 在昆虫细胞中生产异源蛋白质所用的是基于病毒的表达系统，即杆状病毒-昆虫细胞表达系统，是以杆状病毒为蛋白质表达载体、昆虫细胞或幼虫为受体的真核表达系统。目前应用最广泛的一种杆状病毒是首蓿银纹夜蛾核型多角体病毒（Ac NPV），该病毒可感染节肢动物，其基因组为130kb共价闭合环状DNA，能容纳大分子的插入片段。Ac NPV用作外源基因的表达载体，通常是通过体内同源重组的方法，用外源基因替代多角体蛋白基因而构建重组病毒。多角体基因启动子在感染后18～24h开始转录和翻译，一直持续到70h。外源基因置换掉多角体基因后，并不影响后代病毒的感染与复制，这意味着重组病毒不需要辅助病毒的功能。目前，我国应用的部分猪圆环病毒疫苗即是用杆状病毒表达系统生产的。预计杆状病毒表达系统今后将在许多重组蛋白的表达中得到广泛应用。相对于其他表达系统，它具有几个方面的特点：外源基因表达水平高，特别是细胞内蛋白；表达的重组蛋白可溶，折叠正确，有翻译后修饰（如糖基化等），有生物学活性，比较容易分离纯化；易于表达异源多聚体蛋白，可通过多种重组病毒同时感染昆虫细胞或用含有多个表达框的一种病毒感染昆虫细胞来实现；昆虫细胞悬浮生长，容易放大培养，有利于大规模表达重组蛋白。

4. 哺乳动物细胞表达系统 哺乳动物细胞是表达具有天然活性蛋白的最佳宿主。其优势在于能正确识别真核蛋白的合成、加工和分泌信号，剪切基因中内含子并加工为成熟的mRNA，能准确完成糖基化、磷酸化等翻译后加工过程，因而表达产物在分子结构、理化特性和生物学功能方面最接近于天然的高等生物蛋白质分子。哺乳动物细胞易被重组DNA转染，具有遗传稳定性和可重复性，产物可分泌表达，易于纯化和大规模生产。哺乳动物细胞表达外源重组蛋白可利用质粒转染和病毒载体的感染。常用的病毒载体分为两类：①整合型，如SV40病毒载体、反转录病毒载体；②游离型，如痘苗病毒、腺病毒载体。常用的非淋巴细胞宿主有中国仓鼠卵巢（CHO）细胞、乳仓鼠肾（BHK）细胞、COS细胞、小鼠（NSO）胸腺瘤细胞和小鼠骨髓瘤（SP2/0）细胞等。该表达系统通常由病毒或细胞的增强子-启动

子、插入克隆部位和RNA剪接和聚腺苷化信号组成。哺乳动物启动子区域的元件包括增强子、上游元件、TATA框和帽结构部。目前使用的很多载体，其增强子-启动子来自病毒，如猿猴乳多空病毒40（SV40）、腺病毒、巨细胞病毒和反转录病毒。构建哺乳动物细胞表达系统涉及构建重组病毒基因组，以克隆的目的基因取代启动子下游的病毒基因，将造成的缺陷性嵌合病毒基因组在有辅助病毒存在时转染进细胞。辅助病毒和重组缺陷病毒互补，使重组病毒DNA复制，表达蛋白质并包装为传染性病毒颗粒。由于在营养生长期的扩增（10^5倍），这些基于病毒的载体可产生可观数量的蛋白质。

有些哺乳动物细胞表达的方法是建立稳定的能产生所需产物的稳定表达细胞系。表达系统一般使用质粒穿梭载体，含有ColE1复制子和选择标记以便在大肠杆菌中操作，含有哺乳动物细胞转录单元，表达哺乳动物细胞选择标记和目的基因。

哺乳动物细胞表达系统中，重组蛋白的表达水平与许多因素相关，如转录和翻译调控元件、RNA剪接过程、mRNA稳定性、基因在染色体上的整合位点、重组蛋白对细胞的毒性作用、宿主细胞的遗传特性等。

5. 植物细胞表达系统 主要是利用农杆菌或者一些植物病毒（如烟草花叶病毒、番茄丛矮病毒和豇豆花叶病毒等）介导外源基因进入植物细胞内，从而在植物内获得高效表达。农杆菌可以将外源基因整合进植物基因组，并得以表达。而且整合进植物基因组的外源DNA片断能够传递给后代。与农杆菌介导基因进入植物细胞相比，植物病毒介导多是通过基因重组将外源基因插入病毒基因组构成重组病毒，并感染植物，从而在植物中表达目的基因。然而，由于每个寄主植株都需要接种病毒载体，使瞬时表达不易起始，而且重组病毒无法遗传给子代。此外，病毒的感染性和寄主范围也比较有限。因此，植物病毒相对农杆菌介导的表达系统而言应用较少。常用于植物表达系统的植物主要有烟草、土豆、大豆、苞米、香蕉等。与传统的亚单位疫苗表达系统相比，植物表达系统具有的优点有：①更加安全，植物表达系统能够避免在传统亚单位疫苗表达系统中动物病毒作为载体导入抗原基因和生产过程中污染动物病毒的潜在危害性；②植物具有外源蛋白

加工及修饰能力，由于植物细胞具有与动物细胞相似的结构和功能，对表达的蛋白质可进行正确加工（如糖基化、磷酸化、酰胺化等），能使表达产物具有与高等动物细胞的表达产物相一致或接近的免疫原性和生物学活性；③通过植物表达系统获得抗原很容易规模化且可以直接储存在植物种子和果实中，无需分离纯化和注射，无需用冷冻系统设备进行储藏运输，故易于长距离运输和普及推广；④黏膜免疫是病毒性腹泻的免疫保护机制，但在启动黏膜免疫方面尚有很多难题，表达目的抗原的植物细胞可以有效地启动黏膜免疫。

（三）我国在兽医亚单位疫苗研究方面的进展

到目前为止，我国在兽医亚单位疫苗研究方面已经取得显著进展。

1. 肠产毒性大肠杆菌亚单位疫苗 肠产毒性大肠杆菌（Enterotoxigenic *Escherichia coli*，ETEC）定居因子指的是菌毛蛋白，该类蛋白是ETEC能够在小肠黏膜上定居繁殖的重要原因。定居因子亚单位疫苗的主要抗原是菌毛蛋白K88和K99。到目前为止，K88已经在乳酸球菌、烟草、胡萝卜中成功表达；而K99也在大豆和干酪乳杆菌中成功表达。这些抗原蛋白的亚单位疫苗均可以通过口服途径接种，不仅使免疫途径更加便捷，而且效果更好。此外，Wen等（2011）的研究表明，表达K88和K99串联蛋白的干酪乳杆菌能够使免疫组小鼠对肠杆菌标准株C83912和C83902的攻毒产生80%以上保护。毒素是ETEC致病的主要原因。目前有关ETEC肠毒素亚单位疫苗研制的主要方法是将两种肠毒素ST和LT串联表达。已有研究表明，表达LT和ST融合蛋白的烟草和马铃薯亚单位疫苗具有良好的免疫效果。随着基因重组技术的发展和动物福利要求的提升，多表位亚单位疫苗的研制也不断取得进步。Zhang等（2010）的研究结果表明，ETEC定居因子和毒素蛋白串联表达的多表位亚单位疫苗能够刺激机体产生特异性的抗K88ac、抗LT和抗ST的抗体，这些抗体不仅能够阻止K88ac菌毛在小肠黏膜细胞的黏附，而且能够中和毒素。

2. 布鲁氏菌病亚单位疫苗 目前使用的牛型19号疫苗、羊型Rev.1疫苗和猪型2号（S2）弱毒活菌苗，能够起到有效的免疫保护效果，但仍存在引起孕畜流产和对人有一定致病性等缺点。制备布鲁氏菌重组亚单位疫苗有很多优点，如安全性高、鉴别感染和接种疫苗的应答、可以用多种途径进行免疫。研究表明，布鲁氏菌外膜蛋白有望成为布鲁氏菌病亚单位疫苗研究的目标蛋白，布鲁氏菌外膜蛋白Omp16、Omp19、Omp28、Omp31可以诱导Th1型的细胞免疫反应，且能够对小鼠提供与S19和RB51疫苗相当的攻毒保护率。保护性抗原CobB、AsnC、胞质蛋白SurA和DnaK、周质蛋白Cu‑Zn、核糖体蛋白L7/L12也被用于重组亚单位疫苗的研究。脂化后的L7/L12免疫原性更强，能明显增强攻毒保护效果。

3. 炭疽亚单位疫苗 炭疽杆菌的主要毒力因子是3种毒素，包括保护性抗原PA、致死因子LF和水肿因子EF。3种蛋白中，真正发挥免疫保护作用的只有PA，是炭疽疫苗的一个主要免疫原，所以目前研究的新型炭疽疫苗大多数集中于PA或单纯以PA作为疫苗。用从炭疽杆菌培养液中提纯的PA加佐剂免疫动物能获得很高的保护率。然而天然PA不稳定，易被蛋白酶降解，缺失蛋白酶降解位点的PA突变体免疫原性不变且具有更强的稳定性，突变体重组PA作为显性负相抑制物可以阻止炭疽毒素LF/EF进入胞内。单纯的PA疫苗需要改进成针对性更广泛的多靶向性疫苗，研究表明，炭疽荚膜的主要成分PGA或相应的合成肽与PA的共价复合物可产生更好的免疫保护效果，而将甲醛灭活的芽孢加入到PA中制成的双组分疫苗能提供更有效的免疫应答，其中杆菌类胶原蛋白抗原（BclA）是从成分复杂的芽孢抗原中筛选出的一种很有前景的糖蛋白。重组PA配伍芽孢抗原作为目前较为理想的疫苗组分，为我们提供了一种炭疽新疫苗研究的可行思路。

4. 狂犬病亚单位疫苗 由于狂犬病传统弱毒活疫苗存在安全隐患，以及灭活疫苗生产成本较高，因此狂犬病亚单位疫苗的研制就显得尤为重要。已有研究表明，狂犬病病毒糖蛋白（G）和核蛋白（N）是诱导机体产生体液免疫和细胞免疫反应的主要抗原。因此，狂犬病亚单位疫苗研究的主要对象是G蛋白和N蛋白。最早的狂犬病亚单位疫苗是通过从病毒颗粒中提取抗原蛋白制备而成。Perrin等于1985年将裂解狂犬病病毒提取的G蛋白嵌在脂质体脂质双层上，从而首次制备了可诱导机体产生保护性中和抗体、可抵抗致死剂量狂犬病病毒攻击的狂犬病亚单位疫苗。随着基因重组技术的发展和进步，狂犬病基因重组亚单位疫苗的研制逐步替代了生产成本高的裂解提取法。由于通过原核表达系统和酵母表达系统表达的狂犬病病毒 G 蛋白免疫原性很差，因此狂犬病亚单位疫苗研制主要通过真核表达系统来同时表达 G 蛋白和 N 蛋白。目前成功表达具有良好免疫原性的狂犬病病毒蛋白的主要方法有杆状病毒表达系统（Sf9 细胞、家蚕蚕蛹）和植物表达系统（马铃薯的叶片、玉米）。

5. 猪圆环病毒 2 型基因工程亚单位疫苗 到目前为止，在国内研究结果比较明确且已大规模生产的动物病毒亚单位疫苗主要是（*Porcine circovirus type 2*，PCV2）基因工程亚单位疫苗。该疫苗用经过剪切和修饰后的编码 PCV2 Cap 蛋白基因，通过基因工程技术构建能够表达 Cap 蛋白的大肠杆菌工程菌，经发酵培养、诱导表达、菌体破碎、可溶性抗原蛋白分离纯化、甲醛溶液灭活后，加氢氧化铝胶制成。

6. 激素亚单位疫苗 目前研究的激素类亚单位疫苗主要对象是与生殖和生长相关的激素。免疫避孕疫苗是近年来国际上开发的一类新型生育调节方法，而用于免疫避孕的激素类亚单位疫苗主要是以人绒毛膜促性腺激素（human chorionic gonadotropin，HCG）为抗原而研制的。近期，Talwar 等（2015）将 HCG 的 β 亚基的 C 端基因与 *LTB* 基因通过原核表达系统串联表达，获得的重组融合蛋白（β-hCG-LTB）能够诱导不同种属的小鼠产生滴度很高且持续期较长的抗 HCG 抗体应答。生长素抑制激素能够抑制生长激素等多种激素的分泌和功能，从而抑制机体的生长。因此，在动物生产中以生长素抑制激素为免疫原的亚单位疫苗可使动物的生长素抑制激素水平下降，生长激素释放增多，使牛、羊等家畜获得显著的增重效果。将化学合成的生长素抑制激素基因（14 肽）克隆到 pUC12 质粒中时，该基因可在大肠杆菌中表达。而为了解决生长素抑制激素免疫原性差的困难，徐文忠等（1992）将该基因与 HBsAg 基因融合，用痘苗病毒载体在 Vero 细胞中表达。基因产物为颗粒状，生长素抑制激素位于表面，有良好的免疫原性。然而机体产生的痘苗病毒抗体抑制了病毒的复制，从而使加强免疫的效果不理想，但通过大肠杆菌系统高效表达出了免疫原性

高、增重效果好的生长抑素亚单位疫苗。

（刘　莹　陈光华）

三、合成肽疫苗

合成肽疫苗就是通过人工合成的方法获得的仅含抗原决定簇组分的保护性短肽，与相关载体连接后加佐剂制成的疫苗。与常规疫苗相比，合成肽疫苗不含核酸，是最为理想的新型安全疫苗。

使用能够刺激机体产生保护性免疫反应的最少抗原成分制备疫苗已经成为疫苗的发展趋势。与其他疫苗相比，合成肽疫苗有很多优点。一是合成肽疫苗的生产几乎完全通过化学合成方法，抗原肽可以充分并精确地表现为化学实体（类似于经典的药物）。二是固相多肽合成技术的发展使抗原肽的合成更加方便快捷，该技术运用了自动合成器和微波技术。三是化学合成抗原肽的方法在实际生产中能够避免出现与抗原微生物污染有关的所有问题。四是合成肽疫苗通常是水溶性的，储存条件比较简单而且稳定。多数合成肽疫苗可通过冷冻干燥来储存和运输，而且该类疫苗的稳定性可以简单地使用标准的物理和化学方法来加以评估。五是人工合成抗原肽可以使其针对的目标非常精细，由该种抗原肽刺激而产生的免疫应答可以针对天然状态下的非免疫表位。通过使用多表位抗原肽合成的方法，合成肽疫苗可以被设计为针对同一种病原体的不同型、同一种病原体生命周期的不同阶段，甚至不同的病原体。六是由于合成肽疫苗不含有病原体其他的冗余成分，因此该类疫苗可以有效地避免过敏反应或自体免疫反应。

合成肽疫苗技术在动物疫苗研制中已经得到一定应用。我国农业农村部 2004 年即已批准第一个合成肽疫苗投产和使用。合成肽疫苗的研究最早始于口蹄疫病毒的合成肽疫苗。Bittle（1982）通过化学合成方法获得了免疫原性较好的 O 型口蹄疫病毒 VP1 蛋白 141～160 位氨基酸的多肽，从而开启了口蹄疫合成肽疫苗的进程。随着研究的深入，人们发现将含有 B 细胞抗原表位的合成肽（VP1 141～160）和含有 T 细胞表位的合成肽（VP1 200～213）结合的合成肽疫苗效果更好。由于口蹄疫病毒的血清型较多，不同地区或不同时期的流行株在分子生物学和血清学上都存在较

大差异，因此在研制口蹄疫合成肽疫苗时要充分考虑到这些方面的差异。合成肽疫苗技术也为兼顾这些差异、更好地保证疫苗免疫效果提供了可能。如参考中国与东南亚近年流行的口蹄疫 O 型病毒设计的多肽 98（针对缅甸 98 毒），以及多肽 93（针对泛亚和猪毒谱系病毒）两种合成肽的组合实现了对我国 O 型口蹄疫各种毒株免疫预防的全覆盖。

虽然合成肽疫苗具有许多优点，且该类疫苗的应用价值和应用范围在不断扩大，但在具体研发和生产实践中还存在许多问题需要解决。如成本较高；还没有统一的方法来准确筛选与正确组装抗原表位，特别是构象表位和线性表位的选择和组装；合成肽疫苗的成分比较简单，其免疫原性往往较低，需要使用合适的载体和佐剂来增强自身的免疫原性；合成肽针对不易变异的 DNA 病毒，如细小病毒的保护率更高，但是针对 RNA 病毒的保护率较低，有的仅达 50%；在合成过程中会出现断肽事故，造成生产中止，延误出肽时间，导致半成品报废，从而产生人力、物力、财力的极大浪费，造成直接经济损失。虽然合成肽疫苗还没有成为当今社会的主体疫苗，但是人们对该类疫苗的研究不会停止，其是在预防烈性传染病的努力中还会发挥更大作用。

（刘　莹　陈光华）

四、载体疫苗

载体疫苗是指利用微生物做载体，将保护性抗原基因重组到微生物中，使用能表达保护性抗原基因的重组微生物制成的疫苗。载体疫苗表达的保护性抗原不需纯化，靠重组微生物在体内表达直接刺激机体产生特异免疫保护反应，免疫原性接近天然微生物，载体本身可发挥佐剂效应增强免疫效果。用于这类疫苗的载体通常为特定微生物的疫苗株，以保证载体的安全性，如痘苗病毒、腺病毒、副黏病毒、沙门氏菌等。根据载体微生物感染的特点，载体疫苗可制成口服（如腺病毒、沙门氏菌载体、非复制型痘苗病毒载体）、注射（如非复制载体）或划痕（如复制型痘苗病毒载体）接种的疫苗。一些载体基因组容量大，特别适于进行多价疫苗的研究，即一种载体表达多种病原微生物的保护性抗原；外源基因容量较

小的载体，由于载体单一，相互干扰小，也易于将表达不同抗原的多个重组病毒混合使用，形成多价多联疫苗。

根据载体在动物体内的繁殖特点，可将载体疫苗分为复制型载体与非复制型载体两类。复制型载体疫苗与弱毒活疫苗相似，可在机体内繁殖，重组体用量少，保护性抗原产生多，免疫效果好，但副作用与所用载体微生物相近。非复制型载体疫苗在刺激机体产生免疫反应的机制上类似活疫苗，而在安全性上类似灭活疫苗，免疫接种后不能产生感染性子代病毒，免疫效果相对较弱，疫苗用量大，成本较高，但十分安全，一定程度上可提高再次免疫的效果。解决复制型载体疫苗的安全性问题和非复制型载体疫苗免疫效果弱的问题成为载体疫苗研究的两个重要方面。

一些活疫苗载体的毒副作用比较大，影响了载体疫苗的广泛应用，因此，在降低载体毒副作用的同时，保持甚至增强其免疫效果已成为疫苗学家关注及研究的重要问题。以复制型痘苗病毒载体研究为例，降低痘苗病毒毒副作用主要从两个方面进行。一是删除痘苗病毒某些毒力相关基因。有资料表明，一些痘苗病毒非必需基因与该病毒的毒力相关。删除痘苗病毒宿主范围基因 C7L、K1L 可不同程度地降低其在不同宿主细胞中的繁殖能力。痘苗病毒免疫抑制相关基因通过其编码类淋巴因子受体（TNFR、IL-1R、IFN-γR）、干扰素抗性蛋白（F3L、K3L）、抗补体活性蛋白 VCP 及丝氨酸蛋白酶抑制剂（SPI）等，从而直接或间接地干扰、削弱或阻断宿主对痘苗病毒的特异性或非特异性反应，增强其毒力。另外，胸苷激酶基因 J2R、核糖核苷酸还原酶基因 I4L、核糖核苷酸还原酶基因 F4L 等通过不同环节增强毒力。删除上述基因也可不同程度地降低痘苗病毒的毒副作用。二是有目的地引入一些能够调节免疫反应的特定淋巴因子。已知长期（或终身）保护性免疫的产生与维持依赖于有效的免疫接种，对于许多动物疾病，保护性的获得取决于诱生的免疫反应类型。而免疫反应类型（细胞免疫或体液免疫）主要受 Th 细胞亚类产生的细胞因子控制。一些研究表明，表达细胞因子，如 IL-2、IL-5、IL-6、IL-10、IFN-γ、TNF 等的重组痘苗病毒可降低痘苗病毒的毒力，或选择性地增强外源抗原的免疫反应。动物免疫结果显示，载体疫苗具有较好的免疫效果，但其局部

与全身反应与亲本株非常接近，进一步降低载体毒力是必要的。

复制型载体疫苗的研究都是在保留载体病毒能在细胞培养物上繁殖的前提下进行的，因为按经典减毒活疫苗理论，只有保留这种繁殖能力才能获得有效免疫。这就产生了两个方面的问题：一是为获得有效免疫，就必须保持较好的病毒繁殖能力，这就很难解决因病毒大量繁殖引起的严重并发症问题；二是病毒繁殖能力明显降低后，毒性和并发症降低了，但却不能诱发有效免疫保护。因此，在经典减毒活疫苗理论（即通过病毒在人或动物体内繁殖来诱发有效免疫）的框架内，很难在确保有效免疫的前提下解决痘苗病毒免疫引起的严重并发症或毒性问题。为了提高载体的安全性，载体疫苗研究中又出现了"非复制型"载体或"复制缺陷型"载体的概念，即重组微生物接种于机体后，不能产生感染性子代，但保留良好的 mRNA 转录和蛋白表达的功能，一些载体还保留了与亲本株相近的基因组复制能力。因此，能较高表达保护性抗原以刺激机体产生免疫反应，具有高度安全性，并在一定程度上可提高再次免疫的效果。这类载体疫苗在刺激机体产生免疫反应的机制上类似活疫苗，而在安全性上类似灭活疫苗，或可称为"半死不活"的疫苗。制备"非复制型"载体有两条路线：一是使用天然存在的载体，即利用某种动物病毒在其他动物体内不能繁殖后代但却能有效表达蛋白的特点，将这类病毒用于其他动物体，作为"非复制型"载体；二是使用重组 DNA 技术对现有病毒载体进行改造，使之在动物体内不能繁殖后代，但却保留外源基因表达的能力。Taylor 等 1988 年提出了"非复制型病毒载体"的概念，他们利用仅在禽类细胞中繁殖的鸡痘病毒（Fowl poxvirus，FPV）作为载体，构建了表达狂犬病病毒包膜糖蛋白的重组鸡痘病毒。该重组病毒在非禽细胞中均不繁殖，因此非常安全，虽然免疫反应较弱，但可以较好表达外源抗原，诱发有效的免疫反应。1991 年他们又发现，金丝雀痘病毒（Canarypox virus，CPV）及其减毒疫苗株 ALVAC 较 FPV 更为有效。该载体十分安全，但总体免疫反应弱，病毒用量较大，给实际应用带来一定困难。1992 年，Tartagha 等选择痘苗病毒哥本哈根株作为原始毒株，通过基因重组技术去除该病毒 18 个基因，成功构建在人源细胞中失去繁殖能力的非复制型哥

本哈根株重组痘苗病毒 NYVAC。去除的 18 个基因中包括宿主范围基因 K1L、C7L 及毒力相关基因 J2R、I4L、A56R、A26L、B13R/B14R、C1-6L、N1-2L 和 M1-2L 等。NYVAC 基本性状与 FPV 和 ALVAC 相近，也依然是病毒载体，虽然十分安全，但免疫反应弱，病毒用量大。我国科学家在借鉴国内外研究成果的基础上，使用中国天坛株痘苗病毒设计了新的非复制型痘苗病毒载体研制路线，即在载体病毒不产生感染性子代病毒的前提下，尽量保持载体病毒基因组复制、RNA 转录和蛋白翻译功能。也就是在保证安全的前提下，提高载体疫苗的免疫效果。采用基因缺失技术成功构建了复制缺陷型天坛株重组痘苗病毒，命名为 NTV。该病毒在鸡胚胎细胞中保持了良好的繁殖能力，可产生高滴度病毒；在非禽源细胞中虽然不能有效繁殖，不产生或仅产生极低滴度的子代病毒，但却保留了与原天坛株痘苗病毒相近的 DNA 复制、RNA 转录与蛋白翻译能力，病毒毒力明显下降，外源基因表达效率高，免疫效果好，为基因工程疫苗研究提供了一种新的复制缺陷型病毒载体。

目前，已有兽医载体疫苗成功上市。例如，表达狂犬病病毒糖蛋白的重组痘病毒活疫苗，作为食饵口服，在特殊地区的野外，用于阻断狂犬病在狼和狐狸中的传播；表达禽流感病毒 H5N1 抗原的禽痘病毒载体活疫苗批准用于鸡群禽流感的预防等。在肿瘤治疗性疫苗研发中，一些疫苗已被批准进行临床治疗研究，展现了较好的应用前景。下面介绍目前研究较为成熟的载体。

1. 痘病毒载体　在过去的 20 多年中，为了改进重组病毒的安全性，科学工作者做出了不懈努力。这种改进措施包括两个方面：一方面是通过基因工程手段对痘苗病毒进行致弱；另一方面是用禽痘病毒载体作为替代，构建能安全、高效表达外源基因的非复制型载体。目前，在基因的表达、疾病治疗和疫苗开发方面，禽痘病毒已经成为使用最为广泛的表达载体，在禽类疾病新型疫苗的研制方面得到了很好的应用。近年来，痘苗病毒、修饰的痘苗病毒安卡拉（MVA）、金丝雀痘病毒（ALVAC）、黏液瘤病毒、猪痘病毒、山羊痘病毒、禽痘病毒等均得到了较好的研究与应用。

2. 疱疹病毒载体　疱疹病毒科分为 4 个亚科：疱疹病毒甲亚科、疱疹病毒乙亚科、疱疹病毒丙亚科及未定名亚科。同痘病毒一样，疱疹病

毒的基因组较大，约150kb，可容纳多个外源基因的插入。大多数疱疹病毒（除伪狂犬病病毒外）的宿主范围很窄，其重组病毒的使用不会产生流行病学方面的不良后果。许多疱疹病毒经黏膜途径感染，构建的活载体疫苗可经黏膜途径递呈抗原，诱导特异性黏膜免疫。疱疹病毒活载体主要包括单纯疱疹病毒、伪狂犬病病毒、火鸡疱疹病毒、Ⅰ型牛疱疹病毒、河马疱疹病毒Ⅰ型。其中，伪狂犬病病毒活载体疫苗是基因工程病毒苗研究中比较活跃的领域，有关Ⅰ型牛疱疹病毒活载体疫苗的研究也有诸多报道。

3. 腺病毒载体　腺病毒属于腺病毒科，根据宿主范围不同，分为哺乳动物腺病毒和禽类腺病毒两个属。腺病毒载体能高效表达外源基因，并能对外源蛋白进行剪切、糖基化、磷酸化等反应后加工。表达的蛋白具有天然蛋白的特性，可用于制药、基因工程疫苗、基因治疗肿瘤治疗等领域，已展现出良好的应用前景。重组腺病毒可以通过注射、口服、气管接种等途径进行免疫，动物不仅产生体液免疫和细胞免疫，而且还可以产生局部黏膜免疫应答，对预防呼吸道、消化道的感染具有极其重要的意义。近年来，研究较为成熟的腺病毒载体有猪腺病毒、绵羊腺病毒、牛腺病毒、犬腺病毒2型、禽腺病毒等。

4. 杆状病毒载体　昆虫杆状病毒中研究较多的是苜蓿银纹夜蛾核型多角体病毒和家蚕核型多角体病毒，用于表达外源蛋白时也多用上述两种杆状病毒载体。杆状病毒表达载体是一种辅助性依赖的真核DNA表达载体，已有近千种外源基因通过杆状病毒表达系统得到表达。对于构建的猪繁殖与呼吸综合征病毒修饰的*ORF5*和*ORF6*双基因共表达的重组假型杆状病毒疫苗，经小鼠免疫试验证实，重组病毒诱导的IFN-γ水平和中和抗体水平均明显高于常规DNA疫苗免疫组。余光清等（2006）也用该系统构建了表达日本血吸虫谷胱甘肽S-转移酶（GST）的重组DNA疫苗，获得了较好的免疫保护力。除此之外，重组杆状病毒表达伪狂犬病病毒糖蛋白、流感病毒血凝素、兔病毒性出血症病毒VP60蛋白等的疫苗也获得了较好的免疫效果，表明重组杆状病毒是一种具有良好发展前景的疫苗载体。

5. 副黏病毒载体　随着反向遗传操作技术的发展，越来越多的RNA病毒成为病毒载体的研究对象。对副黏病毒科中新城疫病毒的研究相

对比较成熟，对其基因组结构、分子特性及其相关性质了解得比较透彻，应用研究也较多，尤其是在流感病毒预防中的效果较为出色。NDV载体作为一种重要的分子生物学工具，不仅在疫苗研究方面具有不可替代的地位，而且作为基因治疗载体的研究也日益取得进展。虽然NDV抗肿瘤的确切机制尚未完全阐明，但随着基础医学和分子病毒学的发展，NDV作为一种有效的病毒载体具有广阔的应用前景是毋庸置疑的。

除了上述在兽医疫苗领域应用和研究较多的载体外，弹状病毒载体、甲病毒载体、冠状病毒载体、反转录病毒载体、黄病毒载体、沙门氏菌载体、BCG、单核李斯特菌载体等一系列病毒及细菌载体也逐步成为人们的研究对象。

20多年来，许多微生物被作为载体用于载体疫苗研究。大量的动物试验结果表明，多数载体疫苗安全有效。然而，在曾感染过载体微生物的机体中，如感染过腺病毒或沙门氏菌的动物中，因机体对载体微生物已具免疫力，接种相应载体疫苗后，一方面会因再次免疫的加强作用形成对载体的优势免疫反应，另一方面会因已存在的载体免疫影响重组微生物（载体疫苗）的繁殖、减少目标抗原的表达量，因而影响目标抗原的免疫效果。因此，影响载体疫苗走向应用的最大问题是机体针对载体的免疫反应：机体预先存在的载体免疫会影响载体疫苗的初次免疫效果；载体疫苗接种后产生的载体免疫反应会影响该疫苗的再次免疫效果；载体免疫反应的存在将影响该载体广泛应用于其他疫苗的研发，不同载体诱发的免疫反应不同，增大了安全评价的复杂性。交替使用不同微生物载体或同种微生物不同血清型载体是目前解决载体免疫反应的重要策略。可用作载体疫苗研发的微生物应具有很多动物都未曾感染过，且生命周期短，有的仅数月，不会在种群中形成长期特异的载体免疫屏障等优点，这就为规避载体免疫反应、开辟载体疫苗研发的新领域提供了依据。因此，将载体疫苗技术应用于兽用疫苗的研发具有先天优势，特别是用于那些生命周期短的动物疫苗的研发，有利于解决载体免疫反应，发挥载体疫苗成本低、效果好、易组成多联多价的优势，将载体疫苗研究推向实际应用。

（赵　炜　陈光华）

五、标记疫苗

标记疫苗是一类疫苗的总称，主要包括基因缺失疫苗、亚单位疫苗、活载体疫苗及 DNA 疫苗等。这些疫苗的共同特征是都带有可供鉴别诊断的标识。基因缺失疫苗是一种典型的标记疫苗，这里主要介绍基因缺失疫苗。

基因缺失疫苗是指通过缺失与毒力相关的基因及病毒复制非必需的基因获得疫苗株后制成的疫苗。通过缺失使得病毒致病力减弱，但仍然保持其良好的免疫原性。这种基因缺失病毒作为疫苗的突出优点是病毒毒力不易返强，且缺失的基因及其编码产物可作为一种检测标志用于免疫动物与自然感染动物的鉴别诊断。这种疫苗的应用为净化畜禽种群，进而最终消灭传染病带来极大的技术方便。在病毒基因缺失疫苗研究方面，最为成功的是疱疹病毒科的 α 疱疹病毒，主要有伪狂犬病病毒和牛传染性鼻气管炎病毒基因缺失疫苗。随着分子生物学技术的发展，RNA 病毒中的反转录病毒及其他 RNA 病毒基因缺失疫苗的研究也将得到进一步发展。

利用基因缺失方法构建的第一个基因缺失疫苗是伪狂犬病病毒（*Pseudorabies virus*，PRV）BUK-dl3 TK 基因缺失疫苗（omnivac），该疫苗经美国 FDA 批准于 1986 年上市。

由于基因缺失疫苗株病毒的复制能力并不明显降低，因此其诱导的免疫应答并不低于常规弱毒活疫苗。常规活疫苗的有效性是公认的，但仍存在一定缺陷。一是减毒株的"返祖"现象，如在动物体或细胞中长期传代而致弱的传统疫苗，往往是点突变，只有极少数核苷酸发生了变化，因而容易发生毒力返强，基因缺失疫苗采用的往往是一个基因或部分基因的去除，与自然突变株（多数为点突变毒株）相比，基因缺失突变株具有突变性状明确、稳定、不易发生毒力返强的优点。二是常规弱毒活疫苗免疫动物与自然感染动物的鉴别诊断困难。由于常规疫苗与野毒株所诱生的抗体在血清学上不能相互区分，致使血清学检测发生混乱，对疫情难以做出正确判断，进而影响防控措施的科学性，造成大量人物力浪费。基因缺失疫苗恰恰克服了该缺点，通过缺失特定目的基因后可以和野毒株在血清学上相区分，进而为根除该病提供有效的监测方法。例如，美国和一些欧盟国家就是通过建立针对伪狂犬病病毒 gE

基因的单克隆抗体竞争 ELISA 诊断方法，并与基因缺失疫苗配合使用根除了伪狂犬病。由此可见，利用基因缺失疫苗消灭某种传染病，其优越性是常规疫苗所无法比拟的。

由于缺失了部分毒力相关基因，因此基因缺失疫苗更为安全。基因缺失疫苗的生产工艺与相应的弱毒疫苗相同，在生产过程和生产成本上不存在问题。最重要的问题是基因缺失疫苗在实际应用中的安全性，因为基因缺失病毒在自然状态下可能会与野毒株发生重组，或发生核酸修补，从而使疫苗株原本被缺失的基因得到恢复而重新获得毒力。因此在基因缺失疫苗投入使用之前，必须进行全面而细致的安全试验。令人欣慰的是，动物伪狂犬病病毒基因缺失疫苗投入市场使用已有近 30 多年的历史，并未出现过人们所担心的上述安全问题。

在伪狂犬病的防治中，疫苗起着重要作用。由于疱疹病毒的免疫原性与毒力有一定的相关性，因此灭活疫苗的效力一般较差。伪狂犬病基因缺失疫苗是在分析研究该病毒的一些结构蛋白和非结构蛋白功能的基础上研制成功的。伪狂犬病病毒的 *TK*、*gE* 和 *gI* 基因均与病毒的毒力有一定关系，但对病毒的复制是非必需的；*gC* 基因编码病毒的结构蛋白，但对病毒的复制是非必需的；*gG* 基因编码的蛋白不被包装到病毒粒子中，是病毒的非结构蛋白基因，对病毒的复制无影响。利用基因工程技术删除 TK 基因及另外一些非必需糖蛋白基因，已构建成功一系列双基因和三基因缺失疫苗，如 TK^-/gG^-、TK^-/gE^-、TK^-/gC^- 和 $TK^-/gE^-/gI^-$ 等。这些基因缺失疫苗病毒与其亲本毒相比较，毒力明显减弱，但仍具有良好的免疫原性。此外，猪伪狂犬病基因缺失疫苗还可以降低免疫猪被强毒攻击后的排毒能力，其自身的持续感染能力也大大下降。目前，利用抗 gE、gC 和 gG 单克隆抗体建立的 ELISA 鉴别诊断试剂盒已随相应的基因缺失疫苗在许多国家使用，在伪狂犬病扑灭计划中起着至关重要的作用。

牛传染性鼻气管炎病毒（IBRV）*TK* 基因缺失苗研究于 1984 年首先在美国报道。1994 年，澳大利亚学者 Smith 也构建了一株 BHV-1 的 *TK* 基因缺失苗。*TK* 单基因缺失疫苗的缺点是疫苗病毒仍具有潜在的感染性。荷兰学者构建了 IBRV *gE* 单基因和 *gE/TK* 双基因缺失毒株，首次证实了 *gE* 单基因缺失就可在很大程度上降低 IBRV 的毒力。其中 IBRV *gE* 基因缺失毒株成了欧洲后来生产并应用的 IBRV gE 基因缺失疫苗株，也就是说，欧洲主要使用 IBRV gE 基因缺失疫苗。此后，Belknap 等（1999）构建了 gE、gG 和 US2 三基因缺失毒株，免疫攻毒试验表明该毒株可使犊牛产生良好的免疫保护。截至目前已有多种 IBRV 单基因、双基因乃至三基因缺失疫苗问世。美国已普遍使用基因缺失疫苗，荷兰于 1998 年 5 月在全国范围内启动扑灭计划，推广使用 IBRV TK^-/gE^- 双基因缺失疫苗。此外，比利时也使用了 IBRV gE 基因缺失疫苗，启动了 IBR 扑灭计划。IBRV gE 基因缺失株的毒力较 TK 基因缺失株进一步降低，并易于建立相应的血清学鉴别诊断方法。

受其他 α 疱疹病毒（如伪狂犬病病毒和牛传染性鼻气管炎病毒）基因缺失疫苗研制成功的启发，不少研究人员对马疱疹病毒 1 型（EHV-1）基因缺失疫苗的研究也进行了很多尝试。例如，Cornick 等（1990）通过使用无环鸟苷（acyclovir）培育了 TK 基因缺失的马疱疹病毒 1 型毒株，该基因缺失毒株可以为幼驹提供免受呼吸道病侵害的部分保护作用（Slater 等，1993）。但在随后的研究中，结果并不令人满意，如用缺失了至少 6 个基因的 EHV-1 的肯塔基 A 株经鼻腔接种小马后，只能检测到微弱的中和抗体，4 周后用强毒攻击，未观察到明显的保护。同样，用 gE 和 gI 双基因缺失的 EHV-1 进行试验，也未取得满意结果。因此，目前尚无有效的马疱疹病毒基因缺失疫苗。

在动物反转录病毒基因缺失疫苗研究中，研究基础较好的是马传染性贫血病毒 S2 基因缺失疫苗，其免疫保护效果令人满意。美国的匹兹堡大学 Li 等（1998）制备了马传性贫血病毒（EIAV）S2 基因缺失毒株，其毒力得到显著减弱，该毒株接种马后可产生抗强毒攻击的免疫保护作用，用血清学方法可以区别疫苗接种马和自然感染马。此外，牛白血病病毒的 Tax 基因缺失株与猴和人免疫缺陷病毒的 nef 基因缺失株也已构建成功，这些缺失毒株的获得为研制相应的基因缺失疫苗奠定了基础。

反向遗传操作技术的发展和应用，极大地促进了 RNA 病毒基因缺失疫苗的研制。如 Webby 等（2004）利用 2003 年从人体分离的高致病性禽流感病毒 H5N1 毒株，通过缺失 HA 裂解位点的部分氨基酸，迅速获得了致弱的 H5N1-PRS 疫苗候选株。在家畜口蹄疫防控技术研究中，也进行了口蹄疫病毒基因缺失疫苗的研究。如缺失 L 基因的口蹄疫 A12 重组病毒可在 BHK-21 细胞

内增殖，对乳鼠的致病力减弱，通过气源性感染牛发现毒力明显减弱。通过猪体试验也得到类似结果。用该 L 基因缺失弱毒株制备的灭活疫苗对牛和猪均可产生部分保护作用。而缺失 RGD 的口蹄疫病毒在 BHK-21 细胞和小鼠体内试验证明其毒力和感染性都不会得到恢复。将该缺失毒株接种猪蹄部的敏感部位，未出现任何临床症状，也没有发现病毒增殖，2C、3AB、3C 血清抗体检测为阴性。用这种 RGD 缺失毒株免疫牛甚至产生了比灭活疫苗效果更好的保护作用。在猪瘟病毒基因缺失疫苗研究方面，荷兰的研究人员用中国的猪瘟兔化弱毒 C 株全长 cDNA 感染性克隆构建了缺失 E^{rns} 基因的猪瘟病毒 cDNA，并拯救出 E^{rns} 基因缺失的重组病毒。用这种 E^{rns} 基因缺失毒株免疫猪后，猪体会产生抗猪瘟强毒攻击的保护作用。他们随后又构建了缺失 E2 基因的猪瘟病毒 cDNA，拯救出了 E2 基因缺失的重组病毒，用这种 E2 基因缺失重组病毒免疫猪后，猪体会产生抗猪瘟强毒攻击的部分保护作用。

在基因缺失病毒疫苗的研究方面，我国与发达国家之间的差距正在缩小。目前，国内已经实现和即将实现产业化的基因缺失病毒疫苗有伪狂犬病病毒三基因缺失和双基因缺失基因工程疫苗。中国农业科学院哈尔滨兽医研究所于 20 世纪 80 年代从匈牙利引进的伪狂犬病弱毒疫苗已在国内推广应用多年，现已被证实是一种呈自然缺失的 gE/gI 双基因缺失弱毒疫苗，多年使用证明该疫苗安全记录良好，而且现已配备有 gE-ELISA 鉴别诊断方法。四川农业大学郭万柱教授等已构建了一系列 PRV 基因缺失病毒株，并对 TK/gE/gI 三基因缺失病毒进行了详细研究，试验证明此疫苗对各种猪只及其他动物均安全，已获得新兽药证书，正在进行规模化生产。华中农业大学陈焕春教授等研发了 TK/gG 双基因缺失疫苗，以及 TK/gE/gp63 三基因缺失疫苗，均已获得新兽药证书。

由于集约化养殖业的飞速发展，动物群发病的危害性表现得越来越明显，而且，病原在动物个体间传播的速率增高，毒力也渐显增强。在防控畜禽疫病中，疫苗发挥了重要作用。但使用传统疫苗的一个缺点在于使用疫苗后无法用血清学试验来检查动物群体中是否存在这种病原体，也就是说用血清学诊断方法无法区分疫苗免疫动物和自然感染动物，使得疫情的监测和预报更加困难。因此，应用现代生物技术开发研制新一代基

因工程标记疫苗是必然的趋势，如伪狂犬病病毒与牛传染性鼻气管炎病毒基因缺失标记疫苗已获得了成功应用。因为这类疫苗的共同特征是克服了传统疫苗的缺点，非常安全；同时，编码病毒的一些特定抗原基因部分被去除，当病毒在机体内增殖时，就不再诱导机体产生针对这种抗原的抗体，因此可以建立特殊的血清学诊断方法用以区分感染病毒所产生的抗体与疫苗所诱生的抗体，这样就可以区别疫苗免疫动物和自然感染的动物。应用这类疫苗并配合相应的鉴别诊断方法可以有效地控制乃至彻底消灭相应的动物传染病。

我国是畜禽养殖大国，对疫病的防制仍然是兽医工作的重中之重。应用标记疫苗及其相应的鉴别诊断方法配合扑灭计划是未来动物疫病防控的希望，特别是基因缺失疫苗和相应的鉴别诊断试剂的研制将是一个重要研究方向。

各国用于控制动物疫病的措施都有所不同，一些国家采取检疫和扑杀的政策，也有一些国家用疫苗来控制疫病。采取扑杀感染动物的策略耗资巨大，对拥有大量畜禽的发展中国家来说是不现实的，接种疫苗已成为多数国家控制畜禽疫病的主要措施。由于病毒基因缺失标记疫苗的毒力又得到进一步降低，因此可以更多地使用减毒活疫苗，这样会诱导机体产生更为持久而坚强的免疫力。同时，可以配合使用血清学方法进行鉴别诊断，因此这种疫苗的应用前景非常乐观。

当然，在研究和使用基因缺失病毒疫苗的同时，也应当注意生物安全问题。因为病毒在自然状态下可能与野毒株发生重组，或发生核酸修补，使疫苗株原本已经被缺失的基因得到恢复而重新获得毒力。因此，在研制过程中应开展细致的生物安全评估试验，避免出现安全隐患和对环境的生物学污染。伪狂犬病病毒基因缺失疫苗的成功应用，为开发更多安全有效的基因缺失病毒疫苗带来了希望。我们有理由相信，进入21世纪后，随着新技术的不断出现和应用，以及国家政府和广大人民群众对控制乃至消灭动物疫病的要求越来越高，标记疫苗的研究和应用将迎来更辉煌的时代。

（赵　炜　陈光华）

六、抗独特型抗体疫苗

抗独特型抗体疫苗是20世纪70年代后期发展起来的一种新型免疫生物制剂。该疫苗是以抗病原微生物的抗体作为抗原来免疫动物，抗体的独特型决定簇可刺激机体产生抗独特型抗体，抗独特型抗体是始动抗原的内影像，可刺激机体产生对始动抗原的免疫应答，从而产生保护作用。该种疫苗适用于目前尚不能培养或培养困难、产量低、危险性大的一些微生物。

抗独特型抗体产生的主要理论基础是由免疫学家Lindemann（1973）和Jeme（1974）提出的免疫网络学说。该学说的物质基础是位于抗体分子上的独特型和抗独特型，主旨是机体免疫系统内的各个细胞克隆能够通过独特型决定簇与抗独特型决定簇之间相互识别、相互作用来维持机体的动态平衡网络。免疫网络学说认为，免疫球蛋白（Ig）分子的轻链可变区（VL）和重链可变区（VH）高变区内的数个氨基酸可以构成一种特殊的抗原决定簇，不同Ig分子的这种特殊抗原决定簇不同，因此称该抗原决定簇为独特型（idiotype）（图1-1）。独特型由若干表位组成，称为

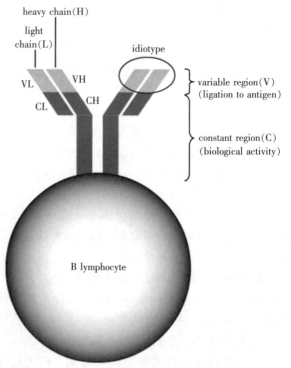

图1-1　独特型表位可作为肿瘤特异性的抗原决定簇（Houot等）

注：B lymphocyte，B淋巴细胞；heavy chain，重链；light chain，轻链；variable region，可变区；constant region指，恒定区；VL，轻链可变区；CL，轻链恒定区；VH，重链可变区；CH，重链恒定区；idiotype，独特型；ligation to antigen，与抗原结合；biological activity，生物学活性。

独特位（Idiotope），可刺激机体产生相应的抗体，即抗独特型抗体（anti-idiotypic antibody，AId）。当抗原刺激机体时，能够识别该抗原的淋巴细胞克隆首先被激活，从而产生针对该抗原的抗体（Ab$_1$），随后能够识别该抗体独特型决定簇的第2个克隆被激活，从而产生抗独特型抗体（Ab$_2$），依此类推，还可以有第3个（Ab$_3$）、第4个（Ab$_4$）等。由于这些抗体相互制约，从而制衡相关抗体水平，最终保持机体免疫自稳状态。

根据抗独特型抗体的功能和与之相关抗体的反应特点，AId分为Ab$_{2\alpha}$、Ab$_{2\beta}$、Ab$_{2\gamma}$和Ab$_{2\epsilon}$四类。其中，Ab$_{2\alpha}$属于非抑制性的半抗原Ab$_2$，能够识别Ab$_1$上与骨架结构有关的独特型决定簇而结合Ab$_1$，但这种结合不影响Ab$_1$与抗原的结合；Ab$_{2\beta}$具有类似抗原的结构，在构象上与始动抗原的表位相似，模拟抗原，识别Ab$_1$上与抗原互补的决定簇，产生与抗原相同的生物学效应。因此，Ab$_{2\beta}$认为是外部抗原在机体免疫系统中的"内影像"。Ab$_{2\beta}$与Ab$_1$中独特型抗原表位的结合能够完全抑制抗原与该独特型抗原表位的结合。Ab$_{2\gamma}$也是一种半抗原抑制性抗体，能够识别Ab$_1$分子上与抗原互补位相关的决定簇或互补决定簇；Ab$_{2\epsilon}$又称为外位抗体（epibody），既识别Ab$_1$分子上的独特型表位，又能识别始动抗原上的某一表位。

抗独特型抗体疫苗的研制和应用已经经历了漫长岁月。早在1981年，Brown和Nisonoff等就已经提出利用抗原"内影像"的抗独特型抗体Ab$_{2\beta}$作为抗原的模拟物来免疫机体，从而引起机体产生抗病原体的特异性免疫应答；Bailey（1989）等利用单克隆抗体技术获得了含有"内影像"的抗独特型抗体。迄今为止，应用抗独特型抗体疫苗最多的领域是在肿瘤免疫方面。此外，在一些人、畜传染病的防控中，抗独特型抗体疫苗也发挥了一定作用。

抗独特型抗体疫苗在治疗人的肿瘤方面已有一些应用。在肿瘤的主动免疫治疗中利用机体的免疫能力以抗原特异性方式攻击瘤细胞，与被动免疫相比，不需大量抗肿瘤抗体。抗独特型抗体疫苗的出现为肿瘤的治疗提出了一个独特的方向，即不需要肿瘤源性物质就可以诱导抗肿瘤免疫。如今，用抗独特型抗体疫苗治疗肿瘤的研究主要集中在人结肠癌、鼻咽癌、B淋巴细胞肿瘤、T细胞性白血病、乳腺癌、黑色素瘤、胰腺癌、卵巢癌等。

抗独特型抗体疫苗在预防和治疗传染病方面也有一定作用。由于抗独特型抗体疫苗能够有效避免灭活疫苗或减毒活疫苗中残留的活病原体或毒力返强现象，因此，人们对用于预防和治疗病原体感染的抗独特型抗体疫苗的关注度也越来越高。已有研究证明，猪水疱病、鸡传染性喉气管炎、鸡传染性法氏囊病、牛布鲁氏菌病、非洲锥虫病、曼氏血吸虫病、伊氏锥虫病、弓形虫病、血吸虫病，以及猪带绦虫六钩蚴等疾病的抗独特型抗体疫苗均具有良好效果。2006年农业部批准牙鲆溶藻弧菌、鳗弧菌、迟缓爱德华菌病多联抗独特型抗体疫苗为一类新兽药。

与其他疫苗相比，抗独特型抗体疫苗有其自身的优点和不足。

作为一种新型疫苗，抗独特型抗体疫苗有着传统疫苗所不能替代的作用。其主要优点至少包括3个方面。一是安全性好。由于该类疫苗使用抗体来模拟替代抗原，从而可以有效避免病原微生物传播。二是来源稳定可靠。当由于某些传染病的病原体在体外组织培养困难或体外培养尚未成功而不能得到足够量的抗原时，或者在抗原纯化技术和经济上存在限制时，抗独特型抗体疫苗生产中可利用单克隆抗体技术以稳定可靠地获得抗原。与此同时，这种方法可避免基因工程技术或合成肽技术制备抗原中发生的构型缺陷问题。三是能够避免由病原体引起的宿主自身免疫病。某些病原体中含有与宿主自身交叉反应的非保护性抗原，如用该抗原免疫可引起宿主的自身免疫病。而抗独特型抗体疫苗仅引起针对病原体单个表位的免疫反应，可避免潜在的自身免疫反应。

抗独特型抗体疫苗也存在一定的局限性。虽然抗独特型抗体疫苗有很多优点，但到目前为止，商品化的抗独特型抗体疫苗很少。究其可能原因，一是抗独特型抗体筛选的难度比较大，二是存在异种蛋白的副作用，三是该类疫苗的免疫原性不高，通常情况下需要与适宜佐剂一起对靶动物进行免疫。

（刘 莹 陈光华）

七、DNA疫苗

DNA疫苗也叫核酸疫苗，是在分子生物学技术基础上发展起来的第三代新型疫苗。其基本原理是，通过基因重组技术，将编码某种蛋白抗原的外源基因（DNA 或 RNA）定向构建成重组 DNA 真核表达载体，直接导入动物体内，通过宿主细胞的转录系统合成抗原蛋白，诱导宿主细胞产生对该抗原蛋白的一系列特异性免疫应答，增强机体对此类病原体的抵抗能力，从而达到预防和治疗疾病的目的。

DNA 疫苗的发展已有 20 多年的历史。1990 年，Wolff 在一次基因治疗的试验中发现，向小鼠肌肉组织内注射重组质粒 DNA 后，质粒 DNA 迅速被肌细胞吸收，且质粒携带的目的基因在小鼠体内稳定表达了数十日。1992 年，Tang 将外源 DNA（人生长激素基因）注射到小鼠表皮细胞内后，发现外源 DNA 能引起小鼠较强的免疫反应。他们的发现很快引起了学术界的广泛关注，DNA 的免疫作用也逐渐被人们接受。随后，科研工作者纷纷利用 DNA 疫苗进行动物免疫试验，收到了较好的免疫效果。1993 年，Ulmer 等将含有流感病毒核心蛋白编码基因的重组质粒载体注入小鼠肌肉中，结果证实小鼠产生了对流感病毒的免疫保护。Robinson 等将编码流感病毒 H7N7 株的血凝素（HA）基因经皮下、腹腔、静脉注射途径免疫 3 周龄鸡，结果表明免疫鸡对致死量的 H7N7 株病毒鼻内攻击产生了 50% 的免疫保护。用含 H7N2 NA 抗原基因的重组质粒 DNA 通过静脉、肌肉、皮下、点眼等途径免疫 3 周龄鸡，4 周龄时进行第 2 次免疫，6 周龄时用致死量的病毒进行攻击，免疫鸡的存活率达 10% ～ 63%。作为一种新型疫苗，DNA 疫苗的免疫效果引起了世界卫生组织的重视。世界卫生组织于 1994 年和 1995 年专门召开国际会议，讨论核酸疫苗的临床研究情况，并对核酸疫苗进行了命名，成立专门小组予以推动，从此宣告了基因疫苗的诞生，为疫苗的发展开辟了一条新思路，被誉为开创了"疫苗学的新纪元"。

常规 DNA 疫苗的本质是含有病原体抗原基因的真核表达载体，其作用原理目前还没有完整地被揭示。其难点主要集中在两个方面。一是抗原物质如何进入机体细胞。第一、二代疫苗都是以病原微生物（细菌、病毒、寄生虫等）或其亚单位直接作为抗原物质，借助微生物自身所具有的结构主动入侵宿主的机体细胞，或被机体细胞主动俘获。与传统疫苗不同，DNA 疫苗往往没有主动侵入性，是一个依赖载体的被动俘获过程。

有研究指出，DNA 疫苗注入机体后，要么被机体的上皮细胞、肌细胞通过内吞的方式摄入，要么直接被局部的抗原递呈细胞（APC）吞入。未被摄取的质粒 DNA 大多数在宿主机体内被降解，少数随循环系统进入淋巴结或脾脏中，被 APC 摄取。DNA 疫苗的具体入侵机制尚未探明，这可能与载体的结构特性有关，也与机体细胞对 DNA 的嗜好程度有关。二是抗原基因如何在受体细胞内高效表达。DNA 疫苗的本质是含有病原体抗原基因的真核表达载体，然而，关于外源 DNA 借助宿主表达系统在细胞内部的高效表达过程，目前还处在研究阶段。随着研究的不断深入，科学家在这种真核表达载体的设计过程中，会充分考虑到外源基因的表达问题，通过添加强的启动子和表达调控序列，以增强重组质粒载体的表达能力。将来，抗原基因在受体细胞内的表达也许可以完全通过人工调控予以实现。但是，当宿主表达抗原蛋白后，其作用机理基本与常规疫苗相同：抗原蛋白在 APC 内部发生分解和降解，去除非特异性的肽段，同时保留特异的抗原短肽；保留下来的短肽具有不同的抗原表位，可分别与主要组织相容性复合体 MHC 结合，经 MHC 呈递途径，MHC I 类分子激活 CD8$^+$ T 细胞，增殖后产生特异的 CTL 效应细胞，MHC II 类分子激活 CD4$^+$ T 细胞（Th 细胞），引起 Th 细胞活化增殖，分泌大量的可溶性细胞因子，调节其他免疫细胞的效应，如刺激 B 细胞的增殖和分泌抗体类型的转换，从而诱发体液免疫和细胞免疫应答，产生免疫记忆，实现免疫保护功能。

DNA 疫苗具有许多独特的特点和优势。一是 DNA 疫苗以病原微生物编码保守蛋白的某一核酸序列作为抗原，因其不会变异，故可对同一种病原的漂变产生交叉免疫。如以往对外膜蛋白容易变异的流感病毒等缺乏有效疫苗，现在看来，由于其核心蛋白均非常保守，刺激机体产生的细胞免疫可预防不同病毒株的交叉感染。二是 DNA 疫苗只含病原微生物部分基因组序列，不会因病原微生物毒力回升或灭活不彻底而导致疫苗免疫后引起发病。三是核酸疫苗表达的抗原接近天然构象，其抗原性强。四是可激发机体产生全面的免疫应答。DNA 疫苗接种后，蛋白抗原在宿主细胞内表达，其加工处理过程与病毒感染的自然过程相似，抗原递呈过程也相同。因此，DNA 疫苗既可刺激产生体液免疫，又可诱导产生细胞免疫。五是DNA疫苗可以携带多个抗原基因，从而易于设计成多价疫苗或多联疫苗。六是免疫应答时间持久。外源基因可以不断地在体内表达抗原蛋白，刺激机体产生比较持久的免疫反应。七是制备简单。由于质粒的构建已是成熟的基因工程技术，所以，常规DNA疫苗生产工艺简单且成本低。人工质粒也很稳定，不易被破坏，制成干粉后可在室温下保存，运输十分方便。DNA疫苗作为一种重组质粒，易在工程菌内大量扩增，且提纯方法比较简单，不仅明显降低生产成本，且有利于质量控制，避免了基因工程疫苗生产蛋白纯化的复杂环节，节省了大量费用。八是由于DNA疫苗目的基因和质粒载体本身没有免疫原性，因此，可以反复使用。九是DNA疫苗不受母源抗体的影响，有可能成功地用于幼龄动物乃至新生动物的免疫接种，可广泛用于许多疾病的早期预防。十是由于DNA疫苗能够诱导产生特异性的CTL反应，并可通过细胞因子进行免疫调节，可以诱导免疫功能低下者产生免疫保护，可在自身免疫、抗肿瘤和预防过敏反应等领域得到广泛应用。

DNA疫苗也有自身的局限性和值得争议之处。DNA疫苗有可能与宿主细胞基因组发生整合，从而引起宿主细胞的转化，外源基因的表达水平低，达不到所预期的免疫效果。由于DNA免疫接种的实质是将外源DNA或RNA引入宿主细胞内，其安全性是科学家们一直以来争论的焦点。科学家们认为，外源基因长期在机体内表达，有可能产生免疫耐受、自身免疫疾病和过敏反应等不良后果，此外，还有可能出现抗DNA抗体形成、宿主细胞恶化、DNA整合入宿主基因组等诸多可能性。最近的研究指出，质粒基因整合到基因组上的概率并不比自然发生的基因突变和基因重组的概率高。也有研究指出，质粒DNA疫苗不具有传染性，不会针对DNA疫苗自身产生强烈的免疫反应。只有质粒携带的外源基因所表达的蛋白才能作为抗原，诱导产生特异性免疫反应。

为了提高DNA疫苗的免疫效果和安全性，科学家们正从几个方面对DNA疫苗进行改进。一是质粒的优化。很多研究者对质粒编码基因的遗传序列和其他部分进行了优化，如将病原体的编码基因和细胞的一些趋化因子基因构建在一起，从而提高DNA疫苗的免疫效果。载体上很多与转录和翻译相关的元件等可以影响外源基因的表达，DNA疫苗所使用的载体启动子多为巨细胞病毒（Cytomegalovirus，CMV）启动子、SV40启动子和罗氏肉瘤病毒（Rous sarcoma virus，RSV）启动子。研究结果表明，上述启动子能在多个组织中引发其下游基因高水平表达；用家兔G球蛋白基因衍生的转录终止元件替代牛生长激素转录终止元件，也可提高基因的表达活性；在质粒载体中加入免疫刺激序列（immunostimulatory sequence，ISS）CpG（cytosine followed by guanosine）基序，可以刺激B细胞增生和激活单核细胞分泌细胞因子，增强体液免疫和细胞免疫反应。二是接种途径优化。目前，DNA疫苗的接种途径主要是肌肉和皮下注射，其中肌内注射使用较多，但皮下注射可将抗原更好地传递给提呈细胞，特别是树突状细胞。皮下注射和肌内注射最常用的工具是注射器，目前，研究人员正在开发更合理有效的注射工具和手段。DNA疫苗的另外一种接种方法是采用无针设备，如人用疫苗中将改造过的裸体HIV DNA疫苗用无针设备接种，能够在75%的接种者中观察到HIV特异性T细胞免疫反应。另一个提高DNA疫苗效果的方法是通过电穿孔的方法接种疫苗。为了提高DNA疫苗接种后的吸收率，这种方法涉及在DNA疫苗接种后，用各种电压进行瞬时电击，以使接种部位的细胞膜瞬时打开。研究表明，当使用电转化时，测定的应激T细胞达到了较高水平。三是优化佐剂。佐剂可以有效提高疫苗诱导的免疫应答。DNA疫苗中最早使用的免疫佐剂PLG（poly-lactide coglycolide）为一种阳离子的微粒子。以猴为试验对象，接种用PLG微粒包裹的DNA疫苗，结果显示诱导了较强的T细胞应激反应和抗体反应。另外一种佐剂是泊洛沙姆（Poloxamer），有些泊洛沙姆是非离子性的区段共聚物，可以与阳离子表面活性剂结合，然后与DNA结合形成微粒。有研究表明，泊洛沙姆作为佐剂可以显著提高特异性T细胞水平。Vaxfectin是另一种DNA疫苗的佐剂和接种系统。Vaxfectin是一种阳离子的碱性脂，携带正电荷，通过静电作用与带负电荷的DNA结合。用Vaxfectin包裹3个携带H5N1部分基因的DNA疫苗，接种雪貂，经1~2次免疫后，所有接种对象均对致死性流感病毒攻击产生了抵抗力，而未接种疫苗的对照组全部死亡。用 Vaxfectin 包裹的麻疹 DNA 疫苗对恒河幼猴和青年猴进行皮下和肌肉接种，所有免疫猴均表现出了高水平和持久的中和抗体。

针对动物疫病的 DNA 疫苗研究已取得显著进展。在猪的重要疾病预防方面，将编码 PRV gC 或 gD 基因的质粒 DNA 免疫猪后，检测到保护性抗体和显著的细胞免疫；将编码 gB、gC、gD 的多种质粒 DNA 混合使用，对诱导免疫反应更有效。含有猪流感病毒血凝素（HA）和核衣壳蛋白（NP）基因的 DNA 疫苗，用基因枪轰击猪的表皮进行免疫后，结果证明 HA 质粒 DNA 能使猪产生黏膜免疫反应，从而对流感病毒的攻击具有抵抗力，且引起的免疫水平与灭活疫苗相当。以猪瘟病毒主要保护性抗原 E2 基因构建的 4 种不同真核表达质粒，免疫小鼠后，加上信号肽的 E2 基因可以诱导产生特异性抗体，并能使猪抵抗致死量的 CSFV 石门株强毒攻击。以 PRRSV 两个主要膜蛋白基因 GP5 与 M 分别构建含 GP5、M 及两基因偶联的 3 种 DNA 疫苗，对小鼠和幼猪进行免疫分析，结果表明两基因偶联 DNA 疫苗可明显提高中和抗体水平。在预防禽病方面，以 IBDV 的抗原基因 VP2 与鸡 IL-2 基因构建 DNA 疫苗，共免疫鸡群后，用强毒株进行攻击，结果证明起到明显的保护作用。以 IBDV 超强毒株 VP2 及 VP234 基因构建 DNA 疫苗，对 2 周龄鸡进行两次接种后，以 IBDV 超强毒株进行攻毒试验，结果表明，两种疫苗的保护率分别为 50% 和 70%。以编码禽流感病毒 H7N7 株血凝素（HA）基因的质粒分别由静脉、腹腔、皮下注射免疫 3 周龄鸡，结果表明 50% 免疫鸡可耐受致死剂量的 H7N7 株病毒鼻内攻击。将柔嫩艾美耳球虫第 2 代裂殖子抗原基因 MZS-7 的完整阅读框及其与 IL-17 基因的完整阅读框串连基因分别克隆到真核表达质粒 pcDNA4.0 中，构建了 DNA 疫苗 pcDNA4.0-MZ 和免疫调节型 DNA 疫苗 pcDNA4.0-MZ-IL-17，通过肌内注射接种后，用 Western blotting 检测，结果证明两种 DNA 疫苗均可在鸡肌肉组织中得到有效表达。在预防牛的重大疫病方面，DNA 疫苗也取得一些进展。将牛疱疹病毒（BHV-1）VP22 基因与截短的糖蛋白 D 基因（tgD）偶联构建 DNA 疫苗，经皮内注射免疫，24～48h 后用荧光法检测到 VP22 在细胞中得到高水平表达，后期检测

到特异性抗体 IgG 和 IgA 的显著增加，IFN-γ 分泌明显高于对照。这些结果充分表明 VP22 与 tgD 作为保护性抗原可以发挥有效作用。将引起牛肺结核的分枝杆菌的抗原基因 Ag85B、MPT64、MPT83 分别与真核表达载体 pJW4303 构建了 3 种 DNA 疫苗，接种牛后 1～9 周内检测 IFN-γ，经分枝杆菌攻击后观察肺与淋巴结病理学变化，结果显示，3 种 DNA 疫苗对牛均起到明显的保护作用。

早在 1996 年，美国 FDA 即颁布了相关文件，要求从系统毒性、基因毒性、生殖毒性、免疫毒性和致癌性等方面对 DNA 疫苗临床前的安全性进行评价。目前，FDA 正式批准或有条件批准临床使用的 DNA 疫苗有 3 种：马西尼罗病毒 DNA 疫苗、鲜鱼传染性出血坏死病毒 DNA 疫苗和狗黑素瘤 DNA 疫苗。我国哈尔滨兽医研究所研制的 H5 亚型高致病性禽流感 DNA 疫苗已经获得了农业农村部的批准，成为我国第一个正式投入大规模生产和应用的兽医 DNA 疫苗。

DNA 疫苗的研究和应用都远没有成熟。随着基础研究的深入和临床应用的进一步探索，DNA 疫苗必将会以其明显的优点，在传染病预防、肿瘤和一些免疫系统疾病的预防治疗中，发挥重要作用。

（赵 炜 陈光华）

八、高免血清和卵黄抗体

（一）高免血清

利用微生物及其代谢产物或微生物亚单位、亚结构等特异性抗原作为免疫原，经反复多次免疫接种同一动物体，使之产生大量特异性抗体，采集经高度免疫的动物血清，进行适当处理而制成的制品，称为高免血清。高免血清可用于治疗或预防相应疾病，同时也是疾病诊断和微生物鉴定必备的生物制剂。包括抗血清、抗毒素及各种诊断血清、分群血清、分型血清等。这类抗血清由 Behring 和 Kitasato（1890）首先发现，他们证明，在注射过破伤风毒素的豚鼠和兔血清中存在中和该毒素的物质，给其他动物注射这种血清，能抗御破伤风的感染。20 世纪前中期，人工制备的各种高免抗血清，如抗牛瘟血清、抗猪瘟血清、抗猪丹毒血清、抗炭疽血清及抗气肿疽血清等，

在防制各种传染病中的确发挥了一定作用，但随着抗生素的发明、各类抗菌制剂的出现及疫苗的广泛应用，抗血清的临床应用逐渐减少，多数已被淘汰。

目前仍在大量生产的高免血清仅有破伤风抗毒素、炭疽沉淀素血清等少数几种。用于诊断的血清则很多，主要用于菌（毒）种鉴定、分型、标化生物制品和实验室诊断等。

高免血清之所以具有预防和治疗急性传染病的作用，是由于其含有特异性抗体。将有高度免疫力的抗体输入动物体后，动物体便被动地获得了抗体而形成了免疫力，称为人工被动免疫。健康动物获得免疫力后就可预防相应传染病；已感染某种病原微生物的动物发生传染病时，注射大量高免血清后，血清抗体可抑制患病动物体内的病原体继续繁殖，并与体内正常防御机制共同作用，消灭病原微生物，使动物逐渐恢复健康。高免血清具有很强的特异性，通常一种血清只对一种相应的病原微生物起作用。

高免血清用作紧急预防制剂，往往是在动物群内已有部分动物发生感染或全群动物受到传染病威胁的情况下使用。其优点是注射后立即产生免疫力，但是这种免疫力维持时间较短，一般仅2～3周。根据我国有关规定，对发生某些烈性传染病的动物，不得采用高免血清或其他药物进行治疗，须按有关规范进行处理。

高免血清的生产成本较高，生产周期较长，故使用上存在一定局限性。在人工被动免疫中，以抗毒素血清的效果最佳，应用最广。抗毒素血清是指用细菌外毒素或类毒素免疫动物后制备的抗毒素血清，如破伤风抗毒素、肉毒梭菌抗毒素和葡萄球菌抗毒素等。

可用同种或异种动物制备高免血清。用于制备高免血清的动物有马、驴、牛、山羊、绵羊、猪、兔、豚鼠、鸡、鹅等。用同种动物生产的称同源血清，用异种动物生产的称异源血清。对动物进行免疫前，须对动物进行健康检查，并按制造规程进行必要的微生物学检查，确认无特定病原。为了尽可能减少高免血清中所含外源抗体，最好选用 SPF 动物。大部分情况下很难做到，只能使用非免疫动物，因此合理制定非免疫动物标准并严格实施，就显得非常重要。禽类血清中有抗补体成分，在制备补体结合试验用抗血清时应选用哺乳动物，如用于禽白血病补体结合试验中

的抗血清，多采用家兔或金黄地鼠制备。用大动物制备免疫血清时，通常选 3～8 岁健康状况良好、性情温驯、体型较大的马、驴或牛，经检疫无马传贫、鼻疽、结核和布鲁氏菌病等，进入动物舍后应隔离饲养，进行必要的疫苗接种以防止在饲养过程中发生感染。

制备免疫血清的抗原，一般是微生物体或其毒素（类毒素），或微生物的提取物等纯化抗原。制备免疫原时，要充分考虑其异物性、结构的复杂性及物理性状，尽可能提高其免疫原性。颗粒性抗原较可溶性抗原的抗原性强，球形分子的蛋白质一般较纤维形分子的免疫原性强，聚合状态的蛋白质较单体状态的蛋白质免疫原性强，分子质量较小、抗原性较低的蛋白质，吸附于大分子载体后可提高其免疫原性。制造治疗用血清所用的免疫原，要根据病原微生物的培养特性，采用适宜方法生产。

为了使免疫血清的抗体效价提高到足以用于生产的程度，通常需要对动物进行多次免疫。基础免疫用抗原多为商品化疫苗或配以适宜佐剂的自制抗原，而高免用抗原一般选用毒力较强的菌毒株。有些治疗用血清制备用抗原，需用多个血清型菌毒株。制造抗病毒免疫血清时，须将病毒从细胞中释放出来，可用反复冻融、超声波裂解法释放，并用差速离心、超滤等方法进行浓缩和纯化。根据农业农村部发布的规程，在有些高免血清的制备中，须用含有强毒的血液等进行高免。在目前的管理要求下，此类带有高度生物安全风险的生产工艺最好不再使用。在新制品的研发中，如仍采用此类高风险工艺，可能很难得到批准。基础免疫 1～3 次即可，抗原无须过多过强，这是为高度免疫产生有效的回忆应答打下基础。基础免疫水平、免疫原强度、免疫次数及免疫间隔时间等，都对高免的成功与否、免疫应答水平的持久性，以及动物体的健康状态产生影响，须根据具体情况制订最佳免疫方案。基础免疫后 2 周左右开始进行高度免疫，也可适当延长至 1 个月左右。高免用抗原常用强毒株制造，一般情况下，毒力越强免疫原性越好。免疫剂量应逐渐增加，每次免疫间隔 3～10d，多为 5～7d。高免次数要视血清抗体效价而定，有的只要高免 1～2 次强毒抗原，即可完成高度免疫；有的则要 10 次以上，才能产生高效价的免疫血清。

免疫原接种一般采用皮下或肌内注射途径。

应采用多点注射法，每点的抗原量不宜过多，尤其应用油佐剂抗原时更应注意此点。有些抗原接种以静脉注射途径较好。但抗毒素的制备中不宜采用静脉注射途径，应以背部皮下多点注射为宜。每接种一次免疫原后，血清抗体效价会发生波动，通常效价逐渐升高，达到最高水平后逐渐下降。为了获得尽可能高效价的血清，须掌握其效价波动规律，以在最好时机进行免疫和采血。有的马或其他大动物在长期免疫和采血过程中，血清抗体效价达到一定水平后就不再上升，反而会逐渐下降，且对免疫原的再刺激无应答反应，即产生免疫麻痹。发生此类情况，可能与免疫原的接种剂量、接种间隔时间等因素有关，也可能是免疫原中混杂的免疫抑制性物质所引起。对此，应给予免疫动物以足够的时间休息，以解除抑制作用，并适当调整免疫程序。

对完成免疫程序的动物，经采血检验（试血），血清效价达到合格标准时，即可采血。不合格者，可再度免疫，但经多次免疫仍不合格者应淘汰。血清抗体效价的高峰通常在最后一次免疫后的7～11d出现。采血时可以一次性全放血或多次部分采血，即一次采集或多次采集。多次采血时，第一次按每千克体重采血10～11mL，经3～5d第二次采血，按每千克体重采血8～10mL。第二次采血后经2～3d，再注射大量抗原，适当时间后再进行采血。如此循环进行采血及注射抗原。一次性全放血时，在最后一次高免之后的7～11d进行放血。放血前，动物应禁食24h，但需饮水以防止血脂过高。豚鼠由心脏穿刺采血。家兔可以从心脏采血或颈静脉、颈动脉放血，少量采血可通过耳静脉采取。马由颈动脉或颈静脉放血。羊可以从颈静脉采血或颈动脉、颈静脉放血。家禽可以心脏穿刺采血或颈动脉放血。

采血后，可用下述两法中的任何一法分离血清。一是自然凝结加压法。全血在室温中自然凝固，在灭菌容器中使之与空气有较大的接触面，待血液凝固后进行剥离或者将凝血块切成若干小块，并使其与容器剥离。先置于37℃2h，然后置于2～8℃冰箱，次日离心收集血清。如果采集的血量较大，可将动物血直接采集于事先用灭菌生理盐水或PBS湿润的玻璃筒内（采血用的玻璃容器，马、猪宜用圆筒形，牛为圆罐形），采血后置室温自然凝固，2～4h后，当有血清析出时，向

每个采血筒中加入灭菌的不锈钢压铊，血清即可析出，并可获得较佳的分离效果。二是柠檬酸盐血浆分离血清法。采血至5 000～10 000mL玻璃瓶中，瓶中含灭菌的抗凝剂，每1 000mL血液用10%柠檬酸钠25mL。为提高血浆产量，应在采血之日分离血浆，平均血浆产量应不低于64%。可在分离血浆前向每1 000mL柠檬酸盐血液中滴加10%结晶碳酸钠和6.6%氯化钠各15mL，边加边搅拌，此时血液pH升至7.8～8.0，而氯化钠浓度则增至0.1%。这样，能较完全地分离血浆，并可提高血浆产量4%～6%。用虹吸法提取血浆，按每1 000mL血浆加入30%氯化钙溶液1.3mL，室温中静置澄清48h后，经机械或手工振荡脱去纤维制得血清。随即加入石炭酸至0.5%，或石炭酸0.25%和硫柳汞0.01%，充分摇匀，密封瓶口，粘贴瓶签，静置于2～15℃冷暗处使其澄清。经无菌检验合格，再组批分装，分装后抽样，按规定进行无菌、安全、效力检验，符合标准者出厂。

也可对高免血清进行精制，精制方法包括盐析法（包括硫酸铵、硫酸钠等）、胃酶消化法、低温酒精沉淀法、等电点沉淀法、金属离子沉淀法、电泳法、超速离心法、离子交换法、纤维素层析法和凝胶过滤等方法。高免血清或精制抗体均可制成液体制剂或冻干制剂。

高免血清的检验标准因使用目的不同而异。因治疗用高免血清直接用于动物体，应有严格的纯净和安全检验标准，并应达到足以发挥疗效的抗体效价。对体外诊断用高免血清，最重要的质量控制指标是其特异性，与不同种、型微生物间应无交叉反应，效价或含量为次要指标，在满足实际用途的前提下，无须作过高要求。用作标记抗体的血清，其免疫球蛋白含量应达到一定水平。一般情况下，作为沉淀反应用的阳性血清，效价应达到1∶32～1∶16才能使用。对分群血清和分型血清等，须用国家标准品或参考品进行标定，有些还须用国际标准品进行标定，以确定国际单位（IU），如破伤风抗毒素的"AE"单位、沙门氏菌因子血清、梭菌类抗毒素分型血清的标准品、抗鸡毒支原体参考血清等。

20世纪我国曾经批准数个治疗用高免血清投入生产和使用，但其生产工艺均较落后，目前已鲜有企业生产，仍在生产的仅有破伤风抗毒素。2010年前后曾批准鸡新城疫抗血清用于预防鸡新

城疫、犬细小病毒免疫球蛋白注射液用于预防和治疗犬细小病毒性肠炎,但均未投入规模化生产。已经批准的诊断用高免血清则要多得多,涉及细菌、病毒、衣原体、支原体及寄生虫等病的各种诊断试剂或试剂盒。

(二)卵黄抗体

卵黄免疫球蛋白(IgY)又称卵黄抗体,是用特定抗原对鸡(或其他禽类)进行免疫后,动物体内产生相应抗体,并不断储存于卵黄中。它是卵黄中唯一的免疫球蛋白,具有特异性强、无毒副作用、制备方便、经济优势明显等特点。近年来,在人类和畜禽疾病的诊断与防治、医药和生物技术等领域发展较快。

蛋鸡受到抗原刺激后,法氏囊内 B 细胞分化为浆细胞,浆细胞分泌的抗体进入血液后,随着血液循环到达卵巢,通过卵巢中 IgG 受体作用,选择性地将 IgG 转移到成熟卵泡中,形成卵黄抗体。IgG 移行进入卵泡是受体作用的结果,可在卵泡中大量蓄积,因而,卵黄中的抗体含量显著高于血清。卵黄抗体的性质与哺乳动物的 IgG 相似。正常鸡卵黄抗体的等电点约为 5.2,相对分子质量约为 180 000,由 2 条轻链和 2 条重链组成,相对分子质量分别为 22 000 ～ 30 000 和 60 000 ～ 70 000。卵黄抗体具有良好的稳定性,耐热、耐酸、耐碱,并具有一定抗酶解能力。在低于 75℃ 条件下,卵黄抗体具有良好的热稳定性。溶解于生理盐水中在 4℃ 下可储存 6 ～ 7 年,抗体活性降低不超过 5%;具有耐高渗性能和很好的耐反复冻融的特性。IgY 对 pH 有较好的稳定性,在 pH4.0 ～ 11.0 时比较稳定。对胃蛋白酶有较好的抵抗力,但对胰蛋白酶十分敏感。

卵黄抗体有不少显著优点。一是特异性好。卵黄抗体上具有较多抗原表位,但哺乳动物源抗体不会与之发生反应,也不会与其 Fc 受体结合,因此不会在免疫检测过程中产生假阴性或假阳性结果。卵黄抗体对疾病治疗具有疗效高和作用快的特点,不会产生耐药菌和继发感染现象,对病原具有高度特异性。二是无毒副作用。当卵黄抗体发挥作用后,机体将其当做营养物质分解吸收,因此无毒副作用,也不会有有害物质残留。三是易于制备。家禽发生有效免疫所需抗原剂量小,所产生的卵黄抗体在机体内能长时间维持在较高

水平。此外,母鸡饲养较为方便,且具有鸡蛋均一性好、收集方便快捷和价格便宜等优点,并在提取卵黄抗体时无需采集动物血液,对动物不会造成任何损伤。

不同卵黄抗体通过不同机制发挥作用。一是抑制病毒感染细胞。卵黄抗体与病毒颗粒表面多个受体结合时会破坏病毒结构,影响病毒囊膜与细胞表面的融合,抑制病毒核酸在细胞内的复制。卵黄抗体也可以黏附于病毒衣壳上,抑制病毒的生长繁殖。二是抑制病原菌。卵黄抗体分子黏附于病原菌的菌毛上,抑制病原菌在肠道壁上发挥作用,也使非肠道菌失去黏附宿主细胞的能力,将病原菌的完整性破坏,并抑制其增殖。三是抗内毒素。卵黄抗体能够中和细菌、霉菌等所产生的毒素,抑制巨噬细胞分泌肿瘤坏死因子,减轻炎症反应,还可抑制内毒素与靶细胞之间的结合,避免不良后续反应与继发感染的发生。此外,有的卵黄抗体还可被肠道消化酶降解为可结合片段,该片段中包含抗体末端的可变小肽部分(Fab),这些小肽很易被肠道吸收,进入血液后与特定病原菌黏附因子结合,使病原菌不能黏附易感细胞而失去致病性,而卵黄抗体的稳定区(Fc)则保留在肠道内。

卵黄抗体的制备流程与高免血清基本相似。卵黄抗体主要通过免疫鸡获得。针对的疾病不同,其免疫程序可能不同。目前有关卵黄抗体制备工艺的研究中开展得较多的是免疫佐剂及抗体提纯方法等,在其他方面亦有所研究。有学者比较了笼养和地面饲养的免疫鸡对 IgY 的特异性、浓度和平均总浓度的影响,结果显示,笼养鸡的两项指标与地面饲养鸡的差异极显著。研究发现,SPF 鸡比普通鸡的特异性 IgY 含量更高。然而,目前免疫鸡多用易感非免疫或低免疫鸡进行卵黄抗体生产,这样可极大降低抗体制备的成本。不同抗原的最佳免疫剂量应通过具体的试验进行测定。免疫鸡群时,为获得较高滴度的特异性抗体,往往会配合使用佐剂。然而,不同佐剂的化学特性不同,对免疫系统的刺激及其副作用可能会对鸡体产生不同影响。目前使用较多的佐剂包括弗氏佐剂、矿物油佐剂、蜂胶佐剂等。不同的佐剂配方不尽相同,有的还添加黄芪多糖、白细胞介素或人参提取物等,以进一步提高抗原的免疫原性。免疫途径多采用肌内注射方式,免疫间隔及免疫次数应根据抗体效价的测定来确定。卵黄抗

体的提取是目前规模化生产最关键的工艺，也是卵黄抗体研究中的热点。从获得的高免蛋黄中提取纯化卵黄抗体的方法有很多，主要有沉淀法、层析法等。在实际生产中往往是联合利用几种方法进行。沉淀法包括聚乙二醇法、辛酸法、氨基酸盐沉淀法和硫酸铵法等，这些方法能初步提纯 IgY，产量为 $5\sim7.5mg/mL$，纯度为 $87\%\sim89\%$。辛酸法是我国目前规模化生产中使用较多的方法。层析法包括亲和层析法、离子交换色谱法、疏水作用色谱法和凝胶过滤柱层析法等。

卵黄抗体的质量检验与高免血清基本相同，但通常还会额外采用电泳法检测精制卵黄抗体的纯度，用 Western blotting 法检测提纯抗体的特异性，用 BCA 法检测蛋白含量。

我国早在 2000 年即已批准鸡传染性法氏囊病精制卵黄抗体用于生产和应用。目前我国已批准的卵黄抗体有 10 个产品，主要涉及小鹅瘟、鸡传染性法氏囊病、鸭病毒性肝炎 3 种疾病，这些制品的生产和应用对防治上述 3 种疾病起到了重要作用。

（赵　耘　陈光华）

九、单克隆抗体

自 1975 年 Kohler 和 Milstein 建立淋巴细胞杂交瘤技术以来，单克隆抗体（简称"单抗"）在生物医学科学的许多领域获得越来越广泛的应用。与常规多克隆抗体相比，单抗至少有三方面主要优点：一是高度同质性。单抗是由源于一个 B 淋巴细胞的单克隆杂交瘤细胞系所分泌的，因此抗体分子是同质的，即完全一样的。二是高度特异性。单抗以全或无的方式与特定抗原决定簇反应，一般不发生交叉反应。单抗是针对单个抗原决定簇的，因此它可以用于测定抗原分子上用多抗无法测定的微细差异。用不纯净的抗原可以得到针对特定靶抗原，甚至仅微量存在的靶抗原的特异性单抗。三是无限量供应性。分泌特异性单抗的杂交瘤细胞系一旦建立，即可在液氮中长期冻存，并可根据需要随时生产理化特性和免疫生物学特性明确的单抗试剂。同一种单抗不同批次的差异很小，便于标准化。对于需求量大的单抗试剂，其相对投入比多抗试剂要少。

制备单抗的核心技术是淋巴细胞杂交瘤技术。

将经预定抗原免疫的淋巴细胞与失去次黄嘌呤磷酸核糖转移酶（HGPRT）或胸腺嘧啶核苷激酶（TK）合成能力的骨髓瘤细胞系细胞融合，产生杂交瘤细胞，经过培养、筛选和克隆化，获得既能分泌针对预定抗原的单抗又能无限增殖的杂交瘤细胞系，这就是淋巴细胞杂交瘤技术。用杂交瘤技术制备单抗的主要程序包括动物免疫、细胞融合、杂交瘤细胞筛选和克隆化、单抗的鉴定等步骤。

高纯度的免疫原可提高杂交瘤的阳性率，大大减轻筛选工作量，所以应根据具体抗原和实验室条件尽可能提纯免疫抗原。免疫动物以 BALB/c 小鼠最常用。免疫程序直接影响融合率和杂交瘤细胞的阳性率，应考虑抗原的性质和纯度、抗原量、免疫途径、免疫次数与间隔时间、佐剂的使用及动物对该抗原的免疫应答能力等。如希望得到针对非优势决定簇的单抗，或针对各种不同表位的单抗，则不宜作多次免疫。一般最后一次免疫取腹腔或静脉途径，3d 后融合。也有人采用脾内免疫法，即仅进行一次脾脏内免疫，数日后即可进行融合，大大提高了杂交瘤细胞株建立的速度。

免疫小鼠脾脏淋巴细胞和骨髓瘤细胞在 PEG 的促进下融合。影响细胞融合的因素很多，最重要的有骨髓瘤细胞、PEG、培养基和培养条件。骨髓瘤细胞有支原体污染时则不能产生杂交瘤，融合前一周时间内骨髓瘤细胞一直处于对数生长的良好状态是融合成功的关键之一。不同厂家和不同批次的 PEG 融合率差异很大。培养基用水的质量和血清添加成分亦是影响融合的重要因素，常被忽视。

杂交瘤细胞筛选，就是把分泌针对预定抗原的抗体的杂交瘤细胞筛选出来，通常亦称抗体检测。抗体检测的方法很多，一般根据所研究的抗原和实验室的具体条件而定，但所研制抗体的用途也是选择筛选方法必须考虑的重要因素。筛选方法须具有快速、准确、简便，以及一次能处理大量样品的特点。一般情况下，应在融合之前建立好抗体检测方法。用于筛选的方法必须与单抗的最终用途相符合。

对筛选的杂交瘤细胞须进行克隆化。所谓克隆化是指通过体外培养从混合细胞群体中得到单个细胞无性繁殖的群体。从原始孔中得到的杂交瘤细胞可能不是单克隆性的，为了得到完全同质的单抗，必须对杂交瘤细胞进行克隆化。杂交瘤细胞培养的初期是不稳定的，有的细胞丢失部分染色体，可能已丧失产生抗体的能力，为了除去这部分已不再分泌抗体的细胞，也需要克隆化。此外，在液氮中长期冻存的杂交瘤细胞，复苏后其分泌抗体的功能仍有可能丢失，这时也需要克隆化。克隆化以有限稀释法最为常用。

为了正确使用单抗，在建株时应对每种单抗与相应抗原的反应性、单克隆性和理化特性等进行鉴定。与相应抗原的反应性鉴定，包括确定单抗所针对的抗原表位，确定单抗的特异性和交叉反应，确定单抗在不同免疫学试验中的反应性。单克隆性鉴定包括确定单抗重链和轻链类型，确定杂交瘤细胞染色体数目和确定单抗的纯度。理化特性鉴定主要是研究单抗对温度和pH变化的稳定性，以及单抗的亲和力，它们可为单抗的正确保存和使用提供依据。

分泌特异性单抗的杂交瘤细胞系在建立后通常冻存于液氮中，可随时取出复苏，用于制备单抗。在实验室小量制备单抗时，通常用细胞培养法和激化BALB/c小鼠接种法。杂交瘤细胞不是严格的贴壁依赖细胞，它既可以进行单层细胞培养，又可进行悬浮培养。单层细胞培养是制备单抗最常用的实验室方法。用小鼠接种法制备单抗时，先将BALB/c小鼠用降植烷或液体石蜡激化（0.3mL/只腹腔注射），间隔7～10d后腹腔接种杂交瘤细胞（2～5）×10^5 个/只，再间隔5～7d采集腹水。

单抗的大规模制备可采用动物体内生产系统和细胞培养生产系统。动物体内生产系统与实验室制备相同，最好用SPF级BALB/c小鼠。细胞培养生产系统可采用悬浮培养和固定化培养。使用微载体悬浮培养比普通悬浮培养的细胞密度大，抗体浓度高。细胞固定化培养系统包括中空纤维细胞培养和微囊化细胞培养，产生的抗体浓度较高，大规模生产成本相对较低，但需要昂贵设备，使用范围受到限制。

无论是通过动物体内生产的腹水单抗还是通过细胞培养生产的单抗，均需经过纯化和加工才能成为适合于各种用途的单抗试剂。由于单抗是在分子上同质的抗体，对不同的单抗应使用不同的纯化方法，所以在纯化之前应对单抗的特性作详细鉴定。在纯化单抗前需用适用于特定Ig类和亚类的方法粗提，如硫酸铵沉淀法、辛酸-硫酸铵

沉淀法、优球蛋白沉淀法等。腹水单抗在粗提前还需用二氧化硅吸附法或过滤离心法作预处理，以除去细胞及其碎片、小颗粒物质、脂肪滴等。单抗的纯化有很多种方法，可根据具体单抗的特性和生产条件选择适宜方法，常用的有DEAE离子交换柱层析法、凝胶过滤法、亲和层析法等。

单抗可以作为治疗制剂应用，如我国农业部2009年就以1139号公告的形式发布了犬瘟热病毒单克隆抗体注射液和犬细小病毒单克隆抗体注射液国家标准，批准将上述2种单克隆抗体制剂用于动物疫病治疗。但是，单抗的更多应用还在于制备单抗试剂盒用于动物疫病诊断。目前已有旋毛虫单抗、猪瘟病毒单抗、马传染性贫血病毒单抗、布鲁氏菌单抗、猪伪狂犬病病毒单抗、猪细小病毒单抗等少数几种单抗试剂或试剂盒的研发通过农业部审批并颁发了新兽药证书，可以正式生产和销售，更多单抗处于研究阶段。另外，在生物制品生产用菌毒种的鉴定、成品质量检验中，单抗的应用将越来越普遍。例如，在我国兽医生物制品生产用毒种的特异性鉴定或活疫苗的鉴别检验中，普遍应用血清中和试验，但对某些病毒如疱疹病毒、痘病毒而言，中和试验就不适用，此时，用单抗进行鉴定或鉴别（如单抗荧光染色试验）就成了不可替代的有效手段。

应用单抗研制试剂盒时，必须注意的问题有：①对诊断试剂盒中选用的单抗应进行系统鉴定，确保单抗符合该诊断试剂盒试验系统的要求。已建株的部分单抗可能不适合于研制诊断试剂盒。明确单抗的特异性和交叉反应性对用于诊断试剂盒的单抗尤其重要。用于捕捉抗原的单抗应有高亲和力，用作标记抗体的单抗应考虑其免疫学试验特异性和标记后的抗体活性。②在单抗诊断试剂盒研制过程中，应同时应用经典诊断方法进行比对试验，确定应用单抗试剂盒的特异性和敏感性，以及与使用经典方法所得结果的符合率。对于一些显示单抗独特优越性的诊断试剂盒，如区分强弱毒感染等，没有相应的常规诊断试验可作比较，则需进行病毒分离鉴定和其他生物学试验。③单抗诊断试剂盒的研制投入相当大，不是已建株的单抗都有研制成诊断试剂盒的价值。由于兽医诊断试剂盒的销量受很多因素限制，目前用于日常诊断的单抗试剂盒并不多。单抗试剂盒的研制应以下列几种为重点：流行范围广、发病率高、经济意义大的动物疫病；有重要意义的人畜共患

病；食品、饲料中毒素和其他污染物的检测；常规诊断试剂无法解决的诊断难题，如区分野毒感染和疫苗毒感染所引起的免疫应答等。

应用单抗制备诊断试剂时，有时会用带抗原结合部的活性片段而不用全抗体。例如，单抗的Fab 或 F（ab'）2片段可用于治疗及活体实质组织的病变诊断，用于体外诊断具有减轻假阳性的优点。制备 F（ab'）2时，用胃蛋白酶消化单抗，然后用粒层析（Sephadex G-200）分离。制备 Fab 时，用木瓜蛋白酶消化单抗，然后用 DE-AE 纤维素离子交换柱层析分离。小鼠 IgM 活性片段的分离不如 IgG 有规律，因不同的单抗而异，难度较大。

在很多诊断试验中使用抗小鼠 Ig 间接标记物而无需直接标记单抗。但使用直接标记的单抗可提高试验的敏感性和特异性，并减少反应步骤。作诊断试剂用的单抗，常用酶和荧光素等标记物作指示系统。常用的标记酶有辣根过氧化物酶和碱性磷酸酶。前者价格便宜，有各种合适的底物，是使用最广泛的标记酶。但在很多样品特别是来自植物组织的样品中含有内源过氧化物酶，对试验有严重干扰，在这种情况下应选择碱性磷酸酶作标记酶。除了将抗体用化学的方法标记上酶以外，还有通过酶与抗酶抗体结合的桥联酶标技术，如过氧化物酶-抗过氧化物酶桥联酶技术（PAD）和碱性磷酸酶-抗碱性磷酸酶桥联酶标技术（APAAP）。单抗的荧光标记物最常用的是异硫氰酸荧光素（FITC）和四甲基异硫氰酸罗丹明，它们分别显绿色荧光和红色荧光，产生强烈对比，因此常用于双染色技术。

尽管单克隆抗体技术在兽医领域的发展不如人类医学等领域那么迅速，但几十年来依然取得了不少进步。如通过改进免疫程序，采用小鼠脾内直接免疫法，使得免疫时间从原先数十日缩短至3d，即可进行细胞融合。融合技术的改进使得融合率和阳性率大大提高。融合剂已从早期的仙台病毒改为聚乙二醇（PEG），并获得普遍使用。电融合技术、激光融合技术也得到一定应用。目前我国的淋巴细胞杂交瘤技术服务已经达到非常专业化、社会化的程度，部分专业公司均能在短期内根据客户要求迅速获得所需杂交瘤细胞系。杂交瘤细胞的大规模培养技术取得了很大进步，使大规模生产单抗治疗制剂成为可能。无血清和低血清培养技术的发展，进一步降低了单抗的生产成本。根据其他领域的发展经验，兽医领域的四交瘤和双特异单抗、基因工程抗体（嵌合抗体、重构抗体、表面重塑抗体）技术是未来相关研究中可能获得进一步发展的方向。

（刘秀梵 赵耘 陈光华）

十、诊断试剂

从一般用途来分，兽医诊断试剂可分为体内诊断试剂和体外诊断试剂两大类。我国大部分兽医诊断试剂为体外诊断试剂。体外诊断试剂是指可单独使用或与仪器、器具、设备或系统组合使用，在动物疫病的预防、诊断、治疗监测、预后观察、健康状态评价过程中，用于对各种样本（包括体液、细胞、组织等）进行体外检测的试剂、试剂盒等。

经20多年发展，历经化学、酶、免疫测定和探针技术4次技术革命，诊断试剂已跨越至新的台阶。世界卫生组织（WHO）为发展中国家基层医疗单位制定了"ASSURED"诊断试剂标准，即应具备低价（affordable）、灵敏（sensitive）、特异（specific）、容易使用（user-friendly）、快速（rapid）、稳定（robust）、无仪器（equipment-free）、易储运（deliverable）。全球科技的飞速发展，特别是现代分子生物学技术发展的日新月异，促进了动物疫病诊断技术领域中新技术、新方法的不断出现和融合，如荧光 PCR 技术、芯片技术、蛋白组学技术、PCR-ELISA 等分子诊断技术、基因敲除技术、限制性片段长度多态性分析技术、核酸分子杂交技术、生物传感器技术等。

目前我国兽医诊断试剂的分类主要根据农业部公告第2335号规定，分为三类。第一类为未在国内外上市销售的诊断制品；第二类为已在国外上市销售但未在国内上市销售的诊断制品；第三类为我国已批准上市销售的但在敏感性、特异性、重复性、稳定性等方面有根本改进的诊断制品。

免疫诊断试剂在诊断试剂中品种最多，从结果判断的方法学上又可分为 EIA、胶体金、化学发光、同位素等不同类型试剂，其中同位素放射免疫的试剂由于对环境污染比较大，目前在国际市场上已经被淘汰。分子诊断试剂主要有核酸扩增技术（PCR）产品和当前国内外正在大力研究开发的基因芯片产品。PCR 技术产品灵敏度高、特异性强、诊断窗口期短，可进行定性、定量检测。基因芯片是分子生物学、微电子、计算机等多学科结合的结晶，综合了多种现代高精尖技术，被专家誉为诊断行业的终极产品，但成本高、开发难度大，目前产品种类很少，只用于科研和药物筛选等用途。

我国的兽医诊断试剂的研究和开发主要集中在免疫诊断试剂和分子诊断试剂两大类。

依据《兽药管理条例》，兽医诊断试剂属于兽药，其注册和审批程序与预防和治疗类兽医生物制品相似，不同之处在于体外诊断制品不需要进行临床试验审批。但其在研制和评审的技术要求上具有其特殊性。

敏感性一般以对公认的确诊方法确诊的患病动物样本的阳性率来表示。通过与公认的确诊方法（HI、SN、CF、病原分离及病理解剖等）的比较确定其敏感性。同时要确定制品的最低检出量。最低检出量一般以抗体滴度、抗原的微克数、变异数，以及其他适当的测定方式表示。在确定最低检出限量时，应当包括对几种已知的阴性、弱阳性、强阳性样品的检测。

特异性一般用对已知无病动物样本检测的阴性率来表示。对抗体检测制品，除对已知无病动物的阴性率外，还应通过检测与目标疾病存在交叉反应的相关病原免疫的动物血清或自然感染血清的交叉反应来确定；对抗原及基因诊断制品，除对已知无病动物的阴性率外，还应通过检测与目标疾病病原存在交叉反应的抗原或基因的交叉反应来确定。

可重复性和可靠性一般以变异系数表示。即用试剂盒对已知的阴性、弱阳性、强阳性样品进行反复测定，计算测定结果的变异系数，确定试验的重复性。变异系数必须在可接受的范围内。进行诊断试剂比对试验时，应包括不少于 3 个不同实验室检测的比对结果，以及至少 3 批诊断制品的批间和批内可重复性的测定。

与发达国家相比，目前我国的诊断技术并不落后，对许多疫病均建立了科学的诊断方法，但大多缺乏实用的标准化诊断试剂盒。分子诊断试剂研发在国内才刚刚起步，主要针对少数几种畜禽疫病，如禽流感、口蹄疫、猪瘟、新城疫、猪繁殖与呼吸综合征、伪狂犬病等。以禽流感为例，经初步统计，我国各有关单位 2003 年至 2015 年间共申请有关禽流感诊断的各技术专利 197 项，包括 LAMP、RT-PCR、多重 RT-PCR、荧光 RT-PCR、PCR-ELISA、传感器、磁纳米、基因工程抗体、蛋白质芯片、核酸探针、基因芯片、模拟肽、纳米量子点、重组抗原、ELISA 等，但除 PCR 相关技术得到较为广泛应用外，其他方法还都局限在个别实验室或极小范围内运用。目前已批准注册的禽流感诊断试剂有 14 个，其中血凝抑制抗体检测试剂盒 6 个，RT-PCR 试剂盒 6 个，ELISA 和乳胶凝集试验抗体检测试剂盒各 1 个。在新型快速诊断（检测）技术方面，我国虽起步较晚，但近几年在免疫学和分子诊断学方面都取得了重要进展，只是将技术转化为成熟商品的数量极少，仅少数试剂和试剂盒获得新兽药证书和生产文号。如已经批准注册的口蹄疫诊断试剂有 18 个，但只有 2 个获得生产文号。

对有些动物传染病的标准化诊断方法和试剂研究较少，有关诊断试剂的供应基本依赖进口。特别是还未开始重视自然疫源性传染病、野生动物疫病和外来病诊断方法和试剂的研究。一些外来动物疫病除了疯牛病、痒病有诊断试剂注册外，其余如裂谷热、水疱性口炎、马脑脊髓炎、西尼罗脑病、登革热、尼帕病、非洲猪瘟、流行性出血热等的诊断试剂只能依靠进口。这一局面限制了我国有关动物传染病的日常监测与进出口检疫工作，使我国在防治外来病和应对突发动物传染病和人畜共患病工作中处于较被动地位。

目前，我国有关兽医诊断试剂技术成果很多，但规模化生产工艺落后，商品化运作程度较低，成果转化率和生产标准化程度低，导致市场上可用的高质量诊断试剂不多，防控急需的高端产品供应严重不足。同时，品种比较单一，同类诊断试剂重复较多。到目前为止，我国已批准注册的诊断试剂有 110 个，其中病毒类制品 73 个，细菌类制品 18 个，寄生虫类制品 5 个，支原体类制品 5 个，其他制品 9 个。按靶动物分，禽用制品 29 个，猪用制品 41 个，牛用制品 19 个，羊用制品 7 个，犬用制品 3 个。据不完全统计，市场上 6 种动物疫病的诊断试剂包括 182 个制品、97 个品种，而批准注册的制品只有 45 个，获得生产文号的只有 17 个，仅占市场上出现的制品的 9.34%，批准注册制品的 37.78%。具体数据见表 1-1。

表1-1　6种动物疫病诊断试剂基本情况汇总

疫病	市场产品数	市场品种数	批准注册产品数	批准注册品种数	有文号产品数
禽流感	57	35	14	5	11
口蹄疫	34	24	18	13	2
猪蓝耳病	24	9	4	3	1
猪瘟	23	10	2	2	0
新城疫	22	7	2	1	1
布鲁氏菌病	22	12	5	4	2
合计	182	97	45	28	17

我国兽医诊断试剂的未来发展，可能出现以下趋势。一是免疫诊断试剂会成为诊断试剂发展的主流。免疫诊断试剂具有特异、敏感的特性，符合WHO制定的诊断试剂标准，必将成为诊断试剂中的主要力量。二是诊断技术向两极发展。一方面是高度集成、自动化的仪器诊断，另一方面是简单、快速便于普及的快速诊断。随着我国兽医诊断试剂研发自主创新能力的逐步提高，动物疫病的快速、高通量识别能力必将大大提高。这是诊断试剂现代化和规模化发展的必然趋势。三是兽医诊断制品的种类将快速增加。国际上的临床诊断试剂市场年增长速度为3%～5%，美国FDA已批准的诊断试剂近700种，名列世界各国之首，但同世界卫生组织所属全球疾病统计分类协会最近宣布的全球已确知的12 000多种疾病相比，需求潜力非常大。我国是畜牧业大国，畜禽饲养量巨大，而且我国的动物疫病防治规划均以监测为基础，目前我国的兽医诊断试剂缺口很大，需要更多品种的诊断试剂出现。在开发重大疫病诊断技术的同时，须积极研究其他重要畜禽疫病的诊断技术，重视野生动物疫病和外来病诊断与检测技术与试剂的研究，使我国有能力检测各种动物疫病，确保我国畜牧业健康发展，将外来病的输入危险降到最低。

（赵　耘　陈光华）

十一、其他制品

按照我国现有兽药管理法律法规、兽药标准体系及兽药注册等管理实践，兽医生物制品除包括上文所述传统疫苗、现代生物技术疫苗、治疗性抗体、诊断制品外，还包括微生态制剂、细胞因子等，有时也可见到关于其他概念疫苗如植物转基因疫苗等的报道。

（一）微生态制剂

兽医微生态制剂（microecologics）是根据微生态学基本原理，利用动物体内正常微生物群成员或对其有促进作用的其他微生物等物质制成的兽医生物制品，具有调整微生态失调、恢复微生态平衡、促进宿主健康的作用。亦称微生态调节剂（microecological modulator）。微生态制剂的作用机制主要在于以下4方面：一是直接补充优势菌群。当肠道内的优势菌群如乳杆菌、双歧杆菌等厌氧菌减少时，就会引起肠道菌群紊乱、微生态平衡失调，口服微生态制剂后就可以直接补充肠道内的优势菌群，恢复微生态平衡。二是直接参与生物颉颃作用。如菌体黏附于肠黏膜上皮细胞并定殖，构成生物屏障，阻止致病菌在肠道内定殖、占位、生长和繁殖；代谢产物如乳酸、乙酸、丁酸、细菌素、过氧化氢等活性物质，组成化学屏障，可抑制和清除有害细菌和有害物质；某些代谢产物可促进肠黏膜上皮细胞脱落、纤毛运动、肠蠕动、黏液分泌等，形成机械屏障，清除致病菌和有害物质；作为非特异性免疫调节因子，刺激宿主局部免疫系统，刺激吞噬作用，增强自然杀伤细胞的活力，提高抗体水平，形成免疫屏障，增强动物机体抵抗致病菌的能力。三是生物夺氧作用。利用需氧菌制备的微生态制剂，可在动物体肠道内暂时定殖，使得局部环境中的氧分子浓度降低，氧化还原电位降低，造成正常菌群中的厌氧菌适宜生长的微生态环境，促进双歧杆菌等厌氧菌生长，帮助恢复微生态平衡。四是营养作用。微生态制剂在动物肠道内生长繁殖过程中，产生多种维生素、酶、乳酸、乙酸等，有助于增强动物体抵抗力。

微生态制剂种类繁多。按制剂组成分类，有活菌制剂、死菌制剂、单菌制剂、联菌制剂等；按剂型分，有粉末、口服液等；按宿主分，有猪用、牛用、禽用等。国际上现将微生态制剂分为三大类。一是益生菌（probiotics）。系指由活菌或灭活细菌、菌体成分、代谢产物制成，经口服或其他黏膜途径给药，可改善黏膜表面微生态平衡、激活机体免疫机能。二是益生元（prebiotics）。系指不被宿主上消化道分解吸收的食物成分，给药后可选择性地刺激肠道内某些有益细菌的生长代谢，从而增进宿主健康。通常用于制备益生元的有低聚糖类，包括低聚果糖、低聚半乳糖、棉籽糖等双歧因子。三是合生素（synbiotics）。即由益生菌和益生元两者结合制成。如在双歧杆菌等活菌制剂中加入低聚果糖等双歧因子，可兼得益生菌和益生元的作用。

目前，已获准在我国生产的兽医微生态制剂约有 10 种，均属于益生菌活菌制剂，所用菌种包括蜡样芽孢杆菌、枯草芽孢杆菌、乳酸杆菌、脆弱拟杆菌、粪链球菌、双歧杆菌、酵母菌、酪酸菌等。这类制剂的有效性很大程度上取决于生产、保存、运输和使用过程中使活菌保持稳定的活菌状态。至于益生元、合生素，我国尚未出现类似产品。显然，合生素可能更具有优势，是今后微生态制剂发展的方向之一。

益生菌活菌制剂生产中的培养工艺与细菌活疫苗相似，但更注重活菌率和活菌含量。制成联菌制剂时，须将每种菌种分别发酵培养、制成菌粉后，再按比例混合，并加入赋形剂和辅料。选择适宜干燥方法时亦须确保细菌存活率，如对芽孢杆菌可采用加热干燥法，对其他不耐热细菌可采用冷冻干燥法。对厌氧菌制剂，须采用厌氧包装。

益生菌活菌制剂的成品检验与细菌活疫苗相似，主要进行纯粹检验、安全检验、活菌计数等。

微生态制剂的发展态势将在很大程度上取决于人们对滥用抗生素所引发动物和人类卫生问题，对细菌耐药性问题严重性的认知力和关注度，以及对滥用抗生素监管措施的严格程度。当政策制定者和广大动物源食品消费者通过各种途径迫使养殖企业不能或不愿滥用抗生素时，微生态制剂将迎来其蓬勃发展的春天。从食品安全角度考虑，我们有理由相信微生态制剂事业将在不远的未来获得更加迅猛的发展。

除动物源食品安全考虑之外，我们也不难发现微生态制剂发展的理由。有学者认为，采用抗生素生态疗法是治疗感染性疾病的一个新方向，即以保护微生态平衡观点来合理选用抗生素，并在使用抗生素的同时或之后及时应用微生态制剂来恢复被抗生素破坏了的微生态平衡。有学者发现，乳酸杆菌具免疫增强剂的活性作用，可用作疫苗佐剂；有人试图将抗病活性物质的基因转入双歧杆菌、乳酸杆菌内，制成活菌制剂，给药后在体内表达抗病活性物质；有人试图以嗜酸乳杆

菌为载体，构建预防肠道传染病的疫苗。这些都为微生态制剂的发展描绘出了无比光辉灿烂的前景。

（二）细胞因子

动物体的各种细胞均能合成和分泌小分子的多肽类因子，通过参与各种细胞的增殖、分化、凋亡，从而调节动物体的生理机能，这些因子统称为细胞因子。细胞因子大部分为糖蛋白类物质，通过作用于有特定受体的靶细胞，以其多种多样的活性参与免疫和炎性反应。细胞因子的共性包括多源性（每种细胞因子均源于多种细胞）、多效性（每种细胞因子都具有多种生物学效应）、高效性（微量的细胞因子即能引起明显的生物学效应）、快速反应性（对诱发因素的反应迅速）。细胞因子通常包括干扰素（IFN）、集落刺激因子（CSF）、白细胞介素（IL）、肿瘤坏死因子（TNF）、趋化因子、生长因子等。细胞因子的生物学活性包括调节免疫应答、抗病毒、抗肿瘤、调节造血功能等，但不同细胞因子的主要生物学效应有所不同。

细胞因子的制备方法包括常规方法和基因工程重组方法两大类。由于细胞因子多是微量强效，用常规方法制备或纯化都很难获得足够的数量和纯度，因此，采用基因工程技术研发和生产重组细胞因子更为可取。重组细胞因子制备的基本步骤包括：制备含特异性细胞因子的 cDNA 文库，从 cDNA 文库中筛选目的 cDNA 克隆，构建表达性载体，制备高效表达性工程菌（细胞）。细胞因子质量检验中一般包括理化性状、纯净（细菌、支原体、外源病毒污染检验）、安全检验、含量或效价测定、活性测定。活性测定中可采用生物学测定法、免疫学测定法、分子生物学测定法。

已在兽医临床上得到应用的细胞因子主要为干扰素。干扰素于 1957 年首次被发现，是一种类似多肽激素的细胞功能调节物质，是一种细胞素。天然干扰素是一种糖蛋白，重组干扰素则是不含糖类分子的多肽。1980 年国际干扰素命名委员会给干扰素下了如下定义：干扰素是一类在同种细胞上具有广谱抗病毒活性的蛋白质，其活性的发挥又受细胞基因组的调节和控制，涉及 RNA 和蛋白质的合成。干扰素的生物学活性主要有抗病毒、抑制细胞增殖和调节免疫作用。干扰素本身并不能直接抗病毒，干扰素作用于细胞后，使细胞

产生多种抗病毒蛋白，从而阻断病毒的增殖。干扰素的抗细胞增殖效应除了表现为抑制肿瘤生长外，对造血前体细胞（如髓系）也有增殖抑制作用。干扰素的抗肿瘤细胞增殖效应在不同肿瘤细胞系中差别很大。干扰素的免疫调节活性在于通过激活免疫系统并间接发挥抗病毒和抗肿瘤作用。

目前我国农业部已经批准在兽医临床上应用的干扰素只有一种，即猪白细胞干扰素。该制品系用鸡NDV诱导猪白细胞产生的一种天然干扰素。该产品的生产过程中并未使用复杂的纯化技术，实际上是一种含有多种细胞产物和培养基组分的混合物。据称，该制品具有抗病毒作用，可用于防治猪流行性腹泻。

正在研发中的干扰素多为重组干扰素。与天然干扰素相比，其效价和纯度会更高，生产成本更低，质量稳定性可得到进一步提高。

已经在人医临床上得到较大范围应用的其他细胞因子，除有动物白细胞介素的研究报道外，均未在兽医临床上投入应用。

近几年来，在兽医临床上有一些关于转移因子应用的报道，农业部也已经批准羊胎盘转移因子和猪脾转移因子口服液的注册。该类制品系用健康羊胎盘、猪脾脏等为原料，经细胞破碎、蛋白和核酸裂解、过滤等工艺制成，质量控制中以多肽或核糖为有效标示成分。该类制品实际上是组织和细胞的裂解产物，与传统意义上由细胞合成和分泌的转移因子已相去甚远。但根据研究和临床应用数据，证明该类制品具有非特异性免疫调节作用，可增强动物免疫力和抗病力。

值得注意的是，转移因子是一类以小分子多肽和核糖为主要成分、组成复杂、分子大小不一的混合物，笔者认为不属于细胞因子范畴。

虽然细胞因子在人医临床上已经得到广泛应用，但在兽医临床上应用还较少，其原因可能在于目前的细胞因子制品的生物学效应难以满足兽医临床上对其抗病毒的直观效果、提高生产性能的程度及用药效益/成本的期望。事实上，应用细胞因子制品防治动物烈性传染病的尝试总是难以获得令人满意的效果。如果仅用于防制温和性动物传染病，或仅作为改善群体生产性能和动物疫病综合防制措施中似乎不那么重要的措施之一，在目前的养殖业水平下尚不能引起用户的足够关注。与食用动物不同的是，伴侣动物在某些方面具有与人类更加相似的属性，开发宠物用细胞因子产品，可能是细胞因子产品在兽医临床上得以广泛应用的希望所在。

（张永红　陈光华）

第四节　兽医生物制品的质量指标

高质量的兽医生物制品应安全（或灵敏）、有效（或特异）、质量可控、均一且稳定、便于保存运输和使用。但最重要的内在质量指标系其安全性和效力。由于兽医生物制品安全性方面的缺陷通常会导致负面影响，而且有的负面影响是不可挽回的，而效力方面的缺陷只使其正向作用程度受限，因此，兽医生物制品核心质量指标中又以安全性更为重要。

一、安全性

兽医生物制品的安全性是其最重要质量指标，除须考虑对使用靶动物的安全性外，还应考虑对生产和使用等接触人员的安全性、环境安全性及动物源食品的安全性。因此，在兽医生物制品的研发过程中需要进行很多安全性试验，以排除可能存在的各种不安全因素。

引发疫苗安全性问题的因素通常包括活疫苗中弱毒疫苗株的残余毒力，保护剂、佐剂、灭活剂、乳化剂、培养基组分、抗原以外的培养产物、污染因子的产物对动物机体的局部或全身刺激作用，细菌、病毒、支原体等外源性污染因子对动物的感染及其在动物群体中的传播，用强毒株制备的疫苗中因灭活不完全造成对动物的感染。在疫苗研发和生产检验中，我们可以通过一系列试验和检验项目对上述各种因素予以检测。如活疫苗弱毒株菌毒种的毒力返强试验、活疫苗和灭活疫苗一次单剂量接种的安全试验、单剂量重复接种的安全试验、一次超剂量接种的安全试验、对非靶动物的安全试验、对非接种日龄动物的安全试验、对怀孕动物的安全试验，活疫苗对靶动物免疫学功能影响的试验，活疫苗和灭活疫苗对靶动物生产性能影响的试验，活疫苗水平传播试验等安全性试验，以及各种疫苗的无菌/纯粹检验、外源病毒检验、热原质检查、内毒素检查，部分灭活疫苗的灭活检验。关于各项试验/检验/检查的具体操作方法，后文将有专述。

在日常生产和检验中，不可能做到也无需做到对每批制品进行上述各项检验。通常情况下，安全检验项目越多，保证疫苗安全性的把握性就越大；相反，安全检验项目越少，就越有利于降低疫苗检验成本。二者总是处在一对矛盾的对立面。在确定安全检验项目和标准时，需对各制品的特性及其安全试验中发现的各种不良反应情况加以考虑。对安全风险较大的疫苗，需适当增加安全检验项目，并将已发现的不良反应在该制品安全检验方法和标准中予以明示，作为安全检验时的重要观察和判定指标；反之，对安全风险不大的疫苗，则可适当减少安全检验项目。如对口蹄疫灭活疫苗，在用靶动物（猪或牛）进行安全检验的同时，考虑到未经完全灭活的病毒可能带来的极大风险，多数研发、生产者还采用小动物（小鼠或豚鼠）进行安全检验，有的甚至对每批成品疫苗进行灭活检验；考虑到高密度细胞培养工艺致使疫苗中可能存在大量杂蛋白的可能性，有的增加了热原质检查；考虑到转瓶培养工艺中存在较大污染的可能性，有的增加内毒素检查。对于绝大多数疫苗，均无需采用如此多的安全检验项目。但是，多数情况下，均需用靶动物进行安全检验，除非有足够资料证明用替代动物进行安全检验更有利于把握疫苗安全性。有时，为了更慎重地把握疫苗安全性，有的研发者和生产者同时采用靶动物和非靶动物（通常为兔、小鼠、豚鼠等标准化实验动物）进行疫苗安全检验。

用靶动物进行成品安全检验时，通常选用一定数量的最小使用日龄的健康易感靶动物进行。除日龄要求外，有时对其品种和品系也有一定要求。使用的实验动物应符合普通级或清洁级动物标准，使用的鸡应符合 SPF 鸡标准。用于安全检验的大动物，应符合药典和该产品规程中规定的基本要求，并应无与待检制品有关的抗原和抗体。用于检测抗原和抗体的方法，须符合有关产品规程中的要求。

灭活疫苗的安全检验剂量通常至少为实际使用剂量的 2 倍，活疫苗的安全检验剂量通常至少为实际使用剂量的 10 倍。

安全检验中，须详细观察检验动物的临床反应，用哺乳动物进行安全检验的，通常还须测定体温反应。观察期通常为 10～14d。观察结束后，

有时还应进行解剖观察，以对局部反应情况进行判定。观察期内出现疫苗引起的死亡或明显的全身和局部不良反应时，应判被检制品不合格。关于每种疫苗安全检验中须观察的全身和局部不良反应具体内容，应根据试验研究的结果在各自产品试行规程和质量标准中以附注的形式予以详细规定。只有在有足够证据表明检验结果受意外因素影响难以判定检验结果时，才能进行重检。重检时，通常应使用加倍数量的该种动物。凡规定须用多种动物进行安全检验的制品，只有各种动物的安全检验结果均符合规定时，才能判该批制品安全检验合格。凡规定可用小动物或靶动物进行安全检验的制品，用小动物检验结果不合格时，可用靶动物重检；但用靶动物检验不合格时，不能再用小动物重检。

二、有效性

兽医生物制品是用来预防、诊断或治疗动物传染性疾病的药品，效力不佳的制品不能有效预防和治疗动物疫病，大量应用后往往会造成重大经济损失。理想的制品应具备高效、速效、长效和多效的特点。因此，在兽医生物制品研发过程中需要进行许多试验，以证明其效力；在生产中也需要进行特定的效力检验，以确保每批制品的效力符合标准。

效力检验系指兽医生物制品生产和检验过程中进行的有关有效性方面的检验，通常包括菌毒种的免疫原性检验和成品效力检验，与新生物制品研发过程中需要完成的效力试验有所不同。从试验的项目内容和各项试验深度上看，研发中的效力试验比生产中的效力检验要复杂得多。

在欧美等国家，"效力"一词通常包含两种含义：一是指"免疫攻毒效力"，二是指"有效性（或效能）"。在涉及前一概念时，指的是用靶动物进行免疫攻毒的效力；涉及后一概念时，则是指用免疫攻毒以外的间接方法（如抗体效价、病毒含量、活菌计数、灭活抗原含量、相对效力等测定方法）测定的效力指标。我国学者通常对两个概念不加区分。

确保制品有效性是对兽医生物制品的基本要求之一。无论是采用直接的免疫攻毒法，还是采用替代效力检验的间接方法，所有用于动物体内的预防、治疗制品均须经效力检验合格后方可

出厂。

兽医疫苗的效力通常可以通过以下一项或多项指标来反映：抗原含量、免疫动物的抗体效价、免疫动物的攻毒保护率。检测不同效力指标须有相应的检验方法。可供选择的效力检验方法多种多样，但用于特定产品的效力检验方法须经反复验证并确认足以把握产品效力，且只有经过审批并在有关制品试行规程或质量标准中加以规定的效力检验方法才是法定方法。

一般而言，用农业农村部发布的特定制品的法定检验方法和标准进行检验，尚不足以确保制品在整个保存期内的效力，因为，法定标准是对制品在整个有效期内的最低标准。在制品生产工序完成之后进行的效力检验，其检验结果作为该批制品是否可以出厂的依据，此种效力检验必须按照企业标准中规定的方法和标准进行检验和判定。当然，企业标准至少应不低于法定标准。企业效力标准高于法定标准的幅度应不低于制品在有效期内的效力衰减幅度。企业标准应通过某种程序得到监管部门认可，并作为批签发审核时的依据。目前，我国的企业标准纳入 GMP 管理，在检查验收时作为审查内容的一部分由检查验收专家予以审查。

根据效力检验中是否使用动物进行区分，效力检验包括体内效力检验和体外效力检验两类检验方法。体内效力检验就是利用靶动物或替代靶动物的实验动物进行免疫接种以检测其诱导产生的抗体效价或免疫攻毒保护看其保护率的一类方法；体外效力检验方法就是脱离动物而以物理化学方法、生物学方法或免疫学方法检测制品中抗原含量以间接评价有效性的一类方法。

1. 靶动物免疫攻毒效力检验法 是最常用的兽医生物制品效力检验方法，也是判断制品效力的最直观方法。采用一定数量的、符合标准的敏感靶动物（至少无有关微生物和抗体），采用实际使用途径之一、用不高于 1 个使用剂量的制品进行接种，观察一定时间后，用经过认可的强毒株进行攻击，根据试验组和对照组动物的死亡、出现临床症状、产生特征性病变或病毒分离等情况，判定对照组的发病率和免疫组的保护率。根据具体操作方法不同，靶动物免疫攻毒效力检验又分为定量免疫定量攻击法、定量免疫变量攻击法、变量免疫定量攻击法。

2. 实验动物免疫攻毒效力检验法 也是较常

用的效力检验方法。对用于大动物的制品而言，若采用靶动物免疫攻毒法进行效力检验，就会存在动物来源困难、动物质量不均一、检验成本高、检验操作困难等问题，因而实施起来相当困难。此时，用敏感的小型实验动物进行免疫攻毒效力检验，不失为一种明智选择。但是，这类方法必须经过大量试验验证，并获得农业农村部批准。操作方法与靶动物免疫攻毒试验相似。具体方法也可分为定量免疫定量攻击法、定量免疫变量攻击法、变量免疫定量攻击法等。

3. 靶动物血清学效力检验法 常用于灭活疫苗效力检验。该方法中，采用一定数量的、符合标准的敏感靶动物，采用实际使用途径之一、用不高于 1 个使用剂量的制品进行接种，观察一定时间后，与对照靶动物一起采集血清，用经过认可的血清学方法检测有关抗体效价。对这些血清学方法，应事先经过研究并审批，与靶动物免疫攻毒保护率之间应具有显著的平行关系。目前常用的抗体效价测定方法包括中和试验、HI 试验、ELISA、RIHA 等。近来，一些研究人员根据上述方法的原理、借鉴国外有关标准研究出一些类似的效检方法。如：用活疫苗对靶动物进行基础免疫接种后，间隔一定时间，用灭活疫苗进行二次接种，通过检测二次接种后的抗体效价上升幅度判定灭活疫苗的效力；或与已经检验合格或经靶动物免疫攻毒试验证明具有令人满意效力的参考疫苗同时分别接种不同组别的靶动物，间隔一定时间后，检测参考疫苗组和被检疫苗组免疫动物的抗体效价，从而判定被检疫苗的相对效力（简称"相对效力法"）。

4. 实验动物血清学效力检验法 是最为经济的效检方法。对用于大动物的制品而言，采用靶动物血清学效力检验方法进行质量检验时，同样会存在敏感动物来源困难、动物质量不均一、效检结果漂移度大等问题，因而也可采用敏感的小型实验动物进行血清学效力检验。这类方法同样必须经过大量试验验证，并获得农业农村部批准。具体操作方法与靶动物血清学效力检验方法相似。具体方法主要包括绝对抗体效价法（即定量免疫接种后测定特定抗体效价）和参考疫苗法（即与已经靶动物免疫攻毒试验证明效力合格的参考疫苗同时分别接种不同组别的实验动物，间隔一定时间后，检测参考疫苗组和被检疫苗组各动物的抗体效价，从而判定被检疫苗的相对效力）。

5. 活疫苗体外效力检验方法 包括病毒活疫苗的病毒含量测定（或蚀斑计数）法、细菌活疫苗的活菌计数（或芽孢计数）法、球虫活疫苗的卵囊计数法、支原体活疫苗的支原体计数法等。

6. 灭活疫苗的体外效力检验方法 主要为有效抗原含量测定法。根据疫苗有效抗原组分的不同，可采取不同测定方法。抗原测定法通常包括抗原绝对含量测定法（即检测疫苗中特定抗原含量）和参考疫苗法（即与已经检验合格或经靶动物免疫攻毒试验证明效力合格的参考疫苗同时检测，根据两种疫苗的测定结果计算被检疫苗的相对效力）。

7. 替代效力检验 近年来，替代效力检验方法的研究备受关注。其原因可能有 4 个。一是随着免疫接种工作的加强，敏感的靶动物（尤其是非标准化的猪、牛、羊、犬等检验用动物）来源越来越少。二是动物试验花费高、费时、费力、难以标准化。三是多数体外效力检验方法为开展免疫反应动态变化及免疫机理研究打开了方便之门。四是减少动物痛苦、改善动物福利的呼声越来越深入人心。实际上，旨在用实验动物（鼠、兔等）替代其他检验用动物（猪、牛、羊等）或旨在使实验动物使用更加符合动物试验"三R原则"（替代原则、减少原则、优化原则）的效力检验方法均可定义为"替代效力检验方法"。因此，替代效力检验方法并不仅指体外效力检验方法。在我国现有兽医生物制品质量标准中，用实验动物（鼠、兔等）替代其他检验用动物进行效力检验的例子并不少见，如用豚鼠 HI 抗体、小鼠 ELISA 抗体检测法进行猪细小病毒病灭活疫苗、圆环病毒病灭活疫苗效力检验。在多数免疫攻毒效力检验中，均以临床症状或死亡为判定终点，根据"优化原则"，以不再让动物那么痛苦的方式完成效力检验的方法，亦为可取的"替代效力检验方法"。为符合"减少原则"，一是通过实验动物品种和品系筛选，以期用较少的实验动物即可取得稳定的效力检验数据，二是通过将设有不同剂量组的定量检验改为只设定一个最低剂量组的定性检验，从而减少试验组和动物数量。

建立替代效力检验方法是新制品研发者的责任，而不是生产者的责任。当研发者与生产者是同一主体时，研发者必然会将生产实际中应用的质量控制方法的便捷性及其检验成本纳入考虑范围。当研发者与生产者不是同一主体时，研发者就不会充分考虑生产实际中的质量控制方法的便捷性及其检验成本，他们考虑最多的就是如何以最低的代价、最小的成本，在最短的时间内获得新兽药证书，因此，他们在研发中建立起来的效力检验方法通常是最直观的，但在便捷性和生物安全方面存在较大缺陷的靶动物免疫攻毒法。这类标准一经发布，生产者只能被动执行。与世界上多数发达国家和地区有关兽药注册管理制度不同的是，我国的有关制度容许了新生物制品研发主体和生产主体的不同，这一点恰恰是造成新制品检验方法和标准与生产实际契合度不高等弊端的根源所在。

随着现代生物技术在兽医疫苗生产中的普遍应用，兽医疫苗组分将越来越明确，有效成分含量也将越来越稳定，疫苗效力与有效成分含量的相关性越来越高，不同批次疫苗的一致性也越来越好。可以预期，在未来的兽医疫苗效力检验中，体内效检的必要性将越来越低。

三、敏感性

对于一些操作程序较简单、所用试剂较少的诊断方法（如琼脂扩散试验、平板凝集试验、红细胞凝集试验）而言，商品化诊断试剂可能只有一种组分；而在更多的诊断试验中，由于操作程序较为复杂、涉及的试剂较多、影响诊断试验结果的因素较多，为尽可能排除诊断试验中由于所用试剂不同对诊断结果带来的不利影响，通常尽可能多地统一提供试剂，并根据使用需要按照一定比例进行组装，这就形成了检测试剂盒。通常所称诊断试剂，既包括以单个组分形式供应的诊断试剂，也包括将各组分配套组装而成的检测试剂盒。

敏感性是考察诊断试剂的最重要指标之一。因此，在诊断试剂研发过程中须开展大量敏感性研究；在每批诊断试剂的成品检验中，敏感性检验也为必不可少的项目。

诊断试剂敏感性试验/检验的通行方法是，按该诊断制品说明书中的方法检测一组敏感性质控样本（研发单位或生产企业自行制备或从国家有关机构获得的、经过验证的、含有强阳性、阳性和弱阳性等不同量检测标的物的一组样品，通常称之为敏感性质控样本组），对各样本的检测结果应在各自的规定范围内。

我国多数研究单位通常采用一种更为简化的方法进行敏感性试验/检验，即用一份已知含量的标准阳性样品（或试剂盒中的阳性对照）稀释成不同稀释度后按说明书中规定的操作程序进行检测和判定，从而得到该诊断试剂的最低检出量或检测限度。最低检出量或检测限度通常以抗体效价、抗原的单位（如 EID_{50}、$TCID_{50}$）数或 μg（ng 等）数或其他定量参数表示。

由于在兽医临床实践中的诊断或检测结果通常会受到很多因素影响，因此，用实验室样本（敏感性质控样本组、标准阳性血清或组织/细胞培养病毒液）进行的敏感性试验结果可能不能完全代表临床诊断或检测情况。为了提高研究数据的可靠性和说服力，需要应用一定数量（应具有统计学意义）的临床样本进行诊断或检测试验。对用于研究的临床样本背景应足够清楚，通常应采用经典的方法或已经审批过的其他诊断或检测试剂盒对这些临床样本进行过检测，并最好包含检测标的物含量不同的临床样本（如强阳性、阳性、弱阳性样本）。

为了进一步提高敏感性试验数据的可信度，无论是在用实验室样本还是临床样本进行的敏感性试验中，均应同时采用已批准上市的同类诊断方法的诊断或检测试剂盒或其他诊断方法进行敏感性试验，即用待检试剂与参考试剂同时检测标准样本和临床样本，并对检测结果进行统计分析，从而评判新研发试剂的敏感性。对用于诊断/检测病原的诊断试剂，敏感性试验中通常须与病原分离方法进行敏感性比对试验。

需要说明的是，尽管在诊断试剂的研发过程中通常需要进行上述敏感性比对试验，但并不意味着，新研发的诊断试剂在敏感性上必须优于已上市诊断试剂或其他经典方法或诊断试剂。由于不同诊断方法的设计原理和特点不同、用途不同，因而，对不同诊断试剂的敏感性可以有不同要求，或有不同的质量标准，切忌仅对不同诊断试剂的敏感性进行简单比较，忽视其在其他方面的独特优势，从而使得契合兽医临床实际需要的诊断试剂研发活动被迫终止。如用于初步筛选试验的诊断试剂（如试纸条、凝集试验抗原等），既要有快速诊断的特点，还应具有较高的敏感性，以便迅速而没有遗漏地筛查到可疑样本，为进一步进行确诊提供信息。

四、特异性

特异性是考察诊断试剂的另一最重要指标，在对新研发的诊断试剂进行的质量研究中，以及对商品化生产的诊断试剂进行的成品检验中，特异性试验/检验也是必不可少的项目。

特异性检验的目的是考察特定诊断试剂对已知阴性样本进行检测时出现假阳性（包括交叉反应）结果的概率。通行方法是，按该诊断试剂说明书中的方法检测一组特异性质控样本（研发单位或生产企业自行制备或从国家有关机构获得的、经过验证的、不含有检测标的物的一组样品，通常称之为特异性质控样本组），对各样本的检测结果均应为阴性。特异性质控样本组中通常包括数份已知阴性样本，以及数份含有其他检测标的物（用于检测交叉反应）的样本。

与商品化生产中的特异性检验内容相比，新研发诊断试剂的特异性研究内容通常更多。特异性研究的主要目的是尽力排除可能存在的交叉反应，或探明存在交叉反应的情形和程度。应根据诊断试剂的设计原理和制备工艺来确定交叉反应的研究内容。如以大肠杆菌表达技术制备抗原时，可能需要考虑诊断试剂与动物体内大肠杆菌抗体的交叉反应。有的诊断试剂制备中使用的抗原可能是不同细菌共同具有的抗原，特异性试验中则须将可能具有该共同抗原的所有细菌作为特异性研究对象。当初步的特异性研究结果表明诊断试剂与某一抗原存在一定交叉反应时，则须用不同含量的该抗原进一步开展试验，以探明交叉反应的程度。

除用实验室样本（特异性质控样本组、标准阴性血清、其他组织/细胞培养病毒液）进行的特异性试验外，为了提高特异性研究数据的说服力，需要应用一定数量（应具有统计学意义）的临床阴性样本进行诊断或检测试验。对用于研究的临床样本背景应足够清楚，通常应采用经典的方法或已经审批过的其他诊断试剂盒对这些临床阴性样本进行过诊断或检测，并最好包含可能存在交叉反应的其他检测标的物的临床样本。

为了进一步提高特异性试验数据的可信度，无论是在用实验室样本还是临床样本进行的特异性试验中，均应同时应用已批准上市的同类诊断方法的诊断试剂或其他诊断方法进行特异性试验，即用待检试剂与参考试剂同时检测标准样本和临床样本，并对检测结果进行统计分析，从而评判新研发试剂的特异性。

同样需要说明的是，尽管在诊断试剂的研发过程中通常需要进行上述特异性比对试验，但并不意味着，新研发的诊断试剂在特异性上必须优于已上市诊断试剂或其他经典方法或诊断试剂。

由于不同诊断方法的设计原理和特点不同、用途不同，因而，对不同诊断试剂的特异性可以有不同要求，或有不同的质量标准，切忌仅对不同诊断试剂的特异性进行简单比较，忽视其在其他方面的独特优势。兽医临床实践中需要具有不同特异性、不同用途的诊断试剂。

（张永红　陈光华）

第二章 研究与开发

第一节 研发目标的确定和研发计划的制订

通常情况下，在确定研发目标前，要综合考虑研发成本、研发活动在技术上的可行性、预期收益、本企业的发展战略及国家政策等因素。

对于任何养殖户而言，使用疫苗前均会对使用疫苗的花费与预期的疾病风险进行对比分析，只有当养殖户认为使用疫苗的花费低于预期经济损失时，才会决定使用疫苗进行防疫。此时，疫苗价格高低就成为养殖户决定是否使用疫苗的决定性因素。当然，对宠物而言，情况有所不同，宠物主人与宠物之间的感情关系决定了宠物主人在决定是否使用疫苗时不会过多考虑疫苗价格问题，但疫苗价格也不能超过宠物主人足以承受的能力范围。

决定疫苗价格的因素包括研发成本、生产成本、销售成本和利润等。其中，研发成本的高低对疫苗价格具有重要影响。

在着手制定研发计划前，先要回答以下问题：养殖户是否对该疫苗感兴趣，如果感兴趣，会接受多高的价格（预估市场规模）；研发计划得以成功完成的概率（通常以预计百分率表示）；研发时间进度表；研发计划的开支及疫苗的最终成本价；拟开发疫苗对巩固已有市场或开辟新市场的意义；整个研发计划的总体收益率。确定研发目标并制定研发计划后，在技术力量允许的前提下，最好由若干个研发小组在统一协调下同时开展研发活动，以便在尽可能短的时间内完成整个研发计划

并提出注册申报资料，此时通常需要具有足够权力和足够专业知识的权威部门或人员对各个研发小组的活动及经费投入等予以协调。

在回答上述第一个问题，即市场对新研发疫苗的认可度时，应考虑以下问题：养殖户或养殖场主体本质上是企业家，尽一切可能降低生产成本、提高经济效益，是其必然追求，除非受政策要求，只有当其认为疫苗接种有助于其获得更大收益时，才会决定用疫苗对其饲养的动物进行接种。据估算，当免疫接种的费用低于疫病暴发可能造成的损失的 20% 时，动物的主人才愿意对其动物进行接种。在疫病高发季节，养殖户可能愿意为免疫接种承担更多支出；但在低发季节，为免疫接种承担支出的意愿就会降低。由生产企业制造的疫苗，需经兽医生物制品经营企业和当地兽医人员进入最终使用环节。综合考虑这些因素，每头份疫苗的售价应控制在疫病暴发后预计损失的 5%～10%。这种估算的前提是仅有一家企业研发和供应该疫苗。当其他企业跟进研发和供应该疫苗后，该疫苗的利润空间将逐渐被挤压。

研发单位能否成功完成研发计划，首先取决于研发单位是否具有足够的内部技术力量。任何产品的研发，特别是疫苗的研发，需要有各方面专业人员的有效参与。通常情况下，单个兽医生物制品企业很难拥有研发生物制品所需的各方面技术力量。在我国现行审批制度下，可采取企业间联合研发、联合申报的方式解决此困难。由于我国拥有相当数量的、历史悠久、技术力量雄厚的科研院所和大专院校，与这些单位联合研发，是目前更为可取的研发途径。但是，联合研发的

产品投入生产后获得的效益自然会被不同程度地摊薄。对于具有战略眼光的大型企业或研发单位，理所当然地不愿意看到自身利益的获得受到其他单位或人员的牵制。要获得具有自主知识产权的产品，避免未来利益分割中产生纠纷，必须走独立研发的道路。独立研发过程中，也可以通过租用其他单位的实验室、动物饲养设施，临时聘用所需专业人员等，解决研发人员和设施不足的困难。

除了技术力量外，经济投入能力也是生物制品研发计划能否成功完成的关键因素。研发过程通常是周期较长的、纯投入的过程，急功近利或财力捉襟见肘的企业家们，是不宜启动庞大的研发计划的。尤其是，当研发的产品涉及多种动物共患的重大动物疫病时，使用符合要求的生物安全实验室、生物安全动物实验室，试验中使用大量的各种实验动物等，所需经济投入远非一般产品的研发可比。购置新的设备、租用其他单位的实验场所和中试车间、聘用高技术人才等，都需要足够的资金支持。目前，只有一些主要的大企业或依托大型研究所或科研院校的企业具备成功完成兽医生物制品研发计划的技术条件和经济条件。而且，由于生物制品的成本价主要取决于生产企业的产量，因此，拥有较大市场，从而拥有较大生产规模的大企业，其产品的生产成本自然而然降低了。这一点也有利于大型企业推动生物制品研发计划的顺利完成。

实施兽医生物制品研发计划是为了巩固既有市场的防御性计划还是自主的战略性选择，这一问题尤其重要。从历史上看，我国兽医生物制品生产的专业化水平越来越高，大部分企业都形成了自身特有的产品系列，在禽用疫苗、猪用疫苗、宠物疫苗或大动物疫苗等某一领域拥有了各自的专有市场。试图在各个领域均有突出业绩，已难上加难。这种状况是由养殖业发展状况决定的。近年来，养殖业专业化水平迅速提高，现在已经很难找到既大规模饲养家禽又大规模饲养猪或牛的养殖企业。养殖企业的疫病预防早已不是单一的免疫接种，而是系统的免疫计划。在实施免疫计划的过程中，养殖企业均希望某个疫苗生产企业能够满足其实施免疫计划所需的各种疫苗需要。当疫苗生产企业不能供应养殖企业所需全部或大部分疫苗，或者当新的疫情暴发且已经有新的疫苗投放市场、而养殖企业原有疫苗供应企业未能

迅速研发并生产出新的疫苗时，这些原有疫苗生产企业就可能会失去这些养殖企业用户。为了避免丢失市场，疫苗生产企业首先必须开展这些产品的研发，以不断满足原有用户的需求。这种防御性的研发消耗了现有大部分研发投入，影响了在新领域开展研发工作的能力，进而也影响了疫苗生产企业开辟新市场的能力。所有疫苗生产企业均需在巩固既有市场和开辟新市场之间进行选择和平衡，所有研发单位和部门均需在开展防御性研发和战略性自主研发之间做出选择和平衡。具有战略眼光、以引领行业发展为目标的企业，应更加重视战略性自主研发计划的制订和实施。

国家政策对兽医生物制品研发目标的确定和研发计划的制订具有重要影响。对于强制免疫的重大动物疫病和人畜共患病的疫苗研发而言，这一影响至关重要。对具有高度传染性、分布范围广、经济意义重大的动物疫病，国家政府有制定和实施扑灭计划的责任和义务。近年来，我国已经对高致病性禽流感、口蹄疫、猪瘟、高致病性猪蓝耳病等实施强制免疫。进入强制免疫计划的疫苗用量巨大，给从事这些疫苗研发和生产的企业提供了极其难得的发展机遇。某些具有重要公共卫生意义的人畜共患病，虽早已有效控制，但在多年来未给予足够重视后，其流行又明显反弹时，中央政府或地方政府很可能在局部地区将其疫苗免疫列入强制免疫计划。对某些全球流行的疫病，部分发达国家或地区已经成功扑灭，并将其作为动物产品贸易保护措施时，为了维持有关动物产品贸易，我国政府可能不得不将这些疫病的扑灭列入计划，实施这些疫苗的强制免疫政策也就在所难免。预判可能实施强制免疫的疫病种类，并尽早研发出具有优势地位的疫苗，将会为本企业抢占市场提供必要条件。

除上述强制免疫政策对新产品研发具有显著影响外，国家对兽医新生物制品注册审批的政策、鼓励发展的领域、对自主知识产权的保护政策等，均对新制品的研发工作产生深远影响。当国家政策对新产品保护措施不力时，每个新制品能够按初始价格销售的生命期可能不超过3年。据推算，第一个推出新产品的企业可以根据研发投入、生产成本等制定初始售价并按此售价销售该新制品的时间只有1~2年，此后，随着其他研发力量较为强大的企业跟进推出类似制品后，产品价格将会迅速跌落至初始价格的30%左右，3年后，随

着其他多数企业相继推出研发成本较低的仿制产品后，产品价格通常会跌落至初始价格的 20% 以下。以鸡马立克氏病疫苗为例，1972 年美国新上市的该疫苗价格为 100 羽份 45 美元，1977 年即跌至约 4.4 美元。新产品生命期的缩短，就意味着减少了新产品的收益，降低了各企业为其他新产品研发进行投资的财力和决心。但是，随着新的生物技术的应用和专利保护措施的有效运用，仿制新产品的难度将越来越大，新制品的生命期可能将越来越长。

（张永红　陈光华）

第二节　菌种的筛选、构建和种子批的建立

获得理想的疫苗株是成功研发新疫苗时必须具备的最重要物质条件。筛选的疫苗株应符合很多标准。其中最重要的标准是，疫苗株诱导机体产生的免疫反应须能对病原微生物的感染产生足够的保护力。这种保护力可能针对的是特定临床症状（包括发病引起的死亡），也可能是感染所致的其他负面作用，如增重率和生产力（产蛋量、产乳量）下降。疫苗株应有较广的抗原谱，以便能针对尽可能多的野毒株感染给予免疫保护。

一般情况下，疫苗株均来源于强毒、无毒或中等毒力的田间分离株。强毒株可以用于生产灭活疫苗，但不能用于生产活疫苗。如需将强毒株用于生产活疫苗，须通过致弱程序使该菌（毒、虫）株的致病性降低到一定程度。致弱方法可能涉及在同源或异源细胞、动物或动物胚胎、培养基上对分离到的病原微生物进行传代，包括进行克隆、采用物理或化学方法进行处理等。

可以通过免疫接种使免疫动物本身获得保护，也可使免疫动物的子代获得被动保护，因为免疫动物的乳腺可以分泌保护性抗体，并通过初乳转移给新生动物。在家禽中，这种保护性抗体可以出现在卵黄中。对于提供被动免疫的疫苗而言，血清学反应的强度非常重要，血清抗体反应越高，初乳、乳，以及子代体内的母源抗体水平就越高。

筛选疫苗株的另一重要考虑因素是菌（毒、虫）株在大规模生产条件下的繁殖能力。疫苗制备中需获得高产量的微生物、抗原或毒素，这就有必要设法使得备选菌（毒、虫）株适应在大容器中的高密度培养。

对备选疫苗菌（毒、虫）株的生长能力或对环境（特别是对较高温度）的抵抗力，也要加以充分考虑。通过冻干、液氮保存或使用特殊的稳定剂后，备选微生物或其抗原应能保存足够长时间，以期产品的货架期能够得到用户接受。

一、天然菌（毒、虫）种的筛选

天然菌（毒、虫）种系指从自然界（多见于自然发病动物）分离到的、未经人工选育的菌（毒、虫）株，经人工繁殖、纯化和全面鉴定后获得的，适合用于制备兽医生物制品的细菌、病毒或寄生虫等微生物种子。天然菌（毒、虫）种的筛选一般包括以下几个方面：

（一）强毒菌（毒）株的筛选（适用于制备灭活疫苗）

强毒菌（毒）株对靶动物的致病性很强，一般是从急性发病的靶动物体内分离到的，通常亦具有良好的免疫原性。这类菌（毒）株常用来制造抗血清、灭活疫苗或用于疫苗效力检验。由于分离物中可能含有几个菌（毒）株，或被其他微生物污染，因此需要通过人工培养进行纯化，以获得单个菌（毒）株。细菌纯化中一般采用固体培养基培养方式进行，即用适宜的固体培养基在适宜条件下培养适当长时间后，选取单个典型菌落进行培养，收获培养物，再经全面鉴定确认后获得。病毒纯化一般可采用空斑挑选法、终末稀释法等，以获得没有污染、病毒群体更加均一、毒力特性更加稳定的毒种，再经全面鉴定确认后获得。

（二）天然弱毒菌（毒）株的筛选（多用于制备活疫苗，有时也用于制备灭活疫苗）

天然弱毒菌（毒）株又称直发突变菌（毒）株，系由天然的强毒株在自然因素作用下，因遗传物质发生改变而形成了在生物学特性上与强毒菌（毒）株不尽相同（尤其是毒力和免疫原性的不同，个别菌株的菌落形态也会发生微小变化）的菌（毒）株。一般情况下，与天然的强毒菌（毒）株相比较，天然弱毒菌（毒）株的毒力较弱、免疫原性较差。但是，个别天然菌（毒）株的毒力虽然下降（对靶动物不致病），但却保留了

良好的免疫原性。弱毒菌（毒）株的筛选工作就是将这种毒力下降且免疫原性良好的菌（毒）株筛选出来，经全面鉴定确认后用于制备活疫苗或灭活疫苗。一般从非易感动物体内分离，如鸡马立克氏病火鸡疱疹病毒 FC‐126 株，分离于火鸡，对鸡无致病性，但可使免疫鸡产生抗鸡马立克氏病的保护力；或由发病或未发病的易感动物体内分离，如鸡新城疫病毒 La Sota 株（天然弱毒株）和猪伪狂犬病病毒 Bartha K‐61 株（天然 gE 基因缺失株），即是分别从未发病的鸡和猪中分离到的天然弱毒株。由于微生物自发的突变率较低，形成具有稳定遗传性状的过程比较长，且被致弱的菌（毒）株的免疫原性多数同时下降，因此获得天然致弱的免疫原性良好的菌（毒）株的几率不高。

（三）虫株的筛选

动物机体对寄生虫的特异性免疫应答有别于细菌和病毒，一般可分为消除性免疫和非消除性免疫 2 种。前者指宿主能清除体内寄生虫，并对再感染产生完全的抵抗力，如热带利什曼原虫引起的皮肤利什曼病，这是寄生虫感染中很少见的一种免疫状态。常见的大多是非消除性免疫。寄生虫感染后虽可诱导宿主对再感染产生一定免疫力，但对体内已有寄生虫不能完全清除，维持在低虫水平。如果用药物驱虫，宿主的免疫力随之消失。如鸡球虫的"带虫免疫"和血吸虫诱导的"伴随免疫"均属非消除性免疫。因为寄生虫的发育常具有明显的阶段性，绝大多数寄生虫还不能在人工条件下进行体外培养，且大多数寄生虫属多细胞动物（原虫除外），其抗原成分十分复杂，给提取能刺激动物机体产生免疫反应的抗原造成许多困难，因此，除极少数寄生虫外，绝大部分寄生虫病仍不能用接种疫苗的方法来控制。目前，国内外已注册的寄生虫疫苗大多为"带虫免疫"的疫苗，这类制苗虫株属于"早熟株"，即在虫株生活史世代交替的有性繁殖阶段的繁殖时间短于正常的同类虫株。由于这种虫株成熟较快，因而对机体造成的损伤很小，但能刺激机体产生抵抗同类强毒虫株的免疫应答反应，如鸡球虫活疫苗中的制苗虫株。在筛选虫种的过程中，一般将从发病动物排泄物中分离到的寄生虫卵囊接种靶动物进行有性繁殖，在正常排虫卵时间之前几日收集动物的排泄物，分离卵囊，再将分离到的卵囊

重复上述操作，经过多次重复后收集天然早熟虫株的虫卵。

二、新的菌（毒、虫）种的培育和构建

新的菌（毒、虫）种的培育和构建系指对分离到的菌（毒、虫）种经人工手段处理获得的具有遗传稳定性的菌（毒、虫）种的过程。虽然通过采用基因工程技术或在易感动物体内连续传代的方法有可能获得更强毒力的菌（毒）株，如早年应用的布鲁氏菌 McEwen45/20 株就是经天竺鼠连续传代后又获得了致病力，但是，目前生物制品制造中还没有见到使用这种人工增强致病力的菌（毒、虫）种进行制苗的报道，因此我们仅对采用人工手段致弱菌（毒、虫）种的技术进行详细阐述。

目前，人工培育和构建致弱菌（毒、虫）种主要包括以下方法

1. 物理方法　即改变体外培养的温度（升高或降低）、阳光或紫外光或 γ 射线照射或处理、干燥等。例如，巴氏杆菌弱毒 679‐230 株就是通过将巴氏杆菌弱毒 C44‐1 株在血液琼脂培养基上连续传 39 代，并在这一传代过程中逐渐提高培养温度至 42℃，再经恒温培养传至 230 代而获得的。用 γ 射线处理细菌时，较大剂量下常能通过破坏细菌 DNA 而达到杀灭细菌的效果，当将剂量（放射处理的功率和时间）降低到适宜水平时，则可能使细菌 DNA 受到一定程度的破坏但尚不足以杀灭细菌。从上述受损程度不同的细菌中即可分离到毒力明显下降的菌株。

2. 化学方法　即在体外培养中加入不利于微生物生长但有利于产生突变的化学诱变剂。例如，猪多杀性巴氏杆菌弱毒 EO630 株，就是通过将强毒菌株在含有洗衣粉的培养基上传代 630 代而获得的。

3. 培养传代方法　即经非易感动物、原代细胞或传代细胞系传代，或经非易感动物、易感动物和细胞等几种基质交替传代获得。例如，猪伪狂犬病病毒 Bucharest 株，分离于猪，经鸡胚尿囊膜培养至 200 代后再经鸡胚和鸡胚成纤维细胞继代 800 代，造成 gE 基因缺失而成为弱毒株。

4. 混合培养传代方法　即将两种遗传性状不同的菌（毒、虫）株混合培养传代，使得两者在

传代培育中进行自然杂交或者其中一种菌（毒、虫）株的生长对另一种菌（毒、虫）株的生长造成影响，从而导致某个菌（毒、虫）株的基因发生改变，毒力减弱。例如，猪多杀性巴氏杆菌 C20 株就是通过将其强毒株与黏液杆菌混合培养传代 89 代，经豚鼠传代 14 代，再经鸡传代 20 代获得的；流行性感冒弱毒株是经温度敏感弱毒株（免疫原性较低）和强毒株进行混合培养传代后，形成了毒力低且免疫原性强的新毒株。

5. 基因工程方法 即通过基因工程技术使强毒菌（毒、虫）株发生基因缺失（缺失诱变、合成寡核苷酸定点诱变）、基因克隆（外来抗原基因的获取、目的基因 DNA 片段与运输载体 DNA 的体外重组、DNA 重组体转入受体、重组体的筛选和鉴定）。例如，伪狂犬病病毒 BUK－d13 株，是以 PRV BUK 株为起始材料，将在 TK 基因内缺失 148 bp 的质粒与 BUK 疫苗株的 DNA 共转染细胞，然后在阿拉伯糖胸苷存在下筛选获得的 TK 缺失突变株（Kit 等，1985）。该疫苗株是稳定的 TK^- 变种，即使在选择培养基中也不回复为 TK^+。由于 TK 基因是伪狂犬病病毒主要的毒力基因，缺失后使得病毒对小鼠和兔的毒力大为降低，但免疫原性不变，能诱导小鼠、兔和猪产生坚强保护力，抵抗 TK^+ BUK 株或其他 PRV 强毒株的攻击，并降低攻击用强毒株的排毒。该毒株于 1986 年成为美国历史上批准上市的第一个基因工程疫苗。

由于人工构建的基因工程菌（毒）株属于农业转基因生物，须按照《农业转基因生物安全管理条例》《农业转基因生物安全评价管理办法》的有关规定，向农业农村部设立的农业转基因生物安全委员会申请进行安全评价，并根据安全等级进行试验研究、中间试验、环境释放、生产性试验，申请并取得农业转基因生物安全证书后，才可继续进行研究或应用。在目前我国兽医新生物制品的注册审批中，涉及灭活疫苗或诊断试剂的，并未要求将转基因生物安全评价作为新兽药注册或临床审批的前置条件，而对活疫苗制品而言，则作为前置条件，即只有在完成转基因生物安全评价并获得批准后，才能申请临床试验或新兽药注册。

按照对人类、动植物、微生物和生态环境的危险程度，农业转基因生物分为 4 个等级：安全等级Ⅰ（尚不存在危险）、安全等级Ⅱ（具有低度危险）、安全等级Ⅲ（具有中度危险）和安全等级Ⅳ（具有高度危险）。从事安全等级为Ⅰ和Ⅱ的农业转基因生物试验研究，由本单位农业转基因生物安全小组批准；从事安全等级为Ⅲ和Ⅳ的农业转基因生物试验研究，应当在研究开始前向农业转基因生物安全管理办公室报告。在进行动物用转基因微生物的安全性评价时，要提供与生物安全有关的信息和试验报告等，具体包括：

（1）动物用转基因微生物的概况，包括生物学特性、应用目的、在自然界的存活能力、遗传物质转移到其他生物体的能力和可能后果、监测方法和监控的可能性。

（2）动物用转基因微生物的作用机理和对动物的安全性，如在靶动物和非靶动物体内的生存前景；对靶动物和可能的非靶动物高剂量接种后的影响；与传统产品相比较，其相对安全性；宿主范围及载体的漂移度；免疫动物与靶动物，以及非靶动物接触时的排毒和传播能力；动物用转基因微生物回复传代时的毒力返强能力；对怀孕动物的安全性；对免疫动物子代的安全性。

（3）动物用转基因微生物对人类的安全性，如人类接触的可能性及其危险性，有可能产生的直接影响、短期影响和长期影响，对所产生的不利影响的消除途径；广泛应用后的潜在危险性等。

（4）动物用转基因微生物对生态环境的安全性，如在环境中释放的范围、可能存在的范围，以及对环境中哪些因素存在影响；影响动物用转基因微生物存活、增殖和传播的理化因素；感染靶动物的可能性或潜在危险性；动物用转基因微生物的稳定性、竞争性、生存能力、变异性，以及致病性是否因外界环境条件的改变而改变。

（5）动物用转基因微生物的检测和鉴定技术，及根据《农业转基因生物安全评价管理办法》第十三条有关标准确定动物用转基因微生物的安全等级。

三、种子批的建立

菌（毒、虫）种是生产兽医生物制品的最重要物质基础，是生产高质量制品的前提和保障，其质量的优劣直接关系到制品的质量水平。因此，需要通过建立种子批来保证每批生产用菌（毒、虫）种的质量均一、稳定，从而减少制品批间的差异性，确保制品的稳定、安全、有效、质量可控。根据这一需要,《中国兽药典》规定,兽医生物制品的生产用菌（毒、虫）种应实行种子批和分级管理制度。种子分三级：原始种子、基础种子和生产种子。各级种子均应建立种子批,组成种子批系统。各级种子批的定义和具体建立方法如下：

（一）原始种子批的建立

原始种子为筛选、培育或构建的具有一定数量的、已验明其来源、历史和生物学特性的、组成均一的、经系统鉴定为免疫原性和繁殖特性良好、生物学特性和鉴别特性明确、纯净的菌（毒、虫）株。在建立原始种子批时,一般采用一定方法对被选定的种子进行扩大增殖,收获培养物,加入（或不加入）保护剂,定量分装在灭菌的安瓿或其他适于长期保存的容器中,经冷冻真空干燥（或直接在超低温下或液氮中冻结保存）制成具有一定数量、组成均一、性质稳定的单一批种子。分装的种子培养物经全面鉴定（如培养特性、生化特性、血清学特性、毒力、免疫原性和纯净性等）符合规定后,确定为原始种子,该批种子为原始种子批。作为原始种子批,应具有明确的背景,如名称、时间、地点、来源、代次、菌（毒、虫）株代号和历史等。其名称、代号、代次等也要在每个分装的容器上标明。原始种子的制备应达到一定数量,以满足较长时间内研究和生产的需要。原始种子用于制备基础种子。

（二）基础种子批的建立

基础种子为由原始种子制备、处于规定代次水平、一定数量、组成均一、经系统鉴定符合有关规定的活细菌（病毒、寄生虫）培养物。基础种子批的建立过程与原始种子批的建立基本相同。但是,基础种子批是原始种子在一定传代水平上的扩大培养物,具有严格的代次规定,超过一定代次范围的种子,则不能再作为基础种子使用。基础种子代数一般为10代以内（菌种一般为1～10代；毒种一般为1～5代；有的基础种子代次的上限更低,如1～3代等；个别基础种子的代次还有下限的要求,如5～10代等）。此外,基础种子全面鉴定的内容更为丰富,具体内容见"基础种子的全面鉴定"项。基础种子的制备也应达到一定数量,以满足较长时间内生产的需要。基础种子批一旦全部用完,必须按照规定的方法重新

制备新的基础种子批。对新制备的种子应按照规定项目和方法进行全面鉴定并符合规定后方可作为新一批的基础种子使用。基础种子用于制备生产种子。

我国种子批管理的理念及由此产生的管理制度,尤其是在对基础种子的管理方面,与发达国家或地区相比,有很大的不同。欧美等国对病毒类制品的基础种子管理尤其严格,他们认为,某个制品的制造规程及其所有质量研究数据都是建立在特定批次的基础毒种上的,一旦该批基础毒种使用完毕或因各种原因造成丢失,该制品的原有制造规程和研究数据将全部作废。企业如需继续生产该产品,就要重新建立基础毒种、重新试制试验用产品、重新进行质量研究、重新申请注册。也就是说,欧美等国规定的基础毒种代次只有一代,根本不存在用某一批基础毒种传代后制造下一批基础毒种的现象。因此,欧美生物制品企业对已批准注册产品之基础毒种极其珍视,基础毒种的批量大、保存条件苛刻（通常均为液氮条件下保存）、领用制度严格、安保措施严密。

（三）生产种子批的建立

生产种子为由基础种子制备、处于规定代次范围内、经鉴定符合有关规定的活病毒（菌体、寄生虫）培养物。生产种子批的建立过程与基础种子批的建立基本相同,也具有严格的代次规定,一般为1～5代。但是,通常情况下生产种子在完成扩大增殖后不再加入保护剂进行长期保存,而是以液体培养物的形式直接冷冻或在其他适宜条件下保存备用,一般不会在液氮条件下保存,更不会予以冻干。生产种子批按照特定的检验标准（一般包括纯净检验、特异性检验和含量测定等）逐项进行检验,符合规定后方可用于生产。生产种子批的制备应达到一定规模,因为每批疫苗抗原的制备中均需用1支（瓶）甚至数支（瓶）生产种子,而不得使用疫苗抗原进一步繁殖制备另一批疫苗抗原。生产种子批的分装量和保存条件应确保其在复苏后含有足够量的活病毒（细菌或寄生虫）,以确保其传代增殖一次后的培养物数量能满足生产一批（或一个亚批）制品的需要。生产种子批制造记录中应详细记录其繁殖方式、代次、识别标志、冻存日期、库存量和存放位置等。用生产种子增殖获得的培养物（菌液或病毒、寄生虫培养物）,不得再作为生产种子批使用。生产

种子一般保存时间较短，因此最好在年度计划生产期之前制备。

四、基础种子的全面鉴定

为确保基础种子的质量，应对基础种子进行全面、系统的鉴定。尽管每个制品的规程中都规定了基础种子的鉴定项目、方法和标准，但是，鉴于基础种子本身的质量对生物制品质量影响巨大，采用额外的方法和手段对基础种子进行鉴定，都是值得鼓励的。简言之，不管采用多么多的手段、多么严格的标准进行基础种子鉴定，都不会显得过分。与大量批次的成品检验不同，对基础种子的鉴定工作无论多么细致和繁琐，都应不厌其烦，因为其鉴定对象毕竟只有一批，且其任何质量上的缺陷都有可能严重影响后续生产的顺利进行，甚至对生产企业造成不可挽回的损失。因此，我们在推荐广大研发人员严格按《中国兽药典》或规程中的通用方法和标准进行基础种子鉴定时，还鼓励大家额外采用自己建立或他人建立的方法进行更多项目的鉴定。通常情况下，基础种子的鉴定至少应包括以下项目：

（一）纯净性检查

一般采用培养基培养法或与鉴别检验方法配合使用，确定基础种子的纯净性。菌（虫）种应无杂菌和霉菌污染，且按照鉴别检验方法检验，培养物应为同类均质菌（虫）株；毒种除无细菌和霉菌污染外，还应无支原体和其他外源病毒污染。

1. 无菌检验或纯粹检验　可按照《中国兽药典》中的有关方法进行检验和判定。需要注意的是，兽药典中的检验方法针对的是成品检验，制定该标准时充分考虑了生物制品生产企业成品检验的工作量和检验成本。但是，完全按照《中国兽药典》方法进行检验，至少在理论上还不足以排除细菌污染或杂菌污染的所有可能，因为《中国兽药典》方法中规定的培养基（硫乙醇酸盐培养基、TSB培养基、各菌种的特定适宜培养基）、培养温度（25℃和37℃）、培养观察时间（7d）等不可能确保检出可能污染的各种细菌。研发者和生产者有必要在上述几方面想方设法扩大检验方法的覆盖面，提高检出率。如增加使用更多、更敏感的培养基，可能会增加对某些有特殊营养需要的污染菌的检出；增加培养温度，可能会增加对适宜于在其他温度条件下生长的污染菌的检出；延长培养观察时间，可能使得含量极小的污染菌更易被检出。

2. 毒种的支原体检验　可按照《中国兽药典》中的有关方法进行检验和判定。一般采用液体培养法或固体培养法。由于支原体较细菌培养更为困难，因此，对很多研发者或生产者而言，用培养法进行支原体污染检验也不是件容易做到的事。为了保证检验方法和操作可靠，每次检查时需同时设阴、阳性对照，在同条件下培养观察。检测禽类毒种时用滑液支原体作为对照，检测其他毒种时用猪鼻支原体作为对照。阳性对照中应出现支原体生长，而阴性对照中应无支原体生长，否则检验无效。

尽管有试验结果证明，用培养法进行支原体污染检验的敏感度并不低于PCR法，但很多欧美企业在应用培养法进行检验外仍建立了各自的PCR检测法，并用于其毒种和疫苗的支原体污染检验，以尽可能增加支原体污染物的检出率。

3. 毒种的外源病毒检验　可按照《中国兽药典》中的有关方法进行检验和判定。一般取2～3瓶基础种子进行。按照《中国兽药典》规定，对禽源细胞培养的活疫苗或禽用活疫苗的外源病毒污染一般采用鸡胚检查法和细胞检查法（包括细胞观察、红细胞吸附试验、禽淋巴白血病病毒检验、禽网状内皮组织增生症病毒检验等）进行，如果检验无结果或结果可疑，则用鸡检查法检验1次。考虑到对毒种质量的更高要求，在检验禽源毒种的外源病毒污染时，通常将鸡检查法作为必做项目，并对免疫鸡血清进行更多种类的抗体检测。须对鸡胚法、细胞法、鸡检验法可能检出的外源病毒进行排查，并结合当时的禽病流行状况，如仍存在对某些重要禽病病毒漏检的可能性，则需研发者另行开发专属性方法用于对这些可能漏检的外源病毒进行检验。对鸭、鹅等非鸡源的禽源毒种的外源病毒检验，采用鸡胚法或鸡检验法有时意义不大，此时需针对其毒种特性和可能污染的外源病毒研发新的检验方法（如鸭胚检验法、鹅胚检验法、鸭检验法、鹅检验法、PCR法等）。

按《中国兽药典》规定进行非禽源毒种外源病毒检验时，一般进行致细胞病变检查、红细胞吸附性外源病毒检测和荧光抗体检查。其中，致细胞病变检查、红细胞吸附性外源病毒检测法均属通用方法，而荧光抗体检查法则为专属方法（一种荧光抗体只适用于一种外源病毒检验）。这种通用性方法与专属性方法相结合的策略，可以排除多数常见外源病毒的污染。但仍存在检验缺陷，这种缺陷主要来源于检验中所用细胞种类和荧光抗体种类不足。根据《中国兽药典》选用细胞进行检验，必然会漏检在选用的细胞上不能增殖或虽然增殖但不会产生细胞病变或红细胞吸附现象的外源病毒；根据兽药典选用荧光抗体进行检验，则会漏检可能污染的其他大部分外源病毒。因此，为了增加外源病毒检验的检出率，首先应考虑尽可能增加检验用细胞和染色用荧光抗体。其次，可针对特定病毒开发 PCR 等方法用于补充检验。有时，也可借鉴禽源毒种外源病毒检验的鸡检验法开发其他动物检验法进行非禽源外源病毒检验。

由于毒种不仅仅包括弱毒株，还包括中等毒力株、中等偏强毒力株和强毒株，因此，在采用动物（鸡、鸭、鹅和其他动物）检验法进行外源病毒检验时，须充分考虑毒种的致病性，并采取不干扰检验结果的措施降低或消除毒种的这种致病性，以确保检验用动物在检验过程中处于健康状态。可供选择的措施包括：用纯净性已经得到充分证明的弱毒株对检验动物进行基础免疫后，再用待检毒种对检验用动物进行接种；用中和性单抗或不含其他病毒抗体的单特异性多抗对待检毒种进行中和后，再用抗体-待检毒种混合物对检验用动物进行接种。

（二）鉴别检验

一般在适宜的体外培养条件下（包括适宜的培养温度、培养时间和基质，如培养基、细胞单层和鸡胚等）对基础种子进行培养，收获培养物后进行检验。具体方法有：

1. 形态学及培养特性观察　适用于菌（虫）种。一般采用肉眼（观察菌落形态、大小、光滑程度、溶血情况等）和显微镜（菌体形态、有无芽孢、染色特点等，及卵囊的形态特点和孵化后幼虫的形态特点等）观察，应符合本菌（虫）种的形态学及培养特性。

2. 生化特性试验　适用于菌种。包括糖发酵、明胶穿刺培养、血液琼脂培养、醋酸铅培养、石蕊牛奶培养等试验，结果应符合该菌（虫）种的生化特性。

3. 血清型（群）或生物型定型（群）试验　适用于菌（毒）种。菌种的鉴别一般采用玻板凝集和试管凝集试验；毒种的鉴别一般用单特异性抗血清进行检测（包括血清中和、荧光抗体、琼脂扩散等试验），应符合该毒种的血清学特性。

有时，还须就菌毒种的特殊标志进行鉴别，如对缺失基因的鉴别。

（三）含量测定

将基础种子精确地进行系列稀释，吸取一定量某稀释度的种子悬液进行测定。一般对菌种采用活菌计数法（如表面培养测定法和混合培养测定法）计算菌数；对毒种采用半数致死（感染）量或最小致死（感染）量等（LD_{50}、ELD_{50}、ID_{50}、EID_{50}、$TCID_{50}$）。在一个新制品的整个研发过程中，应尽可能采用同一方法对菌（毒）种进行含量测定。

菌（毒、虫）种含量是其基本特征之一，但我国广大研发人员、标准制定者、兽药评审专家对其重要性的理解与欧美企业有所不同。欧美同行认为，用基础菌（毒、虫）种制苗前，必然会对基础菌（毒、虫）种进行扩大培养并制成生产种子，因此，在制定基础菌（毒、虫）种含量标准时，只是提出适度的含量标准，以能够扩大培养出合格的生产种子为限度。但在我国，总习惯于将基础菌（毒、虫）种含量标准拔高至制苗用抗原的含量标准。显而易见，我国对菌（毒、虫）种含量的过度要求是不合理、不现实的，也是没有意义的。

（四）安全性检验或毒力测定

本试验主要考察基础种子对靶动物的致病性，即用于制备活疫苗的菌（毒、虫）种的安全性和用于制备灭活疫苗的菌（毒、虫）种的毒力。

对活疫苗基础种子（弱毒）的安全性检验通常采用敏感性最高品系、最小使用日龄的普通级（清洁级）易感动物或 SPF 级动物进行，一般对禽类菌（毒、虫）种多使用靶动物，对其他种类的菌（毒、虫）种，除使用靶动物外，还须用敏感的小型（如啮齿类）实验动物进行试验。检验时通常按照推荐的接种途径，接种相当于 10～100 个使用剂量疫苗的毒种，连续观察 2 周，对临床症状、体温、局部炎症、组织病变等进行评估。弱毒株应对动物是安全的，即无致病性且不影响靶动物的生产性能。

由于多数强毒株的毒力与其免疫原性存在正相关性，因此对灭活疫苗基础种子（多为强毒）的毒力进行检验的目的，不一定是为了证明其没有致病性，而是为了了解其致病性程度，以便在生产及检验中采取适宜措施确保其生物安全性。通常用适宜稀释液进行系列稀释，接种适宜靶动物、实验动物、细胞等，测定其最小致死量、最小感染量、半数致死量、半数感染量等。

（五）免疫抑制试验

有些病毒可能对靶动物存在免疫抑制作用（如鸡传染性法氏囊病病毒、猪繁殖与呼吸综合征病毒等），对其弱毒毒种的鉴定中应按照通行方法进行免疫抑制试验。如对鸡传染性法氏囊病病毒弱毒株，一般取 20 只 1 日龄 SPF 鸡，注射或点眼接种相当于 1 羽份疫苗的毒种，另取 20 只同群同日龄 SPF 鸡隔离饲养，作为对照。2 周后，对所有鸡点眼接种 1 羽份鸡新城疫活疫苗。2 周后，采血，测定鸡新城疫 HI 抗体效价，同时用鸡新城疫病毒强毒株攻毒，每只 $10^{6.5}$ ELD_{50}。如果 IBD 疫苗毒种接种组的 ND-HI 抗体效价和攻毒后的保护率显著低于对照组，则说明毒种存在免疫抑制作用，不能用于疫苗生产。

（六）免疫原性（最小免疫剂量）鉴定

菌（毒、虫）种免疫原性是确保其疫苗免疫效力的最重要基础。一个优秀的疫苗株必须具有令人满意的免疫原性。对菌（毒、虫）种进行免疫原性鉴定是菌（毒、虫）种鉴定的重要内容。所有疫苗规程中都规定菌（毒、虫）种的免疫原性鉴定方法及其标准。进行菌（毒、虫）种免疫原性鉴定时，采用靶动物免疫攻毒法是最常用方法，也是最能令人信服的方法，极少采用替代方法。鉴定时，用不同剂量的菌（毒、虫）种分别接种不同组动物（如果根据已有试验研究数据确定只用一个剂量组，则选用低于 1 个使用剂量疫苗中所含菌毒种接种一组动物）。对灭活疫苗的菌（毒、虫）种进行鉴定时，须根据规程中的生产工序将上述剂量组的菌（毒、虫）种制备成疫苗。接种后适当时间，用强毒株进行攻毒或采用已经证明与免疫攻毒方法具有平行关系的替代方法进行免疫效力检测，统计出使免疫动物获得足够保

护力（一般要求保护率达到 90% 以上，但个别情况下可根据该类疾病的免疫学特点确定）的菌（毒、虫）种最低剂量，就是最小免疫剂量。如果疫苗使用对象包括多种动物或多种日龄动物，则可能需针对各种靶动物测定其免疫原性或最小免疫剂量，除非可以证明，根据已选用的动物免疫原性鉴定结果能够推断其他靶动物或其他日龄靶动物的免疫效果。

（七）剩余水分测定

基础种子是生物制品及其规程的最重要物质基础，因此，研发者须设法延长其保存期。对基础种子进行冻干，是其中的一种有效措施。对经冷冻干燥处理的基础种子应进行剩余水分测定，一般采用真空烘干法，对随机抽取的 4 个样品进行检测。

（八）真空度测定

采用真空密封包装，也是延长基础种子保藏时间的措施之一。对真空密封的冻干基础种子，可以使用高频火花真空测定器进行密封后容器内的真空度测定。测定时，将高频火花真空测定器指向容器内无制品的部位，如果容器内出现白色或粉色或紫色辉光，则表明处于真空状态。

五、毒力返强试验

毒力返强试验的目的是评估致弱的制苗用基础种子经靶动物连续传代后的毒力或遗传稳定性，以确保疫苗接种靶动物后不会发生毒力恢复。应根据菌（毒、虫）种的具体特点制订其毒力返强试验方案，包括实验动物的品种、日龄、数量，接种时间、途径和接种量、传代方法、观察内容和时间、微生物分离鉴定方法，以及传代后毒力返强程度的评价标准。具体如下：

（一）动物的选择

一般使用对被检微生物最易感日龄的健康易感或 SPF 级靶动物，动物数量应根据动物种类而定，但每次传代中一般应使用 2～5 头（只）。在正式试验前，应测定实验动物对被测试菌（毒、虫）种的敏感性，以确保菌（毒、虫）种能在动物体内正常增殖。

（二）传代方法

在传代过程中，应根据菌（毒、虫）种在靶动物体内的增殖特点，在适宜的时间采集含菌（毒、虫）量最高的组织经过适当处理作为继代接种物，以确保微生物的重分离率和传代的成功率。在每一次传代中，必须采用适当方法对采集的组织进行微生物鉴定和含量测定，以证实传代接种物中是否存在被检微生物。传代过程中，不得将重分离的微生物在体外培养增殖后再行体内传代，因为体外培养过程可能掩盖其毒力恢复证据的呈现。

（三）接种剂量

在首次传代试验时，应根据菌（毒、虫）种在实验动物体内的增殖特性，选择适宜的接种剂量（一般采用大剂量接种），以确保菌（毒、虫）种在实验动物体内充分增殖。继代时，应保证接种的分离材料中有足量微生物；必要时可加大接种剂量或者对分离材料进行适当浓缩。

（四）试验程序

1. 第一次接种 按预先制订的返强试验方案，使用基础种子的最低代次（其返强的可能性最高）对第一组实验动物进行接种，使其在靶动物体内适当增殖。微生物的重分离时间应选定在动物感染的高峰期，要采集最适当的（含毒量最高的）动物组织或分泌物来分离病原。如果重分离失败，即在继代过程中，适宜的动物组织或分泌物中不能重分离到微生物，则应适当增加接种剂量或实验动物数量，以提高重分离率。如果经进一步试验确证继代后不能重分离到微生物，该毒力返强试验结果可判成立。分离物的鉴定：应采用适当的检测方法，鉴定分离物是否存在被检微生物。

2. 继代 由前次接种动物分离到的材料，采用最可能引起毒力返强的途径进行继代。每一次继代后的病原重分离与鉴定，与第一次传代相同。

3. 观察 每一次继代后应在适当时间内观察接种动物是否出现由于疫苗株毒力返强所导致的临床症状和病理变化。

4. 传代次数 在靶动物体传代次数一般应不少于连续 5 次（即首次接种后要进行 5 次继代）。

5. 最后一次传代后的观察时间 将重分离的微生物最后一次接种实验动物后，应逐日观察至少 21d。

（五）返强试验结果判定

1. 临床症状及病理变化比较 根据菌（毒、虫）种对易感靶动物的致病性，比较不同代次中动物的临床症状及病理变化，特别是对最后一次传代中的动物与第一次传代中的动物临床症状和病理变化进行对比。

2. 病原学鉴定 必要时，应对最后一次传代中的分离物进行表型和基因型鉴定，并与基础菌（毒、虫）种进行对比，以评估其遗传稳定性和毒力返强的可能性。

六、检验用菌（毒、虫）种的筛选和鉴定

对某些制品检验而言，国家已有标准强毒株，此时，按规定程序申请购买强毒株，直接用于生物制品研发中的效力评价试验即可。对没有国家标准强毒株的疾病而言，研发者就必须引进或自行筛选效力评价用强毒株。引进强毒株用于新制品效力评价，有时可能存在知识产权纠纷。自行筛选是最为可靠的途径。用于菌（毒、虫）种免疫原性检验和成品免疫效力检验的强毒菌（毒、虫）株一般对靶动物的致病性较强，须从发病动物中分离，其筛选与一般病原的筛选方法基本相同。在充分证明其纯净后，须扩大增殖到一定规模，加适宜保护剂后分装，制成具有足够数量的、性质相同的一批强毒种子。有的强毒菌（毒、虫）种对体外传代培养非常敏感，几次传代后毒力就明显下降，不再适宜用于效力评价试验。此类强毒菌（毒、虫）种在使用时一般不再进行扩大繁殖，而是直接用于有关攻毒试验。无论强毒菌（毒、虫）种的毒力是否会在体外传代中明显下降，只要可能，在生物制品研发全过程中的所有免疫攻毒试验中，最好均使用同批强毒菌（毒、虫）种。有时，尽管不进行体外传代，但长期保存的强毒菌（毒、虫）种也会发生明显的毒力下降，此时，就有必要进行传代培养以获得新的强毒菌（毒、虫）株培养物。为了保持强毒菌（毒、虫）株的致病性，有必要将强毒菌（毒、虫）株回归敏感动物。总之，需根据各强毒株的特性，在其规程中就其传代方法和代次范围（如允许传

代）、保存条件予以明确规定，并提供试验数据证明其传代后及保存后的毒力稳定性。

尽管对强毒菌（毒、虫）种不实施分级管理的种子批管理制度，但其质量水平对正确评价制品的效力具有重要影响。因此，对强毒菌（毒、虫）种亦须进行尽可能全面的鉴定，并制成具有一定数量规模的强毒菌（毒、虫）种种子批。通常应进行无菌（杂菌）检验、支原体检验、外源病毒检验、特异性（鉴别）检验、含量测定、毒力测定。冻干保存的，还须进行水分和真空度测定。有关项目的鉴定方法与基础种子鉴定基本相同。

纯净性是强毒菌（毒、虫）种的最基本指标。但在实际工作中，由于受到强毒制备用动物等因素的影响，有时不能确保强毒菌（毒、虫）种的纯净。如有些猪肺炎支原体强毒株，一旦用培养基进行分离和纯培养后，致病性就明显降低，因此，只能采用猪肺脏组织毒作为效检用强毒，对此类强毒菌种，就不能保证其无细菌、支原体甚至病毒污染；对于部分口蹄疫病毒强毒株，只能采用含有口蹄疫病毒的牛舌皮组织或乳鼠毒组织作为效检用强毒，亦不易排除细菌、病毒的污染。针对上述情况，可以采取一些措施以降低或消除污染的负面影响，如添加适当抗生素杀灭或抑制污染菌，但很可能仍然无法达到我们通常的纯净性要求。笔者认为，如果这些污染物对免疫组和对照组动物的影响不存在差异，且这些影响不会对效力或免疫原性试验结果的正确判定造成明显影响，那么，这些污染物的存在是可以接受的。

（杨京岚　陈光华）

第三节　主要原辅材料的选择

生产用细胞和培养基等主要原辅材料的选择，须根据制品生产用菌毒种的特性进行，并在很大程度上决定了主要生产工艺的选择范围。为了不断提高病毒类制品的生产效率、降低成本、提高制品质量水平，病毒培养基质经历过数次革新，从最初主要采用鸡胚或动物培养病毒抗原（如用鸡胚培养法生产的多数禽用疫苗、用兔的含毒组织制备的兔病毒性出血症灭活疫苗、用小鼠脑组织制备的猪乙型脑炎油乳剂灭活疫苗等），到原代细胞培养病毒抗原（如用CEF制备的鸡马立克氏病活疫苗、鸡传染性法氏囊病活疫苗、猪伪狂犬病活疫苗，用绵羊睾丸原代细胞制备的山羊痘活疫苗、绵羊痘活疫苗等），再到细胞系培养病毒抗原（如口蹄疫灭活疫苗、猪繁殖与呼吸综合征活疫苗、猪圆环病毒2型灭活疫苗、猪传染性胃肠炎灭活疫苗等）。细胞培养基质的每次革新，都带来生产效率和质量水平的显著提升。在非禽用疫苗的生产中，细胞系已经得到普遍应用，使得外源病毒的污染问题得到彻底控制。因此，《欧洲药典》规定，只要能采用细胞系制备的疫苗，不得使用原代细胞生产。当然，抗原培养基质的革新首先取决于新基质获取的可能性。在用原代细胞取代动物组织进行抗原培养前，首先要设法使病毒适应原代细胞培养；在用细胞系取代动物原代细胞进行抗原培养前，首先要获得背景清晰、无致瘤/致癌性、无污染、培养物滴度高的细胞系。无法获得理想的细胞系常常是制约抗原培养基质革新的瓶颈。在我国目前兽医生物制品生产中，上述几种基质同时并存，更新换代工作尚未完成。如我国各地使用的猪瘟活疫苗就同时存在兔源、原代细胞源和传代细胞源三类活疫苗。随着基因工程技术的进一步应用，以及疫苗生产企业对高密度细菌发酵培养技术的提高，以基因工程菌培养抗原制备亚单位疫苗、DNA疫苗、菌影疫苗等，将成为生产工艺进步中的一次飞跃，可能成为兽医生物制品生产的主要发展方向。

一、培养基的优化

培养基是人工配制的适合微生物（或细胞）生长繁殖或积累代谢产物的营养基质。任何培养基中均需含有微生物（或细胞）繁殖所必需的能源、碳源、氮源、矿物质、水和生长因子等，但不同营养类型、不同种类的微生物（或细胞）对营养元素的要求又有很大差异。兽医生物制品涉及的培养基包括细菌培养用培养基和病毒培养用细胞的营养液两部分。

培养基的种类很多，按其物质状态分为半固体培养基和液体培养基两类；按其来源分为合成培养基和天然培养基。使用最普遍的天然培养基是血清，以小牛血清最为普遍。由于血清含有多种细胞生长因子、促黏附因子及多种活性物质，与合成培养基合用，能使细胞顺利增殖生长。常见使用量为 5%～20%。合成培养基是根据细胞所需物质的种类和数量严格配制而成的，内含碳水化合物、氨基酸、脂类、无机盐、维生素、微量元素和细胞生长因子等。

体外培养的微生物（或细胞）直接生活在培养基中，因此培养基应能满足细胞对营养成分（如氨基酸、单糖、维生素、无机离子和微量元素等）、促生长因子及激素（如辅酶Ⅰ、胰岛素、泌乳素等）、渗透压和 pH（如该细胞或微生物适宜的等渗环境和 pH 范围）、气体（如 5%的二氧化碳、厌氧环境等）等诸多方面的要求。培养基的优化过程就是对上述各种成分和条件的选择过程，最终选出最适合该微生物（或细胞）生长的培养基。

目前使用的各种培养基（详见本书第八章第三节）都是经过前人反复优化，并通过试验、实践进行比较设计的成果。我们的优化工作往往是在其基础上进行的。当采用新的种子进行新制品研发时，在培养基的筛选过程中亦以他人的研究成果为基础，根据菌种的理化特性（或细胞的繁殖特性）等确定适宜的培养基配方和合适的培养条件（温度、pH、培养时间或菌种的发酵工艺等）。但是，为了减少成本和确保在原料利用率高的条件下达到较高的细菌（或细胞）的生成量，还需对培养基进行进一步优化。一般情况下，构成培养基的成分较多，且各成分之间还可能存在错综复杂的交互作用，因此对培养基的优化就显得十分重要和必要。

培养基的优化方法有很多种，在选择优化方法时，要根据实际情况合理选择一种或几种组合的方法进行。具体方法及其优缺点如下：

（一）单因素试验法

单因素试验法又称为单次单因子法。该方法是在假设各因素间不存在交互作用的前提下进行的，通过一次仅改变一个因素而其他因素保持恒定水平的条件下，研究该因素在不同水平时对试验结果的影响。然后再固定该因素，改变另一个因素，依此类推，逐个改变单个因素进行考察。该方法简单、易行且结果较为直观，是目前实验室最常用的优化方法之一。但是，当培养基含有多种复杂的成分，需要考察多个因素时，则要进行较多次试验并经过较长的试验周期才能完成各

因素的逐个优化筛选。此外，单因素试验法是以各因素间没有交互作用为前提的，一旦培养基中的成分存在交互作用时，这种试验方法往往达不到预期效果。因此，单因素试验法经常被用在正交试验之前或与均匀设计法、响应面分析法等其他方法结合使用。例如，利用单因素试验和正交试验相结合的方法，可以用较少的试验找出各因素之间的相互关系，从而较快地确定出培养基的最佳组合，比较常见的是先通过单因素试验确定最佳碳、氮源，再进行正交试验；或者通过单因素试验直接确定最佳碳氮比，再进行正交试验。

（二）正交设计试验法

正交设计试验法是一种利用一套表格（正交表），设计多因素（多指标），多因素间存在交互作用，具有随机误差，并利用普通的统计分析方法来分析试验结果的试验。正交设计试验法对因素的个数没有严格限制，而且无论因素之间有无交互作用，均可使用。利用正交表可于多种水平组合中挑出具有代表性的试验点进行试验，它不仅能以全面试验大大减少试验次数，而且能通过试验分析把好的试验点（即使不包含在正交表中）找出来。利用正交设计试验得出的结果可能与传统的单因素试验法的结果一致，但正交试验设计考察因素及水平合理、分布均匀，不需进行重复试验便可估计出误差，因而计算精度较高。而且当因素越多、水平越多、因素之间交互作用越多（使用单因素试验法几乎不可能实现）时，正交表的优势越明显。此外，当所考察的指标涉及模糊因子时，不能直接使用正交设计试验法。但可以把正交试验结果模糊化，然后用模糊数学的理论和方法处理试验数据。

（三）均匀设计法

均匀设计法是一种考虑试验点在试验范围内充分均匀散布的试验设计方法。其基本思路是尽量使试验点充分均匀分散，使每个试验点具有更好的代表性，但同时舍弃整齐可比的要求，以减少试验次数；然后通过多元统计方法来弥补这一缺陷，使试验结论同样可靠。由于每个因素每一水平只作一次试验，因此，当试验条件不易控制时，不宜使用均匀设计法；对波动相对较大的微生物培养试验，每一试验组最好重复 2～3 次以确定试验条件是否易

于控制。此外，适当地增加试验次数还可提高回归方程的显著性。均匀设计法与正交设计试验法相比，试验次数大为减少，因素、水平容量较大，利于扩大考察范围；而且在试验数相同的条件下，均匀设计法的偏差比正交设计试验法小。

（四）响应面分析法

响应面分析法是一种寻找多因素系统中最佳条件的数学统计方法，是数学方法和统计方法结合的产物，它可以用来对人们感兴趣的受多个变量影响的响应问题进行建模与分析，并可以将该响应进行优化。常用 SAS、Minitab 等软件作为辅助工具。该方法能拟合因素与响应间的全局函数关系，有助于快速建模，缩短优化时间和提高应用可信度。一般可以通过 Plackett-Burman（PB）设计法或 Central Composite Design（CCD）等从众多因素中精确估计有主效应的因素，节省试验工作量。响应面分析法以回归法作为函数估算的工具，将多因子试验中因子与试验结果的相互关系用多项式近似表达，把因子与试验结果（响应值）的关系函数化，依此可对函数的面进行分析，研究因子与响应值之间、因子与因子之间的相互关系，并进行优化。

（五）二次回归正交旋转组合法

前几种方法具有试验设计和结果分析简单、实际应用效果好的优点，在微生物培养基优化中得到了广泛应用，但它们不能对各组分进行定量分析，不能对产量进行预测。针对这种情况，在正交设计试验法的基础上，加入组合设计和旋转设计的思想，并与回归分析方法有机结合，建立了二次回归正交旋转组合设计法。它是旋转设计的一种，不仅基本保留了回归正交设计的优点，还能根据测量值直接寻求最优区域，适用于分析参试因子的交互作用。它既能分析各因子的影响，又能建立定量的数学模型，属更高层的试验设计技术。基本思路是利用回归设计安排试验，用方程对试验结果拟合，得到数学模型，利用计算机对模型进行图形模拟或数学模拟，求得模型的最优解和相应的培养基配方，并在一定范围内预估出在最佳方案时的产量。

（六）遗传算法

遗传算法（GA）是由美国的 Holland 提出的

一种新型智能优化算法，属于进化算法中的一种。它基于达尔文的进化论和孟德尔的遗传学说，仿效生物的进化与遗传，根据"生存竞争"和"优胜劣汰"的原则，借助复制、交换、突变等操作，使所要解决的问题从初始解一步步逼近最优解。由于 GA 在培养基优化方面不需要建立数学模型确定各因素之间的相互影响，有目标函数值即可的优越性而受青睐。因此与其他传统搜索方法相比，GA 在搜索过程中不易陷入局部最优，即使所定义的目标函数非连续、不规则或伴有噪声，它也能以很大的概率找到全局最优解；同时，由于 GA 固有的并行性，使得它适合于大规模的并行分布处理；而且 GA 容易介入到已有的模型中并且具有可扩展性，易于和别的技术如神经网络、模糊推理、混沌行为和人工生命等相结合，形成性能更优的问题求解方法。

（七）模式识别法

模式识别法是从空间区域划分和属性类别判断角度出发，处理多元数据的一种非函数方法。该方法用一组表示被研究对象特征的变量构成模式空间，按"物以类聚"的观点分析数据结构，划分出具有特定属性模式类别的空间聚集区域，并辨认每一个模式的类别。由计算机按模式识别原理处理数据信息，做出最优决策。

二、细胞的筛选和细胞库的建立

细胞是病毒类兽医生物制品制造中常用的原辅料之一，主要用于病毒的培养增殖，包括原代细胞和传代细胞系两种。原代细胞是直接从生物体内获取的组织细胞。根据培养方法的不同，可分为组织块培养法和单层细胞培养法，目前多采用鸡胚成纤维细胞单层、犊牛睾丸细胞单层、猪肾细胞单层培养。狭义的细胞系一般由人或动物肿瘤组织或发生突变的正常细胞传代转化而来；广义的细胞系还包括细胞株，是通过选择或克隆培养，从原代培养物或细胞系中获得的具有特殊遗传、生化性质或特异标记的细胞群。根据培养方法的不同，可分为单层细胞培养法、悬浮培养法和载体培养法。

（一）细胞的筛选

由于细胞系能在体外有限或无限期传代，可

以较容易地进行大规模生产并减少生产成本，因此与哺乳动物原代细胞相比，细胞系具有突出的优势。在进行细胞筛选时，如果一种病毒能够在已经建立的、以种子批制度为基础的细胞系上有效地增殖，则不宜使用任何哺乳动物原代细胞。但是，有些细胞系传到一定代次后，会对动物产生致瘤性；并且对病毒的适应性降低。同时，细胞系在建系和传代过程中可能污染细菌、霉菌、支原体和病毒。所以，对生产用细胞系应进行严格检验，并限定使用代次。

除进行原代细胞和细胞系的筛选外，细胞的筛选过程主要是对采用何种细胞系的筛选，即找到本病毒可以在建立的、以种子批制度为基础的细胞系上有效增殖的细胞系。其筛选的方法与培养基筛选的单因素试验法类似，但试验更为简单（仅有细胞一个因素的变化），即从兽医生物制品生产中常用的细胞系（详见本书第八章第五节）或其他比较成熟的细胞系中筛选出一个最适合本病毒生长繁殖的细胞即可。但在将选定的细胞系用于疫苗生产前，必须建立种子批，按规定进行全面鉴定，符合《中国兽药典》附录"生产用细胞标准"中的规定，并经农业农村部批准后方可使用。

（二）细胞库的建立

细胞库一般指细胞系的种子库。在制备兽医生物制品时，生产中所用的细胞系需按照细胞的种子批制度进行制备。细胞的种子批主要包括：

1. 原始细胞库的建立　一旦选用某一细胞系作为生物制品生产的细胞基质，则应建立原始细胞库，以确保在制品的持续生产期内，能充分供应质量均一的细胞。原始细胞库应由来源清楚、一定数量、成分一致的细胞组成，按一定量均匀分装于冻存管，于液氮中冻存备用。对原始细胞库应做全面检查和鉴定，以保证没有其他细胞的交叉污染和细菌、霉菌、支原体、外源病毒污染。

2. 基础细胞库的建立　取原始细胞库细胞，通过适当方式进行细胞传代，增殖一定数量细胞，将相同代次水平的所有细胞均匀混合成一批，定量分装于安瓿，于液氮中冻存备用。必须根据特定的标准对这些细胞进行全面检验和鉴定，全部合格后即为基础细胞库，用于建立工作细胞库。

3. 工作细胞库的建立　工作细胞库的细胞由基础细胞库细胞传代扩增而来。基础细胞库细胞经传代增殖后，将相同代次水平的所有细胞全部合并成一批均质细胞群体，再按一定细胞数量分装于安瓿中，于液氮或−100℃以下冻存备用。工作细胞库应有足够的数量，以满足生产所需。必须根据特定的标准进行检验和鉴定，合格后方可用于生产用细胞的制备。

4. 生产用细胞的培养　取出冻存的工作细胞库中一个或多个安瓿，混合后传代培养，传到一定代次后供生产制品使用。生产用细胞的传代水平必须限制在最高代次范围之内。从工作细胞库取出的细胞种子增殖出来的细胞，不应再回冻保存和再用于生产。

对基础细胞库和工作细胞库，都应详细记录细胞的代次、安瓿的存放位置、识别标志、冻存日期和库存量。为了容易区分，通常对每种基础细胞库设定一个指定的代码，并分别存放在不同区域内的多个容器中。

三、其他原辅材料的选择

兽医生物制品生产中所涉及的其他原辅材料主要包括生产用动物、鸡胚（鸭胚、鹅胚）、佐剂、灭活剂、稳定剂和保护剂、管制玻璃瓶、兽用液体疫苗塑料瓶和胶塞等。其筛选的基本原则如下：

（一）生产用动物的选择

根据《中国兽药典》规定，生产用动物应无本制品的特异性病原和抗体，并符合该制品规程中有关动物标准的要求。《中国兽药典》的有关规定过于笼统，有的规定过于严格。应根据不同制品的性质来制定其生产用动物的标准。

对活疫苗生产用动物而言，由于生产用动物体内感染的病原可能直接携带到产品中去，而其体内有关抗体的存在会对疫苗株的繁殖产生明显影响，因此，对活疫苗生产用动物的筛选，须遵循最为严格的标准。一般情况下，活疫苗生产中所用的兔等至少应符合国家普通级动物标准；小鼠至少应符合国家清洁级动物标准；鸡应符合国家无特定病原体（SPF 级）标准；猪、牛等应按《中国兽药典》规定的生产检验用动物标准进行相应病原及其抗体的检测；对其他尚未制定标准的动物，应自行建立标准，并掌握从严要求的原则，进行有害病原和影响疫苗株繁殖之抗体的检测。

对于血清、抗体生产用动物，如生产卵黄抗体的鸡，生产抗血清的猪、羊、牛、马、驴等，如按《中国兽药典》规定进行大量病原及其抗体的检验，就显得标准过高，在生产实际中无法执行，如果严格执行则会大大提高生产成本，且其必要性也不大，应以危害性较大的主要病原检测为主。如在抗血清、抗体生产工艺中含有病原处理（如通过理化方法进行灭活）工序或纯化精制工艺足以对可能存在的病原予以破坏，则可适当减少对其生产用动物的病原检测。

对于灭活疫苗生产用动物，除以危害性较大的主要病原检测为主外，还应检测影响疫苗株繁殖的同种或异种抗体。

（二）鸡胚（鸭胚、鹅胚）的筛选

活疫苗生产用鸡胚应符合国家无特定病原体（SPF级）动物标准。对活疫苗生产用鸭胚和鹅胚，目前尚无统一标准，研发者应自行建立标准，并掌握从严要求的原则，进行有害病原和影响疫苗株繁殖之抗体的检测。对灭活疫苗生产用鸡胚（鸭胚、鹅胚），一般选择非免疫胚。但因目前尚无对非免疫胚的统一标准，因此，须由研发者针对特定制品的研究和生产自行提出标准。应主要检测重要传染病病原和影响疫苗株繁殖的抗体。

（三）佐剂、灭活剂、稳定剂和保护剂的筛选

可根据目前常用佐剂、灭活剂、稳定剂和保护剂及其成分，按照上述培养基的优化方法分别对每种佐剂（灭活剂、稳定剂或保护剂）或佐剂（灭活剂、稳定剂或保护剂）中的每种成分进行筛选试验，选出最适合该制品的佐剂、灭活剂、稳定剂和保护剂。对使用氢氧化铝胶和注射用白油作为佐剂或佐剂组分的，所用氢氧化铝胶和注射用白油应符合现行《中国兽药典》标准。

活疫苗的保护剂和灭活疫苗的佐剂与疫苗质量的关系极其密切，是我国近年来兽医生物制品研究中非常活跃的领域。通过改进原有疫苗佐剂或保护剂，也是近年来推出新制品的重要途径。新佐剂的研究内容，主要是针对我国以前简单使用矿物油佐剂生产灭活疫苗的弊端开发新型佐剂（如蜂胶佐剂、CpG佐剂、中药佐剂、水佐剂）或矿物油复合佐剂（矿物油加中药）等。新保护剂的研究内容，主要是针对我国以前简单使用明胶蔗糖保护剂或脱脂牛奶保护剂生产的活疫苗只能在−20℃以下冷冻保存和运输的弊端，开发可以使疫苗在冷藏温度下保存和运输的耐热保护剂。

（四）管制玻璃瓶、兽用液体疫苗塑料瓶和胶塞

对于管制玻璃瓶、兽用液体疫苗塑料瓶和胶塞的选择，应符合现行《中国兽药典》规定。

（杨京岚　陈光华）

第四节　生产工艺的研究

由于不同制品的生产中涉及结构和性质各不相同的细菌、病毒、寄生虫等不同微生物，成品中含有不同状态的微生物（活的或灭活的）及微生物的不同部分（如完整菌体、全病毒、亚单位、类毒素等），因此，不同制品的生产工艺各不相同。要生产出安全、有效的疫苗或敏感、特异的诊断制品，必须开展系统的生产工艺研究。

兽医生物制品的生产工艺演变总是受到管理规定和经济效益双重压力的推动。生产工艺研究的基本目标就是不断使兽医生物制品生产效率最大化，也就是在减少（至少要做到不增加）制品使用风险的前提下生产出更多的、更加便宜的、质量更好的制品。

生产工艺的研究范围极其广泛。在开展菌毒种和生产用细胞筛选工作时，即已涉及主要生产工艺的设计。一旦生产用菌毒种和细胞得以确定，主要的生产工艺路线（如培养、灭活、抗原纯化、成品配制等）即已基本确定，后续研究任务就是要针对这些工艺的具体操作方法和关键控制点等进行筛选和优化。

一、菌（毒、虫）种的接种和培养工艺研究

菌（毒、虫）种的接种和培养是制造生物制品的中心环节，尤其是大规模培养的工艺是进行生物制品工厂化生产的基本要求。由于细菌、病毒和寄生虫的增殖特点不同，因此其接种和培养的工艺也有所不同，但采用无菌操作是其共同要求。

（一）细菌的接种和培养工艺研究

由于细菌能够以二等分分裂法进行无性繁殖，

因此可以用人工方法提供细菌在动物体内生长繁殖的基本条件（营养物质、酸碱度、温度和必要的气体环境等，即通过培养基培养）就可以达到在体外大量培养细菌的目的。采取一切措施提高细菌繁殖密度，是大部分细菌培养工艺研究的目标。但是，有时我们制造疫苗时需要的不是细菌本身，而是其表达产物，如外毒素，且其产物的表达量与菌体量不存在线性关系，此时的培养工艺研究目标就要转移到提高产物表达量上来。大规模培养细菌的方法很多，一般根据生物制品的性质可选择使用以下方法：

1. 大扁瓶固体培养基表面培养法　将适宜的琼脂培养基融化后分装于大扁瓶（大型克氏瓶）中，灭菌后平放使其凝固，经培养观察无污染后接种生产菌种。接种后将扁瓶放在适宜的温度条件下静置培养一定时间，弃去凝集水，加入少量稀释液将培养物洗下，收集菌苔制成细菌悬浮液，用于制备抗原、灭活疫苗或活疫苗，如炭疽芽孢苗、仔猪副伤寒活疫苗、鸡白痢抗原与布鲁氏菌抗原等。

接种方法包括划线培养法和倾注培养法。划线培养法是取接种环在火焰上将环端烧红灭菌，然后将有可能伸入试管的其余部分均用火焰灭菌。将灼烧过的接种环伸入菌种管，先使环接触边壁使其冷却，挑取生长良好、形态典型的生产种子的单个菌落（或种子液），伸入扁瓶，在琼脂培养基上进行连续平行划线，越密越好，划线完毕后，盖上瓶塞，倒置于温室培养。

倾注培养法是将种子液直接接入扁瓶，盖上瓶塞，轻轻晃动扁瓶，使种子液均匀分布于琼脂培养基的表面，然后平放于温室培养。

此法的优点是可以根据需要调节收获的细菌悬浮液的浓度，便于控制生物制品的质量。但是，由于扁瓶中培养基占用的空间比较多，细菌的生长范围较小（仅在表面生长），加之扁瓶占用的空间较大，会受到生产设施的限制并增加生产的劳动强度，因此产量会受到一定限制。

2. 液体静置培养法　取适宜的培养容器（大玻璃瓶、培养罐或发酵罐），根据容器的大小和深度装入适量液体培养基（一般 1/2～2/3 为宜），经高压蒸汽灭菌后，冷至室温，直接接种生产种子液（用灭菌的移液管加入，或用管道打入，或直接将种子液倒入）后，置适宜温度静置培养。如用于厌氧菌培养，培养基的装量约为罐容量的

70%，并需在灭菌后冷至 37～38℃时立即接种生产种子液（或根据菌株的特性确定温度，如破伤风梭菌需在冷至 45～50℃时立即接种）。需要注意的是，有些厌氧菌苗的培养基中加入了利于该菌生长的肝块等组织，在培养后、配苗前需滤过除去。

此法的优点是培养方法比较简便，且不仅适用于需氧菌，还可适用于兼性厌氧菌和厌氧菌。但对需氧菌培养时，由于缺少氧气等因素，细菌的分裂繁殖能力不强，因而培养的菌数不高，不利于疫苗的生产及质量控制。

3. 液体深层通气培养法　由于深层通气培养能加速细菌的分裂繁殖，缩短培养时间，收获菌数较高的培养物，适于大量的培养，目前已成为菌苗生产中的主要培养方法。

深层通气培养法于 20 世纪 30 年代就已有报道用于菌苗制造，以后逐步扩大了应用。匈牙利自 1959 年开始采用深层通气培养法生产伤寒菌苗，至今未变。Bain 氏等（1955）用通气培养法制造巴氏杆菌菌苗，提高了菌苗效力。有人（1959）用通气培养法生产布鲁氏菌苗，提高了产量。我国成都兽医生物药品厂于 1960 年首先安装了 500～1 000L 大培养罐，用通气培养法制造牛出血性败血症及猪肺疫菌苗、间歇搅拌不通气培养法制造猪丹毒菌苗，其效果均优于用大玻瓶静置培养法生产的菌苗，故各生物药品厂相继采用至今。该培养方法是在接入种子液的同时加入定量消泡剂（豆油等），先静置培养 2～3h，然后通入微量（约为培养基量的 1/10）过滤无菌空气，每隔 2～3h 逐渐加大通气量（容量的 1：0.3～1：1）。因各厂所用反应罐均不是为生产菌苗培养细菌专门设计的，很不完善，虽经多次改进，但受原型所限，阻碍了继续改进提高。

我国兽医生物制品厂生产菌苗中曾经使用的培养罐，多数无自动控制装置，用人工控制培养温度和通气量，这种培养罐习惯上也称反应缸，是用不锈钢制成的夹层缸体，或用夹层钢桶内衬耐酸搪瓷，带有搅拌器和通气系统。培养基与氢氧化铝胶佐剂可在缸内消毒，细菌培养及灭活、加佐剂配苗与分装均可完成，实践证明也可大量生产出质量较好的菌苗。

较理想的细菌培养罐可参见后文生物发酵罐装置示意图，该种细菌培养罐有自动控制通气量、自动磁力搅拌、自动监测和记录 pH、溶氧浓度

和消泡装置等配套设备，使用起来十分方便。这种发酵罐目前已经得到广泛应用。

采用通气培养必须注意以下几个问题：

（1）补充营养物质　根据被培养的细菌对营养的要求，在培养过程中注意补充营养物质。如适当添加葡萄糖以补充碳源；适当添加蛋白胨或必需氨基酸以补充氮源，才能更好发挥通气培养作用，增加菌数，提高制品的质量。

（2）通气供氧方式　空气中的氧分子是以溶氧状态供细菌生长需要的，故供氧量多少与通气量大小和通气方式、搅拌桨长短、搅拌速度、液体温度与罐内有无挡板有直接关系。同时，细菌对氧的需要，在不同生长发育阶段又有所不同，各种细菌繁殖过程中需氧量亦不一样。因此，对所培养细菌的生长特性须先通过测定，掌握一定规律，再进行大量培养。最重要的是溶氧量的测定，一般情况下培养液中溶氧低于饱和状态的临界水平时，细菌呼吸与溶氧成比例；通气量过大，超过临界水平，则不能增加溶氧量，反而应增加消泡剂，影响细菌的生长或产毒，故通气量必须适宜。

（3）控制最适生长的 pH　深层通气培养时的 pH 变化较快，保持培养过程的最适 pH 很重要。一般规律是，当细菌在生长繁殖对数期时 pH 下降，以后，随通气量加大，培养液中氢离子浓度降低，pH 上升，因而除控制通气量之外，常常加葡萄糖以补充细菌生长所需的碳源。也可当 pH 下降时加碱溶液使 pH 维持稳定。如在培养猪丹毒菌液过程中 pH 下降时，加入氢氧化钠或氨水以保持稳定，可提高活菌数 4～5 倍，达到 200 亿/mL 以上。又如在培养仔猪副伤寒菌液时，可定时加葡萄糖维持 pH，除提高活菌数外，还可降低毒素成分。

（4）注意调节培养温度　大罐培养通入的空气多是经贮存罐多次过滤，再均匀分散进入培养液的，故培养温度受空气的影响不明显。但是，培养罐夹层直接用蒸汽加热往往不稳定，最好用自动调节的温水循环控制温度，以使培养温度变化范围上下不超过 1℃。

（5）通气培养造成污染的原因，主要是通入的空气处理不当、搅拌轴密封不严或地盘与进出液阀门灭菌不彻底等，为此，培养罐的罐体与部件均应以不锈钢制造，垫圈用聚四氟乙烯制品，使之密封良好，易于灭菌。此外，通过空气滤过装置过滤空

气时，不能让有气味的空气进入培养液内，应先经过棉花与活性炭滤器，再经过除菌过滤，以免通气带进杂菌，造成培养液污染。同时培养过程的排气管口也应有消毒设备，以免污染环境。

4. 透析培养　指培养液与培养基之间隔一层半透膜的培养方法。此法由梅契尼科夫（1896）创始，先是在动物体内埋藏半透膜囊培养微生物成功（1990 年 Carnot 等把肺炎球菌装入火棉胶膜袋里，悬吊于培养瓶内，获得同样较好结果）。继后，1946 年 Sterne 和 Wentzel 等于大瓶培养基中装透析管，制成 C 和 D 型肉毒梭菌类毒素，比常规培养提高毒素产量 20～100 倍。Sterne 设计的透析器，培养布鲁氏菌 19 号苗，每 3～4d 收获一次，每毫升活菌数达 $7 \times 10^{11} \sim 10 \times 10^{11}$。Gladstone 用透析纸袋培养炭疽苗制造保护性抗原苗，比静置培养的效力提高 25 倍。透析培养主要是能获得高浓度的纯菌和高效价的毒素。但上述透析袋或透析管均不适于大量培养，因而 Gallup 和 Gerhardt 等于 1963 后研究出一种发酵器透析培养系统，把培养基与培养物分开成为各自的循环系统，中间经透析器交换营养物。此种透析器是由一种丙烯树脂制成的板框，在中间隔离物的两面装透析膜，用框架固定（图 2-1）。

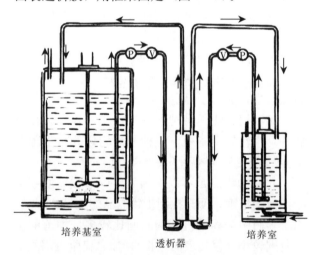

图 2-1　Gallup-Gerhardt 透析器循环系统

V. 阀门　P. 泵

此种透析装置具有培养基和培养液独立控制的优点，必要时可以搅拌和通气，可使用任何类型的透析膜片和滤膜，液体在透析器中向上或向下流，慢流或快流均可随意掌握。同时还可以将每个部分按比例缩小或扩大。

1983—1984 年青海兽医生物药品厂崔生发研究出一种"青透型"透析器（图 2-2）。此型透

析器是用不锈钢板制成容量为 10：1 的 2 个长方形扁平容器，中间加透析玻璃纸，分割为培养基室（大室）和培养室（小室），四边用无毒橡胶作垫圈，以螺栓固定，两室侧面有视镜，一边装有进出液管道孔。大室装培养基，小室装生理盐水，装量仍为 10：1，经高压灭菌后，于培养室接种 C 型肉毒梭菌，放 37℃ 培养 6～8d，产毒素达到每毫升 300 万 MLD，制成类毒素苗效力良好。此法中应特别注意在透析纸两边用框架固定，否则透析纸易破漏，导致培养失败。

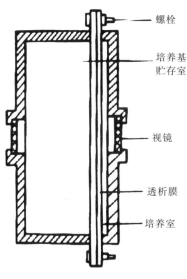

图 2-2　青透型透析器
（纵剖面示意图）

螺栓
培养基贮存室
视镜
透析膜
培养室

（二）病毒的接种和培养工艺研究

由于病毒缺乏自身增殖所必需的酶系统，不能独自进行物质代谢，必须依赖宿主细胞或细胞的某些成分合成核酸和蛋白质，因此无法在任何无细胞的培养液中生长。除少数病毒外，大多数病毒需在细胞培养物、鸡胚和生产用动物中以细胞内复制的方式进行增殖。每种接种物又包括以下多种培养方法：

1. 病毒的细胞培养和接种工艺研究　病毒的细胞培养就是将病毒接种到适宜该病毒生长繁殖的细胞上，在适宜温度（一般为 37℃）下培养增殖，根据病毒增殖的速度（引起细胞病变）确定培养时间。培养结束后，收集细胞和病毒的混悬液，经反复冻融释放细胞内的病毒，去除细胞碎片后制成病毒悬液。

（1）单层细胞的静置培养　静置培养是最简单的一种细胞培养方法。将细胞悬液分装在适宜的细胞瓶（玻璃瓶或塑料瓶）内，密闭瓶口，放置在恒温环境下静置培养，细胞沉淀后贴附在细胞瓶底面上并生长分裂，最后形成细胞单层。接种病毒前，弃去细胞生长液，用适宜洗涤液洗涤后，将病毒的工作种子接种到细胞单层上，接种量为生长液的 1/20～1/10，37℃ 吸附 30～60min（如接种的病毒液为细胞结合病毒时，则可直接加入，不用吸附），弃去（或不弃去）接种液，加入维持液。由于此法生产量较小，不适用于工厂化大生产，因此很少有生物制品厂采用此法进行生产。

（2）单层细胞的转瓶培养　转瓶技术为传统的贴壁细胞培养技术，细胞接种在旋转的圆筒形培养器（转瓶）中，培养过程中转瓶不断缓慢旋转（5～10r/h），使细胞贴附于瓶壁四周长成单层，并间歇性接触培养液和空气。病毒的接种量和接种方式与单层细胞的静置培养基本相同，仅是吸附时间较长。转瓶培养具有结构简单，投资少，技术成熟，放大规模只需简单增加转瓶数量等优点。但是，由于所需劳动强度大，占地空间大（必须有配备转瓶机的恒温室），单位体积提供细胞生长的表面积小，细胞生长密度低，瓶间差异较难控制，接种和收获阶段的敞口操作可能造成污染等，因而对生产的产业化和规模化有一定限制。

（3）微载体培养　微载体培养技术是在生物反应器内加入培养液和一种对细胞无毒害作用的材料支撑的片状或球状颗粒（微载体），使细胞在微载体表面附着和生长，并通过生物反应器或不断搅拌使微载体保持悬浮状态。这种培养技术的培养液中大量的微载体为细胞提供了极大的附着表面，微载体的直径在 60～250 μm，由天然葡聚糖、凝胶或各种合成的聚合物组成，如聚苯乙烯、聚丙烯酰胺等。由这些材料及其改良型制成的微载体主要参考了细胞的黏附特性，其表面带有大量电荷及其他生长基质，因而有利于细胞的黏附、铺展和增殖。这样的微载体 1 g 的表面积可达 6 000 cm^2，从而可实现细胞的高密度培养。由于在培养的过程中细胞浓度较大，细胞数量可在 5d 内增加 5～10 倍，所以必须防止 pH 过分降低，因此要选择缓冲能力强的缓冲系统，并随时注意补加碱。例如，可采用 HEPES 和碳酸氢钠混合物，并随时补加碳酸氢钠。除通气搅拌培养法外，也可用转瓶培养法。收获时，将培养瓶静置片刻，使微载体沉淀，吸出营养液，加适量胰蛋白酶液，使细胞脱落，将液体通过 2 号玻璃滤器过滤，收获细胞液。载体可重复使用。

采用微载体培养的好处是大大增加了细胞培养的表面积，使得单位体积培养液的细胞产率提高；细胞收获过程相对简单，劳动强度小，且占地面积小，易于放大，从而实现产能的扩大；易于观察（可用普通显微镜观察微载体表面的生长情况），便于查看细胞生长情况和病毒收获时的细胞病变情况等。但也有一些缺点和局限性，如搅拌桨与微珠间的碰撞易造成细胞损伤；微载体吸附力弱，不适合培养悬浮型细胞，且只有少数经过驯化的细胞才能够在这种状态下大规模培养；同时，由于细胞贴壁生长的一些特性，在扩大到一定规模时很难再继续放大，因而限制了该技术应用的范围。

（4）悬浮培养 悬浮培养（suspension culture）是通过振荡或转动装置使细胞始终处于分散悬浮于液体培养液中（形成单个游离细胞或小细胞团）进行培养增殖的技术。主要用于非贴壁依赖型细胞培养，如杂交瘤细胞等。

一个成功的悬浮细胞培养体系必须满足3个条件：一是分散性要好，细胞团较小，一般应在30～50个细胞以下；二是均一性要好，细胞形状和细胞团大小应大致相同；三是细胞生长要迅速，一般在2～3d甚至更短时间便可增加1倍。三者缺一不可，否则难以承受接毒后的长时间培养。具体培养技术见第九章第三节。

与单层细胞培养相比较，悬浮培养有3个优点：一是增加培养细胞与培养液的接触面，改善营养供应；二是在振荡条件下可避免细胞代谢产生的有害物质在局部积累而对细胞自身产生毒害；三是振荡培养可以适当改善气体的交换。因此，此法是目前较为先进的兽医生物制品生产方法，是欧美兽医生物制品生产企业最常用的细胞培养方法，也是国内生物制品企业研发的主攻方向。

目前，欧美已开始研发无血清悬浮培养技术，是用已知人源或动物来源的蛋白或激素代替动物血清的一种细胞培养方式。其优点是能减少后期纯化工作，提高产品质量，因此正逐渐成为动物细胞大规模培养的研究新方向。

（5）细胞工厂 细胞工厂（cell factory）是目前兽医疫苗生产中细胞培养的一种新型方式。它是一种设计精巧的细胞培养装置（图2-3），在有限的空间内利用了最大限度的培养表面，从而节省了大量的厂房空间，无需进行任何厂房改造即可实现扩大产能的目的。

图2-3 40层细胞工厂和自动化操作设备

细胞工厂培养技术在国外已有30多年的应用历史，近10年在中国开始逐渐普及。丹麦Nunc公司生产的Nunc细胞工厂是目前应用较多的细胞工厂系统。可用于如疫苗、单克隆抗体或生物制药等工业规模生产，特别适合于贴壁细胞，也可用于悬浮培养，在从实验室规模进行放大时不会改变细胞生长的动力学条件。一般有1、2、10和40层的规格，工厂化生产时，通常采用10和40层的规格。10层规格的细胞工厂的培养方式通常与单层细胞的静置培养方式相同；40层规格的细胞工厂一般与细胞工厂自动化操作设备结合使用。由于其便捷安全的操作方式，较少地占用空间，可控性好，既有优于转瓶的优势，又没有类似生物反应器的应用限制，因此，细胞工厂培养技术在人用疫苗行业已广泛应用，如甲肝疫苗，其利用细胞工厂进行细胞培养和病毒扩增的技术已经非常成熟。在其他基于贴壁细胞培养的人用疫苗生产中逐渐替代传统的转瓶工艺，并在用生物反应器生产乙脑、狂犬病疫苗的工艺中，细胞工厂在其前期细胞快速大量扩增步骤中也起到了不可替代的作用。在兽医疫苗（如狂犬病灭活疫苗）的生产过程中也有人进行了尝试。在国外，细胞工厂培养技术已经是非常成熟和普遍应用的体外大量培养细胞的技术。如V79-4、鸡胚成纤维细胞、L929、HEL299细胞培养、EPO表达、干细胞培养等。尤其是与细胞工厂自动化操作设备结合使用后，即可全面实现细胞培养的自动化，从而大大地降低劳动强度和密集度，快速替代传统的转瓶培养技术，实现大规模的细胞培养。但是，细胞工厂也有一些使用的不便之处，如消化细胞时由于无法进行吹打或使用刮刀辅助，较难将细胞全部消化下来。因此在采用细胞工厂技术时，应避免采用难以消化的细胞。

2. 病毒的鸡胚培养和接种工艺研究 许多病

毒尤其是禽源病毒可利用禽胚（鸡胚、鸭胚和鹅胚）进行增殖。一般情况下，活疫苗生产用鸡胚应选择 SPF 胚，鸭胚和鹅胚应选择非免疫胚。

为保证生物制品的纯净性，除个别制品采用鸭胚或鹅胚外，大多采用 SPF 鸡胚。鸡胚的培养技术相对简单，一般在相对湿度为 60%～70%、温度为 37.5～38.5℃ 的条件下培养，每天翻蛋 1～2 次。为防止污染，必要时在受精卵开始孵化后几小时内用福尔马林溶液熏蒸，以杀死卵壳外面和孵化箱内的微生物。熏蒸时，孵化箱内的温度为 37℃，相对湿度约为 90% 为宜，平均每平方米的容量用 13mL 甲醛溶液和 6.5g 高锰酸钾熏蒸 20min，熏蒸完成后打开箱门排出甲醛蒸气后，再进行孵化。

（1）鸡胚的接种途径　在进行接种工艺研究时，应根据病毒的生长特性，选择鸡胚的接种途径。在操作相对简单易行的前提下，应选择能使病毒大量、快速繁殖的接种途径进行接种。目前，鸡胚接种的主要途径有卵黄囊接种、尿囊腔接种和绒毛尿囊膜接种，偶尔也采用羊膜腔接种、静脉接种和脑内接种的方法。具体接种方法包括：

卵黄囊接种：取 5～8 日龄鸡胚，在灯光照射下画出气室及胎位，将气室向上置于蛋盘中，在气室中心钻一小孔，垂直刺入针头约 3 cm，注入接种物 0.2～0.5mL，用石蜡封口，放入孵化箱内孵化。另一方法是将卵横放在蛋盘上，胚胎位置向下，在气室外和卵长径的 1/2 处各打一小孔，并在中间孔处刺入针头约 1.5 cm（进针位置如图 2-4），接种 0.1～0.5mL，用石蜡封口后放孵化箱内孵化。

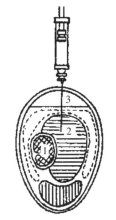

图 2-4　卵黄囊接种法
1. 鸡胚　2. 卵黄囊　3. 气室

尿囊腔接种：取 9～10 日龄鸡胚，画出气室范围，离气室 0.3～0.5cm 无大血管处作一记号，

作为接种孔的位置，在气室部和记号处各打一小孔，自接种孔刺入针头约 0.5cm，注入接种物 0.05～0.2mL。另一方法是在气室范围内距边缘约 0.5cm 处打一小孔，沿卵长径平行方向刺入针头约 1cm（进针位置如图 2-5），注入接种物 0.05～0.2mL。

图 2-5　尿囊腔接种法

绒毛尿囊膜接种：取 10～12 日龄鸡胚，画出气室范围，将卵气室部向上立在蛋架上，并在气室中央打一小孔，以 1mL 注射器配以长 2.5 cm 的 5～6 号针头，自小孔处刺入气室约 0.5 cm，滴加接种物 0.1～0.2mL 于气室内的卵膜上，继续垂直刺进针头，穿过卵膜和绒毛尿囊膜，拔出针头。用石蜡封孔后，气室保持向上约 30min，使接种液通过刺破的卵膜在绒毛尿囊膜上扩散。另一方法须作人工气室。首先画出气室和胚胎位置，将卵横卧于蛋架上，胚胎位置向上，用钝头铁锥或螺丝钉击破胚胎附近的卵壳和卵膜，但不损伤绒毛尿囊膜。气室部也打一小孔，然后用橡胶吸球紧接气室小孔轻轻向外吸气，造成负压，使破壳部位的绒毛尿囊膜下陷，形成人工气室，在人工气室处呈 30°角刺入针头（进针位置如图 2-6），接种 0.1～0.2mL 接种物，封闭卵孔，人工气室向下继续培养。

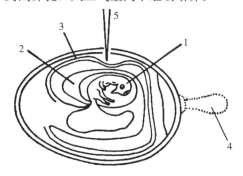

图 2-6　绒毛尿囊膜接种法
1. 鸡胚　2. 羊膜腔　3. 绒毛尿囊膜
4. 橡胶吸球　5. 注射针头

羊膜腔接种：取 10～12 日龄鸡胚，画出气室边缘和胚胎位置，将气室端靠近胚胎侧的卵壳锯穿，但勿损伤卵膜，取出卵壳和壳膜，滴入一滴无菌液体石蜡或生理盐水，于照蛋灯下即可清楚地看到胚胎位置，用 1mL 注射器配以 2.5～3 cm 长的 5 号针头，避开血管，刺入羊膜腔，注射 0.1～0.2mL 接种物，用针头轻轻拨动，能看到鸡胚胎运动。将卵壳复原并用胶布固定。

静脉接种：取 10～12 日龄鸡胚，照蛋后画出直而粗的静脉位置，将卵横卧于蛋架上，锯开作记号部位的卵壳，勿伤卵膜，加一滴液体石蜡，使卵膜透明。以与卵平行方向，将长 1.5 cm 的 4 号针头插入血管内注射接种物 0.02～0.05mL，将剥离的卵壳复位，用胶布固定，继续孵化。

脑内接种：此方法操作步骤基本同羊膜腔途径，用 10～14 日龄鸡胚，接种量为 0.01～0.02mL。

（2）接种后材料收获方法 接种后，一般在 37℃左右继续孵化 2～7d（不必翻蛋）。每天至少照蛋 1～2 次，弃去接种 24h 内死亡的胚蛋，将 24h 后死亡的胚随时取出，置 2～8℃ 4～24h，以备收获材料。收获时，根据收获物的不同一般采用以下方法：

尿囊液的收获方法：收获前将卵直立于卵架上，气室向上，4～8℃放置 4～24h 后取出，用碘酊消毒气室部位，除去卵壳，撕去内层壳膜和绒毛尿囊膜，直接用无菌吸管或注射器吸取尿囊液。

羊水的收获方法：同上收获尿囊液后，用无菌镊子夹起羊膜，用毛细吸管或细吸管刺入羊膜囊吸取羊水。

绒毛尿囊膜的收获方法：同前打开气室部，撕去气室部卵膜，观察绒毛尿囊膜的病变，用小剪刀剪去收获气室部的绒毛尿囊膜。如要全部绒毛尿囊膜，则吸出尿囊液，将鸡胚和卵黄等倾倒在平皿里，剪断卵带，再撕下整个卵膜。如系人工气室接种方法，收获时则将接种卵人工气室部向上平放，除去卵壳和壳膜后，夹起绒毛尿囊膜，用消毒小剪沿人工气室周围剪下收获绒毛尿囊膜。

卵黄囊的收获方法：将卵直立于蛋架上，沿气室除去卵壳，撕开内层壳膜，用镊子夹出卵黄囊，放入灭菌平皿中，必要时用灭菌生理盐水冲去卵黄。也可将整个卵内容物倾入灭菌平皿中，用镊子夹住选取卵黄囊。

胚胎的收获方法：除去气室部卵壳后，用无菌镊子撕破内层壳膜和绒毛尿囊膜，夹起胚胎，剪断卵黄囊带，置灭菌平皿或瓶内。

3. 病毒的动物培养和接种工艺研究 动物对病毒学研究来说是必不可少的，尤其是在研究病毒的致病力、致病机理和免疫应答方面，以及制造疫苗和抗血清等方面必须使用动物。一般可按《中国兽药典》生产和检验用动物标准，选择健康、易感的动物进行。目前，用于制备兽医生物制品的动物主要有小鼠、家兔、鸡，个别制品用绵羊、犬，有时也使用牛和驴。根据病毒和试验目的的不同，可选择不同接种途径和方法，主要包括脑内接种法、皮内接种法、皮下接种法、静脉接种法和腹腔接种法等。

（1）脑内接种法 给小鼠和地鼠脑内接种时，用左手大拇指和食指固定头部，用碘酊消毒左侧眼与耳之间上部注射部位，然后于眼后角、耳前缘及颅前后中线所构成之位置中间刺入针头 2～3 mm。注射量，乳鼠为 0.01～0.02mL，成年鼠和地鼠为 0.03～0.05mL。进行豚鼠和家兔的脑内接种时，先施行麻醉，然后在颅前后中线旁边 5 mm 平行线与动物瞳孔横线交叉处，用碘酊消毒，用锥刺穿颅骨，拔锥时注意不要移动皮肤孔，用针头沿穿孔刺入 4～10 mm，注射 0.1～0.25mL。也可不麻醉动物，一人按住动物，两手握住两耳，头部按在双爪间的桌面上，两拇指按在动物枕骨粗隆处，按紧头皮按上法穿孔及注射。进行绵羊脑内接种时，则先剪掉羊头顶部的毛，并经硫化钡脱毛后固定于接种台上，用碘酊消毒头顶部，在颅顶部中线左侧或右侧，用锥钻一小孔，将病毒液接种于硬脑膜下或脑内，注射量 1mL，接种孔立即用火棉胶封闭。

（2）皮内接种法 常用于较大动物。注射部位可选择颈部、背部、腹部、耳及尾根部。有毛部位应先剪毛，用碘酊消毒，再用酒精棉拭去碘酊。用左手拇指食指提起注射部位皮肤，用针头斜面向外，和皮肤面平行刺入皮肤 2～3 mm，注射接种物 0.1～0.2mL，此时可见皮下隆起。注入较大量时，可分几个点注入。

（3）皮下接种法 注射部位选在皮肤松弛处，豚鼠及家兔可在腹部及大腿内侧，注射量 0.5～1mL。小鼠可选在尾根部或背部，用左手拇指和食指捏住头部皮肤，翻转鼠体使腹部向上，将鼠尾和后脚夹于小指和无名指之间，用碘酊消毒皮肤，沿水平方向用针头挑起皮肤，刺入 1.5～2 cm，缓慢注入接种物 0.2～0.5mL。

（4）静脉接种法　小鼠由尾部静脉注入。将小鼠尾部在50～55℃水浴中浸泡0.5～1min，使尾部静脉扩张，用鼠缸扣住鼠体，露出尾部，用左手拇指和中指将鼠尾拉直，以食指托住尾部，消毒注射部位后由靠近尖端处平行刺入，再向下刺入静脉，慢慢注射，接种量为0.1～1.0mL，注射后用灭菌干棉球压住针口，防止流血。家兔由耳边缘静脉注射，若耳部毛长，应先剃毛，操作时将兔置于特制固定器上或由一人抓住，另一人面对兔头，用酒精棉球或浸湿二甲苯棉球，摩擦注射部位静脉0.5～1min，使静脉扩张，注射者用左手拇指及中食指抓住耳端尖部，对准静脉，平行刺入针头，缓慢注射接种物1～5mL。鸡由翅下肱静脉注射，由一人抓住鸡仰卧固定，张开翅，拔去注射部位羽毛，露出静脉，用碘酊消毒，用针头斜面朝上刺入静脉，注射1～5mL。

（5）腹腔接种法　家兔及豚鼠通常先在腹股沟处刺入皮下，进针少许后再刺入腹腔注射，注射量为0.5～5mL。小鼠腹腔接种时，用右手提起鼠尾，左手拇指和食指捏住其头背部，翻转鼠体使腹部向上，将鼠尾和右后脚夹于小指和无名指之间，右手持注射器，将针头平行刺入腿根处腹部皮下，然后向下斜行刺入腹腔，注射0.5～1mL。

动物接种后应每天观察，有时需要一天观察数次。注意活动情况、饮食、粪尿和皮毛体表，还要根据所接种病毒的特性及动物性别、年龄等的不同而有所侧重，如体温曲线、特征性临床症状的出现及注射部位的变化等。根据观察选出接种后出现符合要求的反应的动物，按规定方法扑杀，采取含毒组织或器官，经规定的各项检查合格后即可使用。

（三）寄生虫的接种和培养工艺研究

各种寄生虫在繁殖特性上存在很大差异，虽然个别寄生虫可以通过体外培养，但是，大多数寄生虫目前还必须采用体内培养方式进行繁殖，这就限制了寄生虫的工业化生产，从而限制了寄生虫疫苗的发展，这一点也是目前寄生虫疫苗相对较少的原因之一。由于寄生虫接种和培养工艺的差异性非常大，为便于说明，本文仅采用几种国内已经注册的寄生虫疫苗（如牛环形泰勒虫病活疫苗、鸡球虫病三价或四价活疫苗、钩端螺旋体病补体结合试验抗原、伊氏锥虫病补体结合试验抗原）为例，对生物制品制造用寄生虫的接种和培养进行介绍。

1. 牛环形泰勒虫的接种和培养　用5～7月龄健康易感黑白花牛2头，放置携带环形泰勒虫孢子体的缺缘璃眼蜱100只，引起发病，无菌采取肩前或股前淋巴结，分离出游离的淋巴样细胞，将细胞加于适宜培养液内，置36～37℃培养96～120h，收获培养的原代细胞，以1 200 r/min离心5min，弃去上清液，加入培养液，将细胞数调整到每毫升含（50±5）万个后，分装保存。

2. 鸡球虫的接种和培养　一般采用2周龄在无球虫条件下饲养的雏鸡，经口接种球虫孢子化卵囊（一般为100倍疫苗含虫量），在卵囊排出期（根据早熟虫株的排卵特性确定）收集鸡粪便，用自来水稀释（1∶10）粪便，分别经60目、200目铜筛滤过，将滤过液离心，收集沉淀部分，加入饱和盐水，离心漂浮（2～3次）后，再用清水洗涤，离心，收集沉淀的卵囊，加入次氯酸钠溶液，搅拌均匀后静置5min；再用清水洗涤3次，除去残留的次氯酸钠，最后向消毒后的卵囊沉淀中加入适量2.5%重铬酸钾水溶液，22～28℃加氧条件下培养1～3d，直至80%以上卵囊完成孢子化。

3. 钩端螺旋体的接种和培养　钩端螺旋体可直接用培养基（柯托夫培养基）培养，接种量一般为培养基的5%～10%，放28～32℃培养5～7d，取培养物1滴放在400倍暗视野显微镜下检查，每个视野运动活泼的虫数达70～100条即可。

4. 伊氏锥虫的接种和培养　通过腹腔接种小鼠、大鼠或犬，适当时间后经颈动脉放血，加入抗凝剂，经灭菌的铜网或纱布滤过后以3 000 r/min离心20min，分别收集上清液和虫体，弃去血细胞，并用上清液反复分离虫体2～3次，直至虫体完全与血细胞分离。再用生理盐水反复洗涤虫体2～3次，收集纯白虫体。

为了促进寄生虫疫苗的工厂化生产，寄生虫的体外培养方法成为目前研究的主要方向，并建立了寄生虫（尤其是原虫）的体外培养技术，这使得很多寄生虫（如巴贝斯虫、锥虫、疟原虫）可以在体外大量繁殖，从而为提取大量的虫体ES抗原奠定了基础，其中最成功的要属巴贝斯虫培养上清苗。无论法国的犬巴贝斯虫苗还是澳大利亚的牛巴贝斯虫苗，在当地巴贝斯虫病的免疫预防方面都发挥着十分重要的作用。但是以这种方法制备的锥虫苗，却没有取得预期的保护效果。

二、灭活、裂解或脱毒工艺研究

所谓"灭活"就是采用物理或化学方法使制苗用微生物失去繁殖能力，但保留其免疫原性的处理过程。广义的"裂解"是采用物理或化学方法使细胞或微生物（病毒或细菌）破裂的过程。狭义的"裂解"包括很多种，类毒素制品生产过程中的裂解系指使细菌破裂释放毒素的过程；病毒细胞苗生产过程中的裂解系指使细胞破裂释放病毒的过程；还有一种胚毒裂解疫苗中的裂解，系指使病毒从胚胎组织中释放出来的过程。

由于有些革兰氏阴性菌细胞壁的外层含有一种脂多糖成分的内毒素，一般不分泌到菌体外，仅在菌体死亡后自溶或人工裂解时释放到培养基中；还有些细菌在培养过程中会不断向培养基中分泌一种蛋白质成分的外毒素。在利用上述两种细菌培养物制备疫苗时，不仅要使培养的细菌失去活性，还要使其培养液中的内毒素和/或外毒素的毒性失活，这一处理过程称作"脱毒"。

细胞的裂解有很多方法，如化学方法（加裂解液裂解）、超声法、高温法、珠磨法、反复冻融法和液氮研磨法等，但大多不适用于规模化大生产（如超声法、珠磨法、液氮研磨法等），如裂解液、高温等易破坏病毒的免疫原性，或其残留物难以消除导致对动物体造成不良反应等，因此目前兽医疫苗生产中细胞的裂解绝大多数采用反复冻融法进行。在研发过程中仅需考察反复冻融的次数、每次冻融的作用时间等，即通过试验确定最佳的冻融次数和每次冻结和融化的间隔时间。个别疫苗因批量较小（如鸡马立克氏病火鸡疱疹病毒冻干活疫苗），也可采用超声法进行细胞裂解。

灭活工艺有很多种，如低pH孵放工艺、纳米膜过滤工艺、巴氏消毒工艺、有机溶剂和表面活性剂（灭活剂）处理工艺等。为了适应规模化大生产和易于操作的要求，目前兽医疫苗制造中的灭活（细菌裂解、脱毒）多采用灭活剂处理的工艺，并且通过增加灭活剂的浓度和/或延长灭活剂作用时间等，可一次性完成灭活、裂解（细菌）和脱毒。兽医疫苗灭活工艺的研究实际上就成为灭活剂的选择和灭活条件的研究过程。

根据第八章第七节，选择几种适宜的灭活剂，然后进行试验，考察每种灭活剂在不同浓度、不同温度、不同作用时间等条件下对需灭活（细菌裂解、脱毒）的微生物作用，根据被灭活微生物的培养试验或动物安全性试验及效力试验结果，确定最适的灭活剂及该灭活剂最适的作用浓度、作用温度和作用时间。

例如，拟选用目前兽医疫苗制备中常用的灭活剂甲醛或二乙烯亚胺对某培养物进行灭活时，可将上述2种灭活剂分别按照0.1%、0.2%、0.3%、0.4%、0.5%、0.6%的比例（v/v）加入已制备的微生物培养液中，然后分别置35℃、37℃、39℃作用18h、24h、48h、72h、96h（对于需要进行脱毒作用的，通常需适当提高灭活剂的浓度或者延长作用时间）。分别取样，接种适宜的单层细胞或培养基培养，观察有无病毒或细菌生长（即检查微生物是否被灭活）；同时取样进行动物安全性试验，以确定样品中没有活性的病毒（或毒素）存在；还应取样进行效力试验研究，以确定该灭活剂采用该条件处理后，对该微生物的免疫原性没有产生显著影响。

三、活性物质的提取和纯化

活性物质的提取和纯化就是应用分离纯化工程技术从已经培养好的目的细菌、病毒或寄生虫培养物中获取生长良好、纯度较高、特性典型、效价较高的菌（毒、虫）株有效抗原组分，最大限度地去除有害和无效组分，使制备的疫苗纯度高，无其他物质干扰，并具有良好的免疫原性。

分离纯化工程技术是现代生物技术的重要组成部分，其在兽医疫苗生产中的应用程度决定了制品的纯度，从而也决定了制品的效力、质量与安全水平。分离纯化工程技术的发展既取决于物理化学技术的发展水平，更取决于其与其他现代生物技术的结合度，如需针对特定培养工艺、特定抗原结构和特性开发出具有实用价值的分离纯化新工艺新技术。随着分离纯化工程技术在兽医生物制品生产中的逐步应用，我国兽医生物制品的质量水平必将得到迅速提升。

通常情况下，抗原浓缩技术也适用于抗原纯化。离心法是最常用方法，其应用已有很长历史。近十几年来，超滤浓缩技术在我国兽医生物制品生产中也已逐渐推广应用，尤其多见于多联禽用灭活疫苗、口蹄疫灭活疫苗的生产。由于浓缩纯化工艺中不可避免地会弃去培养物中的很多组分，因而，研究浓缩纯化工艺的前提条件，就是须有效识别特异性保护性抗原。

纯化浓缩中通常要用到不同的技术组合，在纯化抗原的同时，也顺带进行了浓缩。常用工序包括：将培养物离心，弃去沉淀物（全细胞等）；将上清液进行大分子过滤，弃去截留物（细胞碎片和其他大分子物质）；将滤液进行小分子过滤，弃去过滤物（水和其他小分子物质），留取滤液，即成纯化浓缩抗原。

（一）细菌（支原体）抗原的提取和纯化

全菌体疫苗生产过程中的纯化一般有两个控制点，重点是在菌种开启时通过选菌完成的，其次是在制备疫苗前通过离心或过滤等方法除去培养物中的杂质。

选菌通常采用固体培养基培养的方法进行，根据细菌生长的不同特性，可具体选取以下方法进行：

1. 稀释倒平板法 适用于某些兼性厌氧菌的选菌。首先把微生物悬液作系列稀释（如1∶10、1∶100、1∶1 000、1∶10 000），然后分别取不同稀释液少许，与已融化并冷却至50℃左右的琼脂培养基混合，摇匀后，倾入无菌培养皿中，待琼脂凝固后，制成可能含菌的琼脂平板，保温培养一定时间即可出现菌落。如果稀释得当，在平板表面或琼脂培养基中就可出现分散的单个菌落，挑取单个菌落，或重复以上操作数次，便可得到纯培养物。由于本方法需将微生物悬液先加到较烫的培养基中再倒平板，易造成某些热敏感菌的死亡，并且大部分菌生长的位置不是在固体培养基的表面，而是会被固定在琼脂中间，易造成菌落生长所需的氧气供应不足，因此不适宜热敏感菌和严格好氧菌的选菌。

2. 平板划线法 是目前大多数好氧菌最简单、最常用的选菌方法。一般采用接种环以无菌操作蘸取少许复溶后的冻干菌种，在固体培养基表面多次作"由点到线"的接种，进而达到分离的目的。划线的方法很多，常见的比较容易出现单个菌落的划线方法有斜线法、曲线法、方格法、放射法、四格法等。通过连续划线，细菌数量将随着划线次数的增加而减少，并逐步分散开来，如果划线适宜的话，能一一分散，经培养后，可在平板表面得到单个菌落。如个别情况下首次划线培养出来的单菌落并非都由单个细胞繁殖而来的，可通过反复多次划线获得（但要注意控制培养代次，尽量减少平板划线选菌的次数，以免所制备的疫苗代次超出规定的代次范围）；也可先通过少量适宜的液体培养基培养增殖后，再进行划线培养选菌。

3. 涂布平板法 当遇到菌种保存不当或菌种本身不易保存，导致冻干菌种中细菌的存活率较低，如采用平板划线法，会因取样量小，不能确保接种环可以取到适宜量的活菌时，为加大取样量，可采取涂布平板法。其做法是，先将已融化的培养基倒入无菌平皿，制成无菌平板，冷却凝固后，将一定量的微生物悬液滴加在平板表面，再用无菌玻璃涂棒将菌液均匀分散至整个平板表面，经培养后再挑取单个菌落。

4. 稀释摇管法 对于严格厌氧菌的选菌，如果该菌暴露于空气中不立即死亡，可以采用通常的方法制备平板，然后放置在封闭容器中培养，容器中的氧气可采用化学、物理或生物的方法清除。对于那些对氧气更为敏感的厌氧性微生物，纯培养物的分离则可采用稀释摇管培养法进行，它是稀释倒平板法的一种变通形式。先将一系列盛有无菌琼脂培养基的试管加热使琼脂融化后冷却并保持在50℃左右，将待纯化的材料用这些试管进行梯度稀释，将试管迅速摇动均匀，冷凝后，在琼脂柱表面倾倒一层灭菌液体石蜡和固体石蜡的混合物，将培养基和空气隔开。培养后，菌落形成在琼脂柱的中间。进行单菌落的挑取和移植，需先用一只灭菌针将液体石蜡或石蜡盖取出，再用一只毛细管插入琼脂和管壁之间，吹入无菌无氧气体，将琼脂柱吸出，放置在培养皿中，用无菌刀将琼脂柱切成薄片进行观察和菌落的移植。

在获得上述单个菌落的培养物后，要进行筛选，挑取形态良好、具有该菌典型生长特征的单个菌落，接种液体或固体培养基进行增殖培养。由于培养基的培养易于控制，最终培养物中一般不会污染其他微生物，并且不会含有较高的杂蛋白等影响疫苗质量的物质，因此一般不需要进一步纯化即可用于疫苗制备。但是，个别液体培养基的成分复杂，培养物中杂蛋白等含量较高，配苗后可影响疫苗质量，引起免疫动物产生不良反应等，需根据细菌和杂质分子质量的大小，选择离心或过滤等适宜方法除去培养物中的杂质。一般工业化生产中多采用"中空纤维过滤"的方法进行。详细内容请参见第九章。

（二）病毒抗原的提取和纯化

由于大多数病毒需在细胞培养物、鸡胚和生产用动物中以细胞内复制的方式进行增殖，因此，在生产过程中，病毒抗原的纯化主要是在制备疫苗前利用各种物理、化学方法，严格控制温度、pH和试剂的选择，在确保病毒不受损伤和失活的前提下，去除宿主细胞组分等非病毒杂质，提取出高纯度浓缩的病毒。病毒抗原的纯化方法种类较多，包括沉淀法、超速离心法、超滤法、层析法、两相溶剂间分配系数法、吸附法、电泳法等。但有些方法并不适用于大规模生产中大量病毒培养物的纯化，为了能够获得纯度较高的病毒抗原，通常需配合使用几种方法进行。

1. 预处理 对于需收集细胞内产物的病毒，需要将细胞内复制的病毒完全释放到培养液中。一般情况下，病毒的生长和释放均伴随着细胞的破损。虽然在病毒培养完成时，培养液中的大多数细胞已经变成了细胞碎片，但仍有部分细胞在带毒的情况下保持了完好的形态。因此，要通过对感染的组织、脏器或细胞培养物进行研磨匀浆、超声波处理或反复冻融，使细胞进一步破碎，将病毒粒子释放出来。对于需收集细胞外产物的病毒，可直接摒弃细胞，收取细胞培养液。

2. 细胞碎片的去除 经过预处理的病毒培养液中富含大量细胞碎片（即使是直接摒弃细胞的培养液，也会存在因病毒生长和释放而破损的细胞碎片），可以采用过滤或低速离心的方法去除。

3. 病毒抗原的初步纯化 可通过沉淀（含中性盐沉淀、聚乙二醇沉淀、有机溶剂沉淀、等电点沉淀、皂土沉淀、鱼精蛋白沉淀）、离子交换、超滤等方法进行初步抗原纯化富集。

4. 病毒抗原的精制 初步纯化的抗原可用层析、离子交换、梯密度离心、凝胶等方法进行精制。详细内容请参见第九章。

四、活性组分的配比和抗原相容性研究

如果某种疫苗是由多种病原的活性物质构成，那么就需要对疫苗内所含活性物质在制苗中的配比情况及其之间的相互影响情况进行研究。通过

这些研究可以确定这几种活性物质是否适宜混合制成疫苗（尤其是联苗），如可以制成疫苗，采取何种搭配比例时，可以使疫苗内不同活性物质之间产生的相互干扰降到最低。当有证据表明活疫苗中某一疫苗毒可能存在免疫抑制作用时（如鸡传染性法氏囊病、猪繁殖与呼吸综合征等），则应进行本研究。

以鸡新城疫、传染性法氏囊病二联活疫苗的研究为例。由于鸡传染性法氏囊病病毒对鸡有可能产生免疫抑制作用，所以应进行鸡传染性法氏囊病病毒对新城疫免疫的影响试验。一般取20只1日龄SPF鸡，注射或点眼接种相当于1羽份疫苗的鸡传染性法氏囊病病毒毒种，另取20只同群同日龄SPF鸡隔离饲养，作为对照。2周后，对所有鸡点眼接种1羽份鸡新城疫活疫苗。2周后，采血，测定鸡新城疫HI抗体效价，同时用鸡新城疫病毒强毒株攻毒。如果免疫组的新城疫HI抗体效价和攻毒后的保护率显著低于对照组，则说明该传染性法氏囊病病毒毒种存在免疫抑制作用，不能用于该二联苗甚至单苗的生产；如果免疫组的新城疫HI抗体效价和攻毒后的保护率与对照组的新城疫HI抗体效价和攻毒后的保护率无显著差异，则说明该传染性法氏囊病病毒毒种不存在免疫抑制作用，可以用于该二联苗的生产。

完成上述步骤后，再进一步对鸡传染性法氏囊病病毒与鸡新城疫病毒在该联苗中的配比情况进行研究。一般采用多组搭配比例配制疫苗，搭配比例应包括体积比和含量比。但是，由于除少数特殊情况（如某一种成分不宜浓缩等工艺上的因素）外，疫苗中多种活性物质的搭配比例一般为等体积比，因此按照含量不同的搭配比例进行配苗，每个疫苗试验样品免疫接种2组鸡（同时设立2组对照鸡），2周后，分别取1组免疫鸡和1组对照鸡采血，测定鸡新城疫HI抗体效价，同时攻击鸡新城疫病毒强毒株；另1组免疫鸡和1组对照鸡攻击鸡传染性法氏囊病病毒强毒株。观察不同搭配比例疫苗新城疫HI抗体效价、鸡新城疫病毒攻毒后的保护率和鸡传染性法氏囊病病毒攻毒后保护率之间的差异，并根据工艺操作繁琐情况、成本高低情况最终确定鸡新城疫病毒与鸡传染性法氏囊病病毒在疫苗中的搭配比例。

五、冻干工艺研究

冻干，即冷冻真空干燥。目前，除个别产品外，活疫苗均为冻干剂型。有的抗体制品、灭活疫苗、活菌制剂也制备成冻干品。

冻干就是利用专门设备将水溶液或悬液经过预先冻结，在低温和真空条件下通过升华干燥使制品中以冻结冰形式存在的水分升华，继而通过解吸干燥进一步去除制品中的水分，将制品干燥成疏松、易复溶的团块状制品。冻干工艺的应用，可以大大延长产品的保存期。

冻干是一门独立的、系统的专门学科。详细内容参见第十章。

六、乳化工艺研究

在保证抗原品质的前提下，影响油乳剂灭活疫苗性状和质量的主要因素有乳化剂和稳定剂的选择、剂型的选择、油相和水相的比例、乳化剂和稳定剂的比例、剪切速度（转速）、乳化顺序、乳化压力等。

（一）乳化剂和稳定剂的选择

根据第八章所述，选择适宜的乳化剂和稳定剂，按一定比例与注射用白油混合后作为佐剂（油相）。

（二）剂型的选择

油乳剂灭活疫苗的剂型有单相的油包水型、水包油型和双相的水包油包水型。据报道，在其他条件均相同的情况下，不同剂型对动物组织的刺激程度不同，免疫效力也有所差异。从安全性上讲，水包油剂型最安全，油包水型引起的副反应最严重，而从免疫效力看，顺序正好相反。当然，相同剂型对不同动物组织的刺激程度也不同，通常情况下，猪对油包水剂型的反应尤为严重，因此，欧美企业产品中极少见到猪用油包水油乳剂灭活疫苗。我国最常见的油乳剂灭活疫苗是油包水型，尤其是禽用油乳剂灭活疫苗几乎均为油包水型，多数猪用油乳剂灭活疫苗为双相苗。近几年来，我国市场上出现了油包水型猪细小病毒灭活疫苗、猪口蹄疫合成肽疫苗，其安全性令人怀疑。

（三）乳化剂和稳定剂比例的选择

乳化剂和稳定剂的选用是形成良好乳化条件的关键因素。乳化剂一般都是表面活性剂，用以降低乳化后形成内相液滴而产生的自由能。稳定剂可使内相液滴与外相液体之间形成稳定的界面膜，并有悬浮内相的作用。所以乳化剂选用的比例不但会影响疫苗的性状，还会影响疫苗的效力。在参考已有经验选定使用何种乳化剂和稳定剂后，根据两者的比例配制疫苗，考察其物理性状，以确定生产时的技术参数。

（四）油相和水相配比量的研究

由于目前灭活疫苗大多是油包水型，因此仅以其为例进行说明。对于油包水型油乳剂疫苗来说，水相（抗原成分）占总体积的比例是决定疫苗生产质量和成本大小的主要因素。一般而言，水相比例越大（即抗原成分含量越多），疫苗的免疫原性（效力）越好。但是水相比例过大会使水相液滴的界面膜不稳定，容易出现破乳或转型，影响疫苗的保存时间。而水相比例过小，造成疫苗黏度过高，临床使用时难以注射。因为最大水相比例的理论值为总容积的75%，所以在研究时可以此为基点，在一般乳化条件下按照水相为75%、60%、50%、45%、30%、20%等比例进行配苗，然后分别进行黏度测定（按照《中国兽药典》用黏度计进行检测，应小于200 cP）、即时稳定性试验（取10mL疫苗3 000 r/min离心15min或者在37℃放置21d，应不破乳）和实时稳定性试验（2～8℃放置若干个月，应不破乳）来确定适宜的水相和油相的比例。一般情况下，水相比例占总容积的30%～50%为宜，而生产时的具体参数则需根据原料的情况，经调试后确定。

（五）剪切速度（转速）的研究

剪切速度与制品的稳定性息息相关，在试验中一般按照批量化生产条件，将水相与油相按照事先测定的比例进行混合，然后在适宜温度（一般为25℃）条件下，分别以几种不同的转速（如1 500 r/min、3 000 r/min、4 000 r/min）进行剪切、乳化（一般剪切2次，每次都要倒缸）。完成后取样进行性状检验（如黏度测定、即时稳定性试验等），根据试验结果选择适宜转速。

（六）乳化顺序研究

二联或多联灭活疫苗可采用的乳化顺序有两种，第一种是抗原先混合再乳化，即将经浓缩、灭活后的抗原分别按照适宜比例进行混合，然后再按照确定的水相与油相的比例进行乳化。另一种是先乳化后混合，即将几种抗原先分别乳化，然后再将乳化好的单苗用匀浆机按比例进行混合。两种乳化方法对于疫苗的物理性状和免疫效果的影响一般没有显著差异，按照制苗的配比进行乳化，均能达到疫苗质量标准的要求。先乳化后混合的方法在大生产中具有一定的灵活度，尤其是有几种成分但组合不同的联苗同时生产时，为了应对销售的需要、减少浪费，个别企业会先将抗原乳化成单苗，然后根据订单临时组合制苗。但是，由于这种混合是胶体的混合，比溶液的混合要困难得多，要达到良好的混合效果，对混合操作的要求也会很高，因此按照常规情况进行乳化时，用第一种乳化方法（抗原先混合再乳化）比第二种乳化方法（先乳化后混合）制备的疫苗的效果更确实，整齐度更好（如抗体均匀度高等）。因此，目前多采用抗原先混合再乳化的方法进行。

（七）乳化压力的选择

对采用高压匀浆机制造油乳剂疫苗的，由于内相液滴的大小和均匀度是由乳化功率决定的，因此选择适当的乳化功率才能使内相液滴的大小和均匀度与乳化剂的比例相适应，使疫苗性状稳定，黏度适宜，保存时间长，易注射。一般根据乳剂的性质设定不同压力进行对比试验，采用一次乳化一次均乳的方法，确定乳化工艺和乳化时所用适当压力（乳化功率）。一般乳化压力在15~25 MPa，均乳压力在25~30 MPa为宜，但是由于生产疫苗的抗原和乳剂不同，其试验的结果也不尽相同。此外，由于每次生产时的温度和其他原料情况不同，乳化的最适压力也会有微小差异，因此应视具体情况作适当调整。由于传统的高速匀浆机制苗工艺中的乳化功率不能进行线性调节，在生产过程中无法根据温度和原料情况进行调整，因此试验时的温度和原料等情况应尽量采用与实际制苗时基本一致的条件进行。

值得注意的是，上述这些因素之间又是相互协同、相互影响的，需要通过理论计算和试验比较找出这些因素的最佳配合，从而最终确定生产过程的各项技术参数。

需要指出的是，尽管生产工艺的研究对于开发安全有效的生物制品而言极其重要，但考虑到3方面的原因，一是每个新制品的生产工艺中大部分属于当代常用生产工艺，即便是完全新型的制品，其生产也不可能脱离当代科学技术发展水平全部采用完全新型的工艺；二是评审专家多以科研人员为主，对生产工艺的关注度并不高，他们更加关注的是制品的安全和效力；三是各研发者采取的工艺中或多或少存在不愿意公开的技术秘密，因此，在新制品的申报资料中，关于生产工艺的研究资料，可适当从简。

（杨京岚　陈光华）

第五节　安全试验

兽医生物制品的安全性评价是生物制品质量研究的最重要内容。安全性评价贯穿于整个兽医生物制品研制过程中的实验室试验、临床试验和上市后评价。安全性评价不仅涉及成品，还可能涉及菌毒种、培养基、灭活剂、佐剂等原辅料。只有在符合要求的实验设施内、按照有关指导原则进行合理设计的试验，才能对制品的安全性作出全面而准确的判断。

一、兽医生物制品安全试验基本要求

（一）实验室及动物实验室的生物安全条件

研发中可能涉及生物安全问题时，均应确保其试验设施符合国家有关实验室生物安全标准。研发者证明其试验设施符合生物安全标准的有效途径就是获得有关认可、验收证书。从事一二类动物病原微生物操作的科研单位，须获得生物安全三级实验室和/或动物生物安全三级实验室证书；从事一二类动物病原微生物操作的生物制品生产企业，目前可利用其已经获得批准的检验设施开展新制品研发，因此，只需获得相应范围的兽药GMP合格证即可。合作研发的，承担各自研发任务的研发者须确保其承担的任务在符合生物安全要求的实验室内完成。委托或租用其他单位试验设施进行研发试验的，同样须确保其有关

设施符合生物安全要求。新制品临床审批和新兽药注册评审中，可能要求研发者提供在各相关试验时间点有效的证明文件。因此，研发者有必要熟悉我国有关生物安全的管理规定，并自始至终确保各项微生物操作和动物试验符合生物安全要求，避免因所从事的试验工作触犯有关规定而遭受处罚，或因不能全面提供研发过程中各阶段、各相关设施的符合性证明，导致研究数据和注册申报资料不能得到认可。研发中使用一类动物病原微生物的，须首先获得农业农村部批准，并在提交的申请材料中提供相关批准文件。

（二）实验动物的要求

实验室安全试验所用标准化实验动物中，兔、豚鼠、仓鼠、犬等应至少达到普通级，大鼠、小鼠应至少达到清洁级，鸡应达到 SPF 级。此外，还应确保安全试验用实验动物达到有关抗体阴性的标准。如犬细小病毒活疫苗安全试验用犬，既需达到普通级犬的标准，同时还应为细小病毒抗体阴性。对于尚无标准化实验动物的安全试验用动物，如猪、牛、羊、鸭、鹅、水貂等，首要是确保其为相关抗体（疫苗微生物抗体及其他可能影响试验结果的其他微生物的抗体）阴性，即要确保安全试验用动物的易感性。通常情况下，无需对非标准化试验用动物进行病原检测，但应确保所选动物来自健康动物群，并在每次试验前3～7d将非标准化试验用动物引入动物实验室，进行适应和观察。一般情况下，如果这些动物存在健康问题，会在此观察期内表现出来。如个别动物出现健康问题，则应剔除在本试验之外，如个别动物出现的健康问题有可能影响已经引入的组内其他动物，则将全组动物剔除。

禽类制品的实验室安全试验多使用本动物，其他制品的实验室安全试验中除使用靶动物外，还可能须用敏感的小型实验动物（如鼠、家兔等）进行试验。活疫苗的安全试验考察的主要是疫苗株的安全性，即其感染性，其次也考察由疫苗保护剂等化学成分导致的安全性问题，此时，用靶动物进行安全试验的数据更能让人接受。当然，有时还须用敏感性更高的小型实验动物进行试验，为了解疫苗株残余毒力及疫苗使用后的环境安全风险提供基础数据，但这类数据一般不能用以判定疫苗安全与否。灭活疫苗的安全试验，考察的主要是灭活剂、佐剂、疫苗杂质等对动物的副作用。考虑到用小型实验动物可能更有利于检测到疫苗的副作用，因而，建议用靶动物和小型实验动物同时进行安全试验研究，并对二者的反应进行比较。当小型实验动物对疫苗副作用更加敏感时，可只用小型实验动物进行疫苗安全检验。在《美国兽医生物制品质量标准》《中国兽药典》中可见到很多这样的例子。

多数情况下，用不同品系的试验用动物进行实验室对比研究，可操作性不强，且没有必要。但当有文献报道或其他证据表明，不同品系的敏感性有显著差异时，须根据文献报道等选用最敏感品系动物进行研究。实验室安全试验中所用动物品系不足，可在一定程度上通过临床试验中尽可能增加不同品系动物来得到弥补。

一般情况下，疫苗的安全性问题在较小日龄的动物中表现得较明显，因此，为最大限度地保证疫苗安全性，应使用最小使用日龄的动物进行试验。但是，有时仅用最小使用日龄的动物进行安全试验还不够。如猪瘟活疫苗，既用于断奶后的仔猪，也用于妊娠母猪，此时，除应用刚断奶的健康敏感仔猪进行安全试验外，还应用健康易感的妊娠母猪进行安全试验。而且，为了考察猪瘟活疫苗是否对不同妊娠阶段的母猪存在不同程度的安全性问题，还可能须分别用妊娠初期、中期、晚期的母猪进行安全试验。有时，为了建立更具可操作性的安全检验方法和标准，亦须用非最小使用日龄动物进行安全试验，如对用于接种妊娠母猪的猪流行性腹泻灭活疫苗、用于产蛋鸡的传染性支气管炎灭活疫苗，用妊娠母猪、SPF产蛋鸡进行安全检验是很难做到的，为了建立用健康敏感仔猪、SPF雏鸡进行安全检验的方法和标准，则须用这些动物进行相应的安全试验。

数量要求：通常情况下，每批制品的实验室安全试验中所用动物（禽类）应不少于 10 只（头），来源困难或经济价值高的动物（如猪、牛、马、鹿、经济动物、犬猫等）应不少于 5 只（头），鱼、虾应不少于 50 尾。

实验室安全试验中所用实验室制品的生产用菌（毒、虫）种、制品组成和配方等，应与规模化生产的产品相同。试验性产品应经过必要的检验，且结果须符合要求。按照新制品研发的一般规律，试制实验室产品时，关于该制品的规程和质量标准尚未定型，不可能做到按照最终的质量标准对实验室试验性产品进行全检。由于在实验室安全试验中将对试验性产品的安全性进行全面深入的研究，因而，也没有必要事先对试验性产品进行安全检验。但是，为了保证在安全试验中不会发生因试验性产品导致的病原扩散等生物安全问题，对试验性产品事先进行纯净性（细菌、支原体、病毒污染）检查，是十分必要的。活疫苗试验性产品中主要成分的含量应不低于规模化生产时的出厂标准。

二、安全试验设计

为了提高试验效率，尽可能减少实验动物的使用数量，应设法确保每次安全试验的成功率。在试验开始前，须制定详细的实验室安全试验方案，其内容应包括受试制品的种类，试验开始和结束的日期，实验动物的年龄、品种、性别等特征，制品的配方，对照组的设置，每组动物的数量，实验动物来源、圈舍、试验管理和观察方式，结果的判定方法及标准等。一般情况下，兽医生物制品的安全试验应包括如下几个方面。

（一）对非靶动物、非使用日龄动物的安全试验

有些病原可感染多种动物或多个日龄段动物，对这类制品的安全试验中，除应考察制品对靶动物和使用日龄动物的安全性外，还应对非使用对象动物和非使用日龄动物进行实验室安全试验，以考察对靶动物群使用该制品后对非靶动物群可能引起的安全风险。如在研制狂犬病活疫苗时，不仅应考察其对犬的安全性，还应考察其对野生动物甚至灵长类动物的安全性；进行水貂犬瘟热和病毒性肠炎活疫苗研究过程中，不仅应考察疫苗对水貂的安全性，还可能须考察疫苗对狐狸、貉子、犬等动物的安全性；研制用于较大日龄（如 3 周龄以上）鸡的禽痘活疫苗时，应考察其对较小日龄鸡的安全性。

非使用日龄动物的安全性试验主要考察疫苗在应用过程中对非使用日龄（如幼小动物、怀孕动物等）的安全性。一般活疫苗均需要进行该项试验。如高致病性猪繁殖与呼吸综合征活疫苗研究过程中，要考察疫苗对妊娠母猪和 4 周龄以下猪的安全性。非使用日龄动物的安全性试验中亦应选择健康易感动物来进行。

由于对非靶动物、非使用日龄动物的安全试

验主要涉及活疫苗对其他动物的感染性，因此，通常以是否感染及感染后果为观察和判定指标。可通过检测动物体内的抗体来判断动物是否感染了疫苗株，通过观察临床症状（死亡、体温升高、食欲减退、精神沉郁、被毛、粪便、呼吸症状等）、组织病理变化、病原分离等判断感染疫苗株的后果。如出现明显临床症状，说明该疫苗存在一定的安全隐患。

存在上述安全隐患的疫苗，并不意味着绝对不能使用。须根据具体疾病的危害性、其他防控措施的可获得性、隐患的性质及其严重程度和可控性，进行收益/风险分析，确定该疫苗是否可以投入实际应用。

（二）疫苗的水平传播或扩散能力的验证

适用于某些毒力较强的活疫苗，评估使用该类疫苗免疫后，对周围饲养的同品种易感动物的潜在危害性及对环境的污染，为正确使用疫苗提供科学依据。一般情况下，将疫苗或毒种接种适宜日龄的健康易感动物（按照推荐免疫途径进行），同时设立适量不接种疫苗或毒种的动物作为对照，同圈舍饲养，接种后饲养观察一定时间，检查所有动物的临床反应，并在一定时间内采集鼻拭子、粪便或血液进行病毒分离或检测，以检测免疫动物的排毒情况，并检测免疫动物与对照动物的抗体阳转情况。在观察期内或观察期末，选取一定数量动物进行解剖，观察病理学变化。

该试验结果通常不能作为判断疫苗安全与否的依据，但可为正确使用疫苗提供科学依据。有时，具备水平传播和扩散能力的疫苗，对于提高群体免疫水平而言是有利的。

（三）单剂量接种安全试验

单剂量接种安全试验是最重要的安全试验，是开展各项安全试验的基础和前提。只有完成该试验并获得令人满意的结果后，才有必要进一步开展其他安全试验。一般情况下，单剂量接种安全试验中，应按照疫苗标签推荐的各种接种途径，对最小免疫日龄的靶动物，分别接种 1 个剂量，根据制品的种类确定观察时间和观察内容，但至少应观察 14d。对于可用于多种动物的生物制品，应用各种靶动物进行该安全试验。

一般在接种前 3~7d 内就须对试验用动物进

行各项观察并记录，必要时在每日上下午的相同时间进行体温测定。接种后重点观察动物外观特征、行为活动、临床症状、局部炎症反应、粪便性状、摄食量、被毛、体重、组织病变等，必要时进行体温测定。对于活疫苗而言，应坚持每日测定体温，直至观察期结束；对于灭活疫苗而言，如果疫苗中含有较多热原，一般会在接种后当日及其后几日内引起显著体温升高，因此，常在接种后2h、4h、6h、8h、24h、48h、72h进行体温测定。为了详细掌握疫苗接种后接种部位局部组织，以及体内各相关组织内出现的反应类型及其程度，除进行大体组织病变检查外，多数情况下最好同时进行显微组织病变检查，并尽可能留取病理组织学照片等证据，以备查考。如在对不同剂型的油乳剂灭活疫苗进行安全比较时，仅根据大体组织病变检查和其他观察结果，可能无法看出其区别，但通过显微组织病理学检查，却可能会发现油包水剂型对猪的肌肉组织造成的显著损伤。

对安全试验中的定性指标，用描述性语言记录观察结果，有时显得非常繁琐，且不易进行动物个体或组间的比较分析，采用计分制则可有效克服此困难，即事先对不同程度的各种反应建立赋值标准，并根据反应程度对每个动物个体的每种反应情况进行打分，最后计算总分，并进行数据分析。如此一来，就可以通过定量方法对定性指标进行分析了。

（四）单剂量重复接种安全试验

对可能进行多次接种的生物制品，均须进行单剂量重复接种安全试验。按照疫苗标签推荐的接种途径，对适宜日龄的靶动物，接种1个剂量，至少观察14d。评估指标应包括临床症状、体温、局部炎症、组织病变等。对于可用于多种动物的生物制品，应该用各种靶动物进行安全试验。一般于接种后14d，以相同方法再接种一次，再次接种后继续观察至少14d。单剂量接种安全试验中应注意的问题均适用于该试验。

（五）超剂量接种安全试验

按照疫苗标签推荐的接种途径，用适宜日龄的靶动物，接种免疫剂量的数倍至一百倍不等。通常情况下，灭活疫苗的安全试验剂量为使用剂量的2倍，活疫苗的安全试验剂量为使用剂量的

10倍。评估指标应包括动物外观特征、行为活动、临床症状、体温、局部炎症、粪便性状、摄食量、体重、大体病变、显微病变等。通常情况下疫苗的超剂量接种安全试验是制定生物制品规程中成品安全检验项最常用的方法。按有关规定，应用3～5批实验室制品进行该试验。单剂量接种安全试验的大部分注意事项适用于该试验。

（六）对妊娠动物的安全试验

对靶动物包括妊娠动物的制品，应使用妊娠期动物进行安全试验，以考察该制品对妊娠动物和胎儿健康的影响。一般情况下，即使不用于妊娠动物的生物制品，如果该制品可能存在同居感染现象，也应进行妊娠动物安全试验，以考察疫苗通过排毒等可能给妊娠动物造成的安全风险。妊娠动物试验中一般应选用妊娠最敏感期的动物进行试验，如没有证据证明病毒或微生物对妊娠期动物的敏感性，最好应选用不同妊娠期动物进行试验。

另外，有些病原可能导致生殖系统的不可逆损伤，对这类制品的安全试验中，应对幼龄动物进行接种后，一直观察到产仔或产蛋，以考察其对生殖功能的影响。试验观测指标至少应包括活胎数、吸收胎数、流产数、胎体重量和形态学检查。对于可能通过垂直感染途径感染胎儿的制品，应对胎儿的生长发育状况观察至少14d，以评价疫苗对幼仔断乳前的生存率、体重和体重增长等影响。

（七）对靶动物免疫功能的评价

有些疾病的病原可对动物免疫系统造成损害，对预防该类疾病的活疫苗则应进行免疫抑制试验，以评估其是否存在免疫抑制现象。如蓝耳病病毒可能造成对猪的免疫抑制，并且可能导致其他疫苗（如猪瘟疫苗）的免疫失败，因此，在研究蓝耳病活疫苗过程中，应对蓝耳病活疫苗免疫后对机体的体液免疫、细胞免疫等指标进行细致研究。通常用10倍剂量试验疫苗接种后，再以一定剂量（一般应为最小免疫剂量）接种其他疫苗，以考察试验疫苗对其他疫苗的免疫干扰。

（八）对靶动物生产性能的影响试验

对用于肉用或奶用商品代经济动物及产蛋鸡的生物制品应进行本项试验。使用这类生物制品

后，应观察并记录动物的生长发育、增重、产奶量、饲料报酬、出栏率、产蛋鸡的产蛋率等，并与不接种疫苗的对照组进行对比，以评估生物制品对动物生产性能的影响。对于某些含有佐剂等的疫苗，疫苗佐剂可能会导致动物发生严重的炎症反应，应考察疫苗对经济性能的影响，如用于水貂、狐狸和貉等毛皮动物的疫苗，应考察疫苗接种后的吸收情况，不应发生皮肤溃烂、鼓包等不良反应。

（九）毒性和休药期试验

当制品中含有一些非生物源性物质，如矿物油佐剂、铝胶佐剂等时，应考察其对动物的毒性。如果此类制品用于食品动物，可能对人类的生命健康造成危害，则其安全试验中应包括靶动物的残留试验，为制定该制品的休药期提供必要的支持性数据。一般情况下，对于尚未在国内上市销售、缺少毒理学数据的佐剂或免疫增强剂，为了解其自身性质，建议进行单独的常规急性毒性试验、一般药理学试验、28d的长期毒性试验、生殖毒性试验、遗传毒性试验、局部刺激性试验及免疫毒理方面的研究，必要时应考察佐剂组织分布方面的特性。对于蛋白类佐剂，研究时应考虑到佐剂的种属特异性。

（十）与同类制品的安全性比较试验

一般情况下，在采用不同毒株、不同生产工艺和不同佐剂、保护剂等研制的二、三类新制品，应比较其与已上市同类制品的安全性，通常情况下，新制品的安全性应不低于已有同类制品。

（王忠田　王炜　陈光华）

第六节　效力试验

兽医生物制品的效力试验，是指为了了解应用生物制品后预期可达到的预防、治疗或调节生理机能效果而进行的一系列试验。

一、兽医生物制品效力试验基本要求

生物制品效力试验通常均会涉及强毒病原微生物的动物感染，因此，效力研究实验室及动物实验室的生物安全条件应确保符合国家有关生物安全管理要求。具体要求见本章"第五节　安全性试验"部分。

（一）实验动物要求

与安全试验一样，效力试验所用实验动物要求见本章"第五节　安全试验"部分。效力试验过程中，要每日（有时应以更高频率）对试验组和对照组动物进行观察，并对不同组间的观察情况进行对比分析。如发现意外情况，如发生与疫苗接种或攻毒株无关的疾病等情况，继续进行试验已无意义，应立即停止试验。此外，效力试验动物的筛选中需适当关注不同品系对试验结果的影响。

（二）动物数量要求

效力试验所用动物数量应能满足统计学要求。具体要求见本章"第五节　安全性试验"部分。

（三）毒株选择

实验室效力试验中所用实验室制品的生产用菌（毒、虫）种、制品组成和配方等，应与规模化生产的制品相同，菌毒种代次最好处于规定的最高代次水平上。实验室制品应经过必要的检验，且结果须符合要求。如对实验室制品事先进行纯净（细菌、支原体、外源病毒污染）检查，是十分必要的。活疫苗实验室制品中主要成分的含量应在符合规模化生产时的出厂标准前提下，尽可能降低含量。

与生产用菌毒种一样，攻毒用强毒株也是成功研发新制品的不可缺少的物质基础。没有适宜的强毒株，研发工作不可能取得成功。攻毒用强毒株的来源和特性很重要。对于已有标准强毒株的，应尽可能用标准强毒株进行攻毒试验。索取标准强毒株，需要满足规定条件，并按有关程序进行。有时使用标准强毒株可能涉及产权问题，须提前获得标准强毒株原产权单位的书面同意。对于没有标准强毒株的，须自行分离或通过其他途径获得强毒株，并通过必要的繁殖和鉴定，以建立种子库，确保在足够长时间内保证试验和检验之需。

（四）效力判定

在进行效力研究及结果判定时，发病和保护

标准的制定极其重要。通常情况下，在制品研发之初就应确定攻毒对照动物的发病标准，并据此标准寻找适宜攻毒用强毒株。当采用的强毒株毒力不足时，就会过高估计制品的效力，反之亦然。在研发的整个过程中，应遵守统一的发病标准，不应在不同时期的试验中或在不同人员开展的试验中采用飘忽不定的发病标准。为了提高发病标准的可执行度，标准不宜过分全面或细致，抓住该病的典型症状或病变即可。在开展第一次免疫原性或效力试验前，即应根据文献报道、有关产品标准和相关研究经验制定制品的免疫保护标准。通常情况下，发病标准和保护标准并不互补，也就是说，在免疫攻毒试验中，有些动物尽管表现出部分症状或病变，但依据发病标准未被判为发病，同时依据保护标准，也不能判定为"受到保护"。当被纳入判定标准的症状和病变涉及全身不同部位、不同器官或同一器官的不同部位时，采取"计分法"是较为可取的科学方法。

攻毒后，应按照早先建立的发病标准中的各项参数进行观察、检查。通常情况下，为了积累更多数据，观察和检查的内容应多于发病标准中规定的内容。如果尚未建立发病标准或已经初步建立的发病标准尚未得到充分确认，则应在免疫攻毒试验中尽可能增加观察和检查内容，以防因观察指标不足而重新补充试验。

二、效力试验设计

（一）抗原含量与靶动物免疫攻毒保护结果相关性研究

在实验室研究阶段，应用靶动物进行效力方面的研究。用特定抗原含量或不同抗原含量的制品接种一定数量的靶动物，经一定时间后，采用攻毒用强毒株对免疫动物和对照动物一起进行攻毒，在攻毒后一定时间内，观察动物的发病及死亡情况，统计免疫及对照动物发病率和/或死亡率，评估制品的效力。必要时，在观察期结束时，将所有动物扑杀，进行解剖，观察病理组织学变化，对有些生物制品的效力研究中还应进行病原分离，根据免疫动物和对照动物的大体病理组织学变化、显微病理组织学变化或病原分离情况评估制品的免疫效力。

在一定限度内，抗原含量的多少决定了免疫后动物产生保护力的程度，随着抗原含量的增加，

动物机体对抗原的反应程度也随之增加，但抗原含量在何种水平上才能使得动物体达到确实有效的免疫保护，须通过抗原含量与靶动物免疫攻毒保护结果相关性研究予以揭示。

疫苗内细菌、病毒、亚单位组分、虫卵或核酸成分含量与免疫攻毒保护率之间，通常存在明显平行关系，此时，就可以根据不同组分免疫剂量试验结果建立疫苗成品的含量标准，对符合含量标准的疫苗，就无需对每批疫苗通过免疫攻毒方法进行检验。

靶动物免疫攻毒效力试验的具体方法有定量免疫定量强毒攻击法、变量免疫定量强毒攻击法、定量免疫变量强毒攻击法、抗体被动免疫攻毒法等。具体研发中，须根据制品的具体情况选用适宜方法。

1. 定量免疫定量强毒攻击法　该方法是以定量的研究制品接种动物，经一定时间后，用定量的强毒攻击，观察动物接种后获得的免疫力。如仅通过该方法进行制品的效力试验，须确保接种剂量不高于实际生产的每头（羽）份制品中可能含有的最低实际含量。通常采用略低于1个理论使用剂量的制品进行接种。攻毒中应使用已经鉴定合格的强毒株，并按已经确定的剂量进行攻毒。

2. 定量免疫变量强毒攻击法　该方法中将实验动物分为两大组，一为免疫组，一为对照组，两大组又各分为相等的若干小组，每小组的动物数相等。各免疫组均用同一剂量的制品进行接种，经一定时间后，与对照组同时用不同稀释倍数强毒攻击，观察、统计免疫组与对照组的发病率、死亡率、病变率或感染率，计算免疫组与对照组的 LD_{50}（或 ID_{50}），比较免疫组与对照组动物对不同剂量强毒攻击的耐受力。如仅通过该方法进行制品的效力试验，须确保接种剂量不高于实际生产的每头（羽）份制品中可能含有的最低实际含量。该方法在多年前的研发中有所应用，《中国兽药典》中部分细菌制品的效力检验中采取此法。目前的新制品研发中已应用不多。

3. 变量免疫定量强毒攻击法　该方法中将制品稀释为各种不同剂量，并分别接种动物，间隔一定时间待动物的免疫力建立以后，各免疫组均用同一剂量的强毒攻击，观察一定时间，用统计学方法计算能使50%的动物得到保护的免疫剂量（PD_{50}）。或者用不同剂量的制品分别接种动物，经一定时间后进行攻毒，统计出使动物获得较好

保护力（通常应达到80%～100%）的最低制品接种量，就是最小免疫剂量。如果疫苗使用对象包括多种动物或多种日龄动物，则应针对各种靶动物测定最小免疫剂量。最小免疫剂量法在生物制品的研究与开发中为最常用方法，也是指导生产中配苗工艺的最主要办法。目前口蹄疫灭活疫苗效力检验均采用此法，《欧洲药典》规定的鸡新城疫灭活疫苗效力检验亦采用此法。

4. 抗血清或卵黄抗体被动免疫攻毒法 用经高度免疫的动物抗血清或卵黄抗体注射易感动物，经一定时间（一般1～3d）用相应的强毒株进行攻击，观察血清抗体或卵黄抗体被动免疫所引起的保护作用。为了观察量效关系，在试验设计中通常设立不同剂量组。攻毒用强毒株应具有足够强的毒力，以使对照组表现明显的发病特征。试验设计中还应充分结合制品的最终用途，如制品用于疾病预防，则须在攻毒前特定时间按照规定途径进行给药，间隔一定时间后进行攻毒；如制品用于治疗，则须先行对动物攻毒，待出现明显疾病特征时再按规定途径使用血清或抗体。无论是预防性试验还是治疗性试验中，在攻毒后进行预防或治疗效果观察时，须根据疾病特点设置观察频率，有时需要数小时观察一次并记录发病情况。在进行治疗性试验时，除按试验设计使用抗血清或抗体外，有时还须根据疾病特点和临床实际采取必要的辅助治疗措施，但应确保对治疗组和对照组动物采取的措施类型和强度完全相同。如在进行犬细小病毒抗血清或球蛋白的疗效试验时，由于试验犬在攻毒后很快发生严重脱水，仅使用抗血清或球蛋白，难以获得显著疗效，必须根据临床经验采取必要的补水等辅助治疗措施。只要保证对照组和治疗组的辅助治疗措施相同，这类措施并不影响对抗血清或球蛋白的疗效评价。

对声称对特定疾病有治疗作用的干扰素等制品，可参照抗血清或抗体效力试验法进行疗效评价。

（二）血清学效力检验方法的验证

对于某些动物疾病而言，接种不同含量的抗原后，动物机体就会产生不同滴度的抗体，不同滴度的抗体能间接反映动物对强毒株攻击的不同保护能力。在该类制品的研究、开发与使用中，常用血清学效力检验方法来反应免疫水平高低。一旦建立了适宜的血清学方法并用于效力检验，

将在减少检验工作量、减少攻毒试验从而降低生物安全风险、减少攻毒实验动物舍建设成本、减少实验动物数量等方面带来明显优势。

在确定采用血清学方法进行效力检验前，须开展系统试验，验证免疫抗体水平与免疫攻毒保护率间的平行关系。同时，为了建立合理的血清学效检标准，也必须进行平行关系试验，并对一系列一一对应的数据进行分析，寻找与令人接受的攻毒保护率相对应的抗体水平。

具体试验方法是：在最小免疫剂量的基础上，用不同剂量的疫苗分别接种不同组实验动物（一般为靶动物），以便获得具有不同抗体水平的动物，根据抗体水平的高低，将动物重新分为若干组，用已经选定的强毒株按照预定剂量进行攻毒。观察和检查动物的发病及死亡情况，统计不同抗体水平组的动物发病率和/或死亡率；必要时，在观察期结束时，可将所有动物扑杀，进行解剖和病理组织学检查，对有些生物制品还应进行病原分离。根据不同抗体水平组动物的临床症状、病变、病原分离情况，统计攻毒保护率，并对抗体水平与攻毒保护率之间的关系进行分析，以确定最低保护性抗体水平。

（三）替代动物效力检验方法的验证

一些制品的效力检验用靶动物（主要是大动物）来源困难、费用高，可使用敏感的其他动物代替。为此，在实验室研究阶段，在应用靶动物进行效力研究的同时，还应使用替代动物进行。只有在进行本动物与替代动物免疫平行关系的试验研究基础上，证明具有平行关系者，方可用替代动物代替靶动物进行效力检验。

替代效力检验的建立中，涉及3个重要问题，分别是替代动物、效力检验方法和效力检验标准。寻找替代动物时，可参考有关国际标准、国家标准、其他企业标准或文献报道。一般选择小型标准化实验动物，如鼠、兔等。对于灭活疫苗效力检验而言，从理论上分析，只要动物对疫苗抗原的血清学反应存在明确的量效关系，这种动物就可以替代靶动物成为效力检验用替代动物。确定效力检验方法时，也要充分参考同类产品的各类标准或文献报道。如替代动物感染强毒株后可出现明显的发病特征，且其发病可通过疫苗接种得到控制（发病特征被消除或减轻），则可采取免疫攻毒法。如替代动物的免疫保护力与其血清抗体

水平呈显著相关性，则可建立血清学方法进行替代动物效力检验。确定效力检验标准时，亦须参考已有各类标准或参考文献，但最有说服力的还是研究者提供的平行关系试验数据。无论替代动物效力检验中采用免疫攻毒法还是血清学方法，都须将靶动物免疫攻毒保护率作为标尺，并在替代动物效力检验结果与靶动物免疫攻毒保护率间建立一一对应的平行关系，从而寻找与令人接受的靶动物免疫攻毒保护率相对应的替代动物效力检验标准。为此，须用不同稀释度的制品，同时在靶动物和替代动物上按照已建立的方法进行效力试验，并对其结果进行对比分析。

对于全新的（有关标准或文献报道中没有的）替代动物效力检验方法，最好由不同单位进行验证，以进一步确保其可靠性。

（四）不同血清型或亚型间的交叉保护试验

有些传染病病原存在多个血清型或血清亚型，对这些传染病疫苗的研发，应进行交叉保护力试验。其基本方法为：用含田间流行的主要血清型或血清亚型的菌（毒、虫）种制备疫苗，接种一定数量的靶动物，在产生免疫力后分组，分别用不同血清型或血清亚型的强毒株进行攻毒，观察其交叉保护力。可通过本试验筛选疫苗菌（毒、虫）株，并为合理使用疫苗提供依据。在用田间流行的主要血清型或血清亚型菌（毒、虫）种制备疫苗时，攻毒用的菌（毒、虫）株应与疫苗株的血清型（亚型）相一致，针对其制品说明书中声称能够保护的血清型（亚型），能达到有效保护即可。有时，不同血清型（亚型）间存在一定交叉保护力，但对异型强毒株的保护力显著低于相同血清型（亚型），此时，如制品说明书中声称对异型有保护力，则须按照有效保护的标准采取提高抗原含量、增加异型抗原等措施。有时，同一亚型中的不同基因型或不同地区分离株在免疫原性和致病性上存在一定差异，此时，就不能仅用制苗用强毒株或与疫苗株同源的强毒株进行效力试验，而须增加用当期优势流行株进行效力评价。有些疫苗，尽管在用同源强毒株进行免疫攻毒试验时显示有良好的保护力，但不能有效抵抗流行株的攻击，此种疫苗就不能被视为有效疫苗，充其量只能允许在有限范围内应用。

（五）免疫持续期试验

尽管疫苗的免疫持续期在实际应用中受很多因素的影响，但在实验室条件下对疫苗的免疫期进行研究仍是十分必要的。免疫持续期的长短，是评价疫苗效力的重要指标之一，更是制定免疫程序（确定免疫接种时间和次数）的重要依据。

免疫期试验的基本程序就是用实验室制品接种一定数量的健康易感靶动物，同时用一定数量的未接种动物作为阴性对照。接种后，每隔一定时间，用攻毒用强毒株对部分免疫动物和对照动物同时进行攻毒或采用已经确认与攻毒保护率具有平行关系的血清学方法测定血清抗体水平，观察其产生免疫力的时间、免疫力达到高峰期的时间及高峰期持续时间，一直测到免疫力下降至保护力水平以下。以接种后最早出现良好免疫力的时间为该制品的免疫产生期，以接种后保持良好免疫力的最长时间为免疫持续期。

对于仅用作加强接种的制品，可先对实验动物接种已经商品化的其他基础接种用疫苗，再用受试疫苗进行加强接种，以进行免疫持续期试验。

一般情况下，在制品免疫后的一段时间内，体内抗原能有效刺激动物机体产生良好的保护效果，但随着时间的延长，保护能力有所减弱，因此，随着时间的延长，通过攻毒或测定抗体水平的频度应该增加，所得出的结果可信度才能更高。

有些制品在免疫一次后，通过攻毒保护试验或已经确认平行关系的血清学方法测定的抗体滴度不能有效保护或产生较长时间的保护，就有必要在初免一定时间后进行加强免疫，免疫持续期应从加强免疫获得足够保护力开始计算。

对于季节性疾病，只要能够证明疫苗的免疫力能持续到接种后的一年中疾病的自然发生期末即可。不论是否进行加强免疫接种，均应提出在此一年（或几年）的发病季节中的免疫力情况。

为获得免疫期数据而进行的试验应在严格控制的实验室条件下进行。若所需试验很难在实验室条件下进行，则可能只完成临床试验。在进行临床免疫期试验的过程中，应该确保疫苗接种的靶动物不会发生并发性田间感染，因为田间野外感染将加强动物的免疫力。通常有必要设未接种的靶动物（哨兵动物）与接种的靶动物接触作对照，以监视动物是否受到田间感染。对于鱼类疫苗，通常难以在实验室条件下进行长时间的试验，因此，有必要通过合理的临床免疫期试验来确定制品的免疫持续期。

免疫期试验成本高，费时长，还涉及动物福利问题。因此，为了减少在免疫期试验中进行频繁的攻毒试验，建议用最低标准要求数量的免疫动物和对照动物进行攻毒；也可采用已经确认与攻毒保护率具有平行关系的血清学方法替代。

通常情况下，用非靶动物试验获得的免疫期试验数据与靶动物数据间相差较大，不能真正有效地反映免疫持续期情况，因此用非靶动物获得的试验数据说服力不强。

（六）被动免疫效力试验

被动免疫效力试验，即免疫种畜（禽）的子代通过被动方式获得抗体而提供子代免疫保护作用的效力试验。通常应在配种、分娩或产蛋前进行免疫接种，或在疾病易感期接种高水平抗体，通过初乳、卵黄使后代获得被动免疫力，在最大间隔时间后，对子代在其自然易感期内进行攻毒或抗体测定，以此来确定被动免疫的免疫效力和被动免疫持续期。

对主动免疫父母代动物而使后代获得被动免疫的制品研究，不仅应测定其后代的抗攻毒保护力及免疫期，还应测定免疫后怀孕母畜的免疫产生期或种禽的免疫持续期。

（七）抗体消长规律研究

用实验室制品接种一定数量的动物，同时用一定数量的未接种动物作为阴性对照。接种后，每隔一定时间，采集动物血液并分离血清，测定血清中相应抗体水平，观察其最早产生抗体的时间、抗体高峰期及高峰期持续时间、有效抗体持续期，一直监测到抗体下降至保护力水平以下。通过对不同时间抗体水平的监测，绘制抗体消长曲线，直观反映抗体水平变化情况。

一般情况下，在主动免疫获得抗体的最初一段时间内，抗体水平有一个逐渐升高的过程，但随着时间的延长，抗体水平逐渐降低；在被动免疫时，在开始一段时间内，抗体处于较高水平，但随着时间的延长，抗体水平逐渐降低。因此，在通过测定抗体水平的变化掌握动物免疫水平时，随着时间的延长，抗体测定的频度应该增加。

（八）免疫接种程序的研究

对于制品免疫程序的研究，应首先确定动物在自然年内的易感时间或疫病在动物生长期内发生的规律，以便做到通过疫苗接种使易感动物群体在疫病发生前达到有效的免疫水平。

通常情况下，通过免疫产生期和免疫持续期的测定，确定动物的初免及加强免疫的时间。

对于在自然年内动物易感的疫病，只要在疫病发生前达到有效保护并安全度过流行期即可，在第二个自然年疫病发生前再次接种。

对于在动物生长特定阶段发生的疫病，可通过免疫父母代来使子代获得被动免疫力或对子代注射高水平免疫血清或抗体的方式获得免疫力，前者需要在出生时或产蛋期保持高水平抗体，后者需要在特定生长阶段保持有效抗体水平。

（九）与同类制品的效力比较研究

不同菌毒（虫）株制备的疫苗诱导产生的免疫保护效力可能不同，联苗中各组分的免疫效力与相应单苗的免疫效力可能不同，多价苗与单价疫苗的免疫效力可能不同，活疫苗与灭活疫苗免疫效力可能不同，不同佐剂疫苗的效力可能不同，不同工艺制备的疫苗免疫效力也可能不同。根据我国有关规定，对于新研发的三类新生物制品，需与已有制品进行包括效力在内的比较试验。即便无此规定，当我们着眼于提高已有疫苗效力而开发新制品时，也有必要将新研发制品与已有同类制品进行效力比较研究，以确定研究开发的必要性。

效力比较研究的前提是要与正式上市的同类产品进行比较，正在研究过程中的制品、未在国内进行注册的产品，不能作为同类产品进行比较。

要与在有效期内的产品进行比较，因此在比较时要关注受试疫苗的有效期，不用过期产品。

效力比较时，应尽可能按已经发布的质量标准方法进行，以确保方法的可靠性。有时，仅按照已经发布的质量标准方法进行比较试验，可能不足以揭示不同制品的差异，此时，可以额外进行更多项目的试验。如：为了证明新研发制品对更为广泛的抗原谱有良好保护力，可用不同地区分离株、变异株、超强毒株等进行效力对比；为了证明免疫增强剂的效果，可用较小剂量的新制品与较高剂量的同类制品进行效力对比；为了证明新制品的免疫产生期更早或免疫持续期更长，可采用不同于质量标准方法的自定方法进行效力对比。

（王忠田　方鹏飞　陈光华）

第七节　稳定性试验

疫苗稳定性试验数据是确定制品在指定条件下贮藏时有效期的依据。有些国家规定，在温度升高条件下短期贮藏疫苗制品，取样加速处理，所获得的试验数据可作为判断其稳定性的依据。然而，由于保存温度发生了改变，疫苗或其他制品中有效成分的衰变规律也一定有所不同，因此，加速稳定性试验所获得的数据仅能作为辅助性证据，而主要依据仍应是在制品说明书中推荐的实际贮藏温度下所获得的试验数据。

评估疫苗的稳定性，至少应选择 3 个不同代表性批次的产品来进行试验。在疫苗贮藏期内的不同阶段，应对能够反映制品质量变化的各指标进行测试。有关指标的测试，应采用质量标准中规定的方法。为了提高保存期规定的可靠性，应将稳定性试验延至该制品说明书、标签标示保存期后 3 个月。

尽管稳定性试验中应考察的内容主要是与产品稳定性相关的效力数据，但通常在标称的制品贮藏期内也应该进行理化等参数稳定性的监测。对于冻干制品，在稳定性监测的每一个时间点，进行剩余水分测定是必要的，并须观察记录其溶解特性。对于油乳剂疫苗，乳化质量的优劣非常重要，其原因不仅在于它可能影响到疫苗的效力及疫苗的安全性，而且其黏度的改变也可能影响到给药的便捷性。因此，在制品稳定性监测过程中应对油乳剂疫苗的性状进行监测。在可能的情况下，应定期检测其黏度和乳滴大小的变化。

如果疫苗中添加了保护剂，应提供足够的证据以证明保护剂在整个保存期内仍然有效。不同保护剂的作用机理不同，应根据不同保护剂的特性确定其稳定性监测方法和标准。

对于规格为多剂量的疫苗制品，通常需要确定开瓶后初次使用与最后一次使用的最长时间间隔，通常为一个工作日。如果疫苗中添加了保护剂，必须提供保护剂在此段时间内可以提供保护的试验数据。换言之，如果容器内的制品中污染了少量微生物，在保护期内保护剂应能阻止微生物的繁殖；如果污染有大量微生物，保护剂应能降低微生物的活力，并使微生物的数量保持在低水平。

对于冻干制品，需要明确其在溶解后的稳定性。对于规格为多剂量的疫苗制品而言，这一点尤其重要。应设计合理试验，将稀释后的疫苗在适当条件下保存适当时间，并对制品中的有效抗原滴度重新进行检测评估。对每个制品，至少应提供在制品稀释后的推荐温度下获得的稳定性数据，最好也能提供在室温下及在 37℃下进行的制品稳定性监测数据。

一、加速稳定性试验

加速稳定性试验数据可用于了解制品在短期偏离保存条件和极端情况下的稳定性情况。由于兽医疫苗有其特殊的性质，在加速稳定性试验中观察到的降解物很可能不同于在实时稳定性试验中观察到的降解物，某一制品在两种不同试验条件下发生的理化降解的类型和速度常常存在差异。因此，即使找到适宜的稳定性评价指标，加速稳定性试验也是相当复杂的，其试验结果也可能不适用于准确地解释和推断在正常保存条件下的稳定性。基于此，加速稳定性试验数据不作为最终确定制品有效期的依据，仅是作为有效期和保存条件确定的支持性数据，也可用于初步判断制品稳定性，为及时调整制品保护剂配方等提供第一手材料，为设计和完成实时稳定性试验提供参考。

加速稳定性试验的基本方法就是将已知含量的一定数量制品放置在 37℃下保存适当时间后，再次进行含量测定，并对两次测定结果进行对比分析。也可将一定数量的制品分别放置在推荐保存条件和 37℃下，适当时间后，同时检测两组样品的含量，并对两组数据进行分析。

二、实时稳定性试验

《中国兽药典》规定，在规定的保存期内，兽药质量均应不低于规定标准。农业部令第 44 号《兽药注册办法》规定，每种兽医生物制品的注册资料中必须提交至少 3 批试验性产品的实验室保存期试验报告。农业部公告第 683 号《兽医生物制品试验研究技术指导原则》中对兽医生物制品稳定性试验提供了技术指导原则。

开展稳定性研究之前，应建立稳定性研究的整体计划或方案，包括研究样品、研究条件、研究项目、研究时间、研究结果分析等方面。稳定性研究过程中所采用的检测方法应经过验证，检测过程需合理设计，应尽量避免人员、方法或时间等因素引入的试验误差。

稳定性试验中所用实验室制品的数量至少为3批，且主要生产工艺、配方、保存条件及使用的包装容器等应与未来工业化生产的制品一致。存在不同包装规格时，应选择最小规格和最大规格的产品进行稳定性试验。

兽医生物制品稳定性试验中的监测项目应包括性状、真空度、效力等指标。

对稳定性试验中应考察的性状指标，目前无统一规定。新制品研发者应根据具体产品的特性选择对保存条件敏感的性状指标，以保证能辨别产品在保存期间所发生的变化，如溶液和悬液的颜色、pH、黏度、剂型、浑浊度，粉剂的颜色、质地和溶解性，重溶后的可见颗粒物等。考察的内容应不少于成品检验标准中的性状检验内容。

对于冻干制品，在稳定性试验中，应进行真空度测定。容易失去真空的制品，其内容物的质量就不能得到足够保证。

制品的效力是稳定性试验中需考察的最重要指标。效力检验的方法应与成品效力检验方法一致。通常情况下，对活疫苗，应采用病毒或细菌含量测定方法；对灭活疫苗，可采用免疫攻毒方法或经过验证的血清学方法。

根据制品的各自特点，有时还要对其他有关项目进行监测，如制品纯度，冻干制品的水分含量等。在保存期内，制品中的添加物（如稳定剂、防腐剂、乳化剂）或赋形剂可能发生降解，如果在初步的稳定性试验中有迹象表明这些材料的反应或降解对制品质量具有不良影响，则在稳定性试验中应对这些方面进行监测。

稳定性试验中所用各批实验室制品应尽可能由不同批次的半成品制备而成。

兽医生物制品一般分装于防潮的容器中。因此，只要能够证明所用容器（处于保存条件下时）对高湿度和低湿度都能提供足够的保护，则通常可以免除在不同的湿度下进行稳定性试验。如果不使用防潮容器，则应该提供适宜的稳定性数据。

兽医生物制品的稳定性试验应在实时/实温条件下进行。

对预期的保存期不到12个月的兽医生物制品，在前3个月内应每个月进行一次检测，以后每3个月检测一次；对预期的保存期超过12个月的，在保存的前12个月内应每3个月进行一次检测，在第二年中每6个月进行一次检测，以后每年进行一次检测。原则上，实时稳定性研究应尽可能做到产品不合格为止，产品有效期的制定应根据实时稳定性研究结果设定。

对稳定性研究中的不同检测指标应分别进行分析，同时，还应对产品进行稳定性的综合评估。通过稳定性研究结果的分析和综合评估，明确产品的敏感条件、降解速率等信息，制定产品的保存条件和有效期。

根据稳定性研究结果，需在产品说明书和标签中明确产品的贮存条件和有效期。若产品要求避光、防湿或避免冻融等，应在各类容器包装的标签和说明书中注明。对于多剂量规格的产品，应标明开启后最长使用期限和放置条件。对于冻干制品，应明确冻干制品溶解后的稳定性，其中应包括溶解后的贮存条件和最长贮存期。

（王忠田　习向锋　郭海燕　陈光华）

第八节　诊断方法的建立和诊断制品的研究

诊断制品广泛应用于动物疫病诊断、流行病学调查、疫苗研发和免疫效果检测等，在动物疫病预防和诊断中起到非常重要的作用。本节从诊断用标准物质开始，对诊断方法的建立和诊断制品的研究进行阐述。

一、兽医诊断用标准物质

标准物质是一种已经确定了具有一个或多个足够均匀的特性值的物质或材料，作为分析测量行业中的"量具"，在校准测量仪器和装置、评价测量分析方法、测量物质或材料特性值、考核分析人员的操作技术水平，以及在生产过程中产品的质量控制等领域起着不可或缺的作用。在兽医诊断方法的建立和诊断制品研究中所用到的标准物质主要包括抗原、血清、单抗和蛋白等，是兽医诊断方法建立和诊断制品研究的基础和关键，是评价诊断方法和诊断制品特异性和敏感性的必备工具。诊断方法和诊断制品敏感性和特异性标准的制定，也需用标准物质进行大量试验后，才能确定。标准物质质量的高低，决定着诊断方法和诊断制品敏感性和特异性的标准制定是否科学合理，实实在在地起到了"量具"的作用。在农业部公告第 2335 号中，着重提出了加强标准物质研究的要求，也正是考虑到了标准物质的重要作用。

（一）标准物质的获得

标准物质的获得，包括购买和自行制备两种途径。如果拥有相关资质或得到相关认可的单位能够提供标准物质，对于诊断方法建立和诊断制品研究人员来说，购买标准物质是最省时、省力的途径，也是最容易得到认可的。但是，由于动物疫病种类繁多，且目前国内针对该类的标准物质制备研究较少，很多标准物质仍需要研究者自行制备。如果自行制备，研究者首先要从以下几个方面进行准备和考虑。

1. 制备标准物质所用材料的背景要清楚 在兽医诊断方法建立和诊断制品研究中，制备标准物质所用的材料，主要包括菌（毒）种、细胞和实验动物。菌毒种是制备病毒、细菌、血清和蛋白的主要材料；细胞是制备抗原、单克隆抗体、细胞裂解液等的主要材料；实验动物是制备阳性血清、阴性血清和单克隆抗体的主要材料。菌（毒）种的毒株很多，应尽量使用背景清楚、认可度高的菌（毒）株，如新城疫病毒应选择使用 La Sota 株、北京株。选择的菌（毒）种一定要经过系统鉴定，保证其菌（毒）种的含量、特异性和纯净性（纯粹）符合要求。选用的细胞最好是经过克隆纯化的细胞株，同时要对细胞进行系统鉴定，以保证细胞的纯净性。选用的实验动物应尽量使用高洁净级别的实验动物，如有 SPF 级动物，应尽量使用该级别动物；没有 SPF 级动物，要对实验动物常见的病原微生物进行抗原和抗体检测，只有经检测确认达到制造标准物质的要求时，方可用于标准物质的制备。

2. 制备标准物质的材料纯度应尽可能高 制备标准物质的材料（蛋白、病毒和抗体等），纯度越高，制备的标准物质质量也会越高，且产生非特异反应的可能性也会越小。例如，表达蛋白类的标准物质，如果是纯度较高的蛋白，就更能起

到标准物质的作用；单克隆抗体，纯化的效果比不纯化的效果要好；制备阳性血清，用纯化抗原制备的，比用不纯化抗原制备的要好。

3. 标准物质的种类要全 一种诊断方法的建立和诊断制品的研制，需要很多种标准物质，但有几种是共同的。第一，强阳性、阳性和弱阳性标准物质；第二，阴性标准物质；第三，有些诊断方法是用基因工程手段表达蛋白或者用该表达蛋白制备的单克隆抗体进行研究的，要有表达菌株（细胞）制备的抗原或抗体；第四，可能存在与目标疾病发生交叉反应的其他疾病的标准物质；第五，一定份数的临床阳性样品和阴性样品。

4. 制备的标准物质量要足 标准物质的制备过程耗时、耗力，且需要经过详细鉴定方可使用，因此，应尽量一次性制备足够量的标准物质，以满足研发过程、送检样品和产品质量控制的需要。很多研究者在研发过程中未充分考虑标准物质的量，一旦该标准物质用完，即须重新制备或者购买标准物质，有时会严重影响研发工作进度，也会影响对诊断试剂质量评价的一致性，严重者甚至会造成原先制定的试剂盒质量标准失去物质基础。

5. 要确保标准物质均一性 制备的标准物质（病毒、抗体和蛋白等），一定要保证其均一性。一般采用充分混匀后再进行分装的方法来保证其均一性。比如，不同培养瓶或者不同批次培养的病毒液应混匀；制备的不同批次或者几只动物的血清，应混匀。

6. 制备的标准物质应尽可能做成高含量（高效价、高浓度）标准物质 标准物质的含量（效价、浓度）较高时，在数量相同的情况下，每次检测用量会相对减少，使用时间也会相对延长。同时，可以用适当的稀释液进行稀释后，制成其他含量（效价、浓度）的样品，以供研究和生产中使用。比如，制备阳性血清时，最好制成强阳性血清，可以用阴性血清进行适当稀释后，制成阳性血清、弱阳性血清，用于敏感性检验。但是，有些特殊的标准物质，当含量（效价、浓度）过高时，有析出或不溶的现象。比如，某些表达的蛋白，其含量（效价、浓度）过高时，就会出现此种现象，从而可能影响其均一性。所以，标准物质含量（效价、浓度）的高低，须结合标准物质的具体特性综合考虑，在不影响其他特性的前提下，应制备出含量（效价、浓度）尽可能高的标准物质。

（二）标准物质的检验

无论是自制还是购买的标准物质，均要进行详细检验，以保证其质量达到要求。

1. 性状 是指该物体所具有的一些具体且明显的物理特征，如一瓶液体的颜色、黏稠度、存在状态（液体），均属于性状。标准物质的性状检验主要是对标准物质的颜色、存在状态等进行客观阐述。比如，未冻干的血清一般阐述为"浅黄色或者浅红色的透明液体"；冻干的血清一般阐述为"浅黄色或者淡粉色疏松状团块，加稀释液后，迅速溶解"等。

2. 无菌检验 按现行《中国兽药典》附录进行检验和判定即可。无菌检验用培养基可购买商业化产品。

3. 真空度和剩余水分 冻干标准物质的真空度和剩余水分按现行《中国兽药典》附录进行检验和判定即可。

4. 含量（效价、浓度） 对标准物质的含量（效价、浓度）一定要进行准确测定，只有准确测定过的标准物质，才能真正起到"量具"的作用，用于科学评价诊断方法和诊断制品的敏感性和特异性。含量（效价、浓度）测定中应尽量选用公认方法，如新城疫病毒的含量，一般都采用 EID_{50} 来测定，鸡传染性法氏囊病病毒含量可采用 ELD_{50}、$TCID_{50}$ 或蚀斑计数法，禽流感抗体效价测定采用 HI 法，猪瘟抗体效价测定采用中和抗体法（有时也会用 ELISA 抗体检测试剂盒测定）。

5. 特异性 对血清类标准物质，需进行特异性检验。主要检查其他病原的抗体。有时也有必要对一些抗原进行检验，如猪繁殖与呼吸综合征病毒、猪瘟病毒等均可能在血液中存在，用猪制备血清类标准物质时，就有必要对这类病毒进行检验，以排除这些病毒。由于血清的成分比较复杂，同时受实验动物级别、动物试验环境等因素的影响，制备的血清中非常容易出现其他病原的抗体。所以需要对血清学标准物质的特异性进行极为细致的检验，检测方法应当尽量采用敏感性高且公认的检验方法。一旦血清类标准物质的特异性存疑，必然会影响对所研究的诊断方法和诊断试剂的特异性评价。

6. 纯度 对制备的蛋白或单克隆抗体类标准物质，需进行纯度检验。目前常用的方法为聚丙烯酰胺凝胶电泳法和反相高效液相色谱法。由于蛋白纯化的水平不同，其纯度也有不同，选择纯度较高的蛋白或者单克隆抗体作为标准物质，是更为理想的选择。

7. 纯净（纯粹） 对病毒类的标准物质需进行纯净检验，对细菌和支原体类标准物质需进行纯粹检验，以免发生其他病毒或细菌污染，影响评价结果的科学性。

8. 均一性 当某批标准物质的总体单元数少于 500 时，抽取不少于 10 个单元作为均一性检验样品；当总体单元数大于 500 时，抽取不少于 15 个单元作为样品。将抽取的样品复溶后，每只随机取样 2 次，分别采用公认的方法对各血清样品进行效价测定，并采用方差分析法统计样品均匀性，应无显著性差异。

（三）标准物质的保存期

生物类标准物质一般不能保存太长时间，应按适当周期对标准物质进行检验，以保证其在诊断方法和诊断制品的研究中自始至终发挥其在准确判定诊断方法和诊断制品的敏感性和特异性方面的关键作用。

二、诊断方法的建立

随着生物技术的发展，动物传染病的诊断方法和诊断制品越来越多，大致可分为两大类，即针对抗原的诊断和针对抗体的诊断。针对抗原的诊断，主要应用于传染病的诊断、流行病学调查和鉴别诊断等方面；针对抗体的诊断，主要应用于传染病诊断、流行病学调查、免疫效果监测、动物易感性检测、鉴别诊断等方面。诊断方法和诊断制品是动物传染病预防和控制的重要手段，只有通过对该病的诊断及流行病学调查，才能进一步明确特定地区传染病的发生情况，从而有针对性地采取防控措施，或更有针对性地进行疫苗研制。同时，诊断方法和诊断制品也是动物传染病清除的重要手段。要清除任何传染病，均需要敏感性和特异性较好的诊断方法和制品来识别感染动物，进而进行隔离、扑杀，最后达到净化某种疫病的目的。因此，诊断方法和诊断制品的敏感性和特异性对疫病的防控起着决定性作用。

建立诊断方法的一个基本原则就是须具有较好的敏感性和特异性，同时还应考虑其操作程序尽可能简单、便捷。下文就目前常用诊断方法的建立进行一一阐述。

（一）PCR（RT-PCR 和荧光定量 PCR）

1. PCR　即聚合酶链式反应（Polymerase chain reaction），是指在 DNA 聚合酶催化下，以母链 DNA 为模板，以特定引物为延伸起点，通过变性、退火、延伸等步骤，体外复制出与母链模板 DNA 互补的子链 DNA 的过程。理论上，PCR 作为一项 DNA 体外合成放大技术，能快速特异地在体外扩增任何目的 DNA。PCR（RT-PCR）扩增产物电泳后，阳性应为出现预期大小的条带，阴性不出现预期大小的条带。可用于基因分离、克隆、序列分析、基因表达调控、基因多态性研究和诊断等方面。

2. RT-PCR　即逆转录 PCR（reverse tran-scription-polymerase chain reaction），是将 RNA 的逆转录（RT）和 cDNA 的 PCR 技术相结合的技术。PCR（RT－PCR）扩增产物电泳后，阳性应为出现预期大小的条带，阴性不出现预期大小的条带。RT－PCR 技术灵敏，用途广泛，可用于检测细胞组织中基因表达水平、细胞中 RNA 病毒的含量和直接克隆特定基因的 cDNA 序列、诊断等。

3. 荧光定量 PCR　其全称是 realtime fluores-cence quantitative PCR（RTFQ PCR），即通过荧光染料或荧光标记的特异性探针，对 PCR 产物进行标记跟踪，实时在线监控反应过程，结合相应的软件，可对产物进行分析，计算待测样品模板的初始浓度。PCR 扩增时在加入一对引物的同时，加入一个特异性的荧光探针，该探针为一寡核苷酸，两端分别标记一个报告荧光基团和一个淬灭荧光基团。探针完整时，报告基团发射的荧光信号被淬灭基团吸收；刚开始时，探针结合在 DNA 任意一条单链上；PCR 扩增时，Taq 酶的 $5'-3'$ 外切酶活性将探针酶切降解，使报告荧光基团和淬灭荧光基团分离，从而荧光监测系统可接收到荧光信号，即每扩增一条 DNA 链，就有一个荧光分子形成，实现了荧光信号的累积与 PCR 产物形成完全同步。在动物疾病检测中，目前已经广泛应用于禽流感、新城疫、口蹄疫、猪瘟、沙门氏菌、大肠杆菌、胸膜肺炎放线杆菌、寄生虫病、炭疽芽孢杆菌等病的检测。由于其操作简单，并且可以进行量化，目前大量应用于动物传染病抗原的诊断和流行病学调查。

实时荧光定量 PCR 的建立中，在设计引物的同时，根据其原理，应在 PCR 反应中加入荧光物质。荧光物质可分为两种，荧光探针和荧光染料。现将原理简述如下：

（1）TaqMan 荧光探针　在进行 PCR 扩增时，加入一对引物的同时加入一个特异性的荧光探针，该探针为一寡核苷酸，两端分别标记一个报告荧光基团和一个淬灭荧光基团。探针完整时，报告基团发射的荧光信号被淬灭基团吸收；PCR 扩增时，Taq 酶的 $5'-3'$ 外切酶活性将探针酶切降解，使报告荧光基团和淬灭荧光基团分离，从而荧光监测系统可接收到荧光信号，即每扩增一条 DNA 链，就有一个荧光分子形成，实现了荧光信号的累积与 PCR 产物形成完全同步。而新型 TaqMan-MGB 探针使该技术既可进行基因定量分析，又可分析基因突变（SNP），有望成为基因诊断和个体化用药分析的首选技术平台。

（2）SYBR 荧光染料　在 PCR 反应体系中，加入过量 SYBR 荧光染料，SYBR 荧光染料非特异性地掺入 DNA 双链后，发射荧光信号，而不掺入链中的 SYBR 染料分子不会发射任何荧光信号，从而保证荧光信号的增加与 PCR 产物的增加完全同步。SYBR 仅与双链 DNA 进行结合，因此可以通过溶解曲线确定 PCR 反应是否特异。

（3）分子信标　是一种在 $5'$ 和 $3'$ 末端自身形成一个 8 个碱基左右的发夹结构的茎环双标记寡核苷酸探针，两端的核酸序列互补配对，导致荧光基团与淬灭基团紧紧靠近，不会产生荧光。PCR 产物生成后，退火过程中，分子信标中间部分与特定 DNA 序列配对，荧光基因与淬灭基因分离产生荧光。

实时荧光定量 PCR 中，经扩增后，阳性对照的 ct 值应小于等于 30，且呈典型的扩增曲线；阴性对照应无 ct 值或 ct 值为 0。

（二）琼脂扩散试验

可溶性抗原（如蛋白质、多糖、脂多糖、病毒的可溶性抗原、结合蛋白等）与相应抗体在半固体琼脂凝胶内扩散，二者相遇，在比例合适处形成白色沉淀。抗原和抗体加到琼脂板上相对应的孔中，两者各自向四周扩散，如两者相对应浓度比例合适，则经一定时间后，在抗原、抗体孔之间出现清晰致密的白色沉淀线。每一抗原与其相对应抗体只能形成一条沉淀线，若同时含有若干对抗原-抗体系统，因其扩散速度的不同，可在琼脂中出现多条沉淀线。且根据沉淀线融合情况，还可鉴定两种抗原是完全相同还是部分相同。因此，可用此法来分析和鉴定标本中多种抗原或抗体成分，并用以测定抗原或抗体的效价。琼脂扩散试验分为两种，下文分别阐述。

1. 单向琼脂扩散试验　是一种常用的定量检测抗原的方法。将适量稀释后的抗体与等量琼脂混匀，浇注成板，凝固后，在板上打孔，孔径 3 mm，孔间距 10 mm，孔中加入抗原，每孔 10μL，置湿盒中，放 37℃温箱，抗原就会向孔的四周扩散，边扩散边与琼脂中的抗体结合。24～48h 后观察结果，在两者比例适当处形成白色沉淀环。沉淀环的直径与抗原的浓度成正比。如事先用不同浓度的标准抗原制成标准曲线，则从曲线中可求出标本中抗原的含量。本试验主要用于检测标本中各种免疫球蛋白和血清中各种补体成分的含量，敏感性很高。

2. 双向琼脂扩散试验　测定时将加热融化的琼脂或琼脂糖浇至玻片上，等琼脂凝固后，打多个小孔，将抗原和抗体分别加入小孔内，使抗原和抗体在琼脂板上相互扩散。当两个扩散圈相遇，如抗原和抗体呈特异性的结合且比例适当时，将会形成抗原-抗体复合物的沉淀，该沉淀可在琼脂中呈现一条不透明的白色沉淀线。如果抗原与抗体无关，就不会出现沉淀线，因此可以通过该试验，用特异性抗体鉴定抗原，或用已知抗原鉴定抗体。另外，沉淀线的特征与位置不仅取决于抗原、抗体的特异性和浓度，而且与其分子的大小及扩散速度有关，当抗原或抗体中存在多种成分时，将呈现多条沉淀线以至交叉反应线，因此可用来检查抗原和免疫血清的特异性、纯度或浓度，比较抗原之间的异同点，因而其应用范围较广。

一般须先摸索抗体和抗原最适浓度，再通过特异性试验、重复性试验和灵敏性试验验证该方法的可行性，同时确定反应条件和时间，从而建立琼脂扩散的诊断方法。

（三）血凝和血凝抑制试验（HA 和 HI）

有血凝素（HA）的病毒能凝集人或动物红细胞，称为血凝现象；血凝现象能被相应抗体抑制，称为血凝抑制（HI）。HI 试验中，加入的相应抗体与病毒结合后，能阻止病毒表面 HA 与红细胞结合，常用于正黏病毒、副黏病毒及黄病毒等的辅助诊断、流行病调查，也可用于鉴定病毒型与亚型。目前常用于新城疫、流感、细小病毒等具有血凝性病毒的抗原和抗体检测。

其方法建立一般为，将采集的敏感动物红细胞配制成 1% 红细胞悬液，与待测定的病毒液在微量血凝板上进行红细胞凝集试验，根据红细胞的凝集程度间接测定病毒液中的病毒浓度。进行 HI 试验时，某些抗体（如猪流感病毒抗体）需要进行处理和稀释。通过试验确定反应时间后，其方法基本建立完成。

（四）平板（试管）凝集试验

平板（试管）凝集试验的原理是：细菌性抗原与相应的抗体结合后，在适量的电解质参与下，经过一段时间后即出现肉眼可见的凝集现象。一般是采用已知的标准细菌性抗原液检测相应的凝集抗体。可分为平板凝集试验和试管凝集试验。平板凝集试验操作简单、快速，但有时会出现非特异性凝集反应。在布鲁氏菌抗体检测中，常用平板凝集试验进行初步检测，再对平板凝集试验阳性的样品，用试管凝集试验进行确定，以保证其结果的正确性。

平板（试管）凝集试验抗原制备时，一般系用抗原性良好的菌株接种适宜培养基培养，收获菌体，经加热灭活、离心后，用适宜染液染色，再进行适当悬浮制成。目前常用的有布鲁氏菌病虎红凝集试验抗原，鸡毒支原体平板凝集试验抗原和败血波氏杆菌平板凝集试验抗原等。

平板（试管）凝集试验的方法建立中，须先完成抗原的制备，再通过试验确定反应时间和条件（一般为室温下反应 3～5min），制定强阳性、阳性、可疑反应标准和阴性反应标准。

（五）酶联免疫吸附试验（ELISA）

ELISA 是酶免疫测定技术中应用最广的技术。其基本原理是：将已知抗原或抗体吸附在固相载体（聚苯乙烯微量反应板）表面，使酶标记的抗原-抗体反应在固相表面进行，用洗涤法将液相中的游离成分洗掉。常用的 ELISA 法有双抗体夹心法和间接法，前者用于检测大分子抗原，后者用于测定特异抗体。

自从 Engvall 和 Perlman（1971）首次报道建立 ELISA 方法以来，由于其具有快速、敏感、简便、易于标准化等优点，所以得以迅速发展和广泛应用。尽管早期的 ELISA 由于特异性不够高而妨碍了其在实际中应用，但随着方法的不断改进、材料的不断更新，尤其是采用基因工程方法制备包被抗原，采用针对某一抗原表位的单克隆抗体进行阻断 ELISA 试验，都大大提高了 ELISA 的特异性，加之电脑化程度极高的 ELISA 检测仪的使用，使 ELISA 更为简便实用和标准化，从而使其成为最广泛应用的检测方法之一。可将 ELISA 分为四大类：直接 ELISA、间接 ELISA、夹心 ELISA、竞争 ELISA。其他的 ELISA 都隶属于这四类 ELISA 或由这四类 ELISA 组合衍生。目前 ELISA 方法已被广泛应用于很多动物细菌和病毒病的诊断，如在猪繁殖与呼吸综合征、禽白血病、牛副结核病、牛传染性鼻气管炎、猪伪狂犬病、蓝舌病、猪瘟等的诊断和抗体检测中已成为广泛采用的标准方法。

ELISA 方法建立的关键点阐述如下。

1. 包被原的选择　在 ELISA 方法的建立中，包被物质的选择极其关键。最好的包被物质应当具有良好的敏感性和特异性。目前常用的包被物质有纯化的病毒、表达的亚单位蛋白、单克隆抗体等。由于基因工程技术的发展，目前常用的多为表达的亚单位蛋白，具有能大量生产、纯化方便、敏感性和特异性好等优点，被广泛应用于 ELISA 方法的建立中。进行包被物质的选择时，须进行对比试验，并根据试验结果确定最优的包被物质。

2. 载体的选择　目前，ELISA 方法中所用 ELISA 反应板主要材料为聚苯乙烯和聚氯乙烯。ELISA 板与包被原（抗原或抗体）主要结合方式为疏水键、离子键被动吸附；通过引入活性基团（氨基、羰基等）共价结合和载体表面改性后亲水键结合。ELISA 板按其结合能力分为高结合力 ELISA 板、中结合力 ELISA 板和氨基化 ELISA 板。因此，在建立 ELISA 检测方法时，应根据抗原和抗体种类的不同，以及要建立的 ELISA 方法本身的特点，选择合适的 ELISA 板。

3. 封闭　封闭程序是为了封闭未结合抗原或抗体的位点，减少非特异性反应。使用的封闭液主要有脱脂奶粉、牛血清白蛋白、明胶、鱼皮胶、血清等。目前，有很多商业化的封闭液，但是要根据不同的方法进行一定程度的优化。

4. 洗涤　洗涤程序在 ELISA 方法建立的过程中也非常重要。洗涤的目的是为了分离未结合的抗原或抗体。一般至少要洗涤 3 次，在大多数反应中，PBS 是最常用的洗涤液，一般会加入 0.05% 的吐温-20。另外，在洗涤的过程中，通过浸泡 1~5min，能更好地去除未结合的抗原或抗体及减少非特异性吸附。

5. 稀释液　在进行 ELISA 检测时，为了能让样品在适宜的溶液环境中进行抗原-抗体反应和选择最适宜的样品检测浓度，会经常用到样品稀释液。其主要作用是增加样品的溶解度和稳定性，减少样品中杂蛋白和无关物质的非特异性吸附，降低非特异性吸附所引起的背景显色，提高试验的特异性和灵敏度。

6. 酶标抗体或抗原　酶标抗体或抗原是 ELISA 试验后期显色反应的基础，因此获得特异性好的抗体或抗原，以及酶标记过程的选择和优化都至关重要。很多公司可以提供 ELISA 检测方法建立时所需要的酶标抗体，通过适当优化，即可满足方法建立时的需求。标记抗原或抗体时使用的酶主要有辣根过氧化物酶和碱性磷酸酶，通过一定的偶联方法进行标记，通过适当的纯化方法分离未标记的抗原或抗体及未结合的酶类，即可获得效果很好的酶标记物。

7. 底物溶液　目前，有很多商业化的底物溶液可供选择。在选择底物溶液时，一般要遵循使用方便、快捷、批次间差异度小的原则。另外，在显色反应时，底物溶液会呈现不同的显色反应线性浓度范围。线性浓度范围较宽的，适宜于定量 ELISA 方法；线性浓度范围较窄的，适宜于定性 ELISA 方法。

8. 保护剂和防腐剂　在组装 ELISA 试剂盒时，会用到保护剂和防腐剂。保护剂的主要作用是提高蛋白质的活性；避免稀释造成的蛋白质失活；避免蛋白质水解、凝集和变性；防止被固定的生物分子在干燥过程中丧失活性，延长试剂盒的货架寿命；封闭非特异性和未结合位点，减少产品的试验背景。防腐剂主要是延迟微生物生长或化学变化引起的腐败。

三、诊断制品生产用菌（毒、虫）种种子批的建立和鉴定

与其他生物制品一样，国家对诊断制品的菌（毒、虫）种也实行种子批管理制度。其建立和鉴

定，与疫苗生产用菌（毒、虫）种种子批相同。

四、细胞库的建立和鉴定

细胞库的建立对于诊断制品来说，也是非常重要的一个环节。只有细胞库稳定，才能不断地生产出稳定的诊断制品，尤其是分泌单克隆抗体的杂交瘤细胞。诊断制品生产用细胞库的建立与疫苗相同。

五、原辅材料的研究

有的诊断制品研究和生产中应用的原辅材料很少，如 HA 抗原、阳性血清等；有的诊断制品需要的原辅材料则很多，如 PCR 诊断试剂盒、荧光定量 PCR 诊断试剂盒和 ELISA 诊断试剂盒等。生产中使用的原辅材料越少，其质量越好控制。在 ELISA 试剂盒的研究和生产中，其原辅材料使用较多，其原辅材料的质量在很大程度上决定着试剂盒研制的成败，同时也决定着试剂盒的合格率。为了确保诊断试剂（盒）的质量，须加强对其原辅材料的筛选和研究。

（一）原辅材料的来源

原辅材料的来源要清楚。来源不清楚的原辅材料，无论是在诊断制品的研发还是生产中，都应避免使用。原辅材料的来源不外乎两种，购买和自制。两种途径各有优、缺点。自制原辅材料的优点是研发者能更好地控制其质量，同时达到控制诊断制品质量的目的；缺点是制备和供应能力不足。购买原辅材料的优点是方便、快捷，由于相关服务业发展迅速，很多原辅材料均能稳定且保质保量供应；缺点是质量不受自身控制，有些原辅材料还要受到供货周期和保存期的限制。研发者应根据自身能力及对不同原辅材料的质量要求，对两种原辅材料的来源进行选择，以达到质量稳定、供货充足的目的。

（二）原辅材料的保存期

每种原辅材料都有保存期，应当在其保存期内使用原辅材料，过期的原辅材料应避免使用。有些原辅材料的保存期很短，如用于分子生物学诊断试剂盒的酶、ELISA 试剂盒的显色液等。一定要控制好原辅材料的保存期，同时根据生产周

期最终确定原辅材料的保存期。诊断试剂盒各组分的保存期至少要大于诊断试剂盒的保存期，才能确保试剂盒质量。

（三）原辅材料的供应稳定性

在诊断制品的研究中，一定要考虑其原辅材料的供货稳定性。若供货不稳定，势必被迫改变原辅材料来源，从而影响到研发工作进展和试剂盒稳定性，有时甚至达到不能继续生产和研究的地步。一般情况下，对相同原辅材料的供应商，应选择多家进行评估，选择符合要求的原辅材料，尽量多储备几家供货商，以备不时之需。

（四）原辅材料的质量控制

在诊断制品的研发过程中，为了更好地控制制品质量，保证其顺利生产，对某些主要原辅材料应当制定合理的标准和检验方法。如对鸡胚、实验动物、二抗的效价和显色液等，须制定合理标准和检验方法，以在研发和生产过程中对其质量进行检验，在保证原辅材料质量的基础上，进而保证诊断制品的质量。

总之，在诊断制品的研发中，原辅材料的供应及其质量容易被忽视，研究人员要在此方面进行详细研究和对比试验，对各项指标进行综合评定，选购或制备合格的原辅材料，才能保证诊断制品研究工作的连续性，进而保证诊断制品的规模化生产和质量。

六、生产工艺的研究

诊断制品的生产规模也许不大，但其种类繁多，既涉及不同病种，又涉及不同诊断方法，因此，其生产工艺的涉及面比疫苗更广更复杂。经常涉及的生产工艺包括病毒（细菌）培养、蛋白表达、蛋白纯化、阳性血清的制备、单克隆抗体制备和纯化、分装、冻干等。工艺研究要结合诊断制品的生产特点开展。由于诊断制品的市场需求量不如疫苗和治疗性抗体的市场需求量那么大，大规模、高密度等生产工艺不一定适用，如细菌的发酵罐培养和细胞的生物反应器培养，应用于诊断制品生产的必要性不大。有些工艺，如蛋白表达和纯化工艺、单克隆抗体制备和纯化工艺，则是制备高质量试剂盒的重要工艺。只有应用高度纯化的蛋白，才能有效消除非特

异性反应，显著提升诊断制品的敏感性和特异性。

七、诊断制品的质量研究

诊断制品生产用菌（毒、虫）种、细胞、原辅材料、生产工艺确定后，就要对试制的实验室制品进行质量研究了。诊断制品的质量研究就是证明新研发诊断试剂（盒）质量符合预期目标的过程。

（一）实验室制品制备和检验

为了对新研制的诊断制品进行质量研究，应当制备至少3批次制品。试制时，应当用已经建立的菌（毒、虫）种和细胞库，选择符合标准的原辅材料，按照已确定的生产工艺，在实验室中生产，进行必要的检验且合格后，才可用于质量研究。

（二）敏感性研究

在敏感性研究中，首先要考虑用何种标准物质。农业部2335号公告规定，用于敏感性研究的标准物质包括阴性标准物质、已知感染动物样品、已知弱阳性和阳性样品。用上述标准物质按照诊断制品的使用和判定方法进行检验即可。其敏感性可用阳性率来表示，也可以用最低检出量来表示。目前多用最低检出量来表示。一般对阳性标准物质进行适宜稀释度稀释后，用在研诊断试剂（盒）进行检验，最终确定呈现阳性结果的最低标的物检出量或其最高稀释倍数。

（三）特异性研究

在特异性研究中，首先要考虑的也是使用何种标准物质。农业部2335号公告规定，用于特异性研究的标准物质包括已知未感染动物样品、常规免疫动物的样品、有关病原或抗原（如培养基质、动物组织）及抗体。特异性研究的最终目的就是验证在研诊断试剂（盒）是否会和阴性样本发生阳性反应，即非特异性反应。在试剂盒特异性研究中至少应用以下标准物质或样品进行试验：

1. 与检测目标种属较近并可能存在非特异性反应的抗原或抗体 如猪瘟病毒和牛黏膜病病毒种属较近，在开展猪瘟抗体检测试剂盒特异性研究中，就应将牛黏膜病病毒阳性血清作为检测标的物，考察猪瘟抗体检测试剂盒是否与其发生非

特异性反应。

2. 有关组织或细胞及其抗体 在用全病毒及其多克隆抗体作为组分组装试剂盒时，应当选择培养病毒所用组织或细胞及其抗体，进行特异性研究，以保证试剂盒的特异性。如鸡传染性法氏囊病毒琼扩抗原如果系用DF1细胞培养，就应将抗原和DF1细胞免疫鸡的血清进行试验，确定其是否会发生非特异性反应。

3. 表达用的空白宿主菌、含有空载体的空白宿主菌、细胞及其抗体 基因工程技术在诊断试剂（盒）研制中的应用越来越多，包括用基因工程菌或细胞表达抗原，或用表达的蛋白制备单克隆抗体。表达的抗原或蛋白需经过纯化、浓缩，如纯化处理不当，有可能会留有部分或少量的表达宿主菌的蛋白，在理论上存在非特异性反应的可能性。为了更好地控制制品质量，保证其特异性，均会选择相应的标准物质进行诊断制品的特异性研究。如用大肠杆菌表达的蛋白进行ELISA试剂盒研究时，应当制备空白大肠杆菌的阳性血清和含空载体的空白大肠杆菌阳性血清作为检测标的物，用试剂盒进行检测，以确保试剂盒的特异性。

4. 一定数量的已知阳性样品和阴性样品 这两种样品，特别是阴性样品，是特异性研究中必需的。样品数量应能保证其结果具有生物统计学意义，一般须达到30份。对阴性样品的检测结果，通常会作为诊断试剂（盒）判定标准中临界值的制定依据。

总之，诊断制品的特异性是其非常重要的指标，比起敏感性来，试剂盒特异性的高低越来越被人们关注。非特异性反应较为明显的试剂盒，一旦在兽医临床实践中大量使用，会给疫病的诊断、流行病学调查和抗体检测等工作带来误判，甚至影响到疫病的防控及相应措施的实施。所以，针对诊断制品的特异性研究，广大研发者应给予充分重视，在可能的情况下，尽可能使用更多的诊断用标准物质来考察制品的特异性。

（四）重复性和可靠性研究

按照农业部公告第2335号要求，应有至少3批诊断制品的批间和批内的可重复性试验报告。同时还应在不少于3个不同实验室进行比对试验，考察制品的可重复性和可靠性。有些诊断制品，如ELISA试剂盒的组分复杂，其质量稳定性受到

很多因素的影响，经常出现明显的批间差异，这一点也正是我国兽医诊断试剂（盒）质量与国外存在较大差距之处。有的试剂盒甚至存在明显批间差异。研究中，一般每批次取 5 个试剂盒，分别对强阳性标准物质、阳性标准物质、弱阳性标准物质和阴性标准物质，至少进行 4 次重复试验，用统计学方法计算其变异系数，最终评定在研试剂盒的重复性是否良好。

农业部公告第 2335 号要求，进行比对试验的实验室应为经农业部考核合格的省级以上兽医主管部门设置的兽医实验室。有国家参考实验室或农业部指定的专业实验室的，应至少选择 1 家国家参考实验室或农业部指定的专业实验室实施比对试验。每个实验室应当对 3 批次制品进行重复性试验，重复测试试剂盒的敏感性和特异性。

（五）保存期试验

应用至少 3 批次诊断试剂（盒）进行保存期试验。诊断制品的保存期试验一般多是在特定保存条件下（2～8℃或－20℃以下，依制品说明书中规定的保存条件而定），在不同的保存时间点，取保存的诊断制品进行检验，考察其性状、无菌、敏感性和特异性等各项指标是否合格。考虑到实际应用、保存运输的复杂性，规定的保存期要留有一定空间，目前在确定诊断制品保存期时常将有效的保存期缩减 3 个月。如制品在 15 个月的保存期试验中，各项指标都合格，则该制品的保存期应定为 12 个月。

（六）符合率试验

符合率就是与其他诊断方法、特别是与金标准方法检测结果相比较的一致性。选择一定数量（至少 30 份）的阳性样本、阴性样本、强阳性标准物质、阳性标准物质、弱阳性标准物质和阴性标准物质，用在研诊断制品和其他制品同时进行检测，并按各自判定标准进行结果判定，对不同方法检测的阴性结果和阳性结果进行比较分析，确定不同方法间的符合率。

（七）与批准上市的同类制品进行比较的试验

同类制品指的是依据相同原理研制的、用于检测相同标的物的诊断制品。如在研的 ELISA 抗体检测试剂盒要和已批准上市的 ELISA 抗体检测

试剂盒进行比较，在研的琼扩抗原要和已批准上市的琼扩抗原进行比较试验。如果没有已批准上市的诊断制品，则此项可以不做。比较试验中，要从敏感性、特异性、重复性、稳定性等多方面进行对比，最终确定在研试剂盒和上市试剂盒产品的优劣。农业部 2335 公告明确规定，要严格执行诊断制品注册分类的规定，凡与我国已批准上市销售、检验方法和检测标的物相同的同类诊断制品比较，在敏感性、特异性、稳定性和便捷性等方面无根本改变的诊断制品，不作为新兽药审批。所以，广大研发者在进行诊断制品研制时，要把与批准上市的同类制品进行比较的试验做扎实，确定新研制的诊断制品的优越性，才能确保该诊断制品通过新兽药注册。

八、中间试制研究

中间试制研究是考察在研的诊断制品在实际生产条件下，放大规模生产时的工艺、产品质量，以及生产和检验中的质量控制方法和标准是否合理可行的一个过程。对任何在研的诊断制品，不管其质量多好，如果不能规模化生产，就意味着不能大规模应用，也就失去了在疫病防控中的作用和地位。中间试制是一个非常重要的环节，通过中间试制研究，不仅可验证其生产工艺的稳定性，制订的标准是否合理，同时也可通过中间试制过程进一步完善制品生产工艺，进而优化和完善制造及检验试行规程，提升诊断制品的生产和质量控制水平。中间试制研究中应当注意以下几个方面问题：

（一）选定中试生产场所，并提交菌毒种、制造和检验规程（草案）

诊断制品中间试制应在已经批准的 GMP 车间或符合生物安全要求的实验室进行。选定实验室或企业后，研发者应与中试方有关技术人员密切合作，明确生产和检验要求和操作技术细节，并提交菌毒种和制造及检验试行规程。中试中可能涉及经济利益、生物安全、时间安排等方面责任，最好在友好协商的基础上就各有关事项签订协议或合同，以便更快推进中间试制研究并获得理想结果。

（二）中间试制研究的参与人员

为了做好中试研究，须确定好中间试制的负

责人、生产人员和检验人员。研发单位和中试单位均应设负责人，并保持密切联系。具体生产和检验工作应由中试单位人员承担。研发人员也可参与中间试制的过程，但其主要职责是配合生产和检验、验证工艺和标准的合理性并寻求改进措施和方案。

（三）诊断制品的批数、批号和数量

中间试制的批次要求是 5～10 批，并标明批号。批号最好和正式产品的批号有所区分。每批次要达到一定批量，首先要充分满足临床试验使用；其次要留有一定数量的样品，便于后续检验和研究；再次是要充分体现其生产具有一定的规模代表性。

（四）批生产和批检验记录

中间试制的人员要详细记录生产过程和检验过程，将批生产记录和检验记录归档，以备核查，或作为注册申报资料的一部分提交。

（五）发现和改进生产中存在的问题并最终完善制造及检验试行规程

中间试制是验证生产工艺及各标准制定是否合理的过程，由于 GMP 车间环境等条件与研发实验室相比存在一定差别，小规模生产和大规模生产的制品可能存在差异，研究的诊断制品难免在实际生产中存在问题。所以，在中间试制过程中，最重要的是发现生产中的实际问题，提出解决方案，进而完善制造及检验试行规程，便于以后企业得以顺利实现规模生产。

九、临床试验研究

为了验证诊断制品在临床上实际使用的效果，需要将中间试制产品应用到临床样品的检测中去，以进一步验证该诊断制品的质量。临床试验中应当注意以下几个方面问题：

（一）临床试验场的选择

临床试验场的选择应当注意其区域代表性，同时最好选择阳性场进行临床试验。农业部公告第 2335 号明确要求，临床样品应包括阴性样品、阳性、弱阳性样品，所以，只有在阳性场方能顺利实施临床试验。因此，有必要对有关试验场进

行初步筛选，再进行临床试验。

（二）用于临床试验制品的批次和临床样品数量

用于临床试验研究的制品应不少于 3 批；临床样品不少于 1 000 份，犬猫等宠物样品检测数量不少于 500 份。

（三）检测结果的确认

对临床样品的检测结果，需用其他方法进行确认，最好是公认的诊断方法或者诊断制品，尤以金标准方法最好。

（四）操作方法

临床样品检测中的具体操作，应当严格按照诊断制品的说明书进行，同时要验证操作方法是否科学合理，是否适宜现地应用，同时要发现和解决诊断制品在现地应用中的问题，为进一步扩大实际应用奠定基础。

总之，对临床样品的检测是验证诊断制品大规模应用时的效果，发现和解决实际应用问题的必要过程。经过该阶段的研究，为保证诊断制品在现地应用的效果奠定基础。

（王忠田 王牟平 陈光华）

第九节 临床试验

一、目的和背景

预防和治疗类兽医生物制品临床试验的目的是在实际生产条件下考察制品的安全性和效力，是对实验室试验数据的必要补充和验证。《兽药管理条例》和《新兽药研制管理办法》规定，兽医生物制品进入临床试验前，必须获得农业农村部批准。《兽药注册办法》规定，申请注册兽医生物制品时，提交的资料中必须包括完整的临床试验报告。

二、临床试验的申报和审批程序

（1）拟在国内生产上市的新生物制品申请进行临床研究的，申报单位应向农业农村部提出申

请，并按所申报制品的类别报送有关申报资料，填写《新兽医生物制品临床试验申请表》。通常情况下，只有在完成各项实验室试验后才能进入临床试验阶段，因此，目前各研发单位在申请临床试验时提交的实验室试验资料基本上与新兽药注册时相同。

（2）为进行临床试验研究所试制的样品，应是工艺规程确定并经初步验证符合规定的，该样品必须在通过兽药 GMP 验收的车间试制完成，至少应有连续 3 批产品（如研制单位没有 GMP 车间，可委托已通过兽药 GMP 验收的车间进行试制）。试制批量应达到实际大生产规模的 1/3 左右。

（3）农业农村部行政审批综合办公室审查申请人递交的申请表及其相关材料，申请材料齐全的予以受理。

（4）农业农村部兽药评审中心根据国家有关规定对申请材料进行技术审查。必要时，农业农村部组织专家对临床前研究和试制情况进行现场核查。

（5）农业农村部兽医局根据审查意见提出审批方案，报部长审批后办理批件。

三、临床试验方案

（1）临床试验方案应包括试验开始、攻毒和结束试验的日期、试验地点、试验主持人、执行人、观察人、记录人，以便审批机构的工作人员在必要时对试验现场进行考察和核查。

（2）试验方案的内容

①试验标题

②试验的唯一性标识　唯一性标识包含试验方案编号、状态（即属于草案、最终稿还是修订本）及制订日期，并在标题页上注明。

③试验联系人和联系方法

④试验地点

⑤试验目的

⑥试验进度表　包括动物试验的预期开始日期、使用受试中试制品和对照制品的时间段、用药后的观察期、停药期（如果必要的话）和预期的结束时间。

⑦试验设计　包括试验的分组、对照的设置、随机化方法、试验场所和单位的选择等。

⑧试验材料　包括所使用的中试制品，所使用的安慰剂及其配方，进行检测试验的毒种和试剂及其来源等。

⑨动物选择　包括动物饲养单位的基本情况，实验动物的品种、品系、年龄、性别、饲养规模、疫病控制、疫苗接种等情况。

⑩动物的饲养和管理

⑪用药计划　括使用途径、注射部位、剂量、用药频率和持续时间。

⑫试验观察（检查）的方法、时间和频率

⑬试验期间需要进行的检测项目、检测方法和内容　包括取样时间、取样间隔和取样数量，样品的保存条件和方法。

⑭试验结果（有效与无效，安全与不安全）的统计、分析、评价方法和判定标准。

⑮实验动物的处理方式

⑯试验方案附录　包括试验所涉及检测试验的操作规程（SOP），试验中将要使用的所有试验数据采集表和不良反应记录表格，中试产品说明书，参考文献及其他有关补充内容。

⑰试验过程中发生意外情况时的应急措施。

四、临床试验研究

（1）对所使用的实验动物，在试验前应确定是否曾接种过针对同种疾病的其他单苗或联苗。在近期是否发生过同种疾病。为确证这种免疫或感染状态，在进行试验前应当对实验动物进行特异性抗体检测，并评估其是否会对试验产生影响。

（2）在开始试验后，动物一般不应再接种针对同种疾病的其他单苗或联苗。

（3）临床效力试验研究

①所选择的动物种类应当涵盖说明书中描述的各种靶动物，并选择使用不同品种的动物进行试验。对动物年龄没有特殊规定的，还应当选择使用不同年龄的幼龄动物和成年动物进行试验。

②临床效力试验中使用的产品批数、试验地点的数量、养殖场和动物数量，应符合《兽药注册办法》中的规定。最好有目的地使用接近失效期的产品进行试验。

③可以同时使用低于推荐使用剂量（如 1/2 剂量、1/4 剂量）进行临床效力试验。

④接种动物后，应当定期随机选择动物并对其生理状态和生产性能进行评价，并定期通过免

疫学或血清学方法对特异性免疫应答反应进行测定和评价。

⑤对需要通过攻毒试验确定产品保护效力的，应当随机选择一定数量的动物在符合要求的试验条件下进行攻毒保护试验，其中，一般动物应不少于 20 只（头），个体大或经济价值高的动物一般应不少于 5 只（头），鱼、虾应不少于 50 尾。同时，应设计试验以证明在声明的整个免疫持续期内都可提供足够保护。

⑥如果产品对被接种动物的后代会产生保护或影响，应当通过血清学方法或攻毒试验对其后代的被动免疫保护力或影响进行检测。

⑦对治疗用的生物制品，应对发病动物进行治疗试验，且须对疾病进行确诊。

（4）临床安全试验研究

①所选择的动物种类应当涵盖说明书中描述的各种靶动物，并选择使用不同品种的动物进行试验。对动物年龄、生理或生产状态没有特殊规定的，还应当选择使用不同年龄的幼龄动物、成年动物、怀孕动物、处于特殊生产状态（如处于产蛋期、泌乳期等）的动物进行临床安全试验。

②临床安全试验中使用的产品批数、试验地点的数量、养殖场和动物数量，应符合《兽药注册办法》中的规定。

③可以同时使用高于推荐使用剂量（如灭活疫苗至少 2 倍、活疫苗至少 10 倍剂量）进行临床安全试验。

④接种动物后，应当定期随机选择动物并对其生理状态和生产性能进行测定评价。

⑤为了发现局部或全身不良反应，必须以足够的频率和时间对足够数量的受试动物进行检查或观察。

⑥必要时，应定期随机选择一定数量的动物进行剖检，其中，一般动物应不少于 20 只（头），个体大或经济价值高的动物一般应不少于 5 只（头），鱼、虾应不少于 50 尾，检查可能由于接种疫苗而引起的局部或全身反应。对灭活疫苗，还应定期检查注射部位的疫苗吸收情况。

⑦临床试验中还需有目的地就制品对环境及其他非靶动物的安全性影响进行评价。

（5）临床试验报告

①试验报告是在完成试验的基础上完成的综合性记述。最终试验报告包括材料和方法的描述、结果的介绍和评估、统计分析。试验报告应与试验方案的格式和内容相对应。

②试验报告的内容

A. 试验标题和唯一性标识

B. 基本信息　包括试验目的、试验主持人、主要完成人、试验完成地点、试验的起止日期。

C. 材料和方法

a. 试验材料　包括所使用的中试产品、动物、检测试剂、设备设施的来源和控制指标。

b. 试验方法　包括试验设计（试验的分组、对照的设置、随机化方法、试验场所和单位的选择等）、动物选择、饲养和管理，用药计划（包括使用途径、注射部位、剂量、用药频率和持续时间）、试验观察（检查）的方法、时间和频率，试验期间需要进行的检测试验（包括取样时间、取样间隔和取样数量，样品的保存，检测试验的内容和方法），试验结果（有效与无效，安全与不安全）的统计、分析、评价方法和判定标准，实验动物的处理方式。

c. 试验结果　详尽描述试验结果，无论是满意的结果还是不满意的结果，包括试验中的所有数据记录表。

d. 试验结果的评估及试验结论　对全部试验结果进行评价，并根据试验结果作出结论。

e. 附件　包括批准的试验方案，补充报告，支持试验结论的试验文件及其他有关补充内容等。

五、临床试验管理

（1）临床试验申请获得批准后，申报单位要按照批准的临床试验方案进行，并在 2 年内实施完毕。逾期未完成的，经原批准机关批准可延期 1 年。变更申请人的，应当重新申请。变更批准内容的，应报告变更后的试验方案，并说明依据和理由。

（2）临床试验用制品不得销售，不得在未批准区域使用，不得超过批准期限使用。

（3）因新制品质量或其他原因导致临床试验过程中实验动物发生重大动物疫病的，应立即停止试验，并按照国家有关规定进行动物疫情处置。

（4）临床试验完成后，申请人应向原批准机关提交批准的临床试验方案、试验结果及统计分析报告，并附原始记录复印件。

（王忠田　徐高原　陈光华）

第十节　疫苗效果的流行病学评价

疫苗的免疫学效果评价是对疫苗进行综合评价的一部分，是通过疫苗接种后对机体的免疫学指标测定作出的。通过科学合理的设计和一定的样品数量，可较为客观地反映机体对疫苗接种的免疫应答水平高低，从一个侧面证实疫苗接种的有效性。

疫苗现场流行病学效果评价是利用流行病学研究群体疾病的方法，通过疫苗对动物使用后疾病流行过程的变化来评价疫苗效果。它是以免疫群和非免疫群的发病率比较为基础的。使用疫苗的目的是为了控制或消灭疾病而保护动物，因此，只有通过对疫苗现场流行病学效果的评价，才能对疫苗的质量和效果做出最终判定。

一、传染病的流行与疫苗的作用

动物疾病，无论是传染性的还是非传染性的，在一定条件下都会发生流行。在一定条件下，由于病原体的传播，可造成传染病的流行。由于某种或几种诱导因子（如环境因子、生物因子、理化因子等）的改变，亦可造成非传染病的流行。

动物传染病可通过疫苗接种来预防、控制和消灭。疫苗接种是预防、控制和消灭传染病最有效和最经济的途径。不同传染病具有不同流行病学特征，病原体的遗传变异及抗原性和致病性的改变，可导致其流行病学特征的改变。因此，不论是对新研制的疫苗还是已经使用的疫苗，都必须进行流行病学效果评价。

二、传染病的流行及其流行病学特征

传染病是指由病原体感染引起并可由一个受感染者传播给其他易感者的疾病。病原体可以是病毒，也可以是细菌、真菌、立克次氏体、支原体等微生物或原虫。受感染者（宿主）可以是人，也可以是动物或植物。感染是病原体与宿主相互作用的结果，病原体侵入宿主后，可出现不同结果。一是不发生感染，即病原体感染宿主后，可因宿主体内已存在的免疫力而使病原体不能繁殖（增殖）或被清除，宿主未发生感染；二是亚临床感染或隐性感染，即病原体侵入宿主机体并在宿主体内增殖发育，并产生相应抗体，但不出现（未引起）可觉察到的临床症状、体征；三是有症状的感染，即病原体侵入宿主，在宿主体内增殖，破坏受感染组织器官正常的生理活动，引起病理改变，导致宿主出现可觉察的临床症状、体征。根据临床症状的程度，可将感染分为轻度、中度或严重感染。

病原体侵入宿主的一定部位（靶组织），破坏宿主的受感染组织或其他组织、器官的正常生理功能，引起宿主发病。病原体在受感染的宿主中繁殖或增殖后释放到环境中，形成新的传染源，再去感染新的宿主，引起新的宿主发病，从而造成疾病流行。

与非传染病相比，传染病具有3个特征。一是生物学特征。传染病的病原是活的、可以复制的生物因子。病原体在一定的环境条件下感染人或动物，引起疾病，具有感染的特点。病原体感染宿主引起疾病，是这两种生物体在自然环境下相互作用、长期进化的结果。一种病原体可以感染一种或数种宿主，一种宿主也可以被一种或数种病原体感染。二是传播和流行特征。病原体在被感染者体内复制后，释放到体外环境中，形成传染源，经一定方式（传播途径）可再感染新的易感宿主，造成感染扩散、疾病流行，具有传播（传染）和流行的特点。理论上，一个病原体可以在被感染者体内复制出成千上万甚至数以百万计的病原体，这些新的病原体释放到体外环境中后，可以让成千上万的易感者被感染、发病。如此感染、传播、再感染的重复，可在短期内造成疾病的大面积流行。三是可预防特征。由于传染病是由病原体在一定条件下感染宿主后造成的，所以可以通过改变病原体、宿主或环境条件来预防、控制或消灭传染病。

三、影响传染病流行的因素

影响传染病流行的因素有病原、宿主和环境因素。病原是传染病发生、流行的必要条件。新病原体的出现能引起新的疾病流行。原有病原体

由于发生变异而使其反应原性及免疫原性改变，从而逃避机体的免疫监护。毒力变异增加了致病性，或产生了对抗生素及化学药物的抗性，从而能造成疾病流行。大多数病原体都能感染一种以上的宿主，但大多数病原体只能引起一种或少数几种被感染的宿主动物发病。宿主被病原体感染后是否发病、是否发生疾病流行，受到宿主的遗传特征、年龄及其生理条件的影响。环境因素也影响着疾病的发生和流行。

四、疫苗在控制传染病流行中的作用

病原体如果不能从一个宿主传播（传染）到另一个宿主，那它将会因宿主的死亡而死亡，或者因宿主产生免疫力或被治愈而被消灭。所以，病原体必须在被感染的宿主体内增殖，排出体外并继续感染新的宿主，方能维持种属繁衍和疾病流行。

病原体的传播和感染过程大约可分为几个阶段：病原体侵入（感染）宿主；病原体在宿主体内增殖；病原体排出体外，停留在外界环境或中间宿主中，成为新的传染源；病原体侵入（感染）新的宿主。病原体通过上述几个阶段不断重复而维持其繁衍，并形成感染的传播和疾病的流行。

自然条件下，一种传染病是不会自行消灭的。控制或消灭传染病的主要措施是改善动物的饲养管理环境，提高动物机体的健康水平。其中，疫苗免疫接种是预防、控制和消灭传染病最为有效和最为经济的途径。疫苗之所以能预防和控制传染病的传播和流行，是因为其可模拟病原体感染机体的过程，诱导机体产生体液免疫和细胞免疫反应，从个体和群体水平上提高动物机体免疫力，降低动物机体易感性，从而预防病原体感染，阻断传染病的传播和流行过程。

五、疫苗的免疫策略

疫苗免疫接种的目的是为了提高动物群体的免疫力，保护个体不受病原体感染或发病，从而预防和控制传染病的流行。为了保证疫苗接种后的免疫效果，达到预防、控制和消灭传染病的目的，必须采取一定措施，保证疫苗接种的成功实施。

实施疫苗接种计划有如下 4 种。一是常规免疫。针对长期流行、普遍存在的传染病，对动物机体实行常规免疫接种，以提高和维持高水平的免疫接种率，保证易感动物免受传染病危害。二是加强免疫。为了实现控制和消灭传染病的目的，必须提高和保持高密度免疫，以保护易感动物，阻断野毒株的传播，对高危地区、发生野毒株流行的地区，以及在常规接种率低、监测工作薄弱的地区，在常规免疫的基础上，进行有计划、有组织的强化免疫。三是定向免疫。对于某些种类的传染病，可对某些高发地区（如边界地区）、高危动物群实施定向免疫。四是实施紧急接种。针对某些正在发生流行的传染病，须采取应急性免疫接种，此类应急性接种必须能在接种后很快产生免疫力，以控制疾病蔓延或终止流行。在发生自然灾害等非常时期，针对某些突发传染病也应采取应急性免疫接种。对某些已暴露于某种传染病的动物，也应进行相应的免疫接种。

六、疫苗效果的流行病学指标

为客观分析疫苗效果，必须设定疫苗免疫效果评价的流行病学观察指标。

（一）血清学指标

疫苗免疫后的血清抗体反应在保护传染病的发生及流行中具有重要意义，是疫苗免疫效果评价的重要指标。

1. 抗体阳转率　血清抗体阳性率表明接种个体对疫苗接种的反应频率。阳性率越高，表明反应个体数越多。

2. 抗体水平　血清抗体水平反应免疫保护效力的高低。通常情况下，抗体水平越高，保护效力也越高。

（二）临床指标

1. 感染率　有的传染病，特别是受疫苗保护的个体，感染病原后并不一定发病，但可通过微生物学、血清学方法确定是否感染。感染率为接种动物中感染个体数占接种动物群体中个体总数的百分率。

2. 发病率　接种动物群中发病个体数占接种动物群体中个体总数的百分率。

3. 罹患率　衡量特定观察期内新发病例数占

同期内暴露动物数的比例。

4. 危险度 衡量接种后暴露于某特定传染病与发病之间的程度联系。分为相对危险度和特异危险度。

$$相对危险度＝\frac{接种动物群发病率}{非接种动物群发病率}×100\%$$

$$特异危险度＝\frac{非接种动物群发病率－接种动物群发病率}{非接种动物群发病率}×100\%$$

5. 死亡率 死亡个体数占观察动物总数的比率。

（三）隐性感染率、慢性感染率、健康携带者

对于有的传染病来说，有的个体感染后可能不出现可观察到的临床症状，成为亚临床感染或隐性感染者。隐性感染对维持群体免疫水平有积极的意义。有的个体感染后可能出现急性症状，随后转化为隐性感染状态，有的个体感染后不出现任何感染症状，并且病原体可在感染者体内长期存在，成为健康携带者。隐性感染者、慢性感染者、健康携带者都携带病原体，都是重要的传染源，具有重要的流行病学意义。隐性感染率、慢性感染率、健康携带率是疫苗免疫效果评价中的重要指标。

感染传染病后，通常要经过一个潜伏期，才能出现临床症状。经疫苗接种的个体，在感染相应病原体后，由于受疫苗的保护，表现为不发病或症状轻微或潜伏期延长。潜伏期延长也是疫苗免疫保护效果评价的重要指标。

疫苗的免疫效果还反应在接受免疫的个体在受到感染后，机体是否排毒及排毒时间是否缩短。

理想的疫苗应能保护不同血清型病原体的感染，所诱导机体产生的免疫保护作用（如保护性血清抗体水平）持续数年乃至终生。

（四）疫苗的接种反应

疫苗接种后除能诱导产生有利于机体抵御疾病的特异性免疫反应外，也可能对某些个体产生有害的免疫反应。接种用的疫苗的安全性和免疫原性虽都经过严格鉴定，但由于疫苗本身的生物学特性和疫苗附加物的理化性质，动物群体中个体的差异（如过敏、免疫缺陷）等因素，在大面积接种的情况下仍然可能出现疫苗接种反应。这类反应的临床表现多种多样，机理复杂，有的属

于正常反应，有的属于不正常反应。疫苗的接种反应对疫苗效果的评价也具有重要意义。理想的疫苗应仅有轻微的副反应或没有副反应。有的局部接种反应（如鸡痘疫苗）可以作为免疫成功的标志。

局部反应：有些疫苗接种后，在接种部位会出现暂时的红肿、灼痛等炎症反应，这类反应一般在接种后数小时出现，24h达到高峰，48h后逐渐消退。

全身反应：有的疫苗接种后，会有部分动物出现发热、精神不振、食欲不良等反应。

接种疫苗后出现的上述局部或全身反应，对机体无严重伤害，但如出现加重反应或异常，则对动物机体有危害甚至导致动物死亡。

异常反应：有的疫苗在极少数接种个体中会出现异常反应。

七、疫苗免疫效果调查方案的设计

用于接种的疫苗都已经过质检部门严格检定，但任何实验室的检定工作都不能代替现场流行病学效果评价。不同传染病受病原体自身的生物学、免疫学特性及宿主动物和环境因素的影响，表现出特定的流行病学规律，具有特定的流行地域、易感动物和流行季节。依据不同传染病的流行病学规律对疫苗效果进行现场流行病学效果调查，对制定和完善预防免疫计划，改进疫苗免疫效果具有重要意义。进行疫苗的流行病学效果调查时，必须有足够的调查对象资料以供统计分析，特别是要有足够数量的发病（或死亡）个体，才能对疫苗效果做出有意义的评价。为此，对观察群体、观察时间和观察地点的选择和限定非常重要。

（一）调查对象的选定

1. 地域分布 许多传染病都有一定的地域分布。虫媒传播和其他具有贮存宿主的传染病地理分布常与宿主动物的分布区一致。经消化道感染的传染病，主要通过粪便、口腔途径感染，由被粪便污染的水源、饲料、饲养器械传播，在饲养密度大、卫生条件差的地区，动物群易发生感染，造成疾病流行。

2. 高危群体 几乎所有传染病都有其特定的高危群体。以昆虫为主要传播媒介的一些传染病，

如日本乙型脑炎，多发生和流行于这些昆虫密集存在的森林地区，这些林区动物就是高危群体。

3. 易感年龄　各种传染病都具有易发年龄。一般在出生后母源抗体已基本消失，而自然状况下的感染还未（或较少）发生的情况下接种疫苗，既可避免来自母体的免疫干扰，又可及时刺激机体产生特异性的免疫保护作用。如果接种时间太晚，个体可能已受到野毒株感染，失去疫苗免疫保护的意义。由于某些病原致病特性不同，因此只对某一特定生理阶段的动物具有危害性，如鸡传染性法氏囊病病毒、鸡传染性贫血病病毒等。忽视这个因素，就无法对疫苗免疫效果进行科学考察。

4. 高发季节　由于感染途径及传播媒介的影响，许多传染病常表现出明显的季节性。经消化道感染的传染病，流行多发生在夏秋季。呼吸道疾病在寒冷的季节和冷热交替的季节多发。有些虫媒传播的传染病多发生于蚊虫大量滋生的夏秋季。选择高发地区的高发群体中处于高发日龄的动物，在流行季节（对有明显流行季节的传染病）到来前进行免疫接种，有利于获得足够的调查资料，确保对疫苗效果的准确分析和评价。

（二）现场调查的设计原则

现场调查的设计必须遵循"重复、对照、随机、双盲"的统计学原则，重复观察个体，设立对照组，并做到随机化分组或随机抽样及双盲处理。

1. 重复　客观真实的观察结果应具有可重复性，即在同样的条件下，观察结果能够多次重复。

2. 对照　为了最大限度地保证观察结果的客观真实，除观察疫苗免疫组外，还需设立对照组。疫苗免疫组动物接种疫苗抗原，对照组接种无关抗原或其他对照疫苗。

3. 随机　为了避免观察结果受各种人为因素的影响，最大限度地保证疫苗免疫组与对照组具有的总体特征相同，有最可靠的可比性，分组必须按随机原则，通过随机分组，希望所形成的各组在观察开始时是大致相似的，各组对已知和未知的危险因素也相似，以消除由分组带来的结果偏差。

4. 双盲　除以上原则外，疫苗效果观察还应遵循双盲原则，即将疫苗抗原和无关抗原或对照疫苗进行编码，编码情况除计划组织人员外，接种人员及观察记录人员均不知晓，使有关人员在双盲条件下进行接种和观察记录。最后，由组织设计人员收集接种和观察记录，进行统计学分析，这样方可尽量避免主观因素的干扰，更客观、真实地反映疫苗效果。

5. 观察对象数　现场调查研究中，除了要遵循重复、随机抽样、随机分组和双盲原则外，还必须保证有一定的样本数量。样本太小，就不容易发现应有差异；样本太大，又会造成不必要的浪费，且不易控制观察条件。因此，在疫苗效果观察中必须慎重地估计所需样本量。

（三）现场调查的时间

由于疫苗的免疫保护作用要在接种一定时间后才能产生，所以，掌握合适的疫苗接种时间及现场调查时间，对客观评价疫苗的免疫效果具有重要意义。一般情况下，初次免疫在传染病流行开始前1～2个月进行，如需加强免疫接种，应在流行前1～2周进行，以保证在流行到来时疫苗接种个体有足够的时间建立起免疫预防能力。

疫苗效果观察可分为短期效果观察和长期效果观察。一般情况下，疫苗短期效果调查在疫苗接种后经过一个流行季节或流行年度的观察便可完成。如要进行长期效果评价，就需要进行多个流行季节或流行年度，乃至长期的流行病学调查才能做出。

（王忠田　徐龙涛　陈光华）

第三章　OIE 兽医生物制品生产原则*

一、摘要

为成功实施动物卫生计划、维护动物健康，需能保证供应纯净、安全、优质、有效的疫苗。用高质量的疫苗免疫是控制多种动物疫病的基本手段。另外，在国家疫病控制或根除计划中，也可配合使用疫苗。

本章所述内容为一般性要求和方法，与已颁布的兽医疫苗生产指导标准相一致。各国可根据本地实际需要，采取不同手段，保证兽医疫苗的纯净、安全、效能和效力。需制定适当的标准和生产控制措施，以制造性能稳定的高质量生物制品，用于动物卫生计划。

由于各种疫病的发病机制和流行病学各不相同，用于疫病控制的免疫接种策略在作用和效果上也因病而异。某些疫苗可能非常有效，产生的免疫力不仅能防止出现临床症状，还能阻止病原感染、抑制病原繁殖和释放。而另一些疫苗可能只能预防疫病临床症状，不能防止感染和/或发生带菌（毒）状态。还有一些疫苗可能出现免疫无效，或仅能减轻疫病的严重程度。因此，决定是否将免疫接种作为疫病防控的策略时，不仅要彻底了解病原和流行病学特征，还需了解各种疫苗的特点和性能。此外，公众日益关注兽医疫苗使用时的动物福利等问题。总之，如需使用疫苗，则要求是生产性能稳定、均一的优质疫苗产品。

二、命名

兽医生物制品的命名因国家而异。如在美国，活的或灭活的病毒或原虫、活菌或核酸制品被称为"疫苗"，而包含灭活细菌或其他微生物的制品则根据其所含抗原的类型，被称为菌苗、细菌提取物、常规或重组亚单位疫苗、细菌毒素或类毒素。例如，含有微生物抗原或免疫成分的制品称为"亚单位苗"或"细菌提取物"，而以灭活毒素生产的制品则称作"类毒素"。欧盟将兽医生物制品定义为"给动物施用、以产生主动或被动免疫或用于诊断免疫状态的制品"（参见欧盟第 2001/82/EC 号指令和经修订的第 2004/28/EC 号指令）。为与国际命名方法一致，在本章中，"疫苗"一词包括所有能刺激动物产生主动免疫，从而预防疫病的产品，不考虑其是否含微生物或毒素，或是否为微生物或毒素衍生的制品。被推荐作为被动免疫、免疫调节、过敏反应治疗或诊断用的生物制品，不用"疫苗"一词。

三、疫苗类型或剂型

疫苗可为活疫苗或灭活疫苗。一些活疫苗可用低毒力、中等毒力或具有致病性的田间分离株制备，需证明此类致病株如以非常规给药途径施用，对动物仍是安全和有效的，或动物在其他条件

---

*　本章内容选自《OIE 陆生动物诊断试验与疫苗手册》。

下暴露后，会产生免疫而不发病。还有一类活疫苗以人工致弱的病原制备，该病原系通过实验动物传代、组织培养、细胞培养或鸡胚培养等筛选的毒力降低的分离物。重组 DNA（rDNA）技术的发展为疫苗生产提供了新途径。目前，生产致弱的活疫苗可用毒力相关基因缺失的微生物，也可将病原微生物编码特定免疫原的基因插入无毒力的微生物载体中。此外，还在研究含有质粒 DNA 的核酸疫苗。DNA 通常为质粒形式，并编码病原微生物的免疫原。

灭活制品包括：用化学或其他方法灭活的微生物培养物；灭活毒素；从培养物中提取或通过 rDNA 方法生产的亚单位疫苗。

为提高效力，活疫苗和灭活疫苗中都可添加佐剂。较常见的佐剂为用矿物油、植物油和乳化剂配制的油包水乳剂（单相或双相），也可用氧化铝胶、皂素等作为佐剂。除传统佐剂外，目前生产或研制的疫苗中，还添加能调节宿主动物体免疫状态、增强疗效的其他成分，包括灭活细菌的免疫原性成分（可诱导疫苗中其他组分产生免疫应答）及细胞因子（可调节免疫系统，通常采用生物技术构建于重组 DNA 载体之中生产的产品）。

四、质量保证

生产纯净、安全、高效的疫苗需要一套质量保证体系，以确保生产程序的一致性和连贯性。疫苗生产中的可变因素很多，必须尽可能予以控制，最好使用已经验证过的生产程序，并在生产过程中保护产品不受污染。

生产过程中必须保证疫苗的纯净、安全、效能和效力。应在每个生产步骤中保证产品质量的稳定性（不同批次间的一致性）。成品检验旨在检查生产过程控制的有效性，确定制成的产品是否符合相关主管部门提出的要求。

为保证疫苗质量，不同国家的管理部门建立了不同方法。尽管各种质量控制系统目标基本一致，但在生产工艺（生产标准）控制和成品（性能标准）检验方面，侧重点各不相同。选定的控制程序应最适于相关疫苗生产，并尽可能符合 GMP 要求。

产品控制标准和程序中，规定了生产和出售无效、污染、危险或有害产品的风险或可能

性。可接受的风险等级可根据使用疫苗带来的收益而定。因此，根据各地动物卫生状况，各国或各种疫苗的标准可能不尽相同。监管部门应尽可能制定保证成品纯净、安全并有效的控制标准及程序。

最理想的质量保证体系应力求达到生产程序控制和成品检验之间的合理平衡。考虑到生产和控制成本，建立一个可保证无任何风险、绝对安全的体系可能太过昂贵。因此，管理部门和生产厂家应选择切实可行的控制方法，将风险降至可接受的最低水平，同时不会影响疫苗的生产和供应，以提供适当的预防性医疗保护，且费用维持在消费者可接受的范围之内。

五、生产设施

设计疫苗生产设施时，为保障生产过程中产品的纯净及工作人员的安全，必须满足以下条件：易于彻底清洗；适当隔离不同制备车间；通风良好；配备充足的清洗用热、冷水和高效的排水设备及管道；工作人员出入更衣室及其他相关设施时，无需经过生物制品制备区。生产设施必须适宜进行各种与疫苗生产有关的操作。例如，基础种子、原料和其他生产材料的贮存；生长培养基和细胞培养物的制备；玻璃器皿和生产仪器的准备；培养物的接种、培养和收获；生产过程中原材料的贮存；产品灭活和离心、佐剂添加和配制；成品的分装、冻干、封口、贴标签和贮存；生产过程中原材料和成品的质量控制检验；研发工作等。

不同的生产活动通常要求在不同区域内进行。所有房间和空气处理系统必须能有效防止不同产品间的交叉污染，并能防止人或设备的污染。有毒或危险的微生物必须在与其他设施隔离的房间内制备和保存，尤其是攻毒用微生物必须完全与疫苗株分开。所有接触到产品的设备都必须采取有效方法进行消毒。

生产设施的设计必须考虑到环境污染。生产过程中使用的任何材料都必须经无害化处理，方可离开厂区。如需繁殖高传染性微生物，则必须妥善处理废气，以防传染性病原体排出。工作人员须遵守安全程序（如淋浴），离开生产设施后不得接触易感动物。

生产设施的质量和设计各异，但必须符合

适用于相关疫苗生产的标准。例如，生产口服、滴鼻或滴眼用鸡胚苗的设施，与生产皮下或肌内注射用组织培养苗的设施相比，要求可能略低。

六、生产设施规划

生产任何一种疫苗都应制定详细的生产规划，说明生产过程中的每一步操作应在何处进行。此类规划应制成书面的标准操作程序（SOP），或以流程图形式并标注图例说明。设施内每个房间均应有明确标识，并详细说明每个房间的所有功能及相关微生物。此外，消毒程序、设备监管程序及在生产过程中为防止污染或失误而实行的其他程序，都应制定成书面文件。增加新产品或新微生物，或修改相关程序时，应适时调整设施规划。

七、制造过程的文字记录

生产企业应制定详细的生产规范、标准操作程序或其他相关文件，详述每种产品的生产和检验程序。原材料的规格和标准必须清楚、准确。此类文件还应详细说明以下内容：每株微生物的来源、分离和传代（再培养）历史；基因工程产品（用作种毒的质粒或转基因技术改造的微生物）中核酸成分或肽的来源和序列；微生物鉴定方法，毒力和纯度检验方法；用于种毒和制品生产的培养基或细胞系，证明培养基无污染的方法；动物源性原材料的来源；培养基消毒方法；细胞系和种毒培养物的保存条件；培养用容器的大小和类型；种毒制备方法，生产用培养物接种方法；培养时间和条件；生长期间的观察；收获培养物的标准和技术规格；收获技术。文字记录中还应包括生产厂商实施的降低动物源性成分中传染性海绵状脑病（TSE）因子污染的风险控制措施，确保胎牛血清无污染。此外，还应包括：生产过程中用于评价产品纯度和质量的所有试验描述；成品的每步配方设计；评价每批成品的纯度、安全性、效能等所使用的试验方法；成品技术规格，包括带有完整标识和使用说明的包装和标签；产品有效期等。

国家相关主管部门负责制定和公布兽医疫苗相关文件的导则，此类文件旨在定义产品，确定其技术规格和标准，并应与生产流程及其说明（或生产计划和标准操作程序）一起使用。

八、记录保存

对于每种生物制品的生产过程，生产者都应建立可追溯的详细记录系统。记录中应写明每个操作步骤的日期、操作人员姓名、每步添加或去除的成分和数量，以及制备过程中减少或增加的数量。应保存每批产品的所有检验记录。每批产品的所有相关记录必须注明至少保存至有效期后 24 个月，或按有关主管部门的要求保存。还应保留所有产品使用的标签记录，包括其名称、产品编号、产品许可证号码、包装大小和标签编号。印制的所有标签均应记录。此外，必须保存有关灭菌和巴氏消毒法的记录，通常使用自动记录装置。生产厂商必须保存设施内所有动物的完整记录，包括动物在试验前的卫生状况、试验结果、治疗用药、护理、尸体剖检、尸体处理等方面的内容。

九、基础种子

检验基础种子旨在确保疫苗的安全性、质量和效力。安全检验应在早期进行。生产过程中使用的每株微生物都应建立基础种子，作为制备疫苗的种子来源。工作种子和生产种子可用基础种子培养制备；从基础种子到最后生产培养物，通常不应超过 5 代（有时为 10 代）。应根据相关数据，针对不同情况分别确定传代次数。以这种方式使用种子和限制种子传代次数，有助于保持产品的一致性和连贯性。应保存基础种子的来源记录。对于转基因微生物，需说明其具有免疫原性的抗原成分及载体微生物。还应提供在构建转基因种子过程中的种子基因序列。将基础种子混合、分装到容器中作为一批，构成单一均质的种子批。应将基础种子冷冻或冻干，并置 −40℃ 或 −70℃ 保存，或在能保持其活力的最适条件下保存。每批基础种子均应进行检验，以保证其同质性、安全性和效能。也应检验转基因种子，以保障其嵌入基因序列的稳定性及安全性。还应作纯净性检验，以保证无细菌、真菌、支原体和外源病毒污染。

十、基础细胞库

用细胞培养物制备产品时，应建立每种细胞的基础细胞库（MCS），并保存MCS的来源记录。每种产品的生产规范或标准操作程序中，均应确定并详细说明可用于生产的细胞最高或最低代次。一些监管机构不允许传代超过20～40代。每种MCS均应定性，以保证其同一性，并应从生产用最低代数向最高代数进行传代，以证明其具有遗传学稳定性。应证明MCS的核型稳定且多倍体水平较低。应以可用于生产的最高代次细胞，在适当的动物上进行体内试验，以证明无致癌性和突变性。应通过检验确定MCS的纯净性，保证无细菌、真菌、支原体和外源病毒污染。

十一、原代细胞

原代细胞指来自正常组织经1至10代（包括第10代）传代，可用于生物制品生产的一组原始细胞。用于禽类的生物制品，其生产用细胞通常来自受严格微生物监控、未免疫禽群的SPF鸡胚。其他原代细胞来自健康动物的正常组织，根据情况检验是否有微生物污染，如细菌、真菌、支原体、致细胞病变和/或红细胞吸附因子及其他外源病毒。与细胞系相比，使用原代细胞时，引入外源因子的风险较高。因此，如有其他有效的疫苗生产方法，应避免使用原代细胞。一些监管部门只允许在特殊情况下使用原代细胞。

十二、鸡胚

鸡胚也常用于生物制品的生产。几乎在所有情况下，鸡胚均来自受严格监控的未免疫SPF鸡群。鸡胚接种途径及收获何种物质，取决于所接毒（菌）的繁殖情况。

十三、成分

在生产规程、标准操作程序或其他有关文件中，应写明产品中所有成分的规格和来源。生产规程需经国家许可部门批准。应检验所有未经有效消毒程序处理的动物源性成分，以保证无细菌、真菌、支原体和外源病毒污染。应了解所有原材料的原产国。生产厂家应实施适当措施，以防动物源性成分引发TSE污染。一些监管机构不主张在生产过程中用防腐剂或抗生素控制外源污染物，而提倡通过严格的无菌技术保障产品的纯净性，但有时允许在多剂量容器内使用防腐剂，以防产品在使用过程中被污染。监管机构通常限制产品在制备过程中添加抗生素，如在细胞培养液、培养基、接种鸡胚、从皮肤或其他组织中收获的材料中添加抗生素，但一般允许在同一个产品中最多使用3种抗生素。一些监管机构禁止在通过喷雾或非肠道途径使用的疫苗中添加青霉素或链霉素。如不建议在食品动物上使用抗生素，如需使用，则应证明使用的抗生素对动物无害。

十四、安全试验

应在研发早期阶段就证明疫苗本身的安全性，并作为许可文件的一部分记录在案。在研发和许可授权期间，所有产品的安全性研究应包括单剂量安全性、超剂量安全性和单剂量重复安全性。对弱毒疫苗还需进行下文所述的毒力返强试验和对外界环境及所接触动物的风险评估。应证明疫苗产品对每种适用动物的安全性。一般来说，所有疫苗均需进行超剂量接种安全性研究，减毒活疫苗一般检测10倍使用剂量，灭活疫苗一般检测2倍使用剂量（如不可行，可从效力检验结果推导安全性指数）。用宿主动物作效检的灭活病毒或细菌疫苗，可根据效检中免疫动物在接种后至攻毒前的局部或全身性反应，确定产品的安全性。此外，产品安全性数据还应包括田间安全试验。有关基因工程产品的安全性评估，参见关于基因工程产品分类和重组活疫苗的内容。

十五、毒力返强试验

使用活疫苗时，宿主动物可能排出疫苗微生物，并传播给与其接触的动物，如果这些微生物有残留毒力或毒力返强，可引起发病。因此，所有活疫苗都应通过传代方法检测毒力。通常用基础种子接种一组靶动物，通过疫苗微生物在动物体内增殖，检验其毒力。接种途径应为最可能造成感染及毒力返强的自然感染途径，如可能，应采用该基础种子所制疫苗的推荐接种途径。从组织或分泌物中分离的疫苗微生物直接接种另一组实验动物，连续传代，至少传 4 代，即至少用 5 组动物（禽用产品需多传几代），按照基础种子的鉴定方法，全面鉴定分离物。由于传代造成毒力减弱，而无法连续传 5 代时，能否进行体外增殖传代，各国主管部门意见不一。传代后，疫苗微生物应保持在可接受的弱毒水平。

十六、环境风险评估

必须评估每种活疫苗是否释放、能否扩散到与之接触的靶动物和非靶动物，以及能否在环境中继续存活，为确定疫苗能否给环境和人类健康带来风险。在某些情况下，环境风险评估可与毒力检验同时进行。生物技术或重组 DNA 产品的环境风险评估尤为重要，详见有关章节内容。

十七、效力试验

兽医疫苗的效力试验采用产品推荐的最易感、且通常处于最小推荐使用年龄的宿主动物进行具有统计学意义的免疫攻毒试验。应通过相应数据，证明按产品标签上注明的免疫程序接种动物时的效力，包括保护作用和免疫期。效力试验应在可控的条件下进行，并尽可能使用血清学阴性动物。如有经过确认的效力试验及预测性血清学试验结果，则可能无需进行靶动物的免疫攻毒试验。如有可能，应鼓励替代、减少及改进动物试验（3R 原则）。

应以生产规程或其他生产程序中规定的最高代次种毒制成疫苗产品，用于效力试验。需规定保存期内每个剂量必须含有的最小抗原量。如每个剂量所含抗原量为一个范围，在进行效力试验时，必须使用最小抗原量（或低于最小量）。精确的攻毒方法和测定免疫原保护力的标准因免疫原不同而异，应尽可能予以标准化。

如无法进行有效的免疫攻毒试验，可通过田间试验验证效力。不过在野外条件下，很难获得有统计学意义的数据以证明效力。因为田间试验程序较为复杂，且须建立适当控制，以保证数据的有效性。有时，即使试验设计正确，也可能因无法控制的外部因素而导致田间效力试验结果无效，其中包括易变因素多、未免疫对照动物组发病率低、暴露于其他生物体而引发类似疫病等，因此，确定某些产品的效力时，可能同时需要实验室和田间试验的效力试验数据，以及疫苗获许可后进行的田间试验监测数据。

十八、干扰试验

如疫苗中含有两个或以上抗原组分，则必须证实各组分之间无干扰作用，一个组分不会影响或降低另一个组分的保护性免疫应答水平。产品批准前，应进行组分间的干扰性试验。

如以灭活的液体产品稀释活的冻干组分，由于灭活液体产品中残留的灭活剂影响病毒或细菌活性，从而导致效力损失。所以必须检查用作活疫苗稀释剂的灭活液体苗，在确定其不影响病毒或细菌的活性后方可使用。

此外，还须考虑，如在两周内对同一动物使用同一厂家生产的两种不同疫苗，也可能出现干扰现象。

十九、产品一致性

任何新产品在批准上市前，其生产厂家必须连续生产 3 批成品，用以评价产品的一致性。这 3 批产品应按照生产规程、规划、标准操作程序或其他相关程序规定的方法，进行"标准"生产。一些主管部门要求这 3 批产品的批量应至少是正常生产时平均批量的 1/3。

生产厂家应按生产规或其他相关文件中规定的方法，检验每批产品的纯净性、安全性和效力。此外，也可采用《美国联邦法规》（CFR）第 9 卷第 113 部分、欧盟第 2001/82/EC 号指令、《欧洲药典》及《OIE 陆生动物诊断试验与疫苗手册》中所述的适用标准要求和检验方法进行检验。这 3 批产品均应取得令人满意的检验结果，方能获准生产和销售。随后的每批产品均需按同样方法进行检验，在取得满意结果后，才能上市销售。

二十、稳定性试验

为确定产品在有效期内的有效性，需进行稳定性试验（基于可接受的效力检验）。一些管理部门允许通过加速稳定性试验证明产品的有效期，如在 37℃ 放置 1 周可算作 1 年。这种估算值必须通过定期的实时效力检验予以确认；在产品标注的有效期内及过期后 3~6 个月，应至少从 3 个不同批次的产品中取样进行效力检验。对活疫苗应分别在出厂时和即将到期前进行检验，直至建立起有统计学意义的记录。每批申请许可的疫苗应在出厂时检验，并在有效期内或过期后定期检验。在有效期结束时，如生物制品的质量经检验仍高于出厂要求，可向主管机构申请，延长设定的有效期。稳定性试验还可检验剩余水分及其他重要参数，如佐剂、乳化剂的稳定性等。

二十一、产品批次发放

生产厂家在产品发放前，必须检验每批产品的纯度、安全性和效力，以及生产规程或其他相关程序中规定的其他检测项目。如国家法规中规定疫苗成品需接受官方复核，则厂家还需从每批产品中抽样，提交官方指定实验室，由权威机构测试。如生产厂家或主管部门得出不合格的结果，则不能发放相关批次产品。这种情况下，随后生产的产品应优先考虑交由权威机构检测。

（一）批次纯度检验

通过检查各种污染物以确定纯度。需要进行纯度检查的材料包括：基础种子、原代细胞、MCS、未经消毒的动物源性原料（如胎牛血清、牛血清蛋白、胰酶等）及出厂前的每批成品。

《CFR》第9卷第113部分、《欧洲药典》、欧盟第2001/82/EC号指令及《OIE陆生动物诊断试验与疫苗手册》都介绍了纯度检验程序，可检测外源病毒、细菌、支原体和真菌，包括沙门氏菌、布鲁氏菌、衣原体、血凝性病毒、禽淋巴白血病病毒、淋巴细胞性脉络丛脑膜炎病毒、可通过鸡接种试验和鸡胚接种试验检出的病原、可通过细胞病变、红细胞吸附试验，以及ELISA、PCR或荧光抗体技术检测出的病原。应高度重视胎牛血清、牛血清和其他牛源成分中是否有瘟病毒感染，并详细记录相关操作。纯度的检验方法因产品种类而不同，应在生产规程或其他文件中作出规定。目前尚无动物源性成分的TSE检测方法，因此，疫苗生产厂家应在其生产规程或标准操作程序中，写明为最大限度降低此污染而采取的措施。这一点主要依靠3条原则：第一，确证使用的所有动物源性成分均源于TSE风险极低的国家；第二，所用的组织或其他物质无TSE，或含TSE因子的风险极低；第三，如适用，这些材料的制作程序经过验证，可有效灭活TSE因子。还应记录生产过程中采取的相关措施，以防高危性物质交叉污染低危性物质。

（二）批次安全检验

每批产品在出厂前都需经过安全检验。典型的测试方法参见《CFR》第9卷第113部分、《欧洲药典》及《OIE陆生动物诊断试验与疫苗手册》有关章节。建立了针对鼠、豚鼠、猫、犬、马、猪和羊的安全检验标准程序，所需动物量一般少于申请许可时的安全检验用量。如果疫苗引起的局部或全身反应与生产规程或产品说明中描述的一致，可认为此批产品合格。一些主管部门不允许用实验动物替代靶动物进行产品的安全检验。

（三）批次效力检验

出厂前，每批产品都需经过效力检验，其方法与宿主动物免疫攻毒效力检验应有相关性。灭活病毒或细菌产品的效力检验可在实验动物或宿主动物体内进行，也可通过经验证的定量体外检验方法进行。活疫苗效检通常采用活菌计数或病毒含量测定法。重组DNA和生物技术疫苗也需进行检验。经遗传修饰的活微生物可参照活疫苗通过含量测定进行量化。用重组技术表达的产物可通过体外试验进行量化，与传统的抗原制备方法相比，该产品的制备过程包含纯化步骤，因而较易检验。

细菌活疫苗在出厂前，必须进行活菌计数检验，保证其高于能提供免疫保护的最小菌数，并在有效期内不低于这一数值。进行病毒活疫苗出厂检验时，也应保证在有效期内病毒滴度至少不低于能提供免疫保护的最小病毒滴度。有些主管部门规定细菌或病毒含量应高于上述要求。疫苗出厂的病毒含量或活菌数首先取决于效力所需，其次为疫苗中细菌或病毒的衰减率（参见稳定性试验）。

有关主管部门已制定并颁布了数种疫苗的效力检验标准要求。具体方法参见《CFR》第9卷第113部分、《欧洲药典》及《OIE陆生动物诊断试验与疫苗手册》有关章节。

二十二、其他检验

根据生产的疫苗类型，可考虑进行某些检验，如可行，应在生产规程或其他相关文件中加以说明。此类检验可包括冻干产品的剩余水分测定、灭活产品的灭活剂残留量测定、灭活产品的灭活效果检验、pH、防腐剂和抗生素含量、佐剂的物理稳定性、冻干产品真空度、疫苗的性状检查等。具体检验方法参阅《CFR》第9卷第113部分、《欧洲药典》、欧盟第2001/82/EC号指令及《OIE陆生动物诊断试验与疫苗手册》有关章节。

二十三、抽样

每批产品均应进行抽样。应从每批最终包装成品中抽取代表性样品，并按标签上推荐的温度妥善保存。生产厂商应将样品保存至有效期后6个月，以供在田间使用过程中出现问题时查找原因。疫苗样品应保存在具有防破坏装置的安全场所。

二十四、标签

各国的产品标签标准不尽相同。不过，印在标签上的任何标识和声明均应以主管部门审批的有效数据为依据。建议所有兽医疫苗标签都应防水，并包含下列信息；如疫苗包装容器非常小，可在其外包装箱标签上或密封的内置说明书中注明一些重要信息：

（1）产品通用名称，字迹可永久保持清晰，且字体一致。

（2）生产厂家名称和地址，进口产品还需注明进口商的名称和地址。

（3）建议保存温度。

（4）标明产品"仅供兽用（或动物用）"；完整的使用说明，包括所有必要的警示信息。

（5）如用于食品动物，应声明在屠宰前某一特定期限内不应接种疫苗；根据疫苗种类（如佐剂类型）而定，不要求所有产品都带有此信息。

（6）有效期。

（7）产品批次编号，以便在生产厂商的生产记录中查找相关产品。

（8）产品许可证号；在有些国家，为相关企业/厂家许可证号。

（9）数量与头份数。

（10）应声明如使用多剂量容器包装的疫苗，打开包装后，应将容器内的产品全部用完（如有

相关数据支持，某些产品可标明开封后可适当保存一段时间），任何未用完的疫苗均应以适当方式处置。

（11）操作者安全警示信息（如适用），如意外自注射油乳剂疫苗后的处理方法。

（12）如允许在疫苗生产过程中添加抗生素，应在外包装箱上或附带说明书中注明"含防腐用（抗生素名称）"或类似声明；如无外包装箱，应在最终容器包装标签上标明此信息。

标签上还可包含其他说明，但不能弄虚作假或有误导作用。如必要，还应说明产品使用或处置时的特殊限制性要求。

类似信息也应包含在作为包装内置说明书的生产数据表中。此类数据表还可包括更加详细的使用方法及不良反应相关信息。

二十五、田间试验（安全性和效力试验）

所有兽医生物制品在批准应用前，如有可能，均应按照兽药临床试验管理规范（GCP）开展田间试验和安全性试验。田间试验旨在证明疫苗在实际工作条件下的效力，并检测意外反应，包括在研发阶段未观察到的死亡率。田间条件下存在很多不可控的可变因素，很难获得准确的效力试验数据，但以此验证的安全性更为可靠。此类试验应在不同区域的足量易感宿主动物上完成，应包括处于各年龄段、以各种方式饲养的动物。同时，必须设立未接种的对照动物。待检产品应为一批或多批产品。应制订试验程序，规定观察方法和记录方法。

二十六、生产设施检查

国家主管部门应检查生产兽医生物制品企业的全部设施，以保证其符合生产规范、生产规程、标准操作程序或其他相关文件的要求。此类检查可包括下列内容：工作人员的资历；记录保存情况；总体卫生设备和实验室标准；产品研发工作；生产工艺；灭菌器、巴氏消毒器、培养箱及冰箱的运转情况；分装、冻干和包装方法；动物护理与控制；检验方法；分销与营销；产品销毁方式。生产厂家最好实行兽药生产质量管理规范及实验室操作管理规范。

第三章 OIE兽医生物制品生产原则

检查人员应提交内容全面的检查报告，写明检查结果及企业必须实施的改进措施。生产企业应获得报告副本。必要时应进行后续检查，以确定企业是否采取了适当的整改措施。应不断检查生产企业，以督促其始终按要求生产兽医生物制品。

二十七、更新生产规程

改变生产程序前，应先修改相应的生产规程或其他相关文件，并在企业内部充分评估，还应接受主管部门审查，经批准后方可予以实施。如改变关键性生产步骤，可能还需提供相应的产品纯度、安全性、效力和/或效能数据。在一些国家，法规要求由国家实验室进行成品检验，因此调整生产程序后制成的新产品应接受主管部门的检测。

二十八、性能监控

生产厂家应建立不良反应通报系统和有效的产品快速召回机制，并须接受管理部门的审查。在很多国家，生产厂家必须立即向管理部门报告所有不良反应及采取的补救措施。有些国家则要求如有证据表明产品在纯净、安全、效力或效能方面，或在制备、检验或销售中出现问题，生产厂家必须立即向管理部门报告相关情况及已采取的行动。

产品出厂后，主管部门应继续监视其在野外条件下的性能。消费者投诉可作为信息来源，但需进行调查，以核实其反映的情况是否确实与使用产品有关。兽医疫苗使用者应了解正确的投诉程序。主管部门应将受理的所有投诉情况告知生产厂家，并查明企业是否收到其他类似投诉及是否采取了相应措施。必要时，检验实验室可抽检相关批次产品。

调查完成时，应撰写总结报告，并将调查结果摘要发送给投诉者和生产者。如证明产品造成严重问题，应立即采取行动，从市场上召回产品，并通知动物卫生部门。

二十九、执法

为保证兽医疫苗纯度、安全、效力和效能而

制订的国家规范，必须具有一定的法律权威性，可保证其就产品注册等方面的要求得到遵守。生产者应自觉遵守相关规定。如发生违规事件，主管部门必须拥有适当的执法权力，以保护动物和人类的健康。为此，主管部门需有权扣留、查封和没收被发现无效、污染、危险和有害的产品。产品可被扣留一段时间，如在此期间，问题仍得不到解决，主管部门可通过法院法令或判决，查封和没收产品。

主管部门还应有权撤销或临时吊销企业和/或产品的许可证，禁止并中止产品销售。对严重或故意违法行为，可进行民事罚款或刑事诉讼。

三十、生物技术制品许可审批

随着近期生物技术的长足发展，具有出色抗原和诊断特性的全新生物制品也应运而生，其中许多产品已获得批准，更多的新产品也正在研制中。重组DNA技术产品与常规产品无本质差别，因此，现行法律法规完全适用于这些新产品。

三十一、生物技术疫苗分类

负责管理重组技术微生物和生物制品的国家权力部门应保护公共卫生和环境，以免受到任何潜在的不良影响。评估许可申请时，根据产品的生物学特性及其安全性问题，可将重组DNA技术兽医疫苗分成三大类。

Ⅰ类产品为无活性或灭活产品，无环境风险，且不引起新的或罕见的安全问题，包括以重组DNA技术生产的全生物或亚单位灭活微生物。

Ⅱ类产品为增加或缺失一个或多个基因的活微生物。增加的基因可编码标记抗原、酶或其他生化副产品。缺失的基因可编码毒力、致肿瘤性、标记抗原、酶或其他生化副产品。许可申请必须包括致弱微生物表型特性鉴定，以及增加或缺失DNA片段的特性鉴定。与野生型相比，转基因株微生物的基因修饰不应增强毒力、致病性和残存能力，也不应引起生物安全特性退化。

Ⅲ类产品含有能编码免疫原的重组外源基因的活载体。活载体可携带一个或多个外源基因。这些外源基因已被证明可有效免疫靶宿主动物。构建含有外源免疫原基因的DNA疫苗（质粒DNA疫苗）为疫苗研制开辟了一个新途径。确定

• 105 •

了重组 DNA 技术产品的生物学特性和安全性之后，可对其进行恰当分类。这些新产品可与常规产品一样被广泛应用。有关新产品开发、生产、定性和控制的指导性文件仍处在初步建立阶段，会随着新数据和新知识的涌现而不断改进。

三十二、活的重组 DNA 产品的投入使用

批准重组 DNA 技术活疫苗（Ⅱ类和Ⅲ类产品）用于田间试验或一般性销售，可对人类和动物生存环境产生重大影响。因此，产品发放前，疫苗生产厂家应进行风险评估，评价其对人类和动物生活环境的影响。美国采用的评估程序可作为其他国家的参照模式。欧盟也采用了类似评价体系。具体内容如下：

风险评估应包含的信息包括：拟行动的目的及需要；其他可选择的方法；可咨询的政府机构、团体和个人名录；影响到的环境及可造成的潜在后果。讨论议题包括：疫苗微生物特性、人类卫生风险、靶动物和非靶动物的卫生风险、在环境中的持久性和毒力返强。

如风险评估结果显示，重组疫苗用于田间试验或一般性销售时，不会对环境产生重大影响，主管部门应向公众宣布这一结果，并公开风险评估报告，供公众审查和评论。主管部门如未收到实质性的反对意见，可授权开展田间试验，或授予许可证，进行一般性销售。

如拟议的行动具有生态学或公共卫生意义，也可在准备评估计划及讨论结果时，安排一次或多次公众会议，并通过公告形式公布会议信息。除产品生产厂家和政府官员介绍情况外，还应邀请有关人员发表意见。此类会议的文字记录应纳入公众记录。

风险评估准备过程中，主管部门如认为拟议的行动可能对人类环境产生重大影响，应制定一份环境影响声明（EIS），提供全面、公正的重大环境影响讨论，并告之决策者和公众任何其他的合理选择，以避免或减少不利影响（有关环境的资料可参阅《CFR》第 40 卷第 1508 部分）。

（魏　荣　薛青红）

第四章 我国兽医生物制品一般管理

第一节 兽医生物制品的质量管理体系

兽医生物制品是一类特殊药品，其质量水平的高低不仅事关动物疫病防控工作的成效，从而对动物卫生健康水平和养殖业能否顺利发展产生显著影响，也事关人类健康卫生和生态环境安全。因此，同世界上多数国家一样，我国对兽医生物制品实行严格的监督管理制度，通过建立专门的行政管理和质量检验机构及队伍，制定严密的法律法规体系和较为齐全的质量标准体系，采取严格的质量监督管理措施，从研制、生产、进口、经营、使用等环节加强对兽医生物制品的质量管理。

我国农业农村部负责全国的兽医生物制品监督管理工作，各县级以上地方人民政府兽医行政管理部门负责本行政区域内的兽医生物制品监督管理工作。农业农村部兽药评审中心承担我国兽医新生物制品和进口生物制品评审中的技术审查和评审工作，具体从事预防和治疗用兽医新生物制品临床申报资料的技术审查、根据农业农村部要求组建农业农村部兽药评审专家库、组织评审专家开展兽医新生物制品和进口生物制品注册资料技术审查、开展有关生物制品变更注册和再注册等的技术审查。中国兽医药品监察所负责兽医生物制品标准制修订、批签发管理、文号申报资料技术审查、标准品和对照品的制备和供应、菌毒种保藏、GCP和GLP检查验收工作，承担我国兽医新生物制品批准文号审批中的样品复核检验、兽医生物制品质量监督和违法案件的督办和查处、兽医生物制品的风险评估和安全评价，按照农业农村部有关监督抽检计划开展兽医生物制品监督抽检。中国兽药典委员会承担我国兽医生物制品国家标准制修订任务，负责制定《中华人民共和国兽药典》（以下简称《中国兽药典》）。上述行政管理机构及技术监督、检验、评审机构的建立和健全为做好我国兽医生物制品质量监督管理工作提供了坚强的组织和机构保障。根据《兽药生产质量管理规范》，各兽医生物制品生产企业亦须建立包括质检室在内的质量管理部门，对原辅材料、中间产品和成品质量实施检验，对生产环境和生产过程实施控制。

我国有很多兽医相关的法律法规，如与动物防疫、传染病防治、环境保护、进出境动植物检疫、食品安全、农产品质量安全、生物安全、基因工程、标准化工作、行政许可等管理有关的法律和行政法规，这些相关法律法规均可能涉及兽医生物制品的监督管理。2004年4月9日以国务院令第404号发布、11月1日起施行的《兽药管理条例》，是我国对兽药（包括兽医生物制品）实施监督管理的专门法规。据此法规，我国农业部又先后制定并实施了《新兽药研制管理办法》《兽药注册办法》《兽药临床试验质量管理规范》《兽药非临床研究质量管理规范》《兽药进口管理办法》《兽药经营质量管理规范》《兽医生物制品经营管理办法》《兽药产品批准文号管理办法》《兽药注册分类及注册资料要求》等，与原有的《兽药生产质量管理规范》《兽药标签和说明书管理办法》《兽药质量监督抽样规定》等一起，构成了较为全面而严密的兽医生物制品质量监管法律法规体系。

我国现行的兽医生物制品质量标准体系包含了不同形式的国家标准及企业标准。兽医生物制品国家标准包括《中国兽药典》《兽医生物制品制造及检验规程》和其他国家标准。自 1952 年以来，中国兽医药品监察所和农业部兽医生物制品规程委员会先后制定了《兽医生物制品制造及检验规程》的不同版本，供全国兽医生物制品企业规范有关制品的生产和检验。1990 年以来，我国农业部借鉴国外和我国药品管理部门做法，先后组建 5 届中国兽药典委员会，并陆续制定《中华人民共和国兽药典》（简称《中国兽药典》）不同版本。其他兽医生物制品国家标准主要是指 1988 年以来农业部在批准国内新生物制品和进口生物制品注册申请时一并发布的各制品制造，以及检验规程和质量标准单行本（对进口生物制品不发布规程），有时农业部还根据动物疫病防控工作需要临时组织制定并发布部分质量标准，如狂犬病活疫苗质量标准、政府采购专用猪瘟活疫苗质量标准、小反刍兽疫活疫苗质量标准等。企业标准是各生产企业根据《兽药生产质量管理规范》规定、依据有关制品国家标准制定的各制品出厂检验控制标准，该类标准通常在兽药 GMP 检查验收时由检查组专家进行审查。在实施批签发审查时，须以企业标准为审查依据。

为确保兽医生物制品质量，我国建立了较为严格的事前审批、事后监督的质量监督管理机制。从事生物制品研制、生产、经营的单位至少须获得以下各项审批：在研制新兽药需要使用一类病原微生物的，应当按照《病原微生物实验室生物安全管理条例》和《高致病性动物病原微生物实验室生物安全管理审批办法》等有关规定，在实验室试验阶段前取得试验活动批准文件；已经完成兽医新生物制品实验室试验研究的，须向农业农村部提出申请，获得临床试验批准文件后，方能按照批准的临床试验方案，在规定的时间内到预定的临床试验单位完成新生物制品临床试验；从事兽医生物制品临床试验的单位，须通过农业农村部组织的监督检查确认符合《兽药临床试验质量管理规范》后，出具的临床试验报告才能获得注册评审机构和专家认可；新生物制品投产前须在完成各项实验室试验、中试生产和临床试验后向农业农村部提出注册申请并获得新兽药注册

证书；从事兽医生物制品生产的企业，须按照《兽药生产质量管理规范》要求进行企业建设并向企业所在地省级兽医行政管理部门提出检查验收申请，获得兽药 GMP 证书和兽药生产许可证后，方可在载明的生产范围内开展各制品的试生产，进而向农业农村部提出文号申请；从事兽医生物制品经营的企业，须按照《兽药经营质量管理规范》要求进行企业建设并向企业所在地省级兽医行政管理部门提出检查验收申请，获得兽医生物制品经营许可证；各种兽医生物制品的标签和说明书须作为批准文号申报资料的一部分报请农业农村部审批后方能使用；在兽医新生物制品注册和批准文号审查中，资料审查符合要求的制品，还须提交 3 批样品，经中国兽医药品监察所检验合格后，才能通过最终审查并获得新兽药注册证书或兽药产品批准文号批件；对兽医生物制品企业生产的每批制品，均须按照已获认可的各制品企业标准进行成品检验，并报请中国兽医药品监察所进行批签发审核，审核通过的制品才能批准出厂。事后监督措施主要包括：中国兽医药品监察所按照农业农村部发布的每年度《兽药质量监督抽检计划》、从生产和经营环节抽样进行监督检验；农业农村部兽药 GMP 办公室根据监督抽检结果、质量事故反映等组织开展对企业的飞行检查，以及各企业所在地行政管理部门根据需要随时组织开展的监督检查。上述审批和监督措施几乎涵盖了我国兽医生物制品研制、生产、经营的各个环节，在一定程度上确保了我国兽医生物制品的质量。

（张永红　陈光华）

第二节　生产检验用菌（毒、虫）种管理

一、使用批准管理

用于兽医生物制品生产检验的菌（毒、虫）种须经国务院兽医主管部门批准。

二、种子批分批管理

兽医生物制品的生产用菌（毒、虫）种应实

行种子批和分级管理制度。种子分三级：原始种子、基础种子和生产种子。各级种子均应建立种子批，组成种子批系统。

（一）原始种子批

须按原始种子自身特性进行全面系统鉴定，如培养特性、生化特性、血清学特性、毒力、免疫原性鉴定和纯净/纯粹检查等，均应符合规定。分装容器上应标明名称、代号、代次和冻存日期等；同时应详细记录其背景，如名称、时间、地点、来源、代次、菌（毒、虫）株代号和历史等。

（二）基础种子批

须按菌（毒、虫）种检定标准进行全面系统检定，如培养特性、生化特性、血清学特性、毒力、免疫原性和纯净/纯粹检查等，应符合规定。分装容器上应标明名称、批号（代次）识别标志、冻存日期等；并应规定限制使用代次、保存期限；同时应详细记录名称、代次、来源、库存量和存放位置等。

（三）生产种子批

须根据特定生产种子批的检定标准逐项（一般应包括纯净检验、特异性检验和含量测定等）进行检定，合格后方可用于生产。生产种子批应达到一定规模，并含有足量活细菌（或病毒、寄生虫），以确保用生产种子复苏后传代增殖以后的细菌（或病毒、寄生虫）培养物数量能满足生产一批或一个亚批制品。

生产种子批由生产企业用基础种子繁殖、制备并检定，应符合其标准规定；同时应详细记录代次、识别标志、冻存日期、库存量和存放位置等。用生产种子增殖获得的细菌（或病毒）培养物（菌液或病毒、寄生虫培养液），不得再回冻保存后作为种子使用。

三、检验用种子批要求

检验用菌（毒、虫）种应建立基础种子批，并按检定标准进行全面系统检定，如培养特性、血清学特性、毒力和纯净/纯粹检查等，均应符合规定。

四、菌（毒、虫）种的供应

凡经国务院兽医主管部门批准核发生产文号的制品，其生产与检验所需菌（毒、虫）种的基础种子均由国务院兽医主管部门指定的保藏机构和受委托保藏单位负责制备、鉴定、保藏和供应；供应的菌（毒、虫）种均应符合其标准规定。

五、菌（毒、虫）种的制备和检定

用于菌（毒、虫）种制备和检定的实验动物、细胞和有关原材料，应符合农业农村部颁布的相关法规的规定。应在与其微生物类别（或其危害性）相适应的生物安全实验室内进行。不同菌（毒、虫）种不得在同一实验室内同时操作；同种的强毒、弱毒株应分别在不同实验室内进行。凡属于一、二类兽医微生物菌（毒、虫）种的，应按规定在生物安全三级实验室或生物安全三级动物实验室内进行制备和检定；操作人畜共患传染病的病原微生物菌（毒、虫）种时，应注意对操作人员的防护。

六、菌（毒、虫）种的保藏与管理

（一）保藏

保藏机构和生产企业对生产、检验用菌（毒、虫）种的保管必须有专人负责，菌（毒、虫）种应分类存放，保存于规定条件下；应当设专库保藏一、二类菌（毒、虫）种，设专柜保藏三、四类菌（毒、虫）种；应实行双人双锁管理。

（二）建档

各级菌（毒、虫）种的保管应有严密的登记制度，建立总帐及分类帐；并有详细的菌（毒、虫）种登记卡片和档案。

（三）制品注册毒种管理

在申报新生物制品注册获批前，申报单位应当将生产及检验用菌（毒、虫）种的基础种子各至少5支送交国务院兽医行政管理部门指定的保藏机构保藏。

（四）保存期

基础种子的保存期，除另有说明外，均为冻干菌（毒、虫）种的保存期限。

七、菌（毒、虫）种的供应管理

（一）对企业有制品批准文号菌（毒、虫）种的供应管理

生产企业索取生产用基础菌（毒、虫）种时，有制品批准文号者，持企业介绍信直接到国务院兽医行政管理部门指定的保藏机构或受委托保藏单位领取并保管。

（二）对企业无制品批准文号菌（毒、虫）种的供应管理

新建、无制品批准文号企业索取生产用基础菌（毒、虫）种时，须填写兽医微生物菌（毒、虫）种申请表，经国务院兽医主管部门审核批准后，持企业介绍信和审核批件直接向国务院兽医主管部门指定的保藏机构或受委托保藏单位领取并保管。

（三）对企业具有转让协议者供应管理

生产企业与菌（毒、虫）种产权单位达成转让协议的，可直接向保藏单位索取菌（毒、虫）种。

（四）其他情况的管理

除国务院兽医主管部门指定的保藏机构和受委托保藏单位外，其他任何生产企业和单位不得分发或转发生产检验用菌（毒、虫）种。运输菌（毒、虫）种时，应按国家有关部门的规定办理。

八、菌（毒、虫）种的使用

生产企业内部应按照规定程序领取、使用生产菌（毒、虫）种，及时记录菌（毒、虫）种的使用情况，使用完毕时要对废弃物进行有效的无害化处理并填写记录，确保生物安全。

（康　凯　王忠田）

第三节　标准物质管理

目前，对兽医生物制品质量优劣的评价均是依据已有的文字质量标准直接检验相关检测制品

的特异性、敏感性和制品性状、纯净、毒力、毒价、安全、效力等参数，并根据其检验结果是否与文字标准相符而作出判断。这种做法，就一般意义上说，控制质量是可行的，但要想确保每项检测技术准确、特异和每批产品质量安全、稳定、高效、优质，在许多情况下单凭文字标准参数评定兽医生物制品质量是远远不够的。因为文字质量标准参数是静态的、不变的，而检测技术是否准确，以及制品真实质量的定性和定量在生产、检验、供应、贮存、使用过程中都是可变的，特别是质量检验和技术验证过程中受人员、环境、方法、设备等多种因素影响，其检验结果是可能有差异的，所发生的变化往往难以单纯用静态不变的文字标准参数加以识别、确认和控制，而需要实物对照，这个实物就是标准物质。作为实物对照的标准品，则可以在比对检验、测试中，以其准确的理化定性标准和精确的量值标准及时发现、识别并有效排除和控制各种干扰因素，确保检测结果真实、有效、准确、统一。因此，兽医生物制品标准物质是确保检测技术和制品质量安全稳定、有效可控必不可少的实物对照标尺。

一、标准物质的定义

标准品，又称为标准物质。由于目前国内外标准物质的管理分为计量系统、标准化系统和医学系统三种管理方式或渠道，因此标准物质的使用目的也不尽相同，对标准物质的定义也各有不同。

（一）计量和标准化系统的定义

根据《国际通用计量学基本术语》和《现行国际标准化组织导则》的规定，标准物质的定义为：标准物质（reference material，RM；reference standards；reference substance）是具有一种或多种足够均匀和很好确定了的特性值，用以校准设备、评价测量方法或给材料赋值的材料或物质。但有人认为，此定义仍不能包含标准物质应有的全部内涵。为此，国际标准化组织/标准物质委员会（ISO/REMCO）经过长期讨论，终于在2005年年会上批准了标准物质的新定义：标准物质（RM，参考物质）是一种物质，相对于一种或多种已确定并适合于测量过程中的预期用途的，特性足够均匀、稳定的物质。对标准物质的定义作进一步解释是：①标准物质是一个通用术语；

② 特性是定量的或定性的，如物质或种类（species）的特性；③用途包括测量系统的校准、测量程序的评价、为其他物质赋值和质量控制；④一种标准物质只能用于特定测量中的一个目的。

（二）医学系统的定义

医学系统的标准物质又分为人医药品标准物质和兽医药品标准物质两类。

1. 人医药品标准物质的定义　因来源、制备、测定方法和用途不同，人医药品标准物质又分为药品（化学、中药）标准物质和生物制品标准物质两类。

（1）药品标准物质　《中华人民共和国药品管理法》规定，药品标准物质是指供药品标准中物理和化学测试及生物方法试验用，具有确定特性量值，用于校准设备、评价测量方法或者给供试药品赋值的物质，包括标准品、对照品、对照药材、参考品。其中，标准品系指用于生物检定、抗生素或生化药品中含量或效价测定的标准物质；对照品、对照药材、参考品是指用于化学药品及中药鉴别、检查、含量测定的标准物质。

（2）生物制品标准物质　系指用于生物制品效价、活性或含量测定的或其特性鉴别、检查的生物标准品或生物参考物质。

2. 兽医药品标准物质的定义　因来源、制备和用途不同，兽医药品标准物质又分为兽用化学标准物质、兽用中药标准物质和兽用生物制品标准物质三类。

（1）兽用化药标准物质　《中国兽药典》（二〇一五年版，一部）规定，（化药）标准品、对照品系指用于鉴别、检查、含量测定的标准物质。标准品系指用于生物检定或效价测定的标准物质，其特性量值一般按效价单位（或 μg）计；对照品系指采用理化方法进行鉴别、检查或含量测定时所用的标准物质，其特性量值一般按纯度（％）计。

（2）兽用中药标准物质　《中国兽药典》（二〇一五年版，二部）规定，（中药）对照品、对照药材、对照提取物、标准品系指用于鉴别、检查、含量测定的标准物质。

（3）兽用生物制品标准物质　系指用于兽医生物制品效价、活性和含量等质量检验或对其特性鉴别、检查或技术验证的标准物质。

二、兽医生物制品国家标准物质分类

兽医生物制品国家标准物质系指国务院兽医行政管理部门设立的兽药检验机构负责标定和供应的兽医生物制品标准品和对照品。兽医生物制品国家标准物质包括国家标准品和国家参考品两类。

（一）兽医生物制品国家标准品

系指经国际标准品校准和量值传递标定或在尚无国际标准品溯源时由我国自行研制和定值，且用于测定兽医生物制品的效价、活性、含量或特异性、敏感性等生物特性值的标准物质，其生物学特性值以国际单位（IU）、特定活性值单位（U）或以质量单位（g、mg 等）表示。

（二）兽医生物制品国家参考品

系指经国际参考品比对标定或在尚无国际参考品时由我国自行制备和标定，用于兽医微生物及其产物的定性检测或动物疫病诊断的生物试剂、生物材料或特异性抗血清等；或指用于定量测定兽医生物制品效价、含量等特性值或验证检验或诊断方法准确性的参考物质，其生物特性值一般不定国际单位（IU），而以国际参考品比对值或效价、含量等特定活性值单位（U）表示。

三、标准物质的制备和标定

（一）制备条件

兽医生物制品国家标准物质制备用实验室应符合《病原微生物实验室生物安全管理条例》的要求。

（二）制备及标定

兽医生物制品国家标准物质的制备和标定由农业农村部指定的兽药检验机构负责。

（三）新建兽医生物制品国家标准物质的研制

1. 候选物的筛选　候选物系指可直接用于制备标准物质的原（材）料，其材料性质可以是天然或人工制备，其来源可以是向国内外有生产能力的单位购买、委托制备或自行制备。原（材）料的均匀性、稳定性、纯净性、特异性、一致性，以及特性量值范围等应适合该标准物质的用途，每批原（材）料应有足够数量，以满足供应的需要。

2. 标准物质的配制、分装、冻干和熔封

（1）候选物筛选、确定后，应根据各种兽医生物制品国家标准物质的预期用途进行配制、稀释或加入适当保护剂等物质。所加物质应事先检验，并证明对所制兽医生物制品国家标准物质的特性值和测定与标定过程均无影响和干扰作用。

（2）经质量检验合格和配制好的兽医生物制品国家标准物质分装的实际装量与标示装量应符合规定的允差要求。

（3）标准物质的分装容器应能保证内容物的稳定性。安瓿主要用于易氧化及冻干的标准物质分装，液体标准物质可采用玻璃瓶或塑料瓶（管）分装。

（4）需要冷冻干燥保存者，分装后应立即进行冻干和熔封。

（5）分装、冻干和熔封过程中，应密切关注能造成各分装容器之间标准物质特性值发生差异变化的各种影响因素，并采取有效措施，确保各分装容器之间标准物质特性值的一致性。

3. 标准物质的标定

（1）研制单位的标定　①标准物质分装、冻干后，研制单位应按照相应标准物质质量标准进行不少于 2 人、每人不少于 3 次独立的测定，每种标准物质的测定至少应包含效价/含量、特异性、均匀性和稳定性等主要特性值。此外，还应参照《中国兽药典》中有关产品的质量标准进行性状、无菌、真空度和剩余水分等一般性质量检验。当有同种国际标准物质时，还应同时进行比对标定。冻干的标准物质应进行剩余水分测定，其含量应不超过 3.0%。其中，抽真空者要进行真空度检测，充惰性气体者要进行残氧量测定。②将测定的标准物质特性值的有效结果进行生物学统计和分析，初步计算出该标准物质特性值，以供协作标定时参考。

（2）协作标定　①新建兽医生物制品国家标准物质的协作标定由中国兽医药品监察所负责组织。采用协作标定定值时，原则上应由至少 2 个具有资质或标准物质定值经验的外部实验室协作进行。负责组织协作标定的实验室应制定明确的

协作标定方案并进行质量控制。每个协标实验室应采用统一的设计方案、协作标定人数、测定方法和数据统计分析方法及记录格式。每个协作标定实验室至少应取得 2 次独立的有效测定结果。②各协作标定单位应按时将各自测定的兽医生物制品国家标准物质特性值的原始数据及数据分析报告报农业农村部指定的兽药检验机构。农业农村部指定的兽药检验机构负责对各协作标定单位提供的原始数据进行整理、统计，并计算出该标准物质协作标定的最终特性值。

4. 特性值的认定

（1）一般用各协作单位结果的"平均值±标准差"表示，标准物质技术小组指定人员整理新建兽医生物制品国家标准物质研制报告等相关材料，提出拟定的标准物质特性值，并报标准物质技术小组审核。

（2）标准物质技术小组负责对新建兽医生物制品国家标准物质的特性值和所有研制资料进行全面技术审核，并作出可否作为兽医生物制品国家标准物质的推荐结论和推荐特性值。

（四）标准物质的换批制备与标定

1. 换批制备与标定资质　农业农村部指定的兽药检验机构负责组织国家兽医生物制品标准物质的换批制备与标定。

2. 换批制备的候选物或原材料　兽医生物制品国家标准物质换批制备的候选物或原材料，其材质和生物学特性值应尽可能与上批兽医生物制品国家标准物质一致或相近。

3. 换批制备的程序　兽医生物制品国家标准物质的换批制备和标定应按已批准的标准物质制备程序及质量标准实施。

四、标准物质的标签及说明书

（一）管理制度

农业农村部指定的兽药检验机构负责核发兽医生物制品国家标准物质的标签及说明书。

（二）标签

内容一般包括中英文名称（注明用途）、代码、批号、规格/装量、标准值、贮藏条件、制造分发单位名称。

（三）说明书

分发的兽医生物制品国家标准物质应附有使用说明书，其内容应包括中英文名称、代码、批号、组成和性状、标准值、规格/装量、保存条件、用途、最小取样量、使用方法、注意事项、定值日期、制备和分发单位等信息。

五、标准物质的审批

新建或换批的兽医生物制品国家标准物质由农业农村部指定的兽药检验机构审查批准。

六、标准物质的持续稳定性监测

（一）研究期间稳定性监测

标准物质研制过程中应进行加速破坏试验，根据制品性质，在不同温度（一般为－20℃、4℃、25℃、37℃）、不同时间下，进行生物学活性测定试验，以评估稳定情况。

（二）保存期间稳定性监测

兽医生物制品国家标准物质建立后，在保存期间应进行持续稳定性监测，观察生物学特性值是否下降，如某温度下放置1个月、3个月、6个月、9个月、12个月、15个月等。

（三）标准物质更换的信息发布

当出现换代或换批标准物质，或者经持续稳定性监测发现在用标准物质特性值已偏离规定的标准时，应立即停止该批兽医生物制品国家标准物质的发放和使用，并在农业农村部指定的兽药检验机构相关网站上发布更换或启用新建兽医生物制品国家标准物质的代码和批号等信息。

七、标准物质的有效期

（一）标准物质有效期

依据国际标准物质管理方式惯例，兽医生物制品国家标准物质不设有效期。

（二）标准物质有效性的控制

应根据标准物质生物学特性值持续稳定性监测结果的符合性具体确定。

（三）标准物质有效性的查询和确认

应以农业农村部指定的兽药检验机构相关网站上发布的有关标准物质目录为准。

八、标准物质的保管和供应

（一）保管和供应部门

农业农村部指定的兽药检验机构负责兽医生物制品国家标准物质的统一保管和供应。

（二）保管

兽医生物制品国家标准物质应有专用设备和专人保管，并在规定的条件下贮藏，其保存条件应定期检查并记录。

（三）供应

兽医生物制品国家标准物质在获得批准后，方可对外供应使用。

（四）记录管理

兽医生物制品国家标准物质的供应和发放应由专人负责，并有明确、详细的供应记录及库存记录。

（王在时　王忠田）

第四节　兽医生物制品质量标准和规程（或试行规程）管理

一、概述

2004年国务院颁布实施的《兽药管理条例》明确规定："兽药应当符合兽药国家标准。国家兽药典委员会拟定、国务院兽医行政管理部门发布的《中华人民共和国兽药典》和国务院兽医行政管理部门发布的其他兽药质量标准为兽药国家标准。"兽药国家标准是国家对兽医生物制品质量监督管理的法定技术标准，是兽医生物制品研制、生产、经营、进出口、使用和监督管理共同遵循的法定技术依据。兽医生物制品是一种特殊的商品，关系动物疾病防治、养殖业健康发展、公共卫生安全等，为了保证其质量，必须严格执行兽药国家标准。我国现行兽医生物制品质量标准包括：《中华人民共和国兽药典》（二〇一五年版）、《中华人民共和国兽医生物制品规程》（二〇〇〇年版）、《中华人民共和国兽医生物制品质量标准》（一九九二年版）和农业农村部以公告形式颁布的其他兽医生物制品规程及其质量标准。

二、《中华人民共和国兽药典》

《中国兽药典》由中国兽药典委员会编制，并经农业部公告批准颁布实施。我国第一部兽药典是农业部 1991 年颁布的，现行版本为二〇一五年版，也是中华人民共和国第五版兽药典，分为一部、二部、三部。其中一部收载化学药品、抗生素、生化药品及药用辅料；二部收载药材和饮片、植物油脂和提取物、成方制剂和单味制剂；三部收载生物制品，由凡例、通则、正文、附录和索引组成，正文品种共计 131 种。

（一）凡例

凡例是解释和使用《中国兽药典》及正确进行兽医生物制品质量检验的基本原则，并把与通则品种正文、附录及质量检验有关的共性问题加以规定，避免在全书中重复说明。凡例中的有关规定具有法定约束力。凡例和附录中采用"除另有规定外"这一用语，表示存在与凡例或附录有关规定不一致的情况时，应在正文品种中另作规定执行。

（二）通则

通则中记载兽医生物制品检验等一般规定。内容包括：兽医生物制品检验的一般规定，兽医生物制品的标签、说明书与包装规定，兽医生物制品的贮藏、运输和使用规定，兽医生物制品的组批与分装规定，生产和检验用菌（毒、虫）种管理规定，兽医生物制品生物安全管理规定，兽医生物制品国家标准物质的制备与标定和动物源性原材料的一般要求等。

（三）正文

正文品种按制品的性质分为灭活疫苗、活疫苗、抗体和诊断制品 4 类，每一类内按汉语拼音顺序排列。每一品种项下，根据制品类别和剂型不同，按顺序分别列出概述、各检验项目、作用

与用途、用法与用量/用法与判定、注意事项、规格、贮藏与有效期、附注等。

（四）附录

附录中记载与正文品种标准有关的检验方法、原材料标准、病变的判定标准、培养基和（或）稀释液配制的方法及其检验标准、红细胞悬液的标定等。

（五）索引

索引分为按汉语拼音顺序排列的中文索引和按字母顺序排列的英文索引。

三、《中华人民共和国兽医生物制品规程》

1952 年我国颁布了第一版《中华人民共和国兽医生物制品规程》（简称《规程》），这是我国兽医生物制品制造和检验的国家标准，现行版本是《规程》（二〇〇〇年版）。20 世纪 90 年代之前，我国尚未编撰《中国兽药典》，当时《规程》作为专业标准为兽医生物制品生产企业生产、检验和兽药质量监督部门监督管理生物制品提供了技术依据。

兽医生物制品质量标准的修订和完善伴随着制品研发和生产过程的始终。生产规模的扩大和工艺的成熟，临床使用和免疫效果评价数据的积累，现代生物学技术的快速发展等，都需要对原有质量标准不断进行修订完善，并逐步建立科学合理的兽医生物制品标准体系。

四、农业农村部颁布的其他兽医生物制品规程及其质量标准

通过新兽药注册和进口兽药注册评审的兽医生物制品，农业农村部公告其质量标准，这些公告颁布的质量标准是我国目前兽医生物制品质量标准体系的重要组成部分，是有关兽医生物制品生产、经营、出口、使用和监督管理遵循的法定技术依据。农业农村部对注册的新生物制品执行监测期管理。

（王利永　丁家波　李　宁　杨京岚）

第五节　兽医生物制品批签发管理

一、兽医生物制品批签发的定义

"批签发"是英文"Batch Release"的意译，是世界卫生组织（WHO）提出的疫苗管理6项基本职能中的一项。批签发的含义系指企业生产的每一批制品出厂销售前都须经国家对其质量检验情况进行审查核对。

我国《兽药管理条例》第十九条规定：兽药生产企业生产的每批兽医生物制品，在出厂前应当由国务院兽医行政管理部门指定的检验机构审查核对，并在必要时进行抽查检验；未经审查核对或者抽查检验不合格的，不得销售。第三十五条规定：兽医生物制品进口后，应当按照本条例第十九条的规定进行审查核对和抽查检验。

《兽药管理条例》中所规定的审查核对，并在必要时进行抽查检验即指批签发，具体是指国家对国内兽医生物制品生产企业生产和境内代理机构进口的兽用疫苗、血清制品、微生态制品、生物诊断试剂及其他生物制品，在每批产品销售前实行的强制性审核、检验和批准制度。未取得该批产品批签发的兽医生物制品，不得销售和使用。

二、我国兽医生物制品批签发工作的发展

（1）WHO早在1992年的技术系列报告中指出，"国家对生物制品批记录摘要的严格审查是生物制品质量控制的最重要部分"，首次提出疫苗的生产国和使用国都应执行国家批签发制度。1999年WHO在"疫苗国家管理的技术指导原则"（http://www.who.int/immunization standards/national regulatory authorities/role/enl）中更明确了兽医生物制品的国家批签发制度。

（2）1996年农业部颁布的《兽用生物制品管理办法》（农业部6号令，2002年1月废止）第31条规定，"新开办的农业科研、教学单位的生物制品生产车间和三资企业生产的兽医生物制品，必须将每批产品的样品质量检验结果报中国兽药监察所（现为中国兽医药品监察所，简称'中监

所'）"，首次提出对我国兽医生物制品应进行批签发管理。

（3）2001年农业部颁布的《兽用生物制品管理办法》（农业部2号令，2004年11月1日废止）第13条明确规定，"国家对兽用生物制品实行批签发制度。中监所在接到生产企业报送的样品和质量报告7个工作日内，作出是否可以销售的判定，并通知企业。生产企业取得中监所的允许通知书后，方可销售"。为进一步贯彻落实兽医生物制品的批签发工作要求，该办法规定了兽医生物制品批签发管理分3个阶段实施：

①第一阶段　从2002年1月1日开始，对已实施批签发企业的全部产品，特批疫苗生产企业的口蹄疫疫苗、禽流感疫苗实施批签发。

②第二阶段　从2002年6月1日开始，对《中华人民共和国兽医生物制品质量标准》二〇〇一年版目录中Ⅰ、Ⅳ、Ⅴ、Ⅵ类兽医生物制品实施批签发，共计131个品种。

③第三阶段　从2003年1月1日开始，对全部兽医生物制品实施批签发。

（4）中监所依据《兽药管理条例》的有关规定，结合批签发工作遇到的实际问题，于2010年发布《兽用生物制品批签发管理程序》。主要在批签发审核依据、批签发申请、批签发审核、批签发报告填报技术和批签发样品的管理等方面进行了细致规定。该程序于2011年1月1日起施行。

（5）2014年，为充分发挥兽医生物制品批签发审核在产品质量监管中的作用，确保产品在有效期内均能达到兽药国家标准要求，中监所开展了兽医生物制品批签发审核标准由兽药国家标准向企业标准转换工作。自2015年1月1日起，兽医生物制品批签发审核开始执行企业标准。

三、兽医生物制品批签发管理程序的要点

（一）批签发的申请

（1）生产企业首次申报批签发的，应填写《兽医生物制品批签发申请表》并向中监所提供以下资料：

①兽药生产许可证复印件；

②兽药GMP证书复印件；

③申请上报批签发产品的《兽药产品批准文号批件》复印件；

④申请批签发产品的国家质量标准文件复印件；

⑤申请批签发产品的企业标准，及其较翔实的制定依据，包括试验数据、科学资料、论证评审记录和企业内部审批文件等。

（2）代理机构首次申报批签发的，应填写《代理机构兽医生物制品批签发申请表》并向中监所提供以下资料：

①兽药进口许可证和兽药经营许可证复印件；

②申请上报批签发产品的进口兽药注册证书复印件；

③申请批签发产品的国家质量标准文件复印件；

④申请批签发产品的成品企业内控质量标准，及其较翔实的制定依据，包括试验数据、科学资料、论证评审记录和企业内部审批文件等。

（3）上述申报资料经中监所审核合格后，中监所向生产企业、代理机构发放《兽医生物制品批签发通知单》，生产企业、代理机构即可向省级兽药监察检验机构书面申请批签发抽样。完成抽样后，生产企业、代理机构可向中监所申报产品批签发。

（4）生产企业、代理机构申报批签发时，需提供以下资料：

①《批签发产品目录单》；

②《兽医生物制品生产与检验报告》，一式两份（进口产品填写英文版）；

③《兽医生物制品批签发样品抽样单》；

④对有特殊要求的生物制品，还应根据要求填写《兽医生物制品检验原始记录表》；

⑤进口产品若具有生产企业所在国家（地区）相应兽药管理部门出具的批签发证明，应连同批签发证明的中文译本一并提供。

（5）生产企业、代理机构在增加产品批签发申报种类时，应提交（1）③～（1）⑤、（2）②～（2）④及（4）①～（4）⑤条款规定的资料。

（6）《兽用生物制品批签发申请表》或《代理机构批签发申请表》中的信息发生变更时，应及时更新申请表并提交中监所和所在辖区省级兽药监察检验机构备案。

（7）生产企业和代理机构对申报的批签发资料和样品的真实性负责。

（二）抽样与样品管理

（1）省级兽药监察检验机构负责对本辖区内兽医生物制品生产企业进行批签发抽样。

（2）境内代理机构进口的兽医生物制品，由兽药进口口岸所在地省级兽药监察检验机构对进口兽医生物制品进行批签发抽样。

（3）抽样必须在被抽样单位的成品库中进行。

（4）抽样过程中，被抽样单位应根据抽样要求提供被抽样产品的批记录等相关资料。

（5）国内生产和进口兽医生物制品的抽样数量均为活疫苗20瓶（批），灭活疫苗10瓶（批），诊断试剂5套（批）。

（6）生产企业（代理机构）必须建立专用的批签发样品库，如果条件不允许，则应在成品库房中划分出专门的区域来存放批签发样品。批签发样品库或样品存放区应由省级兽药监察检验机构和生产企业（代理机构）施行双人双锁管理，并做好相关记录。

（7）在产品的有效期内，未经中监所批准，任何单位和个人不得动用封存的批签发样品。批签发样品保存至失效期后半年，过期样品应在省级兽医行政管理部门监督下，由企业负责进行无害化处理，并建立批签发样品销毁记录。

（8）批签发样品抽样单应准确反映批签发样品的详细信息，保证批签发样品的真实性。

（三）审核与签发

（1）审核依据是由生产企业或代理机构进行备案、经中监所审核通过、确保产品在有效期内均能达到兽药国家标准要求的成品企业标准。

（2）审核内容主要包括：

①批签发申报资料是否齐全；

②抽样单的填写是否规范；

③批签发报告中的产品名称是否符合产品质量标准规定；执行兽药国家标准的内容是否是正确有效；检验项目、方法、结果及产品的规格是否符合质量标准规定；各项内容填写是否规范和准确；批签发报告是否有填报人员和审核人员的签名；是否加盖企业公章等。

（3）审核过程中如果需要对其他情况进行核实的，中监所应书面通知申报单位。如需补充资料，申报单位应在接到通知后7个工作日内提交相关资料。

（4）中监所应在 7 个工作日内完成对批签发申报资料的审核，并提出审核意见。申报资料审查结果符合规定的，直接签发《兽用生物制品生产与检验报告》，加盖审核专用章后寄达申报单位；申报资料审查结果不符合规定的，应填写《兽用生物制品批签发不符合规定通知单》并加盖审核专用章，将审核意见寄达申报单位及省级兽药监察检验机构。

（5）必要时，中监所在审核批签发申报资料时可对产品实施全部项目或部分项目的抽查检验，抽查检验应在规定的时限内完成。进行抽查检验的，应根据检验结果和申报资料审核结果作出是否同意批签发的决定。

（6）特殊情况下，经农业农村部批准，中监所对国家统一调拨的产品实行应急批签发。

（7）中监所负责在中国兽药信息网上发布批签发结果信息。

（四）批签发的复审

（1）生产企业、代理机构如对批签发审核结果有异议，可在接到审核结果后 7 个工作日内以书面形式向中监所提出技术复审或仲裁检验申请。

（2）中监所收到技术复审或仲裁检验申请后，应对申请进行审议，确定是否复审或进行仲裁检验并通知申请单位。确需复审的，应在收到复审申请后 7 个工作日内完成复审并通知申请单位。确需仲裁检验的，由农业农村部下达仲裁检验任务书，中监所在完成检验后 7 个工作日内将结果上报农业农村部。

（五）批签发申报资料的核查

中监所采取随机抽查方式对批签发进行现场核查，内容包括批记录和样品的核查。

（六）企业内部的批签发管理

（1）生产企业和代理机构须按备案的成品企业标准进行检验、判定并申报批签发。

（2）企业质量管理部门应建立完整的批签发

档案，包括：

①生产企业的兽药生产许可证、代理机构的兽药进口许可证和兽药经营许可证；

②生产企业兽药 GMP 证书；

③申请批签发产品的兽药产品批准文号批件或进口兽药注册证书；

④申请批签发产品兽药国家标准；

⑤申请批签发的成品企业标准及其较翔实的制定依据，包括试验数据、科学资料、论证评审记录和审批文件等。

（吴思捷　李　宁　丁家波）

第六节　兽医生物制品的贮存、运输和使用管理

根据兽医生物制品特性，在贮存、运输销售和使用生物制品时须满足特定条件。各生产企业、销售和使用单位须配置相应的冷冻冷藏设备，指定专人负责，按各制品的要求进行严格管理，定时检查和记录贮存温度。运输生物制品应尽量缩短运输时间。凡要求在 2～8℃贮存的灭活疫苗、诊断液、血清等，宜在同样的温度下运输，若在寒冷季节或地区运输，须采取防冻措施。凡须低温贮存的活疫苗，应按制品要求的温度进行包装运输。细胞结合毒的疫苗（如鸡马立克氏病活疫苗）须在液氮中贮存运输。所有运输过程中须严防日光暴晒。从事生物制品销售的单位应具备相应资质，经有关兽医行政管理部门批准后方可经营销售，销售过程中应建立完整的购销档案。兽医生物制品使用单位应当遵守国务院兽医行政管理部门制定的兽药安全使用规定，应在兽医指导下按相应制品的使用说明书使用，使用过程中应建立完整的使用记录。

（范根成　丁家波）

第五章 国内外注册管理

目前，世界各国对兽医生物制品大多实行注册许可管理制度，但是各国的管理体系和注册标准等各不相同。其中，美国和欧盟对兽医生物制品注册的管理起步较早，管理模式较为成熟，其注册程序和技术要求也相对全面、合理。因此，本章选取美国和欧盟作为国外兽医生物制品注册管理模式的代表，以供对比研究和借鉴。

此外，由于治疗用兽医生物制品和兽医诊断制品的品种相对较少，且除诊断制品在中国注册不需进行临床审批和所需提交的资料项目与预防用兽医生物制品略有不同外，其他的注册管理模式基本相同。因此，本章选取预防用兽医生物制品作为"所需提交资料项目"部分范例，以供读者参考。

第一节 美国注册管理法律法规、机构、注册程序和技术要求

一、美国兽医生物制品注册管理现行法律法规

美国兽医生物制品管理的基本法是《病毒-血清-毒素法》（Virus-Serum-Toxin Act，VST 法）和《美国联邦法规》第 9 卷（9CFR）。VST 法（国会议会法典，1913 年 3 月 4 日发布，1985 年 12 月 23 日修订）的第 5 章（155～159 部分）规定，在美国生产或进口兽医生物制品（病毒、血清、毒素、抗毒素及其类似产品）均需向联邦政府申请注册，获得企业执照、产品执照（或许可证），并明确规定禁止销售无价值、污染、有危险和有害的生物制品；禁止运输无许可证的厂家生产的产品和不按照农业部有关规定生产的产品等。9CFR 主要针对兽医生物制品厂的设置、生产设施、检验设施、产品生产工艺、生产人员资格、生产过程要求、包装和标签要求、制品质量标准，以及进出口要求等进行了一系列规定，以确保兽医生物制品的安全、有效和质量可控。

根据上述法规，美国兽医局又制定了一系列规章，其中与生物制品注册管理密切相关的规章是兽医局制定的 800 系列备忘录，尤其是兽医局备忘录 800.50 和 800.101，针对兽医生物制品许可注册提出了总体要求，并在其他 800 系列备忘录中进行了具体解释。其他部门也相应制定了一些配套法规，如由有机物和带菌物进出口管理部门制定的 590 系列备忘录和由国家兽医局实验室制定的 700 系列备忘录等。

此外，为进一步为注册单位提供服务，美国动植物卫生检疫署（Animal and Plant Health Inspection Service，APHIS）制定了一系列 APHIS 申请表（包括企业执照申请表、制品执照申请表、从业人员资格证明表、产品检验报告单、出口产品申请表和信息摘录文件等）、兽医生物制品注册程序指南和制品执照申报总则，并在美国兽医生物制品中心（Center for Veterinary Biologics，CVB）的网站上发布公告。

除以上两个法规外，其他规章、指南和备忘录等均属于试行规定，在互联网上公布，征求意见，并根据具体情况随时进行修订。

二、美国兽医生物制品注册管理机构

美国兽医生物制品的法规与其立法、司法等机构形成了一个严密的兽医生物制品管理体系，其法规与机构的上下隶属关系见图 5-1。

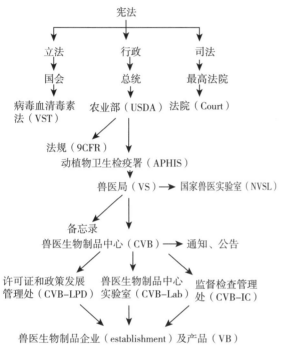

图 5-1 美国兽医生物制品管理机构和
法规的隶属关系

成立于 1862 年的美国农业部（U. S. Department of Agriculture，USDA）是联邦政府机构中的重要部门。其主要职责是制定种植业、畜牧业、林业生产政策，推动农业诸方面的科研、教育、开发，进行动植物的病虫害防治，保障食品卫生和质量，扩大农产品国际市场，保护资源和环境等。VST 法授权 USDA 负责兽医生物制品的生产、销售、运输、检查、进出口，以及对违规情况进行处罚等政策的制定和执行。美国农业部部长被授予签发制品执照的权力。

USDA 下设 APHIS，主要职责为保护全国动植物的健康卫生和质量，防止国外动植物病虫害进入，向兽医生物制的制造商和销售商发放许可证，确保生物制品安全有效。APHIS 下设 VS，负责动物疫病的控制和兽医生物制品的管理。通过预防、控制和/或消除动物疾病，以及监测和提高动物健康和生产力，来保护和改善美国动物、动物产品和兽医生物制品的卫生、质量水平和市场竞争能力。

VS 下设兽医生物制品中心（Center for Veterinary Biologics，CVB）和国家兽医实验室（National Veterinary Services Laboratories，NVSL）。CVB 和 NVSL 负责美国兽医生物制品的注册、检验，以及对进出口过程中各阶段的审批工作和日常的监督检验等工作进行具体管理。

CVB 下设许可证和政策发展管理处（Licensing and Policy Development，CVB-LPD）、兽医生物制品中心实验室（Center for Veterinary Biologics Laboratories，CVB-L）和监督检查管理处（Inspection and Compliance，CVB-IC）。CVB-LPD 主要负责兽医生物制品许可证的审批和核发，包括监督 VST 法的执行；审核生产设施申请和生物制品许可证的申请；审核进口生物制品许可的申请；建立许可证发放、检测和许可要求及其程序；审核与许可证发放相关的试验方法、标签及其支持性文件；发布、中止和撤回许可证。CVB-LPD 下设病毒、细菌、诊断、生物统计和高新生物技术产品 5 个科。CVB-L 主要负责对诊断、预防和治疗用兽医生物制品进行检测，以确保兽医生物制品的纯净、安全、效力和效果等，下设需氧菌、厌氧菌和外源病毒检验 3 个科。该实验室的主要工作包括：发放许可证之前的检测；建立检测方法；建立检测用标准品；发证后的监督检验；与田间问题有关的试验产品的检验。CVB-IC 负责兽医生物制品有关的监督检查工作，主要包括：建立和执行管理程序，保证兽医生物制品的生产和流通的合法化；检查生产设施、方法和记录；调查违法情况和用户投诉情况等。

NVSL 由 4 个实验室构成，其中 3 个实验室位于爱荷华，1 个位于梅岛（外来动物疫病诊断实验室）。NVSL 主要负责国内和外来动物疫病的诊断、疫病控制和净化计划的诊断支持、进出口动物检疫、培训工作和对指定疫病进行实验室确认等工作。其主要职责是：确定生物制品检验方法；提供检验信息和试剂；上市前产品的检验；核发许可证前的检验和新产品的检验；用户投诉检验等。

三、美国兽医生物制品注册程序和技术要求

美国对兽医生物制品施行执照和许可证管理

制度，注册管理主要包括对美国兽医生物制品企业执照（U. S. Veterinary Biologics Establishment License，以下简称"企业执照"）、美国兽医生物制品执照（U. S. Veterinary Biological Product License，以下简称"制品执照"）和美国兽医生物制品许可证（U. S. Veterinary Biological Product Permit，以下简称"制品许可证"）的审批。根据9CFR113.102规定，企业执照是授权指定场地在持有1个或多个未过期的、未停止和未吊销的制品执照的条件下生产特定的生物制品。制品执照（又称产品执照）是颁发给企业执照的持有者，是企业执照的一部分和补充，其授权持照企业生产特定的生物制品。制品许可证（又称产品许可证）是一种证件，颁发给个人，在遵循法规限定和管理的条件下，准许其进口特定的生物制品。

任何在美国居住或在美国有商业设施获得企业执照的人均可按照9CFR的要求向CVB提出申请，经审查合格后由农业农村部向其颁发上述制品执照和/或制品许可证。如生产企业和经营企业要对申报的备案资料进行变更，持证/持批件者必须向CVB提出补充申请，获得批准后方可变更。

制品执照的审批分为4个阶段，在前一阶段通过评估并获得进入下一阶段的许可后，方可进行下一步的试验和申请。各阶段审批程序及所需提交的资料项目具体如下：

（一）第一阶段——初步申请资料的申报和审批

首先，由生产企业向CVB提出申请，并提交以下资料：

（1）美国兽医生物制品执照申请书（APHIS 2003表）。

（2）生产纲要，必要时还应提交特别纲要。每个纲要需提交4份复印件，其中2份需有原始签名。提交的每份纲要必须附带APHIS 2015表。

（3）基础种子和基础细胞报告。

（4）宿主动物的免疫原性/免疫效力、安全性、返强、排毒/扩散、免疫干扰，以及其他有关试验方案3份（复印件）。根据美国兽医局规章中有关试验规范、归档、返强、免疫效力、干扰、田间安全试验、诊断试剂盒的试验设计要求进行。

（5）对用于生产活的新制品的基础种子，以及通过重组DNA技术制备的所有基础种子，应

提交信息摘录文件（SIFs）3份（复印件）。

CVB对纲要等进行审查。如果需要进行重大的和/或大幅度的修改，则只留下一份复印件供CVB存档，其他文件均退回申请人。如果纲要符合要求或仅需进行少量修改，则在签发制品执照前进行处理（由审查人用钢笔在纲要上直接进行更正），并在每页的右下角加盖CVB印章后进行存档。

对符合要求的资料起草生产纲要（或特别纲要）、基础种子和/或基础细胞报告，CVB会连同对纲要提出的意见（记录在APHIS 2015表中）提交给CVB-LPD。由CVB-LPD通知申报企业将基础种子（MS）和基础细胞（MC）送交CVB-L进行复核试验。经CVB-L复核检验合格后，CVB-LPD将批准生产企业在生产设施内制备数批产品。

在获得批准后，生产企业才能开始进行生产，并开始准备生产许可注册第二阶段的申报。

（二）第二阶段——支持性数据及其资料的申报和审批

由生产企业向CVB-LPD提交支持性数据及其资料（各一式叁份）、发照前生产的合格批次产品（连续3批）的生产和检验报告（APHIS 2008表，应符合VS备忘录800.53号的要求）和标签样稿（附带APHIS 2015表，应符合VS备忘录800.202号的要求）。

除另有规定外，支持性数据及其资料应包括：

（1）生产方法及相应的验证报告，包括灭活制品的灭活方法；冻干制品的最大水分含量合格水平；纲要中的其他有关方法。

（2）靶动物的免疫原性/免疫效力报告，包括初步的剂量确定试验（如试验未完成，可先不提供）；基础种子的免疫原性/免疫效力试验，用于进行免疫效力试验的制品批次必须用最高代次的基础种子进行制备；免疫持续期试验（如果适用）；用母源抗体阳性动物进行的免疫效力试验（如果适用）；免疫干扰试验（如果适用）；对制品标签上规定的特殊适应证和建议提供支持的其他所有试验。

（3）效力检验方法的建立报告。如果采用的效力检验方法不是9CFR中规定的方法，或者使用的试剂不是CVB-L提供的，则报告中应包括下列内容中的适用条款：剂量反应性、敏感性、特

异性和试验的可重复性的验证；证明该试验方法与靶动物保护力具有平行关系（即具有足够的预示性）的数据；对所有参考试剂进行标定的数据，以及关于体外测定的进一步指导；监测参考试剂的稳定性，以及进行再标定的方法。

（4）产品安全性报告，包括用实验动物进行的试验；在生物隔离条件下进行的靶动物试验，包括超剂量试验，对所有新的或明显不同的抗原-佐剂和/或添加物，要提供数据证明其安全性，当使用某种产品的家畜可食部分可能被用于食用目的时，这些数据中还应包括规定屠宰前禁用期的试验数据（包括用于马、但不包括驹的制品）；致弱活疫苗的返强试验和排毒/扩散试验；田间安全试验。

（5）根据加速试验或初步实时保存期试验起草的稳定性报告。

（6）发证前生产的合格批次产品（连续3批）的生产和检验报告（APHIS 2008 表）。制品中的每种新抗原（非以前已经获得许可证制品的一部分）必须按照已经备案的生产纲要、用独立批次的组分（如培养基、细胞、稳定剂）制备抗原。可以将以前已经批准制品中的抗原与以前没有批准的抗原组合在一起，还可以用一批生产种子来生产发证前所有批次的产品，但是用于生产每批制品的接种物应来自于一个单独容器中的生产种子。每批的最小产量应大致等于生产纲要中规定的平均批量的1/3。

（7）按照 9CFR 112 和第 800.54 号备忘录准备的标签最终稿和/或标签样式（各2份，并附带 APHIS 2015 表），要求标签上的所有声明必须有科学数据作支持。

CVB 还应根据上述支持性数据起草残留消除报告、标签和/或标签样式、发证前产品的 APHIS 2008 表，并按照 9CFR 113.3 规定选择样品，运送到 CVB-L（附 APHIS 2020 表）。

CVB-LPD 对上述资料进行审查，对使用含有未经批准的抗原佐剂或添加物的产品，由 CVB-LPD 出具《无残留报告》，并将该报告提交给 FDA 进行磋商。必要时，CVB-LPD 将在动物屠宰时进行协同监督。应注意的是，对使用该制剂的每种食品动物种类，都应获得各自的残留消除许可。

如发照前产品（连续3批）的生产和检验报告结果符合规定，并且免疫效力试验和安全性试验中所用批次的制造方式与这些合格批次的制造方式相同，则 CVB-LPD 将同意申请者向 CVB-L 提供样品，以便进行产品的复核检验。

申报单位在收到复核检验通知后，按照 9CFR113.3 规定选择样品，并运送到 CVB-L（运送时需附带 APHIS 2020 表）。

提交给 CVB-LPD 的标签样稿（为最终的标签或用电脑制作的、与最终标签外观相同的样张），如果不合格，则 CVB-LPD 将此标签作为样式，提出意见，以便申请者进行修改。如果合格，则 CVB-LPD 将此标签保存在产品档案中，直至签发许可证。审批的标签将在签发许可证时返回给申请者。在签发许可证时，所有产品必须具有经过审批的最终标签。

（三）第三阶段——进行田间试验的申请和审批

在美国运送未获得制品执照的试验性制品进行田间安全或免疫效力试验时，必须事先得到 CVB-LPD 的许可。因此，生产企业需先向 CVB-LPD 提交进行田间试验和运送用于田间安全或免疫效力试验的制品申请（该制品按照 9CFR 103.3 进行管理）。申请中应包括：

（1）由试验所在的每个州或国家动物卫生管理部门出具的执照或批准函。

（2）预定的接受者和试验合作者的清单（姓名和地址），包括试验性制品的批号和将要运送到各处的数量。

（3）试验性制品的介绍，包括推荐的使用方法和初步的安全和免疫效力试验结果（如果以前没有提交过）。如果适用的话，还应特别说明该制品对肉用动物的安全性。

（4）该试验性制品的标签（2份）。必须注明："注意！仅用于试验-不用于销售"或类似的内容。要求试验性标签上不能出现美国兽医许可证号码（企业号码），且不应与正式标签的申请表（APHIS 2015 表）一起提交。

（5）试验方案。

（6）由试验研究者或试验发起者出具的声明，同意在将试验中的肉用动物从试验设施中运出时，提供与每组试验中的肉用动物有关的额外信息（如果适用）。

（7）环境释放风险评估。如符合 9CFR 372.5 (c) 项规定，则可免除该评估（由 CVB 审查决定）。一般来说，该项要求适用于通过传统方式致弱的活疫苗和通过重组 DNA 技术获得的制品，以便评价其在靶环境中的安全性。

对免除环境风险评估的制品，如果试验方案和支持性文件符合要求，CVB-LPD 将同意转运试验性制品进行田间试验（批准的有效期为 1 年）。申请者必须向 CVB-LPD 提交每个试验的结果摘要，如果未进行试验，也应通知 CVB-LPD。

对必须进行环境释放风险评估的制品，CVB-LPD 将按照《兽医生物制品风险评估》中的指南和 NEPA 制定的指南对风险评估进行审查。

如果风险评估的结果为"无明显影响"，则将风险评估情况（隐去企业保密信息）发布在联邦公告上以征求意见。在意见征求期末和在所有公众意见得到正常发表后，可以批准进行田间试验。

如果风险评估结果表明，该制品可能对环境产生明显影响，则须起草一份环境影响声明，并须遵守 APHIS 和 NEPA 的其他要求。

在田间试验结束时，CVB-LPD 须确认试验结果能否支持环境风险评估的结论。

CVB-LPD 对申报资料进行审查后，如该制品是免除环境风险评估的制品，且试验方案和支持性文件符合要求，则 CVB-LPD 将批准该试验性制品的运输和进行田间试验的申请。同时将一份印有日期的标签（试验用）返回给申请者。田间试验批准文件的有效期为 1 年，在此期间，申请者必须向 CVB-LPD 提交每个田间试验的总结报告，如该田间试验因故未能进行，也应向 CVB-LPD 进行汇报。

如该制品为必须进行环境释放风险评估的制品，则 CVB-LPD 将按照《兽医生物制品风险评估》中的指南和 NEPA 制定的指南进行所有风险评估的审查。如果风险评估结果表明，该制品可能对环境产生明显影响，则须准备一份环境影响声明，并须遵守 APHIS 和 NEPA 的其他指南。在田间试验结束时，CVB-LPD 应明确得出试验结果能否支持环境风险评估的结论，对确认不会对环境造成影响的制品，才能进行下一阶段的审批。

（四）第四阶段——最终审批

根据由生产企业向 CVB-LPD 提交的上述所有申报资料、上述各阶段中所获得的支持性数据材料（包括生产纲要、基础种子/基础细胞资料、实验室安全性资料、靶动物免疫原性/效力资料、

田间安全性资料、最终的标签、效力复核检验报告等），以及发证前连续 3 批制品的样品，由 CVB-LPD 根据 9CFR 要求进行审核，如果所有材料完备，则向生产企业核发制品执照。

企业在获得制品执照后，还应按照 9CFR 102.5 和 104.5 中的要求申请并获得分发和销售执照，之后才能上市销售。

四、美国兽医生物制品的进口管理

VST 法规定，美国对进口兽医生物制品实施许可批件（制品许可证）管理制度。任何按照注册管理要求获得制品许可证的人员均可进行兽医生物制品的进出口和过境运输。除 9CFR 104.4（d）对研究与评估用生物制品的规定外，在美国生产的出口产品不允许再进口到美国。

在取得许可批件（制品许可证）以后，许可批件持有者必须建立一个固定的隔离地点，每次进口时，生产企业将产品运往该隔离地点，在适当的条件下储存，待 CVB 按照批签发的要求进行批签发，并向申请者颁发 APHIS 货物处理许可的通知后，申请者方可进行该批产品的发售。CVB-IC 负责对该地点进行定期检查，如果 CVB 认为有必要，则检查人员还可对进口企业的生产厂和/或申请者的仪器设备进行检查和验证。

进口制品的生产企业必须同意接受美国农业部部长授权的农业部任何官员、代理机构或工作人员对其生产设施、产品及生产过程的监督，否则不能获得产品许可批件，已经获得产品许可批件的，可取消其产品许可批件。一旦获知持批件人或进口商有滥用该许可批件或影响生产、销售、交换或运输上述产品的企图，或者有向美国进口任何无价值、污染、有危险和有害的病毒、血清、毒素或类似产品，农业农村部部长有权吊销或撤回该许可批件。

为了应对突发事件、市场限制状况、地方状况或者其他特殊情况（在国家法规允许范围内，仅限于地方使用的产品），在确保产品纯度、安全性和预期效果的情况下，农业部部长可以签发适用于"绿色通道"的特殊许可批件，并依法对相关的产品进行免检。

（杨京岚 肖 燕 夏业才）

第二节　欧盟注册管理法律法规、机构、注册程序和技术要求

一、欧盟兽医生物制品注册管理现行法律法规

欧盟兽医生物制品管理的大法包括欧洲委员会指令、理事会条例和法规。欧洲委员会指令和理事会条例是关于（人医和兽医）药品的一般法律要求，它们是法律的基本框架，一般不具有非常详细的内容，因此在实施前必须先转化为国家法律；"法规"通常指针对特殊事件的一般法律要求，法规一经通过，在欧盟成员国强制实施，甚至在没有转化为国家法律时就开始强制实施。

根据上述 3 个大法，欧洲委员会制定了相应的释义（即各种"指南"）和说明（即各种"公告"）。"指南"对指令中的陈述加以解释和说明，指南定期进行修订和更新，并注明由发布单位发布的最后修订日期。"公告"则对指令中的一般规定加以详细描述，说明如何进行产品注册等，公告也定期修订并公开发布。

目前欧盟的兽医生物制品注册管理相关的法律性文件包括：《欧洲委员会指令 65/65/EEC》（理事会关于药品法规或行政规定的统一）、《欧洲委员会指令 81/851/EEC》（成员国与兽医产品有关法律的统一）、《欧洲委员会指令 81/852/EEC》（成员国与兽药试验中分析、药理-毒理和临床试验标准及程序有关法律的统一）、《欧洲委员会指令 90/667/EEC》（成员国与兽药和兽医免疫产品补充规定有关法律的统一）、《欧洲委员会指令 92/74/EEC》（与兽医产品有关的法规或行政要求和与兽医顺势疗法产品补充规定有关的规定的统一）、《欧洲委员会指令 91/412/EEC》（兽医产品良好生产规范的原则和指南）、《理事会条例 297/95》（欧洲药品审评署的收费标准）、《理事会条例 1662/95》（关于实施欧盟与人、兽用药品上市批准决策程序有关的一些细节的安排）、《理事会条例 2309/93》（关于人医、兽医药品批准与监督的统一程序和建立欧洲药品审评署的决议）、《集中审评新申请书的语言评估过程指南》、《欧盟批准

的兽医产品的包装信息指南》、《新申请书与差别申请书的分类指南》、《相互认可过程和中央审评过程中申请书更新处理指南》等。

其中，中央审批程序以理事会条例 2309/93 为基础，分散审批程序和国家审批程序以欧洲委员会指令 2001/82/EEC（2004 年 3 月 31 日修订）为基础。所有审批程序中，对申报材料的要求是相同的（这些要求可在《欧洲委员会指令 2001/82/EEC》中查询），并且对欧盟国家公司和非欧盟国家公司申请的要求是相同的。

以上所有文件和要求等均对外公布，并可通过互联网查询。

此外，欧盟还于 2013 年颁布了最新版《欧洲药典》，其中包含一系列的专论（属于单个的体系，但也属于法律文件），以规范生物制品生产用原材料和部分生物制品的质量标准等。为进一步完善相关标准，欧盟每年颁布其增补本。

二、欧盟兽医生物制品注册管理机构

欧洲联盟（简称"欧盟"）的人药和兽药（包括兽医生物制品、化学药品、抗生素等）是统一管理的。其兽药管理主要由 3 个机构负责：①欧洲药品审评署（The European Agency for the Evaluation of Medicinal Products，EMEA），主要负责人药和兽药的中央注册和监督工作（兽医生物制品注册管理即包含在内）。②欧盟委员会下设的企业与工业总司（Enterprise and Industry Directorate General，DG），负责人药和兽药的立法和许可的审批工作。③欧盟理事会下设的欧洲药品质量局（The European Directorate for the Quality of Medicines，EDQM），主要负责欧盟人药和兽药的质量标准工作和《欧洲药典》的制订及修订工作。

EMEA 由两个专家委员会组成：专利药品委员会（Committee for Proprietary Medicinal Products，CPMP）负责人药的审评；兽医药品委员会（Committee for Veterinary Medicinal Products，CVMP）负责兽药和其他产品的审评。

欧盟兽药注册管理体系分为两级：一级是欧盟中央管理体系，机构为 EMEA 下属的 CVMP，主要负责需要通过"中央审批程序"进行审批的兽药；另一级是地方各个成员国的兽药管理机关，负责需要通过"分散审批程序"和"国家审批程

序"进行审批的兽药。

EMEA 管理委员会由每个成员国的 2 个代表、欧洲委员会的 2 个代表和欧洲议会的 2 个代表共同组成（其中一个代表负责人药，另一个代表负责兽药）。每个代表都可以指定一个替补。每个代表任期 3 年，可变更。由管理董事会成员选举管理董事会首席董事（Directorate General，DG），决定处理事务的程序等，管理董事会首席董事任期 3 年。EMEA 管理董事会负责根据 CVMP 的意见形成欧洲委员会的决议草案。

CVMP 由每一个成员国提名 2 人参加，每届任期 3 年。根据评价药品的经验和能力选举出的委员都是其所属管理机关的代表。EMEA 的执行官或其代表，或者欧洲委员会的代表都有权力参加委员会、工作小组和专家小组的所有会议。除对欧盟和成员国提出的问题提供科学意见外，每一个委员会的成员应该保证其在 EMEA 的工作和国家管理机关工作之间的协调。委员会的成员资格会向社会公布。当公布每届任命时，同时公布每个成员的专业资格。董事会成员、委员会成员、报告者和专家均不应与制药企业有经济上或其他方面的联系。如有间接联系，也会公布在 EMEA 公告中。CVMP 负责就兽药方面的事项向 EMEA 管理董事会提出自己的观点。下属兽药常设委员会（Standing Committee for Veterinary Medicinal Products，SCVMP），由成员国的国家代表组成，负责处理有关中央审批程序中兽医生物制品的一般和特殊事务。

三、欧盟兽医生物制品注册程序和技术要求

1995 年，欧盟就兽医生物制品的注册审批在欧盟内部进行了进一步协调。目前，可通过 4 种途径获得许可证，即中央审批程序（centralized procedure，CP）、分散审批程序（decentralized procedure，DCP）、国家审批程序（national procedure，NA）和互认审批程序（mutual recognition procedure，MRP）。对不同类型制品，要求采取不同审批程序。对具有全新标识和生产工艺的制品、生物技术制品和性能提高的制品，必须采用中央审批程序，其他制品必须采用分散审批程序。如果某个审批仅是对 1 个成员提出的申请，则采用国家审批程序进行审评。如果某个制品已经获得了某 1 个成员的许可，在欧盟另一成员国进行申请时，可采用互认审批程序。

（一）中央审批程序

如果申请者想在欧盟所有成员国销售所申请的制品，则需通过中央审批程序获得中央注册许可证。根据董事会一般职责，由欧盟委员会对中央审批进行认可。具体是利用 EMEA 的兽药服务机关 CVMP 对申请进行处理。

为了取得制品的中央注册许可证，申请者应将申报资料提交给 EMEA，由 EMEA 科学委员会送给指定的报告起草人及其合作者进行审查。他们会共同对申报资料进行评价和准备评价报告的草案。完成的评价报告草案（别的专家也可参与）将送至 CVMP，具体意见将通知申请者。报告起草人为申请者的联络人，并在批准以后继续担任这个角色。

CVMP 在收到报告后，首先检查提交的文档资料是否符合要求，并结合专家报告核实其是否满足上市申请的条件，然后将制品的主要成分和主要的中间体送到国家实验室或专门进行这种研究的实验室进行分析测试，以确保生产商在申请资料中所描述的方法符合要求。如果需要，可让申请者提供进一步的资料。在申请者提供资料期间，委员会所规定的审评时限应暂停，直到申请者提供进一步的数据为止。

CVMP 可要求申请者提交一定数量的样品，以证实申请者所提出的分析检测方法的有效性，并把该分析方法纳入残留检测体系中，来检测所申报的制品在食品中的残留量。

最后，报告起草人及其合作者应把所有资料提交 CVMP 讨论，由 CVMP 根据讨论结果起草最终的评价报告（包括制品的信息摘要、专利包装样式和在不同的包装材料上的文字说明），并在 120 日内作出是否准许注册的意见。

EMEA 在 30 日之内将结果告知欧洲委员会，由此进入整个程序的第二个阶段——决策程序。

在决策程序中，委员会将检查上市批准是否符合欧盟法律，是否要把欧盟的决定让所有成员国都遵守。此外，委员会还要向管理局进行咨询（管理局在 10 日内给出意见），并在 30 日内起草决议草案，如果批准通过，则该制品可获得欧盟的登记号，决议草案则被送给兽药产品常务委员，以征询其意见。

成员国在 15 日内可对语言问题提出书面意

见，在 30 日内对科学或技术问题提出书面意见。如果有一个或者多个成员国提出反对意见，则委员会举行会议进行讨论；如提出同意意见，决议草案将送给委员会秘书处。最后欧盟部长理事会决定是否接受决议草案，如接受，则批准该制品注册。

通过中央审批程序批准的制品，可在各成员国内部自由流通。

（二）分散审批程序

如果申请者想在欧盟部分成员国销售所申请的制品时，则需要通过分散审批程序同时向申请者选定的几个成员国进行申请，获得分散注册许可证。该审批为经过协调的国家审批，是通过有关成员国共同认可的审批系统进行的审批。分散审批原则上就是国家审批，但是如果 1 个成员认可这种国家审批，则该审批被许多成员国共同认可。为获得这种认可，申请者应向这些成员国中的 1 个提交注册资料，则该成员国变成参考成员国（RMS）。

RMS 按照有关国家程序进行国家审批，并撰写书面评估报告。申请者此后向其他有关成员国（CMS）提出注册申请时，应提交产品申报资料，并附在 RMS 获得的评估报告。RMS 将向 CMS 发送该制品的评估报告，如 CMS 认可，则该制品获得 RMS 和 CMS 的共同许可。如 CMS 和 RMS 对该制品的注册申请不能达成共识，则提请 EMEA 进行仲裁，由 EMEA 给出最终决议（准许或不准许注册），RMS 和 CMS 均应按照最终决议执行。具体认证程序如下：

在递交相互认证申请之前，申请者应通知颁发许可证的国家（参考成员国），并要求 RMS 准备评价报告，RMS 可以要求申请者提交文件来证明提交的资料与以前的资料相同。RMS 应在收到请求的 90 日内完成评价报告，并提供给 CMS。

此外，申请者应向 CMS 和 EMEA 递交申请书，并证明其此次递交的资料和 RMS 所接受的资料相同，或对增加/变动的部分进行声明。如对原资料进行了增加或变动，则应证明所注册制品的特性摘要与 RMS 所接受的相同。在提交给 EMEA 的资料中应包括申请者提出申请的成员国名单、申请书的递交日期，以及 RMS 颁发的许可证复印件，并说明该申请是否正在别的成员国进行审查。

一般情况下，每个成员国都应该在收到申请书和评价报告的 90 日内承认 RMS 的上市批准，并通知 RMS、CMS、EMEA 和许可证持有者。

如果一个成员国认为有理由怀疑某制品的上市可能对人或动物健康及环境造成危害，或者同一个制品同时向几个成员国提交了上市申请，而几个成员国采取的决定不同，则 CVMP 应对其进行仲裁，在收到仲裁申请的 90 日内（出现后一种情况时，可再延长 90 日）给出合理意见。

CVMP 既可以指派其一个委员作为报告人处理所收到的申请，也可以指派独立的专家就某些问题提供建议，指定他们的工作任务和完成任务的期限。第二种情况下，在给出意见之前，CVMP 应向申请者提供书面或者口头解释的机会。

EMEA 应将 CVMP 的意见及时通知申请者，申请者可在收到意见的 15 日内向 EMEA 提出申诉，并在 60 日内给出申诉的详细理由。CVMP 应在接到申诉的 60 日内做出结论性意见，并将意见附在评价报告之后，一起报 EMEA，由 EMEA 在 30 日内将 CVMP 的最后意见、产品评价内容、结论及其原因的报告通知成员国、欧洲委员会和申请者。

（三）国家审批程序

申请者想在欧盟某 1 个成员销售所申请的制品时，仅需通过国家审批程序获得该成员国产品注册许可证即可。该审批程序只用于仅需要在 1 个成员进行审批的制品。

（四）互认审批程序

如果申请者在获得了某 1 个成员销售所申请的制品的许可证之后，又想在另一成员国进行销售时，以前须在已获得许可的所有成员国重复进行国家审批程序。但是，从 1998 年开始，可通过互认审批程序获得另一成员国的产品注册许可证。该程序相当于分散审批程序和国家审批程序的结合。已获得了许可证的成员国则自动成为参考成员国（RMS）。申请者向其他有关成员国（CMS）申请注册时，应提交产品申报资料，并附在 RMS 获得的许可证的复印件。CMS 按照分散审批程序中的认证程序进行认证即可。如 CMS 对 RMS 的审批不能认可，也可提请 EMEA 进行仲裁，由 EMEA 给出最终决议（准许或不准许注册）。

（五）欧盟兽医生物制品注册技术要求

无论采用上述哪种注册程序进行注册，欧盟兽医生物制品注册技术要求基本相同。欧盟除对兽医生物制品的注册资料项目作了明确要求外，还对相应的格式作出具体要求。具体内容及格式要求如下：

Ⅰ. 案卷摘要

A. 管理性资料

B. 产品特性摘要

C. 专家报告

Ⅱ. 兽医免疫制品的分析（理化、生物学或微生物学）检验

A. 组分的定性定量特性

B. 成品生产方法的描述

C. 生产用原料的控制

1. 药典中收载的原料

2. 药典中未收载的原料

2.1 生物源性原料

2.2 非生物源性原料

D. 生产过程中的控制检验

E. 成品检验

1. 成品的一般特性

2. 活性物质的鉴别和含量测定

3. 佐剂的鉴别和含量测定

4. 赋形剂成分的鉴别和含量测定

5. 安全检验

6. 无菌检验和纯粹检验

7. 灭活检验

8. 剩余水分测定

9. 批间的一致性

F. 稳定性试验

Ⅲ. 安全试验

A. 简介

B. 一般要求

C. 实验室试验

1. 单剂量安全性试验

2. 超剂量安全试验

3. 单剂量重复安全试验

4. 繁殖性能试验

5. 免疫学功能试验

6. 活疫苗的特殊要求

6.1 疫苗毒的扩散

6.2 在免疫动物中的传播

6.3 弱毒疫苗的毒力返强

6.4 疫苗株的生物学特性

6.5 毒株杂交或基因重组

7. 残留研究

8. 交互作用

D. 田间试验

E. 生态毒性

Ⅳ. 效力试验

A. 简介

B. 一般要求

C. 实验室试验

D. 田间试验

Ⅲ和Ⅳ部分的附录

四、欧盟兽医生物制品的进口管理

外国企业生产的兽药出口到欧盟，需要在欧盟设有进口代理商，并建立检验机构。外国兽药生产企业要按照欧盟的兽药生产质量管理规范（GMP）组织生产，按照《欧洲药典》进行检验，并依法申请注册。进口国兽药注册机关有权对外国兽药生产企业是否符合欧盟兽药 GMP 情况进行现场考察。

向欧盟出口的每一批兽药产品都要在进口国经过全面的药品活性成分的定性和定量分析，以及所有其他方面的检测。已在一个成员国经过这种检测的每批兽医药品，在其他成员国上市销售，并附有资质人员签名的质量检验报告，可以免除以上检测。

（杨京岚　肖　燕　夏业才）

第三节　中国注册管理法律法规、机构、注册程序和技术要求

一、中国兽医生物制品注册管理现行法律法规

中国兽药管理的最高法律依据是《兽药管理条例》，该条例是 2004 年 4 月 9 日国务院令第 404 号发布，2004 年 11 月 1 日起施行，2014 年 7 月 29 日国务院令第 653 号部分修订，2016 年 2

月6日国务院令第666号部分修订。根据《兽药管理条例》中对兽药的定义，兽医生物制品作为兽药管理。《兽药管理条例》除对兽药监管部门进行规定外，还对新兽药研制及兽药生产、经营、进出口、使用和监督管理等提出了总体要求。

以《兽药管理条例》中新兽药研制和兽药进出口的管理要求为基础，农业部还颁布了一系列部门规章，对兽药（包括兽医生物制品）的注册管理进行进一步细化。其中，《兽药注册办法》（2004年11月24日农业部令第44号发布，2005年1月1日起施行）对兽药注册过程中的具体负责机构、评审机构和复核检验机构等作出明确规定，并对新兽药注册、进口兽药注册、兽药变更注册、进口兽药再注册、兽药复核检验及兽药标准物质审查等的具体注册程序和时限等进行了规定；中华人民共和国农业部公告第442号（2004年12月22日发布，2005年1月1日起施行）对各类兽药的注册、变更注册及进口兽药再注册等的注册资料提出要求；《中华人民共和国农业部公告第2335号》（2015年12月10日发布施行），对农业部公告第442号中《兽医诊断制品注册分类及注册资料要求》部分进行了修订完善；《新兽药研制管理办法》（2005年8月31日发布农业部令第55号，2005年11月1日起施行），对从事新兽药临床前研究、临床试验和监督管理进行了规定；《中华人民共和国农业部公告第2336号》（2015年12月9日发布施行），对兽药注册而进行的非临床研究进行了进一步规定。

此外，国务院和农业部还颁布了《病原微生物实验室生物安全管理条例》（2005年11月12日，国务院令第55号）、《农业部行政审批综合办公办事指南》（2011年12月31日，农业部公告第1704号）、《兽药产品批准文号管理办法》（2015年12月3日，农业部令2015年第4号）、《兽药标签和说明书管理办法》（2002年10月31日，农业部令第22号公布，2004年7月1日农业部令第38号、2007年11月8日农业部令第6号修订）、《兽药标签和说明书编写细则》（2003年1月22日，农业部公告第242号）、《农业部办公厅关于实施兽药标签和说明书备案公布制度的通知》（2005年5月9日农办医［2005］16号）、《兽医生物制品试验研究技术指导原则》（2006年7月12日，农业部公告第683号）等，从而进一步完善了我国兽医生物制品注册管理的法律基础。

此外，在制品的技术标准方面，农业部发布了与兽医生物制品有关的国家标准，包括《中国兽药典》《兽医生物制品规程》《兽医生物制品质量标准汇编》《兽药产品说明书范本》，以及农业部对新兽药、进口兽药注册的公告等，对规范制品质量控制的技术标准和生产管理等起到了积极作用。

二、中国兽医生物制品注册管理机构

根据《兽药注册办法》规定，农业农村部负责全国兽药注册工作，农业农村部兽药审评委员会负责新兽药和进口兽药注册资料的评审工作，中国兽医药品监察所（以下简称"中监所"）和农业农村部指定的其他兽药检验机构承担兽药注册的复核检验工作。具体管理部门包括农业农村部（部长/副部长、办公厅、农业农村部兽医局、农业农村部兽医局综合处和药品药械管理处等）、地方兽医行政管理部门、中国兽医药品监察所（所长/副所长、所办公室、生药评审处、业务管理处、质量监督处、菌种保藏室、标准处、细菌制品检测室和病毒制品检测室）等，各部门的隶属关系及在注册中的主要职能见图5-2。

三、中国兽医生物制品注册程序和技术要求

虽然中国也实行兽医生物制品注册许可制度，但与美国和欧盟不同的是，这种许可制度包括了新生物制品（以下简称"新制品"）注册（以获得新兽药注册证书为目的的注册申请），以及兽医生物制品生产许可注册（以获得兽药产品批准文号为目的注册申请）两个部分。

（一）新制品注册程序及需提交的资料项目

新生物制品的注册，由研制单位向国务院兽医行政管理部门报送研制方法、生产工艺、质量标准、临床试验报告、对环境影响的报告书及污染防治措施等有关资料和新制品的样品。新制品经国家兽药监察机构进行复核、鉴定，证明安全有效，由国务院兽医行政管理部门审核批准，列为国家标准，发给新兽药注册证书。

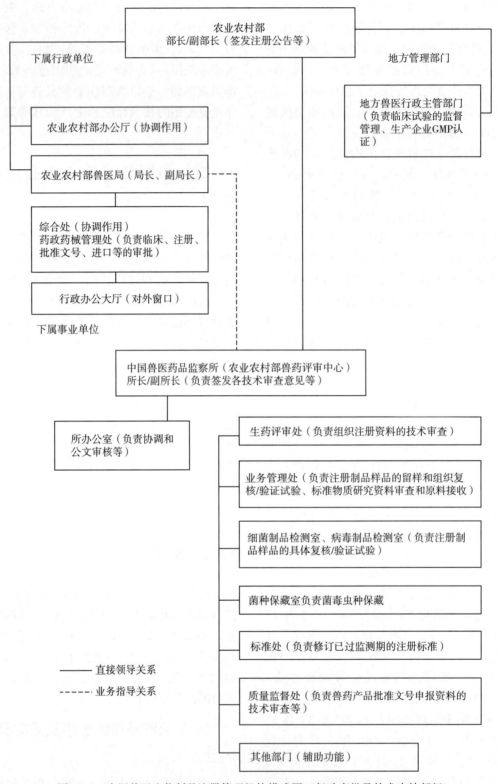

图 5-2　中国兽医生物制品注册管理机构模式图（行政审批及技术支持部门）

根据《兽药管理条例》、《兽药注册办法》和《农业部行政审批综合办公办事指南》（农业部公告第 1704 号，其所附注册申请表于 2015 年 7 月 7 日以农业部公告 2273 号修订），制品注册的审评分为临床试验审批、新制品注册材料受理（资料项目的形式审查）、技术评审（初审）、复核检验、技术评审（复审）、现场核查（必要时进行）和审批（办理批件）6 个阶段。其中，临床试验审批时间不超过 60 个工作日；形式审查和批件办理时间共计不超过 60 个工作日；技术评审（包括初审和复审）时间不超过120个工作日；复核检验时间一般不超过120个工作日，需要用特殊方法检验的不超过150个工作日。

1. 临床试验审批（兽医诊断制品除外）　由研制单位在临床试验前向国务院兽医行政管理部门提出申请，国务院兽医行政管理部门对研制单位基本情况、生物安全防范基本条件及下一步研制方案进行审查，并在60个工作日内将审查结果书面通知申请人。

（1）须提交的主要资料

①《新生物制品临床试验申请表》一式2份（原件）。

②申请报告，内容包括研制单位基本情况及生物安全防范基本条件；菌（毒、虫）种名称、来源和特性。

③中间试制单位兽药GMP证书和兽药生产许可证（均为复印件）。

④使用一类病原微生物的，应事先进行"研制新兽药使用一类病原微生物审批"，取得批准文件后方能进行有关试验。在进行新兽药注册前的临床试验申请时，须提交该批准文件（复印件）。

⑤属于转基因技术产品的（灭活疫苗和诊断制品除外），需提供农业转基因生物安全证书（复印件）。

⑥临床试验方案（含可能出现的安全风险等应急处置措施）。

⑦菌毒种、细胞株、生物组织等起始材料的系统鉴定、保存条件、遗传稳定性、实验室安全和效力试验、免疫学研究及其他临床前研究资料。

⑧中间试制产品生产工艺、质量标准（草案）、中间试制研究总结报告、批生产检验记录及检验报告。

申报资料需一式2份，用A4纸双面复印装订成册，加盖所有申请单位公章（应与申请表中的申报单位一致）。申报资料内容齐全，应有目录、统一页码。有委托试验的，须提供委托试验报告原件，并附试验结果原始图谱和照片等。

（2）具体申报资料的内容、格式及要求

①一般资料　生物制品的名称。包括通用名、英文名、汉语拼音和商品名。通用名应符合《兽医生物制品命名原则》的规定。必要时，应提出命名依据。

证明性文件。包括申请人合法登记的证明文件、中间试制单位的兽药生产许可证、兽药GMP合格证、基因工程产品的安全审批书、实验动物合格证、实验动物使用许可证、临床试验批准文件等证件的复印件。

申请的新制品或使用的配方、工艺等专利情况及其权属状态的说明，以及对他人的专利不构成侵权的保证书。

研究中使用了一类病原微生物的，应当提供批准进行有关实验室试验的批准文件复印件。

直接接触制品的包装材料和容器合格证明的复印件。

制造及检验试行规程（草案）、质量标准（应参照有关要求进行书写）及起草说明（应详细阐述各项主要标准的制定依据和国内外生产使用情况）。附各主要检验项目的标准操作程序（要求详细并具有可操作性）。

说明书、标签和包装设计样稿（应按照国家有关规定进行规范书写和制作）。

②生产与检验用菌（毒、虫）种的研究资料

生产用菌（毒、虫）种来源和特性：包括原种的代号、来源、历史（包括分离、鉴定、选育或构建过程等），感染滴度，血清学特性或特异性，细菌的形态、培养特性、生化特性，病毒对细胞的适应性等研究资料。

生产用菌（毒、虫）种种子批建立的有关资料：包括生产用菌（毒、虫）种原始种子批、基础种子批建立的有关资料，以及各种子批的传代方法、数量、代次、制备、保存方法。

生产用菌（毒、虫）种基础种子的全面鉴定报告（附各项检验的详细方法），包括外源因子检测、鉴别检验、感染滴度、免疫原性、血清学特性或特异性、纯粹或纯净性、毒力稳定性、安全性、免疫抑制特性等。

生产用菌（毒、虫）种最高代次范围及其依据。

检验用强毒株代号和来源。检验用强毒株包括试行规程（草案）中规定的强毒株及研制过程中使用的各个强毒株。对已有国家标准强毒株的，应使用国家标准强毒株。

检验用强毒株纯净、毒力、含量测定、血清学鉴定等试验的详细方法和结果。

③生产用细胞的研究资料

来源和特性：生产用细胞的代号、来源、历史（包括细胞系的建立、鉴定和传代等），主要生物学特性、核型分析等研究资料。

细胞库：生产用细胞原始细胞库、基础细胞库建库的有关资料，包括各细胞库的代次、制备、保存及生物学特性、核型分析、外源因子检验、致癌/致肿瘤试验等。

代次范围及其依据。

④主要原辅材料选择的研究资料　主要原辅材料的来源、检验方法和标准、检验报告等。其中，对生产中使用的原辅材料，如国家标准中已经收载，则应采用相应的国家标准；如国家标准中尚未收载，则建议采用相应的国际标准。牛源材料符合国家有关规定的资料。

⑤生产工艺的研究资料　主要制造用材料、组分、配方、工艺流程等。

制造用动物或细胞的主要标准。

构建的病毒或载体的主要性能指标（稳定性、生物安全）。

疫苗原液生产工艺的研究资料。包括：优化生产工艺的主要技术参数，如细菌（病毒或寄生虫等）的接种量、培养或发酵条件、灭活或裂解工艺的条件（可能不适用）；活性物质的提取和纯化；对动物体有潜在毒性物质的去除（可能不适用）；联苗中各活性组分的配比和抗原相容性研究资料；乳化工艺研究（可能不适用）；灭活剂、灭活方法、灭活时间和灭活检验方法的研究（可能不适用）。

⑥产品的质量研究资料　成品检验方法的研究及其验证资料。

与同类制品的比较研究报告（仅适用于第三类制品）。根据（毒、虫）株、抗原、主要原材料或生产工艺改变的不同情况，可能包括下列各项中的一项或数项中部分或全部内容：与原制品的安全性、效力、免疫期、保存期比较研究报告；与已上市销售的其他同类疫苗的安全性、效力、免疫期、保存期比较研究报告；联苗与各单苗的效力、保存期比较研究报告。

用于实验室试验的产品检验报告。

实验室产品的安全性研究报告。包括：用于实验室安全试验的实验室产品的批数、批号、批量，试验负责人和执行人，试验时间和地点，主要试验内容和结果；对非靶动物、非使用日龄动物的安全试验（可能不适用）；疫苗的水平传播试验（可能不适用）；对最小使用日龄靶动物、各种接种途径的一次单剂量接种的安全试验；对靶动物单剂量重复接种的安全性；至少3批制品对靶动物一次超剂量接种的安全性；对怀孕动物的安全性（可能不适用）；疫苗接种对靶动物免疫学功能的影响（可能不适用）；对靶动物生产性能的影响（可能不适用）；根据疫苗的使用动物种群、疫苗特点、免疫剂量、免疫程序等，提供有关的制品毒性试验研究资料。必要时提供休药期的试验报告。

实验室产品的效力研究报告。包括：用于实验室效力试验的实验室产品的批数、批号、批量，试验负责人和执行人，试验时间和地点，主要试验内容和结果；至少3批制品通过每种接种途径对每种靶动物接种的效力试验；抗原含量与靶动物免疫攻毒保护结果相关性的研究（可能不适用）；血清学效力检验与靶动物免疫攻毒保护结果相关性的研究（可能不适用）；实验动物效力检验与靶动物效力检验结果相关性的研究（可能不适用）；不同血清型或亚型间的交叉保护试验研究（可能不适用）；免疫持续期试验；子代通过母源抗体获得被动免疫力的效力和免疫期试验（可能不适用）；接种后动物体内抗体消长规律的研究（可能不适用）；免疫接种程序的研究资料。

至少3批产品的稳定性（保存期）试验报告。

⑦中间试制研究资料　由中间试制单位出具的中间试制报告。包括：中间试制的生产负责人和质量负责人、试制时间和地点；生产产品的批数（连续5～10批）、批号、批量；每批中间试制产品的详细生产和检验报告；中间试制中发现的问题等。

（3）临床试验审批的办理程序

①材料受理　农业农村部行政审批综合办公室受理申请人递交的《新兽医生物制品临床试验申请表》及其相关材料，并进行初审。

②项目审查　农业农村部兽医局根据国家有关规定对申请材料进行审查，必要时组织专家组进行技术审查（具体由中监所生药评审处负责组织）。

③批件办理　农业农村部兽医局根据审查意见提出审批方案，报经有关领导审批后办理批件。

在获得临床试验许可后，申报单位应在指定地点、指定时间内，用按拟定标准检验合格的中试产品进行临床试验。在临床试验完成后补充、完善各项申报资料后向农业农村部申请新制品注册。

2. 注册材料受理（即资料项目形式审查）为进行新制品的注册，申报单位首先要填写《兽药注册申请表》一式 2 份（原件），并与申请人合法登记证明文件（包括营业执照、法人证书等复印件）、中间试制生产单位《兽药 GMP 证书》复印件、转基因技术产品（灭活疫苗和诊断制品除外）的农业转基因生物安全证书复印件、连续 3 批样品及其批生产检验记录和检验报告单、菌（毒、虫）种和细胞等有关材料，根据新兽药不同类别，按照农业部公告第 442 号要求准备其他相关材料，一起报送农业农村部。农业农村部行政审批综合办公室受理申请人递交的《兽药注册申请表》及其相关材料，并进行初步形式审查。

新生物制品注册申报材料除申请临床试验时的各项资料外，还应增加临床试验研究资料，以及临床试验期间进行的有关改进工艺、完善质量标准等方面的工作总结及试验研究资料。

临床试验研究资料应含有农业农村部批准的临床试验详细方案，以及按照方案进行的临床试验的详细情况。临床试验中须使用至少 3 批经检验合格的中间试制产品进行较大范围、不同品种的使用对象动物试验，进一步观察制品的安全性和效力。农业部公告第 2326 号（2015 年 11 月 24日）对农业部公告第 442 号规定的新生物制品临床试验中的动物数量作出了调整。要求临床试验应在不少于 3 个省（自治区、直辖市）进行。靶动物总数最少应满足：牛 1 000 头；马属动物、鹿 300 匹（只）；猪 5 000 头，种猪 500 头；羊 3 000 只；中小经济动物（狐狸、水貂、獭、兔、犬等）1 000 头（只）；鸡、鸭 10 000 只；鹅、鸽 2 000 只；宠物犬、猫 200 只；鱼 10 000 尾。但是，申请的新制品为一类新兽药的，临床实验动物数量应加倍。上述规定中未涉及的其他类别动物或样品数量，一般情况下应不少于 100 例。临床上特别不容易获得的野生动物、稀有动物的数量，满足统计学要求即可。

农业农村部兽医局根据有关规定对申请材料进行审查，对申请材料齐全的予以接收，并送农业农村部兽药评审中心（实际承担部门是生药评审处）进行形式审查。根据农业农村部兽药评审中心的审查意见办理材料受理（或不受理）的通知。如形式审查意见为建议受理，则由农业农村部行政审批综合办公室开具《办理通知书》，并将材料送农业农村部兽药评审中心，由其组织专家进行技术审查。

3. 技术审查（初审） 农业农村部兽药评审中心生药评审处在接到《受理通知书》和申报资料后，由办公室工作人员组织部分评审专家进行初步技术审查，对基本符合要求的申报资料，组织初审会，由专家库中的部分评审专家进行初审，提出初审意见。初审意见经评审中心主任签发后，报农业农村部，并通知申报单位。初审意见中除就申报资料和试验数据提出具体意见外，还可能根据具体情况提出现场核查或进行质量标准复核检验的要求。

对初审会直接通过，或根据初审意见补充的各项试验数据符合要求（且现场核查情况符合要求）的制品，需对质量标准进行完善，并报农业农村部兽医局建议批准进行复核检验。经农业农村部兽医局批准，且注册单位对复核检验标准进行确认后，由中监所进行复核检验。

4. 复核检验 申报单位根据复核检验通知书，向中监所业务管理处提交在中试生产车间中生产的连续 3 个生产批号的样品（附其检验报告单）。由业务管理处按照复核检验质量标准签发复核检验流程卡，相关检测室根据流程卡进行检验，并出具复核检验报告。

5. 技术审查（复审） 农业农村部兽药评审中心（生药评审处）在接到复核检验报告后，由办公室工作人员组织复审会，对申报资料和复核检验报告进行技术审查。会议采取记名投票的形式决定制品是否通过复审。复审后，农业农村部兽药评审中心将复审结果报农业农村部兽医局。

6. 现场核查 在上述评审过程中，如发现存在试验数据造假嫌疑、被实名举报等情况，必要时，由农业农村部兽医局组织有关专家对申报单位的原始数据、试验现场等进行核查。

7. 审批（办理批件） 顺利通过复审的制品，对其试行规程（草案）、质量标准、说明书和内包装标签形成最终报批稿。同时，申报单位需向中国兽医微生物菌种保藏管理中心（实际负责部门是中监所菌种保藏室）提交相关菌（毒、虫）种、细胞等有关材料。完成上述工作后，由农业农村部兽药评审中心（生药评审处）提请农业农村部审批新兽药。农业农村部根据评审结果、当期的动物防疫政策等实际情况作出是否同意批准为新制品的决定。对于同意批准为新制品的，由农业农村部以公告形式向全社会发布，并由农业农村部（具体执行部门是药政处）向研制单位颁发新兽药注册证书。

对于初审或复审意见为"建议退审"的新制品，农业农村部兽药评审中心将审查意见报送农业农村部兽医局，由兽医局通过农业农村部行政审批综合办公室书面通知申报单位。

（二）兽医生物制品生产许可注册（文号申报审批）程序及需提交的资料项目

获得新兽药注册证书的企业在生产该制品前，还要向农业农村部提出申请，取得该制品的兽药产品批准文号。

1. 需提交的资料

（1）《兽药产品批准文号申请表》一式 1 份（原件）。

（2）兽药生产许可证和兽药 GMP 证书（复印件）。

（3）标签和说明书样本一式 2 份。

（4）所提交样品的自检报告一式 1 份。

（5）制品的生产工艺、配方等资料一式 1 份。

（6）由省级兽药检验机构现场抽取并封样的连续 3 个批次的样品。

（7）申请自己研制的已获得新兽药注册证书的新制品批准文号的，且该产品注册时的复核检验样品系申请人自己生产的，还需提交新兽药注册证书（复印件），但不需提交样品及其自检报告。

（8）申请他人转让的已获得新兽药注册证书的新制品批准文号的（包括申请自己研制的已获得新兽药注册证书的兽药产品批准文号的，但该产品注册时的复核检验样品并非申请人自己生产的），还需提交由省级兽药检验机构现场抽取并封样的连续 3 个批次的样品、新兽药注册证书（复印件）和转让合同书（原件）。

（9）申请外国企业已获得进口兽药注册证书的生物制品批准文号的，需提交省级兽药检验机构现场抽取并封样的连续 3 个批次的样品、进口兽药注册证书（复印件）、境外企业同意生产的授权书（原件）。

（10）申请换发生物制品批准文号的，按相同程序和要求办理，但在文号有效期内经过监督抽检合格的，可不再进行复核检验。

2. 农业农村部收到申报材料后的办理程序

（1）材料受理　农业农村部行政审批综合办公室审查申请人递交的《兽药产品批准文号申请

表》及其相关材料，申请材料齐全的予以受理。应当提供样品的，应将样品送至中监所，并持中监所出具的样品接收单办理申请事宜。

（2）项目审查　农业农村部组织中监所根据国家有关规定对申请材料进行技术审查。

（3）样品检验　需要进行复核检验的，由中监所进行样品复核检验。

（4）批件办理　农业农村部兽医局根据审查意见提出审批方案，经审批后办理批件。

办理时限为 20 个工作日（需要样品检验的，样品检验时间不超过 120 个工作日）。此外，每批制品在销售前，需将抽取的样品和生产厂家的检验报告等报中监所进行批签发，获得批准后方能进入市场进行销售。

四、中国兽医生物制品的进口管理

我国进口兽医生物制品的注册审批与国内新生物制品的注册审批技术要求基本相同。包括进口兽医生物制品注册（获得进口兽药注册证书）和制品进口的许可注册（获得进口兽药许可证）两部分。

由于进口制品的临床试验是在国外进行的，在向我国提交注册申请时已经完成，因此其在注册过程中不再需要进行临床试验审批。在首次提交注册申请时就需提交包含 3 批产品的生产和检验报告（相当于国内的中间试制生产和检验报告），以及所有临床试验研究的数据资料。其他注册程序与国内制品一致，也包括材料受理、初审、复核检验、复审、现场核查（必要时进行）、审批等步骤。各步骤的具体操作情况和时限要求也与国内新制品注册要求相同。在对注册资料项目的要求上，除个别文件略有差异外，也基本相同。注册资料项目要求具体如下：

1. 一般资料

（1）生物制品名称

（2）证明性文件　由于进口兽医生物制品注册必须由境外企业驻中国代表机构办理或委托中国代理机构代理办理，因此其所提交的证明性文件与国内注册的证明性文件差异较大。具体包括：生产企业所在国家（地区）政府和有关机构签发的企业注册证、产品许可证、GMP 合格证复印件和产品自由销售证明，上述文件必须经公证或认证后，再经中国使领馆确认；由境外企业驻中国代表机构办理注册事务的，应当提供《外国企业常驻中国代表机构登记证》复印件；由境外企业委托中国代理机构代理注册事务的，应当提供委托文书及其公证文件，中国代理机构的《营业执照》复印件；申请的制品或使用的处方、工艺等专利情况及其权属状态说明，以及对他人的专利不构成侵权的保证书；该制品在其他国家注册情况的说明，并提供证明性文件或注册编号。

（3）生产纲要、质量标准（附各项主要检验的标准操作程序）　由于进口兽医生物制品属于已经国外批准注册的、生产工艺相对成熟的产品，因此提交的资料项目由现行版的"生产纲要"替代了国内新生物制品注册时所需的"制造及检验试行规程（草案）"；此外，也不再要求必须提供质量标准的起草说明。

（4）说明书、标签和包装设计样稿。

2. 生产用强毒株的研究资料

3. 检验用强毒株的研究资料

4. 生产用细胞的研究资料

5. 主要原辅材料的来源、检验方法和标准、检验报告等。生物源性原材料符合有关规定的资料

6. 生产工艺的研究资料

7. 产品的质量研究资料

8. 至少 3 批产品的生产和检验报告

9. 临床试验报告

上述各项材料的具体要求与国内新制品注册资料的一致。但是，还需注意两点：用于申请进口注册的试验数据，应为申报单位在中国境外获得的试验数据，未经许可，不得在中国境内进行试验；全部申报资料应当使用中文并附原文，原文非英文的资料应翻译成英文（需进行公证），原文和英文附后作为参考。中、英文译文应当与原文内容一致。

根据农业部公告第 2273 号规定，自 2015 年 7 月 20 日起，我国开始实施新兽药注册、兽药产品批准文号核发、进口兽药注册（兽药注册）、进口兽药再注册和兽药变更注册的网上申报制度。新兽药注册、进口兽药注册（兽药注册）、进口兽药再注册和兽药变更注册时，申请人需事先登录"农业部行政审批综合办公系统"进行注册，并按要求填写表单、上传相关附件资料，完成资料提交，并打印申请表；申请兽药产品批准文号时，国内兽药生产企业可先从所在地省级兽医行政主管部门获得生产企业的账号和登录密码，然后凭账号登录"农业部行政审批综合办公系统"申请办理兽药产品批准文号相关事宜。此外，农业部公告第 2273 号还对农业部公告第 1704 号中所附各种注册申请表进行了修订。

（杨京岚　范秀丽　曲鸿飞　夏业才）

第六章　生产质量管理

第一节　兽医生物制品 GMP 概论

一、定义

GMP 是英文 Good Manufacturing Practice 的缩写，可直译为"优良生产实践"。GMP 是世界制药工业界一致公认的药品（包括兽药）生产必须遵守的准则，国际上药品的概念包含兽药。

《兽药 GMP》是《兽药生产质量管理规范》的简称，是指在兽药生产全过程中，用科学合理、规范化的条件和方法来保证生产优良兽药的整套科学管理的体系，其实施目标是对兽药生产的全过程进行质量控制，以保证生产的兽药质量合格优良。

二、发展历史

为推动兽药行业的健康发展，保障畜牧业的持续稳定增长，不断提高兽药产品质量，农业部于 1989 年颁布《兽药生产质量管理规范（试行）》，决定在兽药生产企业实施 GMP 管理。1994 年发布《兽药生产质量管理规范实施细则（试行）》，规定"自 1995 年 7 月 1 日起，各地新建的兽药生产企业必须经过农业部组织的 GMP 验收合格后，才能发给兽药生产许可证"、"现有的生产企业必须按 GMP 要求，制定规划，并逐步进行技术改造"。1998 年修订发布的《兽药管理条例实施细则》第六条规定"新建、扩建、改建的兽药生产企业，必须符合农业部制定的《兽药生产质量管理规范》"。1999 年修订的《农业部兽医生物制品规程委员会章程》规定，兽药生产企业职责为"参与兽医生物制品生产质量管理规范（GMP）实施指南的制定、修订工作"。

为加快兽药 GMP 实施进程，2001 年农业部成立了"农业部兽药 GMP 工作委员会"，负责验收标准制定等总体工作，下设农业部兽药 GMP 工作委员会办公室。2005 年后该办公室设在中国兽医药品监察所，负责组织验收等具体工作。2002 年农业部发布《兽药 GMP 检查验收工作制度》（农业部公告第 202 号发布），规定"自 2006 年 1 月 1 日起强制实施兽药 GMP"，同时颁布了《兽药生产质量管理规范》（农业部令第 11 号）。据此，农业部先后发布了 2002 版、2006 版和 2010 版《兽药 GMP 现场检查验收评定标准》（生物制品）。2005 年 4 月农业部发布《兽药 GMP 现场检查验收办法》，2010 年 7 月农业部公告第 1427 号发布了修订后的《兽药 GMP 现场检查验收办法》。

2015 年国务院发文（国发〔2015〕11 号）要求，兽药生产许可证核发事项自 2015 年 2 月 24 日起下放至省级人民政府兽医行政主管部门。农业部《关于兽药生产许可证核发下放衔接工作的通知》（农办医〔2015〕11 号）要求对生产许可证审批事项下放后，保持审批"三个统一"，即检查验收标准统一、标准把握尺度统一、检查员遴选标准统一。随着兽药生产许可证核发事项下放，兽药 GMP 检查验收职能也随同下放。

三、实施概况

强制实施兽药 GMP 以来，我国兽药生产与质量管理的整体水平有了显著提升，生产与检验条件、人员结构和管理水平均发生了根本性变化。硬件设施实现了从"作坊式"生产到布局合理、设计规范、运作流畅的现代化厂房生产的飞跃；人员队伍实现了从低学历、非专业化向高学历、专业化转变，整体素质明显提升；生产管理逐步规范和完善。兽药 GMP 的实施有力促进了我国兽药事业的健康发展，集中表现在产能显著提升、产品种类明显增加、产品结构进一步优化、产品质量稳步提高。到 2015 年末，全国通过 GMP 验收的兽医生物制品生产企业已经突破 100 家，不仅能够满足国内动物疫病防控需要，而且还出口多个国家和地区。目前细胞悬浮培养、鸡胚自动接种与收获、超滤浓缩、抗原纯化和耐热保护等新技术、新工艺在兽医生物制品生产中已经得到了广泛应用。

根据农业农村部要求并结合疫苗生产供应的实际需求，兽药 GMP 办公室每年及时组织开展春、秋两次重大动物疫病疫苗定点生产企业集中监督检查，其中对禽流感、口蹄疫疫苗生产企业每年监督检查 2 次，猪繁殖与呼吸综合征（简称"蓝耳病"）、猪瘟等疫苗生产企业每年至少检查 1 次。实现了对重大动物疫病疫苗生产企业全覆盖的同时，也实现了对所有兽医生物制品生产企业 3 年内监督检查的全覆盖。针对企业在生产中存在的突出问题，GMP 办公室每年有计划地开展专项检查和调查摸底，督促企业进一步规范疫苗的研制、生产和检验行为，强调质量意识和生物安全意识，强化全过程质量监管，及时掌握全国重大动物疫病疫苗生产、检验和库存情况，促进企业持续改进和提高 GMP 管理水平，为重大动物疫病的防控提供有力支持。

自推行兽药 GMP 以来，农业部先后于 2005年、2008 年、2010 年 3 次在全国遴选 GMP 检查员并入库管理。2014 年，农业部公布了新一届523 名农业部兽药 GMP 检查员名单。2007 年农业部发布《兽药 GMP 检查员管理办法》，并于 2013 年和 2014 年根据实际需要先后进行了修订。编写《兽药生产质量管理规范评定标准指南》，积极开展检查员培训工作，不断开拓国际间交流，多方面提升检查员素质，统一检查工作尺度。

据中国兽药协会 2014 年度行业发展报告，2014 年度参与统计的 77 家兽医生物制品企业完成生产总值 114.37 亿元，平均毛利率 57.91%。

（高艳春　康孟佼　谭克龙　夏业才）

第二节　兽医生物制品 GMP 的内涵

一、兽医生物制品的质量

兽医生物制品的质量指标包括制品的安全、有效、均一、稳定，即安全有效、质量可控。安全性与有效性两个指标与被批准的特定产品质量标准、生产工艺相关。均一与稳定体现的是对产品生产过程的控制水平，要求在较长一个时间段生产出来的不同批次的同品种产品，其安全性和有效性检测结果始终保持基本一致。另外，兽医生物制品的质量指标还可包括"方便、经济"，当前规模化养殖数量比较大，兽医生物制品的使用必须能方便快捷。均一稳定与方便经济可归纳为产品的"可接受性"，即制品的生产工艺、条件，成品的有效成分稳定性、外观、包装、使用方法及价格等都应是可接受的。

相对于一般兽药，生物制品有其自身的特殊性，需要对生物制品的生产过程和中间产品的检验进行特殊控制。生物制品的生产涉及生物过程和生物材料，如细胞培养、活生物体材料提取等。这些生产过程存在固有的可变性，因而其副产物的范围和特性也存在可变性，甚至培养过程中所用的物料也是污染微生物生长的良好培养基。生物制品质量控制所使用的生物学分析技术通常比理化测定具有更大的可变性。为提高产品效价（免疫原性）或维持生物活性，常需在成品中加入佐剂或保护剂，使部分检验项目不能在制成成品后进行。"产品质量是生产出来的，而不是检验出来的"。只有实行 GMP 管理，对生产全过程的每一步骤进行最有效的控制，才能更为有效地使最终产品符合所有质量要求和设计规范。

二、兽医生物制品 GMP 的组成

兽医生物制品 GMP 由"人员"、"硬件"和

"软件"共同组成。

企业全体人员是实施 GMP 的"主角"，只有全体员工对 GMP 正确理解并自觉执行，GMP 才能够顺利实施。企业生产环境、厂房、设施、设备等硬件，是实施 GMP 的"舞台"。没有这些硬件条件的保证，一切管理措施将无从着手。企业的各项管理制度等软件是实施 GMP 的"剧本"，一个优秀的"主角"在先进的"舞台"上，没有一个出色的"剧本"，就无法演好 GMP 这台"戏"。

三、兽医生物制品 GMP 管理中的关键点

（一）谨防污染

在生产过程中非预期发生的任何物质、微生物等与制品生产原料、半成品及成品的接触或生产成分之间的相互混淆统称为污染。污染会影响产品质量，甚至导致重大安全事故。GMP 就是对生产全过程中的环境、厂房、人员（洁净及行为）、设施（设备及容器）、原辅材料、生产工艺、包装、仓储、销售、运输及管理制度等方面进行规范化管理和控制，保障生产条件、减少操作随意性，防止污染产生。

在防止产品被污染的同时，也要考虑产品对环境和人员的安全性，防止兽医生物制品的生产对环境和生产人员的影响。

（二）强化验证

验证就是任何程序、生产过程、设备、物料、活动或系统确实能达到预期结果的有文件证明的一系列活动，其作用就是"变设想为事实"，为可靠的生产工艺参数提供数据支撑。只有经过验证后的生产工艺参数等才能放心使用。GMP 的本质可以看作是在广泛验证及反复验证（前期验证、同步验证、再验证及项目性验证）中进行生产活动。

GMP 实施中的各种测试、检验、试验、数据收集分析等，以及对人员的培训考核，对规章制度的制订、执行、修改、再执行等，实质上都是验证的手段。

（三）严守制度

GMP 管理的核心是依靠制定制度并严格执行。制定各项规章制度的过程就是总结优良行为、否定不良行为的过程；执行各项规章制度的过程就是发扬优良行为、限制不良行为的过程。其基本要求为：有一项工作（或活动）就必须有一项制度，有制度就必须执行，有执行就必须记录，有记录就要有综合（分析、检查），有综合（分析、检查）就有提高（改进、修订）。上述过程在企业内部反复循环运行，从而不断提高生产质量管理水平。

（四）安全是基础

没有安全，就没有质量。一般来说，兽医生物制品生产中要注意生产安全，厂房、设备等不能对员工健康造成威胁，生产过程中应消除安全隐患，杜绝爆炸、有毒气体产生等危险事故的发生。另外，还需要注意生物安全。由于兽医生物制品生产、检验中需要用到菌（毒、虫）种，有的菌（毒、虫）甚至是烈性传染病病原、人畜共患病病原等，因此必须采取各种有效措施，防止活毒微生物感染操作者，更要防止活毒微生物溢出操作区，对周围环境造成影响。

（高艳春　康孟佼　谭克龙　夏业才）

第三节　兽医生物制品 GMP 技术标准

现行《兽药生产质量管理规范》由农业部于 2002 年发布，促进了 GMP 工作发展。本节按照现行《兽药生产质量管理规范》对 GMP 的具体内容予以介绍。

一、机构与人员

（一）机构设置

企业应建立完善各类机构，机构和人员职责应明确，各企业至少应建立生产管理部门和质量管理部门，且赋予应有的职责。

质量管理部门一般分检验（quality control, QC）和监督（quality assurance, QA）两部分，构成一套完整的质量管理系统。质量管理部门具有判断原辅材料、半成品、成品是否合格、成品可否出厂等的决定权。质量管理部门应有足够权威，确保在公司内部顺利实施质量管理职能，如

GMP 中要求该部门应由企业负责人直接领导。

生产管理部门与质量管理部门平行设立，且生产管理部门负责人和质量管理部门负责人均应由专职人员担任，并不得互相兼任。

（二）人员资质

生产管理部门、质量管理部门的负责人，以及负责这两个部门的企业负责人应具有兽医、生物制药等相关专业大专以上学历。

从事高风险性微生物有关制品的生产人员、检验人员主要指直接接触具有活性的高风险性微生物的人员，如高风险性微生物种子储存保管人员、种子领取人员、抗原制备至灭活阶段的各类人员，该类人员应经相应专业的技术培训。

专职质量检验人员应具有本专业中专以上文化程度，经卫生学、微生物学等培训，具有基础理论知识和实际操作技能，并持有中国兽医药品监察所核发的培训合格证。质量管理部门负责人（或质量检验负责人）的任命、变更应报中国兽医药品监察所和省级兽药监察机构备案。

现场检查验收中，需对人员资质、专业知识掌握情况进行考核。有 3 种考核方式：一是查阅企业的培训、考核记录；二是现场理论考核，通过有针对性的提问，了解某些岗位、某些人员掌握专业知识的程度；三是现场操作考核，针对某一岗位操作是否正确、操作熟练程度等进行考核。

二、厂房与设施

生物制品企业的厂房与设施一般包括生产厂房、质检室、检验动物房、仓储、工艺用水处理设施、活毒废水处理设施等，有危险品的还应有危险品库，生产中需要使用动物的还需要生产动物房。

（一）厂房设计、建设及布局总体要求

（1）生产区域的布局要顺应工艺流程，减少生产流程的迂回、往返；车间总体结构一般分为洗涤辅助区、抗原生产区和配苗分装区。性质相同的多个抗原生产区，允许共用洗涤辅助区和配苗分装区；不同性质的产品不能共用，如活疫苗和灭活疫苗就不能共用同一个配苗区等。

（2）生物制品应按微生物类别、性质的不同分开生产。强毒菌种与弱毒菌种、生产用菌毒种与非生产用菌毒种、生产用细胞与非生产用细胞、活疫苗与灭活疫苗、灭活前与灭活后、脱毒前与脱毒后的生产操作区域和贮存设备应严格分开。

（3）不同空气洁净度级别的洁净室（区）之间的人员及物料出入，应有防止交叉污染的措施。原则上不同洁净度级别洁净室（区）的人流通道应设置缓冲间、更衣室；从负压区出来的人流通道，应设置强制淋浴设施。物料进入洁净区应走物流通道，进入无菌洁净区的物料应先进行消毒灭菌处理，对传出的物料或废弃物应进行无害化处理，从负压区出来的物料或废弃物应进行原位消毒。洁净室（区）与非洁净室（区）之间应设缓冲室、气闸室或空气吹淋等防止污染的设施。洁净度级别高的房间宜设在靠近人员最少到达、干扰少的位置，洁净度级别相同的房间要相对集中。洁净室（区）内安装的水池、地漏不得对制品产生污染。

（4）操作区内仅允许放置与操作有关的物料，设置必要的工艺设备，用于生产、贮存的区域不得用作非区域内工作人员的通道，不应有将某功能间当作通向另外一个功能间的通道。

（5）生产、检验过程中产生的污水、废弃物、动物粪便、垫草、带毒尸体等应具有相应进行无害化处理的设施。强毒生产、检验区域应按照原位消毒（原位消毒系指在移出负压区前进行的消毒处理。废弃物从负压区一侧进行处理，消毒后从正压区一侧取出）的要求设计，防止散毒事件发生。

（6）灭活疫苗抗原生产区域一般设置为负压，洗涤区、配苗分装区和活苗抗原生产区域一般设置为正压。但人畜共患病活疫苗等特殊产品的压力参数，应根据具体情况和政策要求进行设置。

（7）厂房应便于进行清洁工作。非洁净室（区）厂房的地面、墙壁、天棚等内表面应平整、清洁、无污迹、易清洁。洁净室（区）内表面应平整光滑、耐冲击、无裂缝、接口严密、无颗粒物脱落，并能耐受清洗和消毒，墙壁与地面的交界处宜成弧形或采取其他措施，地面应平整光滑、无缝隙、耐磨、耐腐蚀、耐冲击、易除尘清洁。厂房及仓储区应有防止昆虫、鼠类及其他动物进入的设施。

（8）仓储区建筑应符合防潮、防火的要求，并有符合规定的消防间距和交通通道。仓储面积应适用于物料及产品的分类，且物料及产品应有

序存放。待检、合格、不合格物料及产品应分库保存或严格分开码垛贮存，并有易于识别的明显标记。易燃易爆的危险品、废品应分别在特殊的或隔离的仓库内保存。毒性药品、麻醉药品、精神药品应按规定保存。

（9）仓储区应保持清洁和干燥，照明、通风等设施及温度、湿度的控制应符合储存要求并定期监测。对温度、湿度有特殊要求的物料或产品应置于能保证其稳定性的仓储条件下储存。

（二）洁净级别设置要求

进入洁净室（区）的空气必须净化，并根据生产工艺要求划分空气洁净级别。洁净室（区）内空气的微生物数和尘粒数应定期监测，监测结果应记录存档。

空气净化的过程主要包括 3 个部分：一是过滤，利用过滤器有效地控制送入室内的全部空气的洁净度。二是气流方式，利用合理的气流组织排除已经发生的污染，由送风口送入洁净空气，使室内产生的微粒和细菌被洁净空气稀释后强迫其由回风口进入系统的回风管路，在空调设备的混合段和从室外引入的经过过滤的新风混合，再经过进一步过滤后又进入室内，通过反复循环将污染控制在一个稳定的范围内。三是压差，调整后可使不同级别洁净室间的空气静压差大于 5 帕，洁净室与非洁净室间的静压差大于 10 帕洁净室与室外大气间静压差大于 12 帕，以防止外界污染和/或交叉污染物从门或各种缝隙部位侵入室内。

企业在制定 GMP 管理文件时，要考虑洁净区域内最大进入人数和洁净室的"自净时间"。自净时间表明了洁净室的"恢复能力"。本项测定必须在洁净室停止运行相当时间，室内含尘浓度已接近大气尘浓度时进行。先测出洁净室室内悬浮粒子浓度，立即开机运行，定时读数，直到室内悬浮粒子浓度达到最低限度为止，该段时间即为自净时间。自净时间代表了净化系统对污染源的稀释能力或消除能力。

控制洁净区微粒污染的途径主要有 3 个方面：通过空气净化、压差，有效地阻止室外的污染物侵入室内（或防止室内污染物逸出室外，如活毒）；通过气流组织，迅速有效地排出室内已经发生的污染；控制污染源，减少污染发生量。

1. 10000 级背景下的局部 100 级 细胞的制备、半成品制备中的接种、收获及灌装前不经除

菌过滤制品的合并、配制、灌封、冻干、加塞、添加稳定剂、佐剂、灭活剂等。

2. 10000 级 半成品制备中的培养过程，包括细胞的培养、接种后鸡胚的孵化、细菌培养，以及灌装前需经除菌过滤制品的配制、精制、添加稳定剂、佐剂、灭活剂、除菌过滤、超滤等，体外免疫诊断试剂中阳性血清的分装、抗原或抗体分装等。

3. 100000 级 鸡胚的孵化、溶液或稳定剂的配制与灭菌、血清等的提取、合并、非低温提取、分装前的巴氏消毒、轧盖及制品最终容器的精洗、消毒等；发酵培养密闭系统与环境（暴露部分须无菌操作）；酶联免疫吸附试剂的包装、配液、分装、干燥等。

4. 有菌（毒）操作区与无菌（毒）操作区应有各自独立的空气净化系统。来自病原体操作区的空气不得再循环或仅在同一区内再循环，来自危险度为二类以上病原体的空气应通过除菌过滤器排放，对外来病原微生物操作区的空气排放应经高效过滤，滤器的性能应定期检查。强毒微生物操作区应有独立的空气净化系统，排出的空气应经高效过滤。

（三）烈性传染病、人畜共患病病原的操作要求

操作烈性传染病、人畜共患病病原的人员应有符合要求的人身防护和防止散毒的强制性措施。要有符合要求的无菌工作服（无口袋、无横褶、尽量不用纽扣、上下连体式，最好是连袜帽）、手套、帽子、口罩、工作鞋等。硬件上，应设负压系统、强制淋浴系统及原位消毒设施；管理上，人员需淋浴后才能离开，废弃物（包括用后的衣服）须经消毒后方可移出。操作可通过黏膜传播的人畜共患病病原微生物的岗位宜增加护目镜等防护措施。

操作烈性传染病病原、人畜共患病病原、芽孢菌应在专门厂房内的隔离或密闭系统内进行，其生产设备须专用，并有符合相应规定的防护措施和消毒灭菌、防散毒设施。生产操作结束后的污染物品应在原位消毒、灭菌后，方可移出生产区。

（四）压差设置要求

空气洁净度级别不同的相邻洁净室（区）之

间的静压差应大于 5 帕，洁净室（区）与非洁净室（区）之间的静压差应大于 10 帕，洁净室（区）与室外大气（含与室外直接相通的区域）的静压差应大于 12 帕，并应有指示压差的装置或设置监控报警系统。对生物制品的洁净室车间，上述规定的静压差数值绝对值应按工艺要求确定。强毒微生物操作区排出空气的滤器应定期检查，确保滤器始终处于正常工作状态。高效过滤器须根据寿命、使用情况等定期进行检漏试验，调换或修理后也须做检漏实验。检漏前或更换前应先对高效过滤器进行消毒，消毒方式应经有效验证，以确保生物安全。

静压差主要作用为：在门窗关闭的情况下，防止洁净室外的污染物由缝隙进入洁净室内，或防止室内活体逃逸；在门开启时，保证有足够的气流向外流动，尽量削减由开门动作和人的进入瞬时带进来的气流量，并在以后门开启状态下，保证气流方向是向外（或向内）的，以便把带入的污染物减小到最低程度。

无菌制剂生产加工区域应当符合洁净度级别要求，并保持相对正压；操作有致病作用的微生物应当在专门区域内进行，并保持相对负压；采用无菌工艺处理病原体的负压区或生物安全柜，其周围环境应当是相对正压的洁净区。

（五）质检室、检验动物房设置要求

（1）质量管理部门应根据需要设置检验实验室、留样观察实验室及其他各类实验室，能根据需要对实验室洁净度、温湿度进行控制并与兽药生产区分开。生物检定、微生物限度检定和生物制品检验用强、弱毒操作间要分室进行。

（2）对环境有特殊要求的仪器设备，应放置在专门的仪器室内，并有防止外界因素影响的设施。

（3）实验动物房应与其他区域严格分开，其设计建造应符合国家相关规定。企业须设置检验动物房，如有生产动物房，应与检验动物房严格分开。检验动物房原则上设置安检、效检免疫和攻毒 3 个区，活疫苗安检区和效检区须相对分开设置。

（六）温湿度控制、照度及工艺用水设置要求

（1）工艺用水的水处理及其配套设施的设计、安装和维护应能确保达到设定的质量标准和需要，并制定工艺用水的制造规程、贮存方法、质量标准、检验操作规程及设施的清洗规程等。

（2）洁净室（区）内应根据生产要求提供足够照明。主要工作室的最低照度不得低于 150Lx，对照度有特殊要求的生产区域可设置局部照明。厂房内应有应急照明设施。厂房内其他区域的最低照度不得低于 100Lx。洁净室（区）内各种管道、灯具、风口及其他公用设施，在设计和安装时应考虑使用中避免出现不易清洁的区域。

（3）洁净室（区）的温度和相对湿度应与生产工艺要求相适应。无特殊要求时，温度应控制在 18～26℃，相对湿度控制在 30％～65％。

（4）与制品直接接触的干燥用空气、压缩空气和惰性气体应经净化处理，其洁净程度应与洁净室（区）内的洁净级别相同。

三、设备

（1）生产设备和检验设备须与所生产制品相适应，其性能和主要技术参数应能保证生产和产品质量控制的需要。设备的设计、选型、安装应符合生产要求，易于清洗、消毒或灭菌，便于生产操作、维修和保养，并能防止差错和减少污染。

（2）生产设备的安装需跨越两个洁净度级别不同的区域时，应采取密封的隔断装置。与制品直接接触的设备表面应光洁、平整、易清洗或易消毒、耐腐蚀，不与制品发生化学变化或吸附制品，设备所用的润滑剂、冷却剂等不得对兽药或容器造成污染。例如，设备专用于生产孢子形成体，当加工处理一种制品时应集中生产。在某一设施或一套设施中分期轮换生产芽孢菌制品时，在规定时间内只能生产一种制品。

（3）传输设备不应在万级的活毒操作洁净室（区）和过敏原操作洁净室（区）与低级别的洁净室（区）之间穿越。穿越较低级别区域的传输设备系指传输操作相连但在万级及其相邻低级别区不能分段循环的传输设备。传输设备不应在万级的强毒、活毒生物操作洁净室（区），以及强致敏原操作洁净室（区）与低级别的洁净室（区）之间穿越；必要时对洞口加以遮挡或设空气幕，保证不同洁净区域之间的气流各自独立循环。

（4）与设备连接的主要固定管道上应标明管内物料名称、流向。纯化水、注射用水的制备、

储存和分配系统应能防止微生物的滋生和污染。储罐和输送管道所用材料应无毒、耐腐蚀。管道的设计和安装应避免出现死角、盲管。储罐和管道应规定清洗周期和灭菌周期。注射用水储罐的通气口应安装不脱落纤维的疏水性除菌滤器。生产用注射用水应在制备后6h内使用；或在制备后4h内灭菌、72h内使用；或在80℃以上保温、65℃以上保温循环或4℃以下存放。

（5）生产设备上应有明显的状态标识，并定期维修、保养和验证。设备安装、维修、保养操作不得影响产品的质量。不合格的设备应搬出生产区，未搬出前应有明显标识。用于生产和检验的仪器、仪表、量器、衡器等的适用范围和精密度应符合生产要求和检验要求，有明显的合格标识，并定期经法定计量部门校验。

（6）生产、检验设备及器具均应制定使用、维修、清洁、保养规程，定期检查、清洁、保养与维修，并由专人进行管理和记录。生产过程中污染病原体的物品和设备均应与未用过的灭菌物品和设备分开，并有明显标识。

（7）主要生产和检验设备、仪器、衡器均应建立设备档案，内容包括生产厂家、型号、规格、技术参数、说明书、设备图纸、备件清单、安装位置及施工图，以及检修和维修保养内容和记录、验证记录、事故记录等。

四、物料

常规制品生产、检验中最重要的，并可直接影响半成品、成批质量的物料包括培养基、菌（毒）种、细胞、血清、鸡胚，以及其他动物源性原材料等。另外，重要的物料还包括标签、说明书等包装材料。

（一）基本要求

（1）应制定所用物料的购入、贮存、发放、使用等管理制度。

（2）制品生产所需物料应符合兽药国家标准、药品标准、包装材料标准、兽医生物制品规程或其他有关标准，不得对制品质量产生不良影响。用于禽用活疫苗生产的鸡胚应达到SPF级。

（3）生产所用物料应从合法或符合规定条件的单位购进，并按规定入库。待验、合格、不合格物料应严格管理，有易于识别的明显标识和防

止混淆的措施，并建立物料流转账卡。不合格的物料应专区存放，并按有关规定及时处理。

（4）对温度、湿度或其他条件有特殊要求的物料、中间产品和成品，应按规定条件贮存。固体、液体原料应分开贮存；挥发性物料应注意避免污染其他物料。兽用麻醉药品、精神药品、毒性药品（包括药材）及易燃易爆和其他危险品的验收、贮存、保管、使用、销毁应严格执行国家有关规定。

（5）物料应按规定的使用期限贮存，未规定使用期限的，其贮存一般不超过3年，期满后应复验。贮存期内如有特殊情况应及时复验。

（二）标签说明书、菌毒种和细胞

（1）标签、说明书应与兽医行政管理部门批准的内容、式样、文字相一致。

（2）标签、说明书均应按品种、规格专柜或专库存放，由专人验收、保管、发放、领用；印有批号的残损或剩余标签及包装材料应由专人负责计数销毁；标签发放、使用、销毁应有记录。

（3）动物源性原材料使用时要有详细记录，内容至少包括动物来源、动物繁殖和饲养条件、动物健康情况。用于疫苗生产、检验的动物应符合《兽医生物制品规程》规定的"生产、检验用动物暂行标准"。

（4）需建立生产用菌毒种的原始种子批、基础种子批和生产种子批系统。种子批系统应有菌毒种原始来源、菌毒种特征鉴定、传代谱系、菌毒种是否为单一纯培养微生物、生产和培育特征、最适保存条件等完整资料。

（5）生产用细胞需建立原始细胞库、基础细胞库和生产细胞库系统。细胞库系统应包括：细胞原始来源（核型分析，致瘤性）、群体倍增时间、传代谱系、细胞是否为单一纯培养细胞系、制备方法、最适保存条件、控制代次等。

五、卫生

（1）企业应有防止污染的卫生措施，制定环境、工艺、厂房、人员等各项卫生管理制度，并由专人负责。

（2）生产车间、工序、岗位均应按生产和空气洁净度级别的要求制定厂房、设备、管道、容器等清洁操作规程。

（3）工作服的选材、式样及穿戴方式应与生产操作和空气洁净度级别要求相适应，不同级别洁净室（区）的工作服应有明显标识，并不得混用。洁净工作服的质地应光滑，不产生静电，不脱落纤维和颗粒性物质。无菌工作服须包盖全部头发、胡须及脚部，并能最大限度地阻留人体脱落物。

不同空气洁净度级别操作区使用的工作服应分别清洗、整理，必要时进行消毒或灭菌。工作服洗涤、灭菌时不应带入附加的颗粒物质。应制定工作服清洗制度，确定清洗周期。进行病原微生物培养或操作区域内使用的工作服应在消毒后清洗。

（4）洁净室（区）内人员数量应严格控制，仅限于该区域生产操作人员和经批准的人员进入。在生产日内，没有经过明确规定的去污染措施，生产人员不得由操作活微生物或动物的区域进入到操作其他制品或微生物的区域。与生产过程无关的人员不应进入生产控制区，必须进入时须穿着无菌防护服。

（5）更衣室、浴室及厕所的设置及卫生环境不得对洁净室（区）产生不良影响。生产区内不得吸烟及存放非生产物品和个人杂物，生产中的废弃物应及时处理。进入洁净室（区）的人员不得化妆和佩戴饰物，不得裸手直接接触兽药。

（6）洁净室（区）内应使用无脱落物、易清洗、易消毒的卫生工具，卫生工具应存放于对产品不造成污染的指定地点，并应限定使用区域。洁净室（区）应定期消毒，使用的消毒剂不得对设备、物料和成品产生污染。洁净区和需要消毒的区域，应选择使用一种以上的消毒方式，定期轮换使用，并进行检测，以防止产生耐药菌株。

（7）应建立生产人员健康档案。直接接触兽药的生产人员每年至少体检一次。传染病、皮肤病患者和体表有伤口者不得从事直接接触兽药的生产。

（8）从事生产操作的人员应与动物饲养人员分开。

六、验证

验证是指能证明任何程序、生产过程、设备、物料、活动或系统确实能导致预期结果，且有文件证明的行动。

（1）兽医生物制品生产验证应包括厂房、设施及设备的安装确认、运行确认、性能确认、模拟生产验证、产品验证、仪器仪表的校验等。

（2）产品的生产工艺及关键设施、设备应按验证方案进行验证。当影响产品质量的主要因素，如工艺、质量控制方法、主要原辅料、主要生产设备或主要生产介质等发生改变时，以及生产一定周期后，应进行再验证。

①生物安全柜　除应对新增设备进行安装确认性验证外，还应对其性能及相关参数实施验证，确保其风量、风向、微粒、浮游菌、沉降菌、安全性能、操作效果等参数处于正常状态。

②发酵罐　除应进行新增设备安装确认验证外，还应对压缩空气系统、洁净蒸汽系统、冷凝水、空气过滤器、仪表监测系统、温度控制系统、配料添加及控制系统、罐体灭菌效果等内容与指标实施验证。投入正常使用后，应根据验证要求制定验证周期与相关规定，并能够按规定在一定时间间隔内组织再验证。

③冻干机　除应进行新增设备安装确认验证外，还应对空气过滤器、仪表监测及记录系统、温度控制系统、灭菌效果、模拟冻干、产品质量检定（无菌、水分、外观、澄明度）等内容与指标实施验证。投入正常使用后，应根据验证要求制定验证周期与相关规定，并能够按规定在一定时间间隔内组织再验证。

④灭菌柜　对于热灭菌柜而言，除应进行新增设备安装确认验证外，还应对空载热分布试验、负载热分布和热穿透试验、空气中及灭菌容器内尘埃粒子监测试验和微生物致死、细菌内毒素灭活，以及仪器校正等内容与指标进行验证。

对于湿热灭菌柜而言，除应进行新增设备安装确认验证外，还应对真空度试验、真空状态下灭菌腔室内泄露试验、热分布试验、热穿透和微生物致死试验，以及仪器校正等内容与指标进行验证。

⑤分装设备　除应进行新增设备安装确认验证外，还应对其分装速度、分装量、分装过程的无菌控制状态等进行验证。投入正常使用后，应根据验证要求制定验证周期与相关规定，并能够按规定在一定时间间隔内组织再验证。

⑥过滤系统　必要时应进行新增设备安装确认验证，同时应对其过滤前后过滤制品的微生物存在情况、滤液澄明度、灌装前后过滤器的完整

性等进行检查，以确认整个过滤系统能够按要求有效运行。投入正常使用后，应根据验证要求制定验证周期与相关规定，并能够按规定在一定时间间隔内组织再验证。

⑦活毒废水处理设备　除应进行新增设备安装确认验证外，还应对其温度、压力、灭菌时间、灭菌效果、过滤器性能等内容和指标进行检查和验证。

（3）应根据验证对象提出验证项目，制定工作程序和验证方案。验证工作程序包括：提出验证要求、建立验证组织、完成验证方案的审批和组织实施。验证方案包括：验证目的、要求、质量标准、实施所需要的条件、测试方法、时间进度表等。验证工作完成后应写出验证报告，由验证工作负责人审核、批准。验证过程中的数据和分析内容应以文件形式归档保存。验证文件应包括验证方案、验证报告、评价和建议、批准人等。

七、文件

文件是质量保证体系的基本要素，企业应建立完整的生产管理文件、质量管理文件和各类管理制度、记录。且应建立文件的起草、修订、审查、批准、撤销、印刷和保管的管理制度。

（一）生产管理文件

主要包括生产工艺规程、岗位操作法或标准操作规程、批生产记录等。

（1）生产工艺规程内容　包括品名，剂型，处方，生产工艺的操作要求，物料、中间产品、成品的质量标准和技术参数及贮存注意事项，成品容器，包装材料的要求等。

（2）岗位操作法内容　包括生产操作方法和要点，重点操作的复核、复查，半成品质量标准及控制，安全和劳动保护，设备维修、清洗，异常情况处理和报告，工艺卫生和环境卫生等。

（3）标准操作规程内容　包括标题、编号、制定人及制定日期、审核人及审核日期、批准人及批准日期、颁发部门、生效日期、分发部门、标题及正文。

（4）批生产记录内容　包括产品名称、剂型、规格、本批的配方，以及投料、所用容器和标签，包装材料的说明、生产批号、生产日期、操作者、复核者签名，有关操作与设备、相关生产阶段的

产品数量、物料平衡的计算、生产过程的控制记录、检验结果及特殊情况处理记录，并附产品标签、说明书。

（二）产品质量管理文件

（1）产品的申请和审批文件。

（2）物料、中间产品和成品质量标准、企业内控标准及其检验操作规程。

（3）产品质量稳定性考察。

（4）批检验记录，并附检验原始记录和检验报告单。

（三）文件数据的填写

填写应真实、清晰，不得任意涂改；若确需修改，需签名和标明日期，并应使原数据仍可辨认。分发、使用的文件应为批准的现行版本，已撤销和过时文件除留档备查外，不得在工作现场出现。

八、生产管理

生产管理是制品生产过程的重要环节，在生产过程中要做到"所有行为有标准、所有操作有记录、所有行为防污染"。生产管理的重点包括标准管理、生产过程管理、批号管理、包装管理、生产记录管理、物料平衡检查和清场管理。

在生产过程中应采取的措施包括：①制品生产所依据的标准就是生产工艺规程、岗位操作法或标准操作规程，不得任意更改；如需更改，应按原文件制定程序办理有关手续；②在生产操作前，操作人员应检查生产环境、设施、设备、容器的清洁卫生状况和主要设备的运行状况，认真核对物料、半成品数量及检验报告单，并应确认生产环境中无上次生产遗留物；③生产过程应按工艺、质量控制要点进行中间检查，并填写生产记录；④不同产品品种、规格的生产操作不得在同一生产操作间同时进行；⑤生产过程中应防止物料及产品所产生的气体、蒸汽、喷雾物或生物体等引起的交叉污染；⑥有数条包装线同时进行包装时，应采取隔离或其他有效防止污染或混淆的设施；⑦每一生产操作间或生产用设备、容器应有所生产的产品或物料名称、批号、数量等状态标识；⑧应根据产品工艺规程选用工艺用水，工艺用水应符合质量标准，并定期检验，检验有记录；⑨批生产记录应及时填写，做到字迹清晰、

内容真实、数据完整，并由操作人及复核人签名。记录应保持整洁，不得撕毁和任意涂改；更改时应在更改处签名，并使原数据仍可辨认。批生产记录应按批号归档，保存至产品有效期后 1 年；⑩每批产品均应编制生产批号。用同一生产种子批和同一原材料生产，在同一容器内混匀分装的生物制品为一批。同一批制品如在不同冻干柜内进行冻干，或分为数次冻干时，应按冻干柜或冻干次数划分为亚批；⑪产品应有批包装记录，并纳入批生产记录；⑫每批产品的每一生产阶段完成后必须由生产操作人员清场，并填写清场记录。清场记录应纳入批生产记录。

九、质量管理

质量管理是 GMP 的核心部分，生产企业的管理都是围绕质量管理展开的。质量管理活动贯穿于制品生产的始终，从原辅材料供应商评估到产品的最终质量检验，从成品的销售到出现投诉与不良反应时的产品召回，从生产过程的监控到企业的自检，质量管理活动无处不在。质量管理的水平直接影响 GMP 能否顺利实施，质量工作的覆盖面、质量管理人员对各项工作的参与程度直接影响质量管理水平，而提高企业的质量管理水平，必须设置独立的直属企业领导人领导的质量管理部门，配备足够资格和数量的质量管理和检验人员。生产企业须设置质量检验机构，配备与所生产产品、拟生产产品及主要原材料的全项质量检验的仪器设备，检验实验室和动物室应与制品生产规模、品种、检验要求相适应。不得委托其他单位（企业）进行产品质量检验。质量管理部应履行对制品生产全过程进行质量管理和检验的职责。主要包括：①负责组织自检工作；②负责验证方案的审核；③制修订物料、中间产品和成品的内控标准和检验操作规程，制定取样和留样观察制度；④制定检验用设施、设备、仪器的使用及管理办法、实验动物管理办法及消毒剂使用管理办法等；⑤决定物料和中间产品的使用；⑥审核成品发放前的批生产记录，审核批签发，决定成品发放；⑦审核不合格品处理程序；⑧对物料、标签、中间产品和成品进行取样、检验、留样，并出具检验报告；⑨定期监测洁净室（区）的尘粒数和微生物数和对工艺用水的质量监测；⑩评价原料、中间产品及成品的质量稳定性，

为确定物料贮存期、兽药有效期提供数据；⑪负责产品质量指标的统计考核及总结报送工作；⑫负责建立产品质量档案工作；⑬负责组织质量管理人员、检验人员的专业技术及 GMP 培训、考核及总结工作；⑭会同企业有关部门对主要物料供应商质量体系进行评估。

十、产品销售与收回

企业应建立销售与收回管理制度。每批成品均应有销售记录，根据销售记录应能追查每批产品的售出情况，必要时应能及时全部追回。销售记录应保存至产品有效期后 1 年。

企业应建立产品退货和收回书面程序，并有记录。因质量原因退货和收回的产品，应在企业质量管理部门监督下销毁。

十一、投诉与不良反应报告

企业应建立产品不良反应报告制度，指定专门部门或人员负责管理。对用户的产品质量投诉和产品不良反应应详细记录和调查处理，并连同原投诉材料存档备查。对产品不良反应及时向当地兽医行政管理部门提出书面报告，出现重大质量问题和严重的安全问题时，应立即停止生产，并及时向当地省级兽医行政管理部门报告。

十二、自检

企业应制定自检计划和自检方案，设立自检工作组。自检工作组应按照程序实施自检，并形成自检报告。自检报告应能全面反映自检情况，描述检查全过程、叙述检查到的问题和总结检查不足之处，提出改进建议。自检完成后应对自检发现的问题制订整改计划，并对整改计划的实施情况进行跟踪检查。自检报告和记录应归档。自检工作每年至少一次。

第四节 现有生产线名称汇总

全国已有的兽医生物制品生产线按类别汇总如下。

一、灭活疫苗类

有：胚毒灭活疫苗生产线、细胞毒灭活疫苗生产线、细胞毒悬浮培养灭活疫苗生产线、细胞毒灭活疫苗生产线（含冻干灭活疫苗）、组织毒活灭活疫苗生产线、细菌灭活疫苗生产线、细菌灭活疫苗生产线（水产用）。

二、活疫苗类

有：胚毒活疫苗生产线、细胞毒活疫苗生产线、细胞毒悬浮培养活疫苗生产线、细胞毒活疫苗生产线（水产用）、细菌活疫苗生产线。

三、单独生产线

有：禽流感灭活疫苗生产线、禽流感细胞悬浮培养灭活疫苗生产线、口蹄疫灭活疫苗生产线、口蹄疫细胞悬浮培养灭活疫苗生产线、口蹄疫合成肽疫苗生产线、兔病毒性出血症灭活疫苗生产线、猪瘟活疫苗（兔源）生产线、球虫活疫苗生产线、芽孢活疫苗生产线。

四、其他

有：免疫学类诊断制品生产线（A 类）、分子生物学类诊断制品生产线（A 类）、免疫学类诊断制品生产线（B 类）、分子生物学类诊断制品生产线（B 类）、微生态制剂生产线、转移因子口服液生产线、转移因子注射液生产线、卵黄抗体生产线、单克隆抗体疫苗生产线、猪白细胞干扰素生产线、破伤风抗毒素生产线、发酵工程疫苗生产线、非最终灭菌无菌蛋白静脉注射剂、重组细胞因子生产线、核酸疫苗生产线。

（高艳春　康孟佼　谭克龙　夏业才）

第五节　兽医诊断制品生产质量管理规范主要特点

兽医诊断制品是兽医生物制品的组成部分，

是科学开展动物疫病监测、诊断及动物免疫状态监测的重要保证，是依法防疫的物质基础。以前，按照兽医生物制品 GMP 管理，兽医诊断制品准入门槛高、产品质量和数量不能完全满足市场需求。为此，农业部组织制定了《兽医诊断制品生产质量管理规范》，且已由农业部公告第 2334 号于 2015 年 12 月 6 日发布实施，在现行《兽药生产质量管理规范》基础上，科学降低了硬件要求，同时有针对性地加强了管理。现将《兽医诊断制品生产质量管理规范》主要特点介绍如下。

一、对兽医诊断制品和生产主体的界定

（一）兽医诊断制品的定义

根据《兽药管理条例》规定，诊断制品属于兽药，应当按照兽药进行管理。仅"诊断"用产品为兽医诊断制品，预防用血清等不属于诊断制品，检验用标准物质等也不属于诊断制品。本规范所指产品为用于动物体外疫病诊断或免疫状态检测的试剂（盒）。体内使用的诊断制品按通行的兽药 GMP 管理。残留检测试剂不在本规范管理范畴内。

（二）生产主体

拟生产诊断制品的单位，须按兽药生产审批程序办理有关手续，其主体须取得工商行政管理部门核发的法人营业执照或事业单位法人证书，能独立承担责任。具有以上执照或证书的单位（生产企业或研究机构等）可按本规范申请验收。

（三）分段管理

总体上划分为组装前阶段管理和组装阶段管理两段管理，前一个阶段的各组分既可自行生产，也可商品化购买或委托加工。

涉及动物病原微生物的抗原、阴阳性血清等物料，不允许外购，必须自制或委托加工。

自制涉及二类以下动物病原微生物的，可在符合本规范要求的生产线或符合要求的生物安全实验室进行；自制涉及二类及以上动物病原微生物的，制备场所应具备与所涉及病原微生物相适应的兽药 GMP 证书或生物安全三级（BSL‐3）实验室认可证书和高致病性动物病原微生物实验室资格证书等证明文件。

采取委托加工方式的，应优先从具备相应生

产条件的兽医生物制品 GMP 企业获取，并与供货单位签订委托加工合同。现有兽医生物制品企业不具备生产条件，需委托其他病原微生物实验室加工的，该实验室需具备相应实验室生物安全资格证书，并应与其签订委托加工合同。

二、机构与人员

相对于兽医生物制品 GMP，该部分内容没有显著变化，主要是将原 GMP 生物制品附录部分内容调整到了正文中。

三、厂房与设施

厂房布局区分为两类。一类是自制涉及病原微生物的抗原、阴阳性血清等，适用兽医生物制品 GMP；一类是诊断制品组装，适用本规范。下文未予以特别说明的，主要指后者。

（一）厂房布局

不考虑抗原和阳性血清生产的情况下，通常将厂房布局划分为 3 个区，包括前处理区（如瓶洗涤、脱外包等）、配液区、标定分装区（每个区再大致划分为物料成分的配制、标定与分装），以及组装区、包装区（试剂盒组装与包装）。

诊断制品生产单位须有设施包括厂房、质检室、仓储、空调系统、制水系统（包括实验室纯水仪等制水设施），根据实际情况可选的设施有动物房、抗原制备区等。

（二）功能间与操作区划分

根据诊断制品工艺的特殊性，在兽医生物制品 GMP 基础上增加以下内容。

（1）阳性物料的操作与阴性物料操作的功能间、人物流要分开设置。

（2）可在同一房间划分不同的操作区域，分别进行同一品种的不同环节操作或不同品种的操作，但不能同时进行。即不再按照生产环节逐一设置功能间，不同环节的操作可在同一区域内先后进行。

（3）同一生产线有多个功能间，如分别从事 ELISA 试剂盒和胶体金试纸条等的生产操作，在不共用功能间的前提下，允许同时生产。

（4）PCR 电泳区宜有相对独立房间或通风

橱，有排风和核酸污染物处理设施。

（5）电泳区应独立设置。可在一个功能间内设置一片区域，专用于电泳操作，该区域不能他用。

（6）对温湿度有特殊要求的，应增加相应设施等。

（三）抗原生产和动物房设置

如外购或委托加工抗原、阴阳性血清，则抗原、阴阳性血清生产用厂房等设施就不必设置。

生产单位可采取设置实验动物房或委托其他单位进行有关动物试验的方式，被委托试验单位的实验动物房必须具备相应的条件和资质，并符合规定要求。

（四）压差、洁净级别

抗原、阳性血清、质粒的处理操作应在至少万级净化环境下进行，与相邻区域保持相对负压，并符合有关生物安全防护规定。

酶联免疫吸附试验试剂、免疫荧光试剂、免疫发光试剂、聚合酶链反应（PCR 或 RT-PCR）试剂、金标试剂、干化学法试剂、细胞培养基、校准品与对照品、酶类、抗原、抗体和其他活性类组分的配制及分装等产品的配液、包被、分装、点膜、干燥、切割、贴膜，以及内包装等工艺环节，至少应在 10 万级净化环境下进行操作。压差建议设为正压。

如果整体环境为 10 万级，为达到万级或局部百级要求，可使用超净台或带净化的生物安全柜。考虑到诊断制品量少、成分多的特点（在前述设备中能完成），如能达到要求，则允许用超净台或带净化的生物安全柜代替房间整体净化。

（五）仓储区

诊断制品生产检验用主要物料及成品多需低温保存，且体积相对较小，多按品种集中装在小盒中保存。因此，诊断制品主要物料的保存应允许使用冰箱或冰柜。但至少应分 3 个冰箱或冰柜，分别存放待检物料、合格物料或不合格物料。冰箱内须分区保存，且建议放在小包装内，并注明状态。不再强制要求在库房中划分待检、合格、不合格等区域或单元。

由于主要原辅材料量少、体积较小，且保存在冰箱中，因此应允许在同一库房中分设不同冰箱以保存物料或成品，或成品与冰箱共同存放在库房中。但冰箱内物品须有序摆放、标识清楚，如用盒子等包装的，应在盒子上注明品名、批号及状态。

外包装材料等辅料应在其他库房保存。

（六）质检室

须设有质检室，功能间和设备应满足检验需要（根据产品检验项目而定）。

由于大部分诊断制品的质量标准中都有无菌检验项目，因此生产企业应建有无菌室或超净台，以满足检验需要。

如需在质检室进行微生物培养，则病毒培养与细菌培养应分功能间进行。

对自制涉及致病性微生物抗原、阳性血清的，要求将强毒、弱毒检验分开进行。

（七）动物房

不强制要求设置生产或检验动物房，但如果生产、检验中需要进行动物试验但未建动物房的，应出具书面证明资料，说明活动所在场地资质和委托情况，且该场地应满足制备加工需要和生物安全要求。

自建动物房的，应根据使用微生物情况，说明实验动物的后处理措施。

四、设备

根据兽药 GMP 附录增加了特有的设备要求，这些要求已经在打分标准中体现。

（一）设备检定

设备的灵敏度、精密度对制品质量有显著影响，尤其是诊断制品。一方面所需组分多，每种组分又相对较少，对设备的灵敏度、精密度要求更高；另一方面，诊断制品本身的用途对设备也有更高要求。如果设备精密度等达不到要求，这种缺陷会传递到诊断制品本身，从而放大了缺陷。因此，对设备性能应从严要求。

（二）冰箱、仓库、液氮罐

（1）对其温度应定期记录，及时维护，防止温度不当对产品造成影响。

（2）对冰箱、冷库等设备，除了设备自带温控显示外，还应置入检定合格的温度计。

五、物料

鉴于物料在诊断制品生产中的重要性和特殊性，因此需重点加强管理。

（一）物料性质

从近几年新批准的诊断制品工艺看，诊断制品成品检验中大多有"无菌检验"项目，因此应将这些诊断制品定义为"无菌"类产品。但在生产工艺中，有些成分需进行无菌检验，有些则不需要。但无论如何，所有物料处理时均应按照或参照无菌类要求进行操作。

（二）加强供应商评估

应加强供应商评估。首先，要求供应商有合格资质（法人营业执照或营业执照、行业许可证等），但有些供应商并无法律意义上的"资质"，生产商对其评估时更看重"质量"；其次，要求其质量指标稳定；再次，要求签订相对固定的供需合同，变更时需履行手续。

（三）主要组分管理

无论是自制还是外购等，使用前须对物料组分进行标定、检验，并有记录。

（四）对标准物质的管理

（1）有国家参考品的，就应使用国家参考品；没有国家参考品的，须自行制备，并应具备相应条件（如动物房、抗原、相应的生物安全实验室等）或采取委托加工等方式。

（2）制品生产所需物料应符合兽药国家标准或药品标准、包装材料标准等，并应建立企业内控标准。进口原辅料应符合国家相关进口管理规定。所用物料不得对制品的质量产生不良影响。

（3）制品生产企业应建立符合要求的物料供应商评估制度，对供应商的确定及变更应进行质量评估，并经质量管理部门批准后方可采购。所用物料应从合法或符合规定条件的单位购进，并签订固定的供需合同，按规定入库。

（4）主要物料的采购资料应能进行追溯，应按采购控制文件的要求保存供方的资质证明、采购合同或加工技术协议、采购发票、供方提供的产品质量证明、批进货检验（验收）报告或试样生产及检验报告。

（5）外购的标准品或对照品应能证明来源和溯源性。应记录其名称、来源、批号、制备日期（如有）、有效期（如有）、溯源途径、主要技术指标（含量或效价等）、保存条件和状态等信息，并建立企业内控质量标准。应对标准物质进行期间核查并保存有关记录。

使用标准物质应能对量值进行溯源。对检测中使用的自制校准品和对照品等工作标准品，应建立台账及使用记录。应记录其来源、批号、制备日期、有效期、溯源途径、主要技术指标（含量或效价等）、保存条件和状态等信息。应当定期对其特性进行持续稳定性检测并保存有关记录。

（6）自制已有国家标准物质工作标准品，每批工作标准品应当用国家标准物质进行溯源比对和标定，合格后才能使用。标定的过程和结果应当有相应记录。

自制尚无国家标准物质的工作标准品或对照品的，应当建立制备技术规范，制定工作标准品或对照品的质量标准，以及制备、鉴别、检验、批准和贮存的标准操作规程，并由多人或多单位比对或协作标定合格后才能使用。其技术规范应至少包括标准物质原材料筛选、样本量是否足够、协作标定方案及统计分析方法等。标定的过程和结果应有相应记录。

（7）应有检验所需的各种标准菌（毒、虫）种，并建立菌（毒、虫）种保存、传代、使用、销毁的操作规程和相应记录；标准菌（毒、虫）种应当有适当标识，内容至少包括菌（毒、虫）种名称、编号、代次、传代日期、传代操作人。

（8）用动物病原微生物培养自制抗原、阳性血清的，需建立生产用菌毒种的原始种子批、基础种子批和生产种子批系统。种子批系统应有原始菌毒种来源、菌毒种特征鉴定、传代谱系、菌毒种是否为单一纯微生物、生产和培育特征、最适保存条件等完整资料。

（9）生产用细胞需建立原始细胞库、基础细胞库和生产细胞库系统，细胞库系统应包括原始细胞来源（核型分析、致瘤性）、群体倍增数、传代谱系、细胞是否为单一纯细胞系、制备方法、最适保存条件控制代次等。

（10）使用动物源性原材料时要详细记录，内容至少包括动物来源、动物繁殖和饲养条件、动物健康状况。

（11）标签说明书内容适当从简。

六、卫生

诊断制品生产过程中的废弃物相对较少。须将废弃物进行分类，按照无毒、低毒、高毒分别采取无害化处理措施。

生产用动物尸体、组织的处理等按相关规定执行（参照通用 GMP 条款执行）。

七、验证

参照通用 GMP 条款，事事要验证。

八、文件

（1）增加了对标准物质的管理要求。
（2）强调了物料采购控制程序。
（3）增加了数据统计分析的内容。
（4）批次划分及中间产品、成品等具有诊断制品特点的内容需在企业文件相关内容中予以体现。

九、生产管理

（一）成品、中间产品的划分

对所有原料要进行检验。分装后的各组分为中间产品，需进行检验。中间品经组装后为成品。分装后的各个组分，严格意义上与疫苗中的"半成品"概念不完全相同，故在本规范中将"半成品"的概念改为"中间产品"，特指分装后的各组分或组分的集合。

（二）成品批次的划分

在规定期限内具有同一性质和质量，使用不同组分，且每种组分为同一批次生产出来的一定数量的制品为一批。应尽量将生产日期接近的组分组合成一个批次的试剂（盒）。试剂（盒）的有效期应以有效期最短组分的有效期为准。

（三）批记录

鉴于各组分通常为一次检验、多批次使用，因此可不要求将组分生产、检验记录纳入成品生产、检验记录中去，而是各组分按批次制备、检验，成品记录中注明各组分批次即可。

将成品批记录与包装记录合并。

（四）物料平衡

诊断制品组分较多，且各自需要有完整的内包装，缺少任何组分或混淆都会导致制品无法使用。因此，在包装后及半成品配制中均应进行物料平衡检查，如逐一称重核查、抽查等。

（五）房间状态标识

鉴于诊断制品厂房布局及生产操作中的特殊情况，应在每个功能间悬挂状态标识，注明正在进行的操作。

（六）清场概念的变化

（1）与疫苗生产不同，诊断制品清场概念仅指某个功能间或某功能间的某个区域。原则上要求处理一种成分、清一次场。

（2）如果同一品种的多种成分由同一组人（如 3 人）在同一天分别处理（标定、稀释、分装等），其进入并处理完一种成分后，再处理另外一种成分时，必须进行清场。

（3）如果同一品种的多种成分由同一组人（如 3 人）在同一天分别处理（标定、稀释、分装等），则应注重处理组分的顺序，先处理阴性成分，最后处理阳性成分，以防止阳性物料污染阴性物料。

（4）主要成分在使用前必须进行标定、检验。标定的过程和结果应当有相应记录。

十、质量管理

（1）增加数据汇总、统计分析职能。
（2）增加对标准物质、对照品质量管理职能。

十一、投诉与反应

鉴于本规范适用于体外诊断制品，故将该章节标题中的"不良反应"改为"反应"，去掉正文中不良反应有关条款。

十二、产品销售与回收、自检

无明显变化，自检中增加了自检后进行整改的要求。

十三、关于评定标准表

（一）评定方式

评定结果分为"N"、"Y"2 档及"/"（不涉及）。凡某项目符合要求的，评定结果标为"Y"；凡某项目不符合要求的，评定结果标为"N"。其中，关键项目不符合要求的为"严重缺陷"，一般项目不符合要求的为"一般缺陷"。凡某项目不适用的，评定结果标为"/"。

（二）项目分类

条款序号前标"A"的，表明该项目仅适用于"自制由动物病原微生物培养的涉毒抗原、阳性血清等情况"（A 类）；未标记字母的，说明该项目适用于所用情况。但所有项目在应用到某一具体现场检查时，仍可能有不涉及的情况出现。

（三）结果评定

（1）未发现严重缺陷且一般缺陷≤20%（缺陷项目数量/涉及的一般项目数量，下同）的，通过兽药 GMP 检查验收，作出"推荐"结论。

（2）发现严重缺陷或一般缺陷>20%的，不通过兽药 GMP 检查验收，作出"不推荐"结论。

（四）关于关键项

对自制涉毒抗原的，通用 GMP 打分表中的关键项全部保留，在进行打分时，如果涉及，则依然是关键项；同时建议就新增项目中比较重要的条款，增加关键项。

第六节　我国兽医生物制品 GMP 与美国 GMP 的简约比较

美国兽药 GMP 的实施分别由美国农业部和 FDA-CVM 承担，美国农业部主要负责生物制品类的 GMP 工作。

一、技术标准

美国兽药 GMP 的技术性法规主要是 21CFR，分为总则、组织机构与人员、建筑与设施、设备、药物成分及包装容器控制、生产与过程控制、包装与标签控制、文件持有与分发、实验室控制、留样、记录与报告、返回及剩余药物等章节。除此之外，兽药相关法规还包括 21 CFR 514、210、211、225、226、201 和 FFDCA 510、512 等。

在组织机构章节中，明确了人员资质与职责。在建筑与设施章节中，明确了设施建筑与建设及废水处理等，其中规定在厂房设计遇到问题时，可以咨询 FDA-CVM，以免事后更改，FDA-CVM 有专门的环境管理机构负责废水处理等生物安全问题。在设备章节中，要求设备不与产品发生反应，需对设备进行定期清洁，但验收后发生设备变更时，需报 FDA 同意，该章节中所称"设备"，还包括自动化电子仪器设备及过滤器。在药物成分及包装容器控制章节中，规定了物料、包装容器检验及批准使用的技术标准，要求物料按照先进先用原则使用，规定了物料使用、重检和拒绝使用等标准。在生产与过程控制章节中，规定了物料平衡、设备标识、在线取样、重现生产过程及各环节最长生产时限等内容。在包装和标签控制章节中，FDA 规定企业应按照批准的内容和版式印制标签说明书，印制的专利、商标等任何标识需改变的，应报 FDA 同意，但仅提供一小部分改变的资料即可，所有包装容器，从无菌处理到使用应规定最长间隔时间。在实验室控制中，规定了稳定性检验和留样等内容。在记录与报告章节中，规定可用计算机软件进行记录，即可采取信息化方式，但在 FDA 现场检查时，必须将有关内容打印出来，以纸质形式供 FDA 检查。特别要说明的是，到目前为止，FDA 尚未遇到以计算机软件记录的情况。

二、工作程序

美国兽药 GMP 验收按品种进行，与产品注册紧密结合，在产品注册后期按照注册人申请及提交的资料，对其进行现场 GMP 检查。

三、工作机制

目前 FDA 实行 cGMP（current GMP），即动态 GMP，其表现方式为不断更新技术标准，以满足日新月异的药品生产技术需求。其实现方式为制定指南（guidance），将在生产检验中遇到的各种问题及解决方式随时放到指南中，虽然指南没有名义上的法律约束力，但由于检查员和企业共同以指南中的有关内容为指导，因此指南实质上成为了有共同约束力的技术标准。

在其 GMP 中较多规定了目标、结果，对实现目标所采取的方式，经申请单位有效验证且认可后，则对其措施予以承认。

四、主要不同

（一）技术标准方面

美国 GMP 章节划分与我国兽药 GMP 不尽相同，但大体框架基本相同，不同之处主要在于细节和执行方面。

（二）工作程序方面

美国 GMP 与产品注册有机结合在一起，按品种进行验收。我国兽药 GMP 与注册工作各自相对独立，少部分按品种验收，大部分按类别进行检查。

（三）工作机制方面

美国实施 cGMP，与我国兽药动态 GMP 的名称相同但含义不同，这种技术标准更新机制相对比较灵活，满足了新技术、新设备等在制药行业的应用。可以说，当前两国 GMP 技术标准上的差异主要在于动态机制的技术标准更新。

（康孟伬　高艳春　夏业才）

第一节　我国的生物安全管理
机构和管理规定

兽医生物制品是一种特殊药品，其质量优劣直接关系畜禽疫病防控的有效性和安全性，也关系人类的健康和可能给生态环境造成的影响（主要是基因工程生物制品）。因此，世界各国对兽医生物制品的质量都非常重视，不仅制定了严格的生产、检验技术法规和质量标准（如药典、规程等），而且对制品研究和生产中的生物安全也进行严格管理。

几十年来，我国的《兽医生物制品规程》经过不断修改、补充，制品的质量标准和生产工艺规程得到不断完善，新品种逐年增加，质量安全水平不断提高，为控制与消灭我国畜禽传染病起了巨大作用。

一、我国生物安全管理机构

国务院1987年发布了《兽药管理条例》，规定由国务院农牧行政管理机构主管全国的兽药管理工作，并对兽医生物制品的生产、质量、经营和使用实行监督。凡生产生物制品的单位必须经农业农村部批准，取得兽药生产许可证和当地工商行政管理机构批准发放的营业执照。另外，生产的各种制品还必须取得农业农村部兽医行政主管部门发给的批准文号。

《病原微生物实验室生物安全管理条例》第三条指出，国务院兽医主管部门主管与动物有关的实验室及其试验活动的生物安全监督工作。目前，

农业农村部兽医局、中国动物疫病预防控制中心、中国兽医药品监察所、中国动物卫生与流行病学中心，以及北京、哈尔滨、兰州和上海四个分中心为主体，已经构成了较为完整的国家级动物疫病防控管理和技术支持体系。

中监所是农业农村部领导下的兽医生物制品质量监督、检验、鉴定的专业技术机构，负责全国兽医生物制品质量的最终技术仲裁，负责检验标准品、参照品和生产、检验用菌（毒、虫）种的研究、制备、标定、鉴定、保管和供应，培训技术人员，开展学术交流活动等。

新研制的兽医生物制品必须经过农业农村部兽药审评委员会审评通过后报农业农村部批准，始能投入批量生产。外国企业首次向我国出口生物制品，必须向农业农村部申请注册，并经质量复核符合标准，取得进口兽药注册许可证书后，才能按规定程序办理产品进口并在我国境内出售。出口生物制品，必须符合进口国的质量要求，并应报农业农村部批准。

我国县级以上各级人民政府兽医行政管理部门都负有生物安全监督管理职责，同时又各有分工。农业农村部主要负责组织制定法律法规和部门规章，开展兽医菌毒种进口和使用审批，以及高致病性禽流感、口蹄疫、小反刍兽疫等部分高致病性动物病原微生物试验活动审批；省级兽医行政管理部门主要负责组织制定各省兽医生物安全管理制度和规定，开展高致病性禽流感、口蹄疫、小反刍兽疫以外的高致病性动物病原微生物试验活动审批，以及跨省运输或出口动物病原微生物的审批；其他县级以上人民政府兽医行政管理部门负责对辖区内

的兽医研究、教学、生产等单位开展生物安全监督检查和查处。

二、兽医生物安全管理规定

动物病原微生物实验室生物安全是生物安全的重要组成部分，不仅直接关系动物疫病防控和公众健康，而且关系社会稳定和国家安全。近年来，各级兽医主管部门认真贯彻落实《病原微生物实验室生物安全管理条例》（以下简称《条例》）、《兽药管理条例》、《兽医实验室生物安全管理规范》、《高致病性动物病原微生物实验室生物安全管理审批办法》、《农业生物基因工程安全管理实施办法》等法律法规和农业农村部要求，严格依法开展动物病原微生物实验室生物安全监管工作，督促有关实验室落实生物安全责任制、完善内部管理制度，有力保障了公共卫生安全和生物安全。

（一）总则

兽医实验室生物安全防护内容包括安全设备、个体防护装置和措施（一级防护）、实验室的特殊设计和建设要求（二级防护）、严格的管理制度和标准化的操作程序与规程。

兽医实验室除了防范病原体对实验室工作人员的感染外，还必须采取相应措施防止病原体逃逸。未经农业农村部审批，不得跨省运输高致病性病原微生物菌（毒、虫）种，不得从国外进口菌（毒、虫）种或者将菌（毒、虫）种运到国外。

各实验室应制定有关生物安全防护综合措施，编写各实验室的生物安全管理手册，并有专人负责生物安全工作。

生物安全水平根据微生物的危害程度和防护要求分为 4 个等级，即 I 级、II 级、III 级、IV 级。在建设实验室之前，必须对拟操作的病原微生物进行风险评估，结合人和动物对其易感性、气溶胶传播的可能性、预防和治疗措施的获得性等因素，确定相应生物安全水平等级。I 级实验室和 II 级实验室不得从事高致病性病原微生物试验活动。III 级实验室和 IV 级实验室可从事高致病性病原微生物试验活动。

有关 DNA 重组操作和遗传工程体的生物安全管理应参照《农业生物基因工程安全管理实施办法》执行。

（二）安全设备和个体防护

安全设备和个体防护装置是确保实验室工作人员不与病原微生物直接接触的初级屏障。

实验室必须配备相应级别的生物安全设备。生物安全柜是最重要的安全设备，形成最重要的防护屏障。所有可能使病原微生物逸出或产生气溶胶的操作，必须在相应等级的生物安全控制条件下进行。

实验室配备的离心机应在生物安全柜或者其他安全设备中使用，否则必须使用安全密封的专用离心杯。实验室工作人员必须配备个体防护用品（防护帽、护目镜、口罩、工作服、手套等）。

实验室内应合理设置清洁区、半污染区和污染区，非试验有关人员和物品不得进入实验室。实验室的工作人员必须是受过专业教育的技术人员，在独立工作前需在中高级试验技术人员指导下进行上岗培训，达到合格标准，方可开始工作。实验室的工作人员必须被告知实验室工作的潜在危险并接受实验室安全教育，自愿从事实验室工作。实验室的工作人员必须遵守实验室的规章制度和操作规程。

兽医生物制品的生产、检验过程也涉及生物安全问题，此过程不仅关系产品质量，还涉及操作人员的人身安全问题，生产企业必须加以重视。

《兽药生产质量管理规范》（2002 年中华人民共和国农业部令第 11 号）指出，从事生物制品制造的全体人员（包括清洁人员、维修人员）均应根据其生产的制品和所从事的生产操作进行卫生学、微生物学等专业和安全防护培训。各类制品生产过程中涉及高危致病因子操作时，其空气净化系统等设施还应符合特殊要求。生产过程中使用某些特定活生物体阶段，要求设备专用，并在隔离系统或封闭系统内进行。操作烈性传染病病原、人畜共患病病原、芽孢菌应在专门的厂房内的隔离系统或密闭系统内进行，其生产设备须专用，并有符合相应规定的防护措施和消毒灭菌、防散毒设施。生产操作结束后的污染物品应在原位消毒、灭菌后，方可移出生产区。如设备专用于生产孢子形成体，当加工处理一种制品时应集中生产。在某一设施或一套设施中分期轮换生产芽孢菌制品时，在规定时间内只能生产一种制品。生物制品的生产应避免厂房与设施对原材料、中间体和成品的潜在污染。

以动物血、血清或脏器、组织为原料生产的制品必须使用专用设备，并与其他生物制品的生产严格分开。使用密闭系统生物发酵罐生产的制品可以在同一区域同时生产，如单克隆抗体和重组 DNA 产品等。各种灭活疫苗（包括重组 DNA 产品）、类毒素及细胞提取物的半成品生产可以交替使用同一生产区，在其灭活或消毒后可以交替使用同一灌装间和灌装、冻干设施，但必须在一种制品生产、分装或冻干后进行有效的清洁和消毒，清洁消毒效果应定期验证。用弱毒（菌）种生产各种活疫苗，可以交替使用同一生产区、同一灌装间或灌装、冻干设施，但必须在一种制品生产、分装或冻干完成后进行有效的清洁和消毒，清洁和消毒的效果应定期验证。操作有致病作用的微生物应在专门的区域内进行，并保持相对负压。

有菌（毒）操作区与无菌（毒）操作区应有各自独立的空气净化系统。来自病原体操作区的空气不得再循环或仅在同一区内再循环，来自危险度为二类以上病原体的空气应先通过除菌过滤器再排放，外来病原微生物操作区的空气排放前应经高效过滤，滤器的性能应定期检查。

使用二类以上病原体强污染性材料进行制品生产时，对其排出的污物应有有效的消毒设施。用于加工处理活生物体的生产操作区和设备应便于清洁和去除污染，能耐受熏蒸消毒。用于生物制品生产、检验的动物室应分别设置。检验动物室应设置安全检验动物室、免疫接种动物室和强毒攻击动物室。动物饲养管理的要求，应符合实验动物管理规定。

（三）实验室和生物制品生产企业选址、设计及建造要求

1. 实验室选址、设计和建造要求 实验室的选址、设计和建造应考虑对周围环境的影响。实验室应设洗手池（靠近出口处）。实验室围护结构内表面应易于清洁。地面应防滑、无缝隙，不得铺设地毯。实验室中的家具应牢固。应有专门放置生物废弃物容器的台（架）。实验室台面应不透水，耐腐蚀、耐热。实验室有可开启的窗户时，应设置纱窗。动物实验室除满足相应生物安全级别要求外，还应有隔离设施，并根据其

相应生物安全级别，保持与中心实验室的相应压差。

2. 生物制品生产企业选址、设计和建造要求

（1）厂址选择 不同于其他类型的企业选址，生物医药类企业在选址上不仅要考量到硬件条件，软件条件也是不容忽视的因素。生物医药类企业从最开始的立项审批，到药品研发、临床试验，再到最终的申请专利和合格上市，均要经过复杂的审批手续、漫长的研发过程和反复的试验改进。因此，生物医药类企业在选址及开发运营的过程中会格外谨慎，附加多个选址条件，甚至有些企业需要以个性化和高标准的方式来定制生产研发基地。

选址前必须弄清的基本情况是：产品种类和规模；需要的工艺流程；各种原料、辅料和成品的品种及数量；职工总人数；三废排放量、性质及可能造成的污染程度；水、电、气等公共系统的消耗和参数；工厂（厂区和住宅）的理想平面图和占地数量；工厂发展的趋向。

厂房选址还应注意：①厂房选址、设计、建设与维护总的控制原则是防止风险的发生。厂房与设施的选址、设计、建设、改造和维护必须符合药品生产要求，最大限度地"四防"。②应当根据厂房及生产防护措施综合考虑选址，厂房所处的环境应当能够最大限度地降低物料或产品遭受污染的风险。③厂房选址应避免其受环境的影响，如制药企业所处的周边环境是否远离铁路、码头、机场、火电厂、垃圾处理厂等。另外，需要考虑其厂区地理位置的常年主导风向，是否处于污染源的上风向侧，以避免受到污染。④避免选择地质灾害（地震断层、地震区、山体滑坡、泥石流等）常发生地区。

（2）厂区布置 基于对生产、安全、发展的综合考虑，厂区布置应注意的问题有：①企业应当有整洁的生产环境；厂区的地面、路面及运输等不应对药品的生产造成污染；生产区、行政区、生活区和辅助区的总体布局应合理，不得互相妨碍；厂区和厂房内的人、物流走向应合理；②厂房布局应考虑风向的影响，动物房、锅炉房、产尘车间等潜在污染源应位于下风向；③应当采取适当措施，防止未经批准人员进入，生产区、贮存区和质量控制区不应作为非本区工作人员的直接通道；④生物制品生产必须采用专用和独立的厂房、生产设施和设备；⑤使用强毒菌（毒）种

进行生产、检验及可能接触的场所必须严格隔离并设置专用的消毒设备，防止交叉感染；⑥实验动物舍和检验动物房应与其他区域严格分开，并设有专用的进出口及空气处理和消毒设备设施；⑦洁净厂房周围应进行绿化，尽量减少厂区内裸土面积。绿化措施以铺植草坪为主，植树应选用不产生花絮、绒毛、粉尘等对大气有不良影响的树种，不宜种花以防花粉污染；⑧厂区道路应宽敞，能通过消防车辆，路面应选用整体性好、发尘量少的覆面材料。

（3）厂房设计及建造　在厂房的设计及建造过程中应考虑的因素有：①在车间体型上，根据技术先进、经济合理、安全适用、确保质量等要求建造一单层大面积厂房最为合适。单层厂房的优点有：可以设计成大跨度厂房，柱子减少后分隔房间灵活、紧凑，节约面积；外墙面积最少，能耗少，受外界污染也少；车间布局可按工艺流程布置得最合理、最紧凑，生产过程中交叉污染的概率也最少；投资合理，尤其对地质条件差的地区，可使基础投资少；设备安装方便；物料、半成品及成品的输送中，有条件采用机械化输送，在有窗厂房设计中宜设置周围封闭外走廊。这种安排的优点是在洁净生产区外有一个起环境缓冲作用的外走廊，它不仅对洁净区的温、湿度为一缓冲地带，而且对防止外界污染也是非常有利的。②设计须符合国家有关安全防火、环保、劳保等方面技术法规要求。有完善的防火和报警系统、紧急出口和随时可用的应急照明灯等安全设施。在有害区域设置安全淋浴。紧急出口的门应向疏散的方向开启。③厂房应当有适当的照明、温度、湿度和通风设施，以确保生产和贮存的产品质量及相关设备性能不会直接或间接地受到影响。④厂房、设施的设计和安装应当能够有效防止昆虫或其他动物进入。应采取必要措施，避免所使用的灭鼠药、杀虫剂、烟熏剂等对设备、物料、产品造成污染。⑤厂房内部装修材料、装修质量和空气处理系统应达到GMP的清洁标准。

（四）生物安全操作规程

1. 一级生物安全实验室（BSL-1）　指按照BSL-1标准建造的实验室，也称基础生物实验室。在建筑物中，实验室无需与一般区域隔离。实验室人员需经一般生物专业训练。其标准操作要求如下。

（1）标准操作

①实验室主管须加强制度建设与管理，控制进出实验室人员的数量。实验员处理潜在有害物质后及离开实验室前须洗手。

②工作区内不准吃、喝、抽烟，不得用手接触隐形眼镜，不得存放个人物品（化妆品、食品等），食物应存放在实验室外专用的橱柜或冰箱中。

③严禁用嘴移液，需使用机械装置移液。

④防止皮肤损伤。

⑤所有操作均需小心，避免外溢和气溶胶的产生。

⑥所有废弃物在处理之前用公认有效的方法灭菌消毒。从实验室拿出消毒后的废弃物应放在一个牢固、不漏的容器内，并按照国家和地方有关法规进行处理。

⑦昆虫和啮齿类动物控制方案应参照其他有关规定进行。

（2）特殊操作　无。

2. 二级生物安全实验室（BSL-2）　指按照BSL-2标准建造的实验室，也称基础生物实验室。在建筑物中，实验室无需与一般区域隔离。实验室人员需经一般生物专业训练。其标准操作和特殊操作要求如下。

（1）标准操作

①实验室主管须加强制度建设与管理，控制进出实验室人员的数量。实验员处理潜在有害物质后及离开实验室前须洗手。

②工作区内不准吃、喝、抽烟，不得用手接触隐形眼镜，不得存放个人物品（化妆品、食品等），食物应存放在实验室外专用的橱柜或冰箱中。

③严禁用嘴移液，需使用机械装置移液。

④操作传染性材料后要洗手，离开实验室前脱掉手套并洗手。

⑤制定对利器的安全操作对策。

⑥所有操作均须小心，避免试验材料外溢、飞溅、产生气溶胶。

⑦每天完成试验后对工作台面进行消毒。试验材料溅出时，要用有效的消毒剂消毒。

⑧所有培养物和废弃物在处理前都要用高压蒸汽灭菌器消毒。消毒后的物品要放入牢固、不漏的容器内，按照国家法规进行包装，密闭传出处理。

⑨昆虫和啮齿类动物的控制应参照其他有关规定进行。

⑩妥善保管菌（毒）种，使用要前须负责人批准并登记使用量。

（2）特殊操作

①操作传染性材料的人员，由负责人指定。一般情况下，受感染概率增加或受感染后后果严重的人员不允许进入实验室。例如，免疫功能低下或缺陷的人员受感染的风险增加。

②负责人要告知工作人员工作中的潜在危险和所需的防护措施（如免疫接种），否则工作人员不能进入实验室工作。

③操作病原微生物期间，在实验室入口处须标记生物危险信号，其内容包括微生物种类、生物安全水平、是否需要免疫接种、研究者的姓名和电话号码、进入人员须佩戴的防护器具、退出实验室的程序。

④实验室人员需操作某些人畜共患病病原体时应接受相应的疫苗免疫或检测试验（如狂犬病疫苗和 TB 皮肤试验）。

⑤应收集和保存实验室人员及其他受威胁人员的基础血清，进行试验病原微生物抗体水平的测定，以后定期或不定期收取血清样本进行监测。

⑥实验室负责人应制定具体的生物安全规则和标准操作程序，或制定实验室特殊的安全手册。

⑦实验室负责人对试验人员和辅助人员要定期进行有针对性的生物危害防护专业训练。须防止微生物暴露，掌握评价暴露危害的方法。

⑧须高度重视对污染利器（包括针头、注射器、玻璃片、吸管、毛细管和手术刀）的安全处理对策。

⑨培养物、组织或体液标本的收集、处理、加工、储存、运输过程，应放在防漏的容器内进行。

⑩操作传染性材料后，应对使用的仪器表面和工作台面进行有效消毒，特别是发生传染性材料外溢、溅出或其他污染时更要严格消毒。污染的仪器在送出设施检修、打包、运输之前都要进行消毒。

⑪发生传染性材料溅出或其他事故时须立即报告负责人，负责人应进行恰当的危害评价、监督、处理，并记录存档。

⑫非本试验所需动物不允许将其带入实验室。

3. 三级生物安全实验室（BSL‐3）　指按照

BSL‐3 标准建造的实验室，也称生物安全实验室。实验室需与建筑物中的一般区域隔离。其具体标准微生物操作和特殊操作要求如下。

（1）标准操作

①完成传染性材料操作后，对手套进行消毒冲洗；离开实验室之前，脱掉手套并洗手。

②设施内禁止吃、喝、抽烟，不准触摸隐形眼镜，不准使用化妆品，戴隐形眼镜的人也要佩戴防护镜或面罩，食物只能存放在工作区以外。

③禁止用嘴吸取试验液体，要使用专用移液管。

④一切操作均要小心，以减少和避免产生气溶胶。

⑤至少每天清洁实验室一次，工作后随时消毒工作台面，传染性材料外溢、溅出污染时要立即消毒处理。

⑥所有培养物、储存物和其他日常废弃物在处理之前都要用高压灭菌器进行有效的灭菌处理。需在实验室外处理的材料，要装入牢固、不漏的容器内，加盖密封后带出实验室。实验室的废弃物在送往处理地点之前应消毒、包装，避免污染环境。

⑦BSL‐3 内操作的菌（毒）种必须由两人保管，保存在安全、可靠的设施内，使用前应办理批准手续，说明使用剂量，并详细登记，两人同时到场方能取出。试验中须有详细使用记录和销毁记录。

⑧昆虫和啮齿类动物控制应参照其他有关规定执行。

（2）特殊操作

①制定安全细则　实验室负责人应根据实际情况制定本实验室特殊而全面的生物安全规则和具体的操作规程，以补充和细化各项操作要求，并报请生物安全委员会批准。工作人员须了解细则，并认真贯彻执行。

②生物危害标志　须在实验室入口处的门上展示国际通用生物危害标志。实验室门口处应标记实验微生物种类、实验室负责人的名单和电话号码，明确进入本实验室的特殊要求，诸如需要免疫接种、佩戴防护面具或其他个人防护器具等。

实验室使用期间，谢绝无关人员参观。如要参观，须经过批准并在个体条件和防护达到要求时方能进入。

③生物危害警告　试验过程中实验室或物理

防护设备中放有传染性材料或感染动物时，实验室的门须保持紧闭，无关人员一律不得进入。

门口要示以危害警告标志，如挂红牌或用文字说明试验的状态，禁止进入或靠近。

④进入实验室的条件 实验室负责人要指定控制或禁止进入实验室的试验人员和辅助人员。未成年人不允许进入实验室；受感染概率增加或感染后果严重的实验室工作人员不允许进入实验室；只有了解实验室潜在的生物危害和特殊要求并能遵守有关规定的人员才能进入实验室。

与工作无关的动植物和其他物品不允许带入实验室。

⑤工作人员的培训 对实验室工作人员和辅助人员要定期和不定期进行与工作有关的生物安全防护专业培训。试验人员需经专门的生物专业训练和生物安全训练，并由有经验的专家指导，或在生物安全委员会指导监督下工作。

在 BSL-3 实验室进行传染性病原工作之前，实验室负责人要保证和证明，所有工作人员熟练掌握了微生物标准操作和特殊操作要求，熟练掌握本实验室设备、设施的特殊操作运转技术。包括操作致病因子和细胞培养的技能，或实验室负责人培训的特殊内容，或包括在微生物安全操作方面具有丰富经验的专家和安全委员会指导下规定的内容。

须掌握气溶胶暴露危害的评价和预防方法。

避免气溶胶暴露的措施：一切传染性材料的操作均不得直接暴露于空气之中，不得在开放的台面上和开放的容器内进行，均应在生物安全柜内或其他物理防护设备内进行。

需要保护人体和样品的操作可在室内排放式 2A 型生物安全柜内进行。

只需保护人体不需保护样品的操作可在 I 级生物安全柜内进行。

操作带有放射性或化学性有害物时应在 2B2 型生物安全柜内进行。

禁止使用超净工作台。

避免利器感染，如对可能被污染的利器，包括针头、注射器、刀片、玻璃片、吸管、毛细吸管和手术刀等，须经常采取高度有效的防范措施，预防经皮肤发生实验室感染。

在 BSL-3 实验室工作中，尽量不使用针头、注射器和其他锐利器件。只有在必要时，如实质器官的注射、静脉切开或从动物体内和瓶子（密封胶盖）里吸取液体时才能使用，尽量用塑料制品代替玻璃制品。

在注射和抽取传染性材料时，使用一次性（针头与注射器一体的）注射器。使用过的针头在消毒之前避免进行不必要的操作，如不可折弯、折断、破损，不要用手直接盖上原来的针头帽；要小心地把其放在固定方便且不会刺破的处理利器的容器里，然后进行高压消毒灭菌。

破损的玻璃不能用手直接操作，必须用机械方法清除，如使用刷子、夹子和镊子等。

⑥污染的清除和消毒 传染性材料操作完成之后，实验室设备和工作台面应用有效的消毒剂进行常规消毒，特别是发生传染性材料溢出、溅出等污染后，更要及时消毒。

溅出的传染性材料的消毒由有关专业人员处理和清除，或由其他经过训练和具有使用高浓度传染物工作经验的人处理。

一切废弃物处理之前都要高压灭菌，一切潜在的实验室污物（如手套、工作服等）均需在处理或丢弃之前消毒。

需要修理、维护的仪器，在包装运输之前要进行消毒。

⑦感染性样品的储藏运输 一切感染性样品，如培养物、组织材料和体液样品等在贮存、搬动、运输过程中都要放在不泄漏的容器内，容器外表面要彻底消毒，包装要有明显、牢固的标记。

⑧病原体痕迹的监测 采集实验室所有工作人员和其他有关人员的本底血清样品，进行病原体痕迹跟踪检测。依据操作的病原体和设施功能情况或以往工作实际中发生的事件等，定期或不定期地采集血清样本，进行特异性检测。

⑨医疗监督与保健 在 BSL-3 实验室工作期间，应对工作人员进行医疗监督和保健。针对实验室操作的病原体，工作人员要接受相应的试验或免疫接种（如狂犬病疫苗、TB 皮肤试验）。

⑩暴露事故的处理 当生物安全柜或实验室出现持续正压时，室内人员应立即停止操作并戴上防护面具，采取措施恢复负压。如不能及时恢复和保持负压，应停止试验，及早按规程退出。

发生此类事故或具有传染性暴露潜在危险的其他事故和污染时，当事者除了采取紧急措施外，还应立即向实验室负责人报告，同时报告国家兽医实验室生物安全管理委员会。负责人和当事人应对事故进行紧急科学、合理的处理。事后，当事人和负责人应提供切合实际的医学危害评价，进行医疗监督和预防治疗。

实验室负责人对事件的过程要予以调查和公布，提出书面报告，呈报国家兽医实验室生物安全管理委员会，同时抄报实验室生物安全管理委员会，并保留备份。

4. 四级生物安全实验室（BSL-4）　指按照 BSL-4 标准建造的实验室，也称高度生物安全实验室。实验室为独立的建筑物，或在建筑物内与其他区域相隔离的可控制的区域。

为防止微生物传播和污染环境，BSL-4 实验室必须实施特殊的设计和工艺。在此没有提到的 BSL-3 要求的各条款在 BSL-4 中都应做到。其具体的标准微生物操作和特殊操作要求如下。

（1）标准操作

①限制进入实验室的人员数量。

②制定安全操作利器的规程。

③减少或避免气溶胶发生。

④工作台面每天至少消毒一次，任何溅出物都要及时消毒。

⑤一切废弃物在处理前要高压灭菌。

⑥昆虫和啮齿类动物控制按有关规定执行。

⑦严格控制菌（毒）种。

（2）特殊操作

①工作人员和设备运转需要的人员经过系统的生物安全培训，并经过批准后方能进入实验室。负责人或监督人有责任慎重处理每一个情况，确定进入实验室工作的人员。

采用门禁系统限制人员进入。

进入人员由实验室负责人、安全控制员管理。

人员进入前要告知他们潜在的生物危险，并教会他们使用安全装置。

工作人员要遵守实验室进出程序。

制定应对紧急事件切实可行的对策和预案。

②当实验室内有传染性材料或感染动物时，应在所有的入口处门上展示危险标志和普遍防御信号，说明微生物的种类、实验室负责人和其他责任人的名单和进入此区域的特殊要求。

③实验室负责人有责任保证，在 BSL-4 内工作之前，所有工作人员已经高度熟练掌握标准微生物操作技术、特殊操作和设施运转的特殊技能。包括实验室负责人和具有丰富的微生物操作和工作经验的专家培训时所提供的内容和安全委员会的要求。

④工作人员须接受针对试验病原体或实验室内潜在病原微生物的免疫接种。

⑤先对所有实验室工作人员和其他有感染危险的人员采集本底血清并保存，再根据操作情况和实验室功能不定期进行血样采集，并进行血清学监测。对致病微生物抗体评价方法要注意适用性。项目进行中，要保证每个阶段均进行血清样本的检测，并把结果通知本人。

⑥制定生物安全手册，告知工作人员特殊的生物危险，要求他们认真阅读并在实际工作当中严格执行。

⑦工作人员须经过操作最危险病原微生物的全面培训，建立普遍防御意识，掌握对暴露危害的评价方法，学习物理防护设备和设施的设计原理和特点。每年训练一次，规程一旦修改要增加训练次数。由对这些病原微生物工作受过严格训练和具有丰富工作经验的专家或安全委员会指导、监督进行工作。

⑧只有在紧急情况下才能经过气闸门进出实验室。实验室内要有紧急通道的明显标识。

⑨在安全柜型实验室中，工作人员的衣服在外更衣室脱下保存。穿上全套的试验服装（包括外衣、裤子、内衣或者连衣裤、鞋、手套）后进入。在离开实验室进入淋浴间之前，在内更衣室脱下试验服装。服装洗前应高压灭菌。在防护服型实验室中，工作人员必须穿正压防护服方可进入。离开时，必须进入消毒淋浴间消毒。

⑩试验材料和用品要通过双扉高压灭菌器、熏蒸消毒室或传递窗送入，每次使用前后要对这些传递室进行适当消毒。

⑪对利器，包括针头、注射器、玻璃片、吸管、毛细吸管和手术刀，必须采取高度、有效的防范措施。

尽量不使用针头、注射器和其他锐利器具。只有在必要时，如实质器官的注射、静脉切开或从动物体内和瓶子里吸取液体时才能使用，尽量用塑料制品代替玻璃制品。

在注射和抽取传染性材料时，只能使用锁定针头的或一次性的（针头与注射器一体的）注射器。使用过的针头在处理之前，不能折弯、折断、破损，要精心操作，不要盖上原来的针头帽；放在固定方便且不会刺破的用于处理利器的容器里。不能处理的利器，须放在器壁坚硬的容器内，运输到消毒区，进行高压消毒灭菌。

可以使用套管针管和套管针头、无针头注射器和其他安全器具。

破损的玻璃不能用手直接操作，需用机械方法清除，如使用刷子、簸箕、夹子和镊子。盛放的污染针头、锐利器具、碎玻璃等，在处理前一律进行消毒，消毒后按国家和地方有关规定进行处理。

⑫从 BSL-4 拿出活的或原封不动的材料时，应先将其放在坚固密封的一级容器内，再密封在不能破损的二级容器里，经过消毒剂浸泡或消毒熏蒸后通过专用气闸取出。

⑬除活体或原封不动的生物材料以外的物品，除非经过消毒灭菌，否则不能从 BSL-4 拿出。不耐高热和蒸汽的器具物品可在专用消毒通道或小室内进行熏蒸消毒。

⑭完成传染性材料工作之后，特别是有传染性材料溢出、溅出或污染时，都要严格进行彻底灭菌。实验室内仪器要进行常规消毒。

⑮传染性材料溅出的消毒清洁工作，由适宜的专业人员进行，并将事故的经过在实验室内公示。

⑯建立报告实验室暴露事故、雇员缺勤制度和系统，以便对与实验室潜在危险相关的疾病进行医学监测。对该系统要建造一个病房或观察室，以便需要时，检疫、隔离、治疗与实验室相关的病人。

⑰与试验无关的物品（植物、动物和衣物）不许进入实验室。

5. 生物制品企业生产操作 农业部颁布的《兽药生产质量管理规范》规定，为防止在药品生产中发生污染或混淆，生产操作中应采取以下措施。

（1）兽药生产企业应有防止污染的卫生措施，制定环境、工艺、厂房、人员等各项卫生管理制度，并由专人负责。

（2）兽药生产车间、工序、岗位均应按生产和空气洁净度级别的要求制订厂房、设备、管道、容器等清洁操作规程，内容应包括清洁方法、程序、间隔时间，使用的清洁剂或消毒剂，清洁工具的清洁方法和存放地点等。

（3）生产区内不得吸烟及存放非生产物品和个人杂物，生产中的废弃物应及时处理。

（4）更衣室、浴室及厕所的设置及卫生环境不得对洁净室（区）产生不良影响。

（5）工作服的选材、式样及穿戴方式应与生产操作和空气洁净度级别要求相适应，不同级别洁净室（区）的工作服应有明显标识，并不得混用。洁净工作服的质地应光滑、不产生静电、不落纤维和颗粒性物质。无菌工作服必须包盖全部头发、胡须及脚部，并能最大限度地阻留人体脱落物。

（6）不同空气洁净度级别区域使用的工作服应分别清洗、整理，必要时进行消毒或灭菌。工作服洗涤、灭菌时不应带入附加的颗粒物质。应制订工作服清洗制度，确定清洗周期。病原微生物培养或操作区域内使用的工作服应在消毒后清洗。

（7）洁净室（区）内人员数量应严格控制，仅限于该区域生产操作人员和经批准的人员进入。进入洁净室（区）的人员不得化妆和佩戴饰物，不得裸手直接接触兽药。

兽医生物制品的生产操作须遵守《兽医生物制品制造及检验规程》。操作程序包括针对每一制品制定的生产工艺操作规程、针对各工序按照工艺操作规程制定的岗位技术安全操作法（简称"岗位操作法"）和组成岗位操作法基本单元的岗位标准操作程序（简称"岗位 SOP"）。

（五）危害性微生物及其毒素样品的引进、采集、包装、标识、传递和保存

采集的样品应放入安全的防漏容器内，传递时包装须结实严密，标识清楚牢固，容器表面消毒后由专人送递或邮寄至相应实验室。加强对动物病料采集的管理，要认真贯彻落实《重大动物疫情应急条例》，切实加强动物病料管理，防止因采集和使用病料不当造成病原传播。除动物防疫监督机构外，其他任何单位和个人未经农业农村部或省级兽医主管部门批准，不得擅自采集、运输、保存病料；不得转让、赠送已初步认定为重大动物疫病或已确诊为重大动物疫病的病料；不得将病料样本寄往国外或携带出境。

进口危害性微生物及其毒素样品时，申请者须有与该微生物危害等级相应的生物安全实验室，并经国务院兽医行政管理部门批准。危害性微生物及其毒素样品的保存应根据其危害等级分级进行。

《病原微生物实验室生物安全管理条例》第十七条指出，高致病性病原微生物菌（毒）种或样本在运输、储存中被盗、被抢、丢失、泄漏的，承运单位、护送人、保藏机构应当采取必要的控制措施，并在 2h 内分别向承运单位的主管部门、护送

人所在单位和保藏机构的主管部门报告，同时向所在地的县级人民政府卫生主管部门或兽医主管部门报告；发生被盗、被抢、丢失的，还应当向公安机关报告；接到报告的卫生主管部门或兽医主管部门应当在2h内向本级人民政府报告，并同时向上级人民政府卫生主管部门或兽医主管部门，以及国务院卫生主管部门或兽医主管部门报告。

（六）去污染与废弃物（废气、废液和固形物）处理

去污染包括灭菌（彻底杀灭所有微生物）和消毒（杀灭特殊种类的病原体），是防止病原体扩散造成生物危害的重要防护屏障。

被污染的废弃物或各种器皿在废弃或清洗前须进行灭菌处理；实验室在病原体意外泄漏、重新布置或维修、可疑污染设备的搬运，以及空气过滤系统检修时，均应对实验室设施及仪器设备进行消毒处理。

根据被处理物的性质选择适当的处理方法，如高压灭菌、化学消毒、熏蒸、γ射线照射或焚烧等。

对实验动物尸体及动物产品应按规定作无害化处理。

实验室应尽量减少用水，污染区、半污染区产生的废水须排入专门配备的废水处理系统，经处理达标后方可排放。

（七）微生物危害评估

按照微生物危害分为4级。在建设实验室之前，须对拟操作的病原微生物进行风险评估，结合人和动物对其易感性、气溶胶传播的可能性、预防和治疗措施的可获得性等因素，确定相应生物安全水平等级。

（八）生物危害标志及使用

1. 生物危害标志　见图7-1。

图7-1　生物危险标志

2. 生物危害标志的使用

（1）在BSL-2/ABSL-2级兽医生物安全实验室入口的明显位置，粘贴标有危险级别的生物危害标志。

（2）在BSL-3/ABSL-3级及以上级别兽医生物安全实验室所在的建筑物入口、实验室入口及操作间均须粘贴标有危害级别的生物危害标志，同时应标明正在操作的病原微生物种类。

（3）凡是盛装生物危害物质的容器、运输工具、进行生物危险物质操作的仪器和专用设备等都须粘贴标有相应危害级别的生物危害标志。

（万建青）

第二节　兽医生物制品研究中的生物安全管理

首先需了解生物危害的含义和来源，才能透彻地理解生物安全。

生物危害主要是指病原微生物和具有潜在危险的重组DNA直接或间接地给人、动物带来的不良影响和损伤。

生物安全（biosafety），广义上是指在一个特定的时空范围内，由于自然或者人类活动引起的新的物种迁入，并由此对当地其他物种和生态系统造成危害，造成的环境变化对生物多样性构成威胁，形成对人类和动物健康、生存环境和社会活动有害的影响。一般包括外来生物侵入、重大生物灾害、转基因生物安全问题和生物武器等。

一、自然微生物的生物安全

（一）病原微生物的分类

《病原微生物实验室生物安全管理条例》规定，国家对病原微生物实行分类管理，并根据病原微生物的传染性、感染后对个体或者群体的危害程度，将病原微生物分为四类。

第一类病原微生物是指能够引起人类或者动物非常严重疾病的微生物，以及我国尚未发现或者已经宣布消灭的微生物，典型的包括埃博拉病毒、天花病毒等。

第二类病原微生物是指能够引起人类或者动物严重疾病，比较容易直接或间接地在人与人、动物

与人、动物与动物间传播的微生物，典型的包括炭疽芽孢杆菌、狂犬病病毒、荚膜组织胞浆菌等。

第三类病原微生物是指能够引起人类或者动物疾病，但一般情况下不会对人、动物或者环境构成严重危害，传播风险有限，实验室感染后很少引起严重疾病，并且具备有效治疗和预防措施的微生物，典型的包括沙门氏菌、登革热病毒、黄曲霉等。

第四类病原微生物是指在通常情况下不会引起人类或者动物疾病的微生物，包括危险性小、致病力低、实验室感染概率低的生物制品、疫苗生产用的各种弱毒病原微生物，以及不属于第一、二、三类的各种低毒力的病原微生物。

上述第一类、第二类病原微生物统称为高致病性病原微生物。

根据感染性微生物的相对危害程度，WHO制定了仅适用于实验室工作的微生物危险度等级的划分标准（WHO的危险度分为1级、2级、3级和4级）。该分级标准与美国等世界上多数国家的分级标准相同，其危险度为4级的病原微生物相当于我国的第一类病原微生物。

危险度1级病原微生物（无或有极低的个体和群体危险性）：不太可能引起人或动物致病的微生物。

危险度2级病原微生物（个体危险性中等，群体危险性低）：病原体能够使人或动物患病，但不易对实验室工作人员、社区、牲畜或环境造成严重危险。实验室暴露也许会引起严重感染，但对感染具有有效的预防和治疗措施，并且疾病传播的危险性有限。

危险度3级病原微生物（个体危险性高，群体危险性低）：病原体通常能引起人或动物的严重疾病，但一般不会发生感染个体向其他个体传播的情况，并且对感染具有有效的预防和治疗措施。

危险度4级病原微生物（个体和群体的危险性均高）：病原体通常能引起人或动物的严重疾病，并且很容易发生个体之间的直接传播或间接传播，对感染一般没有有效的预防措施和治疗措施。

实验室根据所操作的病原体的危险度，需要采取不同的生物安全防护措施，也就是要达到一定的生物安全水平。

（二）微生物的危险度评估

生物安全工作的前提和核心是危险度评估。进行微生物危险度评估最有用的工具之一就是列出微生物的危险度等级。然而对于一个特定的微生物来说，在进行危险度评估时仅仅参考危险度等级的分类是远远不够的，还应考虑其他一些因素，包括：

（1）微生物的致病性和感染剂量；

（2）暴露的后果；

（3）自然感染途径；

（4）实验室操作所造成的其他感染途径（非消化道途径、空气传播、食入）；

（5）微生物在环境中的稳定性；

（6）所操作微生物的浓度和浓缩样品的体积；

（7）适宜宿主（人或动物）的存在；

（8）从动物研究和实验室感染报告或临床报告中得到的信息；

（9）计划进行的实验室操作（如浓缩、超声波处理、气溶胶化、离心等）；

（10）可能会扩大微生物的宿主范围的基因技术；

（11）会改变微生物对于已知有效治疗方案敏感性的基因技术；

（12）当地是否可以进行有效的预防或治疗干预。

在进行危险度评估时，只有在明确了上述信息的基础上，才能明确所计划开展的研究工作的生物安全水平级别，并选择合适的环境和个体防护的装备和设施。

（三）自然微生物生物安全技术措施和原理

生物安全防护中使用的技术非常广泛，涉及生物学、医学、建筑结构、装修、暖通空调、给水排水、电气和自控、水处理、环境保护、消防等领域，目的是保证生物安全。在生物安全设施、设备的制造中和工作中常用的技术主要有围场隔离、负压通风、空气过滤、消毒灭菌等。

1. 围场隔离技术　围场隔离技术主要有两大类，即建筑密封隔离和空气动力学隔离。

（1）建筑密封隔离　整个实验室区域分为污染区、半污染区和清洁区。用密闭可靠的围护结构把实验室分隔开，把污染区、半污染区、清洁区的房间彼此分开，把实验室与外界隔开。原则上污染区设在整个实验室区域的中心，清洁区设在实验室区域的外周围，半污染区置于污染区和清洁区之间。人员从外界进入实验室、从清洁区进入半污染区、从半污染区进入污染区均必须通过缓冲室（气闸）。缓冲室的门为互锁门，即在同一时刻只有一扇门可以开启。应该指出，化学喷淋室可以被认为是一种特殊的缓冲室。

（2）空气动力学隔离 用控制气流速度和方向控制某一个小空间的空气不能自由地与其他空间进行空气交换，只能通过高效过滤器过滤排放。这种原理主要应用在设备上，如生物安全柜、负压动物饲养柜等。

2. 负压通风 在实验室通风空调系统设计中使各区（室）内的空气压力保持一定的压力梯度，使空气单向流动，保证气流方向永远是从清洁区流向半污染区，从半污染区流向污染区，污染的空气不会扩散到外界。例如，某个生物安全实验室清洁区的空气压力与大气压相比压差为零，而半污染区的压差为 $-20Pa$，污染区的压差为 $-30Pa$，这样就能保证气流向污染区流动。

3. 空气过滤 微生物污染的空气中悬浮着很多的微生物粒子，称作微生物气溶胶粒子。当它们被吸入人体呼吸道时就有一部分或大部分沉着在呼吸道表面或肺泡表面，并在那里繁殖扩散，进入体内的各个器官或组织，再进一步繁殖，致使人体产生反应。

因此，实验室内污染的空气是不允许自由扩散的，且也不能被人体吸入，也不能进入大气。为此，生物安全实验室的空气按要求一律经过高效过滤后才能排放。高效过滤器过滤机理是：空气中粒子随空气运动，运动中的粒子由于惯性力、地心引力、扩散力的作用，在遇到障碍物时就可能黏着在其上。利用这种原理制作的纤维过滤器用以过滤空气，即为高效过滤器。高效过滤器分为 3 类：对于 $0.5\mu m$ 的粒子，过滤效率不低于 99.9% 的为 A 类、不低于 99.99% 的为 B 类、不低于 99.999% 的为 C 类。生物安全柜、室内送风及排风系统、污水处理系统、消毒系统、传递系统、生命支持系统等都需要安装高效过滤器。

4. 消毒和灭菌 消毒是指杀死微生物的物理手段或化学手段，但不一定杀死其孢子；而灭菌是指利用物理的方法或化学的方法杀死物体上或介质中的所有微生物及其孢子。消毒和灭菌对于实验室生物安全至关重要。生物安全实验室内所有污染物均需消毒或灭菌后才能传出，包括废物、废液和使用过的器材、物品。生物安全实验室内

常用消毒、灭菌方法如下：

（1）湿热灭菌 湿热灭菌通常在高压蒸汽灭菌器中进行。原则上，所有能够高压蒸汽灭菌的污染物品都应进行彻底的高压蒸汽灭菌。生物安全实验室内的高压灭菌器应是双开门、双门互锁、冷凝水自动回收再消毒的。灭菌最高温度通常为 121℃（15min）或 134℃（3.5min），需要进行验证后确定。湿热灭菌与干热灭菌各有特点，互相很难完全取代，但总体说来，湿热灭菌的消毒效果较干热灭菌的好，所以使用也更为普遍。湿热灭菌较干热灭菌消毒效果好的原因有 3 点：蛋白质在含水多时易变性，含水量越多越易凝固；湿热灭菌穿透力强，传导快；蒸气具有潜热，当蒸气与被灭菌的物品接触时，可凝结成水而放出潜热，使温度迅速升高，加强灭菌效果。

（2）干热灭菌 干热灭菌与湿热灭菌虽然都是利用热的作用杀菌，但由于本身的性质与传导介质不同，所以干热灭菌和湿热灭菌的特点也不一样，干热灭菌需要更高的温度（160～400℃）和更长的时间（1～5h）。

（3）紫外线消毒 紫外线消毒多用于室内包括传递窗和生物安全柜等设备表面的消毒、空气的消毒，可以是固定的也可以是活动式的。紫外线消毒法方便实用，但不能彻底灭菌，特别是对细菌的芽孢杀灭效果很差。

（4）气溶胶喷雾消毒 各种化学消毒药物的喷雾气溶胶消毒也很有用，它可对空气和表面消毒取得良好效果，如过氧乙酸气溶胶的腐蚀性很强，使用时应加以注意。

（5）气体熏蒸消毒 福尔马林、臭氧等气体熏蒸也常用于生物安全实验室的消毒。特别是在进行房间和仪器设备消毒时常用。也可采用过氧化氢溶液汽化后的气雾熏蒸污染的空间，但对此还需进行进一步验证。

（6）浸泡法消毒 浸泡法消毒即用杀菌谱广、腐蚀性弱的水溶性化学消毒剂，将物品浸没于消毒剂内，在标准浓度和一定时间内进行消毒杀菌。常用的有含氯消毒剂和醇类消毒剂等。

二、转基因微生物的生物安全

转基因生物是通过重组 DNA 技术导入外源基因的生物，因此，从某种意义上来说，转基因生物也是外来生物。随着现代科学技术的发展，

世界上出现了越来越多的转基因生物。动物用转基因微生物产品主要是指经过人工修饰基因的基因工程疫苗、饲料添加微生物。转基因技术打破了不同微生物之间天然杂交的屏障，实现了微生物间的基因转移，获得了新的生物学性状。同时，由于未知及不确定等因素，转基因微生物在研究开发利用中可能对人类、动物、微生物及生态环境带来不利影响或潜在风险甚至灾难。在此，生物安全是指对由现代生物技术的开发和应用可能产生的负面影响所采取的有效预防和控制措施，目的是保护生物多样性、生态环境和人体健康。

(一) 开展兽用转基因微生物安全管理的意义

习近平总书记在中央农村工作会议上强调，"转基因……对这个问题，我强调两点：一是要确保安全，二是要自主创新。也就是说，在研究上要大胆，在推广上要慎重。转基因农作物产业化、商业化推广，要严格按照国家制定的技术规程规范进行，稳扎稳打，确保不出闪失，涉及安全的因素都要考虑到……"

转基因微生物安全是一个科学问题，是基于转基因微生物及其产品可能导致的潜在风险进行的科学分析。新的基因、新的目标性状、新的遗传转化方法、新用途的转基因微生物及其长期使用与累积过程都有可能带来新的风险。

转基因微生物安全管理，是以科学为基础的风险分析过程，包括风险评估、风险管理和风险交流三个方面。风险评估（即安全评价）是兽用转基因微生物安全管理的核心；而风险管理是兽用转基因微生物安全管理的关键，风险管理以风险评估为依据；风险交流是兽用转基因微生物安全管理的纽带，不同国家、不同领域和行业间的交流对有效落实风险评价和风险管理是必不可少的。实施管理的目的是保障人类和动物健康、微生物安全，保护生态环境，保障和促进兽用转基因微生物技术研究及其产业的健康发展。

(二) 兽用基因工程疫苗的研发情况

我国常规疫苗产品偏重于猪、禽用疫苗，牛羊、宠物和水产疫苗不足，新型疫苗较少，且同质化现象严重，创新能力不足，常规产品生产能力过剩，研发力量不足，科研成果向下游生产企业转化不畅，各企业生产规模较小、竞争激烈。

因此，利用生物技术手段进行改造或开发新型疫苗是必然趋势。近几年来，在以基因工程疫苗为代表的动物用转基因微生物的研究方面取得了很大进展，并且呈现出加速发展的态势。多种基因工程疫苗已经问世并已投入使用，还有一大批新技术、新产品研究处于安全性评价的不同阶段。

如在禽流感疫苗研究方面，英国剑桥大学的Acambis公司用乙肝核心蛋白融合M2e的重组疫苗ACAM-FLU-A，Ⅰ期临床试验已完成；美国的VaxInnate公司将细菌的鞭毛蛋白和M2e抗原耦联，也进入了Ⅰ期临床研究阶段。又如在狂犬病口服疫苗的研究方面：①牛痘病毒载体口服疫苗已投入生产和应用，该产品由美国Wistar研究所和法国Trangen合作，由Kieny等（1984）通过将ERA株G蛋白的cDNA插入牛痘病毒（哥本哈根株）胸苷激酶基因内，制备了一种表达狂犬病病毒G蛋白基因（V-RG）的重组牛痘病毒，已广泛应用于野生动物的口服免疫；②人5型腺病毒载体口服疫苗的研究中，加拿大学者Prevec等（1990）首先将狂犬病病毒ERA株的G蛋白基因cDNA重组到人腺病毒5型基因组SV40早期启动子和PolyA之间，使G基因与E3区的转录方向一致，获得重组体HAd5RG病毒。动物试验表明，臭鼬口服HAd5RG后，保护率为100%。以人腺病毒为载体、具有对热和pH稳定、动物可经口服感染的优点，使其适用于作为口服疫苗。在猪圆环病毒病基因工程亚单位疫苗的研究上，青岛易邦生物工程有限公司利用大肠杆菌表达系统研制的猪圆环病毒基因工程亚单位疫苗（易圆净）于2014年获得了新兽药注册证书；普莱柯生物工程股份有限公司利用大肠杆菌表达系统制备的猪圆环病毒2型基因工程亚单位疫苗也已获得兽医生物制品临床试验批件；勃林格殷格翰动物保健（美国）有限公司利用杆状病毒-昆虫细胞表达系统制备的猪圆环病毒Cap蛋白亚单位疫苗，拥有高度免疫原性纯化抗原与创新佐剂，免疫机体后产生快速、高效和持久的免疫反应；武汉中博生物股份有限公司利用杆状病毒-昆虫细胞表达系统研制的猪圆环病毒2型杆状病毒载体灭活疫苗（CP08株）于2015年获得了新兽药注册证书。在口蹄疫新型疫苗研究方面，中国农业科学院兰州兽医研究所郑海学等（2007）利用口蹄疫病毒反向遗传操作系统，对影响病毒增殖的3′UTR序列进行突变改造，筛选获得了可在细胞上高滴度生长的疫苗毒株，对猪和牛无致病性，可产生早期免疫应答，免疫保护期可达300d，且可成功区分疫苗免疫和自然感染。近年来，以转基因植物为表达系统的可食性疫苗也已成为我国的研究热点。

（三）转基因生物安全法规体系

转基因生物安全管理是通过具有一定强制效力的政策、法规、制度等实现的。在目前国际国内形势下，实现转基因生物的安全利用并发挥其最大效用是转基因生物安全管理的主要目标，政策手段和法律法规等则是实现手段，为目标服务。然而，不论是美国还是欧盟，还是中国、马来西亚等政策法规层面的转基因生物管理措施都需要完善。

1. 国际上有关生物安全管理的法规　近年来，转基因生物的安全性问题已成为国际社会普遍关注的焦点。在20世纪70年代中后期，少数发达国家开始建立生物安全管理的法规，到90年代，美国、加拿大、澳大利亚、日本等国及欧盟陆续建立起比较完善的生物安全管理法规体系。在管理方式上各国虽然存在一定的差异，尚无统一的国际标准，但安全评估所遵循的科学原理与基本原则是相似的。目前，有关生物安全管理的国际协调也在进行中，并已达成了一些共识性文件，如国际《生物安全议定书》、CAC（国际食品法典委员会）转基因食品安全评估原则等。

2. 我国转基因生物安全管理法规　随着转基因生物技术的研发、推广和应用，我国政府十分重视转基因生物安全管理问题，先后制定了一系列管理法规、规章，明确了主管部门，设立了管理机构，逐步建立了监督法规体系、管理体系和技术支撑体系。

我国最早的基因工程管理法规是1993年12月24日国家科学技术委员会颁布的《基因工程安全管理办法》。1996年7月10日，农业部发布了《农业生物基因工程安全管理实施办法》，并于1997年上半年开始实施。2001年5月23日，国务院颁布了《农业转基因生物安全管理条例》，该《条例》管理范围为利用基因工程技术改变基因组构成，用于农业生产或者农产品加工的动物、植物、微生物及其产品（转基因种子、种畜禽、水产苗种和微生物、转基因产品、直接加工品和含有转基因成分的产品），将农业转基因生物安全管理范围延伸到研究、试验、生产、加工、经营和

进出口活动的全过程，其实施以保障人体健康、保障动植物安全、保障微生物安全、保护生态环境、促进农业转基因生物技术研究为目标。

2002年1月5日，农业部发布了《农业转基因生物安全评价管理办法》《农业转基因生物进口安全管理办法》《农业转基因生物标识管理办法》3个配套规章，并于同年3月20日起实施。2004年5月24日，国家质量监督检验检疫总局以62号令发布并实施《进出境转基因产品检验检疫管理办法》。2006年1月27日，农业部以第59号令发布了《农业转基因生物加工审批办法》。

（四）转基因生物安全管理体系

1. 部际联席会议
职责：研究、协商农业转基因生物安全管理的重大问题。
组成：农业农村部牵头，农业、科技、卫生、商务、环境保护、检验检疫等部门组成。

2. 农业农村部
职责：负责全国农业转基因生物安全的监督管理工作，包括安全评价、监督检查、体系建设、标准制定、进口审批、进口标识管理、科普宣传与应急应对等。
机构：农业农村部农业转基因生物安全管理领导小组、农业农村部农业转基因生物安全管理办公室。

3. 县级以上农业行政主管部门
职责：负责本区域监督管理，生产、加工和标识许可。
机构：各省农业转基因生物安全管理办公室（挂靠在农业厅科教处）。

4. 质检总局　负责进出境转基因检验检疫。
5. 食药总局　负责转基因食品标识监管。

（五）技术支撑体系

1. 农业转基因生物安全委员会　负责农业转基因生物的安全评价工作。由从事农业转基因生物研究、生产、加工、检验检疫、卫生、环境保护等方面专家组成，每届任期3年。

2. 全国农业转基因生物安全管理标准化技术委员会　负责转基因植物、动物、微生物及其产品的研究、试验、生产、加工、经营、进出口及与安全管理相关的国家标准制修订工作。秘书处设在农业农村部科技发展中心。

3. 转基因检测机构　2005 年 9 月，转基因生物安全监督检验测试机构列入农业部第五批部级质检中心筹建计划。截至 2015 年 9 月，已有 42 个机构通过了"2＋1"认证，涵盖了"综合性、区域性、专业性"3 个层次、"转基因植物、动物、微生物"3 个领域和"产品成分、环境安全、食用安全"3 个类别，初步形成了功能完善、管理规范的农业转基因生物安全检测体系，为相关法律法规的实施提供了重要技术保障。

（六）我国转基因微生物安全评价制度

1. 三类评价对象　动物、植物、微生物。

2. 四个安全等级

安全等级Ⅰ：尚不存在危险；

安全等级Ⅱ：具有低度危险；

安全等级Ⅲ：具有中度危险；

安全等级Ⅳ：具有高度危险。

3. 五个评价阶段

试验研究

中间试验——指在控制系统内或控制条件下进行的小规模试验。

环境释放——指在自然条件下采取相应安全措施所进行的中规模试验。

生产性试验——指在生产和应用前进行的较大规模的试验。

申请领取安全证书。

4. 两种评价方式

（1）报告制

1）适用范围　试验研究、中间试验。

2）程序

①本单位生物安全小组审查试验所在地省级农业行政主管部门审核。

②报农业农村部行政审批办公室。

③不用上农业转基因生物安全委员会，有问题咨询。

④农业农村部转基因办公室备案。

（2）审批制

1）适用范围　试验研究、中间试验、环境释放、生产性试验、生物安全证书。

2）程序

①本单位生物安全小组审查。

②试验所在地省级农业行政主管部门审核。

③报农业农村部行政审批办公室。

④安委会技术审查。

⑤农业农村部审批。

兽用转基因微生物的生物安全评价是一项复杂的工作，它既牵涉政策法规，又涉及实验室检测技术和评定标准；既要积极鼓励该产业发展，还要将风险降低到最低程度。由于我们对转基因微生物潜在风险的认识还不是十分清楚，因此，兽用转基因微生物的生物安全评价检测还需进一步研究和完善。只有通过不断的兴利除弊，兽用转基因微生物在动物疾病控制中才能发挥更好的作用。

（七）生产许可制度

生产转基因植物种子、种畜禽、水产苗种，应当取得农业农村部颁发的生产许可证。申请条件包括：①取得安全证书并通过品种审定；②在指定的区域种植或者养殖；③有相应的安全管理措施、防范措施；④农业农村部规定的其他条件。

（八）加工许可制度

在中国境内从事具有活性的转基因生物为原料生产加工活动的单位，应当取得省级人民政府农业行政主管部门颁发的农业转基因生物加工许可证。

（九）经营许可制度

经营转基因植物种子、种畜禽、水产苗种，应当取得农业农村部颁发的经营许可证。申请条件包括：①有专门的管理人员和经营档案；②有相应的安全管理、防范措施；③农业农村部规定的其他条件。

（十）与其他法规的衔接

《农业转基因生物安全管理条例》第十七条规定：利用农业转基因生物生产的或者含有农业转基因生物成分的种子、种畜禽、水产苗种、农药、兽药、肥料和添加剂等，在依照有关法律、行政法规的规定进行审定、登记或者评价、审批前，应当依照本条例第十六条的规定取得农业转基因生物安全证书。

《农业转基因生物安全评价管理办法》附录1规定：转基因植物在取得农业转基因生物安全证书后方可作为种质资源利用。用取得农业转基因生物安全证书的转基因植物作为亲本与常规品种杂交得到的杂交后代，应当从生产性试验阶段开始申报安全性评价。

（林旭埜　林德锐　万建青）

主要参考文献

郑海学，常艳艳，靳野，等，2007. 以 T7 聚合酶为基础的病毒拯救系统研究进展 [J]. 动物医学进展，28 (11)：62-65.

Kieny M P, Lathe R, Drillien R, et al, 1984. Epression of rabies virus glycoprotein from a recombinant vaccine virus [J]. Nature, 312：163-166.

Prevec L, Campbell J B, Christite B S, et al, 1990. A recombinant human adenovirus vaccine against rabies [J]. The Journal of Infectious Diseases, 161：27-30.

第三节 兽医生物制品生产和检验中的生物安全管理

一、污水的无害化处理

（一）概述

兽医生物制品企业的污水可能含有感染性微生物及其他病原微生物、化学污染物、放射性同位素等有毒有害的污染物，若不对其进行严格的消毒灭菌处理，将会对水资源、生态环境造成严重污染甚至引起疾病流行，严重危害人类和动物健康。

（二）污水的来源

污水主要来自生产车间排出的细菌菌液和病毒液、消毒液、动物的尿粪液、笼器具洗刷、试验中废弃的试剂等。此类污水来源与成分复杂，可含有病原性微生物。有毒有害的物理化学污染物和放射性污染物等，具有急性传染和潜伏性传染等特征，未经有效处理而排放则会对环境造成严重污染。若含有酸、碱、BOD、COD、重金属、有机溶剂、消毒剂等有毒有害物质，则可能具有三致（致畸、致癌或致突变）作用。

（三）污水的处理

排出的污水应首先收集至贮水池中进行消毒，目的是杀灭污水中的各种致病菌。常用消毒方法有化学消毒法和加热消毒法。化学消毒法有氯消

毒（如氯气、二氧化氯、次氯酸钠）、氧化剂消毒（如臭氧、过氧乙酸）、辐射消毒（如紫外线、γ射线）。最简便方法是向污水中通以氯气（1 000～2 000 mg/L，作用 2～6h）或通以臭氧（100～750 mg/L，作用 30～90min）。臭氧通过氧化作用，除可杀菌外还可使其他污物无害化，故常被使用。但一般认为，加热处理法更为可靠，将污水加热至 93℃作用 30min，如有炭疽杆菌芽孢存在，则需加热至 127℃作用 10min，然后方可排入公用下水管道。

对于含有活毒的废水或是动物感染试验所产生的污水，则必须先彻底灭菌后方可排入污水贮水池进行消毒。对于生产或检验中产生的废弃试剂，则应该按照有关规定对其分类处理。对于安全的废弃试剂，如氯化钠、氯化钾溶液等，则可直接排入下水道；对于有毒有害的废弃试剂，则需分类回收，妥善安置，由有关部门或无害化处理中心定期回收、集中处理；对于含有微生物的培养液及试剂，则需进行集中高温高压（121℃，30min）灭菌后方可排放。总之，所有污水经处理均应达到《污水综合排放标准》（GB 8978）的要求后方可排放。

二、带毒粪便、残渣和垫草等的无害化处理

（一）概述

动物试验过程中会产生许多废弃物，主要包括带毒粪便、残渣和垫草等，这些都必须按照国家有关规定进行妥善处理，以达到不污染环境的目的。

（二）处理

带毒粪便经无害化处理，并检测合格后才能作为肥料利用，禁止未经处理的带毒粪便直接进入农田。从实验动物中心清理出来的垫料一般无害，可直接进行堆肥和苗圃处理、焚烧、经下水道排放或视作一般废弃物掩埋。但是，感染性废弃垫料需经灭菌后方可作为无害化废弃垫料予以掩埋。

三、实验动物及其尸体的处理

（一）概述

对实验动物涉及的生物安全管理，《实验动物管理条例》中有明确规定。如第三章"实验动物

的检疫和传染病控制"中第十六条规定：对引入的实验动物，必须进行隔离检疫。为补充种源或开发新品种而捕捉的野生动物，必须在当地进行隔离检疫，并取得动物检疫部门出具的证明。野生动物运抵实验动物处所，需经再次检疫，方可进入实验动物饲育室。第十七条规定：对必须进行预防接种的实验动物，应当根据实验要求或者按照《家畜家禽防疫条例》的有关规定，进行预防接种，但用作生物制品原料的实验动物除外。第十八条规定：实验动物患病死亡的，应当及时查明原因，妥善处理，并记录在案。实验动物患有传染性疾病的，必须立即视情况分别予以销毁或者隔离治疗。对可能被传染的实验动物，进行紧急预防接种，对饲育室内外可能被污染的区域采取严格消毒措施，并报告上级实验动物管理部门和当地动物检疫、卫生防疫单位，采取紧急预防措施，防止疫病蔓延。

动物试验过程中，也会产生废弃的动物和试验后的尸体，这些废弃物一般都有感染性。由于其携带有各种病原，因此若未经有效的无害化处理，不仅会造成严重的环境污染，还可能引起重大动物疫情，影响生产和食品安全，特别是一旦流入消费市场，将直接威胁人民群众身体健康，引发严重的食品安全事件和公共卫生安全事件。

（二）处理方法

无害化处理是指用物理、化学等方法处理动物尸体及相关动物产品，消灭其所携带的病原体，消除动物尸体危害的过程。一般包括焚烧法、化制法、掩埋法和发酵法。

试验结束后，活体动物应采用安乐死术处理。动物尸体不得随意丢弃或乱放，应装入专用尸体袋中，然后经蒸汽高温高压灭菌，较大受试动物尸体需经适当肢解后再进行消毒，最后放入冰柜冷冻保存，由持有许可证的商业化医疗垃圾处置机构定期进行无害化处理。动物尸体最终都要经高压焚烧处理。若动物尸体含有放射性物质，则须按有关部门制定的放射性废弃物处理方法进行处理。

四、废气的无害化处理

（一）概述

生产车间或生物实验室带菌、带毒的废气排放到大气中，将会对人群和动物造成感染，引起疾病的暴发，甚至威胁到人类生命健康。因此，生产车间或生物实验室产生的废气必须经过严格的消毒后方可排放。

（二）废气的来源

废气主要来自生产车间和实验室的空调、生物安全柜、负压通风橱、动物舍负压隔离器、干/湿热消毒灭菌柜、离心机排风罩等易产生带毒、带菌气溶胶的设备的排风，以及焚烧炉排放的烟尘、动物呼出的废气和排泄物产生的废气（由动物粪尿发酵分解产生的具有特殊气味的有害气体，主要含有氨、氯、硫化氢和硫醇等气体）、化学消毒剂的挥发和试剂样品的挥发物等。

（三）废气的处理

一般实验室中直接产生有毒有害气体的试验均要求在通风橱内进行，通过通风系统对这些气体进行无害化处理。兽医生物制品生产车间或实验室排出的废气必须经过无害化处理，达到国家允许的排放标准后，再利用通风设备排入大气。生产车间和实验室的排风应经高效过滤装置过滤后由排风机向空中排放。须控制排风系统与其他排风设备（生物安全柜、负压通风橱、动物舍负压隔离器、离心机排风罩等）排风的压力平衡和响应速度匹配。可安装自动连锁装置，以确保实验室内不出现正压和确保其他排风设备气流不倒流。在送风和排风总管处应安装气密型密封阀，必要时可完全关闭排风设备并进行室内或对风管进行化学熏蒸或循环消毒灭菌。

（林旭埜　林德锐　万建青）

第八章　主要生产原材料

第一节　水

水是生物制品生产工艺中最重要的原料之一。药品生产工艺中使用的水叫制药用水或工艺用水。制药用水曾因制水工艺不同而分别称作自来水、去离子水、蒸馏水、双蒸水等，现在统一称为饮用水、纯化水、注射用水和灭菌注射用水。

一、饮用水

制药用水的原水通常为饮用水，是制药中最低标准的制药用水。饮用水为天然水经净化处理所得，一般由市政管网统一提供。如果本地区没有符合标准的饮用水，应利用河水、井水等原水通过沉淀、过滤、软化、消毒等方法，主要去除原水中的大颗粒、悬浮物、胶体、泥沙等来制备饮用水，其质量需符合现行中华人民共和国国家标准《生活饮用水卫生标准》（表8-1）。

二、纯化水

纯化水为饮用水经过滤、反渗透、离子交换、电渗析及大孔树脂法或化学方法制得的制药用水，不含任何附加剂，其质量应符合现行的《中国兽药典》纯化水的规定。纯化水的电解质几乎完全去除，水中不溶解的胶体及微生物、溶解气体、有机物也已去除至很低程度。

表8-1　饮用水水质常规指标及限值

指　标	限　值	指　标	限　值
微生物指标		氟化物（mg/L）	1.0
总大肠菌群（MPN/100mL 或 CFU/100mL）	不得检出	硝酸盐（以 N 计，mg/L）	10（地下水源限制时为20）
耐热大肠菌群（MPN/100mL 或 CFU/100mL）	不得检出		
大肠埃希氏菌（MPN/100mL 或 CFU/100mL）	不得检出	三氯甲烷（mg/L）	0.06
菌落总数（CFU/mL）	100	四氯化碳（mg/L）	0.002
毒理指标		溴酸盐（使用臭氧时，mg/L）	0.01
砷（mg/L）	0.01	甲醛（使用臭氧时，mg/L）	0.9
镉（mg/L）	0.005	亚氯酸盐（使用二氧化氯消毒时，mg/L）	0.7
铬（六价，mg/L）	0.05	氯酸盐（使用复合二氧化氯消毒时，mg/L）	0.7
铅（mg/L）	0.01	感官性状和一般化学指标	
汞（mg/L）	0.001	色度（铂钴色度单位）	15
硒（mg/L）	0.01	浑浊度（NTU-散射浊度单位）	1 水源与净水技术条件限制时为3
氰化物（mg/L）	0.05		

（续）

指　标	限　值	指　标	限　值
臭和味	无异臭、异味	溶解性总固体（mg/L）	1000
肉眼可见物	无	总硬度（以 $CaCO_3$ 计，mg/L）	450
pH	不小于 6.5 且不大于 8.5	耗氧量（COD_{Mn}法，以 O_2 计，mg/L）	3 水源限制，原水耗氧量 > 6mg/L 时为 5
铝（mg/L）	0.2		
铁（mg/L）	0.3		
锰（mg/L）	0.1	挥发酚类（以苯酚计，mg/L）	0.002
铜（mg/L）	1.0	阴离子合成洗涤剂（mg/L）	0.3
锌（mg/L）	1.0	放射性指标	
氯化物（mg/L）	250	总 α 放射性（Bq/L）	0.5
硫酸盐（mg/L）	250	总 β 放射性（Bq/L）	1

注：1. MPN 表示最可能数；CFU 表示菌落形成单位。当水样检出总大肠菌群时，应进一步检验大肠埃希氏菌群或耐热大肠菌群；水样未检出总大肠菌群，不必检验大肠埃希氏菌群或耐热大肠菌群。

2. 放射性指标超过指导值，应进行核素分析和评价，判定能否饮用。

　　纯化水的制备方法有很多种，应严格监测各生产环节，防止微生物污染，确保使用时的水质。各种方法适用的源水（原料水）和最终用水的质量不尽相同，关键是在各种制备纯化水方法的基础上，针对不同药品制造工艺过程的特殊要求，应用相应的水处理技术并恰当地配备各类制造单元设备，才能获得符合生产质量要求的制药用水。

（一）离子交换法

　　离子交换系统使用带电荷的树脂，利用正负电荷相互吸引的原理，去除水中的金属离子。离子交换系统须用酸和碱定期再生处理。一般情况下，阳离子树脂用盐酸或硫酸再生，即用氢离子置换被捕获的阳离子；阴离子树脂用氢氧化钾或氢氧化钠再生，即用氢氧根离子置换被捕获的阴离子。由于这两种再生剂都具有杀菌效果，因而同时也成为控制离子交换系统中微生物的措施。

（二）电法

　　电法去离子系统亦是一种离子交换系统，它使用一个混合树脂床，采用选择性渗透膜及电极，以保证水处理的连续进行（产品及浓缩废液）和树脂的连续再生。处理工艺中，原料水首先进入树脂段，当水通过树脂时被脱去金属电荷离子而成为产品水。这种系统使用的树脂可视为一个导体，在电位势的作用下，迫使被俘获的阳离子或阴离子通过树脂和渗透膜而被浓缩，并从水流中脱除；与此同时，在树脂段（产品段）电位的势能又将水分解成氢离子和氢氧根离子，这就使得树脂可以连续再生，而不必添加再生剂。该系统的特点不仅在于其较高的出水质量，而且去掉了可能对厂房设施有较大腐蚀性的酸碱使用，且系统的运行和再生可以同时进行。

（三）电渗析

　　电渗析系统使用的工艺与电离子交换法相似，它仅用静电及选择性渗透膜分离浓缩，并将金属离子从水流中冲洗出去。由于它不含有能提高离子去除能力和树脂，故其效率低于电法去离子系统，而且电渗析系统要求定期交换阴阳两极并冲洗，以保证系统的处理能力。因此，电渗析往往使用在纯化水系统的前处理工序上，作为提高纯化水水质的辅助措施。

（四）反渗透

　　使用反渗透法制备纯化水的技术是 20 世纪 60 年代发展起来的，其原理是采用一个半透膜，并用高压使水通过半透膜的办法来改善水的化学、微生物和内毒素方面的质量指标。水流由源水（原料水）、产品水（渗透水）和废水（排放水）组成。为达到预期的质量指标及可靠性，应根据不同的水源情况来决定是否需要预处理或者改变系统的配置。因此，它不仅适用于制造纯化水，也适用于制造注射用水。

（五）超滤

超滤是另一种利用透过膜的技术。超滤技术可以去除水中的有机体和各种细菌，以及多数病毒和热原质。过滤膜的孔径一般为 $0.01\sim0.1$ μm。与反渗透技术不同，超滤不是靠渗透而是靠机械法实现分离的，交叉流动（错流）的超滤过程使水与过滤介质平行流动，水中不能通过超滤膜的大颗粒就在浓缩的蒸汽中被排出系统（通常有流入水量的5%～10%）。这样，超滤膜就能够自我净化并减少更换滤膜的频率。滤膜的过滤作用可以降低大分子、微生物类杂质和细菌内毒素的量。超滤技术适用于水处理的中间工序或最后的净化工序。与反渗透系统相似，超滤系统的效能取决于系统的配置及其他单元操作，这种过滤可以在特定位置用作对贮存罐流出物的控制。

（六）化学添加剂

水系统中使用化学添加剂是纯化水系统中常用的提高水质的有效措施。化学添加剂有多种用处，如使用含氯的化合物和臭氧控制原料水中的微生物，用絮凝剂去除固态的悬浮物、脱氯，调节pH，去除碳酸盐等。凡是前道工序中使用了化学添加剂，则后处理工序中必须去除加入的化学添加剂及其反应产物。为确保去除化学添加剂及其反应产物对纯化水水质的不良影响，水处理系统设计时还应考虑到对化学添加剂的控制及后处理工序的监控，并将此内容列入水系统监控计划内。

（七）软化剂

软化剂主要用以脱除水中的钙、镁等阳离子，以免影响水处理系统下游设备（如反渗透膜、去离子交换柱及蒸馏水机）的运行性能。水软化树脂（交换床）使用氯化钠（盐水）再生。软化装置时应注意装置上游微生物的增加与繁殖，由于设计使用的流速不当而引起的沟流，树脂的有机物污染，树脂的破碎及由再生树脂用氯化钠溶液对水系统造成的污染。软化装置时采取的控制措施有：当用水量较少时让水循环流动，定期对树脂和再生的盐水系统进行消毒处理，对软化装置使用控制微生物的手段（紫外光和氯气或巴氏灭菌等），盐水系统选择适当的再生频率，监测软化器出水的硬度，以及在下游使用过滤器以去除软

化器使用的树脂碎片等。

（八）有机物去除装置

采用大孔阴离子交换树脂，可去除水中的有机物和细菌内毒素。该树脂可以用适当的苛性消毒剂进行再生。有机物去除装置在运行中应注意：树脂的净化能力和受污染树脂的处理，以及对树脂脱落碎片的控制。该装置的控制措施通常有：对出水进行测试，监控性能指标，在系统的下游侧安装过滤器以去除树脂碎片，对阴离子交换树脂有机污染物的定期处理，控制装置上游侧的有机物量。

三、注射用水

注射用水为纯化水经蒸馏、反渗透法和超滤法等技术所制得的制药用水，化学纯度高达99.999%，无热原，并符合细菌内毒素试验要求。注射用水须在防止细菌内毒素产生的设计条件下生产、贮藏及分装，其质量应符合现行的《中国兽药典》注射用水项下的规定。

为保证注射用水的质量，应减少原水中的细菌内毒素，监控蒸馏法等制备注射用水过程中的各生产环节，防止微生物的污染，定期清洗和消毒注射用水系统。

纯化水和注射用水的主要区别在于细菌内毒素的限制，注射用水要求严格，而纯化水没有要求。

最常用的注射用水制备方法是蒸馏法，反渗透法和超滤法也可以制造出符合药典要求的注射用水。

（一）蒸馏法

蒸馏系统通过加热蒸发、汽液分离和冷凝等过程达到对水中的化学物质和微生物的净化。蒸馏过程有许多种设计方法，包括单效蒸馏法、多效蒸馏法和蒸汽压缩法。在较大型系统中一般采用单效蒸馏、多效蒸馏和蒸汽压缩法，因为它们有较高处理能力和效率。蒸馏水系统对原料水的水质要求没有膜处理系统严格，但应注意：杂质的聚集，蒸发器溢流，死水，泵和蒸汽压缩机的密封性设计，以及开机和运行间的电导率变化。蒸馏法制备注射用水的质量控制方法有：提高汽液分离的可靠性，目测检查或自动显示高位水的

水位，注意冷凝器的冷却水和蒸馏水间可能出现的交叉污染，使用消过毒的泵和蒸汽压缩机，正确地排水并防止排水倒流，加强进水的控制，系统采用在线电导率测试，且能够自动将不合格的水分向废水流出的装置。

（二）反渗透法

生产注射用水的另一个可接受的方法是反渗透法。因为在反渗透系统中，水是冷的，且反渗透滤器并非绝对可靠，因此使用反渗透系统出现微生物污染的情况并不少见。由于反渗透滤器不是绝对可靠，若使用反渗透系统来制造注射用水，至少要采用两个反渗透处理单元串联组成两级反渗透系统。同时，系统的反渗透单元的进口和下流管路中还应该安装大功率紫外线杀菌灯，用紫外光控制微生物对反渗透单元和注射用水系统造成的污染。

反渗透系统中还应对安装的阀门严格挑选。若是在系统中安装了球阀，要清楚这种阀不是卫生级的阀门，因为当阀关闭时，其中心部分存留有水，是一个死角，可以躲藏和繁殖微生物，可能成为水系统中微生物的一个发源地。原则上应在注射用水系统中采用卫生级的隔膜阀，隔膜片应有相应机构的许可证。

采用反渗透系统，出于对微生物问题的重视，可在紧接反渗透滤器后装一个热交换器，即使用一个巴氏灭菌装置，将水加热到 $75\sim80℃$，以便将微生物污染降至最低。

采用反渗透及超滤系统生产注射用水，要特别注意在系统中尽量避免采用 PVC 或某种类型的塑料管材。这是因为反渗透系统是一个典型的冷水系统，系统中接头处均易受到污染；且 PVC 管可能存在浸出性。

（三）超滤法

超滤是一种选择性的膜分离过程，其过滤介质被称为超滤膜，一般由高分子聚合而成。超滤膜的孔径为 $2\sim54$ nm，介于微孔滤膜和反渗透膜的孔径之间，能够有效去除源水中的杂质，如胶体大分子、致热原等杂质微粒。超滤系统的过滤过程采用切向相对运动技术，即错流技术（又称十字流），使滤液在滤膜表面切向流过时完成过滤，大大降低了滤膜失效的速度，同时又便于反冲清洗，能够较大地延长滤膜的使用寿命，并且有相当的再生性和连续可操作性。这些特点都表明，超滤技术应用于水过滤工艺是相当有效的。

四、灭菌注射用水

灭菌注射用水为按照注射剂生产工艺制备所得的制药用水，不含任何添加剂，要用于注射用生物制品的稀释剂。其质量符合现行《中国兽药典》附录灭菌注射用水的规定，详见表 8-2。

在生产过程中，灭菌注射用水灌装规格应适应临床需要，避免大规格、多次使用造成的污染。

制药用水一般制备工艺流程见图 8-1。

表 8-2　纯化水、注射用水、灭菌注射用水水质限值指标比较表

分　类	项　目	水质指标		
		纯化水	注射用水	灭菌注射用水
感官性状	色	无色	无色	无色
	浑浊度	澄清	澄清	澄清
	嗅和味	无臭无味	无臭无味	无臭无味
一般化学指标	酸碱度（pH）	$5.0\sim7.0$	$5.0\sim7.0$	$5.0\sim7.0$
	氨（mg/mL）	0.000 03%	0.000 02%	同注射用水
	氯化物	—	—	符合规定
	硫酸盐	—	—	符合规定
	钙盐	—	—	符合规定
	二氧化碳	—	—	符合规定
	电导率（25℃，μS/cm）	5.1	同纯化水	同注射用水
	易氧化物	符合规定	同纯化水	同注射用水

（续）

分　类	项　目	水质指标		
		纯化水	注射用水	灭菌注射用水
一般化学指标	不挥发物（mg/mL）	1	同纯化水	同注射用水
毒理学指标	硝酸盐（mg/mL）	0.000 006%	同纯化水	同注射用水
	亚硝酸盐（mg/mL）	0.000 002%	同纯化水	同注射用水
	重金属（mg/mL）	0.000 03%	同纯化水	同注射用水
细菌学指标	细菌内毒素	—	0.25	同注射用水
	微生物限度（CFU/mL）	100	10	—

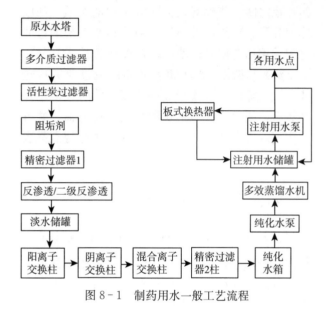

图 8-1　制药用水一般工艺流程

五、制药用水的使用与管理

制药用水的重要性是毋庸置疑的，在兽医生物制品生产的多个环节均需要使用纯化水或注射用水作为溶剂或载体，制药用水也是制品生产过程中容器、设备最常用、最经济的清洁剂，是生物制品生产中最主要的资源之一。水的极性和氢键使水具有独特的化学特性。水能够溶解、吸附、吸收或分散很多不同的化合物。有些化合物本身就是具有危害性的污染物或者能够与所生产的制品发生反应，造成危害。为了确保制品质量，必选加强对制药用水的管理。

（一）制药用水的使用

生物制品生产过程中，需根据其工艺流程要求使用不同级别的制药用水。表 8-3 列举了常见制药用水的用途和水质要求。

表 8-3　制药用水的用途和水质要求

水质类别	用　途	水质要求
饮用水	①制备纯化水的水源 ②瓶子、设备、容器的初洗	应符合国家《生活饮用水标准》
纯化水	①制备注射用水（纯蒸汽）的水源 ②瓶子、设备、容器的精洗	应符合《中国兽药典》标准
注射用水	生物制品配料、精制和稀释用水	应符合《中国兽药典》标准
灭菌注射用水	主要用于注射用生物制品的稀释剂	应符合《中国兽药典》标准

（二）制药用水的管理

纯化水与注射用水在储存与使用过程中，各项指标应达到要求，更重要的是减少微生物滋生或污染。因此应考虑的问题有：设备与管道内表面的材质及光洁程度；设备和密封性；设备内管道连接处是否有死角；水温及水流速度控制是否适当；如需循环，是否形成循环回路；设备消毒方法、消毒设施是否安全可靠等。

1. 制药用水设备与管道要求

（1）纯化水、注射用水储罐和输送管道所用材料应无毒、耐腐蚀，主要采用 316L 卫生级不锈钢材料；密封材质采用无毒、无脱落的制药级别的材质（如硅胶），如应用在耐高温的场合，可采用聚四氟乙烯材质。

（2）凡是与纯化水和注射用水接触的表面均应采用电抛光并进行酸洗钝化处理，使表面形成氧化膜，以提高抗腐蚀能力；内壁应光滑，接管和焊缝不应有死角和砂眼。

（3）储罐通常使用立式结构，减少死水容积，占地面积小，便于喷淋消毒，若厂房高度受限，也可采用卧式结构。

（4）尽量减少或去除死角。如"6D"原则，即主管中心点到支管阀门的距离应小于支管直径的 6 倍；管道连接采用可消除死角的隔膜阀等。

（5）纯化水和注射用水储罐和管路系统应密封性良好，无泄漏。通常采取在通风口安装 $0.2\ \mu m$ 孔径的疏水性过滤器的措施，避免因水位下降引起的压力变化而产生的微粒和微生物污染。

（6）工艺用水制备设备及储罐应挂有明显的设备状态标识，管道上应标明流体流向。

（7）管道有一定的倾斜度，并设有水排放点，当管道清洗后或停止生产后，可及时排出管道中的工艺用水，避免残留水滋生微生物。

2. 制药用水的储存

（1）兽药 GMP 规定，"注射用水的储存方式和静态储存期限应经过验证，以确保水质符合质量要求，如可以在 80℃ 以上保温或 70℃ 以上保温循环或 4℃ 以下的状态下存放。"

（2）大多数水系统的分配采用一个循环回路。循环的主要目的是减少微生物的生长或微生物附着在系统表面的概率，常用的循环水路最小返回流速为 0.9 m/s。

（3）纯化水储存周期不宜大于 24h，注射用水储存周期不宜大于 12h。用于生物制品生产用注射用水应在制备后 6h 内使用，产品制备后 4h 内灭菌。

3. 制药用水的日常管理

（1）应对纯化水和注射用水关键用水点的质量参数进行在线监测和定期监测。

（2）水系统应定期清洗和消毒，并对清洗和消毒结果进行验证。

热系统本身就是连续的消毒措施，最直接的消毒方法是加热分配系统中的循环工艺用水至 (80 ± 3)℃。目前最广泛使用的储罐和管道的材料通常是 316 L 不锈钢，可用消毒液擦拭，也可采用紫外线或臭氧消毒。不管采用哪种方式进行清洁和消毒，都需制定切实可行的操作规程，规定清洁频次、方法、程序等，并经可靠方法验证。

（黄银君　丁家波　陈小云）

第二节　血　　清

一、概述

血清系指从血液中去除红细胞、白细胞、血小板，以及纤维蛋白原后分离出的橙黄色或淡黄色透明液体，是细胞生长的物质基础，其主要作用是为细胞提供基本的营养物质、激素和各种生长因子及功能性蛋白质。

血清是细胞培养中用量最大的天然培养基，成分也非常复杂，其中的蛋白质种类有几百种，很多成分至今尚未明确，且血清组成及含量常随供血动物的性别、年龄、生理条件和饲养条件不同而异。以下对目前已知的血清主要成分及其在细胞培养中的功能作一归纳。

1. 水　是血清的主要液体成分，约占血清总体积的 90%，作为主要溶剂。

2. 无机小分子　主要包括各种盐离子（如钾、钠、钙、铁、镁、氢、氯、碘、磷酸根、碳酸根、氢氧根离子等）和微量元素（如锌、铜、镉、铅、磷、硒等）。盐离子主要维持细胞的离子强度、渗透压及酸碱度（如氢、磷酸根、碳酸根及氢氧根离子等），参与调节酶的催化活动（如铁、镁和碘离子等），同时参与细胞的构建与功能（如钙、镁离子是细胞膜的重要组成成分）。微量元素是细胞生长不可或缺、需要量极少的元素，对细胞生长起促进作用，有的在代谢解毒中起重要作用（如硒）。

3. 有机小分子　主要包括氨基酸、单糖类、脂类、维生素及其衍生物等，作用是主要为细胞生长、增殖提供必要的营养成分及调节因子（激素）。如氢化可的松可兼有促细胞贴附和增殖作用，但也有研究表明其在细胞密度较高时有抑制细胞生长和诱导细胞分化的作用。

4. 有机高分子　主要包括多肽、蛋白质和核酸。其中的多肽主要是一些生长因子和激素，生长因子虽然在血清中的含量很少，但对细胞的生长和分裂起重要作用，如血小板生长因子、成纤维细胞生长因子、表皮细胞生长因子、神经细胞生长因子等。多肽类激素能促进细胞摄取葡萄糖和氨基酸，与促细胞分裂有关，如胰岛素；类胰岛素生长因子能与细胞表达的胰岛素受体结合，具有类似胰岛素的作用；促生长激素能促进细胞增殖。蛋白质为细胞生长、繁殖提供必要的结构与各种功能支持，如纤维粘连素能促进细胞附着，α2巨球蛋白可抑制胰蛋白酶的作用，转铁蛋白能结合铁离子从而减少其毒性并被细胞利用，白蛋白能结合或调节它们所结合物质（如维生素、脂类、金属和其他激素等）的活力。核酸主要包括DNA和RNA，是细胞的主要遗传物质，也可能具有催化活性。

目前，市面上常见的血清一般来源于哺乳动物（如牛、马、羊、猪、兔等）和禽类（如鸡、鹅、鸭等）。以牛为例，按采血的时间及方式，又可细分为：①胎牛血清，通过对8月龄胎牛的心脏进行穿刺取血、分离而制得；②新生牛血清，通过对出生后14h内未进食的新生牛的动脉取血、分离而制得；③小牛血清，通过对出生后3个月内小牛的动脉取血、分离而制得；④供体成牛血清，通过对出生3个月以后的牛取血、分离后制得。

在科研和生产实践中，无论从产量、应用范围还是市场份额上进行考量，牛血清都显示出其重要作用和地位。其中，新生牛血清又以其独特的性质，在疫苗和单克隆抗体的研制和生产过程中发挥着主导作用，且对生物制品产量和质量的影响也十分巨大。因此，本节着重以新生牛血清为例进行介绍。

二、血清生产

（一）生产条件

血清生产企业应严格按照药品生产规范进行生产及管理，在获得认证后方可组织生产，基本的认证内容包括具备一定专业技能的员工、合理的厂房设计、完善的空气调节与净化系统、标准的水处理系统、全面的硬件设施、达标的灭菌条件、合格的产品检测体系、规范的批生产与检验记录、严格的质量监管体系等。

生产人员应对血清有一定程度的了解，经培训考核合格，具备血清生产相关技能。在环境方面，车间必须按照空气洁净级别划分，依次为十万级、万级、百级区域；车间温湿度及压差符合规定；人流、物流通道分离。在硬件设施方面，需配备冷藏或冷冻冰箱（柜），并设置独立冷库。生产用水应符合《中国兽药典》的标准，设计相应的水处理程序。生产用器具须严格清洗消毒，

直接接触血清的器具需进行灭菌及去热原处理。在过滤工艺流程中至少有两次除菌过滤，且末端过滤膜孔径应为0.1 μm。

血清中动物本体以外的生物体都应予以排除。如血清可能污染病毒，应在初制或组批精制前的工序中，按照质量标准作全面的检验分析，保证在成品中无外源病毒污染。检测病毒的种类应根据产品的具体要求和检验能力确定。

（二）生产流程

血清生产大致由初制和精制两部分组成。下面以新生牛血清为例进行详细描述。

新生牛血清生产流程按先后顺序包括13个步骤：清洗消毒→无菌采血→无菌接血→离心分离→冷冻保存→组批→恒温解冻→预混→过滤→灌装→成品包装→成品检验→储存与运输（图8-2）。

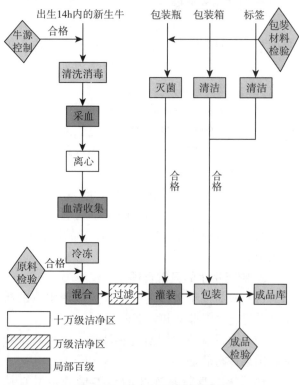

图8-2 新生牛血清生产流程

1. 初制血清

（1）清洗消毒 在采血之前，需对生产车间及采血工具进行清洗、消毒与灭菌处理。采血人员须穿洁净服，戴无菌手套和口罩，并用碘伏（单质碘与聚乙烯吡咯烷酮的不定型结合物，具有广谱杀菌作用，可杀灭细菌繁殖体、真菌、原虫和部分病毒）和75%酒精棉球擦拭新生牛颈部采血处。

（2）无菌采血　首先用消毒的手术刀划开小牛颈部皮肤，并用消毒的止血钳挑出颈动脉血管，然后用两个止血钳夹住其两端（封闭），随后用酒精棉球擦拭血管，再用已消毒的手术刀在两个止血钳中间的血管划开一小口，最后将一次性采血管的一端无菌插入此小口的近心端，另一端通过玻璃窗上的小孔伸入到接血间准备采血。整个过程要确保无污染，同时保证接血端要低于采血端40 cm以上。

（3）无菌接血　无菌接血要在局部百级的环境下操作（最好是在超净台内）。采血管的接血端要用75%的酒精擦拭后方可伸入接血瓶，并盖好瓶盖，确保瓶盖排气孔无遮挡。然后采血人员取下靠近心端的止血钳，让血液经采血管自流到接血瓶。接血人员在操作过程中随着接血瓶中血液液面的上升要不断地减少采血管在瓶中的插入深度。待血液自流结束后，抽出采血管，盖好瓶盖并标记牛的编号，将接血瓶送到离心室。

（4）离心分离　将采集好的血液在自然凝结后进行离心分离。在2~8℃条件下，1 600~2 000 r/min离心30~40min。待离心结束后，血液实现分层，其中下层为纤维蛋白原、红细胞、白细胞和血小板等大分子物质，上层为血清。在百级净化条件下，采用"虹吸"方式将血清收集到一次性血袋或无菌包装瓶中，以确保无菌。

（5）冷冻保存　将上述分离的上层血清按照一牛一袋的原则分开收集，并对每袋血清进行编号（生产日期、序号）、贴标签，同时取样进行理化指标检测，最后按照编号置于-20℃冷库中冻存。

2. 精制血清

（1）组批　原则上按照初制血清检测结果并结合客户需求进行组批，也可结合每次初制血清的生产量与库存情况进行组批。

（2）解冻　组批后的血清要提前24h出库解冻。为了降低血清中活性物质和有效成分的损失，最好采用分段式解冻，一般按照0~4℃ 8h、4~8℃ 8h、8~15℃ 8h的温度梯度依次进行解冻。

（3）预混　解冻后的血清外包装按照要求清洗后通过风淋装置吹干，再运送到预混间，经120目筛网粗滤去除可能存在的细胞碎片（部分溶血细胞）及少量高分子物质（如蛋白质、糖类）的积聚物等杂质。然后经隔膜泵注入混合罐进行均匀搅拌（温度以10~15℃为宜），以确保同一批次血清均匀混合，混合时间可根据组批量的大小而定。

（4）过滤　预混后的血清还要经过三级精细过滤，先后通过0.45 μm孔径澄清滤芯、0.22 μm孔径一级除菌芯和0.1 μm孔径二级除菌芯过滤。

（5）灌装　在万级洁净室局部百级层流罩下，按照所需规格对上述过滤后的血清进行罐装，手工罐装精准度应控制在0.3%之内（不允许出现负误差），目前一般采用自动化灌装系统。

（6）包装　精制血清用无毒、无菌、无色、透明、带有标准刻度线的包装瓶进行包装，并用热缩封口仪进行封口，贴瓶签。最后用符合规格要求的纸箱包装，并在纸箱外表面打印品名、规格、装量、批次、生产日期、保质期、储存条件、公司名称、地址、电话等信息。

（7）储存与运输　包装的成品血清按类型、规格、批次等置-20℃以下冷库码垛储存。运输时采取冷链运输方式，确保血清处于低温状态。

三、血清质量控制

（一）血清源头的控制

血清生产必须严格控制源头。首先保证待采血的动物来自于非疫区，各项生命体征正常。

新生牛血清的生产除须符合以上要求外，还须确保所采牛犊处于出生后14h之内（可凭外表特征进行经验判断，如全身应覆盖带血丝晶体状黏液、嘴吐长条晶体状黏液，脐带应呈鲜红色），而且从未进过食、饮过水。

（二）检测指标

生物制品及其原辅材料都须进行相应指标的严格检验。按照待检测物质的种类和相应的检测标准/规定，血清的检测指标又可细分为原料血清和成品血清两种。所有检测指标均参照《中华人民共和国药典》（二〇一五年版，三部）、《中国兽药典》（二〇一五年版，三部）和《中国生物制品主要原辅材料质控标准》（二〇〇〇年版）执行。下文以新生牛血清的检测指标为例进行介绍。

1. 原料血清

【性状】橙黄或淡黄色、清亮、透明、稍黏稠的液体，无溶血或异物。

【细菌内毒素】≤10 EU/mL。

【pH】6.8～8.2。

【蛋白总量】3.5～5.0 g/100 mL。

【血红蛋白含量】≤0.02 g/100mL。

【渗透压】250～400 mOsmol/kg。

【外源病毒】不得有外源病毒污染（采用PCR法或培养法检测）。

2. 成品血清

【性状】橙黄或淡黄色、澄清、稍黏稠的液体，无溶血或异物。

【无菌检验】参照《中国兽药典》（二〇一五年版，三部）附录中的无菌检查法进行检测，应无菌生长。

【细菌内毒素】≤10 EU/mL。

【pH】6.8～8.2。

【支原体】不得有支原体污染（用支原体培养基培养后，结果应为阴性）。

【蛋白总量】3.5～5.0 g/100mL。

【血红蛋白】≤0.02 g/100mL。

【渗透压】250～400 mOsmol/kg。

【大肠杆菌噬菌体】采用噬斑法和增殖法检测，结果应为阴性。

【外源病毒】不得有外源病毒污染（采用培养法检测，应无细胞病变、无特异性荧光、无红细胞吸附现象；用 PCR 法检测，应无特异性条带）。

【特异性抗体检测】血清中抗体可针对不同用途进行检测，如用于生产口蹄疫疫苗的血清不得含有口蹄疫病毒抗体，用于生产猪瘟疫苗的血清不得含有 BVDV 抗体。

【细胞增殖试验】用小鼠骨髓瘤细胞（Sp2/0 - Ag14）或适宜的非贴壁传代细胞进行增殖检查。细胞克隆率≥70%，倍增时间≤20h，细胞的增殖浓度≥1×10^6个细胞/mL。

（三）检测方法

由于分析化学技术日益发展，因此针对血清的检测方法也在不断更新换代。可大体分为光谱法、色谱法、电泳法、免疫（抗原抗体）法、试纸条快速检测法、酶联免疫吸附法（ELISA）、聚合酶链式反应（PCR）法等。其中，光谱法又可细分为紫外-可见分光光度法、红外-拉曼光谱分析法、核磁共振谱分析法、放射性同位素分析法等；电泳法又包括聚丙烯酰胺凝胶电泳法、琼脂糖凝胶电泳法、双向/二维电泳法及毛细管电泳法

等。在实际检验中，可根据检测量、可操作性、检测效率及市场/客户要求，从准确率、灵敏度和特异性等方面综合考虑，选择最适宜方法进行检测。

1. 无菌检验 按《中国兽药典》有关规定进行。为提高检出率，可适当增加培养基种类、培养温度和培养时间。

2. 细菌内毒素测定 内毒素是革兰氏阴性菌细胞壁上的一种脂多糖和蛋白质的复合物。细菌死亡或自溶后一般会释放出内毒素。细菌内毒素含量用内毒素单位（EU）表示，1 EU 与 1 个内毒素国际单位（IU）相当。新生牛血清中细菌内毒素的检测方法一般有凝胶法和光度测试法。凝胶法系通过鲎试剂与内毒素产生凝集反应的原理来定性或半定量检测内毒素的方法。规定使鲎试剂产生凝集的内毒素的最低浓度即为鲎试剂的标示灵敏度，用 EU/mL 表示。光度测试法又分为浊度法和显色基质法。浊度法系利用检测鲎试剂与内毒素反应过程中的浊度变化而测定内毒素含量。显色基质法系利用检测鲎试剂与内毒素反应过程中产生的凝固酶使特定底物释放出显色团的多少而测定内毒素含量。实际生产中一般以凝胶法的测定结果为准。新生牛血清内毒素含量应不高于 10 EU/mL。

3. pH 测定 除另有规定外，应以玻璃电极为指示电极、饱和甘汞电极为参比电极的酸度计进行测定。测定前，应采用标准缓冲液校正酸度计。每次更换标准缓冲液或供试液前，应用纯化水充分洗涤电极，然后将水吸尽。新生牛血清的pH 应为 6.8 ～8.2。

4. 支原体检测 支原体可通过培养法、DNA荧光染色法、PCR、免疫学等方法进行检测。血清的支原体检验一般采用培养法，所采用的培养基必须是无血清的支原体培养基，用待测血清直接进行接种。取 0.1～0.2mL 待检血清接种琼脂平板，置于含 5%～10% CO_2、37℃湿润的环境下培养。每隔 3～5 日，在低倍显微镜下检查各琼脂平板上有无支原体菌落出现，经 14d 观察仍无菌落者时，则停止观察。若接种样品的任何一个琼脂平板上出现支原体菌落，则此血清不合格。只有同时满足阳性对照中至少有一个平板出现支原体菌落，而阴性对照中无支原体生长，检测结果才有效。

5. 大肠杆菌噬菌体检测 大肠杆菌噬菌体，

是指寄生在大肠杆菌内的一种噬菌体，属于细胞病毒的一种。噬菌体的一个特点就是具有专一性，一种噬菌体只在一种细菌中存活，且一旦离开宿主细胞，就无法复制、生长。新生牛血清中大肠杆菌噬菌体的检测采用常规的噬斑法和增殖法检测，结果应无噬菌体污染。

6. 蛋白质总量检测　目前，蛋白质总量的检测方法有很多，如凯氏定氮法、福林酚法、双缩脲法、2，2′-联喹啉-4，4′-二羧酸法、考马斯亮蓝法、紫外-可见分光光度法等。常用的双缩脲法是依据蛋白质肽键在碱性溶液中能与 Cu^{2+} 形成紫红色络合物，其颜色深浅与蛋白质含量成正比，利用标准蛋白质溶液对照，采用紫外-可见分光光度法测定待检血清中蛋白质总量。

$$蛋白质总量(g/100mL) = \frac{A_1 \times c \times n}{A_2} \times 100$$

式中，A_1 为待检血清溶液的吸光值；A_2 为标准蛋白溶液的吸光值；c 为标准蛋白溶液的浓度（单位：g/mL）；n 为待检血清的稀释倍数。

7. 血红蛋白检测　由于血红蛋白与氰化钾反应会生成非常稳定的氰化血红蛋白，而在波长为 540 nm 的可见光谱处具有最大吸收峰，因此其吸光值与血红蛋白的含量成正比。通常利用标准血红蛋白溶液作为对照，在待检血清样品与标准品中加入等量氰化钾，通过紫外-可见分光光度法测定并对比波长为 540 nm 处的吸光值，便可凭线性关系计算出待检血清中血红蛋白的含量。

$$\begin{matrix}血红蛋白质总量\\(g/100mL)\end{matrix} = \frac{A_1 \times c \times n}{A_2} \times 100$$

式中，A_1 为待检血清中血红蛋白的吸光值；A_2 为标准血红蛋白溶液的吸光值；c 为标准血红蛋白溶液的浓度（单位：g/mL）；n 为待检血清的稀释倍数。

8. 外源病毒检验　目前，血清外源病毒常见检验方法有 4 种，即致细胞病变检查法、荧光抗体检查法、红细胞吸附性外源病毒检查法及 PCR 法。前 3 种方法按《中国兽药典》进行即可。

PCR 法非常灵敏，可以用于检测血清样品中含有的极少量病毒，但需要先知道待检测病毒的核酸序列，通过设计合理的引物，采用一步法 RT-PCR 试剂盒检测特异性条带，来判断样品中是否含有某种外源病毒。该法虽然灵敏度高，但容易出现假阳性。

在进行新生牛血清病毒检查时，除了种牛群必须无 BSE 和 BVDV 外，还应掌握牛蓝舌病病毒、牛腺病毒、牛细小病毒、狂犬病病毒、呼肠孤病毒、牛呼吸道合胞体病毒、副流感病毒Ⅲ型等在牛群中的污染情况。

9. 特异性抗体测定　牛血清中可能存在 BVDV 抗体、乙脑病毒抗体和口蹄疫病毒抗体等。生产企业可根据血清用途来确定所需检测的抗体种类。可采用中和抗体测定法，但由于 ELISA 法具有简便快速的特点，因此目前在企业的生产检验与科学研究中得到了广泛应用。以检测牛血清中 BVDV 抗体为例，其简要操作步骤是：在包被有 BVDV 抗原的 96 孔板上做好标记，包括阴性对照、阳性对照及待检样品，取阴性对照和阳性对照各 2 孔，其余为待检样品孔。按试剂盒说明书在相应的阴性对照和阳性对照孔中加入对照样品，在样品孔中加待检样。然后用振荡器将反应板中溶液混匀，18～26℃孵育 90min 后弃去反应孔中的液体，并用适量洗涤液洗涤每孔 5 次。接着在每个反应孔中加酶标抗体，18～26℃继续孵育（30±2）min，弃去反应孔中的液体，并用洗涤液再洗涤每孔 5 次。最后在每个反应孔中加底物（显色剂），18～26℃孵育（10±1）min 后，在每个反应孔中加入适量终止液终止反应。在波长为 450 nm 处测定和记录样品及对照品的吸光值，若样品的吸光值小于阴性对照品吸光值即为阴性，反之为阳性。而阴性对照和阳性对照品吸光值主要用来检测该孔板本身是否已存在质量问题，避免出现假阴性或假阳性结果。

10. 渗透压测定　对于两侧溶液浓度不同的半透膜，为了阻止溶剂从低浓度一侧渗透到高浓度一侧而在高浓度一侧施加的最小额外压力称为渗透压（osmotic pressure，OP）。由于溶液渗透压是溶液中各种溶质对溶液渗透压贡献总和，因此与溶液中粒子的数量成线性关系。渗透压的单位，通常以每千克溶剂中溶质的毫渗透压摩尔来表示，即毫渗透压摩尔浓度（mOsmol/kg）。

$$\begin{matrix}毫渗透压\\摩尔浓度\end{matrix} = \frac{每千克容器中溶解溶质的克数}{分子质量 \times \begin{matrix}1个溶质分子溶解\\或解离时形成的\\粒子数\end{matrix} \times 100}$$

对于血清等复杂混合物，由于其理论渗透压摩尔浓度不容易计算，因此通常采用实际测定值表示。实际测定中，一般采用待测溶液的冰点下降来间接测定其渗透压。在理想的稀溶液中，冰点下降符合以下关系：

$$\Delta T_f = K_f \times m$$

式中，ΔT_f 为冰点下降，K_f 为冰点下降常数（当水为溶剂时为 1.86），m 为质量摩尔浓度。

而渗透压符合以下关系：

$$P_0 = K_0 \times m$$

式中，P_0 为渗透压，K_0 为渗透压常数。

由于两式中的浓度等同，故可以用冰点下降法测定溶液的渗透压。新生牛血清的渗透压应为 $250\sim400$ mOsmol/kg。

11. 细胞增殖试验 新生牛血清的细胞增殖试验一般采用 Sp2/0-Ag14 细胞进行。

（1）细胞生长曲线的测定 取待检血清按 10% 浓度配制细胞培养液，按 1×10^4 个细胞/mL 的浓度进行接种，每天计数活细胞数量，连续观察 1 周，并按照横坐标为天数、纵坐标为细胞浓度（个细胞/mL）绘制生长曲线，细胞的最大增殖浓度应 $\geqslant1\times10^6$ 个细胞/mL。

（2）细胞倍增时间的测定 按 Sp2/0-Ag14 细胞生长曲线计算细胞的倍增时间。取细胞峰值前一天的细胞计数（Y）、接种细胞数（X）及生长时间（T），计算细胞的倍增时间（t）。

$$t = \frac{T}{\log_2(\frac{Y}{X})}$$

Sp2/0-Ag14 细胞的倍增时间应 $\leqslant20h$。

（3）克隆率的测定 按有限稀释法将 Sp2/0-Ag14 细胞稀释，并按每孔 1 个细胞的浓度接种 96 孔细胞板，每板至少接种 48 孔，置 37℃、含 5%CO_2 培养箱中培养 1 周后，在倒置显微镜下计数并计算细胞克隆率。

$$细胞克隆率 = \frac{细胞生长阳性孔数}{接种细胞的总孔数} \times 100\%$$

按照《中国兽药典》规定，新生牛血清的细胞克隆率应 $\geqslant70\%$。

四、其他血清

除牛血清外，猪、马、羊等动物的血清，在基于细胞培养技术的相关生产和应用中也有一定的市场份额。这些哺乳动物的血清在成分及功能方面与牛血清并无较大差异，在生产与质量控制方面也基本与牛血清大致相同，此处只作简要介绍。

一般来讲，这些动物在采血前应禁食一天，以免血清因混有乳糜而浑浊。生产过程也应按照 GMP 标准执行。其中，标准猪血清一般采用成年健康猪血液为原料加工而成，通常适用于诊断试剂生产、生物医学研究等。羊血清除采用常规的颈动脉取血方法外，也可在前后肢皮下静脉取血。马血清可以在一个可控的条件下对供体马进行定期采血。其他如兔和鸡等小动物的血清，由于产量较小，一般用于特殊科研或诊断试剂的生产（如某些细胞培养、细胞株保存等）。另外，由于此类动物体型较小，采血时速度不宜过快，以免血压下降过快，导致动物突然死亡而影响采血量。

（李永胜 张永明 陈小云）

第三节 培养基

培养基是人工配制、适合微生物生长繁殖或产生代谢产物的营养基质。培养基是微生物研究、细菌检验、流行病学调查及兽医生物制品制造等行业的基础，在微生物学领域中发挥着重要作用。

一、培养基的营养物质

目前除极少数菌种外，绝大多数细菌都可以在人工培养基上生长，但由于不同细菌的代谢活性不同，因此它们所需的营养物质亦不同。一般来说，细菌的营养需求决定了培养基的营养成分，培养基所能提供的营养物质主要包括氮源、碳源、无机盐、生长因子和水五大类。

（一）氮源

氮源是为细菌提供氮素的物质，这类物质主要用来合成细胞中的含氮物质，一般不能作为能源，只有少数自养菌能利用铵盐、硝酸盐同时作为氮源与能源。在碳源物质缺乏的情况下，某些厌氧菌在厌氧条件下可以利用某些氨基酸作为能源物质。蛋白质及其不同程度的降解产物（胨、肽、氨基酸等）、铵盐、硝酸盐、分子氮、嘌呤、嘧啶、脲、胺、酰胺和氰化物等，都可作为细菌的营养物质。

凡是固氮菌都能利用分子氮（N_2）合成有机化合物。很多细菌都可利用的硝酸盐（NO_3^-）和铵盐（NH_4^+）直接掺入有机化合物中，利用较快。NH_4^+被细胞吸收后可直接被利用，因此硫酸铵等铵盐一般被称为速效氮源；而NO_3^-虽可被细菌摄取，但进入细胞后仍需要还原成

NH_4^+才能被吸收利用。许多腐生型细菌、肠道菌、致病菌等可利用铵盐或硝酸盐作为氮源。例如，大肠埃希氏菌、产气肠杆菌、枯草芽孢杆菌、铜绿假单胞菌等均可利用硫酸铵和硝酸铵作为氮源，放线菌可以利用硝酸钾作为氮源，霉菌可以利用硝酸钠作为氮源。以硝酸盐为氮源培养细菌时，由于NO_3^-被吸收，会导致培养基pH升高，因此将硝酸盐称为生理碱性盐（表8-4）。

表8-4　细菌利用的氮源物质

种　　类	氮源物质	功　　能
蛋白质类	蛋白质及其不同程度的降解产物（胨、肽、氨基酸等）	大分子蛋白质难进入细胞，一些真菌和少数细菌能分泌胞外蛋白酶，将大分子蛋白质降解利用，而多数细菌只能利用相对分子质量较小的降解产物
氨及铵盐	NH_3、$(NH_4)_2SO_4$	容易被大肠埃希氏菌、产气肠杆菌、枯草芽孢杆菌、铜绿假单胞菌等细菌吸收利用
硝酸盐	KNO_3、$NaNO_3$ 等	容易被放线菌、霉菌等细菌吸收利用
分子氮	N_2	固氮菌可利用，但当环境中有化合态氮源时，固氮菌就失去固氮能力
其他	嘌呤、嘧啶、脲、胺、酰胺和氰化物	可不同程度地被细菌作为氮源加以利用。大肠埃希氏菌不能以嘧啶作为唯一氮源，在氮限量的葡萄糖培养基上生长时，可通过诱导作用先合成分解嘧啶的酶，然后再分解并利用嘧啶

常用的蛋白质类氮源物质包括蛋白胨、牛肉浸粉和酵母浸膏等。蛋白胨是由蛋白质经酶或酸碱分解而成，也可以作为碳源。由于蛋白质的来源和消化程度不同，因此所制成的蛋白胨差异可能很大。胰蛋白胨含有各种游离的氨基酸，最易被细菌利用，是许多细菌优良的氮源。此外，蛋白胨在培养基中还具有缓冲作用，高温下不凝固，遇酸不沉淀等。牛肉浸粉含有可作为氮源和碳源的物质，加热后大部分蛋白质凝固，仅有小部分氨基酸和其他含氮物质（如肌酸、黄嘌呤、尿酸及核苷酸等）刺激细菌生长。

（二）碳源

碳源是在细菌生长过程中为细菌提供碳素来源的物质。碳源物质在细胞内经过一系列复杂的化学变化后，成为细菌自身的细胞物质（如糖类、脂、蛋白质等）和代谢产物。碳可占细菌细胞干重的一半，同时碳源也可被化能型细菌作为能源。

细菌利用碳源物质时具有选择性。一般情况下，糖类是细菌良好的碳源和能源物质，但细菌对不同糖类物质的利用也有差别。例如，在以葡萄糖和半乳糖为碳源的培养基中，大肠埃希氏菌首先利用葡萄糖，然后利用半乳糖，前者成为大肠埃希氏菌的速效碳源，后者称为迟效碳源。目前细菌发酵中所利用的碳源物质主要是单糖、淀粉等。

细菌利用的碳源物质主要有糖、有机酸、醇、脂及CO_2等，而不同种类细菌利用碳源物质的能力不同。自养类细菌可以利用CO_2作为合成细胞物质的唯一碳源；异养类细菌中，以有机碳化合物作为碳源和能源的是化能型细菌。几乎各种有机碳化合物均可作为它们的营养物质，即使是高度不活跃的碳氢化合物（如石蜡）也不例外。制备培养基所用的糖、醇种类很多，糖类中常用的有单糖（葡萄糖、阿拉伯胶等）、双糖（如乳糖、蔗糖等）、多糖（如菊糖、淀粉等），醇类中有甘露醇、卫矛醇等（表8-5）。

表8-5　细菌利用的碳源物质

种　类	氮源物质	功　能
糖	单糖（葡萄糖、阿拉伯胶等）；双糖（如乳糖、蔗糖等）；多糖（如菊糖、淀粉等）等	单糖优于双糖，己糖优于戊糖，淀粉优于纤维素，纯多糖优于杂多糖
有机酸	糖酸、乳酸、柠檬酸、延胡索酸、低级脂肪酸、高级脂肪酸和氨基酸等	与糖类相比效果较差，有机酸较难进入细胞，进入细胞后会导致pH下降。当环境中缺乏碳源物质时，氨基酸可被细菌作为碳源利用
醇	乙醇、甘露醇、卫矛醇等	在低浓度条件下被某些酵母菌利用
脂	脂肪、磷脂	主要利用脂肪，在特定条件下将磷脂分解为甘油和脂肪酸而加以利用
CO_2	CO_2	为自养类细菌所利用
其他	芳香族化合物、蛋白质、肽和核酸等	当环境中缺乏碳源物质时，可被微生物作为碳源而降解利用

（三）无机盐

无机盐是细菌生长必不可少的一类营养物质，它们在机体中的生理功能主要是作为酶活性中心的组成部分，维持生物大分子和细胞结构的稳定性，调节并维持细胞的渗透压平衡，控制细胞的氧化还原电位和作为某些细菌生长的能源物质等。按照细菌所需要矿物质元素的多少，可将无机盐分为主要元素和微量元素两大类。

（1）常量元素　有磷、硫、镁、钾、钠、钙等（表8-6）。

表8-6　无机盐中的主要元素

主要元素	功　能
磷	在细菌代谢中非常重要，细菌从无机磷化合物中获得磷后，迅速将其同化，组成核酸和磷脂成分及高能磷酸化合物，作为缓冲体系调节培养基pH
硫	在细菌生理作用上仅次于磷，可调节胞内氧化还原电位，细菌从硫酸根离子吸收硫，此时硫为正6价，进入细胞后被还原为负2价，许多细菌也可利用硫代硫酸盐$(S_2O_3)^{2-}$。少数细菌不具有还原硫酸盐的能力，需供给还原型硫化物（如H_2S和半胱氨酸）才能生长
镁	以离子状态激活许多酶的反应，镁离子在控制核蛋白体的聚合中起主要作用在低浓度条件下被某些酵母菌利用
钾	是许多酶的激活剂，可促进碳水化合物代谢。钾也起到维持细胞渗透压的作用，控制着细胞质的胶态和细胞膜的透性
钠	是细菌细胞运输系统组分，维持细胞渗透压。一般嗜盐细菌如某些假单胞菌和乳酸菌的生长，需要在含有2%～5%氯化钠的培养基中生长
钙	以离子状态控制着细胞生理状态，如降低细胞膜透性、调节酸度和对一些阳离子的毒性起颉颃作用。是某些酶的辅因子，维持酶（如蛋白酶）的稳定性，芽孢和某些孢子形成所需

磷在细菌代谢中非常重要，细菌从无机磷化合物中获得磷后，迅速将其同化为有机的磷酸化合物，组成核酸和磷脂成分及高能磷酸化合物，作为缓冲体系调节培养基pH，培养基中磷的适宜浓度为$0.005\sim0.01$ mol/L。

硫在细菌生理作用上仅次于磷，可调节胞内氧化还原电位。细菌从硫酸根离子中吸收硫，此时硫为正6价，进入细胞后硫被还原为负2价。许多细菌也可利用硫代硫酸盐。少数细菌不具有还原硫酸盐的能力，需供给还原型硫化物（如H_2S和半胱氨酸）才能生长。

镁不参与细菌的任何细胞结构，只是以离子状态激活许多酶的反应，其激活作用优势可被锰离子代替。镁离子在控制核蛋白体的聚合中起主要作用。镁的需要浓度为$0.0001\sim0.001$ mol/L。

钾也不参与细菌的任何细胞结构，它是许多酶的激活剂，可促进碳水化合物代谢。钾也起到维持细胞渗透压的作用，控制着细胞质的胶态和细胞膜的透性。

钠是细菌细胞运输系统组分，维持细胞渗透压。如果将嗜盐细菌细胞放在食盐的低渗溶液中就会崩解。一般嗜盐细菌，如某些假单胞菌和乳酸菌，需要在含有2%～5%氯化钠的培养基中生长。

钙也不参与细菌的细胞结构，而是以离子状态影响着细胞的生理状态，如降低细胞膜透性、调节酸度和对一些阳离子的毒性起颉颃作用。是某些酶的辅因子，维持酶（如蛋白酶）的稳定性，也是芽孢和某些孢子形成所需。

（2）微量元素　包括铁、铜、锌、锰、钴、钼等。它们在培养基中，一般仅需含有万分之一或更少，过量会引起毒害作用。微量元素与酶的活动密切相关，或是酶的活性基因成分，或是酶的活性剂。铁是细胞色素、细胞色素氧化酶和过氧化氢酶活性基的组成成分；铜是多元酚氧化酶的活性基；锌既是乙醇脱氢酶或乳酸脱氢酶等的活性基，又是许多酶的激活剂；锰也是多种酶的激活剂；钼参与硝酸还原酶和固氮酶的结构；钴存在于维生素 B_{12} 辅酶中（表 8-7）。值得注意的是，微量元素过量会对机体产生毒害作用，因此应将培养基中的微量元素控制在正常范围内，并注意各种微量元素之间应保持适宜比例。

表 8-7　无机盐中的微量元素

主要元素	功　　能
铁	细胞色素、细胞色素氧化酶和过氧化氢酶活性基的组成成分
铜	多元酚氧化酶的活性基
锌	既是乙醇脱氢酶或乳酸脱氢酶等的活性基，又是许多酶的激活剂
锰	多种酶的激活剂
钼	参与硝酸还原酶和固氮酶的结构
钴	存在于维生素 B_{12} 辅酶中

（四）生长因子

通常指细菌生长所必需的且需要量很少，但细菌自身不能合成或合成量不足以满足自身生长需要的有机化合物。根据生长因子的化学结构和它们在机体中的生理功能的不同，生长因子分为维生素、氨基酸、嘌呤和嘧啶三大类。

（1）维生素　主要作为酶的辅酶参与新陈代谢，需要量一般较低，通常为 $1\sim50\ \mu g/mL$。其中以 B 族维生素最为重要，金黄色葡萄球菌生长需要供给完整的硫胺素（维生素 B_1）分子。

（2）氨基酸　需要量通常为 $20\sim50\ \mu g/mL$，培养基中常加入的酵母浸粉，其主要成分是 B 族维生素和氨基酸。

（3）嘌呤和嘧啶　是酶的辅酶或辅基，或用来合成核苷、核苷酸和核酸。某些细菌，特别是乳酸菌，生长需要嘌呤和嘧啶以合成核苷酸，最大生长量所需浓度为 $10\sim20\ \mu g/mL$。

此外，有些细菌生长需要微量甾醇、胆醇和肌醇等，作为组成细胞膜磷酸的成分，如许多支原体生长需要甾醇，某些肺炎链球菌生长需要胆

碱等。少数细菌还需要一些特殊的生长因子。例如，流感嗜血杆菌需要 X 和 V 两种因子，前者可能是氯化高铁血红素，后者即辅酶，均存在于血液中。有些细菌可直接利用鸡蛋或动物血清作为营养物质。

（五）水

水是细菌细胞的重要组成部分，占细胞总重量的 $75\%\sim90\%$。一切生命活动，如营养物质吸收、代谢活动、生长繁殖等均离不开水。

营养物质进入细菌菌体的方式有被动扩散、促进扩散和主动运输。被动扩散是指营养物质从高浓度环境向低浓度环境移动的过程，不需要消耗细胞的能量，不需要载体，形式有扩散、渗透和易化扩散等。促进扩散与被动扩散一样，也是一种被动的物质跨膜运输方式，但跨膜运输的物质需要借助与载体的作用才能进入细胞，且每种载体只运输相应的物质，具有较高的专一性。主动运输是扩散方向逆浓度梯度或顺浓度梯度但扩散速度快，需要消耗细胞的能量。主动运输是细菌吸收营养物质的主要方式。

二、培养基的分类

培养基种类繁多，根据其成分、物理性状和用途分成多种类型。

（一）以成分分类

根据培养基的组成成分，可将培养基分为天然培养基和合成培养基两大类。

（1）天然培养基　天然培养基亦称复合培养基，是化学成分还不清楚或化学成分不恒定的天然有机物。牛肉浸粉蛋白胨培养基和麦芽汁培养基属于此类。天然培养基成本较低，除在实验室经常使用外，也适用于进行大规模的细菌发酵生产。

（2）合成培养基　合成培养基是由化学成分完全了解的物质配制而成的培养基。组织细胞培养液属于此类。合成培养基成本较高，但其重复性强，质量稳定，在生产和检验工作中越来越广泛地被使用。

（二）以形态分类

根据不同形态，将培养基分为液体培养基、

流体培养基、半固体培养基和固体培养基。其不同形态的区分，主要取决于培养基中有无凝固剂或凝固剂的多少。对绝大多数细菌而言，琼脂是最理想的凝固剂。

（1）液体培养基　将营养物质溶解于液体中，调整 pH，灭菌后即为液体培养基。液体培养基中不加凝固剂，常用于细菌增菌、细菌生化反应或兽医生物制品生产中的菌种发酵等。

（2）流体培养基　在液体培养基中加入 0.05%～0.07% 的琼脂，即成流体培养基。加入琼脂增加了培养基的黏度，降低空气中氧气进入培养基的速度，能使培养基保持较长时间的厌氧条件，有利于一般厌氧菌的生长繁殖，如硫乙醇酸盐流体培养基。一般用于霉菌和厌氧菌检查的液体培养基中也加入少量琼脂。

（3）半固体培养基　在液体培养基中加入 0.2%～0.7% 的琼脂，溶解后冷却即成。半固体培养基用于细菌动力试验、菌种传代和保存及贮存菌种等。如双糖铁培养基的高层部分，用以观察细菌有无动力；半固体培养基和疱肉培养基，用于需氧和厌氧菌的增菌培养、菌种保存和传代。

（4）固体培养基　在液体培养基中加入 1.5%～2.0% 的琼脂，溶解后冷却即成。固体培养基可制成平板，用于分离培养细菌、纯化、抗菌药物的效价试验，以及兽医生物制品生产中的疫苗制造等；亦可在试管中制成斜面用于菌种传代和短期保存。这类固体培养基有肉汤琼脂、营养琼脂、SS 琼脂等。

（三）以用途分类

根据不同用途，培养基又可分为基础培养基、选择鉴别性培养基和特殊培养基等。

（1）基础培养基　营养要求相同的微生物，所需要的营养物质除少数几种不同外，其他大部分营养物质是共同的。这种含一般微生物生长繁殖所需的基本营养物质的培养基称为基础培养基。如牛肉汤是配制普通肉汤、普通琼脂、明胶培养基等的基础培养基；猪胃消化液是马丁肉汤、马丁琼脂的基础培养基。再如 1% 蛋白胨水，其本身可供靛基质试验用，若分别再加入各种糖类或醇类、甙类等，则可配成各种糖发酵培养基，供各种发酵试验用。

（2）选择鉴别培养基　指在培养基中加入指示剂或化学物质，以抑制某些微生物生长而有助于特定微生物生长的需要，或通过指示剂颜色变化分离鉴别细菌。例如，伊红-美蓝琼脂用于鉴别肠道病原菌及其他杂菌；亚硫酸铋琼脂能抑制革兰氏阳性菌和许多革兰氏阴性菌的生长。

（3）特殊培养基　包括厌氧菌培养基、抗生素效价测定培养基、药敏试验培养基、其他培养基等。

三、培养基制备程序与质量控制

不同类型培养基制备程序不完全相同，即使同一种培养基的配方，在不同实验室和不同文献中也会有所不同。

（一）新鲜培养基

配制新鲜培养基的主要程序大致分为配制、调节 pH、过滤、分装、灭菌、储存 6 个步骤。

（1）配制　指根据培养基配方的投料次序逐一投料。在溶解时，可先用温水加热并不断搅拌，以防焦化。待大部分固体成分溶解后再用微火缓缓加温直至煮沸，使所有成分完全溶解。在加温溶化过程中，因蒸发而失去的水分，最后应予以补足。

（2）调节 pH　待所有成分完全溶解之后，调节 pH 至适宜范围。培养基在高压灭菌后 pH 会有所变化，且缓冲剂不同，灭菌前后 pH 变化程度亦不同。一般来说，用氢氧化钠调节时，灭菌后会下降 0.1～0.2；用碳酸氢钠调节时，灭菌后会上升 0.1～0.2。培养基的 pH 应在冷却后测定。

（3）过滤　液体培养基必须澄清，以便观察细菌生长情况。过滤可以除去培养基中的微生物，使滤液呈无菌状态，以达到灭菌的目的。亦可以除去培养基中可见的微小颗粒，使培养基达到澄清状态。

（4）分装　培养基应根据使用目的和要求分装于不同的容器中，分装量不宜超过容器容量的 2/3，以免灭菌时外溢。用于盛装培养基的玻璃器皿，应采用对微生物无毒的中性硬质玻璃制成，可耐高压高温，且不影响培养基的酸碱度。根据需要将培养基分装于不同容量的三角瓶和大、中、小试管中。

（5）灭菌　灭菌方法有过滤除菌、干热灭菌、湿热灭菌及辐射灭菌等。不同成分、不同性质的培养基其灭菌温度与时间有所不同，一般培养基为 121℃ 30min，含糖培养基为 116℃ 30min。

（6）储存 新制备的培养基，一般置 2～8℃ 温度中保存。为防止培养基失水，分装于试管里的液体培养基和固体培养基应放在严密的有盖容器中。有的培养基不宜置 2～8℃ 温度中保存，如用于无菌检验的硫乙醇酸盐流体培养基，因含有少量琼脂，在低温条件下易凝固，所以需置室温放置。所有培养基需在有效期内使用。

（二）干粉培养基

19 世纪末，德国著名细菌学家科赫成功制备了固体培养基，并发明了玻璃培养皿。这极大地推动了细菌的分离、培养和鉴定工作，同时也促进了培养基的发展，并出现了世界闻名的美国 Difco 和英国 Oxoid 等培养基生产专业公司。美国 Difco 早在 1917 年就开始生产脱水干燥培养基。在 20 世纪 50 年代初，Diffco 和 Oxoid 公司的干粉培养基被全球微生物实验室广泛接受，是世界上公认的优质培养基，目前他们已有 400 多种干粉培养基。我国于 50 年代末开始研究干粉培养基，80 年代开始少量生产。近 30 年来，我国商品干粉培养基快速发展。干粉培养基在使用时，只需按说明书称量，加入纯化水，加热溶解、分装、高压灭菌后即可使用。干粉培养基具有质量稳定、使用方便等优点。

（三）培养基质量控制

1. 原材料质量控制 近些年来，越来越多的干粉培养基取代了传统新鲜培养基。要使干粉培养基质量标准化，首先必须使培养基原材料达到标准。只有使用高质量的培养基原材料，才能制备出高质量的培养基。制备干粉培养基的化学药品，均需为化学纯。主要生物原材料有蛋白胨、胰蛋白胨、牛肉浸粉、酵母浸粉、琼脂及胆盐。现将主要生物原材料理化及细菌学参考检定指标叙述如下。

（1）原材料的理化指标 将原材料配制成的 1% 水溶液应澄清、透明，高压灭菌后应无碱性沉淀，无磷酸盐沉淀，pH 为 6～7（蛋白胨 pH 为 5～6）；总氮含量在 9.2%～12% 及以上（蛋白胨在 14.5% 以上）；氨基氮蛋白胨含量为 2.5%，胰蛋白胨含量为 4%；氯化物含量为 3%～5%（胰酪蛋白胨在 1% 以下）；灰分含量在 15% 以下（蛋白胨含

量在 5% 以下）；干燥失重 5% 以下。琼脂（1%）的融化温度在 71℃ 以上，凝固温度为 33～39℃，凝胶强度为 400～500 g/cm²，灰分含量小于 3.5%，干燥失重率小于 15%。用可见光分光光度计测定波长 430 nm、525 nm、625 nm 下的光密度。重金属含量小于 0.03%。胆盐配成 1% 水溶液应完全溶解、澄清，pH7.5～8.5，酸值 128～145，胆酸含量 65% 左右，灰分 17% 以下，干燥失重 5% 以下，重金属 20 ppm 以下（表 8-8）。

表 8-8 培养基原材料的理化指标

理化指标	蛋白胨（2%）	酪蛋白胨（2%）	酵母浸粉（1%）	牛肉浸粉（1%）
pH	5～6	5～6 以上	6.5～7.2	6～7
总氮	14.5% 以上	12% 以上	9.2% 以上	12% 以上
氨基氮	2.5% 以上	4% 以上	3.5% 以上	
氯化物	3% 以下	1% 以下	5% 以下	2.7% 以下
含磷量	0.3% 以下			
灰分	5.0% 以下	15% 以下	15% 以下	15% 以下
干燥失重	5.0% 以下	5.0% 以下	5.0% 以下	5.0% 以下
碱性沉淀	无	无	无	无
磷酸盐沉淀		无		无

（2）原材料的细菌学指标 将 1% 原材料（蛋白胨、牛肉浸粉、酵母浸粉），加入 0.5% NaCl 制成 pH7.2 的培养基，取 10 mL 分装于中管中，经高压灭菌后进行微生物促生长或灵敏度试验。将被检细菌用生理盐水制成菌悬液，稀释至与标准比浊管相同浓度，进行 10 倍系列稀释，取适宜稀释度悬液 1mL 接种至 9mL 被检培养基中，每个稀释度 3 管，培养 5d。以接种后培养管数的 2/3 以上呈现生长的最低稀释度为该培养基的灵敏度。蛋白胨、牛肉浸粉灵敏度试验的质控菌为乙型溶血性链球菌和短芽孢杆菌，稀释度为 10^{-6}。蛋白胨 H_2S 试验阳性，配成营养琼脂，色素生成试验呈阳性（金黄色葡萄球菌呈黄色，绿脓杆菌呈绿色）。酵母浸粉灵敏度试验的质控菌为乙型溶血性链球菌，稀释度为 10^{-6}。胰酪蛋白胨配成无菌检验用硫乙醇酸盐流体培养基，按无菌检验培养基检验要求进行微生物促生长试验。胆盐配成 SS 琼脂，大肠埃希氏菌生长受抑制，沙门氏菌、志贺氏菌生长良好。将琼脂配成营养琼脂，色素生成试验呈阳性。

2. 成品质量控制 培养基是兽医生物制品生产和检验的重要原材料，其质量优劣直接关系生

产或检验的成败。因此，加强培养基的质量控制是做好兽医生物制品生产和检验工作的关键。为确保培养基的使用效果，无论是新鲜培养基还是商品化的干粉培养基，在制备后至少应进行如下3个方面的质量检验。

（1）一般性状检查

①颜色 培养基的颜色一般不宜太深，否则会影响细菌生长繁殖，也不易观察结果。含指示剂的培养基，要检查培养基的颜色是否正常。

②澄明度 一般液体培养基应澄清、无沉淀，固体培养基应无絮状物或沉淀。

③pH 因不同细菌对培养基pH的要求不同，只有在最适pH范围内才能生长繁殖良好，因此应检查培养基是否在规定范围内。

④凝胶强度 对流体培养基、半固体培养基和固体培养基，应检查琼脂含量是否适宜、凝胶强度是否合适。

（2）无菌检验 无论是高压灭菌培养基还是无菌分装培养基，均应进行无菌检验。《中国兽药典》（二〇一五年版）明确了无菌检验培养基和支原体检验培养基无菌检验做法，即每批培养基随机抽取10支（瓶），其中的5支（瓶）置35～37℃中，另外的5支（瓶）置23～25℃，均培养7d，逐日观察。如培养基10/10无菌生长，则判该培养基无菌检验符合规定。其他培养基亦可参照此法进行无菌检验，无菌检验合格后方可使用。

（3）培养基性能试验 用于微生物生长繁殖、增菌、分离、选择和鉴别等的培养基，均应用已知特性的、稳定的标准菌株或参考对照菌株进行培养基性能试验。固体培养基一般采用微生物促生长试验，液体培养基采用灵敏度测定，性能试验合格后方可使用。对微生物促生长试验或灵敏度测定，应采用标准菌株，如美国典型培养物保藏中心（ATCC）、中国医学微生物菌种保藏中心（CMCC）或中国兽医微生物菌种保藏中心（CVCC）保藏的已知标准菌株，在被检培养基上接种培养，其结果应符合培养基分离、鉴别的阳性和阴性特征。《中国兽药典》（二〇一五年版）收载了无菌检验培养基、支原体检验培养基和检验用培养基的配方、制备等。《中国药典》收载了无菌试验培养基、微生物限度检查培养基和细菌生化反应培养基的处方、操作及结果判定。美国国家临床实验室标准化委员会（NCCLS）于1999年颁布了商品微生物培养基质量标准。美国Diff-co公司的《培养基手册》中收载了各类培养基的配方、制备、检验及部分图片。所有检测指标均可参照美国药典、欧洲药典、《中国兽药典》、《中国药典》、商品微生物培养基质量标准（NCCLS，1999年），以及《培养基手册》（Diffco，第11版，1998年）进行检测。

四、培养基在兽医生物制品生产和检验中的应用

繁殖生产用菌株、制备细菌性疫苗、外毒素、诊断制品及进行兽医生物制品无菌检验等，都需用培养基。因此，培养基也称为兽医生物制品的基础原材料。兽医生物制品生产用培养基的基本组成与微生物分离鉴定用培养基基本相同，但有些特殊要求，主要有：①原材料既不能含有有毒物质，也不能含有家畜致敏原；②干粉原材料的质量、规格、新鲜制备原料的新鲜程度；③培养基的质量不会引起典型菌株发生变异，以保证有充分的免疫原性（抗原性）；④制出的疫苗不得有外源性污染。

在兽医生物制品中广泛应用的培养基主要有以下几类：

1. 细菌类疫苗生产用培养基 疫苗的生产中需用大量培养基，如布鲁氏菌病疫苗、炭疽疫苗和支原体疫苗等的生产。

2. 毒素生产用培养基 为了生产类毒素和抗血清，首先要制备毒素。生物制品中最常用的毒素生产培养基有破伤风产毒培养基、气性坏疽产毒素培养基及各型肉毒梭菌产毒素培养基等。生产不同毒素需用各自的专用培养基处方，在培养过程中补充氨基酸及生长因子等，可使毒素产量明显提高。待毒素产量达高峰时，收集培养液用于进一步制备。

3. 诊断制品制备和检验用培养基 制备细菌类诊断制品时需使用培养基，如4%甘油琼脂培养基用于鼻疽补体结合试验抗原的制备和鼻疽毒素效价测定等。各种细菌的单因子抗血清的制备中，需用培养基培养细菌制备免疫用抗原及吸收菌。

4. 检验用培养基 无菌检验系指用微生物培养法检查兽医生物制品是否无菌或是否含有杂菌的一种方法，是保证兽医生物制品安全性的重要环节。无菌检验培养基应完全透明、无沉淀，适合需氧菌、厌氧菌或真菌的生长。无菌检验培养

基可参照《美国药典》《欧洲药典》《中国兽药典》《中国药典》等现行版本进行检测。以《中国兽药典》（二〇一五年版，三部）为例，培养需氧菌、厌氧菌时用硫乙醇酸盐流体培养基。需氧菌在表层生长，厌氧菌在深层生长，需氧兼性厌氧菌则在表层及深层均生长，质控菌株为金黄色葡萄球菌（CVCC2086）、铜绿假单胞菌（CVCC2000）、生胞梭菌（CVCC1180）。按照《中国兽药典》规定，应进行培养基微生物促生长试验。检验真菌时用胰酪大豆胨液体培养基，质控菌株为白假丝酵母（白色念珠菌）（CVCC3597）和巴西曲霉（黑曲霉）（CVCC3596）。

支原体检查时常采用培养法。病毒类疫苗制备过程中所用小牛血清可能有支原体污染。为此，对病毒收获液、原液均需进行支原体检查。支原体培养基类型和检测指标可参照《美国药典》《欧洲药典》《中国兽药典》《中国药典》等现行版本进行检测。以《中国兽药典》（二〇一五年版，三部）为例，使用的支原体培养基有改良 Frey 氏液体培养基、改良 Frey 氏固体培养基、支原体液体培养基、支原体固体培养基、无血清支原体培养基，质控菌株为滑液支原体（CVCC2960）和猪鼻支原体（CVCC361）。供试品污染支原体后，在荧光显微镜下观察，除细胞外可见大小不等、不规则的荧光着色颗粒。

（万建青 罗玉峰 朱 真 黄小洁 丁家波）

第四节 胚

生物制品的安全涉及多个方面，原材料的纯净与安全性是生物制品质量安全的重要保证，更是涉及生物安全的重大问题。鸡胚是禽胚疫苗和禽源细胞苗的主要生产原材料和畜、禽多种活疫苗的检验材料，其质量对兽医生物制品的安全性和效力具有至关重要的影响。尤其是某些感染输卵管、卵壳、胚体的病原体，能够潜在污染胚源或胚细胞源疫苗，或者由于卵黄抗体的存在而影响疫苗的效价。

一、鸡胚

尽管体外细胞培育病毒的技术发展迅速，但细胞培养获得的病毒液不经浓缩，通常达不到鸡胚培养获得的病毒滴度，二者相差至少 1 个滴度以上。使用鸡胚生产疫苗具有材料易得、方法简便的特点，因此被世界各国广泛采用。目前国内用于生物制品生产的鸡胚主要包括非免疫鸡胚和无特定病原体（SPF）鸡胚 2 种。

（一）非免疫鸡胚

非免疫鸡是指饲养于自然环境中，为了利用其生产的胚繁殖某种特定病原，而不接种此特定疫病疫苗的鸡，但仍接种其他对鸡有高度危害的传染病疫苗。为了增强鸡的抵抗力和抗病性，饲喂过程中往往添加过量的抗生素，同时无法排除普遍存在而发病率低的垂直传播性疫病，以及无关母源抗体的干扰，使非免疫胚成为疫苗潜在的生物性污染源。

如果禽用活疫苗采用非 SPF 鸡胚制备，难免混有禽白血病病毒、禽脑脊髓炎病毒、网状内皮组织增生症病毒等病原微生物，接种疫苗就造成人为传播疾病，可能引起免疫抑制、免疫失败或直接导致免疫动物发病，影响正常疫苗免疫，造成垂直传播、恶性循环，以至疫病屡防不止，从而影响整个养禽业的健康发展。一旦生产采用非 SPF 种蛋或在非 GMP 标准的生产环境下生产，则难以保证生产出的产品不含外源病原，尤其是经蛋传递的病原，活疫苗有可能污染外源病原体，导致多种细菌病、支原体病及各种免疫抑制病的发生。

（二）SPF 鸡胚

SPF 鸡是指经过人工培育，对其携带微生物实行控制，遗传背景明确或者来源清楚的试验用鸡，其终生生长在屏障环境或隔离环境中，不含对鸡有重大危害的鸡传染病病原的鸡群。其所产蛋即为 SPF 鸡种蛋，孵化期间称为 SPF 鸡胚。SPF 鸡蛋（胚）不含有特定病原体及其相应的特异性抗体。SPF 鸡是禽病学研究、禽用/禽源生物制品生产的重要试验材料和原材料。

使用 SPF 鸡胚生产疫苗，具有以下几方面优势：

1. 纯净 原材料为 SPF 种蛋，不含特定的病原微生物和寄生虫，从根本上排除了特定抗体或病原的干扰；生产环境要求严格，按照 GMP 标准执行，工作环境达到百级净化标准。

2. 高效 用 SPF 鸡胚可杜绝母源抗体的干扰，获得在非 SPF 鸡胚中达不到的病毒滴度，提高了单胚抗原的产出量，不仅保证了疫苗的纯净，而且大大提高了疫苗的生产效率。

3. 安全 原材料不带有特定病原，如果在疫苗生产过程中增加抗原的超滤工艺，能够去除杂质和异体蛋白，则从原材料及生产工艺双重环节提高了纯净度，减少了应激反应，使产品使用更安全。

4. 均一 用 SPF 鸡胚生产疫苗时，采用全自动接种收获机，全封闭管道采集原液、配制疫苗，使用多头蠕动泵灌装系统，采取在位清洗、在线消毒，冻干机冻干，从 SPF 鸡胚原材料和生产工艺上保证了所生产的产品质量稳定、均一。

5. 敏感 SPF 鸡胚对各种病毒均有较高的敏感性，且重复性好。

我国兽药典规定，生产、检验用动物标准中，"各等级的啮齿类动物和 SPF 鸡的质量检测，按照各自国家标准进行"；生产、检验用细胞标准中，"生产用禽源原代细胞应来自健康家禽（鸡为 SPF 级）的正常组织"。

（1）SPF 鸡胚质量监测 SPF 鸡，尤其是 SPF 鸡种源是决定 SPF 鸡胚安全、敏感、均一的第一要素。SPF 鸡的培育是一个不断提高的过程，主要体现在微生物净化、遗传学稳定和生物学性状优化等方面。

①SPF 鸡种源 SPF 鸡胚的蛋重、蛋壳厚度、蛋的品质等与疫苗生产相关的性状在很大程度上取决于 SPF 种鸡的遗传学特性。这既是导致国际大型 SPF 种鸡企业垄断地位的决定性原因，同时也是我国打破国际垄断、发挥地方品种优势、建立我国独有 SPF 鸡种源的根本出发点。

当前国际市场中，美国 Charles River 公司、德国 Lohmann 公司的 SPF 鸡生产量和销售量占全球的 80% 以上，处于垄断地位，印度及我国台湾也建有 SPF 鸡场。我国绝大多数鸡场 SPF 鸡都是从 Charles River 公司引进，该公司主要培育 2 个品系，分别是封闭饲养 30 多年的 Line - 22 系和 10 多年的 Bx 系，都来自白来航鸡。

我国对 SPF 鸡的研究最早始于农业部 1979 年下达的 SPF 鸡培育及相关微生物监控技术的任务。随后 1985 年山东省农业科学院家禽研究所首次利用国产净化设施和美国的 SPF 种蛋进行饲养研究。接着 1991 年中国农业科学院哈尔滨兽医研

究所获世界银行贷款 300 万美元，国内配套人民币 1 710 万元，建设完成当时"国际一流"的"SPF 动物房"和"SPF 种禽中心"。1993 年以北京原种鸡场培育的北京白鸡Ⅰ系、Ⅱ系和Ⅲ系为基础，开始病原微生物的净化，并于 2004 年培育成功我国首个具有自主知识产权的 BWEL - SPF 鸡群。之后引进 Line - 22（2004 年）和 LH/J（2010 年）鸡群，培育成功 SB（2008）和 MHC-B 单倍型 G 系列（2008 年）等 SPF 鸡群。在此基础上，国家禽类实验动物种子中心于 2010 年正式成立，这是具有国家科技部授权的 SPF 禽种源供应基地。据不完全统计，我国目前获得 SPF 鸡生产许可证的单位有 25 家，规模较大的包括中国农业科学院哈尔滨兽医研究所、北京梅里亚维通实验动物技术有限公司、济南斯帕法斯家禽有限公司、哈药集团生物疫苗有限公司、乾元浩南京生物药厂等。

广东省最早于 1994 年提出了关于试验用鸡的遗传学地方标准《实验动物啮齿类和鸡的遗传》，主要参考了试验小鼠的监测手段。山东省农业科学院家禽研究所开展了 SPF 鸡品系培育和生产性能方面的相关研究，并利用随机扩增多态性技术进行了遗传学比较。中国农业科学院哈尔滨兽医研究所对国家实验动物禽类种子中心保存的主要品系 BWEL 和 Line - 22 进行了核型、G 带和 C 带、同工酶分析和微卫星 DNA 标记等研究。结果表明，第 15 世代 BWEL - SPF 鸡种群 8 个家系中，被检位点的 35.7 %（5/14）的基因型趋于纯合（$P > 0.90$），家系内等位基因的变异程度显著降低（$P < 0.05$）。F 统计量检验表明，家系间的遗传分化达到了极显著水平（$P < 0.001$），来自群体间的变异为 12.9 %。在此基础上，按照国际通用的针对主要组织相容性复合体（MHC）的 BF 和 BL 基因序列，首次建立了国内 6 个 MHC-B 复合体单倍型鸡群 G 系列，并通过体内攻毒试验表明，不同 G 系鸡群对鸡马立克氏病或禽白血病的敏感性有显著差异，为更高效地生产相关疫苗提供了遗传学依据。

由于 SPF 鸡的生活环境、饲料、饮水条件不断改变，其生物学特性是否发生改变，是生物制品厂家和禽病研究工作者关注的问题。中国农业科学院哈尔滨兽医研究所根据实验动物禽类的生物学特性数据的应用情况，以及对实验动物生物学特性描述的科学性，对国家实验动物禽类种子

主要品系 BWEL 和 Line‑22 SPF 鸡的实验动物生物学特性数据进行了描述，包括 15 种生殖生理参数、1 种生长发育生理参数、2 种呼吸生理参数、3 种心血管生理参数、19 种血液生化参数、11 个解剖学参数和 7 个遗传学数据，全部信息已提交国家自然科技资源平台实验动物资源库，供社会共享。另外，该所也对 BWEL 鸡的消化系统、疫病敏感性进行了研究。不同的饲料、品系、饲养管理也有可能影响 SPF 鸡的生产性能。

②SPF 鸡的微生物学监测　SPF 鸡群的疫病监测技术，是 SPF 鸡群培育和饲养工作的关键性技术保障，是影响疫苗质量的首要因素。各国根据疫病的存在和流行情况，以及对 SPF 鸡的使用要求及监测能力，对 SPF 鸡群的疫病监测项目并不相同，少的有十几种，多的有 30 多种，并且都有自己的监测用抗原的制备和使用规程。由于各个国家甚至同一国家不同地区或不同单位间的科技发展水平不同、实际需要不同，因此 SPF 鸡的微生物控制标准并无统一的指标，但有一定的共识。

SPF 鸡国家标准中对检测样品的采集和监测频率有明确规定：蛋鸡开产前，100%抽样，检测禽白血病（ALV）、鸡毒支原体（MG）、鸡滑液囊支原体（MS）和鸡白痢沙门氏菌（SP）；产蛋期，每隔 6~8 周，按 5%~15%采样，检测标准规定的所有项目。能够对 SPF 鸡群进行检测的机构只有中国农业大学、农业农村部实验动物质量监督与检验测试中心（中国农业科学院哈尔滨兽医研究所）、中国兽医药品监察所和农业农村部兽医诊断中心等单位。目前各鸡场或监测部门的检测试剂或试剂盒基本能够实现市场化供应。

目前国际上对 SPF 鸡微生物质量仍没有统一标准，世界各国根据本国的禽病流行情况制定。一般来说，都至少要排除对鸡有较强致病性或其产品对研究工作产生严重干扰的疾病。我国的 SPF 鸡微生物监测国家标准，是在立足我国禽病流行情况和疫苗使用范围的基础上，历经 3 次制/修订，在现行二〇〇八年版的国家标准中，规定了必须排除的 19 种病原微生物种类及其监测方法（表 8‑9）。

表 8‑9　SPF 鸡微生物学监测项目及方法

序　号	病原（拉丁文或英文）	方　法
1	鸡白痢沙门氏菌 *Salmonella pullorum*	SPA、IA、TA
2	副鸡嗜血杆菌 *Haemophilus paragallinarum*	CO、SPA、IA、ELISA
3	多杀性巴氏杆菌 *Pasteurella multocida*	CO、AGP、IA
4	鸡毒支原体 *Mycoplasma gallisepticum*	SPA、HI、ELISA
5	滑液囊支原体 *Mycoplasma synoviae*	SPA、HI、ELISA
6	禽流感病毒 *Avian influenza virus*	AGP、HI、ELISA、RT‑PCR
7	新城疫病毒 *Newcastle disease virus*	HI、ELISA
8	传染性支气管炎病毒 *Infectious bronchitis virus*	ELISA、SN、AGP、HI
9	传染性喉气管炎病毒 *Infectious laryngotracheitis virus*	ELISA、AGP、SN
10	传染性法氏囊病毒 *Infectious bursal disease virus*	AGP、ELISA、SN
11	淋巴白血病病毒 *Lymphoid leukosis virus*	ELISA
12	网状内皮组织增生症病毒 *Reticuloendotheliosis virus*	ELISA、AGP
13	马立克氏病毒 *Marek's disease virus*	AGP
14	鸡传染性贫血病毒 *Chicken infectious anemia virus*	ELISA、IFA、PCR
15	禽呼肠孤病毒 *Avian reovirus*	AGP、ELISA
16	禽脑脊髓炎病毒 *Avian encephalomyelitis virus*	ELISA、AGP、EST、SN
17	禽腺病毒Ⅰ群 *Avian adenovirus group* Ⅰ	AGP
18	禽腺病毒Ⅲ群（EDS）*Avian adenovirus group* Ⅲ	HI、ELISA
19	禽痘病毒 *Fowl pox virus*	CO、AGP

注：SPA 指血清平板凝集试验；EST 指胚敏感试验；IA 指病原体分离；SN 指血清中和试验；AGP 指琼脂扩散试验；HI 指血凝抑制试验；IFA 指间接免疫荧光试验；ELISA 指酶联免疫吸附试验；TA 指试管凝集试验；CO 指临床观察；RT‑PCR 指反转录‑聚合酶链式反应；PCR 指聚合酶链式反应。

国外 SPF 鸡的标准由企业自行规定。以美国 SPAFAS 公司为例，其最高级——研究级 SPF 鸡（蛋）监测项目（包括亚型）为 31 种（表 8-10）。

表 8-10　美国 SPAFAS 公司 SPF 鸡监测项目

序　号	病　　原	抗　　原	方　　法	SPF 蛋级别		
				标准	保险	研究
1	禽腺病毒Ⅰ群	CELO-phelps	AGP	√	√	√
2	禽腺病毒Ⅰ群	Serotypes 1~12	AGP、MNT	√	√	√
3	禽腺病毒Ⅱ群	Domermuth	AGP	√	√	√
4	禽腺病毒Ⅲ群	CLKK115D	HI	√	√	√
5	禽脑脊髓炎病毒	Van Roekel	AGP、SN	√	√	√
6	禽流行性感冒（A 型）	T/W66	AGP、ELISA	√	√	√
7	禽肾炎病毒	G4260	IFA		√	√
8	禽副黏病毒 2 型	Yucaipa	HI		√	√
9	禽副黏病毒 3 型	61/pmy/wis/68	HI			√
10	禽呼肠孤病毒	S1133	AGP、MNT	√	√	√
11	禽鼻气管炎病毒	UK	ELISA		√	√
12	禽轮状病毒	Ch-2	AGP		√	√
13	禽结核病	M. avium	CO、PM		√	√
14	淋巴白血病内源 GS	P27	ELISA			√
15	禽痘		AGP、CO	√	√	√
16	副鸡嗜血杆菌	0083	SPA、CO			
17	传染性支气管炎 Ark	AnKnasas99	ELISA、HI	√	√	√
18	传染性支气管炎 eon	ComA5968	ELISA、HI	√	√	√
19	传染性支气管炎 JMK	HMK	ELISA、HI	√	√	√
20	传染性支气管炎 Mas	Mass66579	ELISA、HI	√	√	√
21	传染性法氏囊病病毒	M4040（2512）	AGP、SN	√	√	√
22	淋巴白血病 A 和淋巴白血病 B	RSV-RAVA，S	SN	√	√	√
23	淋巴白血病病毒	A、B、C、D、E	ELISA	√	√	√
24	马立克氏病毒	ConnB	AGP			√
25	鸡毒支原体	A5969	SPA、HI	√	√	√
26	滑液支原体	WVU1853	SPA、HI	√	√	√
27	新城疫病毒	La Sota	AGP、HI	√	√	√
28	网状内皮组织增生症	ATCC770（T）	AGP	√	√	√
29	鸡白痢伤寒沙门氏菌		SPA、TA	√	√	√
30	沙门氏菌其他种		IA			√
31	传染性喉气管炎病毒	UCA92430	AGP、SN	√	√	√

（2）SPF 鸡蛋质量监测　　SPF 鸡蛋/胚是疫苗生产厂家最直接、最有效的监测对象，是生物制品质量监测的第一道关口。在以上 19 种必须监测的疫病中，能通过感染鸡蛋发生垂直传播的传染病包括鸡白痢、鸡毒支原体病、滑液囊支原体病、禽白血病、减蛋综合征、禽脑脊髓炎、网状内皮组织增生症和鸡传染性贫血。这些传染病都能在鸡蛋或鸡胚中检测到病原体，并含有卵黄抗体。

根据不同疫病的流行病学和致病机理，可以采用 ELISA、IFA、病原体分离、PCR 等技术进行病原体或特异性卵黄抗体的检测，来判断鸡胚质量。

二、鸭胚

鸭胚已成为兽医生物制品生产、检验和生命科学研究的重要材料，其微生物学质量尤为重要。目前国内用于生物制品生产的鸭胚主要包括普通鸭胚和无特定病原体（SPF）鸭胚 2 种。

（一）普通鸭胚

鸭是多种禽病的自然感染宿主，能同时感染鸡的有新城疫、减蛋综合征、禽流感等，鸭特异性的危害较重的疫病有鸭瘟、鸭病毒性肝炎和鸭细小病毒病等，因此鸭胚也常用来生产鸭用疫苗和进行鸭用疫苗的安全性检验及效力检验，另外在疫苗的研发上也常用于特定病毒种毒培育过程中的人工传代致弱。

有关鸭胚的使用要求，我国的兽药典还没有规定必须使用 SPF 鸭（胚）。因此，我国兽医生物制品中大量应用的还是普通鸭胚，其（主要用于制备疫苗抗原，包括制备鸡减蛋综合征病毒、小鹅瘟鸭胚化弱毒疫苗的增殖等。）

也有采用同一鸭胚增殖新城疫病毒和减蛋综合征病毒的研究，不但避免了鸡胚制苗的潜在带毒危害，而且生产成本降低、工艺简单。普通鸭胚中含有效价不等的母源抗体，接种前要测定抗体水平以确定种毒稀释倍数。由于高水平抗体对病毒的增殖有显著影响，因此 SPF 鸭胚的培育和使用势在必行。

（二）SPF 鸭胚

1. SPF 鸭的培育　2004 年，中国农业科学院哈尔滨兽医研究所以绍鸭白壳一号为基础在国内首次开展了 SPF 鸭的培育。采用高效过滤空气、钴 60 辐照饲料、饮用酸化水等方式阻断外界环境污染和再感染，通过免疫灭活疫苗、服用抗生素、淘汰病原微生物阳性个体等措施，在鸭群中净化了鸭瘟等 10 种疫病。通过测定生物学特性数据，进行敏感性试验，成功培育具有自主知识产权的、微生物学质量控制和遗传背景明确的 HBK-SPF 鸭封闭群，并进行了鸭的群体遗传学研究。利用生化标记位点，对第 2 代和第 3 代 HBK-SPF 鸭进行了群体遗传学研究，结果表明 Es1、Trf、Car2、Gpi1、Pgm1、Es10 这 6 种同工酶可以用于鸭的生化标记检测，重复性较好，HBK-SPF 鸭群存在多态性。根据蛋壳颜色，将 HBK 鸭进行选育，建立了 HBK-B 和 HBK-Q 两个封闭鸭群。利用 18 个微卫星标记进行遗传结构分析的结果表明，两个群体中各有 7 个位点的多态信息含量（PIC）大于 0.5，18 个微卫星标记的平均 PIC 分别为 0.474 和 0.480，呈中度多态；校正后的等位基因丰富度（allelic richness，以每个群体 19 个个体进行校正）分别为 3.56 和 3.54，表明这两个群体的遗传多样性基本相同。等位基因频率差异的卡方检验，以及两个群体间的遗传分化系数 F_{ST} 值显著水平的检验，均证明这两个群体间的遗传分化已经达到了极显著水平（$P < 0.01$）。

目前对国家实验动物禽类种子主要品系 HBK-SPF 鸭的实验动物生物学特性数据已经进行了描述，包括 15 种生殖生理参数、1 种生长发育生理参数、2 种呼吸生理参数、3 种心血管生理参数、19 种血液生化参数、11 个解剖学参数和 7 个遗传学数据，全部信息已经实现社会共享。

至今，HBK-SPF 鸭已繁育至第 9 代，已向全国 32 个单位供应约 6 万枚 SPF 鸭蛋、2 万枚 SPF 鸭胚、1 万余羽 SPF 鸭，为提高我国生物制品生产中原材料或安检、效检的相关产品质量做出了重要贡献。

2. SPF 鸭的微生物学质量监测　微生物学质量监测是 SPF 鸭质量控制的关键。中国农业科学院哈尔滨兽医研究所根据国内鸭病的流行和发病情况，进行了 SPF 鸭（胚）微生物监测技术标准的研究，确定了无特定病原体鸭微生物学监测的病原体种类，监测项目有鸡白痢沙门氏菌、多杀性巴氏杆菌、鸭疫里氏杆菌、衣原体、A 型流感病毒、新城疫病毒、减蛋综合征病毒、鸭肠炎病毒、鸭肝炎病毒 I 型、衣原体和网状内皮组织增生症病毒；规定了监测方法，主要包括血清平板凝集试验（SPA）、病原菌分离（IA）、血清中和试验（SN）、试管凝集试验（TA）、血凝抑制试验（HI）、聚合酶链式反应（PCR）、酶联免疫吸附试验（ELISA）、间接血凝试验（IHA）、乳胶凝集试验（LAT）、病毒中和试验（VN）等（表 8-11）。首次监测从 8～10 周龄开始，每年至少监测 2 次。对所有饲养单元的鸭进行全部项目的检测，每个饲养单元按 15% 的比例抽样，每个隔离器至少抽检 5 羽。

表 8-11　SPF 鸭微生物监测项目和监测方法

序号	病　　原	方　　法
1	沙门氏菌	SPA、IA、TA、PCR
2	多杀性巴氏杆菌	IA、PCR、ELISA
3	鸭疫里氏杆菌	IA、LAT、ELISA
4	衣原体	IHA
5	网状内皮组织增生症病毒	PCR、ELISA
6	禽腺病毒Ⅲ群	HI
7	鸭肝炎病毒	ELISA、PCR、VN
8	鸭肠炎病毒	ELISA、PCR、SN
9	禽流感病毒	HI、PCR
10	新城疫病毒	HI、PCR

注：IHA 指间接血凝试验；LAT 指乳胶凝集试验；VN 指病毒中和试验。

法国报道有 SPF 番鸭及番鸭蛋（胚），但是未列出应排除疾病的种类和监测方法。

台湾家畜卫生试验所要求番鸭群中排除的疾病种类有细小病毒、新城疫病毒、禽流感病毒、传染性法氏囊病病毒、禽呼肠孤病毒、沙门氏菌、巴氏杆菌和艾美耳球虫；监测方法主要有间接免疫荧光、酶联免疫吸附试验、聚合酶链式反应、血凝抑制试验和病原分离等。

《OIE 陆生动物诊断试验与疫苗手册》在马立克氏病病毒检验中提到，SPF 鸭应排除的疾病种类有禽腺病毒、禽呼肠孤病毒、衣原体、鸭肠炎病毒、鸭肝炎病毒Ⅰ型和Ⅱ型、A 型禽流感病毒、新城疫病毒、网状内皮组织增生症病毒、鸭疫里氏杆菌、沙门氏菌。参照世界动物卫生组织对动物疾病的诊断试验技术，SPF 鸭的微生物监测方法主要有病原分离、酶联免疫吸附试验、血清中和试验、聚合酶链式反应、平板凝集试验、乳胶凝集试验和血凝抑制试验等。

中国农业科学院哈尔滨兽医研究所在国内外无特定病原体鸭微生物学监测的基础上，按照技术标准的编写要求和原则，制定了《无特定病原体鸭微生物学监测技术规范》地方标准（DB23/T 1675—2015），该标准已颁布实施。

三、鹅胚

鹅胚主要用于特定毒株的培育，如新城疫鹅胚化 La Sota 毒株就是将 La Sota 毒株反复适应于

鹅胚而获得的新毒株。鹅胚作为生物制品的原材料仅见于鹅胚化小鹅瘟疫苗的生产。有关行业标准规定，对小鹅瘟的诊断要利用鹅胚进行接种。鹅胚包括普通鹅胚和非免疫鹅胚 2 种。

国内只有未经过病原微生物净化的普通鹅群，其生产的鹅胚是普通鹅胚。为了特殊的疫苗生产、检验等需要，也进行了鹅群的个别微生物质量控制，所以生产鹅胚达到了非免疫鹅胚的要求。

目前国内还没有 SPF 鹅群和 SPF 鹅胚。

（曲连东　韩凌霞　李俊平）

第五节　细胞与细胞系

一、兽医生物制品生产中常用的细胞系

（一）兽医生物制品生产用动物细胞的发展历程

1. 原代细胞时期　国际上最早的生物制品法规定，只有从正常组织分离的原代细胞，如鸡胚成纤维细胞、猴肾细胞等才能用来生产生物制品。1949 年 Enders 最先用原代胚胎组织细胞进行脊髓灰质炎灭活疫苗的生产，开创了动物细胞培养用于生物制药的先河。直到今天，我国生产的许多兽医生物制品，依然是采用原代细胞进行生产，其中应用最普遍的原代细胞是鸡胚成纤维细胞。

2. 传代细胞系时期　许多可连续传代的细胞系建立于 20 世纪 50 年代。与原代细胞相比，传代细胞系的优点是生长快速，细胞类型均一，比较便宜，不使用动物也就没有伴随的污染问题等。然而，此后的数十年间，所有生产工艺中都无一例外地采用原代细胞。其原因是传代细胞系在生物学特性上与肿瘤细胞有许多相似之处，有的是从肿瘤细胞衍生而来，它们可能含有可传播的致癌因子或其本身就具有某种程度的潜在致瘤性。由于缺乏有效的科学手段来排除这种可能，因而传代细胞系未被允许用于生产。

近 30 年来，由于细胞生物学、病毒学和分子遗传学的发展，许多生命现象得以阐释，这使人们对肿瘤发生的相关因素及成分有了相当深入的了解，同时也否认了异倍体细胞致癌的假想。在传代细胞中发现了一些潜在致癌因子，如活化癌基因、

内源性致癌病毒（如反转录病毒）、转化蛋白（如 T 抗原）等。要确认传代细胞系缺乏所有的潜在致癌因子，特别是致癌病毒是相当困难的。但随着纯化技术的发展和检测手段的进步，人们有方法证明在成品中没有不可接受水平的 DNA 和蛋白质及致癌因子。这最终导致了 20 世纪 80 年代传代细胞系应用于人用生物制品的生产。目前，传代细胞系已被广泛用于人用治疗性药物的生产，并且西方发达国家在兽医生物制品的生产中，已经越来越多地采用传代细胞系。我国最初主要是将传代细胞系应用于口蹄疫灭活疫苗等的大规模生产，近年来也逐渐开始应用传代细胞系生产兽用活疫苗。

（二）细胞基质及其种类

细胞基质是指可用于生物制品生产和检定的所有动物连续传代细胞系及原代细胞。

1. 原代细胞　原代细胞是将直接取自于动物的组织、器官，粉碎、消化后获得的一种细胞。一般来说，1 g 组织约有 10^9 个细胞，但一种组织中常由多种细胞组成，在实际操作中，只能得到其中的一部分细胞。因此，用原代细胞来生产兽医生物制品常需要大量的动物组织，费钱费力，以往生产中用得最多的是鸡胚成纤维细胞、原代兔肾细胞等。

2. 传代细胞系　传代细胞系，或称转化细胞系，是通过正常细胞转化而来，分化不成熟的、获得了无限增殖能力的一种细胞株。常常由于染色体的断裂而变成异倍体，并失去正常细胞的特点。

传代细胞在长期培养中，由于自发或人为方法（如病毒感染或使用化学试剂）可获得无限增殖能力。此外，直接从肿瘤组织建立的细胞系也是转化细胞系。由于转化的细胞具有无限的生命力，而且倍增时间常常较短，对培养条件和生长因子要求较低，故适用于大规模工业化生产的需要。近年来用于生产的细胞，如 BHK-21 细胞和 Vero 细胞都是转化细胞。

传代细胞的优点是能使用种子库系统生产，因此可加以全面鉴定和标准化控制。其最大的特点是可以利用微载体生物反应器进行大规模生产，对培养基及牛血清要求不高；其缺点是尚未在理论上明确证实其不具有致肿瘤的危险。

（三）兽医生物制品生产用动物传代细胞的特性

目前常用于兽医生物制品生产的动物传代细胞种类包括 BHK-21、Marc-145、Vero、MDCK 等 10 余种细胞系（表 8-12）。

表 8-12　常用于兽医生物制品生产的主要传代细胞

细胞系	描　　述	生产的兽医生物制品
BHK-21	仓鼠肾细胞	口蹄疫灭活疫苗、狂犬病灭活疫苗
Marc-145	绿猴肾细胞	高致病性猪繁殖与呼吸综合征活疫苗、高致病性猪繁殖与呼吸综合征灭活疫苗、猪繁殖与呼吸综合征活疫苗、猪繁殖与呼吸综合征灭活疫苗
MA-104	绿猴肾细胞	猪繁殖与呼吸综合征活疫苗（进口产品）
ST	猪睾丸细胞	猪伪狂犬病活疫苗（Bartha K61 株）、猪瘟活疫苗
PK-15	猪肾传代细胞	猪伪狂犬病活疫苗（Bartha K61 株）（进口产品）、猪细小病毒病灭活疫苗（WH-1 株）
IC01	羔羊心脏细胞系	猪伪狂犬病活疫苗（Bartha 株）（进口产品）
IBRS-2	猪肾传代细胞	猪细小病毒病灭活疫苗（WH-1 株）
Vero	猴肾上皮细胞	鸡传染性法氏囊病灭活疫苗（进口产品）、犬瘟热活疫苗（进口产品）、犬副流感活疫苗（进口产品）
MDCK	犬肾传代细胞	狐狸脑炎活疫苗（CVA-2C 株）、犬副流感活疫苗（进口产品）、犬腺病毒 2 型活疫苗（进口产品）、犬传染性肝炎活疫苗（进口产品）
CRFK	猫肾传代细胞	水貂细小病毒性肠炎灭活疫苗（MEVB 株）、犬冠状病毒病灭活疫苗（进口产品），猫鼻气管炎、嵌杯病毒病、泛白细胞减少症三联灭活疫苗（进口产品）
McCoy	鼠成纤维细胞	猪回肠炎活疫苗（进口产品）
A72	犬纤维瘤细胞	犬细小病毒活疫苗（进口产品）
1C4	杂交瘤细胞	犬瘟热病毒单克隆抗体注射液
1D3	杂交瘤细胞	犬细小病毒单克隆抗体注射液

1. BHK - 21 细胞　该细胞由英国 Glasgow 大学的 Macpherson 等于 1961 年 3 月从 5 只无性别的 1 日龄仓鼠幼鼠的肾脏中分离，经 84d 连续培养而得，期间只有 8d 时间作冻存保存。目前广泛应用的是 1963 年用单细胞分离的方法经 13 次克隆的细胞。

BHK - 21 细胞是成纤维样细胞（图 8 - 3）。取 50 个细胞作染色体频率分布检测，结果显示核型为 $2n=44$。它是假二倍体细胞系，四倍体的发生率为 4%。多数分析细胞的核型为 44、XY、－6、－15、6q＋、15q＋，大多数细胞有 6q＋和 15q＋标识。偶尔可见单染色体或三染色体的情况。

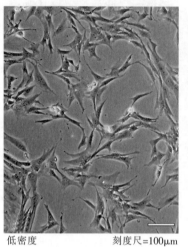 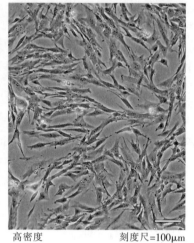

低密度　　　　　刻度尺=100μm　　高密度　　　　　刻度尺=100μm

图 8 - 3　BHK - 21 ［C - 13］细胞的形态照片

BHK - 21 细胞自问世至今，已成为制备口蹄疫灭活疫苗所需病毒抗原的理想细胞培养系，现广泛应用于口蹄疫疫苗生产；另外，其还可用于生产兽用狂犬病活疫苗和灭活疫苗等。同时，该细胞还经常用作检验用细胞，如世界动物卫生组织（OIE）指定该细胞用于狂犬病的常规诊断（见 http：//www.oie.int/Eng/Normes/Mmanual/A_00044.htm）。该细胞不仅可用于制备疫苗，还被用于工程细胞的构建，如作为宿主细胞转化含有选择和扩增标记 DNA 的表达载体。

BHK - 21 细胞通常用 EMEM＋10% 胎牛血清进行培养，传代分种比率为 1：10，在 1d 内可达到 60% 铺满的水平。

2. Marc - 145 细胞　Marc - 145 细胞是一种可连续培养的猴肾细胞，是从母细胞 MA - 104 经克隆得到的，该细胞为上皮样细胞（图 8 - 4）。

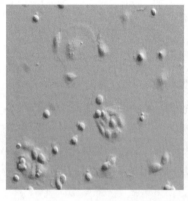 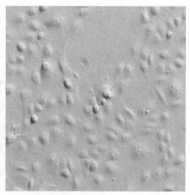

图 8 - 4　Marc - 145 细胞的形态照片

（中国兽医药品监察所菌种室细胞组）

Marc - 145 细胞对猪繁殖与呼吸综合征病毒（PRRSV）敏感，在我国现用于猪繁殖与呼吸综合征活疫苗及灭活疫苗的生产。

Marc - 145 细胞通常采用 DMEM＋10% 胎牛血清进行培养，传代分种比率为 1：10，在 1d 内可达到 60% 铺满的水平。

3. Vero 细胞　Vero 细胞最早于 1962 年 3 月 27 日由 Y. Yasumura 和 Y. Kawakita 在日本千叶

县的千叶大学从成年非洲绿猴的肾脏中分离出来。1964年6月15日，B. Simizu将传至93代的Vero细胞从千叶大学带到美国国立卫生研究所（NIH）国家过敏反应与传染病研究所的热带病毒学实验室。

该细胞是上皮样细胞（图8-5），具有亚二倍体的染色体。模式数为58，发生于66%的细胞。具有更高倍数染色体的细胞比率为1.7%。多数细胞中，各细胞超过50%的染色体属于结构性改变标记染色体。正常的A3、A4、B4和B5消失，B2、B3和B7偶尔成对，B9、C1和C5通常成对。其他染色体大多为单个拷贝。

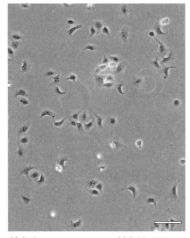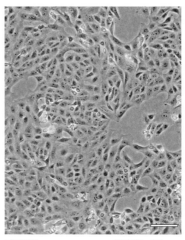

低密度　　　　刻度尺=100μm　　高密度　　　　刻度尺=100μm

图8-5　Vero细胞的形态照片

Vero细胞是最为常用的一种细胞系，可增殖多种病毒，如脊髓灰质炎病毒1、脊髓灰质炎病毒2、脊髓灰质炎病毒3、狂犬病病毒、乙脑病毒、盖塔病毒等。采用该细胞生产的疫苗被批准用于人体，至今已安全使用了十余年，这充分说明了该细胞的安全性。此外，该细胞还可作为转染的宿主细胞，用于表达外源基因的蛋白质药物和病毒的检测。

Vero细胞通常用含10%胎牛血清的EMEM培养基进行培养，传代分种比率为1∶10，在2d内可达到70%铺满的水平。

4. MDCK细胞　MDCK细胞系于1958年9月由S. H. Madin和N. B. Darby从外观正常的成年雌性长耳猎犬（可卡犬）的肾脏中分离得到。免疫过氧化物酶染色显示，该细胞系为角质素（keratin）阳性。MDCK细胞已被用于研究β-淀粉样蛋白前体，并对其蛋白水解产物进行分类。

MDCK细胞是一种上皮样细胞（图8-6），物种的染色体模式数为78，范围为77～80和87～90。该细胞系是超二倍体，具有双模式的染色体数目分布。大多数存在一个正常的X染色体。

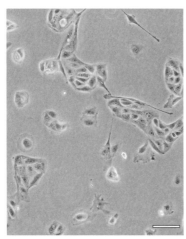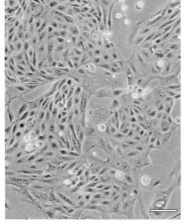

低密度　　　　刻度尺=100μm　　高密度　　　　刻度尺=100μm

图8-6　MDCK细胞的形态照片

MDCK 细胞对水疱性口炎病毒（印第安纳株）、牛痘病毒、柯萨奇病毒 B5、呼肠孤病毒 2、呼肠孤病毒 3、腺病毒 4、腺病毒 5、猪水疱病病毒、犬传染性肝炎病毒等敏感，但可耐受脊髓灰质炎病毒 2、柯萨奇病毒 B3、柯萨奇病毒 B4。目前，利用 MDCK 细胞生产流感病毒疫苗，以取代传统的鸡胚生产工艺，已成为一个生产热点。

MDCK 细胞通常用含 10% 胎牛血清 EMEM 培养基进行培养，传代分种比率为 1∶10，在 1d 内可达到 60% 铺满的水平。

二、细胞系的质量控制技术

细胞是兽医生物制品生产和检验最基本、最重要的生物源性原材料，其质量的可靠性直接关系产品的质量和检定结果的准确性。《中华人民共和国兽药典》（二〇一五年版），对兽医生物制品生产用细胞系作出了明确规定并要求进行相关检验。检验项目包括细菌和真菌检验、支原体检验、外源病毒检验、胞核学检验、致瘤性检验等。

（一）细菌和真菌污染控制技术

细菌和真菌是生物制品生产中常见的污染微生物，其中细菌以球菌、杆菌为主，真菌以酵母菌和霉菌为主。进行细菌和真菌培养是检查污染最有效、最便捷的方法。通过对抽检样品的培养可以判断产品是否被污染，并可根据污染物在培养基中的生长情况及污染物的染色、生化检定和血清学检测等结果确定污染物的种类，从而寻找污染源并采取相应的措施控制污染。

细胞的复苏、培养、传代、分装和冻干等全过程，均需严格遵循无菌操作，并在适当的质量控制点进行无菌检验，以确认细胞无细菌和真菌污染。按照《中华人民共和国兽药典》（二〇一五年版）的要求，对于厌氧性细菌的检验，采用硫乙醇酸盐流体培养基（TG）（也可检验需氧性细菌）进行检验；对于真菌和需氧性细菌，用大豆酪蛋白消化物培养基（TSB）进行检验。检验方法为：将细胞培养物或上清液直接接种 TG 小管 2 支，每支 0.2mL，1 支置 35～37℃，1 支置 23～25℃；另用 1 支 TSB 小管，接种 0.2mL，置 23～25℃，均培养 7d。若无菌生长，细胞可判为无细菌和真菌污染。必须强调的是，无菌检验的取样、接种等全部操作均应在无菌条件下进行，其全

过程必须严格遵守无菌操作，防止微生物污染。

（二）支原体污染控制技术

1. 支原体污染的来源 细胞（特别是传代细胞）培养中控制支原体污染是个世界性难题。由于研究人员使用的检测方法、检测对象有所不同，因此细胞污染支原体的报道结果有所不同。有调查及研究显示，美国和欧洲正在使用的细胞系中的支原体污染率为 10%～15%。德国微生物与培养细胞保藏中心（DSMZ）研究者的研究结果显示，世界范围内细胞系的支原体污染率在 10%～50%。我国基础医学细胞中心先后检测了国内来源的细胞株系，支原体污染率高达 60%。1952—1972 年，有人检查了 54 个实验室的 9 700 个各类培养细胞，从中发现有 11% 的细胞受到支原体污染。

近年的研究报道表明，细胞受支原体污染的比例大大降低，这可能与实验室条件的改善及所用新生小牛血清质量提高有关；同时，检测方法不断完善，检测准确度提高也是一个因素。但无论怎样，解决细胞培养时受支原体的污染仍然是一个全球性难题。国外研究表明，95% 以上的支原体污染是以下 5 种支原体：口腔支原体（M. orale）、发酵支原体（M. Fermentane）、精氨酸支原体（M. arginini）、猪鼻支原体（M. hyorhinis）、牛源性莱氏无胆甾原体（M. laidlawii）。总体来说，有 20 多种支原体能够污染细胞，有的细胞株可以同时污染两种以上的支原体。支原体污染的来源包括培养基、添加的新生小牛血清、污染支原体的细胞造成的交叉污染、工作环境的污染、操作者本身的污染、试验器材带来的污染和用来制备细胞的原始组织或器官的污染。小牛血清曾经是污染的主要来源，但随着牛血清生产技术的提高，牛血清污染支原体的比例越来越低，而工作环境及操作者本身的污染逐渐成为不可忽视的重要因素。

2. 支原体污染的检测方法 实验室常用的支原体检测方法有支原体培养检查法、DNA 荧光染色检查法（指示细胞培养法）、形态学检查（电镜检查）法、ELISA（抗原）检测法、血清学方法和分子生物学方法等。其中，支原体培养检查法是《中华人民共和国兽药典》（二〇一五年版）规定的法定检查方法。在细胞株的建立、新生物制品的研究开发及建立三级细胞库时，至少必须按

规定使用法定的检测方法。

上述检查方法各有优缺点（表 8 - 13）。有人对 PCR 检测法、DNA 染色法和培养法进行了比较，共检测 49 份生物样品（其中包括 24 份传代细胞），结果发现 PCR 检测法支原体阳性率为58%、DNA 荧光染色法的为 42%、培养法的为33%。经对三者的灵敏度比较发现，PCR 可检出

10^{-3} 稀释度的阳性样品，高于其他两种方法。另有研究人员用两步 PCR 法及直接培养法对 17 份待检细胞培养物进行检测，结果是两步 PCR 法检测的阳性率为 52.9%，直接培养法检测的阳性率为 29.4%。由于培养法检查支原体的可重复性较高，检查结果稳定，因此我国药典、兽药典及美国药典都将其作为法定检查方法。

表 8 - 13　3 种支原体检测方法的比较

比较内容	PCR 法	DNA 荧光染色法	培养法
敏感性	10~180 CFU/mL	10~1000 CFU/mL	10~1000 CFU/mL
特异性	高	中	高
检出时间	1~2d	5~7d	7~21d
检出所有污染种别	不能	能	不能
种别鉴定	能	不能	不能
是否受抗生素影响	否	否	是

另外研究结果表明，采用培养法与 DNA 荧光染色法联合检测的试验内及试验间可重复性均在 90% 以上。两种方法联合检测支原体的可重复性、可靠性及准确度指标均较高，是稳定、准确并可靠的检定方法。

3. 支原体污染的预防控制和处理　细胞受支原体污染后，不易清除，因此防止污染是细胞培养的一个重要内容。在日常细胞培养工作中，预防支原体污染的主要方法有：第一，应坚持以预防为主的指导思想，细胞培养实验室应制定严格的管理制度，按照规范的实验室操作程序，从来源可靠的机构引进、使用细胞，特别是知名的信誉良好的专门机构，如 ATCC、ECACC 等，这些机构对进入种子库的细胞质量进行了一系列检测，使细胞的质量可控，安全可靠。第二，严格试验操作，特别提醒一般实验室人员应从戴口罩、帽子做起。第三，控制环境污染，细胞培养基和器材要保证无菌，并在细胞培养基中加入适量的抗生素。第四，定期对实验室中的培养物进行支原体检测。根据国内外一些重要实验室的经验，一旦发现已经污染支原体的培养物，应立即灭活后弃之，并更换新的培养物，以避免支原体的进一步扩散。

支原体污染细胞后，一般应放弃该细胞。但对特别重要的细胞株，也可以尝试对支原体进行消除。常用方法有抗生素处理、抗血清处理、抗生素加抗血清处理、加温处理和补体联合处理等。

新一代支原体抗生素 M-plasmocin 能有效杀灭支原体，不影响细胞本身的代谢，并且用 M-plasmocin 处理过的培养细胞，不会重新感染支原体。使用 $10\mu g/mL$ 的浓度，连续培养 7d 为一个循环，一般处理 3 个或更多个循环，可以去除污染的支原体。培养结束时，再进行支原体检测（每个循环末均应检测一次），若连续数次检查均为阴性，即可证明支原体已被清除。

此外，比较得到认可的支原体清除方法是将细胞（主要是肿瘤细胞）接种到动物（同基因或裸鼠）体内，利用宿主体内免疫作用，杀灭支原体。接种细胞浓度为 1×10^6 个/mL，每只小鼠皮下接种 1mL，待肿瘤长至 10~15 mm 时，取出肿瘤组织重新制备成细胞悬液进行培养，获得细胞系。

温度杀灭法对污染量小、对温度比较敏感的支原体菌株有一定效果。将污染的细胞置于 40~41℃培养 5~8h，洗去死细胞，加入新的细胞培养液，37℃继续培养 24h，再于 40~41℃培养 5~8h。经 3~4 次循环处理，也能去除支原体，但此方法不易将支原体彻底清除。

此外，还有利用支原体单克隆抗体针对所污染的支原体进行处理的抗体清除法，即在被支原体污染的细胞培养液中加入支原体单克隆抗体后继续培养，以中和支原体，使其失去生长活性，经多次处理可将所污染的支原体清除。

（三）外源病毒污染控制技术

病毒性外源因子检测是细胞质量控制的重要指标之一。在生物制品的发展过程中，由于生产用细胞污染而造成所生产的生物制品污染的例子已有不少相关报道。外源病毒的污染不仅给生物制品生产企业造成巨大的经济损失，而且给生物制品的使用造成了安全隐患。因此，如何控制及检测外源病毒的污染一直是生物制品生产企业和管理机构所关注的焦点。

细胞的外源病毒污染可能来源于细胞供体本身，也可能来源于培养过程中各种生物性原材料、实验室内细胞间的相互交叉或工作人员操作所致。外源病毒感染细胞后，产生一系列生物学特性变化，有的产生了致细胞病变作用（CPE），有的在细胞表面产生了能吸附血红细胞的物质，有的形成包含体，而有的病毒则能与细胞融合长期共存。这些生物学性状的改变，有些能直接观察到，而有些需用特殊方法进行检测。

按照《中华人民共和国兽药典》（二〇一五年版）的要求，对于细胞系的外源病毒检验，应取适当面积的细胞单层，进行致 CPE 和红细胞吸附性病毒检查；同时，视细胞来源不同，选用不同病毒的特异性荧光抗体进行荧光抗体染色检查。

美国对外源病毒的检测结果显示，生产用细胞库及采用人源、鼠源、昆虫细胞生产的生物制品发生外源病毒污染的情况极少，外源病毒污染的情况主要发生在牛血清、猪源细胞基质生产的细胞收获液中。因此，兽医生物制品生产过程中，应加强对生物活性原材料的质量控制、建立良好的生产用细胞库、提高和规范相关人员的技术及操作。通过对以上 3 个重要环节的控制，可有效控制和避免细胞受外源病毒的污染，从而提高制品质量。

（四）细胞表型及核型检查

兽医疫苗生产用细胞的一般鉴别试验包括细胞表型检查和细胞核型检查两个方面。细胞表型检查包括对形成单层的细胞在倒置显微镜下的细胞形态观察，以确定细胞的表型（成纤维型、上皮型、多角型、梭型及圆型或悬浮生长、半悬浮生长等），这些表型必须符合细胞建库时的标准。

在兽医生物制品生产中，常用的传代细胞系一般是由动物肿瘤组织或正常组织传代或转化而来。这些细胞可无限传代，但到一定代次后，致瘤性倾向会增加。除在细胞库建库时需按国家规定进行细胞鉴别、染色体检查外，还需要在生产末期对细胞的形态进行观察，不应有异常。细胞是病毒增殖的基础，如果细胞发生变异，生物制品的安全性即得不到保障，产量也可能受影响。因此，必须对用于疫苗生产的细胞系进行细胞核型检查。

进行核型检查时，应从主细胞库和生产中所用最高代次的细胞各取 50 个处于有丝分裂中期的细胞进行检查。在主细胞库中存在的染色体标志，在最高代次细胞中也应找到。这些细胞的染色体模式数不得比主细胞库高 15% 以上，核型必须相同。如果模式数超过所述标准，或工作细胞库中未发现染色体标志或发现核型不同，则该细胞系不得用于生物制品生产。

（五）细胞致瘤性的质量控制

多年来，原代细胞和传代细胞已成功、安全地用于国内外多种兽医疫苗的生产，并证明在控制的范围内，这类细胞是无害的。但由于传代细胞长期在体外传代，生产调控基因可能会随着代次的增加发生变异而表现为具有肿瘤细胞性质，因此理论上认为当传代细胞系的 DNA 插入宿主细胞基因组后有可能产生致肿瘤活性，这种致肿瘤性一般随着代次的增加风险也逐渐加大。因此，确定一个体外培养代次范围非常重要，细胞超过该界限则不能使用。

致瘤性检验所用生产和检验用细胞系，应包括原始细胞库、主细胞库及工作细胞库的细胞。检查的细胞需要增殖至或超过生产用体外细胞的限制代次。致瘤性检验可采用无胸腺小鼠，或者用抗胸腺血清处理后的乳鼠或小鼠进行。对上述小鼠分别接种 10^7 个细胞，观察 14d，检查有无结节或肿瘤形成。如果有结节或可能病灶，应继续观察至少 1~2 周，然后剖检，进行病理组织学检查。对未发生结节的，取其中半数，观察 21d，剖检；对另外半数动物观察 12 周，对接种部位进行剖检和病理学检查。观察各淋巴结和各器官中有无结节形成，如果有怀疑，应进行病理组织学检查，不应有移植瘤形成。对注射二倍体细胞株的小鼠观察 21d，结果应为阴性。

（陈小云　王忠田）

第六节　佐　　剂

佐剂（adjuvant）一词来源于拉丁语，原为辅助之意。佐剂本身不具有抗原性，但同抗原一起或预先注射到机体内后，能非特异性地改变机体对该抗原的特异性免疫应答，发挥其辅佐作用，通常也称"免疫佐剂"。目前，常见的佐剂有铝佐剂、弗氏佐剂等传统佐剂，以及 γ - 干扰素（IFN - γ）、白细胞介素（interleukins，ILs）、脂质体、免疫刺激复合物（ISCOMs）、CpG 寡脱氧核苷酸、中药多糖、纳米材料等新型免疫佐剂。

佐剂的类型多种多样，其作用方式通常有 3 种：①在接种部位形成抗原贮存库，使抗原缓慢释放，在更长时间内使抗原与免疫细胞接触并激发对抗原的应答；②辅助抗原暴露并将能刺激特异性免疫应答的抗原表位递呈给免疫细胞；③诱导能介导免疫应答的细胞因子释放。

一、佐剂研究进展

佐剂的研究历史很长。20 世纪初在某些生物制剂中已开始加入佐剂进行试验，早期以铝盐类为主（如明矾、氢氧化铝、磷酸铝等）。1925 年，法国免疫学家 Gaston Ramon 第一个制备出明矾沉淀破伤风类毒素，继而 Schmidt 制成了加明矾的口蹄疫疫苗（1939）、气肿疽菌苗和加铝胶的口蹄疫疫苗（1940），Traub（1947）创制了氢氧化铝胶吸附猪丹毒菌苗。这些佐剂虽然作用较好，但在机体内不易分散吸收，可能长期存留造成局部肿胀。油佐剂疫苗亦研究很早，Le Moignae（1916）最早用羊毛脂与石蜡油制成伤寒沙氏菌乳剂疫苗，继而 Prevet 用羊毛脂加琼脂为佐剂研制出炭疽菌苗，并证明均能较显著提高机体的免疫力。1935 年，美籍匈牙利细菌学家 Freund 发现了著名的弗氏佐剂，也是矿物油佐剂中最经典的一种，分为弗氏不完全佐剂（FIA）与弗氏完全佐剂（FCA）2 种。弗氏佐剂对免疫学及生物制品研究起了重要作用。但是，出于安全性考虑，这种佐剂迄今仍只能在部分兽医疫苗中使用，未批准在人体上使用。

为提高兽医生物制品的免疫效果，曾有不少人在研究新制品过程中进行过铝盐佐剂和矿物油佐剂等多种佐剂的比较，结果显示油佐剂疫苗能较显著提高机体免疫力。20 世纪 60 年代后，兽医生物制品中加入矿物油佐剂的研究更加普遍，有的已在生产上使用，如 Roenink（1966）制备的无凝集原 45/20 布鲁氏菌油佐剂疫苗、Muggleton（1966）制备的魏氏梭菌油佐剂疫苗、Box（1975）制备的鸡新城疫灭活疫苗、Mchechev 及 Graves（1977）制备的流感油乳剂疫苗，Stone（1978）制备的禽支原体和鸡新城疫联合油乳剂疫苗，以及用于试制狂犬病疫苗、犬瘟热疫苗、犬传染性肝炎疫苗和牛流感疫苗等。但上述部分油佐剂疫苗由于注射局部反应大，因此在使用上受到了一定程度的限制，但对油乳剂疫苗的免疫力则有了进一步的肯定。王明俊等（1986）证明禽霍乱油乳剂疫苗比铝胶佐剂疫苗效力好，免疫期长，局部反应较轻，说明对不同动物使用不同佐剂有不同的免疫效果。为解决矿物油不能被机体有效代谢的缺点，Hilleman（1965）及其同事们发明了一种可以代谢的佐剂，称之为"佐剂 65"，其主要成分是以精制的花生油代替白油，制成的流感疫苗在实验动物和人体上注射，证实具有佐剂活性，被认为是一种比较好的油佐剂。1990 年 Rynolds 等对"佐剂 65"进行了改进，以大豆磷脂（soybean lecithin）和精制花生油制成无水油剂为基础（ALB），以水相疫苗与 ALB 混合乳化作为佐剂，所制的脑炎疫苗可诱导产生高滴度抗体。

20 世纪 90 年代，分子生物学及重组 DNA 技术研究的发展，基因工程疫苗的研究不断深入，推动了新型疫苗佐剂的研发。这些新型佐剂的研究包括用控制释放的投递系统（脂质体、微球、纳米粒等）、免疫刺激复合物（immunostimulating complexes，ISCOMs）、人工合成佐剂、毒素、细胞因子、微生物及其代谢产物等，其中部分成果已从实验室研究走向开发应用阶段，并取得满意效果，如禽霍乱蜂胶灭活疫苗（山东绿都生物科技有限公司生产，1994）、鸡大肠杆菌病蜂胶灭活疫苗（山东华宏生物工程有限公司，2011）、脂质体甲肝疫苗（瑞士血清和疫苗研究院，1994）、ISCOM 佐剂马流感疫苗（瑞典 Schering-Plough 公司，1993）、ISCOM 佐剂马避孕疫苗（2002）、Quil A 佐剂羊棘球蚴（包虫）病基因工程亚单位疫苗（中国农业科学院生物制品工程技术中心，2007）、重组口服霍乱毒素 B 亚单位（rCTB）佐剂霍乱疫苗（瑞典 SBL vac-

cine AB 公司，2004）、rCTB 佐剂口服霍乱疫苗 Rbs-WC（中国军事医学科学院生物工程研究所，2005）、单磷酸脂质 A（MonO-phosphoryl lipid A，MPL）佐剂黑色素瘤疫苗（美国 Bibi 免疫化学公司，加拿大批准）、AS04 佐剂（MPL＋铝胶）乙肝疫苗（葛兰素史克公司，2005 年欧盟批准）、破伤风毒素 PLGA 微囊疫苗等。

我国对佐剂的研究与使用从 20 世纪 50 年代开始，最初是用明矾或氢氧化铝胶制备气肿疽菌苗和猪丹毒菌苗、猪肺疫菌苗，均取得较好结果。1958 年曾有人用羊毛脂和液体石蜡制备猪丹毒乳剂疫苗，由于油剂疫苗性状十分黏稠及所用油的质量问题，注射部位往往肿胀反应严重，甚至发生溃烂等组织损伤，因此该法制备的猪丹毒乳剂苗未能用于生产。后来有些研究机构曾对制备乳剂用的油和乳化剂进行了深入研究，试验证明，不纯的矿物油含重芳烃量高，能致死小鼠，必须用特定标准的矿物油，才能保证疫苗的安全性。此后，我国逐步建立了兽医生物制品用氢氧化铝胶（1963）和白油（2000）的质量标准，从原辅材料方面规范兽医生物制品的生产，保证了疫苗的质量安全。实际上，自 20 世纪 60 年代开始，我国兽医生物制品企业采用的佐剂类型基本上还是传统的铝胶和白油，但随着兽医生物制品研发水平的整体提高，我国在蜂胶佐剂、核酸佐剂、中药多糖，以及细胞因子佐剂等方面的研究也取得了快速发展。

二、佐剂的作用机理

佐剂加强免疫反应，是一个非常复杂的过程，机理至今尚未完全清楚。其作用大体上可以分为抗原储存、免疫调节、抗原递呈和细胞毒性 T 细胞诱导 4 个方面。

（一）抗原储存作用

储存作用可分为短期储存和长期储存。以铝胶和油包水型油佐剂为代表的短期储存，与抗原混合后可形成凝胶状，减缓了抗原的降解速度，延长了抗原在体内的储存时间，也持续有效地提高了血流中的抗体滴度。以微粒性佐剂（如微囊、微球、脂质体等）为代表的长期储存，可连续型或脉冲型释放，持续刺激抗原递呈作用（APC），从而达到增强免疫效果的目的。微球佐剂能通过

APC 靶向巨噬细胞，促进抗原的加工，直径小于 10 μm 的微球能被巨噬细胞吞噬，经过 MHC II 类途径处理，使抗原直接在细胞内进行传递和加工。

（二）免疫调节作用

佐剂的免疫调节作用指的是调节细胞因子的能力，不同的佐剂诱导抗原递呈细胞分泌不同的细胞因子，促使 Th 前体细胞向 Th1 或 Th2 不同的亚型分化。Th1 也称炎症性 Th 细胞，主要介导迟发性超敏反应，转换免疫球蛋白亚类为 IgG2a，它通常可以产生细胞因子 IFN-γ、TNF-β、IL-2 和 IL-12，通过促进 NK、CTL 及巨噬细胞活化、增殖，介导细胞免疫。Th2 也称辅助性 Th 细胞，主要促进 B 细胞增殖并产生特异性的抗体，转换免疫球蛋白亚类为 IgGI 和 IgE，参与体液免疫，在细胞因子方面，主要产生 IL-4、IL-5、IL-6 和 IL-10。机体的免疫反应有些是以 Th1 为主，而有些则以 Th2 为主。因此选择合适的免疫佐剂，不仅会增强免疫反应，也会决定免疫反应的类型。例如，常用的铝盐类佐剂、霍乱毒素、弗氏不完全佐剂主要诱导 Th2 型免疫应答。

（三）抗原递呈作用

抗原递呈作用（APC）是指佐剂保持抗原构象完整并递呈给适当的免疫效应细胞的能力。当佐剂与抗原以更有效地保持构象表位的方式结合时，可提高抗原的体内作用，延长抗原释放时间。对疫苗而言，选用的佐剂应不破坏其抗原决定簇的构象。如抗原吸附于铝胶时常丧失构象而变性，弗氏佐剂乳化的抗原诱导的抗体往往是识别抗原内部的决定簇而非构象决定簇。佐剂通过 APC 将免疫原或抗原递呈给免疫效应细胞，但多数抗原会被蛋白酶降解或被肝脏分解而失活，这类佐剂不会调整免疫应答的形式，但会影响免疫原的数量。要达到效果，佐剂要有选择性地靶向巨噬细胞等免疫效应细胞，这样免疫应答的类型就会改变，从而产生较强的免疫效应。如在脂质体中加入甘露醇能够实现对树突状细胞（dendritic cell，DC）的靶向功能；流感血凝素可以与 APC 表面的唾液酸残基结合，因此含有流感病毒血凝素的佐剂对 APC 具有靶向功能。当佐剂中含糖（如皂苷）、其他细胞表面受体识别分子（如 LTB、CTB 对 GM-1 神经节苷脂的识别）或其他碳水

化合物时，则会增加免疫原传递到巨噬细胞或DC的数量。此种调节有助于免疫系统获得足量免疫原以达到预期的免疫效果。

（四）细胞毒性 T 细胞（CTL）的诱导作用

此诱导作用是通过内源性途径来实现的，主要通过与细胞膜融合或保护抗原肽，佐剂可促进相应肽掺入 MHC Ⅰ类分子并维持二者结合，同时诱导 IFN-γ、TNF-β 来提高 MHC Ⅰ类分子的表达。有研究表明，抗原是在细胞质内的一个多聚酶复合物中被加工并降解成肽链的，被降解的肽链大部分通过酶的作用进一步被降解成氨基酸，只有很少的一部分能够通过抗原肽转运体（transporter of antigenic peptides，TAP）到达内质网，最后表达于细胞表面，供 CD8$^+$ 细胞毒性 T 细胞所识别。多聚酶复合物中含有一种小分子聚合多肽体（low-molecular-mass polypeptide，LMP），导致蛋白质的裂解朝着与 MHC Ⅰ类分子结合的方向发展。由于 LMP 的产生受 IFN-γ 调控，因此添加可影响 IFN-γ 表达量的佐剂即可对免疫反应起调节作用。例如，免疫刺激复合物（ISCOM）、CpG 免疫调节序列、MPL 和细胞因子 IL-2 等都可以诱导 IFN-γ 的产生，激发较强的免疫反应。另一种途径是直接将抗原的肽链与 APC 上的未被结合的 MHC Ⅰ类分子相连，从而避开复杂的免疫机制对抗原的影响，提高免疫的效率。皂苷 QuilA 是诱导 CTL 强有力的佐剂，可产生 Th1 细胞因子（IL-2 和 IFN-γ）及 IgG2a 的抗体亚型。皂苷通过与胆固醇相互作用而插入细胞膜，其结果是允许抗原通过内吞噬的途径递呈，从而产生 CTL 产物。

三、常用佐剂类型

（一）矿物盐佐剂

这一类佐剂在生物制品上应用广泛，也是第一个被批准可用于人用和兽用疫苗的佐剂。包括氢氧化铝胶、各种明矾和磷酸铝等，但目前最常用的是氢氧化铝胶。矿物盐佐剂一般认为有 4 种作用机制。一是"储存库效应"，即铝盐类佐剂具有比较好的吸附疫苗抗原的作用，疫苗注射机体后可形成一个储存库，从而使抗原能缓慢释放以增强抗体水平。二是佐剂可引起局部炎症反应，

从而可以活化抗原递呈细胞，提高抗原递呈细胞捕获抗原的能力。三是可促使可溶性抗原形成微粒，从而可被巨噬细胞、DC 细胞和 B 细胞等抗原递呈细胞吞噬。四是该类佐剂还可以诱导嗜酸性粒细胞增多，激活补体。影响矿物盐佐剂的免疫增强效果的因素较多，主要有 4 种。①吸附率。吸附率越高，佐剂效果越明显。铝佐剂可通过静电引力、疏水作用或基团交换等物理作用力来吸附抗原。铝佐剂的氢氧根与抗原的磷酸根发生配体互换，会产生吸附作用，而且磷酸根对铝原子的连接比氢氧根的更强。WHO 要求白喉和破伤风类毒素苗的吸附率至少要达到 80%，美国 FDA 要求至少达到 75% 的吸附率。②佐剂的含量。小剂量的佐剂可能完全吸附抗原，但不能显示出佐剂的最佳效果。过量的佐剂会抑制免疫，可能是因为过多的佐剂完全包裹抗原反而抑制了抗原的释放，并对吞噬细胞有细胞毒作用。WHO 推荐每剂疫苗中铝含量最高不超过 1.25 mg，美国 FDA 的要求是 0.85～1.25 mg，人用疫苗铝含量通常为 0.5 mg。③理化条件。多种阴离子，如磷酸根离子、硫酸根离子、硼酸根离子可以干扰铝盐吸附负电蛋白。④抗原特性。铝佐剂对抗原蛋白的吸附性与佐剂和蛋白的表面电荷有关，吸附蛋白量低时以佐剂的表面电荷特性为主，吸附蛋白量高时则以表现蛋白表面电荷特性为主。因此，单凭佐剂的理化特性不足以预测疫苗悬液的作用或稳定性，还有必要了解抗原-佐剂复合物的表面电荷特性。常用的矿物盐佐剂主要是氢氧化铝胶、明矾及磷酸三钙。

1. 氢氧化铝胶 氢氧化铝胶 Al（OH）$_3$（简称"铝胶"）是两性化合物，等电点为 11.4，pH9.0 以下时颗粒带正电荷，能很好地吸附阴离子抗原。铝胶是一种纤维状粒子，聚集后以松散的形式存在，粒子大小为 1～10 μm。质量好的铝胶应分子细腻、胶体性良好、稳定、吸附力强。在实验室制备氢氧化铝胶是可行的，商品化的铝胶实际上是 Al（OH）$_3$ 的不完全脱水产物，不同批次间可能有差异。氢氧化铝胶吸附蛋白质的能力取决于其生化性质，即颗粒分离度、内表面、水化程度及颗粒电荷等。目前以丹麦生产的 Al-hydrogel 为公认标准，其胶粒大小为 3.07 μm。通过 FTIR 法测得铝胶佐剂的比表面积约为 514 m^2/g。铝胶可通过高温高压进行灭菌处理，但室温放置易形成晶体，从而导致对蛋白的吸附

量降低，因此铝佐剂合成后应尽快使用。通过同位素 Al^{26}、Al^{27} 标记的方法对氢氧化铝和磷酸铝佐剂进行了体外分解和体内吸收试验的结果表明，通过肌内注射的铝佐剂先被 α-羟基羧酸溶解在组织间液，再吸收入血液，分布到组织，最后经尿液排出。

我国于 20 世纪 50 年代初，在兽医生物药品生产上开始研究与使用 Al（OH）$_3$，当时 Al（OH）$_3$主要应用于细菌病疫苗，如（猪、牛、禽、兔等）多杀性巴氏杆菌病灭活疫苗、牛副伤寒灭活疫苗、肉毒梭菌中毒症灭活疫苗、山羊传染性胸膜肺炎灭活疫苗、兔产气荚膜梭菌病灭活疫苗、羊大肠杆菌病灭活疫苗、羊黑疫羊快疫二联灭活疫苗、羊快疫猝狙肠毒血症三联灭活疫苗、羊快疫猝狙羔羊痢疾肠毒血症三联四防灭活疫苗、仔猪红痢灭活疫苗、猪丹毒灭活疫苗、Ⅱ号炭疽芽孢疫苗、无荚膜炭疽芽孢疫苗等。近年来，氢氧化铝胶还成功应用于多种病毒病疫苗和基因工程疫苗，如猪传染性胃肠炎猪流行性腹泻二联灭活疫苗、兔病毒性出血症灭活疫苗、水貂病毒性肠炎灭活疫苗、草鱼出血病灭活疫苗、B 型产气荚膜梭菌病基因工程灭活疫苗、猪圆环病毒 2 型基因工程亚单位疫苗等基因工程疫苗。

我国用于制造兽医生物制品的氢氧化铝胶应符合的标准是：①性状。应为浅灰白色、无臭、细腻的胶体，薄层半透明，静置能析出少量水分，不得含有异物，不应有霉菌生长或变质。②胶态。将灭菌后的氢氧化铝胶用注射用水稀释成 0.4%（按 Al_2O_3 计算），取 25mL 装入直径 17 mm 的平底量筒或有刻度的平底玻璃管中，置室温下 24h，其沉淀物应不少于 4.0 mL。③吸附力测定。精密称取灭菌后的铝胶 2.0 g，置 1 000mL 磨口具塞三角瓶中，加 0.077% 的刚果红溶液 40mL，强烈振摇 5min，用定性滤纸滤过置 50mL 的纳氏比色杯中，滤液应透明无色。如果有颜色，其颜色与 1 500 倍稀释的标准管比较，不得更深（标准管应临用前配制）。④pH 测定。pH 应为 6.0～7.2。⑤其他杂质测定。氯化物含量应不超过 0.3%；硫酸盐含量应不超过 0.4%；氨含量应不超过 1/10 000；重金属含量应不超过 5%；砷盐含量应不超过 5%；氧化铝含量应不超过 3.9%。以上项目中，除②、③、④项用灭菌后成品测定外，其余项目均用灭菌前的成品测定。实际应用时，常配制成氢氧化铝胶生理盐水使用。

2. 明矾 明矾（alum）为一种无色结晶状物质，溶于水，不溶于酒精，有钾明矾［KAl（SO_4）$_2$·$12H_2O$］和铵明矾［AlNH$_4$（SO_4）$_2$·$12H_2O$］2 种，作为佐剂用于生物制品的主要是钾明矾（即硫酸铝钾）。我国已批准的钾明矾佐剂疫苗有破伤风类毒素和气肿疽灭活疫苗。钾明矾是无色、透明、坚硬的大结晶块，或白色结晶状粉末，无臭、微甜，无黑点异物，水溶液透明，不带任何颜色。佐剂作用与氢氧化铝胶近似，但用法较简便。一般使用方法为：先将灭活菌液调至 pH8.0 左右。选精制明矾制成 10% 溶液，高压灭菌后，冷至 25℃ 以下备用。按菌液量加入明矾溶液 1%～2% 充分振荡，然后沉淀。

3. 磷酸三钙 钙佐剂的疫苗配制主要有 3 种方式。①使用现成的商品化磷酸钙胶，该产品由丹麦的 Superfos Biosector 生产，配制时将等摩尔浓度（0.07mol/L）的 Na_2HPO_4·$12H_2O$ 溶液和 $CaCl_2$·$12H_2O$ 溶液快速混合，调节 pH 至 6.8～7.0；②将抗原在 0.07mol/L 的 Na_2HPO_4·$12H_2O$ 溶液中透析后，快速加入 0.07 mol/L $CaCl_2$·$12H_2O$，调整 pH 至 6.8～7.0，形成的凝胶用生理盐水洗涤后，再悬于生理盐水中。③将磷酸氢二钠与无水氯化钙分别配成 20% 水溶液，经高压灭菌后冷却，于疫苗中直接加入氯化钙和磷酸氢二钠，使在疫苗中化合成磷酸三钙，吸附抗原后沉淀。法国已成功地将该佐剂用于百日破、小儿麻痹症、卡介苗、麻疹、黄热病、乙型肝炎、HIV 的糖蛋白（gp160）等疫苗的配制。在猪巴氏杆菌苗、牛巴氏杆菌苗和猪丹毒菌苗中进行试验发现，该佐剂对活菌的吸附力达 99% 以上（未发表）。该佐剂的作用可能与铝佐剂相似，但不引起 IgE 介导的变态反应。

（二）乳剂佐剂

"乳剂"是将一种溶液或干粉分散成细小的微粒，混悬于另一不相溶的液体中所成的分散体系。被分散的物质称为分散相（内相），承受分散相的液体称连续相（外相），两相间的界面活性物质称为乳化剂。根据水相与油相的分散状态乳剂分为油包水（W/O）型与水包油（O/W）型及 W/O/W 型与 O/W/O 型复乳。当以水为分散相，以加有乳化剂的油为连续相时，制成的乳剂为油包水型乳剂（水/油或 W/O），反之为水包油型乳剂（油/水或 O/W）。如将 W/O 型或 O/W 型乳剂进一步乳化即可形成 W/O/ W 型（水包油包水型）与 O/W/O 型（油包水包油型）复乳剂。制成什么样的乳剂型，与乳化剂及乳化方法密切相关。通常 W/O 型乳剂较黏稠，在机体内不易分散，但佐剂活性较好，为目前所采用的主要剂型；O/W 型乳剂较稀薄，注入机体后易分散，但佐剂活性很低，生物制品生产中一般不采用这种剂型。复乳具有乳剂的淋巴趋向性特点及复乳液膜控制抗原释放的特点，常作为一种新型的药物释放系统。

该类佐剂主要成分是油，按照油料的不同可分为矿物油佐剂和非矿物油佐剂。矿物油佐剂油料成分是液体石蜡（即白油），此类佐剂主要有弗氏佐剂、白油司本佐剂、ISA206 等。此类乳剂疫苗的安全性和效力高低，直接与乳化工艺的优劣、乳剂成分的质量等相关。非矿物油佐剂的油料成分主要是花生油、角鲨烯、角鲨烷等可代谢物质，目前应用比较广泛的有 MF59、佐剂 65 等。与矿物油佐剂相比，非矿物油佐剂在体内能被代谢，副作用较小。乳剂作为佐剂的作用机理主要有 4 个方面。①乳状液在注射部位的贮库效应能延长抗原在体内的存留时间，缓慢释放抗原，从而持续刺激机体，提高抗原的免疫原性。②乳剂能够包裹抗原，保护其不被体液中的酶迅速分解，延长抗原刺激机体的时间。③乳剂会在注射部位引起细胞浸润，促使抗原递呈细胞，如巨噬细胞、树状突细胞和淋巴细胞等聚集和增殖，从而提高免疫应答水平。④油乳佐剂还可以刺激各种细胞因子，如 IL-2、IL-6 等的分泌，促进抗体产生。

1. 白油 制备乳剂疫苗所用的白油，系用石油炼制制得的多种液状烃的混合物，以无多环芳烃化合物、黏度低、无色、无味、无毒性的矿物油为标准。Drakocel-6VR、Marcol-52、Lipolul-4 均是当前用于制苗的白油。白油中烷烃的分子质量越大，佐剂毒性越小，活性也越低，C16~C20 烷烃的佐剂抗体效价最高且副作用比较小，C24 以上烷烃的毒性反应很小。这 3 种来源的白油的免疫效力都很好，且黏度较低的白油佐剂疫苗免疫后抗体产生时间、维持水平均优于其他组。

目前，我国用于生产兽医生物制品的白油应符合的质量标准是：①性状。应为无色、透明的油状液体，无臭、无味，在日光下不显荧光。②相对密度。应为 0.818~0.880。③黏度。在40℃时的运动黏度（毛细管内径为 1.0mm）应为 4.0~13.0 mm^2/s。④酸度。取样品 5.0 mL，加中性乙醇 5.0mL，煮沸，溶液遇湿润的石蕊试纸应显中性反应。⑤稠环芳烃。取样品 25mL，置分液漏斗中，加正己烷 25 mL 混合后，再精密加入二甲基亚砜 5.0mL，强烈振摇 1min，静置分层。分取二甲基亚砜层（下层）至另一分液漏斗中，用正己烷 2.0mL 振摇，静置分层。取二甲基亚砜层，用合适的分光光度计，在 260~350 nm 波长范围内测定吸收度，其最大吸收度不得超过 0.10。⑥固形石蜡。取样品在 105℃干燥 2h，置干燥器中冷却后，装满于内径约 25 mm 的具塞试管中，密塞，在 0℃冰水中冷却 4h，溶液应清亮；如果发生混浊，与同体积的对照溶液［取盐酸滴定液（0.01 mol/L）0.15 mL，加稀硝酸 6.0mL 与硝酸银试剂 1.0mL，加水至 50mL］比较，不得更浓。⑦易炭化物。取样品 5.0mL，置长约 160 mm、内径 25 mm 的具塞试管中，加硫酸（含 H_2SO_4，94.5%~95.5%）5.0mL，置沸水浴中，30s 后迅速取出，加塞，用手指按紧，上下强力振摇 3 次。振幅应在 12 cm 以上，但时间不得超过 3s。振摇后置回水浴中，每隔 30s 再取出，如上法振摇，自试管浸入水浴中起，经过 10min 后取出，静置分层，石蜡层不得显色；酸层如果显色，与对照溶液（取比色用重铬酸钾溶液 1.5mL，比色用氯化钴溶液 1.3 mL，比色用硫酸铜溶液 0.5mL 与水 1.7mL，加样品 5.0mL 制成）比较，颜色不得更深。⑧重金属。应不得超过百万分之十。⑨铅。应不超过百万分之一。⑩砷。应不超过百万分之一。

2. 弗氏不完全佐剂（FIA）和弗氏完全佐剂（FCA） 弗氏佐剂是最经典的油包水型佐剂，包括弗氏不完全佐剂和弗氏完全佐剂 2 种。FIA 和 FCA 的主要区别是后者含有分枝杆菌。FCA 是既能诱导体液免疫又能诱导细胞免疫的佐剂，其所含分枝杆菌中的主要有效成分为蜡质 D，是含分枝菌酸的一种复合脂质，活性成分是肽糖质，它作用于 T 细胞或 B 细胞发挥佐剂效应，是 FCA 诱导 Th1 型反应的主要成分。而 FIA 只能诱导 Th2 型细胞因子，不能诱发很强的细胞免疫，也不能诱发迟发型超敏反应。其作用机制与铝盐类佐剂相似，主要是在注射部位延缓蛋白抗原的吸收和刺激单核细胞产生抗体，并保持缓释，同时矿物油可促进抗原分散，又在注射局部形成含大量聚集细胞的肉芽肿。但抗原必须在油乳剂的水相中才能加强免疫反应。

因弗氏佐剂具有较强的佐剂效应，所以曾广泛应用于各类疫苗的研究中，如 FIA 曾用于口蹄疫、马流感、猪瘟、狂犬病、副流感、鸡新城疫、犬传染性肝炎等兽用疫苗。但因佐剂配方中含有矿物油（含有致癌成分稠环芳烃），FIA 的致癌性在雌性 Swiss 小鼠中已经得到证实。此外，矿物油很难被动物机体降解，且与其配伍的乳化剂（如 Arlacel A）抗原依赖性降解后可释放出游离的脂肪酸。上述原因使得该佐剂在注射部位引起上皮巨噬细胞颗粒化和溃疡，同时还有一些副反应，如引起过敏反应、刺激产生自身免疫疾病，以及佐剂性关节炎等，故仅限于兽用。

3. Montanide ISA 佐剂 该类佐剂是法国 Seppic 公司生产的一系列即用佐剂，是基于结合了各类表面活性剂的可代谢的油、不可代谢的油或两种油的混合物组成的佐剂。现已用于口蹄疫灭活疫苗和合成肽疫苗（ISA 206 和 ISA 50V）、猪圆环病毒 2 型灭活疫苗和猪细小病毒灭活疫苗（ISA 15）等兽用疫苗，以及试验性 HIV 疫苗、疟疾疫苗和乳腺癌等人用疫苗。以 Montanide ISA 51、Montanide ISA 50、Montanide ISA 720 和 Montanide ISA 206 为代表，其中 Montanide ISA 51、Montanide ISA 50 和 Montanide ISA 720 常用作油包水乳剂，而 Montanide ISA 206 常用于制备水包油包水型复乳。常用的 Montanide ISA 乳剂见表 8-14。

表 8-14 可用于生产乳化液的不同 Montanide ISA 乳剂

乳化形式	矿物佐剂/抗原（体积比）	非矿物佐剂/抗原（体积比）	矿物/非矿物佐剂/抗原（体积比）
油包水	ISA 51 (50/50)	ISA 720 (70/30)	ISA 704 (70/30)
	ISA 50 (50/50)	ISA 708 (70/30)	ISA 773 (70/30)
	ISA 70 (70/30)	ISA 763A (70/30)	
水包油	ISA 25 (25/75)	ISA 27 (25/75)	ISA 28 (25/75)

资料来源：李琪涵等，2006。

（1）Montanide ISA 720 为天然代谢油脂与高纯度乳化剂混合而成，可形成油包水乳液，以 70:30 的体积比与抗原混合即可使用，可作为伪狂犬病疫苗的佐剂。现已被批准作为替代氢氧化铝胶的试验性人用疫苗佐剂，如疟疾疫苗、布什曼虫疫苗和 HIV 疫苗。试验证明，Montanide ISA 720 具有良好的免疫原性，在人体内能同时诱导 Th1 型细胞免疫反应和体液免疫反应。它在

除人类外的灵长类动物疫苗研究方面也显示出了良好效果。如以 Montanide ISA 720 作为佐剂的疟疾 ICC-1132 疫苗免疫后显示出良好的安全性和耐受性，但注射部位常伴有短暂的疼痛。一般认为 20 μg 或 50 μg ICC-1132/ISA720 疫苗均可产生针对抗原的抗体（主要为 IgG）。在以 Montanide ISA 720 作为佐剂的 HIV-1/TAB9 疫苗（一种多表位多肽疫苗）研究中，所有志愿者均发生血清阳转。但在第二次和第三次免疫后，低剂量组志愿者 7/8 在注射部位发生中度或严重的炎症反应，高剂量组志愿者 4/8 产生风湿性肉芽肿和无菌性脓肿。然而，Montanide ISA 720 作为布什曼虫疫苗（重组谷胱甘肽-S-转移酶-组蛋白-1）佐剂时，免疫 Vervet 猴后可产生持续的细胞免疫反应，足以防止绝大部分猴发生感染。

（2）Montanide ISA 51 为 Montanide 80 的混合物，是高纯度的 monnide 油酸盐溶于 Drakeal 6VR，以 50:50 体积比混合而成的即用型油包水佐剂，水相含有抗原。与 Montanide ISA 720 相同，形成油包水后应存放于 4℃，否则会出现分相。该乳化液具有一定的黏性，且液滴大小为 1.0 μm，可作为猪繁殖与呼吸综合征、猪伪狂犬和猪细小病毒疫苗的佐剂。

（3）Montanide ISA 206 可用于制备水包油包水型复乳，由矿物油和甘露醇单油酸脂组成。由于水包油包水型乳剂能更快地释放抗原，因此 Montanide ISA 206 常被用于紧急接种疫苗的研究。以中试规模（25~50 kg）的疫苗制备为例，其制备方法是：根据需要分别准备水相和油相（Montanide ISA 206/抗原介质为 5/5 重量比或 54/46 体积比），然后分别加热至（30±2）℃。将油相倒入双层夹套容器并将温度保持在 30℃，以低速（200 r/min）搅拌并逐渐将水相加入，水相的流速应为 5~10 L/min。提高搅拌速度至 300 r/min，并在 30℃保持 10~30min（搅拌速度的确定以能产生旋涡为准，因为这是搅拌均匀的标志）。然后将容器冷却至 15℃以下，并在冷却过程中持续搅拌。最后停止搅拌，将乳液在低温（4℃）下存放，稳定性可保持 2 年。目前，该佐剂常用于制备猪口蹄疫 O 型灭活疫苗，口蹄疫 O 型、亚洲 I 型、A 型三价灭活疫苗，以及伪狂犬病疫苗。Cox 等（1998）以 ISA 206 作为佐剂进行口蹄疫疫苗的紧急接种试验发现，ISA 206 能在短时间内提供有效保护，减少接触传染口蹄疫的机会。

（4）Montanide ISA 50 常用于油包水型兽医疫苗制备，由85%的矿物油和15%的乳化剂甘露醇单油酸酯组成，使用时与水相以50：50体积比混合即可，如我国的猪口蹄疫O型合成肽疫苗就以此作为佐剂。用Montanide ISA 50佐剂制备牛流行热病毒灭活疫苗对牛进行免疫试验，临床观察和对血清中和抗体跟踪检测的结果表明，该佐剂配制的疫苗在保持免疫效果、降低疫苗接种反应上明显优于白油佐剂灭活疫苗，同时该疫苗在4℃保存4个月仍能保持良好免疫效果。

（5）MF59佐剂 MF59佐剂是继铝盐类佐剂后第二个被批准应用于人的新型佐剂。它是一种大小为（160±10）nm、均一、稳定的乳白色水包油型佐剂，由4.3%角鲨烯、0.5%吐温-80和0.5%司本-85组成，密度为0.996 3g/mL，黏度接近于水，容易注射。角鲨烯是源自鲨鱼肝脏的油（即鲨鱼肝油），是细胞膜的天然组成成分，也可存在于植物、动物和人体中，人体在肝脏内合成。角鲨烯在添加两种非离子表面活性剂（吐温-80和司本-85）后非常稳定，可在2～8℃至少保存3年。MF59佐剂最初是作为胞壁肽佐剂（MTP-PE）的载体，后来发现其自身有显著的佐剂特性。临床试验已证实MF59用于流感病毒、疱疹病毒、人乳头瘤病毒艾滋病病毒是安全的，并能同时增强人体的体液免疫水平和细胞免疫水平。目前，一种添加MF59佐剂的改进型流感疫苗（Fluad）已在23个国家（包括12个欧盟国家）获得批准，该疫苗每剂约含10 mg角鲨烯，与其他非佐剂疫苗相比，能显著提高抗体滴度，并增强交叉免疫保护能力。据美国国家科学院报告（2009年），含诺华专利佐剂MF59（R）配方的禽流感大流行前试验疫苗Aflunov（R），在初始免疫6年后加强一针，仍可诱发针对所有已知H5N1变异株的交叉保护免疫反应，显示该MF59（R）佐剂禽流感疫苗具有长期、广谱的免疫保护作用。

与铝胶佐剂不同，MF59佐剂并不在注射部位发挥储存库效应。MF59可与APC在注射部位发生作用，然后在注射后2d缓慢分散到引流淋巴结，随后被具有APC功能的淋巴内细胞递呈，从而增强递呈效率。此外，MF59也可在注射部位产生巨噬细胞的化学性诱导作用。试验证实，对Th2偏嗜BALB/c小鼠，MF59具有诱导高水平IgE抗体水平和调控IgG抗体水平，并伴有Th2型细胞因子（如IL-5、IL-6）的分泌。对恒河猴，MF59可触发Th1型细胞因子（IFN-γ和IL-2）的释放。总体来说，MF59佐剂能显著诱导Th1型免疫反应，引起高效的细胞毒性细胞反应（CTL），同时能显著诱导体液免疫反应。

4. 其他油佐剂 除了矿物油，其他油脂也可以用以制备油佐剂。比较常用的是植物油（如花生油）、角鲨烯和角鲨烷等制备佐剂，具有在体内能被代谢、副反应比矿物油轻等特点。常见的除MF59佐剂外，还有佐剂65、SAF、RAS、Titermax、AS02佐剂等。佐剂65就是以花生油为油相，Arlacel A为乳化剂，并加入单硬脂酸铝作稳定剂的W/O佐剂。SAF是以角鲨烯为油相的一系列O/W乳剂，加入了表面活性剂吐温-80、免疫刺激剂MDP和磷酸盐缓冲溶液。以SAF为佐剂的乙肝表面抗原（HBsAg）免疫小鼠和豚鼠，结果表明SAF能有效刺激免疫应答，而且剂量只需要铝盐佐剂的十分之一，认为如果能成功应用于人体，将提高乙肝疫苗的性能。用SAF佐剂三价流感疫苗免疫小鼠，血凝抑制抗体试验表明SAF的效果与FCA相当甚至更好。老龄小鼠抗体水平的提高与幼龄小鼠相当，而雌性小鼠抗体效价比雄性高。RAS是一种新型的O/W乳剂，即以角鲨烯（三十碳六烯）、角鲨烷（异三十烷）或十六烷代替矿物油，并增添分枝杆菌细胞壁骨架（cell wall skeleton，CWS）和MPL。与弗氏佐剂相比，RAS佐剂毒性小，但同样可以产生高亲和力的抗体（抗原为蛋白质），可减轻局部接种反应。Titermax并非弗氏和RIBI佐剂那样的油包水结构，而是由角鲨烯和非离子型嵌段聚合物组成，此聚合物是由疏水性的聚氧丙烯和亲水性的聚氧乙烯形成的异分子多聚体组成的。由于同时存在亲水部分和疏水部分，故可以和抗原形成稳定的乳浊液。Titermax毒性低但价格贵，而且对于弱免疫原性的抗原能否引起机体的免疫反应尚存在争议。葛兰素史克生物制品公司生产的AS02佐剂是一种含有MPL和皂角苷（QS21）的O/W型佐剂，该佐剂能诱导树突状细胞的成熟，具有启动树突状细胞上TRL4受体的能力，能引起强烈而持久的细胞免疫和体液免疫。这种佐剂已在结核病、乙型肝炎、癌症、疟疾和人类免疫缺陷病毒疫苗中进行临床试验，副反应包括全身寒战、肌痛、头痛和局部疼痛。

（三）蜂胶佐剂

蜂胶（propolis）是蜜蜂采自柳树、杨树、栗树和其他植物幼芽时分泌的树脂，并混入蜜蜂上颚腺分泌物，以及蜂蜡、花粉、其他一些有机物与无机物的一种天然物质。与蜂蜡一样，蜂胶在医学上的应用已有很长的历史。

1. 蜂胶的一般特性　蜂胶是固体状黏性物，呈褐色或深褐色或灰褐带青绿色，具有芳香气味，味苦；低于15℃条件下变硬；0℃以下变脆；35~45℃时质软，带黏度可塑性；60℃以上熔化，比重为1.127左右。蜂胶的颜色及品质与蜜蜂所采集的植物种类有关，新收集的蜂胶约含55%的树脂和香脂、30%蜂蜡及芳香挥发油、10%以上花粉和其他杂质，是一种质量不均的混合物。蜂胶溶于95%乙醇中，应呈透明的栗色，溶液状。

2. 蜂胶的化学成分　蜂胶的成分极为复杂。运用气相色谱-质谱联用仪等现代分析手段，从蜂胶中分析鉴定出了100多种化学成分。蜂胶含多种黄酮类化合物，包括黄酮醇类和双氢黄酮类等；另外，从蜂胶中还分离出多种酸类、醇类、酚类、酮类、脂类、烯烃和萜类等化合物，多种氨基酸、酶、多糖、脂肪酸，维生素A、B族维生素、维生素C，多种化学元素（如氧、碳、氢、钙、磷、氮、钾、钠、镁、铁、铜、锌等）。其成分非常复杂，这也使蜂胶具备了优良天然药物的特点。这些复杂的化学成分，决定了蜂胶具有广泛的生物学作用，如抗菌、抗病毒、抗肿瘤、消炎、增强机体免疫功能和促进组织再生等作用。但由于蜂种不同、产地不同，蜂胶的质量和成分有较大的差异，用作免疫佐剂的乙醇浸出液的含量一般不应低于50%。

通常认为，好蜂胶的酸值（mg KOH）应为40.27±0.27，碘值为（24.21±0.29）%，过氧化值为（0.040±0.002）%，皂化值为174.80±3.49。通常含蜡量为（27.11±7.68）%，含杂质量（9.76±1.81）%。10%蜂胶乙醇溶液的理化特性，测定的平均值分别为：电导率为（8.88±0.20）[×10^{-1}S（西门子）/cm]；折射率（20℃钠光源测定）1.3647；表面张力（23.71±0.21）×10^{-5} N/cm^2；pH6.20±0.15。溶媒95%乙醇的折射率、表面张力和pH分别为1.3635、24.29±0.35和9.61。我国蜂胶国家标准（GB/T 24283—2009）除对蜂胶及蜂胶乙醇提取物作出感官要求外，对蜂胶及蜂胶乙醇提取物（均为一级品）的主要理化要求为：乙醇提取物含量（g/100g）应分别大于或等于60和95；总黄酮（g/100g）应分别大于15和20；氧化时间均应小于22s。

3. 蜂胶的佐剂作用　蜂胶具有广谱生物学活性，是一种良好的免疫增强剂和刺激剂，具有良好的免疫增强作用及免疫调节作用，能全面激活机体的免疫系统，包括细胞免疫系统、体液免疫系统、巨噬细胞补体免疫系统等，使其产生特异性免疫力和非特异性免疫力。此外，蜂胶还能通过增强红细胞膜上的C3b受体活性来增强红细胞的免疫功能，增加其他免疫细胞，如白细胞、巨噬细胞的产生并增强其吞噬能力。早在20世纪60年代，苏联喀山兽医学院曾对蜂胶对于动物机体免疫活性的影响进行过研究，他们将蜂胶配合抗原注入机体，发现免疫力得到了提高。柴家前（1994）和王茹等（2007）对蜂胶疫苗的超微结构进行了研究。在电子显微镜下，可见到许多大小不等的圆形蜂胶颗粒，直径为100~200nm，蜂胶颗粒周围吸附有大量的病毒粒子；同时，蜂胶之间也相互吸附，使蜂胶颗粒与病毒相互联结成网状结构或不规则的聚集状结构、包被状结构。在疫苗中还可见到游离的蜂胶颗粒和游离的病毒，其中游离的病毒占总病毒的15%左右。蜂胶疫苗的这种独特超微结构使蜂胶疫苗具有很强的稳定性，能在体内缓慢释放，从而起到贮存作用。这种结构同时也具有耐热和耐冷的特点，这决定了该疫苗免疫保护期长，可低温或高温保存。李淑华等（2001）用单克隆抗体技术检测试验小鼠药物处理前后T细胞总数及亚群变化，并用MTT法检测T细胞增殖情况。结果显示，EEP能促进ConA诱导的淋巴细胞增殖，增加T细胞总数并调整T细胞亚群紊乱，表明EEP对免疫功能低下小鼠的细胞免疫功能具有免疫刺激和调节作用。Fischer等（2007）将蜂胶佐剂用于牛疱疹病毒5型疫苗，与不加佐剂的试验组相比，蜂胶佐剂组可显著提高中和抗体水平（32以上）。

4. 蜂胶佐剂疫苗研究现状　据报道，李心坦等（1987）用蜂胶佐剂制成了布鲁氏菌病疫苗，比用氢氧化铝胶或矿物油作佐剂的疫苗接种动物产生的血凝素高8~10倍。沈志强等（1993）用市售蜂胶制成蜂胶浸液，并成功开发出禽霍乱蜂胶佐剂疫苗，且该疫苗免疫效力良好。邵洪泽等（1994）利用牛病毒性腹泻、牛传染性鼻气管炎病毒地方毒株，以蜂胶为免疫佐剂制成二联多价灭活疫苗，免疫攻毒试验表明该苗对牛的保护性良好。张宝康等（1999）采用乙醇溶解法、聚乙二醇溶解法、水溶解法3种制剂工艺，将蜂胶制成含量相等的3种佐剂，配合IBD组织灭活疫苗分组免疫蛋鸡，观察抗体水平动态变化，结果表明3组卵黄抗体的水平，始终是水溶解组最高、乙醇溶解组最低。赵恒章等（2004）以油佐剂、蜂胶和铝胶为佐剂，按一定比例配制成巴氏杆菌灭活疫苗，试验证明该疫苗安全、有效，其中油佐剂灭活疫苗的保护期和蜂胶灭活疫苗的保护期相当，但蜂胶灭活疫苗组抗体水平上升速度比油乳剂疫苗快且保护率高。此外，关于蜂胶在鱼用疫苗方面的研究也有很多报道。Chu等（2006）将蜂胶水提物作为嗜水气单胞菌疫苗佐剂，腹膜内注射鲤鱼，结果相较于单纯的菌苗能更显著提高抗体效价，且能更有效地增强巨噬细胞的吞噬活性。为提高佐剂效果，联合其他活性成分制备蜂胶合剂疫苗佐剂也成为研究的热点，如复方淫羊藿多糖-蜂胶总黄酮与脂质体复合疫苗佐剂能有效促进淋巴细胞增殖，提高γ干扰素和白细胞介素6的浓度，提高抗体效价（Yang等，2008）。目前，我国已批准多个蜂胶佐剂疫苗产品，如1994年批准禽霍乱蜂胶灭活疫苗、2011年批准的鸡大肠杆菌病蜂胶灭活疫苗、2012年批准的猪链球菌病蜂胶灭活疫苗（马链球菌兽疫亚种＋猪链球菌2型）、猪传染性胸膜肺炎二价蜂胶灭活疫苗（1型CD株＋7型BZ株）和鸭传染性浆膜炎、大肠杆菌病二联蜂胶灭活疫苗（WF株＋BZ株）。

（四）微生物及其代谢产物佐剂

某些死菌的菌体成分与抗原一起注射时，具有明显的佐剂效应，如前述将结核杆菌加入到弗氏佐剂中。证明有佐剂活性的还有某些革兰氏阴性杆菌（如百日咳杆菌、绿脓杆菌、布鲁氏菌），某些革兰氏阳性杆菌（如厌氧短棒杆菌、链球菌、葡萄球菌及酵母菌等）。故白百破三联苗、百日咳杆菌兼有显著的佐剂作用，提高了抗体水平。这一类微生物佐剂活性物质主要是革兰氏阴性菌细胞壁外层的脂多糖、棒状杆菌肽聚糖/糖蛋白衍生物、百日咳杆菌毒素、霍乱弧菌毒素、破伤风类毒素和分枝杆菌细壁中的一些成分。

1. 革兰氏阴性菌外膜脂多糖及衍生物 脂多糖（lipopolysaccharide，LPS）是菌体的内毒素，

显示有致死毒性、发热作用、抗肿瘤作用、强化网状内皮系统功能、增强抗感染能力，以及其他多种生物活性。这种内毒素是由多糖和类脂A组分构成的，其佐剂活性主要来自类脂A。即LPS的毒性与佐剂活性不是同一物质，可以用试验方法区分开来，如用无水苯二酸或无水琥珀酸处理过的LPS，对小鼠的毒性消失，而佐剂活性保留。但类脂A并不能增强细胞毒性T淋巴细胞（CTL）的产生，除非它被用作疫苗递送系统。

与其他细菌细胞壁成分的机制类似，LPS的佐剂活性主要是通过介导TLR受体（TLRs）识别危险信号，从而激活机体免疫防御系统。研究显示，LPS诱导细胞活化作用需要三联受体复合体。刚开始时，游离的LPS或LPS-LPS-LBP复合体与细胞膜或血液中的CD14结合，从而与TLR发生联系。第三种蛋白MD-2能与TLR4紧密结合，也是引起LPS刺激细胞活化作用的必须信号。LPS的佐剂活性可作用于各类不同的细胞，主要是多形核白细胞及巨噬细胞，对B细胞有激活作用，使它们分化分泌IgM，导到致敏B细胞的非特异激活作用。另一不同活性，是对患有肿瘤的动物静脉注射或直接注射于肿瘤组织，可使肿瘤细胞坏死，这是否由抗肿瘤T细胞所介导的特异性免疫受到刺激所致尚不清楚。

无细胞LPS和类脂A都具有很强的毒性和热原性，对LPS脱毒并不影响其佐剂活性。Ribi等（1979）用0.1 mol/L盐酸对沙门氏菌LPS进行处理，获得了无毒性、热原性小的单磷酸脂质A（MPL）。MPL保留了LPS包括佐剂活性在内的大部分生物学活性，但毒性大大降低。MPL盐水或水包油乳剂可增强小鼠对多种荚膜多糖结合菌苗的初次抗体应答和二次抗体应答。完全去除类脂A中的脂肪酸链虽能脱毒，但大部分生物学活性随之消失。除去与3-羟十四酰基中羟基连接的脂肪酸链，不但保留了类脂A的佐剂活性，且降低了毒性。将LPS或类脂A与脂质体结合，可降低毒性，但仍保留甚至增强了佐剂效应。值得注意的是，LPS的应用时机，对其佐剂活性的影响很大，如将它与特异性抗原同时或稍后应用，作用明显；如先于抗原应用，免疫应答则被抑制。研究表明，MPL能增强初次免疫应答及再次免疫应答，增强Th1型细胞活性，抑制Th2型细胞活性，产生IgG2a抗体亚型的活性而且能引起DC、MHCⅡ类分子和B7共刺激分子的上调，因而受

到基因疫苗研究者的青睐。另外，MPL可刺激强烈的迟发型变态反应和CTL的活性。MPL常是许多复合物的组分，包括脂质体和乳胶，也可和铝及皂苷QS-21结合。最近的试验表明，MPL与变异链球菌葡萄糖转移酶、HBsAg、破伤风类毒素（1rr）、流感病毒抗原、结核分枝杆菌亚单位疫苗口服或者鼻部免疫能有效诱导黏膜局部和血清中的抗原特异性抗体，因此MPL是一种良好的黏膜免疫佐剂。此外，基于MPL的新型疫苗佐剂已用于一些传染病，以及季节性过敏性鼻炎等疫苗的临床试验，结果表明该类新型佐剂安全有效。AS02佐剂就是MPL和皂苷QS21组成的一种水包油型佐剂，AS04佐剂由氢氧化铝胶和MPL组成，均能同时诱导细胞免疫和体液免疫。目前，AS04佐剂已应用于试验性人乳头瘤病毒疫苗和乙型肝炎病毒疫苗。佐剂Detox是MPL和枯草分枝杆菌细胞壁骨架的复合物。在加拿大，已批准Detox作为Corixa公司黑素瘤疫苗Melacine的组分使用。

OM-174是来源于大肠杆菌的可溶性佐剂，经化学方法减毒成脂质A衍生物，保留了仅含3个类脂分子的脂质A的二葡萄糖胺二磷酸骨架，化学纯度大于96%，溶于水，40℃能稳定保存5年。在流感模型中已证明其保护作用。当它与HBsAg一起使用时，能诱生IgG1和IgG2抗体，并能诱导CTL。

2. 分枝杆菌及其组分　含有分枝杆菌死菌体的FCA是有效的佐剂。早期从完整细菌提出的脂溶性蜡质D是一种高分子多肽糖脂，具有一定的佐剂活性，后来进一步弄清了细胞壁的基础结构，是由分枝杆菌酸-阿拉伯半乳糖苷-黏肽3种成分构成，而起佐剂活性作用的是黏肽。1971年日本学者证明，以结核杆菌为首的分枝杆菌菌体的活性因子存在于细胞壁骨架（CWS）中，而蜡质D是CWS的合成前体。与分枝杆菌具亲缘关系的奴卡氏菌及棒状杆菌的CWS，同样具有佐剂活性。但这些细胞壁成分的用量与适当的抗原量、使用方法等不同，存在很大差异。

含有CWS制成的油包水型乳剂，能刺激血流产生的抗体量增加，诱导细胞免疫的形成，并且能持续相当长的时间。把BCG-CWS用少量矿物油处理后，在含有0.2%吐温-80的生理盐水中制成水包油型乳剂，对杀伤T细胞活化有明显作用。还发现用矿物油处理的BCG-CWS对小鼠

同系移植肿瘤，具有阻止移植物存活或使之消退的活性。在有抑制肿瘤或使之消退活性的机体，能诱导产生全身性特异性的肿瘤免疫。在小鼠和大鼠试验中发现，使用BCG-CWS可完全或部分抑制化学致癌剂诱发的癌瘤。对恶性黑色素瘤、肺瘤、白血病、消化系瘤等已试用BCG-CWS治疗，统计结果表明，有延长生存率的效果，特别对癌性胸膜炎病例应用BCG-CWS胸腔内注射治疗，显著延长了患者生存的时间。

用溶菌酶消化耻垢分枝杆菌的细胞壁可提取到另一水溶性佐剂（water soluble adjuvant，WSA）。与蜡质D及CWS等高分子成分相反，该佐剂是水溶性的，可能是不含分枝杆菌酸的阿拉伯糖、半乳糖苷-黏肽单体。用其制取W/O乳剂，对刺激血液中抗体产生和诱发迟发型变态反应，都显出很强的佐剂作用。但是，单用WSA水溶液则无效。

3. 脂磷壁酸　脂磷壁酸（lipoteichoic acids，LTA）存在于革兰氏阳性细菌的细胞壁和细胞膜中，相对分子质量为1万左右。经测定，从A群化脓性链球菌中提取到的LTA含有40%甘油、30%磷酸、20%丙氨酸、4%葡萄糖、1.5%脂肪酸。LTA骨架是由数十个甘油残基经磷酸二酯键相互连接而成的多聚物，它是LTA的主要抗原决定簇。骨架部分（称为磷壁酸）与脂肪酸共价连接形成LTA。LTA能黏附于人红细胞、血小板、淋巴细胞、人口腔上皮细胞等哺乳动物细胞，其脂类部分是黏附所必需的。链球菌在感染宿主过程中对机体细胞的黏附能力与LTA的存在密切相关。纯化的LTA没有免疫原性。如果LTA与载体蛋白（如甲基化的小牛血清白蛋白）和弗氏佐剂一起接种动物，则能产生很高滴度的抗LTA抗体。存在于细菌表面的LTA是一种很强的菌体抗原成分，广泛存在于革兰氏阳性细菌中，如大多数血清型的溶血性链球菌、一些非溶血性链球菌、金黄色葡萄球菌等。LTA作为菌体抗原没有种属特异性，与细胞的血清学分型无直接关联。

小鼠腹腔注射LTA能刺激脾脏使其增大，刺激指数达1.74。LTA也能显著刺激人骨髓细胞的增殖。研究证实，LTA能黏附于淋巴细胞（包括T细胞和B细胞）表面，在一定浓度范围内，LTA显著增进T细胞的有丝分裂。LTA对新生儿、新生小鼠的淋巴细胞同样有刺激作用，

所以该物质对 T 细胞的刺激分裂作用不需经 LTA（或含 LTA 的细菌）的预致敏，LTA 是 T 细胞的非特异性有丝分裂原。

除了对 T 细胞的作用外，LTA 能黏附并激活单核细胞和巨噬细胞。对人外周血单核细胞的黏附使细胞表面出现极化现象，并刺激细胞产生大量的超氧阴离子自由基，即呼吸暴发。依靠超氧自由基的作用是单核巨噬细胞杀伤被吞噬的细菌或细胞的重要手段，LTA 引发单核细胞呼吸暴发的能力，提示了 LTA 通过该机理增强机体免疫机能的能力。用化学发光法测定经 LTA 腹腔注射后的小鼠的腹腔巨噬细胞的发光值证实，LTA 同样能激活巨噬细胞。

在体外培养的人单核细胞培养物中，加入 LTA 能诱导白细胞介素 1β（IL-1β）、白细胞介素 6（IL-6）及 IFN 的产生。如果用卡介苗（BCG）预致敏小鼠，然后静脉注射 LTA，则小鼠血清中能测到较高的 TNF 活性。IL-1β、IL-6 及 IFN 均是公认的免疫活性蛋白，具有很强的调节机体免疫状态的能力。LTA 诱导这些物质的产生，使 LTA 的免疫调节机理显得更为复杂。

从化学结构上看，LTA 同细菌内毒素（LPS）相似，都是两性化合物。两者的免疫生物学活性也有很多相似之处，如 LPS 也能黏附于淋巴细胞（但只对 B 细胞有刺激分裂的作用），同样具有抗肿瘤活性。但由于 LPS 具有致热和致死毒性，因此用于疫苗显然劣于 LTA，特别是用于人用疫苗。

4. 蛋白毒素 源自毒素的佐剂中最有价值的是霍乱毒素（CT）和产毒素性大肠杆菌（ETEC）产生的不耐热肠毒素（LT）。CT 是由霍乱弧菌分泌的分子质量为 84 kDa 的一种不耐热肠毒素，是良好的黏膜免疫原，常作为口服和非肠道（肌内注射或皮下注射）用佐剂，能提高对多种口服天然抗原的局部黏膜免疫力。CT 是由 1 个 A 亚单位（CTA）和 5 个完全相同的 B 亚单位（CTB）形成的五聚体共价连接而成。CTA 的生物学活性部分具有酶活性。CTB 具有主要免疫学作用，无毒性，具有结合肠上皮细胞神经节苷酶受体 GM-1 的能力，从而使毒素进入细胞。CT 作为黏膜免疫佐剂的主要缺点是其本身具有毒性，天然 CT 不能用于人体，但可以用于动物。用戊二醛将仙台病毒与 CT 结合，CT 毒性降低至千分之一，但仍有佐剂性质。CTB 可产生 Th2 反应或

Th2/Th1 反应，但以 Th2 反应为主。该佐剂常被用于模拟人自身免疫疾病的动物治疗试验，因为许多这类疾病以发生 Th1 反应为主。如对于自身免疫性脑脊髓炎常通过口服以 CTB 为佐剂的自体抗原髓磷脂蛋白。CTB 佐剂除产生特有的 Th2 反应外，偶尔也有 Th1 反应的报道。此外，在鼠科动物试验中，CT 显示具有诱导 Th17 反应的能力，并伴有嗜中性粒细胞的聚集和 IL-6 的增加。这种反应主要是基于 CTB，CTA 很少诱导 Th17 反应。T 辅助细胞反应可变性的原因可能是抗原/变应原的类型所决定。CT 佐剂的主要特点是：①必须与抗原同时同一途径给药。试验表明，CT 佐剂与抗原同时口服免疫的效果最好，延迟或提前 24h 使用 CT 佐剂都会大大降低它提高特异性抗体反应的效果。②使用方便，可经口服和鼻腔免疫。③缺点主要是应用范围窄，不具有广谱性，且具有一定的毒副作用。为避免 CTA 的毒性，通常以无毒性的 CTB 作为佐剂（可以通过纯化 CT 的 CTB 或采用重组的 CTB）。通过基因工程的方法，对其具有毒性的亚单位通过单个氨基酸的突变可以保留佐剂的性能而减少毒性。当前的研究主要是构建减毒的突变体和嵌合体，使其具有一定的酶活性而获得足够的佐剂活性，同时酶活性又不至于对人产生可见的毒副作用。Boyaka 等（2003）报道，由突变的 CTA（mCTA）和 LTB 构成的嵌合体 reCTA/LTB 作为佐剂经鼻腔接种后，比其他毒素来源的佐剂产生抗 CTB 的 IgE 抗体低得多，具有两种外毒素的优点，是将来用于人类黏膜免疫佐剂的具有优势的候选者。2004 年 4 月，欧盟批准了瑞典 SBL Vaccine AB 公司研发的霍乱疫苗 Dukora，该疫苗采用重组霍乱毒素 B 亚单位（rCTB）作为黏膜佐剂用于口服免疫，其不良反应很低，儿童可获得 85% 的免疫保护，且能持续保护 6 个月以上。中国军事医学科学院生物工程研究所马清钧等（2005）研制出了同样采用 rCTB 作为黏膜佐剂的国家一类新药口服霍乱疫苗（Rbs-WC），其免疫效果优于 Dukora。目前，这两种口服霍乱疫苗已经世界卫生组织推荐使用。

ETEC 产生的 LT 不仅具有毒性作用，而且还具有良好的免疫原性和免疫佐剂作用。它与 CT 属一个毒素家族（它们的一级结构有 80% 同源性，三级结构相似，二者的血清有交叉中和作用），但 LT 较 CT 毒力小。LT 为寡聚蛋白，由 1

个 A 亚基和 5 个 B 亚基经共价键结合。完整的 LTA 可被胰酶裂解 A1 和 A2，其中 A1 是毒性部位。LTA 具有 ADP-核糖转移酶活性，进入细胞后通过 G 蛋白介导的 ADP-核糖基化反应破坏胞内 cAMP 的降解与平衡，引起 cAMP 水平上升，刺激肠黏膜细胞过度分泌水和电解质，导致腹泻，是 LT 的毒力活性部位。B 亚基是 LT 的免疫原性部位，是受体结合部位，主要与细胞膜上的 GM1 神经节苷脂特异性结合，形成通道，有利于 A 亚基进入靶细胞。与 CT 相比，LT 作为黏膜佐剂的优势有：①LT 免疫诱导 B 细胞产生靶抗原的 IgG（包括 IgG1、IgG2a、IgG2b 亚型）、IgM、SIgA 抗体，CT 诱导产生特异性的 IgG（包括 IgG1、IgG2b 亚型）、IgE、SIgA 抗体，而 IgE 是诱发速发型超敏反应的抗体。②LT 诱导的免疫反应受 CD4$^+$ 的 Th1、Th2 调节，而 CT 诱导的免疫反应只受 Th2 调节（也有研究表明 CT 在不同程度上受 Th1 调节）。Th1 细胞选择性地分泌 IL-2、IFN-γ 和 TNF-β；Th2 细胞多分泌 IL-4、IL-6 和 IL-10。这两种细胞在免疫系统中也有不同作用，Th1 参与细胞免疫，而 Th2 参与 IgG 亚型、IgE 和 SIgA 抗体反应，即体液免疫。因此，LT 能同时诱导体液免疫和细胞免疫，明显优于 CT。③LT 不仅能与神经节苷脂 GM1 结合，也能与第二类受体（GM2 和 asialo-GM1）结合，但这并不被 CT 所识别，故 LT 更能发挥佐剂效应。以 LT 作为免疫佐剂的报道很多，如在破伤风毒素、无活性的流感病毒、幽门螺旋杆菌、重组脲酶、脑膜炎球菌、沙门氏菌、减毒的狂犬病病毒、肺炎球菌的表面蛋白、麻疹病毒的合成蛋白等的研究中都有应用。大量研究表明，LT 的 ADP-核糖转移酶活性不是佐剂活性所必需的；LTA 的活性位点突变，即失活的 LTA 也能保留 LT 的免疫原性；毒性降低或丧失的 LT 突变株可以作为黏膜佐剂，并且这种免疫活性还与给药途径有关。此外，破伤风类毒素（TT）也具有强的佐剂效应，特别适用于多糖或小分子肽半抗原。这些抗原经耦联结合到 TT 后，可诱发高水平的 IgG 抗体应答，表现出明显的辅佐效应。

5. 鞭毛蛋白 鞭毛蛋白是从细菌鞭毛中获得的一种蛋白单体，广泛存在于革兰氏阴性菌的外膜。鞭毛蛋白本身作为一种免疫刺激物，可诱导机体产生天然免疫应答和获得性免疫应答。另外鞭毛蛋白还可以作为疫苗佐剂，现有关于编码蛋白抗原和鞭毛蛋白基因的嵌合 DNA 疫苗的研究报道。尽管鞭毛蛋白作为佐剂的机制仍有争论，但其佐剂效果至少部分依赖于 TLR5 受体上的 CD11 细胞的高亲和力。TLR5 并不是介导鞭毛蛋白佐剂效应的唯一受体，NOD-LRR 蛋白家族的成员神经细胞凋亡抑制蛋白 5（NAIP5）也可识别胞质内的鞭毛蛋白。在感染时，细菌鞭毛蛋白进入巨噬细胞胞质后可被 NAIP5 识别，这一识别是 Caspase-1 依赖性的。同样，在鼠伤寒沙门氏菌感染时，白介素-1β 转换酶（interleukin-1β covert enzyme，ICE）蛋白酶活化因子（ICE protease activating factor，IPAF）是另一种含有 Caspase 循环结构域（Caspase recruitment domains，CARD）的 NOD-LRR 蛋白，也可识别进入细胞质的鞭毛蛋白。进入细胞内的鼠伤寒沙门氏菌鞭毛蛋白对 Caspase-1 的活化是由 IPAF 介导的，而不是 TLR5。虽然 NAIP5、IPAF 识别相同配体的机制仍不十分清楚，但当它们彼此物理接触时，这两种蛋白可协同识别鞭毛蛋白。

6. 短小棒状杆菌 短小棒状杆菌佐剂是短小棒状杆菌经加热或甲醛灭活后制成，为非特异性免疫增强剂，对机体毒性低，没有明显的副作用。它能非特异地刺激淋巴样组织增生，使得单核吞噬细胞系统吞噬活力加强，促进 IL-1、IL-2 等细胞因子的产生；另外，还能激活巨噬细胞的 Fc 受体，并激活补体的传统途径和旁路途径。但短小棒状杆菌能抑制细胞免疫，使胸腺缩小，脾及淋巴结中的淋巴细胞减少，T 细胞的功能被抑制，延长皮肤移植物生存时间等，故细胞免疫功能低下者使用时应注意。现已有商品化短小棒状杆菌菌苗供应。

（五）人工合成佐剂

1. 分枝杆菌衍生物人工合成佐剂 分枝杆菌是一种强刺激剂，能加强多种免疫反应，已被广泛应用，但它成分太复杂，有许多副作用。White 等（1958）指出，完整细菌能被脂溶性的蜡质 D 或纯化细胞壁所代替。Adam 等（1973）用溶菌酶处理细胞壁获得了相当于 FCA 活力的水溶性佐剂（WSA），该佐剂无副作用，相对分子质量为 2 000，但它在水溶液中的佐剂活性很弱。Merser 等（1974）根据 WSA 的分子结构人工合成了胞壁酰二肽（MDP），它具有佐剂活性必需的最小有效结构，相对分子质量小于 500。Chedid 等（1976）发现，注射或口服 MDP 热水溶液也有生物学活性，于是这引起了医学界的注意，迄今已合成 MDP 的相似物和衍生物数百种。此外，还合成了海藻糖双霉菌酸酯、革兰氏阴性菌 LPS 的脂质 A、蟹壳中壳聚糖及其衍生物等。

（1）胞壁酰二肽（MDP）及其衍生物　1974年 Ellouz 等报道细菌 CWS 最小佐剂活性亚单位是 N－乙酰胞壁酰－L 丙氨酰－D 异谷氨酰胺，即胞壁酰二肽（muramye dipeptide，MDP），相对分子质量为 500 的水溶性物，并报道了 MDP 的生物学活性。现已合成了多种 MDP 的类似物和衍生物，并检定了其佐剂活性。虽然 MDP 及其类似物和抗原一起形成的油包水乳剂在体内接种具有有效的佐剂活性，但作为水溶液在体内接种时，由于迅速从尿中排泄，其佐剂活性受到限制，因此 Azuma 等（2001）又合成了 MDP 类似物的几个疏水（酰基）衍生物。在这些酰基－MDP 的衍生物中选择 B30－MDP 作为疫苗佐剂，MDP－赖氨酸（L18）作为宿主抗细菌和病毒感染非特异性刺激的佐剂。

（2）海藻糖合成衍生物　海藻糖二霉菌酸酯（TDM）又称索状因子，最初由 Bloch 从分枝杆菌中发现。进一步研究表明，索状因子样糖脂不仅存在于分枝杆菌中，也存在于有关细菌，如奴卡菌和棒状杆菌的脂质部分。TDM 有多种生物学活性，如对小鼠有毒性、抗肿瘤活性，刺激宿主对细菌、真菌、病毒和寄生虫感染的抵抗力，协同增强细菌片段或合成佐剂的抗感染和抗肿瘤活性。Azuma 等（2001）合成多种 TDM 类似物来详细检查 TDM 的佐剂活性，化学结构与活性之间的关系，以及与其他合成佐剂合用的协同作用机理，还研究了分枝杆菌糖脂、TDM 及其合成类似物的致死性和佐剂活性。研究者还证实了天然 TDM（α，α）的合成立体异构体〔如 TDM（α，β）和 TDM（β，β）〕具有激活小鼠腹腔巨噬细胞的免疫佐剂效能，而其毒性低于天然 TDM（α，α）。几名研究者亦证实 TDM 是有效的免疫佐剂，尤其是 Ribi 等（1979）证实了 TDM 与 CWS、MDP 或脂质 A 合用有协同佐剂效果。

2. 植物多糖类似物　大量试验证实，从许多植物或真菌中提取的很多活性物质都具有很好的免疫调节作用。例如，香菇多糖就是其中一种重要的生物活性物质，其能够调节巨噬细胞和树突状细胞的功能，促进巨噬细胞和 DC 分泌细胞因子，发挥免疫调节作用和抗肿瘤作用。菊粉（inulin）也是一种潜在的细胞免疫和体液免疫佐剂，主要见于植物菊粉，是植物中含有的一种特殊的天然果聚糖类碳水化合物。微粒性菊粉（micro-pariticulate inulin，MPI）是补体替代途径的一种潜在的催化剂，因而能诱发先天性免疫反应。与 FCA、Montanide 或 QS21 等佐剂相比，MPI 能高效激发细胞免疫反应，且无毒性。此外，它还能与其他佐剂成分配伍得到一系列可改变 Th1 和 Th2 反应活性的佐剂，如 Algammulin 就是铝胶和 MPI 的组合佐剂。Algammulin 显示出比 MPI 本身更强的 Th1 和 Th2 反应活性，并且虽然它含铝胶量少，但其整体免疫效果与铝胶相当。Algammulin 已成功用于许多抗原，如白喉、破伤风毒素、呼吸道合胞体病毒、HPV E7 蛋白、疱疹 2 型病毒糖蛋白 D、HBsAg、流感血凝素、流感嗜血杆菌、恶性疟原虫等。多糖具有增强乙肝病毒 DNA 疫苗诱导的免疫效应，以及增强结核疫苗抗结核分枝杆菌感染的作用。由于目前应用的大部分多糖都是提取物，存在结构不确定、纯度不高、产量较少的问题；另外，试验还发现合成的多糖基本结构单位和多糖具有相似的生物学效应，而且具有结构明确、纯度高、产量高等优点。因此，人们基于这些多糖的基本结构单位人工合成寡糖并研究其生物学功能，如香菇多糖主链形成三螺旋构象对于其发挥生物学功能具有重要作用。

3. 化学药物类

（1）左旋咪唑　左旋咪唑类驱虫药物是噻唑苯咪唑的派生物，白色，无定形或结晶形粉末，易溶于水。1971 年 Renoux 等发现左旋咪唑对鼠感染布鲁氏菌和绵羊红细胞免疫缺陷具有免疫增强作用，还可用于治疗人的自身免疫性疾病。左旋咪唑在免疫方面具有双重作用，一是具有恢复 T 细胞和吞噬细胞功能及胸腺细胞有丝分裂功能的作用，既是免疫扶正剂又是免疫调节剂；二是诱导 T 细胞和粒细胞的分化成熟，使 T 细胞转变成致敏淋巴细胞，产生淋巴因子，进一步活化巨噬细胞。进行疫苗接种预防动物传染病时配合使用该药物，可提高机体的免疫应答水平。对雏鸡应用此制剂，可按 2.5 mg/kg（按体重计）的剂量混入疫苗同时接种雏鸡。应用于犊牛，剂量为 3～5 mg/kg（按体重计），间隔 10～14d 注射一次。可以粉状和片剂存放。

（2）西咪替丁 白色或类白色结晶性粉末，几乎无臭，味苦。西咪替丁是一种高效选择性组胺Ⅱ型受体颉颃剂，可以消除组织胺的免疫抑制作用，具有性质稳定、在体内代谢速度快、无毒性等特点，是一种有用的免疫增强剂。在医学上主要应用于抗肿瘤和对免疫缺陷病的治疗。该药对胃癌、肺转移癌等晚期癌症，以及肝癌、黑色素瘤、血液癌、卵巢癌有抑制生长、延缓转移、改善症状等作用，还可增强带癌动物的抗体合成能力。无论在鼠和人类，西咪替丁均显示有显著的抗癌作用。另外，西咪替丁能明显促进鸡细胞免疫功能，增强鸡体液免疫功能和提高鸡血清总补体水平，封闭地塞米松对补体产生的抑制作用。

（3）咪唑啉酮类似物 包括咪噻莫特（imiquimod）和瑞喹莫德（resiquimod）及某些鸟嘌呤类核苷类似物。这些分子主要通过 TRL7 发挥免疫刺激作用，产生细胞因子，并上调 DCs 上的共刺激分子、MHCⅠ、MHCⅡ。瑞喹莫德也能被 TRL8 识别。咪唑啉酮能刺激 DCs 上 IL-12 和高水平 IFN-α，以及其他 Th1 前炎性因子。研究显示，这些合成的物质借助 TRL-MyD88 依赖性信号途径活化免疫细胞。瑞喹莫德也能借助类似 CD40 配基化提供的信号来活化 B 淋巴细胞，包括产生 IL-6 和 IFN-α。咪噻莫特目前被用作治疗乳头瘤病毒引起的皮肤损伤。

（六）免疫刺激复合物佐剂

免疫刺激复合物（immunostimulating complexes，ISCOMs）是一种新型的抗原递呈系统，具有佐剂和抗原递呈的双重功能。自 Morein 在 1984 年首次报道以来，免疫刺激复合物佐剂已广泛应用于多种细菌、病毒、寄生虫病及癌症抗原的疫苗中，以及亚单位疫苗和基因工程疫苗中。利用该技术制备的疫苗能在多种动物体内引起有效的体液免疫、细胞免疫和黏膜免疫应答。ISCOMs 是由皂苷（Quil A）、胆固醇、磷脂和抗原等构成的直径 40 nm 左右的球形笼状颗粒，它的三维结构是由皂苷与胆固醇通过分子间相互作用力形成的 10~12 nm 的环形亚单位颗粒构成的。在磷脂的辅助下，疏水或两性的抗原在 ISCOMs 亚单位组装时，通过疏水键作用力被掺入到该复合物中，制备工艺复杂，并限制了其在亲水性抗原上的应用。Martin 等（2005）研制成功的 ISCOMATRIX 佐剂，由皂角苷、胆固醇和

磷脂分子先形成 ISCOMATRIX 基质再融入抗原的制作工艺，使 ISCOMs 制备流程简化，并可应用于亲水性抗原，因此作为新型的佐剂被广泛应用。目前已有多种兽用 ISCOMs 疫苗在市场上销售，如马流感疫苗（1993）、马避孕疫苗（2002）和牛病毒性腹泻疫苗（2003）。

1. ISCOMs 疫苗作用机理 ISCOMs 是一种高效的免疫递呈系统。激活抗原递呈细胞（APC）是启动机体特异性免疫反应的重要环节。ISCOMs 颗粒类似膜表面抗原构造，这种结构既固化了抗原分子，同时也较好地模拟了体内识别抗原的微环境，使得可溶性抗原变为颗粒性抗原，加强了抗原的黏附性和机体的吞噬作用。与铝胶等佐剂相比，ISCOMs 虽不能在抗原注射部位引起各类炎性细胞的聚集，但它比同样大小的颗粒抗原被 APC 摄入量高 50 倍以上，为产生强大的免疫应答奠定了基础。

ISCOMs 具有广泛的免疫刺激作用。它能活化免疫系统的所有三种武器：辅助 T 细胞（CD4$^+$ Th）、细胞毒 T 细胞（CD8$^+$ Tc）和 B 细胞。Th 识别与 MHCⅡ类分子相联系的抗原决定簇，涉及对在宿主细胞中不能合成的抗原的免疫应答（如大多数细菌抗原）；Tc 识别与 MHCⅠ类分子相联系的抗原决定簇，涉及对在宿主细胞中能合成的抗原的免疫应答（如病毒抗原）；B 细胞产生可直接识别外来抗原的抗体。因此与传统灭活疫苗相比，ISCOMs 疫苗在体液免疫和细胞免疫两方面均具有很强的优势。

在体液免疫方面，研究表明，ISCOMs/ISCOMATRIX 疫苗能显著增强 T 细胞增殖、分化，诱导多种亚型（IgG、IgG2a、IgG2b 及 IgG1）的特异性抗体产生，引起的免疫应答通常出现时间早、持续时间长、抗体水平高、需抗原量少，且不受已有抗体或母源抗体的影响（Morein 等，1999）；此外，ISCOMs/ISCOMATRIX 疫苗还能在已存在特异性抗体的情况下刺激机体产生免疫应答。许多病原，如 HBV、HCV、HIV 等能在动物体内产生特异性抗体，但不能消除病原，此时的治疗性疫苗要取得效果的关键就是在体内已存在这些抗体的情况下，仍能引发相应的免疫应答。Lenarczyk 等（2004）研究发现已有特异性抗体的过继性转移不会抑制 ISCOMATRIX 疫苗激活 CD8$^+$ T 细胞。

在细胞免疫方面，ISCOMs 疫苗能诱导产生

IL-1、IL-6、IL-12、IFN-γ 等细胞因子，从而引起有效的细胞免疫应答，其特征是能保持长期的 CTL 应答而不需加强免疫。在治疗性疫苗的发展中，细胞免疫应答的不足成为其发挥效果的显著障碍。DNA 疫苗或病毒载体疫苗作为递呈系统起到一定的作用，但存在刺激细胞免疫能力弱、载体本身抗体的产生及生物安全性等问题。ISCOMs/ISCOMATRIX 疫苗由于能同时诱导辅助性 T 细胞和细胞毒性 T 细胞的表达而解决了以上这些缺陷。研究表明，$CD4^+$ 和 $CD8^+$ T 细胞反应在 ISCOMATRIX 疫苗受免动物体内引发比率分别为 60%～90% 和 20%～80%（Pearse，2004）。此外，普遍认为非复制性抗原很难刺激和诱导产生黏膜免疫且很大程度上依赖于选择合适的给药途径（如滴鼻、口服、直肠或利用载体等），在应用 ISCOMs 后得到了解决。Sjolander 等（2001）经不同途径给予 ISCOMs 疫苗，鼠生殖道都可诱导分泌型的黏膜免疫应答，这种免疫应答对老龄动物尤为重要，因为随着年龄增加，动物全身免疫功能衰退，而黏膜免疫却保持相当的功能。

ISCOMs 具有很强的免疫调节作用。新生仔畜免疫系统尚未成熟，APC 及淋巴细胞数较少，并容易引起免疫耐受，受母源抗体存在的影响，很难获得有效免疫应答。ISCOMs 可以克服母体获得性特异性抗体的封闭作用，在母源抗体存在的情况下，仍能诱导相应的主动免疫应答，而传统灭活疫苗却不能。除了 ISCOMs 具有更有效的抗原递呈结构外，还因为 ISCOMs 疫苗能在新生仔畜体内引发以 Th1 为主的 T 细胞免疫应答，这就避免了以 Th2 为主的传统疫苗二免导致的各种无关应答。ISCOMs 的免疫调节作用还表现在对抗肿瘤治疗的增强作用方面。

2. ISCOMs 的结构组成及物理特性　皂苷和胆固醇是 ISCOMs/ISCOMATRIX 的必需成分，而皂苷则是关键成分。Quil A 是从名为 Quilljia saponaria Motina 的一种南美皂树树皮中提取的皂素成分，其化学结构是一种糖苷，由单糖或寡聚糖基与三萜类的非极性糖苷培基连接而成。由此可见，Quil A 为两性物质，既含有亲水性的碳水化合物成分，又含有疏水的三萜成分。Quil A 分子内有 5 个六碳环，在水中可任意溶解。Quil A 溶液在低温、低 pH 状态下极稳定，干燥的制品于室温下数年仍不变质。由于 Quil A 分子内碳

环有很好的疏水性，在水溶液中易与甾醇类结合和形成自身分子间的重叠，因此形成的 ISCOMs 典型结构是由 Quil A 分子在表面构成网格骨架，大约是 12 面体的脂质小泡，直径 35 nm，蛋白质抗原可包含于脂质小泡内，亦可嵌于脂质小泡的表面。不溶性抗原也可插入 Quil A 分子间而形成暴露于 ISCOMs 表面的抗原决定簇。在典型的 ISCOMs 组分中，干重的 5%～10% 是 Quil A，1%～5% 由甾醇类和磷脂组成，其余为蛋白质。转换成摩尔数，蛋白质、Quil A 和甾醇类的比值接近 1∶1∶1。在无菌磷酸缓冲液中或冻干方法保存的 ISCOMs，3 年以后仍具有很好的形态结构及提高免疫力的性能。

由于 Quil A 的结合毒性限制了其在人用疫苗上的使用，因此目前普遍采用 Qui lA 的高纯化产物 QS21 和 ISCOPREP。它们能增强抗体应答，增加 Th1 和 Th2 型细胞因子，并诱导 CTL 活性，可单独作为佐剂使用。联合使用 QS21 与 MPL 研制出的 AS02 佐剂亦能诱导强烈的抗体应答和 CTL 应答。目前 AS02 佐剂已在结核病、HBV、癌症、疟疾和 HIV 疫苗中进行了临床试验，前景广阔。ISCOMATRIX 佐剂中采用了 ISCOPREP，这使得 ISCOMATRIX 佐剂表面携带负电荷，增强了胶质性，对于携带有正电荷的抗原的结合更加牢固。ISCOMATRIX 疫苗的物理特性常因结合不同的抗原而异，但疫苗颗粒的大小一般为 1～2 μm。在 pH 为 6.2 条件下，2～8℃ 可稳定保存 24 个月以上，37℃ 可保存 3 个月以上，亦可冻干保存，反复冻融不影响其效果。ISCOMATRIX 在高盐、洗涤剂、变性剂等环境下亦能稳定保存。

3. ISCOMs 的制备　在制备 ISCOMs 时，首先需将有机体裂解成分散的组分。常用的裂解剂有 Triton、吐温、链烷基-N-甲基葡萄糖胺（MEGA）和葡萄糖辛酸酯（OG）。这些都是不含金属离子的中性去垢剂，使在形成 ISCOMs 的同时除去去垢剂。其方法大致可分为离心法和透析法两类。离心法适用于制备包含病毒外壳蛋白的 ISCOMs。纯化的病毒在去垢剂中悬浮处理，裂解成病毒蛋白悬液后，调整去垢剂浓度为 0.5%，蔗糖为 10%，加于含 Quil A 0.1% 的 20%～50% 蔗糖连续密度梯度离心后收集上层相应的区带。ISCOMs 沉降系数接近 19S，单分子蛋白质沉降系数为 4S，位于梯度上层，蛋白质胶团具有更大的沉降系数（30S），沉于离心管底

部。由于不同初始样品中脂质组成不同，ISCOMs 沉降系数将处于 14～18S 之内。收集到的相应区带经超速离心沉淀收集 ISCOMs。透析法用较小分子去垢剂，如吐温 - 20、MEGA 或 OG。纯化的病毒在去垢剂中悬浮后，加于不连续蔗糖密度梯度（含有 0.2% 去垢剂和 20% 蔗糖，底层垫以 30% 的蔗糖）顶端。离心后收集 20% 蔗糖密度层，内含病毒蛋白。加入 Quil A 至终浓度 0.05%，而后对缓冲液透析 3d 以上，再经超速离心沉淀收集 ISCOMs。

4. ISCOMs 在疫苗研制中的应用 ISCOMs 疫苗适用于豚鼠、猪、兔、绵羊、犬、马、牛等多种动物，介导广泛、全面的免疫应答，具有较高的免疫原性和安全性。ISCOMATRIX 佐剂的出现，使得其应用更加广泛、简便和高效。在豚鼠、绵羊和狒狒上的试验表明，ISCOMATRIX 佐剂疫苗能显著减少抗原的使用量。如 HIV 抗原 MNrgp120 和 ISCOMATRIX 合用后，诱导豚鼠产生中和抗体所需抗原量减少至使用铝胶佐剂所需抗原量的 1/100～1/10。绵羊和狒狒使用 ISCOMATRIX 流感疫苗后，不仅所需抗原量减少至 1/10，而且所产生的抗体应答反应更快、更强，这将有益于疾病大流行前的早期预防控制。在肿瘤治疗的研究中发现，许多疫苗 CD8$^+$ T 细胞应答需要抗原特异性 CD4$^+$ T 细胞的辅助，因此自身免疫原性较弱的抗肿瘤疫苗常采用破伤风毒素等无关抗原刺激产生 CD4$^+$ T 细胞反应，而 ISCOMATRIX 疫苗能在没有 CD4$^+$ T 细胞辅助下产生 CD8$^+$ T 细胞反应，从而提高其肿瘤治疗效果。现有多种兽用 ISCOMs 疫苗在市场上销售。第一个上市的兽用 ISCOMs 疫苗是在 1993 年由 Schering-Plough 推出的马流感疫苗。其后，马避孕疫苗和牛病毒性腹泻疫苗先后在 2002 年和 2003 年面市。基于 ISCOMATRIX 的新型高效低毒马流感疫苗于 2006 年由 Intervet 推向全球市场。2007 年我国批准了以 Quil A 为免疫佐剂的羊棘球蚴（包虫）病基因工程亚单位疫苗。由于其极低的毒副作用，ISCOMs 佐剂也非常适合于高度敏感动物，如猫科动物和其他高附加值宠物和经济动物。此外，ISCOMs 技术在许多亚单位疫苗和遗传工程疫苗中也有广泛的应用。例如，对口蹄疫病毒、流感病毒的血凝素和神经氨酸酶、狂犬病病毒糖蛋白、鸡新城疫病毒 F 蛋白、伪狂犬病病毒、传染性鼻气管炎病毒的囊膜蛋白，以及沙门氏菌的

外膜蛋白等，均取得了良好的防治效果。

除了在动物中的广泛应用外，ISCOMATRIX 在人类疫苗的研究也卓有成效。早期的 ISCOMs 由于游离 Quil A 的毒性而被认为不适合人类使用，而 ISCOMATRIX 疫苗采用了高纯化的皂苷 ISCOPREP，减少了疫苗的毒副作用，目前已在宫颈癌、流感及许多纯化抗原（如 HPV16 E6E7 融合蛋白、HCV 核蛋白）等人用疫苗上作了系统的研究，效果良好。

5. ISCOMs 作为抗原辅助载体的应用研究 小分子多肽、基因工程产品或半抗原免疫原性极差，必须和大分子载体相连，才能发挥作用。ISCOMs 可以作为半抗原的载体，增强其免疫原性，使这些半抗原成为理想的免疫原。另外，抗原在 ISCOMs 表面的结合与其增强抗原的免疫原性有关，因此 ISCOMs 也被用在低水平抗体免疫检测中作为抗原。Jenny 等（2003）将一些寄生虫的外膜蛋白抗原制成 ISCOMs，作为 ELISA 试验的抗原，成功解决了诊断试验中存在的敏感性及特异性问题。

（七）细胞因子类佐剂

细胞因子（cytokine，CK）是指由免疫细胞（如单核/巨噬细胞、T 细胞、B 细胞、NK 细胞等）和某些非免疫细胞（如血管内皮细胞、表皮细胞、成纤维细胞等）合成和分泌的一类高活性、多功能蛋白质多肽。多种细胞因子都已被证明是有效的免疫增强剂，亦称之为免疫佐剂，能够增强由病毒、细菌和寄生虫疫苗产生的保护作用，并可激发对肿瘤抗原的免疫反应。具有佐剂效应的细胞因子主要有白细胞介素、干扰素、肿瘤坏死因子、粒细胞-巨噬细胞集落刺激因子等。另外，利用分子生物学技术制备重组的细胞因子也能很好地发挥免疫佐剂的活性，现已成为细胞因子研究和应用的新热点。

1. 白细胞介素类 白细胞介素-1（interleukin 1，IL-1）是最早用作佐剂的细胞因子，是细胞因子网络功能形成的中心，可作用于多种免疫活性细胞，如促进胸腺细胞和 T 细胞增殖，表达 IL-2 受体，并分泌细胞因子（IL-2、IL-4、IL-5、IL-6、IL-8、IFN-α、IFN-β）；能促进前 B 细胞增殖和分化、表达膜表面免疫球蛋白和 C3b 受体，并能诱导 B 细胞产生对 IL-2、IL-4、IL-5 和 IL-6 的反应能力。IL-1 还能增

强机体对抗原的初次和二次反应。1983 年 Sta-ruch 等报道,接种抗原后 2h,给予 IL-1 制剂,能增强小鼠对牛血清白蛋白的记忆应答,比单用抗原加强的二次应答增强 50 倍。鸡的 IL-1 可显著增强亚剂量有丝分裂原对鸡胸腺细胞的刺激作用,从而促进胸腺细胞的增殖。IL-1 在抗肿瘤免疫中也起到良好的效果。McCune 等(1990)发现在免疫原性微弱的鼠肺癌系中,IL-1α 和 IL-1β 能有效增强特异性免疫治疗作用。IL-1 可引起许多与炎症有关的严重副作用,这是其用作疫苗佐剂的不足。Nencioni 等(1987)制备了 IL-1β 序列中 163～171 位短肽作为替代佐剂,以去除 IL-1 的致热作用,但该短肽产生同样佐剂效果所需的剂量(50 mg/kg)远超过完整的 IL-1β 分子(10 μg/kg)。

IL-2 是由活性辅助 T 细胞分泌的一种重要的细胞因子,其生物学活性主要表现在促进 T 细胞增殖分化和细胞因子(主要是 IFN-γ)生成,增强 Tc 细胞、NK 细胞、LAK 细胞活性,以及促进 B 细胞增殖和抗体生成,对免疫应答具有广泛的上调作用,是作为佐剂应用最为广泛的细胞因子之一。在与常规疫苗联合使用时,多次注射是 IL-2 发挥佐剂作用所必需的,低剂量 IL-2 效果不佳。然而多次注射增加了使用的成本,不利于临床应用。Singh 等(1992)报道,将聚乙二醇修饰的 IL-2 掺入脂质体中,使其缓慢释放,可达到多次注射的效果。目前,在基因工程疫苗研制中,把细胞因子基因和保护抗原基因连接在一起构成融合蛋白,也可大大延长细胞因子在体内的半衰期。此种方法获得的 IL-2 抗原重组蛋白为细胞因子更好地发挥免疫佐剂作用提供了有效的方法。Reddy 等(1990)报道,将低剂量(0.25～2.5 IU/kg)重组牛 IL-2 与商品化牛疱疹病毒Ⅰ型活疫苗联合使用,血清中和抗体滴度比单独使用疫苗组提高 6 倍,攻毒后病毒排毒减少至 1/4。张光勤等(2003)证实重组 IL-2 可使经产母猪接种猪瘟疫苗后的平均抗体滴度提高 3.9 倍,使育成母猪猪瘟抗体滴度提高 3.3 倍。在家禽方面,姜永厚等(2002)将 IL-2 与新城疫 D26 株的 F 基因克隆到同一个真核表达载体上,用重组质粒免疫雏鸡,可使标准强毒攻击后保护率提高 50%。另外,IL-2 还因能提高机体抗病能力而用于各种疾病的免疫治疗。张光勤等(2003)应用 IL-2 结合抗生素等药物治疗山羊痘

与链球菌混合感染,治愈率(96%)比对照组(52%)有显著提高。Quiroga 等(1993)将重组牛 IL-2 注入牛乳房后可以明显降低细菌性乳腺炎的发病率。涂浩等(2005)将重组 IL-2 和 IFN-γ 作为免疫佐剂与口蹄疫合成肽疫苗联合使用,能显著提高机体的体液免疫和细胞免疫应答。IL-2 在医学领域也有广泛的应用,目前商品化的重组人 IL-2 已经成功用于肿瘤、艾滋病、乙型肝炎等疾病的治疗。

IL-12 是具有多种生物学活性的效应细胞刺激因子,能促进 T 细胞、NK 细胞增殖,调节 Th0 细胞向 Th1 细胞分化,还又能活化 T 细胞、NK 细胞产生 IFN-γ 等细胞因子以介导细胞免疫。接种掺有 IL-12 的呼吸道合胞体病毒灭活疫苗的小鼠在受到活病毒攻击时,其肺中病毒滴度明显降低。同时伴有明显的 Th2 向 Th1 细胞应答转移的现象。IL-12 还被认为是最有效的具有抗瘤作用的细胞因子之一,与肿瘤相关抗原合用时可有效对抗多种实体肿瘤。Rakhmilevich 等(1997)用基因枪将多种细胞因子(IL-2、IL-4、IL-6、IL-12、IFN-γ、TNF-α、GM-CSF)基因注入荷瘤小鼠肿瘤外部皮内发现,IL-12 基因在众多受试细胞因子基因中抑瘤生长作用最强,可明显增加荷瘤小鼠 CD8+ T 细胞介导的 CTL 活性,机体内 IFN-γ 水平显著升高,同时观察到肿瘤原发灶及转移灶完全消退,而且未出现明显的毒副作用。IL-12 在人类的 HIV、结核病、麻风和利什曼病疫苗中也有良好的应用。

以上白细胞介素多是 Th1 免疫应答的细胞因子,诱导 Th2 反应的细胞因子,如 IL-4、IL-5、IL-6、IL-10、IL-13 等也在免疫增强方面发挥着重要的作用。T 细胞分泌的 IL-5 集中位于黏膜组织的 IgA 效应部位,促进抗原刺激的 B 细胞生长分化为抗体合成细胞、促进活化的黏膜 B 细胞分泌合成 IgA。IL-6 也是诱导 Th2 型反应的重要细胞因子,它在无体外刺激的情况下加至派氏集合淋巴结 B 细胞中,可引起 IgA 分泌的显著增加。Pockley 等(1991)通过点眼途径分别用抗原二硝基酚-肺炎球菌或二硝基酚-肺炎球菌加 IL-5 和 IL-6 共免疫雌兔,结果显示抗原与 IL-5 和 IL-6 联合免疫组兔的泪液中特异性 IgA 滴度显著高于单独免疫抗原组,约为后者的 3 倍。

2. γ-干扰素　γ-干扰素(γ-interferon,

IFN-γ）作为免疫佐剂的机理主要是增进 Th1 型免疫应答，通过参与 Th0 细胞向 Th1 型分化，增加 APC 的 MHC Ⅱ分子表达，从而产生 CTL 应答并提高 IgG 抗体水平。将 IFN-γ 与水疱性口炎病毒亚单位疫苗合用，二次抗体应答和保护作用都增强。IFN-γ 能增进对抗生物素蛋白的二次抗体应答和迟发性超敏反应（DTH），对利什曼原虫抗原和 DNP-钥孔蝛血蓝素亦有类似作用。小鼠试验也证实，IFN-γ 作为佐剂对低应答抗体鼠系、CD4$^+$T 细胞缺陷鼠和抗体亲和性成熟遗传缺陷鼠等有特殊优势。在肿瘤治疗中，IFN-γ 也有应用。Song 等（2000）将 IFN-γ 基因和癌胚抗原（CEA）DNA 疫苗同时注射小鼠发现，IFN-γ 能增强癌胚抗原（CEA）DNA 疫苗的抗瘤效应，在小鼠中观察到高水平的 Th1 型和 CTL 免疫反应，血清中 IFN-γ 分泌显著增高，而且能抑制转移性同源 CEA 阳性 P815 瘤细胞的生长。

3. 粒细胞-巨噬细胞集落刺激因子 粒细胞-巨噬细胞集落刺激因子（granulocyte-macrophage colony-stimulating factor，GM-CSF）通过诱导 DC 细胞的增殖、成熟和迁移及 B 细胞和 T 细胞的分化和增殖来提高 DNA 疫苗的体液免疫应答和抗肿瘤免疫反应。Sun 等（2002）把编码 GM-CSF 和肿瘤抗原 MAGE-1 的基因克隆入同一个质粒，并且使用不同启动子分别启动，结果比单独使用只编码 MAGE-1 的质粒或使用只编码 GM-CSF 的质粒，免疫 B16-MAGE-1 黑色素瘤后取得更高 IgG 滴度的抗原特异性反应。Disis 等（2003）用编码可溶性 GM-CSF 和鼠 neu 胞内区（ICD）的重组 DNA 质粒免疫大鼠，可以诱发特异抗肿瘤 CTL 反应。Reddy 等（1990）进行体外试验发现，患乳房炎母牛的中性白细胞 rbGM-CSF 被孵育后，可以增强吞噬金黄色葡萄球菌的能力。

4. 其他细胞因子佐剂 趋化性细胞因子能通过募集特定细胞诱导调节针对 DNA 疫苗或肿瘤抗原诱发的特异性免疫反应，具有免疫调节作用，可作为一种新型智能型疫苗佐剂。干扰素诱化因子（IP-10）和单核细胞趋化因子（MCP-3）均属于化学趋化因子（chemokines，CK）家族中的成员，利用基因工程技术，可将一些肿瘤抗原基因与它们重组制成 DNA 重组疫苗。由于 APC 表面带有这些 CK 的特异性受体，因此这种重组疫苗便可通过 CK 基因与其受体结合而增强肿瘤抗原的免疫原性，使抗肿瘤免疫取得良好效果。此外，携带了 CK 的 DNA 疫苗还可利用 IP-10 吸引淋巴细胞、中性粒细胞和单核细胞；利用 MCP-3 趋化单核细胞、DC 和淋巴细胞，诱导产生 T 细胞依赖性抗肿瘤应答。B 淋巴细胞刺激因子（B lymphocyte stimulator，BLyS）属于肿瘤坏死因子（TNF）家族，可以和 B 细胞特异结合，并诱导其增殖、分化并分泌抗体，在体液免疫反应中发挥着重要的作用，是近年发现的非常重要的免疫增强类细胞因子。成熟的 B 细胞及其产生的抗体构成了机体抵御感染和抑制肿瘤滋生的关键组分。若体内分泌抗体的 B 细胞失活或低表达，机体即会失去抵御感染的保护屏障。BLyS 能特异性地增加体内 B 细胞的数量及产生的抗体滴度，在增强体液免疫相关的 DNA 疫苗诱导的特异性免疫反应强度、提高机体非特异免疫水平，以及有效增强机体对外源致病因子的抵抗力等方面发挥重要作用。

（八）核酸及其类似物佐剂

CpG ODN 由含未甲基化的 CpG 二核苷为核心的回形序列组成，基本骨架为 5′-PuPuCGPy-Py-3′。该序列在病毒和原核生物基因中出现的频率高于脊椎动物。它们既可以是免疫刺激物也可以是免疫抑制物，这取决于 CpG 胞嘧啶是否甲基化或回环序列。脊椎动物中 60%～90% 的胞嘧啶通常是甲基化的，这种差异使脊椎动物免疫系统常把未甲基化 CpG ODN 作为一种危险信号分子。通过特定受体 TLR9 介导的信号级联反应，诱导并增强天然免疫和获得性免疫。CpG ODN 既可促进多种促炎症细胞因子和趋化因子分泌，对病原微生物具有杀灭作用，又可促进主要组织相容性抗原（MHC）和免疫辅助因子（CD80 和 CD86）的表达，进而促进机体对入侵病原微生物以 Th1 为主的特异性免疫应答，使原先 Th2 免疫反应向 Th1 为主的方向转化，被认为是具有潜力的新型黏膜免疫佐剂之一。

核酸佐剂一般通过 3 种方式发挥作用，即脱氧核糖核酸免疫刺激物（ODNs）、ODN-抗原结合物和 DNA 疫苗。无论哪种方式，TLR9 都是发挥免疫调节作用的一个必需的模式识别受体。ODNs 是一类人工合成的单股 DNA 片段，将磷酸盐替代磷酸酯作为骨架连接，可容纳一个或多个非甲基化 CpG 基序和可变的侧链序列。CpG/TLR9 作用主要通过髓样分化因子（MyD88）、IL-1 受体相关激酶（IRAK）及肿瘤坏死因子受体相关因子（TRAF-6）参与信号介导。起始受体相关因子可能通过激活 IκB-NF-κB、MAPK p38 和 ERK-AP-1 信号通路激活一系列核转录因子，这些转录因子再向细胞核转移，最终诱导多种与免疫有关细胞因子及趋化因子的表达与分泌，引起效应细胞发挥作用。此种形式在肿瘤治疗和病毒类疾病的黏膜免疫中发挥了很好的作用。多数观点认为 CpG 序列甲基化后无免疫活性。也有人认为甲基化的 CpG 仍然具有免疫调节活性，能够促进 DC、LC 的迁移和细胞因子的产生，在 DNA 疫苗免疫中对质粒活化模式的确定是非常必要的。ODN-抗原结合物则通过 TLR9 同时识别 ODN 和抗原的双重信号激活和启动免疫反应。DNA 疫苗则是将 CpG 基序插入 DNA 疫苗的载体，提供共刺激的信号，为其在大动物或人体内发挥作用提供了良好的辅助。

（九）脂质体

脂质体（liposomes）是磷脂分散在水相中形成的脂质双分子层，其内部为水相的闭合囊泡。脂质球内水相包裹抗原或其他物质，并将其有效地递送到皮肤和黏膜表面，是很好的抗原递呈系统。脂质体结构的多样性、对各种抗原的包裹能力和良好的生物学分布状况使其成为良好的免疫佐剂。而脂质体的最大效能可以通过选择其脂质层数、荷电量及类型、组成成分、修饰表面特性及与其他佐剂联合应用来实现。自从 1974 年 Allison 和 Gregoriadis 首次证实脂质体能够增强机体对白喉类毒素的体液免疫应答以来，脂质体作为激活免疫系统的佐剂在黏膜疫苗、DNA 疫苗及病毒小体的应用等方面受到国内外学者的广泛关注。

作为黏膜传递系统，脂质体具有许多优点，如防止抗原被黏膜上的酶降解、长效缓释效果、生物黏附特性及作为佐剂刺激机体产生黏膜免疫应答等，尤其是脂质体与其他佐剂联合使用能显著提高免疫应答的效果。如将黏膜免疫佐剂——重组霍乱毒素的亚单位 B（recombinant B subunit of cholera toxin, rCTB）连接在包有变性链霉素抗原 Ag Ⅰ/Ⅱ 的脂质体表面后，口服免疫小鼠第 3 周时血清中特异性 IgG 大约为表面未连接 rCTB 脂质体制剂的 100 倍（$P < 0.001$），而分泌型免

疫球蛋白 A（SIgA）增加了 20 倍左右（Harokopakis，1998）。在 DNA 疫苗应用中，脂质体将质粒 DNA 包裹后直接传递给 APCs，促进 MHC Ⅰ 类和 MHC Ⅱ 类分子的表达。DNA 分子和其编码的抗原多肽分别与 MHC Ⅰ 类和 MHC Ⅱ 类分子形成复合物后，被 CD4$^+$ 和 CD8$^+$ T 细胞识别，最终诱导细胞毒性 T 淋巴细胞免疫应答和体液免疫应答。另外，脂质体可将病毒表面的功能蛋白嵌入普通脂质体的双分子层制成病毒小体（virosome）。目前，virosome 在动物试验中获得了良好的抗流感和腮腺炎病毒免疫效果。瑞士血清和疫苗研究院研制的甲肝疫苗（商品名为 EPAXAL BERNA）成为第一个获准上市的脂质体疫苗。多层脂质体和双相脂质体在兽医疫苗技术上成功地用作牛疱疹病毒（BHV-1）抗原的载体。Novasomes 是目前研制的一种新型脂质体样系统，用于黏膜免疫。该系统为非磷脂亲水脂分子，在体内的稳定性比常规脂质体好，而且价廉、易制备，是一种很好的免疫佐剂。但脂质体制剂本身固有的复杂性和抗原物质的多样性对于满足 GMP 的生产和质量控制要求来说是种巨大的挑战。

（十）纳米颗粒

纳米材料是一种新型的控释体系，其超微小体积，能穿过组织间隙并被细胞吸收，可通过人体最小的毛细血管，甚至血脑屏障。研究发现，纳米粒子大小在 40～50 nm 时能将吸附于其上的抗原物质有效地递呈给 APC，从而引起强大的体液和细胞联合免疫应答。在肿瘤发病模型试验中，注射一次纳米佐剂疫苗就能在两个星期内为机体提供抗肿瘤的保护并能清除肿瘤团块。纳米佐剂主要有两大类，即无机纳米粒子（如钙、铝）和有机纳米粒子（如聚丙乙交酯、聚丙交酯、壳聚糖等）。FDA 已批准将生物可降解聚酯纳米颗粒作为长效注射剂的辅料。汤承等（2006）报道，用纳米铝颗粒作为禽流感病毒 H9 亚型疫苗的佐剂，免疫小鸡后产生有效免疫保护抗体的时间较常规油佐剂疫苗提前 4d，且无副反应，但与油佐剂疫苗相比抗体峰值低，且持续时间短。纳米铝佐剂与 HBsAg 合用，可刺激机体产生高滴度的抗体，其上清液 A_{450} 值约为常规铝佐剂的 10 倍，明显高于传统铝盐的佐剂效果，且纳米铝佐剂皮下注射和腹腔注射的副反应均较常规铝佐剂的反应明显降低。

（十一）微型胶囊

微型胶囊（microcapsules，简称"微囊"）是用高分子聚合物包裹于疫苗表面而成的囊状物，大小在 400 pm 以下，其囊膜具有通透性，囊心抗原借助压力、pH、酶、温度等可逐步释放出来，故具有延缓释放、降低毒副作用、减少疫苗损耗、提高疫苗稳定性的功能，并可根据机体内不同 pH 环境控制疫苗作用部位，从而增强免疫效果，延长免疫期，控制释放系统。微囊的研究始于 20 世纪 30 年代，Chang 于 1957 年首次报道了生物活性物质的微囊化研究，将酶、蛋白质和激素等生物活性物质包封在选择性透过膜中形成球状微囊。Veis 等在 1979 年首先制备出微囊疫苗，通过小鼠免疫试验发现，该系统可持续释放抗原，刺激抗体产生，而未发生免疫耐受，这引起了人们的极大关注。目前，制备微囊疫苗的囊材多集中在天然多糖（如海藻酸钠和壳聚糖）和聚酯类（如乳酸/乙醇酸共聚物，PLGA）。至今已研制出许多微球疫苗，如破伤风毒素微囊化疫苗、葡萄球菌肠毒素微囊化疫苗、流感 A 病毒微球口服疫苗。其中破伤风类毒素 PLGA 控释微球是第一个被 WHO 批准的一次性注射疫苗。Jaganathan 等（2006）将制备的 HBsAg /PLGA 微囊疫苗通过鼻内免疫，研究其诱导的体液免疫、细胞免疫和黏膜免疫。结果表明 PLGA 微囊产生了体液免疫应答和细胞免疫应答，而铝包被 HBsAg 对照组未产生体液免疫应答和细胞免疫应答。Lin 等（2003）利用丙烯酸树脂 L30D－55，采用喷雾干燥法制备了猪支原体肺炎口服疫苗，以 SPF 猪为模型，经二次免疫后攻毒，免疫组平均损害分数（mean lesion score）显著低于非免疫组（$P<0.05$），表明该微囊疫苗能有效抵抗猪支原体感染。Dea-Ayuela 等（2006）制备的旋毛虫微囊疫苗，免疫 NIH 小鼠后能抵抗本地毛形线虫（*T. spiralis*）在肠道内或肌肉水平的感染，相应的虫荷（worm burden）分别减少 45.58% 和 53.33%。此外，免疫后还产生以 IgG1 水平升高为标志的 Th2 免疫反应。

主要参考文献

李心坦，邹叔和，周建强，等，1987. 蜂胶佐剂在免疫中的作用 [J]. 畜牧与兽医，19 (3)：109.

汤承，岳华，吕凤林，等，2006. 纳米铝佐剂诱导鸡提前产生抗 AIV H9 体液免疫应答 [J]. 西南民族大学学报（自然科学学报），32 (5)：956－958.

Azuma I，Seya T，2001. Development of immunoadjuvants for immunotherapy of cancer [J]. International Immunopharmacology, 1 (7)：1249－1259.

Boyaka P N，Marl O，Kohtaro F，et al, 2003. Chimeras of labile toxin and cholera toxin retain mucosal adj uvanticuty and direct Th cell subsets via their B subunit [J]. Journal of Immunology, 170 (1)：454－462.

Dea-Ayuela M A，Rama-Iniguez S，Torrado-Santiago S, et al，2006. Microcapsules formulated in the enteric coating copolymer Eudragit L100 as delivery systems for oral vaccination against infections by gastrointestinal nematode parasites [J]. Journal of Drug Targeting, 14 (8)：567－575.

Disis M L，Shiota F M，McNeel D G，et al, 2003. Soluble cytokines can act as effective adjuvants in plasmid DNA vaccines targeting self tumor antigens [J]. Immunobiology, 207 (3)：179－86.

Jaganathan K S，Suresh V P，2006. Strong systemic and mucosal immune responses to surface-modified PLGA microspheres containing recombinant Hepatitis B antigen administered intranasally [J]. Vaccine, 2 (19)：4201－4211.

Lenarczyk A，Le T T，Drane D，et al，2004. ISCOM based vaccines for cancer immunotherapy [J]. Vaccine, 22 (8)：963－974.

Lin J H，Weng C N，Liao C W，et al. Protective effects of oral microencapsulated Mycoplasma hyopneumoniae vaccine prepared by co-spray drying method [J]. Journal of Veterinary Medicine Science, 2003, 65 (1)：69－74.

McCune C S，Marquis D，1990. Interleukin 1 as an adjuvant for active specific immunotherapy in a murine tumor model [J]. Cancer Research, 50 (4)：1212－1215.

Nencioni L，Villa L，Tagliabue A，et al，1987. *In vivo* immunostimulating activity of the 163－171 peptide of human IL－1 beta [J]. The Journal of Immunology, 139 (3)：800－804.

Ribi E E，Cantrell J L，von Eschen K B，et al, 1979. Enhancement of endotoxic shock by N-acetylmuramyl-L-alanyl-（L-seryl）-D-isoglutamine（muramyl dipeptide）[J]. Cancer Research, 39 (11)：4756－4759.

Singh H，Abdullah A，Herndon D N，1992. Effects of rat interleukin－2 and rat interferon on the natural killer cell activity of rat spleen cells after thermal injury [J]. Journal of Burn Care and Rehabilitation, 13 (6)：

617－622.

Sun X，Hodge L M，Jones H P，et al，2002. Co-expression of granulocyte-macrophage colony-stimulating factor with antigen enhances humoral and tumor immunity after DNA vaccination ［J］. Vaccine，20（9/10）：1466－1474.

Veis A，Miller A，Leibovich S J，et al，1979. The limiting collagen microfibril. The minimum structure demonstrating native axial periodicity ［J］. Biochimica et Biophysica Acta，576（1）：88－98.

（吴华伟　支海兵　陈晓春

王忠田　陈小云）

第七节　灭　活　剂

灭活剂是指能致死病原体，使其失去复制能力和（或）致病力（毒力）的化学物质。微生物学意义上的灭活有两层含义：一是指破坏或杀死微生物使其成为没有生命物质的过程；二是指将一些活性物质（微生物及其代谢产物、激素、酶、血清因子和抗体等）丧失活力的过程。例如，经过56℃加热30min处理，可破坏诊断血清和待检血清中的补体活性，从而避免补体对诊断的干扰。

生物制品意义上的灭活是指利用物理或化学的方法，破坏微生物的生物学活性，破坏病原微生物的繁殖能力和致病能力，但仍然保留反应原性和免疫原性的过程。

一、各种灭活剂的灭活机理

灭活就是使微生物蛋白、核酸、脂质等变性和失去活性，从而起到杀灭作用。按照灭活作用的性质，可分为物理灭活法和化学灭活法两类。其中，化学灭活法简单、效果好，最为常用。

（一）物理灭活法

包括热灭活、紫外线灭活和γ射线灭活等方法。

1. 热灭活　最早由 Smith 等（1965）研制猪霍乱灭活菌苗时提出，后来在研制淋球菌疫苗时，发现热灭活易使菌体蛋白发生变性，影响菌种免疫原性。目前，热灭活除在牛副结核灭活疫苗、草鱼出血病灭活疫苗的制备和部分诊断抗原制备

中尚采用外，其余制品中已基本淘汰。

2. 紫外线灭活　紫外线具有一定杀菌作用，尤其以 265～266 nm 波长杀菌效果更佳，这可能是与 DNA 吸收光谱范围一致有关。其机制是作用于 DNA，使其中一条 DNA 链上两个相邻的胸腺嘧啶发生共价结合而形成二聚体，从而干扰或阻碍 DNA 的转录与复制。

3. γ射线灭活　γ射线主要作用于病毒核酸，γ射线照射后可以造成病毒核酸断裂；或是作用于生物分子而产生游离基，破坏 DNA，从而起到破坏病毒感染性的作用。但采用紫外线灭活和γ射线灭活时，难以确定完全灭活病毒的照射剂量或辐射剂量。

（二）化学灭活法

利用化学药品或酶可使微生物或其活性物质的一些结构发生改变，从而丧失生命力、感染性、毒性或活性。然而，化学灭活的效能常受灭活剂种类、剂量和作用温度、pH、时间等因素的影响，因此，必须筛选出最佳灭活条件。在特定条件下，物理灭活与化学灭活也可以联合用于某些生物制品的灭活。

1911 年，Lowenstein 等用甲醛处理破伤风毒素，使其毒性丧失而制成类毒素；1924 年，Puntoni 以 0.1％苯酚或 0.1％甲醛处理制备犬瘟热灭活疫苗；Dorset 等（1934，1936）用结晶紫灭活猪瘟病毒制备猪瘟结晶紫疫苗。兽医生物制品生产中大量采用的是化学灭活方法，我国《兽医生物制品制造及检验规程》（二〇〇〇年版）中收载的 26 种灭活疫苗，均采用化学灭活方法。

二、常用的灭活剂

（一）甲醛

甲醛，又称蚁醛，其化学式 HCHO 或 CH_2O，相对分子质量为 30.03。无色，气体，有特殊的刺激气味，对人眼、鼻等有刺激作用，气体相对密度为 1.067，液体密度 0.815 g/cm³（－20℃），熔点－92℃，沸点－19.5℃。能与水、醇、丙酮任意混合。pH2.8～4.0。水溶液浓度最高可达 55％，通常将浓度为 36％～40％的溶液称福尔马林（formalin），是具有刺激气味的无色液体。甲醛有强的还原作用，特别是在碱性溶液中。能燃烧，蒸汽与空气混合可形成爆炸性混合物，

爆炸极限7%～73%（体积）。着火温度约300℃。甲醛为强还原剂，在微碱性时还原性高，在空气中能缓慢氧化成甲酸。长期或低温保存易变混浊，形成三聚甲醛 $C_3H_6O_3$，加热后可变澄清，但灭活性能降低。一般工业商品甲醛溶液中常加入10%～15%的甲醇，作为阻聚剂，以防止聚合。

甲醛的灭活机理主要为其强还原作用，低浓度时能破坏微生物的生命链，从而使微生物丧失活力或毒性而保持其抗原性；高浓度时与微生物蛋白质（含酶蛋白）的氨基结合形成另一种化合物，从而破坏、杀灭微生物。甲醛对单链核酸最为有效，因此常用于RNA病毒的灭活。适当浓度的甲醛灭活病毒后，病毒抗原性、血凝性均保持不变，故常用甲醛制造病毒灭活疫苗，目前临床上使用的病毒灭活疫苗，有50%以上用甲醛溶液作灭活剂。通常用于灭活细菌的浓度为0.1%～0.8%，37～38℃灭活24h以上，有的需要更长时间。例如，猪肺疫灭活疫苗，用0.1%甲醛溶液37～38℃灭活7～10h；气肿疽灭活疫苗，用0.5%甲醛溶液37～38℃灭活72～96h；破伤风类毒素，用0.4%甲醛溶液37～38℃灭活21～23d。用于病毒灭活的甲醛溶液浓度可在0.05%～0.4%，大部分使用0.1%～0.3%。无论是杀菌还是脱毒，甲醛的浓度及处理时间都要根据试验结果来确定。通常以用量小（浓度低）、杀菌处理时间短而又能达到彻底灭活目的为原则。必要时，在甲醛灭活后加入焦亚硫酸钠终止反应。其他病毒制品，如血凝抗原、补体结合抗原、琼扩抗原生产中也常用甲醛溶液作为灭活剂。

（二）戊二醛

戊二醛对病毒的作用与甲醛相似，但灭活作用更强，2%碱性戊二醛溶液在1min内能杀灭所有病毒。在病毒学相关工作中，戊二醛常用于实验室污染器材，如超净工作台、离心机的擦拭消毒。用强化酸性戊二醛（含0.25%乙烯脂肪醇醚）代替常用的3%～5%石炭酸溶液浸泡污染的吸管、试管等，具有可靠的消毒效果。

（三）烷化剂

烷化剂是含有烷基的分子中去掉一个氢原子基团的化合物，它能与另一种化合物作用，将烷基引入，形成烷基取代物。其作用机制为，烷化微生物DNA分子中的鸟嘌呤和腺嘌呤，引起单

链断裂、双螺旋链交联及干扰酶系统和核蛋白作用，从而破坏核酸代谢、合成，导致病毒核酸芯破坏而达到灭活目的。烷化剂灭活可使病毒丧失感染力而不损害蛋白衣壳，得以保留其抗原性。烷化剂有缩水甘油醛、N－乙酰基乙烯亚胺（AEI）、二乙烯亚胺（BEI）。缩水甘油醛是50年代末合成的一种烷化剂，曾用于大肠杆菌噬菌体、新城疫病毒、口蹄疫病毒等的灭活，灭活效果优于甲醛。其灭活机制为利用环氧烷基作用于病毒、核酸而导致丧失毒性。AEI起烷化作用的功能团是乙烯亚氨基，其灭活病毒效果要高于细菌，猪细小病毒灭活常用AEI作灭活剂。BEI是乙烯亚胺的一种衍生物，可用作口蹄疫病毒的灭活剂，在病毒培养液中加入终浓度为0.05%的BEI，30℃灭活8h即可达到灭活作用，灭活结束时需加入2%硫代硫酸钠（$Na_2S_2O_3$）阻断灭活作用。

（四）结晶紫

结晶紫是甲基紫、龙胆紫的纯品。其灭活机制为，使结晶紫阳离子与微生物蛋白质带阴性电荷的羧基形成弱电离的化合物，从而干扰微生物正常代谢和氧化还原作用，主要干扰细胞壁肽聚糖的合成，导致革兰氏阳性菌生长繁殖受阻。猪瘟结晶紫疫苗和鸡白痢染色抗原等制备中使用结晶紫作灭活剂，猪瘟结晶紫疫苗制备中使用0.25%结晶紫甘油溶液，鸡白痢染色抗原制备中使用0.03%结晶紫溶液。

（五）苯酚

苯酚又称石炭酸，为无色结晶或白色熔块，有特殊气味，有毒，具腐蚀性，易潮解，溶于水及有机溶剂。置空气中和阳光下易被氧化变红，在碱性条件下更易发生氧化，故应避光保存。其灭活机制是，使微生物蛋白质变性和抑制脱氨酶、氧化酶等酶系统活性，从而导致微生物死亡。灭活时的浓度为0.3%～0.5%，通常0.2%苯酚可抑制一般细菌生长，若要杀死细菌，则需要1%以上浓度苯酚。但芽孢、真菌和病毒对苯酚的耐受性强。

（六）β-丙内酯

它是一种杂环类化合物（$C_3H_4O_2$），沸点155℃，常温下是无色黏稠状液体，对病毒具有很强的灭活作用。灭活机理为作用于微生物DNA

或 RNA，改变病毒核酸结构达到灭活目的，而不直接作用于蛋白。具有如下特点：

（1）对抗原的破坏小　直接作用于病毒核酸，保持免疫原性，具强灭活效果。β-丙内酯直接与病毒核酸作用，而不作用于壳蛋白，不破坏微生物的免疫原性。

（2）极易水解，无残留，且水解产物无毒无害　大剂量 β-丙内酯虽是一种致癌物，但极易水解，在 37℃ 水浴水解 2h 后毒性消失，即水解为无毒性的 β-羟基丙酸。另外，由于其能在疫苗液体中完全水解，因此不必考虑在成品疫苗中的残留。

（3）灭活时间短，节约生产成本，提高经济效益　β-丙内酯作为疫苗灭活剂，可直接作用于核酸，对病毒的灭活能力强；不破坏病毒的血凝素抗原，能保持病毒良好的免疫原性；其水解产物接种动物，反应轻。1984 年就用于生产狂犬病灭活疫苗，灭活剂终浓度为 1∶（4 000～8 000），现已被广泛应用于各种疫苗的生产。

（七）硫柳汞

硫柳汞又称乙基汞硫代水杨酸钠。为无色结晶或乳白色粉末，微有特殊气味，易溶于水，溶于乙醇，不溶于乙醚、苯。在空气中稳定，在阳光下不稳定，故应密闭避光保存。用于生物制品的防霉和消毒，对霉菌、细菌和病毒都有一定的灭活作用。常用浓度为 0.01%～0.02%。

三、灭活剂的选用原则和影响抗原完全灭活的因素

（一）灭活剂的选用原则

灭活剂的正确选用，对疫苗质量至关重要。一是指灭活的完全性，即被灭活物的活性（毒性）是否能完全丧失或破坏（灭活效果）；二是指灭活后是否保留良好的抗原性，即灭活物是否仍有抗原高效价和免疫原性。灭活剂的使用方法应根据灭活剂剂量、温度、时间、pH、微生物种类、特性和浓度等来确定。一般灭活速度常随灭活剂量、温度增高而加快，而灭活时间又与剂量、温度成反比。因此，在生物制品制造中，除应筛选出良好的灭活剂外，还需确定最佳灭活剂量、温度、时间和 pH 等。

（二）影响抗原完全灭活的因素

（1）微生物的种类及特性　不同种类的微生物，如细菌、病毒、真菌，甚至是革兰氏阴性菌与革兰氏阳性菌，对各类灭活剂的敏感性完全不同。细菌的繁殖体及其芽孢对化学药物的抵抗力不同，生长期和静止期的细菌对灭活剂的敏感程度也有差别。

（2）灭活温度　同一浓度的灭活剂的灭活速度与温度成正比，灭活温度越高灭活越快。但温度超过 40℃ 或更高，就会对微生物的抗原性产生不利影响。

（3）灭活剂浓度　一般情况下，被灭活物的浓度越高，则灭活剂的使用浓度也要加大。

（4）灭活时间　灭活时间、灭活温度和灭活剂的浓度密切相关。一般情况下，随着灭活剂浓度及作用温度的升高，灭活所需的时间缩短。但为了保证质量，一般采用低浓度、低温度和短时间处理为最佳。

（5）灭活 pH　在微酸性时灭活速度慢，抗原性保持较好；在碱性时灭活速度快，但抗原易受破坏。对细菌进行灭活时，pH 改变，细菌电荷也发生改变。在碱性溶液中，细菌带阴电荷较多，所以阳离子表面活性剂杀菌作用较大。在酸性溶液中，恰好相反。

（6）待灭活抗原的种类　待灭活抗原中其他成分越多，灭活所需时间越长，灭活剂浓度也越高。例如，相对于生产细胞灭活疫苗，生产组织灭活疫苗所用的灭活剂量要高，且灭活时间要长。以甲醛为例，生产兔病毒性出血症组织灭活疫苗时甲醛浓度为 0.4%～0.8%，而灭活细菌时甲醛浓度为 0.1%～0.8%，灭活病毒时甲醛浓度为 0.05%～0.1%。

四、防腐剂

防腐剂是指天然或人工合成的化学成分，用于加入食品、药品、颜料、生物标本等，抑制微生物生长繁殖，以延迟腐败。

（一）防腐剂的防腐原理

防腐剂能干扰微生物的酶系，破坏其正常的新陈代谢，抑制其活性；使微生物蛋白质凝固变性，干扰其生存和繁殖；改变细胞膜的渗透性，抑制其

体内的酶类和代谢产物的排出，导致其失活。

防腐剂对微生物繁殖体有杀灭作用，对芽孢则使其不能发育为繁殖体而逐渐死亡。不同防腐剂的作用机理不同。例如，醇类能使微生物蛋白质变性；苯甲酸、尼泊金类能与微生物酶系统结合，影响和阻断其新陈代谢过程；阳离子型表面活性剂类有降低表面张力作用，增加菌体细胞膜的通透性，使细胞膜破裂、溶解。

（二）防腐剂种类

优良防腐剂在抑菌浓度范围内无毒性、无刺激性和无异味；其抑菌范围广，抑菌能力强；在水中的溶解度可达到所需的抑菌浓度；不影响抗原的性质；不受抗原及佐剂的影响；性质稳定，不易受热和疫苗 pH 的变化而影响；长期贮存不分解失效。常用防腐剂有以下几种：

1. 有机酸及其盐类 包括苯酚、甲酚、氯甲酚、麝香草酚、羟苯酯类、苯甲酸及其盐类、山梨酸及其盐、硼酸及其盐类、丙酸、脱氢醋酸、甲醛、戊二醛等。羟苯酯类，也称尼泊金类，是用对羟基苯甲酸与醇经酯化而得。系一类优良防腐剂，无毒、无味、无臭，化学性质稳定，在pH3~8 范围内，能耐 100℃ 2h 灭菌。常用的有尼泊金甲酯、尼泊金乙酯、尼泊金丙酯、尼泊金丁酯等。在酸性溶液中作用较强。本类防腐剂配伍使用有协同作用。表面活性剂对本类防腐剂有增溶作用，能增大其在水中的溶解度，但不增加其抑菌效能，甚至会减弱其抗微生物活性。本类防腐剂用量一般不超过 0.05%。苯甲酸及其盐类为白色结晶或粉末，无气味或微有气味。苯甲酸未解离的分子抑菌作用强，故在酸性溶液中的抑菌效果较好，最适 pH 为 4，用量一般为 0.1%~0.25%。苯甲酸钠和苯甲酸钾必须转变成苯甲酸后才有抑菌作用，用量按酸计。苯甲酸和苯甲酸盐适用于微酸性和中性的内服和外用药剂。苯甲酸防霉作用较尼泊金类弱，而防发酵能力则较尼泊金类强，可与尼泊金类联合应用。山梨酸及其盐为白色至黄白色结晶性粉末，无味，有微弱特殊气味。山梨酸的防腐作用是未解离的分子，故在 pH 为 4.0 的水溶液中抑菌效果较好，常用浓度为 0.05%~0.2%。山梨酸与其他防腐剂合用产生协同作用，其稳定性差，易被氧化，在水溶液中尤其敏感，遇光时更甚，可加入适宜稳定剂。山梨酸被塑料吸附后抑菌活性降低。山梨酸钾、

山梨酸钙作用与山梨酸相同，水中溶解度较大，需在酸性溶液中使用。

2. 中性化合物类 包括醋酸氯乙啶、邻苯基苯酚、苯甲醇、苯乙醇、三氯叔丁醇、氯仿、氯乙啶、氯乙啶碘、聚维酮碘、挥发油等。醋酸氯乙啶，又称醋酸洗必泰，为广谱杀菌剂，用量为 0.02%~0.05%。邻苯基苯酚微溶于水，具杀细菌和霉菌作用，用量为 0.005%~0.2%。

3. 有机汞类 包括硫柳汞、醋酸苯汞、硝酸苯汞、硝甲酚汞等。硫柳汞是疫苗生产中使用最广泛的防腐剂，疫苗产品中的常用最终浓度为 0.01%。硫柳汞是一种含有乙汞的化合物，用于防止细菌和真菌在某些灭活疫苗中的生长。作为生产过程中使产品安全有效的组成部分，硫柳汞也被用于特定疫苗的生产，如百日咳疫苗。自 20 世纪 30 年代以来，硫柳汞一直用于某些疫苗和其他医疗产品的生产。

4. 季胺化合物类 包括氯化苯甲烃铵、氯化十六烷基吡啶、溴化十六烷铵等。苯扎溴铵，又称新洁尔灭，系阳离子型表面活性剂，为淡黄色黏稠液体，低温时成蜡状固体。味极苦，有特臭，无刺激性，溶于水和乙醇，水溶液呈碱性。本品在酸性、碱性溶液中稳定，耐热压。对金属、橡胶、塑料无腐蚀作用。只用于外用药剂中，使用浓度为 0.02%~0.2%。

主要参考文献

Smith C A，Studer S N，Wise G H，1965. Hog cholera：quarantine，control，eradication，import restrictions [J]. Bulletin-Office International des Epizooties，63 (5)：791－797.

（王　栋　王忠田　陈小云）

第八节　稳定剂和保护剂

保护剂（protectant）又称稳定剂（stabilizer）。冻干保护剂是指冷冻真空干燥的兽医生物制品中抗原活性物质以外的添加物，能防止制品在冻干过程中活性物质失去结构水及阻止结构水形成结晶，保护微生物活性物质的活性与抗原性，降低细胞内外渗透压差，保持干燥状态下弱毒疫苗微生物的活力和复苏时迅速恢复活力。

一、保护剂及稳定剂

（一）冻干保护剂的组成及作用

保护剂既有生物学作用，也有物理学效应。冻干保护剂通常由营养液、赋形剂和抗氧化剂三部分组成。营养液可使冻干时受损伤的细胞修复，对水分子起缓解作用，并能使冻干生物制品仍含有一定量水分。赋形剂主要起骨架作用，可促进大分子物质形成骨架，使冻干制品呈多孔海绵状，溶解度增加，如脱脂乳、蛋白胨、氨基酸和糖类等，常为低分子有机物。防止低分子物质碳化和氧化，保护活性物质不受加热的影响，活性物质在冻干过程中保持原有的构架，使冻干制品形成多孔疏松海绵状结构，从而使溶解度增加，如蔗糖、山梨醇、乳糖、葡聚糖等。抗氧化剂可抑制冻干制品中的酶作用，能抑制氧化作用，从而维持微生物、活性物质稳定及静止状态，增加生物活性物质在冻干后贮存期间的稳定性，如维生素 C、维生素 E 和硫代硫酸钠等。

（二）冻干保护剂的作用机理

不同的保护剂，其作用机制不同。保护剂的作用机理包括：防止活性物质失去结构水及阻止结构水形成结晶而导致活性的损失；降低细胞内外渗透压差、防止细胞结构水结晶，以保持细胞的活力；保护或提供细胞复苏所需的营养，有利于活力的复苏和自身迅速修复。

1. 冻结过程中低温保护的机理　"优先作用"机理认为，蛋白质溶液在达到最大结冻黏度前，会先与水结合（优先水合），保护剂分子则优先被游离到蛋白质外区域（优先排斥）。因为加入保护剂，使水分子表面张力增大，促进蛋白质优先和水分子结合。此时，对于整体而言，蛋白质分子外的水分子多于保护剂分子，进而防止蛋白质构象变化。

2. 干燥过程中的保护机理　"水替代"假说认为，蛋白质分子含有大量氢键，而溶液中的结合水会利用氢键将蛋白质分子连接起来。在冻干过程中蛋白质会失去水分，含有羟基的保护剂能够代替存在于蛋白质外表面上水分子的羟基，这时蛋白质外表面会形成类似的"水合层"。这层水将形成氢键的位置包裹起来，避免直接暴露在外环境中，进而使蛋白质天然的结构和功能保持完整性。糖类保护剂分子中羟基可以与膜磷脂中磷酸基团连接，进而形成氢键，抑制细胞膜因脱水造成融合，相变温度降低，维持脂膜的液晶相状态，防止转变成凝胶相状态，保证细胞膜的正常流动性。

"玻璃态"假说认为，在冻干过程中，保护剂溶液浓度达到饱和且保护剂未结晶时，会使生物活性组分和保护剂分子形成极高黏度的混合物，更不会结晶，此时分子的扩散系数非常低，保护剂将蛋白质分子包裹起来，形成一种近似玻璃结构的玻璃体，阻止大分子运动，使膜蛋白不能伸展聚集，蛋白质分子仍维持着天然构象的稳定性，保护制品的活性。但"玻璃态"假说无法解释在较高温度下海藻糖仍能维持生物制品具有较好稳定性的原因。

3. 贮藏过程中的保护机理　干燥过程中引起蛋白质变质的时间单位为小时，而在制品贮藏过程中，衡量其时间单位变为月和年。将生物制品置规定的贮藏条件中，此时的环境温度要求远低于它的玻璃化转变温度，以减少制品在贮存过程中的损失。当制品处在较高温度条件时，剩余水分含量就会对制品产生重要影响。细胞剩余水分含量较高，会使保存期急剧缩短。

（三）冻存保护剂

冻存保护剂指可以保护细胞免受冷冻损伤的物质（常为溶液）。

1. 冻存保护剂作用　在细胞悬液中加入冷冻保护剂，可保护细胞免受溶液损伤和冰晶损伤。冷冻保护剂同溶液中的水分子结合，发生水合作用，弱化水的结晶过程使溶液的黏性增加从而减少冰晶的形成；同时，冷冻保护剂可以通过在细胞内外维持一定的摩尔浓度，降低细胞内外未结冰溶液中电解质的浓度，使细胞免受溶质的损伤。例如，菌种和毒种常用甘油做冻存保护剂，细胞株冻存常用二甲基亚砜（DMSO）。

2. 冻存保护剂分类　根据是否穿透细胞膜，冷冻保护剂可分为渗透性和非渗透性 2 类。

（1）渗透性保护剂　如甘油、二甲基亚砜、丙二醇、乙二醇。属低分子中性物质，易与溶液中水分子结合，易于穿透细胞。

（2）非渗透性保护剂　如聚乙烯吡咯烷酮（PVP）、蔗糖、聚乙二醇、葡聚糖、白蛋白等。属大分子物质，不能穿透细胞；冰晶形成之前，优先结合溶液中水分子；降低细胞外溶液的电解质浓度，减少阳离子进入细胞的数量。

二、稳定剂和保护剂的研究及使用

病毒活疫苗效力受温度影响较大，需要冷链保存和运输，而耐热冻干保护剂的应用则解决了冷藏条件问题。新型耐热冻干保护剂及稳定剂特点是：有免疫活性但无药理活性；在冻干过程及保存期间能维持疫苗的稳定性；规定的温度下一次干燥过程中疫苗不发生倒塌变形；产品在2～8℃保存时一般可达24个月；良好的可溶性；易获取，成本较低；制备的疫苗外形美观。

（一）影响保护剂保护效果的因素

影响保护剂保护效果的因素很多，其中不仅包含保护剂的种类、浓度，其配制及灭菌方法和pH均会影响疫苗效果。配制用水应为超纯水，保证溶液pH适宜制品存活，还应经多次试验筛选出适宜的冻干曲线。保护剂的pH应与微生物生存时的pH相同或相近，过高或过低都能导致微生物死亡。例如，明胶蔗糖保护剂的pH以6.8～7.0为最佳，否则会造成微生物大量死亡；又如，含葡萄糖、乳糖保护剂经高压灭菌后会或多或少改变保护剂的pH，从而影响保护效果，为此最好采取滤过除菌。因此，每种新的冻干制品在批量生产前均应进行系统的最佳保护剂选择试验，包括保护剂冻干前后的活菌数、病毒滴度和效价测定的比较试验；不同保存条件和不同保存期的比较试验；即使在冻干制品投产以后，仍须根据条件的改变进行筛选试验，以改进冻干制品的质量。

（二）耐热冻干保护剂基质分类

1. 按保护剂相对分子质量分类 按相对分子质量分类，耐热冻干保护剂分为小分子物质和大分子物质。

小分子物质可以形成均匀悬液，将微生物分子悬于其中，并维持正常的生存状态，缓解微生物聚集状态，进而提高细胞冻干保护率。小分子物质又可分为酸性物质、中性物质和碱性物质，依次分别有：苹果氨酸、天冬氨酸、乳酸、谷氨酸等；木糖醇、D-山梨醇、肌醇、海藻糖、乳糖、蔗糖、葡萄糖、L-苏氨酸、棉籽糖等；组氨酸、精氨酸等。

海藻糖是非还原性双糖，吸湿性较弱。其玻璃化转化温度较高，能有效避免水对处于玻璃态制品的增塑效应；其内部较少的氢键有利于与蛋白质分子之间形成氢键，从而对病毒起到保护作用。在麻疹疫苗中添加海藻糖防止活性物质发生变性。在筛选新城疫病毒 LZ58 株保护剂配方中，通过固定海藻糖比例，调节 BSA、肌醇、甘露醇质量比达到 13：13.3：73.3，冻干后剩余水分含量 1.1%～1.4%，迅速溶解，病毒含量为 $10^{1.6}$～$10^{2.0}$ EID_{50}，置 2～8℃保存 6 个月，病毒含量降到 $10^{0.8} EID_{50}$。

在升华过程中，大分子物质促进形成耐热的骨架，从而有效阻断热辐射和热传导，这种构架能增强对病毒的保护作用，如白蛋白、可溶性淀粉、明胶、蛋白胨、果胶等及脱脂牛奶、血清等天然混合物。用于疫苗生产的明胶要去掉杂质蛋白，使其无抗原性、无过敏反应、无热原，分子质量小、均质、易溶于水，这种明胶对微生物的保护作用高出普通明胶 10% 以上。明胶能加热灭菌，扩大细胞相互间的距离，利于取得均质产品。

2. 按保护剂功能和性质分类 按保护剂功能和性质，耐热冻干保护剂基质可分为：耐热冻干保护剂、填充剂、缓冲剂、冻干加速剂、抗氧化剂。

疫苗冷冻干燥过程中，为了防止活性物质变性失活，需要加入耐热冻干保护剂，如 PVP、蔗糖及海藻糖等。填充剂可以防止微生物随着水蒸气逸散到冻干机箱中，为改善生物制品多孔层结构的稳定性，可在冻干前改善材料的热机械性质，如添加明胶、右旋糖酐、甘露醇等具有较高热稳定性的填充剂。Corbanie（2008）研究表明，新城疫病毒活疫苗冻干保护剂配方中添加 BSA、海藻糖、PVP、甘露醇，可以提高贮藏期的病毒滴度。

蛋白质溶液冻干过程中，由于水分减少，因此溶液浓度渐渐升高。当溶液浓度达到很高时将会改变系统的 pH，pH 浮动 4 个单位将导致蛋白质失活变性，使生物制品全部报废。对于 pH 变化较为敏感性的细菌和病毒，还需要添加磷酸二氢钾和磷酸氢钠等 pH 调节剂，使制品的 pH 保持在该菌最适宜范围内。常用缓冲剂有磷酸氢二钠、磷酸二氢钾。为了使冻干后的产品能具有较理想的外形，复合配方中应含有一定量的赋形剂，如蔗糖或甘露醇。由于冷冻干燥过程耗时长、耗能多，因此迫切需要对冻干循环进行优化，进而降低成本，这就需要加入冻干加速剂。为提高制品溶液和产品稳定性，通常选用叔丁醇。它是一种小分子物质，能完全溶于水，可降低制品干燥层的阻力，提高干燥过程的速度，使干燥时间缩短；并且添加叔丁醇的产品外观好、比表面积高，且容易迅速溶解。

出于长期运输储存的考虑，许多病毒在干燥状态下与空气接触会加速自身新陈代谢，加快死亡，因此应将抗氧化剂纳入保护剂复合配方中。抗氧化剂可将环境中和制品内部的氧消耗殆尽，阻止产品发生氧化反应，并抑制氧化酶活性、自身氧化，预防产品在整个冻干过程及贮存期间氧化变质。常用的抗氧化剂有硫代硫酸钠、蛋白质水解物、维生素 E 或硫脲等。

3. 按物质的种类分类 耐热冻干保护剂基质按物质种类可分为聚合物类、糖/多元醇类、氨基酸类、表面活性剂类保护剂。常用的低聚糖有海藻糖、蔗糖等，这些低聚糖具有低温保护功能和脱水保护作用。多元醇和糖一样，官能团也是羟基。最初，海藻糖被认为是最佳稳定剂，然而研究证明肌醇（或山梨醇、甘露醇）是目前为止最佳的多元醇稳定剂。山梨醇和甘露醇是同分异构体，溶解度山梨醇大于甘露醇。耐热冻干保护剂中添加山梨醇用作填充剂，与 PVP K30 合用可减少产品裂纹、易碎。甘露醇也易溶于水，不易发生氧化反应，滤液稳定。其构成支架结构，并不会和活性组分反应。1.4% PVP 冻干样品脆断力为 142 g，有收缩现象，与甘露醇联合使用，抗断裂的强度可提高 3～25 倍，保证冻干物料的颜色和质地均匀，不发生收缩现象。

聚合物类 PVP、葡聚糖、BSA 等在冻结过程中优先析出，使蛋白质分子间产生位阻，显著增加溶液的黏稠度，继而使其玻璃化转变温度升高，同时还能起到抑制小分子赋形剂（如蔗糖）结晶，从而抑制系统 pH 变化的作用。PVP 可以起到色素稳定剂、胶体稳定剂及澄清剂的功能，在冻干中可以用作填充剂，支撑生物制品成型。在含有缓冲剂的乳酸脱氢酶配方中，10% PVP 因能抑制磷酸氢二钠的结晶，进而抑制溶液 pH 降低。

L-半胱氨酸、甘氨酸、谷氨酸钠、L-组氨酸、谷氨酸、L-精氨酸等是常用氨基酸类保护剂。实践表明最好的填充剂是甘氨酸，保护剂中添加适量的甘氨酸能抑制磷酸盐的结晶，防止 pH 改变，进而阻止蛋白质失活；另外，还能使制品的塌陷温度上升，防止制品塌陷影响外观。

由亲油或亲水基团组成的表面活性剂类保护剂，在冻干过程中能降低水-冰界面的表面张力，从而减少制品脱水变形的风险。并且在生物制品溶解过程中，能发挥润湿剂的功能。但在冻干生物制品长期贮存中，表面活性剂并没有保护作用。

在冻干过程中，蛋白质具有两性电解质的性质，既能和酸又能和碱作用。在中性环境中，大多数蛋白质是稳定的。在冻结过程中，蛋白质溶液的浓度逐渐升高，在高浓度时可改变溶液的 pH，pH 变化 4 个单位则会导致蛋白质变性，使生物制品失活。在冻干保护剂配方中，需要添加一些缓冲剂，如氯化钾、磷酸氢二钾、磷酸氢二钠、HEPES 等。

以其他物质作为耐热冻干保护剂的研究也取得了一些进展。Scott 等（1976）对猪伪狂犬病病毒各保护剂组成进行了系统研究发现，含 1% 谷氨酸的 SPG 保护剂具有保护作用，来源于谷氨酸的 α 羧基能竞争葡萄糖的羟基，从而抑制病毒的羧基与葡萄糖发生反应。Gupta 等（1964）采用 25% 蔗糖、10% 山梨醇、10% 海藻糖、45% 胎牛血清、0.5% 明胶、0.3% 谷氨酸钠和 40% 甘油作为保护剂，使 RSV 病毒冻干后滴度达到 $10^{7.6}$～$10^{8.2}$ $TCID_{50}$/mL。Barlow 等（1974）在口蹄疫病毒冷冻干燥过程中以 4% 乳糖酸钙和 1% BSA 作为保护剂发现，它们能够提高病毒在保存期内的存活率。

（三）保护剂配制指导原则

配制保护剂的指导原则是：保护剂要在收获抗原及冻干前加入；需添加中和羧基的活性物质；尽可能减少电解质的含量；保护剂中蛋白质、氨基酸、二糖及缓冲盐水缺一不可；组成赋形剂的成分总含量决定着疫苗块倒塌的温度，应控制在 22%。

由于不同弱毒疫苗中微生物的生物学特性不同，对保护剂的要求也不同，因此需选用适宜保护剂。选择时，需考虑保护剂对疫苗的免疫效果有无影响，对微生物的保护性能（尤其是耐热性能）是否良好，冻干产品的物理性状（外观、色泽、溶解性等）是否符合要求。对于直接在液氮中冷冻保存的制品，如鸡马立克氏病活疫苗，需选用适宜的保护剂（冷冻保护液）以保护细胞免遭破裂，可用含 10% 二甲基亚砜和 10% 犊牛血清的营养液（M199 等）。

（四）冻干保护剂的筛选

冻干保护剂复合配方的筛选应考虑到以下几点：

（1）一般先进行单因素的筛选，即从众多保护剂成分中筛选出对冻干存活率影响显著的单因素，再经过反复试验确定保护剂复合配方中各成分的比例。

（2）为了使冻干后的产品能具有较理想的外形，复合配方中应含有一定量的赋形剂，如蔗糖或甘露醇。出于长期运输储存的考虑，应将抗氧化剂（如维生素 C 或硫脲）纳入保护剂复合配方中。

（3）对于 pH 变化较为敏感的细菌和病毒，还需要添加磷酸二氢钾和磷酸氢钠等 pH 调节剂，使制品的 pH 保持在该菌（毒）最适宜的范围内。

（五）兽医生物制品生产中常用的保护剂

（1）保护细菌常用的有 10% 蔗糖、5% 蔗糖脱脂乳、5% 蔗糖、1.5% 明胶、10%~20% 脱脂乳、含 1% 谷氨酸钠的 10% 脱脂乳、含 5% BSA 的蔗糖、灭活马血清等 。

（2）保护厌氧菌常用的有 10% 脱脂乳、7.5% 葡萄糖血清、0.1% 谷氨酸钠、10% 乳糖溶液 。

（3）保护支原体常用的有 50% 马血清、1% BSA、5% 脱脂乳、7.5% 葡萄糖和马血清等 。

（4）保护立克次氏体常用的有 10% 脱脂乳。

（5）保护酵母菌常用的有马血清或含 7.5% 葡萄糖的马血清、含 1% 谷氨酸钠的 10% 脱脂乳等 。

（6）保护病毒类常用的有：明胶、血清、谷氨酸钠、蛋白胨、蔗糖、乳糖、山梨醇、葡萄糖、BSA、PVP、水解乳蛋白、乳酸钙、海藻糖和硫脲等 。上述物质常按不同浓度或按不同比例混合组成的冻干保护剂发挥保护作用。

主要参考文献

Barlow D F, 1972. The effects of various protecting agents on the inactivation of foot-and-mouth disease virus in aerosols and during freeze-drying [J]. Journal of General Virology, 17 (3): 281-288.

Corbanie E A, Vervaet C, Eck J H H V, et al,

2008. Vaccination of broiler chickens with dispersed dry powder vaccines as an alternative for liquid spray and aerosol vaccination [J]. Vaccine, 26 (35): 4469-4476.

Edens C, Collins M L, Ayers J, et al, 2012. Measles vaccination using a microneedle patch [J]. Vaccine, 31 (34): 3403-3409.

Gupta C K, Leszczynski J, Gupta R K, et al, 1964. Stabilization of respiratory syncytial virus (RSV) against thermal inactivation and freeze-thaw cycles for development and control of RSV vaccines and immune globulin [J]. Vaccine, 14 (15): 1417-1420.

Roser B, 1991. Trehalose drying: A novel replacement for freeze-drying [J]. Biology Pharmacy, 1991, 3 (9): 47-53.

Scott E M, Woodside W, 1976. Stability of pseudorabies virus during freeze-drying and storage: effect of suspending media [J]. Journal of Clinical Microbiology, 4 (1): 1-5.

（王　栋　王忠田　陈小云）

第九节　其他原辅材料

一、玻璃瓶

选择优质玻璃瓶的原则包括：透明度高、光洁度好、耐高温、抗碰撞。

管制玻璃瓶质量标准

1. 理化性能质量标准

（1）耐水性　应符合 HC1、HC2、HC3 任何一级耐水性规定。

（2）内应力　瓶身内应力应小于 40 nm/mm 玻璃厚度。

2. 外观质量标准

（1）外形　应平整光洁。

（2）结石和透明结点要求是：①直径 0.5~1.0 mm 的结石，不多于 1 个。②直径不大于 0.5 mm 的结石，不多于 2 个。③0.5~1.0 mm 的透明结点，不多于 2 个。④小于 0.5 mm 密集透明结点，不允许有。

3. 气泡线质量标准

（1）宽度大于 0.2 mm 的气泡线，不允许有。

（2）宽度 0.1~0.2 mm 的气泡线，不多于 4 条。

（3）宽度小于 0.1 mm 的密集气泡线，不允许有。

4. 瓶底瓶口气泡质量标准

（1）直径大于 0.5 mm 的气泡，不允许有。

（2）直径不大于 0.5 mm 的气泡，不多于 2 个。

（3）直径不大于 0.1 mm 的密集气泡，不允许有。

（4）任何部位不允许有裂纹（如表面点状碰伤、坑、疤，不导致泄漏的不计在内）。

二、胶塞

（一）丁基橡胶瓶塞特点

丁基橡胶药用瓶塞亦称为药用丁基橡胶瓶塞。丁基橡胶是异丁烯单体与少量异戊二烯共聚合而成，卤化丁基橡胶系丁基橡胶的改性产品，提高了自黏性和互黏性及硫化交联能力，同时保持丁基橡胶的原有特性。常用的有氯化丁基橡胶和溴化丁基橡胶两类。卤化丁基橡胶中，基本上是每一个双键伴有一个烯丙基卤原子。药用玻璃瓶包装上应用的丁基胶塞应具有的性能有：低透气、透湿和透水蒸气性；稳定的化学性质和生物惰性；良好的耐热、耐臭氧和耐紫外光能力；在针刺时自密封性能好且落屑少。

橡胶生产的硫化工序是使其分子曲线型结构变为网状结构的过程，所用的硫化剂为硫黄给予体及一些有机过氧化物、树脂类。橡胶生产的助剂包括硫化剂、硫化促进剂、活性剂、补强剂、软化剂、着色剂、防老剂等。因此，应用于医药包装的硫化胶的性能有：无毒；与药品不发生作用，并耐药品；理化性能良好；撕裂或穿刺时落屑少；密封性良好；穿刺后自封性好；能用蒸汽或放射线灭菌；色泽保持良好；对老化、气体与蒸汽的渗透及水与植物油的耐性良好；可用于低萃取性的硫化系统。

（二）丁基胶塞质量标准

1. 物理性质

（1）硬度　邵氏 A 硬度应不超过规定值的 ±0.5 度。

（2）针刺落屑　瓶塞针刺落屑应不超过 5 粒。

（3）穿刺力　穿刺瓶塞所需的力应不超过 10 N。

（4）瓶塞与容器密合性　瓶塞与所配套的瓶子应密合。

（5）自密封性　瓶塞经 3 次穿刺，应符合自密封性试验，亚甲蓝溶液不应渗入瓶内。

2. 化学性能　应符合表 8-15 的规定。

表 8-15　丁基胶塞化学性能指标

项　目	指标
挥发性硫化物（以 $Na_2S/20\ cm^2$ 橡胶表面计，μg）	≤ 50
紫外吸光度（220～360 nm）	≤ 0.2
还原物质（20 mL 浸取液消耗 0.01mol/L 的 1/5 $KMnO_4$ 的量，mL）	≤ 7.0
电导率（mS/m）	≤ 4.0
浑浊度（级）	≤ 3.0
pH 变化值	≤ 1.0
重金属（以 Pb^{2+} 计，mg/L）	≤ 1.0
铵（以 NH_4^+ 计，mg/L）	≤ 2.0
锌（以 Zn^{2+} 计，mg/L）	≤ 3.0
不挥发物（每 100 mL 浸取液，mg）	≤ 4.0

3. 生物性能　瓶塞应无致热原、无急性全身毒性，无溶血作用。

4. 外观　表面不应有污点、杂质，不应有气泡、裂纹，不应有缺胶、粗糙，不应有胶丝、胶屑、海绵状、毛边，不应有除边造成的残缺或锯齿现象，不应有模具造成的明显痕迹，色泽应均匀。

5. 清洗和硅化处理　瓶塞出厂前需进行清洗和硅化处理。

（三）丁基胶塞灭菌方法

常有高压灭菌和干烤灭菌两种。在冻干活疫苗生产中，使用高压灭菌胶塞制备的冻干制品存放一定时间后水分含量可能由 2% 升至 5% 及以上；使用干烤灭菌胶塞制备的冻干制品存放一定时间后水分基本与冻干后无差别。因此，在冻干活疫苗生产中多采用干烤方式进行胶塞的灭菌。

（王　栋　王忠田　陈小云）

第九章　主要生产技术

第一节　细菌培养技术

一、细菌分离与培养

（一）好氧型细菌的分离与培养

1. 菌液接种平板分离法　该法是最常用的纯培养方法，即将待测样品在灭菌生理盐水中按比例作系列稀释，使样品中的微生物细胞充分分散，然后进行培养。在操作上有倾注平板法和涂布平板法 2 种。倾注平板法，是从不同稀释度的样品中分别取少量菌液置于已灭菌的培养皿中，与已融化并冷却至 45℃ 左右（手感不烫）的适宜培养基混合均匀。待琼脂凝固后，倒置培养一定时间。如果稀释度合适，在平板上就会出现分散的单个菌落，肉眼可见的菌落可视为由一个细菌或同源细菌繁殖而来，由此可获得纯培养。

涂布平板法，是先将融化的培养基倒入灭菌培养皿中，待琼脂凝固后，加入定量稀释的菌液（≤0.1mL）于其上，再用灭菌 L 型玻璃棒将菌液均匀涂布在培养皿表面，然后进行培养。如果稀释度合适，在平板上就可出现分散的单个菌落，便可得到纯培养。

2. 平板划线法　用接种环以无菌操作法蘸取少许待分离的材料，在无菌平板表面进行平行划线、扇形划线或其他形式的连续划线（图 9-1），细菌数量将随着划线次数的增加而逐渐减少，经培养可以得到单菌落。

3. 选择培养基的利用　不同细菌对营养物质

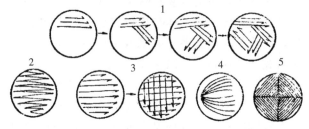

图 9-1　琼脂平板上各种划线培养法

和各种环境因素的要求不同，对不同化学试剂，如消毒剂（酚）、染料（结晶紫）、抗生素等有不同程度的抵抗力。根据分离菌的上述特点，采用选择培养分离的方法富集该菌，或抑制大多数其他细菌的生长，经过一定时间培养后使该菌在群落中的数量上升，再通过平板稀释等方法对其进行纯培养分离。

4. 易感动物富集培养　当分离某种病原菌时，可将被检材料注射于易感实验动物体内。如将结核分枝杆菌材料注射于豚鼠体内，杂菌不增殖，而结核分枝杆菌能在豚鼠体内繁殖并致豚鼠死亡，从而可分离到结核分枝杆菌，甚至是纯培养菌。

（二）厌氧型细菌的分离与培养

细菌接种培养基后，直接放在恒温箱内培养，可以使好氧菌与兼性厌氧菌生长繁殖，但对于厌氧菌，则需将培养环境或培养基中的氧气去除，或将氧化型物质还原，降低其氧化还原电势，才能生长繁殖。现有的厌氧培养法很多，主要有生物学方法、化学方法和物理学方法，可根据各实验室的具体情况选用。

1. 生物学方法　培养基中加入植物组织（如马铃薯、燕麦、发芽谷物等）或动物组织（新鲜无菌的小片组织或加热杀菌的肌肉、心、脑等），由于组织的呼吸作用或组织中的可氧化物质氧化而消耗氧气，组织中所含还原性化合物，如谷胱甘肽也可以使氧化-还原电势下降。利用这些培养基培养时，培养基在接种前加热煮沸 15～30min，取出后立即降温至培养温度以驱除残存的氧气，然后进行接种并培养。

另外，可将厌氧菌与需氧菌共同培养在一个平板内，利用需氧菌的生长将氧消耗后，使厌氧菌能生长。其方法是将培养皿的一半接种吸收氧气能力强的需氧菌（如枯草杆菌），另一半接种厌氧菌，接种后将平板倒扣在一块玻璃板上，并用石蜡密封，置 37℃ 恒温箱中培养 2～3d 后，即可观察到需氧菌和厌氧菌均先后生长。

2. 化学方法　利用还原作用强的化学物质，将环境或培养基内的氧气吸收，或者还原氧化型物质，从而降低氧化-还原电势。

（1）李伏夫法　此法系用连二亚硫酸钠和碳酸钠吸收空气中的氧气。其反应式是：$Na_2S_2O_4 + Na_2CO_3 + O_2 \rightarrow Na_2SO_4 + Na_2SO_3 + CO_2$。取一有盖的玻璃罐，罐底垫一薄层棉花，将接种好的平板重叠正放于罐内（如系液体培养基，则直立于罐内），最上端保留可容纳 1～2 个平板的空间（视玻罐的体积而定），按玻罐的体积每 1 000 cm^3 空间用连二亚硫酸钠及碳酸钠各 30 g，在纸上混匀后，盛于上面的空平板中，加水少许使混合物潮湿，但不可过湿，以免罐内水分过多。若用无盖玻罐，则可将平板重叠正放在浅底容器上，以无盖玻罐罩于皿上，罐口周围用胶泥或水银封闭（图 9-2）。

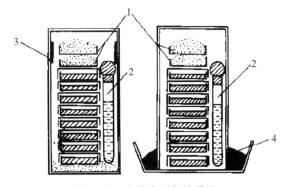

图 9-2　李伏夫厌氧培养法
1. 连二亚硫酸钠＋硫酸钠　2. 美蓝指示剂
3. 胶泥　4. 水银

（2）焦性没食子酸法　焦性没食子酸在碱性溶液中吸收大量氧气后，由淡棕色变为深棕色的焦性没食子酸橙。每 1 000 cm^3 空间用焦性没食子酸 1 g 及 10％氢氧化钠或氢氧化钾溶液 10mL。将接种细菌后的培养皿放入玻璃或干燥器上层，置适量焦性没食子酸于干燥器或玻罐隔板下面，将培养皿或试管置于隔板上，并在玻罐内置美蓝指示剂一管，从罐侧加入氢氧化钠溶液放于罐底，将焦性没食子酸用纸或纱布包好，用线系住，暂勿与氢氧化钠接触，待一切准备好后，将线放下，使焦性没食子酸落入氢氧化钠溶液中，立即将盖盖好，封紧后置温箱中培养。

（3）硫乙醇酸钠法　硫乙醇酸钠（$HSCH_2COONa$）是一种还原剂，加入培养基中，能除去其中的氧或还原氧化型物质，促进厌氧菌生长。其他可用的还原剂包括葡萄糖、维生素 C、半胱氨酸等。常采用特殊构造的 Brewer 氏厌氧培养皿（图 9-3），该培养皿可使厌氧菌在培养基表面生长而形成孤立的菌落。操作过程是先将 Brewer 氏皿干热灭菌，将融化且冷却至 50℃ 左右的硫乙醇酸钠固体培养基倾入皿内。待琼脂冷凝后，将厌氧菌接种于培养基的中央部分。盖上皿盖，使皿盖内缘与培养基外围部分相互紧密接触。此时皿盖与培养基中央部分留在空隙间的少量氧气可被培养基中的硫乙醇酸钠还原，故美蓝应逐渐褪色，而外缘部分，因与大气相通，故仍呈蓝色。将 Brewer 氏培养皿置于恒温箱内培养。

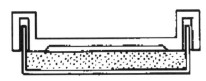

图 9-3　Brewer 氏厌氧培养皿

3. 物理学方法　利用加热、密封、抽气等物理学方法，可驱除或隔绝环境及培养基中的氧气，使其形成厌氧状态，利于厌氧菌的生长发育。

（1）厌氧罐法　常用的厌氧罐有 Brewer 氏、Broen 氏和 Mclntosh-Fildes 二氏厌氧罐（图 9-4）。将接种好的厌氧菌培养皿依次放于厌氧罐中，先抽去部分空气，加入氢气至大气压。通电，使罐中残存的氧与氢经铂或钯的催化而化合成水，使罐内氧气全部消失。将整个厌氧罐放入孵育箱培养。本法适用于厌氧菌的大量培养。

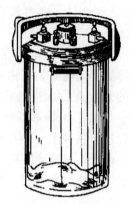

图9-4 MclntosH-Fildes 二氏厌氧罐

（2）真空干燥器法 将欲培养的平板或试管放入真空干燥器中，开动抽气机，抽至高度真空后，替代氢、氮或二氧化碳气体（图9-5）。将整个干燥器放进孵育箱培养。

图9-5 真空干燥器培养法

（3）高层琼脂柱法 加热融化一管适合分离厌氧菌用的琼脂培养基，待冷至50℃左右，接入少许经适当稀释的待分离培养物或含菌材料，充分震荡均匀。在琼脂凝固前，迅速以无菌滴管吸取上述已接种的琼脂培养基，注入准备好的玻璃管内（长约15cm，一端塞上小胶塞或小木塞，另一端塞棉花塞，高压灭菌备用），装至4/5左右之处，塞好棉花塞，放在大试管或玻璃筒内，置37℃恒温箱中培养。长出菌落后，拔去胶塞和棉花塞，先以无菌玻棒将琼脂柱推出于无菌平板中，再用灭菌接种环挑取单个菌落作厌氧纯培养。

（4）加热密封法 将液体培养基放在阿诺氏蒸锅内加热10min，驱除溶解于液体中的空气，取出，迅速置于冷水中冷却。接种厌氧菌后，在培养基液面覆盖一层约0.5cm的无菌凡士林石

蜡，置37℃培养。

（三）含二氧化碳条件下的细菌分离培养

少数细菌，如牛种布鲁氏菌等培养时，需在培养环境中添加5%～10%的CO_2，方能生长繁殖。常用的方法是置于CO_2培养箱中进行培养。最简单的CO_2培养法是在盛放培养物的有盖玻璃缸内燃点蜡烛，当火焰熄灭时，缸内的大气中就增加了5%～10%的CO_2。也可用化学物质作用后生成二氧化碳，如碳酸氢钠与盐酸或碳酸氢钠与硫酸作用即可生成CO_2。若用0.4%$NaHCO_3$溶液与30%H_2SO_4溶液各1mL反应，则可产生22.4mL CO_2气体。

二、规模化细菌培养技术

从培养方式上，细菌培养分为固体培养和液体培养。液体培养包括静止培养（通常适用于厌氧菌）和液体深层通气搅拌培养（适用于好氧菌）。传统的细菌发酵培养中菌液OD值可达到2.0左右，此技术仍用于某些菌体疫苗和无细胞疫苗的制备。随着对细菌代谢的深入研究和发酵设备及培养基的改进，高密度培养技术可使菌液OD值达100以上。本部分将重点讨论高密度培养技术的关键控制要素。

（一）传统培养技术

传统的细菌疫苗培养技术流程为：启开一支基础种子，使其接种在适宜琼脂培养基上培养，经菌落形态、染色特征、生化特性、抗原特性、毒力等检查后，全部符合该菌的标准特征。在同样的培养基中扩大培养，制成生产用种子。将生产种子接种于大试管培养基中扩大培养，再转种于大克氏瓶（每瓶装100～120mL琼脂培养基），经培养后刮取菌苔悬于生理盐水中。如为强毒菌，经杀菌（多用0.3%甲醛）后稀释成一定浓度即为灭活菌苗。如为减毒苗，则加适宜保护剂经冷冻干燥后制成活苗。琼脂固体培养基生产疫苗的优点是：刮取的是细菌菌体，带有极微量的培养基成分，可以配制成各种浓度。缺点是产量受限制，需人工操作较多。

另一种培养流程为：试管菌种→三角瓶液体培养→大三角瓶液体培养→大立瓶或中、小体积

的发酵罐培养→大体积发酵罐培养。离心或过滤培养物，收集菌体，用缓冲生理盐水洗涤后制成全菌体疫苗。

（二）高密度培养技术

高密度培养是一个相对概念，广义地讲，凡是细胞密度比较高，以至接近其理论值的培养均可称为高密度培养。以干细胞重量/升（DCW/L）为描述单位，一般认为其上限值为 $150\sim200$ g DCW/L，下限值为 $20\sim30$ g DCW/L。由于不同菌种之间可能存在较大差异，因此高密度培养的上限值和下限值也均有例外。近年来重组蛋白质的药物和疫苗的大量生产促进了细菌、酵母等培养技术的快速发展，出现了高密度培养技术。张志珍等（2002）采用分批培养和补料分批培养相结合的技术，高密度培养大肠杆菌表达重组人胰高血糖素样肽时，通过控制碳源和氮源的补加，控制溶解氧的量，使最终菌体发酵光密度 OD_{600} 值达到 52，融合蛋白的表达量占菌体总蛋白量的 28%。林懿等（2002）采用补料分批培养技术，高密度培养大肠杆菌生产钩端螺旋体 DNA 疫苗，通过控制补料的补加使溶氧控制在 $30\%\sim60\%$，pH 控制在 7.0 左右，结果重组菌光密度 OD_{600} 值达到 45，经纯化后最终质粒 DNA 获得率为50 mg/L。汪洋等（2006）通过补料分批培养技术培养重组菌生产鸡传染性支气管炎 DNA 疫苗，使最终菌体密度达到 44.0 g DCW/L，经纯化后最终质粒 DNA 获得率为 100 mg/L。

影响微生物高密度培养的因素主要有菌种的特性、培养基成分、培养条件、培养方式等。

1. 高密度培养的种子资源及种子制备　高密度培养的对象既可以是野外分离的经全面微生物学、遗传学等特性鉴定后，具有稳定的高抗原性或高抗原表达能力的细菌，也可以是经过遗传诱变或基因重组方式得到的突变株或基因工程菌。优良的菌种特性是高密度培养最根本的要素，也决定着其他要素的选择。疫苗生产对菌种的要求是：高抗原性或高抗原表达能力；遗传特性稳定，不易退化；生长繁殖能力强，有较高的生长速率；有较强的耐受性，易于培养控制。

种子制备，也称种子扩大培养，是指先将保存在沙土管、冻干管中处于休眠状态的生产菌种接入试管斜面活化，再经过扁瓶或摇瓶及种子罐逐级扩大培养而获得一定数量和质量的纯培养物的过程。作为种子的准则是：菌种细胞的生长活力强，移种至发酵罐后能迅速生长，延缓期短；生理性状及生产能力稳定；菌体总量及浓度能满足大容量发酵罐的要求；无杂菌污染。

种子接种发酵罐的过程称为移种，要控制好两个要素：一是种龄，即种子培养时间，应以菌种的对数生长期为宜，种龄过嫩或过老，不但延长发酵周期，而且会降低发酵产量。二是接种量，以种子液占发酵液总体积的百分比计；一般来说，接种量和菌种的延缓期长短呈反比。接种量大，菌种的延缓期短；接种量小，菌种的延缓期则长。但在疫苗生长中，接种量过大会导致较多不利后果，如菌体衰亡快、死菌多、抗原表达效果差、代谢副产物多等。

2. 培养基及其营养成分　选择培养基不仅要考虑菌体浓度，更重要的是应考虑对抗原表达的影响。高密度培养时培养基的成分很重要，可使用天然培养基，如 LB 肉汤、半合成培养基及合成培养基。培养基的营养成分要适中，高于一定水平时会导致底物抑制，如对于大肠杆菌的生长，当葡萄糖浓度高于 50 g/L、氨高于 3 g/L、铁高于 0.03 g/L 时都可抑制生长。为达到高密度地生长，某些营养成分应该随着菌体生长的消耗而不断地自动补充。

3. 培养条件控制

（1）通气和氧含量　在 25℃ 和一个大气压下，水的饱和氧含量（DO）约为 7mg/L。在高密度发酵中往往需要将 DO 值维持在合适水平，如对大肠杆菌，需要使 DO 值维持在 30% 的饱和度。发酵罐内 DO 水平受通气方式、搅拌方式、温度、压力等影响。高密度发酵中随着菌体的增长，需要的供氧量也越大。针对不同发酵罐结构、菌种和 pH 等其他条件，必须找到合适的通气方式来控制 DO 水平。一般来说，通纯氧比空气好，但纯氧价格较贵。现代发酵罐的结构多用高分散式的细孔喷射式通气。需要注意的是，通气和代谢的 CO_2 在发酵的一定阶段均会产生泡沫，选择合适的消泡剂也是必要的，大肠杆菌培养中曾使用 Ucolub N115 作消泡剂。适当增加罐内压力可提高 DO，并起到一定程度的消除泡沫作用。

（2）温度控制　传统细菌疫苗发酵中，一般用 37℃ 进行正常发酵。在高密度发酵时，应根据菌体生长、抗原表达、代谢副产物积累等方面综合考虑温度控制。例如，在大肠杆菌工程菌高密度培养中，适当降低温度至 26～30℃，可减低细菌生长和营养物消耗速率，从而缓解有害代谢产物的积累；同时，由于温度的降低，因此也降低了对氧的需求。

（3）pH 控制　细菌生长过程中，代谢产物可改变培养物的 pH。某些细菌，如波氏杆菌，由于分解利用氨基酸而使 pH 上升；另一些细菌，分解代谢产物为 CO_2 或醋酸盐而使 pH 下降。维持恒定的 pH 对细菌的生长和产生特定的所需产物（如蛋白质）均有较大影响。调节 pH 既可以考虑调节培养基成分中代谢产酸（如葡萄糖、硫酸铵）和产碱（如硝酸钠、尿素）的物质及缓冲剂（如磷酸盐）的成分，也可以通过在线控制的方式直接补加葡萄糖、盐酸、氨水、NaOH 溶液、酸性或碱性氨基酸等。但要防止因过量补加导致离子强度升高，对细胞产生毒害作用。

（4）有毒产物和有害物理因素的解决　高密度培养的主要问题是：水溶液中的固体与气体物质的溶解度，基质对生长的限制或抑制作用，基质与产物的不稳定性，产物或副产物的积累达到抑制生长的水平，高的 CO_2 与热的释放速率，高的氧需求及培养基的黏度不断增加。常用 NH_3（作为氮源）来控制 pH，但 NH_3 浓度必须保持低水平，浓度高会抑制细菌生长。在通气培养中，如碳源过量会导致有机酸盐的积累而抑制细菌生长。限制基本碳源和氮源浓度，在基础料耗竭后添加这些基质，或者通过透析法去除，都可以阻止这些副产物的积累。也可以加入某种氨基酸，如甘氨酸或蛋氨酸来提高菌体代谢的效率，达到降低有机酸盐有害作用的目的。

4. 培养方式　高密度培养的方式主要有透析培养、细菌循环培养、补料分批培养等几种。透析培养（图 9-6）通过半透膜有效地除去培养液中有害的低分子质量代谢产物，同时向培养室提供充足的营养物质。透析培养的优点有：可以增加生物量的积累，达到很高的细胞密度，约为传统发酵方法的 30 倍；与微滤和超滤相比，在透析过程中透析膜不会被堵塞，并可以很长时间维持渗透性能。细菌循环培养（图 9-7）是指通过膜过滤等方式将细菌保留在培养罐中加以循环利用的培养方式。该方法可以除去抑制性代谢产物，即使用低浓度的培养基也可得到高的细胞密度，

并可以就地分离产物，简化下游操作。补料分批培养（又称作流加培养）是根据菌体生长和初始培养基的特点，在分批培养的某些阶段以某种方式间歇地或连续地补加新鲜培养基，使菌体及其代谢产物的生产时间延长。补料分批培养具有可以消除底物抑制，达到高细菌密度，同时延长次级代谢产物的生产时间和稀释有毒代谢物的优点。

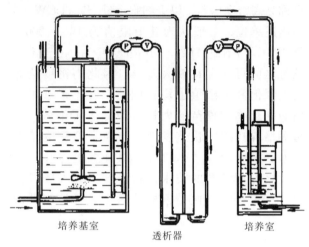

图 9-6　膜透析培养反应器

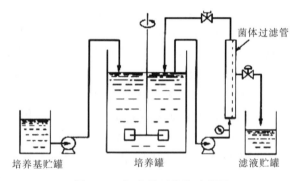

图 9-7　细胞循环培养示意图

透析培养和膜过滤培养作为膜反应器，在实验室中的应用较为成功，但在放大过程中还存在许多困难，且需要特殊设备，投资较大；而补料分批培养只需要改进工艺就可在生产上广泛应用，因而被研究和应用得最多，并已广泛用于各种微生物，尤其是重组菌的高密度培养中。随着补料分批培养最优化控制理论的不断完善，用计算机对发酵过程进行控制，为发酵水平的提高和在生产中的应用提供了广阔前景。补料方式可分为反馈补料和非反馈补料两类。反馈补料包括 pH-stat 法（恒定 pH 补料控制）、DO-stat 法、菌体浓度反馈法、呼吸商法等；非反馈补料可分为恒速流加培养、变速流加培养和指数流加培养。反馈补料中，呼吸商控制体系需要 O_2 和 CO_2 分析

仪，较为复杂和昂贵；pH-stat 法、DO-stat 法相对简单和便宜，因而较为常用。非反馈补料中，指数流加能使菌体以一定的比生长速率呈指数形式增加，不仅可以将反应器中基质的浓度控制在较低水平，从而大大降低了有害代谢物的产生；还可以通过控制流加速率改变菌体的比生长速率，使菌体稳定生长的同时，还有利于外源蛋白的表达。陈坚等（1998）比较了恒速流加、人工反馈控制流加、指数流加等不同培养模式对重组大肠杆菌（WSH-KE1）高密度培养生产谷胱甘肽的影响，得出 3 种流加方式下最大细胞干重分别为 41.5 g/L、64.0g/L、80.0g/L；达到最大细胞干重的时间分别为 41.5h、30.5h、25.0h；最大生产强度分别为 1.84g/（L·h）、2.22g/（L·h）、3.20g/（L·h）；GSH 总量分别为 780mg/L、450 mg/L、880 mg/L。

三、细菌计数方法

在细菌或菌体抗原生产中，培养物含菌数多少是制品质量的重要指标之一，特别是弱毒活菌苗，活菌数是确定使用剂量的依据；灭活菌苗或诊断抗原生产中，菌悬液浓度也是成品配制的重要参考数据。细菌数量的测定方法分为细胞总数测定和活菌数测定两类。

（一）细胞总数测定

细胞总数测定是测定样品中的细胞总数，包括活的和已丧失活性能力的细菌。一般采用以下两种方法。

1. 直接计数法　显微镜计数器直接计数法适用于测定单细胞微生物和真菌的孢子数量。测定时需要一种特殊的计数器，测细菌数用细菌计数器，测单细胞酵母菌或真菌孢子用血细胞计数器。两种计数器都是一张加厚的载玻片，构造相同（图 9 - 8），只是细菌计数器稍薄，适用于油镜下观察；血细胞计数器较厚，只能在高倍和低倍镜下观察。计数器上刻有精确面积和体积的方格（计数室）。如细菌计数器的方格总面积为 1 mm²，划分为 25 个中方格，每个中方格又分为 16 个小方格。因此，计数室共有 400 个小方格，每个小方格的深度为 0.02 mm，计数室总体积为 0.02 mm³。测定时，将适宜稀释度的菌悬液（含菌数应在 $10^6 \sim 10^7$ 个/mL）

放入计数器小室中，盖上盖破片（切勿有气泡），置于显微镜下观察计数，一般在每个计数室中取 5 个中方格进行计数（5 点取样），然后求得每个中方格的平均值，再乘以 25，就能得出一个方格中的总菌数，然后再换算成每毫升菌液中的含菌数。

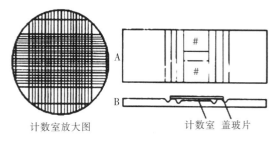

图 9 - 8　细菌计数器

2. 比浊法　比浊法是快速测定悬液中细胞总数的方法。原理是：悬液中细胞数量越多，浊度越大。在一定浓度范围内，悬液中的细菌细胞浓度与光密度（OD 值）成正比，与透光度成反比（图 9 - 9）。因此，可用光电比色计测定。需要预先测定在某一特定波长下（通常为 450～650 nm）光密度与细胞数目的关系曲线，然后根据此曲线查得待测样品中的细胞数。由于细菌细胞浓度仅在一定范围内与光密度成直线关系，因此要调节好待测菌悬液的细胞浓度。采用此法时，培养液的颜色和颗粒性杂质都会干扰测定结果。本法常用于跟踪观察培养过程中细菌数量消长情况，如细菌生长曲线的测定。

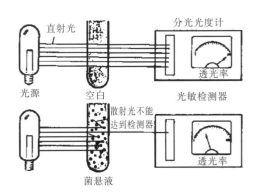

图 9 - 9　比浊法测定细胞浓度的原理

（二）活菌总数测定

活菌数测定是测定具有繁殖能力的细菌数量。将菌液或原苗（如为冻干苗，则先加原装量 5～10 倍量稀释液作放大稀释）进行稀释，在一定条件下培养，所得细菌菌落数乘以稀释倍数，即为原液总活菌数。常用方法有以下几种。

1. 平板混合培养测定法 根据样品中菌数的多少，用普通肉汤或生理盐水将被检样品进行 10^{-1}、10^{-2}、10^{-3}、10^{-4} 等梯度稀释，从不同稀释度的稀释液中分别取 1mL 加入灭菌平板中，与已融化并冷却至 45℃（手感不烫）的琼脂培养基混合均匀。待琼脂凝固后，倒置培养一定时间即可出现菌落。如果稀释度合适，在平板上就会出现分散的单个菌落，统计菌落数，乘以稀释倍数，即为每毫升样品中含有的活菌数。

2. 平板表面培养测定法 该方法是先将融化的培养基倒入灭菌培养皿中，待琼脂凝固后，分别取不同稀释度的菌液 0.1mL 滴加于平板上，并使其均匀散开，37℃温箱培养 24～48h，一般选取每个平板上的菌落数为 40～200 范围内的平板计数，肉眼观察菌落，并在平板底面点数，乘以稀释倍数，再乘以 10，即为每毫升样品中含有的活菌数。

3. 滤膜法 滤膜法也称为浓缩法。测定空气、水等体积大且含菌浓度较低的样品中的活菌数时，应先将待测样品通过微孔滤膜过滤富集，再与膜一起放到合适的培养基或浸有培养液的支持物表面上培养，最后可根据菌落数推算出样品含菌数。

四、细菌生长曲线的测定方法

将少量细菌接种到一定体积的、适宜的新鲜培养基中，在适宜条件下进行培养，定时测定培养液中的菌量，以菌量的对数作纵坐标、生长时间作横坐标，绘制的曲线叫生长曲线（图 9-10）。它反映了单细胞微生物在一定环境条件下进行液

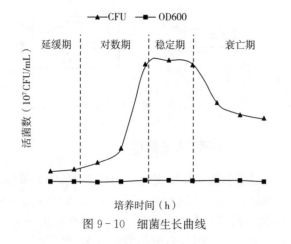

图 9-10 细菌生长曲线

体培养时所表现出的群体生长规律。依据细菌生长速率的不同，一般可把生长曲线分为延缓期、对数期、稳定期和衰亡期。上述 4 个时期的长短因菌种的遗传性、接种量和培养条件的不同而有所改变。因此，通过测定微生物的生长曲线，可了解各菌种的生长规律，这对于科研和生产都具有重要的指导意义。

测定生长曲线可采用活菌数或总菌数测定的有关方法，还可以用其他直接或间接测定生物量的方法。例如，单位体积的液体培养基，经过离心或过滤收集菌体细胞，用水洗净其表面上的残留培养基，105℃高温或真空下干燥至恒重后，称重，即细胞干重法。此外，根据细菌 DNA 含量较为恒定，不易受菌龄和环境因数的影响，可通过 DNA 与 DABA-HCl［即新鲜配制的 20％3，5-二氨基苯甲酸盐酸（m/m）］溶液反应显示特殊荧光的方法测定 DNA 含量，间接反映样品中所含的生物量。

（魏财文　张媛　丁家波）

第二节　病毒培养技术

一、概述

病毒是严格的细胞内寄生物，由于病毒缺乏自主复制的酶系统，不能独自进行物质代谢，必须依赖宿主细胞或细胞的某些成分合成核酸和蛋白质，因此只能在易感细胞内以复制的方式进行增殖，而不能在任何无细胞的培养液内生长。那么，动物病毒的培养也必须在细胞、受精卵或实验动物中进行。

二、用细胞繁殖病毒的技术

细胞培养仍是一种简便而有效的病毒培养方法，被广泛采用。采用的培养细胞有 BHK-21、Vero、Marc 145、ST、MDCK、BT、CRFK、F81、Hela、IBRS-2、MDBK、MA104、PK-15 等传代细胞系，以及用鸡胚、动物组织等制备的原代单层细胞或次代单层细胞。

（一）细胞培养的营养需求

病毒在增殖的过程中必须利用活的细胞为其

提供生物合成所需的能量和材料。细胞培养的营养液主要成分有无机盐离子、碳水化合物、氨基酸、维生素、蛋白质及抗生素等。

1. 无机离子　细胞培养液内的氯化钠可维持细胞的正常渗透压。常用弱碳酸氢盐来调节培养液的 pH。培养液的 pH 一般维持在 $7.2 \sim 7.4$，此时细胞生长最佳。但以松口的容器进行细胞培养时，应先通入二氧化碳或在含二氧化碳的培养箱中培养，否则二氧化碳易从培养液中丢失，以至培养液中 pH 升高。此外也可使用 4 -（2 羟乙基）- 1 - 哌嗪乙烷磺酸（HEPES）作为缓冲系统。对细胞生存必需的其他无机离子包括钠、钾、钙、镁、铁、碳酸盐、磷酸盐等，以维持渗透压、提供细胞酶与代谢活动所需要的物质、促进细胞贴壁等。

2. 碳水化合物　常用的碳水化合物为葡萄糖，它是细胞代谢的能量来源。有些复杂的培养基，除添加葡萄糖外，还需添加其他糖类或简单的化合物，如乳酸、丙酮酸、醋酸或代替葡萄糖。

3. 氨基酸　哺乳动物的细胞培养离不开氨基酸，氨基酸是组成蛋白质的基本单位。培养细胞用的氨基酸只能使用其左旋异构体，右旋异构体没有作用。维持细胞生长的最低营养要求需要 13 种氨基酸，即精氨酸、组氨酸、异亮氨酸、亮氨酸、赖氨酸、蛋氨酸、苯丙氨酸、苏氨酸、色氨酸、酪氨酸、缬氨酸、胱氨酸及谷氨酸。所有组织培养液均含有上述 13 种氨基酸，如 Eagle 液。RPMI 1640、M199、水解乳蛋白还含有其他氨基酸，大部分细胞在增加其他氨基酸后生长更好。

4. 维生素　维生素是维持细胞生长和生物活性的物质，可作为酶的辅基或辅酶，对细胞代谢有重要影响。使用较多的维生素主要是 B 族维生素，如对氨基苯甲酸、生物素、胆碱、叶酸、烟酸、泛酸、吡哆醛、核黄素及肌醇。复杂的培养液中还含有还原剂、谷胱甘肽、抗坏血酸及 L-半胱氨酸。在不含血清的培养液中，常含有脂溶性维生素。

5. 蛋白质　合成培养液中不含蛋白质成分，动物血清是蛋白质的主要来源，对组织培养是不可缺少的。常用的有胎牛血清或小牛血清。血清中与血清蛋白相连或吸附其上的小分子营养物质，可能与肽或脂类有关。血清蛋白不仅能促进细胞增长且能帮助细胞贴壁。不同血清对细胞的促进作用不同，以小牛血清为最好。每个批次血清使用前均需加热处理，一般经 $56℃$ 30min 灭活，并了解有无细胞毒性作用。

6. 抗生素　抗生素主要是用来控制细胞培养中细菌的污染，而与细胞营养或代谢无关。常用的抗生素有青霉素、链霉素、制霉菌素或两性霉素 B，也可用硫酸庆大霉素代替青霉素、链霉素。

（二）细胞培养的基本条件

单细胞在适当的培养条件下可迅速增殖，但若遇到不良环境，细胞会变圆，停止生长，甚至死亡。细胞培养的基本条件包括：细胞接种量、培养液、pH 及气体条件、温度、无菌条件和培养器皿的处理等。

1. 细胞接种量　一般来讲，细胞量越大繁殖的速度越快，但太大的细胞量对于生长也不利。接种鸡成纤维细胞的细胞量为 100 万个/mL，小鼠或地鼠肾细胞为 50 万个/mL，传代细胞一般为 10 万～30 万个/mL。细胞一般可在 $1 \sim 3d$ 长成单层。

2. 培养液　以前多用天然培养液，现多用合成培养液培养细胞。合成培养液有多种，其主要成分为氨基酸、糖类、维生素、无机盐及其他成分，如 Eagle 液、RPMI 1640、M199。

3. pH 及气体条件　细胞生长最适宜的 pH 范围是 $7.0 \sim 7.4$，可忍受较大范围的 pH 变化（pH6.6～7.8），培养环境偏酸较偏碱更宜于细胞贴壁。培养液中的缓冲体系主要是碳酸氢盐、磷酸氢盐和血清，其中以碳酸氢盐/CO_2 为主要的缓冲体系。细胞代谢产生的各种酸使 pH 下降，而培养液中的 $NaHCO_3$ 产生 CO_2 排入空间又使 pH 升高。pH 的变化主要取决于 HCO_3^- 浓度、CO_2 分压、细胞糖代谢能力等。

4. 温度　细胞培养的最适温度与细胞来源的动物体温一致。温度增加 $2 \sim 3℃$ 将对细胞产生不良影响，使之在 24h 内死亡，低温对细胞的影响相对较小。

5. 无菌条件　培养液不仅对细胞而且对于细菌和霉菌是高度营养物。细胞培养中如污染微生物，微生物的繁殖速度比细胞快，且能产生毒素而使细胞死亡，因此细胞培养技术的关键之一是防止污染。在细胞培养中，可能发生污染的来源有组织培养液、器皿、组织本身、工作人员、空气等。操作时应严格实行无菌操作，对培养液、器皿用具、操作室进行彻底消毒。

6. 培养器皿的处理　培养器皿处理得好坏对于细胞的贴壁生长影响很大。目前，常用的器皿主要有玻璃及塑料两大类。玻璃器皿一般需用洁净液浸泡过夜，清水洗 10 次后再用蒸馏水洗 2 次，烤干备用。96 孔塑料板或 24 孔塑料板一般用 2% 氢氧化钠溶液浸泡 1h 后，清水洗净再用 1 mol/L HCl 浸泡 1h，用清水洗后再用蒸馏水漂洗；37℃ 干燥后，紫外灯照射消毒。新橡胶塞需先用 0.5 mol/L 的 NaOH 溶液煮沸 15min，洗涤后用 4% HCl 溶液煮沸 15min，清洗后用蒸馏水洗 5 次，煮沸 10min 灭菌处理。

（三）细胞培养类型

广义上讲，组织培养技术包括器官培养、组织块培养和细胞培养。目前，一般所指的组织培养多指细胞培养。根据细胞的来源、染色体特性和传代次数的不同可分为原代细胞或次代细胞、二倍体细胞株及传代细胞系。

1. 原代细胞（或次代细胞）

（1）原代细胞特点　原代细胞是动物新鲜组织，如胚胎或幼畜的组织或受精卵，经胰蛋白酶消化后，将细胞分散制备而成。原代细胞在体外传代几次即为次代细胞。原代细胞或次代细胞对病毒易感，繁殖滴度高，无致瘤性等，常用于繁殖病毒制备灭活疫苗。但原代细胞不能在体外多次传代，必须采取新鲜组织进行，因此组织原材料的来源不固定，质量不易控制，且原代细胞特别是同源细胞培养易混入外源病原，造成外源病毒污染，影响种毒和产品的纯净和安全性，如猪源组织培养制备的猪用疫苗可能造成猪瘟病毒等的污染，牛源组织培养中常常污染有牛病毒性腹泻/黏膜病病毒等。故在制备疫苗时，多采用异源细胞培养，如猪瘟细胞疫苗的培养采用牛源组织制备的细胞进行。

（2）原代细胞培养的制备　动物及其脏器、禽的胚胎等为原代细胞培养常见的组织来源。组织要保持新鲜，一般需在 6h 内处理。组织分散成单细胞的方法主要有 3 种，即机械分散法、酶消化法、螯合剂分散法，后两种方法多与机械法结合使用。

①机械分散法　适用于细胞间连接较松的组织，如鸡胚组织。可将鸡胚剪成 1 mm³ 的小块，放在底部有一块铜丝网的 10～20mL 注射器内，用手的压力将组织细胞挤过网孔。脾脏组织的分散中可将脾组织放在无菌平皿中，用 1mL 注射器芯轻压，使细胞流出来。

②酶消化法　目前主要用胰酶，它能消化细胞间的蛋白质成分。组织块受胰蛋白酶作用后，细胞变为圆形，再用吸管机械吹打或电动搅拌，细胞可分散。胰蛋白酶的浓度过大或作用时间过长对细胞均有损害，影响细胞生长。一般用 2.5～5 g/L 的胰酶溶液，消化液量为消化物的 5～10 倍，37℃ 作用 20～30min，大的组织块可作用 60min，pH 范围一般在 7.4～7.6。

③螯合剂分散法　钙离子和镁离子是细胞结合的离子。在缺少钙、镁离子的环境下，细胞变圆，分散为单细胞。乙二胺四乙酸（EDTA）容易与钙、镁螯合而使细胞间及细胞与玻璃培养瓶间的钙、镁离子螯合，而达到细胞分散的目的，但对于新鲜组织的分散效果不佳，故多用于单层细胞的分散。EDTA 不受血清的抑制，因此消化后需用汉氏液洗去残留 EDTA，以免影响细胞生长。

2. 二倍体细胞株　二倍体细胞株是由原代细胞而来，原代细胞长成单层后用胰酶和 EDTA 消化分散细胞，加入培养液培养，长成单层后即为次代细胞。次代细胞的细胞形态与原代细胞相同。次代细胞继续培养，多次连续传代时，成为二倍体细胞。二倍体细胞的细胞形态学可能发生变化，但细胞染色体数与原代细胞一样。二倍体细胞株不能在体外无限制传代，不同组织来源的二倍体细胞的传代次数不尽相同，从几代至几十代。原代细胞的细胞类型多种多样，而传几代后常常是一种细胞类型占优势，甚至只含一种类型细胞。二倍体细胞兼有原代细胞和传代细胞的优点，病毒对其易感，质量可控，适用于繁殖病毒。

3. 传代细胞系　传代细胞系由肿瘤组织培养而成或由细胞株转化而来。传代细胞系可在体外无限制传代，其染色体数不正常，成为异倍体。传代细胞系适宜于许多动物病毒的生长，易于培养，可以建立种子库，质量易控制。但由于传代细胞系存在潜在的致瘤性，因此要求背景情况应详细，并作系统鉴定合格后方可用于繁殖病毒生产疫苗。

（四）传代细胞系的要求

如果某种病毒能够在已经建立的、以种子批制度为基础的细胞系上有效培养，则不应使用任何哺乳动物原代细胞。细胞系一般由动物肿瘤组织或正常组织传代转化而来，可以悬浮培养或用载体培养，适用于工厂化大规模生产，但传代到一定程度，致瘤性会增强。因此，对细胞系应进行严格的控制和检查，要求背景明确，并经系统鉴定合格后方可用于繁殖病毒。

1. 细胞系种子批的建立　如果某种细胞系被选作制苗用细胞基质，即应建立原始细胞库、基础细胞库和工作细胞库系统。原始细胞库由一定数量、成分一致的细胞组成，定量分装，液氮保存，以确保在制品的持续生产期内能充分供应质量均一的细胞。原始细胞库应作细菌、霉菌、支原体、外源病毒污染检查，以及保证没有其他细胞的交叉污染。原始细胞库的细胞经细胞传代，增殖一定数量，均匀混合组成一批，按照特定的检验标准进行全面系统鉴定后，成为基础细胞库。由基础细胞库的细胞进一步培养传代扩增，达到一定代次水平的细胞，组成工作细胞库。工作细胞库的细胞传代水平必须确保细胞复苏后传代增殖的细胞数量能满足生产一批或一个亚批的产品，此时的传代水平必须在该细胞适宜用于生产的最高代次范围之内。生产用细胞培养物由冻存的工作细胞库细胞培养传代后制成，供生产制品用。从工作细胞库取出的细胞种子增殖的细胞，不再回冻保存和再用于生产。

2. 细胞库的管理　细胞库应有完整记录，包括细胞原始来源（核型分析、致瘤性）、群体倍增数、传代谱系、制备方法、最适保存条件及控制代次。主细胞库和工作细胞库应详细记录细胞代次、安瓿的存放位置、识别标识、冻存日期和库存量等，非生产用细胞应严格与生产细胞分开存放。为了容易区分，每种基础细胞库要有一个指定的代码。基础细胞库的细胞传代一般控制在20代内，如果用超过此代次的细胞用于生产，应通过试验证明生产用细胞的生物学特性和纯净性与主细胞库细胞基本一致，并证明使用这些细胞对疫苗的生产无有害影响。

3. 细胞库细胞的检查　对基础细胞库细胞和工作细胞库细胞必须进行全面检查。检查时，必须用基础细胞库细胞、工作细胞库细胞和来源于工作细胞库的最高生产代次的、具有代表性的同源细胞样品进行。一般还应用超过最高限制代次10代以上的细胞进行试验。基础细胞库细胞和最高限制代次细胞的鉴定内容包括显微镜检查、细

菌和霉菌检验、支原体检验、外源病毒检验、细胞鉴别、胞核学检查及致瘤和致癌性检验（表9-1），结果应符合有关规定。工作细胞库细胞的鉴定内容包括显微镜检查、细菌和霉菌检验、支原体检验及外源病毒检验。高于最高代次10代的细胞应作细胞鉴别、胞核学检查及致瘤和致癌性检验。

表9-1　各种传代水平的细胞系检查项目

检验项目	主细胞库	工作细胞库	最高限制代次细胞	高于最高代次10代的细胞
显微镜检查	+	+	+	-
细菌和霉菌检验	+	+	+	-
支原体检验	+	+	+	-
病毒检验	+	+	+	-
细胞鉴别	+	-	+	+
胞核学检查	+	-	+	+
致瘤和致癌性检验	+	-	+	+

对不同传代水平的细胞系进行胞核学检查时，取50个处于有丝分裂中的细胞进行检查。最高代次的细胞中应存在基础细胞库细胞中的染色体标志，其染色体模式数不得高于主细胞库细胞的15%，核型必须相同。如果模式数超过所述标准，最高代次细胞中未发现染色体标志或发现核型不同，则该细胞系不可用于疫苗的生产。由于细胞系一般源于动物的肿瘤组织或正常组织传代转化而来，传到一定代次后具有一定的致瘤性和致癌性，因此应就细胞系对靶动物的潜在致瘤性和致癌性进行检验。检查时，可用10只无胸腺小鼠，各皮下注射或肌内注射10^7个待检细胞；同时，用Hela细胞或Hep-2细胞或其他适宜细胞系皮下注射或肌内注射无胸腺小鼠，每只10^6个细胞，另用适宜细胞作为阴性对照。或取3~5日龄乳鼠或体重8~10 g的小鼠6只，用抗胸腺血清处理后，每只皮下接种10^7个待检细胞，并按照上述方法设立对照。

接种后，每日观察，共观察14d，检查有无结节或肿瘤形成。如有结节或可疑病灶，应至少观察1~2周，剖检，进行病理学和组织学检查。未发现结节的，半数观察21d，剖检；另一半动物观察12周，进行病理学检查，对接种部位进行剖检，观察各淋巴结和各脏器有无结节形成，如有怀疑，进行病理组织学检查，接种动物不应有

移植瘤的形成。阴性对照观察2d，应为阴性。

4. 传代细胞的培养　首先选择已经长成良好单层的细胞，用无钙镁的磷酸平衡盐水将细胞洗两次后，加入0.25%胰蛋白酶液或0.02% ED-TA液，于37℃放置8~15min。当细胞单层出现疏松拉网时，将培养瓶倒置继续放置3~5min，倾去消化液，加入生长液，用吸管吸吹数次，使细胞分散。分装后放37℃左右静置培养1~2d即可长成单层。每瓶单层细胞可扩大分装3~4瓶。

（五）传代细胞的保存、复苏与运输

1. 细胞的保存　将长成单层的细胞更换新的营养液，37℃培养过夜后，用胰蛋白酶或EDTA消化，收集细胞，用细胞冷冻保护液（含20%小牛血清、5%~10%二甲基亚砜的营养液）调整细胞浓度达100万~200万个细胞/mL，分装于1mL安瓿中，在火焰上封口，标明细胞名称及日期等。将安瓿浸入预冷的0.05%美蓝溶液中，4℃存放30min。将封口严密的安瓿移至-50~-70℃冰箱中预冷，然后移至液氮罐内贮存，可保存数年。

2. 细胞的复苏　将安瓿自液氮罐取出后立即放入37~40℃温水中，在1min之内使细胞融化。无菌吸出细胞悬液，加入新的生长液，将细胞稀释成含50万个/mL，37℃培养数小时，细胞贴壁后换液一次，继续培养至形成细胞单层。

3. 细胞的运输　当细胞形成单层时，将生长液装满培养瓶，以防液体振荡冲脱细胞，或只留少量生长液能覆盖单层，以防细胞干燥。如为细胞悬液，其浓度应为100万个/mL，装于冰盒保持温度在15~25℃。

（六）细胞培养方法

1. 静止培养　静止培养是指将制备好的细胞悬液分装在适宜的培养瓶（一般为玻璃瓶或塑料克氏瓶、扁瓶）中，密闭瓶口，置恒温培养箱内静止培养或将细胞悬液分装好后，以松口的容器进行细胞培养。先通入二氧化碳或在含二氧化碳的培养箱中静止培养，待细胞沉降后贴壁生长，形成细胞单层后，接种病毒悬液，37~38℃继续静止培养，待细胞病变（cytopathic effect，CPE）达到75%以上时收获含毒培养液。静止培养是最基本的、常用的一种细胞培养方法。

2. 转瓶培养　将制备好的细胞悬液分装在玻璃瓶或塑料圆瓶（转瓶）中，密闭瓶口，置转瓶机上，以每小时5~10转转动培养。细胞在转动培养时，贴附于瓶壁四周，长成细胞单层后，接种病毒悬液，37~38℃继续转动培养，待CPE达到75%以上时收获含毒培养液。转瓶培养法的培养面积较大，细胞接触空气多，细胞生长良好，目前仍是我国兽医生物制品大生产中普遍采用的细胞培养方法，如口蹄疫病毒的培养等。

（七）细胞培养病毒的观察

大多数病毒最适培养温度为35~37℃，有的病毒培养最适温度为33℃。有些病毒需要转动培养，但有的病毒需静置培养，培养时应依病毒种类而定。病毒感染细胞后，大多引起CPE，无需染色可直接在普通光学显微镜下观察。记录CPE时可用符号表示，"＋"代表25%以下细胞发生病变，"＋＋"代表50%左右细胞发生病变，"＋＋＋"代表75%左右细胞发生病变，"＋＋＋＋"代表接近100%细胞发生病变。不同病毒CPE产生的现象不同，有的细胞变圆、坏死、破碎或脱落；有的只使细胞变圆，并堆集成葡萄状；有的形成多核巨细胞或称融合细胞；有些能形成包含体，有1个至数个，位于细胞浆内或核内，嗜酸性或嗜碱性。

有的细胞不发生细胞病变，但能改变培养基的pH，或出现红细胞吸附及血凝现象，有的需用免疫荧光技术或ELISA方法进行检测。

三、用鸡胚繁殖病毒的技术

（一）鸡胚的结构特点

鸡胚是由3个胚层发育起来的，即外胚层、中胚层和内胚层。在发育过程中3个胚层逐渐构成鸡胚的组织和器官。

鸡胚的最外层为石灰质的卵壳，上有气孔进行气体交换；壳下为卵膜，为一层易与卵壳分离的软膜，该膜的功能是使气体、液体分子进行内外交换。卵的钝端有气室，功能为呼吸和调节压力。卵膜下是血管丰富的绒毛膜，内为尿囊膜，绒毛尿囊膜具有胚胎呼吸器官的功能，气体交换是在膜的血管内通过卵壳孔进行的。

尿囊腔是胚胎的排泄器官，内含尿囊液，初为透明。待胚胎发育10~12日龄后因尿酸盐量增加而变浑浊。尿囊液量以11~13日龄为最多，平

均为 8～12mL。

羊膜为包裹胚胎的包膜，羊膜腔内盛有羊水，胎体浸泡于其中。羊水初为生理盐水，继而蛋白含量逐渐增加，量为 1mL 左右。

卵黄囊附着于胚胎，内包有卵黄，是胚胎的营养物质。卵白位于卵的锐端，为胚胎发育晚期的营养物质。

（二）鸡胚的选择

毒种和活疫苗的生产及相关科研用的鸡胚必须实现 SPF 化，即必须使用 SPF 鸡胚进行。生产灭活疫苗的鸡胚需来源于健康易感的种鸡群，其种蛋需新鲜、清洁。种鸡群必须定期进行相关病原抗体的监测，不得含有繁殖病毒的相应抗体，或只能有低水平的抗体。种蛋经 0.1% 新洁尔灭溶液擦洗蛋壳表面后，放入温度为 37.5～38.5℃、相对湿度为 60%～70% 的孵化箱中孵化，并定时翻蛋。必要时在开始孵化后几小时或在使用前用福尔马林熏蒸，以杀灭蛋壳表面和孵化箱内的微生物。熏蒸时，按每立方米用 13mL 甲醛溶液和 6.5g 高锰酸钾，装入瓷盘或烧杯中，迅速放入孵化箱内，关闭孵化箱门，保持孵化箱内温度为 37℃、相对湿度为 90% 左右。20min 后打开孵化箱门，排出甲醛气体，继续孵化。

（三）接种前的准备

接种前用检卵灯观察鸡胚的活动、气室的界线和胚胎的位置，并在气室边缘和接种位置作一记号。因鸡胚是细菌的良好培养基，操作时要求严格的无菌条件。为减少污染，要求方法简单、操作迅速。实验室、无菌室、净化工作台必须经紫外灯照射消毒，各种试验用器具必须无菌。用于分离培养的病毒样品要确保无菌，如无把握，用抗生素（青霉素、链霉素）处理后方可接种鸡胚。

（四）鸡胚接种途径和接种方法

1. 尿囊腔途径 取 9～11 日龄的鸡胚，在灯光照射下，在离气室 0.3～0.5cm 处无大血管的位置作一标记，作为接种部位，在气室和待接种部位各打一小孔，将受精卵横放在蛋盘上，在待接种处垂直刺入针头约 0.5cm，接种 0.05～0.2mL 病毒液，用石蜡封口，继续在孵化箱中孵化。也可将气室向上放于蛋盘中，在气室距边缘

约 0.5cm 处打一小孔，沿受精卵长径平行方向刺入针头约 1cm，注入接种物 0.05～0.2mL，用石蜡封孔，继续在孵化箱中孵化。尿囊腔接种途径为常用的繁殖病毒的接种途径，如鸡新城疫病毒、鸡传染性支气管炎病毒等。

2. 绒毛尿囊膜途径 取 10～12 日龄的鸡胚，在灯光照射下，画出气室范围，将气室向上放于蛋盘中，在气室中心钻一小孔，以 1mL 注射器和长 2.5cm 的 5～6 号针头，在气室处刺入针头约 0.5cm，在气室内的卵膜上滴入 0.1～0.2mL 病毒液，继续垂直刺入针头，穿过卵膜和绒毛尿囊膜，拔出针头。用石蜡封孔，保持气室向上约 30min，使接种的病毒液通过刺破的卵膜在绒毛尿囊膜上扩散。也可用人工气室法进行，在灯光照射下画出气室及胚胎位置，将受精卵横放在蛋盘上，胚胎位置向上，用钝头锥或螺丝钉在胚胎附近处打一小孔，但不能损伤绒毛尿囊膜，在气室处也打一小孔，然后用吸球紧贴气室小孔处轻轻吸气，造成负压，使破孔处的绒毛尿囊膜下陷，形成人工气室。接种时在人工气室孔处呈 30° 角刺入针头约 0.5cm，接种 0.1～0.2mL 病毒液，用石蜡封孔，继续在孵化箱中孵化。绒毛尿囊膜途径也是生产兽医病毒性疫苗的常用接种途径，如鸡传染性法氏囊病病毒、鸡痘病毒、鸡传染性喉气管炎病毒等。

3. 卵黄囊途径 一般选择 5～8 日龄的鸡胚，在灯光照射下画出气室及胚胎位置，将气室向上放于蛋盘中，在气室中心钻一小孔。接种时，垂直刺入针头约 3cm，注入接种物 0.2～0.5mL，用石蜡封口，继续在孵化箱中孵化，不必翻蛋。也可将受精卵横放在蛋盘上，胚胎位置向下，在气室外和卵长径的 1/2 处各打一小孔，并在中间孔处刺入针头约 1.5cm，接种 0.1～0.5mL 病毒液，用石蜡封孔，继续在孵化箱中孵化。

4. 羊膜腔途径 取 10～12 日龄的鸡胚，在灯光照射下，画出气室边缘及胚胎位置，将气室端靠近胚胎侧的卵壳锯穿，但勿损伤卵膜，在卵膜上滴入一滴无菌液体石蜡或生理盐水，于照蛋灯下即可清楚地看到胚胎位置，以 1mL 注射器和长 2.5cm 的 5 号针头，避开血管，在气室处刺入针头约 0.5cm，在气室内的卵膜上滴入 0.1～0.2mL 病毒液，继续垂直刺入针头，穿过卵膜和绒毛尿囊膜，拔出针头。用石蜡封孔，保持气室向上约 30min，使接种的病毒液通过刺破的卵膜

在绒毛尿囊膜上扩散。受精卵横放在蛋盘上，胚胎位置向上，用钝头锥或螺丝钉在胚胎附近处打一小孔，但不能损伤绒毛尿囊膜，在气室处也打一小孔，然后用吸球紧贴气室小孔处轻轻吸气，造成负压，使破孔处的绒毛尿囊膜下陷，形成人工气室。接种时在人工气室孔处呈30°角刺入针头约0.5cm，接种0.1～0.2mL病毒液，用石蜡封孔，继续在孵化箱中孵化。

5. 静脉途径 取10～12日龄鸡胚，照蛋后在直而粗的静脉处画出位置，将卵横卧于蛋架上，打开标记部位的卵壳，勿伤卵膜，加一滴液体石蜡，使卵膜透明。用长约1.5cm的4号针头插入血管内注射接种物0.02～0.05mL。将剥离的卵壳复位，用胶布固定，继续孵化。

（五）鸡胚接种后的检查及病毒的收获

鸡胚接种后一般在37℃左右继续孵化2～7d，不必翻蛋。每日在灯光下照蛋1～2次，弃去接种后24h内非特异死亡的鸡胚。24h后死亡的鸡胚随时捡出，置4～8℃冷却4～24h。待病毒繁殖滴

度达到最佳时，观察期结束，所有活胚同样冷却处理。分别收获胚体、卵黄囊、尿囊液、绒毛尿囊膜等。收获期间注意检查胚胎、绒毛尿囊膜的病变情况及尿囊液是否浑浊等。检查接种样品后的鸡胚是否被病毒感染有两种方法，即直接法和间接法。

直接法仅能看到绒毛尿囊膜上是否形成痘斑，鸡胚是否有特殊的病理变化，是否生长发育缓慢或死亡。如痘病毒在绒毛尿囊膜上可形成特殊的痘斑，鸡新城疫病毒可引起鸡胚死亡等，可用作感染指标。

间接法需要在鸡胚培养后收获尿囊液或羊水作血凝试验（如流感病毒），或用鸡胚的体液、组织等作补体结合试验、病理切片或直接涂片进行检查。由于病毒种类不同，因此可选择不同方法作临床诊断指标。

几种病毒的适宜接种途径、收获材料，以及适宜胚龄、培养时间、感染后鸡胚的病理变化等见表9-2。

表9-2 几种病毒适宜的接种途径及收获材料

病毒	胚龄（d）	适宜途径	培养温度（℃）	培养时间（d）	鸡胚变化	收获材料
鸡新城疫	9～11	尿囊腔	37	3～5	出血、死亡、血凝	尿囊液
鸡痘	10～11	绒毛尿囊膜	37	5	膜上痘疱	绒毛尿囊膜
鸡传染性喉气管炎	10～11	绒毛尿囊膜	37	5	膜上痘疱	绒毛尿囊膜
狂犬病	6～7	卵黄囊	37	8～10		卵黄囊
流行性乙脑	6～8	卵黄囊	37	3	死亡	鸡胚

四、用动物繁殖病毒的技术

（一）动物的选择

选择合适的动物对试验结果的准确性具有重要意义，选择内容应包括动物的种系特征、动物对病毒的敏感性，以及动物的年龄、体重、性别和数量等。所有实验动物必须符合《中华人民共和国兽药典》或《中华人民共和国兽医生物制品规程》中《实验动物暂行标准》，必须对接种的病毒敏感。普通实验动物不含相关病原和本病毒的抗体，接种前应检查动物的健康状况。选择的原则包括：对被诊断和研究的病毒易感；实验动物要确保健康无病，在接种1周前要从动物室领取试验所需动物，使其适应环境并作健康检查，对

发病和异常者应立即淘汰；同一试验要选择大小一致的动物；对大型动物作某些途径接种，要对实验动物进行麻醉，接种不同动物应选择不同的麻醉剂。

（二）动物接种途径和接种方法

1. 脑内接种 进行小鼠和地鼠脑内接种时，用左手大拇指和食指固定头部，用碘酊消毒左侧眼与耳之间上部注射部位，并于眼后角、耳前缘及颅前后中线所构成之位置中间刺入针头2～3mm，乳鼠接种0.01～0.02mL，成年鼠和地鼠接种0.03～0.05mL。给豚鼠和家兔进行脑内接种时，先作麻醉或人工固定，在颅前后中线旁边5mm平行线与动物瞳孔横线交叉处用碘酊消毒，用锥刺穿颅骨，然后用针头刺入4～10mm，接

种 0.025～0.1mL。进行绵羊脑内接种时，先将绵羊固定在接种台上，将头顶部的毛剪掉，并用硫化钡脱毛，碘酊消毒后在颅顶部中线左侧或右侧，用锥钻一小孔，硬脑膜下或脑内接种 1mL，立即用火棉胶封闭接种孔。

2. 皮内接种　常用于大动物。在背部、颈部、腹部、耳部及尾根部先剪毛，碘酊消毒，以左手拇指和食指提起注射部位皮肤，用针头斜面向外，与皮肤面平行刺入 2～3 mm，接种 0.1～0.2mL。注射剂量较大时，可分点注射。牛、羊舌面皮内注射时，先固定动物，抓住动物舌头并固定，然后接种。

3. 皮下注射　豚鼠和家兔可选择腹部及大腿内侧皮肤松弛处，小鼠可选择尾根部或背部。碘酊消毒皮肤处，用针头水平方向挑起皮肤，刺入 1.5～2 cm，缓慢注入接种物 0.2～1mL。

4. 静脉接种　小鼠尾静脉注射时，先将小鼠尾巴在 50～55℃水中浸泡 1min，使尾静脉扩张，用鼠缸扣住鼠体，露出尾部，用左手拇指和中指将鼠尾拉直，以食指托住尾部，消毒注射部位后由靠近尾尖端处平行刺入针头，再向下刺入静脉，慢慢注入 0.1～1mL 接种物，注射后用灭菌干棉球按住针口。进行家兔耳静脉注射时，先将家兔固定在特制固定器上或人工固定，剃耳毛，用酒精棉球涂擦注射部位静脉 1min，使静脉扩张，再用左手拇指及中食指抓住耳尖部，刺入针头缓慢注射 1～5mL 接种物。鸡翅下肱静脉注射时，让鸡侧卧固定，使其张开翅膀，拔去注射部位的羽毛，碘酊消毒，用针头斜面朝上刺入静脉注射1～5mL 接种物。

5. 腹腔接种　家兔和豚鼠先在腹股沟处刺入皮下，进针少许后再刺入腹腔注射 0.5～5mL。小鼠腹腔接种时，用右手提起鼠尾，左手拇指和食指捏其头背部，翻转鼠体使腹部向上，把鼠尾和右后脚夹于小指和无名指之间，右手持注射器，将针头平行刺入腿根处腹部皮下，然后向下斜行刺入腹腔，注射 0.5～1mL。

（三）动物接种后的观察及含毒组织的收获

动物接种后应每天观察，注意其活动、饮食、排便、排尿及体表皮毛等情况。另外，观察时还应根据接种微生物的特性及动物性别、年龄等的不同而有所侧重，如体温曲线、特征性临床症状

的出现及注射部位的特征性变化等。根据观察结果，选出接种后符合要求的反应特征的动物，按照规定方法扑杀动物，收集含毒血液或采集含毒组织、器官等。

（李慧妓　王　蕾　李俊平）

第三节　细胞悬浮培养技术

细胞悬浮培养技术，也是用细胞繁殖病毒的一种技术，与传统细胞培养技术的主要区别在于培养病毒的细胞生长方式由常规转瓶培养变为高效悬浮培养。根据细胞是否贴壁分为无载体悬浮细胞培养和贴壁细胞微载体悬浮培养。

无载体悬浮细胞培养又称为纯悬浮细胞培养，指的是一种在受到不断搅动或摇动的液体培养基里培养单细胞及小细胞团的组织培养系统，是非贴壁依赖性细胞的一种培养方式。贴壁细胞微载体悬浮培养，是将微载体置于封闭的培养系统中，细胞利用微载体的表面贴壁生长，将生长有细胞的微载体整体进行悬浮的一种培养方式。

一、细胞悬浮培养模式

细胞大规模培养的操作模式一般分为分批式操作、流加式操作、连续式操作和灌流式操作。

（一）分批式操作

分批式操作是动物细胞规模培养进程中较早期采用的方式，也是其他操作方式的基础。该方式采用机械搅拌式生物反应器，将细胞扩大培养后，一次性转入生物反应器内进行培养。在培养过程中细胞体积不变，不添加其他成分，待细胞增长和产物形成积累到适当时间，一次性收获细胞、产物、培养基的操作方式。分批培养过程中，细胞的生长分为 5 个阶段：延滞期、对数生长期、减速期、平稳期和衰退期。分批培养的周期多为 3～5d，细胞生长动力学表现为细胞先经历对数生长期（48～72h），细胞密度达到最高值后，由于营养物质耗竭或代谢毒副产物累积，细胞生长进入衰退期，并进而死亡，表现出典型的生长周期。收获产物通常是在细胞快要死亡前或已经死亡后进行。

该培养方式的主要特点有：①操作简单，培

养周期短，污染和细胞突变的风险小。②直观反应细胞生长代谢的过程，是动物细胞工艺基础条件或小试研究常用的手段。③培养过程工艺简单，对设备和控制的要求较低，设备的通用性强，反应器参数的放大原理和过程控制比其他培养系统较易理解和掌握，在工业化生产中常用此方法，其工业反应器规模可达 12 000L。

（二）流加式操作

流加式操作是在分批式操作的基础上，采用机械搅拌式生物反应器系统，悬浮培养细胞或以悬浮微载体培养贴壁细胞，细胞初始接种的培养基体积一般为终体积的 1/3～1/2。在培养过程中根据细胞对营养物质的不断消耗和需求，流加浓缩的营养物或培养基，从而使细胞持续生长至较高密度，目标产品浓度达到较高水平，整个培养过程中没有流出或回收，通常在细胞进入衰亡期或衰亡期后终止培养并回收整个反应体系，分离细胞和细胞碎片，浓缩、纯化目标蛋白。

该培养方式的主要特点是：①可根据细胞生长速率、营养物消耗和代谢产物抑制情况等流加浓缩的营养培养基，流加的速率通常与消耗的速率相同，根据测得的底物浓度控制相应的流加过程，以保证合理的培养环境与较低的代谢产物抑制水平。②培养过程中以低稀释率流加，细胞在培养系统中停留时间较长，总细胞密度较高，产物浓度较高。③流加培养过程的设计要求掌握细胞生长动力学、能量代谢动力学规律，研究细胞环境变化时的瞬间行为。流加培养细胞培养基的设计和培养条件与环境优化，是整个培养工艺中的主要内容。④在工业化生产中，悬浮流加培养工艺参数的放大原理和过程控制比其他培养系统较易理解和掌握，可采用工艺参数的直接放大。

流加培养工艺是当前动物细胞培养中的主流培养工艺，也是近年来动物细胞大规模培养研究的热点。流加培养工艺中的关键技术是流加基础培养基和浓缩的营养培养基。通常进行流加的时间多在细胞指数生长后期，细胞在进入衰退期之前，添加高浓度的营养物质，可以添加一次，也可添加多次，为了追求更高的细胞密度往往需要添加一次以上，直至细胞密度不再提高。可进行脉冲式添加，也可以降低速率缓慢进行添加。为了尽可能维持相对稳定的营养物质环境，后者更常被采用。至于添加的成分，随着人们对细胞代谢及营养的认识加深而逐步增多，凡是促细胞生长的物质均可以进行添加。流加的总体原则是维持细胞生长相对稳定的培养环境，既不因营养过剩而产生大量的代谢副产物造成营养利用效率下降，也不因营养缺乏而导致细胞生长抑制或死亡。

（三）连续式操作

连续式操作是一种常见的悬浮培养模式，一般采用机械搅拌式生物反应器系统。该模式是将细胞接种于一定体积的培养基后，为了防止衰退期的出现，在细胞到达最大密度前，以一定速度向生物反应器连续添加新鲜培养基；与此同时，含有细胞的培养物以相同速度连续从反应器流出，以保持培养体积的恒定。理论上讲，该培养过程可无限延续下去。连续培养的最大优点是反应器的培养状态可以达到恒定，细胞在稳定状态下生长，可有效延长对数生长期。

连续式操作使用的反应器多数是搅拌式生物反应器，也可以是管式反应器。连续式操作的特点为：细胞维持持续指数增长；产物体积不断增长；可控制衰退期与下降期。但由于是开放式操作，加上培养周期较长，因此容易造成细胞污染；在长周期的连续培养中，细胞的生长特性及分泌产物容易变异；对设备、仪器的控制技术要求较高。

（四）灌流式操作

灌流式操作是把细胞和培养基一起加入反应器后，在细胞增长和产物形成过程中，不断地将部分条件培养基取出，同时又连续不断地灌注新的培养基。它与半连续式操作的不同之处在于取出部分条件培养基时，绝大部分细胞均保留在反应器内，而半连续式操作中在取出培养物的同时也取出了部分细胞。

灌流式操作常使用的生物反应器主要有两种形式。一种是用搅拌式生物反应器悬浮培养细胞。这种反应器必须具有细胞截流装置，细胞截留系统有微孔膜过滤或旋转膜系统及沉降系统或透析系统。另一种是固定床或流化床生物反应器。固定床是在反应器中装配固定的篮筐，中间装填聚酯纤维载体。细胞可附着在载体上生长，也可固定在载体纤维之间，靠搅拌产生的负压迫使培养基不断流经填料（有利于营养成分和氧的传递）。这种形式的灌流速度大，细胞在载体中高密度生长。流化生物反应器是通过流体的上升运动使固体颗粒维持在悬浮状态进行反应，适合于固化细胞的培养。

灌流式操作的优点是：①细胞截流系统可使细胞或酶保留在反应器内，维持较高的细胞密度，一般可达 $10^7 \sim 10^9$ 个/mL，极大提高了产品的产量；②连续灌流系统使细胞稳定地处在较好的营养环境中，有害代谢废物浓度积累较低；③反应速率容易控制，培养周期较长，可提高生产率，目标产品回收率高；④产品在罐内停留时间短，可及时回收到低温下保存，有利于保持产品的活性。

连续灌流式操作法是近年来用于哺乳动物细胞培养生产分泌型重组治疗性药物和嵌合抗体，以及人源化抗体等基因工程抗体较为推崇的一种操作方式，一些较有影响力的公司，如 Genzyme、Genetic Institute、Bayer 等均采用该培养方法培养细胞。

二、细胞生物反应器类型及特点

根据悬浮培养的性质与用途，生物反应器的设计与应用分为机械搅拌式生物反应器、气升式生物反应器、膜式生物反应器、流化床细胞反应器、旋转细胞生物反应器、固定床细胞反应器、波式生物反应器、灌注式生物反应器共 8 种类型。

（一）机械搅拌式生物反应器

主要由培养罐、管道、阀、泵、马达及有关仪器组成。原理是通过叶轮或搅拌器转动培养液，有较大的操作范围、良好的混合性和浓度均匀性，因此在大规模培养中被广泛使用。其优点是：设计简单，操作方便；细胞密度高，易于放大生产；便于无菌操作，不易污染；确保了细胞培养的氧浓度和培养液养分的均衡。其缺点是：机械搅拌会产生一定剪切力，对细胞会造成一定程度的损害，但在具体操作过程中可通过改变搅拌桨叶性状、在培养基中添加保护剂等措施来解决。

（二）气升式生物反应器

结构与搅拌式反应器相似，显著特点是用气流代替不锈钢叶片进行搅拌。主要原理是在反应器底部设置一个气体喷嘴，从外部通入的空气或氧气以气泡形式从下部上升过程中达到气体交换

的目的。其优点是：完全密封，没有移动器件，便于无菌操作，不易污染；结构设计简单，无反应液泄漏点和卫生清理死角；有较好的传热、传质和混合特性；便于放大生产，氧的转换率高。其缺点是：操作弹性小，在低流速，特别是反应器高、直径大、高密度微载体培养时，混合性能不佳。

（三）膜式生物反应器

膜式生物反应器包含一个内腔室和一个外腔室，二者由一层透析膜隔开。主要原理是通过一个起物质传递作用的透析性膜进行气体交换。可以使用此类反应器进行悬浮细胞和微载体贴壁细胞的培养。其优点是：气液交换分开，避免了反应器内气泡和流体剪切力的产生；细胞在反应器内，经反应器连续灌流，可清除有毒的代谢物；由于采用膜包埋技术，因此降低了剪切力对动物细胞的损伤。其缺点在于膜的通透性，由于动物细胞对氧浓度要求不高，在反应器中大部分采用膜自由扩散式物质传递方式，但在进行高氧浓度培养时，膜供氧方式不太适合。

（四）流化床细胞反应器

流化床细胞反应器是一种利用气体或液体通过颗粒状固体层而使固定化细胞处于悬浮运动状态，并进行气固相或液固相反应过程的细胞培养器。该反应器由不同的腔室组成，并确保培养过程中颗粒的完整保留。其特点是：载体、通气及搅拌是分开的，避免了剪切力的损伤，物质传递速率高。流化床生物反应器推荐应用于微载体贴壁细胞、剪切敏感细胞、包被细胞及需长期细胞培养的分泌物的生产。

（五）旋转细胞生物反应器

旋转细胞培养系统是具有代表性的一种微重力反应器。主要原理是培养液及培养物共处于两个同轴的内外圆筒之间，反应器在动力系统的带动下，容器内培养液和培养物沿水平旋转，充满液体的圆柱形悬浮培养容器提供模拟微重力环境，具有高效、三维结构和独特的流体力学特点。其优点是：具有微重力环境、低剪切力、高效物质传递、零顶空间等。是目前贴壁和悬浮细胞培养的新型装置，也是组织工程领域中应用最广泛的一种。

（六）固定床细胞反应器

固定床细胞反应器又称填充床反应器，细胞和载体被固定于一个固定床中，可选择该反应器进行贴壁细胞培养。该系统无需特殊的气、固、液分离装置，由气泡产生的剪切力和细胞损伤很微弱。培养期间，富氧培养基在固定床内循环。因为氧气和培养基的供应是不确定的变量，所以对于轴流式固定床而言，床的长度是一个关键性的参数。可用此类反应器进行贴壁细胞、剪切敏感细胞及分泌性产品细胞的培养。

（七）波式生物反应器

波式生物反应器的培养基和接种细胞处于一个密封、无菌并且气密性的袋子中，通入空气后形成一个具有一定空间的培养容器，而袋子被置于一个摇动平台上，随着摇动平台的左右摇动，培养基液体在袋子中形成波浪式的运动，起到良好的混合作用。其优点是：无需对罐体进行清洗、消毒，提高工作效率，无搅拌剪切力产生，极少气泡出现，操作简单，使用方便，可随意调整生产规模等。

（八）灌注式生物反应器

灌注式生物反应器是通过激流式振荡器的机械转动，使培养罐中的培养液产生激流，从而使培养液反复冲刷激流袋内表面的氧分子层，进而使氧分子层迅速溶解于培养液中，以满足细胞正常生长和代谢需求的新型传氧方式。反应器利用纸片载体来培养，纸片载体具有立体三维结构，更大的表面积，细胞可以快速贴附在载体上，大量细胞聚集可形成保护，减少液体流动时对细胞产生的剪切力。其优点是：可大大增加细胞培养密度，提高病毒滴度；占地面积小，无需复杂工程管道支持，所用耗材均为一次性使用，适合多品种同一平台生产；操作简单，提高了生产过程的可控性。

三、微载体培养技术

微载体是指直径为 $60 \sim 250~\mu m$、在细胞培养中使用的一类无毒性、非刚性、密度均一、通常为透明的微球，能使贴壁依赖性的细胞在悬浮培养状态下贴附在微球表面单层生长，极大地扩大了细胞贴附面积，更利于大规模培养和收集细胞。

微载体一般是由天然葡聚糖或其他合成的聚合物制成，其原理是把对细胞无害的微载体加入到培养容器的培养液中，使细胞在微载体表面贴附并生长，同时通过持续搅拌使微载体始终保持悬浮于培养液中，贴壁依赖性细胞必须贴附于固体基质的表面才能生长增殖。

根据物理学性质，一般可将微载体分为液体微载体和固体微载体两类。固体微载体较为常见，又分为实心微载体和大孔/多孔微载体。

（一）固体微载体

包括实心球体微载体和大孔/多孔微载体。实心微载体利于细胞在微珠表面贴壁、铺展和病毒对细胞的感染，放大过程中球转球接种工艺，以 Famarcia 公司利用中性葡聚糖凝胶表面耦联正电荷基团开发出的 Cytodex 系列应用最广。大孔/多孔微载体是以纤维素为基质，内部有许多相互连通的网状小孔通向载体表面，接种的细胞容易进入微载体内部生长分裂，增加了细胞固定化的稳定性，从而避免受剪切力或气泡的影响。既能保护细胞免受机械损伤，增加搅拌强度和通气量，强化反应器的传质，又为细胞提供了充分的生长空间，接种方便，操作简单。

另外一种以聚酯材料和聚苯乙烯材料研制成功的新型细胞载体，即纸片载体，已经在人医和兽医方面得到广泛应用。纸片载体具有立体三维结构，表面积更大，细胞可以快速贴附在载体上，大量细胞聚集可以形成保护，减少液体流动时对细胞产生的剪切力。

（二）液体微载体

鉴于某些类型固体微载体的不足，1983 年 Charies 等利用氟碳化合物与培养液在搅拌情况下的临界点，形成蛋白质层，这种蛋白质单层靠纤维素支持，贴壁型细胞在培养过程中因表面极性而贴附在表面生长。这种液体微载体的微球形成、细胞贴壁、培养均在搅拌下进行，当达到培养目的时停止搅拌，即可通过离心分相使细胞游离悬浮于有机相和培养基之间，用移液管即可方便移出。其不足之处是成本较高、制作工艺复杂，且载体不能重复使用。

四、细胞悬浮培养技术在兽医疫苗生产中的应用

采用传统的方瓶和转瓶来培养动物细胞的技术已经很成熟，在我国兽医疫苗生产领域一直使用，但该方法存在培养细胞密度低、病毒产率低、生产成本高、劳动强度大等缺点。在国家宏观调控政策上，农业部 1708 号公告明确要求，自 2012 年 2 月 1 日起，各省级兽医行政管理部门停止受理新建转瓶培养生产方式的兽医细胞苗生产线兽药 GMP 验收申请。由于以上因素影响，细胞悬浮培养技术在我国兽医疫苗研发和生产中也逐渐成为主要发展方向。

在技术研发方面，目前猪病病毒增殖中，采用微载体悬浮技术培养 PK-15 细胞增殖猪细小病毒、猪圆环病毒，采用激流式生物反应器培养 Marc145 细胞增殖 PRRSV，采用悬浮培养 BHK21 细胞增殖口蹄疫病毒、狂犬病病毒，采用微载体生物反应器培养 Vero 细胞增殖猪流行性腹泻病毒、乙型脑炎病毒；在禽病病毒增殖中，采用悬浮技术培养 MDCK 细胞增殖禽流感病毒，采用微载体悬浮技术培养 DF1 细胞和 Vero 细胞增殖鸡传染性法氏囊病病毒等均有相关机构在开展研究，可取得优于转瓶培养细胞增殖病毒的效价优势。

在产业化生产方面，目前国内口蹄疫疫苗生产逐步实现了从转瓶培养 BHK21 细胞向悬浮培养的技术革新。此外，使用悬浮技术培养 MDCK 细胞增殖高致病性禽流感病毒也在部分企业实现了大规模生产。

（朱秀同　丁家波）

第四节　支原体培养技术

支原体是一类缺少细胞壁的原核生物，国内也有人曾称之为霉形体或菌原体。在微生物分类学上属于原核生物界、软壁菌门、软膜体纲生物，是当前所发现的能够独立繁殖的结构最为简单、体积最小的生物。其整个细胞由 DNA、核糖体和细胞膜 3 种细胞器组成，是进行自体繁殖和合成大分子所需的最低限度的细胞器种类。因其缺少细胞壁，因此没有固定形态。细胞膜在电镜下呈现暗-亮-暗 3 层，其中蛋白质约占 2/3，脂类约占 1/3。其主要抗原是位于细胞表面的膜蛋白和脂多糖。

支原体大小介于细菌与病毒之间，直径 125～150 nm。由于缺乏细胞壁，因此呈高度多形性，有球形、杆形、丝状、分枝状等。能通过 0.22 μm 细菌滤器。用普通染色法不易着色，姬姆萨染色着色很浅，革兰氏染色为阴性。对青霉素等作用于细胞壁的抗生素不敏感。一般认为支原体是兼性厌氧型微生物，但在氧气充足和严格厌氧条件下均不利于支原体的生长。在琼脂培养基上一般可形成"煎蛋"状菌落，中心有突起的"脐"，下端嵌入培养基内，这也是与细菌菌落的差别之一。

支原体的基因组小至 1 000 kb 左右，最小的生殖支原体基因组仅 580 kb 左右，约为大肠杆菌基因组的 1/8。G+C 含量也较低，一般都低于 30%。支原体能够合成自身大分子，但由于其基因组小，G+C 含量低，携带信息量不多，因此生物合成能力十分有限，必须从外界摄取一些比较复杂的基质或前体，这也导致支原体的人工培养对培养基和培养条件要求较高。最早关于支原体的报道是 1763 年发生在德国的牛传染性胸膜肺炎，该病在 19 世纪流行于欧洲，并传播到了美国，直到 1898 年，人类才分离到该病原微生物，即丝状支原体丝状亚种。这也是人类分离到的首个支原体。

根据基因组学分类和进化研究结果，可将支原体目分为两个群，即人型支原体群（包括肺支原体、猪肺炎支原体、滑液支原体和运动支原体等）和肺炎支原体（包括生殖支原体、肺炎支原体、鸡毒支原体、解脲支原体和穿透支原体等）。支原体的转录系统与革兰氏阳性细菌相似，启动子通常都有类似的-10 和-35 区，并被 σ 因子识别，RNA 聚合酶的结构与其他原核生物也很相似。支原体密码子系统中的 UGA（通用密码子中为终止密码子）通常用来编码色氨酸，莱氏无胆甾原体是唯一一种使用通用遗传密码的支原体。除密码子差别外，支原体的翻译系统与革兰氏阳性细菌也很相似。另外，支原体在进化树上也与革兰氏阳性细菌有较近的亲缘关系，因此有人认为支原体是由革兰氏阳性细菌退化而来的。

支原体具有代谢抑制的特性，即抗某种支原体的特异性抗体可以抑制该种类支原体的生长繁

殖，类似于病毒的中和试验，利用该特性进行的试验称为代谢抑制试验，常用于支原体种类的鉴定。支原体的代谢抑制试验是由病毒的中和试验发展而来的，最早可追溯到 1958 年，美国科学家应用代谢抑制试验检测柯萨奇病毒 B 组抗体，即病毒中和试验。1967 年，人类首次发现抗支原体抗体对相应支原体具有显著的代谢抑制作用。支原体的代谢抑制特性具有很强的种特异性，即一种支原体的高免血清只抑制该种支原体，而对其他种类的支原体不具有代谢抑制作用，因此代谢抑制试验已经成为支原体菌种鉴定的金标准。

支原体的种类繁多，在自然界分布广泛，包括人、动物、植物及昆虫体内及环境中都存在，而且部分种类可引起人、动植物及昆虫的某些疾病。从人体分离的支原体共有 16 种，其中 5 种为肺炎支原体（M. pneumoniae）、解脲支原体（Ureaplasmaurealyticum）、人型支原体（M. homins）、生殖支原体（M. genitalium）及发酵支原体（M. fermentans），对人具有致病性。在兽医学上比较重要的支原体，根据动物种类可分 3 类。第一类是引起牛、羊疾病的丝状支原体及奶牛乳房炎相关支原体。丝状支原体包括 6 个亚种，即丝状支原体丝状亚种 LC 型（大菌落生物型）（Mycoplasma mycoides subsp. Mycoides large-colony type，MmmLC）、丝状支原体丝状亚种 SC 型（小菌落生物型）（Mycoplasma mycoides subsp. Mycoides small-colony type，MmmSC）、山羊支原体肺炎亚种（Mycoplasma capricolum subsp. Capripneumoniae，Mccp）、丝状支原体山羊亚种（Mycoplasma mycoides subsp. Capri，Mmc）、羊支原体山羊亚种（M. capricolum subsp. Capricolum，Mcc）和牛支原体血清学 7 群亚种（Mycoplasma sp. bovine serogroup 7）。牛乳房炎相关支原体包括牛无乳支原体、微碱支原体、牛鼻炎支原体、牛生殖器支原体等。第二类是引起禽类疾病的支原体，包括鸡毒支原体、鸡滑液支原体、火鸡支原体、鸽支原体等。第三类是引起猪疾病的支原体，包括猪肺炎支原体、猪滑液支原体及猪鼻支原体等。猪鼻支原体通常不引起猪的疾病，但近年来在台湾地区发现由猪鼻支原体感染引起小猪肺炎的病例。

一、支原体的分离与培养

支原体是迄今发现的能够独立繁殖的结构最简单、体积最小的生物，可以利用所在环境中的营养成分合成自身物质。但由于基因组小，携带的信息量十分有限，因此其仅具有有限的生物合成能力，为维持代谢和繁殖的需要，必须从外界摄取一些较为复杂的大分子前体物质，包括维生素、核酸前体、氨基酸、胆固醇等。支原体生长繁殖所需能量来源主要包括 3 类。第一类是通过发酵葡萄糖获取能量，如鸡毒支原体、猪肺炎支原体、丝状支原体等，绝大部分支原体的能量来源是葡萄糖。第二类是通过水解精氨酸获取能量，如火鸡支原体、鸽支原体等。第三类是通过水解尿素获取能量，主要包括尿原体属的各个种类。有些支原体既能发酵葡萄糖，又能水解精氨酸，如衣阿华支原体。发酵葡萄糖的支原体在生长代谢过程中产生酸，而水解精氨酸的支原体在代谢过程中产生碱性代谢产物，并使培养基的 pH 发生变化，用于评价支原体培养物中活菌数的颜色变化单位（colour change unit，CCU）应用的就是这个原理。

由于支原体自身合成能力的限制，因此其对人工培养基的营养成分有较高要求。支原体培养基中常用的成分有：一是牛心汤，主要提供氨基酸、多肽、维生素及其核酸前体等。通常所说的牛心汤，实为牛心消化汤，即用胰酶或新鲜胰脏浸液对牛心汤进行水解消化后，经沉淀、过滤获得的澄清液体。目前已有商品化的牛心浸出粉，如 PPLO（Difco），可直接替代人工制备的牛心汤。二是酵母浸出物，主要提供核酸前体物质和维生素等营养成分。酵母浸出物是大多数支原体培养基中必需添加的成分。用于支原体培养的酵母浸出物一般使用新鲜酵母制备的 25% 酵母浸出液，其培养效果明显优于商品化的酵母浸出粉。三是动物血清，是支原体生长所需的胆固醇、脂肪及其他营养因子来源。最常用的动物血清有猪血清、马血清和牛血清，添加比例一般高达 10%～20%（v/v）。四是葡萄糖或精氨酸，为支原体代谢提供碳源和能量，并产生酸或碱，使培养基的 pH 发生变化，可通过指示剂的颜色变化判断支原体生长情况。五是其他添加物，主要包括 pH 缓冲系统、无机盐类、抑菌剂等辅助成分。

人工培养支原体时对营养要求较高，培养条件也较为严格。支原体培养基的基本配方为：800mL 基础液（含 PPLO 21 g、葡萄糖 5 g、25％酵母浸出液 100mL、1％醋酸铊溶液 10mL、1％酚红溶液 1mL、8 万单位/mL 青霉素溶液 10mL）中加入动物血清 200mL，调整 pH 至 7.8 左右。固体培养基的基础液为 PPLO 21 g、25％酵母浸出液 100mL、1％醋酸铊溶液 10mL、低熔点琼脂 12 g，加去离子水至 765mL，分装后以 115℃高压灭菌 20min，冷却至 60℃左右，加入 56℃预热的经过滤除菌的 25％葡萄糖溶液 20mL、1％酚红溶液 1mL、8 万单位/mL 青霉素溶液 10mL、健康猪（马、牛）血清 200mL，用 2mol/L 氢氧化钠溶液调节 pH 至 7.8 左右，制备固体培养基平板。对于水解尿素或精氨酸的支原体，则可在以上配方的基础上加入尿素或精氨酸等成分。

此外，支原体培养还有一个特别要注意的问题，就是对器皿和水质的要求。培养支原体所用器皿需洁净，可参照细胞培养的要求准备。培养基配制用水需是去离子水或双蒸馏水，普通蒸馏水不适于某些支原体的分离和培养。

支原体的培养比较困难，从田间分离支原体更是艰难。田间分离支原体的基本步骤和需要注意的问题包括以下几点：

（一）病料的选择与处理

选取感染症状明显的可疑病畜或病禽进行活体采样。将呼吸道黏液或病变部位渗出液或小块组织，经处理后进行 PCR 检测，取阳性动物作为分离对象。

将经 PCR 检测的阳性动物扑杀，用无菌技术采集典型病变组织、支气管或黏液。如为组织块，则需使用含 5 000 单位/mL 青霉素的 PBS（1/15 mol/L，pH7.2）对病变肺组织进行反复清洗后，匀浆，用双层灭菌纱布过滤，除去较大组织块，对匀浆液进行无菌检验。如取样为支气管或黏液，则使用含 5 000 单位/mL 青霉素的 PBS（1/15 mol/L，pH7.2）清洗或稀释，收集清洗液进行无菌检验。

（二）分离培养

将 0.5mL 匀浆液或清洗液加入到含有 20mL 支原体液体培养基的 100mL 盐水瓶中，使用橡胶塞或翻口胶塞盖严，37℃静置培养。接种后第 7、12 和 17 日，分别从瓶中取出 0.2mL 培养物，接种含 1.8mL 支原体液体培养基的小管中，并设 3 个重复，37℃静置培养。

分离培养中需要严格注意：第一，所用培养基中添加的动物血清须是目标支原体的阴性血清，如分离猪肺炎支原体使用的培养基中添加的猪血清须是猪肺炎支原体抗体阴性血清；第二，培养中使用的盐水瓶和试管必须严格密闭，不能使用硅胶塞、棉塞等透气瓶塞，建议使用橡胶塞或采用带密封塞的一次性培养瓶或试管。

（三）鉴定

选择培养 3~15d 且 pH 下降到 6.8 左右的培养物小管，取出 10μL，分别进行 PCR 检测。选取 PCR 检测阳性的培养物，使用代谢抑制试验进行鉴定，即将培养物稀释到 10^{-4} 后，接种到含目标支原体高免血清的液体培养基中，同时设置 3 个重复及阴阳性对照管，培养 2 星期左右。如对照成立，3 个代谢抑制管培养基颜色均不发生变化或变化不明显，即可判定所分离的支原体为目标支原体。如 3 个代谢抑制管培养基颜色均发生明显变化，表明培养物中可能还含有其他种类的支原体，则需进行进一步纯化。

从田间分离支原体是件非常困难的工作，比细菌或大多数病毒的分离还要困难，特别是对于没有支原体培养经验的人员而言更是一个巨大挑战。支原体一般为兼性厌氧型，在氧气充足或完全缺少时都不利于其生长繁殖。在 37℃静置培养时，一般培养基的装量控制在培养瓶或试管总体积的 1/6~1/5，即 100mL 培养瓶装 20mL 左右的培养基。若采用振摇培养，可以将该比例适当扩大。此外，必须使用橡胶塞或密封塞盖严，不允许培养瓶内外有任何空气交换。此外，在分离使用的培养基中血清的选用上，国内有些文献报道中使用小牛血清或马血清，但根据已有工作经验，分离用培养基中使用猪血清的效果会更好。

二、大规模的支原体培养技术

支原体的大规模培养技术，总体上可分为两个类型，即静置培养和振摇培养。两种类型的培养方法各有利弊。通常情况下，前者的培养物中支原体生长繁殖缓慢，但活菌数较高，比较适合于活疫苗的培养；振摇培养支原体生长快，活菌数低，但抗原含量大，较为适合于灭活疫苗或诊断试剂的抗原生产。

静置培养适用于几乎所有支原体种类，但对不同支原体种类和特性采用的静置培养方法也不完全相同。对于一些生长繁殖较快的支原体，如鸡毒支原体，培养液可占培养瓶总体积的1/2～2/3；而对猪肺炎支原体等则需采用浅层培养的方式，培养液以占培养瓶总体积的1/5左右为宜。

振摇培养支原体的培养方法与大肠杆菌类似，但转速一般控制在200 r/min以下，且培养瓶需密闭，接种量一般为10%左右，培养时间可控制在2～3d。如培养基变色速度太快，可对培养基的成分进行适度调整。用生物反应器培养支原体与振摇培养类似，只是对培养物的pH、溶氧、光密度值参数进行实时监控或调整，实现培养条件的优化，以期得到更高的抗原产量。国内外已有部分疫苗生产厂商使用生物反应器生产支原体抗原，但文献报道极少。

三、支原体CCU计数

支原体的活菌滴度使用单位体积培养物中含有的颜色变化单位（color change unit，CCU）来衡量，常表示为CCU/mL。还有一种表示方法是CFU/mL，即菌落形成单位。由于支原体的培养通常较为困难，而在固体培养基上培养并形成典型的菌落对于绝大多数支原体种类则非常困难，因而在实际应用中极少用CFU/mL来表示培养物中支原体的活菌滴度，更多的是用CCU/mL来表示。

支原体活菌滴度的测定方法，常称之为CCU计数。其基本原理是，将培养物进行一系列稀释，一直把培养物稀释到10^{-10}～10^{-9}，然后一同置37℃静置培养15d左右，发生颜色变化培养管的最高稀释度，即为该培养物的CCU滴度。具体方法为：取13只无菌小圆底试管，第1～9管中分别预先加入1.8mL液体培养基，第10～13管每管加入1.6mL培养基。在进行培养物计数时，在第1管中加入0.2mL待测原菌液，充分混匀后，从第1管吸出0.2mL液体加入第2管，再混匀后取出0.2mL加入第3管，依次类推，直到第9管；从10^6稀释后，在每个10倍稀释管中间插入

5倍稀释管，即从第6、7、8管分别取稀释好的菌液0.4mL加入到第10、11、12管1.6mL培养基中。第13管不加菌液留作对照。各管培养基放入37℃静置培养15d后，观察培养基颜色，计算原菌液中的活菌数。将培养基颜色由红变到橘黄（pH下降值≥0.5）的最后一稀释管作为CCU/mL的终点，即如果培养基pH下降值≥0.5出现在第1～8管，则原菌液的活菌数为10^8 CCU/mL，第10～12管发生颜色变化（pH变化值≥0.5），则培养物的活菌数为$5×10^8$ CCU/mL。

尽管用CCU计数法测定支原体活菌滴度的方法客观准确，但该方法所需时间较长（约2周），不适于实时监测，近些年出现一些替代方法，如紫外测定法、PCR方法等。紫外测定法的原理是通过对样品进行处理，使样品细胞释放核酸后，使用核酸蛋白测定仪测定样品中核酸浓度，再将其除以每个菌体的核酸量，从而得到培养物中的菌体数目。该方法快速、精确，只需半小时即可得到结果。而PCR方法的原理是对目标支原体的模板DNA进行定量的PCR，通过检测培养物中的特异性核酸浓度而达到对菌数进行测定的目的。

（沈青春　王忠田）

第五节　多肽合成技术

一、概述

多肽是涉及生物体内各种细胞功能的生物活性物质，它们影响生物体内许多重要的生理生化功能，如作为神经递质、神经调节因子和激素参与受体介导的信号传导，已知有100多种活性肽在中枢和外周神经系统、心血管系统、免疫系统和肠中起作用。多肽本身具有许多生物学功能，它们通过与受体相互作用影响细胞之间的信息交流或改变细胞之间的相互作用来参与生理生化过程，如免疫反应、代谢、疼痛和再生等。因此过去100年里无论是多肽的分离、合成、结构鉴定和作用机制，还是它们作为工具在生命科学中的应用，多肽科学都经历了长足的发展，呈现出空前繁荣的景象。其重要意义不仅体现在生物学中，还体现在化学、药理学、生

物技术和基因技术等学科发展中。比如，通过多肽合成验证新的多肽结构；设计新的多肽，用于结构与功能关系的研究；为多肽生物合成反应机制提供重要信息；建立模型酶及开发新的多肽类药物等。

多肽是以不同氨基酸为构建单元通过酰胺键（肽键）连接的氨基酸聚合物。目前由 DNA 编码的天然多肽和蛋白质，通常由 20 种不同的 α-氨基酸构成。大多数天然多肽由 L-氨基酸构成，但在抗生素多肽、细菌细胞壁多肽和南美蛙皮肤中，还存在 D-氨基酸和其他一些特殊氨基酸，如焦谷氨酸、鸟氨酸、D-苯丙氨酸等。

多肽形成的关键是肽键，即由前一个氨基酸的羧基与后一个氨基酸的氨基缩合形成（简单图例见图 9-11）。

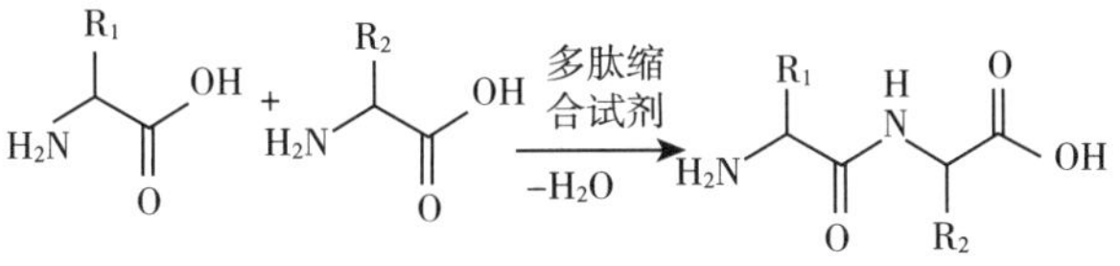

图 9-11 肽键的形成机理（R₁、R₂ 均为氨基酸的侧链）

肽键形成从表面上看是一个简单的化学过程，但人工合成多肽是个十分复杂的过程。首先，由于氨基酸具有两性离子结构，部分氨基酸含侧链官能团，如果这些基团不加保护，肽链的形成则不可控，会产生许多副产物，因此通常在合成多肽过程中，对不参与肽键形成的所有官能团需以暂时、可逆的方式加以保护；其次，在肽键形成过程中 N-端保护氨基酸的羧基要活化为活性中间体才能进行耦合反应；最后，对保护基进行选择性脱除或全脱除。

二、多肽合成技术

从 20 世纪初至今，多肽合成技术经过 100 多年的发展，产生了固相合成、液相合成、"相转移"合成、天然化学连接合成等技术，国内外有大量的文献和专著对其进行过详细介绍。

目前应用最为广泛的是固相合成技术和液相合成技术，主要采用羧基活化方法完成耦合反应，最早使用的方法是将氨基酸活化为酰氯、叠氮、对称酸酐及混合酸酐。但是这些方法存在氨基酸消旋化、反应试剂危险及制备过程复杂等缺点，逐渐被后来的缩合试剂所取代。无论是用固相方法还是液相方法，形成肽链策略有两种。一种是线性逐步合成，是指从 C 端残基或 N 端残基逐步开始缩合延长肽链；另一种是片段缩合合成，是指分别合成中间片段再组装成目标肽链的构建方法。选择哪一种策略进行多肽合成是基于选择最佳的保护基组合、最适当的缩合方法，以使每个肽键形成步骤是最优化的，而从肽链 C 端向 N 端合成至今仍是多肽合成优先选择的方式。

（一）固相合成技术

1963 年，美国生物化学家 Bruce Merrifield 首次提出在固相载体上进行多肽合成的概念，并发展为现在所称的固相肽合成法（SPPS）。这一独创性方法在肽化学领域内具有里程碑意义。由于该法方便、迅速，因此已成为多肽合成的首选方法，而且还带来了有机化学上的一次革命，为此 Merrifield 荣获了 1984 年诺贝尔化学奖。Bruce Merrifield 经过反复筛选，最终摒弃了最常使用的氨基保护基即苄氧羰基（缩写为 Cbz 或 Z）在固相合成中的运用，首先将叔丁氧羰基（t-Boc）用于保护 α-氨基，这能有效防止肽键形成时发生的消旋，同时 Bruce Merrifield 在 1966 年发明了第一台多肽合成仪，并首次成功合成出生物蛋白酶、核糖核酸酶（124 个氨基酸）等。1978 年，Chang、Meienlofer 和 Atherton 等采用 Carpino 报道的 9-芴甲氧羰基（Fmoc）基团作为 α-氨基保护基，成功地运用 Fmoc 进行固相合成多肽。Fmoc 法与 t-Boc 法的根本区别在于前者采用在温和的碱性条件下脱除 α-氨基的 Fmoc 保护基，侧链保护基则采用三氟乙酸可脱除的叔丁氧基等，树脂采用 TFA 可切除的对烷氧苄醇型树脂，对保护基最终脱除避免了使用强酸。

经过近 50 年发展，固相合成法已广泛应用于多肽和蛋白质研究领域，与经典的液相合成相比具有很多优势。例如，缩短了生产周期，通常有较高收率和纯度，减轻了每步产品提纯的难度。固相合成法的基本原理是，从肽链 C 端开始"组装"合成，以连接于固相载体的 C 端第一个氨基酸为起点，经活化、耦合、脱保护循环过程，将保护氨基酸逐一"组装"成目标多肽（图 9-12）。

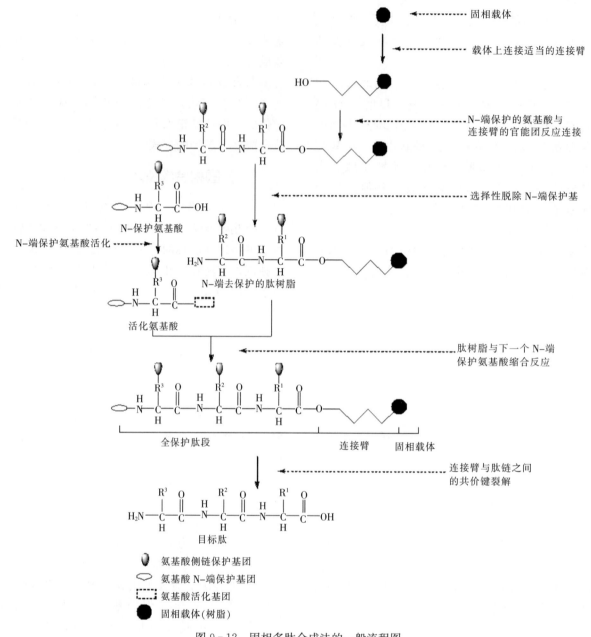

图 9-12　固相多肽合成法的一般流程图

（二）液相合成技术

1953 年，V. du. Vigneaud 和他的合作者完成了催产素的液相全合成，开启了化学合成活性多肽领域的大门，从此以后化学合成在多肽领域中大显身手，有力地推动了多肽的研究和应用。1965 年，我国科学工作者在全世界首次采取液相法合成了牛胰岛素并获得结晶，人工合成产物具有与天然产物完全相同的化学指标和生物活力。胰岛素的成功合成标志着人工合成蛋白质历史的开始，使多肽合成进入了新的历史阶

段。同时在多肽合成方法上也有了不少新的发明，无论在缩合剂、保护基、反应条件，以及产物的分离和纯化方面都有了新的改进和新的发现。

目前虽然固相合成法占据主导地位，但液相合成多肽仍然广泛应用，在合成小肽和多肽片段上具有规模大、成本低的优点。由于液相合成是在均相中反应，因此可供选择的反应条件更加丰富，如催化氢化、碱性水解等条件均可使用，这些条件在固相合成法中使用会遇到反应效率低及产生副反应等原因而无法应用。

原则上，液相合成法用于寡肽至中等长度肽的片段合成，应用到中长肽合成时中间片段在有机溶剂中的溶解度低是目前困扰人们的难题。目前液相法用于商业化生产的最长肽是含 32 个残基的降钙素，而固相法更趋向用于长肽和蛋白质合成。

液相多肽合成中主要采用 Z、t-Boc、Fmoc 三种保护基策略，液相的线性逐步合成法主要合成寡肽和大约 5 个氨基酸残基的肽段，是制备大量多肽的优先选择，尤其是工业化所要求千克级乃至吨级时的选择。

囊素是禽类法氏囊组织超滤物（1 kDa 以下）中含有的一种具有重要功能的生物活性三肽，可作为禽类的免疫增强剂应用于疫苗中，能够促进禽类 B 淋巴细胞的分化和增殖，提高 IgG 的分泌；可促进禽类机体 IL-2、IFN-γ 的产生，提高动物机体细胞免疫力，明显提高疫苗保护率。为了尽快实现囊素三肽的大规模生产以满足国内市场的需求，四川省畜牧科学研究院对囊素三肽（Bursin）的合成工艺进行了探索，最终选择了液相法合成，其合成工艺路线见图 9-13。

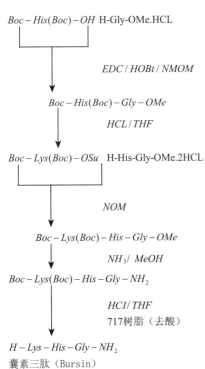

图 9-13　液相法合成囊素三肽（Bursin）的路线图

液相法合成中长肽时一般采用片段式缩合方式，解决了中间产物片段在有机溶剂中溶解性低的问题，可进行工业化大规模生产。2000 年美国

药品与食品管理局批准直接凝血酶抑制剂比伐卢定（Bivalirudin，商品名 Angiomax，由 Medicines 制药公司出品）在美国上市。这是一种含 20 个氨基酸残基的人工合成 20 肽，序列是：H-D-Phe-Pro-Arg-Pro-Gly-Gly-Gly-Gly-Asn-Gly-Asp-Phe-Glu-Glu-Ile-Pro-Glu-Glu-Tyr-Leu-OH。由大陆及台湾科学家丁金国等合作开发的比伐卢定新合成工艺巧妙地运用了片段式液相合成技术，首先用液相法合成 Bivalirudin（1~4）、Bivalirudin（5~10）、Bivalirudin（11~16）、Bivalirudin（17~20），然后通过液相片段式缩合最终得到 Bivalirudin（具体合成工艺图 9-14）。

（三）"相转移"合成技术

在固相和液相合成方法之间进行策略性选择并非教条，人们已经开发出许多混合合成方法，称之为相转移合成（相变化合成）。用固相法合成大的保护片段，继之以液相或固相法组装，这为生产复杂、困难序列开辟了新途径。虽然相转移技术还没有得到广泛应用，但它在工业化大规模生产长肽方面展示了广阔的前景。

2000 年罗氏制药公司利用相转移技术合成了世界上第一个作用于 HIV 与靶细胞融合过程的第 3 类抗 HIV 药物多肽药物 T-20（恩夫韦肽，Enfuvirtide，商品名 Fuzeon），此药已于 2003 年 3 月批准在美国上市。其生产工艺如图 9-15，首先采用固相合成法合成了 T20（1-16）、T20（17-26）、T20（27-35），然后通过液相法将其连接起来得到最终产物 T-20。

此后 10 年时间内相转移合成技术在多肽合成领域内得到迅速发展，在此基础上发展了多种多肽对接（peptides ligation）技术，将相转移合成技术从保护肽段延伸到未保护肽段的连接，极大地丰富了多肽连接技术，从而有力地推动了多肽化学合成技术在规模化生产中的应用。

（四）天然化学连接合成技术

天然化学连接方法是近年来多肽和蛋白质合成技术中最有效的途径之一，也是目前最简单和实用的多肽片段连接方法（其原理见图 9-16）。

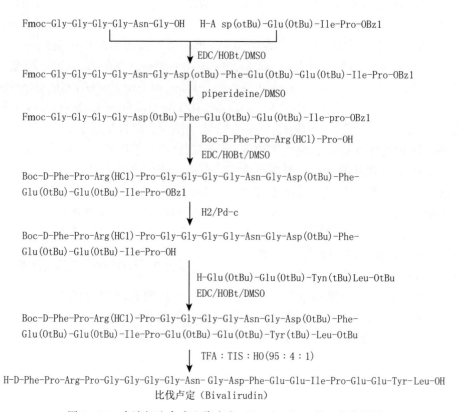

图 9-14　全液相法合成比伐卢定（Bivalirudin）的工艺路线图

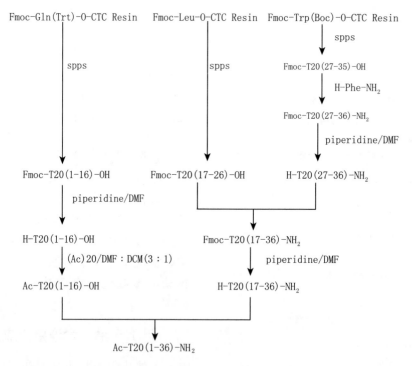

Ac-Tyr-Thr-Ser-Leu-Ile-His-Ser-Leu-Ile-Glu-Glu-Ser-Gln-Gln-Glu-Lys-Asn-
Glu-Gln-Glu-Leu-Glu-Leu-Asp-Lys-Trp-Ala-Ser-Leu-Trp-Asan-Trp-Phe-NH$_2$

恩夫韦肽（Enfuvirtide）T20

图 9-15　应用相转移法合成 T20（Enfuvirtide）的工艺路线图

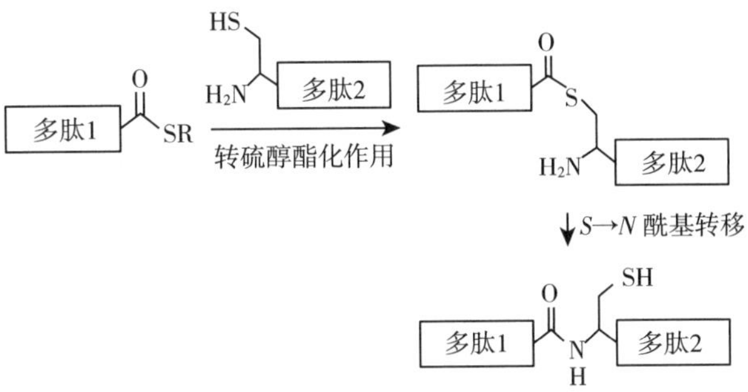

图 9-16　天然化学连接（NCL）原理图

反应目的是在 pH 7～8 的缓冲溶液中连接两条未保护的肽段，反应步骤为其中一条多肽的 C 末端硫酯与另一条多肽的 N 端半胱氨酸（Cys）残基的侧链巯基发生酯交换反应，生成新的硫酯中间体，此中间体自发形成过渡态五元环，继而又迅速进行 S-N 端酰基迁移，最后形成了以 Cys 为连接位点的多肽产物。

随着最近几年多肽化学的发展，天然化学连接已经从 Cys 连接位点发展为以 Gly、Ala、Met 和 His 为位点的化学修饰连接合成（chemical modification of ligated peptides），以 Gly 为位点的 Staudinger 连接合成及脱羧连接合成方式等。

（五）小分子多肽与其他分子连接技术

多肽分子容易受到体内酶类的影响而发生裂解使其失去生物活性，小分子多肽还存在免疫原性不强等问题。为了解决这些问题，近年来药物学家尝试了很多方法，如将小分子多肽整合到载体蛋白，如 BSA、KLH 等大蛋白上；或其他大分子物质，如 PEG 等大分子上，使之能在体内通过自然的抗原递呈途径进行处理，增加药物的靶向性和稳定性。其合成方法一般是选用一种双官能团的交联试剂（cross-linking reagent）将多肽分子与大蛋白或大分子连接，这种双官能试剂包含两个参加反应的官能团，另一个官能团与多肽连接，另一个官能团与大蛋白或大分子连接。已经上市的兽药产品，如辉瑞（Pfizer）公司的公猪异味控制疫苗异普克（Improvac），即为用人工合成的促性腺激素释放因子（GnRF）的类似物（9 肽分子）与白喉类毒素（生物大分子）的结合物和乙基二乙胺右旋糖苷佐剂混合配制而成，其中促性腺激素释放因子（GnRF）的类似物（9 肽分子）与白喉类毒素就是通过双官能团试剂顺丁烯二酰亚胺苯酰基-N-羟基琥珀酰亚胺（MBS）进行连接形成稳定的化合物。

1995 年，Krieg 等证实含有非甲基化 CpG 二核苷酸基序的 DNA 具有强有力的激活抗原递呈细胞的效应，因此在抗感染免疫、癌症治疗、过敏性疾病，以及免疫佐剂等领域具有重要的应用价值，其在兽用疫苗中将 CpG 寡核苷酸加入到疫苗组合物中形成稳定化的免疫刺激复合物以改善免疫应答已经取得了良好效果。然而未经修饰的 CpG ODN 通常易被核酸酶降解，细胞摄取率低，需要较高的给药剂量和反复给药，这些缺陷严重限制了 CpG 的应用。如果将小分子多肽与 CpG ODN 耦联整合为多肽与核苷酸聚合物，一方面增加多肽分子的靶向性和激活抗原递呈细胞效应，另一方面设计合理的合成肽链可作为 DNA 的转运系统增加其稳定性和细胞摄取率；抑或用 N-（2-氨基乙基）甘氨酸骨架代替糖-磷酸酯骨架作为重复结构单元，合成以肽键连接的寡核苷酸模拟物-肽核酸（peptide nucleic acid，PNA）。目前，PNA 由于与核酸结合的高度特异性和高度亲和力备受人们关注。原则上，用于多肽合成的大多数耦联试剂都可用于 PNA 的寡聚化反应，因此 PNA 的合成可采用多肽固相合成技术，如 t-Boc/Bzl 或 Fmoc/tBu 保护策略。此外，PNA2/DNA、PNA2/RNA 的杂交基本不受杂交体系盐浓度影响，表现出极高的杂交稳定性、优良的序列识别特异性、较宽的 pH 范围适应性、不被核酸酶和蛋白酶水解等优点。

近年来，随着酶促肽合成、糖肽合成、磷酸化肽合成、脂肽合成、硫酸脂肽合成、肽类抗生素合成，以及肽模拟物合成等多肽合成技术的应用，多肽合成技术已经不仅仅局限于酰胺键的形成，其不断结合小分子化学或生物大分子的特有性质，使多肽合成的范围不断扩展，从而使新的技术在多肽领域及分子生物学研究中得到不断应用。

（六）氨基酸消旋的机制及控制方法

由于氨基酸多为手性分子（甘氨酸除外），因此多肽合成过程中不可避免地产生消旋化即差向异构体，这可能导致多肽分子部分或全部立体化学信息的丢失或差异。如一个10肽的合成中，每个氨基酸发生1%的差向异构化，则生成的非对映异构体混合物中只有90.4%的肽含有正确的立体构型。而对于一个50肽，理论上就只有60.5%为目标立体构型产物。由于肽类药物的生物活性与其立体构型密切相关，多肽的光学构型对多肽的免疫原性就有着重要影响，D-氨基酸聚合体的免疫原性远低于相应的L-异构体，因此多肽合成过程中必须将消旋化降至最低。同时，差向异构体杂质的研究也是多肽药物和多肽抗原研究的重要内容之一。

1. 合成多肽中的消旋机制 人们一直想了解多肽合成过程中的消旋化产生机理，但由于现有技术无法有效分离出稳定的过渡态，因此对消旋化的产生机理一直存在争议，目前认为可能是以下两种机制引起。

（1）直接烯醇化机制 多肽缩合过程中，在碱性条件下失去羧基α位质子，经烯醇式中间体发生消旋，消旋速率依赖于活化羧基α位质子的酸性、溶剂、温度及碱的化学性质（图9-17）。

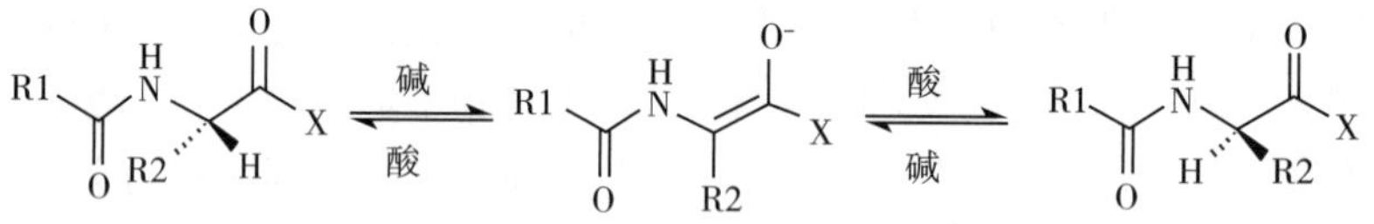

图9-17 直接烯醇化机制的消旋机理

（2）5（4H）-噁唑酮机制 在氨基酸活化时，产生立体化学不稳定的5（4H）-噁唑酮中间体（D/L-4）是缩合反应中发生消旋的主要原因。形成噁唑酮的倾向与化合物1中活化基X的活化能力及N-酰基R1-CO-的电子特征密切相关（图9-18）。尽管有消旋化倾向，噁唑酮依然代表羧基活化的氨基酸衍生物应用于肽链合成中，反应中的消旋程度取决于噁唑酮的形成能力及胺解速度。

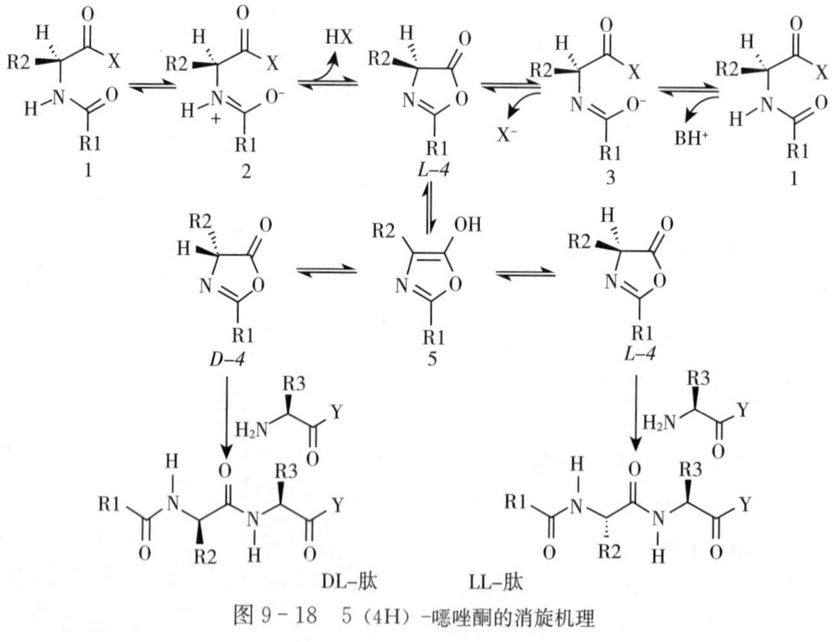

图9-18 5（4H）-噁唑酮的消旋机理

2. 消旋化控制 首先，应注意氨基酸原料的手性控制。合成多肽中各手性中心直接来源于合成原料—各种带保护氨基酸衍生物，因此应注意加强合成原料—保护氨基酸立体构型的控制，在内控质量标准中增加光学纯度的控制。对于比旋度数值较小的保护氨基酸，建议采用手性HPLC法控制合成原料的光学纯度。

其次，应加强反应过程的控制。注意合成策略、氨基酸侧链保护基的选择，加强对耦合试剂、投料比、反应条件等分析研究，尽量减少差向异构体的产生。比如，需注意反复脱除 α 氨基保护时使处于肽链末端的半胱氨酸残基发生差向异构化的风险；提高 Fmoc-His（Trt）-OH 的投料量由 4 倍过量增加至 8 倍过量后，由于反应物浓度提高、反应速率加快，His 的消旋程度大约下降一半；由于活化氨基酸极易产生差向异构化，其处于活化状态的时间一定要短，一般以半小时内为宜，并且接肽反应的温度一定要温和可控，一般采用 20～25℃或更低的温度以有效控制差向异构化的产生；片段式合成多肽时，为减少消旋化，可选择最佳的片段含有 C 端 Gly 或 Pro，甚或选择 Ala 或 Arg 作为 C 端残基；考虑到长时间的缩合反应会伴随着高度的差向异构化作用，因此采取两次短时间的缩合不失为一种更有效的办法。

再次，应通过空间立体位阻阻止消旋的发生和选择合适的缩合方法。叠氮法一直被认为是消旋化倾向最小的缩合方法，但过量的碱会诱发相当大的差向异构化，因此在缩合反应期间应避免与碱接触；选择碳二亚胺方式缩合时应用适当的辅助试剂能抑制或减少消旋化，如联合使用辅助试剂 HOBt、卤化锌、$CuCl_2$ 在抑制消旋化方面很有效，如猪口蹄疫 O 型合成肽疫苗工艺中用 HOBt 作为辅助试剂辅助弥散性血管内凝血（disseminated intravascular coagulation，DIC）缩合反应使差向异构化减少到最低。

总之，消旋化至今仍是困扰多肽化学合成的一个极大难题。

（七）多肽的结构构建技术

许多直链多肽在体外具有良好的生物活性和稳定性，但进入体内后在各种酶的作用下很快被降解而导致活性丧失；另外，有些直链肽在液相中的构象和柔性不符合受体-配体要求。为了得到生物活性高、半衰期长、受体选择性高的多肽，人们发现了许多改造多肽的方法，其中包括将直链多肽改造为环状多肽。

环状多肽分子的活性部分柔性及构象受到限制，容易使其暴露在分子表面被受体识别。比如，口蹄疫病毒粒子表面明显的特征是病毒结构蛋白 VP1 的 G-H 环突出于表面，表现为物理上的柔性和生化上的多功能性，其 G-H 环含有高度保守的 Arg-Gly-Asp（RGD）基序。这一基序既是细胞吸附位点的主成分，又是重要的病毒中和位点。这个 G-H 环的跨度是口蹄疫病毒结构蛋白 VP1

的 133～157 位氨基酸残基，因此可模拟病毒 G-H 环结构合成环状多肽类似物作为口蹄疫病毒疫苗的抗原组分，使 RGD 基序总是暴露在环肽表面。这类环肽分子内由于不存在游离的氨基端和羧基端，因此对氨肽酶和羧肽酶的敏感性大大降低，实际上口蹄疫病毒多肽疫苗已经成功开发正是基于此。总之，环肽的代谢稳定性和生物利用度远远高于直链多肽，并且其亲脂性增强更容易通过肝脏的清除作用而被排泄。鉴于环肽的诸多优点，近年来对多肽的研究热点已转移到环肽的合成和生物评价方面。

根据环合方式，可将环肽分为含二硫键型环肽（disufide-bridge）、内酰胺型环肽、多抗原肽，以及含其他桥连结构的环肽。环状肽的拓扑型结构有首尾相连环肽（Head-to-tail）、侧链-侧链相连环肽（sidechain-to-sidechain）、侧链-端基相连环肽（sidechain-to-end）和支链环合肽。

合成环肽，既可采用液相方法，又可用固相合成方法，或者固相和液相方法结合。固相方法中线性序列多肽首先在聚合物载体上合成，然后从树脂上裂解下来，在溶液中进行环合反应，最后脱除侧链保护基；也可采用线性序列合成结束后直接环合，再从树脂上裂解下来。经典液相环合反应的主要问题是环二聚作用和环寡聚化作用，现在已可通过高度稀释溶液方式来解决。

1. 二硫键型环肽的构建　两个半胱氨酸侧链残基（—SH）之间形成的二硫键维持着多肽和蛋白质的空间构象，是生物活性表现的重要物质基础。研究二硫键形成方法一直是多肽合成方法学研究的热点和难点之一。

形成二硫键的实质是两个游离巯基氧化成硫-硫共价键，而在多肽合成时半胱氨酸的巯基必须用相应的保护基保护以防止合成过程中产生副产物。因此，在多肽合成中，如何选择半胱氨酸的侧链保护基团则至关重要。对此应该注意以下几点：

（1）二硫键连接桥两端位点的半胱氨酸侧链保护基必须相同，以方便进行同步脱除，同步氧化形成二硫键。

（2）多肽序列含两对以上二硫键时，除各对连接桥半胱氨酸的保护基相同外，不参与连接桥的半胱氨酸侧链保护基应不同，并且它们的脱除条件应以互不干扰的正交保护方式为宜。

此外，由于肽链及其他氨基酸侧链的脆弱性，选择适合的氧化剂对构建二硫键及保持多肽的天然活性所起作用也不容忽视。空气氧化法、铁氰化钾氧化法、碘氧化法是多肽环化中应用最广泛的经典方法。在早期催产素、加压素及胰岛素合成中，使用这几种方法均取得了很好的环化效果；二甲亚砜（DMSO）氧化法、双氧水（H_2O_2）、N-碘代琥珀酰亚胺氧化法、烷基三氯硅烷-亚砜氧化法和三氟乙酸铊氧化法均为近年来引入多肽环化中的新方法，其应用也越来越多。申联生物医药（上海）有限公司采用二甲亚砜（DMSO）氧化法构建的口蹄疫病毒结构蛋白 VP1 多肽抗原就是含二硫键的环肽，其环化度可达 99％以上，并且方便后续纯化。

ω-芋螺毒素 MVIIA（ω-MVIIA）是从幻芋螺（C. magus）毒液中分离出的肽类毒素，含 3 个链内二硫键（Cys1－Cys16、Cys8－Cys20、Cys15－Cys25）。以 ω-MVIIA 为有效成分的特效镇痛药齐考诺肽（Ziconotide，商品名 PrialtTM）于 2004 年得到美国 FDA 批准作为治疗慢性疼痛的药物，3 对二硫键形成工艺路线见图 9-19。该法对形成 3 对二硫键的半胱氨酸采取了不同的保护策略，首先利用 Trt 的极度酸敏感性以 1％ TFA/DCM 切除；然后以 DMSO 氧化形成第一对二硫键；再以碘（I_2）脱除 Acm 保护基同时形成第二对二硫键；最后以强酸 TFA/TFMSA 脱除 Mob 保护基、树脂及其他氨基酸保护基，以双氧水氧化形成第 3 对二硫键。

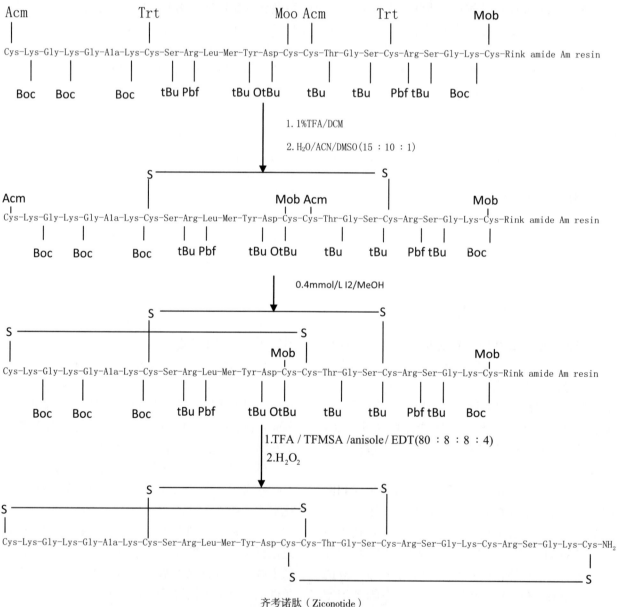

齐考诺肽（Ziconotide）

图 9-19　齐考诺肽（Ziconotide）的多对二硫键环化工艺

2. 内酰胺型环肽的构建 内酰胺型环肽的首尾相连环肽、侧链-侧链相连环肽、侧链-端基相连环肽通常是－NH₂端和－COOH端游离的直链肽在稀溶液中（$10^{-4}\sim10^{-3}$ mol/L）由羧基和氨基形成酰胺键来合成，直链前体中氨基酸种类和数目对成环的难易程度和环肽的收率起着至关重要的作用，甘氨酸、脯氨酸或D-构型氨基酸具有诱导β-转角的作用，常被认为可增加成环的

可能性和收率。此类型肽的合成与常规多肽缩合反应一样，需要羧基活化条件即缩合剂活化。目前常用活泼酯法、叠氮法、耦合试剂法（主要为碳二亚胺型缩合剂及鎓盐型缩合剂）等。

从海洋海绵分离出来的一种丝氨酸蛋白酶抑制剂 Cyclotheonamide A，其最终环化就是采用耦合试剂 DCC/HoBt 缩合形成环肽（图9-20）。

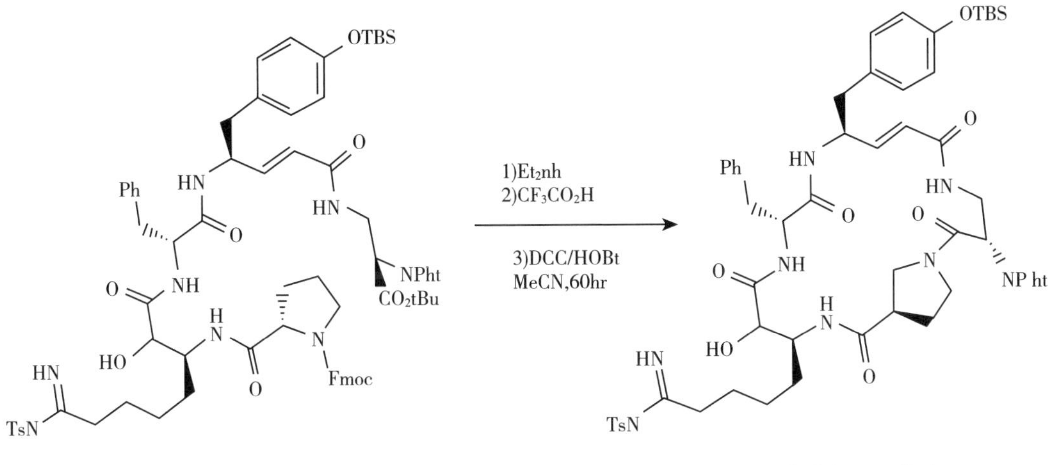

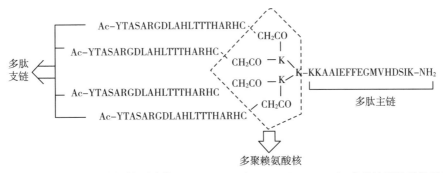

图9-20 海洋环肽 Cyclotheonamide A 的环化

3. 多抗原肽的结构构建 多抗原肽的结构构建目前主要依托于树枝状多聚赖氨酸作为全合成抗原的合成载体，它的主要优点是具有明确的高比例抗原/载体比。因为这种合成的多抗原决定簇非常稳定，不需要与抗原蛋白连接，所以具有很

高的特异性，不浪费机体内的免疫资源。目前这种构想在口蹄疫病毒 VP1 主要中和抗原位点（136～154）和猪瘟病毒 E2 中和抗原表位（829～842）蛋白上的抗原位点已经得以实现，具体构建单元见图9-21。

图9-21 猪瘟病毒 E2 中和抗原表位（829～842）与 VP1（136～154）多重抗原肽结构示意图

树枝状聚合物一般由作为内标的单个氨基酸（如甘氨酸或β-丙氨酸）、内部的多聚赖氨酸核及多个合成肽抗原组成。树枝状聚合物可用固相法或液相法合成。固相合成法是将多重拷贝的抗原肽逐步连接到与固相载体键合的树枝状聚合物核上，目前 t-Boc 和 Fmoc 策略均已经成功应用。

固相法合成树枝状聚合物时，必须采用低载量的树脂作为起始载体，目的是使影响缩合效率

的多肽分子的支链间相互作用降低到最小，防止多肽分子的支链相互聚合而使缩合反应无法进行，从而导致更多错配序列产生，并且在缩合过程中还需实时跟踪监测缩合效率，必要时应采用不同缩合试剂或超量的氨基酸进行反复缩合。

液相法一般是在最后一步将全长的肽链通过液相法连接到独立合成的、有适当功能团的聚合物核上，常用的聚合物核有精氨酸核、赖氨酸核、谷氨

酸核等。这需要较长的反应时间和特殊的纯化步骤，面临缩合产率低、溶解性差及消旋化等问题。

4. 其他桥连结构环肽的构建 除了以上的几种结构构建方法以外，其他类型结构作为环肽的键桥形式，不但丰富了环肽的结构多样性，而且在抗酶解及提高生物活性等方面均有改善，大环二硫化物、硫醚、内酰胺，以及内酯等都可通过侧链上相应官能团之间反应获得。随着侧链官能团间的环合反应方法的建立，Felix等对其进行了方法学研究，随后许多不同类型的环肽逐渐得到合成。

随着多肽合成技术的更新及发展，新型合成树脂、缩合剂、氨基酸保护基团及氨基酸修饰等领域均出现了蓬勃的发展，大大提高了多肽合成的效率和"困难序列"的合成。并且随着组合化学向多肽领域的不断深入及肽库的建立，多肽的合成和筛选变得越来越容易，尤其是肽库的合成，可用于诊断学上不同大小的蛋白质抗原决定簇和疫苗研制，解决生物MHC分子多样性的问题，从而为开发新的多肽药物和疫苗提供了良好的平台。近年来一些新的技术，如微波辅助固相合成技术在多肽合成领域的应用更大大缩短了多肽药物的研发成本和周期，相信在未来几年内会有越来越多的多肽药物或疫苗投入大规模生产。

三、多肽纯化与分离技术

伴随肽链的延伸，不可逆的副反应存在于多肽合成所有步骤中，合成过程的不完全转化会导致形成错配序列、断头肽等副产物，使纯化分离

成为多肽合成不可或缺的部分。从目标多肽中将这些副产物分离出来的工作非常繁琐，尤其是工业化生产的大量纯化制备难度就更大。正如1972年Josef Rudinger在第三届美国肽类研讨会上所说："在我看来，在小片段生物活性肽研究方面，分离仍是最为困难和关键的阶段。"近年来随着分析方法的灵敏度不断提高及分离技术的不断发展，像反相高效液相色谱（HPLC）技术已经被一些主要的制药公司不断开发利用作为工业生产工具来生产一系列商业化产品，包括口蹄疫多肽疫苗、生长激素释放抑制因子、鲑鱼降钙素和其他一些多肽类似物。

多肽是具有生物学活性和生理学效应的物质，纯化过程中的苛刻条件能否保持其生物学活性是必须要考虑的问题。如HPLC需要用有机溶剂和离子配对酸（如三氟乙酸）从反相柱中洗脱，同样，亲和色谱法用于抗原抗体复合物的分离时只有在极端的条件（如10 mmol/L HCl溶液）进行，因此离子交换色谱、SEC和HIC是较好的选择。同时应尽量减少纯化步骤、尽量避免缓冲剂的交换，快速处理大批量样品的方法也是保持多肽生物学活性的较好选择。考虑纯化方案时必须兼顾速度、分辨率、容量和回收率，但实际上这些参数是相互制约的，如提高色谱分离步骤的速度则通常以降低分辨率或容量为代价，提高分辨率则要牺牲速度或回收率，因此使之保持一个平衡是制定纯化策略必须考虑的因素。一个具有代表性的纯化方案步骤需要运用各种技术分步完成。多肽分离纯化常用的方法见表9-3。

表9-3 多肽分离纯化的方法及应用

方　法	评　价	用　途
高效液相色谱	最广泛用于多肽分离的HPLC，适用于评估肽的不均一性，分辨率高	广泛用于工业化生产，可纯化50个残基多肽
离子交换色谱	最常用的方法，很好地保留多肽生物学活性	高容量、高分离能力、温和的分离条件、多功能和广泛的应用性、浓缩样品、相对较低的成本
分子排阻色谱	基于多肽分子大小的分离	多肽纯化能力有限，可除去粗肽混合物中相对分子量较低的杂质，无法用于分子质量相近多肽混合物的分离
亲和色谱	用化学方法连接于惰性载体上的选择性配体，将与其有亲和性的靶组分附着分离	高特异性和更好的纯化效果，适用于抗原抗体、激素受体、酶抑制剂酶等分离，天然样品中纯化低丰度样品的最好方法，其中固着金属亲和色谱非常适合于大规模纯化
毛细管电泳	基于在电场中迁移的差异进行分离	进样体积小限制其应用，适用于实验室制备
多维分离	双向胶电泳和多维色谱方法更精确地定量分析样品，与质谱更兼容	适用于富集低丰度样品的方法，具有优秀的解析能力、可重复性和简单性

（续）

方　法	评　价	用　途
超滤	快速浓缩方法，缺乏选择性，限制了其在多肽分离上的应用	合成的粗肽中除去其他分子质量的副产物，方法简单易操作，适用于工业化生产，成本低
分离纯化的两相系统	在含聚乙烯基乙二醇和疏水性修饰的葡聚糖的水性两相系统中，蛋白质的疏水性分配	
重结晶	采用适当的溶剂使晶体从饱和溶液里析出，而可溶性杂质仍留在溶液里，然后进行减压过滤	最有效的方法之一，但主要用于小于 5 肽的纯化，成本低，具有高回收率

实际上，纯化工艺中往往采用两个或两个以上互补的技术，如对合成的粗肽首先必须将其中脱保护过程产生的不带电、相对分子量较低的副产物分离出来，可选用超滤等方式，对要求纯度高的多肽则仍需采用 HPLC 作进一步纯化。

四、多肽检测分析技术

多肽检测分析技术侧重于判断并论证多肽的理化性质、含量测定及生物学检测等方面。多肽检测分析技术近年来发展迅速，目前高效液相色谱、质谱及其联用技术等新技术已成为多肽检测的主要手段，并正在得到越来越广泛的应用。实际生产中的检测手段主要体现在原材料检测、过程控制检测及目的多肽产物检测三个方面。

1. 原材料检测　要获得良好纯度的多肽产品，首先要有合格的原材料，其品质主要体现在纯度方面。高效液相色谱（HPLC）与气相色谱（GC）是检测纯度的通用技术。目前高效液相色谱仪手动配制流动相正在逐步更改为自动配制流动相进样系统，采用自动化配制流动相体系后既可以减小有害溶剂对操作人员的危害，又可以有效减少操作人员引起的误差。在检测原材料纯度时也应兼顾重要的杂质分析检测。

2. 过程控制检测　多肽合成过程中需要控制的关键点是防止肽链延长过程中产生错配序列和发生氨基酸侧链脱保护现象。过程控制可通过高效液相色谱（HPLC）或其他层析方法，以及质谱（MS）等其他分析手段来定性定量综合分析。这些手段对防止不合格产品出现，以及在工艺异常情况下及时获得信息采取有效措施防止错误的扩大化起到积极作用。

3. 目的多肽产物检测　目的产物检测主要分为定性检测、定量检测及生物学检测三方面。

（1）定性检测　包括多肽的理化性质、氨基酸组成分析及结构分析等方面。理化检测是对多

肽基本性质的常规检测，主要体现在外观性状、pH、等电点等基础评价。判断合成产物是否为目标多肽的分析手段有很多种，其中多肽全长分子质量测定和酶解分析是常用的定性分析手段，具有可操作性且结果稳定、可靠。多肽全长分子质量测定即测定产物的分子质量，可通过各种质谱技术来实现，质谱技术的质量精确度一般为 $0.01\%\sim0.02\%$，已经足够用来估计多肽的纯度和完整性。为进一步判定多肽一级结构的准确性，可结合氨基酸水解分析或酶解分析。酶解分析即分析氨基酸序列特点选择合适的酶对多肽进行酶解，通过测定酶解片段的分子质量与氨基酸序列的理论预测值比较来判断，酶解后也可进行多肽测序或 LC-MS 等分析，分析流程详见图 9-22。

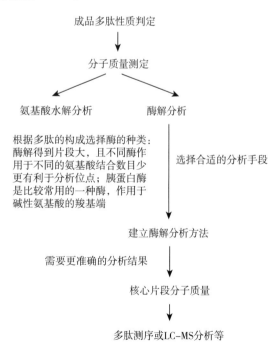

图 9-22　多肽性质判定分析流程图

多肽抗原的三维结构是其生物活性的决定因素，仅有氨基酸序列不足以获得多肽抗原在分子水平上的信息，因此多肽检测正由一级结构检测

（氨基酸组成分析和序列分析）向二级、三级等以上结构组学发展。例如，圆二色谱（CD）可快速确定多肽二级结构，多维核磁共振（NMR）方法可用于多肽共振和结构确证，X射线衍射法（X-ray）可获得高分辨率的分子三维结构，而在对药物的靶向作用侦测中应用紫外荧光光谱法则是一个较好的选择。这类检测方法正处于蓬勃的发展期，相信在不久的未来会得到更广泛的应用。

（2）定量检测　主要包括对多肽分子的浓度、纯度及残留溶剂进行定量检测，如果多肽分子为二硫键型环肽，还应通过测定游离巯基量来判定多肽分子的环化程度。多肽浓度测定方法众多，但每一种方法都有其优点和局限性。例如，微量凯氏定氮法为多肽浓度检测的经典方法，但由于操作繁琐、误差较大已很少应用；紫外吸收法则必须基于多肽分子中含芳香族氨基酸在280 nm才能显示吸收，并容易受多肽分子二级、三级结构的影响；比色分析法则是基于多肽分子的肽键，以及其中半胱氨酸、胱氨酸、酪氨酸和色氨酸的侧链还原二价铜离子的生色反应，其中无论是双缩脲分析法还是Lowry法抑或BCA分析法都是目前多肽浓度测定最为常用的方法，优点是操作方便简单，局限性是容易受还原试剂和铜螯合物的干扰；此外，有时冻干法作为一种物理方法在保证样品高纯度情况下可作为其他浓度测定方法的矫正或补充；高效液相色谱技术通过内标或外标法在多肽含量测定上应用日益广泛，其特点是结果准确可靠，灵敏度高，形成替代传统浓度测定方法的趋势。

多肽的纯度分析、杂质与溶剂残留分析决定了产品安全性和对效力的影响，可借助层析手段与质谱技术的综合定性定量分析。

（3）生物学检测　主要包括无菌、安全性及免疫原性的检测。检测的各项指标必须符合质量标准和《中国兽药典》的有关规定，此章节不再详细阐述。

五、展望

随着近年来国内外大的制药公司纷纷将目光转向多肽类产品的开发和应用，多肽及其衍生物作为一类重要的预防、诊断、监测和治疗药物，在各种治疗癌症、心血管疾病、免疫代谢类疾病、血液病等疾病及对疼痛缓解、记忆力减退、精神失常等疾病，特别是禽畜类传染病的预防及治疗中发挥着越来越重要的作用。而多肽合成技术经过几十年的发展已经逐渐完善成一门独立的科学门类，其涉及天然多肽的分离、分析、合成、纯化等，计算机模拟肽段结构预测、分析、合成、拟肽类的合成、分析等多方面的内容。并且伴随着生物技术与多肽合成技术的日臻成熟，我们相信会有越来越多的多肽类产品被开发并应用于临床。而多肽抗原的各项检验技术作为多肽合成及纯化技术的衍生技术，一定会随着多肽及其衍生物的合成与纯化技术的发展而更加完善，相信未来会有更多的新方法、新技术不断地被发现，并且应用于研发及生产检验中。本文所列举的一些检测测试方法在将来会有更大的发展与应用，为保障多肽类产品的生产工艺稳定发挥出更大的作用。

（陈智英　王忠田）

第六节　抗原浓缩和纯化技术

抗原浓缩和纯化属于生物物质分离的概念。早期的生物物质分离，一般沿用化学工程中的某些单元操作，如过滤、蒸发、蒸馏、吸附、萃取、结晶、干燥等，这些便可以满足生产上的需求。但是，随着生物技术的发展，特别是近年来生物工程产品的问世，生产中对生物分离的要求越来越高，原有的分离方法已不能满足要求。于是，出现了一些新型的、原先仅用于生化过程中的某些分离方法，如层析、沉淀、电泳、超滤等。这些方法与化学工程中的传统方法相结合，就构成了当今生物物质分离的主要技术。生物分离过程属于下游过程，与上游过程同样重要。生物分离的目标产品种类繁多，包括抗生素、氨基酸、酶、有机酸和溶剂、维生素、生长因子、核苷酸、糖类等。很多生物制品是生物活性物质，易受环境因素（如温度、pH、金属离子和微生物等）的影响，甚至失活，因而也增加了分离的难度。目前，兽医生物制品生产中所涉及的抗原纯度和浓度要求可能不那么高，但随着生物技术的飞速发展，产业竞争加剧，宠物用品及其配套诊断试剂需求越来越大，生物分离技术在兽医生物制品行业的应用也将越来越广泛。

一、兽医生物制品生产中抗原浓缩和纯化常用方法

兽医生物制品包括活疫苗、灭活疫苗、抗体和诊断制品等，培养方式包括常规的鸡胚培养、转瓶细胞培养、悬浮细胞培养、发酵培养、组织培养等方式。通常的几类抗原有：细胞培养的全病毒、鸡胚培养的全病毒、组织培养的全病毒、发酵培养的细胞毒或全菌、基因工程菌表达的蛋白、类毒素等。根据目前的抗原种类，本节重点介绍 4 类抗原浓缩纯化技术。

（一）离心法

1. 离心法原理　离心技术是利用物体高速旋转时产生强大的离心力，使置于旋转体中的悬浮颗粒发生沉降或漂浮，从而使某些颗粒达到浓缩或与其他颗粒分离之目的。这里的悬浮颗粒往往是指制成悬浮状态的细胞、病毒和生物大分子等。离心机转子高速旋转时，当悬浮颗粒密度大于周围介质密度时，颗粒将向离开轴心方向移动，发生沉降；如果颗粒密度低于周围介质密度时，则颗粒朝向轴心方向移动而发生漂浮。常用的离心机有多种类型，一般低速离心机的最高转速不超过 6 000 r/min，高速离心机转速在 25 000 r/min 以下，超速离心机的最高速度达 30 000 r/min 以上。

将样品放入离心机转头的离心管内，离心机驱动时，样品液就随离心管做匀速圆周运动，于是就产生了一向外的离心力。由于不同颗粒的质量、密度、大小及形状等彼此各不相同，因此在同一固定大小的离心场中沉降速度也就不相同，由此便可以得到相互间的分离。

溶液中的固相颗粒做圆周运动时产生一个向外离心力，其定义为：

$$F = m\omega^2 r$$

式中，F 为离心力的强度；m 为沉降颗粒的有效质量；ω 为离心转子转动的角速度，其单位为 rad/s；r 为离心半径（cm），即转子中心轴到沉降颗粒之间的距离。

很显然，离心力随着转速和颗粒质量的提高而加大，而随着离心半径的减小而降低。离心力通常以相对离心力 Fcf 表示，即离心力 F 的大小相对于地球引力（G）的倍数，单位为 g，其计算公式如下：

$$Fcf = 1.119 \times 10^{-5} \times n^2 \times r \times g$$

式中，n 代表转速（r/min），r 代表离心半径（cm）。

在离心试验的报告中，Fcf、r 平均、离心时间 t 和液相介质等条件都应表示出来，因为它们都与样品的沉降速度有直接联系。显然 Fcf 是一个只与离心机相关的参数，而与样品并无直接关系。

一个颗粒要沉降，就必须置换出位于它下方等体积的溶液，只有当颗粒的质量大于被置换出的液体质量时才能通过离心手段达到此目的；否则，在离心过程中颗粒将发生向上漂浮，而不是下沉。当颗粒在运动时，不论方向如何，它都要穿过溶剂分子，所产生的摩擦力总是与颗粒运动的方向相反。摩擦力的大小与颗粒的运动速度成正比，并且受颗粒的大小、形状及介质性质的影响。

2. 离心机选型　选择离心机时，首先应掌握要处理的物料的基本性质，以及各机型的特点和适用对象，从而大致确定适宜的离心机类型；然后可进一步根据工艺计算的结果选择正确的型号。表 9-4 和图 9-23 给出了有关参考信息。

表 9-4　常用离心机的特性及选用

机型 分离特性	管　式	碟片式		螺旋倾析离心机
		间歇排渣	连续（喷嘴式）	
适用分离过程	澄清、液-液分离、液-固分离	澄清、浓缩、液-液分离、液-固分离	沉降浓缩、液-液分离、液-固分离	沉降浓缩、液-固分离
料液含固量（%）	0.01~0.2	0.1~5	1~10	5~50
微粒直径×10⁻⁶（m）	0.01~1	0.5~15	0.5~15	>2
排渣方式	间歇或连续	间歇排出	连续	连续
滤渣状况	团块状（间歇）	糊膏状	糊膏状	较干
分离因素（g）	(0.1~6)×10⁵	(0.1~2)×10⁴	(0.1~2)×10⁴	10³~10⁴
最大处理量（m³/h）	10	200	300	200

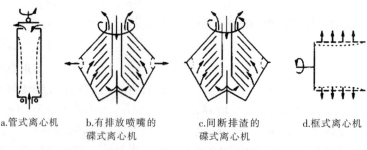

图 9-23　离心机的基本形式

（二）沉淀法

沉淀法是最经典的分离和纯化生物物质的方法，目前已广泛应用在实验室和工业生产中。由于其浓缩作用常大于纯化作用，因而沉淀法通常作为初步分离的一种方法，用于从去除菌体或细胞碎片的发酵液中沉淀出生物物质，然后再利用色层分离等方法进一步提高其纯度。由于沉淀法成本低、收率高（不会使蛋白质等大分子失活）、浓缩倍数高（可达 10～50 倍）、操作简单等优点，现已成为生物下游加工过程中应用最广泛的纯化方法。

沉淀法分离提纯的基本原理是基于在不同条件下，性质各异的蛋白质具有溶解度的差异或热稳定性的差异，而发生某些蛋白质的沉淀，从而起到分离、纯化的作用。

沉淀法的目的主要有三个方面：一是对目的产物进行浓缩；二是有选择地沉淀，起到一定的纯化作用；三是将已纯化的产品由液态变成固态，加以保存或进一步处理。

1. 沉淀法的分类　根据加入沉淀剂的不同，沉淀法可以分为盐析法、等电点沉淀法、有机溶剂沉淀法、其他沉淀法等。

（1）盐析法　多用于各种蛋白质和酶的分离纯化。在高浓度的中性盐存在下，蛋白质（酶）等生物大分子物质在水溶液中的溶解度降低，产生沉淀。

（2）等电点沉淀法　适用于疏水性较强的蛋白质，用于氨基酸、蛋白质等两性物质的沉淀。但该法单独应用较少，多与其他方法结合使用。

（3）有机溶剂沉淀法　多用于生物小分子、多糖及核酸产品的分离纯化，有时也用于蛋白质沉淀。在含有溶质的水溶液中加入一定量亲水的有机溶剂，降低溶质的溶解度，使其沉淀析出。

（4）非离子型聚合物沉淀法　用于分离生物大分子，常用 PEG20000、PEG4000、PEG6000。

（5）聚电解质沉淀法　生物分离工程中常用的一种方法，利用架桥和静电等原理，借助于离子型多糖聚合物或者合成的聚合物，如聚丙烯酸 pH 2.8，可使 90％蛋白质沉淀、聚苯乙烯季铵盐（pH 10.4，可使 95％蛋白质沉淀）、聚甲基丙烯酸、聚乙烯亚胺等聚合物，利用聚电解质带有电离基团的长链分子，具有电解质和高分子的一些性质，可以导电。这类高分子在极性溶剂中会发生电离，使高分子链上带上电荷，起到稳定结构和相互作用，从而使蛋白质沉淀。

（6）高价金属离子沉淀法　用于多种化合物，特别是小分子物质的沉淀。金属离子能与生物大分子中的特殊部位起反应，从而降低溶解度。

（7）亲和沉淀法　利用蛋白质与特定的生物合成分子（免疫配位体、基质、辅酶等）之间高度专一的相互作用而设计出来的一种特殊选择性的分离技术。

（8）选择性沉淀法　多用于除去某些不耐热的和在一定 pH 下易变性的杂蛋白。选择一定条件使溶液中存在的某些杂蛋白等杂质变性沉淀下来，从而与目的物分开。

2. 蛋白质的溶解特性　由蛋白质的特性可知，蛋白质表面由不均匀分布的荷电基团形成荷电区，通常情况下蛋白质表面带有负电荷，由于静电引力作用使溶液中带相反电荷的离子（counter-ion，简称"反离子"）被吸附在其周围，在界面上形成双电层。溶液中相反电荷的离子并非全部整齐地排列在一个平面上，而是距表面由高到低有一定的浓度分布，形成分散双电层，简称"双电层"。双电层中存在距表面由高到低（绝对值）的电位分布，双电层的性质与该电位分布密切相关。当双电层 ξ 电位足够大时，静电排斥作用抵御分子间的相互吸引作用（分子间力），使蛋白质溶液处于稳定状态。

可见，蛋白质等生物大分子物质以一种亲水胶体形式存在于水溶液中，无外界影响时，呈稳定的分散状态。其主要原因：一是蛋白质为两性物质，一定 pH 条件下其表面显示一定电性，由于静电斥力作用，分子间相互排斥；二是蛋白质分子周围的水分子呈有序排列，在其表面上形成了水化膜，水化膜层能保护蛋白质粒子，避免其因碰撞而聚沉。

因此，可通过减弱或破坏蛋白质周围的水化层和双电层厚度来减弱蛋白质溶液的稳定性，实现蛋白质的沉淀。水化层厚度和电位与溶液性质（如电解质的种类、浓度、pH 等）密切相关，因此蛋白质的沉淀可采用恒温条件下添加各种不同试剂的方法，如加入无机盐的盐析法、加入酸碱调节溶液 pH 的等电点沉淀法、加入水溶性有机溶剂的有机溶剂沉淀法等。下面主要介绍盐析法和等电点沉淀法。

3. 盐析法

（1）盐析法原理　由上文可知，蛋白质在溶液中能保持不聚集和稳定的主要原因，其一是蛋白质周围的水化层能阻碍蛋白质凝聚，其二是蛋白质分子周围双电层使蛋白质分子间具有静电排斥作用。

当向蛋白质溶液中逐渐加入中性盐时，会产生两种现象。低盐情况下，随着中性盐离子强度的增高，蛋白质溶解度增大，称之为盐溶现象；但是，在高盐浓度时，蛋白质溶解度随之减小，发生盐析。产生盐析作用的一个原因是，盐离子与蛋白质分子表面具相反电性的离子基团结合形成离子对，因而盐离子部分中和了蛋白质的电性，使蛋白质分子之间静电排斥作用减弱而能相互靠拢，聚集起来。产生盐析作用的另一个原因是中性盐的亲水性比蛋白质大，盐离子在水中发生水化而使蛋白质脱去了水化膜，暴露出疏水区域，由于疏水区域的相互作用，使其沉淀。

（2）盐析法操作　无论是在实验室中，还是在大生产上，除少数有特殊要求的盐析外，大多数情况下都采用硫酸铵进行盐析。可按两种方式将硫酸铵加入溶液中：一种是直接加入固体硫酸铵粉末，工业生产中常采用这种方式，加入时应充分搅拌，使其完全溶解，防止局部浓度过高；另一种是加入硫酸铵饱和溶液。在实验室和小规模生产中或硫酸铵浓度不需太高时，常采用这种方式，它可防止溶液局部过浓。

（3）盐析用盐的选择　根据盐析理论，离子强度对蛋白质等溶质的溶解度起着决定性的影响。但在相同离子强度下，离子种类对蛋白质的溶解度也有一定程度的影响。加上各种蛋白质分子与不同离子结合力的差异和盐析过程中的相互作用，

蛋白质分子本身发生变化，因此盐析行为远比经典的盐析理论复杂。一般的解释是，半径小的高价离子在盐析时的作用较强，半径大的低价离子作用较弱。不同盐类对同一蛋白质的不同盐析作用，其 KS 值的顺序为：磷酸钾＞硫酸钠＞硫酸铵＞柠檬酸钠＞硫酸镁。

选用盐析用盐时要考虑几个主要问题：①盐析作用要强。一般来说，多价阴离子的盐析作用强，有时多价阳离子反而使盐析作用降低。②盐析用盐须有足够大的溶解度，且溶解度受温度影响应尽可能地小。这样便于获得高浓度盐溶液，有利于操作，尤其是在较低温度下的操作，不致造成盐结晶析出，并影响盐析效果。盐析用盐在生物学上是惰性的，不影响蛋白质等生物分子的活性。最好不引入给分离或测定带来麻烦的杂质。③来源丰富、经济。下面列出了两类离子盐析效果强弱的经验规律：

阴离子：

$$C_6H_5O_7^{3-} > C_5H_4O_6^{2-} > SO_4^{2-} > F^- > IO_3^- > H_2PO_4^- > Ac^- > BrO_3^- > Cl^- > CLO_3^- > Br^- > NO_3^- > ClO_4^- > I^- > CNS^-$$

阳离子：$TH^{4+} > Al^{3+} > H^+ > Ba^{2+} > Sr^{2+} > Ca^{2+} > Mg^{2+} > Cs^+ > Rb^+ > NH_4^+ > K^+ > Na^+ > Li^+$

从离子特性来看，硫酸铵并不是盐析效应最强的盐类，但因它在水中的溶解度极大，对盐析有利，因此是最常用的盐析剂。磷酸盐、柠檬酸盐也较常用，但因溶解度低，易与某些金属离子生成沉淀，应用都不如硫酸铵广泛。硫酸钠溶解度较小，尤其在低温下更是如此，它不含氮，但应用也远不如硫酸铵广泛。

（4）盐析法的应用　盐析广泛应用于各类蛋白质的初级纯化和浓缩。例如，干扰素的培养液经硫酸铵盐析沉淀，可使其纯化提高 1.7 倍，回收率为 99%；白细胞介素 2 的细胞培养液经硫酸铵沉淀后，沉淀中白介素 2 的回收率为 73.5%，纯化倍数达到 7。盐析沉淀法不仅是蛋白质初级纯化的常用手段，在某些情况下还可用于蛋白质的高度纯化。例如，利用无血清培养基培养的融合细胞培养液浓缩 10 倍后，加入等量的饱和硫酸铵溶液，在室温下放置 1 h 后，离心除去上清液，得到的沉淀物中单克隆抗体回收率达 100%，纯度达到电泳纯。

4. 等电点沉淀法

（1）等电点沉淀原理　蛋白质有一很重要的特性，这就是所谓的"等电点"，常用 pI 表示，该数值也与溶液的 pH 有关。利用蛋白质在 pH

等于其等电点的溶液中溶解度下降的原理进行沉淀分级的方法称为等电点沉淀。

等电点沉淀法操作十分简便，试剂消耗少，给体系引入的外来物（杂质）也少，是一种常用的分离纯化方法。两性溶质在等电点及等电点附近仍有相当的溶解度（有时甚至比较大），所以等电点沉淀往往不完全，加上许多生物分子的等电点比较接近，故很少单独使用等电点沉淀法作为主要的纯化手段，往往与盐析、有机溶剂沉淀等方法联合使用。在实际工作中普遍用等电点法去除杂质。

（2）等电点沉淀操作条件 在上面所述的盐析沉淀中，有时也要综合等电点沉淀的原理，使盐析操作在等电点附近进行，降低蛋白质的溶解度。但是，利用中性盐进行盐析时，蛋白质溶解度最低的溶液的 pH 一般略小于蛋白质的等电点。

等电点沉淀的操作条件是：低离子强度，pH＝pI 值。因此，等电点沉淀操作需在低离子强度下调整溶液的 pH 至等电点，或在等电点的 pH 下利用透析等方法降低离子强度，使蛋白质沉淀。由于一般蛋白质的等电点多在偏酸性范围内，故等电点沉淀操作中，多通过加入无机酸（如盐酸、磷酸和硫酸等）调节 pH。

等电点沉淀法一般适用于疏水性较大的蛋白质（如酪蛋白），而对于亲水性很强的蛋白质（如明胶），由于其在水中溶解度较大，在等电点的 pH 下不易产生沉淀，因此等电点沉淀法不如盐析沉淀法应用广泛。但该法仍不失为有效的蛋白质初级分离方法。

（三）膜分离法

膜分离技术是 20 世纪 60 年代以后发展起来的高新技术，目前已成为一种重要的分离手段。与传统的分离方法相比，膜分离法具有设备简单、节约能源、分离效率高、容易控制等优点。由于具有突出优点，因此膜分离技术在生化领域的应用正越来越受到关注。在下游过程中，膜分离主要用于完整细胞的回收、发酵液的澄清、蛋白质的浓缩和纯化。

兽医生物制品的绝大多数抗原来源于微生物的发酵液或细胞的培养液。发酵液或细胞培养液的成分复杂，有效抗原成分的浓度往往很低，且不稳定，对温度、pH、离子强度、溶剂和剪切力敏感。一些传统的分离和纯化方法正在逐渐被膜分离方法取代。用于兽医生物制品抗原浓缩和纯

化的膜分离技术应用较多的是微滤和超滤。微滤和超滤两种分离过程中使用的膜都是微孔状，其分离作用类似于筛子，小于膜孔的粒子一般可以穿过膜，反之则被截留，从而将粒子大小具有明显差异的粒子进行分离。

1. 膜分离类型 膜分离过程可以认为是一种物质被透过或被截留于膜的过程，近似于筛分过程，依据滤膜孔径的大小而达到物质分离的目的，故可按分离的粒子或分子的大小予以分类。

根据分离物质的不同，膜分离技术可分为以下几种：

（1）微滤 其膜孔径为 0.05～2.0 μm，所需压力为 100 kPa 左右，适用于细菌、微粒等的分离。

（2）超滤 以压力差为推动力，膜孔径为 0.001 5～0.02 μm，所需压力为 100～1 000 kPa。

（3）纳滤 以压力差为推动力，膜孔径平均为 2 nm，所需压力一般低于 1 MPa，适用于从水溶液中分离除去小分子物质。

（4）反渗透 以压力差为推动力，膜孔径小于 0.002 μm，所需压力为 0.1～10 MPa，适用于低分子无机物和水溶液的分离。

（5）渗析 以浓度差为推动力，适用于水溶液中无机盐和酸的脱出。

（6）电渗析 以电位差为推动力，适用于从溶液中脱出或富集电解质的过程。

2. 超滤

（1）超滤基本原理 超滤可以分离液相中直径 0.05～0.2 μm 的分子和相对分子质量为 1 万～10 万的大分子。超滤膜的筛分孔径小，可截留病毒、细菌、胶体、有机大分子、蛋白质、悬浮物等。使用的压力大大低于反渗透，它和反渗透不同处在于压差越大其截留率越低，它不能分离小分子物质和无机离子。超滤基本原理示意图见图 9-24。

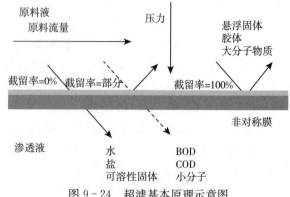

图 9-24 超滤基本原理示意图

（2）超滤膜的材质和组成 早期应用的超滤膜是醋酸纤维素膜材料，以后还用聚砜、聚醚砜、聚丙烯腈、聚氯乙烯、聚偏氟乙烯、氯乙烯醇等及无机膜材料。超滤的操作模型可分为重过滤和错流过滤；组件类型有中空、卷式、平板、管式等几种。其中中空纤维膜是超滤技术中最为成熟与先进的一种形式。中空纤维外径为 $0.5\sim2.0$ mm，内径为 $0.3\sim1.4$ mm，中空纤维管壁上布满微孔，原水在中空纤维外侧或内腔内加压流动，分别构成外压式和内压式。超滤是动态过滤过程，被截留物质可随浓缩水排出，配合定期反洗及化学清洗，可长期连续运行。

（3）超滤膜分离的技术特点有：①在常温和低压下进行分离，因而能耗低，从而使设备的运行费用低。②设备体积小，结构简单，故投资费用低。③超滤分离过程只是简单的加压输送液体，工艺流程简单，易于操作管理。④超滤膜是由高分子材料制成的均匀连续体，纯物理方法过滤，物质在分离过程中不发生质的变化，并且在使用过程中不会有任何杂质脱落，保证超滤液的纯净。

3. 微滤

（1）微滤基本原理 微滤特别适用于微生物、细胞碎片、微细沉淀物和其他在"微米级"范围内的粒子，如 DNA 和病毒等的截留和浓缩。

（2）微滤膜的材质和组成 微滤膜的材质分为有机和无机两大类。有机聚合物有醋酸纤维素、聚丙烯、聚碳酸酯、聚砜、聚酰胺等；无机膜材料有陶瓷和金属等。膜的孔径为 $0.1\sim10\ \mu m$，其操作压力为 $0.01\sim0.2$ MPa。微滤操作分死端过滤和错流过滤两种方式。在死端过滤时，溶剂和小于膜孔的溶质粒子在压力的推动下透过膜，大于膜孔的溶质粒子被截留，通常堆积在膜面上。随着时间的延长，膜面上堆积的颗粒越来越多，膜的渗透性将下降，这时必须停下来清洗膜表面或更换膜。错流过滤是在压力推动下料液平行于膜面流动，把膜面上的滞留物带走，从而使膜污染保持在较低水平。

（3）微滤和超滤的区别 主要有：①微滤最适合液体介质的降浊、除菌处理，而超滤主要可用于对低分子溶解物与有机大分子的分离。②微滤膜一般指孔径在 $0.02\sim1\ \mu m$，高度均匀，具有筛网特征的多孔固体连续相；而超滤的孔径为 $0.002\sim0.2\ \mu m$，在进行分离时的压力分别为 $0.01\sim0.3$ Mpa 和 $0.2\sim1.0$ Mpa。③微滤膜透过

物质主要是水、溶液和溶解物，被截留物质主要是悬浮物、细菌、微粒子。超滤膜透过物质主要是水、溶剂、离子和小分子，被截留物质主要是蛋白质、各类酶、细菌、病毒、乳胶、微粒子，过滤精度为 10^{-7} cm$\sim10^{-4}$ cm；利用超滤膜不同孔径对液体进行分离，其分子切割量一般为 6 000$\sim$50 万，孔径为 100 nm。

4. 膜分离过滤基本方式

（1）死端过滤方式 早期的膜分离（如超滤）多采用死端过滤方式，目前该过滤方式在某些场合还继续沿用，尤其是在被分离的物质浓度很低时，为了降低能耗，很多工艺仍采用这种静态操作方式。死端过滤类似于沙滤，料液垂直流过膜面，所有被截留物质都沉积在膜表面，溶剂及小分子物质透过膜。由于被截留的物质在膜面不断积聚，因此膜的过滤总阻力持续增大，导致膜通量逐渐降低。为了维持膜通量，需要对膜组件进行定期的反冲洗。

（2）错流过滤方式 对死端过滤来说，频繁的反冲洗降低了膜的生产能力。当料液中能被膜截留的物质浓度很高时，膜的过滤阻力增长很快，此时多采用错流过滤的方式。错流过滤时，料液分成两股，料液主体平行于膜面流动，透过液垂直透过膜，高速流动的料液能将沉积在膜面的物质带走，从而减慢过滤阻力的增加速度，这是膜组件在工业应用中经常采用的操作方式。

（3）死端/错流联合流程 死端过滤的优点是回收率高，而膜污染严重；错流过滤尽管能减少污染，但回收率太低。综合这两种操作方式的优点，开发出了死端/错流联合流程，亦称做半死端系统。料液平行流过中空纤维膜内腔，溶剂等小分子物质垂直透过膜后被收集在中心渗透管内，被截留的物质沉积在膜面。由于被截留物质在膜面的积累，膜通量降低。一段时间后，反洗泵通过中心渗透管对膜进行反洗。反洗结束后，关闭反洗阀，料液又经过进料泵进入膜组件，如此循环反复。采用这种操作方式可以在较高的回收率下维持较高的膜通量。

5. 超滤和微滤膜分离过程的操作方式

（1）单程与循环过滤模式 膜分离系统按其基本操作方式可分为单程系统和循环系统。在单程系统中原料液仅通过单一种或多种膜组件一次；而在循环系统中，原料液通过泵加压部分或全部循环，多次进行膜分离，如图 9 - 25 所示。

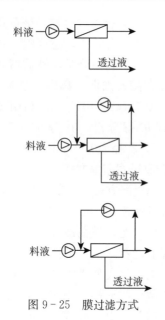

图 9-25　膜过滤方式

（2）连续与间歇操作　系统可以利用连续操作与间歇操作。连续操作的优点是，产品在系统中停留时间短，这对热敏或剪切力敏感的产品是有利的。连续操作主要用于大规模生产，如乳制品工业中。它的主要缺点是，在较高浓度下操作，通量较低。间歇操作平均通量较高，所需膜面积较小，装置简单，成本也较低。主要缺点是，需要较大的储槽。在生物制品和药物的生产中，鉴于生产的规模和性质，多采用间歇操作。生产中经常用超滤来除去体系中的溶剂（水），浓缩其中的大分子溶质，这称为超滤的浓缩模式。在浓缩模式中，通量随着浓缩的时间而降低，因此要使小分子达到一定程度的分离所需时间较长。

（3）浓缩与透析过滤模式　如果超滤过程中不断加入水或缓冲液，则浓缩模式即成为透析过滤（diafiltration）模式。水或缓冲液的加入速度和通量相等，这样可保持较高的通量。通过一次简单的超滤过程，截留液中还残存一定量需分离的小分子物质，若要分离完全，就要不断向体系中加入溶剂，不断地超滤，即透析过滤。这样，小分子物质继续随同溶剂滤出而进入透过液中，使其在残留液中的含量逐渐减小，直至达到物质分离和纯化的目的。但是，这样会造成处理量增大，影响操作所需时间，而且会使透过液稀释。在实际操作中，常常将两种模式结合起来，即开始时采用浓缩模式，当达到一定浓度时，转变为透析过滤模式。

6. 超滤和微滤的影响因素及工艺措施

（1）膜的劣化、膜污染及浓差极化

①膜的劣化　膜的劣化是指膜自身发生了不可逆转的变化等内部因素导致了膜性能变化，当发生化学性劣化或生物性劣化时，膜的透过流速增加，而截留率一般来说降低。膜的氧化是高分子合成膜共同存在的问题，但因膜材料性质不同其劣化发生的程度相差较大。

②膜污染　膜污染是指处理物料中的微粒、胶体或大分子由于与膜存在物理化学相互作用或机械作用而引起的，在膜表面或膜孔内吸附和沉积造成膜孔径变小或孔堵塞，使膜通量及膜的分离特性产生不可逆变化的现象。可以说，正是因为溶质与膜之间的接触才导致了膜性能的改变。一旦料液与膜接触，膜污染即开始。膜污染具体表现为膜的透过流速显著减少，而膜的截留率随滤饼层、凝胶层及结垢层等附着层的形成出现两种结果，即附着层的存在对溶质具有截留作用使截留率增高，同时可导致膜表面附近的浓差极化，使表观截留率降低。

③浓差极化　膜过滤时，由于筛分作用，料液中的部分大分子溶质会被膜截留，溶剂及小分子溶质则能自由地透过膜，从而表现出超滤膜的选择性。被截留的溶质在膜表面处积聚，其浓度会逐渐升高，在浓度梯度的作用下，近膜面的溶质以相反方向向料液主体扩散，平衡状态时膜表面形成一溶质浓度分布边界层，对溶剂等小分子物质的运动起阻碍作用，这种现象称为膜的浓差极化。这是一个可逆过程。界面上比主体溶液浓度高的区域就是浓差极化层。

（2）膜的清洗　尽管通过上述各种方法能在一定程度上减少膜污染和浓差极化，但并不能完全防止，因此还要对膜进行定期的物理清洗和化学清洗，以除去膜表面聚集物，恢复其透过性。对膜清洗可分为物理法和化学法，或将两者结合起来。

物理清洗是借助于流体流动所产生的机械力将膜面上的污染物冲刷掉。物理清洗法有变流速冲洗法（脉冲、逆向及反向流动）、海绵球清洗法、超声波法、热水及空气和水混合冲洗法等。例如，每运行一个短的周期后，关闭超滤液出口，这时中空纤维膜内外压力相等，压差消失，使得依附于膜面上的凝胶层变得松散。这时液流的冲刷作用，使凝胶层脱落，达到清洗的目的，这种方法一般称为等压清洗。超滤运转周期不能太长，尤其是截留物成分复杂、含量较高时，运行时间长了会造成膜表面胶层由于压实而"老化"，这时就不易洗脱了。另外，如加大器内的液体流速，改变流动状态对膜面的浓差极化有很大影响，当液体呈湍流时，不易形成凝胶层，也就难以形成严重污染。同时，改变液体流动方向，反冲洗等也有积极意义。

物理清洗往往不能把膜面彻底洗净，这时可根据体系的情况适当加些化学药剂进行化学清洗。化学清洗所采用的药剂可分为氧化剂（NaOCl、I_2、H_2O、O_3）、还原剂（HCHO）、螯合剂（EDTA、SHMP）、酸（HNO_3、H_3PO_4、HCl、H_2SO_4、草酸、柠檬酸）、碱（NaOH、NH_4OH）、有机溶剂（乙醇）、表面活性剂及酵母清洗剂等。如对自来水净化时，每隔一定时间用稀草酸溶液清洗，以除掉表面积累的无机杂质和有机杂质。又如，膜表面被油脂污染以后，其亲水性能下降，透水性恶化，这时可用一定量的表面活性剂的热水溶液做等压清洗。常用的化学清洗剂有酸、碱、酶（蛋白酶）、螯合剂、表面活性剂、过氧化氢、次氯酸盐、磷酸盐、聚磷酸盐等。清洗后的膜，如暂时不用，应储存在清水中，并加少量甲醛以防止细菌生长。

（四）层析法

层析法是一种物理的分离方法。它是利用混合物中各组分的物理化学性质的差别（如吸附力、分子极性、分子形状和大小、分子亲和力、分配系数等），使各组分以不同程度分布在两个相中，其中一个相为固定的（称为固定相），另一个相则流过此固定相（称为流动相）并使各组分以不同速度移动，从而达到分离的目的。层析法是近代生物化学中最常用的分析方法之一，运用这种方法可以分离性质极为相似，而用一般化学方法难以分离的各种化合物，如各种氨基酸、核苷酸、糖、蛋白质等。层析法一般用在蛋白质精制后工序。因此，蛋白质在进行层析法纯化之前，需经过适当预处理。层析法纯化效果好，纯化倍数一般在几倍到几百倍。生产规模的层析柱体积为几升至几十升，而用于实验室科学研究的层析柱体积为几毫升至十几毫升。

1. 层析法的分类　按照分离机理，可将层析法分为以下几类：

（1）排阻层析　利用凝胶层析介质（固定相）交联度的不同所形成的网状孔径的大小，在层析时能阻止比网孔直径大的生物大分子通过。利用流动相中溶质的分子质量大小差异而进行分离的一种方法，称之为排阻层析（exclusion chromatography）。

（2）离子交换层析　利用固定相球形介质表面的活性基团，经化学键合方法，将具有交换能力的离子基团键合在固定相上，这些离子基团可以与流动相中的离子发生可逆性离子交换反应而进行分离的方法，称之为离子交换层析（ion exchange chromatography）。

（3）吸附层析　利用吸附层析介质表面的活性分子或活性基团，对流动相中不同溶质产生吸附作用，利用其对不同溶质吸附能力的强弱而进行分离的一种方法，称之为吸附层析（absorption chromatography）。

（4）分配层析　被分离组分在固定相和流动相中不断发生吸附和解吸附的作用，在移动的过程中物质在两相之间进行分配。利用被分离物质在两相中分配系数的差异而进行分离的一种方法，称之为分配层析（partition chromatography）。

（5）亲和层析　在固定相载体表面耦联具有特殊亲和作用的配基，这些配基可以与流动相中溶质分子发生可逆的特异性结合而进行分离的一种方法，称之为亲和层析（affinity chromatography）。

（6）金属螯合层析　利用固定相载体上耦联的亚氨基乙二酸为配基，与二价金属离子发生螯合作用，结合在固定相上，二价金属离子可以与流动相中含有的半胱氨酸、组氨酸、咪唑及其类似物发生特异螯合作用而进行分离的方法，称之为金属螯合层析（metal chelating chromatography）。

（7）疏水层析　利用固定相载体上耦联的疏水性配基与流动相中的一些疏水分子发生可逆性结合而进行分离的方法，称之为疏水层析（hydrophobic chromatography）。

（8）反向层析　利用固定相载体上耦联的疏水性较强的配基，在一定非极性的溶剂中能够与溶剂中的疏水分子发生作用。以非极性配基为固定相，极性溶剂为流动相来分离不同极性的物质的方法，称之为反相层析（reverse phase chromatography）。

（9）聚焦层析　利用固定相载体上耦联的载体两性电解质分子，在层析过程中所形成的 pH

梯度，并与流动相中不同等电点的分子发生聚焦反应进行分离的方法，称之为聚焦层析（focusing chromatography）。

（10）灌注层析 利用刚性较强的层析介质颗粒中具有的不同大小贯穿孔与流动相中溶质分子分子质量的差异进行分离的方法，称之为灌注层析（perfusion chromatography）。

2. 常用层析技术

（1）离子交换层析技术 是以离子交换纤维素或以离子交换葡聚糖凝胶为固定相，以蛋白质等样品为移动相，分离和提纯蛋白质、核酸、酶、激素和多糖等的一项技术。其原理是在纤维素与葡聚糖分子上结合有一定的离子基团。当结合阳离子基团时，可置换出阴离子，则称为阴离子交换剂，如二乙氨乙基（dicthylaminoethyl，DEAE）纤维素。在纤维素上结合了 DEAE，含有带正电荷的阳离子纤维素，它的反离子为阴离子（如 Cl^- 等），可与带负电荷的蛋白质阴离子进行交换。当结合阴离子基团时，可置换阳离子，称为阳离子交换剂，如羧甲基（carboxymethy，CM）纤维素。纤维素分子上带有负电荷的阴离子（纤维素$-O-CH_2-COO^-$），其反离子为阳离子（如 Na^+ 等），可与带正电荷的蛋白质阳离子进行交换。

溶液的 pH 与蛋白质等电点相同时，静电荷为 0，当溶液 pH 大于蛋白质等电点时，则羧基游离，蛋白质带负电荷。反之，溶液的 pH 小于蛋白质等电点时，则氨基电离，蛋白质带正电荷。溶液的 pH 距蛋白质等电点越远，蛋白质的电荷越多；反之则越少。血清蛋白质均带负电荷，但各种蛋白质带负电荷的程度有所差异，以白蛋白为最多，其次为球蛋白。β 球蛋白和 γ 球蛋白在适当的盐浓度下，溶液的 pH 高于等电点时，蛋白质被阴离子交换剂所吸附；当溶液的 pH 低于等电点时，蛋白质被阳离子交换剂所吸附。由于各种蛋白质所带电荷不同，因此它们与交换剂的结合程度也不同，只要溶液 pH 发生改变，就会直接影响到蛋白质与交换剂的吸附，从而可能把不同的蛋白质逐个分离开来。

交换剂对胶体离子（如蛋白质）和无机盐离子（如 NaCl）都具有交换吸附的能力，当两者同时存在于一个层析过程中，则产生竞争性的交换吸附。当 Cl^- 的浓度大时，蛋白质不容易被吸附，吸附后也易于被洗脱；当 Cl^- 浓度小时，蛋白质

易被吸附，吸附后也不容易被洗脱。因此，在离子交换层析中，一般采用两种方法达到分离蛋白质的目的。一种是增加洗脱液的离子强度，一种是改变洗脱液的 pH。pH 增高时，可抑制蛋白质阳离子化，随之对阳离子交换剂的吸附力减弱；pH 降低时，可抑制蛋白质阴离子化，随之降低了蛋白质对阴离子交换剂的吸附。当使用阴离子交换剂时，增加盐离子浓度，则降低溶液 pH；当使用阳离子交换剂时，增加盐离子浓度，则升高溶液 pH。

常用离子交换剂的种类与特性如下：

①离子交换纤维素 离子交换纤维素的种类很多，最常用的是 DEAE－纤维素和 CM 纤维素。由于剂型不同，因此其理化性质和作用也有所差异。一般而言，微粒型要优于纤维素型，因为微粒型是在纤维素型的基础上进一步提炼而成。它的交换容量大，粒细、比重大，能装成紧密的层析柱，要求分辨力高的试验可用此型纤维素。离子交换纤维素的优点有：一是离子交换纤维素为开放性长链，具有较大的表面积，吸附容量最大；二是离子基团少，排列稀疏，与蛋白质结合不太牢固，易于洗脱；三是具有良好的稳定性，洗脱剂的选择范围广。

②离子交换交联葡聚糖 离子交换交联葡聚糖也是广泛使用的离子交换剂，它与离子交换纤维素的不同点是载体不同。离子交换交联葡聚糖的优点有：一是不会引起被分离物质的变性或失活；二是非特异性吸附少；三是交换容量大。离子交换葡聚糖的选用，一般根据蛋白质的分子质量而定。中等分子质量（30 000～200 000）一般选 A50 和 C50，而低分子质量（＜30 000）和高分子质量（＞200 000）均宜选用 A25 和 C25。

（2）凝胶层析 凝胶层析又称为分子筛层析或凝胶过滤。凝胶是一种多孔性的不带表面电荷的物质，当带有多种成分的样品溶液在凝胶内运动时，由于它们的分子质量不同而表现出速度的快慢，在缓冲液洗脱时，分子质量大的物质不能进入凝胶孔内，而在凝胶间几乎是垂直向下运动，而分子质量小的物质则进入凝胶孔内进行"绕道"运行，这样就可以按分子质量的大小，先后流出凝胶柱，达到分离的目的。具有分子筛作用的物质很多，如浮石、琼脂、琼脂糖、聚乙烯醇、聚丙烯酰胺、葡聚糖凝胶等。以葡聚糖凝胶应用最

广，商品名是 Sephadex，其型号很多，从 G10 到 G200。它的主要应用范围是：①分级分离各种抗原与抗体；②去掉复合物中的小分子物质，如除去盐、荧光素和游离的放射性同位素及水解的蛋白质碎片；③分析血清中的免疫复合物；④分子质量的测定。

葡聚糖又名右旋糖酐，在它们的长链间以三氯环氧丙烷交联剂交联而成。葡聚糖凝胶具有很强的吸水性。交联度大的，吸水性小；相反，交联度小的，吸水性大。商品名以 Sephadex G 表示。G 值越小，交联度越大，吸水性越小；G 值越大，交联度越小，吸水性就越大。二者呈反比关系，G 值大约为吸水量的 10 倍。由此可以根据床体积而估算出葡聚糖凝胶干粉的用量。

G25、G50 有 4 种颗粒型号，即粗（100～300μm）、中（50～150μm）、细（20～80μm）和超细（10～40μm）。G75～G200 又有 2 种颗粒型号，即中（40～120μm），超细（10～40μm）。颗粒越细，流速越慢，分离效果越好。

（3）亲和层析　亲和层析是一种吸附层析，抗原（或抗体）和相应的抗体（或抗原）发生特异性结合，而这种结合在一定的条件下又是可逆的。因此，将抗原（或抗体）固相化后，就可以使存在液相中的相应抗体（或抗原）选择性地结合在固相载体上，从而与液相中的其他蛋白质分开，达到分离提纯的目的。此法具有高效、快速、简便等优点。

理想的载体应具有的基本条件是：①不溶于水，但高度亲水；②惰性物质，非特异性吸附少；③具有相当量的化学基团可供活化；④理化性质稳定；⑤机械性能好，具有一定的颗粒形式以保持一定的流速；⑥通透性好，最好为多孔的网状结构，使大分子能自由通过；⑦能抵抗微生物和醇的作用。

可以作为固相载体的有皂土、玻璃微球、石英微球、羟磷酸钙、氧化铝、纤维素、聚丙烯酰胺凝胶、淀粉凝胶、葡聚糖凝胶、琼脂糖。在这些载体中，皂土、玻璃微球等吸附能力弱，且不能防止非特异性吸附，纤维素的非特异性吸附强。聚丙烯酰胺凝胶是目前的首选优良载体。

琼脂糖凝胶的优点是亲水性强，理化性质稳定，不受细菌和酶的作用，具有疏松的网状结构，在缓冲液离子浓度大于 0.05 mol/L 时，对蛋白质

几乎没有非特异性吸附。琼脂糖凝胶极易被溴化氢活化，活化后性质稳定，能经受层析的各种条件，如 0.1 mol/L 氢氧化钠或 1 mol/L 盐酸溶液处理 2～3 h 及蛋白质变性剂 7 mol/L 尿素或 6 mol/L 盐酸胍溶液处理，不引起性质改变，故易于再生和反复使用。

琼脂糖凝胶微球的商品名为 Sepharose，含糖浓度为 2%、4%、6% 时分别称为 2B、4B、6B。因为 Sepharose 4B 的结构比 6B 疏松，而吸附容量比 2B 大，所以 4B 应用最广。

（孙进忠　王忠田）

第七节　诊断抗原的制备技术

利用微生物本身或其代谢产物、动物血液及组织，根据抗原与抗体特异性结合、核苷酸碱基配对原理，制成的诊断用制品称为诊断用生物制品，如诊断抗原、诊断血清、标记抗体及核酸探针等。本节重点介绍一般诊断抗原的制造技术。

诊断抗原按性质分为颗粒性抗原、可溶性抗原。颗粒性抗原制备简单，主要用于凝集性反应；可溶性抗原既可以是细胞膜、细胞质、细胞核及核膜等细胞组成成分，也可是经细胞分泌至体液中的一些可溶性因子，可溶性抗原主要用于沉淀性反应及其他种类的诊断试验。诊断抗原按试验种类可分为凝集反应抗原（凝集抗原或凝集原）、沉淀反应抗原、补体结合反应抗原、中和试验抗原、酶联免疫吸附试验抗原及变态反应抗原等。

一、细菌抗原的制备

（一）凝集反应抗原

凝集反应是指细菌、红细胞等颗粒性抗原或表面覆盖抗原的颗粒状物质（如细菌、螺旋体、红细胞、聚苯乙烯乳胶等）等凝集抗原与相应的抗体结合，在一定条件下，形成肉眼可见的凝集块。参与凝集反应的抗原称凝集原，抗体称凝集素。

凝集反应有直接凝集反应和间接凝集反应两

种。直接凝集反应是颗粒性抗原与相应抗体直接结合所呈现的凝集现象，其抗原本身即是颗粒性物质，如细菌的菌体和红细胞等。主要有玻片法、试管法及微量凝集法。玻片法为定性试验，方法简便快速，常用已知抗体检测未知抗原，广泛应用于菌种鉴定、分型及人红细胞 ABO 血型测定等；试管法通常为半定量试验，常用已知抗原检测待检血清中有无相应抗体及其相对含量，以帮助临床诊断和分析病情。而间接凝集反应是将可溶性抗原或半抗原物质吸附在一种颗粒性载体的表面，如碳素颗粒、红细胞、乳胶颗粒等，然后再与相应的抗体结合引起肉眼可见的凝集反应。

我国生产的兽用凝集反应抗原有两类，一类是非染色凝集反应抗原，另一类是染色凝集反应抗原。常见的凝集反应抗原包括布鲁氏菌凝集反应抗原（包括试管、平板、全乳环状）、马流产凝集反应抗原、鸡白痢平板凝集反应抗原、猪传染性萎缩性鼻炎Ⅰ相菌凝集反应抗原及鸡毒支原体平板凝集反应抗原等。在此以布鲁氏菌试管凝集反应抗原为例，简述其制造技术要点。

1. 抗原制造 取经鉴定合格的猪种布鲁氏菌弱毒菌株和牛种布鲁氏菌弱毒菌株，分别用固体培养法或通气培养法扩增培养，菌悬液经 70～80℃加温灭活 1h，冷却后将不发生自凝、无菌检验合格的两种菌液等量混合，离心弃上清液，将沉淀菌体悬浮于 0.5%苯酚生理盐水中，制成浓菌液，经无菌检验合格后用标准阳性血清进行标化。

2. 抗原标化 标化时，先将冻干保存的每毫升标准阳性血清（1 000 IU/mL）用 0.5%苯酚生理盐水 100 mL 溶解，然后按表 9-5 作进一步稀释，浓菌液按表 9-6 稀释后测定抗原效价。

表 9-5 标准阳性血清稀释比例表

菌液（mL）	0.5%苯酚生理盐水（mL）	稀释度
5	10	1:300
5	15	1:400
5	20	1:500
5	25	1:600
5	30	1:700

表 9-6 浓菌液稀释比例表

浓菌液（mL）	0.5%苯酚生理盐水（mL）	稀释度
1	19	1:20
1	23	1:24
1	27	1:28
1	31	1:32
1	35	1:36
1	39	1:40

第一次测定抗原效价：取洁净小试管，在试管架上排列成横 7 行竖 5 列，由左起第 1 列每管加入血清 1:300 稀释液各 0.5mL。第 2、3、4、5 列每管依次加入 1:400、1:500、1:600、1:700 血清稀释液各 0.5mL。加好血清稀释液后，由上起第 1 行每管加入浓菌液的 1:20 稀释液各 0.5mL，第 2、3、4、5、6 行每管依次加入浓菌液 1:24、1:28、1:32、1:36、1:40 稀释液各 0.5mL。第 7 行每管加入布鲁氏菌试管凝集标准抗原应用液（即标准抗原原液的 1:20 稀释液）各 0.5mL。将各管抗原和血清稀释液混合均匀后，在 37℃放置 22～24h，然后观察反应，并按表 9-7 所举范例记录结果。

表 9-7 不同浓度抗原对标准阳性血清的凝集试验结果（举例）

抗原稀释度	血清最初稀释度				
	1:300	1:400	1:500	1:600	1:700
	加入抗原后血清最后稀释度				
	1:600	1:800	1:1 000	1:1 200	1:1 400
浓菌液（1:20）	+++	+++	+	-	-
浓菌液（1:24）	+++	+++	+	-	-
浓菌液（1:28）	+++	+++	++	-	-
浓菌液（1:32）	+++	+++	++	-	-
浓菌液（1:36）	+++	+++	++	±	-
浓菌液（1:40）	++++	+++	+++	±	±
标准抗原（1:20）	+++	+++	++	-	-

当 1:1 000 稀释的标准阳性血清对标准抗原应用液的凝集反应呈现"++"时，在与标准阳性血清 1:1 000 稀释度呈现"++"，1:1 200 稀释呈现"-"、"±"或"+"的凝集现象的被检抗原最小稀释度，即为浓菌液应稀释的倍数。在本例中，浓菌液应稀释的倍数为 1:28，此为第一次测定结果。

第二次测定抗原效价：根据第一次测定结果，

取浓菌液少许制成倍数较近的稀释液，如 1：24、1：26、1：28、1：30、1：32 等，再按上法作第二次测定。如果二次测定结果一致，则按测出的抗原最小稀释度。

抗原液原液配制：出厂的抗原原液应为应用液浓度的 20 倍，因此先计算出每毫升浓菌液可以配制多少抗原原液，然后按比例进行稀释。计算方法如下式：

$$X = \frac{B}{20}$$

式中，X 为浓菌液 1mL 可以配制抗原原液量，B 为在测定中浓菌液应稀释的倍数。

在本例中为 $X = \frac{28}{20} = 1.4mL$，即取浓菌液 1mL 加 0.5％苯酚生理盐水 0.4mL 即为抗原原液。

在测定抗原效价时，需同时进行 4～5 份同样试验，以免发生误差。每次试验均须用标准抗原应用液作对照，以保证所用阳性血清的凝集价符合标准要求。

3. 抗原检验　对于抗原的成品检验，应至少包括物理性状、无菌检验、效价测定、特异性检验 4 项内容。其中最主要的两项是效价测定和特异性检验。

（1）效价测定　是将新制抗原与标准抗原分别与前述标准阳性血清的 5 种稀释液作凝集试验，2 种抗原的凝集价均须为 1：1 000"＋＋"。

（2）特异性检验　将新制抗原与标准抗原分别与布鲁氏菌阴性血清作凝集试验（血清稀释度由 1：25 至 1：200 作连续 2 倍系列稀释），任何稀释度的凝集试验均须为阴性，方为合格。

直接凝集反应抗原主要用于细菌性传染病的诊断。其制造技术的要点是：采用的菌种应为抗原性强并有一定的代表性的标准型菌种，必要时可采用几株细菌，细菌本身不能产生自凝反应。一般是采用热凝集试验或吖啶黄凝集试验检查。方法是将菌种接种固体培养基表面，培养后用含有苯酚或甲醛溶液等灭活剂缓冲液洗下菌体制成 1×10^9 CFU/mL 的菌悬液。如为热凝集试验，则吸取 3～5mL 菌悬液至小试管中置 90℃水浴加热，分别于 30min 和 60min 时各观察一次结果。如管底出现明显的凝集即为自凝反应阳性，表明菌株已发生变异。如菌液均匀混浊则为自凝反应阴性，表明未发生变异，可用于制造抗原。

进行吖啶黄凝集反应时，先在玻片上滴加 0.05mL 菌悬液，再滴加 0.05mL 1：500 的吖啶黄溶液。混匀后，2～3min 内不发生凝集现象者为合格。

（二）补体结合反应抗原

补体结合反应是一种广泛应用的经典性检测抗原抗体的方法。补体是正常动物血清中在一定条件下能与抗原-抗体复合物相结合的一种不耐热物质，常见实验动物豚鼠血清内的补体含量最高。补体结合试验中有两个不同的抗原抗体系统，第一个系统是被检测的抗原抗体系统（反应系统），一个系统是绵羊红细胞与其抗体即兔抗羊溶血素（指示系统）。当补体存在时，如果第一系统中的抗原和抗体反应，则补体被结合形成抗原-抗体与补体复合物，就不再有补体为第二系统红细胞-溶血素复合物所结合，因而红细胞不溶血，即为阳性反应。相反，如果红细胞溶血，说明补体被结合于第二个系统中，说明第一个系统中抗原与抗体不反应，即阴性反应。

我国生产的兽用补体结合试验抗原有鼻疽补体结合试验抗原、牛肺疫补体结合试验抗原、布鲁氏菌病补体结合试验抗原、马传贫补体结合试验抗原、钩端螺旋体补体结合试验抗原、副结核补体结合试验抗原及锥虫补体结合试验抗原等。现以鼻疽补体结合试验抗原为例，介绍其制造技术。

1. 抗原制造　将生产用 1～2 株鼻疽菌接种 4％甘油琼脂，使种子液均匀分布于琼脂表面，接种后放在 36～37℃培养 2～3d。选生长典型而无杂菌者，加入灭菌的 0.5％苯酚生理盐水（每 100 cm^2 培养基表面约加入 30 mL）将菌苔洗下，收集于大瓶中，121℃灭菌 90min。经灭活检查无菌生长后置 2～8℃浸泡 1～2 个月（在此期间，定期振荡），期满后，吸取上清液，即为鼻疽补体结合试验抗原。

2. 抗原效价测定

（1）抗原稀释　吸取抗原少许，用生理盐水分别作 1：10、1：50、1：75、1：100、1：150、1：200、1：300、1：400 和 1：500 稀释。

（2）阳性血清稀释　用生理盐水将 2 份马鼻疽标准阳性血清分别作 1：10、1：25、1：50、1：75、1：100 稀释。试验前在 58～59℃水浴灭能 30min。

（3）溶血素 用2个工作量。

（4）补体 新鲜或冻干补体使用1个工作量。

（5）绵羊红细胞 采集公绵羊血于阿氏液中4℃保存，用前用生理盐水以1 500～2 000 r/min离心洗涤3次，最后一次离心时以2 000 r/min离心10min，吸弃上清液。吸取下沉的红细胞用生理盐水配成2.5%悬液。

准备好以上各成分后按表9-8作补体结合试验，测定抗原效价。

表9-8 抗原效价测定方法

试管号		1	2	3	4	5	6	7	8	9
抗原稀释度		1：10	1：50	1：75	1：100	1：150	1：200	1：300	1：400	1：500
抗原量		0.5	0.5	0.5	0.5	0.5	0.5	0.5	0.5	0.5
阳性血清	1：10	0.5	0.5	0.5	0.5	0.5	0.5	0.5	0.5	0.5
	1：25	0.5	0.5	0.5	0.5	0.5	0.5	0.5	0.5	0.5
	1：50	0.5	0.5	0.5	0.5	0.5	0.5	0.5	0.5	0.5
	1：75	0.5	0.5	0.5	0.5	0.5	0.5	0.5	0.5	0.5
	1：100	0.5	0.5	0.5	0.5	0.5	0.5	0.5	0.5	0.5
1个工作量补体		0.5	0.5	0.5	0.5	0.5	0.5	0.5	0.5	0.5
36～37℃水浴20min										
2个工作量溶血素		0.5	0.5	0.5	0.5	0.5	0.5	0.5	0.5	0.5
2.5%红细胞悬液		0.5	0.5	0.5	0.5	0.5	0.5	0.5	0.5	0.5
36～37℃水浴20min										

37℃作用后，分别按表9-9及表9-10所举的范例记录2份阳性血清对被检抗原各种稀释液的反应结果。

表9-9 被检抗原的各种稀释液对第1份阳性血清的各种稀释液的反应结果（示例）

第一份阳性血清的各种稀释液	抗原稀释度								
	1：10	1：50	1：75	1：100	1：150	1：200	1：300	1：400	1：500
	补体结合反应结果（溶血百分比）								
1：10	0	0	0	0	0	0	10	20	40
1：25	0	0	0	0	0	0	10	30	60
1：50	10	0	0	0	0	10	20	40	60
1：75	20	20	10	10	0	10	40	60	100
1：100	40	20	20	20	10	40	100	100	100

表9-10 被检抗原的各种稀释液对第2份阳性血清的各种稀释液的反应结果（示例）

第一份阳性血清的各种稀释液	抗原稀释度								
	1：10	1：50	1：75	1：100	1：150	1：200	1：300	1：400	1：500
	补体结合反应结果（溶血百分比）								
1：10	10	0	0	0	0	10	20	50	90
1：25	30	20	10	10	0	10	20	60	90
1：50	30	20	10	20	0	40	40	80	100
1：75	50	40	40	40	30	80	80	100	100
1：100	70	60	40	40	40	100	100	100	100

对 2 份阳性血清的各稀释液均发生抑制溶血最强的抗原最高稀释倍数即为抗原效价，其抗原效价在 100 倍以上为合格。

3. 非特异性检验　取 1 份鼻疽阴性马血清分别作 1∶5 和 1∶10 稀释，在 58～59℃ 水浴中灭活 30min，与新制备的 1 个工作量抗原作补体结合试验，必须为阴性，且抗原无抗补体作用判为合格。

（三）变态反应抗原

某些细胞内寄生菌（如鼻疽杆菌、结核杆菌、布鲁氏菌）、病毒（如疱疹病毒）、真菌（如流行性淋巴管炎囊球菌）、寄生虫（如血吸虫）等可引起以细胞免疫为主的Ⅳ型变态反应，而这种变态反应是由病原微生物或其代谢产物在传染过程中作为变应原引起的一种异常反应，故将其称为传染性变态反应。鉴于这种反应具有高度特异性和敏感性，且大多数患病动物均能产生这种现象，即患病动物个体之间差异不大，因此变态反应常作为临床诊断传染病的一种方法。

由于在活体动物上进行变态反应试验，因此要求变应原安全且具有反应原性，而不能有致敏原性。在制备过程中常采用病原微生物的代谢产物和一定的纯化工艺，使抗原成分比较单一，从而提高诊断试验的特异性。

我国兽医生物制品中的变态反应原主要有鼻疽菌素、结核菌素及布鲁氏菌水解素等。其中以结核菌素应用较广。现以此为例，简述其制造技术。

1. 结核菌素的制造　结核菌素分为牛型和禽型两种，两型的制造方法相同，按制造工艺分为老结核菌素和提纯结核菌素。

（1）老结核菌素的制造　将培养驯化好的结核菌膜接种于苏通培养基或 4％甘油肉汤培养基的液体表面，37℃ 培养 45～60d。从每批培养物中抽取 2～3 瓶，121℃ 灭活 30min，滤纸过滤，用蒸馏水将滤纸上的菌膜洗下，在 60～80℃ 普通温箱中烤干。定期称其重量，直到重量不变为止，计算每 100mL 培养基中的平均菌膜量。苏通培养基达到 4 g/mL 以上，甘油肉汤培养基菌膜量达到 2.5 g/mL 以上为合格。如菌膜量达不到要求，可继续培养 15d。如菌膜量仍不增加，此批培养物应废弃。

将合格的同批培养瓶取出，121℃ 灭菌 30min，以数层纱布过滤，所得滤液倒入大容器中，以不超过 100℃ 的温度蒸发浓缩到接种时培养基总体积的 1/10，121℃ 灭菌 1h，置 2～8℃ 保存。

将几批浓缩的结核菌素混合，组成一大批，以赛氏滤器过滤，121℃ 灭菌 1h，即为老结核菌素半成品。

（2）提纯结核菌素的制造　提纯结核菌素（purified protein derivative，PPD）所用菌种与老结核菌素相同。制备牛型提纯结核菌素采用牛型结核杆菌 C68001 或 C68002 株，培养基为苏通合成培养基。其制造程序是：将驯化好的结核菌膜接种于苏通培养基液面，37～38℃ 培养 2～3 个月，培养期间弃去污染者，培养期满后以 121℃ 灭菌 30min，用数层纱布滤过除去菌膜，再用塞氏滤器除菌过滤。滤液中加入 40％三氯醋酸使其终浓度达到 4％。然后置 4℃ 过夜，沉淀蛋白，吸弃上清液。将沉淀物用 1‰ 三氯醋酸离心洗涤 3～4 次。最后将沉淀用少量 1 mol/L NaOH 溶解，再用 pH7.4 的磷酸盐缓冲液稀释到所需体积，随后用赛氏滤器除菌过滤，即为提纯结核菌素原液。待混合组批后，用凯氏定氮法测定每毫升中的蛋白含量。根据蛋白含量，稀释到不同浓度后测定效力。

2. 结核菌素的效价测定　下文以牛型提纯结核菌素为例，介绍其效价测定方法。

选体重 400 g 左右的豚鼠 10～20 只，分别在大腿内侧深部肌内注射牛型结核杆菌致敏原（先将牛型结核杆菌培养物刮下、称重、磨碎，加适量生理盐水稀释，121℃ 灭活 30min，再用弗氏不完全佐剂制成油乳剂，使每毫升含牛型结核杆菌 8～10 mg，分装后 80℃ 水浴灭菌 2h，无菌检验合格后置 2～8℃ 备用）0.5mL。5 周后，将每只豚鼠臀部拔去一小块被毛（约 3cm²），避开注致敏原一侧），第 2d 将牛型提纯结核菌素参照品作 1∶1 000 稀释，于拔毛处皮内注射 0.1mL，注射后 48h 观察，注射部位皮肤红肿面积达 1 cm² 以上者，方可用于效价标定和效力检验。

将制备的待标效价的菌素原液先稀释成每毫升含 2.5mg、2.7mg、3.0mg、3.2mg、3.4mg（含氮量）的 5 种不同浓度，再分别作 1∶1 000 稀释，将参照品菌素也作 1∶1 000 稀释。挑选 6 只致敏合格豚鼠，于注射的前一日将胸腹部两侧被毛拔去（约 3cm²×9cm²），采用轮回换点方式在每只豚鼠拔毛处依次注射此 6 种菌素稀释液，每点皮内注射 0.1mL，用游标卡尺测量红肿直径，计算红肿面积红肿面积及各注射点皮肤红肿面积的平均值（以 48h 判定为主，必要时可参考 72h 的反应，但注射点皮肤红肿面积直径应在 7mm 以上方可判定）。待标菌素某一稀释度平均反应面积和参照菌素平均反应面积的比值为 0.9～1.1，则该稀释度菌素所含单位数与参照菌素基本相同。

牛型老结核菌素的效价标定方法与牛型提纯结核菌素效价标定方法基本相同，只是将被检菌素原液稀释成低于、等于和高于标准菌素的浓度，如 1：500、1：1 000、1：1 500……

3. 特异性检验 采用健康易感牛 20 头或健康易感鸡 20 只，用待检菌素和标准菌素同时对 20 头/只动物进行变态反应试验，每头/只动物均应呈阴性反应。

二、病毒抗原的制备

在现代病毒学试验研究中，常需要高度纯化的病毒，进行病毒的传染与免疫、遗传与变异及分子生物学试验。而对于诊断用的病毒抗原，只需相对纯化的病毒即可满足一般要求。

（一）病毒抗原制备的一般原则

由于病毒在活细胞内复制，因此含病毒的组织或病毒培养物中一般都含有大量的宿主细胞碎片及其亚细胞成分，必须应用理化方法除去这些杂质，提取出高纯度的浓缩病毒样品。

病毒有两个主要特点：①已知病毒含有相当量的蛋白质，因此可用提纯蛋白质的技术浓缩或提纯病毒；②不同病毒粒子的大小、形状和密度不同，一般都在 40 000r/min 或更高速的离心中才能沉淀，但由于不同病毒的性质及培养条件不同，因此应针对不同病毒使用不同的提纯方法。

制备纯化的病毒抗原时，首先应将培养物匀浆化或用去垢剂、酶或超声波处理，或反复冻融，促使细胞破裂，使病毒粒子由宿主细胞内释放出来。随后用粗孔滤器或低速离心沉淀方法除去较大的细胞碎屑。再以高速离心方法使病毒粒子及残存的小分子杂质沉淀，即可通过凝胶过滤或离子交换柱除去非病毒成分，通过差异离心、密度梯度离心或等密度离心等方法进一步将病毒提纯。最后再用高速离心沉淀方法等使提纯的病毒抗原进一步浓缩。

由于病毒主要是蛋白质大分子，因此还可用硫酸铵或其他有机溶剂选择性地除去宿主细胞成分，或应用鱼精蛋白或聚乙二醇等选择地将病毒粒子沉淀下来。对具有血凝特性的病毒，可用健康动物红细胞进行吸附，随后在较高温度（如 37℃）下或用受体破坏酶使病毒粒子从红细胞上脱落下来。

随着分子生物学技术的发展和应用，抗原的研制和开发取得了快速发展。基因工程亚单位抗原是采用 DNA 重组技术，将编码病原微生物保护性抗原基因导入原核细胞或真核细胞，使其在受体细胞中高效表达，提取分泌的保护性抗原蛋白，经纯化而制成。合成肽抗原是一种完全基于病原体抗原表位氨基酸序列特点开发设计的一类抗原。该抗原是依据天然蛋白质氨基酸序列一级结构用化学方法人工合成包含抗原决定簇的小肽（20～40 个氨基酸），通常包含一个或多个 B 细胞抗原表位和 T 细胞抗原表位，特别适用于不能通过体外培养方式获得足够量抗原的微生物或虽能进行体外培养但生长滴度低的微生物。对合成肽抗原的研究和应用主要集中于口蹄疫病毒。下文列举几种病毒抗原的制备方法。

（二）口蹄疫病毒感染相关抗原（VIA 抗原）的制备

1. 病毒培养 按常规方法将制备的猪肾传代细胞，置 37℃培养 2～3d，形成单层。形态正常时按维持液 5% 的量接种口蹄疫细胞毒，加入 95% 乳液，置 37℃继续培养 7～10h，当 75% 以上细胞出现典型的 CPE 时，收获病毒培养物，-15℃以下保存备用。

2. 病毒抗原提纯、浓缩处理 将收获的病毒培养物冻融 3 次，使细胞充分破裂。10 000r/min 离心 20～30min，除去细胞碎片。每 1 000mL 病毒液加入 10 g 聚乙二醇 6000，搅拌 2～3h，在 4℃静置 1～2h 后 10 000 r/min 离心 20min，吸取上清液。每升上清液加 1 g DEAE-Sephadex - A50 干粉，置 4℃连续搅拌 12～14h，静置 2～3h，使 DEAE-Sephadex - A50 沉淀。吸出上清液，将沉淀物用 Tris 低盐溶液（0.02 mol/L Tris、0.15 mol/L NaCl 溶液）洗涤 3 次。将 DE-

AE-Sephadex-A50 糊状物装入带有夹套的层析柱里，继续用 Tris 低盐溶液洗涤，直到酚红的颜色脱去为止。用 Tris 高盐溶液（0.02 mol/L Tris、1.0 mol/L NaCl 溶液，pH7.6）洗脱 VIA 抗原，用 HD-81-5A 型核酸蛋白检测仪检测 VIA 蛋白，收集波长为 254 nm 的蛋白液。将收集的蛋白液先对 Tris 低盐溶液进行透析，然后置于 30% 聚乙二醇 20 000 溶液中浓缩，使其体积为原始病毒液的 1/1 000～1/500。将浓缩的收集物 10 000 r/min 离心 30min，除去不溶性物质，分装于小瓶内，于 4℃ 左右保存。

3. VIA 抗原工作浓度测定　将 VIA 抗原和口蹄疫病毒阳性血清用 Tris 低盐溶液分别作 2 倍系列稀释（1∶1～1∶32）。然后用 6 个琼脂板，在各中心孔内加入不同稀释度的抗原，外周孔分别加入不同稀释度的血清，作琼脂扩散试验，测定 VIA 抗原的工作浓度，结果见表 9-11。

表 9-11　VIA 抗原工作浓度及结果判定

抗原稀释倍数	阳性血清稀释倍数					
	1∶1	1∶2	1∶4	1∶8	1∶16	1∶32
1∶1	+	+	－	－	－	－
1∶2	+	+	+	－	－	－
1∶4	+	+	+	+	－	－
1∶8	+	+	+	+	－	－
1∶16	－	－	－	－	－	－
1∶32	－	－	－	－	－	－

表中示例抗原的工作浓度为 1∶8。用 Tris 低盐溶液，将已知工作浓度的抗原稀释成使用浓度（如已知工作浓度为 1∶8，则使用浓度应为 1∶4），定量分装，密封瓶口。

4. 抗原的检验与使用　VIA 抗原为淡褐色澄明液体，应无菌生长。检测抗原的特异性时，取 1% 琼脂板，打孔后中心孔加 VIA 抗原，外周孔加各型阳性血清（A、O、C、亚洲 1 型豚鼠高免血清或人工感染后 30d 的康复牛血清）。结果均应为阳性。

该抗原用于检测牛、羊、猪、鹿、骆驼等动物血清中的 VIA 抗体。被检血清和口蹄疫标准阳性血清均以 56℃ 灭活 30min。试验时，按六角形在琼脂板上打孔，中心孔和外周孔的孔径及孔距均为 4 mm。中心孔加 VIA 抗原，1、4 孔加口蹄疫阳性血清，2、3、5、6 孔加被检血清，加样后

将平皿置湿盒中于室温（20～22℃）中任其扩散。24h 进行第一次观察，72h 作第二次观察，168h 作最后观察。观察时，可借助灯光或自然光源，特别是弱反应需借助于强光源才能看清沉淀线。当 1 孔和 4 孔标准阳性血清与中心抗原孔之间形成沉淀线时，若被检血清与中心孔之间也出现沉淀线，并与阳性沉淀线末端相融合，则被检血清判为阳性；被检血清孔与中心孔之间虽不出现沉淀线，但阳性沉淀线的末端向内弯向被检血清孔，则被检血清判为弱阳性；如被检血清孔与中心孔之间不出现沉淀线，且阳性沉淀线直向被检血清孔，则被检血清判为阴性。

（三）马传染性贫血 ELISA 抗原的制备

1. 抗原制备　按常规方法制备驴胎成纤维次代细胞，弃去培养液后，按培养液量的 3%～5% 接种马传染性贫血病毒驴胎成纤维细胞适应毒，在室温下吸附 20～30min 后加入细胞维持液，于 37℃ 培养。当有约 75% 细胞圆缩、壁变厚和脱落等病变时，即可收获。-20℃ 保存不应超过 3 个月。将检验合格的病毒液反复冻融 2 次后，在低温条件下 5 000 r/min 离心 30min 收集沉淀物，经反复吹打分散后，再用超声波裂解 2min（100 Hz/min）。加入 2 倍体积的乙醚，放漩涡混合器上处理 10min，置乳钵中研磨，除醚。反复 2 次后用少量灭菌 PBS（0.02 mol/L，pH7.4）将处理后的病毒抗原制成均匀悬液，3 500 r/min 离心 15min。收集上清液，用紫外分光光度计测定其吸收值（A_{260} 及 A_{280}）。按公式计算每毫升抗原的蛋白量：蛋白量（mg/mL）＝ $1.45 \times A_{260} - 0.74 \times A_{280}$。将抗原用 PBS 稀释成每毫升含蛋白 1 mg，定量分装，于 -20℃ 冻结保存。

2. 抗原检验　该抗原在融化状态时为淡粉色澄明液体，应无细菌生长。检验抗原活性时，取 1 瓶抗原样品用碳酸盐缓冲液（0.1 mol/L，pH9.5）作 1∶20 稀释，包被 40 孔聚苯乙烯微量板 1 块，每孔 100μL，置于 4℃ 24h，用含 0.5% 吐温-20 的 PBS（PBST，0.02 mol/L，pH7.2）洗板 3 次，甩干待用。标准阳性血清与标准阴性血清分别用含 0.5% 吐温-20 及 0.1% 白明胶的 PBS（0.02 mol/L，pH7.2）作 2 倍系列稀释（1∶80～1∶40 960），每个稀释度加 2 个孔，每孔 100 μL。板的 A、B 行加标准阳性血清，C、D 行加标准阴性血清，37℃ 水浴 1h。然后用 PBST

洗3次，甩干后每孔加入1∶1 000稀释的酶标记抗体100μL（用标准血清稀释液稀释），置37℃感作1h。用PBST洗3次，每孔加入底物溶液（0.04％邻苯二胺和0.045％过氧化氢的pH5.0的磷酸盐柠檬酸缓冲液，用时现配）100μL。置25～30℃避光反应10min，然后每孔加硫酸（2mol/L）25μL终止反应。最后用酶标测定仪，在波长492 nm下测各孔降解产物的吸收值。如标准阳性血清的ELISA终点稀释度≥1∶20 480，则被检抗原合格。

（四）鸡新城疫浓缩抗原的制备

1. 病毒培养 将鸡新城疫病毒（NDV）La Sota株毒种用灭菌生理盐水稀释至10^{-4}或10^{-5}，尿囊腔内接种10日龄SPF鸡胚，每胚0.1mL。将接种后72～96h死亡鸡胚和96h活胚取出，置4℃左右冷却过夜后，用碘酊消毒气室部位，然后以无菌手术收集鸡胚绒毛尿囊液，置4℃保存。

2. 病毒抗原浓缩 取出含病毒的鸡胚尿囊液，通过1层铜纱、4层纱布的漏斗过滤，按0.1％的最终浓度加入甲醛溶液，即按含病毒液量的1％加入10％的甲醛溶液。混合，37℃左右灭活16h，其间摇动3～4次。灭活的尿囊液取出后1 000 r/min离心15min，除去残渣。上清液中加入10％（W/V）PEG6000和2％（W/V）氯化钠。轻轻摇动使PEG和NaCl完全溶解，4℃放置3h，1 000 r/min离心15min，收集上清液后，再8 000 r/min 4℃离心30min。去掉上清液，沉淀抗原中加入原体积1/20的PBS（pH7.0），使之悬浮，用超声波裂解器处理2min（MSE、Soniprep150），使病毒团块散开。最后按25％的终浓度（V/V）加入甘油溶液和1/10 000的终浓度（W/V）加入硫柳汞。定量分装后4℃或冻结保存。

3. 浓缩抗原效价测定 用50孔板或试管法测定时，用生理盐水将浓缩抗原稀释成不同倍数，然后加入1％鸡红细胞悬液，放置在20～30℃，20～40min后检查结果，以红细胞100％凝集的最高稀释度作为判定终点。红细胞凝集试验测定浓缩抗原的稀释方法示例见表9-12。

用96孔微量板法时，从第1孔至所需之倍数孔，用加液器每孔加入生理盐水0.025mL，用稀释棒蘸取浓缩抗原（0.025mL），从第1孔起，依次作倍比稀释，至最后一孔，弃去稀释棒内的液体。每孔加入1％鸡红细胞悬液0.025mL，并设不加病毒红细胞对照孔，立即在微量板振荡器上摇匀，置20～30℃，15～30min后观察结果，以鸡红细胞凝集100％的最高稀释度作为判定终点。

表9-12 红细胞凝集试验（示例）

孔或管号	1	2	3	4	5	6	7	8	对照
浓缩抗原稀释倍数	10	20	40	80	160	320	640	1 280	
生理盐水（mL）	0.9	0.5	0.5	0.5	0.5	0.5	0.5	0.5	0.5
浓缩抗原（mL）	0.1	0.5	0.5	0.5	0.5	0.5	0.5	0.5	弃去
1％鸡红细胞（mL）	0.5	0.5	0.5	0.5	0.5	0.5	0.5	0.5	0.5

（五）鸡传染性法氏囊病琼脂扩散试验抗原的制备

1. 接种 将毒种用灭菌生理盐水作50～100倍稀释，经点眼接种4～6周龄的SPF鸡，0.05mL/只。

2. 收获 采用放血或窒息处死接种后48～96h的鸡，摘取有水肿或出血的法氏囊，用含双抗的灭菌生理盐水洗2～3次，用匀浆机制成1∶（1～2）的乳剂，冻融3次，5 000 r/min离心30min，取上清液。

3. 灭活 准确量取上述提取的上清液，加入10％甲醛溶液，边加边摇，使充分混合，甲醛溶液的最终浓度为0.1％。加甲醛溶液后最好倾倒另一瓶中，以避免瓶颈附近黏附的病毒未能接触灭活剂。然后在37℃灭活24h（以瓶内温度达到37℃开始计时），期间振摇3～4次，或在摇床上振摇。

4. 抗原检验 该抗原为灰白色液体，应无细菌生长。抗原孔仅与鸡传染性法氏囊病阳性血清孔之间出现明显沉淀线，与鸡传染性喉气管炎、鸡痘、马立克氏病、鸡呼肠孤病毒阳性血清，以及阴性血清孔之间均不出现任何沉淀线。抗原琼脂扩散效价应不低于1：2。

三、亚单位抗原的制备

（一）间接凝集反应抗原

可溶性抗原或抗体吸附于与免疫无关的微球载体上，形成致敏载体（免疫微球），与相应的抗体或抗原在电解质存在的条件下进行反应，产生凝集，称为间接凝集或被动凝集。实验室常用的载体微球有红细胞、聚苯乙烯乳胶、活性炭等。根据应用的载体种类不同，间接凝集试验分别称为间接血凝试验、间接乳胶凝集试验及间接炭凝试验等。间接凝集反应扩大了凝集反应的应用范围，其发展取决于载体，修饰载体使其带有化学活性基团，或选用吸附力强、稳定性高和带有色素的载体，从而衍化出新的方法。

间接凝集反应可分为正向间接凝集试验和反向间接凝集试验。正向间接凝集试验中用抗原致敏载体检测标本中的相应抗体；反向间接凝集试验中用特异性抗体致敏载体检测标本中的相应抗原。间接凝集抑制反应的诊断试剂为抗原致敏的颗粒载体及相应的抗体，用于检测标本中是否存在与致敏抗原相同的抗原，也可用抗体致敏的载体和相应的抗原作为诊断试剂，以检测标本中的抗体。

间接凝集反应最常用的就是以红细胞作为载体，如绵羊的红细胞、家兔的红细胞、鸡的红细胞及O型人红细胞。新鲜红细胞能吸附多糖类抗原，但吸附蛋白质抗原或抗体的能力较差。致敏的新鲜红细胞保存时间短，且易变脆、溶血和污染，只能使用2～3d。

蛋白类抗原不易直接吸附于红细胞表面，需对红细胞进行一些化学处理，以改变其表面结构，或借助于某些化学键使蛋白类抗原易于结合。对于红细胞的处理最常用的方法是醛化和鞣化，处理后的红细胞可长期保存而不溶血。常用的醛类有甲醛、戊二醛、丙酮醛等。红细胞经醛化后体积略有增大，两面突起呈圆盘状。醛化红细胞具有较强的吸附蛋白质抗原或抗体的能力，其血凝反应的效果基本上与新鲜红

胞相似。用两种不同醛类处理红细胞效果会更佳。也可先用戊二醛，再用鞣酸处理。醛化红细胞能耐60℃的加热，并可反复冻融不破碎，在4℃环境中可保存3～6个月，在－20℃的环境中可保存1年以上。

鞣化则是用鞣酸固定红细胞，以增加红细胞吸附蛋白质的能力。经醛化或鞣化处理的红细胞在蒸馏水中也不破裂并可耐冻融，可经冷冻干燥长期保存。下文介绍鞣化红细胞及与蛋白抗原连接的基本操作步骤。

1. 将绵羊红细胞1 500～2 000 r/min离心3次，每次用pH7.2～7.4的PBS洗涤10min，最后一次离心洗涤后吸弃上清液，用PBS配成4%红细胞悬液。

2. 将4%红细胞悬液5mL与1：25 000鞣酸PBS混合，混合操作要温和，防止红细胞破裂或严重变形。室温下静置30min，随后用PBS低速离心洗涤3次，并按红细胞沉淀的体积用PBS配成2%红细胞悬液。取5mL鞣化红细胞与5mL适当稀释的抗原溶液（通过反复试验确定最适的抗原浓度）在50℃水浴中孵育5min或4℃中过夜。加入5mL 1：100稀释的健康兔血清或0.25%牛血清白蛋白溶液（用前在56℃灭活30min），37℃水浴封闭30min，用1：100稀释的兔血清或0.25%牛血清白蛋白PBS离心洗涤3～4次，用同一溶液配成4%致敏红细胞液。

3. 致敏红细胞抗原效价测定　测定致敏红细胞效价一般采用方阵滴定法。将标准阳性血清和致敏红细胞分别作1：10、1：20……和1：20、1：40、1：80……系列稀释。测定时可采用试管法或平板法。用试管法测定时，根据血清稀释度的数量摆成数排试管。每一横排为一个血清稀释度，每一竖列为致敏红细胞的一个稀释度。每管加血清和红细胞各0.1mL，混合后在室温下孵育3h，根据沉淀图像判定结果。能与最高血清稀释度产生50%（++）凝集的致敏红细胞的最高稀释倍数即为致敏红细胞凝集效价（最适使用稀释度）。

在测定致敏红细胞效价时，应同时与1份阴性血清进行凝集试验，以确定致敏红细胞的特异性，此外还应设立致敏红细胞和非致敏红细胞对照管。阴性血清管和2个红细胞对照管均不应产生任何凝集现象。

（二）协同凝集反应抗原

协同凝集反应的原理与间接凝集反应的原理相似，只是使用的载体为金黄色葡萄球菌。金黄色葡萄球菌细胞壁中的蛋白A（SPA）能与人及多种哺乳动物（猪、兔、羊、鼠等）血清中IgG的Fc片段结合，结合后两个Fab段暴露在葡萄球菌体表面，仍保持其抗体活性，可以和相应抗原特异性结合。当葡萄球菌与IgG抗体相连接时就成为抗体致敏的颗粒载体，如果与相应的抗原接触，即可出现凝集反应。该反应适用于细菌和病毒等的直接检测。

1. 10%葡萄球菌菌悬液的制备　将Cowan株葡萄球菌（国际标准株）接种于柯氏瓶，37℃培养18～24h，用PBS洗下菌苔，2 500 r/min离心20min。将沉淀菌用PBS洗2次后，用0.5%甲醛在室温中固定3h。置80℃水浴中4min以破坏菌体的自源性分解酶，再用PBS洗涤2次后配成10%菌悬液。

2. 致敏葡萄球菌　将1mL10%的菌悬液加0.1mL伤寒"O"抗体充分混合后放入37℃水浴中反应30min（中间需摇动2次），取出后经2 500 r/min离心20min，弃去上清液，沉淀菌用PBS洗涤2次后配成10%菌悬液。

3. 协同凝集试验　取伤寒"O"可溶性抗原1滴与致敏葡萄球菌悬液1滴在载玻片上混匀，观察约2min，一般在几秒钟内即可发生凝集。

滴1滴致敏葡萄球菌悬液于玻片上，用接种环取伤寒"O"培养物少许置悬液中，使其均匀，观察约2min，记录有无凝集。

用伤寒"O"培养物与未致敏的葡萄球菌菌液或用痢疾杆菌培养物与致敏的葡萄球菌菌液作玻片凝集后，均应不出现凝集。

（三）沉淀反应抗原

沉淀反应抗原是一种胶体状态的可溶性抗原，如细菌和寄生虫的浸出液、培养滤液、组织浸出液、动物血清和各种蛋白质等。这些物质与其相应抗体在适当电解质存在下经过一定时间的作用后便聚合成可见的沉淀物，这称为沉淀反应。参与沉淀反应的抗原称为沉淀原，抗体称为沉淀素。

沉淀反应与凝集反应原理相同，均属于凝聚性反应。其区别在于：凝集抗原为颗粒性物质，

单个抗原体积大而总面积小，出现反应所需的抗体量少，因此在试验时常稀释血清而固定抗原用量，一般以血清稀释度表示反应效价；而沉淀反应的抗原为细微的胶体液，单个抗原体积小，而总表面积大，出现反应所需的抗体量大，故在试验时常需稀释抗原，不稀释血清，并以抗原的稀释度作为沉淀反应的效价。

根据反应的介质不同，沉淀反应分为液相和固相两种。液相主要有环状试验、絮状沉淀反应；固相主要有琼脂扩散试验及免疫电泳等。

我国生产的兽用沉淀反应抗原有：口蹄疫病毒感染相关抗原、马传贫琼扩抗原、标准炭疽抗原、禽白血病病毒P27抗原等。现以标准炭疽抗原、禽白血病病毒P27抗原为例，简述沉淀反应抗原的制造技术。

1. 标准炭疽抗原

（1）抗原制造　用不同地区及不同动物分离的炭疽菌种8～12株，取这些菌株的24h肉汤培养物，注射0.5mL于体重1.5～2 kg的家兔，能使其96h内死亡；或注射0.25 mL于体重250～300 g豚鼠，亦可使其96h内死亡。将各菌株的肉汤培养物接种普通琼脂培养基，37℃培养24h，用蒸馏水洗下菌苔，121℃灭菌30min后烘干。用乳钵磨碎制成菌粉，称重，加入100倍的0.5%苯酚生理盐水，置8～14℃浸泡24h，或置37℃浸泡3h，滤过使浸出液透明，即为1：100抗原。高压灭菌后分装，或再用0.5%苯酚生理盐水稀释制成1：5 000的抗原。

（2）抗原检验　1：100抗原为黄色，1：5 000抗原无色透明。检验时，将抗原用生理盐水分别稀释成1：5 000、1：10 000及1：20 000，与标准炭疽沉淀素血清分别进行环状沉淀试验。1：5 000抗原在30s内，1：10 000抗原在60s内呈现环状阳性反应；1：20 000抗原在1min内不出现阳性反应。同时阴性对照中健康马血清应不出现反应。

2. 禽白血病病毒P27抗原

（1）病毒增殖　将用10日龄SPF鸡胚按标准方法制备的鸡胚成纤维细胞（10^6个/mL）分装到25 cm²瓶中，8 mL/瓶，置37℃的二氧化碳培养箱中培养。24h形成单层后接种RAV-1、RAV-2株病毒液（10倍稀释）0.1mL，置37℃二氧化碳培养箱21d。在此期间每隔5～7d传代一次，共传代2次，病毒液于−80℃冻存备用。

（2）病毒提纯　将收集的病毒液经 10 000 r/min 4℃离心 30min，取上清液以 30 000 r/min 4℃离心 2.5h，用适量 0.01 mol/L PBS（pH7.2）悬浮沉淀物，混匀。将混匀的病毒悬液分别轻轻加于 20％、30％、45％、60％的不连续蔗糖密度梯度上，30 000 r/min 4℃离心 3h，分别收集各梯度区带。收集的各区带液加适量 PBS，再经 30 000 r/min 4℃离心 2.5h，沉淀病毒用适量缓冲液悬浮，于 −80℃保存备用。

（3）p27 蛋白制备　参照《分子克隆实验指南》，用 10％的聚丙烯酰胺凝胶进行 SDS-PAGE 分离。样品为密度梯度离心后主区带的病毒样品，样品与 4 倍 SDS-凝胶上样缓冲液 3∶1 混合，煮沸 3min 后上样，10 mA/胶恒流电泳 17～18h。电泳结束后，纵向切下一条带进行快速染色、脱色，然后与未染色部分比对切下目的条带（即 p27），−40℃冻存备用。对切下的 p27 特异性蛋白条带进行电洗脱，8 mA/管恒流电洗脱 4h，收集洗脱液（即 p27 特异性蛋白溶液），然后用 PEG 6000 浓缩 10 倍，再用 PBS 对浓缩液透析过夜。

（4）抗原检验　该抗原为无色澄明的液体，久置后瓶底有微量沉淀，应无细菌生长。抗原孔仅与鸡抗 p27 阳性血清孔之间出现明显沉淀线，与 H5、H7、H9 亚型禽流感病毒、鸡传染性支气管炎病毒、鸡传染性喉气管炎病毒、鸡传染性法氏囊病病毒、马立克氏病病毒、鸡减蛋综合征病毒阳性血清，以及阴性血清孔之间均不出现任何沉淀线。抗原琼脂扩散效价应不低于 1∶16。经 SDS-PAGE 检测，仅在分子质量约 27 kDa 处有一条清晰的目的条带，纯度达 95％。

（丁家波　毛娅卿　李俊平）

第八节　免疫血清的制备技术

免疫血清是一类含有特异性抗体，用于疾病诊断、疾病治疗或微生物鉴定的生物制剂，包括抗血清、抗毒素及各种诊断血清、分群血清、分型血清等。抗血清由 Behring 和 kitasato（1890）首先发现，他们在注射过破伤风毒素的豚鼠和家兔血清中证明有中和该毒素的物质，给其他动物注射这种血清后，其他动物能抗御破伤风杆菌的感染。用白喉毒素免疫绵羊或山羊，获得了白喉抗毒素，用于治疗有较好疗效。继后在 20 世纪前中期，研制出了多种抗病血清，如抗牛瘟血清、抗猪瘟血清、抗猪丹毒血清、抗炭疽血清及抗气肿疽血清等。早期抗血清的应用对防制各种传染病发挥了一定作用，但随着抗生素的发明及各类抗菌制剂的出现，主动免疫制品（疫苗）的广泛应用，被动免疫的抗血清使用逐渐减少，多数已被淘汰，当前生产的主要免疫血清是诊断血清和因子血清。

优质抗血清的制备取决于免疫抗原的质量、纯度和免疫剂量及所免疫的动物。试验中常用家兔制备多抗，家兔每次可提供 25mL 血清，一般不出现严重的副反应。对于小规模或精确确定抗体特异性的试验，近交系小鼠是较好的选择。免疫接种小鼠的抗原溶液量很少，但通过一次采血而获得的血清量一般不超过 0.5mL。如果需要较大量的血清或物种种源较远时，使用大鼠或仓鼠较为合适，通过反复采血，可以从这些动物上获得大约 5 mL 的血清。生产中常用马大规模生产血清，SPF 鸡是制备禽源性病原抗血清的理想实验动物。

一、抗细菌血清的制备

目前我国大量生产的抗细菌类免疫血清主要有破伤风抗毒素和炭疽沉淀素血清等少数几种。诊断血清有 20 多种，主要用于菌（毒）种的鉴定、分型、标化生物制品和试验诊断等。

（一）免疫血清制备的一般程序

免疫血清制备一般包括免疫动物的选择、免疫抗原的制备、免疫接种、血清采集与提取、检验及标化等。

1. 免疫动物的选择　制备免疫血清的动物有很多，如家兔、豚鼠、马、骡、牛、羊及 SPF 鸡等。动物在进行免疫前，需经健康检查，确认无传染病时方可使用，试验条件下最好选 SPF 动物。禽类血清有抗补体成分，在制备补体结合试验用抗血清时应选用哺乳动物，如用于禽白血病补体结合试验中的抗血清，多采用家兔或金黄地鼠。用大动物生产免疫血清时，应选 3～8 岁健康良好、性情温驯、体型较大的马、骡或牛。这些动物经检疫无马传染性贫血、鼻疽、牛结核和布鲁氏菌病等，再购进厂。然后应隔离饲养，进行必要的传染病预防接种。

2. 免疫抗原的制备 制备免疫血清的抗原，一般是微生物体或其毒素（类毒素），或微生物提取物等纯化的完全抗原。免疫抗原的提纯和浓缩，是制备高效价血清的前提，如为细菌抗原，在获得良好增殖的细菌培养液时，为减少由培养基带来的非特异性成分，可先离心，弃去上清液，将沉淀菌体制成一定浓度的菌悬液；对固体培养的菌体，可用生理盐水洗下的浓菌液直接用作高免原，或经灭活后作为基础免疫用抗原。制备抗毒素所用的类毒素参见本节破伤风抗毒素的制备方法。以病毒为抗原时，需将病毒液从细胞中释放出来，可用反复冻融、超声波裂解等方法先破碎细胞，再用差速离心、超滤等方法纯化。在有些病毒抗血清的制备中，其基础免疫直接采用疫苗，高免用含病毒的血液和含毒量高的淋脾乳剂，如制备牛瘟与猪瘟抗血清用的高免抗原等。

3. 免疫接种 从被免疫动物初次接受免疫原刺激，到产生少量抗体，需经过一定的时间，此过程称为基础免疫。基础免疫对加强免疫（即高免或超免）有重要关系。基础免疫水平、免疫原浓度、免疫次数及免疫间隔时间、前后程序的间隔等，都对高免的成功与否产生影响，需根据具体条件作适当调节，制订出最佳免疫实施方案。免疫方法和程序的一般注意事项包括：①免疫原注射以皮下注射或肌内注射为好，大量抗原注射则以静脉途径较好，但毒素免疫则不采用静脉途径，应以背部多点注射为宜。②一般每注射一次免疫原后，血清中抗体效价会发生波动，效价逐渐升高，达到最高水平后逐渐下降。掌握波动规律，在最好时机进行抗原注射或采血，对生产抗血清是有利的；而机械地定期采血、注射是不适当的。③有的马或其他大动物在长期免疫和采血过程中，血清中抗体效价达到一定水平后不再上升，反而逐渐下降，对免疫原的再刺激无应答反应，而产生免疫麻痹。这既可能与注射免疫原的剂量、注射间隔时间等因素有关；也可能是免疫原中混杂的免疫抑制性物质所引起。对此，应给被免疫动物以足够的时间休息，以解除抑制作用，并调整免疫程序。④用一些球蛋白抗原制备抗体

时，需加适当佐剂，如生产兔抗鸡 IgG 免疫血清时，需将提纯的鸡血清中 IgG 与佐剂充分乳化后，进行背部皮下多点注射，第一次免疫加弗氏完全佐剂，以后多次免疫只能使用弗氏不完全佐剂，每隔 7～10d 加强免疫一次，可以获得较好的抗血清。

4. 血清采集与提取 最后一次大剂量注射抗原后 8～10d 进行第一次采血，采血量按每千克动物体重采 10 mL 左右。动物采血应在上午空腹时进行，前一日下午不喂精饲料，只喂草料及水。动物禁食一夜，可避免血中出现乳糜而获得澄清的血清。3～4d 后进行第二次采血。采血后 3～5d 再次注射大量抗原，如此循环进行采血及注射抗原。

采得的血液可根据需要采用下述任何一法分离血清。

（1）自然凝结加压法 采血用的玻璃容器，马、猪宜用圆筒形，牛为圆罐形。在灭菌时应加入少量生理盐水，采血前湿润一下内壁。采血后静置于温室，待完全凝固，在血液凝块上加灭菌的不锈钢压砣，血清即可析出，并可获得较佳的分离效果。

（2）柠檬酸盐马血浆分离血清法 采血时用 5 000～10 000 mL 玻璃瓶，瓶中含灭菌的抗凝剂，每 1 000 mL 血液用 10％柠檬酸钠 25 mL。为提高血浆产量，应在采血之日分离血浆，平均血浆产量应不低于 64％。可在分离血浆前每 1 000 mL 枸橼酸盐血液中滴加 10％结晶碳酸钠溶液和 6.6％氯化钠溶液各 15 mL，边加边搅拌。此时血液 pH 升至 7.8～8.0，而氯化钠浓度则增至 0.1％。这样能较完全地分离血浆，并可提高血清产量 4％～6％。

（3）用虹吸法提取血 每 1 000 mL 血浆加入 30％氯化钙溶液 1～3 mL，室温中静置澄清两昼夜后，经机械或手工振荡脱去纤维制得血清。随后加入硫柳汞，充分摇匀，使其终浓度达 0.01％，密封瓶口，粘贴瓶签，静置于 2～15℃冷暗处使其澄清。经无菌检验合格后，再组批分装，分装后抽样，按规定进行无菌、安全、效力检验，达到合格标准才能出厂。

抗毒素和诊断用免疫血清，也可用盐析法（包括硫酸铵、硫酸钠等中性盐）和胃酶消化进行精制，或低温酒精沉淀、等电点沉淀、金属离子沉淀、电泳、超速离心、离子交换、纤维素层析

和凝胶过滤等方法精制提纯。精制的抗毒素也可制成冻干制剂。

5. 血清检验与标化

(1) 免疫血清检验 检验标准因使用目的不同而异，防治用的被动免疫血清各有其安全与效力的检验方法与标准。抗病毒病的抗血清，要求达到一定的中和效价；诊断用血清最重要的是特异性；分型用血清应无交叉反应，如作标记抗体用，免疫球蛋白含量要达到一定值；一般沉淀反应用阳性血清，效价应达到 1：(16～32) 以上。

(2) 免疫血清标化 抗毒素和诊断用阳性血清，特别是分群血清和分型血清等，均需标化成为标准品或参考品，有些还需用国际标准品进行标化，定出国际单位 (IU)，如破伤风抗毒素的"IU"单位、沙门氏菌因子血清、梭菌类抗毒素分型血清的标准品、抗鸡败血支原体参考血清等。上述血清的标化可以从 WHO 指定的 Weybridge 国际生物标准实验室引进标准血清，标化成国家参考血清。生产单位根据国家级标准品可标定出自用标准品，用于各生产环节的半成品检验。

(二) 破伤风抗毒素的制造及应用

制造破伤风抗毒素需用 5～12 岁、较大体型的健康马或骡，首先用破伤风类毒素作基础免疫，再用产毒素能力强的破伤风梭菌制成免疫原进行高免，采血分离血清，加适当防腐剂制成粗制抗毒素，或经处理制成精制抗毒素，用于预防和治疗破伤风。

1. 抗原制备 用破伤风梭菌标准菌株制成种子液，按培养基体积 0.2%～0.3% 接种于 8% 甘油冰醋酸肉汤中，34～35℃ 培养 5～7d。经检验纯粹后，取样滤除菌体，测定毒素的毒力。用 1% 蛋白胨水稀释毒素，皮下注射体重 15～17 g 小鼠，每只 0.2 mL。在 72～120h 内全部死亡的最大稀释度乘以 5 即为每毫升毒素所含的最小致死量 (MLD)，用作免疫抗原的 MLD 应≥200 万个/mL；$L^+/100$≥4 000 个/mL。$L^+/100$ 的测定方法为：将标准毒素用生理盐水稀释成 0.1 IU/mL，检验毒素稀释成不同倍数，取稀释后的标准毒素 1 mL 加稀释的被检毒素 1 mL 混合，再加生理盐水 2 mL，置 37℃ 结合 45min 后，皮下注射体重 15～17 g 小鼠 2 只，每只 0.4 mL，在 72～120h 内发生破伤风全部死亡的最大稀释度乘以 10 即为每毫升毒素所含 $L^+/100$ 值。

经检验符合要求的毒素，按总量加 0.4% 甲醛溶液，37℃ 脱毒 21～31d，滤除菌体等沉淀物，加 0.004% 硫柳汞，即为类毒素。作为免疫抗原的类毒素有两种：①明矾沉淀破伤风类毒素，在上述类毒素内加入 2% 的精制明矾；②精制破伤风类毒素，用上述类毒素，按总量加入 10% 氯化钠，充分搅拌溶解后，缓慢加入 1 mol/L 的盐酸溶液调至 pH3.6～3.7，经绸布滤成透明液，并用 1/20 原类毒素体积量的 pH8.0 PBS 洗涤绸布上的沉淀物。待沉淀完全溶解后，加硫柳汞使其终浓度达 0.01%，用除菌滤板过滤，取样测定结合力单位、总氮量、蛋白氮和 pH 等。每毫克应含至少 2 000 结合力单位。

结合力单位 (EC) 测定方法是，将标准抗毒素用生理盐水稀释为 0.1 IU/mL (标准抗毒素 0.5 mL ＋生理盐水 19.5 mL)，试验毒素稀释成每毫升含 1 个 $L^+/10$。然后将被检类毒素作不同倍数稀释 (10 倍……700 倍)，取类毒素稀释液 1 mL 加稀释的标准抗毒素 2 mL，37℃ 结合 45min，再加稀释的标准毒素 1 mL，37℃ 结合 45min，同时设生理盐水空白对照。结合后各管分别皮下注射体重 15～17 g 小鼠 2 只，每只 0.4 mL，对照组在 72～120h 内引起 50% 以上发病死亡，检测组在同一时间内引起 50% 以上发病死亡的类毒素的最大稀释度，即每毫升类毒素的结合力单位数。

2. 抗原乳化 传统方法是用无水羊毛脂、液体石蜡和精制类毒素配制，其比例和方法应根据不同情况而定，一般使用比例有：精制类毒素：羊毛脂：液体石蜡油为 3：2：3、3：1：2、4：2：4 等。无水羊毛脂及液体石蜡高压灭菌后，将精制类毒素与之充分混合搅拌，置冷暗处备用。无水羊毛脂加液体石蜡油为佐剂，性状十分黏稠，易在注射部位形成脓肿，建议试用白油加司本-80 的弗氏佐剂。使用的免疫抗原应无菌、安全且具有良好的免疫原性。免疫抗原应在 10℃ 以下冷暗处保存，加佐剂的免疫抗原使用前应放 30℃ 左右平衡温度。

3. 免疫 经检验合格的马匹用于免疫制备血清，根据免疫后毒素单位测定结果确定和调整免疫程序，通常要进行两次基础免疫和多次高免，推荐免疫程序见表 9-13。

表9-13 破伤风抗毒素免疫程序

程次	日	注射次数	剂量（mL）	备注
1	1	1	1	
	3	2	2	
	5	3	3	
	8	4	4	
	11	5	5~6	试血
	15	6	6~7	试血
	20	7	7~8	试血
	25	8	8~10	试血
	1			采血
	3			采血
	4			
	5			程次间隔14~16d
2	18~20	1	4	程次间隔5~7d
	23~25	2	5	
	28~30	3	6	第2次后第6日、第7日或第8日、第9日采血

免疫注射部位以身躯两侧为主，轮换注射，每注射点的剂量不超过1 mL。经过3~5次免疫的马匹，其血清效价仍低于300~500 IU者应淘汰。制备血清用动物进入高免后，应特别注意其健康状况，加强饲养管理，发生疾病或传染病嫌疑时，应立即停止注射和采血，并隔离观察，采取必要措施。每年炎热季节中，制备血清用动物可休息一程，但在休息期间仍需注射抗原1~2次。

4. 采血及血清处理

（1）采血 每程高免结束的第6日或第7日进行第一次采血，隔一日（即第8日或第9日）进行第二次采血，每次采血前应称重一次。马匹采血前12h内不喂饲料，但不限饮水。马匹采血量按每千克体重采17~19 mL计算，第二次采血量较第一次采血量减少300~400 mL。由颈静脉采血。

（2）血清的一般处理 将血液收集于盛有1%~5%氯化钠溶液的玻璃筒内（加入氯化钠溶液量以筒壁湿润为度），采血筒应注明马号、程次和采血日期。采集的血液置20~25℃，待全部凝固并有血清析出时加入灭菌的压砣，48~72h后以无菌手术分别提取每匹马的血清；

同时，加入终浓度0.5%氯仿和1/30 000硫柳汞，加塞密封，充分摇匀，静置于2~15℃的冷暗处沉淀澄清。

（3）血浆的处理 将血液收集于盛有5%柠檬酸钠的玻璃瓶中，血液和柠檬酸钠的比例为9∶1，经48~72h沉淀，抽取上清液；同时，加入终浓度0.5%氯仿和1/30 000硫柳汞，加塞密封充分摇匀，每瓶血清应作详细记载。

（4）血清（或血浆）的精制 将要精制的血清（或血浆）混合于同一容器内，按血清量的2倍加入蒸馏水，充分搅拌均匀，用2mol/L盐酸调整pH为（3.5±0.1）。然后按总量每毫1 mL加入6~9单位胃酶和终浓度0.2%的甲苯，在29~31℃中消化2~24h，消化期间要经常搅拌。消化完毕的溶液按总量的15%加入硫酸铵，溶解后用2 mol/L氢氧化钠溶液调至pH为4.6±0.1。然后用水浴方法加温，使之达到（57±1）℃，保持30min。待溶液冷却至43℃以下时，用帆布滤过，收集滤液，沉淀废弃。

收集的滤液置于同一容器内，用2 mol/L氢氧化钠溶液调至pH为7.2±0.1后，按总量的20%加入硫酸铵，充分搅拌使之溶解，然后用帆布过滤，收集沉淀，上清液废弃。将收集的沉淀称重，按重量加入5~6倍蒸馏水使其溶解，再按总量加入10%明矾溶液使明矾含量为1%，用2mol/L氢氧化钠溶液调至pH为7.7~7.8，静置2~4h沉淀。然后用帆布过滤，沉淀经水洗压干后废弃。

将透明上清液混合于同一容器中，按总量38%加入硫酸铵，经搅拌溶解后用帆布过滤，上清液废弃，沉淀压干后用透析袋分袋包装。每包200~250 g，加少许氯仿，放置在流水槽内透析48~72h。

收集袋内血清，按总量的0.5%加入氯仿、0.85%加入氯化钠和1/30000加入硫柳汞，充分摇匀，溶解后用蔡氏澄清滤板滤过一次，然后于5~15℃静置沉淀。检验合格后分装。

5. 血清检验 血清应通过无菌检验，且进行效价测定。

6. 分装与保存 按未精制的血清每毫升含1 000单位（IU）、精制血清每毫升含2 000单位（IU）分装。2~8℃保存，有效期为24个月。

7. 血清应用 本血清皮下、肌内注射或静脉注射均可。破伤风抗毒素使用量见表9-14。

表 9-14 破伤风抗毒素使用剂量

使用对象	预防量（IU）	治疗量（IU）
3 岁以上大畜	6000～12000	60000～300000
3 岁以下大家畜	3000～6000	50000～100000
羊、猪、犬	1200～3000	5000～20000

（三）炭疽沉淀素血清的制造及应用

1. 强毒菌抗原制备 用炭疽杆菌强毒菌 5～8 株，分别接种于豆汤琼脂，37℃培养 11～12h，弃去凝集水，用生理盐水洗下菌苔，分别置于脱纤瓶中。摇碎菌丝，铜纱纱布过滤，稀释为相当于麦氏比浊管第 7～10 管的浓度。按菌液量加终浓度 0.4％甲醛溶液，37～38℃灭菌 24～72h，每日振荡 1～2 次，无菌检验合格后，各株菌液混合。取 3 mL，皮下注射豚鼠 2 只，观察 35d，应健活。证明纯粹、安全后，即为抗原。

2. 弱毒菌抗原制备 用炭疽弱毒菌种 1～3 株，按前项方法制成含（9～24）×10^8CFU/ mL 活菌菌液，此菌液即为抗原。

3. 血清制造 两种抗原均在两次皮下注射炭疽芽孢苗基础免疫马匹后，按各自免疫程序采取静脉注射法高免马匹，注射量由 5～50 mL 递增，约免疫 14 次，需时 2～2.5 个月。试血合格后，于每次抗原注射后 9～10d 采血，经 3～5d 再注射抗原 5～20 mL。分离的血清，加终浓度 0.5％石炭酸或 0.01％硫柳汞，置 2～8℃ 15d，无菌过滤，即为炭疽沉淀素血清。

4. 血清检验

（1）效价检验 对标准炭疽抗原（1：5 000 以上），应在 60s 内显现阳性反应；对炭疽死亡动物脏器干燥抗原（1：100 以上）5 份，应在 60s 内显现阳性反应；对各种动物炭疽皮张（1：10）浸出液，应在 1～10min 内显现阳性反应。3 项试验中均须同时用标准炭疽沉淀素血清作对照，被检的新制炭疽沉淀素血清反应需与对照相同。

（2）特异性检验 健康皮张 1：10 的浸出液 25 份抗原试验，15min 内应不出现阳性反应。

5. 使用及结果判定 炭疽沉淀素血清应为橙黄色，透明，无溶血。振荡混浊的血清，经滤过透明后方可使用。被检材料一般制成 1：10 生理盐水浸出液，经过滤完全透明后，进行沉淀反应。检验皮张时，先将被检皮张经 121℃灭菌 30min，加 10 倍 0.5％石炭酸生理盐水，在 8～14℃水浴中浸泡 20～24h，滤纸过滤透明，即为皮张抗原。用血清加注器或带乳头毛细管向反应管内加注炭沉血清 0.1～0.2 mL，吸取等量皮张抗原沿反应管壁徐徐加入，血清与抗原的接触面应界限清晰，明显可见，界限不清者应重作。血清与抗原加注器（或毛细管）应用生理盐水充分洗涤后，方可继续使用。如为盐皮抗原，则应在炭沉血清中加入 4％氯化钠后，方可作血清反应。皮张抗原与血清接触后 15min，在接触面出现致密、清晰明显的白环者为阳性反应（＋）；白环模糊不明显者为疑似反应（±）；无白环者为阴性反应（－）。

（四）产气荚膜梭菌定型血清的制造

1. 抗原制备 用毒力符合标准的 A 型、B 型、C 型和 D 型产气荚膜梭菌高免绵羊制备。抗原有第一和第二之分，即类毒素和毒素。第一抗原为各型菌的类毒素。其制法是：A 型菌用厌气肉肝汤于 35～37℃培养 24h；B 型、C 型及 D 型菌用肉肝胃酶消化汤培养；其中，35℃下 B 型、C 型菌培养 16～20h，D 型菌培养 16～24h。培养后加终浓度 0.5％～0.8％甲醛溶液杀菌脱毒，用赛氏滤器滤过即成。第二抗原为各型菌的毒素，制法与第一抗原同，唯不加甲醛溶液脱毒。两者的毒力标准是：A 型菌毒素 0.05～0.01 mL；B 型、C 型菌毒素 0.0025～0.001 mL；D 型菌毒素（用胰酶消化后）0.0005～0.00025 mL，静脉注射体重 16～20 g 的小鼠应于 24h 内死亡。

2. 免疫 制备某型血清使用相应型抗原，免疫方法均为肌内注射。每次免疫间隔 5～7d。先用第一抗原免疫 3 次，剂量分别为 10mL、15mL、20 mL；用第二抗原免疫 9 次，1～6 次剂量分别为 0.5mL、2mL、5mL、10mL、20mL、30 mL，7～9 次每次均为 40 mL。免疫第 12～14 次后 7～12d 试血，并用 0.1 mL 血清作中和试验。A 型血清能中和本型毒素 10 个小鼠致死量以上，B 型、C 型和 D 型血清能中和本型毒素 100 个小鼠致死量以上时，即可每注射两次抗原采血一次，反复进行，或一次动脉放血。分离的血清加 0.01％硫柳汞防腐。

3. 血清检验 各型血清对体重 16～20 g 小鼠静脉注射 0.5 mL，对体重 250～450 g 豚鼠皮下注射 5 mL，注射后小鼠和豚鼠均须健活。对体重 16～20 g 小鼠，以 0.1 mL 血清与各型毒素作中和试验，需符合的标准是：A 型血清 0.05～

0.1 mL，能中和本型毒素 10 个致死量以上，但不能中和 B 型、C 型、D 型三型毒素；B 型血清 0.1 mL 能中和本型毒素 100 个致死量以上，同时亦能中和 A 型、C 型和 D 型毒素；C 型血清 0.1mL，能中和本型毒素 100 个致死量以上，同时亦能中和 A 型、B 型毒素，但不能中和 D 型毒素；D 型血清 0.1 mL，能中和本型毒素 100 个致死量以上，同时亦能中和 A 型毒素，但不能中和 B 型、C 型毒素。

4. 使用　本血清供产气荚膜梭菌的定型诊断。用各型血清 1 mL，加入供检验的含 20～100 个小鼠致死量的 1 mL 毒素，置 37℃反应 40min。然后以 0.2 mL/只静脉注射小鼠，观察 24h，判定结果。

B 型、C 型及 D 型血清供诊断羔羊痢疾、猝狙或仔猪红痢及肠毒血症用。取死亡动物肠内容物后加适量生理盐水混匀，离心沉淀，用赛氏滤器滤过。取滤液 1 份加血清 1 份，混匀后置 37℃反应 40min，然后以 0.2～0.4 mL/只静脉注射小鼠，或以 1～2 mL/只静脉注射家兔，观察 24h，按表 9 - 15 判定结果。

表 9 - 15　产气荚膜梭菌定型血清中和试验结果

血清型 毒素型	A	B	C	D
A	＋	＋	＋	＋
B	－	＋	＋	＋
C	－	＋	＋	＋
D	－	＋	＋	＋

注："＋"表示中和，小鼠存活；"－"表示不中和，小鼠死亡。C 型血清中和 B 型毒素的能力微弱。

二、抗病毒血清的制备

用全病毒抗原、病毒亚单位蛋白或多肽抗原免疫动物可诱导免疫应答，动物体内的 B 淋巴细胞经刺激分化增殖后形成浆细胞，并分泌特异性抗体。抗体主要存在于动物血清中，从免疫动物获得的血清即抗血清或免疫血清，由于此类血清是针对抗原物质上多种决定簇的多克隆抗体，因此也简称"多抗"。一般情况下，多抗对抗原的亲和力较高，在诊断、防治疫病及试验研究中仍然有大量使用。

（一）抗原制备

不管是制备全病毒阳性血清还是制备针对某

个病毒蛋白的多抗，抗原的设计与制备都是十分重要的一步，设计或者制备得不好的抗原有可能完全不能诱导出预期抗体。良好的抗原需具备的条件是：①分子足够大。对于多肽或蛋白质类的抗原来说，一个抗原决定簇通常由 6～8 个氨基酸残基组成，而平均每 5～10 kDa 才有一个表位，因此分子太小的多肽或蛋白是很难有一个表位。②外源性强。在动物个体形成的早期就对自身物质形成了免疫耐受，因此如果和机体内的物质完全一样或相似就很难引起机体的免疫应答。③结构尽可能复杂。简单重复的物质是不具有免疫原性的，如明胶，虽然分子质量非常大，外源性也很强，但组成明胶的氨基酸多为直链氨基酸，在体内容易被降解，因此它的免疫原性很弱。其他，如淀粉、核酸、多聚 Lys 的免疫原性也很弱。④可降解性好。作为抗原，必须是可以降解的，塑料、不锈钢等难降解的物质免疫原性也很弱，由 D-型氨基酸组成的物质免疫原性也很弱。

常用抗原及制备方式如下：

1. 全病毒蛋白　病毒通常含有复杂的蛋白结构，是良好的天然抗原。通过浓缩纯化病毒感染的宿主细胞或组织等方式获得的活的（或灭活的）全病毒抗原是制备病毒抗血清的最重要的抗原组分之一。

2. 纯化的天然病毒蛋白　由于天然的蛋白存在修饰，而且结构比较复杂（除了线性表位还有结构表位），因此天然的蛋白质是很好的抗原。但是天然蛋白很难达到较高纯度，给免疫及后期纯化带来了不少麻烦，而且只适合在机体细胞内具有较高表达量的蛋白。例如，通常使用的二抗，就是从一种动物血清中分离出抗体，然后用它作抗原（有的需要酶解分离出重链和轻链）免疫另一种动物制备获得的。

3. 纯化的重组病毒蛋白　相对于天然蛋白，重组蛋白容易获得较高纯度，而且鉴定也比较方便，整个生产过程更容易控制。为了纯化方便，重组蛋白通常需要带一段标签（如 GST、6 - His、Myc、MBP、Flag、Fc 等），在免疫动物体中通常会产生这些标签的抗体，后期纯化过程中需要去掉这些标签的抗体，如可以使用对应的另一种标签的重组蛋白纯化抗体，或者先用纯标签蛋白吸附掉血清中的标签抗体，然后再用重组蛋白纯化目的抗体。6 - His 标签比较小，且免疫原性弱，因此由它产生的抗体几乎可以忽略，如果用它作为重组蛋白标签就可以不考虑去掉由标签产生的抗体。但是，由于重组蛋白不存在修饰，也不存在高级结构，因此最终生产出来的抗体可能无法识别天然蛋白，难以用于某些试验。

4. 人工合成病毒表位多肽 人工合成天然蛋白某些抗原表位区域的多肽抗原免疫动物后，能够制备获得针对多肽或蛋白的特异性多抗。但由于多肽分子通常较小，很难引起机体发生免疫反应，因此合成的多肽一般还需要连在一个大的载体上以增加其免疫原性。常用的载体有：BSA（牛血清白蛋白）、RSA（兔血清白蛋白）、HSA（人血清白蛋白）、OVA（卵清蛋白）、GST（谷胱甘肽 S 转移酶）、KLH（钥孔戚血蓝蛋白，knoweyhole limpet hemocyanin）、MAP（多价抗原肽，主要指多聚 Lys）等。设计多肽抗原序列时还需注意：①序列上的外源性。设计的多肽序列不能在被免疫动物体内存在相同的序列。②多肽的亲水性。蛋白质总是倾向于将亲水部分暴露在外而将疏水部分隐藏在内部，因此设计的多肽应该尽量亲水以便更好地引发免疫反应。③蛋白 N 端与 C 端的选择。一般来说末端的肽段比中间的肽段好（暴露充分），对于膜蛋白来说，C 端疏水性比较强，宜选择 N 端。④氨基酸的种类。序列中不能含有太多的 Pro（脯氨酸），一般可以含有 $1 \sim 2$ 个 Pro。另外，尽量包含 MHC II 类分子偏好的氨基酸 Asp，Tyr，Phe 等，同时避免容易发生糖基化和磷酸化位点的氨基酸。⑤便于耦联载体。通常在抗体产生不重要的那一端多加一个氨基酸（Cys）作为"桥"，以便于耦联其他载体。⑥多肽的长度。为了能够达到一个表位的跨度，设计的多肽不能少于 6 个氨基酸，通常要求有 $8 \sim 20$ 个氨基酸。如果设计的多肽太长则可能会形成二级结构，同时合成多肽的成本也比较高。不管是哪一种方式的抗原，纯度都是越高越好，纯度越高，非目的性的免疫反应就小，目的抗体在抗血清中占的比例也就越高。但是作为抗原，不能有太强的毒性，否则会引起动物死亡。

（二）免疫

1. 免疫动物的选择 常见的可以用来制备抗体的动物有：小鼠、大鼠、豚鼠、仓鼠、兔、绵羊、山羊、马、驴、牛和鸡等。选择动物首先要考虑其是否具有较好的免疫效果。为了保证免疫成功，宿主动物与抗原来源物种之间最好具有较

远的亲缘关系，如果不太确定亲缘关系的远近，可以把抗原序列与被免疫动物相应的蛋白序列进行对比，优先选择同源性较低的物种进行免疫。其次要考虑抗血清产量的问题，通常血清量在很大程度上限制了可选择的动物种类。根据试验目的不同，抗血清的用量也有所不同。如试验量较小，可以选用小鼠等；而制备商品化抗血清，则可选用羊、驴、马这样的大型动物。另外，大型动物还可以进行多次放血，以提高动物的利用率。而如果是制备单克隆抗体，动物主要有小鼠、兔、大鼠等。

2. 免疫佐剂 免疫佐剂的作用主要有两个：一个是刺激机体引起免疫反应，另一个是将抗原包起来延缓释放，起到长期多次刺激的效果。制备抗体的免疫佐剂主要有铝盐、油乳剂、脂质体、细胞因子、经过处理的微生物或其代谢物等。

3. 免疫方案 在选择好靶动物和适合的免疫佐剂后就需要制定科学合理的免疫方案。

（1）免疫部位的选择 常见的免疫部位有皮下、肌肉、腹腔、脚垫、静脉、脾脏等。通常大型动物多为皮下或肌肉免疫，小型动物可采用后面的免疫部位。制备多抗时，整个流程既可采用同一种免疫部位，也可以多种部位联合使用，但是初次免疫建议采用皮下接种途径。在制备单抗时，甚至还可以将脾脏取出进行体外免疫。脾脏免疫最大的优势就是可以大大减小免疫剂量并缩短周期，而且还可以解决高同源性蛋白无法免疫成功的问题。但体外免疫不能形成完整的免疫应答反应，抗体无法成熟，所产生的抗体全部为 IgM，不能产生其他类型的抗体。

（2）免疫方法的选择 抗原通常需要与佐剂混合充分后才进行免疫，也有经改进后不用佐剂的方法，比如可以将抗原进行 SDS-PAGE 凝胶电泳，然后将包含目的蛋白的胶进行磨碎充分即可进行免疫。这样不仅可以将抗原（蛋白质类抗原）纯化，而且还可以延缓抗原的释放。也有人将抗原从 SDS-PAGE 胶上转移到 NC 膜上或者 PVDF 膜上然后将其磨碎进行免疫，还有人将抗原连接到琼脂颗粒等固相载体上。这样既可以增加抗原的颗粒化程度，也可以增大抗原与机体免疫应答系统的接触。

（3）免疫剂量的选择 免疫剂量可因被免疫动物、免疫部位，以及抗原本身的特性相差很远。用兔制备多抗，首次免疫（皮下）一般为 $200 \sim$

1 000 µg；对于大鼠，首次免疫（皮下）为 100～500 µg；对于小鼠，首次免疫（皮下）一般为 10～100 µg。加强免疫一般为首次免疫剂量的 20%～50%。尾静脉或脾内方式加强免疫时剂量可减至几微克至十微克。对于体型比较大的动物可酌量增加。

（4）免疫程序的选择　首次免疫后，一般在 10～15d 抗体产量会达到一个峰值，但是此时抗体亲和力不够，大部分都是 IgM，因此需要进行加强免疫。加强免疫一般在首次免疫后 3～4 周进行。第 2 次、第 3 次加强免疫间隔可以缩短至 2～3 周。这个时间不能太长也不能太短，如果相隔太久，前面的免疫将失去初步刺激的效果；太短则起不到加强的效果，而且还容易引起免疫耐受。如果是采用脾内免疫，则可以在一定程度上缩短免疫周期。按照设计的免疫程序免疫完动物后，就可以取少量的血液进行效价检测，以确认动物免疫是否成功。效价检测的方法通常采用琼脂扩散试验和间接 ELISA 法等。

（三）抗血清的制备和纯化

免疫动物后的一定时间内，需要通过适当途径，无菌采血，离心后吸取上清液获得抗血清（多抗）。抗血清可以直接应用，也可根据需要对抗血清中的多抗进行适当纯化。多抗纯化方法比较多，如盐析法、辛酸-硫酸铵沉淀法、冷酒精沉淀法，以及离子交换层析法和 Protein A 纯化、Protein G 纯化、Protein A/G 纯化等。与其他方法相比，抗原亲和层析得到的抗体效率高、产量高、产品纯、操作简单。多抗亲和层析是基于抗原与抗体结合的原理而采取的一种层析方式，基本原理是将抗原固定在一种基质（也就是柱的填料）上，与抗血清孵育以捕获相应抗体，然后从基质上洗掉非特异性结合的抗体，最后再将抗体洗脱下来。经典的亲和层析纯化流程如下。

1. 介质的制备　目前大部分亲和柱介质都基于琼脂糖（agarose）或葡聚糖（dextran）。由于琼脂糖稳定性好、对蛋白质的非特异性吸附低、适宜活化，因此其是制备抗原亲和柱填料的理想材料。单纯的琼脂糖不能和蛋白质直接相连，必须通过活化使其有一个活性的臂。琼脂糖活化方法比较多，最常用的活化试剂是溴化氰和环氧氯丙烷，另外二溴丙醇、N，N′-羰基二咪唑、双环氧化物等也可以用来活化琼脂糖。

2. 抗原与填料的连接　常见的连接方法都基于抗原上的游离氨基或巯基与活化后填料的连接，因此体系中不应该有其他含有氨基或巯基的化合物，包括尿素、硫脲、盐酸胍、Tris、铵根离子、β-巯基乙醇等。如果这些物质在体系中，应该首先设法将其去除。

3. 填料的封闭　连接过程中填料通常是过量的，因此连接完成后，填料上就有很多多余的空位点。如果不把其封闭，则他们就会与血清中的抗体结合，从而影响抗体获得率。通常使用含有氨基的小分子化合物，如尿素、Tris、乙醇氨、单一氨基酸等进行封闭，封闭完成后，除去封闭液，用 PBS 洗柱 3 次。

4. 抗血清与填料的结合　抗血清事先 10 000r/min 离心 5min，或用 0.45 µm 滤膜过滤。将血清用 PBS 稀释 1 倍，然后加入连好抗原的填料，密封后 4℃下振摇过夜或室温下振摇 3～4h，确保所有填料都能悬在液体中。室温下的孵育时间不宜过长，否则会引起非特异性吸附，进而影响抗体质量。

5. 洗涤　过柱或离心去掉血清成分，用 PBS 洗涤 3 次。

6. 洗脱　经过洗涤后，结合在柱上的抗体就非常纯了，同时那些亲和力弱的抗体也被洗掉，于是可以开始洗脱了。通常用得比较多的洗脱方法是用 pH 2.5 的盐酸溶液（含 150 mmol/L NaCl）洗脱，也可以采用碱性洗脱液洗脱。洗脱有两种方式：一种是连续洗脱，另一种是不连续洗脱。前者是连续加入洗脱液，及时监控洗脱情况并随时决定收集目的抗体组分。不连续洗脱则是分批加入洗脱液，分批收集洗脱流出的成分，最后再对每一次收集的组分检测。

7. 抗体的保存　抗体纯化后，必须采取合适的方法保存，否则很容易失去活性。既可以采用液体冷冻保存，也可以采用冷冻干燥保存。液体冷冻保存需要注意：①缓冲体系。纯化后的抗体必须处于一个相对接近体液的缓冲体系中，一般 PBS 体系就足够了。注意不要引入高浓度的离子，尤其是金属离子，也不要引入干扰抗体后续试验的离子或基团。②防腐剂。为了防止抗体长菌，必须加入防腐剂，常见的防腐剂有叠氮钠、硫柳汞、抗生素（如庆大霉素）。叠氮钠的常用浓度是 0.02%，硫柳汞和庆大霉素的常用浓度为 0.01%。叠氮钠会抑制 HRP 酶活性，因此在需要耦联 HRP 酶的抗体中不能加这种防腐剂；且叠氮钠会影响细胞色素氧化酶活性，干扰机体的呼吸作用，因此操作时需要注意安全。硫柳汞对儿童具有潜在毒性，使用时也应注意。③稳定剂。向抗体中加入稳定剂可以提高抗体的稳定性。常见的稳定剂有多羟基类化合物（二元醇、三元醇等，如浓度为 30%～50% 的甘油、乙二醇）、二糖类物质（如蔗糖、海藻糖等）、氨基酸、蛋白质（如 BSA 等）。如果抗体需要进行标记，则不可以加入氨基酸、BSA 等保护剂。④浓度。和普通蛋白质一样，浓度越高就越利于保存。如果抗体浓度太低，则可以采用超滤、Protein A、Protein G、透析袋等方式浓缩。⑤温度。长期不用时，抗体应该低温保存，一般采用 -20℃以下保存。短期不用可以存放在 4℃温度下，但不要超过 1 周。要绝对避免反复冻融抗体，加入适量甘油既可以起稳定作用，还可以起防冻作用。如果有条件，可以将抗体进行冷冻干燥，形成冻干粉，于 -80℃保存。如果抗体尚未纯化，直接以血清的方式保存在 -20℃以下也可以很好地保证其活性。⑥存储时间。抗体在 -20℃并含有甘油的情况下可以存放数年至十几年（不要反复放至温室）。在 4℃下存放的时间一般在 1 个月左右就可以有明显的效价变化。冷冻干燥的冻干粉低温下可放置几十年。

（四）鸡传染性法氏囊病病毒抗血清的制备

1. 抗原制备　将鸡传染性法氏囊病病毒（如

B87 株）基础种毒经绒毛尿囊膜途径接种鸡胚传 1～2 代，收获病变胎儿，制成乳剂，病毒含量应大于 $10^{5.5}$ELD$_{50}$/0.2 mL，无菌检验合格后备用。取部分抗原，用 0.2% 福尔马林溶液灭活后，加入 4% 吐温-80 溶液为水相，白油中加入 6% 司本-80 溶液为油相，水相：油相为 1：1.5，乳化后制成油佐剂灭活疫苗。

2. 免疫　2～3 月龄 SPF 鸡，于隔离器中饲养。每只鸡点眼、口服未灭活的病毒液 $10^{4.0}$ ELD$_{50}$进行基础免疫。基础免疫后 21d 进行第 2 次免疫，各皮下或肌内注射灭活疫苗 2 mL。第 2 次免疫后 21d 进行第 3 次免疫，各皮下或肌内注射灭活疫苗 2 mL。

3. 血清采集与分离　第 3 次免疫后 21d 采血，采血前 12h，只给鸡提供饮水，停喂饲料。所有鸡均无菌心脏采血，然后分离血清。

4. 血清分装前检验　收集的血清逐瓶进行无菌检验和测定琼脂扩散（AGP）效价，剔除无菌检验不合格的血清和 AGP 效价低于 1：32 的血清。

5. 组批分装　将分装前检验合格的血清混合，定量分装，冷冻真空干燥。

6. 冻干后检验　至少进行无菌检验、效价测定和特异性检验。按现行《中国兽药典》附录进行无细菌检验，应合格，中和抗体效价应不低于 1：800，应无其他常见鸡病病原的抗体。需要检测的外源抗体及检测方法见表 9-16。

表 9-16　鸡传染性法氏囊病病毒抗血清特异性检验项目及方法

病原	检验方法	病原	检验方法
鸡传染性支气管炎病毒抗体	ELISA	禽网状内皮组织增生症病毒抗体	ELISA
禽呼肠孤病毒抗体	ELISA/AGP	禽白血病病毒抗体	ELISA
鸡传染性贫血病毒抗体	ELISA/IFA	禽脑脊髓炎病毒抗体	ELISA
鸡传染性喉气管炎病毒抗体	AGP/ELISA	鸡马立克氏病病毒抗体	AGP
禽腺病毒 I 群抗体	AGP	鸡痘病毒抗体	AGP
禽流感病毒抗体	HI/ELISA	鸡减蛋综合征抗体	HI
鸡新城疫病毒抗体	HI/ELISA		

7. 用途　用于鸡传染性法氏囊病活疫苗或毒种的鉴别检验、外源病毒检验等。

（丁家波　印春生　李俊平）

第九节　乳化技术

乳化剂是一种两亲分子，能够在油水混合物中把疏水部分吸引到油相中，把亲水部分吸引到水相中，在油水界面处形成单分子层。乳化剂是可溶性脂，当浓度增加时，在水中倾向于形成微团，亲水部分朝外，疏水部分则聚集在中心。搅拌油水混合物时，大堆的油可分散成细小微滴，如果无乳化剂，油滴就会很快聚集成原来的油层。然而当有乳化剂时，油滴被裹上一层乳化剂分子，即油滴处于微团中，这样油滴作为亲水物质悬于水中而成乳胶，此过程称为乳化。从能量角度看，乳化剂是一种表面活性剂，能降低油滴的界面张力，也就是在不改变界面面积（即不改变分散度）的情况下，降低系统的表面能，使分散系统得以稳定。乳化剂已广泛应用于食品、农药、医药等各个领域，尤其在制备药用乳剂时，乳化剂是乳剂的重要组成部分，乳化剂乳化能力大小对乳剂的形成及保持乳剂的稳定性起决定性作用。

一、乳化剂的分类

（一）来自于植物的天然乳化剂

天然植物乳化剂通常都是碳水化合物，包括胶质、黏性物质，如琼脂、果胶和淀粉等。由于这些物质的化学成分变化大，因此其乳化特征各不相同；但在自然状态下带负电荷，能够形成 O/W 型乳化液。它们既是乳化剂也是乳化稳定剂。由于碳水化合物常是微生物生长的良好培养基，因此使用这些乳化剂要防止微生物污染。

（二）来自于动物的天然乳化剂

天然动物乳化剂包括明胶、蛋黄及羊毛脂肪（无水羊毛脂）。A 型明胶（阳离子）通常用于制备 O/W 型乳状液；而 B 型明胶为 pH8 以上，用于制备 O/W 型乳液。卵磷脂和胆固醇在目前也作为乳化剂，用于制备 O/W 型乳液。由于卵磷脂和胆固醇容易变暗、降解，因此它们不适合在工业上使用；羊毛脂肪能够吸收大量水，形成稳定的 W/O 型乳状液，因此主要用于 W/O 型乳剂。

（三）半合成乳化剂

半合成乳化剂主要包括纤维素衍生物，如羧甲基纤维素、羟丙基纤维素、甲基纤维素等。它们用于生产 O／W 型乳化液，并且可以增加体系的黏度。

（四）合成乳化剂

主要包含表面活性剂，其作用于油水界面，极性基团向水排列，而非极性基团向油排列，从而在油水界面形成了一层稳定的膜，这层膜能够阻止分散相相互融合。根据表面活性所带电荷不同，可将乳化分为阴离子型乳化剂、阳离子型乳化剂、两性型乳化剂和非离子型乳化剂。

1. 阴离子型乳化剂 阴离子表面活性剂的历史最久，它在水中解离后，生成憎水性阴离子。如脂肪醇硫酸钠在水分子的包围下，即解离为 $ROSO_2 - O^-$ 和 Na^+ 两部分，带负电荷的 $ROSO_2 - O^-$ 具有表面活性。阴离子表面活性剂分为羧酸盐、硫酸酯盐、磺酸盐和磷酸酯盐四大类。阴离子表面活性剂亲水基团的种类有限，而疏水基团可以由多种结构构成，故种类很多。阴离子表面活性剂一般具有良好的渗透、乳化、分散、起泡和润滑等性能，用途广泛。

2. 阳离子型乳化剂 阳离子型乳化剂，是其分子溶于水发生电离后，亲水基带正电荷的表面活性剂。亲油基一般是长碳链烃基。亲水基绝大多数为含氮原子的阳离子，少数为含硫或磷原子的阳离子。分子中的阴离子不具有表面活性，通常是单个原子或基团，如氯离子、溴离子、醋酸根离子等。阳离子表面活性剂带有正电荷，与阴离子表面活性剂所带电荷相反，两者配合使用一般会形成沉淀，丧失表面活性。它能和非离子表面活性剂配合使用。这些化合物与其他乳化剂一起使用可制备 O/W 型乳化液。

3. 两性型乳化剂 两性型乳化剂分子是由非极性部分、一个带正电基团及一个带负电基团组成的，即在疏水基的一端既有阳离子也有阴离子，由两者结合在一起构成表面活性剂（$R - A^+ - B^-$）。这里的 R 为非极性基团，可以是烷基也可以是芳基或其他有机基团；A^+ 为阳离子基团，常为含氮基团；B^- 为阴离子基团，一般为羧酸基和磺酸基。两性型乳化剂主要有氨基酸型、甜菜碱型、咪唑啉型、氧化胺型等。

4. 非离子型乳化剂 非离子型乳化剂溶于水时不发生解离，其分子中的亲油基团与离子型表面活性剂的亲油基团大致相同，其亲水基团主要是由具有一定数量的含氧基团（如羟基和聚氧乙烯链）构成。近 20 多年来，非离子型乳化剂发展极为迅速，应用越来越广泛。非离子型乳化剂按亲水基团分类，有聚氧乙烯型和多元醇型两类。由于非离子型乳化剂在溶液中不是以离子状态存在，因此其稳定性高，既不易受强电解质存在的影响，也不易受酸、碱的影响，与其他类型表面活性剂能混合使用，相容性好，在各种溶剂中均有良好的溶解性，在固体表面上不发生强烈吸附，广泛用于食品、医药、农药、农业等各方面。

二、乳化剂的选择

（一）选择疫苗乳化剂的标准

一个理想的疫苗乳化剂应该具有的特征是：能降低两种互不相溶液体之间的表面张力；具有物理和化学稳定性，并且与疫苗其他成分兼容，不相互冲突；完全无刺激性和无毒；惰性，不与疫苗中的任何成分发生反应；在分散相的表面形成薄膜，阻止分散相颗粒之间相互融合；乳化后，疫苗黏稠度必须符合要求。

（二）亲油亲水平衡法选择乳化剂

1. 亲油亲水平衡的概念 亲水亲油平衡（HLB）值，是分子中亲油作用力、亲水作用力的大小和力量的平衡。乳化剂在不同性质溶液中所表现出来的活性，可由其 HLB 值来表示。HLB 值的范围为 1～40。HLB 值越低，表面活性剂的亲油性越强；HLB 值越高，表面活性剂的亲水性越强。一般地，HLB 大于 10 则认为亲水性好，HLB 小于 10 则认为亲油性好。HLB 值可作为选择和使用表面活性剂的一个定量指标，同时根据表面活性剂的 HLB 值，也可以推断某种表面活性剂可用于何种用途或用于设计合成新的表面活性剂。对于多数多元醇的脂肪酸酯类表面活性剂，目前 HLB 规则仍然广泛地应用于乳液制备中，然而对于 HLB 规则与乳液稳定性之间的内在机制研究还很少。近年来大量试验研究表明，乳液的稳定性与油水界面的黏弹性和机械强度紧密相关，黏弹性和机械强度大，则相应乳液的稳定性高。乳液的最佳 HLB 范围，在一定程度上随表面活性剂用量增加而增加。另外，非离子乳化剂还应符合的特征有：①非离子活性剂亲油基结构和油相分子结构应相似，以便在界面的油相一侧形成致密的活性剂－油分子结构体，从而增加界面黏度，对提高乳液稳定性有利。②适当增加非离子活性剂亲油基的长度，也有利于提高界面黏度。③对于脂肪烷烃油相分散体系，在亲油基中引入苯环和双键结构，不利于乳液稳定。

2. HLB 值与乳化剂筛选 在一个具体的油-水体系中究竟选用哪种乳化剂才可以得到性能最佳的乳状液，是制备乳剂疫苗的关键，最可靠的方法是进行试验筛选。对 HLB 值进行考察有助于做好乳化剂筛选工作。通过试验发现，作为 O/W 型（水包油型）疫苗的乳化剂，其 HLB 值常为 8～18；作为 W/O 型（油包水型）乳状液的乳化剂，其 HLB 值常为 3～6。在制备兽用疫苗时，除根据欲得疫苗的类型选择乳化剂外，所用油相性质不同对乳化剂的 HLB 值也有不同要求，并且乳化剂的 HLB 值应与被乳化的油相所需一致。有一种简单的确定被乳化油所需 HLB 值的方法：目测油滴在不同 HLB 值乳化剂水溶液表面的铺展情况，当乳化剂 HLB 值很大时油完全铺展，随着 HLB 值的减小，铺展变得困难，直至在某一 HLB 值乳化剂溶液上油滴刚好不展开时，此乳化剂的 HLB 值近似为乳化油所需的 HLB 值。这种方法虽然粗糙，但操作简便，所得结果有一定参考价值。

每种乳化剂都有特定的 HLB 值，单一乳化剂往往很难满足多组分体系的乳化要求。通常将多种具有不同 HLB 值的乳化剂混合使用，构成混合乳化剂，既可以满足复杂体系的要求，又可以大大增进乳化效果。

（1）油-水体系最佳 HLB 值的确定 选定一对 HLB 值相差较大的乳化剂，如司本-80（HLB＝4.3）和吐温-80（HLB＝15），按不同比例配制成一系列具有不同 HLB 值的混合乳化剂。用此系列混合乳化剂分别将指定的油水体系制成系列乳状液，测定各个乳状液的乳化效率，与计算出的混合乳化剂 HLB 作图，可得一钟形曲线，与该曲线最高峰相应的 HLB 值即为乳化指定体系所需的 HLB 值。显然，利用混合乳化剂可得到最适宜的 HLB 值。

（2）乳化剂的确定 在维持所选定乳化体系所需 HLB 值的前提下，多选几对乳化剂混合，使各混合乳化剂的 HLB 值皆为用上述方法确定之值。用这些乳化剂乳化指定体系，测其稳定性，比较其乳化效率，直到找到效率最高的一对乳化剂为止。值得注意的是，这里未提及乳化剂的浓度，但这并不影响这种选配方法，因为制备一稳定乳状液所要求的 HLB 值与乳化剂浓度关系不大。在乳状液不稳定区域内，当乳化剂浓度很低或内相浓度过高时，才会对本方法有影响。采用 HLB 方法选择乳化剂时，不仅要考虑最佳 HLB 值，同时还应注意乳化剂与分散相和分散介质的亲和性。一个理想的乳化剂，不仅要与油相亲和力强，而且也要与水相有较强的亲和力。把 HLB 值小的乳化剂与 HLB 值大的乳化剂混合使用，形成的混合膜与油相和水相都有强的亲和力，可以同时兼顾上述两方面的要求。因此，使用混合乳化剂比使用单一

乳化剂效果更好。综上所述，决定指定体系乳化所需乳化剂配方的方法是：任意选择一对乳化剂，在一定范围内改变其混合比例，求得效率最高之 HLB 值后，改变复配乳化剂的种类和比例，但仍需保持此所需 HLB 值，直至寻得效率最高的复配乳化剂。

3. HLB 系统的缺点 没有考虑到温度效应、其他添加物的影响、乳化剂的浓度影响。

4. 常用乳化剂的 HLB 值 见表9-17。

表9-17 常用乳化剂的 HLB 值

商品名	化学名	中文名	类型	HLB
	Oteic acid	油酸	阴离子	1.0
Span-85	Sorbitan tribleate	失水山梨醇三油酸酯	非离子	1.8
Atlas G-1050	Polyoxyethylene sorbitol hexastearate	聚氧乙烯山梨醇六硬脂酸酯	非离子	2.6
AtlasG-2859	Polyoxyethyle esorbitol 4，5 oleate	聚氧乙烯山梨醇4.5油酸酯	非离子	3.7
Atmul 67	Glycerol monostearate	单硬脂酸甘油酯	非离子	3.8
Span-80	Sorbitan monooleate	失水山梨醇单油酸酯	非离子	4.3
EmcolPL-50	Propylene glycol fatty acid ester	丙二醇脂肪酸酯	非离子	4.5
Aldo 28	Glycerol monostearate	单硬脂酸甘油酯	非离子	5.5
Glucate-SS	Methyl Glucoside Seequisterate	甲基葡萄糖苷倍半硬脂酸酪	非离子	6.0
Span-40	Sorbitan monopalmitate	失水山梨醇单棕榈酸酯	非离子	6.7
AtlasG-2140	Tetraethylene Glycol monooleate	四乙二醇单油酸酯	非离子	7.7
AtlasG-2800	Volvoxvlropylene mannitol dioleate	聚氧丙烯甘露醇二油酸酯	非离子	8.0
Tween-61	Polyoxethylene sorbitan monostearate	聚氧乙烯（4EO）失水山梨醇单硬脂酸酯	非离子	9.6
Tween-81	Polyoxyethylene sorbitan monooleate	聚氧乙烯（5EO）失水山梨醇单油酸酯	非离子	10.0
Tween-85	Polyoxyethylenesorbitan trioleate	聚氧乙烯（20EO）失水山梨醇三油酸酯	非离子	11.0
Renex-20	Polyoxyethylene esters of mixed fatty and resin acide	混合脂肪酸和树脂酸的聚氧乙烯酯类	非离子	13.5
Tween-60	Polyoxyethylene sorbitan monostearate	聚氧乙烯（20EO）失水山梨醇单硬脂酸酯	非离子	14.9
Atlas G-263	N-cetyl N-ethyl morpholinium ethosulfate	N—十六烷基—N—乙基吗啉基乙基硫酸钠	阳离子	25~30
Texapon K-12	Pure sodium lauryl sulfate	纯月桂基硫酸钠	阴离子	40

三、乳化原理

在制备疫苗时，将分散相以细小的液滴分散于连续相中，这两个互不相溶的液相所形成的乳状液是不稳定的，而通过加入少量的乳化剂则能得到稳定的乳状液。对此，不同研究者从不同的角度提出了不同的理论解释。这些乳状液的稳定机理，对兽用疫苗的制备具有重要的理论指导意义。

（一）定向楔理论

这是1929年哈金斯（Harkins）早期提出的乳状液稳定理论。他认为在界面上乳化剂的密度最大，乳化剂分子以横截面较大的一端定向地指向分散介质，即总是以"大头朝外，小头朝里"的方式在小液滴的外面形成保护膜。从几何空间结构观点来看，这是合理的，从能量角度来说是符合能量最低原则的，因而形成的乳状液相对稳定。此理论虽能定性地解释许多形成不同类型乳状液的原因，但常有它不能解释的实例。理论上

的不足之处在于它只是从几何结构来考虑乳状液的稳定性，但实际上影响乳状液稳定的因素是多方面的。

（二）界面张力理论

这种理论认为界面张力是影响乳状液稳定性的一个主要因素。因为乳状液的形成必然使体系界面积大大增加，也就是对体系要做功，从而增加了体系的界面能，这就是体系不稳定的原因。因此，为了增加体系的稳定性，可采取减少其界面张力的措施，使总的界面能下降。由于表面活性剂能够降低界面张力，因此其是良好的乳化剂。但是，低的界面张力并不是决定乳状液稳定性的唯一因素。有些低碳醇（如戊醇）能将油-水界面张力降至很低，但却不能形成稳定的乳状液。有些大分子（如明胶）的表面活性并不高，但却是很好的乳化剂。总之，可以说，界面张力的高低主要表明了乳状液形成之难易，并非为乳状液稳定性的必然衡量标志。

（三）界面膜的稳定理论

体系中加入乳化剂后，在降低界面张力的同时，表面活性剂必然在界面发生吸附，形成一层界面膜。界面膜对分散相液滴具有保护作用，使其在布朗运动中相互碰撞的液滴不易聚集，而液滴的聚集（破坏稳定性）是以界面膜的破裂为前提，因此界面膜的机械强度是决定乳状液稳定的主要因素之一。使用适当的混合乳化剂则有可能形成更致密的"界面复合膜"，甚至形成带电膜，从而增加乳状液的稳定性。如在乳状液中加入一些水溶性的乳化剂，而油溶性的乳化剂又能与它在界面上发生作用，便形成更致密的界面复合膜。由此可以看出，使用混合乳化剂，以使能形成的界面膜有较大强度，来提高乳化效率，增加乳状液的稳定性。

在实践中发现，使用混合乳化剂的乳状液通常比使用单一乳化剂的乳状液更稳定，混合表面活性剂的表面活性通常比单一表面活性剂往往要优越得多。基于上述现象可以得出结论：降低体系的界面张力，是使乳状液体系稳定的必要条件，而形成较牢固的界面膜是乳状液稳定的充分条件。

（四）电效应的稳定理论

对疫苗来说，若乳化剂是离子型的表面活性剂，则在界面上主要由于电离和吸附等作用，使得乳状液的液滴带有电荷，其电荷大小依电离强度而定；而对非离子型乳化剂，则主要由于吸附和摩擦等作用，使得液滴带有电荷，其电荷大小与外相离子浓度及介电常数和摩擦常数有关。带电的液滴靠近时，产生排斥力，使之难以聚集，因而提高了乳状液的稳定性。O/W型乳状液多带负电荷，而W/O型多带正电荷。这时活性剂离子吸附在界面上并定向排列，以带电端指向水相，将带有相反电荷的离子吸引过来并形成扩散双电层。若在上面的乳状液中加入大量的电解质盐，则由于水相中带反相电荷离子的浓度增加，则会压缩双电层，使其厚度变薄，因而乳状液的稳定性下降。

（五）液晶与乳状液的稳定性

液晶是一种在结构和力学性质上都处于液体和晶体之间的物态，它既有液体的流动性，又具有固体分子排列的规则性。1969年，弗里伯格（Friberg）等第一次发现在油水体系中加入表面活性剂时，即析出第三相——液晶相，此时乳状液的稳定性突然增加。这是由于液晶吸附在油水界面上，形成一层稳定的保护层，阻碍液滴因碰撞而粗化。同时液晶吸附层的存在会大大减少液滴之间的长程范德华力，因而起到稳定作用。此外，生成的液晶因形成网状结构而提高了黏度，这些都会使乳状液变得更稳定。

四、乳化方法

良好的油乳剂疫苗必须在外观、剂型、稳定性、黏度和贮藏期限等方面符合质量标准，而乳化则是油乳剂疫苗生产的基础技术。疫苗中的灭活抗原、各种佐剂及添加剂也必须在乳液中充分分散，否则会大大影响疫苗功能的发挥，达不到应有的效能。近来，国内外不少著名的科研机构和大专院校在集中力量研究各种佐剂的同时，也对乳化这一传统的基础技术进一步进行了深入研究。乳化可大致分为物理化学法和机械法两大类。前者是利用表面活性剂（乳化剂）来制备稳定的乳液，后者是利用强有力的剪切力来获得微细粒子。

水相的制备，就是按照配方将水溶性物质，

如甘油、胶质原料等尽可能溶于水中。制备水相的温度，在很大程度上取决于油相中各成分的物理性质。水相的温度应接近油相的温度，即使低于油相的温度，也不宜超过10℃。在制备乳状液时，乳化剂的加入方式有多种。将乳化剂加入水中构成水相，然后在激烈搅拌下加入油相，形成乳状液。

油相的制备，就是根据配方将全部油相成分一起溶解于一容器内，使油相保持液体状态，便于与水相进行乳化。当乳化剂使用非离子型表面活性剂时，常是将亲水性乳化剂或亲油性乳化剂溶于油相中。

（一）转相乳化法

在制备O/W（水包油）乳剂疫苗时，连续相是水相，首先是将乳化剂溶解于水，搅拌下将油滴入水相而制成疫苗，这种方法不可能制得好的疫苗。反之，在油中预先加入乳化剂，然后加入水相中，该方法是一种常用方法，可以获得更为微细的粒子。但因表面活性剂的HLB值、温度、水相添加方法等方面的原因，此种方法也不一定能得到好的乳化状态。

（二）D相乳化法

在用转相乳化法制造微细O/W型乳液时曾经历过O/D疫苗这一过程。当乳化剂浓度较高时，会出现大量六角形液晶或层状结晶，并呈坚硬的凝胶状态，即使加入油相也难以分散。层状结晶还会使油分散成细粒，而从乳液中分离出来。添加多元醇（如1，3-丁二醇）可解决上述弊病。1，3-丁二醇使表面活性剂浊点上升，从而提高了表面活性剂与水的相容性，使表面活性剂能更容易地吸附在油/水界面，六角形液晶和层状液晶随之消失，取而代之的是表面活性剂相（D相）。在搅拌的同时向D相中加入油相，就很容易形成O/D型乳液。最后加入水相，在均质条件下，就得到O/W型乳液。在此法中表面活性剂HLB的调整至关重要。

（三）HLB温度乳化法

非离子表面活性剂的HLB值与温度有关。以浊点为界，浊点以下为亲水性，浊点以上为亲油性。利用这一性质，开发了新的HLB温度乳化法，也称为转相温度乳化法（简称"PIT法"）。

非离子表面活性剂的乳化体系在低温下为O/W型乳液，在高温下为W/O型乳液，在中间状态为亲水亲油平衡状态，即HLB达到平衡，出现了油相-水相-表面活性剂三相共存状态。在这个区域内，边搅拌、边冷却就可以获得非常微细的乳液颗粒。从原理上来讲，利用该法可制造O/W型或W/O任何一种类型的乳液，但在实际应用中主要是用来制备O/W型乳液。乳化系的转相温度（PIT）可通过非离子表面活性剂品种的选择并控制在70℃左右。另外，为了防止O/W型乳液的破乳，必须将系统急冷到比PIT低20～30℃的环境。

（四）凝胶乳化法

一般说来，O/W型乳液比W/O型乳液的稳定性更好，W/O型乳液在高温下容易引起油水分离。为了解决此弊病，已开发了新型W/O型乳液的制造技术。在化学结构上满足一定条件的亲油性表面活性剂中，混入到氨基酸（或其盐）的水溶液凝胶中，先使油相分散，然后再加入水使之乳化，从而可得到含水量幅度较大的稳定的W/O型乳液。其中经历了凝胶的过程，所以称为凝胶乳化法。此法的机理是：凝胶分散在油相中形成层面结构，这时即使加入水，水也不会进入层面之间隙内，凝胶被氨基酸（或其盐）的水溶液包围成珠，从而得到稳定的W/O型乳液。

（五）利用活性黏土的乳化法

有人开发了一种利用活性黏土的新型凝胶乳化法。用非离子表面活性剂将有机改性蒙脱土包覆后会生成新的包接化合物（复合体），这种复合体在流动的液体石蜡中膨润后即生成黏稠的凝胶，这种油性凝胶包含了大量水而生成稳定的W/O型乳液。大小约5μm的水性颗粒均匀分散在油相内，是一种连续相为油相的W/O型乳液。此法所得到的W/O型乳液与油性凝胶的黏度有关，黏度越高，乳液越稳定。

（六）膜乳化法

多孔膜上的大量均匀孔可看作微量分布器，膜两侧分别是分散相和连续相，膜内外压力差为传质推动力。分散相在压力作用下通过微孔后在另一侧的膜表面形成液滴并生长，长到一定大小时，由于受到高速流动的连续相剪切力作用而从膜表面剥离，从而形成水包油或油包水型乳液，也可制备复合型乳液。该法的突出特点：一是可制得分散相液滴小而均匀的单分散型乳液，乳液的稳定性好；二是通过选择特定的操作条件及膜孔径，可以得到预期大小的分散相液滴；三是膜乳化法能耗大大低于传统方法；四是乳化剂用量少于传统方法，剪切力较小，有利于保护对剪切力敏感的成分。

五、乳化剂与疫苗

通常情况下动物机体针对特定病原微生物等抗原物质产生的免疫反应依赖于淋巴组织中活化的抗原递呈细胞对抗原的递呈。免疫保护通常都是依赖于机体中循环的微量中和抗体来保护宿主细胞不被感染。为了维持机体不断产生特异性抗体，就需要不断有抗原物质刺激B细胞或者长时间存活的浆细胞。油包水型疫苗能够满足上述需要，能够持续释放抗原，刺激机体免疫细胞；同时由于该类型疫苗经济，只需一次免疫就能产生高滴度的特异性抗体，并且持续时间较长，因此在兽用疫苗中得到了广泛应用。

油包水型疫苗含有两相系统，其中水相又称为不连续相，包含微生物等抗原物质，其均匀地分散于连续相（即油相）中。为了稳定分散相使之不相互融合，还需乳化剂，其含有的亲水基团和疏水基团能够在分散相和连续相中形成连续的膜。1916年，Le Moignic和Pinoy就使用灭活的沙门氏菌制备了油乳剂疫苗用于接种小鼠。20年后出现的著名的弗氏完全佐剂和弗氏不完全佐剂，也是应用白油制成的油包水乳剂。弗氏完全佐剂含有热灭活的结核分枝杆菌，而弗氏不完全佐剂不含有热灭活的结核分枝杆菌。除了弗氏完全佐剂和弗氏不完全佐剂，基于矿物油的佐剂还有Specol佐剂、Montanide ISA50、Montanide ISA206等。Specol佐剂，即白油司本佐剂，由90%矿物油Marcol 52和10%的乳化剂——司本-85和吐温-85组成。Montanide ISA50是由85%的矿物油和15%的乳化剂甘露醇单油酸酯组成，两者均为W/O型乳剂。白油佐剂在国内外均广泛应用于动物疫苗。通常油包水型乳剂在注射部位都会引起炎症反应。这就会引起抗原递呈细胞转移到注射部位的淋巴组织并活化，把抗原递呈给相应的T细胞和B细胞。除了白油，其他各类脂类物质，如十六烷、角鲨烯等都可以与抗原制成油乳剂。增加脂肪烃链的长度和不饱和程度有利于发挥佐剂效应而提高疫苗免疫效果。通常使用的油相碳原子的数目为15~20个。油包水型乳剂疫苗的作用就是使抗原物质在注射部分缓慢释放，而提高免疫效果，延长免疫时间。注射部位的抗原释放速度是维持抗原特异性免疫反应性的关键因素。王晶钰等在1999—2001年从陕西发生的新城疫病鸡群中分离出8株病毒（它们为速发型NDV强毒株），并采用油佐剂试制成多价灭活疫苗，发现对试验鸡有良好保护力。刘金彪等（1998）以油乳剂和氢氧化铝为佐剂，分别制备了大肠杆菌疫苗，接种后分别于21d和25d进行攻毒，发现氢氧化铝佐剂疫苗的保护效果较好，但油乳剂疫苗产生的间接血凝抗体滴度更高，提示油乳剂比较适用于饲养周期长的蛋鸡。ISA206佐剂是由矿物油和甘露醇单油酸酯组成的W/O/W型佐剂。由于W/O/W型乳剂能更快地释放抗原，因此常被用于应急接种疫苗的研究。矿物油不能被代谢，因此会产生一系列副作用，包括溃疡、肉芽肿、发热等。虽然矿物油乳剂的副作用比较明显，但由于其价格比较低廉，疫苗的成本可以控制在比较低的范围内，因此仍然是油乳剂疫苗生产中使用最广泛的一种佐剂。

除了矿物油外，其他油脂也可以用于制成乳剂疫苗。常用的油脂有植物油（如花生油）、角鲨烯和角鲨烷等。它们的特点是在体内能被代谢，因此副反应比矿物油轻。长期动物试验表明，除了注射部位的反应外，没有证据表明上述油脂会引发其他病变，也没有致突变性。也有人用其他烃类作为疫苗佐剂进行过研究，较受人们关注的是角鲨烷和角鲨烯。两者制成的乳液均为有效的佐剂，可以提高体液和细胞免疫反应。若添加某些嵌段共聚物或者胞壁酰二肽等免疫调节剂，可增强其活性，且无显著副作用。目前已经研制出一些具有良好的、明确的理化性质且无显著的全身或局部副作用的佐剂，如MF59、SAF和Montanide ISA720等。MF59是以角鲨烯为油相，加入了表面活性剂吐温-80和司本-85的O/W乳剂。流感疫苗与吐温/司本稳定的乳剂结合，可在多种动物模型中显著提高抗体滴度，比单纯的流感疫苗增高5~250倍，认为MF59作为一种简便、经济且低毒的佐剂，适用于流感疫苗的制备。

六、疫苗乳化类型与鉴定方法

（一）疫苗乳化类型

疫苗乳化类型包括O/W型（oil in water emulsions）、W/O型（water in oil emulsions）、多相型（multiple emulsions）、大颗粒型（micro-emulsions）。兽医乳剂疫苗常为W/O型。表9-18和图9-26列举了一些O/W型乳剂与W/O型乳剂的差异。

表9-18　O/W型乳剂与W/O型乳剂的差异

水包油型（O/W型）	油包水型（W/O型）
水是分散介质，油是分散相	油是分散介质，水是分散相
不油腻，容易从皮肤表面移动	油腻，用水洗不干净
水溶性物质释放快	油溶性物质释放快
在导电测试时，能够导电	在导电测试时，不能够导电

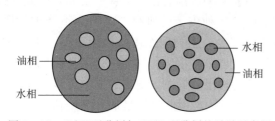

图9-26　O/W型乳剂与W/O型乳剂的差异示意图

（二）鉴定疫苗乳化类型的方法

由于O/W型乳剂和W/O型乳剂的外观相同，因此需要采取特殊试验来鉴定乳化类型。鉴定乳化类型时最好选取两种不同鉴定方法来确定乳化类型。

1. 稀释检测法　使用油或者水稀释疫苗。如果疫苗乳化类型是O/W型，那么用水稀释疫苗时，疫苗将不会发生破乳现象，因为其能够在分散介质水中稳定存在；如果用油稀释，该疫苗将会发生破乳，因为油和水不能相互溶解（图9-27）。如果疫苗乳化类型是W/O型，那么用油稀释疫苗时，疫苗将不会发生破乳现象，因为其能够在分散介质油中稳定存在；如果用水稀释，该疫苗将会发生破乳，因为油和水不能相互溶解（图9-28）。

2. 导电性测试试验　导电性测试试验是基于

水为良好的导电体而油为绝缘体而建立的。因此，如果疫苗乳化类型是O/W型，在疫苗中插入合适的导电装置和指示灯，通电后O/W型疫苗的指示灯将会发亮，而W/O型疫苗的指示灯不会发亮（图9-29和图9-30）。

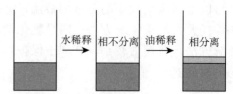

图9-27　水稀释法检测水包油型疫苗示意图

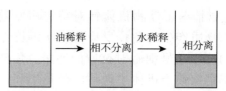

图9-28　水稀释法检测油包水型疫苗示意图

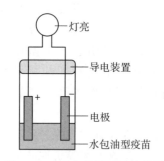

图9-29　导电性测试试验检测水包油型疫苗示意图

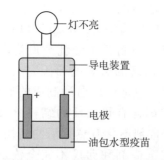

图9-30　导电性测试试验检测油包水型疫苗示意图

3. 染料溶解性测试　疫苗中加入水溶性染料，如苋菜红，然后在显微镜下观察。如果连续相是红色，那么疫苗乳化类型就是O/W型，因为水是外面相，而染料溶解于水就产生了相应的颜色（图9-31）。如果分散的球形颗粒是红色的，而连续相是无色的，那么该疫苗乳化类型是

W/O 型。同样，如果在疫苗中加入油溶性染料，如猩红 C 或苏丹Ⅲ，如果连续相是红色的，那么疫苗乳化类型就是 W/O 型；反之，就是 O/W 型疫苗（图 9-32）。

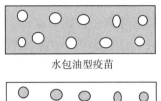

图 9-31　水溶性染料检测示意图

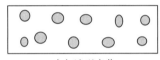

图 9-32　脂溶性染料检测示意图

4. 氯化钴测试　将滤纸浸泡在氯化钴溶液中，去除多余液体后，放入疫苗中浸泡，立刻取出滤纸，并干燥。如果滤纸颜色由蓝色变为粉红色，那么疫苗乳化类型就是 O/W 型。

5. 荧光检测　将疫苗乳液暴露于紫外线照射下，在显微镜下观察，出现连续性荧光的，则是 W/O 型；如果只有零星的荧光，则是 O/W 型。

七、疫苗乳化工艺

（一）清洗与消毒

基于生物制品为无菌制品特点，在乳化液制备前需对乳化所需相关罐、管道进行清洗，不应有上批遗留物，并用纯蒸汽在线消毒，消毒后的罐、管道应尽量避免暴露，所用压缩空气应经无菌过滤。

（二）乳液的制备

对于乳液的制备而言，在确定其合理配方后，其乳化技术也是极其重要的。疫苗乳化中的关键技术主要是混合技术。疫苗乳液由水相和油相组成，在疫苗乳液的制备中一般是先分别制备出水

相和油相，然后再将它们混合而得到乳液。由于无菌是疫苗产品的重要特点，因此在乳化液制备过程中需处处防污染。

1. 水相的制备　按照配方，将水溶性物质如吐温-80 溶于灭活的病毒（菌）液中，搅拌一定时间，以确保水相均一。制备水相时的温度，在很大程度上取决于油相中各成分的物理性质。水相的温度应接近油相的温度，如低于油相的温度，也不宜超过 10℃ 的范围。

2. 油相的制备　根据配方，将所有油相组分一起溶解于一个容器内（通常称为煮油罐），通蒸汽加热，一方面是为了进行灭菌，另一方面是使油相成分（如司本-80、硬脂酸铝）溶解，使其保持均一的液体状态。在乳化之前应对油相进行冷却，使之温度不超过 30℃，以使油相保持液体状态，便于与水相进行乳化。

（三）乳化

根据所需疫苗乳液剂型，可采用不同的乳化方法。现在常用的兽用疫苗乳化方法是油、水混合法。目前市场上有成熟的成套乳化设备，它们基本上都采用高速剪切的方法以达到乳化剂型。乳化过程中需注意选择合适的转速、合理的乳化时间，控制好乳化温度。

（四）影响乳化的因素

1. 乳化设备　制备乳液的机械设备主要是乳化机。乳化机是一种使油、水两相混合均匀的乳化设备，目前主要有三种类型：乳化搅拌机、胶体磨和均质器。乳化机的类型及结构、性能等与乳状液微粒的大小（分散性）及乳状液的质量（稳定性）有很大关系。胶体磨和均质器均是比较好的乳化设备，但目前生物制品生产企业一般使用高剪切分散乳化均质机。该类机器制得的乳液分散性好，微粒均一，稳定性也较好，容易防污染。近年来乳化机械技术有很大进步，如用真空乳化机制备的乳液分散性和稳定性均极佳。

2. 乳化温度　乳化温度对乳化好坏有较大影响。如油、水相皆为液体时，在室温下即可依靠搅拌达到乳化。乳化的适宜温度一般取决于二相中所含有高熔点物质的熔点，但还要考虑乳化剂种类及油相与水相的溶解度等因素。若使用的乳化剂具有一定的转相温度，则乳化温度也最好选在接近转相温度。乳化温度对乳液微粒大小有时

亦有影响。用非离子乳化剂进行乳化时，乳化温度对微粒大小的影响较弱。为了保证疫苗抗原的稳定性，在制备乳剂疫苗时，一般需要在较低的温度下乳化。乳化温度过高时会引起抗原变性，改变抗原结构，从而降低疫苗效果。一般来说，在进行乳化时，油、水两相的温度皆可控制在30℃以下。

3. 乳化时间 乳化时间显然对乳状液的质量有影响。乳化时间的确定要考虑油相、水相的容积比，两相黏度及生成乳状液的黏度，乳化剂的类型及用量，乳化温度及乳化设备的效率等因素。可根据经验和试验来确定乳化时间，并非搅拌时间越长越好。如用均质器（转速为 3 000 r/min）进行乳化，则仅需 3～10min。

4. 乳化转速 乳化设备，尤其是搅拌速度对乳化效果有很大的影响。搅拌速度适中时，油相与水相可充分混合。搅拌速度过低时，达不到充分混合的目的；搅拌速度过高时，会将气泡带入体系，使之成为三相体系，从而影响乳状液的稳定性，因此搅拌中必须避免空气进入。从这方面考虑，真空乳化机具有非常优越的性能。

5. 其他因素 乳状液中的内相在重力作用下发生沉降或上升，可致使内相和外相分离，从而造成乳状液不稳定。乳状液分散介质的黏度越大，则分散相液滴运动的速度愈慢，从而有利于维持乳状液的稳定性。因此，往往在分散介质中加入增稠剂（一般为能溶于分散介质的高分子物质），以此来提高乳状液的稳定性。沉降速度与分散液滴的半径之平方成正比。因此，为了提高乳状液的稳定性，必须设法使分散相液滴充分小，也就是要提高乳状液的分散度，一般要求分散相液滴的直径小于 3 μm。分散相与分散介质的密度差也影响乳状液的稳定性，两相的密度差愈小，乳状液愈稳定。

八、疫苗乳化效果的质量控制与检测方法

（一）乳化过程中需要考虑的问题

乳化过程中应重点考虑活性成分的稳定性、稳定性相关辅料、外观、黏度、水和其他挥发性物质的损失、乳化剂的浓度、成分加入顺序、分散相粒度分布情况、pH、乳化温度、乳化设备、冷却方法和速度、微生物污染/无菌（在未开封的容器和使用条件下）、释放/生物利用度（经皮吸收）、相位分布、相位反转等。

疫苗生产过程中尤其要注意油相的选择与使用，但我国目前普遍使用的矿物油存在明显的安全问题。这种工业用液体石蜡油中所含与致癌有关的稠环芳烃显著高于医用石蜡油。另外试验表明，该疫苗对大日龄成年鸡注射后有时会引起严重的副反应，对猪等大动物也不安全。

（二）检测疫苗乳化效果与疫苗稳定性

疫苗的乳化效果和稳定性是合格疫苗的重要指标之一。疫苗的乳化效果和稳定性检测包括疫苗长时间储存后的稳定性变化、加速储存、储存条件发生改变等情况下的变化。疫苗加速稳定性检测方法有离心法、高温保存法。

1. 疫苗乳化颗粒的大小和分布情况测定 对平均粒径分布变化的测定是评估疫苗乳化质量的一个重要参数。可以通过光学显微镜、安德烈亚森仪器设备（andreasen apparatus）和库尔特计数器（coulter counter apparatus）进行测定。

2. 黏度测定 黏度测定是评估疫苗乳化质量的另一项重要指标，该指标能间接反映疫苗生产与储存过程中乳化颗粒粒度的变化情况。在 O/W 疫苗中出现絮状物将会导致疫苗黏度增加；W/O 疫苗存放时间越长，疫苗的黏度越大，这是由于疫苗存放过程中乳化颗粒相互融合而造成。可用黏度计或传统方法来测定疫苗黏度。

3. 检测疫苗不同相是否分离 这是检测疫苗稳定性的一种方法，可通过肉眼观察相分离情况，或采用传统离心法进行检测。

4. 导电性测定 乳化颗粒上的静电变化影响乳化颗粒相互融合速度，因此检测疫苗导电性，如 Zeta 电位，能够有效反映疫苗乳化颗粒的变化情况。O/W 型乳状液具有良好的颗粒大小时电阻低，如颗粒变大，则说明存在油滴发生聚集的迹象。

（三）疫苗乳化效果的质量控制

1. 疫苗乳化剂的质量控制

（1）免疫佐剂 是指先于抗原或与抗原同时注入动物体内，能非特异性地改变或增强机体对抗原特异性免疫应答的一类物质。主要包括氢氧化铝胶佐剂、钾明矾佐剂、弗氏佐剂、矿物油佐剂和蜂胶佐剂等，目前使用较多的是氢氧化铝胶

和矿物油佐剂。免疫佐剂除具有免疫增强效应外，还须符合的标准是：无致癌性，不是辅助致癌物，不能诱导、促进肿瘤形成；无毒性，通过肌内注射、皮下注射等各种途经进入动物体后无任何副作用，对动物安全；纯度高，杂质越少越优；有一定吸附力，最好吸附力强；在动物体内能被降解吸收，不宜长时期留存而诱发组织损伤；不含有交叉反应的抗原物质；不诱发自身超敏性，也不与血清抗体结合形成有害的免疫复合物；稳定，佐剂抗原混合物储存 1 年以上不分解、不变质、不产生不良物质。

（2）乳化剂　主要包括白油、司本-80、吐温-80 等物质。

①白油　是一种矿物油（国外有 Marcol-52 等，国产白油的型号分 5、7、10、15 号等）。应为无色透明的油状液体；无臭、无味；在日光下不显荧光；相对密度为 0.818～0.880；在 40℃时的运动黏度（毛细管内径为 1.0 mm）应为 4～13 mm²/s；酸度应为中性；重金属、铅和砷等物质的含量应符合规定。

②司本-80　学名为山梨醇酐单油酸酯，属于多元醇型非离子表面活性剂。应为浅棕色黏稠液体；相对密度为 0.98～1.00；运动黏度（25℃下，毛细管内径 3.4～4.2 mm）为 800～1 400 mm²/s；酸值不大于 7.0，皂化值为 145～160，羟值为 190～210；含水分不得超过 1.0%。

③吐温-80　学名为聚氧乙烯山梨糖醇酐单油酸酯，又名 T-80 乳化剂。应为淡黄色至橙黄色的黏稠液体；微有特臭，味微苦略涩，有温热感；在水、甲醇、乙醇或醋酸乙酯中易溶，在矿物油中极微溶解；相对密度为 1.06～1.09；运动黏度（25℃下，毛细管内径 3.4～4.2 mm）为 350～550 mm²/s；酸值不大于 2.2，皂化值 45～60，羟值 65～80，碘值 18～24。

2. 乳化参数的控制　疫苗乳化参数依据抗原性质、乳化方法而有所不同。通常乳化程序是：白油和司本-80 混合按一定比例，高压灭菌后即为油相。取灭活好的抗原液，加入一定量的高压灭菌好的吐温-80，混匀，即为水相。油相和水相按一定比例混合乳化。抗原及佐剂的具体用量需根据乳化试验结果确定。

3. 疫苗乳化效果检测　疫苗乳化效果的检测包括乳剂类型检查（剂型）、稳定性、黏度测定、粒度大小及分布检测等。生产实际中以外观、剂型、稳定性和黏度测定为主。

（1）外观　一般为均匀乳剂或黏滞性均匀乳剂。

（2）剂型　一般为油包水型（W/O）或水包油包水型（W/O/W）。

（3）稳定性　吸取疫苗 10 mL 装入离心管中，以 3 000～3 500 r/min 离心 15min，管底析出的水相应不超过 0.5 mL。

（4）黏度　按现行《中国兽药典》附录进行测定，应符合规定（小于 200 cP）。

（5）粒度　在光学显微镜上装测微尺，直接观察乳状液粒子大小及均匀度，应 90% 以上不超过 2.0～3.0 μm。

另外，也可采用其他乳化效果检测方法，如：

（1）吸取 10 mL 乳剂装入离心管内，放置 37℃，观察 21d，应不出现破乳。

（2）取乳剂注射动物（鸡或猪），注射剂量为每只 1～4 mL，注射部位为肌肉或皮下，观察 14～21d，然后扑杀、剖检、观察。注射部位应无明显不良反应，乳剂应吸收良好；不在注射部位形成颗粒状物质或其他异常物质。

（陈瑞爱　王忠田　陈光华）

第十章 冷冻真空干燥技术

第一节 冷冻真空干燥概述

冷冻真空干燥简称"冻干"，包含 5 个过程：①物料的预处理和制备（preparation，pretreatment）。②物料的冷却固化（freezing，solidification），此过程也称预冻，将产品冻到凝固点以下 10~20℃。③升华干燥或一次干燥（sublimation，primary drying），此过程也称主冻干，该阶段冰升华而不融化。④解析干燥（二次干燥）（desorption，secondary drying），此过程也称后冻干，在此过程中固体物质的残留水分被除去，从而留下干燥样品。⑤封装和储存（conditioning-packing and storage）。

一、冷冻真空干燥的原理及必要条件

（一）冷冻真空干燥的原理

先将湿物料在共晶点（三相点）温度以下冻结，使水分变成固态的冰，然后在适当的真空度下，使冰直接升华为水蒸气，再用真空系统中的冷凝器将水蒸气冷凝，从而获得干燥制品的技术。

冷冻干燥基本原理是基于水的三态变化。水有 3 种相态，即固态、液态和气态，3 种相态既可以相互转换又可以相互共存。其变化关系可由水的三相图（图 10 - 1）表示，当温度 $T<0.01℃$，当表面压力低到一定程度时，可升华。当压强 $P<6.1$ mbar，温度升高到一定程度时，可升华。

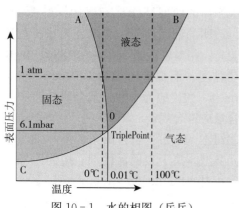

图 10 - 1 水的相图（岳兵）

（二）冻干的必要条件

1. 真空 冰在一定温度下的饱和蒸汽压大于环境的水蒸气分压时即可开始升华，这是产生升华所必需的条件。

2. 温度 比制品温度更低的冷阱（凝结器）对水蒸气抽吸与捕获，是维持升华所必需的条件。

3. 能量 给产品一定程度的加热，是加快并最终完成冻干的能量条件。加热有两个原因：

（1）分子束缚力 通过加热可减少分子束缚力，加快水蒸气分子运动。

（2）升华热 冰的升华热约为 2 822 J/g，如果升华过程不供给热量，那么制品只有降低内能来补偿升华热，直至其温度与凝结器温度平衡，升华停止。因此，为了保持升华与冷凝间的温度差，必须对制品提供足够热量。

二、冷冻真空干燥的特点

（1）在低温下进行，一些挥发性成分损失小。

（2）在低温下进行干燥，对热敏性的物质比较实用，如蛋白质、微生物、酶、激素等。这些物质干燥后变性小，生物活性性能得到保留。

（3）在低温真空干燥，氧气极少，微生物的生长和酶的作用几乎停止，易氧化物质得到保护，因此能保持物质的原有性状。

（4）在冻结状态下进行，水分升华干燥后体积几乎不变，物质疏松多孔，呈海绵状，保持原有结构。

（5）能排出95％～99％以上的水分，使冻干产品能长期保存而不变质。

三、冻干中的常见概念

（一）基础概念

1. 真空和压强 在真空计量中，以压强来表示真空度的高低，真空度的单位实际上是压强的单位，在国际制单位中叫"帕斯卡"（Pascal），简称"帕"（Pa）。它是"牛顿/米²"的专用名词，即1帕斯卡＝1牛顿/米²。另外，压强单位还有巴（bar）、毫巴（mbar）、工程大气压（kg/cm²）、普西（psi）、毫米汞柱（mmHg）等。表10-1及表10-2分别为压强单位及换算表，真空度百分数、压力表真空与绝对压力对照表（摘自张伦照《冻干技术》）。

表 10-1 压强单位及换算

单位	Pa	bar	mbar	at	atm	Torr	psi
1 Pa	1	10^{-5}	10^{-2}	1.02×10^{-5}	9.8692×10^{-6}	7.5×10^{-3}	1.45×10^{-4}
1 bar	10^5	1	10^3	1.0197	0.98692	750.06	14.5032
1 mbar	10^2	10^{-3}	1	1.02×10^{-3}	0.9869×10^{-3}	0.75006	14.5×10^{-3}
1 at	98066.5	0.98068	980.68	1	0.96784	735.56	14.2247
1 atm	101325	1.01325	1013.3	1.03323	1	760	14.6972
1 Torr	133.322	0.00133	1.333	0.00136	1.3158×10^{-3}	1	0.01934
1 psi	6894.8	0.06895	68.95	0.0703	0.06804	51.715	1

表 10-2 真空度百分数、压力表真空与绝对压力对照表

真空度（％）	绝对压强（mmHg）	压力表真空（mmHg）	真空度（％）	绝对压强（mmHg）	压力表真空（mmHg）
0	760	0	85	114	646
10	684	76	90	7	684
20	608	152	95	38	722
30	532	228	96	30	730
40	456	304	97	25	735
50	380	380	98	15	745
60	364	456	99	8	752
70	228	532	99.5	4	756
80	152	608	100		0

2. 饱和蒸汽压 任何液体物质，当在一个密闭容器内蒸发达到一定程度之后，液体的汽化与蒸汽的液化就达到一个平衡状态。这时密闭容器内的蒸汽称为饱和蒸汽，密闭容器内的蒸汽压强称为饱和蒸汽压。

一些容易汽化的固体，在密闭容器中同样会形成饱和蒸汽压。饱和蒸汽压随温度的升高而增大，随温度的降低而减小。同一蒸汽，在不同的温度有不同的饱和蒸汽压。

在一个密闭系统中，如果有一个蒸汽源，而该

系统各部分又有不同的温度差时，则该密闭系统的饱和蒸汽压由最低处的温度所决定，即最低温度所对应的饱和蒸汽压是该密闭容器的饱和蒸汽压。

从表 10-3 冰的饱和蒸汽压曲线中可以看出，当产品温度为 -40℃，那么冰表面的真空度低于 0.12mbar，可升华。

表 10-3　冰的饱和蒸气压曲线

℃	mbar	℃	mbar	℃	mbar
0	6.108	-34	0.2488	-68	0.003511
-1	5.623	-35	0.2233	-69	0.003032
-2	5.173	-36	0.2002	-70	0.002615
-3	4.757	-37	0.1794	-71	0.002252
-4	4.372	-38	0.1606	-72	0.001936
-5	4.015	-39	0.1436	-73	0.001662
-6	3.685	-40	0.1283	-74	0.001425
-7	3.379	-41	0.1145	-75	0.001220
-8	3.097	-42	0.1021	-76	0.001042
-9	2.837	-43	0.09098	-77	0.0008894
-10	2.597	-44	0.08097	-78	0.0007577
-11	2.376	-45	0.07198	-79	0.0006444
-12	2.172	-46	0.06393	-80	0.0005473
-13	1.984	-47	0.05671	-81	0.0004638
-14	1.811	-48	0.05026	-82	0.0003925
-15	1.652	-49	0.04449	-83	0.0003316
-16	1.506	-50	0.03935	-84	0.0002796
-17	1.371	-51	0.03476	-85	0.0002353
-18	1.248	-52	0.03067	-86	0.0001977
-19	1.135	-53	0.02703	-87	0.0001658
-20	1.032	-54	0.02380	-88	0.0001388
-21	0.9370	-55	0.02092	-89	0.0001160
-22	0.8502	-56	0.01838	-90	0.00009672
-23	0.7709	-57	0.01612	-91	0.00008049
-24	0.6985	-58	0.01413	-92	0.00006685
-25	0.6323	-59	0.01236	-93	0.00005542
-26	0.5720	-60	0.01080	-94	0.00004584
-27	0.5170	-61	0.009432	-95	0.00003784
-28	0.4669	-62	0.008223	-96	0.00003117
-29	0.4213	-63	0.007159	-97	0.00002561
-30	0.3798	-64	0.006225	-98	0.00002101
-31	0.3421	-65	0.005406	-99	0.00001719
-32	0.3079	-66	0.004668	-100	0.00001403
-33	0.2769	-67	0.004060		

注：张伦照，《冻干技术》。

液体在密闭容器内会形成饱和蒸汽压，并且饱和蒸汽压会随温度不同而发生变化。一些易挥发的固体在密闭容器内同样会形成饱和蒸汽压，如冰在不同的低温下有不同的饱和蒸汽压，而且密闭系统的饱和蒸汽压由最低处的温度所决定（图 10-2）。

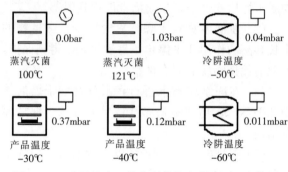

图 10-2　冻干机中一些典型的饱和蒸汽压（张伦照）

3. 平均自由程　气体分子的平均自由程是气体分子运动的一个参数，它指气体分子二次碰撞之间所经历的平均距离。平均自由程与压强有关，压强大时分子间容易碰撞，平均自由程较小；压强小时分子间不容易碰撞，平均自由程就大。

在常温和常压下，气体分子的平均自由程很小，从液体蒸发出来的分子和从固体升华出来的分子，很快就与其他气体分子碰撞而返还原处，因此汽化的速度很慢。如表 10-4 所示，随着压强降低或真空度升高，气体分子变稀，气体分子的平均自由程增大。

表 10-4　常温下空气分子的一些参量

压强 (mmHg)	平均自由程 (cm)	密度 (个/cm³)	碰撞数 (个/cm²)
760	10^{-5}	2.5×10^{19}	3×10^{23}
10	7×10^{-4}	3.3×10^{17}	3.5×10^{21}
1	7×10^{-3}	3.3×10^{16}	3.5×10^{20}
0.1	7×10^{-2}	3.3×10^{15}	3.5×10^{19}
0.01	7×10^{-1}	3.3×10^{14}	3.5×10^{18}
0.001	7	3.3×10^{13}	3.5×10^{17}

资料来源：张伦照，《冻干技术》。

（二）冻干中常见的名词

1. 过冷度　纯水在一个大气压下的冰点是 273.15K（即 0℃），但在一般情况下，纯水只有被冷却到低于 0℃ 的某一温度时才开始冻结。这种现象被称为过冷。开始出现冰晶的温度与相平衡冻结温度之差，被称为过冷度（supercooling）。经验证明，过冷现象导致产品温度虽已达到共晶点温度（Teu），但溶质仍未结晶。为了克服过冷现象，预冻温度应低于产品共晶点温度 5℃以下，并需保持一段时间，直至产品完全冻结。

2. 共晶点温度和玻璃转化温度　冻干产品大多数是水溶液，有些是多种成分的水溶液，有些是溶液和悬浮液的混合液。一些成分复杂的液体在冷冻时会形成两种状态，一种是晶体状态，一种是无定形态（也称玻璃态）。如果形成晶体状态，那么完全冻结或固化的温度叫共晶点温度（eutectic temperature，Teu）；如果形成玻璃态，那么完全冻结或固化的温度叫玻璃态转化温度（glass transition temperature，Tg'）。饱和溶液的溶解度曲线与溶液凝固点曲线的交叉点所对应的温度称为共晶点温度或玻璃转化温度（图10-3）。此温度可用差示扫描量热（DSC）方法测定。共晶点（共熔点）的获取：温度-电阻曲线当由液态转变为固态，产品的电阻发生变化，记录温度-电阻曲线，温度曲线与电阻曲线的相交点即是凝固点。

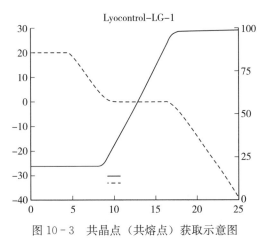

图10-3　共晶点（共熔点）获取示意图

以水溶液为例来说明溶液的凝结过程。水溶液的凝结与纯水不一样，它不是在某一固定温度下完全凝结成固体，溶液温度降低到某一温度时，晶体开始析出，随着温度的降低，晶体的数量不断增加，最后溶液全部凝结。因此溶液是在某一温度范围内凝结的，冷却时开始析出晶体的温度称溶液的冰点，而溶液全部凝结的温度叫溶液的凝固点，是溶质和溶媒全部结晶的温度点。在溶液结晶过程中溶液的浓度会增加，冰点会下降，稀溶液变为浓溶液，并逐步成为饱和溶

液，温度继续降低时，由于溶解度降低，将会有溶质的晶体析出，最后成为冰晶体和溶质晶体的共晶混合物，这时的温度就是溶液的共晶点温度。

溶液的共晶点对冻干很重要，它是制订冻干曲线的主要依据。预冻时产品必须冷冻到共晶点以下的温度，而升华时产品又不能超过共晶点温度，因此共晶点温度是产品预冻阶段和升华阶段的最高许可温度。常用的共晶点测量方法是电阻法。另外用得较多的是差示扫描热法（differential scanning calorimetry）。

3. 崩解温度　崩解温度（collapse temperature，Tc）是对已经干燥的产品而言的。当产品干燥层温度高于 Tc 时，产品蜂窝状结构体的固体基质刚性降低，不足以维持蜂窝状结构，发生塌陷，原先蒸汽扩散的通道被封闭，阻碍升华过程。可用显微冷冻干燥试验测定 Tc。要注意的是，Tg' < Tc，但无法测定二者相差值。塌陷温度通常高于玻璃化转变温度 2℃（当冷冻物质与玻璃化转变温度相关）；当冷冻溶液为结晶态时，塌陷温度等于共熔点。

4. 结晶度　结晶度＝产品中形成的冰量/产品中可冻结水的总量。

5. 退火温度　介于无定形态物质的玻璃化转变温度及产生高结晶率和完全结晶化的填充剂的共熔点温度之间。退火（annealing）是指把冻结产品的温度升到 Teu 以下，保温一段时间，再降低温度到预冻温度的过程。在升华干燥之前增加退火步骤的原因有 3 个。①强化结晶。试验证明，当退火温度高于产品的 Tg' 时，会促进再结晶的形成，使结晶成分和未冻结水结晶完全。②提高非晶态的 Tg'。③改变冰晶形态和大小分布，提高干燥效率。退火必须考虑加热速率、退火温度、退火时间等参数，但目前尚没有这些参数的选取依据。

6. 安全压力和警告压力　安全压力和警告压力根据"蒸汽压曲线"中的安全温度和警告温度确定。为了保证产品在冻干过程中不会因真空泄漏而毁坏，当腔体内压力升高过多、超过安全压力极限时，可使搁板停止加热，升华变得极慢，因而防止产品融化。安全温度应低于共融点 5℃及以下。根据"蒸汽压曲线"，可确定安全压力 Psaf。

在大型单元中，备有液体温度控制搁板，

故须设置警告压力 Palarm。尽管搁板加热停止，为防止压力继续上升，设置警告温度低于共晶点3～5℃。一旦腔内温度超过设定温度，控制器会给出声讯警告，并使搁板温度尽快降到预冻温度。

如：

共晶点 Teu＝－10 ℃

干燥温度 Tdry＝－20 ℃

干燥压力 Pdry＝1.030 mbar

安全温度 Tsaf＝－15 ℃

安全压力 Psaf＝1.650 mbar

警告温度 Talarm＝－13 ℃

警告压力 Palarm＝1.980 mbar

四、冷冻真空干燥技术的应用

（一）冻干技术在兽药方面的应用

冻干生物制品主要是活性疫苗或血液制品，如狂犬病活疫苗。冻干动物血浆是采取健康动物血，加入抗凝剂，经离心分离，取上清液在－30℃下旋冻成固体，再经真空升华除去水分制成。

（二）冻干技术在医疗方面的应用

利用冻干技术可以长期保存血液、动脉、骨骼、皮肤、角膜和神经组织等各种器官。因为在冻干时生物体细胞未被破坏，冻干后的生物体保存起来仍像原来那样具有生命力，如果再复水，生物体又复活。如冻干骨骼，可使骨组织保持在固态，蛋白质变性最小，并保持酶的活性，可以贮存在室温或冰箱中长达2年。临床证明用冻干骨再植能复原为正常骨质生理特性，效果良好。

（三）冻干技术在生物研制中的应用

上游：清洗、研磨、培养、发酵。

中游：固液分离（离心、过滤、沉淀）、细胞破壁（超声、高压剪切、渗透压、表面活性剂和溶壁酶等）、蛋白质纯化（沉淀法、色谱分离法和超滤法等）。

下游：干燥（真空干燥和冰冻干燥等）、产品的包装处理技术。

（张伦照　朱良全　夏业才）

第二节　冻干程序及冻干曲线

一、冻干程序

（一）预冻

预冻是一个液相变为固相的放热过程。预冻阶段是在常压下进行的，热量的传递与平常一样，产品的热量传给板层，板层传给硅油，硅油的热量由冷冻机带走。只有把放出的熔化热被冷冻机移走之后产品才会冻结，因此预冻需要维持一定的时间。预冻的目的：①固定产品，只有在冻结之后抽真空，干燥后的产品才会有一个固定的形状。②形成有利于升华的结晶。③保证全部产品获得相同的细微结构。

1. 预冻前应考虑的因素

（1）产品性质　稳定性、玻璃化转变温度（Tg'）、共熔点温度（Teu）、产品崩解温度（Tc）等。

（2）冻干使用的模具或托盘。

（3）冻干瓶装量及产品浓度　一般产品装量以宽/高＞1为宜，为了能保证干燥后有一定的形状，物质含量以10％～15％为最佳，产品分装厚度不大于10 mm。

（4）入箱时板层温度　常用室温、4～8℃或低于0℃。

（5）板层冷却速率　应根据产品的过冷度和装量来确定。

（6）预冻温度　一般应低于共熔点温度（Teu）或产品崩解温度（Tc）。

（7）预冻时间　原则上应使产品各部分完全冻牢。在产品温度达到设定的最低温度后，需保持2～3h。

（8）环境温度　如环境温度过高，湿度大，板层上会有一薄层霜，影响冻干工艺。

2. 预冻方法　产品的预冻方法常分为箱内预冻法和箱外预冻法。

（1）箱内预冻法　是直接把产品放置在冻干机冻干腔体内的多层搁板上，由冻干机的冷冻机来进行冷冻。用大量的小瓶或安瓿进行冻干时，为了进箱和出箱方便，一般把小瓶或安瓿分装在若干金属盘内，再装进箱内。为了改进热传递，有些金属盘制成可分离式，进箱时把底抽走,让小瓶直接与冻干腔体的金属板接触;对于不可抽底的盘子,要求盘底平整,以获得产品的均一性。采用旋冻法的大血浆瓶要事先冻好后加上导热用的金属架或块后再进行冷冻。

(2)箱外预冻法 有2种方法。有些小型冻干机没有进行预冻的装置,只能利用低温冰箱或酒精加干冰来进行预冻。另一种是专用的旋冻器,它可把大瓶的产品边旋转边冷冻成壳状结构,然后再进入冻干腔体内。

还有一种特殊的离心式预冻法,离心式冻干机就采用此法,其原理是利用在真空下液体迅速蒸发,吸收本身的热量而冻结。旋转的离心力可防止产品中的气体溢出,使产品能"平静地"冻结成一定的形状。转速一般为800 r/min左右。

3. 影响预冻的主要因素

(1)冷冻方式 冷冻方式影响物质结构。若在西林瓶中冷冻,当放在冷板上时,结晶从底部向上生长;当浸入冷冻液中时,结晶从底部向上和从四周向内生长。由于有的物质会在表面形成一层玻璃体,阻碍内部水蒸气溢出,因此就要用一定的冷冻条件来影响冷冻过程,防止生成这种"皮肤"。

(2)冷冻速率 冷冻会对细胞和微生物产生一定的破坏作用。其机理非常复杂,目前尚无统一的理论,但一般认为主要是由机械效应和溶质效应引起。

生物物质的冷冻过程首先是从纯水结冰开始,冰晶的生长逐步造成电解质的浓缩;随后是低共熔混合物凝固;最后全部变为固体。

机械效应是细胞内外冰晶生长而产生的机械力量引起的,特别是对于有细胞膜的生物体影响较大。一般情况下,冰晶越大,细胞膜越易破裂,从而越易造成细胞死亡;冰晶小,对细胞膜的机械损伤也较小。

缓慢冷冻产生的冰晶较大,快速冷冻产生的冰晶较小。因此,快速冷冻对细胞的影响较小,缓慢冷冻容易引起细胞死亡。

溶质效应是由于水的冻结使间隙液体逐渐浓缩,从而使电解质的浓度增加,蛋白质对电解质较敏感,电解质浓度的增加会引起蛋白质变性,从而使细胞死亡;另外,电解质浓度的增加会使细胞脱水而死亡。间隙液体浓度越高,上述原因引起的破坏也越厉害。溶质效应在某一温度范围内最为明显,这个温度范围在水的冰点和该液体

的全部固化温度之间。若能以较高的速度越过这一温度范围,溶质效应所产生的效果就能大大减弱。

冷冻速率取决于要被冻干的产品类型及要求。对不同微生物产品预先进行冷冻测试是基本要求,其常采用的冷冻速率也是不同的。①细菌:慢冷,低于0.5℃/min;②病毒和无机物:正常冷冻,0.5~1.0 ℃/min;③各种细胞:相对快冷,1.0~3.0 ℃/min。

图10-4及图10-5不同冷冻速率对产品的影响图显示,快冷,冰晶小,相互之间的孔隙小,阻碍水蒸气的排出,因此干燥时间长;慢冷,结晶大,相互之间的孔隙大,利于水蒸气的排出,因此干燥时间短。冰晶的大小影响干燥速率和干燥后产品的溶解速度及产品质量。

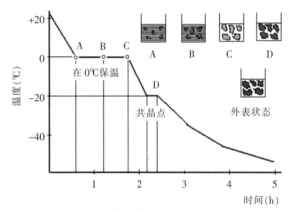

图10-4 冷冻速率对产品的影响(慢冻)
(张伦照)

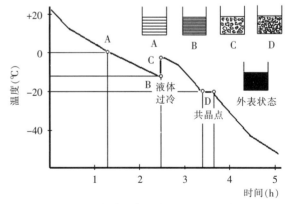

图10-5 冷冻速率对产品的影响(快冻)
(张伦照)

(二)一次干燥

一次干燥也称升华干燥或主干燥。将冻结后的产品置于密闭的真空容器中加热,其冰晶就会升华成水蒸气逸出而使产品脱水干燥,干燥是从

外表面开始逐步向内推移，冰晶升华后残留下的空隙变成随后升华水蒸气的逸出通道。已干燥层和冻结部分的分界面称为升华界面。在生物制品干燥中，升华界面约以每小时 1mm 的速度向下推进。当全部冰晶去除时，第一阶段干燥就完成了，此时约去除全部水分的 90%。干燥基于两套运输机制：①能量运输从冰转入水蒸气传输；②水蒸气传输从已干燥制品的升华表面进入干燥箱，再到冷阱（或水蒸气吸收系统）。主冻干有三大特点：产品温度升高；部分水汽压下降；单位时间内压力升高（解析的水量通过箱体与冷阱关闭后的，压力升高来计算）。解吸干燥实际上是包含在冷冻干燥过程中的普通真空干燥，这个阶段要解决的是产品的残余水分含量问题。

1. 一次干燥应考虑的因素

（1）干燥室内压力　干燥室内压力（Pc）是由空气的分压强和水蒸气的分压强组成。应选择与小于 Tc 5 ℃所对应的蒸汽压力值。一般认为在 0.1~0.3 mbar 之内的压力既有利于热量的传递，又有利于升华的进行。当 Pc>0.3 mbar 时，产品可能熔化。

（2）板层表面温度　板层表面温度（Ts）取决于 Tp、Pc、冷阱温度。Ts 达到某一数值之后，Tp 接近 Teu，或 Pc 上升到接近真空报警值，或冷阱温度回升到 -40℃，则 Ts 已达到干燥过程的最高值。

（3）产品温度在一次干燥过程中，产品分为冻结层、已干燥层。冻结层的温度不能高于产品共熔温度；已干燥层温度不能高于产品 Tc。

（4）冷阱温度　应保持在 -40℃ 以下。冷阱将升华出来的大量水蒸气凝结在冷凝器表面，同时放出热量，致使冷阱温度上升，如温度超过 -40℃，干燥箱和冷阱之间的水蒸气压力差减小，导致升华率降低，产品吸收热量减少，产品温度上升，致使产品发生熔化。

2. 一次干燥的参数

（1）升华的动力和阻力　升华阶段是一个复杂的传递过程，包含板层的热量传递到产品和产品的水分传递到冷阱两个过程。在冻干机中有两个大的密闭容器，一个是冻干箱，另一个是冷阱，它们由主阀连接，当主阀打开时便成为一个密闭系统。在干燥阶段，冻干箱的板层上放有含水的冻结产品，这些产品的温度决定了冻干箱的饱和蒸汽压。在冷阱中，冷阱的制冷表面温度决定了冷阱内的饱和蒸汽压。冷阱的温度必须低于产品温度，以便产生水蒸气的压力差，获得升华的动力。冻干箱和冷阱之间的压差没有必要很大，当压差达到升华产品温度所对应的冰的饱和蒸汽压的一半时，升华速率已达到最大值。压差再增加时，升华速率不再增加。例如，升华的产品温度在 -30℃，对应的饱和蒸汽压是 0.37 mbar，它的一半是 0.18 mbar，0.18 mbar 对应的温度是 -37℃，那么冷阱温度低于 -37℃ 就够了，考虑到冷阱结冰之后的传热温差，冷阱的实际温度还需再低一些。

产品在升华中会受到阻力，由于升华过程是一个传热和传质的过程，因此阻力有两种，一种是传热的阻力，另一种是传质的阻力。

热量传递的阻力在前文已论述过。由于辐射热较小，冻结产品和玻璃小瓶都是热的不良导体，小瓶与板层的接触面小，金属盘底的不平整，冻干箱压力太低时没有对流等，热量不易传递到升华面上。升华面得不到因升华而吸收的热量，只能吸取自身的热量，从而引起产品温度下降而阻碍升华。

质量传递的阻力有三个。第一是冻干箱到冷阱的阻力，由于主阀尺寸一般都很大，因此这个阻力很小。第二是小瓶到冻干箱的阻力，这个阻力主要是瓶塞的阻力，该阻力并不大。第三个阻力是干燥层的阻力，刚开始时升华在产品表面进行，没有阻力，但随着升华干燥的不断进行，会产生干燥层和冻结层，二层的交界面就是升华面。冻结层的升华水汽必须通过干燥层才能到达产品的上方空间。该干燥层有较大的阻力，约占传质阻力的 90%，阻力随干燥层厚度的增加而增大，并且会形成压力梯度，接近冻结层的干燥层的压力大于干燥层表面的压力，尽管冻干箱的真空显示很好，但干燥层底部的真空可能没那么好，甚至已经引起产品熔化了。解决办法是适当降低产品温度，提高真空度，并延长干燥时间。

干燥层阻力的大小与厚度有关，厚度大则阻力大。阻力也与产品的浓度有关，浓度高干燥后的干物质多，阻力就大。另外，阻力还与产品在预冻时形成的结构有关，晶体态比玻璃态的阻力小，大晶体比小晶体阻力小。

（2）升华中的温度　升华温度决定升华必需的能量，不过，-40~-10℃ 之内的能量差异小于 2%。而且在已干燥制品或热阀传输过程中，能量用于加热蒸汽。升华过程中必须加热，否则产品得不到热量会降低升华速率延长干燥时间。加热过多会使产品温度超过共晶点或崩解点温度而使产品熔化，造成冻干失败。

板层加热温度的高低确定的原则是：第一，产品温度应低于共晶点和崩解点温度5℃；第二，冻干箱压力应是产品温度所对应的饱和蒸汽压的10%～30%；第三，冷阱温度应低于产品温度20℃。如果上述三点均满足的话，则板层温度可以再升高；如果有一点已接近或达到最大值，则不能再提高板层温度。

产品温度可利用气压测量法来确定。把冻干箱和冷凝器之间的阀门迅速关闭1～2s（切不可太长），然后又迅速打开，在关闭的瞬间观察冻干箱内的压强升高情况，记录压强升高到某一点的最高数值。从冰的不同温度的饱和蒸汽压曲线或表上可以查出相应数值，这个温度值就是升华时产品的温度。也可通过对升华产品的电阻测量来推断产品的温度。如果测得产品的电阻大于共熔点时的电阻数值，则说明产品的温度低于共熔点的温度；如果测得的电阻接近共熔点时的电阻数值，则说明产品温度已接近或达到共熔点的温度。研究发现，产品温度每提高1℃，主冻干时间减少13%。

能量通过4种不同形式传导：热表面辐射、热传导（板层或气体）、对流（气体）、绝缘体热损失。

热量的辐射传递方式不受真空的影响，辐射热与温度的平方成正比，与距离成反比。在冻干箱内虽然板层与产品间的距离很小，但板层的加热温度不可能很高，一般不超过60℃；加上板层表面很光亮，只利于反射热量而不利于辐射热量，因此辐射传热较小。为了使产品能均匀地得到辐射热，板层组件的顶层要有辐射补偿层，使所有的产品均处在两块板层之间，以使产品受热均匀。

热量的传导传递方式也不受真空的影响，但玻璃容器和冻结的冰都是热的不良导体，而且小瓶的瓶底都是凹底，与板层的接触面是较小的圆环面。因此，用小瓶冻干时最好要把小瓶直接放在板层上，而不是通过盘子再放到板层上，以改善热传导，为此应使用抽底盘。

热量的对流传递方式受到真空的影响，它取决于冻干箱内压力的大小。试验表明，如果压力小于0.1mbar，则对流传热小得可以忽略不计；

如果压力大于0.1mbar，则对流传热明显增加。因此，产品在升华时，真空度并不是越高越好，也就是压力并不是越低越好，而是需要一个合适的压力，使得既能产生对流又不影响升华的压力。

热量转移随着产品表面温度升高而下降。距离越远，传递热量越弱；板层温度越高，传递热量越强。热转移机制中，气体传导占热转移的50%～60%，放射热占热转移的20%～30%，直接接触占热转移的10%～30%。

（3）升华中的真空度　冻干箱的真空度，即冻干箱的压力能影响产品的升华速率。在产品温度不变的情况下，冻干箱的压力太高或太低时，升华速率均降低。当压力太高时虽然有对流存在，能改善热量的传递，但由于气体密度高，气体分子间的碰撞增加，因此升华速率会降低。当冻干箱的压力太低时，虽然气体密度小，产品容易升华，但由于缺乏对流，产品不易得到热量，只能吸收自身的热量，因此造成产品温度降低，升华速率也会降低。例如，当产品温度为-17℃、压力为0.25～0.9mbar时，升华速率最高。因此，要根据升华产品的具体情况，合理控制冻干箱的压力。

一般情况下，在冻干过程中要设定4个真空数值，压力从大到小依次是：真空控制上限、真空控制下限、真空报警和真空预报警。

真空控制上限和真空控制下限，就是在升华过程中希望冻干箱得到的真空范围。它的压力应是产品温度所对应的饱和蒸汽压的10%～30%，并且希望对流传热存在。例如，产品温度为-30℃时，对应的饱和蒸汽压是0.37mbar，其10%～30%是0.037～0.111mbar，上限时还有对流存在。

真空报警和真空预报警是安全控制真空值，万一真空不好，达到这两个数值时，希望冻干机自动采取措施保护产品不受损害。当压力升高，达到预报警数值时，机器发出声光报警信号，并切断电加热器的电源；当压力继续升高，达到真空报警数值时，机器再次发出声光报警信号，不仅切断电加热器的电源，而且还接通板层的制冷，降低板层温度，从而降低产品温度，保护产品不致熔化，直到真空恢复正常值时报警状态才停止。为此，真空报警的数值不应高于产品温度所对应的饱和蒸汽压的数值。例如，产品温度为-30℃时，对应的压力是0.37mbar，那么真空报警的数值应小于 0.37 mbar；又如，真空报警值为 0.3 mbar，真空预报警值为 0.25 mbar。根据以上原则，可以根据不同产品的共晶点和崩解点来设定真空控制的数值。

（4）升华的速率 升华的最佳速率是在产品升华温度的饱和蒸汽压力的 1/2 左右。升华阶段的时间长短与产品的品种、产品的共晶点和崩解点、容器内分装的厚度、预冻的工艺、升华时板层的温度、升华时冻干箱的真空度等有关。共晶点和崩解点高的产品则升华时间短。容器内分装厚度小则升华时间短。升华时间的长短通常与产品分装厚度的平方成正比，预冻时形成了有利于升华的结晶则升华时间短，升华时板层温度和冻干箱真空度控制合理则升华时间短。从外表观察，容易干燥的产品每小时大约可干燥 1 mm 的厚度，比较难干燥的产品则小于 1 mm 的厚度。

改善主干燥时间有两种方式。一是适当提高升华时的温度（即冰表面饱和蒸汽压）。产品温度每提高 1℃，主冻干时间减少 13%。二是缓慢减少压力。主冻干时箱体平均压力决定了热量传递，冻干箱后壁与冻干箱门内温度变化最小（下降与上升幅度均小），呈宽"U"形，其中门内温度下降幅度更小。

（5）一次干燥结束的判定

①干燥层和冻结层的交界面到达瓶底并消失，产品中无冰出现，水蒸气变成空气或氮气。

②产品温度上升到接近产品板层温度。

③冻干箱的压力和冷凝器的压力接近，且两者间压力差维持不变。

④当关闭干燥室与冷凝器之间的阀门时，压强上升速率与渗漏速率接近（需要预先检查渗漏的速率）。

⑤当在多歧管上干燥时，容器表面上的冰或水珠消失，其温度达到环境温度。通常在此基础上还要延长 30～60min 再转到第二步干燥，以保证没有残留的冰。

（三）二次干燥

二次干燥，又称解吸干燥（或后冻干）。当一次干燥结束后，产品中大约还有 10% 的水分，这些水分主要是产品中的结合水。解吸干燥的目的就是主要移去与固体表面作用的非结晶水。解吸干燥是包含在冷冻真空干燥中的普通真空干燥。箱体压力越高，冰表面温度越高，水分含量越高，

水分解析率越高。

1. 二次干燥需考虑的因素

（1）最高允许温度 最高允许温度是产品不致受到损害的最高温度，它需要根据产品的活性和稳定性通过试验来确定，通常病毒类产品是 25℃，细菌类产品是 30℃，血液制剂类产品是 40℃，抗生素类产品是 60℃。

（2）干燥箱内压力 随着一次干燥完成，接近解吸干燥的后期，冻干箱压力已经非常低。为了改进冻干箱传热，使产品温度较快地达到最高允许温度，以缩短解吸干燥阶段时间，要对冻干箱内的压强进行控制，控制的压强范围为 0.15～0.3 mbar。

2. 二次干燥的参数

（1）解吸阶段的时间 解吸阶段时间的长短与两个因素有关。一是与产品的种类有关。二是与解吸干燥的工艺有关。解吸阶段没有用真空控制来增加对流传热时，则干燥时间长；在产品到达最高允许温度后如不恢复高真空，则干燥时间也长。

（2）解吸阶段的温度及真空度 由于解吸干燥时产品中已不存在冻结冰，产品已干燥定型，因此可以迅速使产品加热到最高允许温度；同时，也可调节冻干箱的压力，促进对流传热，加速产品温度的升高。一般使用校正漏孔法进行真空控制。在干燥箱上安装一个能人为校正的漏孔，由真空仪表进行控制。当 Pc 下降到低于真空仪表的下限值时，漏孔电磁阀打开，向干燥箱内放入灭菌的惰性气体，于是 Pc 上升；当 Pc 上升到高于真空仪表的上限值时，漏孔电磁阀关闭，Pc 下降。如此反复控制 Pc，一旦产品温度达到最高允许温度，要停止真空控制，恢复冻干箱的高真空。

解吸干燥时，由于产品中逸出的水分比升华时减少，冷阱捕获的水蒸气也减少，因此冷阱温度会降低。冷阱温度的降低又使冻干箱的真空度进一步提高，在最高允许温度和高真空的状态下，这非常有利于产品中的水分逸出。一般应在该状态下维持 2～3h 及以上的时间，使产品内残余水分的含量达到合格的要求。解吸干燥的真空度一般为 0.01 mbar，冷阱温度在 -65℃ 左右就够了。需要注意产品的残余水分含量应有利于产品的长期存放，太低或太高均不利，应根据试验来确定残余水分含量的多少。

（3）二次冻干结束的标志主要有以下内容：

①产品温度已达到最高允许温度，并在该温度下保持 2h 以上的时间。

②关闭冻干箱和冷凝器之间的阀门，注意观察冻干箱的压力升高情况（这时关闭的时间应长些，30～60s 即可）。如果冻干箱内的压力没有明显升高，则说明干燥已基本完成，可以结束冻干。如果压力有明显升高，则说明还有水分逸出，要延长时间继续进行干燥。直到关闭冻干箱冷凝器之间的阀门之后无明显上升为止。

③二次干燥的时间为一次干燥时间的 0.35～0.5 倍。

（四）箱内压塞

解吸干燥结束之后产品干燥完毕，如果是盘装产品，即可通入无菌空气到大气压后，打开箱门进行产品出箱工作。出箱后的产品应立即与大气隔绝，以免影响冻干产品的残余水分含量。

早期的冻干机在产品出箱后需逐瓶进行密封。如为安瓿，则采用逐一熔封的方法。既可以是一边抽空一边熔封的真空熔封，也可用氮气赶走空气后再熔封的充氮熔封。如果是小瓶，则需逐一用手工塞上可翻口的塞子，再插入针头抽空，并用蜡密闭针孔。

后来发明了箱内密封小瓶的装置及与之配套的小瓶和塞子，塞子在小瓶分装产品之后经"半压塞"定位在瓶口上，并一起进箱预冻和干燥，塞子上带有通气孔，以便升华水汽通过，冻干结束后靠机械装置把塞子全部压入瓶口，使小瓶与外界隔离。

现代冻干机几乎均采用液压方式压塞，压塞设计力为 1 kg/cm²。箱内压塞工艺对小瓶有较高要求，对瓶高、瓶口直径、瓶口圆度等的尺寸精度要求高。小瓶要厚薄均匀，有一定强度，否则可能被压破或影响密封。塞子一般采用透气性差的丁基橡胶制造，为了利于塞子在半压塞机械上的传送和减少压塞阻力，塞子要用黏度 350cst 左右的药用硅油进行硅化处理。

二、冻干曲线

将冻干过程中产品和搁板的温度、冷凝器温度和真空度对照时间绘制成的曲线，叫做冻干曲线。一般以温度为纵坐标，时间为横坐标。冻干

不同的产品采用不同的冻干曲线。同一产品使用不同冻干曲线时，产品质量也不相同。另外，冻干曲线还与冻干机的性能有关。因此，不同产品、不同冻干机应用不同冻干曲线。图 10 - 6 是冻干曲线示意图。

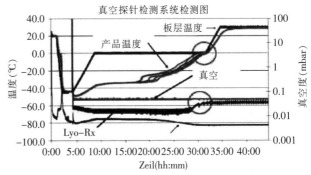

图 10 - 6　冻干曲线示意图（岳兵）

（一）冻干曲线的制订

制订冻干曲线应掌握产品的有关数据和装载情况，作为设定温度、时间和真空度的依据。这些数据和情况包括：产品的共晶点和崩解点温度；产品冷冻时是否会形成玻璃态，如果会形成玻璃态，产品的回热温度是多少；产品的装载厚度；产品的容器和装载方法；产品的浓度；产品的最高允许温度和干燥后的残水含量等。

（二）冻干曲线设置参数

1. 预冻速度　大部分机器不能进行控制，只能以预冻温度和装箱时间来决定预冻速率。如要求预冻速率快，则将冻干箱先降至预定的温度，然后再将产品进箱；如要求预冻的速率慢，则在产品进箱之后再让冻干箱降温。

2. 预冻最低温度　取决于产品的共熔点温度。预冻的最低温度应低于该产品的共熔点温度。

3. 预冻时间　产品装量多，使用的容器底厚而不平整，不是把产品直接放在冻干箱板层上冻干，冻干箱冷冻机能力差，每一板层之间及每一板层的各部分之间温差大的机器，则要求预冻时间长些。为了使箱内每一瓶产品全部冻实，一般要求在样品的温度达到预定的最低温度之后再保持 1～2h 的时间。

4. 冷凝器降温时间　冷凝器要在预冻末期（预冻尚未结束、抽真空之前）开始降温。在预冻结束和抽真空时，冷凝器的温度要达到 −40℃ 左右。对性能良好的冻干机，一般在半小时前开始

降温，持续到冻干结束为止，温度始终应在 −40℃以下。

5. 抽真空时间 预冻结束之时就是开始抽真空的时间，要求在半小时左右达到0.1 mbar。抽真空的同时，也是冻干箱冷凝器之间的真空阀打开的时候，真空泵和真空阀门打开状态同样要一直持续到冻干结束为止。

6. 预冻结束时间 预冻结束的时间就是冻干箱冷冻机停止运转的时间。通常在抽真空的同时或真空度达到规定要求时停止冷冻机的运转。

7. 开始加热时间 在真空度达到0.1 mbar之后，有些冻干机能利用真空继电器自动接通加热，即真空度达到0.1 mbar时，加热便自动开始；有些冻干机是在抽真空之后半小时开始加热，这时真空度已达到0.1 mbar甚至更高。

8. 真空报警工作时间 由于真空度对于升华是极其重要的，因此新式冻干机均设有真空报警装置。真空报警装置的工作时间是在加热开始之时到校正漏孔使用之前，或从一开始一直使用到冻干结束。一旦在升华过程中真空度下降而发生真空报警时，一方面发出报警信号，另一方面自动切断冻干箱的加热。同时还启动冻干箱的冷冻机对产品进行降温，以保护产品不至于发生熔化。

9. 校正漏孔的工作时间 校正漏孔的目的是改进冻干箱内的热量传递，通常在第二阶段工作时使用，继续恢复高真空状态。

10. 产品加热的最高许可温度 板层加热的最高许可温度根据产品来决定。在升华时板层的加热温度可以超过产品的最高许可温度，因为这时产品仍停留在低温阶段，提高板层温度可促进升华；但冻干后期板层温度需下降到与产品的最高许可温度一致。由于传热的温差，因此板层的温度可比产品的最高许可温度略高少许。

11. 冻干的总时间 冻干的总时间是预冻时间加上升华时间和第二阶段工作时间。一旦总时间确定了，冻干结束时间也就确定了。该时间应根据产品的品种、瓶子的品种、装箱方式、装量、机器性能等来决定，一般冷冻工作的时间较长，在18～24h，有些特殊的产品需要几天的时间。

（三）冻干曲线的调整

冻干良好的产品应有良好的物理形态，外观无缺损，表面平整，体积与冻结时的体积基本相等，颜色均匀一致，内部疏松多孔，复水迅速而

完全，残余水分含量合格，效价高，能长期存放。如果干燥后的产品不理想，某些项目不合格，就要对冻干曲线作适当调整。

1. 产品抽空时有喷发现象 这是由于产品还没有冻实时就抽真空的缘故。预冻温度还没有低于共晶点温度，或者已低于共晶点温度，但时间还不够，产品的冻结还未完成。解决方法是降低预冻温度和延长预冻时间。

2. 产品干缩和鼓泡 这是由于在升华干燥过程中出现了局部熔化，由液体蒸发为气体，造成体积缩小，或者干燥产品溶入液体之中，造成体积缩小，严重的熔化会产生鼓泡现象，原因是加热太高或局部真空不良使产品温度超过了共晶点或崩解点温度。解决方法是降低加热温度和提高冻干箱的真空度，控制产品温度，使它低于共晶点或崩解点温度5℃。

3. 无固定形状 这是由于产品中的干物质太少，产品浓度太低，没有形成骨架，甚至已干燥的产品被升华气流带到容器的外边。解决方法是增加产品浓度或添加赋形剂。

4. 产品未干完 产品中还有冻结冰存在时就结束冻干，出箱后冻结部分熔化成液体，少量的液体被干燥产品吸走，形成一个"空缺"，液体量大时，干燥产品全部溶解到液体之中，成为浓缩的液体。这种产品出箱时，若触摸容器的底部，则有冰凉的感觉，即使看起来产品良好，但残水含量也不会合格。解决方法是增加热量供应，提高板层温度或采用真空调节，也可能是干燥时间不够，需要延长升华干燥或解吸干燥的时间。

5. 产品颜色不均匀 产品有结晶花纹，这是由于冷冻速率缓慢引起的。解决方法是提高冷冻速率，不在0℃左右的温度停留，使产品冻结成较小的晶体。有时产品中能看到一圈颜色较深的分层线，这往往是升华中短时间真空不良造成的，短暂停电会产生这种现象。

6. 产品上层好、下层不好 升华阶段尚未结束，提前进入解吸阶段，相当于提前升高板层温度，导致下层产品受热过多而熔化。解决方法是延长升华阶段的时间。有些产品由于装载厚度太大，或干燥产品的阻力太大，当产品干燥到下层时，升华阻力增加，局部真空变坏也会引起下层产品的熔化。解决方法是降低板层温度和提高冻干箱的真空度。

7. 产品上层不好、下层好 冷冻时产品表面

形成不透气的玻璃样结构，但未做回热处理，升华开始不久产品升温，部分产品发生熔化收缩，产品的收缩使表层破裂，因此下层的升华能正常进行。解决方法是预冻时做回热处理。

8. 产品水分不合格　解吸阶段的时间不够；或者解吸干燥时没有采用真空调节；或采用了真空调节，但产品到达最高许可温度后未恢复高真空。解决方法是延长解吸干燥的时间，使用真空调节并在产品到达最高许可温度后恢复高真空。产品溶解性差：产品干燥过程中有蒸发现象发生，产品发生局部浓缩。例如，产品内部有夹心的硬块，是产品在升华中发生熔化，产生蒸发干燥浓缩造成的。解决的方法是适当降低板层温度，提高冻干箱的真空度，或延长升华干燥的时间。产品失真空：真空压塞时，瓶内真空良好，但贮存后不久即失真空，可能是瓶塞不配套或铝帽压得太松，漏气而失真空；解决的方法是更换瓶塞或调整压铝帽的松紧度。也可能是产品含水量太高，由水蒸气压力引起的失真空；解决方法是延长解吸阶段的时间。

9. 产品的澄明度不合格　这是一个与冻干曲线无关而影响产品的质量问题，由于冻干箱内渗漏硅油或液压油，冻干时油雾蒸发并进入干燥产品。解决方法是杜绝渗漏，一旦渗漏，要处理干净，活塞杆加波纹管。实际上，该问题不仅导致澄明度不合格，而是异物污染产品的问题。真空泵油同样会引起异物污染，因此对要求严格的产品应使用干泵。

（张伦照　朱良全　夏业才）

第十一章 主要生产设备

第一节 灭菌与净化设备

一、高压蒸汽灭菌器

高压蒸汽灭菌的原理是利用热蒸汽穿透细胞使其蛋白质等物质变性而起到灭菌作用。高温高压灭菌，不仅可杀死一般的细菌、真菌等微生物，对芽孢、孢子也有杀灭效果，是最可靠、应用最普遍的物理灭菌法。主要用于能耐高温的物品，如培养基、金属器械、玻璃、搪瓷、敷料、橡胶及一些药物的灭菌。

高压蒸汽灭菌器的类型和样式较多，按照样式大小分为手提式高压灭菌器、立式压力蒸汽灭菌器、卧式高压蒸汽灭菌器等。下排气式压力蒸汽灭菌器是普遍应用的灭菌设备，当压力升至 103.4 kPa（1.05 kg/cm²）时，温度达 121.3℃，维持 15～20min，可达到灭菌目的。按 GMP 要求，大型高压蒸汽灭菌器应为双扉箱式嵌墙结构（图 11-1），两端开门，使普通操作区与净化区完全隔开。脉动真空压力蒸汽灭菌器已成为目前最先进的灭菌设备，为保证运行的绝对安全，主体内层与夹层用不锈钢制成。其灭菌原理是通过真空泵借助水的流动抽出灭菌柜室内冷空气，使其处于负压状态，然后输入饱和热蒸汽，使其迅速穿透到物品内部。在高温和高压力的作用下，使微生物蛋白质变性凝固而达到灭菌要求。灭菌后，抽真空使灭菌物品迅速干燥。工作流程采用电脑控制，具有方便、省时、省力、总灭菌时间短、灭菌彻底和可靠、物品干燥等特点，是物品

消毒灭菌不可缺少的设备之一。

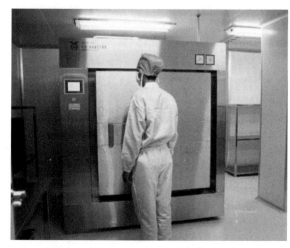

图 11-1 双扉灭菌柜

下文以脉动双扉灭菌器为例介绍高压蒸汽灭菌器的使用方法及注意事项。

（一）操作步骤

包括：开机前检查-开机前准备-预置灭菌参数（温度、时间、干燥时间及脉动次数）-将器具放入灭菌器-锁紧灭菌器门-程序开始（不同物品采用不同程序，如器械程序、液体程序等）-预热-真空-升温-灭菌-排气-干燥-进空气（压力到零位）-结束-开启灭菌器洁净区一侧门-取出灭菌物品。

灭菌主要靠一定的温度和时间，蒸汽压力仅供参考。不同灭菌物品灭菌的时间和温度有不同要求。实验室常用的培养基、溶液、玻璃器皿、用具等，一般在 0.1 MPa 压力、121℃温度 15～30min 可达灭菌目的。灭菌所需的温度与时间取

决于被灭菌物品的性质、体积、介质、水分含量和容器等。生产生物制品用的灭菌物品品种复杂、数量多、体积大，有的含菌量多，有的导热性能差，有的含油脂或较高浓度的糖类，有的黏稠或成胶状，故要求蒸汽压力灭菌时间的长短、温度高低应根据具体条件分别规定。

（二）操作注意事项

1. 基本要求　必须按照各类灭菌物品的具体要求，合理组合，分别装入不同的灭菌器内，根据规定的温度和时间进行灭菌。要求灭菌彻底，减少破损，保证质量。

2. 准备工作　详细检查灭菌器，预热，排出冷凝水，查清灭菌物品的种类、数量，按灭菌温度和时间要求，组合装锅。

3. 装锅　检查物品的包装质量，培养基、溶液应及时装锅。具体要求是：①包裹不应过大、过紧，一般应小于 30 cm×30 cm×50 cm；②高压锅内的包裹不要排得太密，以免妨碍蒸汽透入，影响灭菌效果；③瓶装液体灭菌时，要用玻璃纸和纱布包扎瓶口，如有橡皮塞，应插入针头排气；④易燃、易爆物品，如碘仿、苯类等，禁用高压蒸汽灭菌；⑤锐性器械，如刀、剪不宜用此法灭菌，以免变钝。

4. 出锅　移出灭菌过的物品作好"已灭菌"的标识，送入灭菌物品存放室。

5. 记录　灭菌物品的品种、容器、数量、灭菌温度与时间、灭菌过程中的异常情况，以及操作时间与负责人等都须如实记录。

6. 安全措施　蒸汽压力灭菌器是受压容器，应有专人负责，每次灭菌前，应做好检查，务必保证设备完好，安全阀、压力表、温度计灵敏准确。用前检查，定期检修，校正仪表，技术鉴定。对污染物须严格消毒隔离，防止散毒，及时进行灭菌处理。灭菌器室内有压力时绝不能开门，须保证人身、设备、灭菌物品的安全。开门、关门时应密切注意门的升降情况，如有异常，立即按放压相应按钮，停止开门的动作，查看故障并排除。安全阀应每月提拉 1~2 次。

7. 灭菌物品保存期　注明灭菌日期和物品保存时限，工具、用具、器皿、工作衣帽等灭菌后保存期不超过 48h；培养基、溶液等应保存于干燥冷暗处，尽可能在 72h 内使用，最长保存期不能超过 1 周。

二、干热灭菌器

主要分为箱式和层流隧道箱式。按 GMP 要求，也必须使用双扉型箱式嵌墙结构，在操作区将消毒物品装箱，干热灭菌后从净化区取出。干热灭菌器均为电加热，可以自动控温，温度调节范围从室温至 400℃，温差±1℃。

（一）箱式干热灭菌器

1. 结构　密封门采用电机升降机动门结构，密封圈为硅橡胶材质，开关门设有互锁装置，进风口与出风口安装高效过滤器，采用液晶触摸屏和可编程控制器对整机控制，运行参数可设置，有参数显示，自动打印记录和故障报警显示。箱体外为不锈钢板，箱体内为 316L 不锈钢板。

2. 工作原理　在循环风机、加热管、排湿风机的作用下，干燥空气吸收物料表面的水分，进入循环通道蒸发排出，干空气在风机作用下定向循环流动。随着水蒸气的逐渐减少，同时间隙性补充新鲜过滤空气，箱体内成微正压状态，灭菌室温度达到设定值，在设定温度下保温循环，实现对灭菌物品的灭菌。一般情况下，干热灭菌多按 160~170℃ 2h 的规定进行。

3. 使用方法与注意事项　干热灭菌法是用指干热空气进行灭菌的方法。适用于在 160~170℃ 高温灭菌中不变质，以及因潮湿后容易分解或变性而不能使用温热方法灭菌的物品。生产生物制品所用的玻璃瓶、注射器、试管、吸管、培养皿和离心管等常用干热灭菌器灭菌。

干热灭菌法所用温度和时间，一般规定为 160~170℃、1~2h。洁净器械在 160℃高温中 1h 干热可以灭菌，但若器械上有油脂，则需 160℃ 4h 才能灭菌。在 160℃时，芽孢对干热的抵抗力有突然改变的规律，稍高于 160℃比 160℃稍低一点温度的灭菌效果好很多。高于 180℃时，包扎器皿的棉花和纸张容易焦化。由于生产生物制品用的物品品种多、数量多、容积大、无菌要求严格，因此多采用 160~170℃、2h 的灭菌方法。

各种灭菌物品必须包扎、装盒，瓶口或试管口需用无纺布、无纺纸双层包扎，以保证干热灭菌后不被污染。玻璃瓶和各种玻璃器皿灭菌前须洗涤干净、完全干燥，以免破裂。装灭菌器皿时要留有空隙，不宜过紧过挤。

干热灭菌器一般无防爆装置，须掌握好加热的进程，以免爆炸，严防火灾。灭菌结束后，待灭菌器内温度下降到60℃以下，才能缓慢开门，否则可能引起纸张起火、器皿炸裂。

灭菌完毕取出灭菌物品，应放入已灭菌物品存放室，悬挂"已灭菌"标识，并作好生产记录。灭菌后的物品一般要求5d内用完。

（二）干燥灭菌层流隧道烘箱

干燥灭菌层流隧道烘箱适用于分装作业线中管式抗生素瓶、安瓿等玻璃容器的干燥灭菌过程，是连续式烘干设备，可持续不间断地烘烤，提高产品生产效率。

该灭菌设备的工作原理是：在计算机系统的监控下，瓶子随输送带的输送依次进入隧道灭菌烘箱的预热区、高温灭菌区（温度一般设定为350℃）和低温冷却区。输送带速度无级可调，温度监控系统设置记录仪或数据存储。隧道烘箱电热元件采用优质乳白色石英玻璃管或远红外定向辐射器为加热元件，具有辐射系数高、能耗低、升温快、温冲小等特点。烘箱配有电器控制柜，温度数显控制，可控制在任一恒温状态。隧道烘箱送风口设有高效过滤器，使送入的空气得到净化，同时排风口也设有高效过滤器，防止不洁净空气倒流，另有蝶阀风门控制风量。整个过程始终处于百级层流保护之下，使物料处于严格无菌无尘状态，烘箱保温层内采用硅酸铝作为保温材料，保温性能良好。

三、电离辐射灭菌

利用γ射线、伦琴射线或电子辐射穿透物品、杀死其中微生物的灭菌方法称为电离辐射灭菌。此种灭菌方法是在常温下进行，不存在热交换、压力差别和扩散层的干扰，特别适用于各种热敏灭菌物品。从长远和经济角度考虑，辐射灭菌最适合于大规模灭菌，目前国内外大量一次性使用的医用制品都已经采用辐射灭菌，各种SPF动物的饲料使用辐射灭菌后，不但器营养成分不被破坏，而且使用安全、保存期长。概括起来，辐射灭菌有6个优点：①消毒均匀彻底。②价格便宜，节约能源。辐射消毒 1m³ 的物品，是蒸气消毒费

用的 1/3～1/4。③可在常温下消毒，特别适用于热敏材料。④不破坏包装，消毒后的用品可长期保存。⑤消毒的速度快，操作简便。⑥穿透力强。本法唯一的缺点是一次性投资大，并要培训专门的技术人员管理。

钴-60辐射源可以高强度混凝土屏蔽，以达到防辐射效果。辐射源室四周的混凝土墙几何形状和厚度不同，对γ射线的屏蔽效果不一样，既要保护γ射线的直接照射，也要防护照射室迷宫走道的γ射线散射剂量。当放射源不使用时浸入深水井中，要照射灭菌物品时，机械装置把钴-60辐射源提升出水面，此时输送机系统规律而间隔地将一批批消毒物品运送到辐射区，保证所有物品的所有部分都能接受强而均匀的照射剂量。辐照室结构示意图见图11-2。

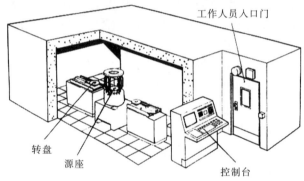

图 11-2 辐照室结构示意图

辐射消毒的机理：由于微生物的水含量占90%以上，当射线照射后，水瞬间被激发和电离而分解成氢离子、氢氧离子、过氧化氢和自由基。过氧化物和自由基具有破坏微生物核酸、酶或蛋白质的能力，因而能致死微生物。另外也认为微生物存在一个靶位，这就是遗传信息DNA，微生物被射线辐射时，由于靶吸收了大能量而被"击中"，因此微生物被杀灭。

放射性的强度和单位：放射性物质衰变强弱称为放射性强度，表示单位时间内发生衰变的原子核数。放射性强度常用的单位为居里（Curi，Ci），是指某一放射源每秒能产生 3.7×10^{10} 原子核衰变，此放射强度为1Ci，辐射源用1百万Ci（MCi）表示照射源容量。

大规模辐射灭菌，主要是使用放射性同位素钴-60（^{60}Co）的γ射线源，其优点是：①半衰期长达5.3年，可长时间稳定辐射；②生产容易，成本低；③穿透力强，可均匀辐射消毒物品；④钴-60辐射装置自动提升方便，便于维护。

灭菌剂量的计算公式如下：

$$SD = D_{10} \times \log N_0 / N$$

式中，SD 为灭菌剂量，D_{10} 为杀灭 90%指示菌所需剂量，N_0 为灭菌前污染菌数，N 为灭菌后残存菌数。

D_{10} 值是细菌照射后总菌数下降 90%所需要的剂量，它与细菌的类型和所处环境条件有关。目前指示菌多用短小芽孢杆菌 E601（*B. pumilus* E601），也有的用球型芽孢杆菌（*B. sphaericus* C. A）、大肠杆菌噬菌体（*Coli* T1 bacterophage）等混合于血浆、肉汤中，然后涂敷于聚乙烯胶片上干燥，以此作指示菌。灭菌前的污染菌数 N_0 是影响灭菌剂量的重要因素，因此要对多种灭菌物品多次测试后计算出灭菌剂量。当物品灭菌剂量确定后，不必每次都测 N_0，但应不定期测试，以防情况变化及特殊情况的出现。

灭菌后的残存菌数是以 10^{-6} 为数值，当灭菌处理 100 万个样品后，其残余检出率≤1 时，灭菌率为 99.999 9%。

物品被辐射后，在某一点上吸收辐射能量的多少称为吸收剂量，专用单位是拉德（radiation absorbed dose，Rad）与戈瑞（Gray，Gy）。拉德的定义是指每克质量的被照辐射物吸收射线能量为 100 尔格（erg）所吸收的剂量，以"焦［耳］/千克"为单位称戈瑞（Gy），1 拉德=100 尔格/克=0.01 焦［耳］/千克=0.01 戈瑞（1rad=100 erg/g=0.01 J/kg=0.01 Gy）。生物及医疗用品的辐射灭菌使用千拉德（krad）或百万拉德（Mrad）为吸收剂量单位。

目前不论生物及医疗用品类型如何，均以 2.5 Mrad 为合适的灭菌剂量，相当于标准热灭菌方法 121℃灭菌 15min 和干热灭菌 160℃灭菌 2h。辐射杀死 90%微生物的剂量（D_{10}）见表 11-1。

表 11-1　电离辐射杀死 90%微生物的剂量（D_{10}）

微生物名称	D_{10}（Mrad）	微生物名称	D_{10}（Mrad）
病毒		产气荚膜梭菌	0.12~0.27
RNA 病毒		需氧芽孢菌	
柯萨奇病毒	0.08~0.55	枯草芽孢杆菌	0.17~0.25
埃可病毒	0.11~0.68	硬脂肪嗜热芽孢杆菌	0.21
脊髓灰质炎病毒	0.07~0.65	短小芽孢杆菌	0.26~0.38
圣路易脑炎病毒	0.55	革兰氏阳性菌	
口蹄疫病毒	0.62	藤黄八叠球菌	0.089
委内瑞拉马脑炎病毒	0.4	肺炎双球菌	0.052
西方马脑炎病毒	0.45	化脓性链球菌	0.032
风疹病毒	0.44~0.67	金黄色葡萄球菌	0.018
鸡新城疫病毒	0.49~0.56	革兰氏阴性菌	
呼肠孤病毒	0.41~0.49	鼠伤寒杆菌	0.02~0.13
流行性感冒病毒	0.05~0.56	肺炎杆菌	0.022~0.024
DNA 病毒		副伤寒杆菌	0.019
多瘤病毒	0.07~5.30	大肠杆菌	0.008 5
腺病毒	0.38~0.61	绿脓杆菌	0.002 5
单纯疱疹病毒	0.39~0.41	酵母菌	
牛痘病毒	0.09~0.58	酿酒酵母	0.5
细菌		白色球型酵母	0.4
厌氧芽孢菌		霉菌	
肉毒梭菌	0.13~0.34	黑曲霉	0.047
破伤风梭菌	0.22~0.33	特异青霉	0.02

四、无菌室和生物安全柜

（一）无菌室

1. 无菌室的设置与消毒　无菌室的大小可根据操作人员和器材的多少而定。用于菌种移植、种毒研磨和制品检验的可较小一些，制苗用的可较大。

无菌室内的地面、墙壁须平整，不易藏污纳垢，便于清洗。墙壁与地面、天花板连接处应呈凹弧形，无缝隙，不留死角。操作间内不应安装下水道。为了有利于无菌室的清扫和消毒，平时无菌室内除放置工作台和工作凳，以及必要的物品（如酒精灯、消毒液等）外，不应放置其他物品。无菌室应定期用适宜的消毒液灭菌清洁，以保证洁净度符合要求。进入无菌室使用的仪器、器械等一切物品，均应包扎严密，并应经过适宜方法灭菌。工作人员进入无菌室前，须用消毒液洗手消毒，然后在缓冲间更换已灭菌的专用工作服、鞋、口罩和手套，用75%酒精再次消毒双手，方可进入无菌室进行操作。

GMP要求微生物操作室应用净化空气进入无菌室。净化空气的洁净技术，系将经过调温调湿和过滤的无菌空气送入无菌室，通过排气孔循环，使室内保持正压，外界的有菌空气不能进入，室内的细菌数越来越少，同时室内可以保持恒温恒湿和空气新鲜。不但能防止因操作带来的污染，而且大大地改善了工作条件。洁净无菌室空调过滤系统的设备有空调机、循环风机、过滤器、送回风管道等。

在空气过滤器的滤料选择上，初效过滤器一般采用易清洗更换的粗孔泡沫塑料、中孔泡沫塑料或合成纤维滤料，空气阻力小。中效过滤器一般采用可清洗的中孔泡沫塑料、细孔泡沫塑料、玻璃纤维及可扫尘但不能水洗的无纺布等滤料，阻力中等。高效过滤器采用超细玻璃纤维纸作滤料，胶板、铝箔板等材料折叠成分割板，新型聚氨酯密封胶密封，并以镀锌板、不锈钢板、铝合金型材为外框制成。

除菌空气进入室内首先形成射入气流，流向回风口的是回流气流，在室内局部空间回旋的是涡流气流。为了使室内获得低而均匀的含尘（细菌附着其上）浓度，洁净无菌室内组织气流的原则是，尽量减少涡流；使射入气流尽快覆盖工作区，气流方向要与尘埃沉降方向一致；并使回流气流有效地将尘埃排出室外。

无菌操作室应具有空气除菌过滤的单向流空气装置，操作区洁净度100级或放置同等级别的超净工作台，室内温度控制为18～26℃，相对湿度为30%～65%。缓冲间及操作室内均应设置能达到空气消毒效果的紫外灯或其他适宜的消毒装置，空气洁净级别不同的相邻房间之间的静压差应大于5 Pa，洁净室（区）与室外大气的静压差应大于10 Pa。无菌室内的照明灯应嵌装在天花板内，室内光照应分布均匀，光照度不低于300 Lx。

无菌室应每次操作前用适宜消毒液擦拭操作台及可能污染的死角。在每次操作完毕，进行清场。

一般情况下，无菌室使用前须进行除菌消毒。洁净无菌室不必专门进行，只需运转通风一定时间即可达到无菌要求。无菌室使用前应先清扫干净，习惯方法常是以消毒液揩抹顶棚、四壁和台凳，然后进行熏蒸消毒。可采用丙二醇熏蒸，用量1.1 mL /m³，加等量水；或采用40%甲醛溶液，用量8～10 mL /m³，加等量水，熏蒸8～24h。在消毒处理无菌室后，无菌试验前及操作过程中需检查空气中的菌落数，以此来判断无菌室是否达到规定的洁净度，常用沉降菌和浮游菌测定法。

沉降菌检测方法及标准是：以无菌方式将3个直径约90 mm营养琼脂平板带入无菌操作室，在操作区台面左、中、右各放1个；打开平皿盖正扣置，平板在空气中暴露30min后将平皿盖盖好，置37℃培养48h，取出，检查。

无菌操作台面或超净工作台还应定期检测悬浮粒子，要求应达到100级（一般用尘埃粒子计数仪检测尘埃粒径≥0.5 μm 的粒数、≥5 μm 的粒数、空气流速等），可根据无菌状况决定是否要置换过滤器。

2. 无菌室的测定标准　洁净厂房洁净度测定时，采用光散射粒子法测定尘粒数和平皿培养法测定菌落数。由于细菌不能在空气中游离存在，而是附着在尘埃上，故无尘就是无菌。

《兽药生产质量管理规范》规定的洁净标准见表 11‑2。

表 11-2　洁净标准

洁净级别	尘粒数（m³）		微生物个数（m³）	换气次数
	≥0.5μm	≥5μm		
100	≤3500	0	≤5	垂直层流 0.3m/s 水平层流 0.4m/s
10000	≤350000	2000	100	≥20 次/h
100000	3500000	≤20000	≤500	≥15 次/h

洁净厂房应密闭。窗户、天花板及进入室内的管线、风口、灯罩与墙壁或天花板的连接部应为弧形，且应严密。洁净级别不同的厂房之间应保持≥5 Pa 的压差，并应有指示压差的装置。

洁净厂房一般控制温度为 18～26℃，相对湿度为 30%～65%。

（二）生物安全柜

生物安全柜是为操作原代培养物、菌毒株，以及诊断性标本等具有感染性的试验材料时，用来保护操作者本人、实验室环境及试验材料，使其避免暴露于上述操作过程中可能产生的感染性气溶胶和溅出物而设计的。生物安全柜可分为一级、二级和三级，以满足不同生物研究和防疫要求。生物安全柜广泛应用在医疗卫生、疾病预防与控制、食品卫生、生物制药、环境监测及各类生物实验室等领域，是保障生物安全和环境安全的重要设备。

生物安全柜的主要分类见表 11-3。

表 11-3　生物安全柜主要分类

生物安全实验室等级	生物安全柜等级	所能提供的保护		
		人员	试验品	环境
1～3	一	可	否	可
1～3	二（A1、A2、B1、B2）	可	可	可
4	三	可	可	可

一级生物安全柜可保护工作人员和环境，而不保护样品。气流原理和实验室通风橱一样，不同之处在于排气口安装有高效过滤器，所有类型的生物安全柜都在排气和进气口使用高效过滤器。一级生物安全柜本身无风机，依赖外接通风管中的风机带动气流，由于不能对试验品或产品提供保护，目前已较少使用。

二级生物安全柜是目前应用最为广泛的柜型。与一级生物安全柜一样，二级生物安全柜也有气流流入前窗开口，被称作"进气流"，用来防止在微生物操作时可能生成的气溶胶从前窗逃逸。与一级生物安全柜不同的是，二级生物柜中未经过滤的进气流会在到达工作区域前被进风格栅俘获，因此试验品不会受到外界空气的污染。二级生物安全柜的一个独特之处在于经过高效过滤器过滤的垂直层流气流从安全柜顶部吹下，被称作"下沉气流"。下沉气流不断吹过安全柜工作区域，以保护柜中的试验品不被外界尘埃或细菌污染。

按照规定，二级生物安全柜依照入口气流风速、排气方式和循环方式可分为 4 个级别：A1型，A2 型（原 B3 型），B1 型和 B2 型。所有二级生物安全柜都可提供对工作人员、环境和样品的保护。

A1 型安全柜前窗气流速度最小量或测量平均值应至少为 0.38 m/s。70%气体通过高效过滤器再循环至工作区，30%的气体通过排气口过滤排出。

A2 型安全柜前窗气流速度最小量或测量平均值应至少为 0.5 m/s。70%气体通过高效过滤器再循环至工作区，30%的气体通过排气口过滤排出。A2 型安全柜的负压环绕污染区域的设计，阻止了柜内物质的泄漏。

二级 B 型生物安全柜均为连接排气系统的安全柜。连接安全柜排气导管的风机连接紧急供应电源，目的在断电下仍可保持安全柜负压，以免危险气体泄漏出实验室。其前窗气流速度最小量或测量平均值应至少为 0.5 m/s（100 fpm）。

B1 型 70%气体通过排气口高效过滤器排出，30%的气体通过供气口高效过滤器再循环至工作区。

B2 型为 100%全排型安全柜，无内部循环气流，可同时提供生物性和化学性的安全控制。

三级生物安全柜是为 4 级实验室生物安全等级而设计的，是目前世界上最高安全防护等级的安全柜。柜体完全气密，100%全排放式，所有气体不参与循环，工作人员通过连接在柜体的手套进行操作，俗称手套箱（glove box），试验品通过双门的传递箱进出安全柜以确保不受污染，适用于高风险的生物试验。

在允许循环化学气体的操作条件下，可以使用外接排放管道盖的 A2 型二级生物安全柜。排放管道盖与一般硬管不同的是有可吸入空气的进气孔；排放管道盖与外排管道连接，然后接到一个外排风机。排放管道盖上的进气孔对于通过内置风机保持进气流和下沉气流的平衡 A2 型二级生物安全柜至关重要。如果使用密封的外接风管，进气流将会过强，可能导致安全柜对产品的保护失效；而排放管道盖上的进气孔可以从室内吸入空气，而不会影响安全柜内的气流平衡。此条件只适用于微量有毒化学物质。

如果不允许循环化学气体，则必须使用装备硬管的 B2 型二级生物安全柜。由于 B 型安全柜不是独立平衡系统，它的内置风机只能制造下沉气流，因此安全柜依赖外排风机制造进气流。这种型号的安全柜在安装和维护时会较为复杂，因为外排风机必须与内置风机保持平衡，否则将导致对操作人员或产品的安全性能失效。

鉴于生物安全柜危险的使用环境，在安装时及以后每隔一定时间，要由国家空调设备质量监督检验中心的专业人员按照规定对每一台生物安全柜的整体运行性能进行性能检测，以检查其是否符合国家及国际的性能标准，确保使用者的安全。生物安全柜检测主要包括物理学检测和生物学检测两个方面，根据检测性质可分为首次检测、后续检测。除一年一度的常规检测外，有如安装后、移动后、检修后、更换过滤器后，也必须进行现场生物安全柜检测。

（朱秀同　丁家波）

第二节　微生物培养装置

一、温室及温箱

（一）温室

温室是用保温聚苯材料做的一种恒温暖房，由加热系统、循环风系统、电控系统组成。其原理是：电源接通后，加热系统风阀开启，可编程控制器（PLC）检测风阀到位后，循环风机开启，温度到达设定值后，加热系统停止；低于设定值时，加热系统开启，由 PLC 或温控仪检测温度、湿度并通过内部运算决定加热加湿速率。电控系统的主要功能是对温室的温度参数、湿度参数进行自动控制，对温室的温度参数、湿度参数实时仪表显示，对温室运行的定时操作实现程序控制，防止误操作，对温室超温、风压、加热风箱超温保护功能。

温室的温度有时有特殊要求，如培养霉菌需 20～25℃，检查污染的杂菌需用 37℃ 培养。温室的湿度也是随各种制品的要求而设置的。

（二）温箱

微生物培养箱是培养微生物的主要设备，可用于细菌、细胞的培养繁殖。其原理是应用人工的方法在培养箱内造成微生物、细胞和细菌生长繁殖的适宜环境，如控制一定的温度、湿度、气体等。

目前使用的培养箱主要分为 4 种：直接电热式培养箱、隔水电热式培养箱、生化培养箱和二氧化碳培养箱。

1. 电热式培养箱和隔水式培养箱　电热式培养箱和隔水式培养箱的外壳通常用石棉板或铁皮喷漆制成，隔水式培养箱内层为紫铜皮制的贮水夹层，电热式培养箱的夹层是用石棉或玻璃棉等绝热材料制成，以增强保温效果，培养箱顶部设有温度计，用温度控制器自动控制，使箱内温度恒定。隔水式培养箱采用电热管加热水的方式加温；电热式培养箱采用的是用电热丝直接加热，利用空气对流，使箱内温度均匀。在培养箱内的正面侧面，有指示灯和温度调节旋钮。当电源接通后，红色指示灯亮，按照所需温度转动旋钮至所需刻度，待温度达到后，红色指示灯熄灭，表示箱内已达到所需温度，此后箱内温度可靠温度控制器自动控制。

使用与维修保养：①箱内的培养物不宜放置过挤，以便于热空气对流，放入或取出物品应随手关门，以免温度受到波动。②电热式培养箱应在箱内放一个盛水的容器，以保持一定的湿度。③隔水式培养箱应注意先加水再通电，同时应经常检查水位，及时添加水。④在使用电热式培养箱时应将风顶适当旋开，以利于调节箱内的温度。

2. 生化培养箱　生化培养箱同时装有电热丝加热和压缩机制冷。因此可适应范围很大，一年四季均可保持在恒定温度。该培养箱使用与维修保养类似电热式培养箱。由于安装有压缩机，因此也要遵守冰箱保养的注意事项，如保持电压稳定、不要过度倾斜、及时清扫散热器上的灰尘等。

3. 二氧化碳培养箱　二氧化碳培养箱是通过在培养箱箱体内模拟形成一个类似细胞/组织在生物体内的生长环境，来对细胞/组织进行体外培养的一种装置，主要用于组织培养和一些特殊微生物的培养。培养箱要求相对稳定的温度（37℃）、稳定的 CO_2 水平（5％）、恒定的酸碱度（pH7.2～7.4）、较高的相对饱和湿度（95％）。

二氧化碳培养箱微处理控制系统是维持培养箱内温度、湿度和 CO_2 浓度稳态的操作系统。微处理控制系统和其他各种功能附件（如高低温自动调节和警报装置、CO_2 警报装置、密码保护设置等）的运用，使得二氧化碳培养箱的操作和控制都非常简便。例如，英国 LEEC 的 PLD 微处理器触摸屏控制系统，能严格控制气体的浓度并将其损耗降至极低水平，以保证培养环境恒定不变，且能保证长期培养过程中箱内温度稳定，并有液晶显示、图形化过程监控、干预事件记录等。此外，报警系统也必不可少，它能让我们及时知道培养箱出现的情况，并作出反应，从而最大限度地降低损失，保证试验的连续性。有些培养箱有声/光报警装置，温度变化达 ±0.5℃或 CO_2 浓度变化达 ±5％时，即会自动报警；有些具有 CO_2 浓度异常报警显示功能；有些具有低压、断电报警功能。这些装置都是为了方便使用者，以减少繁琐枯燥的试验过程而设计的。

二氧化碳培养箱的加热方式分为水套式加热和气套式加热，两种加热系统都是精确可靠的，同时都各有其优点和缺点。

水套式加热是通过一个独立的水套层包围内部的箱体来维持温度恒定。由于水是一种很好的绝热物质，因此当遇到断电的时候，水套式系统就可以比较长时间地保持培养箱内的温度准确性和稳定性，有利于试验环境不太稳定（如有用电限制或经常停电）的用户选用。

气套式加热是通过遍布箱体气套层内的加热器直接对内箱体进行加热，又叫六面直接加热。

与水套式相比，气套式具有加热快、温度恢复迅速的特点，特别有利于短期培养及需要箱门频繁开关取放样品的培养。此外，对于使用者来说，气套式设计比水套式更简单化（水套式需要对水箱进行加水、清空和清洗，并要经常监控水箱运作的情况，还有潜在的污染隐患）。

二氧化碳浓度控制：可以通过热导传感器（TC）或红外传感器（IR）进行测量，两种传感器各有优缺点。

热导传感器监控 CO_2 浓度的工作原理是基于对内腔空气热导率的连续测量，输入 CO_2 气体的低热导率会使腔内空气的热导率发生变化，这样就会产生一个与 CO_2 浓度直接成正比的电信号。

TC 控制系统的一个缺点就是箱内温度和相对湿度的改变会影响传感器的精确度。当箱门被频繁打开时，CO_2 浓度、温度和相对湿度也会发生很大波动，因而影响了 TC 传感器的精度。当需要精确的培养条件和频繁开启培养箱门时，此控制系统就显得不太适用了。

红外传感器（IR）是通过一个光学传感器来检测 CO_2 水平。IR 系统包括一个红外发射器和一个传感器，当箱体内的 CO_2 吸收了发射器发射的部分红外线之后，传感器就可以检测出红外线的减少量，而被吸收红外线的量正好对应于箱体内 CO_2 的水平，从而可以得出箱体内 CO_2 的浓度。由于 IR 系统是通过红外线减少来确定箱内 CO_2 浓度，而箱体内颗粒物能够反射或部分吸收红外线，使得 IR 系统对箱体内颗粒物的多少比较敏感，因此 IR 传感器应用在进气口具有 HEPA 高效空气过滤器的培养箱较合适。

相对湿度控制：箱内湿度对于培养工作来说是一项非常重要且又易经常被忽略的因素。维持足够的湿度水平并且要有足够快的湿度恢复速度（如在开关门后）才能保证不会由于过度干燥而导致培养失败。

目前大多数二氧化碳培养箱是通过增湿盘的蒸发作用产生湿气的（其产生的相对湿度水平可达95％左右，但开门后湿度恢复速度很慢）。应尽量选择湿度蒸发面积大的培养箱，因为湿度蒸发面积越大，越容易达到最大相对饱和湿度，并且开关门后的湿度恢复时间越短。

污染物的控制：污染是导致细胞培养失败的一个主要因素，二氧化碳培养箱的制造商们设计了多种不同的装置以减少和防止污染的发生。其主要途径都是尽量减少微生物可以生长的区域和表面，并结合自动排除污染装置来有效防止污染的产生。例如，鉴于 CO_2 培养箱在使用过程中有时会伴有霉菌生长，为确保培养箱免受污染且保证仪器箱体内的生物清洁性，有些公司开发设计了带有紫外消毒功能的 CO_2 培养箱；还有公司设计 HEPA 高效滤器过滤培养箱内空气，可过滤除去 99.97％的 0.3 μm 以上的颗粒；此外，自动高温热空气杀菌装置能使箱内温度达到高温（如200℃）从而杀死所有污染微生物，甚至芽孢等耐高温微生物，这些装置对于细胞培养来说是更有安全保障的。

使用二氧化碳培养箱时应注意以下事项：

（1）二氧化碳培养箱未注水前不能打开电源开关，否则会损坏加热元件。

（2）培养箱运行数月后，水箱内的水因蒸发而减少，当低水位指示灯亮时应补充加水。先打开溢水管，用漏斗接橡胶管从注水孔补充加水使低水位指示灯熄灭，再计量补充加水，然后堵塞溢水孔。

（3）二氧化碳培养箱作为高精度恒温培养箱使用时，须关闭 CO_2 控制系统。

（4）因为 CO_2 传感器是在饱和湿度下校正的，因此加湿盘必须时刻装有灭菌水。

（5）当显示温度超过设定温度1℃时，超温报警指示灯亮，并发出尖锐报警声，这时应关闭电源30min；若再打开电源（温控）开关仍然超温，则应关闭电源并报维修人员。

（6）钢瓶压力低于0.2 MPa时应更换钢瓶。

（7）尽量减少打开玻璃门的时间。

（8）如果二氧化碳培养箱长时间不用，关闭前必须清除工作室内水分，打开玻璃门通风24h后再关闭。

（9）清洁二氧化碳培养箱工作室时，不要碰撞传感器和搅拌电机风轮等部件。

（10）拆装工作室内支架护罩，必须使用随机专用扳手，不得过度用力。

（11）搬运培养箱前必须排出箱体内的水。排水时，将橡胶管紧套在出水孔上，使管口低于仪器，轻轻吸一口，放下水管，水即虹吸流出。

（12）搬运二氧化碳培养箱前应拿出工作室内的搁板和加湿盘，防止碰撞损坏玻璃门。

（13）搬运培养箱时不能倒置，同时一定不要抬箱门，以免门变形。

二、微生物培养的装置与结构

细菌或细胞的培养技术已是生物制品制造的必备技术，下文列举一些常用细胞培养器材和设备。

（一）克氏细胞培养瓶

是一种长方形平面薄壁扁瓶。适用于对活细胞的生长培养，研究接种病毒后的细胞变化。将冻存复苏的细胞放入营养液培养数日后，细胞逐渐扩散生长，最初分散的细胞蔓延生长成为一薄层，这时观察细胞的变化较为方便。待细胞生长为良好单层时再接种病毒于瓶内，继续培养，观察病毒在细胞中引起的变化，有些发生病变的细胞或死亡细胞会自行从瓶壁脱落。细胞长到一定密度时，可继续进行分散增殖。

（二）转鼓

是将细胞培养管置于一个能调速、调温、调湿并能自动转动的鼓形架的圆孔中，并取30°倾斜，进行长时间缓慢滚动。这种转鼓受电子控制仪控制其温度和转速，且装有警报器以引起操作者的注意，操作十分方便，但不能大量生产细胞培养物。

（三）转瓶机

是在转鼓条件下发展起来的，专用于大量生产细胞的一种设备。这种设备能自动调温、调速和报警，它的驱动是靠一台马达，架子分上下几层，每层可放一排转瓶，转瓶搁置在滚轴上，以8~14 r/h的转速转动。这种大型转瓶机可随生产规模的大小在一个温室内安装一个大的马达驱动转瓶。温室内耦联一个微型风扇来混匀全室热空气，达到上下层温度均衡的目的。兽医生物制品厂、中试车间多用大型转瓶机，可在4~6层的架子上安装18~72个1万 mL 的转瓶同时生产。这种大型转瓶机都安装在自动控温的温室中，并设有高温及低温的报警装置，转瓶机的动力由电动机提供，通过变速箱使转瓶的转速控制在9~15 r/h，大量培养的鸡胚成纤维细胞多控制在9~11 r/h。实验室及小规模生产用的转瓶机可安放在温箱中。

（四）细胞工厂

可用于大规模细胞培养的生产装置，具有很多便于细胞培养的优点，会给整个生产过程节省人力、时间、空间。

细胞工厂培养面积大，适合细胞贴壁生长，占用空间少，减少人工操作，大大降低污染风险，易于线性放大。优点包括：节省人力、物力、时间、空间；方便按比例扩增；受污染风险低；瓶间差异小。缺点是：可重复利用的次数较少；产品价格较贵；消毒需要用钴-60照射；清洗不方便。

三、培养罐及生物反应器

(一) 培养罐

1957 年以来，根据 Earle 等的振荡培养瓶原理开发出一种大型发酵培养罐进行细菌和细胞培养的方法。这种罐上设置了可以自动调温、调速、调 pH、磁搅拌、消泡、控制氧压、自动补液、换液、自动高压灭菌、自动计算呼吸商等的精密仪表来大量繁殖细胞，罐体结构均为不锈钢质。这种深层悬浮培养法的优点可使细胞培养有比较一致的环境，且其生长情况与微生物生长情况相似，抽样时具有高度一致性，特别便于生物化学分析及细胞动力学的研究。这种培养方法，特别便于对单位体积内细胞数目增长情况的研究，也是一个大量生产疫苗的方法。目前悬浮培养罐有 1 000 L、2 000 L、5 000 L 不锈钢培养罐。全自动装置由电脑来控制，操作起来既方便又准确，更可控制污染。为了得到更多纯净的产物，常将细胞培养物通过高速离心机弃去其培养液，使病毒更加纯净，以减少异源蛋白质的含量。用培养罐培养细胞，是目前各兽医生物制品厂的常用设备。

(二) 生物反应器

随着生物技术的发展，通过动物细胞的体外培养而生产的各种药品、诊断试剂和生物制品的种类越来越多，市场迅速扩大，而细胞培养用生物反应器的开发和应用为扩大规模生产创造了便利条件。用生物反应器大规模培养动物细胞比目前常用的静置培养、转瓶培养有更多的优越性：可连续进行培养，生产效率提高 $200\% \sim 300\%$，降低了产品成本；有完善的由计算机控制的检测及培养系统，保证了培养过程的安全；能够保证均质的细胞生长和产品生产环境；反应器在运行时对细胞的损伤较小。

生物反应器的规模、型号很多，近年来大规模的反应器迅速增加。搅拌式发酵罐靠搅拌浆提供相搅拌的动力，有较大操作范围、良好的混合性和浓度均匀性，因此在生物制品生产中被广泛应用。通常由罐体、管路、阀门、泵及马达组成，由马达带动桨叶混合培养液，通过搅拌器的作用使细胞和养分在培养液中均匀分布。罐体上安装有不同传感器，用于在线持续监测培养液的 pH、温度、溶氧等重要参数。安装有取样阀，便于取样。具有视镜，用于观察反应器内部情况。罐底安装有隔膜阀，用于料液排放。具有在线清洁和灭菌功能，避免死角出现。

动物细胞培养用反应器可用于悬浮细胞培养，也适用于微载体贴壁细胞培养，可生产疫苗、单克隆抗体、干扰素、激素等。

反应器安装现场配置条件：①压缩空气管道。压缩空气管道必须配备冷干机，并有除油、除尘、除水、除菌的过滤装置。气体压力 $\geqslant 0.5$ MPa。②O_2 管道。O_2 浓度为 99.5%，压力 $\geqslant 0.2$ MPa。③CO_2 管道。压力 $\geqslant 0.2$ MPa。④纯蒸汽管道。压力 $\geqslant 0.4$ MPa。⑤纯化水管道。压力 $\geqslant 0.2$ MPa。⑥注射用水管道。压力 $\geqslant 0.2$ MPa。⑦工艺冷水（进）管道。压力 $\geqslant 0.2$ MPa。⑧工艺冷水（回）管道。⑨饮用水管道。压力 $\geqslant 0.2$ MPa。⑩排放管道。须耐高压、高温，至少能承受 1.5 MPa 压力。⑪电源。380 V 三相无线制，接地良好。

四、摇瓶机（摇床）及孵化器

(一) 摇床

生物恒温培养摇床也称为振荡器，是一种常用的实验室设备，属于生化仪器，广泛用于对温度和振荡频率有较高要求的细菌培养、发酵、杂交、生物化学反应及酶和组织研究等。实验室常用作液体摇匀，微生物、细菌和细胞培养。

1. 摇床具备的功能

（1）PID 微处理控制/监控系统提供简单的按键操作，对时间、转速、温度编程简便。

（2）64 行 128 位显示器同时显示参数设定值与实际运行值。运行参数加密锁定，避免人为误操作。

（3）超温/低温跟踪声/光跟踪报警系统，使样品得到可靠保护。

（4）电机过热、温度失控自动断电保护。

（5）控制加速的电路确保摇床平稳启动和停止，防止突然开始与飞溅。

（6）具有智能化除霜功能，能确保仪器在低温状态下长时间连续运行。

（7）可设定运行时间（0～500h），并可自动停机。

（8）设定参数自动记忆，并可在电源间断后自动恢复。

(9) 具有揭盖自动保护功能。

(10) 断电恢复功能。

摇床的主要技术参数见表11-4。

表11-4　摇床的主要技术参数

温控范围（℃）	4～60
温控分辨精度（℃）	0.1
温控波动度（℃）	0.2（37℃时）
温控均匀度（℃）	1（25℃空载时）
湿度控制范围	40%～95%（在5%范围内波动）
定时范围（h）	0～1000
电源	220V　50～60Hz

2. 摇床安装及使用程序

(1) 仪器安装地面应平整，置于干燥、无阳光直射的位置。为保证运行中的平稳性，仪器需水平放置。为保证仪器具有充分的散热空间，以确保恒温效果，仪器离墙、离物须保持20 cm以上。

(2) 开启顺序是：仪器插入220 V电源座，打开总开关，整机通电。

(3) 设定运行参数。

(4) 完成设定后，按启动/暂停键，仪器按设定程序运行。

(5) 在运行过程中按启动/暂停键，可暂停摇板的旋转。

(6) 按住控制面板的电源键2s，仪器关机，显示屏显示消失。但此时仪器内电源变压器仍处于通电状态，因此须关闭仪器总开关。

（二）孵化器

孵化器是常用孵化禽胚的重要设备。按GMP要求，应易消毒、易清洗。新型孵化器多是用高分子材料制造，耐热、耐湿、抗酸碱及抗消毒药。供SPF鸡胚使用的孵化器，还具有空气过滤系统，保证进入的空气呈无菌状态。

1. 结构　孵化器的控制面板位于控制柜的中下部，分别有液晶显示、操作按键、工作指示灯等。为使胚胎正常发育，要求保温性能好，接缝处采用密封胶密封。孵化器的上下、左右、前后各点的温度差应在±0.28℃范围内。箱壁一般厚50 mm，多用聚苯乙烯泡沫或硬质聚氨酯泡沫塑料直接发泡的隔热材料制造。孵化器的门应有良好的密封性能，密封条采用三元聚炳胶材料，这是保温的关键。

为使胚胎充分而均匀受热，要求蛋盘通气性能好，目前多用质量好的工程塑料制品。为了提高工作效率，鸡蛋的码盘可配上真空吸蛋器，实现入孵前码盘的机械化。

2. 控制系统　为保证孵化器的精确运行，使胚胎处于最佳的温度、湿度、通风换气及翻蛋等环境中，要求控制器控制精确、稳定可靠、经久耐用和便于维修。控制系统包括控温系统、控湿系统、报警系统（超温、低温、高湿和低湿）及机械传动系统等。孵化设备一般采用模糊控制技术自动控制温度、湿度、翻蛋及报警等，避免孵化过程中温度、湿度、通风换气等参数的相互影响，同时设有导电表保护和控温的辅助控温系统，切实保证孵化的安全。

3. 主要技术指标　见表11-5。

表11-5　孵化器的主要技术指标

控温范围	31～39℃
控湿范围	40%～80% RH
控温精度	±0.1℃
温度显示分辨率	0.01℃
湿度显示精度	1%RH
温度场稳定性	≤0.10℃
机内孵化后期CO_2含量	<0.15%
翻蛋角度	42°±3°

（朱秀同　丁家波）

第三节　多肽合成仪

根据多肽合成方法和工艺的不同，多肽合成仪分为固相多肽合成仪和液相多肽合成仪。1966年，Merrifield根据自己提出的概念——在载体上合成多肽，发明了第一台自动固相多肽合成仪，并用于多肽的批量生产。它是利用氮气鼓泡搅拌反应物，由一个反应器单元和一个控制单元组成，用计算机程序控制来实现有限度的自动合成。虽然它在搅拌方式和其他各项功能方面有明显缺陷，但是它把人从实验室里解放出来，促进了多肽合成往自动化方向发展。经典的液相合成最初是通过手工来实现，这需要有经验的人员并消耗大量的劳动力和时间。自动化液相多肽仪诞生比较晚，它是以实现不同溶剂输送及分液萃取功能为导向，主要以现代化的工业系统来实现。

Andersson 等（2000）的研究表明，无论是液相合成还是固相合成，多肽工业化生产与实验室合成存在一定差异性，因此设计适用于规模生产的多肽合成仪应考虑其特点。很多公司为此已建造了一些特殊设备，这与市场上购买的实验室规模合成仪有明显区别。对于规模化生产企业，使用不同品牌的多肽合成仪时应考虑其连贯完整的设备生产线，从小型合成规模至生产型合成规模的各种设备齐全，通常可根据反应器大小判断合成规模；同时还需根据工艺特点考虑技术、经济和安全性等方面的因素，避免使用激烈的反应条件，如长反应时间、苛刻的温度、高压、严格无水条件和非常特殊的设备。

一、固相多肽合成仪

目前市场上可以买到的固相多肽合成仪种类繁多。从规模上分，可分为微克级、毫克级、克级和千克级；从通道上分，可分为单通道和多通道；从技术角度上分，可分为第一代、第二代和第三代，第一代是以 Merrifield 发明的第一台自动固相多肽合成仪为原型设计制造的多肽合成仪。第二代多肽合成仪诞生在 20 世纪 80 年代，在原有基础上采用氮气鼓泡的反应方式来对反应物进行搅拌，采用调节气压进行温和且无死角的搅拌方式进行合成反应。同时也提出了反应器在直立下围绕原点作左右摆动，或者圆周运动的搅拌方式，但由于技术原因未有很好效果。第三代多肽合成仪诞生在 20 世纪 90 年代，其特点是在二代合成仪的理念上进一步强化了无死角搅拌的概念，即反应器上方相对固定，而下方作圆周 360°快速旋转，带动反应器里的固液两相从底部向上作螺旋运动，一直达到反应器的上部；或者是以反应器中点为圆心，上下作 180°旋转搅拌，同时结合氮气鼓泡搅拌为一体的新型搅拌方式。由于无死角的搅拌方式保证了多肽的合成纯度，因此第三代多肽合成仪才成为真正意义上的完善的固相多肽合成系统。

用于规模化生产制备多肽的固相合成仪，应具备合理的结构（图 11-3）、良好的性能、低故障率、便于维护修理、低电耗、低噪声、安全等特点。

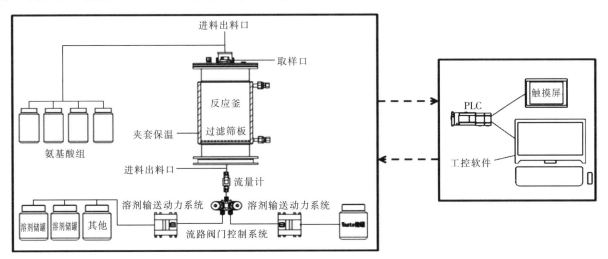

图 11-3 多肽合成仪结构原理示意图

（一）固相多肽合成仪原理

固相多肽合成仪是以固相多肽合成法为原理，在密闭的反应容器中，实现一个以人工合成的固相介质（如树脂）为载体，一般以多肽序列的 C 端（羧基端）向 N 端（氨基端）的氨基酸为顺序，添加带保护基的氨基酸衍生物，进行去保护基、耦合和加帽中断 3 个反应循环重复，最终得到肽树脂产物。

（二）固相多肽合成仪功能实现要点

（1）硬件材质的选择应满足设备上与溶剂接触部分组件具有足够的溶剂耐受性，而未与溶剂直接接触组件的选材上也应尽量考虑溶剂的耐受性，以消除跑冒滴漏等可能存在的影响因素。

（2）固相合成反应在低氧、低水环境中进行，因此除对原料的控制外，还需保证整个合成反应系统的相对密闭性，同时应用惰性气体来保护反应环境。

（3）固相合成仪需用溶剂定量输送系统来保证合成反应的逐步完成，即在保证反应试剂逐步定量供给的同时，在每一反应步骤完成后应对反应器中的反应试剂进行完全去除，并通过 NMP 或 DMF 等试剂多次洗涤来降低反应试剂的残留量，方能保证合成反应的顺利进行。

（4）为满足固相合成的特点并保证合成反应的效率，应选择合适的搅拌方式。

（5）固相合成仪的控制系统应对重要过程实施控制和监测，以保证生产产品的质量。

（三）固相多肽合成仪的元件

固相合成仪发展至今尚未形成统一的标准化设备，但不管是何种类型的固相多肽合成仪，其均为固相合成工艺的体现，其基础构造主要包括结构主体、传输设备、反应装置及控制监测系统四个部分。

1. 结构主体　结构主体为合成仪的框架部分，包含合成仪的结构框架与主要硬件的构成部分。结构框架的主要作用是支撑合成仪整体硬件组成部分（图 11-4），且能够容纳合成仪所必需的硬件配置达到合理分布的设计要求，同时应满足药品或兽药 GMP 对设备的规范要求，保证外表面的光洁度，不易积尘落菌，易清洁消毒，因此多采用不锈钢、高分子材料及玻璃等材质组合构建而成。主要硬件构成为：反应釜、反应搅拌系统、氨基酸组、溶剂储罐、废液收集系统、溶剂输送系统及电力供应系统、流路阀门控制系统、电信号传输系统、计算机软件控制系统。

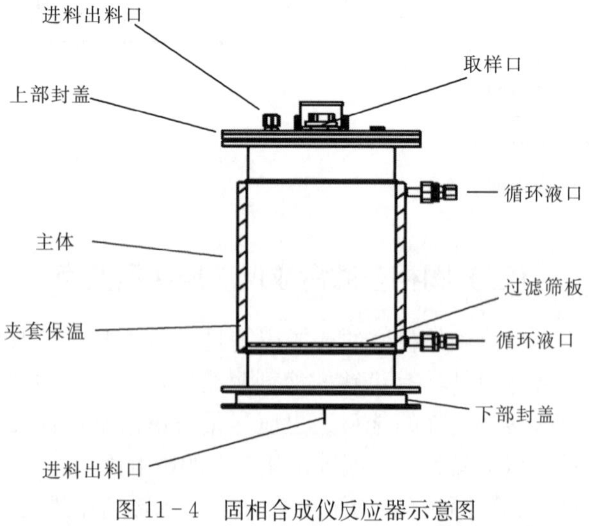
进料出料口
取样口
上部封盖
循环液口
主体
过滤筛板
夹套保温
循环液口
下部封盖
进料出料口

图 11-4　固相合成仪反应器示意图

（1）材质选择　考虑到溶剂的耐受性，大多数多肽合成仪对溶剂接触类硬件都选择高稳定性的材质。氨基酸组为一组储存氨基酸溶液的储罐组合，由于其体积较小，一般采用玻璃、聚丙烯或不锈钢材质；而溶剂储罐由于体积较大，一般采用 316 L 不锈钢材质，并以抛光方式处理内外表面，以达到 GMP 要求；反应釜方面，由于搅拌方式的不同，一部分合成仪采用聚丙烯材质或不锈钢材质，而另一部分多肽合成仪则采用了双层高强化工玻璃材质，有些则采用了聚四氟乙烯材质，其具体优缺点见反应釜介绍部分；直接与液相接触的管路部分皆采用聚四氟乙烯等高分子材质，避免溶剂与管线材质的反应；而接头部分则采用 316 L 不锈钢接头与聚丙烯等高分子接头，使接合稳固，避免泄漏。在机器主机中作为连接控制管路系统的控制阀系统的电路连接，多采用耐腐蚀材质处理，以具有特氟龙（Teflon）镀层的电线为代表，防止意外渗漏情况下造成电路系统的瘫痪。

（2）合成系统环境控制　基于合成反应环境要求的低氧低水，一般采用惰性气体保护的方式加以处理。从第一代合成仪诞生开始，氮气作为惰性保护气体就一直伴随着合成仪的发展。氮气存量大，通过液化空气等方法容易获得高纯度产品，且制造成本低，同时考虑其化学惰性在一般情况下无法与其他物质发生反应的特性，因此氮气是一种非常优良的惰性保护气体。固相多肽合成仪中使用纯度为 99.999% 的高纯氮气，其中氧气含量小于 0.001%，可以有效保证合成所需的低氧环境。

2. 传输设备　在合成仪溶剂输送的定量性上，各类设备各有不同。目前主要有两种思路：

一类合成仪采用惰性气体氮气源作为动力的气体驱动方式，即在恒定压力系统下，采用阀控制方式对溶剂罐体进行氮气加压，使溶液通过管路系统进入反应釜中，根据恒压情况下流体流速稳定的原理，通过阀控制液体流入反应釜的时间，即可获得定量的反应试剂。待反应时间结束后，再以氮气加压方式排空反应釜中的反应液，从而终止反应。此方式的定量控制依靠的是压力及流路阀门控制系统的稳定性，且定量校正调整需要随时监控压力的变化性，同时需要配备流量计辅助校正。

另一类合成仪则采用了泵系统输送溶剂进入反应釜的方式，即加液操作是通过计算机程序发出信号控制可进行定量操作的输送泵，通过阀门系统的控制，以特定流路实现液体输送目的，同时可配备流量计辅助校正。排液过程同样也采用泵输送的方式，抽取反应釜中的溶液，输送至废液储罐。此类合成仪目前以使用气动阀门及气动泵的组合为优选，加液速度可以通过调节气动泵的工作压力来控制。由于选择具有高精度的泵输送系统，相比第一类方式获得了更为准确的反应溶剂定量性，而溶剂输送的定量性对合成反应的精确控制大大提高，为合成仪的自动化控制奠定了较好基础，但是对定量设备的精度要求较高。对溶剂罐中微环境控制则需要进行氮气补压，以维持合成环境的低氧低水要求。

随着技术的发展，高精度流量计控制的应用更为广泛，不同动力源进行溶剂输送依靠流量计的计数控制就可实现精确计量控制。另外，称重控制的理念在流体计量控制领域的应用也十分广泛，不论是对反应釜内加入液体的增重计量还是对溶剂储罐输出溶剂量的称重计量，均可实现精确计量要求。

溶剂输送系统除了对动力源的选择以外，内部管路阀门系统的合理布局及溶剂分配方式的选择也对合成仪至关重要。合理的流路布局会大大减少溶剂通过管路阀门分配系统的时间，使合成仪的工作效率得到提升；同时也会减少管路中的溶剂残留量，降低不同溶剂之间的交叉影响。管路阀门分配系统最早期的设计为一种溶剂配备特定单一的管路阀门控制，兼顾溶剂输送及清洁功能所需要的阀门控制相对繁琐，且需要连接至反应釜的管道众多，操作不便；在此基础上出现了管道与阀门结合的呈现网状结构的分配系统，主要通过流路的合理设计，不同溶剂进入网状流路系统以后通过公共的管路系统由一条或多条指定的连接至反应釜的管道进行溶剂输送，这种方式虽然减少了部分管路阀门系统，但对流路设计的合理性提出了较高要求。目前，针对溶剂输送系统的升级改造也在不断探索，如在层析纯化系统中广泛使用的多通道阀门在合成仪中的应用，管路阀门系统的更合理的设计理念提升等多方面的工作正在开展。

3. 反应装置

(1) 合成搅拌方式选择　固相多肽合成仪搅拌方式的选择应根据固相合成反应特点而定，原则上应选择使固液两相能够充分接触且均匀搅拌、无反应死角、反应完全的方式。

一类合成仪采用以机械臂带动反应釜以各种预先设定角度颠倒旋转的方式进行搅拌，这种方式利用半圆运动的离心力在一定角度范围内的反复运动，使反应釜内部的固液相在离心力作用下反复冲击反应釜的两端，以此实现无死角的固液两相充分接触。此类方式最早由齿轮及皮带传动的方式实现正反 180°旋转来实现搅拌，随着精确定位的数控马达系统的广泛应用，可实现 360°正反转无死角搅拌，从而真正实现无死角搅拌的概念。这种方式的优点是，仅需要考虑反应釜材质对反应过程的影响，降低了影响整体密封性的风险，做到对反应过程的最小干扰。但这种方式对机械马达要求较高，制造维护成本也相对较高；同时，由于马达系统的限制，此种方式对合成规模的限制也很大，无法适应规模化合成反应系统的需要，限制了其进一步的放大应用。

另一类多肽合成仪采用了顶置式搅拌混合方式，即传统反应釜的桨叶式搅拌。利用机械马达的动力带动连接在传动轴上的聚四氟乙烯或含有聚四氟乙烯镀层的不锈钢桨叶的旋转，通过控制转速使固液混合相形成涡旋，达到固液相的充分混合。此种方式一般会设置氮气鼓泡进行辅助混合或者是预混合。此种方式的优势在于利用传统反应釜搅拌方式，工艺相对成熟，搅拌力强，并能放大至吨级规模的反应系统。不过缺点同样突出，由于反应相中存在固相组分，搅拌过程中易出现桨叶与固相载体的物理磨损，既可能会直接影响到合成反应进行，同时也会产生磨损后的碎屑堵塞反应器筛板，从而干扰合成反应正常进行，同时强力搅拌所产生的剪切力可能也会对多肽产品产生一定影响。不过随着反应釜搅拌技术的提升及材料科学的发展，尤其是生物反应器方面的应用，对于多肽合成仪桨叶式搅拌的发展也起到了积极促进作用，逐步改善剪切力及磨损问题。

因此，目前尚无完美的搅拌形式，随着科技的发展需要进一步完善与发展。

(2) 反应釜　在讨论完固相多肽合成仪的主要硬件系统以后，需要进一步了解合成仪的主要组成部分，即反应釜，它与整个系统关系密不可分。

反应釜是进行合成反应的容器。如图 11 - 5 所示，反应器一般由上封盖、下封盖及反应釜主体腔体构成。上封盖、下封盖一般都具有供气液进出的管路，同时具有与腔体连接方便且密封性好的功能，以便于操作和清洁。在气液进出管路的连接处，一般加装过滤筛板装置防止气液进出时引起树脂载体的流出，同时在反应釜上封盖处可多留一个具有取样或加装控制探头的操作孔，以利于合成反应中的监测控制。反应釜的腔体要求内壁光滑无死角，且与上封盖、下封盖快速连接后，连接处无死角、无渗漏。采用不透明材质制成的反应釜上需留有便于观察合成反应过程中液面变化的观测口，便于进行观察。而反应釜的外表面可选择加装可控温的保温装置以适应不同条件的合成反应，通常采用夹套加热的方式。反应釜的内部设置有一层筛板或者滤网结构，既起到了支撑树脂固体颗粒作用，同时又保证了反应试剂进出顺畅，使合成反应能够在一定的空间内顺利进行。

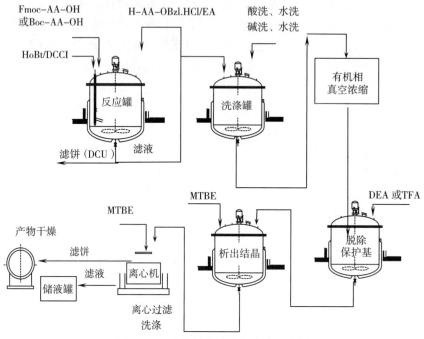

图 11-5 传统的多肽液相合成工艺图

由于固相多肽合成仪中与溶剂接触部分的部件需要高溶剂耐受性材质，因此反应器材质的选择显得尤为重要。一般制药业的反应器、反应釜设备以玻璃材质最为常见，因其完全透明且耐腐蚀而被广泛使用，并便于操作人员观察合成反应的进行程度，依然是比较好的选择，但是玻璃材质也有其一定缺陷，在制造工艺上有一定的精度限制。其一，烧制工艺对磨口精度要求极高，同时需要配合搅拌系统及其他密封装置，对整体密封工艺要求较高，如果没有良好的密封性则易导致漏液漏气现象；其二，玻璃壁厚度的均匀一致性，由于反应釜需要有一定的耐压性，瓶壁的不均一性会导致反应釜瓶壁破裂；其三，易碎性及防爆处理导致的成本增加；其四，玻璃容器对筛板的选择问题，如果选择与玻璃结合度较好的玻璃砂芯类筛板可以很好地解决密封性问题，但是由于玻璃砂芯材质的筛板多采用与玻璃器皿烧结的方式来保证密封性，发生堵塞后不易进行更换，因此导致成本升高，而采用其他类型材质的筛板则要考虑筛板材质与玻璃反应器罐体的结合处密封性问题，也较难处理。但随着技术的革新，双层高强化工玻璃材质的应用，同时在加工精度上的提升，可大大改善此类反应釜的应用。筛板的选择及其与反应釜连接问题，随着流体力学研究应用的深化，在筛板导流设计及承压方面得到提升，同时不同材料之间的连接日趋完善，使问题得到极大改善。

基于对玻璃反应釜的缺点考虑，聚丙烯、聚四氟乙烯等高分子材质的反应釜应运而生，高分子材质的反应釜硬度大，化学耐受性好，比玻璃材质具有更好的耐压性而且不易碎，因此显得更为安全，成本也更为低廉。不过高分子材质的反应釜依然对系统整体的密封性有着较高要求，对加工精度的要求还是很苛刻，同时由于高分子材质的硬度特性，在长时间使用后容易引起变形漏液等问题。不过它在筛板的选择上有较好的解决方案，可采取加载具有固定支撑的滤网系统，如采用快速连接方式固定的不锈钢滤网系统，较好地满足合成反应的需求，如有破损也方便更换。与玻璃反应釜相比，高分子材质的反应釜只是半透明，对合成反应的观察不太有利，因此需要更为完备的监测系统控制反应进行。

随着合成仪系统的放大及自动化控制的要求不

断提出，借鉴生物反应器的设计理念，不锈钢材质的反应釜在不断发展中。不锈钢材质耐压好、易塑形、易加工等的优点，使其在生物医药中广泛应用，尤其是在大型罐体应用方面。但同时对不锈钢材质要求及加工精度要求也提出了非常高的要求，目前出现的不锈钢反应釜腔体内衬聚四氟乙烯等高分子材质的新型设计理念的出现有效结合了两种材质的优点，使反应釜的合理化设计获得更进一步发展。

4. 控制系统 以上所提及的元器件功能是通过控制系统来实现的，控制系统的硬件结构通常是 IPC（工业计算机）与 PLC（可编程控制器）的组合。上位机通常是工业计算机，其操作软件编程灵活、功能丰富、具有良好的人机交互界面，可以实现工艺调用、参数设置、工况监视和报警、趋势显示、数据储存和查询、报表记录和打印等功能；下位机通常是 PLC，主要实现采集各种工艺参数信号、根据程序进行数据计算和处理、输出控制信号等功能；上位机与下位机通过通信协同完成控制系统的各项功能，能够自动控制合成过程、监测硬件和合成反应状态、管理运行数据等。

（1）合成过程控制 固相多肽合成仪的控制由管路阀门控制、输送动力控制、搅拌系统控制和流量控制等基础控制组成。

合成控制程序通常采用特定计算机软件按照工艺流程所编写的一组控制代码，该控制程序体现了基础控制步骤的有序组合来达到特定工艺目标的特征。固相多肽合成仪工作时在软件操作界面中调用预先设定的合成控制程序的相关步骤，然后运行该程序就可以有序地控制阀门状态、阀门状态参数、马达状态、马达参数等仪器仪表和相关参数，实现对各单元的协同控制，以此实施合成反应的不同步骤。

在实现基本操作控制的基础上，随着控制技术的发展将可以进一步集成各项操作控制，实现远程和全自动化控制，减少人为因素影响，确保操作及控制灵活、迅速、准确。

（2）硬件和合成反应监测 固相多肽合成仪的硬件运行监测及合成反应监测是对系统正常运行的一个有力补充与控制，用以保障合成反应顺利完成。监测系统主要体现在在线监测的应用上，分为两个方面，即硬件工作情况的监测与反应系统的监测。

硬件工作情况的监测主要体现在：①搅拌马达系统监控，对于转速变化，停机时间位点，马达复位问题等进行必要的监测与数据积累，并具有可验

证性；②流路阀门系统的监控，对于输送动力系统及阀门运行情况进行参数监测，对于异常现象进行提醒报警；③合成系统整体温控环节监控，对反应釜、氨基酸组存放等需要温控的技术节点进行必要的监测与数据积累，并具有可验证性。

反应系统的监测主要体现在：①氮气压力系统的压力监测，保障无水少氧的合成微环境；②进出反应釜流量监测，控制每步骤反应时实际溶剂流入流出量，保障合成反应的顺利进行，监测异常流量的出现并进行报警停机；③反应釜内合成肽树脂重量变化监控，确认合成反应进度及反映每阶段反应效率；④在线耦合状态监测装置，如 UV Monitor，可根据紫外吸收值的变化评判耦合反应进行程度来决定反应程序的执行度。当然此功能也可通过进行离线状态的抽样检测来实现，缺点就是时间上的滞后性。同时随着自动化控制需求的出现，对于在线监测方面的需求越来越大，对于紫外、电导、pH 等多功能一体化的监测控制器在合成仪在线监测上的应用也已经逐渐提上日程，为将来的自动化控制生产线的出现与发展奠定基础。

（3）运行数据管理及其他 固相多肽合成仪的运行数据可以实时记录与保存，作为生产原始记录和故障处理的重要数据。随着有关标准的不断完善，对多肽合成仪的软件控制要求也日益提高，对运行数据的实时监控性、原始备份及可验证性等多方面都提出了更高要求，进一步加强软件系统对设备运行情况的真实反映与数据积累功能，确保重要参数符合法规要求，不仅可以为工艺验证及工艺改进提供支撑，而且有利于：①优化控制，提高设备和能源利用率；②实现计算机控制参数的系统化管理；③实现自动化设备管理理念；④重要历史数据存储、查询和报表打印满足 cGMP 要求；⑤满足 GAMP5、电子签名和电子记录的相关要求，为实现生产过程无纸化奠定基础。

（四）固相多肽合成仪设备主要厂家及产品资料

固相多肽合成仪种类较多，虽然从原理与结构组成上讲，可谓万变不离其宗，但各个生产厂商设计的机型还是有很多差异性的，因此在购买使用时应多从自身实际的用途出发进行选购。表 11-6 为目前市场上合成仪产品的主要厂家及型号等相关资料，以作参考。

表 11-6　自动多肽合成仪厂家及产品资料

公司名称	型　号	规模（mmol）	适用范围	备　注
AdvancedChemTech	Apogee	0.1～0.5	t-Boc/Fmoc	快速循环
	Velocity 16			快速循环，流动洗涤
	ACT 90	0.05～35		
	Apex396	0.015～2		超压过滤，涡旋混合
	ACT400	100～1 000		
Applied Biosystems	ABI 433A	0.005～1	t-Boc/Fmoc	
	Pioneer	0.025～0.1	Fmoc	连续洗涤
CEM	Odyssey	0.005～5	t-Boc/Fmoc	微波合成仪，12通道
Chemspeed	PSW1100	0.005～5	t-Boc/Fmoc	在线切断和检测
CS Bio Co.	CS336	0.05～0.25	t-Boc/Fmoc	最多至108AA
	CS736	2.0～25.0		
	CS936S	5～100		可根据客户需要订做
	CS936	5～500		可订做，可活动的
Intavis AG	ResPep	0.025～0.2	Fmoc	柱反应器
	ResPep Microsacle	0.002～0.005		
	MultiPep	0.002～0.01		在线活化，多层滤板
	AutoSpot	0.000 003		只有"点样"自动化
	MultiPep Spot	0.000 003		自动"点样"合成
Peptide Scientific 赛瑞生化	PSI200	0.05～2.5	t-Boc/Fmoc	合成过程可监测反馈
	PSI300B	0.1～2.5		
	PSI400	0.1～25		
	PSI500	0.1～1 000		
	PSI600	10～1000		
Protein Technologies	Symphony	0.005～0.350	t-Boc/Fmoc	12个独立的操作模块
	Symphony-Cascade	0.05		
	Sonata	0.5～50		针筒式反应器
	PS3	0.01～0.25		
Spyder Instruments	Compas242	0.01～0.05	Fmoc	离心震荡，"茶叶袋"法
	Compas768	0.002～0.005		离心震荡，8个孔板
Zinsser Analytic	SMPS350	0.05	Fmoc	第一种商业多通道合成仪
	Pepsy-System	0.002		35个合成栅栏
海南建邦制药科技有限公司	JBM-24	0.002～0.01	t-Boc/Fmoc	多通道型，24通道
	JBR-1	0.05～10		
	JBR-5	0.1～50		在线流量计，溶剂添加可直接输入和显示，流量精确到毫升
	JBP-20-2	5～300		
	JBP-50	10～1 000		
	JBP-200	500～10 000		

二、液相多肽合成仪

液相多肽合成仪是以现代化工工业为基础生产的、实现液相合成法工艺的一组设备组成。其设备材质要求与固相多肽合成仪有类似要求，但是液相合成具有规模大的特点，一般都采用了316L不锈钢罐体及管道输送承载液相反应及物料输送的方式。图 11 - 5 简述了液相合成仪的工作方式，即通过不同罐体实现不同反应条件的控制要求，其中物料皆通过管线输送的方式进行，可避免环境因素的干扰。

液相合成系统并无严格的设备要求限定，主要是通过液相合成工艺的要求，选择合适的设备进行组合及合成策略，来获得目的产物。液相合成系统是液相合成工艺的具体体现，具有合成产物纯度高、规模大（年产量可达几百千克甚至吨级）、成本低和更好的灵活性。

无论是液相合成系统还是固相合成仪，其最终目的都是肽链组装的机械化、标准化、精密化和自动化。因此，进入 21 世纪以来，制造合成仪的各个公司相继推出了升级产品和新产品，如多通道多肽合成仪，将"短信通知"功能融入产品，增添了用户与设备之间的紧密感，使之更加人性化；对合成仪的 UV Online Monitor 系统配置统一升级，用户可直观看到每一步氨基酸耦合反应的状态并可根据数据调整出最佳合成效果与工艺。最近推出的微波多肽合成仪同样可以合成简单的小分子多肽，其采用微波加热方式，大大提高了反应速度，将反应的速率增加到之前多肽合成仪的几倍甚至十几倍。但是在加热的情况下副反应也相应增多，多肽纯度不能与之前的第三代甚至第二代产品媲美。

总之，伴随着合成技术的发展、人类对多肽的深入研究和肽科学的发展和成熟，尤其是肽类药物的应用，人类必将不断开发利用多肽合成技术，相信不久必将诞生出兼具液相和固相合成优势的产品，引发一场新的革命。

（陈智英　薛青红）

第四节　乳化设备

一、胶体磨

立式胶体磨是制造油佐剂疫苗的工具之一，但由于其耐磨性较差及受电压影响大的缺点，因此影响了灭活疫苗的质量。如果掌握及调试得好，还是可以作为油乳剂制造及抗原水相与油相预混合的设备。胶体磨（图 11 - 6）是由电动机通过

皮带传动带动转齿（或称为转子）与相配的定齿（或称为定子）作相对的高速旋转，其中一个高速旋转，另一个静止，被加工物料通过本身的重量或外部压力（可由泵产生）加压产生向下的螺旋冲击力，透过定齿、转齿之间的间隙（间隙可调）时受到强大的剪切力、摩擦力、高频振动、高速旋涡等物理作用，使物料被有效地乳化、分散、均质和粉碎，达到物料超细粉碎及乳化的效果。进行油乳剂制造时，其乳化的液珠直径为 $1\sim5\mu m$。

图 11 - 6　胶体磨

JTM - 50 型立式胶体磨技术参数：
电机功率（kW）：1
转速（r/min）：8 000
电源电压（V）：220
转齿最大直径（mm）：50
流量（kg/h）：20～100
粒度（μm）：1～5
重量（kg）：30
外形尺寸（长×宽×高，mm）：300×250×700

二、高压匀浆泵

高压匀浆泵是一种制备超细液-液乳化物或液固分散物的通用设备，其主要加工部件具有极高的耐腐蚀性和良好的耐磨性，对加工乳化的油佐剂、抗原均不会产生不良影响。其作为乳化设备，可生产出粒度小、稳定性高的乳状液。

本机由高压往复柱塞泵和匀质器组成，疫苗的乳化加工在匀质阀内进行。油佐剂及抗原在高压下进入可调节的间隙，使油乳剂和抗原

获得极高的流速（200～300 m/s），从而在匀质阀里形成一个巨大压力下跌，产生空穴效应；在湍流和剪切力的作用下，将原先粗糙的油佐剂和抗原加工成极细的颗粒，仅 0.25～2 μm。该机匀质阀的压力可在 0～60 MPa 范围内任意选择。

GYB30-6D 型高压匀浆泵技术参数：

工作压力（MPa）：0～60

额定流量（L/h）：30

容积效率（kW）：1.1

输入物料温度范围（℃）：0～120

噪声（dB）：≤80

耐腐蚀特性（pH）：2～10

外形尺寸（长×宽×高，mm）：750×310×630

重量（kg）：95

三、高剪切均质机

高剪切均质机是现代工业中广泛运用的剪切、均质、乳化设备。其主要部件是一对或多对相互啮合的定转子，在电机的高速驱动下，物料在转子和定子之间高速流动，形成强烈的剪切，物料在定转子的作用下达到分散、乳化、破碎的效果。

其核心部件由定子和同心高速旋转的转子组成。定子和转子间的间隙大小是保证这一空间的速度场和剪切力场的关键因素。定子和转子的间隙可以很小，一般在 0.2～1.0 mm。

四、高剪切乳化罐

罐体结构可按工艺需要采用带保温、带夹套（可加热、冷却）等形式。

设备配置：快开式入孔、视镜、温度计（液晶数显式或表盘指针式）、CIP 清洗器、料液进出口、备用口、冷热媒进出口等。容器可在线蒸汽灭菌。

工作原理：由于转子高速旋转所产生的高切线速度和高频机械效应带来的强劲动能，物料在定、转子狭窄的间隙中受到强烈的机械及液力剪切、离心挤压、液层摩擦、撞击撕裂和湍流等综合作用，得到充分分散、混合，同时罐底防涡流挡板将旋转力转化为上下翻腾力，从而使罐内物料混合均匀，经过高频的循环往

复，最终得到稳定的高品质产品，达到乳化的目的。

（朱秀同　陈小云）

第五节　冻 干 机

一、冻干机组成

按系统分，冻干机由制冷系统、真空系统、加热系统和控制系统 4 个主要部分组成。按结构分，由冻干腔体、冷凝器或称冷阱、压缩机、真空泵和阀门、电气控制元件等组成。图 11-7 是冻干机组成示意图。

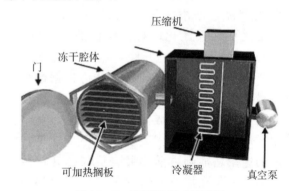

图 11-7　冻干机组成示意图

（岳兵）

1. 冻干腔体　也称冻干箱，是冻干机的主要部分，是进行产品预冻和干燥的部分。它是一个能够制冷到−40℃左右、加热到＋100℃以下的高低温箱，也是一个能抽成真空的密闭容器。冻干箱内安装有一套能制冷和加热的板层，产品就放置在板层上进行预冻和干燥。冻干箱还是一个可以抽成真空的容器，以使产品在真空下进行升华干燥。

2. 冷阱　是水蒸气的冷凝器，是冻干机上十分重要的部件，同样是一个真空密闭容器，在它的内部有一个较大表面积的金属吸附面，吸附面的温度能降到−40℃以下，并且能恒定地维持这个低温。冷凝器的作用是在真空系统中提供一个低温的环境；冷阱的温度要比物料升华界面的温度低得多，如 20K 或更多。这样，冷阱表面的饱和水蒸气压力就会比物料升华界面的饱和水蒸气压力低。这两者之间的水蒸气压力之差就是物料中升华水蒸气逸出的传质驱动力。物料中逸出的

水蒸气，遇到冷阱的低温表面，凝结成液态水，被排出系统。

对一般升华干燥，如物料的升华温度在 $-40℃～-10℃$ 时，冷阱的温度是 $30～70℃$。物料升华温度与冷阱温度之间的差值越大，则升华的传质驱动力就越大。但是两者的温差过大也是没有意义的。

把冻干箱内产品升华出来的水蒸气冻结吸附在其金属表面上。它的内部装有许多可制冷的金属表面，一般是盘管，用于吸附产品中升华出来的水蒸气，1g 冰在 0.1mm 汞柱的真空下大约能产生 10 000L 体积的水蒸气，而冷阱又把这10 000L 体积的水蒸气凝华成 1g 冰霜，所以冷阱是冻干机抽除水蒸气的真空泵。

3. 制冷系统 由压缩机与冻干腔体、冷凝器内部的管道等组成。压缩机的功用是对腔体和冷凝器进行制冷，以产生和维持它们工作时所需要的低温。

4. 真空系统 由冻干腔体、冷凝器、真空管道和阀门，再加上真空泵构成。真空系统的主要功能是抽走"非凝性"气体。在冷冻干燥系统的温度范围内，空气是"非凝性"气体，它既包括由外界大气漏入干燥箱的空气，也包括由物料中逸出的空气或其他"非凝性"气体。另外要求真空泵没有漏气现象，它是真空系统建立真空的重要部件。

5. 加热系统 对冻干箱中的产品加热，一般是通过搁板进行的。上搁板是以辐射的方式对产品进行加热，下搁板以导热的方式对产品瓶进行加热。搁板中既可以装置电加热器，也可以装有载热剂。搁板温度由温控系统控制。加热系统的作用是对腔体内的产品进行加热，以使产品内的水分不断升华，并达到规定的残余水分要求。

6. 控制系统 由各种控制开关，指示调节仪表及一些自动装置等组成，它可以较为简单，也可以很复杂。自动化程度较高的冻干机控制系统较为复杂。控制系统的功用是对冻干机进行手动或自动控制，操纵机器正常运转，以冻干出合乎要求的产品来。

二、冻干基本冻干方法

1. 方法 A 在冷阱中有温度控制的隔板上进行冻干（单腔，图 11-8）。

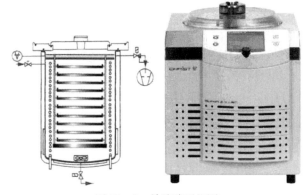

图 11-8 单腔冻干机图

（岳兵）

2. 方法 B 在冷阱外有温度控制的隔板上分别进行冻干（双腔，图 11-9）。

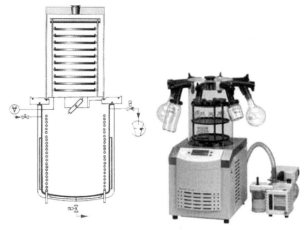

图 11-9 双腔冻干机图

（岳兵）

3. 方法 C 在多岐管中进行冻干（双腔，图 11-10 至图 11-12）。

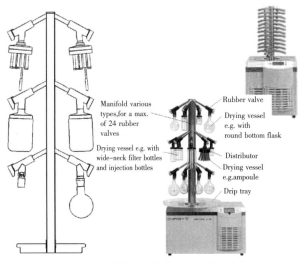

图 11-10 外挂瓶中冻干双腔冻干机图

（岳兵）

图 11 - 11　在安瓿中冻干双腔冻干机图
（岳兵）

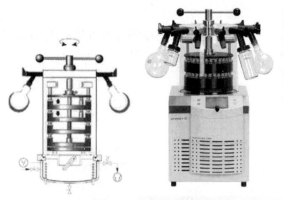

图 11 - 12　西林瓶冻干双腔冻干机图
（岳兵）

三、冻干工艺流程

冻干过程实际上是产品中水的物态变化过程，同时也是水的转移过程，水的转移也可称质的传递过程。在预冻阶段，水由液态变为固态，它是一个放热过程，放出的热量由冷冻机带走。在升华阶段，水由固态直接变成气态，它是一个吸热过程，由电加热器提供热量。升华出来的水蒸气从冻干箱流向冷阱，这是质的传递过程，水分发生了转移，从产品内部转移到冷阱的表面，这就是干燥过程，水蒸气在冷阱表面凝结成冰霜，水由气态变成了固态，这是一个放热过程，放出的热量由冷冻机带走。冻干结束后，冷阱进行化霜，由固态变成液态，

这是一个吸热过程，由除霜水或蒸汽提供热量。

现代制药用冻干的工艺流程如图 11 - 13 所示：

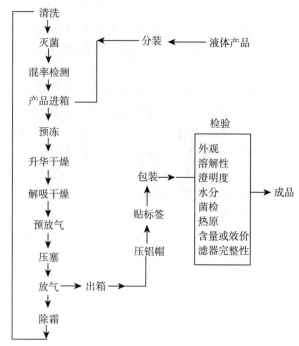

图 11 - 13　现代制药冻干工艺流程示意图
（张伦照）

首先对冻干箱进行清洗，接着是灭菌，然后作漏率检测。待系统的漏率检测证明系统真空良好后，产品才能进箱。

在产品分装进箱完毕之后，进行产品的预冻，升华干燥和解吸干燥，在预冻结束之前约 1h，要使冷阱提前降温到 -40℃ 以下的低温，然后启动真空泵，抽空冷阱和冻干箱，当冻干箱的真空达到 0.1 mbar 后开始升华，对产品进行加热。升华结束之后，提高产品温度进入解吸干燥阶段，直至产品达到合格的残余水分含量之后结束干燥。

产品干燥结束之后，根据要求进行真空压塞或充氮压塞。如果是真空压塞，则在干燥结束后立即进行；如果是充氮压塞，则需进行预放气，使氮气充到设定的压力，一般在 0.067～0.08MPa，然后压塞，压塞完毕之后放气到大气压出箱，出箱后压铝帽，贴标签，包装，成为待检产品。在各项必需的检验通过之后，产品成为成品。检验中的滤器完整性是指冻干箱的进气口无菌过滤器，如果进气过滤器的完整性测试通不过，该批产品属报废产品，因此有些冻干机安装两个进气过滤器，串联使用；两个过滤器完整性

检测同时不合格的概率极小。

（张伦照　朱良全　夏业才）

第六节　分装与包装设备

疫苗分装包装设备的质量是疫苗生产流程中能否提高工效，保证产品质量的重要环节。疫苗包装设备要求便于流水作业、配套安装与使用。在目前我国生产冻干疫苗中使用的设备中比较好的是由洗瓶机、隧道烘箱、多头分装机、轧盖机、贴签机、包装机等组成的作业流水线。

一、超声波自动洗瓶机

超声波洗瓶机是医药制药机械行业专用的一种超声波清洗设备，可清洗的药瓶为西林瓶、大输液瓶、口服液瓶及塑料瓶等。超声波洗瓶机主要由机头、机身、机械传动机构及电气控制部分等组成。机头由进瓶盘、支撑块、转盘及拨轮等组成。机身由超声波水槽、精洗水槽、循环泵、翻转轨道及冲水冲气针头组成。水循环部分由水泵、进排水管等完成超声波发生器所需水供应。电器部分由电机变频控制部分和超声波发生器控制部分完成机器的连续清洗工作。

清洗流程：由操作人员将西林瓶推送至进瓶盘上，由进瓶盘将瓶子推入旋转轨道翻转180°，进入超声波清洗槽进行超声波清洗，瓶口朝下，进入反冲轨道，进入精洗段，精洗段4水4气（首先经过纯化水2次冲洗，然后用压缩空气2次将瓶吹干，再用注射用水冲洗2次，最后用压缩空气2次将瓶吹干）强力倒冲后，再翻转180°，瓶口朝上，自动进入灭菌烘箱。

二、隧道式层流灭菌干燥机

隧道式层流灭菌干燥机适用于各类玻璃瓶的干燥灭菌，由输送网带、箱体、净化装置、进排气系统、加热装置、机械传动装置和电气控制系统组成。隧道烘箱主要是由预热段、加热灭菌段、冷却段组成。利用风机远红外石英管辐射加热，风机对设在箱内百级净化高效过滤器进行热空气层流，同时排出箱内饱和热气，从而达到对瓶子

的干燥灭菌。瓶子由不锈钢网带传送，随网带运动，分别经过预热、高温和冷却段。烘箱内置测温点，其所需温度可分段设定和自动调节控制。预温段、冷却段配有百级垂直层流洁净装置，符合GMP规范。

箱体采用低碳奥氏不锈钢制造，保温材料为无碱细玻璃棉，加热元件为远红外石英管。在烘箱顶部有排湿口和补新风口，箱内装有耐高温高效过滤器，层流热风每次都经过高温高效过滤器处理后进入箱内。

隧道式层流灭菌干燥机采用可编程控制器对整机加热、运行等工艺参数进行设定控制，箱内风量可设定自动变频平衡调节。

（一）预热保护段

1. 功能　对瓶子进行预热并排出箱内水分。

通过百级层流隔离箱内百级环境与箱外十万级环境，起到保护箱内百级洁净度作用。

2. 工作原理　万级风系统由风箱、离心式通风机、静压箱、高效过滤器组成。离心式通风机由风箱内抽取空气，经加压后送至静压箱，在静压箱作用下，空气到达静压箱底部即高效过滤器前端时，空气压力就均匀分布在高效过滤器前端面上，空气穿过高效过滤器时被过滤成百级，并形成层流气幕通过预热区，以达到预热效果。

预热效应：加热段的加热区比预热区的压力略高，因此加热区内的高温空气将有一小部分流入预热区与循环风混合，形成较高温度的空气流，该空气流穿越瓶子时即对瓶子产生预热。

排湿效应：通过高效过滤器的风通过排风管直接排到室外，排风管内设有阀门用于调节排风量。排风管末端装设有亚高效过滤器，以防室外空气倒流产生污染。

保护效应：通过调节由加热区补充进来的空气量和排气口排出的空气量之比值，就可以保证预热区相对于箱外是正压区，略高出5 Pa，保证箱外空气不会进入预热区。另外，由于穿过预热区的气幕是层流，不会产生涡流将周边空气卷入预热区产生污染。

（二）加热灭菌段

1. 功能

（1）干燥　高温下瓶子表面水分充分汽化，并由穿越预热区的气流带至预热区后排出室外。

（2）灭菌或去热原　根据工艺要求，可以任意设置瓶热穿透温度和保温时间，最高温度可达 350℃、保温时间可长达 5min，完全能满足灭菌或分解热原的要求。

2. 工作原理　通过加热石英管将热量直接辐射在瓶子上，使瓶子迅速升温至 350℃，从而达到灭菌效果。

干燥效应：通过整机风路系统的调整，可达到冷却区压力＞加热区压力＞预热区压力。这样就保证箱内有一小股气流由冷却区穿过加热区到达预热区，加热区内产生的湿气随这股气流经预热区排出室外，避免随瓶子进入冷却区产生回潮现象。

（三）冷却段

1. 功能　对高温瓶子进行冷却，使其温度＜室温＋15℃，保证瓶子不受污染和回潮。

2. 工作原理　百级空调室自然风垂直冷却方式：冷却风机直接抽取空调室内空气或抽取空调送风管内空气，将其加压后送至静压箱，在静压箱作用下，空气到达静压箱底部即高效过滤器前端面时，空气压力均匀分布在高效过滤器前端面上。空气穿过高效过滤器时被过滤成百级，并形成层流气流通过冷却区，穿越瓶子并对瓶子进行冷却。冷却后的空气经排风管由排风机排至室外。在排风口设置有亚高效过滤器，以防室外空气倒流，产生污染。

百级冷却循环风垂直冷却方式：由离心式通风机、风管、静压箱、高效过滤器和排风口组成。

万级风系统由风箱、离心式通风机、静压箱、高效过滤器组成。离心式通风机由风箱内抽取空气，经加压后送至静压箱，在静压箱作用下，空气到达静压箱底部即高效过滤器前端面时，空气压力就均匀分布在高效过滤器前端面上。空气穿过高效过滤器时被过滤成百级，并形成层流气幕通过预热区，以达到预订效果。

由于冷却区压力大于加热区，因此加热区的热湿汽不会倒流入冷却区，以保证冷却区内瓶子不会回潮而保持干燥。

由于区内层流保护，且冷却区压力大于箱外环境压力，因此瓶子不会受到污染。

（四）压差表控制

配置 3 个压差表，主要用来控制预热段高效过滤器压差、冷却段高效过滤器压差、加热段两端压差。

预热段过滤器压差的工作原理：一般情况下，设备运行时压差表的指针指向 200～250 Pa。若大于 250 Pa，则为高效过滤器堵塞，可考虑清洁高效过滤器或更换高效过滤器。若小于 200 Pa，则为高效过滤器已被击穿，需考虑更换高效过滤器，否则会影响对瓶子的洁净效果。

冷却段过滤器压差的工作原理：一般情况下，设备运行时由于高效过滤器面积大，压差表的指针指向 100～150 Pa。若大于 150 Pa，则为高效过滤器堵塞，可考虑清洁高效过滤器或更换高效过滤器。若小于 100 Pa，则为高效过滤器已被击穿，需考虑更换高效过滤器，否则会影响对瓶子的灭菌效果。

加热段两端压差的工作原理：一般情况下，设备运行时由于高效过滤器面积大，压差表的指针指向 ±5 Pa 左右，若超出此范围，就会导致空气窜流，需调整两台离心式通风机的运转速度，以免空气窜流，影响烘箱灭菌效果。

三、自动灌装半加塞联动机

此类设备规格型号很多，但都具有分装精度高、速度快的特点。所有接触疫苗部分的零部件均为优质不锈钢制造，利于清洗和灭菌消毒，符合 GMP 标准的要求。该类型设备适用于冷冻干燥制品在冻干前的灌装、半加塞工序，其工作程序是直线式进瓶，蠕动泵灌装，滚轮式压塞，从而完成整个灌装压塞工艺。其主要结构有进出瓶结构、蠕动泵灌装封头、胶塞振荡器及压塞机构、螺杆输送机构、箱内传送机构及控制系统等组成。

四、轧盖机

轧盖机的轧盖形式包括多头单刀轧、单头三轧、单头双轧等。一般情况下，轧盖机结构主要包括主体机架、传动控制系统、进出瓶系统、轧盖系统、送盖系统、自动计数装置。轧盖系统：采用连续进瓶方式轧盖，瓶子在连续运动的同时，刀式轧盖机边顶升旋转，边渐渐碾压；爪式轧盖机是利用开合爪张开或闭合的方式进行轧盖。下面以单刀多头轧盖机为例介绍：

1. 出瓶机构　由进瓶转盘和出瓶传送履带组成。对冻干压塞后的抗生素瓶或灭活疫苗塑料瓶缓冲整理分流至进出瓶拨盘，经轧盖后的瓶由进出瓶拨盘送入下一道工序。

2. 轧盖头 主要是大圆盘式锁刀，给待锁瓶盖以旋转，瓶子绕盘式锁刀做卫星转动，完成锁盖。

3. 铝盖振荡器及轨道机构 依靠振荡器频率使料斗内铝盖定向和输送，并在轨道末端释放盖位完成扣盖动作。

4. 箱内传动机构 箱内通过电机、齿轮副、减速、凸轮副和链传动机构完成执行工位所需动力，同时，变频电机达到变频调速功能。

主要性能参数：轧盖速度 $0 \sim 400$ 瓶/min；加盖成功率 98%；挤瓶破损率 $\leqslant 1\%$；轧盖合格率 $\geqslant 99\%$。

五、贴标机

贴标机是产品生产过程中的必备设备，作用是对轧盖后瓶内产品进行识别保存，除了对产品在外观上进行装潢外还便于销售及管理。轧盖结束，瓶子由输送系统送至待贴标工位，送标系统将已打印或喷码标签送至贴标系统工位贴标。贴标机结构主要包括：主体机架、传动控制系统、瓶签打印系统（或外置喷码系统）、贴标速度控制系统、自动计数装置。贴标机主要有两种贴标方式：立式贴标机（图 11-14）和卧式贴标机（图 11-15）。

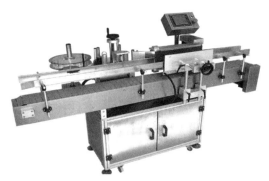

图 11-14 立式贴标机

图 11-15 卧式贴标机

六、喷码机

喷码机是一种通过软件控制，使用非接触方式在产品上进行标识的设备。利用油墨带电偏转的方式将墨点偏移出正常的飞行路线，射向工作物的表面，利用给墨滴充电的电量控制每一个墨滴的位置。通常墨滴只有垂直方向的变化，必须使被喷印物和喷头相对移动，才可形成我们想要打印的资料。疫苗生产常用小字符喷码机和激光喷码机。

喷码机标识有以下优点：

（1）非接触 由于喷射的是油墨，与工作物表面并不需要直接接触，因此不会破坏被喷印物表面。

（2）速度快 以汽水可乐的生产为例，每分钟可达 1 000 瓶以上。

（3）容易编辑和修改喷印资料内容 在不用连接电脑的情况下编辑内容时也可加入日期和时间、流水号码、批号等变动性的资料，喷印图片时 U 盘直接插入即可。自动完成批次和编号的变更，实现喷印过程的无人操作。

（4）喷码机应用的表面材质广泛 喷码机有各种不同的墨水可供选择，不论是纸张、塑胶、金属、玻璃、坚硬的表面或是柔软易碎的表面均可得到良好的喷印效果。

（5）字符大小可调 字体宽度、高度均有合适的范围可调节，也可任意加粗字体。

（6）喷印行数可调 喷印行数可在 1~5 行范围内调整，并可任意搭配。

（朱秀同　陈小云）

第七节　冷藏设备

一、冷库及低温冰箱

冷藏和冷藏运输设备在兽医生物制品生产和使用中极其重要，因为冷藏是保证生物制品质量的一个重要条件。首先，在兽医生物制品生产中，很多材料，如肉类等须冷藏，所有菌毒种也须冷藏，不少半成品和绝大多数成品都离不开冷藏。其次，在兽医生物制品的使用中也离不开冷藏。世界卫生组织在 EPI 实施方案中就提出了生物制品的保存、运输，即所谓冷链（cold chain）问题。在我国，温度对兽医生物制品生产和使用有很大影响。例如，在毒种保存方面，猪瘟活疫苗的新鲜脾脏毒在 -70℃以下可保存 10 年，而在 -30℃以下仅可保存 5 年；又如在半成品保存方面，猪瘟活疫苗的新鲜脾淋毒在 -15℃以下保存不能超过 15d。至于使用方面也是如此，如鸡新城疫活疫苗在 -15℃以下能保存24 个月，加水稀释后，保存不能超过 4h。以上各例足以说明冷藏的重要意义。

（一）冷库

用于疫苗储存的冷库，其容积应与生产、经营、使用规模相适应。冷库应配有自动监测、调控、显示、记录温度状况及报警设备，备用发电机组或安装双路电路，备用制冷机组。

冷库建造应符合《中华人民共和国国家标准冷库设计规范》。冷库多由制冷机制冷，利用汽化温度很低的液体（氨或氟利昂）作为冷却剂，使其在低压和机械控制的条件下蒸发，吸收冷库内的热量，从而达到冷却降温的目的。最常用的是压缩式冷藏机，主要由压缩机、冷凝器、节流阀和蒸发管等组成。按照蒸发管装置的方式又可分直接冷却和间接冷却两种。直接冷却将蒸发管安装在冷库内，液态冷却剂经过蒸发管时，直接吸收库房内的热量而降温。间接冷却是由鼓风机将冷库内的空气抽吸进空气冷却装置，空气被盘旋于冷却装置内的蒸发管吸热后，再送入库内而降温。空气冷却方式的优点是：冷却迅速，库内温度较均匀，同时能将贮藏过程中产生的二氧化碳等有害气体带出库外。制冷控制系统多采用全自动微电脑电气控制技术，智能温度控制，库内温度在一定范围内自由设定，全自动温度恒温，自动开关机，无需人工操作，数码温度显示，确保库内药品存放安全。

1. 规模 可分中型、小型两类。中型容量在1 000 t 左右，小型只设冷藏间或活动冷库。中型以两层为主，单层也可；小型冷库一般只考虑单层。

2. 组成 中型冷库，一般由主体建筑和附属建筑两部分组成。主体建筑包括冷藏库和空调间；附属建筑包括包装间、真空检验室、准备间、机房、泵房、配电房等。

3. 基本要求 首先考虑保温性能良好，具有符合生物制品贮藏保管的最基本要求。空调间

（又称高温库）最高库温不能超过 15℃，最低在0℃以上，一般用冷风机作冷却设备。冷藏间（又称低温库）要求在 -15℃以下，常用于制品保存。为保证库温恒定，在建筑结构上，必须在其外墙、地坪、平顶设置连续的隔热层，要有足够的厚度，以阻止冷气从室内散逸；做好保温层的防潮设施，并加用贯流式风幕装置，保温性能良好。库板一般采用硬质聚氨酯彩钢库板，采用高压发泡工艺只进行一次灌注成型，双面彩钢保温板采用先进的偏心钩和槽钩的连接方式实现库板与库板之间的紧密组合，从而尽可能地减少冷气泄漏，增加隔热效果。疫苗冷库制冷控制系统一般采用全自动微电脑电气控制系统，全自动温度恒温，数码温度显示，可选配温湿度记录仪，确保库内物品存放安全。

4. 使用注意事项 有：①新冷库初次投产时，不应降温过快，避免结构内部结冰膨胀。当库温在 4℃以上时，每天降温 3℃，直至到达设计要求为止。②冷库使用后，要保持温度的稳定性，即低温库 (-18±3)℃。③严格止防水汽渗入构造保温层；低温库内不得进行多水物品的作业。④合理使用库容，合理安排货位和堆放高度，保持库内地坪受荷均匀。

（二）低温冰箱

常见的低温冰箱一般分为 -40℃、-70℃、-90℃、-110℃、-130℃、-160℃等温度范围，根据容积不同各厂家均有不同规格产品，内部采用隔断或抽屉式结构。

注意事项：①检查蒸发器表面是否有冰霜，冰箱门是否开关过频；冰箱背部是否接触墙面；是否放入过多物品。②检查底板是否坚固；冰箱是否稳固；如不稳，调好活动螺丝以使四角稳固地支撑在底板上；是否有物件接触到冰箱背部。③如果制冷效果差，冰箱不停机，散热管不热，蒸发器有很小气流声，这些都可能是慢渗漏造成制冷剂严重缺损的缘故。在实际使用过程中，还会遇到许多其他问题，这类问题的解决方法需要不断地积累经验方可排除障碍，使得超低温冰箱达到最佳工作状态。

二、冷藏设备及运输设备

（一）冷藏车

为保证生物制品的使用效果，在运输过程中

必须配备专业的高质量的具有隔热车体及降温装置的专用冷藏车。冷藏车需具备的条件有：整车厢体使用生物安全级箱体材料，既保持厢内温度均衡，又有效抑制细菌繁殖；具有密闭、保温、防渗、抗菌、阻燃、耐腐蚀、易清洗消毒等功能特点，冷藏车应能自动调控、显示和记录温度状况。

（1）运行平稳，具有良好的隔热车体，减少车内与外界的热交换。

（2）设有制冷降温装置，适应生物制品的保存条件。

（3）设有空气循环装置，保证车内温度的均衡。

（4）设有温度指示，最好有自动控制仪表，以自动调节控制车内温度。

（二）冷藏包（箱）

冷藏包是一种便携式的小容量保温装置，可用于少量疫苗及其他样品的短途运输。根据农业部有关标准，兽用疫苗冷藏包是指在规定温度范围内贮藏运输疫苗的无源疫苗冷藏包，具有实时包内温度显示、记录的功能，在包内温度超出限定范围时能够提供远程报警数据，一般配有能与冷藏包实时通信的温度追溯系统平台软件。

三、液氮及液氮罐

（一）液氮

氮构成了大气的大部分，体积比 78.03%，重量比 75.5%。当空气进入液氮机后，高速离心（4 000 r/min），然后分馏，气态氮就可形成液态氮（简称"液氮"）。

1. 特性　液氮是惰性的，无色，无臭，微溶于水，无腐蚀性，不可燃，温度极低。氮是不活泼的，不支持燃烧。气化时大量吸热。

健康危害：皮肤接触液氮可致冻伤。如在常压下汽化产生的氮气过量，可使空气中氧分压下降，极端情况下可能引起缺氧窒息。

在常压下，液氮温度为 $-196℃$，$1\ m^3$ 的液氮可以在 $21℃$ 膨胀至 $696\ m^3$ 的纯气态氮。熔点 $-209.8℃$，沸点 $-196.56℃$。

含量：高纯氮≥99.999%；工业级一级≥99.5%，工业级二级≥98.5%。

2. 用途　工业生产中，用压缩液体空气分馏的方法获得液氮，可以用作深度制冷剂。由于化学惰性，因此其可以直接和生物组织接触，立即冷冻而不会破坏生物活性，可以用于：迅速冷冻和运输食品，或制作冰品；制冷剂；工业制氮肥；化学检测，如 BET 比表面积测试法；提供高温超导体显示超导性所需的温度，如钇钡铜氧。

生物及医学用途：在外科手术中可以用迅速冷冻的方法帮助止血；保存活体组织，生物样品及精子和卵子等；制冷剂，用来迅速冷冻生物组织，防止组织被破坏。

（二）液氮罐

一般可分为液氮贮存罐、液氮运输罐两种。液氮贮存罐主要用于室内液氮的静置贮存，不宜在工作状态下作远距离运输使用；为了满足运输的要求，对液氮运输罐作了专门的防震设计。其除可静置贮存外，还可在充装液氮状态下作运输使用，但也应避免剧烈的碰撞和震动。

贮存式液氮容器从小到大分别为 2 L、3 L、5 L、6 L、10 L、15 L、20 L、30 L、35 L；运输贮存两用式液氮生物容器从小到大分别为 10 L、15 L、30 L、35 L、50 L、100 L。

1. 液氮罐的用途

（1）动物精液的活性保存　主要用于牛、羊等优良种公畜及珍稀动物的精液保存，以及远距离的运输贮存。

（2）生物样本的活性保存　在生物医学领域内的疫苗、菌毒种、细胞，以及人、动物的器官，都可以浸泡于液氮罐的液氮中，以长期保存活性。需要使用时，取出解冻复温即可使用。

（3）金属材料的深冷处理　利用液氮罐中储存的液氮对金属材料进行深冷处理，可以改变金属材料的金相组织，显著提高金属材料的硬度、强度和耐磨性能。

（4）精密零件的深冷装配　将精密零件经过液氮深冷处理后进行装配，提高零件装配质量，从而提高设备或仪器的整机性能。

2. 使用注意事项

（1）使用前的检查　液氮罐在充填液氮之前，首先要检查外壳有无凹陷，真空排气口是否完好。若被碰坏，真空度则会降低，严重时进气不能保温，这样的罐上部会结霜，液氮损耗大，失去继续使用的价值。其次检查罐的内部，若有异物，必须取出，以防内胆被腐蚀。

（2）液氮的充填　填充液氮时要小心谨慎。对于新罐或处于干燥状态的罐，一定要缓慢填充并进行预冷，以防降温太快损坏内胆，减少使用年限。充填液氮时不要将液氮倒在真空排气口上，以免造成真空度下降。盖塞是用绝热材料制造的，既能防止液氮蒸发，也能起到固定提筒的作用，因此开关时要尽量减少磨损，以延长使用寿命。

（3）液氮罐中液氮的贮存　液氮罐贮存液体介质时，务必要关闭进/排液阀和增压阀，打开放空阀。

（4）使用过程中的检查　使用过程中要经常检查。可以用眼观测也可以用手触摸外壳，若发现外表挂霜，应停止使用；特别是在颈管内壁附霜结冰时，不宜用小刀去刮，以防颈管内壁受到破坏，造成真空不良，而是应将液氮取出，让其自然融化。

3. 保管

（1）液氮罐的放置　液氮罐要存放在通风良好的阴凉处，不要在太阳光下直晒。由于其制造精密及其固有特性，无论在使用或存放时，液氮罐均不得倾斜、横放、倒置、堆压、相互撞击或与其他物件碰撞，要做到轻拿轻放并始终保持直立。

（2）液氮罐的安全运输　液氮罐在运输过程中必须装在木架内垫好软垫，并固定好。罐与罐之间要用填充物隔开，防止颠簸撞击，严防倾倒。装卸车时要严防液氮罐碰击，更不能在地面上随意拖拉，以免缩短液氮罐的使用寿命。

（朱秀同　陈小云）

第十二章　实验动物

第一节　实验动物的定义和分类

在生命科学研究领域中，几乎所有科学试验都需要具备实验动物（animal）、设备（equipment）、信息（information）和试剂（reagent）4个基本支撑条件，通常称 AEIR 要素，而实验动物居首位。人们期望借助于实验动物科学来探索生命的起源、揭示遗传的奥秘、研究各种疾病的机理、攻克疑难病症。在符合标准的动物设施中，使用高质量的实验动物进行生命科学研究及药品、生物制品质量检测，有利于提高研究、检测结果真实性、可靠性和准确性；反之，在不符合标准的动物设施中使用不合格的实验动物，诸多科学试验就不能在时间、空间和研究者之间进行比较和验证，科研成果与检测结果就令人难以信服。

实验动物科学的发展和应用程度是衡量一个国家和地区科学水平高低、经济实力强弱的重要标志之一，因此实验动物科学备受世界各国政府重视和科学家关注，经济发达国家不惜投入大量的人力、物力和资金，推动实验动物科学的发展。目前，世界经济发达国家实验动物已逐步实现了管理法制化、生产产业化、供应社会化、使用商品化，实验动物的质量标准也逐步提高，我国也越来越重视实验动物在上述领域中的应用。

一、实验动物相关定义

在本章节常常提到实验动物、试验用动物和

动物试验的术语。现对以上3个与实验动物相关的概念作以下解释。

实验动物是指经人工饲养、繁育，对其携带的微生物及寄生虫实行控制，遗传背景明确或来源清楚，用于科学研究、教学、生产和检验及其他科学试验的动物。

试验用动物是指能够用于科学试验的所有动物，不仅包含实验动物（如大鼠、小鼠、地鼠、豚鼠、兔、SPF 鸡、小型猪、比格犬、猴等），还包括野生动物（如青蛙、斑马鱼、蟾蜍、果蝇）、经济动物（水貂、狐狸等）、伴侣动物（猫、犬等），以及家畜（猪、牛、羊等）、家禽（鸡、鸭、鹅等）等。与实验动物相比，野生动物、经济动物、伴侣动物、家畜和家禽的生物学特性、遗传学背景、微生物控制状态等都具有一定的不确定性。因此，应用这些动物进行科学试验，其结果往往出现较大差异，从而降低试验结果的可信度。

动物试验是指人为地改变环境条件，观察并记录动物演出型的变化，以揭示生命科学领域客观规律的行为，即在动物实验室内，为了获取有关生物学、医学、兽医学或其他学科新的知识或解决具体问题而使用动物进行科学研究的行为。

二、实验动物分类

按照不同的分类标准，可将实验动物进行不同类别的划分。最常见的两种分类方式为按遗传学控制分类，以及按对微生物和寄生虫实行控制的程度分类。

（一）按遗传学控制分类

1. 近交系动物 指兄妹或亲子连续交配 20 代以上的动物群体。20 代是人为规定的世代数，其血缘系数（个体间遗传基因组合近似程度）达 99.6％，近交系数（基因位点近似程度）达 98.6％。近交系动物遗传基因高度纯合，个体差异小，品系内差异不明显，特性稳定，试验反应趋于一致，结果处理容易，广泛应用于生物和医学领域。

2. 突变系动物 是由突变所产生的，具有突变基因，并显示出突变性状，淘汰不具备突变性状，选择具有突变性状并加以维持的品系。不规则交配方式，但必须以保持突变性状为目的。

3. 封闭群动物 也称远交群动物，不从外部导入基因，在种群内部随机交配繁殖 4 代以上，可来源于近交系或非近交系。起源于近交系的封闭群，其遗传性状均一，可认为是准近交系。起源于非近交系的封闭群，其遗传性状不均一，要采用大种群繁育，以避免近亲繁殖。封闭群具有遗传杂合性而差异较大，但封闭状态和随机交配使得基因频率得以稳定，在一定范围内保持相对稳定的遗传特征。封闭群具有类似于人类群体遗传的性质、较强的繁殖力和生命力，有利于进行大规模生产供应，广泛应用于预试验、教学和一般试验。

4. 杂交一代动物 指近交系间、近交系与封闭群间、封闭群与封闭群间进行杂交繁殖的第一代群体。近交系间的杂交群第一代，其近交系数为 0％，血缘系数几乎是 100％。尽管杂交第一代群体携带有许多杂合位点，但其在遗传上是均一的。杂交一代动物具有杂交优势，生命力强，特别适用于繁殖力低下的近交系种群。杂交第一代，基因型相同，表现型变异低，具有两系双亲的特性，试验反应均一，广泛应用于各类试验。

（二）按对微生物和寄生虫实行控制的程度分类

1. 无菌动物 在自然界是不存在的，是在无菌屏障设施中剖腹取出胎儿，将其饲养在隔离器中繁育，人不直接接触动物，通过隔离器上的橡皮手套接触，其应检不出可检的任何微生物及寄生虫。

无菌动物生长发育体型相对较小，但寿命比普通动物要长；无菌动物的盲肠比普通动物的盲肠要长 5～6 倍。关于这一现象的解释有两种：一是因微生物缺乏导致大分子酸性黏蛋白在盲肠内大量积累，胶体渗透压提高，水分在体内（特别在盲肠）稽留；二是无菌动物稽留的水分大量进入盲肠超出大肠的回收能力，有大量的水分经粪便排出，因此无菌动物通常排稀便，排尿量少。无菌动物肠壁变薄、肝脏重量下降、心脏变小、脾脏变小、无二级滤泡，淋巴小结内缺乏生发中心，故产生丙种球蛋白的能力弱，血清中 IgM、IgG 水平低，免疫功能处于原始状态，应答速度慢，过敏反应、对异体移植物的排斥反应及自身免疫现象消失或减弱。普通动物受辐射照射后，由于细菌感染并发症而造成死亡；而无菌动物抗辐射能力强。

2. 悉生动物或已知生物体动物 是机体内带着已知微生物的动物。此种动物原是无菌动物，系人为地将指定微生物丛接种于无菌动物体内定居。已知生物体动物一般分为单菌动物、双菌动物、三菌动物和多菌动物。已知生物体动物也饲养在隔离器中，饲养方法与无菌动物相同。由于这种动物是有菌的，因此隔离器内也有定居的微生物及其代谢产物，它比无菌动物的生活能力强，饲养管理也比较容易，在多种试验研究中可以代替无菌动物使用。已知生物体动物的质量检测中，除检测是否污染外，还应检测接种的微生物是否定居，对未能定居的菌株还应补充接种。无菌动物和已知生物体动物是研究宿主与微生物、寄生虫相互关系绝好的实验动物。中国预防医学科学院流行病学研究所用志贺氏痢疾杆菌攻击无菌豚鼠，数日后无菌豚鼠死亡，但对已知生物体动物攻击志贺氏痢疾杆菌则受到保护，证明了微生物之间存在颉颃作用。悉生动物在等级分类上也属于无菌动物的范畴。

3. 无特定病原体动物 是指动物体内无特定的病原微生物和寄生虫，但其他的微生物和寄生虫允许存在，实际上就是指无特定传染病的健康动物；此种动物来源于无菌动物和悉生动物，即从隔离器转移到屏障设施中繁育饲养的动物。

4. 清洁动物 国外称最少疾病动物。对此类动物，在 2001 年前我国规定饲养在亚屏障设施内，之后规定饲养在屏障设施内，它是不带有在动物之间传染病原体的动物，也是把疾病控制到最少的一种动物。

5. 普通动物　此种动物饲养在普通环境中，是指不明确所携带微生物，但不携带人畜共患病病原体及寄生虫的动物。

三、实验动物管理与控制

为保证生物制品生产、检验和科研的质量，必须从实验动物设施设备要求、实验动物饲养室的环境条件、实验动物的饲养管理等多方面加强对实验动物的科学管理。

（一）实验动物设施设备要求

实验动物设施设备是从事饲养、育种、保种、生产、动物试验等的建筑物、设备及运营管理在内的总和。按其功能可分为动物生产设施、动物试验设施和特殊动物试验设施三大类。

1. 实验动物饲养场所的选择　应符合国家和地方有关管理部门对建筑物的要求。从实验动物卫生防疫的角度充分考虑，周围应无家畜、家禽及其他动物饲养场。应选择无可能成为中间宿主的昆虫滋生或可以控制滋生的区域。尽量选择无空气污染及噪声干扰的区域。

动物生产和动物试验设施应严格分开，特殊动物试验设施，如用于放射性试验，感染、毒理试验，病原微生物和细胞培养，重组 DNA、转基因动物试验，克隆和胚胎干细胞、细胞试验和应用特殊化学物质等的试验设施，需具有特殊的传递系统，确保在动态传递过程中与外环境的绝对隔离，排出的气体和废物须经无害化处理。进行烈性传染病病原微生物、致癌、剧毒物质的动物试验，均应在负压隔离设施或有严格的防护设备的设施内操作。

2. 实验动物及动物试验设施的环境要求　应根据实验动物的品种、品系及微生物控制的级别建造相应的实验动物设施，以防不同品种动物相互干扰，不同品系动物发生遗传污染，以及不同级别动物发生微生物等污染。实验动物及动物试验设施按微生物控制程度又可分为普通环境、屏障环境、隔离环境三大类。

隔离环境指密闭的实验动物设施环境。实验动物生存在与外界环境完全隔离的环境内；人与动物不能直接接触，工作人员通过隔离器上组装的无菌手套进行操作，通过传递舱进出隔离器的饲料、饮水、垫料等所有物品均需灭菌；设有恒温、恒湿和除菌换气系统；具有严格的微生物控制，要求送入空气的洁净度达 100 级，排出的空气需经高效过滤器送出；用于饲养无菌动物或悉生动物及 SPF 动物的保种。兽医生物制品生产、科研单位常用此环境进行 SPF 鸡等动物的动物试验。

屏障环境是指相对密闭的实验动物设施环境。设有恒温、恒湿和除菌换气系统；进入屏障环境内的空气须经过滤净化处理，其洁净度达 10 000 级，进入屏障内的人、动物和物品（如饲料、水、垫料及试验用品等）均需有严格的微生物控制；用于饲养 SPF 动物和清洁动物。

普通环境是指比较开放的实验动物设施环境。实验动物的生存环境直接与外界大气相通，设有换气系统，对温、湿度有一定要求，饲料、饮水要符合卫生要求，垫料要消毒，饲养室内要有防鼠、防昆虫等措施；是饲养普通级实验动物的场所。

3. 选择动物试验设施的原则　选择动物试验设施的基本原则是：使用普通级实验动物进行动物试验，应选择在普通环境设施内进行；使用清洁级、SPF 级实验动物进行动物试验，应选择在屏障环境设施内进行；使用无菌动物或悉生动物进行动物试验，应选择在隔离环境设施内进行。在高级别的动物试验设施中也可以进行低一级别的动物试验，前提是该动物试验设施不能同时进行不同级别的动物试验。如用 SPF 鸡进行动物试验，SPF 鸡可饲养在隔离器内。反之，高级别的动物试验不能在低级别的动物试验设施中进行。

4. 从事与病原微生物相关的动物试验设施要求　中华人民共和国国务院令第 424 号《病原微生物实验室生物安全管理条例》第三十条规定，需要在动物体上从事高致病性病原微生物相关试验活动的，应当在符合动物实验室生物安全国家标准的三级以上实验室进行。中华人民共和国农业部公告第 302 号《兽医实验室生物安全技术管理规范》将动物生物安全实验室分为四级，即动物生物安全一级实验室（ABSL-1）、动物生物安全二级实验室（ABSL-2）、动物生物安全三级实验室（ABSL-3）和动物生物安全四级实验室（ABSL-4）。

（1）动物生物安全一级实验室（ABSL-1）能够安全地进行没有发现肯定能引起健康成人发病的，对实验室工作人员、动物和环境危害微小的、特性清楚的病原微生物感染动物工作的生物安全水平。

（2）动物生物安全二级实验室（ABSL-2）能够安全地进行对工作人员、动物和环境有轻微危害的病原微生物感染动物的生物安全水平。这些病原微生物通过消化道、皮肤、黏膜暴露而产生危害。

（3）动物生物安全三级实验室（ABSL-3）能够安全地从事国内和国外的，可能通过呼吸道感染、引起严重或致死性疾病的病原微生物感染动物工作的生物安全水平。与上述相近的或有抗原关系的但尚未完全认识的病原体感染，也应在此种水平条件下进行操作，直到取得足够的数据后，才能决定是继续在此种安全水平下工作还是在低一级安全水平下工作。

（4）动物生物安全四级实验室（ABSL-4）能够安全地从事国内和国外的，能通过气溶胶传播，实验室感染高度危险、严重危害人和动物生命和环境的，没有特效预防和治疗方法的微生物感染动物工作的生物安全水平。与上述相近的或有抗原关系的，但尚未完全认知的病原体动物试验也应在此种水平条件下进行操作，直到取得足够数据后，才能决定是继续在此种安全水平下工作还是在低一级安全水平下工作。

从事一、二类动物病原微生物动物试验的应在动物生物安全三级或三级以上实验室进行，从事三、四类动物病原微生物动物试验的应在动物生物安全二级或二级以下实验室进行。普通微生物动物试验可在动物生物安全一级实验室进行。个别病原微生物经危害风险评估后可能会有适当调整。病原微生物的危害风险评估是病原微生物动物生物安全实验室不可缺少的一项管理活动，是确保动物实验室生物安全的重要保证。

5. 设施的建筑要求　应符合国家及地方有关管理部门对建筑物设计、建造的一般要求，但要充分考虑实验动物设施的特殊性。内墙表面应光滑平整，阴阳角均为圆弧形，易于清洗、消毒。墙面应采用不易脱落、耐腐蚀、无反光、耐冲击的材料。地面应防滑、耐磨、无渗漏，下水设计合理，保证水流通畅。天花板应耐水、耐腐蚀。饲养室应有良好的气密性。走廊应有足够宽度、门宽不应小于900 mm，送排风应能控制，符合所饲养动物的微生物控制级别要求。应有二路电力供应及备用发电设备，以保证通风设备正常运行。

6. 实验动物设施内应有明显的区域划分　动物饲养区域用于动物生产、繁殖、试验期饲养观察。动物试验操作区域与动物饲养间相邻或相近处，设置与试验种类相应的试验操作室。动物接收、检疫区域主要对新进入动物进行检查、检疫。物品进入、贮存区域用于饲料、垫料等消耗性物品、笼器具的进入及贮存。事务管理区域用于记录及各种事务管理、更衣、卫生间和浴室等。废弃物处理区域用于垃圾、动物尸体无害化处理前的暂存。洗刷、消毒、灭菌区域用于笼架具的清洗、消毒、灭菌和饲料、垫料等物品的消毒、灭菌。机房区域用于空调机房、配电室等的设置。其他区域包括走廊、门厅、楼梯、电梯等区域。

（二）实验动物饲养室的环境条件

根据对实验动物微生物控制要求的不同，饲养室的环境条件分为 4 类。开放系统适用于饲养普通级实验动物。亚屏障系统适用于饲养清洁级实验动物。屏障系统适用于饲养无特定病原体（SPF）级实验动物。隔离系统适用于饲养 SPF级及无菌（GF）级实验动物。

（三）实验动物的饲养管理

（1）实验动物生产种群遗传背景应明确，微生物控制符合《医学实验动物质量标准》。生物制品生产、检定及科研用大小鼠的质量应达到清洁级以上标准。为保证动物质量，应定期进行微生物学、病理学、遗传学的监测。不符合标准的应及时更新种群。

（2）根据生物制品生产、检定和科研的需要，选育、生产不同品种、品系，符合微生物控制要求的实验动物。

（3）根据动物的品种、品系及微生物等级的不同，严格分开饲养，严格按各自的饲养操作细则加强管理。

（4）实验动物生产应有能准确反映生产过程和动物繁殖生产能力的各种台账、笼卡，并认真填写。

（5）动物试验前应给予一定的适应期，以适应新的饲养环境。患病动物或试验期患病的动物，原则上不作治疗。啮齿类小动物应及时淘汰处理。犬、猴等中型动物在确认治疗不影响试验结果的前提下才能治疗，并应记录治疗所用药剂、方法等。

（6）在同一动物试验室，使用同品种、同品系的实验动物进行不同试验时，应有明显的区别。动物的饲养架或笼子上应标明试验名称、试验期、动物数量、试验负责人等。同笼动物必要时采取适当的办法区别标记，如刺耳、耳标、烙印、涂色等。进行活菌、活病毒试验的动物应与其他实验动物严格分开。

（7）垫料要吸水性好、无害，并消毒或灭菌后使用。定期换笼、换垫料、保持笼架具清洁卫生、干燥等。

（8）应定期给实验动物喂料、给水。实验动物的饲料、水应符合各种动物的营养需要。不能有影响实验动物健康及动物试验结果的病原体、化学有害物等的污染。严禁饲喂霉变饲料。需饲喂蔬菜、水果等新鲜饲料时，应保证质量，有防止病原体和有毒物污染的措施。饲料的营养水平应符合《医学实验动物全价营养饲料标准》。饮用水须符合城市饮水卫生标准。应根据饲喂实验动物微生物控制等级，采用相应的消毒和灭菌措施。

（9）实验动物设施内应进行定期和临时的消毒杀虫，防止传播媒介的滋生。消毒杀虫剂不应对动物健康和动物试验带来不良影响。

（10）进行有感染性和放射性等生物危害性试验的动物饲养间，应该与一般性试验的动物舍严格分开，且有严格的安全防护措施，以防止生物有害物质的外泄和对工作人员健康的危害。

（四）实验动物的供应和使用

根据生物制品生产、检定、科研所需的动物规格、遗传及微生物等级要求，供应具有动物质量合格证的动物。动物运输应使用符合动物生理及微生物控制级别要求的运输工具。

（五）实验动物的检疫和传染病的控制

实验动物的疾病防治，应以卫生的饲养管理及严格的检疫为原则，以预防为主。原则上不得采取疫苗免疫接种，免疫后的动物不得用于生物制品的生产、检定和科研。引入实验动物时，必须按检疫制度进行隔离检疫。严格控制外来人员及物品出入动物繁育室。应建立防疫消毒制度，加强动物饲养室内及院落的卫生消毒工作。定期消灭蚊蝇、野鼠等可能的传染源、传播媒介。废弃或淘汰动物应及时处理，尸体及其他废弃物应及时进行无害化处理。发生疫情应及时隔离封锁，

查明病因，采取措施，慎重处理，必要时全部销毁。已污染的及可能被污染的动物、环境和物品亦应彻底消毒，并及时上报有关部门。邻近地区发生疫情时，必须严格封锁，并加强防疫消毒措施。

（六）实验动物工作人员要求

（1）从事实验动物生产及试验期动物饲养管理的人员，应经过专门的技术训练并获得上岗证，应有一定数量的技术人员。

（2）从事动物试验的试验人员，应具备实验动物的有关知识，掌握所用动物的特性、习性、饲养管理要点等。

（3）实验动物工作者应身体健康，每年体检至少一次，发现患有人畜共患传染病者，应积极治疗，妥善安排。

（4）实验动物工作人员作业时须穿戴工作衣、帽、鞋，且在不同微生物等级控制的动物舍内应穿戴各自相应的工作衣、帽、鞋。凡进行对人有危害的动物试验，如人畜共患病、传染病、放射性、致癌性、致死性的试验，必须有切实可靠的防护措施。

（七）实验动物设施设备的消毒

对实验动物室环境进行消毒时，通常选择不同的消毒剂。选用消毒剂的原则是要选用环保、低毒、高效，对人员、器材设备，以及防护设施损伤最小的消毒剂和消毒方法。

1. SPF 动物饲育区的消毒　需用福尔马林进行熏蒸消毒（室温 20℃、相对湿度 70% 以上）。消毒前，要移出不耐腐蚀的物品，清扫后用胶带、塑料纸等密封通风管口、电器开关与插座等，关闭门窗，再按饲育室体积大小进行熏蒸，灭菌时戴好防毒面罩。如饲育室大小为 6 m×3 m×2.5 m，则可按下述任一方法进行消毒：①取 2 倍稀释的福尔马林溶液 1.8 L，放入福尔马林气体发生器中，插上电源，24h 后开始排气；②水（0.9~1.8 L）＋福尔马林（0.9L）＋ K_2MnO_4（900 g），放入耐热、耐腐蚀的容器中，24h 后换气；③饲育室内放置 3 只电热瓶，1 只放入 800 g NH_4HCO_3，1 只放 500 mL 水，蒸发后关掉电源，另 1 只放入 450 g 多聚甲醛，开关在室外，先打开装碳铵的电热瓶开关，2h 后再开多聚甲醛的开关，24h 后换气并进行微生物检测，达到要求后使用。

2. 无菌动物、悉生动物饲育区的消毒 该区域的消毒原则上按照 SPF 饲育室的操作原则，但消毒程度要求更彻底一些。一般用 1.5%～2% 的过氧乙酸、2%～3% 的戊二醛或含有效碘 10^{-3} 的碘伏进行喷雾消毒。对地板、墙壁、工作台的日常消毒可用 75% 酒精、50% 异丙醇或 0.05%～0.1% 的季铵盐类等进行喷雾。

3. 感染试验区的消毒 该区域要求用福尔马林进行熏蒸消毒，具体方法同"1. SPF 动物饲育区的消毒"。

感染动物饲育室、更衣室等出入口应放置脚踏药液槽，使用卤素类消毒液。工作人员的手须每日消毒。传递窗、缓冲间的紫外灯应保持打开状态，器材进出时需用 75% 酒精或卤化剂喷雾消毒。试验完毕后，对试验笼器具连同试验区域进行喷雾消毒，或熏蒸消毒和清洗。

4. 饲料消毒 饲料灭菌一般用高压蒸汽灭菌法，也可采用 γ 射线灭菌。γ 射线（^{60}Co）照射要有特殊装置，一般可委托专门机构按标准操作程序进行。γ 射线对饲料的灭菌剂量是 5 Mrad，消毒剂量是 2.5～3 Mrad（或 25～30 kGY）。

高压蒸汽灭菌时间一般为 121.3℃ 30～40min，干燥 20～30min，对于潮湿的饲料应适当延长干燥时间。在灭菌前首先要检查饲料是否腐败、变质及是否有虫、虫结等。灭菌时应将饲料装入不锈钢网箱中或者通透的布袋中，并在上下留有一定间隙。高压灭菌后，把饲料放入有盖的容器中，盖上箱盖，再密封。贴上时间标签，置于清洁、干燥、低温（相对湿度 40%、温度 10℃以下）场所保存。

5. 饮水消毒 动物的饮水一般是自来水，虽有一定的水质标准，但水管末端的水中只含有 $0.1×10^{-6}$ mg/L 的氯（规定有效氯在 $1×10^{-6}$ mg/L 以上），因此还需要考虑消毒效果。

饮水的灭菌一般采用高压蒸汽法，时间一般为 121.3℃ 60min。应使用耐热性水瓶，装水量不超过其容积的 80%，在饮水瓶上贴上高压灭菌用颜色指示剂，并用铅笔写上日期、时间等。灭菌后的饮水放在固定的清洁场所保存，灭菌后及使用前应检查颜色指示剂的灭菌程度。

自来水经酸化处理后作为 SPF 鸡饮用水。可添加次氯酸钠（有效氯 $2×10^{-6}$～$3×10^{-6}$ mg/L）或加盐酸调 pH 至 2.5～3.0。pH3.0 的酸化水作为 SPF 鸡的饮用酸化水。酸化后，pH>3.625 的水放置 1～7d 有细菌生长，pH<3.3 的自来水酸化后 1h 后可完全抑制细菌生长。

6. 垫料消毒 实验动物所用垫料有稻壳、麦秸、木屑、纸屑、刨花等，必须充分考虑其卫生程度。一般情况下，垫料的灭菌可采用高压蒸汽及干热灭菌方法。

垫料灭菌时，可放入不锈钢容器中（占容积的 80% 左右），或者直接装入饲育笼中一起灭菌（2～3 cm 厚）。高压灭菌的条件一般为 121℃ 40 min，干燥时间为 20min；如果垫料潮湿，则适当延长干燥时间，使其完全干燥为止。干燥灭菌的条件是 180℃ 30 min，干燥灭菌易引起火灾，应慎用。

使用后的垫料，原则上须焚烧处理。尤其是不含重金属的一般垫料，原则上焚烧；含有重金属的垫料应在特殊焚烧炉中焚烧，焚烧炉的烟道中应有重金属吸附设备等。焚烧时，投入口应避免烟漏出，焚烧后的灰烬中含有残留重金属，应由专门机构处理。

（八）实验动物尸体及污物的消毒与灭菌

试验过程中死亡的动物，或者试验结束后尚未死亡，采用安乐死术处死的动物尸体，以及经过适当肢解的较大实验动物及其污物（实验动物的污物主要是垫料及所含的粪便、毛和废弃饲料等），需装入专用的尸体袋中，放冰柜等待统一进行消毒液消毒、高压蒸汽灭菌及焚烧灭菌等。

1. 消毒液消毒 可将动物尸体装入专用的有盖塑料桶内，加入 3% 石炭酸溶液后浸泡过夜（不少于 24h）；也可用 75% 酒精、50% 异丙醇或 3% 石炭酸等喷雾，静置 2h，直到被毛全部湿透。应注意，动物尸体内的有机质会降低消毒剂的消毒效果。消毒后，把尸体密封放在冷暗处保存或进行焚烧处理。该法只对动物尸体表面有效，而对尸体内部并无效果，如希望内部灭菌，则须高压灭菌或焚烧处理。

2. 高压蒸汽灭菌 高压灭菌 121℃ 20 min，不需干燥。灭菌后，将污物装入不漏水、结实的包装袋中进行焚烧处理，不焚烧时放在 -20℃以下冷冻保存。

3. 焚烧灭菌 在尸体及污物放入焚烧炉的过程中，要注意防止其对周围环境的污染。不含有金属的动物尸体及污物，一般放入设施附属的焚尸炉中焚烧。含有重金属的污物应在特殊焚烧炉中焚烧。焚烧时要防止动物尸体的消化道内容物、水滴、油脂或火焰等外溢。焚烧效果以尸体或污物全部化为灰烬为标准。

4. ABSL－2 实验室的动物尸体及污物的消毒与灭菌方法　兽医生物制品行业的小动物 ABSL－2 实验室内一般都采用隔离器和 IVC（独立通气笼）饲养动物，动物尸体及粪便均采用高压灭菌处理。大动物 ABSL－2 实验室，由于猪、牛动物个体大，产生的粪、尿也很多，粪、尿及污物经高压灭菌处理难度比较大，气味也很难闻，因此粪尿污物处理一般多采用流通蒸汽灭菌处理。在 ABSL－2 实验室的下方设地下室，地下室内安装至少 2 台（根据动物的饲养量和罐的大小而定）不锈钢储粪罐，与 ABSL－2 实验室的下水道相连，并设自动转换开关。粪、尿、污水自动流入不锈钢储粪罐，一个罐流满后自动转换开关，关闭流满的不锈钢储粪罐（可进行流通蒸汽灭菌），并开启另一个不锈钢储粪罐。不锈钢储粪罐内的蒸汽管走向应该是一竖一横，横的蒸汽管下方开孔，灭菌时，蒸汽通过这些小孔将沉积的粪便打碎，并进行流通蒸汽灭菌；不锈钢储粪罐的上方应安装高效过滤器，以防止灭菌时有毒气体排出，污染环境。动物尸体应采用高压灭菌方式处理。

5. ABSL－3 大动物实验室动物尸体的处理　可选择绞碎处理，尸体从解剖室地面的通道口进入处理设备后，预热升温 1h，150℃高压灭菌 2h，降温 1h。炼制后为颗粒状。使用高温和蒸汽对动物尸体进行炼制，常被生物安全实验室所采用。其原理是使用一个带有转轴的钢质容器，轴上有辐条和桨叶对容器内部的圆周表面进行清扫和搅拌，使热量能够将尸体分解成液态浆状物质。尸体的湿气在干燥过程中被驱离（汽化）。蒸汽通常是加热的媒介，通过外部的壳层进行间接加热，然后再向内注入至旋转轴心、辐条和加热/切割用桨叶。也可采用碱水解处理动物尸体，碱水解后仅剩下骨头。碱水解是一项湿处理技术，在高温条件下（常用 121℃）是最有效的。这种技术能够以物理（如加热）和化学的方法将液体和固体废物消毒，并利用碱金属化合物（如 KOH、NaOH）将蛋白质、脂肪和核酸消解。

（程水生　王忠田　陈光华）

第二节　常用实验动物

一、SPF 鸡

SPF 鸡系指经人工饲育在隔离器或屏障设施中，对其环境设施实行控制（空气万级净化，饲料灭菌，饮用无菌水，动物试验时 SPF 鸡可饮酸化水），进入的一切物品均须灭菌，饲养人员实行严格控制，对国家标准规定的 19 种病原微生物实行监控，遗传背景明确或来源清楚，用于科学研究、教学、生产或检验的鸡。欧盟规定，SPF 鸡群的任何一种微生物检测结果若为阳性，则鸡群失去 SPF 状态，该鸡群就不应称为 SPF 鸡群，由此而生产的兽医生物制品，特别是禽用活疫苗均应废弃。

（一）SPF 鸡生产设施

目前，国内 SPF 鸡生产设施有如下几种类型：

设施类型 ┤

全进全出、人工授精、自动饮水、人工加料、人工捡蛋、人工清粪，无温度、湿度、压差报警装置，无摄像监控装置

全进全出、人工授精、自动饮水、人工加料、人工捡蛋、人工清粪，无温度、湿度、压差报警装置，有摄像监控装置

全进全出、人工授精、自动饮水、人工加料、人工捡蛋、淘汰后清粪，无温度、湿度、压差报警装置，无摄像监控装置

全进全出、网上本交、自动饮水、机械加料、机械捡蛋、淘汰后清粪，有温度、湿度、压差报警装置，有摄像监控装置

全进全出、网上本交、自动饮水、机械加料、机械捡蛋、机械清粪，有温度、湿度、压差报警装置，有摄像监控装置

前 3 种设施类型早期多见，相对比较落后。随着 SPF 鸡饲养技术的发展，后来新建的 SPF 鸡舍均有摄像监控装置，温度、湿度、压差报警装置，机械化程度也大大加强。SPF 鸡的繁殖亦从人工授精转变为网上本交。人工授精最大的优势是受精率高，缺陷是人员进出频率高，污染风险高，劳动强度大，人员数量需求多。人工授精的劣势恰恰是本交的优势。

（二）SPF 鸡微生物学检测

我国及美国、欧盟关于 SPF 鸡微生物检测项目和方法分别见表 12-1、表 12-2 和表 12-3。

表 12-1　我国 SPF 鸡的微生物学检测项目及其方法

序　号	病原微生物	方　法	要　求
1	鸡白痢沙门氏菌 *Salmonella pullorum*	SPA、IA、TA	●
2	副鸡嗜血杆菌 *Haemophilus paragallinarum*	CO、SPA、IA、ELISA	●
3	多杀性巴氏杆菌 *Pasteurella multocide*	CO、AGP、IA	○
4	鸡毒支原体 *Mycoplasma gallisepticum*	SPA、HI、ELISA	●
5	滑液支原体 *Mycoplasma synoviae*	SPA、HI、ELISA	●
6	禽流感病毒 *Avian influenza virus*	AGP、HI、ELISA、RT-PCR	●
7	新城疫病毒 *Newcastle disease Virus*	HI、ELISA	●
8	传染性支气管炎病毒 *Infectious bronchitis virus*	ELISA、SN、AGP、HI	●
9	传染性喉气管炎病毒 *Infectious laryngotracheitis virus*	ELISA、AGP、SN	●
10	传染性法氏囊病病毒 *Infectious bursal disease virus*	AGP、ELISA、SN	●
11	淋巴白血病病毒 *Lymphoid leukosis virus*	ELISA	●
12	网状内皮组织增生症病毒 *Reticuloendotheliosis virus*	ELISA、AGP	●
13	马立克氏病病毒 *Marek's disease virus*	AGP	●
14	鸡传染性贫血病毒 *Chicken infectious anaemia virus*	ELISA、IFA、PCR	●
15	禽呼肠孤病毒（病毒性关节炎）*Avian reo virus*	AGP、ELISA	●
16	禽脑脊髓炎病毒 *Avian encephalomyelitis virus*	ELISA、AGP、EST、SN	●
17	禽腺病毒 I 群 *Avian adenovirus group* I	AGP	●
18	禽腺病毒 III 群 *Adenovirus group* III	HI、ELISA	●
19	禽痘病毒 *Fowl fox virus*	CO、AGP	●

注：1. 表中排在第一位的检测方法为首选方法。

2. "●"为必须检测项目，要求阴性；"○"为必要时的检测项目，要求阴性。

3. 副嗜血杆菌的检测方法见 NY/T 538—2002，多杀性巴氏杆菌的检测方法见 NY/T 563—2002、禽流感病毒 RT-PCR 检测方法见 NY/T 772—2004、鸡传染性贫血病毒的 PCR 检测方法见 NY/T 1187—2006。

表 12-2　美国农业部 SPF 鸡群质量检测标准

检测项目	方　法
禽腺病毒 1 型 *Avian adenovirus*，Group-1（AAV-1）	AGP、MNT
禽腺病毒 2 型 *Avian adenovirus*，Group-2（AAV-2）	AGP
减蛋综合征病毒 *Avian adenovirus*，Group-3（AAV-3）	HI
禽脑脊髓炎病毒 *Avian encephalomyelitis virus*（AEV）	*ELISA、AGP*
禽流感病毒 *Avian influenza virus type A*（AIV）	*AGP、ELISA*
禽呼肠孤病毒 *Avian reovirus*（ReoV）	*IFA、ELISA*
鸡传染性支气管炎病毒 *Ark* 型 Infectious bronchitis-ark（IBV-Ark）	*ELISA、HI、SN*
鸡传染性支气管炎病毒 *Conn* 型 Infectious bronchitis-conn（IBV-Conn）	*ELISA、HI、SN*
鸡传染性支气管炎病毒 *JMK* 型 Infectious bronchitis-JMK（IBV-JMK）	*ELISA、HI、SN*

（续）

检测项目	方　法
鸡传染性支气管炎病毒 Mass 型 Infectious bronchitis-mass（IBV-Mass）	ELISA、HI、SN
鸡传染性法氏囊病病毒 Infectious bursal disease serotype1（IBDV）	AGP、ELISA、SN
鸡传染性喉气管炎病毒 Infectious laryngotracheitis virus（ILTV）	AGP、ELISA、SN
禽白血病病毒 A，B，C，D，E，J 亚型 Lymphoid leukosis viruses-A，B，C，D，E，J（ALV-A，B，C，D，E，J）	ELISA
鸡马立克氏病病毒 Marek's disease virus	AGP
鸡毒支原体 Mycoplasma gallisepticum infection（MG）	SPA、HI
鸡滑液支原体 Mycoplasma synoviae infection（MS）	SPA、HI
鸡新城疫病毒 Newcastle disease virus（NDV）	HI、ELISA
网状内皮组织增生症病毒 Reticuloendotheliosis virus（REV）	IFA、AGP
鸡白痢沙门氏菌 Salmonella gallinarum/pullorum（SP）	SPA、IA、TA
其他型沙门氏菌 Salmonella species（S）	IA

表 12-3　《欧洲药典》中 SPF 鸡群质量检测标准

检测项目	方　法
禽腺病毒 1 型 Avian adenovirus，Group-1（AAV-1）	ELISA
减蛋综合征病毒（血凝性禽腺病毒）Avian adenovirus（AAV-3）	HI
禽脑脊髓炎病毒 Avian encephalomyelitis virus（AEV）	ELISA
禽流感病毒 Avian influenza virus type A（AIV）	ELISA
禽肾炎病毒 Avian nephritis virus（ANV）	FA
禽传染性鼻气管炎病毒 Avian rhinotracheitis virus（IBRV）	ELISA
禽呼肠孤病毒 Avian reovirus（ReoV）	FA
鸡传染性贫血因子 Chicken anemia virus（CAV）	FA
鸡传染性支气管炎病毒 Infectious bronchitis virus（IBV）	ELISA
鸡传染性法氏囊病病毒 Infectious bursal disease（IBD）	AGP
鸡传染性喉气管炎病毒 Infectious laryngotracheitis virus（ILTV）	SN
禽白血病病毒（A，B，C，D，E，J）Lymphoid leukosis（ALV）	ELISA
鸡马立克氏病病毒 Marek's disease virus（MDV）	ELISA
鸡毒支原体 Mycoplasma gallisepticum infection（MG）	SPA、HI
鸡滑液支原体 Mycoplasma synoviae infection（MS）	SPA、HI
鸡新城疫病毒 Newcastle disease virus（NDV）	HI
网状内皮组织增生症病毒 Reticuloendotheliosis virus（REV）	FA
鸡白痢沙门氏菌 Salmonella gallinarum/pullorum（SP）	SPA
其他型沙门氏菌 Salmonella species（S）	IA

（三）SPF 鸡的应用

SPF 鸡和鸡胚是用于高血脂症和动脉粥样硬化动物模型、性激素研究及多种人畜禽生物制品生产、鉴定所不可缺少的实验动物和原材料，在许多领域应用广泛。

1. 研究　SPF 鸡和鸡胚用于禽病研究和疫苗研究，如禽流感、鸡新城疫、鸡马立克氏病、鸡传染性支气管炎、鸡毒支原体、鸡大肠杆菌病等。由于 SPF 鸡和鸡胚排除了多种病原及其抗体的干扰，因此试验结果准确、可信、重复性好。另外，SPF 鸡和鸡胚还可用于病毒学研究、种毒的培养传代、免疫学研究、制备高免血清。

2. 疫苗生产与检验　鸡胚是生物制品生产的

重要材料，常用于病毒的培养和传代、病毒类疫苗生产和质量检验，如禽用活疫苗生产与检验、小儿麻疹疫苗的生产和人用狂犬病疫苗的生产等。WHO规定，人用活疫苗的生产必须使用 SPF 鸡胚，同时我国农业农村部要求兽医生物制品毒种的鉴定、禽用活疫苗生产和检验也必须用 SPF 鸡和鸡胚。

通过鸡胚传代可使某些病毒的毒力致弱。例如，鸭瘟活疫苗、鸡马立克氏病活疫苗、传染性支气管炎活疫苗等均是将病毒株通过鸡胚传代后，毒力降低丧失致病力，并培育成的活疫苗。

3. 药物评价 利用 1～7 日龄雏鸡膝关节和交叉神经反射，可评价脊髓镇静药的药效。6～14日龄雏鸡可用于评价药物对血管功能的影响。鸡的离体器官也用于某些药物评价试验中，如离体嗉囊可评价药物对副交感神经肌肉连接的影响，离体心脏可用于评价药物对心脏的作用，离体直肠可用于评价药物对血清素的影响等。

4. 肿瘤学和传染病研究 鸡马立克氏病是疱疹病毒引起的肿瘤病，用疫苗可进行预防制。这揭示了病毒可导致肿瘤，而且可以用疫苗来预防，故鸡可用于研究病毒致肿瘤机理，建立人类肿瘤动物模型，在医学研究中具重要意义。鸡还可用于研究支原体感染引起的肺炎和关节炎、链球菌感染、细菌性内膜炎等。

5. 内分泌学研究 将雄鸡睾丸手术摘除，可进行雄性激素代谢与作用的研究。公鸡去势后，雄性特征退化、鸡冠不发达、颜色干白、翼毛光亮消失，性情温顺安静，不再斗架，很少啼鸣，腿长也缩短等，另外还可研究因切除睾丸而导致的甲状腺功能减退、垂体前叶囊肿等内分泌疾病。

6. 营养学研究 鸡适合于研究 B 族维生素特别是维生素 B_{12} 和维生素 D 缺乏症；其高代谢率适合于研究钙磷代谢和嘌呤代谢的调节；并用于碘缺乏症的研究。

7. 老年学研究 鸡的生殖功能随着年龄的增长而衰退，其产蛋可作为研究老化的一个客观指标。

8. 环境污染研究 有机磷化合物对鸡的脱髓鞘作用可用于监测环境的有机磷水平。鸡易通过空气感染疾病，可由此监测空气中微生物的污染水平。

9. 其他 鸡的凝血机制好，红细胞呈椭圆形，核大。染色后细胞质为红色，核为深紫色。利用该特点，在炎症吞噬反应试验中，可以鸡红细胞作为炎症渗出液内白细胞的吞噬异物。

另外，鸡还可作为研究高血脂症、动脉粥样硬化、近视眼、记忆与学习、性别决定、胚体神经缺损等动物模型；也适用于遗传学研究（如肌肉营养不良的研究）、关节炎的研究等。

（四）SPF 鸡主要品种

鸡的品种很多，但对试验用鸡的品种和品系，国内外尚无统一规定。作为验动物，除少数试验中用鸡本身外，大多数试验中用鸡胚来进行。现仅对鸡的品种进行介绍。

兽医学、医学中常用的品种是白来航鸡，该品种原产于意大利，现分布于世界各地。其体型小而清秀，全身羽毛白色而紧贴。成熟早，产蛋量高而饲料消耗少，年平均产蛋 220 个以上，多则可超过 300 枚。平均蛋重为 54～60 g，蛋壳为白色。是生物医学研究中最常用的品种，大量用于病毒学、疫苗制造等。目前已由白来航鸡育成若干近交度较高品系，如肥胖白来航品系用于甲状腺机能衰退研究；GH 来航品系用于皮肤移植研究；LD 来航品系用于研究马立克氏病的抗病机理。另外，还有星杂 288、巴布可克B300、尼克鸡、京白 833 等产蛋量较高的来航品系。

二、SPF 鸭

鸭（Duck, *Anas platyrhynchos*）及其卵作为实验动物主要用于鸭病的研究，病毒的分离、繁殖与复壮。鸭胚还是病毒试验和疫苗制造的原材料。中国农业科学院哈尔滨兽医研究所曲连东研究员等通过对绍鸭进行疾病检测、病原微生物净化〔隔离器饲养（空气高效过滤、饲料 ^{60}Co 照射、饮用无菌水和酸化水）、灭活疫苗接种、定期检测病原微生物质量，淘汰阳性个体达到疫病净化〕，已成功培育我国自己的 SPF鸭群，建立了 SPF 鸭核心群及相应的生物学数据库和遗传学性状信息库，提出了 SPF 鸭微生物学质量检测标准，国家 SPF 禽种源基地项目于 2011年 4 月通过专家验收，现已向社会提供少量的SPF 鸭蛋。

鸭作为实验动物，主要用于鸭黄病毒病、鸭病毒性肝炎、鸭瘟、鸭传染性浆膜炎、鸭霍乱、鸭大肠杆菌病及其疫苗的研究和检验。鸭胚可作为病毒试验和减蛋综合征、鸭病毒性肝炎、鸭瘟、小鹅瘟等疫苗制造的原材料。北京鸭乙型肝炎病毒与人乙型肝炎病毒在复制途径、形态结构和 DNA 多聚酶等方面均相似，因此鸭可以作为人乙型肝炎的动物模型。还可以分离鸭的颈部血管，在一些人肝癌自发率高的地区进行血压测定研究。

根据所采用的监测方法，检测样品包括鸭血清、抗凝血、咽拭子或泄殖腔拭子等。

表 12 - 4　SPF 鸭微生物检测项目和方法

序　号	病原微生物	方　法
1	沙门氏菌	SPA、IA、TA、PCR
2	多杀性巴氏杆菌	IA、PCR、ELISA
3	鸭疫里氏杆菌	IA、ELISA、LAT
4	衣原体	IHA
5	网状内皮组织增生症病毒	PCR、ELISA
6	禽腺病毒Ⅲ群	HI
7	鸭肝炎病毒	ELISA、PCR、VN
8	鸭肠炎病毒	ELISA、PCR、SN
9	禽流感病毒	HI、PCR
10	新城疫病毒	HI、PCR
11	呼肠孤病毒	PCR、ELISA
12	鸭黄病毒	PCR、ELISA

SPF 鸭的具体生物学检测程序见图 12 - 1。

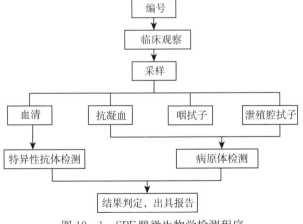

图 12 - 1　SPF 鸭微生物学检测程序

三、猪

猪（pig，*Sus scrofa*）在剖检、生理、营养和新陈代谢等方面与人类非常相似，故成为研究人类疾病的重要动物模型。猪和小型猪是常用的实验动物之一。在实践中，由于家猪体躯大，所占空间大，饲养面积大，吃得多，喝得多，排泄也多，因而成本也就高，因此也专门培育了用于动物试验的小型猪。

小型猪，又称 minipig，是生物医学研究中应用最为广泛的非啮齿类大型实验动物之一，具有其他实验动物不可替代的优越性，而且作为异种器官移植最可能的供体成为研究热点，其研究和开发利用受到生物医药界的普遍关注。但是，小型猪胆小怕惊，人一接触它，它就受惊。工作人员测试体温时，小型猪就往上蹿，体温就上升，这对兽医生物制品安全或效力试验结果的判定造成困难。因为绝大多数病原微生物都会引起体温升高，而且体温升高又是病原微生物发病判定的重要指标之一。由于小型猪抗病力强，对高致病性猪繁殖与呼吸综合征病毒等病原微生物也不如家猪敏感，因此兽医行业使用小型猪进行动物试验不如医药行业多。

目前，国内 SPF 猪繁殖数量少而且标准偏低，远远不能满足兽医行业研究、生产和检验的需求。

（一）我国小型猪的主要品系和特性

从 20 世纪 80 年代初开始，我国开始对小型猪资源进行调查和实验动物化研究。其主要品系或资源有版纳微型猪近交系、五指山小型猪近交系、广西巴马小型猪、贵州小型猪、甘肃蕨麻小型猪、藏猪等。

1. 版纳微型猪近交系　云南农业大学以版纳微型猪为种源，在 20 世纪 70 年代末开始进行近交试验。至 2001 年，近交系已顺利进入 19 世代，近交系数高达 0.983，培育成功两个体型大小不同、基因型各异的近交系和 6 个家系，在不同的家系内又进一步分化出具有不同表型和遗传标记的 18 个亚系。中国科学院上海实验动物中心于 1995 年自原产地引进版纳微型猪，系统地进行了生物学特性研究，目前保持有一定规模的核心群。版纳微型猪能适应湿热气候和半放牧的饲养条件，产仔率较高并具有早熟易肥、皮薄肉嫩等特点，是培养实验动物和高档肉食加工的较佳素材。

2. 五指山小型猪近交系　中国农业科学院北京畜牧兽医研究所冯书堂研究员等培育的 WZSP 猪，原分布于海南岛五指山地区。1987 年从原产地迁地北京保种获得成功。原种猪 DNA 指纹图相似系数已达 0.698，在原近交的基础上又继续进行全同胞或亲子近交繁育，目前理论群体近交系数最高达 0.965，且遗传稳定，未发现有严重的遗传分离现象。已广泛应用于药学、比较医学、畜牧兽医学等生命科学领域，形成了开发利用网络，产生了一定的经济效益和社会效益，引起国内外专家的关注。五指山猪肉质中含有影响肉质风味的多种挥发性化合物，赖氨酸含量也较高，并含有丰富的 3 种必需氨基酸。这种特异性挥发性化合物的存在，可能与五指山微型猪肉质及风味特异性有关，为五指山微型猪的种质资源开发利用和进一步深入研究提供了理论依据。

五指山猪近 60 多项生理、生化指标与人类项目数值近似，因此是实验动物的理想选择，是人类医学实验动物的理想模型。目前已用于人类医学比较试验研究之中，并取得良好效果。五指山猪具有的上述特性表明五指山猪可作为实验动物尤其是在人类比较医学、器官移植方面发挥独特作用，并能为人类提供高档优质肉食。尤其是以五指山猪为父本进行提高肉质为目的的杂交改良、培育新品系、新品种，可能具备不可估量的前途。

此外，我国还有广西巴马小型猪、贵州小型猪、甘肃蕨麻小型猪、藏猪、上海试验用小型猪、台湾小型猪。国外小型猪主要品系有明尼苏达-霍麦尔系小型猪（Minnesota-Hormel strain）、皮特曼-摩尔系小型猪（Pitman-Moore strain）、汉辐德系小型猪（Hanford Strain）、哥廷根小型猪（Gottingen strain）、阿米尼种小型猪（Oh mini）、科西嘉系小型猪（Corsica）、西伯利亚小型猪。

（二）小型猪在医学上的应用

1. 用于建立动物疾病模型　十余年来全国已累计将近万头小型猪成功应用于动物疾病模型、烧伤皮肤敷料、眼角膜保存等诸多方面，可继续在肿瘤、心血管病、糖尿病、皮肤烧伤等研究中应用，并不断开拓新的领域。

2. 用于建立细胞系　美国利用 Susscrofa 小型猪已获得猪胚胎干细胞系（1996）；我国以五指山小型猪近交种猪（WZSP）为研究对象，已开展了猪胚胎干细胞、体细胞建系研究并获得我国首例 EG 干细胞嵌合体猪（2003），已建立 3 个皮肤干细胞系分别至 20 代以上（2007）和骨髓间充质细胞等。

3. 用于新药和食品安全评价　试验用小型猪在国际上用于食品安全评价，与鼠相比，可提高 10%～15% 的可信度。随着转基因产品的增多，利用试验用小型猪进行国家一类新药研发和食品安全评价的需求数量将越来越大。

4. 用于异种移植　小型猪被认为是人类器官移植理想的"捐献者"。一旦人源化基因猪研究获得成功，其细胞、组织、血液、器官均将有着重要的应用价值。

（三）SPF 猪

SPF 猪是指猪群无特定病原微生物引起的疾病，猪群呈明显的健康状态。对妊娠末期的健康母猪通过子宫切除或子宫切开手术获取仔猪，在无菌环境中饲喂超高温消毒牛奶，在此期间，给仔猪接种乳酸杆菌，增强其消化功能，21d 后转入环境适应间饲养 4～6 周，使其产生对环境的适应能力后转入严格卫生管理的猪场育成，这样育成的猪称为初级 SPF 猪。用初级 SPF 猪正常配种繁殖生产的后代称为二级 SPF 猪。此方法主要依据是利用胎盘的屏障作用净化不能通过胎盘垂直感染的各种疾病，从而生产高度健康的猪群。SPF 猪通过不断推广辐射，建立起 SPF 猪生产体系，并辅以专门的屠宰加工和物流配送，形成 SPF 猪产业化。

编者认为，按上述方法繁殖的 SPF 猪远远达不到兽医学、兽医生物制品学研究和检验用 SPF 猪的质量要求。因为，上述方法饲养的 SPF 猪有一段时间不在万级环境条件下饲养，特别是在中国的环境条件下，容易被病原微生物污染。兽医用 SPF 猪的建立或血缘补充的途径应通过无菌剖腹产手术完成。首先大规模检测妊娠末期母猪，排除垂直传播病原，如猪瘟病毒、猪繁殖与呼吸综合征病毒、伪狂犬病病毒和细小病毒等，经过隔离观察，待妊娠 112d 或 113d 时实施剖腹产手术，无菌摘取胎儿。仔猪在百级净化隔离器（隔离器安放在十万级净化设施中）中人工饲喂超高温消毒牛奶，避免母源抗体，防止外界感染。在此期间，接种乳酸杆菌，增强消化功能。21d 后转入万级净化屏障环境下的断奶仔猪室，适应4～6 周。经采样检测无猪瘟、猪繁殖与呼吸综合征、猪伪狂犬病、猪细小病毒病、猪多系统衰竭综合征（猪圆环病毒引起）、猪传染性胃肠炎、猪流行性腹泻、猪链球菌病、猪传染性胸膜肺炎、副猪嗜血杆菌病、猪萎缩性鼻炎、猪肺疫、仔猪副伤寒、猪支原体肺炎、仔猪红痢等病原和抗体后，转入万级净化屏障环境下的育成室，获得初级 SPF 猪。初级 SPF 猪在万级净化屏障设施环境下进行正常配种、繁殖，获得次级 SPF 猪。初级 SPF 猪和次级 SPF 猪统称为 SPF 猪。

（四）小型猪的微生物质量检测

北京市已将试验用小型猪微生物检测项目和方法列入地方标准 DB11/T 828.1—2011。按照编号→外观检查→采样（结合临床症状和实验室检查结果，需要进一步确证时，可取特定样本进行检测）→耳后、背部毛发或皮屑→采血→鼻拭子、肛拭子（或新鲜粪便）→检测→结果判定→判定结论。每 6 个月至少抽样检测一次。

各等级试验用小型猪病原微生物检测项目见表 12-5，相应检测方法见表 12-6。

表 12-5 各等级试验用小型猪病原微生物检测项目表

动物等级			微生物	检测要求
无特定病原体级	清洁级	普通级	口蹄疫病毒 Foot and mouth disease virus	▲
			猪瘟病毒 Classical swine fever virus	▲
			猪繁殖与呼吸综合征病毒 Porcine reproductive and respiratory syndrome virus	▲
			乙型脑炎病毒 Japanese encephalitis virus	▲
			布鲁氏菌 Brucella spp.	●
			皮肤病原真菌 Pathogenic dermal fungi	●
			钩端螺旋体 Leptospira spp.	○
		伪狂犬病病毒 Pseudorabies virus		●
		猪痢疾蛇样螺旋体 Serpul-mah yodysenteriae		●
		支气管败血波氏杆菌 Bordetella bronchiseptica		●
		多杀巴氏杆菌 Pasteurella multocida		●
		肺炎支原体 Mycoplasma hyopneumoniae		●
	猪细小病毒 Porcine parvovirus			●
	猪圆环病毒 2 型 Porcine circovirus type 2			●
	猪传染性胃肠炎病毒 Porcine transmissible gastroenteritis virus			●
	猪水疱病病毒 Swine vesicular disease virus			○
	猪胸膜肺炎放线杆菌 Actinobacillus pleuropeumoniae			●
	沙门氏菌 Salmonella spp.			○
	猪链球菌 2 型 Streptococcus suis type 2			○

注："▲"为必须检测，普通级可以免疫，清洁级和无特定病原体级不能免疫；"●"为必须检测；"○"为必要时检测。

表 12-6 试验用小型猪病原微生物检测方法

微生物	方 法
口蹄疫病毒	GB/T 18935 口蹄疫诊断技术；GB/T 22915 口蹄疫病毒荧光 RT-PCR 检测方法
猪瘟病毒	GB/T 16551 猪瘟诊断技术；SN/T 1379.1 猪瘟单克隆抗体酶联免疫吸附试验
猪繁殖与呼吸综合征病毒	GB/T 18090 猪繁殖与呼吸综合征诊断方法；NY/T 679 猪繁殖和呼吸综合征免疫酶试验方法
乙型脑炎病毒	GB/T 18638 流行性乙型脑炎诊断技术；GB/T 22333 日本乙型脑炎病毒反转录聚合酶链反应试验方法；SN/T 1445 动物流行性乙型脑炎微量血凝抑制试验
伪狂犬病病毒	GB/T 18641 伪狂犬病诊断技术
猪细小病毒	SN/T 1919 猪细小病毒病红细胞凝集抑制试验操作规程
猪圆环病毒 2 型	GB/T 21674 猪圆环病毒聚合酶链反应试验方法；猪圆环病毒 2 型 ELISA 抗体检测

（续）

微生物	方　　法
猪传染性胃肠炎病毒	NY/T 548 猪传染性胃肠炎诊断技术；SN/T 1446.1 猪传染性胃肠炎阻断酶联免疫吸附试验
猪水疱病病毒	GB/T 19200 猪水疱病诊断技术；GB/T 22917 猪水疱病病毒荧光 RT-PCR 检测方法
布鲁氏菌	GB/T 18646 动物布鲁氏菌病诊断技术
皮肤病原真菌	GB/T 14926.4 实验动物 皮肤病原真菌检测方法
猪痢疾蛇样螺旋体	NY/T 545 猪痢疾诊断技术
支气管败血波氏杆菌	NY/T 546 猪萎缩性鼻炎诊断技术
多杀巴氏杆菌	NY/T 546 猪萎缩性鼻炎诊断技术；NY/T 564 猪巴氏杆菌病诊断技术
肺炎支原体	GB/T 14926.8 实验动物支原体检测方法
猪胸膜肺炎放线杆菌	NY/T 537 猪放线杆菌胸膜肺炎诊断技术
钩端螺旋体	GB/T 14926.46 实验动物钩端螺旋体检测方法
沙门氏菌	NY/T 550 动物和动物产品沙门氏菌检测方法
猪链球菌 2 型	GB/T 19915.1－3 猪链球菌 2 型平板和试管凝集试验操作规程、猪链球菌 2 型分离鉴定操作规程、猪链球菌 2 型 PCR 定型检测技术；GB/T 19915.7 猪链球菌 2 型荧光 PCR 检测方法

四、家兔

家兔是由野生穴兔在欧洲驯化而成，我国养兔已有几千年的历史，在 1984 年已培育出无菌兔和 SPF 兔。

（一）家兔的应用

1. 兽医生物制品的研究、生产与检验　在家兔疾病与疫苗研究中，家兔作为靶动物用于动物试验研究；在猪、牛、羊等大、中型动物疫病与疫苗研究中，家兔被选为大、中型动物的替代动物，用于动物试验研究；家兔作为兽医生物制品的原材料，用于猪瘟活疫苗的生产。在兽医生物制品的成品检验中，常用家兔替代猪、牛、羊等大、中型动物进行安全、效力检验。例如，用家兔代替牛进行牛多杀性巴氏杆菌病灭活疫苗的安全、效力检验，用家兔代替羊进行羊黑疫、快疫二联灭活疫苗和羊梭菌病多联干粉灭活疫苗的安全、效力检验，用家兔代替猪进行仔猪红痢灭活疫苗和猪多杀性巴氏杆菌病灭活疫苗的安全、效力检验，用家兔代替猪进行猪瘟活疫苗的效力检验等。

2. 免疫学研究　家兔能产生较多的血清，胸部淋巴结明显，耳静脉大，易于注射和采血，因而广泛地用于人、畜各类抗血清和诊断血清的研究。免疫学研究中常用的各种免疫血清中，大多数是采用家兔来制备的，如各种病原体的免疫血清（抗细菌、病毒、立克次氏体等免疫血清等）、二抗（兔抗羊免疫血清、兔抗人球蛋白免疫血清等）、抗补体抗体（豚鼠免疫球蛋白免疫血清等）；抗组织免疫血清（兔抗大白鼠肝组织免疫血清、兔抗大白鼠肝铁蛋白免疫血清等）。

3. 各种生物制品的热原检查　家兔体温变化十分灵敏，对细菌内毒素、化学药品、异种蛋白会产生发热反应，发热反应典型、反应灵敏而恒定。因此，广泛用于发热、解热和检查致热原等试验研究，在生物制品的热原检查中应用最为广泛。热原由微生物或微生物代谢产生，其化学成分为菌蛋白、脂多糖、核蛋白或这些物质的水解物。例如，给家兔注射灭活的大肠杆菌或乙型副伤寒杆菌等细菌培养液和内毒素，则可引起感染性发热；给家兔注射 2％硝基酚溶液等化学品或异种（体）蛋白等，可引起非感染性发热。

4. 皮肤反应试验　家兔和豚鼠皮肤对刺激反应敏感，其反应近似于人，尤其是耳朵内侧特别适宜作皮肤反应的研究。常选用家兔皮肤进行毒物对皮肤局部作用的研究；兔耳可进行试验性芥子气皮肤损伤和冻伤烫伤的研究；另外还可用于化妆品对皮肤影响的研究。

5. 各种病原体所致疾病的动物模型研究　家兔对许多病毒和致病菌非常敏感，故常用于建立狂犬病、天花、脑炎、细菌性心内膜炎、沙门氏菌、溶血性链球菌、血吸虫、弓形体等感染性动物模型。

此外，家兔还可用于急性动物试验、眼科研

究、生殖生理和避孕药的研究、心血管和冠心病研究、胆固醇代谢和动脉粥样硬化症的研究、遗传性疾病和生理代谢失常的研究、寄生虫病的研究、畸形学研究等。

（二）主要的家兔品种

试验用兔品种很多，但兄妹近亲交配结果不佳，易产生近亲退化。一般认为兔的近交系数达到 80% 以上就成为近交系，多采用半同胞交配育成。一般按不同试验目的选择不同品种的兔作为实验动物。国际上试验兔品种多达数十种，我国目前常用的品种主要有以下 4 种。

1. 日本大耳白兔　日本大耳白兔是日本选用中国白兔和日本兔杂交选育而成。1941 年原华北农事试验场家畜防疫系从日本兽疫调查所引进日本大耳白种兔。其特征是生长快，繁殖力强，抗病力差。由于它耳朵又长又大，血管清晰，皮肤白色，适于注射和采血，因此是理想的试验用兔。我国广泛采用其作为试验兔，因长期饲养，在我国形成了不同的封闭群。

2. 新西兰兔　新西兰兔属肉用兔品种，由美国加利福尼亚州用弗朗德兔、美国白兔和安哥拉兔等杂交选育而成，也是美国用于试验研究最多的品种，已培育成近交品系。该品种兔性情温和，易于管理，除广泛应用于皮肤反应试验、药剂的热原试验、致畸形试验、毒性试验和胰岛素检定外，亦常用于妊娠诊断、人工受孕试验、计划生育研究和制造诊断血清等。

3. 青紫兰兔　青紫兰兔是法国于 1913 年育成的著名兔品种，是一种优良的皮肉兼用和试验用兔，我国各地都有饲养。它的每根被毛分为三段颜色，毛根灰，中段灰白，上尖黑色；耳尖及尾，面部为黑色，眼圈、尾底、腹部为白色。青紫兰兔对热原物质反应灵敏，常应用于制药和药检部门检查制品的热原性。

4. 中国本兔　是我国长期培育成的一种皮肉兼用、适合试验需要的品种，为早熟小型品种，全国各地均有分布。中国本兔抗病力强、耐粗饲，对环境适应性好，繁殖力强，是一种优良的育种材料，国外育成的一些优良品种均和中国本兔有血缘关系。

此外，还有其他一些品种有时也用于试验研究，如安哥拉兔、银灰色兔、喜马拉雅白化兔、维也纳兔、比利时兔、加利福尼亚兔、丹麦白兔、

西德长毛兔等。

（三）家兔微生物学检测

兔的微生物、寄生虫质量检测参照实验动物国家标准 GB/T 14926 和 GB/T 18448 等进行。

五、小鼠

试验小鼠（laboratory mouse），学名 *Mus musculus*，英文名为 mice。目前已培育出许多各具特色的封闭群和近交系，广泛应用于生殖生理、肿瘤、毒理、药理、免疫、微生物，以及药品、生物制品、兽医生物制品的研究和检验工作中。

（一）小鼠的应用

由于小鼠体型小、生长快、饲养管理方便、容易达到标准化，因此在药物学、肿瘤学、免疫学、遗传学、疾病研究、兽医生物制品研究与检验等方面中得到广泛应用，其使用量远远超过其他实验动物。

1. 药理学和毒理学研究　小鼠广泛用于各种药物的筛选性试验，如抗肿瘤药物、抗细菌药物和抗寄生虫药物等的筛选。小鼠常用于药物的药效学和安全性评价研究，如药物的急性毒性试验、亚急性毒性试验和慢性毒性试验，半数致死量和最大耐药量等的测定，"致癌、致畸、致突变"（三致）试验等也常用小鼠（裸鼠）进行。另外，小鼠还广泛用于医学与兽医学中血清、疫苗等生物制品的安全、效力研究和评价。

2. 免疫学研究　小鼠广泛用于免疫功能与免疫机制的研究。小鼠品系较多，不同品系小鼠对各种特异性抗原的反应性和对各种病原体的敏感性存在差异。例如，带等位基因 H2b 的小鼠（如 C57BL、C57L、129/J）比带有等位基因 H2k 的小鼠（如 C58、AKR、C3H）的抵抗力强，后者对小鼠白血病病毒和肿瘤病毒十分易感。又如 SWR/J（H2q）小鼠对淋巴细胞性脉络丛脑膜炎病毒（LCM）非常敏感，而 C3H（H2k）小鼠对该病毒有很强的抵抗力。小鼠也常用于免疫缺陷动物模型的研究，如 T 淋巴细胞、B 淋巴细胞免疫缺陷小鼠可用于免疫细胞与免疫辅助细胞的分化和功能及其相互关系的研究。小鼠还常用于单克隆抗体的制备和研究，如 AKR、C57BL/6J、BALB/c 等小鼠免疫后的脾细胞与骨髓瘤细胞融

合，可进行单克隆抗体的制备与研究。

3. 遗传学研究 小鼠毛色变化多样，其遗传学基础已研究得比较清楚，因此常用小鼠毛色作为遗传学分析中的遗传标记及品系鉴定的依据。此外，许多突变系小鼠，特别是具有遗传性疾病的突变系为研究人类遗传性疾病的病因、发病机制和治疗提供了自然的动物模型。

4. 肿瘤学研究 许多近交系小鼠自发性肿瘤发病率很高，从肿瘤发生学上来看，与人体肿瘤较为接近，因此常选用小鼠自发的各种肿瘤模型进行抗癌药物的筛选，比移植性肿瘤可能更为理想。另外，小鼠还可用于原病毒基因组学说和癌基因假说等肿瘤遗传学的研究。

5. 病原体所致疾病的研究 小鼠对病毒、细菌和寄生虫等多种病原体易感，可开展病原体的致病力、发病机理和疾病防治研究。

6. 其他疾病的研究 小鼠寿命短、个体差异小、价廉易得，在老年病试验研究中的使用仅次于大鼠，可用于老年病的发病机制、表现及防治研究。

（二）小鼠主要品系

小鼠是实验动物中培育品系最多的动物。一般将试验小鼠分为近交系、封闭群（远交群）、杂交群和突变系。

1. 近交系 C57BL/6 主要特征是毛色为黑色，乳腺肿瘤自然发生率低，化学物质难以诱发乳腺和卵巢肿瘤，老龄鼠淋巴瘤自发率为 $20\%\sim25\%$，雌鼠白血病为 $7\%\sim16\%$，经照射后肝癌发生率增高。较易诱发免疫耐受，干扰素产量较低，对结核杆菌、百日咳组胺易感因子（pertussis，HSF）敏感，对鼠痘病毒有一定抵抗力。C57BL/6 是肿瘤学、生理学、免疫学、遗传学研究中常用的品系，常被认作"标准"的近交系，为许多突变基因提供遗传背景。

CBA 系易诱发免疫耐受性，18% 的动物常出现下颚第 3 臼齿缺失，血压较高，对维生素 K 缺乏高度敏感，主要用于乳腺肿瘤、B 淋巴细胞免疫功能等研究。

C3H 系对狂犬病病毒敏感，对炭疽杆菌有抵抗力，干扰素产量低，主要用于肿瘤学、生理学、核医学和免疫学的研究。

BALB/c 系与其他近交系相比，肝、脾与体重的比值较大，易患慢性肺炎，对鼠伤寒沙门氏

菌补体敏感，对麻疹病毒中度敏感。对利什曼原虫、立克次氏体和百日咳组织胺易感因子敏感。广泛地应用于肿瘤学、生理学、免疫学、核医学研究及单克隆抗体的制备等。

此外，近交系小鼠还有 DBA/1、DBA/2、A 系、AKR 系、TA1（津白 1 号）和 TA2（津白 2 号）系、615 系、中国 1 号等。

2. 封闭群 现在国内使用的封闭群（远交群）小鼠有：昆明种小鼠（KM）、NIH、ICR 小鼠和 LACA 小鼠。

昆明种小鼠（KM）在我国用量较大，广泛应用于药理、毒理、病毒和细菌学的研究，以及药品、生物制品的检验。

NIH 小鼠由美国国立卫生研究院（NIH）培育而成，毛色为白色，繁殖力强，产仔成活率高，雄性好斗，容易致残。常用于药理、毒理研究和生物制品的检验。

此外，还有 ICR 和 LACA 小鼠。

3. 杂交群 国际上常用的杂交群（F_1 代）小鼠命名是采用两个亲本所用的部分符号合并一起后，再加 F_1 而组成，主要是标明杂交群亲本的性别与其品系的名称。在命名时，一般亲本母系在前，亲本父系在后，亲本品系名称多用缩写字母表示。如 AKR × DBA/2 可记为 AKD2F1。杂交 F_1 动物克服了近交系动物因连续近亲繁殖而引起的衰弱，又具有近交系动物在遗传物质上的均一性，因此备受科学试验工作者的重视。目前，杂交 F_1 代广泛应用于移植免疫研究、细胞动力学、干细胞和单克隆抗体等研究。

4. 突变系 突变系动物（mutant strain animal）是由自然变异或人工致畸，使正常染色体上的基因发生突变，而具有某种遗传缺陷或某种独特遗传特点的动物。常见的突变系小鼠主要有裸小鼠、侏儒症小鼠、无毛小鼠、肥胖症小鼠、糖尿病小鼠、SCID 小鼠等。常用的突变品系有以下几种。

（1）裸小鼠 主要特性是裸鼠表皮无毛，胸腺先天性缺陷，发育不全，T 淋巴细胞缺损，缺乏免疫应答性，致使免疫机理低下，因此许多不同类型的组织可在裸鼠身上移植成功，而不发生免疫排斥反应，适于免疫生物学、免疫病理学、移植免疫、肿瘤免疫、微生物学、免疫学和胸腺功能研究，为试验免疫学和试验肿瘤学提供了新的有效工具，可用于建立人癌移植模型，进行抗

肿瘤药物的化学治疗研究。同时裸鼠也是寄生虫感染机制研究、疫苗、菌苗安全性和免疫原性，以及生物制品传代细胞致瘤试验的最好动物模型。

（2）侏儒小鼠　因缺乏脑下垂体前叶的生长素和促甲状腺激素，故小鼠存在生长发育障碍，主要用作研究内分泌的动物模型。

（3）无毛小鼠　出生后 14d 左右上眼睑、下腭部、四脚趾背部开始脱毛，随后是尾背部及全身，只留下一些散在的毛，但触须还保留，几乎成裸体，多用于皮肤放射效应的研究。

（4）肥胖小鼠　表现为单纯肥胖而不伴有糖尿病。小鼠的肥胖症与人类很相似，利用该小鼠进行了许多肥胖症的生化、病理、激素及药物治疗等方面的研究，可作为人类肥胖症的疾病模型。

（5）糖尿病小鼠　由单隐性突变基因引起，自发于 Jackson 实验室的近交系小鼠 C57BL/KS，主要用于糖尿病研究。

（6）SCID 小鼠　细胞免疫和体液免疫功能缺陷；但巨噬细胞和 NK 细胞功能未受影响，其骨髓结构正常，外周血中的白细胞和淋巴细胞减少。容易死于感染性疾病，必须饲养在屏障环境中。广泛应用于免疫细胞分化和功能的研究，倚重免疫功能重建，单克隆抗体制备，人类自身免疫疾病和免疫缺陷性疾病及病毒学和肿瘤学研究等。

（三）小鼠的微生物学检测

小鼠的微生物、寄生虫及遗传质量检测参照实验动物国家标准 GB/T 14926、GB/T 18448 和 GB/T 14927 等进行。

六、大鼠

大鼠，学名褐家鼠（rat，*Rattus novegicus*），别名为褐鼠、棕鼠、沟鼠、大白鼠等。其祖先是由褐鼠演变而来，原产于亚洲中部，于 17 世纪初期传到欧洲。18 世纪后期开始人工饲养，19 世纪美国费城维斯塔尔（Wistar）研究所在开发大鼠作为实验动物方面做出了突出贡献，目前世界上使用的许多大鼠品系均源于此。大鼠体型较小，遗传学较为一致，对试验条件反应较为近似，现在已被广泛应用于生命科学、医疗卫生等方面的研究。

（一）大鼠的应用

1. 药理学和毒理学研究　大鼠和小鼠一样，广泛用于药物的安全性评价和药效学研究，如药物的急性、亚急性毒性试验、慢性毒性试验、致畸试验和药物毒性作用机制的研究，以及某些药物不良反应的研究。

2. 肿瘤学研究　大鼠可用于自发性和诱导性肿瘤模型的研究。

3. 营养学和代谢性疾病的研究　大鼠对营养物质缺乏很敏感，可发生典型缺乏症状，是营养学研究中使用最早、用量最多的实验动物，用于如各种维生素缺乏症、营养不良、动脉粥样硬化等的研究。另外，利用大鼠可以进行营养代谢异常的研究，如氨基酸和钙磷代谢的研究。

此外，大鼠还常被用于内分泌学研究、新兽药研究、老年病研究、心血管疾病研究、遗传学研究和病原体所致疾病的研究等。

（二）大鼠主要品系

大鼠的分类方法与小鼠基本相同，一般分为近交系、封闭群、杂交群和突变系。

1. 近交系　目前已知的大鼠近交品系有 100 多种，主要有 ACI、F344、SHR、LEW、LOU/CN 和 LOU/MN、COP、GH、WKY、AGUS 等。

2. 封闭群　常用的封闭群大鼠有 Wistar 大鼠、SD 大鼠、Long-Evans 大鼠、Brown-Norway 大鼠等。

3. 杂交群　大鼠的杂交 F_1 代使用不如小鼠广泛，常用的有：As×AS2 F_1、F344×Wistar F_1、LEW×BN F_1、LOU×R F_1、WAG×BN F_1 等。

4. 突变系　突变系大鼠是基因突变的产物，这是大鼠由于某些原因使得染色体上的一个位点或几个位点起了变化。大鼠的突变系已发现有 20 多种，如白内障大鼠（cataract rat）、肥胖症大鼠（obesity rat）、SHR/Ola 大鼠、癫痫大鼠等。

（三）大鼠的微生物学检测

大鼠的微生物、寄生虫及遗传质量检测参照实验动物国家标准 GB/T 14926、GB/T 18448 和 GB/T 14927 等进行。

七、豚鼠

豚鼠（Guinea pig，*Cavia porcellus*）又名海猪、天竺猪、荷兰猪。原产于南美洲，由野生豚鼠之中的短毛种驯化而来。哥伦比亚、委内瑞拉、巴西和阿根廷北部现仍有野生豚鼠栖息。1780 年，

Laviser 首次用豚鼠作热原质试验，现豚鼠已广泛应用于医学、生物学、兽医学等科学研究。

（一）豚鼠的应用

豚鼠广泛应用于生物学、免疫学、医学、药理学与毒理学、兽医生物制品学等方面的研究与检验。

1. 药理学和毒理学的研究 豚鼠可用于制作多种疾病的动物模型和药效、安全性评价，如平喘药和抗组胺药的研究、抗结核病药物的药理学研究，以及药物或毒物对胎儿后期发育影响研究等。

2. 病原体所致疾病的研究 豚鼠对很多种病原体敏感，是进行各种传染性疾病研究的重要实验动物，如结核、白喉、鼠疫、钩端螺旋体、链球菌、大肠杆菌病、布鲁氏菌病、斑疹伤寒、炭疽等细菌性疾病和疱疹病毒病等。另外，豚鼠的腹腔是一个天然的过滤器，有很强的抗微生物感染能力，可用豚鼠分离很多微生物，如立克次氏体、鹦鹉热衣原体等。

3. 兽医生物制品学的研究与检验 豚鼠对兽医病原微生物敏感，常用于兽医生物制品的研究和检验。例如，用豚鼠替代牛进行牛副伤寒灭活疫苗的安全、效力检验；用豚鼠替代牛、羊进行气肿疽灭活疫苗的安全、效力检验；用豚鼠替代猪进行猪细小病毒病灭活疫苗的效力检验等。

4. 补体的来源 豚鼠血清溶血补体活性很高，是所有实验动物中补体含量最多的一种动物，其补体非常稳定。常用豚鼠血清作为补体进行补体结合试验来诊断动物疾病。成年雄性豚鼠的溶血补体活性最高。

另外，豚鼠还可以被用来进行营养学研究、免疫学研究、耳科学研究、缺氧耐受性和测量耗氧量研究等。

（二）豚鼠主要品种和品系

1. 品种 英国种豚鼠毛短，体格健壮，毛色有纯白、黑色、棕黑色、灰色等。个体的毛色组成有单毛色、双毛色和三毛色。目前我国使用的豚鼠多为短毛的英国种豚鼠。

安哥拉种豚鼠毛细而长，能把脸部、头部、身体覆盖住。对寒冷和潮湿特别敏感，不易饲养繁殖，一般雌鼠每胎只生 1 只仔鼠，而且仔鼠成活率较低。这种豚鼠不适于进行试验。

秘鲁种毛细长有卷，体质较英国种差，与安哥拉种有血缘关系。

2. 品系 目前豚鼠有远交群约 30 个，近交系约 15 个。常用于科学研究的近交品系为近交系 2 号和近交系 13 号。

近交系 2 号源自于美国，1950 年后由美国国立卫生研究院分发给世界各国。其毛色为三色（黑、红、白），大部分在头部，其体重小于近交系 13 号，但脾脏、肾脏和肾上腺大于近交系 13 号。近交系 2 号豚鼠体型较小，对结核杆菌抵抗力强，并具有纯合的 CLP-A（豚鼠主要组织相容性复合体）B-1 抗原，血清中缺乏诱发的迟发型超敏反应因子，对试验诱发自身免疫甲状腺炎比近交系 13 号敏感。

近交系 13 号体型较大、对结核杆菌抵抗力弱、繁殖能力比近交系 2 差，其他特性与近交系 2 号比较接近。

（三）豚鼠的微生物学检测

豚鼠的微生物、寄生虫及质量检测参照实验动物国家标准 GB/T 14926 和 GB/T 18448 等进行。

八、地鼠

地鼠，学名 *Phodopus sungorus*，英文名 Hamster，又名仓鼠，由野生地鼠驯养而成。作为实验动物而被经常使用的有金黄地鼠、中国地鼠、叙利亚地鼠等，它们各属于不同的属，染色体数各不相同，成年体重差别很大。

（一）地鼠的应用

1. 肿瘤学研究 地鼠的颊囊可移植某些同源正常组织细胞或肿瘤组织细胞等，其至非近交系也能移植成功，是肿瘤学研究中最常用的动物，被广泛应用于肿瘤增殖、致癌、抗癌、移植、药物筛选、X 线治疗等研究。金黄地鼠对移植瘤接受性强，比其他实验动物易生长，最适合诱发肺肿瘤。

2. 组织培养研究 地鼠肾细胞可用于乙型脑炎病毒、流感病毒、狂犬病病毒、腺病毒、立克次氏体的分离与研究。BHK-21 细胞广泛用于口蹄疫灭活疫苗、狂犬病灭活疫苗的生产。

3. 生殖生理研究 地鼠性成熟早，发情周期准确，妊娠期短，繁殖传代快，便于进行生殖生理研究。人类精子可穿过地鼠卵子的透明带，完成受精过程，便于计划生育科学研究。

4. 传染病研究　地鼠对试验诱导发病很敏感，是研究小儿麻疹病毒、结核杆菌、白喉杆菌、溶组织阿米巴、利氏曼原虫、旋毛虫等病原研究领域的重要试验材料。

5. 糖尿病研究　中国地鼠易发生真性糖尿病，血糖可比正常高出 2～8 倍。胰岛退化，B 细胞呈退行性变化，易培育成糖尿病，是真性糖尿病研究的良好材料。

另外，地鼠还可以用于营养学、药物学、免疫学等的研究。

（二）地鼠主要品种和品系

地鼠共有 4 属、66 个变种或亚属。常用的实验动物有金黄地鼠（*Mesocricetus auratus*）和中国地鼠（*Cricetulus barabensis*）。

1. 金黄地鼠　金黄地鼠系仓鼠属、叙利亚种，又称叙利亚地鼠。1930 年在叙利亚捕获，其后裔成为现在的试验用金黄地鼠，且前已遍及世界各国。现有近交系约 38 种，突变系约 17 种，远交群约 38 种。目前常用的金黄地鼠大部分属于远交群，繁殖性能良好。全世界普遍应用于科研工作的多为金黄地鼠，约占使用地鼠的 90%；其次，是中国地鼠，约占使用地鼠的 10%。

2. 中国地鼠　中国地鼠分布于我国东海岸到黑海东海岸地区。1919 年我国学者谢恩增首次将中国地鼠引入实验室进行医学研究，用于肺炎球菌的检定。1948 年，引种到美国，其后裔遍及欧、美、日等国的实验动物中心。现有群、系约 20 个。

（三）地鼠的微生物学检测

地鼠的微生物、寄生虫及质量检测参照实验动物国家标准 GB/T 14926 和 GB/T 18448 等进行。

九、犬

犬（dog，*Canis familiaris*）是人类最早驯化的动物之一，从 20 世纪 40 年代开始，犬就开始被用作实验动物，近年来，已培育出多个专用于试验的品种。

（一）犬的应用

1. 兽医生物制品的研究、生产与检验　犬作为靶动物已被广泛用于犬用疫苗的研究和检验及犬病的研究。

2. 试验外科研究　犬被广泛用于试验外科各个方面的研究，如心脑血管外科、断肢再植、器官或组织移植等。

3. 基础医学试验研究　目前犬是基础医学研究和教学中最常用的动物之一，尤其在生理、病理、药理等试验研究中应用最多。

此外，犬还被用于先天性白内障、胱氨酸尿、遗传性耳聋等疾病的研究和各种新药的药理试验、代谢试验和毒性试验等。

（二）犬主要品种

国际上用于试验研究的犬主要有比格（Beagle）犬、四系杂交犬、黑白斑点短毛犬、Boxer 犬、Labrador 犬、墨西哥无毛犬、国内试验犬等。这些品种犬的主要特征和用途如下。

1. 比格（Beagle）犬　Beagle 犬（图 12 - 2）原产于英国，1880 年引入美国，开始大量繁殖。因其体型小（成年体重 7～10 kg，体长 30～49 cm），毛短，形态和体质均一，禀性温和，易于驯服和抓捕，对环境的适应力、抗病力较强，性成熟期早（8～12 个月），产仔数多等优点，被公认为是较理想的试验用犬，广泛用于生物化学、微生物学、病理学、病毒学、药理学、肿瘤学等基础医学的研究工作中；农药的各种安全性试验，特别是制药工业中的各种试验，也主要应用该犬。近年来，Beagle犬已被引入国内，且已饲育繁殖成功。

图 12 - 2　Beagle 犬

2. 四系杂交犬 四系杂交犬是为满足科研工作者需要而培育的一种外科手术用犬，具有 Labrador 犬的较大体躯、极大胸腔和心脏，Samoyed 犬的耐劳和不爱吠叫等优点。

3. 黑白斑点短毛犬和 Boxer 犬 黑白斑点短毛犬可用于特殊的嘌呤代谢研究及中性白细胞减少症、青光眼、白血病、肾盂肾炎、Ehers-Danols 等病的研究。Boxer 犬可用于红斑结节狼疮和淋巴肉瘤研究。

4. Labrador 犬和墨西哥无毛犬 Labrador 犬性情温顺，体型大。一般用于试验外科研究。墨西哥无毛犬由于无毛可用于特殊研究，如粉刺或黑头粉刺的研究。

5. 国内试验犬 我国繁殖饲养的犬品种也很多，如中国猎犬、西藏牧羊犬、狼犬、四眼犬、华北犬、西北犬等。华北犬和西北犬广泛用于烧伤、放射损伤等研究。狼犬适用于胸外科、脏器移植等试验研究。

（三）犬的微生物学检测

犬的微生物、寄生虫和质量检测参照实验动物国家标准 GB/T 14926 和 GB/T 18448 等进行。

十、猫

猫（cat，*Felis domestica*）是常见的家庭饲养小动物，也是最常用的实验动物之一。早在 19 世纪末就开始用于试验研究，但用于试验中的猫大多数都是从市场上购买的家养猫，不过近年来，也有实验动物繁育场开始繁殖饲养猫。猫的血压稳定，血管壁较坚韧，对强心甙比较敏感。猫的红细胞大小不均匀，红细胞边缘有一环形灰白结构，称为红细胞折射体。血型有 A 型、B 型、AB 型。

（一）应用

猫常被用于猫病研究和疫苗研究，如猫狂犬病、猫鼻气管炎、猫嵌杯病毒病、猫泛白细胞减少症等。此外，猫还可以被用于弓形虫、Kinefelter 综合征、白化病、耳聋病等疾病动物模型研究、药理学研究、急性试验、炭疽病的诊断，以及阿米巴痢疾、白血病等疾病的研究。

（二）猫主要品种

猫的品种分类同其他动物一样复杂，按生活环境可分为家猫和野猫；按猫的被毛长短可分为长毛猫和短毛猫。在选择试验用猫时，应选毛色不一的短毛猫，因长毛容易脱落造成试验环境污染，同时这种猫体质衰弱，试验耐受性差，因而不选长毛猫。常用猫的品种有狸花猫、云猫、泰国猫、日本猫、波斯猫、安哥拉猫等。

（三）猫的微生物学检测

猫的微生物检测、寄生虫检测及质量检测方面，目前还没有国家标准和地方标准，常参照犬的微生物、寄生虫质量标准进行检测。

（程水生　丁家波　王忠田）

第十三章 质量检验技术

第一节 理化检验

一、外观检查

(一)液体疫苗和诊断液

(1)非油佐剂类液体制品 将产品倒至透明玻璃瓶中,室温静置至少 1d,然后在自然光照下观察产品的颜色及澄清度,最后将产品快速上下翻转 30s 后观察产品状态,按照制品质量标准进行判定。

(2)油佐剂类液体制品 将产品倒至透明玻璃瓶中,在自然光照下观察产品的颜色及状态。

各种液体疫苗及诊断液,外观必须符合其规定要求,如炭疽芽孢苗静置后为透明液体,瓶底应有少量白色沉淀;含氢氧化铝胶的灭活菌苗静置时上部应为黄棕色、黄褐色或褐色透明液体,下部为氢氧化铝胶沉淀,振摇后为均匀混浊液,但所有这类制品均应无异物,无摇不散的凝块及霉团等;同时,检查所有瓶封口是否严密、瓶签有无差错等。

(二)血清制品

所有血清都应为微带乳光橙黄色或茶色液体,不应有摇不散的絮状沉淀与异物。有沉淀时,稍加摇动,即成轻度均匀混浊,同时检查所有瓶封口、瓶签等。

(三)冻干疫苗

应为海绵状疏松物,色微白、微黄或微红,无异物和干缩现象。如为安瓿瓶,应无裂口及烧焦物。冻干制品加稀释液或水(原量)稀释振荡后,应在常温几分钟内迅速溶解成均匀一致的悬浮液。

二、剂型检查

油佐剂灭活疫苗的剂型主要分为油包水、水包油两种乳剂,油佐剂灭活疫苗质量标准一般要求对其剂型进行确定,方法如下:

取适量冷水至 500 mL 烧杯中,待液面平静后,取一清洁 1 mL 吸管,吸取适量疫苗,在距液面上方 2~3 cm 处,滴 1 滴疫苗于冷水表面,3~5s 后再滴入 2~3 滴疫苗,从上方观察疫苗在液面的扩散情况和从容器侧面观察疫苗向下扩散的情况,并记录液滴的扩散情况。除第 1 滴外,油包水型乳剂被检样品应不扩散,水包油型乳剂被检样品应扩散。

三、稳定性检查

为了维持油佐剂灭活疫苗剂型的稳定性,保证免疫效能,一般要求进行稳定性检查。一种方法是油佐剂灭活疫苗在 37℃条件下放置 21d 应不破乳;另一种方法是将待检样品温度恢复至室温,吸取疫苗 10 mL 加入离心管中,3 000 r/min 离心 15min,轻轻取出离心管,观察离心管底是否有水相析出,如有则管底析出的水相应不多于 0.5 mL。

四、黏度检查

油佐剂灭活疫苗的黏稠度将直接影响疫苗的

注射难易程度及组织的吸收速度，进而可能影响疫苗的免疫效果，故油佐剂灭活疫苗一般要求进行黏度检查。常见方法如下：

（一）吸管法

用 1 mL 吸管吸取疫苗 1 mL，用秒表记录吸管垂直留下 0.4 mL 疫苗所用的时间。

（二）黏度计法

采用旋转式黏度计进行该项检查。常用的旋转式黏度计有以下几种：

1. 同轴双筒黏度计 将供试品注入同轴的内筒和外筒之间，并各自转动，当一个筒以指定的角速度或扭力矩转动时，测定对另一个圆筒上产生的扭力矩或角速度，由此可计算出供试品的黏度。

2. 单筒转动黏度计 在单筒类型的黏度计中，将单筒浸入供试品溶液中，并以一定的角速度转动，测量作用在圆筒表面上的扭力矩来计算黏度。

3. 锥板型黏度计 在锥板型黏度计中将供试品注入锥体和平板之间，锥体和平板可同轴转动，测量作用在锥体或平板上的扭力矩或角速度以计算黏度。

4. 转子型旋黏度计 按各品种项下的规定选择合适的转子浸入供试品溶液中，使转子以一定的角速度旋转，测量作用在转子上的扭力矩以计算黏度。

常用的旋转式黏度计有多种类型，可根据供试品实际情况和黏度范围适当选用。

五、干燥制品剩余水分测定

由于水分含量的高低直接影响制品的稳定性和可溶性，因此干燥制品要求测定剩余水分含量。《中国兽药典》要求冻干制品剩余水分应不超过 4%，一般以 1%～3% 为宜。测定制品剩余水分的方法主要有以下两种：

（一）真空烘干法

取样品置于含有五氧化二磷的真空烘箱内，抽真空度达 133.322～666.61 Pa，加热至 60～70℃，干燥 3h，两次烘干达到恒重（恒重指物品连续两次干燥后重量差异在 0.5 mg 以下的重量）

为止，减失的重量即为含水量。剩余水分计算公式为：

$$剩余水分含量 = \frac{样品干前重 - 干后重}{干前重} \times 100\%$$

（二）卡氏测定法

卡氏测定法亦称费休氏法，是利用化学方法来测定制品的含水量。卡氏试剂中的化学药品为碘、二氧化硫、甲醇、吡啶。其原理为：水分与碘、二氧化硫发生作用，碘即变为碘化物，溶液由原来的棕红色变为无色，可用肉眼来观察终点，计算制品的含水量。

无论应用哪种方法测定水分，都应注意不受或少受空气湿度的影响。因为冻干制品都容易吸潮，所以在操作中，一是要掌握快速，二是要在干燥环境中进行，三是所使用的工具都必须干燥。由于上述两种测定方法中卡氏测定法要求更高，雨天不宜进行，且化学药剂的配制、标化、保存都比较麻烦，因此一般都使用真空烘干法。

六、真空度测定

真空度测定常采用高频火花真空测定器，通过测定器高频发射器尖端的强力火花，使冻干容器内部的残余气体电离而产生不同颜色的辉光。凡容器内出现白色、粉色或紫色辉光者为合格。经冷库保存的冻干制品，出厂前应测定真空度，无真空的制品应予剔除并报废，不得重抽真空。

七、汞类防腐剂残留量测定

依据供试品加硫酸、硝酸，经加热使硫柳汞变成无机汞离子，在一定条件下与二硫腙生成螯合物，二硫腙由墨绿色变成黄色，滴定至二硫腙绿色不变，汞离子全部螯合为终点，根据供试品和对照品溶液消耗滴定液的体积进行比较，计算出供试品中汞离子的量，即硫柳汞含量。

生产过程中添加了汞类防腐剂的制品，要求进行残留含量测定。现行《中国兽药典》附录要求其含量不高于 0.01%，以便降低其对使用对象的危害，方法如下：

（一）对照品溶液制备

精密称取硫酸干燥器中干燥至恒重的二氯化

汞 0.1354 g，置 100 mL 量瓶中，加 0.5 mol/L 硫酸溶液使其溶解并稀释至刻度，摇匀，每毫升溶液中含 1 mg 的 Hg。汞贮备液应放置在冰箱内保存。精密量取汞贮备液 5 mL 置 100 mL 量瓶中，用 0.5 mol/L 硫酸溶液稀释至刻度，摇匀，作为对照品溶液（1 mL 溶液中含 50 μg 的 Hg）。

（二）供试品溶液制备

1. 油乳剂疫苗消化　用经标定的 1 mL 注射器（附 15 cm 长针头）准确量取摇匀的供试品溶液 1 mL，置 25 mL 凯氏烧瓶（瓶口加一小漏斗）中，加硫酸溶液 3 mL、硝酸溶液 0.5 mL，小心直火加热。沸后停止，稍冷加硝酸溶液 0.5～1 mL，继续加热消化。如此反复加硝酸溶液 0.5～1 mL，加热溶液达到白炽化，再继续加热 15 min，溶液与前次加热的颜色比较无改变应为消化完全，放冷（溶液应无色）后加水 20 mL，再冷却至室温，即得供试品溶液。

2. 其他疫苗消化　精密量取摇匀的供试品溶液（约相当于汞 50 μg）置 25 mL 凯氏烧瓶（瓶口加小漏斗）中，加硫酸 2 mL、硝酸溶液 0.5 mL，直火加热沸腾 15 min，如溶液颜色变深，再加硝酸溶液（1→2）0.5～1 mL，继续加热沸腾 15 min，放冷后加水 20 mL，即得供试品溶液。

3. 滴定

（1）供试品溶液滴定　将供试品溶液移入 125 mL 分液漏斗，用水多次洗涤凯氏烧瓶，使总体积为 80 mL。加 20%盐酸羟胺溶液 5 mL，摇匀，用 0.001 25%双硫腙滴定液滴定。开始时每次滴加 3 mL 左右，以后逐渐减少至每次 0.5 mL，最后可少至 0.2 mL。每次加入滴定液后，强烈振摇 10s，静置分层，弃去四氯化碳层，继续滴定，直至双硫腙的绿色不变，即为终点。

（2）对照品溶液滴定　精密量取对照品溶液 1 mL（含汞 50 μg），置 125 mL 分液漏斗中，加硫酸 2 mL、水 80 mL、20%盐酸羟胺试液 5 mL，用 0.001 25%双硫腙溶液滴定，操作同（1）。

4. 计算　非油乳剂疫苗汞类残留量测定公式如下：

$$汞类残留量（g/mL）=\frac{攻试品消耗滴定液体积（mL）}{对照品消耗滴定液体积（mL）}\times\frac{1.01\times10^{-4}}{供试品取样体积}\times100\%$$

油乳剂疫苗应为上述公式再除以 0.6。

八、甲醛残留量测定

依据甲醛与乙酰丙酮在一定 pH 条件下反应的生成物为黄色，采用分光光度法测定反应物在 410 nm 波长处的吸收值，然后根据供试品和对照品的吸收值计算出供试品中甲醛的含量。

采用甲醛溶液作为灭活剂的制品，为了保证疫苗的使用安全，降低甲醛对使用对象的危害，要求进行甲醛残留含量测定。现行《中国兽药典》要求含梭状芽孢杆菌制品的甲醛残留含量不高于 0.5%甲醛溶液（含 40%甲醛），其他制品的甲醛残留含量不高于 0.2%甲醛溶液（含 40%甲醛）。方法如下：

（一）对照品溶液的制备

精密量取已测定含量的甲醛溶液（40%）适量，置 100 mL 量瓶中，加水稀释至刻度，摇匀，制成每毫升含甲醛 1.0 mg 的溶液。精密量取 5 mL，置 50 mL 量瓶中，加水稀释至刻度，摇匀，即得（约 0.1 mg/mL）。如供试品为油乳剂疫苗，则精密量取上述每毫升含甲醛 1.0 mg 的溶液 5 mL，置 50 mL 量瓶中，加 20%吐温-80 乙醇溶液 10 mL，再加水至刻度，摇匀，即得。

（二）供试品溶液的制备

1. 油乳剂疫苗的制备　用 5 mL 刻度吸管量取供试品 5 mL，置 50 mL 量瓶中，用 20%吐温-80 乙醇溶液 10 mL，分数次洗涤吸管，洗液并入 50 mL 量瓶中，加水稀释至刻度，强烈振摇，静置，分取下层清液备用。如下层清液不澄清，需经过滤，弃去初滤液，取续滤液，即得供试品溶液。

2. 其他疫苗的制备　用 5 mL 刻度吸管量取供试品 5 mL，置 50 mL 量瓶中，加水稀释至刻度，摇匀，即得。如不澄清，需经过滤，弃去初滤液，取续滤液，即得供试品溶液。

（三）检查法

精密量取对照品溶液和供试品溶液各 0.5 mL，分别加醋酸-醋酸铵缓冲液 10.0 mL、乙酰丙酮试液 10.0 mL，摇匀，先置 60℃水浴 15 min（此时溶液呈黄色），再冷水冷却 5 min，放置 20min，参照紫外-可见分光光度法在 410 nm 波长处测定吸光度。按照以下公式计算甲醛含量：

$$甲醛溶液（40\%）含量（g/mL）=\frac{2.5\times10^{-3}\times A_{供试品}}{A_{1.0mg}\times100\%}$$

$$A_{1.0mg}=\frac{A_{对照品}\times50}{W_{甲醛溶液}\times甲醛溶液含量}$$

九、苯酚（石炭酸）含量测定

依据苯酚与重氮化合物在一定 pH 条件下反应生成红色偶氮化合物，采用分光光度法测定反应物在 550 nm 的吸收值，根据供试品和对照品的吸收值计算供试品中苯酚的含量。

对制品生产过程中添加了苯酚（石炭酸）的制品，要求进行残留含量测定，现行《中国兽药典》附录要求其含量不高于 0.5%，以便降低其对使用对象的危害。方法如下：

（一）对照品溶液的制备

取苯酚（精制品）适量，加水制成每 1 mL 含 0.1 mg 的溶液，即得。

（二）供试品溶液的制备

取供试品 1 mL，置 50 mL 量瓶中，加水释至刻度，摇匀，即得。

（三）检查法

分别吸取对照品溶液和供试品溶液各 5 mL，置 100 mL 量瓶中，加水 30 mL，分别加醋酸钠试液 2 mL，对硝基苯胺、亚硝酸钠混合试液 1 mL，混合，再加碳酸钠试液 2 mL，加水至 100 mL，充分混匀，放置 10min 后，参照紫外-可见分光光度法（《中国兽药典》一部附录），在 550 nm 的波长处测定吸收度，供试品溶液的吸收度不得大于对照品溶液的吸收度。按照以下公式计算苯酚含量：

$$苯酚含量（g/mL）=0.005\times\frac{供试品溶液的吸光度}{对照品溶液的吸光度}\times100\%$$

十、辛酸含量测定

依据游离脂肪酸能与铜离子结合形成脂肪酸的铜盐而溶于三氯甲烷中，其量与游离脂肪酸含量成正比；用铜试剂测定其中铜离子的含量，即可推算出游离脂肪酸的含量。由于蛋黄抗体制品在提取过程中采用辛酸进行处理，故制品质量标准中要求对辛酸含量上限加以控制。

如鸡传染性法氏囊病等蛋黄抗体制品要求辛酸含量不高于 0.1%。

十一、pH 测定

pH 是指水溶液中氢离子浓度（以每升中摩尔数计算）的负对数。为了保证生物制品的稳定性和生物活性，有些制品需要控制 pH 范围。可以根据生物制品质量标准要求选择 pH 测定方法，一般采用酸度计进行测定，精度要求不高时，也可选择试纸法。目前多数生物制品采用酸度计进行 pH 测定，如转移因子溶液等制品。

（高金源　李俊平）

第二节　无菌检验和纯粹检验

生物制品（除另有规定外）都不应有外源微生物污染。灭活疫苗不得含有活的本菌或本毒。因此各类生物制品必须按规定进行无菌检验或纯粹检验，全部操作应在无菌条件下进行。对于一些允许有菌生长的病毒类制品，如果发现有菌生长，需要进一步进行杂菌计数和病原性鉴定；禽源组织制备的活疫苗，如果发现有菌生长，除进行杂菌计数和病原性鉴定外，还应进行禽沙门氏菌检验。另外，有些制品还需进行衣原体检验。

一、无菌检验和纯粹检验

（一）抽样

应随机抽样，样品应有确切的代表性。

（1）制造疫苗用的各种原菌液、毒液和其他配苗用组织乳剂、稳定剂及半成品的无菌或纯粹检验，应每瓶（罐）分别抽样进行，抽样量为2~10 mL。

（2）成品的无菌检验或纯粹检验应按每批或每个亚批进行，每批按瓶数的1%抽样，但不应少于

5 瓶，最多不超过 10 瓶，每瓶分别进行检验。

（二）检验用培养基

1. 无菌检验

（1）培养基及配方 硫乙醇酸盐流体培养基（fluid thioglycollate medium，TG）用于厌氧菌的检查，同时也可以用于检查需氧菌。胰酪大豆胨液体培养基（trypticase soy broth，TSB，亦称大豆酪蛋白消化物培养基 soybean-casein digest medium），用于真菌和需氧菌的检查。

①硫乙醇酸盐流体培养基 基础成分如下：

胰酪蛋白胨	15g
酵母浸出粉	5.0g
无水葡萄糖	5.0g
硫乙醇酸钠（或硫乙醇酸溶液）	0.5g（或 0.3 mL）
L-半胱氨酸盐酸盐（或 L-胱氨酸）	0.5g
氯化钠	2.5g
新配制的 0.1% 刃天青溶液	1.0 mL
琼脂	0.75g
纯化水	加至 1 000mL

（灭菌后 pH 为 6.9～7.3）

除葡萄糖和 0.1% 刃天青溶液外，将上述成分混合，加热溶解，然后加入葡萄糖和 0.1% 刃天青溶液，摇匀，将加热的培养基放至室温，用 1.0 mol/L 氢氧化钠溶液调整 pH，使灭菌后的培养基 pH 为 6.9～7.3，分装，116℃灭菌 30min。若培养基氧化层（粉红色）的高度超过培养基深度的 1/3，则需用水浴或自由流动的蒸汽加热驱氧，至粉红色消失后，迅速冷却，只限加热一次，并防止污染。

②胰酪大豆胨液体培养基 基础成分如下：

葡萄糖（含 1 个结晶水）	2.5g
胰酪蛋白胨	17g
大豆粉木瓜蛋白酶消化物（大豆胨）	3.0g
磷酸氢二钾（含 3 个结晶水）	2.5g
氯化钠	5.0g
纯化水	加至 1 000mL

（灭菌后 pH 为 7.1～7.5）

将上述成分混合，微热溶解，将培养基放至室温，调节 pH，使灭菌后的培养基 pH 为 7.1～7.5，分装，116℃灭菌 30min。

（2）培养基的质量控制 使用的培养基应符合以下检查规定，可与制品的检验平行操作，也可提前进行该检测。

1）性状

①硫乙醇酸盐流体培养基 流体，氧化层的高度（上层粉红色）不超过培养基深度的 1/3。

②胰酪大豆胨液体培养基 澄清液体。

2）pH

①硫乙醇酸盐流体培养基 pH 为 6.9～7.3。

②胰酪大豆胨液体培养基 pH 为 7.1～7.5。

③无菌检验 每批培养基随机抽取 10 支（瓶），5 支（瓶）置 35～37℃，另 5 支（瓶）置 23～25℃，均培养 7d，逐日观察。培养基 10/10 无菌生长，判该培养基无菌检验符合规定。

④微生物促生长试验

A. 质控菌种 见表 13-1。

表 13-1 质控菌种

需氧菌 Aerobic bacteria		
金黄色葡萄球菌 *Staphylococcus aureus*	CVCC2086	ATCC6538
铜绿假单胞菌 *Pseudomonas aeruginasa*	CVCC2000	—
厌氧菌 Anaerobic bacteria		
生孢梭菌 *Clostridium sporogenes*	CVCC1180	CMCC（B）64941
真菌 Fungi		
白假丝酵母（亦称白色念珠菌）*Candida albicans*	CVCC3597	ATCC10231
巴西曲霉（黑曲霉）*Aspergillus brasiliensis*（*Aspergillus niger*）	CVCC3596	ATCC16404

B. 培养基接种 用 0.1% 蛋白胨水将金黄色葡萄球菌、铜绿假单胞菌、生孢梭菌、白假丝酵母的新鲜培养物制成每毫升含菌数小于 50 CFU 的菌悬液；用 0.1% 蛋白胨水将巴西曲霉的新鲜培养物制成每毫升含菌数小于 50 CFU 的孢子悬液。取每管装量为 9.0 mL 的硫乙醇酸盐流体培养基 10 支，分别接种 1.0 mL 含菌数小于 50 CFU/mL 的金黄色葡萄球菌、铜绿假单胞菌和

生孢梭菌，每个菌种接种 3 支，另 1 支不接种，作为阴性对照，置 35～37℃培养 3d；取每管装量为 7.0 mL 的胰酪大豆胨液体培养基 7 支，分别接种 1.0 mL 含菌数小于 50 CFU/ mL 的白假丝酵母、巴西曲霉，每个菌种接种 3 支，另 1 支不接种，作为阴性对照，置 23～25℃培养 5d，逐日观察结果。

C. 结果判定　接种管 3/3 有菌生长，阴性对照管无菌生长，判该培养基微生物促生长试验符合规定。

2. 活菌纯粹检验　用适于本菌生长的培养基。

（三）检验方法及结果判定

1. 半成品检验

（1）细菌原液（种子液）、细菌活疫苗半成品的纯粹检验　取供试品接种 TG 小管及适宜于本菌生长的其他培养基斜面各 2 管，每支 0.2 mL，1 支置 35～37℃培养，1 支置 23～25℃培养，观察 3～5d，应纯粹。

（2）病毒原液和其他配苗用组织乳剂、稳定剂及半成品的无菌检验　取供试品接种 TG 小管 2 支，每支 0.2 mL，1 支置 35～37℃培养，1 支置 23～25℃培养；另取 0.2 mL，接种 1 支 TSB 小管，置 23～25℃，均培养 7d，应无菌生长。

（3）灭活抗原的无菌检验

①灭活细菌菌液的无菌检验　细菌灭活后，用适于本菌生长的培养基 2 支，各接种 0.2 mL，置 35～37℃培养 7d，应无菌生长。

②灭活病毒液的无菌检验　病毒液灭活后，接种 TG 小管 2 支，每支 0.2 mL，1 支置 35～37℃培养，1 支置 23～25℃培养；另取 0.2 mL，接种 1 支 TSB 小管，置 25℃培养，均培养 7d，应无菌生长。

③类毒素的无菌检验　毒素脱毒过滤后，接种 TG 小管 2 支，每支 0.2 mL，1 支置 35～37℃培养，1 支置 23～25℃培养；另取 0.2 mL，接种 1 支 TSB 小管，置 23～25℃培养，均培养 7d，应无菌生长。

2. 成品检验

（1）无菌检验

1）样品的处理

①液体制品样品的处理　当样品装量大于 1.0 mL 时，不作处理，直接取样进行检验；当样品的装量小于 1.0 mL 时，其内容物全部取出，用于检验。

②冻干制品样品的处理　当样品的装量大于 1.0 mL 时，用适宜稀释液恢复至原量，取样进行检验；当样品的原装量小于 1.0 mL 时，用适宜稀释液复溶后，全部取出用于检验。

2）检验　样品（原）装量大于 1.0 mL 的，取处理好的样品 1.0 mL；样品（原）装量小于 1.0 mL 的，取其处理好的样品的全部内容物，接种 50 mL TG 培养基，置 35～37℃培养，3d 后吸取培养物，接种 TG 小管 2 支，每支 0.2 mL，1 支置 35～37℃培养，1 支置 23～25℃培养；另取 0.2 mL，接种 1 支 TSB 小管，置 23～25℃培养，均培养 7d，应无菌生长。

如果允许制品中含有一定数量的非病原菌，应进一步作杂菌计数和病原性鉴定。

（2）纯粹检验

1）样品的处理

①液体制品样品的处理　当样品装量大于 1.5 mL 时，不做处理，直接取样进行检验；当样品的装量小于 1.5 mL 时，用适宜的稀释液稀释至 1.5 mL。

②冻干制品样品的处理　当样品的原装量大于 1.5 mL 时，用适宜稀释液恢复至原量，取样进行检验；当样品的原装量小于 1.5 mL 时，用适宜的稀释液复溶至 1.5 mL，取样进行检验。

2）检验　取处理好的样品，接种 TG 小管和适于本菌生长的其他培养基各 2 支，每支 0.2 mL，1 支置 35～37℃培养，1 支置 23～25℃培养；另用 1 支 TSB 小管，接种 0.2 mL，置 23～25℃培养，均培养 5d，应纯粹。

（四）结果判定

每批抽检的样品必须全部无菌或纯粹生长。如果纯粹检验发现个别瓶有杂菌生长或无菌检验发现个别瓶有菌生长或结果可疑，应抽取加倍数量的样品重检。如果仍有杂菌生长或有菌生长，则作为污染杂菌处理。如果允许制品中含有一定数量非病原菌，应进一步作杂菌计数和病原性鉴定。

二、杂菌计数和病原性鉴定

杂菌计数是兽医生物制品成品质量检验项目

之一，即检查特定生物制品所含非病原性细菌的数目，其目的是为了检测疫苗被细菌和霉菌污染的程度。一些用动物发病组织制备的疫苗，允许其含有不超过限定数量的非病原菌。例如，山羊传染性胸膜肺炎灭活疫苗是用病羊肺及胸腔渗出物制备而成，此疫苗允许其每毫升中含有不超过500个非病原菌。此类组织疫苗还有绵羊痘活疫苗、猪瘟活疫苗（兔源）等，均允许含有一定数量非病原菌。此外，用鸡胚组织制备的活疫苗，如鸡传染性喉气管炎活疫苗、鸡传染性支气管炎活疫苗、鸡痘活疫苗、鸡新城疫活疫苗、鸭瘟活疫苗等，均允许有不超过规定数量的非病原菌存在。还有一类疫苗，虽然不是用动物组织制备，但在制备过程中很难保证绝对无菌，也允许有非病原菌存在。例如，羊梭菌病多联干粉灭活疫苗，该疫苗在制备过程中要用硫酸铵提取毒素蛋白，由于硫酸铵不能保证绝对无菌，因此制备出的疫苗就可能存在杂菌，但每头份疫苗的非病原菌不能超过100 CFU。需要强调的是，这些疫苗中允许存在的都是非病原菌，因此仅进行杂菌计数是不够的，还要进行病原性鉴定，以评价疫苗中存在的杂菌是否会导致动物发病。只要细菌引起了小鼠或豚鼠死亡或局部化脓、坏死，不论数量多少，均判该批制品不合格。

（一）杂菌计数及病原性鉴定用培养基

杂菌计数用含4%血清及0.1%裂解红细胞全血的马丁琼脂培养基。病原性鉴定用TG培养基、马丁汤、厌气肉肝汤或其他适宜培养基。

（二）杂菌计数方法及判定

每批有杂菌污染的制品至少抽样3瓶，用普通肉汤或蛋白胨水分别按头（羽）份数作适当稀释，接种含4%血清及0.1%裂解红细胞全血的马丁琼脂培养基平皿上。每个样品接种平皿4个，每个平皿接种0.1 mL（禽苗的接种量不少于10羽份，其他产品的接种量按各自的质量标准），置37℃培养48h后，再移至25℃放置24h，数杂菌菌落，然后分别计算杂菌数。如果污染霉菌，亦作为杂菌计算。任何一瓶制品每头（羽）份（或每克组织）的杂菌应不超过规定。超过规定时，判该批制品不合格。

（三）病原性鉴定

（1）检查需氧性细菌时，将所有污染需氧性

杂菌的液体培养管的培养物等量混合后，移植1支TG管或马丁汤，置相同条件下培养24h，取培养物，用蛋白胨水稀释100倍，皮下注射体重18～22 g小鼠3只，各0.2 mL，观察10d。

（2）检查厌氧性细菌时，将所有液体杂菌管延长培养时间至96h，取出置65℃水浴加温30min后等量混合，移植TG管或厌气肉肝汤1支，在相同条件下培养24～72h。如果有细菌生长，将培养物接种体重350～450 g豚鼠2只，各肌内注射1.0 mL，观察10d。

（3）如果发现制品同时污染需氧性及厌氧性细菌，则按上述要求同时注射小鼠及豚鼠。

（4）小鼠、豚鼠应全部健活。如果有死亡或局部化脓、坏死，则证明有病原菌污染，判该批制品不合格。

三、禽沙门氏菌检验法

禽沙门氏菌检验是针对将病毒接种鸡胚，收获感染鸡胚、鸡胚绒毛尿囊膜、鸡胚液等方法制备的禽源组织活疫苗无菌检验中的一项内容。多数鸡胚组织活疫苗，如鸡传染性喉气管炎活疫苗、鸡传染性支气管炎活疫苗、鸡痘活疫苗、鸡新城疫活疫苗、鸭瘟活疫苗等除了需进行杂菌计数及病原性鉴定外，还要进行禽沙门氏菌检验，一旦确定有沙门氏菌污染，则该批制品判不合格。

（一）培养基

选用麦康凯琼脂和SS琼脂。

（二）检验方法及结果判定

将样品划线接种麦康凯琼脂平板或SS琼脂平板2个，置37℃培养18～24h（如果无可疑菌落出现，继续培养24～48h），挑选无色、半透明、边缘整齐、表面光滑并稍突起的菌落，用AFO多价沙门氏菌因子血清作玻片凝集试验。如果为阳性，即为沙门氏菌污染，该批制品判不合格。

四、衣原体检验法

用5～7日龄敏感鸡胚10个，分别于卵黄囊内接种检品（不处理，疫苗应含10个使用剂量）0.3 mL，如在4～10d内有死亡，取卵黄囊膜涂

片，经姬母萨氏法染色，在显微镜（1 000 倍）下观察，如见有紫红色或宝石红色圆形或卵圆形颗粒，即为阳性，该批制品判不合格。

（张　媛　孔　璨　夏业才　李俊平）

第三节　支原体检验

支原体检验适用于细胞、禽胚或动物组织制成的病毒性活疫苗，以及用于配制细胞培养液的各种畜禽血清的检验。

一、支原体污染的危害

支原体是污染生物制品中的一种常见微生物，在组织培养中支原体浓度即使达每毫升 $10^6 \sim 10^8$ 个菌落形成单位（CFU/mL），组织培养液也不明显浑浊。因为支原体的污染非常隐蔽，不像细菌、真菌污染后能明显观察到，所以支原体污染成为一个常被忽视的问题。由于支原体的某些特性与病毒相似，因此常常把支原体引起的细胞变化误认为病毒所致。病毒性疫苗基本由传代细胞、鸡胚或其细胞制成，因此污染了支原体的细胞和鸡胚同样导致疫苗污染，这种情况国内外都有发生，有的相当严重。

二、支原体生物学特性

支原体是介于细菌和病毒之间的一种微生物，支原体的大小为 $0.2 \sim 0.3 \mu m$，只有 3 种细胞器：细胞质膜、核糖体和 DNA。没有细胞壁，呈高度多形性，有球形、杆形、丝状、分枝状等多种形态。支原体用普通染色法不易着色，用姬姆萨染色很浅，革兰氏染色为阴性。

支原体能通过滤器，属兼性厌氧，因此固体培养时必须在含有 CO_2 环境中才能生长。在固体培养基上能经过毛细管作用渗透到琼脂面下，向四周生长繁殖形状如球状，待生长到琼脂表面时又沿着表面向四周平铺生长成为中央厚四周薄的"煎蛋状"菌落。支原体对作用于细胞壁合成的青霉素类抗生素不敏感，特异性抗体能抑制其生长发育，在无细胞培养基上能够生长，但要求的条件比较苛刻。

支原体种类繁多、分布广泛，造成的危害相当大，涉及人、动物、植物及昆虫等多个领域，常给动物的健康和科研工作带来不利影响。

三、支原体检验

兽医生物制品的支原体检验，就是以支原体培养基作为基础，应用支原体培养技术来检验生物制品中有无支原体污染。《中华人民共和国兽药典》（二〇一五年版）第三部已明确规定：所有以细胞、动物组织、鸡胚生产的病毒活疫苗，都不得污染支原体。兽医生物制品的支原体检验，目前国内外普遍采用的是培养法。《美国联邦法规》（9CFR）、美国兽医生物制品中心检验规程的补充检测方法、日本药局方等目前都应用培养法，这是一个非常成熟的检验方法。《英国药典》、《美国药典》（USP36）中的支原体检验采用两种方法，分别是培养法和细胞指示法。《欧洲药典》和《英国药典》都允许用 PCR 方法检测支原体，通常直接用检测试剂盒在预扩增后进行检测，该检测技术相比培养法和细胞指示法要节省很多时间。但是《欧洲药典》和《英国药典》要求将该方法与经典方法进行严格的验证和比较试验。

四、支原体检验法（《中国兽药典》）

（一）培养基

1. 培养基及配方　改良 Frey 氏液体培养基和改良 Frey 氏固体培养基用于禽源性支原体检验，支原体液体培养基和支原体固体培养基用于非禽源性支原体检验，无血清支原体培养基用于血清检验。

（1）改良 Frey 氏液体培养基

氯化钠	5.0g
氯化钾	0.4g
硫酸镁（含 7 个结晶水）	0.2g
磷酸氢二钠（含 12 个结晶水）	1.6g
无水磷酸二氢钾	0.2g
葡萄糖（含 1 个结晶水）	10g
乳蛋白水解物	5.0g
酵母浸出粉	5.0g
（或 25% 酵母浸出液）	（或 100mL）
1% 辅酶 I	10mL
1% L-半胱氨酸溶液	10mL

2% 精氨酸溶液	20mL
猪（或马）血清	100mL
1% 酚红溶液	1.0mL
8 万单位/mL 青霉素	10mL
1% 醋酸铊溶液	10mL
注射用水	加至 1 000mL

将上述成分混合溶解，用 1.0 mol/L 氢氧化钠溶液调节 pH 至 7.6～7.8，定量分装，置 −20℃以下保存。

（2）改良 Frey 氏固体培养基　基础成分如下：

氯化钠	5.0g
氯化钾	0.4g
硫酸镁（含 7 个结晶水）	0.2g
磷酸氢二钠（含 12 个结晶水）	1.6g
无水磷酸二氢钾	0.2g
葡萄糖（含 1 个结晶水）	10g
乳蛋白水解物	5.0g
酵母浸出粉	5.0g
（或 25%酵母浸出液）	（或 100mL）
琼脂	15g
1%醋酸铊溶液	10mL
注射用水	加至 1 000mL

上述成分混合后加热溶解，用 1.0 mol/L 氢氧化钠溶液调节 pH 至 7.6～7.8，定量分装，以 116℃灭菌 20min 后置 2～8℃保存。使用前将 100 mL 固体培养基加热溶解，当温度降到 60℃左右时添加辅助成分。

注：辅助培养基成分

猪（或马）血清	10mL
2% 精氨酸溶液	2.0mL
1% 辅酶Ⅰ溶液	1.0mL
1% L-半胱氨酸溶液	1.0mL
8 万单位/mL 青霉素	1.0mL

上述成分混合后，滤过除菌，置 −20℃以下保存。

（3）支原体液体培养基　基础成分如下：

PPLO 肉汤粉	21g
葡萄糖（含 1 个结晶水）	5.0g
10%精氨酸溶液	10mL
10 倍浓缩 MEM 培养液	10mL
酵母浸出粉	5.0g
（或 25%酵母浸出液）	（或 100mL）
8 万单位/mL 青霉素	10mL

1%醋酸铊溶液	10mL
猪（或马）血清	100mL
1% 酚红溶液	1.0mL
注射用水	加至 1 000mL

将上述成分混合溶解，用 1.0 mol/L 氢氧化钠溶液调节 pH 至 7.6～7.8，滤过除菌，定量分装，置 −20℃以下保存。

（4）支原体固体培养基　基础成分如下：

PPLO 肉汤粉	21g
葡萄糖（含 1 个结晶水）	5.0g
酵母浸出粉	5.0g
（或 25%酵母浸出液）	（或 100mL）
琼脂	15g
1%醋酸铊溶液	10mL
注射用水	加至 1 000mL

上述成分混合后加热溶解，用 1.0 mol/L 氢氧化钠溶液调节 pH 至 7.6～7.8，定量分装，以 116℃灭菌 20min 后，置 2～8℃保存。使用前将 100 mL 固体培养基加热溶解，当温度降到 60℃左右时，添加辅助成分。

注：辅助培养基成分

血清	10mL
10% 精氨酸溶液	1.0mL
10 倍浓缩 MEM 培养液	1.0mL
8 万单位/mL 青霉素溶液	1.0mL

上述成分混合后，滤过除菌，置 −20℃以下保存。

（5）无血清支原体培养基　基础成分如下：

PPLO 肉汤粉	21g
葡萄糖（含 1 个结晶水）	5.0g
10%精氨酸溶液	10mL
10 倍浓缩 MEM 培养液	10mL
酵母浸出粉	5.0g
（或 25%酵母浸出液）	（或 100mL）
8 万单位/mL 青霉素	10mL
1%醋酸铊溶液	10mL
1% 酚红溶液	1.0mL
注射用水	加至 1 000mL

将上述成分混合溶解，用 1.0 mol/L 氢氧化钠溶液调节 pH 至 7.6～7.8，滤过除菌，定量分装，置 −20℃以下保存。

2. 培养基的质量控制

（1）性状

①改良 Frey 氏液体培养基　澄清、无杂质，

呈玫瑰红色的液体。

②改良 Frey 氏固体培养基　基础成分呈淡黄色，加热溶解后无絮状物或沉淀。

③支原体液体培养基　澄清、无杂质，呈玫瑰红色的液体。

④支原体固体培养基　基础成分呈淡黄色，加热溶解后无絮状物或沉淀。

⑤无血清支原体培养基　澄清、无杂质，呈玫瑰红色的液体。

（2）pH

①改良 Frey 氏液体培养基的 pH 为 7.6～7.8。

②改良 Frey 氏固体培养基的 pH 为 7.6～7.8。

③支原体液体培养基的 pH 为 7.6～7.8。

④支原体固体培养基的 pH 为 7.6～7.8。

⑤无血清支原体培养基的 pH 为 7.6～7.8。

（3）无菌检验　按无菌检验法进行，应无菌生长。

（4）灵敏度检查和微生物促生长试验

①质控菌种及培养基　见表 13-2。

表 13-2　质控菌种及培养基

质控菌种	CVCC 菌种编号	ATCC 菌种编号	培养基
滑液支原体 *Mycoplasma synoviae*	CVCC2906	/	改良 Frey 氏液体培养基
			改良 Frey 氏固体培养基
猪鼻支原体 *Mycoplasma hyorhinis*	CVCC361	ATCC17981	支原体液体培养基
			支原体固体培养基
			无血清支原体培养基

②灵敏度检查　改良 Frey 氏液体培养基、支原体液体培养基、无血清支原体培养基采用灵敏度试验进行质量控制试验。将质控菌种恢复原量后接种待检的液体培养基小管 2 组，每组作 10 倍系列稀释至 10^{-10}，同时设 2 支未接种的液体培养基小管作为阴性对照，均置 35～37℃培养 5～7d。以液体培养基呈现生长变色的最高稀释度作为其灵敏度，如果 2 组液体培养基灵敏度均达到 10^{-8} 及以上，且阴性对照不变色，则判定该液体培养基灵敏度试验符合规定，其他情况判为不符合规定。

③微生物促生长试验　改良 Frey 氏固体培养基和支原体固体培养基采用微生物促生长试验进行质量控制试验。将不大于 50 CFU/0.2 mL 的质控菌液培养物接种 2 个待检的固体培养基平板，同时设 2 个未接种的固体培养基平板作为阴性对照，均置 35～37℃、含 5% CO_2 培养箱中培养 5～7d。如果接种的固体培养基平板上有支原体菌落生长且个数为 1～50 个，且阴性对照没有任何菌落生长，则判定该固体培养基微生物促生长试验符合规定，其他情况判为不符合规定。

（二）检查法

1. 样品处理　每批制品（毒种）取样 5 瓶。液体制品混合后备用；冻干制品，加液体培养基

或生理盐水复原成混悬液后混合；检测血清时，用血清直接接种。

2. 疫苗与毒种的检测

（1）接种与观察　每个样品需同时用以下两种方法检测。

①液体培养基培养　将样品混合物 5.0 mL 接种装有 20 mL 液体培养基的小瓶，摇匀后再从小瓶中取 0.4 mL 移植到含有 1.8 mL 培养基的 2 支小管（1.0 cm×10 cm）中，每支管中各接种 0.2 mL。将小瓶与小管置 35～37℃培养，分别于接种后 5d、10d、15d 从小瓶中取 0.2 mL 培养物移植到小管液体培养基内，每日观察培养物有无颜色变黄或变红。如果无变化，则在最后一次移植小管培养、观察 14d 后停止观察。在观察期内，如果发现小瓶或任何一支小管培养物颜色出现明显变化，在原 pH 变化达±0.5 时，应立即将小瓶中的培养物移植于小管液体培养基和固体培养基，观察在液体培养基中是否出现恒定的 pH 变化，及固体上有无典型的"煎蛋"状支原体菌落。

②琼脂固体平板培养　在每次液体培养物移植小管培养的同时，取培养物 0.1～0.2 mL 接种琼脂平板，置含 5%～10% CO_2、潮湿的环境、35～37℃下培养。在液体培养基颜色出现变化，在原 pH 变化达±0.5 时，也同时接种琼脂平板。每 3～5d，在低倍显微镜下，观察检查各琼脂平

板上有无支原体菌落出现，经14d观察，仍无菌落时，停止观察。

（2）对照　每次检查需同时设阴性对照与阳性对照，在同条件下培养观察。检测禽类疫苗时用滑液支原体作为对照，检测其他疫苗时用猪鼻支原体作为对照。

3. 血清的检测　取被检血清10 mL接种90 mL无血清支原体培养基，培养基按前述内容进行稀释、移植、培养，观察小管培养基的pH变化情况和琼脂平板上有无菌落。

（三）结果判定

（1）接种样品的任何一个琼脂平板上出现支原体菌落时，判不符合规定。

（2）阳性对照中至少有一个平板出现支原体菌落，而阴性对照中无支原体生长，则检验有效。

（魏　津　张　媛　李俊平）

第四节　外源病毒检验

一、外源病毒污染来源

疫苗的质量控制不仅是对终产品的质量控制，而是对整个生产过程的质量控制。生产工艺及材料来源等因素使得疫苗被病毒污染的风险较高，产品从原材料到成品都有可能被病毒污染。病毒污染的主要来源为细胞、毒种，以及细胞和种毒培养过程中使用的其他动物源性材料（如血清、胰酶、白蛋白及细胞培养基中添加的动物源性氨基酸、细胞因子等成分）。有些兽医生物制品采用动物组织或鸡胚进行生产，也容易污染动物或鸡胚携带的其他外源病毒。此外，环境、设备、人员等因素也会造成外源病毒污染。

（一）细胞

细胞是疫苗生产的一个基本要素，兽医生物制品的生产多采用原代细胞或传代细胞。如果生产用细胞存在外源病毒污染，则很可能就会破坏兽医生物制品的连续生产进程，并影响制品终产品的安全性。细胞污染的外源病原可能来源于细胞分离宿主，如宿主暴露于传染性病原形成自然感染从而携带病毒，或者有些宿主本身就是某些特定病毒的天然宿主，如恒河猴携带SV40病毒。20世纪60年发现生产脊髓灰质炎疫苗的Vero细胞污染了SV40病毒。1988年在生产兽用疫苗的原代羊羔肾细胞中发现了边界病病毒（BDV）。孟淑芳等（2006年）对中国人用生物制品生产常用的79株细胞进行了外源病毒污染情况检测，结果显示5株细胞有外源病毒污染，污染率为6.3%。此外，细胞传代过程中使用了污染外源性病毒或内源性病毒的牛血清、胰酶或培养基或发生交叉污染，也会造成细胞污染外源病毒。

（二）毒种

毒种在疫苗生产中的作用至关重要，在某种程度上是疫苗内在质量和属性特点的决定因素。我国兽药注册管理相关法规要求，用于兽医生物制品生产的毒种须来源清楚，历史背景明确，需进行外源病毒检验，并建立严格的种子批制度。如果种毒污染了外源病毒，可通过逐级培养放大作用影响疫苗终产品的质量。

（三）胚及动物组织

SPF鸡胚、鸭胚、鹅胚等，家兔的脾脏及淋巴组织等，均可用于制备兽医生物制品。每个胚或组织代表一个个体，很难对这类材料做到逐个检测，使用这类材料制备的生物制品引起外源病毒污染的风险很大，需要更加关注。

（四）动物源性材料

在兽医生物制品生产和检验过程中，经常要用到一些动物源性材料，如牛血清、猪源或牛源胰酶、含有动物源性成分的培养基等，这些都是造成制品污染的重要来源。如牛血清中经常会污染BVDV，猪源胰酶中污染PCV1、PPV、TGEV等。Kerr等（2010年）检测到胎牛血清中污染了呼肠孤病毒。2010年，葛兰素史克公司生产的口服轮状病毒疫苗中检测出PCV病毒序列，最终溯源确定污染源来自胰酶。因此，对生产用原辅材料进行严格控制筛选是降低制品外源病毒污染的有效途径，需特别注意采用动物组织材料制备的毒种（或菌种）外源病毒污染问题。例如，中监所2011年曾在某企业的猪瘟活疫苗（脾淋源）中检测出兔病毒性出血症病毒（RHDV）污染；又如，中监所2014年曾在某企业提供的猪肺炎支原体效力检验用强毒（猪肺源）检测出高致病性PRRSV污染。

（五）其他因素

良好的生产环境和规范的操作程序是降低外源病毒污染的关键条件。外源病毒可能在生产的各个环节被引入，如未定期对空调系统或无菌设备进行验证、环境消毒不严格、人员操作不规范、公共区域清场不彻底都可能造成兽医生物制品成品中污染外源病毒。此外，人为添加违规成分，如在疫苗中违规添加未经批准的流行毒株或不同血清型的毒株、猪瘟组织苗中掺加猪瘟细胞苗成分等也应视为外源病毒污染。

二、外源病毒污染的危害

兽医生物制品是一种特殊商品，其内在成分中是否含有对使用对象—动物有致病性或潜在致病性危害的外源病毒，是衡量生物制品质量优劣的重要指标，也关系到兽医生物制品能否连续正常生产。生产实践中如果使用了含有外源病毒污染的生物制品，不仅会给疫苗生产企业造成巨大的经济损失外，如果制品污染了禽流感、口蹄疫、猪瘟、高致病性猪繁殖与呼吸综合征、狂犬病病毒等重大动物疫病病原或人畜共患病病原，除可能引发重大动物疫情外，甚至酿成重大生物安全事故和公共卫生事件。生物制品中外源病毒的存在，还可能破坏了生物制品发挥作用的条件，干扰了生物制品应该具备的使用效果，影响疫苗的有效性。国内外有报道，马立克氏病疫苗中混有鸡传染性贫血病毒及网状内皮组织增生症病毒，造成了很大的经济损失。

三、禽源细胞及其制品外源病毒检验

根据《中国兽药典》，禽源制品的外源病毒检验，通常情况下，采用鸡胚检查法和细胞检查法进行。如果检验无结果或结果可疑时，则采用鸡检查法。

（一）样品处理

取不少于 2 瓶的样品，用相应的特异性抗血清中和后作为检验品。用鸡检查法检验时，样品不处理。

（二）鸡胚检查法

经尿囊腔和绒毛尿囊膜分别接种 10 枚 9～11 日龄 SPF 鸡胚，每胚 0.1～0.2 mL 检验品（至少含 10 羽份），置 37℃培养 7d。弃去接种后 24h 内死亡鸡胚，但每组应至少存活 8 枚试验方可成立。鸡胚胎应发育正常，绒毛尿囊膜应无病变。取鸡胚液作血凝试验，应为阴性。

（三）细胞检查法

1. 细胞观察　取 2 个已长成良好 CEF 的细胞瓶（25cm²），弃去培养液，接种上述处理样品 0.2mL（含 2～20 羽份），37℃吸附 1h，加维持液继续培养 5～7d，观察细胞，应不出现细胞病变。

2. 红细胞吸附　将观察过细胞病变的培养瓶弃去培养液，用 PBS 洗细胞面 3 次，加入 2 mL 0.1%（V/V）鸡红细胞悬液覆盖细胞面，2～8℃放置 60min，用 PBS 轻轻洗涤细胞 1～2 次，最后一次弃去洗涤液时留取 1～2 mL 液体，在显微镜下检查红细胞吸附情况，应不出现由外源病毒所致的红细胞吸附现象。

3. 禽白血病病毒检验　按现行《中国兽药典》进行。

4. 禽网状内皮组织增生症病毒检验　按现行《中国兽药典》进行。

（四）鸡检查法

用鸡胚进行外源病毒检验无结果或可疑时，既可用鸡进行检验，也可直接用鸡进行外源病毒检验。

取适于接种本疫苗日龄的 SPF 鸡 20 只，每只同时点眼、滴鼻接种 10 羽份疫苗，肌内注射 100 羽份疫苗，21d 后按上述方法和剂量重复接种 1 次。第 1 次接种后 42d 采血，进行有关病原的血清抗体检测。在 42d 的观察期内，不应出现因疫苗引起的局部或全身症状或死亡。血清抗体检测时，除本疫苗病毒抗体阳性外，其他病毒抗体均应为阴性。不同病原抗体检测方法见表 13-3。

表 13-3　不同病原抗体检测方法

病　原	检验方法
鸡传染性支气管炎病毒	HI/ELISA
鸡新城疫病毒	HI
禽腺病毒（有血凝性）	HI
禽流感病毒	AGP/HI

病　　原	检验方法
鸡传染性喉气管炎病毒	中和抗体
禽呼肠孤病毒	AGP
鸡传染性法氏囊病病毒	AGP/ELISA
禽网状内皮组织增生症病毒	IFA/ELISA
鸡马立克氏病病毒	AGP
禽白血病病毒	ELISA
禽脑脊髓炎病毒	ELISA
鸡痘病毒	AGP/临床观察

（五）国外禽源外源病毒检验概况

《美国联邦法规》（9CFR）的规定与《中国兽药典》的相同。《欧洲药典》在鸡胚检查法中增加了卵黄囊接种组：5～6 日龄 SPF 鸡胚，卵黄囊接种至少 10 羽份，置 37℃培养 12d；在细胞检查法中增加了鸡胚肾细胞接种组；在鸡检查法中增加了鸡肾病毒、鸡传染性贫血病毒抗体检测。此外，还增加了鸡传染性贫血病毒检验专项。

四、非禽源细胞及其制品外源病毒检验

传统的非禽源细胞及其制品外源病毒检测方法根据是否使用实验动物可分为两类。一类是体外试验方法，即借助细胞培养系统，通过观察细胞病变（CPE）、荧光抗体染色、红细胞吸附试验或红细胞凝集试验、补体结合试验、酶联免疫吸附试验、电镜观察、核酸检测等方法检测外源病毒污染。另一类是体内动物接种法，即将待检材料接种敏感实验动物，然后采用检测特定病毒的抗体（中和试验、酶联免疫吸附试验、血凝抑制试验等）或抗原（PCR、FA 或 IFA 等）的方法进行结果判定，该方法常用于难以提供高效价特异性中和血清时的种毒、制品或特定病原的外源病毒检验。近年来，随着分子生物学技术的发展，病毒基因检测新技术和新方法已成为外源病毒检测新的发展趋势，如大规模基因并行测序、微列阵、逆转录病毒的逆转录酶的测定等。这些新方法可以快速达到检测目的，检测灵敏度较高，适合对未知病毒、污染含量较低或用传统方法难以培养的一些外源病毒的检测。但这些方法只用于

检测核酸，如需确定是否存在感染性病毒，往往需要进行进一步检测。

（一）检验方法

目前，非禽源细胞及制品外源病毒检验一般检验方法如下。

1. 致细胞病变检查法　培养过程中需要观察是否出现细胞病变，任何一代细胞出现因外源病毒引起的细胞病变即可判定其待检样品不符合规定。如果在显微镜下未观察到明显细胞病变，需取经传代培养后培养 7d 的敏感细胞单层进行染色观察。观察包含体、巨细胞数量异常和其他由病毒引起的细胞病变。接种的单层细胞与细胞对照相比较，如发现外源性病毒引起的特异性病变，判为不合格。

包含体是病毒感染细胞中独特的形态学变化。各种病毒的包含体形态（单个或多个，或大或小，呈圆形、卵圆形或不规则形）、染色性（嗜酸性或嗜碱性）及存在部位（位于细胞核内或细胞质内）不同，具有一定的诊断价值。如牛痘病毒形成胞质内嗜酸性染色的包含体（又称"顾氏小体"），疱疹病毒形成核内嗜酸性染色的包含体，呼肠孤病毒形成胞质内嗜酸性染色的包含体且围绕在细胞核外边，腺病毒形成胞核内嗜碱性染色的包含体，狂犬病病毒形成胞质内嗜酸性染色的包含体（在脑神经细胞内又叫"内基氏小体"），麻疹病毒形成胞核内和胞质内嗜酸性染色的包含体。

OIE《陆生动物诊断试验和疫苗手册》（哺乳动物、禽鸟与蜜蜂）1.1.7 部分的"生物材料无菌和无污染检验"、美国 9CFR 113.46，以及美国兽医生物制品中心检验规程的补充检测方法 312（SAM 312）对 May-Grunwald-Giemsa 染色方法均有详细描述，美国兽医生物制品中心检验规程 VIRPRO1012 对 HE 染色方法有详细描述。

2. 红细胞吸附性外源病毒检验　红细胞吸附性外源病毒的检测是利用某些病毒感染细胞后，在细胞表面产生了能与动物红细胞吸附的物质，在一定的温度及适宜的 pH 条件下可与动物红细胞吸附，从而检测是否有外源病毒的存在。在进行红细胞吸附性外源病毒检验时，一般取经传代后至少 7d 的敏感细胞单层至少 2 个（每个至少 6 cm²），以无钙镁离子 PBS（可防止大部分非特异性吸附现象）洗涤细胞单层 2～3 次，然后向每一细胞培养瓶中加入适量 0.2% 的豚鼠红细胞和

鸡红细胞的等量混合物（以覆盖整个细胞单层为准），将培养瓶分别在 2～8℃ 和 20～25℃ 放置 30min，然后用 PBS 洗涤 2～3 次，可用肉眼（如利用照明手套式无菌箱）或显微镜检查吸附情况。一般需设立正常细胞对照，也可根据实际设立阳性病毒对照。如正常细胞对照未出现红细胞吸附现象，则试验成立（若设有阳性病毒对照，则阳性病毒对照也必须成立）。如发现外源性病毒引起的特异性红细胞吸附，则判为不合格。常见的能产生血凝现象的动物病毒及红细胞见表 13-4。

表 13-4 产生血凝现象的常见动物病毒及红细胞

病毒名称	产生血凝的红细胞	产生红细胞吸附的最适温度
正黏病毒	鸡、人、豚鼠	4～37℃，最适 22℃
副黏病毒	鸡、豚鼠、人或猴	4～37℃
黄病毒	鹅、鸡、母绵羊	4℃或 37℃，pH 6.4～7.0
腺病毒	猴、大鼠	37℃
呼肠孤病毒	人、牛	4℃
弹状病毒	鹅	4℃
冠状病毒	鸡、大鼠、小鼠	4℃
细小病毒	豚鼠、猪、1 日龄鸡	4℃
杯状病毒（兔病毒性出血症病毒）	人	4～37℃
痘病毒	30%～50%的鸡呈阳性	22～37℃，最适 37℃
小 RNA 病毒（主要指其中的肠道病毒）	人	

《OIE 陆生动物诊断试验与疫苗手册》（哺乳动物、禽鸟与蜜蜂）1.1.7 部分的"生物材料无菌和无污染检验"、美国 9CFR 113.46，以及美国兽医生物制品中心检验规程的补充检测方法 313（SAM 313）对红细胞吸附性病毒的检测均有详细描述。

3. 荧光抗体检查法 应选择拟检测病毒的最敏感细胞进行病毒增殖和检测。检测时应设立阳性病毒对照和细胞对照。阳性病毒对照接种量为 100～300 $FAID_{50}$，一般选择国际标准毒株或参考毒株，如美国兽医生物制品中心发布的《减毒活疫苗中外源性牛病毒性腹泻病毒的补充检测方法 108（SAM 108）》就明确规定，在用荧光抗体检测法进行外源性 BVDV 检测时，应选择的敏感细胞为牛鼻甲（BT）次代细胞或其他许可的细胞，应选择的阳性对照病毒有 4 种：即非致细胞病变型 BVDV 1 型毒株（New York-1 株）、非致细胞病变 2 型毒株（890 株）、致细胞病变 BVDV 1 型毒株（Singer 株），以及致细胞病变 BVDV 2 型毒株（125 株）。检测前，通常要对待检测样本进行固定，常用 80% 冷丙酮、甲醇和丙酮等体积混合液或四氯化碳进行固定，对于可溶性蛋白抗原（特别是切片样品）往往采用 95% 或 100% 乙醇固定，对于脂多糖抗原（此类抗原可溶于乙醇、丙酮等有机溶剂）较适合用 8%～10% 甲醛进行固定。固定时间一般为室温 5～15min，对于易失活病毒建议 4℃ 30～60min 或 -20℃ 12h 以上。样品固定完成后，可选择直接免疫荧光（FA）或间接免疫荧光（IFA）检查法进行检测。当阳性对照出现特异性荧光，正常细胞对照无荧光时，试验成立。如果被检样品出现荧光，判为不合格。如果阳性对照组荧光不明显，或者正常细胞出现荧光，判为无结果，应重检。一般来说，FA 法步骤少，特异性高，但敏感性较低；IFA 法步骤多，非特异性相对增多，但敏感性可提高 5～10 倍。

《OIE 陆生动物诊断试验与疫苗手册》（哺乳动物、禽鸟与蜜蜂）1.1.7 部分的"生物材料无菌和无污染检验"、美国 9CFR 113.47、检测 SOP VIRPRO1014.03，以及美国兽医生物制品中心检验规程的补充检测方法 314（SAM 314）对该方法均有详细描述。中国兽药典与美国 9CFR 采用荧光抗体检查法检测非禽源外源病毒比较见表 13-5。

表 13-5 《中国兽药典》与美国 9CFR 采用荧光
抗体检查法检测非禽源外源病毒比较

来源	制苗细胞来源或疫苗靶动物	需检测的外源病毒
《中国兽药典》	所有靶动物	BVDV
	猪	CSFV、PPV、PCV2
	牛、山羊和绵羊	BTV
	犬	RV、CPV
	马	EIAV
美国 9CFR（113.47）（针对种毒）	所有靶动物	BVDV、REOV、RV
	猪	PAV、PPV、TGEV、PHEV
	牛、山羊和绵羊	BTV、BAV、BPV、BRSV
	犬	CCV、CDV、CPV
	猫	FIPV、FPV
	马	EHV、EVAV

（二）不同非禽源待检样品的外源病毒检验

从非禽源细胞及其制品外源病毒污染的来源可知，其外源病毒检查的主要材料为毒种（包括基础种毒、生产种毒、工作种毒）、细胞（鸡胚、动物组织）、生物制品（如病毒性活疫苗、用于治疗目的的抗血清、转移因子、干扰素等），以及动物源性原辅材料（胰酶、牛血清、含动物源性成分的培养基等）。检测过程可以分为 3 个阶段：样品处理或准备；样品继代（或传代）；检验。但不同国家（地区）或国际组织对各类非禽源材料的外源病毒检验操作在细节上有细微差异。与禽源病毒活苗需要进行外源病毒检验不同，国外药典一般不建议对非禽源病毒活疫苗进行外源病毒检验（除非确有必要），而是通过加强对基础种毒、细胞、动物源性原辅材料的外源病毒检验来实现对成品的质量控制。现分别就细胞、毒种或制品和动物源性原辅材料的非禽源外源病毒检验进行说明。

1. 非禽源细胞 细胞一般包括原代细胞和传代细胞。各国药典均规定，用于兽医生物制品生产和检验用细胞（细胞系）均应建立种子批制度并严格进行外源病毒检验。除美国药典针对非禽源原代细胞和传代细胞系分别规定不同的外源病毒检验方法外，其他药典（OIE、欧洲药典、中国兽药典等）只规定一种细胞检验方法。具体检测时，通常有两种检测思路。一种如 OIE 和欧洲药典描述的那样，将不低于 75 cm² 的细胞单层传

代培养（即将细胞按常规方法进行分散传代，下同）维持 14~28d（期间至少传代 2 次），观察细胞病变情况、红细胞吸附和荧光抗体染色。同时取另 1 瓶细胞（面积不低于 75 cm²），经 3 次冻融后以 2 000r/min 离心 10~15min 去除细胞碎片，取上清液接种适宜细胞（至少包括 Vero、细胞来源动物细胞、疫苗使用对象动物来源细胞、牛原代或传代细胞系等），检查致细胞病变、红细胞吸附和荧光抗体染色。另一种如中国兽药典、美国药典规定的那样，直接将细胞样品经 3 次冻融后以 2 000r/min 离心 10~15min 去除细胞碎片，取上清液作为检测样品。然后接种适宜细胞（至少包括 Vero 细胞、细胞来源动物原代细胞或传代细胞系、疫苗使用对象动物原代细胞或传代细胞系、牛原代细胞或传代细胞系），经继代培养（即将第一代培养物收获、冻融、离心处理后接种新的细胞单层，依此类推，下同）14~28d（期间至少传代 2 次），观察细胞病变情况。观察期结束按相应方法检查致细胞病变、红细胞吸附和荧光抗体染色。需要指出的是，在进行样品继代时接种最佳时机为细胞单层融合率在 70% 左右《欧洲药典》。根据细胞生长速度，在细胞单层融合率 50%~70% 接种样品是合适的。例如，检测猪细小病毒，则应接种细胞融合率 30%~50% 的猪细胞单层（美国药典）。此外，对于原代细胞，《欧洲药典》规定需检测逆转录病毒，如采用产物增强性逆转录酶检测法（PERT）进行感染力鉴定。

2. 非禽源毒种或活疫苗 非禽源活疫苗最终产品一般不进行该项检验。除非对产品有疑问时，可参照基础毒种的外源病毒检测方法进行检验。对毒种或活疫苗进行检验时，样品应取 2~3 瓶混合后用特异性抗血清进行中和（特异性血清使用前应经 56℃作用 30min 以灭活补体，并按质量控制标准进行严格检验）。如果特异性抗血清不能完全中和病毒样品，可同时在培养液中加入一定比例（1%~5%）的中和血清，或采用效价更高的抗血清重做，也可以将样品接种使用对象动物（一般为使用剂量的 10 倍），然后采用检测特定病毒的抗体（中和试验、ELISA、HI 等）或抗原（PCR、FA 或 IFA 等）的方法进行结果判定；如待检样品不感染选用的细胞或不使选用的细胞产生细胞病变且不引起红细胞吸附时，也可不用血清中和。在样品检验细胞选择方面，一般应包含的细胞有：Vero 细胞、疫苗使用对象动物来源细

胞、种毒种属来源的细胞、种毒繁殖或疫苗制备用的细胞（与上述细胞不同时）、牛原代细胞或传代细胞系（主要用于检查 BVDV）等，可根据毒种或制品的实际情况进行选择。处理好的毒种或活疫苗样品接种细胞时，一般活疫苗接种剂量不低于 10 头份，毒种不低于 2 mL（美国药典规定至少 1 mL），可在细胞单层融合率在 70% 左右《欧洲药典》进行接种，如果样品确认对细胞无毒性作用，一般不用弃去病毒-血清混合物。但对于一些动物组织来源的毒种或制品，以及一些添加特殊成分的耐热保护剂或热稳定剂制品或其他一些特殊产品，本身容易造成细胞非特异性损伤或毒性作用，样品可在 37℃ 或室温条件下吸附细胞 1~2h 后弃去，必要时也可用 PBS 洗涤细胞单层 2~3 次。应至少设 1 瓶正常细胞对照。特异性阳性血清质量是影响检验结果的一项重要因素，因此检验用阳性血清要求特异（一般首选单克隆抗体或异源动物制备的抗血清）、高效（中和抗体效价高）、纯净（应无菌、无支原体、无外源病毒污染）、低毒（对细胞或动物毒性作用小）。必要时，可同时设血清对照细胞 1 瓶，以排除由于中和用血清自身原因造成的检验结果误判。接种样品后维持时间至少 14d（期间至少继代 1 次），接种细胞单层面积应不低于 75 cm²，定期观察细胞病变情况。维持至少 14d 后，进行细胞病变和（或）红细胞吸附性外源病毒检查，应无细胞病变和红细胞吸附现象；用荧光抗体检查法检测外源病毒，应无特定外源病毒污染。否则，该批次毒种或活疫苗为不合格。

3. 动物源性原辅材料

（1）胰酶 目前，商品化猪源胰酶中外源病毒控制的重点为 PPV、PCV1 和 PCV2。除此之外，其他猪源外源病毒污染也应引起重视。中监所曾在某批次商品化胰酶中检出 TGEV 污染。胰酶作为外源病毒检测样品主要有两种处理方法来抑制胰酶培养时对细胞的解离作用：一是美国 9CFR113.53 中规定的离心法，即"取至少 5 g 胰酶，以适宜的稀释液稀释，溶解体积以加入离心管离心时不溢出为限，以 80 000r/min 离心 1h，沉淀物以蒸馏水溶解，接种 75 cm² 大小、融合率 30%~50% 的猪细胞单层"进行外源病毒检测。二是血清抑制法，即通过加入适量牛血清（牛血清使用前必须进行严格的外源病毒检测）来抑制胰酶活性。鉴于美国 9CFR 方法需超速离心机等特殊装置，不利于在兽医生物制品企业推广，而血清抑制法简单易行，因此可选用该方法用作胰酶处理的替代方法。样品处理完成后，一般选择至少两种细胞进行检验：一是 Vero 细胞，二是来源与试验材料同种的细胞系或原代细胞（如 PK15 或 ST 细胞），接种量一般为培养液体积的 10%~15%。接种样品后维持时间至少 14d（期间至少继代 1 次），接种细胞单层面积应不低于 75 cm²，定期观察细胞病变情况。维持至少 14d 后，进行细胞病变和（或）红细胞吸附性外源病毒检查，应无细胞病变和红细胞吸附现象；应用荧光抗体检查法检测外源病毒，应无特定外源病毒污染。生产企业根据需要，也可建立其他内控方法（如分子生物学方法）作为补充方法，增加对其他特定病原（如 PPV、PCV1、PEDV、TGEV、RV 等）的检测。对于牛源胰酶中外源病毒的检测可参照上述方法进行。各国（地区）药典及国际组织规定对胰酶需检测的外源病毒见表 13-6。

表 13-6 各国（地区）药典及国际组织规定对胰酶需检测的外源病毒

依 据	检测项目
《中国兽药典》	牛病毒性腹泻病毒、猪瘟病毒、猪细小病毒、猪圆环病毒及其他致细胞病变或红细胞吸附性外源病毒
9CFR 113.53	猪细小病毒
WHO	猪细小病毒、猪圆环病毒、猪腺病毒、猪传染性胃肠炎病毒、猪凝血性乙脑病毒、牛病毒性腹泻病毒、呼肠孤病毒、狂犬病病毒、Kobu 病毒、猪博卡病毒、猪戊肝病毒、猪繁殖与呼吸综合征病毒、猪脑心肌炎病毒
FDA	猪细小病毒、猪腺病毒、猪传染性胃肠炎病毒、猪凝血性乙脑病毒、牛病毒性腹泻病毒、呼肠孤病毒、狂犬病病毒、猪繁殖与呼吸综合征病毒、猪脑心肌炎病毒、猪肠道病毒、猪巨细胞病毒、猪流感病毒、猪疱疹病毒、猪痘病毒、猪瘟病毒、水疱性口炎病毒、尼帕病毒、猪逆转录病毒
EMA	猪细小病毒、猪腺病毒、猪传染性胃肠炎病毒、猪凝血性乙脑病毒、牛病毒性腹泻病毒、呼肠孤病毒、狂犬病病毒、猪繁殖与呼吸综合征病毒、猪脑心肌炎病毒、猪肠道病毒、猪巨细胞病毒、猪流感病毒、猪疱疹病毒、猪痘病毒、猪瘟病毒、水疱性口炎病毒、尼帕病毒、猪逆转录病毒

（2）牛血清/马血清 辐照是解决牛血清中外源病毒污染和降低热原质的最有效方法。《欧洲药典》规定用于兽药产品生产的牛血清必须经过至少 30 kGy 的 γ 射线辐照灭活（OIE 推荐的 γ 射线辐照量为 25 kGy）。在进行血清外源病毒检验时，至少选择两种细胞：一是 Vero 细胞，二是来源与试验材料同种的细胞系或原代细胞（牛血清检验时选用 MDBK 细胞或 BT 细胞，马血清检验时选择驴白细胞或其他细胞系），然后将待检血清按不低于培养液体积的 10% 比例接种。接种样品后维持时间至少 14d（期间至少继代 1 次），接种细胞单层面积应不低于 75 cm²，定期观察细胞病变情况。维持至少 14d 后，进行细胞病变和（或）红细胞吸附性外源病毒检查，应无细胞病变和红细胞吸附现象；应用荧光抗体检查法检测外源病毒，应无特定外源病毒污染。欧洲药品理事会（EMA）规定牛血清中需检测的病毒有 BVDV、IBRV、BTV、BAV、BPV、BRSV、RV、Reov-3。此外特别强调一定要注意牛多瘤病毒及其他新出现的病毒，推荐方法为检测 DNA 核酸。美国 9CFR 113.53 中对用于生产的马血清还规定用 Coggins 试剂检测马传贫抗体，检测结果为阳性的马血清为不合格。

五、展望

随着新的微生物检验技术的出现和应用，一些新技术正逐步应用于兽医生物制品外源病毒检验中。

（一）分子生物学方法

目前，OIE 及美国、欧盟等发达国家尚未将 PCR 等分子生物学方法确定为法定的外源病毒检测方法。但在国际贸易指定试验或各国的农业国家标准中，PCR 已作为一种快速、灵敏、便宜的诊断方法被广泛使用，特别是在取代传统方法不易或不能培养或检测的病原检测方面具有重要意义。例如，OIE 已将检测蓝舌病病毒（BTV）、非洲猪瘟病毒（ASFV）、牛传染性鼻气管炎病毒（IBRV）等的 PCR 方法列为国际贸易指定试验方法，我国已将检测猪瘟病毒（CSFV）、猪圆环病毒（PCV）、猪繁殖与呼吸综合征病毒（PRRSV）等的 PCR 方法列为国家标准。目前，我国部分兽医生物制品已经开始使用分子生物学方法（PCR

或 RT-PCR）作为非禽源外源病毒检测的补充方法。例如，华中农业大学和中牧实业股份有限公司的猪伪狂犬病活疫苗（HB-98 株）采用 PCR 方法检测鄂 A 野毒株污染，青岛易邦生物工程有限公司的猪脾转移因子注射液采用 RT-PCR 检测外源性口蹄疫病毒污染。研发单位在新制品申报注册时，如需采用分子生物学方法对特定病毒进行外源病毒检测，经农业农村部批准后，可作为该产品的外源病毒检测方法。近年来出现的 Q-PCR、real-time PCR、DOP-PCR、微列阵（基因芯片检测法）和大规模并行测序技术（MP-sep）都为外源病毒检测提供了新的技术手段，部分技术已成功应用于制品的未知外源病毒筛选。例如，Rotarix 疫苗中污染的 PCV1，以及 Rotateq 疫苗中污染的 SRV 核酸片段都是利用 MP-sep 结合不依赖核酸序列的分子技术及基因芯片技术发现的。

（二）电镜观察法

电镜技术是病毒研究工作中不可或缺的手段。理论上电镜检验可以将样品中任何一种病原检出，特别是对于新出现的病原，因此采用电镜技术检测外源病毒污染是比较实用的。李六金等（2001）采用电镜技术在犬瘟热、犬细小病毒、犬副流感、犬腺病毒四联活疫苗中检出了呼肠孤病毒污染，并最终将污染原因确定为病毒培养过程中使用的牛血清。电镜技术尽管快速、准确，但其灵敏度较低，一般样本中病毒达到每毫升 $10^{6.0}$ 个病毒粒子水平时才能检测到。此外，除了电镜设备较为昂贵外，电镜技术也具有一定的复杂性和难度，往往需要经验的积累，这在某种程度上也限制了该方法的应用。

（吴华伟 杨承槐 李俊平）

第五节 安全检验

生物制品的安全性是其商品化的首要条件，各种生物制品都必须经过安全检验合格者方可出厂。

一、安全检验的内容

（一）检验外源性污染情况

外源致病性细菌、病毒、支原体和数量过多

的非病原菌都是影响生物制品安全的重要方面。特别是活疫苗在采用细胞培养时，可通过培养病毒的组织细胞引入外来病毒，如使用猪肾细胞可能带入猪圆环病毒，在用兔培养猪瘟兔化弱毒疫苗时可能引入兔瘟强毒。细胞培养中多使用牛血清，这就存在牛流行性腹泻病毒等污染的可能。使用鸡胚则可能存在鸡白血病等病毒污染。除原材料外，生产环境不佳及操作不当都可能造成外源性污染。

（二）检查杀菌、灭菌或脱毒情况

灭活疫苗多以致病微生物加入甲醛或其他灭活剂灭活，而类毒素生产中则是加入甲醛将毒素脱毒。但如果灭活不彻底或脱毒不完全，都可能影响产品的安全性。

（三）检查残余毒力或毒性物质

残余毒力主要是对活疫苗而言。所谓残余毒力是指生产这类制品的菌（毒）种，本身是活的减毒株或弱毒株，允许有轻微毒力的存在，能在接种的机体内表现出来。这种残余毒力按制品的不同而有不同的指标要求，测定和制定方法也不一致。例如，鸡传染性喉气管炎活疫苗安全检验允许接种鸡在接种后3～5d有轻度眼炎或轻微咳嗽，但应在2～3d后恢复正常。又如，羊痘活疫苗，试验羊应至少2/3在注射部位出现直径为0.5～4.0 cm淡红色或无色的不全经过型痘肿，持续期为10d左右，逐渐消退。发痘羊可有轻度体温反应，但精神、食欲应正常。毒性物质主要是针对灭活细菌苗或类毒素产品。这类制品虽经杀菌或脱毒，仅具有抗原性，但其本身的某些成分达到一定量时，可引起机体的有害反应。在冻干活菌苗中有的也会出现毒性反应。例如，仔猪副伤寒活疫苗，冻干后的存活率过低会出现内毒素反应，有时引起仔猪死亡。

（四）检查对胚胎的毒性

有的病毒致弱后对免疫动物没有毒力，但还能通过孕畜影响胚胎。例如，国外猪瘟的某些弱毒株，就可通过孕猪的胎盘屏障传给胚胎以至造成死胎、胎儿畸形或仔猪生后发育不良等。虽然在成品安全检验中很少专门进行胚胎毒性试验，但在种毒的安全性检验中应考虑进来。《OIE陆生动物诊断试验与疫苗手册》中对非洲猪瘟种毒

在怀孕母猪上的安全检验作了详细规定，即10头已怀孕25～35d的母猪，每头肌肉接种1头份的疫苗；另取类似的10头怀孕母猪作为对照，疫苗不应干扰正常的怀孕期，试验组母猪所生的活仔数不应明显低于对照组（$P<0.05$）。

二、安全检验的方法及要点

（一）实验动物

成品的安全检验方法主要是动物检验，可分为本动物安全检验和实验小动物安全检验两种。最常用的实验小动物为小鼠、豚鼠和兔。一种疫苗可能需要多种动物进行安全检验。禽用疫苗大多选用本动物进行安全检验，如SPF鸡、鸭、鹅等。猪、牛、羊等病毒类疫苗常以本动物和实验小动物安全检验相结合来评价疫苗安全性。例如，口蹄疫疫苗，除用猪或牛进行安全检验外，还需选择对口蹄疫敏感的豚鼠和小鼠进行安全检验。对于多数细菌类疫苗和个别病毒类疫苗，由于病原具有广泛的宿主嗜性，实验小动物比本动物更加敏感，因此可选择采用实验小动物替代本动物进行安全检验。例如，小鼠对猪丹毒敏感，兔对多杀性巴氏杆菌、伪狂犬病病毒敏感。但对于疫苗的评价，本动物安全检验仍然是最理想的评价方式。如在使用兔进行无荚膜炭疽芽孢疫苗的安全检验时，如果有1兔死亡，重检时应加绵羊1只，如果绵羊健活，兔仍有1只死亡，仍判定疫苗合格。

无论使用何种动物，其首要条件是敏感。除了动物种类外，还需要考虑品系、日龄、体重、抗原抗体水平、健康状况等多种因素，且在同批次检验过程中，不宜选用不同品种的动物，应尽量选用同窝、体况相近、体重日龄相近的动物。安全检验用动物的日龄多为所推荐的产品最小使用日龄。对于本动物安全检验，尤其是病毒类产品的本动物安全检验，要求动物血清中不含有产品相应的抗原和抗体。例如，牛口蹄疫灭活疫苗安全检验用牛，细胞中和抗体效价不高于1：8、ELISA抗体效价不高于1：16或乳鼠中和抗体效价不高于1：4，猪瘟活疫苗安全检验用猪应无猪瘟病毒中和抗体。

（二）接种剂量

所有产品在研究阶段都应进行单剂量安全性

试验、单剂量重复接种安全性试验及大剂量安全性试验。成品安全检验剂量的确定，一方面要考虑动物对疫苗的敏感性和耐受性，另一方面可根据效力检验的结果进行推导，不同产品接种剂量不能一概而论。一般来说，本动物安全检验时，病毒类活疫苗一般接种 10 倍使用剂量，病毒类灭活疫苗或细菌灭活疫苗一般接种 2 倍使用剂量。实验小动物安全检验中，豚鼠和兔多接种 1 个使用剂量，小鼠若采取皮下或腹腔接种，大多注射 0.1～0.5 mL（为使用剂量的 1/5～1/2），若采取脑内接种，多接种 0.03 mL。例如，猪乙型脑炎活疫苗的安全检验中，用乳猪检验时，注射疫苗 2.0 mL（含 10 头份）；脑内致病力试验中，脑内接种小鼠 0.03 mL（含 0.15 头份）；皮下感染入脑试验中，皮下注射 0.1 mL（含 0.5 头份）；毒性试验中，腹腔注射 0.5 mL（含 2.5 头份）。

（三）接种途径

安全检验接种途径以肌内注射、皮下注射为主。用禽检验的还有点眼、滴鼻和口服等方式。用牛检验还有皮内接种（舌背面多点注射）法，如牛口蹄疫灭活疫苗。用小鼠检验时还有脑内接种、腹腔注射和静脉注射法，如产气荚膜梭菌定型血清安全检验中通过静脉注射小鼠。

（四）观察时间

由于病原感染特性及各种动物对病原的反应情况不同，因此安全检验观察期也不尽相同。大部分本动物安全检验观察 14～21d，小鼠安全检验观察 7d，豚鼠安全检验观察 10d。但对于允许出现不良反应后恢复的需要较长的观察期。例如，破伤风类毒素接种豚鼠需要观察 21d，因标准规定接种后豚鼠如出现小的溃疡或硬结，须在 21d 内痊愈才能判定为合格；牛副伤寒灭活疫苗肌内注射小牦牛 3.0 mL、4.0 mL 和 5.0 mL，观察 4h，应无过敏反应；牛口蹄疫疫苗安全检验中，舌背面皮内注射疫苗 20 个点，每点 0.1 mL，逐日观察 4d 后，按推荐的接种途径接种 3 头份，继续观察 6d，均应不出现口蹄疫症状或由接种疫苗引起的明显毒性反应。

（五）检验要点

使用的动物必须符合其产品质量标准中规定的要求。安全检验应在专用的动物舍或隔离器内

进行，不得在其他设施内或野外进行。安全检验开始前，实验动物应隔离饲养，观察动物食欲、饮水、精神状态、呼吸、被毛、粪便等，必要时测定动物基础体温，对不符合要求、表现异常或与整群平均水平有明显差异的动物应弃去不用。对符合要求的动物应按照随机原则及检验需要进行分组，并保证分组后的动物具有良好的饲养环境和合适的活动空间，尽量避免应激的发生。SPF 动物应饲养在隔离器中。需要时，按照规定测量基础体温。当发现发病或死亡时，应当对动物进行检查或剖检，分析原因。如果确定动物发生传染病，同批动物不得用于检验。应按标准规定取一定数量的样品混合均匀，做好标记，并确保接种过程中待检样品的均一性。按照制品质量标准规定的剂量和接种途径进行接种，接种后应对动物观察 1～2h。接种后，要按照标准规定的时间、频次观察动物是否出现疫苗引起的局部或全身不良反应，并予以记录。观察时，要注意动作轻缓、防止惊扰动物。临床观察内容一般包括精神、食欲、呼吸、体况、注射部位反应、粪便、被毛、死亡情况等，必要时测定体温。某些制品安全检验中需要进行剖检并观察病理变化，如鸡传染性法氏囊病活疫苗检验中需要剖检并观察接种鸡法氏囊色泽和弹性，鸡传染性支气管炎活疫苗检验中需要剖检并观察接种鸡的肾脏病变。安检期间，对于表现异常或发病的动物，应当对异常情况如实记录，对发病部位、接种部位及全身进行仔细检查，如有死亡的动物，必须及时剖检，并明确原因。如确定是产品所致的异常或死亡，应作为安全检验判定的重要依据。如为非产品（环境、器械、人为等）所致的异常或意外死亡，不列入结果的计算。

（六）安全检验的判定

《中国兽药典》（二〇一五年版，三部）中生物制品安全检验判定的一般要求为：如果安全检验动物有死亡时，须明确原因，确属意外死亡时，本次检验作无结果论，可重检一次；如果检验结果可疑，难以判定时，应以增加 1 倍数量的同种动物重检；如果安全检验结果仍可疑，难以判定时，则该批制品应判为不合格；凡规定用多种动物进行安全检验的制品，如果有一种动物的安全检验结果不符合该产品质量标准中的规定者，则该批制品应判为不合格。

此外，经国家批准的生物制品都应严格按照产品质量标准的要求进行安全检验的判定。产品合格的最基本要求一般为"健活"或"不出现因疫苗引起的局部或全身不良反应"。有的产品检验中，考虑到病原特性，允许有一些特定的毒性反应。如破伤风类毒素安全检验中，在豚鼠注射1.0 mL的一侧局部允许有小硬结，注射4.0 mL一侧允许有小的溃疡，但须在21d内痊愈。羊大肠杆菌病灭活疫苗安全检验中允许接种羊有体温升高、不食及跛行等反应，但应在48h内康复。

（七）国外生物制品安全检验情况

现行《中国兽药典》通则中对各种动物的安全检验未作统一规定，即使使用相同的动物，各种产品的要求也不尽相同。而《美国联邦法规》（CFR）第9卷113部分、《欧洲药典》等在"一般标准"中按照实验动物的不同，对小鼠、豚鼠、猫、犬、犊牛、猪、绵羊等安全检验分别进行了统一规定，即所有疫苗在涉及某种动物安全检验时，除标准另有规定外均应按照"一般标准"的规定进行检验。此外，与我国现行《中国兽药典》不同，9CFR中许多制品采用靶动物进行安全检验，且其数据来自于效力检验攻毒前对免疫接种动物的观察。在病毒灭活疫苗安全检验中，美国还特别规定了"灭活检验"项目，如犬瘟热灭活疫苗安全检验，需分别进行"灭活检查"和"对效检动物的观察"。其中"灭活检查"规定：用犬瘟热易感雪貂对每批成品的罐装样品或最终容器样品进行犬瘟热病毒活病毒检验。接种2只雪貂，每只1个犬使用剂量，观察21d，若出现疫苗本身所致不良反应，判为不合格。"对效检动物的观察"中规定：对效检中接种疫苗的动物进行逐日观察，若在攻毒前出现疫苗本身所致不良反应，判为不合格。

（陈晓春　吴涛　赵丽霞　夏业才　李俊平）

第六节　效力检验

制品的效力，广而言之，是指它的使用价值，是每批产品放行前最主要的评价指标。效力不好的制品，如为疫苗和毒素，则无法有效地控制疫情；如为治疗用的血清，则无法医治病畜，从而使疫情蔓延；如为诊断试剂，则影响检疫及诊断的正确性。总之，效力不好的制品，不仅造成人力物力的浪费，而且还可能贻误采用其他措施的时间，收不到防疫的效果，使疫情进一步扩大。

效力检验的方法很多，按检验形式可分体外检测法和体内检测法两大类。体外检测法在活疫苗效力检验中主要是病毒含量测定或活菌计数。诊断制品效力（效价）测定也多采用体外检测法，如中和效价测定、凝集效价测定、补体结合试验等。灭活疫苗可采用相对效力测定法确定抗原量。体内检测法也称动物法，即对本动物或已建立的实验动物模型进行免疫接种，经过一定时间后，或采集血清进行抗体效价测定，根据疫苗刺激机体产生抗体的水平判定疫苗效力，即血清学方法；或用强毒进行攻击，根据免疫动物的保护情况判定疫苗效力，即动物免疫攻毒法。其中，动物免疫攻毒法是检测制品是否有效的最直接、最经典的方法。随着生物制品学的不断发展，以及人们对动物保护、环境污染及生物安全的重视，替代动物效力检验或体外效力检验成为主要的发展方向。但无论何种替代方法，都应与动物免疫攻毒法具有一定的平行关系，才可作为成品质量标准，用于成品的效力检验。

一、效力检验的内容

（一）免疫原性

首先是菌毒种的免疫原性应良好，制备生物制品的菌毒种的免疫原性，应经过周密的试验测定。例如，制备猪丹毒灭活疫苗的菌种应选择2型菌株，因为2型菌株免疫原性好，试验证明对其他菌株也有免疫力。又如禽流感、口蹄疫，因其在流行中常有型的变化，所以用以制备疫苗毒株的型必须与流行株相对应。否则，即使是制品的免疫原性好，也收不到理想的免疫效果。

（二）制品的免疫持续期

也应在选育菌毒种和研发制品时测定，但不同制品的免疫持续期各异。理想的制品应具有较长的免疫持续期，免疫持续过短的应考虑增加免疫接种的次数。

（三）抗原的热稳定性

一般灭活疫苗和血清的热稳定性较好，弱毒疫苗较差，但也随生物制品的种类而异，如牛痘疫苗的热稳定性就很好。但制品的热稳定性也与生物制品中所加的冻干稳定剂的种类或制备工艺有关。

（四）抗原量的测定

活疫苗的效力决定于接种动物的抗原量，即一定量的病毒（细菌）才能在体内增殖到一定程度，促使机体产生免疫应答，若数量不够，则达不到免疫效果。因此常以测定抗原量来检测制品的效力，当然实验室的检定标准应和使用效果一致。灭活疫苗也同样要求一定抗原量才有效，应测定制品的最小免疫量。制品中的抗原量并非愈多愈好，应控制其适当有效量，规定上限和下限，过多时可能会出现副作用。

二、效力检验方法

（一）动物免疫攻毒法

是兽医生物制品最常用、最经典、最直接有效的检验方法。按实验动物的不同，可分本动物（对象动物）免疫攻毒法和敏感小动物（替代动物）免疫攻毒法。禽用疫苗一般均使用本动物做检验。对于非禽用疫苗，由于某些病原（尤其是细菌类病原）广泛的宿主嗜性，可同时采用本动物和敏感小动物或任择一种或仅采用一种进行。如小鼠对猪丹毒敏感，其效力检验可采用猪或小鼠进行。又如兔对猪瘟敏感，其活疫苗可采用猪或兔进行。凡使用敏感小动物进行攻毒试验的，应在建立方法之初确定与本动物的攻毒保护试验之间的平行关系。当小动物检验遇到某种原因难以判断时，可改用本动物检验。但本动物检验不合格者，不得再用小动物重检。按照免疫接种和攻毒方式的不同，动物免疫攻毒法有以下几种常见形式。

1. 定量强毒攻击法　是兽医生物制品最常用的动物保护力测定方法。这种方法是以被检制品接种动物，经一定免疫期后，用相应的强毒攻击，观察动物接种后所建立的自动免疫抗感染水平，即以动物的存活或不受感染的情况来判断制品的效力。该种方法中所选用的动物均为敏感动物。例如，猪丹毒活疫苗的效检，用小鼠 10 只，每只注射 0.02 个使用剂量的猪丹毒活疫苗，14d 后，连同未接种的小鼠 3 只，攻击 1 000 MLD 猪丹毒杆菌 I 型和 II 型强毒菌混合液，另取 3 只对照小鼠，攻击 1 MLD 的上述混合菌液。观察 10d，免疫组应至少保护 8 只，攻击 1 000 MLD 菌液的对

照组应全部死亡，攻击 1 MLD 菌液的对照小鼠应至少死亡 2 只。如以猪检验，则用易感猪 10 头，其中 5 头各皮下注射疫苗 1 mL，14d 后，连同对照组 5 头，静脉注射 1 MLD 的猪丹毒杆菌 I 型和 II 型强毒菌混合液，观察 14d。如对照组全部死亡，免疫组至少保护 4 头，则判疫苗合格；如对照组至少发病 4 头，且至少死亡 2 头，免疫组全部健活，则判疫苗合格。

2. 定量免疫变量攻击法　该方法中将动物分为 2 组，一组为免疫组，一组为对照组。2 组又各自分为相同的若干小组，每小组的动物数相同。免疫动物均用同一剂量的制品接种免疫，经一定时间后，与对照组同时用不同稀释倍数强毒攻击，比较免疫组与对照组动物的存活率。按 LD_{50} 计算，如对照组攻击 10^{-5} 稀释的强毒有 50% 的动物死亡，而免疫组攻击 10^{-3} 稀释强毒有 50% 的动物死亡，即免疫组对强毒的耐受力比对照组高 100 倍，即免疫组有 100 个 LD_{50} 的保护力。该方法目前较少使用。

3. 变量免疫定量攻击法　即将疫苗稀释成各种不同的免疫剂量，接种动物，间隔一定时间，待动物的免疫力建立以后，各免疫组均用统一剂量的强毒攻击，观察一段时间后，用统计学方法计算能使 50% 的动物得到保护的免疫剂量，如猪口蹄疫（O 型）灭活疫苗即用此方法进行效力检验。具体的检验方法是：用体重 40 kg 左右的架子猪（细胞中和抗体效价不高于 1∶8、ELISA 效价不高于 1∶8 或乳鼠中和抗体效价不高于 1∶4）15 头，分为 3 组，每组 5 头。将免疫组分为 1 头份、1/3 头份、1/9 头份 3 个剂量组，每一个剂量组分别于耳根后肌内注射 5 头猪。接种 28d 后，连同对照猪 2 头，每头猪耳根后肌内注射猪 O 型口蹄疫病毒强毒 1.0 mL（含 $10^{3.0}$ ID_{50}），连续观察 10d。对照猪均应至少有 1 个蹄出现水疱或溃疡。免疫猪出现任何口蹄疫症状即判为不保护。按 Reed-Muench 法计算，每头份疫苗应至少含 6 PD_{50}。

虽然动物免疫攻毒法能最直接反映生物制品效力，但使用动物进行效力评价受到许多因素的影响，如动物的种属、窝别、年龄、体重、性别、健康状况、饲养环境及营养水平等，这些因素直接影响检测结果的准确性和可靠性。随着生物科技的进一步发展，以及人类对动物保护、生物安全的重视，以"减少（reduction）、替代（replacement）、优化（refinement）"为核心的

"3R"实验动物科学原则越来越受到重视。即在保证试验科学性的前提下，尽量少使用实验动物，同时尽量减轻实验动物的痛苦。为此，研究抗原量和攻毒保护平行关系、抗原量与免疫反应的相关性后用抗原定量检测来代替免疫动物攻毒保护法是未来生物制品效力评价的重要发展方向。

（二）血清学检验法

该法中采用血清学试验测定疫苗免疫动物后产生的保护性抗体效价，间接反映制品的效力。抗体效价测定方法主要包括中和试验、血凝抑制试验（HI）、ELISA、免疫过氧化物酶单层细胞染色法（IPMA）等。其中，中和试验有体内和体外试验两种，其他方法均属于体外试验。无论何种血清学方法，都应确定其与动物免疫攻毒保护率之间的平行关系。

1. 中和试验 疫苗制品免疫动物，一定免疫期后采血，分离血清，与相应抗原中和后接种敏感动物、胚或细胞等测定血清抗体效价。对于以体液免疫为主的疫苗制品，血清中和试验是除免疫攻毒外最直观的效力检验方法。多数病毒类疫苗和部分细菌类灭活疫苗检验中采用该方法。

病毒类疫苗中和试验有固定病毒稀释血清和固定血清稀释病毒两种方法。固定病毒稀释血清法以中和抗体效价表示结果，即指能使50%指示动物、胚或细胞得到保护的抗体稀释度。例如，鸡传染性法氏囊病灭活疫苗检验中采用SPF鸡或鸡胚测定血清中和效价，水貂犬瘟热活疫苗检验中采用鸡成纤维细胞测定血清中和效价。固定血清稀释病毒法以中和指数表示结果，即待检血清与系列稀释的抗原中和后接种动物、胚或细胞后的半数感染量（LD_{50}、$TCID_{50}$、ELD_{50}、EID_{50}）与对照组的半数感染量（LD_{50}、$TCID_{50}$、ELD_{50}、EID_{50}）的比值。例如，猪伪狂犬病病毒灭活疫苗效力检验的血清学方法中规定皮下注射山羊4只，分别于接种前和接种后28d采血，用PK15细胞测定血清抗体中和指数，均应升高至少$10^{2.5}$。

细菌疫苗中梭菌类疫苗检验中常用血清中和法评价疫苗效力。例如，肉毒梭菌（C型）中毒症灭活疫苗检验中，将4只免疫羊或兔的血清等量混合后，与含4个小鼠MLD的C型肉毒梭菌毒素进行中和，37℃作用40min后，静脉注射小鼠，观察小鼠死亡情况。注射1 MLD的C型肉毒梭菌毒素的对照小鼠应全部死亡，血清中和效

价（0.1 mL血清中和至少1 MLD毒素）达到1即为合格。

2. 血凝抑制试验 对具有血凝特性的病原多采用该方法测定接种动物的血清抗体效价。如鸡减蛋综合征、禽流感、鸡新城疫、水貂病毒性肠炎、猪细小病毒、水貂犬瘟热等。该方法以红细胞凝集被完全抑制的血清最高稀释度作为判定终点。

3. ELISA或IPMA 此两种方法不能全面体现血清中和抗体水平高低，但在确定了与动物攻毒保护率间的平行关系后也可使用。如猪圆环病毒2型灭活疫苗（DBN-SX07株）检验中采用ELISA方法测定免疫猪抗体效价，不低于1∶400判为合格。猪圆环病毒2型灭活疫苗（LG株）检验中采用IPMA方法测定免疫猪抗体效价，不低于1∶800者判为合格。

（三）抗原含量的测定

1. 细菌活菌计数 某些细菌类活疫苗的菌数与保护力之间有着密切而稳定的关系，因此可以不用动物来测保护力，只需要进行细菌计数。活菌数能达到使用剂量规定要求者，即可保证免疫效力。但对于大部分活菌制品，需要同时进行活菌计数和动物免疫攻毒法进行效力评价。按培养方式不同，活菌计数法可分表面培养测定法、混合培养测定法。按判定方式不同可分菌落形成单位检验、芽孢计数法等。采用表面培养法测定菌落形成单位是最常见的一种方式，如布鲁氏菌病活疫苗、仔猪/牦牛副伤寒活疫苗等。无荚膜炭疽芽孢疫苗、II号炭疽芽孢疫苗效检测是采用芽孢计数法。

2. 支原体计数 以颜色变化单位（CCU）表示。即将待检疫苗连续稀释，接种支原体培养基，在适宜温度下培养，观察培养基颜色变化，以变色的最高稀释度作为该疫苗CCU含量。例如，鸡毒支原体活疫苗效力检验，每毫升疫苗应不少于$10^{8.0}$CCU。

3. 病毒含量测定

（1）用细胞测定 将疫苗制品用适宜的稀释液连续稀释，接种生长良好的敏感细胞单层（或同步接种），每个稀释度接种4～8个重复，观察细胞病变情况或进行蚀斑计数或进行荧光染色，以此确定疫苗的半数感染量（$TCID_{50}$）。如鸡马立克氏病活疫苗检验采用蚀斑计数法，因为火鸡

疱疹病毒与马立克氏病病毒都能形成蚀斑（PFU），蚀斑的数量又与鸡保护率之间有直接而稳定的关系。由于伪狂犬病活疫苗、山羊痘活疫苗、猪繁殖与呼吸综合征活疫苗等的疫苗毒能引起细胞病变，因此则通过观察细胞病变确定 $TCID_{50}$。对于不能引起细胞病变的病原，可通过荧光染色测定 $TCID_{50}$，如犬瘟热、腺病毒 2 型、副流感、细小病毒病四联活疫苗等。

（2）用实验动物（或胚）测定　禽用疫苗多用胚进行含量测定，一般用半数胚感染量（EID_{50}）或半数胚致死量（ELD_{50}）表示。例如，鸡新城疫活疫苗检验中，通过测定 EID_{50}，每羽份病毒含量不低于 10^6 EID_{50} 为合格。

4. 抗原相对效力　在兽医生物制品中，对灭活疫苗无法进行活菌计数和病毒滴度测定，且有的制品免疫后抗体产生慢，不便通过血清学方法测定抗体效价，但可以测定抗原相对效力（RP）。目前常用的方法有双抗体夹心 ELISA 法。该方法在国外兽医生物制品检验中应用较为广泛，如猪圆环病毒 2 型杆状病毒载体灭活疫苗、狂犬病灭活疫苗、猪支原体肺炎灭活疫苗等。该方法是基于生物检定的基本原理，通过比较参考品与待检样品使生物系统产生等效反应的剂量来确定抗原效价的方法。样品含量与免疫效力之间具有良好的线性关系是体外相对效力方法建立的重要前提，而参考疫苗抗原含量的定量也应基于动物免疫原性研究而定。

5. 有效抗原成分含量测定　完整的口蹄疫病毒粒子（146S）是口蹄疫疫苗的有效成分，146S 抗原的含量直接决定了口蹄疫疫苗的质量，146S 抗原的检测对于指导疫苗生产，评价疫苗质量具有重要意义。目前比较成熟的 146S 检测方法主要有 ELISA 检测、蔗糖密度梯度离心法等。有效抗原成分含量测定还常应用于基因工程亚单位疫苗的效力检验中，如猪圆环病毒 2 型基因工程亚单位疫苗检验中，通过测定有效蛋白含量评价疫苗的效力。

（四）诊断制品效价测定

1. 凝集试验　凝集试验有试管法与平板法两种。沙门氏菌马流产凝集试验抗原及阴阳性血清、猪支气管败血波氏杆菌凝集试验抗原及阴阳性血清、布鲁氏菌病全乳环状反应抗原、布鲁氏菌病试管凝集试验抗原及阴阳性血清等检验中均采用试管凝集试验法进行效价测定。布鲁氏菌病虎红平板凝集试验抗原及阴阳性血清、鸡毒支原体血清平板凝集试验抗原、鸡白痢、鸡伤寒多价染色平板凝集试验抗原及阴阳性血清、日本血吸虫病凝集试验抗原及阴阳性血清等检验中均采用平板凝集试验法进行效价测定。

2. 沉淀试验　沉淀试验有 3 种：环状沉淀反应，如炭疽沉淀素血清效价测定；琼脂扩散反应，如马传染性贫血琼脂扩散试验抗原及阴阳性血清、牛白血病琼脂扩散试验抗原及阴阳性血清、蓝舌病琼脂扩散试验抗原及阴阳性血清效价测定；培养凝集试验法，如猪丹毒抗原效价的测定。

3. 中和试验　中和试验在诊断制品中的应用比其他血清学方法更为广泛，如在产气荚膜梭菌定型血清、传染性牛鼻气管炎中和试验抗原、口蹄疫细胞中和试验抗原、牛病毒性腹泻/黏膜病中和试验抗原等的应用。方法与原理和疫苗制品中和效价测定方法相同。

4. 补体结合试验　该方法在诊断制品中常用，如在鼻疽补体结合试验抗原、布鲁氏菌病补体结合试验抗原、牛传染性胸膜肺炎补体结合试验抗原、牛/牛羊副结核补体结合试验抗原、伊氏锥虫病补体结合试验抗原、衣原体补体结合试验抗原等的应用。补体结合试验中各种成分间有严格的定量关系，加量须准确。绵羊红细胞是补体结合试验中的定量关键，不能使用有溶血现象的脆弱红细胞。

5. 小鼠皮内变态反应试验　提纯副结核菌素、提纯牛型结核菌素、提纯禽型结核菌素、炭疽沉淀素血清等诊断制品常使用此方法检验。如提纯副结核菌素的检验中，先将标准品与被检样品用灭菌生理盐水稀释成蛋白含量为 0.5 mg/mL，再作 1：100 稀释。在每只豚鼠身上采取轮换方式，各皮内注射 0.1 mL。注射后 24h，用游标卡尺测量每种稀释液在 6 只豚鼠身上各注射部位的肿胀面积，被检菌素和标准菌素稀释液在 6 只豚鼠身上各肿胀面积平均值的比值在 0.9～1.1 范围内即判为合格。

（五）其他方法

1. 热型反应　如猪瘟活疫苗的检验中，观察接种兔的热型反应。牛瘟活疫苗的检验中，用绵羊进行效力检验，规定应有 2/3 羊为定型热反应。

2. 发痘观察　在山羊痘活疫苗效力检验中，

接种山羊，观察发痘情况，在接种后 5～7d，应至少有 2/3 山羊出现直径为 0.5～3.0 cm 微红色或无色痘肿反应，且持续 4d 以上。

三、效力检验判定的一般原则

（1）在免疫中有意外死亡时，如果存活头数仍能达到规定的保护头数以上，则可以进行攻毒。攻毒后，如果能达到质量标准中规定的保护头数，可判为合格。攻毒后不合格者，应作为一次检验计算。

（2）除另有规定外，规定可用本动物免疫攻毒法或其他方法（任择其一）进行效力检验时，用其他方法检验结果不合格时，可用本动物免疫攻毒法进行检验；用本动物免疫攻毒法效力检验结果不合格时，不得再用其他方法进行检验。

（3）规定用一种小动物或本动物进行效力检验的制品，可用小动物检验 2 次，本动物检验 1 次。如果本动物检验不合格，不得再用小动物重检。

（4）规定用本动物进行效力检验的制品，重检 1 次仍不合格，该批制品判为不合格，不得再进行第 3 次效力检验。

（5）必须对前次检验结果作详细分析，当检验结果受到其他因素影响，不能正确反映制品质量时，可进行重检。

（6）对不规律的效力检验结果，高稀释度（或低剂量）合格，低稀释度（或高剂量）不合格，可判为无结果。

（7）效力检验中的对照动物攻毒后发病数达不到规定头数而免疫动物保护数达到规定头数时，该次检验判为无结果。当对照动物发病数达不到规定标准时，不应重复攻毒。

四、影响效力检验的因素与应注意的问题

（一）检验动物的影响

效力检验目前主要还是以动物免疫攻毒法为主，动物的品种、健康状态和饲养管理等对效力检验的结果有明显影响。应选择同品种、体重大致相同并符合实验动物标准及质量标准要求的健康易感动物。外购动物要求来源相同，在检验前必须经过隔离饲养，观察适当时间证明符合实验动物标准要求后方可使用。即使严格按照质量标

准规定的要求选用检验动物，动物个体差异仍然存在。因此，实验动物的标准化是生物制品检验的重要问题。现行《中国兽药典》中对生产、检验用动物做了规定，如兔、豚鼠、仓鼠应符合国家普通级动物标准，大、小鼠应符合国家清洁级动物标准，鸡和鸡胚应符合国家无特定病原体（SPF 级）动物标准，猪、犬、羊、牛、马等除应不含国家标准规定的病原外，还应不含有制品的特异性病原和抗体。效力检验中的免疫动物，应在专门动物舍内饲养。

（二）检验用原材料的影响

效力检验用细胞、培养基、血清等的质量也对结果有很大影响。例如，使用的培养基，特别是作为活菌计数的培养基，质量不稳定时，菌数将会出现很大的差异。

（三）增设标准品对照

在我国兽医生物制品的检验中，除破伤风毒素、鸡马立克氏病活疫苗和一些诊断用制品的检验中使用标准品或参考品作为对照外，其他制品检验中很少使用标准品或参考品，或者使用不够标准化的参考品，这对正确评价制品会有一定影响。

（四）效力检验应注意的问题

1. 生物安全问题 凡攻击强毒的动物，须在负压环境下饲养。强毒舍须有严格的消毒设施，动物尸体、废弃物及废水应作无害化处理，排出的空气需经高效过滤处理，并有专人管理。

2. 疫苗接种 在效力检验中攻击强毒时，免疫动物与对照动物须同时进行。对免疫动物攻毒时，不应在接种疫苗的同一部位进行。免疫及攻毒剂量应准确。攻毒用强毒应始终低温保存，防止毒力减弱。

（陈晓春 张 兵 刘国英 李俊平）

第七节 其他检验

一、鉴别检验

（一）定义

鉴别检验（identity test）又名一致性检验或

同一性试验，主要用于确定微生物种属特异性。在生物制品中的应用，既可属于效力检验的范围，如抗原性的变异；亦可属于安全检验的范围，如毒力的变化等。目前多数活疫苗制品标准中有此项检验规定。

（二）方法

一般采用已知特异性标准血清或阳性参考血清和其他适宜方法，对制品进行特异性鉴定。根据不同制品疫苗株具有的致细胞病变作用（CPE）、血凝性等生物学特性采用不同方法，如中和试验、血凝/血凝抑制试验、基因鉴定、荧光抗体法，以及菌种形态和培养特性的检查等。

1. 中和试验 将特异性血清与疫苗中和后，接种易感对象（动物、鸡胚/鸭胚、细胞、培养基），观察疫苗病毒是否失去对接种对象的感染能力。例如，鸡马立克氏病活疫苗（火鸡疱疹病毒），当疫苗病毒和单特异性抗火鸡疱疹病毒血清混合后，再接种于易感细胞，由于该病毒被中和，因此失去产生细胞病变的能力。

2. 血凝试验/血凝抑制试验 有些病毒，如新城疫病毒、流感病毒等具有血凝性，能够凝集相应的红细胞。利用病毒的该项特性，通过采用这些病毒的特异性血清抑制其血凝性实现对该病毒进行鉴别检验。有些具有血凝性的病毒可以凝集几种红细胞，一般选择血凝性最佳的新鲜红细胞进行试验，浓度多为1%。

3. 基因鉴定

（1）PCR鉴定 有些活疫苗抗原是分离的天然弱毒株或通过其强毒的致弱而获得的弱毒株，与强毒核酸序列比较，弱毒核酸缺失了部分核苷酸片段。根据这个特点，在缺失核苷酸片段两侧设计特异性引物，对强、弱毒PCR扩增产物片段大小进行比较加以鉴别。对DNA疫苗的重组DNA质粒进行PCR鉴定，应能够扩增出预期大小的产物片段。

（2）质粒酶切分析 根据DNA疫苗重组DNA质粒存在的酶切位点，选择适当的限制性酶对DNA质粒进行酶切，应获得预期片段大小的酶切产物。

4. 荧光抗体法 对于无致细胞病变作用、血凝性等生物学特性的疫苗株，则可以采用荧光抗体法进行鉴别检验，常用方法有直接荧光抗体法、间接荧光抗体法。直接荧光抗体法中的荧光素标记抗体既可用多克隆抗体，也可用单克隆抗体，但以单克隆抗体标记物染色后的观察效果为佳；间接荧光抗体法中的一抗可使用多克隆抗体或单克隆抗体，但单克隆抗体处理的样本染色后观察效果更佳。

5. 菌种形态和培养特性的检查 常用于细菌类活疫苗，通过接种适宜培养基，观察接种后的细菌生长情况或菌落特性进行菌株鉴别。如仔猪副伤寒活疫苗，由于该菌种是通过一定浓度的醋酸铊致弱的，在1‰醋酸铊普通肉汤中能均匀混浊生长，而仔猪副伤寒强毒菌株不能在此种培养基中生长，可用此方法加以鉴别。

二、最低装量检查

采用量筒、吸管或注射器单独或组合对剂型为液体的以容积为计量单位的预防、治疗、诊断用生物制品的装量进行量取，要求不低于制品的标示量。

检验前，随机取出待检样品，置于操作台上使其恢复至室温。检验中使用的吸管、注射器、量筒等量具使用前须确保干燥，用过的量具需清洗干净并干燥后方可用于下一瓶样品的检验。最低装量检查使用量具参考表13-7。

表13-7 最低装量检查使用量具参考表

标示装量（mL）	吸管（量筒）
≤1	2mL吸管（或注射器）
2	10mL吸管（或注射器）
4	10mL吸管（或注射器）
5	10mL吸管（或注射器）
6	10mL吸管（或注射器）
10	25mL吸管（或注射器）
20	25mL量筒或吸管（或注射器）
40	50mL量筒
50	100mL量筒
100	100mL量筒+10mL吸管
150	200mL量筒+10mL吸管
200	200mL量筒+10mL吸管
250	250mL量筒+10mL吸管
500	500mL量筒+10mL吸管
1000	1000mL量筒+10mL吸管

三、耐老化试验

对冻干保护剂为耐热保护剂的制品，为了验

证制品效力的高温稳定性，通常要求进行该项试验。一般方法是先将制品在37℃条件下放置7～10d进行老化，再按照制品效力检验方法进行检验，检验结果与未老化的对照制品比较，下降幅度应符合质量标准规定。

四、细菌内毒素检查

细菌内毒素检查有凝胶法和光度测定法。后者包括浊度法和显色基质法。对供试品检测时，可使用其中任何一种方法进行。当测定结果有争议时，除另有规定外，以凝胶法结果为准。

五、总蛋白含量测定

总蛋白含量的测定主要有定氮法、双缩脲法（Biuret法）、福林酚试剂法（Lowry法）、紫外吸收法和考马斯亮蓝法（Bradford法）；其中，定氮法操作复杂，但比较准确，通常以定氮法测定的结果作为标准；Lowry法和Bradford法灵敏度最高，比紫外吸收法灵敏10～20倍，比Biuret法灵敏100倍以上。在动物生物制品检验中需要根据待检生物制品的特点，筛选适合的测定方法，否则可能导致测定结果误差较大。

目前有些疫苗质量标准要求测定总蛋白含量并对其上限加以控制。如现有口蹄疫油佐剂灭活疫苗检验中采用改良Lowry法（用商品化改良Lowry法蛋白测定试剂盒）进行总蛋白含量测定，要求每毫升疫苗总蛋白含量不超过500 μg。

六、热原质检查

将一定剂量的供试品静脉注入试验兔体内，在规定时间内，观察试验兔体温升高的情况，以判定供试品中所含热原是否符合规定。

七、异常毒性检查

本法系给小鼠注射一定剂量的供试品溶液，在规定时间内观察小鼠的死亡情况，以判定供试品是否符合规定。

供试小鼠应健康，体重为17～20 g，在试验前及试验观察期内，均应按正常饲养条件饲养。做过本试验的小鼠不得重复使用。取小鼠5只，逐个编号，将供试品溶液注入小鼠腹腔，0.5 mL/只，观察48h。

全部小鼠在接种后48h内不得死亡。如有死亡，应另取体重18～19 g的小鼠10只复试，全部小鼠在48h内不得有死亡。

八、动物过敏检查

本法系将一定量的供试品溶液注入豚鼠体内，间隔一定时间后静脉注射供试品溶液进行激发，观察豚鼠出现过敏反应情况，以判定供试品是否引起豚鼠全身过敏反应。

供试用的豚鼠应健康，体重250～350 g，雌鼠应无孕。在试验前和试验过程中，均应按正常饲养条件饲养。做过本试验的豚鼠不得重复使用。取豚鼠6只，逐个编号，隔日每只每次腹腔注射供试品溶液0.5 mL，共3次，进行致敏。另设6只作为对照，每只每次腹腔注射无菌生理盐水0.5 mL。每日观察每只豚鼠的行为和体征，首次致敏和激发前称量并记录每只豚鼠的体重。然后将其均分为2组，每组3只，分别在首次注射后第14日和第21日，由静脉注射供试品溶液1.0 mL进行激发。观察激发后30min内豚鼠有无过敏反应症状。

静脉注射供试品溶液30min内，豚鼠不得出现过敏反应。如在同一只豚鼠上出现竖毛、发抖、干呕、连续喷嚏3次、连续咳嗽3声、紫癜和呼吸困难等现象中的2种或2种以上，或出现大小便失禁、步态不稳或倒地、抽搐、休克、死亡现象之一者，则判定供试品不符合规定。

九、质粒含量测定

一般采用紫外分光光度计法进行DNA疫苗的质粒含量测定。测定时，用稀释液（如PBS，0.01 mol/L，pH7.2）将DNA疫苗样品进行适量稀释，用紫外分光光度计测量其在某适当波长处（260 nm）的吸收值。一般每个样品重复测量3次，取平均值作为该样品的吸收值。在波长260 nm时的OD值为1的溶液含50 μg/mL DNA，故DAN的浓度（mg/mL）＝OD_{260}值×50 μg/mL×稀释倍数÷1000。

十、超螺旋质粒百分比含量测定

在对 DNA 疫苗超螺旋质粒百分比含量测定时，一般用稀释液（如 PBS，0.01 mol/L，pH7.2）将待测样品进行适当稀释（如 0.01 μg/μL），进行琼脂糖凝胶（如 0.7%）电泳；电泳后，先将电泳条带清晰的凝胶放入凝胶成像仪（如 BioRad 的 GelDoc™ XR$^+$ Imaging System）中显现并获得图像，再以相应的分析软件（如 Image Lab 4.1）对泳道中各条带进行分析，计算出超螺旋体 DNA 质粒及各类质粒构形的图像像素点的比值，从而计算出超螺旋体 DNA 质粒占总 DNA 质粒量的百分比。

（高金源 李俊平）

第十四章 免疫预防技术和方法

第一节 概　述

自 1796 年 Edward Jenner 发明牛痘疫苗以来，疫苗每年可阻止千百万人死于传染病。1977年 WHO 宣布全球范围内消灭天花，至此天花疫苗已累计挽救了 3.75 亿人的生命，接种疫苗成为最有效的公共卫生措施之一。疫苗使用于动物的历史始于 1881 年 Pasteur 对牛、羊进行的一次具有历史意义的炭疽杆菌免疫试验。1886 年 Salmon 等证明了加热灭活的鸡霍乱菌同样能够有效预防鸡霍乱，从而开启了灭活疫苗的时代。疫苗被证明是减少细菌和病毒性动物疾病和经济损失最有效的方式之一。目前，世界上批准用于动物疫病防控的疫苗主要是通过传统方法生产灭活疫苗和减毒活疫苗。然而，灭活疫苗含有多种蛋白，非抗原蛋白可能会使单苗或联苗的免疫力受抑制而降低其效价；其他某些成分可能引起不良反应；在灭活过程中有可能损害或改变有效的抗原决定簇；产生的免疫效果维持时间短，不产生局部抗体；可能产生毒性或潜在的对机体不利的免疫反应；需要多次注射，需要抗原量比较大，成本比较高。因此，科研工作者和疫苗制造企业致力于研究疫苗的免疫保护机制、开发新型佐剂及灭活剂、研制基因工程亚单位疫苗、重组活载体疫苗、核酸疫苗等多种新型疫苗，以减小疫苗的副反应，提高对动物的免疫保护效果。

随着科技的不断进步，新的兽用疫苗也相继被开发和应用。动物疫苗种类已由最初的十几种，发展到现在的几百种，其免疫覆盖率也在不断提高。由于疾病的多样性、复杂性，因此采用单一的疫苗防控，并不能取得很好的预防效果；同时，高免疫密度和多品种疫苗大大增加了养殖企业的工作量和动物应激反应，因此多价、多联疫苗也受到越来越多的关注。尤其是伴随着亚单位疫苗等新型疫苗的开发，多价多联疫苗的研发、质控和效果评价也越来越容易，这也大大加快了多联疫苗、多价疫苗的开发速度。

疫苗效果的良好发挥与免疫接种技术是密切相关的，不恰当的免疫方法往往导致疫苗免疫效果的下降。只有正确的接种方法、熟练的操作技术及合理的免疫程序，才能充分发挥疫苗应有的免疫保护效果。在免疫接种时，应根据不同疫苗和物种来选择相适应的接种途径。对于核酸疫苗而言，基因枪注射优于肌内注射，更优于皮下、皮内和腹腔注射；而新城疫活疫苗适用于滴鼻点眼、饮水接种，该接种方式更有利于激活家禽的黏膜免疫应答。本书概论中已经详细介绍了疫苗的种类，本章就疫苗的联合性和相容性、免疫方法、免疫效果评价指标及影响因素、疫苗风险评价等方面作一一介绍。

第二节　疫苗的联合性和相容性

当前，临床上严重的动物群体发病很少是由单一病原引起的，大部分是由几种病原共同作用的结果。因此，采用联合疫苗进行免疫成为预防动物疾病的理想选择，而联合疫苗中各组分的相容性是评价联合疫苗的主要质量指标。

一、疫苗的联合使用

20世纪40年代三价流行性感冒疫苗研制成功，随后联合疫苗的发展越来越快，越来越多的联合疫苗成功用于人类或动物的疫病防控。联合疫苗是指含有2个或多个活的、灭活的生物体或者提纯的抗原，由生产者联合配制而成，一起或注射前即时混合，包括多联疫苗和多价疫苗，用于预防多种疾病或由同一病原体的不同种或不同血清型引起的疾病。如果将载体疫苗和耦联疫苗的载体菌或耦联的载体成分所引起的疾病也作为其适应证时，则载体疫苗和耦联疫苗也属于联合疫苗。

在兽医联合疫苗方面，早在1983年Thayer就用鸡新城疫、传染性法氏囊病二联灭活疫苗免疫20周龄种鸡，免疫后40周，ND及IBD抗体均很高。随后大量联合疫苗被研究开发，如仔猪大肠杆菌病三价灭活疫苗，口蹄疫O型、A型活疫苗，猪瘟、猪丹毒二联活疫苗等，广泛应用于多种动物疫病的防控。近年来，多价DNA基因工程疫苗研究发展也很迅猛。Peeters等（1997）将猪瘟病毒的E2基因插入到伪狂犬病病毒基因中，构建重组病毒，将该重组病毒制备成疫苗并免疫猪，接种该疫苗的猪能够同时抵抗猪瘟病毒和伪狂犬病病毒的攻击。

单价疫苗在联合后会使疫苗的安全和效力发生改变。有时联合疫苗中的某种成分会对其他的一种或多种活性组分起到抑制或增强作用。例如，当全细胞百日咳疫苗与脊髓灰质炎灭活疫苗联合后，会使百日咳疫苗的效力下降；另外，当用活疫苗配制联合疫苗时，可产生病毒间或病毒亚型间的免疫干扰，其免疫应答比单组分疫苗的免疫应答要低；由活疫苗配制的联合疫苗，也可能发生组分间的重组反应，可能使减毒活疫苗毒力恢复。因此，在研制联合疫苗时，应考虑联合疫苗的安全性，各组分间的化学和物理作用对免疫应答的影响，各组分的配伍，其他成分，如佐剂、缓冲液等的选择，疫苗稳定性等，从而研制出安全、有效的联合疫苗。

二、疫苗的相容性

联合疫苗的研发和临床试验不同于一般疫苗，除一般要求以外，还应充分考虑多种组分联合后产生的相互作用对联合疫苗的安全性和有效性的影响，以及是否产生毒力返强或重组。在进行临床试验时，应采用联合疫苗中各组分同时分别接种作为对照组，由于对照组是多部位接种，给不良反应的评价带来了困难，同时还应充分考虑各组分在体内相互作用而产生的影响。不能简单地采用一种固定的模式研究联合疫苗的安全性和有效性。

（一）对联合疫苗中各组分间的相容性进行验证

应采用适宜的理化、生化和生物学检测方法，对制品的特性和组分的完整性进行测定。为了进一步证明组分间的相容性，应采用适当的动物模型，确定联合后对各组分的效力和免疫原性是否有影响。还应考虑到联合疫苗中的每一组分都有可能通过联合使毒力恢复。因此，应当测定组分在单价时和联合时是否有恢复变异的趋势。同时，还应评价制品的再悬浮影响，以及容器和瓶塞与联合疫苗是否相匹配。

（二）防腐剂对联合疫苗的影响

防腐剂或稳定剂有可能改变疫苗的效力，如DTP-IPV中的硫柳汞可抑制IPV的效力；应考虑防腐剂对组分毒力返强的影响，还应考虑定量测定各成分或抗微生物物质的残余量，以及进行防腐剂对成品抗污染能力的研究。

（三）佐剂对联合疫苗的影响

应研究佐剂与其他组分间的相容性及对每一成分的吸附度，同时还应考虑多个组分若同时吸附时的吸附效率和动力学。对于未被吸附（游离）的组分在配制后的吸附情况，如未被吸附的组分是否会被吸附；已吸附的组分是否会被解离下来，即研究存放时间对佐剂吸附抗原的影响等。对于以前未被吸附过的组分，应研究吸附后对检测方法和检测结果是否会产生影响，应了解对鉴别试验或热原试验方面的影响。

（四）非活性成分对联合疫苗的影响

在配方的开发阶段，应当测定不同的缓冲液、盐类、稳定剂（比如乳糖、明胶、山梨醇等），以及其他化学因素是否对疫苗的安全性、纯度或效力产生有害的相互作用。

（五）稳定性和有效期

在稳定性和有效期研究中，应使用3批成品考察实际保存时间内制品的稳定性，以制定该制品的有效期。由于疫苗的有效期是从成品的效力试验开始计算的，因此还应考虑以下三个方面对疫苗有效期的影响，即生产过程中和配制前每一组分的保存时间、效力试验开始前后的联合疫苗的保存时间。联合疫苗的有效期的开始时间应当是从测定联合疫苗中的第一个组分的最后一次有效的效力试验开始（或合格）之日起计算。按有效期最短的组分确定联合疫苗的有效期，即应综合考虑各组分的有效期。所制定的成品有效期应当确保制品在其总有效期内（即有效期开始前的保存期加上成品的有效期）各组分都是稳定和合格的。

（六）测定联合疫苗中各有效组分的效力

各组分效价应当达到单价制品的规程要求。如果不能达到规程要求时，应证明其效价降低是由于联合疫苗中组分间的相互作用所致，证实组分间的相互作用使某一种组分对其他组分产生增强或减弱作用，并证明降低的效价不会导致动物免疫后的免疫应答降低。用动物试验比较联合疫苗与单个抗原的免疫应答情况，以确定是否发生了免疫应答的增强或抑制现象。同样，也应在动物免疫原性研究中测定活疫苗株之间的免疫干扰现象。

（七）对联合疫苗中所有组分的免疫原性进行研究

应当将联合疫苗的免疫原性与分别同时接种在不同部位的各单价组分疫苗的免疫原性进行比较，联合疫苗中的每一种血清型或组分在联合疫苗中均应有相应的免疫原性要求。应证明联合疫苗接种后各组分疫苗的免疫应答与同时分别接种联合疫苗中的各单组分疫苗后的免疫应答之间是否有显著区别。

（鑫　婷　刘岳龙　丁家波）

第三节　免疫方法

常用的疫苗免疫方法有滴鼻、点眼、刺种、注射、饮水和气雾等，应根据疫苗的类型、疫病的特点及免疫程序来选择正确有效的接种途径。弱毒疫苗应尽量模仿自然感染途径接种，灭活疫苗应注射（皮下、肌肉）免疫，以保证获得预期的免疫效果。

一、家禽常用免疫接种方法

（一）饮水免疫法

饮水免疫是一种省时省力的群体免疫方法，将配制好的疫苗水溶液加入饮水器，使饮水器内疫苗水溶液的深度能够浸润家禽的鼻腔、甚至眼睛。给疫苗水溶液时间要一致，饮水器分布均匀，使同一禽群同时喝到疫苗水溶液。适合饮水免疫的疫苗是高效价的弱毒活疫苗，如新城疫弱毒疫苗、鸡传染性支气管炎弱毒疫苗及鸡传染性法氏囊病弱毒疫苗等。饮水免疫的前提是鸡群有一定程度的渴感，因此进行饮水免疫前须对鸡群进行停水，以保证疫苗水溶液在短时间内（1~2h）被饮完。

虽然饮水免疫是最方便的疫苗接种方法，但免疫剂量均一性差，因此免疫反应也存在差异，不适于初次免疫。同是饮水免疫，不同的饮水习性，免疫效果也不相同。一般鸭饮水免疫的效果比鸡好，因为鸭饮水常将鼻部浸在水中，增加了鼻咽黏膜接触疫苗的机会。需要注意的是，饮水中的很多因素直接影响了疫苗的稳定性和免疫效力。稀释疫苗最好用蒸馏水，也可用煮沸的冷开水，不可使用自来水直接稀释疫苗，自来水中含有的氯离子成分会影响疫苗的效价。在饮水中添加一定量的脱脂奶粉作保护剂，可明显提高免疫效果。

（二）滴鼻、点眼法

滴鼻、点眼免疫方法是一种常见的有效免疫途径，尤其对预防禽类的一些呼吸道疾病具有较好效果，能够刺激呼吸道局部和眼部哈德氏腺产生高水平的分泌型 IgA、IgM 及 IgG，激活黏膜免疫，提高鸡群抵抗病毒感染的能力。但是如果接种动物数量大或日龄大时，就会消耗大量劳动力和时间，还会造成动物一定应激反应，达不到预期免疫效果。此法适合雏鸡的鸡新城疫Ⅱ系、Ⅳ系疫苗和传染性支气管炎疫苗的接种。活疫苗可采用此方法，灭活疫苗则不可采用。

滴鼻、点眼免疫方法要求免疫人员左手握住鸡体，用拇指和食指夹住其头部，将要接种鸡只的鸡头固定在水平状态，堵住一侧鼻孔，右手持滴瓶将疫苗滴入眼、鼻各 1 滴（约 0.05 mL），待疫苗进入眼、鼻后，将鸡只放回笼内，需轻拿轻放，防止鸡只出现甩头现象，将疫苗甩出眼鼻外。稀释好的疫苗要在 1～2h 内用完。

（三）气雾免疫法

气雾免疫能在家禽气管、支气管表面形成局部抗体，有效预防病原从呼吸道侵入，且能够诱导机体产生早期保护，如新城疫 IV 系疫苗免疫 7d 内就可产生免疫力。对呼吸道有亲嗜性的疫苗用此方法免疫效果好，如新城疫、传染性支气管炎等疫苗。

气雾免疫应在鸡群顶部 30～50 cm 处喷雾，边喷边走，至少往返喷雾 2～3 遍后才能将疫苗均匀喷完。雾粒大约需要 20min 才会降落至地面，因此喷雾后 20min 才能开启门窗。喷雾人员要注意自身防护，以保护自己的眼睛和鼻子，因新城疫弱毒疫苗等会引发喷雾人员持续 2～3d 的结膜炎。在美国，接近 80％肉鸡公司通过气雾免疫 1 日龄雏鸡，该方法的最大优点就是群体免疫，能在最短时间内免疫最大数量的鸡。但这个技术的主要局限在于很难标准化和严重的应激反应，会加重慢性呼吸道病及大肠杆菌引起的气管炎。

（四）刺种免疫法

刺种免疫是一种主要适用于禽类的免疫接种方法，能够诱导机体产生细胞免疫应答。适用于鸡痘疫苗、鸡脑脊髓炎疫苗等。灭活疫苗不可用刺种免疫。刺种免疫时，免疫人员一只手将鸡的双脚固定，另一只手轻轻展开鸡的翅膀，拇指拨开羽毛，露出三角区，用刺种针蘸取疫苗，垂直刺入翅膀内侧无血管处的翼膜内，不可刺入肌肉、血管、关节等部位。3 周以内的小鸡刺种 1 针，4 周以上的大鸡刺种 2 针。刺种 5～7d 后及时检查接种部位"结痂"情况，以评价免疫效果。刺种后凡是接种部位没有结痂的鸡群，都要及时进行重复刺种。

（五）涂肛或擦肛免疫法

此法仅用于接种传染性喉气管炎的强毒型疫苗。操作时，一名免疫人员应一手将鸡倒提，用手握腹，使肛门黏膜翻出，另一名免疫人员用尖毛笔蘸取疫苗涂擦于肛门。

（六）注射免疫法

1. 皮下注射　皮下注射是主要的免疫途径，凡是引起全身性广泛性损伤的疾病，以此途径免疫较好。对小型伴侣动物和家禽而言，皮下注射显得尤为方便。通常在其颈部背侧疏松皮肤下注射，皮下血管较为丰富，油佐剂疫苗吸收相对迅速，效果较好。但是如果注入脂肪层，几乎很少被吸收；并且皮下注射与肌内注射相比，诱导的免疫水平相对较低。颈部皮下注射如果注射不当，会造成严重不良后果。颈部由于肌肉较少，如果方法不当将油乳剂灭活疫苗注射到颈部肌肉中，会引起家禽颈部肌肉肿胀，表现颈部不能伸直，严重影响颈部活动，从而影响家禽的正常采食、饮水，造成家禽生长发育受阻，严重时可导致家禽逐渐消瘦，甚至死亡。颈部注射时如果太靠近头部，注射疫苗后由于油乳剂灭活疫苗在皮下的游离，流到头和脸的皮下，造成肿头、肿脸的现象。

禽类皮下注射通常在颈部正中线的下 1/3 处、胸部皮下、大腿部外侧皮下。主要用于 1 日龄马立克氏病弱毒疫苗及小龄禽类灭活疫苗的接种。免疫人员应一手握住雏鸡，使雏鸡头朝前腹朝下，食指与拇指提起颈背部皮肤，右手持注射器由前向后从皮肤隆起处刺入皮下，注入疫苗。

2. 肌内注射　肌内注射操作方便、吸收快。但如果注射部位不当，可能引起跛行。禽类实施肌内注射的部位通常在胸部肌肉、翅膀近端关节附近的肌肉或大腿部外侧。胸部肌内注射时，免疫人员应一手抓住双翅，另一手抓住双腿，将鸡固定，将胸部向上，平行抓好。针头方向应与胸骨大致平行，接种雏鸡时针头插入深度为 0.5～1.0 cm，日龄较大的鸡针头插入深度可为 1.0～2.0 cm。腿部免疫的注射部位是大腿部外侧肌肉，针头方向应与腿骨大致平行，防止刺伤腿部神经。肌内注射抗体上升快，但鸡应激反应大，容易造成残鸡，且抗体维持时间短，常用于紧急免疫。

二、家畜常用免疫接种方法

（一）口服法

口服疫苗在刺激局部免疫方面提供了一种便捷、高效的途径。一般用连续注射器连接 1～1.5 cm 乳胶管，将乳胶管插入口腔注射即可，或直接饮用。适用于牛、羊、猪布鲁氏菌病疫苗的免疫。然而，蛋白的口服免疫途径可导致免疫无应答或口服免疫耐受。且抗原的反复口服免疫可导致全身性免疫反应下降。口服免疫时由于消化酶对抗原的降解作用，需要更高的抗原剂量和更高的免疫频率。常用佐剂霍乱毒素轭合物、微胶囊法包裹抗原、丙交酯-乙交酯共聚物等能够防止消化酶对抗原的降解，利于疫苗的缓释，以促进疫苗的免疫保护效果。饲料中混合大肠杆菌疫苗进行饲喂的免疫方式已经在猪群中得到了应用。

（二）皮下注射

皮下注射应选在颈部、肩前、腋下、股内侧或腹下皮肤薄、松弛、易移动的部位。局部剪毛，用70%酒精棉球或2%碘酊棉球消毒，再用左手拇指、食指和中指捏起皮肤呈三角形，右手如执笔状持注射器于三角形基部垂直皮肤迅速刺入针头，放开皮肤，不见回血后注药。注射完毕用酒精棉球压迫针孔片刻，防止药液流出，注射正确时可见皮肤局部鼓起。

（三）皮内接种

皮内接种是一种非常高效的免疫途径，接种后抗原极易被捕获并随淋巴流输送到局部淋巴结，少量抗原就可诱导机体产生与肌内注射相当的免疫应答反应。其主要的缺点是动物免疫时技术上存在难度，以及给动物造成较大的疼痛感。可选择皮肤致密、被毛少的部位进行接种。牛宜在颈侧、尾根、肩胛中央，猪宜在耳根后，羊宜在颈侧或尾根内侧。将针头在皱褶或皮肤上斜着使针头几乎于与皮面平行地轻轻刺入皮内约0.5 cm，缓慢注入药液。注射完后，用灭菌干棉球轻压针孔。如针头确实在皮内，则注射时会感觉有较大阻力，同时注射处会形成一圆形小丘。在伪狂犬病疫苗免疫中，皮内注射的方法已获得成功。

（四）肌内注射

肌内注射可将疫苗储存于血管分布密集的位点并将抗原充分暴露于免疫系统。但是注射位点不合适时，疫苗会储存于肌外间质组织或脂肪。因此，必须注意接种位点解剖学位置的选择，以确保抗原充分递呈并暴露于免疫应答细胞。猪选择在左右耳根后颈部的上1/3处、颈部或臀部，牛选择颈侧部或后臀部肌肉较厚的部位，羊、兔宜在颈部。对于大家畜，为防止损坏注射器或折断针头，可分解动作进行注射，即把注射针头取下，以右手拇指、食指紧持针尾，中指标定刺入深度，对准注射部位用腕力将针头垂直刺入肌肉，

然后接上注射器，回抽针芯，如无回血，即可慢慢注入药液。选用胸部肌内注射时，一般应将疫苗注射到胸骨外侧2～3 cm处的肌肉，进针方向应与胸肌所在平面保持30°角。注意针头与胸部肌肉不要超过30°角，以免刺伤胸腔，伤及内脏。

（五）鼻内接种

鼻内接种是黏膜免疫途径的一种，已在兽用疫苗中应用多年，包括牛传染性鼻气管炎和副流感疫苗、猫病毒性鼻气管炎和流感病毒疫苗、犬败血性支气管炎疫苗等。牛传染性鼻气管炎活疫苗经鼻内接种和肌肉接种能够产生同等水平的全身性细胞免疫和体液免疫应答，但是鼻内接种的动物在免疫后鼻内产生分泌性IgA，且免疫反应启动更为迅速，在免疫后24h内就可以检测到。另外，鼻内接种可以避免动物母源抗体干扰。

三、其他免疫接种方法

（一）腹腔接种

腹腔接种是通过浆膜递呈免疫机制发挥免疫作用的，腹膜面积大、密布血管和淋巴管，吸收能力特强，其接种效果介于黏膜免疫和肌肉/皮下免疫之间，可刺激肠道产生分泌型IgA，诱导免疫反应，是一种非常有效的免疫途径。

（二）胚内接种

鸡在孵出之前就具有免疫反应性，可抵抗疾病的早期感染，种蛋在孵化第18～21d内注射马立克氏病疫苗后，小雏孵出后有免疫功能；孵化第17～20日鸡胚的B细胞与T细胞对抗原发生反应，出生后的雏鸡有足够免疫保护力。目前胚内接种对马立克氏病、传染性支气管炎、传染性法氏囊病，以及新城疫的预防作用都已经得到了证实。半自动接种机进行大规模接种，每周可免疫接种鸡胚高达50万枚。

（三）后海穴注射

畜禽后海穴位于尾根与肛间之间凹陷处，又称"地户穴"、交巢穴，注射时将尾巴拉起，找准后海穴，用碘酊和酒精消毒，将针头向前向上缓缓刺入后注入疫苗。后海穴注射是一种新的免疫途径，其具有疫苗用量少，免疫效果优于常规免疫途径的优点。后海穴注射免疫时，一是疫苗本

身抗原诱导机体免疫应答，二是后海穴的穴位刺激，激活神经内分泌系统，B-EP 分泌增加，通过体液流动，与免疫器官及免疫细胞中的 B-EP 受体结合，从而发挥免疫调节作用。由于神经系统参与了免疫调节，缩短了免疫系统对抗原的应答时间，因而缩短产生坚强免疫力的时间。王笑梅等（1995）对比研究经后海穴、口服、肌内注射 3 个途径免疫鸡 IBD 疫苗后机体体液免疫应答水平，发现免疫后 15d，后海穴免疫鸡血清 IgG 含量最高，IgA 对 IBDV 抑制率低于口服，但高于肌内注射，囊重比高于其他 2 组，最接近健康鸡的囊重比。

（蒋　卉　鑫婷　刘岳龙　丁家波）

第四节　免疫程序

免疫接种不仅需要质量优良的疫苗、正确的接种方法和熟练的技术，还需要制定合理的免疫接种方案，才能充分发挥各个疫苗应有的免疫保护效果。一个地区、一个养殖场可能发生多种传染病，而可以用来预防这些传染病的疫苗不仅不同，而且免疫期长短也不一样。因此，应根据动物的免疫状态、传染病的流行季节，结合当地疫情和各类疫苗的免疫特性，合理地安排预防接种次数和间隔时间，制定合理的免疫程序。

一、制定免疫程序的依据

（一）依据本地区与周边地区的疫病流行状

流行病学调查，可了解当地及周边地区疫病流行的种类范围和特点，以及本地区畜禽的发病史等。这些资料反映了该地区或该养殖场疫病演变的轨迹和近期疫病流行的趋势。在制订免疫程序时，主要考虑有可能在该地区暴发与流行的疫病、刚流行过的疫病和正临近本场流行的疫病等；对当地没有发生，也没有从外地传入可能性的传染病，就没有必要进行免疫接种，尤其是毒力较强和有散毒危险的弱毒疫苗，更不能轻率使用，避免引入新的传染源。

（二）依据本场的发病史及其流行病学调查

不同疾病有其不同的发展规律。有的疾病对各种年龄的畜禽都有致病性，而有的疾病只危害某一年龄段的畜禽。例如，新城疫、传染性支气管炎对各种日龄的鸡都易感，而减蛋综合征则只危及产蛋高峰期的蛋鸡，传染性法氏囊病主要危及青年鸡，鸭病毒性肝炎只危害幼鸭等。因此，就应考虑到在不同生产日龄进行不同的疾病免疫，而且免疫时间应计划在本场发病高峰期前进行。这样既可减少不必要的免疫次数，又可把不同疾病的免疫时间分开，避免了同时接种疫苗所导致的相互干扰及免疫应激。

（三）依据抗体水平的变化规律

畜禽体内存在的抗体有两大类：一类是先天所得，即种畜禽遗传给后代的母源抗体；另一类是通过后天免疫产生的抗体。畜禽体内的抗体水平与免疫效果有直接关系。当畜禽体内抗体水平较高时接种疫苗会中和原有抗体水平，免疫效果往往不理想；当畜禽体内抗体水平较低时接种疫苗又会有空白期出现，因此免疫应选在抗体水平到达临界线前进行较合理。抗体水平一般难以估计，有条件的养殖场应通过监测确定其抗体水平。而不具备条件的养殖场，可通过疫苗的使用情况及该疫苗产生抗体的规律凭经验估计抗体水平。因此在制定免疫程序时，要根据抗体的衰退期进行合理确定免疫日龄。

（四）依据动物生长发育阶段

根据动物的生长发育阶段将畜群大致分为待产动物、妊娠动物、新生幼崽、断奶幼崽、育肥动物及成年动物。待产动物的疫苗接种不仅可以预防繁殖障碍类疾病的发生（如猪细小病毒病、钩端螺旋体病、胎儿弯曲杆菌、牛传染性鼻支气管炎、牛病毒性腹泻），同时可以提供给胎儿母源抗体的保护。在动物分娩前 2 周立即对其进行疫苗接种，能有效增强初乳中的母源抗体含量。对初产动物来说，则建议在其妊娠中末期的前 2～4 周进行初次疫苗免疫接种。新生动物最容易出现发病和死亡，除了在母畜妊娠阶段进行疫苗接种以增强母源抗体外，可以通过接种部分不受到母源抗体干扰的疫苗，以激活新生动物产生主动免疫应答。断奶期是开始疫苗接种的最佳时期，此时母源抗体逐步消失，混群或断奶幼崽的感染风险也随之增加。育肥期和成年期的家畜需要进行定期的免疫接种。

（五）依据疫苗特性

疫苗一般有活苗与灭活疫苗，单价苗与多价苗、强毒苗与弱毒苗等多种类型。由于不同疫苗免疫期与免疫作用均不一样，因此应根据疫苗特性制定免疫程序。一般应先用毒力弱的疫苗作基础免疫，再由毒力稍强的疫苗进行加强免疫效果。

（六）依据合理的免疫途径

同一疫苗的不同途径，可以获得截然不同的免疫效果。正规疫苗生产厂家提供的产品均附有使用说明，免疫应根据使用说明进行。一般情况下活苗采用滴鼻、点眼、饮水、喷雾、注射免疫，灭活疫苗则需肌肉或皮下注射。合适的免疫途径可以刺激机体尽快产生免疫力，不合适的免疫途径则可能导致免疫失败。例如，油乳剂灭活疫苗不能进行饮水、喷雾，否则易造成严重的呼吸道或消化道障碍。同一种疫苗用不同免疫途径所获得的免疫效果也不一样，如新城疫疫苗滴鼻、点眼的免疫效果比饮水好。

（七）依据季节因素

有些传染病发病有一定的季节性和阶段性，制定免疫程序时，需考虑这些疾病的发病季节特点，既可避免人工和疫苗的浪费，又可以获得良好的免疫保护效果。例如，肾型传染性支气管炎多发于寒冷的冬季，因此冬季饲养的鸡群应选择含有肾型传染性支气管炎病毒弱毒株（Ma5株、28/86）的疫苗进行免疫。又如，一些疫病在昆虫活动较多的夏季多发，如牛焦虫病在7～9月易发生，可在发病前的4～6个月进行免疫。

（八）依据饲养管理水平

在不同的饲养管理方式下，传染病发生的概率差异较大，因此免疫程序的制定也应有所差异。在先进的饲养管理方式下，畜禽场所一般不易受强毒的污染；在落后的饲养管理水平下，畜禽场所一般易受强毒的污染。因此，在制定免疫程序时就应考虑周全，以使免疫程序更加合理。一般而言，饲养管理水平低的畜禽场，其免疫程序比饲养管理水平高的畜禽场复杂。

（九）疫苗免疫种类应少而精

减少不必要的免疫接种，才能保证必要的疫苗发挥高效的保护效果。如果在动物有限的免疫空间里接种太多疫苗，不但使得免疫间隔太短，免疫程序的制定难度加大，免疫效果较差，严重的可能引发疫苗病。另外，疫苗接种对于家畜的生长和繁殖也有负面影响。因此，在保证最大效益的前提下尽量少接种疫苗是养殖场的最佳选择。

通常一个免疫程序在应用一段时间后，会因为养殖场生产及场内和场周边疫情的变化而显得不够理想。此时，需要对免疫效果和免疫抗体水平进行监测，以便评估免疫效果和调整免疫程序，当全群80%以上的动物抗体水平合格时，则说明免疫该种疫苗具有较好的保护力。因此，没有一种能适合所有环境下通用的免疫策略，疫苗接种程序的设计必须建立在对每种疾病和管理现状评定分析的基础上。

二、免疫程序的制定

（一）首次免疫和二次免疫应答

一般初次免疫后7d可诱导初次免疫应答，产生少量的IgM和IgG；初次免疫后2周或更长时间后再次接种同种疫苗，即可产生更快、更高的免疫应答反应，在2～3d内IgG抗体水平迅速增加，称为二次免疫应答。因此，使用灭活疫苗进行初次接种后，往往需要于首免后2～4周进行再次免疫以促进机体产生更高效和更长持续期的免疫应答。部分疫苗在延长初免与二免之间的间隔时间后能够增强免疫应答。对于减毒活疫苗而言，病原微生物可以在宿主体内复制，从而延长机体的免疫应答时间，因此只要接种一次即可获得有效的保护力。

（二）加强免疫

各种疫苗接种成功后所产生的免疫保护作用并不是终生有效的，都是有一定期限的。在完成基础免疫后，经过一定的时间，体内的保护性抗体会逐渐减弱或消失。通常情况下，已初次免疫的动物如果处于感染动物群体中，会自然接触病原，其免疫力能够得到加强。但是在绝大多数情况下，这种天然性免疫加强是不稳定的。因此，为了使机体继续维持必要的免疫力，需要根据不同疫苗的免疫特性在一定时间内进行疫苗的加强接种。对于大多数灭活疫苗来说，一般建议每年接种一次。虽然减毒活疫苗的免疫持续期较灭活疫苗长，但是由于个体差异和缺乏持久性抗原刺激导致免疫性降低性，因此对于减毒活疫苗也都习惯性地建议一年一度加强免疫，特别是对于宠物或经济动物来说就显得尤为重要。但是不同的疫苗免疫间隔期也并不完全相同，如狂犬病疫苗已被证实具有 3 年持续保护期；肠外注射免疫的活疫苗诱导机体产生的免疫记忆持续期相对较长，每隔 2～3 年进行再次免疫即可；马感染疱疹病毒免疫后，诱导机体产生的免疫记忆只能持续 3～4 个月，一般采取频繁接种方式或是疾病暴发期使用；对于季节性强的疾病，如腐蹄病和波多马克河热（也叫泥菌热），其疫苗接种一般推荐在预期疾病暴发之前的一段时间进行。

（三）免疫间隔时间

一般根据免疫后抗体的维持时间决定。在抗体滴度很高或很低的情况下免疫，均产生不理想的免疫效果，应尽量在抗体水平接近临界线时才免疫。一般首次免疫主要起到激活免疫系统的作用，产生的抗体水平低且维持时间短，与二次免疫的间隔时间要短一些；二次免疫后产生的抗体水平维持时间长，与三次免疫得间隔时间可以延长。有些需经常维持较高抗体水平的疫病，要根据定期抗体监测的结果，来确定加强免疫的最佳时间。

在使用两种以上弱毒苗时，应相隔适当的时间，以免因免疫间隔太短，导致前一种疫苗影响后一种的免疫效果，发生免疫效果低下，甚至免疫失败。一般两种疫苗之间有干扰作用且需同时使用时应至少间隔 1 周以上。对于有季节性流行特点的疫病，可在流行季节前后缩短或延长接种的间隔时间，如猪流行性腹泻、猪流感等常在冬季流行，秋冬季节间隔时间就要短一些。

（四）选择合适的疫苗

弱毒疫苗、灭活疫苗、单价苗、多价苗、联苗、基因工程疫苗等不同性质的疫苗和不同厂家不同质量的疫苗，其产生免疫所需时间、免疫期的长短、免疫途径、免疫效果和接种反应等均不相同。接种疫苗必须有针对性，合适的疫苗能刺激机体尽快产生免疫力。因此，应根据实际情况选择合理的疫苗类型，合理的免疫途径，才能达到理想的免疫预期。万一免疫程序发生冲突，非必须免疫必须让步，以保证必须免疫的完成，也可以将免疫程序稍做微调。病毒性活疫苗和灭活疫苗可同时分开使用，两种细菌性活疫苗可同时使用。一般应采用弱毒疫苗和油佐剂灭活疫苗搭配使用，以建立局部免疫和全身免疫，达到综合预防的目的。

（五）妊娠动物的免疫接种

妊娠动物是否可以接种疫苗，需视具体疫苗而定，有些疫苗需要在妊娠期间注射。特别是在污染严重的环境中，母畜接种疫苗和分娩前二次接种能够最大限度提高初乳抗体滴度，分娩后几天的新生动物可以通过吸收消化初乳或奶中大量的母源抗体以产生被动免疫力，从而增强对疫病的抵抗力。例如，母畜接种轮状病毒和冠状病毒疫苗能有效地促进母畜产生抗体和提高初乳抗体指数，抑制幼畜发生轮状病毒和冠状病毒疾病。对妊娠母犬在产患前大约 1 个月进行加强免疫这一策略已用于控制小犬的犬细小病毒感染，并且理论上在同窝小犬体内可以产生更加一致的母源抗体水平，将保护期延续到 8 周或更长。妊娠母畜接种疫苗时要进行适当保定，以免引起机械性流产。

有些疫苗不受妊娠限制，如口服免疫不受妊娠的限制，但是对妊娠母畜不能使用注射法和气雾法免疫接种，否则会引起流产。但是最新的研究认为，对于妊娠母畜，不论是处在妊娠的哪个阶段，都不宜或应慎重使用弱毒苗进行预防接种。

三、免疫程序的流行病学分析

疫苗的成功使用不仅取决于疫苗本身，还依赖于疫苗免疫程序的设计。制定一份合理的免疫程序需要依据本地区和本场内疫病流行特点和规律，综合考虑畜群饲养管理、畜群年龄分布、季节等因素。选择疫苗时应充分考虑到可能在本地暴发及将要流行的主要疫病及其血清型，因而流行病学分析在免疫程序的制定中显得尤为重要性。

定期开展高致病性禽流感、新城疫等主要禽病，口蹄疫、猪瘟、猪蓝耳病等主要家畜疫病，动物布鲁氏菌病、结核病等主要人畜共患病调查，结合当地畜牧业生产、动物免疫、屠宰加工和畜禽流通情况，分析辖区内疫情发展趋势，有助于掌握动物疫病流行动态、分析发展趋势，评估防控效果，掌握重大疫病免疫工作现状，了解招标疫苗的临床免疫效果、疫苗质量、免疫与疫病的相互关系，以及活疫苗中的外源微生物污染情况，从而为免疫程序的制定提供重要依据。

免疫时所选的疫苗株必须适应特定的情形，与流行病学数据吻合。这是一个变化着的标准，有时很难满足。病原体存在很多亚型和血清型，其流行情况也时刻在变。第一代猫流感病毒疫苗大多是针对 F9 株，此产品用了 20 多年后，出现了不能被 F9 产生的抗体中和的毒株（英国有 LS015 和 F65 株）。我国自发现 PRRSV 以来，主要用 Ch1a 株和 Ch-1R 株疫苗进行免疫。2006 年，高致病性蓝耳病的流行，给我国养猪业带来了巨大损失，随后开发出 JAX$_1$-R 株、HuN$_4$-F$_{112}$ 株、TJM-F$_{92}$ 株、GDr$_{180}$ 株疫苗等。但是 2015—2016 年，高致病性 PRRSV 仍为优势流行毒株，但所占比例明显下降，引起流产、发热症状的 MN184b 或 NAD30 类毒株覆盖范围进一步扩大，毒株变异、重组现象更为复杂。现有疫苗的防控能力有限，亟待开发针对新流行毒株的 PRRS 疫苗。2010 年，我国首次在广东的鹅群中分离到了基因Ⅶ型新城疫病毒，遗传分析表明其与 2008 年秘鲁分离株高度同源，但确切来源尚不清楚，La Sota 疫苗可以对基因Ⅶ型新城疫病毒提供一定的临床保护，但是并不能避免排毒。2012 年我国首次从贵州活禽市场检出基因Ⅶh 亚型新城疫病毒，与广西野鸟分离株的同源性达 96.8%，与印度尼西亚 2010 年鸡源分离株的同源性达 97.7%。基因Ⅶh 亚型新城疫病毒可能通过野鸟从东南亚传入我国。近 10 年来，我国口蹄疫呈现极其复杂的流行态势，多个遗传背景不同的毒株同时存在，各自循环，给防疫工作带来很大困难。O 型主要流行毒株仍是 Mya-98 毒株，该毒在我国的流行已由牛羊转向猪。O 型 PanAsia/2011 毒株传入我国后，尽管猪的病例并不多见，但考虑到越南猪的 PanAsia 疫情曾一度十分严重，我国对该毒株不可忽视，提前防范很有必要。A 型 Sea-97 毒株分别于 2009 年（G1 分支）和 2013 年（G2 分支）传入我国。G1 分支主要引起牛发病，2011—2012 年监测中发现牛羊带毒，2013 年及之后的监测中再未发现，再度引发疫情的可能性较低。G2 分支病毒对牛、猪的侵害性都强，2014 年以来，我国猪群中的 A 型疫情和监测结果呈阳性的数量明显增加，超过了牛，因此应着重关注猪感染 A 型的情况。2009 年 5 月之后，我国再未见到 Asia1 型疫情报告，同时期东南亚地

区也未见 Asia1 型疫情报告。全国范围内的病原监测结果表明，Asia1 型已得到控制，退出免疫时机已成熟。由以上例子可以看出，对动物疫病流行病学的分析对于疫病防控具有十分重要的意义。

（鑫　婷　蒋　卉　丁家波）

第五节　母源抗体与疫苗免疫

幼年动物通过胎盘、初乳或卵从母体所获得的抗体称为母源抗体。新生动物仅能产生初级免疫应答，反应缓慢，且抗体水平较低，不足以抵抗外界病原微生物的侵袭。母源抗体的摄入使新生动物获得被动免疫，使幼小动物对某些疾病具有较强的抵抗力。母源抗体不仅在抗病免疫中具有重要意义，还会影响动物的疫苗免疫效果。母源抗体与疫苗中的抗原发生中和反应，降低疫苗效价，干扰动物的免疫应答，对免疫程序有巨大影响，因此免疫接种应尽量在母源抗体消退时进行。然而幼年动物感染传染病的风险较大，其免疫应尽早进行。因此疫苗接种方案的设计中必须考虑到母源抗体的干扰及其干扰程度，并采取必要措施克服母源抗体干扰。

一、母源抗体的干扰

（一）母源抗体的转移途径

除禽类外，母源抗体从母体到达胎儿的途径取决于胎盘屏障的结构组成。动物母源抗体传递给新生动物的途径有 3 种。①动物在妊娠期间，通过胎盘将其免疫球蛋白传递给其胎儿，如人、猴和兔等。这类动物的胎盘是血绒毛膜性的，母体血液直接与滋养层接触，允许 IgG 通过，而不允许 IgM、IgA 和 IgE 转移到胎盘。母体的 IgG 能够经胎盘进入胎儿的血液循环，子代从母乳中获取的 IgG 较少。②母畜的免疫球蛋白不能通过胎盘，只能在产后通过初乳排出，幼畜通过吮乳而获得，如猪、马和反刍动物等。反刍动物的胎盘呈结缔组织绒毛膜型，胎儿与母体之间的组织为 5 层，马、驴、猪的胎盘则为上皮绒毛膜型，胎儿与母体之间的组织为 6 层。上述两种胎盘的动物中，免疫球蛋白通过胎盘到达胎儿的通路被

完全阻断，胎儿只能通过母乳获得母源抗体。③为前两种的中间型，免疫球蛋白既可以通过胎盘，又可以通过初乳为新生畜吸收，如大白鼠、犬和猫等。犬和猫的胎盘是内皮绒毛膜型，胎儿与母体之间的组织为 4 层，可以从母体获得少量 IgG，但是大量 IgG 仍是通过母乳获得。出生后吸食初乳的动物在 12～36h，其血清中免疫球蛋白的水平达到高峰。IgG 是大多数单胃动物初乳中的主要免疫球蛋白，其中 IgG1 对反刍动物来说更重要。通过消化道吸收的免疫球蛋白出生后降低很快，在 48～72h 内接近消失。母源抗体的有效传递成功与否取决于早期是否吸收足量的高品质初乳。

禽类则是通过卵黄将母源抗体 IgG 传递给雏禽。当卵还在卵巢时，母禽血清中的免疫球蛋白就已经输送到卵黄中，因此卵黄中的 IgG 和母禽血清中的含量基本相同。此外，当卵通过输卵管时，在获得蛋白的同时，还得到来自输卵管分泌物中的 IgM 和 IgA。当胚胎发育时，它吸收卵黄中的 IgG，然后出现在血液循环中，而 IgM 和 IgA 则出现在羊水中，随后被胚胎吞食。于是，出壳后的雏禽，在血清中有了母体的 IgG，而肠道中则有了母体的 IgM 和 IgA。禽类产卵时母源抗体位于卵黄中；孵化第 4 日，抗体转移到卵白中；第 12～14 日，抗体出现在鸡胚中；出壳后的 3～5d 内，继续从卵黄中吸收剩余的抗体。因此，禽类的母源抗体滴度的高峰期出现在出壳后的第 3 日左右。

（二）母源抗体的保护机理

一般说来，初生畜禽体内的母源抗体水平与免疫力有一定相关性，对于动物的早期抗感染和免疫程序的制定具有重要意义。例如，未吃初乳的新生动物，正常情况下其血清内只含有极低水平的免疫球蛋白，吮吸了初乳的动物，血清免疫球蛋白的水平迅速升高，尤其是 IgG，接近于成年动物的水平。由于肠壁上皮细胞吸收的特性，故在出生后 24～36h，其血清 IgG 的水平达到高峰。例如，猪瘟，接种过猪瘟弱毒苗的母猪可经初乳将抗体传给仔猪，其母源抗体的半衰期约为 14d。当前，许多猪场受到猪瘟的威胁，因此多对母猪进行强化免疫，通过提高母猪的抗体水平，作为减少仔猪感染猪瘟的重要措施之一。由此可见，仔畜和雏禽都可以通过不同途径获得母源抗体；在一定时间内，利用母源抗体抵御幼龄期有

关病原微生物的侵袭。但有学者指出，母源抗体往往难以抵御具有超强毒力的病原体的入侵。

在动物终止吸收母源抗体后，被动获得的抗体水平会通过正常降解作用开始下降，其下降速度决定于免疫球蛋白的种类，而降到无保护力水平所需时间与动物种类、原有母源抗体浓度及免疫球蛋白类别有关。

（三）母源抗体的干扰机制

一般情况下，母源抗体会抑制新生动物机体合成针对野毒和疫苗抗原的抗体。其抑制作用可能与以下几种机制相关。母源抗体与疫苗中的抗原形成免疫复合物，诱导 B 细胞受体和 FcγRⅡB 结合形成负调节的抑制信号；母源抗体迅速中和疫苗中的抗原，阻止其在动物机体内的复制，从而抑制活疫苗诱导机体的免疫应答；母源抗体和抗原形成免疫复合物，经抗原递呈细胞进行处理后，Fc R 介导免疫复合物的吞噬和清除，从而抑制机体的免疫应答；母源抗体还会中和掉疫苗中有效的抗原表位，使其不能刺激机体诱导免疫应答。这种抑制作用会随着母源抗体的分解代谢而降低，其抑制时间可能持续数周，主要取决于早期吸收的母源抗体的量、动物品种、免疫球蛋白种类及其下降速度或半衰期。每个新生动物体内的母源抗体占有量取决于母畜防御特定病原体的原始抗体滴度和出生后 12～24h 内成功吸收初乳的量。由于初乳量有限，因此早出生的动物个体有更大机会吸收消化大量初乳，其体内的母源抗体水平可能高于晚出生动物；同时，每个动物机体消化吸收初乳的量与同窝出生动物的数量成反比。由于未吸收初乳的新生动物抵抗外界病原体的风险较大并且能对疫苗产生免疫应答，因此这些动物的首次疫苗接种应尽早实施。

（四）母源抗体的持续期

幼犬、猫体内母源抗体持续时间为 4～20 周。一般幼犬到 12 周龄时母源抗体已降到了非干扰水平；个别幼犬到 8～9 周龄时，母源抗体降到非干扰水平；也有幼犬到 18 周龄时，母源抗体才降到非干扰水平。因此，吸收初乳的幼犬和小猫可以在 6～8 周龄进行首次免疫接种，此后每隔 3～4 周进行一次加强免疫，直到检测不出针对特定病原的母源抗体时，再进行最后一次免疫接种。例如，犬瘟热病毒，如果抗体的半衰期为 8.5d，母

源抗体预计可以持续到 12～14 周龄，因此最后一次疫苗接种时间应在此年龄段之后。

猪的母源抗体可以持续到 4～6 周龄，其他动物能持续到 6～8 月龄，因此母猪早期的反复免疫接种应安排在这些时间段以后。

二、克服母源抗体干扰的措施

目前可以通过多种措施克服母源抗体对疫苗免疫的干扰。

（一）活疫苗的使用

活疫苗病毒在免疫动物体内能够不断复制，持续产生抗原以刺激机体的免疫系统，比灭活疫苗能更好、更快地诱导机体免疫应答。但是母源抗体能部分阻止或抑制疫苗中病毒的复制，使动物在免疫后获得的保护力不够强。就大多数病毒而言，毒力愈强，其抗母源抗体干扰的能力越高，但也带来毒力返祖和安全性等方面的潜在风险。

（二）优化接种时间和接种次数

对于出生后免疫的疫苗，需要在短时间内多处接种，可以确保母源抗体消失时，疫苗刚好发挥作用；对于大多数疫苗，应根据不同疫病在不同地区的流行情况，监测其母源抗体动态变化及其水平，在母源抗体下降后进行免疫，则能降低母源抗体对疫苗免疫的干扰。

（三）优化疫苗的接种途径

某些情况下，抗原的黏膜免疫可以避免母源抗体的干扰。如鼻内接种可有效提高幼犬抗犬腺病毒Ⅱ型、猫抗流感病毒和疱疹病毒，以及新生仔猪抗伪狂犬病病毒的免疫力。

（四）预防早期感染

早期感染的一些疾病将引起潜伏感染，在母源抗体消失前必须进行有效的免疫接种。目前已制定了一些改进性措施来克服母源抗体的干扰，从而预防类似伪狂犬病这样的疾病。对体内带有母源抗体的新生仔猪进行体外免疫接种后，也可刺激仔猪产生二次免疫应答，这表明带有母源抗体的新生儿接受免疫接种也有免疫效果。

（五）新型疫苗的应用

高分子微球载体口服疫苗可以经口服进入消化道淋巴组织，诱导并加强黏膜免疫应答，产生 IgG 和 IgA，同时高分子微球可以避免母源抗体对抗原的中和作用，保护并阻止抗原在消化液中的降解，能够持续、缓慢地释放抗原。抗原-抗体复合物疫苗能够更加有效地与抗原递呈细胞结合，从而激活 B 细胞和 T 细胞免疫，并且其可以经卵接种，在母源抗体的基础上提供保护。与蛋白质疫苗相比，DNA 疫苗诱导机体产生的抗原主要经内源性途径诱发免疫应答。DNA 免疫是非常强的 Th1 型免疫反应的诱发剂，利于对细胞内的病原体的清除。由于母源抗体对抗原的干扰作用主要表现在对外源性蛋白质抗原吞噬降解和处理，而 DNA 疫苗的抗原识别方式与母源抗体对蛋白抗原的识别方式不同，因此 DNA 疫苗可避开母源抗体的干扰。

（蒋 卉 鑫 婷 丁家波）

第六节　疫苗免疫策略

疫苗接种是预防控制动物传染病的重要手段之一，如何使用疫苗，使疫苗在疫病控制中发挥真正有效的作用，是疫苗使用的关键。

一、疫苗免疫基本要求

（一）正确选择疫苗

疫苗的质量好坏，类型是否合适，对动物疫病免疫效果至关重要。在进行疫苗选择时，要选择安全且免疫效果好的疫苗，且所选疫苗应与预防的疾病类型相一致。由于动物疾病种类繁多，因此即使是同一种疾病，也有许多不同的血清型。一般来讲，一种疫苗只能防控一种疾病，同一种疾病，其血清型不同，疫苗的保护效果也会相差很大，有的甚至根本就没有保护效果。因此，首先一定要确定疾病的种类及其病原的血清型，并根据疾病流行的特点，包括疾病种类、流行强度及免疫动物的品种、年龄，不同传染病的周期性、季节性，结合本饲养场畜禽的具体情况，选择与之对应的疫苗，才会起到应有的免疫效果。

（二）专业的疫苗接种人员

操作人员应当具有相关的兽医知识和疫苗接种知识，熟悉疫苗的性质、使用方法和注意事项，正确掌握疫苗的特性和免疫程序，正确保存和使用疫苗，正确消毒接种注射器和动物注射部位，正确实施疫苗接种，正确报告疫苗针对性传染病，正确报告和处理疫苗接种后引起的不良反应。在注意掌握和熟悉接种知识的同时，更应强调掌握的有关技能。

（三）严格执行免疫程序

制定科学、合理的免疫程序，并严格按免疫程序接种，才能更好地发挥疫苗的免疫作用，有效控制传染病的流行，减少不良反应的发生。

（四）正确掌握疫苗接种禁忌期

长途运输、怀孕期间、产蛋期接种疫苗要谨慎，以免引起严重的副反应。已经潜伏感染某些疾病，特别是一些烈性传染病动物，在接种疫苗时应特别谨慎，以免因注射针头导致疾病传播，或由于应激反应导致疾病的暴发。

（五）确保冷链要求

疫苗由蛋白质或脂类、多糖组成，光和热作用可使蛋白质变性，或使多糖抗原降解，使疫苗失去应有的免疫原性，甚至会形成有害物质而发生不良反应，温度愈高，活性抗原就越容易破坏。因此，疫苗从工厂生产出来到实际使用，即在疫苗贮存、运输到使用过程中均应置于相应的冷藏、冷冻系统中，以维持疫苗的生物学活性。

（六）认真检查所使用疫苗情况

接种前应严格检查将要使用的疫苗，凡过期、物理性状发生变化、变色、收缩、无真空、破乳、有异物、污染的疫苗，一律弃用。疫苗要避免阳光直接照射，使用前方可从冷藏容器中取出。已开启的活疫苗一般须在 $0.5\sim1h$ 内用完，用不完的应立即废弃。开瓶过久，不但影响疫苗效果，还会导致疫苗被污染。

二、免疫接种策略

（一）个体和群体接种

绝对的免疫成功是非常少见的。对大多数个体来说，疫苗并不足以保护暴露于高危病原生物环境中的个体。畜群受病原生物威胁程度与种群密度，以及免疫个体在该种群中所占的比例有关。对于群体而言，高比例的免疫成功个体能够提高

群体抵抗疫病的能力，也是进一步消灭该传染病的先决条件。分析疫苗的使用及其免疫保护效果时应该充分考虑群体的免疫背景。与未免疫个体相比，免疫分析个体的临床症状减轻、易感性和传染性降低、能够在暴露于病原微生物的环境中不出现相关症状，最终使其免于感染。增加群体中免疫动物的比例，不但能够降低个体感染的概率，也可以对未免疫动物提供保护，降低其感染机会，从而使群体中动物个体受到感染的可能性降低，提高群体的免疫保护力。

一般而言，群体免疫后，虽然免疫密度达到100%，但是可能因为漏免或免疫剂量不足等原因很难达到全部免疫合格。免疫合格率是指免疫动物抗体水平达到临床保护力的动物数在免疫动物总数中所占比例，是评价群体免疫的重要指标。应针对不同疾病防控要求，依据不同的免疫合格率（一般需要至少达到 90% 的免疫合格率）来判定畜群免疫是否合格。但是烈性传染病（如口蹄疫）例外，因为一旦某一头病猪的水疱破裂，释放出的病毒量远远超过疫苗提供的能抵抗发生感染的病毒阈值。在计算群体免疫合格率时要考虑诊断方法的敏感性和特异性、置信区间（95%）、疾病流行率、评估所需要的动物数，以及具体到动物的生长发育阶段，同时还需要考虑流行毒株与疫苗毒株抗原或血清型的匹配性。如果野毒发生了变异，如伪狂犬病病毒变异株、猪圆环病毒2型新基因型、不同蓝耳病病毒株和口蹄疫病毒株血清型变化，则疫苗的保护力不充分；副猪嗜血杆菌、猪传染性胸膜肺炎和猪链球菌病的灭活疫苗只能提供抵抗与疫苗菌株血清型一致的野生菌感染能力。因此，在选择疫苗并预估其免疫保护力时，需要注意检测方法的选择。

畜群在接种免疫后能否获得有效的免疫保护力，与多种因素有关，包括传染病、饲料毒素、药物使用、免疫程序科学性、饲养规范、免疫抑制疾病等。

（二）高危易感动物的接种

对高危的易感个体，如幼年动物或新引进的个体，进入繁殖种群或者将要饲养的动物群，需要使用合适有效的疫苗。使用疫苗时，应采用推荐的有效剂量进行免疫，之后自然暴露于环境中，接触环境中的病原时，能够进一步提高免疫保护效果。这种类似定期的重复免疫方法不但可以节

省疫苗的用量而且还可以产生持久的免疫力。但是，疾病暴发水平突然上升或者流行的毒株或者血清型变异会破坏之前采取的疾病控制措施。不同种群及不同时间病原的变化频率和分布，是免疫防护措施效果的主要障碍。此外，疫苗毒与野毒之间的抗原性差异也会影响免疫保护效果。

依据流行病学资料确定疫病的流行状况、流行毒株及血清型，监测疫苗的保护效果，利于深入和广泛地开展高效疫苗的研究工作，从而有效防控动物疫病。通过对伪狂犬病病毒野毒中的非必需糖蛋白基因进行缺失，研制出能够区别野毒株感染和疫苗免疫的标记疫苗，利于对种群或者更大种群大规模使用疫苗控制感染率的效果进行正确评估，结合恰当的饲养管理措施（如全进全出，养殖人员的卫生措施，避免重复感染等）能够减少传播和阻止重复感染。之后在经济损失允许的情况下对血清学阳性的猪群进行扑杀，从而最终消除该病。

（三）治疗性和预防性接种

预防性接种是指为了控制动物传染病的发生和流行，减少传染病造成的损失，根据国家、地区或养殖场传染病流行的具体情况，按照一定的免疫程序，有组织、有计划地对易感动物群体进行疫苗的免疫接种，如我国的猪瘟和新城疫的疫苗免疫接种就属于预防性接种。由于动物疫病在地、时间和动物群体的分布特点和流行规律不同，对动物造成的危害程度也会随着发生变化，因此一定时期内防疫工作的重点也会有所差异。针对持续时间长、危害程度大的重要传染病，应制定长期的免疫防治对策。预防性接种时也应考虑疫苗的种类、接种途径、免疫力持续时间等制定合理的免疫程序，并根据疫病监测数据定期调整免疫程序。

紧急免疫接种是指某些传染病暴发时，为了迅速控制和扑灭该病的流行，对疫区和受威胁区尚未发病动物进行应急性免疫接种。同时为了防止疫病的扩散，将传染病控制在封锁区内就地扑灭，应建立环状免疫带。即某地区发生急性、烈性传染病，在封锁疫点和疫区的同时，根据该病的流行特点对封锁区及其外围一定区域内所有易感动物进行免疫接种。紧急接种弱毒疫苗可以在 3～5d 产生免疫力，接种高免血清能在注射后迅速分布于机体各个部位。紧急免疫接种应该在疫病流行的早期进行，且需根据疫苗或者抗血清的性质、疫病发生和流行特点进行科学、合理的安排。但是疫苗接种亦能激发潜伏感染动物发病，且在操作过程中易造成病原的传播。因此，在紧急接种时，应首先对动物群体进行检测，以排除潜伏期和感染期的动物。例如，新城疫、传染性喉气管炎、鸡痘和禽霍乱疫情发生时，采取紧急接种的措施能够有效防控疫情。

（四）热带地区的疫苗接种

热带地区的疫苗使用需要考虑一系列特殊问题，高温、低收入、基础设施参差不齐是主要问题。很多国家没有足够的兽医进行相关诊断及缺少疫苗生产企业，容易产生昆虫带菌的环境、不达标的环境和管理、不受控制的动物迁移、野生动物的普遍带毒。这些因素加起来足以使热带地区的疾病控制成为问题。

在热带地区进行疫苗免疫时，需要结合当地的经济状况、成本收益分析制定免疫方案。对于有些地区，免疫的花费甚至比疫病带来的损失更大。另外，经济状况不佳的地区缺少经过训练的工作人员、充足的资金和设备，难以开展病毒株的分离鉴定，公共卫生控制，动物的追踪，动物及动物制品运输的监管，疫苗的分发、应用，免疫效果的评估等工作。另外在热带地区，如果没有冰箱的话，则难以保证整个冷链的完整，无法保证疫苗从生产出来到各地的仓储中心再分发到使用环节能够保持稳定，其免疫保护效果也大打折扣。这就需要研发针对热带地区的热稳定性良好的疫苗。在传统的粗放型养殖地区，动物通常自由觅食，自由饮水，只在饲养者喂食的时候才聚集到一起。为了进行免疫而捕捉动物非常困难，并且缺少绑定大动物的场所。因此，开发口服疫苗能够减少人工注射带来的人力、物力投入，降低免疫成本。

在热带和亚热带地区，蜱及蜱传播疾病带来巨大经济损失。蜱的泛滥会造成动物贫血，体重减少，脓肿，免疫抑制，蝇蛆病等动物产品的损失；而边虫病、巴贝吸虫病、潜蚤病、艾利希氏体病、泰勒原虫病等可以通过蜱传染给动物，造成巨大的经济损失。过去，为了控制蜱和蜱传播的疾病，通常采用药物治疗或浸洗。但随着蜱对砷、有机磷、DDT、除虫菊酯、脒类的抗性越来越高，利用疫苗进行防控成为优势选择。基于血液源的冷冻疫苗已经成功地应用于边虫病和巴贝斯焦虫病的防控。抵抗蜱及蜱传播疾病的疫苗也已经在研发中。

三、疫苗免疫策略调整

早期通过免疫能够得到成功控制的动物疾病主要是一些非普遍感染的疫病。这类疾病通常具有很高的致死率，康复后的个体通常能够产生持久的免疫力，很少会有持续性感染出现。因此，这类病原的传播途径能够被轻易破坏，如狂犬病、犬瘟热、猫瘟、炭疽等。

然而，对于大多数疫病而言，单靠疫苗免疫接种并不能阻断病原的传播、控制疫病。例如，外界环境中病原的耐受性（如细小病毒可以在环境中存活数月）、野生动物携带的野毒（如鸟类、哺乳动物、爬行动物都可以携带东部马脑炎病毒）、康复动物长期带毒、排毒（如口蹄疫、牛传染性鼻气管炎）、免疫后机体免疫力持续期短（如犬支气管败血波氏杆菌、猫病毒性鼻气管炎、马流感）、病原的变异（如大肠杆菌病，猫流感）、抗原转移（如流感、马传染性贫血）等因素都会影响病原微生物的传播和疫病流行。因此，疫苗免疫应该被看成是一个控制疾病的有效辅助手段，需要结合合理的饲养管理水平、适合的检疫手段、定期的流行病学调查等综合防控疫病。

定期开展动物疫病流行病学调查工作，有助于全面掌握动物疫病发生规律，科学判断动物疫病发生风险和流行趋势，系统评估动物疫病流行状况和防控效果，不断提升主要动物疫病预测预警和防控水平。在出现以下情况之一时：怀疑或确认发生高致病性禽流感等重大动物疫病；怀疑或确认发生疯牛病等外来动物疫病；猪瘟等主要动物疫病流行特征出现明显变化；牛瘟等已消灭疫病再次发生；较短时间内出现导致较大数量动物发病或死亡且蔓延较快疫病，或怀疑为新发病时，县级以上畜牧兽医主管部门应当及时组织实施现地、追溯和跟踪调查，寻找风险因素、判断扩散趋向、评估防控效果、调整免疫策略，提高重大动物疫病应急处置工作的科学性。

（鑫　婷　蒋　卉　丁家波）

第七节　免疫失败

免疫接种使动物产生主动免疫力，是防制动物传染病的最经济有效的措施之一。免接种虽然在大多数情况下可成功地预防各种传染病，但随着免疫接种的普及，免疫失败的现象也越来越不容忽视，现已成为最令养殖企业头痛的问题。因此，分析和了解造成免疫失败的各种因素及其关系，并在此基础上，提出和实施有效防止免疫失败的措施，对保证动物群体免疫成功具有重要意义。

一、免疫失败的类型和临床表现

免疫失败是指免疫接种过的动物机体不产生相应或预期的免疫应答，并因此造成不能预防相应疫病的现象。根据形成的原因，免疫失败又可分为真性免疫失败和假性免疫失败，前者是由于多种原因造成机体的不反应性而产生的免疫失败，后者是由于某种原因造成的机体暂时性未反应而形成的免疫失败。

临床上免疫失败的表现是多种多样的，但主要表现为：①疫苗接种动物后仍发生相应疾病；②动物接种后虽不发生相应疾病，但动物机体抵抗力降低，使其发生混合感染的疾病增多；③群体接种疫苗后虽未发生明显疾病，但引起群体生产性能降低，如生长缓慢、饲料转化率降低、鸡群产蛋率下降、猪群生长缓慢等现象；④接种后动物很快发生相应疾病并死亡，或虽不死亡也不表现临床症状，但体内检测不到针对病原的特异性抗体。

二、免疫失败的原因

免疫失败的原因错综复杂，许多内外环境因素都能影响机体免疫力的产生、维持和终止。免疫接种能否获得成功不仅取决于疫苗质量、接种途径和免疫程序等外部条件，还取决于机体的免疫应答能力。生产实践中免疫失败常见的原因有：疫苗质量欠佳、疫苗运输和保存不当、疫苗变质、疫苗选择不当、疫苗间的干扰等。

（一）疫苗因素

1. 疫苗质量欠佳　疫苗的质量是免疫成败的关键，没有合格的疫苗，则一切措施都将成为空谈。弱毒苗接种后在体内有一个适度繁殖的过程，因此接种的疫苗必须要含有足够量有活力的微生物，否则会影响免疫效果，如马立克氏病疫苗接种量为每羽份不少于 2 000 PFU。灭活疫苗接种后在体内没有繁殖过程，因此必须有足够的抗原量作保证，且理想的佐剂应具有免疫促进作用，刺激性小，无不良反应，吸收好。疫苗中病毒或细菌的含量不足、冻干或密封不佳、油乳剂疫苗油水分层、佐剂颗粒过粗、疫苗反复冻融减效或失效、油佐剂疫苗被冻结或已超过有效期等，出现上述情况的疫苗则视为质量不合格。

2. 疫苗运输和保存不当　疫苗的科学运输和正确保存，是保证免疫成功的重要环节。每种优质的疫苗，均须有良好的运输、保存条件和正确的使用方法，才能产生良好的预防效果。疫苗从出厂到使用要经过许多环节，只要某一环节未能按要求贮藏、运输疫苗，或由于停电、日光下暴露、疫苗反复冻融使疫苗微生物死亡，疫苗效价就会降低或提前失效。即使按时对动物进行了免疫或加大了剂量，对动物的保护率也会大大降低甚至毫无作用，造成免疫失败。

3. 疫苗变质　药瓶破损、封口不严、疫苗稀释后在高温下长期放置等都可以使疫苗受污染而变质。微生物在保藏过程中随时间延长而死亡增多，因此疫苗过期后，大部分病毒或细菌死亡、失效，如使用该疫苗就会导致免疫失败。另外，在饮水免疫时，水质差、饮水容器不符合要求、饮服疫苗前停水时间短等使机体不能有效吸收疫苗组分，或稀释疫苗用水过量，鸡群不能在短时间内饮完，尤其是高温环境更容易使稀释疫苗变质失效。冻干苗多属于活苗，疫苗中的细菌或病毒在真空环境下处于休眠状态，代谢微弱，能量消耗少，不会因代谢产物而污染自身；但若失去真空，疫苗瓶中进入空气，疫苗细菌或病毒代谢加强，自身消耗增加，保护物质被氧化，自身被代谢产物污染，进而使疫苗细菌或病毒失去抗原性，造成疫苗失效，如果使用这种疫苗同样会造成免疫失败。

4. 疫苗选择不当　许多传染病的病原有多个血清型或亚型，且不同血清型或亚型的毒力不同。若免疫接种疫苗的血清型或亚型与该病流行病原的血清型或亚型不一致，免疫效果会大打折扣，甚至造成免疫失败。因此，针对多种血清型或亚型病原的传染病，应考虑使用多价苗或使用当地流行的血清型，如禽流感病毒、传染性支气管炎病毒、传染性法氏囊病病毒、大肠杆菌等。若首免时选择毒力较强的毒株，不但起不到免疫保护作用，反而接种后还会引起疾病。例如，鸡新城疫疫苗首免就不能用Ⅰ系疫苗，必须经Ⅱ系或La

Sota株免疫的基础上，才能使用；鸡传染性支气管炎首免时只有用H120株免疫接种，二次免疫时才可用毒力较强的H52株。

5. 疫苗间的干扰作用　同一时间或间隔较短时间内，给畜禽以同一途径或不同途径接种两种或两种以上疫苗，不同种疫苗间可能会产生干扰作用，机体对其中一种抗原的免疫应答水平显著降低，从而影响这些疫苗的免疫效果。

（二）免疫操作不当等因素

每种疫苗根据其病毒本身特性、亲嗜性不同、易感龄不同、感染途径不同，所采取的免疫方法各异，不同的免疫方法对提高机体的免疫力有着不同的效果。未按规定途径和部位接种疫苗，也会使接种的疫苗起不到应有的免疫效果。肌内注射免疫时，出现"飞针"，疫苗根本没有注射进去或注入的疫苗从注射孔流出，造成疫苗注射量不足。饮水免疫时，饮水器不足或滴鼻、点眼时，因求速度不等吸收立即放鸡，使鸡甩头时疫苗损失或漏防。免疫接种时不使用一次性注射器，不按要求消毒注射器、针头、刺种针及饮水器，多个动物混用同一个注射器等，使免疫接种成了带毒传播，反而引发疫病流行。疫苗稀释剂未经消毒或受到污染而将杂质带进疫苗、随疫苗提供的稀释剂存在质量问题、饮水免疫的饮水器未消毒和清洗、饮水器中含消毒药等都会造成免疫不理想或免疫失败。

（三）免疫程序不合理

动物免疫后，或新生仔畜吮乳后，其体内的免疫抗体消长是有一定的规律的，需掌握好其首免、二免、再免的时机。免疫次数太多、太少或间隔时间太长、太短，都会造成免疫失败。发达国家非常重视免疫程序，制造疫苗和研究生物制品的单位都要设置专门的机构，从事研究和拟订免疫程序，并载入产品说明书内。

（四）药物因素

使用弱毒活疫（菌）苗前后几天，对机体进行喷雾消毒和饮水消毒；或使用抗菌药物，杀灭或抑制了疫（菌）苗的活性，降低了机体的免疫应答能力。另外，四环素类、氨基糖苷、糖皮质激素类等对机体免疫系统有破坏或抑制作用，影响机体对疫苗的免疫应答反应，从而影响免疫效果，造成免疫失败。激素类免疫抑制剂的使用不当，也可造成免疫失败。

（五）饲养管理问题

营养是机体正常生长发育的基础，饲料中蛋白质等的供给及机体内蛋白质、氨基酸、维生素及微量元素等的正常代谢与机体抗体的产生有重要关系。机体在缺乏营养时，如饲料中蛋白质含量不足、缺乏某种维生素，特别是必需氨基酸、必需脂肪酸及微量元素等，都会影响到机体内各种激素的浓度与抗体的生成，导致机体免疫系统机能下降，临床表现为发病率和死亡率增高、生产性能下降。养殖场只顾经济效益，忽视了养殖环境卫生消毒，栏舍及周围环境中存在大量的病原微生物，动物长期生活在不卫生的环境中，随时遭到病原体的侵袭，机体的防御机能处于疲劳状态，其免疫系统受到抑制。这时接种疫苗不能产生坚强的免疫应答，往往达不到最佳的免疫效果。免疫接种后需一段时间才能产生免疫力，以有效抵抗相应病原体的侵袭。机体产生良好免疫效力前处于免疫阴性期，如果环境卫生状况太差，一旦有野毒入侵或机体尚未完全产生抗体之前感染强毒，由于抗原竞争机体对野毒不产生应答反应，这时的发病情况有可能比不接种疫苗时还要严重。有的饲养场只求多养、多获利，而未能考虑物质基础和技术条件。养殖数量超负荷，密度过大，通风不良，空气中有害气体浓度过高，应激频繁，使机体的免疫应答能力降低，造成免疫失败。因此，没有采取综合性防治措施，消毒制度不严格，即使有良好的免疫程序，也很容易感染发病，造成免疫失败。

（六）饲料因素

在高温高湿条件下，尤其是在热带地区，饲料原料容易发生霉变，含有黄曲霉毒素。其能使胸腺、法氏囊萎缩，毒害巨噬细胞使其不能吞噬病原微生物，从而引起机体免疫抑制。

（七）化学污染

来自工业废水、废物，化肥，除真菌剂、除草剂，鼠药，汽车尾气，油漆中的铅、锡、汞、砷等重金属，农药中的卤化苯，以及杀虫剂等可能损伤动物淋巴细胞、巨噬细胞，对机体免疫系统有一定抑制作用，从而造成免疫失败。

（八）应激因素

应激是机体对不同刺激的非特异反应的总和，是处于健康与疾病之间的一种亚健康状态。饲养密度过大、通风不良、过分潮湿、环境温度骤变（炎热或寒冷）、断奶、转群、更换饲料、免疫接种、机械噪声、长途运输等因素都可使动物发生应激。应激因素先刺激脑垂体产生促肾上腺皮质激素释放激素，再刺激肾上腺皮质产生肾上腺皮质激素。肾上腺皮质激素能损伤淋巴细胞、抑制巨噬细胞、增加免疫球蛋白的分解代谢，使淋巴组织发生退行性病变，法氏囊、胸腺、脾脏等主要免疫器官萎缩，从而引起免疫机能衰退，造成免疫失败。

（九）带毒免疫

动物在免疫接种前已经出处于某种疫病的潜伏感染期，由人员进出和用具带入强毒病原，或在免疫阴性期感染了病原体。此时接种与所感染病原体同种抗原性的活疫苗时，动物可能出现对疫苗毒株特异性的临床症状，其感染的过程也将延长。

（十）疾病

动物在感染免疫抑制性疾病时，病原体感染和破坏机体的体液免疫或细胞免疫中枢器官，产生免疫抑制或免疫干扰，导致免疫机能障碍，使机体对疫苗接种的应答反应降低，造成免疫失败。例如，猪的免疫抑制病有猪瘟、猪蓝耳病、猪细小病毒等，鸡的免疫抑制病有马立克氏病、鸡传染性法氏囊病和鸡传染性贫血等。当鸡群患过白痢、球虫病、霉菌病、病毒性关节炎等慢性疾病时，其机体免疫应答力就会降低，接种疫苗后容易造成免疫失败。

（十一）遗传因素

动物机体对接种抗原有无免疫应答，在一定程度上是受遗传控制的。动物品种繁多，免疫应答各有差异，即使同一品种的不同个体，对同一疫苗的免疫反应强弱也不一致。有的动物甚至有先天性免疫缺陷，从而导致免疫失败。例如，鸡群对马立克氏病病毒的易感性差别很大，一般肉用鸡较易感、母鸡较公鸡易感、鸡龄越小越易感。另外，有些鸡只患有先天性免疫缺陷综合征包括体液免疫缺陷、细胞免疫缺陷及混合性免疫缺陷，从而导致免疫失败。

（十二）母源抗体干扰

由于个体免疫应答差异及不同批次动物群差异等原因，造成母源抗体水平参差不齐。如果所有动物固定在同一日龄进行接种，若母源抗体过高反而干扰了后天免疫，产生不了应有的免疫应答。即使同一动物群体中不同个体之间母源抗体程度也不一致，母源抗体干扰疫苗在体内的复制，从而影响免疫效果。

（十三）被动免疫残留抗体

机体免疫接种后的残留抗体，对再次接种的影响是易被人们忽视的问题。由于上次免疫接种后机体产生的相应抗体没有降到一定水平，而过早接种或补种了与上次抗原性质相同的疫苗，导致部分疫苗被机体内残留的抗体中和，致使机体产生的免疫力低下而发生免疫失败。

三、防止免疫失败的措施

（一）选用优质疫苗

优质疫苗是保证免疫质量的关键。疫苗的使用和采购中不要使用来源不明、标识不清、非法生产和非法进口的疫苗，要选用通过农业农村部GMP认证企业生产的优质疫苗。疫苗选用应考虑当地的疫情、毒株等特点。免疫接种前要对使用的疫苗逐瓶进行检查，注意瓶子有无破损、封口是否严密、包装是否完整、瓶内是否真空，有一项不合格就不能使用。现在市售的疫苗大都是冻干苗，当保存在−15℃左右时，在疫苗的有效期内是不会失效的。但是，如果保存不当，特别是夏天长期放在室温下就会提前失效。

（二）制定科学的免疫程序

结合本地区的疫情和本饲养场的疫病流行特点、病史、品种、日龄、母源抗体水平和饲养管理条件，以及疫苗的免疫途径和方法、不同疫苗的免疫周期、疫苗间的免疫干扰等因素制定合理、科学的免疫程序，并视情况的变化而对免疫程序进行适时调整。

（三）严格的操作规范

只有采用正确的免疫操作方法，才能保证免疫质量。疫苗接种操作方法正确与否直接关系到

疫苗免疫效果的好坏。饮水免疫不得使用金属容器，饮水必须用蒸馏水或冷开水，水中不得含氯、消毒剂、金属离子。在饮水免疫前应适当限水，以保证疫苗在一定时间内饮完，并设置足够的饮水器，以保证每只鸡都能饮到疫苗水。在我国目前的条件下，不宜过多地使用饮水免疫，尤其是对水质、饮水量、饮水器卫生等注意不够时，免疫效果将受到较大影响。在正常饮水免疫过程中，还可能出现断水时间过长，而造成鸡抢水，饮水不均甚至有些养鸡户饮水免疫前不断水，造成进入体内的疫苗量不足。喷雾免疫时不能用生理盐水稀释疫苗，并保证雾粒在 $50~\mu m$ 左右。点眼免疫、滴鼻免疫，要保证疫苗进入眼内、鼻腔。刺种免疫时必须刺一下浸一下，保证刺种针每次均浸入疫苗溶液中。用连续注射器接种疫苗时，注射剂量要反复校正，减小误差，针头不能太粗，以免拔针后疫苗流出。做好器械和免疫部位的消毒，免疫针头应一畜一针，免疫剂量要足，疫苗开启后通常应在 2h 内用完。

（四）适当的接种时机

动物免疫接种一般在一天较凉快的时间，如早晨、傍晚进行，或者无风、温和的天气进行，不能选在气候变化恶劣、更换饲料种类等时，以避免发生应激而影响免疫效果。在气温超过 30℃ 的条件下接种疫苗，不仅会影响疫苗的效力，且会因为机体免疫能力下降而影响抗体产生。因此，在夏季应尽可能在清晨或晚上气温较低时接种疫苗。生长鸡和成年鸡在免疫前一周应驱虫，这样免疫效果较好。

（五）疫苗的正确复溶及稀释

稀释疫苗之前应对使用的疫苗逐瓶检查，尤其是检查疫苗名称、有效期、剂量、封口是否严密、是否破损和吸湿等。对需要特殊稀释的疫苗，应用指定的稀释液，而其他疫苗一般可用生理盐水或蒸馏水稀释。稀释液应是清凉的，天气炎热时尤应注意。稀释过程应避光、避风尘和无菌操作，尤其是注射用的疫苗应严格无菌操作。在计算和称量稀释液用量时应准确。稀释过程中一般应分级进行，疫苗瓶要用稀释液冲洗一次。稀释好的疫苗应尽快用完，尚未使用的疫苗也应放在冰箱或冰水桶中冷藏。对于液氮保存的疫苗的稀释，应严格按生产厂家提供的程序执行。打开冻干苗瓶塞时，瓶内压力突然增大，会使部分病毒灭活。可用注射器将饮水

缓缓注入瓶内，待瓶内疫苗溶解后再打开瓶塞，倒入水中。尽可能避免在金属容器中稀释疫苗，因为金属表面生锈或经氧化反应后产生的化合物会影响疫苗的使用效果。最好在玻璃、搪瓷容器内稀释疫苗。不能用残留有消毒剂、洗涤剂的容器盛装疫苗，以免影响疫苗使用效果。

（六）加强饲养管理

应控制好畜禽圈舍的温度、湿度、光照、饲养密度和通风，做好圈舍和周围环境卫生消毒。饲喂全价配合饲养饲料，加强对饲料的监测，确保饲料质量。潮湿季节，饲料中应加入防霉剂，严禁饲喂发霉变质的饲料。免疫接种期间多喂些含蛋白质、维生素及微量元素的饲料。合理使用免疫促进剂（生物活性肽、多糖等）。畜禽免疫接种前后不能饲喂抗生素、驱虫药物。

（七）加强免疫抗体水平监测

畜禽免疫抗体检测是免疫质量评估的重要依据，动物防疫监督机构要加强动物防疫的基础设施建设，加强检测设备、资金、人员培训投入力度，提高检测水平。定期对畜禽进行抗体检测，以确定群体免疫力，为制定科学免疫程序、提高免疫效果和质量提供可靠的依据和保障。

（鑫　婷　刘岳龙　丁家波）

第八节　疫苗免疫效果评价

疫苗免疫接种的目的是为了提高动物对疫病的抵抗力，免疫后效果到底如何，免疫效果的好与不好如何评判，是否能达到抵抗疾病的目的，均需采取科学手段予以评价。

一、免疫效果评价的基本原则

对于单苗而言，应当在本动物体上，按照疫苗产品说明书推荐的免疫程序、接种剂量和接种途径进行免疫，以适当的攻毒试验来证明疫苗的免疫保护力。当通过攻毒试验无法在本动物体上评价出疫苗的效力时（重复攻毒试验也很难确立），可以用实验动物来进行，然后确立实验动物保护力与在临床试验中本动物攻毒保护力的相关

性。当通过本动物或实验动物的免疫攻毒保护试验均无法评价疫苗的效力时，也可以通过评估其在动物体内引起的免疫反应来评价该疫苗的效力。这种情况下，根据免疫途径的不同，必须对相对应的免疫反应指标做好详细记录，如局部的或全身的、体液的（抗体）或细胞介导的反应。在体液反应情况下，我们要对抗体产生的量及其动力学进行检测，有可能的话要对免疫球蛋白进行分类。

由于一些疫苗的效力评价是间接的，因此在临床试验中还必须建立它们与临床保护力的相关性。替代检验方法必须有相应的疫苗效力统计学评价，而且要得到管理部门的认可。活疫苗的效力检验一般包括计数菌落形成单位和蚀斑形成单位（CFU、PFU）、鸡胚或细胞半数致死量或半数感染量测定（LD_{50} 或 $TCID_{50}$）等。灭活疫苗评价则通常通过体液免疫反应检测，它比细胞免疫反应更容易检测和定量，可以用血清学方法对抗体进行检测和定量，从而证明抗体水平与疫苗保护力的相关性。最常用的血清学检测方法有：用体外培养细胞测定抗病毒血清中和抗体，用易感实验动物（豚鼠、小鼠等）测定抗细菌毒素血清中和抗体，酶联免疫吸附测定方法，包括抗病毒、细菌、细菌毒素或寄生虫的 ELISA 抗体检测方法。

联苗的效力检验与单苗相似。基本原则是，每个组分的效力都必须能通过适宜的方法检测出来，并且应达到如临床接种该种单苗一样的效果。另外，还必须确定在多种疫苗同时使用时，各疫苗成分之间的效力不相互干扰。

二、免疫效果评价的主要方法

免疫效果评价的主要方法包括动物流行病学方法、血清学方法和攻毒试验。

（一）动物流行病学方法

通过对免疫动物和非免疫动物的生长表现、生产性能、病死率等临床指标进行广泛的调查统计，进行统计学比较分析，评价疫苗的免疫效果。常用的免疫效果评价指标包括：

效果指数＝对照组患病率/免疫组患病率

保护率＝（对照组患病率－免疫组患病率）/对照组患病率

当效果指数＜2 或保护率＜50％时，则认为该疫苗无效。

采用同样方法可以对一种疫病的不同类型疫苗（如新城疫弱毒疫苗和新城疫灭活疫苗）、不同厂家的同一种疫苗或同一种疫苗不同免疫程序的保护效果，对免疫保护期内的动物生长表现、生产性能、病死率等临床指标进行统计，分析比较，评价疫苗的免疫效果。

（二）血清学方法

以某一传染病发生时保护性抗体的最低值（保护性抗体临界值）作为依据。该方法应用的主要指标是抗体的阳转率和抗体的几何平均滴度。免疫接种前后动物血清抗体的阳转率（即被接种动物抗体转化为阳性者所占的比例）是衡量疫苗接种效果的重要指标之一。抗体阳转率的计算通常由传染病种类和抗体测定方法决定。例如，鸡传染性法氏囊病疫苗的免疫效果评价中，以免疫14d后，抗体阳转率70％为合格。但一般常用的是测定免疫动物群血清抗体的几何平均滴度，比较接种前后滴度升高的幅度及其持续时间来评价疫苗的免疫效果。如新城疫疫苗的免疫效果评价中，免疫14d后抗体效价比免疫前升高4倍以上，即认为免疫效果良好；如果小于4倍，则认为免疫效果不佳或需要重新免疫。对于免疫保护期内的动物，应每月监测抗体水平，绘制抗体曲线，如动物在免疫保护期内的抗体效价在保护线之上，认为免疫效果良好。

（三）攻毒试验

免疫接种疫苗后对本动物进行攻毒是评价一种疫苗效力的最可信的方法。如果本动物攻毒试验很难或无法建立，也可以使用实验动物来评价疫苗的免疫效力。攻毒试验必须在与自然感染条件接近的模拟环境中进行。

选择攻毒用毒株，不仅要证明其致病性和毒力，还要具备相关的流行病学背景资料。为了评价疫苗的交叉保护水平，攻毒时需要选择与制备疫苗用毒不同型的毒株。攻毒剂量也是一项重要考虑因素。攻毒剂量必须足够大，以能够使未接种疫苗的对照动物出现临床症状或死亡，或至少能够引起攻毒动物永久性感染或者暂时性感染，从而满足试验需要。当发生自然感染时，攻毒剂量应该更多。否则，病理学观测值可能跟试验毫无关系，还可能因此而低估了疫苗本身的保护力水平。攻毒途径也是一个关键。它必须尽可能地

再现自然感染途径，并且在攻毒时能使攻毒剂量具有可控性和可重复性。除攻毒用的毒（菌）株的种属、品种（型）、株系之外，还有动物的遗传背景、年龄及繁殖情况等都是非常重要的条件，因为这些关系攻毒试验中的动物的敏感性和攻毒试验的可重复性。攻毒试验的成败很大程度上也取决于实验动物的状况，如是否是 SPF 动物、是否携带抗体等。因此，所有攻毒试验中，最基本的条件应包括攻毒试验方案、同来源的对照动物群，以及确定它们是否注射过安慰剂。

免疫攻毒保护试验不仅是测定疫苗保护力最适当的方法，也是评价疫苗免疫持续期最恰当的途径。评估疫苗免疫期的唯一首要条件就是攻毒动物的易感性应不随日龄增长而改变。否则，就只能通过检测免疫反应的降低量（抗体的动态变化）来评估疫苗的免疫持续期。动物自身免疫力情况（如接种疫苗时存在母源抗体）对疫苗接种后免疫力的影响也可以通过攻毒试验来评价。对于生产批疫苗的成品检验来说，如果逐批用临床免疫-攻毒本动物或非本动物的方法来进行检验可能很难执行，这时可以仅抽取一批产品使用直接免疫-攻毒方法进行初步的效力评估，同时对由相同原材料制备的各批次产品进行间接效力评价（如检测抗体等）。从目前研究现状来看，免疫-攻毒试验仍是直接评价疫苗效力的重要手段。然而，不容忽视的是，这种方法应用到大量动物时，会给它们造成巨大痛苦。因此，还需要进一步寻求和探索用体外替代方法与免疫保护力相关性来检测疫苗效力的方法。

三、免疫效果监测

在疫苗上市前的临床试验中需要利用攻毒保护试验或其替代方法对疫苗的免疫保护效力进行评价。在疫苗临床试验中，所用的研究对象有限，观察时间短，难以代表疫苗上市后大规模群体的多样性和复杂性。因此，需要对疫苗上市后的免疫效果进行监测，以真实、可靠地评估疫苗的免疫保护效果，为疫苗的改进和研发提供参考依据。通常在动物免疫特定疫苗后，需要抽样采集血清，利用血凝-血凝抑制试验、间接 ELISA、荧光偏振、中和试验等技术手段检测免疫动物体内针对病原的抗体，根据疫苗说明书判定群体免疫后的有效保护率，从而初步评价疫苗的临床免疫效果。

疫苗流行病学属药物流行病学不断发展的分支学科，是用流行病学的基本原理和方法来研究疫苗在畜群中应用的效应分布，以及决定或影响这种分布的因素，从而探讨疫苗在预防疾病中的作用，以制定合理的畜群免疫策略，用以保护畜群健康。评价疫苗效果最直接、可靠的方法是研究疫苗接种后的流行病学效果，即疫苗对畜群实际保护效果的现场调查，其反映的是疫苗大规模应用后预防疾病发生的真实情况。疫苗效果与疫苗效力呈比例，但在预防接种实施过程中还受到疫苗接种方法（接种时间、免疫起始月龄、接种途径、剂次、间隔、剂量等），疫苗贮运条件，传染病的流行强度，接种对象的生理状态等因素的影响。因此，定期监测免疫动物和非免疫动物的发病率、死亡率，进行分子流行病学调查，掌握特定疫病流行毒株及其血清型，对比分析疫苗株型和野毒株型，结合疫病历年的流行状况，运用生物信息学和统计学方法，综合分析疫苗对疫病的保护效果，评价疫苗对流行毒株及其血清型的防控效果，特别关注免疫畜群的疫病暴发情况，有助于真实、可靠地评价疫苗效果，也为制定合理的畜群免疫策略、疫苗的优化和研发工作提供重要的参考依据。

四、影响疫苗免疫效果的因素

（一）繁殖对免疫效果的影响

母体在怀孕期间，其免疫系统会发生一系列的变化：T 细胞及 B 细胞的数目及其亚群比例会发生变化，如猪、马在怀孕期间，其 α/β T 细胞在孕早期显著增加，反刍动物的 γ/δ T 细胞在孕中期和孕晚期显著增加；怀孕期间动物粒细胞比例、绝对数量增加且其表达的 IL-8 水平也有所提高，单核细胞数量增加且其表达 IgG Fc 片段高亲和力受体水平也显著提高，参与吞噬作用和微生物的细胞内消灭，以及调节 T 细胞免疫；怀孕期间动物 T 细胞活性受到抑制，使机体对病毒的易感性增加；但是 B 细胞功能和抗体的产生能够维持正常水平。因此，动物怀孕后，母体免疫系统的变化会直接影响疫苗的免疫效果。对怀孕母畜进行免疫要非常慎重，特别是布鲁氏菌病弱毒疫苗等易造成怀孕母畜流产、繁殖障碍，因此需要根据实际情况制定怀孕母畜的免疫方案。

（二）遗传对免疫效果的影响

遗传和免疫应答之间的关系复杂。已有证据表明，抗原的免疫应答存在高和低的遗传性，如鸡新城疫、鸡败血性支原体病和大肠杆菌病。在雏鸡中，与 B^1B^2 或 B^1B^{19} 杂交鸡相比，B^1 纯种鸡感染鸡白痢沙门氏菌可产生较高的死亡率并对鸡腹泻沙门氏菌疫苗产生较低的免疫应答。主要组织相容性复合物（MHC）是基因型和抗病性的相关表位标记，参与免疫应答。白细胞抗原基因型不同的猪对疫苗的应答反应并不相同。猪体内大肠杆菌黏附素 k88 的肠道受体通过一个显性基因遗传，这种遗传 k88 肠道受体的仔猪比 k88 受体阴性的仔猪对 k88 的抗原免疫应答更好。此外，牛种群中有一些众所周知的抗病品种。如在非洲西部，Baoule 牛比 Zebu（瘤牛）对锥虫病具有更强的抵抗力；荷斯坦奶牛的平均血清免疫球蛋白浓度比泽西州乳牛要高。德国短毛猎犬和洛特维勒牧犬对犬细小病毒病的易感性更强，且对犬细小病毒疫苗没有反应或反应很弱。因此，免疫应答的遗传变异性，多基因连续变异的性状可被用于筛选对疫苗免疫应答高反应的畜群。

（三）年龄对免疫效果的影响

怀孕后不久，胎儿的免疫系统开始发育，大多数物种子宫内抗原引起的特异性免疫应答能够在婴儿期即被唤醒，非特异性免疫应答也随着胎儿的成熟而不断发育。然而，在整个妊娠期内胎儿的免疫系统是不成熟的，对弱毒疫苗易感，通常推荐对怀孕动物使用灭活疫苗。但在现实中，盲目接种经常发生于妊娠期。大多数情况下，疫苗不会通过胎盘，对妊娠没有副作用，除非因全身反应对胎儿造成间接影响；如果活疫苗穿过胎盘，就可能导致胎儿流产、自溶或死亡、畸形或产生持续的免疫耐受。

动物在出生时免疫系统没有完全成熟，牛一般要 6 个月才完全成熟，猪需要 1 个月，犬需要 6 周。犊牛、羔羊和小猪体内过多的皮质类固醇和 T 淋巴抑制因子可能引起免疫抑制。3 周龄以内的小犬接种犬瘟热活疫苗会诱发脑炎，不足 1 周龄的犬接种犬瘟热疫苗会散播疫苗病毒，而大于 12 周龄的小犬则不会出现这种情况。猫肠炎弱毒活疫苗和犬细小病毒疫苗接种低于 4 周龄的小猫和小犬时，会导致小脑发育不全和心肌炎的风险。此外母源抗体的存在也会干扰疫苗的免疫效果。年长动物的体液免疫系统和细胞免疫系统功能较弱，因此建议对7岁以后的老犬进行一年一次的加强免疫。

（四）营养和环境因素对免疫效果的影响

1. 营养　重度营养缺乏的实验动物非特异性免疫和细胞免疫受到抑制，但对体液免疫影响较小。例如，对于限制膳食的成年牛而言，其免疫布鲁氏菌疫苗后，细胞免疫水平降低，但体液免疫应答水平与对照组一致。营养受限的新生小牛其体液免疫和细胞免疫功能均会受到抑制，如新生小牛接种大肠杆菌 k99 菌毛抗原后，其抗体产生显著迟缓；维生素 E 或 B6 的缺乏会对细胞免疫产生影响，必需氨基酸和维生素缺乏对体液免疫的抑制强于细胞免疫；缬氨酸的缺乏会降低鸡对新城疫病毒的抗体应答；矿物质铁、锌、镁或硒的缺少会引起机体的免疫抑制，缺乏硒和维生素 E 的犬接种犬瘟热和肝炎疫苗后，其抗体产生显著延迟并低于对照组动物。

在某些情况下，摄入超过正常需求量的营养则会产生免疫刺激作用。例如，高水平的维生素 E 可以提高猪对大肠杆菌菌苗，以及牛对大肠杆菌 J5 乳腺炎菌苗的免疫应答水平。

2. 断奶　断奶对于幼畜而言是一种应激，存在发生疾病和死亡的风险，因此需要优化断奶动物的疫苗接种时间。仔猪断奶 24h 前接种绵羊红细胞，其抗体滴度会降低，但断奶前 2 周接种绵羊红细胞的仔猪则具有很高的免疫球蛋白水平。需要对免疫接种的经济性或断奶的时间加大研究力度。

3. 其他环境应激　冷和热属于温度应激因素，但目前其关于其对动物疾病抵抗力和免疫应答影响的报道不一致。动物混合饲养和拥挤饲养在家禽、猪和肉牛业中是很普遍的现象，也是给疫苗的免疫接种带来复杂和不确定的应激因素。Gross 和 Colmano（1969）发现，鸡混养可以提高其对大肠杆菌和葡萄球菌感染的抵抗力，但会降低其对新城疫和鸡毒支原体的抵抗力。运输应激与牛感染巴氏杆菌病（牛出血性败血症）有关，通常采取在到达饲养场的当天接种联合疫苗。

应激对免疫应答的影响是可变的。一般来说，短期的、急性的应激可能会提高免疫应答，然而极其严重或慢性持久的应激可能会有降低动物的免疫应答水平。

4. 手术和麻醉　人和实验动物在接受麻醉和

手术后，会抑制免疫应答，特别是细胞免疫应答。犬在手术后 1 周也会抑制原始淋巴细胞形成，但接种犬瘟热疫苗期间的犬经历手术后不会影响对犬瘟热疫苗的抗体应答。因此不建议动物在手术后接种疫苗。

5. 毒素和污染物　环境污染能够降低动物机体的免疫力，不利于疫苗的免疫保护作用。例如，铅、镉和汞能够显著降低机体免疫应答水平；聚氯联二苯对家禽有免疫抑制作用；二噁英会抑制实验动物的细胞免疫；多种霉菌毒素，包括饲料中的黄曲霉毒素会造成免疫抑制。

（五）疫病对免疫效果的影响

动物在接种期间的患病，可能会降低机体免疫应答，或是增强减毒活疫苗的毒力，从而抑制机体免疫应答，影响疫苗的免疫效果。当动物感染表 14-1 中的任一种造成免疫抑制的病原体后，免疫接种都会受到干扰。牛刚果锥虫或泰勒虫感染对口蹄疫疫苗的免疫应答具有强抑制作用，感染动物接种疫苗后，机体的抗体水平低于最小保护水平。Krakowka（1982）发现感染犬细小病毒的 3 周龄幼犬，接种犬瘟热疫苗后会导致脑炎的发生。

表 14-1　引起免疫抑制的病原

病原分类	病原名称	易感动物
病毒	传染性法氏囊病	鸡、火鸡
	马立克氏病	鸡
	淋巴细胞组织增生症	鸡
	传染性喉气管炎	鸡
	网状内皮组织增生症	鸡、火鸡、鸭
	痔疮肠炎	火鸡
	牛病毒性腹泻	牛
	牛白血病	牛
	牛传染性鼻气管炎	牛
	犬瘟热	犬
	犬细小病毒病	犬
	猫肠炎	猫
	猫白血病	猫
	猫免疫缺陷病	猫
	非洲猪瘟	猪
	流感病毒	很多
	绵羊脱髓鞘性脑白质炎	绵羊
	马传染性贫血	马
	马疱疹 I 和 IV 型	马

（续）

病原分类	病原名称	易感动物
细菌	支原体	火鸡、山羊
	溶血性巴氏杆菌	牛、羊
寄生虫	捻转血矛线虫	绵羊
	弓形体	哺乳动物、鸟
	锥虫属	牛
	巴贝斯虫	牛
	泰勒焦虫	牛
	环状泰勒焦虫	牛
	脂螨属	犬

（六）治疗对免疫效果的影响

药物治疗也会对机体的免疫系统造成影响，可能会干扰疫苗的免疫效果（表 14-2）。Derieux（1977）发现定量给予含磺胺二甲氧嘧啶和奥美普林混合药物（作为抗球虫药）的火鸡，在注射多杀性巴氏杆菌活疫苗后，其疫苗保护力降低了 37%。

表 14-2　引起免疫抑制的药物

药物分类	药物名称
抗生素	氨基糖苷类（庆大霉素）头孢菌素类、咪唑（如咪康唑）、利福平、磺胺类药物、四环素类（如金霉素、脱氧土霉素、土霉素、四环素）
免疫抑制药	皮质激素、环磷酰胺、环孢霉素 A

糖皮质激素会引起机体的免疫抑制，一般不提倡对动物进行激素治疗。然而 Roth 和 Kaeberle（1983）发现糖皮质激素和牛病毒性腹泻（BVD）疫苗同时给药，可以提高对牛病毒性腹泻的抵抗力。Nara 等（1979）发现接受 3 周泼尼松龙治疗的幼犬与对照组相比，原始淋巴细胞被抑制，但其体液免疫应答并没有显著变化，且能够抵抗犬瘟热病毒的感染。Krishnankutty 等（1962）发现接种狂犬病疫苗的同时用地塞米松治疗，对抗体滴度并无影响。此外，有些药物治疗具有免疫增强作用，如左旋咪唑。Panigrahy 等（1981）发现在火鸡中抗生素诱导的免疫抑制可被左旋咪唑中和。

（七）免疫增强剂对免疫效果的影响

免疫增强剂也称为免疫佐剂，是一类通过非特异性途径提高机体对抗原或微生物的免疫应答水平的物质。世界卫生组织对免疫增强剂有 5 项标准，即化学成分明确、易于降解、刺激作用适中、无致癌风险及致突变作用、无毒性及不良反应。免疫增强剂能够增强疫苗抗原的免疫原性，促进细胞免疫和体液免疫，促进免疫能力较弱人群的免疫应答，增进抗原与黏膜之间的传递及免疫接触；减少疫苗成分中抗原的需求量及在实施过程中的免疫接种次数；优化抗原结构，维持抗原构象等，从而促进疫苗的免疫保护效果。目前常用的免疫增强剂主要有硒、卡介苗、左旋咪唑、蜂胶、细菌脂多糖、香菇多糖等。

（鑫　婷　刘岳龙　丁家波）

第九节　疫苗免疫的风险分析

疫苗是一种特殊药品，其特殊性在于其用于预防各种传染性疾病，因此在疫苗评价过程中需充分进行风险分析。疫苗的使用是为了保护人和动物的健康，阻断流行病的传播，降低发病率和病死率。但是，从长达 300 多年的疫苗使用历史来看，理论上没有一种绝对安全的疫苗，个体差异可能导致少部分群体出现不良反应，即使是被公认为最安全的疫苗也可能发生常见的不良反应、罕见的不良反应和极为罕见的不良反应。这些已经成为全球疫苗业界的共识。疫苗接种的风险和副作用与疫苗的特性（活疫苗与灭活疫苗、污染物、毒素或致敏原成分存在的可能、是否添加佐剂等）、疫苗的管理、接种，以及宿主因素（正常或异常的免疫反应、间发性感染）有关。此外，风险也可能来自疫苗在宿主机体内的残留及外排，后者可污染环境、感染与之接触的动物。

一、不良反应的风险

（一）应激反应

1. 疼痛　疼痛可因注射部位过于接近神经而引起，但更主要原因是疫苗的渗透压过高或过低，pH 超出 6.0～7.0，残留的福尔马林等对注射局部产生刺激。此外，直接使用刚从冰箱中取出的低温疫苗也可能引起动物注射局部的疼痛。

2. 急性变态反应　急性变态反应主要发生于

接种后的几分钟或到 3h，特异性疫苗抗原或疫苗产品中的杂蛋白可引起敏感宿主发生Ⅰ型变态反应。休克的症状因不同畜种而异，但出现急性呼吸困难、腹泻、循环系统衰竭时都需要及时用肾上腺素治疗。对于出现过变态反应的动物在疫苗接种前，可先进行变态反应试验，在皮下接种少量疫苗，如果没有出现任何反应，可在皮下继续补足接种量。疫苗中非有效抗原成分是导致变态反应的主要原因。因此提高疫苗的生产纯化工艺或使用亚单位疫苗可降低变态反应发生的风险。

3. 内毒素性休克 革兰氏阴性菌疫苗、原核表达的亚单位疫苗如果制备或处理不当，可能含有高水平的内毒素，当其免疫动物后，可能出现休克反应。由于中等水平内毒素可引起怀孕动物流产，因此需要加强对疫苗产品中内毒素含量的检测和控制，以降低疫苗免疫的不良反应。

4. 局部反应 皮下接种疫苗时，注射部位常会出现肿胀。其主要原因是炎症细胞和组织液进入了接种部位，并在接种后 48h 达到高峰，随后逐步减退，可能形成肉芽肿组织，并出现坚硬的结节或肿块。疫苗接种造成的局部肿胀一般是无害、无痛的，可在一到几周内自然消失。但是部分菌苗，可能造成严重的局部肉芽肿及化脓。疫苗注射造成的局部肿胀反应通常与疫苗成分有关，油包水乳剂、不合适或污染的稀释剂、含有多种抗原的菌苗都可在注射部位引起严重的肉芽肿及化脓，甚至需要通过手术摘除。贵宾犬在皮下接种高剂量的狂犬病疫苗后，产生的抗原抗体复合物造成皮肤血管炎，容易使动物出现脱发症状。猫在接种狂犬病疫苗或白血病疫苗时，在佐剂成分的影响下，容易出现纤维肉瘤。

疫苗中细菌或真菌的污染可引起免疫动物在注射局部发生脓肿。污染物可能因无法被质量检验部门检验而存在于疫苗制品中，或是由于注射针的多次接种被引入到疫苗瓶中，造成疫苗污染，或是可能寄生于污染针头的病原对接种部位造成感染。

（二）迟发性全身反应

1. 非特异性反应 疫苗中的内毒素、佐剂毒性及免疫动物免疫系统的问题可能导致免疫动物出现明显的发热、抑郁、食欲不振、产奶量下降等全身症状，犬和猫可能于疫苗接种后的 24～72h 内发生腹泻和呕吐。

2. 抗体介导的反应 动物在免疫后，机体内抗体水平不断升高，抗原不断复制，可出现大量抗原抗体复合物。这些复合物会在毛细血管中被阻隔，在肾小球积聚形成肾小球性肾炎，在关节积聚引起关节炎，可能是由于过于频繁的疫苗接种引起的。例如，犬蓝眼病（角膜混浊）被认为是由于犬Ⅰ型腺病毒疫苗使用时出现的免疫复合物所引起。瞬时性血小板减少症系使用重组犬瘟热活疫苗之后发生的Ⅱ型变态反应，可能是因抗原绑定血小板与抗体结合后被吞噬细胞吞噬引起的。

二、生物安全和环境污染的风险

（一）免疫后出现排毒和带毒

许多弱毒疫苗接种后，病毒既可在机体内复制，也可外排。尤其是通过口腔和鼻腔途径外排时，在其排泄物和分泌物中可发现疫苗病原体。这种病原体的外排往往是短暂的、低水平的、影响较小的。无毒败血性支气管炎疫苗通过鼻腔免疫犬，可在其呼吸道中存在至少 2 周；经鼻腔接种牛传染性鼻气管炎的牛可持续散毒 8d，而且可传染与之接触的其他牛；致弱的疱疹活病毒，尤其通过鼻腔接种后，常常处于一种持续感染的状态。群养动物可以利用疫苗外排的特性通过气雾剂进行大面积二次免疫具有较好的效果。猫病毒性鼻气管炎（FVR）和猫流感病毒疫苗（FCV）通过鼻腔免疫，均可以发现外排的疫苗病毒。一般而言，怀孕动物不应该免疫活疫苗，部分疫苗（如细小病毒苗）对胎儿具有致畸和引发心肌炎的作用。牛疱疹病毒Ⅰ型、马疱疹病毒Ⅰ型和牛病毒性腹泻等活疫苗可导致胚胎感染，发生流产、死胎或新生动物携带病毒现象。

（二）疫苗灭活不彻底

灭活疫苗是利用物理方法、化学方法将在可控条件下培养的病原微生物灭活，使其在丧失感染性和毒力的同时保持其免疫原性，并结合相应的佐剂而制成的疫苗。灭活剂的选择关系病原的灭活效果及对抗原决定簇的损伤程度，需要针对不同的病原，筛选灭活剂及灭活方法。理想的灭活应是灭活病原彻底并保持抗原的免疫原性，免疫后机体产生良好的免疫保护，同时灭活剂的失活处理及其残留无论对动物还是人类均不产生安全问题。灭活不彻底，则可能造成病原微生物在机体内大量复制，导致动物发病和疫病流行，且由于疫苗的广泛使用，其不完全灭活容易造成疫病的多区域流行，严重威胁动物健康、给养殖业造成巨大损失。

（三）疫苗受到污染

疫苗产品在生产制造过程中可能被其他病毒、支原体、细菌等病原体污染，导致污染物的广泛扩散。例如，血清中污染不产生细胞病变的牛病毒性腹泻病毒非常普遍。如果疫苗生产中使用这些血清，则可能造成牛病毒性腹泻的流行。英国曾因为使用圆环病毒污染的 PK－15 细胞系生产疫苗，导致圆环病毒在猪群中广泛传播。美国因为使用携带蓝舌病病毒的减毒活疫苗，造成大量怀孕畜群流产、死亡。此外，制备疫苗使用的转化细胞或新生哺乳动物细胞可能含有内源性的污染病毒，其可能含有致癌病毒序列、致癌基因序列或质粒启动子，这些序列整合到宿主细胞 DNA 后会导致肿瘤的发生。

（四）佐剂安全性尚待评估

目前还没有证据表明动物的持续免疫使人类承受直接或间接的风险。目前主要关注疫苗中佐剂及其持久性刺激作用。大部分佐剂有助于疫苗抗原的缓释、提高机体炎性反应。其中油乳剂疫苗常常在接种部位引起局部肉芽肿、良性化脓，可能导致因动物产品品质低下而造成经济损失，但其对人类食用后是否引起潜在的健康风险尚未确定。但是对于人用疫苗中是否添加佐剂的问题，《预防用疫苗临床前指导原则》明确阐述"一般情况下，抗原量及免疫原性能满足免疫保护的需要，则不使用佐剂为宜"，以避免添加佐剂带来的安全性风险。关于最佳佐剂系统的研究和探索仍在继续，其中关注最多的是组分的持久性及失活时间，以期获得高效、可降解、无毒害的新型佐剂。

三、毒力增强

（一）疫苗毒力返强

所有活的转基因疫苗，包括活的重组疫苗，对靶动物的毒力返强潜力是受到关注的。已有一些弱毒疫苗毒力返强的科学报道，包括狂犬病病毒（Pedersen，1978）、萨宾型脊髓灰质炎病毒 2 型和 3 型（Macadam，1986）、传染性支气管炎病毒（Hopkins 和 Yoder，1986）和犬瘟热病毒（Pestetti，1978）。

（二）毒株基因重组或重配

由于活疫苗株和强毒株、疫苗株与疫苗株之间均可能会发生基因重组，因此需要评估活疫苗基因重组的可能性。例如，混合接种两种互补的基因缺失疫苗，以此评估它们之间是否存在基因重组的风险。

（三）基因重组疫苗

基因工程活疫苗是一种更新、更合理的疫苗，可以制备稳定的多基因缺失突变体，如缺失型突变体伪狂犬病疫苗。然而，特殊情况下，gX⁻、TK⁻、gI⁻疫苗株与 TK⁺ 变异株在混合感染的机体内会可能会发生重组，从而导致毒力返强。由于缺失基因的互补作用而产生具有强毒力的 gI⁺、TK⁺ 变异株，这也是为什么欧洲只允许使用一种基因缺失型疫苗的原因之一。

使用复制载体，如痘病毒或腺病毒重组的疫苗存在潜在风险，因为载体本身已发生改变。这种风险包括宿主嗜性、载体毒力、与其他疫苗株或野毒株遗传信息的交换、在外界环境中不可控的传播及遗传不稳定性。但是牛痘-狂犬病重组疫苗已在欧洲广泛使用，并且成功控制野生动物狂犬病，且无安全隐患。

（四）抗体依赖性增强作用

病毒感染宿主细胞，首先要黏附于细胞，这种黏附作用是通过病毒表面蛋白和靶细胞膜上的特异性受体或复合受体蛋白的相互作用介导的。病毒表面蛋白的特异性抗体通常可以阻止这一步骤，使病毒失去感染细胞的能力，称为抗体的"中和作用"。然而在一些情况下，抗体能协助病毒进入靶细胞，通过提高病毒的感染率，增强病毒感染，这种现象称为病毒感染的抗体依赖性增强作用。例如，在猪肺泡巨噬细胞的培养物中，加入一定滴度 PRRSV 的抗体，可使 PRRSV 的产量明显增加，甚至能提高 10～100 倍。因此，在一些处于隐性 PRRSV 感染的猪群中，接种 PRRSV 疫苗，机体产生的抗体不但不具有保护作用，反而能增强 PRRS 病毒的感染，导致猪群在接种疫苗后发病甚至死亡。

综上所述，兽用疫苗免疫在诸多方面都存在风险。基于对疫苗的风险分析，加强疫苗在产品研发、生产方面的管理，降低疫苗交叉污染、灭活不完全、毒株毒力返强等风险，对提高疫苗质量、确保疫苗的安全具有重要意义。

（蒋 卉 鑫 婷 刘岳龙 丁家波）

第十节 免疫的副反应

长久以来，疫苗及其他生物制品都可以很好地消除或控制动物疫病。使用疫苗的好处要远大于其带来的风险。但疫苗接种也会引起注射部位的局部反应、全身性反应、过敏反应、免疫抑制等问题。在疫苗的研发阶段，应通过加强安全性试验（单剂量和超剂量接种）和大规模的临床试验，检测疫苗产品中可能存在的问题，从而预防、降低疫苗接种造成的副反应。

一、副反应的类型

（一）局部反应

添加佐剂的灭活疫苗容易引起注射部位水肿。溶血性巴氏杆菌、胸膜肺炎放线菌，以及萎缩性鼻炎等菌苗容易引起机体局部的副反应，造成肉芽肿、脓肿、淋巴浆细胞性炎症、坏死或钙化，并伴随有注射部位的疼痛。注射部位的反应会给肉类加工业带来重大损失，还会产生脓肿及危及生命的纤维肉瘤。正确的疫苗接种技术、完备的仪器设备及新疫苗制备、纯化工艺是预防该问题的关键。

（二）全身反应

疫苗中的内毒素、佐剂毒性及动物免疫系统的问题可能导致被免物出现明显的发热、抑郁、食欲不振、产奶量下降等全身症状，犬和猫可能于疫苗接种后的 24～72h 内会发生腹泻和呕吐。可以通过改进疫苗制造工艺，如纯化、净化或添加新一代的疫苗佐剂解决此问题。

（三）过敏反应

在疫苗接种后的几分钟或几小时之内，可能发生过敏反应或Ⅰ型超敏反应，动物表现为虚弱、呼吸困难、呕吐、震颤、黏膜苍白、多涎、肺水肿、流产、休克，甚至会导致死亡。延迟反应（Ⅲ型超敏反应）往往会发生在动物接种后的 8～21d。主要会出现局部皮肤问题（丘疹、渗出性湿疹）和皮下问题（水肿、腺肿大）。犬会发生免疫复合物疾病，称为"蓝眼病"，往往发生在注射犬腺病毒Ⅰ型疫苗后，系因抗原抗体复合物沉积发生角膜水肿的结果。犬类的犬瘟热疫苗可能会产生抗花粉的 IgE 抗体。

在第三次和第四次注射疫苗时，过敏反应发生的风险会增加。在研发新的疫苗过程中，在实验室条件下，重复给药（正常给量的 5 倍）可以检测出潜在的致敏作用。致敏物的使用，（如牛血清及其他动物血清）应尽量减少或进行产品纯化。为了进行成品控制，豚鼠致敏试验，即静脉注射小牛血清后再接种 1 个剂量的疫苗，得出的检测结果是可靠的。

（四）免疫抑制

一些病毒可以造成动物的免疫抑制，如Ⅰ型牛疱疹病毒、牛病毒性腹泻病毒、犬瘟热病毒联合犬腺病毒等。潜在的免疫抑制效应，可以通过不同疫苗同时接种和针对两种疫苗的免疫反应或效力评估进行检测。淋巴细胞转化试验是检测细胞免疫最方便的测试方法，也可以应用白细胞运转测量法和CD4/CD8 值测量法。在进行新疫苗安全性测试的田间试验中，应选择那些感染过病原体的农场或地区而不是免疫过疫苗的农场或地区。

（五）残留致病性

制备病毒或细菌弱毒苗的传统方法是通过培养传代获得失去致病力的毒株。在某些特定情况下，广泛应用低毒力毒株时，其低致病性可能会一直保持下去。但在偶然情况下也可能发生毒力返祖现象，造成动物发病。制备新疫苗的标准种毒应通过采用合适的毒力致弱技术获得。在新产品研发阶段，应用敏感动物进行安全性研究，其中的免疫途径应最有可能造成毒株毒力返强。为评估弱化毒株毒力返强的可能性，对于所有的弱毒活疫苗均需要进行动物回归试验，并且最少进行 5 代体内传代试验。另外，还应对疫苗株的散毒模式进行风险评估，以免引起接种动物向更多易感动物，如新生儿和未免疫群体的传播风险。显然，使用灭活疫苗是避免这个问题最有效的途径。

二、引发免疫副反应的因素

（一）疫苗因素

1. 疫苗固有的原因 每次免疫接种对动物来

说都是一次应激。除机械性刺激外，疫苗本身要产生免疫保护力，必须刺激动物机体产生免疫反应。在此过程中，注射部位和全身必然会有一些轻微的免疫刺激反应，表现出温和的局部和全身反应，这是疫苗免疫所固有的一种正常反应。弱毒疫苗诱导产生免疫保护力前，必须感染细胞并在其中大量增殖，这一基本反应可能会引起可见的临床症状。一些疫苗在正常使用情况下即可出现较重的不良反应，如无毒炭疽芽孢苗皮下注射可能引起局部出现核桃大的肿胀，伴有 1～3d 的体温反应；禽痘弱毒疫苗翼膜刺种会造成局部组织炎性红肿，部分出现局部组织坏死。

2. 疫苗质量上的原因　内毒素是导致疫苗接种动物出现免疫副反应的主要因素之一。内毒素是革兰氏阴性菌细胞壁外膜结构中的脂多糖，具有耐热性、化学稳定性和不易被清除的特点，它也是革兰氏阴性菌引起发热、休克、器官损伤等多种病理变化和各种并发症的主要因子。微量的细菌内毒素一旦进入动物血液系统，便会在很短时间内导致高热和昏迷，若不及时采取措施，很可能危及生命。疫苗生产过程中使用的原辅料、中间产品、佐剂等不可避免地会对终端疫苗产品的内毒素及异源物质含量产生一定影响。

免疫副反应产生的另一个主要原因是病毒性灭活疫苗含有来源于动物组织、细胞和培养液的蛋白质等杂质成分。对疫苗进行浓缩可富集有保护作用的抗原成分，除去部分生物源性杂质成分，降低疫苗使用量，减少接种引起的有害反应。

3. 疫苗使用上的原因　包括疫苗选择不合理、稀释液使用不合适、疫苗保存不适当、免疫程序不科学等。此外，还有接种对象有误、接种时间失误、接种途径错误、两种以上疫苗同时接种或接种间隔时间短而产生干扰等。这些疫苗使用的不合理因素都将会引起动物免疫后的不良反应。

（二）动物机体因素

动物营养不良、体质虚弱、抵抗力低下、感染慢性疾病、妊娠后期、过敏性体质、自身免疫缺陷等因素均会导致不同程度的免疫副反应。免疫前健康检查不到位，有很多家畜已受病原感染，处于潜伏感染期，但没有明显症状，当注射疫苗后出现应激反应或将某些疫病提前引发，发生副反应或大批发病、个别发生死亡。此种现象占免疫副反应的 50%～60%。不同动物机体对疫苗的反应程度存在差异，体质较差、幼龄动物或老龄动物容易发生免疫副反应。

（三）其他因素

在免疫接种过程中，抓捕、保定、注射等环节操作不当，也容易造成机械性损伤或引发应激反应，引起孕畜早产或流产。应特别注意接种前的临床检查、严格消毒、规范操作程序，选择合适的接种部位，及时更换注射针头，避免剂量过大、注射深浅不一等问题发生。

此外，管理水平低下、气候条件、长途运输、饲养密度过大、突然改变饲料及饲养条件，也同样能引起免疫副反应。

三、降低免疫副反应的措施

（一）做好免疫接种前的健康检查

接种前应当了解当地动物疫病流行情况，认真进行动物群体和个体健康检查。对确认健康状况良好、无疫病感染的动物实施疫苗接种。对患病或疑似患病、体温升高、精神萎靡、食欲不振、营养不良、体弱年老、外伤未愈、哺乳、新生动物不予或暂缓接种疫苗。对怀孕后期的动物应当慎用或不用反应较强的疫苗。一般情况下，预产期前 2 个月内的牛暂不进行免疫接种；怀孕早期的牛免疫接种时，要保定牢固，最好同时注射黄体酮进行保胎，防止流产。

（二）科学使用疫苗

选择疫苗及选择疫苗的接种途径时，应当考虑动物的种类、年龄、饲养方式及周围区域动物疫病流行情况等，避免可能引起的不良反应。例如，新城疫和传染性支气管炎等活疫苗，在饮水、滴鼻、点眼接种时，对鸡群是安全有效的；但是如果进行气雾免疫，常会出现呼吸道症状。使用弱毒活疫苗时，应当考虑疫苗残余毒力的影响，尤其对首次使用的动物群体或种用动物，可能引起严重反应。在首次全面使用某批次弱毒活疫苗时，要先选择少量动物，进行安全试验，并观察14d，确认安全后可大批量应用。同时要制定科学的免疫程序，并严格遵照执行；选用质量有保障的正规疫苗，并认真阅读疫苗使用说明书，按照规定条件保存和运输疫苗。

（三）加强饲养管理

实行科学管理，改善饲养条件，尤其是要满足动物防疫条件的规定要求。免疫接种要避开转群、配种、阉割、手术、长途运输等时间段。接种前后可在饲料中添加抗应激药物，如维生素C等。动物接种后，要仔细观察5～10min，以保证出现急性反应时的及时救治。建立健全免疫档案，在每次免疫接种过程中详细记录相关内容。集中免疫或大规模免疫中，应当将同批次疫苗保留1～2瓶，以备出现多发性不良反应时核查原因。

四、免疫副反应的处理

免疫副反应的处理原则是解热镇痛、封闭、消炎、强心、抗过敏、抗休克、对症治疗。

（一）免疫副反应的临床表现

1. 一般反应　个别家畜注苗后会出现精神萎靡不振、食欲减退、局部肿胀、体温轻微升高、跛行等现象。一般不需要特殊处理，属于正常反应，1～3d即可自行恢复。

2. 严重反应　个别家畜注苗后出现急性过敏反应，呼吸加快、可视黏膜充血水肿、全身或局部肌肉震颤、胀气、流产，甚至口吐白沫、倒地不起、抽搐。如抢救不及时，常导致死亡。

（二）处理措施

对临床症状表现严重的病畜可对症治疗。例如，肌内注射盐酸苯海拉明注射液等抗组胺药物缓解或消除眼睑水肿、便秘、腹泻，以及支气管痉挛、腹胀等症状，或者肌内注射扑尔敏以降低毛细血管的通透性，消除肿胀，减少渗出液。对于体温超过40℃的家畜，可肌内注射复方氨基比林配合抗菌类药物治疗，以防继发感染。若家畜免疫后出现心脏衰竭、皮肤发绀、倒地抽搐等急性症状，应立即皮下注射1‰盐酸肾上腺素，牛5mg、猪1mg、羊1mg。如症状缓解较慢，20min后可视具体情况重复注射一次；或肌内注射盐酸异丙嗪，牛500mg、猪100mg、羊100mg；或肌内注射地塞米松磷酸钠，牛30mg、猪10mg、羊10mg（孕畜不用）。

（鑫　婷　刘岳龙　蒋　卉　丁家波）

主要参考文献

王笑梅，陈冠春，孟宪松，1995. 鸡后海穴与其他途径免疫效果的比较试验 [J]. 中国兽医科技，25（2）：21-22.

Krakowka S, Olsen R G, Axthelm M K, et al, 1982. Canine parvovirus infection potentiates canine distemper encephalitis attributable to modified live-virus vaccine [J]. Journal of the American Veterinary Medical Association, 180 (2)：137-139.

Krishnankutty P K, 1962. Dexamethasone therapy in neuro-paralysis following antirabies vaccine [J]. Journal of the Indian Medical Association, 38：346-347.

Macadam A J, Arnold C, Howlett J, et al, 1986. Reversion of the attenuated and temperature-sensitive phenotypes of the Sabin type 3 strain of poliovirus in vaccinees [J]. Virology, 172 (2)：408-414.

Nara P L, Krakowka S, Powers T E, 1979. Effects of prednisolone on the development of immune responses to canine distemper virus in beagle pups [J]. American Journal of Veterinary Research, 40 (12)：1742-1747.

Panigrahy B, Grumbles L C, Terry R J, et al, 1981. Bacterial coryza in turkeys in Texas [J]. Poultry Science, 60 (1)：107-113.

Pedersen N C, Emmons R W, Selcer R, et al, 1978. Rabies vaccine virus infection in three dogs [J]. Journal of the American Veterinary Medical Association, 172 (9)：1092-1096.

Peeters B K, Bienkowska-Szewczyk M, Hulst A, et al, 1997. Biologically safe, non-transmissible pseudorabies virus vector vaccine protects pigs against both Aujeszky's disease and classical swine fever [J]. Journal of General Virology, 78 (Pt 12)：3311-3315.

Roth J A, Kaeberle M L, 1983. Suppression of neutrophil and lymphocyte function induced by a vaccinal strain of bovine viral diarrhea virus with and without the administration of ACTH [J]. American Journal of Veterinary Research, 44 (12)：2366-2372.

第十五章 疫苗及免疫接种的要求

第一节 主要传染病的分类

一、OIE 对动物疾病的分类标准

动物传染病根据易感动物种类、地理分布、家畜的品种等有多种分类标准。世界动物卫生组织（OIE）在 2004 年前将动物疫病划分为 A 类、B 类。A 类疫病主要包括能跨国界迅速传播、造成巨大经济损失或是严重威胁公共卫生安全的动物疫病，其对畜产品的国际贸易造成重大影响，需要在规定时间内报告给 OIE。B 类疫病包括影响本国社会经济及（或）公共卫生的疫病，通常需要每年向 OIE 报告一次，但是在特殊情况下，须频繁报告。2005 年后，OIE 取消了 A 类、B 类动物传染病的划分，将疫病分为法定报告陆生动物疫病和水生动物疫病两类。2017 年 OIE 列出的动物疫病目录主要包括表 15-1 中的 116 种疫病。

表 15-1　2017 年 OIE 动物疾病名录

分　类	疫病名录
多种动物共患病（23 种）	炭疽、蓝舌病、流产布鲁氏菌/马耳他布鲁氏菌/猪布鲁氏菌病、克里米亚刚果出血热、流行性出血热、东部马脑脊髓炎、口蹄疫、心水病、伪狂犬病、细粒棘球蚴病、多房棘球蚴病、狂犬病、裂谷热病、牛瘟、旋毛虫病、日本乙型脑炎、新大陆螺旋蝇蛆病（嗜人锥蝇）、旧大陆螺旋蝇蛆病（倍赞氏金蝇）、副结核、Q 热、伊氏锥虫病、野兔热、西尼罗热
牛病（14 种）	牛边虫病、牛巴贝斯虫病、牛生殖器弯曲菌病、疯牛病、牛结核病、牛病毒性腹泻、地方流行性牛白血病、牛出血性败血病、牛传染性鼻气管炎/传染性脓疱性阴道炎、牛传染性胸膜肺炎、结节性皮肤病、泰勒焦虫病、滴虫病、锥虫病
羊病（11 种）	山羊的关节炎/脑炎、羊传染性无乳症、山羊接触传染性胸膜肺炎、流产嗜性衣原体病、小反刍兽疫、梅迪-维斯那病、内罗毕羊病、绵羊传染性附睾炎、沙门氏菌病、痒病、痘病
马病（11 种）	马接触传染性子宫炎、马媾疫、马脑脊髓炎、马传染性贫血、马流感、马巴贝斯虫病、马鼻疽、非洲马瘟、马疱疹病毒感染、马病毒性动脉炎、委内瑞拉马脑脊髓炎
猪病（6 种）	非洲猪瘟、经典猪瘟、尼帕病毒性脑炎、猪囊尾蚴病、猪繁殖与呼吸障碍综合征、猪传染性胃肠炎
禽病（13 种）	禽衣原体病、传染性支气管炎、传染性喉气管炎、鸡毒支原体感染、滑液支原体感染、鸭病毒性肝炎、禽伤寒、禽流感、高致病性禽流感、新城疫、传染性法氏囊病、鸡沙门氏菌病、火鸡鼻气管炎
兔病（2 种）	兔黏液瘤病、兔病毒性出血症
蜂病（6 种）	欧洲幼虫腐臭病、美洲幼虫腐臭病、气管螨病、螨病、瓦螨病、蜂窝甲虫病
其他动物（2 种）	骆驼痘、利什曼原虫病
鱼病（10 种）	地方流行性造血器官坏死、流行性溃疡综合征、三代虫病、传染性贫血、鱼弹状病毒感染、金鱼造血器官坏死病、锦鲤疱疹病毒病、真鲷虹彩病毒病、鲤春病毒血症、病毒性出血性败血病

（续）

分　　类	疫病名录
软体动物疾病（7 种）	鲍鱼疱疹病毒病、杀蛎包拉米虫感染、牡蛎包拉米虫感染、折光马尔太虫感染、贝类帕金虫病、奥尔森派琴虫感染、加州立克次氏体感染
甲壳类动物病（9 种）	急性肝胰坏死病、鳌虾瘟、新西兰金丝雀病毒感染、传染性皮下和造血器官坏死病、传染性肌肉坏死病、坏死性肝胰腺炎、对虾桃拉综合征、白斑病、白尾病
两栖动物病（2 种）	蛙壶菌病、蛙病毒病

二、我国对动物疾病的分类标准

我国根据动物疫病对人与动物的危害严重程度，将动物疫病划分为一类、二类和三类动物疫病。我国农业部发布的公告第 1125 号《一、二、三类动物疫病病种名录》中列出了共 157 种动物疫病。其中一类动物疫病，是指对人与动物危害严重，需要采取紧急、严厉的预防、控制、扑灭措施。一类疫病发生后，需立即上报疫情，在迅速开展疫情调查的基础上由同级人民政府发布封锁令对疫区实行封锁，在疫区内采取彻底的消毒灭原措施，对受威胁区易感动物开展紧急预防免疫接种。二类动物疫病是指可造成重大经济损失、需要采取严格控制、扑灭措施的疫病。二类疫病发生后，立即报告疫情，在迅速开展疫情调查的基础上，由同级畜牧兽医主管部门划定疫区和受威胁区，在疫区内采取彻底的消毒灭原措施，对受威胁区内的易感动物开展紧急预防免疫接种。三类动物疫病是指常见多发、可能造成重大经济损失、需要控制和净化的。发生三类动物传染病时，当地人民政府和畜牧兽医部门应当按照动物疫病预防计划和国务院畜牧兽医行政管理部门的有关规定组织防治和净化。

（一）一类动物疫病（17 种）

有：口蹄疫、猪水疱病、猪瘟、非洲猪瘟、高致病性猪蓝耳病、非洲马瘟、牛瘟、牛传染性胸膜肺炎、牛海绵状脑病、痒病、蓝舌病、小反刍兽疫、绵羊痘和山羊痘、高致病性禽流感、新城疫、鲤春病毒血症、白斑综合征。

（二）二类动物疫病（77 种）

多种动物共患病（9 种）：狂犬病、布鲁氏菌病、炭疽、伪狂犬病、魏氏梭菌病、副结核病、弓形虫病、棘球蚴病、钩端螺旋体病。

牛病（8 种）：牛结核病、牛传染性鼻气管炎、牛恶性卡他热、牛白血病、牛出血性败血病、牛梨形虫病（牛焦虫病）、牛锥虫病、日本血吸虫病。

绵羊和山羊病（2 种）：山羊关节炎脑炎、梅迪-维斯纳病。

猪病（12 种）：猪繁殖与呼吸综合征（经典猪蓝耳病）、猪乙型脑炎、猪细小病毒病、猪丹毒、猪肺疫、猪链球菌病、猪传染性萎缩性鼻炎、猪支原体肺炎、旋毛虫病、猪囊尾蚴病、猪圆环病毒病、副猪嗜血杆菌病。

马病（5 种）：马传染性贫血、马流行性淋巴管炎、马鼻疽、马巴贝斯虫病、伊氏锥虫病。

禽病（18 种）：鸡传染性喉气管炎、鸡传染性支气管炎、传染性法氏囊病、马立克氏病、产蛋下降综合征、禽白血病、禽痘、鸭瘟、鸭病毒性肝炎、鸭浆膜炎、小鹅瘟、禽霍乱、鸡白痢、禽伤寒、鸡败血支原体感染、鸡球虫病、低致病性禽流感、禽网状内皮组织增殖症。

兔病（4 种）：兔病毒性出血病、兔黏液瘤病、野兔热、兔球虫病。

蜜蜂病（2 种）：美洲幼虫腐臭病、欧洲幼虫腐臭病。

鱼类病（11 种）：草鱼出血病、传染性脾肾坏死病、锦鲤疱疹病毒病、刺激隐核虫病、淡水鱼细菌性败血症、病毒性神经坏死病、流行性造血器官坏死病、斑点叉尾鲴病毒病、传染性造血器官坏死病、病毒性出血性败血症、流行性溃疡综合征。

甲壳类病（6 种）：桃拉综合征、黄头病、罗氏沼虾白尾病、对虾杆状病毒病、传染性皮下和造血器官坏死病、传染性肌肉坏死病。

（三）三类动物疫病（63 种）

多种动物共患病（8 种）：大肠杆菌病、李氏杆菌病、类鼻疽、放线菌病、肝片吸虫病、丝虫病、附红细胞体病、Q 热。

牛病（5 种）：牛流行热、牛病毒性腹泻/黏膜病、牛生殖器弯曲杆菌病、毛滴虫病、牛皮蝇蛆病。

绵羊和山羊病（6种）：肺腺瘤病、传染性脓疱、羊肠毒血症、干酪性淋巴结炎、绵羊疥癣、绵羊地方性流产。

马病（5种）：马流行性感冒、马腺疫、马鼻腔肺炎、溃疡性淋巴管炎、马媾疫。

猪病（4种）：猪传染性胃肠炎、猪流行性感冒、猪副伤寒、猪密螺旋体痢疾。

禽病（4种）：鸡病毒性关节炎、禽传染性脑脊髓炎、传染性鼻炎、禽结核病。

蚕、蜂病（7种）：蚕型多角体病、蚕白僵病、蜂螨病、瓦螨病、亮热厉螨病、蜜蜂孢子虫病、白垩病。

犬猫等动物病（7种）：水貂阿留申病、水貂病毒性肠炎、犬瘟热、犬细小病毒病、犬传染性肝炎、猫泛白细胞减少症、利什曼病。

鱼类病（7种）：鲴类肠败血症、迟缓爱德华氏菌病、小瓜虫病、黏孢子虫病、三代虫病、指环虫病、链球菌病。

甲壳类病（2种）：河蟹颤抖病、斑节对虾杆状病毒病。

贝类病（6种）：鲍脓疱病、鲍立克次氏体病、鲍病毒性死亡病、包纳米虫病、折光马尔太虫病、奥尔森派琴虫病。

两栖与爬行类病（2种）：鳖腮腺炎病、蛙脑膜炎败血金黄杆菌病。

三、《国家中长期动物疫病防治规划（2012—2020年）》中提及的重要疫病

我国国务院办公厅印发的《国家中长期动物疫病防治规划（2012—2020年）》指出，我国动物疫病病种多、病原复杂、流行范围广。口蹄疫、高致病性禽流感等重大动物疫病仍在部分区域呈流行态势，存在免疫带毒和免疫临床发病现象。布鲁氏菌病、狂犬病、棘球蚴病等人畜共患病呈上升趋势，局部地区甚至出现暴发流行。牛海绵状脑病（疯牛病）、非洲猪瘟等外来动物疫病传入风险持续存在，全球动物疫情日趋复杂。随着畜牧业生产规模不断扩大，养殖密度不断增加，畜禽感染病原机会增多，病原变异概率加大，新发疫病发生风险增加。70%的动物疫病可以传染给人类，75%的人类新发传染病来源于动物或动物源性食品，动物疫病如不加强防治，将会严重危害公共卫生安全。

伴随着人口增长、人民生活质量提高和经济发展方式转变，对养殖业生产安全、动物产品质量安全和公共卫生安全的要求不断提高，我国动物疫病防治正在从有效控制向逐步净化消灭过渡。全球兽医工作定位和任务发生深刻变化，正在向以动物、人类和自然和谐发展为主的现代兽医阶段过渡，需要我国不断提升与国际兽医规则相协调的动物卫生保护能力和水平。随着全球化进程加快，动物疫病对动物产品国际贸易的制约更加突出。目前，我国兽医管理体制改革进展不平衡，基层基础设施和队伍力量薄弱，活畜禽跨区调运和市场准入机制不健全，野生动物疫源疫病监测工作起步晚，动物疫病防治仍面临不少困难和问题。

因此我国特别制定《国家中长期动物疫病防治规划（2012—2020年）》，列出我国需要优先防治和重点防范的动物疫病，统筹安排动物疫病防治、现代畜牧业和公共卫生事业发展，积极探索有中国特色的动物疫病防治模式，着力破解制约动物疫病防治的关键性问题，建立健全长效机制，强化条件保障，实施计划防治、健康促进和风险防范策略，努力实现重点疫病从有效控制到净化消灭。

表15-2　优先防治和重点防范的动物疫病

分　类	疫病名录
优先防治的国内动物疫病（16种）	一类动物疫病（5种）：口蹄疫（A型、O型、亚洲1型）、高致病性禽流感、高致病性猪蓝耳病、猪瘟、新城疫
	二类动物疫病（11种）：布鲁氏菌病、奶牛结核病、狂犬病、血吸虫病、棘球蚴病、马鼻疽、马传染性贫血、沙门氏菌病、禽白血病、猪伪狂犬病、猪繁殖与呼吸综合征（经典猪蓝耳病）
重点防范的外来动物疫病（13种）	一类动物疫病（9种）：牛海绵状脑病、非洲猪瘟、绵羊痒病、小反刍兽疫、牛传染性胸膜肺炎、口蹄疫（C型、SAT1型、SAT2型、SAT3型）、猪水疱病、非洲马瘟、H7亚型禽流感
	未纳入病种分类名录、但传入风险增加的动物疫病（4种）：水疱性口炎、尼帕病、西尼罗热、裂谷热

（鑫　婷　刘岳龙　陈小云）

第二节 疫病分布及疫苗

采用安全有效的疫苗，利用最佳的免疫方案是在动物和公共卫生领域控制疫病最经济、最有效的方法之一。本节列举了世界范围内部分重要的动物疫病及其商品化疫苗，其中依靠牛瘟弱毒疫苗已在世界范围内成功消灭了牛瘟；部分国家和地区也通过疫苗免疫、检疫淘汰等综合防控措施，消灭了口蹄疫、牛传染性胸膜肺炎等疫病；但也缺少针对非洲猪瘟、牛结核病、副结核病等疫病的有效疫苗；由于毒株及其抗原性的不断变异，部分疫苗作用受限，因此需要及时根据疫病的流行病学调查数据，研发针对当前流行毒株和血清型的疫苗。目前在世界范围内，新型疫苗层出不穷，各有优势和劣势。因此需要在应用过程中，不断加以改进和优化，从而加强疫苗的免疫保护效果，降低其副反应，提高疫病的防控能力。

一、重要多种动物共患病的分布及疫苗

（一）口蹄疫

目前全球划分为 7 个口蹄疫流行区域，亚洲 3 个、非洲 3 个和南美洲 1 个。据 OIE 统计，2014 年到 2015 年 5 月 20 日，全球共有 58 个国家，以及中国香港和中国台湾 2 个地区向 OIE 通报在家养动物和/或野生动物中发生的 FMD 或疑似 FMD 感染。除了北美洲、澳大利亚、新西兰，以及印度洋和太平洋的一些岛国外，该病几乎发生在每个洲。欧洲最近消灭了该病，但该病仍可能从邻近的区域传入。口蹄疫灭活疫苗用于猪和反刍动物，主要生产商在美洲、亚洲和欧洲。无口蹄疫的国家不接种疫苗。我国目前的口蹄疫疫苗主要是牛口蹄疫 O 型、Asia1 型二价灭活疫苗、猪口蹄疫 O 型灭活疫苗、猪口蹄疫 O 型合成肽疫苗等。

（二）布鲁氏菌病

牛布鲁氏菌病除了马达加斯加、加勒多尼亚和其他的一些岛国以外，该病发生在世界各地。但是目前在许多国家该病已经被消灭或者即将被消灭。绵羊和山羊的布鲁氏菌病除了北美洲和大洋洲以外也是广泛分布于世界各地。猪的布鲁氏

菌病发生在一些养猪规模比较大的国家，但加拿大、一些岛国和斯堪的纳维亚除外。牛布鲁氏菌 S19 株和 45/20 株活疫苗用于牛。在 45/20 株疫苗中加入佐剂可以用于羊，羊也可接种羊布鲁氏菌 REV.1 株疫苗。猪布鲁氏菌 S2 株可以通过皮下注射、结膜接种和口服途径接种猪，同时也可以对牛和羊实施免疫，疫苗主要在美洲、亚洲和中东地区生产和使用。

（三）伪狂犬病

该病普遍发生在养猪数量大的国家，但澳大利亚、加拿大和马达加斯加除外。疫苗有致弱的活疫苗和灭活疫苗。一些疫苗株通过基因工程方法去除病毒的毒力基因并加入能够区分疫苗免疫猪和自然感染猪的标记。疫苗在非洲、亚洲和欧洲国家生产并使用。

（四）炭疽

除了一些大洋洲的国家（尤其是新西兰）外，该病广泛分布在世界各地，尤其在热带地区和亚热带地区。疫苗是由炭疽杆菌芽孢经过致弱制成。该疫苗在世界上多个地区生产并使用。

（五）牛瘟

2011 年 5 月 25 日，OIE 发布消息称全球范围内已经消灭了牛瘟。我国于 1956 年消灭了牛瘟，成为世界上最早消灭牛瘟的国家。主要的疫苗生产商在非洲、亚洲和中东，生产的是减毒活疫苗。我国依靠兔化牛瘟弱毒疫苗成功消灭了牛瘟。

（六）狂犬病

除了大洋洲的新西兰、加勒多尼亚等，斯堪的纳维亚和日本、英国和我国台湾地区以外，该病广泛分布于世界各地。疫苗是由在细胞、鸡胚或者动物体内培养的病毒制成的活疫苗或者灭活疫苗。在灭活疫苗中通常加入佐剂。主要的疫苗生产商在美洲、亚洲和欧洲。

（七）裂谷热

分布在非洲的肯尼亚、南非、塞内加尔、毛里塔尼亚、埃及、马达加斯加岛和中东的沙特阿拉伯及也门等地。此病本来在非洲地区流行，但数据显示，该病进一步越过红海，延伸至中东的阿拉伯半岛和也门，可能会进一步威胁亚洲和欧

洲。我国未见裂谷热疫情。疫苗有减毒活疫苗和灭活疫苗。生产商在美国和非洲，但非洲也使用该疫苗。

（八）蓝舌病

在北美洲、亚洲和非洲的一些国家有临床发病。与之相比，在非洲、中美洲、亚洲，以及澳大利亚的很多国家动物体内有该病的特异性抗体。我国于 1979 年在云南首次发现该病。目前预防该病主要使用减毒活疫苗，该疫苗在非洲和中东国家生产并应用。

（九）钩端螺旋体病

如果将多种血清型（黄疸出血型和犬型）包括在内，该病广泛分布在世界各地。疫苗由钩端螺旋体抗原全培养物经过灭活后加入佐剂制成。疫苗在非洲、美洲、欧洲和大洋洲的许多国家生产并使用。

（十）水疱性口炎

该病以往只在美洲流行，影响美洲南部和北部的美国、巴西、墨西哥等国家。2007 年和 2008 年我国香港报道有水疱性口炎疫情。疫苗有活疫苗和灭活疫苗。

二、重要牛病的分布及疫苗

（一）牛传染性胸膜肺炎

发生在非洲热带中部的很多国家、欧洲南部的一些国家、中东及印度次大陆。该病在 20 世纪 20 年代传入我国，我国于 1996 年宣布消灭了该病。疫苗是由活的、致弱的丝状支原体 TI-44 和 KH3J 毒株制备的，主要生产商在非洲。欧洲不使用疫苗。

（二）牛结核病

该病呈世界性分布，在很多国家仍然是牛和其他家畜的主要传染病。目前防治牛结核杆菌感染的唯一有效的疫苗仍是卡介苗（BCG），长期的临床应用证明其免疫效果在接种 10~15 年后逐渐减弱。

（三）结节性皮肤病

除了马格利布地区，该病广泛分布在非洲和马达加斯加，在中东的一些国家也有报道。同源性疫苗是经过活的、致弱的结节性皮肤病病原制备的，非同源性疫苗是由绵羊痘病毒制备的。疫苗生产商在非洲。

三、重要羊病的分布及疫苗

（一）小反刍兽疫

小反刍兽疫早期主要在尼日利亚等西非国家流行，随后波及非洲的其他地区，目前主要流行于西非、中非、阿拉伯半岛及南亚次大陆地区。我国西藏阿里地区于 2008 年暴发了中国首例小反刍兽疫。疫苗主要为减毒活疫苗，如 Nigeria75/1、Sungri96、Arasur87、Coimbatore97 和 Egypt87 疫苗株。

（二）绵羊痘和山羊痘

主要分布于非洲、西南亚及中东的一些国家和地区。1999 年我国江苏首次发现奶山羊痘病，2003 年首次报道了我国人感染羊痘的病例。疫苗主要为减毒活疫苗，在非洲、亚洲、欧洲和中东地区生产。

四、重要马病的分布及疫苗

（一）非洲马瘟

该病主要流行于撒哈拉以南非、北非、中东及伊比利亚半岛，中国目前无该病的报道。疫苗有减毒活疫苗和各种亚型灭活疫苗。在非洲和欧洲生产并使用。

（二）马传染性贫血

该病遍及世界各地，只有马属动物感染。20 世纪 50 年代，中国马传染性贫血疫情严重，病原主要从苏联的军马传入中国。到 20 世纪 70 年代，我国科学家研制出了具有良好免疫原性的弱毒疫苗株，成功控制了该病在中国的严重流行。该疫苗免疫马匹，不仅可以抵抗中国同源标准强毒株的攻击，而且对美国、阿根廷、古巴等地区流行的不同异源毒株也表现出了良好的保护力，具有一定的广谱性。

五、重要猪病的分布及疫苗

（一）非洲猪瘟

该病曾在非洲、欧洲和南美洲等多个国家和

地区间歇性暴发和流行，其中主要以非洲大陆为主，但近年在非洲大陆以外的区域的扩散态势有所加强，如 1999 年的葡萄牙、2007 年格鲁吉亚、亚美尼亚、车臣、阿塞拜疆等连续报道 ASF 疫情。全球化趋势的加强也使得非洲猪瘟在更大范围的发生和流行的可能性增大。目前尚没有批准使用的疫苗。

（二）古典猪瘟

该病在包括中国在内的亚洲、非洲、拉丁美洲、欧洲东部等的养猪国家和地区都有不同程度的发生与流行。世界上几乎所有地区都生产减毒古典猪瘟活疫苗，但欧洲国家已不再使用疫苗。

（三）猪繁殖与呼吸综合征

该病在世界各地均有流行，但各地流行的毒株有所差异，欧洲地区主要流行欧洲型毒株，美洲和亚太地区主要流行美洲型毒株。不同毒株之间的基因差异逐渐增强，丹麦、加拿大、斯洛伐克等国家已经出现了两种基因型的猪繁殖与呼吸综合征病毒株。该病发生无明显季节，感染猪没有品种、性别、年龄等差异，尤以妊娠母猪和仔猪对该病的感染性最强。灭活疫苗与弱毒活疫苗均已被用于仔猪、育肥猪与后备种母猪，用以预防控制猪繁殖与呼吸综合征的发生与流行。灭活疫苗安全性良好，但是不能提供有效保护；活疫苗可提供有效保护，但是存在散毒或毒力返强的安全隐患。

（四）猪水疱病

欧洲、亚洲、葡萄牙、法国、英国、日本等曾发生过猪水疱病疫情。我国香港地区曾在 1989 年发生过。目前尚无批准使用的商品化疫苗。

六、重要禽病的分布及疫苗

（一）高致病性禽流感

该病由禽流感病毒引起，几乎发生在世界上的每个国家。由于该病很难与新城疫有明显区分，因此该病的确切分布很难确定。传统的全病毒灭活疫苗早在 50 多年前就被批准使用而且在禽流感的防控中发挥了重要作用。但在世界范围内高致病性禽流感疫情仍然时有发生并导致易感动物的感染和死亡。由于病毒的不断演化及新病毒的出现使现有疫苗的效力降低甚至失效，因此每年都要对疫苗进行

更新使其能抵抗流行毒株引起的疫情。

（二）新城疫

除了太平洋地区的一些区域外，这种副黏病毒感染几乎遍布世界各地。病毒的传播和存留依赖野生的迁徙鸟类和观赏鸟类。疫苗是由致弱的低毒力或中等毒力的活病毒制成，也有经过灭活后加入佐剂的灭活疫苗。所有疫苗病毒均在细胞或鸡胚中培养，且这些疫苗在所有国家使用。某些活疫苗能够通过口服免疫。

（三）鸡传染性法氏囊病

该病除了在非洲、美洲的加勒比海、亚洲、大洋洲的新西兰等国家和地区比较少见外，几乎所有地区都有该病发生。该病自 20 世纪 90 年代起，发生率有所升高。疫苗有致弱的活疫苗通过注射或者口服途径免疫，经注射接种加入佐剂的灭活疫苗后，禽类可以获得有保护作用的特异性抗体。

（四）禽霍乱

几乎在非洲、美洲、亚洲及大洋洲的每个国家存在，欧洲的许多国家也存在。灭活疫苗是由流行病学上适宜血清型的多杀性巴氏杆菌加上佐剂制成的。美洲有一些致弱的活疫苗。除了某些地区尤其是欧洲采取其他的预防措施外，几乎每个国家都生产和使用疫苗。

七、重要兔病的分布及疫苗

（一）兔黏液瘤病

拉丁美洲和欧洲的几乎每个国家都受到该病的影响，但是该病在非洲、亚洲和澳大利亚很少发生。该病预防现有两种活疫苗，通过注射免疫，分别是兔体内繁殖的羊纤维瘤病毒（能够产生交叉免疫）和细胞培养的致弱的黏液瘤病毒。上述疫苗在拉丁美洲和欧洲国家生产和使用。

（二）兔病毒性出血症

在东亚、欧洲和大洋洲常呈地方性流行，古巴、墨西哥、沙特阿拉伯、西非和北非均暴发过该病。疫苗有灭活病毒疫苗、组织灭活疫苗、复合佐剂疫苗等。接种灭活疫苗可间接控制该病，保护期长。

八、无有效疫苗的动物疫病

疫苗在动物疫病的防控中起到重要作用，然而很多动物疫病尚没有或是难以通过疫苗免疫进行控制。目前尚无有效疫苗的重要动物疫病有：牛海绵状脑病、痒病、副结核病、旋毛虫病、非洲猪瘟、猪水疱病、马鼻疽、马巴贝斯虫病等。

（蒋卉　鑫婷　丁家波）

第三节　热带地区的动物疾病及疫苗

位于热带地区的国家和地区，有其独特的热带地理景观。由于气候炎热、湿润，植被茂盛，食物丰富，动物种类繁多，昆虫滋生繁盛，因此适宜多种自然疫源性疾病世代循环从而形成疫源地。为了有针对性地预防和控制热带地区的动物疫病，对疫苗的数量和质量也有很多特殊需求。

一、热带地区的动物疾病及发展

热带地区流行的动物疾病主要分成四类：第一类为寄生虫病，如血吸虫病；第二类为细菌感染，如布鲁氏菌病；第三类为病毒感染，如登革热、狂犬病等；第四类为螺旋体感染。上述疾病通常具有的共同特征是：大多为流行了数个世纪的感染性疾病；传播过程常涉及其他动物或媒介，

主要流行于热带及亚热带地区，流行的国家或地区通常经济水平落后。

但是全球化、城市化进程的加快，货物和人类的跨境移动，以及气候变化等因素为疾病的传播创造了有利条件，热带地区的人类和动物疾病病原体正在向温带地区扩散。以往在欧洲南部地区传播的吸浆虫病、蓝舌病，现已扎根于比利时、英国、法国、德国、卢森堡和荷兰等欧洲国家。FAO指出，很多过去仅限于热带地区的动物疾病或人畜共患病现已开始向温带地区传播，如西尼罗热、黄热病、登革热、利什曼病、克里米亚-刚果出血热、非洲马瘟及非洲猪瘟等。很多国家对这种新的趋势还缺乏足够准备，各国应更加重视动物疾病的监测和控制工作，防止疾病跨境传播。

二、热带地区的动物疫苗需求

（一）疫苗数量需求

热带地区的发展中国家，由于经济水平有限，难以像发达国家一样负担患病动物淘汰和疫病净化的费用，通常倾向于采用疫苗免疫来防控疫病，因此发展中国家对疫苗数量的需求往往超过发达国家。并且，由于热带地区环境的特殊性，疫病种类也比较特殊，蜱及蜱传播疾病带来巨大经济损失，因此对疫苗种类的需求与其他地区并不完全相同。表15-3列举了热带地区国家对兽用疫苗的需求情况。另外，由于热带地区经济发展水平普遍较为滞后，有些地区疫苗免疫的花费甚至比疫病带来的损失更大，选择疫苗种类时也需要考虑经济承受能力。

表 15-3　热带地区国家对兽用疫苗的需求数量及种类评估

物种	地区	该地区易感动物的大概数目（×10^3）	实际上接种疫苗动物的大概数目（×10^3）
牛	非洲	190000	口蹄疫：20000 牛瘟：100000 牛传染性胸膜肺炎：90000 裂谷热：10000 炭疽：19000
	亚洲、中东和大洋洲	630000	口蹄疫：200000 牛瘟：276000 炭疽：63000
牛	美洲	350000	口蹄疫：265000 炭疽：35000

（续）

物 种	地 区	该地区易感动物的大概数目（×10³）	实际上接种疫苗动物的大概数目（×10³）
小反刍兽	非洲	380000	绵羊痘和山羊痘：40000 布鲁氏菌病：5000
	亚洲和中东	920000	绵羊和山羊痘：300000（9） 布鲁氏菌病：30000
猪	亚洲和大洋洲	440000（含中国 360000）	古典猪瘟：30000 伪狂犬病：5000
	美洲	60000	古典猪瘟：30000
马	非洲	4600	非洲马瘟：450
犬	非洲	65000	狂犬病：52000
	亚洲和大洋洲	320000	狂犬病：256000
	美洲	40000	狂犬病：32000
禽类	非洲	890000	新城疫：300000
	亚洲和中东	4600000	新城疫：1500000
	美洲	1200000	新城疫：400000

（二）疫苗质量的需求

热带地区国家对疫苗质量有特殊要求。在某种情况下，相同产品的规格与其在温带地区国家有所不同，主要包括：

1. 疫苗的耐热性　热带地区，如果没有冰箱，就难以保证冷链运输的完整性，疫苗暴露于高温环境的概率高，难以保持活性，免疫保护效力降低。因此，在疫苗的研制和选择上，应考虑热带地区的高温、高湿的环境因素，选择对热抵抗力强的疫苗菌、毒株及其载体，并优化疫苗的生产制造工艺，提高疫苗的抗热能力，确保其在热带地区使用时的效力。

2. 接种途径及免疫程序　热带地区的某些季节里，由于交通困难或交通费用等问题，兽医工作者很难有机会接触家畜，并进行动物的免疫接种；此外，在传统的粗放型养殖地区，动物通常自由觅食，自由饮水，只在饲养者喂食的时候才聚集到一起。为了进行免疫而捕捉动物非常困难，并且缺少绑定大动物的场所。因此，热带地区的疫苗接种途径必须简单、快速、高效，设备必须简单、耐用、容易消毒并适合集中免疫。开发适用于口服免疫（布鲁氏菌疫苗、新城疫疫苗和狂犬病疫苗）、点眼接种（布鲁氏菌病）、气雾免疫（禽类疫苗）的疫苗，能够有效降低热带地区的免疫成本。

3. 包装　疫苗的包装必须适应热带地区国家的气候环境和集中免疫的要求，最好采用结实材料制成的容器，采用多剂量的包装形式。并根据当地的经济条件，用可回收的玻璃或一次性的塑料瓶进行包装，光线敏感疫苗要用棕色瓶包装。同时在包装中须注意使用长久标签，标注贮存温度、剂量、适用动物，并配以形象的图注，以助于疫苗的正确接种。

（蒋　卉　鑫　婷　丁家波）

第四节　疫苗免疫的发展展望

按照合适的免疫方案进行疫苗免疫接种是在动物和公共卫生领域控制疾病最经济、有效的方法之一。传统疫苗已经成功地用于减少动物疫病的发生，并且在世界范围内成功消灭了牛瘟。然而动物疫病的防控和消灭完全依赖疫苗是不现实的，国家的政策、法规，周边国家和地区疫病的流行情况、国家和地区的经济水平、人员的受教育程度、环境卫生状况、新型疫苗的研发，以及病原体的变异等都会直接或间接影响疫苗的免疫保护效果，影响对动物疫病的综合防控成效。因此，需要综合考虑国家和地区的具体情况、疫病流行情况、疫苗需求等因素，不断提高疫苗的研发能力，制备高效、安全、无副作用、实用性强的疫苗，以增强对动物疫病的防控能力。

一、国家政策的发展

各个国家制定动物疫病防控策略时，需要综合考虑以下因素：本国、邻国，以及动物及其畜产品出口国家和地区疫病的流行情况，对疫病的进入进行风险分析；需要考虑各项防控措施中所需的公共投入和个人投入，进行成本与收益分析，制定经济、高效的防控策略；对现有国内、外疫苗种类、数量、品质和价格进行对比分析，加强自主研制疫苗的能力，选择价优质高的疫苗进行接种；考虑可用于本国的地区性或国际性协议，加强对疫病的防控能力。

疫苗研究的重点应放在以下几类疾病。一是国家需要制定区域性消灭和全国性消灭规划的疾病。根据世界各国实施这种规划并成功消灭有关传染病的经验，在这一过程中都有停止使用一切常规活疫苗（可以使用灭活疫苗）到停止使用一切疫苗的阶段。在我国，这一阶段可能会比较长，这时需要有能替代现有常规活疫苗和灭活疫苗的新型疫苗。这些疫苗的应答能与野毒感染的应答区分开来；应能弥补常规灭活疫苗不产生细胞免疫和有效局部免疫的不足。二是现有常规疫苗存在较大缺陷，用常规方法难以在短期内改进的疾病，如 PRRS 等。三是传统上依赖抗生素控制的重要细菌性疾病，这类疫苗的使用可大大减少畜禽生产中抗生素的用量。四是一些目前有较好常规疫苗的重要传染病，研制的新型疫苗应有 1~2 个重要特性大大优于常规疫苗，因此可作为常规疫苗的补充。

二、疫苗的实用性和性能的改变

兽用疫苗的实用性和性能更新换代速度较快，需要综合考虑：新型疫苗及其生产工艺对疫苗的质量和零售价格的影响，新的接种途径对免疫成本的影响；工艺的改进对疫苗免疫原性及免疫持续期的影响；疫苗的类型、潜在的市场及现行的规则；疫苗的类型及其对诊断的干扰情况。从而筛选性高价低的疫苗进行接种。

世界上已经获得许可正在使用的和正在研究的新型疫苗有 4 类：一是无感染性产品，如重组蛋白疫苗；二是基因缺失的病原体制成的基因缺失疫苗；三是表达插入基因的载体疫苗；四是基因疫苗或 DNA 疫苗。我国已批准使用的新型动物疫苗有口蹄疫病毒合成肽疫苗、仔猪大肠杆菌病基因工程疫苗、猪伪狂犬病病毒基因缺失疫苗等。大量的应用实践证明，新型动物疫苗的免疫效果比较好，副作用相对较少，但是要能在安全性、免疫效力和价格几方面都能被接受并在畜禽生产中广泛应用，还有很长的路要走。

三、动物及畜产品贸易的发展

国家在制定防控策略时，须考虑其贸易合作伙伴所采取的策略，从而利于本国的动物及其产品贸易，而各国之间的动物及产品贸易数量持续上涨，增加了引进外来病的风险。从国际贸易、邻国陆路接壤、野生动物迁徙及走私等途径分析，在尚未传入我国的 25 种法定报告动物疫病中，至少有 13 种疫病具有传入风险，其中尼帕病、非洲猪瘟传入风险很高，潜在危害极大。系统的疫苗免疫利于保护所有易感动物以预防疫病的引进，但也容易掩盖疫病的发生。需要依靠的应对策略是：放弃预防性疫苗免疫，依靠扑杀感染动物和与之接触的易感动物，保持未感染的哨兵动物的数量，虽然增加了哨兵动物的感染风险，但其对外来病能够迅速反应，有利于及时发现、诊断并控制外来病。

流行病学调查表明，我国 80％以上的口蹄疫疫情、35％以上的高致病性禽流感疫情和 95％以上的布鲁氏菌病疫情，均与活动物流通有关。在市场经济条件下，动物及其产品总是从价格低的区域流向价格高的区域。我国生猪、牛、羊、家禽均有其优势产业带，从而造成了区间价格差异性，这从根本上决定了我国动物及其产品的"大流通"格局。宏观上看，不同种类的动物及同种动物间不同生长期、品种、用途的动物均形成其各自不同的市场链，交织在一起形成了全国性市场网络；从微观上看，养殖场、屠宰场、加工厂及销售市场经由经纪人等中介形成一个流通网络。上述两个网络均极度放大了动物疫病传播的风险。但是，受技术、经费及各利益方认知等诸多因素影响，我国尚未像发达国家那样，对不同动物及其产品（特别是活动物）设定较为严格的市场准入条件。因此，在"大流通"背景下，一种疫病一旦出现，必然在较短时间内扩散蔓延至较大范围。

四、社会观念的发展

从国际环境看，由于畜牧业是全球10亿人口脱贫的重要依靠，动物疫病每年导致全球动物产品减产20％，因此给人类蛋白质需求增长带来了巨大挑战。病原微生物随易感动物在全球的扩散时间远远短于疫病的潜伏期，跨境传播风险每时每刻都在加大。60％的人类病原菌属于人畜共患，75％的新发病属于人畜共患，80％的病原可以制作生物恐怖制剂。国际社会已经把动物疫病防治作为涉及缓解贫困、保障食物安全和食品安全、维护公共卫生乃至环境卫生的公共产品，并据此提出了一系列动物疫病防治目标，如要求2020年消灭狂犬病。从国内环境看，我国经济历经30多年快速发展，社会公众对安全食品、良好生态的期盼度越来越高。在动物疫病防治方面，新闻媒体的任何"风吹草动"，都有可能超出民众心理预期，进而引发严重的经济问题、社会问题。

公众对于疾病预防、疫苗研制、免疫方法的态度会影响国家制定疫病防控政策。例如，疫病扑灭过程中可能涉及的大规模扑杀疫区动物，也许会引起动物权利保护主义者的抗议，以至于国内和国际当局必须对他们的主张进行反驳或者寻找其他的替代方法。公众对基因工程疫苗的反对、对畜产品及环境中药物残留的关注、对药物治疗的反对，以及对所有形式的动物试验的反对等，都会给兽医生物制品研发带来严重影响。

（鑫　婷　蒋　卉　丁家波）

第十六章 接种疫苗的作用

第一节 医疗预防及卫生预防

预防包括致力于疾病预防的所有医疗与卫生措施，即医疗预防和卫生预防。医疗预防包括治疗药物、疫苗和血清，卫生预防包括卫生防范和病因消除。

一、医疗预防与卫生预防的各自作用

疫苗接种的作用是使动物产生免疫以抵抗病原的感染，防止疫病的发生。在动物疫病的防控中，医疗预防特别是疫苗的免疫接种能够提高动物对病原体的抵抗能力，降低疫病的感染率和发生率。但如果没有好的卫生预防环境，疫苗免疫的效果也会受到影响，甚至不能发挥其免疫保护作用，特别是对于缺少有效疫苗的动物疫病，依靠严格的卫生预防是控制疫病发生的唯一有效手段。医疗预防和卫生预防在控制动物主要疾病中的相对重要性详见表 16-1。

二、医疗预防与卫生预防的互相影响

（一）正面影响及如何增强正面影响

疫苗免疫接种的主要目的是在不妨碍疫病诊断及流行病学监测的前提下降低疾病的发生率。疫

表 16-1 医疗预防和卫生预防在控制动物主要疾病中的相对重要性

疾　　病	卫生预防	医疗预防（疫苗接种）	医疗和卫生预防	疾　　病	卫生预防	医疗预防（疫苗接种）	医疗和卫生预防
口蹄疫	＋	±	±	非洲马瘟	±	＋	±
水疱性口炎	＋	－	－	非洲猪瘟	＋	－	－
猪水疱病	＋	－	－	经典型猪瘟	±	±	＋
牛瘟	±	＋	±	高致病性禽流感（鸡瘟）	＋	－	－
小反刍兽疫	－	＋	－	新城疫	±	±	＋
牛传染性胸膜肺炎	±	±	＋	炭疽病	－	＋	－
结节性皮肤病	－	＋	－	伪狂犬病	±	±	±
裂谷热	－	＋	－	狂犬病	±	±	±
蓝舌病	±	＋	±	布鲁氏菌病	±	±	＋
绵羊和山羊痘	－	＋	－	结核病	＋	－	－

注："＋"指最常用的方法；"±"指在某些地区，或者是在某些情况下使用的方法；"－"指不使用的方法（或者仅仅在个别情况下使用）。

苗免疫接种的成功与否取决于以下几点：

1. 疫苗 理想的疫苗能够诱导动物产生100％的保护力，并且没有副作用，且不会干扰疫病诊断和流行病学监测。例如，类毒素疫苗、高度纯化的强免疫保护力的新型疫苗能够接近理想疫苗的要求。同时疫苗的选择还取决于其性价比，高效低价的疫苗往往更容易受到青睐。

2. 靶动物 疫苗制造商必须明确规定疫苗的动物品种、性别、年龄、生理状态等。疫苗只有用于由制造商和国家兽医管理部门规定的靶动物时，其安全性才是有保障的。原则上，疫苗中的弱毒不能从靶动物传播给同物种或其他物种动物，在疫苗研制和生产过程中需要对其安全性进行评价。另外，如果疫苗免疫中需要促进减毒活疫苗中的微生物在动物间传播，则需对其传播后果及其对检测的干扰情况进行研究并公布。

3. 疫苗接种途径 疫苗制造商须对疫苗适用的接种途径进行准确说明，特别对于喷雾接种和口服接种的疫苗，需要评价其接种途径对非靶动物和环境的影响，防止疫苗中微生物在非靶动物中的传播。

4. 接种疫苗的时间 疫苗制造商需要根据疫苗免疫持续期，母源抗体持续的时间，以及疫苗类型推荐疫苗的免疫接种时间。如果免疫接种时间干扰国家强制控制的疫病政策时，需要根据国家规定进行调整。

5. 接种疫苗参与者 在医疗预防与卫生预防同时进行时，畜主、兽医、疫苗制造商、国家及国际兽医管理部门需要协同合作，根据国家和地区的疫病流行状况、畜群健康状况、畜场的饲养管理水平、疫苗质量，以及环境等制定合理的免疫方案和综合防控措施，以助于增强疫苗的免疫保护力、提高疫病的综合防控能力。

（二）负面干扰及如何减少负面干扰

以上所提到的各个方面也都可能会导致负面干扰，要尽量避免或降低负面干扰。

1. 疫苗 疫苗免疫后刺激机体产生的免疫应答可以有效保护动物不受疫病侵害，但是可能会干扰疫病的诊断。标记疫苗的出现能够区分野毒感染动物和疫苗免疫动物，利于疫病的防控和流行病学监测。

2. 靶动物 研制和生产减毒活疫苗或重组载体活疫苗时，需要检测其对非靶动物的感染能力，

对其进行安全性评价。

3. 疫苗接种途径 只有在从技术和经济角度考虑是必需的前提下，才可以考虑同时接种不同种疫苗，因为同时接种不同种疫苗不能保证疫苗的免疫效果。同时接种不同种疫苗适用于的情况是：喷雾免疫（某些家禽疾病）、饮水免疫（布鲁氏菌病、家禽疾病）、将疫苗混在食物中免疫（狂犬病、家禽疾病）或者浸泡免疫（鱼类疾病）。

4. 接种疫苗的时间 疫苗制造商应建议疫苗的最佳免疫时间，必须明确动物接种疫苗的最小年龄（如狂犬病、布鲁氏菌病），动物从接种疫苗到出栏的时间间隔，接种疫苗是否能产生最佳的保护或能使动物避免产生不需要的血清学反应。兽医管理部门需要对其进行审核。

5. 接种疫苗参与者 为了避免医疗预防和卫生预防之间的负面干扰，畜主、兽医、疫苗制造商、国家及国际兽医管理部门必须就此达成一致意见，避免错误行为、甚至是事故的发生，如避免在疫苗、接种疫苗和疫苗合格证等方面的欺骗行为。

（蒋　卉　鑫　婷　陈小云）

第二节　疫苗免疫和疾病根除计划

疫病根除的定义是通过清除病原而使疫病完全消除。因此疫病的根除不仅仅是不再有临床病例的出现，同时要求对病原体的彻底清除。由于接种疫苗并不能消除隐性感染，通常需要将卫生预防作为根除某一疫病的最后步骤。

在人类医学史上，20 世纪 70 年代在世界范围内根除了天花。其成功归结于天花病毒只有人类作为单一宿主，没有储存宿主，且天花疫苗的免疫期非常长，疫苗容易生产并且成本低廉。在兽医学史上，世界范围内成功消灭了牛瘟。此外，某些国家和地区通过疫苗免疫接种和综合防控措施消除了某些动物疫病，如犬的狂犬病（在某些欧洲国家）、狐狸的狂犬病（在某些欧洲国家）、猪传染性脑脊髓炎（中欧）、委内瑞拉脑脊髓炎（美国）。在评价接种疫苗的实际作用时，我们必须小心，因为接种疫苗常常与其他一些疾病控制措施同时进行，如改善饲养条件等。仅仅通过接种疫苗来消除动物疾病，存在许多障碍，如缺少

高质量的疫苗，动物免疫难以完成，中间宿主或储存宿主的存在（家养或野生的脊椎动物或无脊椎动物）和缺少大规模接种疫苗所需经费。

一、发达国家的动物疾病控制和根除计划

尽管 OIE 各成员基本上遵从 OIE 国际动物卫生法典规定的"法定报告疾病"名录，定期向 OIE 报告疫情情况，但各个国家都根据动物疫病对人类健康、食品安全、畜牧产业发展、国际贸易和社会稳定等的不利影响，确定国内常发重大疫病的重要性顺序，通过成本效益分析后，提出具体疾病的根除计划和控制措施。控制或扑灭任一种动物疫病涉及多方面因素，发达国家通常的做法是陆续提出疫病监控和扑灭计划，如美国在 50 年来只对十余种动物疫病提出了监控和扑灭计划，目前正在执行的牛病根除计划包括牛结核病、牛布鲁氏菌病和痒病，正在执行全国性控制计划的有牛副结核病。一些欧洲国家已经在执行牛病毒性腹泻/黏膜病和牛传染性鼻气管炎控制计划并成功根除了上述疾病，美国却未执行类似计划。

发达国家控制和根除动物疾病的基本措施是：隔离以阻止可能感染或暴露动物的移动；检测以发现感染动物；扑杀并销毁感染（有时包括暴露）动物以防止疾病扩散；有时进行免疫接种；污染场地的清洁与消毒。限制移动、检测和消毒是所有疾病控制和根除计划的必要步骤。从防疫效果看，采取扑杀政策消灭疫病的效果最快，但免疫可能降低疾病控制成本。至于是否采取扑杀策略或疫苗接种结合扑杀的策略，完全决定于成本效益分析的结果。

疾病的控制和根除从时间上看是一个循序渐进的过程，如包括疫病普查、免疫降低感染率、感染群清群、目标群检测、无感染群、持续感染、保持无感染群、疫病扑灭等不同阶段；从空间上看是一个扩大的过程，先在局部地区达到具体疫病的控制或消灭的目标，最终在全国范围内达到无规定疫病状态，这是欧盟、美国、澳大利亚的成功经验。

二、我国动物疾病控制和根除计划

我国对一些重大动物疫病一直实行动物免疫

政策，但在制定免疫政策之初并没有制定免疫退出计划。又由于我国动物疫病净化措施的不完善，因此我国目前不能轻易地停止免疫而开展有计划地净化消灭动物疫病工作。于是，绝大多数动物疫病只能以控制发病与抑制流行为目标。而重大动物疫病难以净化消灭的原因则与疫苗免疫防护效果有关。疫苗免疫可以防止发病死亡，也可以减少病毒的载量，但一般不能阻止强毒的复制和排出。天花和牛瘟是特例，但大多数疾病的疫苗不能提供"消除性免疫"。另外，在实施疫苗免疫的过程中，还可能发生各种可能的免疫失败。国际社会普遍认为，当动物机体经过免疫之后，如群体抗体水平达到 70% 即可控制疫病的大范围传播，有效降低疫病感染率，但仍有可能出现散发病例。如继续反复实施免疫，那么长期免疫引起的负效应则不利于消灭疫病，反而造成病原微生物产生"耐苗性"或变异而长期存在于动物群体中。因此不能过分依赖疫苗，疫苗免疫可作为疾病防控的最后一道防线，但不能作为第一道防线。以消灭传染源和切断传播途径为目的的生物安全措施才是第一道防线。

疫病根除计划的前提条件是：立法准备、兽医基础设施和技术条件支撑、财政支持、公众支持。根除计划的实施阶段分为从免疫无疫到非免疫无疫，从地区性无疫到全国性无疫。对在我国已成为地方性流行的原 OIE A 类病（现称为必须报告的疾病），如口蹄疫、禽流感、猪瘟等，短期目标是减少发病，减少感染带毒；中长期目标是根除，从区域性根除到全国性根除。

《国家中长期动物疫病防治规划（2012—2020年）》提出，对口蹄疫，按照"分型控制、因地制宜、分区防治"的原则；对于 A 型和 Asial 型口蹄疫，采取全国同步控制和消灭策略，最终达到全国免疫无疫和非免疫无疫的目标；对于 O 型口蹄疫，在防疫基础条件较好的地区率先建设免疫无疫或非免疫无疫区域，最终达到全国部分地区免疫无疫或非免疫无疫，大部分地区达到稳定控制目标；对高致病性禽流感，基于流行率和病毒变异的动态变化，适时科学地优化强制免疫、免疫扑杀并举、监测清群等策略措施，定期评估家禽卫生状况，及时调整免疫、监测、扑杀、检疫监管等防治技术和策略；对布鲁氏菌病，坚持人畜同步防治、联防联控、分区防治、分类指导的原则，稳步推进定期检测、分区免疫、移动控制、

强制扑杀等综合防治措施，按照畜间和人间疫病发生和流行程度，将全国划分为一类地区、二类地区和净化区 3 个区域，整片同步推进，严格控制活畜从高风险地区向低风险地区流通，逐步压缩一类、二类地区范围，不断扩大净化区范围，最终实现全国性非免疫无疫。

（蒋　卉　鑫　婷　丁家波）

第三节　疫苗免疫与健康

随着全球经济一体化和国际自由贸易进程的深入，动物疫病的防控也进一步走向国际化。在我国，实行以"疫苗免疫为主"的防控策略，在减少动物疫病发生和防止大规模流行方面是成功的。但疫病防控不能过分依赖疫苗，甚至滥用疫苗，任何时候都应把生物安全、公众健康和公共卫生安全放在首位。

一、疫苗接种和动物健康

疫苗免疫接种是使单个动物产生对某种疾病抵抗力的非常好的方法，但是对群体而言是否为最佳选择，这一问题经常引起动物卫生专家和管理当局之间的辩论。对管理当局来说，是否使用疫苗通常是基于经济和政策考虑，而非基于技术考虑。原则上，家畜遭遇疫病威胁时，主要的选择是扑杀感染及接触动物。

（一）倡导疫苗接种的动物健康政策

提倡疫苗接种的政策制定者认为，在动物疫病流行之前完成免疫接种，利于合理分配参与者任务、组织疫病防控；接种疫苗的花费是固定的，免疫后产生长期保护的动物数量也是固定的，易于计算成本/效益；避免了疫情发生时对动物的扑杀，容易被畜主接受；同时疫苗的免疫接种也是一项有益的经济活动，保证了动物卫生官员、疫苗制造商、兽医等职位的存在，其取消可能会导致特定专业知识的消失，并且一旦失去这些专业知识，需要花费巨大的费用和时间才能重新获得。

（二）拒绝接种疫苗的动物健康政策

拒绝疫苗接种的政策者认为，疫苗的免疫接

种使临床疫病的诊断变得复杂，特别是无法区别疫苗免疫和野毒感染动物时，会掩盖疫病真实发生情况；一些接种了疫苗的动物可能会发生潜伏感染，成为病原携带者或储存宿主，从而使这种疾病绵延不绝；依靠接种疫苗来消除疾病几乎是不可能的，这对畜主和社会是长期的负担；接种疫苗符合动物卫生官员、疫苗制造商、兽医、畜主及相关从业人员的个人利益，但会伤害群体利益，特别是妨碍动物及其产品的贸易出口；接种疫苗可能对被接种的动物（疫苗不安全）、畜主（疫苗毒对人类存在危险，接种疫苗后掩盖动物的感染状况）、环境（疫苗毒造成环境污染，有的甚至会造成基因重组或生态失衡）构成风险。

在这些争论中作出正确选择是非常困难的。通常情况下，决策者倾向于根据接种疫苗或未接种疫苗的成本/效益比的风险分析，评估接种疫苗和不接种疫苗对国家或地区经济水平的影响，从而作出选择。

二、疫苗接种和公众健康

大多数情况下，动物的免疫接种能有效防止动物疫病的发生，确保动物及其产品的质量，也利于避免将人畜共患传染病传染给人的风险，利于保护人类的健康。但是，某些情况下对动物接种疫苗也会对公众健康产生威胁。

（一）人类健康取决于动物源性食品的质量与数量

疫苗的免疫接种是防控动物疫病的有效手段。如果没有疫苗的免疫接种，牛瘟不可能在世界范围内被清除；口蹄疫、猪繁殖与呼吸综合征、禽白血病等动物疫病不可能被有效控制，可能造成巨大的经济损失。但是，近年来国内外动物源性食品安全事件频发，疯牛病、口蹄疫、狂犬病、禽流感、布鲁氏菌病等疫病相继暴发和传播；即使动物患有非人畜共患病，如新城疫、猪瘟、蓝耳病等，虽不直接感染人，但仍可造成感染动物生产性能下降、畜产品污染等问题，甚至引起人类食物中毒或感染疾病。

（二）人类健康取决于动物的健康

随着人口膨胀和贸易全球化发展，人类健康和动物健康的界限已经越来越模糊。动物和人类之间关系错综复杂，无数生活方式的不断进化，使其交互越来越具有流动性。我们正面临着多种人兽共患病的巨大挑战。感染布鲁氏菌病、弓形虫、狂犬病等人畜共患病的动物，与人接触后，可能将病原传染给人，严重威胁人类健康。事实上，在过去的 20 年里新出现的影响人类的疾病中，有 75% 是属于从动物转移到人群中的。因此加强对人兽共患病的控制，对于保证人类健康有着重要意义。

（三）在某些情况下对动物接种疫苗对公众健康具有负面影响

所有疫苗的免疫接种都存在一定风险：接种疫苗后可能由于各种原因造成免疫失败；减毒活疫苗的毒力返祖，免疫后可能造成动物的发病、死亡或疫病蔓延；减毒活疫苗或基因工程重组疫苗免疫后，在动物机体内与野毒发生重组，产生新的毒株，造成疫病的发生和流行；灭活疫苗未完全灭活，免疫后造成强毒株感染动物，引起疫病的突然暴发；用于疫苗制造的强毒株泄露到环境中，对环境造成威胁。

人兽共患传染病疫苗（布鲁氏菌病、炭疽病、狂犬病、丹毒等疫苗）的研制和使用过程中，需要涉及活的病原微生物的操作，存在感染人的风险。在污染环境、疫苗质量差、免疫剂量不足等因素的作用下，动物在接种疫苗后可能发生持续感染，可能会成为病原的储存宿主，甚至不断地排出病原体，具有感染其他动物和人的风险。

总之，恰当的接种疫苗对于预防动物疫病是必不可少的。在动物疫病防控过程中，可先采用疫苗免疫接种的方法以降低动物的感染率和发病率，当降低到一定程度后，可以采取检验-扑杀的措施以彻底根除疫病。对于尚无有效疫苗的动物疫病，应当尽可能鼓励疫苗的研究与开发，为动物疫病的有效防控和最终清除提供支撑。

（鑫　婷　蒋　卉　刘岳龙　陈小云）

02 第二篇│各　　论

第十七章 需氧和兼性厌氧菌类制品

第一节 炭 疽

一、概述

炭疽是由炭疽芽孢杆菌引起的多种养殖动物、野生动物和人的一种急性、热性、败血性传染病。其主要感染牛、羊、马等食草动物，猪的易感性较低，犬和猫等食肉动物中很少见，家禽几乎不感染，人对炭疽也易感。感染炭疽后以脾脏显著肿大、皮下和浆膜下出血性胶样浸润为主要特征。临床上的典型症状以患病动物出现多孔出血，血液凝固不良、呈煤焦油样，尸僵不全，极易腐败，皮肤伤口感染则可能形成炭疽痈。1849年从死于炭疽的病羊的脾脏和血液中首次发现炭疽芽孢杆菌。其呈现世界性分布，在非洲、南美洲等的热带、亚热带地区都出现过感染炭疽的病例。虽然引起本病的炭疽芽孢杆菌对环境的抵抗力较弱，在常用环境消毒剂的作用下都可被杀灭，但它暴露在空气中以后很快就会形成芽孢，芽孢对环境的抵抗力非常强，可以在土壤、皮毛、饲草等干燥环境中存活几年甚至数十年，一旦有合适的条件就会感染人和动物。炭疽的危害非常严重，一些恐怖组织利用炭疽作为生物战剂威胁国家安全，如果炭疽在未来战争中被当作生化武器使用，那将会对人类和地球造成极大的危害。

二、病原

炭疽芽孢杆菌（*Bacillus anthracis*）在分类上属芽孢杆菌属，大小（1.0~1.2）μm×（3~5）μm，无鞭毛、不运动，为革兰氏阳性粗大杆菌。菌体由谷氨酸多肽组成的荚膜包裹，在接触氧和适宜的温度条件下能形成呈椭圆形的位于中央或稍偏的芽孢，其宽度小于菌体。在活体或未经剖检的尸体内，不能形成芽孢。芽孢一旦发育成熟，菌体随即消失，在适宜的温度条件下，芽孢便可发育成有致病性的繁殖体。在人和动物体内能形成荚膜，形成荚膜是毒性的特征。在动物体内炭疽杆菌呈单个或短链状存在，在培养基中多为长链状，成链时呈竹节状。炭疽杆菌在不适宜条件下可发生菌落形态的改变和毒力变异，从而获得光滑型弱毒菌株。

本菌为需氧性芽孢杆菌。在普通培养基上能够很好地生长，最适生长温度为37℃，最适pH为7.2~7.4，强毒菌株形成大而扁平、毛玻璃状、灰白色、不透明、表面干燥、周围似卷毛样的粗糙（R）型菌落；无毒或弱毒菌株形成稍小而隆起、表面湿润、边缘比较整齐的光滑（S）型菌落。在低浓度青霉素作用下，炭疽杆菌菌体可肿大形成圆珠，称为"串珠反应"。这也是炭疽杆菌特有的反应。在5%~10%绵羊血液琼脂平板上，菌落无明显的溶血环，但培养较久后可出现轻度溶血。菌落特征出现最佳时间为12~15h。菌落有黏性，用接种针钩取可拉成丝，称为"拉丝"现象。在普通肉汤培养基中培养18~24h，管底有絮状沉淀，无菌膜，菌液清亮。有的菌株在含0.9% $NaHCO_3$ 的平板、20% CO_2 条件下培养，形成黏液状菌落（有荚膜），而无毒株则为粗糙状。

炭疽杆菌菌体本身对环境的抵抗力不强，加热到 60℃ 30～60min 或 75℃ 5～15min 均可死亡，一般浓度的常用消毒药物都可以在较短时间内将其杀灭。但是，其芽孢的抵抗力却很强，在土壤、牧草、皮毛和温室等干燥环境中可存活长达十几年之久。通过试验检测，经直接日光曝晒100h，煮沸 40min、140℃干热 3h、110℃高压蒸汽 60min，以及浸泡于 10%甲醛溶液 15min、5%新配苯酚溶液和 20%含氯石灰溶液数日以上，才能将芽孢杀灭。芽孢对碘液、过氧乙酸、升汞及福尔马林敏感，对青霉素、先锋霉素、链霉素、卡那霉素等高度敏感。现场消毒常用 20%漂白粉、0.1%升汞、0.5%过氧乙酸。石炭酸、酒精和来苏儿的消毒效果较差。

炭疽杆菌的抗原结构有 3 种，荚膜抗原、菌体抗原和外毒素复合物。

1. 荚膜抗原 由 D-谷氨酸多肽组成，是一种抗原性单一的半抗原，仅见于有毒菌株。与毒力无关，当菌株发生变异失去形成荚膜的能力时，毒力也随之减退。若以高效价抗荚膜血清与有荚膜的炭疽杆菌作用，在其周边发生抗体的特异性沉淀反应，镜下可见荚膜肿胀。此抗原具有吞噬功能，其相应抗体对机体没有保护作用，但其反应具有特异性。

2. 菌体抗原 由等分子质量的乙酰基葡萄糖胺和 D-半乳糖组成，是一种存在于细胞壁及菌体内的半抗原，仅见于有毒菌株。性质稳定，耐热，不易被破坏，可与相应免疫血清发生沉淀反应（Ascoli 反应）。与毒力无关，但这种抗原特异性不高，能与其他需氧芽孢杆菌、肺炎球菌 14 型及人 A 血型物质发生交叉反应。

3. 外毒素复合物 炭疽杆菌具有的外毒素包含水肿因子 EF（edema factor）、保护性抗原 PA（protective antigen）及致死因子 LF（lethal factor）。3 种成分均有抗原性，不耐热，是致病的物质基础之一。

炭疽杆菌的毒力因子由 PXO1 和 PXO2 两个毒力质粒编码。PXO1 为 184.5 kb 大小的质粒，是编码分泌外毒素的基因；PXO2 为表达荚膜的小质粒，大小为 95.3 kb。所有已知毒力因子的表达由均宿主特异性因素调节，如温度、CO_2 浓度及血清成分。毒素和荚膜受其特异性基因表达系统调控，其活性受环境条件影响，荚膜基因表达是必需的，失去任何一个都可使毒力减弱。外

毒素的 3 种成分单独对动物没有毒性作用，若将前两种成分混合注射家兔或豚鼠皮下，可引起皮肤水肿；后两种成分混合注射可引起肺部出血、水肿，并使豚鼠致死；3 种成分混合注射可出现典型的炭疽中毒症状。因此，强毒菌株既能产生毒素又能形成荚膜而出现毒力。毒素的产生受质粒基因的控制，失去基因，毒素不能产生。自然的变异株，如存在 PXO2 则可产生荚膜而恢复为强毒株；反之，没有 PXO2 则不能恢复为强毒株。Sterne 株含有 PXO1 而无 PXO2，故不形成荚膜，可以作为疫苗菌株。随着生物技术的发展，近年来有人利用基因工程技术研制炭疽疫苗，即通过 DNA 重组，将炭疽质粒 DNA 的酶切片断插入到大肠杆菌特定质粒中，培养这种大肠杆菌便能生产出功能性保护性抗原，生产出高纯度的炭疽保护性抗原疫苗。我国应用深层通气培养法或用豆芽汤深层同期培养法制造的炭疽 II 号芽孢菌，也获得了良好效果。

三、免疫学

本病常呈地方性流行，干旱或多雨、洪水涝积、吸血昆虫多都是促进炭疽暴发的因素，其主要通过采食污染的饲料、饲草或饮水经消化道感染，还可通过吸入带有芽孢的粉尘，经呼吸道感染发病。此外，通过吸血昆虫叮咬而感染的可能性也存在。

研究表明，炭疽芽孢杆菌的毒力主要取决于荚膜多肽和炭疽毒素。当一定数量的有毒力的炭疽芽孢进入皮肤破裂处、吞入胃肠道或吸入呼吸道时，在侵入局部的组织发育繁殖，同时，宿主本身也动员其防御机制来抑制病菌繁殖，并将其部分杀灭。当宿主抵抗力较强时，有毒力的炭疽杆菌能及时形成一种有保护的荚膜，保护菌体不受白细胞的吞噬和溶菌酶的作用，使细菌易于扩散和繁殖；如果机体抵抗力低下或减弱，病原菌借其荚膜的保护，首先在局部繁殖，产生大量毒素，导致组织及脏器发生出血性浸润、坏死和严重水肿，形成原发性皮肤炭疽、肠炭疽及肺炭疽等。当机体抵抗力降低时，致病菌即迅速沿淋巴管及血循环进行全身播散，形成败血症和继发性脑膜炎。发生皮肤炭疽时，因缺血及毒素的作用，真皮的神经纤维发生变性，故病灶处常无明显的疼痛感。如果机体的抵抗能力较强，并且进入体

内的芽孢量少或毒力低，则可不发病或仅出现隐性感染。

炭疽杆菌的致病主要与其毒素各组分的协同作用有关。炭疽毒素可直接损伤机体微血管的内皮细胞，使血管壁的通透性增加，导致血管内有效血容量不足；加之急性感染时一些生物活性物质的释放增加，从而使小血管扩张，加重血管的通透性，减少组织灌注量；又由于毒素损伤血管内膜，激活机体内凝血系统及释放组织凝血酶物质，血液呈高凝状态，故弥散性血管内凝血和感染性休克在炭疽中均较常见。此外，炭疽杆菌本身可堵塞毛细血管，使组织缺氧缺血和微循环内血栓形成。

炭疽的主要病理变化为各脏器、组织的出血性浸润、坏死和水肿。皮肤炭疽局部呈痈样病灶，四周为凝固性坏死区，皮下组织呈急性浆液性出血性炎症，间质水肿显著。末梢神经的敏感性因毒素作用而降低，故局部疼痛不明显。肺炭疽呈现出血性支气管炎、小叶性肺炎及梗死区，纵隔高度胶冻样水肿，支气管及纵隔淋巴结高度肿大，并有出血性浸润，胸膜及心包亦可被累及。肠炭疽的病变主要分布于小肠，肠壁呈局限性痈样病灶及弥漫性出血性浸润，病变周围肠壁有高度水肿及出血，肠系膜淋巴结肿大；腹腔内有浆液性血性渗出液，内有大量致病菌。脑膜受累时，可引起炭疽性脑膜炎，硬脑膜和软脑膜均极度充血、水肿，蛛网膜下腔除广泛出血外，有大量菌体和炎症细胞浸润。有败血症时，全身其他组织及脏器均有广泛出血性浸润、水肿及坏死，并有肝、肾及脾肿大。

四、制品

（一）诊断制剂

对炭疽的诊断方法主要有四大类，主要有针对炭疽芽孢、细菌繁殖体、炭疽杆菌基因和炭疽毒素蛋白的检测方法。炭疽沉淀反应是诊断炭疽简便而快速的血清学诊断方法，还可以用琼脂扩散试验、荧光抗体染色试验和多糖抗原测定等方法。分子生物学诊断方法有核酸探针、PCR、质粒电泳和炭疽DNA检测等。其中，核酸探针是以炭疽杆菌染色体特异性基因为靶序列，设计合成引物和探针，对炭疽杆菌进行实时定量PCR检测。目前，国内使用的炭

疽诊断制剂主要包括炭疽诊断抗原、诊断血清。随着分子生物学诊断方法的成熟，将会取代一些现用的诊断制剂。

1. 血清学诊断方法

（1）沉淀反应　由于沉淀原具有耐腐败和耐热特性，所以在检疫上具有良好效果，但其先决条件是被检病料中必须含有足量抗原。炭疽杆菌的抗原由荚膜抗原（谷氨酸多肽）和菌体抗原（多糖类）组成。这两种抗原可以与其相应的沉淀素呈特异性反应。谷氨酸多肽并非炭疽杆菌所独有，枯草杆菌等杆菌类细菌的荚膜中都含有这种抗原成分，故常呈现沉淀反应阳性。多糖类抗原具有较高的特异性，但也存在于蜡样芽孢杆菌中，使之也可出现交叉反应。检验皮革或毛皮时，一般从腿部或腋下剪取检样。肝、脾、血液等制备的抗原在1～5min内于两液接触界面出现清晰的白色沉淀环，而生皮病料抗原于15min内才能出现白色沉淀环。

（2）琼脂扩散试验　用5号穿孔器取出单个菌落琼脂柱，移到另一琼脂板外围孔中，其中心孔16～18h前已滴加炭疽免疫血清，保持湿度，室温下作用24～48h，如形成与对照相同的沉淀线，判定阳性。

2. 分子生物学诊断方法　毒力质粒和基因的PCR检测：对分离到的菌株，按照统一的方法，及时进行PCR检测，根据标准菌株基因组和所特有的毒力质粒设计引物，进行PCR鉴定。此外，市场上已有多种炭疽分子生物学检测试剂盒，但是价格相对较贵。

（二）疫苗

早在1881年巴斯德就成功研制出第一代兽医炭疽活疫苗，但免疫效果难以预测，且在机体内仍能形成荚膜，造成注射感染炭疽杆菌。1937年Sterne利用无荚膜毒素菌株制成弱毒疫苗，有较好的免疫原性，被广泛应用于兽医活疫苗的生产中。

1. 兽用炭疽油乳剂疫苗　最早研制成功的疫苗是兽用炭疽油乳剂疫苗。1881年巴斯德与其学生通过42～43℃高温培养获得减毒的炭疽杆菌，分别给24只绵羊、1只山羊和6头奶牛注射这种炭疽杆菌的低毒培养物后，保护效果良好，这使得炭疽成为通过接种预防的第一种细菌性疾病。随着科学技术的不断发展，炭疽疫

苗的种类和质量都在逐步增加和提高。我国目前常用的疫苗有Ⅱ号炭疽芽孢苗和无荚膜炭疽芽孢苗。但是，这两种疫苗都有一定的毒副作用和缺点。新一代疫苗也在不断出现，如无荚膜、无致死因子和水肿因子的炭疽杆菌菌株可作为生产疫苗的菌种，炭疽DNA疫苗和PA重组质粒疫苗的出现，将会很好地解决现有疫苗面临的问题。

2. Ⅱ号炭疽芽孢苗　用炭疽杆菌Ⅱ号弱毒菌株接种于适宜培养基培养，形成芽孢后，悬浮于灭菌的甘油水溶液（简称"甘油苗"）或铝胶水溶液（简称"铝胶苗"）中制成。

生产技术：将冻干菌种划线接种于15％血液琼脂平板及普通琼脂平板培养，挑取典型菌落，经毒力及纯粹检验合格后作为一级种子。将一级种子接种于pH7.2～7.4普通肉汤培养，经纯粹检验合格后作为二级种子液。将二级种子液均匀涂布接种于pH7.2～7.4普通琼脂或无蛋白胨肉汤琼脂或豆汤琼脂扁瓶，30～35℃培养48～96h，取样，涂片、染色、镜检，当芽孢形成达90％以上时，用30％甘油纯化水洗下芽孢。用含0.1％～0.2％石炭酸和30％甘油水或20％铝胶盐水将芽孢稀释成芽孢苗，使每毫升含活芽孢1 300万～2 000万个（铝胶苗为2 000万～3 000万个）。纯粹检验及芽孢检验合格后，分装即成。

保存与使用：2～8℃冷暗处保存，有效期24个月。用于预防大动物、绵羊、山羊、猪的炭疽。山羊尾部皮内注射0.2 mL，其他动物皮下注射1 mL或皮内注射0.2 mL。免疫期12个月，需特别注意的是，山羊的免疫期为6个月。

3. 无荚膜炭疽芽孢疫苗　南非的 Sterne 于1937年成功研制出失去荚膜合成能力的减毒菌株-Sterne 菌苗。英国改良后编号为34/F2。1948年我国又从印度引进了 Sterne 菌株（称为印度系）用于生产无毒炭疽芽孢苗。用无荚膜炭疽弱毒菌株接种普通琼脂或2％蛋白胨水培养，形成芽孢后，悬浮于灭菌的甘油水溶液（简称"甘油苗"）或铝胶水（简称"铝胶苗"）中制成。

使用与保存：牛、马，1岁以上皮下注射1 mL，1岁以下皮下注射0.5 mL；绵羊、猪皮下注射0.5 mL。使用前充分摇匀。山羊忌用，马慎用。宜秋季使用，在牲畜春乏或气候骤变时，不

应使用。在2～8℃保存，有效期为24个月。

4. 炭疽DNA疫苗　美国 Ohio 大学的研究人员已经证明，单独用 DNA 疫苗免疫即能抵抗小致死量炭疽毒素的攻击。Vical 公司正在研制一种炭疽 DNA 疫苗，该疫苗为二价苗，由2种灭活形式的表达炭疽杆菌保护性抗原及致死因子的质粒组成。动物试验表明，该疫苗在家兔身上可以引起有效的免疫反应，并为家兔提供长期保护作用，使其经受住致死剂量的雾化炭疽杆菌芽孢的攻击。此次试验兔在第0日、28日和56日分3次接受该疫苗免疫，在免疫2～3次后，所有家兔经炭疽杆菌攻击后都会继续存活；在最后一次免疫结束7个多月以后，再次以致死剂量的炭疽杆菌攻击，10只家兔全部存活，而3只未经免疫的家兔在攻击后2d内死亡。炭疽 DNA 疫苗的优越性已经体现出来了，相信在不久以后，炭疽 DNA 疫苗将会批量生产并投入使用。

（三）抗炭疽血清

1. 免疫原制备　取炭疽杆菌 C40-202 株和 C40-205 株分别培养，二级种子经纯粹检验合格后，接种于马丁琼脂扁瓶，35～37℃培养38h，用生理盐水洗下菌苔，稀释至浓度为麦氏比浊管2～3管，经铜纱过滤。纯粹检验合格后，再混合使用，其中 C40-202 培养液占总液量的2/3以上。

2. 使用与保存　2～8℃冷暗处，保存期为36个月。马、牛预防量30～40 mL（10～14d），治疗量100～250 mL；猪、羊预防量16～20 mL，治疗量50～120 mL，必要时可重复。

五、展望

炭疽作为一种危害较大的细菌性疾病，曾引起世界广泛关注，科学界一直在努力研究其致病机制，试图研制出一种能够克服现有疫苗缺点的疫苗。但是，由于炭疽的危险性较大，研究过程中不宜操作，试验条件要求高，分子机制了解得不够全面，所以至今为止还没有全面投入生产使用的新一代疫苗。现有疫苗不但药效时间短，使用不方便，生产工艺流程复杂，而且有一定的毒副作用。根据现代研究对炭疽感染与免疫机理的认识，新疫苗的设计应具有抗菌、抗荚膜和抗毒

素的全方位免疫效果。当炭疽杆菌或疫苗进入体内量不足或繁殖不利、未形成足够的 PA 抗原时，其疫苗的免疫效果便不佳。若芽孢繁殖充分，在体内会同时产生 PA、LF、EF，将引起水肿反应，特别是山羊和马有接种反应。目前所使用的疫苗还不能解决这一问题，应予以改进。随着基因工程和生物大分子机制的深入研究，其成果在制造疫苗方面有所体现，如无荚膜、无致死因子和水肿因子的炭疽杆菌菌株，PA 重组质粒疫苗和炭疽 DNA 疫苗的低毒性、高表达和易生产等优点也在一步步地凸显出来。在不久的将来，新一代疫苗经不断完善和改进以后终将会取代传统疫苗，从而更好地控制炭疽的暴发和扩散。我们知道，炭疽杆菌毒素蛋白是导致死亡的主要原因，所以，在今后的研究中，无论是在诊断方面还是在治疗方面，应当提高对毒素蛋白的重视程度。

（王　楠　万建青）

主要参考文献

蔡宝祥等，1989. 实用家畜传染病学［M］. 上海：上海科技出版社.

陈溥言，2010. 兽医传染病学［M］. 5 版. 北京：中国农业出版社.

崔言顺，焦新安，2008. 人畜共患病［M］. 北京：中国农业出版社.

姜平，2003. 兽医生物制品学［M］. 北京：中国农业出版社.

宁宜宝，1970. 兽用疫苗学［M］. 北京：中国农业出版社.

王明俊等，1997. 兽医生物制品学［M］. 北京：中国农业出版社.

杨瑞馥，韩延平，宋亚军，等，2002. 炭疽芽孢杆菌检测鉴定技术研究进展［J］. 微生物学免疫学进展，30（2）：53-66.

第二节　巴氏杆菌病

一、概述

巴氏杆菌病（Pasteurellosis）是由巴氏杆菌属（Pasteurella）细菌所致动物的传染病。动物巴氏杆菌病的急性型以败血性及组织器官的出血性炎症为特征，所以又称为出血性败血症。慢性型常表现为皮下结缔组织、关节及各脏器的化脓性病灶，并多与其他疾病混合感染或继发感染。

本病分布广泛，世界各地均有发生，尤以热带和亚热带地区多发。自 19 世纪 70—80 年代就先后报道了牛巴氏杆菌病、禽霍乱、兔出血性败血症、猪肺疫等，虽经采取各种防治措施，使该病得以很大程度地减少，但迄今为止该病每年仍在 100 多个国家和地区散发，在苏丹、南非、尼泊尔、老挝、柬埔寨、哥斯达黎加、孟加拉国等 30 多个国家和地区呈地方流行。

本病对世界畜禽业的危害严重。据匈牙利（1990）报道，禽霍乱每年可造成 1 亿英镑的经济损失。我国不少省市均有本病的报道，尤以禽霍乱危害严重。

二、病原

巴氏杆菌属的名称是 Trevisan（1889）建议的，用以表彰巴斯德（Pasteur）对禽霍乱病的研究工作，随后 Lignieres（1901）等相继采用，从而确立了该属的名称。巴氏杆菌属细菌在统一微生物命名规则前曾先后有过多种不同的名称，如 Kitt（1885）根据此菌两极着色的特点而称其为多杀双极杆菌（*B. bipolare muitocraum*）；Fluggel（1886）根据形态称其为卵圆形杆菌（*B. parrus ovatus*）；Huppe（1886）根据此菌对宿主引起的病症而称为出血性败血杆菌（*B. septicemiae hemorrhagicae*）。根据 Flugge 氏分类法分别称为禽败血巴氏杆菌（*P. aviseptica*）、牛败血巴氏杆菌（*P. boviseptica*）、猪败血巴氏杆菌（*P. suiseptica*）、羊败血巴氏杆菌（*P. oviseptica*）、兔败血巴氏杆菌（*P. lepiseptica*）等。1939 年 Rosenbush 和 Merchant 在对 114 个菌株研究的基础上，建议将所有畜禽巴氏杆菌病病原归于多杀性巴氏杆菌，以表示这个种的多宿主性，并得到公认。

本病的病原是多杀性巴氏杆菌（*Pasteurella multocida*）。溶血性巴氏杆菌（*Pasteurella haemolytica*）也可成为羊、牛败血症的病原。近年来，由于 DNA 杂交技术、16S rRNA 序列分析等分子生物学技术的应用，溶血性巴氏杆菌被划入新建立的曼氏杆菌属，更名为溶血性曼氏杆菌

（*Mannheimia haemolytica*）。我国较常见的鸭疫巴氏杆菌现已划出巴氏杆菌属，更名为鸭疫里氏杆菌（*Riemerella anatipeotifer*）。

多杀性巴氏杆菌广泛分布于世界各地，在同种或不同动物间可相互传染，也可感染人，人大多因被动物咬伤所致。蜱和蚤被认为是自然传递的媒介昆虫。过去曾按感染动物的名称，将本菌分别称为牛、羊、猪、禽、马、兔巴氏杆菌，后统称为多杀性巴氏杆菌。1994 年起列为 3 个亚种，即多杀亚种（*Pasteurella multocida* ssp. *multocida*）、败血亚种（*Pasteurella multocida* ssp. *septica*）及杀禽亚种（*Pasteurella multocida* ssp. *gallicida*）。

（一）形态及染色特性

多杀性巴氏杆菌为球杆状或短杆状菌，两端钝圆，大小为（0.25～0.40）$\mu m \times$（0.5～2.5）μm（图 17-1）。单个存在，有时成双排列。在不利环境下培养或反复传代，细菌形态趋向于多形性。由动物组织或渗出液及新分离的菌体用瑞士或美蓝染色时，可见典型的两极着色。应用间接印度墨汁染色能显示出荚膜。无鞭毛，不形成芽孢。革兰氏染色阴性。

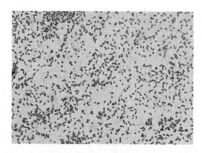

图 17-1 CVCC486
（油镜，为革兰氏阴性球杆菌，两端钝圆）

（二）培养及生化特性

多杀性巴氏杆菌为需氧或兼性厌氧菌。对营养要求较严格，在普通培养基上生长贫瘠，在麦康凯培养基上不生长。在加有血液、血清或微量血红素的培养基上生长良好。最适温度为 37℃，最适 pH 为 7.2～7.4。在血琼脂平板上 37℃培养 24h，呈"水滴形"小菌落，直径 1～3 mm、光滑、半透明、闪光和奶油状（图 17-2 和图 17-3）。无溶血现象。在血清肉汤中培养，表面形成菌环。本菌在厌氧条件下虽能生长，但不如在需氧情况下生长旺盛，浅层液

体培养生长更好。

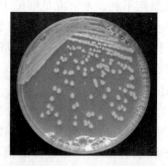

图 17-2 CVCC486 菌落
（5%马血清 TSA 平板，5% CO_2 37℃培养 24h）

图 17-3 CVCC486 菌落
（5%绵羊脱纤血 TSA 平板，5% CO_2 37℃培养 24h）

不同来源的菌株因其荚膜所含物质的差异，在加血清和血红蛋白的培养基上 37℃培养 18～24h，所形成的菌落在 45°折射光线下可呈现不同的荧光光泽。荧光呈蓝绿色而带金光、边缘有狭窄的红黄光带的称为 Fg 型，对猪、牛、羊等家畜是强毒毒珠，对鸡等禽类毒力很弱，其免疫原除对本型菌有保护力外，对 Fo 型也有轻度保护力。荧光呈橘红色而带金光、边缘有乳白色光带的称为 Fo 型，其菌落大，有水样湿润感，略带乳白色，不及 Fg 型透明，对鸡等禽类是强毒菌株，而对猪、牛等家畜的毒力则很微弱，其免疫原只对本型菌有保护力。菌落无荧光的，称为 Nf 型，无毒力，也无免疫原性。Fg 型和 Fo 型在一定条件下可以相互转变。

多杀性巴氏杆菌可分解葡萄糖、果糖、蔗糖、甘露糖和半乳糖，产酸不产气。大多数菌株可发酵甘露醇、山梨醇和木糖。一般对乳糖、鼠李糖、杨苷、肌醇、菊糖、侧金盏花醇不发酵。可形成靛基质。触酶和氧化酶均为阳性，甲基红试验和 VP 试验均为阴性，石蕊牛乳无变化，不液化明胶，可产生硫化氢（表 17-1）。3 个亚种的鉴别见表 17-2。

表 17-1　巴氏杆菌属内种的生理生化特性

菌　　名	氧化酶	触酶	吲哚	脲酶	鸟氨酸脱羧酶	葡萄糖	乳糖	蔗糖	麦芽糖	甘露醇	海藻糖
产气巴氏杆菌 *P. aerogenes*	+/−	+	−	+	(+)	+	(−)	+	+	−	+
鸭巴氏杆菌 *P. anatis*	+	+	−	−	−	+	+	+	−	+	+
禽巴氏杆菌 *p. avium*	+	+	−	−	−	+	−	−	−	−	−
马巴氏杆菌 *P. canis*	+	−	−	−	+/−	+	+	ND	(+)	+	+
犬巴氏杆菌 *P. canis*	+	+	+/−	+	+	+	ND	ND	−	−	+/−
咬伤巴氏杆菌 *P. dagmatis*	+	+	+	+	−	+	−	+	+	−	−
鸡巴氏杆菌 *P. gallinarum*	+	+	−	−	+/−	+	−	−	+	−	−
淋巴管炎巴氏杆菌 *P. lymphangitidis*	+	−	−	+	−	+	+/−	+/−	+	+	+
多杀性巴氏杆菌 *P. multocida*	+	+	+	−	(−)	+	(−)	+	(−)	(+)	+/−
嗜肺巴氏杆菌 *P. pneumotropica*	+	+	(+)	+	−	+	(+)	−	−	−	(+)
龟巴氏杆菌 *P. testudinis*	+	+	−	+	−	+	(−)	+	(+)	+/−	+/−
咽巴氏杆菌 *P. stomatis*	+	+	+	−	−	+	−	−	+	−	−
禽源巴氏杆菌 *P. volanitium*	+	+	−	−	+/−	+	−	ND	+	+	+

注："（＋）（−）"指大多数菌株；"ND"指无记载；"＋/−"指 21%～79% 阳性。

表 17-2　多杀性巴氏杆菌 3 个亚种的区别

亚种名称	致病对象	海藻糖	山梨醇
多杀亚种	家畜	+	+
败血亚种	犬、猫、禽、人	+	+
杀禽亚种	禽	−	+

（三）血清型

多杀性巴氏杆菌的血清型很复杂，国内外学者进行了较深入的研究。根据多杀性巴氏杆菌特异性荚膜抗原（K）吸附于红细胞上间接血凝试验的结果不同，分为 A、B、D、E 和 F 5 个血清型；利用菌体抗原（O）进行凝集反应，将本菌分成 12 个血清型；利用耐热抗原进行琼脂扩散试验，将本菌分成 16 个血清型。1984 年 Carter 提出本菌血清型的标准定名：以阿拉伯数字表示菌体抗原型，大写英文字母表示荚膜抗原型。我国分离的禽多杀性巴氏杆菌以 5：A 为多，其次为 8：A；猪的以 5：A 和 6：B 为主，其次为 8：A 和 2：D；羊的以 6：B 为多；家兔的以 7：A 为主，其次为 5：A。E 型菌仅见于非洲的牛和水牛，F 型菌见于火鸡。该病的病型、宿主特异性、致病性、免疫性等均与血清型有关。

（四）抗原

到目前为止，对多杀性巴氏杆菌的特异性保护性抗原还未完全弄清，研究较多的是荚膜、菌毛、外膜蛋白等抗原。

1. 荚膜　荚膜是细菌合成并分泌于菌体外堆积的黏液性多糖或多肽类物质。具有黏附作用、抗吞噬、抗溶菌酶、抗补体、抗干燥，以及在营养缺乏时作为营养物质而被吸收等多种功能。多杀性巴氏杆菌的荚膜主要是由透明质酸组成，其抗原性可用于细菌的鉴别和分型。根据荚膜抗原分型可将多杀性巴氏杆菌分为 6 个不同的血清型。6 个血清型荚膜合成位点的基因结构十分相似，都分为 3 个区域。第一个区域和第三个区域所包含的基因与荚膜多糖转运到细胞表面和荚膜的磷脂代谢反应有关；第二个区域的基因负责荚膜多糖的生物合成，其编码的蛋白能催化组成有活性的单体糖及荚膜多糖，并且能催化形成 UDP－葡萄糖醛酸及 UDP－N－乙酰葡萄糖胺，主要用于荚膜透明质酸的合成和组装。不同血清型的荚膜合成有关基因的具体结构和功能有所差异，其编码的蛋白也有所不同，但执行的功能相似。A 型菌株的荚膜主要为透明质酸，B 型和 E 型菌株的荚膜为酸性多糖，对 D 型和 F 型菌株荚膜物质的研究较少。

2. 菌毛 也叫纤毛，其化学组成是菌毛蛋白。菌毛可分为普通菌毛和性菌毛两种。普通菌毛中有一种 4 型菌毛，具有黏附作用，能使细菌牢固地附着于动物消化道、呼吸道和泌尿生殖道的黏膜上皮细胞上，是公认的毒力因子。4 型菌毛依据前体蛋白 N 端信号肽长度又可分为 2 种，较短的称为典型 4 型菌毛，较长的称为类 4 型菌毛，其中序列"KGFTLIELMTV"高度保守，与其他菌的同源性较高。

3. 外膜蛋白 是细胞膜中的一种重要成分，在免疫方面的作用越来越受到关注。革兰氏阴性菌的外膜蛋白在致病菌对宿主的感染和致病过程中起着重要作用。

（1）ompH 蛋白 是多杀性巴氏杆菌菌体最主要的外膜蛋白。各血清型的 ompH 蛋白同源性高，能诱导产生高水平的保护性抗体。研究表明，纯化的 ompH 蛋白能诱导产生 100％的保护力，与全菌诱导的保护力相当。ompH 蛋白是一种孔道形成蛋白，暴露于菌体表面，属于非特异性细菌外膜脂蛋白超家族。不同菌型多杀性巴氏杆菌的 ompH 蛋白大小有差异。不同血清型的多杀性巴氏杆菌 ompH 蛋白的差异取决于暴露于菌体表面的超变量的环区，核苷酸序列比较结果显示，该蛋白的异源性主要是部分位于 318～333 的氨基酸存在差异，而大部分位于两个不连续的超变区即位于 60～80 和 200～220 的氨基酸存在差异，这两部分分别对应于暴露于外表面的 2 个环形结构，这些环形结构可能与宿主的免疫系统接触，并通过变异来逃避免疫监测。

（2）omp28 蛋白 该蛋白属于 ompA 家族（热休克蛋白），具有热修饰性，在 60℃溶解进行 SDS-PAGE 电泳，分子质量为 28 kDa；而 100℃溶解时，分子质量为 37 kDa。研究表明该蛋白的单抗能特异地检测巴氏杆菌属的所有被试菌株，在鸡、兔和小鼠等试验中均显示，omp28 蛋白能有效地保护宿主免受多杀性巴氏杆菌的攻击。

（3）99 kDa 铁调节蛋白 限铁条件迫使细菌产生高亲和力的摄铁系统，主要有转铁蛋白受体、乳铁蛋白受体、血晶素/血红素绑定蛋白受体及亚铁血红素获得系统受体等，其与宿主竞争摄取铁离子复合物，从而获取铁满足自身代谢需要。这类蛋白属于外膜蛋白，它们仅在限铁条件下表达，故被称之为铁调节外膜蛋白。研究表明该蛋白在

不同的菌株之间存在良好的抗原交叉性。

（五）抵抗力

本菌的抵抗力不强，很容易被普通消毒药、阳光、干燥或加热破坏。在直射阳光和干燥的情况下迅速死亡，56℃ 15min 或 60℃ 10min 可杀灭，一般消毒药在几分钟或十几分钟内可杀死本菌，3％石炭酸在 1min 内可杀灭本菌，10％石灰乳及常用的甲醛溶液 3～4min 内可使之死亡。在无菌纯化水和生理盐水中迅速死亡。在尸体里可存活 1～3 个月，在厩肥中可存活 1 个月。对青霉素、链霉素、四环素、土霉素、磺胺类等抗菌药物敏感。

（六）致病性

本菌是多种动物的重要病原菌，家畜中以各种牛、猪、兔、绵羊发病较多，山羊、鹿、骆驼、马、驴、犬、猫和水貂亦可感染发病，但报道较少；禽类中以鸡、火鸡和鸭最易感，鹅、鸽次之，已有 20 多种野生水禽感染本病的报道。发病动物以幼龄为多，较为严重，病死率较高。该菌引起的急性感染经常是以血管充血、浆膜和黏膜下出血为特征的败血症，亚急性病例则在黏膜和腱鞘上出现血纤维或出血性损伤，慢性病例的特征是出现坏死、脓肿、下痢、贫血以至体质虚弱。

多杀性巴氏杆菌的毒力由于感染动物的不同而有差异，比较敏感的实验动物是小鼠、兔和鸽，豚鼠不够敏感。强毒株接种小鼠、家兔，可于 10 余小时内使之死亡。它寄生在健康动物上呼吸道和消化道，带菌动物的范围很广，一般家畜、家禽及野生动物都可带菌，有人报告牛和小牛的带菌率为 3.5％～7％。本菌有毒力的菌株往往可以从外观健康的牛肺中分离到，而同样的菌株也可引起牛出血性败血症的暴发，其原因可能是由于气候变化较大、运输途中、厩舍环境不良或由于其他疾病的发生而激发本病的暴发。

本菌经常引起禽很急性的禽霍乱，其特征是在黏膜和各种器官上出现瘀点出血，脾和肝肿大。亦有慢性病例，肝脏上可发现局部坏死区。除鸡外，此菌也能引起鸭严重死亡，火鸡发病也很严重，也可在野禽中引起暴发。各种家禽（如鸡、鸭、鹅、火鸡等）对本病都有易感性，但鹅易感性较差，各种野禽如麻雀、啄木鸟等也易感。一般中禽和成禽多发。在鸡多见育成鸡和成年产蛋

鸡多发，营养状况良好的鸡、高产鸡易发。病鸡、康复鸡或健康带菌鸡是本病的主要传染源，尤其是慢性病鸡留在鸡群中，往往是本病复发或新鸡群暴发本病的传染源。病禽的排泄物和分泌物中含有大量细菌，能污染饲料、饮水、用具和场地，一般通过消化道和呼吸道传染，也可通过吸血昆虫和损伤的皮肤、黏膜等感染。本病的发生一般无明显的季节性，以冷热交替、气候剧变、闷热、潮湿、多雨的时期发生较多，常呈地方流行性。禽群的营养不良、阴雨潮湿及禽舍通风不良等因素，能促进本病的发生和流行。常发地区该病流行缓慢。

牛的出血性败血症表现为胸型或水肿型。胸型病例是肺和胸腔被侵害，组织中出现点状出血；水肿型病例表现为皮下组织、器官和腹腔组织的广泛性水肿。多杀性巴氏杆菌也偶尔见于牛脑炎和乳房炎病例中。

多杀性巴氏杆菌引起绵羊典型性急性或亚急性出血性败血症，亚急性型病例亦表现为支气管肺炎，慢性病例表现为胸膜肺炎。

猪巴氏杆菌病（又称猪肺疫）有流行性和散发性两种，前者由 B 型菌引起，主要是急性出血性败血症，死亡率达 100%，以咽喉部病变显著；A 型或 D 型菌引起散发性猪肺疫，肺部病变显著，病期较长，延至 1～2 周才死亡，也有呈急性经过的病例。

此菌虽然可以从犬和猫中分离到，但很少引起发病。但应注意，这些带菌动物的肉或尸体被其他动物食入后，则会引起巴氏杆菌病的暴发。

兔巴氏杆菌病呈现带有胸膜肺炎的出血性败血症，慢性病例在皮下有时出现脓肿。

对人的感染经常是局限性的，能引起慢性胸膜肺炎、心包炎、腹膜炎、阑尾炎、脑膜炎等，人对此菌有相当明显的天然抵抗性。

我国在 1949 年以前，巴氏杆菌病危害畜、禽很严重。家禽巴氏杆菌病最为常见，其中鸭巴氏杆菌病造成的死亡更为惊人，鸡霍乱的发生稍次于鸭巴氏杆菌病；牦牛巴氏杆菌病在牧区每年都有流行；猪肺疫有时亦出现流行病例，散发病例各地可见，经济损失无法统计；黄牛、水牛巴氏杆菌病常呈散发；兔巴氏杆菌病对养兔业危害很大，其他家畜较少发生。

中华人民共和国成立以来，由于各种巴氏杆菌菌苗和抗血清的大量应用，危害严重的牦牛巴氏杆菌病及猪肺疫在全国范围内基本被控制，没有大流行。但在一些地区，因感染多杀性巴氏杆菌引起的牛出败、猪肺疫、禽霍乱，以及兔的巴氏杆菌病仍普遍散发，或在较广的范围呈局部流行，造成相当大的经济损失，对发展我国畜禽养殖业威胁很大。众多的研究者仍继续深入地进行研究，以期获得满意的菌苗用于防疫工作。

具有荚膜的菌株有较强的抵抗力。荚膜的成分为透明质酸，有抗吞噬作用。无论是强毒还是无毒多杀性巴氏杆菌都可产生内毒素，这种内毒素是含氮磷酸化脂多糖，毒素的血清学特异性与脂多糖有关。已在分离自各种动物的 A、D 血清群菌株中发现了热敏蛋白质毒素。多杀性巴氏杆菌毒素源性 D 荚膜群及皮肤坏死性的 A 群菌株还被认为是猪传染性萎缩性鼻炎（Atrophic rhinitis）症候群的病原菌之一。研究表明，杀禽亚种的致病力与菌体的内毒素有关。该内毒素是一种含氮的磷酸脂多糖，与菌体结合不紧密，可用福尔马林盐水洗脱，少量注入鸡体内就能引起禽霍乱，出现出血性败血症状。

已知 A、B、D 型菌株具有 4 型菌毛。属于 D 型的某些菌株能产生一种耐热的外毒素，分子质量约为 150 kDa，对 Vero 细胞有毒性，可致豚鼠皮肤坏死及小鼠死亡。用此毒素接种猪可复制典型的猪萎缩性鼻炎。

三、免疫学

病畜、病禽的排泄物、分泌物及带菌动物是本病重要的传染源。本病主要通过消化道和呼吸道感染，也可通过吸血昆虫和损伤的皮肤、黏膜感染。

当气候、季节变化、长途运输和寄生虫感染、营养不良等因素导致动物机体抵抗力降低时，健康带菌动物的呼吸道和扁桃体内存在的巴氏杆菌会变成强毒菌，从而造成内源性感染；另外可由污染的饲料、水、空气、器具等经消化道、呼吸道、外伤造成外源性感染。

如果机体抵抗力较弱而侵入的是强毒株，则会很快突破淋巴结的阻止作用进入血流，形成菌血症，感染的动物可于 24h 内因败血症死亡。如果机体抵抗力强或侵入机体的菌数不太多、毒力较弱，病程可延长 1～2d 或更久。如果病原菌属于弱毒力，机体又具有较强的抵抗力，则病变会局限于局部。

带菌健康动物具有一定的免疫力，康复动物可获得较强的免疫力。已研制出多种灭活、弱毒菌苗及荚膜亚单位疫苗。该菌的高免多价血清具有良好的紧急预防和治疗作用。

自然感染病愈后的家禽对其他血清型具有交叉免疫力。用火鸡体内培养的细菌制成的灭活疫苗免疫火鸡后对异种血清型也能产生交叉免疫力。但用人工体外培养的细菌制成的灭活疫苗则不能产生对异种血清型的免疫力。据了解，细菌在体内繁殖时能产生某种具有交叉作用的免疫原，称之为交叉保护因子。交叉保护因子存在于菌体表面，是一种蛋白质，可洗涤去除，对一般化学试剂或56℃ 1h处理稳定，胃蛋白酶、高碘酸盐处理可破坏其活性。胡占杰等（1995）的研究表明，活体培养的C48-1（血清型为5：A）冻融后对异型菌P1059（血清型为8：A）的保护率达100%；生化试验表明，活体培养的巴氏杆菌与肉汤培养的巴氏杆菌，其蛋白质与糖含量比不同；SDS-PAGE分析表明有一分子质量为19.3 kDa的蛋白仅存在于活体培养的巴氏杆菌中。1997年有人研究用C48-1接种鸡胚制备抗原，并加入油佐剂制成灭活乳剂疫苗，初步试验表明该疫苗可以保护动物抵抗异型菌P1059的攻击，鸡和鸭的保护率分别为93.3%和100%。刘永德等（1997）筛选抗原性较好的多杀性巴氏杆菌，经禽胚培养，灭活后加入免疫增强剂左旋咪唑和亚硒酸钠维生素E，制成油乳剂强化苗，免疫鸡后第4日产生免疫应答，保护率在第7和第14日分别达到83.3%和100%。丁建平等（1996）用禽源多杀性巴氏杆菌C48-1强毒株接种1日龄雏公鸡，取其组织脏器捣碎，与48-1肉汤培养物按一定比例混合研制成禽霍乱铝胶灭活疫苗，经攻毒试验表明该苗对异菌株P1059及从安徽中西部地区分离的禽多杀性巴氏杆菌强毒株均获得100%的保护率。

四、制品

部分健康动物的上呼吸道带有巴氏杆菌，由于不良因素的作用，常可诱发本病。因此，预防本病的根本方法。必须贯彻"预防为主"的方针，消除降低抵抗力的一切不良因素，加强饲养管理，做好兽医防疫卫生工作，以增强机体的抵抗力。

（一）诊断试剂

我国尚无已批准的诊断巴氏杆菌病的诊断试剂。病原学检查是确诊巴氏杆菌病最常用的可靠方法，主要包括微生物学检查和动物试验。

血清学方法主要用于发病康复动物群的血清学调查及检测免疫接种后动物的血清抗体水平。采用的方法有ELISA和琼脂扩散试验。近几年又报道了间接血凝试验，进行禽霍乱疫苗接种鸡的血清抗体测定和检测猪肺疫抗体，灵敏度高、特异性强、操作简单，适用于基层大面积检测。

SPA协同凝集试验用于快速检测禽霍乱病禽组织中的特异性抗原，特异性强、用时短，结果与试管凝集试验一致。微量滴定法检查溶血性巴氏杆菌A型抗体，操作简单，易判定。

另外，微生物快速鉴定系统，以及16S rDNA的发展也使巴氏杆菌病诊断更加准确、便捷。微生物快速鉴定系统与传统鉴定方法相比具有操作简便、快速、鉴定范围广的特点。多具有强大的数据库，目前已经可鉴定包括细菌、酵母和丝状真菌在内的近2 000种微生物，囊括了动植物病原菌400多种。16S rDNA是细菌系统分类研究中最有用和最常用分子钟，其种类少、含量大、分子大小适中，存在于所有的生物中，进化具有良好的时钟性质，在结构与功能上具有高度的保守性，素有"细菌化石"之称。16S rDNA大小约1.5 kb，既能体现不同菌属之间的差异，又能利用测序技术较容易地得到其序列，故被细菌学家和分类学家广泛接受。16S rDNA中可变区序列因细菌不同而异，恒定区序列基本保守，所以可利用恒定区序列设计引物，将16S rDNA片段扩增出来，利用可变区序列的差异对不同菌属、菌种的细菌进行分类鉴定。一般认为，16S rDNA序列同源性小于97%，可以认为属于不同的种；同源性小于93%～95%，可以认为属于不同的属。充分利用这些技术和方法，对于提高巴氏杆菌病诊断的准确性和有效性有着重大的意义。

可用被动血凝试验、凝集试验及多重PCR方法进行多杀性巴氏杆菌荚膜血清群和血清型的鉴定。一般情况下先用间接血凝试验或多重PCR方法检测多杀性巴氏杆菌的血清型，然后根据生化反应鉴定该菌的生物型。

（二）疫苗

用于控制巴氏杆菌病的疫苗有灭活疫苗和活

疫苗两大类。

1. 灭活疫苗　曾用过不同的培养方法和灭活方法制造灭活菌苗，但效果都不理想。直到 1938年 Deply 将石竹苷加入牛出血性败血症强毒菌的悬液中制成菌苗才有良好效果。但这种菌苗像其他含石竹苷的菌苗一样，有时在注射局部发生大面积水肿。Bain（1952）发明了含矿物油和羊毛脂的佐剂菌苗才避免了一些佐剂疫苗引起的严重组织反应。实验室和野外试验结果证明，此菌苗对牛和水牛有坚强的免疫力，免疫持续期可达到 12 个月。制造这种菌苗的菌液浓度高，制苗应用B 型菌株，建议生产用菌株应在冻干状态下保存。国外有用牛、羊和猪源多杀性巴氏杆菌制成的混合菌苗。

预防禽霍乱的灭活菌苗也已广泛使用了许多年，如用加温、福尔马林、石炭酸杀菌的灭活菌苗，但其效果都不理想。法国和伊朗等曾使用特异性噬菌体、蛋白酶等溶解或裂解多杀性巴氏杆菌制成菌苗。更多的国家使用氢氧化铝福尔马林灭活菌苗。Heddleston 和 Reisinger（1959）报道称其研制的含矿物油的佐剂菌苗在实验室试验中有较高的免疫力，免疫期可达 12 个月。美国最初使用的这种菌苗仅用一个血清型（5：A）菌株生产，以后又增加了 8：A 血清型菌株。Heddleston 等（1960）认为禽霍乱氢氧化铝菌苗也可以产生与油佐剂菌苗相似的免疫效果，在实验室或野外试用，对鸭、鹅及火鸡的免疫力都比对鸡的效力好。

Rimler（1979）报道，在火鸡体内生长的多杀性巴氏杆菌（P-1059，3 型）含有一种交叉保护因子的免疫原，也存在于从细胞制备的溶解产物中，它可以提供对异源性血清型的保护力，使多杀性巴氏杆菌在动物体内形成很好的荚膜，与增加免疫力有关。胡占杰等（1995）的试验证明，交叉保护因子仅存在于鸡的活体培养物中，肉汤培养物中没有，这说明培养环境不同造成抗原的差异。据此，对组织脏器苗应重新估价，了解交叉保护因子产生的条件对制备有效的多杀性巴氏杆菌菌苗可能很有好处。

一些研究工作者研究了细菌的不同细胞成分对鸡产生特异性抵抗力方面的作用，从强毒多杀性巴氏杆菌抽提出荚膜和细胞成分，经多次反复冻融的方法得到抗原和两个被分离的细胞和无膜成分。试验结果证明，细胞质膜和荚膜具有很高的免疫活性，可以超过全细胞的保护效力，从而证明多杀性巴氏杆菌保护性抗原的决定簇是位于细胞膜内层-细胞质膜和细胞表面-荚膜中。这为研究无毒性、免疫力好的抗禽霍乱无细胞亚单位苗提供了依据。

我国目前生产使用的多杀性巴氏杆菌灭活疫苗主要有以下几种。

（1）牛出血性败血症氢氧化铝菌苗　本品系用免疫原性良好的荚膜 B 群牛源多杀性巴氏杆菌接种于适宜培养基培养，将培养物经甲醛溶液灭活后，加氢氧化铝胶制成。用于预防牛多杀性巴氏杆菌病（即牛出血性败血症）。

生产用菌株的毒力测定，用含 0.1% 裂解红细胞全血马丁肉汤 24h 培养菌液 2～4 mL，皮下注射 4～6 月龄的犊牛，应于 48h 内死亡；以 1～3 个活菌皮下注射体重 1.5～2 kg 的健康家兔，应于 72h 内死亡。大生产中用加有 0.1% 裂解红细胞全血的马丁肉汤培养基接种种子菌液后，用反应缸通气培养或静止培养均可。培养结束后按 0.1% 加入福尔马林，37℃ 杀菌 7～12h，按灭活菌液 5 份加入 1 份氢氧化铝胶，再加硫柳汞或石炭酸作防腐剂。

安全检验用体重 1.5～2 kg 家兔 2 只各皮下注射疫苗 5 mL，用体重 18～22 g 小鼠 5 只各皮下注射疫苗 0.3 mL，观察 10d。均应全部健活。

效力检验用下列方法任择其一。

用兔效检时，用体重 1.5～2 kg 的兔 4 只，各皮下或肌内注射疫苗 1 mL；21d 后，连同条件相同的对照兔 2 只，各皮下注射致死量的 C45-2 强毒菌液，观察 8d。对照兔应全部死亡，免疫兔应至少保护 2 只。

用牛效检时，用体重 100 kg 左右的健康易感牛 4 头，各皮下或肌内注射疫苗 4 mL；21d 后，连同条件相同的对照牛 3 头，各皮下或肌内注射 10 MLD C45-2 强毒菌液，观察 14d。对照牛全部死亡时，免疫牛应至少保护 3 头；对照牛死亡 2 头时，免疫牛应全部保护。

该疫苗经皮下注射或肌内注射。体重 100 kg 以下的牛 4 mL，体重 100 kg 以上的牛 6 mL，免疫期为 9 个月。注射后，个别牛可能出现过敏反应，应注意观察并采取脱敏措施抢救。疫苗在 2～8℃ 保存，有效期为 12 个月。

（2）猪、牛多杀性巴氏杆菌病灭活疫苗　本品系用免疫原性良好的 B 群多杀性巴氏杆菌接种于适宜培养基培养，将培养物经甲醛溶液灭活后，加氢氧化铝胶浓缩制成。用于预防猪和牛多杀性巴氏杆菌病（即猪肺疫和牛出血性败血症）。

安全检验用体重 1.5～2 kg 兔 2 只各皮下注射疫苗 2 mL，用体重 18～22 g 鼠 5 只各皮下注射疫苗 0.2 mL，观察 10d，均应全部健活。

效力检验用下列方法任择其一。

用体重 1.5～2 kg 兔 4 只，各皮下注射疫苗 0.8 mL；21d 后，连同条件相同的对照兔 2 只，各皮下注射致死量的 C44－1 或 C45－2 强毒菌液，观察 8d。对照兔全部死亡，免疫兔至少保护 2 只为合格。

用体重 15～30 kg 健康易感猪 5 头，各皮下或肌内注射疫苗 2 mL；21d 后，连同对照猪 3 头，各皮下注射致死量的 C44－1 强毒菌液，观察 10d。对照猪全部死亡时，免疫猪应至少保护 4 头；对照猪死亡 2 头时，免疫猪应全部保护。

该疫苗经皮下或肌内注射，猪 2 mL，牛 3 mL。免疫期，猪为 6 个月，牛为 9 个月。疫苗在 2～8℃保存，有效期为 12 个月。

（3）猪肺疫氢氧化铝菌苗　本品系用免疫原性良好的荚膜 B 群多杀性巴氏杆菌 C44－1 株接种于适宜培养基培养，将培养物经甲醛溶液灭活后，加氢氧化铝胶制成。用于预防猪多杀性巴氏杆菌病（即猪肺疫）。

制造与检验用的 C44－1 菌种，以含 0.1％裂解红细胞全血的马丁肉汤 24h 培养菌液，稀释为 1 mL 含 1～8 个活菌，皮下注射体重 1.5～2kg 的健康兔，应于 2d 内死亡。以约 50 个活菌皮下注射体重 15～25 kg 的健康敏感猪，应于 3d 内死亡。

安全检验用体重 1.5～2 kg 兔 2 只各皮下注射疫苗 5 mL，用体重 18～22 g 小鼠 5 只各皮下注射疫苗 0.3 mL，观察 10d，均应全部健活。

效力检验用下列方法任择其一。

用体重 1.5～2 kg 兔 6 只，4 只皮下或肌内注射疫苗 2 mL，另 2 只作对照；21d 后，各皮下注射致死量的 C44－1 或 C44－8 强毒菌液（含活菌 80～100 个），观察 8d。对照兔全部死亡，免疫兔至少保护 2 只为合格。

用体重 15～30 kg 健康易感猪 8 头，各皮下注射疫苗 5 mL；21d 后，连同条件相同的对照猪 3 头，各皮下注射致死量的 C44－1 强毒菌液，观察 10d。对照猪全部死亡时，免疫猪应至少保护 4

头；对照猪死亡 2 头时，免疫猪应全部保护。

该疫苗经皮下或肌内注射，免疫期为 6 个月。断奶后的猪，不论大小均 5 mL。疫苗在 2～8℃保存，有效期为 12 个月。

猪肺疫氢氧化铝菌苗已使用几十年，取得了良好效果，但该菌苗对 A 群菌引起的猪巴氏杆菌病无效。郭大和等（1983）报道对 36 株猪源多杀性巴氏杆菌的荚膜分型结果中，A 群 15 株、B 群 17 株、D 群 4 株。四川省及广东省畜牧兽医研究所调查结果表明，A 群菌对养猪业的危害很大。姚龙涛等在上海地区使用 A 群菌菌苗预防猪巴氏杆菌病取得了较好的实际效果。

（4）猪多杀性巴氏杆菌病二价灭活疫苗　本品系用免疫原性良好的荚膜 A 群和荚膜 B 群多杀性巴氏杆菌接种适宜培养基培养，将培养物经甲醛溶液灭活、浓缩后，加氢氧化铝胶制成，用于预防由荚膜 A 群和荚膜 B 群多杀性巴氏杆菌引起的猪多杀性巴氏杆菌病。

安全检验用体重 1.5～2 kg 兔 2 只，各皮下注射疫苗 2 mL，观察 10d，均应健活；用体重 18～22 g 小鼠 5 只，各皮下注射疫苗 0.2 mL，观察 10d，均应健活。

效力检验用下列方法任择其一。

用兔效检时，用体重 1.5～2 kg 兔 8 只（分 A、B 两组，每组 4 只），各皮下注射疫苗 1 mL；21d 后，连同条件相同的对照兔 4 只（分 A、B 两组，每组 2 只），A 组皮下注射致死量的 C44－48 强毒菌液，B 组各皮下注射致死量的 C44－1 强毒菌液，观察 8d。每组对照兔全部死亡，免疫兔至少保护 2 只为合格。

用猪效检时，用体重 5～30 kg 健康易感猪 8 头（分 A、B 两组，每组 4 头），各皮下或肌内注射疫苗 3 mL；21d 后，连同条件相同的对照猪 6 头（分 A、B 两组，每组 3 头），A 组各皮下注射致死量的 C44－48 强毒菌液，B 组各皮下注射致死量的 C44－1 强毒菌液，观察 10d。每组对照猪全部死亡时，免疫猪应至少保护 3 头；对照猪死亡 2 头时，免疫猪应全部保护。

使用疫苗时，断奶后的猪不论大小，每头皮下或肌内注射 3 mL。免疫期为 7 个月。疫苗在 2～8℃保存，有效期为 12 个月。

（5）禽多杀性巴氏杆菌病灭活疫苗　生产菌株为免疫原性良好的鸡源荚膜 A 群多杀性巴氏杆菌 C48－2 强毒株，检验用菌株为鸡源荚膜 A 群多杀性巴氏杆菌 C48－1 强毒株。

取生产菌种，以含 0.1％裂解红细胞全血马丁肉汤 24h 培养菌液稀释为 1mL 含活菌 10 个，肌内注射 3～6 月龄的健康易感鸡 4 只，应于 3d 内全部致死；用 2～4 月龄健康易感鸡 4 只，各肌内注射疫苗 2 mL，21d 后，连同条件相同的对照鸡 2 只，各肌内注射致死量的 C48－1 强毒菌液，观察 10～14d。对照鸡应全部死亡，免疫鸡应至少保护 2 只。

疫苗生产时，要在含 0.1％裂解红细胞全血和 4％健康动物血清的改良马丁琼脂平板上挑选典型的 Fo 型菌落，接种鲜血琼脂斜面，制备一级种子，然后用鲜血琼脂斜面培养物接种含 0.1％裂解红细胞全血马丁汤制备二级种子，经纯粹检验合格后，用于菌液的制备。

培养时采用反应罐通气培养或静止培养均可，生产用培养基为含 0.1％裂解红细胞全血马丁汤，按培养基量的 1％～2％接种二级种子；37℃培养一定时间后，经纯粹检验和活菌计数，按菌液总量的 0.15％加入甲醛溶液进行灭活，经 37℃灭活 7～12h。灭活期间要不停搅拌，然后进行灭活检验，应无菌生长。

配苗时，按照菌液 5 份加灭菌的铝胶 1 份进行配苗，同时按疫苗总量加入 0.005％硫柳汞或 0.2％苯酚作防腐剂，充分搅拌。

安全检验用 2～4 月龄健康易感鸡 4 只，各肌内注射疫苗 4 mL，观察 10d，均应健活。

效力检验用 2～4 月龄健康易感鸡或鸭 4 只，各肌内注射疫苗 2 mL；21d 后，连同条件相同的对照鸡或鸭 2 只，各肌内注射致死量的 C48－1 强毒菌液，观察 10～14d。对照鸡或鸭全部死亡，免疫鸡或鸭至少保护 2 只为合格。

使用时，2 月龄以上的鸡或鸭肌内注射 2 mL，预防禽霍乱，免疫期为 3 个月。但用鸭做效力检验合格的疫苗，只适用于鸭，不能用于鸡。疫苗在 2～8℃保存，有效期为 12 个月。

（6）禽多杀性巴氏杆菌病油乳剂灭活疫苗生产菌株为免疫原性良好的鸡源荚膜 A 群多杀性巴氏杆菌 1502 或 TJ8 强毒株，检验用菌株为鸡源荚膜 A 群多杀性巴氏杆菌 C48－1 或 TJ8 强毒株。

将含 0.1％裂解红细胞全血马丁肉汤 24h 培养菌液稀释为 1 mL 含 10 个活菌，肌内注射 4～8 月龄健康易感鸡 4 只，应于 3d 内全部死亡。用本菌株制成的油乳剂疫苗注射 4～8 月龄健康易感鸡 5 只，每只颈部皮下注射 1 mL，于免疫 3～4 周后，连同条件相同的未免疫对照鸡 3 只，各肌内注射致死量的 C48－1 或 TJ8 强毒菌液，观察 14d。对照鸡全部死亡，免疫鸡至少保护 3 只为合格。

疫苗生产时，种子的制备和菌液的培养及灭活均与铝胶苗相同。

灭活后的菌液中要加铝胶（比例为 5：1）进行浓缩，静置 2～3d 后，弃去上清液，浓缩至全量的 1/2。

浓缩并经半成品检验合格后，进行配苗。用矿物油（10 号白油）94 份加司本－80 6 份混匀后再加硬脂酸铝 2 份作为油相；吐温－80 4 份和浓缩菌液 96 份混合作为水相；以油相 1 份和水相 1 份混合，搅拌乳化，并加 0.005％硫柳汞制成。

安全检验用 2～4 月龄健康易感鸡 4 只，各颈部皮下注射疫苗 2 mL，观察 14d，注苗局部无严重反应，且全部存活为合格。

效力检验用 3～6 月龄健康易感鸡或鸭 5 只，各颈部皮下注射疫苗 1 mL；21～28d 后，连同条件相同的对照鸡或鸭 3 只，各肌内注射致死量检验用强毒菌液，观察 14d。对照鸡或鸭全部死亡，免疫鸡或鸭至少保护 3 只为合格。

使用时，2 月龄以上的鸡或鸭颈部皮下注射疫苗 1 mL，预防禽多杀性巴氏杆菌病。免疫期，鸡为 6 个月，鸭为 9 个月。在 2～8℃保存，有效期为 12 个月。

注苗后一般无明显反应，有的有 1～3d 减食。在保存期内的产品，出现微量的油（不超过 1/10），经振摇后仍能保持良好的乳化状，可继续使用。用鸡效力检验合格的疫苗，可用于鸡和鸭。但用鸭效力检验合格的疫苗，只能用于鸭，而不能用于鸡。另外，用某些地方株制备的疫苗，在使用上会局限于某些地区使用，如用 TJ8 株生产的禽霍乱油乳剂疫苗仅限于天津地区使用。

（7）禽多杀性巴氏杆菌病蜂胶灭活疫苗　本疫苗是以免疫原性良好的禽多杀性巴氏杆菌 1～2 株作为生产菌株制取灭活菌液，用蜂胶为佐剂制成的蜂胶灭活疫苗。疫苗为黄色或黄褐色混悬液，静置后底部有沉淀，振摇后呈均匀混悬液。菌苗最终含菌量约为 10^{10} CFU/mL，蜂胶干物质含量为 10 mg/mL 左右。2 月龄以上鸡、鸭、鹅肌内注射 1 mL，保护率达 80％～100％，免疫持续期为6个月。疫苗在-15℃保存，不冻结，有效期为24个月；在2~8℃保存，有效期为18个月。用于预防禽多性巴氏杆菌病，同时可提高机体的非特异性免疫力与抗病力。但用鸭、鹅检验合格的疫苗，只能用于鸭、鹅，不能用于鸡。

国外，Solvay公司和Vineland公司等用1、3、4型多杀性巴氏杆菌生产的禽霍乱油乳剂灭活疫苗，免疫鸡和火鸡，鸡12周龄首免，火鸡8~10周龄首免，4~5周后二免，颈部皮下注射0.5 mL，免疫2次，可预防鸡、火鸡霍乱。

（8）兔、禽多杀性巴氏杆菌灭活疫苗　本品系用荚膜A群多杀性巴氏杆菌（兔1株）接种适宜培养基培养，收获培养物，经甲醛溶液灭活后，加氢氧化铝胶制成。用于预防兔、禽多杀性巴氏杆菌病。

安全检验用90日龄以上兔2只，各皮下注射疫苗4 mL，观察10d，均应健活；用60日龄以上健康易感鸡2只，各肌内注射疫苗4 mL，观察10d，均应健活。

用兔进行效力检验时，用90日龄以上兔5只，各皮下注射疫苗1 mL；21d后，连同条件相同的对照兔2只，各肌内注射致死量的A型强毒菌液，观察10d。对照兔全部死亡，免疫兔至少保护3只为合格。

用鸡进行效力检验时，用60日龄以上健康易感鸡5只，各颈部皮下注射疫苗1 mL；21d后，连同条件相同的对照鸡2只，各肌内注射致死量的A型强毒菌液，观察10d。对照鸡全部死亡，免疫鸡至少保护3只为合格。

本品用于皮下注射，90日龄以上兔、60日龄以上鸡每只1 mL。兔免疫期为6个月，鸡免疫期为4个月。2~8℃保存，有效期为12个月。

综上所述，我国目前的巴氏杆菌病灭活疫苗品种很多，且多以疫苗株的动物来源进行区分。近年来以联苗研究多见，如与兔病毒性出血症病毒、支气管败血波氏杆菌、产气荚膜梭菌等组成兔的二联或三联灭活疫苗，与鸡大肠杆菌组成二联灭活疫苗等。目前已批准生产的兔多联灭活疫苗中的巴氏杆菌菌种包括C51-17、C51-2、QLT-1、JN株等，已批准的鸡多联灭活疫苗中的巴氏杆菌菌种有BZ株等。疫苗佐剂也是多种多样，包括氢氧化铝胶、蜂胶、矿物油等，这些制品的生产工艺基本相同。

巴氏杆菌病灭活疫苗免疫期相对较短，免疫力不够坚实。但是，灭活疫苗的发展与新的免疫佐剂的发现和应用有着极为密切的关系，特别是近年来，由于油乳剂和蜂胶佐剂的研制成功，使灭活疫苗的应用前景更为广阔。与油乳剂疫苗相比，蜂胶疫苗系列产品具有以下特点：①从公共卫生看，更安全可靠，不影响家禽的生长和产蛋性能，对人体无副作用；②从免疫效果看，更快速、更高效、更持久，免疫后5d即可产生坚强的免疫力，保护率高达90%~100%，免疫期长达6个月以上；③从运输保存上看，更易于运输和保存，-10℃保存时不冻结，可保存24个月，2~8℃可保存18个月，10~20℃可保存12个月，20~30℃可保存3~6个月；④从使用上看，更方便，蜂胶疫苗的流动性好，不会因为温度的变化造成注射困难；⑤从免疫机制上看，蜂胶疫苗能全面启动机体免疫系统，既能刺激机体的细胞免疫，又能刺激机体的体液免疫等。另外，黄芪多糖、人参提取液等作为佐剂的添加成分及水佐剂等的研制，也极大地提高了灭活疫苗的使用前景。

2. 活疫苗　1880年巴斯德第一个提出用弱毒力的菌株制造活菌苗预防禽霍乱，但未成功，主要是减毒后菌种毒力不稳定。Bierer和Eleaxer（1968）、Bierer和Scott（1969）先后报道了禽霍乱疫苗试验情况，但结果不理想，未广泛使用。Bierer（1972、1977）提出将Cu株（Clemson university）弱毒菌制备的菌苗用于火鸡和鸡的饮水免疫，虽然有一定的残余毒力，但在美国是最早广泛使用的一种弱毒菌苗，目前已成为商品苗。Maheswaran等（1973）报告了其他弱毒菌株（如M-2283株）的试验结果，认为其可达到油佐剂疫苗免疫所产生的免疫期。

禽的弱毒活疫苗是利用自然弱毒株或经人工培养致弱的菌株研制而成。其优点是免疫力产生快（3~5d即可产生坚强免疫力），免疫原性好，平均近期保护率较高（可达60%~90%），免疫谱较广，生产成本低。不足之处是免疫期短，约3个月；安全性较差，常引起个别死亡或注射部位局部坏死或产蛋率下降。王文科等（1995）筛选的禽霍乱克隆89弱毒株，以一个免疫剂量免疫鸡后24h，用强毒攻击，保护率达80%，125d保护率为60%。刘学贤等（1996）从历年来分离、收集和保存的多株多杀性巴氏杆菌中筛选出既能适应鸡口服免疫又具有良好免疫原性的自然弱毒株Rl-23，安全性好，口服免疫后的近期保护率可达90％以上。宁振华等（1998）从典型霍乱病死鸡、鸭中分离出的强毒株中筛选出毒力较强、免疫原性较好的菌株，通过物理诱变方法致弱，从而获得了B26 - T1200弱毒株。

我国用于生产猪巴氏杆菌病弱毒活疫苗的菌株包括679 - 230株、EO630株、C20株、TA53株和CA株。用于生产禽多杀性巴氏杆菌病活疫苗的菌株包括G190E40和B26 - T1200株。我国现生产的弱毒活疫苗有以下几种。

（1）猪多杀性巴氏杆菌病活疫苗（679 - 230株）　多杀性巴氏杆菌679 - 230弱毒株是内蒙古生物药品厂用多杀性巴氏杆菌强毒株经高温培养选育成的弱毒株。其菌形及菌落形态与原始强毒菌相似，仍为Fg菌落型菌株，仅菌体稍粗大。测定其毒力时，对体重15～20 kg的健康仔猪以1500亿CFU的培养物混于饲料中自服，观察10d，健活；对体重300～400 g的豚鼠皮下注射50亿CFU的肉汤培养物，观察10d，除个别豚鼠注射局部有结痂外，不出现其他反应。但对兔注射10 CFU仍可致死。该菌株免疫原性较好。用体重15～20 kg健康仔猪4头，每头按10^7CFU活菌灌服或混合于饲料令其自服，免疫14d后攻击1～2个最小致死剂量的强毒菌液，可保护75％以上（或免疫猪保护4/4，对照猪死亡2/3以上）。此菌种如在鲜血琼脂上继代，放0～4℃保存半个月移植一次，不宜超过20代，菌落及其虹彩不应有所变异。

疫苗生产时，要在0.1％裂解血细胞全血和4％健康动物血清的改良马丁琼脂平板上挑选典型的Fg型菌落，接种鲜血琼脂斜面，制备一级种子；然后用鲜血琼脂斜面培养物接种含0.1％裂解血细胞全血马丁汤，制备二级种子，经纯粹检验合格后，用于菌液制备。

培养时采用反应罐通气培养或静止培养均可，生产用培养基为含0.1％裂解血细胞全血马丁汤，按培养基量的1％～2％接种二级种子；37℃培养一定时间后，经纯粹检验和活菌计数。将检验合格的菌液混合于同一容器内，加适量预热至37℃的明胶蔗糖硫脲稳定剂，使明胶含量为2％～3％、蔗糖含量为5％、硫脲含量为1％～2％，充分混合，定量分装。冷冻真空干燥后进行成品纯粹检验。

活菌计数时，取疫苗3瓶，按瓶签注明头份，用马丁汤稀释，用含0.1％裂解血细胞全血及4％健康动物血清的马丁琼脂平板，按活菌计数方法进行活菌计数。取3瓶疫苗中的最低菌数来核定本批次疫苗的头份数，每头份含菌应不少于$3×10^8$个。

安全检验用3种方法任择其二。用体重18～22 g小鼠5只，各皮下注射用生理盐水稀释的疫苗0.2 mL，含1/30个使用剂量；或用体重300～400 g豚鼠2只，各皮下或肌内注射2 mL，含15个使用剂量；或用体重15～30 kg健康易感猪2头，各口服100个使用剂量，观察10d，应全部健活。

效力检验可用小鼠或猪进行，两种方法任择其一。当用小鼠检验时，用体重16～18 g小鼠10只，各皮下注射用20％铝胶生理盐水稀释的疫苗0.2 mL，含1/150个使用剂量。14d后，连同条件相同的对照鼠3只，各皮下注射C44 - 1强毒毒液30～40 MLD；另用对照鼠3只，各皮下注射1 MLD，观察10d。注射30～40 MLD对照小鼠全部死亡，注射1 MLD对照小鼠至少死亡2只，免疫鼠至少保护8只为合格。

当用猪检验时，用体重15～30 kg健康易感猪4头，各口服1/2个使用剂量。14d后，连同条件相同的对照猪3头，各皮下注射C44 - 1强毒菌液1～2 MLD，观察10d。对照猪全部死亡时，免疫猪应至少保护3头；对照猪死亡2头时，免疫猪应全部保护。

该菌株生产的猪肺疫活疫苗只能口服，不能用于注射。使用时，用冷开水稀释，混于少量饲料内，让猪自由采食，不论猪只大小，口服1头份（含$3×10^8$个活菌）。疫苗稀释后应在4h内用完。用于预防猪多杀性巴氏杆菌病。疫苗在2～8℃保存，有效期为12个月，免疫期为10个月。

（2）猪多杀性巴氏杆菌病活疫苗（EO630弱毒株）　多杀性巴氏杆菌EO630弱毒株是原成都药械厂用猪源荚膜B群多杀性巴氏杆菌强毒株，通过在洗涤剂的培养基中连续传代选育而成。菌形与原强毒菌基本相似，其菌落结构密度较差，虹彩不够鲜明，毒力已显著减弱，对体重1.5～2 kg兔皮下注射$3×10^9$CFU活菌、对体重300～400 g豚鼠注射30亿CFU活菌、对体重10～15 kg仔猪肌内注射$(5～7.5)×10^{10}$CFU活菌，均全部不致死。用20％铝胶生理盐水稀释的本菌苗，以$7.5×(10^3～10^8)$CFU活菌免疫体重1.5～2 kg兔，以致死量强毒菌液攻击，平均保护 75%以上；用 2 亿 CFU 活菌免疫体重 10～15 kg 仔猪，攻击致死量强毒菌液，可获得 80%左右的保护力。

制造本菌苗使用 pH 7.4～7.6 的含 1%裂解红细胞全血的马丁肉汤，其他制备过程同猪肺疫内蒙古系弱毒菌苗。

安全检验用体重 1.5～2 kg 兔 2 只，每只皮下注射用 20%铝胶生理盐水稀释的疫苗 1 mL，含 10 个使用剂量，观察 10d，应全部健活。

效力检验用 3 种方法任择其一。用体重 16～18 g 小鼠 10 只，各皮下注射 0.2 mL，含 1/30 个使用剂量；14d 后，连同条件相同的对照小鼠 3 只，各皮下注射 C44-8 强毒菌液 2 MLD，另用对照鼠 3 只，各皮下注射 1 MLD，观察 10d。攻击 2 MLD 的对照鼠全部死亡，攻击 1 MLD 的对照鼠至少死亡 2 只，免疫鼠至少保护 8 只为合格。

或用体重 1.5～2 kg 兔 4 只，各皮下注射 1 mL，含 1/3 使用剂量；14d 后，连同条件相同的对照兔 2 只，各皮下注射 C44-8 强毒菌液 80～100 个活菌，观察 10d。对照兔全部死亡，免疫兔至少保护 2 只为合格。

或用断奶 1 个月后、体重约 20 kg 的健康易感猪 5 头，各皮下注射 1mL，含 1 个使用剂量；14d 后，连同条件相同的对照猪 3 头，各皮下注射致死量的 C44-1 强毒菌液，观察 10d。对照猪全部死亡时，免疫猪应至少保护 4 头；对照猪死亡 2 头时，免疫猪应全部保护。

使用时皮下注射或肌内注射 1 mL（含 3×10^8 个活菌），免疫期为 6 个月。该疫苗在 2～8℃ 保存，有效期为 6 个月；在－15℃以下保存，有效期为 12 个月。疫苗稀释后应在 4h 内用完。

（3）猪多杀性巴氏杆菌病活疫苗（C20 弱毒株）　多杀性巴氏杆菌 C20 弱毒株是由原黑龙江兽药一厂培育成功的。该菌株为 B 型菌，菌落型为 Fg 型，在含 4%马血清或含 0.1%裂解红细胞全血的马丁琼脂上培养 18～22h，肉眼观察，菌落呈浅蓝色虹彩；在低倍镜下扩大 15～20 倍，通过折光观察，可见鲜明的蓝绿色，菌落一侧边缘有狭窄的红黄光带。菌落较大，表面光滑隆起，边缘整齐。测定本菌株的毒力时，对体重 2 kg 左右兔皮下注射 500 万个 CFU 活菌，应不致死；对体重 5～25 kg 仔猪口服 1 000 亿 CFU 活菌，观察 10d，应健活。

制造本菌苗使用 pH 7.2～7.4 马丁肉汤（猪胃消化汤中的胃含量增至 45%），其他制备程序基本同猪肺疫内蒙古系弱毒菌苗。

安全检验用体重 2～2.5 kg 兔 2 只，各皮下注射用生理盐水稀释的疫苗 1.0 mL，含 1/200 个使用剂量；或用体重 15～30 kg 健康易感猪 2 头，各口服 100 个使用剂量，观察 10d，应全部健活。

效力检验用下列方法任择其一。

用体重 16～18 g 小鼠 10 只，各皮下注射用 20%铝胶生理盐水稀释的疫苗 0.2 mL，含 1/250 个使用剂量；14d 后，连同条件相同的对照鼠 3 只，各皮下注射 C44-1 强毒菌液 0.2 mL（含活菌 60～80 个），观察 10d。对照鼠全部死亡，免疫鼠至少保护 8 只为合格。

或用体重 15～30 kg 健康易感猪 4 头，各口服 1/5 个使用剂量；14d 后，连同条件相同的对照猪 3 头，各皮下注射 C44-1 强毒菌液 1～2 MLD，观察 10d。对照猪全部死亡时，免疫猪应至少保护 3 头；对照猪死亡 2 头时，免疫猪应全部保护。

使用时，按瓶签注明的头份将疫苗用冷开水稀释，混于少量饲料内，使猪自服。不论猪只大小，均口服 1 头份（含 5×10^8 个活菌），免疫期为 6 个月。疫苗在 2～8℃ 保存，有效期为 12 个月。

（4）猪多杀性巴氏杆菌病活疫苗（TA53 弱毒株）　原新疆生物药品厂用多杀性巴氏杆菌 TA53 弱毒株生产的猪肺疫活疫苗，用于预防由荚膜 B 群多杀性巴氏杆菌引起的猪肺疫。

使用时，按瓶签注明的头份用 20%铝胶盐水稀释，每头猪皮下注射或肌内注射 1 mL（含 5 000 万个活菌），免疫期为 12 个月。该疫苗在－15℃保存，有效期为 24 个月；在 2～8℃ 保存，有效期为 6 个月。

（5）猪多杀性巴氏杆菌病活疫苗（CA 弱毒株）　禽源多杀性巴氏杆菌 CA 弱毒株是原广东生物药品厂培育的用于生产猪肺疫活疫苗的菌株，主要用于预防由荚膜 A 群多杀性巴氏杆菌引起的猪肺疫。

安全检验时，按瓶签注明头份用 20%铝胶生理盐水稀释，肌内注射体重 15～30 kg 健康易感猪 2 头，每头 60 个使用剂量，观察 10d，应健活。

效力检验时，下列方法任择其一。

用体重 18～22 g 小鼠 10 只，各皮下注射 0.2 mL（含 1/100 个使用剂量）；14～21d 后，连同条件相同的对照鼠 10 只，各皮下注射 P71 强毒菌液 1～2 MLD，观察 10d。对照鼠应至少死亡 8 只，免疫鼠应至少健活 7 只。

或用体重 15～30 kg 健康易感猪 5 头，各皮下注射 1 mL，含 2/3 个使用剂量；14～21d 后，连同条件相同的对照猪 4 头，各静脉注射 P71 强毒菌液 1～2 MLD，观察 10～14d。对照猪全部死亡时，免疫猪应至少保护 4 头；对照猪死亡 3 头时，免疫猪应全部保护。

使用时，按瓶签注明的头份用 20％铝胶盐水稀释，每头断奶后猪皮下注射或肌内注射 1 mL（含 3×10^8 个活菌），免疫期为 6 个月。该疫苗在 -5℃ 以下保存，有效期为 12 个月；在 2～8℃ 保存，有效期为 9 个月。

（6）禽多杀性巴氏杆菌病活疫苗（G190E40 株）　生产菌株为鸡源荚膜 A 群多杀性巴氏杆菌 G190E40 株，检验用菌株为禽多杀性巴氏杆菌 C48-1 株。

生产菌株 G190E40 菌株是原黑龙江兽药一厂（1972）用多杀性巴氏杆菌 C48-1 株在豚鼠上传 190 代和在鸡胚传 40 代后，培育成功的一株弱毒株。对 4 月龄以上的来航鸡皮下或肌内注射 60 亿 CFU 活菌可引起减食、精神沉郁，但不引起死亡。

制造 G190E40 弱毒菌苗时，使用 pH7.2～7.4、含 0.1％裂解血细胞全血的马丁肉汤，接种菌种并培养。按菌液 5 份加入明胶蔗糖保护剂 1 份（最终使菌液中含 1.2％～1.5％明胶及 5％蔗糖），混合后分装、冻干即成。

鉴别检验时，G190E40 弱毒株在含 0.1％裂解血细胞全血及 4％健康动物血清的改良马丁琼脂平板上，36～37℃ 培养 16～22h，肉眼观察，菌落表面光滑、微蓝色。在低倍显微镜下，45°折光下观察，菌落结构细致、边缘整齐、呈灰蓝色、无荧光。

活菌计数时，按瓶签注明羽份，用马丁汤稀释并进行计数，每羽份疫苗中的活菌，鸡应不少于 2×10^7 个、鸭 6×10^7 个、鹅 10^8 个。

安全检验时，按瓶签注明羽份，用 20％铝胶生理盐水稀释为 1 mL 含 100 羽份。用 3～4 月龄健康易感鸡 4 只，各肌内注射 1 mL，观察 10～

14d，应全部健活。

效力检验时，按瓶签注明羽份，用 20％铝胶生理盐水稀释为 1mL 含 1 羽份。用 3～6 月龄健康易感鸡 4 只，各肌内注射 1 mL；14d 后，连同条件相同的对照鸡 2 只，各肌内注射致死量的 C48-1 强毒菌液，观察 10～14d。对照鸡全部死亡，免疫鸡至少保护 3 只为合格。

用 G190E40 弱毒菌株生产的禽霍乱活疫苗，主要用于预防 3 月龄以上鸡、鸭、鹅的多杀性巴氏杆菌病。使用时，将疫苗用 20％铝胶盐水稀释成 0.5 mL（疫苗 1 羽份），各肌内注射 0.5 mL，鸡含 2×10^7 个活菌、鸭含 6×10^7 个活菌、鹅含 10^8 个活菌，免疫期为 3.5 个月。疫苗在 2～8℃ 保存，有效期为 12 个月。

（7）禽多杀性巴氏杆菌病活疫苗（B26-T1200株）　B26-T1200 菌株是广西兽医研究所从 56 株禽多杀性巴氏杆菌强毒株中选择毒力较强、免疫原性较好的 B25、B26、B27 三个菌株进行人工致弱，其中 B26 株在 0.1％裂解血细胞全血中通过物理诱变方法致弱。在传代过程中，把培养温度从 37℃ 逐步提高到 45℃，每 12h 传一代而成功致弱；当传到 1200 代时，毒力显著减弱，且保持良好的免疫原性和培养特性。这样经液体、高温、幼龄传代 1200 次，得到毒力明显减弱、免疫原性良好的禽多杀性巴氏杆菌弱毒菌株。

该疫苗的制备与禽多杀性巴氏杆菌病活疫苗（G190E40 株）基本相似。

鉴别检验时，B26-T1200 菌株在含 0.1％裂解血细胞全血及 4％健康动物血清的马丁琼脂平板上，36～37℃ 培养 16～20h，肉眼观察，菌落表面光滑、呈灰白色；在低倍显微镜下，45°折光下观察，菌落结构细致、边缘整齐、橘红色、边缘呈浅蓝色虹彩。

活菌计数时，按瓶签注明羽份，用马丁汤稀释并计数。每羽份疫苗中的活菌数，鸡应不少于 3×10^7 个，鸭应不少于 9×10^7 个。

用 B26-T1200 菌株生产的禽霍乱活疫苗，主要用于预防 2 月龄以上的鸡和 1 月龄以上鸭的多杀性巴氏杆菌病。使用时，将疫苗用 20％铝胶盐水稀释成 0.5 mL 含疫苗 1 羽份，各肌内注射 0.5 mL，鸡含 3×10^7 个活菌、鸭含 9×10^7 个活菌，免疫期为 4 个月。疫苗在 2～8℃ 保存，有效期为 12 个月。

目前国内还有不少单位研究禽霍乱弱毒菌苗，已选育出10多株弱毒株，但与目前生产的两种弱毒苗基本相似，免疫持续期均较短。更为安全、免疫效力可靠、免疫期更长的较理想的弱毒苗，还有待进一步深入研究。

（8）兔多杀性巴氏杆菌活疫苗 本品系用多杀性巴氏杆菌弱毒菌株接种适宜培养基培养，收获培养物，加适宜稳定剂，经冷冻真空干燥制成。用于预防兔多杀性巴氏杆菌病。

活菌计数时，按瓶签注明头份，用马丁肉汤稀释后，每头份含活菌应不少于 10^7 个。

安全检验用体重 1.5～2.5 kg 健康易感兔4只，股内侧皮下注射 10^9 个活菌，观察 14d，均应健活。

效力检验用体重 1.5～2.5 kg 健康易感兔4只，股内侧皮下注射 10^7 个活菌；14d 后，连同条件相同的对照兔4只，在对侧皮下注射致死量强毒菌，观察 14d。对照兔应全部死亡，免疫兔应至少保护3只。

将疫苗用 20% 灭菌铝胶盐水稀释并摇匀，每只股内侧皮下注射 0.2 mL（含1头份），免疫期为5个月。疫苗在 2～8℃ 保存，有效期为 12 个月。

（三）治疗用制品

已有的治疗用制品为抗猪、牛多杀性巴氏杆菌病血清。本品系用免疫原性良好的荚膜B群多杀性巴氏杆菌制成的免疫原多次接种动物后，采血，分离血清，加适当防腐剂制成。用于预防和治疗猪、牛多杀性巴氏杆菌病。

安全检验用体重 18～22 g 小鼠5只各皮下注射血清 0.5 mL，用体重 350～450 g 豚鼠2只各皮下注射血清 10 mL（可分两点注射）。观察 10d，均应全部健活。

效力检验时，下列方法任择其一。

用体重 1.5～2 kg 兔4只，按每千克体重 2 mL皮下注射血清；24h 后，连同条件相同的对照兔2只，各皮下注射 100 MLD 的 C44-2（或 C47-2）强毒菌液，观察 10d。对照兔全部死亡，免疫兔至少保护3只为合格。

用体重 18～22g 小鼠18只，分为3组，每组6只。第1组每只皮下注射血清 0.1 mL，第2组每只 0.05 mL，第3组每只 0.03 mL（注射时，各组血清可用生理盐水稀释，注射量均为

0.5 mL）。24h 后，连同条件相同的对照小鼠3只，各皮下注射 200 倍稀释的 C44-1（或 C47-2）马丁肉汤 24h 培养强毒菌液 0.2 mL，观察 10d。对照鼠于 72h 内全部死亡，注射血清 0.1 mL剂量组的小鼠全部保护，注射 0.03 mL 及 0.05 mL 剂量组的小鼠至少保护8只为合格。

使用时：2月龄内仔猪，预防剂量为 10～20 mL，治疗剂量为 20～40 mL；2～5 月龄仔猪，预防剂量为 20～30 mL，治疗剂量为 40～60 mL；5～10 月龄仔猪，预防剂量为 30～40 mL，治疗剂量为 60～80 mL；小牛，预防剂量为 10～20 mL，治疗剂量为 20～40 mL；大牛，预防剂量为 30～50 mL，治疗剂量为 60～100 mL。均为皮下注射。

本血清为牛或马源，注射后可能发生过敏反应，应注意观察。该血清在 2～8℃ 保存，有效期为 36 个月。

五、展望

多杀性巴氏杆菌是非常重要的动物病原，也是人的条件性致病菌之一。由于其抗原性、宿主特异性和致病机理的不同，其感染宿主也存在很大差异，一些特定的血清型可导致动物发生某些严重的巴氏杆菌病，如禽霍乱、牛出血性败血症、猪肺疫和猪萎缩性鼻炎等，给畜牧业造成重大损失，无论国内外，其危害性已经引起了人们的高度重视。国内外研究人员在开发高效、安全的疫苗方面做了大量研究，我国在全菌灭活疫苗、减毒活疫苗和菌体成分亚单位苗的制备上已取得了一定成果。多杀性巴氏杆菌血清型较多，不同地区的菌株差异明显，现有疫苗还不能对多种血清型菌株引起的疾病进行有效预防，研发针对多种血清型的新型疫苗是今后研究的方向。同时，随着对巴氏杆菌各成分的生化性质、抗原性、免疫原性和毒性作用的深入研究，亚单位苗、基因缺失苗等也是今后研究的重点。在对本菌引起的巴氏杆菌病的防治中，除接种疫苗外，还需采取加强饲养管理、药物治疗等综合防治措施。

（赵 耘 万建青）

主要参考文献

甘孟侯，1999. 中国禽病学 ［M］. 北京：中国农业出版

社．

甘孟侯，杨汉春，2005. 中国猪病学 [M]. 北京：中国
　农业出版社．

陆承平，2007. 兽医微生物学 [M]. 4版. 北京：中国农
　业出版社．

宁宜宝，2008. 兽用疫苗学 [M]. 北京：中国农业出版社．

谢波，朱必凤，杨旭夫，2010. 多杀性巴氏杆菌抗原的研
　究进展 [J]. 韶关学院学报（自然科学版），6（31）：
　91-94.

赵耘，杜昕波，李伟杰，2010. 利用菌落多重 PCR 方法
　进行不同动物来源多杀性巴氏杆菌鉴定的研究 [J]. 中
　国兽医杂志，8（46）：3-6.

第三节　链球菌病

一、概述

链球菌病（Streptococcal disease）为链球菌属（*Streptococcus*）细菌引起的畜禽传染病的总称。链球菌普遍散播在自然界，其中许多是引起人畜链球菌病的病原菌。病原性链球菌的致病力各不相同，抗原结构也较为复杂，免疫原性一般不太强。故对畜禽链球菌病的预防，至今尚无理想的疫苗。

二、病原

链球菌属的细菌属革兰氏阳性菌，无运动性，不形成芽孢；通常呈圆形或卵圆形，有荚膜，单个、成对或链状排列，需氧或者兼性厌氧，接触酶和氧化酶阴性，对糖类具有不同的发酵性。多数致病性链球菌在普通肉汤中生长不良。根据其在血琼脂平板上生长时的溶血性，可分为3类：α 溶血为不全溶血，常在菌落周围形成绿色溶血带，

此类链球菌致病力微弱；β 溶血为完全溶血，在菌落周围形成清晰透明的溶血带，此类链球菌致病力较强；γ 溶血在菌落周围无可见的溶血，此类链球菌无致病力。

（一）形态及染色

链球菌呈圆形或卵圆形，直径小于 2.0 μm，常呈链状或成双排列。肉汤内对数生长期的链球菌常呈长链排列。革兰氏阳性、老龄的培养物或被吞噬细胞吞噬的细菌呈现阴性。除个别 D 群菌外，均无鞭毛。A、B、C 群等多数有荚膜。

（二）培养特性

大多数为兼性厌氧菌，少数为厌氧菌。最适生长温度为 37℃，最适 pH 为 7.4~7.6。致病菌营养要求较高，普通培养基中生长不良，需添加血液、血清、葡萄糖等。在血液琼脂平板上长成直径 0.1~1.0 mm、灰白色、表面光滑、边缘整齐的小菌落。血清肉汤中初呈均匀混浊，后呈颗粒状沉淀管底，上清液透明。

（三）生化特性

根据生物学特性和生化反应不同，在《伯杰氏细菌鉴定手册》中已列出 20 多个代表种。兽医临床上重要的链球菌种有马链球菌马亚种（马腺疫链球菌）、无乳链球菌、停乳链球菌、乳房链球菌、化脓链球菌、马链球菌兽疫亚种（兽疫链球菌）等（表 17-3）。这些链球菌不能在含 6.5% 氯化钠及 40% 胆汁的肉汤中生长，在 10℃ 以下、45℃ 以上不生长，除无乳及乳房链球菌外均不分解马尿酸钠，但均能分解葡萄糖、蔗糖，不分解菊糖和棉实糖，除马链球菌兽疫亚种外也均不分解山梨醇。

表 17-3　主要病原链球菌的特性

菌　　　种	兰氏分群	6.5% NaCl 生长	马尿酸钠	七叶苷	甘露醇	山梨醇	乳糖	菊糖	棉实糖	海藻糖	水杨苷
无乳链球菌 *S. agalactiae*	B	-	+	-	-	-	+	-	-	+	(+)
牛链球菌 *S. bovis*	D	-	-	+	d	-	+	+	+	d	+
犬链球菌 *S. canis*	G	-	-	d	-	-	(+)	-	-	(+)	?
停乳链球菌 *S. dysgalactiae*	C	-	-	-	-	-	-	-	-	-	-
停乳链球菌类马亚种 *S. dysgalactiae* ssp. *equisimilis*	C	-	-	-	-	-	d	-	-	+	(+)

（续）

菌　种	兰氏分群	6.5%NaCl生长	马尿酸钠	七叶苷	甘露醇	山梨醇	乳糖	菊糖	棉实糖	海藻糖	水杨苷
马链球菌马亚种 *S. equi* ssp. *equi*	C	－	－	－	－	－	－	－	－	－	＋
马链球菌兽疫亚种 *S. equi* ssp. *zooepidemicus*	C	－	－	－	－	＋	＋	－	－	－	＋
类马链球菌 *S. equinus*	D	－	－	＋	－	－	－	＋	＋	d	(＋)
海豚链球菌 *S. iniae*	－	－	－	＋	?	－	－	－	?	＋	＋
肺炎链球菌 *S. pneumoniae*	－	－	－	(＋)	－	－	＋	＋	＋	＋	d
化脓链球菌 *S. pyogenes*	A	－	－	－	d	－	－	－	－	－	－
猪链球菌 *S. suis*	R, S	－	－	d	－	－	＋	(＋)	(＋)	＋	＋
乳房链球菌 *S. uberis*	－	(＋)	＋	＋	＋	＋	＋	＋	－	＋	＋

注："＋"指阳性反应；"－"指阴性反应；"（＋）"指反应缓慢；"d"指阳性或阴性因菌种而不同。

（四）抗原性分类

链球菌的抗原结构比较复杂，包括属特异、群特异及型特异 3 种抗原。

核蛋白抗原为属特异抗原，又称 P 抗原，并与葡萄球菌属有交叉。

群特异性抗原是兰氏（Lancefield）分类的基础，用大写英文字母表示，目前已确定 20 个血清群，从 A 到 V，缺 I 和 J，常见的为 A～G 群。不过有的分离株往往不能定群。动物病原菌以 B、C 群较多，人的病原菌多为 A 群。群特异抗原是存在于链球菌细胞壁中的多糖成分，其抗原决定簇为氨基糖类，如 A 群链球菌是鼠李糖 N-乙酰葡萄糖胺，C 群为鼠李糖 N-乙酰半乳糖胺，而 F 群则为葡萄糖 N-乙酰半乳糖胺。

型特异性抗原又称表面抗原，是位于多糖抗原之外的蛋白质抗原。A 群链球菌具有 M、R、T 等蛋白质抗原，M 蛋白与致病性及免疫原性有关。依据表面抗原不同，可分为若干个血清型。已知兽疫链球菌至少有 8 个型，A 群链球菌的血清型多达 60 个以上。非 A 群链球菌有的具有类 M 蛋白结构。近年来发现许多链球菌细胞壁中含有一种蛋白成分，称为链球菌蛋白 G（strepto-coccal protein G，SPG），能与人及多种哺乳动物的 IgG Fc 片段结合，但不与其他各类 Ig 结合，也不与禽类的 Ig 结合。

（五）致病性和毒力因子

致病性链球菌可产生各种毒素或酶，可致人

及牛、马、猪、羊、犬、猫、鸡、实验动物和野生动物等多种疾病。

1. 链球菌溶血素　分为氧敏感和对氧稳定两种。前者称为溶血素 O（streptolysin O，SLO），后者称为溶血素 S（streptolysin S，SLS）。SLO 为一种胆固醇结合的穿孔毒素，对氧敏感，所含—SH 基遇氧被氧化为—SS—基，暂时失去溶血能力，加入亚硫酸钠或半胱氨酸等还原剂时可恢复溶血作用。SLO 对心肌有较强的毒性作用，也能破坏中性粒细胞、巨噬细胞和神经细胞，静脉注射兔和小鼠可迅速致死。各种链球菌产生的 SLO 的抗原性相同，人和动物感染后可检出 SLO 抗体。SLS 是含糖的小分子肽，呈 β 溶血，对氧稳定，无抗原性，对热和酸敏感，不易保存。SLS 也能破坏白细胞、血小板等。对兔静脉注射也可迅速致死。

2. 致热外毒素　旧名红疹毒素，主要由 A 群链球菌产生，人的猩红热即由其所致，C、G 群的一些菌株也产生。该毒素是一种蛋白质，有 A、B、C 3 种，分子质量分别为 8 000 U、17 000 U、13 000 U，具有抗原性，对兔小剂量皮内注射可引起局部红疹，大剂量注射可致全身红疹。

链球菌的不同致病菌株可分别产生链激酶（streptokinase，SK，又名溶纤维蛋白酶）、链道酶（streptodoranse，SD，又名链球菌 DNA 酶）、透明质酸酶等，其性质和葡萄球菌的酶类相似。致病性链球菌细胞壁上的脂磷壁酸（LTA）等与动物皮肤及黏膜表面的细胞具有高度亲和力，其荚膜成分、M 蛋白等具有抗吞噬作用，后者是菌毛样物，还有黏附作用。

（六）抵抗力

本属细菌的抵抗力不强，对热较敏感，煮沸可很快被杀灭，常用浓度的各种消毒药均能杀灭。对青霉素、磺胺类药物敏感。

无乳链球菌在 40％胆汁中能生存，乳房链球菌 60℃ 30min 能生存，但巴氏灭菌法可很快杀灭无乳链球菌、停乳链球菌及乳房链球菌。一般消毒药作用 15min 可使上述 3 种菌死亡。

猪链球菌 2 型常污染环境，在粪、灰尘及水中能存活较长时间。在水中该菌在 60℃ 下可存活 10min，50℃ 为 2h。在 4℃的动物尸体中可存活 6 周。0℃时灰尘中的细菌可存活 1 个月，粪中则为 3 个月；25℃ 时在灰尘和粪中则只能存活 24h 及 8d。

脓汁中的马链球菌马亚种在干燥条件下可生存数周，如在密闭容器内可存活 5～6 个月，在水中能生存 6～9d。对热抵抗力不强，86℃ 15min 可使之死亡，煮沸则立即致死。1∶1 000 升汞、3％～5％石炭酸 10～15min、2％甲醛 10min 及 1∶2 000洗必泰、1∶10 000 度米芬、消毒净、新洁尔灭在 5min 内能将其杀灭。本菌对龙胆紫、结晶紫、青霉素、磺胺类药物等敏感，临床常用这些药品治疗。

肺炎链球菌的抵抗力不强，在病料中的细菌于冷暗处可生存数月，直射阳光下 1h 或 52℃ 10min 即可杀灭。许多消毒药如 5％石炭酸、0.1％升汞、1∶10 000 高锰酸钾等很快使本菌死亡。

（七）致病性

链球菌病是由链球菌属中的致病性链球菌所致人和动物共患的一种多型性传染病。目前，临床上已报道的重要链球菌病病原菌大多是 β 溶血型。存在于人和动物的皮肤、呼吸道、消化道及尿生殖道的黏膜上，能够引起皮肤、呼吸道及软组织感染，如肺炎、菌血症、心内膜炎、脑膜炎、泌尿生殖道炎症及关节炎等疾病，是最重要的细菌性传染病之一。

禽的链球菌病是由禽链球菌感染引起禽的一种急性败血性传染病，世界各地均有发生，多呈地方性流行。有的表现为急性败血性传染病，有的呈慢性感染，死亡率在 0.5％～50％不等。禽链球菌病的特征是昏睡、持续性下痢、跛行、瘫痪、冠及肉髯苍白、羽毛粗乱等，伴有神经症状。病理剖检可见皮下组织及全身浆膜水肿、出血，实质器官，如肝、脾、心、肾肿大，有点状坏死，脑膜出血，腹膜炎，输卵管炎等病变。

链球菌马亚种是引起马腺疫的病原体，过去称之为马腺疫链球菌。在自然条件下，马、骡、驴等单蹄兽都可感染，尤以 1 岁左右的幼驹最易感染发病，哺乳马驹和 5 岁以上者很少发病。猪、牛、羊、犬等少受感染。猫对本菌非常敏感，接种肉汤培养物可致死。小鼠腹腔接种肉汤培养物，在 2～10d 内可发生败血病或脓毒血症而死亡。兔和豚鼠不敏感。

乳链球菌、停乳链球菌及乳房链球菌都是牛乳腺炎的病原体，可引起牛、山羊和绵羊的急性、慢性乳腺炎，其中最常见的是无乳链球菌，对其他家畜未发现致病作用。无乳链球菌能引起婴儿败血症及人的心内膜炎、脑膜炎和肺炎等，人医临床对该菌以 B 群链球菌相称。实验动物中只有小鼠和兔对停乳链球菌敏感，将其 18h 血清肉汤培养物注入小鼠腹腔，或给兔静脉接种，可使动物在 1 周内死亡。

猪链球菌根据荚膜抗原的差异分为 35 个血清型（1～34 及 1/2）及相当数量无法定型的菌株，其中 1、2、7、9 型是猪的致病菌。2 型最为常见，也最为重要，它可感染人而致死。1998 年及 2005 年在我国曾有猪链球菌 2 型大范围感染猪和人的报道。本菌致猪脑膜炎、关节炎、肺炎、心内膜炎、多发性浆膜炎、流产和局部脓肿。在易感群可暴发败血症而突然死亡。猪链球菌 2 型是人的机会致病菌，从事屠宰或其他与生猪肉打道的人易通过伤口感染，可引起人脑膜炎、败血症和心内膜炎，并可致死。

羊败血性链球菌病是绵羊、山羊的一种急性热性传染病，特征为全身性出血性败血症、卡他性肺炎、纤维素性胸膜肺炎和胆囊肿大等。病原为马链球菌兽疫亚种（*Streptococcus equi* ssp. *zooepidemicus*，SEZ），1932 年德国和匈牙利报道过本病，Rafy（1953）从病羊分离到 C 群兽疫链球菌。1952 年在青海、1959 年在四川阿坝藏族羌族自治州曾流行此病，随后在新疆和甘肃等地也有发生，发病死亡率较高。本病在牧区广泛存在，绵羊对本病最易感，山羊也易发。本病常呈地方流行性或散发，且具有明显的季节性，多在冬春季节发生。发病率一般 5％～24％，死亡率很高，如治疗不及时，致死率可达90％左右。近年来耐药菌的感染逐渐增多，致死率更高。

马链球菌兽疫亚种与马亚种和类马亚种同属于兰氏C群。根据菌体表面类M蛋白（M-like protein）抗原性差异，可进一步分为15个血清型。马链球菌兽疫亚种主要引起马、猪、牛、犬、猫等多种动物下呼吸道感染，并引发败血症、脑膜炎、关节炎、肺炎等症状及突发性死亡。偶有感染人的报道，引发人脑膜炎和肾小球肾炎等，严重的甚至导致死亡。马链球菌兽疫亚种引起的动物疫病呈世界性分布，但不同区域流行有各自的特点。欧美等地该病多发生于马、奶牛、羊等动物，而我国主要是在猪群中流行。1975年，我国西南地区暴发马链球菌兽疫亚种（当时称为兽疫链球菌）引起的猪链球菌病，仅四川地区就死亡生猪30多万头，损失巨大。从此次流行分离的猪源株已被美国菌种保存中心收藏，命名为ATCC35246。1977年广西51个县市又出现猪链球菌病的大流行，损失惨重，病原为马链球菌兽疫亚种。1993年在对我国19个省、市、自治区采集的126份致病性猪源链球菌进行分群鉴定时发现，马链球菌兽疫亚种占其中的72.22％；1997—1999年从上海分离到的15株致病性猪源链球菌中，有4株为马链球菌兽疫亚种。

三、免疫学

患链球菌病的动物康复后具有一定的免疫力。用疫苗作主动免疫或用高免血清进行被动免疫治疗，均为可供选择的治疗方法。但真正能够产生保护性抗体的物质主要是M蛋白。这种抗原因群间型别的不同而有所差异，因此产生的免疫力较低。

牛、山羊和绵羊感染发生乳腺炎后，对乳链球菌、停乳链球菌及乳房链球菌3种细菌均不产生明显的免疫力，目前也无可靠的多价菌苗。

自然感染马腺疫的马匹恢复后对本病有坚强的免疫力。灭活疫苗具有较好的免疫效果，但制苗株必须与流行株菌型一致才有效。抗毒素可以用于紧急预防注射。与流行株血清型一致的菌株作为抗原制备的免疫血清具有一定的防治作用，产生的免疫力可保持15～20d。

猪链球菌病多于每年7～10月份流行，其余时间亦有零星散发的病例。本病的灭活疫苗、弱毒苗和亚单位保护性抗原在一些国家进行过研究，但免疫效果极为不同。

患链球菌病的羊康复后具有一定的免疫力，感染羊可产生体液免疫。一般情况下接种疫苗14d后可产生坚强的免疫力，血清中出现沉淀抗体和补体结合抗体。

四、制品

（一）诊断试剂

根据临诊和病理变化，结合流行病学特点，对动物和人的链球菌病不难做出初步诊断。确诊需进行实验室检查。

1. 细菌学检查

（1）细菌形态学　取发病或病死动物的脓汁、关节液、鼻咽内容物、肝、脾、肾组织或心血等，任选2～3种，制成涂片或触片，干燥、固定、染色、镜检。应有革兰氏染色阳性、球形或椭圆形并呈短链状排列的链球菌。

（2）细菌分离培养　选取上述病料，接种于含血液琼脂培养基，置37℃培养24h，应长出灰白色、透明、湿润黏稠、露珠状菌落。菌落周围出现β型或α型溶血环（猪、羊、兔链球菌为β型，牛为α型）。

（3）动物接种　选取上述病料，接种于马丁肉汤培养基，经24h培养，取培养物注射实验动物或本动物，小鼠皮下注射0.1～0.2 mL或兔皮下或腹腔注射0.1～1 mL，应于2～3d内死于败血症，并应从实质脏器中分离出链球菌。

2. 酶联免疫吸附试验　创立于1971年，具有特异性强、敏感性高、简便快速等优点。目前本方法的研究多集中在猪链球菌病的检测和诊断上。2001年建立了检测马链球菌兽疫亚种和猪链球菌2型抗体的间接ELISA方法。选用全菌抗原、超声波裂解抗原、荚膜多糖抗原建立了检测两种抗体的间接ELISA方法。结果显示，3种抗原检测60份免疫后的血清，马链球菌兽疫亚种和猪链球菌2型的荚膜多糖抗体阳性率分别为98.3％和96.7％，全菌抗体阳性率分别为91.7％和85％，超声波抗原的抗体阳性率均为88.3％；分别对免疫前50份血清、免疫后156份血清、60份临床采集血清用此试剂盒进行检测，结果表明荚膜多糖抗体阳性率均在90％以上。上述结果表明，荚膜多糖-ELISA方法具有较好的稳定性、特异性和敏感性。我国已批准注册的华中农业大学、武汉科前动物生物制品有限责任公司、武汉中博生物股份有限公司研发的猪链球菌 2 型 ELISA 抗体检测试剂盒，就是利用 2 型猪链球菌的荚膜多糖为包被抗原建立的间接 ELISA 抗体检测方法。

3. PCR 技术　多重 PCR 能够同时扩增不同片段，具有普通 PCR 方法不可比拟的优势。多重 PCR 方法在细菌、病毒、支原体、衣原体及寄生虫的检测、微生物耐药性检测等方面的应用已经十分广泛。陆承平等 2005 年建立了多重 PCR 方法，能够同步检测猪链球菌毒力相关因子基因 cps、mrp、epf 和 sly。对 72 株种属背景明确的试验菌株（包括猪链球菌 48 株、阴性对照株 24 株）及 49 个猪的临床分离株样本进行检测分析，结果表明，在 48 株猪链球菌中，cps 检出率为 33.3%，mrp 检出率为 29.2%，epf 检出率为 25%，sly 检出率为 54.2%。Smith HE（1999）报道了用 PCR 方法鉴别诊断 1、2、9、14 和 1/2 型猪链球菌。Wisselink（1999）报道认为 PCR 在进行猪链球菌 1 型、2 型及其强弱毒株的鉴定上有很高的特异性和敏感性。

4. 基因芯片技术　基因芯片是近年来广泛应用于基因序列分析、基因突变检测、基因组文库分析以及病原诊断等领域的一项技术。该技术通过将大量核酸探针以微阵固定于支持物上，当荧光标记的靶分子与芯片上的探针分子结合后，可通过检测荧光信号强度来分析获得被检样本的基因信息，因而可实现高通量、多靶基因的检测和分析。随着大量病原微生物基因组序列测定的完成，基因芯片在致病性微生物快速检测中将得到广泛应用。

（二）疫苗

对几种常见的动物链球菌病，虽有一些免疫制剂，但都不够理想。几种动物链球菌病的疫苗分述如下。

1. 马腺疫　马链球菌马亚种（*Streptococcus equi* ssp. *euqi*）是引起马驹腺疫病的病原，半岁到 5 岁内的马最易感染。患本病的马康复后，可获得一定的免疫力，但人工接种马亚种灭活疫苗，不能产生可靠的免疫力。对本病的预防，在 20 世纪 50 年代以前主要采用综合防制措施。主动免疫最初用链球菌培养液加热或加甲醛溶液灭活的菌苗，二次免疫注射有效。经改进，将极幼龄培养的链球菌短暂加热灭活作为疫苗，免疫的马发病率明显减少。日本的梅野曾创制类毒素苗，即选用溶血性强的马链球菌马亚种，接种于加血清的肉汤中，培养 24h，移植于葡萄糖肉汤再培养 24h，加 0.5% 甲醛溶液灭活 2d，除菌过滤而成的溶血素类毒素苗，用于免疫 1 岁以下马驹，经 3 次免疫注射，剂量分别为 5、10 和 15 mL，可产生主动免疫力。由于需要多次注射，用量又较大，很少使用。我国在 20 世纪 30—50 年代曾试用过灭活疫苗，免疫力不佳。当前在牧场为防止本病扩散，在饲料中增加磺胺类药物，连续饲喂 3d，可收到短期预防效果。

2. 羊链球菌病　羊链球菌病是一种急性热性败血性传染病。绵羊最为易感，山羊次之。对败血性羊链球菌病疫苗，国外研究很少，我国青海兽医研究所于 1957 年首先从流行区分离出链球菌，证明人工感染的耐过羊有免疫力。据此，选出毒力强的菌株制成氢氧化铝胶灭活疫苗，皮下注射 5 mL 可使 75% 羊得到保护，免疫期为 6 个月。1973 年后青海兽医生物制品厂研制成功弱毒活疫苗。弱毒菌株是用强毒羊源 C 群兽疫链球菌通过鸽和鸡、培养基 42～44℃ 高温培养交替传代育成。制成的冻干苗以 4 亿活菌皮下注射绵羊后安全，以 50 万活菌（1 头份）经尾根皮下注射，75% 以上羊可获得免疫保护力。小羊剂量减半。也可在室内或室外进行气雾免疫。免疫期达 12 个月以上。目前上述两种疫苗均在生产和使用。

3. 猪链球菌病　主要是由猪链球菌（*Streptococcus suis*，SS）感染引起的一种常见的猪传染病，除猪链球菌外，马链球菌兽疫亚种（*S. equi* ssp. *zooepidemicus*，SEZ）、马链球菌类马亚种（*S. equi* ssp. *equisimilis*）和兰氏（Lancefiled）分群中 D、E、L 群链球菌等也可引起猪链球菌病。世界各国均有发生，危害严重，其临床症状主要表现为败血症、脑膜炎、心内膜炎和关节炎等。我国 20 世纪 70—80 年代猪群中发生的猪链球菌病，其病原主要是马链球菌兽疫亚种（当时称为兽疫链球菌）。1998 年和 2005 年我国江苏和四川两次暴发的猪链球菌感染疫情，其病原均为猪链球菌 2 型。猪链球菌不仅感染猪，也可导致人发病和死亡。猪链球菌病不仅给养猪业造成严重经济损失，也给公共卫生和食品安全带来威胁，甚至危害到人体健康。

猪链球菌是世界范围内引起猪链球菌病最主要的病原。根据细菌荚膜抗原的差异，最先分为 35 个血清型（1～34 及 1/2）及相当数量无法定型的菌株。鉴于 32 型及 34 型与其他型差异较大，Hill（2005）建议将二者划为一个新种，名为鼠口腔链球菌（S. orisratti）。现在公认的 33 个血清型（1～31、33 及 1/2）中，1、2、7、9 型是猪的致病菌，2 型（SS2）最为常见，也最为重要。SS2 可引起猪脑膜炎、败血症、脓肿等；也可感染人，引起脑膜炎、感染性休克，严重时可致人死亡。

（1）灭活疫苗　国内外从事本病的免疫研究者不多。早期的研究中，采用铝胶灭活疫苗接种临产前母猪或仔猪，对预防本病有一定效力，但保护力不高。近年来，弱毒疫苗和矿物油佐剂疫苗的研究成为猪链球菌病防治的热点。Engel-breckt（1968—1972）曾用失去毒力的 E 群链球菌制成冻干苗，给 10～15 周龄猪口服，免疫保护率达 88%；又用 E 群Ⅳ型弱毒活疫苗接种不同月龄的猪，对 2.5 月龄以上猪的免疫有较好效果。Wood（1977）用 C 群类马链球菌 1 型通过牛心汤培养，收集菌体，用 PBS 制成 $3×10^9$ 浓度的菌悬液，经超声波裂解，加等量弗氏佐剂配成油乳剂疫苗，接种猪后可产生 1∶320 以上的血清补体结合抗体，对猪免疫效力良好。可惜因制苗工艺较复杂，未见推广应用的报道。此外，Elliott（1980）用猪链球菌Ⅱ型多糖抗原加油佐剂、Wess-man（1977）用高压灭菌浸出的可溶性抗原加油佐剂、Opdebeeck（1984）将链球菌和葡萄球菌培养液混合配成油佐剂疫苗，均有一定的免疫力。

1977 年中国兽医药品监察所与成都兽医生物药品厂合作，采用自败血型猪链球菌病流行区死猪分离的乙型溶血的兰氏 C 群猪链球菌，通过敏感猪增强毒力，再取纯培养物作种子，大量接种于含 1% 裂解红细胞全血及 0.2% 葡萄糖的缓冲肉汤培养，制成铝胶灭活疫苗。对猪接种 5 mL，可获得 66% 以上保护力。在四川流行区推广应用，控制了猪链球菌病的流行。以后又以该灭活疫苗为基础制成油乳剂疫苗，增强了疫苗的免疫效力。

目前批准注册的灭活疫苗有上海市畜牧兽医站、上海海利生物药品有限公司、南京农业大学 2006 年联合研发的"猪链球菌灭活疫苗（马链球菌兽疫亚种＋猪链球菌 2 型）"，华中农业大学、武汉科前动物生物制品有限责任公司、武汉中博生物股份有限公司 2011 年联合研发的"猪链球菌病灭活疫苗（马链球菌兽疫亚种＋猪链球菌 2 型＋猪链球菌 7 型）"，山东滨州华宏生物制品有限责任公司 2012 年研发的"猪链球菌病蜂胶灭活疫苗（马链球菌兽疫亚种＋猪链球菌 2 型）"，武汉科前动物生物制品有限责任公司 2016 年研发的"猪链球菌、副猪嗜血杆菌病二联灭活疫苗（LT 株＋MD0322 株＋SH0165 株）"等。

（2）弱毒活疫苗　猪链球菌能在白细胞中存活，因此应用活疫苗能刺激机体产生细胞免疫。尽管活疫苗有一定的保护力，但其存在的风险难以评估。我国的弱毒疫苗株包括广西兽医研究所的 G10S115 和广东佛山兽医专科学校的 ST171 株，分别在一定范围内应用，结果证明安全有效。其中生产量较大、使用范围较广的是 ST171。该菌株对小鼠和兔尚有一定毒性，但对猪安全。制成的冻干疫苗给猪皮下注射后可产生 75% 以上的免疫保护力，免疫期为 6 个月。

目前已经批准注册的活疫苗为"猪败血性链球菌病活疫苗"，该疫苗的制苗菌株为猪链球菌弱毒 ST171 株。

（3）亚单位疫苗及基因工程疫苗　王建等（2003）用热酸法提取马链球菌兽疫亚种 ATCC 35246 株的类 M 蛋白，分别用羟基磷灰石（HAT）层析纯化和冷酒精纯化，并将粗制的类 M 蛋白、两种方法纯化的蛋白及灭活菌体制成疫苗免疫小鼠，保护率分别为 92%、100%、100% 和 83%。范红结等将马链球菌兽疫亚种的类 M 蛋白基因和猪链球菌 2 型的 MRP 基因进行串联表达，重组蛋白的免疫保护率达 60%。范红结（2003）将马链球菌兽疫亚种类 M 基因和猪链球菌 2 型 mrp 基因融合片段的重组质粒转化大肠杆菌 BL21，经 IPTG 诱导，表达了相对分子质量为 60 ku 左右的融合蛋白，制成马链球菌兽疫亚种和猪链球菌 2 型的二联灭活疫苗，接种猪 3 周后以 5 LD_{50} 的 ATCC 35246 和 HA 9801 强毒株进行攻击，结果表明免疫保护率达 90%。这为猪链球菌病的防治提供了一个有益的研究方向。但到目前为止我国尚没有批准注册的此类产品，仍需进行大量的试验研究工作。

五、展望

链球菌种类很多，在自然界分布甚广，可引起人和动物的各种化脓性疾病、肺炎、乳腺炎、败血症等。因此，进行快速诊断、定型、流行病学监测具有重大理论意义和现实意义。在链球菌病的防治方面，多价苗、多联苗目前呈现良好的发展势头。在国外，Oxford公司用副猪嗜血杆菌和猪源链球菌制备的猪嗜血杆菌、链球菌二联灭活疫苗，对每头猪肌内注射 2 mL，3 周后再接种一次，以预防猪的胸膜肺炎和猪链球菌病。另外，Oxford公司还采用支气管败血波氏杆菌、丹毒杆菌、多杀性巴氏杆菌和猪链球菌制备四联灭活疫苗，对每头猪肌内注射 2 mL，3 周后再接种一次，可用于预防猪的萎缩性鼻炎、猪丹毒、猪肺疫和猪链球菌病。这些研究和开发工作必将为种类多、血清型多、感染动物多的链球菌病的防治产生很好的作用。

（何孔旺　赵　耘　金梅林　万建青）

主要参考文献

范红结，陆承平，唐家琪，2003. 马链球菌兽疫亚种类 M 基因和猪链球菌 2 型 mrp 基因片段的融合表达及仔猪免疫试验 [J]. 南京农业大学学报，26（4）：78-81.

陆承平，2013. 兽医微生物学 [M]. 5 版. 北京：中国农业出版社.

Feng Y, Zhang H, Wu Z, et al, 2014. *Streptococcus suis* infection：an emerging/reemerging challenge of bacterial infectious diseases [J]. Virulence, 5（4）：477-497.

Fittipaldi N, Segura M, Grenier D, et al, 2012. Virulence factors involved in the pathogenesis of the infection caused by the swine pathogen and zoonotic agent *Streptococcus suis* [J]. Future Microbiology, 7（2）：259-279.

Gottschalk M, Segura M, Xu J, 2007. *Streptococcus suis* infections in humans：the Chinese experience and the situation in North America [J]. Animal Health Research Reviews, 8（1）：29-45.

Nghia H D, Tu le T P, Wolbers M, et al, 2011. Risk factors of *Streptococcus suis* infection in Vietnam [J]. PloS one, 6（3）：e17604.

Tang J, Wang C, Feng Y, et al, 2006. Streptococcal toxic shock syndrome caused by *Streptococcus suis* serotype 2 [J]. PLoS Medicine, 3（5）：e151.

Wang J, Liu P H, Lu C P, et al, 2003. The development of swine streptococcus killed vaccine [J]. Journal Nanjing Agriculture University, 26（1）：70-73.

Yu H, Jing H, Chen Z, et al, 2006. Human *Streptococcus suis* outbreak, Sichuan, China [J]. Emerging Infectious Diseases, 12（6）：914-920.

第四节　葡萄球菌病

一、概述

葡萄球菌病（Staphylococcosis）是由金黄色葡萄球菌（*Staphylococcus*）或其他葡萄球菌感染引起的人兽共患传染病。葡萄球菌常引起皮肤的化脓性炎症，也可引起菌血症、败血症和各内脏器官的严重感染。除鸡、兔等可呈流行性发生外，其他动物多为个体的局部感染。

1880 年巴斯德首次从疖脓汁中分离到葡萄状排列的细菌，给兔皮下注射后能引起脓疡。1882 年奥格斯顿（Ogston）确定，化脓过程中一部分是由葡萄球菌引起的。劳森巴赫氏（Rosenbach）在 1884 年首次从人的创伤脓液中分离到葡萄球菌并详细介绍了葡萄球菌的培养特征。近 20 年来，在人医和兽医中葡萄球菌已引起了人们的广泛关注。一方面，除了引起人的大量炎症之外，还能产生肠毒素污染食品，在一定条件下可引起食物中毒；另一方面，由于近代抗生素疗法的广泛应用，在食物（包括动物饲料）中加入抗生素，从而使原本只有兼性病原作用的葡萄球菌常在人和动物中引起疾病。因此，葡萄球菌现已是广泛分布于全世界的病原菌之一，引起了普遍重视。目前，欧洲、美洲、日本和澳大利亚都有本病的发生。我国有资料报道，在乳牛、马、驴、山羊、绵羊、犬、兔、猪、鸡、鸭、鸟类、小鼠和豚鼠等均有本病发生，对鸡的危害最大，乳牛及兔次之。

葡萄球菌广泛分布于自然界中，水、空气、土壤、食物，甚至动物粪便均可成为其生长繁殖的基质。葡萄球菌对环境的抵抗力较强，在干燥的脓汁或血液中可存活 2~3 个月，80℃ 条件下 30 min 才能杀灭，但煮沸可迅速使其死亡。葡萄球菌对消毒剂的抵抗力不强，一般消毒剂均可杀灭。葡萄球菌对磺胺类药物和青霉素、金霉素、土霉素、红霉素、新霉素等抗生素较敏感，但易产生耐药性。

葡萄球菌常引起两类疾病：一类是化脓性疾病，如动物的创伤感染、脓肿、蜂窝织炎、关节炎、败血症和脓毒败血症等。此外还包括乳腺炎，在许多地区金黄色葡萄球菌是奶牛乳腺炎最主要的病原。另一类是毒素性疾病，被葡萄球菌污染的食物或饲料引起人或动物的中毒性呕吐、肠炎及人的毒素休克综合征等。

二、病原

葡萄球菌（*Staphylococcus*）为革兰氏阳性球菌，无鞭毛，不形成芽孢和荚膜。常呈葡萄串状排列，在脓汁或液体培养基中常呈双球或短链状排列。为需氧或兼性厌氧菌。葡萄球菌对营养要求不高，普通培养基上生长良好，培养基中含有血液、血清或葡萄糖时生长更好。最适生长温度为 37℃，最适 pH7.4。在普通琼脂平板上形成湿润、表面光滑、隆起的圆形菌落，直径 1～2 mm。菌落依菌株不同形成不同颜色，初呈灰白色，继而为金黄色、白色或柠檬色。在室温中产生色素最好。血液琼脂平板上生长的菌落较大，有些菌株菌落周围还有明显的溶血环（β 溶血），产生溶血菌落的菌株多为病原菌。在普通肉汤中生长迅速，初混浊，管底有少量沉淀。

过去按产生的色素将葡萄球菌分为 3 种：金黄色葡萄球菌（*Staphylococcus aureus*）、白色葡萄球菌（*Staphylococcus albus*）、柠檬色葡萄球菌（*Staphylococcus citreus*）。1974 年将葡萄球菌属分为 3 种：金黄色葡萄球菌（*Staphylococcus aureus*）、表皮葡萄球菌（*Staphlococcus epiderrrtidis*）和腐生葡萄球菌（*Staphlococcus saprophyticus*）。《伯杰氏细菌鉴定手册》则将本属细菌分为 20 多种。其中主要的致病菌为金黄色葡萄球菌。

不同菌株的生化特性不相同，多数菌株能分解乳糖、葡萄糖、麦芽糖和蔗糖，产酸不产气。致病菌株多能分解甘露醇，产酸，非致病菌则无此特性。还原硝酸盐，不产生靛基质。

葡萄球菌细胞壁上的抗原构造比较复杂，含有多糖及蛋白质两类抗原。金黄色葡萄球菌的荚膜多糖抗原可分为 11 个型，临床分离株多为 5 型和 8 型。荚膜的重要成分为 N-乙酰氨基糖醛酸及 N-乙酰岩藻糖胺。荚膜产生基因由单个染色体操纵子调控。所有人源菌株都含有葡萄球菌蛋白 A（staphylococcal protein A，SPA），动物源菌株则少见。但不同菌株的 SPA 含量差别很大。SPA 能与人、猴、猪、犬及几乎所有哺乳动物免疫球蛋白的 Fc 片段非特异结合，结合后的 IgG

仍能与相应抗原进行特异性反应，这一现象已广泛用于免疫学检测及诊断技术。

葡萄球菌的抗原性主要体现于它的外毒素与胞外酶上。①金黄色葡萄球菌肠毒素（SES）。可与受体牢固结合，使肠上皮细胞急剧活化，引起细胞分泌功能突然增强，最终导致腹泻综合征。其本质是作为外源性抗原，激活大量具有相同 $TCR\alpha\beta$ 的 $CD4^+$ T 细胞，产生过量的细胞因子，发生细菌 LPS 样败血性休克或免疫耐受，从而降低机体免疫力。②溶细胞毒素。作用于敏感细胞膜脂质成分，如金黄色葡萄球菌 β 溶血素，具有 PLC 的活性，以神经鞘磷脂和溶血卵磷脂为底物，在 Mg^{2+} 存在下，可以将神经鞘磷脂水解成 N-酰基神经鞘氨醇和磷脂胆碱。金黄色葡萄球菌 α 溶血毒素可插入膜脂质双层结构形成通道，溶解细胞。金黄色葡萄球菌 δ 毒素有表面活性剂作用，能降低胞膜表面活性并使膜破裂。③杀白细胞素。只损伤中性粒细胞和巨噬细胞，由 F（快）与 S（慢）两种组分协同作用，使白细胞胞膜的 IP3 变构，产生 Na-K 泵功能失调，导致膜电位难以维持，白细胞运动能力下降，胞内颗粒排出，细胞死亡。④毒性休克综合征毒素 1（TSST-1）。分为葡萄球菌肠毒素 F（SEF）与致热性外毒素 C（pyrogenic exotoxic，PEC），可引起毒性休克综合征（TSS）。症状涉及多个系统，如发热、呕吐、腹泻、低血压，类猩红热样皮疹及脱屑，继之休克。⑤表皮剥脱毒素（exfoliative toxin，ET）。亦名表皮溶解毒素（epidermolytic toxin）。多见于新生儿与幼儿皮肤表皮层细胞的剥落及葡萄球菌烫伤样皮肤综合征（SSSS）。⑥胞外酶如凝固酶（coagulase）。金黄色葡萄球菌可产生血浆凝固酶，此酶可使宿主血浆中的纤维蛋白原转变为固态纤维蛋白，包绕菌体，抗吞噬能力加强。过去人们多认为凝固酶阴性葡萄球菌（coagulase negative *staphylococci*，CNST）如表皮葡萄球菌是不致病的，但临床调查结果证明，在手术中特别是装有人工关节或心脏起搏器或导管插入的病人易感染此菌。此菌还可以引起创伤感染、菌血症、尿路感染，并且发现多数 CNST 抗药性强，因而日益受到重视。

葡萄球菌的致病力取决于其产生毒素和酶的能力。已知致病性菌株能产生血浆凝固酶、肠毒素、皮肤坏死毒素、透明质酸酶、溶血素、杀白细胞素等多种毒素和酶。大多数金黄色葡萄球菌能产生血浆凝固酶，还能产生数种能引起急性胃肠炎的蛋白质性的肠毒素。

1930 年，Dack 等从食物中成功分离到稳定分泌肠毒素的葡萄球菌毒株，并通过动物体内试验首次验证葡萄球菌肠毒素能够引发食物中毒。最初，仅有 SEA、SEB、SEC、SED、SEE 5 种肠毒素被报道，因此又被称为经典肠毒素。随着研究的深入，SEF（toxic shock syndrome toxin - 1，TSST - 1）、SEG、SHE、SEI、SEJ、SEK、SEM、SEN 等新型肠毒素逐渐被发现，且种类不断增加。目前，葡萄球菌肠毒素依血清型可分为 21 种，依基因型可分为 24 种。若按照氨基酸序列同源性分类，可分为三大类：①SEA 和 SEB 类，对灵长类动物具有强烈的催吐活性；②TSST- 1 类，分子较小且无明显催吐活性；③SEP类，尚未明确其催吐活性。

葡萄球菌肠毒素（staphylococcal enterotoxins，SEs）是由血浆凝固酶或耐热核酸酶阳性葡萄球菌，如金黄色葡萄球菌（Staphylococcus aureus，SA）和表皮葡萄球菌（Staphylococcus epidermidis，SE）等产生的一组单肽链可溶性胞外蛋白质毒素。该毒素家族结构相关、毒力相似，但抗原性不同，其中以金黄色葡萄球菌产生的肠毒素致病力最强，是导致食物中毒的常见重要致病因子。除引起急性胃肠炎外，葡萄球菌肠毒素还可引发毒性休克综合征（toxic shock-like syndrome，TSS），亦与川崎病、银屑病等免疫疾病相关，已成为世界性卫生难题。与此同时，作为被发现的第一个超抗原，其独特高效的诱导机体免疫机制依旧备受关注。

三、免疫学

人和动物对金黄色葡萄球菌有一定程度的固有免疫力，患病后虽能获得不同程度的特异性抗体，但不能防止再度感染。抗菌免疫与抗毒素的产生无关，产生的抗毒素不能抑制细菌增殖。成年人或成年动物甚至可以耐受百万个葡萄球菌而不发生轻度感染，能产生特异性保护抗体不出现症状，而少数个体可被同一菌株的葡萄球菌多年反复感染，不表现免疫记忆。

动物的抵抗力部分依赖吞噬细胞对侵入机体的金黄色葡萄球菌的吞噬能力。特异性抗血清免疫失败的原因是中性粒细胞的吞噬作用需要免疫球蛋白和调理素（通常为 C3）参与，单纯的特异性抗血清不能增加中性粒细胞的吞噬功能。研究表明，补体缺失后，中性粒细胞的迁移和外渗能力下降 50%，同时吞噬力也随之减弱。致病菌的数量和毒力、先天的抗病性和后天获得性免疫为感染金黄色葡萄球菌的三个作用因子，其中疫苗不能奏效的原因通常是后天免疫缺陷或失败。

造成传统疫苗效果不佳的原因可能是金黄色葡萄球菌具有荚膜多糖。荚膜多糖具有抗吞噬活性且阻止中性粒细胞识别抗金黄色葡萄球菌细胞壁成分的抗体。荚膜多糖的免疫原性弱，不能引发抗体反应；且为 T 细胞非依赖性抗原，不能刺激产生免疫记忆反应，不能诱导有效浓度的调理性抗体。因此，如何提高荚膜多糖的免疫原性，对于研制更为有效的金黄色葡萄球菌疫苗至关重要。

在宿主对抗金黄色葡萄球菌感染的过程中，体液免疫与细胞免疫都发挥着重要作用。理想的抗金黄色葡萄球菌疫苗应该包含一些分泌性毒素抗原和细胞壁耦联的相关抗原，而这些抗原能够激发宿主产生保护性抗体，以及诱导产生分泌 IFN - γ 和 IL - 17 的 T 细胞，而 IL - 17 对于中性粒细胞驱动与活化十分重要。

与免疫有关的组分包括以下几种：

荚膜多糖（capsular polysaccharide，CP），用荚膜分型法可将金黄色葡萄球菌分成 11 个血清型。临床上常见的致病菌株主要为 5 型和 8 型，这两型之和占临床分离菌株的 70%~80%。荚膜多糖能保护细菌免受宿主免疫系统识别、杀伤。

聚- N -琥珀酰 β- 1- 6 葡萄糖胺（poly-N-succinylβ - 1 - 6 glucosamine，PNSG）表面多糖，由 ica 基因表达产物合成。对表皮葡萄球菌和其他凝集素阴性葡萄球菌（CoNS）临床流行病学和动物试验的研究均表明，PNSG 和致病性密切相关。

纤维粘连结合蛋白（fibronectin-binding protein，FnBP）又称为纤维蛋白结合蛋白或纤连蛋白结合蛋白，是金黄色葡萄球菌分泌的一种识别黏附基质分子的微生物表面组分，它能特异性地与存在于血浆、体液和胞外基质中相对分子质量约为 450 kDa 的纤维蛋白（fibronectin，Fn）结合，从而能使细菌有效地黏附于宿主组织中，引起宿主感染。重组的纤维粘连结合蛋白在大鼠心内膜炎模型和小鼠乳腺炎模型中均表现出免疫保护性。抗 FnBP 抗体显示出了调理活性。

毒性休克综合征毒素 1（toxic shock syn-drome toxin-1，TSST-1）由噬菌体Ⅰ群金黄色葡萄球菌产生，引起的主要症状为高热、低血压、红斑皮疹伴脱屑和休克等。

多数致病性葡萄球菌产生溶血素，按抗原性不同，至少可分为 α、β、γ、δ、ε 5 种，化学成分为相对分子质量约 30 kDa 的蛋白质，65℃ 30min 即可破坏。对人致病的主要是 α 溶血素。

四、制品

由于金黄色葡萄球菌的致病机制比较复杂，至今尚未研制出一种理想的疫苗。当前应用最多的是灭活的油佐剂多价自体菌苗。不管是灭活疫苗、活疫苗，还是表面抗原和类毒素疫苗，它们只能减少金黄色葡萄球菌的流行性和发病的严重程度，但不能根除疾病的发生。

早在 1902 年就有人将金黄色葡萄球菌体外培养、全菌灭活，制成灭活疫苗免疫接种牛，但结果表明免疫保护效果并不理想。国内 1989 年哈尔滨兽医研究所研制出鸡葡萄球菌硫柳汞灭活疫苗和结晶紫疫苗，对轻度感染有一定作用。张玉焕于 1994 年进行鸡葡萄球菌的浓缩双相油乳剂灭活疫苗的研制，该疫苗的免疫期达 40d 以上，保护率可达 86.6%。研究者认为治疗金黄色葡萄球菌的理想抗原为荚膜多糖结合疫苗（capsular poly-saccharide conjugate vaccine），因其产生的抗体具有型特异性，并能调理吞噬作用。美国已批准使用的 Somato-Staph 和 Lysigin 两种金黄色葡萄球菌疫苗均是基因工程亚单位疫苗，其中的主要成分是提取的金黄色葡萄球菌荚膜多糖。

我国目前尚无正式批准的葡萄球菌疫苗。对一种慢性、机会性疾病而言，国内外对葡萄球菌病原学、发病学及流行病学、预防，以及治疗的研究都取得了较明显的成就。然而就葡萄球菌病的治疗难度（无论从药物还是疫苗）来看，仍需要对其发病机制进行全面揭示。

五、展望

多年来，学者们在金黄色葡萄球菌疫苗研制方面做了大量工作。Watson 等（1981）分别用灭活的金黄色葡萄球菌疫苗和减毒活疫苗接种乳牛，发现两种疫苗都有抗金黄色葡萄球菌感染的作用，且活疫苗的效果好于灭活疫苗。Tollersrud 等（2000）用福尔马林灭活的表达 5 型荚膜（CP5）的全菌体疫苗接种牛，产生了高效价的抗 CP5 抗体。由于全菌体疫苗中除保护性抗原外，还有许多与免疫保护不相关的或有毒的成分，毒副反应大，因此，人们主要将目光集中到与免疫有关的各种组分疫苗上。

按不同方法可将各种金黄色葡萄球菌组分疫苗进行不同分类。例如，依据化学成分的不同，可分为多糖疫苗、蛋白疫苗和核酸疫苗；依据组分所处的部位不同，可分为以毒素为主的胞外成分疫苗、以荚膜多糖和表面蛋白为主的表面成分疫苗，以及以核酸为主的胞内成分疫苗；依据疫苗产生抗体的功能作用不同，可划分为抗毒素疫苗和抗菌疫苗。

美国 NIH、NABI 公司、哈佛大学医学院和挪威国家兽医研究所对结合疫苗进行了较多研究。NABI 公司将金黄色葡萄球菌 5 型和 8 型荚膜多糖与无毒的重组铜绿假单胞菌外毒素 A（rEPA）结合制备成的二价多糖蛋白结合疫苗取名 Staph-VAX，在动物试验中已取得成功。

以 PNSG 作为疫苗接种动物，可显著增强机体抗金黄色葡萄球菌感染的能力。被动保护试验也取得了良好的结果。由于临床上分离的大多数血浆凝固酶阴性葡萄球菌菌株（CoNS）均表达 PNSG，金黄色葡萄球菌和 CoNS 共占医院感染病人血液中分离到的葡萄球菌总数的 40%～60%，因此，PNSG 可作为一种有效的疫苗用于预防医院中的葡萄球菌感染、预防社区大范围流行的金黄色葡萄球菌感染，以及预防对家畜造成重大经济损失的金黄色葡萄球菌感染。

Brennan 等（1999）成功地将 D2 区的 1～30 氨基酸残基表达在植物病毒（Icosahedral cowpea mosic virus）表面，命名为 CPMV-MAST1；将 D2 区的 1～38 氨基酸残基表达在另一植物病毒（Rod-shaped potato virus）表面，命名为 PVX-MAST8。获得的抗原加入 QS-21 佐剂后皮下免疫小鼠和大鼠。试验结果表明，重组蛋白有良好的免疫原性，具备成为有效疫苗的潜能。部分金黄色葡萄球菌菌株可以产生肠毒素，该肠毒素为一组生物活性相似、相对分子质量 23000～29000 的单链蛋白质，可分为 7 个血清型，即 SEA、SEB、SEC1、SEC2、SEC3、SED 和 SEE。这些毒素与食物中毒和毒素性休克有关。Nilsson 等（1999）用缺失超抗原活性的重组 SEA 免疫接种小鼠进行试验，结果表明这种 rSEA 可降低小鼠败血症的发生率并延长感染后的存活时间。Stiles 等（2001）用重组减毒的金黄色葡萄球菌肠毒素 B 对小鼠进行黏膜免疫，发现产生的抗体对致死性休克有保护作用。

Gampfer 等（2002）研制双突变和福尔马林灭活的 TSST-1 疫苗，在对兔进行的试验中，经初免和 3 次加强免疫后，所有接种兔均产生了抗体并获得了保护力。

Herbelin 等（1997）用 α 溶血素对乳牛进行乳腺内接种，发现 α 溶血素有激活并促进中性粒细胞向乳腺内募集的作用。Hume 等（2000）在家兔试验金黄色葡萄球菌性角膜炎中，发现用 α 溶血素类毒素免疫能保护角膜免遭损伤。Bubeck 等（2008）用 α 溶血素突变体免疫小鼠，产生了 IgG 抗体，提供了抗金黄色葡萄球菌肺炎的保护作用，用此抗体进行被动保护试验，结果显示可保护小鼠抵抗金黄色葡萄球菌的攻击，亦可防止人肺上皮细胞损伤。

金黄色葡萄球菌至少有 15 种与毒素有关的基因的表达受到 RNAⅢ 分子调控。RNAⅢ 是一种由 P3 启动子驱动的 agr 基因所编码的大小为 510 bp 的调控 mRNA。RNAⅢ 的转录又需得到激活蛋白（RNAⅢ-activating protein，RAP）的诱导激活才能得以实现。RAP 是一种 N 端氨基酸序列为 IKKYKPITN、分子质量约 38 kDa 的蛋白质。Balaban 等（2001）用 RAP 免疫小鼠，结果表明可显著预防金黄色葡萄球菌感染。

芝加哥大学 Yukiko 等（2006）采取了"反向疫苗学"新方法，先从获得的不同金黄色葡萄球菌菌株基因组中分析筛选到 19 个保守性表面蛋白基因，用大肠杆菌进行表达，用亲和层析纯化目标蛋白，将这些表面蛋白注射到小鼠体内，评测其免疫反应，并鉴定出其中 IsdA、IsdB、SdrD 和 SdrE 4 种蛋白质能引起最强的免疫反应。最后研究人员将上述 4 种疫苗混合免疫接种后，用 5 株不同特性的产毒或耐药金黄色葡萄球菌菌株进行致死性攻击，试验表明混合疫苗提供了显著的保护作用。若各种蛋白单独使用，则保护作用低或无保护作用。

中国第三军医大学邹全明等利用反向遗传学原理，采用高通量疫苗保护抗原靶标筛选与发现技术，筛选出战争创伤严重感染致病菌 MRSA 保护性抗原，构建了 MRSA 重组多亚单位疫苗菌株，纯化的蛋白疫苗在动物试验中能有效刺激机体产生较高的体液免疫应答和良好的免疫保护作用。该 MRSA 重组多亚单位基因工程疫苗及其制备方法等研究成果获得了国家发明专利。

由于核酸疫苗是将外源基因与真核质粒重组后直接导入细胞内，使外源基因在宿主细胞内表达合成保护性抗原蛋白，这与病菌自然感染十分相似，既能产生细胞免疫，又能产生体液免疫，使其在疾病的预防和治疗方面备受关注。有学者对金黄色葡萄球菌核酸疫苗进行研究。Nour 等（2006）用哺乳动物表达载体 pCI 构建表达金黄色葡萄球菌聚集因子（ClfA）的 DNA 疫苗，用表达载体 pGEX 构建表达 ClfA 重组蛋白，用这种 DNA 疫苗对乳牛初免，用重组蛋白疫苗进行加强免疫，取得了良好的初步试验结果。Gaudreau 等（2007）构建了表达 ClfA、FnBPA 和 Sortase 酶的多基因质粒疫苗，动物试验表明，所有实验动物均产生了 Th1 和 Th2 反应、产生以 IgG2a 为主的功能性抗体、持续产生 IFN-γ 和 CD8+ T 细胞为主的免疫反应。免疫攻毒试验结果表明，多基因疫苗免疫的小鼠存活率达到 55%，而对照组存活率为 15%。陈宇光等（2007）构建了金黄色葡萄球菌 DNA 疫苗 pcDNA3.1（+）-Minigene 并申请了中国专利，该 DNA 疫苗能刺激小鼠机体产生明显和持久的特异性淋巴细胞增殖反应，以及一定水平的体液免疫，与相应的 pcDNA3.1 接种的阴性对照组相比，差异显著（$P<0.05$）。同时，从攻毒试验的结果来看，pc DNA3.1（+）-Minigene 质粒诱导小鼠产生了抗金黄色葡萄球菌感染的抗体，对免疫小鼠起到了免疫保护作用。

除上述组分疫苗外，对金黄色葡萄球菌的其他成分也进行了疫苗研制试验，如磷壁酸、肽聚糖、胶原结合蛋白等，在小鼠模型试验中，这些组分疫苗也表现出一定的免疫原性和免疫保护性。

临床有效的条件致病菌疫苗有可能由不同化学成分的多靶位疫苗组成，其主要组分的作用同等重要、不可替代，未来应作为重点进行研究性开发。

（何孔旺 赵 耘 万建青）

主要参考文献

蔡宝祥，2001. 家畜传染病学［M］. 北京：中国农业出陈宇光，倪继祖，沈彦萍，2007. 金黄色葡萄球菌 DNA 疫苗 pcDNA3.1（＋）- Minigene 及其制备方法：CN200710041163.4［P］. 11-07.

甘孟侯，1999. 中国禽病学［M］. 北京：中国农业出版社.

甘孟侯，杨汉春，2005. 中国猪病学［M］. 北京：中国农业出版社.

陆承平，2007. 兽医微生物学［M］. 4版. 北京：中国农业出版社.

谢茂超，熊慧玲，2013. 金黄色葡萄球菌组分疫苗研究进展［J］. 微生物学免疫学进展，41（6）：80-85.

Brennan F R, Jones T D, Longstaff M, et al, 1999. Immunogenicity of peptides derived from a fibronectin-binding protein of S. aureus expressed on two different plant viruses［J］. Vaccine, 17（15/16）：1846-1857.

Bubeck W J, Schneewind O, 2008. Vaccine protection against Staphylococcus aureus pneumonia［J］. Journal of Experimental Medicine, 205（2）：287-294.

Gampfer J, Thon V, Gulle H, et al, 2002. Double mutant and formal-dehyde inactivated TSST-1 as vaccine candidates for TSST-1-in-duced toxic shock syndrome［J］. Vaccine, 20（9/10）：1354-1364.

Gaudreau M C, Lacasse P, Talbot B G, 2007. Protective immune responses to a multi-gene DNA vaccine against Staphylococcus aureuss［J］. Vaccine, 25（5）：814-824.

Herbelin C, Poutrel B, Gilbert F B, et al, 1997. Immune recruitment and Staphylococcal a toxin［J］. Journal of Dairy Science, 80（9）：2025-2034.

Holt J G, Krieg N R, Sneath P H A, 1994. Bergey's manual of determinative bacteriology［M］. 9th ed. Lippincott：Williams &.Wilkins.

Hume E B H, Dajcs J J, Moreau J M, et al, 2000. Immunization with alpha-toxin toxoid protects the cornea against tissue damage during experimental Staphylococcus aureus keratitis［J］. Infection and Immunity, 68（10）：6052-6055.

Nilsson I M, Verdrengh M, Ulrich R G, et al, 1999. protection against Staphylococcus aureus by vaccination with recombinant Staphylococcal enterotoxin A devoid of superantigenicity［J］. The Journal of Infectious Disease, 180（4）：1370-1373.

Nour El-Din A N M, Shkreta L, Talbot B G, et al, 2006. DNA innunization of dairy cows with the clumping factor A of Staphylococcus aureus［J］. Vaccine, 24（12）：1997-2006.

Stiles B G, Garza A R, Ulrich R G, et al, 2001. Mucosal vaccination with recombinantly attenuated Staphylococcal enterotoxin B and protection in a Murine Model［J］. Infection and Immunity, 69（4）：2013-2036.

Tollersrud T, Zernichow L, Anderson S R, et al, 2001. Staphylococcus aureus capsular polysaccharide type 5 conjugate and whole cell vaccine stimulate antibody responses in cattle［J］. Vaccine, 19（28/29）：3896-3903.

Watson D L, Kennedy J W, 1981. Immunisation against experimental Staphylococcal mastitis in sheep effect of challenge with a heterologous of Staphylococcus aureus［J］. Australian Veterinary Journal, 57（7）：309-313.

Yukiko K, Jones S, Bae T, et al, 2006. Vaccine assembly from surface protein of Staphylococcus aureus［J］. Proceedings of the National Academy of Sciences of the United States of America, 103（45）：16942-16947.

第五节　猪丹毒

一、概述

猪丹毒（Swine erysipelas，SE）是由丹毒杆菌（Erysipelothrix rhusiopathiae）引起猪的一种高度传染性疾病，常引起重大的经济损失。该病主要发生于架子猪。临床上主要表现为三类：突然死亡的急性败血型，表现为皮肤紫色菱形疹块的亚急性型，表现为慢性多发性关节炎或心内膜炎的慢性型。

丹毒杆菌还可感染绵羊、火鸡，偶尔也感染其他家畜、家禽、野鸟、啮齿动物等。此外，当人接触感染有病菌的动物或动物制品后，偶尔也会感染，常见的临床表现为皮肤病变，与人的丹毒病相似，因此称"类丹毒"。

1882 年 Pasteur 首次从猪丹毒病猪体内分离到丹毒杆菌。1885 年 Theobald Smith 从猪体内分离到了同种细菌，最终该菌被鉴定为猪丹毒的病原菌——丹毒杆菌。1886 年德国细菌学家 Friedrich Löffler 首次公开发表，准确定义了猪丹毒。1928 年美国南达科他州猪丹毒的暴发引起学者对该病的重视，随后几年猪丹毒频繁发生于美国其他地区。随着猪丹毒疫苗在美国的应用，该病的流行得到较好的控制。但 2001 年夏季在疫苗接种猪群和非接种猪群中，猪丹毒发生频率出现增加趋势。1932 年日本研究学者将猪丹毒菌株（Koganei65-0.15，血清型 1a）在含 0.15％锥黄素的琼脂培养基上连续传代 65 代得到致弱，获得锥黄素抗性的减毒活疫苗。随着该疫苗的集中免疫，该地区猪丹毒的发生显著减少。之后陆续出现了弱毒疫苗菌株 Koganei-NIAH、Koganei-NVAL，后者于 1971 年由日本国立兽医分析实验室制备。1997—2007 年，为避免活疫苗的副作用及母源抗体对活疫苗的影响，又对 3 种灭活疫苗（1 种氢氧化铝吸附甲醛灭活疫苗，2 种 NaOH 处理油佐剂疫苗）进行了商业化，但由于灭活疫苗的成本高，该类疫苗的覆盖率仅 8%。1985 年后，日本每年约有 2000 头猪表现出急性或亚急性感染。2004 年的研究表明，一些分离自慢性猪丹毒病例的菌株与弱毒疫苗株的随机扩增多态性 DNA（randomly amplified polymorphic DNA，RAPD）一致，由此，有些学者怀疑因活疫苗的使用增加了日本慢性猪丹毒的发生。我国从 20 世纪 90 年代通过疫苗的使用及猪场管理升级，猪丹毒病例显著减少，仅在一些小型猪场零星发生。但 2009 年在我国江苏省泗阳出现急性猪丹毒的暴发流行，随后在我国东部出现一轮急性猪丹毒的暴发流行。2010 年以后国内多家实验室研究结果显示，猪丹毒在我国出现流行的趋势，且一些致病菌株表现出锥黄素抗性，同时有一株临床致病分离株与活疫苗菌株的脉冲凝胶电泳（pulsed-field gel electrophoresis，PFGE）显示出高度相似性。

二、病原

丹毒杆菌属是一类微弯曲的纤细小杆菌，革兰氏染色为阳性。本菌有荚膜，无鞭毛，不产生芽孢。明胶穿刺接种，细菌沿穿刺线向四周生长，呈试管刷状。可发酵葡萄糖和乳糖。依据系统发生树亲缘关系，该属可分为 *Erysipelothrix rhusiopathiae*（血清型 1a、1b、2、4、5、6、8、9、11、12、15、16、17、19、21 和 N）、*Erysipelothrix tonsilarium*（血清型 3、7、10、14、20、22 和 23）、*Rysipelothrix* sp. strain 1（血清型 13）、*Erysipelothrix* sp. strain 2（血清型 18）和 *Erysipelothrix inopinata*。猪丹毒即由 *Erysipelothrix rhusiopathiae* 引起。该菌对外界环境抵抗能力较强，在猪肉、腌制火腿和动物胴体能够存活较长时间，该菌对多种化学物质表现出较强的耐受性，如 0.2% 苯酚、0.001% 结晶紫及 0.1% 叠氮钠溶液，部分特性已被用于制备选择性培养基。猪是最主要的宿主，发病猪可通过粪便、尿

液、唾液和鼻腔分泌液释放细菌，污染食物、水、土壤和垫料，引起该病原的间接传播。通常 30%～50% 表观健康猪的消化道淋巴组织，特别是扁桃体中存在丹毒杆菌，部分猪群中比例高达 98%，这对其他猪是潜在威胁。研究结果显示，猪扁桃体中存在强毒菌株（血清型 2、6、11、12 和 16）及无毒菌株（血清型 7），无临床症状的带菌动物可能是该病原长期存在的重要因素。该菌对青霉素高度敏感，对四环素类抗生素通常敏感，对磺胺类及许多其他抗生素有耐药性。多种消毒剂能够破坏该菌，包括烧碱和次氯酸盐。

猪丹毒杆菌兼性需氧，部分菌株在 5% 或 10% CO_2 条件下体外培养更佳。该菌能够在 5～44℃ 温度范围进行培养，最佳培养温度 30～37℃，适合碱性环境培养，pH7.2～7.6 最佳。培养基中添加 5%～10% 血清、0.1%～0.5% 葡萄糖、蛋白水解物或吐温-80 类表面活性剂，能够促进该菌生长，核黄素、少量油酸和部分氨基酸（特别是色氨酸和精氨酸）对该菌的生长是必需的。

三、免疫学

Watts（1940）研究结果显示，大部分猪丹毒杆菌有 2 种抗原，包括种特异性不耐热抗原和热稳定性多糖抗原。不同血清型猪丹毒杆菌具有一种或多种共同的不耐热抗原，同时还具有各自的型特异性抗原，后者正是目前血清学分型的基础。经热酚水抽提菌体胞壁抗原，制备高免血清，进行琼脂扩散试验，是目前标准的血清型鉴定方法。某些菌株无热稳定性抗原，被称为 N 型。目前公认的有 25 个血清型和 1a、1b 及 2a、2b 亚型，我国发生猪丹毒的猪体内分离的猪丹毒杆菌最常见的为血清型 1a 和 2，其中血清型 1a 多分离自急性败血型猪丹毒病例，毒力较强，可作为攻毒菌种；血清型 2 常见于关节炎型病猪，毒力稍弱，免疫原性较佳，可作为疫苗生产菌种。针对猪丹毒的抗体对宿主的保护具有重要意义，提示细菌表面成分具有免疫保护效果。研究显示，猪丹毒杆菌荚膜是主要的毒力因子，能够保护细菌免受多型核白细胞吞噬和巨噬细胞的胞内杀伤作用。但是猪丹毒杆菌荚膜的免疫原性较差，并且纯化的荚膜抗原免疫小鼠后，不能抵抗同源菌株的攻击，提示除了荚膜抗原外，其他细菌表面分

子能诱导产生保护性抗体。依据表面保护性抗原（surface protective antigen，Spa）可将该菌分为3 类，分别为 SpaA、SpaB、SpaC。Makino（1994）用单克隆抗体与猪丹毒杆菌表面蛋白反应，发现了 SpaA，该蛋白可由血清型 1a、1b、2、5、8、9、12、15、16、17 和 N 菌株产生，另外 spaA 核酸序列中 432bp 高变区可用于区分日本弱毒疫苗菌株和田间菌株。SpaA 对多种血清型菌株具有良好的免疫保护作用，该蛋白由 N 端的免疫保护区域和 C 端的细胞结合区域组成。SpaA 的发现为猪丹毒亚单位疫苗研究奠定了基础。目前，多数疫苗的主要缺点在于不能预防关节炎型的猪丹毒。

商品化的猪丹毒杆菌血清型 2 菌株灭活疫苗、裂解物或弱毒活疫苗，能够给予猪和火鸡保护力，血清型 2 菌株灭活疫苗能够保护猪和小鼠抵抗血清型 1、2 菌株的攻击，但对血清型 4、9 和 11 菌株的攻击保护力只有 75%～88%；Koganei-NVAL 免疫小鼠，对血清型 1、2、4、6、8 和 10 菌株表现有型特异性抗原和共同抗原。弱毒活疫苗具有较好的血清型间交互免疫保护效果，推测与活菌在动物体内繁殖过程中增加了共同抗原相关。人发生类丹毒有时出现复发现象，提示类丹毒可能提供较少或无免疫保护力，研制该菌的人用疫苗似乎行不通。

四、制品

（一）诊断制品

猪丹毒杆菌在生长繁殖中能与该菌抗血清发生特异性凝集，基于此，制备 1 型或 2 型猪丹毒杆菌高免血清，将抗血清、抗生素添加到培养基中，分装，即制成猪丹毒血清抗生素诊断液，将被检组织液或纯培养物接种到诊断液中，37℃培养 18～24h，观察有无细菌凝集现象。

API Coryne 是针对革兰氏阳性棒状杆菌（包括 E. rhusiopathiae）的商品化鉴定系统。通过研究比较常规细菌生化鉴定与 API Coryne 鉴定系统，后者显示出较高的准确性、便捷性，可以作为常规细菌生化鉴定的替代产品。目前有更为先进的微生物鉴定技术，该技术依赖质谱技术，以菌群来创建菌种数据库，涵盖广泛的菌种图谱特征。鉴定之前将待检细菌与基质化合物进行混合，随后以激光轰击，基质将电离，使样品带电荷，

测定基质荷比，传送图谱并将其与数据库进行比对，整个操作非常简便，只需极少试剂，可在数分钟内对待检细菌给出可靠的鉴定结果，但整套设备较为昂贵。

（二）疫苗制品

猪丹毒疫苗有灭活疫苗和弱毒活疫苗两类。猪丹毒灭活疫苗的免疫效果与制苗菌株的免疫原性、培养基种类、佐剂种类有关。目前应用的灭活疫苗有氢氧化铝吸附灭活疫苗、裂解疫苗、猪丹毒猪肺疫氢氧化铝二联灭活疫苗。我国于 1954 年引进了 B 型（血清型 2）猪丹毒杆菌，需在培养基中添加马血清，令其产生可溶性糖蛋白，用其制备的氢氧化铝胶吸附灭活疫苗，一次注射 5 mL，免疫期可达 6～8 个月。后期又将培养基改为肉肝胃酶消化汤，所制疫苗效力不减、安全可靠。2014 年欧洲药品管理局审批了猪丹毒灭活疫苗 Eryseng，该疫苗组分包括灭活猪丹毒 R32E11 菌株、氢氧化铝胶、DEAE-葡聚糖和人参。实验室研究结果显示，该疫苗二次免疫 60 头猪，免疫间隔 3 周，末次免疫后 22d，可产生针对猪丹毒杆菌血清型 1 和 2 的免疫保护，保护率分别为（27/30）和（28/30），对照组 80% 以上猪发生猪丹毒，产生特定的皮肤病变。该疫苗免疫期可达 6 个月。

国内外关于培育猪丹毒弱毒菌株的报道很多，如用含锥黄素的培养基连续传代培育的耐锥黄素的弱毒菌株 Koganei-NVAL（日本）、AV-R（瑞典）、G4T10（中国），以及通过不敏感动物育成的减毒菌株 GC42（中国）、变异的弱毒菌株 C1（加拿大）。我国于 1954 年选出免疫原性好的猪丹毒杆菌 E4615，培育制成猪丹毒弱毒菌苗，在江苏、浙江、山东推广应用，保护率达 91.2%。后由于菌种毒力不稳定，未继续推广。1974 年江苏省农业科学院兽医研究所等用豚鼠致弱的猪丹毒杆菌 G370，通过含 0.01% 锥黄素的血琼脂培养基传代 40 代，再提高锥黄素浓度至 0.04% 继续传 10 代，培育出 G4T10 弱毒菌株，以此制备弱毒活疫苗，免疫保护率达 96.43%，免疫期达 6个月，1979 年经农业部批准在国内 10 个兽医生物药厂生产，发挥了良好的防疫作用。减毒菌株 GC42 系由强毒菌株通过豚鼠传代 370 代，再通过雏鸡传代 42 代而成。上述 2 个弱毒菌株是目前我国主要的猪丹毒活疫苗制苗菌株，《中国兽药

典》（二〇一五年版）对猪丹毒活疫苗的质量标准有详细阐述。该疫苗为海绵状疏松团块，易与瓶壁脱离，加稀释液后迅速溶解，每头份疫苗中含 G4T10 活菌不低于 $5 \times 10^{8.0}$ CFU、GC42 活菌不低于 $7 \times 10^{8.0}$ CFU。G4T10、GC42 活疫苗均用于预防猪丹毒，供断奶后的猪皮下注射使用，免疫期为 6 个月。GC42 疫苗也可用于口服，剂量需加倍。我国在 20 世纪 70 年代研制成功了猪丹毒、猪瘟、猪肺疫三联活疫苗，联合疫苗中所用的菌、毒株为猪丹毒 GC42（或 G4T10）、猪肺疫 EO630 及猪瘟兔化弱毒株，该疫苗中各组分免疫力无相互干扰，接种后对各病原的免疫效力和各单苗免疫后产生的免疫效力基本一致，抗猪瘟免疫期 8 个月以上，抗猪丹毒和猪肺疫免疫期为 6 个月。

五、展望

接种猪丹毒活疫苗是控制猪丹毒最经济的方法，但尚需明确减毒活疫苗是否引起慢性猪丹毒的发生。建立能够鉴别弱毒疫苗株和田间分离株的方法，将给猪丹毒感染病原追溯工作提供技术支持。丹毒杆菌感染宿主较多，并且能在环境中长期存活，极易出现老病新发的现象。因此，应加强对该病原的监测，包括不同时期、不同区域、不同宿主分离菌株的比较研究，做好疫病暴发流行的预警工作。随着新型猪丹毒杆菌耐药菌株的出现，疫苗免疫是控制猪丹毒较好的选择，然而灭活疫苗成本高、减毒疫苗株可能存在散毒风险，迫切需要研制出有效的亚单位疫苗或基因工程疫苗。需增强猪场工作人员生物安全意识及科学养猪技能，降低职业病类丹毒发生的概率。

（周俊明　何孔旺　万建青）

主要参考文献

陆承平，2013. 兽医微生物学 ［M］. 5 版. 北京：中国农业出版社.

Brooke C J，Riley T V，1999. *Erysipelothrix rhusiopathiae*：Bacteriology, epidemiology and clinical manifestations of an occupational pathogen ［J］. Journal of Medical Microbiology，48（9）：789 - 799.

Ding Y，Zhu D M，Zhang J M，et al，2015. Virulence determinants, antimicrobial susceptibility, and molecular profiles of *Erysipelothrix rhusiopathiae* strains isolated from China ［J］. Emerging Microbes an Infections，4：e69.

Forde T，Biek R，Zadoks R，et al，2016. Genomic analysis of the multi-host pathogen *Erysipelothrix rhusiopathiae* reveals extensive recombination as well as the existence of three generalist clades with wide geographic distribution ［J］. BMC Genomics，17：461.

Imada Y，Takase A，Kikuma R，et al，2004. Serotyping of 800 strains of *Erysipelothrix* isolated from pigs affected with erysipelas and discrimination of attenuated live vaccine strain by genotyping ［J］. Journal of Clinical Microbiology，42（5）：2121 - 2126.

Makino S I，Yamamoto K，Murakami S，et al，1998. Properties of repeat domain found in a novel protective antigen, SpaA, of Erysipelothrix rhusiopathiae ［J］. Microbial Pathogenesis，25（2）：101 - 109.

Nagai S，To H，Kanda A，2008. Differentiation of *Erysipelothrix rhusiopathiae strains* by nucleotide sequence analysis of a hypervariable region in the spaA gene：Discrimination of a live vaccine strain from field isolates ［J］. Journal of Veterinary Diagnostic Investigation，20（3）：336 - 342.

Soto A，Zapardiel J，Soriano F，1994. Evaluation of API Coryne system for identifying *coryneform bacteria* ［J］. Journal of Clinical Pathology，47（8）：756 - 759.

To H，Nagai S，2007. Genetic and antigenic diversity of the surface protective antigen proteins of *Erysipelothrix rhusiopathiae* ［J］. Clinical and Vaccine Immunology，14（7）：813 - 820.

Zhu W，Wu C，Kang C，et al，2017. Development of a duplex PCR for rapid detection and differentiation of *Erysipelothrix rhusiopathiae* vaccine strains and wild type strains ［J］. Veterinary Microbiology，199：108 - 110.

Zou Y，Zhu X M，Huhammad H M，et al，2015. Characterization of *Erysipelothrix rhusiopathiae* strains isolated from acute swine erysipelas outbreaks in Eastern China ［J］. Journal of Veterinary Medical Science，77（6）：653 - 660.

第六节　沙门氏菌病

一、概述

沙门氏菌病（Salmonellosis）是由沙门氏菌（*Salmonella*）引起人和各种温血动物的以伤寒、副伤寒、胃肠炎和败血症为主要特征的人畜共患病（人、牛、绵羊、猪和家禽均可感染）。1885

年 Salmon 于猪霍乱病流行时分离到猪霍乱杆菌。1888 年 Gartner 从急性胃肠炎患者体内分离到肠炎杆菌。1900 年将此类细菌命名为沙门氏菌。目前已发现的沙门氏菌至少有 67 种抗原，血清型有 2 500 个以上，其中的许多血清型能在人和动物之间交叉感染。沙门氏菌感染因其对人、畜禽养殖业造成的危害而被广泛重视。

沙门氏菌引起的疾病主要分为两大类，一类是伤寒和副伤寒，另一类是急性胃肠炎。肠道中的沙门氏菌可经肠系膜淋巴结和组织进入血液引起全身感染，甚至导致死亡。发生败血症的怀孕母畜还会发生流产。沙门氏菌可通过食物、水源传播，是污染食品及引起食物中毒的主要病原菌。在世界各国的细菌性食物中毒中，沙门氏菌引起的食物中毒常列榜首。我国相关统计资料显示，在细菌性食物中毒中有 70% 以上由沙门氏菌引起。

尽管沙门氏菌具有广谱的动物宿主和分布广泛，但有几种血清型已经适应于单一的动物宿主。比较典型的血清型有感染人的伤寒沙门氏菌（S. typhi）、感染牛的都柏林沙门氏菌（S. dublin），以及感染猪的猪霍乱沙门氏菌（S. cholerasuis）。许多血清型与致病无关，因而其动物宿主及地理分布是有限的。

禽沙门氏菌病是由沙门氏菌属中一个或多个成员引起禽的一种急性或慢性疾病，感染禽也能经食物链传给人。该病除水平传播外，也能经卵垂直传播。依据病原体的抗原结构可将禽沙门氏菌病主要分为 3 种：鸡白痢、禽伤寒和副伤寒。由鸡白痢沙门氏菌（S. pullorum）引起的疾病称为鸡白痢，由鸡伤寒沙门氏菌（S. gallinarum）引起的疾病称为禽伤寒。鸡白痢沙门氏菌和鸡伤寒沙门氏菌具有高度的宿主适应性，它们的血清型基本相同，都含有 O 抗原 1、9、12。前者有 O_{12} 抗原的变异，而后者没有。最近它们被归为一个种，即肠道沙门氏菌肠道亚种鸡伤寒-白痢血清型（S. enteria subsp. Enterica serovar Gallinarum-Pullorum）。由其他有鞭毛的非宿主适应性沙门氏菌引起的禽类疾病则统称为禽副伤寒（Paratyphoid）。禽副伤寒的病原种类较多，其中以鼠伤寒沙门氏菌和肠炎沙门氏菌最为常见。禽副伤寒感染家禽非常普遍，是导致各种幼禽严重死亡的主要细菌性疾病之一。成年鸡感染虽然不会出现典型的临床症状，但可以长期处于带菌状态，并发生水平和垂直传播，对养禽业造成极大

危害，同时也严重威胁公共卫生安全。

2002 年世界卫生组织（WHO）对肉鸡和蛋鸡群体中沙门氏菌感染的影响进行了风险评估。肠炎沙门氏菌（S. enteritidis）和鼠伤寒沙门氏菌（S. typhimuriru）是全世界流行的主要沙门氏菌。上述 2 种血清型的流行比例在不同国家有所不同。在许多国家，家禽中除了人禽共患性沙门氏菌（主要是肠炎沙门氏菌和鼠伤寒沙门氏菌），一些仅使家禽致病的沙门氏菌也占据重要地位，如鸡伤寒沙门氏菌（S. gallinarum）、鸡白痢沙门氏菌（S. pullorum）。

猪沙门氏菌病又称仔猪副伤寒，主要由猪霍乱沙门氏菌（S. cholerasuis）、猪霍乱沙门氏菌 Kunzendorf 变型、猪伤寒沙门氏菌（S. typhisuis）、猪伤寒沙门氏菌 Voldagsen 变型、鼠伤寒沙门氏菌（S. typhimuriru）、德尔卑沙门氏菌（S. derby）和肠炎沙门氏菌（S. enteritidis）等血清型引起。本病常引起较高的死亡率，其中败血型病死率达 90%，慢性型病死率达 25%～50%。仔猪副伤寒是一种侵害仔猪、严重影响养猪业发展的传染病，其传播快、死亡率高，不仅造成严重的经济损失，给防疫工作带来一定困难，也严重影响养猪业的发展。

牛沙门氏菌病主要是由鼠伤寒沙门氏菌（S. typhimuriru）、都柏林沙门氏菌（S. dublin）或纽波特沙门氏菌（S. newport）等引起牛的急性传染病。由于该病在不同地区流行，因而其致病性病原也往往不同。美国以鼠伤寒沙门氏菌为主，占分离出的沙门氏菌的 72.27%；而西欧国家以都柏林沙门氏菌为主，占分离出的沙门氏菌的 40.73%。都柏林沙门氏菌通常感染牛，自然感染也可发生在包括人和绵羊在内的其他动物身上。国内牛副伤寒均以都柏林沙门氏菌、牛沙门氏菌、肠炎沙门氏菌等为主要病原。国内研究者进行流行病学调查后，认定目前国内牦牛副伤寒病原的 2 个优势血清型是都柏林沙门氏菌和牛病沙门氏菌，而国内黄牛和奶牛副伤寒的病原报道较多的是鼠伤寒沙门氏菌和肠炎沙门氏菌。

马沙门氏菌病又称马副伤寒或马沙门氏菌性流产，是由马流产沙门氏菌、鼠伤寒沙门氏菌和肠炎沙门氏菌引起的一种以孕马流产为主要特征的马属动物传染病，幼驹感染后表现腹泻、关节肿大、支气管炎或败血症，公马、公驴表现睾丸炎，在成年马中偶尔发生急性败血性胃肠炎。本

病发生于春秋季节，世界各地均有发生。

国内外对沙门氏菌防治工作都非常重视，也研究出了许多种疫苗和净化措施，动物的疫情基本得到了控制。但沙门氏菌病在人和动物中仍然时有发生，有许多问题困扰着人们，如耐药性、毒力岛作用、沙门氏菌遗传学上的有关问题等，亟待进一步深入研究。

二、病原

沙门氏菌是不产生芽孢的革兰氏阴性杆菌，无芽孢，无荚膜，除雏鸡白痢沙门氏菌和鸡伤寒沙门氏菌外，其余都有鞭毛、能运动。大多数沙门氏菌具有菌毛，能吸附于细胞表面，能发酵葡萄糖、麦芽糖、甘露醇产酸产气，不发酵乳糖、蔗糖，不产生吲哚，不分解尿素，不液化明胶，MR 试验阴性、V-P 试验阴性。在普通培养基中易生长繁殖。对外界的抵抗力较强，在水、乳类及肉类食物中能生存数月。加热 60℃ 30min 可灭活，5%石炭酸或 1∶500 升汞于 5 min 内可将其杀灭。

沙门氏菌具有 O（菌体）、K（荚膜，又命名为 Vi 抗原）、H（鞭毛）和菌毛 4 种抗原，根据其 O 抗原、Vi 抗原和 H 抗原的不同分为不同的血清型。目前已有 2 500 个以上的沙门氏菌血清型被确定，我国已检测出 300 多个不同血清型。根据菌体抗原结构分为 A、B、C、D、E 等 34 个组，再根据鞭毛抗原的不同鉴别组内的各菌种或血清型。有些仅对动物有致病性，如鸡白痢沙门氏菌、鸡伤寒沙门氏菌等；有些是人畜共患病病原，如乙型副伤寒沙门氏菌、鼠伤寒杆菌、肠炎杆菌、猪霍乱杆菌等；有些仅对人有致病性，如伤寒杆菌、副伤寒杆菌（甲和丙型）等。引起人疾病的沙门氏菌主要属于 A、B、C、D、E 5 个组，其中除伤寒沙门氏菌和副伤寒沙门氏菌外，以 B 组的鼠伤寒沙门氏菌、C 组的猪霍乱沙门氏菌、D 组的肠炎沙门氏菌及 E 组的鸭沙门氏菌等 10 多个型最为常见。

沙门氏菌是一种兼性细胞内寄生菌。由于血清型和宿主不同，导致的临床表现也不一样。往往表现在两方面：一种是引起食物中毒，另一种是引起疾病的发生。沙门氏菌可经口感染、粪-口途径传播，可通过被感染畜禽和啮齿类动物携带、排泄，污染环境、水源、饲料、食品，造成流行

和传播。沙门氏菌感染后可引发人的食物中毒、疾病和动物疫病的发生。急性经过时，病原菌经肠道进入血液循环，引发急性败血症，亚急性和慢性型多由急性转变而来。

据试验证实，鼠伤寒沙门氏菌引起小鼠感染并致死时，往往需要多种毒力基因，而这些毒力基因除部分在质粒上外，大部分都在染色体上，即所谓的沙门氏菌毒力岛（Salmonella pathogenicity island，SPI）。SPI 的 DNA 长度不一（1.6～40 kb），在沙门氏菌感染中起特定作用。目前已经鉴定的有 5 个毒力岛，即 SPI - 1、SPI - 2、SPI - 3、SPI - 4 和 SPI - 5。

SPI - 1 是约 40 kb 的 DNA 片段，位于鼠伤寒沙门氏菌染色体 63min 处，其两侧为 fhlAt 和 mutS，G+C 含量为 42%，含有 inv、hil、org、spt、spa、sip、iag、iac、prg、sic 等基因，编码Ⅲ型分泌系统的各种成分（调节子和分泌性效应蛋白）。另外，在 61 min 处还有一个单独存在的 sopE 基因，当其产物被带入宿主细胞后，可直接激活 Cdc42 和 Rac 两种 GTP 酶，使肌动蛋白发生重排和产生细胞因子，其主要致病作用是侵袭细胞，导致巨噬细胞坏死和炎症反应。

SPI - 2 长约 25.3 kb，位于鼠伤寒沙门氏菌染色体 30.7 min 处，至少含 32 个基因，组成 4 个操纵子（ssa、ssr、ssc、sse），其两侧是 pyykF 和 valVtRNA 基因。除了猪霍乱沙门氏菌乍得亚种外，其他 7 种肠道沙门氏菌均有约 40 kb 大小的 SPI - 2。据报道，SPI - 2 的Ⅲ型分泌系统在结构和功能上同 SPI - 1 的Ⅲ型分泌系统有别，提示 inv-opa 与 spi-ssa 的基因结构是独立的。该岛可控制沙门氏菌在吞噬细胞和上皮细胞内复制，并使沙门氏菌逃逸巨噬细胞辅酶Ⅱ依赖的杀伤。另据报道，SPI - 2 对犊牛全身性和肠道沙门氏菌病的发生有重要作用。SPI - 2 编码一个双组分调节系统，该系统包括传感蛋白 SpiR-SsaA 和应答调控蛋白 SsrB。920 个氨基酸序列的 SpiR-SsaA 具有 2 个跨膜区。SpiR 属于传感蛋白激酶的一种。

SPI - 3 长约 17 kb，位于染色体 81min 处 selC tRNA 位点下游，含有 10 个开放阅读框，构成 6 个转录单位。这些转录单元包含 mgtCB 操纵子，编码高亲和力 Mg^{2+} 传输蛋白质和 MgtC。其中 mgtCBR 的基因产物可介导细菌在巨噬细胞和低 Mg^{2+} 环境中存活。

SPI-4 长约 25 kb，位于鼠伤寒沙门氏菌染色体下游 9min 处，含有 18 个开放阅读框，可能由 1 个操纵子组成。其两侧为 ssb 和 soxSR，编码介导毒素分泌 I 型分泌系统，并参与调节细菌适应巨噬细胞内环境，其主要功能尚不清楚。

SPI-5 长约 7 kb，位于 Sdublin 染色体 25min 处，两侧为 serT 和 copS/copR 位点，G+C 含量约为 43.6%，含有 sop、sig、pip 基因，编码参与肠黏膜液体分泌和炎症反应的相关蛋白。

沙门氏菌的 III 型分泌系统（TTSS）分别由 SPI-1 和 SPI-2 的基因编码产物组成，主要功能有指导细菌蛋白转运到宿主细胞，激活宿主细胞信号通道，从而使宿主细胞产生细胞因子，促使细菌表面装配与宿主细胞相接触的侵袭小体等附属结构。研究结果还表明，由 SPI-2 编码的沙门氏菌 III 型分泌系统与鸡沙门氏菌（S. gallinarum）对鸡的毒力有关。

某些沙门氏菌毒力岛的生物学功能研究还不十分清楚，有待进一步研究证实。但人们对沙门氏菌特别是致病性沙门氏菌的进化方式有了新的认识，对细菌毒力的认识有了进一步提高。

三、免疫学

沙门氏菌为消化道侵袭性胞内寄生菌，主要寄生在抗原递呈细胞（APC）中。沙门氏菌具有 2 种侵袭途径。一种途径是通过肠道黏膜表面派伊尔氏结（Peye's patches，PP）上的滤泡上皮细胞，被认为是沙门氏菌入侵的最佳起始部位。滤泡上皮中稀疏分布着捕获抗原的微皱褶细胞（microfold cell，M 细胞），M 细胞被肠上皮细胞包围，其基顶面有短而不规则的微绒毛及微褶，是其胞饮的部位。具有侵袭力的沙门氏菌在胃肠道增殖并侵袭细胞并破坏细胞而进入皮下组织，也可通过包围细胞的具有吸收能力的上皮细胞进入皮下组织，再被位于皮下穹窿区（SED）的抗原递呈细胞（APCs）捕获。另一种途径就是肠黏膜组织中的树突状细胞（dendritic cell，DC）对沙门氏菌的摄入。在 PP 中，DC 与 M 细胞接触较紧密。DC 可打开上皮细胞间的紧密连接，从上皮细胞间伸出树突，聚集此处的树突状细胞可主动吞噬或内化沙门氏菌。由于 DC 有很强的迁移性，因此可携带细菌进一步到深层淋巴组织。缺乏侵袭力的沙门氏菌不能侵入细胞，仅能依靠直接吞噬被运送至血液，再到达肝脏和脾脏，能诱导产生体液免疫抗体，但黏膜免疫抗体却不能被诱导，与上皮细胞免疫途径不同。

影响沙门氏菌感染发病的因素不外乎两个方面：①细菌本身的因素；②宿主因素。沙门氏菌的感染种类和数量不同，其致病性也不同。沙门氏菌毒力岛与细菌的致病作用有关，沙门氏菌释放出内毒素可刺激免疫活性细胞产生细胞因子，进而可引发宿主全身性炎症。宿主胃酸及小肠液 pH 高低可影响沙门氏菌的存活，宿主肠道淋巴样组织可抵抗入侵细菌，机体内的一系列免疫反应可杀伤细菌，也可致病。CD4$^+$T 细胞在免疫防御中发挥着重要作用，其功能减弱，可引发严重的沙门氏菌感染。

机体对沙门氏菌的免疫主要依靠细胞免疫，细菌通过 M 细胞进入黏膜下淋巴组织，激活 Th2 细胞产生大量 IL-5，IL-5 能活化 B 细胞，使它转化为浆细胞，在产生 Ig 的过程中发生向 IgA 类型的转换。肠黏膜上皮细胞还能产生分泌小体，与双体 IgA 分子结合，形成分泌型 IgA（SIgA），排列到肠道内皮上，SIgA 能抵抗肠道蛋白酶的分解作用，形成黏膜上的局部抗体，在黏膜免疫中起重要作用。固有层 CD4$^+$T 细胞受到细菌等抗原物质的激活，能产生干扰素，增强单核吞噬细胞的吞噬作用，从而能杀灭肠道病毒和细胞内的寄生物，起细胞免疫作用。而缺乏侵袭力的沙门氏菌可被树突状细胞直接吞噬，转运至淋巴组织，激发机体产生体液免疫。

四、制品

（一）诊断制品

我国已经批准的诊断试剂有"鸡白痢、鸡伤寒多价染色平板凝集试验抗原、阳性血清与阴性血清"，其中的抗原系用标准型鸡伤寒沙门氏菌 C79-1 株（CVCC79201 株）和变异型鸡伤寒沙门氏菌 C79-7 株（CVCC79207）制成，用于全血平板凝集试验诊断鸡白痢和鸡伤寒；"沙门氏菌马流产凝集试验抗原、阳性血清与阴性血清"中的抗原系用马流产沙门氏菌 C77-1 株（CVCC79001）制成，用于凝集试验诊断沙门氏菌引起的马流产。

（二）预防制品

1. 活疫苗 我国已经批准的活疫苗有 4 种。

"牦牛副伤寒活疫苗"系用都柏林沙门氏菌S8002-550株接种适宜培养基培养，收获培养物，加适宜稳定剂，经冷冻干燥制成的，用于预防牦牛副伤寒。"沙门氏菌马流产活疫苗（C355株）"系用马流产沙门氏菌C355株接种适宜培养基培养，收获培养物，加适宜稳定剂，经冷冻干燥制成的，用于预防沙门氏菌引起的马流产。"沙门氏菌马流产活疫苗（C39株）"系用马流产沙门氏菌C39株接种适宜培养基培养，收获培养物，加适宜稳定剂，经冷冻干燥制成的，用于预防沙门氏菌引起的马流产。"仔猪副伤寒活疫苗"系用猪霍乱沙门氏菌C500弱毒株（CVCC79500）接种适宜培养基培养，收获培养物，加适宜稳定剂，经冷冻干燥制成的，用于预防仔猪副伤寒。

德国罗曼动物保健有限公司研制出的鸡肠炎沙门氏菌和鼠伤寒沙门氏菌二价疫苗 AviPro Sal-monella Duo 在欧洲获准上市，可用于预防现今已知最重要的沙门氏菌血清型-肠炎沙门氏菌和鼠伤寒沙门氏菌感染。该疫苗已批准在我国注册，主要用于预防鸡、火鸡和鸭的沙门氏菌感染。

2. 灭活疫苗　我国已经批准的灭活疫苗有"牛副伤寒灭活疫苗"，该疫苗系用都柏林沙门氏菌和牛病沙门氏菌接种适宜培养基培养，收获培养物，用甲醛溶液灭活后，加氢氧化铝胶制成的，用于预防牛副伤寒。

五、展望

禽沙门氏菌病灭活疫苗的研究始于19世纪中后期，最早成功应用的灭活疫苗是用福尔马林灭活、明矾沉淀的流产沙门氏菌制备的。该疫苗接种小鼠能提供86%的保护率，而热灭活、石炭酸处理制备的灭活疫苗仅能提供50%的保护率。随着佐剂的使用，不仅提高了禽沙门氏菌病灭活疫苗的免疫力，还延长了免疫持续期。另外，通过增加免疫剂量也可以提高疫苗的免疫效力。

与活疫苗相比较，灭活疫苗免疫力低下有3个方面的原因。①仅含沙门氏菌表面抗原成分，刺激机体产生的保护性抗体反应较为局限；②不能刺激机体产生细胞免疫反应，而细胞免疫反应在清除细胞内细菌的过程中起非常重要的作用；③不能刺激机体产生分泌性IgA抗体反应，而这种免疫反应对防止细菌在肠道中定植起关键作用。尽管灭活疫苗存在上述缺陷，但在疫情控制区、消除地方性流行菌株的感染或紧急处理暴发疫情时，仍是很好的选择。

现在，常用的疫苗有两大类：一类为灭活疫苗，主要有肠炎沙门氏菌病灭活疫苗和鼠伤寒沙门氏菌病灭活疫苗；另一类为弱毒活疫苗，包括肠炎沙门氏菌病活疫苗、鼠伤寒沙门氏菌病活疫苗等。肠炎沙门氏菌单价苗和伤寒沙门氏菌、肠炎沙门氏菌双价苗的应用使消除鸡群中的沙门氏菌成为可能，并且可避免人通过鸡蛋和鸡肉感染肠炎沙门氏菌。

许多研究者对灭活疫苗与致弱活疫苗进行了评估。加有佐剂的活疫苗可产生最佳保护力，其次是不加佐剂的活疫苗。通过对各种血清学反应结果的比较，以及对攻毒后存活情况的比较，都说明体液免疫应答不起主要的保护作用。

禽沙门氏菌病亚单位疫苗的研究始于19世纪末，用于制备亚单位疫苗的抗原成分主要有外膜蛋白、孔蛋白、毒素和核糖体片段等。近年来，应用遗传工程手段，通过基因突变而使沙门氏菌减毒日趋完善，欧美一些国家以此研制开发的商品化沙门氏菌减毒疫苗，在实际应用中显示出良好的降低感染率的作用，但国内有关研究尚不多见。

与灭活疫苗、亚单位疫苗相比，减毒活疫苗具有高效、花费低、使用方便等优点。考虑到刺激机体产生的免疫应答，减毒活疫苗在控制沙门氏菌病感染方面较灭活疫苗和亚单位疫苗具有一定优势，且可以作为其他疫苗活载体，具有很好的应用前景。但是减毒活疫苗的体内、外安全性和稳定性应经大量研究确证，以免产生副作用。

（何孔旺　万建青）

主要参考文献

陈溥言，2006. 兽医传染病学 [M]. 北京：中国农业出版社.

贺奋义，2006. 沙门氏菌的研究进展 [J]. 中国畜牧兽医，33（11）：91-95.

陆承平，2007. 兽医微生物学 [M]. 北京：中国农业出版社.

苏丹萍，张艳萍，贺东生，2009. 猪沙门氏菌病疫苗研究进展 [J]. 猪业科学，26（12）：42-44.

王真，成杰，沈思，等，2015. 禽沙门氏菌病防控策略及其疫苗研究概述 [J]. 北京农学院学报，30（2）：133-136.

第七节　猪传染性萎缩性鼻炎

一、概述

猪传染性萎缩性鼻炎（Porcine infectious atrophic rhinitis）是由支气管败血波氏杆菌（*Bordetella bronchiseptica*，Bb）Ⅰ相菌原发感染和/或产毒素的多杀巴氏杆菌（*Pasteurella multocida*，Pm）参与感染引起的，以浆液至黏液脓性鼻分泌物、鼻部短缩或弯曲、鼻甲骨萎缩和生产性能降低为特征的猪慢性呼吸道传染病。目前国外把由 Bb 感染引起的萎缩性鼻炎（AR）称为非进行性萎缩性鼻炎（Nonprogressive atrophic rhinitis，NPAR），把由产毒素的 Pm 感染为主或者与其他致病因子（包括支气管败血波氏杆菌）共同感染所致的 AR 称为进行性萎缩性鼻炎（Progressive atrophic rhinitis，PAR）。NPAR 最早于 1830 年报道，现已成为一种世界性猪病。我国在 1964 年有关于本病发生的报道。本病发生的临床表现程度与感染时间有很大关系，猪龄越小感染发病率越高，且危害越严重。8～72 周龄或更大猪多为亚临床或无症状感染。幼龄猪感染后，初期症状为打喷嚏和咳嗽，随着持续感染时间的延长，进一步发展为流鼻涕、鼻塞、气喘、打鼾、鼻孔流出清亮或黏性甚至脓性分泌物。严重感染猪在剧烈打喷嚏时，可喷出黏液性、脓性分泌物甚至鼻甲骨碎片。患猪表现不安、摇头、拱地、摩擦鼻部。常见流泪，因黏附尘土而在内眼角下形成半月形的"泪斑"。本病的特征性症状是鼻甲骨发育受阻和明显可见的颜面变形，构成鼻腔和鼻窦的骨骼正常发育速度发生变化。当两侧鼻腔受损伤程度相当时，表现为上颌骨短缩、下颌突出，形成鼻部"上撅"或称为"地包天"；当一侧鼻腔受损伤严重，另一侧受损伤轻微或者是不受损伤，则鼻部向受损伤严重一侧偏斜，表现为"歪鼻子"。无论是鼻部"上撅"还是歪向一侧，都会导致上下齿咬合不全，影响咀嚼。鼻部变形的发生率因感染猪群的不同或感染严重程度不同存在着明显差异，一般情况下出现颜面变形的猪达到 8%～10%，最严重的个别猪群高达 30%。猪传染性萎缩性鼻炎患猪除了少数猪表现鼻甲骨萎缩导致颜面变形外，更严重的危害是影响猪只的生长发育，生长迟滞率一般为 5%～20%，严重的可达 30% 或更高，有些猪成为僵猪。

二、病原

Bb Ⅰ相菌是最早发现的猪传染性萎缩性鼻炎的病原，20 世纪 80 年代发现产毒素的 Pm 是猪传染性萎缩性鼻炎的另一个重要病原。

（一）支气管败血波氏杆菌

Bb 属于波氏杆菌属（*Bordetella*）中的重要成员，具有广泛的感染宿主。系统发生进化分析表明，感染人的副百日咳波氏杆菌（*Bordetella parapertussis*）和百日咳波氏杆菌（*Bordetella pertussis*）均是 Bb 适应人类宿主的变种。它是一种革兰氏染色阴性的小杆菌或球杆状菌，多单在或成对，常呈两极着色。大小为 (0.2～0.3) $\mu m \times 1.0 \mu m$，具有周鞭毛、能运动。不形成芽孢。Bb Ⅰ相菌在含有血液的培养基上可形成荚膜、菌毛和坏死毒素。菌体表面的菌毛，长 40～100 nm、直径 2～3 nm，具有血凝活性。为严格需氧的非氧化非发酵细菌，代谢类型为呼吸性代谢。在各种培养基上都能生长。本菌极易发生变异，需要严格的培养条件和鉴定方法才能保持Ⅰ相菌不变异。不发酵碳水化合物，能利用柠檬酸盐，分解尿素。在改良鲍-姜氏绵羊血液琼脂培养基上培养 48h，形成直径约 1.5 mm 的灰白至乳白色菌落，隆起、光滑、呈球状，呈 β 溶血（Ⅰ相菌）、不完全溶血（Ⅱ相菌）或完全不溶血（Ⅲ相菌）。在改良麦康凯琼脂培养基上，经 37℃培养 40～70h，Bb 菌落不变红，直径 1～2 mm，圆整、光滑、闪光、隆起、透明、略呈茶色。较大的菌落中心较厚、呈茶黄色，对光用肉眼观察时呈均匀浅蓝色。如果培养超过 72h，菌落增大 2 mm 以上，有的菌落中央下陷形成皱纹，周边隆起呈堤状。在蛋白胨琼脂平板上隔夜培养，形成微小、圆整、光滑、隆起、透明的菌落，通过自然光线观察时呈均质透明稍带蓝色。以 45°反射光用实体显微镜放大 10 倍左右观察时，呈特征性的荧光和结构，质地均匀细密，前缘略带黑褐色细密纹理，两侧圆整。这种荧光结构特征以在培养 30h 的菌落最为典型。

1. 抗原变异与毒力　Bb 在体外继代培养时很容易发生抗原和毒力变异，即由原型Ⅰ相菌向Ⅱ相菌和Ⅲ相菌变异。Ⅰ相菌为本菌的毒力菌株，具有不耐热的荚膜，有密集的周生菌毛。能产生很强的坏死毒素和溶血活性，对小鼠具有强毒力，具有红细胞凝集性。Ⅰ相菌在菌体表面形成丰厚的 K 抗原（荚膜抗原），对 O 抗血清完全不凝集。Ⅰ相菌感染或者疫苗免疫猪能产生保护性抗体，主要是 K 抗体，已经证明荚膜抗原是保护性抗原。Ⅰ相菌在经过不适宜的培养基继代培养时很容易发生变异，变为低毒力或没有致病力的Ⅲ相菌。Ⅲ相菌无荚膜，无菌毛，有较长鞭毛，无溶血活性，成为低毒力或无毒力菌株。典型的Ⅲ相菌表面不形成荚膜，不能与 K 抗体发生凝集反应，菌体抗原完全显露，因此可与 O 抗血清发生凝集反应。Ⅱ相菌是Ⅰ相菌向Ⅲ相菌变异过渡的中间型，介于二者之间，带有部分菌体表面抗原和不完全暴露的菌体抗原，因此对 O 抗体和 K 抗体都能产生不同程度的凝集反应。在体外，Ⅰ相菌和Ⅱ相菌之间的变异是可逆的，但是Ⅲ相菌难以变成Ⅰ相菌。Ⅲ相菌进一步变异，可变成粗糙型菌，粗糙型菌既无荚膜又无鞭毛。

2. 抗原 Bb 的 O 抗原为耐热抗原，具有属特异性；K 抗原由荚膜抗原和菌毛抗原组成，不耐热；另有少量的细胞结合性耐热 K 抗原。K 抗原可被划分为 1~14 个抗原因子，Bb 种特异性 K 因子为因子 12。用定量免疫电泳分析 Bb 的 44 个抗原发现，与百日咳波氏杆菌呈交叉反应的有 42 个，百日咳波氏杆菌与副百日咳波氏杆菌呈交叉反应的抗原有 40 个。

3. 毒素和黏附素 Bb 能够产生皮肤坏死毒素（dermonecrotic toxin，DNT）、气管细胞毒素（tracheal cytotoxin，TCT）、双功能的腺苷酸环化酶毒素/溶血素（adenylate cyclase toxin/hemolysin，ATC/HLY），其中 DNT 是最主要的毒力因子。Bb 还能产生脂多糖内毒素（LPS）和黏附素，不能产生百日咳毒素（pertussis toxin）。黏附素包括菌毛（fimbriae，Fim）、丝状血凝素（filamentous hemagglutinin，FHA）、百日咳黏着素（pertactin，Prn）、Ⅲ型分泌系统（type-Ⅲ secretion system，TTSS），以及最新发现的波氏杆菌定居因子 A（*Bordetella* colonization factor A，BcfA）等。

（1）皮肤坏死毒素 DNT 是 Bb 的主要毒力因子，是一种不耐热的蛋白毒素，存在于菌体细胞质中，只有在细菌裂解时才释放出来。DNT 经 56℃处理 30min 可完全失活；对福尔马林敏感，

在 37℃下用 0.3% 甲醛处理 20h 可完全失去毒性，但仍保留其免疫原性；用 0.1% 硫柳汞储存 6 个月仍保留部分毒性。该毒素灭活后仍然具有抗原性，能刺激机体产生抗毒素中和 DNT。不同菌株的毒力不同，Ⅰ相菌毒力比Ⅱ相及Ⅲ相菌株毒力都强。有人推断 DNT 是 Bb 在上呼吸道的初始定居因子，因为 DNT 突变菌株（Ⅱ相及Ⅲ相菌株）在猪鼻腔的分离率较低。此外，毒素也可能有通过破坏呼吸道内正常的保护层及上皮细胞间质促进菌体附着的作用。

（2）气管细胞毒素 TCT 实质上并不是蛋白，而是由二肽四糖单体组成的肽聚糖片断，能够破坏宿主呼吸道上皮细胞使其水肿增生、纤毛脱落，也产生黏液聚集于呼吸道，使宿主不停咳嗽、呼吸困难。Bb 具有促进 Pm 定植于上呼吸道内的能力，其中起主要作用的可能是 TCT。

（3）腺苷环化酶/溶血素 所有感染哺乳动物的波氏杆菌都能分泌腺苷环化酶（CyaA），即一种双功能的钙调蛋白敏感的 ATC/HLY。因最初发现可裂解红细胞而被认为是一种溶血素，后来发现可作为腺苷环化酶催化 cAMP 大量产生而导致巨噬细胞和免疫效应细胞的吞噬作用受到破坏，从而起到毒素作用，最后命名为腺苷环化酶毒素/溶血素。其他相关研究也进一步证实，ATC/HLY 对肺泡吞噬细胞的趋化、过氧化物酶生成、中性粒细胞的杀菌和诱发巨噬细胞的凋亡都有抑制作用。1993 年，Gueirard 成功地运用小鼠呼吸道模型研究不同来源 Bb 分离株的 ATC/HLY 作用。感染强毒力 Bb 后，在感染小鼠的血清中发现较早地合成了抗 ATC/HLY 抗体且持续存在，这说明这种细菌抗原在细菌的感染过程中持续存在。免疫接种 ATC/HLY 可预防 Bb 的初期感染，且 ATC/HLY 的保护力同全菌体疫苗的保护力相似，因此说明 ATC/HLY 是预防 Bb 感染的重要的保护性抗原。同时还发现 Bb 的 ATC/HLY 和百日咳波氏杆菌的 ATC/HLY 不同，表明不同种波氏杆菌在免疫学上存在着差异，Bb 的 ATC/HLY 能起到加强细菌鼻腔定植能力及诱导小猪产生局部和系统免疫应答的能力。

（4）百日咳黏着素 Prn 是在百日咳波氏杆菌、副百日咳波氏杆菌及 Bb 中发现的一种外膜蛋白，它存在于菌体外膜上，还存在于液体培养物上清液中，是一种保护性抗原。上述 3 种波氏

杆菌的 Prn 在分子质量上有所不同，Bb 的 Prn 是一个 68 kDa 的蛋白，由 prn 基因编码。DNA 序列分析表明，这个基因能编码 93996 Da 前体蛋白，在 Bb 菌体表面加工形成 P68 蛋白抗原，是一种具有保护性的外膜蛋白成分，属于膜相关抗原。Prn 还具有对巨噬细胞的毒素作用，从而逃避宿主的免疫杀伤作用。通过检测 68 kDa 蛋白抗体，获得免疫保护的仔猪抗体滴度均较高，而非保护仔猪的抗体滴度很低或检测不到这种抗体。用自然缺失 68 kDa 蛋白的 Bb 突变株免疫接种，既不能产生保护作用又不能使感染猪发病。

（5）丝状血凝素 FHA 是由一个 367 kDa 的前体蛋白 FhaB 经过 N′端和 C′端改造后形成成熟的 220 kDa 的 FHA 蛋白，通过 Sec 信号肽依赖途径穿过细胞质膜，其移位和分泌需要一个特异性的辅助蛋白 FhaC。这种介导细菌黏附到宿主细胞的分泌型大蛋白，也是广泛存在于植物及动物革兰氏阴性致病菌中凝集素、溶血素家族中的一种蛋白。FHA 在细菌黏附到宿主细胞的过程中起关键作用，它可直接黏附到作为宿主受体的纤毛膜甘氨酸鞘脂上，也可黏附于上皮细胞和巨噬细胞，并且在宿主的免疫调节中起关键作用。Bb 有与百日咳波氏杆菌相似的分子结构和血凝特性的 FHA，电子显微镜观察到的结构也很相似，在免疫学上二者存在着共同抗原决定簇。Bb 在实验动物大鼠气管定居需要 FHA，但是Ⅲ相菌产生 FHA 的量很低，不足以使 Bb 成功定居。Bb 产生的 FHA 量低于同属细菌百日咳波氏杆菌，反映出在启动子强度、FHA 初级结构、辅助蛋白 FhaC 结构或功能，或者在菌体外膜结构上存在着差异。Bb Ⅰ相菌均能牢固地黏附到猪鼻上皮细胞上，而不产生纤毛的Ⅲ相菌的黏附能力微弱。菌株在人工培养基上反复传代后血凝素消失，但坏死毒素仍有残留，这时菌株的黏附能力丧失，毒力也大大减弱，这与Ⅰ相菌变异成为Ⅲ相菌后毒力减弱是一致的。有人根据动物模型的试验结果认为，FHA 不是 Bb 的初始气管定居因子，可能在抑制气管黏膜纤毛摆动清菌方面起作用。

（6）菌毛 Fim 又称菌纤毛或伞毛。细菌的 Fim 蛋白黏附于宿主细胞对建立感染十分重要。Fim 在感染初期可介导细菌特异性黏附宿主的组织细胞，如波氏杆菌属的细菌 Fim 介导黏附感染动物的呼吸道上皮细胞和单核细胞。Bb 有 4 种菌毛基因，即 fim2、fim3、fimX 和 fimA 基因。

所表达的蛋白能被百日咳波氏杆菌 Fim2 和 Fim3 的多克隆和单克隆抗体所识别，百日咳波氏杆菌与 Bb 的这两个蛋白的基因编码序列分别有 74% 和 94% 的同源性，并且两菌有相似的转录机制。Bb 的这两个 Fim 亚单位基因在 MgSO$_4$ 存在下不表达，但在此条件下鞭毛基因能表达。Mattoo (2005) 利用不能合成 Fim 的突变株研究 Fim 在 Bb 的体内及体外致病过程中的作用，结果表明 Fim 可以增强 Bb 在气管定植的能力，并可以使细菌在气管内持续定植；研究结果还表明 Fim 在诱导宿主产生体液免疫方面也有重要作用。

（7）Ⅲ型分泌系统 TTSS 存在于多种革兰氏阴性细菌中，很多革兰氏阴性细菌通过 TTSS 将蛋白毒素转运到宿主细胞内，毒力蛋白在宿主细胞内刺激或干扰宿主细胞的代谢，通过支配细菌与宿主细胞之间的相互作用引发疾病。Bb 的 TTSS 调节免疫使它能在下呼吸道存活，细菌如果在下呼吸道中被清除，不仅需要 B 细胞和抗体还需要 IFN - γ。有研究表明，在 Bb 感染早期出现产生 IL - 10 的脾细胞，所产生的 IL - 10 能抑制 IFN - γ 产生，从而延迟了细菌的清除，说明 Bb 是通过 TTSS 调节 IFN - γ 的产生而长期存在于下呼吸道中。

（8）波氏杆菌定居因子 A BcfA 为最新发现的黏附因子，是一种具有免疫原性的外膜蛋白，不同于仅在Ⅲ相菌表达的 BipA 蛋白，它能在Ⅰ相菌和中间相菌条件下高水平表达。用大鼠模型研究发现，把相应的基因删除，Bb 就丧失了在大鼠气管定居的能力。用 BcfA 蛋白免疫小鼠，能够对 Bb 鼻腔攻击产生保护性免疫反应，能够减轻肺脏病变和清除细菌的作用。BcfA 也是新一代疫苗的重要候选因子。

4. 抗原变异和毒力变异的分子基础 DNT、ACT/HLY、FHA、Prn、BcfA 及 Fim 均由 Bb 毒力基因（BvgAS）双成分信号转导系统应答环境刺激进行调控。DNT 及 Bb 产生的大量其他致病因子均被这组基因所控制，此基因位点是一个总开关。在 BvgAS 调控下，Bb（包括其他波氏杆菌）存在着有毒力的基因相（Bvg⁺）、中间基因相（Bvg^i）与无毒力基因相（Bvg⁻）的变异，分别与抗原相的Ⅰ相菌、Ⅱ相菌和Ⅲ相菌的变异相对应。大多数毒素和黏附素在 BvgAS 控制下，在 Bvg⁺ 基因相时表达，但是鞭毛基因 flaA 在 Bvg⁻ 相时才表达。

（二）多杀性巴氏杆菌

Pm 是人类较早发现的病原微生物。其感染谱比较广，禽类和许多哺乳动物都能感染发病，但是作为猪传染性萎缩性鼻炎的一个病原是 20 世纪 80 年代确定的。我国 1990 年在进口猪后裔中首次分离鉴定到此病原菌。现已明确只有产生 Pm 皮肤坏死毒素的菌株才是猪传染性萎缩性鼻炎的病原菌。

Pm 是巴氏杆菌属中的重要成员，为细小的短杆菌，两端钝圆、中间稍宽，近似椭圆形。不形成芽孢，无鞭毛、不能运动，有荚膜，具有两极着染性，革兰氏染色呈阴性。本菌为需氧及兼性厌氧菌，最适培养温度为 37℃，最适 pH7.2～7.4。在加入血清、血液或微量高铁血红素的培养基上生长良好，不具有溶血性，但是大多数菌株在血液琼脂培养基上生长的菌苔能产生褐色褪色变化。虽然本菌的菌落有黏液型、光滑型和粗糙型之分，作为 AR 病原的 Pm 为具有荚膜的光滑型菌落，在 45°反射光下用实体显微镜放大 10 倍左右观察，可见 Fg 型菌落荧光结构。在血液琼脂培养基上培养，可形成湿润的水滴样菌落，周围不溶血，能产生微弱的有识别意义的气味。在含有血清的肉汤中培养，初期轻度混浊，后变清澈，在管底有黏稠沉淀物，肉汤表面有菌膜环，沉淀物振摇不散。在麦康凯和含有胆盐的培养基上不能生长。

Pm 能利用甘露醇、海藻糖产酸，鸟氨酸脱羧酶试验阳性，不同菌株对 D-木糖产酸有差异。不形成靛基质，不液化明胶，产生硫化氢和氨，VP 和 MR 试验均为阴性。

1. 抗原与分型　Pm 抗原结构复杂，主要有菌体抗原和荚膜抗原。荚膜抗原有型的特异性和免疫原性。按照荚膜抗原分型，分为 5 个荚膜血清型，即 A、B、D、E 和 F 型；按照菌体脂多糖抗原分型，分为 1～16 型。出血败血型菌株属于 B 及 E 荚膜血清型，禽霍乱菌株属于 A 荚膜血清型。能引起猪传染性萎缩性鼻炎的 Pm 为 D 荚膜血清型和 A 荚膜血清型中产生皮肤坏死毒素的菌株。

2. 毒力因子及毒素　Pm 虽然存在多种毒力因子，如荚膜、菌毛、外膜蛋白、脂多糖内毒素、皮肤坏死毒素等，但与猪传染性萎缩性鼻炎致病性最为密切的是皮肤坏死毒素。多杀性巴氏杆菌皮肤坏死毒素（Pasteurella multocida dermonecrotic toxin，PMT）也被称为多杀性巴氏杆菌促有丝分裂毒素（Pasteurella multocida mitogenic toxin），是本菌的主要毒力因子，为 146 kDa 的蛋白毒素，能够引起 PAR，主要是通过破骨细胞的骨再吸收发挥作用。

3. 荚膜抗原变异的分子基础　Pm 按照荚膜抗原分为 A、B、D、E 和 F 共 5 种血清型，每种荚膜血清型分别产生不同的荚膜多糖。A 荚膜血清型菌株的荚膜为透明质酸，D 荚膜血清型菌株的荚膜为未改性肝磷脂，F 荚膜血清型菌株的荚膜为软骨素。B 和 E 荚膜血清型菌株的荚膜构成比其他 3 种血清型更复杂，B 荚膜型菌株荚膜有透明质酸酶的生物活性。由于 Pm 不同荚膜型菌株间荚膜构成及生物学特性差异较大，决定其变异的基因构成也不完全相同。B：2 荚膜血清型菌株荚膜位点基因分为 3 个功能区，区域 1 和区域 3 由 6 个基因组成，编码转运功能基因，将多糖荚膜运输到菌体表面。区域 2 由 9 个基因组成，是多糖荚膜生物合成的基因，其中 3 个基因（bcbA、bcbB 和 bcbC）的推导产物与多糖生物合成所涉及蛋白极度相似，而另 6 个基因推导产物没有找到相似的已知蛋白，可与 bcbA、bcbB、bcbC 和区域 1 荚膜转运基因共同转录，它们也是荚膜生物合成的基因。A：1 荚膜血清型菌株编码荚膜的基因也由 3 个区域组成，区域 1 由 4 个 ORFs 组成，负责转运荚膜多糖到菌体表面；区域 2 由 5 个 ORFs 组成，推导蛋白产物参与多糖荚膜的生物合成；区域 3 由 2 个 ORFs 组成，其推导产物与荚膜多糖的磷脂替换所涉及的蛋白相似。表达透明质酸的菌株，荚膜生物合成位点由 10 个基因组成，phyA 和 phyB 编码多糖脂化蛋白，hyaE、hyaD、hyaC 和 hyaB 编码多糖生物合成所需要的蛋白，hexD、hexC、hexB 和 hexA 基因编码的蛋白负责将多糖转运到细菌表面。

能够引起家禽和野鸟发生禽霍乱的 Pm 菌株的荚膜多糖由透明质酸组成。也有自发丢失荚膜的菌株，发生这种现象的机制尚不清楚，有学者用定量 RT-PCR 研究自发丢失荚膜多糖的分子机制，发现荚膜多糖生物合成基因转录显著降低，DNA 序列分析荚膜生物合成位点没有任何变异。将产生荚膜的菌株全基因组与非产生荚膜菌株进行对比，发现无荚膜菌株的 fis 基因出现单点突变。fis 是编码调控子基因，所表达的 Fis 功能蛋白在调控 Pm 荚膜的表达中起关键作用。

4. 毒力变化的分子基础 PMT 的基因是 *toxA*，是由 3858 个核苷酸组成的开放阅读框，编码 1285 个氨基酸组成的 146 kDa 的蛋白质。PMT 具有溶骨活性，可导致猪的 AR。初步研究表明，PMT 的 N′端连接到靶细胞，而活性部位位于 C′端部分，生物活性主要依靠位于 C′端 1165 位上的半胱氨酸。如果将 1165 位上的半胱氨酸换成丝氨酸，就失去了毒素作用且不能连接靶细胞。1205 位和 1223 位上组氨酸是毒素活性识别所必需的位点。PMT 能激活多种细胞信号传导通道，是一种强促细胞有丝分裂原，刺激 DNA 合成和几种细胞系增殖。PMT 的有丝分裂活性依靠胞外信号调节激酶（extracellular signal-regulated kinase，ERK）的刺激。

三、免疫学

猪传染性萎缩性鼻炎虽然有两种病原菌，但各自致病特点有所不同。Bb I 相菌只有早期感染才能产生严重病变，主要危害出生后 3 月龄以内的仔猪，3 月龄以上猪感染只产生轻微的鼻黏膜损伤，且病变为可逆性的。感染越早产生的病变越严重，1 月龄以内感染，大部分能够产生严重病变。出生后 7d 以内的猪感染，可 100% 产生严重的鼻甲骨萎缩病变，多为鼻部变形。产生皮肤坏死毒素的 Pm，无论是荚膜 D 型还是荚膜 A 型菌株，在一般情况下很难在健康猪的鼻腔黏膜上定居繁殖，只有当猪群受到 Bb 感染或其他因子侵袭，如鼻黏膜受到猪舍中过度的粪便氨气刺激受损伤时，才能在猪群中建立感染，产生毒素，导致病变。

Bb 在猪群中的传播方式，主要是通过感染猪的口鼻飞沫和气溶胶，也可通过呼吸道分泌物、污染的媒介物接触传播。细菌的荚膜主要作用是保护细菌不被吞噬细胞吞噬，有利于细菌扩散，增强侵袭力。Fim 是细菌的一种黏附因子抗原，对宿主上皮细胞有特异性黏附作用，细菌侵入鼻腔后，Fim 首先与鼻黏膜上皮细胞上的特异性受体结合，阻止呼吸道黏膜对细菌的清除作用，建立牢固的定居和繁殖；同时产生大量 DNT，导致黏膜上皮细胞的炎症、增生和退变，包括上皮细胞表面的微绒毛变形和脱落等退行性变化。DNT 是最强的毒力因子，可扩散到鼻甲骨，直接作用

于成骨细胞或骨细胞，抑制鼻甲骨或成骨细胞对钙的摄取，引起这些细胞的退行性变化，导致骨形成减弱，鼻甲骨软化、萎缩以至消失。Fim 的存在与否与菌相有相关性，只有 I 相菌存在丰富的纤毛抗原，伴随着相变而减少，甚至丧失。菌纤毛不但是重要的细菌在呼吸道定居因子，还能诱导产生体液免疫。动物试验证明，Bb 感染产生的 FHA 可以阻止气管黏膜纤毛的摆动，使细菌持续存在。在鼠模型上，FHA 的特异性抗体可以对 Bb 的再次感染提供保护，特别是在初次感染 30d 后的再次攻毒，抗 FHA 血清滴度与抗 Bb 攻击感染的能力存在相关性。然而，在百日咳波氏杆菌方面，FHA 抗体还能抑制中性粒细胞的吞噬作用，综合考虑，FHA 在体内可能起到免疫调节作用。有试验证明，强毒 Bb 感染后很快出现抗 ATC/HLY 和抗 FHA 抗体并持续存在于感染鼠的血清中，用提纯的 ATC/HLY 证明它是抗 Bb 感染的主要保护性抗原。Edwards 在研究细菌黏附过程中发现，支气管败血波氏杆菌通过表达 FHA、Prn 和 Fim 等多种黏附素共同介导纤毛黏附作用。

Pm 能感染多种动物发病，过去认为是一种机会性病原菌。英国学者对连续 12 年分离自 PAR 和肺炎巴氏杆菌病的 158 株 Pm 进行荚膜分型、产生 PMT、热变化蛋白（OmpA）和孔道蛋白（OmpH）分子质量异质性测定。结果表明，可将这些细菌明确地分成肺炎亚群和 PAR 亚群，88% 肺炎病例是由非产毒素的荚膜 A 型的 1.1、2.1、3.1 和 5.1 OMP 型及荚膜 D 型的 6.1 OMP 型菌株引起。由于受检菌株在英格兰和威尔士有着广泛的地域分布，并且每一株都代表着一次发病，少数的 Pm 型别与产生多数肺炎病例有关这一事实表明，这些菌株并不属于低毒力的机会性病原菌，而是具有相当高的毒力的原发性病原菌。76% PAR 病例与产毒素的荚膜 D 型的 4.1 OMP 型及荚膜 A 型和 D 型的 6.1 OMP 型菌株有关，引起 PAR 的产毒素的荚膜 A 型菌株和导致肺炎的非产毒素荚膜 A 型菌株分属于不同 OMP 型的 Pm 2 个亚群。虽然产毒素性 Pm 的 2 种荚膜型 A 或 D 型菌株都是 PAR 的病原，二者产生毒素量不同，中国农业科学院哈尔滨兽医研究所研究证明，后者产毒素量是前者的 2 倍。

Pm 正常情况下不能在鼻腔定居，只有在鼻黏膜受到损伤时，如化学物质的刺激或 Bb 感染

后鼻腔黏膜上皮细胞发生了不同程度的改变或损伤，有助于 Pm 在鼻腔定居繁殖，进一步产生 PMT 引起 PAR。PMT 在 PAR 致病变作用中起到决定性作用，但是猪鼻腔不是 PMT 产生的唯一部位。试验已经证明，非鼻腔途径接种 PMT 制备物也能导致鼻甲骨萎缩病变。PMT 在细胞内通过调节磷脂酶 C 的 $G\alpha_q$ 亚单位起作用，由于破骨细胞不受控制的增生而发生骨再吸收，同时通过抑制成骨细胞阻止骨再生，导致猪的鼻甲骨萎缩。PMT 也是一种强力的有丝分裂原，能引起包括细胞骨架肌动蛋白重排等多种细胞效应，如同霍乱毒素和百日咳毒素那样促使树突状细胞成熟。不同的是，它有很弱的佐剂效应，似乎抑制抗体应答。已经发现，PMT 能够阻止树突状细胞向淋巴结迁移，在自然感染状态限制产生适应性免疫应答。PMT 是一种有效的免疫原，克隆到的 PMT 基因删除突变后产生的类毒素能保护小鼠及所生幼鼠抵抗纯 PMT 的攻击；替换两个关键氨基酸的遗传改良 PMT 是一种无毒力蛋白，能够对猪用野生菌株进行试验攻击提供免疫保护。还有研究认为 PMT 对 Pm 定居十分重要，PMT 在体外能迅速结合到牛肺细胞并导致细胞形态改变，而其他毒素无此特点。

根据猪传染性萎缩性鼻炎的发病规律和两种病原菌的致病特点，免疫预防的侧重点有所不同。对于 Bb 感染引起的猪传染性萎缩性鼻炎免疫预防的重点应该放在对新生仔猪的预防上，做好被动免疫是必要的；对于 Pm 引起的猪传染性萎缩性鼻炎免疫预防的重点应该以主动免疫为主。

四、制品

猪传染性萎缩性鼻炎除了生物性病原因子外，病变严重程度还与营养水平、遗传因素、饲养密度、环境卫生等条件有关，特别是饲养密度过大、卫生条件差、畜舍通风不良都会加重猪传染性萎缩性鼻炎的临床病变程度。在发病猪群中，虽然许多成年猪没有表现出临床症状，但在其鼻腔有相当高的带菌率，病猪和带菌猪是本病的传染源，其他带菌动物如猪场中的鼠类也可带菌并成为本病的传染源。因此，有效控制猪传染性萎缩性鼻炎，除了做好免疫预防外，还要做好包括环境卫生、加强饲养管理在内的综合防控措施。

（一）诊断制品

猪传染性萎缩性鼻炎主要靠临床诊断、病理剖检和病原菌分离鉴定诊断，病原菌鉴定包括 Bb 的菌相鉴定、Pm 的荚膜型鉴定和 PMT 产生鉴定。国际上目前很少有猪传染性萎缩性鼻炎的商品化诊断制品，仅限于在专门的实验室使用。

1. 国内的诊断方法及制品

（1）K 因子血清和 O 因子血清 用于 Bb 的菌相鉴定。将已经生化试验鉴定为 Bb 的单个菌落划线接种于绵羊血改良鲍姜氏琼脂平板上，置 37℃潮湿温箱中培养 40～45h 后，分别用 K 因子血清和 O 因子血清做活菌玻片凝集定相试验。

（2）试管凝集试验诊断抗原 用于 Bb 血清 K 凝集抗体的检查，由中国农业科学院哈尔滨兽医研究所研发。采用倍比稀释法，设阴、阳性血清和抗原缓冲盐水对照。当阳性血清对照管达到原有的反应滴度，抗原缓冲盐水对照管、阴性血清对照管均呈阴性反应时，被检血清稀释度≥10 倍稀释出现 50% 菌体凝集，判定为猪 Bb 阳性反应血清。

（3）透明质酸产生试验 用于 Pm 荚膜 A 型菌株的鉴定。在 0.2% 脱纤牛血马丁琼脂平板上，用直径 2 mm 铂金圈将产生透明质酸酶的金黄色葡萄球菌 ATCC25923 菌株培养物于中间划一条直线，在该线的两侧以垂直方向接种同样宽度的待测 Pm 培养物，同时设荚膜 A 型及 D 型参考菌株做对照。30℃培养 20h，判定结果。A 型菌株在连接葡萄球菌生长线处产生生长抑制，抑制区的菌苔荧光消失并明显薄于未抑制区，未抑制区菌苔丰厚、特征性荧光结构不变。D 型菌株没有生长抑制现象，特征性的荧光结构不变。

（4）吖啶黄试验 用于 Pm 荚膜 D 型菌株的鉴定。将分离株在 0.2% 脱纤牛血马丁琼脂上培养 18～24h，刮取菌苔，均匀悬浮于 pH7.0 的 0.01 mol/L 磷酸盐缓冲生理盐水中。取 0.5 mL 细菌悬液加入小试管中，与等量 0.1% 中性吖啶黄纯化水溶液振荡混匀，室温静置。D 型菌株可在 5min 后自凝，出现大块絮状物；30min 后絮状物下沉，上清液透明。其他荚膜型菌株不出现或仅有细小的颗粒沉淀，上清液混浊。

（5）多杀性巴氏杆菌皮肤坏死毒素检测 用体重 350～400 g 健康豚鼠，背部两侧注射部位剪毛，注意不要伤及皮肤。用 1 mL 注射器和 4～6

号针头，皮内注射分离物马丁肉汤 37℃培养 36～72h 培养物 0.1 mL。注射点距背中线 1.5 cm，各注射点相距 2.0 cm 以上，同时设阳性和阴性参考菌株及同批马丁肉汤注射点做对照。并在大腿内侧肌内注射硫酸庆大霉素 4 万 IU（1 mL）。注射后 24h、48h、72h 观察，测量注射点皮肤红肿和坏死区大小。坏死区直径 1.0 cm 左右为皮肤坏死毒素产生阳性，小于 0.5 cm 为可疑，无反应或仅红肿为阴性。

上述方法已经纳入于我国《猪传染性萎缩性鼻炎诊断技术标准》，并于 2002 年和 2015 年发布，所描述的病原菌分离鉴定方法，包括 Pm 的荚膜定型和 DNT、PMT 检测方法与现行版本《OIE 陆生动物诊断试验与疫苗手册》规定方法基本接轨。所述方法以临床、病理剖检和病原学诊断方法为主，试管凝集试验和平板凝集试验两种血清学诊断方法仅作为参考。血清学方法也只限于对 Bb 感染猪血清中的特异性 K 凝集抗体的检测，血清学诊断方法不能区分自然感染和疫苗接种产生的血清抗体。在未进行猪传染性萎缩性鼻炎疫苗免疫接种的种群进行血清学诊断有一定的临床诊断意义，或者用血清学方法监测 K 凝集抗体评价疫苗免疫效果。

2. 国外诊断制品概况

（1）细胞单层检测 PMT　除了用豚鼠做皮肤坏死试验外，还有用牛胚肺（EBL）细胞、非洲绿猴肾（Vero）细胞或牛鼻甲骨细胞在体外检测 PMT。将待检菌在脑心浸出液肉汤中 37℃培养 24h，离心去除菌体，上清液经过滤除菌并在微量滴定板上制备好的细胞单层上滴定测毒。37℃培养 2～3d，用结晶紫染色细胞单层，在显微镜下观察细胞病变。用琼脂覆盖的 EBL 细胞做大量的分离培养物快速筛检。目前这些方法还没有形成商品，仅限于不同的实验室使用。

（2）检测 PMT 的 ELISA 试剂盒　在初代分离培养的细菌菌落上，直接用单克隆抗体 ELISA 检查就能够鉴别出产生 PMT 的 Pm。这种方法比较适用，避免了用细胞单层鉴定 PMT 的大量的烦琐工作，不必将每个菌落都制备成待检样。这种由丹麦 DakoCytomation 公司生产的 ELISA 检查 PMT 试剂盒已经在欧洲和除美国外的其他几个地区广泛应用，有很高的特异性和敏感性。

（3）检测 PMT 抗体的诊断试剂盒　目前在国际上还没有令人满意的可靠的血清学试验进行产毒素性 Pm 感染动物的诊断，原因是非产毒素 Pm 和产毒素性 Pm 菌株间存在着多种交叉反应抗原，还有一些动物感染产毒素的 Pm 后不产生抗毒素抗体。虽然在欧洲和其他几个地区已有针对 PMT 抗体检测的 ELISA 诊断试剂盒问世，但在使用时仍然遇到与试管凝集试验等方法同样的局限性问题。

（二）预防制品

1. 我国研发与批准生产的疫苗

（1）猪传染性萎缩性鼻炎灭活疫苗　该制品是以国内 AR 患病仔猪鼻腔分离的一株 BbⅠ相菌株 A50-4 为菌种，配以司盘-85、吐温-85 和白油佐剂，制备成油包水型乳剂灭活疫苗。采用固体培养法，菌种接种在改良鲍姜氏绵羊血琼脂培养基上，37℃潮湿条件下培养 40～45h 繁殖。将生长良好、β 溶血明显、无杂菌污染，并经过活菌平板凝集定相检查为Ⅰ相菌的培养物，收获在磷酸盐缓冲盐水中。用福尔马林溶液灭活，甲醛终浓度为 0.15％。经过离心洗涤后，制备成含 6×10^{11} 个菌/mL 的原苗液，加入终浓度为万分之二的硫柳汞防腐。最后制成含 1.5×10^{11} 个菌/mL 的油包水型乳剂疫苗。

原苗的检验包括灭活检验、抗原性检验和毒性检验。进行原苗灭活检验时，用普通琼脂斜面、改良鲍姜氏绵羊血琼脂斜面和营养肉汤接种培养 7d，无任何细菌生长。进行原苗的抗原性检验时，将原苗用磷酸盐缓冲盐水稀释制备成含 5×10^{9} 个菌/mL 的抗原液，采用试管凝集试验法检验已知的 K 因子血清和 O 因子血清，同时设标准原苗抗原作对照，原苗抗原与标准原苗抗原所得结果一致为合格。进行原苗的毒性检验时，应用小鼠体重测定法，用体重 12～14 g 健康小鼠 20 只，分 2 组。将抗原性检验合格的原苗稀释成 6×10^{9} 个菌/mL，每只小鼠腹腔注射 0.5 mL，注射 10 只。另 10 只腹腔注射同样量的磷酸盐缓冲盐水作为对照。原苗毒性检验合格的标准为：小鼠注射原苗后 72h 的平均体重超过接种前平均体重；注苗后第 7 日平均体重比接种前平均体重增加 3 g 以上；注苗后第 7 日平均体重为对照组第 7 日平均体重的 60％以上；至第 7 日止各组应无死亡，注苗组脾脏应无萎缩变化。

成品检验包括无菌检验、物理性状检验、安全性检验和效力检验。

无菌检验时，可在成品制备后分装前和分装后两次进行，接种普通琼脂斜面和营养肉汤培养基各 2～3 支，每支接种 0.1 mL，在 37℃ 温箱中培养观察 7d。在培养 3d 时，由营养肉汤移植普通琼脂斜面及血液琼脂斜面各 2～3 支，培养观察 7d，均应无任何细菌生长。

物理性状之剂型检验，将疫苗自距平皿内的冷水数厘米处滴下，液滴在水面上不扩散，不弥散于水中，人为搅开后不久会自动聚集。如注入冷水中，则呈大小不等的乳滴悬浮于水面，不扩散，不弥散于水中。此为油包水型，为合格。

物理性状之黏度检验，用标定的 1 mL 移液管在室温条件下吸取成品苗 1 mL，令其垂直自由流出，以流出 0.4 mL 所需的时间作为乳剂疫苗黏度，合格的黏度应在 11～15s。

安全检验：①用小鼠做安全检验。取体重 14～16 g 健康小鼠 10 只，每只腹部皮下注射 0.05 mL 疫苗；对照组 10 只，仅注射 0.05 mL 磷酸盐缓冲盐水。合格标准同原苗毒性检验。此外，还需观察局部皮下，除疫苗注射点外，应无炎症及坏死病变。②用仔猪做安全检验。用 3～4 月龄健康仔猪 2 头，颈部皮下注射成品苗 0.5 mL，观察 21d。注射前 1d 及注射后连续 3d 每日测量体温 2 次，注苗后应无热反应或只在注苗次日体温升高不超过 1℃，注苗局部外观正常，触摸皮下如有硬结，应不超过小指头大小。在观察期内，应无注苗引起的任何临床反应和死亡。

效力检验：安全检验中接种后 14～21d 的仔猪，血清 K 抗体凝集价平均值达 5 120 倍以上为合格；用鼻腔检菌（Bb 和 Pm）阴性、血检 K 血清抗体凝集价在 1∶320 以下的妊娠母猪 2 头，于产前 1 个月颈部皮下注射疫苗 2 mL，产后 3h 内采集初乳，K 抗体凝集价达 80 000～160 000 倍，其仔猪 7 日龄内的平均血清 K 抗体凝集价 40 000～80 000 倍或以上为合格。

本品可预防 Bb 引起的猪传染性萎缩性鼻炎，可用于被动免疫或被动主动结合免疫。与美国、荷兰、日本等国外同类产品对比试验表明，本产品免疫效果明显优于国外产品，且有鼻腔清除细菌的作用。该苗的不足之处是个别猪接种后会出现过敏反应，注射疫苗局部由于消毒不严格引起化脓肿胀。

（2）猪传染性萎缩性鼻炎二联灭活疫苗　该产品是将 Bb 强毒 I 相菌 A50－4 菌株（或 G10 菌株）和产生 PMT 的 PmQ13－1 菌株分别在改良鲍姜氏液体培养基上培养生产菌液和改良马丁肉汤中培养生产菌液，经福尔马林灭活，用超滤法浓缩，按适宜比例混合后，配以司盘－85、吐温－85 和白油佐剂，制成油包水型乳剂疫苗。成品苗用万分之一的硫柳汞防腐，两种菌含量各 1.5×10^{11} 个菌/mL。

原苗的灭活检验、原苗 Bb 抗原性检验、原苗毒性检验及成品苗的无菌检验、物理性状检验的方法和标准与猪传染性萎缩性鼻炎灭活疫苗的检验基本相同。

成品苗的安全检验和免疫效力检验中，用 1.5～2 月龄健康仔猪 2 头，经颈部皮下注射成品疫苗 1 mL，观察 1 周。注射前 1d 和注射后 3d 连续测量体温，每日 2 次，注射疫苗后 1d 应无超过 1℃ 的热反应。注射局部外观正常，触摸皮下如有硬结，应不超过拇指头大小。在观察期内，应无注苗引起的任何临床反应及死亡。免疫效力检验时，在注苗后 14～21d 平均血清 K 抗体凝集价应达 5 120 倍或以上，PMT 血清中和抗体价达到 16 倍或更高，即为免疫效力检验合格。

该苗用以预防 Bb 和产毒素 Pm 感染引起的猪传染性萎缩性鼻炎，可用于被动免疫和被动主动结合免疫。与国外同类产品进行对比试验显示，免疫保护率明显高于国外产品，且有鼻腔清除细菌的作用。该苗使用国产的矿物油佐剂，个别猪注苗后局部反应较重，有的出现肿胀甚至化脓坏死，影响免疫效果。现在我国已经有了改进佐剂的同类产品问世。

2. 国外已经上市的产品

（1）概况　虽然国外已经有多种猪传染性萎缩性鼻炎疫苗上市，但从其含有的组分上看，不外乎含有两种病原菌的全菌体灭活疫苗、Bb 和产毒素的及非产毒素的 Pm 灭活疫苗、两种灭活全菌体加上 Pm 类毒素疫苗、Pm 类毒素苗和致弱 Bb 活疫苗。使用的佐剂为矿物油或氢氧化铝胶。菌体加类毒素苗如 Score™（Oxord Labs 生产）、NOBLVAC-DART（NOBL 药厂生产），Bb 和荚膜 D 型 Pm 菌体的 Ingelvac AR4〔勃林格殷格翰动物保健（美国）有限公司〕，Bb 活疫苗 MAXI/GUARD Nasal Vac（Addison 生物药厂生产）等。Bb 活疫苗可在出生当日滴鼻接种，预防 Bb 和 Pm 感染引起的 AR。缺点是接种疫苗后不能应用抗生素，且存在毒力返强的可能。只含有 Bb

的疫苗不能用于预防 PAR，只能用在 NPAR 的猪群。此外还有 Porcilis AR-T，由先灵葆雅公司生产，含灭活的 PMT 和灭活的 Bb 菌体，以液体石蜡、聚山梨醇酯 80 和山梨聚糖-油酸作佐剂。此苗使用对象为各种年龄和体重的母猪和 18 周龄后备母猪，深部肌内注射 2 mL。初次使用本品免疫的猪，间隔 6 周进行二免。注苗后出现一过性反应，如发热、沉郁，注射部位肿胀存在几周，可能有局部组织化脓。6 周后，这些反应可能消失。怀孕最后 2 周不能用此苗。国外 Pm 和 Bb 的全菌体灭活疫苗虽然能在一定程度上降低两种萎缩性鼻炎病原菌的定居繁殖，但是不能完全清除细菌和预防感染。这些疫苗每头份大多含 10^{10} 个细菌和 PMT 类毒素 10 μg，个别疫苗抗原含量可能更低。

多联苗 Sow Bac TREC 由英特威公司生产，本品中的猪轮状病毒和猪传染性胃肠炎（TGE）病毒组分为活疫苗，另以灭活的 Bb、C 型魏氏梭菌、猪丹毒丝菌以及大肠杆菌、Pm 类毒素作为疫苗稀释液。病毒活疫苗中含有致弱的血清 4 和 5 型轮状病毒及 TGE 病毒，稀释液为含有灭活细菌和类毒素的佐剂液，含有 Bb、Pm A 型和 D 型、猪丹毒杆菌，以及大肠杆菌 K88、K99、F41、987P 型菌毛抗原与 C 型产气荚膜梭菌类毒素。稀释液中各组分不能使病毒失活，还含有庆大霉素、多黏菌素 B 和硫柳汞作防腐剂。该疫苗用于健康的怀孕母猪和后备母猪，用以预防轮状病毒（两个主要血清型）、TGE、Bb 和 Pm 非产毒素荚膜 A 型和产毒素的荚膜 A 与 D 型菌株引起的萎缩性鼻炎和肺炎、大肠杆菌病、C 型产气荚膜梭菌引起的肠毒血症和猪丹毒。

猪传染性萎缩性鼻炎疫苗不断地得到更新。近年来，英特威公司推出的 Porcilis AR-T DF 就是在原有 2 种产品 Nobi-vac AR-T 和 Porcilis Atrinord dO 疫苗基础上的改进。Nobi-vac AR-T 苗是一种油包水型乳剂疫苗，含有灭活的 Bb 和脱毒的 PMT，Porcilis Atrinord dO 苗是一种每个剂量含 50μg dO 蛋白的氢氧化铝胶苗。升级产品 Porcilis AR-T DF 苗是将脱毒的 PMT 和石蜡油分别用 dO 蛋白和 dl-α 醋酸生育酚水性佐剂替换。用本动物进行免疫效力试验，每头份含 0.5 μg dO 蛋白和 1.25×10^9 灭活 Bb 菌体就能对攻毒产生令人满意的保护。

（2）Porcilis AR-T DF 该疫苗中的 Bb 菌种

为 Bb7 株，在胰蛋白胨磷酸盐肉汤中繁殖冻干保存，在胰蛋白胨磷酸盐肉汤血液琼脂平板上进行纯化及形态学和生化鉴定。生产用菌种为原种在血液琼脂平板上培养的第二代培养物。在自制的液体培养基中发酵培养，达到理想浓度后，用终浓度为 0.5% 的福尔马林在室温下灭活 3h。疫苗生产使用的 Bb7 株为 DNT 阳性。

该疫苗中的 E. coli 菌种 PTO-1 株是一株基因工程菌株，用以生产 dO 蛋白，传代次数不清。需对菌种进行纯粹检验和产 dO 蛋白能力检验。在培养过程中，dO 蛋白存在于菌体内，通过超声波处理后释放出来。含有 dO 蛋白的悬液经纯化浓缩，最终浓缩物为 dO 蛋白的 PBS 溶液。

疫苗抗原液含有 dO 蛋白 20 μg/mL、灭活的 Bb 5×10^{10} 个/mL 和 0.5%（w/v）福尔马林。使用 dl-α 醋酸生育酚水性佐剂。每头份成品疫苗含 4 μg dO 蛋白、10^{10} 个灭活的 Bb 菌体和 150 mg dl-α 醋酸生育酚水性佐剂。

生产过程中的生物性材料和非生物性材料均需符合标准规定。用于制备各种培养基和缓冲液的纯化水需符合欧洲标准要求。培养基和缓冲液应无菌，可通过高压灭菌或过滤除菌。

成品疫苗内毒素含量应符合《欧洲药典》规定，每头份疫苗内毒素含量 $\leqslant 1 \times 10^6$ IU。

进行成品安全检验时，用无 PAR 和未进行过 AR 疫苗免疫的怀孕母猪 2 头，在一点注射 2 头份。注射局部可能出现一过性肿胀，最大直径 10 cm，最多不超过 14d 开始减小，应无溃疡或化脓。直肠温度不应超过正常体温 2.5℃，体温升高最多不超过 28h。注苗后可能出现食欲不振。

进行 dO 蛋白效检时，用 0.5 mL 疫苗两次免疫兔，共 10 只，检测 PMT 中和抗体，平均抗体效价不低于 5.9 log2。进行 Bb 效检时，用 0.5 mL 疫苗一次免疫兔，检测 Bb 中和抗体，平均抗体效价不低于 4.2 log2。

五、展望

Bb 在体外培养时很容易变异，如果变异成Ⅲ相菌，则不但丧失了毒力，也失去了保护性抗原。用变异的 Bb Ⅲ相菌制备疫苗免疫动物后，不但起不到良好的免疫保护作用，还增加了疫苗毒副作用的危险性。因此，在培养过程中确保 Bb 菌相不发生变异对于制备有效疫苗显得特别重要。

现已明确，在培养过程中，如果培养温度低于37℃、或者有 MgSO₄、或者有烟酸的存在，都会导致菌相发生变异，即变成Ⅲ相菌。在固体培养中，如果平板表面湿润有凝聚水，也会发生菌相变异。在固体培养中，Bb 的变异可通过菌落形态特征加以辨别并控制；但在液体培养中的变异难以直观发现，因而也难以控制。而液体培养法又是疫苗规模化生产的必要手段，因此解决规模化液体培养中 Bb 的变异问题显得极其重要。

Bb 在猪传染性萎缩性鼻炎的发病过程中非常重要，它能引起幼龄猪感染发生严重的 AR，又是产毒素 Pm 在猪鼻腔建立感染并引起 AR 的重要先导因子。对于 Bb 而言，大龄猪虽然感染不发病或轻度发病，但成了传染源。同时它还能促进产毒素 Pm 定居感染，引起 PAR。因此，在免疫程序上，需要使用免疫效果好且具有清除上呼吸道细菌能力的疫苗，不但要做好被动免疫，还要做好主动免疫，才能做到完全彻底的免疫预防。就现有猪传染性萎缩性鼻炎疫苗而言，只有极少的疫苗有一定的清除细菌的作用，研制免疫原性好且具有清除上呼吸道细菌能力的疫苗应该作为今后研究的重点方向。

目前，我国使用的进口猪传染性萎缩性鼻炎疫苗中，无论是 Bb 还是 Pm，其灭活菌体含量均远远低于我国的免疫剂量标准，每头份相差30～60倍。但国内外使用的免疫佐剂有所不同。从现地应用结果看，免疫接种猪群仍然有3%～4%临床型 AR 病变猪，非免疫猪群临床型 AR 病变猪通常达8%～10%。究其原因，可能是抗原含量太低所致，可能也须考虑菌相变异这一重要因素。在确定疫苗免疫接种剂量的试验中，由于所用靶动物品系和质量存在差异，对接种同样剂量疫苗的免疫应答也会存在差异。因此，国外疫苗引进国内使用时，有必要重新确定免疫接种剂量。

几乎所有猪传染性萎缩性鼻炎疫苗都存在不同程度的毒副作用问题，特别是全菌体疫苗免疫接种反应更重些。毒副作用反应主要表现在注射疫苗的局部红肿、有硬结，甚至化脓溃烂，以及持续数日的体温升高、食欲不振、精神沉郁等全身症状。局部化脓溃烂可直接影响疫苗免疫效果，全身性反应影响猪的生长发育，重者甚至影响胎儿的安全。寻找对局部刺激小的强效免疫佐剂和研制亚单位疫苗，能克服现有疫苗存在毒副作用的风险。还应从 Bb 菌的黏附定居因子和 PMT 相关组分上着手，研制新一代低毒力或无毒副作用的疫苗。

总之，研究免疫保护性好、毒副作用小或无、具有呼吸道细菌清除作用的疫苗是今后的主攻方向。在此基础上，还应该考虑与猪 AR 混合感染或并发疾病，以及流行病学特点相近疾病的联合疫苗的研究。

（杨旭夫　万建青）

主要参考文献

白文彬，于康震，初秀，等，2002. 动物传染病诊断学 [M]. 北京：中国农业出版社.

中国农业科学院哈尔滨兽医研究所，1999. 动物传染病学 [M]. 北京：中国农业出版社.

Annette R，Skinner J A，Yuk M H，2005. Downregulation of mitogen-activated protein kinases by the *Bordetella bronchiseptica* type Ⅲ secretion system leads to attenuated nonclassical macrophage activation [J]. Infection and Immunity，73（1）：308-316.

Mattoo S，Cherry J D，2005. Molecular pathogenesis, epidemiology, and Clinical manifestation of respiratory infections due to *Bordetella pertussis* and other *Bordetella* subspecies [J]. Journal of Clinical Microbiology，18（2）：326-382.

Shrivastava R，Miller J F，2009. Virulence factor secretion by *Bordetella* species [J]. Current Opinion in Microbiology，12（1）：88-93.

Steen J A，Steen J A，PaulH，et al，2010. Fis is essential for capsule production in *Pasteurella multicida* and regulates expression of other important virulence factors [J]. PLoS Pathogens，6（2）：1-14.

第八节　猪传染性胸膜肺炎

一、概述

猪胸膜肺炎（Porcine pleuropneumonia）是由胸膜肺炎放线杆菌（*Actinobacillus pleuropneumoniae*，APP）引起的一种高度接触传染性呼吸道疾病。能引起各个年龄的猪急性和慢性感染，是一种致死性和高度接触性的传染病。该病以急性出血性纤维素性胸膜炎和出血性肺炎为主要特征，急性病例死亡率可达80%以上，慢性经过病例生长发育受阻，易继发其他病原感染而死亡。该病自1957年Pattison等首次报道以来，已遍布世界各地。我国于1987年首次发现猪胸膜肺炎病例。

猪传染性胸膜肺炎造成的经济损失主要表现为急性暴发时引起的死亡、生产及治疗成本提高、增长率及出栏重降低、胴体品质下降。另外，由于APP感染造成猪只肺部损伤，为其他病原的感染创造了条件。APP血清型众多，且各个国家及地区流行的优势血清型不尽相同，给该病的防治带来了极大困难。APP感染的临床症状与动物的年龄、免疫状态、环境因素及对病原的感染程度相关。一般分为最急性型、急性型和慢性型。

(1) 最急性型　一个或几个断奶猪群突然发病，病猪体温达到41.5℃，沉郁，厌食，并出现短期腹泻或呕吐。早期病猪躺卧时无明显的呼吸症状，只是脉率增加，后期则出现心衰和循环障碍。鼻、耳、眼及后躯皮肤发绀，晚期出现严重的呼吸困难和体温下降。病猪临死前有血性泡沫从嘴、鼻孔流出。病猪于临床症状出现后24～36h内死亡。有时病猪没有出现任何临床症状就突然死亡，新生仔猪多因急性败血症死亡。病死率高达80%～100%。

(2) 急性型　在同一猪群或不同猪群内出现较多病猪。病猪体温可上升到40.5～41℃，皮肤发红，精神沉郁，不愿站立，厌食，不爱饮水。严重的呼吸困难，咳嗽，有时张口呼吸，心衰。上述症状在发病初的24h内表现明显。

(3) 亚急性型和慢性型　亚急性型和慢性型多为急性型发展而来。病猪轻度发热或不发热，有不同程度的自发性或间歇性咳嗽，食欲减退，肉料比降低。病猪不爱活动，驱赶猪群时常常掉队，仅在喂食时勉强爬起。慢性期的猪群症状表现不明显，也可能被其他呼吸道感染（如支原体、细菌、病毒感染）所掩盖，在首次暴发本病的猪群中还可能出现流产病例，特别是SPF猪群。个别猪可发生关节炎、心内膜及不同部位出现囊肿。在慢性猪群中常存在隐性感染猪，一旦有其他病原体（如副猪嗜血杆菌、巴氏杆菌等）经呼吸道感染，可使症状加重。最近报道，感染了胸膜肺炎放线杆菌的猪还可患中耳炎。

二、病原

(一) 形态和生化特性

胸膜肺炎放线杆菌属于巴氏杆菌科放线杆菌属，为革兰氏阴性球杆菌。部分菌株产鞭毛、能运动，不形成芽孢，致病菌具有荚膜，并能产生毒素。病料中的菌体呈两极着色，人工培养24～96h，可见到丝状菌。

(二) 血清分型

根据APP对烟酰胺腺嘌呤核苷二磷酸（nicotinamide adenine dinucleotide，NAD，又称V因子）的依赖性可分为2种生物型，即生物Ⅰ型和Ⅱ型。生物Ⅰ型APP菌株的生长依赖于NAD，生物Ⅱ型APP菌株的生长不依赖NAD，但是需要其他特定嘌呤或嘌呤前体以辅助生长。一般认为，生物Ⅱ型APP比生物Ⅰ型APP毒力低。根据APP表面荚膜和脂多糖抗原性的差异，可将其分为15个血清型，其中血清1型和5型又可分别划为A和B两个亚型，即血清型1A、1B和5A、5B。还有一些APP分离株目前还不能划分血清型。在我国流行的血清型有1、2、3、4、5、7、8、9、10，而1、2、4、5、7型为我国流行的优势血清型。

(三) 理化特性

本菌的抵抗力不强，易被一般的消毒剂杀灭，但对结晶紫、杆菌肽、林肯霉素、壮观霉素有一定的抵抗力。

(四) 致病分子机制

由于国内外对APP的研究起步较晚，尽管近年来对APP感染的病原学分子基础的认识大大提高，但对于APP病原的分子机制的研究还远远落后于其他革兰氏阴性菌。目前利用先进的技术工具从病原的分子生物学水平上深入研究APP的各种毒力因子，为该病的诊断和全面防治奠定了基础。2007年，加拿大和英国科学家首先完成了APP 5型L20菌株的全基因测序，APP 5的全基因组大小为2274482 bp，包括2012个推测开放阅读框，平均G+C含量为41.3%，86%的核酸参与编码蛋白，有16个假基因，含有内部终止密码子。此外，APP的基因组还包括很多转座子，以及62种tTRNA和7种rTRNA操纵基因。2008年华中农业大学完成了APP 3型JL03菌株的测序工作，3型基因组比5型小1.4%，原因是5型基因组中有一特异的长37.7 kb的基因岛，编码许多抗生素相关蛋白，而此基因岛在3型中缺失。

除 3 型和 5 型外，APP 1 型和 APP 7 型全基因组测序也处于序列组装阶段或进行中。APP 基因组测序工作的完成，为我们从分子水平上全面认识 APP 病原、开展 APP 的基因组学和蛋白质组学研究创造了条件。

（五）毒力因子

APP 是一种具有多个毒力因子的病原菌。涉及 APP 感染过程的因素，都影响其致病力。目前已知的 APP 毒力因子包括荚膜、脂多糖、外膜蛋白、转铁结合蛋白、蛋白酶、溶血外毒素、黏附因子、菌毛、过氧化物歧化酶、脲酶、生物被膜和厌氧调节因子等。

1. 荚膜　荚膜（capsule，CP）是细菌在一定条件下分泌的黏液或胶态物质，在细胞壁外面所形成的一层较厚的稳定的致密保护层。它通常由多糖、多肽或多糖蛋白复合体组成。荚膜是胸膜肺炎放线杆菌一种重要的毒力因子。荚膜对于 APP 在猪-猪的传播过程也具有重要作用。Inzana 等将产荚膜 APP 亲本菌通过鼻内或气管接种猪后，从接种过的猪及与其接触的猪群中可以分离到 APP，但是用荚膜缺失突变株接种后只能从接种猪而不能从与其接触猪群分离到 APP。

2. 脂多糖　脂多糖（lipopolysaccharide，LPS）的毒力主要是类脂 A 的作用。类脂 A 可以激发机体的防御系统，最终导致组织损伤。其毒性作用在不同病原菌间是相似的，但毒力不同，这主要是由构成内毒素复合物的蛋白质和糖决定。纯化的 APP LPS 具有内毒素特性，可引起与 APP 或外毒素所致的相似的肺部病变，但没有典型的出血性坏死。表明 LPS 不足以引起典型的胸膜肺炎病变，而且引起病变需要大量的 LPS。

最近的研究发现，LPS 可以协助 APP 抵抗阳离子抗菌肽的杀伤作用，核心寡糖缺失菌株对阳离子抗菌肽敏感性增加，而缺失 O-抗原的粗糙型突变体和亲本菌表现不敏感，LPS 对菌体刺激宿主炎性因子产生的作用不大。Ramjeet 等（2008）还发现 LPS 核心寡糖对外毒素的成熟具有重要作用，通过 ELISA 和等离子表面共振试验验证了核心寡糖与 ApxI 和 ApxII 之间存在相互作用，其核心寡糖缺失菌株仍可以分泌 ApxI 和 ApxII，且溶血活性不受影响，但是毒素对猪肺巨噬细胞的毒性明显降低，进一步证实 LPS 是 APP 的重要毒力因子。

3. 外膜蛋白　外膜蛋白（outer membrane proteins，OMP）是革兰氏阴性菌表面的成分，也是 APP 的一类重要的毒力因子。到目前为止，多种分子质量的 OMP 已被检测、克隆并命名。可协助细菌黏附到宿主表面胶原蛋白和纤维蛋白原。

4. 金属离子摄取相关蛋白　金属离子，如 Fe、Co 等是细菌生长的必需元素，但在自然界中游离的离子含量极低，多数以难以吸收的氧化物形式存在。病原在长期的进化过程中形成了一些摄入途径，如合成螯合物吸收有限的游离金属离子，合成大量受体用来吸附宿主体内的含金属离子的蛋白，以满足细菌生长繁殖的需要。

5. 酶类　酶类（enzymes）是 APP 的毒力因子，包括蛋白酶、尿酶等。当 APP 在猪呼吸道的黏膜上吸附增殖，由于蛋白酶可以通过降解黏膜抗体 IgA 及明胶，促进 APP 在猪呼吸道的黏膜上吸附、增殖及在机体内的扩散，因而具有一定的毒力。这些蛋白酶不仅能降解 IgA 及明胶，还可以降解血红蛋白，这也许是 APP 从机体获得 Fe 的另一种机制。

6. 黏附因子　APP 的黏附因子（adherence factor）很多，如上文提及的脂多糖、外膜蛋白，还有菌毛和鞭毛等。这些黏附因子都能促进 APP 对宿主细胞的黏附和在宿主体内的定居。

7. RTX 毒素　许多革兰氏阴性细菌都可以表达 RTX 毒素（repeats in toxin），在对特异性物种的致病过程中起重要作用。RTX 毒素可导致宿主细胞和组织损伤或破坏其防御机制。许多研究表明，RTX 毒素一般具有细胞特异和种特异的溶血性、白细胞毒性和白细胞刺激性等特性，RTX 毒素在抵御宿主巨噬细胞的吞噬及破坏中性粒细胞的杀细胞毒性方面都有重要作用。

APP 产生的 RTX 外毒素被命名为 Apx 毒素，被认为是 APP 最重要的毒力因子。目前在 APP 中已发现 4 种不同的 Apx 毒素，即 ApxⅠ、ApxⅡ、ApxⅢ和 ApxⅣ。先前的研究表明，毒素 ApxⅠ、ApxⅡ、ApxⅢ对于疾病临床症状的出现，以及典型的肺部病变是必需的。不分泌或缺失 Apx 活化蛋白的 APP 菌株对猪和小鼠均不致病，缺失株补充了 Apx 结构和分泌基因后可恢复原来的毒力；而且 Apx 气管灌注可以直接引起 APP 的临床症状和肺部病变。上述 3 种毒素在体内和体外都能表达，ApxⅣ只在体内表达。Apx

Ⅳ缺失株致病力降低，但其在致病中的作用机制尚不清楚。不同血清型的 APP 菌株产生不同的毒素组合。

8. 生物被膜　细菌生物被膜（bacterial biofilm，BBF）是包裹于细菌外部的多糖蛋白复合物，可促进细菌在生物体和非生物体表面聚集生长、固定，形成细菌群落。生物被膜的形成是病原微生物产生耐药性、免疫逃避和慢性持续感染的重要原因之一。

三、免疫学

荚膜是细菌的外部保护层，可以抵抗宿主的杀灭和吞噬作用。APP 所有血清型都可以产生荚膜，APP 的型特异抗原甚至株特异抗原都存在于荚膜上，是 APP 分型的重要抗原。脂多糖 LPS 是革兰氏阴性菌表面的主要成分，由多糖与类脂 A 组成，类脂 A 具有毒性，决定 LPS 的毒力；多糖包括多糖核心与 O 侧链，O 侧链为 LPS 的主要抗原成分，是胸膜肺炎放线杆菌血清型划分的另一主要抗原。此外，外膜蛋白、黏附因子和 RTX 毒素等也证明与毒力有关，并有免疫保护作用，是 APP 的保护性抗原之一，但都不能完全提供不同血清型间的交叉保护。

目前的研究表明，肺损伤是 APP 难防难治、造成重大经济损失的根本原因，但详细的免疫学致病机制目前尚不明确。主要包括以下几种观点：

"细胞因子风暴"成为加重肺炎的帮凶　病原微生物感染导致促炎细胞因子的过激升高，引发宿主过度的免疫反应，即"细胞因子风暴"，可导致肺部感染、水肿、呼吸道功能衰竭等多器官损伤，成为目前肺炎导致较高的致病率和死亡率的帮凶。近期研究表明，IL-6 的动态变化是 APP 感染仔猪形成肺炎和败血症的早期指标。APP 感染仔猪能够引起急性应激反应，C-反应蛋白（CRP）在感染 14～18h 显著增加，CRP 是造成肺脏纤维素性肺炎和急性肺损伤的重要因素。APP 毒力因子 ApxⅠ毒素能增加肺泡巨噬细胞分泌 IL-1、IL-8、TNF-a 等炎性因子。APP 的脂多糖能够通过诱导原代肺泡巨噬细胞分泌 TNF-a、MCP-1、IL-8 等炎性因子介导肺部炎症的发生。通过促进 IL-10 的高表达能够显著降低 APP 引起的肺部炎症损伤、肺部评分，以及肺脏与体重的比例。

中性粒细胞介导的肺部炎症机制　中性粒细胞是固有免疫反应中至关重要的因素，具有抵抗病毒和真菌侵袭的作用。吉林大学动物医学院实验室的研究表明，利用中性粒细胞趋化因子阻断剂 G31P 预处理小鼠，APP 感染小鼠后能够显著降低中性粒细胞到肺脏的聚集，与未处理组相比，趋化因子的表达以及肺脏中的细菌定植数量均未发现差异，但外周血髓过氧化物酶（MPO）含量显著降低，小鼠肺脏病理损伤显著降低，佐证中性粒细胞在促进炎症方面发挥着重要作用。

肺巨噬细胞介导的肺部炎症机制　肺巨噬细胞由骨髓中的单核细胞分化而来，广泛分布于肺间质，在细支气管以下的管道中及肺泡和肺泡隔内较多。肺巨噬细胞具有重要的防御功能，其主要功能包括吞噬、免疫和分泌作用，防止病原微生物或异物的入侵。在 APP 感染仔猪的过程中，其可以通过三聚体自转运黏附素，活化肺泡巨噬细胞，从而释放高水平的 IL-8，介导中性粒细胞体外和体内趋化，增加肺部炎症；另一方面，APP 还可以通过活化 Bax 和 Fas/FasL 等侧近肺泡巨噬细胞的凋亡，为突破机体第一道免疫屏障并造成感染奠定基础。此外，APP 中的 Apx 毒素也具有诱导 PAM 细胞凋亡的作用，且其作用机制通过活化 p38 的磷酸化介导。

四、制品

虽然药物治疗和预防有一定效果，但一般急性暴发时，给药前就有猪只患病或死亡，且药物不能消除猪群的带菌状态，停药后也往往会复发。最为可怕的是，长期使用药物会产生耐药菌株，从而导致根除困难，而且药物残留最终会不利于人的健康。因此，免疫注射高效疫苗仍然是控制此病最为有效和最为经济的方法。此外，猪舍应注意通风换气，保持猪舍内空气新鲜。猪舍及周边环境要定期消毒，本病的病原菌对许多常用消毒剂均敏感。发现病猪时应及时隔离治疗，避免患猪与健康猪接触，阻止病原传播。

（一）诊断试剂

我国已经批准的诊断试剂有间接血凝（IHA）检测试剂和猪胸膜肺炎放线杆菌 ApxⅣ-ELISA 抗体检测试剂盒。IHA 操作较为简便，具有一定的敏感性和特异性，但不适于大量样本的检测或血清学调查，特别是在血清流行背景复杂的地区。以基因工程技术表达的ApxⅣ蛋白为抗原建立的ELISA方法具有方便、快捷、客观、可批量检测的特点，适用于胸膜肺炎放线杆菌感染猪的诊断及区别胸膜肺炎放线杆菌感染猪和灭活疫苗免疫猪。

（二）疫苗

用于控制猪胸膜肺炎的疫苗有灭活疫苗和活疫苗两大类。国内外已经批准使用的疫苗有猪胸膜肺炎三价灭活疫苗和一些亚单位疫苗。

1. 灭活疫苗　灭活疫苗的制备通常是以当地分离的优势流行菌株为材料，通过加热或福尔马林处理灭活后，加入适当的佐剂研制而成。它的优点是安全、不存在散毒和造成新疫源的危险，也不会返强，便于贮存和运输，但交叉保护性较差。目前，国内批准的猪胸膜肺炎疫苗有3种，即猪传染性胸膜肺炎三价灭活疫苗（1、2、7型）、猪传染性胸膜肺炎二价蜂胶灭活疫苗（1、7型）、猪传染性胸膜肺炎二价灭活疫苗（1、7型）。目前我国使用的灭活疫苗主要是猪传染性胸膜肺炎三价灭活疫苗（1、2、7型）。

猪传染性胸膜肺炎三价灭活疫苗（1、2、7型）系用APP血清1型JL9901菌株、血清2型XT9904菌株和血清7型GZ9903菌株分别接种适宜培养基培养，收获培养物，经甲醛溶液灭活后，与油佐剂混合乳化制成。剂型为油包水型乳白色乳剂。

安全检验：用35～40日龄健康仔猪（APP间接血凝抗体效价不高于1∶4），各肌内注射疫苗4 mL（2个使用剂量），观察14d，应无不良反应。

效力检验：取35～40日龄健康易感仔猪12头（APP间接血凝抗体效价不高于1∶4），分为3组，每组4头，各颈部肌内注射疫苗2 mL。免疫后28d，每个免疫组连同对照猪3组（每组4头）分别气管内注射2 mL血清1型JL9901菌株［活菌含量为（0.5～1）×10^{8}CFU］、血清2型XT9904菌株［活菌含量为（1～2）×10^{8}CFU］、血清7型GZ9903菌株菌液［活菌含量为（1～2）×10^{8}CFU］进行攻毒。观察14d，对照组应全部发病，每组免疫猪应至少保护3头。

保存与使用：2～8℃避光保存，有效期为12个月。用于预防胸膜肺炎放线杆菌引起的猪传染

性胸膜肺炎。接种2周后产生免疫力，免疫期至少为6个月。耳后颈部肌内注射。按瓶签注明头份，不论猪只大小，各种猪均肌内注射1头份，每头份为2 mL。推荐免疫程序为：仔猪35～40日龄进行第一次免疫接种，首免后4周进行第二次免疫。母猪在产前6周和2周各注射1次。

2. 亚单位疫苗　猪胸膜肺炎亚单位疫苗通常是以APP分泌的天然毒素或利用基因工程技术表达的免疫保护性蛋白混合制成的疫苗。能提供一定的异型保护并在一定程度上阻止细菌定居。但目前，亚单位疫苗中使用的毒素及其他成分的制备和纯化较为困难，导致成本偏高，而且人工表达的毒素免疫学活性也存在问题。目前国内外批准的猪胸膜肺炎亚单位疫苗是荷兰英特威公司的传染性胸膜肺炎放线杆菌疫苗。每2 mL（1头份）混悬液含有600 mg抗原浓缩液，包含50单位ApxⅠ、50单位ApxⅡ、50单位ApxⅢ、50单位OMP。该四价混合亚单位疫苗可预防所有已知15种血清型的胸膜肺炎放线杆菌感染，具有交叉保护功能。该疫苗接种断奶仔猪后可产生主动免疫力，用于预防表达ApxⅠ和/或ApxⅡ和/或ApxⅢ毒力因子引起的猪传染性胸膜肺炎。耳后深部肌内注射，2 mL/头份。为在育肥期初达到最佳的保护效果，建议从6周龄开始对仔猪进行免疫。两次免疫最小间隔时间为4周，建议分别在6周龄和10周龄时进行免疫。使用前摇匀并将疫苗回温至28℃。2～8℃保存，有效期为24个月。

3. 活疫苗　利用基因工程技术，使APP毒素基因或其他毒力因子失活可得到弱毒菌株。实验室研究显示，此类疫苗能激发足量的体液免疫和细胞免疫，提供较好的交叉保护，并能阻止细菌定居。该类疫苗目前尚处于研制阶段。

五、展望

目前，猪胸膜肺炎防制中面临的主要困难有：胸膜肺炎放线杆菌的耐药性在不断增强，使得常用的抗生素不起作用；灭活疫苗和亚单位疫苗缺乏交叉保护力，而一般的弱毒疫苗又存在一定安全风险。

通常认为细菌性疾病可以通过抗生素得到解决，但是，在抗生素从发现到应用将近百年时间里，病原微生物不但没有得到控制，反而更加猖

獗。它们大多形成了较强的耐药性，或出现多重耐药性，使得常用的抗生素丧失了战斗力。胸膜肺炎放线杆菌的耐药性也在逐渐增强，曾有报道称从我国 APP 地方分离株中分离到多抗性质粒。而且近年来，人们的食品安全意识加强，对抗生素残留更加重视。所以，人们对无药物残留、绿色食品的期望越来越高，许多国家对抗生素在动物饲料中应用的限制也越来越严格，抗生素在猪胸膜肺炎的预防和控制方面的应用必将受到严格的限制。因此，疫苗免疫接种将成为预防和控制该病的主要措施。

目前，市售猪胸膜肺炎疫苗多为灭活疫苗，也有少部分亚单位疫苗，虽然它们能够提供一定的保护力，降低 APP 感染后引起的死亡率，但并不能阻止高发病率和慢性感染带来的猪生长速度减慢和饲料报酬降低等问题；而且通常需要多次反复接种，不同血清型之间的交叉保护力不高。因此，当前迫切需要研发更加安全、高效的疫苗来预防和控制该病的发生与流行。

有研究者发现，自然或试验感染了 APP 后康复的猪产生了对所有血清型 APP 菌株再次感染的免疫保护，激发了研究者对 APP 弱毒疫苗开发的兴趣，他们期望通过研制弱毒疫苗来解决目前灭活疫苗在猪胸膜肺炎预防中的不足。经过将近 20 年的研究，随着分子生物学的发展，通过基因工程的方法获得 APP 突变体已成为很常见的技术，该方法促进了人们对 APP 分子致病机理的了解。通过这些知识的积累，对获得低毒力或无毒力的 APP 基因工程弱毒活疫苗菌株，并研制基因工程弱毒疫苗，具有十分重要的指导意义，为预防和控制猪胸膜肺炎奠定了良好基础。

随着对 APP 致病分子机制了解的深入，人们对弱毒疫苗的要求也越来越高。由于 APP 毒力因子众多，所以多毒力因子缺失的突变株比单基因突变株的毒力低，而且发生回复突变的可能性也更小。因此，开发多基因突变的弱毒疫苗是今后猪胸膜肺炎疫苗发展的方向。理想的活疫苗应具备下列条件：①完全减毒（completely attenuated）。突变后的残余毒性一般不能被接受。②高度免疫原性（high immunogenicity）。活疫苗应能够有效刺激机体产生特异性保护性免疫反应。③不能回复突变（nonreversible）。多重定点缺失突变（defined multi-deletion mutation）可防止回复突变的发生。④不造成环境污染。疫苗应在体内存留一定时间，诱导免疫反应后被某种机制清除且不滞留于环境中。⑤对后代无害。疫苗所诱导的保护性免疫应能传给下一代，而疫苗本身不应垂直传播。⑥经济且方便使用。利用现代分子生物学技术和基因工程方法，获得不含抗生素标记基因、可以区分自然感染猪和疫苗免疫猪、低毒力或无毒力的 APP 基因工程活疫苗菌株并研制成疫苗，是弱毒疫苗研究的一个发展方向，目前已成为猪胸膜肺炎疫苗研究的热点领域。

（徐高原　万建青）

主要参考文献

何启盖，吴斌，吴信明，等，2000. 猪接触传染性胸膜肺炎的防制现状 [J]. 华中农业大学学报，33（增刊）：58-62.

斯特劳，阿莱尔，蒙加林，等，2008. 猪病学 [M]. 赵德明，张仲秋，沈建忠，译. 9版. 北京：中国农业大学出版社.

徐晓娟，何启盖，陈焕春，2004. 胸膜肺炎放线杆菌毒素的分子生物学 [J]. 中国预防兽医学报，22（3）：234-237.

徐晓娟，何启盖，吴斌，等，2005. 猪接触传染性胸膜肺炎的诊断和疫苗研究进展 [J]. 养殖与饲料，2：35-37.

Buettner F F, Bendallah I M, Bossé J T, et al, 2008. Analysis of the *Actinobacillus pleuropneumoniae* ArcA regulon identifies fumarate reductase as a determinant of virulence [J]. Infection and Immunity, 76: 2284-2295.

Ramjeet M, Cox A D, Hancock M A, et al, 2008. Mutation in the LPS outer core *Biosynthesis* gene, galU, affects LPS interaction with the RTX toxins ApxI and ApxII and cytolytic activity of *Actinobacillus pleuropneumoniae* serotype 1 [J]. Molecular Microbiology, 70: 221-350.

Tambuyzer T, De Waele T, Chiers K, et al, 2014. Interleukin-6 dynamicsas a basis for an early-warning monitor for sepsis and inflammation in individual pigs [J]. Research in Veterinary Science, 96 (3): 460-463.

第九节　副猪嗜血杆菌病

一、概述

副猪嗜血杆菌病（*Haemophilus parasuis* disease）也称格拉泽病（Glasser's disease），又称多发性纤维素性浆膜炎和关节炎。本病在世界各地广泛存在，以往仅零星散发。随着养猪业规模化的发展，高度密集饲养、免疫抑制和多重应激等因素存在，本病日趋流行，给养猪业造成严重经济损失。

二、病原

副猪嗜血杆菌（*Haemophilus parasuis*，HPs）属于巴斯德菌科嗜血杆菌属，有荚膜，无运动性，革兰氏染色阴性。显微镜下可见球杆状、长杆状及丝状等。需氧或兼性厌氧，最适生长温度37℃，pH7.6～7.8。本菌在常规培养基中不能生长，严格需要烟酰胺腺嘌呤二核苷酸（NAD），在添加NAD及马血清的M96支原体培养基或在添加NAD、马血清和酵母浸出物的胰蛋白胨大豆肉汤（TAB）培养基上生长良好。本菌在含NAD及马血清的TSA固体培养基上培养24～48h形成菌落，呈圆形、光滑湿润、无色透明、直径1～2 mm，在金黄色葡萄球菌的培养物周围形成典型的"卫星菌落"。本菌尿酶试验和氧化酶试验均为阴性，接触酶试验阳性，可发酵葡萄糖、蔗糖、果糖、半乳糖、D-核糖和麦芽糖等。

本菌有多种血清型，按 Kieletein-Rapp-Gabrielson（KRG）血清分型法，目前至少可分为15种血清型，另有20%以上的分离株无法定型。各血清型之间毒力差别很大。血清1、5、10、12、13和14型为高毒力致病株；血清2、4、15型为中等毒力株；血清3、6、7、8、9、11型毒力较低，不能引起临床感染。日本、德国、美国、加拿大和澳大利亚以血清4、5和13型最为常见。我国流行的血清型主要有4、5、12、13和14型。

本菌在干燥环境中易死亡，60℃ 5～20min即可被杀灭，4℃仅存活7～10d。

三、免疫学

本菌不同血清型或不同菌株间交叉保护力低。有明显的地方特异性，不同地区分离的相同血清型菌株的毒力和抗原性可能不同。猪群初次接触无毒力菌株后，血清中的特异性抗体水平显著增高，特异性抗体形成以后可产生对强毒菌株的免疫力。母源抗体对保护仔猪免受感染起着重要作用。

本菌的荚膜多糖抗原（CPS）具有型特异性和热稳定性。脂多糖（LPS）具有内毒素样活性，但CPS及LPS与毒力的关系尚不清楚。脂寡糖（LOS）有助于本菌吸附于仔猪的气管上皮细胞（NPTr），NPTr释放IL-8、IL-6，介导细胞凋亡并引起脑膜炎。外膜蛋白（OMP）与毒力有关，并有免疫保护作用。转铁蛋白（Tbp）与机体发病有关，Tbp A蛋白具有很好的免疫原性，Tbp B不能诱导产生免疫保护力。溶血素操纵子（hhdBA）可能与毒力有关。某些急性期蛋白（acute-phase protein，APP）也与病程发展有关。

四、制品

（一）诊断制品

病原分离和鉴定是临床中常用的检测方法。通常情况下，取未经抗生素处理的新鲜猪病料，如病猪肺部支气管、肝脏和脾脏等。本菌生长条件严苛，对营养要求高，生长缓慢，通常需要培养24～48h。实验室分离培养副猪嗜血杆菌常用的培养基有巧克力平板培养基和TSA培养基等，培养基中均需添加适当比例的血清和辅酶 V 因子。

琼脂扩散试验可用于血清型鉴定，该方法比较准确，但耗时较长。间接血凝试验（IHA）和补体结合试验（CF）有较好的特异性和灵敏度，但不适合临床推广应用。目前，临床上常用酶联免疫吸附试验（ELISA）。

聚合酶链式反应（PCR）具有灵敏和特异等特点，设计的引物多针对副猪嗜血杆菌16S rRNA，具有较好特异性和敏感性。荧光定量PCR方法更加敏感和特异，能够检测出0.83～9.5 CFU/mL 细菌。环介导等温扩增技术（LAMP）已成功应用于本菌检测，其灵敏度高于普通PCR方法。

（二）疫苗

预防和控制副猪嗜血杆菌感染的有效途径是接种疫苗和使用抗生素。但是，在一些国家明令禁止将抗生素作为预防用途使用，只能以治疗为目的使用。

疫苗接种或使用菌株特异性灭活菌苗，可以成功地控制该病的发生。美国、加拿大、西班牙等国有副猪嗜血杆菌灭活疫苗，可以保护血清4、5和1、6型。但目前还没有一种灭活菌苗同时对所有的致病株产生交叉保护力。研制具有交叉保护的疫苗是该病疫苗研究的主要方向。目前我国市场上有多种商品化疫苗，能够对同源菌产生很好的保护力，对不同血清型副猪嗜血杆菌不具有交叉保护力。目前我国商品化疫苗主要有3种：副猪嗜血杆菌病灭活疫苗（Z1517株）、副猪嗜血杆菌病灭活疫苗（SV-1株＋SV-6株）、副猪嗜血杆菌病灭活疫苗（4型MD0332株＋5型SH0165株），能够针对同源菌株产生很好的保护力，但对异源菌株保护力不佳。因此，目前趋向于对多价苗进行开发。我国使用最多的是针对流行菌株4型和5型副猪嗜血杆菌的二价疫苗。本菌毒力因子OMP亚单位疫苗能够针对该病产生一定的保护力，D15、PalA和HPS06257等菌体蛋白也有潜在的疫苗开发价值。

副猪嗜血杆菌病灭活疫苗（4型MD0332株＋5型SH0165株）系将副猪嗜血杆菌菌种接种于适宜培养基培养，收获培养物，灭活前活菌数≥2×10^9/mL，经甲醛灭活后，与油佐剂混合乳化制成。外观为油包水型乳白色乳剂。

安全检验时，用28~35日龄健康易感断奶仔猪5头，各颈部肌内注射疫苗4 mL，观察14d后，注苗局部无严重反应，且全部健活为合格。

效力检验时，用28~35日龄健康易感断奶仔猪10头，分为2组，每组5头，各颈部肌内注射疫苗2 mL；3周后按相同方法二免疫苗2 mL，每组二免后连同相同条件的对照猪5头，分别腹腔内注射1个致死量的血清4型和5型菌液3 mL，观察14日。每组免疫猪至少保护4头，对照猪至少死亡3头或4头发病为合格。

该疫苗在2~8℃保存，有效期为12个月。用于预防副猪嗜血杆菌病（4型和5型），免疫期为6个月。猪只不论大小，均颈部肌内注射2 mL。后备种公猪每半年免疫1次。怀孕母猪在产前8~9周首免，3周后二免，以后每胎在产前4~5周免疫1次。仔猪在2周龄首免，间隔3周后二免。

海博莱公司采用副猪嗜血杆菌SV-1株和SV-6株制备二价灭活疫苗，勃林格殷格翰动物保健（美国）有限公司采用副猪嗜血杆菌Z-1517株制备单价灭活疫苗。他们均将副猪嗜血杆菌菌种接种适宜培养物，收获培养物后，经甲醛灭活，加入适宜佐剂混合制成。每个头份疫苗中，灭活前活菌数，SV-1株≥2×10^9个，SV-6株≥2×10^9个，Z-1517株≥1.5×10^9。其质量控制标准有所不同。安全检验方面，海博莱公司采用2周龄至6月龄健康猪，勃林格殷格翰动物保健（美国）有限公司则用体重16~20 g小鼠。效力检验方面，海博莱公司采用5~7月龄豚鼠20只，免疫2次，间隔15d，检测血清抗体效价，免疫组血清对2株副猪嗜血杆菌的几何平均滴度应≥1∶16。勃林格殷格翰动物保健（美国）有限公司用3~5周龄易感猪5头，肌内注射疫苗1 mL，4周后，肌内注射Z-2190株2 mL，即（4~8）×10^5CFU/mL，连续观察7d，检测带菌数，对照猪至少感染75%，免疫组感染数显著低于对照组（P≤0.05）时，判为合格。疫苗保存于2~8℃，有效期24~36个月。颈部肌内注射，每头2 mL。

五、展望

副猪嗜血杆菌血清型较多，除已经明确的15个血清外，还有很多分离株无法分型。不同血清型毒株的毒力虽然有较大差异，但血清型和毒力之间没有直接联系，而且不同血清型毒株交叉保护作用较低。因此，探寻分离菌株新的分型方法和多重PCR快速检测技术、阐释不同血清型菌株毒力因子和共同保护抗原、免疫机制、研制新的多价疫苗等均受到世界相关学者普遍关注。同时，临床上本菌和猪繁殖与呼吸综合征病毒、猪圆环病毒2型等病原混合感染比较普遍，一些学者已经开展了这些病原间相互作用和协同致病机制的研究，这也将有助于研究开发更加有效的防控本病的技术和制品。

（姜 平 万建青）

主要参考文献

陈溥言，2015. 兽医传染病学［M］. 6版. 北京：中国农业出版社.

姜平，2015. 兽医生物制品学［M］. 3版，北京：中国农业出版社.

宁宜宝，2008. 兽用疫苗学［M］. 北京：中国农业出版社.

Kavanová L，Prodělalová J，Nedbalcová K，et al，2015. Immune response of porcine alveolar macrophages to a concurrent infection with *porcine reproductive and respiratory syndrome virus* and *Haemophilus parasuis in vitro*［J］. Veterinary Microbiology/180（1/2）：28-35.

Macedo N，Rovira A，Torremorell M，2015. *Haemophilus parasuis*：Infection，immunity and enrofloxacin [J]. Veterinary Research，46：128.

McCaig W D，Loving C L，Hughes H R，et al，2016. Characterization and vaccine potential of outer membrane vesicles produced by *Haemophilus parasuis* [J]. PLoS One，11（3）：e0149132.

Transferrin-binding protein A of *Haemophilus parasuis* in guinea pigs [J]. Clinical and Vaccine Immunology，20（6）：912-919.

Xue Q，Zhao Z，Liu H，et al，2015. First comparison of adjuvant for trivalent inactivated *Haemophilus parasuis* serovars 4，5 and 12 vaccines against Glässer's disease [J]. Veterinary Immunology and Immunopathology，168（3/4）：153-158.

第十节　大肠杆菌病

一、概述

大肠杆菌（*Escherichia coli*，*E. coli*）是哺乳动物和禽类的常见肠道菌，且在饲料、饮水、禽的体表、孵化场、孵化器等各处普遍存在。大肠杆菌病是由一些特殊血清型的大肠杆菌在一定条件下感染动物所致一类疾病的总称。大肠杆菌又称大肠埃希氏菌，是德国医师 Escherich 氏于 1885 年从婴儿粪便中分离到，当时认为是非致病菌。到了 20 世纪中叶，人们才认识到一些特殊血清型的大肠杆菌对人和动物有致病性，特别是对幼龄动物、婴儿等常常引起严重的腹泻和败血病。感染动物有时表现局部感染，有时出现中毒症状，是一种常见的人兽共患传染病，具有重要的公共卫生意义。大肠杆菌病常常给畜禽养殖业造成巨大的经济损失。

禽大肠杆菌病（Avian colibacillosis）是由大肠杆菌引起的禽的局部或全身性感染，包括大肠杆菌性败血症、大肠杆菌肉芽肿、禽蜂窝织炎、肿头综合征、腹膜炎、输卵管炎、滑膜炎、全眼球炎、脐炎及卵黄囊感染等。

猪大肠杆菌病（Swine colibacillosis），因感染的大肠杆菌血清型不同及感染猪的日龄不同而表现为 3 种类型：①仔猪黄痢（又叫"新生仔猪大肠杆菌病"或"早发性大肠杆菌病"），1 周龄以内仔猪多发，以腹泻排黄色液状粪便为特征；②仔猪白痢（又叫"迟发性大肠杆菌病"），2～3 周龄仔猪多发，以腹泻排出灰白色糊状粪便为特征；③仔猪水肿病（又叫"溶血性大肠杆菌病"），6～15 周龄仔猪多发，以头部水肿、共济失调为特征。

牛大肠杆菌病（Calf colibacillosis）常常导致 10 日龄以内犊牛腹泻，排黄色稀粪。

羊大肠杆菌病（Lamb colibacillosis）常常导致 5 日龄至 6 周龄羔羊发生剧烈腹泻或败血症。

二、病原

大肠杆菌为革兰氏阴性短杆菌，不形成芽孢，大小为（1～3）$\mu m \times 0.6 \mu m$，两端钝圆，需氧或兼性厌氧。许多菌株有运动性，有周身鞭毛，通常不可见荚膜。本菌抵抗力不强，一般 60℃ 15min 便可杀灭，对一般消毒剂的抵抗力也很弱。大肠杆菌的抗原结构非常复杂，有菌体（O）抗原、荚膜（K）抗原、鞭毛（H）抗原和菌毛（F）抗原。根据 O 抗原及 K 抗原的不同，可分为许多血清型。

（一）大肠杆菌的 O 血清型

大肠杆菌的血清型复杂，不同动物、不同地区的同种动物感染大肠杆菌的血清型有明显差异，如引起禽败血症的大肠杆菌多数局限于 O1、O2、O35、O36 和 O78 等少数几个血清型。Sojka 等（1961）从英国禽大肠杆菌败血症病例分离到的 243 株大肠杆菌 O 血清型相当一致，不仅 60% 的分离株可归于 O1、O2 和 O78 3 个血清型，上述三个 O 血清型菌株的 K 抗原型也相对一致，即 O1：K1、O2：K1 和 O78：K80。Cloud 等（1985）从有气囊病的病鸡中分离出的 91 株大肠杆菌分属 37 个不同 O 血清型，其中 O2、O35 和 O78 分别占 29%、14% 和 12%；Whittam 等（1988）分离自感染鸡的 74 株大肠杆菌属 15 个 O 血清型，其中 O2、O35 和 O78 分别占 59%、5% 和 5%；张春荣等（1996）对 1980—1996 年所发表的资料进行过不完全统计，16 年间我国在禽大肠杆菌病方面报道的血清型有 O1、O2、O4、O5、O6、O7、O8、O11、O14、O15、O20、O21、O22、O23、O25、O26、O29、O33、O36、O43、O45、O46、O50、O53、O55、O60、O61、O64、O65、O66、O68、O71、O73、O74、O75、

O76、O78、O84、O85、O86、O88、O89、O90、
O91、O92、O93、O101、O103、O106、O107、
O109、O111、O113、O115、O117、O119、
O121、O132、O133、O138、O141、O143、
O145、O146、O147、O157 和 O160 等 67 个血清
型，尽管有如此众多的 O 血清型存在，但仍以
O1、O2、O78 最常见。

近年来引起禽大肠杆菌病的分离株的血清型
有些变化，已不局限于 O1、O2、O35、O36 和
O78 等少数几个。高崧等（1999）从 18 个省
（市、自治区）分离鉴定出 440 株 O 血清型，这
些分离株覆盖了 60 个血清型，但以 O18、O78、
O2、O88、O11、O26、O4、O1、O127 和 O131
等 10 个血清型为主；刘吉山等（2005）对来自山
东等 10 余个省病禽分离鉴定的 504 株致病性大肠
杆菌，覆盖了 31 种血清型，以 O2、O78、O45、
O109、O18 为优势血清型；陈祥等（2006）从江
苏等 20 个省具有典型大肠杆菌病病变的病、死家
禽中分离鉴定出的 1087 个分离株，覆盖了 101 个
血清型，其中以 O78、O2、O18、O36、O1、O4、
O107、O11、O15、O88、O127、O14、O6、O26、
O138、O91、O9、O60 和 O131 等 19 个血清型为
主，占定型菌株的 74.3%；李玲等（2006）从四
川、重庆分离鉴定出 213 株鸭病原性大肠杆菌，
覆盖了 29 个血清型，以 O76、O78、O92、O93、
O149、O142 等 6 个血清型为主，占总分离菌株
的 41.89%。

引起仔猪黄痢的大肠杆菌常见血清型包括
O157、O138、O8、O139、O141、O149、O115、
O147、O101 等。引起仔猪白痢的大肠杆菌常见血
清型包括 O141、O147、O149、O115、O66、O2、
O145 等。引起仔猪水肿病的大肠杆菌常见血清型
包括 O138、O2、O8、O139、O141 等。引起牛大
肠杆菌病的大肠杆菌常见血清型包括 O78、O8、
O9、O111、O115、O15、O26 等。引起羊大肠杆
菌病的大肠杆菌常见血清型包括 O78、O1、O13、
O27、O37、O39、O42、O48、O55 等。

（二）大肠杆菌主要毒力因子

1. 菌毛 菌毛是细菌的一种重要的黏附因
子，细菌通过菌毛黏附于宿主黏膜上皮细胞而得
以定居，以此获得侵入血液、进入器官的通道。
菌毛兼有毒力因子及免疫原的特点。

对禽致病性大肠杆菌菌毛研究较多的是 I 型

和 P 型菌毛。二者均由染色体编码，在黏附特
性、基因簇结构及抗原性等方面与人源、兽源大
肠杆菌菌毛既有相似之处，又有明显差异。对
APEC 菌菌毛的结构、特性进行研究，对揭示
APEC 的发病机理及对该病进行免疫预防均具有
重要意义。

（1）I 型菌毛

① I 型菌毛的特点　I 型菌毛是由结构基因
（fimA）及相关决定簇基因编码，是一种重要的
毒力因子，具有良好的免疫原性。大多数 APEC
菌株能够表达 I 型菌毛，这些菌毛能介导细菌吸
附于咽喉、气管的上皮细胞或气管组织。Dho 等
（1984）研究了 59 个 APEC 分离株的 I 型菌毛与
其对 1 日龄雏鸡致死力间的关系，发现 64% 的致
死性菌株具有 I 型菌毛，而非致死性菌株中的比
例为 23%。

I 型菌毛不仅存在于 APEC 中，还普遍存在
于尿道致病性大肠杆菌（UPEC）、肠出血性大肠
杆菌（EHEC），以及大多数非致病性大肠杆菌
中。I 型菌毛可吸附多种动物的红细胞、酵母细
胞及其他细胞，具有甘露糖敏感血凝（MSHA）
特性，故又称甘露糖敏感血凝特性菌毛。

② I 型菌毛基因结构与功能　I 型菌毛的结
构蛋白由基因簇中的 *FimB*、*FimE*、*FimA*、*Fi-
mI*、*FimC*、*FimD*、*FimF*、*FimG* 和 *FimH* 9 个
基因编码，其中 FimA 是 I 型菌毛的主要结构蛋
白，是最主要的致病性基因之一，其表达受到一
个"相变开关"的控制；FimB 蛋白可控制"相
变开关"的"开"和"关"，FimE 只控制"相变
开关"的"关"，二者的共同作用决定了 FimA 的
表达与否。FimD 是菌毛在菌体上定位所必需的。
FimC 是 I 型菌毛生物合成过程中所必需的蛋白，
与 FimA 的生物合成有关，其基因 FimC 的变异
可导致菌毛合成功能的丧失。I 型菌毛的主要结
构蛋白可显著抵抗蛋白酶的水解。在高致病性鸡
源大肠杆菌中，FimC 基因有很高的检出率。
FimE、FimF 和 FimH 与菌毛的黏附特性有关，
可能是控制菌毛长度和数量的调控因子。

③ I 型菌毛的同源性　APEC 的 I 型菌毛与
人源大肠杆菌源于同一祖先，由于基因突变才导
致了菌毛的差异。Vandemaele 等（2004）发现不
同动物源的大肠杆菌菌毛 FimH 基因也具有较高
的同源性。对 5 株鸭源大肠杆菌的 *FimA* 基因进
行序列测定发现，其核苷酸序列长度为 549 bp，

编码 182 个氨基酸，与人源、鸡源及猪源大肠杆菌 FimA 基因之间核苷酸同源性为 87.3%～100%，氨基酸同源性为 87.5%～100%。

④Ⅰ型菌毛在感染中的作用　Ⅰ型菌毛能介导细菌吸附于咽喉、气管的上皮细胞或气管组织。APEC 可在鸡的气管和气囊表达Ⅰ型菌毛，有菌毛的细菌最少 3h 就可突破呼吸道，进入血流引起菌血症；与无菌毛细菌相比，有菌毛细菌接种后发病鸡的数量、发病的严重程度均要高一些；在火鸡气管中，有毒力的、菌毛丰富的菌株比无毒力的、菌毛少的菌株更难以清除。

（2）P 型菌毛

①P 型菌毛的特点　P 型菌毛又称 Pap（pyelonephritis-associated pili），是由 pap、prs 及相关基因编码的蛋白质纤丝。多分布于 UPEC，能介导大肠杆菌黏附于上尿道，是 UPEC 导致肾盂肾炎的主要毒力因子。有的细菌可同时具备 P 型菌毛和Ⅰ型菌毛。

P 型菌毛具有甘露糖抵抗血凝反应（MRHA），即对红细胞的凝集不被甘露糖所抑制。

②P 型菌毛结构　P 型菌毛由 Pap 操纵子编码，该操纵子含 PapA、PapB、PapC、PapD、PapE、PapF、PapG、PapH 和 PapI 共 9 种基因，编码 10 种多肽。单纯的一根 P 型菌毛是由 1 000 多个由 PapA 编码的菌毛亚单位及 3 种小的由 PapE、PapF 及 PapG 编码的顶端定位蛋白组成。在组成菌毛的几种蛋白质中，PapG、PapE 和 PapF 蛋白含量极少，具备微小的免疫原性。而 PapA 蛋白则是菌毛的主要成分，占菌毛质量的 99.9%。利用 PapA 菌毛蛋白制备的菌毛亚单位疫苗既有良好的免疫原性，又有一定的交叉保护作用。PapG 是由 PapGⅠ、PapGⅡ和 PapGⅢ组成。PapA、PapC 和 PapG 可作为毒力相关基因用来检测 APEC。

③P 型菌毛的同源性　P 型菌毛基因由染色体编码，且与人大肠杆菌 P 型菌毛来源于同一祖先。人源与鸡源大肠杆菌 P 型菌毛之间存在一定的共同抗原（Denich K 等，1991）。Vandemaele 等（2004）证实，牛、猪和禽源大肠杆菌 papG 基因与人源的具有相似基因序列，且来源于不同鸟类的大肠杆菌菌毛 papG 基因也具有同源性；各血清型菌株 P 型菌毛基因结构也具有较高同源性。

④P 型菌毛在感染中的作用　P 型菌毛的主要黏附素 PapD，能与尿道上皮细胞和红细胞糖脂受体的 Gal-α（1-4）-Gal 结合。PapD 黏附素位于菌毛顶端远侧，通过特定的连接蛋白 PapF 结合到 PapE 构成的纤毛上。另一种接合蛋白 PapK，把 PapE 构成的纤毛结合到 PapA 构成的杆区。PapH 位于杆基部，被归入生发结构，推测与装配的信号传导有关。P 型菌毛特异性受体由黏附素 PapG 参与形成，其能识别不同类别的系列糖脂同种受体。

2. 外膜蛋白　外膜蛋白（outer membrane proteins，OMPs）是革兰氏阴性菌细胞壁中所特有的结构，在细菌的物质运输、形态维持和有关物质合成等方面起着重要作用，也是细菌的一种致病因子。细菌的 OMPs 通过抗吞噬、抗补体、抗血清杀菌作用而对细菌的致病过程起着非常重要的作用。外膜蛋白型（OMP 型）由主要 OMPs 及其差异决定。主要 OMPs 分子质量由大到小的顺序是微孔蛋白（porins）、K 蛋白（kproteins）、热修饰蛋白（ompA proteins）和质粒编码蛋白（plasmid encoded proteins，PCP）等。除 PCP 外，主要 OMPs 由染色体编码。

（1）外膜蛋白与血清型　OMP 型能客观反映大肠杆菌分离株的遗传相关性，而常规的 O 血清学分型则不能体现这种遗传相关性。

Achtman 等（1986）测定了来自鸡大肠杆菌败血症的 23 个 O2 分离株，将其归入同一 OMP 型；Belkebir 等（1988）将来自鸡败血症的 3 个 O78 分离株归入同一 OMP 型；Kapur 等（1992）对来自美国、法国、西班牙的鸡、火鸡败血症的 33 个 O2、O78 分离株进行了 OMP 分型，发现 23 个 O2 分离株属 6 个 OMP 型，10 个 O78 分离株属 3 个 OMP 型，其中 2 个 OMP 型为二者所共有。赵香汝等（1999）测定了分离自北京的 O2、O18、O46、O76、O21 和 O131 等 6 个血清型分离株的 OMP 型，发现 O76、O131 分离株属 OMP-1 型，O2、O46、O18 和 O121 分离株属 OMP-2 型。高崧等（1999）测定了我国 204 个 APEC 优势血清型分离株的 OMP 型，这些分离株共产生了 4 个 OMP 型，56 个 O18 分离株可分为 3 个 OMP 型，54 个 O78 分离株、28 个 O2 分离株、26 个 O88 分离株、22 个 O11 分离株和 18 个 O26 分离株，分别出现了 4、2、1、3 和 1 个 OMP 型。其中，OMP-1 型为 6 个血清型所共有，OMP-3 型则同时存在于 O18、O78、O2 和 O11 分离株中。

以上结果说明同一血清型的分离株之间可发生遗传分化，而不同血清型分离株之间也可具有不同程度的遗传相关性，因此 OMP 型可作为 APEC 的遗传标志。

（2）外膜蛋白的致病作用　OMPs 是重要的毒力因子，在其致病过程中起重要作用。如外膜蛋白 TraT 可增强细菌对补体裂解活性的抗性，从而使细菌的侵袭力加强（Sukupolvi S，1990）。

OMPs 的致病作用可能是其有助于细菌对宿主细胞的吸附，在大多数感染中，病原微生物只有吸附在机体组织上才能致病。吸附可以引起病原体的内转和入侵，也能引起细菌的外部产物包括肠毒素释放到真核细胞表面。OMPs 通过抗吞噬、抗补体及血清杀菌作用而对细菌的致病过程有着非常重要的影响。

（3）外膜蛋白与耐药性　外膜蛋白在大肠杆菌的耐药过程中起着非常重要的作用。大肠杆菌外膜对物质分子大小、电荷、空间位阻具有选择性，而 OMPs 构成的通道是这种选择性的重要决定因素。大肠杆菌外膜对许多抗菌药物的通透性较低，形成一道天然的屏障，阻碍抗菌药物进入细胞内发挥抗菌作用。而大肠杆菌外膜上的多种外膜蛋白（孔蛋白）对大多数水溶性的抗菌药物具有良好的通透性，其中 OmpF、OmpC 与抗菌药物的通透性有关。这些外膜孔蛋白的表达水平将影响细胞对抗菌药物的通透性与细胞的耐药性。在大肠杆菌的耐药菌株中常出现 OmpF 的缺失、OmpC 的增多（有时下降）。张小林等（1998）对大肠杆菌多重耐药的菌株和敏感菌株的外膜通透性进行了比较研究，发现多重耐药菌株 R3、R4、R28、R30 均缺失 OmpF，其中 R3、R30 同时缺失 OmpC。这些孔蛋白的缺失使大肠杆菌外膜的通透性下降，抗菌药物难以进入细胞，导致对 β-内酰胺类、四环素类等药物的耐药。

3. 血清耐受蛋白　血清耐受是 APEC 致病因素之一。血清耐受基因 Iss（increased serum survival gene）存在于 ColV 质粒上，编码的蛋白 Iss 属于外膜蛋白的一部分，与细菌抗补体作用有关，可增强大肠杆菌血清耐受性。Iss 蛋白调节细胞表面上对补体膜攻击复合体敏感的位点，导致表面排斥，使菌株具有抗血清补体溶菌作用的能力；而补体抗性又与毒力高度相关，是重要的致病因素。与健康家禽中分离的大肠杆菌相比，Iss 在 APEC 中出现的频率更高。

4. 志贺毒素　STEC 的致病性主要通过其携带毒力基因的编码产物来发挥作用，包括位于噬菌体上编码志贺毒素（Shiga toxin，Stx）的基因。志贺毒素是 STEC 最重要的致病性因子，包括免疫反应不交叉的两类毒素：志贺毒素 1（Stx1）和志贺毒素 2（Stx2）。Stx2 与 Stx1 仅有 50%～60% 的核苷酸序列同源性，但生物学功能相似，能够引起出血性肠炎、急性溶血性尿毒综合征等多种严重疾病甚至导致病人死亡。纯化的志贺毒素显示有 3 种生理活性，即致死性（神经毒性）、细胞毒性和肠毒性。

5. 溶血素　溶血素（haemolysin，hly）是致病性大肠杆菌的一种毒力因子，在导致肠道外疾病的 UPEC 和其他分离株中，α-溶血素基因 hlyA 是一个特别重要的毒力因子。该溶血素属于重复毒素（RTX）蛋白家族。与其他 RTX 一样，hlyA 是一个操纵子的一部分，其他 3 个基因分别是 hlyC、hlyB 和 hlyD，对 α-溶血素的活性产生与分泌是必需的。具有溶血性的 APEC 菌株中部分菌株还有 hlyE。

6. 大肠杆菌素　某些菌株能产生大肠菌素 V（colicin V，ColV），与鸡大肠杆菌致病力有密切关系，产大肠杆菌素的菌株往往致病力较强，且以产生 Colicin V 为多。Emery 等（1992）发现 64% 的鸡大肠杆菌分离株及 61% 的火鸡大肠杆菌分离株产生 Colicin，其中 Colicin V 在鸡分离株中占 51%，在火鸡分离株中占 42%。

7. 毒力岛　毒力岛（pathogenicity island）是指病原菌的某些毒力基因群，位于细菌染色体上，但与宿主菌染色体在 G+C 摩尔百分含量和密码使用等方面有明显差异。在毒力岛两侧还具有重复序列和插入元件，且与 tRNA 位点邻近。

耶尔森氏菌强毒力岛（high pathogenecity island，HPI）和肠细胞脱落位点毒力岛（The locus of enterocyte etfacement，LEE）是令人关注的人源、牛源、兔源致泻性大肠杆菌的重要毒力因子。

（1）耶尔森氏菌强毒力岛

①HPI 的基本特点　HPI 最早发现于耶尔森氏菌属，与小鼠致死表型密切相关。irp2、irpl 和 fyuA 基因是 HPI 核心区的主要结构基因，irp2 可作为 HPI 毒力岛的检测标志。

②HPI 在其他肠道致病菌中的分布　耶尔森氏菌 HPI 不仅存在于小肠结肠炎耶尔森氏菌中，在肠侵袭性大肠杆菌、产肠毒素性大肠杆菌、肠

致病性大肠杆菌、产志贺样毒素大肠杆菌、肠道外大肠杆菌、沙门氏菌等都检测到了该毒力岛，同样也存在于牛、猪、禽等动物源性大肠杆菌中。我国分离的禽致病性大肠杆菌 HPI 毒力岛的检出比例高达 44.9%。

（2）肠细胞脱落位点毒力岛

①LEE 的基本特点　肠细胞脱落位点毒力岛首先在引起婴幼儿腹泻的一类致泻性大肠杆菌（EPEC）中发现。该菌能对患者和感染动物肠道上皮细胞产生称为"黏附和抹平"（attaching and effacing，A/E）为特征性的组织病理效应，即细菌与肠道上皮细胞紧密黏附，被感染细胞微绒毛消失，细菌黏附部位的肠上皮细胞骨架发生改变，丝状肌动蛋白聚集等。

②LEE 的结构与功能　LEE 毒力岛是位于染色体上的编码毒力因子的基因群，含有编码 A/E 损伤的所有基因及其他一些毒力基因，其基因组包含 41 个开放阅读框并分布于 5 个操纵子（LEE1、LEE2、LEE3、LEE4 和 LEE5）。LEE 毒力岛中最先被发现的是位于 LEE 毒力岛 LEE5 上的 eaeA（E. coli attaching and effacing）基因。eaeA 基因是引起 A/E 损伤的最主要的一个基因，在所有能引起 A/E 损伤的 EPEC、EHEC 等菌中都能检测到 eaeA 基因或其同源序列，而在不引起 A/E 损伤的正常肠道大肠杆菌、ETEC 等菌中则没有这种序列。

由 eaeA 基因编码的紧密黏附素（intimin）是一种外膜蛋白，能介导细菌与肠上皮细胞的紧密黏附，EPEC 和 EHEC 对上皮细胞的黏附作用是通过紧密黏附素来进行的。

③eaeA 基因在其他肠道致病菌中的分布　健康家养动物粪便中分离的大肠杆菌，eaeA 基因的检出率为绵羊 19.2%、猪 17.6%、奶牛 10.4%、犬 7.2%、猫 6.5%、禽类 2.3%；断奶仔猪源大肠杆菌分离株有 16.25% 携带 eaeA 基因。

三、免疫学

急性败血型大肠杆菌病病原主要通过呼吸道、消化道感染，含菌毛的大肠杆菌均可黏附动物的气管、消化道黏膜上皮细胞，并引起明显病理变化。

致病性大肠杆菌进入鸡的上呼吸道，首先附着于气管上皮，此时健康鸡可以通过呼吸道黏膜上皮的黏液分泌及纤毛摆动，将大肠杆菌清除，防止其侵入深部。但有些致病因子如鸡传染性支气管炎病毒、鸡新城疫病毒、氨气、粉尘和应激等可损伤呼吸道黏膜，抑制黏液分泌和纤毛摆动，大肠杆菌此时凭借菌体表面的黏附因子与上呼吸道上皮中互补的受体以一种高特异性的"锁-钥"或诱导契合的方式结合，结合后大肠杆菌不易被机体清除，很易侵入呼吸道深部进行增殖，这是细菌发挥其致病作用的关键一步。当侵入肺部时，大肠杆菌从肺泡毛细血管进入血液循环，引起菌血症，从而在全身组织内增殖；当鸡体血液和组织抵抗力被抑制时，大肠杆菌大量繁殖，引起败血症。

（一）Ⅰ型菌毛蛋白免疫原性

Gyimah 等（1986）用 O1 大肠杆菌菌毛制成亚单位油乳苗，免疫接种 4 周龄鸡，2 周后攻毒，免疫鸡可抵抗同源菌株攻击气囊造成的急性呼吸道感染；由 O1、O2 和 O78 菌株菌毛制成的多价菌毛油乳苗，可保护鸡抵抗同源菌株对呼吸道的攻毒。戴鼎震等（1992、1999）、王辉平等（1994）分别用 O50 及 O78 大肠杆菌菌毛制成单价菌毛油乳剂疫苗免疫雏鸡，结果表明菌毛油乳苗具有良好的免疫原性；程安春等（2007）对鸭源致病性大肠杆菌Ⅰ型菌毛 FimA 基因进行原核表达，分别在 1 日龄、8 日龄时两次对雏鸭进行免疫，二免后 2 周测定鸭血清中的 ELISA 抗体效价，并以 10^9 PFU 同源菌株攻毒，FimA 重组蛋白免疫鸭的血清中 ELISA 抗体效价为 1∶12 800，全菌灭活疫苗免疫组的血清 ELISA 抗体效价为 1∶200；同源菌株攻毒后，FimA 重组蛋白免疫保护组鸭的死亡率、大肠杆菌分离率和各组织器官的病变程度均比攻毒对照组下降且差异显著或极显著，与全菌灭活疫苗免疫组比较差异不显著，认为 FimA 重组蛋白对同源菌株的感染具有一定的保护效果。

（二）外膜蛋白的免疫原性

OMPs 具有较强的免疫原性，可加快巨噬细胞对抗原的摄取，不仅刺激机体的体液免疫，还对细胞免疫有刺激作用，并可抵抗同源菌和异源菌的攻击。细菌 OmpF 和铁调节蛋白可以增强吞噬细胞对抗原的摄取及淋巴细胞的增殖能力。用大肠杆菌（O78∶K80∶H9）的铁调节蛋白免疫兔获得的抗血清注射 18 日龄火鸡，2h 后能抵抗通过呼吸道接种的同型大肠杆菌的攻击（Bolin 等，1987）。不同血清型大肠杆菌的 OMPs 存在共同的免疫成分，提纯的 OMPs 和基因工程表达的蛋白免疫作用相同。赵香汝等（1999）用 O2、O18、O46、O76 四种血清型大肠杆菌的 OMPs 免疫 10 日龄雏鸡，结果表明 OMPs 可激发机体产生很强的抗体反应；韦莉等（1999）通过 Western blotting 技术分析了 O78 免疫血清对 4 种血清型菌株（O1、O2、O21、O35 和 O78）的 OMP 抗原识别反应，结果表明不同血清型菌株 OMPs 之间有交叉免疫原性。禽大肠杆菌的免疫保护主要与 O 血清型有关，部分与 OMP 型有关，尤其是在同一血清型内。

禽大肠杆菌病疫苗研制建立在 O 血清学分型基础上，使得疫苗的使用受到血清型的限制。OMPs 具有良好的免疫原性，不仅可激发机体的体液免疫和细胞免疫，而且不同血清型分离株间的 OMPs 具有共同抗原成分，可以产生交叉保护作用，预示着禽大肠杆菌 OMPs 在禽大肠杆菌病的疫苗研发方面有着广阔的应用前景。

免疫预防大肠杆菌病的目标是使动物黏膜表面被动或主动获得高水平的循环抗体，使致病性大肠杆菌不能在动物黏膜表面黏附。因此，可以使用活疫苗、灭活疫苗或亚单位疫苗对动物进行接种，使动物获得高水平抗体，这种抗体也可成为母源抗体（母乳、卵黄等）使下一代幼龄动物获得保护。

四、制品

大肠杆菌病的发生与应激、其他病原感染及不良环境条件密切相关，因此防制该病的原则，首先应该改善饲养环境条件，包括加强饲养管理、降低饲养密度、注意控制舍内的温湿度和通风、注意防止潮湿和寒冷。

经蛋传播是本病的传播方式之一，因此应加强对种蛋污染的控制。种蛋在产出后 2h 内应用药物熏蒸消毒或用 0.3% 过氧乙酸进行带鸡喷雾消毒，确保种蛋最高孵化率和雏禽成活率。

经口腔、消化道传播是大肠杆菌病的重要传播途径，因此对环境、孵化器和各种饲养用具等进行严格消毒是有效控制该病的基础性工作。疫苗免疫对该病的控制有帮助，因此应定期做好疫苗接种工作。

（一）诊断试剂

大肠杆菌的分离可使用大肠杆菌专用培养基和鉴别培养基。

我国已有批准销售的大肠杆菌血清型鉴定的因子血清，可用于大肠杆菌血清型的鉴定。

（二）疫苗

用于控制大肠杆菌病的疫苗有活疫苗、灭活疫苗、亚单位疫苗三大类。

1. 灭活疫苗　灭活疫苗对大肠杆菌病有很好的预防作用。我国批准上市的灭活疫苗包括多种单苗，以及与鸭传染性浆膜炎等组分组成的各种联苗。灭活疫苗目前主要用于种猪（牛、羊）在产仔前进行皮下或肌内注射，并使子代通过尽早吮食初乳而使母源抗体有较高、较好的整齐度，以提高子代的母源抗体水平；灭活疫苗也用于鸡、鸭等的免疫，保护其免受大肠杆菌的侵染。

由于大肠杆菌的血清型很多，不同地区和鸡场的血清型不尽相同，往往造成单价灭活疫苗免疫失败。而各地区最常见的血清型只有几个，称之为地区优势血清型，因此选用当地分离菌株，选择优势血清型的代表株制成多价油乳剂灭活疫苗，常常可使免疫对象获得更好的免疫力。如梁国芳等（1997）用本地 5 个代表菌株和引进的 3 个标准菌株混合，以蜂胶为佐剂制成大肠杆菌多价蜂胶灭活疫苗，免疫接种后 3 个月攻毒保护率为 100%，6 个月为 70%；张国安等（1998）利用其筛选的地方优势血清型 O111、O89、O78、O80、O30 中抗原性良好菌株研制的多价油乳灭活疫苗，获得的免疫期长达 6 个月，对大剂量强毒攻击的保护率平均达 91.67%。由于不同血清型大肠杆菌菌株之间缺乏完全交叉保护，菌株之间的免疫原性也有差异，而菌株的免疫原性又是由菌体的多种成分决定，因此，到目前为止，仍未找到一种理想的疫苗能保护不同血清型菌株的攻击。

大肠杆菌病灭活疫苗的生产、检验、特点和前景：选择免疫原性良好的特定血清型的大肠杆菌，收集对数生长期的菌体灭活后，加适当佐剂制备成灭活疫苗。对靶动物接种疫苗后应无不良反应，并能够抵抗强毒效检毒株的攻击。灭活苗的特点是安全性好，使用与流行菌株一致的血清型制备疫苗将具有良好的应用前景。

2. 亚单位疫苗　大肠杆菌表面的菌毛对多种动物的某些细胞具有一定的亲和性，使菌体黏附在细胞表面，是大肠杆菌的重要致病因子。同时，由于大肠杆菌的菌毛抗原是一种特异蛋白质，可以被免疫系统识别，因此其在疾病预防方面具有重要意义。自 Rutter 等（1976）证明大肠杆菌菌毛有良好的抗原性以后，研究者相继研制了 K88、K99、987P、F41 等动物源及 CFA/I、AFA/II 等人源宿主特异性大肠杆菌菌毛疫苗，对防制一些大肠杆菌病起到良好效果。

荚膜多糖作为大肠杆菌表面抗原有着极其重要的作用，其能抵抗巨噬细胞的吞噬作用，从而影响大肠杆菌其他表面抗原的免疫应答。因此，利用大肠杆菌荚膜多糖来制成亚单位疫苗免疫接种鸡只，能使鸡产生高滴度的抵抗这种表面抗原的抗体，通过消除巨噬细胞的吞噬作用来防御大肠杆菌的侵袭。黄淑坚等（1996）制备的荚膜多糖亚单位疫苗及荚膜多糖-载体蛋白质亚单位疫苗（荚膜多糖-破伤风类毒素疫苗和荚膜多糖-牛血清白蛋白疫苗），对同源菌株攻毒保护试验结果表明，3 种疫苗的保护效果均比通用灭活疫苗好。

大肠杆菌的外膜蛋白具有免疫原性，可以加快巨噬细胞对抗原的摄取，激活淋巴细胞的增殖反应，刺激机体体液免疫和细胞免疫，从而抵抗同源菌和异源菌的攻击，以此为基础制成的疫苗可以起到交叉保护作用。鸡源 E. coli 菌株的 OMP 具有一定的免疫原性，因此如能将分布广泛的 OMP 型及菌毛基因克隆到同一非致病性大肠杆菌上，制成基因工程活载体疫苗，或将 OMP 与菌毛制成混合多价亚单位疫苗，将对大部分鸡源致病性大肠杆菌菌株具有免疫保护作用，开发研制禽大肠杆菌的外膜蛋白亚单位疫苗具有一定前景。

3. 活疫苗　Frommer 等（1994）从肉鸡群中分离到 1 株非致病性大肠杆菌菌株（BT-7），作为活疫苗免疫 14～21 日龄雏鸡，1 周后对 O1：K1、O2：K1 及 O78：K80 的攻击均获得良好保护效果。Abdul-aziz 等（1996）分离的对血清敏感的非致病性菌株（J5），作为活疫苗免疫肉鸡，可抵抗不同血清型的强毒菌株的攻击。

五、展望

目前，大肠杆菌免疫防制中面临的主要困难是：由于大肠杆菌的血清型众多，生产实践中常常由于血清型不能一一对应而造成免疫失败。

使用大肠杆菌活疫苗免疫接种所用活菌数需要量少，对不同血清型的大肠杆菌分离株进行人工致弱来研制活疫苗，制备多血清型的多价活疫苗，是一种很好的应对血清型较多的方案。

现有研究资料显示，不同血清型的大肠杆菌外膜蛋白往往有共同的抗原成分，寻找并大量表达这种蛋白用于制备亚单位疫苗，是未来解决大肠杆菌多血清型免疫困境的发展方向。

（程安春　万建青）

主要参考文献

陈溥言，2015. 兽医传染病学［M］. 6 版 . 北京：中国农业出版社 .

姜平，2015. 兽医生物制品学［M］. 3 版 . 北京：中国农业出版社 .

李玲，2006. 规模化养鸭场雏鸭致病性大肠杆菌的分离、血清型鉴定和药物敏感性检测及耐药性分析［D］. 雅安：四川农业大学 .

李书光，张娜，王玉茂，等，2015. 一株血清型 O101 多重耐药牛致病性大肠杆菌菌株的分离鉴定［J］. 家畜生态学报，2：72-94.

于学辉，2008. 鸭致病性 E. coli 外膜蛋白及相关毒力基因和新血清型发现及病原特性研究［D］. 雅安：四川农业大学 .

郑世军，宋清明，2013. 现代动物传染病学［M］. 北京：中国农业出版社 .

第十一节　鸡传染性鼻炎

一、概述

鸡传染性鼻炎（Infectious coryza，IC）是由副鸡禽杆菌［*Avibacterium paragallinarum*，2005 年以前称副鸡嗜血杆菌（*Haemophilus paragallinarum*）］引起鸡的一种急性或亚急性呼吸道传染病。临床上表现为眶下窦肿胀、流鼻汁、流泪，排绿色或白色粪便。

IC 造成的最大经济损失是育成鸡生长不良和产蛋鸡产蛋明显下降（10%～40%）。美国加利福尼亚州的一个蛋鸡场暴发 IC，死亡率高达 48%，3 周之内产蛋率从 75% 下降到 15.7%。

IC 发生于世界各地，多发生在秋季和冬季，是集约化养鸡中的一个常见问题，我国近年多发生在 11 月至次年 1 月。鸡是副鸡禽杆菌的自然宿主。火鸡、鸽、麻雀、鸭、乌鸦、兔、豚鼠和小鼠对人工感染有抵抗力。慢性感染鸡和表面健康的带菌鸡是感染的主要来源。该病在发展中国家的鸡群中发生时，由于有其他病原和应激因子存在，所造成的经济损失明显高于发达国家。

任何年龄的鸡对副鸡禽杆菌都易感，但幼鸡一般不太严重。李淑芳、龚玉梅等 2015 年在北京某鸡场 31 日龄病死（24 日龄发病）鸡中分离到副鸡禽杆菌，经鉴定为 B 型。成年鸡、特别是产蛋鸡感染副鸡禽杆菌后，潜伏期缩短，病程延长。

IC 的一个特征是潜伏期短，人工接种培养物或分泌物后 24～48h 内即可发病。易感鸡与感染鸡接触后可在 24～72h 内发病。如无并发感染，IC 的病程通常在 2～3 周内，人工感染时病程为 5～7d。

IC 最明显的症状是包括鼻道和鼻窦的上呼吸道有浆液性或黏液性鼻分泌物流出、面部水肿和结膜炎，有的鸡只可出现一过性失明。公鸡肉垂可出现明显肿胀。下呼吸道感染的鸡可听到啰音。病鸡可出现腹泻、采食和饮水下降。

二、病原

（一）形态和染色

副鸡禽杆菌为革兰氏阴性、两端钝圆的短小杆菌。长 1～3μm，宽 0.4～0.8μm，无芽孢，无运动性。强毒力的副鸡禽杆菌可带有荚膜。副鸡禽杆菌在合适的培养基上可形成直径 0.3 mm 的细小露滴样菌落。在斜射光线下，可观察到黏液型（光滑型）虹光和粗糙型无虹光及其他中间型的菌落形态。

（二）生长需要

副鸡禽杆菌兼性厌氧，在 5%～10% 二氧化碳环境中，于鸡血清鸡肉汤琼脂平皿或者 TM/SN 平板等固体培养基上生长良好。大部分副鸡禽杆菌分离株的体外培养需要还原型 NAD（NADH）。1.0%～1.5% NaCl 对副鸡禽杆菌的生长是必需的。一些菌株需要在培养基中加入 1%～3% 的鸡血清。一些能分泌 V 因子的细菌可支持副鸡禽杆菌的生长，与葡萄球菌交叉接种，

即使在无二氧化碳的条件下，在葡萄球菌菌落周围形成可见菌落，即"卫星现象"（satellitism）。

副鸡禽杆菌生长的最适温度范围是 34～42℃，通常培养于 37～38℃。副鸡禽杆菌在普通培养基上不生长。

（三）生化特性

副鸡禽杆菌不能发酵半乳糖和海藻糖，并且没有过氧化氢酶，可以将其与其他禽杆菌清楚地分开。副鸡禽杆菌及其他禽杆菌的生化特性见表 17-4。

表 17-4 禽杆菌属的鉴别试验

分　类	禽杆菌	副鸡禽杆菌	沃尔安禽杆菌	禽禽杆菌	A 种禽杆菌
过氧化氢酶	+	-	+	+	+
空气中生长	-	v	+	+	+
ONPG	d	-	+	+	v
产酸					
L-阿拉伯糖	-	-	-	-	-
D-半乳糖	+	-	+	+	+
麦芽糖	+	+	+	+	v
D-甘露醇	-	-	+	+	v
D-山梨醇	-	+	v	-	-
海藻糖	+	-	+	+	+
α-葡萄糖苷酶	+	-	+	+	+

注："+"指阳性；"-"指阴性；"d"指菌株间有不同反应；"v"指可变。

所有种都是无运动性的革兰氏阴性菌。所有种的细菌都能分解硝酸、氧化酶阳性、能发酵葡萄糖。大部分副鸡禽杆菌需要空气中含有 5%～10% 的二氧化碳，并且在培养基中加入 5%～10% 的鸡血清能促进生长。

（四）对理化因子的抵抗力

副鸡禽杆菌是一种脆弱的细菌，在宿主体外很快失活。悬浮在自来水中的感染性渗出物在常温下 4h 即失活；渗出物或组织的感染性在 37℃ 可保持 24h，偶尔可达 48h；在 4℃，渗出物可保持感染性数日。温度在 45～55℃ 时，于 2～10min 内死亡。感染性胚液用 0.25% 的福尔马林于 6℃ 处理，在 24h 内灭活。

（五）血清型

Page（1962）采用传统血凝抑制（HI）试验

将副鸡禽杆菌分为 A、B、C 3 个血清型，这 3 个
Page 血清型被国际禽病界所公认。Kume 等通过
使用硫氰酸钾处理并经超声裂解的菌体细胞、兔
高免血清和用戊二醛固定的鸡红细胞进行 HI 试
验，将副鸡禽杆菌分为 A、B、C 3 个血清群，与
Page 血清型 A、B、C 相匹配。

我国于 1986 年由冯文达在北京首次分离到副
鸡禽杆菌，经鉴定为 Page A 型；1994 年朱士盛
等和 1995 年林毅等分别报道了 Page C 型副鸡禽
杆菌分离株；2003 年，张培君等在大连分离到一
株副鸡禽杆菌，经鉴定为 Page B 型；2005 年，
孙惠玲等在北京分离到一株副鸡禽杆菌，经鉴定
亦为 Page B 型。2012—2015 年，安徽、山东、
北京、贵州等地多次发生鸡传染性鼻炎，分离到
副鸡禽杆菌 42 株，经鉴定为 Page A 型和 Page
B 型。

三、免疫学

（一）免疫原性

无论何种血清型，似乎都很难获得对鸡有
100% 保护力的制苗用菌株。用一种血清型菌株制
备的菌苗免疫鸡后只能保护同源菌的攻毒，不同
血清型之间基本没有交叉保护力。同一血清型的
不同分离株交叉保护差异较大。

（二）致病性

不同剂量的 A、B、C 型副鸡禽杆菌人工感染
均可使 SPF 鸡发病，其致病性随分离物的生长状
况、传代及宿主的状态而变化。龚玉梅等（2011）
用 120 只 57 日龄 SPF 鸡进行 C - Hpg8
（CVCC254，A 型）、BJ05 株（B 型）和 668 株（C
型）的致病力试验，攻毒剂量分别为眶下内接种
（1.5～100）×10⁴CFU/0.2 mL，每个剂量攻击 5
只鸡，攻毒后观察 7d，除 1 只鸡没有发病外，119
只鸡均呈现典型的 IC 症状。

有证据表明，一些副鸡禽杆菌分离株存在着
致病性上的变异。NAD 非依赖性分离株引起的气
囊炎比经典的 NAD 依赖性副鸡禽杆菌分离株更
常见。

四、制品

（一）诊断试剂

传统的 IC 诊断方法包括凝集试验、琼脂扩散

试验和血凝抑制试验。上述几种试验均需要制备
全细胞抗原，再根据试验的要求对全细胞抗原进
行处理。由于诊断用抗原的需要量较小，而抗原
的制备又比较繁琐，故市场上没有见到商品化的
IC 诊断用抗原。目前，最好的检验方法是 HI 试
验，包括简单 HI 试验、浸提 HI 试验和处理 HI
试验。

简单 HI 试验中用副鸡禽杆菌 Page A 血清型
全细胞抗原和新鲜鸡红细胞。该方法只能检测 A
血清型的抗体。该方法已广泛用于感染鸡和免疫
鸡的检测。

浸提 HI 试验中采用 KSCN 浸提和超声裂解
的副鸡禽杆菌细胞及戊二醛固定的鸡红细胞。该
试验方法现主要用于检测 Page C 血清型细菌的抗
体。但该方法的一个主要缺点是，在 C 血清型副
鸡禽杆菌感的鸡中，大部分鸡只仍然保持血清
学阴性反应。

处理 HI 试验中用透明质酸酶处理的副鸡禽
杆菌全细胞抗原和甲醛固定的鸡红细胞。该试验
方法没有被广泛使用或评价。该方法只能用于检
测鸡免疫接种 Page 血清型 A、B、C 疫苗后产生
的高滴度抗 A 和抗 C 型抗体。

除 HI 试验外，还可应用间接 ELISA 和单抗
阻断 ELISA 进行诊断。

陈小玲等（1996）建立的副鸡禽杆菌 PCR 方
法被国际禽病界认定为 IC 诊断金标方法。该试验
快速，特异性 100%，能检测出所有已知的副鸡
禽杆菌。这种名为 HP - 2PCR 的方法可以用来检
测琼脂上的菌落或由活鸡鼻窦挤压获得的黏液。
从 2～3 只处于急性发病期的病鸡中采取样品，烧
烙位于眼下的皮肤并用无菌剪刀剪开窦腔，将无
菌棉拭子伸入窦腔深部（在这里最易取得纯净的
细菌），将拭子划线接种鸡血清肉汤琼脂平皿或
者 TM/SN 平板，并将其置于 37℃、5% 二氧化
碳条件下培养 24～72h。所获得的分离株再用陈
小玲等建立的 PCR 方法进行鉴定，如果 PCR 阳
性即可确诊。窦拭子在 4℃ 或 −20℃ 以下保存
180d 仍然可以保持 PCR 检测阳性。日本学者
Ryuichi Sakamoto 于 2011 年建立了型特异性
PCR 诊断方法，可能由于检测的菌株数量太少，
其他学者用较大量的菌株进行验证检测时，出现
了与传统血清型不符的现象。

（二）疫苗

防制 IC 最有效的办法是接种疫苗。目前使用

的国产疫苗有：利用国内分离的 A 型菌株研制的鸡传染性鼻炎灭活疫苗（A 型），鸡传染性鼻炎（A 型和 C 型）、新城疫二联灭活疫苗、鸡毒支原体、传染性鼻炎（A 型和 C 型）二联灭活疫苗。上述 3 种疫苗对相同血清型的 IC 具有较好的免疫效果。进口疫苗有英特威的鸡传染性鼻炎三价灭活疫苗等。无论国产疫苗还是进口疫苗，均需要免疫 2～3 次。

由于 IC 灭活疫苗只提供针对疫苗中所含 Page 血清型的保护，因此所选用的疫苗必须含有靶鸡群中存在的的血清型。近来的研究表明，Page 血清型 B 是一种真正存在的具有很强致病性的血清型，且范围很广，再者由于血清型 B 的不同菌株间没有或者仅有部分交叉保护，因此在血清型 B 流行的国家或者地区必须使用该国家或者地区分离到的 B 型菌株研制的疫苗。在多个 Kume C 血清型菌株存在的地区，由于该型内不同分离株之间没有完全交叉保护，因此免疫时也应予以考虑。

为有效预防 IC，龚玉梅、张培君等（2015）利用国内分离到的 A 型和 B 型菌株，连同 C 型 668 菌株，研制的 IC 三价灭活疫苗、IC（三价）和新城疫二联灭活疫苗，免疫鸡只后对 A、B、C 型菌株的攻毒保护率为 70%～100%，后者对新城疫的保护率为 100%。

由于副鸡禽杆菌生长条件苛刻，培养副鸡禽杆菌的基础种子最好使用鸡血清鸡肉汤琼脂和鸡血清鸡肉汤，且需添加适量的烟酰胺腺嘌呤二核苷酸（NAD）。分别批量生产 3 个血清型副鸡禽杆菌抗原时，可采用半合成培养基和发酵罐培养技术。培养一定时间后进行活菌计数和纯粹检验，按照制备疫苗所需的活菌数进行浓缩混合后灭活，再与油乳剂充分混合乳化，按照《中国兽药典》相关章节的要求进行各项检验，效检必须采用免疫攻毒法。

鸡传染性鼻炎三价（A 型＋B 型＋C 型）灭活疫苗的菌种为副鸡禽杆菌 A 型 C-Hpg-8 株（CVCC254）、副鸡禽杆菌 B 型北京株、副鸡禽杆菌 C 型 668 株。制造时，将副鸡禽杆菌菌种接种于适宜培养基培养，数菌、纯检，收获培养物，浓缩为每毫升疫苗含活菌数：A 型≥6×10^{8}CFU，B 型≥10×10^{8}CFU，C 型≥8×10^{8}CFU。经甲醛灭活后，与油佐剂混合乳化制成。外观为油包水型乳白色乳剂。安全检验时，用 21 日龄 SPF 鸡

10 只，各胸部肌内注射疫苗 1 mL，观察 14d，注苗局部无严重反应，且全部健活为合格。效力检验时，用 42 日龄 SPF 鸡，分为 2 组，每组 30 只，试验组每只鸡胸部肌内注射疫苗 0.5 mL；4 周后，连同对照组，每组各取 10 只鸡，分别眶下窦内注射至少 1 个发病剂量的 A 型、B 型和 C 型副鸡禽杆菌 0.2 mL，攻毒后观察 14d。免疫组每个血清型至少保护 7 只，对照猪每个血清型至少 7 只发病为合格。该疫苗在 2～8℃保存，有效期为 12 个月，用于预防 3 个血清型副鸡禽杆菌引起的鸡传染性鼻炎。建议 42 日龄首免，110 日龄左右二免，二免后免疫持续期约为 9 个月。

五、展望

IC 是一种重要的细菌性疾病，具有重要的经济学意义。副鸡禽杆菌是一种生物学特性特殊的细菌（生长条件较苛刻，易死亡，较大剂量的副鸡禽杆菌不能使 SPF 鸡 100%发病，较小剂量的副鸡禽杆菌可使部分免疫过的 SPF 鸡发病），因此，寻找免疫原性更好的制苗用菌株是从事 IC 研究的所有科技工作者的义务和责任。随着分子生物学技术的发展，相信现在正在进行研究的 IC 基因工程疫苗有望在今后几年内问世。更加特异、敏感、快速的诊断方法有望随着分子生物学技术的发展而研制成功。

（龚玉梅　张培君　万建青）

主要参考文献

龚玉梅，张培君，孙惠玲，等，2011．三型副鸡禽杆菌对 SPF 鸡的致病力试验［J］．动物医学进展，32（2）：33-36.

李淑芳，龚玉梅，王宏俊，等，2015．副鸡禽杆菌的分离鉴定［J］．中国兽医杂志，51（11）：58-59.

张培君，苗得园，龚玉梅，等，2003．B 型副鸡嗜血杆菌的分离鉴定［J］．中国预防兽医学报，25（1）：56-58.

Gong Y M, Zhang P J, Wang H J, et al, 2014. Safety and efficacy studies on trivalent inactivated vaccines against infectious coryza [J]. Veterinary Immunology and Immunopathology, 158: 3-7.

Kume K, Sawata A, Nakai T, et al, 1983. Serological classification of *Haemophilus paragallinarum* with a hemagglutinin system [J]. Journal of Clinical Microbiology, 117 (6): 958-964.

Miao D, Zhang P, Gong Y, et al, 2000. The development and application of a blocking ELISA kit for the diagnosis of infectious coryza. [J]. Avian Pathology, 29: 219 - 225.

Page L A, 1962. Haemophilus infections in chickens. I. Characteristics of 12 Haemophilus isolates recovered from diseased chickens [J]. American Journal of Veterinary Research, 23: 85 - 95.

第十二节 鸭传染性浆膜炎

一、概述

鸭传染性浆膜炎（Infectious serositis of duck）又称鸭疫里默氏杆菌病（*Riemerella anatipestifer* infection），是由鸭疫里默氏杆菌（*Riemerella anatipestifer*，RA）引起鸭、鹅、火鸡、多种家禽和野禽的一种接触性、急性或慢性、败血性传染病。主要侵害 1～8 周龄的小鸭，临床特点为眼（鼻）有分泌物、绿色下痢、共济失调和抽搐，慢性病例出现神经症状。病理特征为纤维素性心包炎、肝周炎、气囊炎、干酪性输卵管炎、关节炎及麻痹。本病在易感雏鸭群中的发病率和死亡率都很高，常引起小鸭大批死亡及导致鸭的发育弛缓，是危害养鸭业的主要传染病之一，常常造成严重经济损失。

鸭传染性浆膜炎曾经被称为鹅流感（Goose influenza）、鹅渗出性败血症（Septisemia anseru exsudative）、新鸭病（New duck syndrome）、鸭败血症（Duck septicaemia）、鸭疫综合征（Anatipestifer syndrome）、鸭疫败血症（Anatipestifer septicaemia）、鸭疫巴氏杆菌病（Pasteurella anatipestifer infection）等。

本病病原最早于 1904 年分离自鹅。1932 年在美国报道引起鸭群发病，至今世界各养鸭地区几乎都有流行。我国 1982 年报道在北京发生鸭传染性浆膜炎后，其他养鸭地区先后有本病发生的报道。

二、病原

病原属于黄杆菌科（Flavobacterium）、里默氏杆菌属（*Riemerella*）的鸭疫里默氏杆菌（*Riemerella anatipestifer*，RA）。本菌历史上先后称为鸭疫斐佛氏菌（*Pfeifferella anatipes-*

tifer）、鸭疫莫拉氏菌（*Moraxella anatipestifer*）、鸭疫巴氏杆菌（*Pasteurella anatipestifer*）。

RA 为革兰氏阴性小杆菌，大小为（0.3～0.5）$\mu m \times$（0.7～6.5）μm，偶见个别长丝状。多为单个，少数成双或短链排列。可形成荚膜，无芽孢，无鞭毛。经瑞氏染色呈两极浓染。该菌营养要求高，培养需要 5%～10% 二氧化碳，在巧克力琼脂或一般大豆琼脂上可生长。37℃培养 24～48h 后生长的菌落为白色，呈圆形、微突起、表面光滑、奶油状，直径 1～2 mm，在血琼脂平板上培养通常不产生溶血。在室温下，大多数鸭疫里默氏杆菌菌种在固体培养基上可以存活 3～4d，肉汤培养可以保存 2～3 周，长期保存可以采用甘油-80℃以下保存或者冻干保存。

初次分离时可将病料（心血、肝、脑组织）接种于胰蛋白胨大豆琼脂（TSA）或巧克力琼脂平板，在含有 5%～10% 二氧化碳的环境中培养。生成的菌落表面光滑、稍突起、圆形，直径 1～1.5 mm，若继续培养，菌落稍大，可达 2.0 mm。不能在普通琼脂与麦康凯培养基上生长。在血琼脂上不产生溶血。本菌不发酵碳水化合物，但少数菌株对葡萄糖、果糖、麦芽糖或肌醇发酵。不产生吲哚和硫化氢，不还原硝酸盐。室温下大多数菌株在固体培养基上存活不超过 3～4d；4℃条件下，肉汤培养物可存活 2～3 周；冻干菌种至少可保存 10 年。

凝集试验和琼脂扩散试验都被用于 RA 的血清分型。世界各地分离到的 RA 血清型超过 25 个，我国超过 13 个血清型（即 1、2、3、4、5、6、7、8、10、11、13、14、15 和其他新的血清型）。目前我国以血清 1 型发生的频率最高。

（一）RA 分子生物学鉴定方法

利用分子生物学方法检测 RA 已趋于成熟。引物靶位基因多选择 16S rRNA、外膜蛋白等基因序列。

（二）RA 菌耐药性

生产实践中抗生素被广泛用于防治 RA 感染，导致 RA 在临床上表现出了非常强的多重耐药性，以至于很难在临床上找到有效的抗生素。如 β 内酰胺类药物已经对 RA 无效，对常用药物几乎都已经出现了耐药菌株。

（三）RA 基因组

目前已公布多个血清型 RA 的完整基因组序列，如 ATCC11845 株、血清 1 型的 RA - CH - 1 和 RA - GD 株、血清 2 型的 RA - CH - 2 株等。

对 RA 基因组分析表明，ATCC11845、RA - GD 和 RA - CH - 2 3 株序列的基因数目相差不大，G＋C 含量都在 35％左右。只有 RA - CH - 1 表现出了比较大的差异，基因组序列长度比另外 3 株多 140 kb，G＋C 含量也略高于其他几株，基因数目增加了 100 个以上，与相同血清型的 RA - GD 相比，其差异反而比不同血清型的 RA - CH - 2 更大。

基因组所含蛋白种类分析结果显示，RA 功能性蛋白主要有以下几种：

1. 铁转运蛋白 TonB 蛋白家族 该家族的主要功能是细菌的铁转运系统，由于铁的吸收是细菌生长至关重要的部分，而且铁对细菌的毒力因子也具有很大的影响，因此铁运输途径对维持细菌存活非常重要。

2. 荚膜多糖 荚膜多糖是许多细菌的重要致病因素，该类蛋白不仅能够抑制许多细菌生物膜的形成，同时在一些菌株中也具有破坏已经生成的生物膜的特性，并且在某些细菌中还有加强部分抗生素破坏细胞外膜的效果。

3. 外排系统蛋白 一类是微小多重耐药（SMR）家族，另一类是主异化超家族（MFS）的 MFS - 1 家族相关的蛋白。

4. 抗生素抗性相关基因 如 vanz 家族蛋白（为万古霉素的抗性基因）、青霉素酶阻遏蛋白、吖啶黄耐药蛋白、樟脑耐药蛋白、多重抗生素耐药性相关蛋白。

重复序列是基因组中重复出现的核苷酸序列。这些序列一般不编码多肽。重复序列可分为散在重复序列和串联重复序列。散在重复序列又称转座子元件，包括 3 种：长末端重复序列、短散在重复序列、长散在重复序列。长末端重复序列（LTR）具有调节病毒基因转录、复制及病毒基因整合等功能。短散在重复序列（SINE）和长散在重复序列（LINE），广泛存在于真核生物中并占据着基因组相当大一部分，它们通过反转座的形式不断插入到基因组染色体的新座位，由于其反转座插入的不可逆性和独立性，它们被认为是研究物种类群系统发育关系和群体遗传学的绝好

标记。重复序列在微生物的基因组中有重要作用，通过对 4 株菌的重复序列进行分析，发现 4 株菌的串联重复序列，无论在拷贝数上还是重复序列单元间的一致度上，都保持高度一致。通过对重复序列区域和基因交叠的地区的 COG 功能富集分析结果表明，菌株 ATCC - 11845、RA - CH - 2、RA - GD 的重复序列基因在折叠、重组和修饰方面的功能上显著性富集，而在其他功能上没有出现显著性富集（显著性水平＝0.05）；菌株 RA - CH - 1 在所有 COG 功能上，均未表现出显著性富集。

RA - CH - 1 拥有 10 个基因岛，但是都未能在其他 3 株中找到相似的基因岛，其中的 RGL4 和 RGL9 2 个基因岛与鼻气管鸟杆菌 DSM15997 的序列有相当高的相似性。ATCC11845、RA - GD 和 RA - CH - 2 3 株的基因岛彼此之间的相似性较高。每个菌株都有其独特的基因岛。

基因家族是指具有共同祖先基因，经过倍增和突变后，形成的一类基因的集合。从基因家族及同源基因的分析结果来看，RA - CH - 1 拥有独特的基因家族最多，高达 16 个，而其他 3 株只有 1～2 个。4 株 RA 共同拥有的基因家族为 630 个，其比例大概在菌株所拥有的基因家族数目的 1/3～1/2。这说明 RA 拥有的基因家族种类没有很高的共性，其基因家族的复杂性可能对其生物学特性造成一定差异。

对 4 株 RA 构建了系统发育进化树、保守元件和非保守元件的进化树，通过分析发现它们的保守元件和非保守元件两者的拓扑结构是一致的，只是分支长度不一样；系统发育进化树的分析结果显示菌株 RA - CH - 1 与 RA - CH - 2 最近缘，这两株与 ATCC - 11845 有更亲缘的关系，它们属于同一分支，而与 RA - GD 分属于不同分支。通过对 4 株 RA 的非保守区域和保守区域进行分析发现，RA 的非保守区域具有更高的突变速率，其突变速率大约是保守区域的 8 倍。

（四）RA 相关蛋白

目前对 RA 的外膜蛋白研究资料较多。*RA* 的 *OmpA* 基因序列高度保守，是主要的外膜蛋白抗原决定簇，包含了 6 个 EF 手型钙结合域和 2 个 PEST 的区域。这两个特征是它区别于其他外膜蛋白的主要特征，免疫接种能诱导免疫鸭的抗体产生，具有一定免疫原性。OmpA 的核苷酸和氨基酸

的同源性与其血清型及分离地点没有相关性。

朱德康（2003）采用超速离心法提取了5种血清型的RA外膜蛋白，采用SDS-PAGE技术对其电泳图谱进行比较分析，并采用免疫印迹技术对其免疫原性及是否存在交叉免疫原性进行了初步研究，结果表明其外膜蛋白的电泳图谱具有一定的相似性。5种血清型的RA外膜蛋白存在7个分子质量相同的条带，分子质量分别为29 kDa、32 kDa、36 kDa、43 kDa、54 kDa、57 kDa和74 kDa。对主要外膜蛋白条带的组成进行分析后，可将这5种血清型的RA外膜蛋白分为3个外膜蛋白型，同时也表明不同血清型的菌株之间存在相同的外膜蛋白型。使用抗RA外膜蛋白阳性鸭血清、抗RA阳性鸭血清和抗RA阳性鸡血清对RA外膜蛋白抗原进行免疫印迹检测，结果表明5种血清型的RA外膜蛋白均有免疫原性，且存在多种免疫原性的外膜蛋白成分。

程安春等（2004）在透射电镜下观察到外膜蛋白呈典型的双层泡状结构，形态主要呈O型、牙齿状或不规则的小碎片。SDS-PAGE电泳分析，血清2型RA的外膜蛋白由11条多肽组成，相对分子质量为26 000～13 500，主要蛋白为31 000、33 000、75 000、101 000和116 000，其相对百分含量分别为16.97%、15.14%、13.97%、19.83%和12.69%。经免疫印迹证实，血清2型RA的40 000外膜蛋白与免疫鸭血清呈较强的阳性反应，是主要免疫原蛋白。用分离的外膜蛋白加弗氏佐剂制备的亚单位疫苗免疫雏鸭后，可诱导产生较强的抗体。免疫鸭对同源菌株的攻击可产生100%的免疫保护。

（五）鸭疫里默氏杆菌毒力因子

RA的明胶酶能缩短鸭疫里默氏杆菌致病菌株感染的潜伏期和致死动物的时间，显著提高动物的病死率。

Qing等（2011）敲除血清型2的RA的TH4 OmpA基因后构建的突变株，对Vero细胞黏附和侵袭能力显著下降，对10日龄樱桃谷鸭雏鸭毒力显著降低，说明OmpA是RA的致病因子，并且它可以作为一个黏附因子存在。

三、免疫学

该病是一种接触传染性疾病，感染途径多为

呼吸道和皮肤伤口（特别是脚部皮肤）感染，多出现急性或慢性败血症、纤维素性心包炎、肝周炎、气囊炎和脑膜炎等，还可以引起干酪性输卵管炎、关节炎、结膜炎。

自然条件下，1～8周龄鸭均易感，以2～3周龄多见，过去1周龄以下或8周龄以上的鸭极少发病，现有增加趋势。

雏鹅感染本菌可发病且近年在我国有增加趋势。火鸡、雉鸡、鹌鹑、鸡可感染，但少见发病。本病的感染率有时可达90%以上，死亡率因受饲养管理、卫生条件及其他应激因素的影响差异很大，从1%到80%或90%甚至更高，通常为10%～20%。

病鸭（其他禽类）和带菌鸭（其他禽类）是本病的主要传染源。被本菌污染的饲料、饮水、飞沫、尘土、人员、用具、交通工具、孵化器具等是本病的主要传播媒介。呼吸道、消化道和损伤的皮肤等是本病的主要传播途径。

四、制品

本病一年四季均可发生，往往在育雏季节出现较多发病。

本病常表现明显的“疫点”特征，发病严重的鸭场，疫情往往能够向周围鸭场扩散。

养殖条件和饲养管理水平与本病的发生及其严重程度密切相关，饲养密度过大、空气不流通、环境潮湿、卫生条件不好、饲养粗放、饲料营养不平衡、缺乏定期消毒等，常常导致本病严重发生和流行。

禽群一旦感染，成年禽（鸭、鹅等）往往成为带菌者而不表现临床症状。该病发生后很难根除，良好的饲养管理和消毒是有效控制本病最为重要的环节。注意处理好鸭舍通风、防寒和保暖之间的关系，保持鸭舍环境清洁干燥，保证养鸭场的基本环境卫生条件，勤换垫料，防止反复使用污染的垫料。注意预防霉变饲料产生的黄曲霉毒素，它可诱发鸭传染性浆膜炎等疾病的严重发生。“全进全出”饲养方式有利于彻底消毒和减少环境中的病原菌，对有效控制本病具有重要作用。

疫苗接种是预防本病的关键措施。

（一）诊断试剂

国内外均无经批准的诊断试剂盒，已经建立的有望开发成商品试剂盒的实验室诊断方法主要有PCR等。

（二）疫苗

用于控制 RA 的疫苗有活疫苗和灭活疫苗两大类。弱毒苗目前仅在美国和加拿大等国被批准使用，为鸡源自然弱毒菌株；国内已经批准使用灭活疫苗。RA 疫苗已经广泛应用于临床中，其中多为灭活菌苗和联苗，预防效果比较理想。

1. 灭活疫苗 灭活疫苗对 RA 有很好的预防作用。我国批准上市的灭活疫苗包括单苗、多价苗、多联苗等，有油佐剂灭活疫苗和蜂胶佐剂灭活疫苗。

不同佐剂的灭活疫苗具有如下特点：蜂胶复合佐剂疫苗具有产生免疫保护速度快、免疫持续时间长的优点，接种后第 3 日即产生部分免疫保护力，第 93 日时仍具有完全保护力；油剂疫苗产生保护力的速度较慢，接种后第 10 日开始表现出部分免疫保护，其完全保护力也可持续到接种后第 93 日；铝胶苗产生免疫保护的速度较慢，免疫持续期也较短，其开始产生部分免疫保护和开始产生完全保护的时间同油剂疫苗相当但其完全保护力只有 2～5 周的持续时间。

我国已研制成功在国际上第一个上市的"鸭传染性浆膜炎灭活疫苗"，1～7 日龄鸭皮下注射 0.25 mL，能有效预防本病的发生。产蛋前 2～4 周种鸭皮下注射 0.5 mL，下一代雏鸭可在 1～10 日龄期间获得较好保护。

产蛋种鸭在产蛋前免疫接种鸭传染性浆膜炎灭活疫苗后，下一代雏鸭的母源抗体与被动保护具有如下特征：其种蛋卵黄抗体变化与孵化出的雏鸭血清的抗体呈正相关，且在接种疫苗后第 4 周开始抗体水平达到最高，稳定 1 周后开始缓慢下降；下一代雏鸭体内母源抗体随着日龄增长呈下降趋势，9 日龄时雏鸭母源抗体凝集价在 1：8 以上，18 日龄时母源抗体消失。9 和 12 日龄雏鸭对大剂量 RA-1 强毒攻击仍分别有 75％（6/8）和 50％（4/8）保护，而无母源抗体保护的雏鸭 100％（6/6）死亡。表明鸭传染性浆膜炎灭活疫苗产蛋前免疫种鸭，母源抗体对 12 日龄以内雏鸭具有较好保护力，且母源抗体水平高低与雏鸭保护率大小呈正相关。

鸭传染性浆膜炎灭活疫苗的生产、检验、特点和前景：选择免疫原性良好的特定血清型的 RA，收集对数生长期的菌体，灭活后，加适当佐剂制备成灭活疫苗。疫苗检验中，靶动物接种疫苗后应无不良反应，并能够抵抗强毒效检菌株的攻击。该疫苗的特点是安全性好，使用与流行菌株一致的血清型制备疫苗将具有良好的应用前景。

2. 弱毒活疫苗 关于 RA 弱毒活疫苗的研究有不少，如 Higgins 等（2000）将 1 型 RA 野毒株经连续肉汤和血琼脂培养基传代，最后筛选出可供口服的弱毒菌株，免疫接种鸭后检测其体内抗体水平，结果表明该菌苗不仅刺激产生了高水平抗体，还伴随着较强的细胞免疫反应。

3. 其他疫苗 亚单位疫苗的抗原主要是外膜蛋白，具有安全稳定、免疫效果确实等特点，是预防 RA 的新希望。Tan 等（1991）用免疫转印技术测定了血清 10 型和 1 型 RA 分别有 67kDa、48 kDa 两种具有免疫原性的蛋白质，并认为它们可能具有诱导保护性抗体产生的特性，可能是潜在的亚单位疫苗；林世棠等（1994）采用 RA 亚单位成分（含 2.4g/L 蛋白），每只 0.5 mL，经皮下或腿肌接种 7 日龄雏鸭，1 周后攻毒，表现出较好的保护力，保护率达 81.5％～100％。

五、展望

目前，RA 防制中面临的主要困难有：由于 RA 的血清型较多，生产实践中常常由于血清型不能一一对应而造成免疫失败。

使用 RA 活疫苗免疫所使用的活菌需要量少，对不同血清型的 RA 分离株进行人工致弱研制活疫苗，制备多血清型的多价活疫苗，是一种很好的解决血清型较多的方案。

现有研究资料显示，不同血清型的 RA 外膜蛋白往往有共同的抗原成分，寻找并大量表达这种蛋白用于制备亚单位疫苗，是未来解决 RA 多血清型免疫困境的发展方向。

（程安春 万建青）

主要参考文献

陈溥言，2015. 兽医传染病学 [M]. 6 版. 北京：中国农业出版社.

朱德康，2006. 鸭疫里默氏杆菌荚膜多糖输出蛋白基因的发现及其免疫原性研究 [D]. 雅安：四川农业大学.

王晓佳，2015. 不同血清型的鸭疫里默氏杆菌全基因组结构特点 [D]. 雅安：四川农业大学.

姜平，2015. 兽医生物制品学 [M]. 3 版. 北京：中国农业出版社.

第十三节　布鲁氏菌病

一、概述

布鲁氏菌病（Brucellosis，又称布氏杆菌病、地中海弛张热、马耳他热、波浪热或波状热，简称布鲁氏菌病）是由布鲁氏菌（Brucella）引起的一种变态反应性人畜共患传染病。其最早于1887年由David Bruce在患病死者脾脏中发现并分离鉴定。我国在1905年首次报道该病流行。目前，除少数发达国家以外，布鲁氏菌病在全球160多个国家流行。

布鲁氏菌病作为重要的人畜共患病之一，其主要感染牛、羊、猪和犬等动物，其中以牛和羊的感染情况最为严重。布鲁氏菌病可通过消化道、皮肤黏膜，以及垂直传播等多种方式引起动物感染，其中最为危险的传染源为患病的妊娠动物，布鲁氏菌可伴随流产或分娩时的胎儿、胎衣和羊水排出，另外乳汁也是重要的传染源之一。布鲁氏菌病最为显著的临床症状为生殖障碍，可引起怀孕母畜流产，常见于妊娠中后期，且引起长期不孕；对于公畜来说，则引起睾丸炎和附睾炎，严重影响生殖性能。布鲁氏菌病常伴随着波状热、关节炎等其他临床症状的发生。另外，布鲁氏菌作为胞内寄生菌，一旦感染个体后难以通过抗生素治疗，即使动物自愈，仍然有持续排菌的危险，所以免疫加检疫是控制和预防布鲁氏菌病的基本方式。

目前布鲁氏菌病是《中华人民共和国传染病防治法》规定的35种传染病中的乙类传染病，同时被列为二类传染病。

二、病原

布鲁氏菌为革兰氏阴性球杆菌，大小为（0.6~1.5）$\mu m \times$（0.5~0.7）μm，散在分布，无芽孢和鞭毛，形成荚膜能力弱。布鲁氏菌难以着色，姬姆萨染色呈紫色。布鲁氏菌为需氧菌，对营养要求较高，最适生长温度为37℃，pH为6.6~7.4，生长缓慢，需5~10d方能形成菌落，在胰蛋白胨琼脂（TSA）上生长良好，形成光滑隆起、白色水滴样小菌落，并有一定折光性。布鲁氏菌可以分解葡萄糖，产生硫化氢，不分解甘露糖，不产生吲哚，不液化明胶，VP试验和MR试验均为阴性。

布鲁氏菌按照宿主特异性分为10个种，分别为马耳他型布鲁氏菌（B. melitensis）、流产性布鲁氏菌（B. abortus）、猪布鲁氏菌（B. suis）、绵羊布鲁氏菌（B. ovis）、犬布鲁氏菌（B. canis）、沙林鼠布鲁氏菌（B. neotomae）、鲸类布鲁氏菌（B. cetacean）、鳍脚目布鲁氏菌（B. pinnipedia）、田鼠布鲁氏菌（B. microti）和人布鲁氏菌（B. inopinata），其中以前3种为主要流行菌种。

（一）　基因组特性

布鲁氏菌基因组包含2个染色体，全基因组长度（1.3~1.6）$\times 10^6$ bp。不同种属之间的同源性高达90%以上。OIE推荐使用特异性的AMOS PCR引物以鉴别不同种属的布鲁氏菌。通过基因组序列分析和比较发现，在布鲁氏菌基因组中具有19个具备组氨酸蛋白激酶的感受蛋白和21个反应蛋白，组成10~12对二元调控系统。其中包括与铁离子摄入相关的FeuP/FeuQ，与氮代谢调节相关的NtrB/NtrC，与细菌入侵宿主细胞及胞内转运相关的BvrR/BvrS，与光调节相关的LOV-HK；对环境耐受力起重要作用的otpR调控系统及脯氨酸调节器PrlS/PrlR。

（二）细菌重要抗原位点

对布鲁氏菌的致病机制仍不十分清楚，但普遍认为与布鲁氏菌的脂多糖和相关外膜蛋白有关。

脂多糖（LPS）是布鲁氏菌的主要毒力因子。脂多糖对革兰氏阴性细菌外膜蛋白结构和功能的完整性有至关重要的作用，脂多糖也可作为介导哺乳动物免疫系统先天性免疫的重要抗原。光滑型布鲁氏菌的优势抗原为LPS，有3个区域：类脂A、核心低聚糖和O抗原或O链。光滑型布鲁氏菌脂多糖O链是没有分支的1，2-链-4，6-双脱氧-4-甲酰氨基-α-D-甘露吡喃糖，平均链长96~100糖基单位。脂质A区域主要是外膜蛋白的外壳，是大量LPS内毒素所在地。在布鲁氏菌脂质A中，其不均一性主要取决于脂肪酸取代物的多样性。LPS诱导机体产生干扰素、白介素2等细胞因子，提高$CD4^+$T细胞亚群活性。研究表明，通过对与布鲁氏菌脂多糖合成相关基因，如wboA、pmm和rfbE等的缺失，能显著改变布鲁氏菌在体内的存活能力、耐药性和免疫特性。

布鲁氏菌主要的外膜蛋白已发现数十种，其中研究较多的外膜蛋白主要有 OMP31、OMP25、OMP10 等。这些外膜蛋白与布鲁氏菌侵袭和细胞内存活密切相关。有研究证实，通过免疫 OMP31 蛋白能够诱导机体产生体液免疫和 Th1 型细胞免疫反应，促进 IL－2 和 IFN－γ 的表达，以抵抗野毒株的侵袭。

（三）血清学特性

布鲁氏菌的血清学特性主要表现为光滑型与粗糙型。不同种型光滑型菌还存在抗原位点 A、抗原位点 M、因子血清方面的区别。

从种型角度来看，光滑型布鲁氏菌血清学特性上的差异体现在脂多糖（LPS）上。已报道 LPS 有 7 个不同的抗原位点，它们分别是 A、M、C（M＝A）、C（M＞A）、C/Y（M＞A）、C/Y（M＝A）、C/Y（A＞M）等。其中，A、M 表示菌体表面是以 A 抗原或 M 抗原为主要抗原，相应的菌株称为 A＋M－和 M＋A－菌株，如 B. abortus 544（A＋M－）和 B. melitensis 16M（M＋A－）；C 抗原也称公有抗原，包括 C（M＝A）、C（M＞A）2 种，该抗原是 S 型布鲁氏菌表面严格特异性的抗原位点，相应的菌株称为 A＋M＋菌株，如 B. suis 菌株；而 C/Y 抗原是布鲁氏菌和耶尔森氏菌 O：9 共有的抗原。

粗糙型菌可以由光滑型菌变异而产生，而绵羊附睾种和犬种布鲁氏菌是天然的粗糙型菌。粗糙型菌与光滑型菌的主要区别在于前者的 LPS 中缺少 O 侧链多糖。LPS 是由类脂 A、核心多糖和侧链 O 多糖构成的，侧链 O 多糖是光滑型布鲁氏菌凝集反应类试验中的优势抗原，粗糙型菌由于缺少 O 侧链多糖，在凝集试验中表现为不能与光滑型菌产生抗体反应，同样光滑型菌抗原也不能与粗糙型菌产生抗体反应。

三、免疫学

布鲁氏菌通过侵袭肝脏、脾脏、骨髓、子宫、心脏，以及脑部等器官的巨噬细胞引起发病，并表现出多样的临床症状。主要临床症状有波状热、关节炎及肿大、脊椎炎、心内膜炎、脓肿及脑膜炎。对家畜来说，布鲁氏菌病主要引起动物怀孕

后期出现自发性流产、睾丸炎、波状热及消瘦等症状，带来极大的经济损失。布鲁氏菌侵入机体后在巨噬细胞内定植，并通过阻碍机体先天性免疫受体、抑制溶菌酶吞噬、细胞凋亡、抗原递呈细胞的功能等多种方式共同阻滞机体免疫应答。而且，由于布鲁氏菌主要在实质脏器的网状内皮细胞中定植，尤其是肝脏和肾脏，往往间接引起脏器形成肉芽肿。在免疫应激等情况下，潜伏感染的布鲁氏菌会在其定植部位释放，引起慢性感染。全身性布鲁氏菌病的发作往往会引起菌血症，并伴有波状热、脾肿大、肝肿大、心内膜炎、脑膜炎、关节炎及骨髓炎等。正是由于这种多器官广泛、严重的临床症状，及时的诊断和控制布鲁氏菌病对公共卫生专业人员来说是一个巨大的难题。

由于布鲁氏菌的特殊性，对于布鲁氏菌病来说，细胞免疫占主导作用。发生布鲁氏菌病后，先天性免疫系统反应会首先阻止病原菌复制、消减其数量并逐渐清除病原微生物，并为激活获得性免疫反应提供准备。最早对病原菌发挥抗感染作用的细胞和因子有中性粒细胞、巨噬细胞、树突状细胞（DC）、自然杀伤细胞（NK）、细胞因子及趋化因子等，机体通过模式识别受体（PRRs）发挥作用，并伴随补体系统的激活。细胞介导的免疫反应主要依靠 Th1 型细胞产生，包括 αβ T 细胞产生的 IFN－γ、B 细胞和细胞毒性 CD8$^+$ 细胞产生的 IgG2。另一方面，Th2 型细胞反应，以 CD4$^+$ 亚群产生的 IL－4、IL－5 和 IL－10为特点，刺激免疫反应产生抗体分泌细胞（IgG1 和 IgE）和嗜酸性粒细胞增多，但这些均不能有效抵御布鲁氏菌在细胞内寄生引起的感染。

四、制品

关于布鲁氏菌的生物制品主要包括诊断制品和预防制品（弱毒活疫苗）两大类。

（一）诊断制品

布鲁氏菌病诊断制品种类较多，目前广泛应用的布鲁氏菌病诊断方法大多建立在血清学基础上，主要诊断制品有虎红平板凝集试验诊断抗原、试管凝集试验诊断抗原、补体结合试验抗原、全乳环状反应试验抗原，以及酶联免疫吸附试验（ELISA）

抗体检测试剂盒、荧光偏振试验（FPA）抗体检测试剂盒、胶体金抗体检测试纸条等。

1. 布鲁氏菌病虎红平板凝集试验抗原 布鲁氏菌病虎红平板凝集试验（RBT）抗原是将布鲁氏菌灭活菌体经虎红染料染色，悬浮于 pH 为 3.7 左右的缓冲液中制成。用其进行的血清学试验为凝集类的快速试验。布鲁氏菌病虎红平板凝集试验抗原是在平板上将 30 μl 抗原与 30 μl 血清样品混合，4min 内观察凝集是否出现来判定结果，适用于各种家畜布鲁氏菌病的田间筛选，在国际上得到了广泛应用。在国际贸易中，布鲁氏菌病虎红平板凝集试验及同类的缓冲布鲁氏菌抗原试验是牛、羊、猪种布鲁氏菌病诊断的指定试验，作为筛选试验用。

2. 布鲁氏菌病试管凝集试验抗原 布鲁氏菌病试管凝集试验（SAT）抗原是一种用灭活布鲁氏菌菌体制备而成，用其进行的血清学试验为凝集类慢速试验。试验时，在试管中将 0.5 mL 20 倍稀释的抗原与 0.5 mL 血清样品混合，37℃孵育24h，观察是否出现凝集来判定结果。试管凝集试验是一种传统的布鲁氏菌病血清学检测方法，同样适用于各种家畜布鲁氏菌病检测。由于 SAT 定量是所有试验中最准确的，所以一直作为确诊试验使用，并曾经在国际上得到广泛应用。近年，由于快速凝集试验的改进和 ELISA 等检测技术的发展，越来越暴露出试管凝集试验的敏感性和特异性比其他常用方法低。在发达国家，布鲁氏菌病血清学检测方法中基本已淘汰了试管凝集试验方法。当前在国际贸易中，也未将布鲁氏菌病试管凝集试验列入其中。

3. 布鲁氏菌病补体结合试验抗原 布鲁氏菌病补体结合试验（CFT）抗原是一种用高压灭活布鲁氏菌浸出抗原制备而成，用其进行的血清学试验为补体结合类试验。进行常量法 CFT 时，在试管中以 2.5 mL 总量进行；进行微量法时，在微量板中以 200 μl 总量进行。补体结合试验至今仍是布鲁氏菌病的重要诊断方法，是牛、羊、绵羊副睾种布鲁氏菌病诊断的国际贸易指定试验，作为确诊试验用。补体结合试验是一种公认的特异性较高的布鲁氏菌病血清学检测方法，适用于各种家畜布鲁氏菌病的检测，普遍作为确诊试验使用。在国际贸易中，是布鲁氏菌病诊断的指定方法之一。

最近，一种新的补体结合类试验技术——补体结合酶联免疫吸附试验（CF-ELISA）技术得到研发，并且显示有 CFT 的高特异性和 ELISA 的高敏感性，有望成为较理想的布鲁氏菌病补体结合试验的替代方法。

4. 布鲁氏菌病全乳环状凝集试验抗原 本抗原是将布鲁氏菌染色后灭活，将菌体悬浮于甘油苯酚生理盐水中制备而成。久置后，上层为清亮无色或略呈暗红色的液体，瓶底有暗红色菌体沉淀，使用时需充分摇匀。布鲁氏菌病全乳环状反应试验（MRT）是奶牛布鲁氏菌病监测的常用技术。基本原理是：乳汁中存在的布鲁氏菌特异性抗体与布鲁氏菌病全乳环状反应抗原混合，在 37℃反应 1h 左右，会出现抗原抗体复合物，吸附于乳脂球，并随着乳脂球上浮而在乳表面形成肉眼可见的红色环状，根据是否形成红色环状即可判定乳中是否存在布鲁氏菌抗体。迄今为止，布鲁氏菌病全乳环状反应试验依然是奶牛布鲁氏菌病监测的常用技术。对于混合牛奶，有用增加试验牛奶样品量来提高其敏感性的方法。

5. 布鲁氏菌酶联免疫吸附试验（ELISA）抗体检测试剂盒 ELISA 作为一种成熟稳定的检测技术，自 1976 年首次诞生后已有多个商品化试剂盒成功开发并用于布鲁氏菌病检测。现有的布鲁氏菌抗体检测试剂盒主要包括间接法和竞争法 2 种。

间接法通过将布鲁氏菌特异性抗原（如特异性蛋白、脂多糖等）包被于 ELISA 检测板上，用以检测布鲁氏菌特异性抗体。早期商品化的间接 ELISA 检测试剂盒主要由国外公司垄断，中国兽医药品监察所独立开发的牛布鲁氏菌间接 ELISA 抗体检测试剂盒具有操作简单、特异性好等优点，其特异性和敏感性均达到 95% 以上，并在 2015 年获得国家新兽药证书，打破了国外厂家在该技术上的垄断。

竞争法是通过布鲁氏菌单克隆抗体与血清内抗体竞争性结合包被抗原以实现检测目的。相对于间接法来说，竞争法特异性更高，能够用于检测多种易感动物。世界范围内知名的竞争 ELISA 试剂盒生产厂家主要有瑞典 SVANOVA 公司等。哈尔滨兽医研究所和中国兽医药品监察所于 2013 年和 2015 年联合开发成功布鲁氏菌竞争 ELISA 抗体检测试剂盒，2015 年中国兽医药品监察所又进一步开发出敏感性、特异性更高的布鲁氏菌竞争 ELISA 抗体检测试剂盒，以上 2 种竞争

ELISA 试剂盒均已获得国家新兽药证书。相对于国外试剂盒，国产竞争 ELISA 抗体检测试剂盒在相关指标上毫不逊色，且单克隆抗体无需复溶，保存更加方便，更加适用于临床检测。在国家和地方的布鲁氏菌病防控中，布鲁氏菌病间接 ELSIA 和竞争 ELISA 抗体检测试剂盒也已纳入防控体系中。

6. 布鲁氏菌荧光偏振抗体检测试剂盒 荧光偏振试验（FPA）是一种定量免疫分析技术，其基本原理是：荧光物质经单一平面的偏振光（485 nm）照射后，吸收光能跃入激发态，随后回复至基态，并发出单一平面的偏振荧光（525 nm）。偏振荧光的强弱程度与荧光分子的大小呈正相关，与其受激发时转动的速度呈负相关。

用于测定布鲁氏菌抗体的荧光偏振试剂盒，其抗原是标记有荧光素的布鲁氏菌 O 多糖，当与血清样品中的布鲁氏菌抗体结合后，由于其分子比抗原单独存在时大，结合物在液相中转动速度变慢，其荧光偏振程度增高。荧光偏振程度与待测抗体的浓度呈正比关系。通过检测反应系中偏振光的大小，就可以得知样品中待测抗体的相应含量。荧光偏振技术已经用于北美洲和欧洲的布鲁氏菌病根除计划，是 OIE 规定的国际贸易指定方法。荧光偏振技术主要用于对小于 160 kDa 抗原的测定，其检出限度为 0.1～10 ng。荧光偏振技术和 ELISA 技术生物学反应原理相似，但操作简便、用时较短。大量研究结果表明，在布鲁氏菌病的抗体检测方法中，荧光偏振的特异性和敏感性比较高。随着偏振荧光仪便捷性、检测费用、配套试剂的优化改进，荧光偏振技术有望在一些人和动物疫病诊断中占有一席之地。在我国，中国兽医药品监察所也已成功开发出具有良好特异性和敏感性的布鲁氏菌 FPA 检测试剂盒。

7. 胶体金抗体检测试纸条 胶体金试纸条的技术原理是：将特异性的抗原或抗体以条带状固定在膜上，胶体金标记试剂（抗体或单克隆抗体）吸附在结合垫上，当待检样本加到试纸条一端的样本垫上后，通过毛细作用向前移动，溶解结合垫上的胶体金标记试剂后相互反应，当移动至固定的抗原或抗体区域时，待检物与金标试剂的结合物又与之发生特异性结合而被截留，聚集在检测带上，可通过肉眼观察到显色结果。中国兽医药品监察所 2016 年成功研制动物布鲁氏菌胶体金试纸条（竞争法），并获得国家一类新兽药证书。该试纸条具有操作简单、使用方便、可同时检测牛和羊的布鲁氏菌病、不受试验环境限制、通用性好等特点，可以在采样 1～3min 内判定结果，适合于临床样本的快速检测。

（二）预防制品

目前国内外预防布鲁氏菌病用疫苗都是弱毒活疫苗，主要用于牛羊的免疫。布鲁氏菌病疫苗存在一定的种属特异性，但中国自主研发的猪种菌 S2 制备的疫苗是一种广谱疫苗，可用于牛羊和猪及鹿、骆驼等易感经济动物的免疫。目前国际上常用的布鲁氏菌病活疫苗主要有 A19（S19）株、M5 株、S2 株、Rev.1 株和粗糙型 RB51 株，前 3 种疫苗在我国广泛使用。

1. 牛种布鲁氏菌病活疫苗（A19 株） A19（国际上常称 S19）是一株毒力自然减弱的牛种布鲁氏菌菌株，具有典型的光滑型牛种布鲁氏菌生物 1 型特征。A19 菌种是 1923 年从牛奶中分离获得的，并在实验室培养过程中致弱。经过数十年的应用证明，其培养特性、生化特性、免疫特性和毒力（对豚鼠的毒力为 1 万～10 万/g 脾脏）等遗传性状稳定。在动物体内的存活时间不超过 3 个月。A19 疫苗用于牛的免疫，是目前对牛布鲁氏菌病免疫保护效力最好的疫苗。常规的免疫方法是：对于 3～8 月龄的小牛，通过皮下或肌内注射免疫，每头份疫苗所含活菌，国内规定为不少于 600 亿个，国际上多数国家规定最少不低于 500 亿个。一般情况下，对 6 月龄的牛进行免疫接种，效果比较理想。但 A19 疫苗仍然存在一些缺点，如 A19 疫苗不能用于对怀孕母畜接种；其免疫方式对保护力的影响很大；A19 菌苗虽然对羊有一定的免疫保护力，但不如 Rev.1、S2、M5 等菌苗，因而不适用于羊的布鲁氏菌病免疫。

2. 羊种布鲁氏菌病活疫苗（M5 株，M5-90 株） M5 株是哈尔滨兽医研究所用强毒布鲁氏菌通过兔体传代获得的一株减毒菌株，具有典型的光滑型羊种布鲁氏菌生物 1 型特征，遗传性状基本稳定。后来又将 M5 通过鸡的成纤维细胞传代得到遗传性状更稳定、毒力更低的 M5-90 株。M5 株和 M5-90 株的豚鼠脾含菌量均不超过 20 万/g，在动物体内的存活时间一般不超过 5 个月。M5 疫苗用于羊的免疫，曾经广泛应用于我国西北地区，对羊布鲁氏菌病免疫保护效力高。多采用注射途径免疫接种，每头份疫苗所含活菌不少于 10 亿个。也可用滴鼻或口服途径免疫接种。注射免疫有导致怀孕羊流产的风险，因此禁用于免疫接种怀孕羊。该疫苗的最大弱点是菌株不稳定，经常会出现从 S 型到 R 型的变异，菌落大小也不均匀，它是我国目前使用的疫苗中毒力最强的毒株。

3. 猪布鲁氏菌病活疫苗（S2 株）　S2 具有典型的光滑型猪种布鲁氏菌生物 1 型特征。是一株在培养基上连续传代后自然减毒的弱毒菌株。S2 菌种遗传性状基本稳定，经过数十年的应用证明，其培养特性、生化特性、免疫特性和毒力均无明显变化。S2 对动物的毒力低于 S19 和 M5，对豚鼠脾含菌量不超过 20 万个/g，在动物体内存活时间不超过 2 个月。S2 疫苗用于羊、牛的免疫，是目前国内使用最广泛的布鲁氏菌病疫苗。S2 主要采用口服途径免疫接种，每头份口服疫苗所含活菌不少于 100 亿个。口服免疫安全性高，对怀孕动物无不良影响，便于最大程度保证免疫密度。口服免疫抗体反应弱，牛及绵羊免疫抗体持续时间约为 6 个月，山羊约为 8 个月，对监测等综合防控的影响小。

4. 羊种布鲁氏菌病活疫苗（Rev.1 株）Rev.1 株是将一株强毒菌通过在含有链霉素的培养基上传代得到的致弱疫苗菌株，具有链霉素抗性。Rev.1 株具有典型的光滑性羊种布鲁氏菌生物 1 型的特性。对羊具有良好的免疫保护力，被不少国家用于预防羊的布鲁氏菌病。研究发现，Rev.1 在羊体内存活不到 18 周。Rev.1 免疫保护力可达到 80% 以上。但此菌株作为疫苗仍具有一定的毒力，并且在适当的条件下毒力可以完全恢复。Rev.1 对链霉素具有抗性，临床上常将链霉素和四环素配合使用来治疗布鲁氏菌病，因此，由 Rev.1 引起的人的感染往往治疗效果较差。Rev.1 株疫苗免疫接种后可诱导机体产生较强的抗体反应，注射免疫后会长期（可达 18 个月）干扰血清学检测。

5. 牛种粗糙型布鲁氏菌病活疫苗（RB51 株）RB51 疫苗株是由光滑型牛（S）种强毒布鲁氏菌 2308 株经利福平筛选培养获得。试验结果表明，RB51 是非常稳定的粗糙（R）型菌株，其免疫抗体与光滑型布鲁氏菌不发生凝集，因此该疫苗免疫后可彻底解决免疫与感染的鉴别诊断问题。

RB51 在美国、墨西哥、智利等国家作为替代 S19 用于野生动物的官方疫苗。该疫苗在牛体内能够产生持久稳定的免疫保护力，但对羊的免疫保护效果却不尽如人意。有研究证实，RB51 不能抵抗羊种和猪种布鲁氏菌强毒株的攻击。

6. 其他疫苗　除上述布鲁氏菌病弱毒活疫苗外，研究较为广泛的还有 DNA 疫苗和亚单位疫苗。作为研究布鲁氏菌新型疫苗的候选分子主要集中在 L7/L12 核糖体蛋白、细胞周质蛋白、Cu-Zn 超氧化物歧化酶、热休克蛋白 GroEL、外膜蛋白 Omp31、Omp25 等。但是，由于布鲁氏菌为严格的胞内寄生菌，细胞免疫反应是控制布鲁氏菌感染的关键。上述研究均停留在实验室阶段。

五、展望

我国布鲁氏菌病曾在 20 世纪 60—80 年代得到有效控制，但近年来，动物布鲁氏菌病的发病数量和群体发病率却呈现逐年升高的趋势。作为一种严重影响公共卫生安全和养殖业健康发展的人畜共患病，预防和控制布鲁氏菌病迫在眉睫。布鲁氏菌病已被纳入《国家中长期动物疫病防治规划（2012—2020 年）》。在消灭布鲁氏菌病的国家或地区，通常采取疫苗免疫和检疫扑杀相结合的措施以达到净化群体的目的。

然而，我国现有的疫苗株均为光滑型疫苗，其免疫后产生的抗体难以与野毒感染相区分。这一点严重影响了对布鲁氏菌病动物群体的净化。使用粗糙型疫苗是解决上述问题的有效措施，粗糙型疫苗具备两方面的优势：一是其免疫接种后不产生光滑型抗体，检测时与野毒感染不存在干扰；二是其毒力较低，对怀孕母畜较为安全且免疫副反应较小。但是，我国现阶段还没有一种成熟稳定的粗糙型菌株疫苗用于布鲁氏菌病防控。随着对布鲁氏菌病致病机制和疫苗研究的深入，加之国家主管部门和公众对于布鲁氏菌病防控的重视，将给我国布鲁氏菌病的有效控制和彻底清除带来希望。

（毛开荣　冯　宇　丁家波　万建青）

主要参考文献

丁家波，冯忠武，2013. 动物布鲁氏菌病疫苗应用现状及研究进展 [J]. 生命科学，25（1）：91-99.

高淑芬，冯静兰，1994. 中国布鲁氏菌病及其防治［M］. 北京：中国科学技术出版社．

刘秉阳，1989. 布鲁氏菌病学［M］. 北京：人民卫生出版社．

毛开荣，2014. 动物布鲁氏菌病诊断技术［M］. 北京：中国农业出版社．

毛开荣．2011. 动物布氏菌病的诊断［J］. 兽医导刊（9）：50-52.

第十四节 结核病

一、概述

结核病是由分枝杆菌属的某些病原分枝杆菌引起的一种慢性人畜共患传染病。以在多种组织器官和感染部位形成结节性肉芽肿、干酪样坏死损伤或钙化结节为特征性病理变化。

本病呈世界性分布，曾经是引起人畜死亡最多的疾病之一，目前，在很多国家仍然是牛和其他家畜及某些野生动物的主要传染病。各国政府历来十分重视结核病的防治工作，一些发达国家也已经有效控制了本病。我国目前的防治策略以检疫为主。

二、病原

引起人和动物结核病的病原是分枝杆菌属（Mycobacterium）的 3 个种，即结核分枝杆菌（M. tuberculosis）、牛分枝杆菌（M. bovis）和禽分枝杆菌（M. avium）。本菌的形态，因种别不同而稍有差异。结核分枝杆菌是直或微弯的细长杆菌，呈单独或平行相聚排列，多为棍棒状，间有分枝状。牛分枝杆菌稍短粗，且着色不均匀。禽分枝杆菌短而小，为多形性。本菌不产生芽孢和荚膜，也不能运动，革兰氏染色阳性。常用的染色方法为 Ziehl-Neelsen 氏抗酸染色法。由于能抵抗 3% 盐酸脱色作用，又称为抗酸性细菌。

分枝杆菌为严格需氧菌。生长最适宜温度为 37.5℃。生长最适宜 pH，结核分枝杆菌为 7.4～8.0，牛分枝杆菌为 5.9～6.9，禽分枝杆菌为 7.2。在培养基上生长缓慢，初次分离培养时需用牛血清或鸡蛋培养基，在固体培养基上接种，3 周左右开始生长，出现粟粒大圆形菌落。牛分枝杆菌生长最慢，禽分枝杆菌生长最快。

分枝杆菌含有丰富的脂类，对干燥和湿冷的抵抗力很强。在干痰中能存活 10 个月，在粪便、土壤中可以存活 6～7 个月，在病变组织和尘埃中能生存 2～7 个月或更久，在水中能存活 5 个月，在冷藏的奶油中可以存活 10 个月。对热的抵抗力差，60℃ 30min 即可杀灭，在直射阳光下经数小时死亡。常用消毒剂 4h 可将其杀灭，在 70% 酒精或 10% 漂白粉中很快死亡。本菌对磺胺类药物、青霉素及其他广谱抗生素均不敏感，但对链霉素、异烟肼、对氨基水杨酸和环丝氨酸等敏感。

三、免疫学

本病可侵害人和多种动物，家畜中牛最易感，特别是奶牛，其次为黄牛、牦牛、水牛，猪和家禽易感性也较强，羊较少患病，野生动物中猴、鹿易感性较强，狮、豹等也有发病的报道。

牛结核病主要由牛结核分枝杆菌引起，也可以由结核分枝杆菌引起。牛分枝杆菌也可以感染猪和人及其他一些家畜；禽分枝杆菌主要感染家禽，但也可感染牛、猪和人。结核病患病动物是本病的主要传染源，其痰液、粪尿、乳汁和生殖道分泌物中都可带菌，污染饲料、饮水、空气和环境而散播传染。

本病主要经呼吸道、消化道感染，病菌随咳嗽、喷嚏排出体外，通过空气飞沫传播。动物饲养管理不当与本病有密切关系，饲养环境通风不良、拥挤、潮湿、阳光不足时易患本病。

结核分枝杆菌侵入机体后，在趋化和吸引作用下，被巨噬细胞吞噬，在细胞免疫反应建立之前，巨噬细胞很难完全杀灭所有结核分枝杆菌。通过对结核分枝杆菌感染宿主细胞的生物学过程的研究，人们发现结核分枝杆菌主要感染单核-巨噬细胞，并能在巨噬细胞中生存、繁殖。这与结核分枝杆菌结构的理化特性有很大关系。结核分枝杆菌细胞膜外层为坚硬的肽聚糖（PG）层。在 PG 层的外侧，PG 与阿拉伯半乳聚糖（AG）连接。在 AG 的外侧为分枝菌酸。菌体表面结构的最外层为糖脂，多与分枝菌酸相连。海藻二糖的 PCT、AG 和分枝菌酸盐复合物（索状因子）也与细胞壁结构相连。结核菌体细胞壁的酰化海藻糖-2'-硫酸盐可能在细菌的毒力上起重要作用，因为多数有毒力的结核分枝杆菌能产生酸性硫脂，与细菌灭活巨噬细胞中吞噬体的作用有关系。在致病感染中，结核分枝杆菌能逃避巨噬细胞的吞噬而在巨噬细胞中存活。结核分枝杆菌通过与不同巨噬细胞表面的特异性受体结合而以内吞方式在胆固醇富集区进入巨噬细胞。结核分枝杆菌在细胞内繁殖，在淋巴管和组织中可引起局部炎症，故称为原发性结核。如果机体抵抗力强，原发性病灶就长期不播散；如果机体抵抗力下降，原发性病灶可以通过血管、淋巴管或支气管向邻近或远离组织播散，形成继发性结核病灶。结核分枝杆菌进入机体后，引起炎症反应，结核分枝杆菌在与机体的较量中互有消长，使得病理变化很复杂，但基本的病理变化以渗出、增生、变质为主。以渗出为主的病变主要表现为充血、水肿和白细胞浸润。当机体以细胞介导免疫反应为主的情况下，则病变以增生为主，开始时可有一短暂的渗出阶段，然后在淋巴组织的周围常有较多的淋巴细胞聚集，形成典型的结核结节。当机体抵抗力下降时，病变在增生基础上发展为变质，最后形成干酪样坏死，通过镜检可以观察到被染成红色的、凝固无结构的坏死组织。

分枝杆菌是胞内寄生菌，入侵机体后主要产生的是细胞免疫，细胞免疫反应主要依靠致敏淋巴细胞和激活的单核细胞相互协作来完成。体液免疫因素占次要地位。细胞免疫随病情的加重而减弱，体液免疫随病情的加重而增强。凡是病情得到控制或康复的动物，其细胞免疫可达到一定水平，而抗体水平较低。重症动物的细胞免疫反应低下甚至消失，但抗体水平显著升高。结核杆菌的不同抗原成分激活不同 T 细胞，可以产生巨噬细胞移动抑制因子（MIF）或结核杆菌生长抑制因子（MycoIF），前者可以导致变态反应性炎症反应，后者可以特异性地抑制巨噬细胞内结核杆菌的生长繁殖，从而获得免疫。结核杆菌在激发机体产生免疫应答的同时，也引起迟发性变态反应，二者均由 T 细胞介导产生；但诱导产生的免疫或变态反应的物质不同，如果将结核菌素与其细胞壁成分同时注入机体，可产生变态反应，但不产生免疫力。因此，检测机体对结核杆菌是否发生变态反应，即可判断是否有免疫力，根据这一原理设计的结核菌素试验是检测结核病最常用的方法。

对结核病免疫制品研制中研究最多、使用最广的是卡介苗，该疫苗为控制人的结核病做出了巨大贡献，目前仍在使用。但是牛接种卡介苗后产生的抗体会干扰本病的检疫，所以，世界上很多国家禁止使用卡介苗免疫接种牛。利用基因敲除技术对卡介苗进行改进是开发新疫苗的一种有益尝试。ERP 基因是既存在于有毒结核分枝杆菌又存在于卡介苗中的一个毒力基因，敲除卡介苗中的 ERP 基因有可能提高卡介苗对免疫缺陷患者使用的安全性。吴芳等利用基因敲除技术扩增 ERP 基因两侧序列，连接载体与目的片段，成功构建了卡介苗 ERP 基因的置换型打靶载体，为进一步构建敲除 ERP 基因的卡介苗突变株及研究新型结核疫苗奠定了基础。

诊断该病可采用病原鉴定（细菌学检查）、迟发性过敏反应试验、血清学试验、分子生物学试验等方法。

细菌学检查方法包括：显微镜检查抗酸性杆菌（初步证实）；用选择培养基分离分枝杆菌，再通过培养和生化试验来鉴定，也可应用核酸探针和 PCR；动物接种试验比培养法要灵敏一些，但只有当病理组化试验阴性时才进行动物接种试验。

迟发性过敏反应试验是测定牛结核病的标准方法。用结核菌素给牛皮内注射，3d 后测定注射部位的肿胀厚度。用牛和禽结核菌素进行皮内注射比较试验，主要是为了区别由牛分枝杆菌感染的动物或是由其他分枝杆菌及有关属的感染而产生对结核菌素敏感的动物。选择哪种试验方法一般取决于结核病的流行现状和环境中其他敏感病原体感染的水平。由于纯化蛋白衍生物（PPD）具有较高的特异性且更易于标准化，PPD 已经取代了热处理合成的介质结核菌素。用于牛的 PPD 推荐剂量至少为 2 000 IU，在比较试验中，其剂量每次应不低于 2 000 IU。反应结果须根据适宜方案来判定。

在血清学诊断方面，目前已有不少新的血样诊断试验方法问世，如淋巴细胞增生试验、γ-干扰素试验和酶联免疫吸附试验（ELISA）。其敏感性和特异性需进一步证实，而材料准备和实验室操作可能是一种限制因素，而且需要大量在不同条件下与皮肤试验的对比试验。γ-干扰素试验和 ELISA 是非常有效的试验方法，尤其对野牛、动物园动物和其他野生动物。

聚合酶链反应（PCR）已被广泛用于检测病

人疑似结核杆菌病的临床样品（主要是痰液），也有报道用于动物结核病的诊断。很多商品化的试剂盒和各种自行研制的新方法已用于检测固定和新鲜组织中的结核杆菌。各种各样的引物也已广泛应用，包括 16～23S rDNA 的扩增序列、IS 6110 和 IS 108l 的插入序列，以及编码特异性结核杆菌复合体蛋白的基因，如 MPB64 和 38 kDa 抗原 b。PCR 不仅可用于直接检测样品、染色分析或区分 TB 复合物，而且广泛应用于起源鉴定（根据菌落形态和 AF 染色做组织选择）。目前可买到成熟的商品化试剂盒，如 Gen 标记探针。尽管这些试剂盒区分品种的数量有限，但检测牛结核杆菌的引物已在人医和兽医领域广泛应用。

四、制品

动物结核病的控制主要采用检疫和淘汰患病和感染动物的措施。结核菌素试验是结核病诊断和检疫中最常用的方法，也是国际贸易检疫中的标准方法。本方法操作简便，准确率高，操作性强，易于判定。目前使用的结核菌素包括人型结核菌素、牛型结核菌素和禽型结核菌素。我国制造牛型结核菌素的菌种为牛分枝杆菌 C68001 株、C68002 株，国际上为牛分枝杆菌 AN5 株；制造禽型结核菌素的菌株为禽分枝杆菌 C68201、C68202、C68203 株。这里仅介绍牛型结核菌素的制造要点及其效价测定方法。

1. 提纯结核菌素 将冻干菌种接种于 P 氏固体培养基，再接种于苏通培养基液面进行驯化，生长出菌膜后作为种子。鉴定合格后，将二级种子菌膜接种于制造用苏通培养基液面上，置37℃培养 2～3 个月。121℃灭活 30min，滤过除去菌膜，滤液过滤除菌备用。将 40％三氯醋酸溶液缓慢加入到 9 倍体积的上述滤液中，充分混匀，2～8℃静置 14～24h，使蛋白沉淀，弃上清液；收集沉淀物，用 1％三氯醋酸水溶液重悬沉淀，洗涤 3 次，最后将沉淀物以 5 000 r/min 离心 15～30min，弃上清液；将沉淀物用 1mol/L 氢氧化钠溶液溶解，用含防腐剂的 PBS 稀释，调 pH 至 7.4，滤过除菌，作为原液。无菌检验、蛋白测定和效价测定合格后，用含防腐剂的 pH7.4 的 PBS 将牛型结核菌素原液稀释至 10 万 IU/mL，定量分装、冻干即可。

2. 国际提纯结核菌素 用于制备种子培养物

的牛结核分枝杆菌传代培养不应超过 5 代。将适应液体培养基的菌种接种合成培养基，在长颈瓶中培养合适的时间，凡有污染或不正常生长时都应高压后废弃。在培养过程中，很多培养物的表面生长物会变潮，可沉入到培养基中或瓶底。高压灭活后滤液中的蛋白质用硫酸铵或三氯乙酸沉淀，洗涤后重悬，加入防腐剂，如 0.5％苯酚，也可以加入 10％甘油或 2.2％葡萄糖作为稳定剂，检定后，定量分装，冻干。

3. 我国致敏豚鼠效检法 将灭活后的牛分枝杆菌培养物用弗氏不完全佐剂制成油乳剂，使菌含量为 8～10 mg/mL，作为致敏原。选用体重 400 g 左右的豚鼠 10～12 只，分别在大腿内侧深部肌内注射 0.5 mL；5 周后，各豚鼠臀部拔毛 3 cm² 大小，次日后注射 1 000 倍稀释的牛型结核菌素 0.1 mL，注射 48h 后检查，取 6 只红肿面积在 1 cm² 以上者拔去腹部两侧毛备用。将制备的待标定结核菌素原液梯度稀释成每毫升含氮量为 2.5 mg、2.7 mg、3.0 mg、3.2 mg、3.4 mg，再作 1 000 倍稀释，与 1 000 倍稀释的参照品分别分点注射 0.1 mL 于每只豚鼠腹部两侧；48h 后检测每个稀释度在 6 只豚鼠身上的红肿面积平均值，待检菌素与参照品红肿面积比值在 0.9～1.1 之间为合格。

4. 国际致敏豚鼠效检法 在测试前 5～7 周，将豚鼠用低剂量（0.001 或 0.000 1 mg 湿重）的牛分枝杆菌活菌致敏，将杆菌悬浮于生理盐水中，于大腿中部肌内注射 1 mL。在测试期间，接种低剂量牛分枝杆菌的豚鼠必须健康状况良好，试验后剖检结果表明豚鼠不患结核病，也不排菌。将待检菌素与标准菌素设 3 种间隔 5 倍的稀释度，用含 0.000 5％（W/V）的吐温-80 稀释，含量为 0.001mg、0.000 2mg 和 0.000 04 mg 的结核蛋白，分别与 PPD 国际标准的 32、6.4 和 1.28 IU 相对应，采用 6 点试验法对同源致敏的豚鼠接种 0.2 mL/只。在每次测试中，两种被测试的结核菌素与标准菌素用 9 只豚鼠作比较，每只豚鼠分别进行 8 次皮下注射，并采用一种平衡的不完全的拉丁方阵设计。正常情况下，结核菌素注射 24h 后判读试验结果，但在注射后 42h 可以做二次判读，红肿部位的直径用毫米卡尺测量。用每种制剂对数剂量反应曲线的斜率（对数量增减代表每单位平均反应值的增加）以及平行偏差 F 率来校正两种试验结核菌素的相对效力。根据

《欧洲药典》，牛结核菌素的效力应不低于标示效力的 66%，也不得高于标示效力的 150%。

五、展望

2012 年，我国发布了《国家中长期动物疫病防治规划（2012—2020 年）》，计划对 16 种国内动物疫病进行优先防治。其中，对奶牛结核病，计划通过实施监测、扑杀和无害化处理工作，至 2020 年全国 7 省达到维持或净化标准，其他区域达到控制标准。要实现规划目标，我国必须制定并有效实施完善的牛结核病根除计划及综合配套措施。美国、澳大利亚、欧盟等国家和地区均成功实施了牛结核病根除计划。例如，美国 1917 年启动了牛结核病消灭行动，起始为自愿参与；2005 年发布了强制统一的牛结核病根除方法及相关规定，至 2013 年底除加利福尼亚州和密歇根州外，其他州均达到无疫目标。澳大利亚、新西兰也成功实施了牛结核病根除计划。澳大利亚 1970 年启动根除项目，至 1997 年整个国家已达到无疫状态。完善有效的法规体系是美国、澳大利亚和欧盟国家根除牛结核病等动物疫病的基础保障。其要点主要包括：健全法律制度，强化财政支持，减少利益方抵触行为；规范检测方法，对屠宰牛进行全部检疫；对阳性牛实施严格追溯制度，并分类实施标识制度；建立病牛扑杀的基本标准，选择性采取扑杀措施；推行区域化管理制度，建立差异化市场准入标准；实施野生动物隔离及监测制度，防止野生动物向家养动物传播疫情；强化利益方的宣传教育，营建群防群控氛围。研究这些国家的防治策略和措施，对于我国根除该病具有良好的借鉴意义。

（徐　磊　万建青）

主要参考文献

陈溥言，2010. 兽医传染病学 [M]. 5 版. 北京：中国农业出版社.

陆承平，2007. 兽医微生物学 [M]. 4 版. 北京：中国农业出版社.

王明俊等，1997. 兽医生物制品学 [M]. 北京：中国农业出版社.

Angus R D，1978. Production of reference PPD *tuberculins* for veterinary use in the United States [J]. Journal of Biological Standardization，6 (3)：21.

Friedberg E C，Fischhaber P L，2003. TB or Not TB：How *Mycobacterium tuberculosis* may evade drugtreatment [J]. Cell，113 (2)：139 - 140.

Maxild J，Bentzon M W，Moller S，et al，1976. Assays of different *tuberculin* products performed in guinea-pigs [J]. Journal of Biological Standardization，4 (3)：171.

Miller J，1997. Detection of *mycobacterium* bovis in formalin-fixed paraffin-embedded tissues of cattle and elk by pcr amplification of an IS6110 sequence specific for *Mycobacterium tuberculosis* complex organisms title chg. 2 - 24 - 97 [J]. Journal of Veterinary Diagnostic Investigation，9 (3)：244 - 249.

van der Wel N，Hava D，Houben D，2007. *M. tuberculosis* and *M. leprae* translocate from the phagolysosome to the cytosol in myeloid cells [J]. Cell，129 (7)：1287 - 1298.

第十五节　副结核病

一、概述

副结核病（Paratuberculosis）是由副结核分枝杆菌引起牛的一种慢性消化道传染病，又称副结核性肠炎，偶见于羊、骆驼和鹿。患病动物的临床症状以顽固性腹泻、渐进性消瘦、肠黏膜增厚并形成皱襞为主要特征。

本病在 1826 年就有记载，自 1895 年报道首个病例后，相继在许多国家发现，现已遍布全球。一般在养牛地区都有可能发生，其中以奶牛业和肉牛业发达的国家和地区受害严重。我国于 1953 年首次报道该病，由于本病的一些临床特征，导致其不能被很好地治疗和预防，目前我国主要还是采取以检验检疫为主的防控策略。

二、病原

副结核分枝杆菌（*Mycobacterium paratuberculosis*）为长 $0.5 \sim 1.5~\mu m$、宽 $0.3 \sim 0.5~\mu m$ 的革兰氏阳性小杆菌，抗酸性染色阳性，与结核分枝杆菌相似。无鞭毛，不形成荚膜和芽孢，在组织和粪便中多排列成团或成丛。本菌为需氧菌，最适温度 37.5℃，最适 pH $6.8 \sim 7.2$，属于慢生长种。初次分离培养比较困难，所需时间也较长。培养基中加入一定量的甘油或非致病性抗酸菌的浸出液，有助于其生长，通常 $5 \sim 14$ 周能够观察到副结核分枝杆菌的菌落。从不同反刍家畜体内分离的副结核分枝杆菌虽然在菌落形态、颜色及生化特性上有一定差异，但遗传学特性上有极高的一致性，DNA限制性酶谱也完全一致。

副结核分枝杆菌对自然环境的抵抗力较强，在河水中可存活163d，在粪便和土壤中可存活11个月，在牛乳和甘油盐水中可存活10个月。对热较敏感，60℃ 30min、80℃ 1～5min可杀灭本菌。在5%草酸、4% NaOH、5% H_2O_2溶液中30min仍保持活力。3%～5%石炭酸5min、3%来苏儿30min、30%福尔马林溶液、10%～20%漂白粉20min可杀灭本菌。对氯化新四氮唑（1∶40 000）、链霉素（2 mg/mL）、利福平（0.25 mg/mL）敏感，对异烟肼、噻吩二羧酸酰肼有耐药性。

三、免疫学

本病的散播比较缓慢，各个病例的出现往往间隔较长的时间，因此表面上似呈散发性，实际上它是一种地方流行性疾病。

副结核分枝杆菌主要引起牛（尤其是乳牛）发病，幼年牛最易感。除牛外，绵羊、山羊、骆驼、猪、马、驴、鹿等动物也可罹患本病。实验动物中家兔、豚鼠、小鼠、大鼠、鸡、犬均不感染。

虽然幼年牛对本病最为易感，但潜伏期甚长，可达6～12个月，甚至更长。一般在2～5岁时才表现出临床症状，特别是在母牛开始怀孕、分娩及泌乳时，易于出现临床症状。因此，在同样条件下此病在公牛和阉牛比母牛少见得多，高产牛的症状较低产牛更为严重。饲料中缺乏无机盐，可能促进疾病的发展。副结核分枝杆菌的感染方式有多种，但主要传播方式有3种：①由粪便到口的传播；②由子宫到胎盘的垂直传播；③交配期传播。如果雄性动物被副结核分枝杆菌感染且患有临床症状，那么在交配期，副结核分枝杆菌会随精液一起进入雌性动物体内，进而感染雌性动物。在病畜体内，副结核杆菌主要位于肠黏膜和肠系膜淋巴结。患病家畜，包括没有明显症状的患畜，从粪便排出大量病原菌，病原菌对外界环境的抵抗力较强，因此可以存活很长时间。病原菌污染饮水、草料等，通过消化道侵入健康畜体内。在一部分病例，病原菌可能侵入血液，因

而可随乳汁和尿排出体外。从牛的性腺也曾发现过副结核杆菌。当母牛有副结核症状时，子宫感染率在50%以上。有人从有临床症状的牛的胎儿组织（肝、脾、肾、小肠）分离到了副结核杆菌，从而证实本病可通过子宫传染给犊牛。试验表明，皮下或静脉接种也可使犊牛感染。副结核分枝杆菌在环境中可以存活超过12个月。也有研究表明副结核分枝杆菌之所以会在环境中存活较长时间是因为在环境中的副结核分枝杆菌会进入一种休眠状态进行自我保护，正是因为它具备这种能在环境中持续存在的能力，所以才给环境造成了严重威胁。它可以通过感染动物的食物、饮水等方式，造成大范围感染，因而控制环境卫生也成为防治副结核分枝杆菌感染的重要手段。

关于本病的人工免疫，尚未获得满意的解决方法。国外曾应用副结核弱毒苗和灭活疫苗对牛、绵羊进行预防接种，但因免疫效果不佳和使接种牛变态反应呈阳性等问题，而未能推广。据报道，我国有的单位从英国引进副结核分枝杆菌弱毒株，研制出副结核弱毒疫苗，在有副结核（无结核病）的牛场试验，免疫期可达48个月。

灭活疫苗的生产制造：将标准副结核分枝杆菌菌株接种马铃薯培养基，37℃温箱中培养30～45d；等菌生长良好后转移到Reid培养基上，37℃温箱中培养2周左右；将长出的菌膜接种在Reid培养基上进行扩大培养，选择长得茂盛的用作疫苗。将用作疫苗的副结核菌培养物在100℃条件下灭活1h。将经灭活的菌体过滤，浓缩菌体，菌体用灭菌滤纸包脱脂棉压干，加入石蜡、樟脑油等佐剂，混匀，用组织捣碎机或胶体磨研匀，制成疫苗。制品为乳白色乳剂，2～8℃保存，有效期24个月。

弱毒活疫苗的生产制造：选择适宜的培养基，37℃恒温箱中培养菌株，最适pH为6.8～7.2。培养3～4周，收获菌体，取5 mg湿苗悬浮于0.75 mL橄榄油和0.75 mL液体石蜡中，再加入10 mL浮石粉制成疫苗。2～8℃保存，有效期24个月。

该菌是胞内生长菌，在机体内首先产生细胞免疫，然后出现体液免疫。细胞免疫随着病情进展而降低，体液免疫随着病情发展而增高。副结核杆菌到达肠道后，侵入肠黏膜和黏膜下层，在其中繁殖，引起肠道的损害，最初在小肠，以后蔓延至大肠。肠黏膜及黏膜下层产生大量上皮样细

胞，逐渐变厚，形成皱褶；同时肠黏膜腺体受到压迫而萎缩，影响其消化、吸收等正常活动。早期症状为间断性腹泻，以后变为经常性的顽固腹泻。排泄物稀薄，恶臭，带有气泡、黏液和血液凝块。初期食欲正常，精神也良好，以后食欲有所减退，逐渐消瘦，眼窝下陷，精神不好，经常躺卧。泌乳逐渐减少，最后全部停止。皮肤粗糙，被毛粗乱，下颌及垂皮可见水肿。体温常无变化。腹泻有时可暂时停止，排泄物恢复常态，体重有所增加，然后再度发生腹泻。给予多汁青饲料可加剧腹泻症状。如腹泻不止，一般经 3～4 个月因衰竭而死亡。染疫牛群的死亡率每年高达 10％。

有人对病牛和病绵羊进行过血象研究，发现血红蛋白减少，血钙和血镁下降。病畜的尸体消瘦。主要病变在消化道和肠系膜淋巴结。消化道的损害常限于空肠、回肠和结肠前段，特别是回肠。有时肠外表无大变化，但肠壁常增厚。浆膜下淋巴管和肠系膜淋巴管常肿大，呈索状。浆膜和肠系膜都显著水肿。肠黏膜常增厚 3～20 倍，并发生硬而弯曲的皱褶，黏膜色黄白或灰黄，皱褶突起处常呈充血状态，黏膜上面紧附有黏液，稠而混浊，但无结节和坏死，也无溃疡。肠腔内容物甚少。肠系膜淋巴结肿大、变软，切面浸润，上有黄白色病灶，但无干酪样变。

机体感染副结核分枝杆菌后最初引起细胞免疫应答，体液免疫随后产生，且二者发生时间呈分离现象，细胞免疫随病情的康复而增强，体液免疫随病情的加重而增强。在感染初期 Th1 型细胞介导的免疫应答首先发挥作用，在此阶段动物机体会出现少量排菌现象，可采用细菌分离培养手段进行检测；而在 2～5 年的长期亚临床阶段，细胞免疫应答与体液免疫应答均不明显，同时动物机体排菌量下降，对于此阶段无理想的检测方法；在感染后期体液免疫发挥主要作用，此时机体的抗体水平与排菌量均显著增高。人工感染试验表明，初次感染副结核分枝杆菌后第 10～14 个月后动物排菌量逐渐下降，再次感染该菌 10 个月后出现血清抗体水平升高与排菌量增多现象。根据感染量的不同，被感染动物从开始排菌到抗体转阳时间具有很大差异，自然感染副结核分枝杆菌的动物中有 95％～98％在 2.2～11.7 岁出现血清抗体转阳。因此，年龄可以作为判断副结核分枝杆菌感染阶段的指标。通常很难检测到育成牛的排菌情况及血清抗体，处于 2 岁以后的牛很可能出现排菌、血清抗体转阳及典型临床症状。

根据症状和病理变化，一般可作出初步诊断。临床上，副结核病的死亡率通常为 3％～10％。最初临床症状是腹泻，常通过某种应激因素如分娩、高产奶牛氮平衡失调、寄生虫感染、矿物质及维生素缺乏等引起。但顽固性腹泻和消瘦现象也可见于其他疾病，如冬痢、沙门氏菌病、内寄生虫病、肝脓肿、肾盂肾炎、创伤性网胃炎、铅中毒、营养不良等，因此，应进行试验诊断以资区别。由于临床症状无特异性，因此只凭临床症状难以作出诊断。有学者曾指出，母牛的雌性肌群的不发育和下颌间隙水肿是副结核病的先兆症状。根据临床症状和剖检变化，可以对本病作出初步诊断。如果在肠道组织中镜检到成丛的副结核分枝杆菌即可确诊。

血清学诊断方法有很多，如补体结合试验、酶联免疫吸附试验、琼脂扩散试验等。

补体结合试验　补体结合试验最早用于本病的诊断。与变态反应一样，病牛在出现临床症状之前即对补体结合试验呈阳性，但其消失却比变态反应迟。其采用冷感作法，抗原采用禽结核菌提取的糖脂，各反应成分均为 0.1 mL，总量为 0.6 mL，以常规术式进行。各国判定标准不同，在我国被检血 1∶10 稀释时"＋＋"以上判为阳性。缺点是有些未感染牛可出现假阳性反应；有的病牛在症状出现前呈阴性反应，而症状变明显后滴度又下降。据实际观察，补体结合试验与变态反应具有互补关系，两者不能互相代替，而应配合使用。

酶联免疫吸附试验　近年来，国内外应用 ELISA 诊断本病的报道日益增多，多认为其敏感性和特异性均优于补体结合试验，尤其适宜于检测无症状的带菌牛和症状出现前补体结合试验呈阴性的牛。从世界趋势看，ELISA 有可能代替补体结合试验而获得广泛应用。

免疫斑点试验　本法的敏感度与 ELISA 相似，其优点是简便、快速，并且可在野外使用。

琼脂扩散试验　琼脂扩散试验作为一种经典免疫学试验一直被应用于副结核病的诊断，具有操作简便、可靠的特点。在新西兰与澳大利亚小型反刍动物进行的副结核检测结果表明，琼脂扩散试验的敏感性与特异性均高于 ELISA。应用于琼脂扩散试验的抗原是副结核 P18 的提取物，但目前缺少标准提取规程。另外，其特异性和敏感性仍需更多的试验数据支持，目前该方法难以进入实用阶段。

皮肤变态反应 皮肤变态反应是基于迟发型变态反应原理进行的检测，该方法操作比较烦琐，使用价值较为有限。本方法能检测出处于感染早期的牛，对感染中后期的牛敏感性有所下降。SDTH作为副结核病诊断的经典方法有其特殊的优点，但是该方法在实际检验中非常繁琐，至少需对检验牛进行2次保定，对于可疑样本还需进行复检，耗费人力，在生产中很难普及。

IFN-γ释放试验 1989年Wood等首次建立了IFN-γ释放试验用来检测结核分枝杆菌感染。该方法通过检测经提纯结核菌素（PPD）刺激16～24h培养的全血中γ干扰素（IFN-γ）的释放水平来判断牛是否感染结核，体外培养的外周血致敏T淋巴细胞经相同抗原再次刺激时会快速分泌IFN-γ。针对副结核的检测同样适用该方法，使用γ干扰素释放试验能够检测到感染副结核牛早期Th1型细胞介导的细胞免疫反应，及时发现处于早期感染阶段的牛。刺激试验使用的副结核菌素能够刺激致敏淋巴细胞快速产生γ干扰素，但同样因为菌素成分的复杂性及分枝杆菌之间的同源性，容易引起交叉反应导致假阳性。目前，国际上尚无统一的副结核γ干扰素检测标准，且由于刺激原类型及使用量的不同，该方法的敏感性和特异性存在较大差异。

此外，还有间接血凝试验、胶体金技术、免疫荧光抗体及对流免疫电泳等均可用来诊断本病。随着分子生物学技术的进一步发展以及PCR方法、DNA探针和RNA探针技术将大大缩短诊断时间，提高诊断的特异性和准确性。近年来，副结核分枝杆菌的特异性DNA探针已经研制成功，应用此方法能够从血液、牛奶、粪便组织与环境中检测到副结核分枝杆菌DNA片段，使从粪便中检测病菌的时间从以往培养8～12周缩短到24h以内。本法比免疫学方法要特异得多，除了与禽分枝杆菌II型有交叉外，可以与其他分枝杆菌区别开来。

四、制品

采用副结核菌素进行皮内注射是目前实际工作中最常用的副结核病诊断方法。患病动物在注射副结核菌素后12～24h，变态反应达到高峰，

并持续48～73h。由于禽结核菌与副结核菌有较多的类属抗原，也有一些国家采用禽结核菌素进行检疫工作。副结核菌素制造要点包括：获取符合本国流行菌株特性、毒力符合标准的标准菌株。在长颈瓶液体培养基表面悬浮接种一片菌膜，瓶口用适当重量的锡箔包紧，阻止瓶内液体蒸发。收获的培养物用流通蒸汽灭菌1h，或以121℃高压灭菌30min。培养物用铜纱网过滤，在纯净空气流通条件下，将滤液在流通蒸汽上面蒸发到培养物原体积的1/6；将浓缩液冷却后加注射用水，稀释到培养物原体积的40%；再加最终含量为0.56%的石炭酸和3%的甘油，然后把制品放在7℃条件下至少2周。测定石炭酸的含量，并进行无菌检验。最后检测有无抗酸菌污染，可采用显微镜下观察的方法，将合格的制品进行分装保存。安全检验中，选用2只或更多健康试验豚鼠，皮下注射1mL副结核菌素，观察10d，豚鼠健康，则判定为合格。效力检验中，每批副结核菌素的效力，应与之前致敏豚鼠皮内试验证明合格的批次作比较。将参考标准菌素与生产菌素作1/50、1/100和1/200稀释，选体重符合标准的健康豚鼠10只，给每只豚鼠皮内注射0.005mL。每种菌素的相应稀释度分别注射在豚鼠每侧的对应点。24h观察反应并记录结果。被检菌素和对照菌素反应应一致。为防止副结核菌素的假阳性反应，同时要设健康豚鼠对照，将菌素作1/4和1/10稀释，注射2只或更多健康豚鼠，24h后证明没有反应，则判定为合格。

五、展望

由于本病在感染后期才出现临床症状，因此药物治疗的实际意义较小。目前，本病只是在部分地区流行，因此菌苗并未被广泛使用。此外，副结核分枝杆菌的具体致病机理还不是很明确，人工免疫预防效果不佳。预防本病的措施主要是加强饲养管理，定期进行检验检疫，发现病畜及时隔离并上报，切断一切传染源，防患于未然。随着集约化养殖程度的提高，副结核病在奶牛群体中发病呈上升趋势，污染乳制品造成人免疫抑制性疾病的发病率逐渐增高，说明副结核病对人是一个潜在危险，应当引起人们的关注。

（徐 磊 万建青）

主要参考文献

陈溥言.2010.兽医传染病学［M］.5版.北京：中国农业出版社.

谷立波，刘云志，朱恒义，2004.牛副结核病及其防制对策［J］.吉林畜牧兽医（9）：13-15.

陆承平.2007，兽医微生物学［M］.4版.北京：中国农业出版社.

王明俊等，1997，兽医生物制品学［M］.北京：中国农业出版社.

de Lisle G W，Samagh B S，Duncan J R，1980. Bovine *paratuberculosis* II. A comparison of fecal culture and the antibody response［J］. Canadian Journal of Comparative Medicine Revue Canadienne De Médecine Comparée，44 (2)：183-191.

Roussey J，Coussens P，2014. Effects of regulatory T cells on peripheral blood mononuclear cell responses to live *Mycobacterium* avium subsp. *paratuberculosis* in cows with Johne's disease (VET2P. 1035)［J］. The Journal of Immunology，192：207.

Wood P，Kopsidas K，Milner A，et al，1989. The development of an *in vitro* cellular assay for Johne's disease in cattle for Johne's Disease［J］. Diagnosis and Management，3 (5)：164-167.

第十六节　鼻　疽

一、概述

鼻疽是由鼻疽伯克氏菌（旧名鼻疽假单胞菌）引起马属动物多发的一种接触性传染病。通常在马多为慢性经过，驴骡常呈急性，肉食动物可因采食患病动物的肉而被感染，人也可感染。动物鼻疽以鼻腔和皮肤形成特异性鼻疽结节、溃疡和瘢痕，在肺脏、淋巴结和其他实质脏器内发生鼻疽性结节为特征。人鼻疽的特征为急性发热，局部皮肤或淋巴管等处发生肿胀、坏死、溃疡或结节性肿胀，有时呈慢性经过。本病在公元前300年就被希腊学者亚里士多德确定为一种恶性传染病，我国在东晋时期葛雅川所著的《肘后方》中有记载。鼻疽曾在世界各国广泛流行，危害严重。1882年鼻疽病原成功分离，1890年研制出用于诊断该病的鼻疽菌素。发达国家每年都会定期进行检疫，防止鼻疽暴发。我国的马群中曾有过长期流行，中华人民共和国成立以后，由于采取一系列综合防控措施，目前已基本控制，只有个别地区还有零散发生。目前，鼻疽对马属动物的养殖仍存在一定威胁。

二、病原

鼻疽伯克氏菌（*Pseudomonas mallei*）属于伯氏菌属，惯称鼻疽杆菌，是中等大小的杆菌。形状平直，两端钝圆，大小（1.5～3）μm×0.5 μm，不形成芽孢和荚膜，无运动性。菌体着色不均，浓淡相间，呈颗粒状，革兰氏染色阴性。本菌为需氧菌和兼性厌氧菌，在一般培养基上都能生长，在加3%～4%甘油的琼脂斜面或肉汤中生长良好。最适pH6.4～6.8，最适培养温度为37℃。在甘油琼脂斜面上培养48h长成灰白色透明的黏稠菌苔，温室放置后斜面上端的菌苔常呈褐色。在马铃薯培养基上培养48h长成黄棕色黏稠的蜂蜜样菌苔，随着培养时间延长，菌苔的颜色逐渐变深，这是本菌的一个明显特征。本菌对外界环境的抵抗力不强，在阳光直射下24h内便可死亡，一般消毒药均可在短时间内将其杀灭。其在腐败的污水中能生存2～3周，在一般水中能生存3个月左右，在自来水中能生存6个月，在潮湿的厩舍中能生存20～30d。

鼻疽伯克氏菌不形成鞭毛，即没有鞭毛抗原，产生胞外黏液质。根据类鼻疽伯克氏菌抗原结构的分析方法，证实鼻疽伯克氏菌具有K、O、M及R抗原。鼻疽伯克氏菌能够合成多种分泌型的酶并且有多种表面抗原，但是它们与致病性之间的关系还不十分清楚。荚膜是鼻疽伯克氏菌在体内对抗免疫系统的重要因素之一。一般认为，在血清学上本菌有两种抗原：一种为特异性抗原，另一种与类鼻疽伯克氏菌可出现交叉反应。

三、免疫学

鼻疽伯克氏菌可感染人和动物，家畜主要通过消化道和呼吸道感染，也可通过健畜、患畜之间的啃咬感染。鼻疽伯克氏菌感染人主要通过接触传播，病菌经破损的皮肤和黏膜侵入人体，也可通过呼吸道、消化道感染而发病。鼻疽伯克氏菌属于兼性胞内寄生菌，在亚急性感染试验过程中发现，形成了荚膜的鼻疽伯克氏菌主要存在于肝脏、脾脏和肺脏的单核巨噬细胞系统细胞内。

在抗鼻疽伯克氏菌免疫方面，细胞免疫为主导，体液免疫起次要作用，抗体产生仅是反应性应答的结果。灭活细菌抗原仅能引起体液抗体上升，不能引起细胞免疫反应；而活菌抗原则能引起细胞及体液两种免疫应答。

四、制品

我国使用的诊断制剂主要有鼻疽菌素、补体结合试验抗原、补体结合试验阳性血清及鼻疽阳性血清等。主要采用变态反应诊断和血清学诊断。但由于现有的变态反应诊断和血清学诊断方法都有一定的缺陷，而且各种检测鼻疽伯克氏菌血清抗体的方法，均不能解决与类鼻疽伯克氏菌抗体的交叉反应，在类鼻疽流行区需进行鉴别诊断。近年来又相继报道了许多新的血清学诊断方法，如酶联免疫吸附试验、间接血凝试验、荧光抗体试验等，在技术和敏感性上都具有优越性，但是试验例数少、成熟性不够，未能普遍推广。此外，随着分子生物学的发展和鼻疽免疫机理的研究不断深入，PCR、噬菌体鉴定技术、体液免疫和细胞免疫检测法等也在逐步被应用。随着鼻疽伯克氏菌基因组测序的完成，DNA检测技术将是最为精确和快速的检测方法。

鼻疽菌素反应有点眼反应和热反应之分。前者是将与结核菌素相同方法制成的鼻疽菌素，向被检马的眼结膜囊内滴入1～2滴，根据有无结膜充血、水肿或眼分泌物排出进行判定；后者是将鼻疽菌素稀释，皮下注射，根据有无局部炎症肿胀和一定的体温上升来判定。我国一般采用鼻疽菌素点眼法，皮下热反应法一般在有眼病或者眼部不适合点眼的马匹和驴骡上应用。

（一）常用诊断方法有凝集反应和补体结合反应

1. 凝集反应 对鼻疽的检测来说，凝集试验简单、易操作。试管凝集抗体在感染2～3d后即可出现，于感染后1周即可出现阳性结果，滴度不断升高至第10～11d并保持3～4周不变，然后迅速下降。但凝集试验的特异性有限，腺疫与出血性紫癜病也能引起凝集素升高。另外，当为急性鼻疽时，凝集素的产生可能会延迟。

2. 补体结合试验 其检出率不高。一般感染后12～14d便可确诊，但在特殊情况下，可能需要3～4周才能确诊。补体结合试验只能检出大多数活动性鼻疽病马，很少能检测出慢性鼻疽病马。据报道，曾患马腺疫、马流行性感冒、重症化脓性疾病的马匹，有的也出现类似反应，在诊断中应加以区别。因此，补体结合试验常作为辅助诊断方法，用于在点眼阳性马中区别是否为急性型鼻疽马。

（二）鼻疽菌素的生产制造

1. 提纯鼻疽菌素的生产制造 将鼻疽伯克氏菌接种于天门冬素作为碳源的合成培养基中，培养2～4个月后，121℃灭菌1.5h，过滤；加40%三氯醋酸于滤液中，三氯醋酸的终浓度为4%；沉淀鼻疽伯克氏菌蛋白；用1‰三氯醋酸洗涤沉淀蛋白数次，用pH7.4的PBS稀释成一定浓度，测定蛋白含量，分装冻干。使用时，加入纯化水或生理盐水溶解蛋白，再稀释成每毫升含鼻疽伯克氏菌蛋白1 mg的溶液使用。

（1）质量标准 冻干提纯鼻疽菌素为乳白色或略带淡棕黄色的疏松团块，溶解后呈无色或略带淡棕黄色的透明液体。用18～22 g小鼠5只，各皮下注射菌素0.5 mL，观察10d，均应健活。

（2）效价测定 致敏原制备：用1～2株强毒光滑型鼻疽杆菌，分别接种于4%甘油琼脂扁瓶中，36～37℃培养48h后，每瓶加入生理盐水20 mL；洗下培养物，混合于空瓶中，经121℃灭活1h，置于2～8℃保存使用。

（3）致敏豚鼠 用体重450～600 g的白色豚鼠8只，每只腹腔注射致敏原1 mL；14～20d后，于豚鼠臀部剪去一小块被毛，次日皮内注射标准提纯鼻疽菌素0.1 mL，经24～48h观察反应。凡注射部位有红肿、直径7 mm以上者，方可用于效价测定。

（4）效价测定 选合格豚鼠4只，检验前一天在腹部两侧剃毛各两个部位。将被检菌素和标准菌素稀释液采取轮换方式在每只豚鼠身上各注射一个部位，注射量为0.1 mL。注射后24h用游标卡尺测量每种菌素各稀释度和标准菌素在4只豚鼠身上各注射部位的肿胀面积，计算两者平均值的比值，比值在1±0.1，即为合格。

（5）特异性检验 选取10匹健康马，均分成2组，一组左眼点不稀释标准鼻疽菌素2～3滴，右眼点75%稀释新制鼻疽菌素2～3滴；另一组点眼相反。点眼后3h、6h、9h、24h分别进行检查，75%稀释新制菌素与标准菌素，全部试验马对被检菌素和标准菌素均无反应为合格。如个别马不一致，可在 2~5d 后做第二次检验，反应一致时也认为合格。

2. 老鼻疽菌素的生产制造　将菌种划线接种于 4%甘油琼脂平皿，挑选光滑型菌落移植于甘油琼脂扁瓶，37℃培养 2~4d，用生理盐水洗下，纯粹检验合格后作为种子液。将种子液接种于 4%甘油肉汤培养液中，37℃培养 2~4 个月，然后 121℃灭菌 1.5h，置于 2~8℃冷暗处澄清 2~3 个月。吸取上清液，用塞氏滤器过滤后，即为老鼻疽菌素原液。无菌检测、蛋白测定和效价测定合格后，加入适量灭菌的 4%甘油，定量分装。

五、展望

鼻疽是一种很古老的疫病，过去曾广泛传播于世界各地。近 50 年，由于许多国家采取了严格的检验检疫、防控和扑灭措施，在发达国家本病已不常见。我国有望在不久的未来宣布消灭鼻疽。虽然鼻疽不会造成较大影响，但是由于在治疗上仍然没有有效的疫苗，因此不能排除鼻疽暴发的可能性。世界范围内研究鼻疽的机构并不多，而且本病发病病例较少，其许多致病机制和免疫机理都还不太清楚。所以，我们应当把重心放在防控和检验检疫上，提高检测技术的特异性和精确性，加强防控措施，定期检疫，防止该病的入侵。随着现代科学技术的快速发展，各学科和信息的不断交叉，许多新的试验技术和设备出现，以及人们对人畜共患病的重视，对细菌的研究将达到基因和蛋白水平。该菌基因组测序、解读和注释工作将要完成，对鼻疽伯克氏菌基因组的内部组织、基因结构与功能，以及感染与免疫等诸多领域都将会有一个全新的认识，一些新的概念和理论也会随之出现。该研究领域的科学工作者将会利用基因组信息通过分子生物学和分子免疫学技术，在基因和蛋白质水平进行研究，从而更为深入地了解该菌的分子遗传学特性、致病方式，以及机体对该菌感染的免疫应答机制。

（王　楠　万建青）

主要参考文献

陈溥言，2010. 兽医传染病学 [M]. 5 版. 北京：中国农业出版社.

崔言顺，焦新安，2008. 人畜共患病 [M]. 北京：中国农业出版社.

姜平，2003. 兽医生物制品学 [M]. 北京：中国农业出版社.

王明俊等，1997. 兽医生物制品学 [M]. 北京：中国农业出版社.

宁宜宝，1970. 兽用疫苗学 [M]. 北京：中国农业出版社.

孙洋，冯书章，2003. 鼻疽伯氏菌分子生物学研究进展 [J]. 中国微生物学会兽医微生物专业委员会 2003 年学术年会：38-42.

Rainbow L，Hart C A，Winstanley C，2002. Aistribution of type III secretion gene clusters *in pseudomallei*，B. thailandensis and B matllei [J]. Journal of Medical Microbiology，51：374-384.

DeShazer D，Waag D M，Fritz D L，et al，2001. Identification of a *Burkholderia mallei* polysacchnrlde gene cluster by subtraetive hybridization and demonstration that the encoded capsule is an essential virulence determinant [J]. Microbial Pathogenesis，30：253-269.

第十七节　弯曲菌病

一、概述

弯曲菌病（Campylobacteriosis）是由弯曲菌属细菌所致的多型性、人与动物共患的传染病。弯曲菌是近二十多年来引起人们广泛注意的一种重要的人兽共同感染的病原菌。早在 1909 年，已发现弯曲菌属中的细菌是引起家畜多种疾病的病原体。自 1973 年 Dekeyser 和 Butzler 从急性肠炎患者粪便分离到本菌并首次确定其致病性以来，发现该菌除作为人急性腹泻尤其是小儿腹泻的重要病原菌外，还可引起多种动物的多种疾病，如牛、羊的流产，火鸡的肝炎和蓝冠病，童子鸡和雏鸡坏死性肝炎，雏鸡、犊牛、仔猪的腹泻。同时空肠弯曲菌感染与人的反应性关节炎、Reiter's 综合征和格林-巴利综合征等自身免疫性疾病有密切的关系，特别是它在人腹泻性疾病中的感染比重不亚于沙门氏菌和志贺氏菌，WHO 已将其列为最常见的传染病之一。近年来有关本菌的研究报道不断增多，并由初期的分离鉴定、常规检验等深入到细菌的亚微结构以及基因分子水平的研究。

二、病原

本菌在分类上隶属于弯曲菌属（*Campylobacter*，源自希腊语，意为弯曲的杆状）。本菌属主要包括：胎儿弯曲菌胎儿亚种（*C. fetus* subsp. *fetus*）、胎儿弯曲菌性病亚种（*C. fetus* subsp. *venerealis*）、猪肠弯曲菌（*C. hyio ntestinalis*）、黏膜弯曲菌（*C. mucosalis*）、痰液弯曲菌痰液亚种（*C. sputoru* subsp *sputoru*）、痰液弯曲菌牛亚种（*C. sputorum* subsp. *bubulus*）、简明弯曲菌（*C. concisus*）、曲线弯曲菌（*C. cuvus*）、直线弯曲菌（*C. rectus*）、昭和弯曲菌（*C. showae*）、空肠弯曲菌空肠亚种（*C. jejuni* subsp. *jejuni*）、空肠弯曲菌多依尔亚种（*C. jejuni* subsp. *doylei*）、大肠弯曲菌（*C. coli*）、海鸥弯曲菌（*C. lari*）、上突弯曲菌（*C. upsaliensis*）、瑞士弯曲菌（*C. helveticus*）等。弯曲菌是一组革兰氏阴性细菌，菌体呈逗点状、弧状、S形、螺旋形或海鸥展翅形，细菌末端是尖的。细菌长为 $0.5 \sim 8\mu m$、宽为 $0.2 \sim 0.5\ \mu m$。图 17-4 是空肠弯曲菌在扫描电镜下的形态特征。

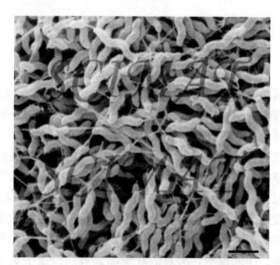

图 17-4　空肠弯曲菌扫描电镜下的形态

本菌暴露于空气后，很快形成球状体。初次分离培养时，也可见球形细胞。弯曲菌菌体的一端或两端具有无鞘的单根鞭毛。本菌在需氧或厌氧环境中不生长，对微氧条件要求高，最适生长的微氧条件为 $5\% O_2$、$10\% CO_2$ 和 $85\% N_2$ 的混合气体环境，温度为 $42 \sim 43℃$。对营养要求较高，常用的选择性培养基有 Butzler、Skirrow 及 Campy-BAP 培养基。在固体培养基上培养 48h

后，可形成两种类型的菌落。一种是低平、不规则、边缘不整齐、浅灰色、半透明的菌落；另一种为圆形、直径 $1 \sim 2$ mm、隆起、中凸、光滑、闪光、边缘整齐半透明而中心颜色较暗的菌落，菌落呈浅灰色或黄褐色。本菌对外界因素的抵抗力不强，但对多种抗生素具有较强的抵抗力，这一特性可用于细菌的分离。对空肠弯曲菌的生物分型中，Skirrow 等（1980）利用萘啶酸敏感试验、马尿酸钠水解试验和快速 H_2S 产生试验将空肠弯曲菌分为生物型Ⅰ（H_2S 阴性）和生物型Ⅱ（H_2S 阳性）。Lior（1986）用快速马尿酸钠水解试验、快速 H_2S 试验和 DNA 水解试验，将本菌划分为 4 个生物型，即生物Ⅰ型（H_2S 阴性，DNA 酶阴性）、生物Ⅱ型（H_2S 阴性，DNA 酶阳性）、生物Ⅲ型（H_2S 阳性，DNA 酶阴性）和生物Ⅳ型（H_2S 阳性，DNA 酶阳性）。本菌的血清分型方法较多，目前国内外主要采用的是依赖耐热的可溶性 O 抗原的间接血凝分型法（即 Penner 分型系统）和依赖不耐热的 H、K 抗原的玻片凝集分型法（即 Lior 分型系统）两种，分别称为 HS 和 HL 系统。HS 系统已鉴定出 66 个血清型（48 个空肠弯曲菌和 18 个大肠弯曲菌的血清型）；HL 系统已鉴定出 108 个血清型，包括 8 个型的海鸥弯曲菌在内。空肠弯曲菌菌体弯曲呈"海鸥"状，无菌毛，但两端有单根鞭毛，长达 $4\ \mu m$，极为活泼，在暗视野镜下呈穿梭状。一般认为，鞭毛仅是细菌的运动器官，多用于菌种鉴定。近年来的试验证明，鞭毛是一种毒力因子，在细菌黏附定居、侵入组织细胞等环节中起重要作用。在空肠弯曲菌感染中，鞭毛的作用已受到普遍关注。

（一）基因组与质粒

1. 染色体基因组　Nuijten 等（1991）应用场反转凝胶电泳（field inversion gel electrophoresis，FIGE）对空肠弯曲菌 81116 菌株的限制性内切酶片段进行电泳，测定其基因组的大小，并用 Southern 印迹法构建了基因组的物理图谱（图 17-5）。还测定了核糖体和鞭毛蛋白基因在基因图谱中的位置。研究结果表明，空肠弯曲菌的染色体为环状，长度为 1.7 mb。其大小仅为大肠杆菌基因组的 35%。该菌基因组小，故生长时需要复杂的培养基，且不能发酵糖类及复杂的物质。与其他肠道菌相比，从弯曲菌中已克隆的基因要少得多，一般认为弯曲菌基因难以克隆的原因是，其高 AT 比例所致的不稳定性是由于存在启动子样序列导致插入失败；克隆于大肠杆菌中的弯曲菌基因不能表达或表达时需要某些辅助因子；最后由于甲基化的方式或所用密码子的不同，使用大肠杆菌表达也可能产生问题。现已构建了一系列穿梭质粒，该质粒含有来自大肠杆菌和弯曲菌两者的复制起点，以及弯曲菌的抗生素抗性基因，应用这些新发展的基因交换系统，才有可能用遗传和分子生物学方法研究弯曲菌的致病机制。本

菌 G+C 百分含量为 32%~35%。其 16S 和 23S rRNA 基因含有 3 个拷贝，但不在一个操纵子内，其 rDNA 位点在 650 900 和 1 300 位。鞭毛蛋白的基因大约在 0 位。已确定的蛋白数为 1 731 种，（图 17-5）。Dorrell 等（2002）利用全基因组芯片 311 种糖原不同的空肠弯曲菌株，发现有 30 个大小在 0.7~18.7 kb 的位点缺失或具高度变异性，揭示了其基因组的多态性，并确定了 1 300 个空肠弯曲菌核心基因。

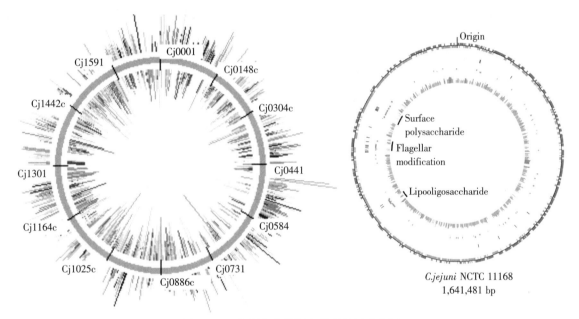

图 17-5 空肠弯曲菌蛋白编码基因分布图

有人应用脉冲电场凝胶电泳法对空肠弯曲菌和结肠弯曲菌的基因图谱进行了比较研究。用 SalⅠ、SmaⅠ限制性内切酶的酶切片段测定表明，两菌的基因组大小均约为 1.7 mb，两菌的基因组均为环状 DNA 分子。通过限制性内切酶的部分酶切，并与从低融点琼脂糖凝胶中提取的 DNA 片段杂交，构建了基因组图谱。用同种编码 FlaAB 和16S rRNA 基因的 DNA 探针和从大肠杆菌、枯草杆菌、流感嗜血杆菌提取的异种 DNA 探针，对特定基因进行了定位。两种菌的16S 和 23S rRNA 基因含有 3 个拷贝，但它们不在一个操纵子内，在 3 个拷贝中至少有两个是分开的。对两菌不同的看家基因（house keeping gene）的测定表明，似乎两者的基因有保守序列。

2. 质粒分析 质粒分析是新近建立起来的分子流行病学研究方法之一。其在弯曲菌病流行病学研究中具有一定的意义。已证明 19%~53%空

肠/大肠弯曲菌菌株有质粒存在。Bradbury 等（1983）首先报道了空肠弯曲菌质粒方面的研究，其在加拿大对弯曲菌质粒检出率为 33%。美国、瑞士的菌株，以及用于 Penner 分型的参考菌株的质粒携带率为 30%。对不同血清型弯曲菌中质粒携带情况进行的研究表明，结肠弯曲菌的质粒检出率明显高于空肠弯曲菌；在南非，弯曲菌质粒的检出率为 21%。吕德生等（1991）对成都地区弯曲菌的质粒检出率为 18.9%，分子质量为小于（1.4~58）×10^6 kDa，且菌株间的质粒谱绝大多数表现出明显的差异。结肠弯曲菌质粒检出率（34.21%）明显高于空肠弯曲菌（10.29%），对两个病例的调查结果表明，质粒分析在追踪弯曲菌感染的传播中具有一定的价值，可以作为弯曲菌感染流行病学调查的有用工具。孙自捷等（1988）应用修改的 Brruboim 快速碱抽提法，对 32 株不同来源和不同血清型、生物型的空肠弯曲

菌株的质粒 DNA 进行了检测和分析，12 株细菌的质粒抽提液中在琼脂糖电泳上显示有质粒带，其检出率频率为 37.5%。其中 10 株均含有一条大于 23 kDa 的质粒，同时对 7 株用限制性内切酶 *Hind* Ⅲ 消化，对其水解片段分析发现，该条大于 23 kDa 的质粒为非同源性，其他 2 株细菌在琼脂糖电泳上显示 3 和 4 条质粒带。不同生物型空肠弯曲菌的质粒携带率基本相同。而从家禽分离的空肠弯曲菌株比从儿童分离的菌株质粒携带率要高。但对空肠弯曲菌的质粒检出率（38.10%）与结肠弯曲菌的质粒检出率（36.37%）之间无显著差异。有关空肠弯曲菌体含有质粒的生物学特性，尤其是与该菌的致病性与耐药性的关系日渐受到重视，对质粒的检测将有助于对这类细菌的流行病学、病原学、致病机理等方面的研究。已从弯曲菌中分离到几种质粒介导的耐药基因，包括对四环素、卡那霉素和氯霉素的抗性基因，序列分析提示，这些耐药基因最初可能来源于革兰氏阳性菌。

（二）毒素及毒力因子

自 1983 年 Rui-placios 等首次发现该菌肠毒素以来，人们先后发现了细胞紧张性肠毒素（cytotonic enterotoxin，CE）、细胞毒素（cytotoxin，Cyt）、细胞致死性膨胀毒素（cytolethal distending toxin，CDT），上述 3 种毒素均为不耐热毒素。也有人发现该菌在一定条件下导致 α、β 溶血，但是否产生 α、β 溶血素还有待研究。目前研究较多的该菌毒素有以下几种。

1. 细胞紧张性肠毒素（CE） 该毒素是在结构和作用机制上与大肠杆菌不耐热肠毒素（LT）和霍乱毒素（CT）极为相似的一种毒素。它可能是由 3 个亚单位（68 kDa、43 kDa 和 54 kDa）组成的蛋白质，呈 AB 构型，主要通过与细胞膜上的 Gml 神经节苷脂结合，引起胞内 cAMP 浓度升高而发生水样腹泻。

CE 对热敏感，56℃ 30min 即可灭活。pH 低于 3.0 或大于 9.0 均可使其丧失活性。对胰酶有抵抗力，但对木瓜蛋白酶和链霉蛋白酶敏感，不溶解人和动物红细胞。细胞培养试验中可使 CHO 细胞变长，HeLa 细胞变圆甚至死亡，Y-1 细胞变圆；动物肠袢试验中可引起大鼠回肠内肠液的积聚。Siddique 等（1983）却发现不引起兔肠液的积聚，但剖检发现肠黏膜有严重出血。

用 CHO 细胞培养检测发现，在比利时，从肠炎患者分离到的菌株产生 CE 的比例高达 100%，在墨西哥则为 70%。无腹泻症状的人源菌株约有 30% 产生 CE。来自急性肠炎患者和健康产蛋鸡的菌株产生 CE 的百分率均为 32%。临床症状与该菌血清型没有相关性，且 CE 的产生与血清无关。

2. 细胞毒素（Cyt） 用 SDS-PAGE 分析表明，该毒素有 65 kDa 和 68 kDa 两条区带，但只有 68 kDa 区带的多肽可致死鸡胚，且此多肽不能再分，说明该毒素可能是一条 68 kDa 的多肽。它可能通过细胞膜上的蛋白质或糖蛋白与细胞结合，而不与 Gml 神经节苷脂结合，不被抗大肠杆菌不耐热肠毒素（LT）或霍乱毒素（CT）抗毒素所中和。

该毒素对胰酶和蛋白酶均敏感（0.5 mg/mL），pH 大于 9.0 或小于 3.0 都可破坏其活性。60℃ 30min 或 100℃ 15min 可使之灭活。

Pang 等（1987）用细胞培养和 ^{51}Cr 释放试验证明，该毒素可使细胞完整性遭到破坏而导致细胞变形甚至死亡。虽然该毒素能单独引起腹泻但不产生肠液的积聚，却与出血性腹泻的发生有关。

3. 细胞致死性膨胀毒素（CDT） Johnson 等（1982）于 1988 年首次发现空肠弯曲菌可产生 CDT，它可使 Vero 和 Hela 细胞膨胀，2～4d 后发生崩解。CDT 对热敏感。胰酶也易使之失活，不能透析。Pickett 等（1999）证明，CDT 是由 30.116、28.989、21.157 kDa 3 条多肽构成的蛋白质。几乎所有的空肠弯曲菌均可产生 CDT，但仅效价不同，弯曲菌属的有些种及相应的血清型和生物型也可产生 CDT，且少数大肠杆菌和志贺氏菌也可产生 CDT。CDT 可使胞内 cAMP 浓度升高，但远不及 CE 的作用强，兔回肠袢试验、乳鼠试验和兔皮肤试验均为阴性，大鼠回肠袢试验中有出血性反应。

三、免疫学

近年来的许多研究表明，自身免疫病的发病与空肠弯曲菌感染有关。在众多的感染途径中，肠道感染，尤其是慢性感染占有重要地位。研究中发现空肠弯曲菌的感染可并发反应性关节炎、瑞特氏综合征和格林-巴利氏综合征等免疫性病变。高建新等建立了慢性空肠弯曲菌感染小鼠的模型，用空肠弯曲菌感染 BALB/c 和 KM 小鼠 3 个月后，小鼠胃肠黏膜上仍有空肠弯曲菌黏附、定居。肠组织出现以淋巴组织增生为特点的慢性炎症。KM 小鼠较 BALB/c 小鼠严重。此外，肠外组织如肝脏和胃脏及其血管和血管周围组织也有慢性炎症细胞浸润，并可见以浆细胞浸润为主的炎症灶。血管壁有菌体特异性免疫复合物沉积，包括 IgA 和 IgG。感染 15 个月后，KM 小鼠仍然具有并发展了感染后 3 个月所表现的自身免疫综合征。其表现为抗核抗体阳性；多种自身抗体（抗 ds-DNA、ss-DNA、组蛋白、ENA 和胸腺细胞抗体）升高；肠淋巴组织增生，胸腺呈纤维化倾向，脾脏、淋巴结肿大；免疫复合物性肾小球肾炎和血管炎；肠道及肠外多器官慢性炎症。空肠弯曲菌外膜蛋白（Cj-OMP）特异性抗体与自身抗体的消长相背离，随感染时间延长，Cj-OMP 抗体阳性百分率下降，抗 ds-DNA、ENA 和胸腺细胞等抗体的阳性率上升。

臧星星等（1995）对空肠弯曲菌裂解物的 SDS-PAGE 显示，位于 10～92 kDa 有 24 条蛋白条带，薄层扫描发现 43kDa 蛋白是菌体最主要成分。Western blotting 发现菌体裂解物中 43 kDa 蛋白抗原性最强，也最早诱导相应抗体产生。另有研究表明，空肠弯曲菌 43 kDa 外膜通道蛋白不但是最主要的菌体成分和优势抗原，而且是目前已知最保守的蛋白质热休克蛋白（heat shock protein，HSP）HSP60 家族成员，命名为空肠弯曲菌 HSP43，可诱导小鼠产生多种与自身免疫应答有关的抗体。被诱导的抗 ds-DNA、ss-DNA 抗体主要是 IgG，其次是 IgM，偶见 IgA；被诱导的抗 ENA、组蛋白自身抗体，主要是 IgM 和 IgG；研究表明了 43 kDa 优势抗原是空肠弯曲菌感染诱导致自身免疫综合征小鼠模型中的关键性致病分子之一，为感染因子 HSP 诱导自身免疫病的理论假设提供了一种直接的试验证据。用两株针对 HSP60 保守区序列的单克隆抗体，不但能结合人及小鼠细胞中 HSP60 家族成员，而且也结合 HSP43，表明 HSP43、人及鼠 HSP60 三者均属同一家族成员，具有序列上的高度同源性。HSP43 被免疫系统识别而产生应答，通过和宿主 HSP60 高度序列同源性而可能呈现分子模拟，从而诱导自身免疫损失。

任思坡等（2009）用空肠弯曲菌免疫 BALB/c小鼠，取其脾细胞与骨髓瘤细胞 SP2/0

融合制备出 4 种能与空肠弯曲菌和可提取核抗原（ENA）起反应的单抗。以 Hep-2 细胞作基质的免疫荧光染色表明，4 种单抗均是阳性结果，证实为抗核抗体。当单抗腹水被空肠弯曲菌体吸收后，其抗 ENA 的活性明显降低，证明 4 种单抗与空肠弯曲菌和 ENA 存在交叉反应性，提示空肠弯曲菌的 43 kDa 外膜蛋白与 ENA 之间可能存在相似的分子构象，这为自身免疫病发病机制的分子模拟提供了试验依据。薛峰（2015）利用巴马小型猪构建空肠弯曲菌致 GBS 的动物模型。选取致人 GBS 源空肠弯曲菌株，采用 3×10^{12} CFU/mL、3×10^{11} CFU/mL、3×10^{10} CFU/mL、3×10^{9} CFU/mL 等浓度对 4 组巴马小型猪灌胃攻毒，每头猪攻毒 10mL，同时设立对照组。从第 2 周开始定期采集组织样及血液样本，通过免疫学检测及组织病理切片判定病变情况。免疫学检测发现，在 16 份攻毒组样品中有 12 份血清中 GM1-IgG 抗体检测阳性，阳性检出率为 81.25%。但是，并没有显著的攻毒浓度梯度差异。病理组织切片 H/E 染色显示，抗体阳性试验猪的大脑出现了噬神经元、小血管周围间隙增宽、神经中央染色溶解等现象；切片 LFB 染色显示，在发病模型动物的小脑白质和腰膨大出现了轻度脱髓鞘现象。结果表明，空肠弯曲菌诱导 GBS 的浓度在 $3 \times (10^{9} \sim 10^{12})$ CFU/mL 均可，组织样本及血液样本采集在攻毒后 4～5 周较理想。

近来国内外研究表明，某些格林-巴利综合征（Guillain-Barre syndrom，GBS）的发生与空肠弯曲菌感染密切相关。张建中等首先应用格林-巴利综合征相关性空肠弯曲菌及其纯化脂多糖成分成功复制格林-巴利综合征动物模型，证实了空肠弯曲菌感染（尤其是其脂多糖成分）是格林-巴利综合征重要的致病因素。并用复制动物模型的免疫血清对格林-巴利综合征病人分离株空肠弯曲菌、动物来源株空肠弯曲菌及对照株空肠弯曲菌及其脂多糖抗原性进行分析。结果显示发生了典型的格林-巴利综合征样疾病的动物已产生了明显的抗格林-巴利综合征相关性空肠弯曲菌的免疫反应，其抗脂多糖抗体与当地其他来源株空肠弯曲菌有部分交叉反应，与对照株空肠弯曲菌无明显交叉反应，说明格林-巴利综合征相关性弯曲菌脂多糖具有其独特的抗原性。陈晶晶等（1987）应用 SDS-PAGE 技术、免疫印迹分析和酶联免疫检测法，对不同型的格林-巴利综合征患者的神经及从病人中分离的空肠弯曲菌进行了血清免疫反应分析，结果表明空肠弯曲菌与经典型GBS的关系比该病的急性运动性轴索性神经病（acute motor axonal neuropathy，AMAN）更为密切。赵晓燕等（1998）用空肠弯曲菌抗血清滴注、浸泡8只在麻醉下经外科手术暴露坐骨神经的新西兰白兔15min，14d后取浸泡处的坐骨神经进行病理学检查，发现有5只兔的坐骨神经均有20%～30%的纤维发生轴索变性。神经轴索肿胀扭曲断裂、部分消失。通过空肠弯曲菌吸附清除其抗体得到的阴性血清，用此血清作上述同样试验，不能引起坐骨神经病变。从正反两方面表明，特异空肠弯曲菌抗体在AMAN发病中为重要的致病因子。

空肠弯曲菌主要外膜蛋白　楼宏强等（2014）从生物信息学角度了解空肠弯曲菌主要外膜蛋白OM P18的跨膜结构、B细胞抗原表位及其抗原性、基因序列保守性等特征，并鉴定空肠弯曲菌主要外膜蛋白优势B细胞抗原表位，为后续抗体检测和疫苗研究提供试验依据。研究中使用NC-BI/Blast、TMHMM Server V2.0、DNA Star等生物信息学分析软件对空肠弯曲菌主要外膜蛋白OMP18进行蛋白跨膜结构预测、线性B细胞抗原表位及其抗原性分析，并对不同空肠弯曲菌OMP18蛋白的氨基酸序列同源性进行比较。采用空肠弯曲菌全菌抗体IgG为一抗，基于ELISA技术对优势线性B细胞抗原表位进行筛选鉴定。生物信息学预测结果表明，外膜蛋白OMP18定位于空肠弯曲菌外膜且不存在跨膜结构。蛋白序列保守存在于各空肠弯曲菌菌株中，序列同源性达95%以上。同时发现该外膜蛋白中存在3个明显的B细胞线性表位，且具有很强的抗原性。ELISA检测结果表明，3个B细胞抗原表位都能有效识别空肠弯曲菌全菌抗体，认为空肠弯曲菌主要外膜蛋白OMP18保守存在于细菌表面，存在3个重要的B细胞线性抗原表位，可用于后续的抗体检测和疫苗开发研究。欧瑜等（2012）构建空肠弯曲菌表面蛋白特异性多表位抗原原核表达载体，并在大肠杆菌中诱导表达，免疫动物后检测其抗血清与空肠弯曲菌菌体的反应性。从空肠弯曲菌的6个表面蛋白分析到特异性抗原表位，人工合成其串联基因片段，将其插入原核表达载体，获得重组质粒pET-32a（＋）-CJMEA-A；经IPTG诱导后表达出25 kDa的目标蛋白，纯化后免疫新西兰大白兔，Western blotting和间接ELISA检测重组蛋白抗原性和抗血清反应性。结果表明，目标蛋白具有良好的反应原性和免疫原性，抗血清能与菌体发生反应。其抗体可用于空肠弯曲菌免疫磁珠和免疫胶体金等检测方法的建立。刘红莹等（2013）构建空肠弯曲菌cj0069基因原核表达系统，克隆表达cj0069蛋白，根据cj0069的氨基酸序列进行抗原性结构预测分析，并验证其抗原性特征。利用在线软件对cj0069蛋白进行抗原性结构预测分析；用PCR方法从中国分离菌株ICDCCJ07001的基因组DNA中扩增cj0069基因，连接入pMD18-T载体，将重组质粒pMD18-T/cj0069和表达载体pGEX-4T-1双酶切，回收cj0069和pGEX-4T-1酶切产物后连接，连接产物转化入大肠杆菌BL21（DE3），对重组质粒pGEX-4T-1/cj0069进行测序及酶切鉴定，IPTG诱导其表达，表达产物进行SDS-PAGE分析及飞行质谱鉴定；利用空肠弯曲菌兔免疫血清，采用Western blotting分析cj0069蛋白的抗原反应性。结果表明，PCR扩增、DNA测序及酶切鉴定证实重组质粒pGEX-4T-1/cj0069构建成功，重组表达蛋白rGST-cj0069经飞行质谱鉴定为保守空肠弯曲菌蛋白。结构预测获得cj0069蛋白的抗原性肽段及线性表位等抗原性结构特征。Western blotting检测显示该蛋白不能被空肠弯曲菌免疫兔血清识别。

四、制品

（一）诊断制品

1. 共同抗原及其单克隆抗体　空肠弯曲菌的血清型比较复杂，根据热稳定（heat stable，HS）抗原分为66个Penner血清型，依据热敏（heat labile，HL）抗原，把嗜热性空肠弯曲菌分为108个HL血清型。本菌血清型的复杂性给其鉴定与检验带来了困难。因此，近年来人们致力于本菌共同抗原成分的研究，以为本菌的检验及亚单位疫苗的研究提供一种新途径。

韩文瑜等（1990）从国内空肠弯曲菌菌株中提取了共同抗原。对提取的共同抗原用等电聚焦电泳分析，出现6～7条蛋白移行带，其等电点为3.32～5.23；在SDS-PAGE中形成18条左右的蛋白移行带。抗原性测定中，共同抗原稀释至10～20 ng/mL仍与空肠弯曲菌高免血清发生阳性反应。用提取的共同抗原免疫家兔及BALB/c

小鼠，所制免疫血清与不同来源的空肠弯曲菌均出现阳性结果。试验结果还表明，在不同来源的菌株之间，其共同抗原的含量及抗原性无明显差别。

研究建立了稳定分泌抗空肠弯曲菌共同抗原成分（CA）的单克隆抗体杂交瘤细胞株。应用B-淋巴杂交瘤技术建立了5株稳定分泌抗空肠弯曲菌共同抗原单克隆抗体（McAb）的杂交瘤细胞株，在5株杂交瘤分泌的McAb中，有4株针对CA中耐热抗原成分，对其产生的McAb进行免疫印迹分析表明，其与CA中的大约为62 kDa的蛋白移行带出现特异反应。一株针对CA中的不耐热抗原成分。对杂交瘤细胞的核型分析表明，其染色体数为93～108，体外传代4个月，冻存24个月后复苏仍保持稳定分泌抗体的特性。这种McAb具有较强的特异性，除与幽门螺杆菌出现弱阳性反应外，与参试的其他非弯菌属的细菌均为阴性反应，而对参试的空肠弯曲菌均出现特异阳性反应。

此外，研究还建立了以单抗为基础、适用于空肠弯曲菌快速鉴定与检验的BA-ELISA、间接-ELISA、BA-Dot-ELISA、间接-Dot-ELISA的工作程序，并进行了实际应用。

Kosunen等（1984）应用B淋巴细胞杂交瘤技术获得了29株与空肠弯曲菌发生反应的克隆株。将其产生的单抗用于本菌的抗原分析和血清学分型。其中有7个克隆株产生的单抗在被动血凝试验中为阳性反应，有4株与提纯的多糖及高压盐水提取物发生反应而不与脂多糖反应；两株抗多糖的克隆在玻片凝集反应中能与活菌发生凝集；另外4个克隆也与活菌在玻片凝集反应中为阳性反应，但用福尔马林处理的菌体作试管凝集反应，均不出现凝集。这些克隆与不相关的细菌不发生交叉反应，但有的与结肠弯曲菌、胎儿弯曲菌发生交叉。

姚楚铮等（1988）建立了10株能稳定分泌抗空肠弯曲菌McAb的杂交瘤细胞株。这些单抗与空肠弯曲菌活菌作玻片凝集试验呈强阳性反应；与福尔马林灭活的空肠弯曲菌作试管凝集试验均为阴性结果；与煮沸后的菌体作试验亦是阳性反应，而且效价较活菌为高，这是因为空肠弯曲菌存在有不耐热和耐热两种抗原，煮沸使不耐热的表面抗原完全破坏或去除，而使耐热的菌体抗原完全暴露。这些McAb在体外对空肠弯曲菌无杀菌作用，与多种肠道菌不出现交叉反应。

2. 外源性凝集素在细菌鉴定上的应用 外源性凝集素（lectin，简称凝集素）是存在于植物和动物中的非免疫原性的蛋白质或糖蛋白。它能与细菌表面的碳水化合物等发生特异性结合，从而形成细菌间的桥梁，导致细菌的凝集。Wing等（1986）应用凝集素来研究弯曲菌表面结构，探索应用这种表面标志进行菌株分型和鉴定的可能性。共应用12种凝集素对29个菌株进行了鉴定，其中有5种凝集素与被鉴定的菌株有较强的反应性，有14株与一种或多种凝集素发生凝集反应，11株不与试验中应用的凝集素发生反应，4株则因自凝而不能进行分型。在与凝集素发生反应的14个菌株中，其反应模型也是不同的，一般都能与5种凝集素中2～3种发生凝集反应。研究还表明，这种细菌-凝集素之间的反应并不具有种的特异性，因为在结肠弯曲菌与空肠弯曲菌间出现了相同的反应模型，而且凝集素的凝集模型与热稳定抗原血清型之间并无关联，同一血清型的菌株，可出现不同的凝集素反应模型。应用凝集素的反应位点作为菌株鉴定的标志，具有操作简单、经济、试剂用量少、不需要特殊仪器的优点，是一种比较实用和很有发展前途的方法。

3. 基因探针

（1）放射性同位素标记的DNA探针 Hebert（1984）、Roop（1984）、Steele（1985）、Picken（1987）等相继建立了用放射性同位素标记的基因组DNA探针，用于空肠弯曲菌或弯曲菌属的分类鉴定及检测，但由于放射性同位素众所周知的缺点，即对人体有危害及其半衰期短、杂交时间长等缺点，限制了其利用，近年来有被非放射性同位素探针逐渐取代的趋势。

（2）非放射标记的DNA探针 AAF标记的DNA探针 Daniele等（1989）应用乙酰氨基荧光素标记弯曲菌的基因组DNA探针，对17个已知的弯曲菌种及亚种的相关性进行研究。结果表明，这种探针与32P标记的探针获得了一致的结果。在鉴定试验中，对60株来自粪便标本的分离物，经传代和快速DNA提取后，用这种探针进行杂交试验，并平行进行常规性试验，结果表明这种探针与生化反应具有极好的相关性。AAF是DNA结构的修饰体，是一种诱变剂，自1984年来用于DNA探针的标记。AAF标记的DNA探针对弯曲菌检测的灵敏度可达10^5个细菌。AAF

是一种大的半抗原，可产生高亲和性抗体，作为非放射性标记物，其优于生物素，因为它不是天然存在的物质，在杂交试验中不出现背景反应。但这种物质为致癌剂，在进行 DNA 标记时要多加注意。

生物素标记的弯曲菌 DNA 探针　周勇太等（1988）应用光生物素法将生物素结合到弯曲菌染色体 DNA 上，制备了生物素标记的 DNA 探针。这种探针与空肠弯曲菌、结肠弯曲菌及海鸥弯曲菌发生反应，而与大肠杆菌、鼠伤寒沙门氏菌、小肠结肠耶尔森氏菌等不发生反应，其特异性与 ^{32}P 标记的探针一致，其敏感性可检出 8 ng 的样品 DNA，较 ^{32}P 标记探针（检出 4 ng）低。

（3）化学合成的寡核苷酸探针　Harasawa 等（1988）合成了对空肠弯曲菌特异的寡核苷酸序列，用碱性磷酸酶进行标记。在点印迹杂交试验中，这种探针可检测 0.01 μg 的空肠弯曲菌染色体 DNA，在与探针同源序列的质粒对照中，当含量为 1 ng 时仍为阳性反应。这种探针不含弯曲菌属中其他菌种 DNA 同源序列，与大肠杆菌的杂交试验亦为阴性反应。由于这种探针的核苷酸链短，其杂交时间比长链 DNA 探针的杂交时间缩短，且特异性增强。

（4）PCR 方法　随着 PCR 技术的发展，许多 PCR 新技术包括定性 PCR、PCR-ELISA、套式 PCR、荧光定量 PCR 方法等也都用于空肠弯曲菌的检测。

常规 PCR 选用的靶基因有 16S rRNA 基因（16S rDNA）、23S rRNA 基因（23S rDNA）、鞭毛蛋白基因（fla A 或 fla B）、含铁细胞转运相关蛋白基因（ceu E）、细胞致死性膨胀毒素基因（CTD 基因）等。Docherty 等（1996）针对 16S rDNA 的可变区设计了一对引物，扩增一个 410bp 片段，用磁免疫 PCR 法（MIPA），即将特异性抗体包被在磁性颗粒上，以捕获进行增菌培养食品样本中的靶细菌并用吸磁浓缩器回收、洗涤、裂解，取上清液进行 PCR 反应。该法能检测出鸡和牛奶中的空肠弯曲菌、结肠弯曲菌（C. coli）和海鸥弯曲菌（C. lari），比直接 PCR 法更敏感、快速且能克服食品和增菌肉汤中的抑制因子。其敏感性随增菌培养时间而升高，最高可达 6.3 CFU/mL（牛奶）和 4.2 CFU/g（鸡）。研究者在比较了空肠弯曲菌（987 bp）和大肠弯曲菌（984 bp）的 ceuE 基因序列后，发现其同源

性为 86.9%，差异为 13.1%。根据其差异设计的两对种特异的引物和探针，能分别检出空肠弯曲菌和结肠弯曲菌，并经探针杂交证实，对其他弯曲菌和其他革兰氏阴性菌均不能检出。

①PCR-ELISA　PCR-ELISA 是把 PCR 方法与免疫学方法结合起来的一种技术，对 PCR 产物不用电泳方法来检测，而用 ELISA 方法检测，从而把 PCR 的特异性和 ELISA 的敏感性得以结合起来。将引物用生物素标记，进行常规 PCR 扩增，将含有生物素的扩增产物与包被有亲和素的反应板作用，洗去未结合物，用荧光素标记的探针进行杂交，再用碱性磷酸酶标记的抗荧光素抗体与其作用，碱性磷酸酶与亚硝基酚显色，酶标仪检测。也有人用包被在 EP 管壁的特异性的捕获探针捕获靶基因，洗去未结合的其他杂质，然后进行常规 PCR 扩增和杂交显色。该方法由于多级放大作用，敏感性、特异性大大提高；同时由于不用电泳方法检测 PCR 产物，从而避免了 EB 对人体的危害。Metherell 等（1999）用种特异性探针捕获 16S rRNA 基因，建立了 PCR-ELISA 方法，对从粪便中分离的空肠弯曲菌进行检测。Grennan 等（2001）建立了 PCR-ELISA 方法用于检测禽肉中空肠弯曲菌和结肠弯曲菌，PCR 扩增目标片段是 16/23S rRNA，然后用生物素标记的种特异性探针与 PCR 产物杂交，该方法检测的极限为 100～300 fg（相当于 4～120 个细菌）。史艳宇等（2013）针对空肠弯曲菌 16S rRNA 基因应用 Primer Express 3.0 软件设计特异性引物和探针，核酸探针 5′端标记生物素，将 PCR、核酸液杂交及酶联显色技术结合，对检测条件进行优化，建立食品中空肠弯曲菌的 PCR-ELISA。该方法特异性强、灵敏度高（比 PCR 高 10 倍），可以快速、准确检测食品中污染的空肠弯曲菌。该方法可应用于临床诊断、食品卫生监控及出口食品的病原微生物检测等各个领域。

②套式 PCR（n-PCR）　套式 PCR 分为完全套式 PCR 和半套式 PCR（seminested-PCR）。套式 PCR 可以克服第一对引物扩增产量低和目标基因含量低而造成的假阴性，大大提高 PCR 方法的敏感度。Waage 等（1999，2001）针对 fla A 和 fla B 基因，设计了一种半套式 PCR 方法检测环境中水和食品的微量空肠弯曲菌和结肠弯曲菌，敏感度达到 3 CFU/g。

③荧光定量 PCR　荧光定量 PCR（FQ-PCR）

检测技术是近几年才研制成功的，它融汇了 PCR 技术的核酸高效扩增、探针技术的高特异性、光谱技术的高敏感性和高精确定量的优点，直接探测 PCR 过程中荧光信号的变化以获得定量的结果。根据荧光能量传递技术（fluorescene resonance energy transfer，FRET），探针一般采用双标记，5′端用荧光报告基因标记，3′端用荧光淬灭基团标记，当两基团距离比较近时检测不到荧光，距离较远时则能检测到荧光。目前用的荧光探针有 Taqman 探针、分子信标、双杂交探针等，另外 SYBR Green Ⅰ 是能与双链 DNA 特异结合的一种染料，也可以用来定量。荧光定量 PCR 仪完全封闭操作，仪器直接读数，结果判断更客观真实，定量范围宽（可包括 $0 \sim 10^8$ 个拷贝/μL），PCR 产物可以用熔点法检测且无需样品梯度稀释等特点。Logan 等（2001）建立一种 real-time PCR 方法，通过熔点曲线分析，快速鉴定弯曲菌属，3 对探针 5′端用 Cy5 标记及 3′端生物素标记，不同的弯曲菌有不同的 3 种探针杂交产物熔点峰值，从而达到鉴定不同弯曲菌的目的。Nogva 等（2000）用 5′外切酶活性 PCR 对空肠弯曲菌进行定量检测，发现 32 株空肠弯曲菌都是阳性，而其他弯曲菌都是阴性，整个过程在 3h 内完成，敏感度为 1 CFU/mL。通过热处理，还可以定量出活菌 DNA 和死菌 DNA 量。荧光定量 PCR 不但可以定性、定量地检测空肠弯曲菌，而且可以检测对喹诺酮类药物有耐药性的突变菌株。Wilson 等设计了 3 个双荧光的 Taqman 探针，5′端用 FAM 探针，3′端用 TAMRA 标记，建立的荧光定量 PCR 方法成功地检测了在 gyr A 86 有 C→T 突变的耐环丙沙星空肠弯曲菌。高瑞娟等（2014）建立了一种空肠弯曲菌和沙门氏菌的双重实时荧光定量 PCR 检测方法，根据空肠弯曲菌的保守基因 hipO 和沙门氏菌的保守基因 invA 分别设计合成引物和 TaqMan 探针，分别使用 FAM、JOE 作为探针报告基团，TAMRA 作为探针淬灭基团。优化反应体系及条件，建立了适用于检测食品中空肠弯曲菌和沙门氏菌的双重实时荧光定量 PCR。结果显示，该检测方法特异性强、灵敏度高，空肠弯曲菌检测限可达 10 CFU/mL，沙门氏菌检测限达 230 CFU/mL。表明建立的双重实时荧光定量 PCR 可为实现食品中空肠弯曲菌和沙门氏菌的同时检测提供新方法。

④环介导恒温扩增技术 刘孝波等（2013）以空肠弯曲菌的 VS1 基因设计引物，建立快速检测空肠弯曲菌的方法，以期能应用于急性腹泻和肠炎等疾病的快速检测。通过基因比对与引物设计，设计针对空肠弯曲菌的环介导恒温扩增检测（LAMP）方法；用钙黄绿素、亚甲基蓝、结晶紫、溴化乙锭 4 种 DNA 染料对扩增产物进行染色，评价各染料染色效果；检测该 LAMP 方法对空肠弯曲菌及其他干扰菌的扩增情况，评价其特异性；将该 LAMP 方法与培养法比较。结果表明，本试验设计的 LAMP 法较好的 DNA 染料物质是钙黄绿素，该方法具有良好的特异性，与培养鉴定法比较具有较高的阳性、阴性及总体符合率，能够用于空肠弯曲菌的快速检测。

（5）针对核糖 rRNA 基因（rDNA）的分型方法 原核生物的核糖体含有 3 种大小不同的 rRNA（5S rRNA、16S rRNA 和 23S rRNA），编码 rRNA 的相应基因为 rDNA。相对于其他 DNA，rDNA 在进化过程中较保守，但仍有一定的多态现象。rDNA 同源性也是细菌分类学的标记，即使在 DNA 相关度低的菌株间，rDNA 同源性也能显示它们之间的亲缘关系，常用 16S rDNA 和/或 23S rDNA 的多态现象作为细菌基因分型的依据。

①核糖体分型 Fitzgerald 等（2015）从 261 株空肠弯曲菌的纯培养物中分离纯化 DNA，分别用内切酶 Pst Ⅰ 和 Hae Ⅲ 消化，然后进行 Southern 印迹杂交，探针来自 NCTC11168 空肠弯曲菌的 16S rDNA 内的 1 500bp 片段，经 PCR 扩增、标记后制得。结果表明，所有被测菌株均能分型（包括一些血清学方法未能分型的菌株），有 30 个 P 型和 42 个 H 型，每型含 3 条带。为了提高分辨力，对两种酶谱同时考察，确定了 77 个结合型（P 型＋H 型）。除两株外，16S 核糖体型和血清型之间没有特定的联系，有 9 个血清型的核糖体型一致，为同型菌。他们还在实验室内进行了一组结肠弯曲菌的平行研究，发现两者的 16S 核糖体型完全不同。Owen 等（1993）应用 16S rRNA 基因特异探针对含有 HS1 和 HS4 复合物的空肠弯曲菌进行分型，结果证实均含有 3 个拷贝，对所有空肠弯曲菌均能进行核糖核酸分型。由于弯曲菌血清分型的主要缺点是受某些分型抗原表达的不稳定性影响及存在不能分型株（>20%），所以建立基因分型方法是十分必要的。16S 核糖体分型能将人弯曲菌感染的空肠弯曲菌和结肠弯曲

菌明显鉴别出来，而血清分型尚不能。如果增加内切酶，结合多种内切酶谱分析，其分辨力还可进一步提高。

②16S 加 23S 核糖体分型　Hernandez 等（1995）用该法分析了从海上娱乐场海水中分离出的 32 株弯曲菌（3 株空肠弯曲菌和 29 株结肠弯曲菌）及 7 株标准参考菌，选用的内切酶是 Hae Ⅲ，生物素标记的探针由大肠杆菌的 16S 和 23S rRNA 的混合物经莫洛尼（Mononey）鼠白血病病毒逆转录酶转录的 cDNA 制成。结果表明发现了 32 个不同的核糖体型，每型含 3～11 个片段，表明这些菌株的基因型间存在着高度的变异性，且也能明显区分空肠弯曲菌与结肠弯曲菌。

③23S 核糖体分型　Iriarte 等（1996）将 47 株空肠空弯曲菌的基因组 DNA 用十六烷基三甲基铵溴化物（CTAB）法提取后作为模板 DNA，加入两种特定引物 PCR 扩增 23S rDNA 内（5′-末端）的 2 646bp 片段（其多态性代表该基因的 50%），PCR 产物分别用 HpaⅡ、AluⅠ和 Dde Ⅰ 3 种内切酶消化，然后电泳分离出 PCR-RFLP 谱型，分别显示出 5 个（A～E）、6 个（Ⅰ～Ⅵ）和 3 个（a～c）谱型。将 3 种酶谱结合起来确定了 7 个不同的结合型，大多数菌株为 A - I - a 型（占 83%），分离自不同的人或动物及分属不同的血清型。由此可见，空肠弯曲菌的 23S rDNA 是高度保守的。依此分型，其株内的分辨力是很低的，但可作为种特异的 PCR 方法使用。在将来的研究中，若从空肠弯曲菌 23S rDNA 的 3′-末端扩增并选用更多的内切酶，可望提供有关该基因多态性的更多信息。

（6）针对鞭毛蛋白基因的分型方法　Nachamkin 等（1989）研究出一种针对空肠弯曲菌和结肠弯曲菌的分子分型方法，即鞭毛蛋白 A 基因（flaA）的 PCR-RFLP 分型法。用煮沸法提取 DNA 后加入特异引物进行 PCR 扩增，其产物用 DdeⅠ消化后在琼脂糖凝胶上电泳，经溴化乙锭染色后在紫外灯下观察结果并拍片。将图谱数据用软件处理，结果显示 404 株弯曲菌（其中空肠弯曲菌 322 株）存在 83 个 flaA 型，有 6 个 flaA 型常见，其中空肠弯曲菌 67 个、结肠弯曲菌 17 个，只有 1 个 flaA 型（flaA59）存在于两菌中，基本弄清了 flaA 型在美国的分布情况。有 14 株血清学方法不能分型的菌株可以用鞭毛蛋白 A 基因分型，其分型能力不受限制。Mohran 等

（1996）进一步做了 flaA 和 flaB 的 PCR-RFLP 分型，其内切酶分别是 EcoRⅠ和 PstⅠ。对 59 株从埃及临床分离的空肠弯曲菌和/或结肠弯曲菌的分型结果是：flaA 分为 14 型，flaB 分为 11 型。虽然观察到一些变异性，但大多数菌株的 flaA 型与 flaB 型是相同的，也观察到有的同一组 LTO 血清间存在着较大的遗传变异性。结果还提示，从埃及分离的常见 LIO 血清组的鞭毛蛋白基因比从北美洲分离的变异性更大。Meinersmann 等（1997）比较了 FlaA（1 764 个核苷酸）的完整编码序列，发现有两个高可变区，一个在 700～1 450 碱基位点，另一个在 450～600 碱基位点，称为短可变区（short variable region，SVR）。SVR 在相关的流行株间具有保守性，FlaA SVR 的序列分析，对流行病学调查是一个有价值的工具，可补充或替代其他分型方法。

Agling 等（2008）应用 FlaA 和 FlaB 基因 PCR 产物的限制性片段长度多态性分析，对空肠弯曲菌的分离物进行再分型。这种方法成功地应用于代表 28 个血清型的空肠弯曲菌，也可用于结肠弯曲菌。从这些菌株中获得了 12 个不同的 RFLP 谱型，但 RFLP 和血清型之间没有直接关系。共对来自 15 个不同地区的童子鸡群 135 个弯曲菌分离株进行了研究。应用 FRLP 方法可对所有的分离物进行再分型。来自大多数鸡群的分离株，尽管涉及若干血清型，但只表现为单一的 RFLP 谱型。虽然进一步的限制性内切酶分析可能证实带谱型的变化，但更可能的是在基因型相关的弯曲菌内有抗原性的差异，所以从兽医流行病学的角度，血清学分型可能提供有争议的信息。RFLP 分型方案可为鸡空肠弯曲菌的来源和传播途径的研究提供有用的工具。

（7）针对膜蛋白特异基因的鉴定方法　抗原表面结构的独特差异是空肠弯曲菌和相关肠道致病菌相互鉴别的方法之一。Stucki 等（1995）利用 pBluescript Ⅱ SK - 质粒构建了空肠弯曲菌 81116 株的基因文库，并用大肠杆菌 K - 12 进行表达。用抗空肠弯曲菌的兔免疫血清进行免疫筛选，结果表明可识别 24 kDa 的膜相关蛋白（membrane-associated protein）。用表达 24 kDa 蛋白的重组大肠杆菌的超声裂解物制备的免疫血清，可与空肠弯曲菌发生反应，而不与其他细菌出现交叉反应。对重组质粒插入的 DNA 进行核苷酸测序表明，为一个可编码 214 个氨基酸的开

放阅读框架，将这种基因命名为 mAPA，基因产物命名为 MAPA。根据 MAPA 的序列设计引物，对空肠弯曲菌的 DNA 进行扩增，结果表明对来自人、犬、牛、鸡的空肠弯曲菌株均出现了特异的扩增产物。

（8）直接以胞核 DNA 为对象的分型方法

①DNA 指纹法 Lind 等在分析 93 株空肠弯曲菌时，为了找到能给出最佳 DNA 指纹谱型的内切酶，试用了 7 种酶，最后确定了 HaeⅢ。结果表明，在挪威的一次水型暴发的分离株（11 株）中，只发现了 1 个血清型和 1 个 DNA 谱型；在瑞典的一次牛奶型暴发的分离株（35 株）中，发现了 2 个血清型和 2 个 DNA 谱型，而同在瑞典的一次水型暴发分离株（17 株）中，存在多个血清型和多个 DNA 谱型。其中，有的血清型相同但 DNA 谱型不同；有的血清型不同而 DNA 谱型相同。Fox 等（1993）从动物园的郊狼中分离出 5 株空肠弯曲菌，其中两株具有相同的 REA 图谱，接触这些郊狼的饲养员也得了肠炎，从其体内分离的菌株 REA 图谱与分离自郊狼的相同。与血清分型这个流行病学常用的工具相比，DNA 指纹法可以较好地满足需要，但其株内分型能力尚不够高。

②随机扩增多态性 DNA（RAPD） 也叫 AP-PCR，是一种新的 DNA 多态性分析技术。1990 年由 Williams、Welsh 和 McClelland 同时建立，随后在不同的病原微生物分型中得到应用。其最大的优点在于无需预先知道有关基因序列的信息，采用随机选择的单一引物（含 9 个以上碱基，G+C 含量≥60%），通过 PCR 即能产生特异性的谱型。RAPD 指纹图谱条带的数目、大小及重复性，高度依赖于特定的反应条件，其影响因素较多，如盐浓度、随机引物的长度、序列及退火温度和模板浓度等。Hernandez 等用 RAPD 测定 29 株弯曲菌，发现了 28 个不同的 RAPD 谱型，有 6 株菌可能在纯化 DNA 时由于 DNA 酶的活性或其他原因损害了模板而未能分型，可分型率为 82.9%。Madden 等（2010）对 76 株临床分离的空肠弯曲菌用 RAPD 检测，100% 能分型，且大多数菌株具有独特的 RAPD 谱型，表明空肠弯曲菌菌株内的变异性是很大的，而从一次有限的食物中毒分离的 15 株空肠弯曲菌的 RAPD 谱型完全一致，证明该次食物中毒是同一株菌引起的。RAPD 法简单、快速，且株内分辨力很高，

其应用前景广阔。

③脉冲场凝胶电泳（PFGE） 1984 年 Schwartz 和 Cantor 创立了一种在脉冲（宽度 1～90s）电泳条件下分离大分子质量 DNA 片段（30～2 000 kb）的分型技术，其特点是分离片段大、谱型简单而稳定、分辨力很高。Yan 等（1991）将 12 株空肠弯曲菌和 10 株结肠弯曲菌的 DNA 提取后用 SamI 内切酶消化（在恒温 12℃、75V、电泳 24h，脉冲宽度 12s 或 20s），结果证明两种菌显示了明显的种特异及种内差异（株特异）的谱型。有 2 株原先被认为是来自同一个病人的一对同源空肠弯曲菌却显示了不同的独特谱型。一次牛奶型弯曲菌肠炎暴发流行中同时从奶牛身上分离的 1 株空肠弯曲菌的谱型也不同，说明传染源不是来自奶牛。Owen 等（1994）分析了 170 株空肠弯曲菌后也证明 PFGE 具有高分辨的基因亚型分型能力。

④染色体 DNA 的限制性片段长度多态性分析（RFLP） Korolik 等（1996）应用 ClaⅠ和 EcoRⅤ DNA 限制性内切酶对 169 株空肠弯曲菌和结肠弯曲菌的染色体 DNA 进行了 RFLP 分析。由 ClaⅠ和 EcoRⅤ 双酶切形成独特的 9～9.5 kb 的限制性酶切图谱，用 ClaⅠ形成 3.5 kb 的片段，用 EcoRⅤ 形成 3.0 kb 的片段的独特带型，所有参试的空肠弯曲菌均为上述带型。用 pMO 2005 DNA 作探针，以 Southern blotting 对 DNA 限制性带型作了进一步分析。与空肠弯曲菌 ClaⅠ酶切 DNA 杂交可形成两种带型。一种是 18.5 kb 基因组片段，另外一个是 14.5 kb 和 4.0 kb 片段。这表明，在具有双带型菌株的基因组片段中存在额外的 ClaⅠ位点。用 pMO 2005 DNA 探针对从禽和人分离的 169 株空肠弯曲菌和结肠弯曲菌进行的 Southern blotting 证实，从禽分离的 78% 空肠弯曲菌与 pMO 2005 DNA 探针杂交，出现特征性的 14.4 和 4.0 kb 的结合带型，有 22% 与单一的 18.5 kb 片段杂交；而来自人的菌株有 71% 与单一的 18.5 kb 片段杂交，仅 29% 与 14.5 kb 和 4.5 kb 片段杂交。这表明定居于禽类的菌株仅有少部分可引起人的感染。

⑤AFLP 分型 扩增片段长度多态性分析（amplified-fragment length polymorphism，AFLP），是由 Keygene 公司发明的最新、最有发展前途的一种分型方法。方法是：用两个限制性内切酶完全消化 DNA，一个是 4 bp 识别位点，一个是 6 bp 识别位点。PCR 引物是根据酶切位点设计的，进行放

射性或荧光标记，PCR产物进行变性聚丙烯酰胺凝胶分析，可以分离50~500 bp的片段。Duim等（1999）用Hind Ⅲ、Hha I两个内切酶和选择性扩增的PCR引物建立AFLP方法，对分离自人和家禽的空肠弯曲菌和结肠弯曲菌进行分型，发现10株来自人空肠弯曲菌的带谱是不同的，而其他大多数与来自家禽的弯曲菌是同类型菌。

⑥多位点序列分型　董俊等（2016）应用多位点序列分型方法对2013—2014年47株禽源空肠弯曲菌湖北分离株进行分子分型研究。以空肠弯曲菌的7个管家基因aspA、glnA、gltA、glyA、pgm、tkt和uncA为目的基因，提取样本基因组后进行PCR扩增、测序和分析。将测序结果上传数据库进行比对，制作成多位点序列分型（multilocus sequence typing，MLST）遗传进化树。分离株共有38个ST型、10个克隆群，其中最多的克隆群为ST-353CC和ST-464CC，发现2个新的等位基因编号和25个新的ST型。遗传进化树显示，不同家禽宿主中空肠弯曲菌序列型存在一定的差异，不同地区和来源的空肠弯曲菌呈现出遗传多样性。

上面所归纳介绍的几种基因分型方法中，16S或16S加23S核糖体分型对流行病学调查更为有效，因其可分型率（100%）和分辨力（亚型、亚株）均高。RAPD则稍逊之，但其相对易于操作，不需杂交，也不需预先知道有关基因信息，且48h内能获得结果，实用性更强。23S核糖体分型只适用于种间鉴定。鞭毛蛋白基因分型从另一个角度丰富了空肠弯曲菌的基因分型内容，其高分型率（100%）和高分辨力令人满意。DNA指纹法和PFGE相对简单，易于操作，后者的分辨力与16S核糖体分型相当甚或更高，因其简单而更为实用。由于空肠弯曲菌的质粒携带率不足50%（只有20%左右），仅能部分用质粒图谱分型，有人对上突弯曲菌（C. upsaliensis）作了质粒图谱分型，但分辨力不高。随着技术的日益完善和标准化，基因分型方法将在空肠弯曲菌的分子流行病学研究中发挥更大的作用。

（二）疫苗

弯曲菌病的疫苗研究主要集中在空肠弯曲菌疫苗上，主要包括减毒活疫苗、亚单位疫苗、灭活疫苗、DNA疫苗等，但至今尚无安全有效的疫苗上市。

1. 口服全菌佐剂疫苗　肖政等（2004）用0.5%福尔马林生理盐水灭活空肠弯曲菌的培养物，分别制备甲醛化疫苗和以明胶为佐剂的甲醛化疫苗，采用肌内注射和灌胃两种途径免疫，接种3次，间隔7d，末次接种1周后收集小鼠血清和小肠黏液，采用ELISA间接法测定血清抗体IgG、IgA、IgM和肠道黏液抗体IgA。结果表明，明胶佐剂全菌疫苗灌胃免疫效果与肌内注射免疫效果相当；明胶佐剂疫苗灌胃免疫效果优于全菌疫苗灌胃免疫效果。李广兴等（2010）应用分离的鸡空肠弯曲菌制备甲醛灭活疫苗并进行了该苗的免疫保护试验，用灭活疫苗免疫2周龄SPF雏鸡，14d后进行攻毒，观察其临床症状；并分别于感染后7d和14d扑杀，观察病理学变化并进行细菌分离以观察其保护率。结果表明，鸡空肠弯曲菌灭活疫苗的保护率可达100%。

2. neuB1基因失活空肠弯曲菌全菌灭活疫苗　向淑利等（2007）将突变株的培养物分别用甲醛和热灭活制成灭活疫苗，经口服途径以不同剂量免疫BALB/c小鼠，采用ELISA法检测小鼠肠腔灌洗液和血液中的抗体应答，并以5×10^9 CFU野生菌攻击，计算疾病指数。结果表明，突变株灭活全菌苗经口服免疫，能诱导动物产生显著有效的体液免疫应答，能保护免疫小鼠免受野生菌的感染。基于突变株良好的免疫活性且无分子模拟所致的神经毒性，有望成为理想的全菌疫苗候选者。

3. 空肠弯曲菌galE基因突变株活疫苗　束晓梅等（2005）分别采用毒力降低的galE基因突变株活疫苗低菌量和高菌量单次或重复口服免疫小鼠，采用ELISA方法检测动物肠液及血清中特异性SIgA及IgG的滴度。免疫后26d，用大剂量野生菌攻击免疫动物，观察疫苗株的保护作用。结果表明，galE变异株保留了与亲代株相似的免疫原性，可刺激动物产生特异抗体，有效保护细菌攻击，明显降低动物疾病指数，缩短肠道定植时间，仅小剂量口服即可产生良好的免疫效果。

4. 空肠弯曲菌外膜蛋白亚单位脂质体佐剂疫苗　李成文等（2006）用脂质体包裹空肠弯曲菌28~31 kDa外膜蛋白制备亚单位脂质体疫苗。免疫接种试验表明，对家兔的最佳接种剂量为0.5 mg/kg，肌内注射和皮下注射免疫效果无显著差异，特异抗体可高水平维持5~6个月，并可诱导以Th2应答为主的细胞免疫应答。冯永嘉等

（2005）以基因重组的空肠弯曲菌融合蛋白 PEB1 免疫大鼠，可以激发有效的免疫应答，且未引起周围神经损伤，其抗血清不含针对 GM1 抗原的抗体，对外周神经无免疫损伤作用。

5. 空肠弯曲菌 pcDNA3.1（－）－peb1A 壳聚糖佐剂疫苗　杜联峰等（2012）探讨以壳聚糖为佐剂的空肠弯曲菌基因疫苗免疫小鼠后的 Th 细胞免疫应答状态。将昆明小鼠随机分组，设空白对照组、空载体组、pcDNA3.1（－）－peblA组、壳聚糖-４-pcDNA3.1（－）－peblA组，各组均采用小鼠股四头肌内注射法。在第 0、10、20 日免疫，于每次免疫后第 10 日采集各组小鼠血浆，采用间接 ELISA 法检测免疫后不同时间小鼠血浆中 Thl、Th2 细胞因子的含量。结果表明，Th1 类细胞因子 IL－2、IFN－Ⅰ，在第 10、20、30 日，裸 DNA 组、佐剂 DNA 组、空载体组及 NS 组两两相比均无显著性差异（$P>0.05$）；Th2 类细胞因子 IL－4、IL－10，试验组高于两对照组，在 IL－4 的检测中有显著性差异（$P<0.05$），在 IL－10 的检测中裸 DNA 组高于空白对照组，有显著性差异（$P<0.05$），其裸 DNA 组高于空载体组，仅在第 20 日有显著性差异（$P<0.05$）；佐剂 DNA 组高于裸 DNA 组，在 IL－4 的检测中有显著性差异（$P<0.05$），在 IL－10 的检测中仅在第 10、20 日有显著性差异（$P<0.05$）；佐剂 DNA 组高于两对照组，有显著性差异（$P<0.05$）。结果表明以壳聚糖为佐剂的空肠弯曲菌基因疫苗可促进 Th2 细胞为主的免疫反应。

6. 空肠弯曲菌重组蛋白微球疫苗　刘琳琳等（2014）为增强多肽蛋白类药物的免疫效果，制备空肠弯曲菌外膜蛋白 PEB1 与大肠杆菌不耐热肠毒素 B 亚单位（LTB）融合表达的重组 PEB1－LTB 蛋白聚丙烯酸树脂微球，分析免疫 BALB/c 小鼠体内体液免疫应答及细胞免疫应答水平。用乳剂-溶剂挥发法制备微球，测量微球粒径、包封率和体外释放度。将雌性 BALB/c 小鼠随机分为 4 组，于第 0、14、30 日各免疫 1 次。末次免疫 14d 后，检测各组血清特异性 IgG、IgA、黏膜冲洗液 SIgA 水平及脾细胞培养上清液中 IFN－γ、IL－4 含量。试验中制备得到平均粒径为（47.6±10.2）μm 的聚丙烯酸树脂微球，包封率为 79.87%。微球可耐受胃酸的破坏，在模拟肠液中的释放度 4 h 后达 95.27%。免疫后特异性

IgG、IgA、SIgA 及 IFN－γ、IL－4 均明显高于对照组（$P<0.05$）。结论认为，本研究制备的重组 PEB1－LTB 蛋白聚丙烯酸树脂微球通过口服免疫 BALB/c 小鼠可以有效提高其免疫应答。刘琳琳等（2014）初步检测抗空肠弯曲菌感染外膜黏附蛋白（PEBl）核酸疫苗与蛋白疫苗联合诱导小鼠免疫应答水平。采用灌胃免疫的方法，将制备的核酸疫苗 pcDNA3.1（－）－PEB1 及蛋白疫苗 PEB1 采用核酸初次免疫-蛋白加强免疫及分别单独免疫的方法免疫雌性 BALB/c 小鼠，以 PBS 及空质粒 peDNA3.1（－）为对照，检测各组小鼠体液免疫应答及细胞免疫应答水平。末次免疫后第 28 日，对各组小鼠灌胃攻击空肠弯曲菌，评价疫苗保护率。结果表明，免疫后第 56 日，核酸蛋白联合免疫组小鼠脾淋巴细胞刺激指数（SI）为 2.625±0.275，脾细胞培养上清液中 IFN－1 含量为（258.92±13.472）pg/mL。血清 IgG 抗体滴度为（2.507±0.124）μg/mL，胃和小肠黏膜冲洗液 SIgA 抗体滴度为（80.351±5.769）ng/mL，脾细胞培养上清液中 IL－4 含量为（377.47±14.560）pg/mL，均明显高于各对照组（$P<0.05$）。小鼠攻击试验显示，核酸蛋白免疫组的疫苗保护率为 91.53%，认为，PEB1 核酸蛋白联合免疫组诱导的免疫应答水平和疫苗保护率高于单独核酸疫苗免疫组和单独蛋白疫苗免疫组。

7. 空肠弯曲菌多价 DNA 疫苗　郑惠等（2007）以壳聚糖包裹含空肠弯曲菌主要结构蛋白 cadF 和 peb1A 编码基因的重组质粒，制备多价 DNA 疫苗，以 7d 为间隔，滴鼻免疫小鼠 4 次，检测其诱导的特异免疫效应。于免疫后 8 周用空肠弯曲菌野毒株进行灌胃攻击。结果表明，用多价 DNA 疫苗免疫小鼠后，不仅诱导了高水平的血清 IFN－γ、IL－4 和 IgA、IgG，而且诱导了高水平的黏膜 IgA 抗体。并且，其诱导的特异性免疫应答能有效保护免疫小鼠免遭该菌的感染攻击，明显减少该细菌的肠道定植和血行扩散。显著降低被攻击小鼠周围神经、小肠及肝脏的病变发生率。刘琳琳等（2012）进行了空肠弯曲菌 PEB1－LTB DNA 疫苗构建及其对小鼠免疫保护性的研究。构建了 pcDNA3.1（－）－PEB1－LTB 真核重组表达载体，转染 Hela 细胞，用 Western blotting 鉴定表达的蛋白，滴鼻免疫 BALB/c 小鼠，末次免疫后 2 周，测定小鼠血清

中 IgG、IgA 及气管、小肠黏膜冲洗液 SIgA 抗体，脾细胞培养上清液中 IFN-γ、IL-4 水平。末次免疫后 4 周，采用空肠弯曲菌重复攻击的方式进行灌胃攻击，攻击后根据动物疾病指数评价疫苗临床保护率。结果表明，构建的重组表达质粒能在 Hela 细胞内表达重组蛋白。疫苗免疫小鼠后，不仅诱导了高水平血清 IgG、IgA 抗体，而且诱导了高水平黏膜 SIgA 抗体。其诱导的特异性免疫应答能有效保护免疫后小鼠免遭空肠弯曲菌的感染攻击。表明构建的 DNA 疫苗经黏膜免疫能诱导小鼠产生较高水平的特异性免疫应答，能有效预防空肠弯曲菌感染。杜联峰等（2012）构建了空肠弯曲菌 peb1A 基因真核表达载体，探讨 DNA 疫苗不同免疫程序的免疫效果。以重组 pET28a（＋）-peb1A 质粒为模板，将空肠弯曲菌 peb1A 基因克隆入真核表达载体 pcDNA3.1（－），经酶切和测序鉴定后，将重组质粒转染 COS-7 细胞中表达，用 Western blotting 鉴定表达的蛋白。将昆明小鼠随机分组，设空白对照组、空载体对照组、pcDNA3.1（－）-peb1A 试验组，用 ELISA 法检测免疫后的昆明小鼠血清 IgG 和 IgM 抗体水平。重组质粒 pcDNA3.1（－）-peb1A 经双酶切和 PCR 鉴定构建正确。peb1A 基因测序结果与 GenBank 中 peb1A 基因序列一致。重组质粒成功转染 COS-7 细胞，并能正确表达重组蛋白。裸 DNA 组 IgG 水平均高于两对照组，有显著性差异（$P<0.05$）。同一剂量短时间（0、

10d、20d）免疫程序优于长时间（0、15d、25d、35d）免疫程序（$P<0.05$）。构建空肠弯曲菌真核表达重组质粒 pcDNA3.1（－）-peb1A，其经肌内注射免疫小鼠，具有较好的免疫原性，短时间免疫程序免疫效果好。

8. 空肠弯曲菌 PEB1-LTB 疫苗 刘琳琳等（2014）为研制有效的空肠弯曲菌疫苗，构建 PEB1 与 LTB 融合基因的空肠弯曲菌疫苗，并初步探讨 pcDNA3.1（－）-PEB1-LTB 核酸疫苗与蛋白疫苗联合免疫 BALB/c 小鼠的免疫应答水平。通过腿部肌内注射免疫小鼠的方式，在第 0、3、6 周用核酸单独免疫与核酸蛋白联合免疫小鼠的免疫程序，于第 5、8 周末，测量小鼠体液免疫应答和细胞免疫应答水平。结果表明，经 3 次免疫后，核酸蛋白免疫组诱导的 IgG 抗体含量［（14.392±0.579）μg/mL］是核酸疫苗单独免疫的 2.43 倍（$P<0.05$），说明核酸蛋白联合免疫诱导了更高的体液免疫应答水平；3 次免疫后，核酸疫苗单独免疫组诱导的 IFN-γ 水平［（1 472.34±73.99）pg/mL］是联合免疫组［（290.323±15.46）pg/mL］的 5.07 倍，说明 PEB1-LTB 核酸疫苗单独免疫诱导了较高的细胞免疫应答。结论：核酸疫苗能诱导较强的细胞免疫应答，与 PEB1-LTB 蛋白联合免疫呈现出不同的免疫应答特点。该研究为抗空肠弯曲菌疫苗的优化设计与合理应用提供了理论依据。国外对空肠弯曲菌疫苗的研究很多，基本情况见表 17-5。

表 17-5　国外研究的抗弯曲菌疫苗

疫苗类型	动物	接种途径/接种程序	攻毒	效果
全菌体灭活疫苗				
空肠弯曲菌 81~176（甲醛灭活疫苗）	雪貂	口服（有或无 LTR192G）免疫 2 次或 4 次	口服同源或异源菌株（10^9~10^{10} CFU）	保护率 40%~89%
Campyvax®-Antex/NMRC	人（志愿者）	口服，免疫 2~4 次	Ⅱ期临床试验（2002）Ⅲ期临床试验（结果未公布）	具有免疫原性
从大肠杆菌纯化的重组表达蛋白疫苗				
MBP-FlaA 融合蛋白（空肠弯曲菌 VC167）	BALB/c 小鼠	滴鼻，50μg 免疫 2 次	滴鼻空肠弯曲菌 81~176（10^9 CFU）口服空肠弯曲菌 81~176（10^8~10^9 CFU）	抗弯曲菌定植的保护率为 84% 抗定植保护率为 71%~100%（依攻毒剂量）

（续）

疫苗类型	动　物	接种途径/接种程序	攻　毒	效　果
ACE961-支链氨基酸 ABC 转运系统外周质结合蛋白（空肠弯曲菌 ML53）	小鼠	皮下，铝佐剂免疫，免疫 3 次	口服空肠弯曲菌 ML1/ML53（10^8CFU）	降低定植率
ACE1569 假定的外周质蛋白	小鼠	皮下，铝佐剂免疫，免疫 3 次	口服空肠弯曲菌 ML1/ML53（10^8CFU）	降低定植率
鞭毛分泌性蛋白				
FlaC（空肠弯曲菌 81～176）	BALB/c 小鼠	滴鼻，有或无 LTR192G 2 周内间隔免疫 3 次	滴鼻空肠弯曲菌 81～176 或者 CG8486（10^9CFU）	对细菌发病的保护率为 18%
FspA1（空肠弯曲菌 81～176）	BALB/c 小鼠	滴鼻，有或无 LTR192G 2 周内间隔免疫 3 次	滴鼻空肠弯曲菌 81～176 或者 CG8486（10^9CFU）	对同源菌株发病的保护率 63.8%，对异源菌株发病的保护率 44.8%（加佐剂）
FspA2（空肠弯曲菌 CG8486）	BALB/c 小鼠	滴鼻，有或无 LTR192G 2 周内间隔免疫 3 次	滴鼻空肠弯曲菌 81～176 或者 CG 8486（10^9CFU）	对同源菌株发病的保护率为 47.2%（加佐剂）
串联荚膜多糖疫苗				
CPS$_{81～176}$-CRM$_{197}$	BALB/c 小鼠	皮下，免疫 5μg 或 25μg	滴鼻（$3×10^9$CFU）	具有免疫原性（IgM、IgA、IgG），对同源菌株发病概率的降低具有高剂量依赖性
CPS$_{81～176}$-CRM$_{197}$铝佐剂	夜猴（非人类的灵长类）	皮下，6 周内间隔免疫 3 次（25μg）	灌胃（$5×10^{11}$CFU）	剂量相关的血清内 IgG、IgM 反应，血清 IgA 无升高，可以防止腹泻，但不抗细菌定植
鼠伤寒沙门氏菌递呈的空肠弯曲菌抗原				
鼠伤寒沙门氏菌△phoP/Q 由 3 个质粒（Pya3342，Pmeg-1399 和 Pmeg-1415）表达的 Peb1 蛋白	BALB/c 小鼠	口服，免疫 2 次（10^8CFU）	口服空肠弯曲菌 81～176 或者 MGN4735	可以激发特异性的 IgG 通过 Western blotting 测定，无保护性
鼠伤寒沙门氏菌 χ3987 用 pYA3341 表达的 CjaA 蛋白	鸡	口服，免疫 2 次（10^8CFU）	口服异源空肠弯曲菌（10^8CFU）	菌株减少了 6 个单位的 log 值
鼠伤寒沙门氏菌 χ3987 用 pYA3341 表达的 CjaD 蛋白	鸡	口服，免疫 2 次（10^8CFU）	口服异源空肠弯曲菌（10^8CFU）	诱导特异性的肠道分泌性 IgA 和血清内 IgG 的产生；没有检测保护率

五、展望

空肠弯曲菌作为引起人腹泻、肠炎及多种动物感染的病原体，一直受到医学界和兽医学界的高度重视，其在腹泻中的比重甚至超过沙门氏菌，其比例至少为2∶1。受本菌感染的人还可能遭受反应性关节炎和格林-巴利综合征，有时甚至是致命的。2001年9月，在德国弗赖堡举行了有关弯曲菌galE的两年一度的专题会议，来自世界各地的科学家聚集在一起交流和讨论了最新的研究资料。有以下几个问题需要给予高度关注：①要进一步深入研究空肠弯曲菌基因编码的1 700多种产物的生物学作用及相互作用机制，并注意发现新的基因产物。②要研究本菌的致病机制。目前认为本菌的鞭毛、肠毒素、细胞毒素、黏附素等是本菌建立感染和致病的重要因素，这需要提供充分可信的分子生物学证据。空肠弯曲菌的基因组分析结果已显示，存在超变量序列，且主要集中在与毒力密切相关的菌体表面结构合成和修饰相关的基因群。这种基因序列的多样性充分体现了其高度遗传适应性致病机制的复杂性，为我们对其全面深入研究带来了一定的困难。进一步研究其毒力基因的功能、关键毒力因子的合成途径及详细致病的分子机理、寻找致病菌株的标记性分子特征、筛选出具有保护作用的表面抗原成分，都是有待于深入研究的问题。③要进一步研究本病的流行病学，特别是与动物性产品，主要是禽类及其产品与人群发病的关系，从根本上切断传染来源和传播途径。④应用分子生物学技术构建去除致病基因的突变株，对突变株和野生株进行比较，对该致病基因进行克隆，把修饰的基因插入染色体，并对该同源突变株与野生型亲代株的行为进行比较，克隆野生型相应基因并导入突变株中，以恢复野生型的功能，进一步检查突变株和野生型亲代株在相关感染模型中的作用。⑤弯曲菌对抗生素的抗药性问题已引起人们的广泛关注，特别是该菌对氟喹诺酮类的抗药性已有大量报道，而该药是人弯曲菌感染治疗的药物，因此，为预防抗药性的产生，应尽可能限制在动物中使用氟喹诺酮类药物。⑥要进一步开展空肠弯曲菌感染后并发反应性关节炎和格林-巴利综合征的研究。⑦空肠弯曲菌新型高效疫苗的研究，特别是本身不含有诱导宿主周围神经免疫损伤的抗原成分，以及经口免疫的菌体疫苗和亚单位疫苗是疫苗研制的发展方向。

（韩文瑜　万建青）

主要参考文献

陈晶晶，吴中发，蒋秀高，1987. 空肠弯曲菌病的研究 [J]，中华微生物和免疫学杂志，7（2）：227-229.

董俊，韩梅，周康，等，2016. 47株空肠弯曲菌湖北禽源株的多位点序列分型 [J]. 微生物学报，56（1）：150-156.

杜联峰，徐岗村，孙万邦，等，2012. 空肠弯曲菌DNA疫苗构建及其疫苗免疫程序研究 [J]. 中国免疫学杂志，28（7）：631-634.

韩文瑜，黎诚跃，王世若，等，1991. BA-ELISA检测空肠弯曲菌的研究 [J]. 中国兽医科技（8）：5-7.

刘琳琳，2012. 空肠弯曲菌PEB1-LTB DNA疫苗构建及其对小鼠免疫保护性的研究 [J]. 中国免疫学杂志，28（5）：398-401.

吕德生，陈志新，王伯伦，等，1991. 人源和鸡源空肠弯曲菌的质粒携带情况及其与耐药关系的研究 [J]. 现代预防医学（3）：150-152.

任思坡，孙万邦，杜联峰，2009. 空肠弯曲菌PEB1重组蛋白的表达及单克隆抗体的制备 [J]. 山东医药，49（43）：16-18.

孙自捷，宋后燕，段恕诚，等，1988. 空肠弯曲菌质粒的提取鉴定和限制性内切酶水解片段的分析 [J]. 中华传染病杂志，6（2）.

薛峰，2015. 空肠弯曲菌致GBS动物模型的建立 [J]. 中国动物检疫，32（2）：19-23.

臧星星，马宝骊，曹鹤年，1995. 食品安全监管分析，中国人兽共患病杂志，11（2）：2.

赵晓燕，薛平，刘瑞雪，等，1998. 空肠弯曲菌感染及抗体介导的神经索损伤 [J]. 中华微生物学和免疫学杂志，18（4）：323.

Anthony M B, Wang J H, et al, 2010. Evaluation of live-attenuated *Salmonella* vaccines expressing *Campylobacter* antigens for control of *C. jejuni* in poultry [J]. Vaccine, 28（4）：1094-1105.

Docherty L, Adams M R, Patel P, et al, 1996. The magnetic immune-polymerase chain reaction assay for the detection of *Campylobacter* in milk and poultry [J]. Letters in Aapplied Microbiology, 22（4）：288-292.

Dorrell N, 2002. Whole genome comparison of *Campylobacter jejuni* human isolates using alow-cost microarray reveals extensive genetic diversity [J]. Genome Research, 11：1706-1715.

Duim B, Wassenaar T M, Rigter A, et al, 1999. High-resolution genotyping of *Campylobacter* strains isolated from poultry and humans with amplified fragment length polymorphism fingerprinting [J]. Applied and Environmental Microbiology, 65 (6): 2369 – 2375.

Fitzgerald C, 2015. Campylobacter [J]. Clinics in Laboratory Medicine, 35 (2): 289 – 298.

Grennan B, O'Sullivan N A, Fallon R, 2001. PCR-ELISAs for the detection of *Campylobacter jejuni* and *Campylobacter coli* in poultry samples [J]. Biotechniques (3): 602 – 606, 608 – 610.

Iriarte P, Owen R J, 1996. PCR-RFLP analysis of the large subunit (23S) ribosomal RNA genes of *Campylobacter jejuni* [J]. Letters in Applied, Microbiology, 23 (2): 163 – 166.

Korolik V, Chang J, Coloe P J, 1996. Variation in antimicrobial resistance in *Camylobacter* spp. Isolated in Australia from humans and animals in the last five years [M]. York and London: Plenum Press.

Kosunen T U, Bång B E, Hurme M, 1984. Analysis of *Campylobacter jejuni* antigens with monoclonal antibodies [J]. Journal of Clinical Microbiology, 19 (2): 129 – 133.

Lior H, Butzler J P, 1986. Serotyping *campylobacter* [J]. Lancet, 1 (8494): 1381 – 1382.

Lior H, Woodward D L, Edgar J A, et al, 1982. Serotyping of *Campylobacter jejuni* by slide agglutination based on heat-labile antigenic factors [J]. Journal of Clinical Microbiology, 15: 761 – 768.

Logan J M, Edwards K J, Saunders N A, et al, 2001. Rapid identification of *Camylobacter* spp. by melting peak analysis of biprobes in real-time PCR [J]. Journal of Clinical Microbiology, 1: 2227 – 2232.

Metherell L A, Logan J M, Stanley J, 1999. PCR-enzyme-linked immunosorbent assay for detection and identification of *Campylobacter* species: Application to isolates and stool samples [J]. Journal of Clinical Microbiology, 32 (32): 433 – 435.

Nachamkin I, Yang X H, 1989. Human antibody response to *Campylobacter jejuni* flagellin protein and a synthetic N-terminal flagellin peptide [J]. Journal of Clinical Microbiology, 27: 2195 – 2198.

Nogva H K, Bergh A, 2000. Application of the 5′- nuclease PCR assay in evaluation and development of methods for quantitative detection of *Campylobacter jejuni* [J]. Applied and Environmental Microbiology, 66 (9): 4029 – 4036.

Nuijten P J M, Zeijst B A M, van der Newell D G, 1991. Localization of immunogenic regions on the flagellin proteins of *Campylobacter jejuni* 81116 [J]. Infection and Immunity, 59: 1100 – 1105.

Owen R J, Fayos A, Hemandez J, et al, 1993. PCR-based restriction fragment length poly morphismanalysis of DNA sequence diversity of flage llingenes of Camplobacter jejuni and allied species [J]. Molecular and Cellular Probes, 7 (6): 471 – 480.

Pang T, Wong P Y, Puthucheary S D, et al, 1987. *In vitro* and *in vivo* studies of a cytotoxin from *Campylobacter jejuni* [J]. Journal of Medical Microbiology, 1987, 23 (3): 193 – 198.

Pickett C L, Whitehouse C A, 1999. The cytolethal distending toxin family [J]. Trends Microbiology, 7 (7): 292 – 297.

Prokhorova T A, Nielsen P N, Petersen J, et al, 2006. Novel surface polypeptides of *Campylobacter jejuni* as traveller's diarrhoea vaccine candidates discovered by proteomics [J]. Vaccine. 24 (40/41): 6446 – 6455.

Siddique A B, Akhtar S Q, 1991. Study on pathogenicity of *Campylobacter jejuni* by modifying the mediun [J]. The American Journal of Tropical Medicine and Hygiene, 94: 175 – 179.

Sizemore D R, Warner B, Lawrence J, et al, 2006. Live, attenuated *Salmonella typhimurium* vectoring *Campylobacter* antigens [J]. Vaccine, 24 (18): 3793 – 3803.

Skirrow M B, Benjamin J, 1980. Campylobacters: cultural characteristics of intestinal campylobacters from man and animals [J]. Journal of Hygiene, 85 (3): 427 – 442.

Vos P, Zabeau M, 1993. Selective restriction fragment amplification: a general method for DNA fingerprinting [P]. EP0534858, 1993 – 03 – 31.

Waage A S, Vardund T, Lund V, et al, 1999. Detection of small numbers of *Campylobacter jejuni* and *Campylobacter coli* cells in environmental water, sewage, and food samples by a seminested PCR assay [J]. Applied and Environmental Microbiology, 65 (4): 1636 – 1643.

Yan W, Chang N, Taylor D E, 1991. Pulsed-field gel electrophoresis of *Campylobacter jejuni* and *Campylobacter coli* genomic DNA and its epidemiologic application [J]. Journal of Infectious Diseases, 163 (5): 1068 – 1072.

第十八节　溶血性巴氏杆菌病

一、概述

溶血性巴氏杆菌病主要是由溶血性曼氏杆菌（原名为溶血性巴氏杆菌）引起多种动物的一种以

呼吸道病变为特征的传染病，又称为肺炎型巴氏杆菌病。其发病机制是复杂的和多因素的。饲养管理、应激、多种病原体、肺的防卫机制和免疫应答均参与疾病过程。

二、病原

溶血性曼氏杆菌（*Mannheimia haemolytica*，原名为溶血性巴氏杆菌 *Pasteurella haemolytica*）为新成立的曼氏杆菌属的一个种。为革兰氏阴性小杆菌或球杆菌，长 2.5 μm、宽 0.5μm，无芽孢，无鞭毛、不运动，能形成荚膜，兼性厌氧。在新鲜组织中生长的细菌，用姬姆萨氏、美蓝或瑞氏染色时，出现两极着染性。对营养要求不严格，在普通培养基上生长良好，培养 24h 后，菌落圆形、光滑、湿润、半透明。在牛血琼脂培养基上能形成明显的 β 溶血菌落，在羔羊血琼脂培养基上可形成双溶血圈菌落。在麦康凯琼脂上能缓慢生长，菌落为红色，不产生靛基质，一般能发酵乳糖产酸，能使石蕊牛乳变酸，对家兔无致病力等可与多杀性巴氏杆菌区别（表 17-6）。

表 17-6　多杀性巴氏杆菌与溶血性曼氏杆菌的鉴别

项　　目	多杀性巴氏杆菌	溶血性曼氏杆菌
溶血性	−	+
麦康凯琼脂上生长	−	+
靛基质	+	−
石蕊牛乳	无变化	变酸
乳糖	−	+
对家兔致病力	+	−

根据致病性、抗原特性和生长活性等，溶血性曼氏杆菌可分为 A 型和 T 型 2 个生物型（biotype）。已知所有血清型菌株都产生白细胞毒素（leukotoxin），是属于 RTX 的穿孔毒素，主要成分是分子质量 105 ku 的多肽，能特异性地溶解反刍动物的白细胞和血小板。此外，菌毛和多糖荚膜也有致病作用。

本菌存在于牛、羊鼻咽部等，当受寒感冒、过度疲劳、饥饿等降低抵抗力时即可使病原菌侵入体内引起曼氏杆菌病。可致牛和绵羊肺炎、新生羔羊败血症、羊乳腺炎等，最著名的是犊牛因运输而患肺炎的"船运热"（shipping fever），在

美国约 60% 的病例可分离到 6 型菌株。本病一年四季均可发生，但气温突变、阴湿寒冷时更易发病，呈散发或地方流行性发生。

在临床上的表现多种多样，从没有明显的临床症状到很快发病死亡都可以观察到。通常 8 周龄以前的犊牛多见巴氏杆菌感染，12 周龄以后的犊牛多见溶血性曼氏杆菌感染，8～12 周龄的犊牛为混合感染。动物发病之后，一般会观察到如下特征性表现：不同程度的精神沉郁和食欲减退，体温升高至 42℃，心跳加快，体重下降，由于鼻炎导致患病动物流出脓性鼻涕。发病初期，呼吸频率升高，随后出现呼吸困难，严重病例张口呼吸及腹式呼吸，有些病例呼气可听到呼噜声。病牛站立时可以看到肘部外展，颈部向前伸，有些病牛还会出现腹泻。

溶血性曼氏杆菌是一个较复杂的类群，按其生化特性的差异分为 A、T 两个生物型。根据菌体表面蛋白抗原的差异，通过血凝试验，又分为 17 个血清型。T 生物型含 3、4、10 和 15 共 4 个血清型，其余血清型属 A 生物型。上述 17 个血清型中的 12 个（血清型 1、2、5、6、7、8、9、12、13、14、16 及 17）现划归溶血性曼氏杆菌，血清型 11 归为葡萄糖苷曼氏杆菌（*M. glucosida*），剩余的 3、4、10 和 15 等 4 个血清型归为海藻糖巴氏杆菌（*P. trehalosi*）。溶血性曼氏杆菌的代表株系从绵羊分离，属血清型 2。

三、免疫学

免疫机制主要是体液免疫，但细胞免疫也具有一定作用。与产生免疫有关的抗原成分为荚膜多糖-蛋白质、白细胞毒素和菌体抗原。

用灭活的溶血性曼氏杆菌制成的疫苗接种动物，能使血清中的菌体抗原抗体滴度增加，但白细胞毒素抗体较低，而白细胞毒素又是溶血性曼氏杆菌的重要致病因子，因此灭活疫苗一般不能产生良好的保护力。但油乳剂疫苗能够产生较高滴度的菌体抗原抗体，使肺部免疫功能相对提高，动物的抗攻毒能力增加。肺炎型巴氏杆菌病多由溶血性曼氏杆菌和多杀性巴氏杆菌混合感染所致，因此溶血性曼氏杆菌灭活疫苗和多杀性巴氏杆菌灭活疫苗联合使用可以获得不同程度的预防效果。

使用溶血性曼氏杆菌活疫苗免疫动物，不仅使血清中的菌体抗原抗体滴度提高，而且白细胞

毒素和荚膜多糖-蛋白质抗体滴度明显增加。血清中后两种抗体滴度与保护性免疫力呈较好的平行关系。

使用细菌的特异性提取物（如硫氰酸钾或水杨酸提取物、荚膜多糖-蛋白质提取物等）制成疫苗，用于预防溶血性曼氏杆菌病可以取得良好的效果。本菌产生的白细胞毒素能诱导机体产生高效价抗体。但其制造成本高，工艺复杂。

四、制品

曼氏杆菌病疫苗研制的难点在于同源性细菌血清型众多，而且各个地方性流行的血清型不同，所以很难研制出一种高效且能广泛应用的疫苗。现在多采用本地分离的流行菌株制成疫苗进行免疫预防，既方便又高效。

在国外，牛曼氏杆菌病疫苗已有几十年的历史，已研制的疫苗包括弱毒菌苗、活菌苗、类毒素疫苗及菌体-类毒素疫苗，近年来主要以联苗形式存在，通常与多杀性巴氏杆菌、牛病毒性腹泻病毒、牛传染性鼻气管炎病毒、牛呼吸道合胞体病毒等组成联苗，用以预防牛呼吸道疾病。国外已有含有血清1型溶血性曼氏杆菌和血清3型多杀性巴氏杆菌的二联灭活疫苗商品出售和使用，主要用于预防牛的肺炎型巴氏杆菌病。多数野外试验表明，注苗后能显著减少呼吸道疾病的发病率；但也有一些试验证明，注苗后无明显的效力。免疫佐剂的类型对于疫苗的效力至关重要，注射油乳剂疫苗的牛能产生较强的抵抗力，在减轻临床症状和病变方面显著优于氢氧化铝胶疫苗。迄今为止，尚未见大面积使用弱毒活疫苗和细菌成分疫苗预防本病的报道。

在我国，目前尚未生产和使用由溶血性曼氏杆菌引起或与多杀性巴氏杆菌混合感染引起的肺炎型巴氏杆菌病的疫苗。

五、展望

溶血性曼氏杆菌研究存在的问题主要集中在致病机理和疫苗研究方面。溶血性曼氏杆菌发病机理涉及很多因素，包括毒力因子、外膜蛋白、白细胞毒素等，是一个复杂的过程。目前随着分子生物学和分子免疫学的发展，溶血性曼氏杆菌致病的分子机制和免疫学机制已成为研究重点。同时，溶血性曼氏杆菌的诊断技术和疫苗研究目前也都取得了巨大的进步，已有溶血性曼氏杆菌类毒素疫苗、亚单位疫苗、基因工程疫苗的相关报道。类毒素疫苗一般为菌液通过 $0.22~\mu m$ 滤膜过滤除去菌体，再加入甲醛灭活制得；亚单位疫苗包括荚膜多糖及胞壁酰二肽疫苗等；基因工程疫苗主要是溶血性曼氏杆菌外膜蛋白和白细胞毒素表位的基因工程疫苗，以及利用甲基化技术制成的减毒突变体等。研制出安全、高效、免疫期长的疫苗必将是今后溶血性曼氏杆菌疫苗研究的热点。

（赵 耘 万建青）

主要参考文献

陈艳红，2010，溶血性曼氏杆菌致病机制的研究进展 [J]. 中国畜牧兽医，37（12）：153.

陆承平，2007. 兽医微生物学 [M]. 4版. 北京：中国农业出版社.

王明俊等，1997. 兽医生物制品学 [M]. 北京：中国农业出版社.

于大海，1997. 中国进出境动物检疫规范 [M]. 北京：中国农业出版社.

Ayalew S，Confer A W，Blackwood E R，2004. Characterization of immunodominant and potentially protective epitopes of *Mannheimia haemolytica* serotype 1 outer membrane lipoprotein P1pE [J]. Infection and Immunity，72：7265 - 7274.

第十八章　厌氧菌类制品

第一节　气肿疽

一、概述

气肿疽（Gangraenaempnyseatosa）又称鸣疽或黑腿病（Black leg），最初由 Bollinger 及 Feseri 报道，是反刍动物的一种急性、发热性传染病。本病的主要特征是在腹部、臀部、腰部及肩部等肌肉丰满的部位发生与恶性水肿相似的炎性气性水肿。由于受害肌肉受到蛋白质和红细胞分裂形成的 H_2S 以及含铁血红素的作用而变成黑色，故又称黑腿病。目前，国内主要采用气肿疽灭活疫苗来防控本病，而国外常与其他组分一起制成多联苗。

二、病原

气肿疽的病原是气肿疽梭菌（*Clostridium chauvoei*），又名费氏梭菌（*Clostridium feseri*），也可音译为肖氏梭菌。国内迄今尚未发现羊自然感染气肿疽，据报道由牛和羊分离的气肿疽梭菌在毒力上不同。本菌属于芽孢杆菌科、梭菌属（*Clostridium*），两端钝圆，膨大呈梭状（图18-1），在宿主体内及体外均可以形成芽孢，芽孢位于中央或者稍偏一端。幼龄培养物呈革兰氏阳性，但是在陈旧培养物中可能变成革兰氏阴性菌。

生长环境严格厌氧，有鞭毛，没有荚膜。在葡萄糖血液琼脂中，能够形成灰白色、扁平、边缘不整齐、呈 β 型溶血的圆形菌落（图18-2）。

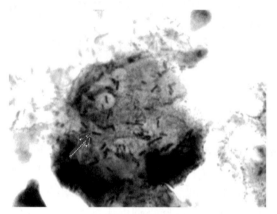

图 18-1　气肿疽梭菌豚鼠肝脏触片
（革兰氏染色）（彭小兵）

本菌繁殖体对环境的抵抗力不强，但该菌形成芽孢后，这些芽孢对消毒药、湿热、寒冷等各种理化因素具有很强的抵抗力，可在土壤中存活 5 年以上，在腐败尸体中可存活 3 个月。经煮沸 20min、3％福尔马林处理 15min 或 0.2％升汞处理 10min 方可杀死芽孢。芽孢一般可以通过深部创伤或手术时感染动物。此外，气肿疽梭菌芽孢还可以经过动物口腔和咽喉创伤侵入组织，或者从胃肠黏膜侵入血液中。一旦条件适宜，这些原本保持休眠状态的芽孢便被激活萌发，并形成气肿疽梭菌而迅速繁殖，从而产生多种外毒素（α、β、γ、δ 等）及神经氨酸酶。其中，α 毒素是一种最主要的致病性毒素，具有穿孔毒素和耐氧血红素的活性。上述几种毒素能够增加毛细血管壁的通透性，造成水肿、出血。此外，毒素能够引起肌肉细胞的坏死和崩解。由于毒素和组织崩解产物的作用，使局部皮肤温度降低，最终由于毒血症而致死。

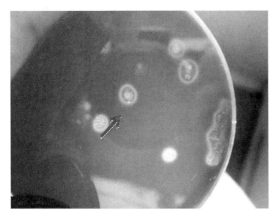

图 18-2 气肿疽梭菌绵羊血琼脂平板
培养 48h 菌落（彭小兵）

三、免疫学

所有气肿疽梭菌菌株共有 O 抗原，且与腐败梭菌共有芽孢抗原。菌体及毒素均具有免疫原性。鞭毛有相变，有抗原性，鞭毛免疫和鞭毛独特型抗体能提供保护。常用气肿疽梭菌全菌培养物灭活后制苗来免疫动物。

本病常呈散发或地方性流行，易在潮湿或者低温的沼泽地带发生，夏季暴发病例较多，有一定的地区性和季节性，且与蛇、蚊、蝇的间接传播有关。自然状态下，黄牛是最容易发病的偶蹄兽，发病年龄为 6 个月至 2 岁，且肥壮牛较瘦弱牛更加容易发病。实验动物中，豚鼠的易感性最强。

本病的潜伏期较短，一般为 3～5d。患病动物初期不易发觉，常常突然发病，体温迅速升至 41～42℃。早期易出现跛行，继而肌肉部分发生肿胀，初期热而痛，后期肿胀中央变冷、无痛，患部皮肤干硬、呈暗红色或黑色，有时形成坏疽，切开患处后，从切口流出带泡沫的暗红色液体。触诊肿大部位有捻发音。后期体温下降或稍微回升，随即呼吸困难，心脏衰竭而死亡。

本病的主要病理变化为：尸体轻微腐败并显著膨胀，肺部明显水肿，天然孔流出血色液体。患部皮肤正常或者坏死，皮下组织呈红色或金黄色胶样浸润。患处肌肉切面为红黑色，呈疏松多孔的海绵状，肌纤维小泡样胀裂。腹腔有暗色液体，并常含有胶冻样物质。全身淋巴结肿大，胆囊、肝及肾等脏器常充血、肿大。

采集病料并且接种厌氧培养基进行培养分离，

也可将疑似气肿疽的病料或其在厌气肉肝汤中的培养物进行相关处理后肌内注射豚鼠，观察豚鼠的变化。如豚鼠在 24～48h 死亡且注射部位肌肉切面呈黑红色并有泡沫状液体流出，即可初步判断为气肿疽梭菌感染。

聚合酶链式反应（PCR）技术以其灵敏、快速，以及特异性强的优点被用来进一步诊断气肿疽梭菌感染。由于气肿疽梭菌感染主要引起牛的黑腿病，本病与腐败梭菌感染引起的恶性水肿症状相似。因此，对气肿疽梭菌和腐败梭菌的鉴别诊断尤为重要。近几年来国内外学者建立了多种 PCR 方法来鉴别这两种菌的感染，如以 16～23S rDNA 基因的扩增、以 spo0A 基因为目的基因建立的多重实时 PCR 方法、TPI 基因 Taqman 实时 PCR 方法、以鞭毛基因为目的基因的扩增，以及以 16～23S rDNA 和 α 毒素基因为目的基因二重 PCR 方法等。

四、制品

（一）气肿疽灭活疫苗

由于气肿疽病程较短、死亡急骤等特点，对于这种疾病主要采取接种疫苗进行预防的方针。通常在每年的春秋两季给家畜注射疫苗，特别是在气肿疽暴发过的地区或邻近地域。

气肿疽梭菌疫苗主要是全菌灭活疫苗，而制作此类疫苗的关键是如何选用好的菌种和培养物。免疫原性良好的气肿疽梭菌菌种是获得优良气肿疽灭活疫苗的基础，由于气肿疽梭菌能够产生外毒素且外毒素是主要的免疫原，因此，需要选择产生外毒素良好的菌株作为制苗菌株。菌种可以通过接种无糖厌气肉肝汤或者多蛋白胨牛心汤半固体培养基培养传代保存，也可真空冻干保存。

合适的制苗用培养基是制备高质量气肿疽灭活疫苗的保障，因为只有合适的培养基才能使气肿疽梭菌产生较强毒力的外毒素。因此在制备培养基时，要严格按照规定进行制备，肉和肝要新鲜，蛋白胨应适应于毒素产生，葡萄糖、糊精或者可溶性淀粉等要按照具体情况添加。此外，对培养基灭菌的温度和时间也要严格掌握。

由于气肿疽梭菌产生的外毒素是该菌的主要致病因子，因此良好的杀菌脱毒效果是制备气肿疽灭活疫苗的前提。在灭活气肿疽梭菌的同时还要使外毒素失去致病性成为类毒素，从而保障疫苗的安全。

添加合适的佐剂是提高气肿疽灭活疫苗效果的重要途径。早期的气肿疽梭菌灭活疫苗没有添加佐剂，但是为了提高疫苗的免疫效果，将明矾佐剂应用到气肿疽梭菌灭活疫苗中后，效力有所提高。

气肿疽灭活疫苗的不同物理形态是满足不同需求的有效方法。气肿疽灭活疫苗主要包括干粉疫苗和液体疫苗两类，前者便于保存和运输，但制备成本略高于后者。液体疫苗的制备方法和工序比较简单，但运输和储存效果低于干粉疫苗。

国内的气肿疽疫苗主要以灭活疫苗为主，该灭活疫苗中既有菌体又含有类毒素。一般是将气肿疽梭菌接种适宜的培养基，收获培养物后用甲醛灭活后制成，或者灭活后加入钾明矾免疫动物。一般对于梭菌毒素所造成的生物疾病，类毒素常常作为非常有效的疫苗被广泛使用。多联苗是达到同时预防多种疾病的主要手段。在国内，开始多为气肿疽灭活疫苗单苗，后来相继出现了多联苗，如文希喆等于 20 世纪 80 年代研制成功的包括气肿疽在内的八种组分的干粉菌苗，既可单独使用又可根据疫情需要配制多种联苗。

在国外、特别是美国，一般采用类毒素多联苗或者全菌多联苗来进行预防接种，以达到同时预防多种疾病的目的。其中，通常与气肿疽梭菌（类毒素）组合的细菌主要有：腐败梭菌（*C. septicum*）、溶血梭菌（*C. haemolyticum*）、诺维梭菌（*C. novyi*）、索氏梭菌（*C. sordellii*）、产气荚膜梭菌 C 型及 D 型（*Perfringens types* C & D）、破伤风梭菌（*C. tetani*）、牛摩拉氏菌（*Moraxella bovis*）、多杀性巴氏杆菌（*Pasteurella multocida*）等。

（二）抗气肿疽血清

抗气肿疽血清也常用于牛气肿疽的预防和治疗。通常用气肿疽梭菌接种于适宜的培养基培养，用甲醛灭活脱毒后制成免疫原，多次免疫健康牛或马，采血分离血清，加适当防腐剂制成。

（三）制品效力检验

气肿疽灭活疫苗的效力检验，国内外均采用免疫攻毒法进行。国内用疫苗对豚鼠进行一次免疫后，肌内注射气肿疽强毒菌液至少 0.2 mL，

"对照 2/2 死亡，免疫至少 3/4 保护"判为合格；而国外用疫苗对豚鼠进行二次免疫后，肌内注射 $100LD_{50}$ 的气肿疽强毒菌液，"对照 $\geq 4/5$ 死亡时，免疫 $\geq 7/8$ 保护；或对照 $\geq 8/10$ 死亡时，免疫 $\geq 12/16$ 保护"判为合格。

五、展望

由于本病的潜伏期较短，常常突然发病，因此，及早做出诊断尤为重要。目前，传统诊断法，以及近来建立的间接 ELISA 和 PCR 方法均存在试验复杂、耗时长、无法满足就地检查的需要等缺点，而研制出能对气肿疽梭菌做出快速诊断的方法和材料，将是未来预防和治疗本病的重要保障。

目前国内用于预防气肿疽的疫苗主要是气肿疽梭菌通过传统工艺培养后经过灭活而制成的全菌苗，缺少单纯的类毒素疫苗。为了简化免疫程序，使用包括气肿疽梭菌在内的多联全菌苗或类毒素苗将会成为预防气肿疽的主要手段。

（杜吉革　彭小兵　李旭妮　蒋玉文　丁家波）

主要参考文献

陆承平，2013. 兽医微生物学［M］. 北京：中国农业出版社.

农业部兽用生物制品规程委员会，2000. 中华人民共和国兽用生物制品规程（二〇〇〇年版）［M］. 北京：化学工业出版社.

王明俊等，1997. 兽医生物制品学［M］. 北京：中国农业出版社.

中国兽药典委员会，2011. 中华人民共和国兽药典（二〇一〇年版三部）［M］. 北京：中国农业出版社.

中国兽医药品监察所，中国兽医微生物菌种保藏管理中心，2002. 中国兽医菌种目录［M］. 北京：中国农业科学技术出版社.

Garofolo Q, Galante D, Serrecchia L, et al, 2011. Development of a real time PCR Taqman assay based on the TPI gene for simultaneous identification of *Clostridium chauvoei* and *Clostridium septicum*［J］. Journal of Microbiological Methods, 84 (2)：307-311.

Halm A, Wagner M, Kofer J, et al, 2010. Novel real time PCR assay for simultaneous detection and differentiation of *Clostndium chauvoei* and *Clostridium septicum* in *clostridial* myonecrosis［J］. Journal of Clinical Microbiology，48（4）：1093-1098.

Lange M，Neubauer H，Seyboldt C，2010. Development and validation of a multiplexreal time PCR for detection of *Clostridium chauvoei* and *Clostridium septicum*［J］. Molecular and Cellular Probes，24（4）：204-210.

第二节　肉毒梭菌中毒症

一、概述

肉毒梭菌中毒症简称肉毒中毒（botulism），是机体经消化道或伤口摄入肉毒梭菌（*Clostridium botulinum*）或其外毒素肉毒毒素（botulinum neurotoxin，BoNT）引起的一种急性、高度致死性、中毒性疾病。临床上以恶心、呕吐及中枢神经系统症状、运动器官迅速麻痹为主要表现。本病在世界各地均有分布。人肉毒中毒最初由克纳（Kerner，1820）报道，并在1896年由范厄梅金（van Ermengen）从火腿中分离到病原。我国于20世纪60年代初在西北地区发现家畜患有本病。预防本病的疫苗主要是灭活疫苗和类毒素疫苗，血清制品有各毒素型的抗毒素血清用于肉毒中毒的被动免疫治疗，同时，利用肉毒毒素的剧毒性制备的生物灭鼠剂在灭鼠方面有着十分广泛的应用。此外，肉毒毒素的神经麻痹作用在医学神经疾病治疗和面部美容领域都有了深入的发展。

二、病原

肉毒梭菌是一种革兰氏阳性芽孢梭菌，严格厌氧，为多形态，呈直杆状或稍弯曲，两端钝圆，多单在或成双，无荚膜，有周鞭毛，能运动。易于在液体和固体培养基上形成芽孢，芽孢卵圆形，位于菌体近端。芽孢耐热性极强，一般煮沸（100℃）不能将其彻底杀死，经20%甲醛24h或是121℃15min才能将其杀灭。本菌为腐生性细菌，广泛分布于土壤，海洋和湖泊的沉积物，哺乳动物、鸟类和鱼的肠道，饲料及食物中。正常情况下，在机体内不能生长繁殖，即使进入人和动物消化道亦随粪便排出。在适宜营养的厌氧环境中，可生长繁殖并产生肉毒毒素，其最适产毒温度25～30℃，最适pH7.8～8.2。

肉毒梭菌分型以临床致病性为依据认为是一种，根据16S rRNA本菌分4个生物群（I～IV），基因水平鉴定分属于4个种。依所产肉毒毒素的抗原性，将菌株分为A、B、C、D、E和F型等。C型肉毒梭菌有2个亚型，即Cα和Cβ（或称C1和C2）。C、D型菌主要导致动物肉毒中毒症。

肉毒毒素是肉毒梭菌在专性厌氧环境中产生的一种蛋白类神经毒素，是目前已知毒素中毒性最强的一种，是氰化钾毒力的1万倍，1mg即可杀死100万只豚鼠或2亿只小鼠，对人的致死量约为0.1μg。肉毒毒素抵抗力较强，在干燥密封和阴暗条件下可保存多年，且无色、无嗅、无味，不易被人察觉，正常胃液和消化酶于24h内不能将其破坏。对碱敏感，pH8.5以上即可被破坏。0.1%高锰酸钾、100℃经20min可使其迅速破坏，失去毒力。能以气溶胶形式施放，作为有效的生物毒素战剂，美国疾病控制中心认为其是最危险的6种A类生物恐怖因子之一。

肉毒毒素对所有温血动物和冷血动物均有作用，在家畜中以马最为易感，猪最迟钝。A、B、E、F型均可引起人食物中毒，A型最多见。A、B型毒素引起马、牛、水貂等动物饲料中毒，C型毒素为马、牛、羊以及水貂肉毒中毒症和水禽软颈病的主要病因，D型毒素是牛、绵羊肉毒中毒的病因。

肉毒毒素先以无毒性的前体形式释放出来，即神经毒素和血凝素或非血凝活性蛋白的复合体，经肠道中的胰蛋白酶或细菌产生的蛋白酶作用后方具有毒性；经肠道吸收，作用于脑神经核、神经节头以及植物神经末梢，阻断乙酰胆碱释放，引起运动神经末梢功能失调，导致肌肉麻痹。

肉毒梭菌A、B、E、F型毒素基因位于染色体上，C和D型毒素基因位于特异性噬菌体上。虽各型所产毒素在免疫学特性、毒力、自然致病动物类型上各不相同，但是它们的结构和生化作用极为相似。通常BoNTs前体为相对分子质量约150 kDa的单链，经内源性或外源性蛋白酶作用产生切口，形成以二硫键相连的双链结构，其中相对分子质量约50 kDa的较小片段为轻链（light chain，LC），与毒素的生物学活性有关，具有锌依赖性金属内肽酶活性；100 kDa的较大片段为重链（heavy chain，HC），负责与受体的结合及轻链内化，本身不具毒性。

三、免疫学

大多数菌株只产生一种毒素，用各型毒素或类毒素免疫动物，只能获得中和相应型毒素的特异性抗毒素。有些可产生两种，但其中一种占优势，如 Ab、Af、Ba、Be、Bf，有些产生 C/D 嵌合毒素，但没有菌株可以同时产生 C 和 D 两种毒素，C、D 毒素有共同的表位，多抗有交叉反应。

四、制品

（一）灭活疫苗

目前针对本病的灭活疫苗一般是将特定毒素型的肉毒梭菌接种适宜培养基培养后，获得高浓度的含毒素菌液，经甲醛溶液灭活脱毒后，加入适当的佐剂或干燥处理，制成类毒素和灭活细菌的混合疫苗，用于预防相应毒素型的肉毒中毒。也可将多种毒素型按适当比例混合制成多价苗，或是与预防其他疾病的疫苗一同制成联苗。

我国使用的有肉毒梭菌中毒症（C 型）灭活疫苗，皮下注射羊 4mL、牛 10mL、骆驼 20 mL、水貂 1mL，效果良好，免疫期 24 个月。C 型肉毒梭菌与产气荚膜梭菌 B、C、D 型及诺维梭菌、破伤风梭菌各 1～2 株混合制成羊梭菌病多联干粉灭活疫苗。干粉疫苗较水剂疫苗在实际应用中，具有易保存、用量小、使用方便的特点。

美国有人将 C 型肉毒梭菌与病毒性肠炎病毒、假单胞菌、犬瘟热病毒等制成二联、三联及四联苗用于水貂。效力检验用 5 只以上易感水貂，皮下注射 1 头份，一次免疫 21～28d 后，腹腔注射攻击毒素 10 000 MLD 的小鼠致死剂量，观察 7d，要求对照≥2/3 死亡，免疫≥4/5 保护。另有研究表明，将 D 型肉毒梭菌制成磷酸铝灭活菌苗，在家兔及豚鼠均表现出很好的免疫效果。

（二）类毒素

肉毒毒素毒性极强，不宜直接作为抗原，经甲醛灭活制成类毒素，接种动物后可有效预防本病。在本病多发地区，可采用同型或多价类毒素进行免疫接种，免疫期可持续 6～12 个月。目前美国、德国和俄罗斯等少数国家研制和储存了单价、三价和五价的肉毒梭菌类毒素疫苗，保护期最长可维持 30 年，主要用于高危实验室工作人员

和执行特殊任务军人的预防接种。在兽医领域，美国兽用生物制品 B 型肉毒梭菌类毒素的应用已经十分成熟。同时，在澳大利亚和非洲的一些国家，每年对貂、牛、羊、雉等畜禽进行类毒素免疫。有研究者制备了 C、D 型二价类毒素疫苗用于牛的免疫试验。结果显示免疫动物血清中可检测到较高的抗体水平，并且可以有效降低动物体外排毒。我国有研究者将制备的 C 型肉毒梭菌毒素纯化，用分段脱毒法脱毒后，进行类毒素免疫攻毒保护试验，结果证实，纯化后的 C 型肉毒类毒素具有很好的免疫原性。但目前尚没有成熟的类毒素产品作为类毒素疫苗和抗毒素血清制备用免疫抗原。

（三）抗毒素血清

抗毒素不能灭活已结合在神经肌肉连接处的毒素，因此，已经存在的神经损害不能迅速逆转，但可以延缓或阻止病情的进一步发展。一旦临床诊断为肉毒中毒，应立即用多价抗毒素血清进行治疗。若毒素型别已经确定，则应用同型抗毒素血清，是对本病最为有效的治疗方法，同时可用于肉毒毒素的检测和毒素型的确定。其一般制备方法是，用肉毒梭菌灭活疫苗多次免疫动物后，再经大剂量静脉注射毒素后，采血，测定中和效价，获得抗毒素血清。

抗毒素血清主要应用于临床医学中，我国兰州生物制品研究所就生产有 A、B、E 型抗肉毒毒素马血清。美国、德国储备有高品质的单价和多价马血清，同时有一种人源抗肉毒毒素免疫球蛋白在婴儿型肉毒中毒症的治疗还处于临床试验中。有研究人员利用无毒性的重组肉毒毒素免疫健康母鸡，制备得到了高效价的卵黄抗体，用于中毒症的治疗。此外，随着现代分子生物学技术的快速发展，对抗肉毒毒素的单克隆抗体、基因工程抗体的研究，以及将其制备成 ELISA 试剂应用于肉毒中毒的毒素型确诊和治疗方面也取得了一定进展。

（四）灭鼠剂

在我国肉毒毒素作为一种重要生物灭鼠剂被推广使用。目前较多的生物毒素灭鼠制剂主要为肉毒梭菌 A、C 和 D 型，其中 C 型肉毒梭菌生物杀鼠剂已得到一定范围的应用。1985 年青海省兽医生物药品厂在青海省首次应用 C 型肉毒梭菌毒素杀灭高原鼠兔，剂型分液体制剂和冻干剂 2 种。

肉毒毒素作为生物灭鼠剂，具有毒性强、用量少、多次接触不产生耐药性、有蓄积毒性、无异味、适口性良好、易溶于水、还具有蛋白质的生化属性，能被环境因素降解、半衰期短、不污染环境，对高原鼠兔、鼢鼠、草原鼠、家鼠均有毒杀作用，适合于规模灭鼠。由于其蛋白质性质较化学毒素对保存和使用条件的要求较高，用甘油或明胶磷酸盐作为缓冲对于保存肉毒毒素有较好的作用。

（五）疾病治疗与美容除皱

基于肉毒毒素有神经麻痹的药理作用，可将其用于肌张力障碍性疾病的治疗。同时肉毒毒素小剂量局部注释能够有效地抑制胞吐，又不引起强烈免疫反应等主要副作用，可以反复多次注射使用，如果抗体产生，可以换用别的血清型毒素继续此治疗，故其在多种人疾病治疗中的应用得到快速发展。主要包括：肌肉过度收缩和神经肌肉紊乱症状，如肌纤维肌颤搐、磨牙症、消化道痉挛等，以及整形、神经外科手术后的肌肉松弛阶段；腺体分泌过多症状，疼痛症状，如肌筋膜疼痛、紧张性头痛、偏头痛、颈源性头痛等。治疗用 A 型肉毒毒素采用到等电位点沉淀、磷酸盐提取、核糖核酸酶处理、DEAE－A50 离子交换层析、硫酸铵浓缩及自然结晶等程序从 A 型肉毒梭菌培养物中提取，并经稀释冻干而成。

近年来肉毒毒素应用增长最快的是美容外科领域，肉毒毒素可使神经肌肉麻痹，表情肌不能收缩，就不会产生皱纹，从而达到除皱目的。自 90 年代初，Carruthers 将其应用于减轻面部皱纹，从此在面部年轻化方面得到迅速发展。它疗效快、效果好，且安全、可靠，病人痛苦少，方法简单易行而便于推广。肉毒制剂对抬头纹、鱼尾纹的治疗非常有效。A 型肉毒毒素自 1989 年 12 月 FDA 批准上市以来，应用于神经科、眼科、耳鼻喉科治疗神经肌肉疾病和除皱美容外科，都取得了良好的疗效，先后在美国、英国和我国作为治疗制剂正式投产。但不同国家和厂家生产的制剂，在制备方法、效力标定及临床应用等方面均有差异。其他型毒素在这些领域的应用也得到商品化推广。

五、展望

由于肉毒毒素是肉毒梭菌主要的致病性毒力因子，也是防治肉毒中毒症的关键免疫原，同时其在疾病治疗方面得到深度应用，因此有关肉毒毒素结构与功能的研究一直是热点。但是肉毒毒素的制备与纯化过程复杂、生产条件要求高，特别是对生产和研究人员的健康存在风险。利用分子生物学技术，制备重组肉毒毒素可以有效地克服这些弊端。有关重组毒素的结构、生物活性及基因重组表达有毒性、无毒性或是受体结合部分，应用于毒素功能位点研究和预防肉毒中毒症基因工程疫苗、毒素重链重组嵌合 LTB 疫苗，以及 DNA 疫苗的研究正逐步走向深入。目前，美国已完成 A、B、E、F 型毒素重组疫苗的实验室研究阶段，即将进入临床前试验。

虽然肉毒中毒的发病率很低，但病症严重且死亡率高。肉毒中毒对于畜牧业和食品安全，以及公共卫生都是不可忽视的因素，被认为是最重要的致死性生物战剂和生物恐怖剂，对社会安全与民众健康有着潜在的威胁。因此，加强肉毒中毒的免疫预防研究推广，开展防御型储备工作，推进肉毒毒素治疗制剂的研究，对于国家安全、医疗卫生和畜牧兽医事业的发展都具有十分重要的意义。

（彭国瑞　彭小兵　马　欣　蒋玉文　丁家波）

主要参考文献

陆承平，2013. 兽医微生物学 ［M］. 北京：中国农业出版社.

孟露露，2006. 基于表位预测的抗 B 型肉毒毒素基因工程抗体的研究 ［D］. 北京：中国人民解放军军事医学科学院.

阎高峰，张西云，陆艳，2001. 肉毒梭菌毒素灭鼠研究进展 ［J］. 草业科学，18（6）：55-59.

Brin MF, James C, Maltman J, 2014. *Botulinum* toxin type A products are not interchangeable：A review of the evidence ［J］. Biologics, 8：227-241.

Brooks C E, Clarke H J, Finlay D A, et al, 2010. Culture enrichment assists the diagnosis of cattle botulism by a monoclonal antibody based sandwich ELISA ［J］. Veterinary Microbiology, 144（1/2）：226-230.

Cunha C E, Moreira G M, Salvarani F M, et al, 2014. Vaccination of cattle with a recombinant bivalent toxoid against *Botulism* serotypes C and D ［J］. Vaccine, 32（2）：214-216.

Krüger M, Skau M, Shehata AA, et al, 2013. Efficacy of *Clostridium botulinum* types C and D toxoid vaccination in Danish cows [J]. Anaerobe, 23: 97 - 101.

Luvisetto S, Gazerani P, Cianchetti C, et al, 2015. *Botulinum* toxin type A as a therapeutic agent against headache and related disorders [J]. Toxins (Basel), 7 (9): 3818 - 3844.

Scott V L, Villarreal D O, Hutnick N A, et al, 2015. DNA vaccines targeting heavy chain C-terminal fragments of *Clostridium botulinum* neurotoxin serotypes A, B, and E induce potent humoral and cellular immunity and provide protection from lethal toxin challenge [J]. Human Vaccines and Immunotherapeutics, 11 (8): 1961 - 1971.

第三节　破伤风

一、概述

破伤风（Tetanus）是由破伤风梭菌（*Clostridium tetani*）经伤口感染引起的一种急性、创伤性、中毒性人畜共患病。破伤风又名强直症，俗称锁口风，幼畜破伤风又称脐带风。基本特征是病畜全身骨骼肌肉或部分肌肉呈现阵发性或持续性痉挛，对外界刺激的神经反射性增强，最后死于窒息及全身性衰竭。本病早在希波克拉底时代就已发现，但直到 1884 年，Carle 和 Rattone 把破伤风伤口分泌液注入家兔，才成功地复制出破伤风。

破伤风梭菌在自然界分布广泛，厩舍、场地、土壤和牛、羊、马等家畜的肠道和粪便等均可含有破伤风梭菌。破伤风的易感动物范围很广，不同品种、年龄、性别的动物均可发生，一般认为马、骡、驴最易感，猪、羊、牛次之，犬、猫发病较少，禽类和冷血动物不敏感，幼龄动物比成年动物更敏感。实验动物中，豚鼠易感，小鼠次之，家兔较差，鸡则有抵抗力。针对破伤风的预防和治疗，国内兽医生物制品主要有破伤风类毒素、羊梭菌病多联干粉灭活疫苗及破伤风抗毒素。国外除破伤风类毒素、破伤风抗毒素外，还有脑脊髓炎、破伤风类毒素二联苗，脑脊髓炎、流感、破伤风类毒素三联苗，脑脊髓炎、流感、西尼罗病、破伤风类毒素四联苗等灭活疫苗。

二、病原

破伤风梭菌属于梭菌属（*Clostridium*），为

革兰氏阳性严格厌氧菌，两端钝圆，呈细长、正直或略弯曲的杆菌，大小为（0.5～1.7）μm×（2.1～18.1）μm，多单在，有时可成双。无荚膜，有周鞭毛，能运动。在动物体内外均能形成圆形芽孢。成熟的芽孢呈正圆形，位于菌体一端，芽孢较菌体大，故芽孢体呈鼓槌状（图 18-3）。

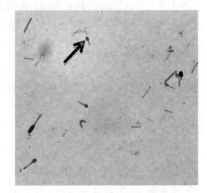

图 18-3　芽孢体呈鼓槌状的破伤风梭菌
（革兰氏染色，李旭妮）

此菌为严格厌氧菌，最适生长温度为 37℃，在 25℃ 或 45℃ 生长微弱或不生长。最适 pH 为 7.0～7.5。营养要求不高，在普通培养基中即能生长，在一般琼脂表面不易获得单个菌落，易扩散成薄膜状覆盖整个平板表面，在湿润固体培养基表面可形成较长的丝状，在高浓度琼脂平板上可形成 1 mm 以上的不规则菌落，中心紧密，周边疏松，似羽毛状。在血琼脂平板上可形成直径 4～6 mm 的菌落，常伴有 β 溶血环。在厌气肉肝汤、疱肉培养基中，轻微混浊生长，肉渣部分被消化并微变黑，产气，生成甲基硫醇及硫化氢。

菌体抵抗力不强，煮沸 10～90min 即可致死，但芽孢在外环境中极稳定，在土壤中可存活几十年，150℃ 干热 1h 才可致死芽孢，但对碘的水溶液及中性（或弱碱性）戊二醛溶液敏感。芽孢在自然界分布广泛，从土壤和人、动物的粪便中都能分离到。

破伤风的发生多是由外伤所致，如去势、手术、断尾、产后感染等。破伤风梭菌芽孢侵入创伤后，如果局部组织血循环良好、供氧充足，芽孢不能出芽生长，且易被吞噬细胞吞噬，此时不会形成破伤风；只有当伤口形成厌氧环境时，芽孢才能生长繁殖，产生大量毒素，形成破伤风。造成局部组织形成厌氧环境的辅助条件有：伤口深而窄，内有坏死组织或血块充塞，有泥土或异物进入伤口刺激组织发炎坏死或同时伴有厌氧菌

感染等。具备上述任一条件，均易形成厌氧环境使破伤风梭菌芽孢生长繁殖、产毒致病。除外伤感染引起的破伤风外，还有新生动物破伤风、慢性中耳炎引起的破伤风。

三、免疫学

破伤风梭菌有菌体抗原和鞭毛抗原。菌体抗原各型相同，而鞭毛抗原有型特异性，包括 10 个血清型，各型菌所产生外毒素的生物活性和免疫活性均相同，可被任何型的抗毒素中和。本菌可产生两种外毒素，一种为破伤风溶血素（tetanolysin），只在培养初期产生，以后逐渐减少并消失；另一种为破伤风痉挛毒素（tetanospasmin），是一种神经毒素，与破伤风梭菌的致病性有关，即通常所指的破伤风毒素（tetanus toxin）。破伤风毒素具有良好的免疫原性，可刺激机体产生特异性的抗体，但外毒素的毒性作用极强，对人的致死量小于 1 μg。破伤风毒素甲醛脱毒后可制成没有毒性、有强免疫原性的破伤风类毒素（tetanus toxoid），并且继续精制后，可作为疫苗给人和动物进行免疫接种，能有效预防破伤风的发生。

破伤风毒素是已知最毒的毒素之一，仅次于肉毒梭菌毒素。国外学者于 20 世纪 80 年代研究证明，破伤风毒素是由 1 315 个氨基酸组成的、分子质量约为 150 kDa 的蛋白质。破伤风梭菌最初在体内表达的破伤风毒素是一条无活性的单一多肽链，随后，破伤风毒素在分泌过程中被蛋白酶裂解成两条由单一二硫键连接的重链和轻链。50 kDa 的轻链（A 片段）作为锌依赖的肽链内切酶而存在，是毒素的活性部分。重链则包含两个分别为 50 kDa 的结构域。重链的 C 末端（C 片段）是神经节苷脂结构域，识别神经肌肉结点处运动神经元外胞浆膜上的受体并与之结合，促使毒素进入细胞内由细胞膜形成的突触小泡中。突触小泡从外周神经末梢沿神经轴突逆行向上，到达运动神经元细胞体，通过跨突触运动（transsynaptic movement），小泡从运动神经元进入传入神经末梢，最后进入中枢神经系统。与中枢神经系统的抑制性突触前膜的神经节苷脂结合，阻断该突触释放抑制性介质（如脊髓内的甘氨酸和脑中的 γ-氨基丁酸），运动神经元抑制解除，骨骼肌持续兴奋，发生痉挛，造成破伤风特有的牙关紧闭、角弓反张等症状。重链的 N 末端（B 片段）是迁移结构域，在脂质双分子层中形成离子通道，把发挥催化作用的结构（轻链）运送到神经元的胞液中去；活性的轻链与神经元胞液中的 SNARE 蛋白复合物相互作用，抑制乙酰胆碱的释放，从而阻断神经传导，使肌肉活动的兴奋与抑制失调，造成强直性痉挛，引起局部肌肉收缩或震颤，导致呼吸功能紊乱，进而发生循环障碍和血液动力学的扰乱，出现脱水、酸中毒。这些扰乱成为破伤风患者和患畜死亡的根本原因。

从破伤风毒素作用的机制可以看出，破伤风毒素通过 C 片段与神经元表面的受体结合，而这种结合是破伤风毒素 A 片段和 B 片段发挥毒性作用的先决条件。Helting、Matsuda、Fairweather 等通过 HPLC 法分别纯化了 A、B、C 3 个片段，并分别测定了 A、B、C、AB 和 BC 片段的免疫活性。结果表明，在小鼠中，C 片段的免疫活性与毒素的免疫效果相当。其他研究人员在此基础上又做了大量工作，获得了突破性的进展，揭示出 C 片段为免疫原所必需，而针对这部分抗原决定簇群的抗体具有毒素中和活性的作用。

四、制品

破伤风梭菌在自然环境中普遍存在，很容易通过伤口感染机体，导致发病。并且机体免疫后不能获得终身免疫力，当该菌再次侵袭机体时仍会发病。因此，必须通过免疫接种预防破伤风的发生。

（一）灭活疫苗

目前针对该病的灭活疫苗为含有破伤风组分的羊梭菌病多联干粉灭活疫苗，系用免疫原性良好的破伤风梭菌接种于 8% 甘油冰醋酸肉汤或破伤风培养基培养，将培养物经甲醛溶液灭活脱毒后，用硫酸铵提取冷冻干燥或直接雾化干燥，制成单苗或再按适当的比例加入腐败梭菌及产气荚膜梭菌 B、C、D 型和诺维梭菌、C 型肉毒梭菌干粉制成不同的多联苗，单苗用于预防破伤风，多联苗根据成分不同可以预防破伤风、羔羊痢疾、羊快疫、羊猝狙、肠毒血症、黑疫和肉毒中毒症。使用时，按瓶签标注的头份，以 20% 氢氧化铝胶生理盐水溶液溶解，充分混匀后，不论羊只年龄大小，均肌内注射或皮下注射 1mL，免疫期为 24 个月。

（二）破伤风类毒素

破伤风类毒素系用产毒力强的破伤风梭菌接种于适宜培养基，产生外毒素，经甲醛灭活脱毒后制成，用于预防破伤风。

最初普遍使用原制破伤风类毒素进行免疫接种，这种类毒素免疫效果好，但人接种后副反应很大，甚至有过敏休克死亡的病例。这主要是在原制类毒素中存在着大量的在培养基中水解不完全的蛋白成分，引起过敏反应。为了减轻接种的副反应，对原制破伤风类毒素进行精制纯化，经过超滤、硫酸铵沉淀等方法，制备出了精制破伤风类毒素。通过疫苗的免疫使用观察，精制破伤风类毒素接种后副反应比原制类毒素显著减少，但免疫效果不如原制类毒素。为了提高免疫效果，1940年Holt用磷酸铝吸附精制类毒素。经过不断改进，目前世界各国基本都采用铝佐剂吸附精制破伤风类毒素，用于人的免疫接种。

精制破伤风类毒素的生产工艺有两种：①先脱毒后精制；②先精制后脱毒。国外学者推荐采用第二种工艺。认为前者在脱毒的过程中，甲醛极容易与毒素分子交联，后期提纯较困难，但后者在精制过程中对操作人员存在潜在危险，目前国内大多采用后者精制类毒素。

自1923年Ramon制出有抗原性的类毒素至今，用于人破伤风类毒素应用于疫苗中主要有4种形式：①白喉、百日咳、破伤风三联苗（DTwP），主要用于7岁以下儿童接种；②白喉、破伤风二联苗（DT），主要用于对百日咳菌体成分有严重过敏的7岁以下儿童接种；③白喉、破伤风二联苗（Td），与DT相比白喉类毒素在疫苗的组成中占有比例少，主要用于成年人接种，因为成年人对百日咳有较强的抵抗力，对白喉也不敏感；④破伤风单价疫苗（TT），应用不普遍，只有在机体有创伤时才被应用。

用于动物的破伤风类毒素疫苗，主要用于马、驴、鹿、羊等家畜破伤风。使用时，马、骡、驴、鹿皮下注射1.0mL，幼畜0.5mL，经6个月需再注射一次；绵羊、山羊皮下注射0.5mL。注射后1个月产生免疫力，免疫期为24个月；第二年再次免疫，免疫期为48个月。

（三）破伤风抗毒素

破伤风抗毒素早在1980年被Behring和

Kitasato发现，他们在注射过破伤风毒素的豚鼠和家兔血清中证明有中和该毒素的物质，给其他动物注射这种血清，能抵抗破伤风的感染。目前，制造破伤风抗毒素需用健康马经基础免疫后，再用产毒能力强的破伤风梭菌制备的免疫原进行高度免疫，采血、分离血清，加适当防腐剂制成或经处理制成精制抗毒素，用于预防和治疗破伤风。

五、展望

破伤风毒素为破伤风杆菌的主要致病因素，并且破伤风类毒素具有良好的免疫原性，因此目前研究方向主要集中于破伤风毒素。

亚单位疫苗 破伤风毒素由A、B和C 3个片段组成。将A、B、C和BC片段分别免疫小鼠或豚鼠后，其中A不能诱导产生抗毒素，B、C和BC均有免疫活性，能有效地诱导机体的免疫应答，且可以避免其他蛋白所引起的过敏。由于B片段仍保留有毒性作用，故而一般研究最多的是C片段，认为该片段是有发展前途的亚单位疫苗的候选者。

佐剂 破伤风类毒素聚乳酸微球在动物体内的免疫效果证明，动物用单剂破伤风类毒素聚乳酸微球免疫后，一次注射就完成了全程免疫。用羟二咪唑将葡聚糖与破伤风类毒素交联在一起，能起到缓慢释放抗原的作用，使用单剂量注射免疫可以诱导抗体水平维持至12个月，并可以减小注射部位的副作用。

（李旭妮 杜吉革 彭小兵 蒋玉文 丁家波）

主要参考文献

单艳菊，2007. 破伤风毒素C片段单克隆抗体的研制与鉴定［D］. 扬州：扬州大学.

刘婷，2005. 破伤风毒素C片段基因的克隆、表达及其产物的免疫生物学特性［D］. 扬州：扬州大学.

陆承平，2013. 兽医微生物学［M］. 北京：中国农业出版社.

农业部兽用生物制品规程委员会，2000. 中华人民共和国兽用生物制品规程（二〇〇〇年版）［M］. 北京：化学工业出版社.

王明俊等，1997. 兽医生物制品学［M］. 北京：中国农业出版社.

中国兽药典委员会，2011. 中华人民共和国兽药典（二〇一〇年版三部）[M]. 北京：中国农业出版社.

Ribas A V，Ho P L，Tanizaki M M，et al，2000. High level expression of tetanus toxin fragment C thioredoxin fusion protein in *Escherichia coli* [J]. Biotechnology and Applied Bionchemistry，31：91 - 94.

第四节　产气荚膜梭菌病

一、概述

产气荚膜梭菌（*Clostridium perfringens*）旧名魏氏梭菌（*C. welchii*）或产气荚膜杆菌，因分解肌肉和结缔组织中的糖，产生大量气体导致组织严重气肿，又能在体内形成荚膜，故名产气荚膜梭菌。该菌广泛分布于土壤及动物的消化道内。传统上以其产生的 4 种主要外毒素的不同，将其分为 A（α）、B（α、β、ε）、C（α、β）、D（α、ε）、E（α、ι）5 个型。产气荚膜梭菌是引起各种动物坏死性肠炎、肠毒血症、人食物中毒和创伤性气性坏疽的主要病原菌之一（表 18 - 1）。国内外均采用培养产气荚膜梭菌制备灭活疫苗或类毒素的方法来预防本病，除了制成单苗或多价苗外，还常与其他病原体一起制成联苗。用各型产气荚膜梭菌疫苗免疫动物制备血清，也常用于鉴别该菌的毒素型。

二、病原

产气荚膜梭菌菌体呈直杆状，两端钝圆，革兰氏阳性（图 18 - 4），陈旧培养物可变为阴性，大小（0.6～2.4）μm×（1.3～19.0）μm，无鞭毛，一般条件下罕见形成芽孢，在动物体内或含血清培养基内可形成荚膜。厌氧要求不严格，营养要求一般，A、D、E 型菌的最适生长温度为 45℃，B、C 型菌的最适生长温度为 37～45℃。在绵羊血平板上，可形成表面光滑、灰白色、半透明、圆屋顶样菌落，37℃接触空气放置一段时间后菌落可变为草绿色（图 18 - 5）。多数菌株产生双溶血环（图 18 - 6），内环完全溶血（θ 毒素），外环不完全溶血（α 毒素）；一些 B、C 型菌株在绵羊血或牛血平板上产生较宽溶血环（δ 毒素）。在牛奶培养基中，产生"暴性发酵"或"汹涌发酵"反应（图 18 - 7），为其典型特征。培养 8～10h 后，因发酵牛乳中的乳糖使牛乳酸凝，同时产生大量气体使乳凝块破裂成多孔海绵状，严重时被冲成数段，甚至喷出管外。在乳糖牛奶卵黄琼脂平板上，因卵磷脂酶（α 毒素）分解卵黄中的卵磷脂，菌落周围出现乳白色混浊圈。

本菌在含糖的厌气肉肝汤中，因产酸，于几周内即可死亡；而在无糖厌氧肉肝汤中能生存几个月。诱导形成芽孢可使用 Duncen-Strong（DSSM）培养基。在蛋白胨胆汁茶碱或蛋白胨胆汁茶碱淀粉培养基中，细菌成芽孢率最高，其中的茶碱对提高产气荚膜梭菌成芽孢的作用明显。90℃加热 30min 或 100℃经 5min 可杀死芽孢，但食物中毒型菌株芽孢耐热，需煮沸 1～3h 才能杀死。本菌分解糖的能力极强，可分解多种常见糖类，如葡萄糖、麦芽糖、蔗糖、乳糖、棉籽糖和海藻糖，不发酵甘露醇、水杨素，能液化明胶，产生硫化氢。

表 18 - 1　各型产气荚膜梭菌所致的主要疾病

型别	主要毒素	人的疾病	动物的疾病
A	α	人肌坏死（气性坏疽）	羊、牛、马、兔和其他动物气性坏疽；绵羊黄羔病
	α，CPE	人食物中毒；非食源性胃肠道疾病	犬、猪、马、驹和山羊肠炎
	α，NetB	未见报道	鸡坏死性肠炎
	α，β2	未见报道	在猪可能引起肠炎；在马可能引起小肠结肠炎
B	α、β、ε	未见报道	羔羊痢疾；羊、牛、马的坏死性肠炎和肠毒血症
C	α、β	人坏死性肠炎	羊猝疽；猪、羔羊、小牛、驹和其他动物（通常为新生的）坏死性肠炎和肠毒血症
D	α、ε	未见报道	绵羊、山羊和牛肠毒血症
E	α、ι	未见报道	兔、羔羊和牛肠毒血症

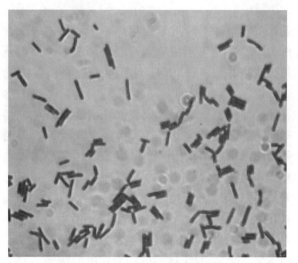

图 18-4　产气荚膜梭菌菌体形态
（革兰氏染色）（彭小兵）

图 18-5　产气荚膜梭菌绵羊血琼脂
平板示草绿色菌落（彭小兵）

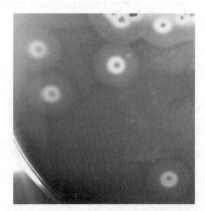

图 18-6　产气荚膜梭菌绵羊血琼脂平板
示典型双环溶血（彭小兵）

图 18-7　产气荚膜梭菌在牛奶培养基中
的"暴性发酵"反应

三、免疫学

梭菌属本身无侵袭力，致病性完全由毒素作用所致。外毒素简称为毒素，是某些病原菌在生长繁殖过程中所产生的对宿主细胞有毒性的可溶性蛋白质。大多数外毒素在菌体内合成后分泌于胞外，故名"外毒素"；但也有少数外毒素存在于菌体细胞的周质间隙，只有当菌体细胞裂解后才释放至胞外。外毒素通常具有菌种特异性，毒性作用极强且其毒性具有高度的特异性。外毒素具有良好的免疫原性，可刺激机体产生特异性的抗体，而使机体具有免疫保护作用，这种抗体称为抗毒素，可用于紧急治疗和预防。外毒素在一定浓度甲醛的作用下，经过一段时间脱毒，仍保留抗原性，称为类毒素。类毒素注入机体后，仍可刺激机体产生抗毒素，可作为疫苗进行免疫接种。

产气荚膜梭菌能产生强烈的外毒素和一些与侵袭力有关的酶类，有的菌株还可产生肠毒素（C. perfringens enterotoxin，CPE）、溶血素和血凝素等。到目前为止，已发现的外毒素至少有20种。很多菌株还产生肠毒素、β₂毒素、产气荚膜梭菌溶血素（PFO）、坏死性肠炎毒素（NetB）和产气荚膜梭菌大分子细胞毒素（TpeL）。各主要毒素的特性见表18-2。

（一）α毒素

α毒素在各型菌均产生，是最基本最重要的

毒力因子，为一种锌依赖蛋白酶，具有磷脂酶 C 和鞘磷脂酶两种活性。能破坏多种细胞的细胞膜，有溶血性、增加血管透性、血小板白细胞聚集性血管堵塞、肌肉坏死、心肌收缩减弱等致死活性。α毒素对 pH 比较稳定，在 pH 5～10 不影响其活性；CPA 不耐热，60～70℃ 就可失去活性，而进一步加热到 100℃ 时，又可以恢复部分活性；CPA 对胰酶敏感，2.5% 胰酶在 37℃ 作用 60min 可以使其完全失活。

表 18－2　产气荚膜梭菌主要毒素的特性

毒素	毒素基因所在位置	分子质量（ku）	LD50*（小鼠）	生物学特性	对胰酶的反应性	功能
α	染色体	43	3μg	坏死作用，溶血性，平滑肌收缩	敏感	磷脂酶 C；激活宿主细胞信号传输
β	质粒	35	<400 ng	皮肤坏死，水肿，肠毒性	敏感	孔形成
ε	质粒	34	100 ng	皮肤坏死，水肿，平滑肌收缩	毒素活化所需	孔形成
ι	质粒	Ia：48 Ib：72	40 μg	坏死作用	毒素活化所需	ADP-核糖基化作用
PFO	染色体	54	15 μg	坏死作用	敏感	孔形成
CPE	染色体/质粒	35	81 μg	红斑，肠毒性	毒素活化但非所需	孔形成
β2	质粒	28	160 μg	皮肤坏死，水肿，肠毒性	敏感	/
TpeL	质粒	191	600 μg	/	/	糖基化
NetB	质粒	33	/	溶血性	/	孔形成

注："＊"表示经静脉注射后每千克体重小鼠所需的毒素量；"/"表示在该特性上缺乏相关信息。

α毒素结构分析显示含有 2 个生物活性区：含单个酶活性位点的 N-端 α-螺旋区和对细胞裂解及毒性所必需的 C-端 β-三明治区，均具有免疫原性，但仅 C-端区域可刺激产生保护性免疫应答。α毒素 C-端区域的结构与真核蛋白（如突触结合蛋白和胰脂酶）的 C2 脂质-结合区相类似。这也解释了为何 α毒素的膜结合区是毒性和免疫保护性所必需的。

（二）β毒素

β毒素为穿孔毒素，与金黄色葡萄球菌的孔形成毒素有 20%～28% 的氨基酸同源性。对胰酶异常敏感，37℃ 作用 30min 后即完全失活，是 C 型致死性肠炎和肠毒血症的必需毒力因子，可能主要作用于肠道细胞和内皮细胞。也通过神经节苷脂作用于神经细胞，故也称神经毒素。

（三）ε毒素

ε毒素是位于肉毒和破伤风毒素之后毒力最强的梭菌毒素，先以 296 个氨基酸的前体蛋白分泌，然后在体外被如胰凝乳蛋白酶和胰酶等消化性蛋白酶、在体内被产气荚膜梭菌 λ 毒素活化。最近发现一种不寻常的产气荚膜梭菌使用胞质蛋白酶进行毒素活化。对前体毒素的最佳活化是采用胰酶和胰凝乳蛋白酶组合进行活化，即切除 N 端的 13 个氨基酸和 C 端的 29 个氨基酸。C 端氨基酸的切除对于产生有活性的 ε毒素是至关重要的，可能因为这些残基阻断了毒素形成寡聚体。

与 CPE 一样，ε毒素属于孔形成毒素的气溶素家族。成熟的 ε毒素蛋白包括 3 个结构域：①N端区，与受体结合相关；②中间区，含有可能与孔形成期间介导毒素插入的 β-发夹环结构；③C 端区，据推测与毒素的寡聚化有关。

ε毒素增加肠渗透性，素素吸收进入血循环，作用于脑、肺、肾和血管内皮细胞以及中枢神经系统和外周有鞘神经纤维，致突发死亡。

（四）ι毒素

ι毒素为 A-B 双亚基，IA 为毒性亚基，IB 为结合亚基。胰蛋白酶、胃蛋白酶、胰凝乳蛋白酶、枯草杆菌蛋白酶、蛋白酶 K 和嗜热菌蛋白酶 K 可去除 IA 前体的 N 末端的 9～13 个氨基酸残基，去除 IB 前体 N 末端的 20 ku 的氨基酸残基后成为活性蛋白。成熟的 IA 包括与 IB 相结合的 N 端区和带有 ADP-核糖转移酶活性的 C 端区。成熟的 IB 与炭疽芽孢杆菌保护性抗原有一定的类似性，但并不在受体结合区。IB 包含 4 个结构域，分别介导 IA 结合、内化入宿主细胞、寡聚化和与宿主细胞受体相结合。

（五）产气荚膜梭菌溶血素（PFO，又称 θ 毒素）

所有型产气荚膜梭菌均产生 PFO，但许多携带染色体肠毒素基因的 A 型食物中毒菌株和 Darmbrand-相关的 C 型菌株却缺乏 pfoA 基因。PFO 是孔形成毒素的胆固醇-依赖细胞溶素家族成员，该家族还包括李氏杆菌溶血素 O 和肺炎链球菌溶血素 O。这些胆固醇-依赖细胞溶素形成可溶性的单体，在靶细胞膜上寡聚化以形成孔复合物，然后构象发生改变，并插入细胞膜形成巨大的孔道。

（六）产气荚膜梭菌肠毒素（CPE）

CPE 与人胃肠道疾病及抗生素相关性腹泻（AAD）、零发性腹泻（SD）、医院性腹泻病有关。CPE 是由 A、C、D、E 型产气荚膜梭菌产生，但 B 型菌不产生肠毒素，仅 5% 的 A 型菌株产生 CPE。CPE 的主要氨基酸序列具有两个特征：①高度保守，某些产生轻微突变体 CPE 的 E 型菌除外；②唯一性，仅与肉毒梭菌的非神经毒性 HA3 蛋白有一定程度有限的相似性。通过 X-射线晶体分析，CPE 的结构属气溶素家族，C 端与宿主细胞上的 claudin 受体相结合，N 端对孔形成很关键，介导寡聚化和膜插入，由两部分组成。

CPE 的产生和芽孢有直接关系，也就是说 CPE 是随着芽孢的形成而产生的，随着菌体在芽孢形成后裂解而释放到胞外。CPE 本身缺少信号肽序列，可能是在芽孢合成的过程中，利用合成芽孢的启动子进行转录。有人认为，CPE 实际上就是芽孢壁的一种成分。CPE 诱发小肠各部分（尤其是回肠）发生坏死、内皮脱落和绒毛变钝。

（七）β2 毒素

β2 毒素与 β 毒素的同源性小于 15%，但生物学作用类似，稍弱。有研究显示，分离自新生仔猪肠炎的菌株 β2 基因阳性率高（>85%），基因阳性猪源分离株表达 β2 毒素的比率也高（96.9%）。β2 毒素对中国仓鼠卵巢细胞（CHO）、小肠黏膜上皮细胞（I407）具有很强的细胞毒性。

（八）产气荚膜梭菌大分子细胞毒素（TpeL）

编码 TpeL 的基因由 A、B 和 C 型菌株携带。TpeL 的分子质量在已知产气荚膜梭菌毒素中最大，某些菌株产生活性更低的突变体，比原有毒素小 15 ku。TpeL 属于梭菌糖基化毒素（CGT）家族成员，该家族还包括艰难梭菌毒素 A 和 B、索氏梭菌致死和溶血性毒素、诺维梭菌 α 毒素。TpeL 分为 3 个区：①N 端区，介导糖基化转移酶活性；②带有自动催化活性的区域；③潜在的跨膜区，将酶活性区转移到细胞质中。

（九）坏死性肠炎毒素（NetB）

NetB 是致禽坏死性肠炎的主要毒力因子，由 A 型菌的禽源分离株产生。也有报道 1 株非禽源株产生 NetB。NetB 大小为 33 ku，是一种分泌型 β-孔形成毒素，与产气荚膜梭菌 β 毒素、金黄色葡萄球菌 α 溶血素和蜡样芽孢杆菌的 CytK 密切相关。

（十）其他毒素和酶类

除了上述主要毒素外，产气荚膜梭菌还产生大量的其他毒素和酶类，包括由质粒编码的 δ 毒素、染色体编码的毒素如 κ 毒素（一种胶原蛋白酶）和 μ 毒素（一种透明质酸酶）、酶类如核菌蛋白酶（一种半胱氨酸蛋白酶）。λ 毒素是一种嗜热菌蛋白酶样、大小为 36 ku、质粒编码的蛋白酶，能在体内活化 ε 毒素和 ι 毒素的 IA、IB 亚基。此外，产气荚膜梭菌还产生由染色体编码的唾液酸酶，可能在 A、B、D 型菌感染中发挥作用。

四、制品

（一）疫苗

由梭菌引起的动物疾病往往临床上未见到明显的症状就迅速死亡，所以来不及进行诊断和治疗。虽然对病程较长的破伤风病和肉毒中毒的症状不难诊断，但治疗效果不理想，因此对梭菌引起的疾病，一般采取接种菌苗进行预防，效果较为理想。国内外用于制苗的产气荚膜梭菌多为 A、B、C、D 型菌。

梭菌类的疫苗有单苗和联苗，单苗在实际应

用中难以取得很好的效果，原因是致病的梭菌种类较多，而且有的是混合感染；单苗往往顾此失彼，不能有效地预防疾病。因而梭菌病的预防多采用多联苗，相继出现了二联、三联或更多组分的联苗，以达到一针多防的目的。

国内首先出现的是羔羊痢疾、肠毒血症等单价苗，继之出现了羊猝狙、快疫二联苗，羊黑疫、快疫二联苗，快疫、羔羊痢疾、肠毒血症三联苗。文希喆等（1978）研制成功了快疫、羔羊痢疾、猝狙、肠毒血症、黑疫五联苗。纪金春等（1978）研制成功了快疫、羔羊痢疾、猝狙、肠毒血症、黑疫和肉毒中毒六联苗。

20世纪70—80年代，中国兽医药品监察所文希喆、王泰健、屠伟英等科研人员，在国际上率先开展了梭菌多联干粉疫苗的研究，经过10多年的实验室试验、中间试产、大规模区域试验、保存期和免疫期试验，取得了巨大成功，1984年获得了农牧渔业部技术改进二等奖，1986年获国家科技发明二等奖。梭菌多联干粉疫苗在应用中取得了令人满意的效果，并且疫苗的质量有所提高、成本大幅降低，受到用户的欢迎。其保存期长、使用方便，可以随意搭配，基本克服了液体苗的缺陷，疫苗的保护期得到延长。

国内现有含产气荚膜梭菌的疫苗主要有：①生产较多的产品，羊快疫、猝狙、肠毒血症三联灭活疫苗，羊快疫、猝狙、羔羊痢疾、肠毒血症四联灭活疫苗，羊快疫、猝狙、羔羊痢疾、肠毒血症四联干粉灭活疫苗，仔猪产气荚膜梭菌病二价灭活疫苗（A、C型），仔猪产气荚膜梭菌病、大肠杆菌二联灭活疫苗，兔产气荚膜梭菌病灭活疫苗（A型）；②生产较少的产品，仔猪红痢灭活疫苗，犊牛、羔羊腹泻CPB-ST双价基因工程灭活疫苗。

在国外，产气荚膜梭菌除了制成单苗或多价多联苗外，还常与其他病原体一起制成联苗。这些病原包括：牛轮状病毒（Bovine *rotavirus*）、牛冠状病毒（Bovine *Coronavirus*）、大肠杆菌（*Escherichia coli*）、猪轮状病毒（Porcine *rotavirus*）、猪传染性胃肠炎病毒（Porcine *transmissible gastroenteritis virus*）、支气管败血波氏菌（*Bordetella bronchiseptica*）、猪丹毒丝菌（*Erysipelothrix rhusiopathiae*）、多杀性巴氏杆菌（*Pasteurella multocida*）、气肿疽梭菌（*C. chauvoei*）、腐败梭菌（*C. septicum*）、溶血梭菌（*C. haemolyticum*）、诺维梭菌（*C. novyi*）、索氏梭菌（*C. sordellii*）、溶血曼海姆菌（*Mannheimia haemolytica*）、破伤风梭菌（*C. tetani*）、睡眠嗜血杆菌（*Haemophilus somnus*）、牛摩拉氏菌（*Moraxella bovis*）、伪结核棒状杆菌（*Corynebacterium pseudotuberculosis*）。

（二）效力检验及标准品

在疫苗的效力检验方面，国内的做法有2种（任选其一）。①免疫攻毒法：将疫苗接种本动物或家兔后，攻击产气荚膜梭菌强毒菌液或毒素，"对照2/2死亡，免疫至少3/4保护"判为合格；②血清中和法：将疫苗接种本动物或家兔后，将4只动物混合血清与毒素中和后注射小鼠，从而测定中和抗体效价，"对照小鼠2/2死亡，0.1mL混合血清可分别中和C、D型1、3 MLD"判为合格。

国外效力检验方法：将疫苗间隔20～28d分两次接种家兔，二免后约14d测定动物混合血清的抗体效价，美国的合格标准为"β抗毒素≥10 IU/mL、ε抗毒素≥2 IU/mL"，而英国合格标准为"β抗毒素≥10 IU/mL、ε抗毒素≥5 IU/mL"。效力检验需要使用"产气荚膜梭菌β、ε抗毒素（产气荚膜梭菌）标准品"，即以抗毒素标准品为参照，将毒素与血清中和，以小鼠作为模型，测定免疫动物血清中毒素抗体的国际单位数，从而对疫苗质量进行评判。国内除破伤风抗毒素国家标准品外，尚无其他标准品。

国内外在疫苗使用方面最大的区别在于免疫的次数，国外通常进行2次免疫，而我国均免疫1次；在效力检验方面亦如此。免疫动物的次数与血清抗体效价有很大程度的相关性，加强免疫通常可使效价提高4～40倍。因免疫一次效价太低，不利于测定血清中抗体的国际单位数量，故这也可能是我国至今未使用标准品进行效力检验的重要原因之一。开展两次免疫效果评价，将是提高疫苗使用效果及与国际接轨使用标准品评价疫苗质量的重要解决途径。

（三）诊断制品

用A、B、C、D型产气荚膜梭菌类毒素和毒素分别多次免疫动物，采血，制备各型血清，采用小鼠中和试验可对产气荚膜梭菌进行定型（表18-3）。

表 18-3　毒素-血清中和试验判定

各型毒素	各型血清			
	A（α）	B（α、β、ε）	C（α、β）	D（α、ε）
A（α）	＋	＋	＋	＋
B（α、β、ε）	－	＋	＋	＋
B*（α、β、ε）	－	＋	－	＋
C（α、β）	－	＋	＋	－
D*（α、ε）	－	＋	－	＋

注："＋"表示能中和，小鼠存活；"－"表示不能中和，小鼠死亡；"*"表示毒素经胰酶活化。

（四）抗羔羊痢疾血清

现有制品中仅有将免疫原性良好的 B 型产气荚膜梭菌菌株的类毒素、毒素和强毒菌液，分别多次免疫动物后获得血清，加适当防腐剂制成抗血清，用于预防及早期治疗产气荚膜梭菌引起的羔羊痢疾。

五、展望

对 2006—2014 年我国羊三联四防类疫苗的效力检验结果进行统计发现，采用血清中和法进行检验，判定为不符合规定的产品共有 33 批，其中 B、C、D 型产气荚膜梭菌组分不符合规定的比例分别为 15/27（55.6%）、21/33（63.6%）、13/33（39.4%），合计比例为 24/33（72.7%）。因此，提高疫苗中类毒素的含量、用基因工程方法表达 α、β、ε 毒素基因以及提高培养基的稳定性、优化生产工艺、改进铝胶的稳定性和新型佐剂的研制，都将是产气荚膜梭菌类生物制品的重要研究方向。

（彭小兵　马　欣　杜吉革　蒋玉文　丁家波）

主要参考文献

陆承平，2013.兽医微生物学［M］.北京：中国农业出版社.

农业部兽用生物制品规程委员会，2000.中华人民共和国兽用生物制品规程（二〇〇〇年版）［M］.北京：化学工业出版社.

田冬青，2007.产气荚膜梭菌的多重 PCR 定型及 α、β 和 ε 毒素基因的克隆、表达和抗血清的制备［D］.北京：中国兽医药品监察所.

王明俊等，1997.兽医生物制品学［M］.北京：中国农业出版社.

中国兽药典委员会，2011.中华人民共和国兽药典（二〇一〇年版　三部）［M］.北京：中国农业出版社.

中国兽医药品监察所，中国兽医微生物菌种保藏管理中心，2002.中国兽医菌种目录［M］.北京：中国农业科学技术出版社.

Li J H，Adams V，Trudi L，et al，2013. Toxin plasmids of *Clostridium perfringens*［J］. Microbiology and Molecular Biology Reviews，77（2）：208-233.

第五节　腐败梭菌感染

一、概述

腐败梭菌（*C. septicum*）为革兰氏阳性杆菌，为动物和人恶性水肿（Maglignant edema）的主要病原菌，故也称为恶性水肿杆菌（*Bacillus edema*）。因外伤感染导致牛、羊发生恶性水肿的报道很少，而经消化道感染引起羊快疫则很常见，是一种多发非接触急性致死性传染病，以突然发病、病程很短、多呈急性死亡、真胃发生出血性炎症为主要特征，且发病羊多为育肥羊。羊快疫在百余年前就出现于北欧一些国家，在苏格兰称为"Braxy"，在冰岛称为"Bradsot"，都是"急性"之意。本病现已遍及世界各地。腐败梭菌也常和产气荚膜梭菌混合感染而致病；也有与大肠杆菌 O157 发生共感染，引起溶血性尿毒综合征（HUS）的报道。国内外皆采用灭活疫苗来防控本病，包括全菌苗和类毒素两大类，腐败梭菌也常与其他梭菌联合在一起制成多联苗，达到一针防多病的目的。

二、病原

腐败梭菌为直或弯曲杆菌，两端钝圆，革兰氏阳性，陈旧培养物可变为阴性，大小为（0.6～1.9）μm×（1.6～35）μm，在死亡动物肝被膜和腹膜上可形成无关节、微弯曲的长丝或有关节的链条（图 18-8），长者可达数百微米，这是腐败梭菌极突出的特征，具有重要的诊断意义。在动物体内外均能形成卵圆形膨大的芽孢，位于菌体的中央或偏端（图 18-9）。可发酵葡萄糖、麦芽糖、乳糖、水杨苷等，不能发酵蔗糖，可使牛乳凝固并消化，可水解明胶。其致病范围包括人、马、牛、绵羊、猪、犬、猫、鸡等。实验动物中豚鼠和小鼠最易感。

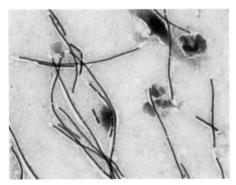

图 18-8　腐败梭菌小鼠肝脏触片呈典型
的长丝状结构（革兰氏染色）

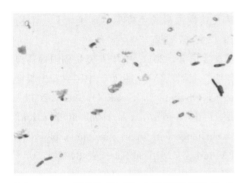

图 18-9　腐败梭菌厌气肉肝汤培养物涂片
示芽孢和繁殖体（革兰氏染色）
（彭小兵）

三、免疫学

与梭菌属其他成员一样，腐败梭菌外毒素具有良好的免疫原性，可用来制成疫苗接种动物。腐败梭菌可分泌多种毒素和扩散因子，主要包括 α、β、γ 和 δ 4 种外毒素，α 毒素和 δ 毒素为溶血素，β 毒素为脱氧核糖核酸酶，γ 毒素为透明质酸酶。其中 α 毒素（一种 β 管孔形成细胞溶素）具有溶血、细胞毒性、坏死和致死等生物活性，是其主要的致死性毒力因子和保护性抗原，其毒素基长度为 1329 bp，编码 443 个氨基酸，表达分子质量大约 49 kDa 的蛋白质，前 31 个氨基酸为信号肽序列。α 毒素等电点（PI）为 8.4，以分子质量 46～48 kDa 的低活性或无活性的前体毒素形式分泌后，经胰蛋白酶、蛋白酶 K 和糜蛋白酶等蛋白酶在其 C 端水解 45 个氨基酸后，形成大小 41～44 kDa 的活化形式。可形成浓度依赖性的分子质量大约 230 kDa 的寡聚体，该寡聚体对温度

和十二烷基磺酸钠（SDS）均耐受而不解聚。毒素易受热失活，经 0.5%～0.8% 甲醛溶液 37℃ 处理 3～6d 后可脱毒成为类毒素。

四、制品

由于进程很快，腐败梭菌感染往往来不及治疗，所以免疫接种是预防本病最为有效的途径之一。国内外疫苗皆以灭活疫苗为主，包括全菌苗和类毒素两大类。前者既含有菌体又含有类毒素，后者是将菌体滤除后的单纯类毒素。

腐败梭菌常与其他梭菌联合在一起制成多联苗，来达到一针防多病的目的。例如，在国内有羊黑疫、快疫二联灭活疫苗，羊快疫、猝狙、羔羊痢疾、肠毒血症四联灭活疫苗，羊梭菌病多联干粉灭活疫苗（为黑疫、快疫、猝狙、羔羊痢疾、肠毒血症、破伤风、肉毒中毒症以各种不同的组合和比例配制而成）等；在国外常与腐败梭菌组合制造成联苗的病原菌有气肿疽梭菌（*C. chauvoei*）、溶血曼海姆菌（*Mannheimia haemolytica*）、多杀性巴氏杆菌（*Pasteurella multocida*）、溶血梭菌（*C. haemolyticum*）、诺维梭菌（*C. novyi*）、索氏梭菌（*C. sordellii*）、产气荚膜梭菌（*C. perfringens*）C 型及 D 型、睡眠嗜血杆菌（*Haemophilus somnus*）、破伤风梭菌（*C. tetani*）、牛摩拉氏菌（*Moraxella bovis*）等。

国内疫苗既有液体苗也有干粉疫苗，而投入生产的分别有快疫、猝狙、羔羊痢疾、肠毒血症四联灭活疫苗和该四种组合的梭菌干粉疫苗两类。近几年两种疫苗的产量逐年上升，较 5 年前至少增加 2.5 倍，2015 年总产量达 2.5 亿多头份，而后者年产量约为前者的 10 倍，出现如此悬殊差异的原因可能是干粉疫苗剂量小、保存运输方便而更受欢迎。但因生产工艺相对落后，存在易污染杂菌和副作用相对较大的缺点。

在佐剂的使用方面，国内疫苗均使用氢氧化铝胶为佐剂，而国外疫苗除铝胶佐剂外尚有使用明矾作为佐剂的，在配苗组方中添加皂苷也较为普遍。

国内外在疫苗使用方面最大的区别在于免疫的次数，国外通常进行 2 次免疫，而我国均免疫 1 次。

在疫苗的效力检验方面，下列方法任选其一。①免疫攻毒法：将疫苗免疫本动物或家兔后，攻击腐败梭菌强毒菌液或毒素，"对照 2/2 死亡，免疫至少 3/4 保护"判为合格；②血清中和法：将

疫苗免疫本动物或家兔后，测定4只动物混合血清与毒素中和后注射小鼠，从而测定中和抗体效价，"对照小鼠2/2死亡，混合血清0.1mL可中和1MLD"判为合格。

国外效力检验方法：将疫苗间隔20～28d分2次免疫家兔，二免后约14d测定动物混合血清中的抗体效价，美国"至少1.0 IU/mL"判为合格，而英国合格标准为"至少2.5 IU/mL"。效力检验需要使用"气性坏疽抗毒素（腐败梭菌）标准品"，即以抗毒素标准品为参照，将毒素与血清中和，用小鼠测定免疫动物血清中毒素抗体的国际单位数，从而对疫苗质量进行评判。国内除破伤风抗毒素国家标准品外，尚无其他标准品。

五、展望

目前，国内疫苗均采用传统工艺进行生产，所使用的培养基为用新鲜牛肉、肝经胰酶或胃酶消化后配制而成，该培养基配制方法耗时、费力且产毒稳定性差、批间差异大。因此，研制产毒性能稳定的干粉培养基是保证疫苗质量的重要研究方向。其次，目前疫苗所使用的佐剂氢氧化铝胶均为各生产企业自行制备，其吸附毒素的能力在企业间存在一定程度的差别，即使在同一企业铝胶的批间差异也较大，因而改进铝胶制备工艺、制定毒素吸附能力合格标准，才能有效地提高各批次疫苗的质量。

对2006—2014年羊三联四防类疫苗的效力检验结果进行统计，发现以血清中和法进行检验判定为不符合规定的产品共有33批，其中腐败梭菌组分不符合规定的占15批（45.5%）。有研究表明，在一定范围内类毒素含量与免疫效果呈正相关。因此，提高类毒素的抗原含量显然是提高疫苗免疫效果的有效途径之一。另一方面，也有研究结果表明，在豚鼠上腐败梭菌α类毒素在抵抗芽孢攻击方面发挥了重要作用。进而，重组表达腐败梭菌α毒素基因，也可能成为解决现有疫苗质量不高的另一候选途径。再者，造成效价不高的原因极大程度上与免疫的次数有关，国外疫苗均采用二次免疫，而国内仅免疫一次，加强免疫通常可使效价提高4～40倍。因免疫一次效价太低不利于测定血清中抗体的国际单位数量，这也可能是我国至今未使用标准品进行效力检验的重要原因之一。开展两次免疫效果的评价，将是提

高疫苗使用效果及与国际接轨使用标准品评价疫苗质量的重要解决途径。

（彭小兵　彭国瑞　李旭妮　蒋玉文
丁家波）

主要参考文献

陆承平，2013. 兽医微生物学 [M]. 北京：中国农业出版社.

彭国瑞，2014. 重组腐败梭菌α毒素的免疫原性研究 [D]. 北京：中国兽医药品监察所.

王明俊等，1997. 兽医生物制品学 [M]. 北京：中国农业出版社.

张燕，边艳青，赵宝华，2007. 腐败梭菌α毒素基因的克隆表达及其类毒素的免疫原性研究 [J]. 生物工程学报，23（1）：67-72.

中国兽药典委员会，2011. 中华人民共和国兽药典（二〇一〇年版　三部）[M]. 北京：中国农业出版社.

Amimoto K，Ohgitani T，Sasaki O，et al，2002. Protective effect of *Clostridium septicum* alpha-toxoid vaccine against challenge with spores in guinea pigs [J]. Journal of Veterinary Medical Science，64（1）：67-69.

Kennedy C L，Krejany E O，Young L F，et al，2005. The alpha toxin of *Clostridium septicum* is essential for virulence [J]. Molecular Microbiology，57（5）：1357-1366.

Kennedy C L，Lyras D，Cordner L M，et al，2009. Pore forming activity of alpha toxin is essential for *Clostridium septicum* mediated myonecrosis [J]. Infection and Immunity，77（3）：943-951.

Tweten R K，2001. *Clostridium* perfringens beta toxin and *Clostridium septicum* alpha toxin their mechanisms and possible role in pathogenesis [J]. Veterinary Microbiology，82：1-9.

第六节　诺维梭菌病

一、概述

诺维梭菌病是由诺维梭菌（*Clostridium novyi*）引起人和动物多种疾病的统称，包括人的气性坏疽、动物恶性水肿、绵羊大头病、绵羊黑疫及牛细菌性血红蛋白尿等。本病的主要表现是伤口局部感染，感染局部严重水肿和疼痛。在我国比较常见的动物性诺维梭菌病是绵羊黑疫

（Black disease），主要发生在绵羊等反刍动物中，也偶发于猪和马。本病是由 B 型诺维梭菌感染引起的，因病尸皮下静脉显著充血、瘀血变黑而得名。此外，本病能引起被感染动物的坏死性肝炎，因此又被称为传染性坏死性肝炎（Infectious necrotic hepatitis）。国内通常采用全菌灭活疫苗来预防本病，国外通常用类毒素多联苗或者全菌多联苗来进行预防接种。

二、病原

诺维梭菌（*Clostridium novyi*）与腐败梭菌（*Clostridium septicum*）、产气荚膜梭菌（*Clostridium perfringens*）、溶组织梭菌（*Clostridium histolyticum*）以及索氏梭菌（*Clostridium sordellii*）同属于梭菌科（Clostridiaceae）、梭菌属（Clostridium）。该细菌最早于 1894 年由 Frederick Novy 博士在美国密西根大学从豚鼠中分离得到，最初命名为 2 号恶性水肿杆菌（Bacillus oedematis-maligni no.2）。本菌是一种大型革兰氏阳性芽孢杆菌（图 18-10 和图 18-11），不产生荚膜，有周鞭毛，能运动，广泛地分布于土壤和粪便中。

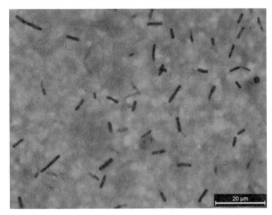

图 18-10 诺维梭菌（C61-5）绵羊心血

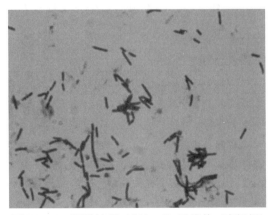

图 18-11 诺维梭菌（C61-4）纯培养（李旭妮）

该菌对次氯酸盐敏感，而对酸性和干燥环境有一定的抵抗性，95℃经过 15min 仍可存活，但在 105～120℃湿热的条件下 5～6min 便可被杀死。由于诺维梭菌生长对厌氧环境的严格要求，导致体外分离培养比较困难。在普通培养基上生长缓慢或者不生长，初次分离培养需要严格厌氧条件和血液或血清的存在。该菌培养物中主要经历 3 个阶段：最初生长阶段（initial growth），在该阶段中，细菌生长繁殖速度较慢，不产生外毒素；快速生长阶段（vigorous growth），此阶段中细菌生长繁殖速度最快，并产生外毒素；芽孢生成阶段（spore formation），内生孢子在此阶段中生成，但是外毒素的产量开始减少。

诺维梭菌的致病因子主要是其产生的外毒素，包括 α、β、γ、δ、ε 和 ζ 等。其中，α 毒素是由噬菌体编码的一种具有致死性和坏死性的外毒素，其主要致病机理是：能够特异性地作用于 GTP 结合蛋白 ρ 亚家族蛋白的 N 乙酰葡萄糖胺键，抑制细胞的信号转导通路，从而破坏细胞骨架。当微管系统中的细胞，特别是内皮细胞接触 α 毒素后，细胞形态由不规则的多边形变为球形，并且与周围细胞的联系变少，从而导致毛细血管中组分的渗漏，最终引起水肿。β 和 γ 毒素均属于磷脂酶类，具有溶血性，但二者在血清学分类中差异较大。β 毒素能够裂解肝细胞和红细胞，且能够破坏毛细血管内皮；而 γ 毒素是一种非致死性磷脂酶。

根据产生毒素种类的不同，将本菌分为 A、B、C 和 D 4 个菌型，不同的菌型能够引起人和动物不同的疾病：A 型菌又称为水肿梭菌（*C. oedematiens*），主要产生 α、γ、δ、ε 四种外毒素，能够引起人的气性坏疽、动物恶性水肿及绵羊的大头病；B 型菌曾被称为巨大杆菌（*Bacillus gigas*）主要产生外毒素 α、β 和 ζ，引起绵羊黑疫；C 型菌即水牛梭菌（*C. bubalorum*），主要产生外毒素 γ，能够引起水牛骨髓的渐进性坏死与化脓；D 型菌又称（*C. haemolyticum*），主要产生 β 外毒素，能够引起牛的细菌性血红蛋白尿。对于豚鼠、家兔、小鼠、大鼠、鸽等实验动物，A 型菌和 B 型菌均能致病，而 C 型菌对上述动物均无致病性。由于 α 毒素是由噬菌体编码，而编码 α 毒素的噬菌体对 A、B、C 和 D 四个菌型的菌株都具有感染性，当 C 型菌株受到这种噬菌体感染后，产生 α 毒素的 C 型菌株即变为 A 型菌。类似地，D 型菌也可以通过这种噬菌体的感染变为 B 型菌。此外，A 型和 B 型菌在生长繁殖过程中，特别是在单菌落培养过程中容易丢失编码 α 毒素的噬菌体。为此，为了确保培养的 A 型或者 B 型菌能够产生较多的 α 毒素，往往可以采用同型菌株中两个以上菌落进行培养的方法。

由于诺维梭菌生长对厌氧环境的要求严格，因此在体外对该菌的分离培养极为困难，而通过荧光抗体对感染组织直接抹片进行检测，是最快和最实用的诊断方法。此外，利用动物试验，也能提供重要的诊断依据。通常可以用病理材料混悬液肌内注射豚鼠，若豚鼠在 1～3d 内死亡，死后剖检可见注射部位出血性水肿，腹部皮下组织呈胶样水肿，且可向前延伸至颈部，通过以上的现象可以初步诊断病料中含有 A 型和 B 型诺维梭菌。

对诺维梭菌毒素的检测也可以为诺维梭菌病的诊断提供一定的参考。首先，可以通过卵磷脂中和抑制试验来检验羊黑疫。已有研究结果表明，肝坏死病灶组织的阳性检出率可达 82.6%，而死于其他原因及正常屠宰羊只肝脏组织中全为阴性。此外，通过聚合酶链式反应（PCR）技术来扩增 α 毒素片段的方法可用来诊断诺维梭菌感染。

三、免疫学

将免疫原性良好的诺维梭菌培养液灭活后加佐剂制成疫苗后免疫动物，可以产生良好的免疫效果。将用于预防绵羊黑疫的 B 型诺维梭菌 C61-4 或 C61-5 株制成疫苗免疫家兔和绵羊，分别可以抵抗至少 50 MLD 和 2 MLD 毒素的攻击。国内通常采用全菌灭活疫苗来预防本病，国外通常用类毒素多联苗或者全菌多联苗进行预防接种。

四、制品

国内用于防控诺维梭菌感染（主要是羊黑疫）的疫苗主要有以下 3 种全菌苗：羊黑疫干粉灭活疫苗，羊黑疫、快疫二联灭活疫苗，羊梭菌病多联干粉灭活疫苗。

羊黑疫干粉灭活疫苗是通过将诺维梭菌接种适宜培养基后收获培养物，用甲醛溶液灭活脱毒，再用硫酸铵提取，经过冷冻真空干燥制成。在使用前需要用 20% 氢氧化铝胶生理盐水进行溶解。该疫苗的效力检验可以采用血清中和法和免疫攻毒法进行。

羊黑疫、快疫二联灭活疫苗是用免疫原性良好的诺维梭菌和腐败梭菌分别接种适宜的培养基培养，然后将培养物经甲醛溶液灭活脱毒后，按照比例混合，加入氢氧化铝胶制成。一律肌内或者皮下注射，用于预防绵羊快疫和黑疫。

羊梭菌病多联干粉灭活疫苗是用免疫原性良好的诺维梭菌，腐败梭菌，产气荚膜梭菌 B 型、产气荚膜梭菌 C 型、产气荚膜梭菌 D 型，C 型肉毒梭菌，破伤风梭菌各 1～2 株，分别接种适宜的培养基培养，然后将培养物经甲醛溶液灭活脱毒后，再用硫酸铵提取，经过冷冻真空干燥制成单苗或者按照适当比例制成不同的多联苗，用于预防羔羊痢疾、羊快疫、羊猝狙、黑疫、肉毒中毒症和破伤风等不同疾病。

国外通常用类毒素多联苗或者全菌多联苗进行预防接种。其中，通常与诺维梭菌（C. novyi）（类毒素）组合的细菌主要有：气肿疽梭菌（C. chauvoei）、腐败梭菌（C. septicum）、溶血梭菌（C. haemolyticum）、索氏梭菌（C. sordellii）、产气荚膜梭菌 C 型及产气荚膜梭菌 D 型（C. perfringens Types C & D）、破伤风梭菌（C. tetani）、牛摩拉氏菌（Moraxella bovis）、多杀性巴氏杆菌（Pasteurella multocida）等。

五、展望

稳定的产毒培养基配方及发酵培养工艺是诺维梭菌疫苗获得良好免疫效果的重要保证，是今后的重要研究方向。

（杜吉革　李旭妮　彭小兵　蒋玉文　丁家波）

主要参考文献

陆承平，2013. 兽医微生物学［M］. 北京：中国农业出版社.

农业部兽用生物制品规程委员会，2000. 中华人民共和国兽用生物制品规程（二〇〇〇年版）［M］. 北京：化学工业出版社.

王明俊等，1997. 兽医生物制品学［M］. 北京：中国农业出版社.

中国兽药典委员会，2011. 中华人民共和国兽药典（二〇

一〇年版　三部）[M]. 北京：中国农业出版社.

中国兽医药品监察所，中国兽医微生物菌种保藏管理中

心，2002. 中国兽医菌种目录 [M]. 北京：中国农业

科学技术出版社.

Heffron A，Poxton I R，2007. A PCR approach to deter-

mine the distribution of toxin genes in closely related

Clostridium species：*Clostridium botulinum* type C and

D neurotoxins and C2 toxin，and *Clostridium novyi* tox-

in [J]. Journal of Medical Microbiology：196 - 201.

Skarin H，Bo S，2014. Plasmidome interchange between

Clostridium botulinum，*Clostridium novyi* and *Clos-*

tridium haemolyticum converts strains of independent

lineages into distinctly different pathogens [J]. Plos

One，9 (9)：e107777.

第七节　猪回肠炎

一、概述

猪回肠炎全称为猪增生性回肠炎（Procine proliferative enteropathy，PPE），是由专性胞内寄生厌氧菌-胞内劳森氏菌（*Lawsonia intracellularis*，LI）引起的以回肠及盲结处近端的结肠、盲肠黏膜呈腺瘤样增生为主要特征的一种肠道疾病。根据本病的病变特征不同，临床将其分成四大类：即坏死性回肠炎（RI）、猪肠腺瘤样病（PIA）、局部性回肠炎（RE）和增生性出血性肠炎（PHE）。

1931 年，猪回肠炎的特征性损伤和组织学病变被 Biester 和 Sohwarce 首次报道，他们报道称美国依阿华州的断乳仔猪中发生了增生性肠炎。1973 年，Alan Rowland 和 Gordon Lawson 调查了猪回肠炎在英国的发病情况，并用电镜在病猪肠黏膜的增生性隐窝细胞原生质内发现了弯曲的细菌，当时命名为黏膜弯曲杆菌。1993 年，Lawson 等用细胞纯培养的胞内菌分离株接种猪并成功复制出增生性肠炎；同年，Gebhart 等确立了该病菌的病原学地位。1995 年，McOrist 等正式以最早发现该胞内菌的苏格兰科学家 Lawson 命名为胞内劳森氏菌。

猪回肠炎是猪的一种接触性传染病，呈全球性流行。在美国、英国、丹麦、瑞士、韩国、澳大利亚、墨西哥、加拿大、意大利、比利时、巴西、阿根廷、匈牙利等国家均有关于猪回肠炎的报道。而在我国，由于养猪规模的迅速扩张，大量引入外来种猪的同时，也引入了大量的外来疾病，猪回肠炎就是其中之一。目前，猪回肠炎已成为我国集约化养猪场的一种高发病。该病常可并发或继发猪痢疾、沙门氏菌病、钩端螺旋体病、鞭毛虫病等而引起严重的症状。通过改善猪场卫生条件能够降低猪回肠炎的发生率。目前尚无胞内劳森氏菌感染人的报道。

近年来随着饲料成本的持续升高，养猪成本也逐年增长，成本控制已成为影响猪场经济效益至关重要的因素。猪回肠炎被认为是猪场的疾病综合征之一，急性型回肠炎可引起生长育肥猪或后备母猪发生急性出血性下痢甚至猝死，但总的发生率并不高。而慢性型与亚临床型回肠炎可以引起猪群日增重降低、猪舍占用时间延长、饲料报酬率下降、出栏时胴体均匀度差，严重影响生长育肥猪的生长性能，并且增加了畜舍、人工与管理费用，加之生长猪隐性感染病例的比例高，易被忽视，给养猪业带来巨大的经济损失。

二、病原

胞内劳森氏菌属于厌氧弧菌的脱硫弧菌科。

（一）形态结构

胞内劳森氏菌大小为（1.25～1.75）μm×（0.25～0.43）μm，能通过 0.65 μm 但不能通过 0.20 μm 的滤膜，外层细胞壁由 3 层波纹状膜所组成，多呈倒弧形、逗点形或 S 形杆菌，偶见直杆状，有或无鞭毛，无纤毛和孢子。革兰氏染色呈阴性，抗酸染色为阳性，能被 Lavaditi 或 Warthin-starry 镀银染色法着色，用改良的 Ziehl-Neelsen 染色法细菌被染成红色。该菌不分布在细胞膜或空泡，不集结成团或形成包含体。

胞内劳森氏菌有一个小的单基因组和 3 个质粒，其基因总长 1 719 350bp 和 1 324 个蛋白质编码区，G＋C 含量低，约占 33％。胞内劳森氏菌的全基因组序列已经测定（GenBank 目录号 AM180 252、AM180 253、AM180 254 和 AM180 255）。目前为止，胞内劳森氏菌仅有一个抗原型。

（二）培养特性

胞内劳森氏菌是一种专性细胞内寄生菌，由于其独特的代谢过程，需要消耗线粒体三磷酸盐

结合物，因此在普通细菌培养基中无论是需氧、厌氧，加血清、血液，在 25℃、37℃、42℃ 下均无法生长，但是其可在特殊的鼠、猪和人肠细胞系中培养。所用细胞有小鼠成纤维细胞 McCoy 系、大鼠肠细胞 IEC - 18 系、豚鼠大肠癌细胞、猪肾细胞 PK - 15、仔猪肠上皮细胞系 IPEC - J2、人胎肠细胞系 int 407、GPC - 1652 等。培养方法可采用贴壁培养或悬浮培养，感染的细胞单层一般不出现细胞病变。培养环境为微嗜氧，在 8% 含氧量中最佳，在 CO_2 为 5% 的环境中亦可，ATP 或谷氨酸钠不能刺激其生长，接种于鸡胚绒毛尿囊膜或卵黄囊也不能生长。

（三）流行病学

仓鼠、大鼠、兔、雪貂、狐、马、鹿、鸵鸟、犬、猴等易感染。各种年龄的猪对本病均有较强的易感性，但据临床症状和病理学观察，肠腺瘤病、坏死性回肠炎和局部性回肠炎多发生于断乳后的仔猪，特别是 6～12 周龄的猪最为常见；猪增生性出血性肠炎多见于育肥猪，尤其是 16 周龄以上的架子猪多发。

病猪和带菌猪是本病的主要传染源，尤其是无症状的成年带菌猪是仔猪感染的危险传染源。病猪主要通过粪口方式传播，通过粪便排菌，也能通过其他分泌物排菌，经污染饲料、饮水和饲养用具等方式，由消化道感染发病。猪场内的鼠类会因为接触感染猪的粪便而被自然感染，被感染的鼠类再去感染其他猪群。此外，某些环境因素也可诱发猪回肠炎的发生，这些因素包括各种应激反应，如转群、混群、过热、过冷、昼夜温差过大、湿度过大、密度过高等；频繁引进后备猪；过于频繁地接种疫苗；突然更换抗生素造成菌群失调。健畜接触胞内劳森氏菌或含该菌的肠黏膜而感染，感染后 8～10d 开始出现病理变化，大约 21d 最典型，表明该病潜伏期较长，为 2～3 周。

目前回肠炎的流行病学调查主要是利用 PCR、免疫过氧化酶试验检测粪便样品中的劳森氏菌或采用 ELISA、IFA 等检测胞内劳森氏菌抗体。

（四）抵抗力

胞内劳森氏菌在 0～15℃ 的环境下，可在体外存活 2 周时间，在常温下存活 2～3 周，这些给

持续感染带来了有利条件。细菌对消毒剂有一定的抵抗力，对 30g/L 溴棕三甲胺呈高度敏感，对季铵盐和含碘消毒剂中度敏感，对其他消毒剂低敏或不敏感。

（五）致病机理

胞内劳森氏菌寄生于猪的回肠、盲肠及结肠近端。感染动物主要表现肠道瘤样增生，肝脏、肺脏等其他脏器未见明显的病理变化。

在正常情况下，肠上皮细胞从肠道中吸收大量的营养物质，如体内蛋白和氨基酸。隐窝中的上皮细胞会不断分化成熟，并逐渐向绒毛的顶部迁移，替代老化的上皮细胞，进而维持肠道正常的吸收功能。当猪经口摄入胞内劳森氏菌后，细菌在消化道中向后迁移，最后定植在回肠。因为回肠中极低的氧气浓度恰好适合胞内劳森氏菌进行繁殖。胞内劳森氏菌结合到肠绒毛隐窝开口处的未成熟上皮细胞膜上，通过入侵空泡迅速穿透细胞进入细胞内。细菌进入细胞后，很快破坏空泡进入细胞质，大约 3h 后，大部分的空泡都被破坏。空泡破坏后，同自然感染时一样，细菌在细胞质的顶端定植。胞内劳森氏菌从空泡中逃离定植在细胞质后会出现一种细胞溶解活动，并形成一种类似细胞溶素的物质。数据表明，胞内劳森氏菌是伴随着感染细胞的增殖而增殖的。胞内劳森氏菌趋向于定植在隐窝细胞，这些细胞感染后可以继续分裂并且能够移动，最后形成一群相连的感染细胞。分裂细胞相对于非分裂细胞更能促进胞内劳森氏菌的增殖。

被胞内劳森氏菌感染的上皮细胞，仍保持正常的有丝分裂能力，引起旺盛的细胞增生，从而导致肠壁增厚，但上皮细胞却不能成熟，阻碍了营养物质的吸收和利用，导致饲料转化率下降。当肠绒毛上老化的上皮细胞被这些感染细胞替代后，小肠绒毛开始萎缩，最终消失，仅留下增生肥大的隐窝，并丧失了吸收营养的功能。这种增生肥大的隐窝与腺瘤相似，是回肠炎的特征性病理变化，在眼观上表现为小肠肠壁增厚、皱褶增多。当短时间内大量的胞内劳森氏菌同时感染易感猪群时，肠道上皮细胞会发生大面积的变性、脱落，血管的通透性随之增加，导致肠腔出现大量出血性病灶。

（六）敏感抗生素

胞内劳森氏菌对某些抗革兰氏阴性菌抗生素

敏感，目前临床上较敏感、较常用的有复方青霉素、复方长效磺胺、氨基糖苷类、多西环素等。

三、免疫学

感染猪的血液内既发生细胞介导的免疫反应，也产生体液免疫反应。

（一）体液免疫

5周龄的断奶仔猪人工感染胞内劳森氏菌，14d后胞内劳森氏菌 IgG 抗体滴度会上升到1：30。IgG 抗体水平在3周时达到高峰，有高达90％的猪血清转阳，少数猪血清抗体滴度达到1：480或更高。第4周抗体滴度开始下降，阳性猪的比例也会减少。

（二）黏膜免疫反应

局部体液免疫，产生 IgA 抗体是对抗肠道病原菌的一种重要的防御机制。感染猪的上皮细胞内有大量的 IgA 富集，在感染后15d猪肠道灌洗液中 IgA 的滴度为1：4，但是到感染后29d，IgA 抗体滴度上升到1：16。

（三）细胞免疫

细胞免疫反应在胞内劳森氏菌感染过程中占有重要的地位。在病灶形成过程中，吞噬了胞内劳森氏菌的巨噬细胞可能会在固有层引起典型的 Th-1 型细胞免疫反应。猪感染胞内劳森氏菌后可以刺激分泌 γ-干扰素的淋巴细胞参与到感染自然清除。与体液免疫相同，γ-干扰素也是在感染后2周产生的，第3周达到顶峰，随后开始下降，但是没有体液免疫衰减的快。有时在感染后第13周仍然可以检测到细胞免疫反应。

（四）迟发型超敏反应

通过对阳性感染后20d的猪皮内注射不同浓度的胞内劳森氏菌，证明感染猪也可以产生迟发型超敏反应。感染动物表现出明显的剂量依赖性迟发型超敏反应，并且在感染后24h更明显。

四、制品

疫苗免疫是防控回肠炎的主要手段之一。

（一）诊断及诊断试剂

常规诊断回肠炎的方法主要有病理剖检、PCR 检测、血清学诊断和 FIRST test。

病猪剖检见回肠、盲肠及结肠前段肠黏膜有脑回样增厚、坏死或出血，可初步诊断。

PCR 是一种较特异和敏感的诊断技术，其灵敏度低限高达 1ng DNA，肠道黏膜中含有3.72ng 或粪便中含有12.4ng 胞内菌的 DNA 即可检出。但该方法用于临床诊断猪回肠炎目前还仅处于研究阶段，尚无相关商品化试剂盒问世。

血清学检测结果可以作为先前感染的指示。目前全世界商品化的猪回肠炎抗体检测 ELISA 试剂盒仅有两种，是将纯培养的胞内劳森氏菌作为包被抗原建立起来的阻断 ELISA，目前仍未在我国销售。有文献报道用胞内劳森氏菌的脂多糖作为包被抗原建立间接 LPS-ELISA、夹心 ELISA 和斑点 ELISA，也有报道用胞内劳森氏菌的全菌超声波裂解物作为抗原包被建立 ELISA，还有报道用筛选出的具有良好抗原性的外膜蛋白作为包被抗原建立间接 ELISA。此外，用于检测胞内劳森氏菌的特异性 IgA 和 IgM 的 IFAT 和 ELISA 方法也已有报道，这些方法将有助于了解疫苗免疫的效果。

FIRST test 诊断法是美国礼来公司研究的、采用回肠炎检测试剂盒 FIRST test 对粪便样品进行现场检测的方法，具有收集样品方便、对猪群无应激、检测灵敏度高等特点，能快速检测猪场内的胞内劳森氏菌，有助于兽医及时实施合适的控制回肠炎的措施。

（二）疫苗

美国、德国、荷兰等已成功研制出猪回肠炎无毒活疫苗和灭活疫苗。研究结果表明，各疫苗均有较好的免疫保护作用，如美国研制的口服抗回肠炎疫苗，在美国不同地区的5个大规模的养猪场使用，并与全部给予抗生素的育肥猪相比较。试验证明：服用这种口服疫苗的猪只生长率明显提高，并且饲料转化率明显提高，同时对比试验也证明了口服这种疫苗比全部给予抗生素效果更好。

目前为止，我国市场上只有德国勃林格殷格翰动物保健公司于2001年年底推出的"恩特瑞"活菌苗，这是一个用胞内劳森氏菌分离株接种于

McCoy 细胞培养后，收获细胞培养物，加适宜稳定剂，经冷冻真空干燥制成的活疫苗。3 周龄以上的小猪均可免疫，一般用于后备猪，具有同时诱导体液和细胞免疫反应的能力，接种后需要 3～4 周才能建立保护性的免疫。该疫苗的效力检验是采用间接荧光抗体法，即取疫苗及对照品，做适当稀释，接种于 McCoy 工作细胞培养，加入抗胞内劳森氏菌的单克隆抗体 VPM53 反应后，用抗鼠 IgG-荧光素标记耦联物（FITC）反应，在荧光显微镜下观察，测定效价，疫苗滴度应≥$10^{4.0}$ TCID$_{50}$/头份。该疫苗 2～8℃保存，有效期为 36 个月。为降低药物对活菌苗的影响，免疫前后要停用抗生素，包括饲料中日常添加的抗菌、抑菌、吸附菌的添加剂。

五、展望

综上所述，猪回肠炎已造成全球性的流行，也已成为我国集约化养猪场的一种高发病。由于猪回肠炎一般不表现明显的临床症状，而且以隐性病例居多，较难以发觉，容易被忽视，给猪场带来严重的经济损失，应引起足够的重视。国内对该病缺乏基础性研究，未见完整的流行病学报告及针对我国回肠炎发病规律的详细研究报告，发病率和由此造成的损失尚无详细的统计。诊断学方面的研究仍处于起步阶段，仍停留在实验室的研究层面，还有许多问题需要解决。胞内劳森氏菌的致病性、代谢途径、毒力特征等仍然不明了。随着胞内劳森氏菌基因组测序的完成，有关该菌的生物信息学研究将是一个热点。未来的研究热点还包括胞内劳森氏菌致病机理的研究，如胞内劳森氏菌是如何定植、如何到达并进入宿主细胞、如何从一个细胞感染另一个细胞、细胞增生机理、免疫反应等，改进体外培养技术，优化可用于流行病学调查的分子生物学诊断技术，新疫苗研发，制定防控策略等。

（张　媛　丁家波）

主要参考文献

陈杰，2009. 猪增生性肠炎诊断方法的研究 [D]. 福州：福建农林大学.

姜平，2015. 兽医生物制品学 [M]. 北京：中国农业出版社.

刘磊，2013. 猪胞内劳森氏菌抗原候选蛋白的原核表达及间接 ELISA 检测方法的建立与初步应用 [D]. 南宁：广西大学.

王怀山，肖海君，2015. 猪回肠炎发病特点与综合防控措施 [J]. 今日养猪业（8）：63-65.

王辉，郭艳华，王爱国，等，2007. 猪增生性肠病及其免疫预防 [J]. 畜牧与兽医，39（10）：61-62.

谢丽华，2008. 广西猪增生性肠炎病原的初步研究 [D]. 南宁：广西大学.

赵德明，张仲秋，周向梅，等译，2014. 猪病学 [M]. 第 10 版. 北京：中国农业大学出版社.

郑世军，宋清明，2013. 现代动物传染病学 [M]. 北京：中国农业出版社.

Hannigan J，1997. Indentification and preliminaray characterisation of *Lawsonia intracellularis* cytolytic activity [M]. Edinburgh：University of Edinburgh.

第十九章 衣原体和真菌类制品

第一节 衣原体类制品

一、概述

人们对于衣原体的最早认识是从沙眼衣原体引起的一种疾病——沙眼开始的。我国学者在20世纪50年代开始研究衣原体。衣原体病是由不同种的衣原体感染畜禽、野生动物和人的一种人畜共患感染性疾病，广泛流行在动物界和人类。其病原是一类具有滤过性、严格细胞内寄生的革兰氏阴性菌，直径为0.2～1.5μm，介于立克次体和病毒之间，能通过450 nm滤器。在一定情况下能够在不同宿主之间交叉感染（图19-1），是一种高度接触性传染病，对公共卫生构成严重威胁。人感染后，主要表现为结膜炎、心肌炎、肺炎等症状，甚至引起死亡；动物感染后，主要表现不孕不育、流产、肠炎、脑炎、结膜炎、多发性关节炎等多种临床症状。

图19-1 衣原体的交叉感染传播

（一）沙眼衣原体（Chlamydia trachomatis）

可分为3个变种，即沙眼生物变种、淋巴肉芽肿生物变种（LGV）和鼠生物变种，分为18个血清型。该病是一种非常普遍的性传播疾病，每年新增感染病例9 200万例，并且2/3的病例发生在发展中国家。在过去30年中，相继有不同国家报道沙眼衣原体感染的病例，包括美国、加拿大、瑞典、挪威、芬兰，并且世界卫生组织（WHO）已经确定了在撒哈拉以南的非洲和东南亚都有沙眼衣原体的流行。

（二）鹦鹉热衣原体（Chlamydia psittaci）

主要在鸟类流行，是"鸟疫"的病原，在鸟类中共发现A～F 6种血清型，全世界范围内，鸟类感染鹦鹉热衣原体的现象十分普遍。到目前为止，已经报道约450种鸟类感染鹦鹉热衣原体。鹦鹉热衣原体感染家禽，如鸡、鸭、鸽等，给家禽养殖业带来巨大的经济损失，并且可以引发养殖工人的感染；其感染鹦鹉、鸽、孔雀等观赏动物，可以将病原传播给人，引起人发病，对公共卫生安全构成巨大威胁。到目前为止，鹦鹉热衣原体在人与人之间的传播还很少有报道。

（三）流产衣原体（Chlamydia abortus）

感染能够引起山羊、绵羊、牛、猪、马等动物的流产，并且对怀孕妇女也产生巨大的威胁。在英国，山羊和绵羊因感染流产衣原体而发生的流产占所有流产病例的 50％，每年造成 2 000 万英镑的经济损失。在我国养猪业中，流产衣原体的流行十分广泛，在 1986—2006 年 20 年间，从流产的胎儿和小猪分离了 12 株流产衣原体菌株。流行病学调查显示血清阳性率在 11％～80％。流产衣原体的广泛流行给我国养猪业造成了巨大经济损失。

二、病原

（一）分类学

衣原体在分类学上属于原核细胞界、薄壁菌门、未定纲（衣原体和立克次氏体并列）、衣原体目、衣原体科、衣原体属，属内包含 4 个种：沙眼衣原体（*C. trachomatis*）、肺炎衣原体（*C. pneumoniae*）、鹦鹉热衣原体（*C. psittaci*）、家畜衣原体（*C. pecorum*）。Everett 等根据菌株 16S 序列相似性＜95％，将衣原体科分为衣原体属（*Chlamydia*）和嗜衣原体属（*Chlamydophila*）两个属，前者包括鼠衣原体、猪衣原体、沙眼衣原体，后者包括流产衣原体、豚鼠衣原体、猫衣原体、家畜衣原体、肺炎衣原体、鹦鹉热衣原体。但是之后 Stephens 等报道，许多衣原体并不符合该分类标准，按照之前的分类方法，其中有些种之间 16S 和 23S RNA 序列的相似性高于 95％。因此，按最新的分类标准，衣原体科只有一个衣原体属，取消嗜衣原体属，衣原体属下包含上述 9 个衣原体种：鼠衣原体（*C. muridarum*）、猪衣原体（*C. suis*）、沙眼衣原体（*C. trachomatis*）、流产衣原体（*C. abortus*）、豚鼠衣原体（*C. caviae*）、猫衣原体（*C. felis*）、家畜衣原体（*C. pecorum*）、肺炎衣原体（*C. pneumonium*）和鹦鹉热衣原体（*C. psittaci*）。

（二）基因组

衣原体含有 DNA 和 RNA 两种遗传物质，其双链 DNA 约有 1.45 mb，其 RNA 主要为 21S、16S tRNA。大部分衣原体含有 7.5 kb 左右的隐蔽性质粒，并且各质粒之间结构基本相似，都有 7～8 个开放阅读框架（open reading frame，ORF），编码 7～8 种质粒蛋白。但是也有部分临床分离株缺乏质粒，比如鹦鹉热衣原体 GR9 菌株。

（三）抗原及血清学特性

属特异性抗原为各个发育阶段所共有，存在于细胞壁中，其化学组成是一种酸性多糖成分，能溶于乙醚，并被高碘酸盐所破坏；能耐受 135℃加热 30min，类似细菌的内毒素，可用补体结合反应和血凝抑制反应检测。同时衣原体还有株特异性抗原，存在于细胞壁的深部或其表面，不耐热，可被 60℃以上高温所破坏，不易保存。免疫荧光法检测及毒素中和试验可用于衣原体分型。此外，衣原体还存在有不稳定的血凝素，能凝集鸡和小鼠的红细胞。

（四）致病性

衣原体 EB 表面的各种蛋白可与宿主细胞表面的受体结合，介导衣原体黏附于宿主细胞表面，其中最主要的是主要外膜蛋白（major outer memberance protein，MOMP）、衣原体外膜蛋白 2（out membrane protein 2，Omp2）及多形态膜蛋白（polymorphic membrane proteins，MP）等。

（五）衣原体蛋白组学研究进展

衣原体是专性细胞内寄生的病原，可引起多种动物和人的疾病，具有独特的发育周期，包括 EB 和 RB 两相生活环。衣原体的表面成分十分复杂，主要包括脂多糖（lipopolysaccharide，LPS）、主要外膜蛋白家族（major outer membrane protein，MOMP）、多型外膜蛋白家族（polymorphic outer membrane protein，POMP）、富含半胱氨酸蛋白（cysteine-rich protein，crp）、跨膜头蛋白家族（transmembrane head protein，TMHP）、热休克蛋白家族（heat shock Protein，HSP），部分含有质粒的菌株还可以表达质粒蛋白。这些表面成分可能在衣原体感染早期参与黏附和渗透作用，也可能在抑制溶酶体消化 EB 方面起作用。随着越来越多的衣原体菌株全基因组序列的公布，以及对全基因组序列的比较分析发现，很多表面成分具有种属间的特异性，可以利用此特点开发有效的诊断试剂盒，为临床疾病的鉴别提供方法；部分表面抗原和质粒蛋白抗原被证明保守性好，同时具有很高的免疫原性，可以作为疫苗开发的备选抗原。

1. LPS 是衣原体外膜的重要组成部分，在沙眼衣原体和鹦鹉热衣原体 EB 中的含量大约为 1.8％，是一种具有热稳定性的衣原体属特异性抗原；缺乏 O 多糖和部分核心多糖，含有一个属特异性的抗原决定簇，在衣原体生长过程中大量合成；合成过剩的 LPS 从包含体释放出来，到达宿主细胞的细胞膜上。因此，LPS 抗原被长期用于临床血清学的诊断，并且 LPS 荧光单克隆抗体可以用于临床衣原体感染的鉴别诊断，Dako 公司和 BioRad 公司都有商品化的抗原检测试剂盒。鉴于 LPS 是属特异性而非种特异性，因此在 LPS 基础上开发的抗原检测试剂盒只能检测到衣原体属，并不能进一步鉴定到衣原体种。

2. 主要外膜蛋白　MOMP 是衣原体外膜蛋白的主要组成成分，大小约为 40 kDa，约占外膜蛋白的 60%，是一种重要的多功能蛋白，在衣原体的新陈代谢、外膜稳定性、抗原性、感染力以及感染宿主细胞过程中都发挥重要的作用。由于 MOMP 具有较好的免疫原性，能够诱导中和抗体的产生，而且其含有种、亚种和型特异性表位，提示该蛋白抗原具有诊断试剂开发和疫苗开发的潜力，因此 MOMP 成为众多学者研究的焦点。目前 MOMP 的研究工作已非常成熟，鉴于 MOMP 蛋白的种间特异性，Hoelzle 等利用重组 MOMP 蛋白抗原来鉴定临床血清样品中衣原体抗体的种属特异性。前期的研究工作还表明，MOMP 在衣原体种内不同血清型之间的氨基酸序列及其核酸序列的同源性都比较高，如沙眼衣原体几个不同血清型之间的氨基酸序列及其核酸序列的同源性都在 84%～97%。因此，在 MOMP 蛋白基础上开发有效的亚单位疫苗，可对多种血清型和亚型的衣原体产生保护力。

3. Pmps　是位于衣原体外膜上所特有的一个蛋白家族，也是近年来衣原体研究的热点之一。Pmps 最早发现于沙眼衣原体和肺炎衣原体膜蛋白表面，其中编码的蛋白有 PmpA、PmpB、PmpC、PmpD、PmpE、PmpF、PmpG、PmpH 和 PmpI。Pmps 属于 V 型自转运蛋白家族成员，自身运载体有共同的结构和功能的 motifs，包含 N 端的前导肽、可以被裂解开的乘载者（passenger）结构域、C 端外膜孔结构域，乘载者结构域可以通过外膜孔结构域。

在 Pmps 中 PmpD 高度保守，而且在感染后 24h 即可检测到。PmpD 的 N 端蛋白（PmpD～N）可以易位到菌体表面，与细胞膜的其他成分以非共价方式结合；PmpD～PmpN 的中和抗体可以提供早期感染的免疫保护。流产衣原体的 Pmp 蛋白最初是从病愈的绵羊血清中得到的。在

流产衣原体中，Pmp18D 在感染后 24h 即可检测到，从 36h 后可以精确定量。所有完成测序的衣原体菌株的 Pmps 蛋白都包含保守的 N 端重复序列 GG［A/L/V/I］［I/L/V/Y］和 FXXN 及 Pmps 中间结构域。所有衣原体菌种中都含有编码 pmp 的基因，但是不同菌种基因转运具有很大的差异，沙眼衣原体、肺炎衣原体、流产衣原体、豚鼠衣原体和猫衣原体分别编码 9，21，18，17 和 20 种 Pmp 蛋白。

将沙眼衣原体 A、D 和 L2 型 *pmpD* 基因序列比对发现，L2 型和 A、D 型间有很高的核苷酸序列差异，而 A、D 之间差异很小。该基因蛋白产物在结构上类似于其他细菌中的自转运蛋白，可能在衣原体感染的细胞和体液免疫过程中起重要作用，有望成为疫苗研究的靶点。Kari 等（2011）采用反向遗传技术构建了 *pmpD* 基因缺失的衣原体菌株，感染鼠和人的相关细胞。结果表明 PmpD 蛋白是衣原体的毒力因子，并在早期的宿主和细胞相互作用中发挥作用。

L2 血清型衣原体的 *pmpD* 基因在感染后 16～24h 内处于上调表达阶段，该时间段与 RB 成指数生长和复试的阶段相符。这一结果与 D 和 L2 型沙眼衣原体和 CWL029 型肺炎衣原体，*pmpD*/*pmp*21 基因的表达情况大体一致。然而，Nunes 等（2010）发现，在 E 和 L2 型沙眼衣原体中，*pmpD* 是所有 *pmps* 中最晚处于上调的基因（感染 36h 后），表明其可能参与 RB 转化为 EB 的过程。

4. 富含半胱氨酸蛋白　外膜复合物上的另外两种蛋白分别为 OmcA（12 kDa）和 OmcB（16 kDa），二者在 EB 和 RB 的转变过程中发挥重要的作用。OmcB 蛋白又称为外膜蛋白 2（outer memberance protein，Omp2），成熟 Omp2 的 547 个氨基酸残基中含有 24 个半胱氨酸残基；OmcA 蛋白又称 Omp3，含有 13 个半胱氨酸残基。这些半胱氨酸残基之间可形成广泛的二硫键交叉连接，包括 MOMP-MOMP、MOMP-Omp2、Omp2-Omp3 等连接方式。并且证实 Omp2 在 Ct 各血清学之型之间具有高度的保守性，能够引起抗体产生和 T 细胞反应。

5. 跨膜头蛋白　随着全基因组的公布，衣原体跨膜头蛋白家族在不同的衣原体种间都被发现。流产衣原体该蛋白家族有 11 个成员，其中大部分（8 个成员）蛋白的 N 端都有一个跨膜（TM）区

域。该跨膜区域由两个α螺旋组成，但是跨膜区域的长度并不相同。该蛋白家族成员具有很高的种间特异性，不同衣原体种间 TMH 家族差异很大，如 *C. trachomatis*、*C. muridarum* 和 *C. pneumoniae* 的 TMH 蛋白家族的基因组成差异很大，尽管编码的蛋白结构相似，都含有 N 端成对的α螺旋跨膜区域；*C. abortus* 和 *C. caviae* 相比较，它们的基因组的相似性平均值为 85%，但是所编码蛋白的氨基酸序列相似性仅为 32%～60%。这都提示我们，TMH 蛋白家族是衣原体非常独特的蛋白家族，具有很高的种间特异性，可以利用该蛋白成分开发鉴别诊断试剂。Ohya 等（2008）发现 CF0218 是 *C. felis* 的一个新的 TMH 蛋白，并且可利用该蛋白检测临床 *C. felis* 感染。

6. 热休克蛋白 热休克蛋白存在于所有的衣原体种，其含量为衣原体总蛋白的 5%～10%，根据其分子质量大小不同，可以分为 5 类：HSP 100、HSP 90、HSP 70、HSP 60 和 small HSP。HSP 蛋白家族的功能十分重要，在衣原体感染产生炎症反应中起主要作用。大多数情况下，HSP 能够刺激宿主的获得性免疫，导致宿主体温升高，诱导宿主 HSP 抗体的产生。特异性抗体的产生也可以作为衣原体疾病诊断的参考。大部分情况下，HSP 蛋白被认为是病原成分，HSP60 可以激活宿主细胞 NF-κB 信号通路，刺激机体产生强烈的炎症反应，这可能与肺炎衣原体引起的炎症失调反应有关；HSP60 还能通过细胞凋亡通路，参与肺炎衣原体患者的动脉粥样硬化。但是，也有学者利用 HSP 能够强烈刺激免疫应答的特点，作为疫苗的增强剂。Penttilä 等（2006）利用共表达 HSP60 和 MOMP 的 DNA 疫苗来预防肺炎衣原体的感染。Motin 等（2009）直接向重组 MOMP 蛋白片段中添加 HSP 作为免疫佐剂，可以刺激 T 细胞产生更好的免疫应答。

7. Inc 蛋白 Inc 蛋白家族是一种衣原体特有包含体膜蛋白，存在于所有的衣原体种属，可能在衣原体的感染中存在重要作用。Inc 蛋白具有一个典型的特点，就是有一个大的疏水区域，这就形成了两个跨膜区域。通过生物信息学研究计算，沙眼衣原体至少编码 50 个 Inc 蛋白，这些蛋白大约占衣原体的 6%。Inc 蛋白家族成员只在衣原体生活周期特定的时限进行表达，说明其功能也是有时限性的。Ⅲ型分泌系统的蛋白通常被认

为是革兰氏阴性细菌的毒力蛋白，Inc 蛋白家族就属于Ⅲ型分泌系统，蛋白表达之后分泌到包含体膜上，可能是一种衣原体的毒力蛋白，在衣原体的生长和发展过程中具有关键的作用。拓扑学分析指出，Inc 蛋白的 N 端和 C 端都指向包含体膜的内测。虽然已经揭示了 IncA 和 IncG 的部分功能，但对于 Inc 蛋白家族的功能还不是十分清楚，可能与衣原体包含体膜结构的稳定性、衣原体毒力、衣原体与宿主细胞之间的物质交换、信号交换，以及免疫逃避都有关系。

8. 质粒蛋白 随着衣原体转化技术的成功建立，对质粒蛋白的研究取得了突破性的进展。沙眼衣原体的质粒含有 8 个开放阅读框（ORF），可以编码 8 个质粒蛋白（pgp1～8），通过对 8 个编码基因的分别缺失，确定了 8 个质粒蛋白的功能：*gpg-1*、*gpg-2*、*gpg-6*、*gpg-8* 基因对于质粒的维持是必需的，并且 *gpg-1*、*gpg-2*、*gpg-6* 基因表达的蛋白对于质粒的维持也是必需的，*gpg-8* 基因是质粒维持必需的，但是表达的蛋白并不是必需的；*gpg-4* 基因是一个调控衣原体毒力蛋白基因表达的调控因子；*gpg-3*、*gpg-5*、*gpg-7* 基因是衣原体体外生长所必需的。Mosolygó 等（1971）利用小鼠试验测定了 *gpg-3*、*gpg-4* 基因的免疫原性，证明这两个蛋白可以刺激宿主产生很好的细胞免疫和体液免液，提示部分质粒蛋白也具有开发疫苗的潜力。Li Z 等对受 gpg 调控的蛋白的免疫原性分析证明，gpg 调控表达的 GlgP 蛋白具有很高的免疫原性，能够有效保护宿主抵抗衣原体感染。

三、免疫学

（一）发育过程

包括 5 个阶段（图 19-2）：①EB 的附着与穿入；②从无代谢活性的 EB 转化成代谢旺盛的 RB；③RB 通过二等分裂方式进行增殖；④由无感染性的 RB 成熟为具有感染性的 EB；⑤EB 从宿主细胞释放出来。

（二）自然感染过程

鹦鹉热衣原体的个体形态主要有两种：原体（elementary body，EB）和网状体（reticulate body，RB）。在电子显微镜下扫描，原体呈球形或卵圆形，直径 0.2～0.3 μm，中央有致密的核

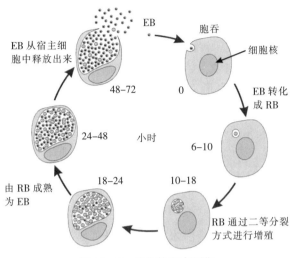

图 19-2　衣原体发育周期

心，外层有双层包膜，外膜为质地坚硬的细胞壁，内层为软而不规则的胞质膜。原体主要生活在宿主细胞外，性质稳定，无繁殖能力，但是具有高度感染性，是鹦鹉热衣原体的感染形态。感染时原体附着于靶细胞上，与细胞膜形成空泡并通过胞吞方式进入细胞内，并在空泡中逐渐发育、体积增大成为网状体，这个过程持续 6～8h。网状体是衣原体在宿主细胞内的繁殖形态，代谢旺盛，体积比 EB 大，大约是 EB 的 3 倍。电镜下观察，RB 的直径为 0.5～2.0μm，呈圆形、椭圆形或不规则形。RB 无胞壁，中央呈纤丝网状结构，外周有双层囊膜。RB 无感染性，但是具有繁殖能力，在胞内利用宿主细胞的 ATP 酶系统和氨基酸，合成自身蛋白质和核酸等大分子物质，以二分裂方式不断增殖，在空泡发育形成衣原体的集合形态——包含体（图 19-2）。包含体内蕴藏大量成熟的子代 EB，之后经裂解途径和出胞途径释放至细胞外，随即包含体膜破裂，子代 EB 在细胞外以此方式再次感染新的靶细胞，开始新的发育周期，周而复始，完成衣原体的繁殖。衣原体的每个繁殖周期需 48～72h。在衣原体的繁殖过程中，在宿主细胞内常能见到介于 EB 和 RB 之间的过渡形态，被称为中间体（IB），直径为 0.3～1.0μm，兼具 EB 和 RB 的形态特征。

衣原体的急性感染发育周期通常为 36～72h。许多应激因子和营养缺乏可使其出现不典型的发育周期。

（三）衣原体特异性免疫机制

感染衣原体后，能够诱导机体产生特异性免疫，包括特异性细胞免疫（cell-mediated immunity）和特异性体液免疫（humoral immunity）。

1. 特异性体液免疫　衣原体感染能够诱发机体免疫系统产生 IgG、IgA、IgE 等类别的抗体，然而以上抗体只能提供一定的保护作用，多数情况下无法阻挡病原扩散和疫病恶化。通常能够诱导机体产生有效免疫原的是衣原体的主要外膜蛋白（MOMP）。型特异性抗原表位主要位于可变区 1（VD1）和可变区 2（VD2），群特异性抗原表位主要位于可变区 4（VD4）。而一旦表位发生改变，诱导产生的抗体的中和作用不复存在，衣原体诱导产生的体液免疫效应就很难持久。

2. 特异性细胞免疫　细胞免疫主要由 CD4+ Th1 细胞和 CD8+ CTL 细胞介导。有研究发现，特异性细胞免疫，尤其是 CD4+ Th1 细胞介导的免疫反应能够有效控制衣原体感染并减轻病理变化，是宿主抵抗衣原体感染的关键；CD8+ T 细胞的重要性表现在对衣原体原发感染的清除和对再感染的保护作用。

（四）衣原体的免疫逃逸

机体感染衣原体后产生的获得性免疫的免疫力不强，持续时间短，从而导致衣原体感染后持续、反复和隐性感染。这与衣原体具有一系列的免疫逃逸机制有关，主要有逃避包含体与宿主细胞溶酶体的融合、通过下调宿主细胞 MHC 分子表达、抑制宿主细胞凋亡、干扰宿主细胞信号转导途径，以及主要外膜蛋白的抗原变异等。

（五）衣原体的变异

衣原体的大多数特异性抗原位于主要外膜蛋白（MOMP）上，MOMP 是衣原体外膜复合物的主要成分，并且 MOMP 表位决定了保护性抗体的产生，MOMP 表面同时拥有 B 细胞和 T 细胞表位。有研究表明，MOMP 突变主要发生在可变区的 VD1、VD2、VD4，仅有一个氨基酸改变，就可以使衣原体逃逸相应单克隆抗体和免疫血清的中和作用；同样 T 细胞表位的突变，也可使衣原体逃避 T 细胞的识别，导致持续性感染。

另外有研究证实，衣原体的质粒与衣原体的毒力密切相关，有些衣原体质粒缺失株不能激活 TLR2 信号通路，能诱导机体产生正常的适应性免疫应答并减轻或不产生衣原体感染引起的病变。

因此，衣原体质粒缺失株可以作为减毒活疫苗用于预防衣原体感染。

（六）衣原体蛋白相关模式受体和信号通路

热休克蛋白（HSP）在各个种属间高度保守，具有抗感染和细胞应激的功能。关于衣原体 HSP 模式受体和信号通路的研究主要集中在 cHSP60。CD14 是单核细胞 LPS 的受体，能够结合多种微生物成分，介导单核细胞、巨噬细胞、内皮细胞的活化，促进先天免疫。Kol 等（2001）证明 CD14 是 cHSP60 的关键受体，通过 CD14 信号活化人外周血单核细胞，单核细胞分化而来的巨噬细胞，激活 p38 MAPK 信号通路，最终激发天然免疫，这可能与动脉粥样硬化及某些炎症失调疾病有关系。Bulut 等（2002）对 cHSP60 激活巨噬细胞或者内皮细胞的机理作了进一步研究，指出重组 HSP60 能够通过 TLR4 快速活化微血管内皮细胞（Endothelial Cells，EC）或者小鼠巨噬细胞 NF-κB 信号通路；并利用抗体阻断技术证明，HSP60 活化 NF-κB 信号通路同时需要 TLR4 和 MD2，同时证明了 MyD88 部分缺失抑制了 NF-κB 的激活，因此 HSP60 通过 TLR4-MD2 受体复合物/MyD88/NF-κB 信号通路，最终导致 EC 或者巨噬细胞的炎症反应；还证明衣原体 HSP60 蛋白在小鼠体内同样能够通过 TLR4/MyD88/NF-κB 信号通路引起小鼠的急性肺炎症状。Jha 等（2011）通过调查冠状动脉疾病病人，发现 HSP60 阳性病人的 Caspase-3、Caspase-8、Caspase-9 表达明显高于 HSP60 阴性病人，说明肺炎衣原体 HSP60 可能通过细胞凋亡信号通路，参与冠状动脉疾病；Kang 等进一步发现 MAPK 激酶 3（MKK3）在 HSP60 导致肺部严重炎症过程中起非常关键的作用，MKK3 缺失的小鼠，中性粒细胞减少同时炎症介质也减少，肺部的炎症反应减轻；MKK3 能够激活 p38 激酶，进而激活 NF-κB 信号通路，同时 TGF-β-activated kinase 1（TAK1）缺失小鼠导致 NF-κB/RelA 错误的磷酸化，Ser276 位点发生磷酸化而并非 Ser536，不能导致 RelA 的易位；而 TAK1 依赖于从 TLR4 传递给 MKK3 的信号，因此 MKK3 在 HSP60 激活 NF-κB 通路上起到至关重要的作用。

蛋白酶样活性因子（CPAF）是由衣原体分泌到宿主细胞中的一种蛋白质，可能依赖于Ⅲ型分泌系统，可能在衣原体与宿主相互作用中发挥重要功能。CPAF 的分泌发生在衣原体感染宿主细胞的中期，沙眼衣原体大约在感染后 20h 分泌到宿主细胞中。CPAF 能够降解宿主细胞的细胞骨架成分波形蛋白、细胞角蛋白 8、核蛋白 PARP、细胞周期蛋白 B1。Christian 等还发现 CPAF 能够降解 NF-κB 信号通路重要分子 p65/RelA，从而抑制 NF-κB 信号通路，减低前炎症反应信号，降低宿主细胞对于前炎症信号的敏感性，抑制细胞凋亡，这有利于衣原体在宿主细胞的生长。

多型外膜蛋白家族（POMP）成员蛋白属于 V 型分泌系统，具有自转运蛋白的特性。该类蛋白表达之后 C 端位于细胞内测，N 端外露，具有很高的免疫原性和诊断价值。沙眼衣原体的 PmpD 暴露于衣原体 EB 的表面，并且 PmpD 特异性血清能够中和 EB 感染 HaK 细胞（Hamster Kidney Cells），可能在衣原体感染宿主细胞以及衣原体免疫逃避中有重要的功能。Niessner 等则证明了 Pmp 家族蛋白在衣原体感染人 EC 细胞引起的炎症反应中发挥重要作用。肺炎衣原体感染 EC 细胞时，会引起炎性细胞因子 IL-6、MCP-1、IL-8 的表达上调，当用 15 个不同的 Pmp 家族蛋白成员体外感染 EC 细胞时，Pmp20 和 Pmp21（PmpD）两个蛋白能够引起 EC 细胞 IL-6、MCP-1、IL-8 的表达上调；同时用过表达 IκBα 的腺病毒感染 EC 细胞，之后用不同的 Pmp 蛋白感染 EC，发现肺炎衣原体 EB、Pmp20、Pmp21 依然能够导致 IL-6、MCP-1 的表达上调，其他 Pmp 蛋白则不能。IκBα 的过表达能够强烈抑制 NF-κB 信号通路，抑制炎性细胞因子的分泌，但是 Pmp20、Pmp21 依然能够导致炎性细胞因子的表达，说明 Pmp20、Pmp21 能够激活 EC 细胞 NF-κB 信号通路，在衣原体感染引起的炎症反应中发挥重要作用。

四、制品

（一）诊断试剂

为了预防和控制衣原体病的发生和流行，准确鉴别和诊断起至关重要的作用。目前对于衣原体病的监测主要是两个方面：一是对临床采集组织样品或者拭子中的抗原进行检测；二是对临床血清样本或者黏膜表面灌洗液中的抗体进行检测。

1. 衣原体抗原检测

（1）直接涂片染色　对于临床怀疑感染衣原体的动物或者人，收集适当部位的拭子进行涂片可以快速获得诊断结果，如喉头拭子、阴道拭子、眼拭子等。将采集的拭子涂片固定后，可以直接进行多种染色，如 Machiavello、Giemsa 或 Ziehl-Neelsen 染色。涂片同时可以进行荧光染色，可以用耦联荧光成分的抗 LPS 或者 MOMP 的荧光抗体（direct fluorescent antibody，DFA）进行直接荧光染色，如 Dako 公司和 Bio-Rad 公司商业化的试剂盒；或者用 LPS、MOMP、POMP 等蛋白制备的单抗或者多抗作为一抗，荧光抗体作为二抗进行间接免疫荧光染色（indirect fluorescent antibody，IFA），直接利用荧光显微镜进行观察。该方法的优点是操作简单方便、耗时短，可以在最短时间内获得检测结果；缺点是如果样品中 EB 含量很少的话，可能检测不到，出现假阴性结果。

（2）基于 PCR 的检测方法　对于临床采集的组织样品或者各种拭子以及细胞培养物都可以用 PCR 方法进行鉴定。在提取组织 DNA 之后，利用不同的引物进行 PCR 扩增，获得预期大小的 PCR 扩增产物，该方法检测的灵敏度比直接染色法高很多。目前常用的直接 PCR 扩增引物有扩增 ompA 基因的 CTU/CTL 引物、扩增 16S－23S 间隔区基因的 16SF2/23R、扩增 pmp 基因的 CpsiA/CpsiB、扩增 23S rDNA 基因的 U23F/23Sigr。

为了进一步提高检测灵敏度，以及实现对不同的衣原体种间的鉴别诊断，实时定量 PCR 技术（real-time PCR）被用来对样品进行更精确的诊断。在 real-time PCR 的基础上，又研究出能够对衣原体样品进行定量的荧光定量 PCR，进一步加大了对衣原体检测的灵敏度。利用实时定量 PCR 方法检测到的一株非典型的衣原体菌株证明，实时定量 PCR 比常规的 PCR 检测灵敏度更高，且特异性更强。另外，其他研究人员利用改良的 DNA 芯片技术对衣原体病原进行了常规检测，以及利用流式细胞术对细胞培养物中的病原进行了定量检测。

（3）病原分离培养及鉴定　在病原的分离培养过程中，必须严格保证无菌操作，并且在接种鸡胚或者细胞过程中，选择合适的抗生素，防止污染的发生。经常使用的抗生素有庆大霉素（50 mg/mL）、链霉素（200 mg/mL）、万古霉素（75 mg/mL）、制霉菌素（25 U/mL）。而青霉素、四环素和氯霉素能够抑制衣原体的生长，但不能使用。

1953 年，Burnet 和 Rountree 第一次实现了衣原体在体外培养，他们成功地在鸡胚绒毛尿囊膜上培养了鹦鹉热衣原体，之后发现其他种类的衣原体也可在这些细胞上生长。因此，利用鸡胚对衣原体病料进行分离和培养的方法被许多实验室采用。

细胞培养技术的出现在衣原体分离培养上迈出了重大的一步。选择合适的细胞系，对于分离培养不同的衣原体菌株是非常重要的，离心感染或者添加放线菌酮减慢细胞生长速度也会增加感染的概率。选择合适的培养基对于部分菌株也十分重要，如对于沙眼衣原体，IMDM 的生长情况比 EMEM 要好很多；但是对于流产衣原体、鹦鹉热衣原体、家畜衣原体的生长并没有影响。临床样品一般要在细胞上盲传 3 代，分离培养后的衣原体可以利用 DFA 或者 PCR 方法进行鉴定，如果盲传 3 代后检测结果依然为阴性，则结果判定为阴性。

除了上述提到的直接涂片 Giemsa 或 Ziehl-Neelsen 染色法、DFA 法、IFA 法、PCR 方法、细胞培养法外，还有一些检测抗原的方法，如 ELISA 法、酶放大免疫测定法（IDEIA）、Clearview 试剂盒检测、Surecell 试剂盒检测等方法，各种方法的灵敏度、特异性各不相同，在使用过程中，根据实际需要选择合适的方法。鉴于各种方法的矛盾性，DFA 法和 Clearview 方法经常用于医院对于人标本的检测，该法操作简单快速。但在科研工作中经常采用特异性更强的血清学或者分子生物学检测方法。

2. 衣原体抗体检测　目前，检测衣原体抗体的方法主要有间接免疫荧光（IFA）、微量免疫荧光法（micro-immunofluorescence，MIF）、基于不同抗原片段的 ELISA、直接或间接补体结合试验（complement fixation test，CFT）等。很多情况下，宿主会发生两种或者两种以上不同种衣原体的感染，特别是在反刍动物和猪，因此必须根据宿主的衣原体流行情况，选择合适的抗体检测方法。

MIF 法可用来检测 EB 抗体，1970 年由 Wang 和 Grayston 发明，用来调查人的沙眼衣原体流行病学。该方法也可为动物和禽类衣原体分类提供参考，被视为检测家畜和禽类感染衣原体的一种标准检测方法，已经出现了商品化的试剂盒。但是 MIF 法检测鹦鹉热衣原体的结果不理想。

CFT 法是在 LPS 基础上建立起来的检测方法，在衣原体血清抗体检测中得到广泛应用。当样品出现溶血或者有抗补体血清存在的时候，CFT 就无法对样品进行检测。用 CFT 法调查绵羊和山羊流产衣原体的流行中，发现 CFT 的特异性在 $83\% \sim 98.1\%$，而敏感性为 $68.8\% \sim 91.4\%$。用流产衣原体和鹦鹉热衣原体的 LPS 作为检测抗原，发现其敏感性有很大差别，分别为 96.4% 和 60%。

LPS-ELISA 方法是目前检测禽类衣原体血清抗体水平应用最广泛的方法。以 LPS 为基础的 ELISA 方法，利用重组的脱酰基、与 BSA 连接的 LPS 作为包被抗原，包含两种抗原表位。该方法最初应用于人沙眼衣原体和肺炎衣原体的检测，改良之后用于对 OEA 进行血清学诊断。现在基于 LPS 的商品化试剂盒主要有间接 ELISA 试剂盒（RIDASCREENX[2]）和竞争 ELISA 试剂盒（Chlamydia psittaci AK-EIA），两个试剂盒主要应用于禽类血清样品中衣原体抗体的检测。军事医学科学院和北京市兽医生物药品厂申报的鹦鹉热衣原体抗体胶体金检测试纸条已注册成功（2010 新兽药证字 18 号）。

MOMP-ELISA 方法是目前检测猪、羊或者部分其他反刍动物衣原体抗体水平的方法。流产衣原体和家畜衣原体 ompA 基因 VD1～4 可变区的差异性，奠定了区分两类衣原体检测的分子基础，其中 VD1 和 VD2 的敏感性更好，基于重组表达 GST-VD2 融合蛋白的 ELISA 方法，检测 57 份阳性和 65 份阴性血清，其特异性高达 98.4%，但是敏感性只有 66%。现在的商品化试剂盒 ID Screen 主要是利用间接 ELISA 方法检测反刍动物血清中流产衣原体抗体。

Longbottom 等（2006）发现利用 CFT 法检测山羊血清时经常出现假阳性，并且无法区分流产衣原体和家畜衣原体。因此利用重组的 rPOMP91B 片段建立了间接 ELISA 方法检测临床山羊血清，发现利用 rPOMP91B 建立的 iELISA 方法的灵敏度达到 84.2%，特异性高达 98.5%，远远高于 CFT 方法。之后，又利用四段不同的 POMP90 片段建立 ELISA 方法，并与 CFT 方法做了比较。结果表明用 rOMP90-3 和 rOMP90-4 建立的 ELISA 方法都比 CFT 敏感性

和特异性要好，能够很好地区分流产衣原体和家畜衣原体感染，并且用 rOMP90-4 建立的 ELISA 能够诊断表面健康但是已经发生肠道感染的流产和家畜衣原体隐性感染，这对于衣原体的早期监测和防控十分重要。Morag 等进一步证明用 rOMP90-4 建立的 iELISA 方法比 MOMP VS2 片段建立的 iELISA 方法更加敏感，更适合临床血清样本的血清学检查。通过免疫电镜分析发现，POMP 蛋白在衣原体的 EB 和 RB 生活阶段都有表达，并且位于衣原体的表面，这可能与其高特异性、高敏感性有关。

（二）疫苗

沙眼衣原体在人群中的广泛传播，给公共卫生带来了很大的威胁。流产衣原体、鹦鹉热衣原体以及家畜衣原体在规模化养殖场的大范围流行，给我国的养殖业带来了巨大的经济损失。尽管使用抗生素能够有效控制衣原体的感染，但是有效的疫苗免疫程序是预防衣原体疾病广泛流行的最好办法。对衣原体疾病进行有效监控、发病后用抗生素进行药物治疗，不仅成本高昂，而且只能小范围控制该病的发生和流行；而合理的疫苗免疫程序，能够在全世界范围内有效预防疾病的流行，并且可大大降低治疗成本。因此，开发有效的衣原体疫苗是控制衣原体病流行的长期目标。

目前，衣原体疫苗的研究工作已经取得了很多进展。各国学者利用小鼠或者其他动物模型，对很多候选疫苗进行了有效评估，证明疫苗可以激发机体 CD4[+] T 淋巴细胞显著增加，并且分泌高水平的 IFN-γ 和 IL-12 等细胞因子，产生 Th1 型免疫应答，这是控制衣原体所必需的；部分疫苗同时能够诱导产生高水平的 IgG 和 IgA 抗体，增强机体的体液免疫和黏膜免疫水平，提高机体的免疫力。疫苗的研究方向也从传统的弱毒疫苗、灭活疫苗向基因亚单位疫苗、DNA 疫苗、载体疫苗等新型疫苗发展。

1. 全菌疫苗 全菌疫苗是传统意义上的疫苗，主要包括灭活疫苗和减毒活疫苗两大类。灭活疫苗是利用物理、化学或者其他方法将病原灭活后制备疫苗，很大程度上保留了抗原的免疫原性，并且对宿主没有生物危害。但是灭活疫苗并不能激发机体特异性 CTL 的产生，CTL 在衣原体感染后的清除过程中发挥重要作用，因此灭活疫苗的免疫原性并不理想，并不适合用于衣原体

疫苗的开发。Buendía 等（1998）成功建立了流产衣原体感染小鼠的动物模型，评价了用二乙烯亚胺灭活的疫苗与减毒活疫苗 1B，经比较发现，灭活疫苗可以起到一定的免疫保护作用，并且灭活疫苗添加细胞免疫佐剂 QS-21 产生的免疫保护要优于不添加免疫佐剂或者添加体液免液增强佐剂氢氧化铝。Shewen 等（2001）则比较过 1 个活疫苗和 4 个灭活的鹦鹉热衣原体疫苗的活性，发现 4 个灭活疫苗的免疫效果都不如活疫苗。

减毒活疫苗是从自然界筛选出的毒力减弱或者基本无毒的弱毒株，或者通过人工方法诱导弱毒株的产生，利用该弱毒株制造活疫苗。减毒活疫苗是世界上第一种用于预防衣原体疾病的疫苗。Rodolakis 等（1984）利用亚硝基胍（NTG）对绵羊分离株进行人工诱导，产生了两株温度敏感的弱毒菌株，并用该菌株免疫绵羊和奶牛，取得了很好的免疫效果；进而利用其中一株 1B 株制备疫苗，是目前为止唯一的预防山羊和绵羊衣原体病的商品化疫苗。Yu 等证明免疫活疫苗能够产生更高水平的 $CD4^+$ Th1 型免疫应答为主的细胞免疫，而 Th1 型免疫应答及 Th1 型 T 细胞分泌 IFN-γ 的水平高低与小鼠产生的免疫保护是呈正相关的，因此活疫苗的免疫保护作用比灭活疫苗更加明显。Su 等（2001）则利用小鼠模型，用杀菌剂量的土霉素处理衣原体，替代减毒活疫苗，结果表明抗生素介导的亚临床感染产生的免疫效果，与直接感染衣原体的小鼠能够产生相同水平的免疫保护效果，也证明了减毒活疫苗的保护效果。减毒活疫苗最大程度上保留了抗原的活性成分，能够有效地刺激机体的免疫应答，保护宿主抵抗衣原体的感染，但是减毒活疫苗存在毒力返强的潜在危险。Wheelhouse 等（2010）报道，免疫 1B 疫苗的羊群本身发生了流产现象，说明减毒活疫苗在一定情况下可以返强，导致宿主感染，引发流产等现象。

2. 基因工程亚单位疫苗　基因工程亚单位疫苗（subunit vaccine）又称生物合成亚单位疫苗或重组亚单位疫苗，是指将保护性抗原基因在原核或真核细胞中表达，并以基因产物（蛋白质或多肽）制成的疫苗。现在常用的表达系统主要有大肠杆菌、枯草杆菌、酵母、昆虫细胞、哺乳类细胞、转基因植物、转基因动物等。优点是安全性好、纯度高、稳定性好、产量高；缺点是免疫效果相比传统的亚单位疫苗要差，可以通过添加

免疫佐剂或者选择合适的表达系统维持蛋白表面构象来增强其免疫效果。目前为止，大部分的亚单位疫苗是在衣原体 MOMP 蛋白基础上研究的，也有人尝试过 HSP 蛋白家族成员。近年来，越来越多的学者开始关注一些新的蛋白家族，如 POMP 蛋白家族及质粒蛋白。

MOMP 蛋白最早由 Caldwell 等在 1981 年发现，纯化之后进行了初步鉴定，之后对 MOMP 的基因组学和结构做了系统的分析。Stephens 等（1998）第一次在大肠杆菌中对 MOMP 蛋白进行了克隆表达，之后以 MOMP 为基础的亚单位疫苗不断地被评价和改进。小鼠模型体内和体外试验证明，MOMP 蛋白能够刺激 T 淋巴细胞增殖，并且激发细胞免疫，可以作为疫苗开发的候选抗原。2007 年军事医学科学院和北京市兽医生物药品厂联合申报的鸡衣原体重组蛋白基因工程疫苗获得一类新兽药注册证书（2006 新兽药证字 70号），填补了国内外鸡衣原体疫苗的空白。基于 MOMP 蛋白抗原的保护性，2014 年羊衣原体病基因工程亚单位疫苗（2014 新兽药证字 12 号）获得成功注册。

Kollipara 等（2013）利用考拉模型证明了 MOMP 抗原的免疫原性。但是，重组 MOMP 蛋白并不能刺激机体产生强力的免疫应答，必须添加免疫佐剂或者改进抗原形式来加强免疫应答，不同的免疫途径也会影响疫苗的效力。Berry 等（1997）对重组 MOMP 蛋白单独添加霍乱毒素（cholera toxin，CT）、CpG-ODN（CpG）或者联合使用两种佐剂 CT/CpG 进行了评价，发现 MOMP 蛋白添加 CT/CpG 能够刺激宿主 T 淋巴细胞向 Th1 型细胞分化，产生高浓度的 IFN-γ，同时在生殖道灌洗液可以产生高浓度的 IgG、IgA 及血清 IgG，证明了 CT/CpG 是皮下免疫衣原体疫苗强有效的免疫佐剂。在此基础上，对 MOMP 抗原进行改进，将 MOMP 与麦芽糖结合蛋白（MBP）进行融合，表达纯化了 MBP-MOMP 融合蛋白，同时添加 CT/CpG 免疫佐剂，通过鼻腔免疫（intranasal，IN）和皮内免疫（transcutaneous，TCI）两种途径免疫发现，两种途径均能很好地保护宿主抵抗 *C. muridarum* 的感染，并且 IN 免疫途径更好。Hickey 等（2009）在 MBP-MOMP 中添加 Lipid C 佐剂，证明其效果和添加 CT/CpG 相当，并且用 TCI 和口服两种免疫途径都证明了联合使用 CT/CpG+Lipid C 能诱

导产生更好的免疫应答。Ralli-Jain 等（2010）则比较了不同的免疫途径对佐剂的影响，不仅证明 CT＋CpG＋矿物油（montanide）组合是十分有效的免疫佐剂组合，同时研究了最佳免疫途径组合，即舌下免疫 CT、肌肉和皮下免疫 CpG＋Montanide 能够产生最好的免疫效果。Cheng 等（2011）则通过比较不同受体激动剂，如 Pam2CSK4（TLR2/TLR6）、Poly（Ⅰ∶C）（TLR3）、monophosphoryl lipid A（TLR4）、flagellin（TLR5）、imiquimod R837（TLR7）、imidazoquinoline R848（TLR7/8）、CpG－1826（TLR9）、M-Tri-DAP（NOD1/NOD2）、muramyldipeptide（NOD2），证明 TLR2 激动剂 Pam2CSK4 效果最好，可以作为重组 MOMP 的免疫佐剂预防 C. trachomatis 感染。Cheng 等还评价了天然状态的 nMOMP，加上一个新型佐剂 IC31，这是寡聚核苷酸 ODN1a 和多肽 KLK 的复合物，证明 IC31 佐剂能够更好地刺激细胞免疫，效果强于铝胶佐剂。O'Meara 等（2013）则评价了佐剂 CTA-1DD，证明该佐剂效果比 CT/CpG 更好，并且通过 TC 免疫途径能够保护宿主不产生病理变化。

除了 MOMP 蛋白之外，流产衣原体重组热休克蛋白 rHsp70 也被作为免疫抗原进行过测试，结果显示 rHsp70 能够刺激机体产生体液免疫，但是并不能保护怀孕小鼠避免衣原体的感染；Meoni 等（2009）发现重组 CT043 抗原的免疫原性非常好，添加 LTK63＋CpG 组合佐剂后，能够刺激 $CD4^+T$ 细胞产生很好的 Th1 型免疫应答，保护宿主免于 C. trachomatis 的感染；Cong 等（2007）证明了重组的衣原体蛋白酶样活性因子（chlamydial protease-like activity factor，CPAF）具有很好的免疫原性，同时发现添加 CpG 可以更好地提高 CPAF 的免疫原性。近来，随着全基因组的公开，POMP 受到越来越多的关注，Yu 等（2012）对衣原体的 13 个抗原肽做了评价，当用 DDA-MPL 为佐剂时，PmpG、PmpE、PmpF、Aasf、RplF、TC0420、TC0825 都能产生优于 MOMP 的免疫效果，并且比较了几种蛋白的组合，发现膜蛋白组合 PmpG＋PmpE＋PmpF 的免疫效果最好。最近，Mosolygó 等（2014）还发现质粒蛋白 pGP3 或 pGP4 能够刺激 $CD4^+T$ 细胞产生很好的 Th1 型免疫应答，并且表达高水平的 IFN-γ，保护小鼠免受衣原体的感染，还进一步强调免疫保护取决于细胞免疫水平，而非体液抗体水平的高低。

3. DNA 疫苗 DNA 疫苗（DNA vaccine）又被称为裸 DNA 疫苗、基因疫苗、核酸疫苗、多核苷酸疫苗等，即将编码外源性抗原的基因插入到含真核表达系统的质粒上，然后将质粒直接导入人或动物体内，让抗原蛋白在宿主细胞中表达，诱导机体产生免疫应答，是近年来基因治疗研究中衍生并发展起来的一个新的研究领域。DNA 疫苗能诱导细胞免疫和体液免疫，消除减毒活疫苗毒力返强的潜在危险，并且同一个质粒可装载多个病原体基因，减少免疫注射次数，达到同时预防一种或多种疾病的目的。DNA 疫苗可以采取冻干粉形式保存数年仍保持活性。DNA 疫苗被称为继灭活疫苗和弱毒疫苗、亚单位疫苗之后的"第三代疫苗"，具有广阔的发展前景。

关于衣原体的 DNA 疫苗研究，最早是 Zhang 等（1997）利用 pcDNA3.1 真核表达质粒，构建了表达 MOMP 蛋白的 DNA 疫苗，能够诱导小鼠产生相应的抗体，并且有效清除 EB，这也为人沙眼衣原体疫苗的研发提供了新的思路。DNA 疫苗激发宿主免疫应答的能力比较弱，并不能激发强力有效的免疫应答抵抗衣原体的感染，因此，开发有效的免疫佐剂增强其免疫应答是 DNA 疫苗发展的趋势。在 pcDNA3.1∷MOMP 的基础上，Héchard 等（2003）研究了添加心脏毒素（Cardiotoxin）作为免疫佐剂的效果，结果显示，免疫添加佐剂的 DNA 疫苗之后，怀孕小鼠或者未怀孕小鼠的胎盘流产衣原体的含量明显减少，但是对于胎儿的保护效果并不理想。Verminnen 等（2005）则在 pcDNA3.1∷MOMP 基础上，添加佐剂 1α，25－二羟基维生素 D_3 之后，评价疫苗对于鹦鹉热衣原体的保护效果，结果显示火鸡免疫 pcDNA3.1∷MOMP＋佐剂组合之后，能够有效抵抗鹦鹉热衣原体的感染，同时发现高水平的抗体对于宿主保护并没有直接关系，高水平抗体并不能提供更好的保护，甚至起到反作用。Schautteet（2011）则利用猪的模型，在免疫之前 1 周，先免疫佐剂 GM-CSF，之后免疫 pcDNA3.1∷MOMP，同时添加佐剂 LTA、LTB 和 CpG，生殖道衣原体的外排和残留都明显减少，其免疫保护效果非常明显，但是并不能完全清除沙眼衣原体的感染，同时证明生殖道黏膜免疫的效果要优于皮内免疫效果。Zhu 等则将乙肝病毒的表面抗原和 MOMP 的多个片段同时克隆到 pcDNA3.1 中，作为递呈载体，不仅能诱导机体高滴度的抗体反应，同时诱导活化抗沙眼衣原体的 CTL，利用 MOMP 蛋白高免疫活性的多肽片段，为开发衣原体疫苗提供了新的思路。

除了利用 MOMP 蛋白开发 DNA 疫苗，科学家们也有过其他的尝试。Svanholm 等（2000）利用 Hsp60 开发肺炎衣原体 DNA 疫苗，IN 途径免疫之后，没有特异性的抗体产生，但是起到了一定的免疫保护作用；相反，皮内免疫检测到了抗原特异性的 IgG，但是并不能产生免疫保护，同时证明添加佐剂 IL-12 可以增强免疫保护，添加 GM-CSF 没有效果。Héchard（2003）则在 Hsp70 基础上开发并评价了流产衣原体 DNA 疫苗，该疫苗能够诱导产生抗原特异性的抗体 IgG2a，但是并不能保护宿主抵抗衣原体的感染。

4. 载体疫苗

（1）DC 疫苗　DC 细胞（dendritic cells, DC）俗称树突状细胞，因成熟时伸出许多树突样或伪足样突起而得名，是人体内抗原递呈能力最强的专职递呈细胞。DC 细胞数量很少但分布广泛，当机体受到抗原刺激时，能有效识别病原，产生免疫反应。DC 疫苗是通过体外培养诱导生成 DC，然后负载相应的抗原，如病原、蛋白、肿瘤等，制成负载抗原的 DC，再将这些 DC 细胞注入体内后刺激体内的免疫应答，激发一系列免疫反应，最终达到保护宿主免于病原微生物的感染，或者治疗肿瘤的目的。美国杜克大学遗传和细胞治疗学中心的研究主任埃利吉尔波瓦说过："DC 作为高度专职化的主要抗原递呈细胞，在诱导针对相关抗原的高效、特异性 T 细胞免疫应答中起关键作用""DC 是激发机体免疫系统抵御癌症侵袭最有效的途径之一"。

衣原体 DC 疫苗的发展是从 20 世纪 90 年代开始的。Su 等（1998）首先利用灭活的沙眼衣原体体外刺激 DC，之后将 DC 静脉注射回体内，发现免疫后的小鼠能够产生衣原体特异性的 Th1 型免疫应答，生殖道途径攻毒后，免疫小鼠生殖道衣原体的含量非常少，并且能够有效避免生殖道的病理损伤。DC 疫苗为衣原体疫苗开发提供了新的思路。在利用灭活的衣原体全菌制造 DC 疫苗之后，相继又有利用不同的衣原体亚单位蛋白成分的 DC 疫苗被评价。Shaw 等（2002）利用重组 MOMP 蛋白刺激 DC 之后，DC 细胞能够产生

IL-12，并且刺激 CD4+ T 细胞分化并分泌 IFN-γ，这都提示以 MOMP 为基础的 DC 疫苗可能产生很好的免疫性保护；但是，体内试验的结果恰恰相反，MOMP 致敏的 DC 免疫小鼠之后，产生 Th2 免疫应答，而不是 Th1 免疫应答，并且不能保护宿主抵抗衣原体的感染。Yu 等（2011）则改变了刺激方法，利用脂质体将 PmpG1、PmpE/F-2、RplF 转染 DC，之后利用 DC 免疫小鼠，结果表明 3 个免疫组的小鼠在肺脏感染模型和生殖道感染模型中都有很好的保护，且 PmpG1 免疫保护效果最好，而 MOMP 对照组只能在生殖道感染模型中有保护作用，而在肺脏感染模型中并没有保护作用。Li 等利用重组的 CPAF 蛋白，同时利用 CpG 为佐剂体外刺激 DC，发现 DC 细胞 CD40、CD80、CD86、MHC II 表达上调，同时细胞因子 IL-12 表达上调，IL-10、IL-4 没有变化，小鼠免疫之后，产生高水平的 IgG1、IgG2a 和 IFN-γ，衣原体攻毒之后，生殖道衣原体的数量明显下降，并且能够降低输卵管的病变。Lü 等（1998）利用腺病毒载体（Ad-MOMP）转染 DC 细胞，高表达 CD80、MHC II、IL-12 的 DC 细胞静脉免疫小鼠后，能够产生 Th1 型的细胞因子以及 IgA 黏膜免疫，宿主在体重减少、衣原体 IFU 含量和病理变化等方面表明，Ad-MOMP 疫苗能够很好地保护宿主免于衣原体的感染。

（2）细菌菌影疫苗　20 世纪 80 年代奥地利学者 Lubitz W 等首先发明了一种新型疫苗——菌影疫苗（bacterial ghost）。其基本原理是：噬菌体 PhiXl74 的 E 蛋白能将革兰氏阴性菌裂解，裂解后的革兰氏阴性菌在细胞膜形成一个跨膜孔道结构，使菌内胞质内容物由孔道排出，这种灭活后不含胞浆成分的完整细菌空壳，称为菌影。到目前为止，菌影疫苗已经广泛应用于各种革兰氏阴性细菌，主要包括霍乱弧菌、胸膜肺炎放线杆菌、大肠杆菌、幽门螺杆菌、副猪嗜血杆菌等。菌影疫苗具有培养方便、成本低廉、易于大量制备、无需佐剂、无致病性、安全性好、能够长时间稳定存在、可作为载体构建多价重组疫苗等优点。

Eko 等（2011）利用霍乱弧菌菌影（vibrio cholerae ghosts, VCG）作为递呈系统，递呈沙眼衣原体的 MOMP 蛋白，发现 rVCG 载体本身具有佐剂的性质，不需要添加任何额外的佐剂就

可以刺激宿主产生强力的 Th1 型免疫应答，同时产生很好的体液免疫，加上生产成本低廉，在疫苗开发方面很有优势；在此基础上，进一步增加了一个黏膜免疫佐剂 CTA2B（无毒性霍乱毒素），表达 MOMP-CTA2B 的融合蛋白，证明 CTA2B 能够进一步加强该疫苗的免疫活性；Macmillan 等（2000）设计了一个二联疫苗，利用 rVCG 同时递呈衣原体 MOMP 蛋白和疱疹病毒 2 型的 gD2 蛋白，发现该疫苗能够同时对两种疾病产生一定的免疫保护。由于单纯利用 MOMP 单一抗原所起到的免疫保护都是部分免疫，因此 Eko 等（2011）进一步利用 rVCG 平台设计了二价苗，同时表达 Omp1 和 Omp2 两个抗原蛋白，证明二价苗的免疫效果明显优于单独任何一个抗原；进一步设计了二价苗 rVCG-PmpD/PorB，证明该疫苗不仅能够有效刺激机体免疫应答，抵抗衣原体的感染，同时能够产生免疫记忆，抵抗衣原体的再次感染。

（3）病毒活载体疫苗　病毒活载体疫苗是用基因工程技术将病毒（一般为弱毒株）构建成一个载体（外源基因携带者），把外源基因，如重组多肽、肽链抗原位点等，插入其中使之表达的活疫苗。该类疫苗免疫产生的免疫应答与自然感染的真实情况非常接近，可诱导体液免疫和细胞免疫，甚至黏膜免疫，可以避免重组亚单位疫苗免疫原性差等缺点。活载体疫苗具有免疫原性强、免疫记忆能力持久、细胞及黏膜免疫应答好、生产成本低廉等多种优势，已经成为新型疫苗研制的重要技术手段之一。但是活载体疫苗的生物安全性问题也越来越受到关注。Penttilä 等（2006）利用塞姆利基森林病毒（*Semliki forest virus*，SFV）为载体，表达肺炎衣原体 MOMP 蛋白的 Omp2 片段，首先用 pcDNA3.1∷Omp2 首免，之后用 rSFV-Omp2 进行二次免疫，结果显示宿主能够产生高水平的 IFN-γ，抵抗肺炎衣原体的感染；He 等利用 H1N1 流感病毒减毒株作为病毒载体，递呈沙眼衣原体 MOMP 蛋白的几个高免疫活性多肽片段，宿主免疫后产生很好的 Th1 型免疫应答和高水平的 IgG2a 抗体，有效避免沙眼衣原体的生殖道感染；Lü 等（1998）利用腺病毒载体（Ad-MOMP）转染 DC 细胞，制备 DC 疫苗静脉免疫小鼠后，能够产生 Th1 型的细胞因子及 IgA 黏膜免疫，宿主在体重减少、衣原体 IFU 含量和病理变化等方面表明，Ad-MOMP 疫苗能

够很好地保护宿主免于衣原体的感染；周继章利用腺病毒载体递呈鹦鹉热衣原体的 MOMP 蛋白，制备重组腺病毒载体活疫苗，免疫鸡后测定体液免疫和细胞免疫水平，测定攻毒保护水平。禽衣原体重组腺病毒活载体诱导家禽产生高水平的细胞免疫和体液免疫水平，保护率分别达到 90%，保护时间达到 6 个月。刘杉杉等通过利用细菌人工染色体（BAC）技术构建表达 pmpD-N 基因的重组 HVT 活载体疫苗，以 1 日龄 SPF 鸡为动物模型，每只鸡免疫 8 000 PFU 的重组 HVT 活载体疫苗，免疫后第 8 日腹腔攻毒鸡马立克氏病病毒强毒 RB-1B，免疫后 36d 喉头接种鹦鹉热衣原体，以评价免疫保护效果。免疫后产生了针对 PmpD-N 的特异性抗体及高水平淋巴刺激指数，CD4⁺ 细胞比例呈现显著性升高，诱导了高水平的 Th1 细胞免疫。攻毒超强毒马立克氏病病毒 RB-1B 后，免疫组鸡 100% 保护；攻毒鹦鹉热衣原体后，免疫组的病变指数显著降低，喉头排菌量和脾脏（肺脏）含菌量显著下降。结果显示重组 HVT 活载体疫苗可以提供良好的免疫保护效果。

（4）其他递呈系统　除了 DC、细菌菌影、活病毒载体递呈系统以外，还有一些其他的递呈系统或者工艺，受到科学家的关注。Hansen 等（2008）利用脂质体（liposome）递呈 MOMP 蛋白，同时添加 Th1 型免疫增强佐剂 CAF01 和 Th2 型免疫增强佐剂氢氧化铝，证明用 liposome 递呈 MOMP，同时添加 CAF01 佐剂，能够刺激机体产生很好的 CD4⁺ T 细胞免疫应答。Yu 等（2012）利用脂质体将 PmpG1、PmpE/F-2、RplF 转染 DC，用 DC 免疫小鼠，结果发现 3 个免疫组的小鼠在肺脏感染模型和生殖道感染模型中都有很好的保护，且 Lipo/PmpG1 免疫保护效果最好。Taha 等（2005）将 MOMP-187 制备成了 PLGA85/15 纳米疫苗，该疫苗能够刺激巨噬细胞产生 IL-6、IL-12 等 Th1 型细胞因子及 NO 的生成；Fairley 等（2004）对该疫苗进行了系统的评价，证明该疫苗能够刺激宿主 Th1 型细胞免疫和抗体反应，具有开发为衣原体纳米疫苗的潜力。Tifrea 等（2007）利用两亲性分子（amphipols）处理天然 nMOMP 蛋白，最大程度恢复和保存 nMOMP 蛋白的构象，暴露其抗原表位，免疫之后能够刺激宿主产生很好的 CD4⁺ 而不是 CD8⁺ T 细胞反应，产生的 IFN-γ 水平也高于免疫洗涤剂（Detergent）处理的 nMOMP

组，因此用 Apols 处理可能会大大提高 MOMP 蛋白的免疫原性。Ou 等（2010）利用噬菌体作为载体，递呈流产衣原体的 MOMP 蛋白，制备了噬菌体疫苗（λ-MOMP），利用猪模型进行了免疫评价，也取得了一定的免疫效果。

（5）多价疫苗　为了寻找安全可靠的衣原体疫苗，除了寻找有效的高免疫原性的抗原、添加高效免疫佐剂、开发有效的递呈载体之外，多价疫苗的开发也是一个非常重要的途径。同时利用衣原体两个或者两个以上的抗原免疫宿主，其联合免疫的效果可能大大超过单独免疫其中一个抗原所起到的保护效果。Eko 等（2011）利用 rVCG 平台，先后设计了二价苗 rVCG-Omp1/Omp2，表达 MOMP 蛋白的两个抗原片段，进一步设计了二价苗 rVCG-PmpD/PorB，表达多型外膜蛋白 PmpD 和膜孔蛋白 PorB，证明二价苗的免疫效果明显胜过单独一个抗原，能够更有效地刺激机体的免疫应答，抵抗沙眼衣原体的感染；同时能够产生免疫记忆，抵抗衣原体的再次感染。Farris 等（2011）联合应用 MOMP 和 CPAF 两个抗原成分，Yu 等联合应用多型外膜蛋白家族 E、F、G、H 4 个成分，证明了多价疫苗可能会产生更好的免疫效果。

（6）质粒缺失疫苗　沙眼衣原体含有一个 7.5 kb 大小的高度保守的质粒，质粒的缺失可能导致衣原体毒力的下降或消失，这也为疫苗的开发提供了新的思路。Olivares-Zavaleta（2014）利用小鼠模型对一株 NL2－5667R 质粒天然缺失菌株的免疫原性进行了评价，通过生殖道途径免疫之后能够产生血清抗体和 Th1 型免疫应答，但是不能产生生殖道 IgA 抗体；利用强毒株攻毒，只能产生部分保护，不能保护宿主免于感染，但是能够降低感染早期阶段衣原体载量。O'Connell 等（2001）利用新霉素诱导产生家畜衣原体质粒缺失菌株 CM972，结果证明，免疫质粒缺失菌株的小鼠，能够产生有效的 Th1 免疫应答，强毒株攻毒之后没有产生组织损伤，能够有效避免家畜衣原体的感染。Kari 等（2011）利用新霉素诱导了一株质粒缺失的沙眼衣原体菌株 A2497P，利用猕猴模型对其进行了评价，猕猴能够获得全部或者部分免疫，试验证明人类宿主如果能够获得与试验中猕猴相当强度的免疫保护，就能够有效地降低沙眼衣原体的感染或者二次感染，对于预防导致失明的人沙眼衣原体病具有重要意义。

五、展望

尽管目前衣原体疫苗的研制已经经历了全菌疫苗、亚单位疫苗、DNA 疫苗及其他递呈系统的疫苗，并发展出一系列衣原体疫苗的设计策略，但是迄今为止在临床应用上依然还没有研制出有效对抗衣原体的疫苗。一株好的疫苗应该具备两大特点，一是能够诱导机体产生长久有效的免疫反应；二是疫苗材料成本低廉、易于生产。而目前面临的主要困难在于，衣原体具有特殊的发育周期，并且具有多个血清型及抗原结构的复杂性，这些都给疫苗研制带来了很多困难。

当前所研制的疫苗中，减毒活疫苗虽然具有良好的免疫原性且不具有致病性，前期的研究证实对动物有一定的保护作用，但是理论上活疫苗具有毒力返祖、毒力增强等污染环境的风险，因此衣原体活疫苗的发展前景并不乐观；灭活疫苗虽然制备相对简单，且保存容易，但其本身可能存在的内毒素等不具备保护功能的菌体成分能够引起机体未知的病理反应，以及灭活疫苗单一诱发体液免疫而不能诱导对最终清除衣原体起关键作用的细胞免疫，因此灭活疫苗也被认为不适合作为衣原体疫苗；衣原体亚单位疫苗虽然摆脱了全菌灭活疫苗的副作用，降低了减毒活疫苗毒力返祖的风险，但是其复杂的蛋白质提取和纯化过程及不能持久产生免疫力，成为影响其成为最佳衣原体疫苗的关键因素；第三代 DNA 疫苗克服了全菌灭活疫苗不良反应、弱毒疫苗毒力返祖、亚单位疫苗不能增殖诱导持久免疫力的困难，并证实相对上述疫苗有较好的免疫效力，但一些客观的问题需要注意，就是有可能诱导体内抗 DNA 抗体的产生及免疫排斥反应。目前研究的通过一些特殊的物质作为衣原体疫苗呈递系统，比如菌影疫苗、聚丙交酯-乙交酯（PL-GA）、伪空胞（gas vesicles）等，经证实可发挥抗原递呈作用，通过携带特异性蛋白或者药物等可诱发机体产生强烈的免疫应答，可作为今后衣原体疫苗研制的有效途径；病毒活载体疫苗、树突状细胞载体疫苗及质粒缺失疫苗，都可作为今后衣原体疫苗的研究方向。对于防治各类衣原体病的发生和发展，研制好的疫苗是最有效可行的办法。另外，相应佐剂和接种方式的研究，对疫苗的效力也尤为重要。

（何　诚　万建青）

主要参考文献

梁明星，陈超群，吴移谋，2016. 衣原体疫苗的研究进展
　［M］. 微生物学免疫学进展，44（1）：66 - 71.

吴移谋，李忠玉，陈丽丽，等，2012. 衣原体［M］. 北
　京：人民卫生出版社 .

中国农业科学院哈尔滨兽医研究所，1998. 兽医微生物学
　［M］. 北京：中国农业出版社 .

Arsovic A，Nikolov A，Sazdanovic P，et al，2014. Prev-
　alence and diagnostic significance of specific IgA and an-
　ti-heat shock protein 60 *Chlamydia trachomatis* antibod-
　ies in subfertile women［J］. European Journal of Clini-
　cal Microbiology and Infectious Diseases，33（5）：761 -
　766.

Bulut Y，Faure F，Thomas L，et al，2002. Chlamydial
　heat shock protein 60 activates macrophages and endo-
　thelial cells through toll-like receptor 4 and MD2 in a
　MyD88 - dependent pathway［J］. The Journal of Immu-
　nology，168（3）：1435 - 1440.

Cheng C，Jain P，Bettahi I，et al，2011. A TLR2 agonist
　is a more effective adjuvant for a Chlamydiamajor outer
　membrane protein vaccine than ligands to other TLR and
　NOD receptors［J］. Vaccine，29（38）：6641 - 6649.

Cong Y，Jupelli M，Guentzel M N，et al，2007. In-
　tranasal immunization with chlamydial protease-likeactiv-
　ity factor and CpG deoxynucleotides enhances protective
　immunity against genital Chlamydiamuridarum infection
　［J］. Vaccine，25（19）：3773 - 3780.

Eko F O，Okenu D N，Singh U P，et al，2011. Evaluation
　of a broadly protective Chlamydia-cholera combination vac-
　cine candiate［J］. Vaccine，29（21）：3802 - 3810.

Fairley C K，Lister N A，Tabrizi S N，et al，2004. Var-
　iability of the *Chlamydia trachomatis* ompl gene detec-
　ted in samples from men tested in male-only saunas in
　Melbourne，Australia［J］. Journal of Clinical Microbi-
　ology，42：2596 - 2601.

Farris C M，Morrison R P，2011. Vaccination against
　Chlamydia genital infection utilizing the murine *C. mu-
　ridarum* model［J］. Infection and Immunity，79（3）：
　986 - 996.

Hansen J，Jensen K T，Follmann F，et al，2008. Lipo-
　some delivery of *Chlamydia muridarum* outer membrane
　protein primes a Th1 response that protects against geni-
　tal *Chlamydial* infection in a mouse mode［J］. The
　Journal of Infectious Disease，198（5）：758 - 767.

Hechard C，Grepiner Q，Rodolakis A，2003. Evaluation
　of protection against *Chlamydophila abortuschallenge*

after DNA immunization with the major outer-membrane
　protein encoding gene in prenant and non-pregnant mice
　［J］. Journal of Medical Microbiology，52：35 - 40.

Hickey D K，Aldwell F E，Beagley K W，2009. Transcuta-
　neous immunization with a novel lipid-basedadjuvant protects
　against *chlamydia genital* and respiratory infections［J］.
　Vaccine，27（44）：6217 - 6225.

Jha HC，Srivastava P，Vardhan H，et al，2011.
　Chlamydia pneumoniae heat shock protein 60 is associ-
　ated with apoptotic signaling pathway in human athero-
　matous plaques of coronary artery disease patients［J］.
　Journal of Cardiology，58（3）：216 - 225.

Jiang H H，Huang S Y，Zhang W B，et al，2013. Sero-
　prevalence of *Chlamydia* infection in pigs in Jiangxi
　province，South-Eastern China［J］. Journal of Medical
　Microbiology（Pt 12）：1864 - 1867.

Kari L，Whitmire W M，Olivares-Zavaleta N，et al，
　2011. A live-attenuated chlamydial vaccine protects a-
　gainst trachoma in nonhuman primates［J］. The Journal
　of Experimental Medicine，208（11）：2217 - 2223.

Kari L，Whitmire W M，Olivares-Zavaleta N，et al，
　2011. A live-attenuated chlamydial vaccine protectsa-
　gainst trachoma in nonhuman primates［J］. The Journal
　of Experimental Medicine，208（11）：2217 - 2223.

Kollipara A，Polkinghorne A，Beagley K W，et al，
　2013. Vaccination of koalas with a pecorum major outer
　membrane protein induces antibodies of different specific-
　itycompared to those following a natural live infection
　［J］. PLos One，8（9）：e74808.

Koren-Morag N，Spodick D H，Brucato A，et al，
　2005. Pretreatment with corticosteroids attenuates the ef-
　ficacy of colchicine in preventing recurrent pericarditis：a
　multicentre all-case analysis［J］. European Heart Jour-
　nal，26：723 - 727.

Liu S S，Sun W，Chu J，et al，2015. Construction of recom-
　binant HVT expressing PmpD，and immunological evalua-
　tion against *Chlamydia psittaci* and *Marek's disease virus*
　［J］. PLos One，10（4）：e0124992. doi：10. 1371.

Longbottom D，Livingstone M，2006. Vaccination against
　chlamydial infections of man and animals［J］. The Vet-
　erinary Journal，171（2）：263 - 275.

MacMillan S，McKenzie H，Flett G，et al，2000. Which
　women should be tested for *Chlamydia trachomatis* in
　general practice［J］. Tidsskrift for den Norske laege-
　forening，207（9）：1088.

Meoni E，Faenzi E，Frigimelica E，et al，2009. CT043,
　a protective antigen that induces a CD4$^+$ Th1 response
　during *Chlamydia trachomatis* infection in mice and hu-

mans [J]. Infection and Immunity, 10377 (9): 4168 – 4176.

Mosolygó D, Németh T, Nyárády I, et al, 1971. Epidemiologische bedeutung der röntgenologische erfaβbaren residuen der lungentuberkulose in ungarn [J]. Pneumonologie, 144 (1): 59 – 68.

Mosolygó T, Faludi I, Balogh E P, et al, 2014. Expression of Chlamydia muridarum plasmid genes and immunogenicity of pGP3 and pGP4 in different mouse strains [J]. International Journal of Medical Microbiology, 304 (3/4): 476 – 483.

Nunes A, Nogueira P J, Borrego M J, et al, 2010. Adaptive evolution of the Chlamydia trachomatis dominant antigen reveals distinct evolutionary scenarios for B- and T-cell epitopes: Worldwide survey [J]. PLos One, 5 (10): 1371 – 13180.

Ohya K, Takahara Y, Kuroda E, et al, 2008. Chlamydophila felis CF0218 is a novel TMH family protein with potential as a diagnostic antigen for diagnosis of C. felis infection [J]. Clinical and Vaccine Immunology, 15 (10): 1606 – 1615.

Olivares-Zavaleta N, Whitmire W M, Kari L, et al, 2014. CD8+ T cells define an unexpected role in live-attenuated vaccine protective immunity against Chlamydia trachomatis infection in macaques [J]. The Journal of Immunology, 192 (10): 4648 – 4654.

O'Connell C M, Ingalls R R, Andrews C J, et al, 2007. Plasmid-deficient Chlamydia muridarum fail to induce immune pathology and protect against oviduct disease [J]. The Journal of Immunology, 179 (6): 4027 – 4034.

O'Meara C P, Armitage C W, Harvie M C, et al, 2013. Immunization with a MOMP-based vaccineprotects mice against a pulmonary Chlamydia challenge and identifies a disconnection betweeninfection and pathology [J]. PLos One, 8 (4): e61962.

Penttilä T, Wahlström E, Vuola J M, et al, 2006. Systemic and mucosal antibody response in experimental Chlamydia pneumoniae infection of mice [J]. Comp Med, 56 (4): 272 – 278.

Ralli-Jain P, Tifrea D, Cheng C, et al, 2010. Enhancement of the protective efficacy of a Chlamydia trachomatis recombinant vaccine by combining systemic and mucosal routes for immunization [J]. Vaccine, 28 (48): 7659 – 7666.

Rodolakis A, Bernard F, 1984. Vaccination with temperature-sensitive mutant of Chlamydia psittaci against enzootic abortion of ewes [J]. Veterinary Record, 114

(8): 193 – 194.

Schautteet K, de Clercq E, Vanrompay D, 2011. Chlamydia trachomatis vaccine research through theyears [J]. Infectious Disease in Obstetrics Gynecology, 2011: 963513.

Shaw J, Grund V, Durling L, et al, 2002. Dendritic cells pulsed with a recombinant Chlamydial major outer membrane protein antigen elicit a CD4 (+) type 2 rather than type I immune response that is not protective [J]. Infection and Immunity, 70 (3): 1097 – 1105.

Su H, Messer R, Whitmire W, et al, 1998. Vaccination against chlamydial genital tract infection after immunization with dendritic cells pulsed ex vivo with nonviable Chlamydiae [J]. The Journal of Experimental Medicine, 5 (5): 809 – 818.

Svanholm C, Bandholtz L, Velez E C, et al, 2005. Protective DNA in lnIU. Nization against Chlamydia pneumoniae [J]. Stand J Immunol, 51 (4): 345 – 353.

Van Lent S, Piet J R, Beeckman D, et al, 2012. Full genome sequences of all nine Chlamydia psittaci genotype reference strains [J]. Journal of Bacteriology, 194 (24): 6930 – 6931.

Verminnen K, Loock M V, Cox E, et al, 2005. Protection of turkeys against Chlamydophila psittaci challenge by DNA and rMOMP vaccination and evaluation of the immunomodlating effect of 1 alpha, 25 – dihydroxyvitamin D (3) [J]. Vaccine, 23 (36): 4509 – 4516.

Wheelhouse N, Aitchison K, Laroucau K, et al, 2010. Evidence of Chlamydophila abortus vaccinestrain 1B as a possible cause of ovine enzootic abortion [J]. Vaccine, 28 (35): 5657 – 5663.

Yang J J, Yang Q, Yang J M, et al, 2007. Prevalence of avian Chlamydophila psittaci in China [J]. Bulletin of the Veterinary Institute in Pulawy, 51: 347 – 350.

Yu H, Karunakaran K P, Jiang X, et al, 2012. Chlamydia muridarum T cell antigens and adjuvants thatinduce protective immunity in mice [J]. Infection and Immunity, 80 (4): 1510 – 1518.

Yu H, Karunakaran K P, Kelly I, et al, 2011. Immunization with live and dead Chlamydia muridaruminduces different levels of protective immunity in a murine genital tract model: Correlation with MHCclass II peptide presentation and multifunctional Th1 cells [J]. The Journal of Immunology, 186 (6): 3615 – 3121.

Zhang D, Yang X, Berry J, et al, 1997. DNA vaccination with the major outer-membrane protein gene induces acquired immunity to Chlamydia trachomatis (mouse pneumonitis) infection [J]. The Journal of Infectious

Disease，176（4）：1035-1040.

Zhang D，Yang X，Berry J，et al，1997. DNA vaccination with the major outer-membrane protein gene induces acquired immunity to *Chlamydia trachomatis*（*mouse pneumonitis*）infection［J］. The Journal of Infectious Diseases，176（4）：1035-1040.

第二节 马流行性淋巴管炎

一、概述

马流行性淋巴管炎（Epizootic lymphangitis，EL）是由伪皮疽组织胞浆菌（*Histoplasma farcimlnosum*）引起马属动物（偶尔也感染骆驼），以形成淋巴管和淋巴结周围炎、肿胀、化脓、溃疡和肉芽肿结节为特征的慢性传染病，被OIE列为须报告的疾病，我国列为二类动物疫病。

二、病原

伪皮疽组织胞浆菌（HF）是Rivolta在1873年从病马溃疡的脓性分泌物中发现的，是一种真菌，属半知菌纲、念珠菌目、组织胞浆菌科、组织胞浆菌属，过去曾经被命名为伪皮疽隐球菌（*Cryptococcus farciminosus*）、伪皮疽酵母菌（*Saccharomyces farciminosus*）等。原菌为双相型。本菌分为寄生在动物机体内以孢子芽裂繁殖为主的寄生型和在培养基上生长阶段呈以菌丝繁殖为主的腐生型。寄生型伪皮疽组织胞浆菌呈球形、卵圆形、梨形，长2.5~3.5 μm、宽2.0~3.5 μm，菌体有双层细胞膜，细胞原浆均质、半透明，可清楚看到透明折光的类脂质包涵物。新生体呈淡绿色，其中有2~4个折光率强、能回转运动的颗粒。在病变组织和脓液中也经常发展成少量菌丝。腐生型伪皮疽组织胞浆菌呈长的菌丝，在培养基上形成皱褶菌落。菌丝分枝有横隔，菌丝直径为2.1~4.2 μm。当培养时间延长时形成直径为5~10 μm的厚垣孢子。在腐生型的菌体中也有少量寄生型的孢子菌体。

本菌一般不需染色可清楚地看出，如用革兰氏、姬姆萨等方法染色，则可见到特征性的孢子、菌丝体和正在发育中尚未分离的母子孢子。能在pH6.5~9.0生长，pH7.7~7.8生长发育旺盛。

培养温度为26~30℃、27~28℃培养时发育旺盛。不能分解任何糖，不产生吲哚和硫化氢，VP试验阴性，能在牛乳培养基生长并逐渐使其凝固；在明胶中生长极慢，5~6d呈砂粒样发育，能轻微液化明胶。

伪皮疽组织胞浆菌对外界因素抵抗力顽强。病变部位的病原菌在直射阳光作用下能耐受5d，60℃能存活30min；在80℃仅几分钟即可杀死。0.2%升汞60min杀死，5%石炭酸1~5h死亡。在0.25%石炭酸、0.1%盐酸溶液中能存活数周。在1个大气压的热压消毒器中10min杀死。在不利条件下，可形成厚垣孢子（芽孢），待遇到有利条件时又萌发繁殖。一旦发生流行，多年不能根除。

三、免疫学

流行性淋巴管炎的血清学诊断方法包括变态反应试验、补体结合反应试验、酶联免疫吸附试验、调理素吞噬试验等。费恩阁等曾报道变态反应试验，将数株来源不同的伪皮疽组织胞浆菌在斜面培养基上增菌，并在液体培养基上驯化生长成浮于液面的菌膜作为生产种子，接种于葡萄糖肉汤培养基表面，于28℃培养3~4个月，经121℃ 30min高压灭菌，置室温放置1个月后，用赛氏滤器滤过制成。用时，颈部皮内注射0.3~0.4mL，于24、48、72h各检查一次。皮肤皱襞增加5.1 mm以上者为阳性，3.1~5.0 mm者为可疑，3.0 mm以下者为阴性，检出率可达90%~95%。

四、制品

尚未见到有商业性疫苗出售，国内外有灭活疫苗和活疫苗的试验报道，据称具有良好的效果。

（一）活疫苗

张文涛等（1986）曾报道研制出流行性淋巴管炎弱毒菌苗（T$_{21}$株），系将伪皮疽组织胞浆菌株21在高温中传代60~70代后培育成功的。菌落乳白黄色，皱褶矮短粗壮，菌丝显著减少，孢子大量增多。用于免疫接种马可引起明显的保护力。

（二）灭活疫苗

张文涛等（1986）曾报道研制出弗氏不完全

佐剂灭活疫苗，系应用伪皮疽组织胞浆菌 33 号菌株在 11 号琼脂培养基上繁殖，菌液以甲醛溶液灭活，以等量的石蜡油加羊毛脂为佐剂制成。疫苗接种可引起马属动物的一定免疫力。在疾病流行地区使用可以起到防制的效果。

五、展望

目前我国动物真菌病的研究远远落后于细菌、病毒性疾病，许多动物真菌病的研究尚未取得突破性进展。世界范围内研究马流行性淋巴管炎的机构并不多，而且本病发病病例较少，许多致病机制和免疫机理都还不太清楚。由于在预防上仍然没有有效的疫苗，临床上常用的一些化学药物和抗生素只能抑制病原繁殖，但不能彻底根除，使动物成为带菌者，在一定条件下很容易复发。但随着现代科学技术的快速发展，利用基因组信息通过分子生物学和分子免疫学技术，在基因和蛋白质水平进行研究，研制特异高效的疫苗或治疗药物将成为科学工作者的研究重点。

（黄小洁　万建青）

主要参考文献

张文涛，王兆瑞，陆伊萍，1986. 流行性淋巴管炎弱毒菌苗的研究 [J]. 中国兽医科学（7）：3 - 5.

Al-Ani F K，1999. Epizootic lympphangitis in horses：A review of the literature [J]. Revue Scientifique et Technique-Office International Des Epizooties，18：691 - 699.

Al-Ani F K，Ali A H，Banna H B，1998. *Histoplasma farciminosum* infection of horses in Iraq [J]. Veterinarski Arhiv，68：101 - 107.

Guerin C，Abebe S，Touati F，1992. Epizootic lymphangitis in horses in Ethiopia [J]. Journal de Mycologie Medicale，2：1 - 5.

Kasuga T，Taylor T W，White T J，1999. Phylogenetic relatuinships of varieties and geographical groups of the human pathogenic fungus *Histoplasma capsulatum* darling [J]. Journal of Clinical Microbiology，37：653 - 663.

Soliman R，Saad M A，Refai M，1985. Studies on *Histoplasmosis farciminosii*（epizootic lymphangitis）in horses and its morphological characteristics [J]. European Journal of Epidemiology，1：84 - 89.

第二十章 支原体类制品

第一节 猪支原体肺炎

一、概述

猪支原体肺炎（Swine *Mycoplasma pneumoniae*，SMP），又称猪地方性流行肺炎（Enzootic pneumonia of swine，EPS），国内常称之为"猪气喘病"，系由猪肺炎支原体（*Mycoplasma hyopneumoniae*，Mhp）引起的以慢性、高度传染性、高发病率和低死亡率为主要特点的疾病。患病猪通常表现为咳嗽、呼吸困难等症状，剧烈运动后表现更加明显。猪日龄越大，症状表现越不明显。感染猪长期发育不良、饲料转化率低、日增重下降，解剖可见肺组织肉变或"大理石样"病变，病变肺组织与正常肺组织界限清晰。猪气喘病广泛流行于世界各地，也是我国当前养猪业造成严重经济损失的主要疾病之一。我国最早发生猪气喘病的报道可追溯到 20 世纪 40 年代，从 1953 年开始在全国蔓延，并造成重大经济损失。

猪气喘病通常不会引起猪的死亡，其主要危害是引起猪生长受阻和饲料转化率大幅下降，严重影响养猪业的经济效益。猪气喘病在商业猪场普遍存在，而且感染率高，随着猪日龄的增加其感染率呈上升趋势。Wallgren 等（1993）在对一个屠宰场的调查中发现，3 841 头被检猪的肺脏按官方检验程序进行检验，3 769 头为猪肺炎支原体阳性，即感染率高达 91.6%。该病的高感染率和低死亡率，掩盖了其对猪生长性能的危害。Pointon 等（1985）使用猪肺炎支原体野毒株自

然感染生长仔猪以评估猪流行性肺炎对生产性能的影响，发现体重从 50 kg 生长到 85 kg 的过程中，感染组猪的生长率比阴性对照组低 12.7%（$P<0.01$）；第二组试验是在哺乳期间让仔猪自然感染 Mhp，结果表明感染仔猪体重从 8 kg 生长到 85 kg 的过程中生长率下降 15.9%（$P<0.001$），10～25 kg 体重增长阶段饲料转化率下降 13.8%（$P<0.05$），每头猪损失约为 2.8 美元。

当猪气喘病病原 Mhp 和其他呼吸道疾病的病原体，如猪繁殖与呼吸综合征病毒（PRRSV）、放线杆菌、多杀性巴氏杆菌、猪流感病毒（SIV）、圆环病毒 2 型（PCV2）等混合感染时，会使病情加剧，引起猪的死亡（Chanock，1970）。当前所说的猪呼吸道综合征即是由 Mhp 与上述病原混合感染的结果。Mhp 和 PRRSV 混合感染，可引起猪对 PRRSV 的免疫抑制，加剧 PRRSV 引起猪的肺部症状。单独使用 PRRSV 疫苗对减轻 PRRSV 引起的症状作用不明显，同时使用 PRRSV 和猪肺炎支原体疫苗免疫可明显减轻发病症状。有报道表明，Mhp 能与 PRRSV、SIV、PCV2 等混合感染，使得呼吸道疾病进一步恶化，给猪场带来巨大的损失。

猪气喘病是一种顽固性慢性疾病，抗支原体药物治疗一般可以抑制该病但很难根除，用药后可使咳嗽、气喘症状消失，但停药后容易再次复发。加上近年来一些 Mhp 耐药菌株的出现，使得药物防治更加困难，目前最好的办法是免疫预防。Maes（1999）对疫苗免疫猪和对照猪进行成本效率分析表明，猪肺炎支原体疫苗免疫具有较高的

经济价值，使得每头育肥猪可节约成本1.3欧元。接种猪肺炎支原体疫苗对猪的生长性能、饲料转化率、成活率、淘汰率及治疗费用等方面均有积极作用，疫苗接种对猪气喘病的控制是一种相对经济的有效办法。

二、病原

（一）病原分类地位

猪气喘病的病原猪肺炎支原体为原核生物界、软壁菌门、软膜体纲、支原体目、支原体科、支原体属、猪肺炎支原体种，最早于1964年分别在英国（Englert和Eisenack，1964）和美国（Mare和Switzer，1965）被成功分离，最终命名为猪肺炎支原体（*Mycoplasma hyopneumoniae*），由其引起的疾病前者将其称为猪地方性流行肺炎（Enzootic pneumonia of swine，EPS），后者将其称为猪支原体肺炎（Mycoplasma pneumoniae of swine，MPS）。当前已完成了4个猪肺炎支原体菌株的全基因组序列分析，包括232株、7448株、J株和168株，其中232株和7448株为强毒菌株，J株为非致病株，168株为疫苗菌株，基因组大小分别为893 kb、897 kb、920 kb和925 kb，$G+C$含量为28%，编码680种左右的蛋白。猪肺炎支原体全基因组序列测定的完成对研究其繁殖、代谢、致病性等生物学特性具有十分重要的意义。

猪肺炎支原体与大多数支原体一样，也使用TGA编码色氨酸，并存在于其绝大部分蛋白的编码区中。大多数蛋白基因起始密码子为ATG，少数使用GTG和TTG作为起始密码，编码区密码子的第3个碱基90%为A或T。Mhp和一些种类的支原体（如人肺炎支原体、柠檬酸螺旋原体等）使用CGG密码子编码精氨酸，而在其他支原体（如山羊支原体、*M. capricolum*）没有发现CGG密码子的存在。

尚未发现适用于猪肺炎支原体的血清学分型的方法，当前主要使用分子生物学方法进行分群。Artiushin等（1996）用AP-PCR研究Mhp地理隔离株的遗传多样性，并将Mhp至少分成6个地方流行亚群，但由于考察的菌株较少，不能确定这些菌株的遗传差异性与毒力间的相关性。Stakenborg等（2005）将扩增片段长度多态性（amplified fragment length polymorphism，AFLP）、随机扩增多态性（random amplified polymorphic DNA，RAPD），以及P146脂蛋白基因的限制性酶切片段长度多态性（restriction fragment length polymorphism，RFLP）和P97的片段重复序列多态性（variable number tandem repeats，VNTR）用于Mhp不同来源分离株分群效果的比较，认为AFLP和PFGE技术的分群更为可靠。

（二）猪肺炎支原体的主要抗原蛋白

1. P97蛋白 P97蛋白是较早发现的一种Mhp纤毛结合素蛋白，也是最主要的免疫保护性抗原之一，由张启敬等（1994）发现。由于其分子质量约为97 kDa，命名为P97，随机分布于Mhp的细胞膜外表面。抗P97的单克隆抗体（MAbF2G5）和它的F（ab′）2可抑制猪肺炎支原体黏附在猪气管纤毛上。*P97*基因在基因组中为单拷贝，其阅读框架编码一种由195个氨基酸组成的124.9 kDa的前体蛋白，剪切后的成熟蛋白为102.9 kDa，等电点为8.6。P97蛋白的氨基酸序列的814～887个氨基酸（核酸序列的2 440～2 665）处有一段由5个氨基酸（V/EAAKP）组成的15个重复序列，即R1重复区，该重复区是Mhp与支气管纤毛的结合部位。在靠近C末端的981～1 020个氨基酸（核酸序列的2 941～3 061）处有一段由10个氨基酸（GTPNQGKKAE）组成的4个重复，即R2重复区。丁芳（2001）研究发现猪肺炎支原体232株、兔化弱毒株R659、F19强毒株的R1区的重复序列分别为15、17、11，重复序列的数量与致病性没有明显的相关性。King等（1997）将一种124 kDa的蛋白基因克隆并对其进行测序，命名为Mhp1蛋白，而其阅读框翻译的氨基酸序列结构上与P97相似，而且在其3′端有两个与P97相同的重复序列。

2. P110蛋白 P110蛋白是继P97之后发现的又一种纤毛结合素蛋白，可见Mhp吸附于猪呼吸道纤毛是一个多因素相互作用的复杂过程。Chen等（2001）使用一种抗Mhp的单克隆抗体对Mhp的细胞蛋白进行亲和层析，得到4种分子质量分别为110kDa、80kDa、54kDa和28 kDa的蛋白；使用β巯基乙醇对P110进行消化，证明P110由1个P54蛋白亚基和2个P28蛋白亚基通过二硫键组成。P110、P80和P54都为糖蛋白，P54是主要的抗原蛋白亚基。吸附抑制试验表明P110是Mhp除P97蛋白外的又一个结合素，

Mhp 表面的多种结合素能增加其对宿主细胞结合的特异性和稳定性。此外，还有 P159 蛋白，一种需经翻译后切割成熟的葡萄糖胺聚糖结合素。

3. P46 蛋白 P46 是一种具有种特异性的膜蛋白。P46 基因阅读框为 1 257bp，编码 419 个氨基酸，其中含有 3 个 TGA 和一个 CCG 密码子。在 P46 基因 ORF 的 N 末端有一个原核生物膜蛋白的信号肽切割位点（Ala Gly Cys）。起始密码子 ATG 的上游，可见启动子的 10 区（Pribnow Box），而 35 区则被一段 AT 富集区所代替。P46 还是一个早期蛋白，将 P46 基因中编码色氨酸的 TGA 突变成 TGG 后，使用其在大肠杆菌中的表达，其产物作为 ELISA 抗原，可以很好地消除其他支原体抗体的干扰，而且在人工感染后 2 周即可检测到 P46 蛋白抗体。因此，使用 P46 基因的表达产物作为抗原很适合用于猪肺炎支原体抗体的早期检测，是较为理想的诊断用抗原。Caron 等（2000）使用大肠杆菌表达的 P46 蛋白免疫小鼠制备了单克隆抗体，并建立了间接免疫荧光检测方法。

4. P36 蛋白 P36 蛋白是猪肺炎支原体所特有的一种 L-乳酸脱氢酶（LDH）蛋白，也是一种免疫原性较强的种特异性蛋白，特别是在感染后期血清中针对 LDH 抗体水平较高。

Stipkovits 等（1991）使用抗 P36 蛋白的高免血清与 13 个 Mhp 野菌株和 3 个参考菌株，以及 47 种其他种类的支原体进行免疫斑点杂交。结果表明，只有 Mhp 与该高免血清反应，表明 P36 是一种高度种特异性的蛋白，仅存在于 Mhp 中。Haldimann 等（1993）通过序列比较分析发现 P36 蛋白是一种 L-乳酸脱氢酶，免疫学试验表明抗 Mhp LDH 的高免血清不与其他种类微生物的 LDH 发生交叉反应。Frey 等（1994）使用大肠杆菌表达的 Mhp-LDH 蛋白作为包被抗原建立了 ELISA 方法，对猪感染 Mhp 后抗 LDH 的抗体水平进行监测，结果发现在感染后 5～10 周抗 LDH 的水平一直很低，第一次轻微上升发生在膜蛋白抗体水平最高时，第二次强烈上升是在感染后第 12 周，而此时疾病症状已基本消失，高水平的抗 LDH 抗体一直持续到感染后 21 周，因此 LDH-ELISA 适合于对猪肺炎支原体的感染后检测。

P36 和 P46 蛋白的某些抗原决定簇表现出对 Mhp 较强的特异性。根据 P36 和 P46 的基因序列设计引物，对所有与猪呼吸系统疾病相关的病毒、细菌及支原体进行扩增，除 Mhp 外，均没有扩增产物。Assuncao 等（2005）将 18 个 Mhp 分离株进行 SDS-PAGE 后转膜，分别使用抗 P46、P36 和 P97 的单克隆抗体反应，发现抗 P46 的单抗可与全部的 18 个菌株的 P46 蛋白发生特异性反应，10/18 的菌株可与抗 P36 单抗反应，而抗 P97 单抗可与多种不同大小的蛋白反应。

此外，还有热激蛋白 P42，抗 P42 单克隆抗体能抑制猪肺炎支原体的生长，将其克隆到 DNA 疫苗载体上，作为 DNA 疫苗免疫 BALB/c 小鼠，可诱导机体产生 Th1 和 Th2 免疫反应。

三、免疫学

猪的呼吸系统在抵御外源异物的侵入上，通常认为有三道防线，即鼻腔、支气管纤毛和肺泡巨噬细胞。第一道防线鼻腔对吸入的灰尘和异物气溶胶进行初步滤过和阻挡；第二道防线支气管纤毛，通过黏附和纤毛运动排出异物，也是最为关键的一步；而第三道防线则是通过肺泡巨噬细胞吞噬和消灭外源异物，是不得已而为之的被动防线。猪肺炎支原体通过鼻腔后，吸附于支气管纤毛上并定植繁殖，使其大量脱落而丧失功能，进而在肺组织上大量繁殖导致产生肉样病变，从而为继发感染各种细菌性和病毒性疾病打开了方便之门。衣阿华大学 Ross 研究发现，猪肺炎支原体感染后淋巴细胞产生抗体的能力下降，细胞免疫能力也下降，肺泡巨噬细胞对病原的吞噬和清除能力下降，抑制性 T 细胞的活力增强，导致呼吸道免疫力减弱、抗病力下降。Mhp 感染后极易诱发继发性感染，特别是呼吸系统病原，如猪繁殖与呼吸综合征病毒和多杀性巴氏杆菌等。人们一度认为发生 PRRS 后的猪更容易感染猪肺炎支原体，而美国的研究证明猪肺炎支原体病出现的猪场，猪对 PRRSV 的易感性明显增强、严重程度提高、持续时间延长。因此，在猪 PRRS 较为多发的今天，对猪支原体肺炎的预防控制工作是当前养猪场的一项重要任务。

四、制品

（一）诊断试剂

猪气喘病的诊断方法可分为分离培养、血清学方法和分子生物学方法三大类型。分离培养是疾病诊断最直接的方法，也是最终确诊的方法。由于分离培养及鉴定所需时间长，一般需要1~2个月或更久，不适于田间疫病的诊断检测。

1. 血清学方法 猪肺炎支原体的血清学检测方法包括血凝试验、间接血凝试验、血凝抑制试验、乳胶凝集试验、补体结合试验和ELISA等。我国20世纪80年代在诊断猪气喘病方面建立了微量间接血凝试验和乳胶凝集试验，并推广应用。间接血凝试验灵敏性、特异性好，可重复性良好，但不能检出潜伏期和隐性带毒猪。然而，国外报道，猪滑液支原体、非致病性的猪絮状支原体、猪鼻支原体与猪肺炎支原体广泛分布于猪群，且有交叉反应，从而使得以Mhp菌体抗原建立的诊断方法可靠性被质疑，使猪支原体肺炎的诊断变得更为复杂。

ELISA是当前猪气喘病检测中最常用的血清学检测方法，主要包括间接ELISA和阻断ELISA，其中前者使用更为广泛并有商品化产品。

（1）间接ELISA 早期建立的猪肺炎支原体抗体检测的间接ELISA方法使用的检测抗原以菌体蛋白为主，Nicolet等（1980）使用吐温-20处理Mhp菌体得到的抗原经纯化后包板，建立了首个检测Mhp抗体的间接ELISA方法。但在后来的检测过程中发现，该猪肺炎支原体抗原与猪鼻支原体、絮状支原体的抗血清存在一定的交叉反应。Sheldrake等（1990）把猪肺炎支原体菌体细胞经超声波处理、层析柱纯化后得到特异性抗原建立的ELISA方法，敏感性为95.6%，特异性为98.8%。Djordjevic等（1994）以猪肺炎支原体J株43 kDa的膜蛋白纯化后作为抗原建立的ELISA方法，通过与Sheldrake等（1990，1992）的ELISA方法对比检测，结果表明，其敏感性分别为99.6%、100%，特异性均大于99.5%，前者在人工感染后2~4周能检出阳性样品，而后者在感染4周以后才能检出阳性样品，且43 kDa膜蛋白与其他支原体的抗血清无交叉反应。

随着生物学技术的发展，猪肺炎支原体表达抗原应用于ELISA检测中，先后有猪肺炎支原体的L-乳酸脱氢酶（LDH）、ABC转运蛋白片断（29 kDa）、P46等蛋白的大肠杆菌表达产物建立的间接ELISA方法出现，均具有较为满意的敏感性和特异性。

（2）阻断ELISA Feld等（1992）用抗猪肺炎支原体74 kDa的单克隆抗体建立阻断ELISA，与间接血凝试验比较，该法更适合早期诊断，敏感性和特异性均优于间接血凝试验。Le等（1994）用单克隆抗体建立阻断ELISA，能特异性地结合猪肺炎支原体上的40 kDa大小的蛋白，不与猪絮状支原体和猪鼻支原体发生交叉反应，能检测到猪肺炎支原体感染两周后产生的抗体，抗体可持续20周。Cheikh等（2003）制备的分别抗Mhp的P46和P65蛋白的单克隆抗体，均能与Mhp反应，而不与猪体内其他支原体发生反应，可用于阻断ELISA检测猪肺炎支原体特异性抗体。

2. 分子生物学方法 随着分子生物学的发展，PCR和分子杂交技术检测Mhp的方法已经相当成熟，研究者们根据Mhp中独特的基因序列设计建立了一系列Mhp检测方法。

（1）PCR及其衍生方法 根据猪肺炎支原体的特异性核酸序列设计引物建立的PCR、nt-PCR、Realtime PCR和Lamp-PCR方法，较为常用的特异性核酸序列包括16S rRNA、ABC转移蛋白基因、P46、P36、P97和P102等。检测的样品有鼻腔拭子、鼻腔冲洗物或圈舍空气等，但由于这类方法具有极好的敏感性，最小检出量最低可到几十个Mhp活菌，而猪肺炎支原体可通过空气和接触传播，同一个圈舍内有一头猪感染猪肺炎支原体发病，可能会导致整群猪的检测结果均为阳性，使检测的意义大大降低。

（2）核酸杂交技术 Kwon等（1999）用地高辛标记的520 bp重复序列作为探针检测20头自然感染猪，可见清晰的阳性杂交信号，主要在支气管上皮细胞和气管腔表面，在支气管胞质中无猪肺炎支原体检出，支气管周围的淋巴增生组织未见杂交信号。随后，Kwon等（2002）又使用核酸探针技术对猪肺炎支原体在呼吸系统各组织中的分布进行检测，发现在感染后7d、14d、21d和28d于支气管细胞表面、支气管管腔液、淋巴结中检测到阳性信号。

（二）活疫苗

20世纪50年代末期，中国兽医药品监察所曾进行了不同灭活剂对病猪肺组织处理的研究，均保护不佳。从1959年开始重点研究弱毒疫苗，经过20余年的探索，培养出一株适应乳兔生长、对猪毒力显著减弱并保持良好抗原性的弱毒株，传代 605 代后，未发生同居感染，不引起支气管纤毛脱落，660～843 代基本稳定在一个水平，保护率为 78.1%。张启敬通过电镜观察猪肺炎支原体乳兔继代株的超微结构发现，在 60d 的感染过程中，弱毒株对猪肺支气管纤毛损伤轻微，而强毒株在接种 15d 就引起纤毛脱落，从而佐证了猪肺炎支原体乳兔继代株的致病力确已致弱。20 世纪 90 年代初，使用该弱毒株成功研究出鸡胚苗和冻干大兔苗，免疫猪保护力分别为 81.1% 和 79%，免疫期分别为 6 个月以上和 8 个月以上。金洪效等将 Mhp 分离株连续传代 300 多代，培育出弱毒株 168，保护率为 84.04%，免疫期为至少 6 个月，但对纯繁二花脸猪存在一定的安全问题。随着传代次数的增多，对纯繁二花脸猪的致病性逐渐减弱，400 代后，该弱毒株能有效控制该病的发生。

活疫苗的生产成本相对灭活疫苗大大降低，具有较好的免疫效力。但由于早期研发的活疫苗，如中国兽医药品监察所 1996 年注册的猪肺炎支原体病活疫苗和江苏省农业科学院兽医研究所 2007 年注册的猪支原体肺炎活疫苗（168 株），在接种途径上比较特殊，通常需采用胸腔接种或肺内接种，肌内注射没有明显效果。由于胸腔注射免疫操作技术难度大，对动物损伤较大，不易被用户接受，因此给疫苗推广造成一定困难。2014 年中国兽医药品监察所研究注册了国内外首个可鼻腔喷雾免疫的猪支原体肺炎活疫苗（RM48 株），成功解决了该类活疫苗免疫途径上的问题。

（三）灭活疫苗

猪肺炎支原体灭活疫苗是将猪肺炎支原体培养物经过灭活、浓缩后，与免疫佐剂乳化而成，是当前我国猪场使用较多的猪气喘病疫苗。灭活疫苗生产过程中使用抗原量大、生产成本高，造成疫苗价格昂贵。

灭活疫苗常采用肌内注射免疫 1～2 次，可以使猪具有一定的免疫保护力。Sheldrake 等（1993）分别在小猪第 6 周和第 10 周时经腹腔注射灭活油佐剂疫苗免疫，第 11～15 周期间用猪肺炎支原体 Beaufort 株攻毒，小猪受到保护。第二次免疫后，能检测出血清中有抗原特异的抗体存在，主要为 IgG。攻毒后，呼吸道分泌物中 IgA

数量升高。Weng 等（1992）将 18 头 4 周龄 SPF 猪分 6 组，每组 3 头，1～4 组经肌内注射免疫猪肺炎支原体灭活疫苗后 14d，灌服 4 种不同猪肺炎支原体口服胶囊疫苗，28d 后连同对照猪进行攻毒。结果表明，有一组相比其他 3 组表现出更好的保护力，表明猪肺炎支原体口服疫苗对 Mhp 的防治也有一定的效果。

我国猪支原体肺炎灭活疫苗的研制工作起步较晚，以致早期国内销售的猪支原体灭活疫苗均为进口注册的产品，包括硕腾公司美国查理斯普生产厂的 P-5722-3 株、先灵葆雅（美国）动物保健公司的 J 株、美国普泰克国际有限公司的 P 株、梅里亚有限公司法国生产厂的 BQ14 株等。2015 年至今，国内先后正式批准了 4 种猪支原体肺炎灭活疫苗，包括猪支原体肺炎灭活疫苗（北京生泰尔科技股份有限公司等）、猪支原体肺炎灭活疫苗（DJ-166 株）（北京大北农科技集团股份有限公司等）、猪支原体肺炎灭活疫苗（CJ 株）（新疆天康生物技术股份有限公司，现名天康生物股份有限公司）、猪支原体肺炎灭活疫苗（SY 株）（北京生泰尔科技股份有限公司）等。

（四）其他疫苗

1. 亚单位疫苗 猪肺炎支原体密码子系统中使用 UGA 编码色氨酸的问题，是通过建立表达文库寻找猪肺炎支原体保护性抗原基因的瓶颈。近年来，通过单克隆抗体和高免血清与猪肺炎支原体菌体抗原杂交，找到了猪肺炎支原体一些抗原及它们的编码基因，并研究了这些抗原的功能特性，如黏附因子 P97 蛋白、乳酸脱氢酶（LDH），核糖核苷酸还原酶（NrdF）和热休克蛋白 P42 等。

King 等（1997）将猪肺炎支原体的 Mhp1 序列中的 TGA 转化为 TGG，在大肠杆菌中表达 Mhp1 和 GST 的融合蛋白，用它免疫动物，咳嗽减少了，但对肺的保护率低，免疫组与对照组差异不显著。Chen 等（2001）在大肠杆菌中以包含体的形式大量表达 P97 的 rR1 区与 PE（ΔⅢ）（缺失结构域Ⅲ的假单胞杆菌外毒素）的融合蛋白，用 PE（ΔⅢ）-rR1 合成亚单位苗免疫猪，产生的抗体水平比传统疫苗高，该疫苗能否提供足够的抵抗猪肺炎支原体强毒株的攻击保护力，还值得进一步研究。Shimoji 等（2002）将 P97 基因 R1 和 R2 区与丹毒杆菌的表面保护性抗原

SpaA.1 组成的融合表达蛋白免疫猪后，可在呼吸道黏膜上检测到抗 P97 的特异性的 IgA。

Fagan 等（1996）将猪肺炎支原体核糖核苷酸还原酶（NrdF）R2 亚基的大肠杆菌表达融合蛋白免疫猪，攻毒结果显示免疫组的肺部病变比未免疫组明显小。随后，用鼠伤寒沙门氏菌 SL3261 表达 NrdF 中 R2 亚基 C 端的 11 kDa 多肽，该重组蛋白抗血清能体外抑制猪肺炎支原体 J 株的生长。用上述鼠伤寒沙门氏菌 SL3261 口服免疫猪，在猪呼吸道诱导抗 NrdF 分泌型 IgA，用强毒攻毒后，免疫组的肺部病变比对照组明显减少。Djordjevic 等（1997）使用 Mhp J 株一种分子质量为 70～85 kDa 的变性膜蛋白（命名为 F3 抗原），加入不同的佐剂免疫猪，攻毒结果表明肺脏平均病变分值相比对照组明显减少，保护率达 54%。

2. DNA 疫苗 随着生物技术的快速发展，核酸疫苗已成为新型疫苗研究方向之一，Mhp 核酸疫苗在国外已有了一定的研究。Menon 等（2002）分别将结核杆菌的 ESAT-6 基因与 Mhp P71 基因组成的融合基因和单独的 P71 基因分别克隆到 DNA 疫苗载体上，免疫 BALB/c 小鼠，前者诱导针对猪肺炎支原体 P71 蛋白的 γ-IFN 和 IgG$_{2a}$ 水平明显高于后者。Chen 等（2003）将 Mhp 的休克蛋白 P42 基因克隆到 DNA 疫苗载体上，作为 DNA 疫苗肌内注射免疫 BALB/c 小鼠，检测结果显示 IgG1 和 IgG2a 水平是对照组的 64 倍，IL-2、IL-4、γ-IFN 比对照组也有明显的升高，该 DNA 疫苗可诱导机体产生 Th1 和 Th2 免疫反应，将 Mhp 的 P97 结合素 C 末端序列重组到腺病毒基因组内，能诱导机体产生体液和黏膜免疫，但不能诱导细胞免疫。Moore（2001）在猪肺炎支原体的大肠杆菌表达文库中，用 His 标签抗体筛选阳性克隆，提取质粒作为核酸疫苗免疫猪，攻毒结果显示其中 2 个亚文库有保护作用，1 个无保护，1 个介于二者之间。

五、展望

当前国内市场上销售的猪支原体肺炎疫苗中，弱毒活疫苗拥有相对较好的免疫效力，特别是可喷鼻免疫的 RM48 株活疫苗的推广使用，方便了免疫接种，活疫苗的市场占有率逐渐提高。随着我国企业猪支原体肺炎灭活疫苗注册产品的增多，

国产灭活疫苗占的市场份额逐年增加，结束了早期被进口疫苗把控的局面。但部分企业生产的灭活疫苗仍存在副反应较重的问题，发展空间仍然很大。国产诊断试剂方面，目前已注册两个产品，包括北京大北农科技集团股份有限公司等注册的"猪肺炎支原体 ELISA 检测试剂盒"，以及江苏省农业科学院兽医研究所等注册的"猪肺炎支原体 ELISA（SigA）检测试剂盒"。

（沈青春 王忠田 陈光华）

主要参考文献

Assuncao P，De la F C，Ramirez A S，et al，2005. Protein and antigenic variability among *Mycoplasma hyopneumoniae* strains by SDS-PAGE and immunoblot [J]. Veterinary Research Communications，29（7）：563-574.

Chen A Y，Fry S R，Daggard G E，et al，2008. valuation of immune response to recombinant potential protective antigens of *Mycoplasma hyopneumoniae* delivered as cocktail DNA and/or recombinant protein vaccines in mice [J]. Vaccine，26（34）：4372-4378.

Chen C，Li Y，Guo D，et al，2009. Construction of the recombinant *adenovirus* expressing the C-terminal of the *Mycoplasma hyopneumoniae* p97 gene and its immune response [J]. Wei Sheng Wu Xue Bao，49（4）：465-470.

Chen J R，Liao C W，Mao S J，et al，2001. A recombinant chimera composed of repeat region RR1 of *Mycoplasma hyopneumoniae* adhesin with *Pseudomonas exotoxin*: *in vivo* evaluation of specific IgG response in mice and pigs [J]. Veterinary Microbiology，80（4）：347-357.

Kim T J，Cho H S，Park N Y，et al，2006. Serodiagnostic comparison between two methods，ELISA and surface plasmon resonance for the detection of antibody titres of *Mycoplasma hyopneumoniae* [J]. Infectious Diseases and Veterinary Public Health，53（2）：87-90.

Moreau I A，Miller G Y，Bahnson P B，2004. Effects of *Mycoplasma hyopneumoniae* vaccine on pigs naturally infected with *M. hyopneumoniae* and *porcine reproductive and respiratory syndrome virus* [J]. Vaccine，22（17/18）：2328-2333.

Pointon A M，Byrt D，Heap P，1985. Effect of enzootic pneumonia of pigs on growth performance [J]. Australian Veterinary Journal，62（1）：13-18.

Sheldrake R F，Gardner I A，Saunders M M，et al，
1990. Serum antibody response to *Mycoplasma hyopneu-
moniae* measured by enzyme-linked immunosorbent assay
after experimental and natural infection of pigs［J］.
Australian Veterinary Journal，67（2）：39-42.

Sheldrake R F，Romalis L F，1992. Evaluation of an enzyme-
linked immunosorbent assay for the detection of *Mycoplasma
hyopneumoniae* antibody in porcine serum［J］. Australian
Veterinary Journal，69（10）：255-258.

Tzivara A，Kritas S K，Bourriel A R，et al，2007. Effi-
cacy of an inactivated aqueous vaccine for the control of
enzootic pneumonia in pigs infected with *Mycoplasma
hyopneumoniae*［J］. Veterinary Research，160（7）：
225-229.

Vasconcelos A T，Ferreira H B，Bizarro，et al，2005.
Swine and poultry pathogens：the complete genome se-
quences of two strains of *Mycoplasma hyopneumoniae*
and a strain of *Mycoplasma synoviae*［J］. Journal of
Bacteriology，187（16）：5568-5577.

Vicca J，Maes D，Stakenborg T，et al，2007. Resistance
mechanism against fluoroquinolones in *Mycoplasma hyo-
pneumoniae* field isolates［J］. Microbial Drug Resist-
ance，13（3）：166-170.

Wallgren P，Artursson K，Fossum C，et al，1993. Inci-
dence of infections in pigs bred for slaughter revealed by
elevated serum levels of interferon and development of
antibodies to *Mycoplasma hyopneumoniae* and *Actinoba-
cillus pleuropneumoniae*［J］. Zentralbl Veterinarmed
B，40（1）：1-12.

第二节　牛传染性胸膜肺炎

一、概述

牛传染性胸膜肺炎（Contanious bovine pleu-ropneumonia，CBPP）又称"牛肺疫"。是由丝状支原体丝状亚种（SC小菌落型）（*Mycoplasma mycodies* subsp.*Mycodies small-colony type*，MmmSC）引起牛的一种烈性传染病。呈高发病率、高死亡率，病程为亚急性或慢性，其病理特征表现为纤维素性肺炎和胸膜肺炎。

该病在18世纪首先发生于欧洲（1713年于瑞典和德国），但随着活牛贸易的增加已呈世界范围分布。20世纪初，许多国家通过实施扑杀政策消灭了该病。但该病仍然在非洲的许多地区和东欧持续存在。我国最早于1910年在内蒙古西林河上游

一带发现本病，是由俄国西伯利亚贝加尔湖地区传入。1919年在上海由澳大利亚进口奶牛传入本病。根据对中国历史流行的MmmSC菌株的基因特征分析，应归属于非洲-澳大利亚群，因此认为我国流行的CBPP主要是澳大利亚进口奶牛引起的。

在自然条件下，MmmSC仅感染牛属反刍动物，主要是黄牛和瘤牛。但MmmSC已在意大利从水牛、在非洲及葡萄牙从绵羊及山羊体内分离到。野生动物在本病的流行病学中作用不大。CBPP临床表现为食欲减退、发热和呼吸道症状，如呼吸困难、呼吸急促、咳嗽和鼻流出分泌物。在试验条件下急性暴发病例死亡率可达50%。在田间死亡率要低得多，但当某一地区首次暴发时有时会有较高的死亡率。临床症状并不是都非常典型，当部分感染动物回归时经常出现亚临床症状或无临床症状，这些病畜的肺部出现典型的包囊病变，称为"死骨"。这些动物可造成某一群动物或一个地区中易被忽视的持续感染，在该病的流行病学中具有重要作用。本病传播是通过感染动物与易感动物的直接接触造成的。没有证据证明本病可通过污染物传播，因为MmmSC在环境中抵抗力很低。在非洲控制该病的策略是使用经鸡胚致弱的T1/44或T1sr菌株制成的疫苗。我国控制该病曾经使用的是经兔-绵羊传代致弱的疫苗。

自从1989年我国扑杀最后一头CBPP病牛后，1992年停止了疫苗免疫，至今再也没有发现临床感染牛。2008年我国已经向世界动物卫生组织（OIE）申请中国无牛传染性胸膜肺炎认证。

二、病原

丝状支原体丝状亚种SC型在分类上归属于柔膜体纲、支原体目、支原体属。支原体属丝状支原体簇共有8个亚种，其中与牛羊疾病相关的成员有6个亚种。①丝状支原体丝状亚种SC型（*M. mycoides* subsp.*mycoides small-colony type*，MmmSC），主要引起牛传染性胸膜肺炎，代表菌株为PG1。②丝状支原体丝状亚种LC型（*M. mycoides* subsp.*mycoides large-colony type*，MmmLC），不引起牛传染性胸膜肺炎，常见于山羊，引起败血症、关节炎、肺炎，代表菌株为Y-Goat。LC和SC是亚种间的变种，在血清学上无法区分。③*M. mycoides* subsp *capri* 引起山羊肺炎、关节炎。④*M. capricolum* subsp.*capricolum*

引起绵羊、山羊败血症、关节炎、乳房炎。⑤*M. capricolum subsp. capripneumoniae F*38，是山羊传染性胸膜肺炎（CCPP）的病原体。⑥*Mycoplasma* bovine group7 引起牛关节炎、乳房炎。

MmmSC 体积小，直径为 125～150 nm，可以自我复制，缺乏细胞壁，外层由三层细胞膜组成。在显微镜下，菌体呈现多种形态，但多以球状、环状、球杆状或螺旋状等形式出现。在固体培养基上生长缓慢，菌落大小也不一致，在显微镜下菌落呈现露水珠状，边缘光滑，典型的菌株在菌落中心有由于生长过快而形成的"脐状"致密部分，外围结构较为疏松，形态呈"荷包蛋"状。

（一）基因组

MmmSC 标准菌株 PG1 基因组大小为 1 211 703 bp，G＋C 含量为 24.0%，由单一环形染色体组成，其 G＋C 含量是迄今已知基因序列中最少的。含有 985 个假定基因，其中包括 72 个位于插入序列内的转座酶基因。另外发现 83 个截短基因，包括 52 个转座酶基因。这些基因中59% 与假定生物学功能有关，另外有 14% 与其他物种的未知功能基因相似。有趣的是，尽管另外5 个柔膜细菌基因组已经测得序列，仍有 27% 不确定基因是 MmmSC 特有的。

（二）可变表面蛋白

一些支原体能够改变它们的表面蛋白，以加强克隆和适应不同感染阶段的宿主组织环境，这就是所谓的抗原变异。MmmSC 中唯一一个已报道的与抗原变异相关的基因是 Vmm，它编码一个表型多样化脂蛋白前体。通过改变 Vmm 基因启动子框架中 TA 重复子的数量可以打开或关闭 Vmm 在 MmmSC 中的表达。启动子框架中高突变分子机制还不知道，但重复子数量的改变似乎是因为在复制期间聚合酶量下跌引起的。有趣的是，该基因组序列揭示了编码脂蛋白前体的 5 个额外基因都具有含 5～12 个 TA 重复子的启动子，其中包括－10 区的前 4 个核苷酸。这些基因序列基本都包含了在 MSC－0117 和 MSC－1005 启动子中有不同数量 TA 重复子的克隆，表明在人工培养的 MmmSC 群中双核苷酸的插入和删除发生得相对频繁。

MSC－0117 启动子中有 3 个克隆含有 10 个TA 重复子，1 个克隆含有 11 个 TA 重复子，

MSC－1005 启动子中有 7 个克隆含有 11 个 TA 重复子，1 个克隆含有 12 个 TA 重复子。更重要的是，9 个 MmmSC 表面蛋白基因的假设启动子中有 15～23 个 As 组成的同源核苷酸。同样，这些重复序列可能参与转译控制。

在该基因的编码区有两个表面蛋白基因包含10～14 个 Ts 单核苷酸链。这些重复序列因正确数量的重复基团发生错误重组，可能导致目的蛋白的大小变化。另外 34 个脂蛋白前体基因和 144 个跨膜蛋白基因没有指定的功能，其产物与黏附和宿主细胞反应相关，是潜在的毒力因子。值得注意的是即使 7 个 ISMmy1 成分也通过 TA 重复子插入到启动子中，从而终止假定的表型多样化蛋白的表达。3 种剪切启动子位于基因上游编码膜相关蛋白。另外 4 个缺少对应基因，这些基因可能从基因组中删除了。

（三）毒力因子

尽管研究学者们付出了很大努力，但 MmmSC 致病的机制仍不为人所知。但有一些理论已经被试验证实。早在 1976 年，研究人员给牛群静脉注射 MmmSC 菌膜能引起与 CBPP 自然感染阶段一样的肺部病变，证实菌膜具有直接的毒性作用。另外有证据表明，增加膜成分能减少宿主细胞的吞噬。*MmmSC* 基因组含有两段基因参与膜的合成。与毒力有关的第一段位于 127 与 251 位点之间并且在欧洲株中 gtsB 有突变，gtsC 和 lppB 发生缺失。比较 MmmSC 的非洲高致病力菌株和欧洲低致病力菌株发现，过氧化氢产量存在明显差异，因此推测过氧化氢作为一种代谢中间产物对宿主产生损害，是一种可能的毒力因子。

三、免疫学

CBPP 是第一种在致病原未识别前，就开始开发疫苗，并用减弱毒性的有毒病料对动物进行免疫接种的动物传染病。令人惊异的是，尽管该病在欧洲出现了几个世纪，最先尝试制造疫苗的却是非洲，他们将有毒的病料，通常来自病死牛的胸膜积液或者肺组织，注入皮下、尾尖或者鼻梁，但这种操作容易在鼻部产生不良反应，且经常性尾巴脱落被认为是接种应付的代价，甚至在接种部位的明显损伤和偶尔死亡也作为接种副反应而接受。事实上，产生这些损伤对形成保护性

免疫至关重要。

目前，OIE 推荐使用的疫苗菌株包括 T1/44 和 Tisr。其中 T1/44 是一株自然温和株，由 Sheriff 和 Piercy 于 1951 年在坦桑尼亚分离并经鸡胚传 44 代后充分致弱。利用 T1/44 制成的弱毒疫苗保护期为 24 个月，而 Tisr 菌株疫苗保护期只有 6 个月。国际机构一直期盼有一种优良的疫苗来控制 CBPP。显然，与其他领域疫苗的突飞猛进相比，CBPP 研究人员未能提供一种比现有的 T1/44 疫苗更优良的产品。T1/44 疫苗已经被持续使用了将近 60 年，其局限性包括：免疫维持时间短、不良反应及"冷链依赖性"。此外，越来越多的人怀疑这种疫苗及其变种失去了效用，其在 20 世纪 90 年代中期西非的疫苗接种运动中并未产生预期水平的保护。

1995 年，由于怀疑广泛使用的抗链霉素变异株疫苗 Tisr 的同一性和效力，其使用受到限制，并提出了包括免疫原性的丧失、暴发性毒力增加及免疫滴度不足等许多观点，来解释免疫失败的原因。研究表明：没有证据表明现有野外分离株获得了毒力增加因子，或者野外株发生了抗原漂移。他们认为疫苗效力不足的原因在于使用了低劣的疫苗配制剂、不规范的储藏和使用。依据现有的疫苗及免疫程序，疫苗质量可以通过经济且简单的改进得到提高。这些改进包括使用 HEPES（在疫苗培养基中加有 pH 指示剂的缓冲体系），及限制使用疫苗稀释剂（1 mol/L MgSO$_4$ 溶液），他们认为这些改进措施可以使疫苗产量增加 10 倍，稳定性增加 100 倍，增加了生产的简易性，并最终产生一种有可能立刻产生效力的疫苗。

由于牛瘟暴发的减少，牛瘟/CBPP 双价苗使用也会下降，导致 CBPP 复苏。这可以解释埃塞俄比亚在 20 世纪 90 年代停止使用疫苗控制牛瘟，导致 CBPP 增加，尤其是在高原地区。

野外试验发现，CBPP 耐过牛会获得长期免疫，通过分析急性感染动物和恢复期动物的免疫反应，发现后者表现出一种更强烈更持续的局限性 IgA 反应和更高的 MmmSC 特异性 CD4$^+$ T 细胞反应，且在血液中发现 IFN-γ，并在肺淋巴结中持续存在。这表明局部体液及细胞免疫在保护牛抵抗 CBPP 过程中起着重要作用。因此，供选疫苗需要引起黏膜免疫（抑制病原的增殖或阻断其毒力因子）和激发 Th1 特异性 T 细胞。理想条件下，这些疫苗应由亚单位的多种组分构成，直

接抵达呼吸黏膜表面——这也是支原体最先感染的地方。

如今，一种通过噬菌体库展示技术快速筛选 DNA 疫苗的新技术被用于研究 MmmSC。在此，将整个基因库克隆入表达载体 λZAP 噬菌体中，并覆盖在大肠杆菌表面，利用抗血清免疫印迹和探针来辨别候选疫苗。这种作用于抗原呈递细胞的新技术在将来会有很大潜力，它使快速、大量检测基因组成为可能，进而筛选和测试假定的候选疫苗。DNA 疫苗经济且稳定，可针对噬菌体表面蛋白产生高效的免疫原性信号，便于确认动物的接种水平。

中国早在 20 世纪 60 年代先后培育成功 MmmSC 兔化弱毒菌苗、兔化绵羊适应弱毒菌苗和兔化藏系绵羊弱毒冻干苗。通过大面积接种，控制了 CBPP 在中国的流行，取得了巨大的成功。正是基于良好疫苗的广泛应用，使得中国从 1989 年以来再也没有发现 CBPP 感染病例，中国政府决定从 1992 年开始停止疫苗免疫。

四、制品

CBPP 在中国已经处于消灭状态并禁止各种疫苗的使用，因此如发现临床疑似病例应尽快送至相关实验室确诊，并采取限制同群牛移动、血清学检测等措施。

（一）诊断试剂

OIE 推荐了 2 种血清学诊断技术，包括补体结合试验（CFT）和竞争 ELISA（c-ELISA）。国际牛传染性胸膜肺炎参考实验室向各成员国提供相应的诊断试剂。我国在进行流行病学监测中使用国际牛传染性胸膜肺炎参考实验室提供的 CFT 诊断试剂。另外，在病原特异性诊断方面，OIE 还推荐了几种 PCR 方法和应用单克隆抗体的滤膜斑点免疫结合试验（MF-dot）。

（二）活疫苗

弱毒疫苗被广泛用于预防控制 CBPP 的流行。CBPP 弱毒疫苗的最小需要量是 10^7/剂量，并证实如果剂量降到 10^5/剂量，接种牛要比对照组牛易感染 CBPP。因此，达到最小需要量以上是十分重要的。

1. 兔化弱毒活疫苗 将分离自发病黄牛的

MmmSC 强毒株人工感染兔，经兔体和培养基交替传代，菌株对牛的毒力随着传代次数的增加而逐渐减弱。到 169～359 代毒力趋于稳定并保持良好的免疫原性。用铝胶生理盐水 500 倍稀释兔胸水制成铝胶苗，或用生理盐水 100 稀释制成盐水苗。铝胶苗臀部注射，盐水苗尾端皮下注射，该疫苗专用于黄牛，1mL/头，免疫期为 12 个月。

2. 兔化绵羊适应弱毒活疫苗　是将兔化弱毒菌株适应绵羊制成，其中 I 系兔化绵羊适应菌苗是以兔化菌种第 85 代培养物接种绵羊胸腔，取胸水在绵羊体内连续传代。使用第 33～55 代绵羊胸水作为疫苗使用，用于内蒙古黄牛；II 系兔化绵羊适应弱毒疫苗，是以兔体内连续传 75 代再接种绵羊，取绵羊体内传代 17～30 代次接种的绵羊胸水作为疫苗用于牦牛、犏牛及关中黄牛。

兔化藏系绵羊弱毒冻干苗　将兔化弱毒菌株 157 代兔胸水接种藏系绵羊胸腔并连续传代，以其 75～150 代制苗，适用于黄牛、牦牛、犏牛。

（三）其他疫苗

正在开发的是用 ISCOM（免疫刺激复合物）作为佐剂的新型疫苗，也仅仅应用于致弱的活疫苗，将可能带来免疫效果的提高，但它必须在 MmmSC 致病机制上的突破才能广泛应用。

在亚单位疫苗和 DNA 疫苗方面，研究者们也已经开展了有益的探索，并取得了一些可喜进展。尽管这些疫苗还没有进行野外试验，但其将是 CBPP 疫苗研制的新方向。

五、展望

目前，CBPP 防制中面临的主要问题包括：提高疫苗免疫效果，降低疫苗使用费用，诊断试剂的及时有效供应。

CBPP 目前仅仅在非洲部分国家流行，使用 OIE 推荐的 T1/44 疫苗出现了各种难以回避的问题，如免疫保护效率低下、副反应严重、依靠冷链运输等。这些问题的存在限制了疫苗在非洲国家的应用。另外，流行 CBPP 的国家通常都是经济不发达国家，必须依靠国际组织的援助才能开展大面积的免疫接种。因此，利用有关 MmmSC 基础研究的突破，寻找更加有效刺激机体体液和细胞免疫应答的抗原，以此开展新型疫苗的研究将是 CBPP 防控研究的新方向。

检疫隔离、限制感染动物流动是防止 CBPP 扩散的最有效措施。但由于一些不可抗拒的因素，这些方法在非洲国家并没有得到很好的执行。诊断试剂的及时有效供应是进行群体诊断和流行病学调查必不可少的基础。在非流行国家进行群体检测和肺脏病变检查是常用的流行病学监测方法，这将成为控制 CBPP 流行的有效途径。

（辛九庆　王忠田　陈光华）

主要参考文献

王明俊等，1997. 兽医生物制品学［M］. 北京：中国农业出版社.

中国农业科学院哈尔滨兽医研究所，2008. 动物传染病学［M］. 北京：中国农业出版社.

Jokim W，Anja P，Anders H，et al，2004. The gnome sequence of *Mycoplasma mycoides* subsp. mycoides SC type strain PG1，the causative agent of contagious bovine *pleuropneumoniae*（CBPP）［J］. Genome Research，14：221 - 227.

Nicholas R A J，Ayling R D，McAuliffe L，2009. Vaccine for *Mycoplasma* disease in animals and man［J］. Journal of Comparative Pathology，140：85 - 96.

Vilei E M，Frey J，2001. Genetic and biochemical characterization of glycerol uptake in *Mycoplasma mycoides* subsp. mycoides SC：Its impact on H_2O_2 production and virulence［J］. Clinical and Diagnostic Laboratory Immunology，8：85 - 92.

第三节　山羊传染性胸膜肺炎

一、概述

山羊传染性胸膜肺炎又称山羊支原体肺炎，俗称"烂肺病"，是由山羊支原体山羊肺炎亚种（*Mycoplasma capricolum* subsp. *capripneumonia*，Mccp）引起山羊的特有的高度接触性传染病。该病呈急性或慢性经过，病羊出现高热、咳嗽和肺实质、小叶间质及胸膜浆液性和纤维素性炎症，伴随肺膨隆高度水肿，有大范围的肝样病变。

山羊传染性胸膜肺炎主要发生在山羊较为集中、有外地引进的山羊羊群。该病一年四季均可发生，但在早春、秋末、冬初寒冷和潮湿的季节更为多见。主要传播方式是直接接触和飞沫传播。

群体内各品种、年龄、性别的山羊均可出现感染，怀孕母羊容易流产。感染羊群的发病率和死亡率都很高，死亡率可达 40％以上。该病的潜伏期一般在 5～20d，有时长达 30～40d。病羊精神沉郁，食欲减退，随即咳嗽，呼吸困难，眼睑肿胀、流泪或有脓性分泌物，高热、体温升高至 41～43℃。在高热持续 2～3d 后，呼吸症状变得明显：呼吸加速，显得痛苦，有的情况下还发出呼噜声，持续性剧烈咳嗽。在最后阶段山羊不能运动，两只前脚分开站立，脖子僵硬前伸，流浆液性鼻液。3～5d 后鼻液呈黏脓性，常黏附于鼻孔、上唇，呈铁锈色。病理变化主要集中在呼吸系统，其次是消化系统。气管、支气管有大量泡沫性黏液，淋巴结肿大，胸腔、腹膜与肺发生粘连，肺部分变硬，严重萎缩。胸腔有淡黄色渗出液。肝脏肿大，质地变硬。肠系膜淋巴结肿大，小肠积稀粪，大肠出现便秘。在自然情况下，该病只感染山羊，以 3 岁以下山羊最易感。

该病自 1873 年在阿尔及利亚首次报道以来，在非洲、中东、东欧、前苏联和远东地区均有报道，其中，在肯尼亚、苏丹、突尼斯、阿曼、土耳其、乍得、乌干达、埃塞俄比亚、尼日尔、坦桑尼亚和阿拉伯联合酋长国均分离到该病原。我国在内蒙古及西北、华北的某些地区也曾经发生本病，由于采取有效防控措施，现在本病在我国的发生已日趋减少。

二、病原

本病病原为山羊支原体肺炎亚种（*Mycoplasma capricolum* subsp. *capripneumonia*，Mccp），除山羊支原体肺炎亚种（Mccp）以外，丝状支原体山羊亚种（*Mycoplasma mycoides* subsp. *Capri*）、丝状支原体丝状亚种（*Mycoplasma mycoides* subsp. *mycoides*）LC 型和山羊支原体山羊亚种（*Mycoplasma capricolum* subsp. *capricolum*）引起疾病的症状和病理变化与 Mccp 引起的山羊传染性胸膜肺炎症状类似。山羊传染性胸膜肺炎（CCPP）病因相对复杂，丝状支原体中有 3 个亚种均可引起该病的发生，且症状和病理变化基本相同，难以区分。

用电子显微镜观察，该病原体是一种细小多形性微生物，能够通过细菌滤器。革兰氏染色阴性，姬姆萨、瑞氏或美蓝染色法着色良好。显微镜下暗视野观察，菌体呈球状、棒状、环状、梨状、纺锤状及灯泡状等多种形态，其中以球状居多。菌体大小差异颇大，直径 150～1 250nm。菌体界限膜由三层薄膜组成。胞浆中充满颗粒状核糖体，丝状体细胞内也有数量不等的颗粒。繁殖方式仅为二均分裂方式。

Mccp 在 Thiauciourt 培养基和改良 Thiaucourt 培养基上生长良好，接种培养基后 37℃、含 5％ CO_2 培养箱培养，固体培养基上可产生露滴样小菌落，类似"荷包蛋样"，中间有"脐"，菌落中央呈浅黄棕色，四周半透明，边缘光滑。本菌可液化凝固血清，分解葡萄糖，但不能利用精氨酸。其中，病羊肺组织的毒力较强，取病肺、肝病变部分的组织 25 万倍稀释悬液气管注射 1mL 感染山羊，可以起典型病症。本菌对理化因素的抵抗力不强，在强毒组织液中加 0.1％福尔马林在室温放置 3d，加 0.5％石炭酸放置 2d，或 56℃灭活 40min，均能达到杀菌的目的。将肺组织保存于 50％甘油盐水中，在 16℃放置 20d，或在 2～5℃放置 10d，对山羊仍有致病力；在室温 40d 或在普通冰箱中放置 120d，则失去致病力。青霉素、链霉素和醋酸铊对本菌抑菌能力弱，但红霉素对其抑菌能力强。病原菌在腐败的材料中可维持 3 日，在干粪中经强烈日光照射后，仅维持活力 8h。1％克辽林在 5min 内杀死本菌。

丝状支原体山羊亚种（*Mycoplasma mycoides* subsp. *capri*）最早是由 Longtey（1951）、朱晓屏与 Beveride（1951）分别从尼日利亚和土耳其的病羊中分离出来，后者分离到的 PG3 株，已成为模式株。该菌株对营养要求不十分严格，在含 10％～15％马血清的马丁肉汤中呈带乳光的混浊液，产生菌丝，但无菌膜及沉淀。固体培养基上呈典型的煎蛋样菌落，直径可达 1.5～2.5mm。在人工培养基上传代极易失去毒力。Mcmtartin 等（1980）从苏丹发生的山羊传染性胸膜肺炎病例肺中分离到一种不同于丝状支原体山羊亚种、致病力强大的 F38 株，可通过人工试验感染山羊发病。F38 菌株可在含山羊血清的特殊培养基上生长。在氧气含量低的条件下（如蜡烛罐中）生长最好，形成中心脐菌落，可发酵葡萄糖，不水解精氨酸和尿素。病原对理化作用的抵抗力较弱，在腐败材料中只可保存 3d，在 50℃灭活 40min 死亡，常用消毒剂可在数分钟内杀死病原体。病原体在低温条件下可生存数月。

三、免疫学

病原体无细胞壁，它的最外层是荚膜、黏附结构与黏附相关蛋白；其内为三层结构的单位膜；内部结构位于胞质内，为核质、核糖体、胞质颗粒、质粒或转座子。其中，病原体的荚膜能抵抗宿主细胞的吞噬，是重要的毒力因子。支原体能通过尖端结构黏附蛋白黏附到组织细胞，与致病性有关。其单位膜是支原体赖以生存的重要结构之一，膜上的蛋白质是支原体的重要表面抗原，与血清分型有关。支原体的膜蛋白主要有脂蛋白、糖蛋白等。这些蛋白对于支原体的黏附功能、抗原性等有着重要意义。支原体编码这些蛋白的基因或基因家族往往具有高度的可变性，这种可变性对于支原体病理学、抗原性有着很大作用。支原体对于细胞的吸附相关因子，不仅包括表面脂蛋白，还有表面存在的糖蛋白。因此，研究支原体膜蛋白及分泌因子等，对于研究支原体黏附、侵入、致病、免疫应答等机理有着极其重要的意义。

支原体主要的抗原物质存在于细胞膜，包括糖脂、蛋白质等成分。其中，糖脂为半抗原，与蛋白质结合具有免疫原性，是诱导体液免疫应答的抗原。蛋白质抗原为完全抗原，位于支原体细胞膜的内、外层。去除脂质的糖蛋白可引起细胞免疫。膜蛋白诱导的抗体可以用 ELISA、放射性免疫沉淀试验及免疫印迹法来检测。但是，支原体膜表面抗原蛋白与黏附因子具有高变性，由于支原体的染色体上存在着不少的高突变位点，在这些位点上 DNA 修复、复制的错误发生率很高，导致抗原发生变异。支原体感染可引起特异的体液免疫和细胞免疫。但是，支原体引起的免疫及免疫病理机制十分复杂和特殊，有许多方面至今尚未完全明了。

四、制品

山羊暴发呼吸道疾病 CCPP 的诊断比较复杂，特别是在流行地区，必须在临床病理学上与其他相似的综合征状相区分。由于本病是接触性传染病，该病发生时要做好隔离工作；此外，要坚持进行疫苗免疫预防。

（一）诊断

对支原体感染的诊断用得较多的是直接分离培养和形态学检查，但是由于其生长速度较慢，且由于菌体呈多形性，可选择免疫学方法直接检测支原体的抗原和相应的特异性抗体，实现支原体早期、快速和特异的诊断。由中国农业科学院兰州兽医研究所申报的山羊传染性胸膜肺炎间接血凝试验抗原与阴、阳性血清，于 2015 年 9 月 8 日获得农业部二类新兽药证书。

目前，世界动物卫生组织推荐使用微量法的补体结合试验进行检测。另外，可采取竞争酶联免疫吸附试验将针对山羊支原体抗原决定簇的 MAb 及 Mccp 抗体包被在同一包被板上竞争结合 Mccp 抗原，用于感染后长期抗体监测，但该方法检出率只有 30%～60%。

（二）活疫苗

本病自然感染过的山羊可获得免疫力。最早预防该病的试验性疫苗是由高代次 Mccp 活菌制成。气管内接种试验证明安全，并可保护山羊抵抗攻毒。鸡胚化弱毒疫苗是通过鸡胚培养传代致弱而研制的弱毒疫苗，给山羊接种后免疫效果良好。但对怀孕母羊不够安全，可能会引起流产。Arisey（1978）报道用 Roj 菌株制成弱毒冻干菌苗，免疫接种后，在 9 个月内能起到抗感染的保护作用。某些国家曾以接种自然强毒的方法预防本病，虽然效果好，但羊注射后反应较重。

（三）灭活疫苗

1. 肺组织灭活菌苗　房晓文等（1958）研制成功氢氧化铝组织菌苗，用于免疫收到良好的效果。本组织菌苗是采用人工感染发病 4～6d 的病羊肺组织和纵隔淋巴腺，按 1∶1 比例用缓冲液制成乳悬液，再加入 50% 氢氧化铝胶，用 0.1% 福尔马林灭活，制成山羊传染性胸膜肺炎氢氧化铝菌苗。给山羊皮下注射 5.0 mL 剂量，保护率达到 75%～100%。疫苗在 2～8℃ 冷暗处保存，有效期为 18 个月，免疫期为 12 个月。我国目前使用的山羊传染性胸膜肺炎灭活疫苗（Caprine infectious pleumpneunlonia vaccine, inactivated），系用丝状支原体山羊亚种强毒株 C87‐1（CVCC 87001 株），接种健康易感山羊，无菌采集病羊肺及胸腔渗出物，制成乳剂，经甲醛溶液灭活，加氢氧化铝胶制成，用于预防山羊传染性胸膜肺炎。在国外，Polkovnikova（1952）等研制出氢氧化铝组织菌苗，免疫效果良好。肯尼亚使用皂角苷灭活支原体制成灭活疫苗，保存期至少 14 个月，免疫期在 12 个月以上。

另外，由中国农业科学院兰州兽医研究所逯忠新研究员研制的山羊传染性胸膜肺炎灭活疫苗（山羊支原体山羊肺炎亚种 M1601 株），于 2015 年 9 月 22 日经农业部公告第 2304 号批准为二类新兽药。本制品系用山羊支原体山羊肺炎亚种 M1601 株接种适宜培养基培养，收集培养物后，经浓缩、离心、洗涤并测定蛋白浓度，适当稀释，用甲醛溶液灭活，按一定比例加 603 佐剂混合乳化制成。通过颈部皮下注射 2 月龄及以上山羊（含怀孕母羊），每只 3.0mL。用于预防由山羊支原体山羊肺炎亚种引起的山羊传染性胸膜肺炎。制品的免疫期为 6 个月；2～8 ℃保存，有效期为 12 个月。

2. 人工培养物灭活菌苗　黄昌炳等（1979）将山羊传染性胸膜肺炎强毒菌种通过鸡胚传代后，接种于 Goodwin 氏猪肺炎支原体培养基上或者含 10%～15% 马血清、2% 新鲜酵母浸出液的复合马丁肉汤上，活菌数达 10^9CCU/mL，用 5d 培养物加 20% 氢氧化铝胶吸附，弃去 1/2 上清液，制成福尔马林灭活浓缩苗，可以保护 90% 以上的山羊抵抗强致病菌株的攻击。用人工培养基繁殖菌种制造疫苗的关键在于繁殖菌种的培养基质量，只有高质量的培养基，才能繁殖出高含菌量和高抗原量的菌液，从而生产出具有高效力的菌苗。

五、展望

由于丝状支原体的 6 个亚种中 3 个均可引起山羊传染性胸膜肺炎（CCPP），且表现出的症状和病理变化基本相同，因此难以区分山羊传染性胸膜肺炎的病因。Vilei 等（2006）通过对 31 个反刍动物的支原体进行分类研究，并总结以前的研究结果，提出将丝状支原体丝状亚种 LC 型和丝状支原体山羊亚种合并为一个亚种，合称为丝状支原体山羊亚种，使得山羊传染性胸膜肺炎的病因缩小为 2 个亚种，为今后疫苗的研制提供了方便。Joakim 等（2004）首次分析了丝状支原体丝状亚种国际标准株 PG1T 株的基因组全序列，为其他亚种的研究提供了参考，对 CCPP 的防控

及新型疫苗的研究有着十分重要的意义。

（王　栋　王忠田　陈光华）

主要参考文献

房晓文，于光熙，刘本光，1958. 山羊传染性胸膜肺炎的感染和病原保存试验 [J]. 畜牧兽医学报，3（1）：53-59.

Jokim W, Anja P, Anders H, et al, 2004. The genome sequence of *Mycoplasma mycoides* subsp. mycoides SC type strain PG1, the causative agent of contagious bovine *pleuropneumoniae* （CBPP）[J]. Genome Research, 14：221-227.

Vilei E M, Korczak B M, Frey J, 2006. *Mycoplasma mycoides* subsp. capti and *Mycoplasma mycoides* subsp. mycoides subsp LC can be grouped into a single subspecies [J]. Veterinary Research, 37 (6)：779-790.

第四节　羊支原体肺炎

一、概述

羊支原体肺炎是由羊肺炎支原体（Mycoplasma ovipneumoniae）引起羊的一种慢性呼吸道传染病。主要感染绵羊，也可以感染山羊，引起肺膈细胞增生、血管和气管周围淋巴网状细胞增生、肺小叶呈肉样变或虾肉样变的增生性间质性肺炎，病程多为亚急性和慢性。

二、病原

羊支原体肺炎的病原是羊肺炎支原体，由 Mackay 在 1963 年首次分离到。Cottew（1977）于澳大利亚绵羊中发现并由 Carmich（1972）命名为 M. ovipneumomas，国际标准株是 Y-98。该病主要危害 3～10 周龄的羔羊和部分成年羊。症状以咳嗽、流鼻涕、呼吸急促为主，体温升高（39.9～40.4 ℃），精神沉郁，食欲减少。病程可达数月或数年，羔羊消瘦、贫血、生长发育缓慢，出栏率、毛质、毛量下降，造成大量工时和饲料的浪费。成年羊往往不表现明显症状。病羊常继发其他疾病，如感染溶血性巴氏杆菌，造成死亡。一般杀毒剂均可杀死该病原体。

羊肺炎支原体菌体直径为 200～500 nm，在

固体培养基上形成细小的半透明菌落，无中心脐。代谢葡萄糖，不水解精氨酸、不分解尿素、不还原四唑氮，膜斑试验阳性，洋地黄皂苷敏感。该菌体对培养基的要求比较严格，在含20％马血清、2％鲜酵母浸出液、0.5％胰蛋白胨、1％新鲜猪肺提取物、0.5％水解乳蛋白及无机盐类的培养基中生长良好。在液体培养基中，37℃培养5～7d，培养液由红变黄（pH下降0.5以下），无菌膜、沉淀或颗粒悬浮，呈微乳光色。菌体涂片经美蓝染色法染色，呈现淡红色或紫色，呈球形、空泡、梨形等多种形态。

三、免疫学

经ELISA和斑点酶联免疫试验证明，羊肺炎支原体与猪肺炎支原体、相异支原体、絮状支原体之间存在交叉反应抗原，在诊断方面具有非常重要的意义。

四、制品

至目前，国内有关羊或者绵羊肺炎支原体制品的研究已经取得良好成绩，我国兰州兽医研究所成功研制了2种预防制品和1种诊断用血清。中国兽医药品监察所王栋研究员进行了羊肺炎支原体超滤浓缩灭活疫苗研究，成功研制出新的灭活疫苗制品。至目前，国内外尚未见有关羊肺炎支原体弱毒疫苗的报道。

（一）诊断制品

2010年，经农业部公告第1489号批准了由中国农业科学院兰州兽医研究所研制的绵羊支原体肺炎间接血凝试验抗原与阴、阳性血清为二类新制品。

（二）疫苗制品

王栋等（1988—1990）从10个省份分离、鉴定出羊肺炎支原体28株。进行了超滤浓缩灭活菌苗的研究。为了保持菌株良好的毒力和免疫原性，菌株严格控制在分离后传8代以内的代次。在培养基中生长活菌滴度可达10^9CCU/mL，以84h培养物气管注射2mL，可使接种羊几乎全部发病。采用浅层培养，收获120h培养物，并用相对分子质量为4 000的内压式中空纤维超滤器浓缩至原培养物的1/10，加0.1％福尔马林灭活。按5份灭活菌液加1份灭菌的pH8.1～8.3氢氧化铝胶缓冲液，充分振荡后在2～8℃吸附7d，每日振摇2次，制成羊肺炎支原体超滤浓缩灭活疫苗。此苗可保护95％以上的接种羊抵抗羊肺炎支原体的攻击。接种羊无任何不良反应，疫苗在2～8℃中可保存15个月不影响免疫效力，免疫期为12个月。我国目前使用的是中国兽医药品监察所研制的羊肺炎支原体灭活疫苗，对控制我国羊支原体肺炎的流行起到了十分重要的作用。

1994年，经农牧函〔1994〕37号批准了由中国农业科学院兰州兽医研究所研制的羊支原体肺炎灭活疫苗，为一类新制品。2010年，经农业部公告第1433号批准了由中国农业科学院兰州兽医研究所研制的山羊支原体肺炎灭活疫苗（MoGH3－3株＋M87－1株）为二类新制品。

五、展望

国内外对绵羊肺炎支原体的研究报道均较少，这主要是由于其发病不明显，常呈非进行慢性肺炎。Ionas G等（1991）从新西兰6只病羊的肺脏中分离了30个绵羊肺炎支原体分离株，使用SDS-PAGE和酶切分析，对其进行验证。然后从中选取4个来自同一肺脏的分离株继续进行酶切分析，结果证明来自同群患有非进行慢性肺炎绵羊或同一个肺脏分离的绵羊肺炎支原体分离株可能不同，即来自相同的同一种病原存在多个不同的菌株。Parham K等（2006）为评估英国境内绵羊肺炎支原体分离株的变异能力，将2002年和2004年的分离株进行随机扩增多态性DNA、脉冲场电泳、SDS-PAGE和Western blotting试验，经分析最终将43个分离菌株分为了10个群。由此，证实动物的流动和无症状病原携带动物的引入是造成同一个农场存在不同变异株的原因。

我国羊养殖量较大，绵羊肺炎支原体也大量存在，但是目前对其认识程度相对较低，研究投入十分有限。因此，进行绵羊肺炎支原体的基础研究，研制与开发高效和安全的新型绵羊肺炎支原体疫苗和新的防控措施，前景十分广阔。

（王　栋　王忠田　陈光华）

主要参考文献

Ionas G，Norman N G，Clarke K，et al，1991. A study of

the heterogeneity of isolates of *Mycoplasma ovipneumoniae* from sheep in New Zealand [J]. *Veterinary Microbiology*, 29 (29): 339 - 347.

Parham K, Colin P, Churchward, et al, 2006. A high level of strain variation within the *Mycoplasma ovipneumoniae* population of the UK has implications for disease diagnosis and management [J]. *Veterinary Microbiology* (118): 83 - 90.

第五节　鸡毒支原体感染

一、概述

鸡毒支原体感染也称鸡慢性呼吸道病（CRD），在火鸡则称传染性窦炎，是由鸡毒支原体（*Mycoplasma gallisepticum*，MG）感染引起的禽类疾病。临床上表现为咳嗽、流鼻涕，严重时呼吸困难或张口呼吸，可清楚地听到湿性啰音。病程长，发展慢。剖检可见到鼻道、气管卡他性渗出物和气囊炎。发病率高，死亡率低，其危害主要表现为幼雏淘汰率上升和成年母鸡产蛋率下降。感染鸡毒支原体导致动物体质下降，还会诱发其他疾病。该病是目前造成养鸡业严重经济损失的疾病之一。根据宁宜宝和冀锡霖对全国20个省、市的血清学调查发现，国内鸡个体阳性感染率为80%左右，由此可见，此病对我国养鸡业造成的经济损失不可低估。

二、病原

鸡毒支原体属软膜体纲、支原体目、支原体科、支原体属。早期的支原体统称为类胸膜肺炎微生物（PPLO），1956年才被正式命名为支原体。鸡毒支原体只有一个血清型，但不同菌株之间基因结构有一定的差异。利用rRNA探针基因指纹技术研究表明，鸡毒支原体至少存在3种不同的基因型。对来源于不同国家、宿主和时间的鸡毒支原体分离株利用随意扩增多型DNA基因测序的比较研究表明，从美国分离到的菌株间，以及与疫苗株（6/85、TS-11和F）同源性很高，但与实验室以前保存的参考株同源性低。以色列的分离株之间同源性很高，但基因序列不同于美国株，与澳大利亚分离株相差也大。澳大利亚分离株与美国株同源性相近，而不同于以色列

野毒株。结果显示：不同地区间流行株基因结构存在一定差异，但这种差异与疫苗免疫保护之间关系不大。

纯种鸡比杂种鸡对鸡毒支原体更易感，非疫区的鸡比疫区的鸡易感。鹌鹑、鸽、珍珠鸡及一些观赏鸟类也可感染本病。小鸡比成年鸡易感。对于感染小鸡，由于生长缓慢、饲料转化率低，尽管死亡率低，但由此造成的淘汰率高。寒冷潮湿的季节，鸡群易发生慢性呼吸道病，湿度越大，发病率越高；卫生条件差、通风不良、过于拥挤，往往易激发鸡毒支原体病暴发，病情也趋严重。一些病原的混合感染会使鸡毒支原体病的发病率升高和病情加重。新城疫病毒和传染性支气管炎病毒等感染、大肠杆菌混合感染会使呼吸道病明显加重，即所谓的协同作用。作者等用鸡毒支原体及致病性大肠杆菌分别和混合感染SPF鸡，观察其协同作用，结果显示，混合感染比单独感染的发病率和死亡率要严重得多。

三、免疫学

支原体的膜表面含有丰富的脂质相关膜蛋白（lipid-associated membrane proteins，LAMPs），该膜蛋白可能介导支原体黏附，侵入宿主细胞而参与细胞损伤与死亡。一些支原体能通过LAMPs的介导黏附到宿主细胞的表面，其毒性很大程度上取决于LAMPs。鸡感染MG的病理变化主要是气管和支气管黏膜上皮细胞坏死脱落。Markham（1991）研究证实，MG进入机体后，首先通过细胞表面的黏附蛋白吸附于宿主呼吸道黏膜相应的受体上，然后在局部大量繁殖，造成病理损伤。

大量的研究证明，家禽感染MG后，免疫器官内T淋巴细胞、B淋巴细胞和单核巨噬细胞显著活化增殖，但是B淋巴细胞和单核巨噬细胞的增殖程度不如T淋巴细胞，且持续时间也比T细胞短。家禽感染MG后，体内可以产生较高水平的抗体，但免疫力与抗体水平关系不大。试验证明，给鸡注射大剂量的MG抗体不能抵抗MG强毒对气囊的攻击，带有母源抗体的雏鸡对MG的免疫机理是以T细胞介导的细胞免疫为主。有试验表明，呼吸道分泌的抗体在抗MG感染中起重要作用；呼吸道产生的相应的MG的抗体能阻止MG在支气管上皮细胞上附着，可能是免疫介导

保护的一个重要机理。因此可以说，MG 感染的免疫是 T 细胞介导的细胞免疫、局部的黏膜免疫和单核巨噬细胞也积极参与的联合免疫。

此外，支原体与各类宿主细胞之间作用的同时，能产生广泛的异常免疫反应，包括激活巨噬细胞、T 淋巴细胞、B 淋巴细胞及 NK 细胞产生某些细胞炎性因子造成组织炎症损伤。

四、制品

中国兽医药品监察所宁宜宝等已成功研究出鸡毒支原体弱毒活疫苗和油佐剂灭活疫苗，两种疫苗对鸡毒支原体感染均有良好的预防作用。前者主要用于商品蛋鸡和肉鸡，也可用于已受鸡毒支原体感染的父母代种鸡，而后者则主要用于蛋鸡和种鸡。

（一）活疫苗

1. 活疫苗研究进展　van der Heide（1977）报道，青年后备母鸡在转入大型产蛋鸡舍前，使用鸡毒支原体康涅狄格 F 弱毒株接种，可以提高产蛋率。之后，有学者对 F 株又作了进一步的研究，结果表明，F 株免疫组的产蛋率比对照组高；F 株接种对输卵管功能无影响，点眼接种后备母鸡不发生蛋的垂直传播；F 株接种 1 次，能将接种前感染的野毒株的经卵垂直传播率从 11.7% 降至 1.8%。F 株能保护鸡群不发生由鸡毒支原体强毒攻击诱发的气囊炎。长期使用，可取代鸡场中的鸡毒支原体野毒株。但 F 株属中等毒力，对火鸡有强致病力，因此，F 株不能在火鸡中使用。1988—2000 年，宁宜宝等（1992，1999）对 F 株进行了深入全面的研究，考虑到 F 株毒力的问题，对其在人工培养基中进行了传代减毒培养，培育出的 F-36 株，其毒力比原代次 F 株明显减弱，用 F-36 株经鼻内感染的 30 只鸡只有 1 只出现极其轻度的气囊损伤，而原代次菌株感染的 30 只鸡有 4 只出现轻度损伤，用 F-36 株培养物以 10 倍的免疫剂量点眼接种无鸡毒支原体、滑液支原体感染的健康小鸡和 SPF 小鸡均不引起临床症状和气囊损伤，用其和新城疫疫苗同时或先后免疫接种鸡，均不相互增强致病作用，在野外大面积接种蛋鸡和肉鸡，均不引起不良反应，对鸡安全。经传代进一步致弱的 F-36 株，其免疫原性没有发生变化，用其作为原代种子制作的疫苗免

疫接种鸡能产生良好的免疫力，能有效抵抗强毒菌株的攻击，保护气囊不受损伤。免疫保护率可达 80%，免疫持续期达 9 个月，免疫鸡体重增加明显高于非免疫对照组。免疫保护效果和传代前的菌株制作的疫苗一样，3 日龄、10 日龄接种鸡的免疫效果好于 1 日龄接种鸡。这种疫苗既可用于尚未感染的健康小鸡，也可用于已感染的鸡群。试验证明，对已发生鸡毒支原体感染发病的鸡场，用疫苗紧急预防接种，可使患病鸡在 10d 左右症状明显减轻，4 周左右使降低的产蛋率逐步回升。在实际应用中，如果能保证在疫苗接种前 3d、接种后 20d 左右不用对鸡毒支原体敏感的抗菌药物，一次免疫接种就可以保护半年以上；如果疫苗接种后发生大量用药的问题，应在后期的停药阶段再接种 1 次，以增强免疫效果。试验表明：小鸡的母源抗体对 F-36 株疫苗产生免疫效力基本上没有影响。用鸡毒支原体 F-36 菌株疫苗免疫接种可预防和控制由于鸡毒支原体引起的呼吸道疾病，可明显降低雏鸡的淘汰率，提高产蛋率 10% 左右。在大肠杆菌发病鸡场，使用该疫苗后可明显减轻该病发病程度。

2. 活疫苗生产制造　疫苗的生产通常采用培养基培养，培养基的好坏直接决定疫苗的产量和质量。鸡毒支原体对培养基的要求相当苛刻，不同菌株对培养基的要求也不一样。总体来说，几乎所有的菌株在生长过程中都需要胆固醇、一些必需的氨基酸和核酸前体。因此，在培养基中需要加入 10%～15% 灭活的猪、牛或马血清和酵母液；由于鸡毒支原体能发酵培养基中的葡萄糖产酸而使 pH 下降，因此，通常在培养基中加入葡萄糖和酚红指示剂，可以通过观察培养基的颜色变化来判断支原体的生长状况。常用的培养基有多种，大多由 Frey 氏培养基改良而来。在作液体培养基培养时，接种前的培养基 pH7.8 左右为宜，接种后在 24～48h 内便能使培养基的 pH 下降到 7.0 以下，培养好的液体培养物只呈轻度混浊；培养基最好现配现用。水对支原体的生长至关重要，必须使用符合要求的去离子水。在制造疫苗时，由于支原体在培养基中反复传代容易降低免疫原性，所以控制制苗代次非常重要。鸡毒支原体的培养温度一般为 36～37℃。

活疫苗系用鸡毒支原体接种培养基培养结束后，加入适量稳定剂，经冷冻真空干燥而成。用于预防由鸡毒支原体引起的慢性呼吸道疾病。从

物理性状上看，冻干疫苗为淡黄色海绵状疏松团块，易与瓶壁脱离，加稀释剂后迅速溶解，疫苗应纯粹无杂菌生长。按标签注明羽份加培养基复原后，其活菌数应在 10^8 CCU/mL 以上。在做安全性检验时，取疫苗 3～5 瓶，按标签注明的羽份用无菌生理盐水或纯化水溶解后，以 10 倍免疫剂量接种 20 日龄左右健康小鸡 8～10 只，观察 10d，应无不良反应。效力检验以活菌计数为准，冻干产品加培养基复原后，其活菌数达到 10^8 CCU/mL 以上为合格，必要时也采取攻毒的方法来判定结果。在实验室条件下，免疫期可达 8 个月。由于鸡场为了控制其他疾病常使用抗生素而造成对鸡毒支原体活疫苗免疫效力的影响，因此建议在停药期作二次免疫接种。接种疫苗时，按疫苗瓶签标明的羽份，用无菌生理盐水或纯化水溶解后，以 20～30 只/mL 点眼接种。使用疫苗时应注意以下事项：①免疫前 2～4d，免疫接种后至少 20d 内应停用治疗支原体病的药物。②疫苗在 2～8℃保存，有效期为 12 个月。③不要同新城疫、传染性支气管炎活疫苗一起使用，两者使用的间隔时间应在 5d 左右。

（二）灭活疫苗

1. 灭活疫苗研究进展　Yoder 博士（1984）报道，以鸡毒支原体油佐剂灭活疫苗对 15～30d 龄鸡免疫接种，能有效地抵抗强毒株的攻击；但用于 10 日龄以前的小雏，免疫效果不良。Jiroj 等分别于 19 周及 23 周对鸡作一次和两次免疫接种，4 周后用致病菌株攻击，结果表明：两次免疫接种在控制鸡毒支原体经卵传播方面具有明显的作用。宁宜宝于等 1990 年开展了鸡毒支原体灭活油佐剂苗的研究工作，并研究出了鸡毒支原体灭活疫苗。该疫苗是用免疫原性良好的鸡毒支原体菌株培养物经 8～10 倍浓缩成的菌悬液，用 0.1%甲醛溶液灭活，经与白油乳化后制成。以 0.5mL/只颈部皮下注射 7 周龄鸡，4 周后用鸡毒支原体强致病性菌株做气溶胶攻击，免疫组在接种后 1、2 和 3 个月时，气管中鸡毒支原体的分离率分别较非免疫对照组降低了 78%、71% 和 39%，气囊炎发病程度较对照组分别降低了 93%、86.6% 和 77.2%。头两个月的体重增加也分别比对照组高 183g/只和 193.7g/只，接种 5.5 个月和 6.5 个月后用强毒菌攻击，免疫组的产蛋率在半个月内较攻毒前分别降低了 0.9% 和 7%，

而对照组则分别降低了 27.4% 和 26%。免疫持续期可达半年以上。两次免疫接种的鸡在强毒攻击后，气囊损伤保护率较一次免疫接种高出 10% 以上。疫苗在 2～8℃保存，保存期为 18 个月。大量的田间试验表明：该疫苗能有效控制鸡毒支原体病，提高产蛋量，对各品种、各种日龄的接种鸡均无副作用，该疫苗在用药频繁的地区蛋、种鸡的鸡毒支原体病控制和防止鸡毒支原体垂直传播方面能起到很好的作用。

2. 灭活疫苗制造　灭活疫苗的制苗菌株培养与活疫苗基本相似。不同的是，灭活疫苗制备中必须将抗原进行浓缩和灭活，然后配上油佐剂经乳化而制成。制苗菌株的免疫原性和毒力强弱与疫苗中抗原含量高低有直接的关系。同时，疫苗佐剂类型也对疫苗免疫保护力有影响。

灭活疫苗系用鸡毒支原体接种培养基培养，将培养物浓缩经甲醛溶液灭活后，加油佐剂混合乳化制成。用于预防鸡毒支原体感染。外观为乳白色乳剂，剂型为水包油包水型。疫苗在离心管中以 3 000 r/min 离心 15min，应不出现分层。在 2～8℃保存，有效期内应不出现分层和破乳现象。疫苗应无细菌污染和支原体存活。安全检验用 40～60 日龄 SPF 鸡 10 只，每只肌内或颈背部皮下注射疫苗 1mL，连续观察 14d，应不发生因注苗引起的局部或全身反应。效力检验标准为：用 40～60 日龄 SPF 鸡 10 只，每只肌内或颈背部皮下注射疫苗 0.5 mL，另取 6 只作为对照，30d 后喷雾攻击强毒 R 株。14d 后剖检观察气囊病变，对其评分，免疫鸡平均气囊损伤保护率应在 60% 以上，对照组至少 4 只鸡气囊出现 2 分/只以上的病变，疫苗判为合格。免疫期为 6 个月。使用疫苗时，宜颈背部皮下注射。40 日龄以内的鸡每只注射 0.25mL，40 日龄以上的鸡每只注射 0.5mL；通常情况下，建议在第一次免疫注射后 30d 再接种一次，也可初次免疫利用弱毒疫苗，第二次利用灭活疫苗。在注射疫苗时，应注意以下几个方面：①注射前应将疫苗恢复至室温，并充分摇匀；②颈部皮下注射时，不得离头部太近，以中下部为宜；③注射部位要严格消毒，并勤换针头；④疫苗应在 2～8℃保存，不能结冻。

五、展望

近年来，澳大利亚和美国分别用鸡毒支原体

TS-11 弱毒株和 6/85 弱毒株制作疫苗。上述 2
个弱毒株比 F 株毒力更弱，对未受鸡毒支原体感
染的鸡有较好的免疫效果，也可用于火鸡的免疫
接种，但对已感染的阳性鸡场，免疫效果不佳，
免疫效力比不上 F-36 株。

（宁宜宝　王忠田　陈光华）

主要参考文献

李嘉爱，伍炎成，以体强，等，1998. 母源抗体对雏鸡接
　　种鸡毒支原体活疫苗免疫效力的影响 [J]. 中国兽药杂
　　志（1）：4-6.

宁宜宝，1992. 鸡毒支原体灭活油佐剂疫苗的研制 [J].
　　中国兽药杂志，1：5-9.

宁宜宝，1999. 鸡毒霉形体 F 株对鸡的致病性和免疫效力
　　测定 [J]. 中国兽医学报，3：264-266.

Glisson J R, Dawe J F, Kleven S H, 1984. The effect of
　　oil-emulsion vaccines on the occurrence of nonspecific
　　plate agglutination reactions for *Mycoplasma galliseptic-*
　　um and *M. synoviae* [J]. Avian Disease, 28 (2):
　　397-405.

Lin M Y, Kleven S H, 1982. Egg transmission of two
　　strains of *Mycoplasma gallisepticum* in chickens [J].
　　Avian Disease, 26：487-495.

Yoder H W, Hopkins S R, 1984. Efficacy of experimental
　　inactivated *Mycoplasma gallisepticum* oil-emulsion bac-
　　terin in egg-layer chickens [J]. Avian Disease, 29：
　　322-334.

第二十一章 螺旋体类制品

螺旋体（spirochete）是一类细长、柔软、弯曲呈螺旋状、运动活泼的原核细胞型微生物。因其基本特征与细菌相似，如有原始核质、细胞壁、以二分裂方式繁殖、对抗生素敏感等，在分类学上划归为广义的细菌范畴。有轴丝（也称为内鞭毛或周浆鞭毛），轴丝的屈曲和收缩使其能自由活泼运动。

螺旋体在自然界和动物体内广泛存在，种类繁多。根据其抗原性、螺旋的数目、大小和规则程度及两螺旋间距，可将螺旋体目分为螺旋体科（Spirochaetaceae）、钩端螺旋体科（Leptospiaceae）和蛇形螺旋体科（Sprpulinaceae），螺旋体科分9个属，其他两科分别包含2个属，其中对动物致病的主要分布于钩端螺旋体、密螺旋体和疏螺旋体3个属。

第一节 钩端螺旋体病

一、概述

钩端螺旋体病（简称"钩体病"）是一种传染性人畜共患病，至今已有100多年的记载。其病原体是钩端螺旋体（简称"钩体"），广泛分布于世界各地，全世界至少发现200余种动物可携带致病性钩端螺旋体，包括哺乳类、鸟类、爬行类、两栖类、啮齿类、节肢动物等，家畜中猪、羊、马、鹿、犬等均可感染、发病和传播病原。

二、病原

钩端螺旋体归属螺旋体科、钩端螺旋体属（*Leptospira*），所有致病的钩端螺旋体都属于一个种，即问号状钩端螺旋体（*Leptospira interrogans*）。种以下又可分若干的血清群（sero. group）和血清型（serotype）。目前问号状钩端螺旋体至少可分为25个血清群和280多个血清型，我国发现有19个血清群、160多个血清型。家畜中主要流行的有波摩那群（*L. pomoma*）、犬热群（*L. camicola*）、秋季热群（*L. autamnalis*）、黄疸出血群（*L. icterohaemorrhagiae*）、流感伤寒群（*L. grippotyphosa*）、致热群（*L. pyrogenes*）、澳洲群（*L. australis*）、七日热群（*L. hebclomaclis*）等。猪、牛、马、犬等动物感染钩体分别以波摩那、七日热、秋季热、犬热群为主，其他易感动物因地区流行菌型不同而各有差异。

钩体形态细长，呈圆柱状，大小为（0.1～0.2）$\mu m \times$（6～12）μm，一般有12～18个螺旋，沿轴丝规律、致密盘旋；菌体一端或两端弯曲呈钩状，常为"C"形、"S"形或"8"字状。菌丝由轴丝、外膜、圆柱体三部分构成。菌体最外层为外膜，内为柱状原生质体和紧紧缠绕其上的两根内鞭毛，使钩体运动活泼，可呈直线或螺旋式活泼运动。具有可滤过性和组织穿透力。

三、免疫学

钩体通过破损甚至正常皮肤和黏膜等部分侵

入动物机体后，即在局部繁殖，然后迅速进入血流，并在血液中生长繁殖，引起钩体血症，随后钩端螺旋体随血流侵入病畜多组织器官，引起相关脏器和组织的损害，造成病畜一系列病理表现。如发热、黄疸、血红蛋白尿、出血、流产等，严重者可引起死亡。钩端螺旋体的菌型不同、毒力不一，以及感染病畜机体免疫力强弱不同，病程发展和症状轻重差异很大。病畜感染后以体液免疫为主，发病后 1～2 周血液中可出现特异性抗体，通过调理、ADCC、激活补体等作用杀伤或溶解钩端螺旋体。未死亡的病畜，随着血液中循环抗体的升高，血中钩端螺旋体迅速被清除，但肾脏中的病菌受抗体影响较小，仍有部分钩体在肾脏肾小管中生长繁殖，不断随尿排出而污染环境。动物隐性感染或患病后可获得对同型钩端螺旋体的持久免疫力。

四、制品

（一）诊断制品

钩体病实验室血清学诊断方法很多，如酶联免疫吸附试验、斑点酶联免疫吸附试验、PCR、SPA 协同凝集、乳胶凝集、碳集、显微镜凝集（MAT）溶菌和补体结合试验等。

在诸多方法中，动物钩体病诊断的法定标准方法是补体结合试验和显微镜凝集溶菌试验。补体结合试验具有群属特异性，凝集溶菌试验具有型特异性。上述两种方法适合于动物流行病学调查和流行菌型鉴定。

Yan 等（2013）用 ELISA 法，把一种重组的 LigA 分割成包含重复的 4－7.5 结构域构成的新抗原（LigACon4－7.5），用于马钩端螺旋体病的诊断，敏感性和特异性分别为 80% 和 87.2%。Ye 等（2014）选取了 rLipL21、rLoa22、rLipL32 和 rLigACon4－8 四种重组蛋白作为抗原，也采用 ELISA 法针对马钩端螺旋体病的诊断展开研究，特异性和敏感性亦有良好表现。

我国钩体病的诊断制品中，主要有补体结合试验抗原和阴、阳性血清。

1. 补体结合抗原　钩体病补体结合抗原采用黄疸出血群、波摩那群、犬热群、秋季热群、澳洲群及其他地方性代表株钩体，接种适宜培养基，在 28～32℃ 培养 3～7d。选取生长良好、运动活泼、无自凝现象和纯粹的钩体培养物，加 0.3%

甲醛溶液灭活、离心、收集沉淀物等量混合，按原量 1/10 重新悬浮于 0.3% 甲醛盐水溶液中，置 2～8℃ 静置 15d 以上，经标化，测定出抗原效价后制成。

2. 阳性血清　用培养制备好的 5 型（同钩体补体结合抗原）或单一型钩体免疫抗原，连续免疫健康绵羊或家兔 5～6 次，每次免疫间隔 3d，末次免疫 7d 后试血，补体结合试验效价达到 100 倍，凝集溶菌试验达 10 000 倍以上者，采血分离血清、混合、无菌检验合格后，定量分装，迅速进行冷冻干燥，即为钩体阳性血清。用于钩体补体结合试验阳性对照。

3. 阴性血清　选择钩体病血清学反应阴性的健康牛、马、绵羊或家兔，按常规方法采血，分离血清。无菌检验合格后，定量分装，迅速冷冻干燥，即为钩体病阴性血清。用于钩体补体结合试验阴性对照。

（二）疫苗

20 世纪初叶，日本学者野口等首先试制出了钩体灭活疫苗用于人群接种。疫苗效果虽然显著，但注射后能引起严重过敏反应，因而未获广泛应用。20 世纪 50 年代时，有关学者将致死的钩体培养物充分洗涤离心沉淀，除去有害物质制成浓缩疫苗，收到了良好的免疫效果，至今仍在应用。

我国医学上的钩体疫苗制造始于 20 世纪 50 年代，历经纯化水疫苗、胎盘浸液疫苗，直到目前的综合培养基疫苗等阶段，制造疫苗时先将各苗株分别培养直到菌数达到要求。杀死菌体，按需要疫苗价数配制多价疫苗，或者通过中空纤维超滤制成浓缩疫苗。

目前应用的疫苗虽然具有良好的免疫力，但需要多次接种，且不能清除被免疫者的带菌状态。因此，学者们对于外膜成分疫苗和活疫苗研究进行了不断的探索，收到了初步效果：于恩庶和应付康于 70 年代选出钩体无毒型波摩那 N 株和犬热型 L 株，以其接种猴子，发现可以保护接种动物抵抗强毒株的攻击。1978 年中国医学科学院流行病研究所以波摩那型弱毒株 1.28 接种架子猪，可以保护架子猪抵抗强毒株的攻击，不但表现在临床病症上，而且可以阻止肾脏感染的发生。

国内在兽用疫苗的研究上，谢昕、许宝琪等（1987）和吴福林（1990）采用波摩那型和犬热型钩体培养物以 0.3% 甲醛溶液灭活，浓缩到原来的 1/10

容积制成油佐剂浓缩苗，仓鼠、豚鼠的接种剂量为0.5mL，猪1mL。接种一个月后，以强毒株进行攻击，结果接种的所有仓鼠、猪和90%豚鼠都得到完全保护，阻止了肾脏带菌感染和排菌感染的危险；而未接种疫苗的对照动物全部出现感染。

国外 Jacobs 等（2015）针对引起母猪死胎、流产的钩端螺旋体波摩那血清型设计了一种八价重组疫苗，该疫苗包含了灭活的猪红斑丹毒丝菌、细小病毒、犬型钩端螺旋体、黄疸出血型钩端螺旋体、澳洲群钩端螺旋体、流感伤寒型钩端螺旋体成分，可以有效减少母猪感染波摩那型钩端螺旋体的临床症状及降低死胎的发生率。

五、展望

由于世界各地区钩端螺旋体流行菌型及易感动物对钩端螺旋体不同血清型菌株的敏感性不同，直接影响着动物钩端螺旋体病诊断制品和疫苗的研制和推广，研发一种敏感性及特异性高且能在世界范围内广泛应用的诊断制品及有效安全且抗原谱全面的钩端螺旋体疫苗，仍是未来国内外针对钩端螺旋体病研究的重要课题。

（吴移谋　赵飞骏　万建青）

主要参考文献

吴福林，1991. 动物波摩那、犬型钩端螺旋体浓缩油佐剂苗研究［J］. 中国兽医杂志（1）：5-9.

许宝琪，吴福林，谢昕，等，1987. 波、犬双价钩端螺旋体浓缩佐剂苗的田间试验［J］. 中国人兽共患病学报，3（1）：26-27.

Jacobs A A，Harks F，Hoeijmakers M，et al，2015. Safety and efficacy of a new octavalent combined *Erysipelas*，*Parvo* and *Leptospira* vaccine in gilts against *Leptospira interrogans* serovar Pomona associated disease and foetal death［J］. Vaccine，33（32）：3963-3969.

Sheng W，Sun C，Fang G，2013. Development of an enzyme-linked immunosorbent assay using a recombinant LigA fragment comprising repeat domains 4 to 7.5 as an antigen for diagnosis of equine *Leptospirosis*［J］. Clinical and Vaccine Immunology，20（8）：1143-1149.

Ye C L，Yan W W，Xiang H，et al，2014. Recombinant antigens rLipL21，rLoa22，rLipL32 and rLigACon4-8 for serological diagnosis of *Leptospirosis* by enzyme-linked immunosorbent assays in dogs［J］. PLos One，9（12）：e111367.

第二节　猪痢疾密螺旋体病

一、概述

猪痢疾密螺旋体病简称猪痢疾（Swine dysentery，SD），是由猪痢疾密螺旋体（*Treponema hyodysenteriae*，Th）引起的一种严重危害猪的肠道传染病。主要致病部位在结肠，引起猪以黏液性或黏液出血性腹泻为主，其特征是大肠黏膜发生卡他性、出血性炎症，继而引发纤维素性坏死性炎症，呈现黏液性、出血性下痢，也被称之为弧菌性痢疾、血痢、黑痢。该病一旦侵入猪群，不易根除，轻者引起猪生长发育受阻、饲料利用率降低，重者造成猪只死亡，仔猪的发病率和死亡率都相当高，给养猪业造成很大损失，已成为危害养猪业比较严重的传染病之一。

Whiting 等于 1921 年首先对 SD 作了相关报道，但 SD 病原不明长达 50 年之久。1971 年 Taylor 等在英国报道了一种能繁殖的病原性螺旋体。这项工作同时被 Harris 等（1971）在美国证实，并将此螺旋体命名为猪痢疾密螺旋体。Stanton 等（1991）对 Th 进行了 DNA-DNA 重组试验，菌体蛋白 SDS-聚丙烯酰胺凝胶电泳和 16S RNA 顺序分析，发现其与密螺旋体及其他螺旋体仅有疏远相关，因而将其归入小蛇新属（*Serpula*）。后来发现此名已用作霉菌的属名而于 1992 年改为蛇样属（*Serpulina*），Th 更名为猪痢疾蛇形螺旋体（*Serpulina hyodysenteriae*，Sh）。

二、病原

猪痢疾密螺旋体也称为猪痢疾短螺旋体（*Brachyspira hyosenteriae*，B. hyo）或猪痢疾蛇形螺旋体，菌体有 3～6 个弯曲，两端尖锐呈蛇形，呈缓慢旋转的螺丝线状，长 6～8.5 μm，直径为 320～380 nm，多为 4～6 个疏螺弯曲。为革兰氏阴性菌，厌氧，对生长条件要求较为苛刻，分离较为困难。暗视野显微镜下可见到活泼的蛇行运动或以长轴为中心的旋转运动。扫描电镜观察，病原的两端较细，钝圆，胞壁与胞膜之间有 7～9 条轴丝，细胞由疏松的外膜覆盖。

猪痢疾密螺旋体是短螺旋体属内部一个独立的种，使用多电位酶切电泳（MLEE）的方法对种群结构进行分析，结果显示该菌种具有多样性，由大量基因不同的菌株组成。对分离株进行的分子生物学分析表明，猪痢疾密螺旋体的新变体可能已出现在猪场。Sh 的 C＋G 含量极低（25.8%），不同 Sh 菌株的 DNA 序列之间有 75% 相同。Baum 等（1979）对 Sh 酚抽提物的水相物（脂多糖，LPS）用琼脂凝胶扩散试验可分成 4 种血清型。Mapother 等（1985）发现另外 3 种血清型。Lemcke 等（1984）也发现 3 种新血清型，但与前 3 种未作比较。Li 等（1991）在加拿大发现了血清型 8 和 9。Hampson 等（1989，1990）对北美洲、欧洲和澳大利亚 Sh 菌株的 LPS 进行了研究，认为 LPS 血清型应修正为血清群（目前已有 A～I9 个群）每群含有几个不同血清型。在美国分离的大部分属血清 1、2 型，而在欧洲和澳大利亚分离的血清型比较分散。至今未见 Sh 血清型之间有毒力差异的报道。

不同于产肠毒素大肠杆菌或沙门氏菌引起的腹泻，猪痢疾的致病机理是由于猪结肠和盲肠里的各种厌氧菌和厌氧性的猪痢疾密螺旋体一起协同作用，促进了密螺旋体与盲肠和结肠上皮细胞紧密相连。它能产生溶血素，由于溶血素、内毒素（诱生促炎细胞因子，使结肠发生增生性病变）和脂寡糖（脂多糖的一种半粗糙形式）等毒力因子的共同作用，导致肠黏膜变性、发炎，黏膜上皮细胞过度分泌黏液，以及黏膜层表面点状出血；进一步发展，使上皮细胞脱落并侵入黏膜下层和固有层，使粪中带血。肠炎诱发了体液和电解质不平衡，结肠黏膜吸收内源性分泌液的能力下降，从而导致腹泻。急性病例常因发生进行性脱水、酸中毒甚至引起急性休克死亡。

猪摄入受污染的粪便后，猪痢疾密螺旋体能够在胃的酸性环境中生存，并最终到达大肠。螺旋体增生和黏膜定植需要特别的特性，包括利用有效底物的能力；渗透并穿过黏液，顺着趋化梯度直达肠道各隐窝的能力；避免结肠黏膜表面潜在氧气毒性的能力。临床症状和病变在细胞数量达到 10^6 个/cm^2 黏膜的时候开始出现。腹泻开始前的 1～4d 螺旋体就在粪便中出现了。与此同时出现的是定植在结肠的细菌由革兰氏阳性菌占主导转变为革兰氏阴性细菌占主导。螺旋体靠近肠腔的上皮细胞、盲肠和结肠的隐窝，刺激黏液的

流出。它们黏附于隐窝内的上皮细胞，但这一过程的意义尚不清楚，因为黏附动物细胞培养物并不会引起细胞损伤或浸润。猪痢疾引起组织破坏的机制还没有完全阐明。溶血素和脂寡糖（LOS）可能通过局部破坏结肠的上皮屏障起作用，导致上皮脱落。随后由继发性的细菌和原生动物肠袋虫造成的黏膜下层浸润可能导致病变形成。

三、免疫学

带有猪痢疾密螺旋体的动物为本病的传染源，病菌有广泛的宿主，包括猪、犬、鸡、野生水禽、多种家鸟、野鸟和人等，人的菌株可感染鸡和猪。病猪和无症状的带菌猪（病后康复猪可带菌达数月）是主要传染源。由于带菌时间长，经常通过猪群调动和猪只买卖将病传播开。病菌从患猪痢疾密螺旋体病动物和带猪痢疾密螺旋体动物的粪便中排出体外，粪便中含有大量病菌，很容易污染猪舍地面、饲料、饮水、猪栏、饲槽、用具，以及母猪体表和奶头等，健康猪采食污染的饲料和饮水经消化道而感染。此外，还可通过污染的运输车辆、接触病猪的参观者和工作人员（不更换鞋和衣物时）、鼠和鸟类等媒介而传播。

猪痢疾密螺旋体对外界环境的抵抗力很强，在室温下可存活数天，在 4℃下可在粪便中及污染的土壤和新鲜的水中存活数月。猪痢疾感染率高，流行期长，鼠、蝇为猪痢疾的病原携带者，使猪场疫情不断。猪场的鼠、蝇密度越大，发生比例越高，每年在季节交替尤其是春夏或秋冬季节交替时疫情严重。

猪的胎盘属上皮绒毛膜型，由 6 层组织将母体与胎儿的血液隔开，胎儿不能获得母源抗体。初生仔猪血液中没有免疫球蛋白，完全依赖从初乳中获得抗体。初乳免疫球蛋白以分娩后 1h 内最高，可达 8.2 g/100mL，第 8 小时降至 2.9 g/100mL，第 24 小时 0.9 g/100mL，第 14～28 日为 0.2 g/100mL。初乳免疫球蛋白中 IgG 含量最高，其次为 IgA 和 IgM。IgA 能耐受蛋白消化酶的作用，在预防肠道感染上有重要意义。新生仔猪虽能从初乳中获得免疫力，但由于缺乏游离盐酸，胃肠屏障功能不健全，在污染环境中容易感染发病。仔猪随着日龄增长，乳汁中免疫球蛋白日趋降低，此时传染性胃肠炎、轮状病毒和球虫等感染发病率逐渐增高。猪痢疾密螺旋体主要危

害42～84日龄、平均体重为30～35 kg的猪只，平均为90日龄左右、体重在20 kg以上的育肥猪容易感染（感染率可达80%）。本病菌常与胞内劳森氏菌及沙门氏菌等发生混合感染，也有与其他病原混合感染的报道。一旦混合感染，则使病情复杂化，增加死亡率，造成更大的经济损失。混群、饲养密度过大、猪舍通风不良、温度变化过大、环境污染严重、卫生条件差、长途运输和拥挤等各种应激因素均可诱发本病的发生。

外膜蛋白的表位构象在免疫识别中起到了非常重要的作用。Witchell TD等于2011年对猪痢疾密螺旋体的主要外膜蛋白（Vsp蛋白）的抗原性进行了研究。感染猪痢疾密螺旋体的猪可获得免疫力，但患猪康复后免疫力具有一定的血清型特异性。研制的疫苗应包含流行的所有血清型的猪痢疾密螺旋体。

四、制品

（一）诊断制品

用于鉴定猪痢疾密螺旋体的、基于抗原的检测方法包括生长抑制试验、凝集试验（试管法、玻片法、微量凝集、炭凝集、间接血凝试验）、琼脂扩散试验、免疫荧光抗体试验、酶联免疫吸附试验，其中凝集试验和酶联免疫吸附试验具有较好的应用价值。通常，这些检测并不是基于菌种特异性的抗原，因此，它们的特异性和/或敏感性较低。一种将LOS作为包被抗原的酶联免疫吸附试验（ELISA）已证实有助于鉴别感染猪群，但并不能检测患有猪痢疾的单头猪。这些方法已在很大程度上被分子生物学诊断方法如聚合酶链式反应（PCR）等检测所取代。对特定序列的PCR扩增被广泛用于检测和鉴定猪痢疾密螺旋体。最常见的靶目标是23S $rRNA$ 基因、nox 基因和 $tlyA$ 基因的部分片段。PCR主要用于原代分离平板上生长的微生物。通常在3～5d后能够获得结果，分离菌株可用于药敏试验和/或菌株分型。

原始的PCR检测方法已经被扩展，根据PRE03C6中2.3 kb的片段的序列分析，设计合成一对寡聚核苷酸引物，其PCR扩增片段为1.55 kb，并由此可构建一个内部寡核苷酸探针。在有猪痢疾密螺旋体9种血清型的基因组DNA存在时，才能获得1.55 kb片段。根据该片段与PRE03C6预计限制图分析，相同的PCR产物的

限制性内切酶图谱和用猪痢疾密螺旋体特异性内部寡核苷酸探针产生的阳性杂交信号，证实1.55 kb对猪痢疾密螺旋体有很好的特异性。其敏感度可以达到每克粪便10～100个猪痢疾密螺旋体，比用选择培养基进行常规培养的敏感度高1 000倍。

袁万军等（2013）为了提高猪痢疾密螺旋体的阳性检测率，针对保守的NADH oxidase（nox）基因设计合成了一对引物和相应的探针，经过优化方法和条件，建立了TaqMan-MGB实时荧光定量PCR方法，并且通过试验验证了此方法具有高度特异性、高灵敏度及较好的重复性。用构建的重组质粒建立了标准曲线，线性相关系数为0.99，具有良好的线性关系，可以检测最低为2.17个拷贝数的菌量，且没有交叉反应。对107份样本DNA进行检测后，同普通PCR相比较，结果显示该方法敏感、准确。此外，相比普通方法，该方法具有耗时短、可以准确定量等特点，可以广泛用于猪场、屠宰场猪痢疾的检测和流行病学的调查。

（二）预防制品

预防本病目前尚无可推广应用的疫苗，须采用综合防制措施。由于猪痢疾康复猪可获得保护力，因此免疫接种抗猪痢疾疫苗是可行的。

一些国家已有商用的猪痢疾菌苗，能提供一定程度的保护作用。不过，这些疫苗往往是LOS血清特异性的，需要使用自体或多价疫苗。此外，由于螺旋体具有苛刻的生长要求，因此大规模制备这些疫苗相当困难，成本高昂。也有报道称接种猪痢疾密螺旋体菌苗进行免疫实际上会加剧痢疾的发生。商用蛋白酶消化的疫苗可能比传统的菌苗提供更高水平的保护力。

天然无毒或低毒的菌株已用于试验性疫苗，改良的活菌株可通过诱导影响活动性、溶血和避免氧中毒的基因发生突变来制成。然而，这些毒株在猪体内的定植能力会降低，并且它们产生的保护力有限。

使用重组的猪痢疾密螺旋体38 kDa鞭毛蛋白作为疫苗，无法预防细菌在猪体内定植。不过，试验性感染显示，使用具有免疫原性的猪痢疾密螺旋体的Bhlp29.7外膜脂蛋白作为抗原制备的疫苗，能使发病率降低50%。采用其他的重组蛋白作为抗原制备疫苗，在人工感染试验中也能够获得相似

的保护力水平。该病原体主要侵犯宿主的肠道黏膜表面，因此预防措施可考虑针对黏膜免疫，Bijay Singh 等于 2015 年选用了猪痢疾密螺旋体一种外膜脂蛋白（BmpB）作为候选口服疫苗。

五、展望

猪痢疾密螺旋体病的诊断方法和生物制品很多，病原学和病理学诊断比较快速，对该病的快速预防有十分重要的作用，其操作方法简单，生产实践中使用较多，但准确性不够；免疫学方法和常规分子生物学方法诊断准确，但操作过程复杂、耗时长，不利于该病的防控。敏感、准确、耗时短，可以广泛用于猪场和屠宰场猪痢疾检测和流行病学调查的诊断生物制品还有待进一步研发和商品化。

有关猪痢疾免疫应答的类型仍不清楚，对保护性免疫中的重要抗原也知之甚少。应深入开展抗猪痢疾密螺旋体免疫产生的研究。如果在抗猪痢疾密螺旋体中黏膜免疫起重要作用，则可考虑进行口服免疫。但口服蛋白（包含亚单位疫苗）时，由于肠淋巴组织内的 T 淋巴细胞中存在特异抑制因子，在短时间内可能出现无免疫应答状况（即口服耐受）或产生无效免疫应答。此外，对这种蛋白疫苗抗原必须加以保护以免被胃液降解。因此，研制弱毒活疫苗（如基因缺失突变株）、把猪痢疾密螺旋体抗原导入活苗中、将抗原与有效黏膜佐剂和/或微型胶囊（水凝胶）组合可能解决以上问题。

（吴移谋 赵飞骏 万建青）

主要参考文献

袁万军，2013. 猪痢疾短螺旋体的检测、感染情况调查及免疫原性的初步研究 [J]. 南京：南京农业大学.

Baum D H，Joens L A，1979. Partial purification of a specific antigen of *Treponema hyodysenteriae* [J]. Infection and Immunity，26（3）：1211-1213.

Hampson D J，Mhoma J R，Combs B，1989. Analysis of lipopolysaccharide antigens of *Treponema hyodysenteriae* [J]. Epidemiology and Infection，103（2）：275-284.

Li Z S，Bélanger M，Jacques M，1991. Serotyping of Canadian isolates of *Treponema hyodysenteriae* and description of two new serotypes [J]. Journal of Clinical Microbiology，29（12）：2794-2797.

Mapother M E，Joens L A，1985. New serotypes of *Treponema hyodysenteriae* [J]. Journal of Clinical Microbiology，22（2）：161-164.

Singh B，Jiang T，Kim Y K，et al，2015. Release and cytokine production of BmpB from BmpB-loaded pH-sensitive and mucoadhesive thiolated eudragit microspheres [J]. Journal of Nanoscience and Nanotechnology，15（1）：606-610.

Stanton T B，Jensen N S，Casey T A，et al，1991. Reclassification of *Treponema hyodysenteriae* and *Treponema innocens* in a new genus，Serpula gen. nov.，as *Serpula hyodysenteriae* comb. nov. and *Serpula innocens* comb. nov [J]. International Journal of Systematic Bacteriology，41（1）：50-58.

Witchell T D，Hoke D E，Bulach D M，et al，2011. The major surface Vsp proteins of *Brachyspira hyodysenteriae* form antigenic protein complexes [J]. Veterinary Microbiology，149（1/2）：157-162.

第三节 莱姆病

一、概述

莱姆病（Lyme disease）是一种以硬蜱为主要传播媒介的自然疫源性传染病。野生鼠类和驯养的哺乳动物是主要的储存宿主。莱姆病最初于 1977 年在美国康涅狄格州的莱姆镇发现而得名。5 年后由 Burgdorfer 自硬蜱体内分离出伯道疏螺旋体（*B. burgdorferi*），并证实为莱姆病病原体。莱姆病病原体存在着异质性，其分类也未统一，目前仍以伯道疏螺旋体为其统称。莱姆病在世界各地均有发生，马感染伯道疏螺旋体在新英格兰、大西洋中部及美国十分普遍。我国已有十余个省、直辖市和自治区证实有莱姆病存在。

二、病原

莱姆病主要病原体伯道疏螺旋体属于原核生物界、螺旋体目、螺旋体科、疏螺旋体属。伯道疏螺旋体菌体大小为（0.2~0.25）$\mu m \times$（10~40）μm，为疏螺旋体中最细长者，螺旋稀疏而两端稍尖，运动活泼。

根据世界各地分离出的莱姆病不同菌株 DNA 同源性及 16s RNA 基因序列分析结果，可将莱姆病疏螺旋体菌株分为 10 个不同基因种。目前已知至少有 3 个基因种对人畜均有致病性，即主要分布于欧美的伯道疏螺旋体、分布于欧洲和日本的伽氏疏螺旋体（B. garinii）和埃氏疏螺旋体（B. afelii）。我国分离的伯道疏螺旋体菌株与欧洲分离株较为接近。

伯道疏螺旋体引起人畜致病的机制迄今尚未明确，其致病可能是某些致病物质，以及病理性免疫反应等多因素综合作用的结果。

病原螺旋体在蜱的肠腔内生长繁殖。当蜱叮咬动物如马时，随唾液或粪便而感染宿主，在感染局部繁殖数日后通过血液或淋巴扩散至多个器官。早期在叮咬部位的皮肤可出现一个或数个皮损。一般在 2～3 周内，皮损可自行消退，偶留瘢痕和色素沉着。对于马而言，常见的症状包括不定时的跛行、关节浮肿、面瘫及脑炎。

三、免疫学

病畜感染伯道疏螺旋体后，在体内可产生特异性抗体，并促进吞噬细胞的吞噬，这是清除的主要机制。同时，伯道疏螺旋体能激发巨噬细胞等产生 IL-1、IL-6 和 TNF-α 等细胞因子，与补体活化后释放的 C3a、C5a 等炎症介质共同促进炎症的发生，在促进清除螺旋体的同时，也造成病畜关节、血管和皮肤等部位的损伤。抗伯道疏螺旋体感染主要依赖于特异性体液免疫，对特异性细胞免疫的保护作用尚有争议。

伯道疏螺旋体有多种主要表面抗原，包括外膜蛋白 OspA～F 及外膜脂蛋白。OspA 和 OspB 为其主要表面抗原，有种特异性，其抗体有免疫保护作用。近年来研究显示 OspC 也有一定的免疫保护性。

四、制品

（一）诊断制品

伯道疏螺旋体在莱姆病的整个病程中数量较少，难以分离培养，故动物莱姆病的诊断主要依靠血清学检查和分子生物学方法。血清学检查常用间接免疫荧光法（IFA）和酶联免疫吸附试验（ELISA），后者敏感性更高且更为常用。若脑脊液中检出有特异性抗体，表示中枢神经系统已被累及。伯道疏螺旋体与苍白密螺旋体等有共同抗原，易出现生物学假阳性，故 ELISA 阳性时，需用免疫印迹法（WB）进一步分析其特异性。引

起莱姆病的螺旋体存在多样性，不同菌株携带的特异靶抗原存在差异和变异，因此，ELISA 和免疫印迹分析所得结果，仍需结合病畜具体症状资料综合判定。也可用 PCR 技术检测疏螺旋体特异DNA 来诊断莱姆病。

近年来，Peter D. Burbelo 等（2011）应用荧光素酶免疫沉淀反应系统（LIPS）对 3 种不同的靶抗原（VOVO、DbpA 和 DbpB）产生的免疫反应进行分析，并与 IFA 结果进行比较，从而达到诊断马感染伯道疏螺旋体的目的。

（二）疫苗

目前家养动物的灭活全疫苗已问世。Yung-Fu Chang 等（2000）通过在马身上接种一种重组疫苗 rOspA 来预防莱姆病，显示这种重组的 OspA 可以保护马在受到携带伯道疏螺旋体的蜱的叮咬时免遭感染。

五、展望

莱姆病是一种全球分布性疾病，已被世界卫生组织（WHO）列为应开展重点防治研究的传染病之一。莱姆病在我国也有广泛的分布，在动物中感染相当普遍，且对人的健康危害相当严重，已成为我国一种相当重要的人畜共患病。莱姆病螺旋体的生物学特征及其功能的研究，如主要蛋白的免疫学活性以及蛋白与致病性的关系、质粒基因的功能和是否含有毒力基因、基因种分类、中国是否存在新的基因种、菌株基因种的地理分布、不同基因种与不同疾病类型的关系、莱姆病诊断方法及其标准化等均亟须开展研究。

（吴移谋　赵飞骏　万建青）

主要参考文献

Burbelo P D, Bren K E, Ching K H, et al, 2011. Antibody profiling of *Borrelia burgdorferi* infection in horses [J]. Clinical and Vaccine Immunology, 18 (9): 1562-1567.

Chang Y F, McDonough S P, Chang C F, et al, 2000. Human granulocytic *Ehrlichiosis* agent infection in a pony vaccinated with a *Borrelia burgdorferi* recombinant OspA vaccine and challenged by exposure to naturally infected ticks [J]. Clinical and Diagnostic Laboratory Immunology, 7 (1): 68-71.

第二十二章　水生动物、蜜蜂、蚕的细菌病类制品

第一节　鱼嗜水气单胞菌病

一、概述

鱼嗜水气单胞菌病又称细菌性败血症，是由嗜水气单胞菌（*Aeromonas hydrophila*，Ah）引起的一种严重危害水产养殖业的疾病。嗜水气单胞菌属于气单胞菌科（Aeromonadaceae）、气单胞菌属（*Aeromonas*），普遍存在于淡水、污水、淤泥、土壤和人的粪便中，有致病性菌株和非致病性菌株之分。致病性菌株已被认为是两栖动物、爬行动物、鱼类、蜗牛、家禽、奶牛和人的病原体，可引起多种冷血动物和温血动物的疾病，是一种典型的人-畜-鱼共患病病原。1891年Sanarelli从患"红腿病"病蛙中分离到，当时他称其为*Bacillus hydrophila fuscus*。1936年Kluyver和Van Niel提出气单胞菌属的概念，将Sanarelli描述的*Bacillus hydrophila fuscus*称为嗜水气单胞菌（Ah）。1959年，中国科学院水生生物研究所发现该菌能引起鱼类烂鳃病和赤皮病。

20世纪80年代中后期，随着人工养殖业的迅猛发展，由于密集饲养导致，水质卫生状况恶化，由该菌引起的鱼类疾病在我国大面积流行。嗜水气单胞菌引起的水生动物细菌性败血症，是我国水产养殖史上危害水生动物种类最多且年龄范围最大、流行养殖水域类别最多且地区最广、流行季节最长且发病率和死亡率均高、造成经济损失最严重的一种急性传染病。该菌寄主广泛，可引起鲢、鳙、鲤、鲫、鳊、鲮、鳗、草鱼、金鱼、黄鳝、泥鳅等多种淡水养殖鱼类发生细菌性败血症，且常表现为发病急、发病率高等特点。该病害在早期及急性感染时，综合病症一般表现为病鱼鳃盖、眼睛、鳍条及体表充血，严重时病鱼体表出血，眼眶周围充血、眼球突出，肛门红肿，腹部膨大，腹腔内有淡黄色透明或红色腹水；肠系膜、腹膜及肠壁充血，有的肠腔内积水或有气体。部分病鱼身体其他部位出现鱼鳞脱落、溃烂等病原混合感染的症状。出现急性病症的病鱼在2～3d内大量死亡，慢性病症的病鱼在4～6d陆续死亡。因病程长短、疾病发展阶段、病鱼种类及年龄不同，病鱼的症状常表现出多样化。

二、病原

嗜水气单胞菌的抗原、血清学分型、致病性等一直都是研究者们关注的内容，因其关系到该病的诊断和免疫防治。国内外研究表明，嗜水气单胞菌的毒力因子如外膜蛋白、脂多糖等具有较好的免疫原性和反应原性，作为抗原能诱导鱼类产生相应的免疫保护。

（一）毒力因子

嗜水气单胞菌的毒力因子有三类：一是胞外产物如胞外蛋白酶和溶血素；二是黏附素如菌毛和外膜蛋白；三是铁载体。目前已发现的嗜水气单胞菌毒力因子有外毒素、蛋白酶、S层、菌毛、外膜蛋白等。

1. 外毒素　更多的研究报道认为嗜水气单胞

菌所产生的外毒素是重要的致病因子，已确定的外毒素有气溶素（aerolysin）、溶血素（hemolysin）、溶血毒素（hemolytic toxin）和细胞毒性肠毒素（cytolytic enterotoxin）等。国际上将外毒素命名为气溶素（Aer 毒素）。在国内，有研究者取嗜水气单胞菌产生的溶血素（hemolytic toxin）、肠毒素（enterotoxicity）及细胞毒素（cytotoxicity）3 个词的第一字母，命名为 HEC 毒素。但是，Rose 通过比较不同外毒素的氨基酸序列发现，虽然生物学活性很相近，但是氨基酸序列有明显的差异。从基因水平上可证明，不同外毒素的基因有一定的同源性，但是仍然存在着差异。

2. 胞外蛋白酶　嗜水气单胞菌可分泌多种蛋白酶。嗜水气单胞菌胞外蛋白酶分为三大类：热不稳定丝氨酸蛋白酶、热稳定 EDTA 敏感金属蛋白酶和热稳定 EDTA 稳定蛋白酶。另外，根据酶作用的底物对所分离的嗜水气单胞菌的胞外蛋白酶进行分类，发现有两种蛋白酶：一种是弹性蛋白酶，另一种是酪氨酸蛋白酶，加热或 EDTA 对其影响不一。

3. S 层　嗜水气单胞菌 S 层的功能目前尚不明确，目前知道 S 层有抗吞噬、抗补体作用。对宿主细胞还具有黏附作用。而且 S 层是嗜水气单胞菌的主要表面抗原，在嗜水气单胞菌的感染与免疫中起重要作用。国内有学者从无病鱼塘水体中分离的嗜水气单胞菌 W-1 株能产生 HEC 毒素，但无 S 层，也无菌毛，无致病力。可见，嗜水气单胞菌的 S 层在其致病和免疫保护中都起着不可忽视的作用。

4. 4 型菌毛　4 型菌毛是嗜水气单胞菌重要的黏附素。嗜水气单胞菌的菌毛有两种形态：W（wavy）菌毛细而长，易弯曲，呈波浪状，菌毛数量少，与细菌的黏附及血凝作用有关，是一种黏附素；R（ragid）菌毛短而硬，与细菌的自凝作用有关，但与血凝作用无关，不是黏附素。

5. 外膜蛋白（OMPs）　外膜蛋白是嗜水气单胞菌重要的黏附因子和保护性抗原，与细菌的毒力密切相关，成为抗感染免疫亚单位疫苗的主要候选成分。不同来源的菌株，其 OMPs 和主要 OMPs 各具特征。除了某一分子质量单位的 OMPs 具有较好的免疫原性外，2005 年 Xu 等发现鼠源和鱼源嗜水气单胞菌的 OMPs 之间，甚至与爱德华菌之间都存在交叉反应，推断不同种属之间 OMPs 的交叉反应性广泛存在于 G⁻ 菌中。

（二）血清学分型

嗜水气单胞菌细胞表面成分复杂，所以其血清学分型也较复杂，血清型呈多样性。荷兰国立公共健康和环境卫生研究院（NIPHEH）和日本国立康复研究院（NIH）对嗜水气单胞菌进行了 O 抗原血清型分型。NIPHEH 分出了 30 个 O 抗原血清型，NIH 分出了 44 个。Thomas 等（1990）又在 NIH 的基础上增加了 52 个血清型，扩大到 96 个，并认为 O3、O11、O16、O17、O34 是主要的血清型，其中 O11、O16、O34 是人源分离株的常见血清型，而且毒力很强。嗜水气单胞菌对水产养殖业危害严重，我国鱼源嗜水气单胞菌多为 O9 和 O5。国内学者对来自不同省份的 33 株致病性嗜水气单胞菌进行 O 抗原分型，分为 O9 和 O5 两个血清型。两个优势血清型菌株分布于浙江、江苏、上海、湖北、广东等地，毒力较强，是引起暴发性流行的主要病原。

三、免疫学

嗜水气单胞菌可使鲢、鳙、鲤、鲫、鳊、鲮、鳗、草鱼、金鱼、黄鳝等多种淡水养殖鱼类发生细菌性败血症。该病发病急、死亡率高，发病塘死亡率可高达 50%～90%。细菌性败血症的主要症状表现为患病鱼出现溶血性充血、出血及溶血性腹水。国内外许多研究者对嗜水气单胞菌的抗原性及鱼体免疫应答开展了研究。这些研究表明，使用嗜水气单胞菌全菌灭活疫苗（浸泡、注射或口服免疫）、亚单位疫苗（注射免疫）、重组亚单位疫苗（注射、口服免疫）均可诱导鱼体产生免疫应答。

Schachte（1978）报道，以注射途径免疫接种的抗体效价最高；Lamers 和 de Haas（1983）报道，热处理灭活（60℃作用 1h）的抗原较福尔马林灭活处理的免疫保护效果好；Lamers 等（1985）报道，使用含有 10^7～10^9CFU 的福尔马林灭活处理的制剂经肌内注射，其免疫反应可维持 360d。嗜水气单胞菌败血症灭活疫苗（J-1 株）对多种淡水养殖鱼类具有良好的免疫效果，历年在湖北、江西、福建、广东等地应用，通过浸泡或注射等方式免疫鲢、鳙、草鱼、鲫、斑点叉尾鮰、鲟等多种淡水鱼类，免疫组因细菌性败血症造成的死亡率大幅下降，平均降低病害损失率 38.91%。

除了嗜水气单胞菌全菌灭活疫苗外，外膜蛋白（OMP）、脂多糖（lipopolysaccharide，LPS）、胞外产物（ECP）、黏附素、胞外蛋白酶（Extracelluar protease）、溶血素等毒力因子也是良好的抗原，可引起鱼体产生免疫应答和保护。有研究者将嗜水气单胞菌菌体脂多糖 LPS 和菌体 OMP 作为免疫原接种斑点叉尾鮰后，均能刺激受免鱼产生较强的免疫应答，免疫鱼头肾和血液中吞噬细胞的吞噬活性明显上升；具有一定的相对免疫保护率（RPS），且 OMP 组的 RPS 可达到 72.5%，远高于灭活疫苗组。提取嗜水气单胞菌 GYK1 株的粗胞外产物（CECP）及粗脂多糖（CLPS）制备疫苗，分别注射免疫鲫和鳜，均可产生较高的凝集抗体效价和相对免疫保护率。黏附素重组亚单位疫苗诱导鲫产生较高的血清抗体效价，用同源和异源嗜水气单胞菌菌株活菌攻击，受免鱼均有较高的相对免疫保护率。丝氨酸蛋白酶-溶血素重组疫苗对鲫的免疫保护率达 81.4%。

四、制品

（一）诊断制品

国内外无上市的诊断制品，但针对引起该病的病原-嗜水气单胞菌，我国有成熟的诊断标准，一是中华人民共和国国家标准（GB/T 18652—2002），《致病性嗜水气单胞菌检测方法》。二是中华人民共和国水产行业标准（SC/T 7201.3—2006），《鱼类细菌病检疫技术规程，第 3 部分：嗜水气单胞菌及豚鼠气单胞菌肠炎病诊断方法》。

另外，国内相关研究单位已建立了该病病原的一系列免疫学和分子生物学检测方法和试剂盒，但这些试剂盒还未上市。通过检测气单胞菌属共有的甘油磷脂胆固醇酰基转移酶基因（GCAT）保守区来鉴定气单胞菌，同时检测嗜水气单胞菌的 16S rRNA 的保守区，可进一步鉴定嗜水气单胞菌。针对嗜水气单胞菌 16S rRNA 基因保守区，以及主要胞外毒力因子气溶素基因（aer）建立双重 PCR 检测方法，可确定病原菌为致病性嗜水气单胞菌。针对嗜水气单胞菌的致病因子Ⅳ型菌毛编码基因，建立了嗜水气单胞菌环介导等温扩增（LAMP）检测技术和试剂盒。采用嗜水气单胞菌重组气溶素蛋白为抗原，建立 Dot-ELISA 检测方法和检测试剂盒。该试剂盒对临床分离株的检测

阳性率为 76.2%，与采用 PCR 检测阳性率（88.3%）接近，二者符合率为 83.3%。建立了嗜水气单胞菌胶体金快速检测试纸条，与豚鼠气单胞菌、温和气单胞菌等 13 种常见病原菌无交叉反应，检测灵敏度为 $1×10^5$ CFU/mL。

（二）疫苗

1989 年 7 月至 1990 年 9 月由南京农业大学和浙江淡水水产研究所在江苏省分离、鉴定并在对嗜水气单胞菌 J-1 株的免疫原性、毒力、保存条件的研究基础上，系统开展了生产化工艺、疫苗临床效果、免疫期、保存期等试验，研制成功了嗜水气单胞菌败血症灭活疫苗，该疫苗产品于 2001 年获得一类新兽药证书［（2001）新兽药证字第 06 号］。通过对疫苗生产工艺进行改进，2011 年获得生产批准文号［兽药生字（2011）190986013］。该疫苗在广东、湖南、湖北、江西、江苏、黑龙江等地应用，免疫鲫、鲢、鳙、鳊、鲮、团头鲂等鱼类，大幅度减少了细菌性败血症的发生率，取得了良好的社会经济效益。

该疫苗的用法有注射免疫与浸泡免疫两种。注射免疫：取疫苗以灭菌纯化水稀释 100 倍，每尾鱼腹腔注射 1.0mL。浸泡免疫：取疫苗 1L，以清洁自来水稀释 100 倍，分批浸泡 100 kg 鱼种，每批浸泡 15min，同时以增氧泵增氧。在 2～8℃ 保存，保存期为 6 个月。

目前，国内有关研究单位已成功构建了不同基因型的嗜水气单胞菌单苗、气单胞菌联苗等灭活疫苗，嗜水气单胞菌外膜蛋白、脂多糖、胞外产物等亚单位疫苗、基因工程亚单位疫苗。这些疫苗的实验室研究已基本完成，拟开展或已开展疫苗临床试验研究。

五、展望

嗜水气单胞菌可使鲢、鳙、鲤、鲫、鳊、鲮、鳗、草鱼、金鱼、黄鳝等多种淡水养殖鱼类发生细菌性败血症。该病发病急、死亡率高，发病塘死亡率可高达 50%～90%，产业急需嗜水气单胞菌疫苗。嗜水气单胞菌血清型复杂，现有的商品化嗜水气单胞菌灭活疫苗能够降低同源血清型细菌引起的水生动物死亡率，但对异源血清型细菌的感染不能完全提供良好的交叉保护。今后应继续研究明确某些有效抗原成分，开展气单胞菌多

价多联疫苗研制；与细菌灭活疫苗和亚单位疫苗不同，弱毒活疫苗能够重复提呈抗原和诱导机体产生持续性免疫应答和保护，因此，通过缺失毒力因子构建弱毒活疫苗已成为国内外疫苗研究的热点。此外，还需在免疫接种后鱼体所获得的特异保护所维持的时间、简便且有效的免疫接种途径、选择有效且应用方便的免疫增强剂等方面开展进一步研究。

（任　燕　黄志斌　王忠田　陈光华）

主要参考文献

陈怀青，陆承平，1991. 家养鲤科鱼暴发性传染病的病原研究 [J]. 南京农业大学学报，14（4）：87-91.

房海，陈翠珍，张晓君，2010. 水产养殖动物病原细菌学 [M]. 北京：中国农业出版社.

陆承平，2013. 兽医微生物学 [M]. 5版. 北京：中国农业出版社.

钱冬，陈月英，沈锦玉，等，1995. 引起鱼类暴发性流行病的嗜水气单胞菌的血清型、毒力及溶血性 [J]. 微生物学报，35（6）：460-464.

Guinee P A, Janen W H, 1987. Serotyping of *Aeromonas* species using passive haemagglutination [J]. Zentrlbl Bakteriol Mikrobil Hyt（A），265（3）：305-313.

Sakazakir, Shimada T, 1984. O-Serogrouping for mesophilic *Aeromonas* strains [J]. Journal of Pharmacy and Pharmacology，37：247-255.

Thomas L, Roger V, Gross J, et al, 1990. Extended serogrouping scheme for Motile, mesophilic *Aeromonas* spp. [J]. Clinical Microbiology，28（3）：980-984.

第二节　草鱼细菌性烂鳃、肠炎、赤皮病

一、概述

草鱼细菌性烂鳃、肠炎、赤皮病又称草鱼"老三病"，是草鱼养殖过程中的常见病。该病由多种细菌感染引起，包括柱状黄杆菌（*Flavobacterium columnare*）、肠型点状气单胞菌（*Aeromonas punctata fintestinalis*）和荧光假单胞菌（*Pseudomonas fluorescens*）。每年4~10月份是该病的高发期，各种规格的草鱼均可发病，死亡率高。草鱼感染"老三病"的主要症状有：病鱼鳞片脱落，"蛀鳍"；鳃丝点状充血，末端腐烂；

肛门红肿突出，轻压腹部有血黄色黏液流出，腹腔积液，肠管充血发炎。

草鱼细菌性烂鳃病由柱状黄杆菌感染引起，该菌可感染鲑科（Salmonidae）、鲤科（Cyprinidael）、鲇科（Siluridae）等多科鱼类（几乎所有的淡水鱼类），发病原因主要是鱼鳃瓣受指环虫、三代虫等寄生虫或网具等外力损伤后，伤口感染柱状黄杆菌而致病。病鱼体黑，尤其头部更为暗黑，俗称"乌头瘟"；鳃盖骨内表皮充血，严重时中间部分的表皮常腐蚀成一个圆形不规则的透明小窗，俗称"开天窗"；鳃丝点状充血，末端腐烂，软骨外露，致使边缘发白，鳃丝上带有黏液和淤泥，严重时鳃盖骨表皮充血、发炎、腐烂，死亡率可高达100%，每年因烂鳃病感染引起鱼类发病死亡所造成的经济损失巨大。

草鱼细菌性肠炎由肠型点状气单胞菌感染引起，该菌可危害草鱼、青鱼、加州鲈、罗非鱼、鲤。其中草鱼、青鱼从鱼种到成鱼都有发生，死亡率高达50%左右，发病严重的鱼池死亡率可高达90%以上。病鱼腹部常有红斑并胀大；肛门红肿突出，呈紫红色；轻压腹部有血黄色黏液流出。剖开腹部，可见腹腔积液；肠管充血发炎，呈红色或紫红色。

草鱼细菌性赤皮病由荧光假单胞菌感染引起，赤皮病是草鱼、青鱼鱼种和成鱼阶段的主要病症之一。鱼体受伤后易患此病，常年可见，尤以春季和秋季流行严重。此病与水质有密切关系，溶氧量低、有机质含量高时易发生。病鱼体表大部分发炎、充血、鳞片脱落，鱼体两侧症状明显，鳍条末端成腐状，同时伴随肠炎、烂鳃并发，死亡率高达90%~100%。

二、病原

（一）柱状黄杆菌

柱状黄杆菌隶属于拟杆菌门、黄杆菌纲、黄杆菌目、黄杆菌科，是重要的水生动物致病菌，且呈世界性分布，由其感染所导致的疾病也称"柱形病"。柱状黄杆菌的致病性与环境因素、寄生虫感染或体表受损伤，以及菌株自身毒力等密切相关。柱状黄杆菌菌落形态大小不一，中央较厚，显色较深，并向四周扩散成颜色较浅的假根须状。从病鱼病变部位直接采集病料或新鲜培养物中的细菌，其形态比较均一，大小为（0.5~

0.7）μm×（4～8）μm，少数菌体长度达15～25
μm。研究报道，柱状黄杆菌的毒力因子包括黏附
因子、硫酸软骨素酶。该菌能在添加5％（v/v）
无菌羊血的琼脂平板上产生β溶血，其产生的溶
血素（Haemolysin）也是一类重要的毒力因子。
大多数国内外学者将柱状黄杆菌分为3种基因型，
不同基因型的菌株之间毒力存在差异，这种差异
与菌株的结缔组织降解酶、软骨素AC裂合酶活
性和对鳃组织的黏附能力关系极为密切。柱状黄
杆菌强毒株和弱毒株对鱼鳃的黏附力有一定的差
异。强毒株因有较厚的荚膜层而具有强的黏附能
力，其分泌的胞外产物很多是柱状黄杆菌的毒力
因子，但强毒株经碘酸钠及热处理后，荚膜层丢
失。有研究通过共价血清的免疫筛选法从柱状黄
杆菌的外膜上筛选到几种毒力相关基因，如膜相
关的锌金属蛋白酶、丝氨酸蛋白酶、嗜热菌蛋白
酶、胶原酶及相关的蛋白酶、藻酸盐乙酰转移酶
及厌氧诱导的主要外膜蛋白等，此外还分离到滑
动相关的2个基因。

国外学者对325株柱状黄杆菌临床分离株的
血清型进行了分型研究，除两株菌外，其他受试
菌按血清凝集反应结果可划分为4个血清型。柱
状黄杆菌的血清型与地理分布及致病力大小之间
没有关联，即使是血清型相同的菌株，其毒力也
是强弱各异。国内学者对分离自不同患病淡水鱼
的40个菌株进行交叉凝集和琼脂扩散反应，发现
从我国各地收集的柱状黄杆菌存在3种血清型，
即GR-1、GR-2及GR-3。柱状黄杆菌的血清
型与其菌苗抗原性没有明显相关性，因此有研究
者建议制备该菌疫苗时，不必考虑菌株的血清型
或制备多价菌苗。

（二）肠型点状气单胞菌

肠型点状气单胞菌属弧菌科（Vibrionaceae）、
气单胞菌属（Aeromonas），革兰氏阴性菌，呈短
杆状，有动力，极端单鞭毛，无芽孢，大小为
（0.4～0.7）μm×（4～8）μm，琼脂菌落呈圆
形、稍隆起，表面光滑湿润、边缘整齐、半透明，
直径1.5 mm左右。发酵葡萄糖产酸产气，为条
件致病菌，存在于鱼类的肠道和水体中。有报道
指出，气单胞菌的致病机制主要是产生肠毒素、
溶血素和细胞毒素，其O抗原型主要为O16等。
具有毒力因子的菌株才有致病性。毒力因子有3
类：一是胞外产物，如毒素、蛋白酶；二是黏附

素，如S蛋白、4型菌毛、外膜蛋白等；三是铁
载体。

气单胞菌产生的毒素主要有气溶素、溶血素、
细胞毒性肠毒素和细胞兴奋性肠毒素等，虽然这
些毒素名称各异，但都是单一多肽分子，具有相
同的生物学活性：溶血性、肠毒素和细胞毒性属
穿孔毒素，在结构和功能上极为相似，可认为属
同一基因家族。气单胞菌可分泌多种蛋白酶，能
降解酪蛋白、弹性蛋白及纤连蛋白。胞外蛋白酶
主要有耐热的金属蛋白酶及不耐热的丝氨酸蛋白
酶两种。蛋白酶除本身可对组织造成直接损失，
可灭活宿主血清中的补体，还能活化毒素前体，
是最重要的毒力因子。

（三）荧光假单胞菌

荧光假单胞菌属于假单胞菌属（Pseudo-
monas），为直或轻微弯曲的杆菌，大小在
（0.5～1.0）μm×（1.5～5.0）μm，革兰氏阴性
菌，靠几根极生鞭毛运动。荧光假单胞菌有5个
生物型，普通营养琼脂培养基上生长良好，能形
成表面光滑、湿润、边缘整齐、灰白色或浅黄绿
色、半透明、微隆起、直径1～1.5 mm的菌落。
根据DNA-r RNA同源性研究提出的组群将假单
胞菌分为20个种59个致病变种，具体分为
rRNA Ⅰ、Ⅱ、Ⅲ、Ⅳ、Ⅴ 5个同源群。荧光假单
胞菌属于rRNA同源群Ⅰ。在rRNA同源群Ⅰ中
包含4个DNA同源群，其中荧光假单胞菌DNA
同源群Ⅰ包括荧光假单胞菌、铜绿假单胞菌
（P. aeruginosa）和恶臭假单胞菌（P. putida）3
个种。在《伯杰氏细菌鉴定手册》中，依据菌落
形态、色素、生理生化和营养特性等表型特征将
荧光假单胞菌分成5个生物型，其主要相同点为
有机生长因子（泛酸盐、生物素、VB_{12}、蛋氨
酸或肌氨酸）需要试验均为阴性；由蔗糖形成
果聚糖试验，其生物型Ⅰ、Ⅱ和Ⅳ为阳性，生
物型Ⅲ和生物型Ⅴ为阴性；反消化试验，生物
型Ⅰ和Ⅴ为阴性，生物型Ⅱ、Ⅲ和Ⅳ为阳性；
明胶液化试验均为阳性；葡萄糖、海藻糖等试
验均为阳性。

近年又有研究者从患赤皮病的草鱼上分离到
铜绿假单胞菌，并通过人工感染试验和生化与分
子鉴定证明铜绿假单胞菌分离株为草鱼致病菌，
也可引发类似赤皮病的症状。因此，关于草鱼赤
皮病的主要病原菌有待进一步的研究。铜绿假单

胞菌具有 O 抗原、H 抗原、黏液抗原（荚膜抗原）、R 抗原、菌毛抗原等成分。该菌产生的内毒素、细胞毒素、杀白细胞素、数种外毒素及蛋白酶等致病因子，广泛侵袭机体各个脏器组织，引起各种病变和炎症。

三、免疫学

草鱼处在良好环境及健康状态时，鱼体内的肠型点状气单胞菌不能迅速繁衍，故无发病症状。当水环境发生改变（如水质恶化、溶氧低、氨氮高）时则引起鱼的抵抗力下降，该病原菌便会在肠内大量繁殖，导致肠炎病暴发。草鱼感染肠型点状气单胞菌后，会通过调节免疫细胞的数目产生应答反应。首先是脾和头肾中的淋巴细胞增殖，然后是胸腺中的淋巴细胞增殖，且脾和头肾淋巴细胞增殖的时间较长。头肾内的类似哺乳动物 B 淋巴细胞增殖转化，形成特异性的体液免疫应答；胸腺内的类似 T 淋巴细胞增殖较晚，以后产生淋巴因子等，构成非特异性细胞免疫。粒细胞和单核细胞是两种具有吞噬能力的细胞，一般认为单核细胞吞噬菌体颗粒的能力强于粒细胞，中性粒细胞和单核细胞出现增殖的主要器官是头肾和体肾。体肾的增殖反应出现较早而头肾中出现增殖较迟。

多数报道指出赤皮病的主要病变在肌肉、肝脏、脾脏等实质性器官，尤以肌肉最为明显，说明肌肉是病原入侵时的靶器官。细菌通过肌肉侵入鱼体，并逐渐增殖，在局部组织引起病变，严重影响各组织细胞的新陈代谢机能，导致实质细胞的结构受损，进而导致各脏器功能紊乱、机能衰退，使鱼体各个器官机能不能正常进行，直至最终死亡。胞外金属蛋白酶 AprX 被证明是荧光假单胞菌感染草鱼的重要因子，在 pH8.0 和温度 50℃左右时活性最强，Ca^{2+} 和 Zn^{2+} 能增强其活性，而 Co^{2+} 使其活性减弱；pfa1 基因的突变显著减弱荧光假单胞菌的整体细菌毒力，并损害该菌生物膜的生产、与宿主细胞的相互作用、对宿主免疫反应调节，以及在宿主血液传播的能力；荧光假单胞菌能够产生 γ-氨基丁酸和 GABA -结合蛋白，GABA 可增加该菌对真核细胞（神经胶质细胞）的坏死样作用，但减少了其凋亡作用，该菌 Ton B 依赖型外膜受体 P698 被证明与细菌侵染宿主的能力有关，并且作为亚单位疫苗对鱼类

来说具有一定的免疫保护作用。

柱状黄杆菌主要攻击鱼体的鳃、鳍及皮肤，感染后，鳃片各处有黄色附着物出现，鳃分泌的黏液增加，鳃丝坏死后残留的软骨使鳃片呈扫帚状。随着软骨的坏死，鳃丝各处产生大的缺损。如果鳃片上产生病变的区域扩大，则很容易发生鱼体死亡；如果病变局限在鳃丝边缘或者缺损的范围较小，且病原很快从鳃上消除，则症状不发展，鱼体通常能够存活。有研究者发现皮肤患部有细菌增殖的情况下，虽然发生肌肉组织坏死，但患部的细菌很少，坏死可能是细菌产生的扩散性毒素或蛋白溶解酶造成的。

四、制品

（一）诊断试剂

目前国内外对鱼类柱状黄杆菌的检测，主要是利用多种选择性培养基采用细菌选择性培养的方法进行；利用 PCR 技术检测鱼类中的柱状黄杆菌也在研究中。

目前，国内还没有诊断肠型点状气单胞菌抗原的试剂盒。对该病原所引起的草鱼疾病的诊断主要靠临诊观察和细菌学检查。国内有实验室在制备肠型点状气单胞菌单克隆抗体的基础上，研制草鱼肠型点状气单胞菌双抗夹心 ELISA 试剂盒，试剂盒的包被抗体和酶标抗体使用的是针对肠型点状气单胞菌抗原不同决定簇的单克隆抗体，在使用中具有快速、简捷和准确的特点，能适应鱼病高发期快速检测的需要。

实验室对荧光假单胞菌采用的血清学诊断方法中，以补体结合反应最普遍，其特异性也最强。

（二）疫苗

草鱼细菌性疫苗的研制主要集中在中国，而我国对鱼类免疫研究起步较晚，尽管有较多草鱼三病疫苗研制的研究报道，但至今尚未有批准上市的预防制品。20 世纪 60 年代，草鱼三病组织浆灭活疫苗问世，成为我国第一个水产疫苗，由于依赖于病鱼材料且成分复杂、稳定性差，无法注册成为产品，大面积应用受限；随后，史维舟等制备出肠炎点状气单胞菌灭活菌苗，对草鱼进行注射免疫，免疫保护率达 60%～75%；武汉水产科学院于 1999 年研制出防治草鱼四病（病毒性出血病、细菌性肠炎、烂鳃、赤皮）的佐剂组织

疫苗，四川大学 2001 年研制草鱼三病（烂鳃、赤皮、肠炎）疫苗，但由于各种因素的制约，上述疫苗均未得到生产批文，无法推广应用。

有研究者用致病性荧光假单胞菌的外膜蛋白及可溶性蛋白免疫草鱼，结果表明，当对照组草鱼的死亡率为 100％时，外膜蛋白及可溶性蛋白组的死亡率为 65％，起到了较好的保护作用。

美国已有柱状黄杆菌的减毒活疫苗上市。

中国水产科学研究院珠江水产研究所正在研制草鱼细菌性败血症、赤皮病二联蜂胶灭活疫苗（GA201 株＋JP802 株）。该联苗采用从自然发病病例中分离的强毒株嗜水气单胞菌和铜绿假单胞菌，制成灭活疫苗，以腹腔或背部肌内注射的方法进行免疫接种，对草鱼进行免疫，对预防草鱼细菌性败血症、赤皮病具有良好的效果。

五、展望

草鱼病害较多，其中病毒性草鱼出血病以及赤皮病、烂鳃病、肠炎病等是草鱼最为常见的疫病。联合疫苗的研制和应用，不仅可以降低疫苗的使用成本，而且能用于预防多种疾病或由同一病原体的不同亚型或血清型引起的疾病。

肠炎点状气单胞菌的血清型种类复杂，阻碍了疫苗使用的有效范围，使得商用疫苗的开发至今未获成功。为克服这个困难，人们开始研究菌体表面抗原结构如脂多糖，希望能以其作为共同抗原进行免疫。同时，口服和浸泡疫苗的应用将大大降低工人的劳动强度，是将来疫苗发展的主要方向之一。

（罗 霞 黄志斌 王忠田 陈光华）

主要参考文献

陈昌福，史维舟，纪国良，等，1994. 草鱼对点状气单胞菌和柱状屈桡杆菌二联疫苗的免疫反应 [J]. 华中农业大学学报，13（6）：610-614.

崔来宾，叶星，邓国成，等，2010. 草鱼铜绿假单胞菌的鉴定及药物敏感性分析 [J]. 大连海洋大学学报，25（6）：488-494.

房海，陈翠珍，张晓君，2010. 水产养殖动物病鱼细菌学 [M]. 北京：中国农业出版社.

耿晓修，丁诗华，孙翰昌，等，2006. 荧光假单胞菌灭活疫苗对草鱼的免疫保护效应 [J]. 西南农业大学学报（自然科学版），28（1）：120-123.

黄锦炉，汪开毓，黄艺丹，等，2009. 水生动物致病菌—柱状黄杆菌研究进展 [J]. 中国水产，10：59-61.

康洁，2011. 草鱼肠型点状产气单胞菌双抗夹心 ELISA 试剂盒的研制 [J]. 西北农业学报，20（6）：61-65.

陆承平，2013. 兽医微生物学 [M]. 5 版. 北京：中国农业出版社.

孙翰昌，杨帆，2008. 肠型点状气单胞菌口服疫苗微粒的制备及体外释放研究 [J]. 水产科学，27（12）：658-661.

夏君，吴志新，张鹏，等，2009. 柱状黄杆菌间接 ELISA 快速检测方法的研究 [J]. 淡水渔业，39（2）：65-70.

第三节 鱼类链球菌病

一、概述

链球菌（*Streptococcus* spp.）是一种广泛分布于自然界的革兰氏阳性菌，是高等哺乳动物、鸟类和低等脊椎动物等的重要病原，可引起败血症、肺炎及脑膜脑炎等较严重的病理过程。鱼类感染链球菌并引起严重疫病，这是近年随着养殖鱼类养殖密度增大、集约化程度增高的养殖背景下所发生的，目前已经在一些易感种群，如罗非鱼的养殖中造成严重问题。

虹鳟（*Oncorhychus mikiss*）是首次报道鱼类感染链球菌并发病的鱼种之一，1957 年日本人在其养殖并发病的虹鳟鱼中分离到链球菌。20 世纪 80 年代以后，世界范围内出现了较广泛的鱼类感染链球菌的病例。易感鱼种类十分广泛，包括多种海水鱼类和淡水鱼类，温水性鱼类受链球菌的危害尤其严重。鱼类链球菌病已成为造成世界水产养殖业巨大经济损失的主要疾病，每年因海豚链球菌病造成的经济损失超过 1.5 亿美元。链球菌不仅对渔业生产造成巨大危害，而且对食品安全和人的健康构成了严重威胁。近年中国罗非鱼链球菌感染的报道也呈现增加趋势，主要危害亲鱼及 100g 以上的幼鱼和成鱼，传染性强，发病率达 10％～30％，死亡率达 25％～80％。2009 年以后，广东、海南、福建和广西地区养殖罗非鱼时链球病的发病率更加呈现暴发趋势，每年的发病率为 20％～50％，死亡率达 50％～70％。

二、病原

引起鱼类链球菌病的病原主要是海豚链球菌（*Streptococcus iniae*）和无乳链球菌（*Streptococcus agalactiae*）两种。

（一）海豚链球菌

菌体卵圆形，有荚膜，β溶血阳性，菌体直径 0.7~1.0 μm，革兰氏阳性菌。Pier 和 Madin（1958）在美国三藩市水族馆的患高尔夫球病的亚马逊海豚的皮下囊肿中分离到一株新的致病菌，并将其命名为海豚链球菌（*Streptococcus iniae*），美国 ATCC 收录了此株海豚链球菌并定为标准株型 29178 株。1978 年，第 2 例海豚链球菌病在美国纽约的一家水族馆分离到，并被 ATCC 收录，定为标准株型 29177 株。上述两株菌被作为鉴定海豚链球菌的标准株。海豚链球菌感染养殖鱼类的首次报道出现于 20 世纪 80 年代，之后包括日本、新加坡和我国台湾在内的东亚及东南亚地区报道了多起海豚链球菌感染养殖鱼类的病例，以色列的罗非鱼和虹鳟养殖厂也由于海豚链球菌感染遭受了巨大的损失。Eldar（1994，1995）发现了能引起鱼类脑膜炎的一株溶血性链球菌，将其定名为 *S. shiloi*，后来经过生化特性、DNA 杂交技术鉴定，认为 *S. shiloi* 是 *S. iniae*，并非一个新种。在我国，张生等（2007）从珠海某发病场海鲈中分离到 1 株病原菌，经鉴定为海豚链球菌。2011 年，黄婷等（2014）对引起广西北海卵形鲳鲹大规模死亡的病原菌进行了研究，分离鉴定到 2 株病原菌，一株为海豚链球菌另一株是无乳链球菌。2008 年辽宁省大泷六线鱼暴发链球菌病，经分离鉴定，病原菌为海豚链球菌。2006—2007 年广西多个斑点叉尾鮰网箱养殖水域暴发链球菌病，分离了病原菌并鉴定为海豚链球菌，（余晓丽等，2008）。

（二）无乳链球菌

也称 B 族链球菌（Group B *Streptococci*，GBS），菌体呈球状或卵圆形，直径小于 2 μm，显微镜下观察发现，常呈成对或短链状排列，是一种革兰氏阳性病原体。无乳链球菌为兼性厌氧菌，在血平板上可以形成灰白色、边缘光滑、β-溶血性（β-hemolysis）的菌落，部分菌株还具有 γ-溶血性（γ-hemolysis）。根据表面荚膜多糖

的特异性，可对其进行血清分型，目前已经鉴定出的血清型共有 10 种，即 Ia、Ib、II~IX，此外还有许多未能分型的菌株。

无乳链球菌是人畜鱼共患的一种病原体，能够引起新生儿败血症和脑膜炎，也可以造成免疫力低下人群的感染发生。同时，它也是导致牛乳腺炎的常见病原体之一，给乳制品行业造成了较大的经济损失。1966 年，Robinson 等首次从金体美鳊（*Notemigonus crysoleucas*）分离出无乳链球菌。此后，关于鱼类感染无乳链球菌的报道很多。现在已知可以感染无乳链球菌的鱼类，包括虹鳟（*Oncorhynchus mykiss*）、大西洋黄鱼（*Micropogonias undulatus*）、鳉鱼（*Fundulus grandis*）、眼睛鱼（*Pampus argenteus*）、海鲷（*Sparus aurata*）、鲻鱼（*Liza klunzinger*）、宝石鲈（*Scortum barcoo*）、鞍带石斑鱼（*Epinephelus lanceolatus*）和罗非鱼（*Oreochromis niloticus*）等数十种淡海水鱼类。

（三）细菌鉴定的分子特征

海豚链球菌的分子鉴定主要用 16S rDNA 测序和 ITS 序列。用 ITS 通用引物对海豚链球菌进行 PCR 扩增，可以得到 550 bp 的片段。周素明等（2007）设计的 ITS 特异性引物，可用快速鉴定鱼类海豚链球菌，产物是 377 bp 大小的特异性片段。

1. 血清型 海豚链球菌在绵羊红细胞琼脂板上呈 β 溶血。目前，尚没有建立起明确的血清型分型系统。用血清学试验将海豚链球菌分为血清型 I 型和血清型 II 型 2 个血清型。血清型 I 型表现为 AD+ve，血清型 II 型表现为 AD-ve。然而，由于精氨酸水解酶（ADH）反应试剂盒经常会出现假阳性的情况，因此，ADH 反应结果不应该用来作为常用的海豚链球菌血清型分型的依据。两种血清型菌株的随机扩增多态性 DNA（random amplified polymorphic DNA，RAPD）得到两种对应的带型（Bachrach，2001）。然而，Weinstein 等（1997）使用脉冲场凝胶电泳（pulsed Field Gel Electrophoresis，PFGE）的方法得到了 2 种以上的带型。目前还没有证据显示海豚链球菌的基因多态性与血清型有直接的联系。

2. 毒力因子 海豚链球菌的 SiM 蛋白是一种卷曲的螺旋蛋白，分子质量为 53 kDa，属表面蛋白，可以通过其 Fc 区域与鲑鱼的免疫球蛋白结

合。同时，它还能够和人体的纤维蛋白原结合，从而保护海豚链球菌抵抗来自吞噬细胞的吞噬作用；SiM 蛋白还是海豚链球菌黏附鱼类上皮细胞的主要毒力因子，并且在抵抗巨噬细胞吞噬作用中起重要作用。CAMP 因子（christie atkins munch peterson factor）是由 cfb 基因所编码的具有成孔毒素特性的分泌蛋白，能够造成绵羊红细胞血平板溶血，还可以通过它的 Fc 区域与免疫球蛋白结合，该蛋白与无乳链球菌的毒力强弱有关。海豚链球菌的 IL-8 蛋白酶由 cepI 基因编码，由 1 631 个氨基酸组成，是一种细胞表面蛋白酶，能够降解 IL-8，从而提高了海豚链球菌抗中性粒细胞的能力和其传播的速度。β-溶血素：β-H/C 产生溶血素溶解红细胞是无乳链球菌的重要表型特征，由结构基因 cylE 编码。此外，cylA、cylB、cylJ 和 cylK 等基因也可编码该蛋白家族，它们在溶血素翻译后修饰和分泌过程中发挥作用。荚膜多糖（capsular polysaccharides，CPS）：CPS 是存在于细菌细胞壁上的型特异性多糖，无乳链球菌荚膜由 CPS 合成基因（capsular polysaccharide synthesis，cps）产生，cps 基因在 cps 操纵子通过前后相连成串，转录受共同的调节区调控。无乳链球菌所有血清型的 cps 基因中均包含 5 个高度保守基因，分别为 cpsA、cpsB、cpsC、cpsD 和 cpsE，这些基因编码的蛋白产物主要包括糖基转移酶类、寡糖聚合酶、唾液酸转移酶类、转录激活因子、多糖链长度调节因子等。超氧化物歧化酶（superoxide dismutase，SOD）：宿主内的超氧自由基靠 SOD 清除，通过把有害的超氧自由基或单态氧转变成为过氧化氢和氧气，随后利用过氧化氢酶和过氧化物酶将其分解为完全无害的水。无乳链球菌的 SOD 由 SodA 基因编码，其与 Mn^{2+} 共同作用以耐受宿主产生的 ROS，从而逃逸宿主免疫。C5α 肽酶（ScpB）：ScpB 是由 scpB 基因编码的一种丝氨酸蛋白酶，可使宿主的补体 C5a 断裂和失活，会阻止中性粒细胞在感染部位的聚集，有助于无乳链球菌逃避宿主免疫。丝氨酸蛋白酶（CspA）：CspA 是一种位于细菌膜表面的蛋白酶，可使大分子蛋白肽键断裂。无乳链球菌的 CspA 可把细胞膜外基质纤维蛋白原裂解成纤维样物质，破坏宿主免疫系统对其识别和吞噬，从而逃避宿主的免疫。青霉素结合蛋白（penicillin-binding proteins，PBPs）：PBPs 是细菌表面广泛存在的一种膜蛋白，由 ponA 或 ponB 基因编码，为 β-内酰胺类抗生素的重要作用位点，还参与肽聚糖的合成。菌毛（pili）：无乳链球菌细胞膜表面存在一些细小的附属物，又称作伞毛，可介导对抗宿主的 AMPs，能促进无乳链球菌黏附到宿主细胞上。无乳链球菌中的两个基因位点（pilusislands-1 和 pilus islands-2）与菌毛相关，PilB 是菌毛的主要结构基因，PilA 和 PilC 分别编码菌毛的两个附属蛋白。纤维蛋白原结合蛋白（fibrinogen-binding proteins，Fbp）：Fbp 可介导无乳链球菌结合到细胞外基质的纤维蛋白原上。FbsA 是一种表面相关蛋白，仅少数几种无乳链球菌携带 FbsA，而所有无乳链球菌都拥有 FbsB。层粘连蛋白结合蛋白（laminin-binding protein，Lmb）：Lmb 为表面脂蛋白，在革兰氏阳性菌中起着传递金属离子和黏附的作用，与 Lral 蛋白家族具有同源性，无乳链球菌依靠 Lmb 黏附到宿主层粘连蛋白上。GBS 免疫原性细菌黏附素（GBS immunogenic bacterial adhesion，BibA）：BibA 产生于细胞表面，可促进无乳链球菌吸附在宿主细胞表面。侵袭相关基因（iagA）：IagA 是一种糖脂，有助于 LTA 对宿主细胞膜的锚定。透明质酸裂解酶（hyaluronate lyase，HlyB）：无乳链球菌 HlyB 由 hlyB 基因编码，是一种分泌型的蛋白酶。表面免疫原性蛋白（surface immunogenic protein，Sip）：Sip 是一种表面免疫相关蛋白，具有高度的保守性，大小约为 45 kDa，在不同血清型的无乳链球菌中广泛存在，虽然不具有细胞壁锚定结构，但却能暴露在细胞表面，是细菌重要的黏附和定植因子。烯醇化酶（enolase）：enolase 能够催化 2-磷酸甘油盐转化为磷酸烯醇丙酮酸盐，广泛存在于原核和真核生物中，具有高度的保守性，分泌到细菌的细胞表面时，具有与宿主血纤溶酶原结合的能力，参与细菌黏附和定植。

三、免疫学

国外对海豚链球菌疫苗的研究始于 20 世纪 90 年代，1995—1997 年以色列研发的海豚链球菌全菌灭活疫苗最先在国内虹鳟养殖场推广，使得养殖场虹鳟鱼链球菌病的死亡率从 50% 降至 5%；2006 年澳大利亚的肺鱼养殖场使用海豚链球菌自家苗也获得了较好的保护效果（Creeper，2006）。Buchanan 等（2005）发现一株葡萄糖磷酸变位酶突变株可以在鲈鱼体内自行传播，复制并在 24h 内被鱼体的免疫系统清除，对其他脏器不造成任何伤害，这为海豚链球菌弱毒疫苗的研发提供了参考菌株。Sun（2010）在实验室内制成了能够表达海豚链球菌分泌型抗原 Sia10 的基因疫苗，该基因疫苗能够为大菱鲆提供 73.9%～92.3%的相对保护率。Bromage 和 Owens（2002）通过人工浸泡感染的方式感染肺鱼，能够导致肺鱼在 48h 内大量死亡，而通过口腔感染的澳洲肺鱼则会出现较长的发病过程，故二人推测在自然条件下该疾病的传播途径主要是同类相食或者是粪-口途径。国外 Klesius 等利用异源海豚链球菌菌株（包括海水菌株与淡水菌株）按一定比例混合制备成多价疫苗对罗非鱼进行免疫，并用其制苗菌株进行攻毒，获得 63.1%（淡水菌株攻毒）和 87.3%（海水菌株攻毒）的相对保护率。

人工攻毒试验显示，肌内注射及腹腔注射能引起多种鱼的死亡，而通过口服灌喂和浸泡的攻毒方式不能使鱼发病及造成死亡（Plumb，1974；Cook 和 Lofton，1975；Rasheed 和 Plumb，1984）。Iregui 等（2005）发现，对红罗非鱼进行口服灌喂无乳链球菌，虽然不致病，但细菌能透过肠道上皮细胞进入血液，随后进入全身各器官组织。Pasnik 等（2004）曾利用无乳链球菌的胞外产物（ECP）进行罗非鱼的免疫试验，发现免疫保护时间最高可达 180d。利用从罗非鱼体内分离到的无乳链球菌制备全细胞疫苗和细胞外产物（ECP）进行腹腔注射和浸泡免疫试验发现，不同的免疫方法对不同规格罗非鱼的免疫保护率不同。

四、制品

目前，高效的无乳链球菌和海豚链球菌及其细胞外蛋白产物（ECP）疫苗已经研制成功并获得专利（USpatent ＃ 0208077 A1 和 ＃ 6379677 B1）。以无乳链球菌制备的全细胞和培养的无乳链球菌浓缩提取物混合疫苗也获得美国专利（USpatent7204993）。防治罗非鱼链球菌病的浸泡疫苗和口服疫苗（AquaVac™，Garvetil™）也已获得生产许可。

（一）无乳链球菌疫苗

AquaVac® Strep Sa 是一种商品化罗非鱼无乳链球菌疫苗，针对于生物型Ⅱ型无乳链球菌。该疫苗目前在印度尼西亚、巴西和部分美洲国家大面积推广，暂时没有进入中国市场（未在中国注册）。该疫苗以腹腔注射的方法进行免疫，具有很高的安全性和免疫保护性，免疫保护期可达 30 周以上。

（二）海豚链球菌灭活疫苗

Norvax® Strep Si 是一种单价疫苗，含有灭活的海豚链球菌菌株。该疫苗可以激起海水和淡水鱼类的免疫保护性，从而抵抗海豚链球菌。该疫苗可以用注射和浸泡两种方式进行免疫，具有高效和长期的免疫保护力。

陈贺利用无乳链球菌灭活疫苗通过注射免疫能达到 95%的相对保护率。易婷（2011）利用重组蛋白 rFbsA 和 rEnolase 对罗非鱼进行注射免疫，分别可达到 0.63%和 62.50%的相对保护率。刘亮（2012）通过构建 pcDNA3.1 _ sip 真核表达载体形成 DNA 疫苗，通过注射免疫罗非鱼，可达到 46%的相对保护率。

从目前的疫苗研制现状来看，腹腔注射免疫可以获得相对高的保护效果，但由于罗非鱼鳍条具有硬棘，实际操作上有一定的困难，也容易造成鱼体相互间刺伤。

五、展望

链球菌病已经成为鱼类的常发性流行性疫病，目前对罗非鱼产业危害巨大。将来还将继续危害水产渔业，特别是对于其易感鱼类，如海水养殖的卵形鲳鲹等。目前对鱼类链球菌病的疫苗研究开发还很欠缺。例如，罗非鱼链球菌病已经在中国肆虐了近十年了，但尚未开发出商业性疫苗应用于生产。无乳链球菌的保护性抗原效果较差，灭活疫苗的免疫效果不确实，很难达到生产需求。找到用于疫苗的高效抗原是关键。同时，疫苗的免疫途径和使用方法需要创新和突破，浸泡和口服免疫途径的免疫效果都很差。目前报道的罗非鱼链球菌疫苗研究多采用注射免疫的方法，在生产上很难推广应用，因为免疫过程麻烦而费力。要想在生产上推广应用，最好采用浸泡或口服的免疫方法。鱼类链球菌免疫防控方面还需投入大量人力物力进行开发研究。

（李安兴　王忠田　陈光华）

主要参考文献

黄婷，李莉萍，王瑞，等，2014. 卵形鲳鲹感染无乳链球菌与海豚链球菌的研究 [J]. 大连海洋大学学报，29 (2)：161-166.

余晓丽，陈明，李超，等，2008. 斑点叉尾鮰暴发性海豚链球菌病的研究 [J]. 大连水产学院学报，2 (3)：185-191.

张生，曾忠良，王凡，等，2007. 海豚链球菌灭活疫苗对罗非鱼免疫效果的研究 [J]. 西南师范大学学报（自然科学版）(5)：65-70.

周素明，李安兴，马跃，等，2007. 养殖鱼类链球菌病病原的分离鉴定及其 16S rDNA 分析 [J]. 中山大学学报（自然科学版）(2)：68-71.

Bromage E S, Owens L, 2002. Infection of barramundi Lates calcarifer with Streptococcus iniae：Effects of different routes of exposure [J]. Diseases of Aquatic Organisms, 52：199-205.

Eldara A, Horviteza A, Bereover H, 1997. Development and efficacy of a vaccine against Streptococcus iniae infection in farmed rainbow trout [J]. Veterinary Immunology and Immunopathology, 56 (1/2)：175-183.

Evans J J, Klesius P H, Shoemaker C A, 2004. Efficacy of Streptococcus agalactiae (group B) vaccine in tilapia (Oreochromis niloticus) by intraperitoneal and bath immersion administration [J]. Vaccine, 22 (27/28)：3769-3773.

Klesius P H, Shoemaker C A, Evans J J, 2000. Efficacy of single and combined Streptococcus iniae isolate vaccine administered by intraperitoneal and intramuscular routes in tilapia [J]. Aquaculture, 188 (3/4)：237-246.

Pasnik D J, Evans J J, Klesius P H, 2005. Duration of protective antibodies and correlation with survival in Nile tilapia Oreochromis niloticus following Streptococcus agalactiae vaccination [J]. Diseases of Aquatic Organisms, 6 (2)：129-134.

Sun Y, Hu Y H, Liu C S, et al, 2010. Construction and analysis of an experimental Streptococcus iniae DNA vaccine [J]. Vaccine, 28：3905-3912.

第四节　鱼弧菌病

一、概述

鱼弧菌病（Vibriosis）是由弧菌科弧菌属（Vibrio）细菌引起的一类疾病。弧菌是海洋环境中最常见的细菌类群之一，广泛分布于近岸、河口海区的海水和生物体中，有的种也发现于淡水。其致病性受宿主的生理状态及水质环境条件等综合因素的影响较大，所致的弧菌病在全球范围广泛发生，主要危害海水养殖鱼类，发病严重时，死亡率高达90%，给海水鱼类养殖业带来较严重的经济损失。

有不少种是人、水产养殖动物或人与水产养殖动物共染的病原菌。迄今为止，被正式报道的鱼类弧菌病原种类多达几十种，包括鳗弧菌（V. anguillarum）、溶藻弧菌（V. alginolyticus）、副溶血弧菌（V. parahaemolyticus）、哈维弧菌（V. harveyi）、创伤弧菌（V. vulnificus）、鲨鱼弧菌（V. carchariae）、病海鱼弧菌（V. ordalii）、灿烂弧菌（V. splendidus）、杀鲑弧菌（V. salmonicida）、美人鱼弧菌（V. damsela）、弗氏弧菌（V. furnissii）、河弧菌（V. fluvialis）、坎氏弧菌（V. campbellii）、费氏弧菌（V. fischeri）、拟态弧菌（V. mimicus）、麦氏弧菌（V. metschnikovii）、需钠弧菌（V. natriegens）、鱼肠道弧菌（V. ichthyornteri）等。

鳗弧菌（V. anguillarum）是多种鱼类及其他水产养殖动物的主要病原菌，可能是最早被分离确认的鱼类致病菌，最早记载于意大利，当时称其为"红疖病""赤瘟病""海水疖疮病"。1893年由意大利的 Canestrini 首先从鳗鲡"red-pest"病例中分离到，并命名为鳗杆菌（Bacillus anguillarum），1909年 Bergeman 通过系统的理化特性分析将分离到的"red-pest"症的鳗鲡病原鉴定为鳗弧菌（Vibrio anguillarum）。这一名称被沿用至今。鳗弧菌呈世界范围分布，同时，该菌宿主范围广泛，可引起鳗鲡、虹鳟、大麻哈鱼、真鲷、牙鲆、太平洋鲑、香鱼、鲈、鲽等50多种海水鱼、淡水鱼发病。鳗弧菌在鱼类的感染，主要危害鲑科和鳗鲡等海水养殖鱼类，患病鱼主要症状随着鱼的种类及日龄不同有一定的差异，多数表现为口、体表出血、溃疡；肌肉、鳍条坏死等，有些种类还表现出肠胃炎，腹腔积水和溶血、出血或贫血等症状。该病的流行有一定的季节性，并与水温有关。鲆、鲽和鳗鲡流行水温为15～16℃；鲑科鱼类为10～16℃；真鲷多为25℃左右的高温期或15℃左右的低温期。

副溶血弧菌（V. parahaemolyticus）既能引起多种水产养殖动物发病，又可引起人食物中毒和感染发病，也被认为是一种人和水生动物共染的病原菌。该菌首先由藤野于 1950 年从沙丁鱼中分离出来；阪崎（Sakazaki）1962 年开展了形态、生理、生化，以及对抗生素和 O/129 的敏感性研究。该菌可引起鲷、大黄鱼、石斑鱼等感染发病。病鲷的主要症状为体表出血、尾鳍溃烂、肝肾肿大，有的有腹水；大黄鱼病症为体表溃烂或出血。

溶藻弧菌（*V. alginolyticus*）既是一种较为常见的水产养殖动物致病弧菌，也是人胃肠道感染、食物中毒的一种病原菌，在生物学性状方面有许多与副溶血弧菌相似（尤其是嗜盐性）。该菌是真鲷、石斑鱼、大黄鱼、尖吻鲈等鱼类的主要病原菌。

二、病原

危害我国养殖鱼类的致病性弧菌主要包括鳗弧菌（*V. anguillarum*）、哈维弧菌（*V. harveyi*）、溶藻弧菌（*V. alginolyticus*）、副溶血弧菌（*V. parahaemolyticus*）、创伤弧菌（*V. vulnificus*）等。其中，鳗弧菌主要侵害冷水性及温水性鱼类，而哈维氏弧菌、溶藻弧菌、副溶血弧菌对冷水性、温水性和暖水性鱼类均可致病。鳗弧菌是第一个从海水鱼分离的病原菌，对其研究相对较多，因此，以鳗弧菌为代表重点介绍鱼类弧菌病病原。

（一）基因组

李贵阳等（2011）对致病性鳗弧菌临床分离菌株 M3 和非致病性标准菌株 ATCC43308 进行了全基因组测序，分别预测得到 4 009 个和 3 820 个编码基因。通过比较基因组学分析，两菌株在溶血素及金属蛋白酶等方面差异不大，而 ATCC43308 缺失了荚膜多糖跨膜转运系统，推测 M3 可以转运荚膜多糖至细胞表面是其致病性的一个重要因素。此外，在 M3 鳗弧菌中发现了Ⅲ型分泌系统成分，这可能与其致病性密切相关。Hiroaki 等（2011）完成了鳗弧菌 775（pJM1）菌株（血清型 O1）的全基因组测序并与鳗弧菌的其他菌株相比较，通过基因组分析确定了鳗弧菌 775（pJM1）的 1 号染色体上的 8 个基因岛，以及 2 号染色体上的 2 个基因岛，携带了 O 型抗原、溶血素、核酸外切酶的合成，以及其他一些与糖转运代谢功能相关的基因。

（二）毒力因子

鳗弧菌致病力取决于菌株的毒力、水温及鱼体应激因素等，该菌的主要毒力因子包括溶血素、铁载体、胞外蛋白酶等。急性患病鱼大多有溶血、出血等症状，表明该菌致病机理与溶血性有关。已证实该菌能产生 5 种溶血素，与弧菌其他成员的溶血素有基因同源性。大多数弧菌存在溶血素基因，目前已经报道了 *vah1*、*vah2*、*vah3*、*vah4*、*vah5* 等 5 种溶血素基因。病原菌的铁摄取通常与其毒力机制相关，通过摄取宿主细胞的铁造成宿主贫血。鳗弧菌铁摄取系统是其毒力因子的重要组成部分，与三价铁离子结合的受体-铁载体是重要毒力因子，铁摄取系统相关基因通常由 pJM1 类质粒编码。鳗弧菌的胞外蛋白酶也是毒力因子之一，引起感染鱼类骨骼肌坏死和液化，表现出体表溃疡或"菌血症"，有多种鳗弧菌的胞外蛋白酶被报道，其中对金属蛋白酶、丝氨酸蛋白酶的研究较为深入。

（三）抗原成分

脂多糖（lipopolysaccharide，LPS）是革兰氏阴性细菌外膜主要组分，其特异性多糖链（O 抗原）是菌体抗原的主要组分，O 抗原的差异是细菌血清学分型的基础。已报道鳗弧菌多达十几个血清分型，其中 O1、O2 和 O3 是最常见的鱼致病弧菌抗原型。在日本鳗及其他海鱼分离株中至少存在 6 个抗原型。目前，对于鳗弧菌血清分型尚无统一标准。另外，副溶血弧菌抗原成分包括鞭毛（H）抗原、菌体（O）抗原和表面（K）抗原等，其中的 H 抗原为不耐热的蛋白质成分，抗原的特异性低；O 抗原耐热，具有群的特异性，是副溶血弧菌血清分型的基础；K 抗原是一种不耐热的多糖成分，具有型的特异性，目前已知有 65 种 K 抗原。

三、免疫学

自然条件下弧菌主要通过皮肤、鳃和消化道等途径感染，病原菌在表皮、消化道定居后，可通过循环系统感染肝、脾、肾、肌肉等组织器官，造成全身性菌血症，也可以在表皮形成组织性坏死，出现局部溃疡。

有研究认为鳗弧菌的免疫原性主要取决于细

菌细胞壁上的热稳定性脂多糖成分，且该脂多糖成分在较强烈的抽提条件下其结构也不会发生改变。脂多糖是鳗弧菌的良好保护性抗原，可刺激机体产生特异性免疫反应。外膜蛋白（OMP）是弧菌另一类主要抗原蛋白，由 $14 \sim 97$ kDa 分子质量的多种蛋白组成，不同血清型菌株的 OMP 图谱存在差异，但大多数菌株存在共同的蛋白条带，可能是不同血清型菌株的共同抗原，可作为候选抗原用于制备针对多血清型的病原的疫苗。

不同种弧菌疫苗缺乏交叉免疫保护效果，不同血清型菌株制备的疫苗交叉免疫保护较差，生产实践中通常根据本地流行的优势血清型制备单价或多价疫苗。

四、制品

（一）诊断制品

我国已有海水鱼弧菌酶联免疫吸附试验诊断试剂盒、PCR 诊断试剂盒、荧光定量 PCR 诊断试剂盒的相关研究，但目前尚无批准的诊断试剂。

日本学者采用酶联免疫吸附试验法建立了鳗弧菌病诊断试剂盒，并可用于区分不同血清型。我国也有采用酶免疫组化技术用于鳗弧菌感染鱼检验的报道，针对副溶血弧菌也建立了基于荧光抗体技术及酶联免疫吸附试验的检验方法。针对海水鱼弧菌的 PCR、定量 PCR 检验方法国内外都有较多的报道，主要靶标基因包括 *16S rRNA*、*HSP60*、*toxR*、*TDH*、*TRH* 等。目前，鱼弧菌病诊断尚无统一标准及相应技术规范，有待于标准化和规范化。

（二）疫苗

弧菌疫苗是最成功的鱼类疫苗之一，鳗弧菌 O1 型、O2 型、病海鱼弧菌、杀鲑弧菌的单价、多联灭活疫苗在欧洲、北美洲、南美洲及日本等地已经批准应用，通过注射、浸泡免疫具有良好的免疫保护力，对冷水性及温水性鱼类弧菌病的预防发挥了积极作用。

我国已批准牙鲆鱼溶藻弧菌、鳗弧菌、迟缓爱德华菌病多联抗独特型抗体疫苗，该制品由北京卓越海洋生物科技有限公司、中国人民解放军第四军医大学联合申请注册，于 2006 年 11 月 24 日经农业部公告第 750 号批准为一类新兽药。本品系用能稳定分泌溶藻弧菌抗独特型单克隆抗体的杂交瘤细胞 1B2 株和 2F4 株、分泌鳗弧菌抗独特型单克隆抗体的杂交瘤细胞 1E10 株和 1D1 株、分泌迟缓爱德华菌抗独特型单克隆抗体的杂交瘤细胞 1E11 株，分别接种适宜的培养基培养后，转入生物反应器培养，收获培养物，离心取上清液，混合制成。用于预防牙鲆鱼溶藻弧菌、鳗弧菌、迟缓爱德华菌病。

本品具有注射型（每盒含 1 瓶，瓶内装有 3.75 mg 多联疫苗）和浸泡型（每盒含 3 瓶，每瓶内装有 3.75 mg 多联疫苗）两种包装。用注射型和浸泡型疫苗分别经腹腔内注射和浸泡免疫接种体重 $5 \sim 7$ g、$4 \sim 5$ 月龄的牙鲆鱼各 100 尾。30 d 后，分别各取 60 尾。随机各分成 3 组，每组 20 尾，每组连同对照 10 尾，分别用溶藻弧菌（ATCC 33838）株、鳗弧菌（ATCC 19106）株，迟缓爱德华菌（ATCC 23657）株腹腔注射攻击牙鲆鱼，每尾注射 0.1 mL（含 5 个 LD_{50}）。观察 7 d，对照组应至少 70% 死亡；接种注射型疫苗组，保护率至少应为 60%；接种浸泡型疫苗组，保护率至少应为 30%。

使用该疫苗应注意：①本品仅用于接种健康鱼；②接种、浸泡前应停食至少 24 h，浸泡时向海水内充气；③注射型疫苗使用时应将疫苗和等量的不完全佐剂充分混合，浸泡型疫苗倒入海水后也要充分搅拌，使疫苗均匀分布于海水中；④不完全佐剂在 $2 \sim 8 ℃$ 保存，疫苗开封后，应限当日用完；⑤注射接种时，抓鱼最好带上细线布手套，而且轻抓轻放，尽量避免因操作对鱼造成损伤；⑥接种疫苗时，应使用 1 mL 的一次性注射器，注射中应注意避免针孔堵塞；⑦浸泡的海水温度在 $15 \sim 20 ℃$ 为好。

该制品在 $-25 ℃$ 以下保存，有效期为 11 个月。但是鉴于该制品保存条件苛刻，有效期时间短，因此目前尚未被大规模应用。

鳗弧菌具有良好的抗原性，鱼体接种抗原后，能产生较好的免疫应答反应及相应的保护力。鳗弧菌的灭活菌体疫苗是研究最早的弧菌疫苗，在该疫苗的不同免疫途径和剂型的效果方面有较多的研究。注射、口服、浸泡及肛门插管等接种途径均能使鱼产生免疫应答，其中注射接种的免疫效果最好，而口服免疫效果相对较差，采用明胶包膜或喷雾微胶囊技术均可提高免疫效果。

针对我国南方温水性鱼类弧菌病，中国水产科学研究院珠江水产研究所研制了哈维弧菌、溶藻弧菌二联灭活疫苗，可通过注射、浸泡途径进行免疫，并提供良好的免疫保护效果；在此基础上以弧菌共同保护性抗原外膜蛋白 OmpK 作为免疫原制备了覆盖面更广的弧菌重组 OmpK 亚单位疫苗，通过注射免疫可获得较高的免疫保护率，采用聚乳酸聚乙二醇共聚物（PELA）包裹后制备重组 OmpK 微囊疫苗可通过口服免疫提供良好的保护。

五、展望

鱼弧菌病病原种类多、血清型复杂，传统灭活疫苗的交叉免疫保护力欠佳，因此，如何提高疫苗的覆盖面成为鱼弧菌病疫苗应用的主要困难。

采用抗原性差异较大的多个菌株制备多价、多联疫苗，是扩大疫苗保护范围的有效措施。但过多的抗原联用也可引起抗原之间的竞争，导致免疫效果不佳。因此，在系统流行病调查了解病原的种类和血清型的基础上，开发特定区域适用的多联、多价疫苗是今后鱼弧菌病疫苗研发的主要方向之一。寻找弧菌的共同抗原，通过基因重组技术，制备亚单位疫苗，可能是今后弧菌病疫苗研究的主要选择之一。

此外，疫苗的不同免疫途径和剂型的效果方面也需深入研究。尤其要研究提高浸泡和口服免疫效果的关键技术。

（李宁求　黄志斌　王忠田　陈光华）

主要参考文献

房海，陈翠珍，张晓君，2010. 水产养殖动物病原细菌学［M］. 北京：中国农业出版社.

付建芳，夏永娟，秦红，等，2007. 溶藻弧菌抗独特型抗体 scFv 的原核表达及免疫原性鉴定［J］. 免疫学杂志，23（5）：478-481.

李贵阳，2011. 两株鳗弧菌全基因组序列测定及转录组比较分析［D］. 青岛：中国科学院.

李宁求，白俊杰，吴淑勤，等，2005. 斜带石斑鱼 3 种致病性弧菌的分子生物学鉴定［J］. 水产学报，29（3）：356-361.

陆承平，2013. 兽医微生物学［M］. 5 版. 北京：中国农业出版社.

吴淑勤，陶家发，巩华，等，2014. 渔用疫苗发展现状及趋势［J］. 中国渔业质量与标准，4（1）：1-13.

Li N Q，Bai J J，Wu S Q，et al，2008. An outer mem-brane protein，OmpK，is an effective vaccine candidate for *Vibrio harveyi* in orange-spotted grouper（*Epinephelus coioides*）［J］. Fish and Shellfish Immunology，25（6）：829-833.

Li N Q，Yang Z H，Bai J J，et al，2010. A shared antigen among *Vibrio* species：Outer membrane protein-OmpK as a versatile *Vibriosis* vaccine candidate in Orange-spotted grouper［J］. Fish and Shellfish Immunology，28（5）：952-956.

Naka H，Dias M G，Thompson C C，2011. Complete genome sequence of the Marine fish pathogen *Vibrio anguillarum* harboring the pJM1 virulence plasmid and genomic comparison with other virulent strains of *V. anguillarum* and *V. ordalii*［J］. Infection and Immunity，79（7）：2889-2900.

Xiao P，Mo Z L，Mao Y X，et al，2009. Detection of *Vibrio anguillarum* by PCR amplification of the empA gene［J］. Journal of Fish Diseases，32：293-296.

第五节　蜜蜂白垩病

一、概述

蜜蜂白垩病（Chalkbrood disease，简称 CB）是由蜜蜂球囊菌（*Ascosphaera apis* Olive et Spiltoir）引起的、主要侵害蜜蜂幼虫的一种真菌性病害。1955 年美国鉴定出它的致病微生物是蜂球囊菌（*Ascosphaera apis*）。早在 1900 年，人们就开始认识到蜜蜂白垩病的发生。1901 年，Odier 描述过白垩病的发病情况；1911 年，Priess 在德国汉诺威省的患病蜂群的巢脾中发现过该病，当地养蜂者将该病称为"白垩病"；1913 年，德国科学家对白垩病的发生进行简单阐述（Maassen，1913）。以后，该病传播到欧洲、苏联、新西兰等。随着养蜂行业的发展及蜜蜂制品的贸易活动，1979 年该病开始在北美洲蔓延为害。到了 20 世纪 80 年代，白垩病在日本猖獗为害，泰国、印度都有发生和流行。1988 年，白垩病在土耳其大暴发，给该国养蜂业造成了极其严重的危害。调查显示 1986—1988 年白垩病的传播主要通过蜂蜡出口。1983 年首次在我国台湾省发现该病，随后快速蔓延至台湾全省各地，成为台湾地区蜜蜂的一大主要病害。中国大陆在 1961 年曾经报道发生过白垩病，但当时未造成危害，尚未引起足够的重视。1990 年 9 月在浙江省发现了该病发生，

1991 年中国大陆第二次发现该病，由于饲养管理措施的改变和大规模的转地饲养，以及过度索取蜂产品，导致蜜蜂抗逆性降低，绝大部分蜂群都缺乏抗性，以至该病在国内快速传播，1992 年已在国内很多蜂场流行。目前白垩病已经在全世界流行，但仅发生于西方蜜蜂。2005 年 5 月，中华人民共和国农业部第 53 号令公布的《动物病原微生物分类名录》也将白垩病蜂球囊菌定为三类动物病原微生物。

白垩病主要发生于老熟或封盖幼虫，雄蜂幼虫最易感染。发病初期幼虫体色变深，呈黄色。多于封盖后死亡，巢房盖被工蜂咬掉，露出苍白色幼虫尸体，尸体干枯后成为质地疏松的白垩状，体表覆盖白色的菌丝。也有的幼虫尸体变成黑色或布满黑色点的杂色。工蜂能将这种干尸咬断或拖出巢房，故严重时可在箱内底板上和巢门口见到大量的白色或黑色的幼虫干尸。挑取这种干尸的表层物在低倍显微镜下观察，可见白色的菌丝和含孢子的孢囊。据观察，染病蜂群通常每一代子中可有 5%～10% 的大幼虫死亡。发病严重时不仅引起大量的大幼虫死亡，而且工蜂的生活力也明显下降，寿命缩短，群内出现只见幼龄工蜂、不见外勤蜂的现象，使蜂群失去生产力，严重影响蜂群的繁殖和蜂产品的正常生产。浙江省宁波市慈城镇 10 个定地蜂场饲养的 600 余群蜂，发病率达 100%，其中发病较迟的蜂场，王浆产量下降，群势不强；发病较早的，则群势渐弱，蜂垮停产。

二、病原

病原属于真菌门、不整子囊菌纲、散囊菌目、囊球菌科、囊球菌属，有两个变种：蜜蜂球囊霉蜜蜂变种（A. apis var. apis Olive et Spiltoir）和蜜蜂球囊霉大孢变种（A. apis var. major Olive et Spiltoir）。蜜蜂球囊霉蜜蜂变种孢囊直径通常 32～99 μm，平均 65.8 μm。孢子直径（3～4）μm×（1.4～2.0）μm。蜜蜂球囊霉大孢变种孢囊直径通常 88.4～168.5 μm，平均 128.4 μm。孢子比蜜蜂球囊霉蜜蜂变种孢子大 10%。

蜜蜂球囊菌形态上是异宗结合的，具有分隔的菌丝体。＋性菌丝形成受精突；－性菌丝形成产囊体，里面包括产囊丝、受精丝、营养细胞和茎状基部。受精丝与＋性菌丝的精子器融合，初生造囊丝含＋、－两核，质配后，形成具有子囊的产囊丝，子囊含 8 枚孢子，临近成熟时子囊壁消失，多个孢子被共同的外膜包围，集合成紧密的孢子球。菌丝具横隔膜，多呈分枝状，当异宗菌丝生长相接时，在其末端膨大生成近黑色、圆球形的子实体；子实体裂开时可释放出许多半透明的孢子球，孢子球内有数量不等的椭圆形孢子。

蜜蜂球囊霉蜜蜂变种在添加了酵母的土豆葡萄糖琼脂培养基中繁殖旺盛，在麦芽琼脂中可以生长形成孢子，但不形成气生菌丝。培养过程中会发出类似桃发酵的气味。生长的理想温度是 30℃。当只有一个株系（＋或－）时，菌丝成毛茸茸的棉花状。当有两个株系（＋和－）时，孢子囊形成。

（一）病原基因组

蜜蜂球囊菌已经成为第一个全基因被测序的昆虫真菌性病原体（GenBank 登录号：68313），拼接后长度 21.6 mb。

（二）病原侵染机理

蜜蜂幼虫通过肠道内的二氧化碳，促进球囊菌孢子的萌发并最先在内脏中开始繁殖。在整个幼虫期，球囊菌孢子在中肠内萌发，但生长缓慢。至幼虫进入预蛹期，蜜蜂幼虫的中后肠开始连通，围食膜包裹着食物残渣及球囊菌菌丝往后蠕动进入后肠。此时幼虫体内组织正在进行重组，体细胞降解成透明状小颗粒，肠道细胞已降解，只剩下基质层，肠道中的菌丝透过破损的围食膜和基质层侵入体腔中迅速大量生长。Theantana 和 Chantawannakul（2008）证实，球囊菌产生的胞外酶辅助其侵染幼虫中肠围食膜。经过一天的营养生长，菌丝即充满体腔，甚至侵入幼虫后肠。蜜蜂球囊菌从幼虫体后生成并逐渐覆盖整个幼虫。然后，球囊菌菌丝生长变为棕色或黑色孢子，改变了菌丝的大小和颜色，这种变化形式是由于球囊菌子实体的生成。一般来说，3～4 日龄的幼虫最容易被感染，幼虫被球囊菌感染后，快速减少消耗食物，最后停止取食。蜜蜂幼虫的死亡源于机械损伤、酶活性改变、血淋巴循环的破坏和毒性的产生等原因。从表观症状观察球囊菌感染蜜蜂幼虫体的变化过程，首先幼虫直立在巢房内，肿胀，微软，后期失水缩小成坚硬的块状物，甚至形成干燥和白垩病干瘪状；而颜色是白色或黑色，均依赖于是否已经出现子实体。实验室显微镜观察，每个黑色虫体包含 10^8～10^9 个子实体，白色虫体未检测到子实体。

单一交配型菌丝侵染幼虫后，形成了白色虫体；单一交配型菌丝并未显示感染性且不能产生无性孢子。最初采用白色虫尸分离纯化培养真菌，在培养的过程中分离形成子囊孢子（Aronstein，未出版）。假设球囊菌的一个交配类型抑制了另外一个交配类型或者两种交配类型不等量分布在环境中，幼虫被侵染后形成白色虫体，一般两种相反的类型不会同时出现在实验室内；所以在自然环境中，不同交配类型产生不同的侵染行为。因此，蜜蜂幼虫感染球囊菌后，发病期短形成白色虫体；如果给予足够的时间和适当的条件，白色菌丝最终发展形成球囊菌子实体。

（三）毒力变化的分子基础

球囊菌的致病力主要取决于其产生的次生代谢物，几丁质酶、蛋白酶、酯酶和降解酶都与致病力有关。一些毒素基因和途径，如 Aflotoxin（AF）-Sterigmatocystin（ST）合成途径（AflR，StcU，Nor - 1，SteW，OmtA，OrdA），HC 毒素合成基因（Tox A、ToxG、ToxD、ToxF、Hts1）和超级杀手蛋白 3（Ski3）与致病力相关。与致病力相关的基因包括 1 种细胞外葡萄糖淀粉酶、3 种几丁质酶、16 种酰胺酶、30 个酯酶、42 个蛋白酶、24 个脂酶及其他基因。

来自不同国家和地区的球囊菌病原表现出不同的侵染水平，可以相差 20 倍。病害的发生很可能取决于特定的病原品系的子囊孢子产生水平、萌发率、孢子扩散的有效性，随着孢子侵染剂量的增加，幼虫的平均死亡时间减少。

三、免疫学

CB 通常通过消化道途径感染。蜜蜂幼虫在 3～4 日龄吞食病原菌孢子，工蜂和雄蜂幼虫比蜂王幼虫更易感染。孢子进入中肠后，萌发并开始生长。3～4 日龄幼虫的肠道厌气时间短，适合孢子的萌发。菌丝的生长需要好气条件，肠道的末端特别适宜，新生长出来的菌丝侵入围食膜、上皮细胞和基底膜。3d 之后菌丝在脂肪体和其他的幼虫组织内生长。在接下来的 2d 里，菌丝体穿过幼虫的体壁，开始向空气中生长。最后幼虫躯体末端破裂。菌丝蔓延到幼虫体表生长，并在死亡的幼虫体表形成子实体。

四、制品

目前还没有相关制品问世。

对于该病的防治，主要是加强饲养和管理。由于蜜蜂白垩病主要通过蜂球囊菌的孢子传播，传播的媒介广泛，污染的饲料，如花粉和蜂具等，都是传播的主要媒介。蜂球囊菌孢子也能在土壤、污水、杂草等处生存，以不同的方式进入蜂群内，而且蜂球囊菌的孢子抗逆性强，存活年限可以长达 15 年，任何一种蜂房中的材料被真菌孢子污染以后都会成为长期污染源。因此，蜜蜂白垩病要坚持防与治相结合，做到无病先防，有病早治，重点放在切断传染源，提高蜂群抗病能力上，做到综合防治。通过加强蜂群的管理，控制真菌繁殖的环境条件，增加蜂群的蜂数，采取保持足够的紧脾蜜蜂。饲养强壮蜂群，保持蜂脾相称或蜂多于脾，以增强蜂群自身对白垩病的抵抗能力。对于新发病的蜂群，发现病脾后要及时抽出，换上经过消毒的新脾供蜂王产卵，对于病重群要彻底换箱、换脾。实行定地饲养、适当与小转地饲养相结合，奖励饲喂时要严格保持清洁卫生，可以水浴处理，并适当加入 3% 柠檬酸钠助消化，箱内保持一定蜂胶，更换患病群的蜂王和患病蜂具。给蜂群一个良好的生态环境，场地保持干燥、向阳、通风、不潮湿，严格消毒措施，凡是白垩病污染过的蜂箱、巢脾脱蜂后全部严格熏蒸消毒杀菌。

（一）诊断试剂

我国尚无批准使用的诊断试剂，其诊断主要依靠光学和电子显微镜技术、同工酶技术、RAPD 及 PCR 等现代分子生物学方法对菌种进行鉴定。

（二）治疗用制品和疫苗

我国尚无批准使用的治疗用制品和疫苗，白垩病的防治主要依靠饲养管理措施和抗病育种。

科研上已经利用蜜蜂球囊菌几丁质酶制备抗体。将蜜蜂球囊菌几丁质酶经过 85% 硫酸铵溶液盐析、离心、透析；经 DNS 法酶活测定及 SDS-PAGE 电泳和切胶回收纯化，得到了单一的纯化几丁质酶，测定其分子质量约为 71.71 kDa。用制备好的几丁质酶液免疫新西兰大白兔，ELISA 检测抗体效价达 1：256 000；Western blotting 印迹检测证明抗体具有良好的特异性。

五、展望

发现白垩病后，全世界的科研人员做了很多研究工作，包括：发生分布范围、发病情况、分类学，最适培养条件、蜜蜂的免疫反应、病原的生物学特性、流行规律、病理组织学、病情的诊断方式及生物防治等方面。目前，CB防治中面临的主要困难有：尚无非常有效的防控方法，没有研制出特效的治疗药物。

利用多克隆抗体技术来研究几丁质酶在蜜蜂病原真菌侵染过程中的作用还是十分可行的，是今后值得研究的一个方向。

（刁青云　王忠田　陈光华）

主要参考文献

陈淑静，冯峰，1992. 严防蜜蜂白垩病的蔓延 [J]. 蜜蜂杂志（2）：26-27.

董秉义，1992. 白垩病的诊断 [J]. 中国养蜂（2）：39-40.

江西省养蜂研究所，1975. 养蜂手册 [M]. 北京：农业出版社.

金汤东，汪建如，陆学校，1991. 蜜蜂"白垩病幼虫病"在宁波地区发生情况的初报调查及其防治新技术 [J]. 中国养蜂（5）：28-29.

石培彰，顾剑明，陈纪涵，等，1992. 蜜蜂白垩病在浙江发生情况调查及药物防治初探 [J]. 中国养蜂（2）：2-3.

余林生，孟祥金，吴树生，等，1999. 蜜蜂白垩病发病规律与防治措施的研究 [J]. 养蜂科技（3）：4-7.

Cornman R S, Bennett A K, Murray K D, et al, 2012. Transcriptome analysis of the honey bee fungal pathogen, Ascosphaera apis: Implications for host pathogenesis [J]. BMC Genomics, 13 (7): 285.

Mourad A K, Zaghloul O A, E L Kady M B, et al, 2005. A novel approach for the management of the chalkbrood disease infesting honeybee Apis mellifera L (Hymenoptera: Apidae) colonies in Egypt [J]. Communications in Agricultural and Applied Biological Sciences, 70 (4): 601-611.

Qin X, Evans J D, Aronstein K A, et al, 2006. Genome sequences of the honey bee pathogens Paenibacillus larvae and Ascosphaera apis [J]. Insect Molecular Biology, 15 (5): 715-718.

第六节　蜜蜂美洲幼虫腐臭病

一、概述

蜜蜂美洲幼虫腐臭病（American foulbrood disease，AFD）是由幼虫芽孢杆菌（Paenibacillus larvae）引起的、主要侵害蜜蜂幼虫的一种传染性疾病。是美国人White于1907年分离、描述并定名的，目前广泛发生于温带与亚热带地区的几乎所有国家，给这些国家的养蜂业带来了严重的经济损失。我国1929—1930年引进日本西方蜜蜂时，将该病带入，如今受其影响严重。

幼虫孵化48h内对幼虫芽孢杆菌敏感，不足10个孢子就可以使蜜蜂幼虫发病并杀死幼虫。被感染的蜜蜂幼虫在孵化后12.5d出现症状，首先体色明显变化，从正常的珍珠白变黄、淡褐色、褐色甚至黑褐色，同时虫体不断失水，最后干瘪并紧贴于巢房壁，呈黑褐色难以清除的鳞片状物。感染美洲幼虫腐臭病的蜂群如果没有得到适当的治疗，会导致整个蜂群的死亡。为了控制美洲幼虫腐臭病的发生，养蜂生产中使用各种化学药物对蜂群进行处理，但是已经有很多国家报道美洲幼虫腐臭病对一些化学药物产生了抵抗。滥用药物还会引起蜂产品污染，因此这些化学药物的使用应该受到限制。

二、病原

美洲幼虫腐臭病的病原体为幼虫芽孢杆菌（Paenibacillus larvae），是一种芽孢形式的革兰氏阳性细菌，形状为细长杆状，长（2.5～5）μm×0.5μm。一般细菌的芽孢有4～5层结构，而幼虫芽孢杆菌产生的芽孢有7层结构包围。这种特殊构造使得幼虫芽孢杆菌的芽孢具有特别强的生命力，对热、化学物质等有极强的抵抗力。在干枯的病虫尸中能存活7～15年，在干枯的培养基上能存活15年，在0.5%过氧乙酸溶液中能存活10min，在0.5%次氯酸钠溶液中能存活30～60min，在0.4%福尔马林溶液中能存活30min。要杀死幼虫芽孢，须在100℃的沸水中加热15min或在煮沸的蜂蜜中加热40min以上，幼虫芽孢杆菌生长的最适温度是35～37℃。幼虫芽孢杆菌的专用培养基主要有羊血琼脂培养基、J 琼脂培养基、酵母葡萄糖培养基和胡萝卜-琼脂培养基。

病菌从消化道进入幼虫体内，不在消化道中繁殖，而是进入血淋巴大量繁殖，引起幼虫发病死亡。病原鉴定方法主要有显微镜镜检、生化试验、PCR 技术检测鉴定、病原直接鉴定等方法。对病死幼虫检测一般采用显微镜镜检和生化试验等方法，对蜂蜜检测一般采用 PCR 技术。

（一）细菌基因组

目前已知幼虫芽孢杆菌的基因型至少有 5 种，且不同基因型的细菌株系所导致的美洲幼虫腐臭病的流行情况略有不同。不同基因型的幼虫芽孢杆菌可以通过 PCR 技术和 16SrRNA 的编码基因的限制性酶切片段多态性加以区别鉴定。Di Pinto 等（2011）对意大利普利亚蜂蜜和子脾中的幼虫芽孢杆菌的发生和分布进行了调查。通过 ERIC-PCR 对幼虫芽孢杆菌的基因分型进行研究，产生了 4 种不同的 ERIC 带型（ERIC-A、ERIC-B、ERIC-C、ERIC-D），包括 200～3 000bp 范围内的片段。基因型会影响幼虫芽孢杆菌的感染，蜂群或蜂场的多基因型通过影响临床症状发展的类型和速度可能会增加幼虫芽孢杆菌感染的复杂性。

Dingman（2012）对从 134 株幼虫芽孢杆菌菌株中提取的基因组 DNA 扩增后进行琼脂糖凝胶电泳，发现 16S～23S rDNA 基因间存在 3 个基因间隔（ITS）区域，意味着幼虫芽孢杆菌中至少有 3 种类型的 rrn 操纵子，23S rRNA 基因通过 I-CeuI 消化显示，基因组 DNA 的脉冲场凝胶电泳具有 7 个拷贝，这显示拟幼虫芽孢杆菌基因组具有 7 个 rrn 操纵子拷贝。对幼虫芽孢杆菌的 16S～23S rDNA 的 ITS 区域的研究可以辅助病原的诊断。

Genersch 从瑞典、芬兰和德国的 44 个田间样品中获得 6 个 *P. larvae* subsp. *Pulvifaciens* 的参考菌株和 3 个 *P. larvae.* subsp. *larvae* 参考菌株。后者来自有临床症状的幼虫、蜂蜜或者有症状和无症状的蜂群。种群和孢子形态、甘露醇和水杨苷代谢、全细胞蛋白的 SDS-PAGE 并不能很好地区分两个亚种。

（二）毒力变化的基础

早期报道称幼虫芽孢杆菌的孢子在蜜蜂幼虫

中肠内萌发，并通过吞噬作用进入上皮细胞后快速繁殖，最后杀死幼虫。但是最近有报道称，幼虫芽孢杆菌是通过细胞旁扩散途径破坏蜜蜂幼虫中肠上皮壁而进入中肠组织。美洲幼虫腐臭病的病原—幼虫芽孢杆菌在形成芽孢的过程中可以产生高水平的蛋白水解酶，使患病幼虫体的蛋白质发生分解，所以病尸干枯后呈鳞片状物。Karina 等（2009）报道，幼虫芽孢杆菌主要致病因子是一些胞外分泌的蛋白酶（PP1、PP2）。研究表明，这些蛋白酶为含锌的金属蛋白酶，属典型的多聚蛋白酶。

三、免疫学

美洲幼虫腐臭病是由幼虫芽孢杆菌这种特殊的芽孢引起的，而不是它的营养体。原因可能是幼虫食物中具有一定的杀菌物质，比如花粉和蜂王浆中的一些脂肪酸和抗菌肽物质，它们对幼虫芽孢杆菌的营养体有抑制和杀灭作用。幼虫孵化后 48h 内，即 1 日龄和 2 日龄的幼虫对幼虫芽孢杆菌芽孢非常敏感，不足 10 个芽孢就可以使蜜蜂幼虫发病，并杀死幼虫，但是侵染 2 日龄以上的幼虫，则需要数以百计的芽孢。

幼虫芽孢杆菌在蜜蜂群内以水平传播和垂直传播两种方式进传播，幼虫芽孢杆菌主要是通过蜜蜂的消化道侵入体内。而在群间的传播则主要通过水平传播，被患病的幼虫污染的饲料、巢脾是主要传染源，病害在蜂群中的传播是通过内勤蜂清扫巢房和饲喂幼虫，将病原菌传给健康幼虫。幼虫芽孢杆菌的这种传播方式使得它成为蜜蜂一种传染性极强的疾病。由于芽孢只要在适宜的环境下就能萌发，所以美洲幼虫腐臭病的发生没有一定的季节性，在一年中的任何一个有幼虫的季节病害都有可能发生，但是一般在夏、秋季节发生得相对较多。

四、制品

由于 AFB 病原对环境的抵抗力强，能持久地存在于周围环境中，一旦感染，很难根除，因此，对其防治必须坚持预防为主的方针。生产者应加强检疫，制定综合性防治措施，在严格卫生消毒措施、加强饲养管理，定期检测，及早发现病群进行烧毁。

（一）诊断试剂

我国目前尚无批准的诊断试剂。对于幼虫芽孢杆菌的鉴定，早些时候一般是通过生化手段或分离培养的方式进行鉴定。由于幼虫芽孢杆菌生长环境的特殊性，现在主要通过 PCR 技术对其进行鉴定。Dobbelaere 等（2001）研究了一种以16S rRNA 编码基因片段为引物的 PCR 技术来鉴定幼虫芽孢杆菌的方法，试验证明该方法快速、可靠，在 4h 内就能做出正确的诊断。

Alippi 等（2004）设计的 1 对引物 KAT1 和 KAT2 的特异性非常强，可以鉴别出拟幼虫芽孢杆菌的不同亚种。经过不断的完善和改进，目前 PCR 技术可以在蜜蜂幼虫尚未发病时检测出低浓度的芽孢，使得 PCR 成为目前研究美洲幼虫腐臭病的最佳选择。

（二）疫苗和治疗用制品

2012 年 3 月，美国食品药物管理局（FDA）批准了 LINCOMIX 可溶性粉作为治疗美洲幼虫腐臭的新药物，由美国农业部的蜜蜂研究实验室与 NRSP - 7 进行合作对该药物进行研究，为该药物的批准提供支持，证明 LINCOMIX 可溶性粉在控制蜜蜂 AFD 时是安全和有效的。中国目前尚无疫苗和治疗用制品。国际上尚无疫苗用于预防蜜蜂美洲幼虫病。

五、展望

由于美洲幼虫腐臭病的存在历史比较悠久，其传染性强，破坏力大，因此对其有效防治一直是研究的热点。以前采用抗生素进行防治，但由于抗生素在蜂产品中的残留及其对人体的危害，因此许多国家已经禁止了抗生素的使用，目前国际上普遍采取烧毁病群的方式进行防治。研究美洲幼虫腐臭病的流行病学特征和防治新技术、选育抗病蜂种对于减少和控制病害的发生及保护环境具有重要意义。

（习青云　王忠田　陈光华）

主要参考文献

陈傲，孙杰，缪晓青，2013. 蜜蜂（*Apis mellifera*）美洲幼虫腐臭病最新研究进展 [J]. 中国蜂业，64：28 - 31.

Alippi A M，Lopez A C，Aguilar O M，2002. Differentiation of *Paenibacillus larvae* subsp. larvae, the cause of American foulbrood of honeybees, by using PCR and restriction fragment analysis of genes encoding 16S rRNA [J]. Applied and Environmental Microbiology，68（7）：3655 - 3660.

Dingman D W，2012. *Paenibacillus larvae* 16S～23S rDNA intergenic transcribed spacer（ITS）regions: DNA fingerprinting and characterization [J]. Journal of Invertebrate Pathology，110：352 - 358.

Genersch E，Forsgren E，Pentikainen J，et al，2006. Reclassification of *Paenibacillus larvae* subsp. pulvifaciens and *Paenibacillus* larvae subsp. larvae as *Paenibacillus larvae* without subspecies differentiation [J]. International Journal of Systematic and Evolutionary Microbiology，56：501 - 511.

Karian A，Matilde A，Geraldine S，et al，2009. Characterization of secreted proteases of *Paenibacillus larvae*, potential virulence factors involved in honeybee larval infection [J]. Journal of Invertebrate Pathology，102：129 - 132.

Pinto A D，Novello L，Terio V，et al，2011. ERIC-PCR genotyping of *Paenibacillus larvae* in Southern Italian Honey and Brood Combs [J]. Current Microbiology，63（5）：416 - 419.

第七节　蚕的细菌病

一、概述

家蚕的细菌病是常见的病害，多为零散发生，夏秋高温多湿条件下发生较多，很少见该类疾病大规模发生。其种类较多，大多由于寄生细菌的迅速繁殖，蚕尸随之软化腐烂。根据其病原及病症，可分为败血病、卒倒病（细菌性中毒病）、细菌性肠道病等。

二、病原

（一）细菌性败血病

败血病是指细菌侵入蚕体的血淋巴中大量增殖，并随血液扩散到全身的疾病。能引起败血症的细菌种类很多，以能产生卵磷脂的细菌为主，包括大杆菌、小杆菌、链球菌和葡萄球菌等。引起细菌性败血症的细菌广泛分布于空气、土壤、尘埃、桑叶、蚕座及蚕具上。根据我国的调查资料显示，从蔟室、蚕室、贮桑室等养蚕的场所分离得到的 66 个菌株中，其中 1/3 可以引起蚕的败血病。根据日本的相关资料报道，从蚕室等养蚕的场所分离出来的细菌，其中对蚕有致病力的达到了 50%，其中沙雷氏菌占 80%；从蚕茧中的死蚕所分离的细菌中，革兰氏阴性菌占 73%，革兰氏阴性菌中沙雷氏菌占 50%，这说明了败血病病原细菌存在的广泛性。

败血病病原菌种类的繁多造成家蚕感染的症状不尽相同，常见的败血病有黑胸败血病、灵菌败血病和青头败血病。

黑胸败血病病原菌为芽孢杆菌科芽孢杆菌属的黑胸败血病菌（*Bacillus bombyseptieus*），大小为 3.0 μm×（1.0～1.5）μm。灵菌败血病病原菌为肠杆菌科沙雷氏菌属的黏质沙雷氏菌（*Serratia marcescens bizio*），大小为（0.6～1.0）μm×0.5 μm。青头败血病病原菌为弧菌科气单胞菌属的青头败血病菌（*Aeromonas sp.*），大小为（1.0～1.5）μm×（0.5～0.7）μm。

败血病菌主要通过创伤感染进入血淋巴。病菌侵入后迅速在血淋巴中大量增殖夺取家蚕血淋巴中的养分，随着血液循环而遍布体腔破坏血细胞和脂肪体，同时分泌蛋白酶和卵磷脂酶导致血液变性，最终蚕死亡。病蚕、蛹或蛾在死亡前，细菌一般不侵染其他组织。死亡后细菌即侵入各个组织器官，使之离解液化。

（二）细菌性中毒病

细菌性中毒病是家蚕食下苏芸金杆菌及其变种所产生的毒素而引起的家蚕急性中毒症。其病原来自于芽孢杆菌科芽孢杆菌属的苏芸金芽孢杆菌（*Bacillus thuringiensis* Berliner）。大小为（2.2～4.0）μm×（1.0～1.3）μm。细菌性中毒病病菌产生的毒力来自于苏芸金芽孢杆菌在其生长过程中产生的多种对昆虫有致病力的毒素，如内毒素（又称 δ-内毒素、伴孢晶体或杀虫晶体蛋白）、外毒素（包括 α-外毒素、β-外毒素、γ-外毒素等）。

（三）细菌性肠道病

细菌性肠道病的病原为肠球菌属的一些细菌，有 *faecalis*、*faecium* 和两者的中间型，如 *Ent. faecalis*、*Ent. faecium*，菌体为球形，大小 0.7～0.9 μm。

细菌性肠道病的发生是由于消化道中细菌的大量繁殖，会分泌大量有机酸（代谢产物），从而使碱性消化液的 pH 降低，导致家蚕本身对肠球菌的抑制能力降低。同时还会引起细菌在围食膜上的附着和增殖，影响蚕的营养吸收，甚至溶解围食膜。在健康的家蚕消化道中本身存在各种细菌，但是在消化道特定的环境中（强碱性、铜离子、抗肠球菌蛋白），各种细菌维持在一个相对稳定的水平（10^7 个/mL 以下）。当家蚕体质受不利条件影响而下降后，消化道内的抗菌因子表达下降，导致肠球菌大量增殖，最终导致家蚕发病和死亡。

三、免疫学

黑胸败血病菌添食感染家蚕能诱导家蚕强烈的寄主应答。在添食后的各个时间点（3h、6h、12h 和 24h），都诱导了大量有功能活性的酶类等编码基因表达，全基因组应答在感染后 24h 达到高峰，大量基本代谢通路相关基因，包含遗传物质的加工和转录（包括 RNA 聚合酶和基本转录因子）、核苷酸代谢（包括嘌呤和嘧啶代谢）、外来物质的生物降解（包括苯甲酸通过羟基化降解、苯乙烯降解）、氨基酸和氮代谢（包括色氨酸代谢、组氨酸代谢、缬氨酸、亮氨酸和异亮氨酸降解、尿素循环代谢和氨基酸代谢、氨基磷酸酯代谢、氮代谢），以及糖类代谢（包括戊糖和糖醛酸转换、三羧酸循环、丙酮酸代谢、磷酸戊糖途径、丁酸代谢）等多种基本代谢通路相关基因。参与这些基本代谢通路的基因，大部分上调表达。免疫信号通路中的 IMD 途径相关基因及一些抗菌肽基因也受到了诱导表达。

灵菌败血病病原菌 *Serratia marcescens* 分泌的 serralysin 金属蛋白酶能够诱导家蚕参与免疫监视的血细胞明显增加，引起家蚕免疫因子 Bm-SPH-1 的降解，同时抑制家蚕血细胞对病原菌的吞噬和清除。*serralysin* 基因的敲除导致其对家蚕的致病力明显下降，表示 *Serratia marcescens* 能够抑制宿主免疫监视细胞的黏附功能，从而促进细菌发病。

细菌性中毒病病菌产生的 δ-内毒素作用于中肠上皮细胞，与中肠细胞膜上的受体蛋白结合，影响中肠细胞膜的导电性和离子通道的改变，使细胞膜 G 蛋白的构型发生改变，抑制 Na^+ - K^+ - ATPase 活性，导致 ATP 供应失调，直接影响钠泵的工作。同时，由于离子通道的破坏，钠离子进入血淋巴和中肠细胞，引起细胞膨大崩坏，伴孢晶体中某些酶能使中肠上皮细胞之间的透明质酸溶解，导致细胞直接彼此分开、脱落。δ-内毒素还可作用于前突触部位，干扰神经信号传导，出现麻痹中毒症状。

四、制品

家蚕细菌病一般通过肉眼诊断、显微镜检查和细菌学鉴定的方法诊断，目前尚没有诊断试剂、治疗用制品及疫苗。

家蚕细菌病防治方法，一般是添食抗菌药物。一直以来，生产上沿用添食氯霉素来防治细菌病，具有显著的预防和治疗效果。农业部于 2002 年发布的《食品动物禁用的兽药及其他化合物清单》规定，禁用氯霉素。之后各家研究单位或部门、蚕药的生产企业便陆续推出全新的用于家蚕细菌病的抗生素，如诺氟沙星、盐酸环丙沙星、恩诺沙星等。其他复力霉素、红霉素乙基环丙沙星、盐酸沙拉沙星等也具有治疗细菌病的效果。

五、展望

添食抗菌药物作为家蚕细菌病防治的有效手段，具有明显作用，但随用药时间增加，细菌的耐药性也会随之增强。因此，需要不断研究和推出新的防治药物，才能保证药物的使用效果。

（唐旭东　王忠田　陈光华）

主要参考文献

黄璐琳. 2010. 病原微生物黑胸败血芽孢杆菌（*Bacillus bombyseptieus*）等诱导家蚕（*Bombyx mori*）全基因组寄主应答研究［D］. 重庆：西南大学.

吴洪丽，孙波，叶建美，等，2014. 家蚕细菌病防治研究进展［J］. 北方蚕业，35（4）：1-8.

张安启，王瑞松，房启祥，等，2010. 防治家蚕细菌病药物的筛选［J］. 山东畜牧兽医，31（8）：4-7.

Huang L，Cheng T，Xu P，et al，2009. A genome-wide survey for host response of silkworm, *Bombyx mori* during pathogen *Bacillus bombyseptieus* infection［J］. PLos One，4（12）：e8098.6

Ishii K，Adachi T，Hamamoto H，et al，2014. *Serratia marcescens suppresses* host cellular immunity via the production of an adhesion N-inhibitory factor against immunosurveillance cells［J］. The Journal of biological chemistry，289：5876-5888.

Liu W，Liu J，Lu Y，et al，2015. Immune signaling pathways activated in response to different pathogenic microorganisms in *Bombyx mori*［J］. Molecular Immunology，65（2）：391-397.

第二十三章 多种动物共患的病毒类制品

第一节 口 蹄 疫

一、概述

口蹄疫（Foot and mouth disease，FMD）是由口蹄疫病毒（*Foot and mouth disease virus*，FMDV）引起的以偶蹄动物为主的一种急性、热性、高度接触传染性和可快速远距离传播的动物疫病。病原属于微 RNA 病毒科口蹄疫病毒属，包括 A、O、C、SATI、SATII、SATIII，Asia1 7 个血清型。上述 7 个血清型的 FMDV 在长期感染动物的流行过程中，产生了许多变异毒株。侵染对象是猪、牛、羊等主要畜种及其他家养和野生偶蹄动物，易感动物多达 70 余种。FMDV 也可感染人，但病例很少，表现轻微。发病动物的主要症状是精神沉郁、流涎、跛行、卧地，近查可见口腔黏膜、四肢下端及乳房等处皮肤形成水疱、溃疡或斑痂。该病传播迅速，流行面广，成年动物多取良性经过，幼龄动物多因心肌受损而猝死，死亡率因病毒株而异，严重时可达 100%。世界动物卫生组织（OIE）将该病列入需要报告的动物疫病名录，我国政府也将 FMD 排在 14 个一类动物传染病的第一位，充分显示了国内外对 FMD 的关注程度（谢庆阁，2004）。

阿拉伯学者早在 14—15 世纪就记载了类似 FMD 的疾病。1514 年，意大利学者比较详细地记述了此次牛病的发生情况，症状类似于今天的 FMD。17、18 世纪，德国、法国和意大利等国暴发 FMD。1898 年，Loeffler 和 Frosch 发表了《FMD 研究委员会报告》一文，首次证实 FMD 的病原体为滤过性病毒（殷震，1997），这是病毒引起动物疾病的首次报道，也是人类认识的第一个滤过性动物病毒。FMD 病原的确定，为此病乃至整个病毒学领域的研究进展奠定了基础。

FMD 在世界上的分布地区颇广，仅 1976 年就有 73 个国家和地区暴发了 FMD。FMD 在欧洲的流行最为严重，危害极大。19 世纪，欧洲大陆曾多次发生和广泛流行本病，经历了漫长的 FMD 控制与消灭过程，直到 1991 年才基本上消灭了本病（Ruechet，1996）。多年来，FMD 这种全球性的动物疫病影响到世界上绝大多数的国家，新西兰是世界上唯一从未发生过 FMD 的国家。传统上，欧洲流行 O、A、C 3 个型；亚洲主要流行 O、A、C 和 Asia1 型；非洲不仅有 O、A、C 3 个型，还有独特流行的 SAT1、SAT2 和 SAT3 3 个型；南美洲流行 O、A、C 3 个型。近十多年以来，尽管 FMD 流行态势有所变化，但总的格局依然如故，即有 50 多个国家和地区被 OIE 认定为无 FMD 国家，除北美洲和大洋洲继续保持无 FMD 状态外，重疫区仍为亚洲、非洲和南美洲，欧洲为地方性流行或散发。O 型、A 型分布在亚洲、非洲、南美洲大部分地区；C 型主要分布于南美洲和亚洲西部，且流行频率不高并趋于消亡；Asia1 型和 SAT 的 3 个型有明显的地域性，Asia1 型局限于东南亚、南亚和中东，SAT 3 个型局限在非洲。

FMD 暴发可使农场破产，发病地区和国家的畜牧业乃至整个国民经济遭受巨大打击。FMD 造成的经济损失由直接损失和间接损失两部分构成。

直接损失包括病畜死亡、生产能力下降（平均丧失生产能力30％）造成的损失和扑灭疫情的财政支出，直接损失的大小与疫情发现早晚和采取什么样的措施有关。间接损失包括FMD对国内外畜产品市场和相关产业的影响，以及取得和维持无FMD地区或国家地位的费用，间接损失比直接损失要大得多，前者往往是后者数十倍至数百倍。

二、病原

FMDV呈球形，无囊膜，粒子直径28～30 nm，完整的病毒由衣壳包裹一个分子的RNA组成，分子质量为6.9×10^6 kDa。FMDV的衣壳呈20面体立体对称，由4种结构蛋白（VP1～VP4）组成的60个不对称原粒构成。

FMDV有7个血清型，型间无交叉免疫。最初用动物交叉感染保护试验确定血清型。因型间抗原性的明显差异，某一个血清型的感染康复动物不能交叉保护其他血清型病毒的攻击。

（一）病毒基因组

病毒基因组为单股正链RNA，既是mRNA，又是负链RNA的模板，约有8 500个核苷酸（nts），5′端共价连接一种特殊的小蛋白VPg，紧接着是约1 300nts的5′非编码区（untranslation region，UTR），依次是S片段（small fragment）、聚胞嘧啶区（polyC）和内部核糖体进入位点（internal ribosome entry site，IRES）。3′端带有poly（A）尾巴，其上游约100 nts是3′非编码区。基因组的中部是一大的开放阅读框架（open reading fragment，ORF），编码一多聚蛋白，多聚蛋白在翻译同时，经二级裂解后，形成3种病毒结构蛋白（VP0、VP3、VP1）和8种非结构蛋白（L、2A、2B、2C、3A、3B、3C和3D）（Nair，1987；de Part-Gray，1997）。口蹄疫病毒的非结构蛋白参与病毒聚蛋白的裂解和RNA的复制，结构蛋白前体P1区裂解成3种病毒结构蛋白VP0、VP3、VP1，其中VP1是口蹄疫病毒主要的抗原性决定蛋白。VP1第141～160位和第200～213位氨基酸残基是口蹄疫病毒的主要抗原区，能诱导动物产生中和抗体，也是抗原性的高变区（Carrillo，1989），分析该高变区不仅对口蹄疫病毒的遗传变异的研究有指导意义，

而且对口蹄疫的流行病学研究及新型疫苗的研制也很重要。

（二）病毒的衣壳蛋白

口蹄疫病毒的完整粒子（146S）的衣壳由1A（VP4）、1B（VP2）、1C（VP3）和1D（VP1）4种结构蛋白各60个分子组成。VP1～VP3位于衣壳表面，组成核衣壳蛋白亚单位，VP1蛋白大部分暴露在病毒粒子的外表面，是决定病毒抗原性的主要成分。VP4位于衣壳内部，与RNA紧密结合而构成病毒粒子的内部成分。在4种蛋白质中，仅VP1诱导中和抗体并与抗感染免疫有关。病毒衣壳蛋白的功能有：保护RNA免遭核酸酶降解。识别特异性细胞受体，决定宿主范围和组织嗜性。决定病毒的抗原性。释放和传递病毒RNA通过细胞膜进入易感细胞内。指导选择和包装病毒RNA。

1. VP1蛋白　FMD病毒7个血清型的结构蛋白氨基酸组成数不同。在4种结构蛋白中，差异最大的是VP1，其次为VP3和VP2。O型FMDV的VP1蛋白由213个残基组成，VP1的平截面主要由装饰在靠近五重轴的环与切去β筒的棱角，形成病毒五重轴裸露的VP1环，与其他微RNA病毒形成明显不同。VP1蛋白G-H环的141～146残基，是病毒的主要抗原位点，200～213残基组成的C端区段，是病毒的次要抗原位点。VP1的G-H特称为"FMDV环"，除了具有显性（优势）抗原特征外，还含有整联蛋白细胞贴附位点Arg-Gly-Asp（RGD）基序，即145 - 146 - 147残基。

2. VP2蛋白　O型FMDV的VP2蛋白由213个残基组成，VP2的截平面与其他微RNA病毒一致，如VP1蛋白样主要修饰环，装饰在病毒粒子外侧面。VP2的N-端与围绕三重轴的其他原聚体构成非常紧密的联合体，而形成独特的密集环形。

3. VP3蛋白　O型FMDV的VP3蛋白由220个残基组成，包括FMDV在内的微RNA病毒的结构蛋白中VP3的结构是最保守的。VP3分子N-端联合形成五股β筒，在五重轴周围使原聚体紧密结合成五聚体。

4. VP4蛋白　O型FMDV的VP4蛋白由85个残基组成，共价结合于VP4 N端的十四烷基虽然在FMDV晶体结构中看不见。但根据其他微

RNA 病毒类推，它们很可能群集在 20 面体五重轴的基部，在 VP3 N 端五股 β 筒的下面。

（三）抗原变异的分子基础

FMD 病毒编码衣壳蛋白的核酸序列很易发生突变，导致抗原位点内氨基酸改变，引起病毒抗原变异，流行前期的毒株与流行后期甚至中期的毒株可能就有差别，实际上 FMDV 的血清型就是一个连续的抗原变异谱。FMDV 抗原表位的氨基酸差异是造成抗原性改变的原因。Reddy 等（1999）测定了 FMDV Asia1 Ind 63/72 亚型的编码四种结构蛋白的核苷酸序列，比较了 Asia1 印度毒株与 Asia1 以色列毒株的核苷酸序列，并由核苷酸序列推导出氨基酸序列，发现核苷酸变异程度（14%）明显大于氨基酸变异（10%）的程度，核苷酸变异主要在三联体密码子的第三位碱基上，而且基本上都是同义突变，氨基酸的变异最明显的是发生在构成抗原位点 1 的 G～H 环内，其中结构蛋白 VP1 氨基酸变异程度最高，其次是 VP2、VP3，VP4 变异程度最小。Martenez 等（1997）对许多流行毒株进行分析，认为 VP1 138～140 和 148～150 两段氨基酸变化对抗原有渐变性影响，而某些位置上氨基酸的变异将造成抗原性的突变，完全改变毒株的生物学特性。Parry（1989）报道，O 型 FMDV VP1 第 148 位氨基酸由亮氨酸转变为丝氨酸（L＞S），其合成肽（VP1 141～160）免疫的豚鼠能同时抵抗 A 型、O 型 FMDV 的攻击，C 1 型 FMDV VP1 第 139 位氨基酸由丝氨酸（Ser）转为异亮氨酸（Ile），可造成病毒转变为 C 3 型特异性。

曾经认为只有免疫选择会促进病毒抗原位点内氨基酸改变，Carillo 和 Rieder 等（1989）将 FMDV A24 Cruzeiro、O1 Casoros 的克隆株与亚中和剂量的抗病毒多克隆血清在继代单层牛胎肾细胞上传代，一定代数后发现该克隆株的结构蛋白 VP1 电泳迁移率改变，对小鼠的致病性降低。FMDV 毒株在体外抗体压力下，获得了与弱毒突变株相同的表型标志。此外研究发现，如无抗病毒多克隆血清的选择压力，变异将不发生。即使经过 29 代的高感染增殖，编码 VP1 的 RNA 序列仍保持遗传稳定性。但是 Holguin（1997）的研究表明，在缺乏免疫压力的情况下，FMDV 和其他病毒的抗原变异仍同样发生，试验证明不论免疫压力是否存在，氨基酸替代都会在 VP1 的两个高变区发生，而且氨基酸改变优先发生在衣壳表面已经确定的抗原位点内部或其附近。

根据 FMDV 抗原与单抗反应的程度，分析 FMD 病毒抗原变异的机理：①随着 VP1 G-H 环高变区的氨基酸替换的逐步积累，抗原差异逐渐增大；②抗原性的突然改变（几个抗原表位的消失），这主要由关键位置氨基酸的替代所致。

（四）毒力变化的分子基础

FMDV L^pro 被证实是病毒的一个毒力决定因子，L^pro 可以通过裂解 eIF4G 关闭宿主蛋白质的合成（Morely，1997；Sachs，1997），因此缺失 L^pro 的病毒对细胞的致病性应该比野生型病毒要低。试验也证实了这一点，缺失 L 基因的病毒在 BHK 细胞上的成斑量下降 1 个滴度，接种牛不引起发病，也不引起同居感染，只能使猪轻微发病。

研究也表明，IRES 元件和宿主因子相结合，可能影响微 RNA 病毒的致病力和毒力。从在 FMDV 持续感染的 BHK-21 细胞中拯救出病毒，在其 IRES 里有两处突变，这可能会导致病毒在组织培养基上毒力的增加。

三、免疫学

易感动物通常经消化道感染，也就是经污染的草料或饮水而感染，病毒也可经皮肤或黏膜（口、鼻、眼等）侵入，近年来证明呼吸道感染更易发生。FMDV 侵入易感动物体后迅速增殖，感染由鼻咽部开始，病毒通过淋巴流从鼻咽部侵入全身循环，并在潜伏期阶段就扩散到全身。上皮细胞是 FMDV 易感的靶细胞，病毒通常首先在侵入部位的上皮细胞内增殖，引起浆液性渗出物而形成原发性水疱，1～3d 后病毒侵入血流，导致病毒血症，引起动物体温升高。病毒随血液到达口腔黏膜、蹄部和乳房皮肤的表层组织，继续增殖，并形成继发性水疱。病毒也可通过乳头管进入乳房，在乳腺柔软组织处局部增殖，随后病毒越过血乳屏障进入血液而感染。

动物机体在抵抗病原体感染时，分为非特异性免疫和特异性免疫。非特异性免疫有：屏障结构（皮肤、黏膜、血胎屏障、血脑屏障）；组织和体液中的抗微生物物质（补体、乙型溶素、白介素、干扰素、防御素等）。抗 FMDV 感染的特异性免疫主要有体液免疫和细胞免疫，它们在抗

FMD 病毒感染中起关键作用。

(一) 体液免疫

无论是感染还是免疫接种，动物接触 FMDV 抗原后，抗 FMDV 有效免疫应答的特征性标志都是形成高度亲和性的特异性抗体，B 淋巴细胞负责产生抗体，但取决于与 Th 淋巴细胞的相互作用，起主要保护作用的是中和抗体。中和抗体主要以中和作用和调理作用破坏 FMDV，动物的抗感染能力与所产生的中和抗体的亲和力、滴度，以及介导吞噬细胞的活性相关。动物的抗体可分为四类，即 IgM、IgG、IgA 和 IgE，其中 IgG 和 IgA 又可分为不同亚类。IgG 是最主要的抗病毒抗体，也是血清中最重要的免疫球蛋白，约占全部免疫球蛋白总量的 75%，在体内分布广泛。在所有免疫球蛋白中，IgG 具有最强的病毒中和作用，参与所有的血清反应，具有中和、补体结合、沉淀、凝集和抗毒素等免疫生物学特性。IgM 是最大的免疫球蛋白分子，由 5 个与 IgG 等同大小的分子形成五聚体，IgM 是动物机体受到初次抗原刺激后最早产生的一种抗体，IgM 主要存在于血液中，在组织液中含量极少。IgM 具有补体结合、溶解、凝集和抗毒素等免疫生物学特性。IgA 存在于黏膜分泌物及其他外分泌液内，血液中也有，IgA 与局部免疫有关。

虽然目前普遍认为体液免疫是抗 FMDV 的主要方面，但是动物攻毒试验中发现，有些抗体水平低于最低保护滴度的动物也能够抵抗强毒攻击；另外，多肽疫苗、基因工程疫苗等分子疫苗虽然能够诱导动物产生高滴度中和抗体，却没有保护性。这些现象说明影响 FMD 免疫保护的因素是多方面的，口蹄疫免疫机理还有待做更深入的研究和探索。

(二) 细胞免疫

在口蹄疫的免疫保护中，以中和抗体和中和抗体介导之下的调理作用构成了动物对 FMDV 免疫保护力的主体，对于 T 细胞群（包括细胞毒性 T 细胞/CTL、迟发型变态反应性 T 细胞/Td、辅助性 T 细胞/Th 等）在 FMD 免疫中的作用与机理，由于受研究手段的限制，目前仍然没有认识清楚。关于动物抗 FMDV 抗体产生是否依赖 T 细胞的问题，现在广泛接受的看法是，抗体的产生对 T 细胞有依赖关系。研究者利用感染或免疫

的牛和猪，观察到了特异性 T 细胞的抗病毒反应，表明细胞免疫对于清除持续性感染动物体内的病毒具有一定作用。

四、制品

FMD 曾被国际动物卫生组织列为消灭和控制的 A 类疫病的首位，在全世界范围内曾几度广泛流行，严重破坏畜牧业生产和动物及其产品的国际贸易，因此快速、准确的诊断对控制和消灭该病有着极其重要的作用。

(一) 诊断试剂

我国已经批准的诊断试剂有间接夹心 ELISA 试剂盒、液相阻断 ELISA 试剂盒（LBP-ELISA）、非结构蛋白抗体检测试剂盒（3ABC-I-ELISA）及多重 RT-PCR 检测试剂盒（Multi-RT-PCR）。

非结构蛋白抗体检测试剂盒用于检测 FMDV 非结构蛋白 3ABC 抗体，该试剂盒不受血清型影响，适用于活畜进出口调运、疫区净化检疫和群体无症状感染评价，区分感染和免疫动物。多重 RT-PCR 检测试剂盒适合多血清型（包括 A 型、O 型和 Asia1 型）FMDV 的检测。适用于动物淋巴结、扁桃体、肉品及 OP 液等样品的检测，能同时在同一反应管中扩增出一条以上的目的 DNA 片段，具有高度敏感、特异和简便的特点。

(二) 疫苗

FMD 免疫控制政策的核心是疫苗，FMD 疫苗的主要指标是：安全、有效、质量可控，生产使用方便、价格合理。为了达到上述指标，世界各国的研究者们已奋斗了近百年的历程。

1. 活疫苗 弱毒活疫苗有较好的免疫力，免疫持续时间长，疫苗接种量少，20 世纪 50—60 年代，由于 FMD 的广泛流行和防疫上的需要，许多学者应用不同的毒株进行了各种途径的传代驯化及纯株（克隆化）病毒的筛选。直到 70 年代初，先后培育出了十几个弱毒活疫苗株，我国于 1991 年批准口蹄疫 O、A 型双价活疫苗生产使用，但实践证明弱毒疫苗存在散毒和毒力返祖现象，没有一个可以达到活疫苗标准的要求。至 70 年代末，国际上除了委内瑞拉和亚洲某些地区还使用弱毒疫苗外，许多国家已明文禁止使用弱毒

疫苗。

2. 灭活疫苗 20 世纪 70 年代后期随着对灭活疫苗更深入的研究和应用，无论在佐剂、灭活剂还是病毒抗原制备等方面均已取得了很大成效。至 80 年代末期以后，FMD 灭活疫苗在制造工艺上的主要特点是，用转瓶单层传代细胞培养法或悬浮培养法生产制苗用 FMDV 抗原；用乙酰基乙烯亚胺（AEI）或二乙烯亚胺（BEI）对病毒进行灭活；利用油佐剂乳化配制疫苗，从而取代了传统的铝胶皂素甲醛灭活疫苗。悬浮培养是目前世界各国培养 FMDV 最先进的方法。

FMD 多价灭活疫苗在我国及世界大部分国家和地区已被成功应用，特别是 FMD 在欧洲的控制和扑灭，其中部分应归功于 O、A、C 型 FMD 三价灭活疫苗的有效应用，我国 2005 年已研究成功了牛口蹄疫 O 型灭活疫苗（OJMS 株），牛口蹄疫 O 型、A 型双价灭活疫苗，2006 年猪牛羊口蹄疫 O 型灭活疫苗（ONXC/92 株），牛口蹄疫 O 型灭活疫苗（JMS 株），2007 年口蹄疫病毒 O 型、Asia1 型二价灭活疫苗（OHM/02＋KZ/03 株）（新疆天康公司申请注册），口蹄疫病毒 O 型、Asia1 型二价灭活疫苗（ONXC/92 株＋AKT/03 株）（中国农业科学院兰州兽医研究所申请注册），口蹄疫 O 型、Asia1 型二价灭活疫苗（OS/99 株＋LC/96 株）（中牧实业股份有限公司申请注册），口蹄疫 O 型、Asia1 型二价灭活疫苗（JMS 株＋AKT/03 株）（金宇保灵公司申请注册），口蹄疫 O 型、A 型、Asia1 型三价灭活疫苗，2010 年中国农业科学院兰州兽医研究所的口蹄疫 O 型、A 型、Asia1 型三价灭活疫苗（O/HB/HK/99 株＋AF/72 株＋Asia1/XJ/KLMY/04 株）获批，2013 年中国农业科学院兰州兽医研究所利用反向遗传操作技术研制的口蹄疫 O 型、Asia1 型、A 型三价灭活疫苗（O/MYA98/BY/2010 株＋Asia1/JSL /ZK/06 株＋Re－A/WH/09 株），新疆天康公司的口蹄疫 O 型、A 型、Asia1 型三价灭活疫苗（OHM/02 株＋AKT-III 株＋Asia1KZ/03 株）等疫苗的相继问世，在防制 FMD 战斗中发挥了巨大作用。

3. 合成肽疫苗 申联生物医药（上海）有限公司生产的猪口蹄疫 O 型合成肽疫苗是目前最安全的防控 FMD 的有效疫苗之一，该合成肽疫苗的抗原是一段纯粹的人工化学合成多肽。由于采用了全自动固相多肽合成技术，以及程序化、自动化的生产模式，同时结合法国 SEPPIC 公司进口佐剂，因此极大地减轻了由佐剂等带来的发热症状等副反应，使疫苗质量非常稳定可靠。2004 年猪口蹄疫 O 型合成肽疫苗（中牧实业股份有限公司和申联生物医药（上海）有限公司联合申报）获得"国家一类新兽药证书"，2007 年公司开发的单组分"猪口蹄疫 O 型合成肽疫苗"正式上市，2009 年猪口蹄疫 O 型合成肽疫苗（多肽 2570＋7309）、2014 年中牧实业股份有限公司研制的猪口蹄疫 O 型合成肽疫苗（多肽 98＋93）、申联生物医药（上海）有限公司的猪口蹄疫 O 型合成肽疫苗（多肽 2600＋2700＋2800）、牛口蹄疫 O 型、Asia1 型合成肽疫苗（多肽 0501＋0601）、天康生物股份有限公司研制的猪口蹄疫 O 型合成肽疫苗（多肽 TC98＋7309＋TC07）的新产品相继问世。与我国目前使用的传统灭活疫苗相比，合成肽疫苗免疫原性好，免疫后抗体水平高，持续期长，并对 O 型流行毒株具有交叉保护性。疫苗具有良好的安全性。另外，合成肽疫苗不含非结构蛋白，能够区分免疫动物和自然感染动物，通过血清学方法在实验室可以快速进行鉴别诊断，完全杜绝了灭活疫苗中携带的痕量非结构蛋白可能造成的假阳性动物现象。

4. 其他疫苗 随着分子生物学技术的飞速发展，FMD 基因工程疫苗，如可饲疫苗、亚单位疫苗、基因缺失疫苗、活载体疫苗、核酸疫苗、病毒样颗粒疫苗等不断涌现，取得了一些喜人的进展。新型疫苗的实验室制备已不再是很棘手的问题，但目前很多研究仍处于实验室阶段，尚不具备与传统灭活疫苗竞争的实力。因此，对新型疫苗加快实验室研究进程，并使其产业化，以取得更大的经济效益和社会效益是今后努力的方向。

五、展望

从 FMD 疫苗的整个研究和应用情况看，活毒疫苗由于其自身固有的缺陷，已经被世界上许多国家摒弃。新型疫苗虽然取得一些非常有前途的结果，但在免疫效力和经济上目前尚不存在与常规疫苗竞争的能力。在新型疫苗进入实际应用前，还需对此类疫苗的免疫机制和分子生物学特性作更深入的研究。常规灭活疫苗仍然是当前世界 FMD 免疫控制的最主要疫苗。

常规灭活疫苗在 FMD 防制中的主要问题是

FMDV 免疫原性弱，表现在三个方面。①感染发病动物康复后，不能获得长期或终生的免疫，一般只能保持12～24个月（猪不足12个月）；②康复动物不能彻底清除体内的病毒，临床康复的动物可持续带毒，长者可达数年；③疫苗的保护力有限，通常情况下只能保持6～8个月。严格地讲，这种保护力只能起到有限度的临床保护，不能阻止病毒的无症状感染。并且一旦侵染的病毒量大或致病性强时，难免发病。

FMD 免疫原性弱是 FMDV 固有的物种特性。早在1925年就开始利用免疫学原理寻求预防FMD 的办法，时至今日，尽管生物技术已取得巨大进步，但仍未寻找到解决 FMD 免疫原性弱的方法。免疫接种抗击传染病的主要成功标志是快速形成持久的保护免疫力。FMDV 免疫防御的主要目标是以特异性抗体为基础，并提高巨噬细胞的细胞内摄作用及消灭病毒/抗体复合物，在形成有效的抗 FMDV 免疫防御中，树突状细胞（DC）是"主角"。从免疫接种方面考虑，目前的疫苗与树突状细胞的相互作用肯定是有效的，可启动有效的免疫应答和形成抗病毒保护。但病毒与免疫系统细胞，尤其是与巨噬细胞和树突状细胞如何相互作用，对这些细胞的研究将使我们进一步了解怎样利用疫苗调动树突状细胞，促使形成最有效的免疫防御。

FMD 防制的另外一个问题是目前的疫苗配方和免疫程序可产生全身免疫力，但缺乏黏膜免疫力。虽然口鼻接种是一种在很久以前就采用的经典方法，但由于家畜养殖业的规模化导致免疫难度提高，因此目前对家畜不是很实用。随着科学技术的进步，新型疫苗的研制正在迅猛发展，黏膜免疫应用在 FMD 疫苗的研制中也渐渐兴起。目前，以乳酸菌活载体疫苗为代表的口服疫苗研究进入高速发展时期，多种表达系统被构建，多种外源蛋白及抗原被表达，该疫苗能在黏膜表层诱导黏膜免疫应答的发生，刺激 SIgA 的产生；同时乳酸菌作为机体内的正常菌群，能长期定植于机体内发挥其促进营养物质分子降解和吸收、维持肠道内菌落平衡、调节免疫系统作用等益生作用。结合乳酸菌表达系统的优势，优化免疫接种方式，相信不久的将来以乳酸杆菌为代表的黏膜免疫新型疫苗的研制会有质的飞跃，并将会给FMD 的防控带来新的革命。最近有关经非胃肠道途径免疫后机体如何产生黏膜免疫力的研究，也

是当前 FMD 免疫学的重要研究领域，该研究的焦点是树突状细胞，尤其是它们在免疫接种后的靶向和在黏膜表面的停留，是当前推动 FMD 免疫学研究的主要课题。

随着基因工程和分子生物学的发展，对 FMDV 结构和功能的认识在近几年里取得了明显进展。但病毒基因组构成表面上的简单与它极为复杂的生物学特性不符，关于 FMDV 生物学还有许多问题有待解决，如病毒蛋白与细胞成分的相互作用、病毒空衣壳的装配等，为了深入探索 FMDV 基因构成，利用病毒组成的合成排列，最终形成感染和病毒传播，这些都要求在分子生物学、细胞生物学和免疫学等领域协同努力。

（张永光　王忠田）

主要参考文献

谢庆阁，2004. 口蹄疫［M］. 北京：中国农业出版社.

殷震，刘景华，1997. 动物病毒学［M］. 2版. 北京：科学出版社.

Carrillo E C, Rojas E R, Cavallaro L, et al, 1989. Modification of *Foot-and-mouth disease virus* after serial passages in the presence of antiviral polyclonal sera［J］. Virology, 171 (2): 599-601.

de Prat-Gray G, 1997. Conformational preferences of a peptide corresponding to the major antigenic determinant of *Foot and mouth disease virus*: Implications for peptide vaccine approaches［J］. Archives Biochemistry Biophysics, 341 (2): 360-369.

Holguin A, Hernandez J, Martinez M A, et al, 1997. Differential restrictions on antigenic variation among antigenic sites of *Foot and mouth disease virus* in the absence of antibody selection［J］. Journal General Virology, 78: 601-609.

Morely S J, Curtis P S, Pain V M, 1997. eIF4G: Translation's mystery factor begins to yield its secrets［J］. Rna-a Publication of the Rna Society, 3: 1085-1104.

Nair S P, 1987. A comparative study of three field isolates of *Foot-and-mouth-disease virus* type "Asia-1" with vaccine strain in BHK-21 cell system［J］. Indian Journal of Animal Sciences, 57 (7): 681-685.

Parry N R, Barnett P V, Ouldridge E J, et al, 1989. Neutralizing epitopes of type O *Foot and mouth disease virus*［J］. Journal General Virology, 70 (6): 1483.

Sachs A B, Sarnow P, Hentze M W, 1997. Starting at

the beginning，middle and end：translation initiation in eukaryotes［J］. Cell，89：831-838.

第二节 流行性乙型脑炎

一、概述

流行性乙型脑炎（Japanese encephalitis，JE）又称乙型脑炎、日本乙型脑炎，简称"乙脑"，是由乙型脑炎病毒（*Japanese encephalitis virus*，JEV）引起的一种严重的人兽共患虫媒病毒性传染病。该病最早发现于日本，尽管早在1871年就报道了由乙型脑炎病毒引起的脑炎暴发，但直到1924年，日本才从流行的临床病例中分离到病原。1935年我国第一次暴发乙型脑炎，于1940年首次分离出JEV。

该病对人类危害巨大，是人类中枢神经系统最常见的虫媒病之一，广泛分布于亚洲，特别是远东的一些国家和地区，俄罗斯东部的海滨地区、太平洋的一些岛屿也有本病的报道，但近年来其流行分布范围有不断扩大的趋势。

该病通过带毒蚊虫的叮咬传播，具有明显季节性，常于夏季至初秋的7～9月流行，与蚊类的活动季节相吻合。多种蚊类均可传播该病，其中以三带喙库蚊为主。乙脑感染人大多为隐性感染，但在报道的乙脑感染人的病例中，约30%出现死亡，50%有永久性的神经系统后遗症，故在公共卫生上具有重要意义。

乙脑病毒可以感染大多数家禽和野生禽类、哺乳动物（包括人、马、猪），其中以猪的感染最为普遍。猪人工感染潜伏期一般为3～4d，常突然发病，体温升高至40～41℃，精神沉郁，食欲减退。有的猪后肢麻痹，步态不稳，呈明显神经症状。妊娠母猪感染后常表现流产或产弱仔的生殖障碍；公猪则在发热后出现睾丸炎，表现为一侧或两侧的睾丸肿大，不过之后大多可恢复正常。

二、病原

（一）分类地位及理化性质

JEV属于黄病毒科（Flaviviradae）、黄病毒属（*Flavivirus*）。病毒粒子呈球形，20面体对称，直径30～40 nm，由核衣壳、囊膜和纤突组成。在氯化铯中浮密度为1.24～1.25 g/mL。

JEV在环境中不稳定，易被有机溶剂，如乙醚、丙酮、氯仿、甲醛、碘酊、来苏儿等很快灭活，对脱氧胆酸钠、蛋白酶和脂肪酶敏感。56℃ 30min或100℃ 2min即可失活，-20℃以下可保存12个月，-70℃或冻干可存活数年。pH高于10或低于7时病毒活性会迅速降低，最适pH为7.5～8.5。

（二）生物学特性

1. 血凝特性 JEV具有血凝活性，由JEV囊膜表面的纤突产生，可凝集鸽、鹅、雏鸡及绵羊红细胞，但血凝素易于破坏，且血凝反应所要求的pH较为严格，仅为6.4～6.8。不同野毒分离株之间，血凝滴度有所不同，减毒株和实验室长期传代的毒株血凝活性很低甚至丧失。

2. 增殖特性 JEV能在动物、鸡胚及细胞培养中生长繁殖。最常用的实验动物是小鼠，鼠龄越小，易感性越高；乳鼠极易感，脑内接种72h可引起脑炎而死亡，其他途径也易感，但潜伏期延长。

本病毒能在多种细胞中培养增殖，如鸡胚成纤维细胞，猪、羊、猴或仓鼠、肾的原代细胞和细胞系，白纹伊蚊细胞。病毒在金黄地鼠肾原代细胞（PHK）、猪肾原代细胞、BHK-21和Vero细胞上可增殖到较高的滴度，而且有明显的细胞病变（CPE）。目前国内外用于增殖该病毒的细胞主要有PHK、BHK-21和Vero。

（三）JEV的分子生物学特征

JEV为单股正链RNA病毒，基因组长11 kb，沉降系数为42S，具有感染性。JEV基因组的全部核苷酸序列已完全弄清，整个基因组由5′端非编码区（5′-noncoding region，5′NCR）、一个几乎跨越整个基因组的单一开放阅读框（ORF）和3′端非编码区（3′-NCR）构成，无亚基因组结构。5′端有一个Ⅰ型帽子结构（$m_7GpppAm$ P），该帽子结构具有保护5′端免受核酸酶或磷酸酶降解的功能，且有促进起始翻译的作用，3′端没有polyA，以CU-OH结尾。

ORF大小为10.3 kb，共编码约3 430个氨基酸残基，基因系列为5′-C-prM-M-E-NS1-NS2a-NS2b-NS3-NS4a-NS5-3′，各基因区无重叠，第一个AUG在96～98位，由它

起始 ORF。ORF 编码 1 个多聚蛋白前体，产生的多聚蛋白前体经宿主病毒蛋白酶切割加工，产生 3 个结构蛋白：核心蛋白（C）、膜蛋白（prM/M）、囊膜蛋白（E）；7 个非结构蛋白（NS1、NS2a、NS2b、NS3、NS4a、NS4b、NS5）和 2 个多肽切割片段（Ar 和 Anch 片段）。结构蛋白中 C 蛋白起调节蛋白和保护基因组免受核酸酶破坏的作用，与病毒的复制和生物合成密切相关；M 蛋白参与病毒的感染过程，它能诱生具有轻度中和作用的抗体；E 蛋白为主要结构蛋白，约 53 kDa，该蛋白在大多数黄病毒中是保守的，它是毒粒表面的重要成分，由它形成的表面抗原决定簇具有血凝活性和中和作用，能刺激机体产生血凝抑制抗体和中和抗体，可保护机体免受病毒的攻击，与病毒的吸附侵入，致病和诱导宿主的免疫应答等作用密切相关；NS1 为分泌型糖蛋白，分子质量为 40 kDa。NS1 是一种与膜功能相关的糖蛋白，其具体功能不清，但认为其参与病毒复制的早期阶段，NS1 还可能参与病毒的组装和释放，是主要的抗原成分之一。由于 NS1 蛋白不组成毒粒，因此没有中和活性和血凝抑制活性。但它具有可溶性补体结合活性，可在不出现中和抗体的情况下诱生保护力，即诱生非中和性保护力，且不产生抗体依赖性增强作用。加之 NS1 的基因和表型具有高度同源性，因此它可以作为具有广泛应用的基因工程疫苗研制的绝好材料。NS2 蛋白可能与病毒对神经系统的嗜性及神经毒性有关。NS3 蛋白 N 端具有蛋白酶活性，C 端具有核苷三磷酸酶/解螺旋酶活性，此外 NS3 也可与 NS5 相互作用，促使病毒复制酶复合体定位于内质网上，从而起始病毒基因组的复制。因此，NS3 在病毒基因组的复制、病毒体的成熟和装配中起着十分重要道；NS4 蛋白结构与功能方面的研究未见报道；NS5 蛋白是乙脑病毒中分子质量最大和最保守的蛋白，可能就是病毒 RNA 聚合酶。

三、免疫学

乙脑发病形式具有高度散发的特点，并非所有被感染性蚊虫叮咬的人或动物都发病，而是多呈隐性感染。世界卫生组织报道，乙脑的治疗没有特效方法，除采取一般措施外，主要是对症治疗。本病主导性防制措施是灭蚊和免疫接种。而乙脑是一种自然疫源性疾病，在亚洲特别是在中国广大农村，要灭蚊是不可能的。因此，唯有大规模地接种高质量的乙脑疫苗才是最经济、最有效的防制措施。而猪是本病的重要宿主和主要扩增动物，因而预防猪感染本病是预防人患乙脑的重要措施。

四、制品

（一）诊断试剂

乙脑的诊断主要依靠流行病学的调查、临床症状和实验室诊断。由于乙脑临床症状与许多疾病相似，故依临床症状仅能作初步诊断，确诊必须进行实验室诊断，即病原检测和血清学诊断。病原学诊断主要包括病毒的分离鉴定、免疫组织化学、分子生物学检测等。血清学诊断包括补体结合试验、血凝抑制试验、中和试验、乳胶凝集试验、间接免疫荧光试验和酶联免疫吸附试验等。

病毒的分离鉴定是最经典、最直接的病原学诊断方法，但该方法影响因素多，工作量大且耗时较长。分子生物学方法具有灵敏度高、特异性强等优点，可进行早期快速诊断。目前用于检测乙脑的分子生物学方法，主要是 RT-PCR 方法。此外，就是血清学诊断方法，目前我国已批准华中农业大学研制的动物血清学诊断方法：猪乙型脑炎乳胶凝集试验抗体检测试剂盒（农业部公告第 742 号批准）。

（二）灭活疫苗

目前，世界上大规模生产和使用的人用乙脑疫苗有鼠脑灭活疫苗，原代地鼠肾灭活疫苗。我国于 1996 年由湖北省农科院畜牧兽医研究所研究的猪乙型脑炎油乳剂灭活疫苗获得农业部批准为二类新兽药（农牧函〔1996〕6 号）。

1. 鼠脑灭活疫苗 鼠脑灭活疫苗是将接种乙脑病毒的小鼠的脑组织制成悬液、加入甲醛灭活而成。由于该疫苗含较多鼠脑组织，接种后副反应较大，且免疫原性差、需要多次免疫。

2. 组织细胞培养灭活疫苗 采用 P3 毒株接种 2 周龄叙利亚地鼠原代细胞制得的疫苗，副反应较小，但抗原含量低、杂蛋白较多，需多次免疫。

（三）活疫苗

活疫苗是通过对野毒株经复杂的致弱过程得

来的。与灭活疫苗相比，这类疫苗的免疫力强，作用时间长，但因病毒在体内可能发生回复突变而具有潜在的安全性问题。美国和日本先后获得了几个弱毒疫苗株，我国在俞永新等（1985）筛选的 SA14 毒株的基础上，也先后培育出了几株免疫效果良好的弱毒株：2-8 减毒株、5-3 减毒株、14-2 减毒株。其中，SA14-14-2 株活疫苗是目前认为最安全、最有效的乙脑疫苗，也是目前世界上应用最广泛的乙脑疫苗。

我国已经批准的活疫苗为猪乙型脑炎活疫苗（SA14-14-2 株）。本品系用猪乙型脑炎病毒减毒株（SA14-14-2 株）接种原代地鼠肾（PHK）单层细胞培养，收获细胞培养物，加适宜保护剂，经冷冻真空干燥制成，用于预防猪乙型脑炎。对仔猪的免疫期为 6 个月，对母猪的免疫期为 9 个月。制品在 $-15℃$ 以下保存，有效期为 18 个月；$2\sim8℃$ 保存，有效期为 6 个月。每头份活疫苗含猪乙型脑炎活疫苗病毒应 $\geqslant10^{5.0}$ PFU 或每头份应至少 $10^{5.7}$ TCID$_{50}$。

五、展望

目前关于乙脑病毒的毒力基础及致病机理还有许多问题不甚清楚，而血清学诊断方法存在特异性不够的问题，乙脑疫苗则存在副反应大、免疫原性差或潜在的安全隐患。随着对乙脑病毒分子生物学研究的深入，将为研制新型基因工程疫苗和建立快速灵敏的诊断方法提供理论依据。早期快速、特异灵敏的诊断方法和更安全、高效的基因工程疫苗都将具有极大的发展潜力。

利用基因工程表达技术在原核或真核表达系统生产乙脑病毒相关蛋白，获得抗原性良好的多肽或蛋白，作为包被抗原建立酶联免疫吸附试验（ELISA），将很有希望成为新一代 JEV 抗体检测方法。

在新型动物乙脑疫苗方面，以痘病毒为载体的重组乙脑活疫苗具有良好免疫原性，遗憾的是其并发症较强。除痘病毒外，伪狂犬病毒（PRV）也是一个十分优良的重组疫苗载体。PRV 宿主范围广，不易感染人，能在多种细胞中增殖，培养简单，增殖滴度高，有大量的非必须基因，这为外源基因的插入提供了广阔的空间。迄今为止，已有几十种外源蛋白在 PRV 中获得表达。如果将乙脑病毒主要免疫原性基因插入到 PRV 非必需区中，构建一种二价疫苗，同时预防猪伪狂犬病和乙型脑炎，将有巨大的应用前景，是未来极有可能获得突破的乙型脑炎新型疫苗。

（邓　永　徐高原　王忠田）

主要参考文献

景川，2010. 乙型脑炎疫苗研究概况 [J]. 中国病原生物学杂志，5（5）：375-377，384.

王明俊等，1996. 兽医生物制品学 [M]. 北京：中国农业出版社.

卫生部文件，2004. 流行性乙型脑炎预防控制工作指导意见 [S]. 中国计划免疫，10（4）：252-253.

殷震，刘景华，1997. 动物病毒学 [M]. 2 版. 北京：科学出版社.

俞永新，汪金凤，张国铭，等，1985. 流行性乙型脑炎强毒株和 SA14-14-2 弱毒株对裸鼠的致病和免疫性实验研究 [J]. 病毒学报（3）：203-209.

张丹，金扩世，金宁一，等，2009. 乙型脑炎病毒分子生物学特性及检测方法研究进展 [J]. 中国动物检疫，26（12）：70-72.

Lin C W, Lin K H, Lyu P C, et al, 2006. *Japanese encephalitis virus* NS2B-NS3 protease binding to phage-displayed human brain proteins with the domain of trypsin inhibitor and basic region leucine zipper [J]. Virus Research, 116 (1/2): 106-113.

Nidaira M, Taira K, Okano S, et al, 2009. Survey of *Japanese encephalitis virus* in pigs on Miyako, Ishigaki, Kume and Yonaguni Islands in Okinawa, Japan [J]. Japanese Journal of Infectious Diseases, 62: 220-224.

第三节　蓝舌病

一、概述

蓝舌病（Blue tongue，BT）是由蓝舌病病毒（*Blue tongue virus*，BTV）引起的由媒介昆虫传播的反刍动物的一种非接触性传染病，以高热及口、鼻、舌和胃肠道黏膜充血、水肿和溃疡为特征。

早在 1652 年，南非的美利奴绵羊就出现过类似的疾病；18 世纪末，非洲的山羊、牛和野生反刍动物均有该病流行；1905 年，Theiler 将其命名为蓝舌病；1924 年，非洲以外的塞浦路斯发生该病；20世纪中期，美国、南欧、中东和亚洲的许多国家和地区均发现该病；2006年后，BTV-8型传入北欧多个国家。迄今，全球发生蓝舌病的国家和地区有100多个，随着全球气候变暖，南纬40°到50°之间均有发生该病的可能。我国于1979年在云南师宗县首次发现绵羊蓝舌病。随后，在湖北省（1983）、安徽省（1985）、四川省（1989）及山西省（1993）相继发生本病。

BTV几乎可感染所有的反刍动物，但主要引起绵羊、鹿、部分山羊、野生反刍动物死亡。各种年龄、品种和性别的绵羊均易感，尤其是1岁左右的绵羊更易感。在新疫区，绵羊发病率可达50%～70%，病死率20%～50%，带毒期可达4个月。牛感染后一般不发病，牛和绵羊混养时，绵羊发病率也会明显降低。但近年来欧洲大陆流行的BTV-8型感染牛后发病率较高，经济损失严重。

BTV的传播媒介主要是库蠓，通常夏季和秋季多发，特别是地表水系较发达的低洼地区更容易发生流行。该病也可经胎盘垂直传播，偶尔会通过口与口直接接触传播。

二、病原

（一）病毒分类地位

蓝舌病病毒（BTV）是呼肠孤病毒科（Reovirdae）环状病毒属（*Orbivirus*）的代表种，为分节段的双股RNA病毒。病毒无囊膜，病毒粒子呈圆形，20面体对称，具有内、中、外3层蛋

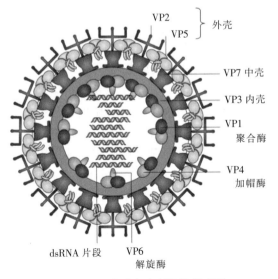

图23-1　蓝舌病病毒结构模式图

（Polly）

白衣壳，内衣壳直径为50～60 nm，外衣壳直径为70～80 nm（图23-1）。完整的病毒子比较脆弱，在弱酸性条件下，便很容易失去感染性。能凝集绵羊及人O型红细胞，而且血凝抑制试验具有型的特异性。全球已发现24个血清型，不同地域流行的血清型数量有所差异，不同血清型之间无交叉免疫力。

（二）病毒基因组

BTV基因组全长约19.2 kb，由10个长短不一的双股RNA（dsRNA）分子片段组成，用聚丙烯酰胺凝胶电泳（PAGE），可以清楚地加以区分。正股RNA片段5′端的8个碱基和3′端的6个碱基在所有片段中是保守的。10个片段各编码一种蛋白，其中包括7种结构蛋白（分子质量由大到小依次为VP1、VP2、VP3、VP4、VP5、VP6和VP7）和3种非结构蛋白（分子质量由大到小依次为NS1、NS2和NS3）。有的片段，如第10片段，还可以利用另外的起始密码子编码NS3a蛋白。病毒基因组片段位于病毒子的核心，呈同心圆分四层排列，间距20～30埃。除片段2（编码VP20）和片段6（编码VP5）外，其他片段高度保守，只在不同血清型或毒株之间略有差异。如流感病毒类似，不同BTV血清型之间可发生dsRNA片段重排，形成新的基因型组合，导致病毒抗原转变。不同血清型病毒各基因片段大小和顺序有所差异（图23-2）。

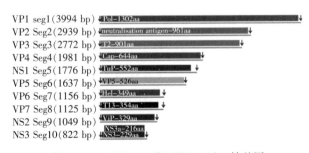

图23-2　BTV-8型NET2006/04株基因
组核酸片段与编码蛋白

（李金明和王志亮绘制）

（三）病毒的结构蛋白

外层衣壳由60个帆状结构的VP2三聚体突起和120个球状的VP5三聚体构成，VP2位于病毒子的最外层，VP5在内侧，但不会被VP2遮盖，两者是主要的病毒蛋白，约占病毒蛋白总量的40%。VP2在不同血清型之间变化最大，含有

型特异性抗原决定簇和血凝表位，能诱发型特异性中和抗体。病毒感染细胞后不久即失去外层衣壳，形成具有转录活性的核心颗粒，对环境抵抗力较强。核心颗粒主要由 VP3、VP7 和另外 3 种结构蛋白组成，其中 VP7 是主要的核心蛋白，以 260 个三聚体的方式形成核心颗粒的最外层，被称为病毒子的中层衣壳，它含有群特异性抗原决定簇，能与昆虫细胞表面受体结合。中层衣壳向内为内层衣壳，由 60 个 VP3 二聚体组成。构成核心颗粒的另外 3 种结构蛋白为 VP1、VP4 和 VP6，位于 VP3 层的内侧，但具体位置和排列方式尚不清楚。VP1 为 RNA 依赖性 RNA 聚合酶，主要负责病毒 RNA 合成；VP4 为加帽酶，在病毒 mRNA 转录成熟中发挥作用；VP6 为 dsRNA 解旋酶，在病毒 RNA 复制和转录中发挥作用。BTV 分子诊断主要以 VP7 为基础，而分型鉴别及型特异性基因工程疫苗的研究则主要基于 VP2。

（四）病毒的非结构蛋白

NS1 的功能尚不清楚，可能与病毒核酸的复制转运有关；NS2 是一种磷蛋白，对 ssRNA 具有很强的亲和力，因此与病毒 RNA 选择有关；NS3 是 BTV 病毒粒子中唯一的糖蛋白，与病毒的释放密切相关，其表达量在不同宿主细胞中差异很大，是病毒对不同宿主致病性差异的重要分子基础。

（五）病毒的血清型

蓝舌病病毒的 24 个血清型在不同地区有不同的分布。非洲和中东地区存在绝大多数的血清型，包括 BTV1～BTV19、22BTV、24BTV；北美洲主要有 BTV2、10BTV、11BTV、13BTV、17BTV；南美洲主要有 BTV1、3BTV、6BTV、8BTV、12BTV、14BTV、17BTV；欧洲主要有 BTV1、2BTV、4BTV、8BTV、9BTV、16BTV；澳洲主要有 BTV1、3BTV、9BTV、15BTV、16BTV、20BTV、21BTV、23BTV；南亚和东南亚地区主要有 BTV1～BTV3、9BTV、12BTV、BTV14～BTV21、23BTV；我国主要有 BTV1～BTV4、6BTV、9BTV、12BTV、15BTV、16BTV、23BTV，但多呈亚临床感染。BTV 各血清型之间没有交互免疫保护作用，给疫苗的研制带来很多困难，多数情况下应研制型特异性疫苗。

（六）对环境的抵抗力

BTV 可在干燥的血清或血液中长期存活，甚至达 25 年；在 4℃和−70℃存活时间较长，但−20℃以下会导致活力丧失，60℃加热 30min 以上灭活，75～95℃迅速灭活；pH 耐受范围很窄，为 6.0～8.0，酸性条件下很易失活；对乙醚、氯仿和去氧胆酸钠具有一定抵抗力；对胰酶等蛋白酶敏感，在病毒培养液中加入蛋白质，如血清、白蛋白及蛋白胨等，能提高存活率。

（七）病毒的培养特性

可用鸡胚或细胞进行 BTV 分离和培养。鸡胚培养，可采用 9～12 日龄鸡胚经静脉接种，亦可采用 6～8 日龄鸡胚经卵黄囊接种，前者敏感性比后者高 1 000 倍且鸡胚死亡较早，是 OIE 推荐的 BTV 分离方法。细胞培养，可采用 BHK‑21、Vero、鼠 L 细胞或白纹伊蚊（*Aedes albopictus*）AA 细胞系克隆 C6/36。细胞分离成功率较低，因此多数情况下采用鸡胚进行初次分离，然后用细胞传代。鸡胚接种后应在 32～33.5℃培养，一般在 2～7d 内出现死亡。死亡鸡胚会出现出血病变，鸡胚组织特别是所有内脏器官含毒量较高，将其匀浆上清液接种 BHK 或 Vero 细胞，多在 5d 内出现病变，否则应进行盲传。出现病变的细胞上清液中富含病毒。

三、免疫学

（一）感染发病机制

动物感染 BTV 后的表现迥异，从亚临床到严重症状甚至死亡，取决于毒株、宿主种类与品种、放牧方式等。病毒通过吸血虫媒传播给另一动物，具有感染性病毒粒子首先迁移至淋巴结进行复制，随后扩散至脾、胸腺和其他淋巴结。在感染的后期，病毒在血液中循环，可持续数月。在某些脊椎动物宿主（如牛）中，病毒血症能持续更长的时间。病毒能与牛羊红细胞表面血型蛋白结合，通过内吞进入红细胞，逃避抗体和细胞的杀伤作用，从而长时间保持活性，并通过吸血库蠓传播疾病。病毒能在特定部位的脉管内皮细胞中复制并造成损伤，进而感染并破坏脉管平滑肌细胞和脉管周围细胞，引起毛细血管渗漏、出血和弥散性血管内凝血（DIC），从而在出现黏膜水肿、血浓积、肺水肿、胸腔积液、心包积水、浆膜出血、低血压和休克等病理现象，临床上常见的黏膜和舌发绀（蓝舌）就是由于 DIC 造成的。绵羊还可出现肺动脉基部出血。总体看来，绵羊会出现广泛的内皮细胞感染，并导致出血死亡，而牛则仅出现少量的内皮细胞感染，多以亚临床形式存在。怀孕牛羊感染后，会出现死亡、流产、死胎或其他异常现象，如先天性侏儒、瞎眼、耳聋、关节弯曲、下颌弯曲等。

（二）免疫应答

BTV 感染动物后，可产生良好的体液免疫应答和细胞免疫应答。BTV 的 10 种蛋白均能引发机体产生抗体，其中许多是针对蓝舌病共同抗原的。VP7 和 VP3 还能激发型特异性抗体。VP2 蛋白主要激发型特异性抗体，具有足够的型特异性中和保护作用。试验感染小鼠后，第 4 天出现 IgM；绵羊接种后第 6 日可检出 IgG。牛羊补体结合抗体在感染后 2～3 周出现，可维持 4～6 个月，而后逐渐消失。琼扩沉淀抗体在感染后 2 周出现，可维持 24 个月以上。中和抗体多在感染后 8～14d 出现，也能维持 12 个月以上。

牛羊感染后 1 周可检测到特异的细胞毒性 T 细胞（CD8[+]），2 周时达到高峰，在避免进一步损伤和机体的恢复中发挥作用。细胞毒性 T 淋巴细胞免疫应答既有交叉反应性的，也有血清型特异性的。

四、制品

由于蓝舌病血清型很多，且不能产生交叉保护作用。因此该病主要应立足于及早作出诊断，防止外来血清型的入侵。在已经发生流行的区域，如果具有严重的临床症状并引起死亡，一般防控措施无法控制时，可考虑使用疫苗。

（一）诊断试剂

1. 诊断抗原　可采用基因表达的方法制备抗原，也可采用病毒的细胞培养物制备抗原。VP2 表达抗原具有型特异性，可用于蓝舌病型特异性 ELISA 抗体检测；VP7 表达抗原具有群特异性，可用于群特异性 ELISA 抗体检测。

细胞培养物制备的抗原多用于琼脂扩散试验（AGDP），用于检测血清中的蓝舌病抗体。这种抗原可能会与鹿出血热抗体发生交叉反应。AGDP 曾被 OIE 列为国际贸易指定方法，现在为替补方法。

2. 诊断抗体　蓝舌病阳性血清用蓝舌病病毒抗原免疫绵羊等动物制备的抗血清。可在多种诊断方法中用作阳性对照血清，但可能会与鹿出血热等环状病毒抗原发生交叉反应。

（1）群特异性单抗　国外许多实验室开发了 BTV 群特异性单抗，它们可用于免疫荧光、抗原捕获 ELISA 或免疫斑点试验，检测 BTV 病毒的存在。

（2）型特异性血清或单抗　OIE 参考实验室具备 BTV 所有 24 个血清型的特异性抗血清或单抗，可用于蚀斑减少试验、蚀斑抑制试验、微量中和试验、荧光抑制试验等，对病毒进行分型。

3. RT-PCR 检测（OIE 国际贸易指定试验）**试剂盒**　可快速检测 BTV 核酸，并可进一步进行分型。群特异性 PCR 引物，即能检测出蓝舌病病毒所有血清型的通用引物，多根据保守基因 VP7、VP3 或 NS1 设计，而型特异性引物则根据型特异性基因 VP2 设计。引物序列可以不同，只要符合 PCR 引物的基本原则，能够特异地扩增群或型特异性序列即可。采用的方法包括普通 RT-PCR、实时 RT-PCR 和套式 RT-PCR。

《OIE 陆生动物诊断试验与疫苗手册》中推荐的 NS1 RNA 套式 RT-PCR 引物为：第一步 RT-PCR 引物（扩增区间 11～284）。引物 A：5′-GTT CTC TAG TTG GCA ACC ACC - 3′；引物 B：5′- AAG CCA GAC TGT TTC CCG AT - 3′；第一步 PCR：95℃预变性 3min、58℃退火 20s、72℃延伸 30s（95℃变性 20s、58℃退火 20s、72℃延伸 20s），共 40 个循环；95℃变性 20s、58℃退火 20s、72℃延伸 5min，4℃保存。

第二步 PCR 引物（扩增区间 170～270）。引物 C：5′- GCA GCA TTT TGA GAG AGC GA - 3′；引物 D：5′- CCC GAT CAT ACA TTG CTT CCT - 3′；44℃反转录 50min；37℃ RNA 消化 20min；98℃预变性 4min。第二步 PCR 的程序同第一步。将反应产物用 3% 的琼脂糖凝胶电泳检查，阳性反应可出现 101 bp 的条带。

4. 竞争 ELISA（OIE 国际贸易制定试验）**试剂盒**　以病毒或表达抗原包板，同时或先后加入群特异性单抗和待检血清（多以 VP7 免疫制备），单抗可竞争或阻断血清抗体与病毒抗原的结合。具体方法是：将细胞培养、超声处理的病毒抗原或VP7表达抗原，用碳酸盐缓冲液（0.05 mol/L，pH9.6）稀释后，以50～100μL/孔，4℃包被过夜，或37℃包被1h。用PBST（0.01 mol/L PBS，含0.05%或0.1%吐温-20，pH7.2）洗5次。用含3% BSA的PBST将待检血清作10倍稀释，按50μL/孔加入2孔。立即向每孔加入50μL用3% BSA-PBST稀释的工作浓度的单抗，单抗对照孔应加稀释液代替被检血清。37℃摇振孵育1h或者25℃摇振孵育3h。洗涤5次后，按100μL/孔加入工作浓度的酶标兔抗鼠IgG（用含2%正常牛血清的PBST稀释）。37℃摇振孵育1h，用PBST洗涤5次，按100μL/孔加入底物（1.0 mmol/L ABTS，4 mmol/L H_2O_2溶于50 mmol/L柠檬酸盐中，pH4.0），25℃摇振，孵育30min。也可采用其他底物。加终止剂，如叠氮钠。测定OD_{414nm}吸光值，按下列公式计算样品抑制率。

$$抑制率 = 100 - \frac{样品平均吸光值}{单抗对照平均吸光值} \times 100\%$$

抑制率大于50%判为阳性，40%～50%为可疑，低于40%为阴性。每个反应板都应设强阳性、弱阳性和阴性血清对照，弱阳性应有60%～80%抑制率，阴性对照抑制率应不超过40%。

5. 我国已经注册的PCR制品 2011年农业部公告第1548号已经批准了中国人民解放军军事医学科学院野战输血研究所申报的两种蓝舌病病毒核酸检测方法，即蓝舌病病毒实时荧光PCR核酸检测试剂盒和蓝舌病病毒荧光RT-PCR核酸检测试剂盒。

（二）疫苗

目前商品化的蓝舌病疫苗既有活疫苗也有灭活疫苗。基因重组疫苗如真核或原核表达抗原疫苗、病毒样颗粒（VLP）疫苗、重组活载体疫苗等正在研究之中，目前尚未商品化。活疫苗是将野外分离毒通过鸡胚或细胞连续传代而获得的减毒疫苗。活疫苗的优点是可刺激较强的抗体应答（病毒能在宿主中复制）；一次接种即能产生有效的免疫；生产成本较低；多区域临床应用证明有效。但也有许多缺陷，包括：因减毒不全对某些绵羊品种不安全；有时会降低奶产量；用于怀孕母畜可引起流产、死胎或后代畸形；可通过昆虫

扩散，存在毒力返强的可能；可与野毒株发生基因重排导致新毒株的产生。

南非的试验证明，接种疫苗的绵羊在2～14d内采集血样，如果血液中的病毒滴度低于10^3，则病毒一般不会感染库蠓，因而不会传播给易感绵羊。因此，只有血液中病毒滴度低于10^3的毒种才适合弱毒疫苗制造。在南非，通常计算每只绵羊接种后4～14d内的临床反应指数，低于某一标准值者为合格。安全检验不包括致畸检测，因为弱毒疫苗一般都有致畸作用，不应在母羊怀孕前半期使用。弱毒疫苗在免疫羊体内不会返强，但如果经过吸血昆虫增殖传播，则有可能返强。由于利用动物和大量昆虫进行此类试验非常困难，一般可采用南非的替代方法进行测定，即将免疫羊处于病毒血症期的血液接种易感绵羊，如果连续3代不出现毒力返强则认为合格，欧洲标准则要求连续5代。因此，目前更倾向于使用灭活疫苗，其副反应率不超过万分之一，能够克服活疫苗的上述缺陷。灭活疫苗的毒种不需致弱，以确保较好的免疫原性。只要培养滴度高，保护效果好，并符合毒种的其他标准即可作为毒种。当然，灭活疫苗也有成本相对较高、需要两次免疫等缺陷。灭活疫苗的生产，近年来普遍采用悬浮细胞培养技术，可大大提高疫苗质量和生产效率。当病毒通过悬浮培养达到最高滴度时，收获并裂解细胞，经澄清和过滤后，进行病毒滴度测定，再以二乙烯亚胺（BEI）等灭活剂灭活，进一步层析纯化和超滤浓缩后，可作为半成品低温保存备用。制苗时，通常以氢氧化铝、皂苷（Saponin，乳化剂）等为佐剂，应保证成品疫苗中每头份至少含500个抗原单位。但基于安全性考虑，欧洲目前普遍使用的BTV-1和BTV-8疫苗均为灭活疫苗，而且普遍认为要根除蓝舌病不能依靠弱毒疫苗。

我国也基本成功地研制了BTV-1、BTV16等多个血清型的鸡胚弱毒苗或灭活疫苗，弱毒疫苗的种毒应由细胞或鸡胚单独或交替连续传代致弱的病毒经蚀斑克隆制备。通过细胞培养将不同血清型的分离株致弱一般需要传40代以上，进一步经蚀斑克隆后，对各克隆株进行绵羊病毒血症和免疫保护试验，病毒滴度不高而免疫保护好的病毒克隆可用作弱毒疫苗的种毒。每批基础种毒均应进行传播能力和毒力返强试验，否则不能用于疫苗制造。弱毒疫苗至少应进行2年的稳定性

试验，一般液态苗有效期为 12 个月，而冻干苗为 24 个月。在产品检验中，可采用有效期加速试验，即将疫苗在 37℃ 放置 7d 后，再按标准进行病毒滴度等指标的测试。安全性试验是用基础毒种接种血清阴性的绵羊，每天测量直肠温度 2 次，连续 28d，观察是否出现临床症状、全身反应或局部反应，以确保毒株的无毒、无害。每隔一定时间采取血样检测病毒血症和抗体应答水平。如果绵羊体内有病毒繁殖而不表现临床症状（一过性反应除外），则检验合格。

对免疫绵羊和未免疫绵羊进行攻毒，攻毒株应是仅通过绵羊而未经鸡胚或细胞传代的同血清型强毒。攻毒后，连续观察临床症状，每天测直肠温度 2 次，每隔一定时间采取血样检测病毒血症和抗体应答水平。未免疫的对照组应出现 BT 临床症状和病毒血症，但某些 BTV 血清型和分离株可能不引起临床症状，此时对照组感染的证据可定为平均体温比接种前高 1.7℃ 以上并出现病毒血症。检查免疫前后中和抗体的变化，可进一步确定免疫的有效性，并可据此制定中和抗体滴度标准。

对灭活疫苗的初步研究表明，接种后 7d 可检测到抗体，14～21d 后抗体滴度升高，此时追加免疫会显著提高抗体水平。欧洲 2008 年开始进行大规模 BTV-8 灭活疫苗免疫，大量临床试验数据表明，绵羊首免后 3～4 周追加免疫 1 次，3 周后产生足够的保护性免疫，可持续 12 个月；牛首免后 3～4 周追加免疫 1 次，4 周后产生足够的保护性免疫，也可持续 12 个月。

出于安全性的考虑，接种弱毒苗的动物不应进行国际贸易。为防止母源抗体的干扰，疫苗仅用于 2.5 月龄以上的牛、羊等反刍动物。怀孕母畜在妊娠前半期禁用疫苗。灭活疫苗 2～8℃ 保存，有效期为 12 个月。但仍有许多血清型的疫苗有待开发，目前尚没有注册制品，但是当前应特别加强 BTV-8 型疫苗的研究与储备。

五、展望

随着全球温室效应的加剧，蚊虫活动的时间和空间不断拓展，蓝舌病流行的时间和空间也在不断拓展。蓝舌病病毒具有多个血清型，以及血清型之间缺少交叉保护作用，为诊断技术和疫苗的研究增加了难度，今后应在以下几个方面加强研究。①建立病原快速确诊和分型技术。这方面较有发展潜力的是与 PCR 相结合的焦磷酸测序等快速高通量病原核酸确诊技术，可允许在收到病理材料后几个小时做出确诊并根据核酸序列进行血清型确定。②研究新型高效疫苗。目标是研发成本低、能区分免疫与感染、针对多个血清型甚至一次免疫即能达到保护效果的安全疫苗。这方面正在开展的研究有很多，如金丝雀痘重组活载体疫苗、杆状病毒表达的亚单位疫苗等已接近市场化的程度。病毒样颗粒疫苗（VLP）是近年来研究热点方向，该技术将表达病毒几个主要结构蛋白的重组杆状病毒感染昆虫细胞，表达的蛋白可组装成病毒样颗粒。由于病毒样颗粒中并无病毒核酸，因此无论生产和使用均具有很好的安全性，而且由于最大程度地模拟了病毒的形态，能够产生很好的免疫效果；同时，由于颗粒中缺乏病毒的非结构蛋白和某些结构蛋白，因此可以通过血清检测很好地区分免疫抗体和感染抗体。此外，单周期感染缺陷型（DISC）疫苗（属于有限复制型减毒活疫苗）也是一个重要的研究方向，这种策略是在病毒基因组中缺失某个或几个复制必需基因，而将这些缺失的基因转入 BHK 等细胞系中构建能表达缺失基因的辅助细胞系。将缺陷病毒感染辅助细胞系，由于细胞中含有病毒复制的各种蛋白，因而能够生成具有感染性的缺陷病毒子。这样的病毒子除了缺失的基因片段外，具备完整病毒子的所有成分，因而具有感染性。而且，这样的病毒在感染宿主后，由于宿主细胞中缺少复制必需基因，其所携带的基因片段只能转录表达，不能复制，因此细胞内会产生大量的类似弱毒疫苗的蛋白。由于宿主细胞内表达的蛋白，能够很好地被提呈，因而能产生类似弱毒疫苗的免疫力。而且由于病毒不能复制，不会出现生产安全问题。③蓝舌病分布具有扩展趋势，多数国家应加强疫苗的研究和储备工作。

（王志亮　王忠田）

主要参考文献

王明俊等，1997. 兽医生物制品学 [M]. 北京：中国农业出版社.

王志亮，2006. 动物外来病诊断图谱 [M]. 青岛：中国海洋大学出版社.

Roy P, Boyce M, Noad R, 2009. Prospects for improved

bluetongue vaccines ［J］. Nature Reviews Microbiology，7：120 - 128.

第四节　狂　犬　病

一、概述

狂犬病（Rabies）是由狂犬病病毒（*Rabies virus*，RABV）感染引起的、以脑脊髓炎为特征的一种高度致死性传染病，为一种古老的传染病。西方有关本病的记载可以追溯到公元前 2300 年的美索不达米亚，我国正式记载本病是在战国时期（公元前 556 年）。

所有种类的温血动物不分年（日）龄大小，均对狂犬病易感。狂犬病在犬俗称疯狗病（Mad dog disease），可在犬科动物中传播，也能在其他科的野生动物种群中发生流行。狂犬病在犬科动物或野生动物种群的流行过程中，由于患病犬和野生动物的中枢神经系统兴奋，患病动物可呈现攻击行为，容易咬伤人或其他动物，发生犬群或野生动物种群狂犬病的外溢，从而导致人、家畜（如牛、马、羊、猪、驴、鹿、水牛等）和其他温血动物（如猫、狐、黄鼬、鼬獾、猪獾、狼、浣熊、臭鼬、鼠等）的感染。小鼠、兔、豚鼠等也可通过接种病毒发生感染。其中，人的狂犬病又称恐水症（Hydrophobia）。

在没有良好预防或干预措施的情况下，狂犬病可在犬群或野生动物种群中相互传播并长期存在，因此通常将这些动物叫做贮存宿主（reservoir）；同时，由于这些动物在患病时，可以通过咬伤将狂犬病传递给人、家畜或其他动物，因此在狂犬病中又扮演传播者的角色，故称传播宿主（vector）。人和家畜被感染后，一般情况下不会继续传播本病，因此通常叫做终末宿主（victim）。

狂犬病病毒感染的潜伏期在不同个体间差异较大，短则 5～20d，长达数周、数月乃至数年。不同动物和人感染狂犬病的症状均主要以脑脊髓炎表现为特征。通常初期表现为不安或不适，中期表现为兴奋，后期表现为麻痹。例如，犬感染初期往往改变习性，有逃跑或躲避趋势，或精神沉郁，厌食和消瘦，主人等爱抚时往往被咬；兴奋期病狗到处奔走，沿途扑咬所遇到的人、畜或运动的车、物，行为凶猛，口部大量流涎，拒食

或贪食，并有异嗜金属、木片等或呕吐现象；后期由于极度消耗和中枢神经组织感染病毒，最终麻痹而死，整个病程 2～5d，少数可达 10d 左右。其他动物，如猫、家畜的狂犬病感染多为犬狂犬病溢出所致，呈零星散发。临床上，病猫喜隐于暗处，发出粗厉叫声，继而狂躁，攻击人畜，病程 2～4d；牛、羊患病时，表现不安，用蹄刨地，高声怪叫，流涎，磨牙，啃咬周围物体，最后在 3～6d 内麻痹死亡；病马两眼呆滞，易于惊恐，啃咬或摩擦被咬伤部位，呈现短期狂暴后出现沉郁，口、鼻返流食物和液体，后肢僵直、麻痹，最后死亡；猪患病时表现应激性增高，易受惊吓，摩擦被咬部位，用鼻拱地，相互攻击，或张嘴咬人，2～4d 内麻痹而死。其他动物，如鼬獾、狐、黄鼬等感染狂犬病后也呈现攻击行为，在种群内传播或外溢至其他种类动物。值得注意的是，在美洲、西亚、欧洲和大洋洲的一些国家，吸血蝙蝠、食虫蝙蝠和食果蝙蝠携带着狂犬病病毒（RABV）或狂犬病毒（Lyssavirus）。但蝙蝠很少发病或不发病，一旦传播给陆生哺乳动物，就可引起后者感染发病。墨西哥和巴西的吸血蝙蝠常可因吸食牛血感染后者，发生狂犬病，造成大批牛群死亡；澳大利亚的食果蝙蝠（又叫飞狐）曾经咬伤人和马，最终引发死亡。我国军事兽医研究所流行病学研究室 2012 年也从吉林省境内的白腹管鼻蝠体内分离到这类病毒（Irkut 病毒）。据报道在其他地区的蝙蝠体内存在着针对 RABV 的交叉反应性抗体。

狂犬病主要通过咬伤途径散播，在犬群实行强制性免疫的国家和地区，犬的发病率并不高；没有实行免疫或免疫覆盖率低的国家和地区，如果存在患病动物，其传播较为快速且普遍。但是，没有人进行过发病率的调查。狂犬病在动物和人的病死率 100%，一旦出现狂犬病症状，均在数日内以死亡告终。

尽管狂犬病是高度致死性的传染病，也没有有效的治疗方法，但狂犬病是可 100% 预防的。采用注射或口服途径给予狂犬病疫苗接种，就可有效预防本病的发生。

二、病原

狂犬病病毒属于弹状病毒科（Rhabdoviridae）狂犬病毒属（*Lyssavirus*），病毒呈圆柱体，

外形似炮弹或枪弹状，长 130～200 nm，直径 75 nm，表面有 1 072～1 900 个长 8～10 nm 的突起，由糖蛋白组成。

根据血清学试验（即与单克隆抗体反应特性的不同）可将狂犬病毒属中的成员分为 4 个血清型：1 型为古典型狂犬病病毒株（RABV），2 型为 Lagos 蝙蝠病毒（LBV），3 型为 Mokola 病毒（MOKV），4 型为 Duvenhage 病毒（DUVV）。后来根据 N 基因序列的不同，将狂犬病毒属中的已经鉴定的成员分为 7 个基因型，前 4 个分别与 4 个血清型相对应，欧洲蝙蝠狂犬病毒 1（EBLV‑1）和欧洲蝙蝠狂犬病毒 2（EBLV‑2）被分为基因 5 型和基因 6 型，澳大利亚蝙蝠狂犬病毒（ABLV）为基因 7 型。近年来，又从蝙蝠体内分离了一些新的病毒株，包括 1991 年和 2001 年分别在中亚的吉尔吉斯斯坦和塔吉克斯坦分离获得的蝙蝠狂犬病毒 Aravan 株（ARAV）和 Khujand 株（KHUV），2002 年从欧洲东南部和俄罗斯的伊尔库斯克分别分离获得 West Caucasian 蝙蝠病毒（WCBV）和 Irkut 病毒（IRKV），以及 2009 年在肯尼亚发现的 Shimoni 蝙蝠病毒。这些病毒株目前均为狂犬病毒属中的暂定成员，与前 7 个基因型均存在明显的抗原性和基因差异。到目前为止，本属的成员已经有 15 个。

对动物造成广泛危害的狂犬病毒中，只有血清 1 型（基因 1 型）即狂犬病病毒呈世界性分布。基因 2～7 型病毒无论是宿主范围还是地理分布均较窄，其他 8 个病毒成员造成的人兽共患感染的情况更为少见。

自然界中分离的狂犬病病毒流行株叫做"街毒"。目前比较一致的看法是，即使流行的时间和地域不同，分离到的狂犬病病毒街毒株在抗原性上也都十分接近，对应的核蛋白核苷酸序列的同源性均未低于 82% 的水平。尽管采用交叉中和试验或动态中和试验可以测定不同毒株之间的细微差异，但是采用不同毒株制备的疫苗，相互之间可以提供完全的保护。

（一）病毒基因组

狂犬病病毒的核酸为不分节段的单链负股 RNA，病毒基因组长 11 615（如 Flury‑HEP 株）～11932 nt（如 PV 株），在基因组的 3′端至 5′端，依次排列着 N、P、M、G、L 5 个结构蛋白基因，各基因的长度通常情况下分别为 1 424nt、

991nt、805nt、1 675nt 和 6 475nt（图 23‑3）。

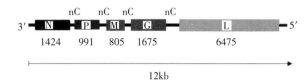

图 23‑3　狂犬病病毒基因组结构

注：N 为核蛋白；P 为磷酸化蛋白，又叫 M1 蛋白或 NS 蛋白；M 为基质蛋白或 M2 蛋白；G 为糖蛋白；L 为大转录酶蛋白。nC 为间隔序列。不同的狂犬病病毒基因组全长序列约 12 kb。

由于狂犬病病毒基因组是负链 RNA，病毒 RNA 不能呈现 mRNA 作用，需在病毒 RNA 聚合酶的作用下，首先合成 5 个相应的 mRNA，然后再翻译成病毒的 N（核蛋白）、P（磷酸化蛋白）、M（基质蛋白）、G（糖蛋白）、L（转录酶大蛋白）。在 N 基因前，还有一个 58 个核苷酸的先导序列，在 N～P、P～M、M～G 和 G～L 基因之内，分别有 2、5、5 和 423 个 nt 的间隙子序列，G～L 基因之间的 423nt 间隙子又叫伪基因，其在病毒感染及复制过程中的具体功能尚待阐明。

（二）病毒的编码蛋白

狂犬病病毒基因组编码 N、P、M、G 和 L 共 5 种结构蛋白。分子质量分别为 57 kDa、37～41 kDa、25 kDa、65 kDa、224 kDa。其中，N 蛋白和 G 蛋白在病毒颗粒中所占比例较大，N、P、M、G 和 L 蛋白在病毒颗粒中的拷贝数分别为 1 750、900、1 600、1 900 和 30～60。N、P、L 和病毒基因组核酸结合形成核衣壳（RNP），对病毒的复制起重要作用。G 蛋白是病毒的主要保护性抗原，可刺激机体产生中和抗体，N 蛋白和 M 蛋白据报道也在免疫保护中发挥一定的作用。

1. N 蛋白　N 蛋白即核蛋白，每个病毒粒子含有 1 750 个 N 蛋白分子，每个 N 蛋白由 450 个氨基酸残基组成，其 389 位的丝氨酸残基呈现磷酸化作用。不同毒株间、甚至与同科不同属的病毒之间其序列相对高度保守，保守的氨基酸区段可能是直接与 RNA 基因组相互作用的部分，因为该蛋白的一种作用是保护基因组，并将基因组包装进衣壳中。

不同株间 N 蛋白抗原性也高度一致。针对 N 蛋白的单克隆抗体已用于对狂犬病病毒野毒株的鉴别和分型。N 蛋白有 3 个主要抗原位点，其中 2 个位点已作图，位点 I 和位点Ⅲ分别位于 374～

383 和 313～337 氨基酸残基区段；同时鉴定出了几个免疫优势 Th 表位，其中之一在 408～418 氨基酸残基区段内，在其与 G 蛋白的线性表位耦联后，可对小鼠提供免疫保护作用。除了可以诱导机体产生非中和性抗体外，N 蛋白主要诱导机体产生细胞免疫。

2. P 蛋白 P 蛋白即磷酸化蛋白，每个病毒粒子含有 900 个 P 蛋白分子，每个 P 蛋白分子由 293 个氨基酸残基组成，呈现不同程度的磷酸化状态，具有大量的丝氨酸残基和苏氨酸残基，能够锚定磷酸基团，磷酸化作用总体上提供负电荷，负电荷的增加由大量酸性氨基酸（天门冬氨酸和谷氨酸）产生。

P 蛋白的主要氨基酸序列，尤其是中间部分（55～200 氨基酸残基）在狂犬病病毒和 Mokola 病毒之间保守性很差。在 P 蛋白中已经鉴定了 2 个抗原位点，二者均位于 75～90 位氨基酸残基。在 191～206 位氨基酸残基处，还鉴定出了免疫优势细胞毒性 T 细胞表位和 Th 表位，它们部分位于保守性较差的中央区（191～197 位氨基酸残基），部分位于保守的羧基端（198～206 位氨基酸残基）。在狂犬病病毒颗粒和感染的细胞中存在两种主要形式的 P 蛋白分子，即 37 kDa 和 40 kDa，在感染细胞中还存在着其他形式小的 P 蛋白分子。

P 蛋白具有高度亲水性，但在其分子中心及氨基末端存在广泛的疏水区。用该蛋白免疫动物，不能诱导机体产生免疫保护反应，其功能在于与 N 蛋白和 L 蛋白一起，负责病毒 RNA 的转录和复制，与维持病毒结构和形态有关。

有报道认为，磷酸化蛋白具有阻断 I 型干扰素产生的作用，并能阻断抑制宿主固有免疫的信号传导途径。

3. M 蛋白 M 蛋白即基质蛋白。每个病毒粒子含有 1 600 个 M 蛋白分子，每个 M 蛋白分子由 202 个氨基酸残基组成。M 蛋白在核衣壳和病毒囊膜间起中介作用，存在着与两个部分相互作用的区域。在水疱性口炎病毒（VSV），M 蛋白的氨基末端富含脯氨酸和带正电荷的氨基酸残基，可以在核衣壳卷绕前，对转录和复制起抑制作用。该区域可能与宿主对狂犬病的免疫应答有关，因为在其第 1～72 位氨基酸残基之内确定了一个主要抗原决定簇。在 89～107 位氨基酸残基部位存在着一个疏水性很强的 19 个氨基酸残基的片段，

能够将 M 蛋白锚定至病毒囊膜上。该蛋白存在的棕榈酰化作用位点，可能包括 1 个丝氨酸残基，但其特性仍待阐明，它与假定的膜结合位点可能没有直接关系。对 VSV 的研究显示，M 蛋白从病毒囊膜的内层一直延伸到核衣壳螺旋内部中心。但不管 M 蛋白处在什么位置，M 蛋白在病毒形态形成上起着重要的作用。

4. G 蛋白 G 蛋白即糖蛋白，每个病毒粒子含有 1 900 个 G 蛋白分子，每个 G 蛋白分子由 505 个氨基酸残基组成。但其前体由 524 个氨基酸组成，前 19 个氨基酸为信号肽，信号肽被切除后，形成由 505 个氨基酸组成的成熟糖蛋白。成熟糖蛋白包括 3 个区域，即抗原区、转膜区和胞浆区，分别由前 438 个、439～461 个和 462～505 个氨基酸残基组成。氨基端信号肽在和成熟肽分离前，通过粗面内质网膜启动该初生蛋白的转位作用，转位作用过程延伸到穿膜片段的 440～461 残基区域内。例如，从 461 位丝氨酸残基的棕榈酰化作用可以看出，该穿膜区保持锚定在膜上，它将内部的胞质羧末端区（462～505 残基）和外部的糖化氨末端区（1～439 残基）分开。

在抗原区段内，有 3 个（Ⅰ、Ⅱ、Ⅲ）主要抗原区，分别位于第 34～200（Ⅰ）、第 34～42 和第 198～200（Ⅱ）、第 333～357（Ⅲ）氨基酸残基之内。在第 Ⅲ 区至少含有 3 个抗原决定簇，不同决定簇的氨基酸初级结构排列紧密，并共用某些氨基酸，其中最关键和最易变化的氨基酸在第 Ⅲ 区的第 333、336、338 和 357 位，以及第 Ⅱ 区的第 198 位氨基酸上。它们不仅是病毒的中和抗原决定簇，而且与病毒的感染和毒力直接相关。第 333 位的精氨酸被异亮氨酸、天门冬酰胺或谷氨酸取代后，常常伴随病毒毒力的明显降低。

G 蛋白与狂犬病的致病性相关，并与病毒的部分神经嗜性有关。基因 1 型病毒的神经嗜性与 333 位（抗原位点 Ⅲ）的精氨酸（或赖氨酸）直接相关。将该位点突变为其他氨基酸以后，病毒就不能感染某些类型的神经元，这可能与它们不能识别受体有关。一些基因 1 型病毒的疫苗株，如 Flury-HEP、Kelev 等在 333 位的氨基酸发生了突变。Mokola 病毒（基因 3 型）在小鼠具有高度的神经病原性，它的 333 位是 1 个天门冬氨酸残基。这说明，神经组织特异性的机制可能是非常复杂的。

在不同的狂犬病病毒株糖蛋白的胞外区的 3

个（Ⅰ、Ⅱ、Ⅲ）主要抗原区中，已经确定了至少8个抗原位点，分别为Ⅰ～Ⅵ、a和G_1。Ⅵ和G_1两个抗原位点是在变性条件下鉴定出来的，其他抗原位点则依赖于G蛋白的构象和折叠。其中的5个抗原位点图已确定，位点Ⅰ、Ⅲ、Ⅵ和"a"分别位于231、330～338、264和342～343氨基酸残基处，抗原位点Ⅱ是不连续的，由34～42和198～200两个分开的片段组成，二者由二硫键连接。有人建议，应当按照G蛋白在刺激B细胞应答方面的相对重要性，对目前的抗原位点命名进行修改：对于那些由不同单克隆抗体鉴定描述的区域，应保留使用"抗原位点"（antigenic site）一词，如Ⅱ、Ⅲ、和"a"；对于那些由多种单抗鉴定的位点，如Ⅰ、Ⅳ、Ⅵ和G_1，则应采用"表位"（epitope）一词。

在糖蛋白抗原区内，随着毒株的不同，每个糖蛋白分子有2～4个糖基化位点。G蛋白的糖化作用和脂肪酰化作用，发生在从粗面内质网到高尔基体和胞质膜的转运过程中。其中319位的糖化作用位点极其重要，一方面是因为在所有的狂犬病病毒株中均存在此位点；另一方面，它与VSV的G蛋白具有同源性，其他位点则不然。

G蛋白的T细胞表位通过化学裂解，或合成肽免疫的方法也得到了鉴定，但研究并不深入。

5. L蛋白　L蛋白即大转录酶蛋白。每个病毒粒子含有30～60个L蛋白分子，每个分子的该蛋白在狂犬病病毒的巴斯德病毒（PV）株和SAD-B19株分别由2 142个和2 127个氨基酸残基组成，其核苷酸序列占整个病毒基因组的1/2还多（54%）。但由于该蛋白在狂犬病病毒颗粒中，以及在感染细胞中含量极少，因此在生化水平和免疫学水平都是研究最少的病毒蛋白。L蛋白的主要特征之一，是它与单链负股RNA病毒中其他成员的L蛋白序列间存在同源性，但同源性不是随机分布的，一些区域高度保守，相同的氨基酸也位于相似的位置，其他区域则差异较大，独立的保守区域被较多的可变区连接起来，同源区域的分布特点与L蛋白的功能特征一致。L蛋白分子在病毒中的主要功能是负责病毒转录的全部活性。

（三）抗原变异的分子基础

狂犬病毒属中不同成员之间主要依据N基因及其表达蛋白（核蛋白）的差异区分基因型和血清型。糖（G）蛋白基因和其他蛋白基因在不同毒株之间的差异与N基因的差异具有相似性。尽管在狂犬病病毒的不同分离株或是不同的动物、细胞适应株之间糖蛋白和核蛋白在核苷酸序列及其编码蛋白的氨基酸序列都可产生变异。但迄今为止，所有的狂犬病病毒株，无论是N基因还是G基因，毒株之间同一基因的同源性均未低于82%；相应地，它们所编码的同一种蛋白的同源性也未低于85%的水平。因此，同一基因型或血清型的不同毒株之间，尽管在诱导中和抗体水平上存在一定程度的差异，但相互之间可以产生完全的交叉保护。采用抗原制图学（antigen cartography）的研究结果认为，糖蛋白膜外区4.8%～5.5%的氨基酸序列变化才能导致不同毒株之间的一个抗原单位变化，这相当于2倍抗体滴度水平的变化。也就是说，不同的狂犬病病毒流行株中，这种氨基酸变异所导致的抗原单位变化，相互之间抗体水平的差异最大尚未超过10倍的水平。

（四）狂犬病毒的转录

通过S_1酶作图，可确定包绕狂犬病病毒和Mokola病毒基因组顺反子起始和终止的转录信号（内部信号）。起始转录信号都由9个核苷酸同义序列组成，终止信号由7个尿嘧啶碱基序列组成，在重新启动下一个起始信号之前，经过转录酶的重复拷贝，使每个mRNA产生多聚腺苷酸尾。

聚合作用和衣壳化作用（外部信号）的启动子，据推测可能分别出现在基因组的3′和5′端的11个核苷酸中，这些序列严格保守，并反向互补。不过，基因组在转录和复制期间不可能产生柄结构，因为基因组和反基因组合成后即被包装起来。

在同一种属，如狂犬病毒属或水疱性口炎病毒属内，所有转录信号序列均高度保守。不过，在整个弹状病毒科中，病毒基因组转录的内部信号比外部信号似乎更稳定一些。

狂犬病病毒和Mokola病毒基因组中各基因之间的间隔区在长度（2～423nt）和核苷酸组成上都有不同，但VSV Indiana株基因组中的间隔区比较保守，大部分为GA。间隔区越长，顺反子间的转录效率越低。因此，狂犬病病毒与VSV相比，前者在细胞感染期时，其转录复制较慢，病毒产量较低，对细胞内的蛋白合成几乎不产生抑制。

（五）毒力变化的分子基础

一般认为，糖蛋白的 333 位氨基酸的种类决定狂犬病病毒的毒力，该位为精氨酸时属于强毒株，被异亮氨酸、天门冬酰胺或谷氨酸取代后，将会伴随病毒毒力的明显降低，但被赖氨酸取代后神经嗜性并不改变。目前使用的大多数弱毒或减毒疫苗，333 位的氨基酸均不是精氨酸。但也有研究表明，强毒株的每一个蛋白可能都与病毒的毒力相关。有研究证明，将具有致病性的母源病毒株 Nishigahara 株的 G、P、N、M 分别重组到弱毒株 RC-HL 和 Ni-CE 中，结果表明两个弱毒株均获得了致病性，说明 RABV 的毒力强弱与病毒基因的多种机制有关。有学者通过病毒糖蛋白的点突变也发现，242 位、255 位、268 位氨基酸的替代除了影响病毒的毒力以外，还影响 RABV 的扩散。

三、免疫学

狂犬病病毒一般情况下通过咬伤途径感染敏感宿主，气溶胶、器官移植，以及口腔黏膜感染只在少数特殊情况下发生，经过 7d 以上、长达数年的潜伏期，在局部组织增殖后经由神经末梢移行进入中枢神经系统。街毒在体内一旦形成感染，即可导致无法治愈的结局——死亡。但是街毒进入体内未必都形成感染，这取决于感染的病毒量、机体的免疫状态和应答情况等。弱毒在进入机体后，引发致死性感染的情况很少发生，但偶有引起麻痹等接种副作用者。因为此时病毒可能进入神经组织，并到达脊背运动神经节，个别情况下可能到达延髓。但是这些感染的病毒都可被随后产生的抗体所中和，从而康复。

狂犬病病毒所有的结构蛋白均表现出一定的抗原性，但在提供免疫保护方面，并非所有的蛋白都起作用。过去的研究认为，单纯的 G 蛋白免疫后能够保护狂犬病病毒的脑内攻击，纯化的核衣壳蛋白只能对外周攻击提供保护，其他结构蛋白在诱导免疫应答中也发挥着重要作用。

狂犬病病毒的 N 蛋白是病毒特异性 T 辅助细胞（Th）的主要靶抗原。N 蛋白特异 Th 可识别 N 蛋白序列内 404～418 位氨基酸残基表位，以含此序列的合成肽免疫机体，可产生狂犬病病毒特异 Th 细胞并释放细胞因子，与完整病毒或病毒蛋白反应。最近研究表明，N 蛋白上 394～408、408～418 和 21～35 区段氨基酸残基是 Th 细胞的 3 个主要表位，可在体内和体外激活 Th 细胞，而且受 MHC-Ⅰ型的限制。有报道发现，利用 N 蛋白构建的重组疫苗可以提供较好的免疫保护力。

第一，G 蛋白也具有诱发细胞免疫应答的能力。该细胞免疫应答与 N 和 P 蛋白诱发的相关 T 辅助细胞和细胞毒性 T 细胞免疫应答一起，在机体产生的对狂犬病免疫反应中都起着重要的作用。

第二，体液免疫在抵抗狂犬病病毒致死性感染中发挥着主要作用。抗病毒免疫应答过程中抗体的主要作用之一是阻断病毒与细胞表面受体之间的结合（中和病毒的感染能力），即使与病毒颗粒结合的抗体没有中和的能力，也能起到致敏病毒颗粒，使其更容易被巨噬细胞识别和吞噬的作用。

G 蛋白是狂犬病病毒中唯一能够持续诱导产生病毒中和抗体的狂犬病病毒抗原，这一特性主要依赖于它的三维结构。尽管糖蛋白具有一些线性中和表位，但糖蛋白分子只有在形成三聚体时，其诱导的中和作用才会最强。狂犬病病毒感染细胞培养液中还存在着一种可溶性 Gs，比较两者结构，Gs 在羧基末端缺失 28 个氨基酸残基，破坏了跨膜区，使其不能结合在病毒包膜上，但抗原性却与 G 蛋白相同，同样能诱导产生中和抗体。用单抗分析表明，G 蛋白所有的抗原决定簇也存在于 Gs。但 Gs 却不具备 G 蛋白的保护能力，提示羧基末端是其完整保护作用所必需的。目前已证实，Gs 只在 319 位有一个 Asn 糖基化位点，G 蛋白则有 2～4 个糖基化位点，适当的糖基化对于 G 的功能表现是重要的。

此外，尽管 G 蛋白对狂犬病的免疫来说是最重要的抗原，但 N 蛋白的免疫作用也不能忽视。主要原因有两个：①N 蛋白可以明显增强针对狂犬病病毒的 Th 细胞免疫应答；②N 蛋白比其他抗原更稳定，说明其是增加疫苗保护谱的最好免疫原成分，尤其是针对那些与狂犬病病毒亲缘关系较远的狂犬病相关病毒。N 蛋白对中和抗体的产生具有促进作用。N 蛋白加弗氏完全佐剂初免小鼠后，用灭活狂犬病病毒加强免疫，中和抗体水平明显上升；而用 G 蛋白加强，中和抗体产生不明显。N 蛋白抗体还能抑制狂犬病病毒在细胞间的传播和在细胞内的繁殖。

第三，狂犬病病毒核蛋白具有超抗原特性，

可以激活 T 细胞针对无关抗原的应答。由此可见，针对狂犬病病毒的免疫应答不仅会加重炎症应答反应，而且还会引起自身免疫性脑脊髓炎。因此，如果针对狂犬病病毒的免疫应答可能导致病理损伤的话，那么，导致被感染宿主死亡的并不是病毒本身，而是针对病毒的免疫机制。

第四，受到狂犬病病毒强毒感染后，机体的免疫应答与上述情况不同。自然感染时，几乎检测不到机体产生抗狂犬病病毒的免疫应答反应。可能与狂犬病病毒强毒抑制机体的特异性免疫应答有关。

机体一般通过 CD8$^+$ T 细胞杀灭被感染细胞的方式清除细胞内病毒，如果狂犬病病毒在感染神经元后通过这种方式清除，无疑会导致病理损伤。动物感染模型中出现的麻痹型病例，即是很好的例证。麻痹型病例常伴随免疫应答的出现和中枢神经系统的炎症。通过 T 细胞缺失试验证实，麻痹型病例与 CD8$^+$ T 细胞有明显关联。与其他动物感染狂犬病病毒后形成的脑炎不同，出现麻痹症状的小鼠，常产生高水平的狂犬病病毒特异性抗体。此时，小鼠也可从感染中康复。说明免疫应答、清除感染和损伤形成之间有密切的关系。

免疫应答导致的狂犬病病理损伤也与感染途径有关。例如，在通过足垫感染小鼠时，将导致小鼠的外周神经损伤，从而引起麻痹，其中部分小鼠能够从感染中康复；但在通过脑内接种感染小鼠时，则会引起致死性脑炎。

此外，麻痹型小鼠的神经元细胞凋亡程度明显增加，这种凋亡也是由免疫介导的。

最后，除了一些野生动物贮存宿主、犬和实验动物偶有从狂犬病感染中康复的例子以外，人从狂犬病感染中康复的例子极为罕见。狂犬病病毒由伤口侵入机体引起感染，需要从局部进入外周神经组织，再由传入神经向心性传递至中枢神经系统，需要较长的运行和扩散过程。在狂犬病暴露的此过程中，若对机体进行主动免疫即疫苗接种，在病毒到达神经元之前诱导机体产生抗狂犬病免疫，则可保护机体免受感染死亡。一些能够从狂犬病中康复的动物，如小鼠等，如果在病毒感染了神经元后，机体才产生免疫反应，则可能引起神经性后遗症。

在狂犬病的潜伏期内，由于机体内的病毒或病毒抗原含量很少，或机体免疫抑制等原因，不

能有效刺激机体产生抗狂犬病病毒免疫应答，宿主对病毒的免疫反应几乎为零。这对狂犬病病毒本身的传播来说是有利的，但同时也给暴露后治疗提供了机会。获得性免疫应答的启动，依赖于抗原递呈细胞（包括巨噬细胞、树突状细胞和 B 淋巴细胞）的活化，尤其组织中的巨噬细胞，在受到病毒攻击时，就会进入活化状态，并开始高水平表达共刺激分子，在吞噬病毒颗粒之后，通过 MHC-Ⅱ分子将病毒蛋白的 T 淋巴细胞表位肽递呈于细胞表面，进而活化 Th 细胞，活化的 Th 则辅助 B 淋巴细胞活化和分泌病毒特异性抗体，同时辅助 CTL 的活化。

与其他的抗病毒感染免疫一样，机体的抗狂犬病病毒感染性免疫是机体免疫系统中各个免疫因素相互调节、相互配合、相互作用而综合地抵御和消灭入侵的病毒，以达到清除感染和保护机体的复杂过程。暴露后治疗包括局部伤口清洗与消毒、疫苗注射和抗狂犬病血清的应用，这三个处理步骤在狂犬病的暴露后治疗中均具有重要的作用。有人认为，这三个步骤的作用各占 1/3。世界卫生组织的咨询专家认为，由于狂犬病病毒感染后的潜伏期可能较长，因此即使是暴露后较长时间，也应该注射狂犬病疫苗进行暴露后治疗。

随着分子生物学和免疫学的发展，针对狂犬病病毒感染与免疫机制的研究也将取得突飞猛进的发展。

四、制品

(一) 诊断试剂

狂犬病的临床症状不具示病特征，不同个体之间临床表现差异也较大。因此，根据临床观察只能怀疑狂犬病，确定性诊断的唯一方法，是鉴定出病毒或病毒的某些特异性成分。

由于狂犬病病毒抵抗力不强，因此诊断时应该采取最快的方式将冷藏或冷冻的样本送至实验室进行诊断。

1. 病毒抗原的诊断试剂 诊断样本的采集，通常通过打开颅骨的方法，采取包括脑干（延髓、脑桥和丘脑）在内的多个部位的脑组织；也可采用麦管或饮料管从枕骨大孔插入，向眼球方向插出，采取的病料包括小脑基部、海马角、脑干、延髓等。

荧光抗体染色试验（FAT）是抗原诊断最常

用的方法，可直接用于脑涂片的检测，也可用于病料在接种细胞或小鼠脑内后的确定性检测。对于新鲜组织诊断的可靠性为 95%～99%。FAT 敏感、特异、廉价，但敏感性的高低与所采样本的部位及质量、毒株种类、相关人员操作的熟练程度有关。FAT 方法中，荧光素标记的抗体中的荧光素通常为异硫氰酸荧光素（FITC），抗体既可是针对全病毒的多克隆血清，也可是针对病毒核蛋白等的反应谱足够广泛的单克隆抗体。荧光显微镜下观察时，推荐由两个经过培训的人分别对同一涂片或触片观察。目前，荧光素抗体可通过某些生物试剂公司购买，也可从相关实验室购进，我国军事医学科学院军事兽医研究所研制的狂犬病诊断试剂盒已获批新兽药证书，并已开始市售。

除 FAT 法以外，美国 CDC 研究人员建立了一种直接快速免疫组化方法（dRIT 或叫 RIDT），该方法可在普通光学显微镜下观察病毒感染脑组织情况。原理是以生物素标记的抗狂犬病病毒抗体、亲和素-辣根过氧化物酶复合物和 3-氨基-9-乙基咔唑（AEC）作为显色系统，也属于抗原-抗体的直接反应，但需要多两步反应，即生物素-亲和素的反应和底物显色反应。军事医学科学院军事兽医研究所也建立了该方法，并在一定范围内推广使用。另外，还有一些免疫化学检测和酶联免疫检测方法的报道，但这些方法均需要注意组织中内源性过氧化物酶的影响，并应通过诊断的金标方法即 FAT 标化后使用。

在 FAT 结果不确定，或是 FAT 阴性但已知人发生暴露的情况下，可通过细胞培养或实验动物接种的方法测定病毒的感染性。

组织学染色检查内基氏小体的方法敏感性较低、费时费力，目前已不推荐作为常规诊断方法。

2. 病毒核酸的诊断　基于 RT-PCR 技术的分子诊断方法，包括单纯 RT-PCR、巢式 RT-PCR、实时荧光 RT-PCR 等，尽管敏感性很高，但在其没有标准化和严格的质量控制情况下，由于可产生较高程度的假阳性或假阴性结果，因此不推荐作为死后狂犬病的常规诊断方法。但可在实验室作为进一步确诊和病毒初步分型的方法。

2015 年中国人民解放军军事医学科学院军事兽医研究所研制的狂犬病病毒巢式 RT-PCR 检测试剂盒获批新兽药证书（农业部公告第 2306 号），并在一定范围内开始使用。目前，实时荧光 RT-

PCR 试剂盒也在审评中。

3. 病毒抗体的诊断　检测狂犬病病毒的抗体，主要应用于疫苗免疫后血清中中和抗体阳转和水平的判定。狂犬病病毒街毒株感染机体后通常不会产生抗体，有的只在感染后期产生较低水平的抗体，脑脊液中抗体水平相对较高，麻痹型感染动物体内也有较高水平的抗体。因此，可作为确定感染的依据。

测定中和抗体水平的方法有多种，OIE 指定的方法有两种：一种是荧光抗体病毒中和试验（FAVN），一种是间接 ELISA 试验。2013 年我国唐山怡安生物公司研制的狂犬病病毒 ELISA 抗体检测试剂盒已获批新兽药证书（农业部公告第 2035 号）。目前也有一些竞争 ELISA、凝集试验等研究报道，效果较好。2016 年，中国人民解放军军事医学科学院军事兽医研究所研制的狂犬病竞争 ELISA 抗体试剂盒已经获新兽药证书（农业部公告第 2399 号），已得到应用。

（二）疫苗

动物狂犬病的预防制品包括灭活疫苗、弱毒活疫苗和重组疫苗等。国内外灭活疫苗均多以单苗的形式，用于犬、猫的免疫；弱毒苗在我国既有单苗形式，也有联苗形式，用于犬的免疫，国外以单苗形式为主，用于野生动物的免疫；重组疫苗国内尚未批准，国外既有单苗形式，也有联苗形式，用于猫和野生动物。

1. 活疫苗　1948 年，Koprowski 和 Cox 利用一株人源性狂犬病病毒株 Flury 首先在 1 日龄雏鸡传代 136 次，然后在鸡胚传代 40～50 次，其对鸡胚内脏的嗜性丧失，但仍保持一些嗜神经特性，并被命名为 Flury 低胚传代株（LEP）。由该毒株制成的疫苗在成年犬免疫效果明显，但在幼犬、仔猫和青年牛可偶尔引起狂犬病。为了提高其安全性，他们又在鸡胚内对该毒株连续传代，达到 205 代以后，该毒株脑内接种犬后没有致病性，因此宣布对猫、牛和 3 月龄犬均安全。但在实际应用过程中，某些接种猫仍能发病，因此欧洲在 20 世纪 60 年代宣布该疫苗退出市场。这是弱毒活疫苗中的第一代疫苗。

随后，利用鸡胚培养的狂犬病病毒 Kelev 株（修饰的活疫苗，MLV）、在 BHK 细胞上适应的 SAD（Street Alabama Dufferin）株、在猪肾细胞上适应的 ERA（Evelyn Rokitnicki Abelseth）株

以注射的方式在亚洲、非洲和欧洲部分国家应用于犬和猫。另外，还有一些克隆或突变株，如Kissling株、Vnukovo-32株等也在一些国家应用。目前我国仍有两种注射用活疫苗（ERA株和Flury-LEP株）在犬中应用。疫苗的效力通过测定分装疫苗中病毒的滴度确定。一般情况下，一个剂量的疫苗中病毒含量不应低于 10^6 $TCID_{50}/0.1mL$。

我国该类疫苗质量标准中，采用测定其小鼠脑内注射后 LD_{50}（$MICLD_{50}$）的方法以确定效力。我国除了ERA株以外，Flury-LEP株也作为应急疫苗毒株，在2006年批准生产。这些疫苗可能在我国狂犬病防控中发挥了重要作用，但由于多种因素的影响，国家没有实施相关的有效监测计划，因此这些疫苗在我国使用过程中的安全性尚待评估。

由于担心长期应用可能造成的毒力返祖，因此WHO目前没有推荐该类活疫苗在动物中注射使用。我国应该遵从国际习惯做法，尽早评估其安全性，或在不进行评估的前提下，尽快淘汰注射用狂犬病活疫苗。

1971年，Baer等提出了口服狂犬病疫苗（ORV）概念。主要是基于流浪动物和野生动物无法开展注射免疫，因此将疫苗食饵投放到它们的环境中进行免疫是唯一可行的免疫途径。可用于口服的疫苗株最初为来源于ERA株的SAD Berne株、SAD-B19、SAD P5/88，在欧洲国家（1977年开始）和加拿大（1989年开始）用于野生动物狂犬病的口服免疫，并取得了重大成功。但该类疫苗对野生啮齿类动物仍保持毒力，并在SAD-B19免疫的雌狐所生的小于8周龄的幼狐中部分导致免疫应答损害，使后者口服疫苗后不能产生保护性反应。因此，20世纪90年代中期，采用基因工程的手段在SAD基础上进一步研制了近乎无毒的SAG-1和SAG-2（SAD avirulent Gif），对啮齿类不具致病性，对野生动物包括灵长类动物十分安全。目前已在一些国家和地区试用于野生动物、流浪犬甚至家养犬的免疫。其中，SAG-2是目前WHO推荐使用的两种狂犬病口服疫苗之一，另一种是痘苗病毒载体重组疫苗。口服疫苗使用时，可将病毒放入鸡头中，或是放在胶囊内，或防置在塑料袋内，然后放入特殊研制的食饵中。

尽管狂犬病病毒弱毒活疫苗在控制狂犬病中发挥了重要作用，但美国迄今均未批准基于狂犬病病毒本身的弱毒活疫苗（包括注射和口服疫苗）的使用。

2. 灭活疫苗　狂犬病灭活疫苗的研究始于一个多世纪以前，Victor Galtier于1879年发表了动物狂犬病的免疫研究。1881年Louis Pasteur利用狂犬病病毒固定毒感染家兔，采取其脊髓后，在室温条件下经氢氧化钾干燥处理，制成毒力降低程度不同的灭活疫苗，并于1884年报道应用于犬，取得了免疫成功。1885年利用该种疫苗第一个成功用于人的暴露后免疫。在Louis Pasteur研究基础上，Fermi和Semple分别于1908年和1911年采用石炭酸（苯酚）作为灭活剂，灭活狂犬病病毒固定毒感染的羊脑组织，研制成功灭活疫苗。1925年Hempt和Kelser又分别采用乙醚和石炭酸、氯仿作为灭活剂，制备了固定毒感染脑组织的灭活疫苗。随后陆续在世界各地研制出改良型Fermi型或Semple型灭活疫苗，亦即采用固定毒感染的动物（绵羊、山羊、家兔、小鼠等）脑脊髓神经组织（NTO）制备的灭活疫苗。过去的数年里，NTO灭活疫苗在非洲、拉丁美洲和加勒比海地区一直用于犬的大规模接种。我国直到1965年才开始生产和使用脑组织灭活疫苗，即狂犬病病毒PV株绵羊脑组织灭活疫苗，也属于一种改良型Semple疫苗，在我国使用了15年以上。

脑组织灭活疫苗的免疫效果确定，但在制备脑组织灭活疫苗时，通常采用5%～10%的脑组织悬液，其中含有大量的脑脊髓组织，其中的髓磷脂在多次注射后可以引发变态反应性脑脊髓炎等过敏反应，导致截瘫、全身麻痹或死亡等不良后果。因此，在上述疫苗使用的同时，世界各国就在努力选育狂犬病病毒弱毒株（如上所述），并利用狂犬病病毒的细胞或鸡胚适应株研制组织培养灭活疫苗。

1958年狂犬病病毒在仓鼠肾细胞培养成功，随后选育了一系列的狂犬病病毒细胞适应株，包括PV（Pasteur virus）株、PM（Pitman-More）株、Kissling株、CVS、SAD、Kelev、ERA、Flury、Vnokovo-32、Nishigara等，利用Vero（绿猴肾）细胞、PK（猪肾）细胞、人二倍体细胞、仓鼠肾细胞和鸡胚成纤维细胞作为培养基质进行狂犬病病毒的高滴度培养。同时，一系列病毒灭活方法包括早期的苯酚（石炭酸）、甲醛，以及后来的紫外线照射、β-丙内酯（BPL）、乙酰甲基亚胺（BEI）等用于狂犬病病毒的灭活。

近年来，细胞高密度培养工艺也在不断改进，这大大提高了病毒在单位体积细胞培养溶液中的产量，从而提高了疫苗的效力。我国动物狂犬病的细胞培养灭活疫苗的研究，由于 20 世纪 80 年代后期犬的数量和狂犬病病人和患病家畜数量的降低而一度停滞。20 世纪末和 21 世纪初，由于我国狂犬病病例数持续增加，对于狂犬病灭活疫苗的研究也受到重视，目前已批准的国产狂犬病灭活疫苗有 6 种以上。但相对于国内的数量需求而言，生产能力尚显不足。

在灭活疫苗效力测定方面，先后针对不同组织或细胞培养物制备的疫苗建立了多种方法，如 NIH 法、Habel 检验法、豚鼠效力检验法、单向辐射免疫扩散法、ELISA 法、抗体结合法等。目前普遍应用的金标方法是 NIH 法，最近 OIE 又推荐采用免疫小鼠外周血中和抗体测定法。

对于狂犬病灭活疫苗的效力，OIE 规定每个剂量不小于 1.0 IU。同时规定，一个剂量的狂犬病灭活疫苗免疫犬后，在其规定的免疫持续期结束时，以街毒攻击，能够保证免疫的 10～30 条犬在攻毒后观察 3 个月，至少 80% 存活。

目前，我国市场销售的狂犬病灭活疫苗主要为进口产品，包括先灵葆雅（原荷兰英特威产品）、梅里亚（法国）、法国维克和辉瑞（原美国富道产品）。疫苗效力均在 1.0IU/剂量以上，适用于 3 月龄以上犬，注射一针，每年加强免疫一次。近年来，经过近 5 年的评审，国家陆续批准了国产的狂犬病灭活疫苗，疫苗效力均在 2.0 IU/剂量以上，适用于 3 月龄以上犬，初免时注射两针，间隔 2 周，以后每年加强免疫一次。我国目前已经批准的狂犬病灭活疫苗有 7 种，分别为 2010 年批准的中国兽医药品监察所研制的狂犬病灭活疫苗（Flury LEP 株）、2011 年批准的中国人民解放军军事医学科学院研制的狂犬病灭活疫苗（CVS-11 株）、唐山怡安生物工程有限公司生产的狂犬病灭活疫苗（CTN-1 株）、辽宁益康生物股份有限公司生产的狂犬病灭活疫苗（Flury 株）、辽宁成大动物药业有限公司生产的狂犬病灭活疫苗（PV2061 株）、常州同泰生物科技有限公司生产的狂犬病灭活疫苗（SAD 株）、2016 年批准的华南农业大学的狂犬病灭活疫苗（dG 株）等。这些疫苗使用均安全，应当作为我国家养动物预防狂犬病的主要疫苗。效力较高、免疫持续期较长的疫苗，适合在我国广大农村和城郊地区推广使用，应鼓励开发。

3. 其他疫苗 由于狂犬病病毒的嗜神经性和感染的致死性，人们普遍担心的是其安全性。因此，在狂犬病疫苗的研究中，尽量避免采用全病毒，而采用病毒的一部分（即有效成分）作为疫苗。同时，由于狂犬病病毒的免疫机制研究较为清楚，认识到狂犬病病毒中某些结构成分（如糖蛋白等）可以诱导机体产生完全的保护作用。因此，采用狂犬病病毒的保护性抗原也就是病毒的糖蛋白等研制的亚单位疫苗、重组疫苗、表位疫苗乃至 DNA 疫苗等均展现了较好的应用前景。

（1）亚单位疫苗　狂犬病亚单位疫苗是在纯化的狂犬病病毒基础上制备的、只含糖蛋白成分的一种疫苗，这种疫苗避免了完整病毒颗粒的出现，也不含核酸，因此被认为是一种安全的疫苗。但由于制备成本较高，在人狂犬病疫苗研制中曾经具有明显的优点，但迄今没有正式上市产品。

基因工程亚单位疫苗目前尚无更多报道，但据研究，采用多角体病毒作为载体表达的亚单位疫苗具有良好的免疫效果。这类疫苗需要纯化，制备工艺上的复杂性也限制了其应用的步伐。

（2）通过反向遗传操作技术制备的疫苗　近年来，利用狂犬病病毒全基因组的质粒（反基因组，anti-genome）和结构蛋白 N、P、L 的表达质粒共转染细胞，可以从转染细胞获得感染性病毒颗粒，这样通过对基因组的修饰或改造，就可较为快速地获得致弱或携带其他有利于提高免疫效果等生物学特性的病毒，该技术即反向遗传学操作技术。迄今利用反向遗传技术已经研制了：

① 狂犬病病毒结构蛋白表位突变株疫苗　大部分 RABV 毒株糖蛋白 333 位的精氨酸和赖氨酸与毒力有关，将其突变为其他氨基酸后，其毒力显著降低。RABV 中磷酸化蛋白中的动力蛋白轻链结合位点为病毒轴索转运所必需，将其突变或缺失后，其末梢感染性降低。目前已经构建的 RABV 突变株有多种，且有复合突变株。成功降低了病毒的毒力，因此提高了病毒作为疫苗的安全性。

② 插入额外糖蛋白（G）基因（双糖蛋白基因）疫苗　即采用反向遗传操作技术在 RABV 的 G 和 M 基因之间，插入一个额外的 G 基因，并在插入之前对 G 基因 333 位的精氨酸和赖氨酸进行突变，这样获得的重组病毒不仅毒力降低，而且表达的 G 蛋白量升高 1 倍，因此可诱导较强的

细胞凋亡作用和更有效的免疫保护作用。

③插入外源基因重组疫苗　在狂犬病病毒基因组中携带细胞色素C的重组狂犬病病毒和对照的不携带细胞色素C的病毒相比，前者诱导较强的细胞凋亡，毒力降低，并且诱导良好的保护反应。

④缺失磷酸化蛋白（P）的重组疫苗　利用P蛋白基因缺失基因组质粒和辅助质粒转染稳定表达P蛋白的辅助细胞系，可以获得P基因缺失型重组病毒，该病毒只能在P蛋白辅助细胞上生长，而不能在正常细胞上复制。缺失P基因的狂犬病病毒脑内接种对乳鼠和成年鼠均没有致病性，能诱导高水平的中和抗体（VNA），并能保护免疫动物免受强毒攻击。

由于磷酸化蛋白具有阻断I型干扰素产生的作用，并能阻断抑制宿主固有免疫的信号传导途径。因此，其缺失可能是提高病毒诱导高水平免疫的原因。

⑤缺失基质蛋白（M）的重组疫苗　与P基因缺失的原理和方法类似，采用反向遗传操作技术也可获得M基因缺失的狂犬病病毒，同时利用表达M基因的BHK-21细胞系提供缺陷型病毒装配所需的M蛋白。日本的科学家利用RC-HL病毒株构建的M基因缺失株（RCHLΔM），对于成年鼠和乳鼠脑内接种均无致病性，并且无论肌内注射还是滴鼻接种，均能诱导产生高水平的中和抗体。

（3）病毒载体疫苗

①痘病毒载体重组疫苗　美国早在1995年就给予该疫苗有条件许可（conditional licene），在口服狂犬病接种（ORV）计划中使用。迄今该疫苗已在欧洲和美洲使用7500万剂以上，成功控制了比利时、法国、以色列、卢森堡和乌克兰等国家的红狐狂犬病，韩国貉的狂犬病，美国和加拿大郊狼、浣熊和灰狐的狂犬病，以及斯里兰卡家犬（流浪犬）的狂犬病等。德国通过在野生动物中使用该口服疫苗，从2008年起消除了野生动物的狂犬病。该种口服疫苗符合：容易为靶动物所接受；无狂犬病病毒；对热稳定；提供狂犬病保护但在摄取后没有发生狂犬病的危险；接触人以后安全等标准。

另外，以金丝雀痘病毒作为载体构建的狂犬病病毒糖蛋白重组疫苗也已在美国获得许可，作为猫狂犬病预防的注射用单价苗；该重组病毒也

和猫泛白细胞减少症病毒、猫杯状病毒一起作为联苗，注射使用，预防猫的狂犬病等。

②腺病毒载体重组疫苗　腺病毒的E3区为病毒复制非必需区，可以缺失后插入外源性目的基因，构建成重组病毒。病毒E3区缺失后，能够下调主要组织相容性复合体抗原的表达，保护腺病毒感染的细胞免受T细胞介导的破坏作用，因此能够持续表达抗原，诱导较长的免疫反应。但是，可复制型腺病毒在体内复制，加之E1区对细胞具有转化作用，因此对接种宿主具有潜在的致病作用，存在一定的安全问题。目前，人5型腺病毒载体已经得到进一步发展，出现了2、3代复制缺陷型载体系统，缺陷型载体缺失了病毒的E1区，需要在体外E1转化细胞（辅助细胞）的支持下才能复制，体内不能复制，病毒在体内发生的一次性感染也不会将E1区携带进入细胞。因此，E1区缺陷型5型腺病毒载体的安全性大大提高，是一种安全、高效的疫苗载体。

③疱疹病毒载体重组疫苗　与上述痘病毒和腺病毒相似，疱疹病毒也具有较大的基因组和复制非必需区，疱疹病毒的复制非必需区较多，病毒上的多个毒力相关基因对于病毒的复制大都不起作用，可以缺失。可以利用的疱疹病毒包括不同动物源性的疱疹病毒种。但是由于猫、犬等动物的疱疹病毒对于外界理化因子的抵抗力较差，因此不适合于作为疫苗载体。应用较多的疱疹病毒载体有伪狂犬病病毒、牛传染性鼻气管炎病毒等。在狂犬病病毒重组疫苗构建上的载体，目前报道的有犬疱疹病毒和伪狂犬病病毒载体，RABV的糖蛋白基因分别插入TK基因和蛋白激酶（PK）基因内，重组疫苗对犬具有很好的免疫原性。由于疱疹病毒在犬中的自然感染率较低，因此，使用疱疹病毒载体疫苗很少受到体内原有抗体的影响，在安全性有保障的情况下，应用前景较好。

④副黏病毒载体疫苗　副黏病毒的反向遗传操作及病毒的拯救采用cDNA转染技术，基本路线是将病毒基因组cDNA置于转录载体T7启动子之后、ε-肝炎病毒（HDV）核酶基因和T7终止子之前，构建出转录载体。同时，构建表达NP、P和L的辅助表达质粒。然后将转录载体和3个辅助质粒共转染能表达T7 RNA聚合酶的细胞系。此时，细胞内表达的T7 RNA聚合酶启动病毒全长基因组RNA的转录，表达质粒利用宿

主细胞的酶系统表达核蛋白、磷蛋白和病毒的RNA聚合酶，这些蛋白与病毒基因组RNA结合后形成具有感染性的核糖核蛋白（RNP）复合体，从而启动病毒的复制和转录，最终组装成有感染性的病毒粒子。

中国农业科学院哈尔滨兽医研究所、华中农业大学、中国农业大学和军事兽医研究所均采用上述不同种类的病毒构建了表达不同狂犬病病毒糖蛋白的重组疫苗，它们具有很好的免疫原性和保护效果，并具有很好的应用前景。

⑤核酸疫苗 核酸疫苗（nucleic acid vaccine）又叫DNA疫苗，是以抗原基因的表达质粒（包括启动子序列、抗原基因序列和转录终止信号序列）为基础制备的一种疫苗。抗原表达质粒在机体内可以表达抗原，从而刺激机体产生特异性抗体。由于一个质粒中可以携带一个以上的抗原基因，不同的抗原表达质粒又可同时混在一起，因此核酸疫苗可以制备成多价、多联疫苗；同时，DNA疫苗还可同时诱导体液免疫和细胞免疫，构建和大量制备的方法简单，因此其应用受到关注。目前，狂犬病核酸疫苗研究也较多，主要采用糖蛋白和核蛋白基因作为目的抗原基因。针对狂犬病毒属中的不同种类的病毒，也可同时利用不同种病毒的糖蛋白作为目的抗原基因，构建多联或"鸡尾酒"核酸疫苗，用以预防狂犬病病毒和狂犬病相关病毒的感染。

狂犬病DNA疫苗不仅可诱导机体产生病毒中和抗体（VNA）和CD4$^+$ T细胞应答，而且能够诱导细胞毒性CD8$^+$ T细胞应答。但是DNA疫苗诱导免疫产生的时间较慢，且狂犬病DNA疫苗在小鼠和个别较大动物产生较好的免疫应答，但在犬和人诱导的应答效果不明显。因此，DNA疫苗在狂犬病中的应用尚需剂量、接种途径、接种时间、宿主等各方面的研究。

⑥动、植物源性狂犬病疫苗 采用转基因技术，将狂犬病病毒保护性抗原基因的表达元件导入动物或植物的种系细胞中，培育转基因动、植物。如果启动子为组织泛嗜性表达调控序列，则可利用整个植株或动物个体作为口服疫苗的原材料；如果启动子为组织特异性表达调控序列，则可利用相应的组织或组织（如乳腺）分泌产物作为狂犬病疫苗的原材料。

当然，这些技术仅有一些报道，尚未实现应用。

（三）治疗用制品

动物狂犬病的预防均为暴露前预防（pre-exposure prophylaxis，PrEP），因此动物狂犬病的治疗制品没有实际应用价值。人的狂犬病多采用暴露后治疗（post-exposure therapy，PET），因此在注射疫苗的同时，还使用特异性免疫球蛋白，在咬伤伤口周围浸润注射。通常采用马免疫球蛋白时，每千克体重40 IU，采用人免疫球蛋白时每千克体重20 IU，以最大限度清除局部的狂犬病病毒。

五、展望

在全球的一些岛国和地区，如英国、澳大利亚、新西兰、日本及美国的夏威夷等属于无狂犬病疫区。这些国家和地区具有严格的防疫、检疫法规，并得到很好的贯彻执行；按照狂犬病免疫监测方法和动物隔离检疫的措施，对进口动物实施严格的检疫或隔离观察。因此，可以有效防止狂犬病传染源的引入。欧洲和美洲的发达国家通过每年的强制性免疫措施和补充免疫办法，已经有效控制了动物狂犬病的流行，消除了人狂犬病的发生。亚洲、南美洲和欧洲的一些中等发达国家和某些发展中国家，按照狂犬病有效防控的规律，针对传播宿主开展的一系列大规模免疫运动，有效降低了狂犬病的发病率。以上足以说明，在狂犬病的防控中，普遍的免疫、严格的检疫措施是防止动物乃至人狂犬病发生的关键。因此，发展除了中和试验以外的免疫监测方法、研制高效和免疫期长的灭活疫苗，以及安全有效的口服疫苗是狂犬病诊断试剂和疫苗等研究的重要方向。

首先，由于狂犬病在动物的临床表现不具示病性，单从临床表现只能怀疑狂犬病的发生；同时，狂犬病病毒在感染动物体内主要存在于中枢神经系统，只在感染的后期才从唾液腺中排出病毒，且排出病毒的时间和多少没有规律性。因此，目前没有一种可靠的方法可在动物存活时确定动物是否感染有狂犬病病毒。迄今为止的研究证明，动物的狂犬病只能在死后进行确诊。除了在目前必须建立FAT、dRIT等金标诊断方法以外，建立更为快速、简单、特异、敏感的诊断方法，尤其是能够检测病毒感染后、在动物机体存活时机体内特异性标记物的出现或消失的方法应是狂犬病诊断研究的方向之一。但是，需要明确指出的是，狂犬病是可以预防而且必须预防的传染病，即使建立了一种可在动物存活时能够确定感染的诊断方法，因为狂犬病病毒感染的致死性，也必须将确定感染的动物处死（实施安乐死），与其如此，预防性免疫应是动物狂犬病预防的上上之策。因此，在我国狂犬病传染源尚未消除以前，对犬和猫等家养动物、鼬獾和狐狸、貉等野生动物采取主动的疫苗接种办法是必走之路，只要免疫覆盖率达到70%以上，就可根本控制我国动物狂犬病的流行。因此，提供一种可供防检疫部门使用的、准确、快速和廉价的中和抗体检测方法是监测免疫覆盖率的重要前提。

其次，提高动物的免疫覆盖率，除了防疫人员和动物的拥有者配合实施免疫以外，关键在于疫苗质量和疫苗使用的方便性。

在提高疫苗质量方面，一是病毒在单位体积细胞培养物中滴度即抗原含量，需要毒株的筛选或是毒株的改造；也可以是细胞株的筛选或改造；或是改善培养工艺，采用发酵的方式等，其目的都是提高抗原量；另一则是在佐剂上进行改进，提高机体针对抗原的免疫应答水平。这样免疫动物的中和抗体水平就可提高，免疫持续期就可延长。

在疫苗使用的方便性方面，应积极发展安全有效的口服疫苗，通过食饵的形式投放，提高流浪动物和野生动物的免疫覆盖率。例如，采用反向遗传学操作技术，改造现有的弱毒疫苗株，通过突变的方式降低或消除毒株的残存毒力，通过移位或构建多拷贝基因重组病毒以提高保护性抗原（糖蛋白）的表达水平（同时也可降低毒力），或是通过构建标记疫苗，或减低病毒增殖速度等，改善狂犬病病毒的安全性和免疫原性。

最后，为了从根本上消除狂犬病病毒的存在，应当提倡和促进重组病毒载体疫苗的研究。美国、加拿大和欧洲分别批准了重组痘苗病毒-狂犬病病毒糖蛋白、人5型腺病毒-狂犬病病毒糖蛋白在不同野生动物种群中的应用或试验，大大降低了疫苗适用动物狂犬病的发生率，取得了良好的控制或消除效果。我国的流浪犬和野生动物是狂犬病在我国得以长期存在的重要因素，在这些动物中进行认真而大胆的尝试将有利于促进我国狂犬病的防控和消除。

（扈荣良　王忠田）

主要参考文献

Badrane H，Bahloul C，Perrin P，et al，2001. Evidence of two *Lyssavirus* phylogroups with distinct pathogenicity and immunogenicity［J］. Journal of Virology，75：3268 - 3276.

Bingham J，Van Der Merwe M，2002. Distribution of *rabies* antigen in infected brain material：Determining the reliability of different regions of the brain for the *rabies* fluorescent antibody test［J］. Journal of Virological Methods，101：85 - 94.

Brookes S M，Parsons G，Johnson N，et al，2005. *Rabies* human diploid cell vaccine elicits cross-neutralising and cross-protecting immune responses against European and Australian bat *lyssaviruses*［J］. Vaccine，23：4101 - 4109.

Masatani T，Ito N，Ito Y，et al，2013. Importance of *rabies virus* nucleoprotein in viral evasion of interferon response in the brain［J］. Microbiology and Immunology，57（7）：511 - 517.

Servat A，Feyssaguet M，Blanchard I，et al，2007. A quantitative indirect ELISA to monitor the effectiveness of *rabies* vaccination in domestic and wild carnivores［J］. Journal of Immunological Methods，318：1 - 10.

Sugiura N，Uda A，Inoue S，et al，2011. Gene expression analysis of host innate immune responses in the central nervous system following lethal CVS - 11 infection in mice［J］. Japanese Journal of Infectious Diseases，64（6）：463 - 472.

Weihe E，Bette M，Preuss M A，et al，2008. Role of virus-induced neuropeptides in the brain in the pathogenesis of rabies［J］. Developmental Biology，131：73 - 81.

Xu G，Weber P，Hu Q，et al，2007. A simple sandwich ELISA（WELYSSA）for the detection of *lyssavirus* nucleocapsid in *rabies* suspected specimens using mouse monoclonal antibodies［J］. Biologicals，35：297 - 302.

第五节　西尼罗脑病

一、概述

西尼罗脑病（West Nile encephalitis，WNE）是由西尼罗病毒（*West Nile virus*，WNV）引起的一种人畜共患的蚊子传播的虫媒病。西尼罗病毒属黄病毒科黄病毒属。黄病毒属还包括日本脑炎病毒、圣路易斯脑炎病毒、Kunjin病毒等。西尼罗病毒易感染鸟类、人、马等，是引起西尼罗热、西尼罗病或西尼罗脑炎的病原。广泛分布于世界各地，近年来在美国、加拿大大规模流行，造成严重公共卫生问题。我国目前尚未发现该病毒及其引发的人、动物疾病的报道。该病毒引起人畜共患病，OIE 及美国、加拿大等国家，根据动物卫生条例，将其列为立即报告疫病，专门指定实验室对可疑病料进行诊断，在我国属于外来病原，对该病原研究操作的生物安全问题备受人们关注。对于临床可疑病例，采集的所有动物（特别是禽类）的诊断样品应在生物安全三级实验室进行。动物感染 WNV 后有时并不出现明显的症状，诊断应在充分进行流行病学调查和临床观察评估的基础上进行实验室确诊。

西尼罗病毒 1937 年首次从乌干达北部西尼罗区域的一位"热病"患者的血液中被分离并确认为病原体。主要分布在北纬 23.15°、南纬 66.15° 的温带地区流行，包括非洲、欧洲、中东、大洋洲（Kunjin 亚型）及近来的北美洲和南美洲。20 世纪 40 年代该病毒与日本脑炎病毒、圣路易斯脑炎病毒抗原关系密切，初步调查发现该病毒由蚊子传播，中非人体内含有 WNV 抗体。20 世纪 50 年代，埃及对 WNV 的血清学、生态学、致病性等作了较深入的研究，证实 WNV 在自然界中主要在蚊子和鸟类之间循环，人和马偶然会被感染。1957 年 WNV 在以色列暴发流行，不仅感染马也导致老年人的脑膜脑炎。60 年代埃及和法国发生 WNV 马脑炎流行，直到 1974 年南非首次暴发人 WNV 大流行，造成 3 000 多人感染。70 年代中期至 90 年代初进入一个相对稳定阶段。WNV 主要在蚊虫和马之间循环，未造成动物和人大规模暴发流行。自 1994 年开始造成阿尔及利亚人脑炎暴发，随即 1996—1997 年罗马尼亚，1997 年捷克共和国，1998 年刚果民主共和国，1999 年俄罗斯，1999—2003 年美国，2002—2003 年加拿大，2000 年以色列鸟、马和人 WNV 暴发流行。后来进一步扩散到中美和南美国家。特别是 1999 年，WNV 首次在西半球出现，警示该病已不再局限于东半球，而大有向全球蔓延的趋势。1996 年 8～10 月对 509 例因中枢神经系统感染而入院的患者的检测发现，393 人 WNV 抗体阳性，其中伴有脑膜炎和脑膜脑炎症状的病例各占 44％，12％的人被诊断为脑炎，17 例高龄病人（50 岁以上）死亡；发病率和死亡率均随年龄的增加而升高，

同时，对鸡、鸭等家禽和几种成蚊分别进行了血清 WNV 抗体测定和病原体分离，发现在检测的 73 只家禽中，抗体阳性率为 41％；传播媒介以库蚊属中的尖音库蚊为主。1999 年俄罗斯的暴发流行中，大约 1 000 人发病，共有 826 人住院治疗，临床诊断急性无菌性脑膜脑炎 84 人，急性无菌性脑膜炎 308 人。在患有脑膜脑炎的 84 人中，至少 40 人死亡，75％为 60 岁以上的老年患者。2000 年以色列的暴发流行中，报告 439 例脑炎中有 29 例死亡。1999 年夏秋之交，一种病毒性脑炎在美国东北暴发，62 人发病。临床症状主要表现为发热、头痛、肌无力、精神改变、皮疹、颈强直等，其中 7 人死亡，造成当地鸟和候鸟的大量死亡，其中有 26 种鸟发病和死亡。31 匹马感染，出现神经系统症状，其中 9 匹死亡。最终确认本次疾病流行是由 WNV 引起。现已证实导致纽约第一次 WNV 感染暴发流行的病原体与一中东病毒株相同，但自中东传入美国的机制尚不清楚。以后的几年里，WNV 连续在美国引起疾病的暴发流行，由东北部至南部、西部迅速蔓延，几乎涵盖美国全土，发病人数呈不断上升的趋势。据美国 CDC 和 APHIS 的统计，1999—2008 年 WNV 确诊人病例 28 943 例，其中死亡 1 130 例，WNV 造成人发病高峰于 2003 年发病 9 862 例，死亡 264 例。1999—2008 年确诊马发病 25 487 匹，其中 2002 年发病高峰期达 15 257 匹，占 10 年发病数量的 60％。中国目前还没有发现该病。

二、病原

西尼罗病毒（West Nile virus）属于黄病毒科（Flaviviridae）黄病毒属（*Flavivirus*），该属包括日本脑炎病毒、墨累谷脑炎病毒、圣路易斯脑炎病毒、登革热病毒、黄热病病毒等重要人畜共患病病毒，与日本乙型脑炎病毒、圣·路易斯脑炎病毒等病毒同属一个血清复合群，并和这两种病毒抗原关系密切。由于西尼罗病毒最初在 1937 年乌干达的西尼罗地区 Omogo 镇的发热病人血液中成功分离，因此而得名。根据结构蛋白- E 蛋白的编码序列可将该病毒分为 1 和 2 两个病毒株谱系（lineage）。谱系 1 分布于自西非至中东、东欧、北美洲及澳大利亚的广大地区，主要与人的疾病流行有关；谱系 2 仅局限于非洲，主要引起动物感染。病毒在电镜下呈球形，大小为 40～60 nm，由病毒

核衣壳包裹基因组 RNA 构成直径约 25 nm 的球状核衣壳，外包裹脂质囊膜组成。

WNV 可在多种细胞中增殖，包括鸡、鸭、鼠的胎细胞以及人、猪、啮齿类、两栖类、昆虫类的传代细胞系。专门针对西尼罗病毒对消毒剂敏感性的文献报道或试验研究比较少，但可以参考同类病毒（黄热病病毒、登革热病毒和圣路易斯脑炎病毒等）的一些特性进行消毒。黄病毒在外界环境中不太稳定，热、普通消毒剂极易使之灭活，一般采用1%次氯酸钠、2%戊二醛和70%酒精等消毒。

(一)病毒基因组

病毒基因组为 11 029 个核苷酸组成的正股、单链不分节 RNA 组成，基因组 5′端和 3′端分别为 96 个和 631 个核苷酸的非编码区，5′端有 I 型帽化结构，即 m7GpppAmp，3′端缺少 poly (A)。基因组编码区翻译一个多聚蛋白，经宿主蛋白酶和病毒蛋白酶逐级降解为 3 种结构蛋白（C 蛋白、prM/M 蛋白、E 蛋白）和 7 种非结构蛋白（Ns），基因组编码序列依次为 C-p-M-E-NS1-NS2a-NS2b-NS3-NS4a-NS4b-NS5。

(二)病毒编码蛋白

1. C 蛋白　为核衣壳蛋白与 RNA 结合组成的核衣壳。

2. prM 蛋白　是一种糖蛋白，它是 M 蛋白前体，病毒成熟过程中脱去糖链，形成非糖基化的 M 蛋白嵌入病毒囊膜中。

3. E 囊膜糖蛋白　与病毒的许多特性密切相关，是主要免疫原性蛋白，诱导机体产生病毒中和性抗体，通过膜融合介导病毒出入细胞。结构解析表明，WNV E 囊膜糖蛋白有 3 个结构域，中和抗体表位和受体结合表位位于结构域Ⅲ，并暴露于病毒表面。多数非结构蛋白是多功能性的，均直接或间接参与病毒 RNA 的合成，但关于它们之间及它们与细胞之间的相互作用尚不清楚。

4. NS1 蛋白　是一种糖蛋白，对维持病毒的生存力起重要作用。NS2a、NS2b、NS4a 和 NS4b 为较小的疏水蛋白，可促进病毒体的装配或/和在细胞质膜上的定位。

(三)病毒宿主范围、媒介与传染途径

大多数动物，包括犬和猫，被 WNV 感染蚊子叮咬后一般不会发病，西尼罗病主要感染鸟类、马和人（图 23-4）。据报道在美国 WNV 可以感染 280 种鸟，疾病表现最重的是乌鸦、渡鸦、松鸦和喜鹊，在我国分布的西尼罗病毒易感鸟类大约有 64 种。在自然界中，WNV 主要储存于各种鸟类，经库蚊等嗜鸟蚊进行传播，形成鸟-蚊-鸟的循环圈。人、马和其他哺乳动物在被 WNV 感染的蚊虫叮咬后，偶然会感染发病。目前，WNV 仅在人群和马引起过疾病的流行。试验研究表明 WNV 可感染松鼠、山羊、绵羊、骆驼神经系统，近期报道猫、犬、兔、绵羊、浣熊、臭鼬、松鼠等 25 种哺乳动物亦对该病毒易感；另外，还分别从一种蛙和一种蛇体内分离和检测到抗体。

图 23-4　西尼罗病毒传播循环示意图

WNV 的媒介蚊种范围非常广泛，仅在美国就已在至少 10 个蚊属、43 个蚊种中检测到 WNV。不同地区媒介蚊种有一定差别，许多蚊种在疾病传播中的媒介作用尚不清楚，WNV 传播中主要是嗜鸟蚊，包括库蚊、伊蚊、曼蚊等。罗马尼亚布加勒斯特和美国纽约两次流行中，尖音库蚊（*Cx. pipiens*）是鸟类间 WNV 的主要传播媒介；此外，也曾从蜱中检测到 WNV，但它们在病毒传播中的作用尚不明确。潮湿、高温、多雨水季节或地区蚊虫密度增加导致 WNV 发病率上升。携带病毒蚊虫可以越冬和卵巢传播，造成病毒持续存在流行。研究发现，在欧洲，有些蚊子专叮咬鸟类，有些蚊子专叮咬人和哺乳动物。而在美国出现一种杂交蚊种，既叮鸟类又叮动物。这一蚊种的出现，造成了 WNV 在北美洲的大流行，使得哺乳动物特别是人的感染病例大幅度增加。我国在新疆和山东对蚊虫的研究表明，虽未发现 WNV 但存在多种能感染 WNV 的多种库蚊属的蚊子。

蚊虫叮咬是 WNV 的主要传播途径。鸟类被

WNV 感染蚊子叮咬感染后，鸟类病毒血症持续时间长，病毒含量高，再次被蚊子叮咬以后感染蚊子，形成鸟-蚊-鸟循环圈。蚊子叮咬除感染鸟类以外，也可以感染人和动物，但人和动物病毒血症期短，血液中病毒含量不高，因此，人与动物之间、鸟与人和动物之间、人与人之间互不传播，人和动物是 WNV 感染的终末宿主。WNV 可以通过空气传播。试验研究发现，将 WNV 感染鸟与非感染鸟在生物容器饲养后，非感染鸟感染发病。WNV 也有通过输血、器官移植、哺乳及母婴垂直传播而感染的病例报道。此外，WNV 也可以通过伤口感染或实验室操作失误而感染。

（四）发病机理

西尼罗病毒感染蚊子，病毒被限制在中肠并在中肠上皮细胞中增殖，随后穿过基膜进入血腔，病毒在脂肪体、神经系统和唾液腺中进一步增殖，唾液腺中含有大量病毒，通过再次叮咬，将病毒传播给鸟类、人和哺乳动物。西尼罗病毒是嗜神经性病毒，但病毒感染动物以后如何突破血脑屏障的机制仍然不清，病毒感染动物进入动物体内，在局部淋巴结中复制，随后进入血液，出现短暂病毒血症，病毒突破血脑屏障感染神经系统，造成脑炎或脑脊髓炎症状，严重者甚至造成死亡。

大多数感染家养鸟类不表现 WNV 临床症状，仅家养鹅易感发病甚至死亡，临床表现沉郁、食欲下降、站立不稳、体重下降和死亡。家养鸟感染 WNV 与新城疫和禽流感相似，容易混淆。

三、免疫学

马匹被 WNV 感染蚊子叮咬后，大多不表现临床症状或症状较轻。约 40% 马匹出现不同程度临床症状，严重者可导致死亡。潜伏期 7～14d，主要表现脑炎或脑脊髓炎症状、蹒跚、共济失调、肌肉无力、呆滞、食欲下降、沉郁无力、低头或侧头、视力下降、吞咽困难、面部麻痹，有的马匹出现中度发热、肌肉颤抖、失明等症状。马的狂犬病临床症状与 WNV 感染相似，易混淆。马匹之间不相互传染，也不会感染人或其他动物。

人对 WNV 易感，主要通过感染蚊子叮咬或输血、器官移植、病毒污染锐器损伤等感染。潜伏期 2～14d，80% 的人无症状或症状较轻，20% 的人表现临床症状，多数表现西尼罗热，主要症状为发热、头疼、疲乏、躯干出现皮肤红疹、淋巴结肿大和眼痛等症状。少数病人神经系统受到感染，表现为发热性头疼、无菌性脑脊髓炎和脑炎症状。有 60%～75% 的神经系统感染者发展为脑炎或脑膜炎，患者出现嗜睡、烦躁、定向不能、面部潮红、咽部或眼结膜充血、淋巴结肿大、关节痛、颈强直、抑郁、嗜睡、深昏迷、肌无力和弛缓性麻痹，严重时可导致呼吸衰竭。WNV 感染神经系统功能紊乱、呼吸衰竭和脑水肿造成死亡，病死率为 5%～14%，65 岁以上老人患脑炎的病死率较高。

四、制品

（一）诊断试剂

我国目前尚未发现分离到西尼罗病毒。根据《病原微生物实验室生物安全管理条例》，西尼罗病毒属于一类病原微生物。已有文献记载，曾发生过 20 例西尼罗病毒实验室获得性感染事例。1981 年，媒传病毒实验室生物安全分会统计的 15 例西尼罗病毒实验室感染病例中，1 例为气溶胶吸入性感染。2002 年美国 2 例实验室感染为操作实验动物时意外损伤感染。进行西尼罗病毒实验室操作时应注意：①西尼罗病毒感染鸟、人、马等的血液、血清、组织和脑脊髓液含有病毒，鸟类口腔分泌物和粪便中含有病毒，操作含有病毒材料、剖检感染死亡动物和工作人员皮肤有破口时危险最大，应注意防止锐器损伤皮肤；②西尼罗病毒研究应在生物安全三级实验室、动物室进行，操作必须在高级别生物安全柜中进行；③国家有关管理条例规定不准私自进口、保存病原微生物，可疑病料的采集和运输应符合相关规定。

1. 病原检测

（1）病毒分离　一般采集可疑动物脑和脊髓，鸟类的血液、血清、心、脑、肾或肠；用易感哺乳类动物细胞或蚊虫细胞系分离病毒时，一般需要盲传一代以上才能观察到细胞病变（CPE）。蚊子传代细胞系往往不出现细胞病变，可以采用荧光染色鉴定。通常鸟类样品中容易分离出病毒。用哺乳动物样品分离病毒时也可以采用乳鼠脑内接种法。分离样品的进一步鉴定可以采用单克隆抗体免疫荧光法、免疫酶染色、血清病毒中和试验、RT-PCR、荧光- PCR 等技术。

（2）免疫组织化学染色法　对采集的可疑动

物组织样品用福尔马林固定，采用 WNV 特异性
单克隆抗体进行免疫组化染色检测，但患西尼罗
脑炎的病马的脑和脊髓组织 IHC 检测可能并不灵
敏，大约 50% 的西尼罗脑炎病马样品检测中产生
假阴性结果，并不能排除 WNV 感染。

（3）WNV 特异核酸检测　反转录聚合酶链
反应（RT-PCR）和荧光 PCR 用于核酸检测，特
别是套式 RT-PCR（RT-nPCR）方法适用于新鲜
的、未固定的马脑和脊髓样品、鸟类样品和血液
中病毒的检测。美国 CDC 公布的检测方法，系特
异性扩增 E 蛋白编码基因，可以扩增北美洲分离
的西尼罗病毒，以及其他国家分离的谱系 1 西尼
罗病毒，但不能扩增谱系 2 的毒株，该方法还可
以鉴别圣路易斯脑炎病毒。RT-nPCR 操作程序
包括：提取 RNA，反转录生成 cDNA，第一次
PCR（产物为 445 bp），内嵌套引物第二次 PCR
（产物为 248 bp），最后用凝胶电泳检测扩增产
物。注意严格处理所有材料，设置适当的对照。
将每份检测样品分成两份进行检测，防止漏检和
误检。处理样品和检测过程中，除注意生物安全
问题外，还应注意使用试剂的危害，如溴化乙锭，
应采取必要的防护和无害化处理措施。

2. 血清抗体检验　血清学检验测定动物血清
或脑脊髓液中是否含有特异性病毒抗体时，可采
用各种抗体检测技术，包括 IgM 捕获酶联免疫吸
附试验（IgM capture ELISA）、血凝抑制试验
（HI），IgG ELISA 或空斑减数中和试验（PRN），
其中 PRN 检验特异性最好。但必须注意西尼罗
病毒与日本脑炎病毒、圣路易斯脑炎病毒等抗原
关系相似，易出现抗体交叉反应从而干扰检测。
此外，马匹疫苗免疫之后产生抗体，人免疫黄热
病、日本脑炎疫苗产生抗体，影响 IgG 检测的准
确性，检测时应考虑免疫史。

IgM 捕获 ELISA 所用 WNV 抗原可用鼠脑、
组织培养或重组细胞系制备，北美洲有商品化
WNV 的诊断试剂和特异性对照血清。用于
ELISA 的病毒抗原和对照抗原应同时制备，并用
对照血清进行效价滴定，确保最佳敏感性和特异
性。在试验中，被检血清样品作 1∶400 稀释，被
检脑脊髓液样品作 1∶2 稀释。为了保证特异性，
每份检样均需设置病毒抗原和对照抗原对照。

（二）疫苗

WNV 目前尚无特效治疗方法，对人和动物

可疑病例进行观察治疗，主要是采用对症、支持
疗法，以改善症状、防止继发感染。可采用一些
抗病毒化学药物或特异性抗病毒生物制剂，如干
扰素、抗 WNV 血清等。WNV 预防上，目前尚
无人用疫苗。但有人建议对高危人群，特别是从
事研究检测、接触大量活病毒的工作人员进行黄
热病、日本脑炎等抗原关系相近病毒的免疫，以
减轻 WNV 感染的症状。

1. 灭活疫苗　马是进行免疫的主要动物。最
早批准用于免疫的疫苗是全病毒灭活疫苗。一般
马匹 3～4 月龄首免，1 个月后加强免疫，以后根
据流行情况每 4 个月或半年免疫，也有文献报道
称免疫持续期达 1 年。2009 年欧洲也已经批准使
用该疫苗。

2. 其他疫苗　美国相继批准了重组病毒疫苗
和 DNA 疫苗。

五、展望

WNV 是一种虫媒病毒，1999 年近传入美国，
引起人、马和禽神经性疾病。人主要经蚊子传播，
但也可以实验室获得性感染。到目前为止至少有
20 例实验室获得性感染病例，但均未有详细记
载。美国在 2002 年发生两次实验室获得性感染病
例，并有详细记录和分析。

WNV 流行控制的关键是蚊虫的控制，每年
在蚊虫活动期及时加强水系统管理及环境治理，
采用化学和生物学方法杀灭蚊虫、消毒蚊虫滋生
环境，防止大量携带 WNV 的蚊虫出现。对人和
动物加强保护，防止暴露于大量蚊虫之中，对马
匹及时免疫。人要加强自我保护，蚊虫活动高峰
时段尽量减少外出活动，使用驱蚊剂，穿长袖
衣衫。

（赵启祖　王忠田）

主要参考文献

张久松，曹务春，李承毅，2004. 一种新发传染病-西尼
　罗病毒感染［J］. 基础医学与临床，24（2）：
　113-120.
Anonymous，1980. Laboratory safety for arboviruses and certain
　other viruses of vertebrates：The subcommittee on arbovirus
　laboratory safety of the American Committee on Arthropod-
　borne viruses［J］. American Journal of Tropical Medicine
　and Hygiene，29（6）：1359-1381.

Fonseca D M，Keyghobadi N，Malcolm C A，et al，2004. Emerging vectors in the *Culex pipiens* complex [J]. Science，303 (5663)：1535 - 1538.

Kanai R，Kar K，Anthony K，et al，2006. Crystal structure of *West Nile rirus* envelope glycoprotein reveals viral surface epitopes [J]. Journal of Virology，80：11000 - 11008.

Lanciotti RS，Kerst AJ，Nasci RS，et al，2000. Rapid Detection of *West Nile virus* from human clinical specimens，field-collected mosquitoes，and Avian samples by a TaqMan reverse transcriptase-PCR assay [J]. Journal of Clinical Microbiology，38 (11)：4066 - 4071.

Panella N A，Kerst A J，Lanciotti R S，et al，2001. Comparative *West Nile virus* detection in organs of naturally infected American crows (*Corvus brachyrhynchos*) [J]. Emerging Infectious Diseases，7 (4)：754 - 755.

Scholle F，Girard Y A，Zhao Q，et al，2004. Trans-packaged *West Nile virus*-like particles：Infectious properties *in vitro* and in infected mosquito vectors [J]. Journal of Virology，78：11605 - 11614.

Shi PY，Wong S J，2003. Serologic diagnosis of *West Nile virus* infection [J]. Expert Review of Molecular Diagnostics，3 (6)：733 - 741.

第二十四章　牛羊的病毒类制品

第一节　牛　瘟

一、概述

牛瘟（Rinderpest，RP）是由牛瘟病毒引起的牛、水牛等偶蹄动物的病毒性传染病，其主要表现为发热、黏膜坏死等特征。该病的发病率和死亡率很高，可达 95％ 以上。在所有牛瘟曾经流行的国家（非洲、中东、印度次大陆）均造成过无休止的社会悲剧，使经济来源干涸。据估计，1980—1984 年尼日利亚连续不断的牛瘟，造成的直接和间接损失达 200 万美元。在中华人民共和国成立之前，牛瘟几乎遍及全国各省、自治区，每隔三五年或十年左右发生一次大流行，死亡的牛多达数十万头。中华人民共和国成立之后，在党和政府的领导下，防疫体制的健全完善，以及老一辈科学家针对不同地区流行情况研制疫苗并推广使用，使该病得以有效控制。1956 年我国已宣布消灭牛瘟，2001 年 FAO 制定了 2010 年消灭牛瘟的计划。中国兽医药品监察所和云南热带亚热带外来病参考实验室参加了 FAO 的牛瘟消灭计划，承担了国内 12 个边界省份的牛瘟血清监测计划，经过连续 5 年的检测确证了国内已无牛瘟抗体阳性动物，提供给 FAO 牛瘟参考实验室，为 FAO 2010 年宣布全球消灭牛瘟计划提供了重要数据。2010 年 FAO 已宣布全球已消灭牛瘟。该病的存在已成为历史。

二、病原

（一）RPV 一般生物学特征

牛瘟病毒（*Rinderpest virus*，RPV）是引起牛瘟的病原体。RPV 与小反刍兽疫、犬瘟热、麻疹等病毒同为副黏病毒科麻疹病毒属的成员。牛瘟病毒只有一个血清型。但从地理分布及分子生物学角度将其分为 3 个型，即亚洲型、非洲 1 型和非洲 2 型。牛瘟病毒非常脆弱，在常规的环境条件，如太阳光的照射、腐败、温度、化学物质下，都表现得非常敏感。离开动物体数小时内就会失活。RPV 为单链负股无节段 RNA 病毒。病毒基因组全长 16 000 bp。形态为多形性，完整的病毒粒子近圆形，也有丝状的，直径一般为150～300 nm。病毒的外壳饰以放射状纤突，主要是融合蛋白 F 和血凝蛋白 H。RPV 从 3′至 5′编码的蛋白依次为核衣壳蛋白（N）、磷蛋白（P）、基质蛋白（M）、融合蛋白（F）、血凝蛋白（H）和大蛋白（L）。P 基因除编码 P 蛋白外，还编码另外两种非结构蛋白 C 和 V。

（二）RPV 的主要蛋白结构与功能

1. N 蛋白　N 蛋白是一种磷酸化蛋白，对细胞外的蛋白酶极其敏感，以折叠的方式保护着病毒的基因组。其抗原性稳定，含丰富的免疫基因，是 RPV 中最丰富和免疫原性最强的病毒蛋白。由 2 501 个核苷酸组成，分子质量为 65～68 kDa。在 N 基因的第 56 位核苷酸处是以 AGGA 为开始的序列，随后是基因间的 CTT，在下游的 30 和

50 碱基处出现 2 个 CTTAGG 序列。N 基因中一个大的开放阅读框（ORF），编码 525 个氨基酸，分子质量为 580kDa、530kDa。RPV 与 PPRV 的 N 基因的核苷酸有 65.8% 的同源性，用抗 N 蛋白的单抗可以区别 RPV 和 PPRV 及 RPV 毒株。

2. P 蛋白 分子质量为 84 kDa，含 721 个核苷酸。它有两个开放阅读框，第二个开放阅读框编码非结构蛋白 V 和非结构蛋白 C。有关资料表明，非结构蛋白并不总出现在牛瘟病毒中，只有当牛瘟病毒侵染到细胞内后，在聚合酶的作用下，启动第二个开放阅读框，编码非结构蛋白。目前 V 蛋白和 C 蛋白的作用尚不清楚，可能与 RNA 的转录或复制有关。P 蛋白是高度磷酸化的蛋白，蛋白质之间迁移率的区别就是它们之间磷酸化的区别。其氨基酸的碳末端是 N 蛋白和 P 蛋白之间，以及 P 蛋白和 P 蛋白本身相互作用的必要区域。牛瘟病毒的每个病毒株的 P 基因都有自己特定的长度，在同属的不同病毒之间也有一个最不保守的序列。因此，P 蛋白是最不保守的蛋白之一，在 RNA 的转录、复制及和聚合酶的作用中发挥必不可少的作用。在它的序列中有一个 ORF，其中的 84 339 370 位氨基酸是 3 个最保守的位点，370 处还是个大的疏水位点．也是 L 蛋白吸附的位点。

3. F 蛋白 F 蛋白除介导病毒与细胞及感染细胞相互间的融合外，同时也是宿主产生保护性抗体的主要成分。1986 年，Norrby 等用纯化的 F 蛋白免疫家犬，并获得相应的免疫，继而在制作重组疫苗研究时发现，如果疫苗不能诱导机体产生抗 F 抗体，即使有抗 H 蛋白中和抗体产生，也不能阻止病毒在细胞与细胞之间扩散，继而引起动物的亚临床症状。牛瘟病毒 F 基因全长约 2 400 nt。F 基因 3′ 端与 5′ 端均有一段长的基因非编码区，富含 GC 碱基对，在形成精细的二级结构中起到重要作用。牛瘟病毒 F 基因有两个 AUG 起始位点，目前认为主要起始于第二位点（位置在第 584 或 587 核苷酸处）。编码约 546 个氨基酸无生物学活性的 F0 蛋白。对疫苗株 RBOK 氨基酸分析表明，第 104～108 位氨基酸为碱性氨基酸区，宿主胰蛋白酶对此高度敏感，并在此形成由二硫键连接的 F1/F2 活性蛋白。对不同毒株氨基酸分析表明，该位点不是决定毒株强弱的标准，这与新城疫病毒完全不同。F1 蛋白有 0～1 个糖基化位点，而 F2 蛋白一般有 3 个。牛瘟病毒与其他副黏病毒相同，F1 的 N 端为富含亲水氨基酸的亲水区，其序列高度保守，在介导病毒融合过程中发挥重要作用。对于 F 蛋白抗原表位的定位，目前还不清楚。而利用各种病毒作载体对 F 片段进行基因克隆表达制作基因工程疫苗，已获得了可喜的成绩。

4. H 蛋白 Seth 等（2001）在研究 F 蛋白融合过程中发现，RPV 的 F 蛋白介导的融合只有在与 H 蛋白共同存在下才能发生。在构建重组疫苗免疫动物时也发现，将 F 基因与 H 基因构建在同一载体上共表达时，所产生的中和抗体滴度为最高。因而认为二者间具有免疫协同作用。H 蛋白抗原表位的研究是现在研究的热点。Sugiyama 等（2002）利用单克隆抗体对 H 蛋白中和位点的研究发现位于蛋白第 383～387、587～592 位点间的氨基酸是蛋白的抗原表位，其他中和位点的研究仍在进行中。抗原表位的研究为成功制备基因工程疫苗提供便利。

三、免疫学

对于牛瘟的免疫，人们起初用发病动物口、鼻分泌物进行，但免疫的同时也造成疾病的传播。1897 年 Robert Koch 对以上方法作了改进，用发病动物的胆汁成功地对南非 200 万头牛进行了免疫。血清学研究表明，牛瘟病毒的不同毒株拥有共同的可溶性抗原，与犬瘟热病毒、人麻疹病毒、小反刍兽疫病毒的各毒株的抗原性非常密切，但又各自具有特殊组分。交叉保护性试验证明，犬感染麻疹病毒或牛瘟病毒后所产生的免疫力能够抵抗犬瘟热病毒的攻击，但牛接种犬瘟热后不能抵抗牛瘟。麻疹病毒的血凝素可作为检测牛瘟和犬瘟热抗体的抗原。病毒粒子有许多与感染力无关的可溶性抗原，如补体结合性抗原和沉淀抗原，它们均可因腐败而迅速破坏。牛瘟弱毒细胞疫苗可诱导终生免疫，因此该疫苗会干扰血清学调查。小反刍兽疫病毒在绵羊肾细胞培养物中产生的细胞病变与牛瘟病毒相似，适应于细胞增殖后，这种病毒可以免疫牛以抵抗牛瘟，反之牛瘟抗血清也能抵抗这种病毒。因此，有人推测小反刍兽疫可能来源于牛瘟病毒一个毒株的变异，它已丧失了通过天然途径感染牛的能力，在羊群中易传播并引起严重疾病。由于不同地区动物对不同疫苗的易感性差异显著，因而针对不同地方的疫苗如雨后春笋般孕育而生。

四、制品

(一) 诊断试剂

1. 抗原检测试剂　多抗或单抗标记的荧光抗体和琼脂免疫扩散试验检测抗原常作为牛瘟病毒分离鉴定的金标准试剂使用。反转录聚合酶链式反应 (RT-PCR) 试剂也可用于牛瘟病毒鉴定，其所用的病毒 RNA 可以从脾脏、淋巴结和扁桃体 (最理想)、外周淋巴细胞、眼、口腔病变刮取物种提取。一般采取 6 寡核苷酸随机引物合成 cDNA，以保证 PCR 扩增过程中可应用几对不同的特异引物 (一般需要 3 对引物，2 对为通用引物，分别基于 P 蛋白和 N 蛋白基因的高度保守区，可以检测出所有麻疹病毒；1 对为基于牛瘟病毒 F 蛋白基因序列的特异性引物)。免疫捕获鉴别试剂是区分牛瘟和小反刍兽疫的快速诊断试剂，一般采用基于两种病毒 N 蛋白的单抗作为捕获抗体，采用生物素标记的针对两种病毒特异的 N 蛋白位点的单抗作为捕获抗体，用于检测所捕获的 N 蛋白。

2. 抗体检测试剂　竞争 ELISA 试验是 OIE 推荐的用于国际贸易的指定试剂，可以从 OIE 牛瘟参考实验室购买，可用于感染牛瘟病毒的任何品种动物血清抗体的检测。该试剂的原理是阳性被检血清和抗牛瘟病毒 H 蛋白单抗与牛瘟抗原竞争性结合，如被检样品中存在抗体，将阻断单抗与牛瘟抗原的结合，加酶标记的抗小鼠 IgG 结合物和底物/显色液后，期望的显色反应降低。病毒中和试验试剂一般包括中和试验标准牛瘟抗原和标准阳性血清和标准阴性血清，如果血清稀释度为 1∶2 时能检测出抗体即表示曾感染牛瘟病毒。

(二) 疫苗

用于牛瘟免疫的疫苗主要为弱毒疫苗。牛瘟疫苗可诱导终生免疫，但所诱导的免疫不能与野生型病毒所诱导的免疫在血清学上相区别，因此标记牛瘟疫苗应为发展方向。

1. 组织培养弱毒疫苗　组织培养弱毒疫苗是东非兽医研究组织用牛瘟强毒株 Kabete "O" (RBOK) 经过连续传代研制成功的疫苗，对不同年龄的牛、水牛、绵羊和山羊均安全，并可使其获得终生免疫，是动物学上的珍品。山羊化弱毒

疫苗方法首先由 Edwards 提出。1932 年 Steiling 用此法成功对印度牛群进行了接种。虽然该方法对数百万头牛进行了免疫，但似乎只在南亚受到关注。而在东非，这种疫苗对当地的动物毒力太强，其致死率有时可达 25%。1938 年，Nakamura 等将在兔子体内连续传代 100 次的牛瘟病毒接种至牛体内，结果发现它能对免疫动物实现完全保护，从而研制出了兔化弱毒疫苗。1945 年，日本中村悖治在朝鲜釜山兽医血清制造所培育出第三系牛瘟兔化病毒，南京中央畜牧实验所接受并在中国各省推广。几年的使用证明，该疫苗确实有效，除对纯种奶牛、牦牛及犏牛反应稍强外，对于黄牛及水牛反应轻微。但中村三系兔化牛瘟弱毒保存期太短，在兔体内继代是唯一的保存办法，因此疫苗产量太少且需使用大量兔。1948 年 4 月，南京中央畜牧实验所继 Grosse Isle 培育出 "南京鸡胚化牛瘟种毒"，并改进兔化牛瘟弱毒疫苗，将接种牛瘟病毒兔的血、脾及肠淋巴结经真空冻干处理，4℃保存期可延长到 105d。1948 年 11 月，FAO 在 Kenya 的 Nairobl 召开牛瘟会议，我国代表的论文《鸡胚化牛瘟疫苗在中国之研制与应用》及《兔化牛瘟病毒疫苗》，引起国际兽医界对我国牛瘟疫苗研究的重视，并从南京中央畜牧实验所获取种毒，在开罗、香港等地试用。

(1) 牛瘟兔化弱毒活疫苗　本品系用牛瘟病毒兔化弱毒接种家兔，采集含毒组织制成乳剂，加适宜稳定剂，经冷冻真空干燥制成，用于预防牛瘟。牛注射疫苗后 14d 产生免疫力，免疫期为 12 个月。本品为暗红色海绵状疏松团块，易与瓶壁脱离，加稀释液可迅速溶解。注射前按瓶签注明头份，用生理盐水稀释为每头份 1mL，皮下注射或肌内注射 1mL。牦牛、朝鲜品种黄牛不宜使用；个别地区有易感性强的牛种，应先做小区试验，证明疫苗安全有效后，方可在该地区推广使用；临产前 1 个月的孕牛和分娩后尚未康复的母牛不宜注射。

(2) 牛瘟山羊/绵羊化弱毒活疫苗　本品系用牛瘟病毒山羊/绵羊化弱毒分别接种山羊或绵羊，采集含毒组织制成乳剂，加适宜稳定剂，经冷冻真空干燥制成。山羊苗用于预防蒙古黄牛牛瘟；绵羊苗用于预防牦牛、犏牛、朝鲜品种黄牛牛瘟。注射前按瓶签注明头份，用生理盐水稀释为每头份 1mL，皮下注射或肌内注射 1mL，免疫期为 12

个月。本品为暗红色海绵状疏松团块，易与瓶壁脱离。加稀释液后，用蔗糖脱脂奶作稳定剂的疫苗，应在5min内溶解成均匀的悬液；用血液作稳定剂的疫苗，应在10～20min内完全溶解。

2. 细胞培养弱毒疫苗 可采用原代细胞（如犊牛肾细胞）或传代细胞系（如Vero细胞）进行牛瘟弱毒疫苗的生产，细胞连续传代不能超过10代。收获细胞培养物加适宜稳定剂（通常为5%乳蛋白水解物和10%蔗糖），经冷冻真空干燥制成。作用、用途、使用方法与组织培养弱毒疫苗类似，疫苗稀释后在4～37℃环境中使用时建议不超过4h。

五、展望

FAO在2010年已宣布在全世界已消灭牛瘟，该病已成为历史。目前除FAO指定的个别实验室战略性保留牛瘟病毒外，全世界已禁止进行针对牛瘟的所有制品生产和研究工作。但该病的防治历史及经验为其他疫病的消灭计划提供了有益的经验。

（支海兵　吴华伟　王忠田）

主要参考文献

刘金玲，2004. 牛瘟竞争ELISA和PCR诊断技术的研究［D］. 北京：中国兽医药品监察所.

农业部兽医生物制品规程委员会，2010. 中华人民共和国兽医生物制品规程（二〇〇〇年版）［M］. 北京：化学工业出版社.

世界动物卫生组织，2007. 陆生动物诊断试验和疫苗手册（哺乳动物、禽类与蜜蜂）［M］. 第5版. 北京：中国动物卫生与流行病学中心.

第二节　牛病毒性腹泻/黏膜病

一、概述

牛病毒性腹泻-黏膜病（Bovine viral diarrhea-mucosal disease，BVD-MD）是由牛病毒性腹泻病毒（BVDV）引起牛的以腹泻、黏膜发炎、糜烂和坏死为特征的疾病。该病最早发生于美国纽约州艾萨卡镇（Ithaca，New York，USA）（Olafson，1946）。临床症状包括高热、萎靡不振、腹泻及脱水、厌食、唾液增多、流鼻涕、白细胞减少，由于典型症状为腹泻，故称为牛病毒性腹泻（BVD）。将引起此病的病毒称为牛病毒性腹泻病毒（BVDV）。

加拿大Childs（1946）发表了一例与BVD相似但临床症状更为严重的病例，特征为高热、厌食高热、萎靡不振、过多唾液、流鼻涕、胃肠黏膜出血、糜烂及溃疡、严重的水样腹泻，有时出现血便腹泻。该病的胃肠道病变比BVD严重且一般发生于牛群的几头牛，但致死率极高。1953年美国报道了首例牛黏膜病（Ramsey和Chivers，1953），牛黏膜病（MD）从而得名。

20世纪50年代后期。1957年第一株不产生细胞病变的BVDV由一急性BVD病牛分离成功，即为现在使用的BVDV参考毒株NY-1株。同一年从MD病牛分离出可在细胞培养中产生细胞病变的毒株，但当时人们普遍认为MD和BVD是由不同病毒引起的疾病。3年后第一株致细胞病变型BVDV分离出来并被命名为Oregon C24V，现广泛用于病毒研究及疫苗开发。MD和BVDV致细胞病变毒株的分离成功，使得可以采用病毒中和试验及病毒噬斑技术对病毒的抗原关系进行鉴定。结果表明，从北美洲及欧洲分离的MD病毒和BVDV竟是同一种病毒（Gillespie等，1961）。也就是说相同的病毒可以引起在临床上差异极大的MD和BVD。因此在几年后由BVDV感染引起的疾病被统一命名为"牛病毒性腹泻-黏膜病（BVD-MD）"（Kennedy等，1968）。

二、病原

（一）分类地位

BVDV在病毒分类上属于黄病毒科（Flaviviridae）瘟病毒属（*Pestivirus*）。病毒颗粒呈球形，直径40～65 nm，具有一个直径24～30 nm的病毒髓核。病毒囊膜表面光滑，偶尔可见纤突。病毒有3种不同大小的病毒颗粒，最大的有80～100 nm，有囊膜，呈多型性，为成熟病毒；中等的有30～50 nm；最小的15～20 nm为病毒前身，是核糖体样可溶性抗原。病毒衣壳呈立体对称，大型的病毒颗粒内部有一种网络样结构，由环形的亚单位紧密结合在一起形成。

（二）病毒基因组

与其他黄病毒属病毒相似，BVDV含有单股正链 RNA，基因组约为 12 276 bp，由一个开放阅读框（ORF）和 5′UTR 及 3′UTR 组成，ORF翻译为一个多聚蛋白，再由病毒和细胞蛋白酶切割成多个结构蛋白和非结构蛋白，5′端基因编码结构蛋白，3′基因编码非结构蛋白。病毒复制位于细胞质内，经细胞内包装、囊膜化、在胞质小囊泡中转运，最后通过分泌和细胞裂解释放。

（三）BVDV 的基因型

BVDV 分为 2 个基因型，分别为 BVDV1 和 BVDV2。对于基因型的鉴别，主要通过 5′UTR 序列比对进行。5′UTR 基因序列相对保守。尽管可采用 5′UTR 序列比对进行鉴别，但以后的研究发现，对于 2 个基因型的鉴别还没有标准方法，因为通过研究发现 2 个基因型病毒序列差异存在于整个基因组内。在致病性方面，部分 BVDV2型病毒可引起以出血综合征为特征的严重病例。在抗原性上 BVDV1 和 BVDV2 有所不同，可通过多价血清和单抗结合的中和试验加以区别。BVDV1 型疫苗可诱导针对 BVDV2 型病毒的抗体，但其抗体滴度要比同源病毒抗体滴度平均低1 个 log 值。

（四）BVDV 生物型

BVDV 分为 2 个生物型，即致细胞病变型和非致细胞病变型。两种生物型可在分子水平加以区别，2 个基因型 BVDV 毒株中都有致细胞病变型和非致细胞病变型毒株。BVD-MD 的持续性感染主要由非致细胞病变性毒株引起，由于致细胞病变毒株一般不会引起持续感染，因此目前的大部分 BVD 疫苗株均为致细胞病变株。

（五）BVDV 的蛋白结构和功能

BVDV 基因组上的大开放阅读框编码所有的病毒蛋白，它本身翻译为一个包含所有病毒蛋白的蛋白多聚体，其蛋白顺序为：Npro - C - Erns - E1 - E2- P7 - NS2/3 - NS4A - NS4B - NS5a - NS5B，该多聚蛋白再由宿主细胞和病毒自身的多种蛋白酶进行裂解加工成结构蛋白和非结构蛋白。结构蛋白有 C、Erns、E1 和 E2 蛋白。C 蛋白是病毒粒子的核衣壳蛋白，其序列相对保守，其功能是直接将结构糖蛋白定位到内质网上。Erms 以二硫键连接成同型二聚体形式存在，在组织培养中发现，该蛋白有助于成熟病毒释放于培养液中。E1

蛋白和 E2 蛋白在结构上都具有跨膜区，都是糖蛋白，均可形成异源二聚体结构。E2 蛋白是最重要的糖蛋白，具有重要的免疫调控结构，拥有可被宿主免疫系统识别的中和表位，是最主要的免疫原。P7、NS2/3、NS4A、NS4B、NS5a、NS5B 均为非结构蛋白，主要与病毒蛋白的裂解及病毒复制有关。

（六）BVDV 的理化特性

BVDV 对乙醚和氯仿等有机溶剂敏感，并能被灭活。病毒悬液经胰酶处理后（0.5 mg/mL，37℃下 60min）致病力明显减弱。pH5.7～9.3时病毒相对稳定，超出这一范围，病毒感染力迅速下降。病毒粒子在蔗糖密度梯度中的浮密度为1.13～1.14 g/mL；病毒粒子的沉降系数是 80～90 s。病毒在低温下稳定，真空冻干后在－70～－60℃下可保存多年。病毒在 56℃下可被灭活，氯化镁不起保护作用。病毒可被紫外线灭活，但可经受多次冻融。

三、免疫学

（一）BVDV 对细胞的吸附及侵入

病毒进入动物机体后，首先与病毒粒子与细胞表面的特定受体结合，病毒囊膜与细胞膜融合，BVDV 的 E2 囊膜糖蛋白可单独与细胞膜上的低密度脂蛋白结合，与感染有关的膜蛋白包括牛源细胞表面的 50 ku、60 ku、93 ku。当病毒进入宿主细胞后，病毒 RNA 释放到胞浆中，开始 RNA的复制和病毒蛋白翻译。

（二）宿主对 BVDV 的免疫反应

动物对 BVDV 感染后的免疫包括先天性免疫和特异获得性免疫。在先天性免疫方面，BVDV感染动物后，可感染先天性免疫系统，如中性粒细胞、单核细胞、巨噬细胞和树突状细胞并影响其功能，其中可杀伤中性粒细胞，抑制趋化性和抗体依赖性细胞介导的细胞毒作用。致细胞病变型 BVDV 可导致单核细胞发生细胞凋亡。小牛感染 BVDV 强毒后单核细胞数量可减少 30%～70%，当 BVDV 感染肺泡巨噬细胞后可导致其吞噬功能、Fc 受体和补体受体表达、杀伤活性及趋化因子的下降。这种对先天性免疫细胞系统的损伤可能是 BVDV 强毒感染后引起免疫抑制的重要因素。

在体液免疫方面用 BVDV 弱毒疫苗免疫后 2 周即可检测到 BVDV 抗体并可保持 10～12 周，BVDV 的 3 个糖蛋白（gp53/E2、gp48/E0 和 gp25/E1）均能够诱导产生中和抗体，其中 E2 蛋白起主导作用。中和抗体是反映机体获得性免疫反应的最重要指标，牛在用 BVDV 强毒攻击后，体内的中和抗体主要是 IgG1，能够阻止鼻咽呼吸道排出病毒并能防止形成病毒血症和白细胞减少症的发生。说明体液免疫对 BVDV 感染起到重要作用。

在细胞免疫方面，BVDV 强毒感染会出现轻微的（10％～20％）或严重的淋巴细胞减少（50％～60％），其中对细胞毒性 T 细胞（CD8+）的影响最大。其次是辅助 T 淋巴细胞，CD4+ 的减少会导致 BVDV 排毒期延长。

BVDV 感染胎牛可造成持续性感染，即被感染牛对自身感染的 BVDV 毒株产生免疫耐受性，但这种耐受性对其他毒株可不表现免疫耐受性，亦可产生免疫应答。这种免疫耐受性会导致怀孕母牛子宫内感染，其出生的后代通常是持续感染者。部分胎牛会有不正常表现，如早产、嗜睡，由于抵抗力减弱，个别牛会在 6 个月内死亡，也有小牛可长大，但会成为持续感染者。

四、制品

（一）用于 BVDV 的诊断制品

在国内用于 BVDV 诊断的方法目前主要是中和试验，国家标准 SN/T 1129.2—2002 规定的中和试验方法是采用 Oregon C24 作为中和试验抗原，配以阳性血清和阴性血清，均为冻干制品，中和试验抗原的效价标准为每 0.1mL 病毒含量不低于 10^5 TCID$_{50}$，阳性血清效价不低于 1∶1 024，中和试验用细胞为牛肾原代或次代细胞，使用时采用 96 孔细胞板；将抗原稀释成每 0.05mL 含 100 TCID$_{50}$；将被检血清作对倍稀释，每稀释度接种 4 孔，每孔 0.05mL，每孔加入 0.05mL 含 100TCID$_{50}$ 的病毒抗原，36～37℃作用 1h，再接种细胞悬液，每孔 0.1mL，同时设立抗原对照、标准阳性血清和标准阴性血清对照及细胞对照。接种后在 37℃、含 5％ CO_2 培养箱培养 6d，每日观察细胞病变，根据细胞病变孔数判定结果。被检原血清能使 50％以上细胞孔产生细胞病变时判

为阳性。血清对倍系列稀释时，以 50％细胞孔产生病变的血清最高稀释度为血清效价。2005 年农业部公告第 587 号批准牛病毒性腹泻/黏膜病中和试验抗原、阳性血清与阴性血清的注册。

国外用于 BVDV 病原诊断的技术主要有病毒分离、RT-PCR；用于血清学诊断的主要有血清中和试验、ELISA 等，这些技术在国内已有研究，但其制品尚未正式批准注册。

（二）疫苗

1. BVDV 弱毒疫苗 致细胞病变型 BVDV 毒株 Oregon C24 分离后不久，就在原代牛肾细胞上连续传代致弱，1964 年用于临床的第一个 BVDV 疫苗大批量生产，弱毒活疫苗能够产生广泛而持久的免疫力，其缺点是有的疫苗株有可能存在导致免疫损伤和胎儿疾病的缺陷。目前在国内有单位在进行弱毒活疫苗的研究，但尚未批准注册。

2. BVDV 灭活疫苗 BVDV 灭活疫苗安全性高，但由于不能有效激发 T 细胞介导的细胞免疫反应，因此效力相对低于弱毒活疫苗，一般免疫持续期不超过 6 个月。目前国内批准注册的 BVDV 灭活疫苗主要有牛病毒性腹泻（1 型）灭活疫苗（NM01 株）和牛病毒性腹泻/黏膜病、传染性鼻气管炎二联灭活疫苗（NMG 株＋LY 株）。

牛病毒性腹泻（1 型）灭活疫苗（NM01 株）由华威特（北京）生物科技有限公司等联合研制，于 2016 年 6 月 1 日农业部公告第 2411 号批准为二类新兽药。证书号：（2016）新兽药证字 42 号。监测期 48 个月。本品系用 1 型牛病毒性腹泻病毒 NM01 株接种牛肾细胞（MDBK 细胞）培养，收获细胞培养物，经二乙烯亚胺（BEI）灭活后，加 206 佐剂混合乳化制成。用于预防牛病毒性腹泻/黏膜病。通过肌内注射。主动免疫 3 月龄以上健康牛，每头牛接种 2.0mL，21d 后以相同剂量进行二免。免疫期可达 6 个月

由中国兽医药品监察所、金宇保灵生物药品有限公司、扬州优邦生物药品有限公司联合研制的牛病毒性腹泻/黏膜病、传染性鼻气管炎二联灭活疫苗（NMG 株＋LY 株），于 2016 年 7 月 14 日经农业部公告第 2422 号批准为二类新兽药。证书号：（2016）新兽药证字 51 号。监测期 48 个月。这种灭活疫苗的保护力一般在 80％以上，免疫期约 6 个月。并且达到一针防两种疾病的目的，临床应用反应良好。

五、展望

牛病毒性腹泻-黏膜病对养牛业特别是奶牛业的影响较大，目前该病在国内的感染率较高，血清学检测结果显示牛群的血清阳性率在30％以上。国外普遍采取的防治措施是采取疫苗接种的同时，加强饲养管理改善卫生条件，以达到控制和净化的目的。但由于该病存在隐性感染及持续感染问题，其发病具有一定的条件性致病因素，因此净化比较困难。近年来在国内对于该病的研究已广泛开展，各种新的诊断技术和疫苗产品在不断研发之中，相信在最近几年将不断有新的诊断制品和疫苗投入生产，对于该病的控制和清除能够提供有效的技术保障。

（支海兵　王忠田）

主要参考文献

武华，薛文治，2010. 牛病毒性腹泻病毒及其控制 [M]. 北京：中国农业出版社.

Kennedy P，Collier J C，Ramsey F，et al，1968. Report of the ad hoc committee on terminology for the symposium on immunity to the bovine respiratory disease complex [J]. Journal of the American Veterinary Medical Association，152：940.

第三节　牛传染性鼻气管炎

一、概述

牛传染性鼻气管炎（IBR）又称传染性脓疱性外阴阴道炎（IPV），是由牛疱疹病毒1型（BHV1）引起的牛的一种急性接触性传染病。临床上分呼吸道、生殖道、脑、结膜等多种感染类型。呼吸道型以呼吸道黏膜发炎、水肿、出血和坏死为特征；生殖道型以生殖器官出现小脓疱病变为特征，表现为脓疱性外阴阴道炎和龟头包皮炎，成年母牛还常伴有乳房炎、流产、受孕率降低和产奶量下降等症状；脑膜炎型主要发生于犊牛，表现共济失调、角弓反张等脑炎症状；结膜炎型主要表现眼结膜充血、水肿和点状坏死，眼部出现浆液性或脓性分泌物。该病死亡率较低，多呈亚临床经过，但易继发细菌感染，导致支气管肺炎等严重呼吸道疾病。

IBR最早于20世纪初发生于欧洲，当时称为"交媾疫"，后传至美国并于1956年分离到病毒，现已遍布世界各地。我国最早于1979年从新西兰进口牛中检出该病，随后证实在国内牛群中普遍存在。该病对养牛业的危害极大，仅在美国每年至少造成5亿美元的损失。目前，奥地利、丹麦、芬兰、瑞典、意大利（波尔查诺省）、瑞士和挪威等国家均已消灭该病，有些国家则已开始实施控制计划。

病牛呼吸道和鼻腔分泌物中的病毒含量最高，可达$10^8 \sim 10^{10} \mathrm{TCID}_{50}/\mathrm{mL}$，因此飞沫传播是呼吸道感染的主要途径。生殖道黏膜、分泌物和精液中也含有大量病毒，因此产科手术、交配、人工授精、舔舐等是生殖道感染的主要途径。感染动物排毒期最长可达18个月以上，养殖密度高时传播迅速，带毒牛是新引进牛感染的主要来源。该病潜伏2～4d，病程一般持续5～10d。该病的控制要依靠严格的动物卫生措施。对新引进的牛，应隔离检疫2～3周，只有BHV-1抗体阴性牛方可引进。疫苗是控制该病的辅助手段或阶段性措施，通常疫苗免疫能够防止出现严重的临床症状和感染后排毒，但不能防止感染。

二、病原

（一）分类地位

牛疱疹病毒1型（BHV1）是疱疹病毒科、α疱疹病毒亚科、水痘病毒属成员。病毒粒子呈圆形，直径150～200 nm。由核心、衣壳和囊膜组成。衣壳由162个壳粒组成，呈20面体对称。病毒DNA在细胞核内复制并装配成核衣壳（100 nm），通过核膜获得囊膜，称为小囊膜成熟粒子（约150 nm），通过内质网或胞浆膜获得囊膜，称为大囊膜成熟粒子（200 nm）。病毒浓缩后能凝集大鼠、豚鼠、仓鼠和人的红细胞，脂溶剂能破坏血凝性。

（二）病毒基因组

为线性dsDNA，全长138 kb，由长独特区（UL，106 kb）、短独特区（US，10 kb）及两个反向重复序列（IRS和TRS各为11 kb）组成。IRS和TRS位于短独特区的两侧，序列相同方向相反，因而短区能够反转方向，使病毒 DNA 具有两种异构体。基因组编码区约占 84%，编码约 70 种蛋白。已证实的非结构蛋白有 15 种，结构蛋白 33 种。病毒的 TK 基因同其他 α-疱疹病毒一样，TK（胸苷激酶）基因也是该病毒复制的非必需基因，但对病毒的毒力具有决定作用，特别是对维持病毒在神经组织中的感染十分重要。该基因缺失能显著降低病毒的毒力，因而是基因缺失疫苗研制的首选基因（图 24-1）。

图 24-1　牛鼻气管炎病毒基因组示意图

（Davison）

（三）病毒糖蛋白

病毒结构蛋白中至少有 11 种为糖蛋白，可能诱导产生中和抗体，在补体协助下能裂解感染细胞，因而与病毒致病性和免疫原性密切相关。其中糖蛋白 gB、gC、gD 和 gE 主要负责病毒的吸附、渗透及其在细胞之间的扩散，gB、gC 和 gD 是刺激宿主免疫应答的主要抗原蛋白。

1. gB 蛋白　高度保守，其基因序列可用来分析不同疱疹病毒之间的进化关系。在疱疹病毒科中，不同病毒的 gB 可以互相替代，表明 gB 基因在功能上是相似的。基于 gB 基因序列可设计 PCR 引物，用于病毒的诊断与检测。gB 开放阅读框有 2 799 个核苷酸组成，蛋白在翻译后经弗林酶裂解为 74 ku 和 55 ku 两个亚基，通过二硫键连接在一起。该蛋白能否被酶切会影响病毒的感染性。

2. gC（gⅢ）蛋白　是病毒最丰富的糖蛋白，由 GVP-9 基因编码，与 HSV-1 gC 基因同源，其吸附功能很强，受体为细胞表面肝素样受体。该基因是病毒复制的非必需基因，该基因的缺失会降低病毒的毒力。

3. gD 蛋白　由 GVP-11 基因编码，与 HSV-1 gD 基因同源，是病毒复制的必需蛋白，与病毒穿透过程有关，能诱导最高水平的体液和细胞免疫应答，是制备亚单位疫苗的最佳候选蛋白。

gE 基因与 HSV-1 的 gE 基因同源，是病毒复制的非必需基因，但该基因的缺失能影响病毒的释放，进而影响病毒在细胞间的扩散，降低病毒的毒力。

（四）病毒分型

病毒只有一个血清型，但根据限制性内切酶分析，则可分为 1.1、1.2a 和 1.2b 等不同的亚型，BHV-1.2 的毒力比 BHV-1.1 弱。该病毒与牛疱疹病毒 5 型（BHV-5，曾称 BHV-1.3）、山羊疱疹病毒 1 型、鹿疱疹病毒 1 型和鹿疱疹病毒 2 型、麋鹿疱疹病毒 1 型、非洲羚羊疱疹病毒 1 型、马疱疹病毒、鸡马立克氏病病毒等存在血清学交叉反应。

（五）对环境的抵抗力

病毒对乙醚、氯仿、丙酮、酒精敏感，对胰酶不敏感。在 1% 漂白粉溶液中 0.5min、10% 复方碘溶液中 5min 即可灭活。在 pH 为 6.0～9.0 环境中稳定，56℃ 2min 失活，37℃ 10h 病毒滴度下降一半，4℃ 可存活 30d，-70℃ 以下可存活数年。

（六）培养特性

能在多种细胞培养物中生长并产生细胞病变，如原代或次代牛肾、肺或睾丸细胞，胎牛肺、鼻甲或气管等组织制备的细胞株，以及 MDBK 等传代细胞系都比较适用。一般病料上清液接种后 3d 即出现细胞病变（CPE）。细胞的典型变化是圆缩，聚集成葡萄样群落，在单层细胞上可形成空洞，亦可形成核内包含体，有时能发现拥有多个细胞核的巨大细胞。

三、免疫学

（一）感染发病机制

该病毒具有典型的泛嗜性，能侵袭多种组织器官，引起多种临床症状。经鼻腔感染的病毒，首先在上呼吸道和扁桃体黏膜繁殖，滴度升高后进一步扩散到结膜并通过神经轴突传到三叉神经节，引起结膜炎和脑炎。经生殖系统感染的病毒，在阴道或包皮黏膜中繁殖并引起病变，随后将扩散至荐神经节并潜伏下来。持续感染和潜伏感染是该病的基本特征。研究表明，自然状态下，绝大部分抗体阳性牛均处于潜伏感染状态，还有一些牛即使在抗体转阴后仍处于潜伏感染状态。病毒在感染牛的神经节及上呼吸道和生殖道上皮组织中持续存在，甚至可维持终生，中和抗体对潜伏病毒无作用，运输、分娩等应激因素，以及促肾上腺皮质激素、地塞米松（DMS）等具有免疫抑制作用的激素能激活潜伏感染状态的病毒，导致间歇性排毒，使带毒牛重新成为传染源。

（二）免疫应答

自然感染或疫苗接种均可激发免疫力的产生，免疫强度和持续期因感染部位和范围而有所差异。鼻腔感染一般在 7～10d 后即可产生有效的体液和细胞免疫反应，免疫应答可持续终生，而生殖道感染中和抗体水平较低，免疫力较差。母源抗体可通过初乳传递给犊牛，使犊牛产生抵抗 BHV-1 侵袭的能力。母源抗体的生物学半衰期为 3 周，偶可在 9 月龄的牛体内检出。

四、制品

由于大量潜伏感染牛的存在，因此通过有效的诊断措施，隔离淘汰阳性牛只，使牛群逐渐得到净化非常重要。另外，对于有该病流行的区域和牛群实施免疫接种，也是十分重要的控制措施。

（一）诊断方法与试剂

1. 病原学检测方法与试剂　病原抗原检测可采用中和试验、荧光抗体试验及 ELISA 等方法，其核心试剂为 BHV-1 特异性抗血清或单抗；病原核酸的检测可采用普通 PCR 或实时 PCR 技术，其核心试剂是针对病毒核酸的特异性引物；亚型的区分可采用亚型特异性单抗，也可采用限制性内切酶 Hind Ⅲ 对病毒核酸进行酶切电泳分析来进行。

PCR 技术特别是实时 PCR（荧光定量 PCR）比病毒分离更加敏感，阳性检出率比病毒分离高出 5 倍，其应用也越来越广泛，特别是用于精液中病毒的检测更为便捷，是 OIE 指定的病原检测方法。PCR 引物的设计主要针对保守性较高的基因，如 TK、gB、gC 和 gD 基因等。目前，该方法还不能区别强毒株和弱毒株，但针对 gE 的 PCR 可用来区别野毒株和 gE 缺失疫苗株。PCR 还可以用来区别不同型的牛疱疹病毒。

OIE 指定的荧光定量 PCR 检测方法所用的引物和探针序列如下：5′- TGT GGA CCT AAA CCT CAC GGT - 3′（引物 1 gB - F），位于 BHV-1基因组的第 57 499～57 519 位核苷酸序列。5′- GTA GTC GAG CAG ACC CGT GTC - 3′（引物 2 gB - R），位于 BHV - 1 基因组的第 57 595～57 575 位核苷酸序列。5′- FAM AGG ACC GCG AGT TCT TGC CGC TAMRA - 3′（TaqMan 探针），位于 BHV - 1 基因组的第 57 525～57 545 位核苷酸序列。结果判定标准：Ct 值≤45 判为阳性。

2. 血清学检测方法与试剂　血清抗体检测，可采用中和试验及多种 ELISA 方法进行，如全病毒抗原间接 ELISA、gE 或 gB 阻断 ELISA 等，其中间接 ELISA 和 gB ELISA 敏感性较高，而 gE ELISA 敏感性较低，不过 gE ELISA 具备区别 gE 缺失疫苗与野毒感染抗体的优点。这些方法也可用于混合牛奶中的抗体检测，但敏感性差异较大，其中间接 ELISA，只要牛群数量不超过50 头，其敏感性较好，但另外两种 ELISA 的敏感性相对较低。

这些方法的核心试剂为全病毒抗原或基因表达抗原，配以相应的单因子血清或单抗。以 gB 单抗阻断 ELISA 的抗原制备和试验方法是：将病毒感染 MDBK 细胞，当出现明显病变时，将细胞和培养上清液 - 20℃ 以下冷冻，融化后再 8 500r/m离心 4h，收集含病毒的沉淀物，用 PBS 悬浮，冰浴超声裂解；800r/min 离心 10min，收集上清液并加入终浓度为 0.5% 的 NP40 将抗原灭活，运用有限稀释法确定抗原的包被稀释度，- 20℃ 以下保存；将抗原用的碳酸盐缓冲液（pH9.6）稀释，100μL/孔包板，密封后 37℃ 过夜，- 20℃ 以下保存；其余方法和步骤与一般阻断 ELISA 方法相同，检测抗体采用酶标 gB 特异性单抗，试验中设阳性、弱阳性和阴性血清（胎牛血清，FCS）对照。如果血清或牛奶中含有 BHV - 1 抗体，酶标单抗与病毒抗原的结合将被不同程度地阻断，反应孔中将不出现或仅出现微弱的显色反应，通过 OD 值测定，计算抑制率〔（ODFCS - OD 被检样品）/ ODFCS×100%〕。根据抑制率的大小判定结果，如抑制率≥50% 时，结果判为阳性。

应特别注意 ELISA 的非特异性问题：每批试剂均应进行特异性检验；采集血液时应尽量避免溶血；样品应在 2～8℃ 保存，且最好在 48h 后再进行检测；血清样品在检测前应冻融 1 次，并在 56℃ 灭活 30min；未免疫的动物，最好不使用 gE ELISA 检测。

（二）疫苗

国外商品化的 IBR 疫苗很多，包括常规弱毒苗和灭活疫苗、低温适应弱毒疫苗、基因缺失弱毒苗和灭活疫苗、亚单位疫苗等，其中基因缺失苗和亚单位疫苗统称为标记疫苗。常规弱毒疫苗所用的种毒是经细胞传代致弱的毒株；常规灭活疫苗的种毒既可以是弱毒疫苗株也可以是经分离鉴定的强毒株；低温适应弱毒疫苗的种毒是通过低温传代而获得的温度敏感变异株，病毒只能在温度较低的上呼吸道内复制并产生免疫力，而在温度较高的内脏器官中不能复制，因而毒力较弱；基因缺失活疫苗或灭活疫苗的种毒是用分子生物学方法将病毒复制非必需基因（如 gE 或 TK）缺失而产生的弱毒株；亚单位疫苗则是用基因表达抗原（如 gD）生产的。值得注意的是，虽然所有疫苗均具有较好的临床保护效果，但还没有一种疫苗能防止强毒感染，因此实施牛群净化仍是控制该病最有效措施。

1. 弱毒疫苗 最早的弱毒疫苗是将强毒在牛肾或猪肾细胞传 60～100 代致弱后获得的，虽然多数情况下安全有效，但引起妊娠牛特别是妊娠中期的牛流产。后经改良，此弱毒疫苗对怀孕母牛的安全性大大提高。有研究表明，Bartha-Nu/67、KT-A（BHB）B2、温度敏感株，以及 *gE* 或 *TK* 基因缺失株等制备的弱毒疫苗均具有较好的安全性。

OIE 对疫苗安全性要求 用 10 倍剂量疫苗注射动物后，应具备：①不诱发局部或全身性反应；②不造成胎儿感染或流产；③牛体内连续 5 次传代疫苗毒力不返强。有的研究者除进行上述常规致病性和毒力返强试验外，还增加了地塞米松（DMS）激活试验，即在疫苗接种后一定时期内（如 3 个月）注射 DMS，检测抗体和特异性 γ-IFN 的变化情况，特别是疫苗毒的排毒情况。

对疫苗的效果评价，OIE 要求用疫苗接种 2～3 月龄的 BHV-1 抗体阴性犊牛 10 头，同时设对照 2 头，3 周后鼻腔攻毒。免疫组应无或只有轻微症状，对照组应出现典型症状；免疫组鼻黏膜最高病毒滴度应比对照组下降 2 个滴度，免疫组的排毒期应比对照组至少短 3d。有的研究者还增加了潜伏强毒激活试验，即给感染强毒的康复牛接种疫苗，一定时期后再注射 DMS，检测强毒排毒情况。一般情况下，基因缺失苗降低排毒

的效果要好于常规弱毒苗。

疫苗生产所用的细胞系多为 MDBK，成品疫苗中的病毒含量一般应不低于 $10^6 \, TCID_{50}/mL$。疫苗接种可通过鼻腔或肌内注射两种途径，通常 10～14d 后产生中和抗体效价至少为 1:8，首免 3～5 周后加免 1 次，保护期应达到 12 个月以上。弱毒疫苗的体液免疫应答会受到母源抗体的干扰，但细胞免疫几乎不受影响。

由于弱毒疫苗本身也可呈现持续感染状态，应激因素还会导致少量排毒，因此为尽量避免出现流产现象和精液传播，弱毒疫苗一般不用于怀孕母牛和种公牛。此外，对于实施 IBR 控制计划的牛场，应尽量使用缺失疫苗，以便进行鉴别诊断，而且为了达到这一目的，在同一牛场中应避免使用缺失不同基因的疫苗。

2. 灭活疫苗 通过细胞传代或基因缺失获得的弱毒株，以及用细胞分离的强毒株均可用于灭活疫苗生产。采用的佐剂多为氢氧化铝或白油。灭活疫苗的安全性试验可采用 2 倍剂量注射 BHV-1 抗体阴性犊牛，应无副反应；效果评价可参考弱毒疫苗。一般情况下灭活疫苗安全性比弱毒苗好，但免疫持续期短，免疫效果稍差，因此多用于弱毒苗免疫后的加强免疫，也可用于怀孕母牛和公牛的免疫。

由中国兽医药品监察所、金宇保灵生物药品有限公司、扬州优邦生物药品有限公司联合研制的牛病毒性腹泻/黏膜病、传染性鼻气管炎二联灭活疫苗（NMG 株＋LY 株），于 2016 年 7 月 14 日经农业部公告第 2422 号批准为二类新兽药。这种灭活疫苗的保护力一般在 80％以上，免疫期约 6 个月。并且达到一针防两种疾病的目的。临床应用反应良好。

（三）亚单位疫苗

亚单位疫苗多采用基因表达蛋白，如 gB、gD 等作为制备疫苗的抗原，其特点是质量容易控制、安全性好、能区分免疫和野毒感染，但也有成本较高、免疫效果较差的缺点。

五、展望

IBR 一旦在牛群中发生，就会因为持续感染而长期流行，导致严重的经济损失。因此，目前许多发达国家均在推行 IBR 控制和消灭计划。其

基本做法是推广使用基因缺失疫苗和配套的鉴别诊断试剂盒，一方面通过疫苗免疫降低发病率和感染率；另一方面通过鉴别诊断筛选出免疫后的带毒牛，将带毒牛进行隔离饲养或直接淘汰，逐步使牛群得到净化。我国作为养牛大国，IBR危害十分严重，有条件的牛场应当借鉴发达国家的做法和经验，逐步实施对 IBR 的控制和净化，提高经济效益。

（王志亮　张永强　王忠田）

主要参考文献

王明俊等，1997. 兽医生物制品学 ［M］. 北京：中国农业出版社，557-560.

Castrucci G，Ferrarl M，Salvatori D，et al，2005. Vaccination trials against *Bovine herpesvirus - 1* ［J］. Veterinary Research Communications，29（2）：229-231.

第四节　牛白血病

一、概述

牛白血病是由属于反转录病毒科牛白血病-人嗜 T 细胞反转录病毒属的牛白血病病毒（*Bovine leukemia virus*，BLV）引起的牛的一种慢性肿瘤性疾病，其特征为淋巴样细胞恶性增生、进行性恶病质和发病后的高死亡率。BLV 慢性感染可导致牛产生持续性淋巴细胞增多或亚临床感染，少数恶性转化而形成淋巴肉瘤，导致患畜逐渐消瘦，最后衰竭而死。根据其流行状态和疾病的表现形式，牛白血病可分为流行性牛白血病（Enzootic bovine leukemia，EBL）和散发性牛白血病（Sporadic bovine leukemia，SBL）。

此病最早于 1871 年发现于德国，随后相继在欧洲、南美洲、北美洲、亚洲、澳洲的一些国家发生。1969 年 Miller 才从美国病牛的外周血液淋巴细胞中分离到病毒。目前此病几乎遍及全世界各养牛国家，特别是在欧美流行较甚，亚洲的日本发生也较多。此病在我国于 1974 年首次发现于上海，在某些牛群中血清阳性率已达 30%～50%，已成为牛的重要传染病之一，给养牛业构成了重大威胁。我国在牛群中发现的病理类型，目前所见到的几乎都是流行性牛白血病。

BLV 主要感染牛，其他动物一般不发生自然源性感染。白血病的发生与牛的品种无关，各种年龄的牛均可患病，但发现症状的大多在 2 岁以上，尤其发生于 4～8 岁的成年牛。南美洲的血清学调查表明，水牛和水豚也可感染，并表现出血清学阳性，但不出现临床症状。绵羊偶尔也可被感染而死亡，但从绵羊分离到的白血病病毒和 BLV 之间在抗原性、形态学和生物学的性状方面未见有差异，因此认为是来源于牛的 BLV 感染绵羊所致。牛地方流行性白血病主要流行于牛群中，对其他动物的感染可能是偶然的，在该病的防治中应注意到这一点。到目前为止，血清学、病毒学及生物化学方法研究表明，牛白血病病毒不感染人，在一些家养动物、实验动物、野生和家养的鸟类还没有发现有牛白血病抗体的存在。

BLV 潜伏期较长，一般为 48～60 个月，多为慢性病程。本病传播途径有垂直传播和水平传播，但主要是通过牛的相互接触而传播，同时也存在呼吸道感染的可能性。但到目前为止尚未发现通过牛的精液、唾液、鼻腔分泌物和尿液传播本病的实例。此外，在自然条件下，吸血昆虫是传播牛白血病病毒的重要媒介，虻、蝇、蚊、蜱、蠓和吸血蝙蝠都可传播本病。本病的发生与遗传因素有关，家族发病率可达 30%～100%。

二、病原

BLV 为反转录病毒科牛白血病-人嗜 T 细胞反转录病毒属成员。病毒粒子呈球形，有时也有呈棒状结构的病毒粒子。直径 80～120 nm，芯髓直径 60～90 nm，密度为 1.12～1.18。外包双层囊膜，膜上有 11 nm 长的纤突。核衣壳呈 20 面体对称，内为螺旋状结构的类核体，核内携带反转录酶。

大量研究证明，BLV 易在牛源或羊源的原代细胞上生长并传代，也可在来源于犬、蝙蝠细胞培养物上增殖，但是不形成蚀斑。将感染本病毒的细胞与牛、羊、人、猴等细胞共同培养，可使后者形成合胞体（多核巨细胞），合胞体的形成可被特异性抗 BLV 血清所抑制。

可用于人工感染的实验动物有绵羊、山羊、猪、鹿、猕猴、黑猩猩、家兔、蝙蝠、猫和犬。

绵羊对 BLV 高度敏感，且比牛容易形成淋巴肉瘤，是 BLV 感染试验的理想动物模型。从牛、绵羊、山羊采集的 BLV 能使猪感染，但从 BLV 阳性猪作为供毒者却未能使牛和绵羊感染。因此，利用猪体传代致弱 BLV，研制具有免疫原性的弱毒疫苗也许有一定价值。

（一）病毒基因组

病毒的基因组是由两条线状单链的 RNA 组成的二聚体。病毒粒子中的反转录酶分子质量为 70kDa。据研究表明，BLV 的 RNA 与其他肿瘤病毒的 RNA 并不具有同源性。

BLV 由 8 714 个核苷酸组成，其结构组成可简单表示为 5′LTR-gag-pol-env-pX$_{BL}$- 3′LTR。

1. 长末端重复序列（LTR） BLV 基因含有两个 LTR 序列，位于基因的起始端和末端，表示为 5′LTR 和 3′LTR，均由 530 bp 组成，该序列的 5′和 3′末端都包含一个不完整的反向重复序列（5′T-G-T-A-T-G3′）。在 5′端重复序列之后有一个 18 bp 的延伸序列（位于 BLV 基因第 533～550 bp），与 tRNA3′端脯氨酸形成互补，可能作为 BLV 反转录的一个启动子。而在 3′端也含有一段序列（G-A-G-G-G-G-G-A-G），由 9 bp 组成，可能与正链 DNA 合成启动有关。BLV LTR 序列中还含有一个 R 区域，即以鸟嘌呤核苷酸残基为起点，以-C-A 为终点，与人类嗜 T 淋巴细胞病毒Ⅰ、Ⅱ型结构类似，但比其他逆转录病毒序列要长得多，可能与病毒转录的终止有关。

2. gag 基因 gag 基因位于 BLV 全基因序列的第 628～1 806 bp，以 ATG 为起点，是第一个开放阅读框，主要编码两种蛋白：p24（BLV 第 955～1119 基因编码）、p12（BLV 第 1 597～1 803基因编码）。在 p24 和 p12 之间为一分子大小为 24 kDa 的序列，由 214 bp 组成。在 p24 之前的 109 个核苷酸序列，可能编码蛋白 pl5，是一种磷酸化的 gag 编码产物。gag 基因可简单表示为 NH$_2$ - p15 - p24 - p12 - COOH。其中 p12 序列含有一个重复序列，有规律地重复编码半胱氨酸。

3. pol 基因 pol 基因位于 gag 基因下游 500bp 的位置，编码 852 个氨基酸残基，是 BLV 基因序列中第二个开放阅读框。也是最大的一个开放阅读框。该开放阅读框没有起始密码子，而是与 gag 基因共用一个起始密码子（AUG），编码一个大的前体蛋白 p145，经水解成核衣壳蛋白

p24、p15、p12（gag 基因编码）和逆转录酶及核酸内切酶 pp32（pol 基因编码）。在 pol 基因前部编码病毒蛋白激酶的核苷酸序列内，第 2 112 bp 及 2 136 bp 处有两个可能的前体蛋白裂解位点，裂解产生约 934 个氨基酸，可能是逆转录酶和 pp32 加工过程中的中间产物 p95。其在病毒蛋白酶特异作用下产生有活性的逆转录酶和 pp32（pp32 的功能是在宿主细胞染色体上打开缺口使病毒 cDNA 整合进去），使逆转录酶和 pp32 仅存在于病毒浸染细胞的初期，这可能是病毒不能大量繁殖的原因之一。

4. env 基因 env 基因为 BLV 基因第三个开放阅读框，位于 BLV 基因的第 4 821～6 368bp，编码 515 个氨基酸，其中 5′端有 55 个核苷与 pol 的 3′端发生重叠。env 基因编码的两个蛋白（跨膜糖蛋白 gp35 和表面分子连接蛋白 gp51），都来源于前蛋白 gp72，都含有细胞表面受体识别位点，引导病毒吸附、侵入细胞，gp51 还能够刺激机体引起免疫应答。gp35 有 12 个氨基酸残基都带有 NH$_2$ -末端，gp51 有 38 个氨基酸残基带 NH$_2$ -末端和 1 个氨基酸残基带 COOH -末端。gp51 含有 8 个潜在的糖基化位点，但是其中 3 个可能非糖基化。因为连接其后的为疏水性氨基酸残基或脯氨酸残基，这些疏水性结构能够与 gp35 的 NH$_2$ -末端疏水性结构相互影响。gp35 含有 2 个糖基化位点和 2 个疏水性序列。

5. pXBL 序列 pX$_{BL}$ 位于 env 基因与 3′LTR 之间，1 800 bp，由 6 个开放阅读框组成。其具体结构特点和功能还有待进一步研究。

（二）病毒结构蛋白

此病毒的结构蛋白主要有：基质蛋白（MA，15 kDa）、核衣壳蛋白（CA，24 kDa）、核蛋白（NC，12 kDa）、反转录酶（RT，70 kDa）、穿膜蛋白（TM，30 kDa）、囊膜糖蛋白（SU，51 kDa）、两个调节蛋白 Tax（38 kDa）和 Rex（18 kDa），另有一种 10 kDa 的蛋白质也来自 Gag 的蛋白前体。

（三）抗原性及变异位点

病毒抗原主要是囊膜糖蛋白抗原和内部结构蛋白抗原。其中囊膜蛋白为糖基化蛋白，主要有 gp35、gp45、gp51、gp55、gp60、gp69；病毒芯髓是非糖基化蛋白，主要有 p10、p12、p19、 p24、p80。病毒粒子 RNA 没有感染性，它依赖反转录酶合成 DNA 前病毒。

BLV 的结构蛋白以囊膜蛋白 gp51 和核心蛋白 p24 抗原活性最高，可刺激机体产生高滴度的抗体。gp51 蛋白位于病毒粒子表面，其抗体出现较早、滴度高，同时具备中和与沉淀抗原特性。而 p24 位于病毒粒子内部，崩解后才能刺激免疫系统产生相应抗体，抗体产生时间晚、滴度低，只有沉淀而无中和抗原特性。

世界不同地区分离到的毒株间没有明显的抗原性差异，与其他家养动物白血病病毒之间没有明显的抗原性关系，因此牛白血病病毒有其独特的抗原性。

对来自不同地区的 BLV 毒株的前病毒基因组进行序列分析发现，这些毒株极少发生变异。其中，囊膜基因（env 基因）具有最高的保守性，表现在 BLV 与其他 RNA 肿瘤病毒囊膜糖蛋白抗原（如 gp51）没有免疫交叉反应性。有学者对来自澳大利亚、比利时、日本的 3 个 BLV 毒株的 env 基因进行序列分析发现，三者在核苷酸水平的最高差异率为 3%，且主要是由点突变引起的。而在氨基酸水平，澳大利亚分离株与日本和比利时分离株的差异率仅分别为 0.71% 和 0.87%。

gp51 由 8 个抗原决定簇构成，分别表示为 A、B（B′）、C、D（D′）、E、F、G、H。其中 A、B、C、D、E 位于病毒蛋白内部，不能被自然感染所产生的抗体识别；而 F、G、H 则能被自然感染所产生的抗体识别。BLV env 基因序列较为保守，变异性小于 6%。gp51 有两个高度保守的序列：第 122～234 和 255～301 氨基酸序列，其突变位点主要集中在 N-端、C-端，也有少数氨基酸可能发生突变，局限于第 235～254 氨基酸。B 抗原决定簇突变位点集中表现在第 234 氨基酸；F 抗原决定簇突变位点集中在第 95 氨基酸，主要表现为由 Gln 突变为 Lys，使该位点失去识别抗 F 抗体的能力；H 抗原决定簇突变位点集中在第 56、57 和 58 氨基酸；H 抗原决定簇突变位点最多，主要集中在第 48、56、58、73、74、82、95 和 121 氨基酸。

env 基因 gp51 之前的一段为信号肽。信号肽在病毒蛋白进入感染细胞网状内质腔起着关键作用，但其保守性相对不是很高，其中第 4 个氨基酸突变频率最高，主要表现为由碱性氨基酸 Lys 突变为酸性氨基酸 Glu，但不影响其生物学功能。

gp35 有 5 个主要的变异位点：第 304、403、404、479 和 480 氨基酸。

三、免疫学

BLV 是引起患病动物持续性淋巴增多症（PL）或淋巴肉瘤（LS）的一种慢性肿瘤性疾病，其中约 40% 出现 PL，只极少数 PL 牛发展为 LS，大多数病例不出现瘤块。

牛接种 BLV 后 4～12d 可见到病毒血症，可从血液和脾脏检出病毒。待中和抗体出现后，病毒血症立即消失，病毒进入末梢血液的 B 淋巴细胞中，以前病毒基因的形式整合到细胞 DNA 的许多部位。在抗体作用下，BLV 在感染动物体内潜伏下来，并呈现持续感染。病毒的存在将使免疫系统始终处于免疫反应状态，其结果可能是免疫系统功能的下降或异常化，从而引发 PL 或 LS。另外，BLV 能抑制乳腺上皮细胞中酪蛋白的合成，引起产奶量下降。

病初，血液白细胞总数增多，淋巴结内的淋巴小结肿大，生发中心明显，副皮质区明显增宽。淋巴结和脾脏内有大量 T 淋巴细胞和较多的 B 淋巴细胞，尤其是幼稚型淋巴细胞增多。BLV 的抗原蛋白（主要有囊膜蛋白 gp51 和核心蛋白 p24 等），可刺激机体产生高滴度的抗体。随病程演变，在不同部位呈现损伤，如右心房、真胃、脾脏、肝脏、胸腺、骨髓、子宫等及全身淋巴结肿大。淋巴结中的淋巴小结萎缩消失，淋巴结和脾脏内 T 淋巴细胞明显增多，而且有克隆状增生的变化。而 B 淋巴细胞稀疏，甚至消失。淋巴组织因恶性增生而遭受损伤，免疫机能明显下降。

BLV 感染早期以体液免疫反应为主，后期则以细胞免疫为主，体液免疫减弱或消失。BLV 进入牛体后，主要引起牛的 B 淋巴细胞发生转化，使之变为肿瘤细胞，引起白血病的发生。由于 BLV 侵害的靶细胞是 B 淋巴细胞，并能引起其突变，失去正常的分化和功能，所以才导致机体的体液免疫受抑。因此，流行性牛白血病的肿瘤细胞类型属于 B 淋巴细胞。

在肿瘤组织中，T 淋巴细胞周围的瘤细胞生长稀疏，并见有凋亡小体的形成。这也说明细胞免疫在牛白血病过程中起着重要作用，而体液免疫随着病程的进展而被抑制。

BLV env 基因可编码跨膜糖蛋白 gp30 和囊膜

糖蛋白 gp51 2 个蛋白，它们均含有细胞表面受体识别位点，引导病毒吸附、侵入细胞。牛白血病病毒大多数结构蛋白都是免疫原，其中 gp51 的免疫原性最强，在感染的动物体内，只能检测到抗 gp51 和 gp30（env 基因编码）抗体及抗 p24 和 p51（gag 基因编码）抗体，以抗 gp51 和 p24 抗体为主，其中抗 gp51 抗体比抗 p24 抗体出现得早得多，且滴度也高得多。这表明 gp51 是机体免疫细胞识别的主要靶目标，可以引起感染动物产生强烈的免疫应答。

BLV 病毒的出现很明显地减慢了细胞的凋亡速度，使得分离出来的淋巴细胞在外部应激条件下仍可存活。这一作用使感染细胞逃避了免疫监视，也促进了 B 细胞群在体内增殖、扩散，引起淋巴肉瘤。Frank 等（1995）认为可能是由于 BLV 编码一种因子参与了凋亡过程的调节。现在已经知道 E1b19k 蛋白与 Bcl-2 相似，都可以直接抑制 p53 蛋白引起的细胞的凋亡。经进一步证实 IL-2、IL-10 和病毒蛋白 T 可能是抗凋亡的作用因子。体外培养发现，淋巴细胞增生与 B 细胞存活无关，细胞的凋亡与前病毒的数目无关。

已知 p53 蛋白是引起细胞凋亡的一种重要蛋白。正常的 p53 蛋白参与细胞分化，细胞的程序性死亡并调节细胞周期。它可能通过其 N-末端的一段特殊序列对细胞的某个基因的转录起调控作用。此基因与细胞周期有关，因此抑制肿瘤的生成。当 p53 基因突变后，与 DNA 的亲和力减弱，肿瘤抑制作用丧失，B 淋巴细胞发生恶性增生。

四、制品

目前尚无治疗牛白血病的方法，也没有研制成功的疫苗可用，对本病的控制必须采取综合防治措施。加强牛场和牛群的监测和检疫，及早淘汰 BLV 阳性牛，防止扩大传染。由外地购入或进口牛只，必须进行实地检疫，确定为阴性的才可引进，并做 45d 隔离观察和再次检测，阳性牛必须立即扑杀处理。要加强消毒工作，保持场内整洁卫生，做好杀虫灭蝇工作，驱除吸血昆虫，杜绝传播发病。

牛白血病是以细胞免疫为主、体液免疫受抑的免疫反应过程，这种免疫状态是用疫苗来预防的一个重要障碍。许多学者试用培养的弱毒或灭活毒制成的疫苗来预防本病，但均未获得成功，

这可能与机体的免疫状态改变有关。

有人试验用灭活 BLV 和纯化 gp51 抗原接种动物仅能产生短期保护力。也有报道称表达 gp51 重组的疫苗接种绵羊可以产生保护力，但是不出现可以测出的中和抗体。虽然近年来对 BLV 的免疫性质的了解已有所进展，但是到现在为止，仍没有合适的商品疫苗来控制 EBL。

五、展望

目前，还没有有效控制或治疗牛白血病的疫苗或方法，对受感染的牛只能实行隔离或淘汰，因而尽早诊断是十分重要的，世界各国都在寻找有效检测方法。因此，建立敏感、快速、有效的检测方法，防止进口牛群中存在 IBV 的携带牛只，及时扑杀淘汰抗体阳性牛，对于防范该病的进一步发生和蔓延、维护公共卫生等具有重大的意义。

当前正在研究的疫苗有 BLV 的 px 基因缺失苗、灭活疫苗、重组活疫苗等，但是到现在为止，还没有合适的商品疫苗来控制该病。

（朱庆虎　王忠田）

主要参考文献

宁宜宝，2008. 兽用疫苗学［M］. 北京：中国农业出版社.

王明俊等，1997. 兽医生物制品学［M］. 北京：中国农业出版社.

殷震，刘景华，1997. 动物病毒学［M］. 北京：科学出版社.

张志，赵宏坤，崔治中，2001. 牛白血病病毒分子致病机理研究进展［J］. 中国预防兽医学报，23（2）：154-156.

周毅，2007. 牛白血病病毒 gp51 基因的克隆、表达及 ELISA 抗体检测方法的建立［D］. 武汉：华中农业大学.

Frank D，Richard K，Aresene B，1995. Mutations in the P53 tumor-supressor gene are frequently assoiciated with but not in sheep［J］. Cancer Informatics，20（9）：676-683.

第五节　牛流行热

一、概述

牛流行热又称暂时热、三日热、僵硬病或流

行性感冒，是由牛流行热病毒（*Bovine ephemeral fever virus*，BEFV）引起的牛的一种急性、热性和高度接触性传染病。本病从 Schwinfuth（1867 年）首次在非洲报道至今已有百余年的历史，该病现仍流行于非洲、亚洲和澳洲的许多国家和地区。在南美洲、北美洲及欧洲未曾有过报道。据记载，我国自 1938 年就有本病流行，但直到 1976 年才得到证实，并分离到病毒，在此之前一直称之为牛流行性感冒。该病在我国曾有几次大流行，波及 20 多个省、市和自治区，给我国养殖业造成很大经济损失，已是我国当今牛病中很重要的一个传染病。

牛是 BEFV 唯一的敏感动物，BEFV 主要侵害奶牛和黄牛，水牛较少感染。各种年龄的牛都能感染发病，犊牛的病情更为严重，死亡率也高。BEFV 不能使马、绵羊、山羊、猪、犬、家兔、豚鼠、小鼠和鸡胚感染发病。野生动物中非洲水牛、角马、南非大羚羊、猥羚可感染并产生中和抗体，但无临床症状。

本病的流行有明显的季节性，一般发生在 6～9 月份的夏末秋初季节，此时正值吸血昆虫活动盛期，呈周期性流行。本病发生迅猛，自然条件下的潜伏期为 2～4d。短期内可使很多牛感染发病，不同品种、性别、年龄的牛均可感染发病。传播也不受自然屏障的影响，而以跳跃的方式向外扩散蔓延。本病病程短，一般为 2～5d，常为良性经过，康复牛可获得免疫力。本病发病率较高，可达 39%～70%；但死亡率非常低，可低至 1%～2%。感染牛的特征是急性发热，体温突然升高到 40℃以上，呼吸迫促、流泪、鼻漏、全身虚弱，往往伴有消化道机能障碍及跛行或肢体僵直等运动机能障碍。种公牛感染本病后，精子畸形率可能高达 70% 以上。奶牛的产奶量降低，牛乳质量下降，并可能长期不能恢复正常。役用牛则因跛行或瘫痪而不能使役。护理和治疗不当时，死亡率可能上升。

二、病原

BEFV 为弹状病毒科暂时热病毒属成员。病毒粒子呈子弹形或圆锥状，成熟病毒粒子大小为（60～90）nm×（160～180）nm。病毒粒子有囊膜，囊膜厚 10～12 nm，表面具有纤细的突起。病毒粒子中央有紧密缠绕螺旋样的核衣壳。病毒分子质量为 $3.5×10^6$ kDa，其核酸结构为单股负链 RNA，长 11 kb 左右，占病毒粒子总重的 2%。

BEFV 几乎不在牛源细胞上生长。用鼠脑或白细胞的病毒悬液接种 BHK-21 细胞，生长良好。BEFV 也可在地鼠肾、Vero 细胞、按蚊细胞和仓鼠肺组织中生长。BEFV 经脑内或腹腔内接种新生至 6 日龄乳仓鼠，可以使其发病死亡，连续传代后亦可使乳仓鼠于接种后 2～3d 麻痹死亡。成年鼠接种 BEFV 后一般不出现死亡。取急性期病牛的血液，接种绵羊和鹿后，可呈现病毒血症，产生中和抗体，但不表现临床症状。电子显微镜观察 BEFV 体外培养的细胞超薄切片，可看到以出芽方式从胞膜或胞浆空泡膜向细胞外或胞浆空泡内释放的病毒粒子。宿主细胞质内有毒浆结构，胞质内的结构变化显著，出现大量微管和微纤结构。成熟的病毒粒子聚集在空泡内和细胞间隙，未见病毒在细胞核内增殖。

在高浓度病毒传代的细胞培养物内，除典型的子弹形病毒粒子外，通常可看到无感染力的、有缺陷的病毒颗粒，它近似于球形，直径与子弹状病毒的宽度相近，称之为"T 粒子"。"T 粒子"有的有尾状的断裂膜结构，有的断裂膜上附有球状物等不同形态。这种"T 粒子"有两个特点：①本身没有感染力；②专门干扰正常弹状毒粒的产生，即自家干扰现象。

（一）病毒基因组

对病毒核酸的研究表明，BEFV 的核酸为单股负链、不分节段 RNA，其中 11 组基因已被确定，从 3′→5′端的顺序依次为 $3′-N-M_1-M_2-G-G_{NS}-\alpha_1-\alpha_2-\alpha_3-\beta-\gamma-L-5′$，第 25～52 位核苷酸之间为插入区，$\gamma$ 和 L 基因之间具有 21 个核苷酸的重叠区。除 α_1 基因外，其余所有基因均以-UUGUCC-序列起始。转录合成的 mRNA 在 5′端有帽子结构，其基因起始序列为- AACAGG -，终止序列 CNTG（A）$_{6～7}$。在这些基因中，N、M_1、M_2、L 和 G 为编码 BEFV 的结构蛋白基因。

（二）抗原性及血清型

无论是自然感染病牛还是人工试验感染的病牛，在病愈恢复后均能抵抗强毒攻击而不再发病。将病愈恢复期的牛血清进行抗体检测，可检出特异性的血清中和抗体。

已证明 BEFV G 蛋白（81kDa）属于 Ⅰ 类转

膜糖蛋白，位于 BEFV 病毒粒子囊膜表面，形成突起，蛋白表面有特异性中和抗原位点，并具有免疫原性，是 BEFV 主要免疫原性蛋白之一。另外，N 蛋白及 M_1 蛋白也具有一定的免疫原性。

牛流行热病毒只有 1 种血清型。交叉中和试验等血清学试验表明，由澳大利亚、日本、南非（阿扎尼亚）和我国分离到的不同毒株在血清学上没有明显差异，不能分为不同的血清型。

（三）病毒的结构蛋白

BEFV 有 5 种结构蛋白：聚合酶相关蛋白（L，180 kDa）、糖蛋白（G，81 kDa）、核蛋白（N，52 kDa）、基质蛋白 1（M_1，43 kDa）和基质蛋白 2（M_2，29 kDa）。L、M_1 和 N 蛋白是病毒核衣壳的重要组成部分。M_2 是核衣壳外脂类膜的重要组成成分。糖蛋白（G）是结构糖蛋白，位于 BEFV 病毒粒子囊膜表面。

1. 聚合酶相关蛋白（L） 聚合酶相关蛋白又称 L 蛋白，L 蛋白基因能够编码 180 kDa 的蛋白，具有 RNA 依赖的 RNA 多聚酶活性，其 mRNA 具有蛋白激酶的活性，对基因的转录和复制具有调控作用。

2. 结构糖蛋白（G）及非结构糖蛋白（GNS） 在 BEFV 的感染细胞中，成熟的糖蛋白有两种形式：一种是病毒粒子中的糖蛋白，分子质量为 81 kDa；另一种与细胞结合的糖蛋白，分子质量为 90 kDa。病毒 RNA 中可能含有与上述蛋白质相对应的 6 个基因开放阅读框（ORF）。距 N 基因下游 1.65 kb 处的 3 789 个核苷酸区域，含有 2 个长的 ORF。第一个 ORF 编码 623 个氨基酸残基的多肽，肽序列分析表明为病毒粒子的糖蛋白，该蛋白含有信号肽、转膜区及 5 个可能的糖化位点，并含有至少 3 个抗原位点。第二个 ORF 编码 586 个氨基酸残基的多肽，结构与前者糖蛋白相似，分子质量 90 kDa，与牛流行热病毒感染的细胞中分离到的一种蛋白质相对应。

紧邻 M_2 蛋白基因下游的是编码 BEFV 糖蛋白的两个相连基因，即 G 和 G_{NS} 蛋白基因，距 N 基因 1.65 kb。G 蛋白基因全长约 1 872 bp，该基因编码含 623 个氨基酸、分子质量为 81 kDa 的糖蛋白。在该基因 N 端是典型的真核膜蛋白信号肽序列区，包括 N 末端负电荷区和与肽酶切位点相近的多极化区域。氨基酸序列分析表明，G 蛋白中央为一亲水性核心，极性端接近蛋白酶切割位点，BEFV G 蛋白的 +13、+18 位有两个赖氨酸残基为多肽切割位点，位于 539～554 位亲水性的氨基酸残基构成一个 BEFV G 蛋白的转膜决定簇，此区域可与碱性残基（R、K）结合。G_{NS} 蛋白基因紧邻 G 蛋白基因下游，基因全长 1 757 bp，编码蛋白具有弹状病毒糖蛋白的典型特征，包括一个信号肽区、疏水转膜区和 8 个 N 糖基化位点。G_{NS} 蛋白与 BEFV G 蛋白及其他弹状病毒 G 蛋白其有相似的氨基酸序列。

研究表明，只有 G 蛋白与 BEFV 的出芽和成熟有关，而 G_{NS} 则与此无关。现在认为 G_{NS} 在自然感染的组织中，可能与增强 BEFV 感染细胞的能力有关。

3. 核蛋白（N） 核蛋白又称 N 蛋白，是 BEFV 的结构组分，主要参与核衣壳装配、调节转录和翻译。N 蛋白基因含有 1 328 个核苷酸。该基因编码含 311 个氨基酸的 49 kDa 的蛋白质，氨基酸序列与水疱性口炎病毒（VSV）相近。研究表明，BEFV N 蛋白为磷酸化蛋白，是转录-复制复合物的基本组成蛋白。能与负链 RNA 结合，识别转录终止信号及 Poly（A）信号，调控基因转录，启动基因复制，同时能刺激机体产生细胞免疫和体液免疫过程。有学者从其编码的 431 氨基酸残基多肽分析中，发现牛流行热病毒 N 蛋白与狂犬病病毒和其他狂犬相关病毒之间均显示有交叉反应，与 VSV 核蛋白关系也较密切。

4. 基质蛋白 1（M1） 基质蛋白 1 又称 M_1 蛋白，M_1 蛋白基因编码 43 kDa 蛋白，是病毒多聚酶成分之一，在感染细胞的细胞质中以可溶性成分存在，能够阻止 N 蛋白的自身凝集，帮助 N 蛋白脱离核衣壳与 RNA 分离，刺激机体产生细胞免疫。

5. 基质蛋白 2（M2） 基质蛋白 2 又称 M_2 蛋白，编码 M_2 蛋白的基因位于 G 蛋白基因上游，该基因编码 29 kDa 蛋白。是一种磷酸化蛋白，主要位于毒粒内部，可能是具有调控 RNA 转录的作用。

（四）抗原位点变异

已证明 BEFV G 蛋白（81 kDa）属于 I 类转膜糖蛋白，位于 BEFV 病毒粒子囊膜表面。G 蛋白表面有特异性中和抗原位点，并具有免疫原性，是 BEFV 主要免疫原性蛋白之一（另外还有 N 蛋白及 M_1 蛋白）。G 蛋白表面存在 5 个抗原位点

（G1、G2、G3a、G3b、G4），其中 G1 和 G4 为非构象化位点，G1、G2 和 G4 位点在所有毒株中稳定存在，而 G3a 和 G3b 在不同毒株中存在差异。尽管 BEFV 只有一种血清型，但研究发现其在不同分离株之间仍存在一些抗原位点的变异。

G 蛋白是 BEFV 重要的结构糖蛋白，其糖基化程度及位点直接影响着它的结构与功能。G 蛋白中糖类成分占 10%，它的糖基化对蛋白质的空间构象起重要作用，决定抗原决定簇的形成。糖链构象的正确与否直接影响着 G 蛋白能否组装到病毒粒子之中。

在 G 蛋白的 5 个抗原位点中，只有 G1 为 BEFV 所特有，只与牛流行热阳性血清发生反应，无其他交叉反应，可以特异性地检测血清抗体，而其他位点与相关病毒间存在交叉反应。

通过对 G 蛋白的基因序列分析，我国分离株与澳大利亚分离株间同源性为 91%，低于澳大利亚各分离株之间的同源性（98%～99%）。同时氨基酸序列比较结果也显示，我国分离株与澳大利亚分离株间同源性为 93.9%，低于澳大利亚各分离株之间的同源性（96%～98%）。虽然各株之间酶切位点差异性很大，但核苷酸序列的同源性仍高达 91% 以上。由此推测，各分离株之间核酸序列具有高度保守性，差异不大。结果表明我国牛流行热毒株与澳大利亚毒株亲缘关系较远。

通过对 33 株澳大利亚分离变异株 G 蛋白细胞外部分基因氨基酸序列的比较，以及对它们的交叉中和反应图谱变异的分析，现已确定了与基因序列 G 蛋白 3 组主要中和抗体相关的序列位点。证实了 487～503 氨基酸区与 G1 抗原位点相对应，其中两个位点与 B 细胞抗原表位有关，它们的序列分别是（488）EEDE（491）和（499）NPHE（502），分别对应于 13A3、DB5、9C5、17B1、13C6 五个单抗。我国分离株除 $N^{499} \rightarrow S^{499}$ 的变化外，其余氨基酸没有变化，而 S^{499} 对 N^{499} 的取代可能导致 13A3 抗原的变异。这一变化可能与株间血清学交叉反应中保护能力略有不同有关。

G1 位点与第 487～503 氨基酸区相对应，氨基酸序列是连续的，说明 G1 抗原位点是线性表位。G2 位点主要与 L169 和 L187 有关，在这两个氨基酸残基之间有两个半胱氨酸残基（C172 和 C182），它们在动物弹状病毒中具有高度保守性，它们之间可以形成二硫键，认为与两者之间的糖基化位点有关。G3 位点与相距相对较远的三组氨基酸残基有关，即 Q^{49} 和 D^{57}，R^{218} 和 E^{229}，Q^{265}。竞争和交叉中和反应试验结果表明，这些位点经蛋白质折叠可形成复杂的 G 蛋白中和位点，说明 G3 是一种非线性抗原位点。虽然我国分离株在这些位点上均无变异，但在 R^{218} 附近氨基酸变异较大，如 $K^{198} \rightarrow N$、$S^{206} \rightarrow N$、$E^{223} \rightarrow D$、$T^{224} \rightarrow K$、$N^{250} \rightarrow K$，这些变化可能引起 G3 抗原决定簇的原有构象的变化，造成中和抗原位点的变化。利用计算机软件（Generunner3.0）分析我国分离株与澳大利亚分离株之间疏水区的分布状况发现，两者几近相同，说明氨基酸的变化并没有影响蛋白的二级结果，但这是否意味着两者在抗原构象上无变化尚待研究。

三、免疫学

病牛是本病的主要传染源，病毒主要存在于病牛血液和呼吸道分泌物中。在自然条件下，本病可通过吸血昆虫叮咬，经皮肤感染，但不发生同居感染。血管上皮是 BEFV 最适于增殖的场所，由于血管损伤，病牛关节机能发生障碍。肺脏水肿和气肿引起呼吸困难。

病毒主要结合于白细胞，若用病牛的白细胞悬液作感染试验，毒力比血清和红细胞高得多。发病期间，病牛白细胞，特别是嗜中性白细胞幼稚型-杆状核细胞异常增多。发病高热期血浆纤维蛋白含量超出正常值的 1～3 倍，血钙含量下降 20%～35%。重症牛血浆碱性磷酸酶下降，同时肌酸激酶水平升高。

牛对 BEFV 的免疫应答主要与体液免疫有关，因为其中和抗体水平与对强毒的抵抗力成正比关系，中和抗体效价高的牛基本上都能抵御强毒的攻击。然而某些中和抗体效价低的牛也能抵御强毒的攻击。为此有学者通过对发病牛外周血淋巴细胞亚类分布变化进行了研究，发现 CD4+ 细胞在高热期牛外周血淋巴细胞中急剧升高，证明 CD4+ 细胞与牛流行热病毒免疫反应有着密切关系，细胞免疫也具有极其重要性。

牛在感染 BEFV 之后，在很长一段时间内保持对 BBFV 的免疫，且感染后不会成为带毒体。自然发病牛康复后具有 2 年以上的免疫力。发病牛在出现临床症状之后 4～5d，产生特异的 IgG 中和抗体，5～30d 达到峰值。补体结合抗体在感染后也会出现，但很快便消失。

四、制品

防治牛流行热目前尚无特效治疗药物。本病是由吸血昆虫为媒介而引起的疫病，因此消灭吸血昆虫，防止吸血昆虫的叮咬，是预防本病的首要措施。同时要严格执行综合性防疫措施，加强牛的饲养管理，在流行季节到来之前进行免疫接种。发生本病后，应立即隔离病牛并进行治疗。对假定健康牛及附近受威胁地区的牛群，可用疫苗或高免血清进行紧急预防接种。

（一）灭活疫苗

目前我国批准生产的牛流行热灭活疫苗只有一种，系将牛流行热病毒（$JB_{76}K$ 株）接种 BHK-21细胞，收获病毒培养物，用 TritonX-100 裂解并用甲醛灭活后，与等量的白油佐剂混合乳化制成。

该疫苗对牛是安全有效的，免疫牛血清中和抗体效价达 32 倍以上。用于颈部皮下注射，免疫后间隔 21d 再加强免疫一次，适用于不同年龄、性别的牛只。6 月龄以下的犊牛，免疫剂量减半。但是免疫后有少数牛于接种部位出现鸽卵至鹅卵大肿块反应，3 周后消失。偶有个别牛出现短暂的一过性热反应，奶牛在接种后 3～5d 内产奶量略有减少。

疫苗的使用，基本上控制了牛流行热的暴发，但也存在许多缺陷。灭活疫苗破坏了病毒的抗原决定簇，需多次免疫才能获得良好的效果，而且免疫反应较重。因此，牛流行热疫苗生产现状急待分子病毒学的先进技术加以改进。

（二）其他疫苗

G 蛋白是 BEFV 主要免疫原性蛋白，表面上有 5 个糖基化位点。它的糖基化对蛋白质的空间构象起着重要作用，决定着抗原决定簇的形成。试验证实，G 蛋白在小鼠中可产生中和抗体。现已开展了 G 蛋白亚单位疫苗的研究，以及以病毒为载体表达 G 蛋白基因，得到 G 蛋白作为疫苗都取得了良好进展，由 G 蛋白重组痘苗病毒或 G 蛋白构成的亚单位疫苗免疫牛可产生对强毒的抵抗力。因此，以纯化的病毒 G 蛋白或以 G 蛋白、N 蛋白为免疫原的疫苗具有良好的应用前景。另外，有报道对提纯病毒裂解，用裂解产物中的糖蛋白作为亚单位

疫苗，免疫 2 次，免疫期可达 12 个月。

五、展望

BEF 是一种尚未完全了解的疾病，和其他弹状病毒的关系也需进一步研究。同时 BEF 严重威胁着国家间的动物贸易。BEF 在非洲、亚洲和澳大利亚等亚热带地区为何得以广泛流行尚需进行深入研究。虽已证实蚊、蠓等昆虫支持 BEFV 的增殖，但研究世界各地昆虫媒介的种类、分布、栖息地，媒介昆虫的带毒传播方式，以及 BEFV 在不同媒介体内的变化等有助于建立和改进新的、有效的管理和控制措施。目前尚缺乏便宜、有效、为短期内 BEF 暴发作储备的灭活疫苗，仍需进一步研究弱毒疫苗、重组疫苗或 DNA 疫苗以代替目前的疫苗。此外，BEF 呈现明显的周期性，因此对带毒者及保护性免疫应答动态变化规律要进行研究。

（朱庆虎　王忠田）

主要参考文献

白文彬，1992. 牛流行热病毒亚单位疫苗的研究［C］// 第一届牛流行热及相关弹状病毒国际学术讨论会论文汇编.

白文彬，张自刚，林秀英，等，1993. 牛流行热病毒灭活疫苗的研究［J］. 中国畜禽传染病，37（6）：15-19.

黄金海，丁伯良，2001. 牛暂时热研究进展［J］. 动物科学与动物医学，18（1）：43-45.

金红，李媛，宋晓华，等，2002. 牛流行热病毒灭活疫苗免疫后牛外周血淋巴细胞亚类分布的研究［J］. 中国预防兽医学报，24（6）：449-452.

金红，李媛，于康震，等，2000. 牛流行热病毒 JB 76h 株 G 蛋白基因核苷酸序列分析［J］. 中国预防兽医学报，22（1）：43-47.

宁宜宝，2008. 兽用疫苗学［M］. 北京：中国农业出版社.

王明俊等，1997. 兽医生物制品学［M］. 北京：中国农业出版社.

第六节　牛副流感

一、概述

牛副流感又称牛副流感 3 型病毒（*Bovine*

parainfluenza virus type 3，BPIV - 3）感染，是一种急性接触性呼吸道传染病，以侵害呼吸器官引起高热、呼吸困难和咳嗽为特征。本病一旦发生，其病毒可在牛群中长期保留，而且容易与其他病毒和细菌共同引起混合感染，从而使病情恶化，症状复杂。

1959 年 Reisinger 等和 Hoerlein 等在美国首次从牛体中分离到此种病毒，同时在这些动物中查出此种病毒的抗体，随后许多国家也相继分离到病毒。我国于 2008 年也分离获得病毒。目前，我国许多地区的牛群中的急性呼吸道疾病非常普遍，对养牛业危害很大。该病发病率一般在 20% 左右，死亡率为 1%～2%。另外，BPIV - 3 在运输肺炎、牛圈热、肺或胸型出血性败血病的急性呼吸道病中，也起重要作用。因该病多发生于运输后的牛，故又称运输热（shipping fever）。

牛副流感可分为犊牛型和成牛型。犊牛型又称犊牛地方性肺炎，是侵袭 2 周至数月龄犊牛的一种接触性传染病，以发热、呼吸困难、流浆液、黏液性或脓性鼻漏和咳嗽为特征。在成牛表现为纤维蛋白性肺炎，病牛咳嗽，体温升高，随即表现严重的呼吸困难。

潜伏期一般为 2～5d，病牛高热，体温升至 41℃ 以上。被毛粗乱，鼻镜干燥，流出黏液脓性分泌物。精神沉郁、厌食、咳嗽、呼吸困难，发出呼噜声。听诊可听到湿啰音，有时听到胸膛摩擦音，有的病牛可发生黏液性腹泻，严重者可在数小时或 3～4d 内死亡。剖检可见支气管肺炎和纤维素性胸膜炎变化，肺脏实变。肺门和纵隔淋巴结肿大、部分坏死。

二、病原

病原为牛副流感病毒 3 型（BPIV - 3），为副黏病毒科副黏病毒亚科呼吸道病毒属成员之一。病毒粒子分子质量为 5×10^5 kDa，大小为 140～250 nm，囊膜厚约 10 nm。病毒对热的稳定性较其他副黏病毒低，感染力在室温中迅速降低，几天后完全丧失。在 pH3 环境下不稳定。对乙醚和氯仿敏感。

病毒具有血凝性，能凝集人 O 型红细胞、豚鼠、牛、猪、绵羊和鸡的红细胞，其中以豚鼠的红细胞最为敏感，但不凝集马红细胞。与人副流感病毒 3 型（HPIV - 3）有密切的亲缘关系，但不完全一致。新分离的牛株比人株更易产生血凝作用。马株能凝集人和豚鼠的红细胞，但对鸡红细胞的活性较差。

病毒可在牛、猪、山羊、骆驼和马等动物的肾细胞，以及 HeLa、HeP - 2（人喉癌细胞系）上培养生长，并形成病变。用犊牛或胎牛肾细胞培养时，在出现病变后可形成蚀斑，用于病毒的定量。蚀斑大小不一，是克隆株的特性。新分离的毒株在细胞培养物中大多数不能产生细胞病变和血凝素，但用血细胞吸附试验容易检出。连续传代可以产生细胞病变-多核巨细胞（合胞体），以及大小不同和形状不一的嗜酸性细胞胞内包含体，核内也有圆形的单个或多个小包含体。在每个包含体的外周都有一层透明带。

病毒可在鸡胚的羊膜腔或卵黄囊内良好增殖，但鸡胚不死。在鸡胚尿囊腔内不能生长，是与其他副黏病毒的区别。经鼻可感染小鼠，豚鼠和家兔经鼻和腹腔接种不见异常。

（一）核酸及蛋白

病毒核酸为线性单股负链 RNA，基因组全长为 15 456 nt，G＋C 含量为 35%，编码区占 93%。病毒至少含有 6 种蛋白，即 N、P、M、F、HN 和 L 蛋白，具有血凝素和神经氨酸酶活性。

（二）抗原性及血清型

病毒的可溶性补体结合抗原和血凝素抗原具有型特异性，与其他型副流感病毒可呈现不同程度的交叉反应，但与正黏病毒没有共同抗原。用中和试验、血凝抑制试验、血细胞吸附试验、补体结合试验和琼脂扩散试验，可以将人分离株和牛分离株加以区分。

Horwood 等（2008）通过对澳大利亚不同分离株的病毒核酸分析和基因进化树比较，认为可将 BPIV - 3 分成 BPIV - 3a 和 BPIV - 3b 血清型。朱远茂等（2010）对中国分离到的 BPIV - 3 进行基因分析，与其他报道的分离株也有很大差异，认为可能存在 BPIV - 3c 血清型。但由于比较的分离株数量较少，而且又有很大的区域性，同时未考虑不同种宿主之间的副流感病毒的进化关系，因此 BPIV - 3 是否存在不同血清型尚待进一步研究。

三、免疫学

除牛感染发病外，本病也可引起猪、人、猴、豚鼠、小鼠的呼吸道疾病。病牛是主要的传染源，病毒随病牛的鼻分泌物等排出体外，通过接触或飞沫引起传染，主要感染部位是呼吸道。病毒也可通过胎盘感染胎儿，引起流产和死胎。本病单纯感染较少，多数同牛呼吸道合胞体病毒、牛腺病毒、牛鼻病毒、牛传染性鼻气管炎病毒、牛病毒性腹泻病毒和呼肠孤病毒等呼吸道病原病毒混合感染，也可同衣原体、溶血性巴氏杆菌及其他细菌混合感染，从而使病情变得复杂，预后不良。长途运输、天气骤变、寒冷和疲劳等不利因素可促使发病，故此病多在晚秋和冬季发生。

母牛获得的抗病毒免疫力可通过泌乳传递给犊牛，犊牛经吸吮初乳后血液中抗体水平与母牛相同或略高于母牛的抗体水平。这种母源抗体使犊牛获得一定的保护，但母源抗体对犊牛的主动免疫又有一定的干扰作用，使犊牛免疫效果不佳。

当犊牛感染副流感病毒时可产生良好的主动免疫。鼻内感染，鼻分泌物中可以检测出分泌型 IgA，而在血清中则可检出 IgM 和 IgG 抗体。研究者则认为呼吸道分泌物中的整个抗体活性即分泌型 IgA，在提供给动物的保护作用时起重要作用。

四、制品

由于本病可经空气传播，而且目前尚未有有效疫苗预防，因此本病的控制应以综合性防控为主。应尽可能消除不良环境，使牛保持舒适，同时加强饲养管理，定期消毒牛舍，给予营养丰富且易于消化的饲料，增强机体抗病力。有条件者，可进行疫苗预防接种。一旦发现本病应对病牛进行隔离，及早用药，常以青霉素和链霉素联合使用，也可用卡那霉素或磺胺二甲嘧啶，同时加用维生素 A，以防止并发或继发细菌感染。

（一）诊断制品

目前，还没有有关牛副流感的诊断制品在我国注册或者进口注册。目前研究诊断该病的方法却不少。刘晓乐等（2001）参照 GenBank 中公布的牛副流感病毒 3 型（*Bovine parainfluenza vi-*

rus 3，BPIV-3）全基因序列，针对 BPIV-3 特异性 NP 蛋白保守基因设计一对引物，建立了 BPIV-3 的 RT-PCR 诊断方法。采用该方法扩增 BPIV-3 参考病毒，能扩增出 425 bp 预期大小的特异性片段，而扩增牛病毒性腹泻/黏膜病病毒、牛传染性鼻气管炎病毒、牛合胞体病毒、猪瘟病毒，以及牛支原体、大肠杆菌、牛巴氏杆菌和沙门氏菌等常见病毒和细菌均呈阴性结果。对参考病毒进行梯度稀释检测，结果证明该法检测 BPIV-3 的灵敏度可达 10^{-3} TCID$_{50}$/0.1mL。

2011 年，刘晓乐等参照 GenBank 中登录的牛副流感病毒 3 型（BPIV-3）和牛病毒性腹泻病毒（BVDV）全基因序列，分别针对 BPIV3 特异性 NP 蛋白保守基因和 BVDV 保守区段 *E2* 基因设计 2 对引物，经优化反应条件建立了快速鉴别 BPIV-3 和 BVDV 的双重 RT-PCR 诊断方法。采用该方法检测 BPIV-3 和 BVDV 参考病毒株，能同时扩增出预期为 425 bp 和 294 bp 大小的特异性片段，而扩增牛传染性鼻气管炎病毒、牛合胞体病毒、猪瘟病毒，以及牛支原体、致病性大肠杆菌、多杀性巴氏杆菌 A 型、化脓隐秘杆菌和鼠伤寒沙门氏菌等均呈阴性反应。对参考病毒株进行梯度稀释检测，结果证明该方法检测 BPIV-3 的灵敏度可达 10^{-3} TCID$_{50}$/0.1mL，而 BVDV 的灵敏度仅达 10^2 TCID$_{50}$/0.1mL。

除此以外，还有师新川等（2012）建立了牛副流感病毒 3 型 RT-LAMP 检测方法，该方法比 RT-PCR 方法敏感度更高，最低检出量可达 0.069 fg/μL。可用于实验室检测和临床初步诊断。董秀梅等（2014）根据牛副流感病毒膜蛋白 *M* 基因设计引物和探针，以体外转录法制备的 cDNA 标准品为模板，建立了 TaqMan 实时荧光定量 RT-PCR 检测方法，该方法可以作为 BPIV-3 早期诊断及定量分析。

周玉龙等（2012）、杨建乐（2016）等分别建立了牛副流感病毒 3 型间接 ELISA 检测方法并初步应用。但是以上这些方法大多属于初步研究阶段，比较准确的方法还是病毒分离与鉴定。

（二）疫苗制品

目前，还没有有关牛副流感的疫苗制品在我国注册或者进口注册的介绍。没有商品化的疫苗可以用。国外许多学者对该病的免疫预防做了大量工作，疫苗有减毒疫苗和灭活疫苗两种，预防本病比较安全有效。由于本病多见混合感染，因此减毒活疫苗与牛传染性鼻气管炎病毒、牛病毒性腹泻病毒、牛呼吸道合胞体病毒、巴氏杆菌等疫苗等组成联苗，成为疫苗研发的一个方向。灭活疫苗以感染细胞培养物为原料，用甲醛或β-丙内酯等灭活，添加铝胶和佐剂制造而成，在预防上效果较好。新生犊牛食初乳可以获得被动免疫并能防御感染，应充分给予初乳，必要时可以给妊娠母牛进行疫苗接种。

五、展望

目前对 BPIV 的研究尚处在基础研究阶段，对 BPIV 分子生物学、致病机理、免疫机制等研究也不够深入，国内对本病预防也没有商品化疫苗可供选择。当前，应尽快对该病的减毒疫苗、灭活疫苗或与牛传染性鼻气管炎病毒、牛病毒性腹泻病毒、牛呼吸道合胞体病毒疫苗等组成联苗进行研究。对 BPIV 的研究，可借鉴人副流感病毒（HPIV）的研究成果。HPIV 疫苗主要是通过与病毒衣壳蛋白作用诱导体液免疫应答来发挥作用的。尽管这种免疫为同源病毒株的感染提供了保护，但对于表达不同血清型衣壳蛋白的异种病毒株却不能起到有效的抵抗作用。相反，细胞免疫应答却可以以异种病毒株共有的内在抗原作为靶位，这种形式的免疫可以介导实质性的保护。因此，细胞免疫应答的疫苗将成为现有体液免疫疫苗的重要补充。然而，究竟是哪种 T 细胞介导了保护性免疫，T 细胞的记忆是如何建立并保持的，再次感染时这种记忆是如何被唤起的，以及为什么随着时间的流逝细胞免疫性发生骤减，我们对此知之甚少。因此，关于细胞免疫应答的全面理解对将来疫苗研制的发展是十分必要的。

（朱庆虎　王忠田）

主要参考文献

董秀梅，朱远茂，蔡虹，等，2014. 牛副流感病毒 3 型 TaqMan 实时荧光定量 RT-PCR 检测方法的建立及应用［J］. 中国兽医科学（6）：617 - 623.

刘晓乐，张敏敏，陈颖钰，等，2011. 牛副流感病毒 3 型 RT-PCR 检测方法的建立［J］. 中国奶牛（22）：1 - 4.

师新川，温永俊，王凤雪，等，2012. 牛副流感病毒 3 型 RT-LAMP 检测方法的建立及应用［J］. 中国畜牧兽医，39（11）：31 - 340.

王明俊等，1997. 兽医生物制品学［M］. 北京：中国农业出版社.

殷震，刘景华，1997. 动物病毒学［M］. 北京：科学出版社.

Horwood P F，Gravel J L，Mahony T J，2008. Identification of two distinct *Bovine parainfluenza virus type 3* genotypes［J］. Journal of General Virology，89：1643 - 1648.

第七节　羊　　痘

一、概述

羊痘（Capripox，CP）是由痘病毒科（Poxviridae）、脊索动物痘病毒亚科（Chordopoxvirinae）、羊痘病毒属（*Capripoxvirus*，CaPVs）的绵羊痘病毒（*Sheeppoxvirus*，SPPV）或山羊痘病毒（*Goatpoxvirus*，GTPV）引起的绵羊或山羊的一种急性、热性、接触性传染病。病畜以体温升高，全身性丘疹或结节、水疱、内脏病变乃至死亡为特征。

羊痘病毒（*Capripox virus*，CPV）可感染所有品种、性别和年龄的山羊和绵羊。羊痘是所有动物痘病中最为严重的一种，因不同毒株的毒力、羊的品种及免疫和饲养状况不同，羊痘发病率为 1% ~ 75%，致死率达到 10% ~ 80%，有时羔羊致死率甚至高达 100%。受感染的羊群生产能力大大下降，妊娠母羊极易流产，皮毛品质下降。由于羊痘有极高的致死率，我国老百姓形象地称其为"羊天花"。该病对养羊业造成严重的危害和巨大经济损失，被世界动物卫生组织（OIE）列为必须通报的动物疫病，我国将其列为一类传染病。

绵羊痘发现的时间和天花差不多，关于绵羊痘的最早记载见于 2 世纪的《祁隆骡病疗法》（*Mulomedicina Chironis*）一书，称之为"Circius"。绵羊痘在英国（1275 年）、法国（1460 年）、意大利（1691 年）、德国（1698 年）相继发生，但直到 1763 年 Bourgelat 才证实了该病的传染特性。1805 年，绵羊痘在欧洲东南部及地中海地区的一些国家发生大面积流行，造成大批羊只死亡，1866 年英国根除了绵羊痘，但欧洲东南部尚有绵羊痘呈地方流行。目前，绵羊痘在非洲中北部、亚洲中部、西南部，以及印度大部分地区呈地方性流行，欧洲个别地区呈地方性流行。

山羊痘于公元前 200 年最早发现。Hansen 报道了 1879 年发生在挪威的山羊痘疫情。第一次世界大战时期马其顿发生山羊痘，到 1926 年呈地方流行，病羊死亡率达 15%。印度首次报道发生山羊痘的时间是 1936 年。世界其他地区，如非洲西南部（1920 年）、法国（1923 年）、马来西亚（1936 年）、挪威（1938 年）、摩洛哥（1938 年）、塔吉克斯坦（1955 年）、瑞典（1957 年）、美国西部（1978 年）、苏丹（1982 年）、也门（1986 年）、阿曼（1986 年）、尼日利亚（1995 年）相继报道发生该病。山羊痘现主要分布在亚洲、非洲、中东及欧洲部分地区，与我国邻近的不少国家和地区均有该病发生。

中华人民共和国成立初期羊痘主要发生在我国内蒙古、甘肃、宁夏、新疆、西藏等省，发病率和死亡率分别为 90% 和 67%。但近年来，随着我国大量引进和培育新的品种，动物流动量和频率增加，我国羊痘的发病率和死亡率都有上升的趋势。羊痘在我国的广泛流行，给我国养羊业的发展带来了极大的损失。

二、病原

（一）羊痘病毒基本特征

CPV 是一种亲上皮性的病毒，是唯一在细胞浆中复制的有囊膜双股 DNA 病毒。痘病毒科是一大群砖形或卵圆形病毒，CPV 属于较小的痘病毒，大小为 270 nm×290 nm，病毒粒子由 1 个核心、2 个侧体和 2 层脂质外膜组成。核心是由 DNA 和蛋白质组成的核蛋白复合体。紧贴于核心周围是一层栅栏状的核心膜。核心和侧体一起，由脂蛋白性表面膜包围，其间充填着可溶性蛋白。羊痘病毒的衣壳为对称型，有结构复杂的囊膜，囊膜内含有病毒特异性蛋白。

CPV 对干燥有较强的抵抗力，在干燥的痂皮内可存活 3~6 个月，在干燥羊舍内可存活 6~8 个月。对热敏感，50℃ 以上很快使其失去感染力，−70℃ 可保存 10 年以上，保存在 50% 甘油中的羊痘病毒可以在 0℃ 以下存活 36~48 个月。反复冻融对其没有明显的灭活作用，病毒对直射阳光、常用消毒药（酒精、碘酒等）及乙醚或氯仿较敏感。在 3% 石炭酸、5% 甲醛、2%~3% 硫酸、10% 高锰酸钾中几分钟即可灭活。放线菌素-D 和溴脂氧尿苷可抑制病毒复制。

CPV 可在牛、绵羊、山羊源的组织培养细胞上生长，能使细胞产生病变（CPE），原代或次代羔羊睾丸细胞（LT）和羔羊肾细胞（LK）最为敏感。病料接种细胞后最早可在感染后 4d 在小部分细胞出现细胞病变（CPE），在之后的 4~6d，CPE 迅速扩展到整个细胞层，观察是否出现 CPE 最多可持续 14d。GTPV 可在鸡胚绒毛尿囊膜上生长，产生痘斑，以病料直接接种需经 1~2 代才能适应；SPPV 较难在鸡胚绒毛尿囊膜上生长。我国已育成了鸡胚化绵羊痘弱毒株，应用于羊痘的预防。其他可用于 CPV 培养的细胞系还有 BHK 细胞、Vero 细胞等。CPV 无血凝特性。

（二）羊痘病毒基因组

2002 年 CPV 全基因序列测定工作完成，人们对 CPV 基因组开始有了比较全面的了解。CPV 的基因组为双链 DNA，长度约 149 kb，A+T 含量约为 75%，是 A+T 含量最高的痘病毒，不同的分离株基因组长度有一定差异。在自然情况下，SPPV 和 GTPV 可以发生重组。

SPPV 和 GTPV 为线形、双股 DNA 病毒，基因组共有 147 个开放阅读框（ORF），编码密度为 93%，所编码的蛋白质为 53~2 027 个氨基酸。限制性核酸内切酶酶切及核酸杂交分析发现，SPPV 和 GTPV 之间的核苷酸序列同源性可以达到 96%~97%，基因组都包含有一个保守的、编码脊索动物痘病毒复制的基因，一个编码致病力的基因及一个编码选择宿主范围的基因。基因组中部为保守的核心编码区域，两边各有一个相同结构的末端重复序列（inverted terminal repeat，ITR），每个 ITR 长度约为 2.3 kb。ITR 的最末端是两条链交叉连接的发卡环，紧接着是由两套独特序列隔开的串联排列的多拷贝的重复序列（SPPV 为 46 bp，GTPV 中未发现），然后是编码多肽的序列，DNA 末端具有少于 200 bp 的发卡结构。基因组中间的区域（ORFs024~123）有与其他痘病毒同源的保守序列，编码病毒复制所需的蛋白，其功能主要是负责病毒的转录、RNA 的修饰、病毒 DNA 的复制，以及在细胞内组装成熟、在细胞外被蛋白膜包裹成成熟的病毒粒子。两端的基因序列（ORFs001~023 和 ORFs124~147）与病毒毒力和宿主范围相关。这些基因序列包括一个基因家族及其他与病毒修饰或逃避宿主细胞免疫识别和反应相关的基因，负责编码胞质分裂丝蛋白、IL－10，以及痘病毒所特有的致病基因蛋白和宿主范围基因蛋白等。

（三）羊痘病毒重要蛋白

1. 结构蛋白 P32 P32 是羊痘病毒属细胞膜表面特有的结构蛋白，它由与痘苗病毒 H3L 同源的基因所编码，分子质量为 32 ku，含有主要的抗原表位，在病毒感染早期产生抗体。Carn 等（1994）在对 CPV 参考株 KS－1 的结构蛋白产生的抗体动态研究中发现，P32 首先引起抗体反应，然后再由其他结构蛋白产生大量抗体反应。P32 是所有 CPV 分离株共有的特异性高、免疫原性强的结构蛋白。P32 蛋白的体外表达研究是目前国际上 CPV 研究的热点，因为其不仅可以用于诊断技术，而且对于羊痘的预防、亚单位疫苗的研究都有重要意义。

2. CPV 白介素－18 结合蛋白（IL－18BP）近来对于白细胞介素 18 受体（IL－18R）及其转导机制的研究取得了较大进展。已经发现的与 IL－18R 有关的蛋白质有 3 种：IL－18Rα、辅助蛋白（AcPL）、IL－18BP。IL－18BP 具有颉颃 IL－18 生物学活性的作用，是 IL－18 的颉颃剂。IL－18 的过度表达与机体的自身免疫性疾病，以及其他炎性疾病的发生发展有着极其密切的关系，如促进某些类型的关节炎的发生和肺炎肉芽肿的增生。

3. 胸苷激酶（TK） CPV 胸苷激酶（thymidine kinase，TK）基因位于基因组中部，距离两端的 ITR 分别为 52 kb 和 91 kb，编码 174 个氨基酸的多肽。分子杂交试验表明各种痘病毒 TK 基因之间的同源性，以及痘病毒 TK 基因与疱疹病毒 TK 基因之间的同源性很低，具有较高的保守性。TK 基因是当今痘病毒研究中应用范围非常广泛的一个非必需区，应用此非必需区插入外源基因构建活载体疫苗的报道已有不少，如抗传染性喉气管炎重组鸡痘病毒活载体疫苗、新城疫重组鸡痘病毒疫苗、禽流感重组鸡痘病毒疫苗、马立克氏病重组鸡痘病毒疫苗等。

4. 核苷酸还原酶 核苷酸还原酶（ribonucleotide riductase，RR）的功能是催化核苷二磷酸还原成相应的脱氧核苷二磷酸，是脱氧核苷酸合成途径的组成部分，是 CPV 复制的非必需蛋白，RR 基因位于 CPV 基因组边缘，距离 ITR 约 6 kb，编码 320 个氨基酸的多肽，与痘苗病毒的 F4L 基因编码的多肽的同源性可达 75%，是 CPV 中与痘苗病毒同源性最高的基因之一。

三、免疫学

各种年龄、品种、性别的羊均易感染羊痘病毒，尤其是羔羊。细毛羊较粗毛羊易感。羊痘一年四季均可发生，以春秋两季多发，气候严寒、雨雪、霜冻、枯草、饲养管理不良等均有助于本病的发生，加重病情。病羊及潜伏期的感染羊是本病的主要传染源，病羊主要通过鼻、口分泌物和泪液排毒。含有羊痘病毒的皮屑随风和灰尘吸入呼吸道而感染，也可通过损伤的皮肤及消化道传染。被病羊污染的用具、饲料、垫草、病羊的粪便、分泌物、皮毛和体外寄生虫都可以成为传播媒介。无羊痘的易感羊群一般在引入带毒羊后陆续发病，并在 3～6 个月内蔓延全群。在自然条件下，疾病有 1～2 周的潜伏期。此后，动物开始出现发热、精神沉郁、体温升高，食欲不振等症状。1～2d 后出现表皮损伤，先是在皮肤上出现小的斑点、丘疹，紧接着形成水疱，水疱连接成片，最后形成结痂。全身皮肤、乳腺、消化系统和呼吸系统的黏膜都可见水疱。动物可能在 3～4 周内恢复，但伴随着永久性结痂。自然脱落的结痂在几个月内仍有感染性。剖检动物可见器官充血，肺上有黄豆大小，圆形或子弹形状的结节和白色斑点，脾发炎，淋巴结有灰白色坏死灶，胸腔积液。被感染肺组织充血，肺间隔增厚，脾脏副皮质区淋巴细胞数量减少，淋巴结生发中心缺失。

CPV 有 2 种抗原形式：短杆状成分包围的完整病毒粒子和寄主细胞膜包围的完整病毒粒子。前者见于冻融的感染培养细胞，后者常由感染动物产生。以组织培养细胞制备的灭活疫苗几乎为裸露的病毒粒子，作为疫苗接种后不能激活机体产生对膜包围病毒子的免疫，这一现象可部分解释灭活疫苗免疫失败的原因。CPV 对皮肤和黏膜上皮细胞具有特殊的亲和力，通过各种途径侵入机体后，经过血液到达皮肤和黏膜，并在上皮细胞内繁殖，且大部分以裸露的形式留在细胞内，机体感染是通过被感染的巨噬细胞和血液中胞外衣壳病毒随血液到达皮肤和黏膜。在此过程中，病毒可有效逃避接种疫苗所产生抗体的中和，抗体并不能阻止病毒在感染细胞内的复制，从而引起一系列的炎症过程和特异性的病理过程，形成丘疹、水疱、脓疱和结痂等特征性痘斑。

CPV大多数病毒毒株只对山羊或绵羊中的一种动物引起较严重的临床病症，很多种野生偶蹄动物（如非洲水牛、长颈鹿、黑斑羚等）虽不出现明显临床症状，但都带有CPV的抗体，表明CPV能越过宿主屏障感染其他偶蹄动物。试验证明CPV能够交叉感染不同宿主，只是对宿主的毒力不同，有些CPV毒株对山羊和绵羊具有相同的致病性。CPV各毒株之间无血清学差异，蛋白组成相同，在免疫原性上也无法区分它们，对CPV基因组的限制性内切酶分析也表明CPV基因间的区别很小，尤其是SPPV与GTPV之间的差异更小，而且从不同物种中分离的毒株在自然状态下还会发生重组。

痘病毒是已知最大的病毒，能够刺激机体产生体液免疫和细胞免疫，具有很好免疫原性。痘病毒能通过编码一系列的免疫调节基因来逃避宿主先天和后天的免疫应答反应。在关于接种羊痘病毒后可能产生的免疫刺激效应进程的研究中，研究者发现，用CPV接种小鼠在接种后6~9d白细胞介素-12的分泌水平有明显的上升，CPV能增强依赖T细胞的抗体反应，具有作为一种免疫促进剂的效应。灭活的痘病毒可以增强吞噬作用，自然杀伤性细胞的活性作用和增强α干扰素释放的作用，与此同时TNT-α、IL-2、粒性白细胞、巨噬细胞、集落刺激因子同样被增强，不同属灭活痘病毒的免疫刺激的能力是相近的。这一发现使学者们建议用灭活的痘病毒作为预防剂来降低宿主动物对传染性疾病的敏感性。

四、制品

（一）诊断试剂

羊痘特征症状明显，临床上较易判断，但山羊痘和绵羊痘临床特征很相似，GTPV和SPPV血清学特征相近，很难用血清学方法进行鉴别。根据临床症状、病理变化和对山羊或绵羊宿主的偏好性可初步鉴别山羊痘和绵羊痘，确诊还需进行实验室检测。血清学检测时，羊痘病毒和副痘病毒之间往往有交叉反应。

目前已经建立了多种实验室检测羊痘病毒及抗体方法。早在1963年Balnbani等首先应用同种或异种抗血清通过琼脂扩散试验进行绵羊痘和山羊痘的检测。1985年Puran建立了对流免疫电泳（counter-immunoelectroporesis test，CIE）快速诊断绵羊痘的方法。该法不仅可检测出感染后45d患畜血清中的抗体，而且还能检测出患病绵羊皮肤痂皮、肺脏病灶、肝脏病灶中的抗原。1996年Rao等应用乳胶凝集试验（latex agglutination test，LAT）对田间收集的山羊痘血清样本进行检测，证明该方法比CIE敏感、方便。1997年Rao等用LAT进行绵羊痘的检测。其他建立的血清学检测方法还有反向间接血凝试验、间接荧光抗体试验和病毒中和试验（virus neutralization test，VNT）。VNT是检测羊痘病毒特异性较强的血清学方法，但CPV感染羊后主要引起细胞介导免疫，感染动物血清中抗体水平较低，故VNT敏感性不高。1988年Sarm将绵羊痘痂皮制成粗制抗原建立间接ELISA方法检测绵羊痘抗体获得成功；Rao等（1999）建立了捕获ELISA，检测痂皮中的GTPV和SPPV抗原。1994—1995年，Carn和Kitcing等用P32蛋白，建立了检测组织病料和培养物上清中羊痘病毒的ELISA方法。1999年，Heine和Stevens等用P32蛋白建立了检测抗体的ELISA诊断方法并取得成功，但是由于重组抗原制备难度大，因此限制了P32-ELISA在绵羊痘诊断中的广泛应用。1986年，Mangana-Vougiouka和Markoulatos等建立了多重PCR方法对羊痘进行诊断。

国内多家单位建立了羊痘抗原或抗体诊断技术，但目前尚无国家批准的商品化诊断试剂盒生产。位于英国Pirbright的OIE羊痘参考实验室，目前可提供ELISA、PCR检测服务，有关制剂方面仅提供羊痘病毒对照阳性血清。

（二）预防制品

国内外科研人员通过分离筛选多个CPV毒株，成功制备了多种羊痘灭活或弱毒疫苗。

1. 灭活疫苗 在羊痘流行区主要依靠疫苗接种。灭活疫苗容易大规模生产、使用安全，对各种年龄和品种的羊均适用；但免疫维持期短，仅5~6个月，且使用剂量较大。灭活疫苗免疫原性弱，必须选用适当的免疫佐剂以增强免疫原性。国外灭活疫苗已停止使用多年。目前从山羊、绵羊中分离的CPV可能都有相同的主要中和位点，因为感染某一株病毒的康复动物对其他病毒的感染均可具有抵抗力。不论感染毒株来源于亚洲或非洲，山羊或绵羊，以一株疫苗毒免疫后，即可抵抗所有野毒的感染。

2. 活疫苗　弱毒疫苗的免疫效果要好于灭活疫苗，许多 CPV 毒株可作为活疫苗广泛使用，如绵羊和山羊用的 0240 肯尼亚株、绵羊用的罗马尼亚株和 RM-65 株、山羊用的 Mysore 株和 Gorgan 株等。绵羊和山羊以 0240 疫苗株免疫后保护力可达 12 个月以上，有的甚至终生免疫。一般认为，山羊痘疫苗可预防山羊痘和绵羊痘，绵羊痘疫苗仅能预防绵羊痘。不论是山羊痘弱毒疫苗，还是绵羊痘弱毒疫苗，其制备过程基本一致，即将分离的野毒株，在异种动物、鸡胚或细胞上连续传代致弱制成弱毒疫苗。

20 世纪 50 年代中期，中国农业科学院哈尔滨兽医研究所培育羊痘鸡胚化弱毒获得成功，它对山羊无致病性，但保持了良好的免疫原性，弱毒回归感染山羊五代不返强，山羊痘弱毒疫苗经机体皮内注射，免疫持续期能达到 1 年以上。以该弱毒生产的冻干疫苗于 20 世纪 50 年代末至 60 年代初相继投入生产，应用多年，对我国羊痘的控制起到了一定的作用。

1984 年，我国又研制成功山羊痘细胞化弱毒疫苗，目前在广泛使用，制备该疫苗的弱毒株在中国兽医微生物菌种保藏管理中心编号为 AV41。制作工艺是用山羊痘病毒弱毒株接种于绵羊睾丸原代细胞培养，收获病毒培养物，每头份病毒含量应 $\geqslant 10^{3.5}$ TCID$_{50}$，加适宜稳定剂，然后经冷冻真空干燥制成。疫苗呈淡黄色海绵状疏松团块，加生理盐水后可迅速溶解，可用于预防山羊痘及绵羊痘，使用时按瓶签注明头份，用生理盐水（或注射用水）稀释为每头份 0.5mL，不论羊只大小，在尾根内面或股内侧皮内注射 1 头份弱毒疫苗，免疫期可达 12 个月。该疫苗进行安全检验时，按瓶签注明头份，将疫苗用生理盐水稀释成 1.0mL 含 4 头份，胸腹部皮内注射山羊 3 只，每只 2 颗，每颗 0.5mL，观察 15d，应至少有 2 只山羊出现直径为 0.5~4.0 cm 微红色或无色痘肿反应；持续 4d 以上逐渐消退，间或可有轻度体温反应，但精神、食欲应正常。但如果有 1 只羊痘肿直径大于 4.0 cm，或出现紫红色、严重水肿、化脓、结痂，或呈全身性发痘等反应，判不安全。近年来发现，在安全检验中不同品系的羊接种疫苗后反应不一致，小尾寒羊等纯种品系以及引进的羊品种对疫苗反应剧烈一些，本地羊对疫苗安

检反应缓和一些，提示疫苗生产厂家在进行疫苗安检时应予以注意。

五、展望

羊痘病毒具有宿主特异性，即绵羊痘病毒感染绵羊、山羊痘病毒感染山羊，但是一些报道也证实了某些毒株具有宿主异嗜性，因此对 SPPV 和 GPTV 的准确鉴定对羊痘的流行病学研究具有重要意义。目前通过 PCR 和 ELISA 方法能够准确对羊痘抗原进行鉴定，但是由于羊痘病毒以细胞免疫为主，感染动物产生极低的抗体水平，国内外研究工作者用灭活的全病毒或是外源表达的蛋白建立的 ELISA 方法检测羊痘抗体均不能得到满意的结果，因此对于羊痘抗体的检测一直是困扰羊痘流行病学研究的一大问题。

CPV 的免疫反应主要是细胞免疫，所以灭活疫苗的效果不是很好，往往只能提供暂时性的保护；而活疫苗在非疫区使用时存在有病毒扩散的可能，因此尚需科研人员对 CPV 疫苗作进一步研究。期望在深入了解 CPV 的毒性和宿主范围的基础上，增加疫苗的有效性和广谱性。

随着国际国内贸易的日益频繁，羊痘弱毒疫苗存在的问题也日益显现，因此开发新型疫苗尤显重要。目前国内外还没有区别羊痘自然感染和免疫的方法，因此开发羊痘标记疫苗和相应的检测试剂对于羊痘的流行病学研究和疫病防控都至关重要。P32 蛋白是目前世界上各地分离、鉴定的 CPV 毒株所共有的且特异性很强的 CPV 结构蛋白，用它进行亚单位疫苗的研究应该是切实可行的，但是在研究的过程中也发现一些问题，如 P32 蛋白表达量低、表达不稳定等，在一定程度上制约了 P32 蛋白开发成亚单位疫苗的应用前景。在病毒活载体疫苗的研究中，痘病毒以其基因组大、含有多个复制非必需区、可以插入大片段的外源基因等特点而受到高度重视。CPV 的宿主范围专一，只对山羊、绵羊等反刍动物感染，对人类无感染性，是优良的病毒载体。国外将牛瘟病毒、小反刍兽疫病毒的基因克隆到羊痘病毒载体中，所研制的重组疫苗对牛痘、牛瘟、PPR 均有保护作用。2007 年中国农业科学院兰州兽医研究所张强将我国应用广泛的山羊痘疫苗弱毒株（AV41）改造为痘病毒载体，表达口蹄疫病毒 P1-2A3C 基因获得成功，为反刍动物活载体疫

苗的研究提供了新思路。

分子生物学技术的快速发展，使人们对 CPV 的认识逐渐深入，在基因组结构与功能、基因定位和基因表达调控等方面的研究不断取得进展，这将为研发更为有效安全的基因工程新型疫苗奠定基础。

（张　强　颜新敏　薛青红）

主要参考文献

张强，2007. 表达亚洲1型口蹄疫病毒 P1-2A3C 基因的山羊痘病毒弱毒株构建及其复制非必需区筛选［D］. 中国农业科学院.

张强，马维民，吴国华，等，2007. 山羊痘病毒结构蛋白 P32 基因的表达［J］. 甘肃农大学报，42（5）：5-8.

郑敏，2008. 山羊痘病毒基因缺失毒株及 DNA 疫苗的构建、鉴定和实验免疫［D］. 长春：吉林大学.

Aspden K，van Dijk A A，Bingham J，et al，2002. Immunogenicity of a recombinant *Lumpy skin disease virus* (neethling vaccine strain) expressing the *Rabies virus* glycoprotein in cattle［J］. Vaccine，20（21/22）：2693-2701.

Bhanuprakash V，Indrani B K，Hosamani M，et al，2006. The current status of *Sheep pox disease*［J］. Comparative Immunology Microbiology and Infectious Diseases，29（1）：27-60.

Carn V M，Kitching R P，Hammond J M，et al，1994. Use of a recombinant antigen in an indirect ELISA for detecting bovine antibody to capripoxvirus［J］. Journal of Virology Methods，49（3）：285-294.

Hosamani M，Mondal B，Tembhurne P A，et al，2004. Differentiation of *Sheep pox* and *Goat poxviruses* by sequence analysis and PCR-RFLP of P32 gene［J］. Virus Genes，29（1）：73-80.

Lamien C E，Le Goff C，Silber R，et al，2011. Use of the Capripoxvirus homologue of Vaccinia virus 30 kDa RNA polymerase subunit (RPO30) gene as a novel diagnostic and genotyping target：Development of a classical PCR method to differentiate *Goat poxvirus* from *Sheep poxvirus*［J］. Veterinary Microbiology，149（1/2）：30-39.

Markoulatos P，Manganavougiouka O，Koptopoulos G，et al，2000. Detection of *Sheep poxvirus* in skin biopsy samples by a multiplex polymerase chain reaction［J］. Journal of Virological Methods，84（2）：161-166.

Rao T V，Malik P，Asgola D，1999. Evaluation of avidin-biotin ELISA for the detection of antibodies to goat pox virus using noninfectious diagnostic reagent［J］. Acta Virologica，43（5）：297-301.

Tulman E R，Afonso C L，Lu Z，et al，2001. Genome of *Lumpy skin disease virus*［J］. Journal of Virology，75（15）：7122-7230.

Tulman E R，Afonso C L，Lu Z，et al，2002. The genomes of *Sheeppox* and *Goatpox viruses*［J］. Journal of Virology，76（12）：6054-6061.

第八节　羊传染性脓疱皮炎

一、概述

羊传染性脓疱皮炎（Contagious pustular dermatitis）又称传染性脓疱（Contagious ecthyma）或羊传染性脓疱口炎，俗称羊口疮（Orf），是由羊传染性脓疱病毒（*Contagious ecthyma virus*，CEV）引起的一种接触性嗜上皮性人畜共患传染病。英国1787年首次记载了该病，但直到1921年法国人 Aynaud 才证实本病的病原是病毒。目前，世界上几乎所有养羊的国家和地区都存在本病，以澳大利亚、新西兰等最为严重；我国新疆、甘肃、内蒙古、陕西、西藏、四川、云南等省、自治区也有本病的流行。

本病危害绵羊和山羊，以3~6个月羔羊发病最多。表现为急性接触性传染病，死亡率较低。由于病变部位多位于口唇周围，严重影响羔羊吸乳、采食饲料饲草，继而影响生长发育。成年羊同样易感，但发病较少，呈散发性传播。人、骆驼和猫也可感染。人工接种（口腔黏膜）可使犊牛、兔、幼犬等发病，而其他动物自然或人工感染均不易发病。病羊和带毒羊是传染源。自然感染主要因购入病羊或带毒羊，或者是将健康羊置于病羊用过的厩舍或污染的牧场而引起。感染途径主要是皮肤或黏膜的损伤。人多因与病羊接触而感染。主要发生于屠宰场与皮毛加工厂、放牧员、兽医等。人与人之间可相互传染，伤口可增加感染机会。

二、病原

羊传染性脓疱病毒又称羊口疮病毒（*Orf virus*），是痘病毒科副痘病毒属的代表种。病毒粒子呈砖形，含有双股 DNA 核心和由脂类复合物组成的囊膜，大小为（200～350）nm×（125～175）nm。病毒颗粒具有特征的表面结构，即管状条索斜形交叉成线团样编织，其排列多很规则。G+C含量达到60%，但在基因中分布并不均匀。

（一）病毒基因组

ORFV基因组庞大，为线性双股DNA，大小为130～150 kb，分子质量约为$88.8×10^3$kDa。多数学者认为ORFV包括130个基因，其中127个为线性基因。基因组与痘病毒科其他成员相似，包括位于两末端的反向末端重复序列（ITR）和中间的一个大编码区。基因组的两端由ITR形成闭合环状发夹结构，并且ITR中存在0.5～1 kb的变异片段。临近发夹结构处，有一段小于100 bp的高度保守序列，这是DNA复制的必需区。中间区域基因相对保守。一般认为ORFV基因组的两端包括一些与病毒的毒力、宿主范围、免疫逃避及免疫调节有关的基因，具有病毒种属特异性。基因组内部结构（即保守区DNA序列）包括一些与病毒复制和病毒粒子装配及成熟有关的基因。

（二）主要蛋白

ORFV可编码产生几十种蛋白，主要包括：dUTPase、42 kDa蛋白、IFNR、DNA聚合酶、RNA螺旋酶、病毒粒子蛋白、RAP94、后期基因转录蛋白、拓扑异构酶、后期基因反式作用子、核心蛋白、RNA聚合酶、10 kDa蛋白、IL210和VEGF等。目前国内外研究的热点是与其结构组成、致病性、免疫调节相关的蛋白，如10 kDa融合蛋白对病毒结构的形成具有重要作用。dUTPase、IFNR、IL210和VEGF等蛋白通过结合免疫调节因子，降低其活性，导致机体的免疫反应降低，从而对宿主产生致病性。42 kDa蛋白、37 kDa蛋白等具有良好的免疫原性，能刺激机体产生强烈的抗体反应。

1. 干扰素抑制蛋白　OVEFNR编码的干扰素抑制蛋白在病毒感染早期复制，能阻止双链RNA依赖激酶（dsRNA-independed kinase）抑制病毒和细胞蛋白合成。OVEFNR蛋白与牛痘病毒（VV）E3L蛋白同源性达到31%，与牛脓疱口炎病毒（BPSV）相应蛋白羧基末端非常相似，该末端被认为是与双链RNA结合的保守区域；氨基末端不保守，同源性仅能达到45%，

氨基末端与病毒的宿主范围和致病性有一定的关系。

2. vIL－10　vIL－10（virus interleukin－10）编码的白介素－10是多向性细胞因子，在许多细胞中发挥免疫双向调节作用，是潜在的抗炎细胞因子，能抑制非特异性免疫反应，刺激胸腺细胞的增殖，抑制细胞因子的合成。vIL－10由ORFV基因组中长约558bp的基因序列编码，其分子质量大小约为22kDa。编码ORFVIL－10的基因上游和下游序列高度保守，是痘病毒所特有的早期转录调节序列。用缺失vIL－10的突变株感染动物发现，γ-干扰素的水平要比原毒株高，因此IL－10在病毒的免疫逃避机制中发挥重要的作用，具有抑制炎症反应、降低抗原递呈作用和抑制T淋巴细胞活化等多种功能。vIL－10与哺乳动物的IL－10高度同源，与绵羊、牛、人和老鼠的同源性分别能达到80%、75%、67%和64%。vIL－10蛋白羧基端的2/3与宿主完全相同，说明可能是在病毒的进化过程中从宿主基因组中捕获的；而N末端与宿主细胞的完全不同，却与其他病毒相似。

3. GM-CSF抑制因子　GIF（GM-CSF inhibitory factor）编码粒-巨噬细胞集落刺激因子和IL－2的抑制因子，在体内作为免疫调节因子，与宿主GM-CSF和IL－2结合，能刺激或抑制其功能。GIF位于病毒基因组的右侧末端，不同毒株GIF的同源性可达94%，GIF分子包含一个WD-PWV基序，该基序能与Ⅰ型细胞因子受体超家族中的WSXWS基序结合，这对其生物学活性的发挥非常必要。此外，GIF蛋白的糖基化位点对其与GM-CSF的结合非常关键。

4. VEGF　VEGF（vascular endothelial growth factor）编码的血管生长因子在病毒感染的宿主中能引起广泛的血管变化，在病毒感染机体中发挥关键作用。在对NZ2和NZ7两株病毒的VEGF的研究显示，当两株病毒表达相等数量的VEGF时，病毒能引起相同水平的血管化作用，水肿、表皮突起、结痂形成。将NZ2和NZ7两株病毒进行重组，重组病毒的VEGF基因结构被打断，重组病毒对宿主的血管变化减轻，病毒的致病性减弱。B2L基因编码主要的免疫囊膜蛋白。不同分离株同源性能达到97%～98%。该基因高度保守，常用于病毒PCR方法的鉴定。

5. 10 kDa蛋白　Spehner等（2004）通过构

建缺失编码 10 kDa 蛋白的基因 ORFV 突变体对其超微结构进行了研究，研究结果发现，ORFV 突变体仍能在其易感细胞上增殖并包装成具有侵染性的病毒粒子，然而其表面缺乏 ORFV 特有的螺旋形微管结构，仅存在短且排列紊乱的微管。这表明 ORFV 编码产生的 10 kDa 蛋白对其表面特征性微管结构的形成起到非常重要的作用。

6. dUTPase　dUTPase 由 ORFV 中长约 474 bp 的基因序列编码产生，该蛋白以原核融合形式表达。Cottone 等（2002）首次对 ORFV 编码的 dUTPase 的功能活性进行研究，体外试验结果表明，该酶的活性范围较广（pH6.0～9.0 均能发挥活性），且能与 dUTP 特异性结合，其中在 pH7.0，Mg^{2+} 存在的情况下，活性最强。之后研究发现，缺失编码 *dUTPase* 基因的甲型疱疹病毒的致病力减弱，这暗示该蛋白酶对病毒毒力有决定作用；自然缺失编码 *dUTPase* 基因的 ORFV 在细胞内的增殖并未受到影响，但对细胞的致病性减弱，这进一步证实了上述结论。因此，编码 *dUTPase* 基因的是一个毒力基因。

三、免疫学

ORFV 具有高度的嗜上皮性，目前多数学者认为其主要引起强烈的局部免疫反应，且以细胞免疫为主；体液免疫水平低下，且很快消失，用常规的血凝试验、补体反应试验等方法均无法检测到。由于该病毒在免疫学上的特殊性，因此国内外学者用 EL ISA、Western blotting 和琼脂扩散及多种免疫学方法对 ORFV 感染机体后的免疫学指标进行检测，然而结果都不尽相同。Azwai（2007）等用 ELISA 和 Western blotting 方法从被感染骆驼血清中检测出了特异性 IgG 和 IgM 的存在。Mckeever（1987）等认为，动物在首次接种后只能产生少量抗体，但这些抗体具有记忆功能，当再次接受抗原刺激时，抗体滴度将会急剧上升，在接种后第 5 周达到高峰。也有人认为，中和抗体在 ORFV 感染机体后 24 d 内消失，中和抗体消失后即使给羊注射 $1×10^9$ PFU 的病毒羊也不发病。对感染 ORFV 12 d 的羊淋巴液进行检测发现，T 淋巴细胞明显增多，因此认为羊感染 ORFV 后介导的主要是细胞免疫。

羊口疮病毒感染动物后机体产生了很强的免疫反应，包括中性粒细胞、皮肤树突细胞、T 细胞和 B 细胞、感染抗体，CD4（＋）T 细胞、r-干扰素和少量的 CD8（＋）T 细胞产生的抗病毒作用。尽管如此，动物仍能反复感染羊口疮病毒，部分原因是与 OVIFNR、vIL-10 和 GIF 编码蛋白的免疫调节作用有关。

四、制品

现有疫苗是用羊传染性脓包皮炎 HCE 弱毒株接种牛睾丸细胞，收获细胞培养物，加入适宜稳定剂，经冷冻真空干燥制成。成品需进行性状、纯净性、安全、效力、剩余水分和真空度测定。安全检验为经口黏膜划痕接种 6 月龄左右健康易感羔羊，5 头份/只，观察 10d，接种部位不出现水疱和脓疱者为合格。效力检验采用病毒含量和免疫攻毒两种方式进行；剩余水分测定要求不超过 3.2%。

该疫苗于 1989 年获得审批后广泛应用于我国羊传染性脓包皮炎的预防，免疫期为 3 个月，一般采用下唇黏膜划痕免疫方式进行免疫接种。适用于各种年龄的绵羊、山羊，免疫剂量为 0.2mL；在有本病流行的羊群，可采用股内划痕免疫，剂量为 0.2mL。使用该疫苗需注意：①应在兽医指导下使用；②仅限于本病流行地区使用；③首次使用本疫苗的地区，应选择一定数量的羊只，进行小范围接种试验，无不良反应后，方可扩大接种面；④在疾病发生时，免疫接种应先从安全区到受威胁区，最后到疫区；⑤患病或瘦弱的羊只及临产母羊和出生羔羊不宜注射；⑥给怀孕母羊接种时，应注意保定以免引起流产；⑦疫苗稀释时应充分溶解、混匀，稀释后的疫苗需当天用完。

五、展望

羊口疮病毒刺激机体发挥重要的免疫功能，在病毒特异性成分的作用下，刺激早期致炎细胞因子和相关的 Th1 细胞因子释放，从而激活单核细胞和抗原递呈细胞；而 IL-12 和 IL-18 又能引起由 T 细胞和自然杀伤细胞引发的病毒调节的 γ-干扰素的释放，因此羊口疮病毒可作为非常有前景疫苗载体，用于重组疫苗的研究。Henkel 等（2005）构建重组羊口疮病毒载体表达波尔纳病毒的核蛋白 p40（nucleoprotein p40），该蛋白是波尔纳病毒主要的抗原，能诱导特异的体液免疫和细胞免疫。波尔纳病毒在动物脑内不能清除，可在神经细胞中持续存在。用表达 p40 抗原的重组疫苗免疫动物的结果显示，可清除动物体内病毒，甚至在免疫 4～8 个月后仍对动物具有保护力。Dory 等（2006）用表达伪狂犬病毒 gC 和 gD 糖蛋白的质粒免疫动物后，再用插入 gC 和 gD 糖蛋白的重组羊口疮病毒疫苗加强免疫，结果产生很强的体液免疫和类似副痘病毒特异的细胞免疫，免疫动物能经受致死剂量的病毒攻击；没有产生副痘病毒特异性临床症状，体重也无明显减轻。重组疫苗能诱导 B 细胞、T 细胞和抗体浆细胞，刺激机体产生长期有效的免疫保护。

（逯忠新　薛青红）

主要参考文献

郑敏，金宁一，刘棋，等，2007. 羊痘病毒和羊口疮病毒二重 PCR 鉴别检测方法的建立 [J]. 中国兽医科学，37（11）：931 - 934.

Azwai S M S，Carter S D，Woldehiwet Z，2007. Immune responses of the camel（Camelus dromedarius）to contagious ecthyma（orf）virus infection [J]. Veterinary Microbiology，47（1/2）：119 - 131.

Delhon G，Tulman E R，Afonso C L，et al，2004. Genomes of the Parapoxviruses Orf virus and Bovine papular stomatitis virus [J]. Journal of Virology，78（1）：168 - 177.

Dory D，Fischer T，Béven V，et al，2006. Prime-boost immunization using DNA vaccine and recombinant Orf virus protects pigs against Pseudorabies virus（Herpes suid 1）[J]. Vaccine，24（37 - 39）：6256 - 6263.

Erbagci Z，Erbagci I，Almila T A，2005. Rapid improvement of human of（Ecthyma contagiosum）with topical imiquimod cream：Report of four complicated cases [J]. Journal of Dermatological Treatment，16（5/6）：353 - 356.

Fleming S B，Anderson I E，Thomson J，et al，2007. Infection with recombinant Orf viruses demonstrates that the viral interleukin - 10 is a virulence factor [J]. Journal of General Virology，88（Pt 7）：1922 - 1927.

Henkel M，Planz O，Fischer T，et al，2005. Prevention of virus persistence and protection against immunopathology after Borna Disease virus infection of the brain by a novel Of virus recombinant [J]. Journal of Virology，79（1）：314 - 432.

Henkel M，Planz O，Fischer T，et al，2005. Prevention of virus persistence and protection against immunopa-thology after Borna disease virus infection of the brain by a novel Orf virus recombinant [J]. Journal of Virology，2005，79（1）：314 - 25.

Hosamani M，Bhanuprakash V，Scagliarini A，et al，2006. Comparative sequence analysis of major envelope protein gene（B2L）of Indian Of viruses isolated from sheep and goats [J]. Veterinary Microbiology，116（4）：317 - 324.

Key S J，Catania J，Mustafa S F，et al，2007. Unusual presentation of human giant Orf（Ecthyma contagiosum）[J]. Journal of Craniofacial Surgery，18（5）：1076 - 1078.

McKeever D J，Reid H W，Inglis N F，et al，1987. A qualitative and quantitative assessment of the humoral antibody response of the sheep to orf virus infection [J]. Veterinary Microbiology，15（3）：229 - 241.

Scagliarini A，Dal P F，Gallina L，et al，2006. In vitro activity of VEGF-E produced by Orf virus strains isolated from classical and severe persistent contagious ecthyma [J]. Veterinary Microbiology，114（1/2）：142 - 147.

Vikoren T，Lillehaug A，Akerstedt J，et al，2008. A severe outbreak of contagious ecthyma（Orf）in a free-ranging musk ox（Ovibos moschatus）population in Norway [J]. Veterinary Microbiology，127（1）：10 - 20.

Wise L M，Savory L J，Dryden N H，et al，2007. Major amino acid sequence variants of viral vascular endothelial growth factor are functionally equivalent during Of virus infection of sheep skin [J]. Virus Research，128（1）：115 - 125.

第九节　绵羊进行性肺炎

一、概述

绵羊进行性肺炎（OPP）又称梅迪-维纳斯病（MV），是由维斯纳-梅迪病毒（Visna-Maedi virus，VMV）引起成年绵羊的一种不表现发热症状的接触性传染病，OIE 将其列为必须报告的动物疫病。本病最早发现于南非（1915），1939 年、1952 年及 1954—1965 年在冰岛流行时，将表现为进行性间质肺炎的症状描述为梅迪（Maedi，冰岛语，意为呼吸困难），将表现为麻痹性脑膜脑炎的症状描述为维斯纳（Visna，冰岛语，意为耗损）。最近的研究资料已经证实，梅迪和维斯纳是同一种病毒感染引起的两种不同类型的疾病。我国分别在 1966 年、1967 年引进的羊群中出现一种以呼吸道障碍为主的疾病，病羊逐渐瘦弱，最后衰竭死亡，可能感染了此病。1984 年，我国在引进的边区莱斯特绵羊及其后代中检出了梅迪-维纳斯病毒抗体，并于 1985 年分离出病毒。

MV 多见于 2 岁以上的成年绵羊。病羊和带毒羊为主要传染源，病羊、潜伏期带毒羊的脑、脑脊髓液、肺、唾液腺、乳腺、白细胞中均带有病毒，在体内呈持续性感染并不断排毒。一年四季均可发病。自然感染是吸了病羊所排出的含病毒的飞沫和病羊与健康羊直接接触传染，也可能经胎盘和乳汁而垂直传播。吸血昆虫也可能成为传播媒介。易感绵羊经肺内注射病羊肺细胞的分泌物（或血液），也能试验性感染。本病多呈散发，发病率因地域而异。但不同地方可呈地方性流行，在老疫区由于动物适应性变异，产生了一定程度的抵抗力，感染率和发病率均大大降低，危害也随之减轻。

二、病原

维斯纳-梅迪病毒（*Visna-Maedi virus*，VMV）又称绵羊进行性肺炎病毒（*Ovine progressive pneumonia virus*），属于反转录病毒科慢病毒属成员。成熟的 VMV 粒子长 90～100 nm，呈球状体，属于 C 型粒子。病毒核心致密，直径为 30～40 nm。有囊膜，表面有长约 10 nm 的纤突，具有双层膜结构。核酸杂交研究表明，VMV 与其他哺乳动物的慢病毒的核酸同源性很低。病毒粒子中的 RNA 不具有感染性。

（一）病毒基因组

VMV 的核酸基因组是由单股 RNA 组成。1514 冰岛株基因组全长 9 202 个核苷酸。基因组单体 RNA 的结构自 5′端甲基化帽子结构（m7GpppGmp）向 3′端方向依次为：5′端区末端重复序列（R）- 5′端独特区（5′ unique region，U5）-引物结合区（PBS）-前导序列（leader）-核心蛋白（Gag）编码区-病毒蛋白酶编码区（pol）- 囊膜蛋白编码区（Env）-聚嘌呤段（PP）- 3′端独特区（U3）- 3′端区末端重复序列（R）-多聚 A（polyA）。其中 5′端和 3′端的 R 区核苷酸序列完全相同，该序列在反转录过程中，与新合成的 DNA 从基因组的一端调至另一端有关；U5 区长度约为 70 nt，与反转录过程的起始、前病毒 DNA 的整合、病毒 RNA 的合成有关；leader 区长度约为 150 nt；3′端非编码区与结构区重叠。编码区中 pol 由 3 315 个核苷酸构成，和 env 的开放阅读框并不重叠，而由 OrfQ（230 个密码子）分开。

（二）主要抗原蛋白

1. 病毒的核心蛋白　Gag 即病毒粒子的非糖结构蛋白，主要抗原成分是 p30，抗原性稳定。这些蛋白质的氨基酸序列在同属内的病毒间比较保守，具有相似的抗原性，为群抗原（group antigen，Gag）。Gag 蛋白相应的基因为 *gag*，*gag* 基因的初始产物是含 442 个氨基酸的 gag 前体蛋白，然后在病毒蛋白酶的作用下，裂解成基质蛋白（MA）、衣壳蛋白（CA）和核衣壳蛋白（NC）等。有研究将 Gag 核酸疫苗与佐剂 IL - 2 联合免疫 BALB/c 小鼠。结果表明，免疫反应以特异性细胞免疫应答为主，同时可产生体液免疫。

2. 酶蛋白　主要包括蛋白酶（PR）、反转录酶（RT）、整合酶（IN）等 3 种。推测 gag-pol 前体大约 175 kDa，第 2 177～2 827 bp 与反转录酶产生有关，第 4 163～4 681 bp 与核酸内切酶产生有关。病毒粒子的反转录酶是一个单链 60～70 kDa 蛋白，至少有 4 种不同活性。第一，它能以病毒 RNA 为模板合成 DNA 互补链；第二，它具有核酸酶活性（称为核酸酶 H），去除 DNA/RNA 杂交分子中的 RNA 链；第三，它又能以 DNA 为模板合成另一条 DNA 链而成双链；第四，它具有整合酶活性。这种病毒的双链 DNA 称为前病毒。前病毒 DNA 整合细胞基因组后，在宿主细胞依赖 DNA 的 RNA 多聚酶 Ⅱ 的催化下，可转录成病毒正链 RNA，即由整合在细胞染色体中的前病毒产生新的病毒粒子。

3. 囊膜蛋白　VMV 的 Env 为糖蛋白，相应的基因为 *env*，含 983 个密码子。具有抗原决定簇的是 gp135，能诱发中和反应。蛋白质部分由 2 条肽链组成，较小的肽链贯穿病毒的囊膜，成为穿膜蛋白（TM），较大的肽链通过与二硫键和氢键与 TM 相连，暴露于囊膜之外，称为表面蛋白（SU）。SU 是诱导宿主产生中和抗体的主要蛋白质，容易发生变异，是 VMV 抗原高度变异性的主要原因。TM 有 3 个功能区，即膜外区、跨膜区和膜内区。膜外区与表面蛋白结合，参与感染过程中病毒与宿主细胞膜的融合。有研究以 1514

毒株的 TM 蛋白或部分肽段建立 ELISA 诊断方法，阳性检出率较高。

（三）致病性

VMV 主要是引起绵羊发病，山羊也可感染。本病发生于所有品种的绵羊，无性别的区别。病程长，症状发展缓慢，呈持续性感染。病程的发展有时呈波浪形，中间出现轻度缓解，但最终死亡。

（四）交叉反应

由不同国家分离到的病毒株抗原性相似。用试验感染羊的血清进行交叉中和试验证明，维纳斯-梅迪、进行型性间质性肺炎、山羊关节炎-脑炎等病毒在抗原性上一致或密切相关。

从维纳斯症状和梅迪症状的羊群中分离的病毒，利用放射免疫试验，不能区分 p30 抗原。但与进行性间质肺炎分离病毒的 p30 抗原稍有区别。研究表明，VMV 的 p30、gp135 抗原与山羊关节炎-脑炎病毒（CAEV）的 p28 抗原、gp135 抗原之间有强烈的交叉反应。

（五）抗原变异性

有学者将蚀斑纯化的 VMV 接种绵羊，随后从绵羊分离病毒，发现分离病毒在抗原性上与原接种病毒不尽相同，一般认为这种抗原变异是持续性感染的主要原因。

三、免疫学

当病毒被吸入后，即通过其囊膜糖蛋白吸附细胞表面受体而感染绵羊细胞，有时还可以侵入支气管、纵隔淋巴结、血液、脾和肾。被病毒侵袭的肺细胞、网状细胞或淋巴细胞，由于病毒刺激而增生。随后，肺泡间隔由于出现许多新的组织细胞和一些新的纤维细胞及胶原纤维而变厚。同时肺泡壁的鳞状上皮细胞变成立方形细胞。此外，细支气管和血液周围的淋巴样组织增生形成活动性的生发中心。由于肺泡的功能减低甚至消失，气体交换受到影响，逐渐发展成致死型的缺氧症。

尽管 VMV 感染后，绵羊很快就能产生特异性抗体，且血清中中和抗体、补体结合抗体的滴度很高，但在长达数周至数月的潜伏期和症状出现前期，多种组织包括脑、脑脊髓液、肺、唾液腺、鼻分泌物和粪便中都存在低滴度的病毒。将病羊的血液接种于易感羊，可以引起人工感染。中和抗体似乎不能阻止病毒在血液中的传播，主要是由于该病毒感染单核/巨噬细胞后通常不对细胞造成任何伤害，而成为隐性感染。

因其 RNA 基因组通过 DNA 前病毒的形式在血液单核细胞中复制，随血液循环至靶器官，在血液中，VMV 不被单核细胞递呈至细胞表面，也就不会被 CD4$^+$T 细胞识别。这种限制性表达使病毒能隐蔽循环，不能被宿主免疫系统识别，不会引起机体的免疫反应。当感染的单核细胞成熟为组织巨噬细胞后，前病毒基因的表达显著增加，以致用原位杂交即可检出病毒 RNA，但产生完整病毒仍很少。病毒到达肺、乳房、关节和中枢神经系统组织后，在巨噬细胞表面的表达抗原，导致局部单核细胞炎性灶的产生。这种"特洛伊木马"式的机制，可以确保病毒在血液细胞中的持续性存在，细胞保护病毒并可以释放病毒。此外，VMV 可在体内发生抗原变异，病毒突变株的出现是持续性感染的另一种机制。

关于本病进程缓慢的原因，目前尚无确切的解释。据 Thormar 等（2005）报道，若在培养液中加入健康羔羊血清，则能完全抑制 VMV 在单层细胞中的增殖，加入脑脊液也能产生类似的抑制效应。试验证明，这种抑制因子存在于所有被试羔羊的血清中，它不是免疫球蛋白，不能被透析或过滤，对 100℃加热 10min 有抵抗力，很可能是一种脂蛋白。在特异性抗体产生之前，这种因子可能在抑制病毒方面具有重要作用。这也可部分地解释为什么梅迪-维斯纳病没有急性期。

绵羊感染 VMV 后，特异性细胞免疫可在接种后 2～3 周内检出。补体结合抗体于 7 周至 3 个月内出现，中和抗体出现较晚，一般在 3 个月左右才能检出。P28 抗体的出现时间及高峰期均早于 p94 抗体，且 p28 抗体的反应强度亦高于 p94 抗体。若注射抗羊胸腺细胞血清或环磷酰胺，造成免疫抑制状态，可以抑制病理损害的发生，但不影响病毒的增殖，说明一部分病理损伤是由免疫应答引起的。

四、制品

目前还没有商品化的生物制品。

五、展望

目前，已报道的OPP的诊断方法包括胶体金免疫电镜、琼脂扩散试验、ELISA、PCR、半套式PCR、定量PCR等，但是还没有针对梅迪-维斯纳病毒的生物制品。找到可以使病毒致弱的细胞株或实验动物，是研发疫苗的关键。另外，VMV在真核细胞中具有的反转录的特点，可以用来开发慢病毒载体，不但有利于研发疫苗，而且可以像噬菌体载体那样应用于科学研究。

（逯忠新　薛青红）

主要参考文献

丁忠庆，沈荣显，相文华，等，2007. IL-2和绵羊梅迪-维斯纳病毒核心蛋白Gag核酸疫苗联合免疫小鼠的免疫应答[J]. 中国预防兽医学报，29，3：204-207.

Andre's D, Klein D, Watt N J, et al, 2005. Diagnostic tests for small ruminant *lentiviruses* [J]. Veterinary Microbiology, 107: 49-62.

Blacklaws B A, Berriatua E, Torsteinsdottir S, et al, 2004. Transmission of small ruminant *lentiviruses* [J]. Veterinary Microbiology, 101: 199-208.

Reina R, Berriatua E, Lujan L, et al, 2009. Prevention strategies against small ruminant *lentiviruses*: An update [J]. Veterinary Journal, 182: 31-37.

Salazar E, Monleon E, Bolea R, et al, 2010. Detection of PrPSc in lung and mammary gland is favored by the presence of *Visna/Maedi virus* lesions in naturally coinfected sheep [J]. Veterinary Research, 41: 58.

Sipos W, Schmoll F, Wimmers K, 2003. Selection for disease and epidemic resistance in domestic ruminants and swine by indicator traits, marker and causal genes-a review. Part 2: Special immunogenetics of sheep and goats with particular regard for *endoparasitoses*, *scrapie*, *foot rot* and *maedi-visna* virus infection [J]. Dtw Deutsche Tierrztliche Wochenschrift, 110 (1): 3-10.

Thormar H, 2005. *Maedi-visna virus* and its relationship to *human immunodeficiency virus* [J]. Aids Reviews, 7 (4): 233-245.

Torsteinsdottir S, Andresdottir V, Arnarson H, et al, 2007. Immune response to *Maedi-Visna virus* [J]. Frontiers in Bioscience A journal and Virtual Library, 1 (12): 1532-1543.

Zhang Z, Harkiss G D, Hopkins J, et al, 2002. Granulocyte macrophage colony stimulating factor is elevated in alveolar macrophages from sheep naturally infected with *maedi-visna virus* and stimulates *maedi-visna virus* replication in macrophages *in vitro* [J]. Clinical and Experimental Immunology, 129: 240-246.

Zhang Z, Watt N J, Hopkins J, et al, 2000. Quantitative analysis of *maedi-visna* virus DNA load in peripheral blood monocytes and alveolar macrophages [J]. Journal of Virological Methods, 86: 13-20.

第十节　山羊关节炎-脑炎

一、概述

山羊关节炎-脑炎（Caprine arthritis-encephalitis，CAE）是由山羊关节炎-脑炎病毒（*Caprine arthritis-enceephalitis virus*，CAEV）引起羔羊急性脑脊髓炎，成年羊关节炎、乳腺炎、慢性进行性肺炎和脑炎的传染病。最早出现在瑞士，后来美国、加拿大、英国、法国、意大利、德国、瑞典、瑞士、澳大利亚和新西兰等国家均有流行。现该病已呈世界性流行。我国于1987年发现此病，可能是由从英国进口的患病萨能奶山羊引起。目前，我国已经有11个省报道出现山羊关节炎脑炎。

患病山羊，包括潜伏期隐性患羊，是本病的主要传染源。病毒经乳汁感染羔羊，被污染的饲草、饲料、饮水等可成为传播媒介。感染途径以消化道为主，但不排除呼吸道感染和医疗器械接种传播本病的可能性。在自然条件下，只在山羊间相互传染发病，绵羊不感染。无年龄、性别、品系间的差异，但以成年羊感染居多，感染率为1.5%~81%。感染母羊所产的羔羊当年发病率为16%~19%，死亡率高达100%。水平传播至少需同居放牧12个月以上，带毒公羊和健康母羊接触1~5d不引起感染。在良好的饲养管理条件下，感染本病的羊通常不表现临床症状或症状不明显，只有通过血清学检查才能发现。一旦饲养管理、环境改变或长途运输等应激因素出现，则会出现临床症状。由于该病呈慢性持续性感染，潜伏期长，因此待发现时，群体内已经大规模感染。除羔羊因脑炎死亡外，成年羊大都成为传染源终身带毒，最后因消瘦衰竭而死。

二、病原

CAEV 是有囊膜的单股正链 RNA 病毒，属于反转录病毒科慢病毒属。出芽成熟的 C 型病毒粒子直径为 $80 \sim 100$ nm，核酸呈线性结构，由 64S 和 4S 两个片段组成，分子质量为 5.5×10^3 kDa。CAEV 在基因结构和免疫原性上都与梅迪-维斯纳病毒极其相似。

(一) 基因组

CAEV 的基因组是由长末端重复序列 (LTR)，结构基因 gag、pol、env 和调控基因 vif、tat、rev 等组成。CAEV 的 LTR 位于基因组两端，全长 449 nt，由 U_3、R 和 U_5 3 个区组成。U_3 区含有控制病毒 RNA 转录的增强子和启动子元件，具有激活病毒基因组基础转录作用的细胞转录因子可识别增强子元件。R 区含有 mRNA 合成的起始位点帽位点和加接多聚 (A) 尾信号，病毒 mRNA 的转录文本都起始于 5' LTR 的帽位点，并止于 3' LTR 的加接多聚 (A) 尾信号。gag 基因位于 5' LTR 之后，主要编码病毒衣壳结构蛋白。pol 基因位于 gag 基因之后，主要编码病毒的衣壳结构蛋白。env 基因位于 pol 基因之后，主要编码病毒的囊膜糖蛋白，在 env 基因中的 $7\,850 \sim 8\,150$ nt 处存在一个具有高级结构的 RNA 序列，编码 Rev 的应答序列。vif 基因位于 pol 基因之后，它所编码的蛋白称为 vif 蛋白，是 CAEV 在宿主体内的持续感染和发病所必需的。tat 基因位于 vif 基因之后，处在基因组 $5\,688 \sim 5\,948$ nt 处，它所编码的蛋白称为 Tat 蛋白。对 CAEV tat 基因的突变研究表明，tat 基因在 CAEV 高效复制过程中起重要作用。CAEV 的 tat 蛋白可反式激活 CAEV 基因的表达，这种作用通过增加稳定态 mRNA 的水平来实现，并可能是通过 AP21 位点起作用的。rev 基因位于 tat 基因之后，env 基因的两端，由分别位于 $6\,012 \sim 6\,123$ nt 和 $8\,514 \sim 8\,800$ nt 的两个外显子组成，它所编码的蛋白称为 Rev 蛋白。CAEV 的 Rev 蛋白含有两个功能性结构域，其中一个是精氨酸富集区，与 Rev 蛋白结合 RNA 并定位于细胞核有关；另一个结构域含有 1 个亮氨酸富集区，为 Rev 蛋白反式激活作用的功能区。Rev 蛋白可与其应答元件 RRE 特异地结合，以此促进病毒 mRNA 运送到胞浆中，以增强病毒蛋白的表达。突变研究表明，CAEV 的 rev 基因对 CAEV 在培养细胞中的高效复制是必不可少的。

(二) 主要蛋白

CAEV 主要含有 4 种结构蛋白，分别是核心蛋白 P28、P19、P16 及囊膜糖蛋白 GP135。Gag 基因编码的前体蛋白 P55，经加工裂解后形成核心蛋白 P28、P19、P16。env 基因编码的 P90，经糖化后形成前体蛋白 GP150，修饰后成为囊膜糖蛋白 GP135，囊膜糖蛋白可以裂解生成 GP90 即外膜蛋白 (SU) 和 GP45 即跨膜蛋白 (TM)。在这些调节蛋白中，最重要的是 Rev-C，它通过结合到一个只在未剪切和单一剪切的病毒 mRNAs 中出现的茎环结构来介导病毒结构基因 mRNAs 的细胞质运输，很多试验都证实了 Rev 是 CAEV 复制必需的。

三、免疫学

(一) 易感动物及细胞嗜性

CAEV 主要感染羊，可引起各年龄山羊发生多种慢性进行性疾病。研究显示，随着年龄的增加感染山羊的概率明显加大，$7 \sim 8$ 岁羊的感染率是 1 岁羊的 5 倍。而在山羊中奶山羊对 CAEV 的易感性又高于肉山羊，在澳大利亚对安哥拉山羊体内的 CAEV 抗体检测发现，其阳性率明显低于其他奶山羊。CAEV 感染奶山羊主要导致生殖失败，产奶量降低，哺乳期缩短，出现并发性疾病的概率增加。最近的研究显示，与 VMV 相关的病毒也可感染山羊，而与 CAEV 相关的病毒可以感染绵羊，但该病能否在自然条件下跨越种间界限感染其他动物及人，还不十分清楚。Morin 等 (2003) 将 CAEV 人工接种牛发现，感染后 $3 \sim 4$ 个月可以在血液巨噬细胞培养物中检测到 CAEV。目前还没有报道显示 CAEV 能感染人，主要是因为人细胞上缺乏合适的功能性受体。

CAEV 主要靶细胞是单核/巨噬细胞，可引起山羊终身带毒。已报道的 CAEV 可以感染的细胞还有脑血管和关节滑膜细胞、肠道内的上皮细胞、肾小管和甲状腺的滤泡等。另有报道认为，来自不同器官的上皮细胞在体内和体外对 CAEV 都是易感的。需要注意的是，用于体外胚胎成熟的粒细胞对 CAEV 是易感的，它可能作为该病亚临床期 CAEV 的贮存场所。

（二）致病机理

CAEV 进入体内后首先感染血液单核细胞，在单核细胞发育成巨噬细胞时病毒基因组开始转录复制，释放出的子代病毒刺激巨噬细胞、淋巴细胞等，形成以增生为主的炎症反应。随着病毒不断从组织内释放，感染新生单核细胞，形成病毒在体内的复制侵染循环，同时由于巨噬细胞不能发挥清除作用而成为 CAEV 免疫逃避的屏障，这是 CAEV 在患病羊体内终生潜伏存在的主要原因。另外，经 CAEV 感染的山羊不产生中和抗体，使宿主免疫系统残缺，有利于病毒的持续性感染。很多研究指出，患病山羊关节炎症状的出现和严重性是与直接针对 CAEV 的表面糖蛋白（SU）和跨膜（TM）糖蛋白的体液免疫反应特异性相关的。在 CAEV 的 SU 上含有大量 N 联糖基化位点允许病毒逃避宿主中和免疫反应。CAEV 的 TM 膜外结构域上存在 4 个免疫优势表位，其中的 3 个与临床关节炎有关。Valas 等（2002）还发现，在 SU 存在的 5 个可变区中，V4 区是高度构象和充分暴露的免疫区域，它可能涉及中和抗体逃逸变异株的出现。从细胞因子层面上来考虑 CAEV 的致病机理，一般来说病毒感染后，可以引发宿主产生细胞因子，而细胞因子反过来可以调节新感染细胞内病毒的合成量。即使是慢病毒感染中，人们也发现宿主会产生一些前炎症细胞因子，如 TNF-α、IL-1 和 IL-6。但 CAEV 感染只使宿主产生干扰素，而对细胞因子在病毒感染中的作用还不十分清楚。Mdurvwa 等（1994）报道，在患病羊的体内，TNF-α 长期高水平表达，可直接导致患病羊的病理症状，尤其是在关节、肺、乳腺和中枢神经系统的炎症。并可间接上调该病毒在潜在感染细胞中的复制。同时血液中 TNF-α 长期高水平表达会影响细胞新陈代谢，出现恶质症。另外在患病羊中还发现自然杀伤细胞的活性被抑制，这可能是导致 CAEV 在山羊体内持续性感染的又一主要原因。Sharmila 等（2002）发现 CAEV 感染后增加一种前炎症因子和趋化因子 IL-16 的表达，这种细胞因子在正常未感染的外周血单核细胞和关节滑膜细胞中持续低水平表达。IL-16 的增多可能是 CAEV 感染山羊的关节和其他组织淋巴细胞浸润增多的一个原因。体外 CAEV 感染导致的细胞死亡与细胞凋亡的诱导有关，即感染的细胞出现细胞凋亡的特征：染色质凝集和凋亡小体的出现。在 CAEV 体内感染中是否也发生细胞凋亡和细胞凋亡是否发生在周围未被感染的细胞上尚不清楚，但对于细胞凋亡过程的研究可能会有助于揭开 CAEV 的致病机理。

四、制品

目前还没有适宜的生物制品。已有可以识别 CAEV 囊膜蛋白的单克隆抗体，该蛋白是引起疫病流行的 gp135 蛋白。

五、展望

患病母山羊通过初乳将 CAEV 传给羔羊是 CAEV 传播的主要途径。也有报道认为，由于 CAEV 可以感染上皮细胞，这是在体外利用胚胎移植生产山羊的可能传播途径。另外有报道显示，子宫和输卵管中存在的 CAEV 感染细胞可能是 CAEV 从母羊到胚胎或胎儿垂直传播的潜在途径。CAEV 通过接触传染可以使各种年龄的羊患病，这也是 CAEV 传播的主要途径。虽然确切的机制还不清楚，可能是直接通过唾液、尿、粪便或呼吸道的分泌物，但能否通过性传播还未得到证实。

目前 CAEV 的防制主要通过检测、隔离、剔除病原等综合防控措施。例如，将刚出生的羔羊与母羊隔离，给羔羊饲喂消过毒（56℃，60min 或巴氏消毒法）的奶、初乳或乳的替代物；经常对羊群进行血清学检测；剔除阳性羊；采取检疫隔离、彻底扑杀病羊的综合防制措施。因此，对该病的防制和其他病毒性疾病一样，做好预防工作是关键。对 CAEV 基因组结构和免疫原性研究的深入，以及分子生物学和分子免疫学的发展，为有效控制和根除山羊关节炎脑炎带来了希望。

（逯忠新　薛青红）

主要参考文献

丁忠庆，沈荣显，相文华，等，2007. IL-2 和绵羊梅迪-维斯纳病病毒核心蛋白 Gag 核酸疫苗联合免疫小鼠的

免疫应答 ［J］. 中国预防兽医学报，29（3）：
204-207.

Blacklaws B A，Berriatua E，Torsteinsdottir S，et al，
2004. Transmission of small ruminant *lentiviruses* ［J］.
Veterinary Microbiology，101（3）：199-208.

de Andrés D，Klein D，Watt N J，et al，2005. Diagnostic
tests for small ruminant *lentiviruses* ［J］. Veterinary
Microbiology，107（1/2）：49-62.

Mdurvwa E G，Ogunbiyi P O，Gakou H S，et al，
1994. Pathogenicmechanisms of *Caprine arthritis-en-
cephalitis virus* ［J］. VeterinaryResearch Communica-
tions，18：483-490.

Morin T，Francois G，Baya A B，et al，2003. Clearance
of a productive lentivrus lentivrus infectionin calves ex-
perimentally inoculated with *Caprine arthritis-encepha-
litis virus* ［J］. Journal of Virology，77：6430-6437.

Reina R，Berriatua E，Luján L，et al，2009. Prevention
strategies against small ruminant *lentiviruses*：An upda-
tee ［J］. Veterinary Journal，182（1）：31-37.

Salazar E，Monleón E，Bolea R，et al，2010. Detection of
PrPScin lung and mammary gland is favored by the pres-
ence of *Visna/maedi virus* lesions in naturally coinfected
sheep ［J］. Veterinary Research，41（5）：58.

Sharmila C，Williams J W，Reddy P G，2002. Effect of
caprine arthritisencephalitisvirus infection on expression
of interleukin-16 in goats ［J］. American Journal of Vet-
erinary Research，63（10）：1418-1422.

Sipos W，Schmoll F，Wimmers K，2003. Selection for
disease and epidemic resistance in domestic ruminants
and swine by indicator traits，marker and causal genes-a
review. Part 2：Special immunogenetics of sheep and
goats with particular regard for *endoparasitoses*，
scrapie，*foot rot* and *maedi* ［J］. Dtw Deutsche Tierrz-
tliche Wochenschrift，110（1）：3-10.

Thormar H，2005. *Maedi-visna virus* and its relationship
to *human immunodeficiency virus* ［J］. Aids Reviews，
7（4）：233-245.

Torsteinsdottir S，Andresdottir V，Arnarson H，et al，
2007. Immune response to *maedi-visna virus* ［J］. Fron-
tiers in Bioscience A Journal & Virtual Library，12
（4）：1532-1543.

Valas S，Benoit C，Baudry C，et al，2000. Variability and
immunogenicityof caprine arthritis-encephlitis virus sur-
face glycoprotein ［J］. Journal of Virology，74：6178-
6185.

Zhang Z，Harkiss G D，Hopkins J，et al，2002. Granu-
locyte macrophage colony stimulating factor is elevated in
alveolar macrophages from sheep naturally infected with
maedi-visna virus and stimulates maedi-visna virus repli-
cation in macrophages *in vitro* ［J］. Clinical and Experi-
mental Immunology，129（2）：240-246.

Zhang Z，Watt N J，Hopkins J，et al，2000. Quantitative
analysis of *Maedi-visna virus* DNA load in peripheral
blood monocytes and alveolar macrophages ［J］. Journal
of Virological Methods，86（1）：13-20.

第十一节　小反刍兽疫

一、概论

小反刍兽疫（Peste des petits ruminants，PPR）是羊和野生小反刍动物，如羚羊的一种高度接触性传染病。该病最早发现于1942年的西非部分地区，当时称为卡他或肺肠炎综合征，现在称为小反刍兽疫。不久后的研究证实，该病也存在于像尼日利亚、塞内加尔、加纳等其他西部非洲地区。多年来一直认为该病仅存在于该大陆的部分地区，直到1972年在苏丹发生该病，当初认为是牛瘟，在10年后才确诊为小反刍兽疫。近年来发现在印度小反刍兽中诊断为牛瘟的病例实际上是PPR。该病近年来不断得到重视是因为该病已由西非向东部不断扩散并已在西南亚地区流行。

小反刍兽疫本身是一种重要的传染病，但在牛瘟的鉴别诊断中将该病列为一种干扰因素，特别是在对野生反刍动物进行诊断时。虽然PPR的临床症状与牛瘟相似并可对鉴别诊断造成困难，但必须强调在小反刍动物中，由牛瘟引起的临床病例是非常罕见的。

小反刍兽疫是一种严重的快速扩散的以小反刍家畜为感染对象（包括与感染山羊或绵羊接触过的野生小反刍动物）。其临床特征是突发性发热、反应迟钝、精神沉郁、眼和鼻腔出现多量脓性分泌物、口腔溃疡、呼吸困难、咳嗽、恶臭性腹泻及死亡。

二、病原

引起PPR的病原是小反刍兽疫病毒（PPRV），该病毒属于副黏病毒科的麻疹病毒属，与牛瘟病毒、人的麻疹病毒、犬瘟热病毒，以及水生哺乳动物的麻疹病毒关系密切。小反刍兽疫

病毒粒子呈多形性，多为圆形或椭圆形。直径为 130～390 nm，但也有报道为 150～700 nm，病毒颗粒的外层有 8.5～14.5 nm 厚的囊膜，囊膜上有 8～15 nm 长的纤突。纤突中有血凝素（H）蛋白而无神经氨酸酶（N）；病毒的核衣壳总长度为 1 000 nm，呈螺旋对称，螺旋直径约为 18 nm，螺距 5～6 nm，核衣壳缠绕成团。

（一）PPRV 的基因结构

PPR 病毒株可分为 I、II、III、IV 4 个基因群，其中 3 个基因群来自于非洲，1 个基因群来自于亚洲。3 个非洲基因群中有 1 个基因群在亚洲也有发现，这些基因群的流行病学意义与牛瘟病毒的关系还不清楚。

PPRV 基因组是不分节段的单股负链 RNA，全长约 15 900 bp，RNA 链从 3′至 5′依次为 N-P-M-F-H-L 共 6 个基因，分别编码核衣壳蛋白（N）、磷蛋白（P）、基质蛋白（M）、融合蛋白（F）、血凝素蛋白（H）和大蛋白（L），另外 P 基因还编码两种非结构蛋白 C 和 V。

（二）PPRV 的蛋白结构

F 蛋白和 H 蛋白是 PPRV 的主要免疫原，其中 F 蛋白长 2 321 bp。其 ORF 编码 546 个氨基酸，分子质量为 59.3 kDa。H 蛋白长约 1 830 bp。根据 F 蛋白基因序列的差异，将 PPRV 分为 4 个基因型，即 I 型主要流行于西非地区，II 型主要流行于尼日利亚、喀麦隆等北部非洲，III 型主要流行于东非地区，IV 型主要流行于中东和西亚地区。中国 2007 年西藏地区和 2013 年国内多个省份发生的 PPR 疫情均为基因 IV 型。PPRV 虽然有 4 个基因型，但只有 1 个血清型，各基因型病毒之间，在血清学及免疫原性方面没有差异。例如，《OIE 陆生动物诊断试验和疫苗手册》推荐的75/1型疫苗毒株属于基因 I 型，但对其他基因型病毒都呈现良好的免疫保护作用。

P 基因编码 509 个氨基酸，属于多顺反子基因，翻译后通过剪切产生 C 和 V 两种非结构蛋白。P 蛋白的分子质量在 54.9 kDa 左右。P 蛋白是 RNA 聚合酶的主要成分之一，其磷酸化对于 RNA 的合成尤其重要。L 蛋白为 RNA 聚合酶大蛋白。N 蛋白是 PPRV 的主要核衣壳蛋白（nucleocapsid protein），PPRV 感染动物后可以产生针对 N 蛋白的抗体，但该抗体对病毒没有中和作用，其基因相对保守。将 N 蛋白基因与杆状病毒重组表达可制备竞争 C-ELISA 抗原，用该抗原免疫小鼠制备抗 N 蛋白单克隆抗体，建立了 C-ELISA 诊断试剂盒，该试剂盒是《OIE 陆生动物诊断试验与疫苗手册》推荐的 PPR 血清学诊断技术。由于 N 蛋白抗体没有血清中和作用，因此采用该试剂盒诊断 PPR 时对于强毒感染比较可靠。但用于 PPR 弱毒疫苗免疫动物免疫效果评价时，与中和试验结果不完全平行。

三、免疫学

由于 PPRV 强毒是一种高度致死性病毒，因此动物感染后在还未产生有效免疫反应时就已发病死亡。对于强毒感染的免疫机理还不完全清楚，临床检测时发现，动物感染强毒后，早期可产生针对 N 蛋白的抗体，并且持续时间较长；而针对 F 蛋白和 H 蛋白的保护性抗体产生较晚，一般在感染后 2 周才可达到 1∶10 以上的免疫保护水平。在对 PPR 弱毒疫苗研究中发现，羊在接种 PPR 弱毒疫苗后 7d 时可检出低水平中和抗体，14d 可达到 1∶10 以上的保护水平，且可持续到 36～48 个月。怀孕羊接种 PPR 疫苗后，所生羔羊血清中的被动抗体水平可持续到 3 个月以上。由于 PPR 弱毒疫苗接种羊后，病毒仅有短暂的增殖过程，因此其 N 蛋白抗体效价远低于强毒感染时的 N 蛋白抗体水平，而且持续时间较短，这也可能是采用 N 蛋白 C-ELISA 试剂盒做免疫评价时与中和试验不完全平行的原因。对于 PPR 疫苗的免疫效果评价，最好的方法是血清中和试验或以 F 和 H 蛋白作为抗原的 ELISA 方法。

四、制品

（一）诊断制品

1. 抗原检测 对于 PPR 的诊断，《OIE 陆生动物诊断试验和疫苗手册》规定的病原学方法主要有病毒分离、免疫捕获 ELISA、RT-PCR（针对 N 蛋白基因或 F 蛋白基因）。对于 RT-PCR，采用的引物主要为针对 F 蛋白基因，如〔5′-ATC ACA GTG TTA AAG CCT GTA GAG G3′〕（PPRF1）；〔5′- GAG ACT GAG TTT GTG ACC TAC AAG C - 3′〕（PPRF2）；〔5′ATG CTC TGT CAG TGA TAA CC - 3′〕

（PPRF1a）；〔5′- TTA TGG ACA GAA GGG ACA AG - 3′〕（PPRF2a）。前 2 对引物为直接 RT-PCR，后 2 对引物为巢式 RT-PCR。也可采用针对 N 蛋白的 RT-PCR 方法。针对 PPR 的 PCR 方法国内均有研究报道，但还未有正式批准注册的产品。

2. 血清学方法　血清学方法包括病毒中和试验和 C-ELISA 试验。C-ELISA 中采用杆状病毒表达的 PPRVN 蛋白为抗原，抗 N 蛋白单克隆抗体为检测抗体。试验程序是：将血清在 ELISA 板上用 PBS 作 1∶50 稀释，每孔 50μL，每孔再加入 50μL 按效价稀释的单抗，37℃作用 1h，洗板后加入 50μL 抗鼠结合物，37℃作用 1h，洗板后加入底物 50μL，37℃作用 10min，加终止液后测定 OD_{492nm} 值。以 PI 值作为判定标准，PI 值大于等于 50％时判为阳性，小于 50％判为阴性。PI= 100-（被检血清孔吸收值/单抗对照孔吸收值）×100 。也有以 H 蛋白为抗原以抗 H 蛋白单抗为抗体的 C-ELISA 试剂盒。

在国内以 N 蛋白为抗原的试剂盒也有研究和试用，但尚未正式批准注册和生产。

（二）疫苗

对于 PPR 的免疫，《OIE 陆生动物诊断试验和疫苗手册》的疫苗是 75/1 弱毒株生产的弱毒活疫苗。该疫苗所用毒种 1975 年分离于尼日利亚，经过 Vero 细胞连续传代 70 代时致弱获得弱毒株，继续传代到 120 代建立了疫苗毒种。该毒株属于基因 I 型病毒，免疫原性良好。

中国兽医药品监察所于 2002 年由 OIE PPR 参考实验室引进 75/1 疫苗毒株，经用 Vero 细胞克隆纯化，建立了疫苗毒种子批。2007 年我国西藏发生 PPR 疫情后，根据农业农村部兽医局安排，起草拟定的疫苗生产及检验试行规程，于 2007 年 8 月 20 日经农业部公告第 900 号批准试行。通过发放临时生产文号，经新疆天康公司和西藏生物药品厂生产并在西藏和新疆边境地区持续 7 年的使用，成功控制了西藏发生的 PPR 疫情。经中国兽医药品监察所、北京中海生物科技有限公司、天康生物股份有限公司和新疆畜牧科学院兽医研究所（新疆畜牧科学院动物临床医学研究中心）进一步深入研究完善后，提交小反刍兽疫活疫苗（Clone9 株）新兽药注册申请，于 2015 年 11 月 24 日经农业部公告第 2325 号批准

为二类新兽药。2015 年正式生产。生产毒种的病毒含量为每毫升不低于 $10^{5.5}$ $TCID_{50}$。免疫原性：以 10^3 $TCID_{50}$ 皮下接种山羊，21d 后采血测定中和抗体效价，均应不低于 1∶10。

生产细胞为 Vero 细胞，采用单层或同步接种，按 1‰ 比例接种细胞，37℃培养 5～6d，收获培养物经冻融后加保护剂冻干而成。

疫苗检验中，除常规的性状、纯净、鉴别检验外，安全检验采用接种豚鼠和小鼠进行一般毒性检验，接种 3 只易感山羊，每只 4 头份，观察 14d。接种后除个别羊有一过性体温升高外，应无其他不良反应。效力检验采用病毒含量和接种山羊测定中和抗体两种方法。病毒含量标准为每头份病毒含量不低于 10^3 $TCID_{50}$。中和抗体效价标准是，每只羊皮下接种 1/10 头份疫苗，接种后 21d 采血测定中和抗体效价，均应不低于 1∶10。该疫苗的免疫期为 36 个月。

2013 年在新疆首先发生 PPR 疫情并扩展到全国部分地区，经该疫苗推广使用，迅速控制了疫情。

在该疫苗的使用方面应注意的问题是：对于已免疫羊群，对羔羊应在出生后 3 月龄以上首次接种，以防止母源抗体干扰免疫效果；对于首次免疫羊群，可大小羊全部接种。疫苗的 36 个月免疫期是针对羊只个体而言，对羊的群体来说，由于羊的生命周期较短，羊群更新很快，因此在 3 个月免疫周期内应对当年的新生羔羊在 3～4 月龄时及时补免，才能有效保证整个羊群的免疫效果。

在新型疫苗研究方面，目前国内正在研究数个疫苗。一是小反刍兽疫、山羊痘二联活疫苗。该疫苗是将 Clone9 株接种 Vero 细胞，将山羊痘 AV41 株接种山羊肾细胞制成二联冻干活疫苗，该疫苗 2015 年已完成临床试验，目前正在申报新兽药注册。二是小反刍兽疫、山羊痘二联灭活疫苗。该疫苗正在进行临床试验，预计 2016 年可完成临床试验。三是山羊痘、小反刍兽疫二联重组活疫苗。该疫苗是以山羊痘 AV41 病毒为载体构建可表达小反刍兽疫 F 蛋白的重组病毒作为二联重组病毒株制备疫苗。该研究正在准备申请临床试验。

五、展望

小反刍兽疫作为羊的一种烈性传染病，对养羊业危害巨大，世界各国均非常重视该病的防疫，

我国将其列为一类传染病。该病虽然发源于非洲，但由于世界经济及国际交往的发展，该病以极快的速度由西向东发展，几乎是沿着北回归线一路前行。自 2007 年传入我国西藏以来，2013 年底又由西亚传入我国，该病在国内多个省份均有发生。我国已研制成功有效的疫苗，很快控制了疫情。但一个疫病一旦传入，按照一般规律不会轻易被消灭。只有坚持以防疫为主的综合防制措施，制定科学有效的防疫和控制消灭计划，按步骤逐步落实，相信随着新型诊断技术及配套疫苗的研制和使用，按照农业部制定的 2020 年消灭小反刍兽疫的防疫计划，参照牛瘟的消灭经验，小反刍兽疫有可能成为我国完全消灭的下一个疫病。

（支海兵　薛青红　王忠田）

主要参考文献

薛青红，印春生，李宁，等，2011. 小反刍兽疫活疫苗效力评价［J］. 中国兽医学报，31（9）：1276 - 1278.

印春生，支海兵，王乐元，等，2010. 小反刍兽疫活疫苗临床试验研究［J］. 中国兽药杂志，44（7）：1 - 5.

Hamdy F M，Dardiri A H，1976. Response of white-tailed deer to infection with *Peste des petits ruminants virus*［J］. Journal of Wildlife Diseases，12：516 - 522.

Libeau G，Prehaud C，Lancelot R，et al，1995. Development of a competitive ELISA for detecting antibodies to *the peste des petits ruminants virus* using a recombinant nucleoprotein［J］. Research in Veterinary Science，58：50 - 55.

Taylor W P，1976. Serological studies with *the virus of Peste des petits ruminants* in Nigeria［J］. Research in Veterinary Science，26：236 - 242.

Taylor W P，Abegunde A，1975. The isolation of *Peste des petits ruminants virus* from Nigerian sheep and goats［J］. Research in Veterinary Science，26：94 - 96.

第二十五章 马的病毒类制品

第一节 马传染性贫血

一、概述

马传染性贫血（简称"马传贫"）是马属动物的一种病毒性传染病，由马传染性贫血病毒（*Equine infectious anemia virus*，EIAV）引起。其特征是呈急性或亚急性型，主要表现为高热稽留或间歇热、出血、黄疸、心脏机能紊乱等症状。发热期间症状明显，无热期间症状减轻；慢性型多呈现不规则热，发热时间短而无热时间长，症状不明显，病理变化主要为肝、脾及淋巴结等网状内皮细胞变性、增生和铁代谢障碍等。世界动物卫生组织将其列为必须报告的动物疫病。本病于 1843 年发现于法国，并由 Lignee 首先认定为一种独立疾病。在两次世界大战之后已传播于世界各养马国家。20 世纪 30 年代本病随日本军马进入我国。1954 年和 1958 年我国由苏联引进的种马中先后暴发了本病，并传播到东北、华北及内蒙古等地区。在我国研究成功马传贫驴白细胞弱毒疫苗后，对疫区采取了养（加强饲养）、免（免疫接种）、检（检疫）、隔（隔离）、封（封锁）、消（消毒及消灭蚊、虻）、处（扑杀病马）等"七"字综合性措施，已使患畜出现明显减少。疫区明显缩小，疫情基本上得到了控制。

二、病原

EIAV 是正链 RNA 病毒，病毒基因组由两条相同的线状 RNA 组成，两条链通过氢键形成二聚体。EIAV 是基因结构最为简单的慢病毒，病毒基因组包括 3 个主要结构基因，依次是 *gag*、*pol* 和 *env*，其中 *gag* 和 *pol* 基因部分重叠。此外还有 3 个附属蛋白基因（S1、S2 和 S3），它们和 *env* 都有重叠。在病毒基因组两端是完全相同的重复区（R 区），在 5′端 R 区下游是 5′独特区（U5），之后是 EIAV 反转录引物结合位点（PBS）。在 3′端 R 区上游是 3′独特区（U3）。EIAV 感染宿主细胞后，在自身编码的反转录酶的作用下合成病毒 DNA，并进一步形成双链前病毒 DNA，前病毒 DNA 可以整合到宿主细胞基因组中。前病毒 DNA 的两端是长末端重复序列（long terminal repeat，LTR），它由 3 个区域组成，按照各自在基因组的排列顺序分别是 5′-U3 - R- U5 - 3′。

美国、中国和日本的几个实验室集中开展了 EIAV 相关的研究工作。这些研究只是针对少数几个毒株，主要包括美洲毒株 EIAVWyoming 及其衍生毒株（EIAVPV、EIAVUK 和 EIAVW-SU5 等）、中国弱毒疫苗（EIAVDLV121 和 EIAVFDDV13）及其亲本强毒株（EIAVLN40 和 EIAVDV117）、日本毒株 V70 及其在马巨噬细胞长期培养形成的弱毒株 V26 株，以及 2009 年在美国 Pennsylvania 分离到的 EIAVPA，2012 年在日本南部地区分离的 EIAVMIY 和 2006 年在爱尔兰分离的 EIAVIRE。进化分析表明，日本毒株 V70 和 EIAVWyoming 在遗传进化上非常接近，中国毒株与国外毒株（EIAVWyoming 和 V70）全基因组的同源率低于 80%。上述各毒株核苷酸的同源率均小于 80%，在 gp90 的同源率更低，EIA-VWyoming 与各毒株（EIAVLN40、EIAVIRE、EIAVMIY、EIAVPA）在 gp90 氨基酸水平的同源率分别是 65.3%、63.1%、56.9% 和 63.4%。

（一）gag 基因及其编码蛋白

EIAV 的 gag 基因编码的前体蛋白 Pr55gag 分子质量为 55 ku。Gag 前体蛋白在浆膜上的组装是病毒在宿主细胞膜上出芽释放必不可少的步骤。在成熟的病毒粒子中，Pr55gag 被病毒编码的蛋白酶裂解生成 EIAV 4 种主要的结构蛋白，分别为基质蛋白（MA，p15）、衣壳蛋白（CA，p26）、核衣壳蛋白（NC，p11）及核心蛋白（p9）。Pr55gag 多聚蛋白的组成顺序为 NH2 - p15 - p26 - * - p11 - p9 - COOH。

基质蛋白（MA，p15）位于 Pr55gag 的 N 端，大小为 15 ku。在 Pr55gag 裂解以后，MA 保留在病毒膜的内侧，并与其结合。衣壳蛋白（CA，p26）CA 是 EIAV 主要的核心蛋白，大小为 26 ku，它占病毒蛋白总量的 40%，同时它也是重要的免疫原性蛋白之一。p26 携带群特异性抗原决定簇，针对 p26 抗原的群特异性抗体，可能不具有中和作用，但抗原性十分保守。由于它的保守性和高产量，以及感染马持续产生 p26 抗体，因此 p26 成为商业化诊断抗原的主要成分。核衣壳蛋白（NC，p11）p11 是强碱性蛋白，大小为 11 ku。在 Pr55gag 裂解以后，p11 与病毒基因组 RNA 紧密结合。慢病毒的 NC 蛋白是一类多功能蛋白，是病毒 RNA 包装和病毒感染感染所必需的。核心蛋白（p9）所有的反转录病毒都编码 MA，CA 和 NC，慢病毒还包含一个附属蛋白，如 HIV 的 p6 和 EIAV 的 p9，但是慢病毒的附属蛋白的同源性很低。

（二）pol 基因及其编码蛋白

EIAV 的 gag 与 pol 部分重叠，gag 和 pol 基因产物由前病毒转录的全长 mRNA 转录本翻译而来，因此推测 EIAV 中 pol 的翻译与 HIV 一样是通过 gag-pol 的移框阅读实现的。在 gag 基因下游有数个重要的基序促进了 Gag-Pol 的读码框移位，包括 AAA AAAC 光滑序列（slippery sequence），光滑序列下游的 5 个连续 GC 碱基对片段和一个伪结构（pseudoknot structure）。全长的 EIAV mRNA 在核糖体翻译过程中发生读码

框移位以跳过 gag 基因末端终止密码形成 Gag-Pol 多聚蛋白 Pr180gag/pol。在反转录病毒中，Gag 前体蛋白和 Gag-Pol 多聚蛋白的生成比例通常在 20∶1。Pr180gag/pol 经蛋白水解酶裂解产生 Gag 和 Pol 前体蛋白。Pol 前体蛋白进一步裂解生成 EIAV 复制所需的各种酶类。它们依次是病毒蛋白酶（PR，p12）、逆转录酶（RT）/RNase H（p66/p51）、脱氧尿苷三磷酸酶（dUT-Pase，p15）和整合酶（IN）。蛋白酶（PR）在病毒生活周期早期起关键作用，它在病毒复制过程中裂解病毒的前体蛋白形成功能性分子，在病毒感染过程中可以剪切病毒核衣壳蛋白。逆转录酶（RT）具有依赖于 RNA 的 DNA 聚合酶活性、依赖 DNA 的 DNA 聚合酶活性和 RNaseH 活性，可以将病毒 RNA 逆转录为病毒 DNA，RNaseH 则在逆转录过程中降解 RNA-DNA 杂交分子中的 RNA 链。

dUTPase(DU, deoxyuridinetr iphosphatase) dUTPase 在真核和原核组织内广泛存在，与尿嘧啶 DNA 糖基化酶（Uracil DNA glycosylase，UDG）的功能非常相似。

整合酶（IN）反转录病毒侵染细胞以后，在 RT 作用下反转录生成的两条线性 DNA 必须经 IN 的催化整合到宿主染色体 DNA。IN 是通过核酸酶内切活性剪切反转录病毒 DNA 的末端，将病毒 DNA 非特异地插入细胞 DNA。根据同源序列分析，EIAV 整合酶已被定位。对 EIAV 的 IN 进行体外重组表达分析，其功能与 HIV 的相似。

（三）env 基因及其编码蛋白

EIAV 的 env 基因编码的前体蛋白 Env 在高尔基体被细胞蛋白酶剪切成表面糖蛋白 SU（gp90）和跨膜糖蛋白 TM（gp45）。蛋白酶切割位点在跨膜蛋白疏水区之前的保守碱性残基（R-H-K-R）。

表面蛋白（SU，gp90）SU 是高度糖基化的蛋白，存在于病毒囊膜中，大小约为 90 ku，它与宿主细胞膜上的受体相互作用。研究表明，EIAV 抗原变异和逃避免疫清除主要与 gp90 基因的变异有关，特别是在 EIAV 持续感染过程中 PND 区域的变异对病毒逃避免疫清除起重要作用。

糖基化是慢病毒囊膜蛋白的共有特征。在病毒与靶细胞的结合过程中，糖侧链帮助囊膜蛋白正确折叠，稳定囊膜蛋白构型，有利于病毒与靶

细胞的结合。通常表面蛋白的抗原表位依赖于糖侧链的存在，糖侧链能屏蔽免疫表位，从而逃避免疫系统的识别。因此，尽管慢病毒在宿主体内持续感染和连续复制，但其诱导产生中和抗体的能力低。研究认为，慢病毒表面蛋白的糖基化程度与病毒毒力相关。对 SIV 的研究发现，随着 N-糖基化位点的增多，病毒毒力增强。不同 EIAV 毒株的 gp90 分别有 13～19 个 N-糖基化位点，通常体外培养 EIAV gp90 的 N-糖基化位点位置和数目与病毒生物学特性有一定的关系，体外适应毒株致病能力弱，对中和抗体敏感，糖基化位点数少；而具有致病力的毒株具有较多的糖基化位点。

跨膜蛋白（TM）慢病毒的 TM 在病毒的复制、糖蛋白的结合（glycoprotein incorporation）、介导病毒与靶细胞融合（fusion）和引起细胞病变 CPE 等过程中起重要作用。研究表明慢病毒 TM 的截短突变与宿主细胞类型密切相关，对 HIV-1、SIV 和 EIAV 的研究中都发现病毒经过体外细胞培养后 TM 会发生截短突变的现象。

（四）调节蛋白及其编码蛋白

慢病毒除了编码 Gag、Pol 和 Env 3 个主要结构蛋白之外，还编码一些附加的调节蛋白，来调节病毒的复制过程，以适应不同的环境条件。与其他慢病毒相比，*EIAV* 基因编码 3 个调节蛋白，分别是 ORF S1 编码的 Tat 蛋白、ORF S2 编码的 S2 蛋白和 ORF S3 编码的 Rev 蛋白。

ORFS1 及 Tat 蛋白 ORF S1 位于 *pol* 和 *env* 之间，与 *pol* 基因处于同一开放阅读框架，编码反式激活蛋白（trans-activator protein，Tat）。Tat 蛋白是慢病毒复制的必需因子，在病毒基因表达调控过程中起重要作用。Tat 主要在转录及转录后水平发挥作用，与 LTR 中相应的功能区 TAR（Tat activating region）结合，大大增强病毒转录水平。

ORF S2 及 S2 蛋白 ORF S2 位于 pol 和 env 之间，与 env 的 N 端重叠，编码 S2 蛋白。S2 蛋白能刺激体外培养的马巨噬细胞增加炎性因子和趋化因子的表达水平，在 EIAV 感染过程中细胞因子和趋化因子水平的改变不仅会对免疫系统产生重要的影响，还会通过增加或抑制病毒复制水平影响病毒的致病力。S2 蛋白可能和 Gag 蛋白相互作用，但是并不包装到病毒粒子。

ORF S3 及 Rev 蛋白 ORE S3 与 *env* 基因重叠，编码 Rev 蛋白（regulator of expression of viral proteins）。Rev 的主要功能是促进核输出和病毒 mRNA 不完全剪辑体的表达。在病毒复制的晚期，Rev 指导未完全剪接的病毒 mRNA 向核外转运，同时加强这些 RNA 的稳定性，在胞浆中富集更多的未剪接病毒 RNA，以合成病毒装配所需的各种结构蛋白。研究显示，EIAV *Rev* 基因在体内高度变异，这种变异与临床疾病状态相关。进一步的研究表明 *Rev* 基因的变异能改变其生物学活性，现在推测 *Rev* 基因通过两种机制帮助病毒逃避免疫监视：一是通过 Rev 变异改变 CTL 表位以促进病毒逃逸机体的免疫监视；二是 *Rev* 基因变异后其生物学活性改变，进而下调病毒复制水平在免疫识别的阈值以下。

（五）EIAV 的非编码区-LTR

LTR 是反转录病毒基因组中共有的非编码区，位于前病毒基因组的两端，是病毒基因组整合到宿主基因组的必要元件。LTR 作为反转录病毒基因组的启动子，对病毒的复制和基因表达有重要的调控作用。LTR 包含 3 个区域：U3（unique，3′end）、R（repeated）和 U5（unique，5′end）。

EIAV 的 U3 区包括负调节区（NRE），增强子区（ENH）和启动子 TATA 盒。ENH 是 LTR 的高变区，该区含有许多与病毒复制及致病力等相关的调节元件和基序。在 R 区含有转录起始位点信号和顺式激活成分（主要是指 TAR）。在 R 区，与 Tat 作用的靶序列 TAR，是一段 25 个核苷酸组成的"茎-环"二级结构。U5 区通常是保守的，其包含转录终止信号和多聚腺嘌呤添加位点。

三、免疫学

EIAV 感染宿主后能引起机体复杂的免疫反应，进行漫长的宿主与病毒相互作用的抗争。宿主免疫应答调控 EIAV 的复制进程，同时 EIAV 通过抗原漂移等方式逃避宿主免疫应答。在获得性免疫应答中，体液免疫和细胞免疫都发挥着重要的作用，分别通过清除宿主体液和细胞内的病原微生物进而保护机体免受病原侵袭。慢病毒感染宿主后，免疫反应与病毒保持持续战斗。即使缺乏临床症状，非洲某些非人灵长类动物感染 SIV 后体内保留高水平的病毒复制，同时病毒复制并没有被机体适应性免疫反应控制住。反之，长期感染 EIAV 的缺乏临床症状的马组织内病毒呈低水平复制，而体内低水平病毒滴度与激活的 T 细胞/B 细胞等适应性免疫应答相关。同时，对慢性感染 EIAV 马匹使用地塞米松抑制免疫反应后，体内病毒复制水平明显上升。EIAV 在感染马体内存在高水平的变异，有些宿主的免疫系统最终能控制病毒复制，其原因是宿主对 EIAV 的免疫控制。

（一）细胞免疫

抗原进入机体后刺激 T 淋巴细胞，T 淋巴细胞增殖和分化成为致敏 T 淋巴细胞，当同样的抗原再次进入机体后，致敏淋巴细胞通过直接杀伤作用及释放淋巴因子的协同杀伤作用清除抗原，统称为细胞免疫。T 淋巴细胞来源于胸腺，能识别结合在自身 MHC 分子上呈递的抗原。T 淋巴细胞主要包括 CD4$^+$ T 淋巴细胞（辅助性 T 淋巴细胞）和 CD8$^+$ T 淋巴细胞（细胞毒性 T 淋巴细胞）。研究表明，在慢病毒感染机体诱发的免疫反应中，细胞免疫可能占据更为主要的地位。

在 EIAV 感染早期，细胞免疫相对于体液免疫对 EIAV 的免疫控制具有更重要的意义。EIAV 弱毒疫苗免疫马匹 6 个月之后，CD4$^+$ T 细胞的增殖水平高于 CD8$^+$ T 细胞的增殖水平，强毒感染的马匹虽然也具有 CD4$^+$ T 细胞和 CD8$^+$ T 细胞的增殖，但其水平（低于 10%）均较弱毒疫苗免疫马匹增殖水平低。研究表明，EIAV 诱导的特异性 CD8$^+$ T 细胞主要识别病毒的 Gag 和 Env 蛋白，其次是 Pol 和 S2 蛋白。且在 Gag 蛋白的 MA 和 CA 蛋白中鉴定出 4 个 T 淋巴细胞识别的抗原决定簇（T 细胞表位）。在长期感染的动物体内，在大部分病毒蛋白中都鉴定出细胞毒性 T 细胞表位。用致弱的 EIAV 毒株感染马 7 个月之后，在病毒囊膜糖蛋白里面鉴定出多个辅助 T 细胞表位和细胞毒性 T 细胞表位。同时，也有研究表明高水平的 Gag/Rev 特异性细胞毒性 T 细胞的诱导，与病情的缓解和病毒滴度的降低相关。此外，用来源于 Gag 中的保守区域的肽段刺激宿主发现能提高 CD4$^+$ T 淋巴细胞的增殖水平。CD4$^+$ T 和 CD8$^+$ T 淋巴细胞的增殖和活化，在慢病毒免疫保护中具有重要作用。CD4$^+$ T 淋巴细胞增

殖水平的高低与产生时间的长短对疫苗能否诱导有效的记忆，产生有效的免疫保护至关重要。

（二）体液免疫

体液免疫，特别是分泌型中和抗体在机体防御病原侵染中具有重要的作用。在感染马体试验中，病毒接种马匹后，在 14～28d 内即能通过免疫印迹或者 ELISA 技术检测到 EIAV 特异性抗体，虽然其中大部分抗体都不具备中和活性。研究表明，在感染 EIAV 后，宿主诱导产生体液免疫是一个复杂而漫长的过程，病毒感染马匹 38～87d 之后才开始出现特性性中和抗体，并且中和抗体的水平在 90～148d 之后达到最高水平。在这 6～8 个月的免疫成熟期中，机体内的抗体组建由低亲和力、非中和性、线性表位向高亲和力、有中和活性、构象型表位转化。EIAV 感染马匹第一次病毒血症清除后导致机体产生特异性中和抗体。中和抗体产生的时间在感染 2～3 个月之后，持续增长至 10 个月，之后处于稳定水平。中和抗体出现时第一次病毒血症早已经结束。据此认为，在机体感染病毒后的第一次病毒血症的清除中，起主要作用的是细胞毒性 T 细胞，而在随后的感染过程中，中和抗体才开始发挥作用。EIAV 强毒感染或者弱毒疫苗免疫马匹均能产生相应的中和抗体。当用强毒免疫马匹之后，于发热点采集血清，能获得针对原病原的特异性中和抗体。但是随着病毒在宿主体内的演变，于随后发热点再采集血清分离病毒，第一次发热期诱导的中和抗体不能有效中和随后分离到的病毒。而当采集弱毒疫苗免疫马匹获得中和抗体之后，该中和抗体对同源或者异源 EIAV 病毒株都具有较好的中和效果。中和抗体主要通过抗体依赖的细胞介导的细胞毒作用（ADCC）来控制慢病毒感染性。

四、制品

（一）诊断试剂

马传染性贫血的病原鉴定是将可疑马的血液接种于健康马白细胞培养，然后通过马传染性贫血特异性抗原检测、ELISA、免疫荧光测定或将培养物接种易感马来确定培养物中的病毒。血清学检验方法中，琼脂凝胶免疫扩散试验和 ELISA 是最简便而准确的。当 ELISA 检测为阳性时，需应用琼脂凝胶免疫扩散试验进行验证。

我国兽医工作者也广泛开展了马传染性贫血诊断试剂研究。自1968年开始研究马传染性贫血补体结合反应并获得成功后，哈尔滨兽医研究所和长春中国人民解放军兽医大学研究成功了琼脂凝胶免疫扩散试验。中国农业科学院哈尔滨兽医研究所成功研制了 ELISA 方法，并纳入国家标准。

（二）疫苗

我国应用的马传染性贫血活疫苗由中国农业科学院哈尔滨兽医研究所研制成功的。本品为马传染性贫血弱毒接种驴白细胞培养，收获细胞培养物制成，或经冷冻真空干燥制成。有液体苗和冻干苗两种，用于预防马、驴、骡的传染性贫血病。经皮下注射接种，接种后马需要3个月，驴、骡需要2个月才能产生免疫力，免疫期24个月。

使用该疫苗应注意：①个别家畜注苗后可能出现过敏反应，出现症状后（如头部浮肿、嘴肿、流涎、疝痛及微热反应等）一般不需治疗，重者可注射盐酸肾上腺素；②体质极度虚弱和患有严重疾病的家畜，不予注射疫苗；③用前宜先做小区试验，证明安全后再行注射；④液体疫苗在保存和运输时，应保持在冻结状态。

五、展望

我国关于马传染性贫血的研究及其防控处于世界领先地位，已拥有完善的诊断技术和效果良好的马传染性贫血弱毒疫苗，对我国马传染性贫血防控起到了积极的推动作用。在这种趋势下，除新疆维吾尔自治区、云南省和内蒙古自治区外，其他各省均已消灭了马传染性贫血。内蒙古自治区2016年开展马传染性贫血消灭的考核验收工作，新疆维吾尔自治区2018年开展马传染性贫血消灭的考核验收工作，云南省2019年将要开展马传染性贫血消灭的考核验收工作，我国2020年将达到消灭马传染性贫血的宏伟目标。

（相文华 薛青红）

主要参考文献

高步先，张维，高显明，等，2005. 马传染性贫血流行病学调查与防治的研究 [J]. 医学动物防制，21（5）：385-387.

梁华，张晓燕，沈弢，等，2005. 实时定量 PCR 检测马传染性贫血病毒载量方法的建立和应用 [J]. 中华微生物学和免疫学杂志，25（12）：1035-1039.

涂亚斌，2005. 马传染性贫血病毒弱毒疫苗致弱过程中 env 基因的变异及 LTR 的作用 [D]. 北京：中国农业科学院.

王柳，童光志，刘红全，等，2001. 马传染性贫血病毒驴白细胞弱毒疫苗株及其亲本强毒株前病毒核苷酸序列比较分析 [J]. 中国科学：生命科学，31（6）：513-522.

王晓钧，2003. 中国马传染性贫血病毒驴强毒株致病性分子克隆的建立及其生物学特性的研究 [D]. 北京：中国农业科学院.

殷震，刘景华，1997. 动物病毒学 [M]. 2版. 北京：科学出版社.

于力，张秀芳，1996. 慢病毒和相关疾病 [M]. 北京：中国农业科技出版社.

周涛，2007. 马传染性贫血病病毒的基因变异与生物学特性研究 [D]. 武汉：华中农业大学.

Soutullo A，Verwimp V，Riveros M，et al，2001. Design and validation of an ELISA for *Equine infectious anemia* (*EIA*) diagnosis using synthetic peptides [J]. Veterinary Microbiology，79（2）：111-121.

Spyrou V，Papanastassopoulou M，Koumbati M，et al，2005. Molecular analysis of the proviral DNA of *Equine infectious anemia virus* in mules in Greece [J]. Virus Research，107（1）：63-72.

第二节 非洲马瘟

一、概述

非洲马瘟（*African horse sickness*，AHS）是由非洲马瘟病毒引起的马科动物的一种非接触性传染病，是由节肢动物传播的。马属动物感染后呈现发热、肺及皮下组织水肿及部分脏器出血等特征。库蠓为其传播媒介。犬在摄食被感染的马肉后，可引起该病的试验性和自然传播。目前还没有人通过接触自然或试验感染动物或试验操作病毒而被感染的证据。但据报道，人经鼻腔内感染非洲马瘟嗜神经疫苗株后，可引起脑炎和视网膜炎。感染马的死亡率为50%～95%，感染骡为50%～70%，感染驴也可达10%。OIE 将非洲马瘟列为必须报告的动物疫病。该病在非洲撒哈拉呈地方性流行，偶尔也曾在非洲北部（1965

年，1989—1990 年）、中东（1959—1963 年）和欧洲（西班牙，1966 年，1987—1990 年；葡萄牙，1989 年）发生。由于马匹在国际间的频繁流动，非洲马瘟传入其他国家的危险性也在逐步增加。目前，我国虽没有该病的流行，但也应给予足够的重视。

二、病原

病原为呼肠孤病毒科（Reoviridae）环状病毒属（*Orbivirus*）中的非洲马瘟病毒（*African horse sickness virus*，AHSV）。非洲马瘟病毒基因组由 10 个双股 RNA 片段组成，编码 7 种结构蛋白（VP1～7）（对于非洲马瘟病毒 4 型和 6 型，其中大部分已经完成测序）和 4 种非结构蛋白（NS1、NS2、NS3 和 NS3A）。病毒粒子的外衣壳蛋白由 VP2 和 VP5 组成，内衣壳主要由 VP3 和 VP7 组成。这 4 种蛋白在病毒的 9 个血清型中高度保守，其中 VP7 最保守，而 VP2、VP5 次之。内衣壳蛋白由 VP1、VP4 和 VP6 次要蛋白组成，已用病毒中和试验（用 VP2 和 VP5 的特异性血清型）将非洲马瘟病毒定为 9 个抗原性不同的血清型，且与其他已知的环状病毒无交叉反应。

（一）VP2

VP2 蛋白由 *L*2 基因编码，是病毒最主要的型特异性抗原，与 VP5 一起能与病毒的中和抗体发生反应。AHSV 9 个血清型 *L*2 基因的 cDNA 有典型的环状病毒 5′- GTT 和 TAC - 3′的末端序列。*L*2 基因的 ORF 编码蛋白的分子质量约为 123 ku。VP2 蛋白序列在 AHSV 9 个血清型中的变动范围为 47.6 %～71.4 %，是 AHSV 变异率最大的蛋白。

（二）VP5 蛋白

VP5 蛋白由 *M*6 基因编码。*M*6 基因 5′-端非编码区的保守序列为 5′- GUUAA - 3′，此特点也体现在与 AHSV 相关的 BTV 和流行性出血热病毒（epizootic haemorrhagic disease virus，EHDV）中。作为一个外壳蛋白，ASHV 各血清型之间的 VP5 蛋白有很高的相似性，VP5 被 VP2 蛋白包围，不能与宿主发生中和反应。

（三）VP7 蛋白和 VP3 蛋白

VP7 蛋白和 VP3 蛋白分别由 *S*7 和 *L*3 基因编码，是该病毒主要的内衣壳蛋白。VP7 在 ASHV 各血清型中高度保守，是该病毒的血清群特异性抗原。Maree 等（1998）用重组杆状病毒在昆虫细胞中克隆表达了 ASHV - 9 的 VP3 和 VP7，VP7 表达水平高且聚集成独特的晶体，VP3 和 VP7 共表达可在细胞中形成类核心颗粒。AHSV VP7 蛋白在感染细胞的胞浆中形成平面六边形晶体，而由重组杆状病毒表达的 VP7 则形成大的盘片状晶体，在光镜下可见。

（四）NS1 蛋白

NS1 在 A HSV 中高度保守。Hui smans 和 Els 于 1979 年就发现在环状病毒感染的细胞胞浆中有独特的病毒特异性微管结构，由 NS1 组成。在 BTV 感染的细胞中存在着大量此类微管，主要在胞核附近或周围。这些形态结构黏附在细胞骨架的中间丝上。它们的作用可能是把成熟病毒粒子从病毒包含体运到细胞膜，而后由 NS3 的作用将病毒释放，或作为分子伴侣防止在次要蛋白（VP1、VP4 和 VP6）与病毒的基因组正确合并前组装核心颗粒。

（五）NS3/NS3A 蛋白

与 NS1 和 NS2 的高表达水平相比，两个最小的非结构蛋白 NS3 和 NS3A 在感染细胞中合成量很少。这两个相关的蛋白由 *S*10 基因上两个同向重叠的开放阅读框编码，两者唯一的不同是 NS3 的 N 末端比 NS3A 多 10 个氨基酸。NS3 存在于感染细胞的胞膜中，特别是在 Vero 细胞胞膜上的 AHSV 释放位点，说明 NS3 与病毒的形态发生和释放有关。病毒释放可先于细胞病变效应或细胞溶解而发生。由重组杆状病毒表达的 AHSV NS3 是膜相关蛋白，它的定位不依赖于 AHSV 颗粒的存在。此外，ASHV NS3 用重组杆状病毒表达时只合成 24ku 的 NS3 蛋白，不合成 NS3A 。

三、免疫学

关于非洲马瘟免疫学的研究少见报道，这可能与该病病原致病的特点等因素有关。

四、制品

(一) 诊断试剂

在 AHS 的多种实验室诊断技术中，酶联免疫吸附试验（ELISA）和补体结合试验（CFT）是 OIE 推荐的检测方法，荧光定量 RT-PCR 和病毒中和试验（VNT）是 OIE 推荐的替代检测方法。

RT-PCR 诊断方法对实验室条件和技术人员能力要求较高，但由于其具有检出率高、特异性强、耗时少等优点，因此应用十分广泛。特别是荧光 RT-PCR 方法，已成为 OIE 推荐的诊断 AHS 的替代方法之一，也是近几年国内外发展最为迅速、应用最为广泛的 AHS 的诊断方法。而普通 RT-PCR 方法的结果显示需要进行电泳，导致其不适用于 AHS 的大规模监测，再加上其敏感性低于荧光定量 RT-PCR 方法，因此近几年逐渐被荧光定量 RT-PCR 方法所替代。国内外学者建立了 AHSV 荧光定量 RT-PCR 检测方法，其后双重荧光定量 RT-PCR 检测技术也逐渐发展起来，被证明具有较好的敏感性和特异性。

非洲马瘟的 OIE 参考实验室提供 AHS 的标准血清，以便各国实验室对 AHS 的 ELISA 方法进行标准化。ELISA 方法具有特异、敏感、重复性好、易于操作、耗时少等优点，是 OIE 推荐的检测方法和国际贸易规定试验，也是目前应用最为广泛的 AHS 诊断方法之一。其中，阻断 ELISA 可用于野生动物 AHS 抗体的检测。

国内外学者利用杆状病毒系统表达 VP7 蛋白已建立了多种可检测 AHSV 抗体的间接 ELISA 方法，其中 Maree 等（2005）建立的间接 ELISA 方法通过对试验感染马匹和免疫母马的马驹进行抗体检测发现，相对于传统的血清学方法而言，ELISA 在早期感染马匹和处于母源抗体下降期的马驹的抗体检测中更为敏感，并能检出所有 AHSV 全部 9 个血清型的抗体。高志强等（2008）利用 PET 原核表达载体表达 VP7 蛋白并以此建立了间接 ELISA 方法，并与西班牙 IN-GENASA 公司生产的非洲马瘟阻断 ELISA 试剂盒进行比较，结果表明两方法具有较好的一致性。另外，以重组 NS3 蛋白为抗原的间接 ELISA，可用于区分 AHSV 感染马和 AHSV-4 型灭活疫苗免疫的马，因此该方法能区分自然感染马匹和疫苗接种马匹。

补体结合试验（CFT）是 OIE 推荐的检测方法，曾经应用十分广泛，目前在 AHS 流行地区监测和 AHS IgM 抗体滴度的测定方面有一定的应用。但是，由于该方法操作相对繁琐和耗时较长，不适于大批量血清的筛查；加之某些血清存在抗补体效应，特别是驴和斑马的血清，因此 CFT 的使用正在减少。另外，非洲马瘟抗体 ELISA 的广泛应用也是 CFT 使用减少的原因之一。

(二) 疫苗

非洲马瘟疫苗一般是用 Vero 细胞培养筛选的、遗传稳定的蚀斑纯化的多价或单价弱毒活疫苗，在商业上，已经生产出利用病毒纯化和甲醛灭活制成的单价非洲马瘟疫苗（4 型）。弱毒苗免疫期至少可维持 48 个月。由于多价苗中各型间可能存在相互干扰，因此疫区应提倡每年重新免疫，单价苗接种可产生终身免疫。灭活疫苗的免疫程序为两次免疫（间隔 21d），免疫期为 12 个月，第一次免疫一年后再追加一次免疫。以后每年追加一次免疫，可使动物在下一年提供足够的免疫保护。过去在南非制成一种鼠脑弱毒疫苗，即将病毒通过鼠脑传代 100 代以上，制成所谓嗜神经病毒。因此弱毒株能在脑内增殖，有使接种动物发热及出现神经障碍等副作用，现已不再使用。

AHS 灭活疫苗由法国里昂 Rhone Merieux 实验室研制，由 Merial 公司商品化生产。野外试验结果表明，该疫苗安全有效，即使对骡也能起到良好的保护作用。然而，当欧洲 AHS 根除之后，该疫苗也随之召回并随即停产。

传统 AHS 灭活疫苗大都采用甲醛灭活法对抗原进行灭活，该方法虽然应用广泛，但仍存在诸多缺点。目前已经研制出新型灭活剂，如 β-丙内酯、烷化剂、盐酸聚六亚甲基胍等。其中一部分已经取代了传统甲醛应用于灭活疫苗的生产，如二乙烯亚胺（BEI）。BEI 常温下呈粉末状，理化性质稳定，运输保存方便，配制方法简单，其主要破坏病毒核酸而不改变蛋白的结构。BEI 已经应用至商品化 AHS 疫苗的生产，埃及动物血清与疫苗研究院已成功地将一款 2 价（4 型与 9 型）AHS 油乳剂 BEI 灭活疫苗注册上市，疫苗病毒含量可达 10^6 $TCID_{50}$/mL，4～8℃ 条件下可稳定存储 6 个月。

AHS 弱毒苗研究始于 20 世纪 30 年代的南非，通过将多株 AHSV 在小鼠脑内进行约 100 次连续传代，成功获得嗜神经性人工致弱毒株，并利用其制备了多价弱毒苗。试验结果证明这种嗜神经性毒株制备的弱毒苗可诱导较高滴度的中和抗体。该弱毒苗的研发稍晚于灭活疫苗，但经后续试验结果证明，其免疫效果优于灭活疫苗。然而，利用嗜神经性毒株制备的弱毒苗偶尔可对免疫动物产生副作用，如首免后导致马或驴的致死性脑炎。因此 20 世纪 60 年代之后，利用细胞培养制造的疫苗逐渐取代了上述弱毒苗并在中东及北非等地区广泛应用。试验结果表明，采用细胞培养的 AHSV 疫苗对免疫动物通常无不良影响。至 20 世纪 90 年代，南非生产的两种四价弱毒苗（一种含有 1、3、4、5 型抗原，另一种含 2、6、7、8 型抗原）对非洲地区的 AHS 起到了有效的防控作用。然而，有报道称 5 型 AHSV 可对动物产生不良影响甚至导致其死亡。因此，基于安全考虑，含 5 型病毒的弱毒疫苗于 20 世纪 90 年代初停止使用。

随着兽用疫苗工业的不断发展，近些年又有新的商品化 AHS 弱毒苗问世。直至目前，全球 AHS 的防控仍以弱毒苗为主。南非 Onderstepoort Biological Products 公司生产的多价疫苗是最为经典的 AHS 弱毒苗，多年来在南非等地广泛使用。与其他疫苗不同，该弱毒苗由两种疫苗构成，即疫苗Ⅰ和疫苗Ⅱ。疫苗Ⅰ含 1、3、4、5 型抗原；疫苗Ⅱ含 2、6、7、8 型抗原。免疫程序为：利用疫苗Ⅰ对动物进行首免，3 周后利用疫苗Ⅱ对其进行二免。疫苗Ⅰ与疫苗Ⅱ之所以都不含 9 型抗原，是因为该型病毒不是南非地区主要流行株，且 6 型病毒与其存在交叉免疫作用。因此通过 2~3 次免疫，免疫动物可以抵抗不同血清型 AHSV。相对于多价苗，单价苗能提供更有效的免疫保护，特别是对于单一血清型病毒流行的地区，单价苗的应用更为重要。

有一些新疫苗和亚单位疫苗正处于研究当中。用单一或双重组杆状病毒表达载体，制备非洲马瘟病毒 4 型的外壳蛋白 VP2、VP5 及内壳蛋白 VP7，以不同的组合免疫马，在用非洲马瘟强毒（$10^6 TCID_{50}$）攻击后，含有 3 种结构蛋白的粗制细胞提取物均能诱导保护性免疫应答，在免疫马中未能检出病毒血症。对部分保护性蛋白产物的进一步研究表明，仅可溶性 VP2 有诱导中和抗体

的能力。需要更多的研究去寻找限制不溶性颗粒形成的方法，优化可诱导保护性免疫力的 VP2 的最佳制备条件。虽然需要进一步用试验来评估这些蛋白诱导的免疫持续期，但资料表明，这些候选疫苗还是有效的。

相对于传统疫苗，亚单位疫苗的安全性及免疫原性更为理想，且其生产成本更为低廉，更易于推广使用。然而全球目前仍无商品化 AHS 亚单位疫苗。

病毒样颗粒（virus-like particle，VLP）是不含病毒核酸且高度模拟真实病毒空间结构的"假"病毒颗粒，其在佐剂缺乏的条件下，既可诱导体液免疫又可诱导细胞免疫，是一种特殊的亚单位疫苗免疫原。与 AHSV 同属的蓝舌病毒 VLP 已经构建成功，但含有 VP2 蛋白的 AHSV VLP 尚未见报道，因此 AHSV VLP 疫苗具有广阔的发展前景。

活载体疫苗是用基因工程技术将病毒或细菌构建成一个载体，把外源基因插入其中使之表达的活疫苗，主要的病毒活载体有痘病毒、人 2 型和 5 型腺病毒及伪狂犬病病毒等。目前虽然尚无商品化 AHS 活载体疫苗，但基于含 AHSV 结构蛋白基因的重组病毒载体已经构建成功。痘病毒是应用较广的一类病毒载体，其基因组相对较大，因此对外源基因的容载及调控能力较其他载体更强。对含 AHSV VP2 蛋白基因的安卡拉痘病毒载体的免疫原性进行了试验性评估，结果表明该重组活载体疫苗可对小鼠产生良好的保护作用，并可诱导其产生抗 VP2 蛋白的特异性中和抗体。Chiam 等（2009）报道了 4 型 AHSV 重组安卡拉痘病毒载体疫苗的免疫原性，分别验证了含 VP2、VP7 及 NS3 基因的重组活载体疫苗的免疫效力，结果表明第一种疫苗诱导中和抗体的能力最强。

近些年 AHS DNA 疫苗的研究报道相对上述两种基因工程疫苗较为少见，而且有研究报告称含 AHSV VP2 基因的 DNA 疫苗的免疫效果不甚理想，主要表现在其诱导的中和抗体水平不高，因此难以满足临床免疫的需要。目前 AHS DNA 疫苗研究的最大瓶颈是 DNA 质粒的选择，所以选择一种合适的真核表达质粒将是未来该病 DNA 疫苗的研究方向。

五、展望

非洲马瘟是对马科动物致死率最高的一种疫病，是全球养马业的重大潜在威胁。伴随着国际贸易的进一步增加和我国养马业和马术运动的发展，该病随着进口马匹、比赛马匹进入我国的风险不断增大。因此，有必要充分了解和考虑非洲马瘟每种诊断方法的优点及其局限性，结合本地实际情况做好技术储备，选择适合自己的检测方法，一旦非洲马瘟传入我国，才能准确、及时地诊断疾病并制定出合理的预防控制措施。目前我国该病研究尚处于空白，研发该病诊断技术和疫苗制品是迫在眉睫的当务之急。

（相文华　薛青红）

主要参考文献

曹琛福，花群义，吕建强，等，2010. 非洲马瘟病毒VP7基因在重组杆状病毒中的表达及抗原性检测 [J]. 中国兽医科学，(8)：793-796.

高志强，张鹤晓，赖平安，等，2008. 非洲马瘟病毒VP7基因拼接、表达及重组 ELISA 方法的建立与初步应用 [J]. 畜牧兽医学报，39 (11)：1548-1553.

高志强，张鹤晓，赖平安，等，2008. 非洲马瘟病毒VP7基因拼接、表达及重组 ELIS 方法的建立初步应用 [J]；畜牧兽医学报 (11)：102-107.

何宇乾，吴海燕，2012. 非洲马瘟疫苗的研究进展 [J]. 中国畜牧兽医，39 (7)：209-213.

刘忠贵，1981. 马瘟的病理形态学变化 [J]. 东北农业大学学报 (4).

曾昭文，花群义，段纲，等，2006. 非洲马瘟病毒VP7基因的克隆与表达 [J]. 中国农学通报，22 (10)：49-53.

曾昭文，花群义，段纲，等，2006. 非洲马瘟研究进展 [J]. 中国农学通报，22 (9)：17-22.

张海明，段晓冬，相文华，等，2013. 非洲马瘟诊断技术研究概况 [J]. 动物医学进展，34 (6)：175-178.

赵文华，杨仕标，王金萍，等，2011. 非洲马瘟病毒群特异性 RT-PCR 检测方法的研究 [J]. 生物技术通报，(4)：204-207.

Agüero M，Gómez-Tejedor C，Angeles C M，et al，2008. Real-time fluorogenic reverse transcription polymerase chain reaction assay for detection of *African horse sickness virus* [J]. Journal of Veterinary Diagnostic Investigation，20 (3)：325.

Chiam R，Sharp E，Maan S，et al，2009. Induction of antibody responses to African horse sickness virus (AHSV) in ponies after vaccination with recombinant modified vaccinia Ankara (MVA) [J]. PLos One，22；4 (6)：e5997.

Maree S，Durbach S，Huismans H，1998. Intracellular production of African horsesickness virus core-like particles by expression of the two major core proteins，VP3 and VP7，in insect cells [J]. Journal of General Virology，79 (Pt 2)：333-337.

Maree S，Paweska J T，2005. Preparation of recombinant African horse sickness virus VP7 antigen via a simple method and validation of a VP7-based indirect ELISA for the detection of group-specific IgG antibodies in horse sera [J]. Jurnal of Virology Methods，125 (1)：55-65.

Quan M，Lourens C W，Maclachlan N J，et al，2010. Development and optimisation of a duplex real-time reverse transcription quantitative PCR assay targeting the VP7 and NS2 genes of *African horse sickness virus* [J]. Journal of Virological Methods，167 (1)：45.

第三节　马　流　感

一、概述

马流感（Equine influenza，EI）是由 1 型（H7N7 亚型）或 2 型（H3N8 亚型）马流感病毒（*Equine influenza virus*，EIV）引起的传染性极强的急性呼吸道疾病。自然条件下，只有马属动物易感，包括马、驴、骡，其中马最易感，临床症状最明显。本病发病突然，主要经含有病毒的气溶胶或飞沫传播，疫情发展迅速，可在短时间内传染马群。潜伏期为 1~3d，主要症状为发热，流浆液性或脓性鼻汁，眼部见泪痕或分泌物，咳嗽，尤其夜间马群中咳嗽声不断。本病一年四季均可发生，相对而言，夏季发病马的症状比冬季的轻；一般发病 7~10d 后即可恢复。本病死亡率较低，如果继发细菌感染，病马精神沉郁，体温达到或超过 40℃，采食量降低，腹围缩小，呼吸加快。如治疗不及时，会导致个别病马死亡。病马或死马的鼻咽部、喉头、气管和支气管黏膜充血、出血，分泌物增多；颌下、颈部和肺门淋巴结肿大；胸腔积液、肺脏水肿、充血和出血，并伴有肺气肿和肺炎；心脏扩张、心肌变性。

1 型马流感最早（1956 年）发生于捷克斯洛伐克，2 型马流感首次（1963 年）发生于美国迈阿密；资料记载 1 型和 2 型马流感在我国有过 4 次大流行。1974 年我国首次发现 1 型马流感病例，1989 年、1993 年和 2007 年我国相继发生 2 型马流感疫情，2008 年、2011 年、2015 年和 2016 年 2 型马流感在我国局部地区仍然发生和流行。

随着我国马匹数量的增多，2 型马流感发生间隔缩短，成为了地方流行性疾病，对民族运动会和体育赛事的如期举办及养马业造成影响，因此应当对马流感的预防予以重视。

二、病原

马流感病毒为正黏病毒科（Ortho-myxoviri-dae）A 型流感病毒属（*influenza virus* A）的成员。流感病毒粒子呈多形态，近球形或丝状，直径 80～120 nm。某些初次分离毒株，常呈长短不一的丝状体。

马流感病毒分为 1 型（H7N7 亚型）和 2 型（H3N8 亚型），2 个亚型之间无交叉保护。1 型马流感病毒最后 1 次于 1989 年从埃及（也有文献资料报道南斯拉夫）分离到，以后全球未发生。近 30 年来，发生的马流感疫情均由 2 型马流感病毒引起。2 型马流感病毒变异较快，基因序列分析证实，从 1980 年开始，2 型马流感欧洲病毒系和美洲病毒系独自进化。病毒在进化的过程中，获得了跨种间传播的能力，可以感染犬。

（一）病毒粒子结构

病毒粒子分 3 层，最外层为双层类脂囊膜，其上散布有两种表面糖蛋白，棒状三聚体血凝素（HA）和蘑菇状的四聚体神经氨酸酶（NA）。中间层为 M1 蛋白形成的球形蛋白壳；里层为呈超螺旋状的核衣壳，含有核蛋白（NP）、3 种多聚酶（PB1、PB2 和 PA）和单链 RNA。病毒粒子表面有 3 种结构蛋白，分别为 HA、NA 和 M2。

（二）病毒基因组

流感病毒的基因组为分节段单股负链 RNA，包含 13 588 个核苷酸，分为 8 个节段，编码 10 种蛋白质。节段 1～6 分别编码 1 种蛋白，依次是 3 种聚合酶（PB2、PB1、PA）、血凝素（HA）、核蛋白（NP）、神经氨酸酶（NA）；节段 7 和 8 各编码 2 种蛋白，分别是 2 种基质蛋白（M1 和 M2）和 2 种非结构蛋白（NS1 和 NS2）。节段 1～8 的长度分别为 2 341、2 341、2 233、1 778、1 565、1 413、1 027 和 890 个核苷酸。

（三）病毒蛋白的功能

1. 聚合酶蛋白 PB1（protein basic 1）、PB2（protein basic 2）和 PA（protein acid）蛋白是流感病毒的聚合酶，它们是病毒粒子中分子质量最大的蛋白质，PB1、PB2 和 PA 的分子质量分别为 96 kDa、87 kDa 和 85 kDa。PB1 和 PB2 为碱性蛋白，PA 为酸性蛋白。PB1 负责 cRNA 和病毒 RNA（vRNA）的合成，还与 mRNA 延伸有关。PB2 作用于病毒 mRNA 转录的起始阶段，识别并结合由宿主细胞多聚酶 II 转录的帽子结构（7mGpppGPNm）。此外，它还具有限制性内切酶活性，参与切割宿主 mRNA 的帽子结构。

2. 血凝素 血凝素（hemagglutinin，HA）是由 vRNA 节段 4 编码的 75 kDa 的表面糖蛋白，其最外端是半乳糖。HA 为典型 I 型糖蛋白，即羧基端在囊膜内，氨基端在囊膜外。未经水解的 HA 称 HA0，它能识别红细胞表面的受体，使红细胞发生凝集，也能识别宿主细胞表面受体 SAa2、3Gal 或 SAa2、6Gal。HA 切割后产生 HA1（重链）和 HA2（轻链），这是病毒感染细胞的先决条件。HA1 长为 319～326 个氨基酸残基，而 HA2 长为 221～222 个氨基酸残基。HA 是流感病毒主要的表面抗原，可以诱导产生中和抗体，进而起到免疫保护作用。另外，HA 在宿主范围的选择上起主要作用，宿主不同，流感病毒的受体特异性也不同。

（四）核蛋白

核蛋白（nucleoprotein，NP）占病毒颗粒总蛋白的 25%，含量仅次于基质蛋白。NP 蛋白具有型特异性，是 A、B、C 型流感病毒划分的主要依据之一，具有高度保守性，在病毒检测方面具有重要的意义。

（五）神经氨酸酶

神经氨酸酶（neuraminidase，NA）是流感病毒另一个主要的表面抗原。NA 是一种外切糖苷酶，避免病毒粒子的聚集，有利于感染细胞中病毒粒子的释放。此外，NA 对其周围 HA 的切割能力也有影响，在一定程度上影响病毒致病性。

（六）基质蛋白

基质蛋白（matrix protein，M）分为 M1 和 M2 蛋白。M 蛋白是病毒粒子中含量最丰富的一种蛋白，具有型特异性。M1 在病毒 RNP（核糖核蛋白）穿越核膜的过程中起重要调节作用，M1 形成核衣壳，对病毒颗粒核心部分起保护作用。M2 既是一种完整的膜蛋白，也是一种跨膜蛋白，能形成离子通道，打开 M1 膜。病毒 RNP 进入胞浆，同时参与调节膜内 pH，在病毒的生活周期中起着装配病毒的作用。

（七）非结构蛋白

非结构蛋白（nonstructural protein，NS）分为非结构蛋白 1（NS1）和非结构蛋白 2（NS2）。NS1 是线性 mRNA 的产物，而 NS2 由剪接的 mRNA 转录而来。这两种蛋白大量存在于感染的细胞中，在病毒粒子内不存在这两种蛋白成分。NS1 在细胞质中合成后很快被转移至核内，并积聚在感染早期的核内，在感染后期积聚于核仁中，参与关闭宿主细胞蛋白合成或参与 vRNA 的合成。NS2 主要存在于被感染细胞的胞质内，可能调节 NS 蛋白的合成。近年研究发现，非结构蛋白具有抑制干扰素的作用，而且能够抑制宿主细胞 Pre-mRNA 的运输和剪接，从而关闭宿主细胞的基因表达，并且可以增强病毒 mRNA 翻译的效率。

（八）抗原变异的分子基础

流感病毒 HA 蛋白上有 A、B、C、D 和 E 5 个抗原位点。这 5 个抗原位点易发生替换，一般均可引起 HA 蛋白抗原漂移。NA 的变异速度慢于 HA 抗原。2 型马流感病毒的变异较快，几乎每年都有变异。

（九）毒力变化的分子基础

流感病毒的致病力取决于宿主与病毒之间的关系，病毒的不同基因片段在决定病毒致病性方面有着不同的作用，其中起主要作用的是 HA 蛋白。流感病毒 HA 蛋白依赖宿主细胞转运蛋白水解酶切割，使 HA2 的 N 端融合序列裸露，与宿主细胞发生融合，使病毒的基因组进入细胞，病毒开始复制。

三、免疫学

体外马流感病毒具有优先结合唾液酸 a2，3 半乳糖（SAa-2，3Gal）的特性，同时马属动物上呼吸道细胞表面纤毛主要分泌的流感病毒受体结合类型为 SAa-2 和 3Gal。因此，马流感病毒通过 HA 蛋白识别马属动物上呼吸道细胞表面的受体并与其结合，病毒在上呼吸道上皮细胞中复制增殖，导致上皮细胞变性、脱落，并伴发炎性细胞浸润，引起发热。发病初期浆液性渗出，后期出现黏稠的脓性鼻汁。病毒以局部感染为主，一般不形成病毒血症，呼吸道上皮细胞为靶细胞。

由于呼吸道上皮细胞受到损伤，因此纤毛的正常节律性摆动（不断向上运动）和分泌黏液的能力降低，正常的屏障作用（摆动排出异物和分泌物中的溶菌酶等）减弱或消失。当马属动物机体抵抗力降低和纤毛损伤严重（即非特异性免疫能力降低）时，马流感病毒或细菌继发感染可以深入到下呼吸道，引起病毒性肺炎或化脓性肺炎等。

马流感病毒感染马属动物后诱导产生抗 HA、NA、NP 和 M 蛋白的抗体，可以采用血凝抑制试验（HI）、单向辐射溶血试验（SRH）、神经氨酸酶抑制试验（NI）或 ELISA 等方法测定上述各类抗体。血清中主要存在 IgG、IgM 和 IgA 3 种免疫球蛋白。与其他病毒感染一样，最初免疫应答产生 IgM，IgM 对流感病毒的复制没有限制力。随后产生能够限制病毒进一步复制的 IgA 和 IgG。HI 抗体是主要保护性抗体之一，在预防马流感病毒再次感染中起主要作用。但当流行株的血凝素发生较大变异时，原有的 HI 抗体对新流行的马流感病毒的识别和中和能力减弱甚至无效。NI 抗体虽然不具备中和病毒的能力，但是 NI 抗体具有抑制病毒从细胞表面释放后再感染其他细胞的能力，从而减少了马流感病毒的繁殖和排毒，在个体保护和限制马流感病毒流行方面均具有一定的作用。相比 HA 抗原，NA 抗原的变异速度慢，变异幅度小。NI 抗体同 HI 抗体一样具有亚型特异性。可能由于 M2 含量少及分子质量小，M2 抗体一般较难检测到。NP 抗体没有保护作用，仅用于血清学诊断。

马流感病毒在试验条件下进行人工感染，有

时不会出现同自然病例一样典型的临床症状，这可能与挑选试验马的方法有关。尽管马流感病毒在自然界中存在抗原漂移，一般 12 个月前感染马流感病毒的马，当同亚型的病毒再次流行时，该马不会再次被病毒感染出现明显的流鼻汁、体温升高和呼吸困难等临床症状。

由于马流感病毒感染马属动物后产生的危害（严重的肺炎、降低心肺功能甚至死亡）和疫情发生期间停赛造成的影响，美洲、欧洲和亚洲等多个国家对赛马广泛接种马流感疫苗，甚至一些赛马协会要求赛马强制接种疫苗。疫苗的免疫效力与制备疫苗用毒株、毒株代次、佐剂、抗原量和疫苗的类型有关。2 次免疫后疫苗的免疫效力一般持续 4 个月，免疫需要接种 3 次或 3 次以上。如果以流行毒株制备的全病毒灭活疫苗免疫，HI抗体效价为 1：20 以上时即可保护感染马不出现明显的流感症状，但是不能保护马免受病毒感染。

马流感的诊断技术包括病原鉴定和抗体检测两种。对于病原鉴定，通常在马流感症状明显时采集鼻咽拭子进行病毒分离。目前常用鸡胚接种、细胞培养、血凝素和神经氨酸酶亚型鉴定、NP蛋白抗原捕获 ELISA、RT-PCR 和基因序列测定和分析法。考虑到生物安全，在病毒鉴定工作中，尽量不使用 1 型马流感病毒。抗体检测技术，目前主要采用血凝抑制试验（HI）和单向辐射溶血试验（SRH）两种方法。尽管没有经过吐温-80/乙醚处理的 HI 抗原，敏感性有所下降，但 HI 试验仍然是一种操作简单和易于使用的方法。SRH的敏感性高于 HI 试验，一般 SRH 试验比 HI 试验高 1~2 个滴度，可以测定出 HI 试验不能测定出的抗体效价。相比 HI 试验而言，SRH 试验存在操作步骤复杂、需要时间较长、影响因素多（病毒浓度、pH、红细胞的类型、扩散的温度、补体的质量）等缺点，结果通常有误差，故 SRH技术不经常使用。

四、制品

自 1989 年最后一次从埃及分离到 1 型马流感病毒后，全球再未有分离到 1 型马流感病毒的报道，马属动物没有必要接种 1 型马流感疫苗。2 型马流感疫情每隔数年就在免疫马和非免疫马群中发生，因此应重点开展 2 型马流感的流行病学调查、病毒跨种间传播和新生物制品等方面的研究。

（一）诊断试剂

目前国内外仅有马流感病毒抗体测定用 HI抗原和阴、阳性血清。英国兽医实验室代理机构（Veterinary Laboratory Agency，VLA）提供马流感抗体检测试剂，其中马流感 H3 亚型 HI 抗原及马流感 H3 和 H7 亚型参考阳性血清为冻干产品，制备毒种为 1963 年 Waddell 等在美国迈阿密分离的 2 型马流感病毒（A/EQ/H3N8/MIAMI/1/63，OCT 84）。由于 1 型马流感近几十年再未发生，因此 VLA 实验室不再提供商品化的马流感 H7 亚型 HI 抗原，提供的 H7 亚型阳性血清由1956 年 Sovi-nona 等在布拉格分离到的 1 型马流感病毒（A/EQ/H7N7/PRAGUE/1/56）制备。美国肯塔基大学（Kentuky University）马病实验室提供的冷冻 HI 抗原，可能由于运输和保存的原因，HA 效价不稳定或丧失了对红细胞凝集的特性。2014 年，我国农业部批准了用于抗体测定的马流感 H3 亚型 HI 抗原与阴、阳性血清（二类新兽药证书）。

（二）疫苗

用于控制马流感的疫苗有全病毒灭活疫苗、亚单位疫苗、致弱活疫苗、DNA 疫苗和金丝雀痘病毒重组疫苗。20 世纪 60 年代以来，市场上以利用鸡胚或细胞生产的马流感全病毒灭活疫苗或裂解制备而成的亚单位疫苗为主，分别以铝离子、油、皂甙（saponin）、免疫刺激复合物（ISCOM）和羟乙烯聚合物（Carbopol）作为疫苗的佐剂。20 世纪 90 年代，美国批准以 A/eq/Kentucky/1/91 为毒种、采用冷适应减毒法（将野毒株适应在25~33℃生长）培育成了弱毒疫苗，该疫苗采用鼻内接种的方法进行免疫。金丝雀痘病毒载体疫苗和 DNA 疫苗称为第二代疫苗。

1. 灭活疫苗 目前，全球普遍使用的既安全免疫效果又理想的疫苗仍然为马流感全病毒灭活疫苗。灭活疫苗用于除哺乳期马驹外任何年龄的马，一般疫苗需要免疫接种 3 次。

由于 2 型马流感病毒的变异速度较快，为保证免疫效果，应该使用流行毒株制备疫苗。2 型马流感病毒经鸡胚分离和传代后，HA 效价随着传代次数增加而提高。为保证实际免疫效果，在重视 HA 效价的同时，要考虑制备疫苗的毒种尽可能与分离毒株相近。以分离到的 2 型马流感病毒为种毒制备疫苗时，应严格控制毒种的代次，并建立基础毒种和生产用种子批。利用适宜倍数稀释的毒种经尿囊腔接种 10 日龄 SPF 鸡胚后，在适宜温度下孵化不超过 96h，冷胚后无菌收集尿囊液。选择福尔马林作为灭活剂，在保证充分灭活病毒和避免细菌污染方面具有优势，尽量在灭活后去除残留的福尔马林，终浓度不超过 0.05%；选择 β-丙内酯作为灭活剂，病毒灭活后除注意降解抗原中残留的 β-丙内酯外，也要根据半成品污染的检验结果尽快除菌。病毒灭活后，要在适宜的温度下对抗原液进行纯化和浓缩。

抗原灭活前后和浓缩后均要进行相关的生产检验（控制），检验项目包括抗原的 HA 效价、EID_{50}、无菌和灭活检验。灭活检验时，应考虑灭活过程中灭活剂的浓度和灭活温度。考虑极有可能残留极微量的活病毒，应盲传 2 代进行灭活检验。

对疫苗进行安全性检验时，至少需要用 3 匹抗体阴性马进行检验。按照疫苗的使用剂量，应在颈部肌肉分 2 点注射，1 个月后再注射一次，第 2 次注射时应根据使用佐剂类型的不同选择是否在马的同侧颈部肌内注射。第二次注射后应观察 10 日。无论首次接种还是第二次接种，接种马应无异常的局部（明显肿大和形成肉芽肿）或全身反应（低头、不愿转颈、采食困难、发热、流鼻汁、呼吸困难、神经症状或死亡）。考虑安全检验的便捷和可行性，为充分检验成品疫苗中不含活病毒，也可以通过增加检验用 SPF 鸡胚的数量和 2 次传代的方法进行安全检验。由于将来马流感疫苗的使用对象主要以赛马为主，应将疫苗安全控制放在研发或生产的首位，必要时也可以采用小鼠或豚鼠的增重试验进行安全检验。

疫苗的效力检验采取免疫豚鼠和马 2 种方法进行。用马进行疫苗效力检验时，考虑母源抗体干扰对检测结果的影响，应选择 6 月龄以上的马流感 H3 亚型 HI 抗体阴性马。按照规定的免疫途径、剂量、免疫次数、免疫时间和免疫后采血或攻毒的时间进行，可以通过免疫抗体效价测定和攻毒试验进行疫苗效力评价。尽管《OIE 陆生动物诊断试验和疫苗手册》报道了用于检测马体内产生的针对疫苗中所含病毒的抗体反应的血清学方法中，HI 试验重复性较差，SRH 应当首选，但是试验证实 HI 试验具有良好的可重复性，利

用 HI 试验检测疫苗免疫后的 HI 抗体效价进行疫苗的效力评价是一种简单和可行的方法。马流感 H3 亚型全病毒灭活疫苗的野外效力试验表明马匹免疫后 HI 抗体效价大于或等于 1：40 时，马不表现马流感临床症状，可以抵抗马流感病毒的感染。HI 抗体效价为 1：（10～40）时，部分马表现轻度的马流感症状和 HI 抗体效价升高（马流感病毒感染）。OIE 规定 HI 抗体效价≥1：64 判定疫苗合格。在特定的情况下，需要采用免疫攻毒法进行马流感疫苗的效力评价，评价时至少选用 6 匹马进行 2 次疫苗免疫接种和 4 匹马作为非免疫对照，于第 2 次免疫后特定时间（2～4 周）采用气雾途径进行攻毒。有时使用不同品种或来源的马进行攻毒试验。对照马可能不会出现明显的发热、流鼻汁和呼吸困难等临床表现，应在比较临床症状的同时，比较和分析病毒的排毒量、排毒时间和抗体水平的数据，尤其考虑试验马挑选时所采用的方法。利用豚鼠进行疫苗效力评价主要用于在有参考疫苗或已经批准疫苗的情况下，进行疫苗效力的对比分析和替代马进行效力试验。前期试验应证实参考疫苗能够达到疫苗的效力检验标准，检验疫苗的 HI 抗体效价应不低于参考疫苗免疫后产生的 HI 抗体效价。

灭活疫苗具有安全、有效、容易生产和易于更换毒株的优点，但缺点是由于佐剂类型的不同，疫苗免疫后有时会引起不良反应和需要多次免疫接种。

2. 活疫苗 尽管美国批准经鼻腔接种的马流感活疫苗注册和在美国上市，但活疫苗毒株存在毒力返强的风险，马流感活疫苗的使用应慎重考虑。

3. 其他疫苗 杆状病毒表达的 H3N8 亚型马流感病毒的 HA 蛋白免疫马后，能够诱导部分马匹产生低效价 HI 抗体，由于缺乏 NI 抗体的作用，疫苗的效力低于全病毒灭活疫苗。尽管利用质粒制备 DNA 疫苗的技术可行，但是存在生产成本高、效力低于全病毒灭活疫苗和使用 DNA 疫苗预防马流感必要性不大的缺点。梅里亚公司研制的"PROTEQFLU"马流感金丝雀痘病毒载体活疫苗已经在美国和欧盟注册并使用，采用血清学（SRH）和免疫攻毒保护法（临床症状观察和病毒排毒时间）进行效力检验，证实疫苗有效。该疫苗呈液态，需在 2～8℃ 条件下保存。由于仅表达 HA 蛋白和利用的毒种分别为 A/eq/Kentucky/94（vCP1529）和 A/eq/Newmarket/2/93（vCP1533），因此该疫苗免疫后对目前流行毒株的保护效果需要评价。

五、展望

近年来，2型马流感疫情发生的频率呈上升趋势，由于 HA 蛋白的变异使原有疫苗的免疫效果下降或无效，导致免疫赛马发病甚至相关比赛终止，而且给疫苗的制备和研究增加了难度。尽管全病毒灭活疫苗存在可能诱导产生副反应和免疫持续期短的缺点，但接种马流感疫苗仍是预防马流感疾病发生和流行最有效的一种手段。目前全球主要利用马流感全病毒灭活疫苗、马流感-日本脑炎-破伤风三联苗和金丝雀痘病毒载体活疫苗进行疫苗免疫。相比马流感全病毒灭活疫苗，裂解的亚单位疫苗免疫效力不如全病毒灭活疫苗。

我国自20世纪70年代以来，对马流感疫苗（单价或二价）进行了研究。1980年后，马流感疫苗的研究工作处于停止状态，目前尚未有国家批准的马流感疫苗。随着我国社会经济的快速发展，马匹进口数量和存栏量明显增加，赛马活动陆续开展，马产业和马术艺术的重要性日益得到重视。国际规定赛马必须接种马流感疫苗，而且马流感是我国必须检疫的疫病。因此，马流感疫苗（全病毒灭活疫苗、载体活疫苗、亚单位疫苗和病毒样颗粒疫苗）和诊断试剂的研制应成为目前研究的重点，以为马产业的发展提供保障。

（刘月焕　蒋桃珍　薛青红）

主要参考文献

戴伶俐，李雪峰，相文华，2010. 马流感诊断方法研究进展与应用概况［J］. 中国预防兽医学报，32（2）：157-160.

郭元吉，1997. 流行性感冒病毒及其实验技术［M］. 西城：中国三峡出版社.

姬媛媛，郭巍，相文华，2010. 马流感病毒 NP 基因的原核表达及其抗原性分析［J］. 中国兽医科学（11）：1124-1127.

刘春国，刘飞，彭永刚，等，2013. 马流感疫苗研究进展［J］. 中国预防兽医学报，35（7）：599-602.

刘清海，孙洪升，车秀华，2005. 马流感的研究现状［J］. 畜牧兽医科技信息（6）：19-21.

世界动物卫生组织，2004. 陆生动物诊断试验和疫苗手册［M］. 5版. 北京：中国农业出版社.

孙高超，毕可东，张娜，等，2008. 马流感简介［J］. 动物医学进展，29（8）：115-116.

杨建德，相文华，2002. 我国马流感的研究现状［J］. 黑龙江畜牧兽医，（3）：42-44.

张海明，沈丹，段晓冬，等，2014. 马流感病毒的跨物种传播及鸟类在其传播中的作用探讨［J］. 广东畜牧兽医科技（5）：1-4.

张利峰，张鹤晓，谷强，等，2003. 马流感血凝及血凝抑制试验的研究与应用［J］. 检验检疫学刊，13（1）：30-32.

第四节　马鼻肺炎

一、概述

马鼻肺炎（Equine rhinopneumonitis，ER）是马属动物几种高度接触传染性疾病的总称。其病原体为亲缘关系密切的两种疱疹病毒-马疱疹病毒1型（EHV-1）和马疱疹病毒4型（EHV-4）。ER 最早于20世纪30年代初发现于美国，之后在日本、印度、马来西亚等国家均有报道，呈世界性分布。我国1980年从马流产胎儿中首次分离到该病毒。该病毒对所有年龄和种类的马，以及其他马属动物的健康构成严重的威胁（应注意马驹易感），世界动物卫生组织将其列为必须报告的动物疫病。

ER 一直对世界养马业构成威胁。在大量饲养马匹进行传统耕作或以之作为农业经济一部分的国家中，EHV-1和 EHV-4两种病毒感染呈地方性流行。在除马以外的其他马属动物，如斑马、亚洲野驴和驴中，已经分离到与 EHV-1/4亲缘关系极为密切的疱疹病毒。也可见到 EHV-1感染非马属动物的个别病例，如感染牛引起流产、美洲驼引起视神经疾病和失明等。目前，尚无证据证明上述两种疱疹病毒对人有感染性。马鼻肺炎的呼吸道疾病可造成很大的经济损失，但最大的威胁却是给种马、赛马或娱乐马带来的潜在的流产和神经疾患后遗症。近年对部分省区的马匹进行了（血清学）普查，总阳性率为49.4%，证明了本病在我国的存在。

二、病原

马鼻肺炎病毒分别是疱疹病毒科（Herpesviridae）的马疱疹病毒 1 型（Equine herpesvirus type 1，EHV-1）和马疱疹病毒 4 型（EHV-4）。这两种病毒是关系密切，具有疱疹病毒的一般共性，直径 150～200 nm，含有双链 DNA 核心，基因组长度为 145～150 kb，病毒外面包以脂蛋白囊膜。

EHV-1 又称胎儿亚型，主要引起流产。EHV-4 又称呼吸系统型，主要引起呼吸道症状。EHV-1 和 EHV4 在许多特性上都有差异，表现为抗原性上与单克隆抗体的反应不同，其核苷酸序列同源性为 55%～84%，氨基酸序列同源性为 55%～96%。这两个亚型的病毒都具有特异的抗原性，中和试验不呈现交叉，但在补体结合反应、免疫扩散和荧光抗体试验中却表现有共同抗原成分。

（一）病毒基因组

该病毒由核心、衣壳、内膜和囊膜 4 部分组成。病毒颗粒直径约为 150nm，双股 DNA 与蛋白缠绕形成病毒核心。

EHV-1 和 EHV-4 均为双链 DNA 病毒，EHV-1 大小约为 150 kb，EHV-4 约为 145 kb。两者的 G+C 含量相似，均为 57% 左右。EHV-1 和 EHV-4 具有相似的基因组结构和较高同源性，同源基因的分布与转录方向一致，氨基酸同源性为 55%～96%。病毒基因组由 4 个区域组成，依次为独特长区域、内部重复区域、独特段区域和末端重复区域。4 个区域共编码 76 个病毒蛋白。其中 EHV-1 病毒基因组内含有 4 个重复基因，EHV-4 病毒基因组内含有 3 个重复基因。

（二）病毒的衣壳蛋白

EHV-1/4 基因组包含约 80 个开放阅读框，至少编码 78 种蛋白。目前已经了解其分布和功能的至少有 76 个基因产物。其中大多数蛋白，特别是结构蛋白，是十分保守的。目前发现 EHV-1 至少有 12 种糖蛋白。根据单纯疱疹病毒（Herpes simplexvirus 1，HSV-1）糖蛋白命名原则，EHV-1 具有 HSV-1 相应的糖蛋白同源物 gB、C、D、E、G、H、I、K、L、M，gp1/2 是 EHV-1 独有的，gp10 对应的 HSV-1 同源物 gp13/14，是病毒的内膜成分，而不是病毒囊膜部分。

EHV-1/4 大多数糖蛋白镶嵌在病毒囊膜上，作为纤突蛋白突出于病毒粒子表面。由于它们在病毒的吸附、穿入、细胞间传播与融合的作用，疱疹病毒糖蛋白是病毒感染性、致病性和宿主范围的重要决定因子；也是宿主免疫系统的主要靶蛋白；是诱发体液免疫反应和细胞免疫反应的主要病毒蛋白。在已知的 EHV-1/4 基因组编码的囊膜糖蛋白中，具有病毒中和表位的糖蛋白主要有 gB、gC、gD 和 gH。它们不仅在鼠体内诱发体液免疫和细胞免疫，而且可以加速攻毒后病毒从肺内的清除，可降低马驹的病毒血症。gB 和 gD 是病毒穿入、释放和细胞间传播必需的病毒成分。gC 负责病毒与靶细胞表面氨基葡萄糖的相互作用，在病毒穿入、释放方面发挥作用。gE、gI 虽然参与细胞间感染传播，但不是病毒生长所必需的。

1. gB 糖蛋白　在 EHV-1 糖蛋白中，gB 是疱疹病毒科中最保守的囊膜糖蛋白，在其所有组成蛋白中具有最高的同源性。在疱疹病毒科中，不同病毒的 gB 可以相互替代。gB 参与了病毒感染过程中的病毒穿入和细胞间传播，是病毒特异性抗体和细胞毒性 T 细胞活性的主要目的蛋白，具有作为亚单位疫苗的潜力。gB 缺失的 EHV-1 突变株丧失了对小鼠的致病力，但可诱发针对病毒感染的保护力。国外有报道，抗 EHV-1gB 的单抗能给叙利亚仓鼠提供被动免疫力，gB 疫苗重组病毒能诱导病毒特异性抗体，获得致死性 EHV-1 攻毒保护，部分 gB 获得鼻内 EHV-1 攻毒保护。gB 是 EHV-1 基因组 ORF33 编码的一种 980 个氨基酸的多肽，其保守的中心区域为 600 多个氨基酸残基，与单纯疱疹病毒等疱疹病毒甲亚科的 gB 同源物有 50%～60% 的氨基酸同源性。EHV-1 gB 含有一个与信号肽和膜锚定有关的特征性疏水序列，在 EHV-1 感染的哺乳动物细胞内加工成糖基化前体（分子质量为 112～138 ku）。

2. gC 糖蛋白　gC 原称为 gp13，是 EHV-1/4 基因组 ORF16 编码的糖蛋白，是病毒粒子的糖基化蛋白成分，也是主要的体液免疫反应的目的糖蛋白。gC 负责病毒与细胞表面初次相互作用，细胞表面的氨基葡萄糖介导 HSV 和猪疱疹病毒最初吸附，对肝素和肝素酶处理敏感。gC 通过结合在细胞表面硫酸肝素参与细胞与病毒的吸附，虽不是病毒在细胞培养物上增殖所必需的，但可大大促进病毒的穿入，是病毒在原代马细胞上有效复制所必需的。

3. gD 蛋白　成熟的 EHV-1gD 既是病毒囊膜的成分，也发现存在于 EHV-1 感染细胞的表面。与 HSV-1gD 一样，EHV-1gD 涉及病毒穿入宿主细胞过程，是病毒感染所必需的，gD 缺失的病毒，虽可吸附在靶细胞表面，但不能穿入细胞内。

4. gH 和 gL 糖蛋白　gH 是 EHV-1/4 基因组 ORF39 编码的糖蛋白，翻译成 848 个氨基酸的多肽，分子质量约 123 ku，有 11 个 N 端连接糖基化的潜在位点，是目前为止病毒融合蛋白中唯一呈现出经典结构功能特征的糖蛋白。

gL 蛋白在病毒的侵入及感染细胞间传播是必需的，并能促进 gH 蛋白在感染细胞内的正确折叠及转运至细胞表面。这 2 种蛋白的共同表达能够刺激机体产生中和抗体，是疱疹病毒的主要囊膜蛋白。

5. gI 和 gE 糖蛋白　gI 和 gE 是 EHV-1/4 基因组 ORF73 和 74 编码的糖蛋白，促进病毒在细胞-细胞间的扩散，在疱疹病毒甲亚科的毒力方面发挥重要的作用，但不参与病毒的吸附和穿入或病毒的成熟与释放。

6. gM 糖蛋白　gM（ORF52）是疱疹病毒亚科上保守但非必需的糖蛋白。如同其他疱疹病毒的 gM 同源物，EHV-1gM 是疏水膜蛋白，含有 8 个可能的跨膜区。

7. gG 蛋白　gG 是 EHV-1/4 基因组 ORF70 编码的囊膜糖蛋白。EHV-1/4 型特异性连续表位存在于 C 端可变区（EHV-1gG 为氨基酸 228~350，EHV-4gG 为氨基酸 287~382），其同源性非常低，可用来区分 EHV-1/4。

三、免疫学

该病毒侵入机体后，首先在上呼吸道黏膜中经过初步增殖，引起呼吸道的卡他性炎症，继而经毛细血管及淋巴管进入血流大量增殖，分布于全身，导致病毒血症，从而引起患畜体温升高和出现相应症状。血液中的病毒还可经胎盘感染胎儿。此外，当子宫黏膜受到感染后，病毒可通过绒毛尿囊膜感染胎儿。由于胎盘功能发生异常，导致母马与胎儿之间气体和营养的交换发生紊乱，从而引起流产。侵害胎儿的病毒主要在肝脏、脾脏及肺脏中增殖，使胎儿死亡，并于短时间内排出。

四、制品

（一）诊断试剂

1. 病原鉴定　马鼻肺炎是一种高度接触传染性疾病，对病原的快速诊断非常重要。在实验室对临床病料或尸体剖检材料进行病毒分离后，可对其进行血清学鉴定。应用马源的细胞培养物，极易从呼吸道感染发热阶段的鼻咽样品、流产胎儿的肝、肺、脾、胸腺和 EHV-1 急性病例的白细胞中分离到病毒。通过特异性单克隆抗体进行免疫荧光试验，便可对分离毒株做出鉴定。对分离病毒还可用酶联免疫吸附试验（ELISA）、聚合酶链反应（PCR）、过氧化物酶免疫染色、核酸杂交探针技术等进行鉴定，其中 PCR 可鉴别 EHV-1 和 EHV-4，但其应用仅限于指定的参考实验室。因此，利用传统的细胞培养和对分离病毒的血清学鉴定，仍然是诊断实验室用来检测大量样品的常规方法。

2. 病理组织学检查　可用标记的多克隆抗血清进行直接免疫荧光试验，对流产胎儿组织冰冻切片中的病毒抗原进行检测，能在短时间内对马鼻肺炎流产进行初步诊断。同时，可用流产胎儿或神经受损马匹来制备福尔马林固定的石蜡切片，然后进行组织学检查。根据流产胎儿或神经受损动物的中枢神经系统出现的特征性组织学病变，来进一步确诊。

3. 聚合酶链反应　聚合酶链反应（polymerase chain reaction，PCR）灵敏性强、耗时短、操作简便，可以进行大规模检测，适合于大量样品的筛选性检测；而且 PCR 直接检测精液和鼻咽分泌物，不存在散毒的危险，适合在基层单位推广应用。Lawrence 等（1994）最早建立了 EHV-1/4 快速 PCR 检测方法。基于 *EHV-1* 和 *EHV-4* 基因序列之间的差异性进行的 PCR 技术在 EHV-1/4 快速诊断中具有重要作用。目前已经建立了多种 PCR 方法进行 *EHV-1* 和 *EHV-4* 的分型检测，如多重 PCR 技术、实时定量 PCR 技术、荧光定量 PCR 技术、实时 PCR 技术等。

4. 血清学诊断　血清学试验是诊断马鼻肺炎有效的辅助手段，主要有补体结合试验、酶联免疫吸附试验（ELISA）和病毒中和试验。马鼻肺炎的血清学诊断是根据疾病急性期和恢复期双份血清的抗体效价是否显著上升来确定。在急性期，若 EHV - 1 或 EHV - 4 的抗体效价呈 4 倍或 4 倍以上增长，则可认为近期感染了 EHV - 1 或 EHV - 4。单份血清的试验结果对大多数病例往往不可信。临床症状（急性期）一出现应尽快采血，作为第一份血样，第二份血样应在 3～4 周（恢复期）采集。对神经型疾病，还可采取脑脊髓液。对流产胎儿，则可采取心血、脐带血或其他体液。由于补体结合抗体滴度在康复后数月内转为阴性，因此它对诊断近期感染非常有用，也可用于 EHV - 1 引起的麻痹型病例的诊断。ELISA 和补体结合试验的优点是能比较迅速地得出诊断结果，不需要细胞培养设备，但都存在 EHV - 1 和 EHV - 4 的交叉反应问题。

（二）疫苗

在本病的常发地区，应定期接种疫苗。国外已有一些含有不同组分的商品化马鼻肺炎弱毒疫苗和灭活疫苗。使用疫苗能有效降低母马流产率，并能缓和小马临床呼吸症状，但不能取代严格的管理制度。在生产和使用疫苗的国家，兽医管理当局虽已建立了马鼻肺炎弱毒和灭活疫苗的生产标准和审批制度，但现在还没有一套国际认可的标准。实践证明，目前还没有一种疫苗能绝对预防马鼻肺炎。疫苗的使用方法可根据生产厂家的说明书，以及针对不同疫苗所制定的免疫程序来确定。一般来说，需要接种 2 次，即母马在妊娠 2～3 个月和 6～7 个月各接种 1 次，幼驹在 3 月龄和 6 月龄各接种 1 次，可取得较好的预防效果。由于现有马鼻肺炎疫苗的免疫期相对较短，因此每隔一定时间就需要加强免疫 1 次。目前一些疫苗生产商正在研制新型的马鼻肺炎疫苗，如表达 EHV - 1 抗原的活载体疫苗和缺失一个或多个毒力基因的 EHV - 1 突变株标记疫苗，后者将作为弱毒候选疫苗。

1. 灭活疫苗　灭活疫苗是将患病组织中分离到的毒株，通过理化手段使其毒力、繁殖能力丧失，保留完整或基本完整的病毒结构，能够引起保护对象免疫应答的一种疫苗。OIE 规定作为疫苗候选毒株的种毒必须经过严格的纯净性检测，如证实种毒和细胞无细菌、真菌、支原体和外源性病毒污染，并且要保证在 EHV - 1 中没有 EHV - 4，反之亦然。EHV 可以在多种细胞上增殖，如马皮肤细胞（equine dermal cell）、兔肾细胞（rabbit kidney cell）、牛胚胎肺细胞（bovine embryo lung cell）、牛肾细胞（calf kidney cell）、幼仓鼠肾细胞（baby hamster kidney cell）等。马皮肤细胞多用于病毒的增殖繁育，兔肾细胞一般用于病毒的分离。大量文献表明马皮肤细胞十分适合马疱疹病毒增殖。用含 100mL/L 胎牛血清、10g/L 双抗（青霉素、链霉素）的 MEM 培养基，在 37℃、50mL/L CO_2 条件下进行细胞培养，接毒后 3～7d 就可以出现明显的细胞病变。细胞培养物出现 80% 病变后，反复冻融 2～3 次，收集培养液。病毒的灭活一般采用甲醛或者 β-丙内酯，两者灭活效果相似。疫苗的安全检验是十分重要的，关系该疫苗能否投入到大规模生产中。安全检验主要包括动物模型试验和马体试验。可作为马鼻肺炎病毒疫苗安全检验的动物对象主要包括仓鼠、豚鼠、鸡、小鼠等，其中最敏感的是乳仓鼠。动物模型试验通过后，进行马体试验，现有 EHV - 1 疫苗的制备过程中，安全检验都包括了接种怀孕母马这一环节，观察该疫苗是否会对怀孕母马及胎马产生不良影响。疫苗效力主要体现在免疫对象体内产生的抗体水平，以及攻毒后疫苗对免疫对象的保护能力上。通过采用仓鼠适应性 EHV - 1 进行致死剂量的攻毒方法，测定各种剂量疫苗对仓鼠的保护能力。同时要进行针对马体的免疫，通过强毒攻击试验或检测血清转化情况分析疫苗的效力。

现有较常用的商品化的马鼻肺炎灭活疫苗为美国 Havlogen Equine Rhinopneumonitis Vaccine 1 Dose（Prodigy）、Fluvac Innovator 6 combination vaccine（Fort Dodge）等。保护对象主要是 6 个月以上的马匹。

2. 减毒疫苗　马鼻肺炎减毒疫苗主要通过两种方式来处理毒株：将强毒株在细胞组织上或易感动物体内多代次繁殖，弱化其毒性；或者通过分子生物学手段，将强毒株的致病基因突变，使之丧失毒力。目前主要有两种突变形式：胸腺嘧啶活化酶缺失突变和温度敏感性突变。使用减毒疫苗，宿主动物会排出疫苗微生物，并传播给所接触的动物，特别是马鼻肺炎是高度接触性传染病，如果毒力返强，即可引起发病。

现有较常用的商品化的马鼻肺炎减毒疫苗有美国 Rhinomune（Pfizer）等。

3. 病毒活载体疫苗　目前还没有商品化的针对马鼻肺炎的病毒活载体疫苗，国外正在进行研究的是以痘病毒为载体的几种活载体疫苗，主要有金丝雀痘病毒、改良安卡拉痘病毒和牛痘病毒等，分别与表达 EHV3 糖蛋白（gB、gC 及 gD）的基因和 *IE* 基因构成重组病毒。

五、展望

由于 EHV-1 和 EHV-4 能够对养马业造成巨大的损失，因此国内外高度重视对马鼻肺炎的研究。随着生物技术的快速进步，对 EHV-1 和 EHV-4 的研究也进入了快速发展阶段，先后完成了对 EHV-1 和 EHV-4 的测序和分析。为了有效防止马鼻肺炎的暴发，国外许多国家均研发了各种疫苗进行马群试验，这些疫苗包括灭活疫苗、减毒活疫苗和基因工程疫苗等。因为现存的商业疫苗对马群均不能提供完全保护作用，所以应致力于具有完全保护性疫苗的研发。除了疫苗研发外，各种新型检测技术也成为国外研究的热点。另外，该病毒的潜伏感染机理以及作为病毒载体的潜力也越来越受到研究者的关注。

（相文华　薛青红）

主要参考文献

郝崇，袁肇敏，刘景华，1981. 马鼻肺炎病毒的理化及生物学特性的研究 ［J］. 兽医大学学报（4）：31-37.

刘景华，郝崇，袁肇敏，1982. 马疱疹病毒 1 型的分离和初步鉴定 ［J］. 微生物学报，（1）：88-94，110.

木合牙提·沙得别克，阿德别克·特力开，2016. 马传染性鼻肺炎的诊断与治疗 ［J］. 当代畜牧（12）：19-20.

王征，郭巍，姬媛媛，等，2012. 马疱疹病毒 1 型 SYBR Green I 荧光定量 PCR 检测方法的建立 ［J］. 中国预防兽医学报，34（2）：116-119.

鱼海琼，张树，林志雄，等，2014. 马鼻肺炎诊断方法研究进展 ［J］. 中国动物检疫，（2）：49-52.

张海兰，比尔来西肯·赛都力，阿曼吐尔，等，2013. 马鼻肺炎的诊断与预防浅析 ［J］. 当代畜禽养殖业，（09）：7-9.

郑小龙，梁成珠，朱来华，等，2010. 马病毒性动脉炎和马鼻肺炎抗体时间分辨荧光免疫分析检测方法的建立 ［J］. 中国兽医科学（7）：728-732.

朱来华，2007. 马鼻肺炎病毒分子生物学快速检测技术 ［D］. 南京：南京农业大学.

朱来华，陆承平，梁成珠，2005. 马鼻肺炎的检疫 ［J］. 中国动物检疫（3）：46-48.

Huang J, Hartley C A, Ficorilli N P, et al, 2005. Glycoprotein G deletion mutants of *equine herpesvirus 1* (EHV1；*Equine abortion virus*) and EHV4 (*Equine rhinopneumonitis virus*) ［J］. Archives of Virology, 150 (12): 2583-2592.

Lawrence G L, Gilkerson J, Love D N, et al, 1994. Rapid, single-step differentiation of equid herpesviruses 1 and 4 from clinical material using the polymerase chain reaction and virus-specific primers ［J］. Journal of Virology Methods, 47 (1/2): 59-72.

第二十六章 猪的病毒类制品

第一节 猪轮状病毒感染

一、概述

轮状病毒（*Rotavirus*，RV）是引起幼龄动物和婴幼儿急性肠胃炎的一种常见病原体，特别是在发展中国家，每年可造成约 45 万名 5 岁以下儿童死亡。除此之外，RV 还能引起一些严重的并发症，如脑炎和猝死。猪轮状病毒（*Porcine rotavirus*，PoRV）是造成仔猪腹泻的主要病原体之一，临床主要表现为厌食、呕吐、腹泻、脱水等症状。育成猪和成年猪通常为隐性感染。

RV 最早于 1968 年由 Mebus 等从美国的内布拉斯加州农场的犊牛粪便中分离成功，随后在欧美各国，以及新西兰、日本都发现了 RV 引起的犊牛腹泻；此外，亦有绵羊、山羊，以及鸡、火鸡等多种禽类感染 RV 引发腹泻的报道。国际病毒命名委员会 1973 年正式命名为轮状病毒，并且确定内布拉斯加犊牛腹泻轮状病毒（NCDV）为标准毒株。1975 年 Woode 和 Bridge 首次从猪分离出到 RV。在我国，庞其方等于 1979 年首次从儿童腹泻粪便中检测出 RV。中国于 1982 年从腹泻猪粪便中分离到 RV。此后，我国兽医工作者又先后在仔猪、犊牛、羔羊等多种动物的粪便中检测并分离到了 RV。目前该病已广泛分布于世界五大洲，并造成严重的经济损失。

二、病原

RV 病毒粒子无囊膜，球形，直径 70 nm 左右，是一种相对较大的肠道病毒。RV 粒子核心呈电子致密的六角形结构，被透明的电子层包裹，这是轮状病毒粒子的内层衣壳，主要由 VP2 组成，包含有基因组蛋白 VP1 和 VP3。中间衣壳的颗粒由内向外呈辐射状排列，主要由结构蛋白 VP6 组成。外层衣壳厚约 20nm，可能是在内质网膜上出芽生殖时获得的，由钉突状结构蛋白 VP4 和外表面相对光滑的结构蛋白 VP7 组成。具有 3 层衣壳的结构成熟的 RV 病毒粒子才具有感染性。电镜观察成熟的病毒粒子，形似带有辐条的车轮状结构，这也是 RV 命名的由来。

RV 为双股分节段的 RNA 病毒。病毒基因组经 RNA 聚丙烯酰胺凝胶电泳（RNA SDS-PAGE）后，11 个 dsRNA 片段能够分布于 4 个区段内，并形成特定的组合模式。A 群 RV 核酸片段分布：在第一个区段内包含 4 条核酸片段，其中第 2 和 3 条核酸片段几乎紧靠在一起；第二区段内包含第 5 和 6 条核酸片段，间距较大；第三区段内包含第 7～9 条核酸片段，相互之间间距较小；第四区段内包含第 10 和 11 条核酸片段，间距较大，为典型 RV，RNA SDS-PAGE 型可称为 4∶2∶3∶2。其他非典型 RV 电泳型与 A 群不同。其中，RNA SDS-PAGE 型为 4∶2∶2∶3，是 B 群 RV；RNA SDS-PAGE 型 4∶3∶2∶2，是 C 群 RV。导致动物和人致病的多为 A 群 RV。根据 RV 中和抗原 VP7 蛋白差异可将典型 RV 分为 23 个 G（G1～G23）血清型，其中 G12、G9、G2 血清型只存在于人源 RV，猪源 RV 大多为 G4 和 G5 血清型。根据 RV 血凝素抗原 VP4 蛋白差异可将典型 RV 分为 31 个 P（P［1］～P［31］）血清型。经统计已定型的血清型发现，导致猪群致病的多为 P［7］血清型。根据 RV VP7 和 VP4 各自抗原性的不同进行 RV 的血清型分型称为血清分型双命名法。危害人类健康最为常见的 RV 毒株为 G1P［8］、G2P［4］、G3P［8］、G4P［8］和 G9P［8］血清型。猪群中最为常见的为 G5P［7］型 RV，Barreiros 等（2003）用多重逆转录 PCR 对所分离到的 20 株 A 群 RV 进行了分型研究，发现有 50% 的毒株为该血清型。根据中国农业科学院哈尔滨兽医研究所对我国 PoRV 的基因型（血清型）调查，其主要存在的基因型至少包括 G2、G3、G4、G5、G9 和 G11 等 6 个，其中 G5、G9 为主要基因型。

（一）基因组

RV 的基因组，由 11 个 dsRNA 片段组成，总长度为 18 kb。各片段编码产物的分子质量不等，范围为（0.2～2.2）$\times 10^6$ kDa，总分子质量约为 12×10^6 kDa。除第 11 个基因片段含有 2 个 ORF 编码 NSP5 和 NSP6 外，其他各基因片段均包含 1 个 ORF，分别编码结构蛋白（VP1、VP2、VP3、VP4、VP6、VP7）和非结构蛋白（NSP1、NSP2、NSP3、NSP4）。RV 基因组的这种分阶段性与禽流感病毒相似，自然条件下，共感染不同亚型禽流感毒株间可发生重组的现象已经被证明。虽然 RV 在自然状态的重组现象还未被确定，但是在实验室条件下，采用人工技术可使 2 株不同血清型的 RV 相关同源基因片段发生交换，而获得新的表现型和基因型的重配体。

（二）结构蛋白

RV 有 6 种成熟的结构蛋白，其中的结构蛋白 VP7 和 VP4 聚合构成病毒的外层衣壳，VP6 构成病毒的内层衣壳，VP1、VP2 和 VP3 构成病毒的中央核心。

外层衣壳由结构蛋白 VP4 和 VP7 组成。VP7 由基因片段 9（或 7、8，依不同毒株而异）编码，分子质量为 37 kDa，由 326 个氨基酸（aa）组成，占病毒蛋白总量的 30%。VP7 是一种 N-联低聚甘露糖糖蛋白，为病毒外膜的重要

糖蛋白和主要中和抗原，并决定病毒的 G 血清型。核酸序列分析已经鉴定出 VP7 的 6 个区段，在相同血清型的不同毒株之间是高度保守的，但在不同血清型之间变化较大。其中 3 个区分别编码中和抗原决定簇 A、B 和 C。A 区位于氨基酸残基 87～101 处，B 区位于氨基酸残基 145～152 处，C 区位于氨基酸残基 211～223 处。VP7 也是一种 Ca^{2+} 结合蛋白，与病毒粒子的形态形成和稳定有关。研究表明，重组蛋白和 VP7 的合成肽（275～295 aa）可刺激产生保护动物避免 RV 感染的中和抗体。由于 VP7 的抗原决定簇多是构象性的，空间型复杂，排列规律不明显，给 RV 疫苗的研制带来了困难。

内层衣壳蛋白仅有 VP6，分子质量为 45 kDa，由 397 个 aa 组成，含量最为丰富，占病毒蛋白总量的 51%。从凝胶免疫电泳中分离的 VP6 可诱导产生低浓度的中和抗体，但自然条件下感染是否能够诱导机体产生保护性免疫尚不确定。同时 VP6 也是轮状病毒转录酶、复制酶的必须亚基。VP6 还是重要的型抗原，具有免疫原性和抗原性，为同一血清群中的任意种属动物 RV 均有的共同抗原，据此可将 RV 分为不同的群（A～G）、亚群（Ⅰ、Ⅱ）。群特异性抗原决定簇是由线性连续的氨基酸位点组成，并且定位于前 80 个 aa 区域内，亚群抗原决定簇的氨基酸位点在线性位置上是非连续的，蛋白的空间结构在亚群抗原决定簇的构成中起重要作用。

中央核心由 VP1、VP2、VP3 组成。VP1 由基因片段 1 编码，分子质量为 125 kDa，由 1 088 个 aa 组成，占病毒蛋白总量的 2%。目前一般认为 VP1 是病毒依赖 RNA 的 RNA 聚合酶（RNA-dependent RNA polymerase），在病毒复制中发挥重要作用。VP2 由基因片段 2 编码，分子质量为 102 kDa，由 880 个 aa 组成，占病毒蛋白总量的 15%。它的含量比较丰富，主要功能是装配病毒粒子，与 VP6 一样均为病毒亚群的特异性抗原，在病毒的复制过程中也具有重要作用。VP3 由基因片段 3 编码，分子量为 98 kDa，由 835 个 aa 组成，占病毒蛋白总量的 0.5%。具有鸟苷酸转移酶（guanylytransferase）活性，是 mRNA 成熟所必需的。

（三）抗原变异的分子基础

近年来，RV 基因组的核苷酸序列分析表明，

不同毒株基因组序列之间存在较大差异，同时存在明显的"漂移"和"转变"现象，导致 RV 出现多种血清型。产生此现象的主要途径是当两个 RV 毒株同时侵袭宿主细胞时，基因片段之间相互作用，在转录复制过程中发生交换、交叉或重排，引起病毒的变异。最新的流行毒株主要是通过不同毒株间的节段重排和基因组内部的突变产生的基因重配株和突变株。尽管不同毒株之间的差异广泛存在，但这种差异也不是无规律可循的。大量的研究表明，不同 RV 毒株之间的差异主要表现为核苷酸节段 7、8、9 分子质量的差异，其基因组所有节段均有一段重复保守序列，体现着不同毒株之间的共性。其中基因片段 9 的核苷酸 $51\sim392$ 片段和 VP7 的氨基酸残基 $87\sim101$、$208\sim221$ 段在同一血清型内保守性强，不同血清型间同源性低，这有助于我们把握同一血清型内不同毒株的共同特点。

三、免疫学

RV 主要感染宿主小肠绒毛的成熟上皮细胞。被感染细胞的内质网中有增大池，同时微绒毛减少、缩短。上皮细胞死亡后脱落造成绒毛发育不良，从而吸收功能减弱引起腹泻。在脱落上皮处的腺管上皮细胞代偿性增生并伴有分泌过多，进一步造成腹泻。此外，微循环的改变造成局部缺血引起宿主肠绒毛结构改变，在 RV 致病性中也起很重要的作用。编码 VP3、VP4、VP7、NSP1、NSP2 和 NSP4 的基因与致病性相关。NSP4 可能是一种病毒肠毒素，它启动一个信号传导途径引起细胞内 Ca^{2+} 浓度上升，Cl^- 分泌增加而产生腹泻。NSP4 致腹泻的方式与大肠杆菌不耐热肠毒素 B 相似，它刺激肠道分泌增加而不引起组织学上的改变，这表明病毒肠毒素与某些细菌肠毒素可能相似。据此提出新的 RV 致病模型：RV 感染并致病需两个受体，一个受体与病毒颗粒结合导致病毒进入细胞与基因表达，导致感染；另一个为 NSP4 特异性受体。缺乏 NSP4 受体时，病毒引起感染但不出现症状，NSP4 与受体的结合才导致腹泻发生。幼小动物具有 NSP4 特异性受体，感染 RV 后 NSP4 与其特异性受体发生作用导致腹泻；随着年龄的增长，NSP4 受体的数量显著减少，即使感染 RV 也不发生腹泻。RV 感染的发病机理尚未完全阐明，还有待

进一步研究。

RV 的自然感染仅产生部分免疫保护作用。感染动物可产生血液循环抗体及肠道分泌抗体，血清中的抗体水平和对感染的抵抗力不相关。在感染中起保护作用的是肠道局部的 slgA，能中和 RV。中和抗体的水平决定保护作用的持续时间（赵长安，1998）。在大多数情况下，肠道感染后的回忆应答时间短。如人工感染猪 $14\sim21d$ 后用同株猪轮状病毒攻毒可获得完全保护，但 28d 后不能抵抗重复感染。母乳中的抗体滴度持续时间因动物的种类及免疫状况而异。现有的资料显示，对 RV 感染的免疫性除了中和抗体外可能还存在其他介导因素。如通过 RV 感染小鼠模型研究发现 B 淋巴细胞的活动，$CD8^+$ 细胞的效应器功能、$CD4^+$ 细胞的细胞毒性 T 淋巴细胞（CTL）活性和 NK 细胞活性均参与 RV 感染的免疫。细胞因子如 IFN-γ 和 TNF-α 等的释放可能也在 RV 免疫机制中扮演一定角色。

四、制品

作为"平民病毒"，RV 在世界各国的感染十分普遍。PoRV 在各国猪场的感染率也很高。对 RV 的防制必须坚持"预防为主"的方针。养殖企业应制定综合性防制措施，在严格卫生消毒措施、加强饲养管理、减少应激因素的基础上，定期检测，做好疫苗接种工作。

（一）诊断试剂

由于临床发病与其血清中的抗体效价无明显的线性关系，因此 RV 感染的临床诊断主要依赖于抗原的检出。抗体的测定主要用于流行病学调查。RV 抗原的检查方法很多，主要有电镜法（EM）、免疫荧光技术（IF）、补体结合试验（CF）、酶联免疫吸附试验（ELISA）、核酸聚丙烯酰胺凝胶电泳（PAGE）等。其中，EM、ELISA、PAGE 法最为常用。这些方法各有优缺点，最主要的缺陷是难以检出微量病毒，不适于早期诊断。随着分子生物学新方法的不断涌现，核酸探针杂交技术、PCR 技术也用于 RV 的检测。其敏感性高，适于早期诊断和流行病学调查，但其价格昂贵。1998 年刘明军等建立了用光敏生物素标记核酸探针检测 A 群 RV，用生物素标记寡核苷酸探针检测 B 群 RV 的研究方法，特异、

灵敏、稳定。另外，对流免疫电泳和免疫层析法经济、快速、方便，也是检测仔猪 RV 较好的方法。

（二）活疫苗

弱毒活疫苗是将动物体内分离的 RV 在组织培养物中培养，通过连续传代制得弱毒株活疫苗。由于仔猪病毒性腹泻多由 RV、猪传染性胃肠炎病毒（TGEV）、猪流行性腹泻病毒（PEDV）中的 1 种或多种联合感染引起发病，故为了增强仔猪腹泻的预防效果，通常与 TGEV、PEDV 中的 1 种或 2 种病毒一起制成联合弱毒苗。目前国内 PoRV 疫苗的研究一直是一个薄弱环节。我国猪群 RV 的阳性率非常高，且混合感染严重，开发研制多联苗是十分必要的，其中驯化出免疫原性好、效价高的弱毒株是多联苗研制成败的关键。目前，我国已经批准应用的活疫苗有中国农业科学院哈尔滨兽医研究所 2014 年研制成功的猪传染性胃肠炎-猪流行性腹泻-猪轮状病毒（G5 型）三联活疫苗（弱毒华毒株＋弱毒 CV777 株＋NX 株），该疫苗主要针对 A 群 G5 型 PoRV。弱毒活疫苗在仔猪体内可以增殖，有较好的保护性，其可以诱导产生体液与细胞免疫应答。动物可通过主动免疫和被动免疫方式获得保护，对于哺乳仔猪，主要是通过被动免疫方式。

（三）灭活疫苗

灭活疫苗是将适应 MA-104 细胞的低代次病毒培养并灭活后加矿物油佐剂制备而成的油佐剂灭活疫苗。史月明等（2010）利用我国 PoRV 分离株 JL94 制备油乳剂灭活疫苗免疫仔猪后，通过细胞中和试验和间接 ELISA 试验检测抗体，结果表明免疫后 3 周左右抗体效价明显升高，持续到 16 周开始呈现下降趋势。以 JL94 株为种毒，可以刺激机体产生免疫应答和保护性抗体，并呈现出一定的抗体消长规律，满足疫苗免疫仔猪后免疫持续期的要求。一般在怀孕母猪分娩前 30d 免疫，仔猪在出生后 7d 和 21d 各免疫 1 次。灭活疫苗制造工艺简单，性质比较稳定，易于保存和运输。但是，灭活疫苗生产中的灭活工艺有可能损害或改变有效的抗原决定簇；产生的免疫效果维持时间短，因此需要多次注射；不产生局部抗体；需要抗原量比较大，成本比较高。

（四）多价重组疫苗

多价重组疫苗是研究者利用不同型别 RV 间的基因重配（或基因重排）构建了以动物或人的弱毒株为背景并能表达多种 RV 常见血清型抗原性相关蛋白的弱毒株疫苗。其中，Lanata 等（1996）构建的恒河猴-人轮状病毒四价重组疫苗（RRV-Tv）的效果较好，并先后在小鼠、人群中对该疫苗进行了安全性和免疫原性试验。结果表明，RRV-Tv 安全性好，保护率稳定，对重症腹泻效果较好，对普通腹泻的阻断效果也在 70% 左右。将该疫苗用在仔猪上，试验组仔猪只在 1～2h 内有轻微腹泻，但很快康复，对照组（未接种疫苗）的仔猪则发病严重，死亡率高。多价重组疫苗在弱毒活疫苗的基础上，克服了因不同毒株的血清型不同、不同毒株间不能激发异型保护而发生的免疫失败，从而大大提高了疫苗的适用范围。但其制备工艺相对复杂，成本较高。

（五）其他疫苗

1. 亚单位疫苗　RV 的天然亚单位疫苗是病毒空壳，是 RV 感染宿主细胞后产生的不含基因组 RNA、但含病毒的结构蛋白，形状类似 RV 的颗粒，用其免疫动物后可使受试动物得到良好保护。亚单位疫苗可以利用人兽基因组混合物构建杂种基因组生产，这种方法既可解决减毒问题，也可解决 RV 的组织培养问题，还可以提供多种免疫蛋白；在储存、运输等过程中效价很稳定，没有副作用。亚单位疫苗的潜在优点使其应用前景十分广阔。

2. 病毒样颗粒（VLPs）疫苗　VLPs 具有类似 RV 的天然结构。目前人们已经利用成熟的杆状病毒表达系统表达了多种形式的 VLPs（6/7-VLPs、2/6/7-VLPs、2/4/6/7-VLPs），并对其免疫保护效果进行了评价和分析，发现这些 VLPs 都具有较好的免疫保护效果，特别是有些 VLPs 和佐剂混合免疫时可以产生和灭活病毒相当的免疫保护效果。VLPs 疫苗由于具有类似病毒的天然结构，较好地模拟了病毒的天然构象，具有很好的免疫原性，可以刺激机体产生很好的免疫反应，目前已被公认为是研究新一代 RV 疫苗最有价值的候选项。

3. 合成肽疫苗　合成肽疫苗的研究始于 20 世纪 80 年代，现已发现 RV 的 VP7 的 220～233

aa、VP4 的 228~241 aa、VP6 的 40~60 aa 都具有较好的免疫原性。在重组抗原方面的研究也取得了很大的进展。在以 VP4、VP6、VP7、NSP4 作为免疫原的免疫保护评价试验中发现，这几种抗原都具有免疫保护效果；其中，VP6 和 VP7 免疫后可以产生相互间的交叉保护，而 VP4 免疫后只能产生针对同源 RV 的保护。合成肽疫苗兼具安全性及有效性，且有利于生产可以产生交叉保护的疫苗。

4. 转基因植物疫苗　近 20 年来，人们通过对植物生理和基因表达调控的研究获得了操纵植物基因的能力，使植物成为外源蛋白的天然生物反应器之一。目前，RV 转基因植物疫苗的研究已经取得了很大进展。如将鼠源 A 群 RV VP7 转到马铃薯中，通过 PCR 检测发现*VP7* 基因已成功地整合到了马铃薯中，这为制备新型疫苗奠定了基础。植物的多种优越性均可被用于研究转基因疫苗，并且已经取得了很大进展。但仍有一些障碍必须克服，如蛋白在植物中的表达水平低、表达产物在植物中的稳定性差、转基因口服疫苗在产生免疫反应之前在胃肠道内有时被消化等，科学家们正就这些问题进行研究并加以解决。

（六）治疗用制品

目前，虽然还没有针对 RV 的特效药物，但对于抗 RV 药物的研发还是取得了进展。2009 年王纯刚等报道，含 0.3% 丁酸钠的仔猪日粮能够减缓 RV 引起的应激反应，提高仔猪肠道的抗病毒能力。在对仔猪进行 RV 攻毒试验中发现，与对照组相比，仔猪饲料中含 2 200 IU/kg 的 25 -羟基维生素 D3 时，仔猪肠道内免疫球蛋白 IgG、IgM、IgA 显著增高，IL - 2、IL - 6、IFN - γ 促炎症因子的水平有降低趋势，促免疫反应 IL - 4 显著增高，表明 2 200 IU/kg 的 25 -羟基维生素 D3 能够降低炎症反应，促进免疫球蛋白的生成从而增强免疫力，达到抗病毒的作用。

五、展望

PoRV 在猪群中极为普遍，是导致仔猪腹泻的重要病原体之一，常造成仔猪发育不良甚至死亡。成年猪感染 PoRV 虽然不表现出明显的临床症状，但这种隐形感染是造成 PoRV 大暴发的潜在威胁，同时也导致饲料报酬率降低。猪轮状病毒以直接或间接方式给养猪行业带来了巨大的经济损失。

RV 核酸基因组是分节段的，核苷酸序列常因基因漂移、基因转变、重排而不同，造成 RV 的变异多样性。病毒蛋白复杂多样，如 VP4、VP7、VP2、VP6 等几种主要蛋白影响着血清群、亚群、型特异性，并且不同血清型 RV 之间的免疫交叉性很差，给 RV 免疫及疫苗研制均带来了困难。

针对我国 PoRV 不同血清型在猪群中广泛存在，且混合感染日益严重这一现状，选择优势毒株制备多价疫苗已经成为未来的发展趋势，人类 RV 活疫苗研究也基本采取这种策略。

目前在基因克隆方面的研究进展很快，人们已将 VP7、VP4 等主要中和抗原蛋白在大肠杆菌、杆状病毒、痘病毒、重组痘病毒中表达成功，获得了融合蛋白，但因融合蛋白构象各异，免疫后严重影响其产生中和抗体的能力，因此，如何制备高效的具有适宜构象的融合蛋白，有待人们进一步努力。

综上所述，随着人们在 RV 核酸与蛋白之间编码及表达、主要病毒蛋白与免疫之间的关系等方面研究的不断深入，在基因克隆株的选择、融合蛋白构象的控制等方面的深入探索，利用日新月异的高新生物技术手段，研制出高效、稳定的基因工程疫苗防制 RV 感染是大有希望的。

（冯　力　王忠田）

主要参考文献

陈淑红，王新生，师东方，2004. 猪轮状病毒的分离鉴定及部分特性研究 [J]. 中国预防兽医学报，26（1）：41－44.

史月明，葛俊伟，乔薪瑗，等，2010. 猪轮状病毒油乳剂灭活疫苗的制备及免疫原性试验 [J]. 中国兽医杂志，46（8）：27－29.

Barreiros M A，Alfieri A A，Alfieri A F，et al，2003. An outbreak of diarrhea in one-week-old piglets caused by group A rotavirus genotypes P [7]，G3 and P [7]，G5 [J]. Veterinary Research Communications，27（6）：505－512.

Caul E O，Appleton H，1982. The electron microscopical and physical characteristics of *small round human fecal viruses*：An interim scheme for classification [J]. Journal of Medical Virology，9（4）：257－265.

Dennehy P H，2007. *Rotavirus vaccines*-An update［J］. Vaccine，25（16）：3137 - 3141.

Lanata C F，Midthun K，Black R E，et al，1996. Safety, immunogenicity and protective efficacy of one and three doses of the tetravalent rhesus *rotavirus* vaccine in infants in Lima, Peru［J］. Journal of Infectious Diseases，174（2）：268 - 275.

Matthijnssens J，Ciarlet M，Heiman E，et al，2008. Full genome-based classification of rotaviruses reveals a common origin between human Wa-like and *Porcine rotavirus* strains and human DS-1-like and *Bovine rotavirus* strains［J］. Journal of Virology，82（7）：3204 - 3219.

Prasad B V，Wang G J，Clerx J P，et al，1988. Three dimensional structure of *rotavirus*［J］. Journal of Molecular Biology，199（2）：269 - 275.

Rao C D，Gowda K，Reddy B S，2000. Sequence analysis of VP4 and VP7 genes of nontypeable strains identifies a new pair of outer capsid proteins representing novel P and G genotypes in *bovine rotaviruses*［J］. Virology，276（1）：104 - 113.

Wang L，Huang J A，Nagesha H S，et al，1999. Bacterial expression of the major antigenic regions of *porcine rotavirus* VP7 induces a neutralizing immune response in mice［J］. Vaccine，17（20/21）：2636 - 2645.

第二节　猪 流 感

一、概述

猪流感（Swine influenza，SI）是由正黏病毒科 A 型流感病毒属的猪流感病毒（*Swine influenza virus*，SIV）引起的一种急性、高度接触传染性的猪呼吸道疾病。该病临床发病主要表现为流鼻涕、发热、咳嗽、呼吸困难等，在某些情况下还可引起猪的繁殖障碍。该病发病率高，单纯的 SIV 感染引起的死亡率较低，更多的是由于猪只感染 SIV 后导致其免疫力下降，从而继发其他病毒性和/或细菌性疾病，对养猪业构成较为严重的危害。

该病 1918 年首次报道于美国，1931 年 Richard Shope 分离并鉴定了第一株 SIV A/swine/Iowa/15/30（H1N1），因此 SI 发生与流行已有近百年的历史。SIV 呈现世界性分布、地方性流行，在北美洲、欧洲、亚洲等不同地域，病毒的起源、

进化和致病性也表现为较为复杂的多样性。SIV 主要流行的亚型是 H1N1、H1N2 和 H3N2，偶尔也分离到禽源 H1N1、H3N3、H4N6、H4N8、H5N1、H5N2、H6N6、H7N2 和 H9N2 亚型流感病毒，以及重配型的 H1N7、H3N1、H2N3 病毒，但这些病毒均未在猪群中形成稳定的遗传谱系。

二、病原

SIV 粒子的形态结构与人季节性流感和其他宿主来源的流感病毒粒子相同，低代次的分离物中常见杆状或丝状病毒，长度可达 400 nm。体外多次传代后病毒形态多为球形或椭圆形，直径为 80～100 nm。病毒囊膜上含有致密地镶成规则毛边样的纤突。

（一）基因组及编码蛋白

SIV 的核酸是单股、负链的 RNA，由 8 个基因片段组成，至少编码 10 种蛋白质，依次为 PB2、PB1、PA、HA、NP、NA、M1、M2、NS1 和 NS2。HA、NA 和 M2 蛋白构成病毒的囊膜结构。HA 与 NA 为病毒囊膜表面的两种重要糖蛋白，是流感病毒主要的抗原保护性蛋白。HA 蛋白的主要功能是与细胞膜表面的受体结合，介导病毒与细胞内体膜的融合，致使病毒核糖核蛋白（RNP）释放进入细胞质中。NA 蛋白是一种唾液酸酶，可以在病毒感染靶细胞时，识别细胞表面流感病毒受体末端的唾液酸残基，使病毒能够进入细胞；NA 的另一个功能是负责将病毒从感染细胞表面脱离，有利于病毒粒子的成熟和释放。跨膜基质蛋白 2（M2）为一种阳离子选择性通道，是流感病毒进行有效脱壳所必需的蛋白质。

SIV 基因组片段根据来源不同，分为经典 H1N1 SIV、类禽 SIV、类人 SIV 及基因重排型 SIV。根据 SIV 在世界范围内的流行区域，又可以划分为北美洲 SIV、欧洲 SIV 和亚洲 SIV，各个区域流行的 SIV 谱系或基因节段的来源存在差异。

（二）致病性

SIV 的内部蛋白主要参与病毒核酸复制、调节宿主免疫应答、影响病毒毒力的作用，与病毒、

宿主两种因素及其之间的相互作用有着密不可分的联系。研究发现病毒的致病力由病毒的 HA、NA、PB2、NS1、PB1-F2 及 PA-X 等多个蛋白共同决定的，目前已鉴定出一系列与致病力相关的关键氨基酸位点。HA 蛋白的可裂解性是流感病毒感染的重要决定因素，HA 蛋白上受体结合位点的特性也影响着病毒的毒力，HA 蛋白受体结合位点附近糖基化的改变可影响病毒受体结合特性，从而决定病毒的宿主范围和组织嗜性。此外研究发现 HA 蛋白 190D、225E 和 226Q 能够增强病毒对哺乳动物的致病性。NA 蛋白茎部的长度能够影响流感病毒的毒力，以及 NA 蛋白上 4 个氨基酸（N308S、A346V、T442A、P458S）的突变能够增强病毒适应哺乳动物的能力；NA 蛋白上 N146R 或 N146Y 突变能使病毒在不加胰酶的条件下很好地复制，因此被认为是病毒的毒力分子标记之一。此外，研究发现 NA 蛋白上的 EI19V、R152K、H275Y、R293K、N295S 氨基酸的变异与 N1 亚型耐药性毒株的出现有关。在 PB2 蛋白上鉴定出 271A、590S、591R、627K 和 701N 等多个与病毒致病性相关的关键氨基酸位点。同时，在 NS1、PB1-F2 及 PA-X 等蛋白方面也发现了一些致病力关键位点。

（三）抗原变异

包括抗原漂移和抗原转变。抗原漂移是抗原位点一系列点突变的积累导致中和抗原决定簇的突变而产生的抗原变异。通常认为 SIV 发生抗原漂移的速度比人流感病毒慢得多。研究发现流感病毒要成为一个新的抗原变异株，必须在其 HA 节段上有 4 个以上的氨基酸变化，且必须涉及 2～3 个抗原决定位点，若这些氨基酸的改变发生在 HA 结构的顶部即抗原决定簇区，则往往造成新变种出现而具有流行病学意义。抗原转变则是较大的抗原变化，通常是两种不同的病毒发生基因间的重配而产生了新的病毒，抗原转变具有导致流感大流行发生的潜在风险。

三、免疫学

SIV 主要通过呼吸道感染，飞沫传播是其主要的传播途径。在感染的急性发作期，病猪的鼻腔分泌物带毒，继而通过猪只之间的接触传播给周围猪群。SIV 是少见的能独自导致发病和

肺部病变的猪呼吸道病原体之一，其病理变化是病毒性肺炎的出现。除此之外，也常常发生 SIV 的亚临床感染，未见明显的呼吸道症状而血清学抗体呈阳性。通常猪只在 2 周之内会自动清除病毒。

动物机体针对 SIV 的免疫反应包括特异性体液免疫和细胞介导的免疫反应。抗体介导的体液免疫反应在预防 SIV 的感染和减少疾病的严重程度上具有重要作用。其中针对 HA 蛋白的抗体（HI 抗体）具有中和病毒的活性，可有效阻止病毒在机体内的复制。此类抗体具有亚型特异性，也就是说针对某种亚型 HA 的抗体仅可对同一 HA 亚型病毒株的感染提供保护。通常猪在感染 SIV 4～5d 后即可在其呼吸道中检测到抗 HA 蛋白的 IgG 和 IgA 两种抗体，血清中的抗体则在病毒感染后的第 7 天检测到，至 2 周时达到高峰。针对 NA 蛋白的抗体虽不具有中和病毒的作用，但一定程度上它能够抑制病毒的增殖与扩散，从而降低疾病的严重程度。细胞介导的免疫反应通常是针对病毒内部结构（NP 和 M2）蛋白诱导产生的细胞毒性 T 淋巴细胞反应。研究发现，猪在感染 SIV 后的第 5～7d 即可检测到 T 细胞免疫反应。病毒的内部结构蛋白较为保守，所诱导的细胞免疫反应在不同亚型病毒之间有一定的交叉保护能力。

接种灭活疫苗是目前防制 SI 的重要策略。疫苗免疫动物能在血清中诱导产生高水平抗 HA 蛋白的抗体。研究表明，高水平的 HI 抗体能完全阻止病毒在肺组织的复制，低水平的 HI 抗体只能降低病毒在肺组织的复制水平。此外还发现，除非是 SIV 第一次侵入猪群，哺乳仔猪通常情况下可从初乳中获得母源抗体的保护而不被 SIV 感染，从而提示了种母猪免疫的必要性。

四、制品

系统监测工作的有效开展及对疾病的准确诊断对于 SI 的防控具有重要作用，因此特异、敏感的 SI 诊断试剂是开展上述工作必须具备的条件。针对 SI 病原学及血清学抗体的检测，国内外均已研制了相应的诊断试剂或试剂盒，并得到了广泛应用。

（一）诊断制品

被广泛采用的 SI 病原学检测试剂是针对不同

亚型 SIV 核酸检测的通用型 RT-PCR 及实时荧光 RT-PCR 试剂盒；另外，还有针对病原检测的 ELISA 试剂盒及胶体金检测试纸条等。

华中农业大学、武汉科前动物生物制品有限责任公司、武汉中博生物股份有限公司联合研制的猪流感病毒（H1 亚型）ELISA 抗体检测试剂盒于 2013 年经农业部公告第 1895 号批准为二类新生物制品，我国自主研制的 SIV 通用型 RT-PCR 及实时荧光 RT-PCR 检测试剂盒，也已分别获准使用。

在血清学抗体检测方面，针对血清中抗 A 型流感病毒 NP 蛋白的抗体，研制生产了通用型 ELISA 抗体检测试剂盒；针对 2009/H1N1 流感的发生与流行，很多国家还研制了专门检测 2009/H1N1 流感病毒抗体的 ELISA 检测试剂盒，得到了广泛应用，为临床检测猪群感染各种亚型的流感病毒及感染 2009/H1N1 流感病毒提供了快速有效的检测手段。我国目前已批准使用 SIV（H1 亚型）ELISA 抗体检测试剂盒，该试剂盒主要用于检测猪群中 H1 亚型 SIV 抗体的流行情况。另外，针对猪群中流行的各种亚型 SIV，还分别研制了 SI 血凝抑制（HI）抗体的检测试剂等。

（二）灭活疫苗

疫苗免疫是防制 SI 的关键措施和最终防线。目前被广泛应用的 SI 疫苗是全病毒灭活疫苗。SIV 灭活疫苗通常是利用鸡胚生产的油乳剂灭活疫苗。该类疫苗通过诱导机体产生抗 HA 和 NA 蛋白的抗体，从而产生对感染的免疫保护作用。商品化的 SIV 灭活疫苗自 20 世纪的 80 年代和 90 年代中期相继在欧洲和北美洲批准应用，所用的疫苗产品分别是 H1N1 单价、H3N2 单价、H1N1/H3N2 二价灭活疫苗。也有个别产品是增加了 H1N2 亚型 SIV 毒株的三价灭活疫苗。此外，北美洲地区为专门防制 2009/H1N1 病毒引起的 SI，还批准使用了 2009/H1N1 流感病毒的单价灭活疫苗。

在欧洲，SIV 灭活疫苗注册中需按要求开展攻毒试验来评价疫苗的免疫效力。疫苗效力试验是利用 SIV 灭活疫苗对 SIV 阴性猪进行二次免疫，并在二免 2～6 周后对免疫猪经滴鼻进行攻毒，通过测定攻毒后肺组织中的病毒含量来判定疫苗的保护效果。而北美洲在注册时则是直接通

过测定疫苗免疫后诱导的抗体水平来评估疫苗的免疫原性，而不需要进行攻毒试验的结果，从而大大提高了疫苗毒株更换的效率。而在疫苗研究过程中通常是在二免的第 10～14 日后对免疫猪只采用滴鼻感染或气管内注射途径进行攻毒，根据攻毒后鼻腔排毒的数据、肺组织病理变化和临床症状等来评定疫苗的免疫效力，而不是采用肺组织的病毒滴度来衡量。

华中农业大学利用自行分离的 H1N1 SIV 毒株成功研制了猪流感病毒 H1N1 亚型灭活疫苗（TJ 株），并于 2015 年首次获得了生产许可。随后，华威特（北京）生物科技有限公司成功注册了猪流感二价灭活疫苗（H1N1 LN 株＋H3N2 HLJ 株）。本品系用猪流感病毒 H1N1 亚型 LN 株和 H3N2 亚型 HLJ 株分别接种 MDCK 细胞培养，收获细胞培养物，经二乙烯亚胺（BEI）灭活后，加矿物油佐剂混合乳化制成。用于预防 H1 亚型和 H3 亚型猪流感。通过颈部肌内注射。用于 4 周龄以上健康猪，每头 2.0mL，首免后 14d 在另一侧颈部肌肉用相同剂量疫苗加强免疫 1 次。免疫期可达 6 个月。

其他一些研究单位也开展了亚单位疫苗、活载体疫苗、核酸疫苗等基因工程疫苗的研究，上述疫苗目前仍处于实验室研究和临床试验阶段。

随着反向遗传技术（reverse genetics system, RGS）的不断成熟，利用 RGS 在体外获得 SIV 人工标记疫苗的工作也取得了突破性进展。新疫苗不仅效价高，而且可以针对流感病毒毒株的变异情况及时调整疫苗株的组成部分，节省了过去分离培育新毒株所消耗的大量时间，具有良好的应用前景。

五、展望

猪是禽、人和猪流感病毒的共同易感宿主，SIV 还具有感染禽和人的能力，因此 SI 同时具有重要的兽医及人类公共卫生学意义。流行病学研究数据表明，当前猪群中存在多种亚型及同一亚型又存在多种基因型的病毒。尽管大部分 SIV 感染还尚未构成猪的严重发病与死亡，但正是由于这种潜在的带毒，不同的流感病毒在猪群中的悄然存在更加增加了不同基因产生重配而导致新型流感病毒的出现。随着时间的推移和流感病毒的进化，猪群中能否出现新毒株、新毒株是否会获

得较强的跨种间及人际传播的能力，仍将有待于SI监测工作的持续开展，以及时掌握SI的流行动态，预测动物流感的发展趋势。另外，要对已有分离毒株尤其是新型重配的SIV从分子遗传水平及其对哺乳动物的致病与传播特性进行系统的分析与研究，探讨关于病毒致病及其跨种间传播的分子基础；此外，要研制快速、准确、可行的诊断方法及标准化的诊断试剂（盒），以做到对该病的及早发现和准确诊断。最后，要推进疫苗的研发与应用，为我国流感的综合防控提供强有力的科技支撑。

（乔传玲　王忠田）

主要参考文献

李呈军，陈化兰，2015. 反向遗传学技术在流感病毒研究和防控中的应用 [J]. 中国科学：生命科学，45（10）：1051 - 1066.

童光志，李泽君，2016. 猪流感 [M]. 北京：中国农业出版社.

Bragstad K，Vinner L，Hansen M S，et al，2013. A polyvalent *influenza A* DNA vaccine induces heterologous immunity and protects pigs against pandemic A（H1N1）*pdm09 virus* infection [J]. Vaccine，31（18）：2281 - 2288.

Dormitzer P，Galli G，Castellino F，et al，2011. *Influenza* vaccine immunology [J]. Immunological Reviews，239（1）：167 - 177.

Khanna M，Sharma S，Kumar B，et al，2014. Protective immunity based on the conserved hemagglutinin stalk domain and its prospects for universal *Influenza vaccine* development [J]. Biomed Research International，54（10）：546274.

Qiao C，Liu L，Yang H，et al，2014. Novel triple reassortant H1N2 *Influenza viruses* bearing six internal genes of the pandemic *2009/H1N1 influenza virus* were detected in pigs in China [J]. Journal of Clinical Virology，61（4）：529 - 534.

Sandbulte M R，Spickler A R，Zaabel P K，et al，2015. Optimal use of vaccines for control of *influenza A virus* in *Swine* [J]. Vaccine，3（1）：22 - 73.

Vijaykrishna D，Smith G J，Pybus O G，et al，2011. Long-term evolution and transmission dynamics of swine *influenza A virus* [J]. Nature，473：519 - 522.

Yang H，Chen Y，Shi J，et al，2011. Reassortant H1N1 *influenza virus* vaccines protect pigs against pandemic H1N1 *influenza virus* and H1N2 *Swine influenza virus*

challenge [J]. Veterinary Microbiology，152（3/4）：229 - 234.

Zhang Y，Zhang Q，Kong H，et al，2013. *H5N1 hybrid viruses* bearing *2009/H1N1 virus* genes transmit in guinea pigs by respiratory droplet [J]. Science，340（6139）：1459 - 1463.

第三节　猪　　瘟

一、概述

早期猪瘟在美国被称为猪霍乱（Hog cholera，HC），欧洲人称为古典猪瘟（Classical swine fever，CSF），这是为了与非洲猪瘟相区别而言。我国有人俗称它为烂肠瘟。为避免与 C 型肝炎病毒（*Hepatitis C virus*）的英文缩写 HCV 相混淆，世界动物卫生组织（OIE）规定猪瘟全称为古典猪瘟（Classical swine fever，CSF）。CSF 是由猪瘟病毒（*Classical swine fever virus*，CSFV，以前称为 11Hog cholera virus，HCV）引起的猪的一种高度传染性和致死性病毒病。CSF 在临床上可表现为死亡率很高的急性型或死亡率变化不定的亚急性型、慢性型、隐性型及持续感染型。该病的临床特征为发病猪高热稽留和小血管壁变性引起各器官、组织的广泛出血、梗死和坏死等病变。CSF 具有高度接触传染性，流行广泛，发病率、死亡率高、危害极大。OIE 将该病列为最重要的法定报告传染病之一，在我国被列为"一类传染病"。

该病呈世界性分布，在各养猪国家都有不同程度的流行。近 30 多年来，不少国家先后采取消灭 CSF 的综合防治措施，取得了显著成效。澳大利亚、比利时、加拿大、法国、新西兰、葡萄牙、瑞典和美国等都消灭了 CSF。有些国家已基本控制了该病。另有许多国家正在逐渐实施 CSF 净化工程。但是，近年来公布的资料显示，全世界现仍有近 50 个国家和地区存在 CSF。主要分布在南美洲、欧洲一些国家和地区及亚洲国家，其中非洲 3 个国家、美洲 13 个国家、亚洲 14 个国家、欧洲 20 个国家。

20 世纪 50 年代以前，CSF 在我国的流行极为普遍，造成的损失巨大。50 年代后期起，采取了以疫苗免疫为主的综合防治措施，有效控制了

CSF 的流行。但 80 年代后，CSF 在全世界范围内又有所流行，更值得注意的是，在许多已宣布消灭猪瘟的国家再次复发。其流行特点、临床症状和病理变化等均有所变化，这一点应引起我们的高度重视。

二、病原

CSFV 属黄病毒科（Flaviviridae）的瘟病毒属（*Pestivirus*）。CSFV 是近似于球形的单股正链 RNA 病毒。病毒粒子平均直径为 44 nm（图 26-1），内有 20 面体立体对称的核衣壳，核衣壳直径 24～30 nm，外有脂蛋白囊膜包裹，囊膜表面有 6～8 nm 的囊膜糖蛋白纤突。病毒在氯化铯中的浮密度为 1.12～1.1759 g/cm³，在蔗糖密度梯度中的浮力密度为 1.15～1.16 g/cm³，等电点为 4.8，沉降系数为 140～180 S。

（一）基因组

CSFV RNA 具有感染性，分子质量为 3～4 mu。基因组全长约 12.3 kb，按编码与否可分为 3 部分，两侧分别为 5'-端非编码区（5'-NTR）和 3'-端非编码区（3'-NTR）。5'-NTR 长 360～374 bp，3'-NTR 长 272～243 bp。已知序列的不同毒株在这两个区域的碱基长度有差异，中国猪瘟兔化弱毒株（HCLV）在 3'-NTR 明显存在一个插入序列。此序列可能是强毒株在兔化致弱时产生的一个适应性标识，但与毒力没有直接关系。CSFV 基因组含有一个大的 ORF，编码一种约 3 898 个氨基酸残基组成的前体多聚蛋白，分子质量约为 438 kDa，该多聚蛋白经病毒和宿主细胞特异性蛋白酶作用后逐步裂解为成熟的 4 种结构蛋白和 8 种非结构蛋白。根据病毒基因编码顺序，

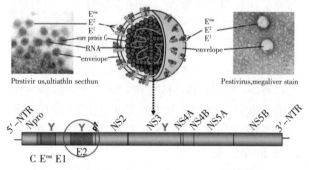

图 26-1　猪瘟病毒电镜照片与病毒结构和编码蛋白顺序模式图

从 5'端（或称 N 端）到 3'端（或称 C 端），其编码蛋白依次为：5'-NTR（NH）-Npro-C-Erms/E0-E1-E2-P7-NS2-3-NS4A-NS4B-NS5A-NS5B-3'-NTR（COOH）（图 26-1），其中，NS2-3 可被加工成 NS2、NS3（P80），且具有促进特异性 CD4+/CD8+ T 细胞增多的作用。除 C、Erms/E0、E1 和 E2 为结构蛋白外，其余均为非结构蛋白。

（二）病毒蛋白

1. 结构蛋白　CSFV 4 种结构蛋白中有 3 种是糖蛋白，分子质量分别为 44～48 kDa（荷兰人称为 gP42）、25～33 kDa（gP31）和 51～55 kDaErms/（gP51～54）。另一种是核蛋白。由 N 端到 C 端依次排列为 C、Erms/E0、Erms/E1 和 Erms/E2。Erms/E0、Erms/E1 和 Erms/E2 为组成病毒囊膜结构的特异性糖蛋白。结构糖蛋白在病毒对宿主细胞的识别、吸附及病毒抗原性上具有重要作用，而 CSFV 的体液免疫保护性抗原主要为 Erms/E0 和 Erms/E2，可以有效刺激机体产生中和抗体。因此，二者又是最具有免疫防治研究价值的结构蛋白。

（1）核衣壳蛋白 C　也称 P14，是病毒的衣壳蛋白，也是 CSFV 编码的第一个结构蛋白，位于 Npro 之后，由 CSFV ORF 中 169（Ser）至 267（Ala）间的 99 个氨基酸组成，是一带大量碱性电荷的蛋白质。核衣壳蛋白 C 的主要区域在瘟病毒中相当保守，同源性大于 91%。

（2）结构蛋白 Erms/E0 糖蛋白　由 ORF 上从 N 端 268 位（Glu）开始到到 C 端的 494 位（Ala）为止，共 227 个氨基酸残基构成，其甲基化程度很高，分子质量为 44～48 kDa。Erms/E0 是一种囊膜糖蛋白，可依靠二硫键的连接以同源二聚体的形式存在，分子质量为 97 kDa。Erms/E0 没有疏水性的跨膜区序列，以一种未知的机制连接到病毒粒子的表面，与囊膜结合力很弱。Erms/E0 蛋白的二级结构由 7 个 α 螺旋和 4 个 β 折叠组成。结果表明，Erms/E0 序列还是一种尿嘧啶特性的核酸酶，具有 RNase 活性。表现为能够抑制双链 RNA 合成，导致免疫抑制，引起动物的淋巴和上皮细胞凋亡。研究表明 Erms/E0 上 N 端的糖基化位点与 CSFV 的毒力有关。Langedijk 等（2001）报道，Erms/E0 蛋白 C 末端氨基酸 191～227 位存在一抗原表位，该表位具有鉴别诊断

CSFV、BVDV、BDV 的作用，但不具中和功能。由于编码 E^{rns}/E0 的核酸序列比较保守，因此该蛋白也可作为防治 CSFV 的一种靶蛋白。

（3）结构蛋白 E1　E1 是一种囊膜糖蛋白，即 gP31，是 CSFV 3 种糖蛋白中分子质量最小的一种。E1 糖蛋白从 ORF 上 495（Leu）开始到 689（Gly）为止，共 195 个氨基酸，分子质量约 31 kDa。E1 埋在病毒囊膜内，不能诱导机体产生中和抗体。

（4）结构蛋白 E2　E2 也称 gP51～54，病毒囊膜糖蛋白，是一种结构蛋白，是 CSFV 的主要保护性抗原蛋白（图 26-2），能诱导机体产生中和抗体，还是 3 个病毒糖蛋白中保守性最低、最易变异的分子。由 373 个氨基酸残基（Arg690～Gly1062）组成。非糖基化的肽链骨架分子量为 41.5 kDa，上面的 5 个 N-糖基化位点通常有 3～4 个位点被糖基化，并随糖基化程度的不同而呈现出不同的分子质量。在靠近 E2 蛋白 N 端上游有一段信号肽序列。在感染细胞中，其分子质量为 51～55 kDa（gP51～54），主要以同源二聚体或与 E1 蛋白形成异源二聚体形式存在于感染细胞或病毒粒子的表面，这主要是因为 E2 蛋白的 C 端有一段由约 40 个疏水性氨基酸残基构成的跨膜区序列（TMR）。值得关注的是 E2 分子内部有一抗原表位，即从氨基酸残基 829～837 位存在一个重要抗原表位 TAVSPTTLR，它在 CSFV 各毒株间高度保守，而与 BVDV 和 BDV 毒株相比存在显著差异，该表位肽为 CSFV 的检测和鉴定提供了具有诊断价值的信息。距离此表位 17 个氨基酸，定位于 N 端 690～812 位的由 123 个氨基酸组成的抗原区表位能够与 CSF 多克隆抗体 IgG 起反应。

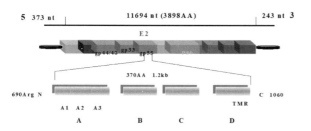

图 26-2　猪瘟病毒 E2 蛋白基因功能区及抗原表位

2. 非结构蛋白 N^{pro}　CSFV ORF 编码的第一个非结构蛋白，是属内特有蛋白，长约 168 个氨基酸，该蛋白比较保守。它的存在与 CSFV 重要靶细胞树突状细胞的活化有关。N^{pro} 是一个自体蛋白酶（autoprotease），水解位点位于多聚蛋白 Cys168 和 Ser169 之间。同时，N^{pro} 还是一种半胱氨酸蛋白酶（cysteine protease），这种蛋白酶又被称为前导蛋白酶，归为木瓜蛋白酶家族。N^{pro} 蛋白的存在和对病毒复制过程中产生的双链 RNA 中间体的水平调节对于 CSFV 干扰细胞免疫应答是非常重要的。

ORF 中 E2 蛋白之后是 CFSV 的非结构蛋白编码区，还编码其他 7 种非结构蛋白，分别是 P^7 - NS2- NS3 - NS4A - NS4B - NS5A - NS5B，它们与病毒的复制、感染性病毒颗粒的形成、CFSV 的致细胞病变生物型、病毒的毒力及持续感染有关。P^7 是介于结构蛋白 E2 和非结构蛋白 NS2-3 之间的一个小蛋白，有 2 种存在形式：P^7 和 E2 P^7。NS2 是 CSFV 复制时非必需的一种非结构蛋白，由其多聚蛋白前体经两个蛋白酶水解切割而释放。NS3 是一个多功能蛋白，具有丝氨酸类蛋白酶活性、NTPase 水解酶活性及 RNA 解旋酶活性。该蛋白在病毒的生命周期中至关重要。NS4A 是 NS3 蛋白丝氨酸蛋白酶的辅助因子。NS4B 由 437 个氨基酸残基组成，分子质量为 38 kDa。瘟病毒的 NS4B 呈碱性，含有几个疏水区，可能提示与膜相连。NS3、NS4A、NS4B 和 NS5A 共同形成复制复合体。NS5B 具有典型的 RNA 聚合酶活性中心 Gly-Asp-Asp 序列，为依赖 RNA 的 RNA 聚合酶，是瘟病毒的复制酶。此外，NS5B 还具有末端核苷酸转移酶（TNTase）活性。CSFV 的其他几种非结构蛋白主要与病毒基因组的复制及装配成感染性病毒颗粒有关。在病毒复制过程中，以上 5 种非结构蛋白必须参与。

3. 病毒基因 3′ 端非编码区　3′ 端 NTR 含 229～243 个核苷酸，且 3′ 端 NTR 为可变区，其中约 50 bp 长的区域富含 A 和 T。不形成多聚腺苷酸（polyA）尾巴。缺失 3′-NTR 序列导致病毒无法复制（表 26-1）。

表 26-1 CSFV 石门株基因组编码区和非编码区的定位

非编码区及各基因	基因组中的起止位置（nt）	核苷酸长度（bp）	编码产物在多聚蛋白中的位置（aa）	氨基酸残基数
5′-NTR	1～373	373	—	—
N^{pro}	374～877	504	1～168	168
C	878～1 174	297	169～267	99
E^{rns}/E0	1 175～1 855	681	268～494	227
E1	1856～2440	575	495～689	195
E2	2441～3559	1119	690～1062	373
P7	3560～3751	192	1063～1126	64
NS2	3752～5140	1389	1127～1589	463
NS3	5141～7189	2049	1590～2272	683
NS4A	7190～7381	192	2273～2336	64
NS4B	7382～8422	1041	2337～2683	347
NS5A	8423～9913	1491	2684～3180	497
NS5B	9914～12067	2154	3181～3898	718
3′-NTR	12068～12298	231	—	—
总计	1～12298	12298	1～3898	3898

（三）CSFV 的遗传分型

CSFV 可能是瘟病毒中最不易发生变异的，但利用单抗对 CSFV 可进一步分为不同的群和亚群，区分最明显的是在古典毒株和流行毒株之间。病毒亚型的鉴定将会增进对 CSFV 进化和流行的了解，并可能得出其生物学特性和毒力的差异。在对不同基因组区域序列比较基础上所进行的 CSFV 遗传进化关系的研究表明，CSFV 可分为两个主要的基因群（Group 1 和 Group 2）和另外两个完全不同的分离株（Kanagawa 和 Congenital Tremor，又被称为 Group 3）。Group 1 又可进一步分为 3 个基因亚群（subgroups），即 1.1、1.2 和 1.3 亚群；Group2 也进一步被分为 3 个亚群，即 2.1、2.2 和 2.3 亚群。毒株间可能的差异取决于用于比较的基因组靶区域的长度和变异性。目前中国流行的 CSFV 分为 2 个基因群、4 个基因亚群。猪瘟兔化弱毒疫苗株（HCLV 株）和石门强毒株（Shimen 株）同属于组群 1 中的亚组群 1.1，而意大利强毒株 Brescia 株位于亚组群 1.2。基因 1 群与我国 1945 年分离的石门强毒有很近的遗传关系，在我国 CSF 流行中占次要地位；基因 2 群与欧洲流行株有较近遗传关系，在我国 CSF 流行中占主导地位，说明我国 CSF 除自身传播来源外可能还有国外传播来源。

（四）CSFV 的抗原性、血清型和毒力的关系

至今全世界都认为 CSFV 只有 1 个血清型。但自 1976 年以来，美国和日本的一些学者证明 CSFV 具有血清学变种，法国也证明存在血清学变种。1999 年 Sakoda 将 CSFV 分为 3 群：CSFV-1称为古典猪瘟，以 Brescia 株（荷兰）为代表；CSFV-2 以 Alfort 株（法国）为代表；CSFV-3 与上述 2 个群均有较大差异，包括日本、泰国和我国台湾等地 70—90 年代的流行毒株。CSFV 的抗原性、血清型和毒力是近年来研究人员最为关注的问题。王在时等（2001）对国内早期和近十几年来分离到的几十株 CSFV 野毒株及标准的 CSFV 强毒石门株、C 株等，从病毒的毒力、抗原性、致病性、主要抗原编码基因结构差异性和特异性的 CSF 单抗反应特性及国内商品化的猪瘟兔化弱毒疫苗的免疫保护相关性等方面进行了对比试验及分析，并与国外已发表的标准 CSFV 基因序列进行对比分析研究，结果表明目前国内流行的 CSFV 确实存在着毒力、致病性、抗原性和基因结构上的多样性、复杂性和可变性，所有 CSFV 在基因结构学上可分为 2 个基因组 6 个基因亚组，但从我国的猪瘟兔化弱毒疫苗的免疫保护相关性试验结果来看，尚未出现疫

苗不可抵抗的 CSFV 变异株。

（五）病毒毒力的变异

虽然目前认为 CSFV 只有 1 个血清型，但致病力有强弱之分，病毒在免疫压力下可能改变其毒力和抗原的某些特性。CSFV 的毒力除有强弱之分外，还有稳定性的变化，即 CSFV 毒力有易变的特性。而强毒株的毒力并不随易感猪的传代而明显增强，却始终保持相对稳定的毒力。近年来 CSF 的流行和发病特点及病原的毒力都已发生了很大变化。这种变化是世界性的，在发病特点上出现了所谓非典型 CSF、温和型 CSF，甚至隐性 CSF。

（六）CSFV 和 BVDV 之间抗原性和血清学的相关性

CSFV 与 BVDV 具有共同抗原决定簇，猪能自然感染 BVDV。用 BVDV 的抗血清与 CSFV 株作中和试验，可将 CSFV 分为 B、H 两个群。B群能被 BVDV 的抗血清中和，为弱毒株，可引起慢性 CSF。H 群为强毒株，不能被中和。以 BVDV 免疫的猪，能抵抗 B 群病毒的攻击，但对 H 群的攻击则无保护力。特别值得注意的是，用组织培养方法生产 CSF 疫苗时，由于大量应用牛睾丸原代细胞和小牛血清，产品被其他瘟病毒污染的可能性较大；当用 BVDV 污染的疫苗免疫种母猪后，则可造成母猪繁殖障碍，所产仔猪发生类似慢性 CSF 的临床表现。

三、免疫学

CSFV 的免疫学涉及 CSFV 的感染和疫苗免疫两个方面。CSFV 感染是指 CSFV 入侵机体、增殖，并与机体相互作用的现象总和，包含病毒感染和感染免疫两个方面。前者表现为感染 CSFV 对动物机体产生的发病或死亡等致病过程和危害作用；后者是动物机体对 CSFV 病毒感染后出现的免疫反应和防御能力。而 CSF 疫苗免疫，也就是通过人工致弱、基因工程等手段制备疫苗，经免疫动物后使其产生以抗体为主和以 T 细胞为辅的免疫保护力。

（一）CSFV 感染

猪是目前已知 CSFV 的唯一自然宿主。在自然条件下，CSFV 经鼻途径侵入猪体内。有时，病毒通过眼结膜、生殖道黏膜或皮肤擦损进入体内，病毒也可经口腔和非肠道途径感染猪。CSFV 进入猪体内后，首先感染扁桃体隐窝上皮细胞，然后传播到周围的淋巴网状组织。病毒在局部淋巴结进行复制后，再传到外周血液。此时病毒在脾、骨髓、内脏淋巴结，以及连接小肠的淋巴样结构中大量增殖，到病毒血症的后期，病毒才可能侵入实质器官。总之，CSFV 在淋巴样组织中的滴度比实质器官的高。CSFV 通常在感染后 5～6d 内传到猪的全身，并经口、鼻、泪腺分泌物，以及尿和粪便排泄到外界环境中。被 CSFV 强毒感染的猪，病毒血症一直持续到猪死亡。

1. CSFV 强毒株感染　强毒株急性感染 4d 时，已经完成在扁桃体、肠系膜淋巴结、肝脏、脾脏、肾脏等组织的吸附和少量复制；感染 7～16d，病毒在上述组织中大量复制并导致内皮细胞变性、血小板严重缺乏和纤维原合成障碍等变化，致使机体出现多发性出血，乃至最后的死亡，其间感染猪血液中持续存在病毒。

2. CSFV 中等毒力株感染　CSFV 中等毒力株感染的临床可见变化相差很大。猪可死于急性或亚急性或在急性期存活而死于后来的慢性 CSF，CSFV 感染也可以存活，或只呈现温和疾病症状。

CSFV 中等毒力株引起的 CSF，临床上可分为 3 个期：①急性初期；②临床缓解期；③急性恶化期。在急性初期，病毒在体内的播散与急性 CSF 相似，但播散较慢，血液和器官中的病毒滴度较低，病毒抗原存在于网状内皮、淋巴样和上皮组织中。在临床缓解期，血液中病毒滴度低或无，这时病毒抗原仅局限于扁桃体、回肠、液腺和肾脏的上皮细胞中。在后期，病毒再度传遍全身。病毒抗原主要存在于淋巴组织的网状细胞和巨噬细胞中。血清中 CSFV 减少或暂时消失可能是特异性抗体产生的结果。此外，从形态学上证明浆细胞形成加剧，同时血清中免疫球蛋白水平升高。慢性感染猪的免疫消耗使其对继发性细菌病原更加易感，导致急性恶化，而循环性病毒和抗体可以导致它们的复合物沉着于肾脏，吸引嗜中性粒细胞积聚，造成肾小球肾炎。在急性恶化期，病毒再次传遍全身。慢性 CSF 引起免疫衰竭，可能促使病毒的传播。

3. CSFV 低毒力株感染　猪出生后感染低毒力的 CSFV，不表现症状或表现慢性症状或随后康复或长期拖延而致死。这样的猪可能在长时期内排毒，在猪群内其传播缓慢，通常不能迅速做出诊断，从而使这样的猪群成为病毒传播源。低毒力的 CSFV 株虽不能直接感染大多数猪而引起临床症状，但感染妊娠母猪却能造成母猪流产，产木乃伊胎、弱胎、死胎，或产带有先天性震颤的胎儿。

低毒力的 CSFV 感染妊娠母猪后，病毒的复制似乎主要在扁桃体和局部淋巴结，但能经血流传播，并穿过胎盘增殖。一些证据表明，CSFV 似乎可以在一个或多个部位通过胎盘屏障，继而在胎儿间传播。慢速有丝分裂与分化新陈代谢活跃的胎儿细胞，是有利于病毒复制的环境。猪胎儿往往呈病毒血症，抗原的分布似乎与生后感染 HCV 强毒一样，在胎儿的网状内皮组织、淋巴组织和上皮细胞中，到处都有病毒抗原。猪胎儿感染 CSFV 的最后结果取决于多种因素。

4. CSFV 先天感染 感染 CSFV 的妊娠母猪可以通过胎盘垂直感染仔猪，形成先天感染仔猪。先天感染的带毒猪，一生都有高滴度的病毒血症。在上皮组织、淋巴样组织及网状内皮组织中广泛存在病毒，并持续经口、鼻、泪腺分泌物和尿、粪便排泄物散毒。这种胎猪出生时和其他未感染 CSFV 的胎猪一样，血清抗体也为阴性。但在吸收初乳抗体后，其母源抗体的消失比其他胎猪要快得多，这是由于母源抗体与猪体内高浓度的游离病毒形成免疫复活物而"消耗"的缘故。母源抗体可使感染猪的病毒滴度暂时降低，但不能消除 CSFV，随着母源抗体的消失，CSFV 滴度会再次上升。

已先天持续感染 CSFV 的猪，对 CSFV 不产生抗体应答，但对其他病毒抗原的抗体反应一般是正常的，这表明对 CSFV 产生了特异性免疫耐受——先天免疫麻痹。

妊娠母猪的亚临床感染导致仔猪的胎盘感染，而胎盘感染的仔猪幸存者。一方面成为亚临床感染的带毒猪，持续排毒，污染环境并感染新的妊娠母猪，造成新的胎盘感染；另一方面若胎盘感染的幸存仔猪被选育为妊娠母猪，则自动形成新的持续感染母猪，又会造成母猪繁殖障碍，产生新的带毒仔猪。由此就形成母猪持续性感染→胎盘感染→母猪繁殖障碍→亚临床感染→胎盘感染→母猪持续性感染这一恶性循环。如此下去，循环往复，祸害无穷。这就是 CSF 不稳定和造成

种种"怪现象"的基本原因（图 26 - 3）。

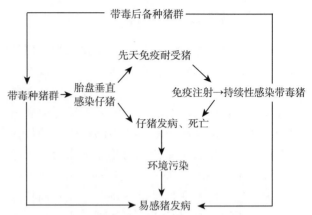

图 26 - 3 我国目前猪瘟流行的恶性循环锁链示意图

（二）我国 CSF 长期持续存在的主要根源及流行恶性循环的机理

1. 我国 CSF 长期持续存在和散发的根源 研究表明我国 CSF 长期持续存在和散发的根源是田间猪群中广泛存在着自身无临床症状的 CSF 持续感染带毒猪，特别是种猪群及后备种群中隐性感染带毒猪的存在是造成妊娠母猪带毒综合征和仔猪先天带毒，形成 CSF 在我国长期持续存在、发生、发展和流行恶性循环的主要根源。

2. 造成我国临床上猪瘟免疫失败的主要原因 研究表明造成临床上 CSF 免疫失败的主要原因有三个：一是先天持续感染带毒猪造成的免疫麻痹使疫苗免疫无效；二是多种其他病原的混合感染造成的免疫抑制使 CSF 疫苗免疫效果受到影响；三是 CSF 母源抗体造成的免疫干扰使疫苗免疫受到抑制。

3. 我国 CSF 长期持续存在的根源及发生、发展和流行恶性循环的机理 大量的试验研究资料表明，我国 CSF 长期持续存在的根源及发生、发展和流行恶性循环的形成机理可总结描述为五个阶段：第一个阶段可称为传染源形成阶段；第二个阶段可称为持续感染带毒猪形成阶段；第三个阶段可称为带毒传播阶段；第四个阶段可称为流行阶段；第五个阶段可称为恶性循环阶段。

4. CSFV 的细胞感染和分子致病机理 致病性毒株接种后 4d，病毒已完成在扁桃体、肠系膜淋巴结、肝脏、脾脏、肾脏等组织的吸附和少量复制；接种后 7～16d，病毒在扁桃体、肠系膜淋巴结、脾脏、肾脏、肝脏中大量复制并导致多种组织血管内皮严重损伤出血；自接种后 2d 至死

亡，血液中持续存在病毒。CSFV 兔化弱毒接种后 2d，首先吸附扁桃体、肠系膜淋巴结、脾脏，4d 后吸附并感染肝脏，接种后 7d 才在肾脏发现病毒分子，到接种后 14d，上述脏器均未发现病毒。CSFV 兔化弱毒在免疫猪体内持续时间为接种后 14d 左右。不同的 CSFV 感染机体后与机体免疫系统会发生不同的对抗作用，其结果可从本动物生理、生化指标的不同变化中得到反映。

不同 CSFV 感染机体细胞后，会随宿主细胞的生长繁殖而增殖，且从被感染细胞正常能量代谢所需的供能物质中获得病毒复制和转录所需的能量，由此干扰了细胞固有的生理生化过程，使细胞的正常代谢速率减慢，并造成感染细胞正常能量代谢机制发生明显改变。由于其致病性的不同，因此会形成不同的病理生理现象。高致病性 CSFV 毒株接种猪肾传代细胞后可随细胞持续带毒分裂、传 52 代，造成感染细胞生长周期明显变化，使被感染细胞代谢热功率及代谢总放热量显著升高并最终引起细胞凋亡。低致病性的 CSFV 毒株感染细胞后也可随细胞持续带毒分裂、传代，但在 150 代之前，感染细胞的生长周期与正常细胞无明显变化，150 代以后新生期细胞显著下降，凋亡细胞明显增加，代谢热较正常细胞增加。

高、中、低 3 种不同致病性的流行毒株感染，均引起机体免疫系统 T 细胞免疫应答，高致病性毒株感染后造成 T 细胞各亚群数量急剧下降，以动物死亡而告终。低致病性毒株感染后攻击强毒表现为 T 细胞各亚群数量一过性升高，后急剧下降，最终也以动物死亡而告终。而疫苗免疫引起的 T 细胞免疫较弱，主要引起 B 细胞免疫反应。疫苗免疫组攻毒后 B 淋巴细胞数量增加的速度和幅度明显高于低致病性毒株免疫攻毒组。低致病性毒株几乎不引起 B 细胞的应答，反而引起 B 淋巴细胞总数下降，而且影响了疫苗免疫对强毒攻击的 B 细胞应答能力，由此形成临床上所谓的"免疫失败"现象。

四、制品

目前世界各养猪国家防制 CSF 的办法主要有两种，即采取扑杀或免疫接种为主的控制措施。我国采取以免疫为主的综合防治策略，使 CSF 猪场得到有效净化。

（一）诊断制品

在国家质检总局颁布的《猪瘟诊断技术》（GB/T 16551—2008）中，批准了 7 种 CSF 诊断方法，它们分别是：兔体交互免疫试验、免疫酶染色试验、病毒分离与鉴定试验、直接免疫荧光抗体试验、荧光抗体病毒中和试验、猪瘟单抗酶联免疫吸附试验和反转录聚合酶链式反应等诊断技术。兔体交互免疫试验、免疫酶染色试验、直接免疫荧光抗体试验、反转录聚合酶链式反应、病毒分离与鉴定试验 5 种方法主要用于猪瘟病毒和抗原的诊断，以发现带毒猪和自然感染猪；另外，兔体交互免疫试验还可用于鉴别诊断 CSFV 的自然感染和疫苗免疫。猪瘟单抗酶联免疫吸附试验和荧光抗体病毒中和试验主要用于猪瘟抗体的监测和免疫效果评估，其中单抗酶联免疫吸附试验主要用于猪瘟抗体的鉴别诊断，可区别诊断猪瘟自然感染猪、免疫猪、强弱毒抗体阳性猪及猪瘟抗体阴性猪。目前农业农村部每年组织制定的《国家动物疫病监测计划》中，有关 CSF 监测计划均指定了监测方法和相应的诊断试剂；其中，免疫抗体监测方法为正向间接血凝试验或抗体阻断 ELISA，病原学检测方法为 RT-PCR 或荧光 PCR 方法。

我国已批准注册的 CSF 诊断试剂有：中国兽医药品监察所研制的猪瘟单克隆抗体纯化酶联免疫吸附试验抗原、猪瘟酶标记抗体、猪瘟荧光抗体和猪瘟病毒间接 ELISA 抗体检测试剂盒和 IDEXX 公司进口注册的猪瘟病毒 ELISA 抗体检测试剂盒。

除上述已批准注册的 CSF 诊断试剂外，为了确保 CSF 疫苗生产不受外源病毒污染及临床紧急预防 CSF 所需，我国还批准注册了用于 CSF 疫苗生产中细胞、血清等原材料中间监测的 CSFV、PPV、BVDV 三价荧光抗体。

（二）疫苗

疫苗接种仍是全世界大多数国家控制 CSF 的主要手段。目前 CSF 兔化弱毒疫苗（HCLV，C 株）及细胞弱毒疫苗（日本 GPE－株，法国 Thiverval 株）已被广泛用于 CSF 的控制。但在西方发达国家，已不再使用疫苗接种法，而以扑杀的方法来防制 CSF。我国仍是以疫苗接种为主要手段防制 CSF 的国家之一，也是较早开始研究

CSF 疫苗并获得成功的国家。

1. 活疫苗　1951—1952 年我国研究人员从本国筛选出免疫原性优良的 CSFV 石门系毒株，用国产原材料，以灭活的方法，制成 CSF 结晶紫甘油灭活疫苗，全国大量投产，推广使用，迅速控制了当时国内的 CSF 疫情。1954—1958 年中国兽医药品监察所等单位的研究人员又成功地培育出当时名为"54 - Ⅲ系"的 CSF 兔化弱毒疫苗（HCLV）。这是目前国际上应用最广泛、国内唯一应用的 CSF 疫苗。疫苗病毒的复制似乎主要在淋巴样组织，特别是扁桃体，但有时能从肾脏检查出疫苗毒抗原。该疫苗毒株既不通过怀孕猪的胎盘屏障，也不感染胎儿引起任何畸变。HCLV 毒力返祖的可能性很小，在猪体内连续传 7 代后仍保持原弱毒的安全性，并在采取或未采取免疫抑制的猪体内的表现一致。自 1956 年开始，我国将 HCLV 种毒先后赠送给原苏联、匈牙利、罗马尼亚、朝鲜、保加利亚及越南等国应用。匈牙利首先报道，来自北京的 C 株兔化弱毒比美国或英国当时的 ROVAC（美国兔化弱毒）、M. L. V 及 S. F. A（英国兔化弱毒）等其他商品弱毒苗优越，对种猪、乳猪无残余毒性。多年来，HCLV 种毒已传到大部分欧洲国家及拉美一些国家应用，公认为是最安全有效的 CSF 弱毒疫苗。1976 年欧洲共同体总结如何共同为进一步消灭欧洲的 CSF 制定统一方案时声称：HCLV 已为欧洲一些国家 HC 的控制和消灭做出了贡献。1958 年研制出兔毒黄牛一代反应苗（也称牛体反应苗）。每头牛有脾淋组织 1 500～2 000 g，可生产 15 万～20 万头份苗。

1964 年研制成功乳兔苗，对猪仍保持较好的免疫原性和弱毒性。按不少于 150 个对兔最小感染量制备冻干苗计算，每只乳兔平均 20 g，制苗可供 1 000 头猪使用，大大提高了产量，降低了成本。1965 年在全国推广应用。1964—1965 年，还探索性地研究了其他 3 种兔化弱毒苗。一是兔化弱毒兔脏器混合苗，即将兔化毒发热兔的脾、肠系膜淋巴结、肝、肾、肺淋巴结混合制苗；二是大兔肌肉苗；三是兔化毒山羊一代反应苗。后均因产毒量不高、质量不稳定、不经济、使用价值不大而放弃。

1973—1978 年中国兽医药品监察所组织相关单位研制出猪瘟兔化弱毒同源原代细胞苗。1978 年正式投产应用。1978—1980 年有 13 个厂生产

乳猪肾细胞苗。1 头乳猪肾（8～20 日龄乳猪）可制备 2 个大转瓶（10 000mL/瓶）细胞，每瓶培养液 1 000mL，可连续收获 4～5 次病毒液，病毒滴度可提高到 5 万～10 万个对兔发热剂量。如果以收获率 60％计算，至少可生产 50～60 万头份疫苗。其间（1974—1976 年），中监所组织有关协作单位还研制成功了猪瘟、猪丹毒、猪肺疫三联冻干活疫苗。

1980 年、1982 年和 1985 年分别研制成功绵羊和奶山羊肾及犊牛睾丸原代细胞苗，即异源原代细胞苗。目前仍在大量生产和使用的是犊牛睾丸细胞苗。

2004 年中国兽医药品监察所和广东永顺生物制药有限公司联合开展了传代细胞系生产 CSF 疫苗的研究，筛选和培育了专用于 CSF 活疫苗生产的猪睾丸传代细胞系（ST 细胞系）。2008 年成功研制出由 ST 细胞系生产的猪瘟活疫苗（传代细胞），使疫苗病毒滴度较牛睾丸原代细胞苗提高了近 20 倍。

中国兽医药品监察所联合华威特（北京）生物科技有限公司等企业于 2015 年取得高致性猪繁殖与呼吸综合征、猪瘟二联活疫苗（TJM - F92 株＋C 株）新兽药注册证书，对于高致病性猪繁殖与呼吸综合征和猪瘟防控必将产生深远影响。

2. 新型基因工程疫苗　包括基因工程亚单位疫苗、基因工程活载体疫苗、基因缺失疫苗、DNA 疫苗、合成肽疫苗、抗独特型抗体疫苗等，其特点是克服了常规疫苗的缺点。基因工程疫苗免疫后，蛋白质抗原在宿主细胞内表达，其加工处理过程与病原的自然感染过程相似，因此可表达出与病原体相似的抗原。同时，两者的抗原提呈过程也相似，与自然感染一样，诱导动物既产生细胞免疫又产生体液免疫；利于制成多价苗多联苗；利于工业化生产，降低成本。基因工程疫苗本身也是一种标记疫苗，利于疫病的控制、净化和消灭。

（1）基因工程 CSF 亚单位疫苗　将编码某种特定蛋白质的基因组，与适当质粒或病毒载体重组后导入受体（细菌、酵母或动物细胞），使其在受体中高效表达，提取所表达的特定多肽，加佐剂即制成亚单位疫苗。E2 蛋白是 CSFV 主要保护性抗原，能诱导机体产生中和抗体，保护机体免受强毒的攻击。目前，CSFV E2 蛋白亚单位疫苗已有商品化产品，但尚存在一定缺陷。

（2）CSF 标记疫苗　又称为"DIVA"疫苗，使用相应诊断试剂可以区别标记疫苗免疫产生的抗体和野毒感染产生的抗体，进而鉴别免疫和感染动物。CSF 亚单位标记疫苗实际上就是 CSFV E2 蛋白的抗原 B/C 区或 A 区亚单位疫苗，与上述亚单位疫苗不同之处在于：在研发相应的特定抗原亚单位疫苗的同时，也建立相应的鉴别诊断试剂，使用该试剂可以区别标记疫苗产生的抗体和野毒感染产生的抗体，进而鉴别免疫和感染动物。

（3）CSF 活载体疫苗　将外源目的基因用重组 DNA 技术克隆到活的载体病毒中制备的一种疫苗，可直接用这种疫苗经多种途径免疫动物。目前研究最多的是痘病毒作为载体，其次还有腺病毒、乳多空病毒、口疮病毒、逆转录病毒、伪狂犬病病毒、杆状病毒等。现在这些疫苗尚未达到实际应用水平。

（4）CSFV C 株突变株标记疫苗　将 CSF 兔化弱毒株基因的某一段进行人工修饰，即以人工方法使其缺失或替换，而其免疫原性不改变，缺失或替换的基因所表达的蛋白则可作为诊断抗原，从而区别疫苗免疫猪和自然感染猪血清抗体。主要是对 CSF 兔化弱毒株进行 E2 或 E0 基因的部分缺失、全缺失或替换。

（5）CSF 合成肽疫苗　利用重组 DNA 技术，根据病毒基因组的核酸序列，推导出病毒蛋白质的氨基酸序列，从而利用化学合成法人工合成病毒主要抗原相应的保护性多肽，并将其连接到大分子载体上，再加入佐剂制成合成肽疫苗。

（6）CSF "嵌合" 病毒疫苗　Moormann 等于 1996 年拼接出 C-株感染性全长 cDNA，用强毒 E2 基因取代原有 E2 基因，构建出了猪瘟杂交病毒，这一技术改变了传统意义上的弱毒疫苗研究程式，并且在研究猪瘟病毒的基因功能、感染、复制、免疫和致病机制方面具有重大意义。

（7）CSF 核酸疫苗　用 CSFV E2 蛋白基因的表达载体直接作为抗原免疫动物，这种疫苗称为 DNA 疫苗，又称为核酸疫苗。它可诱导体液免疫，又可诱导细胞免疫。

五、展望

在猪瘟的防制工作中，鉴别免疫或感染抗体仍有很大难度，未来对疫苗的重要要求之一就是

可通过血清学方法来区分 CSFV 感染猪。HCLV 和 CSFV 都是活病毒，以感染方式产生抗体，基因工程亚单位疫苗和 DNA 疫苗只诱导产生 CSFV 特定蛋白的抗体，因此可用检测 CSFV 特定或非特定蛋白抗体的方法鉴别。近年来，CSF 流行和发病特点在世界范围内发生了很大变化，呈现周期性、波浪形的地区性散发流行，其特点是无名高热、症状不典型，持续性感染，出生仔猪先天性震颤和母猪繁殖障碍。因此，有必要根据流行病学特点进行新型疫苗研制，以此来加强 CSF 的免疫防制。再者，传统弱毒疫苗已影响到国际贸易。由于担心在普通免疫的"保护伞"下隐藏有 CSFV 野毒，所以美国、加拿大、欧盟等发达国家和地区严密注视其他国家的疫情，不从任何有 CSF 和注射 CSF 弱毒疫苗的国家进口猪类制品，主要原因是不能用血清学方法鉴别诊断猪群是感染了野毒还是注射了疫苗。

因此，从未来发展的角度考虑，研制可克服传统疫苗不足之处的新型 CSF 疫苗是十分必要的。

（王在时　王忠田）

主要参考文献

王在时，丘惠深，郎洪武，等，2001. 猪瘟病毒流行株与疫苗株主要抗原编码基因差异研究 [J]. 中国兽药杂志，10（1）：1-3.

谢庆阁，翟中和，1996. 畜禽重大疫病免疫防制研究进展 [M]. 北京：中国农业科技出版社.

周泰冲，方时杰，李继庚，等，1979. 猪瘟兔化弱毒的研究 [J]. 畜牧兽医学报，10（1）：1-34.

Hammond J M, McCoy R J, Jansen E S, et al, 2000. Vaccination with a single dose of a recombinant porcine adenovirus expressing the *Classical swine fever virus* gp55（E2）gene protects pigs against *classical swine fever* [J]. Vaccine, 18：1040-1050.

Meyers G, Thiel H J, Til Mannrv Menapf, 1996. *Classical swine fever virus*：Recovery of infections viruses from cDNA constructs and generation of recombinant cytopathogenic defective interfering particles [J]. Journal of Virology, 70（3）：588-595.

Moormann R J, Bouma A, Kramps J A, et al, 2000. Development of a *Classical swine fever* subunit marker vaccine and companion diagnostic test [J]. Veterinary Microbiology, 73（2/3）：209-219.

Peeters B, Bienkowaka-szewczyk K, Huls M, et al,

1997. Biologically safe nontransmissible *Pseudorabies virus vector vaccine protects pigs against both Aujeszky's disease* and *classical swine fever* [J]. Journal of General al Virology, 12 (78): 3311-3315.

Rumenapf T, Stark R, Meyers G, et al, 1991. Structructual proteins of *Hog cholera virus* expressed by *vaccinia virus* further characterization and induction of protective immunity [J]. Journal of Virology, 65: 589-597.

Widjojoatmodjo M N, Van Gennip H G, Bouma A, et al, 2000. *Classical swine fever virus* E^{rns} deletion mutants: transcomplementation and potential use as nontransmissible, modified, live-attenuated marker vaccines [J]. Journal of Virology, 74 (7): 2973-2980.

第四节　非洲猪瘟

一、概述

非洲猪瘟（African swine fever，ASF）是由病毒（*African swine fever Virus*，ASFV）引起的家猪和野猪的一种高度接触性传染病，所有品种和年龄的猪均易感。家猪感染后出现发热、高病毒血症和出血性病变等典型特征，发病率高，但死亡率因感染毒株和猪品种的不同而有所差异，为5%～100%。通常将临床表现分为最急性、急性、亚急性和慢性4种类型。最急性和急性型病死率高，病变与古典猪瘟类似（但病程更短，盲肠结肠见不到溃疡，脾脏见不到梗死）。不同种类的野猪感染后临床表现差异很大，其中欧亚野猪、美洲野猪的临床表现与家猪类似，而非洲的疣猪、丛林野猪等多呈阴性感染，北美洲的花斑野猪对本病具有抵抗力。

发病猪的血液和分泌物中含有大量病毒，钝缘蜱属的软蜱可以感染、繁殖并传播病毒，因而，带毒家猪、野猪和钝缘蜱都是该病的宿主和传染源。研究表明，钝缘蜱属的软蜱，尤其是O. moubata、O. erraticus等钝缘蜱，寿命可长达20年之久，不仅可长期携带病毒，也可通过交配和卵传递病毒。ASFV主要通过消化道和钝缘蜱叮咬感染，但在同一猪群内也可通过呼吸道感染。ASFV可通过不同方式进行传播。远离非洲且历史上无疫情的国家多通过含ASFV的猪肉制品或运输工具废弃的残羹传入；接壤的国家还可以通过带毒野猪的迁移传入；此外，有软蜱存在的国家，病毒还能通过软蜱与野猪（尤其是疣猪）之间的循环得以长期维持，并伺机传染给家猪。一般情况下，直接接触感染的潜伏期为5～15d，而软蜱叮咬感染的潜伏期在5d之内。

迄今，全球共有49个国家曾经发生或仍有ASF流行，特别是近年来高加索地区疫情严峻，对我国构成极大威胁。ASF疫情最早于20世纪初发现于肯尼亚。1921年，蒙哥马利对欧洲家猪引入肯尼亚后的疫情发生情况进行了详细描述。随后许多非洲国家均有报道，而且至今仍在撒哈拉以南地区流行。1957年，ASF首次在非洲大陆以外的地区出现，葡萄牙里斯本机场附近的猪场因饲喂了来自安哥拉航班的泔水而暴发疫情，随后西班牙（1960年）、法国（1964年）、意大利（1967年）、苏联（1977年）、马耳他（1978年）、比利时（1985年）、荷兰（1986年）等欧洲国家均有发生。虽然多数国家很快扑灭了疫情，但葡萄牙和西班牙的疫情却长期存在，直到1994和1995年才真正消灭。意大利的撒丁岛由于存在野猪感染和康复带毒猪，从1978年首次传入以来，疫情一直存在。美洲部分国家，如古巴（1971年，1980年）、巴西（1978年）、多米尼加（1978年）和海地（1979年）等都曾发生过ASF疫情，但相继被扑灭。2007年，欧洲大陆出现第二次流行，疫情首先在格鲁吉亚Poti港附近的农场出现，随后迅速传至亚美尼亚、阿塞拜疆和俄罗斯等周边国家。此次疫情的发生，可能与饲喂了国际货轮上被ASFV污染了的肉品垃圾有关，目前仍呈扩大蔓延趋势，已造成巨大损失。

ASF诊断和检测技术非常成熟，但疫苗研究却一直未能成功。因此，历史上所有消灭ASF的国家，都是通过及时准确的诊断和严格有效的封锁、扑杀等措施取得成功的。

二、病原

ASFV是非洲猪瘟病毒科非洲猪瘟病毒属中的唯一成员。在形态上类似虹彩病毒，在基因组结构复制方式上类似痘病毒，实际并不相同。完整的病毒颗粒直径约200nm（图26-4），具有复杂的多层结构，外被囊膜，内有核衣壳，20面体对称，六边形外观。病毒中部为高电子密度核心，直径约80nm，由病毒基因组及完成早期转录所必需的酶

（如 DNA 依赖性 RNA 聚合酶、mRNA 加帽酶、多腺苷酸聚合酶等）和一些 DNA 结合蛋白组成（如 P14.5、P10 等）；核心外围是核心衣壳，由 P150、P37、P34、P14 等蛋白组成；其外侧是源自内质网的内囊膜（含 P54、P32、P22、P12、CD2v 等）和围绕在内囊膜周围的病毒衣壳（含 P72、P17 等）；病毒在出芽时可获得外囊膜（含 P24、P12、CD2v、P54 等）。病毒能诱导易感动物产生高滴度抗体，但不具备保护作用，仅具有诊断意义。多数毒株感染单核-巨噬细胞后具有红细胞吸附能力，可用玫瑰花环试验证实。

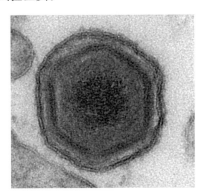

图 26-4　ASFV 病毒的电镜照片
(Institute of Animal Health, UK)

（一）病毒基因组

ASFV 基因组为线状双股单分子 DNA，全长 170～192 kb。中部为中央保守区（C 区），长度约 125 kb，该区域的一些基因（如 P72 基因）常作为 ASFV 基因分型的依据；C 区还含有一个 4 kb 的中央可变区（CVR），位于 P72 伴侣蛋白基因 B602L（9RL），在不同基因型或同一基因型的不同毒株之间都存在差异；C 区两侧各有一个可变区，分别称为 VL（38～48 kb）和 VR（13～22 kb），含有 5 个多基因家族（MGF），每个多基因家族都可发生缺失、增加、分化等变异。这在不同毒株之间差异很大，与病毒抗原变异、逃避宿主防御系统的机制有关；基因组的两端为共价闭合环状结构，均含有长度为 2.1～2.5 kb 的颠倒重复序列（TIR）。

（二）病毒编码蛋白

基因组编码蛋白的数量因毒株不同而有所差异，一般为 150～175 种，分布在 DNA 两条链上。有的基因是以多聚蛋白（如 PP220、PP62 等）的形式表达，经翻译后加工形成大小不等的多种蛋白分子。迄今，已发现纯化的病毒粒子中至少含有 54 种蛋白，而感染的巨噬细胞中至少含有 100 种病毒相关蛋白，这些蛋白的功能包括形成病毒结构、实现病毒感染、催化病毒复制转录及逃避宿主防御系统等。其中至少有 50 种蛋白具有免疫原性，在自然感染过程中能诱生抗体，特别是细胞结合蛋白（如 P72、P54 和 P12）及病毒内吞相关蛋白（如 P32）等都具有很高的抗原性。虽然这些蛋白不足以诱导产生保护性免疫反应，但却足以用于血清学诊断。

1. P72　又称 P73，分子质量 73.2 kDa，位于细胞内病毒粒子的表层，是由 B646L 基因编码的主要衣壳蛋白，具有很高的保守性。B646L 基因 C-末端约 478 bp 的核酸片段常用于 ASFV 分子诊断、遗传进化分析和基因型鉴别，利用该片段可将 ASFV 分成 22 个基因型，其中 2007 年传入高加索地区的 ASFV 毒株为基因 II 型。P72 产生于病毒感染的晚期，含有优势抗原决定簇，能诱生高滴度的特异性 IgG 抗体。由于 P72 保守性高、抗原性好且易于分离纯化，目前已作为主要抗原用于 ASFV IgG 抗体检测。

2. P54　又称 j13L，分子质量 19.9 kDa，由 E183L 基因编码，属于 I 类膜蛋白，含半胱氨酸残基，分子间以二硫键相连形成二聚体，存在于病毒的内外囊膜上。在感染细胞过程中，P54 蛋白能与胞质动力蛋白轻链 LC8 直接结合，从而促进病毒与宿主细胞的吸附和侵入。体外试验中，纯化的 P54 蛋白或其抗体能阻断病毒与易感细胞结合，但活体试验并不明显。在感染细胞内，P54 通过 N 末端跨膜区与内质网膜结合，通过收敛作用，促进病毒囊膜前体的形成，因此是病毒复制的必需蛋白。

由于 P54 是一种抗原性强的膜结合蛋白，病毒感染后能产生针对 P54 高滴度的 IgG 和 IgM 抗体，用 P54 蛋白建立的 ELISA 抗体检测方法，具有很高的敏感性、特异性和稳定性，与 OIE 全病毒抗原 ELISA 水平相当，用弱毒攻毒后 7～10d 即可检测到抗体，而且其制备过程不需要高的生物安全条件，因此是目前综合评价最好的 ELISA 诊断抗原。

3. P32　又称 P30，分子质量 23.6kDa，由 CP204L 基因编码，是一种磷蛋白，与病毒侵入有关。P32 含有优势抗原决定簇，能诱导较强的体液免疫应答，而且 P32 能在病毒感染的早期进行表达和分泌，产生抗体较早。因此，基于 P32

的 ELISA 常用于非洲猪瘟感染的早期诊断。

4. PP62　又称 PP60 或 P60，是一种多聚蛋白，分子质量 60.5 kDa，由 *CP530R* 基因编码，在病毒复制晚期表达，经病毒编码的 SUMO 样蛋白酶裂解形成 P35 和 P15 两种病毒结构蛋白，这一过程是在感染细胞内的病毒工厂中完成的。有研究表明，PP62 抗体检测 ELISA 具有很高的敏感性。

5. PP220　又称 P220，也是一种多聚蛋白，分子质量 281.5 kDa，由 *CP2475L* 基因编码，晚期表达，经 SUMO 样蛋白酶裂解生成 P150、P37、P34 和 P14。上述 4 种蛋白约占 ASFV 蛋白总量的 25%，是构成核壳的主要成分，在病毒形态形成过程中起着重要作用。

6. 其他蛋白　P12 由 *O61R* 基因编码，具有细胞吸附功能；*S273R* 基因编码 SUMO 样蛋白酶，能水解多聚蛋白；CD2v 由 *EP402R* 基因编码，类似 CD2，能使感染细胞具有红细胞吸附特性，是 ASFV 唯一的糖蛋白；B602L（又称 9RL）为 P72 伴侣蛋白，协助完成病毒衣壳的组装；P14.5 为 DNA 结合蛋白，在病毒粒子向胞浆膜迁移过程中发挥作用。ASFV 还像痘病毒一样，编码胸苷激酶、DNA 聚合酶、DNA 连接酶、RNA 聚合酶、解旋酶等大量完成复制和转录功能的酶类，此外，还有许多蛋白的生物学和免疫学功能目前尚不清楚。

（三）病毒分型

ASFV 血清中和试验结果很不确实，因此血清分型难以进行，也无实际意义。在病原分子流行病学调查研究中，多采用 *P72* 基因序列分析的方法进行基因分型。迄今全球流行的 ASFV 毒株可分为 22 个基因型，其大致分布见图 26-5。

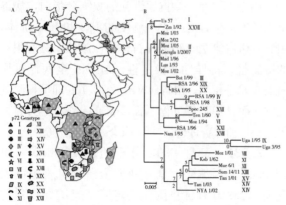

图 26-5　ASFV 的 *P72* 基因型分布
（Costard 等）

（四）抵抗力

ASFV 非常稳定，对热、腐败、酸碱和蛋白酶均具有较高耐受性。在有血清介质的情况下存活时间分别为：5℃ 为 6 年，室温为 18 个月，37℃ 为 1 个月，56℃ 为 3.5h。对 pH 变化抵抗力强，一般在无血清条件下，在 pH3.9~11.5 范围内稳定，pH13.4 时仍能存活 21h；在有血清条件下抵抗力更强，pH3.1 存活 22h，pH3.9 存活 3h，pH13.4 存活 7d。室温条件下，在粪便中可存活 11d，腐败血液中可存活 15 周；4℃ 条件下，在血液中存活 18 个月；在腌制干火腿中可存活 150d；在半熟肉及泔水中也可长时间存活。

ASFV 对乙醚和氯仿等脂溶剂敏感，消毒剂中以季铵盐、碘制剂和苯酚类效果较好，0.8% NaOH 溶液、含 2.3% 有效氯的次氯酸盐、0.3% 福尔马林及 3% 邻苯基苯酚均可在 30min 内灭活。

（五）培养特性

ASFV 可在猪单核巨噬细胞、骨髓细胞和白细胞中生长，可从猪血分离白细胞、仔猪骨髓中分离骨髓细胞、猪肺中分离巨噬细胞用于病毒分离培养；某些毒株经适应后也可在 MS（Monkey stable，猴稳定细胞系）、Vero、猪肾、牛肾等细胞及鸡胚中生长；有的实验室还采用软蜱进行病毒传代培养。多数毒株感染白细胞后 1~3d 出现病变，并能吸附猪红细胞，可通过红细胞吸附（hemadsorption，HAD）试验加以证实。传代细胞适应毒引起的细胞病变更加明显，在胞浆中可见包含体，细胞容易脱落，可用荧光抗体或 PCR 方法等检测细胞中的病毒。

三、免疫学

（一）感染发病机制

ASFV 对单核巨噬细胞具有明显的亲和力，病毒以不同方式进入机体后，可直接或通过血液循环感染局部淋巴组织中的单核巨噬细胞，大量增殖后再次进入血液，吸附于红细胞等血细胞，随血液循环感染更多部位的单核巨噬细胞，稍后可进一步感染内皮细胞、巨核细胞、中性粒细胞和肝细胞等多种细胞类型。同其他出血热病毒一样，ASFV 可导致血管内皮细胞凋亡，使血管通透性增加，从而引起广泛的出血性病变，在感染后期，则进一步发展成弥散性血管内凝血（DIC），抗体与细胞成分的免疫复合物可能在这一过程发挥作用。在淋巴组织中，ASFV强毒株能导致大量淋巴细胞凋亡，由于病毒不能直接感染T淋巴细胞和B淋巴细胞，推测这种凋亡是由病毒感染的巨噬细胞表面或释放的细胞因子引起的，并最终导致T细胞和B细胞数量显著减少，从而对ASFV免疫应答受到损伤。

多数ASFV分离株能使家猪发生急性出血热，感染后8～14d致死率可高达100%，某些中等毒力毒株致死率会降低至30%～50%；而伊比利亚半岛分离的弱毒株，症状轻微，致死率很低。强毒或中等毒感染后，猪血毒滴度可达到每毫升10^8个半数红细胞吸附单位（即$10^8 HAD_{50}$）。但猪被治愈之后血毒水平较低，病毒在组织中复制也显著减少。新生仔猪人工感染表明，最早于感染后8h即可出现初次病毒血症，15～24h出现第二次病毒血症，30h几乎所有组织均可测到病毒，72h即可达到最高滴度。弱毒感染后，虽然在淋巴组织中可检测到中等水平的病毒滴度，但血毒滴度很低且仅能从少数猪中检出。康复猪能长期、持续带毒，这一特性说明ASFV能有效逃避宿主防御系统。

（二）免疫应答

感染ASFV强毒的猪多在出现体液免疫应答之前就已死亡，存活时间稍长的猪则可出现特异性体液和细胞免疫应答，康复猪对同源毒株的攻击能产生较强保护力，但对异源毒株却没有抵抗力。早期研究表明，用弱毒株进行攻毒，1周后部分猪血清中出现补体结合（CF）抗体；2周后多数猪CF抗体阳性，部分猪开始出现琼脂扩散（AGP）抗体；3周后所有猪CF和AGP抗体阳性，可维持数月以上。用ELISA试剂盒，多数在感染后7～10d即可检测到抗体，而且由于持续感染的存在，抗体可持续终生。

ASFV不能使机体产生具有保护作用的中和抗体，体外中和试验也大都得出同样的结论。另外，该病毒诱导产生的特异性细胞免疫应答，仅能提供部分但并不充分的免疫保护。有研究者认为耐过病猪能够抵抗同源毒株的攻击，是由于产生了干扰物质的缘故。

四、制品

由于目前尚无有效的疫苗，因此所有ASF的控制和消灭措施，均基于快速准确的诊断。ASF诊断方法有很多，包括病原分离、红细胞吸附试验、PCR检测、补体结合反应、琼脂扩散试验、ELISA、免疫印迹（IB）、免疫荧光（IF）等。

（一）诊断试剂

1. 诊断抗原　可采用基因表达的方法制备抗原，也可采用病毒的细胞培养物制备抗原。基因表达抗原，如P72、P54、P32、PP62、A104R、B602L、K205R均被用于ELISA抗体检测试剂的开发；其中，P72、P54应用较广，如西班牙IN-GENASA公司生产的ASFV抗体阻断ELISA试剂盒和双抗夹心ELISA试剂盒，均以P72表达抗原及其单抗为基础，分别用于抗体和病原检测。

2. 诊断抗体

（1）阳性血清　可采用ASF康复猪血清制备，也可采用攻毒方法制备。后者需在ABSL-3实验室中进行，一般先用高滴度的弱毒株肌内注射攻毒，再用低滴度的强毒株攻毒，根据需要可重复攻毒，最后一次攻毒后10d，采血分离血清，56℃灭活30min，经相应方法（如ELISA、CF、AGP等）标定后，小量分装，-20℃以下保存。

（2）单抗　ASFV多种蛋白的单抗已研制成功，有的已用于诊断，如INGENASA夹心ELISA、阻断ELISA等均以P72不同表位单抗作为捕获或指示抗体。

3. 抗原检测ELISA　以单抗为基础的夹心ELISA，可用于ASFV抗原检测，特异性较高。INGENASA夹心ELISA试剂盒，以包被的P72（P73）单抗吸附样品中的病毒抗原，用针对P72另一表位酶标单抗显示抗原的存在，可用于检测血液、脾脏或淋巴结中的病毒抗原。

4. 抗体检测ELISA（OIE国际贸易指定试验）

（1）间接ELISA　该方法以全病毒抗原或表达抗原（如P72、P54等）包板，借以吸附血清中的ASFV抗体，然后以酶标SPA（或抗猪IgG）指示抗体的存在，阳性样品有颜色反应。

（2）阻断ELISA　包被抗原同间接ELISA，指示抗体采用针对某一蛋白（如P72）的酶标单抗。如果血清中有ASFV抗体，则单抗与包被抗原结合受阻，可根据 OD 值计算阻断率，从而估计阳性值的高低，强阳性样品无颜色反应。

5. PCR 检测（OIE 国际贸易指定试验）

（1）普通 PCR　以下引物系根据 ASFV 分离株 BA71V 之 P72 基因保守序列设计而成，扩增基因组第 88 363～88 619 位核苷酸片段，总长度 257 bp。该引物既可单独用于 ASFV 核酸检测，也可与猪瘟病毒引物混合用于鉴别诊断。引物 A：5′- AGTTATGGGAAACCCGACCC - 3′；引物 B：5′- CCCTGAATCGGAGCATCCT - 3′。反应条件为：95℃预变性 10min；95℃变性 15s，62℃退火 30s、72℃延伸 30s，共 40 个循环；72℃延伸 7min；4℃维持。电泳：将反应产物用 2% 的琼脂糖凝胶电泳检查，阳性反应出现 257bp 的条带。

（2）荧光定量 PCR　根据 ASFV 分离株 BA71V 之 P72 基因第 2 041～2 290 位核苷酸序列设计以下引物和探针，扩增长度 250 bp，该方法比普通 PCR 敏感性更高。引物 A：5′- CTGCT-CATGGTATCAATCTTATCGA - 3′；引物 B：5′- GATACCACAAGATC（AG）GCCGT - 3′；TaqMan 探针：5′- FAM - CCACGGGAGGAAT-ACCAACCCAGTG - TAMRA - 3′。反应条件为：95℃预变性 3min；95℃变性 10s，58℃退火 30s，共 45 个循环；阳性对照 Ct 值为 32±2，而阴性对照无任何 Ct 值时试验成立。一般 $Ct>40$ 为阴性，38～40 为可疑，$Ct<38$ 为阳性，可疑样品应重检。

（二）疫苗

迄今，所有 ASF 疫苗的研发尝试均没有成功。这是由病原多变、主要侵害免疫屏障、容易逃避免疫系统、不能诱生有效中和抗体、涉及复杂的细胞免疫及动物宿主本身的遗传特性等多种因素决定的。早期疫苗的研究主要集中在灭活疫苗和弱毒疫苗。大量研究表明，灭活疫苗虽然能够诱导机体产生抗体，但几乎没有保护作用。弱毒疫苗虽然对同源强毒有一定保护效果，但由于 ASFV 的高度变异性，其安全性很差，时常引发疾病，导致病原严重扩散。西班牙和葡萄牙在 ASF 传入的早期曾尝试使用弱毒疫苗，但最终均以失败而告终，弱毒疫苗的使用导致了疫病大面积、长时间流行，严重影响了疫病控制和消灭的进程。

五、展望

近 20 年来，运用分子生物学和免疫学技术对 ASF 的疫苗和免疫问题也进行了诸多探索性研究。ASFV 在吸附和进入细胞过程中，有 P30、P54、P72 等多种病毒蛋白参与，因此在 ASF 亚单位疫苗和重组疫苗的研究中大多倾向选取这些基因。但用杆状病毒等表达系统研制的亚单位疫苗，仅能延缓临床症状出现的时间并在一定程度上降低病毒血症水平，却并不能产生足够保护。

虽然如此，基于弱毒株或重组病毒等进行的基础研究，对未来 ASF 疫苗的研究策略仍具有一定启发意义。研究发现，ASFV 弱毒株感染机体所产生的特异性 CD8+ CTL，能识别巨噬细胞被 ASFV 强毒株感染后所形成的 SLA Ⅰ类分子-抗原复合物，引发这些巨噬细胞凋亡。研究还发现，弱毒株的保护作用还与机体产生的 NK 细胞活性水平成正相关，也与巨噬细胞感染病毒后所释放的细胞因子有关。这些证据表明，弱毒疫苗的保护作用可能主要由细胞免疫来完成。因此，未来 ASF 疫苗的研究应致力于研制能有效刺激保护性细胞免疫的安全疫苗，如重组伪狂犬病病毒活载体疫苗、毒力基因缺失疫苗、具备刺激细胞免疫能力的多肽疫苗等。由于 ASFV 是一种能发生高度变异的大病毒，存在着许多逃避宿主免疫系统的复杂机制，加上病毒感染、致病和免疫过程涉及许多成分和表位，近期在疫苗研究上取得突破仍很困难，因此只有通过基础研究的不断深入及对病毒特性的不断了解，才有可能找到新的思路。

（王志亮　戈胜强　王忠田）

主要参考文献

王君玮，王志亮，2010. 非洲猪瘟［M］. 北京：中国农业出版社.

Fernández P J, White W R, 2010. Atlas of Transboundary Animal Diseases［M］. Paris：OIE.

Gallardo C, Reis A L, Kalemazikusoka G, et al, 2009. Recombinant antigen targets for serodiagnosis of african swine fever［J］. Clinical & Vaccine Immunology, 16 (7)：1012 - 1020.

Sánchez-Vizcaíno J M, Martínez-López B, Martínez-Avilés M, et al, 2009. Scientific review on African swine fever［J］. Efsa Supporting Publications, 6 (8).

第五节　猪传染性胃肠炎

一、概述

猪传染性胃肠炎（Transmissible gastroen-teritis of pigs，TGE）是由猪传染性胃肠炎病毒（*Transmissible gastroenteritis virus*，TGEV）引起的一种急性、高度接触性传染性肠道疾病。以呕吐、水样腹泻、脱水和 10 日龄内的仔猪高死亡率为主要特征。本病对各种年龄的猪只均易感，但 5 周龄以上猪只的死亡率则很低；成年猪几乎没有死亡；以 2 日龄以下的仔猪最为易感，病死率可高达 100%。

本病最早于 1933 年报道发生于美国的伊利诺伊州；此后该病在美国流行，并威胁着美国养猪业的发展。直到美国学者 Doly 和 Hutchings（1946）首次确定本病的病原体为病毒，并进行了相关的研究。20 世纪 80—90 年代，本病在全球广泛流行，给各国的养猪业造成了很大损失。我国最早于 1956 年报道在广州揭阳、惠州和汕头市的几个猪场中发生本病，此后在全国大部分省市（区）均有本病的发生。直到 1973 年，我国开始进行了 TGEV 的分离，对本病进行了系统研究。

二、病原

TGEV 属于尼多病毒目（Nidovirales）、冠状病毒科（Coronaviridae）、冠状病毒属（*Corona-virus*）的冠状病毒 I 群成员，与猪流行性腹泻病毒（PEDV）和猪呼吸道冠状病毒（PRCV）属于同一群。TGEV 的病毒粒子有囊膜包裹，直径为 60～160 nm，呈圆形、椭圆形和多边形。囊膜上覆有花瓣状纤突，长 18～24 nm，以极小的柄连接在囊膜表面，其末端呈球形，直径约 10 nm。病毒粒子内部为 RNA 和核衣壳蛋白组成的直径为 9～16 nm 的螺旋式核蛋白核心。

（一）病毒基因组

TGEV 基因组是一个不分节段的单股正链 RNA，长度约为 28 kb。该 RNA 链有正链 RNA 病毒特有的结构特征：RNA 链 5' 端有甲基化的帽子结构（cap）、3' 端有长度不一的 Poly（A）尾巴结构。TGEV 基因组编码 9 个完整的开放阅读框（ORF），具有 Alpha-冠状病毒（Alpha-coronavirus）独有的基因组特征，在其 5' 端和 3' 端含有非编码区序列（NCR），其基因组结构顺序为 5'-1a-1ab-S-3a-3b-sM-M-N-7-3'。整个基因组 5' 端近 2/3 的序列为 ORF 1 基因，包括 2 个大的开放阅读框，即 ORF 1a 和 ORF 1ab，分别编码 4 017 和 2 698 个氨基酸（aa），分子质量大小分别为 400 kDa 和 350 kDa。在 ORF 1a 和 ORF 1ab 之间往往存在约为 43 个核苷酸（nt）的重叠，包含一个冠状病毒独有的 "slippery site"，5'-UUUAAAC-3'。该序列促使 ORF 1a 在转录过程中发生一个移码（−1），导致 pp 1ab 的正确转录，避免 pp 1ab 发生转录终止。TGEV 基因组编码的 4 个结构蛋白分别为纤突蛋白（S）、小膜蛋白（E）、膜蛋白（M）和核衣壳蛋白（N）。基因 1、基因 3 和基因 7 则编码病毒的非结构蛋白，其中基因 1 和基因 3 分别含有 2 个 ORF：ORF 1a 和 ORF 1ab、ORF 3a 和 ORF 3b。各个基因组之间大多由数量不等的数个碱基组成。其中每个间隔区内都含有由六聚体组成的转录起始序列（TRS）（5'-CUAAAC-3'），引导序列聚合酶复合体转录亚基因组 mRNA 的起始信号。

（二）病毒结构蛋白

TGEV 基因组编码的 4 个结构蛋白为纤突蛋白（S）、小膜蛋白（E）、膜蛋白（M）和核衣壳蛋白（N），另编码 3 个非结构蛋白（pp 1a 和 pp 1ab、pp 3a 和 pp 3b、pp 7）。这些结构蛋白和非结构蛋白及其在病毒粒子中的功能也各有特点。

1. S 蛋白　属于 I 型糖蛋白，形成典型的花瓣状囊膜突起，突出于病毒粒子的表面，是 TGEV 的主要结构蛋白。全长约 4 300 bp，最初合成的 S 蛋白为 1 447aa 或 1 449aa。其 N 端含有 16 个 aa 组成的短链疏水序列，起分泌性信号肽的作用，经切除信号肽共转译和在高尔基体内糖基化而成熟，形成 195～220 ku 的稳定三聚体。在 C 端含有疏水的跨膜区。S 蛋白携带主要的 B 淋巴细胞识别抗原决定簇，介导细胞吸附、膜融合和不依赖补体的中和抗体的产生，以及提供免疫保护作用，并决定病毒的毒力及组织嗜性。S 蛋白有 A、B、C 和 D 4 个主要抗原位点，包含于占 S 蛋白氨基端约 1/2 的 543 个 aa 残基之内，由

S 基因 5′端仅占 2.2kb 的基因片段编码；不同分离株的 4 个抗原位点的位置稍有差异，A、B 和 D 位点高度保守，而 C 位点则稍有变化。

2. M 蛋白 是 N 端被糖基化的膜蛋白，是构成病毒粒子不可缺少的成分。编码 262 个 aa 残基，经切除信号肽，共转译糖基化而成熟，成熟 M 蛋白的分子质量为 29～31 kDa。M 蛋白定位于内质网膜上，决定 TGEV 的装配位点，影响病毒的变异，同时介导补体依赖性中和抗体和 α-干扰素（α-IFN）的产生。TGEV M 蛋白和 PBL 细胞膜的相互作用诱导仔猪血液和肠道内高水平 IFN 的表达。研究发现产生 α-IFN 的有关氨基酸残基均位于 M 基因 N 末端最后 22 个 aa 残基内，而诱导 α-IFN 产生的区域位于 M 蛋白的外部区域。

3. E 蛋白 是与膜相关的蛋白，由 82 个 aa 残基组成，分子质量为 78 kDa，在每个病毒粒子中含有约 20 个拷贝。通过多肽扫描发现残基 64-AYKNF-68 是诱生抗 sM 单克隆抗体的核心序列。E 蛋白的抗原位点位于 C 末端，在 TGEV 感染的猪血清中能检出抗 sM 的抗体。推测 E 蛋白是 TGEV 有效复制的必需成分，在调控病毒粒子的装配和/或释放中起重要作用，并且为有效的抗原。

4. N 蛋白 是磷酸化的酸性蛋白，存在于病毒粒子的内部，编码 382 个 aa 残基，编码分子大小为 44ku 的多肽，存在于病毒粒子的内部，以核糖核蛋白复合体的形式存在，与病毒基因组紧密结合在一起，呈螺旋式结构，组成病毒的核衣壳。N 蛋白在病毒 RNA 的复制加工过程中起到重要作用，用 N 蛋白制备的抗血清能抑制 90% 的基因组 RNA 的合成。与其他蛋白相比，N 蛋白比较保守，常作为诊断疾病的抗原。

（三）病毒非结构蛋白

1. 基因 1 编码蛋白 基因 1 通过核糖体移码完成蛋白质 1a（pp 1a）和 1ab（pp 1ab）的表达来介导病毒 RNA 的合成。pp 1a 和 pp 1ab 分别编码 4 017 个 aa 和 2 680 个 aa。虽然对复制酶基因非保守区进行缺失来确定复制酶基因的必需基因的技术目前还不成熟，但是研究发现，在 pp 1a 的一个点突变可以显著地影响冠状病毒 Mini-基因组的复制。通过对冠状病毒和动脉炎病毒的复制酶基因进行分析发现，pp 1a 的多变区普遍存

在于其 N 端。ORF 1 基因的蛋白酶切割产物主要包括 2 个 papain 样蛋白酶（PL1 和 PL2）、一个 3C 样蛋白酶（3CL^pro）、一个生长因子样蛋白酶（GFL）、一个 RNA 依赖的 RNA 聚合酶（RdRp）、一个金属离子结合酶（MIB）和一个解旋酶（Hel）。其中，3CL^pro 是 TGEV 主要的蛋白酶，被认为 pp 1a 和 pp 1ab 的转录切割活性是由其来介导产生的。

2. 基因 3 编码蛋白 基因 3 含有 2 个不同的 ORF，分别编码 ORF 3a（71 个 aa）和 ORF 3b（254 个 aa）基因。最初的研究发现，ORF 3 编码大小为 27.7 ku 的非结构蛋白。体外翻译 mRNA 3 得到了 ORF 3 编码的多肽，但是在感染细胞中还未检测到 mRNA 3 的转译产物。由于 ORF 3a 在 TGEV 的小蚀斑（SP）变异株、PRCV，以及其他现地 TGEV 中往往存在缺失，进而人们推测 ORF 3a 至少不是病毒复制所必需的，该基因的缺失可能影响病毒毒力和组织嗜性。研究发现，基因 3 并不是病毒复制所必需的基因，缺失基因 3 只能对病毒的毒力产生很小的影响。

3. 基因 7 编码蛋白 基因 7 编码一个大小为 9.1 ku 的疏水蛋白。研究发现，该蛋白与内质网和细胞表面膜有关。对 ORF 7 基因进行缺失证明，缺失基因 7 后的 TGEV（rTGEV-D7），其蛋白并不表达。而重组的 rTGEV-D7 具有标准的生长动力学曲线，显示基因 7 所编码的病毒蛋白并不是病毒复制所必需。体外感染试验证明，rTGEV-D7 的复制能力和毒力与亲本毒株相比存在下降的趋势，该结果显示 TGEV 的基因 7 影响病毒的致病性。

（四）病毒的变异

TGEV 主要感染仔猪的小肠上皮细胞，最终导致发生致死性的腹泻，同时本病毒有时也在上呼吸道及肺部存在。对于育成猪，TGEV 只能引起轻微的一过性症状。虽然 TGEV 目前只有一个血清型，但是 TGEV 变异株-PRCV 可以感染猪肺上皮细胞，主要引起猪只的呼吸道疾病。除了 S 基因外，TGEV 和 PRCV 在基因组成上具有高达 96% 的同源率。研究发现，二者致病性上的不同可能与 PRCV S 基因核苷酸（45～725 位）的缺失有关。PRCV 的出现对于研究冠状病毒的组织嗜性的进化及毒力的变化将具有重要的意义。

（五）组织嗜性和毒力

Ⅰ群冠状病毒的 S 蛋白通过识别细胞表面受体 pAPN 黏附到受体细胞的表面。反向遗传操作技术研究表明，TGEV S 蛋白的改变将会影响病毒的组织和种属特异性。TGEV 感染肠道需要通过 S 蛋白的 1 518～2 184 aa 区域，以及可能的第二种因素（共受体）S 蛋白的 217～665aa 区域识别并黏附到 pAPN 来结合到受体细胞的表面。研究发现，TGEV S 蛋白 2 个 aa 的突变可以改变其感染肠道的组织嗜性。据此可以推断 TGEV S 蛋白的 217～665aa 区域决定病毒的组织嗜性；同时，仅仅结合到 APN 并不能成为引起肠道感染的必要条件。TGEV 的种属特异性已经通过将其 S 基因替换为犬和人冠状病毒的 S 基因而延伸到可以感染犬源和人源细胞。因此，一株具有完全复制能力、感染增殖能力缺陷的 TGEV 已经被证明可以安全地应用于重组病毒研究中。因为这些缺陷型病毒只能在具有包装能力的细胞系中增殖，而不能在宿主体内通过细胞与细胞之间增殖。

组织嗜性的改变通常会引起病毒毒力的变化。当然只是一种可能，就是强毒力的 TGEV 直接改变其在肠道细胞内的致病力。TGEV 仅仅在肺脏保持高于 $1×10^6$ PFU/g 的病毒滴度而不出现任何临床症状。TGEV 相关 S 基因发生改变的重组病毒，组织嗜性和毒力都发生了相应改变。类似地，细胞与细胞之间的病毒蔓延受 S 蛋白依赖的融合机制影响，也在一定程度上影响 TGEV 的致病力。多数冠状病毒的基因之间是部分重叠的，但 TGEV 是个例外。为了研究 TGEV 非必需基因的缺失对其毒力的影响，通过在每个基因 5′末端的序列重叠区域引入独有的限制性酶切位点研究发现，在每对相邻基因之间引入一个酶切位点可以导致其毒力和生长能力降低 1/10～1/5。研究还发现，同时修饰所有必需基因（S、E、M 和 N）的 5′末端可以使病毒的毒力和生长能力降低 1/100～1/12。因此，这种引入独有酶切位点的方法可以被用来控制病毒载体的毒力。虽然 TGEV 非必需基因 3 的缺失对其毒力影响有限，但非必需基因 7 的缺失能使 TGEV 的毒力降低。因此，部分非必需基因的修饰可以作为降低 TGEV 相关载体毒力的有效策略用于新型疫苗的开发。

三、免疫学

对本病的免疫问题，许多国家已作了很多研究。由于 TGE 是典型的局部感染症，且控制手段主要是保护哺乳仔猪，因此免疫研究所遵循的基本原则是乳汁免疫。即本病愈后妊娠母猪所生仔猪在哺乳期间不感染本病，因为乳汁中含有中和抗体，能保护肠黏膜的上皮细胞免于感染。早期采用强毒免疫方法，在分娩前 2～3 周对妊娠母猪进行人工口服感染，达到保护仔猪的最好效果。起保护作用的是乳汁中的免疫球蛋白分泌型 IgA 和 IgG，其中以分泌型 IgA 为主，因为其对消化酶有抵抗性，持续时间长。IgG 则对酶的抵抗性低，持续时间短，但若 IgG 抗体效价高，也能起到防止感染的作用。因此高效价的 IgG 和 IgA 是相辅相成的，这是国际上对本病强毒和弱毒免疫进行长期研究而逐渐形成的见解。至于 IgA 的形成机理，一般认为是由于病毒抗原刺激肠管的集合淋巴小结，致敏淋巴细胞分裂增殖，产生淋巴细胞，经淋巴流、血流移行至乳腺，于局部产生 IgA 抗体。

在本病确认之后的较长时期，许多国家通过采用强毒人工免疫的方法，取得了保护仔猪的明显效果。我国直到目前仍有少数猪场沿用。但其缺点是人为地使母猪发病，加重环境污染和疫病扩大蔓延，还有可能造成其他传染病暴发，故国际上已停止使用。后来用过灭活疫苗，但由于不能产生乳汁免疫因而很少应用，继而出现了活疫苗-灭活疫苗并用。继之研究最多的是活疫苗。弱毒免疫与强毒免疫不同的是，其乳汁中主要含 IgG，分泌型 IgA 少，其原因可能是抗原对肠黏膜的刺激弱，乳汁中 IgA 消失得早，这是长时间认为弱毒免疫效果不理想的主要依据。后来 Stone 等（1976）经试验证明，把从 TGE 免疫母猪的初乳中分离到的 IgA、IgG、IgM 用胃液、胰蛋白酶、胃蛋白酶处理后，检查了中和抗体活性的降低情况，结果无明显差别；又将处理的免疫球蛋白分别经口给仔猪饲喂，结果防止了感染。由此证明，弱毒的免疫不单纯依靠 IgA，而 IgG 也参与了大部分作用。

关于接种妊娠母猪的有效途径也作过不少研究，目前尚有不同看法。按照强毒免疫的效果分析，认为口服接种是自然途径。相关试验虽做得很多，但并不太理想，因为弱毒株的抗酸性和对蛋白分解酶的抵抗力有所降低，所以德国 BI-300 株疫苗用耐酸性胶囊包装后给妊娠母猪口服，抗体水平也不是太高，实际应用也有一定困难，但比较起来仍为有效途径之一。肌内注射接种所产生的抗体主要是 IgG，如前所述的原因，较长时间认为免疫效果不佳。自 Stone 等（1978）试验证明之后，用日本 TO-163、美国的小空斑变异株及日本的 h-5 弱毒疫苗进行的试验均证明，肌肉接种配合鼻内接种法是有效的接种途径，可快速增加 IgG 的含量。日本 L-K 弱毒免疫法（即活苗-灭活疫苗并用）的研制单位——日本生物科学研究所认为这个途径也能促使产生 IgA，同时该途径操作简便，易于应用。当然，疫苗株的毒价越高效果越好。在乳腺内接种方面也做过不少探索，证明也是有效的途径，但并未被采用，可能与操作不便有关。鼻内接种法一直证明是有效的途径之一，有促使猪体产生 IgA、不易受到血液中抗体的影响等优点，TO-163、小空斑弱毒株及 h-5 弱毒苗的试验结果均证明了其有效性。中国农业科学院哈尔滨兽医研究所的华毒株弱毒苗的试验结果也与此相同。皮下接种途径一般不采用，关于其效果，与肌肉接种有相同的见解，即产生大量 IgG。但日本的浮羽株疫苗就是应用这一接种法，据报道取得了较好效果。综上所述，虽然对接种的最有效途径还存在不同见解，但趋向于肌肉、鼻内并用的接种方法。

四、制品

（一）诊断试剂

目前的诊断试剂有酶联免疫吸附试验诊断试剂盒、荧光抗体、TGEV 胶体金快速检测试纸条等。上述技术方法为 TGEV 的综合防治提供了有力的技术支持。

（二）疫苗

1. 口服/静注活疫苗 目前国际上已培育成功多种疫苗，已投产的有：德国的 BI-300 疫苗，匈牙利的 CKP 弱毒疫苗，苏联全苏兽医研究所的 TGE 弱毒疫苗，美国的 TGE-Vac，保加利亚的 TGE 弱毒疫苗，日本的羽田株、H-5 株和 TO163 弱毒株等疫苗，上述疫苗中不少已经商品化。

中国农业科学院哈尔滨兽医研究所采用二甲基砜处理病毒培养物，并经克隆纯化培育成功的 TGEV 华毒弱毒疫苗，免疫效果已达到或超过国外同类疫苗，与日本的 TO163 相比，免疫效果高 13.5%。TGE 疫苗免疫的主要目的是保护仔猪，免疫所遵循的原则是乳汁免疫（即被动免疫），通常对妊娠的母猪于产前 45d 或 15d 进行肌内、鼻内各接种 1mL。仔猪出生后，从乳汁中获得保护性抗体，被动免疫保护率在 95% 以上。本疫苗用于主动免疫时，主要用于未接种过 TGE 疫苗且受本病威胁猪群的仔猪。生后 1~2 日龄的仔猪即可进行口服接种，接种后 7d 产生免疫力。

2003 年，中国农业科学院哈尔滨兽医研究所研究人员在 TGE 弱毒疫苗的基础上，又成功研制出猪传染性胃肠炎与猪流行性腹泻二联活疫苗；2014 年，又研制出猪传染性胃肠炎、猪流行性腹泻、猪轮状病毒（G5 型）三联活疫苗（弱毒华毒株＋弱毒 CV777 株＋NX 株）；2015 年北京大北农生物技术研究中心成功研制出猪传染性胃肠炎、猪流行性腹泻二联活疫苗（HB08 株＋ZJ08 株）；2017 年华中农业大学研制出猪传染性胃肠炎、猪流行性腹泻二联活疫苗（WH-1R 株＋AJ1102-R 株）的二联活疫苗；2018 年齐鲁动物保健有限公司研制出猪传染性胃肠炎、猪流行性腹泻二联活疫苗（SD/L 株＋LW/L 株）。这些活疫苗的上市，为预防有关疾病的混合感染提供了有效手段。

2. 灭活疫苗 中国农业科学院哈尔滨兽医研究所研究人员成功研制了猪传染性胃肠炎、猪流行性腹泻二联灭活疫苗，该疫苗系用猪传染性胃肠炎病毒（华毒株）、流行性腹泻病毒（CV777 株）细胞培养液等量混合，经甲醛溶液灭活后，加氢氧化铝胶制成，灭活前病毒含量均不低于 $10^{7.0}TCID_{50}/mL$。用于预防猪传染性胃肠炎及猪流行性腹泻。用于主动免疫时，仔猪后海穴（即尾根与肛门中间凹陷的小窝部位）注射，接种后 14d 产生免疫力，免疫期为 6 个月。通过初乳获得被动免疫力的仔猪，免疫期为哺乳期至断奶后 1 周。2016 年，我国农业部批准了华中农业大学研制的猪传染性胃肠炎、猪流行性腹泻二联灭活疫苗（WH-1 株＋AJ1102 株）。这些灭活疫苗的上市，为我国防控该病奠定了一定的物质基础。

3. 其他疫苗 随着分子生物技术的发展，各国研究人员也在基因疫苗和转基因疫苗方面开展了相关研究工作。先后采用了痘病毒载体、杆状病毒表达、重组沙门氏菌融合表达来对 TGEV 的 S 蛋白、M 蛋白或 N 蛋白进行基因工程疫苗的相关研究工作。

基于 TGEV 基因组的冠状病毒载体通过将其 S 基因替换为人冠状病毒的 S 基因所拯救的病毒可以感染人相关细胞。为了增加人源适应性载体的安全性，一株具有完全复制能力、增殖能力缺陷的 TGEV（E 和 N 基因缺失）已经成功构建完成。基于 TGEV Mini‐基因组的表达系统已经显示了其可以容纳大克隆片段的能力，原则上可以容纳大于 27 kb 的外源基因序列。能够产生可观的外源抗体量（2～8 mg/10^6 个细胞）、有限的携带外源基因的稳定性（大约 10 代），以及能够刺激机体产生很强的免疫反应。与此相反，基于单个基因组的冠状病毒载体能够容纳外源基因的能力有限（5 kb 左右），但是其具有外源基因表达水平高（大于 50mg/10^6 个细胞）、非常稳定（>30 代）的优点。在不同的 TRS 调控下表达不同基因的可能性也预示着 TGEV 作为载体应用具有非常大的空间。高度的外源抗体量可以通过具有完全复制能力、增殖能力缺陷的病毒载体来获得，基于 TGEV 为骨架的载体的出现在新型疫苗的开发、基因治疗等方面都具有很好的应用前景。

五、展望

自从 Doyle 和 Hutching 于 1945 年首次报道在美国发生 TGE 后，人们对其诊断方法和疫苗的研究就没有停止过。尤其是近十年来，分子生物学技术和分子病毒学的日益发展及成熟在很大程度上促进了对病毒的认识，但是在几个方面还有待于进行进一步研究。一是 TGEV 与 PRCV 的快速鉴别诊断。TGEV 与 PRCV 基因序列同源性达 96%，它们产生的中和抗体有交叉反应，因此以多克隆抗体为基础的血清学试验不能将二者鉴别开来。目前这方面的研究仍不足。二是与 PEDV 的鉴别诊断。TGE 和 PED 的临床表现、病理变化、流行病学等方面都极为相似，通过临床、病理组织学和电镜观察等都很难正确区别，而且目前二者混合感染的居多，因此需要建立区分 TGEV 和 PEDV 的现地鉴别诊断方法，以便对症下药。三是现地 TGEV 快速诊断试剂盒的研制。分子生物学诊断方法主要适用于实验室诊断，不便于临床现地检测，而现在急需开发适合于现

地检测的诊断试剂。韩国已开发出的 TGEV 胶体金快速诊断试剂盒，对粪便中足够的 TGEV 抗原 10min 内就能检测出结果，方便快捷，非常适合临床现地检测。我国在这方面亟待开发。同时，随着疫苗的广泛使用，TGE 的发病率逐步下降。但是，目前在全国各省猪场中还存在 TGE 的发生，需要通过现地野毒和弱毒的鉴别诊断方法来进行疾病监控，进而最终做到病毒的净化，这对该病的预防和控制具有重要意义。

（佟有恩　王承宝　王忠田）

主要参考文献

马思奇，王明，王玉春，等，1985. 传染性胃肠炎弱毒株的培育 [J]. 中国畜禽传染病，23：4‐10.

王承宝，2010. TGE 华毒强、弱毒株的全基因组分子差异及基于 BAC 反向遗传系统的初探 [D]. 北京：中国农业科学院.

张炳丽，唐丽杰，范京慧，等，2006. 猪传染性胃肠炎 S 基因 A、D 抗原位点在昆虫杆状病毒系统中的表达 [J]. 中国兽医杂志，42（8）：22‐24.

Almazán F，González J M，Pénzes Z，et al，2000. Engineering the largest RNA virus genome as an infectious bacterial chromosome [J]. Proceedings of the National Academy of Sciences of the United States of America，97（10）：5516‐5521.

Wang C B，Chen J F，Shi H Y，et al，2010. Rapid differentiation of vaccine strain and Chinese field strains of transmissible Gastroenteritis virus by restriction fragment length polymorphism of the N gene [J]. Virus Genes，41（1）：47‐58.

Woods R D，1997. Development of PCR-based techniques to identify porcine transmissible *Gastroenteritis coronavirus* isolates [J]. Canadian Journal of Veterinary Research，61（3）：167‐172.

第六节　猪流行性腹泻

一、概述

猪流行性腹泻（Porcine epdemic diarrhea，PED）是由猪流行性腹泻病毒（*Porcine epdemic diarrhea virus*，PEDV）引起的一种高度接触性肠道传染病。以腹泻、呕吐、脱水和对哺乳仔猪高致死率为主要特征。PEDV 与猪传染性胃肠炎

病毒（TGEV）同属尼多病毒目、冠状病毒科、冠状病毒属的成员，二者的致病机理及引起的临床症状均极为相似，给各国的养猪业带来严重危害。

本病最早于 1978 年报道发生于英国和比利时。此后除美洲国家外，世界上多个国家和地区均相继报道了 PED 的发生。在过去的几十年间，PEDV 在猪场中的感染率非常高，目前已经成为世界范围内发生的猪病之一，造成严重的经济损失。我国 PEDV 感染更加严重，其感染率明显高于另外的两个猪病毒性腹泻病原- TGEV 和猪轮状病毒（PRV）。鉴于 PED 对养猪业所造成的严重危害，国内外学者相继研制了 PEDV 灭活疫苗和弱毒活疫苗，并广泛应用于现地 PED 的免疫防控。

二、病原

PEDV 属于尼多病毒目（*Nidovirales*）、冠状病毒科（*Coronaviridae*）、冠状病毒属（*Coronavirus*）冠状病毒 I 群成员，与 TGEV 和猪呼吸道冠状病毒（PRCV）属于同一群。PEDV 的病毒粒子有囊膜包裹，呈多形性，大多呈球形，直径为 95～190 nm，平均直径（包括纤突在内）约 130 nm。囊膜上有从核心向外放射状排列的纤突，长 18～23nm，位于病毒粒子表面的是纤突糖蛋白（S）、膜糖蛋白（M）和包膜糖蛋白（E）。位于病毒粒子内部的是病毒的核衣壳蛋白（N），N 蛋白与病毒基因组 RNA 相互缠绕形成病毒的核衣壳。PEDV 的病毒粒子大多有中心电子不透明区，在形态学上很难与 TGEV 相区别。

（一）病毒基因组

PEDV 的基因组结构与其他冠状病毒相似，是一个不分节段的单股正链 RNA，基因组全长约为 30 kb。与其他冠状病毒相似，其基因组 5′端有一个帽子结构（cap），3′端有一个 Poly（A）尾巴。基因组 5′端非翻译区（5′ UTR）位于基因 1 上游，长 296 nt；5′ UTR 内含有长为 65～98 nt 的前导序列和一个拥有 Kozak 序列（GUU-CaugC）的 AUG 起始密码子的编码 12 个氨基酸的开放阅读框（ORF）。基因组 3′端非翻译区（3′ UTR）长度约为 334nt，末端连有数量不等的 Poly（A）序列，3′ UTR 内含有由 8 个碱基（GGAAGAGC）组成的保守序列，起始于 poly（A）上游的 73nt 处。整个基因组包括 6 个 ORFs，从 5′～3′端依次为编码复制酶多聚蛋白 1ab（pplab）、纤突蛋白（S）、ORF3 蛋白、小膜蛋白（E）、膜糖蛋白（M）和核衣壳蛋白（N）的基因。复制酶多聚蛋白基因（基因 1）包括 ORF1a（12 354nt）和 ORF1b（8 037 nt）2 个 ORF。二者之间有 46 nt 的重叠序列，重叠处有滑动序列（UUUAAAC）和假结结构，它们能使核糖体进行移码阅读从而保证基因 1 的正确翻译。S 基因、*E* 基因、*M* 基因和 *N* 基因分别编码病毒的纤突糖蛋白（S）、包膜糖蛋白（E）、膜蛋白（M）和核衣壳蛋白（N），长度分别约为 4 152 nt、231nt、681 nt 和 1 326 nt。*ORF3* 基因编码病毒的非结构蛋白。在每两个相邻基因之间有基因间隔序列（TRS），在病毒基因组复制和翻译过程中发挥重要作用。

（二）病毒的结构蛋白

PEDV 基因组编码 4 个结构蛋白，分别为纤突蛋白（S）、膜蛋白（M）、核衣壳蛋白（N）和小膜蛋白（E），这些结构蛋白在病毒粒子中的功能也各有特点。

1. S 蛋白 属于 I 型糖蛋白，形成典型的花瓣状囊膜突起，突出于病毒粒子的表面，是 PEDV 的主要结构蛋白。由 1 383 个氨基酸组成，分子质量为 180～220 ku。在病毒粒子与细胞表面受体结合后通过膜融合侵入宿主细胞，并在感染宿主体内介导中和抗体产生的过程中发挥重要生物学作用。S 蛋白从 N 端到 C 端共分成 3 个结构域：一个大的外部结构域、一个跨膜结构域和一个短的羧基末端细胞质结构域。其中，外部结构域有介导机体产生中和抗体的抗原表位和与宿主细胞表面大分子结合的受体结合域，跨膜结构域主要是由疏水氨基酸组成的疏水区，对整个 S 蛋白起固定作用。PEDV S 蛋白与 TGEV S 蛋白的同源性非常低，二者在血清学上没有交叉反应。S 蛋白在病毒粒子成熟后不能被细胞蛋白酶切割，从而在一定程度上能够增强病毒的细胞融合力和感染力。

2. M 蛋白 是 N 端被糖基化的膜蛋白，在病毒粒子的组装和出芽过程中具有重要作用。由 226 个氨基酸组成，分子质量为 27～32 ku。在感染细胞中位于高尔基体内，不能被转运到细胞膜，

能介导机体 α‑干扰素（α‑IFN）的产生。在补体存在的条件下，抗 M 蛋白囊膜外抗原表位的单克隆抗体能中和病毒的感染性。由 3 个结构域组成：暴露于病毒囊膜外短的糖基化 N 末端区、病毒囊膜中大的 C 末端区和中间的 α 螺旋区。

3. N 蛋白　是磷酸化的酸性蛋白，存在于病毒粒子的内部，由 441 个氨基酸组成，分子质量为 55～58kDa。以核糖核蛋白复合体的形式存在，与病毒基因组 RNA 相互缠绕形成病毒核衣壳。有 3 个相对保守的结构域，中间的是一个能与病毒 RNA 前导序列结合的 RNA 结合域。N 蛋白能与细胞膜和磷脂结合，促进病毒组装和 RNA 复制体的形成，在病毒 RNA 合成过程中发挥重要作用。

4. E 蛋白　是位于病毒囊膜上的小包膜蛋白，是病毒的组装和出芽所必需的蛋白。由 76 个氨基酸组成，分子质量约为 8.8 ku。E 蛋白在抗 PEDV 感染的体液免疫和细胞免疫中的功能还须进一步研究，有必要对 E 蛋白在抗病毒中的作用进行进一步探讨。

（三）病毒的非结构蛋白

PEDV 基因组编码 2 个非结构蛋白（pp1a、pp1ab、pp 3），这些非结构蛋白及其在病毒粒子中的功能也各有特点。

1. 基因 1 编码蛋白　是由基因 1 编码的一个多功能蛋白质，有大约 13 个蛋白酶切割位点的非结构蛋白，经共转译处理后产生与病毒基因组复制相关的一系列蛋白质，在病毒感染早期发挥重要作用。ORF1a 主要编码蛋白水解酶，包括分别切割复制酶多聚蛋白的 papain 样蛋白酶（PL）和 3C 样蛋白酶（3CL^PRO）。另外，ORF1a 编码蛋白还含有 3 个跨膜域（TM）。ORF1b 主要编码 RNA 依赖性 RNA 聚合酶（RdRp），同时有 3 个蛋白结构域，分别是金属结合域（Zn）、解旋酶（Hel）和保守序列域（C）。

2. 基因 3 编码蛋白　基因 3 编码分子质量约为 25.3 ku 的非结构蛋白。Park 等（2007）对 PEDV DR13 强、弱毒的 ORF3 序列进行了分析，发现驯化致弱的 DR13 在 ORF3 有 17 个氨基酸的缺失。韩国 Kim 等（2007）针对 PEDV 的 ORF 3 基因应用 HindⅢ和 XhoⅠ两种限制性内切酶建立了 RT‑PCR‑RFLP 方法用于对韩国现地 PEDV 野毒和细胞适应毒 DR13 的鉴别诊断。Lee 等（2008）建立了 RT‑PCR‑RFLP 方法用于对韩国现地 PEDV 野毒和疫苗株 J‑vac 的鉴别诊断。

（四）病毒的变异

研究发现 PEDV 只有一个血清型。病毒中和试验结果表明，PEDV 与其他冠状病毒家族成员没有血清学交叉中和效应。N 蛋白和 M 蛋白的 Western blotting 结果表明，猫传染性腹膜炎病毒（FIPV）、TGEV、犬冠状病毒（CCoV）和貂冠状病毒（MCoV）有部分交叉反应。

（五）组织嗜性和毒力

与同群的冠状病毒相同，PEDV 的细胞受体也是其宿主的氨基肽酶 N（APN）。研究表明，猪可溶性 APN 在体外能提高仔猪抗 PEDV 抗体水平和促进 PEDV 在 Vero 细胞中增殖，这揭示了猪氨基肽酶 N（pAPN）对 PEDV 的感染性和复制起重要作用。PEDV 主要利用其表面的 S 蛋白与猪肠道细胞表面受体结合，通过膜融合侵入细胞内，集中在猪小肠绒毛上皮细胞中复制，包装成熟的病毒粒子通过粪便和呕吐物排出体外。与其他冠状病毒相比，PEDV 的细胞培养要相对困难得多，在一定程度上制约了 PEDV 研究进程。直到 1988 年，Hofmann 等首次在含胰酶的 Vero 细胞上成功繁殖了 PEDV，该方法在随后的病毒分离、细胞培养和疫苗的研制中被广泛应用。此后，各国研究人员相继在仔猪膀胱、肾脏原代细胞和 KSEK6、IBRS‑2、MA104、CPK、ESK 等传代细胞系上成功培养了 PEDV。

三、免疫学

PEDV 的病毒粒子通过膜融合侵入宿主细胞内，然后释放其具有感染性的基因组 RNA。首先，基因 1 翻译一个多聚前体蛋白质，经共转译处理后产生 RNA 依赖性 RNA 聚合酶（RdRp）和其他合成病毒 RNA 的蛋白质。RdRp 以基因组 RNA 为模板转录产生负链 RNA，然后以负链 RNA 为模板合成不同长度的亚基因组 mRNA（sgmRNA）和基因组 RNA。一般情况下，每个 sgmRNA 翻译合成其 5′端 ORF 所编码的一种蛋白质，这样不同的 sgmRNA 在细胞质中合成了病毒的所有结构蛋白。N 蛋白与新合成的基因组 RNA 在细胞质中形成螺旋的核衣壳，核衣壳与固定在内质网和高尔基体之间空隙的 M 蛋白结合后再与 E 蛋白结合，E 蛋白和 M 蛋白相互作用促使病毒粒子出芽，形成包裹的核衣壳。最后，包裹的核衣壳与在高尔基体内经糖基化等修饰的三聚体 S 蛋白结合形成成熟的病毒粒子，通过类似融合的胞吐作用释放到细胞外。

PEDV 在细胞上的成功培养从根本上解决了 PEDV 研究的瓶颈问题，为 PEDV 的理化特性、分子诊断、免疫机制、疫苗研制及其相关分子生物学研究奠定基础，在很大程度上促进了人们对 PEDV 的认识。然而，抗 PEDV 的免疫机制目前还不是十分清楚。目前预防 PED 的方法是对怀孕母猪进行免疫接种，然后通过母源抗体使仔猪获得人工被动免疫保护。我国研制的 TGE 和 PED 系列疫苗采用了猪后海穴免疫。此免疫途径除激活体液免疫和细胞免疫外还激活了肠道局部黏膜免疫，比常规免疫途径具有更好的免疫效果。目前猪场中暴发 PED 时，尚无特别有效的防治措施，抗生素类抗菌药物的治疗也往往无效。PEDV 的传播速度相对较慢，从而使得人们可采取一些相应的预防措施来防止病毒对新生仔猪的危害，进而推迟仔猪的感染，减少经济损失。将 PEDV 人为地扩散到妊娠母猪舍可激发母猪乳汁中迅速产生免疫力，因而可缩短本病的流行时间，即将腹泻仔猪的粪样或死亡猪只的肠内容物暴露于妊娠母猪舍内。对于种猪场，若发现暴发 PED 后连续数窝断奶仔猪中均存在 PEDV，则可将仔猪在断奶后立即移至别处至少饲养 4 周，同时暂停从外引进新猪。研究还发现，对新生仔猪口服含有 PEDV 免疫球蛋白的禽卵黄抗体或者牛初乳可以在一定程度上防止本病的发生，同时减少死亡率。

四、制品

我国预防 PED 主要依赖于灭活疫苗和弱毒活疫苗。中国农业科学院哈尔滨兽医研究所在"八五"期间和"九五"期间分别完成了"猪传染性胃肠炎、猪流行性腹泻二联灭活疫苗"和"猪传染性胃肠炎、猪流行性腹泻二联弱毒活疫苗"的研制并应用于现地猪场。TGEV 和 PEDV 二联灭活疫苗和弱毒活疫苗的应用大大降低了我国猪流行性腹泻及猪传染性胃肠炎的发生率，为我国猪病毒性腹泻的预防提供了保障。

（一）诊断试剂

目前我国没有注册批准的诊断试剂，诊断中常用的有酶联免疫吸附试验诊断试剂盒、荧光抗体、PEDV 胶体金快速检测试纸条等。

（二）疫苗

目前对本病尚无特效的治疗方法。使用疫苗是防治本病的重要手段，我国预防 PED 主要依赖于灭活疫苗和弱毒活疫苗。但仍要采取综合性兽医卫生措施（包括检疫、消毒、隔离等）配合使用疫苗，培育健康群，以根除本病。

1. 活疫苗 PEDV 的细胞培养要相对困难得多，这在一定程度上制约了 PEDV 弱毒活疫苗的研制进程。国际上已培育成功的商品化体外驯化致弱毒株为日本的 P-5V 毒株，目前已经投产。近年来，中国农业科学院哈尔滨兽医研究所研究人员在 TGE 弱毒疫苗的基础上，又成功研制出猪传染性胃肠炎与猪流行性腹泻二联弱毒活疫苗，为预防这两种病的混合感染提供了有效的防治手段（具体可见"猪传染性胃肠炎"）。

2. 灭活疫苗 中国农业科学院哈尔滨兽医研究所已研制成功猪流行性腹泻氢氧化铝胶灭活疫苗，保护率达 85% 以上，可用于预防本病。同时，该研究所研制的猪传染性胃肠炎、猪流行性腹泻二联灭活疫苗也可用于本病的预防。该疫苗通过后海穴位途径免疫。可用于主动免疫和被动免疫，免疫保护率在 85% 以上。对于疫苗的免疫，一般建议在发病季节前 20～30d 进行全群免疫接种。在接种后 14d 产生保护水平的抗体。发病时，在采取对症治疗的同时，建议使用活疫苗进行紧急预防接种，这样疫情可在 1 周左右趋于稳定。灭活疫苗和弱毒活疫苗的应用大大降低了我国猪流行性腹泻及猪传染性胃肠炎的发生率，为我国猪病毒性腹泻的预防提供了保障。

五、展望

PED 虽然是世界范围内发生的猪病，但是其在亚洲与欧洲的发生情况有所差别，在欧洲 PED 引起仔猪的死亡率较低而在亚洲 PED 引起仔猪的死亡率较高。在过去的 30 年间，PEDV 在亚洲猪场中的感染非常严重，日本在一次 PED 的暴发中死亡仔猪超过 300 000 头，造成严重的经济损失。

2005—2007 年，中国农业科学院哈尔滨兽医研究所猪消化道病课题组对国内部分省、市猪场腹泻病例的 RT-PCR 检测结果显示，PED 病例占 46%、PRV 病例占 8%、TGE 病例占 15%，而 PED、PRV 和 TGE 混合感染的病例占 31%。该调查结果说明，在我国猪病毒性腹泻中 PEDV 感染占主导地位。因而，对该病的防控将是猪病毒性腹泻病的防控重点。

考虑到 PED 严重的危害性，国内外学者先后研制了 PEDV 灭活疫苗和弱毒活疫苗，并应用于现地 PED 的免疫预防。然而，PED 灭活疫苗和弱毒活疫苗在现地猪场广泛应用的同时，PED 仍然存在并经常发生，这严重影响了养猪业的健康发展，非常有必要加强对其免疫机理和侵入机制的研究。

（佟有恩　王承宝　王忠田）

主要参考文献

陈建飞，冯力，时洪艳，等，2007. 猪流行性腹泻病毒 CH/S 株 N 蛋白基因的遗传变异及其原核表达 [J]. 中国预防兽医学报，29（11）：856-860.

冯力，时洪艳，陈建飞，2005. 猪病毒性腹泻疾病的预防 [J]. 养猪，28（5）：35-37.

马思奇，王明，周金法，等，1994. 猪流行性腹泻病毒适应 Vero 细胞培养及传代细胞毒制备氢氧化铝灭活疫苗免疫效力试验 [J]. 中国畜禽传染病，2：15-19.

孙东波，2008. 猪流行性腹泻病毒 S 蛋白抗原表位鉴定及受体结合域的初步筛选 [D]. 北京：中国农业科学院.

王明，张为民，1997. 猪传染性胃肠炎与猪流行性腹泻穴位针刺免疫的研究 [J]. 中国畜禽传染病，19（6）：6-13.

Duarte M，Laude H，1994. Sequence of the spike protein of the *Porcine epidemic diarrhoea virus* [J]. Journal General Virollogy，75（5）：1195-1200.

Horzinek M C，Lutz H，Pedersen N C，1982. Antigenic relationships among homologous structural polypeptides of porcine，feline and canine *coronaviruses* [J]. Infection and Immunity，37（3）：1148-1155.

Kim S H，Kim I J，Pyo H M，et al，2007. Multiplex real-time RT-PCR for the simultaneous detection and quantification of transmissible *Gastroenteritis virus* and *Porcine epidemic diarrhea virus* [J]. Journal of Virology Methods，146（1/2）：172-177.

Knuchel M，Ackermann M，Müller H K，et al，1992. An ELISA for detection of antibodies against *Porcine ep-idemic diarrhoea virus*（PEDV）based on the specific solubility of the viral surface glycoprotein [J]. Veterinary Microbiology，32（2）：117-134.

Kocherhans R，Bridgen A，Ackermann M，et al，2001. Completion of the *Porcine epidemic diarrhoea coronavirus*（PEDV）genome sequence [J]. Virus Genes，23（2）：137-144.

Kweon C H，Kwon B J Lee J G，et al，1999. Derivation of attenuated *Porcine epidemic diarrhea virus*（PEDV）as vaccine candidate [J]. Vaccine，17（20）：2546-2553.

Lee C，Park C K，Lyoo Y S，et al，2008. Genetic differentiation of the nucleocapsid protein of Korean isolates of porcine epidemic diarrhoea virus by RT-PCR based restriction fragment length polymorphism analysis [J]. Journal of Veterinary，178（1）：138-140.

第七节　猪水疱病

一、概述

猪水疱病（Swine vesicular disease，SVD）是由猪水疱病病毒（*Swine vesicular disease virus*，SVDV）引起的猪的一种急性、热性、接触性传染病。该病流行性强，发病率高，除可引起新生仔猪死亡外，通常在无继发感染的情况下死亡率很低。SVDV 不同毒株的毒力不同，在临床上可能表现为亚临床型、温和型，也可能为严重型，后者多见于在特别潮湿粗糙的地面上饲养的猪。SVD 在症状上与口蹄疫（FMD）极为相似，以蹄部、口部、鼻端和腹部、乳头周围皮肤，以及黏膜发生水疱或溃烂为临诊特征。但其只引起猪发病，对其他家畜无致病性，猪只不分年龄、性别、品种均易感。人类有一定的感受性，呈轻度流感样症状，引起脑膜炎或腹痛、肌肉痛、虚弱等全身性疾病。实验动物中，1～2 日龄的乳仓鼠和乳鼠可人工感染发病。该病的潜伏期为 2～6d，接触传染潜伏期为 4～6d，饲喂受污染的有关产品，潜伏期为 2d，蹄冠皮内接种 36h 后即出现典型病变。该病以消化道传播为主，也可经呼吸道感染，最敏感的传播途径是经损伤的皮肤或黏膜接触而引起。病猪、带毒猪是本病的主要传染源，通过粪、尿、水疱液、乳汁等排出病毒。

SVD 于 1966 年 10 月首先发现于意大利的 Lombardy 地区，1968 年经分离证实为 SVDV。

1971 年见于香港地区，随后在英国、奥地利、法国、波兰、比利时、德国、日本、瑞士、匈牙利和苏联等国家相继发生流行蔓延。

本病易与口蹄疫、水疱性口炎（VS）混淆，给养猪业带来巨大的经济损失，能引起严重的公共卫生问题，为世界各国进出口检疫的重要疫病，被世界动物卫生组织（OIE）列为法定报告的动物疾病。

二、病原

SVDV 属于小核糖核酸病毒科（Picornaviri-dae）肠道病毒属（*Enterovirus*），与人柯萨奇病毒（*Coxsackievirus*）尤其是柯萨奇病毒 B5（Coxsackievirus B5，CVB5）具有极其相似的血清学特性、理化特性及生物学特性，且与口蹄疫病毒（FMDV）具有极相似的致病特点。病毒粒子呈球形，在超薄切片中直径为 22～23 nm，由裸露的 20 面体立体对称的衣壳和单股 RNA 的核心组成，无囊膜，不含脂类和碳水化合物。在 CsCl 中的浮密度为 1.43 g/cm^3，沉降系数为（150±3）S。成熟的病毒粒子经常呈晶格状排列，在发生病变的细胞的胞浆空泡膜内凹陷处形成特异的环形串珠状排列。

本病毒对外界环境和消毒剂有一定抵抗力。低温可长期保存。对乙醚和氯仿有抵抗力，在 pH3～5 条件下表现稳定。56℃经 1h 可灭活。因其与 FMD 在临床上相似，用于病毒分离或病原检测的样品必须像含有 FMDV 样品一样采集和运输，《OIE 陆生动物诊断试验与疫苗手册》中推荐的样品保存方法为：放置于 pH7.2～7.6 的磷酸缓冲液与甘油混合物（L/L）中，磷酸缓冲液甘油中含抗生素（每毫升最终浓度分别为：青霉素 1 000 IU、硫酸盐新霉素 100 IU、硫酸多黏菌素 B 50 IU 或制霉菌素 100 IU）。

（一）病毒基因组

SVDV 基因组为单股正链 RNA，整个基因组不分节段，全长约 7.4kb。病毒基因组含一个大的开放阅读框，编码一条由 2 185 个氨基酸组成的多聚蛋白。该多聚蛋白经蛋白酶作用后，形成 11 种功能蛋白。SVDV 基因组结构与微 RNA 病毒科的其他病毒相似，从 5′端到 3′端依次为 5′非编码区（non-coding region，5′- NCR）、结构蛋白 P1 区（1ABCD）、非结构蛋白 P2（2ABC）和 P3（3ABCD）区、3′非编码区（3′- NCR）及 Poly（A）尾巴。

SVDV 基因组中的结构蛋白编码区（P1 区）编码病毒的结构蛋白，即 1A（VP4）、1B（VP2）、1C（VP3）、1D（VP1）。外壳蛋白基因 1B、1C 和 1D 为病毒中和性抗原基因编码区。非结构蛋白编码区，即 P2 和 P3 区，编码参与病毒复制的非结构蛋白，长度分别为 578 个氨基酸和 756 个氨基酸。

（二）病毒的结构蛋白

SVDV 有 4 种成熟的结构蛋白：VP1（1D）、VP2（1B）、VP3（1C）和 VP4（1A），分子质量分别为 33 kDa、32 kDa、29 kDa、7.5 kDa。是组成 SVDV 粒子衣壳的基本结构单位。其中 VP1、VP2 和 VP3 为外壳蛋白，VP4 为内壳蛋白，与病毒 RNA 相互作用。病毒粒子衣壳由各 60 个拷贝的 4 种结构蛋白构成。在病毒空壳中，1A 和 1B 以前体蛋白形式存在，即 1AB（VP0）。

VP1 蛋白含 283 个氨基酸，是病毒衣壳外层表面的最大部分，也是最容易发生变异的蛋白。它与其他结构蛋白结合，形成 20 面体的五倍轴顶点。VP1 的第 132 位氨基酸与毒力强弱有关。

VP2 由 261 个氨基酸组成，与 VP3（含 238 个氨基酸）交替缠绕在病毒粒子的 3 倍轴上，相对暴露在衣壳表面。

VP4 含 69 个氨基酸，是最保守的蛋白，位于衣壳的内层，几乎没有二级结构。VP2 和 VP4 是形成感染性的 SVDV 所必需的。

（三）病毒的非结构蛋白

SVDV 编码的非结构蛋白有 2A、2B、2C、3A、3B、3C 和 3D，这些非结构蛋白在 SVDV 复制中起着十分重要的作用。其中 2A 编码病毒的蛋白酶，其可能的功能活性区位于 C 端附近的 107～119 残基（PGD CGG XLX CXH G）。2A 蛋白酶有 3 个重要功能：①切割多聚蛋白 1D/2A 之间的 T/G 位点，从而导致外壳蛋白进一步水解加工而成熟。②作为 SVDV 的一个毒力决定因子，诱导细胞蛋白酶裂解 eIF4GI，抑制细胞（帽依赖）蛋白质的合成。③激活 IRES，促进 IRES 依赖的蛋白质的合成。2B 和 2C 蛋白与病毒 RNA 的合成有关。2C 可能是一种解旋酶（helicase），在病毒的复制过程中参与 RNA 链的分离。

SVDV 3A 和 SVDV 3B 来源于前体 3AB。3A 的突变可影响 3B（VPg）的尿苷化，并选择性地抑制病毒正链 RNA 的起始合成。3B 蛋白是一个小肽分子，又称 VPg，即病毒基因组连接蛋白（viral genome-linked protein），共价结合于病毒基因组 5′ 端的 pU 上。其功能可能是在病毒 RNA 起始合成时起一种信号作用，从而使病毒信使 RNA 有效进行翻译。3C 蛋白是一种半胱氨酸蛋白酶，在肠道病毒中是高度保守的，负责催化多聚蛋白前体的大部分成熟裂解，除了 2A 对 P1～P2 的裂解和 1AB 自身裂解外，其他所有裂解过程都是由 3C 蛋白酶或其前体 3CD 完成的，其切割位点在 Q/G 处。此外，3C 还能特异而直接切割转录因子ⅡD 和ⅢC，并使它们失活，从而抑制细胞 3 种 RNA 聚合酶的转录活性。3D 蛋白为依赖 RNA 的 RNA 聚合酶，即病毒复制酶，其重要功能是在病毒复制过程中指导病毒基因组 RNA 的正确合成。

（四）病毒的抗原结构

SVDV 只有一个血清型，与 13 种肠病毒（PEV）血清型之间尚未发现抗原关系。但对其分离株进行系统发生分析可进一步分为 4 个抗原群或基因群。第 1 群包含最早从意大利分离到的 ITL/1/66；第 2 群包含 1972—1981 年的欧洲和日本分离株；第 3 群包含 1988 年 12 月至 1992 年 6 月间的意大利分离株；第 4 群包含 1987—1994 年罗马尼亚、荷兰、意大利和西班牙的分离株。通过单克隆抗体逃逸突变的试验方法，确定出病毒的 8 个抗原位点，其中位点 1 由 VP1 BC 环的 87、88 位残基组成，接近 5 倍轴原体的上侧；位点 2 为 VP2 EF 环的 163 位残基；位点 3 为 VP2 EF 环的 154 位残基；位点 4 由 VP1 C 末端的 272、275 位残基，以及 VP3 B 结节的 60 位残基共同构成；位点 5 由 VP2 HI 环上 233 位、VP3 BC 环上 73 和 76 位，以及 VP2 BC 环上 70 位氨基酸残基组成；位点 6 位于 VP1 C 末端 261 位氨基酸；位点 7 位于 VP3 C 末端 234 位，是病毒特有的中和位点，在其他微 RNA 病毒中未曾见过；位点 8 包括 VP1 的 95 位和 98 位氨基酸残基，是已知 SVDV 中和表位中唯一一个与科萨奇病毒 B5 共有的表位。通过融合 PCR（fusion PCR）技术构建嵌合病毒（chimeric virus）的方法，Rebel

等（2000）鉴定出 SVDV 的 2 个新抗原表位，位点 1 由 VP1 C 末端的 258 位和 266 位氨基酸残基组成，位点 2 位于 VP1 HI 环的 225 位残基。以上抗原表位均位于病毒的结构蛋白上，是构象依赖型表位。

通过肽扫描分析技术，确定出了病毒的 7 个主要线性表位抗原区域：1 区位于 VP2 蛋白 N 末端的 42～61 氨基酸残基，其关键氨基酸在第 51 位；2 区位于 VP2 蛋白的 82～121 氨基酸残基，其关键氨基酸在第 91 位；3 区位于 VP3 蛋白 N 末端的 1～40 氨基酸残基，其关键氨基酸在第 20 位；4 区位于 VP3 蛋白 B 结节的 51～70 氨基酸残基，其关键氨基酸在第 60 位；5 区位于 VP3 蛋白的 91～120 氨基酸残基，其关键氨基酸在第 110 位；6 区位于 VP1 蛋白 N 末端的 1～40 氨基酸残基，其关键氨基酸在第 10 位；7 区位于 VP1 蛋白 G-H 环的 201～220 氨基酸残基，其关键氨基酸在第 210 位。除 4 区和 7 区位于衣壳表面外，其他抗原区均位于衣壳内，且只有 4 区与中和位点 4 重叠。Borrego 等（2002）也通过单抗试验进一步分析了病毒衣壳蛋白的抗原决定图谱并初步确定衣壳蛋白上存在 5 个抗原位点，其中 VP3 N 末端和 VP1 51～60 位残基位于衣壳内，而且这两个抗原区在 SVDV 和科萨奇病毒 B5 间保守。而其他 3 个抗原区，即 VP2 142～161、VP3 61～70 和 VP1 C 末端位于衣壳外表面，并且具有抗原易变性。

SVDV 抗原结构的确定是非常复杂的，最有利的证据是 VP1 的 N 端区域，它在 SVDV 的毒株间表现出高度的氨基酸变异。

三、免疫学

SVD 以体液免疫为主。猪在感染 SVDV 后 7d 左右血清中即出现中和抗体，28d 左右达到高峰。SVDV 是一种单血清型，任意毒株的免疫接种都能预防其他毒株的感染，但对其他小核糖核酸病毒并不存在交叉保护的现象。SVDV 感染的母猪产下的仔猪会获得母源抗体，母源抗体的半衰期比较长，为 30～50d，这比接种了 FMDV 疫苗的母猪所产的仔猪的母源抗体半衰期（7～21d）要长。一般认为 SVD 的感染主要通过两个途径：一是直接接触感染，即病毒可经损伤的皮肤直接侵入机体到达敏感部位，如蹄、鼻镜和口腔上皮组织，并形成特征性的水疱；二是经口感染，即病毒通过消化道上皮和黏膜侵入，从消化道经血液到达敏感部位产生水疱。SVDV 侵入猪体后，扁桃体是最容易受害的组织。皮肤、淋巴结和咽后淋巴结可发生早期感染。

原发性感染可同时发生于不同部位，它是通过损伤的皮肤和黏膜侵入体内经 2～4d 在入侵部位形成水疱，以后发展为病毒血症。病毒到达口腔黏膜和其他部分皮肤形成次发性水疱。免疫荧光检测发现，本病毒对舌、鼻盘、唇和蹄的上皮、心肌、扁桃体的淋巴组织和脑干均有很强的亲和力。上皮病变的发生机理可分为两个过程：一是细胞死亡和由于棘细胞层松解丧失了结合能力；二是显著细胞内水肿导致上皮细胞的网状变性。

对于猪只，无论采用何种接种方法，在组织学上均有非化脓性脑膜炎和脑脊髓炎病变。脑膜含有大量的淋巴细胞，而血管嵌边、血管壁一般不受侵害，出血不明显。SVDV 对上皮组织有很强的组织嗜性，心肌和脑可能是病毒复制的场所。

四、制品

虽然 SVD 不是一种高致死性传染病，但由于其与口蹄疫、猪水疱疹（VES）和猪水疱性口炎有高度的临床形似性，导致其在流通和国际贸易中具有重要意义。控制该类疾病最重要的是对其进行迅速识别、诊断和报告，而对疫区和受威胁区的猪只可采取疫苗接种的方法进行预防。

（一）诊断试剂

1. 抗原检测用诊断试剂 间接夹心 ELISA 是 SVDV 抗原检测非常重要的方法。可采用兔抗 SVDV 抗血清（捕获血清）包被 ELISA 板，将被检样品悬液加到 ELISA 板孔内，同时设对照。接着是加入豚鼠抗 SVDV 血清，随后加入兔抗豚鼠血清辣根过氧化物酶结合物，通过显色底物（邻苯二胺和 H_2O_2）进行颜色反应。适宜的单克隆抗体可代替豚鼠和兔的抗血清，包被到 ELISA 板中作为捕获抗体或结合过氧化物酶作为示踪抗体。

单克隆抗体的使用大大提高了检测病理样品及感染组织中病毒的灵敏性。基于单克隆抗体的 ELISA 检测方法能将 SVDV 毒株很快从 4 种水疱性疾病中鉴别出来，这对流行病学研究和疾病控制很有帮助。此外，单克隆抗体还可应用于 SVDV 抗原变异的研究，即通过比较亲本病毒株和野毒株同单抗结合的强弱，揭示亲本和野毒之间的共有抗原决定位点的存在。

2. 抗体检测用诊断试剂 该病具有亚临床型和温和型的特点，检测 SVD 抗体对于监测 SVD 的感染意义重大。SVD 抗体检测方法主要有病毒中和试验、ELISA、双向免疫扩散试验、放射免疫扩散试验、对流免疫电泳试验等方法。其中，病毒中和试验和 ELISA 是目前用于诊断 SVD 最常用的血清学方法。

病毒中和试验用于检测血清中特异性抗体，包括乳鼠中和试验和微量细胞中和试验两种方法，后者为 WHO 推荐方法。即采用含 100 $TCID_{50}$ 病毒的病毒液，与 2 倍系列稀释的血清样品进行中和，同步接种 IBRS-2 细胞（或适宜的敏感猪源细胞）悬液，48h 后通过观察细胞病变进行结果判定。ELISA 是采用单克隆抗体将抗原捕获在固相上，检测被检血清抑制过氧化物酶结合抗原的能力。

从意大利猪水疱病 OIE 参考实验室可以获得用于 ELISA 检测的单克隆抗体（MAb 5B7）。FAO/OIE 口蹄疫 WRL 保存有一系列 SVD 标准血清。

（二）疫苗

在 1974—1975 年英国和法国等国就开始了针对本病的灭活疫苗研究，我国自 20 世纪 70 年代开始也先后研制出多种 SVD 疫苗。目前，用于 SVD 免疫预防的疫苗有灭活疫苗和弱毒活疫苗 2 类。

1. 灭活疫苗

（1）细胞培养灭活疫苗 原代仔猪肾细胞、仓鼠肾细胞和 IBRS-2 传代细胞均可用于疫苗生产。细胞培养物的病毒滴度应不低于 $10^{7.5}$ $TCID_{50}$/mL，病毒中和指数应不低于 1 000。用终浓度为 0.1% 的甲醛溶液或 0.06% 的 β-丙酸内酯或 0.05% 的乙酰乙烯亚胺（AEI）作为灭活剂，于 4℃、26℃ 或 37℃ 灭活 6～24h。佐剂可用氢氧化铝胶、油乳剂或氢氧化铝-皂素。该疫苗在 2～8℃ 条件下保存，适用于给断奶后的猪肌内注射（2mL/头）。断奶仔猪注射此疫苗后 7～10d 产生免疫力，保护力在 80% 以上，注射后 4 个月仍有坚强的免疫力。

（2）仓鼠组织灭活疫苗 采用强毒株通过 2～3 日龄仓鼠传代，待其引起规律性的感染和死亡时，随着传代次数增加而逐渐增加动物日龄。取第7~9代仓鼠肌肉毒（$10^{8.0}$ LD_{50}/0.1mL），制成1:5悬液，4℃浸毒，灭活后按比例加入适量铝胶佐剂和防腐剂制成疫苗。肌内注射（2mL/头）。疫苗在4℃下的保存期为8~9个月，室温可保存1个月。用水疱皮和仓鼠制成的灭活疫苗有良好免疫效果，7d后产生免疫力，保护率为75%~100%，免疫期5~6个月。

至今虽然有过几种抗SVD的灭活疫苗，但是没有一个投入临床应用。

2. 活疫苗

（1）鼠化弱毒活疫苗　是将自然流行的猪源强毒通过2~3日龄乳鼠连续传30代以上减毒而育成的。制苗时，应用30%甘油盐水制备成感染乳鼠肌肉组织苗。免疫剂量为1:（100~500）倍2mL。注射幼猪，应不引起临床症状，免疫后4d产生抗体，攻毒时保护力应在80%以上。免疫持续期可达6个月。

鼠化弱毒株回归猪5代不发生返强，接种疫苗猪无散毒现象，接种疫苗20d后猪体内无残毒。该苗与猪瘟兔化弱毒疫苗共用，不影响各自的免疫效果。但由于鼠化弱毒苗产量低，成本高，在推广上存在一定困难。

（2）细胞培养弱毒活疫苗　是用原代仔猪肾细胞培育的弱毒株，一般经过40~50代以上致弱而成。免疫保护率多在80%以上，免疫期可达4~5个月。也有应用仔猪睾丸细胞、胎猪肾，以及仓鼠肾细胞或IBRS-2细胞驯化培育的弱毒疫苗株。经上述途径驯化培育的几个弱毒疫苗株，在实践应用中暴露出许多弊病，目前已基本停用。

3. 其他疫苗的研究

（1）抗独特型抗体疫苗　李彦敏（1995）在国内外首次制备出SVDV兔抗独特型抗体（Ab2），为研制SVD抗独特型抗体疫苗提供了可能。

（2）亚单位疫苗　该疫苗安全可靠，已有研究者对SVDV上引起中和抗体产生的衣壳蛋白VP1、VP2进行了表达。亚单位疫苗是预防猪水疱病的新希望。

（3）自杀性DNA疫苗　该疫苗比传统的DNA疫苗更安全，且可引起高水平的体液免疫和细胞免疫，除此之外还可打破免疫耐受。已有研究结果显示，对模式动物豚鼠接种该疫苗后可产生SVDV特异性抗体并诱导T淋巴细胞增殖，该研究为SVD自杀性DNA疫苗的深入研究奠定了基础。

4. 抗血清　用康复猪血清或人工制备的高免猪血清进行被动免疫具有良好效果，免疫期达1个月以上。鉴于目前还没有商品化疫苗，在集约化的猪场中可大量应用被动免疫，如配合其他安全防制措施，能大大减少发病率。

康复猪血清一般采自自然痊愈后1个月的猪，人工制备的高免猪血清则是对自然康复猪再进行一次人工攻毒后采集的血清。在饲养期短、周转快、调动频繁的商品猪群中，合理使用高免血清的被动免疫方法，可达到预防本病的效果。

五、展望

尽管针对SVD疫苗学的研究在不断深入，但目前还没有一种疫苗能够大量生产并投入临床应用。由于SVDV可以在环境中长期存在，且有不产生任何临床症状或只产生非常轻微临床症状的毒株，SVD病例常常不能及早被诊断。虽然现在利用RT-PCR方法可区分SVDV和FMDV，但却很难区分SVDV和CVB5，因此建立一种快速、准确的RT-PCR检测方法是非常必要的。现有疫苗使用后往往难以区分免疫动物和自然感染动物，导致对疾病发生情况的掩盖，如何构建一种安全、高效的新型疫苗，也是今后研究的主要方向。深入开展对SVDV结构蛋白基因的研究，尤其是中和性抗原蛋白基因的体外表达研究，将有助于SVD基因工程疫苗及其诊断试剂的研制。

（张永光　吴华伟　陈晓春　王忠田）

主要参考文献

陈溥言，2006. 兽医传染病学［M］. 5版. 北京：中国农业出版社.

姜平，2003. 兽医生物制品学［M］. 2版. 北京：中国农业出版社.

李彦敏，李忠润，刘湘涛，等，1995. 猪水疱病病毒抗独特型抗体的研究——Ab-2的制备与鉴定［J］. 中国兽医科技（2）.

李彦敏，李忠润，刘湘涛，等，1995. 猪水疱病病毒抗独特型抗体的研究——Ab-2的免疫原性及在诊断中的应用试验［J］. 中国兽医科技（6）.

孙世琪，郭慧琛，刘湘涛，等，2005. 猪水疱病病毒致病和免疫的分子基础［J］. 中国病毒学（英文版），20

（4）：450－454.

王彬，汤德元，李春燕，等，2010. 猪水疱病诊断技术的研究进展［J］. 猪业科学（4）：30－34.

殷震，刘景华，1997. 动物病毒学［M］. 2 版. 北京：科学出版社.

Lin F，Kitching R P，2000. Swine vesicular disease：An overview［J］. Veterinary Journal，160：192－201.

Sun S Q，Liu X T，Guo H C，et al，2007. Protective immune responses in guinea pigs and swine induced by a suicidal DNA vaccine of the capsid gene of *Swine vesicular disease virus*［J］. Journal of General Virology，88（3）：842－848.

Zhang G，Haydon D T，Knowles N J，et al，1999. Molecular evolution of *Swine vesicular disease virus*［J］. Journal General Virology，80（3）：639－651.

第八节　猪细小病毒病

一、概述

猪细小病毒病（Porcine parvovirus infection）是由猪细小病毒（*Porcine parvovirus*，PPV）引起的主要导致初产母猪及血清学阴性经产母猪发生流产，产死胎、畸形胎、木乃伊胎、弱胎及屡配不孕等繁殖障碍的疾病，而母猪本身无明显症状，其他年龄的猪感染后一般也不表现明显的临床症状。目前，该病在世界范围内广泛分布，在大多数感染猪场呈地方性流行，一旦 PPV 传入阴性猪场，3 个月内几乎 100% 的猪只都会受到感染。在本病发生后，猪场可能连续几年不断地出现母猪繁殖失败。我国自 20 世纪 80 年代中后期发现此病后，该病在我国迅速传播，已先后在北京、上海、吉林、黑龙江、四川和浙江等大部分地区分离到了 PPV，对我国猪场造成了严重危害，猪群感染后很难净化，从而造成了持续的经济损失，严重地阻碍了养猪业的健康发展。

二、病原

PPV 属于细小病毒科（Parvoviridae）细小病毒属（*Parvovirus*）。PPV 病毒粒子外观呈六角形或圆形，无囊膜，直径 20～23 nm，20 面体等轴立体对称，衣壳由 32 个壳粒组成。

PPV 最早由德国人 Mayr 在用猪肾原代细胞进行猪瘟病毒组织培养时发现，1967 年 Cartwright 和 Huck 等首先在不育、流产和死产胎儿中分离到 PPV，随后在欧洲、美国、日本、澳大利亚都分离到该病毒。1983 年，潘雪珠在我国首次分离到该病毒。自 PPV 发现以来，该病已呈世界分布。PPV 可以从很多地方分离到，包括猪的组织器官、木乃伊胎儿、皮肤损伤及细胞培养污染物等，也可以从猪腹泻粪便中分离到 PPV 样病毒。用同源或异源的多克隆抗血清不能区分不同分离株的抗原差异，目前 PPV 仍只有一个血清型。

PPV 耐热性强，对温度、酸碱有较强抵抗力，在 56℃ 48h、70℃ 2h、80℃ 5min 才失去感染力和血凝活性；PPV 能凝聚豚鼠、大鼠、猴、小鼠、鸡、猫和人 "O" 型红细胞，不能凝集牛、绵羊、仓鼠和猪红细胞。PPV 只能在猪源的细胞（包括原代猪肾、猪睾丸细胞和传代系 PK15）和人的某些传代细胞（如 Hela、KB、HEp-2、Lu132 等）中培养增殖，其中以原代猪肾细胞较为常用。本病毒一般只能在生长旺盛的细胞上增殖，细胞病变表现为细胞隆起、变圆、核固缩和溶解，最后许多细胞碎片黏附在一起使受感染的细胞外形不整，呈 "破布条状"。

（一）病毒基因组

成熟的病毒粒子仅含有负链 DNA 基因组，大小约 5 kb。基因组两端均有发夹结构；3′端的 102 nt 的回文序列被其中间的 2 个 10 nt 的短回文序列中断，折叠形成 Y 形结构；5′端的 127 nt 的回文序列，中间被 1 个 24 nt 的短回文序列中断，折叠形成 U 形结构。由于其三级结构的独特，3′及 5′端的十字鼓瓶颈发卡结构难以测序，故针对 PPV 全基因组的研究很少。GenBank 中登录的 PPV 序列主要是非结构蛋白 *NS1* 基因和结构蛋白 *VP2* 基因的序列，收录的完整的 PPV 全基因组序列只有 4 条（GenBank 登录号分别是：U44978、NC_001718、EU790641、EU790642）。PPV 基因组有 2 个开放可阅读框（ORF）。左边的 ORF 编码非结构蛋白（NS 蛋白），右边 ORF 编码结构蛋白（VP 蛋白）。

（二）结构蛋白

结构蛋白的主要功能区包括抗原决定簇区、受体结合部位及血凝部位，主要由 VP1、VP2 和 VP3 3 种蛋白共同构成，其分子质量依次是

83kDa、64kDa、60kDa。大多数学者认为，PPV基因组主要编码 2 条结构多肽，即 VP1、VP2；而 VP3 是 VP2 翻译后加工切割的裂解产物，它只在衣壳装配和病毒基因组包装后才出现。VP1的 N 端有一个脯氨酸丰富区，在病毒从细胞外转移到细胞内时起重要作用。VP2 是构成病毒粒子的主要衣壳蛋白，约占病毒衣壳蛋白总量的80%。通过血清学试验证实，VP2 可以诱导产生血凝抑制及中和抗体，目前认为 VP2 是 PPV 的主要免疫原性蛋白，能诱导很强的细胞免疫，且作为一种抗原的转运载体具有很高的研究价值。

对纯化的 PPV 进行电镜观察，可以找到 2 种病毒粒子。一种是完整 PPV 病毒粒子，富含VP3，可以感染组织或细胞；另一种为病毒空壳，没有 VP3，富含 VP2，不能感染组织和细胞，但其空壳却占据宿主细胞表面的受体位点，从而干扰完整病毒粒子与宿主细胞的结合，影响细胞培养物的 HA 效价。

（三）非结构蛋白

PPV 基因组编码 3 种非结构蛋白 NS1（77.5kDa）、NS2（18.15kDa）、NS3（12.45kDa）。研究表明，NS1 蛋白是具有多种功能的锚定蛋白，在 PPV 体外感染中具有重要作用。NS1 与病毒结构蛋白不相关，用标记 P 和 S 技术发现 NS1 首先出现在感染后 5～7h，比病毒结构蛋白合成早 4h，随后发生结构修饰，这与 DNA 的复制有关。

NS2 和 NS3 蛋白的功能目前尚不清楚。初步研究表明，NS2 是 PT4 经过 C 型拼接产生的长约161 个氨基酸的非结构蛋白，其 N 端的 86 个氨基酸与 NS1 完全不同，C 末端的 75 个氨基酸为其特有；PT4 经过 D 型拼接产生的长约 106 个氨基酸的非结构蛋白，其 N 端的 86 个氨基酸与 NS1完全相同，其 C 末端的 20 个氨基酸与 NS1 不同，与 VP1 编码区有重叠，但目前也无证据证明PPV 感染的细胞中有 NS3 蛋白的存在。

三、免疫学

PPV 是导致母猪发生繁殖障碍的重要病原之一，并且随着疾病的不断发展，PPV 感染在临床上出现许多新的致病类型。在目前已分离的 PPV分离株中，不同毒株的致病性与组织嗜性是不同的。根据 PPV 致病性与组织嗜性的不同，可将其

分成不同类型。①以 NADL－2 为代表的弱毒株，在临床上多作为弱毒疫苗应用，试验性感染偶尔引起轻微的病毒血症，不能穿过胎盘屏障，口服接种 NADL－2 毒株也不感染胎儿；②以NADL－8 和 IAF－76 株为代表的强毒株，这类毒株是导致母猪繁殖障碍的主要病原，对免疫系统不完善的胎儿具有致死性；③以 Kresse 株和IAF－A54 株为代表的皮炎型毒株，与强毒株相比，该类型毒株能够致死具有免疫保护力的胎儿；④以 IAF－A83 株为代表的肠炎型毒株，能够导致仔猪腹泻。另外，参与猪的渗出性皮炎（swine exudative epidermitis，SEE）、断奶仔猪多系统衰竭综合征（post-weaning multisystemic wasting syndrome，PMWS）和猪呼吸道疾病综合征（porcine respiratory disease complex，PRDC）的毒株，但目前尚没有具体的代表株。

目前，虽然 PPV 仍只有一个血清型，然而在已分离和报道的 PPV 毒株中，不同毒株的致病性与组织嗜性不同。有些 PPV 流行毒株不能被传统疫苗有效保护，说明这些毒株的抗原性发生了一定程度的改变。2007 年以来，我国部分地区分离到的病原，其致病性和组织嗜性发生了变化。有关流行病学研究结果表明，其 VP1/VP2 终止密码子处的重复序列可能与 PPV 毒力变化有关，残基的变化导致毒力的变化，新的变异株残基的变化能够突破原有疫苗株的免疫。

四、制品

由于目前对该病尚无有效的药物治疗方法，因此该病的预防免疫就显得更为重要。人们公认使用疫苗是预防 PPV 并提高母猪繁殖率的最有效方法。到目前为止，世界上已有美国、澳大利亚、日本、丹麦、西班牙、捷克、德国、苏联和中国等成功研制了 PPV 疫苗，除美国和日本的 3 个弱毒活疫苗已商品化外，其余均为灭活疫苗。

（一）诊断试剂

我国已经批准的诊断试剂有猪细小病毒荧光抗体，用于 PPV 的抗原检测。

（二）活疫苗

目前国内外应用于临床的活疫苗有 4 种。国外活疫苗有 NADL－2 株、MLV 株、HT 变异

株、HT-SK-C 株活疫苗。美国 1980 年率先研制成功一种减毒的弱毒疫苗，他们通过猪睾丸细胞（ST）传 120～165 代致弱的 PPV 毒株，以胎猪肾细胞培养制成，肌内注射后可预防母猪的 PPV 感染。Paul 和 Mengeling 等（1980）在细胞培养物上经过连续 50 多代的培养驯化获得致弱的 MLV 株，将该疫苗口服、鼻内接种血清阴性的初胎怀孕母猪，不引起胎儿感染，也不向外排毒，安全有效。由于致弱活疫苗在宿主组织中的复制能力减弱，病毒不能经胎盘传播，因而表现出良好的安全性。Fujisaki 等（1982）将 PPV 的野毒株 90HS 通过 ESK 猪肾细胞在 30℃ 传 54 代，培育出 HT 变异株，使用该毒株接种猪后不能产生病毒血症，也不向外排毒，但能够诱导猪体产生高滴度抗体和较强的免疫力。随后，Akihiro 等（1986）将 HT 变异株在 34 代时再通过猪肾细胞培养，并利用紫外线照射后传代，获得了 HT-SK-C 毒株，利用该毒株研制出的弱毒疫苗安全性、免疫原性都良好，在日本已经商品化生产。PPV NADL-2 株是最先应用于临床的弱毒疫苗株。目前日本应用最广泛的活疫苗是"KYOTO BIKEN"疫苗。日本最近研制成功了猪细小病毒、脑炎、捷申病三联活疫苗，并进行了专利注册。我国目前尚无批准使用的弱毒活疫苗。

（三）灭活疫苗

我国潘雪珠等（1987）首先研制成功 PPV 灭活疫苗。目前我国已经取得新兽药证书的猪细小病毒全病毒灭活疫苗有 7 种，即 1994 年批准的上海农科院畜牧兽医研究所研制的猪细小病毒油乳剂灭活疫苗、2006 年批准的武汉中博生化有限公司的猪细小病毒病灭活疫苗（CP-99 株）、2006 年批准武汉科前动物生物制品有限责任公司等研制的猪细小病毒病灭活疫苗（WH-1 株）、2010 年批准哈药集团生物疫苗有限公司研制的猪细小病毒病灭活疫苗（L 株）、2011 年批准青岛易邦生物工程有限公司研制的猪细小病毒病灭活疫苗（YBF01 株）、2012 年批准扬州优邦生物制药有限公司研制的猪细小病毒病灭活疫苗（BJ-2 株）、2016 年批准国家兽用生物制品工程技术研究中心（江苏）研制的猪细小病毒病灭活疫苗（NJ 株）。国内猪细小病毒灭活疫苗大多系用我国地方分离株（如 WH-1 株、CP-99 株、L 株、YBF01 株、BJ-2 株、NJ 株）经一定的灭活剂灭活全病

毒后，加矿物油佐剂或水佐剂研制而成。用于预防猪细小病毒病，免疫期达 6 个月。生产工艺属于传统细胞培养工艺。效力检验多用豚鼠等小动物抗体（HI 抗体）测定法替代本动物检验。

五、展望

PPV 疫苗在世界各地均被广泛应用，该疫苗通常是单价的，但也可与其他疫病的疫苗联合应用。猪细小病毒的衣壳具有高度的免疫活性，已有研究人员将 *VP2* 基因克隆到杆状病毒载体系统以生产重组蛋白，有望作为代替传统疫苗的新型疫苗。

近年来，出现了许多有关新型疫苗研究的报道，这些疫苗包括：病毒载体多价疫苗、亚单位疫苗及核酸疫苗等。如病毒载体多价疫苗是以良好的猪伪狂犬病病毒活疫苗株作为载体，表达 PPV 的免疫原，从而达到一针两防的目的。这些疫苗的研究和开发对猪细小病毒病的控制和最终消灭具有重要意义。

（刘业兵　王忠田）

主要参考文献

丁壮，2008. 猪细小病毒病及其防制［M］. 北京：金盾出版社.

甘孟侯，杨汉春，2005. 中国猪病学［M］. 北京：中国农业出版社.

王明俊等，1996. 兽医生物制品学［M］. 北京：中国农业出版社.

Cui Sh J，Cortey M，Segalés J，2009. Phylogeny and evolution of the NS1 and VP1/VP2 gene sequences from *Porcine parvovirus*［J］. Virus Research，140（1/2）：209-215.

第九节　猪伪狂犬病

一、概述

伪狂犬病（Pseudorabies，PR）是由疱疹病毒科（Herpesviridae）、甲型疱疹病毒亚科中的伪狂犬病病毒（*Pseudorabies virus*，PRV）引起的多种动物以发热、奇痒（猪例外）及脑脊髓炎为主要症状的一种急性传染病。本病最早在 1813 年

发生于美国的牛群，临床表现为奇痒症状。1902年匈牙利奥耶斯基（Aujeszky）首次证明该病病原为非细菌性致病因子，随后经试验确定其为病毒，因而该病亦被称为奥耶斯基病。PR 最初主要发生于牛和犬。Shope 于 1934 年首次报道猪在滴鼻感染 PRV 后出现瘫痪症状，并能在鼻分泌物中分离出病毒。20 世纪 70 年代起，世界各地分离出的强毒株，对猪致病性增强，能引起新生仔猪高死亡率和母猪流产，并能出现呼吸道症状和病变。我国于 1947 年首次报道的伪狂犬病是猫伪狂犬病。20 世纪 80 年代起，随着养猪业集约化、规模化的发展，我国生猪养殖主产区均发生过本病的流行，给养猪业造成了巨大的经济损失。本病被 OIE 列入需申报的疾病名录（OIE listed diseases），也是我国法定的二类动物疫病。

虽然文献报道称 PRV 能导致多种动物发病，但猪是本病的原发感染宿主，又是病毒的长期储存宿主和排毒者，受到的威胁最大。该病临床表现的严重性及特殊的感染和流行特点，致使该病发生后造成的危害严重，控制难度极大。不同阶段猪发生 PR 后临床表现差异较大。母猪主要发生流产、产死胎和木乃伊胎，不育、不发情、返情等繁殖障碍。新生仔猪发病后有明显神经症状，急性经过，能引起大量死亡，1 周龄以内仔猪发病率及致死率近 100%。断奶前后的仔猪也有发病，主要表现为发热、呼吸及消化系统症状，发病率和死亡率明显低于初生仔猪。成年猪发病后的主要表现为呼吸症状，是猪繁殖障碍与呼吸综合征的主要病因之一。PRV 感染猪后，能在发病耐过猪体内形成潜伏感染，潜伏带毒猪在受到应激导致抵抗力下降后，体内病毒能重新活化，引起复发性感染，可以向外排毒或导致胎儿感染、发病死亡。这种"潜伏-激活"循环感染和传播机制导致了猪场一旦感染该病毒则很难根除。猪一旦感染必须视为 PR 潜在的传染源。

二、病原

PRV 也称为猪疱疹病毒Ⅰ型（*Suid herpesvirus* Ⅰ），属于疱疹病毒科甲型疱疹病毒亚科水痘病毒属。成熟病毒粒子呈球形，直径 150～180 nm，由含基因组的核心、162 个壳粒组成的 20 面体核衣壳、蛋白样间质层（tegument）及囊膜构成。核衣壳直径为 105～110 nm。囊膜表面有长 8～10 nm 呈放射状排列的纤突。

该病毒对外界环境的抵抗力较强，55℃ 50min、80℃ 3min 或 100℃ 瞬间才能将病毒杀灭。在低温潮湿环境下，pH 为 6～8 时病毒能稳定存活；在干燥条件下，特别是在阳光直射下，病毒很快失活。该病毒对乙醚、氯仿、福尔马林等各种化学消毒剂均敏感。

PRV 只有一种血清型，但不同毒株在毒力和生物学特性等方面存在差异。该病毒具有泛嗜性，能在 Vero、PK15、ST 和 BHK21 等多种组织培养细胞内增殖，并产生明显的细胞病变和核内嗜酸性包含体。

（一）病毒基因组

PRV 基因组为线状双链 DNA，G＋C 含量高达 75%，导致病毒基因测序相对困难，目前还没有任何一株 PRV 全序列被测定。2004 年，Klupp 等应用生物信息学的方法，根据 6 个不同毒株的序列拼接得到了病毒的全基因组，拼接的病毒基因组由 143 461 个核苷酸组成。病毒基因组由长独特区（unique long region，UL）、短独特区（unique short region，US），以及位于 US 两侧的末端重复序列（terminal repeat sequences，TRS）与内部重复序列（internal repeat sequences，IRS）组成。目前，已鉴定出 70 多个病毒基因及其功能，大约一半基因是病毒复制非必需的。

（二）病毒的蛋白

PRV 至少包括 72 个基因，可以编码 70 种不同蛋白质，成熟病毒粒子约有 50 种蛋白质。病毒衣壳由 162 个壳粒（150 个六邻体和 12 个五邻体）组成。每个六邻体由 6 分子 VP5（*UL19* 基因编码）和 6 分子 VP26（*UL35* 基因编码）组成，形成衣壳的棱和面。五邻体组成衣壳的顶点，其中 11 个五邻体由 5 分子 VP5 组成，第 12 个由 12 分子 UL6 组成，形成独特的环形通道，是新复制的病毒基因组包装进衣壳的入口。

在衣壳与成熟病毒粒子囊膜之间是间质层，至少有 14 种间质蛋白是病毒本身产生的，细胞的肌动蛋白也常常被整合到间质层中。间质蛋白随衣壳进入细胞后，能促进宿主细胞接收病毒，以及在内核膜形成初始囊膜和在反式高尔基体囊泡中形成二级囊膜起到重要作用。UL48 编码的 VP16（αTIF）是病毒转录启动因子，能够诱导病毒立即早期蛋白基因的转录，对于病毒二级囊膜形成也有重要作用。pUL48（product of UL48）与pUL3.5相互作用，帮助病毒颗粒完成第二次囊膜化，促进病毒在被感染细胞中成熟，对PRV的神经毒性和侵袭力具有重要意义。间质蛋白pUL37对病毒出芽起到重要作用，该基因的缺失会导致病毒颗粒严重受损，不能形成囊膜。pUL11也参与病毒二级囊膜形成。US3编码的蛋白激酶对病毒出芽和阻止感染细胞凋亡有重要作用。UL13编码的丝/苏氨基激酶是病毒在轴突传导的电位调节器，为病毒粒子在神经元细胞长距离传导提供稳定的保障。pUL41具有RNA酶抑制剂的活性，能够分解宿主细胞的mRNA。

PRV囊膜蛋白在病毒吸附、穿入、囊膜形成及出芽等增殖过程，以及在细胞间扩散、诱导机体保护性免疫反应和免疫逃逸中起重要作用。该病毒共编码16种膜蛋白，其中gB、gC、gD、gE、gG、gH、gI、gK、gL、gM和gN共11种被O联或N联糖修饰后成为糖蛋白。还有4种蛋白没有被糖基化（UL20、UL43、US9、UL24）。而UL34是一种2型膜蛋白，仅存在于初始囊膜中，在纯化的感染性病毒粒子中没被发现。gB糖蛋白形成同源二聚体，gE/gI、gH/gL和gM/gN形成异源二聚体。gB、gD、gH和gL对于病毒复制是必需的，gC、gE、gG、gI、gM和gN对病毒复制是非必需的，gB、gC、gD、gE和gI与病毒的毒力有关。糖蛋白gB、gC、gD在免疫诱导方面最为重要。

此外，参与病毒增殖的酶主要有UL23编码的胸苷激酶（TK）、UL39和UL40编码的核苷酸还原酶亚单位（RR1、RR2）、UL12基因编码的碱性核酸外切酶（AN）、UL2编码的尿嘧啶DNA糖基化酶（UNG）、UL50编码的脱氧尿苷三磷酸激酶（dUTPase）、US3编码的蛋白激酶（PK）和UL13基因编码的丝/苏氨基激酶。

（三）病毒的毒力基础

与PRV毒力相关的病毒蛋白质可分为3种：①参与病毒侵入靶细胞及在细胞间和机体内扩散的囊膜蛋白；②与DNA新陈代谢或磷酸化反应有关的酶蛋白；③与病毒粒子装配有关的蛋白。

该病毒最初通过gC糖蛋白与细胞表面的硫酸乙酰肝素的不稳定结合吸附到靶细胞，随后，gD糖蛋白与细胞表面结合素1（nectin 1）、结合

素2和CD55形成稳定的二级吸附，并启动病毒粒子囊膜和细胞膜的融合过程，融合过程主要由gB和gH/gL糖蛋白完成。该病毒有很强的嗜神经特性，其侵入神经细胞后，能通过在外周神经元之间的顺行传递转移扩散到中枢神经系统。病毒在外周神经元之间的传递转移需要病毒囊膜与突触前膜的融合，导致病毒粒子释放到突触间隙，接下来再感染下一级神经元的突触后膜。gE和gI糖蛋白形成的复合体在病毒跨突触传播中起到重要作用，能促进病毒从一级神经元释放并侵染突触相连的神经元，从而使病毒侵入中枢神经系统并在其中转运扩散。缺失gE基因的PRV能在外周组织繁殖和感染一级神经元，然而丧失了沿神经轴突的顺行转运并最终侵袭中枢神经系统的能力。

UL23编码的胸苷激酶（TK）是嘧啶生物合成补救途径中所必需的酶，对于病毒在分裂细胞上复制是非必需的，但对在非分裂细胞如高度分化的神经元中产生感染性病毒粒子则是必需的。因此，TK与PRV在机体中长期保持潜伏感染和在神经组织中的增殖，以及激活潜伏感染状态的病毒粒子等过程密切相关，是PRV神经毒力的主要决定因子。

核苷酸还原酶亚单位（RR1、RR2）、碱性核酸外切酶（AN）、尿嘧啶DNA糖基化酶（UNG）、脱氧尿苷三磷酸激酶（dUTPase）、蛋白激酶（PK）和丝/苏氨基激酶等几种酶也与病毒的毒力密切相关。

（四）病毒潜伏感染特点

任何年龄的猪在耐过PRV急性感染后都能在体内建立潜伏感染，并终生潜伏，且不表现临床症状。病毒潜伏感染的主要部位是三叉神经节、嗅球、脑干和扁桃体。潜伏感染期间，病毒DNA在细胞内以附加体的形式存在，不进行复制，病毒基因组在三叉神经节中仅能转录为不同大小的潜伏相关转录体（latency associated transcripts, LATs）。LATs是与立即早期蛋白基因IE180和EP0转录相反的方向合成，所有不同大小的LATs与IE180基因的3'-末端互补。IE180是该病毒唯一的立即早期蛋白基因，IE180基因的转录是激活病毒其他基因所必需的。LATs以反义机制抑制立早基因和裂解性复制基因的表达来维持潜伏感染状态，以及通过阻止细胞凋亡来保证

疱疹病毒感染神经元的存活。因此，LATs对疱疹病毒潜伏感染状态的建立、维持及活化起重要作用。

三、免疫学

（一）病毒感染过程

PRV感染猪的自然途径是上呼吸道和消化道。病毒入侵体内后，即在鼻腔、扁桃体及口咽部黏膜上皮细胞内复制，并能穿过基底膜感染下层组织中的纤维细胞、上皮细胞和单核细胞等。病毒的复制引起大量巨噬细胞聚集，并攻击感染区域，导致黏膜充血和坏死，出现打喷嚏、咳嗽、流脓性鼻分泌物和呼吸困难等症状。病毒能在肺脏各型上皮细胞中复制，肺脏巨噬细胞也是感染的靶细胞。在此期间病毒能通过嗅神经、三叉神经和吞咽神经等上行传播到达脊髓和脑，引起中枢神经系统的炎症，导致出现各种不同程度的神经综合征。病毒也可通过血液和淋巴转运，到达淋巴组织和子宫等器官，导致流产和胎儿死亡等，从而出现繁殖障碍。感染后2~7d机体产生α-干扰素（IFN-α），其含量与鼻内病毒复制能力呈负相关，说明IFN-α对该病毒在鼻咽黏膜上皮细胞中的复制起重要作用。接种后6~7d出现局部及全身体液和细胞免疫反应，病毒被中和、灭活，感染细胞崩解，并被巨噬细胞清除。特异性免疫反应出现后，感染动物处于恢复期。尽管出现多种类型和不同水平的免疫反应，鼻腔内的病毒在感染后13d、扁桃体内的病毒在感染后18d才能被完全清除。这说明病毒能突破机体的抗病毒免疫，并能进行低水平复制和排毒。此乃病毒可在免疫动物呼吸道内低水平复制之原因。在呼吸道局部还存在病毒复制时，病毒仍能侵入三叉神经节和通过血液中感染的单核细胞扩散，这种细胞相关的感染方式（cell-associated way）能突破胎盘屏障感染胎儿。一般来说，病毒是通过由感染的细胞释放后再次吸附邻近的未感染细胞，而PRV具有的上述细胞相关的感染方式不需要由感染细胞释放，能直接感染相邻的或附近的细胞，可以逃避细胞外的有害分子，如抗体、补体和酶及巨噬细胞的吞噬。一般情况下，病毒感染的细胞表面有病毒蛋白，特异的抗体能识别这种蛋白并能启动抗体依赖的细胞裂解。但是，血液中该病毒感染的单核细胞表面的病毒蛋白在特异性抗体存在时能内在化，保护细胞不受抗体依赖的细胞裂解（antibody-dependent lysis）。这种逃避免疫的单核细胞（immune-masked monocytes）能经血行途径到达妊娠子宫，并由CD11b/CD18细胞黏附复合体介导与血管内皮细胞结合再由病毒gB和gH/gL蛋白介导细胞融合，从而感染胎盘组织及胎儿。

PRV急性感染期后有一个潜伏感染期。该病毒建立潜伏感染是病毒逃避机体免疫系统监视和清除的一种方式。当机体受到应激作用后，潜伏状态的病毒能被激活，引起复发性感染并向外散毒和传播。该病毒的这种"潜伏-激活"循环机制决定了其在猪群中能够持续存在。因此，阻止该病毒建立潜伏感染和清除体内潜伏感染的病毒对于控制和根除本病具有至关重要的作用。

（二）免疫应答

迄今为止，还没有发现抗原性不同的PRV病毒株。本病的免疫机制尚未完全了解。PRV感染动物后，能诱导产生体液免疫和细胞免疫反应，这两种免疫反应对抗病毒感染均有重要作用。黏膜免疫作为第一道防线在抵抗病原入侵的过程中起重要作用。本病毒滴鼻免疫或感染后能诱导黏膜免疫反应，对于在感染的初始部位清除病毒感染具有重要作用。

在病毒与宿主的相互作用中病毒的糖蛋白起重要作用，它们不仅介导对靶细胞的感染而且还是被感染的宿主免疫系统识别的主要抗原。PRV的蛋白可被机体B细胞识别并产生相应的体液免疫反应，几种体液免疫效应机制在抗本病毒感染中均起到重要作用，如中和抗体的中和作用、抗体依赖性细胞介导细胞毒性作用（ADCC）和补体介导的融伪狂犬病病毒感染靶细胞融解作用。其中只有部分病毒蛋白诱导的抗体对机体具有保护作用，大多数病毒蛋白诱导的抗体对机体没有保护作用，能够诱导机体产生保护性中和抗体的主要病毒抗原成分有糖蛋白gB、gC和gD。gB能诱导机体产生依赖补体和不依赖补体的两种中和抗体。抗gC抗体在体外不依赖补体能够通过抑制病毒吸附而中和病毒感染力。康复猪血清中大部分中和抗体均针对gC。gD是保护性抗体的一种主要靶抗原，可诱导机体产生非补体依赖中和抗体，抗gD抗体中和PRV的能力最强。

细胞介导的免疫在抗病毒感染中也起到重要

作用。该病毒感染能诱导 MHC-I 限制的细胞毒性 T 细胞、猪 T 辅助细胞（CD8$^+$）反应和 MHC-II 限制的 PRV 特异性记忆 T 辅助细胞（CD4$^+$）反应，在神经节中对最初的控制和抑制病毒的启动起着重要作用。Th1 型细胞介导免疫反应对于抗病毒感染具有重要作用。Th1 细胞分泌 IL-2，能有效地提高机体免疫功能，促进 T、B 淋巴细胞的增殖，增强 NK 细胞、单核细胞等细胞的杀伤活性。也可促进其他细胞因子的分泌及刺激 T 细胞在体外的生长。这些细胞因子对于清除病毒是至关重要的。

众多研究表明，伪狂犬病疫苗成功接种能够提供足够的临床保护。接种猪能抵抗更高剂量病毒的感染和胎盘感染，使临床症状出现及病毒散毒滴度和时间减少，降低病毒感染和流行的机会。再次免疫能够维持和增加繁殖猪群的免疫力，母源抗体也能够提供临床保护。然而，无论是疫苗诱导的主动免疫还是母源抗体提供的被动免疫均不能完全阻止后期感染病毒在体内的复制，也不能阻止潜伏感染的形成和后期的复发性感染。

四、制品

（一）诊断制品

检疫、诊断 PR 常用的方法有病毒分离、免疫荧光抗体试验、血清中和试验、酶联免疫吸附试验（ELISA）、乳胶凝集试验（LAT）和聚合酶链式反应（PCR）等。病猪的脑组织和扁桃体可作为分离病毒的理想检样。猪肾传代细胞、仓鼠肾传代细胞、鸡胚成纤维细胞等均可用于病毒分离、培养。PCR 具有快速、灵敏的特点；荧光抗体染色法可用于检查病料或细胞培养物中感染的病毒。中和试验能用于病毒和抗体的检测，具有特异性强，灵敏度、可靠性高等特点，是国际通用并公认的法定方法，可用于进出口口岸检疫。LAT 检测 PRV 抗体具有简便、快速的优点，适用于基层现场检测。ELISA 具有灵敏、快速、简便等优点，可自动操作和批量检测，适用于实验室大批样品检查、产地检疫、流行病学调查。用于检测抗 gE 糖蛋白抗体的鉴别 ELISA 能区分野毒感染的带毒动物和 gE 基因缺失疫苗免疫的健康动物，可用于无本病健康猪群的建立，也是国际贸易指定的用于检查 PR 的试验方法。

我国已经批准生产的诊断试剂有：2007 年批准的华中农业大学研制的猪伪狂犬病病毒 ELISA 抗体检测试剂盒、2008 年批准的中国兽医药品监察所研制的猪伪狂犬病病毒荧光抗体、伪狂犬病胶乳凝集试验试剂盒、2010 年华中农业大学研制的猪伪狂犬病病毒 gE 蛋白 ELISA 抗体检测试剂盒。

（二）疫苗

1. 活疫苗 伪狂犬病弱毒活疫苗是将野毒株通过人工传代或基因工程技术进行致弱而制成的。在致弱的过程中，发生了毒力相关基因或基因片段的缺失，诱导保护性免疫反应的蛋白编码基因还存在。因此，具有良好的免疫原性，能有效地激发机体产生细胞和体液免疫反应。并且可以以缺失基因编码蛋白作为靶蛋白，建立敏感而特异的血清学检测方法，通过检测特异性抗体，将缺失疫苗免疫动物与野毒感染动物区分开来，以便对野毒感染动物采取针对性的防制措施，因此这种基因缺失的弱毒活疫苗被称为标记疫苗。伪狂犬病弱毒活疫苗在伪狂犬病的防控中起着重要作用。一些国家通过使用基因缺失疫苗免疫接种，结合鉴别诊断技术定期检测和淘汰野毒感染动物，实现了伪狂犬病的根除和净化。

人工传代制备的弱毒活疫苗是通过非猪源细胞或鸡胚的反复传代，或在某些诱变剂的存在下，用高于通常的培养温度在细胞培养物上反复继代获得的，如 Bartha、Bucharest（BUK）、Alfort 26、NIA-4 和 VGNKI 等毒株。Bartha 株是 1961 年由匈牙利学者 Bartha 分离，经过鸡胚细胞传代致弱的一个疫苗株。采用分子生物学技术对该疫苗株的遗传背景进行了分析，发现在该疫苗株的基因组中 gE、gI、11k、28k 等基因发生缺失，gC 基因存在点突变。Bucharest（BUK）株系罗马尼亚布加勒斯特兽医所通过将 PRV 强毒株在鸡胚尿囊膜上培养 800 代以上获得的弱毒株。基因组分析表明，Bucharest（BUK）株在 US 区存在 gE 基因缺失。目前国际上使用较多的是 Bartha、Bucharest（BUK）毒株。我国已经批准应用的制苗用毒株有 Bartha-61 和 Bucharest。

伪狂犬病基因工程缺失疫苗是在对该病毒中各基因的功能研究基础上，利用基因工程技术有目的地在其基因组中插入或缺失一段序列，致使该病毒的某些基因不能表达，从而使其致弱，同时又保持其较强的免疫原性。其中缺失的主要是与其毒力相关且为病毒复制非必需的基因，如病毒复制相关的酶胸苷激酶（TK）、蛋白激酶（PK）、核苷还原酶（RR）、脱氧尿苷三磷酸激酶（dUTPase），以及糖蛋白 gE、gG 或 gC 等。将与毒力相关的基因缺失以降低病毒毒力，将糖蛋白，如 *gE*、*gC*、*gG* 等基因缺失以引入选择标记。*TK* 基因是神经毒力因子，该基因的缺失会严重阻碍缺失病毒在 TK 缺失细胞上的增殖。gE 是与神经毒力相关的非必需基因。gE 和 gI 对于病毒由细胞到细胞扩散及在 CNS 中跨突触传播起到重要作用。

国际上已批准应用的伪狂犬病基因缺失疫苗毒株主要有 PRV BUK－d13（gE$^-$/TK$^-$）、783（gE$^-$/TK$^-$）、PRV Marker－Gold（gE$^-$/gG$^-$/TK$^-$）、Tolvid（gG$^-$/TK$^-$）、Begonia（gE$^-$/TK$^-$）、Omnimark（gC$^-$/TK$^-$）和 Omnivac（gE$^-$/TK$^-$）等。

我国伪狂犬病基因缺失疫苗毒株有 2003 年批准的四川农业大学研制的猪伪狂犬病活疫苗（SA215 株），其中的 SA215 株（gE$^-$/gI$^-$/TK$^-$）为三基因缺失；2006 年批准华中农业大学研制的猪伪狂犬病活疫苗（HB－98 株），其中的 HB－98 株（gG$^-$/TK$^-$）为两基因缺失。

除此以外，我国还批准了武汉中博生物股份有限公司研制的猪伪狂犬病耐热保护剂活疫苗（HB2000 株）。该疫苗系用猪伪狂犬病病毒 HB2000 株（TK$^-$/gE$^-$/gI$^-$）（三基因缺失），接种 Marc－145 细胞，收获感染细胞培养物，加适宜耐热保护剂，经冷冻真空干燥制成。2016 年批准了武汉中博生物股份有限公司研制的猪伪狂犬病耐热保护剂活疫苗（C 株），本品系用猪伪狂犬病病毒（C 株）接种 ST 细胞进行培养，收获培养物，加适宜耐热保护剂，经冷冻真空干燥制成。

2. 灭活疫苗 灭活疫苗的安全性高，不会引起散毒，也不会带来潜伏感染的问题。但灭活疫苗的免疫效果一般较差，不能诱导细胞毒性 T 细胞反应（CTL）。并且，灭活疫苗的免疫剂量较大，偶尔会发生过敏反应，故在实践中较少应用。另外，由于灭活疫苗一般是用 PRV 全病毒制备而成，没有发生基因缺失，免疫后诱导的抗体很难与野毒感染动物区分开，因此不能通过执行接种、淘汰计划来净化伪狂犬病。

我国批准注册的猪伪狂犬病灭活疫苗系用 PRV 鄂 A 株接种地鼠肾细胞（BHK－21）增殖，收获病毒，经福尔马林灭活后，加矿物油佐剂混合乳化制成。

五、展望

由于 PRV 具有泛嗜性、神经侵袭性、潜伏感染、免疫逃逸等特性，因此本病控制难度大，造成的危害巨大。发病耐过猪能终生潜伏带毒，会成为本病的传染源，须将其检出并淘汰，才能有效控制和净化该病。在对 PRV 分子生物学研究的基础上，通过缺失与病毒毒力相关且为病毒复制非必需的基因而构建的基因缺失弱毒疫苗株，同时将缺失基因编码的蛋白作为标识建立鉴别基因缺失疫苗株免疫动物和野毒感染动物的诊断方法，接种这种 PR 基因缺失疫苗结合鉴别诊断在 PR 的根除和净化中起到重要作用。伪狂犬病基因缺失疫苗的特点及成功应用导致了标识疫苗概念的出现，在疫苗研制上具有里程碑的意义。同时，也彰显出病原分子生物学和免疫及致病机理等基础研究对于应用研究与开发所起的重要作用和意义。

然而，无论是主动免疫还是被动免疫均只能提高免疫动物的抗病力，抵抗更高剂量病毒的感染，减少临床症状、病毒散毒的滴度和时间，降低病毒感染和流行的机会，而不能具备完全抵抗病毒感染能力，不能阻止后期感染病毒在体内的复制、潜伏感染的形成和后期的复发性感染。目前尚缺乏有效的治疗方法，对如何澄清潜伏感染的机理、阻止潜伏感染、消除潜伏感染状态和治疗潜伏感染猪均无良策。因此，进一步深入研究病毒分子生物学特性，阐明病毒与宿主相互作用的分子机制、宿主抗病毒免疫与病毒免疫逃逸策略的互作机制和病毒潜伏感染机理，对于研发更加有效的、能完全抗病毒感染的新型高效疫苗，以及抗病毒治疗方法具有重要意义。

（王川庆 王忠田）

主要参考文献

殷震，刘景华，1997. 动物病毒学［M］. 2 版 . 北京：科学技术出版社 .

Klupp B G，Hengartner C J，Mettenleiter T C，et al，2004. Annotated sequence of the *Pseudorabies virus* genome［J］. Journal of Virology，78（1）：424－440.

Pomeranz R A E, Hengartner C J, 2005. Molecular biology of *Pseudorabies virus*: Impact on neurovirology and veterinary medicine [J]. Microbiology and Molecular Biology Reviews, 69 (3): 462-500.

第十节 猪繁殖与呼吸综合征

一、概述

猪繁殖与呼吸综合征（PRRS）是由猪繁殖与呼吸综合征病毒（PRRSV）引起的，以母猪繁殖障碍和仔猪呼吸道症状为主要特征的一种高度接触性传染病。1987年在美国西部首先暴发该病，随后遍布世界各国。1991年荷兰学者Wensvoot等首次从发病仔猪和母猪体内分离并鉴定该病病原，命名为Lylastade（LV株），1992年欧盟提议将此病命名为"猪繁殖与呼吸综合征（PRRS）"，同年国际兽医组织将其定为B类传染病。PRRSV分为欧洲型和美洲型，分别以1991荷兰分离的LV和1992年美国分离的VR-2332为代表毒株。1996年郭宝清等专家首次从国内发病猪群中分离出PRRSV（CH-1a株），从而证实我国存在本病。目前该病在我国广泛存在，是我国流行的主要猪病之一，主要造成母猪繁殖障碍和大量仔猪死亡，给养猪业造成严重经济损失。2006年猪繁殖与呼吸综合征病毒发生显著变异，致病性有增强趋势，仔猪发病率可达100%、死亡率可达50%以上，母猪流产率可达30%以上，育肥猪也可发病死亡，国内将其命名为高致病性猪繁殖与呼吸综合征病毒。

本病毒可侵害任何年龄的猪，不同年龄、品种和性别的猪均能感染，但以妊娠母猪和1月龄以内的仔猪最易感，对其他家畜和动物还未见发病报道，但已发现野鸭等禽类可携带本病毒。该病以母猪流产、产死胎、弱胎、木乃伊胎，以及仔猪呼吸困难、败血症、高死亡率等为主要特征。妊娠母猪和哺乳仔猪受害最严重，生长猪和育肥猪感染后症状较温和。母猪怀孕后期受病毒感染后，病毒可经胎盘感染胎儿。怀孕母猪发生流产、早产，早产胎儿比正常分娩时间提早1~3周。流产死胎数大量增加，可达50%以上，还有不少木乃伊胎。有少部分的感染猪肢端末梢发绀，多发生于症状出现后5~7d，以耳尖发绀为最常见，

俗称猪蓝耳病。母猪有的出现泌乳困难，耐过的母猪康复以后可怀孕产仔，对窝产数和仔猪存活率略有影响。发病公猪主要表现为倦怠，嗜睡，精神状况下降。断奶仔猪发病后主要表现为呼吸困难，明显的腹式呼吸和咳嗽等，断奶仔猪死亡率可达40%~100%。高致病性猪蓝耳病主要以猪体温升高、皮肤发红和呼吸急促等为主要临床特征，剖检变化以弥散性、出血性间质肺炎、淋巴结和各内脏器官不同程度出血为突出特征，其发病率高、病死率高、治愈率低。

二、病原

PRRSV为单股正链RNA病毒。在第十次国际病毒大会上将该病毒归属于新设立的动脉炎病毒科、动脉炎病毒属。PRRSV为1种有囊膜的病毒，呈球形或卵圆形，直径为45~65nm，呈20面体对称，囊膜表面有较小的纤突，表面相对平滑，核衣壳为立方形，核心直径25~35nm。

通常情况下PRRSV对环境因素的抵抗力较弱，但在特定的温度、湿度和pH条件下，病毒可长期保持感染性。PRRSV在-20℃下长期稳定；20℃室温条件下感染性可持续1~6d；4℃1周内病毒感染性丧失90%，但是在1个月内仍可检测到低滴度的感染性病毒；病毒在温度较高时很快失活：37℃3~24h、56℃6~20min。PRRSV在干燥的环境中容易失活。PRRSV在pH6.5~7.5环境中稳定，一旦超出此范围，其感染性很快丧失。PRRSV用脂溶剂（氯仿和乙醚）、去污剂处理后，病毒囊膜被破坏，失去感染性。

因此，针对病毒的以上特性，猪场应保持环境的清洁、干燥，及时清洗圈舍和用具，可用除污剂、酸性或碱性溶液处理病毒污染物。

（一）病毒基因组

PRRSV基因组为不分节段的单股正链RNA，全长约15kb。PRRSV基因组含有9个开放阅读框（ORF），5′端有"帽子"结构，3′端有非编码区和聚腺苷酸化的Poly（A）尾巴，9个ORFs分别命名为ORF1a、ORF1b、ORF2a、ORF2b、ORF3~ORF7。其中，ORF2a、ORF2b、ORF3~ORF7编码结构蛋白，编码的相应结构蛋白依次为GP2、E、GP3、GP4、GP5、基质蛋白（M）和核衣壳蛋白

（N），GP5、M 和 N 是病毒的主要结构蛋白。ORF1 位于基因组的 5′端，由 ORF1a 和 ORF1b 组成，占全基因组的 80%，编码病毒的复制酶和聚合酶；ORF2～ORF7 位于基因组的 3′端，编码病毒的结构蛋白。PRRSV 基因组的每个 ORF 都与相邻的 ORF 有重叠，重叠长度为 1～253 bp（图 26-6）。

图 26-6 PRRSV 基因组结构

PRRSV 基因组的转录与表达如图 26-7 所示，非结构蛋白（ORF1 编码的复制酶）由病毒基因组 RNA 表达，结构蛋白的表达是通过形成 6 个亚基因组（mRNAs）而表达，基因组 RNA 被病毒复制酶复合体复制为负链中间体，作为子代基因组 RNA 的模板，并且产生一系列负链亚基因组 RNA（sgRNAs），作为编码 ORF2～ORF7 结构蛋白正链 sgRNAs 的模板。sgRNAs 通过不连续转录机制产生，mRNAs 均具有病毒基因组 5′端非编码区的引导序列，其核心序列为 5′UCAACC3′，各 mRNAs 的 3′端相同，从而形成一个共 3′末端的嵌套式结构，这也是嵌套（nidovirales）名称的来历。

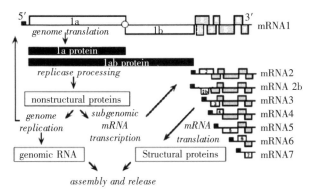

图 26-7 PRRSV 的转录机制与 sgRNAs 的形成

ORF1 为 PRRSV 基因组的非结构蛋白编码区，编码病毒的 RNA 聚合酶。位于基因组的 5′端，是最大的一个 ORF，长约 12 kb，约占病毒基因组的 80%，其上游是高度保守的长约 189 个核苷酸的 5′端非编码区（non-coding region, NCR）。ORF1 分为 ORF1a 和 ORF1b，ORF1a 和 ORF1b 有 16 个核苷酸的重叠，ORF1 编码的多聚蛋白可水解为 13 个非结构蛋白（nonstructural proteins, NSP），即 NSP1α、NSP1β、NSP2～NSP12。ORF1a 中的 NSP1α 和 NSP1β 含有两个

类木瓜蛋白酶的半胱氨酸蛋白酶区；NSP2 和 NSP4 分别含有半胱氨酸蛋白酶区和丝氨酸蛋白酶区，发挥剪切功能；NSP9 中含有依赖 RNA 的 RNA 聚合酶基序；NSP10 含有三磷酸核苷结合 RNA 螺旋酶基序和金属结合域，NSP9 和 NSP10 均具有复制酶功能。其中 NSP2 最易发生变异，NSP2 在欧洲株和北美洲株间存在很大差异。

（二）PRRSV 的主要结构蛋白

PRRSV 的主要结构蛋白为 GP5、M 蛋白和 N 蛋白。GP5 蛋白是不同毒株间变异最大的蛋白，是研究亚单位疫苗及基因疫苗的候选者；M 蛋白和 N 蛋白相对较保守，M 蛋白可能主要与细胞免疫有关，而 N 蛋白免疫原性较强，可以用来诊断。上述 3 个主要结构蛋白决定了 PRRSV 的主要生物学活性及免疫原性，同时它们在整个病毒蛋白中含量也较高。

GP5 为重要的囊膜糖蛋白，由 ORF5 基因编码，分子质量为 24～26 ku，含有 4 个糖基化位点。该蛋白含有一段较大的内部疏水区，与膜的锚定作用有关，并且容易发生变异。该蛋白的 C 端连续 42 个氨基酸有较强的两亲性，有利于主要抗原表位和螺旋结构的形成。GP5 通过二硫键与 M 蛋白相连。GP5 能够诱导产生中和抗体，有两种类型的中和表位，既有线性表位又有构象表位，且其胞外区的表位是最重要的中和表位。研究发现，GP5 的糖基化与中和表位无关，而其内部构象对中和抗体的产生有重要作用。此外，经证实 GP5 蛋白在体内外还可诱导细胞凋亡。并且该蛋白还可能引起 PRRSV 的 ADE 作用。经鉴定，GP5 还包含 2 个免疫显性的 T 细胞表位。

M 蛋白又称基质蛋白，是膜蛋白，由 ORF6 基因编码，分子质量为 18～19 ku。虽有 1 个糖基化位点，但该位点不与寡聚糖结合，经内切糖基化酶消化，分子质量不减少，表明 M 蛋白为非糖基化蛋白。M 蛋白是欧美毒株结构蛋白中最保守的蛋白，同时也具有很强的免疫原性，体外表达的重组 M 蛋白可以在血清学试验中用作靶抗原。据推测，M 蛋白有 1 段 10～18 aa 可能暴露于病毒粒子的外表面，这可能有病毒的聚集和结合有关。M 蛋白可通过二硫键与 GP5 蛋白形成异源二聚体，同时 M 蛋白也可通过二硫键形成同源二聚体。目前还没有证实分子间的二硫键被破坏是否会影响 PRRSV 的感染性，但已在 LDV 中发现破

坏分子间的二硫键能降低 LDV 的感染性。因为 M 蛋白为膜蛋白，所以推测 M 蛋白可能参与病毒的装配和出芽。

N 蛋白又称核衣壳蛋白，是碱性亲水蛋白，由 ORF7 基因编码，分子质量为 14～15 ku。与 M 蛋白相似，虽也有 1 个糖基化位点，但它是非糖基化蛋白。N 蛋白是结构蛋白，与病毒 RNA 相互结合形成核衣壳，N 蛋白在整个蛋白含量中占 20%～40%，是含量最高的蛋白，是优势结构蛋白，在病毒粒子中以同源二聚体的形式存在。N 蛋白的 N 端上游由 Arg、Lys 和 His 共 3 种氨基酸组成，这可能与 RNA 基因组间的互相作用相关，N 蛋白的 C 端对维持蛋白构象有重要作用。N 蛋白还是最主要的免疫原性蛋白。试验证明，PRRSV 感染后（约 11d）首先产生针对 N 蛋白的抗体，而且针对 N 蛋白的抗体是 PRRSV 感染后产生的主要抗体，随后产生针对其他蛋白的抗体，但是研究表明该抗体没有中和活性。一些研究也从该蛋白中鉴定出 5 个抗原表位，有针对所有毒株都保守的共同表位，也有欧洲型或北美洲型特有的表位。研究发现，位于该蛋白的第 41～47 位 aa 是核定位信号序列（nucleolocaliza-tion signal，NLS），通过反向遗传学技术将 N 蛋白的 NLS 突变后，PRRSV 仍然不失去感染性，但产量降低，然而诱导产生的 PRRSV 特异性抗体和中和抗体含量增多。用 NLS 突变株接种猪后，表现为持续性感染的时间缩短和病毒含量的下降。然而也有研究表明，NLS 虽然在 PRRSV 的体外复制过程中是非必需的，但可能在 PRRSV 感染的病理学中有作用。另外，N 蛋白还可能参与核糖体的合成。

（三）PRRSV 的次要结构蛋白

PRRSV 的次要结构蛋白有 GP2、E、GP3 和 GP4。它们在病毒粒子中的含量较低。

（1）GP2　GP2 蛋白是 PRRSV 的次要结构蛋白，由 ORF2 基因编码，分子质量为 29～30 ku，在整个病毒中含量较低。GP2 含有 2 个糖基化位点，这两个位点对 glyco F 消化敏感，但对 endo H 消化不敏感，因而是 N 糖基化的囊膜蛋白。该蛋白可通过二硫键与其他结构蛋白形成同源或异源多聚体，但在已感染的细胞中，虽然其可通过二硫键折叠，但并不形成同源的二聚体或异源的多聚体。GP2 与 I 型膜蛋白相似：有 N

端信号序列、C 端跨膜区（推测为膜锚定序列）、一个胞外区和胞浆尾。研究发现，LV 株的 GP2 蛋白出现于病毒粒子中，也有研究表明 GP2 蛋白在内质网出现，推测 GP2 可能先到内质网进行组装，之后运输到高尔基体。

（2）E 蛋白　E 蛋白是由 ORF2b 基因编码的。ORF2 包括 ORF2a 和 ORF2b，ORF2b 很小，包含于 ORF2a 中。E 蛋白由 73 aa 组成，分子质量约 10 ku，是比较小的囊膜蛋白，具有疏水性，是非糖基化蛋白。有研究证明，E 蛋白对病毒组装不是必要的，但对病毒复制是必要的。该蛋白还可能与病毒囊膜上孔隙的形成有关，这样病毒粒子便于脱衣壳。

（3）GP3 蛋白　GP3 蛋白由 ORF3 基因编码，分子质量为 42～50 ku，为高度糖基化结构蛋白。具有 7 个糖基化位点，并且这些位点在欧美分离株均较保守。其 C 端为高变区，美洲株的 GP3 蛋白 C 端比欧洲株少 12 aa，所以欧洲株的 GP3 蛋白 C 端更有亲水性，美洲株的 GP3 蛋白 C 端具有两亲性。研究发现，GP3 的糖基化部位在介导宿主细胞免疫、病毒感染及维持病毒糖蛋白间正确的构象等方面起重要作用。GP3 是最不稳定的结构蛋白。GP3 可以刺激机体产生中和抗体。GP3 蛋白在不同毒株间的 N 端变异比较大，而且 GP3 的 N 端有较多信号，推测这是导致不同毒株 GP3 差异的主要原因。还有研究表明 GP3 的 63～79 aa 存在 1 个具有抗原性的表位。

（4）GP4 蛋白　GP4 蛋白由 ORF4 基因编码，分子质量为 31～35 ku，含有 4 个糖基化位点，并且这些位点在不同毒株间保守，是糖基化膜蛋白。该蛋白是典型的 I 型跨膜蛋白。LV 株的 GP4 蛋白具有诱导中和抗体的作用，其中和位点位于胞外亲水区。研究表明，GP4 虽然具有中和表位，但针对 GP4 抗体的出现与血清的中和抗体效价的高低似乎没有关联。因此，GP4 在诱导中和抗体方面的研究还有待于进一步验证。还有研究表明，GP4 可能在介导脂质双层漂移和信号转导中有作用。

作为 RNA 病毒，PRRSV 的基因在合成时容易出现内在性错误，可出现点突变、删除、添加和毒株间基因重组，因此 PRRSV 的基因容易发生变异，不同分离株之间基因组存在广泛变异。依据血清学及基因序列分析将 PRRSV 分为两种基本基因型，即以 LV 型为代表的欧洲型和以

VR-2332 为代表的北美洲型，两种型的核苷酸序列同源性约为 60%。序列分析显示，美洲型毒株间的变异明显大于欧洲型毒株间的变异。PRRSV 在猪体内持续感染过程中会出现病毒亚种或亚群。

国外的研究表明，同一基因型的 PRRSV 分离毒株之间存在明显的序列差异，特别是在基因组 ORF1a 的 NSP1b 和 NSP2，ORF3 和 ORF5 的变异性很大。我国已发现 NSP2 的变异主要表现在氨基酸的缺失，此次发现的高致病性猪繁殖与呼吸综合征是由 NSP2 缺失 30 aa 的变异株引起的。

三、免疫学

PRRSV 的免疫学研究是一个极具挑战性的研究难题。虽然有大量研究者付出巨大努力，但是人们对 PRRSV 的免疫机理还是知之甚少。然而，近年来国内外学者在 PRRSV 感染对机体免疫功能的影响方面所做的大量研究工作，为更好地研究 PRRSV 感染的免疫和致病机理奠定一定的理论基础。机体的免疫系统在抵御 PRRSV 的感染时像一把双刃剑。一方面，PRRSV 首先感染猪肺泡巨噬细胞（PAMS），破坏机体的天然免疫屏障之后进入血液循环和淋巴循环，导致病毒血症的发生和全身性淋巴结感染。PRRSV 在体内的感染和大量复制导致机体免疫调节发生紊乱，继而导致继发感染，并加速 PRRS 或其他疾病的进程。另一方面，PRRSV 也能刺激机体产生保护性免疫，使动物免受再次感染，尤其免受同源病毒的攻击，所以 PRRSV 感染易造成持续性感染，机体可以长期带毒。因此，机体的免疫系统在抵御 PRRSV 和在加速疾病发展和防御方面起到双重作用。

（一）先天性免疫

先天性免疫是机体抵御病毒感染的第一道屏障，并且是决定获得性免疫应答方向的一个重要因子。PAMs 是 PRRSV 侵害的主要细胞，PAMs 的破坏使 PRRSV 感染的猪免疫力降低，容易产生其他病原尤其是呼吸系统病原微生物的继发感染。PAMs 是肺中最早接触病原微生物的一种免疫防御细胞，具有多种生物学功能，在机体天然免疫和特异性免疫中扮演重要角色。在天然免疫反应中，巨噬细胞作为机体的"清道夫"，主要通过吞噬作用清除和杀灭病原体及其他异物，并介导炎症反应。

在获得性免疫方面，巨噬细胞的主要作用为免疫调节。首先对抗原递呈进行调节，PAMs 作为职业的抗原递呈细胞，作用是加工和递呈抗原，激发免疫应答。因为巨噬细胞的 MHC 限制性，所以巨噬细胞上 MHC 抗原表达量对抗原递呈的效率有影响。此外，巨噬细胞活化后通过分泌多种细胞因子来发挥免疫调节的功能。有一些研究表明，PAMs 的先天免疫功能主要通过其表面的模式识别受体（pattern recognition receptor，PRR）来完成，toll 样受体（toll like receptors，TLRs）在联系先天免疫和特异性免疫中意义重大，在机体受到病原刺激后，已经表达了 TLRs 的巨噬细胞经信号转导途径激活转录因子，分泌释放一些细胞因子，如 IL-1、IL-6、IL-12、IL-8、TNF-α 和 IFN-γ 等。这些细胞因子能够促进杀菌和吞噬活性，能在炎症反应中起重要作用。PRR 的免疫学意义是，先天免疫效应细胞通过其表面的 PRR 来接受不同的刺激，从而表达一套不同的细胞因子，提供决定淋巴细胞分化的信号，进而决定免疫应答的方向或类型。已有研究证实，PRRSV 感染后能够导致 PAMs 的数量减少和存活率降低，细胞形态发生改变，其吞噬功能和杀菌活性下降，导致 PAMs 发生凋亡，产生补体和表达 Fc 受体能力大幅降低。总而言之，先前大量的研究已表明 PAMs 感染 PRRSV 后导致免疫功能下降。

PAMs 不仅具有吞噬作用和抗原递呈的功能，而且是机体的一种重要炎性细胞，可分泌 100 多种物质，诸如生长因子、白介素（IL）、补体、肿瘤坏死因子（TNF）、毒性氧产物等，这些物质参与巨噬细胞的免疫调节和启动一些炎症反应。当肺部受到创伤或一些病原微生物的感染时，PAMs 被活化，活化的巨噬细胞分泌一些细胞因子，包括炎性因子、趋化因子和免疫调节因子。这些细胞因子一方面直接或间接参与先天免疫作用，另一方面又对 T 细胞、B 细胞的免疫应答进行调节，从而影响特异性免疫反应。因此 PAMs 分泌的细胞因子能够介导炎症反应、调节机体的免疫应答和抵御感染，对机体的免疫反应发挥重要作用。研究证明 PRRSV 感染后外周血中 TNF-α、INF-γ 和 IL-4 表达量增加，IL-8 表达量降低，而且淋巴结中 IL-8 的表达量下降，推测 PRRSV 感染影响单核细胞的正常功能。PRRSV 感染 4 周后，淋巴细胞中 INF-γ 和 TNF-α表达量明显下降，推测 PRRSV 感染后 4 周时对机体造成了免疫抑制。一些研究发现 PRRSV 的感染导致外周血清中 TNF-α 和 IL-2 的表达量增加，PRRSV 感染能够明显抑制猪瘟疫苗的体液免疫反应，并且导致外周血淋巴细胞中的IL-4和IL-10的表达量降低。研究证明 PRRSV 感染后 PAMs 能够释放 TNF-α 使未感染细胞发生凋亡。研究发现，PRRSV 对 Thl 型细胞因子（IFN-γ）和促炎性细胞因子（IL-6、IL-1β 和 IL-8）的表达有影响，后者同时也是标志性的天然免疫应答分子。PRRSV 感染诱导机体产生的细胞因子量明显低于其他病原，同时 PRRSV 感染抑制免疫应答，导致机体其他病原的敏感性增加。与其他病原相比，PRRSV 感染后不能诱导 Ⅰ型干扰素（IFN-α/β）的大量表达，而Ⅰ型干扰素能促进 IFN-γ 的表达，这可能是导致外周血中 INF-γ 的免疫应答反应较微弱的原因。因此 PRRSV 感染后对 PAMs 分泌细胞因子的影响，有助于我们深入理解 PRRSV 的免疫和致病机理。

干扰素家族是哺乳动物体内抵御病毒或其他病原感染的第一道防线。当有病原感染机体时，机体最早被诱导表达的细胞因子是Ⅰ型干扰素，包括 IFN-α 和 IFN-β。一方面Ⅰ型干扰素通过诱导一些抗病毒蛋白的合成来清除病毒；另一方面它将对未受到感染的细胞进行作用，进而激活一些相关基因，使其表达，这样使机体很快处于一种抗病毒的状态，建立起广泛的免疫防御系统。Albina 等（1998）研究发现，PRRSV 感染猪的肺和血清中 IFN-α 表达量较正常猪的低。说明 PRRSV 的感染并不能使 IFN-α 的表达量增加，将会对机体的先天免疫反应和特异性免疫应答有影响。Wesley 等（2006）研究发现 PRRSV 感染猪肺中 IFN-α 水平下降和血液中 NK 细胞杀伤性作用降低，可能对天然免疫应答造成抑制，从而造成其他病原的易感或继发感染。

（二）体液免疫

PRRSV 感染后，机体激发体液免疫应答，产生一系列针对 PRRSV 的特异性抗体。这些抗体主要是针对 PRRSV 的结构蛋白（M、N、GP5）。Mulupuri 等（2008）研究表明，针对 PRRSV 各种蛋白的特异抗体的产生和 B 细胞应答并不影响机体对其他无关蛋白抗体的产生和 B 细胞应答。因此，病毒的感染并不抑制机体对其他免疫原的免疫应答。PRRSV 特异性抗体通常在 PRRSV 感染后 5~7d 便能检测到。PRRSV 感染后最早检测到的 PRRSV 特异性抗体是 IgM，通常在感染后 7d 便出现，14~21d 达到高峰，之后迅速下降，28~42 日几乎不能检测到。PRRSV 感染后 14d 在血清和支气管肺泡灌洗液中能检测到特异性 IgG，21~28d 达到高峰，能够持续数周或数月。PRRSV 感染早期产生的这些抗体与病毒血症同时存在，主要是针对 N 蛋白或一些优势抗原表位，然而这些抗体并不能提供免疫保护。Mulupuri 等（2008）研究表明 IgG 浆细胞主要定位在肺门淋巴结和脾，这就表明此处是急性感染时效应性抗体产生的主要部位。在持续性感染中，记忆性 B 细胞主要定位在扁桃体，此处是病毒持续存在的主要部位。研究发现将这种抗体注入猪体后，无论是在体内还是体外，都不能中和 PRRSV，起不到被动免疫保护的作用。早期产生高水平 PRRSV 的特异性抗体与病毒血症同时存在的事实也说明，这种早期产生的 PRRSV 的特异性抗体在抵抗 PRRSV 感染中并不能发挥作用。这也就与 PRRSV 特异的抗体依赖性增强作用（antibody dependent enhancement，ADE）一致。大量研究共同支持了这样一种观点：早期产生的 PRRSV 特异性抗体并不能中和或消除病毒，反而促进了病毒的复制，只有中和抗体的浓度达到中和病毒的能力时，才能中和或消除病毒。此外，在 PRRSV 感染后 1~4 周，可以检测到针对 PRRSV 非结构蛋白的抗体。母猪体内 PRRSV 的抗体水平与仔猪体内的 PRRSV 母源抗体水平正相关，通常母源抗体可持续 4~10 周。

哺乳动物在有效的免疫应答中，针对抗原的 B 细胞反应包括肺门淋巴结和脾中天然 B 细胞特异性激活和增殖，在大约 20d 时产生浆细胞和记忆性 B 细胞。浆细胞和记忆性 B 细胞迁移到感染部位和骨髓，这里是持续性抗体产生和记忆性 B 细胞定居的主要部位，抗原特异性浆细胞分泌 IgM 或 IgG 到血液循环中或者释放二聚体 IgA 到邻近的黏膜上皮组织来抵抗病毒感染。猪的 B 细胞反应遵循流感和口蹄疫病毒的感染模型，尤其是在 24~72h 时，发生的较强的病毒血症活性感染、循环中病毒载量的急剧降低和之后在 4～7d 时病毒的清除。病毒感染的降低或消除与抗病毒抗体的出现有关。猪拥有全面的先天性和获得性免疫应答，可以对自然感染的病毒病原做出快速应答。然而猪对 PRRSV 的应答偏离此模型，淋巴组织中 PRRSV 的动态分布与血液中病毒的清除偏离，不存在强的应答反应。

PRRSV 的中和抗体（neutralizing antibodies，NA）通常在 PRRSV 感染 4 周后出现。中和抗体产生得较晚，而且产生后低水平维持 210d 以上。一些研究表明，NA 与病毒血症和组织中病毒的清除有关。Lopez 等（2007）研究发现，用 NA 免疫猪，可以在强毒攻毒时产生完全保护。研究表明，PRRSV 的中和表位（neutralizing epitope，NE）主要位于不同毒株病毒的 GP5，GP5 的 NE 的核心区（37～44aa）是欧洲型和美洲型毒株都存在的 B 表位，此外 GP5 上还存在一个能诱导产生非中和抗体的 A 表位。GP4 和 M 蛋白上也存在 NE。Mulupuri 等（2008）研究表明针对 GP5 NE 的 IgM 应答显著不足，可能造成病毒的持续存在。记忆性 B 细胞应答是浆细胞应答的 2 倍多，并持续 200d，持久的回忆应答与 600d 的免疫保护一致。再次感染时缺少回忆应答，说明病毒抗原不足以激发足够的记忆性 B 细胞并使其增殖。研究表明，PRRSV 感染猪体后，首先产生针对 A 表位的高水平抗体，通常在 PRRSV 感染后 30d 才产生针对 B 表位的抗体。Molitor 等（1997）研究表明，NA 对同源毒株能够完全中和，对异源毒株仅能提供部分保护但不能完全中和。研究已证明了母源的体液免疫对母猪及其仔猪是完全的，但是体液免疫反应在仔猪中存在不确定性。

随着 PRRSV 感染的发生，针对病毒蛋白 NSP2 和 N 蛋白的 IgM 反应产生得较快、较短暂，并且在 IgG 出现之前。然而不能检测到针对 GP5 非中和表位区的 IgM 反应，针对 GP5 NE 的 IgM 反应在 28～35d 时出现高峰，此时病毒血症已经被清除。针对 GP5 上述 2 个区域的 IgG 反应相对于其他蛋白而言也推迟。在各种条件下，3 次检测血清样本中针对 GP5 非中和表位区的 IgM，似乎表明转录或者翻译是无效的，抗体分泌水平较低。针对 GP5 非中和表位区的 IgM 通常较易降解或从血液中消失。尽管抗原性和亲水性分析表明此区域是具有抗原性的，但 GP5 非中

和表位区的免疫原性不强。GP5 中和表位区中的隐蔽表位被认为是中和抗体延迟出现的原因，因此检测针对 GP5 的抗体反应不能反映其中和功能，中和抗体是针对 GP5 中和表位区的保守序列的。Mulupuri 等（2008）表明，GP5 抗体在病毒血症的消除中没有发挥重要作用，它的出现造成了持续性感染。

（三）细胞免疫

细胞免疫（cell mediated immune，CMI）对 PRRS 的预防极为重要，像所有病毒性疾病一样，细胞免疫在抗病毒感染中起到重要作用，它对病毒的清除和疾病的预防有重要意义，而细胞毒性 T 细胞是细胞免疫反应中发挥重要作用的免疫活性细胞。PRRSV 感染引起的细胞免疫反应出现通常较晚，在感染后 4 周才能检测到，维持 3 周左右。PRRSV 感染后产生剧烈的 T 细胞增生反应与病毒滴度相关。PRRSV 的感染可导致淋巴组织中的淋巴细胞减少、坏死或空泡化。PRRSV 感染引起 Th1 细胞介导的免疫反应，这一过程是具有 CD8+ 反应依赖性的。在 PRRSV 感染的最初 3 周，CD4+ 细胞数目减少而 CD8+ 细胞数量增加，导致 CD4+/CD8+ 细胞的值明显下降，PRRSV 感染 4 周后 CD4+/CD8+ 细胞的比例开始恢复。Piras 等（2005）研究表明，PRRS 灭活疫苗能够激发 CD4+、CD8+ 和病毒特异性 T 细胞反应，然而 CD4+、CD8+ 更易对活病毒作出回忆应答。

PRRSV 的细胞免疫应答在感染后 4～8 周短暂出现，外周血单核细胞（peripheral blood mononuclear cells，PBMC）是唯一被检测到细胞免疫应答的。然而 PBMC 仅占全身淋巴细胞的 20%，而且此处既不是病毒复制也不是抗原递呈的位置。因此，PRRSV 的主要 T 细胞反应可能发生在淋巴组织中。Xiao 等（2004）研究表明，PRRSV 并不能激发机体产生有规律的和持续的 T 细胞反应，感染组织中抗原性 T 细胞反应不稳定，比较弱，且与病毒感染的位置无关。

（四）细胞因子应答

细胞因子是指主要由免疫细胞分泌的、能调节细胞功能的小分子多肽。在免疫应答过程中，细胞因子对于细胞间相互作用、细胞的生长和分化有重要作用。细胞因子之间的作用是以网络形式发挥的，如一种细胞因子诱导或抑制另一种细

胞因子的产生，如 IL-1 和 TGF-β 分别促进或抑制 T 细胞 IL-2 的产生。另外，因子还与激素、神经肽、神经递质共同组成了细胞间信号分子系统。

Th1 型细胞因子主要有 IFN-γ、IL-12、TNF-α 和 IL-2。Th1 细胞是一类辅助性 CD4 T 细胞，Th1 型细胞因子与 CTL 细胞的增殖、分化和成熟有关，促进细胞介导的免疫应答。IFN-γ 首先促进 Th0 向 Th1 的分化，CD8 CTL 细胞的成熟也部分依赖 IFN-γ。IL-12 作用的靶细胞主要是 T 细胞和 NK 细胞，主要生物学功能包括：①刺激 T 细胞和 NK 细胞分泌 IFN-γ；②促进 CD4 T 细胞向 Th1 型细胞分化；③增强 NK 细胞和 CD8 T 细胞的杀伤作用。IL-12 是连接天然免疫和获得性免疫的一个重要纽带，能有效提高机体的细胞免疫防御功能。IL-2 是引起 T 细胞增殖的主要细胞因子，是 T 细胞激活并进入细胞分裂的关键成分。

Th2 型细胞因子主要有 IL-4、IL-5 和 IL-10，与 B 细胞增殖、分化和成熟有关，能促进抗体的生成，增强抗体介导的体液免疫应答。IL-4 的生理功能是调节 IgE 和肥大细胞或嗜酸性粒细胞介导的免疫应答，其主要生物学功能是：诱导 Th2 细胞的生长和分化；诱导 B 细胞发生抗体类别转换产生 IgE。IL-5 由 Th2 细胞和激活的肥大细胞产生。IL-4 和 IL-5 的功能相互补充，促进 Th2 细胞介导的过敏反应，与其他细胞因子，如 IL-12 和 IL-4 在刺激 B 细胞生长和分化时有协同作用，增强成熟 B 细胞合成 Ig，特别是 IgA。

IL-1 具有广泛的免疫调节功能，而且有致热和介导炎症的作用。主要生物学功能有 3 个：①促进胸腺细胞、T 细胞的活化、增殖和分化。IL-1 能诱导 CTL 的分化。可能通过促进 T 细胞分泌 IL-2 和 IFN-γ，IL-6 可协同 IL-1 活化 T 细胞、刺激 IL-2 的产生。②促进 B 细胞功能，可能通过 IL-1 诱导 PBMC 产生 IL-6 而介导。③增强 NK 细胞的杀伤活性。④刺激单核细胞和巨噬细胞。IL-1 是一种内源性热原质，可引起发热，此外 TNF-α 和 IL-6 也是可以引起发热的细胞因子。

IL-6 通过旁分泌和自分泌形式在局部发挥作用，多种细胞可以分泌，如成纤维细胞、T 细胞和 B 细胞等。IL-6 的主要生物学功能是刺激细胞生长和促进细胞分化，既能促进 B 细胞分化、Ig 的分泌和再次免疫应答，也可协同 IL-2 促进 CTL 分化。

TNF-α 是一种单核因子，主要有单核细胞和巨噬细胞产生，主要生物学功能为调节细胞的分化，促进 T 细胞和 B 细胞增殖，对病毒复制有影响，有促炎活性和免疫调节作用，如可活化单核细胞和巨噬细胞，提高中性粒细胞的吞噬能力等。TNF-α 与 IL-1、IL-6 的生物学性质有许多相似之处。

IFN-α 主要由病毒感染淋巴细胞、单核细胞或巨噬细胞产生，主要生物学活性为抗病毒、增殖抑制和免疫调节。IFN-α 可通过上调巨噬细胞 IgG 的 Fc 受体促进 ADCC，活化 NK 细胞，促进杀伤功能，诱导 MHC II 类分子的表达，提高机体体液免疫和细胞免疫水平。

四、制品

由于 PRRSV 的变异性很高，因此对其进行及时确诊、监测猪群流行动态、评估猪群感染压力，从而为确定猪群免疫疫苗类型及免疫时机，及时有效地控制和预防该病显得尤为重要。

（一）诊断试剂

本病的确诊仍要借助实验室诊断技术，利用病毒分离、血清学检测或分子生物学检测进行确诊。近年来，PRRS 诊断方法的敏感性、特异性不断提高，特别是单克隆抗体和分子抗原的制备和应用，大大改善了诊断方法的敏感性和特异性。我国已经批准应用的诊断试剂有酶联免疫吸附试验诊断试剂盒和高致病性猪蓝耳病鉴别诊断 RT-PCR 试剂盒等。

（二）疫苗

用于控制 PRRS 的疫苗有活疫苗和灭活疫苗两大类。国内外已经批准的灭活疫苗有欧洲型 PRRSV 灭活疫苗（法国）、PRRomiSe（Intervet Inc.，Bayer）、北美洲型 PRRSV（IAF-klop 株）灭活疫苗（加拿大）和中国农业科学院哈尔滨兽医研究所研制的 PRRS（CH-la 株）灭活疫苗；活疫苗有 Ingelvac PRRS MLV、Ingelvac PRRS ATP（Boehringer Ingelheim）、Porcilis PRRSV（Intervet，the Netherlands）、PrimePacPRRS

（Schering-Plough）、AMERVAC-PRRS（西班牙）、PYRSVAC-183（西班牙）、国内 PRRS 弱毒疫苗（CH-1R 株）（哈尔滨兽医研究所）、

R98 株（江苏南农高科技股份有限公司）、高致病性猪蓝耳病活疫苗（JXA1-R 株、HuN4-F112 株、TJM-92 株）。详见表 26-2。

表 26-2　国内外已经商品化的 PRRS 疫苗

制造商	产品名	制造国	疫苗类别	病毒品系
Boehringer Ingelheim	Ingelvac® PRRS ATP	加拿大、美国、墨西哥	活疫苗	JA 142 strain
	Ingelvac® PRRS MLVRepro-Cyc® PRRS PLE	美国 加拿大 美国、墨西哥	活疫苗 活疫苗	VR2332 strain VR 2332 strain
	Ingelvac® PRRS KV	德国	灭活疫苗	P120 strain
Intervet International B. V.	Porcilis® PRRS	比利时、丹麦、匈牙利、荷兰、葡萄牙、罗马尼亚、西班牙、英国	活疫苗	European DV strain
Dyntec spol. s r. o.	SUIVAC PRRS-IN SUIVAC PRRS-Ine	捷克	灭活疫苗	VD-E1，VD-E2，VD-A1 strain
Merial Animal Health Ltd.	Progressis®®	英国	灭活疫苗	European strain
Hipra	AMERVAC AC-PRRS	西班牙	活疫苗	VP046 BIS strain
SYVA Laboratorios	PYRSVAC-183	西班牙	活疫苗	PRRS-ALL-183 strain
哈尔滨维科生物技术开发公司等	猪繁殖与呼吸综合征灭活疫苗 猪繁殖与呼吸综合征活疫苗	中国	灭活疫苗 活疫苗	CH-1a strain CH-1R strain
江苏南农高科技股份有限公司等	猪繁殖与呼吸综合征活疫苗	中国	活疫苗	R98 strain
哈尔滨维科生物技术开发公司等	高致病性猪繁殖与呼吸综合征活疫苗	中国	活疫苗	HuN4-F112 株
广东大华农动物保健品股份有限公司等	高致病性猪繁殖与呼吸综合征活疫苗	中国	活疫苗	JXA1-R 株
吉林特研生物有限公司等	高致病性猪繁殖与呼吸综合征活疫苗	中国	活疫苗	TJM-92 株
Choong Ang Animal Research Laboratory	SuiShot® PRRS	韩国	灭活疫苗	NA strain

1. 灭活疫苗　PRRSV 灭活疫苗具有安全、不散毒，不会发生毒力返强，便于贮存和运输，且对母源抗体的干扰作用不敏感等优点。目前国内使用的灭活疫苗主要有中国农业科学院哈尔滨兽医研究所研制的 PRRS 灭活疫苗（CH-la 株）和中国动物疫病预防控制中心研制的 PRRSV 变异株灭活疫苗（JXA1 株）。灭活疫苗也有一定缺点，如灭活疫苗的抗原含量不高、灭活过程中主要抗原决定簇丢失，从而使抗原性减弱，接种后产生的免疫应答很弱甚至检测不到特异性抗体反应，且不能快速激发细胞毒性 T 细胞反应（CTL），因而不能产生足够的免疫保护力。因此，应用灭活疫苗免疫猪群难以根除 PRRSV。

同时，灭活疫苗免疫剂量大，成本较高，所以对灭活疫苗的使用应根据各猪场具体情况而定。

2. 活疫苗　活疫苗是目前预防 PRRS 的常用疫苗，具有免疫效果好、免疫力强、免疫期长等优点，而且活疫苗还可以用来对母猪进行免疫接种而使仔猪获得被动免疫。目前在国内使用的活疫苗有 Ingelvac PRRS ATP 勃林格殷格翰动物保健（美国）有限公司、CH-1R 株、R-98 株、JXA-R 株、HuN4-F112 株、TJM-92 株等活疫苗。相比灭活疫苗，活疫苗诱导的免疫持续时间更长、效果更好。但是活疫苗的安全性并不总是那么可靠，可能存在散毒及潜在的毒力返强的风险。因此，在推出每个新的弱毒活疫苗之前，

均应进行充分的安全性研究。

3. PRRS 疫苗的生产、检验、特点和前景
目前 PRRS 疫苗的生产中选用的细胞系主要有 MA-104 和 Marc-145。Marc-145 是 MA-104 的克隆株，已广泛用于 PRRS 疫苗的大规模生产。勃林格殷格翰动物保健（美国）有限公司首先应用 Marc-145 生产商品化 PRRS 活疫苗，采用的主要工艺有转瓶培养技术和悬浮培养技术，目前国内 PRRS 疫苗生产也采用上述方式。此外，Clone-8 细胞系也是 MA-104 的克隆株，源于西班牙海博莱公司，用该细胞系培养的 PRRSV 滴度提高了 100 倍以上。

PRRS 灭活疫苗的安全试验主要包括不同日龄猪和妊娠母猪的免疫安全性和超剂量免疫的安全性试验。与灭活疫苗相比，PRRS 弱毒活疫苗的安全试验除包括上述项目外，还包括弱毒活疫苗的垂直传播、水平传播能力和毒力返强试验。主要检测指标有病毒血症持续期、排毒持续期、组织带毒的持续期、临床症状、发病数、死亡数、病毒分离情况、组织病理学变化和生化指标等。

目前 PRRS 弱毒活疫苗的免疫效果要优于灭活疫苗。首先，活疫苗能刺激猪体细胞免疫系统，能诱导产生多种细胞因子；其次，弱毒活疫苗能在猪体复制，可以持续刺激猪体的免疫应答，以抵御病毒入侵。PRRS 活疫苗的效力试验包括最小免疫剂量、免疫产生期与免疫持续期、不同日龄的靶动物、不同的免疫途径主动免疫保护试验、被动免疫保护力试验，以及不同毒株的交叉保护性等试验。

PRRS 疫苗在防控 PRRS 中发挥了重要作用。弱毒活疫苗的优点是接种后抗体产生快、持续时间久、保护力强，能保护仔猪和育肥猪等阶段的猪群。但由于弱毒活疫苗对怀孕母猪仍存在安全隐患，因此在怀孕母猪的使用上受到特别限制。勃林格殷格翰动物保健（美国）有限公司、西班牙海博莱生物大药厂、英特威国际有限公司等都研制了 PRRS 弱毒活疫苗并成功商品化。PRRS 灭活疫苗因其安全性好在欧洲被广泛使用，如勃林格殷格翰动物保健（德国）有限公司和梅里亚公司生产的 PRRS 灭活疫苗分别在德国和英国全境使用，加上严格的管理措施，使 PRRS 在上述 2 个国家得到有效控制。由此可见，要想有效控制我国 PRRS 的肆虐，合理使用 PRRS 灭活疫苗和弱毒活疫苗是该病防控的关键。我国 PRRS 疫

苗需求潜力巨大，每年有十几亿的市场份额，安全、高效、优质的疫苗必将成为市场的主角。

4. PRRS 新型疫苗 活载体疫苗就是利用分子生物学技术将编码异源病毒特异性抗原的 DNA 片段及启动子调控序列插入到载体基因组非必需区中而构建的疫苗，插入基因随着载体的复制而表达，从而使机体获得针对插入片段的免疫反应。常用于疫苗的载体有细菌（如沙门氏菌）和病毒（如腺病毒、痘病毒和伪狂犬病病毒）等。PRRS 活载体疫苗常用的载体主要为腺病毒和伪狂犬病病毒载体，用来表达 PRRSV 具有免疫原性的基因。活载体疫苗现已成为研究热点，因为其具有可以同时激发细胞免疫和体液免疫应答的优点，并且能够构建多价苗，避免了 PRRS 灭活疫苗不能快速激发免疫反应的缺点和弱毒活疫苗存在安全性风险的缺点。一些研究表明，表达 PRRSV GP5 的重组伪狂犬病病毒（PRV）疫苗免疫猪体可以保护猪抵抗强毒攻击，安全性良好，免疫效果优于 PRRSV 灭活疫苗。Gagnon 等（2003）构建了表达 PRRSV GP5 的腺病毒重组疫苗免疫猪体后，当再次攻毒时产生了特异的记忆反应。

DNA 疫苗（核酸疫苗/基因疫苗）是利用基因重组方法将编码病毒保护性抗原的外源基因插入到表达载体上，再将表达载体直接接种到动物体内，外源基因利用宿主细胞的转录系统于体内表达，产生编码插入基因的蛋白，使机体产生针对外源基因的免疫应答。DNA 疫苗与其他疫苗相比，具有简单易产、便宜、免疫剂量小的优点，还可构建成多价苗。既没有安全性风险，又能够快速诱导产生体液免疫和细胞免疫应答，免疫持续时间长。研究表明，用插入 ORF5 基因的质粒免疫猪，可使猪抵抗 PRRSV 强毒的攻击，并可使猪产生针对 ORF5 的中和抗体。研究发现，用分别表达 PRRSV ORF4~6 的重组质粒免疫动物后，能使 86% 的猪产生细胞免疫应答，71% 的猪产生了 PRRSV 特异性抗体。

亚单位疫苗就是用原核或真核表达系统将 PRRSV 主要结构蛋白基因表达出来的蛋白制成的疫苗。目前用来研制亚单位疫苗的主要基因有 PRRSV ORF3、ORF5 和 ORF7。目前用于亚单位疫苗研究最多的表达系统有大肠杆菌表达系统、杆状病毒表达系统和酵母表达系统。大肠杆菌表达系统是应用最广泛的原核表达系统，但原核表达系统表达的蛋白易形成包含体，失去活性。

Dea 等（2000）用大肠杆菌系统表达 GST - GP5 融合蛋白，免疫猪体后并不能产生中和抗体。杆状病毒系统有较大的基因组，主要用于昆虫细胞的高效表达，酵母是真核微生物，具有容量大、产量高特点，便于大规模生产。Plana 等（1997）用杆状病毒表达系统表达 PRRSV GP3 和 GP5 蛋白，免疫攻毒试验表明能得到很好的免疫保护效果。亚单位疫苗与 DNA 疫苗一样不存在安全性风险，但因其不能在体内复制，免疫剂量大、成本高，因此在临床应用受到了限制。

五、展望

尽管人们在分子水平上对 PRRSV 进行了大量研究，但还不足以全面认识 PRRSV，特别是对 PRRSV 的致病机制和免疫特性仍有许多问题有待解决。例如，PRRSV 感染或接种疫苗后的适应性免疫反应不同于其他病原；PRRSV 感染后 IFN - γ 和中和抗体的出现较晚，在感染过程中病毒血症持续时间较长；PRRSV 在流行过程中存在明显的抗原性变异，导致毒力改变；抗体依赖性增强作用影响疫苗的免疫效果。上述问题使 PRRSV 的免疫预防困难重重，这也是 PRRS 疫苗研究的难点和热点。随着对 PRRSV 的基础研究的不断深入，特别是针对 PRRSV 的结构与功能、病毒的致病机制等方面的研究不断取得新的进展，阻碍 PRRS 疫苗研究的难题必将得到解决。

（蔡雪辉　范学政　丁家波）

主要参考文献

Albina E, Carrat C, Charley B, 1998. Interferon-alpha response to swine arterivirus (PoAV), the *Porcine reproductive and respiratory syndrome virus* [J]. Journal of Interferon Cytokine Research, 18 (7): 485 - 90.

Dea S, Gagnon C A, Mardassi H. et al, 2000. Current knowledge on the structural proteins of *Porcine reproductive respiratory syndrome* (*PRRS*) *virus*: comparison of the North American and European isolates [J]. Archives of Virology, 145 (4): 659 - 688.

Deng M C, Chang C Y, Huang T S, et al, 2015. Molecular epidemiology of *Porcine reproductive and respiratory syndrome viruses* isolated from 1991 to 2013 in Taiwan [J]. Archieve of Virology, 160: 2709 - 2718.

Gagnon C A, Lachapelle G, Langelier Y, et al, 2003. Adenoviral-expressed GP5 of *Porcine respiratory and reproductive syndrome virus* differs in its cellular maturation from the authentic viral protein but maintains known biological functions [J]. Archeves of Virology, 148 (5): 951 - 972.

Iseki H, Takagi M, Miyazaki A, et al, 2011. Genetic analysis of ORF5 in *Porcine reproductive and respiratory syndrome virus* in Japan [J]. Microbiology and Immunology, 55: 211 - 216.

Jung K, Renukaradhya G J, Alekseev K P, et al, 2009. *Porcine reproductive and respiratory syndrome virus* modifies innate immunity and alters disease outcome in pigs subsequently infected with porcine respiratory coronavirus: impliacations for respiratory viral co-infections [J]. Journal of General Virology, 90: 2713 - 2723.

Lee C, Yoo D, 2005. Cysteine resdues of the *Porcine reproductive and respiratory syndrome virus* small envelope protein are non-essential for virus infectivity [J]. Journal of General Virology, 86 (11): 3091 - 3096.

Levy D E, Marie I, Prakash A, 2003. Ringing the interferon alarm: Differential regulation of gene expression at the interface between innate and adaptive immunity [J]. Current Opinion in Immunology, 15 (1): 52 - 58.

Lopez O J, Oliveira M F, Garcia E A, et al, 2007. Protection against *Porcine reproductive and respiratory syndrome virus* (PRRSV) infection through passive transfer of PRRSV-neutralizing antibodies is dose dependent [J]. Clinical and Vaccine Immunology, 14 (3): 269 - 275.

Meier W A, Galeota J, Osorio F A, et al, 2003. Gradual development of the interferon-gamma response of swine to *Porcine reproductive and respiratory syndrome virus* infection or vaccination [J]. Virology, 309 (1): 18 - 31.

Molitor T W, Bautista E M, Choi C S, 1997. Immunity to PRRSV: Double-edged sword [J]. Veterinary Microbiology, 55 (1/4): 265 - 276.

Mulupuri P, Zimmerman J J, Hermann J, et al, 2008. Antigen-specific B-cell responses to *Porcine reproductive and respiratory syndrome virus* infection [J]. Journal of Virology, 82 (1): 358 - 370.

Piras F, Bollard S, Laval F, et al, 2005. *Porcine reproductive and respiratory syndrome* (PRRS) virus-specific interferon-gamma (+) T-cell responses after PRRS virus infection or vaccination with an inactivated PRRS vaccine [J]. Viral Immunology, 18 (2): 381 - 9.

Tong G Z, Zhou Y J, Hao X F, et al, 2007. Highly

pathogenic *Porcine reproductive and respiratory syndrome* [J]. *China*. Emerging Infectious Diseases，13 （9）：1434 - 1436.

Vashisht K，Goldberg T L，Husmann R J，et al，2008. Identification of immunodominant T-cell epitopes present in glycoprotein 5 of the North American genotype of *Porcine reproductive and respiratory syndrome virus* [J]. Vaccine，26 （36）：4747 - 4753.

Vashisht K，Goldberg T L，Husmann R J，et al，2008. Identification of immunodominant T-cell epitopes present in glycoprotein 5 of the North American genotype of Porcine reproductive and respiratory syndrome virus [J]. Vaccine，26 （36）：4747 - 4753.

Wesley R D，Lager K M，Kehrli M E，2006. Infection with *Porcine reproductive and respiratory syndrome virus* stimulates an early gamma interferon response in the serum of pigs [J]. Canadian Journal of Veterinary Research，70 （3）：176 - 182.

Xiao Z，Batista L，Dee S，et al，2004. The level of virus-specific T-cell and macrophage recruitment in *Porcine reproductive and respiratory syndrome virus* infection in pigs is independent of virus load [J]. Journal of Virology，78 （11）：5923 - 5933.

Yoon K J，Wu L L，Zimmerman J J，et al，1996. Antibody dependent enhancement （ADE） of *Porcine reproductive and respiratory syndrome virus* （*PRRS*） infection in pigs [J]. Viral Immunology，9 （1）：51 - 63.

第十一节　猪圆环病毒病

一、概述

20 世纪 90 年代，世界上许多国家在病猪及一些无明显临床症状猪体内检测到了一种新型猪圆环病毒（*Porcine circovirus*，PCV）。该病毒与已知的由 PK - 15 细胞系分离的 PCV 不同。根据对猪的致病性，人们将新出现的与临床疾病相关的 PCV 命名为猪圆环病毒 2 型（Porcine circovirus 2，PCV2），将此前无临床致病性的 PCV 命名为猪圆环病毒 1 型（Porcine circovirus，PCV1）。PCV2 感染后会出现断奶仔猪多系统衰竭综合征（post weaning multisystemic wasting syndrome，PMWS）、猪皮炎肾病综合征（porcine dermatitis and nephropathy syndrome，PDNS）、猪呼吸系统混合疾病（porcine respiratory disease com-plex，PRDC）、猪繁殖障碍症（reproductive failure）、肉芽肿性肠炎（granulomatous enteritis）、急性肺水肿（acute pulmonary edema，APE）、增生性坏死性肺炎（proliferative and necrotizing pneumonia，PNP）等。由此，猪圆环病毒病（PCVD）的含义是指一系列综合征侯群或是与 PCV2 感染相关的疾病。亦有报道称，这些综合征是由多种因素导致，其中肯定包括 PCV2，而且是主要病原。现已证实，PCV2 主要侵害猪体的免疫系统，导致免疫抑制及机体抵抗力降低，干扰和破坏猪对其他疫病免疫抗体的产生和维持，从而继发其他疾病。因此在养殖业中，对 PCV2 的危害性不能孤立看待，更主要表现在它与其他重要疾病（如猪细小病毒病、猪繁殖与呼吸综合征、副猪嗜血杆菌病、猪支原体肺炎、猪链球菌病、多杀性巴氏杆菌病等）的继发感染。PCVD 发病率可达 50%，死亡率可能因猪场条件、继发感染情况不同而不同，一般为 5%～70%。PCVD 中，PMWS 对养猪业造成的危害最为严重。在欧洲，该病每年可造成养猪业约 6 亿欧元的损失。

值得注意的是，2015 年 6 月，美国北卡罗来纳州一个商品猪场母猪群暴发皮炎肾病综合征（PDNS），然而所有母猪组织样本，包括肾脏、淋巴结、肺脏、皮肤组织样本，经免疫组化（IHC）检测，以及定量 PCR 检测发现，PCV2、PRRSV 和 IAV 均为阴性；木乃伊胎组织定量 PCR 检测显示 PCV2、PRRSV 和 PPV 同样都为阴性。在对样本采用宏基因组测序后，发现一种基因型不同以往的圆环病毒，命名为 PCV3。2016 年，华南农业大学及华中农业大学相继在中国猪场检测到新型圆环病毒 PCV3。2017 年，华南农业大学宋长绪教授课题组率先刊文报道了我国首例 PCV3，命名为 PCV3 - China/GD2016。因目前尚没有用细胞分离培养出 PCV3 型病毒，所以其血清型、流行特性、病原学等还在进一步研究中。

猪圆环病毒病的主要临床类型及流行病学特点有：

（一）断奶仔猪多系统衰竭综合征

PMWS 是由 PCV2 引起的以断奶仔猪呼吸急促或困难、腹泻、贫血、明显的淋巴组织病变和进行性消瘦为主要特征的疾病。该病主要侵袭哺乳期和保育期仔猪，尤其是 6～18 周龄仔猪最易感，2～4 月龄猪发病率也比较高，发病率一般为

10%～20%（有时可达 50%～60%），死亡率 4%～20%。该病严重影响猪的生长发育，发病猪耐过后多变为僵猪，造成巨大的经济损失。本病最早见于 1991 年加拿大北部地区，1997 年分离到 PCV2，随后美国、法国、英国、德国、意大利、西班牙、新西兰、丹麦、加拿大等国家也先后报道发生该病。我国最早于 1999 年通过血清学方法证实存在该病感染。郎洪武等（2001）对北京、河北、山东、天津、江西、吉林、河南 7 省（市）22 个猪群 559 头各类猪群进行检测，发现 PCV2 抗体阳性率达 42.9%，随后郎洪武等（2000）又从北京、河北的猪群中首次在国内分离鉴定了 PCV2 病原。随着我国各地对该病流行病学调查的深入，发现该病在我国各地的猪群中存在较高的感染率，给我国养猪业造成了相当大的经济损失。

PMWS 表现的消瘦、生长迟缓、呼吸困难等临床症状提示该病免疫病理性特征。早期的病理变化主要表现为淋巴结肿大，T/B 淋巴细胞减少，大量组织细胞及多核巨细胞浸润及细胞因子反应的交替或改变。胸腺常常发生皮质萎缩。组织细胞及树突状细胞内可看到胞内病毒包含体。肺有时扩张，显微镜下可见间质性肺炎的病理变化，早期可见支气管周围纤维化及纤维素性支气管炎病理变化。部分病例中，可见肝脏肿大、脾脏萎缩，显微镜下可见大面积细胞病变及炎症。一些病例中猪肾皮质表面会出现白点（非化脓性间质性肾炎），许多组织中可见到局灶性淋巴组织细胞浸润。

（二）猪皮炎肾病综合征

PDNS 一般易侵袭仔猪、育成猪和成年猪。发病猪一般呈现食欲减退，精神不振，轻度发热或不呈现发热症状。喜卧、不愿走动，步态僵硬。最显著的症状为后肢及会阴区域皮肤出现不规则的红紫斑及丘疹，有时也会在其他部位出现。显微病理显示，红斑及丘疹区域呈现与坏死性脉管炎相关的坏死及出血现象。全身特征性症状为坏死性脉管炎。该病发病率一般小于 1%，也有高发病率的报道。大于 3 月龄的猪死亡率接近 100%，年轻感染猪死亡率接近 50%。严重感染的患病猪在临床症状出现后几天内就死亡。

死于 PDNS 的猪病理变化一般表现为双侧肾肿大，皮质表面细颗粒状，皮质红色点状坏死，肾盂水肿。一般 PDNS 发病猪皮肤及肾脏都会呈现病理变化，但有时仅会出现单一的皮炎或肾病的病变。有时淋巴结肿大或发红，脾脏会出现梗死。显微镜下观察，PDNS 猪淋巴结的病变与 PMWS 淋巴结病变相似。

（三）其他主要相关疾病

猪呼吸系统混合疾病（PRDC）的病原除 PCV2 外，还有 PRRSV、SIV、猪肺炎支原体（*Mycoplasma hyopneumoniae*）、猪胸膜肺炎放线杆菌（*Actinobacillus pleuropneumoniae*，APP）、多杀性巴氏杆菌（*Pasteurella multocida*）和猪链球菌（*Streptococcus suis*）等。其中，PCV2、PRRSV 和猪肺炎支原体是引起 PRDC 的主要病原。一般认为 PCV2 与其他病原混合感染会导致 PRDC，但不代表 PRDC 的病原中一定会含有 PCV2。PRDC 通常出现在 4～6 月龄的猪，临床症状包括持续发热、咳嗽、呼吸困难、厌食、消瘦、精神沉郁，用抗生素治疗无效，病程中后期死亡率明显增加。一般发病率为 30%～70%，死亡率为 4%～6%。

PCV2 感染还与猪后期流产及死胎疾病相关，即通常所指的猪繁殖障碍性疾病。然而，与 PCV2 有关的繁殖系统疾病的田间病例很少，这与成年猪 PCV2 的血清阳性率较高有关。PCV2 相关的繁殖系统疾病中，死胎或中途死亡的新生仔猪一般呈现慢性、被动性肝脏充血及心脏肥大，多个区域呈现心肌变色等病变。

（四）猪圆环病毒病流行病学

家猪和野猪是 PCV2 的自然宿主，猪科以外其他动物对 PCV2 均不易感。PCV2 可经口腔、呼吸道途径感染不同日龄的猪，病猪所接触的物品或病猪的分泌物（血液、尿液、粪便或黏液）可能含有传染性病原体。怀孕母猪感染 PCV2 后，也可经胎盘垂直传播感染仔猪，并导致繁殖障碍。发生猪圆环病毒病，除 PCV2 的感染外，还和其他多种的诱因有关，包括猪舍环境卫生、猪群密度、运输应激、猪体 PCV2 抗体水平、其他疫苗免疫、混合感染等。

有研究发现，PCV2 人工感染或自然感染马、牛、羊、兔后血清中不产生抗体，但在小鼠体内可以复制，并能在鼠间传播，因此小鼠被作为 PCV2 研究的重要动物模型。

二、病原

PCV2 属于圆环病毒科（Circoviridae）、圆环病毒属病毒。该科病毒是已知动物病毒中最小的。PCV2 为无囊膜、单股环状双向 DNA 病毒，含 1 767～1 768 nt。病毒粒子直径平均为 17 nm，在 CsCl 中的浮密度为 1.33～1.34 g/cm^3，对酸性环境（pH3）、氯仿或高温（56℃和 70℃）有抵抗能力。不凝集牛、羊、猪、鸡等多种动物和人的红细胞。病毒 DNA 利用宿主细胞的酶自行复制。

PCV2 可以在 PK-15 传代细胞上生长繁殖，但不产生细胞病变反应（CPE），但感染的 PK-15 细胞内含有许多包含体。少数感染的细胞内含有核内包含体。PCV2 接种 PK-15 细胞后 18h 可检测到病毒 DNA，30h 可检测到游离病毒粒子，但病毒滴度普遍不高。有报告称，经 D-氨基葡萄糖处理接种过 PCV2 的细胞培养物，可大幅度地提高病毒的繁殖量。目前研究认为，单核/巨噬细胞是 PCV2 的靶细胞，但复制效率不高。有学者在 PCV2 接种的猪肺泡巨噬细胞后利用细菌脂多糖处理，可诱导 PCV2 的复制。

PCV 分为 2 个血清型，即 PCV1 和 PCV2。其中 PCV1 不引起临床症状，广泛存在于正常猪体各器官组织及猪源细胞中；PCV2 对各种年龄的家猪和野猪均有致病性。与血清型分类相对应，PCV 基因组也分为 2 种基因型，即 PCV1 型基因组和 PCV2 型基因组。PCV2 基因组全长为 1 766 bp、1 767 bp 或 1 768 bp，通常含有 11 个 ORF，其中 ORF1、ORF5、ORF7 和 ORF10 在病毒链上，而 ORF2、ORF3、ORF4、ORF6、ORF8、ORF9 和 ORF11 在互补链上。这些基因表现为重叠基因，从而充分利用了病毒有限的遗传物质。ORF1 和 ORF2 是 2 个主要的开放阅读框，分别编码与病毒复制有关的 Rep′蛋白和病毒的衣壳蛋白（Cap）。在 ORF1 和 ORF2 的中间区域是病毒 DNA 的复制起始区（Ori）茎环序列，在病毒蛋白合成、DNA 自身复制及子代病毒产生中发挥重要作用。对 PCV2 的基因组分析发现，所有 PCV2 分离株的基因组同源性都在 90%以上，但与 PCV1 的核苷酸同源性却只有 68%～79%。PCV1 和 PCV2 间与复制相关的 DNA 复制起始区和复制酶编码基因（rep）序列同源性分别约为 79.5%和 82%；但衣壳蛋白编码基因（cap）存在较大差异，同源性只有约 62%。

对于 PCV2 基因分型，很多学者都提出了各自不同的原则和方法。欧盟猪圆环病毒病委员会提出的将 PCV2 分为 PCV2a、PCV2b 和 PCV2c 3 种基因亚型的分类方法被广泛接受，其分型的基本原则是全基因遗传距离大于 0.02 和 ORF2 基因遗传距离大于 0.035，其中 PCV2a 和 PCV2b 是目前存在的主要基因型。对于基因型与致病力的关系也成为 PCV2 研究的热点。Grau-Roma 等（2008）发现，发生 PMWS 的猪群中分离到的 PCV2 多属于 PCV2b（原文中命名为 genotype1），而健康猪群和轻微消瘦症状的猪只分离到的 PCV2 多属于 PCV2a（原文中命名为 genotype2）。结果提示 PCV2 存在不同毒力的毒株，且基因分型可能对判断疾病流行状况有很大帮助。而且系统进化分析显示，PCV2a 型毒株在出现时间上早于 PCV2b 型的毒株，许多国家也发现随着 PMWS 的不断暴发，出现了由 PCV2a 向 PCV2b 基因型转换的现象。此外有人还发现在同一猪体内分离到多个 PCV2 分离株的现象，且这些分离株分属不同的基因型，此现象提示基因重组可能在 PCV2 遗传进化中起到重要作用。按照欧盟猪圆环病毒病委员会的分类方法，我国目前 PCV2 分离株多属于 PCV2b 亚型。但国内也有学者认为我国存在 PCV2a、PCV2b、PCV2d、PCV2e 4 个基因型。

三、免疫学

体外试验表明，早期免疫应答中，PCV2 对树突状细胞（dendritic cells，DC）和巨噬细胞具有偏嗜性，而且 PCV2 对 DC 和巨噬细胞功能的影响可能会间接导致体内其他免疫细胞的功能紊乱或体内平衡的破坏，如淋巴细胞的减少、细胞因子分泌的抑制等。进一步研究表明，这种影响主要取决于 PCV2 的 DNA 而非 PCV2 结构蛋白。有人报道称单核细胞衍生的巨噬细胞和肺泡巨噬细胞更容易内化 PCV2。有人则发现 PCV2 的感染会显著影响巨噬细胞的活性，尤其是杀伤微生物活性，而且还增强了 TNF-α 和 IL-8 的分泌，以及肺泡巨噬细胞趋化因子 II（alveolar macrophage chemotactic factor II，AMCF-II）、粒细胞集落刺激因子（granulocyte colony-stimulating factor，G-CSF）和单细胞趋化蛋白-1（mono-cyte chemotactic protein-1，MCP-1）mRNA水平的上调。有报道称感染 PCV2 的猪胸腺和扁桃体中的 IL-10 和 IFN-γ mRNA 的量有所增加，而淋巴细胞中 IL-2、IL-4、IL-10、IL l2和 IFN-γ 的 mRNA 水平有所下降，但其 IL-1β和 IL-8 的 mRNA 水平却上升，这表明 PCV2 可以导致 T 细胞免疫抑制。外周血单核细胞（peripheral blood monouclear cells，PBMCs）体外研究结果显示，分离自 PCV2 感染猪的 PBMCs产生 IFN-γ 和 IL-2 的能力下降了，尤其是在其他抗原（如 PRV）、有丝分裂原或超抗原共同刺激条件下更为明显。Darwich（2002）报道，感染 PCV2 且出现衰竭症状的猪的 IgM+、CD8+和 CD4+/CD8+ 双阳性细胞（DP）数量减少，而未感染 PCV2 但有衰竭症状的猪 CD8+ 细胞比例增加，提示 PCV2 的感染可能是造成淋巴细胞减少的原因。由于 CD8+ 和 CD4+/CD8+ 双阳性细胞在PMWS病程发展中发挥非常重要的作用，其中CD8+ 细胞与细胞毒性免疫应答有关，而 DP 淋巴细胞具有免疫记忆及免疫效应的双重功能，因此它们的减少必将影响机体的免疫应答。

研究还发现，一些病毒（如 PRV、PRRSV）或其他非感染因子（如有丝分裂原或超蛋白）会提高 PCV2 感染猪体内 PCV2 的复制水平，血清和组织中病毒的效价升高，从而提高了 PCV2 引发 PMWS 的概率。有报道称，在一暴发 PMWS的猪场，使用了痘类病毒免疫调节剂和猪支原体肺炎疫苗的猪比没有任何刺激的猪有更加严重的病理变化及更高的死亡率，其组织内的病毒滴度也更高。有人将 PCV2 与钥孔血蓝蛋白和弗氏不完全佐剂混合注射仔猪，同时腹腔注射硫乙醇酸盐培养基以刺激腹腔巨噬细胞，发现所有仔猪体内 PCV2 都大量增殖且出现 PMWS 症状。虽然关于这些协同刺激因子及免疫刺激启动 PMWS 的机制尚不清楚，但是感染猪淋巴组织病变、继发感染的发生及淋巴组织中免疫细胞亚群和外周血单核细胞的变化是 PMWS 严重感染猪的常见特征，表明发病猪机体处于免疫抑制状态。

在试验猪体内，血清转化一般发生在感染后的 14～28d。另一些研究也同时证实血清转化发生在 PCV2 感染后期。但在田间条件下，早期初乳抗体在哺乳期及保育期会逐渐下降，其后发生血清转化。这种血清转化一般发生于 7～12 周龄，

抗体会一直持续到 28 周左右。由于 PCV2 母源抗体的影响，低于 4 周龄的猪一般不会发生 PM-WS。然而，也有研究认为高水平初乳 PCV2 抗体对仔猪 PMWS 并没有显著的保护作用。田间病例的研究结果显示，尽管 2～3 月龄时机体就已启动了体液免疫应答，但仍有部分生长猪或育成猪存在病毒血症，说明 PCV2 抗体并不能产生完全的保护，但感染猪不出现明显的临床症状，目前尚不能确定是 PCV 引发的体液免疫在起作用还是猪的自然抵抗力在起作用。

四、制品

自该病在我国报道以来，免疫学及生物制品学方面的研究和探索很快成为了一个热点。我国对该病的生物制品学方面的研究主要包括以下几个方面。

1. 杆状病毒载体疫苗的研制 2005 年，刘长明等将 PCV2 的 ORF2 在昆虫杆状病毒中进行了表达，该重组蛋白具有良好的免疫活性反应。昆虫细胞系表达系统要取得最佳的结果，必须有优质的培养介质和条件，对氧的需求量很大，大规模生产中必须进行搅拌，但搅拌过程又可能对细胞造成很大的压力。该系统无法进行连续性表达，糖基化方式与哺乳动物细胞存在一定差异，糖侧链甘露糖的成分较高，而复合寡糖缺乏，且糖蛋白的糖链结构多为简单的不分支结构。此外，宿主细胞生长慢、培养基昂贵。

2. 伪狂犬病病毒载体疫苗的研制 2007 年，琚春梅对表达了 PCV2 ORF2 蛋白的重组伪狂犬病病毒进行了生物学特性研究，结果表明该重组病毒具有良好的遗传稳定性，能诱导小鼠产生特异性免疫应答，并对强毒的攻击具有一定的保护力。

3. 痘病毒载体疫苗的研制 2005 年，秦晓冰对 PCV2 核酸疫苗和痘病毒载体表达 PCV2 ORF2 的亚单位疫苗作了比较，发现痘病毒载体表达系统制备的亚单位疫苗比核酸疫苗抑制 PCV2 病毒复制的效果要好，能在临床试验中使猪抵抗 PCV2 的攻击。

4. 腺病毒载体疫苗的研制 2006 年，王先炜等构建了含有 PCV2 Cap 蛋白的重组腺病毒，为 PCV2 重组腺病毒基因工程疫苗的进一步探索打下了基础。

5. 嵌合病毒疫苗的研制 2007 年，刘新文等

构建了具有感染性的嵌合猪圆环病毒 PCV2 - 1，该重组病毒有望成为圆环病毒疫苗的候选株。

6. 核酸疫苗的研制 2005 年，金宁一等构建了 PCV2 核酸疫苗，该疫苗能诱导小鼠产生良好的细胞免疫和体液免疫。宋云峰（2005）将 PCV2 *ORF2* 基因克隆入真核表达载体 pCDNA3.1（＋），构建了 pCORF2，作为核酸疫苗免疫小鼠。同时，将具有蛋白转导功能的 *BVP22* 基因分别克隆到 *ORF2* 基因的上游和下游，使二者融合表达，命名为 pCORF2BVP22 和 CBVP22ORF2。对 4 组 BALB/c 小鼠分别肌内注射 pCD2NA311（＋）、pCORF2、pCORF2BVP22 和 pCBVP22ORF2，共免疫 2 次。结果显示，通过 2 次免疫后，各疫苗组均产生了针对 ORF2 的体液抗体，同时证明 BVP22 可增强核酸疫苗的免疫效果，其中以 BVP22 在 ORF2 上游效果更好，为防控 PCV2 感染提供了较为理想的候选疫苗。

国际上，一些国家已经研制出商品化的疫苗用于 PMWS 的防治，主要包括灭活疫苗、重组疫苗、DNA 疫苗及嵌合病毒疫苗等。勃林格殷格翰动物保健（美国）有限公司利用昆虫杆状病毒表达 ORF2 蛋白，研究成功了 PCV2 亚单位疫苗，该疫苗的安全性及有效性都得到了试验肯定，并已在包括我国在内的多个国家注册。法国梅里亚公司利用 PCV2 接种悬浮培养的 PK - 15 细胞繁殖病毒，将病毒抗原浓缩约 40 倍后，经 β-丙酰内酯（BPL）灭活，制成油乳剂灭活疫苗，用于后备母猪或经产母猪免疫。仔猪通过吮吸初乳，获得被动保护，可减少 PCV2 引起的感染，并减少排毒、病理损伤和其他临床症状。该产品主要在欧洲一些国家注册使用。美国富道动物保健品公司利用猪圆环病毒 1 - 2 型嵌合体病毒感染 PK - 15 细胞，病毒经浓缩后，经二乙烯亚胺（BEI）灭活，制成灭活疫苗，该疫苗也已在一些国家注册成功。

目前，我国国内也已有自主研发的猪圆环病毒灭活疫苗上市，如猪圆环病毒 2 型灭活疫苗（SH 株）、猪圆环病毒 2 型灭活疫苗（LG 株）和猪圆环病毒 2 型灭活疫苗（DBN-SX07 株）。猪圆环病毒 2 型灭活疫苗（LG 株）由哈尔滨兽医研究所研制，该产品以猪圆环病毒 2 型遗传标记毒株（LG 株）为毒种，经细胞培养传代，优化了病毒增殖条件，获得较高效价的病毒培养物制备而成。该产品采用的 ISA15VG 佐剂属于水包油

剂型，可刺激接种动物产生快速免疫应答反应，抗体产生效价高、持续时间长。猪圆环病毒 2 型灭活疫苗（SH 株）是以南京农业大学为主要研发单位研究开发的，以 PCV2 分离株（SH 株）接种 PK15 - B1 克隆细胞制备抗原，浓缩后，经甲醛溶液灭活，与矿物油佐剂混合乳化制备而成。猪圆环病毒 2 型灭活疫苗（DBN-SX07 株）是由北京大北农集团研究开发的，以 PCV2 分离株（DBN-SX07 株）接种敏感细胞株 PK - 15A 培养，收获细胞培养物，经 β-丙内酯灭活后，与矿物油佐剂混合乳化制备而成。上述 3 种获准生产的疫苗均为常规灭活疫苗。

近两年来，国内也注册了利用昆虫杆状病毒表达 ORF2 蛋白的 PCV2 亚单位疫苗和利用大肠杆菌表达 ORF2 蛋白的 PCV2 亚单位疫苗，上述正在研制中或已商品化的疫苗，大多是针对减少或改善仔猪 PMWS 症状而起作用，商品化疫苗的使用效果也已得到实验室试验和临床数据所证实。至于对猪皮炎肾病综合征、PCV2 繁殖障碍症及其他与 PCV2 有关疾病的预防效果，尚需进一步证实。

在诊断试剂开发方面，目前已建立了大量的病原学和血清学诊断方法，并有部分商品化试剂。如荷兰 CEDI 猪圆环病毒 PCVII 型抗体检测试剂盒。国内，武汉中博生物股份有限公司猪圆环病毒 2 型 ELISA 抗体检测试剂盒 2016 年通过注册，南京农业大学和江苏南农高科技股份有限公司的猪圆环病毒 2 型阻断 ELISA 抗体检测试剂盒 2017 年通过注册。

五、展望

尽管猪圆环病毒病的研究已经比较系统，有成功的疫苗和诊断制品可用于该病的防控，但还有很多亟待解决的问题，如猪圆环病毒免疫干扰的详细机制、免疫信号通路还不是完全清楚；用生物反应器或悬浮培养技术生产高滴度的猪圆环病毒、用无蛋白或低血清培养基生产猪圆环病毒抗原提高疫苗质量方面还需进一步提高；缺少猪圆环病毒 2 型抗原快速检测试剂盒等。另外，对新发现的 PCV3 型病毒尚没有成功的分离培养技术和动物感染模型，病原学、流行病学、疫苗及诊断方法等均急需研究。

（郎洪武 范学政 王 芳 丁家波）

主要参考文献

郎洪武，王力，张广川，等，2001. 猪圆环病毒分离鉴定及猪断奶多系统衰弱综合征的诊断 [J]. 中国兽医科技，31 (3)：3-4.

刘新文，姚清侠，曹胜波，等，2007. 嵌合猪圆环病毒PCV2-1 感染性克隆的构建 [J]. 中国兽医学报，27 (1)：1-5.

宋云峰，肖少波，金梅林，等，2005. 猪 2 型圆环病毒核酸疫苗免疫效应研究 [J]. 畜牧兽医学报，36 (10)：1049-1054.

Chang H W，Jeng C R，Lin T L，et al，2006. Immuno-pathological effects of *Porcine circovirus type 2* (*PCV2*) on swine alveolar macrophages by *in vitro* inoculation [J]. Veterinary Immunology & Immunopathology，110 (3/4)：207-219.

Darwich L，Segal'es J，Domingo M，et al，2002. Changes in the CD4+, CD8+, CD4/CD8 double positive cells and IgM+ cell subsets in peripheral blood mononuclear-cells from postweaning multisystemic wasting syndrome affected pigs and age matcheduninfected wasted and healthy pigs，correlates with lesions and porcine circovirus type2 load in lymphoid tissues [J]. Clinical and Diagnostic Laboratory Immunology，9：236-242.

Fachinger V，Bischoff R，Jedidia S B，et al，2008. The effect of vaccination against *Porcine circovirus type 2 a* in pigs suffering from porcine respiratory disease complex [J]. Vaccine, 26 (11)：1488-1499.

Grau-Roma L，Crisci E，Sibila M，et al，2008. A propos-al on *porcine circovirus type 2* genotype definition and their relation with postweaning multisystemic wasting syndrome occurrence [J]. Veterinary Microbiology，128 (1/2)：23-35.

Kekarainen T，Mccullough K，Fort M，et al，2010. Im-mune responses and vaccine-induced immunity against *Porcine circovirus type 2* [J]. Veterinary Immunology and Immunopathology, 136 (3/4)：185-193.

Kekarainen T，Montoya M，Domiguez J，et al，2008. *Porcine circovirus type 2* (*PCV2*) viral compo-nents immunomodulate recall antigen responses [J]. Veterinary Immunology Immunopathology，124 (1/2)：41-49.

Segales J，Rosellil C，Domingo M，2004. Pathological findings associated with naturally acquired *Porcine circo-virus type 2* associated disease [J]. Veterinary Microbi-ology，98 (2)：137-149.

Shen H，Liu X，Zhang P，et al，2017. Genome charac-terization of a *Porcine circovirus type 3* in South China [J]. Transboundary and Emerging Diseases，65：1-3.

第十二节　猪传染性脑脊髓炎（捷申病）

一、概述

猪传染性脑脊髓炎（Swine infectious en-cephalomyelitis，SIE），又称为猪捷申病（Por-cine Teschen disease，PTD）、猪脑脊髓灰质炎 (Poliomyelitis suum)、猪塔尔凡病（Talfan dis-ease），是由微 RNA 病毒科、肠道病毒属病毒引起的一种接触性传染病。主要引起猪脑脊髓炎、母猪繁殖障碍、肺炎、下痢、心包炎和心肌炎。以侵害中枢神经系统引起共济失调，肌肉抽搐和肢体麻痹等一系列神经症状为主要特征。

1929 年，本病首发于原捷克斯洛伐克的捷申地区，故称之为捷申病。随后在中欧、西欧、北美洲、澳大利亚和非洲也相继有了报道。2003年，经证实我国也存在此病。

PTV (Porcine Teschen virus) 可以通过饮食进入猪的体内，病毒主要在胃肠道及相关淋巴组织（包括扁桃体）中增殖。病毒可以通过粪便或者口腔分泌物排出。恢复期的猪通过粪便排毒可达 7 周以上。PTV 可以通过未经高温加热处理的泔水传播，在 15℃ 的环境中存活时间可达 5 个月以上。PTV 的潜伏期为 1～4 周，人工感染试验显示，高毒力的 PTV-1 Zabreh 毒株感染猪后，5～7d 就可以出现临床症状。临床上，毒力较强的 PTV-1 引起的典型症状有发热、食欲废绝、抑郁和动作不协调，接着伴随着过敏、瘫痪直到死亡，这一过程往往只持续 3～4d；有些病猪表现为肌肉震颤，僵硬或强直，眼球震颤，抽搐，叫声减弱甚至消失，角弓反张，腿出现阵挛性痉挛；有些猪"咬牙切齿"，表现出极度的痛苦。在疾病的最后阶段，持续性的瘫痪进一步发展，这一阶段猪的体温也较低。死亡通常是呼吸肌麻痹引起的。其他血清型 PTV 导致的临床症状较轻。有些毒株可以在仔猪中造成一些神经系统的疾病，主要症状有共济失调和麻痹，偶尔也会进一步发展到瘫痪甚至死亡，但绝大多数猪在感染后能够恢复。也有一些报道认为，PTV 感染也是导致猪患肺炎、心包炎、心肌炎的原因。猪感染了毒力较强的 PTV-1 后发病率和死亡率均较高，超过 90% 的病猪在几日后死亡。各个年龄段的猪都对 PTV-1 易感。其他血清型的 PTV，以及温和型的 PTV-1 所引起的症状不严重，发病率和死亡率也各异。仔猪在断奶期间常常受到感染，因为此时同其他猪的接触增加，母源抗体水平也明显下降。

二、病原

PTV 病毒粒子由蛋白外壳和内部核心组成，呈球形，直径 25～30 nm，无囊膜，其外层包裹核衣壳，衣壳由 32 个壳粒组成，无脂蛋白。

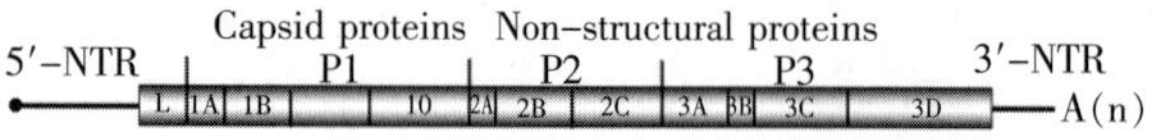

图 26-8　猪捷申病毒的基因组结构

根据病毒的中和试验、补体结合试验和间接免疫荧光试验，PTV 包括至少 11 个血清型。第 12 届病毒学大会确定捷申病毒属成员同属一个血清型。

（一）病毒基因组

PTV 基因组为单股正链 RNA，长约 7.2 kb，其排列顺序为 5′-UTR-L-VP4-VP2-VP3-VP1-2A-2B-2C-3A-3B-3C-3D-3′UTR（图 26-8）。基因组的 5′端及 3′端各有一段非翻译区（5′-UTR 和 3′-UTR），结构基因区域只有一个大的开放阅读框（ORF），长度为 6 615 bp 或 6 671 bp，编码一聚合蛋白，分结构蛋白及非结构蛋白。结构蛋白包括 VP1、VP2、VP3 和 VP4，各由 60 个拷贝组成，其中 VP1 和 VP3 是主要免疫性抗原；非结构蛋白包括 2A、2B、2C、3A、3B、3C 和 3D。

（二）病毒编码蛋白

1. 结构蛋白　病毒的衣壳由 1A（VP4）、1B（VP2）、1C（VP3）、1D（VP1）4 种结构蛋白构成，4 种结构蛋白分别由 74、279、242 和 262 个氨基酸组成。不同 PTV 毒株 VP1 蛋白的氨基酸数可能不同。VP1、VP2、VP3 暴露在病毒粒子表面，其核心由高度保守的 8 条 β 链构成；VP4 则埋于病毒粒子内部，与病毒基因组 RNA 核心结合。VP1 蛋白大部分暴露在衣壳表面，是决定

病毒抗原性的主要成分。

2. 非结构蛋白　PTV 的非结构蛋白包括 L、2A、2B、2C、3A、3B、3C、3D 8 种。其中 2A 蛋白是一种蛋白酶，主要进行 2A/2B 之间的裂解，2A 蛋白酶参与 P1～P2 的 Gln-Gly 水解反应。和其他微 RNA 病毒不同，PVT 2A 多肽以 NPGP 结尾，且活性不受 eIF4G 的切割影响，形态类似口疮病毒 2A。随着微 RNA 病毒的进化，2A 蛋白的功能也趋于分化，在所有微 RNA 病毒中 2A 蛋白的功能并不一致。2B 能改变宿主细胞膜的通透性，2C 对病毒粒子的组装很重要。

3A 参与抑制宿主主要组织相容性复合物 I 的表达，调节宿主细胞的免疫应答。3B 蛋白即 VPg，可通过 Try-OH 以酯键共价结合到正链和负链 5′端 pUpU 上，形成 Vpg-pUpU 结构。

3C 蛋白二聚体化，且和 3CD 及 3D 相互作用，但不和 P2 蛋白相互作用。3C 蛋白酶负责大部分多聚蛋白的切割，包括 L/1A、1B/1C、1C/1D、2B/2C、2C/3A、3B/3C、3C/3DE。

3D 蛋白由 462 个氨基酸组成，在 PTV 各毒株间高度保守，氨基酸同源性都在 90% 以上。3D 蛋白作为病毒复制必需的 RNA 聚合酶，其高保守性是保证病毒遗传稳定性的必要条件，主要的催化作用包括：①Vpg 的尿苷化；②RNA 聚合酶；③末端腺苷转移酶。

尽管 PTV 非结构蛋白结构和功能还需进一步探索和证实，但已有研究表明，PTV 和肠道病毒的非结构蛋白的相似之处有：①2B、3A、3CD、3D 同源二聚化；②2B 与 2BC 和 2C 结合；③3C 和 3CD 间有相互作用。

三、免疫学

关于本病的致病机理及免疫机理的研究资料尚不够丰富。现有资料表明，PTV 通过直接或间接接触感染，消化道是主要的感染途径。PVT 经口进入机体后，主要在扁桃体、咽喉部、淋巴网状组织、肠道及肠道黏膜中增殖，结肠、回肠病毒滴度较高。经口、鼻人工接种或静脉注射病毒均可引起发病。患猪发病最初体温升高，精神萎靡，食欲下降，出现共济失调，四肢僵直，后肢麻痹等各种神经症状。病猪有时侧身倒卧，前肢呈划水样。病毒感染通常为隐性，不表现明显的临床症状，但强毒株感染可引发严重的暴发流行，

康复猪常常遗留麻痹症状。怀孕母猪感染该病毒后，可引起子宫感染并导致胚胎和胎儿感染，最后造成产死胎、木乃伊胎或胎儿畸形等。毒力较弱的毒株，通常不引起病毒血症，而是表现多种临床症状，如腹泻、肺炎、心肌炎、心包炎、皮肤损伤等。

剖检常无肉眼可见病变，仅可见到脑、脑膜充血和水肿。死亡胎儿可见皮下和大肠等肠系膜水肿，胸腔、心包积液，脑膜和肾皮质可见小出血点。病理组织学变化为在脊索、脑干和小脑处血管周围形成血管套，病灶性神经胶质增生，神经元坏死和嗜神经细胞作用引起非化脓性脑脊髓炎。常可在神经细胞的细胞质内看到嗜酸性包含体样团块。病毒在消化道及其有关淋巴结内增殖，引起病毒血症。在肺的心叶、尖叶和中间叶有灰色实变区，肺泡及支气管内有渗出液。严重的出现心肌坏死和浆液性纤维素性心包炎病变。应用免疫组化方法检测，除以上病理学变化外，在细支气管上皮细胞、扁桃体上皮细胞，肝、肺、小大肠的肠肌层神经丛均检测到 PTV 抗原。

根据已有研究成果，利用分离纯化的 PTV 流行毒株制备成灭活疫苗，接种易感动物以便获得高水平的循环抗体，可大大降低发病率，取得良好的预防控制效果。

四、制品

目前对本病尚无有效治疗药物，只能以预防为主，同时辅以综合性措施，防止易感猪群被 PTV 再次感染。当猪群出现疑似病例后，应及时诊断，并隔离患病猪，对污染的环境进行严格消毒，以防扩散。另外，由于 PTV 主要呈隐性感染、混合感染，这给该病的防治带来较大困难。因此，应采取严格的检疫措施，以防该病传入健康猪群。

该病的隐性感染较多，临床病例较为少见，加之有些国家早已扑灭了该病，因此国内外对该病的研究不多。但不排除在猪群中呈隐性感染的 PTV 毒株在长期的自然选择和变异的过程中出现毒力增强，导致暴发流行的可能。因此，应加大对该病致病及免疫机制的研究，加强 PTV 疫苗的研发，以免给养猪业造成重大经济损失。

（一）诊断试剂

我国尚没有经批准注册或上市的猪捷申病诊断试剂。

（二）疫苗

主要有活疫苗和灭活疫苗两大类。国外已有商品化的 PTV 弱毒活疫苗和灭活疫苗用于该病的免疫预防。我国哈尔滨兽医研究所等机构开展了本病诊断、病原分离鉴定及疫苗研制等研究工作，但目前尚无商品化疫苗。

五、展望

该病防治中面临的主要困难是：PTV 的血清型多达 11 种，而导致临床发病的只有 PTV - 1 型，且临床上主要呈隐性感染或混合感染；加之对该病在我国的流行病学本底还不甚清晰，相关研究还不够深入，因此给该病的防控带来了挑战。

在我国，能够引起神经症状、母猪繁殖障碍、肠炎、肺炎、心包炎和心肌炎等症状的疾病很多，需要进行鉴别诊断。在已发表的一些文献中，PTV 的检出率并不低，但在这些疫病中 PTV 所起的作用目前还不甚清楚。同时，在我国 PTV 流行的实际情况少有相关报道。此外，目前尚无商品化疫苗。所有这些，都有待于开展进一步研究。

（吴发兴　薛青红）

主要参考文献

费恩阁，李德昌，丁壮，2004. 动物疫病学［M］. 北京：中国农业出版社.

胡峰，2012. 猪捷申病毒 8 型 VP1 基因重组腺病毒的构建与免疫原性分析［D］. 大庆：黑龙江八一农垦大学.

刘杉杉，2011. 猪捷申病毒的分离鉴定及血清学初步调查［D］. 北京：中国农业科学院.

吴波平，金颜辉，冯力，2008. 猪捷申病毒分子生物学研究进展［J］. 动物医学进展，（05）：78 - 82.

闫占平，2009. 猪传染性脑脊髓炎——捷申病的诊断与防治［J］. 畜牧与饲料科学（1）：73 - 75.

张国锋，2004. 猪传染性脑脊髓炎的诊治［J］. 云南畜牧兽医（4）：39.

张荣庆，2011. 猪传染性脑脊髓炎的识别与综合防治［J］. 农技服务（6）：826.

Feng L，Shi H Y，Liu S W，et al，2007. Isolation and molecular characterization of a *porcine teschovirus 1* isolate from China [J]. Acta Virologica, 51 (1): 7-11.

Zell R, Dauber M, Krumbholz A, et al, 2001. *Porcine teschoviruses* comprise at least eleven distinct serotypes: molecular and evolutionary aspects [J]. Journal of Virology, 75 (4): 1620-1631.

第十三节　猪脑心肌炎

一、概述

脑心肌炎是由脑心肌炎病毒（*Encephalomyocarditis virus*，EMCV）引起的一种以多种动物脑炎、心肌炎或心肌周围炎为主要特征的急性传染病。EMCV 的最早报道来自于 1940 年的一只大鼠受到感染。啮齿类动物也被认为是 EMCV 的自然宿主。1945 年，Helwig 等从佛罗里达州一只患急性致死性心肌炎的黑猩猩体内首次分离到该病毒。1958 年，在巴拿马从急性死亡的猪的脾脏、肺脏分离到 EMCV，并首次证实为一种可引起猪死亡的疫病。之后的研究发现，EMCV 除感染猪外，还可感染象、狮、松鼠、蒙古鹅、浣熊，以及灵长类动物（狒狒、黑猩猩、狐猴等）等多种动物，在自然界存在广泛的宿主。直到 20 世纪 90 年代，有学者从无菌性脑膜炎、脊髓灰质炎等患病儿童体内分离出 EMCV，并且从患者体内和正常人群血清中检测到 EMCV 抗体，才表明 EMCV 可以感染人，并可能导致发病。近年来，EMCV 的公共卫生学意义被广泛关注，因器官移植导致的人类感染风险已逐渐成为关注的焦点。

目前，意大利、希腊、塞浦路斯、比利时、法国、英国均相继报道过猪脑心肌炎的暴发流行。在我国，近年来的血清学调查结果显示国内大部分猪场均呈 EMCV 抗体阳性，也已分离到多株 EMCV 毒株。虽然 EMCV 只有一个血清型，但不同毒株对动物的致病性差异很大。猪作为 EMCV 最易感的宿主，感染后可表现仔猪急性致死性脑炎、心肌炎或心肌周围炎，怀孕母猪流产，产死胎、弱胎、木乃伊胎等繁殖障碍性疾病。EMCV 对各年龄猪都有感染性且严重影响猪的生长繁殖，给世界养猪业带来严重的经济损失。

二、病原

EMCV 是微 RNA 病毒目（Picornavirales）、微 RNA 病毒科（Picornaviridae）、心病毒属（*Cardiovirus*）的唯一成员。目前，已从多个地区的多种动物中分离到该病毒。根据毒株来源的不同，EMCV 可分为门哥（Mengo）病毒、哥伦比亚-SK（Columbia-SK）病毒、ME（Maus Elberfield）病毒、小鼠脑脊髓炎病毒 B 型和 D 型（MEV-B 和 MEV-D）等。

病毒粒子呈圆形，核衣壳为 20 面体对称，直径为 18~30 nm，无囊膜。分子质量 2.4×10^3 kDa，在氯化铯中的浮密度为 1.34 g/cm^3。蛋白衣壳由 60 个衣壳粒子组成，每一个衣壳粒子由 4 种结构蛋白 VP1、VP2、VP3 和 VP4 组成。EMCV 只有一个血清型，但抗原性存在差异。有血凝活性，可凝集绵羊红细胞，该凝集作用可被特异性血清抑制。EMCV 不同毒株间的血凝活性存在差异。病毒能抵抗乙醚、氯仿、乙醇等脂溶剂，电离辐射、酚和甲醛可使病毒失去活性。在 pH3.9 条件下稳定，−70℃可长期保存，60℃ 30min 可被灭活。

本病毒可在仓鼠细胞系 BHK-21、鼠胚成纤维细胞、猪源的原代肾细胞、人源的原代肾细胞等许多细胞系中增殖，并迅速产生明显的细胞病变。也可在鼠和鸡胚中复制。对多种动物均有致病性。动物感染后，病毒血症持续时间较短，一般为 2~4d，中和抗体在感染早期即可产生，且滴度迅速升高。体内中和抗体的快速产生大大降低了该病毒的分离成功率。

（一）病毒的基因组

EMCV 基因组为单股正链 RNA，全长约 7.8 kb，由 5'UTR、一个编码多聚蛋白的 ORF 和 3'UTR 组成，具有微 RNA 病毒科病毒基因组的共同特点，即呈 L-4-3-4 分布。EMCV 5'UTR 不含帽子结构，基因组内部存在 poly（C）结构和内部核糖体进入位点（IRES）。IRES 是存在于 5'UTR 与起始密码子 AUG 之间的一个调控内部翻译起始的顺式作用元件，它可以有效地引导核糖体进入病毒途径而非细胞途径，起始 mRNA 的翻译。在 IRES 的引导下，核糖体将 EMCV 唯一的 ORF 翻译成"多聚蛋白"，然后在病毒编码的特定蛋白酶的作用下，多聚蛋白首先被裂解为先导蛋白（L）和 P1、P2、P3 3 个中间体。P1 进一步裂解为 1A、1B、1C 和 1D（分别对应于 VP4、VP2、VP3 和 VP1）4 种结构蛋白，P2 裂解为 2A、2B 和 2C 3 种非结构蛋白，P3 则裂解成 3A、3B、3C 和 3D 4 种非结构蛋白。

（二）病毒的结构蛋白

VPl、VP2、VP3 和 VP4 各 60 个分子组成病毒的衣壳，4 个编码结构蛋白的区域组成了核衣壳编码区（CCR）。结构蛋白均参与病毒抗原位点的形成，其中 VP1 抗原性最强。VP1 可以刺激机体产生中和抗体，也是 EMCV DNA 疫苗构建的主要目标基因。Mengo 病毒的衣壳蛋白 VP1 和 VP2 在病毒粒子表面形成较深的"凹陷"结构，是病毒衣壳上的细胞受体结合位点。Mann 等（1992）在比较了 HA⁺ 野生型 Mengo 病毒、HA⁻ 突变株和 HA⁺ 回复突变株的核酸和氨基酸序列后发现，*VP1* 基因核苷酸突变导致的编码氨基酸的变异有可能造成毒株血凝活性的丧失，而因此带来的病毒受体结合位点的改变会造成病毒致病性在致糖尿病型和非糖尿病型之间的转变。

（三）病毒的非结构蛋白

EMCV 的非结构蛋白主要包括 2A、2B 和 2C，以及 3A、3B、3C 和 3D。其中，2A 蛋白含有许多酵母核糖体蛋白都有的核定位信号。病毒缺失 2A 蛋白后即丧失了抑制细胞 mRNAs 帽结构依赖性翻译的能力，同时，2A 蛋白的缺失还阻止了病毒的核定位。另有报道，2A 蛋白酶通过裂解真核翻译启动因子（eIF4G）来抑制宿主细胞内的蛋白合成，同时 2A 蛋白还参与自动催化和病毒多聚蛋白的早期裂解。2B 蛋白与病毒的感染谱有关。2C 蛋白可能具有 ATP 酶活性，它在病毒复制过程中所起的作用目前还不清楚。

3A、3B、3C 和 3D 与病毒基因组的复制关系紧密。3D 编码病毒的 RNA 聚合酶，可以催化引物介导的反应中新生 RNA 链的延长，在病毒聚合酶复合物中发挥重要作用。3B 是 VPg（引物蛋白），在病毒正链和负链 RNA 合成的启动过程中都需要 VPg 的参与。3C 在病毒蛋白的水解过程中发挥主要作用。在被 2A 蛋白羧基末端附近的多肽段催化后，3C 蛋白几乎参与了病毒蛋白所有的后期水解过程。

（四）病毒致病的分子基础

不同 EMCV 分离毒株的致病性和毒力存在一定差异，但仅通过序列分析很难确定哪些基因序列起决定性作用。有研究表明，Mengo 病毒的毒力与 5′UTR 区域内的 poly（C）区段长短相关。野毒本身对狒狒、短尾猴或家猪有很强的致病力，但当其 poly（C）被截短时毒力明显下降。以啮齿类动物进行体内试验，结果表明毒株毒力下降的幅度与 poly（C）的截短程度呈正相关。随后，人们在其他毒株上也开展了相关研究，结果十分令人迷惑：将 EMCV R/45 的 poly（C）截短并没有明显影响其毒力和致病性；EMCV PV2/58 的毒力似乎也与 poly（C）长短无明显关系；而从流产胎儿体内分离到的具有天然短 poly（C）结构的病毒对小鼠、仔猪及猕猴却具有较强的致病性。

VP1 蛋白位于病毒粒子的最表面，可刺激机体产生具有中和活性的多克隆抗体。Mengo 病毒的衣壳蛋白 VP1 和 VP2 在病毒粒子表面形成较深的"凹陷"结构，此结构是细胞受体的结合位点。研究发现，"凹陷"中的氨基酸序列比趋向暴露于病毒粒子表面的氨基酸序列更保守。通过对 EMCV-D（致糖尿病型）、EMCV-B（非致糖尿病型）基因组及对应氨基酸序列的比较发现，差异集中在 VP1 蛋白上。VP1 蛋白上氨基酸的变化可能会影响病毒与胰岛 β 细胞受体的结合，从而造成病毒致病性的转变。

三、免疫学

（一）EMCV 对猪的致病性

EMCV 主要引起仔猪、育肥猪的脑炎和心肌炎，并引起妊娠母猪的繁殖障碍。但各分离株对猪的致病力及致病特点存在很大差异。在澳大利亚分离株较新西兰分离株有更强的致病力。在比利时暴发的脑心肌炎发生于特定年龄段的猪群，1991 年的分离株可引起母猪的繁殖障碍而对仔猪的致病力较弱，1995—1996 年的分离株可引起仔猪致死性脑心肌炎但并不会引起母猪的繁殖障碍。而在希腊分离株既可引起母猪繁殖障碍也可引起仔猪严重的脑心肌炎。

EMCV 感染仔猪常表现为急性心力衰竭并突然死亡，其他临床症状包括厌食、精神沉郁、震颤、麻痹、蹒跚和呼吸困难等，有的病猪死亡前几乎看不到任何临床症状。试验感染仔猪病初体温可升至 41℃ 左右，感染后 2～11d 内死亡（普遍为 3～5d），有的可康复但伴有慢性心肌炎。各种导致兴奋的应激因素，如喂料、抓捕、运动等都有可能导致猪只当场死亡。感染猪病情的严重程度与毒株的毒力和猪只的年龄有关。断奶前仔猪的死亡率高达 100%，断奶后及成年猪则多呈亚临床感染，偶尔引起死亡。母猪感染可能不表现任何临床症状，也可能表现为严重的繁殖障碍。早期症状包括精神沉郁、食欲减退、发热；随后表现为流产、产死胎、弱胎和木乃伊胎等繁殖障碍，产后哺乳仔猪和断奶前仔猪的死亡率明显增加。

死于急性心力衰竭的仔猪心脏表面出血或无明显可见病变。试验感染猪常见心包积液和胸腹腔积液、肺脏水肿，心脏肿大、变软、苍白，右心室扩张，上有直径 2～15mm 不规则的灰白色坏死灶或白色斑点，同时伴有纤维素性心外膜炎和心肌炎等病变。病变常见于右心室表面，病毒可侵害心肌的不同深度。大多数情况下，即使心肌病变轻微或无病变，心肌中也含有病毒。组织学变化主要表现为心肌局灶性或弥漫性的单核细胞浸润。脑组织中可见充血、脑膜炎、血管周围单核细胞浸润和一些神经元变性。

口服感染猪的主要组织器官损伤包括局灶性心肌炎，心肌细胞和蒲金野氏纤维坏死，以及坏死性扁桃体炎等，部分猪还出现局灶性胰腺炎，胰腺腺泡细胞和郎格罕氏细胞坏死，淋巴结中心区的新生淋巴细胞坏死，以及腮腺炎和泪腺细胞损伤。除此之外，在扁桃体、上腭腺、胰腺管和小肠等的上皮细胞内均可以检测到病毒粒子。表明，EMCV 具有上皮细胞嗜性。

胎盘感染根据妊娠期不同，出现大小不一的木乃伊胎，胎儿出血、水肿，也可能产出外观正常的仔猪。在 EMCV 自然感染的猪胎儿中，可见到非化脓性脑炎和心肌炎等病变。

（二）免疫应答

经口服感染的仔猪在接种后 2d 即出现病毒血症，并持续 2～4d。粪便带毒时间长达 9d，长于病毒血症持续时间，提示病毒可在肠道中复制。心肌、脾脏和肠系膜淋巴结中亦可发现大量病毒，另外肝脏、胰腺、肾脏中的病毒含量也高于血液。

试验证明，口鼻感染仔猪后 6h 即可在仔猪扁桃体巨噬细胞中检测到病毒，12h 后可在心肌分离到病毒。表明扁桃体可能是 EMCV 侵入的门户之一，病毒随着感染的巨噬细胞到达其他亲嗜组织器官造成相应的损伤。

EMCV 感染小鼠后，可通过血液循环等途径到达亲嗜器官。EMCV-D 毒株作为人类胰岛素依赖性糖尿病模式病毒，已经证实其在小鼠体内具有广泛的亲嗜器官，包括中枢神经系统、睾丸、心脏、胰腺、唾液腺和泪腺。EMCV 在亲嗜器官中的复制可直接造成细胞损伤，也可以通过激活机体免疫应答而间接破坏相应的组织细胞。DBA 小鼠感染 EMCV-D 后，胰腺中的病毒滴度与其损伤程度及血糖水平呈正比，将 T 细胞缺失后并不会改变这一关系，说明病毒对胰岛细胞具有直接的破坏作用。而 BALB/c 小鼠感染后无上述相关性，如果将 T 细胞缺失则血糖水平会明显降低，说明 EMCV-D 感染 BALB/c 小鼠后其体内免疫应答造成的损伤占主要地位。这一过程除了与毒株及动物品种相关外，主要与攻毒剂量及感染阶段有关，大剂量攻毒早期以病毒直接破坏组织细胞为主，小剂量攻毒及感染后期以免疫应答损伤为主。

巨噬细胞、CD4$^+$ T 细胞、CD8$^+$ T 细胞等免疫细胞，以及 TNF-α、IL-1 等细胞因子参与了 EMCV 感染小鼠的免疫应答损伤。胸腺缺失 BALB/c 小鼠感染 EMCV-M 后血糖水平保持正常，可见 T 细胞依赖性免疫系统对病毒引起急性糖尿病是必须的。BALB/c 小鼠感染 EMCV-M 可导致瘫痪症状，如果用单抗消除 CD4$^+$、CD8$^+$T细胞则使瘫痪症状和发生率明显下降。SJL/J 小鼠感染 EMCV-D 后，胰岛发生淋巴细胞浸润，并伴有不同程度的 β 细胞破坏。免疫组化结果显示，早期胰岛中以 Mac-2 巨噬细胞为主，而 Mac-1、F4/80 巨噬细胞、T$_{H/I}$ 和 T$_{c/s}$细胞在病毒感染的中晚期出现。在进行长期硅处理后（去除巨噬细胞）再攻毒可以明显降低或避免糖尿病的发生。用抗体将 Mac-2 细胞封闭可以明显降低糖尿病的发生，然而对 T$_{H/I}$、T$_{c/s}$细胞进行封闭并不能改变糖尿病的发病率及症状，说明单核细胞在感染早期参与免疫应答损伤。细胞因子也参与了免疫应答损伤，Src 激酶尤其是 hck 激活巨噬细胞产生的 TNF-α、IL-1β、NO 在破坏胰岛 β 细胞进而引发糖尿病中起关键作用。

虽然免疫应答可造成小鼠的免疫损伤，但是其积极保护作用也不容忽视。T细胞对EMCV感染小鼠存在保护作用，在致心肌炎的EMCV模型动物的研究中，心肌中会出现大量的T细胞，并以T_H细胞最为显著，使用糖皮质激素及环孢霉素抑制免疫反应则小鼠病情恶化。Kanda等（1999）发现，T淋巴细胞、B淋巴细胞丧失成熟能力的小鼠在感染EMCV后，病毒在体内可以持续复制，并最终导致感染小鼠心肌细胞加速凋亡，小鼠的存活率降低。由此推断，成熟的淋巴细胞可以阻止病毒性心肌炎的发展。CD1d依赖性自然杀伤性T（NKT）细胞在抗EMCV感染中也起重要作用。与正常小鼠相比，CD1d敲除小鼠感染EMCV后血液中的病毒滴度明显升高，同时淋巴细胞活性及IFN-α水平明显下降。体外试验证明，CD1d依赖性NKT细胞还参与了抵抗EMCV的二次感染，这一过程产生了高水平的IFN-γ并激活了T细胞。

干扰素等细胞因子在动物抵抗EMCV感染的过程中起了关键性作用。小鼠试验发现，干扰素被抗体中和后，组织中的病毒滴度明显升高，小鼠死亡加速。IFN-α/β、IFN-γ均能有效减少感染小鼠的心肌坏死及炎症的发生，并提高小鼠的存活率，其中IFN-γ效果最为明显。研究显示，机体对抗EMCV感染主要依赖于IL-12介导的IFN-γ的产生，而IL-12主要来源于CD1d依赖性NKT细胞激活的抗原递呈细胞。细胞因子IL-18可以作用于T细胞，促进IFN-γ的释放，增加NK细胞活性，抑制病毒在体内的复制，从而促进心肌细胞的早期先天性免疫反应。

四、制品

EMCV感染后引起哺乳仔猪的高死亡率，以及母猪的繁殖障碍等临床症状有利于猪脑心肌炎的诊断，但难以与其他病症相似的疾病相区分，确诊需依赖于实验室诊断。

用于猪脑心肌炎的实验室诊断技术可分为病毒分离，抗体检测技术及病原学检测技术等。目前已经建立的可用于EMCV抗体检测的诊断技术包括血清中和试验（SNT）、ELISA、血凝抑制（HI）试验及琼脂免疫扩散试验等；用于抗原检测的有免疫组化试验、核酸原位杂交技术、核酸探针技术、RT-PCR技术等。因为EMCV感染后，动物体内病毒血症持续时间较短，且中和抗体水平较高，所以病毒分离的成功率相对较低。

（一）诊断试剂

目前已经研制的试剂盒有猪脑心肌炎病毒抗体（EMCV-Ab）检测试剂盒和Im-50172猪脑心肌炎（Myocarditis）免疫组化检测试剂盒等，可分别用于猪EMCV抗体水平的检测及感染猪组织器官中的病原诊断。

（二）疫苗

预防EMCV感染或扩散可以通过接种合适的疫苗刺激机体产生相应抗体来实现。目前EMCV疫苗主要有基因工程疫苗、减毒活疫苗和灭活疫苗等。美国已有商品化灭活疫苗，且免疫效果良好。疫苗接种能够刺激猪体产生高水平的体液免疫反应。其他类型的疫苗尚处于实验室研究阶段。目前我国尚未对猪脑心肌炎采取疫苗免疫措施。

Matsumori等（1987）研制的EMCV灭活疫苗能够有效地保护动物机体在早期被动免疫中抵抗病毒感染，效果显著。Bogaerts等（1973）研究的EMCV弱毒活疫苗对接种猪也具有明显的保护效果，但由于存在毒力返强现象，在一定程度上限制了该疫苗的使用。

分别表达VP1、P1和P1 2A 3C基因的重组腺病毒疫苗均可以对小鼠产生明显的保护效果，其中效果最好的是表达P1 2A 3C基因的重组腺病毒疫苗。P1基因在加入蛋白酶2A和3C基因后能够产生病毒样衣壳，而P1则编码生成多聚蛋白。重组腺病毒免疫小鼠后，表达病毒样衣壳的腺病毒对小鼠的保护率能够达到100%，而编码的多聚蛋白只能产生部分保护。但因过多引入与病毒复制相关而对细胞代谢系统有一定副作用的病毒蛋白，该疫苗的安全性还有待考察。

亚单位疫苗仅含有病毒的部分或几种抗原，具有安全性好、稳定性强和无需灭活等优点。VP1蛋白可在大肠杆菌中实现高效表达，纯化后的重组蛋白接种后能够为感染猪提供较好的保护。有学者利用杆状病毒表达系统表达病毒的衣壳蛋白，少量的粗蛋白注射即可为小鼠提供较高的保护力，猪体内较高水平的中和抗体可持续1个月左右，具有较好的疫苗开发前景。

有人证明人工截短5′poly（C）段可以显著降低病毒对小鼠的致病力。用这种改造过的病毒制备疫苗免疫小鼠，不仅能诱导产生较高水平的中和抗体，而且能够保护小鼠免受 EMCV 强毒的攻击。

（三）治疗用制品

该病目前尚无有效的治疗方法。病猪应尽量避免应激和刺激，以降低其死亡率。控制猪场内啮齿类动物，尽量减少它们与猪只之间的直接或间接接触，防止饲料和饮水被其污染。避免从发病地区的猪场引进猪种，同时做好猪场日常的清洁卫生。对于死于该病的动物必须及时、彻底地处理干净。对环境可用含 0.5mL/L 氯水溶液、碘制剂或氯化汞等消毒剂进行消毒处理。在 EMCV 防控过程中，提高动物机体自身免疫力，避免与疑似病例接触，注意公共卫生环境同样重要。防管结合才是 EMCV 预防的最佳方法。

五、展望

截止 2013 年，世界范围内共发现近 40 个毒株，分别来自中国、美国、德国、韩国、比利时、乌干达和新加坡等国家，其中 60% 毒株从猪群中分离得到，其他毒株分别来源于猴、猩猩、鼠类、虎等。2005 年以来，各地 EMCV 分离毒株逐渐增多，在所有分离毒株中占近 50%。其原因可能为：①近年来，各国科研人员越来越关注 EMCV，在时间、经费、人员等方面加大了投入；②现阶段技术水平不断提高，使得发现病毒、完成测序越来越容易；③在世界范围内的人员、贸易往来越来越频繁，特别是一些动物的流通，致使病毒扩散范围越来越广，很多"零感染"地区也出现了该病毒；④各种原因造成近年来病毒的突变加剧，病毒基因同源性越来越低，导致新毒株的出现。

上述一种或者几种原因，导致 EMCV 的突出特点有：新毒株越来越多，发现时间不断缩短，分离地域越来越广阔，感染动物的种类逐渐增多。这些特点应引起科研人员的足够重视，须不断加大科研投入，掌握 EMCV 的生物学特性，开发相应的检测技术和防治制剂，以做好足够的技术储备。

（盖新娜　薛青红）

主要参考文献

盖新娜，杨汉春，郭鑫，等，2006. 猪脑心肌炎病毒结构蛋白 VP1 基因的克隆与原核表达 [J]. 中国兽医杂志，42（11）：9-11.

贺东生，李康宁，2009. 猪脑心肌炎病毒分子生物学和诊断方法的研究进展 [C] //中国畜牧兽医学会家畜传染病学分会全国会员代表大会暨第十三次学术研讨会.

侯磊，2014. 脑心肌炎病毒非结构蛋白参与病毒诱导细胞自噬和凋亡的分子机制 [D]. 北京：中国农业大学.

李宁，李巍，王金凤，等，2010. 猪脑心肌炎疫苗研究进展 [C] //中国畜牧兽医学会食品卫生学分会第十一次学术研讨会论文集.

马良，2007. 猪脑心肌炎病毒中国分离株的致病性分析 [D]. 北京：中国农业大学.

张家龙，盖新娜，马良，等，2007. 规模化猪场脑心肌炎病毒感染的血清学调查 [J]. 中国畜牧兽医文摘，43（5）：7-9.

张永宁，2011. 脑心肌炎病毒诱导宿主细胞自噬的研究 [D]. 北京：中国农业大学.

Bogaerts W J, Oord D D, 1973. Immunization of mice with live attenuated encephalomyocarditis virus: Local immunity and survival [J]. Infection and Immunity, 8 (4): 528-533.

Brewer L, Brown C, Murtaugh M P, et al, 2003. Transmission of *Porcine encephalomyocarditis virus* (*EMCV*) to mice by transplanting EMCV-infected pig tissues [J]. Xenotransplantation, 10 (6): 569-576.

Ge X, Zhao D, Liu C, et al, 2010. Seroprevalence of *Encephalomyocarditis virus* in intensive pig farms in China [J]. Veterinary Record Journal of the British Veterinary Association, 166 (5): 145-146.

Kanda T, Koike H, Arai M, et al, 1999. Increased severity of viral myocarditis in mice lacking lymphocyte maturation [J]. International Journal of Cardiology, 68 (1): 13-22.

Mann L M, Anderson K, Luo M, et al, 1992. Molecular and structural basis of hemagglutination in mengovirus [J]. Virology, 190 (1): 337-345.

Matsumori A, Crumpacker C S, Abelmann W H, et al, 1987. Virus vaccine and passive immunization for the prevention of viral myocarditis in mice [J]. Japanese Circulation Journal, 51 (12): 1362-1364.

Matsumori A, Yamada T, Suzuki H, et al, 1994. Increased circulating cytokines in patients with *Myocarditis and cardiomyopathy* [J]. British Heart Journal, 72 (6): 561.

第十四节 猪巨细胞病毒病

一、概述

猪巨细胞病毒病（Porcine cytomegalovirus disease，PCMVD），又称猪包含体鼻炎，是由猪巨细胞病毒（*Porcine cytomegalovirus*，PCMV）感染猪引起的一种传染病。临床上，以胎儿和仔猪死亡、发育迟缓、鼻炎、肺炎、增长缓慢等为特征。感染后，病毒主要侵害猪的呼吸道系统等（鼻甲黏膜黏液腺、泪腺、唾液腺及肾小管上皮等）；种猪感染后可引起胚胎和仔猪发育不良；仔猪发病后表现为打喷嚏、咳嗽、流鼻涕；3周龄以上的猪通常不表现临床症状。本病于1955年首发于英国，1985年分离到病原，20世纪90年代我国发现此病。目前，该病呈全球性分布，在大多数猪群中都存在，但多为亚临床感染、混合感染，少见发病。

现有研究结果表明，该病毒主要通过鼻腔排毒。在肺、淋巴、鼻腔、胎盘、肝脏、脾脏中均有很高浓度的病毒存在，3～8周龄的仔猪主要通过鼻腔排毒；也能够通过胎盘垂直传播，尿液、眼分泌物也是主要传播源，引进新猪群或固有的饲养规律被打乱后，能够刺激病毒的复制反应；PCMV能够改变其他病原对宿主的感染效果，尤其是对T细胞和巨噬细胞的功能产生抑制。

二、病原

PCMV属于疱疹病毒科、β疱疹病毒亚科、巨细胞病毒属成员，又称猪包含体鼻炎病毒或猪疱疹病毒2型。电镜下，PCMV病毒粒子呈球形，直径150～200 nm。外面包有囊膜，对乙醚、氯仿等脂溶剂都很敏感；对胰蛋白酶、酸性碱性磷脂酶等也很敏感。病毒不耐热，37℃ 24h或50℃ 30min即可被灭活。在−60℃条件下，可保存24个月以上。患病仔猪鼻黏膜保存在−30℃条件下其感染力至少持续5个月。

PCMV具有宿主特异性，只能在猪体内复制，在体外培养和增殖有一定难度。尚无PCMV的血清分型或基因分型的报道。

目前，有关PCMV基因组结构、基因功能方面的研究较少。一般认为，PCMV的基因组分为两部分，由一个长的独特序列（UL）及一个短的独特序列（US）共同组成，UL和US连接处及两端均为反向重复b、C序列。UL和US两个片段以不同方向排列，构成4种异构体。该病毒大约有250个开放阅读框，有165个编码基因，编码约200多种蛋白质，主要包括包膜蛋白、被膜蛋白、衣壳蛋白等。

DNA聚合酶（DNA polymerase，DPOL）是PCMV能正确和高效复制所必需的基本因子之一。Golt2等（2000）采用PCR方法对德国毒株的DNA聚合酶（DPOL）位点进行了扩增，测定了2个完整ORF及包括整个*DPOL*基因和糖蛋白gB3′端的2个部分ORF序列。结果表明，推导的氨基酸序列与β疱疹病毒的各个蛋白有很高的同源性，尤其是与人的疱疹病毒6型、7型的ORF36、39同源性更高。目前，全球已分离到的PCMV毒株之间的*DPOL*基因之间仅有0.4%～1%的差异。我国熊毅等（2008）从广西病猪的肺组织中分离到PCMV GX株，通过PCR扩增得到GX株*gB*基因的一个长为1 736 bp的片段，经与其他分离株比较，*gB*基因序列同源性高达97.8%以上。

三、免疫学

PCMV感染猪后，首先在鼻黏膜腺、泪腺或副泪腺复制，经过3～5d的复制后迅速扩散到其他组织器官。

目前，对PCMV确切的致病机理及免疫反应知之甚少。PCMV为弱致病因子，初次感染后，由于宿主的免疫反应作用，大多数感染宿主呈隐性感染，病毒潜伏在感染宿主体内，终生带毒。当宿主免疫功能低下时，潜伏的病毒便被激活增殖，可导致严重感染。PCMV的增殖过程与其他疱疹病毒相似，其基因的转录表达也是一个相互调节、有序进行的过程，病毒在细胞中生长较为缓慢，病毒蛋白合成、DNA复制和装配可持续1周以上。病毒感染细胞后，可刺激宿主细胞DNA、RNA及蛋白质的合成。近年来的大量研究证实，PCMV可通过刺激原癌基因的表达、抑制抗癌基因产物功能等多种途径干扰细胞生长、分化调节机制，诱导细胞发生癌变。动物试验研究证明，感染免疫功能不全的小鼠后，PCMV可致其急性感染或死亡，对免疫功能正常的小鼠易造成慢性感染，且在急性感染小鼠组织中病毒维持较高水平。在小鼠动物模型试验中发现血液中存在高频率 PCMV 特异性细胞毒性 T 细胞前体（cytotoxic T-lymphocyte precursor，CTLp），特异性细胞毒性 T 细胞前体的数量及功能同疾病的预后呈明显正相关。因此，特异性细胞免疫应答对 PCMV 持续性感染的控制和急性期疾病的恢复起主导作用。目前的研究分析，血管系统可能是其主要的潜伏部位。一旦病毒进入细胞，病毒衣壳黏附于细胞，病毒基因组与宿主细胞核结合，感染细胞后使花生四烯酸释放，通过环氧合酶催化产生环氧物质（ROS）。组织及体液中检测出 PCMV 表示存在感染，但是并不一定发病并出现症状。免疫功能不成熟或缺陷时，潜伏的病毒重新激活或新毒株的感染都可引起病毒大量繁殖，导致显性感染的出现。机体免疫功能明显降低时，病毒可造成机体明显伤害，PCMV 的包膜糖蛋白在病毒感染及诱导机体免疫反应中起重要作用。对其结构和功能的深入研究，有助于进一步明确 PCMV 的致病机理，为治疗和免疫预防提供新的途径。

根据已有研究成果，利用分离纯化的 PCMV 流行毒株制成灭活疫苗，接种易感动物以便获得高水平的循环抗体，可以降低发病率，取得良好的预防控制效果。

四、制品

目前对本病尚无有效治疗药物，只能以预防为主，同时辅以综合性措施。当猪群出现疑似病例，经采样诊断后，应及时隔离病猪，对养殖环境进行严格消毒。另外，由于该病主要呈隐性感染、条件性致病，临床发病以地方性流行为主，且多与其他疫病混合感染，这给该病的防治带来了较大的困难，需要加强鉴别诊断工作。

（一）诊断试剂

国内外兽医科技工作者相继开展了针对本病的血清中和试验、间接免疫荧光、ELISA 等血清学检测方法研究，建立了针对 PCMV *gB*、*DPOL* 等基因的 PCR、荧光定量 PCR，以及环介导等温扩增技术，应用猪肺泡巨噬细胞建立了 PCMV 病原分离技术。但截至目前，国内外尚没有经批准注册、上市的 PCMV 诊断试剂。

（二）疫苗

国内外虽开展了该病的病原学研究，但迄今为止仍无针对 PCMV 的疫苗研究的报道。

（三）治疗药物

现在尚无治疗本病的特效药。体外试验结果表明，更昔洛韦、西多福韦等抗病毒核苷类似药物可以抑制 PCMV 的复制，但其疗效仍未被证实。

五、展望

PCMV 常以隐性感染的形式在猪群中广泛存在。在良好的饲养管理条件下，PCMV 对猪群并不造成严重损失。但当引入新猪群等刺激因素存在时，容易激活潜伏感染，或在易感猪群中引入原发性感染，将对猪场构成威胁。虽然该病的临床危害还没有全景呈现出来，但随着国内外对该病研究的不断深入，PCMV 对猪的致病机理将一一揭示，相关检测方法将更简便化、快速化和准确化，可为该病的科学防治提供科学依据。

另外，由于 PCMV 与人类疱疹病毒有一定的相关性。研究表明，该病毒可通过器官及其他组织的移植传染给狒狒（一种近似人类的灵长类动物）。可以推测，随着人类使用猪体器官、组织和细胞进行人体器官移植案例的增加，PCMV 感染人只是时间问题。因此，建立 PCMV 的快速诊断、防治技术具有重要的公共卫生意义。

（吴发兴　薛青红）

主要参考文献

拜廷阳，2014. 猪巨细胞病毒快速检测方法的建立及河南猪群流行病学调查［D］. 北京：中国农业大学.

费恩阁，李德昌，丁壮，2004. 动物疫病学［M］. 北京：中国农业出版社.

顾伟伟，2014. 猪巨细胞病毒基因组分子特征分析及其复制非必需基因的鉴定［D］. 北京：中国农业大学.

李晶，余兴龙，李润成，等，2010. 猪巨细胞病毒 gB 蛋白抗原表位富集区的表达和抗原性的分析［J］. 中国预防兽医学报，32（2）：126-130.

刘兴彩，尹燕博，张毅，等，2009. 猪巨细胞病毒 PCR

诊断技术的建立 [J]. 中国兽医杂志，45（12）：34-35.

熊毅，王常伟，陈磊，等，2018. 猪巨细胞病毒 GX 株 gB 基因的克隆与序列分析 [J]. 动物医学进展 [J]，5：21-24.

庄金秋，梅建国，李峰，等，2016. 猪巨细胞病毒检测方法研究进展 [J]. 猪业科学，33（3）：104-107.

Goltz M，Widen F，Banks M, et al, 2000. Characterization of the DNA polymerase loci of *Porcine cytomegaloviruses* from diverse geographic origins [J]. Virus Genes，21（3）：249.

Guedes M I，Risdahl J M，Wiseman B, et al, 2004. Reactivation of *Porcine cytomegalovirus* through allogeneic stimulation [J]. Journal of Clinical Microbiology，42（4）：1756-1758.

Widen F，Goltz M，Wittenbrink N, et al, 2001. Identification and sequence analysis of the glycopro-teinB gene of *Porcine cytomegalovirus* [J]. Virus Genes，23（3）：339.

第十五节　猪血凝性脑脊髓炎

一、概述

猪血凝性脑脊髓炎（Porcine hemagglutinating encephalomyelitis）是由血凝性脑脊髓炎病毒（*Hemagglutinating encephalomyelitis virus*，HEV）感染引起的、主要侵害仔猪的一种急性、高度传染性疾病。1958 年，该病首次暴发于加拿大的安大略省。1962 年 Greig 等对其进行了报道并分离获得病原。以后陆续在多个国家均有暴发流行的报道。我国自 1985 年首次发现该病以来，多个省份都曾有过疫情发生，给养猪业造成严重的经济损失。近年来，该病在我国的发生呈现日益增多的趋势。

HEV 主要侵害仔猪，尤其对 3 周龄以内的哺乳仔猪危害较大，死亡率高达 20%～100%。也有断奶后仔猪和成年猪感染该病原而发病的临床病例，不同的疫情报道不尽相同。临床上感染乳猪可表现出不同类型的症状，有的以呕吐、衰竭为主，有的以明显的神经症状为主，或者这两类症状同时出现。近几年，很多 HEV 感染病例可见有明显的腹泻症状。由于相似症状的猪病（如猪伪狂犬病、多种病毒性腹泻等）较多，因此该病经常被基层兽医工作者误诊。急性感染仔猪初期有间歇性呕吐、腹泻、打喷嚏、咳嗽或上呼吸道不畅等症状。1～3d 后出现严重的脑脊髓炎症状。病猪全身肌肉颤动，能站立的猪步态蹒跚，向后退行，最后呈犬坐姿势，很快出现虚弱，肢体摇摆不能站立。鼻吻部和蹄部发绀，部分病例可见失明、角弓反张及眼球颤动。最后呼吸困难，在昏迷中死去。仔猪日龄越小症状越明显，染病仔猪的死亡率一般为 100%。少数病例伴随失明和表现迟钝，在 3～5d 后能够完全恢复。从一窝猪开始发病到停止发病或看不到病症一般要经 2～3 周。慢性感染猪主要出现重复反逆和呕吐。4 周龄以下的仔猪刚吃奶不久就停止吸吮，离开母猪，吐出刚吃下的奶。长时间呕吐和摄食减少导致仔猪便秘和体质变弱，持续数周直至饿死。同窝仔猪病死率几乎达 100%，而幸存者成为永久性僵猪。成年猪多为隐性感染，病情严重的主要表现为发热、厌食，未见有死亡病例报道。

HEV 具有典型的嗜神经性，病死猪以非化脓性脑脊髓炎为主要病理特征。HEV 感染机体后无病毒血症出现，主要经神经系统传递。研究证实，位于神经细胞表面的神经细胞黏附分子（NCAM）在 HEV 感染神经细胞时充当受体的角色，参与病毒对细胞的入侵，但确切的感染机制还有待研究。目前认为该病毒的传染方式可能是通过外周神经末梢感染后，至少经以下 3 个途径从外周神经蔓延到中枢神经：①从鼻黏膜、扁桃体到三叉神经节和脑干的三叉神经传感核；②沿迷走神经，通过迷走神经传感节至脑干的迷走传感核；③从肠神经丛到脊髓，也是在局部传感节复制后到脊髓。在中枢神经系统感染，开始于延髓，后蔓延到整个脑干、脊髓，也可进入大脑和小脑。

二、病原

HEV 属于冠状病毒科、冠状病毒属的成员，为单股正链 RNA 病毒，电镜负染观察可见病毒粒子呈典型的冠状病毒样形态，呈球形、棒状的表面突起物排列成"日冕"状从囊膜凸出，双层膜包裹一个核心。病毒粒子直径 100～150nm。在 pH4～10 环境中稳定，对热和脂溶剂敏感，紫外线能明显减弱其感染性。猪是自然宿主，通过试验传代已适应在小鼠脑中复制，在原代猪肾细胞中培养，细胞病变的特征是形成合胞体。该病毒还能在猪的甲状腺、胎肺、睾丸细胞系中培养繁殖，培养细胞在电镜下可见病毒粒子通过内质网膜芽生而装配形成。HEV 能凝集小鼠、大鼠、鸡等动物的红细胞，乙醚和氯仿能去除其感染性和血凝活性。迄今只有一个血清型，与新生犊牛腹泻病毒有一定的抗原关系。

1962 年，Greig 等首次从加拿大患脑脊髓炎的哺乳仔猪体内分离获得病原。1972 年，比利时人 Pensaert MB 从暴发"呕吐和衰竭"症状，而未出现"脑脊髓炎"神经症状的死亡猪扁桃体中分离获得 PHEV-VW572 毒株。在国内，陆慧君等于 2006 年从吉林省暴发的 HEV 感染病例中分离获得病毒，并命名为 HEV-JT06 毒株。通过对部分结构蛋白基因序列的分析发现，国内外的流行毒株并未发生较大程度的核酸变异。

（一）病毒基因组

HEV 基因组为单股正链 RNA，目前发现的病毒全长为 30.48 kb，病毒核酸本身具有感染性。基因组 5′端有帽子结构，3′端有 poly（A）尾。病毒基因组包含 9 个 ORFs，各个 ORF 之间有基因重叠区或基因间隔序列（intergenic sequence，IS）。在基因组 RNA5′端存在两个相互重叠的 ORF，分别被称为 la ORF 和 lb ORF，或者统称为聚合酶基因（pol）或基因 1。上述 2 个 ORF 约占整个基因组长度的 70%，大约 21 kb，负责编码病毒 RNA 依赖性 RNA 聚合酶、蛋白酶及一些尚不确定的蛋白。在 la ORF 与 lb ORF 之间的重叠区长 43~76 个碱基，由 1~7 个碱基的滑动序列（slippery sequence）和 1 个假结（pseudohhonot）组成，这些序列是核糖体移码阅读所必需的。在所有冠状病毒基因组中，pol 和结构蛋白基因的排列次序均相同，即 5′- pol-（HE）- S - E - M - N - 3′。其他冠状病毒的几个编码病毒非结构蛋白的基因与 HEV 的基因相比，在基因数目、核苷酸序列和基因排列次序上往往有一定差异。

（二）病毒的结构蛋白

HEV 有 5 种成熟的结构蛋白，按照其在基因组中的排列顺序分别为 HE、S、E、M、N，分子质量分别为 47.6 kDa、149.4 kDa、9.6 kDa、26.3 kDa、49.5 kDa。

1. HE 蛋白 HE 蛋白具有酯酶活性，可以降解唾液酸，参与病毒体从宿主细胞中的释放过程。同时，HE 蛋白具有乙酰酯酶活性，能除去 9 - O - 乙酰酯神经氨酸的乙酰基，破坏细胞膜寡聚糖与 HE 的结合。目前认为，HE 可能与冠状病毒的早期吸附有关，因此推测 HE 蛋白在 HEV 初期感染时发挥重要作用。但也有报道认为，HE 并非病毒感染细胞所必需。因此，HE 蛋白在病毒感染宿主细胞的过程中所起的作用还存在争议。HE 蛋白也能够引起红细胞凝集及对红细胞产生吸附。

2. S 蛋白 S 蛋白含有重要的病毒中和抗原表位，可使宿主产生中和抗体，这种抗体可诱导抗体依赖性细胞介导的细胞毒作用（antibody-dependent cell-mediated cytotoxicity，ADCC），是一种细胞膜融合抑制抗体；S 蛋白还可以诱发细胞毒性 T 细胞反应，产生细胞毒性 T 细胞，引起严重的组织损伤。S 蛋白携带主要的 B 淋巴细胞抗原决定簇，能诱导宿主产生中和抗体，提供免疫保护作用。S 蛋白由 2 部分组成，靠近 N 端的球状部分为 S1，靠近 C 端的棒状部分为 S2。研究表明，S 蛋白的主要抗原位点均位于 S1 部分的序列中，对应位点处关键氨基酸残基的改变会导致病毒的免疫原性发生改变。此外，S 蛋白也是决定病毒宿主和组织特异性的关键蛋白质，在病毒感染过程中发挥重要作用，S 基因的突变与病毒的发病机理、毒力及亲嗜性都有关。其中，S1 参与同宿主细胞膜受体的结合，S2 参与穿过宿主细胞膜，使病毒外壳膜和宿主细胞膜发生融合，并具有诱导中和抗体产生和细胞介导免疫的功能。

3. E 蛋白 E 蛋白 N - 端的跨膜区在病毒脱壳、出芽过程中起关键作用，在感染早期病毒的复制等方面也有一定作用。因此，E 蛋白在冠状病毒的形态发生和装配过程中起重要作用，E 和 M 蛋白很可能形成病毒最小的组装机制。另外，对鼠肝炎病毒的研究表明，E 蛋白能诱导细胞的凋亡。

4. M 蛋白 M 蛋白是内核结构的主要组分，其基因具有较高的保守性，是病毒颗粒和感染细胞中最丰富的糖蛋白。利用针对 M 糖蛋白包膜外区的抗体，在补体的协助下，可以中和病毒的感染，因此 M 蛋白与病毒的免疫原性也相关。对 HEV 免疫小鼠的试验结果显示，M 蛋白能够诱导小鼠脾细胞增殖反应增强，诱导 INF-γ 浓度升高。

5. N 蛋白 N 蛋白有 N1 和 N2 2 个表位。N1 可以刺激机体产生高亲和力的抗体。对猪传染性胃肠炎病毒（TGEV）的 N 蛋白试验研究推测，虽然 N 蛋白能诱导机体产生针对 N 蛋白的体液免疫反应和细胞介导的免疫反应，但所产生的抗体一般没有中和活性。另外，HEV 的 N 蛋白也同样可以诱导小鼠脾细胞增殖反应增强，诱导 INF-γ 浓度升高。冠状病毒 N 蛋白上的抗原决定簇是诱导细胞免疫的重要因素。

（三）病毒致病机制

自然感染条件下，猪是 HEV 的唯一宿主，主要经呼吸道和/或消化道传播。在实验室条件下，小鼠和大鼠均可以感染 HEV。HEV 对上呼吸道、中枢神经系统有很强的亲嗜性，病毒可在大脑、小脑、脊髓、鼻黏膜、扁桃体、肺脏，以及肾上皮等细胞内复制。HEV 在体内不引起病毒血症，而是通过外周神经系统向中枢神经系统扩散，经脊髓、脑干最终侵犯大脑。在该病的潜伏期可以从神经节、三叉神经核和迷走神经传感核内检出 HEV。

用 HEV 接种大鼠坐骨神经或大鼠右侧脚肌肉后 2d，均在大鼠脊髓后段发现 HEV；接种后第 3 日在脊髓前段和脑内出现 HEV；接种后第 5 日，感染 HEV 的大鼠出现中枢神经症状，同时脑内 HEV 滴度达到峰值。用激光扫描同焦点显微镜检查，在接种后 3d，鼠腰段脊髓背根神经节和与接种部位同侧的脊髓中首次出现荧光阳性细胞；在接种后 5d，特异性荧光出现在大脑皮质、海马、脑干的神经元，以及小脑浦肯野氏细胞内。鼻内接种也证实了 HEV 的扩散途径为由外周神经系统向中枢神经系统扩散。临床上的呕吐症状是由于病毒复制所在的迷走神经节诱发或不同部位受感染的神经元对呕吐中枢刺激的结果。医学研究说明，感染 HEV 猪的胃内容物排空延迟，不仅仅是由于早期病毒在迷走神经节和脑迷走神经核复制引起的，可能病毒在胃壁神经丛诱发的病变也对胃内容物的滞留起重要作用。这种胃排空机能紊乱，对病猪发生消耗性衰弱起重要作用。至于本病呈现的两种临床类型，与病毒株的毒力和动物的易感性不同有关，也可能由病毒在体内传播过程不同所致。

三、免疫学

研究发现，以绝对致死剂量的 HEV 经滴鼻途径感染小鼠，其在急性发病条件下，小鼠的脾脏重量减轻，脾脏指数下降。利用有丝分裂原 ConA 和 LPS 刺激脾淋巴细胞，发现其反应性均下降，说明绝对致死剂量的 HEV 能够引起小鼠非特异性免疫反应抑制。抗体亚型检测结果发现，小鼠急性感染 HEV 后没有产生 IgG、IgA，仅 IgM 水平略微升高。慢性感染 HEV 的小鼠于 24h 内可检测到血清中 TNF-α、INF-γ 的升高。

基因芯片的检测结果证实，HEV 在侵害小鼠大脑皮质损伤过程中 mRNA 和 miRNA 表达谱发生显著变化。其中，上调基因主要与免疫和应激反应相关，下调基因主要与神经病理性损伤相关。Pathway 分析确定差异基因在信号通路的变化及其功能和 HEV 感染小鼠的临床病理变化存在相关性。通过预测建立差异基因和差异 miRNA 的调控网络，试验证实 miR - 21a - 5P 和 miR - 142 - 5P 可分别靶向 Caskin1 和 Ulk1 在 HEV 致神经损伤过程中发挥重要作用。

HEV 可刺激树突状细胞成熟，增强其抗原递呈能力，并可诱导巨噬细胞和神经细胞等发生凋亡。其诱导神经细胞（N2a 细胞）发生凋亡的过程依赖于 Caspase 介导的死亡受体途径和线粒体途径，而且神经细胞的凋亡依赖于病毒的复制增殖，但病毒的复制增殖不依赖于凋亡的发生。同时，mmu-let - 7b 表达下调，加速了 HEV 诱导 N2a 细胞凋亡的发生。

大量血清学调查资料表明，猪的 HEV 感染相当普遍，很可能是全球性的。血清阳性率的调查结果显示，在育肥猪中，加拿大为 31%、北爱尔兰为 46%、英格兰为 49%、日本为 52%、德国为 75%、美国则为 0～89%（因调查地区而异）。母猪宰杀时的血清阳性率：北爱尔兰为 43%、美国达 98%。丹麦、法国、澳大利亚、比利时等国的血清阳性率也很高。对吉林省 8 个地区 46 个猪场采集的 1 469 份猪血清进行的 HEV 血清抗体检测发现，血清总体阳性率高达 54.7%；辽宁省锦州地区的抗体阳性率也高达 45% 以上。说明这些地区的猪群也存在着 HEV 的感染。

根据已有资料，除高致死剂量的 HEV 感染病例可见免疫抑制外，未见有明显的免疫器官损伤的报道。HEV 主要侵害神经系统，一旦感染发病很难治愈。另外，成年猪对该病原多为隐性感染。因此，针对该病免疫预防的重点应是预防初生仔猪的感染。免疫接种的最佳方案是在怀孕母猪产仔前 1 个月左右进行疫苗免疫，使新生仔猪通过母源抗体获得免疫保护。另外，开发研制新型安全疫苗对新生仔猪进行主动免疫接种也是预防该病的一种手段。

四、制品

由于 HEV 的隐性感染比较普遍，在猪群中很难根除，因此其对缺乏母源抗体保护的仔猪或抵抗力较弱的仔猪存在较大威胁。对该病的防制须以预防为主，同时加强饲养管理和消毒等综合性措施。

（一）诊断试剂

目前国内外未见有批准的市售诊断试剂。已有成功建立针对 HEV 的 RT-PCR、血凝/血凝抑制试验、血清中和试验等病原及其抗体检测方法的报道。另外，HEV 及其抗体的快速检测试纸条也正在实验室研究阶段。

（二）疫苗

国内未见有批准上市的疫苗。国内的 HEV 灭活疫苗正在进行实验室研制阶段，现已获得 HEV 的氢氧化铝胶佐剂灭活疫苗，并初步制定出该疫苗对怀孕母猪的参考免疫程序。该疫苗的成功研制将为我国猪血凝性脑脊髓炎这一疾病的防治提供重要基础。另外，HEV 基因工程亚单位疫苗也正在研制中，现已成功克隆 HEV S 基因并分别在大肠杆菌和酵母中获得高效表达，其安全、稳定并具有较好的免疫原性，为该病的预防提供另一种重要手段。

五、展望

对于猪血凝性脑脊髓炎的防制，目前面临两个主要问题。一是多数养殖户和基层兽医工作者对该病的认知极为匮乏。缺少全国范围内的流行病学调查，对该病在我国的流行病学状况不甚清晰。二是缺少系统的病原学研究资料，还没有正式获批的上市疫苗。

对于没有 HEV 抗体的猪来说，HEV 感染的潜在威胁很大。在国外，部分国家有应用"亚

感染"进行预防该病的报道，即母猪在临产前 1 个月与病猪接触或喷雾或肌内注射经培养的弱毒株，使母猪获得免疫，通过初乳中的抗体保护所产仔猪，但此种免疫方法存在散毒危险。此外，随着该病原的隐性传播，其基因可能发生变异从而增强毒力，这是 HEV 引起的又一潜在威胁。另外，感染该病原的动物机体出现消瘦和发育不良，从而影响其生产性能，并引起肉产品质量下降。因此，该病对养猪业的潜在危害不容忽视。

目前，国内猪血凝性脑脊髓炎的防制工作还处于空白期，因此研制高效安全的疫苗对该病的防治及种猪场疫病的净化有重要的现实意义。

（陆慧君　薛青红）

主要参考文献

蔡宝祥，2001. 家畜传染病学 [M]. 北京：中国农业出版社.

常灵竹，贺文琦，陆慧君，等，2007. 猪血凝性脑脊髓炎病毒 RT-PCR 方法的建立及初步应用 [J]. 中国农学通报，23（9）：15-18.

陈怀涛，许乐仁，2005. 兽医病理学 [M]. 北京：中农业出版社.

贺文琦，陆慧君，耿百成，等，2005. 猪血凝性脑脊髓炎病毒抗体的调查 [J]. 中国兽医科学，35（9）：739-741.

柳松柏，房莉莉，2010. 猪血凝性脑脊髓炎的诊断及防制 [J]. 养殖技术顾问（1）：72.

徐耀先，2000. 分子病毒学 [M]. 武汉：湖北科学技术出版社.

Cregg J M, Cereghino J L, Shi J, et al, 2000. Recombinant protein expression in Pichia pastoris [J]. Molecular Biotechnology, 16（1）：23-52.

Ko C K, Kang M I, Lim G K, et al, 2006. Molecular characterization of HE, M, and E genes of winter dysentery Bovine coronavirus circulated in Korea during 2002—2003 [J]. Virus Genes, 32（2）：129-136.

Miguel B, Pharr G T, Wang C, 2002. The role of feline aminopeptidase N as a receptor for infectious bronchitis virus [J]. Archives of Virology, 147（11）：2047-2056.

Wang Y, Zhang X, 2000. The leader RNA of coronavirus mouse hepatitis virus contains an enhancer-like element for subgenomic mRNA transcription [J]. Journal of Virology, 74（22）：10571-10580.

第二十七章 禽的病毒类制品

第一节 禽流感

一、概述

禽流感（Avian influenza，AI）是禽流行性感冒的简称，是由禽流感病毒（*Avian influenza virus*，AIV）引起的一种禽类传染性疾病综合征。本病于 1878 年首次由 Perroncito 于意大利报道，Beaudette 提出用"鸡瘟（Fowl plague）"命名该病。1981 年，第一届国际 AI 专题研讨会上提出用"禽流感"代替"鸡瘟"这一命名。AI 不仅是危害养禽业的主要疫病之一，而且还具有十分重要的公共卫生意义。

AIV 在世界范围内广泛分布，已经在亚洲、非洲、欧洲、美洲、大洋洲的 60 多个国家和地区分离到 16 种血凝素（haemagglutinin，HA）亚型和 9 种神经氨酸酶（neuraminidase，NA）亚型病毒。其中，引起 AI 大暴发、造成巨大经济损失的多为 H5 或 H7 亚型 AIV。我国于 1996 年分离到 H5N1 亚型高致病性禽流感病毒（*Highly pathogenic avian influenza virus*，HPAIV），2004 年出现 H5N1 高致病性禽流感（Highly Pathogenic Avian Influenza，HPAI）疫情暴发。AIV 宿主广泛，已从 25 个科 100 多种野鸟和家禽中分离到 AIV，也有从鸵鸟、海豹、鲸、貂、虎、猪、马、犬和人等分离到 AIV 的报道。Tong 等分别于 2012 年和 2013 年报道从蝙蝠中分离到 H17N10 和 H18N11 A 型流感病毒，但目前未见其感染家禽或野鸟的报道。

AI 一年四季均可发生，但以冬季和春季较为严重，主要与气候变化、禽舍通风状况及病毒耐冷不耐热等多个因素有关。感染 AIV 的禽，从呼吸道、结膜和粪便中排出病毒，是 AI 最重要的传染源。HPAI 在禽群之间的传播主要依靠水平传播。传播方式有易感禽与感染禽的直接接触和与气溶胶（微滴）或暴露于病毒污染物的间接接触 2 种，呼吸道和消化道是主要的感染途径。AIV 垂直传播的证据很少，但在感染鸡的鸡蛋中曾检出 AIV，因此不能完全排除垂直传播的可能性。禽只吸入含 AIV 的空气，接触带毒分泌物，以及病毒污染的粪便、饲料、水、设备、笼具、车辆等均可感染。野生鸟类，特别是迁徙的水禽对于 AI 在世界范围内暴发和流行起到了重要作用。人类活动，如活禽和粪便运输、活禽交易及共用设备等，增加了 AIV 传播及变异的概率。

AIV 引起的感染和/或疾病的临床症状变化极大，有不显性感染、亚临床感染、轻度呼吸道疾病、产蛋量下降或急性全身致死性疾病等多种形式。AI 的潜伏期从数小时到数天，最长可达 21d。典型的 HPAI 一般常由 H5 或 H7 亚型 AIV 感染鸡或火鸡所致；潜伏期短，发病急；鸡群突然暴发，常无明显症状而突然死亡，数天内鸡群和火鸡群的死亡率均可高达 100%。病程稍长时，病禽体温升高，精神高度沉郁，食欲降低或废绝，羽毛松乱，缩颈、呆立；常见咳嗽、啰音和呼吸困难，有时可闻尖叫声；病禽有下痢，排出黄绿色稀便；产蛋鸡产蛋量明显下降，有的甚至停产，同时软壳蛋、薄壳蛋和畸形蛋增多；有的病鸡出现扭头等神经症状，共济失调，不能走动和站立。

急性型 AI 常可见典型 HPAI 症状，如鸡冠和肉髯瘀血、发绀，呈紫黑色，有时有坏死，尤其在鸡冠的尖部表现明显；头部和眼睑水肿，眼结膜发炎，眼、鼻腔有较多浆液性、黏液性或脓性分泌物；病鸡腿上无毛处及脚鳞片间出现红色或紫黑色出血斑。鸭和鹅等水禽感染 AIV 后典型特征是患有各种神经症状，其死亡率与病毒的毒力，以及鸭的品种、年龄、有无并发病和外界环境条件等密切相关。

HPAI 是世界动物卫生组织（OIE）规定的法定报告动物疫病，我国将其列为一类动物疫病。HPAI 给养禽业造成的经济损失主要来源于病毒对家禽的高致死率、对疫点和疫区等家禽的扑杀与禽产品的处理、进出口贸易受阻，以及人们害怕 AIV 感染人而对整个行业的影响等。AIV 具有重要的公共卫生意义，已见禽源 H5、H7、H9 和 H10 流感病毒感染人的报道。2013 年以来，我国出现 H7N9 流感病毒感染人并导致部分感染人员死亡的事件，引起人们的高度关注和恐慌，家禽及禽产品销售受阻，给养禽业造成的经济损失超过 1 000 亿元人民币。

二、病原

AIV 属于正黏病毒科（Orthomyxoviridae）、A 型流感病毒属（*Influenza virus A*）。典型的 AIV 粒子呈球状，但某些毒株的初代次分离时，常为长短不一的丝状体，长的丝状体可达数 μm，各形态病毒粒子的直径均为 80～120 nm。

AIV 的最外面包裹着一层脂质囊膜，囊膜表面有一层棒状和蘑菇状的纤突（spike），前者对红细胞有凝集性，称 HA，后者有将吸附在细胞表面上的病毒粒子解脱下来的作用，称 NA；M2 蛋白包埋在囊膜中；病毒囊膜下为主要结构蛋白 M1；最内层是病毒粒子的核心，即病毒核糖核蛋白（viral ribonucleoprotein，vRNP）复合体，由病毒的 RNA 片段，聚合酶蛋白 PB1、PB2、PA，核蛋白 NP 所组成。HA 和 NA 均易发生变异，具有亚型特异性，其抗体具有保护作用。HA 是流感病毒致病性和免疫保护性的决定性基因。流感病毒的化学组成为：蛋白质占 60%～70%，RNA 占 1%～2%，脂类占 20%～25%，碳水化合物占 5%～8%。流感病毒粒子的相对分子质量约为 $2.5×10^8$，在蔗糖水溶液中的浮密度为 1.19 g/cm³。

AIV 耐冷不耐热，通常 56℃ 30min 被灭活，100℃ 2min 以上灭活，在 0～4℃ 能存活数周，−70℃ 以下或冻干后能长期存活。病毒对干燥、日光、紫外线照射、脂溶剂、甲醛、非离子型去污剂及氧化剂等敏感。

AIV 能凝集 20 多种（哺乳动物和禽类）红细胞，其中最为常用的是鸡、豚鼠和人 O 型红细胞，尤其是鸡红细胞最常用。

AIV 培养特性在 AI 诊断和疫苗制备方面具有重要意义。AIV 能在 9～11 日龄鸡胚中生长，病毒可以在鸡胚中达到较高滴度。组织培养中最常用的是犬肾细胞（MDCK），其他细胞如鸡胚成纤维细胞（CEF）、猴肾细胞（Vero）和人肺细胞（A549）等也很常用。目前，已经证明 HPAIV 和低致病性禽流感病毒（*Low pathogenic avian influenza virus*，LPAIV）的离体培养特性不同，HPAIV 在不添加胰酶的各种培养细胞中具有形成蚀斑的能力，而 LPAIV 培养则必须添加胰酶。

目前分离的 AIV 共分 16 个 HA 亚型和 9 个 NA 亚型。根据 AIV 对人工感染鸡的致病性，可将其分为 HPAIV 和 LPAIV。1994 年，开始采用病毒 HA 裂解位点的分子标准作为致病性的补充依据。由于 H5 和 H7 亚型 LPAIV 在鸡和火鸡群中传播可突变为 HPAIV，OIE 将 H5 和 H7 亚型 LPAIV 增加到国际动物卫生法典。现行的《OIE 陆生动物卫生法典》规定 HPAI 是由任一 H5 或 H7 亚型流感病毒静脉接种致病指数（intravenous pathogenicity index，IVPI）大于 1.2（或至少 75% 的死亡率）的 A 型流感病毒引起的家禽感染，为法定通报传染病。其他亚型流感病毒（H1～H4、H6、H8～H16）引起的家禽感染为 A 型流感，无须通报。与此相对应，HPAIV 的定义为：①通过鼻腔接种 0.2 mL 1∶10 稀释的无菌感染性尿囊液，如果能使 8 只 4～6 周龄的易感鸡在 10 天内死亡 6～8 只，或接种 6 周龄易感鸡的 IVPI 大于 1.2，则可认为该 A 型流感病毒为 HPAIV；②如果 IVPI 小于 1.2 或静脉接种致死试验鸡的死亡率小于 75% 的 H5 和 H7 亚型 AIV，必须测定其 HA 的核酸序列，如果裂解位点具有与其他 HPAIV 相似的氨基酸序列，也应认为该病毒为 HPAIV。LPAIV 的定义为所有非 HPAIV H5 和 H7 亚型的流感病毒。

（一）病毒基因组

AIV 由 8 个单股负链 RNA 基因片段组成，根据各个片段的电泳迁移率降序排列，分别命名为 vRNA1～8；或根据 RNA 片段编码的主要蛋白来命名，分别为 PB2、PB1、PA、HA、NP、NA、M 和 NS。AIV 具有 RNA 依赖性的 RNA 聚合酶，但与其他负链 RNA 病毒不同之处在于其 vRNA 的转录和复制均在宿主细胞核内进行。病毒的 mRNA 在宿主细胞内依赖自身的 RNA 聚合酶合成。到目前为止，已经发现的 A 型流感病毒编码蛋白包括 10 种必需蛋白（PB2、PB1、PA、HA、NP、NA、M1、M2、NS1、NS2/NEP）和多达 7 种非必需的附件蛋白（PB1-F2、N40、PA-X、PA-N155、PA-N182、M42、NS3）。

A 型流感病毒基因组的 8 种 vRNA 片段具有相同的结构，在 5′ 和 3′ 端均具有不同长度的非编码区，而且所有 vRNA 片段 5′ 末端的 13 个核苷酸和 3′ 末端的 12 个核苷酸都高度保守，序列分别为 5′-AGUAGAAACAAGG 和 3′-UCG（U/C）UUUCGUCC，两者之间有部分序列互补，形成发卡结构，是 vRNA 转录和复制的启动子。vRNA 片断 5′ 和 3′ 末端与聚合酶复合体 PB2-PB1-PA 结合，其余部分则由核蛋白 NP 包裹，共同构成病毒的 vRNP 复合体，是病毒基因组转录和复制的最小功能单位。在启动子序列内侧的非编码区具有多聚腺苷酸信号序列及部分包装信号序列，其余部分的包装信号则位于编码区的起始端和终止端，在病毒感染后期 vRNP 复合体的包装过程中发挥作用。

由于组成流感病毒基因的 8 条 vRNA 片段是分开的，当同时有两种病毒感染同一宿主细胞时，子代病毒的基因片段可能来自不同的病毒而成为基因重配病毒。这种由基因重配产生的病毒变异称为抗原转变（antigenic shift），一般主要是指 HA 或 NA 蛋白的主要抗原变化。AIV 的基因重配非常频繁和复杂，大量研究揭示了不同亚型 AIV 在野鸟、水禽和家禽间不断进行基因重配，形成新的基因型，驱动 AIV 的持续进化和变异。1997 年香港感染人的 H5N1 流感病毒、2013 年以来中国多人感染的 H7N9 流感病毒，以及 2013 年人感染的新型 H10N8 病毒，都属于基因重配病毒，且共同点是内部基因均与常见的 H9N2 病毒内部基因密切相关。

（二）病毒的结构蛋白

1. 血凝素（HA） HA 蛋白位于病毒表面，由病毒基因组的 vRNA4 片段编码，全长 562～566 个氨基酸。HA 蛋白是一个三聚体的棒状分子，它是一个典型的 I 型跨膜蛋白，其羧基端插入病毒囊膜，而亲水的氨基端则突出于病毒粒子表面，形成纤突。HA 蛋白能凝集红细胞，是病毒吸附于敏感细胞表面的工具。HA 蛋白的主要功能是受体结合和膜融合，还可能在病毒粒子出芽和形态发生过程中发挥作用。HA 蛋白在核糖体中合成后以 HA0 前体蛋白形式存在，在内质网中分子伴侣的作用下形成三聚体，经过糖基化和乙酰化等翻译后修饰及切除信号肽后，由高尔基体运输到细胞表面。HA0 前体蛋白在裂解位点被蛋白酶切割，产生 HA1 和 HA2 分子，两者之间以一个二硫键相连，这样才能在病毒感染过程中正常地发挥作用。流感病毒 HA 蛋白的受体结合特性决定了其感染宿主的能力，也是流感病毒跨宿主传播的重要因素，直接关系到人流感大流行病毒的产生。在禽体内分离的 A 型流感病毒分为 16 种 HA 亚型，目前仅有 H5 或 H7 亚型 AIV 能引起家禽的大规模发病和死亡，但并不是所有 H5 和 H7 亚型 AIV 都是高致病性的，其他亚型的 AIV 感染家禽后多呈隐性感染。

HA 蛋白对 AIV 的致病性具有决定性作用。HA 裂解位点对蛋白酶切割的敏感性直接影响到病毒的致病力，如果 HA 易于被切割，则毒株具有较高的致病性，反之，则致病性较低。高致病性 H5 或 H7 亚型 AIV 在 HA 裂解位点具有多个连续的碱性氨基酸，可以被细胞内广泛存在的类枯草杆菌蛋白酶等裂解，因此可以导致全身性感染而呈现高致病性。H9 等 LPAIV HA 裂解位点一般仅有一个碱性的精氨酸，不易被蛋白酶切割，一般仅局限在禽类的呼吸道和消化道中复制。在实践中，可以通过分析 AIV HA 裂解位点的氨基酸序列对病毒的致病性做出初步判断。中国农业科学院哈尔滨兽医研究所利用反向遗传操作技术，将 HPAIV HA 裂解位点的多个碱性氨基酸去除，成功构建出一系列 H5 弱毒株并研发出灭活疫苗广泛应用。除 HA 裂解位点影响流感病毒的致病性外，HA 蛋白的糖基化可以改变病毒与细胞表面受体的结合，因而也会影响流感病毒的复制和致病性。

HA 蛋白除了在受体结合、融合、包装，以及致病性方面发挥重要作用外，还是宿主获得性免疫系统识别的主要对象。流感病毒感染宿主后，HA 蛋白能诱导产生强烈的免疫反应，是流感病毒疫苗研制的主要靶抗原。AIV 在流行过程中，HA 蛋白在病毒复制过程中产生的突变逐渐积累，导致抗原性发生变异，称之为抗原漂移（antigenic drift）。决定抗原变异的氨基酸位点都位于 HA1 部分，且都暴露于分子表面。疫苗种毒与流行的病毒是否存在抗原性差异，是衡量疫苗是否对流行病毒有效的重要依据，这种差异可通过 HI 试验进行检测。不仅不同 HA 亚型 AIV 的抗原性不同，而且同一亚型的病毒也可能存在差别，抗原性差别越大，病毒间的交叉免疫保护效果就越不好。多年来，H5 亚型 AIV 在亚洲、非洲、欧洲和美洲等 60 多个国家和地区流行，病毒的 HA 基因在进化上形成多达 10 个不同的分支，不同分支病毒之间的抗原性差异明显。多数情况下，利用 H5 AI 一个 HA 分支病毒生产的疫苗不能对其他分支病毒提供完全有效的免疫保护，为此，需要对自然流行的 H5 亚型 AIV 进行抗原性和基因序列分析，随时评估疫苗抗流行毒株的免疫保护效果，及时筛选和更新 AI 疫苗种毒。

2. 神经氨酸酶（NA） NA 蛋白由病毒基因组的 vRNA6 片段编码，全长 469 个氨基酸，是流感病毒粒子表面的第 2 种糖蛋白，它是一种典型的 II 型糖蛋白。NA 能水解黏液蛋白和细胞表面的唾液酸，是病毒复制完成后脱离细胞表面的工具。根据 NA 蛋白抗原性的不同，目前已经发现的 A 型流感病毒可以分为 11 种不同的 NA 亚型，其中 N1～N9 亚型源于 AIV 的自然宿主野生水禽，而 N10 和 N11 亚型分离自蝙蝠。

与 HA 蛋白一样，NA 蛋白也具有抗原性，能刺激机体产生抗体。与 HA 抗体不同的是，NA 蛋白的抗体不能中和病毒感染，但可以在一定程度上抑制病毒的复制。NA 蛋白的抗原表位一般都位于头部的活性位点附近，NA 的抗体与之结合后可以阻止新生病毒粒子向细胞外释放，导致它们聚积在细胞表面。研究表明，NA 蛋白的抗体具有一定的免疫保护作用，可以减轻病毒感染后的症状及死亡。但 NA 蛋白只起辅助使用，如果疫苗株与流行株 NA 亚型相同但 HA 基因存在较大的抗原性差别，则该疫苗对流行株不能起

到完全的保护作用。

NA 蛋白是第二代抗流感病毒药物 NA 抑制剂的靶蛋白。神经氨酸酶抑制剂是唾液酸的类似物，其抗病毒作用机理是与 NA 蛋白的自然底物唾液酸竞争性结合 NA 蛋白，从而阻断 NA 蛋白的酶活性位点。

3. 核蛋白（NP）与基质蛋白（M） NP 蛋白由病毒基因组的 vRNA5 片段编码，全长 498 个氨基酸，具有型特异性，根据其抗原性的不同，可将流感病毒分为 A、B、C 3 个型。流感病毒复制过程中，NP 蛋白具有运输载体的作用。流感病毒感染的早期，NP 蛋白几乎完全定位于细胞核，而在感染的晚期，以 vRNP 复合体形式存在的 NP 蛋白则主要定位于细胞质中。

M 蛋白由病毒基因组的 vRNA7 片段编码，是病毒粒子中含量最大的蛋白，占病毒粒子总量的 30%～40%，有 2 个阅读框架（ORF），可转录出 2 个 mRNA 分子，分别翻译出 2 种基质蛋白，即 M1、M2，是核衣壳的主要成分，具有型特异性，其抗原性的差异是流感病毒的分型依据之一。

M1 蛋白全长 252 个氨基酸，位于病毒粒子囊膜下面，是含量最高的病毒蛋白。M1 蛋白在细胞内翻译后，在细胞核与细胞质之间穿梭，在病毒复制及感染中起关键作用。同时，M1 蛋白在病毒包装和形态发生过程中发挥核心作用。

M2 蛋白全长 97 个氨基酸，是病毒粒子表面除了 HA 和 NA 以外的第 3 种囊膜蛋白。M2 蛋白是一个多功能的蛋白分子，在病毒复制周期的多个环节发挥重要作用。M2 蛋白的质子通道活性对于病毒的有效复制是必要的，可以提高反面高尔基体中的 pH，防止病毒 HA 蛋白在反面高尔基体的酸性环境中发生不成熟的构象变化，从而保证 HA 蛋白在细胞内运输过程中的正常构象。M2 蛋白的这种功能可以稳定那些对酸性条件高度敏感的 HA 蛋白，即 H5 和 H7 亚型 HPAIV 的 HA 蛋白。HPAIV 的 HA 蛋白更易在酸性条件下被诱导产生未成熟的构象变化。此外，M2 蛋白也被视为流感病毒发挥致病作用的一个毒力因子。

M2 蛋白是第一代抗流感病毒药金刚烷类抗流感病毒药物的靶蛋白，通过抑制 M2 蛋白的质子通道活性，病毒 M1 蛋白与 vRNP 复合体的分离和脱壳就不能发生。

M2 蛋白基因序列在不同亚型流感病毒中高度保守，国内外学者进行了基于流感病毒 M2 蛋白的通用疫苗研究。研究表明，用 M2 蛋白免疫动物能诱导一定的体液免疫和细胞免疫应答，对免疫动物具有一定的保护力，但该疫苗对当前流行的病毒是否能产生完全保护还需要进一步研究和探讨。

所有 A 型流感病毒都具有类似的 NP 蛋白和 M 蛋白，因此可以通过检测 NP 蛋白或 M 蛋白证明流感病毒的存在，在诊断上具有重要意义。琼脂凝胶扩散（AGP）试验是检测 A 型流感病毒 NP 蛋白和 M 蛋白的传统方法，各种试验性和商品化的固相抗原捕获酶联免疫吸附试验（AC-ELISA）是有效的替代方法，但多数商品化的试剂敏感性较低。还可用反转录聚合酶链反应（RT-PCR）或荧光定量反转录聚合酶链式反应（荧光定量 RT-PCR）方法扩增流感病毒 NP 或 M 蛋白基因片段的保守区检测流感病毒。

4. RNA 聚合酶复合体蛋白　RNA 聚合酶复合体蛋白由 3 种蛋白组成，即 PB2、PB1 和 PA，分别由病毒基因组的 vRNA1、vRNA2 和 vRNA3 片段编码。PB1 蛋白是聚合酶复合体的核心，它通过氨基端与 PA 蛋白结合，而其羧基端则与 PB2 蛋白结合。3 种聚合酶蛋白在核糖体中合成以后，PB2 蛋白可以单独由细胞质进入细胞核，而 PB1 和 PA 蛋白则需要在细胞质中形成二聚体才能有效地进入细胞核，3 种聚合酶蛋白最终在细胞核中组装成完整的复合体。

PB2 蛋白全长 759 个氨基酸，其 449～495 位氨基酸区域和 736～739 与 752～755 位氨基酸之间的区域决定了蛋白在细胞核中的定位。流感病毒 vRNA 的转录过程需要带有 5′ 帽子结构的寡核苷酸作为引物，PB2 蛋白通过与宿主 mRNA 前体分子的帽子结构结合，对于产生病毒 vRNA 转录所需的引物和转录过程的起始发挥重要作用。PB2 蛋白还是流感病毒致病性的重要决定因子，PB2 蛋白的诸多突变都可以促进流感病毒复制或增强病毒的致病性。PB2 蛋白还与流感病毒的传播能力有关，多个位点影响流感病毒的传播能力，主要包括 E627K、D701N 和 T271A 等，这些位点的突变可以增强病毒在哺乳动物宿主体内的复制能力，促进病毒的传播。

PB1 蛋白全长为 757 个氨基酸，是流感病毒 RNA 聚合酶复合体的核心，PB1 蛋白与 PA 蛋白在细胞质中的结合对于其有效进入细胞核非常重要。PB1 蛋白具有 RNA 依赖性的 RNA 聚合酶所具有的特征性保守序列。PB1 蛋白通过与病毒 RNA 的末端结合，以起始基因组的转录和复制。

PA 蛋白全长为 716 个氨基酸，与 PB2 和 PB1 蛋白一样，也具有核定位信号，由两部分组成，分别位于 124～139 和 186～247 位氨基酸之间。PA 蛋白在流感病毒的转录和复制过程中发挥重要作用，其羧基端的突变可以使聚合酶失去转录活性。此外，PA 蛋白具有蛋白水解活性，但是这种蛋白水解活性似乎与聚合酶活性之间缺乏必然的联系。PA 蛋白还是酪蛋白激酶 Ⅱ 的底物，可以发生丝氨酸和苏氨酸的磷酸化。

（三）病毒的非结构蛋白（NS）

A 型流感病毒基因组的 vRNA8 片段编码 2 种蛋白，即非结构蛋白 1（NS1）和非结构蛋白 2（NS2）。上述 2 种蛋白在病毒复制过程中及与细胞蛋白的相互作用中发挥着重要的功能。

1. 非结构蛋白 1（NS1）　NS1 蛋白由流感病毒基因组的 vRNA8 编码，全长 217～237 个氨基酸。NS1 蛋白以二聚体的形式存在，二聚体之间相互作用，形成链状结构，再由 3 个链状结构相接闭合成管状结构。NS1 蛋白在感染细胞内大量表达，具有与 RNA 结合的活性。NS1 蛋白具有核定位信号和核输出信号，可以在细胞核与细胞质之间转运，不同亚型病毒的 NS1 蛋白在核定位信号上存在差异。NS1 蛋白最主要的作用是对抗宿主天然免疫反应，抑制干扰素产生，所以 NS1 蛋白被称为干扰素颉颃剂。NS1 蛋白可以激活磷脂酰肌醇激酶（PI3K）信号通路，有助于病毒的复制。NS1 蛋白也显著影响细胞凋亡。NS1 蛋白的羧基末端具有 PDZ 结构域结合基序，可以与含有 PDZ 结构域的宿主蛋白结合。研究表明，NS1 蛋白与流感病毒的致病性密切相关，某些位点的突变可以使病毒的致病性增强或减弱。

2. 非结构蛋白 2（NS2）　NS2 蛋白是由流感病毒基因组的 vRNA8 片段编码的 mRNA 经过剪接后翻译而来，全长 121 个氨基酸。最初认为，在成熟的病毒粒子中不含有 NS2，所以被称做非结构蛋白。但是后来发现，NS2 蛋白在病毒粒子中少量存在，而且在病毒复制后期，通过与 M1 蛋白的协同作用将 vRNP 复合体由细胞核输出到细胞质中，所以又被称为核输出蛋白

（NEP）。NS2 蛋白在调控病毒基因组复制过程中发挥重要作用。禽源流感病毒感染哺乳动物细胞时，可以通过在 NS2 蛋白上产生突变而避免病毒基因组复制受到抑制。

三、免疫学

流感病毒侵入宿主细胞的过程相对复杂，病毒到达病毒基因组复制的位置需要克服一系列障碍，这主要是由于流感病毒为单股负链分节段的 RNA 病毒，与大多数 RNA 病毒不同，流感病毒的复制需要在细胞核内进行。流感病毒侵入细胞是一个动态过程，大致分为 5 个步骤：①病毒吸附在细胞上；②细胞摄入病毒粒子形成内体；③内体运输；④病毒与内体膜融合；⑤脱壳，病毒基因组入核。流感病毒侵染宿主的第一步是其表面囊膜糖蛋白 HA 与宿主细胞表面的唾液酸（sialic acid，SA）受体结合。流感病毒受体结合特异性与其感染能力、致病性及传播能力密切相关，不同流感病毒具有各自的受体偏好性。AIV 更倾向于结合与半乳糖以 α2，3 形式连接的唾液酸（α2，3 - SA），而人流感病毒（H1、H2 及 H3）倾向于结合与半乳糖以 α2，6 形式连接的唾液酸（α2，6 - SA）。越来越多的研究表明，这种受体结合的特异性决定了流感病毒的宿主范围及对不同组织细胞的嗜性。研究表明，人的上呼吸道比下呼吸道分布有更多的 α2，6 - SA 受体。在猪的呼吸道既有 α2，3 - SA 的表达也有 α2，6 - SA 的表达，由此决定了猪可被 AIV 和人流感病毒感染，同时猪流感病毒具有感染人和禽的潜力；猪成为禽、人、猪流感病毒的共同易感宿主，成为流感病毒不同毒株基因重配或重排产生新亚型毒株的活载体。不同种类的禽类中，α2，3 - SA 和 α2，6 - SA 两种受体分布的丰度不尽一致，但是这两种类型受体在禽的呼吸道及肠道内都有分布，因此部分禽类也可能成为人流感病毒和 AIV 重组的场所。流感病毒糖链受体在流感病毒跨种间传播中起重要作用，不同亚型的流感病毒在受体结合位点处的氨基酸残基与受体结合的特异性有着密切关系，如果发生改变，就有可能导致病毒的宿主嗜性、致病力及传播能力发生变化。历史上每次人类流感大流行都与 AIV 有密切联系，AI 的暴发流行，增加了 AIV 与人流感病毒发生基因重排的机会，增加了新流感病毒产生的概率，

对人类健康构成了潜在威胁。

AIV 的主要感染途径是呼吸道和消化道。家禽吸入或摄入具有感染性的 AIV 粒子后感染随即开始。由于呼吸道和肠道内皮细胞中含有类似胰酶的酶，可以裂解病毒表面的 HA 蛋白，因而病毒能够在呼吸道和/或肠道中复制并释放出具有感染性的病毒粒子。鼻腔是 AIV 在鸡形目禽体内复制的最主要的起始位点。当病毒入侵机体后，借助病毒表面的 HA，与呼吸道或消化道黏膜上皮细胞表面的相应受体结合，吸附在上皮细胞上。又借助病毒表面的 NA 作用于核蛋白的受体，使病毒和上皮细胞的核蛋白结合，在核内组成 RNA 型可溶性抗原，并渗入至胞质周围，复制子代病毒，通过 NA 作用，以出芽方式从上皮细胞排出。HPAIV 在呼吸道或消化道上皮启动复制之后，病毒粒子侵入黏膜下层进入毛细血管并在内皮细胞中复制，引起黏膜细胞感染，同时通过血管或淋巴系统扩散到内脏器官、脑和皮肤等，感染各种细胞并在其中复制，巨噬细胞在病毒全身性扩散中也发挥着重要作用。实际上，病毒有可能在血管内皮细胞中充分复制之前已经造成全身感染，并导致病毒出现在血浆、红细胞和白细胞碎片中。病毒的 HA 分子上存在能被类似胰酶的蛋白酶裂解的位点，这种蛋白酶在各种细胞内普遍存在，从而有助于病毒在各种细胞内复制，引起一系列生化和病理反应，最终导致宿主出现炎症反应、神经症状、出血、器官损伤等局部或全身性临床表现，当多器官衰竭时则引起死亡。HPAIV 通常以下述方式导致病变的发生：①病毒直接在细胞、组织和气管中复制；②细胞因子等细胞介质介导的间接效应；③脉管栓塞导致的缺血；④凝血或弥散性血管内凝血导致心血管功能衰退。LPAIV 通常局限在呼吸道和肠道中复制。部分毒株导致家禽发病和死亡的主要原因是呼吸道损伤后并发细菌感染。LPAIV 偶尔也可以扩散到全身，复制并导致肾小管、胰腺腺泡上皮和其他具有上皮细胞（这些细胞中含有类似胰酶的蛋白酶）的器官受损。

AIV 具有器官泛嗜性，HPAIV 感染后，能引起多个组织和脏器的病变，一般感染后 3d 即可分离到病毒。常见喉头和气管出血，分泌黏液增多；肺脏出血水肿；心冠脂肪点状出血，使心包增厚、心肌迟缓且柔软；胰脏有出血或出现坏死斑；肾脏常肿胀，有的有尿酸盐沉积；脾脏偶有

肿胀或出血；法氏囊有时会有出血、肿胀或萎缩。从口腔至泄殖腔整个消化道黏膜出血、溃疡或有灰白色斑点、条纹样膜状物（坏死性假膜）；腺胃乳头出血、溃疡，在腺胃黏膜上常见脓性分泌物等病变。开产鸡易发，病毒侵害生殖系统，使卵泡膜出血，严重者卵泡变黑、变形、破裂；输卵管水肿，有的有白色脓性分泌物等。组织病理变化可出现在肺、肾、脾、胰、心、脑、胸腺和卵巢等多个脏器，表现为水肿、充血、出血、坏死和形成血管周围淋巴细胞性管套等。

机体的免疫系统在抗病毒感染中起着重要保护作用，其主要通过抗病毒的天然免疫应答、抗病毒细胞免疫应答和抗病毒体液免疫应答三大途径进行抗病毒免疫应答。天然免疫系统是抵御病原体感染的第一道防线，机体95%以上的病原体感染发生在黏膜或由黏膜入侵而致病。呼吸道等黏膜上含有大量的免疫细胞和免疫分子，在抗病毒免疫防御中起着非常重要的作用。黏膜免疫系统分为免疫诱导部位和免疫效应部位。AIV初次感染后，呼吸道上皮内树突状细胞（DC）聚集，将抗原递呈给淋巴结内初始T细胞，激活抗原特异性T细胞，后者在趋化因子CCR5作用下归巢到肺部，通过白介素-12（IL-12）、干扰素（IFN）介导的Th1型免疫反应和（或）细胞毒性T淋巴细胞（CTL）细胞毒作用以清除病毒。在黏膜效应部位，IgA$^+$ B细胞最终分化为IgA$^+$ B浆细胞而产生分泌型免疫球蛋白（SIgA），由抗原特异性的Th1、Th2、IgA$^+$ B细胞和上皮细胞构成的黏膜内部调节网络调节SIgA的产生。黏膜免疫中的SIgA在疾病恢复、保护不受进一步的感染中起重要作用。有人进行了鸡SIgA检测方法建立及禽流感、新城疫重组二联活疫苗诱导局部黏膜免疫的研究，结果表明禽流感、新城疫重组二联活疫苗免疫后，可有效诱导上呼吸道及消化道黏膜对新城疫病毒抗原及重组表达的H5 AIV抗原的特异性SIgA免疫反应；同呼吸道相比，消化道具备更为强大的黏膜SIgA特异性免疫反应能力；初次免疫后鸡的呼吸道黏膜再次接触到感染性新城疫病毒或H5 AIV抗原时，可形成显著的特异性SIgA增强免疫反应。徐勇军进行了流感疫苗脂质体的制备及黏膜免疫研究，表明流感疫苗脂质体能有效诱发呼吸道黏膜免疫。

家禽对自然感染产生的体液免疫应答包括循环抗体和黏膜抗体的产生。鸡和火鸡循环抗体的

产生在感染后第5天可检测到IgM，随后可测到IgG（IgY）。AIV的各种蛋白均可引起抗体的产生，这在疫病的保护和感染的诊断中有重要作用。但只有表面糖蛋白HA和NA可以诱导产生保护性中和抗体，不同亚型AIV的HA和NA抗原性不同，因而诱导的中和抗体对其他亚型没有交叉保护性。抗HA抗体是宿主对抗疾病起保护作用的主要决定因素，因此家禽的免疫中主要针对的是HA亚型。若免疫家禽的疫苗种毒与人工感染或自然流行病毒的NA亚型相同而HA亚型不同，则疫苗起不到良好的免疫保护作用。由于流感病毒具有容易变异的特性，会使疫苗针对发生HA抗原性变异的AIV的保护作用下降，出现免疫禽排毒，甚至发病和死亡，因此需要跟踪检测疫苗对流行毒株的保护效果，适时更新疫苗种毒。宿主对AIV内部蛋白如NP和M也可产生抗体，但从目前研究结果来看，这两种蛋白不足以给免疫禽提供完全有效的保护。由于NP和M蛋白的序列保守、具有型特异性，因此其抗体常被用于检测是否有A型流感病毒感染。不同宿主感染AIV后产生抗体的能力差异明显，从大到小依次为：鸡＞雏鸡＞火鸡＞鹌鹑＞鸭。同一类宿主不同品种间也存在较大差别，生长期短的肉鸭和肉鸡免疫抗体反应较差，而蛋（种）鸭和蛋（种）鸡免疫抗体反应相对较好。

四、制品

AI是危害养禽业的主要疫病之一，及时而准确地诊断，有利于尽快采取相应措施，避免病原的扩散而造成更大的经济损失。疫苗免疫是预防AI的主动措施、关键环节和最后防线。诊断和疫苗制品的研发和及时应用，对于有效防控AI的暴发和流行，促进养禽业健康发展有十分重要的作用。

（一）诊断试剂

根据流行病学、临床症状和剖检病变等可以对AI进行初步诊断，但确诊需在实验室中进行，敏感、特异的诊断方法和诊断试剂是进行AI实验室诊断的关键。

长期以来，我国普遍采用病毒分离（VI）、电镜观察、琼脂凝胶扩散（AGP）试验、血凝抑制（HI）试验、神经氨酸酶抑制（NI）试验、病

毒中和（NT）试验等常规方法检测 AIV 及其抗体。随着现代生物学技术的发展，我国 AI 诊断技术取得了新的突破性进展，单克隆抗体技术、核酸序列分析技术、核酸探针技术、酶联免疫吸附试验（ELISA）、抗原捕获 ELISA 试验、免疫荧光技术（IFT）、聚合酶链反应（PCR）、反转录聚合酶链反应（RT-PCR）、荧光定量 RT-PCR、依赖核酸序列的扩增（NASBA）、单抗介导的斑点免疫金渗滤法（DIGFA）、快速乳胶凝集试验（LAT）、病毒基因组限制性内切酶图谱分析、病毒寡核苷酸指纹图谱分析、环介导的等温核酸扩增技术（LAMP）、RT-PCR-酶联免疫吸附法（RT-PCR-ELISA）等诊断技术相继被研发用于 AI 诊断。分子生物学技术的应用，实现了不经过病毒分离和动物试验即能进行 AIV 型、亚型及毒力强弱的检测，也使一些传统的血清学检测技术得以改良和完善。

AIV 分离和鉴定是目前使用的进行 AI 病原学诊断的最敏感、最确切的方法，但进行 HPAIV 的试验活动需要在 P3 实验室进行，而且需事先经农业农村部审批；H9 亚型等 LPAIV 的分离和鉴定在 P2 实验室进行即可，且试验内容不需要进行事先审批。

HI 试验方法和诊断试剂是目前应用范围最广、应用数量最多的 AI 诊断技术和制品，2003 年已被纳入 AI 诊断的国家标准之中。中国农业科学院哈尔滨兽医研究所研制的禽流感 H5、H7、H9 亚型 HI 试验抗原与阴、阳性血清于 1997 年香港 AI 事件后逐渐开始在我国的 AI 诊断和监测中应用，上述 3 个产品分别于 2006 年获得新兽药证书。中国动物卫生与流行病学中心研制的 AI H7 亚型和青岛易邦生物工程有限公司研制的禽流感 H9 亚型血凝抑制试验抗原与阴、阳性血清也分别于 2006 年获得了新兽药证书。北京市农林科学院研制的禽流感 H5 亚型血凝抑制试验抗原与阴、阳性血清于 2009 年获得新兽药证书。AI HI 试验阳性血清可以用于 AIV 亚型的鉴定，HI 试验抗原则可用于检测血清中是否有与抗原亚型一致的 AI 抗体。当前，AI H5 和 H9 亚型 HI 试验抗原主要用于疫苗免疫抗体的检测，进行疫苗免疫效果的评价；而 AI H7 亚型 HI 试验抗原主要用于该亚型 AI 的监测，通过检测血清中 H7 亚型 HI 抗体来判断鸡群是否曾经或正在感染该类病毒。由于 H5 亚型 AI 疫苗种毒不断更新，不同

毒株之间抗原性差别较大，因此需要同步更新 H5 抗原，进行相关的免疫抗体检测。需要注意的是，更新抗原时，需农业农村部批准方可生产。

AGP 试验和 ELISA 试验曾是常用的 AI 诊断和监测方法，2003 年被纳入国家标准。AGP 试验诊断试剂可用于检测病原或血清。在我国未进行 AI 疫苗免疫时，中国农业科学院哈尔滨兽医研究所研制的 AGP 试验抗原曾在我国 AI 监测中普遍应用，用以检测 A 型 AIV 抗体；在分子生物学全面发展以前，AGP 试验是鉴定 A 型流感病毒的重要手段。由华中农业大学和武汉科前动物生物制品有限责任公司联合研制的禽流感病毒 ELISA 检测试剂盒于 2007 年获得新兽药证书，为 A 型流感病毒检测提供了新的方法。由美国爱德士生物科技有限公司研制的禽流感病毒 ELISA 抗体检测试剂盒于 2006 年注册，并于 2011 年进行了再注册。由于当前全病毒灭活疫苗普遍应用，用常规的 AGP 试验和 ELISA 试验方法和诊断试剂无法区分病毒感染抗体和疫苗免疫抗体，因此检测抗体的 AGP 试验和 ELISA 试验方法与试剂，当前不适用于 AI 疫病的监测。

RT-PCR 和荧光定量 RT-PCR 检测方法是当前临床病原学样品检测的常用方法，具有快速、敏感、特异的特点，适用于检测禽组织、分泌物、排泄物和鸡胚尿囊液中 AIV 的核酸。但这两种方法的敏感性与检测引物的设计密切相关，当新毒株（如 H7N9）出现或原有病毒序列出现较大变异时，应及时增加或更新引物序列。2004 年，我国暴发 H5 亚型 HPAI，我国发布了一系列行业标准和国家标准，AI RT-PCR 和荧光 RT-PCR 检测方法和诊断试剂开始在我国临床上应用。2006 年，中国农业科学院哈尔滨兽医研究所研制的禽流感病毒 A 型 RT-PCR 检测试剂盒、H5 亚型 RT-PCR 检测试剂盒和 H7 亚型 RT-PCR 检测试剂盒，以及中国动物疫病预防控制中心研制的禽流感病毒 H5 亚型 RT-PCR 检测试剂盒和 H7 亚型 RT-PCR 检测试剂盒分别获得新兽药证书。我国第一个荧光 RT-PCR 检测试剂盒于 2005 年获得新兽药证书，是由北京出入境检验检疫局和深圳匹基生物工程公司联合研制的。目前，我国已经发布了一系列关于荧光定量 RT-PCR 和 RT-PCR 方法检测 AIV 的国家标准和行业标准，涉及 A 型流感病毒检测，以及 H5、H7、H9 等 HA 亚型检测和 N1、N2、N9 等 NA 亚型检测

等，其中多个标准中的方法和试剂已经在临床上应用。目前，我国各省（自治区、直辖市）进行的病原学监测主要采用 RT-PCR 或荧光定量 RT-PCR 方法。

随着胶体金免疫层析技术的发展，AI 胶体金试纸条开始被研制和应用。2010 年，华中农业大学、中国农业科学院哈尔滨兽医研究所和武汉科前动物生物制品公司共同研制的禽流感病毒检测试纸条获得新兽药证书。胶体金试纸条检测 AIV 可以现场操作、结果直观、操作简单，可用于 AIV 的初步检测。

除上述 AI 诊断方法和诊断试剂以外，禽流感病毒乳胶凝集试验检测试剂盒于 2007 年获得新兽药证书，由华中农业大学和武汉科前动物生物制品有限责任公司联合研发。《禽流感病毒 NAS-BA 检测方法》《H5 亚型禽流感病毒 NASBA 检测方法》《动物流感检测 A 型流感病毒分型基因芯片检测操作规程》等被纳入国家标准。其他一些诊断方法，如 DIGFA、LAMP、RT-PCR-ELISA 和抗原捕获 ELISA 等未被纳入我国的国家标准或行业标准，有关诊断试剂正在研发之中。

（二）活疫苗

鉴于 AIV 容易变异，可发生抗原漂移和抗原转变，当前世界各国均未批准生产和应用 AI 全病毒弱毒活疫苗，但活载体疫苗已经在多个国家广泛应用。我国目前应用的 AI 活载体疫苗有 2 类，均由中国农业科学院哈尔滨兽医研究所研制。禽流感重组鸡痘病毒载体活疫苗（H5 亚型）于 2005 年获得二类新兽药证书并开始应用，禽流感、新城疫重组二联活疫苗（rL-H5 株）于 2007 年获得一类新兽药证书，至今仍广泛应用。

禽流感、新城疫重组二联活疫苗是采用国内外广泛应用的新城疫 La Sota 弱毒疫苗株为载体，通过反向遗传操作技术，构建出表达 H5 亚型 HPAIV 分离株保护性抗原 HA 基因的重组 La Sota 疫苗衍生株后研制而成，该疫苗是全球第一个实现产业化的重组 RNA 病毒活载体疫苗，首次实现了一种弱毒疫苗同时有效预防 AI 和新城疫 2 种家禽重大烈性传染病，是我国 AI 疫苗研究的一项重大研究成果。国家禽流感参考实验室根据我国 H5 亚型 HPAIV 进化和监测情况及时进行疫苗种毒更新，先后研制了针对 H5 亚型 AIV 不同毒株的重组二联活疫苗毒株：rL-H5

（重组 GS/GD/1/96 病毒 HA 基因）、rLH5 - 3（重组 BHG/QH/3/05 病毒 HA 基因）、rLH5 - 4（重组 CK/SX/2/06 病毒 HA 基因）、rLH5 - 5（重组 DK/AH/1/06 病毒 HA 基因）和 rLH5 - 6（重组 DK/GD/S13221/10 病毒 HA 基因）。rL-H5 株重组疫苗于 2006 年开始在我国大规模生产和大范围使用，并于 2008 年更新为针对 H5 亚型 2.3.4 分支 AIV 的重组疫苗（rLH5 - 5），于 2012 年更新为针对 2.3.2 分支病毒的重组疫苗（rLH5 - 6）；2014 年，针对 2.3.4.4 分支病毒的重组疫苗（rLH5 - 8）（重组 CK/GZ/4/13 病毒 HA 基因）通过农业部新兽药评审。

禽流感、新城疫重组二联活疫苗与新城疫活疫苗一样，能诱导良好的细胞免疫和黏膜免疫反应；但与灭活疫苗相比，活疫苗产生的抗体低且持续时间短，故建议临床上将活疫苗和灭活疫苗配合使用，使免疫禽同时获得良好的体液免疫、细胞免疫和黏膜免疫，从而使免疫效果更好。禽流感、新城疫重组二联活疫苗作为目前我国唯一的 AI 活疫苗，至今已经应用约 200 亿羽份，对于预防 H5 亚型 AI 起到了十分重要的作用。

（三）灭活疫苗

当前，对我国养禽业造成直接威胁的是 H5 和 H9 亚型 AIV，我国家禽需要用 H5 和 H9 亚型 AI 疫苗进行免疫。

H9 亚型 AI 系列灭活疫苗，几乎是我国兽医生物制品中种毒株最多的疫苗。2003 年，中国农业科学院哈尔滨兽医研究所研发的禽流感灭活疫苗（H9N2 亚型，SD696 株）获得二类新兽药证书，成为我国第一个关于 H9 亚型 AI 的新兽药。目前，我国已经通过审批的 H9 亚型 AI 灭活疫苗已达约 50 个产品，其中有 H9 亚型单苗，以及 H9 与其他鸡病联合的二联苗、三联苗和四联苗等。H9 亚型系列灭活疫苗涉及的 H9 毒株有 Re-2 株、SD696 株、SS 株、L 株、Hp 株、WD 株、SS/94、HL 株、Sy 株、LG1 株、YBF003 株、F 株、S2 株、NJ02 株、NJ01 株、HZ 株、JY 株、HN106 株等约 20 种；且新的毒株和疫苗产品仍在增加之中。当前，同一毒株产品，甚至是同一种产品，在多家企业生产的现象普遍存在，保护效果不尽相同，养禽者制定免疫程序时应注意对疫苗的选择。

我国实行 H5 亚型 HPAI 疫苗强制免疫政策，

兽医生物制品学（第2版）

目前已经有一系列 H5 亚型灭活疫苗产品在我国应用。2003 年，中国农业科学院哈尔滨兽医研究所研发的禽流感灭活疫苗（H5N2 亚型，N28 株）获得二类新兽药证书，这是我国最早研制、获得新兽药证书并获得生产文号的 H5 亚型 AI 疫苗；2004 年，农业部授权 9 家兽药生产质量管理规范（GMP）认证企业生产该疫苗并在全国大规模应用，有效地控制了 AI 的进一步暴发和病毒的蔓延，至 2006 年停止使用该疫苗时，累计应用 100 亿羽份。重组禽流感病毒灭活疫苗（H5N1 亚型，Re-1 株）于 2005 年获得国家一类新兽药证书，这是世界上第一个大规模应用的基因工程 AI 灭活疫苗，对鸡和水禽均具有良好的保护效果，至 2008 年停止使用时，共应用 226 亿羽份。利用反向遗传操作技术研制 AI 疫苗的技术路线，为 AI 疫苗的研制提供了创新思路。利用该技术，中国农业科学院哈尔滨兽医研究所于 2006 年、2008 年、2012 年、2014 年和 2016 年分别构建出 H5 亚型 Re-4 株、Re-5 株、Re-6 株、Re-7 株和 Re-8 株疫苗种毒，研制出 H5 亚型单苗、二价苗和三价苗共 10 个产品的灭活疫苗，广泛用于我国多种家禽的 H5 亚型 AI 免疫预防，为我国 AI 防控做出了巨大贡献。此外，由中国农业科学院哈尔滨兽医研究所研发，可同时预防 H5 和 H9 亚型 AIV 的禽流感（H5+H9）二价灭活疫苗（H5N1 Re-1+H9N2 Re-2 株）于 2007 年获得新兽药证书并开始应用，伴随着疫苗种毒的更新，该疫苗的 H5 亚型种毒也同步进行了更新；由华南农业大学、中国兽医药品监察所和广州市华南农大生物药品有限公司联合研发，用于预防 2.3.2 分支 H5 亚型 AIV 的禽流感灭活疫苗（H5N2 亚型，D7 株）于 2013 年获得三类新兽药证书，被批准可以用于免疫水禽；由中国农业科学院哈尔滨兽医研究所研发，仅供出口到埃及使用的 H5N1 亚型重组禽流感病毒灭活疫苗（Egy/PR8-1 株）被农业部批准生产并在埃及广泛应用。

随着细胞培养技术的发展和成熟，用细胞培养 AIV 来生产 AI 灭活疫苗越来越受到关注和认可，一系列疫苗产品相继问世。中国农业科学院哈尔滨兽医研究所、山东信得动物疫苗有限公司和哈尔滨维科生物技术开发公司联合研发的重组禽流感病毒（H5N1 亚型）灭活疫苗（细胞源，Re-5 株）于 2012 年获得三类新兽药证书，重组

禽流感病毒 H5 亚型二价灭活疫苗（细胞源，Re-6 株+Re-4 株）于 2015 年获得三类新兽药证书。由于 H5 亚型 AIV 的变异，细胞源灭活疫苗的种毒与鸡胚源灭活疫苗种毒进行了同步更新，目前在我国生产应用的细胞源灭活疫苗已经更新为重组禽流感病毒 H5 亚型二价灭活疫苗（细胞源，Re-6 株+Re-8 株）和重组禽流感病毒 H5 亚型三价灭活疫苗（细胞源，Re-6 株+Re-7 株+Re-8 株）。由于当前 H5 亚型 7.2 分支 AIV 感染仅见于鸡，因此与鸡胚源疫苗一样，推荐鸡用 H5 亚型三价灭活疫苗免疫，而水禽用 H5 亚型二价灭活疫苗免疫。2016 年，中国农业科学院哈尔滨兽医研究所、吉林冠界生物技术有限公司和哈尔滨维科生物技术开发公司联合研发的重组禽流感病毒（H5 亚型）二价灭活疫苗（细胞源，Re-6 株+Re-4 株）获得三类新兽药证书，该产品采用悬浮培养生产工艺，大大降低了疫苗的生产成本，该疫苗也将与鸡胚源灭活疫苗同步进行种毒更新，从而形成新的产品用于我国 AI 防控。

（四）治疗用制品

HPAI 疫情发生后，不允许对病禽进行治疗，应依据《全国高致病性禽流感应急预案》和《高致病性禽流感防治技术规范》等相关规定及时处理。对 H9N2 亚型等 LPAI，临床上可以使用一些辅助预防治疗措施，如使用抗病毒药物等。目前，尚无专门针对 AI 进行治疗的兽医生物制品。

五、展望

HPAI 对养禽业危害巨大，而且具有十分重要的公共卫生意义，国内外学者对该病进行了比较深入细致的研究，研发出一系列诊断和预防用兽医生物制品，对于有效防控 AI 起到了重要的支撑作用。2012 年，国务院印发《国家中长期动物疫病防治规划（2012—2020 年）》，明确提出了至 2020 年 HPAI 防治的目标和考核标准，届时，我国的 AI 防控将达到一个新的阶段。

AI HI 试验、RT-PCR 和荧光定量 RT-PCR 检测方法仍将是未来一段时间内我国 AI 诊断和监测的主要方法。当前，已有学者进行了多重 RT-PCR 和多重荧光定量 RT-PCR 的研究，能够实现多组分同时检测；有的学者将 RT-PCR 和荧

光定量 RT-PCR 方法及相关仪器进行改进，有望实现该方法直接在现地用于检测。随着分子生物学技术、核酸及蛋白组学、免疫学和生物化学的发展，AI 检测技术将不断被发展和完善，将会有更多的检测方法和试剂应用于 AI 的诊断和监测。可同时进行多组分检测、自动化、高通量，以及简单、快速、便于普及和应用的敏感而特异的检测方法和诊断试剂将成为 AI 诊断技术的发展方向。

　　AI 灭活疫苗仍将是在一定时期内预防 AI 的主导疫苗，也仍需要根据 AIV 变异情况进行疫苗种毒的更新，多价苗和多联苗将被更多地研发和应用。同时，由于灭活疫苗产生抗体晚，而肉鸡等出栏时间短，需考虑进一步改进疫苗，使免疫产生期提前，从而适应肉禽免疫的需要。传统的灭活疫苗抗原用鸡胚培养，随着细胞培养技术的发展，无血清、纯悬浮培养技术不断完善，用细胞培养 AIV 将是生产 AI 灭活疫苗的发展方向。

　　基因工程活疫苗兼有灭活疫苗的安全性和活疫苗的免疫作用，一般易于大规模使用，也可制成多价苗或联苗以达到一次免疫防多病的目的，有广阔的发展前景。基因工程疫苗包括活载体疫苗、亚单位疫苗、核酸疫苗、转基因植物可食疫苗、抗独特型疫苗等，国内外学者已经进行了大量的研究和报道。禽流感、新城疫重组二联活疫苗已经在我国广泛应用，显示出良好的预防 AI 的效果。中国农业科学院哈尔滨兽医研究所报道了禽流感 DNA 疫苗（H5 亚型，pH5－GD）和禽流感重组鸭瘟病毒载体活疫苗，这两个产品均获得了农业转基因生物安全证书，前者可用于鸡的免疫，已经完成新兽药注册；后者可同时用于鸭和鸡的免疫，已经批准进行临床试验。上述基因工程疫苗应用后，将为我国 H5 亚型 AI 防控提供新的疫苗选择，而且由于其不产生核蛋白抗体，可以通过血清学检测区分感染和免疫动物。

　　国内外学者也正在试图研发能够对 AI 同一亚型不同分支病毒甚至是不同亚型病毒均具有良好免疫作用的通用疫苗，但其免疫效果及应用前景还有待于进一步评估。

（田国彬　李俊平）

主要参考文献

田国彬，李雁冰，施建忠，等，2008. 禽流感防治技术［M］. 哈尔滨：黑龙江科学技术出版社.

于康震，陈化兰，陈国胜，2016. 禽流感［M］. 北京：中国农业出版社.

Chen H，Yuan H，Gao R，et al，2014. Clinical and epidemiological characteristics of a fatal case of *Avian influenza A H10N8 virus* infection：a descriptive study［J］. Lancet，383（9918）：714－721.

Ge J Y，Deng G H，Wen Z Y，et al，2007. Newcastle disease virus-based live attenuated vaccine completely protects chickens and mice from lethal challenge of homologous and heterologous *H5N1 Avian influenza viruses*［J］. Journal of Virology，81（1）：150－158.

Jiang Y P，Yu K Z，Zhang H B，et al，2007. Enhanced protective efficacy of H5 subtype avian influenza DNA vaccine with codon optimized HA gene in a pCAGGS plasmid vector［J］. Antiviral Research，75（3）：234－241.

Li C J，Bu Z G，Chen H L，2014. Avian influenza vaccines against H5N1 'bird flu'［J］. Trends Biotechnol ogy，32（3）：147－156.

Liu J X，Chen P C，Jiang Y P，et al，2011. A duck enteritis virus-vectored bivalent live vaccine provides fast and complete protection against *H5N1 Avian influenza virus* infection in ducks［J］. Journal of Virology，85（21）：10989－10998.

Liu J X，Chen P C，Jiang Y P，et al，2013. *Recombinant duck enteritis virus* works as a single-dose vaccine in broilers providing rapid protection against H5N1 influenza infection［J］. Antiviral Research，97（3）：329－333.

Shi J Z，Deng G H，Liu P H，et al，2013. Isolation and characterization of H7N9 *viruses* from live poultry markets-Implication of the source of current H7N9 infection in humans［J］. Chinese Science Bulletin，58（16）：1857－1863.

Tong S，Li Y，Rivailler P，Conrardy C，et al，2012. A distinct lineage of influenza A virus from bats［J］. Proceedings of the National Academy of Sciences of the United States of America，109：4269－4274.

Tong S，Zhu X，Li Y，et al，2013. New world bats harbor diverse *influenza A viruses*［J］. PLos Pathogens，9：e1003657.

第二节　鸡新城疫

一、概述

　　鸡新城疫（Newcastle disease，ND）也叫亚洲鸡瘟或伪鸡瘟，是由新城疫病毒（*Newcastle*

disease virus，NDV）引起的禽的一种急性、高度接触性传染病，为危害我国养禽业最严重的禽病之一，世界动物卫生组织（OIE）将其列为必须报告的动物疫病，我国将其列为一类动物疫病。本病 1926 年首先发现于印度尼西亚的爪哇，随后又发现于英国的新城，即用发现的地名命名为新城疫。1935 年，我国首先报道发生在河南，以后在四川、上海、广西都有流行，20 世纪 50 年代以后本病在全国各地广泛流行。

ND 主要侵害鸡和火鸡，其中鸡最易感，其次是野鸡，多呈败血症经过，主要特征是呼吸困难、下痢和神经症状，主要病变为黏膜、浆膜出血。病毒也可感染其他禽类、鸟类，也有人感染的报道。鸭和鹅感染 NDV 很长一段时间以来认为只是带毒不发病，但最近几年来，在我国水禽饲养密集地区，由 NDV 引起的鸭的发病及鹅的死亡越来越普遍，陆续报道在鹅、蛋鸭、快大肉鸭、番鸭等水禽发生副黏病毒病，尤以鹅发病普遍。水禽从原来的带毒变成直接致病，给水禽养殖带来极大的危害，临床表现精神不振、食欲减退并有下痢，排出带血色或绿色粪便，部分出现神经症状。

自然感染潜伏期为 2～15d，发病情况与病毒的毒力、宿主种类、年龄、免疫状态等有关。不同品种和年龄的易感性也有差异，来航鸡及杂种鸡比本地鸡（土鸡）敏感，雏鸡和中雏鸡比老龄鸡敏感，死亡率高。病鸡是本病的主要传染源，鸡感染后临床症状出现前 24h，其口、鼻分泌物和粪便就带毒。带毒的康复鸡和鸟类也是重要的传播者。病毒主要通过消化道和呼吸道传播，也可通过眼结膜、受伤的皮肤和泄殖腔黏膜侵入机体。

自 20 世纪 90 年代以来，在免疫鸡群中发生亚临床症状或非典型症状，发病率低，一般在 10%～30%，死亡率也低，一般为 15%～45%，主要表现呼吸道症状和神经症状，产蛋鸡产蛋下降。

二、病原

NDV 为副黏病毒科（Paramyxoviridae）副黏病毒亚科禽腮腺炎病毒属（*Avulavirus*）的禽副黏病毒（*Paramyxovirus*）1 型（APMV-1），成熟的病毒粒子近球形，多数呈蝌蚪状，直径 120～300 nm，由核衣壳和囊膜组成。内部螺旋状核衣壳，直径 17～18 nm，是由一个与蛋白相连结的单股 RNA 所形成，具有 RNA 聚合酶活性。外部由双层脂质膜包裹着，脂质膜内衬有一层特殊的 M 蛋白，而脂质膜的外层又被具有纤突的糖蛋白所覆盖，使外形呈花穗状。囊膜外有长 8～12 nm 的糖蛋白（HN 和 F）纤突，纤突具有血凝素和神经氨酸酶活性。

（一）NDV 基因组及其编码的蛋白质

NDV 为单股负链不分节段的 RNA，相对分子质量约为 5×10^6，约占病毒粒子重量的 5%。NDV 的基因组包括 6 组基因，编码 6 种病毒结构蛋白，有 3 种与病毒的脂质膜有关，即血凝素和神经氨酸酶（HN）糖蛋白、融合（F）糖蛋白及内膜蛋白（M）。另外 3 种与基因组 RNA 有关，即核衣壳蛋白（NP）、磷蛋白（P）和大蛋白（L）。

病毒基因组结构为 3′NP/V-M-F-HN-L5′，依次编码核衣壳蛋白（nucleocapsid protein，NP）；磷蛋白（phosphoprotein，P），即磷酸化的核衣壳相连蛋白，为 P 基因折叠阅读框编码的富含半胱氨酸的 V 蛋白；基质蛋白（matrix protein，M），是构成囊膜的支架；融合蛋白（fusion protein，F），构成小的表面纤突，是 NDV 的功能性糖蛋白之一，在致病和免疫应答过程中起重要作用；血凝素-神经氨酸酶蛋白（heamagglutinin-neuraminidase protein，HN），具有血凝素和神经氨酸酶活性，构成副黏病毒颗粒表面两种纤突中的大纤突；大蛋白（large protein，L），为 RNA 依赖性 RNA 聚合酶，与核衣壳相连。

NDV F 蛋白基因全长 1 662 bp，单一的开放阅读框编码 553 个氨基酸的多肽，单体的分子质量为 65 kDa，能够相互交联形成寡聚体，NDV 的 F 蛋白主要寡聚体的分子质量为 195 kDa，次要寡聚体的分子质量为 130 kDa。F 蛋白具有 3 个大约由 25 个疏水氨基酸组成的区域：一个在 N 端信号肽序列内（1～32），一个在 F0 裂解产生的 F1 多肽 N 端（117～142），该序列能启动病毒与宿主细胞的膜融合，还有一个靠近 F1 的 C 末端，它使该蛋白能嵌入病毒囊膜中（500～525）。在上述 3 个功能区中，与糖蛋白功能结构有重要关系的 6 个潜在糖基化位点分别位于 85、191、366、447、471 和 541 残基处。F 蛋白还有 3 个相当保守的抗原位点，分别位于 343（I-Leu）、72（II-Asp）和 161（III-Tbr）。有证据表明，3个抗原位点中任何一个位点的氨基酸发生变化，都将引起其抗原表位的变化，从而引起折叠蛋白的空间变化，影响抗体与该位点的结合。F 蛋白先以无活性的 F0 蛋白形式存在，糖蛋白 F0 必须由宿主细胞蛋白酶裂解为 F1 和 F2 后，才发挥融合作用。如果未能裂解，即产生非感染性病毒粒子。F 蛋白是 NDV 的功能性糖蛋白之一，在致病和免疫应答过程中起重要作用，已成为研究 NDV 致病性的热点。

NDV HN 蛋白基因长约 2 000 bp，该基因与其他 5 个基因串联，一起由病毒相关 RNA 聚合酶指导顺序转录，成熟蛋白是由 4 个 8 螺旋单体组成的四聚体，每个单体含有一个球形的头部和一个细茎。细茎为氨基端，具有很强的疏水性，因此使其固定在病毒囊膜的双层脂膜内。蛋白的球型头部包含蛋白的全部抗体识别位点，以及受体结合位点和神经氨酸酶（NA）活性位点，为 HN 蛋白的主要功能区。

（二）NDV 生物学特性

NDV 有许多生物学特性，根据这些特性可与其他副黏病毒相区别。

NDV 表面血凝素-神经氨酸酶（HN）蛋白具有与红细胞表面相结合的受体，因此 NDV 具有凝集红细胞（RBC）的特性。血凝特性及抗血清的特异性在临床上具有诊断意义。不同的 NDV 毒株凝集动物红细胞的能力不同，有报道对 1979—1984 年分离于我国 10 个不同省（自治区、直辖市）的 11 株流行毒和北京株（标准攻毒株，1944 年分离）凝集哺乳动物红细胞的能力进行了测定，结果表明 12 株 NDV 都能凝集豚鼠红细胞，但不能凝集猪和山羊红细胞，对奶牛、绵羊、马和骡红细胞的凝集随毒株不同而有差异，对兔红细胞的凝集可疑。

神经氨酸酶活性（NA）是 HN 蛋白分子的一部分，其功能是可以将病毒从红细胞上洗脱下来，从而使凝集的红细胞缓慢释放。NA 还作用于受体位点，使 F 蛋白能充分接近而发生病毒与细胞膜的融合。

NDV 和其他副黏病毒均能引起红细胞溶血或其他细胞融合。在复制过程中，病毒吸附到受体位点上，病毒囊膜与宿主细胞膜融合，导致红细胞膜破裂而溶血。同血凝活性一样，细胞融合与溶血活性可被特异性抗血清所抑制。

（三）NDV 毒力和致病类型

NDV 不同毒株的毒力存在很大差异，根据其对鸡和鸡胚的毒力，通常将 NDV 分为 3 种类型，即速发型（velogenic）强毒株、中发型（mesogenic）中毒力株和缓发型（lentongenic）弱毒株。

评价 NDV 毒力或致病性的标准有 3 种。根据 MDT（鸡胚平均死亡时间）评价，一般情况下小于 60h 为速发型，60～90h 为中发型，大于 90h 为缓发型；根据 1 日龄脑内接种致病指数（ICPI）评价：一般情况下大于 1.60 为速发型，1.20～1.60 为中发型，小于 1.20 为缓发型；根据 6 周龄鸡静脉致病指数（IVPI）评价，一般情况下 2.0 以上为速发型，2.0 以下为中发型或缓发型。

NDV 所引起的疾病类型和严重程度有很大差异。Beard 和 Hanson（1984）根据临床症状分为以下 5 个致病型。①Doyle 氏型：又称为亚洲新城疫或嗜内脏速发型新城疫（VVND）。所有日龄的鸡均可出现急性、致死性感染，主要病变是消化道出血。②Beach 氏型：又称为嗜神经速发型新城疫（NVND）。是一种急性、通常为致死性感染，以呼吸道和神经症状为主，消化道无出血变化。成年鸡死亡率为 10% 左右，雏鸡死亡率可高达 90%，成年鸡产蛋急剧下降。③Beaudette 氏型：又称为中发型新城疫。致病性较弱，是幼龄鸡的一种急性呼吸道传染病，以咳嗽为特征，有时出现神经症状，成年鸡产蛋明显下降，一些毒株用作疫苗进行加强免疫。④Hichner 氏型：又称为缓发型新城疫，是幼鸡的一种轻度或不明显的呼吸道传染病，很少发生死亡，这些病毒一般用作活疫苗。⑤无症状肠型：主要由缓发型无致病力的毒株引起肠道感染。

国内根据临床症状和病程长短不同，分为最急性、急性、亚急性或慢性 3 种类型。①最急性型：多见流行初期，突然发病，常无特征性症状突然死亡，死亡率高，在雏鸡和中雏中多见。②急性型：发病初期，体温升高至 43～44℃，病鸡精神沉郁，食欲减退或消失，渴欲增加，不愿走动，羽毛松软无光，垂头缩颈，翅膀下垂，冠和肉髯发绀，眼半闭似睡状，产蛋鸡产蛋下降或停止，软壳蛋增加，颜色变浅。随着病程的延长，病鸡出现咳嗽、呼吸困难等。嗉囊胀满，倒提病鸡口中流出酸臭液体。病鸡口鼻分泌物增多，常下痢，排出黄白色或黄绿色便。有的病鸡出现神经症状，如站立不稳，腿麻痹，共济失调或作圆圈运动，头向后或向下扭转。③亚急性或慢性型：初期症状与急性型相似，不久症状逐渐减轻，同时出现神经症状，翅膀和腿麻痹，跛行或站立不稳，头向后或向一侧扭曲，有的外表正常的鸡一旦受到惊吓，突然伏地旋转，动作失调，反复发作，呈瘫痪或半瘫痪。终因采食困难而消瘦死亡。

（四）NDV 血清型和基因型

尽管用病毒中和试验、琼脂扩散试验和单克隆抗体（MAb）检测证明不同 NDV 毒株间存在一定的抗原性差异，但所有 NDV 分离株均表现为相同的抗原性，因此 NDV 只有一种血清型。

NDV 基因组由 15 198、15 186 和 15 192 个核苷酸组成。第一种基因长度的 NDV 属于 Class Ⅰ，主要分布于野生和家养水禽中。后两种基因长度的 NDV 属于 Class Ⅱ，引起历史上 4 次大流行的毒株和当前所有疫苗株均属于此类。NDV 虽然只有一个血清型，但病毒一直处于不断的进化之中。根据病毒 F 基因的序列，可将 Class Ⅱ 中的 NDV 分为 Ⅰ～Ⅸ 9 个基因型，其中基因 Ⅰ～Ⅳ 型病毒的基因组长度为 15 186 个核苷酸，主要分离于 20 世纪 60 年代之前；基因 Ⅴ～Ⅷ 型病毒的基因组长度为 15 192 个核苷酸，主要分离于 20 世纪 60 年代之后。根据毒株的致病力测定结果，基因 Ⅰ 型毒株均为弱毒株；基因 Ⅱ 型毒株中除有弱毒株外，还有中等毒力毒株和高致病力的强毒株；基因 Ⅲ～Ⅸ 型毒株均为强毒株。根据流行病学研究资料，基因 Ⅱ～Ⅳ 型毒株是引起 ND 第一次大流行（1920—1960 年）的主要基因型；基因 Ⅴ～Ⅳ 型（Via 和 Vic 亚型）毒株与 ND 第二次大流行（1960—1970 年）密切相关；引起 ND 第三次大流行（1970—1980 年）的毒株为鸽源Ⅵb 亚型毒株；而基因 Ⅶd 亚型毒株是引起 ND 第四次大流行（1990 年至今）的主要毒株。

三、免疫学

（一）致病机理

HN、F 蛋白是构成 NDV 致病性的分子基础。HN 蛋白通过识别、吸附细胞表面受体来启动病毒致病性，而 F 蛋白通过其融合多肽的穿膜作用来产生致病作用。F 蛋白编码的为 533 个氨基酸的疏水多肽，有 3 个强疏水区，分别为 N 末端的信号肽、F1 蛋白 N 端假定融合肽、C 端假定跨膜区。成熟的 F 蛋白是以 C 端假定跨膜区插入到病毒囊膜内，N 端游离于膜外，当病毒与宿主细胞接触时，F1 蛋白 N 末端融合多肽能够穿透宿主细胞膜，产生融合作用。HN 蛋白是以 N 末端插入到病毒囊膜内，即亲水的氨基酸位于胞内，而长的疏水氨基酸跨过囊膜，形成近膜区。当 NDV 与宿主细胞接触时，HN 蛋白首先以 C 末端识别宿主细胞膜上的受体位点，并与之结合同时自身构象发生改变。当 HN 空间构象发生改变后，影响到相邻 F 蛋白的空间构象，F 蛋白 N 末端融合多肽得以释放，发挥穿膜作用，介导病毒囊膜与宿主细胞表面脂蛋白膜融合，将病毒核衣壳释放到细胞质内，引起细胞病变。NDV 不同毒株间毒力差异的主要原因则在 F、HN 蛋白存在形式及对宿主细胞蛋白酶的敏感程度的不同。

（二）免疫机理

NDV 侵入机体后可诱导产生黏膜抗体、中和抗体和血凝抑制（HI）抗体等。病毒中和抗体能有效地阻碍病毒对鸡、鸡胚和培养细胞的感染能力。

1. 体液免疫　在 ND 免疫反应中，体液免疫起着十分重要的作用。鸡在初次感染 NDV 后，通常于 6～10d 即可检测到 HI 抗体和中和抗体，两者的高峰反应一般在第 3～4 周出现，在 4 个月内 HI 抗体的滴度能维持一定水平，到 8 个月时开始下降直至消失。HI 抗体同中和抗体一样，可保护鸡、鸡胚和培养细胞免受 NDV 的感染，两者具有密切相关性。通常用 HI 抗体水平作为评价疫苗免疫接种后保护效力的指标。

2. 细胞免疫　细胞免疫与体液免疫协同发挥作用，在 ND 的免疫和感染中也有重要作用，但细胞免疫不能完全抵抗 NDV 入侵，细胞免疫反应的水平和抗体水平之间不存在平行关系。感染 NDV 的最初免疫反应是细胞免疫，活疫苗免疫后 2～3d 可以检出。

3. 局部免疫　主要是黏膜免疫。NDV 感染的主要门户是消化道和呼吸道，因此在机体呼吸道、消化道等局部建立起有效的黏膜免疫对于

NDV 的控制意义重大。SIgA 对机体黏膜免疫具有相当重要的作用，是机体蛋白膜免疫的一道屏障。SIgA 细胞的产生与抗原直接刺激黏膜有关，活疫苗经过饮水、滴鼻和喷雾等接种途径，能够刺激黏膜免疫，诱导局部合成和分泌 IgA 抗体，而灭活疫苗接种后不产生 IgA 和 IgM，仅有高水平的循环抗体 IgG。

四、制品

（一）诊断试剂

我国已经批准的诊断试剂包括病原学检测试剂和血清学检测试剂两大类。病原学检测试剂主要有 RT-PCR、荧光 RT-PCR 及胶体金试纸条；血清学检测试剂主要有 ND 血凝抑制试验抗原和阳性血清、间接血凝试验抗原及 ELISA 试剂盒。

（二）疫苗

目前，我国生产的鸡新城疫疫苗有两大类：活疫苗和灭活疫苗。活疫苗包括中等毒力的 Ⅰ 系（Mukteswar 株及其克隆 CS2 株）及低致病力的 Ⅱ 系、Ⅲ 系、Ⅳ 系及其克隆株等。不同种类弱毒疫苗的免疫性能不一样，免疫的方法也不完全相同，包括点眼、滴鼻、肌内注射、刺种、饮水和气雾等。应根据疫苗种类、鸡的日龄等因素选用适宜的疫苗和免疫途径。

1. 活疫苗

（1）Ⅰ 系及其克隆株（CS2 株）　　Ⅰ 系毒株于 1945 年引进，特点是毒力较其他弱毒苗强，对雏鸡可引起死亡，常用于各品种 2 月龄及以上鸡的加强免疫，免疫原性好，免疫保护可持续 1 年以上。中国兽医药品监察所从 Ⅰ 系疫苗毒中，采用空斑技术筛选出克隆株（CS2 株），制成克隆化疫苗。该疫苗保持了 Ⅰ 系苗免疫原性的特点，而对幼鸡毒力低于 Ⅰ 系疫苗。由于 Ⅰ 系类中等毒力活疫苗毒力偏强，存在生物安全隐患，欧盟明确规定 NDV 弱毒活疫苗的 ICPI 不得超过 0.4，灭活疫苗的 ICPI 不得超过 0.7。因此，农业部公告第 2294 号自 2015 年 9 月 1 日起停止审批此类产品的批准文号。

（2）Ⅱ 系（B1 系或 HB1 系）　　该疫苗毒力比较弱、安全性好，适用于雏鸡免疫，可采用滴鼻、点眼、饮水或气雾等多种途径免疫。雏鸡滴鼻免疫后，HI 抗体上升较快，但是 HI 抗体下降也较快。在雏鸡母源抗体高的情况下，一次免疫的免疫持续时间不长。

（3）Ⅲ 系（F 系）　　本疫苗也是自然弱毒株，其特性在许多方面与 Ⅱ 系疫苗相似，也是适用于雏鸡的滴鼻、点眼、饮水或气雾等多种途径免疫，其免疫效果与 Ⅱ 系疫苗相仿。该疫苗的毒力比 Ⅱ 系低，在我国尚未广泛使用。

（4）Ⅳ 系（La Sota 系）及其克隆株　　本疫苗的毒力及 HA 效价比 Ⅱ 系及 Ⅲ 系稍高，用本疫苗免疫鸡群，其 HI 抗体效价较 Ⅱ 系和 Ⅲ 系苗高，而维持时间也较长，目前已在我国广泛应用。本疫苗用于饮水免疫，获得良好免疫效果，但对雏鸡气雾免疫常引起呼吸道反应，尤其是存在支原体的鸡群。克隆化 N79 型弱毒疫苗是从 La Sota 毒株经空斑技术克隆后选育出一种弱毒疫苗，其特点是安全性和免疫原性较好，其毒力介于 Ⅱ 系疫苗毒和 Ⅳ 系疫苗毒之间，可适用于滴鼻、点眼和饮水免疫。

（5）V4 株　　是在澳大利亚从外表正常鸡的消化道分离出的，毒力很弱，耐热性能好，适用于热带地区农村养鸡场使用。

2. 灭活疫苗　　我国早在 20 世纪 40 年代就开始应用病死鸡肝、脾和脑脊髓的乳剂试制甘油福尔马林灭活疫苗，免疫鸡无免疫效力，后来改用鸡胚液经福尔马林灭活加氢氧化铝制成灭活疫苗，对鸡进行免疫接种可获得免疫力。

（1）氢氧化铝灭活疫苗　　用氢氧化铝胶吸附灭活的 NDV 抗原制成。由于成本高于弱毒疫苗，免疫期较短，未进一步推广应用。

（2）油乳剂灭活疫苗　　马闻天等从 1982 年开始，首次在国内采用 NDV La Sota 株，经福尔马林灭活，加入矿物油佐剂乳化制成灭活疫苗，雏鸡可同时使用弱毒活疫苗和灭活疫苗，免疫期可达 70～120d，产蛋鸡开产前免疫可持续整个产蛋期。油乳剂灭活疫苗保存性能好，20℃左右可保存 8 个月，适合于交通不便，缺冷藏条件的地方使用。但灭活疫苗成本高于弱毒疫苗，必须逐只注射。

国内外许多实验室从 20 世纪 80 年代末开始利用重组 DNA 技术研制 ND 基因工程疫苗。F 蛋白、HN 糖蛋白是 ND 的主要保护性抗原，已在多种系统中得到表达。1990 年表达 F 基因的重组鸡痘病毒在美国注册，1995 年美国农业部正式批准重组鸡痘病毒活载体苗 Vector VAX FP-N 上市，该重组活疫苗免疫效果与常规 ND 疫苗相当，并且一次免疫即可保护鸡抵抗 NDV 强毒的攻击。2005 年中国农业科学院哈尔滨兽医研究所国家禽流感参考实验室的科研人员利用反向基因操作技术，将 H5 亚型禽流感病毒 HA 基因片断插入到新城疫弱毒活疫苗 La Sota 株中，成功研制出禽流感、新城疫重组二联活疫苗，能同时预防 H5 亚型禽流感和新城疫。该疫苗使用方便，不仅可采用传统的注射方式，还可采用滴鼻、点眼、饮水、喷雾等多种方式进行免疫，对雏鸡安全，无不良反应。2014 年扬州大学刘秀梵院士利用反向遗传操作技术，将基因 Ⅶ 型 d 亚型鹅源流行毒进行致弱突变和基因修饰后，成功拯救出 VII 型 NDV 致弱株，研制出重组 NDV 灭活疫苗（A-Ⅶ株），并获得一类新兽药注册证书。

五、展望

NDV 在血清学上只有一个血清型，但强毒已进化出现了 9 个基因型。近几年来，在许多免疫过的鸡场甚至高抗体水平的鸡场，常有免疫失败的发生，而且均有较为明显的新城疫症状和病变，和以往的非典型新城疫有较大的不同，通过基因分型发现，造成这一现象的大部分病毒属于基因 Ⅶ 型。许多人担心常规疫苗（属于基因 Ⅰ、Ⅱ、Ⅲ、Ⅳ 型）是否能保护鸡抵抗基因 Ⅶ 型的强毒。通过大量试验表明，虽然 NDV 发生了变异，不同基因型之间有一定抗原差异，但依然能够保护或者部分保护。刘秀梵院士（2010）等报道，常规 La Sota 株疫苗对于不同基因型的 NDV 强毒攻击能完全产生抗临床保护，但不能完全阻止强毒在机体内复制与排毒。因此，鉴于 NDV 的基因型和抗原性发生变异，有必要对现有疫苗株抵抗流行毒感染的能力进行重新验证与评价。

ND 常规疫苗的研制开发仍具有举足轻重的地位，特别是广谱、多价、浓缩、高效、价廉的疫苗研究仍然是方向，同时对疫苗保护剂、稳定剂、佐剂及其他免疫辅助物如免疫刺激复合物、免疫增强剂、免疫修饰剂等方面应进行深入研究，以进一步改善常规疫苗的免疫效力。随着分子生物学技术的发展，大大促进了对 NDV 致病性、抗原性的了解及与之紧密相关基因的克隆。在利用分子生物学技术深入研究毒株的病原学后进行疫苗研制，使疫苗毒株筛选更有针对性。

亚单位疫苗是利用重组 DNA 技术在原核或真核系统中高效表达 NDV 免疫原性基因，并辅以佐剂而制成的疫苗。已利用杆状病毒载体系统构建了表达 NDV F 基因的重组杆状病毒，在昆虫细胞中成功表达了 F 蛋白，能诱导机体产生较高水平的抗 NDV F 蛋白抗体，具有良好的免疫原性。国外许多学者的研究也表明，利用不同载体表达的 HN 蛋白，对鸡群呈现良好的免疫保护作用。基因工程亚单位疫苗虽然表现出良好的免疫反应，然而生产成本高，由于受价格限制，很难真正用于疫苗生产。

核酸（DNA）疫苗被称为免疫学上的第三次革命，它不存在突变和返祖现象，摄入的 DNA 质粒既不会刺激机体产生 DNA 抗体，也不引起宿主自身免疫病，在预防和治疗方面具有很大优势，能诱导 CTL 反应并能通过细胞因子进行免疫调节。其不足之处是刺激机体产生的免疫应答较弱，目的基因表达水平不高，而且长期表达低水平的外源蛋白易引起免疫耐受，其潜在的危险还未完全排除。但随着研究的进一步深入，关于 DNA 疫苗的理论和实践问题的研究也会逐步取得进展。

重组活载体疫苗以重组痘病毒和重组疱疹病毒研究最为深入。由于种鸡和商品鸡一般都进行针对 NDV 和鸡痘病毒的多次免疫，母源抗体不仅干扰常规弱毒疫苗，也同样干扰基因工程疫苗的免疫效力。与常规疫苗不同的是，不仅载体病毒的母源抗体会干扰免疫效力，而且提供目的基因病毒的母源抗体也会干扰重组病毒的免疫效力。

多肽苗一般是从蛋白质的一级结构并结合单克隆抗体的分析，推导出蛋白质主要抗原表位的氨基酸序列，然后合成或基因工程表达这一段多肽作为抗原，辅以适当的佐剂和载体制成的疫苗。不仅安全可靠，质量可控，而且可以随时根据流行毒株的变化情况加以调整，利用非疫苗用蛋白抗原建立的诊断方法也可以区分疫苗免疫的动物和自然感染的动物。但在一般情况下疫苗成本较高，只适于含线性表位的多肽，不适于构象依赖性表位的多肽。

转基因植物疫苗是将病原主要保护性抗原基因导入植物形成转基因植物。利用植物作为生物反应器大量表达外源蛋白作为疫苗，或将转基因植物直接加工饲喂动物使其获得免疫。转基因植物疫苗使用了高等植物作为载体，有的植物是可以生食的，如黄瓜、胡萝卜、番茄等，有的植物可以作为饲料使用，如玉米、大豆等。转基因植物疫苗的效果好，成本低，疫苗的植物载体易于保存，使用方便，市场潜力巨大，发展前景十分广阔。

配合 ND 基因工程疫苗的研制，区分鸡群中 NDV 自然感染和疫苗接种鸡的鉴别诊断方法的建立也很重要。以杆状病毒为载体表达的核衣壳蛋白（NP）包被抗原的 ELISA 和 NDV 全病毒作包被抗原的 ELISA，可以区分表达 F/HN 重组鸡痘病毒疫苗和 NDV 所产生的免疫应答。

（李慧姣　李俊平）

主要参考文献

李慧姣，1985. 我国新城疫病毒分离株生物学特性的研究［J］. 病毒学报（4）：65-70.

梁英，马闻天，1946. 疑似新城鸡疫之研究［J］. 畜牧兽医月刊，5（11/12）：136-140.

刘秀梵，胡顺林，2010. 新城疫病毒的进化及其新型疫苗的研制［J］. 中国兽药杂志，44（1）：12-18.

马闻天，李慧姣，徐翠华，等，1987. 鸡新城疫灭能疫苗研究，II. 鸡新城疫油乳剂灭能苗免疫试验［J］. 中国畜禽传染病，1（32）：9-12.

马闻天，徐翠华，李慧姣，1984. 鸡新城疫灭能疫苗研究，I. 鸡新城疫灭能疫苗比较试验［J］. 家畜传染病，2（19）：1-5.

宋战胜，王晶玉，赵伟，等，2007. 鸭源新城疫病毒的分离鉴定［J］. 动物医学进展，28（5）：22-25.

Beard C W, Hanson R P, 1984. Newcastle disease［M］//Hofstad M S, Barnes H J, Calnek B W, et al. Diseases of Poultry. 8th ed. Ames, IA：, Iowa State University Press.

Czegledi A, Ujvari D, Somogyi E, et al, 2006. Third genome size category of *Avian Paramyxovirus Serotype 1*（*Newcastle Disease virus*）*and Evolutionary Implications*［J］. Virus Research, 120（1/2）：36-48.

Huang Y, Wan H Q, Liu X F, et al, 2004. Genomic seguence of an isolate of *Newcastle Disease virus* Isolated from an outbreaks in geese：a novel six nucleotide insertion in the non-coding region of the nucleoprotein gene［J］. Archives of Virology, 149（7）：1445-1457.

Liu X F, Wan H Q, Ni X X, et al, 2003. Pathtypical characterization of strains of *Newcastle disease virus* isolated from outbreaks in chichen and goose flocks in some regions of China during 1985—2001［J］. Archives of Virology, 148（7）：1387-1403.

Liu X W, Wan H Q, Liu X F, et al, 2009. Surveillance for avirulent *Newcastle disease virus* indomestic ducks（*Anas platyrhynchos and Cairina moschata*）at live bird markets in Eastern China and characterization of the viruses Iisolated［J］. Avian Pathology, 38（5）：377-391.

第三节　禽　　痘

一、概述

禽痘（Fowl pox，FP）是由禽痘病毒（*Fowl pox virus*，FPV）引起的禽类的一种接触性传染病。其特征是体表无羽毛部位出现散在的、结节状的增生性皮肤病灶（皮肤型），或上呼吸道、口腔和食管黏膜出现纤维素性坏死和增生性病灶（白喉型），也可能皮肤及黏膜同时发生病变（混合型）。

FP 是一种古老的疾病，最早报道于 1929 年。FP 广泛分布于世界各地，凡是有养禽的地方都受到它的危害，我国各地也常有发生。已证实在分属 23 个科的约 9 000 种鸟类中，约 232 种有自然感染痘病毒的报道。家禽中，本病主要发生于鸡、火鸡及鸽，鹌鹑也可发病，鸭、鹅等水禽易感性很低。金丝雀可发病，造成流行。各种野鸟对 FP 易感。各种年龄、性别和品种的禽都能感染，但以雏禽最常发病，死亡多。FP 一年四季都能发生，以夏、秋季节发病最高。FP 常发生和流行于大型鸡场、火鸡场及鸽场，使病禽生长缓慢，产蛋减少；并发其他传染病、寄生虫病和营养不良时，常可引起大批死亡，尤其是幼龄禽更易造成严重损失。

FPV 既不感染人，也不侵害家畜和其他哺乳动物，所以没有公共卫生学意义。

二、病原

FPV 属痘病毒科禽痘病毒属。FPV 是该属中的代表种。同痘病毒科的其他属一样，所有 FPV 均有相似形态。成熟的病毒粒子呈砖型，大小约 330 nm×280 nm×200 nm，外膜为不规则分布的表面管状物。FPV 中央为一个电子致密的双凹核或拟核，两侧凹陷中有两个侧小体并有囊膜。在被感染的病变皮肤表皮细胞或被感染的鸡胚成纤维细胞的细胞质内，可以见到一种圆形或卵圆形的包含体。包含体的直径可达 5～30μm，比细胞核还要大。FPV 的主要成分为蛋白质、DNA 和脂质。

所有痘病毒都具有一种共同的核蛋白沉淀抗原。FPV 之间的抗原性和免疫原性虽然不同，但仍存在不同程度的交叉。曾报道过采用免疫学方法，如补体结合试验、被动血凝、琼脂凝胶沉淀、免疫过氧化物酶、ELISA、病毒中和，以及免疫荧光试验等来区分病毒毒株。应用免疫印迹试验检测免疫原性蛋白及 DNA 的限制性片段长度多肽性分析（RFLP）进行基因组特性分析在一定程度上可用于鉴别病毒株间的细微差异。抗 FPV 特异性抗原的单克隆抗体可用于鉴别 FPV 毒株。这一抗体可与大部分 FPV 野外分离株的 39 kDa 蛋白反应，并与大部分市售疫苗株的 46 kDa 蛋白反应。近年来，在美国的许多地区，免疫过疫苗的鸡群由于白喉型和/或皮肤型痘引起的死亡率很高，从这些鸡中都分离到 FPV 毒株，经交叉保护研究发现，这些分离株与疫苗株的免疫相关性不高，这就意味着现有的疫苗对这些"变异"的痘病毒的感染不能提供足够保护。

Mockett 等（1987）检测到 FPV 的约 30 种结构多肽，其中大多数具有免疫原性。用 ^{35}S 蛋氨酸脉冲标记可检测到 21 种 FPV 编码多肽，在提纯的 FPV 中已鉴定其含有 57 种主要结构多肽。应用免疫印迹试验可以检出 FPV 的几种主要的免疫原性多肽。FPV 的疫苗株和野外分离株的抗原性存在差异。免疫印迹试验表明，尽管鹌鹑痘毒与鸡痘病毒具有一些相同的蛋白成分，但其抗原性有明显不同。从秃鹫脾中分离的痘病毒在遗传学上、抗原性和生物学上与 FPV 不同。

与其他痘病毒相似，FPV 基因组为一条线性双股 DNA，在每一个末端有一个发夹环。FPV 的整个基因组结构与痘病毒科的其他成员相似，但存在基因组重排。FPV 和痘苗病毒的 DNA 限制性酶切图谱不同。虽然鸡、鸽子和灯心草雀痘病毒的 DNA 基因组图谱相似，但鹌鹑、金丝雀和八哥痘病毒 DNA 限制性酶切图谱与 FPV 有很大差异。FPV 基因组比其他属的痘病毒大，大小为 254～300 kb。

FPV 基因组含 1 个中央编码区，在两个末端有 2 个相同的长 9 520 bp 反向末端重复（ITR）区。最近对 FPV 疫苗样毒株的基因组全序列已进行测定，全长为 288 539 bp，推测包含 260 个基因，氨基酸长度为 60～1 949 个。

FPV 大量存在于病禽的皮肤和黏膜病灶中，病毒对外界环境因素的抵抗力相当强。上皮细胞屑片和痘结节中的病毒可抵抗干燥数月不死；阳光照射数周仍可保持活力；在 60℃下加热 1.5h 才能杀死；冻干病毒在－15℃以下能存活 10 年以上；而 1% 氢氧化钠、1% 醋酸、0.1% 升汞可在 5min 内杀灭病毒。

FPV 可自然或人工感染不同科中的许多鸟类。这些病毒仅对禽类发生增殖性感染，表明已明显适应禽类宿主。常用 SPF 鸡胚进行 FPV 的分离与增殖，将病料或毒种经绒毛尿囊膜（CAM）途径接种 10～12 日龄 SPF 鸡胚，接种后置 37℃孵育 5～7d，鸡胚 CAM 感染后的典型病变是出现局灶性或弥散性致密的增生性痘斑。也可使用鸭胚、火鸡胚及其他禽类的胚胎。FPV 能在一些禽源细胞培养物上增殖，如鸡胚成纤维细胞、鸡胚真皮细胞和肾细胞及鸭胚成纤维细胞。

三、免疫学

本病主要是通过皮肤和黏膜的伤口感染。库蚊、伊蚊和按蚊，以及双翅目的鸡皮刺螨、蜱、虱等吸血昆虫，特别是蚊子在传播本病中起着重要的媒介作用。蚊虫吸吮过病灶部血液之后，即带毒，带毒时间可长达 10～30d，其间易感禽经带毒的蚊虫刺吮后而传染，这是夏秋季流行 FP 的重要传播途径。此外，病毒可通过泪管至喉部引起上呼吸道感染，在被污染的环境中，含病毒的羽毛及干燥痂皮所形成的气溶胶为皮肤和呼吸道感染提供了合适的条件。由于很多感染是在没有明显损伤的情况下发生的，故认为上呼吸道和口腔上皮细胞对病毒的易感性较高。有时只有肺部病变，而其他部位无任何病变，提示该病可经气溶胶感染。争斗、啄毛、交配等造成外伤，禽群拥挤、通风不良、氨气过多、阴暗、潮湿、体外寄生虫、营养不良、缺乏维生素及饲养管理太差等均可促使本病发生和加剧病情。

自然感染康复或疫苗接种后可产生针对 FPV 的主动免疫。自然感染康复或疫苗接种后产生的细胞免疫及体液免疫均具有保护作用。细胞免疫反应比抗体出现早。

根据 FPV 的生物学特性，为预防 FP 的发生，应在可能发病的日龄以前对易感禽进行免疫接种。在秋、冬季多发本病的地区，通常在春夏季进行免疫接种。在有不同日龄禽混合饲养的大饲养场或四季均有本病发生的热带地区，应随时进行免疫接种。

一般在下面 3 种情况下进行预防接种：①往年发过病的禽舍，对孵出的幼雏或从其他途径引入的幼雏应用鸡痘疫苗免疫；②因为鸽痘苗免疫持续时间不够长，如果往年发生过痘或使用过鸽痘病毒预防免疫，应再接种一次鸡痘疫苗；③在痘病流行地区，应该用鸡痘苗来预防来自邻近禽群的感染。

一种免疫程序的成功，取决于所使用疫苗的性能、纯度及其特定的使用条件。从本质上讲，免疫接种会产生一种轻微的发病，所以应严格遵循生产企业提供的疫苗使用说明书。在鸡群感染其他疾病或健康状况不良的情况下不应该接种该苗。同一舍内的禽应在同一天接种，养殖场内的其他易感禽应与这些禽隔离开。鸡群开始暴发 FP 时，如果只有少数被感染，应立即对未受感染的禽进行免疫接种。

四、制品

（一）诊断制品

FP 的临床表现比较典型，根据临床症状及病理变化，常可作出正确诊断。

FP 的实验室诊断方法包括病原分离与鉴定、琼脂扩散试验、被动血凝试验、中和试验、荧光抗体检测、免疫过氧化物酶试验、ELISA、免疫印迹、限制性片段长度多态性（RFLP）分析、核酸探针及多聚酶链式反应（PCR）等。

国内外均推荐用琼脂扩散试验检查 FP。目前，美国 SPAFAS 公司有商品化的琼脂扩散试验抗原。该抗原用于检测鸡血清中的沉淀抗体。琼扩抗原的制备方法是，将感染的病料或感染的鸡胚 CAM 经超声波裂解和匀浆后，收集上清，即为抗原。琼脂免疫扩散介质系用 1% 琼脂、8% 氯化钠及 0.01% 硫柳汞制成。病毒抗原加入中间孔，待检血清加入周围孔，同时设置阴阳性对照。加样后在室温孵育，阳性反应在 24～28h 后出现沉淀线。本试验的敏感性比 ELISA 或间接血凝试验低。检测 FPV 抗体的 ELISA 方法已经建立，病禽感染后 7～10d 可检出抗体，但目前国内外尚无商品化检测试剂盒。

（二）预防制品

FP 的免疫预防须使用活病毒疫苗。目前，已商品化的禽痘疫苗有鸡痘疫苗、鸽痘疫苗、金丝雀痘疫苗、鹌鹑痘疫苗及火鸡痘疫苗等。

1. 鸡痘疫苗　我国已批准使用的国内产品有鸡痘鸡胚化弱毒疫苗及鸡痘鹌鹑化弱毒疫苗（包括鸡胚苗及细胞苗）。

鸡痘鸡胚化弱毒疫苗是在 20 世纪 60 年代广东汕头兽医防治站用 FPV 在鸡胚上连续传代培育而成，早期一直使用湿苗，直至 1987 年由吕渭纶报道称冻干苗研制成功。这种疫苗免疫原性较好，免疫期在 6 个月以上，但对幼鸡毒力较强。

鸡痘鹌鹑化弱毒疫苗是在 20 世纪 70 年代中期，由中国兽医药品监察所用 FPV102 野毒株，在鹌鹑上反复传代致弱而研制成功。鹌鹑化弱毒具有良好的免疫原性，接种鸡胚 CAM 或接种鸡胚成纤维细胞，收获病变的 CAM 或细胞培养液制成鸡胚源鸡痘鹌鹑化弱毒冻干疫苗。

国外常用的鸡痘活疫苗分 2 类。一类是将鸡痘病毒通过鸡胚传代减弱，制备的鸡胚源鸡痘冻干疫苗，该疫苗一般免疫原性良好，但对幼雏有一定毒力，常规定用于 2 周龄以上的鸡翼膜刺种。另一类是通过禽源或哺乳动物细胞致弱的病毒，制备的细胞源鸡痘冻干疫苗，该疫苗对幼雏安全，免疫原性一般不如鸡胚源疫苗，如通过细胞培养 200～400 代的 HP-1 株弱毒苗。

2. 鸽痘疫苗　鸽痘疫苗中含有活的、未致弱的鸽痘自然毒株。若使用不当，可引起鸽严重的不良反应。该疫苗对鸡和火鸡的致病力较小，可用于鸡及火鸡的免疫，是鸡痘异源疫苗。在我国，1986 年由广东生物药品厂研制成功了一种鸽痘疫苗，该疫苗对鸡和火鸡安全，免疫期为 6 个月左右。鸽也可用翼膜刺种方法接种，也可进行羽毛囊涂擦免疫，但不常用。不同鸽痘疫苗免疫特性有差别。

3. 金丝雀痘疫苗　已有一种经鸡胚致弱的金丝雀痘疫苗，在试验条件下用于金丝雀，有免疫效果。在美国，一种经翼膜刺种方法进行皮肤接种的金丝雀减毒痘苗业已商品化。建议在金丝雀开始独立生活时进行接种，每 6～12 月和产蛋前 4 周或迁徙季节前进行加强免疫。

4. 鹌鹑痘疫苗　鹌鹑痘来源的活疫苗已商品化。该疫苗对鸡痘病毒感染无保护作用。

5. 火鸡痘疫苗 一种未致弱的火鸡痘活疫苗已商品化，可用于火鸡的免疫。该疫苗对鸡、鸽或鹌鹑痘病毒不能产生足够保护作用。

禽痘疫苗一般采用刺种的方法进行免疫，也可采用羽毛囊涂擦。刺种部位常选择在翼膜。翼膜刺种时，将刺种针或钢笔尖蘸取稀释的疫苗，轻轻展开翅膀，于翅膀内侧无血管处皮下刺种。刺种部位也可选择在大腿皮下。刺种时，应注意勿伤及肌肉、关节和血管。羽毛囊涂擦接种是在小腿的前侧拔去至少 15 根羽毛。拔毛时应朝向胸部用力，以避免毛囊出血或涂擦的疫苗外流。如拔毛后毛囊出血，应换另一条腿来拔。拔毛后，用专用的小毛刷将疫苗涂擦入毛囊内。每只禽在接种前均应重新蘸取疫苗。处于换羽期的禽不宜用此法接种。此法也不用于羽毛尚未完全长好的 10 周龄以下的禽。

另外，据报道，有人还采用口服、肌内注射、饮水、鼻腔内及气雾免疫的方法，也能获得一定的免疫效果。最近，用 FPV 疫苗对 18d 龄的鸡胚进行卵内接种已获得可喜的结果。不断推广卵内接种可明显降低疫苗的使用剂量及抓禽时引起的应激。

对采用刺种或羽毛囊涂擦接种后 4～7d 的禽群，应注意观察有无"出痘"现象。"出痘"即包括接种部位的皮肤肿胀和结痂，是免疫成功的标志。正常情况下，接种后 10～14d 可产生免疫力。易感禽正确适应了 FP 疫苗后，大部分免疫禽应有"出痘"现象。对大的禽群至少应检查 10% 的禽。如抽检的禽 80% 以上有反应，表示刺种成功。若接种后不出痘，可能是接种禽已具有免疫力，或使用的疫苗效力不够（超过有效期或受到不良因素的影响），也可能是疫苗使用不当。

五、展望

20 世纪 80 年代以来，随着现代生物技术的快速发展，FPV 以低毒力、基因组结构庞大、有双股 DNA、含有多个复制非必需区可供多种免疫原基因插入、易培养、表达能力强和不感染非禽类的特性，成为重组疫苗的优选活载体，广泛应用于制备家禽重组活疫苗。现已研制出表达几种禽病原保护性抗原基因的禽痘病毒重组疫苗，这些抗原包括禽流感病毒的血凝素、新城疫病毒的融合蛋白和血凝素-神经氨酸酶、马立克氏病病毒

的糖蛋白 B、传染性法氏囊病病毒的 VP2 蛋白、传染性喉气管炎病毒的核蛋白、网状内皮组织增生病病毒的囊膜糖蛋白。在大多数情况下，可将这些禽类病原外源基因插入到痘病毒的基因组中表达，并能提供特异性的保护。然而，由于以 FPV 为活载体的疫苗的免疫受机体内 FPV 抗体干扰较大，从而会降低此类疫苗的实际使用效果。

（章振华　姜北宇　李俊平）

主要参考文献

甘孟侯，1999. 中国禽病学 [M]. 北京：中国农业出版社.

Afonso C L, Tulman E R, Lu Z, et al, 2000. The genome of *Fowlpox virus* [J]. Journal of Virology, 74 (8)：3815 - 3831.

Mockett A P A, Southee D J, Tomley F M, et al, 1987. *Fowlpox virus*：Its structural proteins and immunogens and the detection of viral-specific antibodies by ELISA [J]. Avian Pathology, 16 (3)：493 - 504.

Woodroofe G M, Fenner F, 1962. Serological relationship within the poxvirus group：An antigen common to all members of the group [J]. Virology, 16 (3)：334 - 341.

第四节　鸡马立克氏病

一、概述

鸡马立克氏病（Marek's disease，MD）是由细胞结合性疱疹病毒引起的以鸡为主的传染性肿瘤病。外周神经、皮肤、虹膜和各种器官、组织淋巴细胞增生形成肿瘤最具有特征性。1907 年，MD 首先发生在匈牙利，由 Jozef Marek 首先报告，用他的名字命名本病。1914 年后美国及欧洲多国都有本病的流行。1905 年至 1960 年美国肉鸡蛋鸡饲养业大发展，本病死淘率高达 60% 以上。我国于 1960 年末期发现本病，1974 年在北京密云进口肉鸡中分离到北京-1 株鸡马立克氏病病毒（MDV）。

MD 主要感染鸡，火鸡、鹌鹑、雉鸡也可感染，近年也有鸭、鹅、金丝雀、天鹅发病的报道。初生雏鸡最易感染，本病毒对 1 日龄鸡的易感性比 50 日龄鸡高 12～20 倍，比成年鸡高 1 000～10 000 倍，不同品种鸡有显著差异。MD 感染快

大型的白羽肉鸡多在 4～6 周龄发病，屠宰加工中发现大量肿瘤病例，达 20％～60％。蛋鸡及种鸡感染后发病日龄多在 7～19 周龄，发病率在 5％～60％，最早发病日龄可提前到 3～4 周龄。地方品种鸡对本病易感，可在 3～6 周龄发病，南方黄羽肉鸡发病多集中在 10～20 周龄，死淘率可达 20％～40％。本病主要经呼吸道途径传播，发育成熟的具有传染性的病毒粒子存在于羽毛囊上皮细胞中。完整病毒在脱落的皮屑及羽毛囊中，自然环境中存活至少 20 周，附着在尘埃上，随空气到处散播。也有报道称，一种黑色甲壳虫可被动携带病毒造成传染。本病毒不经蛋垂直传染。MD 的发病规律及症状比较复杂，在鸡的品种、地域环境不同时，以及感染 MDV 强毒、超强毒及超超强毒时，病型都有区别。可分为经典型和急性型。在发生经典型时，可见感染鸡的共济失调，如腿部的“劈叉”、翅膀的麻痹、颈部的疲软等。有的地区感染鸡还可见失明，鸡皮肤毛囊肿大，往往在屠宰后发现，严重时可见 20％的鸡毛囊肿大，严重时毛囊部位呈蚕豆大小的瘤状物。内脏出现肿瘤，多在感染后的 5～10 周出现。急性型多在发生麻痹症状后 2～3d 发生，青年鸡的早期死亡率可达 10％～30％，有的产蛋鸡在 200～300 日龄时因麻痹致死，死亡率达 10％左右。未免疫的易感鸡、SPF 鸡接种或感染 MDV 强毒力株时，可发生早期死亡综合征，多因溶细胞感染，严重的麻痹等，阳性病例及死亡率可达 90％～100％。

近 10 多年来，由于强毒及超强毒的出现，本病的免疫抑制性，以及与传染性法氏囊病病毒、网状内皮组织增生病等免疫抑制性传染病的共感染，给本病的防控造成较大的困难。尽管我国将 MD 列为二类动物传染病，但由于本病的发生和流行特点，特别是高发病率和严重的经济损失，我国和世界各养鸡国都高度重视，一度把本病和新城疫、传染性法氏囊病列为危害养鸡业健康发展的三大疫病。

二、病原

MDV 为细胞结合性疱疹病毒，嗜淋巴特性与 γ 疱疹病毒类似，而分子结构和基因组成与 α 疱疹病毒相似。MDV 所有血清型均属于 α 疱疹病毒亚型的 α3 亚型。MDV 分为 3 个血清型，分别从鸡和火鸡体内分离到。血清 1 型是经典的原型毒株，几十年间血清 1 型病毒毒力发生变化，分为温和型（mMDV）、强毒型 vMDV、超强毒型（vvMDV）及特超强毒型（vv⁺MDV）。另外，分别从鸡和火鸡体内分离到非致瘤的疱疹病毒，分别为血清 2 型和 3 型。根据血清 2 型 HPRS－24 和血清 3 型 FC126 毒株的基因组序列都可进行判定。目前，只有血清 1 型具有致病性。

MDV 具有全部疱疹病毒的形态。病毒裸体粒子散在细胞核内，直径 85～100 nm，具有囊膜的病毒粒子直径为 130～170 nm，这种病毒随细胞破碎而死亡。在羽毛囊上皮细胞中有囊膜的病毒粒子直径可达 273～400 nm，称为完整的病毒，对自然环境有很强的抵抗力。

（一）MDV 培养特性

3 种血清型的病毒，在鸡胚成纤维细胞（CEF）和鸭胚成纤维细胞（DEF）上的适应性，产生 CPE 的时间及形成蚀斑的大小都是不同的。血清 1 型 MDV 最适应 DEF 和鸡肾细胞（CK）上培养，生长较慢，形成蚀斑时间较长，强毒力株为 7～8d，致弱的毒株 3～4d，蚀斑形态都很小，在 1 mm 以下。将已接种 MDV 10d 的鸡取鸡肾，制作 CK 细胞直接培养，也可在 10d 左右看到 CPE。血清 2 型最适应 CEF 上生长，蚀斑形成时间一般为 5d。血清 3 型火鸡疱疹病毒最适应 CEF 上生长，生长快，蚀斑形成时间为 3d，一般可见到较大的蚀斑 1.5～2 mm。1 型致弱的 CVI988 毒株，适应 CEF 细胞，多在 3d 形成典型的蚀斑，大小 1～1.5 mm。血清 1 型 MDV 在细胞培养中的传播是从细胞到细胞，当细胞 50％被感染时，在细胞培养液中回收不到游离的病毒粒子。而 MDV3 型火鸡疱疹病毒（HVT）在鸡感染细胞中达 50％细胞病变时，可在培养液中检测到脱离细胞的 HVT。

总之，MDV 可在 1 日龄雏鸡、禽源细胞（鸡、鸭、鹌鹑的胚细胞、肾细胞、皮肤细胞等）和鸡胚中进行复制和增殖。1 日龄雏鸡接种 MDV 1 型强毒株后在 2 周即可在神经节和某些脏器中出现组织学病变，3～4 周脏器可出现肿瘤病变。对 5～7d 龄鸡胚卵黄或 CAM 接种 1 型病毒、3 型 HVT 后，可在 18 日龄鸡胚的 CAM 上形成痘斑。

（二）病毒的基因组

MDV 3 种血清型的基因组结构很相似，为典

型 α 疱疹病毒，由线性双股 DNA 组成，160～180 kb，血清 1 型在氯化铯中浮密度为 1.70 6 g/mL。3 个血清型碱基组成的 G＋C（鸟嘌呤＋胞嘧啶）的比率不同，血清 1 型和 2 型分别为 43.9％和 53.6％，HVT 为 47.6％。本基因结构中有一个长独特区（U_L）和一个短独特区（U_S），特有序列侧翼是倒置重复序列，分别为末端长重复序列（T_{RL}）、内部长重复序列（I_{RL}）、内部短重复序列（I_{RS}）和末端短重复序列（T_{RS}）。本病毒 α 型序列位于 T_{RL} 和 I_{RL} 末端及 I_{RL} 和 I_{RS} 之间的区域，其长度的可变性对病毒 DNA 切割和包装入病毒粒子中十分重要。MDV 3 个血型的基因组为共线性，在 DNA 水平上有很高同源性，但 3 个血清型的限制性内切酶图谱有很大不同。

1. MDV 与 α 疱疹病毒同源的基因　这类基因对病毒复制起着十分重要的作用，分别为立即早期（IE）、早期（E）和晚期（L）基因。

（1）IE 基因　是重要的转录调控子。4 个 IE 基因为细胞内蛋白 ICP4、ICP0、ICP22 和 ICP27。ICP4 是一个有效的早期基因表达的转录激活因子，ICP4 的基因区域位于 MDV 基因组 I_{Rs} 和 T_{Rs} 之间，其间有 5 个转录子，ICP4 可激活早期基因 PP24 和 PP38 的表达，在潜伏感染和肿瘤细胞中可检测到 ICP4。应用 ICPA 的单克隆和多克隆抗体检测时，可发现不同分子质量的成分。

（2）E 基因　在 6 个 E 基因中，R-LORF-14 和 R-LORF-14a 与表达的磷蛋白 PP24 和 PP28 相关。PP24 和 PP38 同源物存在于 MDV 2 和 HVT 中，这两种磷蛋白以复合物的形式存在于感染细胞中，是病毒溶细胞感染阶段的特征。缺失 PP38 的 vvMDV Md5 株，由于溶细胞作用降低，感染鸡脏器、组织中不出现肿瘤和组织学变化。

（3）L 基因　L 基因产物是核衣壳蛋白与 VP16 和多种糖蛋白（gB、gC、gD、gH、gI、gK、gL、gM），这些糖蛋白对细胞感染、病毒在细胞间传播和免疫应答都起着重要作用。其中 gB 是 3 种糖蛋白的复合物，对病毒吸附细胞和侵入具有重要意义。gC 在产毒性感染细胞中大量合成，并在细胞质和细胞表面表达。细胞培养中 gC 产量下降，病毒的毒力降低，表现为病毒的感染率及致病能力均下降。

2. MDV 特有基因

（1）meq（Marek's EcoQ）基因　meq 蛋白由 339 个氨基酸残基组成，N 末端含一个碱性亮氨酸拉链（bZIP）结构域，定位于 BamH12～Q 片段。meq 蛋白在淋巴细胞和肿瘤细胞系细胞核中及 S 期细胞质中恒有表达。meq 的一个结构域与其自身或细胞致瘤蛋白 Jun 形成二聚体，meq 在细胞转化中起着至关重要的作用。CVI988 中有一段 178 bp 的插入序列导致编码富含脯氨酸结构域的阅读框发生移位。

（2）PP38/PP24 基因　是 MDV 磷酸化蛋白复合物基因，两个基因编码位于 U_L 区域相反向的两端。PP24 基因（R-LORF14）位于 T_{RL} 和 U_L 区域，PP38 基因（R-LORF14a）位于 I_{RL} 和 U_L 区域。MDV 2 型毒株存在 PP24 和 PP38 的同源物。HVT 的 T_{RL} 和 I_{RL} 包含与 PP38 的同源基因。通过 IUdR 处理或者 ICP4 基因转染，PP38/PP24 的表达水平提高。PP38 可诱导细胞凋亡，对肿瘤形成不起作用，但对于病毒的复制十分重要。

不同 MDV 毒株 PP38 的氨基酸序列之间有细微差别。CVI988 也存在这个基因。

（3）IL8 基因　IL8 是禽类趋化因子的同源物。IL8 基因（R-LORF2）位于长重复区域，由 3 个外显子组成，在溶细胞性感染的晚期表达。IL8 吸引 T 细胞，其受体受到 γ 干扰素（IFN-γ）上游调节后发生 T 细胞聚集，对 B 细胞感染到 T 细胞感染的转换很重要。IL8 是外周血液单核细胞的化学吸引剂。IL8 缺失的突变病毒株感染鸡的肿瘤发生率降低。

（三）MDV 的毒力

100 多年中 MDV 的毒力发生了很大变化。1907 年古典 MDV 仅致神经病变，属于温和型（mMDV），代表株为 CVI988、CU2。到了 20 世纪 70 年代出现了强毒力 MDV（vMDV），代表毒株为 JM、GA、HPRS-16、北京-1 株。80 年代分离到超强毒株（vvMDV），代表毒株为 Md5、RB1B。90 年代出现了超超强毒（vv⁺MDV），代表毒株为 RK-1（652 株）和 648A。美国对国内 MDV 毒力变化长期跟踪，发现 1990—1995 年间分离株毒力在增强，1996—2000 年间分离株毒力稳定。进入 21 世纪，分离到能突破 CVI988 疫苗免疫的 vv⁺MDV。为防控 MD，自 1970 年使用 HVT 疫苗，1980 年使用 HVT＋SB1 二价苗，1990 年后 CVI988 疫苗被广泛应用，疫苗免疫所造成的选择压力对病毒毒力的增强起到了重要作用。随着新疫苗的研究和广泛使用，我们担心今后会有更强 MDV 的出现。

MDV 毒力增强的另一种表现，是对多种禽种的感染力。1907—1980 年，MD 主要危害鸡、少数地域鹌鹑，雉鸡也有发病的报道。在 1996—2005 年，以色列、德国、中国都报道了火鸡暴发MD，因发生肿瘤所致的死亡率为 $7.5\% \sim 80\%$，这种情况的出现，无异是对火鸡饲养业的新挑战。MDV 毒力增强还表现在对大日龄鸡的感染，美国 1992—1995 年的 MDV 分离株，接种和同居感染 19、34 和 49 周龄的 SPF 鸡，可致感染鸡发生肿瘤及产蛋下降。

MDV 和 REV 在自然条件下不但可共感染一只家禽，REV-LTR 还可整合到 MDV 基因组中，这种外源基因序列的插入，必然对 MDV 的毒力产生影响。

三、免疫学

(一) MDV 的感染

MDV 由呼吸道侵入，最早的复制发生在 $24 \sim 36h$，在胸腺、法氏囊、脾脏及淋巴器官中，$3 \sim 6d$ 达到高峰，这些脏器出现坏死、网状细胞增生。早期的溶细胞性感染主要发生在 B 细胞，强毒力的 MDV 也可致 T 细胞在早期发生溶细胞感染。这个过程造成胸腺和法氏囊的萎缩。早期因溶细胞性感染、淋巴细胞凋亡所引起的免疫抑制的严重性，由 MDV 的毒力强弱所决定。

(二) 潜伏感染

溶细胞性感染末期的潜伏感染阶段查不到脏器肿瘤，但免疫应答开始建立。进入此阶段，$CD8^+$ T 细胞和 B 细胞参与潜伏感染，但以活化的 $CD4^+$ T 细胞为主，这种感染可持续到机体的终生。这阶段 B 细胞坏死后，导致大量 T 细胞聚集，这为转化为肿瘤提供了大量的靶细胞。

(三) 第二次溶细胞感染

当机体感染 vMDV、vvMDV、vv^+ MDV 时，可在淋巴器官、羽毛囊上皮细胞及肾脏、胰脏、肾上腺、腺胃中进行此阶段的感染，侵害的器官及脏器有灶性细胞死亡和炎性反应，病变程度与 MDV 的毒力、MDV 的感染量及机体的遗传抗病

性有关。在羽毛囊上皮细胞出现的溶细胞感染最值得注意，因为所复制出的完全型病毒，不但方式独特，而且是机体的唯一部位，MDV 完全病毒对环境有顽强的抵抗力，是产生传染源的大本营。

(四) 肿瘤形成

这是 MD 引起的淋巴细胞增生的最终结果，感染鸡多在 3 周内因肿瘤而死亡。鸡的淋巴肿瘤以 T 细胞为主，而火鸡的肿瘤包括 T 细胞和 B 细胞 2 种。

(五) MDV 的非肿瘤性发病

MDV 非肿瘤性发病表现为几种不同的非瘤性综合征。MDV 可引起动脉粥样硬化，病理组织学变化包括动脉平滑肌脂肪增生性病变，感染 2 周，$CD4^+$ 和 $CD8^+$ T 细胞就可浸润到动脉的内皮层，这些细胞使病毒侵入平滑肌细胞。暂时性麻痹也是综合征之一，发生在脑部的病变在 $6 \sim 8d$ 出现，主要是 B 细胞参与，以脉管炎形式发生，白蛋白从血管中渗漏进空泡，出现血管源性水肿，颅内压增高，临床上可见病鸡麻痹及突发性死亡。这些病鸡的脑内都可检出 $PP38\ meq$ 的表达。

(六) MD 的免疫应答

早期 MDV 进入体内发生的溶细胞感染阶段，所建立的免疫应答可延缓潜伏感染的建立，病毒诱发细胞的凋亡，使感染细胞受到持续性破坏，1 日龄的早期 MDV 感染，对早期免疫应答的建立具有破坏作用。

MD 天然的免疫应答中，主要包括自然杀伤（NK）细胞和巨噬细胞的被激活，NK 细胞在没有接触病原时，能溶解病毒感染的细胞和肿瘤细胞。NK 细胞对附带有肿瘤遗传的易感鸡，其活性下降，而对遗传抗病鸡或免疫鸡其细胞活性增强。当鸡接种 SB-1 和 HVT 后，早期 NK 细胞就被激活，此阶段中发生 MDV 的感染，NK 细胞活性增强对免疫是有益的。免疫应答中，体液免疫多在感染 MDV 的 $1 \sim 2$ 周内产生沉淀抗体和病毒中和抗体，免疫球蛋白 IgG 在应答中具有重要意义。由于 MDV 的细胞结合的特点，抗体在 MD 免疫中的作用十分有限，只有游离病毒感染鸡或 MDV 的蛋白表达在细胞表面时才有作用，

表现在母源抗体存在时可减少溶细胞性感染，但同时可降低低蚀斑单位细胞结合性疫苗和 HVT 冻干疫苗的免疫效率，这在疫苗应用中是值得注意的。

（七）MD 的免疫抑制

MDV 感染后免疫应答受到抑制是本病的重要特征。当免疫应答被削弱后，因淋巴细胞的溶细胞感染导致 B 细胞和 T 细胞的消亡，这可导致 MD 病死鸡的法氏囊和胸腺的萎缩。持久性的免疫抑制有助于最终肿瘤的形成。MD 的感染可增加感染禽的多种病毒病、细菌病、球虫病的易感性。当 MDV 毒力强的 vvMDV 和 vv⁺MDV 感染鸡后，早期的溶细胞感染更加严重，并且持续的时间更长，这都导致淋巴组织损伤更为严重，结果是免疫抑制也更为严重。已经证实美国 vv⁺RK 1 毒株引起淋巴器官损伤超过 vMDV 和 vvMDV。还证明 vMDV JM 毒株与 REV 共培养后得到的反转录病毒 LTR，形成的 RM1 克隆株不再具有致瘤性，但可引起严重的早期溶细胞感染。

MD 具有独特的流行病学、免疫学及分子生物学特征。几十年的研究已积累了大量成果。本病在兽医学、医学及比较医学中占有重要位置。在生命科学研究中，MD 是第一个可通过应用疫苗来防控的动物肿瘤性疾病，具有划时代的意义。

四、制品

（一）诊断试剂

由于 MD 发病机理、致病过程、病毒型都比较复杂，因此我国已批准的 MD 琼脂扩散试验的应用范围有很大的局限性。对于 MDV 还要依赖于病毒分离，间接荧光抗体和病理组织学的检查等进行诊断。近年，分子生物学检测已广泛应用到 MD 的诊断中，其中，聚合酶链反应（PCR）技术具有敏感性高、特异性好、快速、简便等优点，还可用于鉴别致弱株、野毒株及肿瘤中的病毒 DNA。PCR 也可以用来对组织中的 MDV 进行定量检测，区分血液或羽毛囊上皮细胞中的 MDV 或 MDV 3 型的 HVT，总之，PCR 检测方法既克服了鉴别诊断的困难，也使多重病毒感染的检测成为可能。

（二）MD 疫苗

我国批准进口的疫苗有 HVT 冻干苗、CVI988/Rispens 冷冻疫苗及 HVT＋CVI988 二价冷冻疫苗。我国用于生产 MD 活疫苗的毒株包括：HVT-FC126、814、CVI988/Rispens、Z4 株等。

1. CVI988/Rispens 株、814 株冷冻疫苗 为血清 1 型毒株细胞结合性冷冻疫苗。本品必须在液氮中保存及运输，使用时从液氮中取出，迅速放于 38℃温水中，待完全融化后加稀释液稀释，稀释好的疫苗必须在 1h 内用完。注射疫苗要求使用 12 号以上针头，且注射期间应经常摇动疫苗瓶，使其保持均匀。

2. HVT 疫苗 用火鸡疱疹病毒生产毒株接种鸡胚成纤维细胞培养，待 70％以上细胞出现典型 CPE 时，弃营养液，用适量胰酶- EDTA 消化液消化细胞，使细胞全部脱离瓶壁，离心收集感染细胞，加入疫苗冷冻保护液后，制成冷冻疫苗，或加入稳定剂后，经超声波裂解释放病毒，纱布过滤，冷冻、真空干燥，制成冻干疫苗。

3. 鸡马立克氏病二价疫苗（CVI988/Rispens 株＋ HVT Fc－126 株） 系用 MDV1 型（CVI988/Rispens 株）、3 型（HVT Fc－126 株）分别接种于鸡胚成纤维细胞（CEF）培养，经消化收获感染细胞，按规定比例将二种病变细胞混合，加入适量的细胞冻存保护液而制成。

鸡马立克氏病活疫苗通常用于接种 1 日龄小鸡或 18 日龄鸡胚，疫苗均需用专用稀释液稀释，稀释后的疫苗应在 1h 以内用完，且注射期间应经常摇动疫苗瓶，使其保持均匀。冷冻疫苗必须在液氮中保存及运输，使用时从液氮中取出，迅速放于 38℃温水中，待完全融化后加稀释液稀释，注射疫苗时要求使用 12 号以上针头。

4. 关于 MD 疫苗的二次免疫 应用 MD 疫苗进行二次免疫的方法，在日本、英国及我国少数鸡场已经应用多年，但在美国很少应用。近年，日本、美国的一些研究报告都未能证明其有效性。Witter 在 2007 年在北京召开的第 15 届世界禽病大会上的主题报告中指出，一些事实显示重复免疫是无效的，除非第二次免疫所用的疫苗株与第一次不一样，并有更高的保护力。因此，二次免疫在田间的应用效果只是一个传言，但是对一些 1 日龄首次接种时没有得到确切免疫的雏鸡，这种方法是有效的。

5. MD 疫苗的胚胎免疫 在美国、以色列，胚胎免疫已经成为肉鸡、蛋鸡接种 MD 疫苗的主要方法。最早用于胚胎免疫的疫苗是 HVT 冻干苗，目前 CVI988 也用于胚胎免疫。国内一些大型种鸡场已经开始尝试使用，效果确实，大大节省人工。18 日龄胚胎免疫比 1 日龄雏鸡免疫能更好地产生免疫应答，并能更早地促进免疫器官的免疫成熟。18 日龄鸡胚接种 MD 疫苗不仅能预防早期感染，还能有效抑制羽囊排毒或延缓羽囊排毒的时间，这将大大减少 MD 对环境的污染，对防制 MD 有重要意义。胚胎接种 MD 疫苗不会显著降低孵化率和健雏率。

五、展望

随着 MDV 疫苗的不断使用，在免疫选择压力下 MDV 的毒力也在不断增强。早期的 HVT 疫苗很难控制目前一些超强毒株的 MDV，即使是在世界各国广泛使用的 CVI988/Rispens 疫苗株免疫的鸡场，依然常有 MD 的发生。为了更好地控制 MDV 给养禽业带来的损失，世界各国科研工作者正在不断研发新的 MDV 疫苗。

MD 的复杂性及尚在研究的发病机理，特别是近 10 年来 MDV 超强化的变异，都给 MD 防制带来了新的困难。近年来，MDV 分子生物学的研究也有日新月异的发展，这也给 MD 防控带来新的希望。当前，在疫苗防控中做好生物安全及不断改进遗传抗病力是共知的，但 MD 防控史已经证实，在各种动物疫苗中，特别是预防恶性肿瘤病中，MD 疫苗是应用最广泛，并且是最有效的一种。但由于 vv+ MDV 的出现，又迫使我们应用分子生物学技术研究更加有效，更易于推广应用的疫苗。近年来由于 DNA 疫苗可以在 4℃保存，并可通过大肠杆菌大量生产，因此 DNA 疫苗仍将是 MD 疫苗研制的重要方向。但由于免疫产生期延缓及免疫保护率仅为 CVI988 的 75％，因此尚需进一步进行技术改进。此外，近年应用黏粒（Cosmid）技术研究完成的超强毒株 Md5 与应用细菌人工染色体（PAC）技术对超强毒株 RB1B 的感染性克隆的成功构建，更加速了 MDV 基因的成功构建，也加速了 MDV 基因功能研究的进程。这种方法使插入或敲除病毒的致病基因变得更加便捷，通过基因工程技术获得的致弱毒株，具有安全、无污染、免疫效果好及成本低的特点。美国禽病肿瘤实验室利用黏粒系统分别敲除了超强毒株 Md5 的 PP38、IL18 和 meq 基因，

试验证实用该基因缺失株作为疫苗来免疫鸡，可提供一定的保护力。缺失 meq 基因的毒株制成的疫苗免疫鸡后，用超强毒株和超超强毒株攻击的结果证明，能够比 CVI988 提供更好的保护。山东农业大学崔治中实验室构建完成了 bac-GX0101ΔM eqΔK ana 毒株，在敲除抗卡那霉素基因以后，筛选到了一备用疫苗株，命名为 SC9‐1，用此毒株制成疫苗分别免疫 SPF 鸡、黄羽肉鸡、商品蛋鸡后，用超强毒株 Md5 进行攻毒试验的结果证明，能够比目前国内外市场上应用最广泛的 CVI988/Rispens 株疫苗提供更好的免疫保护力，而且该重组病毒的抗原性比美国已发表的同类病毒 rMd5Δmeq 更接近中国的流行株，不仅不会诱发肿瘤，也没有免疫抑制作用，因而更适用于中国。相信该类疫苗会在本病的防控中获得更大成功。

在 MD 新疫苗的研发中，使用标准的 vvMDV 株进行攻毒是十分重要的。在评价疫苗效力时，人工攻毒的方法在国外已发生变化。过去常对免疫鸡于 5～7 日龄时进行腹腔注射，现已改变为将免疫鸡与接种 vv+ MDV 毒株的排毒鸡同群饲养进行攻毒的方法，他们认为这种方法更适用于对疫苗实际免疫效力的评价。今后 30 年 MD 仍将存在，MD 防控新技术新方法的研究还将继续，本病的防控任重而道远。

（周　蛟　周　煜　李俊平）

主要参考文献

崔治中，2003. 免疫抑制性病毒多重感染在鸡群疫病发生和流行中的作用［J］. 中国家禽，25（20）：1‐4.

段伦涛，苏帅，王一新，等，2014. 敲除 Meq 基因的重组鸡马立克氏病毒与 CVI988/Rispens 疫苗株免疫保护效力的比较［J］. 微生物学报，54（11）：1353‐1361.

胡祥璧，1997. 鸡的马立克氏病［M］. 北京：科学出版社.

李延鹏，康孟佼，苏帅，等，2010. 马立克氏病病毒 meq 基因敲除株感染性克隆的免疫效果评价［J］. 微生物学报，50（7）：942‐948.

苏帅，李延鹏，孙爱军，等，2010. 敲除 meq 的鸡马立克氏病毒强毒株对超强毒的免疫保护作用［J］. 微生物学报，50（3）：380‐386.

韦平，秦爱莲，2008. 重要动物病毒分子生物学［M］. 北京：科学出版社.

张志，崔治中，姜世金，等，2003. 鸡肿瘤病料中马立克

氏病和禽网状内皮增生病毒混合感染的研究［J］. 中国预防兽医学报，25（4）：275-278.

中华人民共和国国家技术监督局，2004. 鸡马立克氏病诊断技术：GB/T 18643—2002［S］. 北京：中国标准出版社.

第五节　鸡传染性支气管炎

一、概述

鸡传染性支气管炎（IB）是由鸡传染性支气管炎病毒（IBV）引起的一种急性、高度接触性、病毒性呼吸道传染病。鸡是病毒感染的唯一宿主，且不同日龄、品种和性别的鸡均易感。但近年来，不同学者报道了从鸡以外的部分其他禽类体内分离到IBV，提示除了鸡以外的其他禽类可能携带IBV。该病常引起肉鸡的体重下降和饲料报酬率的下降，引起蛋鸡产蛋率下降和蛋品质的下降。IBV的感染常可继发细菌感染，或与细菌等其他病原微生物混合感染，引起更高的死亡率和肉蛋品质的污染。

IB于1930年在美国北达科他州（North Dakota）首次发生，1931年首次报道。1936年证实引起IB的病原为病毒，并证明IB康复鸡血清可中和发病鸡气管分泌液中的病毒。1937年该病毒在鸡胚内传代成功，并发现其可致鸡胚死亡，而且病毒的毒力随连续传代而增强。1941年IB免疫接种的尝试取得初步成功。1956年首次证明了IBV具有不同血清型。1960年，IBV"H"系列疫苗（H_{52}和H_{120}）研制成功并且证明具有很好的免疫效力和较长的免疫持续期。

呼吸道上皮细胞为IBV原发和主要的增殖部位，病鸡以咳嗽、打喷嚏、气管啰音、张口呼吸等为主要症状，因此命名为"传染性支气管炎"。当时发现的是以侵害鸡呼吸道并对呼吸道有亲嗜性的毒株，即"呼吸型"病毒。此后，1962年在美国和澳大利亚同时发现了以引起肾病变为主的IBV，病鸡以肾脏苍白肿大，严重者出现典型的"花斑肾"，且有大量的尿酸盐沉积等为主要病理变化，即"肾型"IBV。1954年分离到可侵害卵巢、输卵管等生殖系统的IBV，表现为卵巢充血、出血，输卵管发育异常等，可引起输卵管永久性损害，从而导致产蛋量及蛋品质下降。此外，

1992年，在英国发现了一种以呼吸症状、肾脏病变和肌肉坏死等为主的IBV，主要危害肉种鸡和蛋鸡，称为793/B或4/91。目前，该病几乎普遍存在于世界各养禽业国家，是危害养鸡业的重要传染病之一，造成了严重的经济损失。

二、病原

IBV为Nido病毒目（Nidovirales）、冠状病毒科（Coronaviridae）、冠状病毒属（*Coronavirus*）γ冠状病毒。病毒基因组为不分节段的单股正链RNA。

（一）病毒形态结构

IBV病毒粒子略呈球形，有时呈多形性，直径80～120 nm。基因组为不分节段的单股正链RNA，有囊膜。病毒粒子主要包括囊膜和核衣壳2个部分。最外层的囊膜为脂质双层，主要在宿主细胞的细胞内膜RER（粗面内质网）上形成，囊膜上有2种IBV的主要糖蛋白，即纤突蛋白（S）和膜蛋白（M）。病毒内为核衣壳，较长，呈螺旋形，直径为10～20 nm，由基因组RNA和磷酸化核蛋白（N）组成。

S蛋白前体被蛋白酶切割成2个糖多肽，即N端的S1和C端的S2。M蛋白也横跨包膜，但只有N端糖基化位点的一小部分暴露在包膜外，其余大部分则位于包膜的内侧面。而小膜蛋白（E）与M蛋白一起共同构成囊膜。N蛋白是碱性磷酸化蛋白。

（二）病毒基因组

IBV基因组本身具有感染性，病毒基因组的5′端具有帽子结构，3′端有poly（A）尾巴。IBV基因组序列因不同毒株有所差异，大小约27.6 kb，但不同毒株长度有所差异。其5′端2/3的基因组编码病毒的复制酶，包括依赖RNA的RNA聚合酶、螺旋酶和蛋白酶等。3′端1/3的部分编码结构蛋白和一些附属蛋白。大部分IBV基因组5′到3′端顺序为：5′-cap-Replicase-S-3a-3b-3c-M-5a-5b-N-poly（A）3′。有研究发现，某些IBV毒株的基因组缺失某个或某些附属蛋白编码基因，如3a基因。

包括IBV在内的冠状病毒感染细胞后均在细胞内以不连续转录机制转录出6种亚基因组mRNA

（smRNA$_{1\sim6}$），这些 mRNA 至少含有 10 个开放阅读框（ORF），分别编码分子质量为 $6.7\sim440\,\text{kDa}$ 的蛋白。在这些 mRNA 中，mRNA$_2$，mRNA$_4$ 和 mRNA$_6$ 为单顺反子结构，分别编码 IBV 的 3 个主要结构蛋白，即 S、M 和 N 蛋白；mRNA$_3$ 和 mRNA$_5$ 为多顺反子结构，分别含有 3 个和 2 个 ORF，分别编码 3a、3b、E 和 5a、5b 蛋白。

1. 纤突蛋白　S 蛋白由 mRNA$_2$ 5′端独特区编码，由 $2\sim3$ 个单体非共价连接成聚合物，分子质量为 $180\,\text{kDa}$，位于病毒粒子的囊膜上，是构成 IBV 最表层纤突的主要成分。S 蛋白在宿主细胞内翻译后可被裂解为 N 端的 S1 和 C 端的 S2 2 个亚单位，大多数毒株 S1 和 S2 分别由 $520\sim538$ 和 625 个氨基酸组成，分子质量分别约为 $90\,\text{kDa}$ 和 $84\,\text{kDa}$，裂解作用发生在裂解位点处。S 蛋白经糖基化后分子质量可增至 $155\,\text{kDa}$。S1 与 S2 之间由二硫键连接，S1 在纤突的远端形成一个泡状结构，S2 通过 C 端的一个小疏水跨膜片段嵌入病毒囊膜中，从而形成纤突蛋白的柄，将病毒的 S1 亚基锚定在囊膜表面。所有 IBV 毒株 S2 的 N 端第一个氨基酸均为 Ser。

糖基化作用对 IBV S 蛋白功能的发挥起非常重要的作用。S 蛋白的重要生物学功能包括：与宿主细胞膜上糖蛋白受体结合，这是 IBV 吸附细胞的前提条件，当病毒吸附于宿主细胞膜后，病毒囊膜与宿主细胞膜发生融合，而且正是通过这种融合来传播病毒；S1 基因是 IBV 产生感染性的主要蛋白基因；S1 蛋白是主要的免疫原蛋白，能诱导机体产生病毒中和抗体、血凝抑制抗体、交叉反应 ELISA 抗体及细胞介导的免疫应答，并能诱导抗致病性病毒攻毒的保护作用；S1 蛋白决定 IBV 血清型的特异性和组织嗜性；S2 蛋白除具有将 S1 锚定在病毒囊膜上的作用外，还具有诱导不同血清型病毒产生交叉保护反应、ELISA 抗体，以及细胞介导的免疫应答的作用。与 S1 蛋白基因比较，大多数 IBV 毒株 S2 基因比较保守。此外，S2 蛋白诱导产生交叉反应抗体的抗原表位具有免疫优势，因此 S2 也可作为 IBV 疫苗候选蛋白。

2. 膜蛋白　M 蛋白由病毒的 mRNA$_4$ 5′端独特区编码，由 $224\sim225$ 个氨基酸残基组成，分子质量为 $23\sim34\,\text{kDa}$。不同 IBV 病毒 M 蛋白基因在序列上变化较大，但其整体化学性质相对保守。对所有冠状病毒来说，M 蛋白是外膜最主要的组成成分，该蛋白横跨囊膜，大部分在囊膜内侧，

仅有一小部分糖基化的 N 端暴露于膜外。该蛋白大约有 80 个氨基酸残基形成 3 个疏水的 α-螺旋片段，嵌入脂膜双层，并跨膜 3 次，其余 C 末端氨基酸位于脂膜内侧，推测在病毒装配时与核衣壳发生相互作用并将其结合到囊膜上，与病毒的复制有关。M 蛋白大部分是亲水性蛋白，N 端约 20 个的氨基酸暴露于囊膜外表面，且含有潜在的糖基化位点并形成 N-连接的寡聚糖，这一结构可能形成抗原决定簇。M 蛋白的 N 末端有 $1\sim2$ 个潜在的糖基化位点，而且其糖基化位点处的氨基酸序列是高度保守的 Asn-Cys-Th。未糖基化的 M 蛋白分子质量为 $23\,\text{kDa}$，而随着糖基化程度的不同，形成一系列分子质量不等的糖蛋白，分子质量分别为 $26\,\text{kDa}$、$28\,\text{kDa}$、$30\,\text{kDa}$ 和 $34\,\text{kDa}$。

由于 M 蛋白介导 IBV 病毒粒子从粗面内质网和高尔基体膜出芽，因此该蛋白与病毒的复制有关。已有的研究表明，与其他蛋白不同，冠状病毒 M 蛋白不转运到胞浆膜上，而是聚集于高尔基体中，该位置是病毒出芽的位点。病毒的出芽是 E 蛋白和 M 蛋白协同作用的结果，E 和 M 蛋白都是 IBV 病毒样颗粒（VLP）形成所需要的最小装置。

3. 核蛋白　IBV 的核蛋白是除了 S 蛋白以外研究最多的蛋白。该蛋白由病毒 mRNA$_6$ 的 5′端独特区编码。大多数 IBV 的 N 蛋白是由 409 个氨基酸残基组成的磷酸化蛋白，磷酸化影响蛋白的分子质量，N 蛋白分子质量约为 $45\,\text{kDa}$，但磷酸化后约为 $51\,\text{kDa}$。N 蛋白是所有 IBV 病毒蛋白中占病毒蛋白总量最高的蛋白，约为 40%。与其他蛋白基因比较，不同抗原群的 N 蛋白基因变化较大，但相同的抗原群内却相对保守。IBV N 蛋白中间部分比两端更保守，尤其是 $238\sim293$ 位之间的氨基酸高度保守。N 蛋白主要和病毒 RNA 结合形成核衣壳，从而在病毒的复制和转录中发挥作用。同时研究发现，N 蛋白具有良好的免疫原性，可介导产生高水平的抗体和细胞毒性 T 细胞（CTL）反应。

4. 小膜蛋白　小膜蛋白由 mRNA$_3$ 的 ORF 3c 编码，又称 E 蛋白，分子质量约为 $12.4\,\text{kDa}$。E 蛋白的功能是与 M 蛋白协同作用，在病毒的复制过程中，参与 VLP 的形成和病毒出芽。而 VLP 在 IBV 的黏膜免疫中起重要作用。虽然有研究发现 MHV E 蛋白还可以诱导细胞发生凋亡，但 IBV E 蛋白至今未发现相关报道。

5. 其他蛋白 IBV mRNA₃ 和 mRNA₅ 是功能性多顺反子，mRNA₃ 除了能在体外表达出 E 蛋白之外，还能表达出分子质量分别约为 7 kDa 和 7.4 kDa 的 2 个蛋白，并且有研究发现上述 2 个蛋白在 IBV 病毒粒子中可检测到。mRNA₅ 含有 2 个 ORF（5a 和 5b），分别编码分子质量约为 7.4 kDa 和 9.5 kDa 的蛋白，前者由 65 个氨基酸残基组成，其中亮氨酸占 26%（17 个），表现出明显的疏水性。5b 蛋白的功能尚不清楚。

6. 病毒编码的蛋白酶 IBV RNA 依赖的 RNA 聚合酶由 mRNA₁ 的独特区编码，在病毒的复制中起作用，该酶缺少校正功能。冠状病毒的 mRNA₁ 包含有 2 个 ORF，分别为 ORF 1a 和 ORF 1b，分别编码约 440 kDa 和 300 kDa 的多肽，分别为 p1a 和 p1b。但在通常情况下，下游的 ORF1b 可通过核糖体移框的发生与上游的 ORF1a 形成多聚蛋白 pp1ab，分子质量约为 750 kDa。p1a 和多聚蛋白 pp1ab 再通过病毒自身编码的蛋白酶进行酶解加工，形成非结构蛋白产物并发挥作用。IBV ORF 1a 有 3 个蛋白酶区：2 个重叠的木瓜蛋白酶样区（PLPD-1/2）和一个微 RNA 病毒 3C 样蛋白酶区（3CL-P）。其中 PLPD-1 可裂解 P1a/PP1ab 蛋白的 N 端，产生 87 kDa 的蛋白产物。此外，在 IBV 感染的细胞中还鉴定出了 PLPD-1 裂解的 2 种产物，分别是分子质量为 195 kDa 和 41 kDa 的蛋白产物；而 3CLP 裂解 P1a/PP1ab 的 C 端，释放出分子质量分别为 10 kDa、24 kDa、17 kDa 和 100 kDa 的蛋白产物。

（三）IBV 变异的分子基础

与其他冠状病毒类似，IBV 基因组易发生变异，主要原因有以下几个方面：RNA 易降解，缺乏作为单链 RNA 的互补链，不稳定；RNA 转录过程中的校对机制不完善；RNA 聚合酶复制的保真性差，使得基因组的每一代复制都有可能诱发一至数个变异；特殊的先导引物转录机制，使得 RNA 聚合酶必须沿模板"跳跃"前进，并且合成的是一组不连续的但某些区域又很相似的 mRNA。这就造成 RNA 聚合酶有可能不完全忠实于一条模板移动，其结果是导致高频突变或重组的发生。IBV 基因组变异的主要形式是点突变、缺失或插入和基因重组。IBV 基因组的变异除自发突变外，还受到许多外部因素的影响，如多价苗的使用、鸡群密度、宿主的免疫状况及高强度的免疫压力等。

由于 IBV RNA 依赖的 RNA 聚合酶缺乏校正能力，病毒经每一轮复制都可能诱发一至数个碱基突变、缺失或插入，这样的点突变、缺失或插入可以发生在基因组的任何部位，但一般只有 S1 基因上的点突变、缺失或插入后导致抗原位点变化，缺失、插入或点突变的积累可能产生新的血清型病毒。不同血清型的 IBV 毒株 S1 基因之间的同源性差异一般为 20%～25%，有的可达 48%。在某些情况下，一些少数关键氨基酸的改变对病毒抗原性的变化起重要作用。

重组是 IBV 发生变异的另一重要机制。重组可以发生在不同野毒株同时感染一个动物体，也可以发生在接种的活毒疫苗株与野毒之间。

（四）病毒的转录复制

IBV mRNA 的转录过程不是由前体 mRNA 加工得到，而直接由前导引物起始转录。病毒感染细胞后，在宿主细胞内早期 RNA 聚合酶的作用下，以基因组正链 RNA 为模板，转录出与基因组相同长度的负链 RNA，然后 5′端的引导序列先从负链模板上转录出来。在引导序列 3′末端的短序列 5′-CT（T/G）AACAA3′可和负链模板上各基因起始处的互补序列进行配对，从而引导 mRNA 的合成。IBV mRNA 的合成是不连续的，未完全合成的 mRNA 可以从模板上脱落下来，形成 mRNA 的中间体，但是这些中间体又可以结合到模板上去，重新合成。由于这种转录方式，导致如果存在不同型 IBV 混合感染同一细胞时，可在不同毒株间发生基因交换，从而产生新的毒株。

在 IBV 感染敏感细胞时，S 蛋白先与细胞的受体结合，通过病毒囊膜和细胞膜的融合或内吞作用而进入感染细胞。病毒粒子在感染细胞的细胞质内脱壳，随后基因组 RNA 活化，发挥 mRNA 的功能。首先翻译出早期病毒特异性 RNA 聚合酶，然后复制出互补负链 RNA，该负链 RNA 通过 2 个不同的晚期 RNA 聚合酶又转录出正链 RNA 和一套 mRNA，该 mRNA 分别编码结构蛋白及附属蛋白。一般在感染后 2～3h，细胞内就可检测到病毒 RNA 聚合酶的活性。

一般来说，IBV 的 S 蛋白在高尔基体中发生乙酰化，并在此与细胞酶发生作用，参与病毒粒子的合成；N 蛋白在细胞质多糖体上合成，与新形成的基因组 RNA 相互作用，从而形成螺旋状的核衣壳；M 蛋白在粗面内质网形成后转运到高尔基体后发生糖基化。M 和 S 蛋白都在粗面内质网结合的多糖体上合成。成熟的病毒粒子进入前高尔基体或顺式-高尔基体网腔内后获得病毒囊膜。然后病毒从死亡的感染细胞直接释放或穿过高尔基体，经滑面内质网迁移到细胞边缘后与胞浆膜融合，释放到感染细胞的胞外。经后者释放的病毒一般不引起感染细胞的死亡。

三、免疫学

IBV 的血清型众多，不同血清型病毒之间交叉保护性小或无交叉保护作用。不同毒株之间致病性差异较大。在某些毒株，即使相同血清型之间，野毒株 S1 基因某个或某些核苷酸的变异导致氨基酸位点的替代可能使同种血清型疫苗对野毒不能提供保护。所有这些因素使得 IB 的免疫变得非常复杂。

一般认为，针对 IB 的免疫是细胞免疫、体液免疫和黏膜免疫共同起作用。对于相同血清型的病毒及其疫苗来说，单独的任何一种免疫类型均不能对强毒的攻击产生完全保护。机体中的循环抗体水平不能完全代表免疫力，有循环抗体的鸡可能无抵抗力。活疫苗一般在免疫后 2～4 周使呼吸道获得保护能力，此时血清中抗体达到高峰。在 IB 严重发生的地区用同型疫苗免疫可抵抗肾炎引起的死亡和维持蛋鸡的产蛋量。研究表明，主要是 S_1 糖蛋白诱导病毒中和抗体和血凝抑制抗体，纤突蛋白在诱导保护性免疫中起重要作用。鼻腔分泌液中的局部中和抗体能够防止再次感染，哈德腺也可介导局部免疫应答。说明局部黏膜免疫在 IB 的预防中起重要作用。此外，接种活疫苗后引起淋巴细胞转化、细胞毒性淋巴细胞活性升高、迟发型过敏反应的出现及干扰素的产生等，均表明了细胞介导的免疫反应可能发挥重要作用。IBV 母源抗体能有效地抵抗同型毒株的攻击，延缓 IBV 对呼吸道的病理损害和严重程度，降低肾型 IB 的死亡率，也可影响同型疫苗的反应强度和效力，母源抗体一般可维持 1～2 周。

四、制品

疫苗在 IBV 预防中起重要作用，特别是研制

针对特定地区流行的血清型的疫苗是防控 IBV 的更为有效的方法。目前，常用疫苗主要有灭活疫苗和活疫苗 2 类，它们都含有完整的 IBV 颗粒，但是，基因工程疫苗也具有潜在的应用前景。

（一）诊断及诊断试剂

和其他病毒病类似，IB 的诊断也包括病原（病毒）诊断和血清学诊断。关于病原诊断的研究报道很多，包括 ELISA、琼脂扩散试验，以及检测核酸的 RT-PCR、real-time PCR 等诊断方法。但目前，IBV 分离鉴定仍然是 IB 诊断的金标准，在很多国家仍然广泛使用。IB 抗体的检测在诊断中的意义不大。首先，IB 的免疫密度很高，商品化鸡群的抗体阳性率也很高；其次，抗体的阳转率虽然在一定程度上与鸡群的免疫状态有关，但抗体的阳转和滴度并不能代表鸡体的免疫水平；再次，IBV 不同血清型之间交叉保护率低，即便是在高抗体水平的情况下，感染异种血清型的病毒仍然可能造成发病。

（二）灭活疫苗

单独使用 IB 灭活疫苗免疫不能有效防止病毒感染。灭活疫苗常用于产蛋鸡（包括种鸡）产蛋前的加强免疫。IB 灭活疫苗是将完整的 IBV 颗粒经理化方法灭活后制备的疫苗，主要在种鸡、蛋鸡开产时使用。灭活疫苗的优点是研制周期短，使用安全，易于保存，不存在散播病原和毒力返祖现象，且能激发良好的体液免疫反应；缺点是使用剂量大，需要配合佐剂，制备比较复杂，且成本较高。目前，用于制备灭活疫苗的毒株包括 M_{41} 株、荷兰株、Connecticat 株、Arkansas 株、Florida 株、JMK 株、D_{274}、D_{1466} 株及 B、C 亚型株等。在美国，M_{41} 株、荷兰株及 Connecticut 株已被广泛应用，而 JMK 株、Florida 株及 Arkansas 株经特许才可进行区域性应用，荷兰用荷兰株、D_{274} 和 D_{1466} 株，澳大利亚用 B 和 C 亚型株，我国常用的为 M_{41} 株。单一血清型疫苗只能对同型 IBV 感染产生免疫力，对异型病毒只能提供部分保护或根本不保护，各地应根据当地流行的血清型选择疫苗。疫苗株应避免过多地传代以防其免疫原性降低。

此外，我国还研制了 ND、IB 二联灭活疫苗，ND、EDS、IB 三联灭活疫苗，ND、IB、EDS、IBD 四联灭活疫苗等。实践证明，在养鸡生产中

应用这些联苗，对预防 IB 起到一定作用。

（三）活疫苗

IB 弱毒活疫苗是由抗原性良好的毒株连续通过鸡胚传代致弱后制备的冻干苗，主要用于肉鸡免疫及种鸡和蛋鸡的首免。

IB 弱毒活疫苗首先在荷兰用于 IB 的预防，其中 H_{52} 和 H_{120} 是最先用于 IB 预防的活疫苗，也是目前世界上应用最广泛的活疫苗，已应用了五十多年，而且 H_{120} 对部分不同血清型的 IBV 能提供异源交叉保护作用。活疫苗能有效刺激机体的免疫系统，激发体液免疫和细胞免疫，且局部免疫后能引起较高的局部抗体（IgA）应答，因此在保护商品化产蛋鸡方面比灭活疫苗具有更好的应用价值。

在北美洲，用于 IB 预防的最普遍的活疫苗株的血清型主要有马萨诸塞（Massachusetts）、康涅狄格（Connecticut）、阿肯色（Arkansas）等。这些血清型的 IBV 不仅可以用来制备单价活疫苗，而且还可以用来生产二价活疫苗。此外，还有用特定地区流行株致弱制备的活疫苗，如 D_{072}、GA_{98} 活疫苗等。在欧洲有 H_{120}、H_{52}、D_{1466}、D_{274}、Ma_5、4/91 等。澳大利亚有 Vic S、N1/88、Inghams、Steggles 等，且主要以预防肾型 IBV 为主。日本有 H_{120}、L2、Kita - 1、KU、TM_{86}、Miyazaki、ON/74 等活疫苗。韩国有 H_{120} 和 KM_{91} 活疫苗。

我国除 H_{120}、H_{52}、Ma_5 外，还有一些用地方分离株致弱后制备的活疫苗，如 W_{93} 和 LDT3 - A 株，这些疫苗在我国地方 IB 的防治中起着重要作用。

（四）基因工程疫苗

基于已经认识到 IB 免疫中 S1 蛋白和 N 蛋白是重要的免疫原蛋白，因而以此为靶蛋白设计的基因工程疫苗研究报道较多。其中包括用重组杆状病毒表达 IBV S1 基因制备的亚单位疫苗；用痘病毒、禽痘病毒、腺病毒、鸭肠炎病毒、新城疫病毒等为载体，表达 IBV S1 基因制备的活载体疫苗；用全部 S1 基因或其不同表位串联的 DNA 疫苗及用植物作为载体，表达 S 或 S1 蛋白的转基因可饲疫苗等。由于这些方法制备的都是 IBV 的部分基因组成分编码产物，加上许多技术仍处于探索阶段，同时由于 IBV 本身的特殊性，

因此这些疫苗离实际应用还有很长距离。但与常规疫苗相比，基因工程疫苗具有廉价、生产规模大、易于区分感染与免疫动物和利用活载体研究多价疫苗等优点，因此相关的研究仍具有重要意义。

五、展望

综上所述，由于 IBV 的多血清型及不同血清型之间的交叉保护性差等原因，IB 至今仍然是危害世界养禽业最为严重的疾病之一，也是最难以预防的疾病之一。目前，已有用于 IB 预防和诊断的方法和生物制品，但这些制品具有各自的优缺点。和大多数病毒性疾病一样，至今没有用于 IB 的治疗制品。以上这些都是与 IBV 基础研究的某个或某些方面相关，也与生物学技术和方法有关。

IB 预防中大多采用常规弱毒疫苗。由于不同地区流行的 IBV 可能属于不同血清型，因此，在 IBV 疫苗毒株的筛选和培育之前，首先要阐明特定地区 IBV 流行的血清型状况。常规血清型的确定可采用鸡胚或鸡胚细胞体外交叉中和试验的方法，但由于该方法费时费力且费用较高，而且对于病毒流行严重的地区，由于毒株数量多，这种方法在实际操作中可行性受限。近年来，随着生物技术的发展和在兽医病毒学中的广泛应用，通过进行 IBV S1 基因分型的方法研究特定地区 IBV 的血清型，从而进行疫苗株的选育，具有重要的应用价值，并已在不同国家和地区广泛应用。弱毒疫苗株的培育多采用常规的鸡胚传代致弱的方法，虽然该方法费时费力，枯燥烦琐，但仍然是 IB 弱毒疫苗株培育的经典方法。虽然 IBV 的反向遗传操作技术已经建立，基于这种方法，快速准确地进行疫苗毒株构建也已成为可能，但因 IBV 基因组大，且不稳定，因此目前该技术仅在个别实验室取得初步成功。随着生物技术的进一步发展和应用，有望解决该瓶颈问题。

对于 IB 的治疗，目前仍无有效制品。对于 IB 来说，至少有两个方面的基础研究未取得进展从而限制了 IB 有效治疗制品的研究。首先，IBV 受体目前仍然未知。虽然部分和 β 冠状病毒的受体已经确定，但有研究发现，这些受体成分都不是对应的？冠状病毒宿主中的受体成分，因此无法进行针对受体颉颃剂等相关制品的研究。其次，

IBV 编码的酶类，尤其是主要酶 3CLP 及 IBV NSP 蛋白的晶体结构和功能未知，因此无法针对病毒复制、装配及出芽等进行抑制剂的研究。

对于 IB 的诊断，虽然基于病毒分离的相关诊断费时费力，但目前仍然是应用最广、最准确的诊断方法。此外，根据不同血清型病毒基因保守位点，并以此为靶位点应用该核苷酸片段或应用该片段编码的蛋白产物或应用该蛋白产物制备单克隆抗体，基于此的群特异性病原学和血清学诊断方法的建立具有一定的应用前景。同样，根据不同血清型病毒基因差异位点，并以此为靶位点应用该核苷酸片段或应用该片段编码的蛋白产物或应用该蛋白产物制备单克隆抗体，基于此的型特异性病原学和血清学诊断方法的建立也具有一定的应用前景。

（刘胜旺 王 芳 丁家波）

主要参考文献

王明俊等，1997. 兽医生物制品学 ［M］. 北京：中国农业出版社.

Cavanagh D，2007. *Coronavirus* avian infectious bronchitis virus ［J］. Veterinary Research，38：281-297.

Masters P S，2006. The molecular biology of *Coronaviruses* ［J］. Advances in Virus Research，66：193-292.

第六节 鸡传染性法氏囊病

一、概述

鸡传染性法氏囊病（Infectious bursal disease，IBD）是由传染性法氏囊病病毒（IBDV）引起的、主要侵害幼龄鸡的一种急性、高度接触性传染病。1957 年，IBD 首先发生于美国特拉华州甘博罗地区，故又称甘博（布，保）罗病。1962 年由 Consgrove 首先报道，因病死鸡有严重的肾脏损伤，当时称之为"禽肾病"。我国 1979 年首次发现 IBD。

IBD 可以感染鸡、火鸡、鸭、珍珠鸡和鸵鸟，但通常情况下仅青年鸡发病。本病主要经水平传播，但病毒也可经种蛋垂直传播。本病往往突然发生，传播迅速，当鸡群中开始出现感染鸡时，在短时间内所有鸡均可感染，邻近鸡舍在 2～3 周后也可能发病。2 周龄以内幼龄鸡感染 IBD 后，法氏囊的淋巴组织受到侵害，能引起严重的体液免疫抑制，常诱发继发感染。通常在感染第 3 天开始死亡，5～7d 后达到高峰，以后很快停息，表现为高峰死亡和迅速康复的曲线。该病死亡率差异大，经典强毒株引起 3～6 周龄青年鸡发生严重的急性感染，死亡率一般为 15%～50%；3 周龄以下鸡常发生亚急性或隐性感染。近年流行的 IBD，死亡率明显提高，超强病毒株致死率高达 70% 左右；发病日龄范围扩大，早至 3 日龄幼雏，晚至 180 日龄成鸡；不典型病例、混合感染病例和继发感染病例越来越多；变异株的出现，使本已广泛使用多年的标准株疫苗的免疫效果受到限制。

IBDV 超强毒株和变异株在我国并存，给我国的 IBD 防制带来较大困难。该病对家禽养殖业具有较严重的破坏性，是目前全球范围内仍引起重大经济损失的几种主要的家禽疾病之一。

二、病原

IBDV 属双股 RNA 病毒科，是其中的禽双股 RNA 病毒属唯一成员。IBDV 病毒粒子呈六角形，无囊膜，直径 55～65nm，呈二十面体立体对称。

（一）IBDV 血清型

IBDV 有 2 个血清型：血清Ⅰ型和血清Ⅱ型。其中的血清Ⅰ型是鸡源病毒，对鸡有致病性；血清Ⅱ型是从火鸡中分离到的病毒，可以感染鸡和火鸡，但无致病性。血清Ⅰ型和血清Ⅱ型的病毒抗原的相关性较低，没有交叉免疫保护作用。利用 AGP、ELISA 和 FA 不能将两个血清型区分开，一般以 VN 和鸡体交叉保护试验进行病毒分型。自从 1985 年美国 Rosenberger 发现 IBDV 的变异现象并首次提出"变异株"的概念、Jackwood 等于 1987 年提出"亚型"的定义以来，全世界很多国家都发现了 IBDV 的亚型和变异现象。曾有美国学者将不同Ⅰ型 IBDV 毒株区分为 6 个亚型，其中的变异株归为亚型 6，而我国先后有人利用中和试验分出 8 个亚型、6 个亚型和 5 个亚型。与经典毒株致病特点（免疫抑制和法氏囊水肿）相比，变异株的致病特征是法氏囊迅速萎缩，导致很明显的免疫抑制作用，用传统疫苗不能产生有效保护。1989 年在比利时首次分离到 IBDV 超强毒株（vvIBDV）后，在欧洲、非洲和亚洲的日本和东南亚等地区均发现了以毒力增强为主的抗原变异，即出现了"超强毒"。vvIBDV 感染后可导致法氏囊严重出血，似"紫葡萄"样，死亡率高达 70%。我国也发现了超强毒株和变异株。

（二）病毒基因组

IBDV 的基因组是由两个片段的双链 RNA 分子组成，分别称为 A 片段（大片段）和 B 片段（小片段）。其中，A 片段 3 200～3 300bp，B 片段 2 800～2 900bp。A 片段含有一个大的开放阅读框（ORF），由 3 036 个核苷酸组成，编码分子质量约为 110kDa 的前体融合蛋白 NH2 - VP2 - VP4 - VP3 - COOH，随后裂解为 VP2、VP4 和 VP3。在大的 ORF 上游非编码区内还有 2 个小的开放阅读框，分别编码 1 个含 12 个氨基酸残基的多肽和 1 个分子质量为 16.5～17kDa 的 VP5 蛋白。B 片段含有一个连续的开放阅读框，编码 VP1 蛋白。

（三）病毒编码蛋白及其功能

IBDV 有 4 种成熟的结构蛋白 VP1、VP2、VP3 和 VP4，分子质量分别为 90kDa、37～40kDa、32～35kDa、24～29 kDa。VP2 和 VP3 是病毒的主要结构蛋白，分别约占病毒总蛋白的 51% 和 41%，VP1 和 VP4 含量较少，约分别占 3% 和 6%。VP2 携带中和性抗原，位于病毒表面，VP3 具有碱性 C -末端区域，位于衣壳的内表面或与内部 RNA 一起包装。衣壳外层（半径 29～33 nm）系由 VP2 形成。VP5 蛋白是一种非结构蛋白。

VP1 蛋白是一种依赖于 RNA 的 RNA 聚合酶，位于核衣壳内部。VP1 的缺乏对 IBD 病毒样颗粒的形成没有影响，其对 IBDV 衣壳的组装是非必需的，但对基因组的复制却是必要的。VP1 蛋白通常以两种形式存在：一是与病毒基因组结合的形式即 VPg，二是游离形式即游离 VP1。VPg 为一基因连接蛋白，把 A、B 两个片段首尾相连。游离 VP1 与病毒粒子的组装有关，通过形成 VP1 - VP3 复合体起作用。

VP2 蛋白是 IBDV 的主要结构蛋白，构成病毒的衣壳结构，同时也是主要的宿主保护性抗原，

可诱导产生中和抗体。通过对不同 IBDV 毒株的 A 片段基因序列进行比较发现，不同毒株的氨基酸变异集中在 206～332 位氨基酸残基之间，这一区域称作 VP2 高变区。VP2 高变区包含 3 个重要的结构：212～224 位和 314～324 位氨基酸组成的 VP2 大亲水峰或亲水峰 A 和 B，亲水峰 A 对其抗原表位构象稳定性有作用，亲水峰 B 是中和抗体结合位点；248～252 位和 279～290 位氨基酸组成的 VP2 小亲水峰 1 和 2；326～332 位的 SWSASGS 7 个氨基酸组成的七肽区。VP2 高变区氨基酸残基的突变是引起毒力变异的重要因素。VP2 蛋白与病毒中和抗体的诱导与识别、病毒毒力变异、病毒的抗原漂移、细胞凋亡的诱导等密切相关。毒力相关抗原表位具有毒力特异性，可据其区分强弱毒。中和抗原表位有多种，有的具有血清型特异性，有的具有株特异性，可用于不同目的的特异性鉴定。七肽区是高致病性毒株的保守序列，该区域可通过氢键改变分子间或分子内的相互作用从而影响毒力。不同 IBDV 具有不同的细胞嗜性，如强毒株不能在 CEF 上生长，而弱毒株可适应 CEF 并产生 CPE，其分子基础在 VP2 蛋白上。VP2 的表达能够诱导 CEF、Vero 等细胞发生凋亡。IBDV 的抗原变异主要集中在 VP2 蛋白的 2 个亲水区内。与经典株相比，变异株 VP2 的两个亲水区即 212～224 位氨基酸和 314～324 位氨基酸易发生突变，这种突变又常改变病毒的中和特性从而导致变异株逃避 I 型标准株疫苗的免疫保护作用。

VP3 蛋白含有群特异性抗原决定簇。这些抗原决定簇可以诱导产生中和抗体，但反应能力极弱，免疫保护性不强。VP3 蛋白对 IBDV 衣壳的形成和形态完整是必需的。

VP4 蛋白具有蛋白水解酶活性，其主要作用在于对多聚前体蛋白 N - VP2 - VP4 - VP3 - C 进行加工，释放出 VP2 和 VP3 两个主要的结构蛋白。

VP5 蛋白是一种非结构蛋白，对病毒的体内、体外复制都是非必需的。VP5 蛋白在病毒致病力方面起重要作用。

三、免疫学

IBDV 通常通过消化道途径感染。在消化道感染中，病毒最先接触的部位是肠道。攻毒感染

后 4～5h，即可以在十二指肠、空肠和盲肠，尤其是肠道的巨噬细胞和淋巴细胞中检测到病毒。

IBDV 在肠道中进行少量复制，并通过肠道进入门静脉系统。在感染后 5h，已经可以在肝脏，尤其是枯否氏细胞中检出病毒。从肝脏出来的病毒进入循环系统，并由此扩散到法氏囊。在感染后 11～13h，即可在法氏囊中检测到病毒。法氏囊是 IBDV 真正的主要靶器官，IBDV 在法氏囊中未成熟的 B 淋巴细胞内复制，由此形成严重的病毒血症。由于大龄鸡的法氏囊已经退化，没有部位供 IBDV 大量复制并引起严重的病毒血症，因此 IBDV 主要感染幼龄鸡。一旦发生严重的病毒血症，IBDV 将扩散到全身各器官组织，尤其是脾脏、胸腺和二级淋巴组织，在感染后 16h，即可以在各脏器内检测到 IBDV。由于有关器官、组织和细胞受到损害，感染雏鸡表现出各种症状，并可出现死亡。

急性感染时，法氏囊极度肿大，呈胶冻样。在感染后 3d，法氏囊开始变大，重量也增加。通常在感染后第 4 天，法氏囊的重量达到原重量的 2 倍。感染后 5d，法氏囊开始萎缩，恢复到原来的重量。感染后 8d，法氏囊已萎缩，其重量仅为原重的三分之一。免疫系统还处于发育中的幼龄雏鸡感染 IBDV 后，病毒可破坏法氏囊中的未成熟淋巴细胞，使淋巴细胞的分化过程受到损害，外周淋巴组织内成熟的淋巴细胞群减少，最终导致雏鸡免疫抑制。因此，IBD 的危害既在于发病阶段的鸡只死亡，更在于其导致的免疫抑制。

IBDV 感染引起法氏囊淋巴细胞的凋亡，被认为是此病造成免疫抑制的主要原因。法氏囊髓质部未成熟的淋巴细胞是 IBDV 的最适靶细胞。所有研究结果表明，IBDV 感染引起淋巴细胞凋亡，T 淋巴细胞、B 淋巴细胞数目减少，体液免疫和细胞免疫能力下降，红细胞免疫功能及细胞因子调节能力降低，最终导致机体全身性的免疫抑制。

根据上述研究成果，我们不难找到免疫预防 IBD 的途径，即刺激幼龄鸡被动或主动获得高水平的循环抗体，对扩散到血液中的 IBDV 进行中和，阻止 IBDV 对其他器官和组织的侵害。为此，我们可以使用活疫苗或灭活疫苗对种鸡进行接种，使雏鸡获得高水平的母源抗体；也可通过对雏鸡进行早期疫苗接种，使其在感染前即已产生主动免疫抗体。通过注射抗体（抗血清或卵黄抗体），迅速提高幼龄鸡体内的循环抗体水平，也是防治 IBDV 感染的有效措施。与 IBDV 强毒株的感染机理相似，在使用 IBD 弱毒活疫苗时，也必须使得弱毒株到达法氏囊并在其中繁殖到一定程度，才能诱发免疫力。而商品代雏鸡体内的母源抗体势必对弱毒株在体内的传播和复制产生很大影响。能够在多大程度上克服母源抗体对弱毒株的影响，直接决定了活疫苗的使用效果。

四、制品

由于 IBDV 对环境的抵抗力强，能持久地存在于周围环境中，一旦感染，很难根除。因此，对 IBD 的防制必须坚持预防为主的方针。养殖企业应制定综合性防制措施，在严格卫生消毒措施、加强饲养管理、减少应激因素的基础上，定期检测，做好疫苗接种工作。在发现疫情初期，用抗体制剂进行紧急治疗和预防。

（一）诊断试剂

用于诊断 IBD 的方法很多，除传统的病毒分离方法外，各实验室均可根据自身条件选用不同血清学和免疫学诊断方法，不少实验室还建立了敏感性高、特异性强、操作简便快速的分子生物学诊断技术。

我国已经批准产业化的诊断试剂有酶联免疫吸附试验（ELISA）诊断试剂盒、琼脂扩散试验（AGP）抗原和 IBD 胶体金快速检测试纸条。前两者可用于 IBD 抗体检测，其中的 ELISA 方法敏感性和特异性高，稳定性好，可用于同时检测大量样品，AGP 法操作简便，不需要昂贵的仪器设备；IBD 胶体金快速检测试纸条可用于病毒抗原的快速检测。

（二）疫苗

用于防制 IBD 的疫苗有活疫苗、灭活疫苗和其他疫苗。

我国已经批准新兽药注册和进口注册的 IBD 活疫苗很多，包括低毒力株活疫苗、中等毒力株活疫苗和中等偏强毒力株活疫苗。已经批准注册的中等偏强毒力株活疫苗包括进口的 W_{2512}、G-61 株，中等毒力株活疫苗包括进口的 MB、CE、D_{22}、CH/80、LIBDV、Lukert、LC_{75}、I-65、D_{78}、S_{706} 株等活疫苗和国产 B_{87}、BJ_{836}、NF8、

Gt、BJV 株等活疫苗，低毒力株活疫苗包括国产 A₈₀ 株活疫苗。其中，中等偏强毒力株活疫苗对法氏囊损害较大，对 SPF 鸡接种后有明显的免疫抑制作用，一般仅用于具有高水平母源抗体的肉鸡群。普遍使用的为中等毒力株活疫苗，既具有一定毒力，可突破一定水平的母源抗体，又不引起法氏囊不可逆的损伤。低毒力株活疫苗只用于较为洁净的鸡场，目前已经很少使用。活疫苗的接种途径包括喷雾、饮水、滴鼻、点眼等。

IBD 活疫苗的生产中通常采用天然或人工致弱的 IBDV 弱毒株接种 SPF 鸡胚、CEF 或传代细胞进行病毒培养，收获后加常规保护剂或耐热保护剂制成。通常制成单苗，有时也制成联苗（如 S₇₀₆ 株与 MD 活疫苗一起制成二联苗）。成品检验中主要进行纯净性检验（无菌和外源病毒检验）、安全检验和病毒含量检验。纯净性检验可采用法定方法和标准进行；病毒含量检验方法和标准须根据特定疫苗株的培养特性及其免疫原性试验数据来制定，通常采用鸡胚培养法或细胞培养法进行测定，含量标准不低于最小免疫剂量的 5~10 倍；安全检验方法和标准亦须根据特定疫苗株的安全性指标来制定，同时兼顾同类制品的通行安全检验标准。有时，还可将免疫抑制试验作为安全检验内容的一部分，但因不同毒株的特性及其使用范围不同，切忌简单套用不同毒株的检验标准。

活疫苗的安全性是其令人担忧的主要方面，中等偏强毒株活疫苗和个别中等毒力株活疫苗对幼龄鸡法氏囊可产生较明显的损伤。活疫苗的免疫效果毋庸置疑，但易受到至少 2 个因素的显著影响，一是疫苗株与本地区流行株的匹配性，二是克服母源抗体干扰的能力。因此，从已经批准使用的众多活疫苗中筛选出契合本地区流行特点的活疫苗是十分重要的。

抗原抗体复合物疫苗是一类特殊的活疫苗，系用弱毒疫苗抗原与相应抗血清按特定比例进行混合，加保护剂制成的冻干活疫苗。该类疫苗已有进口注册，国内亦在进行类似产品的研发。该类疫苗既能用于低母源抗体水品鸡群，不产生安全问题，又能用于高母源抗体水平鸡群，不带来效力影响，可满足不同母源抗体水平鸡群的 IBD 防制需要，因而具有较广阔的应用前景。该类疫苗的纯净性检验和安全检验，与常规 IBD 活疫苗相似，但其效力检验难以通过简单的病毒含量测定得以完成，通常须采用免疫攻毒法进行效力检验。

IBD 灭活疫苗对于提高鸡的循环抗体水平、增强对 IBDV 感染的抵抗力已有良好作用。我国已批准上市的灭活疫苗包括多种单苗，以及与新城疫病毒、传染性支气管炎病毒、减蛋综合征病毒、呼肠孤病毒等组分配制的各种联苗。灭活疫苗目前主要用于种鸡在产蛋前进行皮下或肌内注射，以提高子代鸡的母源抗体水平，并使子代鸡群母源抗体有较好的整齐度。

IBD 灭活疫苗的生产中通常采用 IBDV 弱毒或强毒株接种 SPF 鸡胚、CEF 或传代细胞（个别企业通过接种 SPF 鸡）进行病毒培养，收获、灭活后加常规佐剂制成单苗或联苗。成品检验中主要进行纯净性检验（无菌检验）、安全检验和效力检验。纯净检验可采用法定方法和标准进行；安全检验中亦可参照同类制品的通行安全检验方法和标准进行；效力检验方法和标准的制定中可体现出各产品的个性化特征，可采用直观的免疫攻毒法，也可根据试验数据提出替代效力检验方法。

IBD 灭活疫苗具有可靠的安全性。对灭活疫苗免疫效果的主要影响因素是疫苗株与本地区流行株的匹配性。该问题尚未得到普遍重视，广大疫苗研发人员和养殖企业在选用疫苗时还不太注重各疫苗株特性及其适用范围。目前，我国尚未研发出添加有不同毒株抗原的灭活疫苗。根据国际经验，用 2 个甚至更多个毒株制备疫苗，对提高疫苗的实际免疫效果是有益的。

除活疫苗和灭活疫苗外，我国市场上已经出现 IBD 载体活疫苗、基因工程亚单位疫苗等其他疫苗，为防制 IBD 提供了更多选择。已经批准上市的 IBD 基因工程亚单位疫苗系用能表达 IBDV VP2 蛋白的重组大肠杆菌进行发酵培养、抗原提取、加适宜佐剂制成的疫苗，通过颈部皮下注射或肌内注射。该疫苗已与鸡新城疫、传染性支气管炎病毒等制成联苗。已经批准在我国上市的 IBD 载体活疫苗系用表达 IBDV VP2 蛋白的重组火鸡疱疹病毒接种 CEF 培养，收获后加适宜冷冻保护液制成的载体活疫苗，用于 18~19 日龄鸡胚胚内接种或 1 日龄雏鸡皮下接种。由于 VP2 蛋白上具有主要的宿主保护性抗原，因此，通过上述思路设计出的表达或含有 VP2 蛋白的活载体疫苗或亚单位疫苗显然较常规疫苗有更广泛的适用性。

（三）治疗用制品

已批准上市的 IBD 治疗类制品为 IBD 卵黄抗体，有冻干和液体制剂 2 种剂型。该类制品安全性好，见效快。在 IBD 活疫苗的使用处于两难境地（毒力过弱，难以突破母源抗体的干扰；毒力过强，容易引起免疫抑制）、灭活疫苗见效慢、被动免疫力持续时间短的情况下，使用卵黄抗体可能成为紧急控制 IBD 急性感染的最有效途径。

IBD 卵黄抗体的生产中通常用灭活抗原或灭活疫苗对商品种鸡进行免疫接种，在其抗体高峰期取其所产鸡蛋，从蛋黄中提取抗体制成。其成品检验主要包括纯净性、安全和效力检验。效力检验中可采用免疫攻毒法，亦可根据研发数据建立替代效力检验方法，如采用得到广泛接受的 AGP、SN 等法测定抗体效价，亦可令人信服。IBD 卵黄抗体是同源或异源抗体生产和应用较为成功的例子，早在二十多年前即已成功获批，受到市场欢迎，并借鉴到其他动物疫病抗体的生产中。由于难以使用 SPF 鸡生产该类制品，因此该类制品中必然含有水平不一的其他有关抗体，这些外源性抗体输入鸡体后，可能会对有关疫病疫苗的免疫接种产生不良影响。

五、展望

目前，IBD 防制工作面临的主要困难包括：IBDV 血清型复杂，传统疫苗株预防不同亚型毒株、变异株或超强毒株的效果欠佳；免疫接种工作中难以有效克服母源抗体对疫苗免疫效果的影响。

用各地区分离到的 IBDV 毒株进行人工致弱，研制弱毒活疫苗，并限定适用范围，是一种可行方案。但是，由于各地区流行毒株的抗原性具有较大差异，甚至在同一地区存在多个流行毒株，特定弱毒株活疫苗的使用范围和效果势必受到限制，且对强毒株进行人工致弱的过程耗时长，研制致弱活疫苗的劣势也是非常明显的。因此，在选用已有活疫苗和灭活疫苗时，充分进行流行病学分析，选择抗原相关性最近的疫苗株制备的活疫苗或灭活疫苗，是确保免疫效果的基本要求。

用抗原性差异较大的多个毒株制备活疫苗或灭活疫苗，是扩大疫苗使用范围的有效措施。美国使用的多种灭活疫苗和部分活疫苗中均含有标准株和地方分离株抗原，但尚未有国内企业生产类似产品。

采取有效措施，降低母源抗体对活疫苗免疫效果的影响，是研发人员和疫苗使用者共同关注的现实问题。一是从使用环节入手，对种鸡群进行高强度免疫，使雏鸡的母源抗体水平尽可能高且整齐，当雏鸡的母源抗体下降到一定水平时，适时使用活疫苗进行接种，从而提高疫苗使用效果；二是从研发环节入手，研制出不受母源抗体影响或影响较小的疫苗。

抗原抗体免疫复合物疫苗既安全又有效，可能是今后做好 IBD 预防工作的主要选择之一。开发载体疫苗、核酸疫苗、重组亚单位疫苗等新型疫苗，可能既扩大了疫苗适用范围、又能克服母源抗体干扰。这些疫苗可能终将取代传统活疫苗，成为 IBD 免疫预防的主要工具。但确保其免疫效力不明显低于已有传统活疫苗，是考验这些疫苗能否成功取代传统疫苗的最重要因素。

大力发展治疗用抗体，也是必不可少的选择。生产同源血清，须解决动物的纯净性问题，避免由制品带来的同源性感染；生产异源动物血清，须解决异源蛋白过多带来的过敏问题。

（陈光华　李俊平）

主要参考文献

陈玲，2015. IBDV 毒力分子机制研究及反向遗传操作系统的建立 [D]. 北京：中国兽医药品监察所.

王明俊等，1997. 兽医生物制品学 [M]. 北京：中国农业出版社.

王运湘，王旬章，余为一，1996. 法氏囊病毒的分子生物学研究进展 [J]. 安徽农业大学学报，23（1）：110-112.

Jackwood D H，Saif Y M，1987. Antigenic diversity of infectious *Bursal disease viruses* [J]. Avian Diseases，31（4）：766.

第七节　鸡传染性喉气管炎

一、概述

鸡传染性喉气管炎是鸡的一种病毒性呼吸道传染病，可引起死亡和产蛋下降从而导致严重的经济损失。严重流行时的临床症状为病鸡呼吸困难、气喘、咳出血样黏液，而且死亡率较高。在养鸡密集地区，温和型感染逐渐增多，其临床症状主要表现为黏液性气管炎、窦炎、结膜炎、消瘦，死亡率较低。

大多数养禽国家都已经证实有喉气管炎流行，而且仍然是易感鸡群，特别是较大鸡群的一种较为严重的疾病。在大多数集约化养禽地区，使用致弱的活疫苗已经很好地控制了蛋鸡的传染性喉气管炎。

二、病原

喉气管炎病毒（LTV）属于疱疹病毒科、α-疱疹病毒亚科中的传染性喉气管炎病毒属。病毒颗粒呈球形，核衣壳为二十面体对称，由 162 个空心的长壳粒组成，完整的病毒粒子直径为 195～250 nm，在核衣壳的外周包裹着不规则的囊膜，囊膜表面有纤突。

（一）病毒核酸

LTV 核酸为 DNA。其 DNA 基因组由 155 kb 的双链线性分子构成，该分子是由两列有反向重复序列的长独特节段（UL）和短独特节段（US）构成。最近，通过发表的 14 个不同序列分析确定了 LTV 的完整核苷酸序列，表明其完整的核苷酸分子为 148 kb，UL 节段为 113 kb，US 节段为 13 kb，UL 和 US 节段位于两列 11 kb 反向重复序列的侧面。LTV 基因含有 77 个开放阅读框，62 个位于 UL 节段，9 个在 US 节段，3 个位于反向重复序列。

（二）病毒蛋白

与其他疱疹病毒一样，LTV 的囊膜糖蛋白能够刺激产生体液免疫和细胞免疫。早期的研究表明，分子质量分别是 205kDa、160kDa、115kDa、90kDa 和 60 kDa 的 5 种主要囊膜糖蛋白是 LTV 的主要免疫性抗原。随后有实验室用单特异抗血清或单克隆抗体对 LTV 的糖蛋白进行鉴定，表明有些糖蛋白与人的单纯疱疹病毒是同源的，它们分别被称为 gB、gC、gN、gM、gG 和 gJ。gJ 最初被鉴定为 60 kDa 蛋白，称为 gP 60。进一步的研究表明，gJ 表达分子质量分别为 85、115、160 和 200 kDa 的多种蛋白，而 gC 仅表达 60 kDa

一种蛋白。

用缺失编码 gJ、gM 和 gN 基因的病毒进行的研究表明，上述几种糖蛋白是病毒复制非必需的，用 gI/gE 双缺失 LTV 进行的研究表明这两种病毒糖蛋白是病毒复制必需蛋白。

（三）对理化因素的抵抗力

LTV 对乙醚、氯仿等脂溶剂均敏感。病毒在含有甘油或营养肉汤的液体中在 4℃ 可以保存数月而不降低其感染性。但对于 LTV 的热稳定性，不同研究报道存在较大差异。有研究表明加热可使病毒的感染性迅速失活，55℃ 存活 15min，37℃ 存活 44h；但另外的报道表明 56℃1h 病毒还保持 1% 的感染性。在死亡鸡只的气管组织中，病毒在 13～23℃ 可存活 10～100d。常用的消毒药如 3% 来苏儿、1% 苛性钠溶液或 5% 石炭酸 1min 可以杀灭病毒。甲醛、过氧乙酸等消毒药也有较好消毒效果。

（四）毒株分类

ILV 仅有一个血清型，通过中和试验、免疫荧光和交叉攻毒保护试验等，表明毒株之间的抗原性相同，没有明显差异。

目前，已采用分子技术对 LTV 毒株进行鉴定，常用方法包括病毒 DNA 的限制性内切酶分析、DNA 杂交试验、PCR-RFLP 及基因序列分析等。LTV DNA 的限制性内切酶分析已广泛应用于田间疫病暴发的流行病学调查，该方法可以将疫苗毒与野毒进行鉴别。LTV 基因全序列数据的发表为应用 PCR-RFLP 方法进行毒株分子差异的鉴别提供了基础，PCR-RFLP 试验已经描述了疫苗毒和非疫苗毒株之间的差异。总之，采用分子生物学方法对不同毒株进行鉴定，可以发现不同毒株之间细小的分子学差异。

（五）毒株的致病性

自然出现的 LTV 毒株之间的毒力差别较大，有感染鸡后导致高发病率和死亡率的高毒力毒株，也有仅出现轻微临床症状甚至无症状感染的低毒力毒株。LTV 对鸡胚的毒力、细胞培养中出现的蚀斑大小和形态，以及在鸡胚绒毛尿囊膜上的蚀斑大小和形态均表现出毒株之间的差异。LTV 不同毒株之间毒力的鉴定，尤其是疫苗毒和野毒毒力的鉴定是目前需要进一步研究的课题。测定病毒在鸡胚上的死亡谱可以作为一个鉴别 LTV 的生物学系统，而且鸡胚的死亡率与毒力密切相关。

三、免疫学

（一）致病机理

LTV 感染易感鸡后，病毒主要是在喉头和气管的上皮细胞中复制，在其他黏膜，如眼结膜、鼻窦、气囊及肺等也可以复制。一般来讲，LTV 在这些组织中有较高的细胞溶解性，特别是对气管，从而导致严重的上皮组织损伤和出血。多个研究分别证实，感染 LTV 后，病毒可以在气管组织及其分泌物中存在 5～8d，到 10d 病毒则维持在很低水平，感染后没有明显的病毒血症期。病毒感染后可以扩散到三叉神经，三叉神经节是病毒的主要潜伏点，有研究报道，免疫接种后 15 个月三叉神经节中潜伏感染的病毒可以再次被激活；在开产和转舍等应激反应后，隐性感染的鸡可以再次排毒。临床上 LTV 呼吸道隐性感染是本病持续存在的一个主要特征。

（二）免疫应答

LTV 感染后可以激发机体产生一系列的免疫反应。感染后 5～7d 可以检测到中和抗体，21d 达到高峰，随后数月内逐渐下降到很低水平，不过在一年或更长的时间内能够检测到中和抗体。感染后 7d 能够在气管分泌物中检测到抗体，通过 10～28d 的平台期后达到高峰。人工感染后 3～7d 内气管内分泌 IgA 和 IgG 的细胞数量迅速上升。由于细胞免疫反应的复杂性，LTV 感染后的细胞免疫还没有得到深入研究，但是已经证实了机体对 LTV 有迟发型超敏反应。对 LTV 的细胞免疫反应持续时间还不清楚。

虽然 LTV 的体液免疫反应与感染有关，但不是主要的保护机制，血清抗体滴度和鸡群的免疫保护状态没有明显关系。在疫苗接种鸡中黏膜抗体并不是防止病毒复制所必需的，气管内局部的细胞免疫是产生对喉气管炎抵抗的主要因子。

鸡自然感染 LTV 后可产生坚强的免疫力，可获得至少 24 个月以上，甚至终生免疫。易感鸡接种疫苗后获得的保护力可持续 6～24 个月。母源抗体可通过卵传给子代，但其保护作用甚差，也不干扰鸡的免疫接种。

四、制品

（一）诊断制品

用于鸡传染性喉气管炎诊断的方法较多，实验室诊断主要依赖于病毒分离及病毒抗原和特异性抗体检测。血清学方法包括中和试验、间接免疫荧光试验、琼脂扩散试验及 ELISA 试验。用于传染性喉气管炎诊断的商品化试剂主要有琼脂免疫扩散（AGID）试剂和 ELISA 试剂盒。PCR 方法虽然也已广泛用于 LTV 的快速检测，但其扩增引物多为各实验室根据已发表的 LTV 核苷酸序列自行设计。《OIE 陆生动物诊断试验与疫苗手册》已根据多个研究结果制定了 PCR 检测程序。

1. 琼脂免疫扩散试剂 琼脂扩散试验既可用于感染组织中病毒抗原的检测，也可用于感染或免疫鸡中血清抗体的检测。用于病毒抗原检测时，需要使用具有较高血清中和效价的高免血清。由于一般的弱毒活疫苗免疫后鸡血清中抗体水平很低，即使用较为敏感的 ELISA 试剂盒进行检测，大多数鸡也为阴性，因此制备高免血清时一般采用强毒或采用灭活抗原制备。琼扩抗原可以采用感染了病毒的鸡胚绒毛尿囊膜（CAM）或细胞培养物来制备。如果采用 CAM 制备抗原，应将带有大量痘斑的 CAM 放入少量 PBS 中制成匀浆，超声波裂解。用细胞培养物制备抗原时，将收获的培养物用聚乙二醇浓缩至少 100 倍。尽管 AGID 的敏感性较其他方法差，但因为其试验简便、价廉、易行，便于基层兽医使用。国内已有几家实验室研制了琼脂免疫扩散试剂，但还没有完全商品化。美国、欧洲均有商品化的试剂供应。

2. ELISA 试剂盒 已研制开发出用于鸡传染性喉气管炎抗原和抗体检测的 ELISA 试剂盒。由于抗原检测的试剂盒多以单抗包被，可用于气管分泌物或含毒组织的检测，但其检测灵敏度要低于分子生物学方法和病毒分离。目前，ELISA 抗原检测试剂盒多为实验室产品，没有商品化。用于传染性喉气管炎抗体检测的 ELISA 试剂盒已广泛用于疫病的临床检测，国外已有商品化的试剂盒，但是国内还没有注册产品。

（二）疫苗

由于 LTV 的致病机理及其免疫应答特征，

目前用于 ILT 控制所使用的疫苗仍然是活疫苗。制备活疫苗的种毒为减毒株或自然无毒株，或通过基因工程技术构建的活载体疫苗或基因缺失疫苗。减毒活疫苗毒株的毒力是非常重要的，低毒力毒株免疫效果可能不理想，高毒力的疫苗株又会引起严重的不良反应，因此疫苗的选择需要在免疫效力和安全性之间找到一个平衡点。如果长期使用强毒力的疫苗，一旦想中断疫苗的免疫是非常困难的，且免疫鸡由疫苗株和野毒株混合引起的亚临床感染，会对周围未作疫苗免疫的鸡群构成更大威胁。

1. 弱毒活疫苗　在我国已注册的弱毒活疫苗毒株较多，进口疫苗中的毒株包括 Salsbury ♯146、Samberg 株、Connecticut 株、CHP50 株、Hudson 株、CE 株和 serva 株等，国内自行研制的疫苗毒株为 K317 株。这些毒株的毒力也存在较大差异，有些毒株如 Samberg 株因毒力较强已不予再注册，有些毒株如 Hudson 株和 CE 株由于毒力太弱而免疫效力差，也不予再注册。

2. 活载体疫苗　将 LTV 的糖蛋白 gB 基因插入到禽痘病毒或火鸡疱疹病毒而构建的活载体疫苗均已成为商品化疫苗。这类疫苗较喉气管炎弱毒活疫苗更为安全，不存在使用后毒力返强的安全风险隐患，且在实验室条件的免疫效果与弱毒疫苗基本相似。国内注册产品为鸡传染性喉气管炎禽痘活载体疫苗，进口注册产品有传染性喉气管炎禽痘活载体疫苗，国外已有传染性喉气管炎禽痘活载体疫苗和传染性喉气管炎火鸡疱疹病毒活载体疫苗上市。

五、展望

尽管现有疫苗对预防和控制鸡传染性喉气管炎在易感鸡群中的流行已取得了较为满意的效果，但是疫苗接种后可能导致免疫鸡作为病毒的持续携带者向易感鸡群传播。研究已经表明，疫苗毒在田间使用后，经鸡体内连续传代后毒力增加，也有因疫苗毒引起的喉气管炎野外暴发的报道；实验室研究表明，鸡胚源弱毒疫苗在鸡体内传代后毒力明显增强，连续进行 10 次传代后，鸡胚源疫苗的毒力已与具有高致病力的强毒株相似。因此，弱毒疫苗的安全性是亟待解决的问题。

已研制成功的活载体疫苗比现有弱毒活疫苗更安全，但由于载体疫苗仅表达一种或两种 LTV

糖蛋白，其临床应用后的免疫效果要低于弱毒活疫苗。因此，通过删除或缺失病毒复制非必需的、与病毒毒力相关的部分基因而构建的 LTV 突变株已成为新疫苗研究的热点。与亲本株比较，gJ、gG 和 UL0 基因缺失的 LTV 突变株在细胞上的生长性能稍差，但对鸡体的毒力明显减弱且保持了较好的免疫原性；胸腺苷激酶基因、UL0 和 gJ 基因缺失的突变株可以作为合适的疫苗候选株，尤其是 gJ 基因缺失株，因为野毒感染后可以产生针对 gJ 蛋白的抗体，如果采用 gJ 基因缺失株作为疫苗，将有利于疫苗免疫和野毒感染的鉴别。

鉴于 LTV 的生物学及病原生态学特征，从集约化养鸡场根除该病原应该是非常可能的，但是对 LTV 的根除还需要对现有免疫接种工作实施改变。即使用在免疫接种后可以与野外强毒株鉴别的新型疫苗完全替代现有常规弱毒活疫苗，且基因工程技术研制生产的疫苗能诱导保护性免疫但不形成潜伏感染使免疫鸡成为病毒携带者。

（蒋桃珍　李俊平）

主要参考文献

Bagust C S, Gaskell J R M, et al, 1987. Demonstration in live chickens of the carrier state in infectious *Laryngotracheitis* [J]. Research in Veterinary Science, 42（3）：407 - 410.

Bagust C S, Williams R A, Gaskell R M, et al, 1991. Latency and reactivation of infectious Laryngotracheitis vaccine virus [J]. Archives of Virology, 121（1/4）：213 - 218.

Bagust T, 1986. *Laryngotracheitis（Gallid - 1）herpesvirus* infection in the chicken. 4. Latercy establishment by wild and vaccine strains of *ILT virus* [J]. Avian Pathology, 15（3）：581 - 595.

Hughes C S, Gaskell R M, Jones R C, et al, 1989. Effects of certain stress factors on the re-excretion of infectious *Laryngotracheitis virus* from latently infected carrier birds [J]. Research in Veterinary Science, 46（2）：247 - 276.

Izuchi T, Hasagawa A, 1982. Pathogenicity of infectious *Laryngotracheitis virus* as measured by chicken embryo inoculation [J]. Avian Diseases, 26（1）：18 - 25.

Thuree D R, Keeler C L Jr, 2006. *Psittacid Herpesvirus* 1 and infectious *laryngotracheitis virus*：Compartive genome sequence analysis of two *alphaherpesviruses* [J].

Journal of Virology，80（16）：7863-7872.

York J J，Young J G，Fahey K J，1989. The appearance of viral antigen and antibody in the trachea of naïve and vaccinated chickens infected with infectious *Laryngotracheitis virus* [J]. Avian Pathology，18（4）：643-658.

第八节　禽脑脊髓炎

一、概述

禽脑脊髓炎（Avian encephalomyelitis，AE）是由禽脑脊髓炎病毒（AEV）引起的雏鸡、雉鸡、鹌鹑和火鸡的传染病，其主要特征是共济失调、瘫痪和头颈部震颤。

1930 年，美国 Jones 在 2 周龄商品代洛岛红鸡中首次发现了 AE，其后在世界各国陆续有 AE 的报道。在我国，1980 年广东张泽纪曾有疑似鸡 AE 的报道；1982 年大连李心平等通过病理组织学方法，作出了 AE 的诊疗报告；1983 年毕英佐等通过流行病学调查、病理组织学研究和人工发病等试验，确诊了 AE，进一步证实 AE 在我国存在。此后，广西、福建、上海、山东、内蒙古等全国大多数养禽地区都有 AE 的报道。

AE 主要发生在 2～3 周龄以内的雏鸡。发病雏鸡出现呆滞、步态蹒跚、共济失调、头颈部震颤等，发病率一般 40%～60%，平均死亡率为 25%，有时可高达 70% 以上；成年产蛋鸡感染后，可出现一过性的产蛋下降（10%～15%），但不出现神经症状。AE 是危害养禽业发展的重要传染病之一。

二、病原

AEV 属于微 RNA 病毒科。以前的研究认为 AEV 属于肠道病毒属，但最近的研究发现该病毒与甲型肝炎病毒具有很高的蛋白同源性，因此暂时定在肝病毒属中。AE 病毒粒子直径为 24～32nm，五重对称，六边形，无囊膜，含 32 或 42 个壳粒，浮密度为 1.31～1.33g/mL，沉降系数为 148S。AEV 可抵抗氯仿、酸、胰酶、胃蛋白酶和 DNA 酶。在二价镁离子保护下可抵抗热效应。

Todd 等（1995）应用 RT-PCR 证实 AEV 的

基因组为一条大小为 7.5 kb、具有 poly（A）尾巴结构的单链 RNA。Marvil 等通过克隆测序进一步阐明了病毒的 RNA 基因组成：包括 7 032 个核苷酸。通过对自第 495 位核苷酸起始的长为 6 405个核苷酸的开放阅读框的扩增产物比较，证明其与甲型肝炎病毒有较近的亲缘关系（全部氨基酸的同源率为 39%）。

Tannock 和 Shafren（1994）最初检出了 4 种病毒特异蛋白（VP1～4），其分子质量分别为 43 kDa、35 kDa、33 kDa 和 14 kDa。可他们后来的研究表明，其中有一种蛋白是污染的卵清蛋白，而其他 3 种蛋白（VP1～3）的大小与脊髓灰质炎病毒相似，利用放射免疫沉淀法比较分析了 AEV 野毒株与鸡胚适应毒 Van Roekel（VR）株，结果表明没有差异。这与 Butterfield 等以前对两株病毒的物理、化学和血清学特性的比较结果是一致的。新的研究表明微 RNA 病毒基因组上只含有一个较大的开放阅读框（ORF），即 RNA 5′末端只有一个翻译起点，所编码的蛋白称为多聚蛋白（polyprotein）。编码的多聚蛋白在病毒编码的活性蛋白酶的作用下，分解成 L、P1、P2、P3 产物。P1、P2、P3 又经蛋白酶的级联切割分解为 4 个（VP1、VP2、VP3、VP4）、3 个（2A、2B、2C）、4 个（3A、3B、3C、3D）最终蛋白产物。其中 VP1～VP4 构成病毒的衣壳蛋白，有识别相应受体和保护等作用，并具有特异的抗原性。目前公认的名称相应为 1D、1B、1C 和 1A。AEV 衣壳前体蛋白 P1 经切割形成紧密聚集在一起的原体（VP0、VP1 和 VP3），当原体浓度达到一定程度时，便会组装成五聚体，然后五聚体再包裹正链 VPg-RNA 形成前病毒粒子，该病毒粒子经成熟切割（VP0→VP2＋VP4）成为有侵染力的病毒粒子。最新研究证明 VP1 蛋白是一个针对 AEV 的主要宿主保护性免疫原，病毒中和试验进一步表明，抗体提呈 VP1 蛋白对 AEV 感染的中和效力要比 VP3 或 VP0 蛋白高。

所有 AEV 毒株之间在血清学上无差异，但存在着 2 种明显不同的致病型：一种为嗜肠型，另一种为嗜神经型。嗜肠型毒株，又称为鸡胚非适应株，接种易感鸡胚后一般不引起可见的鸡胚病变，通常自然界中的野毒株都为嗜肠型。这些毒株易经口感染鸡群，并能通过粪便散毒，毒株的致病力相对较弱，但可经种蛋垂直传播或使易感雏鸡早期发生水平感染，并引起神经症状。在试验条件下，嗜肠型毒株经脑内接种易感鸡可引起神经症状。嗜神经型毒株，又称为鸡胚适应株，这类毒株接种易感鸡胚后能引起明显的鸡胚病变，表现为鸡胚活力减弱、发育不良、矮小、皮下水肿、全身肌肉严重萎缩、腿僵直及趾爪变形等特异性病变。这类毒株高度嗜神经，脑内接种（发病率稳定）或非肠道途径，如肌肉或皮下接种（发病率不稳定）均可引起严重的神经症状，除非剂量很高，口服一般不引起感染，也不能水平传播。鸡胚适应株是将鸡胚非适应毒株在易感鸡及/或鸡胚上快速多次传代培育而成。最常用的 AE 鸡胚适应株是通过鸡脑内接种反复传代而获得的 Van Roekel（VR）株，该毒株是目前在 AE 灭活疫苗中使用最多的毒株。

AEV 能在来自易感鸡群的雏鸡、鸡胚和多种细胞上培养繁殖。通常采用卵黄囊途径接种易感鸡胚的方式来繁殖病毒，病毒繁殖的滴度较高；鸡胚脑细胞、鸡胚成纤维细胞、鸡胚肾细胞、神经胶质细胞、雏鸡胰细胞等也被成功用于病毒的培养，但病毒繁殖的滴度一般较低。

三、免疫学

AEV 具有很强的感染性，既可水平传播又可垂直传播。AEV 的水平传播基本上是肠道感染，感染途径主要是摄食。经粪便排毒可达几天至几周，很小的鸡可排毒 2 周以上，3 周龄以后的鸡可能只排毒约 5d。污染的垫料是病毒的传染源，且容易通过人员流动和污染物而发生水平传播。由于 AEV 对外环境有很强的抵抗力，因而可长期保持感染性。病毒一旦进入围栏内或鸡群内，感染会在鸡和鸡之间迅速传播。垂直传播也是该病很重要的一种传播方式，它造成来自感染群的鸡蛋的孵化率降低及孵出后的雏鸡出现典型的 AE 临床症状。

由于鸡胚适应株经口服途径接种无感染性，病毒不在肠道内复制，而经非肠道途径接种后感染比较一致的部位只有中枢神经系统和胰脏。鸡胚非适应株经口服感染雏鸡后，最早感染的是肠道，特别是十二指肠，很快出现病毒血症，随后感染胰腺和其他内脏（肝、心、肾、脾）及骨骼肌，最后感染中枢神经系统。

AEV 对禽的感染性与日龄密切相关。Cheville 报道 1 日龄感染的禽通常死亡，8 日龄感染出现轻瘫但一般可以恢复，而 28 日龄感染不引起临床症状。切除法氏囊但不切除胸腺可消除这种日龄抵抗性。Westbury 和 Sinkoric（1976）也报道 14 日龄以内感染可引起发病，而 20 日龄以上感染时，不引起发病。他们支持 Cheville 的"体液免疫是日龄抵抗的基础"的结论。在他们的研究中发现：日龄小（免疫未健全）与病毒血症延长、病毒在脑内的持续存在和临床疾病的发展相关。推测可能是免疫功能正常的鸡可阻止病毒传播到中枢神经系统。试验性脑内接种不表现日龄抵抗性。Calnek 等（1960）发现接触感染的雏鸡出现临床症状的潜伏期至少为 10～11d，成年鸡在同样的时间则可检测到病毒中和抗体。

自然感染和试验感染的康复鸡群能产生中和病毒的循环抗体。试验表明，体液免疫在抗 AE 病毒感染中发挥重要作用，而不是细胞免疫。正如大于 21 日龄的鸡一样，如果能够很快产生免疫应答，中枢神经系统感染一般不会发展到出现临床症状的地步。

主动免疫，当鸡只的系统功能正常时，血清学反应相对较快。Calnek 等（1960）的研究表明：鸡感染后 11d 所产蛋孵出的雏鸡已有被动免疫抗体，因此出壳后能抵抗接触性感染。感染后 4～10d，琼扩试验阳性，11～14d 病毒中和试验阳性，即中和指数为 1.1 或更高。血清学阳性的鸡群，很少再次暴发 AE。

被动免疫，抗体只能通过胚胎由母体传递给后代，从卵黄中可以检测到。来源于免疫母体的幼雏 8～10 周龄对口服感染仍不完全敏感，4～6 周龄时，血清中仍可检出抗体。被动获得的抗体可防止疾病的发生，也能防止或缩短粪便排毒时间，还使鸡胚对卵黄囊接种病毒有抵抗性，这也是鸡胚敏感试验的基础。

四、制品

（一）诊断制品

AE 的实验室诊断方法主要有病原的分离与鉴定、病理组织学检验、病毒中和试验、间接免疫荧光试验、鸡胚敏感性试验、琼脂扩散试验、ELISA 和被动血凝抑制试验等。目前，国外已经上市的诊断制品有琼脂扩散试验抗原及 ELISA 抗体检测试剂盒，而国内尚无商品化的诊断试剂。

琼脂扩散试验抗原是用 AEV 毒株接种 SPF

鸡胚，收获鸡胚的脑、胃肠及胰腺，经匀浆制成。用这种抗原进行琼脂扩散试验检测 AE 抗体，结果稳定，特异性强，方法简便迅速。

ELISA 抗体检测试剂盒已被国外广泛用于评价母鸡 AE 抗体水平或用作免疫效果检测。常用的有美国 IDEXX 公司生产的试剂盒。此法与中和试验有良好的可比性，能定量检测血清中的 AE 抗体水平，加之每次可同时检测大量的血清样品，因此适用于禽场进行 AE 抗体的快速检测和评价 AE 抗体水平。

（二）预防制品

国内外使用的 AE 疫苗包括活疫苗和灭活疫苗。

1. 活疫苗 目前世界各国广泛使用的 AE 活疫苗毒株是 Calnek 1143 株，该毒株是 1961 年由美国康奈尔大学 Calnek B. W. 博士从临床发病鸡的脑中分离出来，并在敏感母鸡和鸡胚中传代致弱而研制的 AE 弱毒活疫苗，是一种温和的毒株。疫苗的制备通常采用鸡胚培养，将毒种接种于 5～7 日龄 SPF 鸡胚卵黄囊中，置 37℃ 继续孵育 10d，收获感染胚体，磨碎过滤后加适当保护剂经冷冻真空干燥制成。

AE 活疫苗主要用于种鸡，在种鸡育成期或产蛋前接种疫苗，能控制鸡群成熟后不发生感染，预防经蛋传播途径引起的病毒扩散，同时母源抗体能保护子代雏鸡抵抗病毒感染。商品产蛋鸡群也可以进行免疫接种，以预防由 AEV 感染引起的产蛋下降。AE 活疫苗对雏鸡具有一定毒力，小于 8 周龄的鸡只不可使用，以免引起发病。处于产蛋期的鸡群也不能接种 AE 活疫苗，否则可能使产蛋下降 10%～15%。种鸡接种后 1 个月内所产的蛋不能用于孵化，以防仔鸡由于垂直传播而导致发病。

活疫苗一般免疫鸡的年龄为 10～18 周龄，最迟也不能晚于开产前 4 周；可通过类似于自然感染途径，如饮水和喷雾免疫。由于活疫苗中的病毒容易在鸡群内传播，因此可以对鸡群中一小部分鸡口服，然后传播给其他鸡，但这种方法对笼养鸡效果不好。有人发现给 10% 鸡点眼免疫与全群饮水免疫的血清学反应相同。

AE 活疫苗常与鸡痘弱毒苗制成二联苗。一般用于 10 周龄至开产前 4 周的鸡群进行翼膜刺种，接种后 4d，在接种部位出现微肿，结出黄色或红色肿起的痘痂，并持续 3～4d，第 9 天于刺种部位形成典型的痘斑为接种成功。为了避免遗漏接种，应至少抽查鸡群中 5% 的鸡只作痘痂检查，无痘痂者应再次接种。经翅膀刺种方法接种 AE 活疫苗有可能带来发病危险，偶见部分后备鸡群翅膀刺种 AE 疫苗后 2 周内可能出现神经系统疾病的免疫不良反应。

2. 灭活疫苗 早在 20 世纪 60 年代，国外就研制成功了 AE 灭活疫苗。我国于 20 世纪 90 年代开展了 AE 灭活疫苗的研制工作。赵振华等（2000）采用从内蒙古发病鸡群分离及培育出的 AEV NH937 鸡胚适应毒接种易感鸡胚，制备抗原液，用甲醛溶液灭活后，与矿物油佐剂乳化制成 AE 灭活疫苗。秦卓明等（1996）采用的 AEV Van Roekel 为制苗毒种，研制成功 AE 灭活疫苗。

灭活疫苗安全性好，免疫接种后不排毒、不带毒，特别适用于无 AE 病史的鸡群。灭活疫苗主要用于种鸡，在开产前 3～4 周（鸡龄为 16～20 周龄）时使用，使种鸡产生高水平的抗体，预防由 AEV 感染引起的产蛋下降及经蛋传播途径引起的病毒扩散，同时母源抗体能保护子代雏鸡抵抗病毒感染。商品产蛋鸡群也可以进行免疫接种，在开产前 3～4 周时使用，以预防由 AEV 感染引起的产蛋下降。疫苗的接种途径为颈部皮下或肌内注射，每只 0.5mL。在 AE 发病严重的地区，可采用 AE 活疫苗作基础免疫后，在开产前 3～4 周再用 AE 灭活疫苗加强免疫，以便更好地控制该病的发生与流行。

五、展望

AE 活疫苗具有一定毒力，可引起雏鸡感染发病，并造成环境的污染；而灭活疫苗制备工艺复杂，生产成本较高。因此，采用现代生物学技术研制开发更安全、免疫效力更高、生产成本更低的新型 AE 疫苗是未来发展的重要方向。

（姜北宇 章振华 李俊平）

主要参考文献

姚永秀，秦卓明，1996. 禽脑脊髓炎油乳剂灭活疫苗的研究 [J]. 山东家禽 (3)：6-8.
赵振华，李向宇，关平原，等，2000. 禽脑脊髓炎油乳剂

灭活疫苗的研究 [J]. 中国预防兽医学报，9（22）：160-162.

Butterfield W K, Luginbuhl R E, Helmboldt C F, et al, 1961. Studies on *Avian encephalomyelitis*. III. Immunization with an inactivated virus [J]. Avian Diseases, 5 (4): 445-450.

Calnek B W, Taylor P J, Sevoian M, 1960. Studies on a-vian encephalomyelitis. IV. epizootiology [J]. Avian Disease, 4 (4): 325-347.

Liu J, and Wang J, 2002. *Avian Encephalomyelitis virus* induces apoptosis via major structural protein VP3 [J]. Virology, 300 (1): 39-49.

Macleod A J, 1965. Vaccination against *Avian encephalomyelitis* with a betapropialactone inactivated vaccine [J]. Veterinary Record, 77: 335-338.

Tannock G A, Shafren D R, 1994. Avian encephalomyelitis: A review [J]. Avian Pathology, 23 (4): 603-620.

Westbury H A, Sinkovic B, 1976. The immunization of chickens against infectious *Avian encephalomyelitis* [J]. Australian Veterinary Journal, 52 (8): 374-377.

第九节　禽白血病

一、概述

禽白血病（Avian leucosis，AL）是由反转录病毒科 α 反转录病毒属中的禽白血病病毒/肉瘤病毒（*Avian leukosis viruses/sacoma viruses*，ALV/SV）所引起的鸡的一类可传播的良性和恶性肿瘤疾病的总称。禽白血病病毒/肉瘤病毒可诱发多种组织产生肿瘤，在临床上表现为白血病、结缔组织肿瘤、内皮组织和上皮组织肿瘤，不过在临床上最常见的是淋巴性白血病。但随着20世纪90年代初 J 亚型 ALV（ALV-J）的出现，骨髓细胞瘤已成为 ALV-J 感染后肉用型鸡的常见病变。

ALV 在禽群中的感染是普遍的。病毒感染后引起的经济损失主要表现在两个方面：一是诱发肿瘤导致死亡，死亡率通常为 $1\%\sim2\%$，偶尔高达 20% 以上；另一方面为亚临床感染，主要表现为感染禽的生产性能下降，包括对蛋的数量和品质的影响，免疫抑制导致对疫苗免疫应答的降低及相关病毒、细菌病原的继发感染，这种情况在禽群更为普遍，且引起更大的经济损失。近些年

来，我国由于一些祖代鸡场对禽白血病的净化措施不到位，致使商品代肉鸡和蛋鸡群禽白血病发病率较高，导致了养鸡业重大的经济损失。

二、病原

禽白血病/肉瘤病毒（Avian leucosis/sarcoma viruses，ALSV）为 RNA 病毒，属于反转录病毒科、α 反转录病毒属，ALV 属于该属的一个种，劳氏肉瘤病毒（Rous sarcoma virus，RSV）及一些复制缺损型病毒属于该属的另一些种。该属病毒与反转录病毒科的其他成员一样，拥有将 RNA 反转录为 DNA 的反转录酶。在电子显微镜下，完整的病毒粒子基本为球形，直径为 $80\sim120$ nm，外层囊膜上有直径约为 8 nm 的球状纤突，由病毒的囊膜糖蛋白构成。

（一）病毒核酸

病毒的主要基因 RNA 的沉淀系数为 $60\sim70$ S，该 RNA 为二聚体，可以裂解为 $34\sim38$ S 的 2 个亚单位。ALV 的结构基因序列从 5′端到 3′端分别是 *gag/pro-pol-env*，它们分别编码病毒的群特异抗原蛋白和蛋白酶、RNA 依赖的 DNA 聚合酶（反转录酶或 RT）和囊膜糖蛋白。某些可以导致急性转化的毒株还拥有一段致瘤基因序列，病毒致瘤基因的获得通常伴随着其他病毒基因的缺失。非缺损型 RSV 的基因结构为 *gag/pro-pol-env-src*。*src* 诱导肉瘤样的转化，该基因来源于正常细胞的致癌基因，含有 *src* 基因的 RSV 的 RNA 亚单位大约为 35 S，比慢转化的禽白血病病毒基因稍长。

（二）病毒蛋白

病毒粒子的核衣壳含有 5 种由 *gag/pro* 基因编码的非糖基化蛋白：MA（基质蛋白，p 19）；p 10；CA（衣壳蛋白，p 27），为主要群特异抗原；NC（核衣壳蛋白，p 12），与 RNA 加工和包装相关；PR（蛋白酶，p15），负责前蛋白切割。由 *pol* 基因编码的反转录酶（RT），位于病毒粒子的核心，是由 b 亚单位（95 kDa）和由 b 亚单位衍生的 a 亚单位（68 kDa）组成的复合体，具有依赖 RNA 和依赖 DNA 的聚合酶活性，以及 DNA：RNA 杂交链特异的核糖核酸酶 H 的活性，b 亚单位还含有 IN 结构域（整合酶，gp32），这是病毒 DNA 整合到宿主基因中所必需的一种

酶。病毒粒子囊膜含有由 env 基因编码的 2 种糖蛋白：SU（表面蛋白，p 85），该囊膜糖蛋白构成病毒表面的球状结构，为 ALSV 亚群特异性抗原；TM（跨膜蛋白，gp 37）。上述 2 种囊膜蛋白连在一起构成二聚体，称为病毒糖蛋白（virion glycoprotein，VGA）。

（三）对理化因素的抵抗力

因为病毒囊膜含有大量的脂类，其感染性能被乙醚破坏，十二烷基磺酸钠可裂解病毒粒子并释放出 RNA 和核心蛋白。ALSV 在 37℃ 的半衰期为 100～540min，平均为 260min。RSV 在 50℃ 下的半衰期是 8.5min，在 60℃ 下为 0.7min。病毒感染力的热不稳定性是病毒保存中的关键因素。在 -15℃ 条件下，AMV（Avian myeloblastosis virus）的半衰期低于 1 周，只有在 -60℃ 以下的条件下病毒才能保存几年而不降低感染力。反复冻融可以裂解病毒并释放 gs 抗原。

在 pH5～9 范围内，病毒是稳定的，超出这一范围，灭活率显著增加。RSV 和 ALV 野毒株对紫外线的抵抗力较强。

（四）毒株分类

根据囊膜糖蛋白所决定的抗原性、与相同或不同亚群成员的干扰模式，以及在不同遗传型鸡胚成纤维细胞的宿主范围，可将分离自鸡的 ALSVs 分为 A、B、C、D、E 和 J 6 个亚群。其他亚群 F、G、H 和 I 分别是来自野鸡、鹧鸪和鹌鹑的内源性 ALVs。病毒的干扰图谱和宿主范围是亚群分类的最可靠方法。至于抗原性分析，即通过产生的中和抗体或用已知亚群特异性的中和抗体进行中和试验也可以对毒株进行亚群分类，

但其可靠性较低。在同一亚群内的病毒有不同程度的交叉中和反应，除 B 和 D 亚群之间的病毒有部分交叉中和作用外，不同亚群病毒之间没有交叉中和反应。J 亚群中有些分离株与 J 亚群中的其他毒株也没有交叉中和反应，或者表现为单向交叉反应。一般而言，由特定毒株产生的抗血清对同一亚群内的同源毒株所产生的中和反应要强于对异源毒株的反应（表 27-1）。

表 27-1 A-E 和 J 亚群中的 ALV 和 RSV 的干扰图谱

对 ALV 亚群的干扰	攻击的 RSV 亚群					
	A	B	C	D	E	J
A	1	2	2	2	2	2
B	2	1	2	1	1	2
C	2	2	1	2	2	2
D	2	2	2	1	2	2
E	2	2	2	2	1	2
J	2	2	2	2	2	1

注：易感的鸡胚成纤维细胞用每一个 ALV 亚群的病毒感染，培养几天后再用每一个亚群的 RSV 攻击，将已感染细胞培养物与未感染对照上 RSV 的蚀斑数进行比较，通过蚀斑数减少来确定病毒之间的干扰。表中数"1"表示干扰，"2"表示不干扰。

（五）致病性

ALVs 可以诱导产生一种以上类型的肿瘤，每个毒株的致瘤谱有一定的特征性，但通常与其他毒株的致瘤谱有重叠。不同毒株所致肿瘤的类型受病毒和宿主两个方面因素的影响，病毒因素包括病毒的来源和剂量，宿主因素主要包括接种途径、感染日龄、基因型和性别等。ALVs 的一些主要实验室毒株的致瘤谱见表 27-2。

表 27-2 根据致瘤优势和病毒亚群分类的鸡的禽白血病/肉瘤病毒常见实验室毒株

根据肿瘤分类	根据亚群分类						无亚群（缺损性病毒[a]）
	A	B	C	D	E	J	
淋巴细胞性白血病病毒（LLV）	RAV-1	RAV-2	RAV-7	RAV-50	RAV-60		
	RIF-1	RAV-6	RAV-49	CZAV			
	MAV-1	MAV-2					
	RPL12						
	HPRS-F42						
禽成红细胞增多症病毒（AEV）							AEV-ES4
							AEV-R
							AEV-H

（续）

根据肿瘤分类	根据亚群分类						无亚群（缺损性病毒a）
	A	B	C	D	E	J	
禽成髓细胞性白血病病毒（AMV）							AMV-BAI-A
禽肉瘤病毒（ASV）	SR-RSV-A	SR-RSV-B	B77	SR-RSV-D	SR-RSV-E		BH-RSV
	PR-RSV-4	PR-RSV-B	PR-RSV-C	CZ-RSV	PR-RSV-E		BS-RSV
	EH-RSV	HA-RSV					FuSV
	RSV－29						PRCⅡ
							PRCⅣ
							ESV
							Y73
							UR1
							UR2
							S1
							S2
髓细胞瘤/内皮瘤病毒						HPRS－103	MC29
						ADOL-Hc1	966
							MHⅡ
							CMⅡ
							OK10
							RAV－0
内源性病毒（EV）（不引起肿瘤）					EV21		
					ILV		

注：a 缺损性病毒的囊膜亚群与它们的辅助病毒相同。

三、免疫学

外源性 ALV 有两种传播方式：经蛋从母鸡到子代垂直传播；通过直接或间接接触在鸡之间水平传播。虽然垂直传播一般仅引起小部分鸡感染，但在流行病学上是很重要的；大多数鸡通过与先天感染鸡密切接触而受到感染；肉种鸡在孵化时接触感染也是 ALV-J 传播的有效方式。ALV 感染后在成年鸡可以出现 4 种类型：①无病毒血症，无抗体（$V^- A^-$）；②无病毒血症，有抗体（$V^- A^+$）；③有病毒血症，有抗体（$V^+ A^+$）；④有病毒血症，无抗体（$V^+ A^-$）。无本病鸡群中的鸡和易感鸡群中具有遗传抵抗力的鸡属于 $V^- A^-$，感染鸡群中遗传学敏感的鸡属于其他 3 种中的一种。大多数鸡为 $V^- A^+$，少数（通常低于 10% 的鸡）是 $V^+ A^-$。大多数 $V^+ A^-$ 母鸡以不同程度但较高的比例向其子代传递 ALV，少数 $V^+ A^+$ 母鸡可先天性传播该病毒，并且常为间歇性，在抗体滴度较低的母鸡更为常见。先天感染的鸡胚对病毒可形成免疫耐受，孵出的鸡为 $V^+ A^-$，在鸡的血液和组织中含有高水平的病毒，但缺乏抗体。在孵化时感染 ALV-J 的肉鸡到 22 周龄时，25% 以上是 $V^+ A^-$。较老的母鸡（24 个月或者 36 个月龄）经卵传递病毒不如 18 月龄以下的鸡那样经常，且传播病毒的水平也更低。

在垂直传播 ALV 的绝大多数母鸡中，病毒滴度最高的部位是输卵管的壶腹部，说明鸡胚感染与输卵管增殖的 ALV 密切相关。但并非所有蛋清中带有 ALV 的鸡蛋均能引起鸡胚或雏鸡的感染，其感染率为带毒鸡蛋的 1/8～1/2；有些研究也发现，即使蛋清中 ALV 群特异抗原检测阴性，但仍可出现 ALV 的先天性传播。电镜研究表明，感染鸡胚的许多器官都有病毒粒子，这些病毒粒子具有很高的传染性，经新孵出雏鸡的粪便排毒。传染性病毒粒子也存在于老龄鸡的唾液和粪便中，成为水平传播的传染源。

鸡感染 ALSVs 后，可以出现肿瘤性疾病或非肿瘤性疾病。感染外源性 ALV 后出现的临床症状差异较大，具有病毒血症的免疫耐受鸡可表现不同的临床症状，包括体重减轻和生产性能下降；无明显症状的病毒感染可引起产蛋鸡的产蛋性能下降；早期感染可引起贫血、肝炎、免疫抑制和消瘦，有些出现心肌炎和慢性循环综合征。

在自然条件下，大多数鸡被同舍或环境中的外源性 ALV 感染后出现一过性的病毒血症，随后产生针对囊膜抗原的中和抗体，该抗体上升到一定滴度后并终生存在。病毒中和抗体可抑制病毒在鸡体的复制，从而限制肿瘤的发生，但一般而言抗体对肿瘤的生长几乎没有直接作用。4 周龄或以上鸡用 ALV 接种后，一周就可测到一过性的病毒血症，3 周后就能检测到抗体。出孵后自然感染的鸡 9 周后可检测到抗体，在 14～18 周龄时抗体阳性比例逐步增加，大约 80% 的感染鸡抗体阳性。感染的日龄越早，病毒血症持续的时间越长，产生抗体的时间越迟。1 日龄通过接种感染可导致终生病毒血症而无抗体产生。鸡感染 ALV 后也产生 gs 抗体，但该抗体对肿瘤的生长没有任何影响。

对于 ALV 感染后细胞免疫的产生及其作用仍然了解不多，但极可能其直接针对病毒感染和肿瘤形成。感染 ALV 或 RSV 的鸡可产生针对病毒囊膜抗原的细胞毒性淋巴细胞，细胞介导免疫和 MHC 复合物可明显导致肉瘤的消退。病毒蛋白在肿瘤细胞表面的表达可能是细胞介导免疫的重要靶目标，其中可能也包括非病毒特异转化的细胞表面抗原。是否细胞介导免疫是直接针对淋巴组织中的肿瘤细胞和白血病的其他组织还不能确定。

先天感染 ALV 的鸡对病毒不产生免疫应答，相反它们对病毒产生免疫耐受形成持续的病毒血症而不产生中和抗体。2 周龄以内的鸡用 ALV 接种后可导致免疫耐受感染，尤其是 ALV-J 早期感染，诱导免疫耐受的可能性更高。病毒耐受感染鸡比免疫应答感染鸡更容易形成肿瘤。

ALV 感染可降低机体对不相关抗原的初次和再次抗体应答和细胞免疫，但在不同的研究中其结果有较大差异。用 A 亚群毒株 RAV-1 进行先天性感染时，没有检测到感染后对 B-细胞和 T-细胞功能的影响及组织损伤。与此结果相反的是，有的研究中用 B 亚群 ALVs 进行感染可引起明显的对其他抗原的体液免疫抑制；虽然目前多数研究表明对 J 亚群 ALVs 的免疫抑制作用是模棱两可的，但崔治中等的研究表明商品代肉鸡 1 日龄感染 J 亚群 ALV 后对 ND 疫苗的体液免疫应答有明显的抑制作用，且提高了对继发性细菌感染的易感性。

四、制品

（一）预防用制品

尽管应用抗病毒疫苗来提高宿主对 ALV 的抵抗力很具有吸引力，但到目前为止，还没有商品化的疫苗用于预防 ALV 感染。在用不同方法对 ALVs 进行灭活的系列尝试中，证实病毒被灭活的同时，其诱导抗体的能力也几乎全被破坏。培育不诱导疾病的减毒 ALV 的尝试也未获得成功。已构建的表达 ALV-A 和 ALV-J 亚群囊膜糖蛋白的重组 ALV 有可能成为预防水平传播的疫苗被应用。但先天感染的雏鸡是有免疫耐受性的，即使有适当的疫苗也不可能进行免疫，而这些鸡却成了病毒传播的主要传染源。因此，从原种鸡群根除 ALV 是控制 ALV 在鸡群中感染的最有效措施。

（二）诊断制品

禽白血病是禽类的常见肿瘤病之一。目前，还没有针对禽白血病预防的疫苗和有效的治疗药物，各国控制该病的主要手段是通过对鸡群进行 ALV 的检测，淘汰带毒的种鸡，使鸡群逐步达到净化。国内外已建立了多种 ALV 的检测方法，主要包括病毒分离与鉴定、血清学检测方法和分子生物学检测方法。

1. 病毒的分离与鉴定　病毒的分离培养是检测患病禽组织中 ALV 的病原学诊断方法。目前的方法有鸡胚分离培养和细胞培养，培养后通过间接免疫荧光（IFA）、酶联免疫吸附试验（ELISA）等方法检测。但该方法的检测周期长，操作程序繁杂，耗时费力，不适用于该病的快速诊断，在临床实际中难以应用和推广。

2. 血清学检测方法　在检测 ALV 的血清学方法中，ELISA 应用较为广泛，原因也在于其操作要求相对比较低，适用于大规模筛查。此检测方法在我国当前某些大型养殖场的 ALV 检疫及净化方面发挥着一定作用，但由于其价格昂贵，中小型养殖场很少应用。免疫荧光检测法虽敏感，但操作复杂，周期较长，难以在实际工作中推广，目前主要用于实验室的辅助诊断。常用的 ALV 血清学检测技术有以下几种：

（1）病毒中和试验　病毒中和试验是最敏感而具特异性的血清学方法。一个亚群中的 ALV 只能被同亚群中的 ALV 抗体所中和，这也是亚群的分类基础之一。这种方法的优点在于能够检测大批量样品。但 NT 试验操作繁琐，耗时费料，临床诊断中很少应用，但作为经典方法在病毒鉴定中起着重要作用，许多新的检测方法都要以此为标准来进行比较。

（2）琼脂扩散试验　20 世纪 80 年代由哈尔滨兽医研究所研究出用羽髓检测 ALV 的琼脂扩散试验，此法简便易行，适用于现场大面积应用，曾在我国的种鸡净化中发挥了巨大作用，也是国内最早用于临床检测的方法。琼脂扩散试验中采用从鸡的羽髓中检测禽白血病病毒抗原，该方法具有检出率高、操作简单、费用低廉和易于推广的特点，可用于 5 日龄以上鸡的检测。但该方法需要逐只拔羽取髓，易使鸡产生应激反应，检测需 2d 左右完成，而且试验的敏感性较差，并有一定的假阳性出现。

（3）免疫荧光检测方法　Payne 等（1966）建立了检测禽白血病病毒群特异性抗原的免疫荧光检测方法。秦爱建等（2001）研制出抗 ALV-J 的单克隆抗体，通过免疫荧光检测方法（IFA）可鉴定 ALV-J，具有较高的特异性，可用于感染组织样本或细胞培养物中的 ALV-J 的检测。

（4）ELISA 法　Smith 等（1979）建立了检测鸡白血病病毒抗原的双抗体夹心 ELISA，具有敏感、高效、简便、快捷等特点，适用于大量样品的检测，但缺点是用该方法检测不能区分内源性和外源性病毒，内源性 ALV 病毒也为阳性。目前美国已有商品化的 ALV ELISA 检测试剂盒。张晶等（1991）建立了检测 ALV 抗原的 Dot-ELISA 和双抗体夹心 ELISA。秦爱建等（1999）用单克隆抗体建立的夹心 ELISA 也具有很高的特异性，适用于大批量样品的检测。陈晨等（2005）利用原核表达的禽白血病病毒（ALV）p 27 蛋白为抗原制备的单抗作为包被抗体，建立了检测 ALV 抗原的双抗体夹心 ELISA，该方法对禽白血病病毒 p 27 抗原的最小检出量为 5 ng/mL。叶建强等（2006）利用抗 J 亚群禽白血病病毒（ALV-J）囊膜蛋白特异性单克隆抗体 JE 9，建立

了检测 ALV-J env 抗原抗体免疫复合物的 ELISA。ELISA 操作简便，特异性强，重复性好，耗时较短，可作为一种有效的普检方法，定期对种禽群进行 ALV 检测和净化。ELISA 一般不用于本病的确诊，临床上也有一定假阳性率出现，但是对监测鸡群的感染程度，建立无白血病的鸡群则是必不可少的手段。

3. 分子生物学检测方法　应用聚合酶链式反应（PCR）检测病毒特异性核酸已成为目的 DNA 或 RNA 特异性扩增的常规方法。PCR 用于 ALV 的检测方法已经建立，并已在实际应用，用于检测 ALV 前病毒 DNA，也可通过反转录 PCR（RT-PCR）检测 ALV 病毒 RNA。近年来，实时荧光定量 RT-PCR 技术的应用能够更加准确和特异地检测病毒。反转录病毒通过反转录酶将病毒 RNA 整合入宿主 DNA，考虑到宿主基因组庞大、结构复杂，反转录病毒整合入宿主 DNA 后前病毒结构基因内是否存在内含子还不是十分清楚，有学者认为采用从感染细胞总 RNA 进行 RT-PCR，比直接从前病毒 DNA 进行 PCR 更容易得到完整的 gag 和 p 27 基因，但采用 RT-PCR 无疑会延长检测时间，增加检测成本。

PCR 法的敏感性高于 ELISA 法，为分离病毒提供了可靠的依据。但 PCR 操作方法不易掌握，不适于临床检测，难以在基层推广应用，只适用于实验室进行早期诊断。

（1）直接 PCR 法　从 pol 基因片段选取一段作为下游引物建立的 PCR 方法避免了内源性 EAV 序列发生非特异性反应，可以用于 A、C、B、D、J 亚群外源性 ALV 的检测。Hatai 等（2005）基于基因组 3′非编码区建立巢式 PCR 法，利用羽髓检测前病毒基因组 DNA，同时结合 ELISA 法，对日本由 FGV（禽神经胶质瘤病毒）引起的神经胶质瘤的流行情况进行评估，认为该检测方法灵敏性高，可以作为神经胶质瘤流行病学调查的有用工具。刘公平等（2001）建立了 PCR/ RFLP 法，可用于诊断禽白血病和鉴别不同的 ALV 毒株。徐镔蕊等采用原位 PCR 扩增和原位杂交技术检测蛋鸡 J 亚群禽白血病病毒，从分子水平上证明蛋用型鸡也可发生 J 亚群禽白血病。PCR 方法检测前病毒基因组，具有较高的特异性和敏感性，可代替常规的病毒分离，但此方法不能确保检测出新的突变病毒。

（2）RT-PCR 法　使用 3 对 ALV gp 85 基因

引物对 A～E 亚群的禽白血病病毒进行了 RT-PCR 试验，证明各亚群病毒扩增产物的电泳图谱没有差别。Kim 等（2004）通过定量竞争 RT-PCR 法对 ALV-J 感染进行检测和定量，通过构建了 RNA 竞争器，并将其与病毒基因组共扩增，产物在琼脂糖凝胶电泳中显示较高的敏感性，通过荧光分析定量 ALV-J RNA 拷贝数。由于 ALV-J 不能在 CEF 显示明显细胞病变和 ELISA 检测的非特异性，故病毒不能被准确地定量，而定量竞争 RT-PCR 法能够做到对病毒的绝对和相对定量，且操作较简单。关云涛等（2002）通过对 PCR 和琼脂扩散试验检测禽白血病病毒的结果比较，证明了应用琼脂扩散试验进行禽白血病检测敏感性比 RT-PCR 方法差，且琼脂扩散试验结果并不十分明显，疑似情况也较多，而当其出现疑似结果时，无法确诊该病。张立成等（2002）根据禽白血病群特异性抗原 p27 基因序列设计一对引物，对不同部位组织材料提取病毒 RNA，利用 RT-PCR 方法扩增 p27 基因，与琼脂糖凝胶电泳结果比较发现，采用羽髓组织 RNA 所作 RT-PCR 最易出现目的条带且最敏感。RT-PCR 方法较 PCR 方法繁琐，延长了检测时间，但具有 PCR 法相同的敏感性，能够更准确检测病毒的存在。

（3）实时定量 PCR（real time quantitative，PCR）　Kim 等（2002）利用实时荧光探针 RT-PCR 对 J 亚群病毒 RNA 定量化，同时将其结果与 RT-PCR、传统定量法和抗原 ELISA 法进行了比较，发现实时荧光定量 RT-PCR 法特异性非常强，易于操作，重复性好。该方法对病毒学和发病机理研究将会发挥重要作用。

（4）环介导等温扩增方法（loop-mediated isothermal amplification，LAMP）　夏永恒等（2009）建立的 2 种鸡免疫抑制性疾病（鸡传染性贫血病、J 亚群白血病）LAMP 检测方法，通过设计的特异性 LAMP 引物，成功扩增出梯形条带，与 PCR 方法比较，LAMP 结果基本与 PCR 相符，比 PCR 灵敏度高 10 倍，因而检测的阳性率比 PCR 高。其操作简便，无需昂贵设备，适用于临床快速诊断。

五、展望

鉴于禽白血病给我国养禽业造成的巨大经济损失，国务院颁布的《国家中长期动物疫病防治规划（2012—2020 年）》提出，到 2020 年全国所有种鸡场禽白血病要达到净化标准。尽管不同学者怀着巨大的研发热情试图通过基因工程疫苗、自噬疫苗和纳米佐剂疫苗等多种新型技术来研制禽白血病疫苗并取得了一定成果，但由于疫苗的保护率仍然较低，并且禽白血病病毒亚型众多，单纯通过疫苗来实现禽白血病的净化和根除是不可能的，因此开发出能够用于净化和防控禽白血病的商品化疫苗，在可见的未来是无法实现的。疫苗研制的价值主要体现在两个方面：一是对某些感染率较高的种鸡群，通过特定的疫苗免疫种鸡核心群来提高种鸡群中对 ALV 抗体阳性率的比例，从而减少带毒鸡的排毒率和提高带有 ALV 母源抗体的雏鸡在育雏期间对横向感染的抵抗力，从而加速和辅助禽白血病净化过程；二是可能的发现或技术突破对人获得性免疫缺陷综合征病毒（HIV）疫苗的研发具有一定的启示作用。通过科学合理的净化检测规程淘汰阳性鸡，来实现对禽白血病的净化是我国今后一段时期内控制禽白血病的必由之路，为配合净化研制灵敏而特异的诊断试剂，将是今后的研究热点，目前我国已有 4 家以上的单位开发出一些单克隆抗体进而生产出国产化的禽白血病 p27 抗原检测试剂盒或胶体金检测试纸条，近期的对比试验显示某些试剂盒的灵敏度和特异性已达到甚至超过进口试剂盒，但对抗体检测试剂盒的研制仍旧较少。未来一段时间内，不断提高检测试剂盒的灵敏度、特异性，特别是确保稳定性，是针对禽白血病生物制品研发和生产的关键环节，尤其是开发出检测用时短、准确度高进而实现临床快速检测的诊断试剂，也是业界努力的方向之一。此外，随着对禽白血病免疫机制研究的不断深入，开发出能够更好地区分不同亚型 ALV 的单克隆抗体进而实现对抗体的准确检测也将是今后的努力方向。

（蒋桃珍　赵　鹏　李俊平）

主要参考文献

陈晨，曹红，金英杰，等，2005. 禽白血病病毒双抗体夹心 ELISA 检测方法的建立和标化 [J]. 中国预防兽医学报，27（6）：535－539.

关云涛，李昌文，张立成，等，2002. 应用 PCR 和琼脂扩散检测禽白血病病毒的比较 [J]. 中国比较医学杂志，12（5）：306-308.

秦爱建，崔治中，Lucy L，等，2001. J 亚群禽白血病病毒囊膜糖蛋白特异性单克隆抗体的研制及其特性 [J]. 畜牧兽医学报，32（6）：556-562.

夏永恒，杨兵，张杰，等，2009. 2 种鸡免疫抑制性疾病 LAMP 检测方法的建立 [J]. 中国动物检疫，26（5）：29-32.

叶建强，秦爱建，邵红霞，等，2006. 亚群禽白血病病毒（ALV-J）ELISA 检测方法的建立 [J]. 中国兽医学报，26（3）：235-237.

张晶，何兆忠，1991. 应用 Dot-ELISA 检测禽白血病病毒抗原的研究 [J]. 中国预防兽医学报（6）：31-32.

张立成，关云涛，陈洪岩，等，2002. 应用 RT-PCR 技术检测禽白血病病毒及其在不同组织中检出结果的比较 [J]. 中国比较医学杂志，12（5）：303-305.

Cui Z Z, Sun S H, Wang J X, 2006. Reduced serologic response to *Newcastle disease virus* in broiler exposed to a Chinese field strain of subgroup J *avian leucosis virus* [J]. Avian Diseases, 50 (2)：191-195.

Hatai H, Ochiai K, Tomioka Y, et al, 2005. Nested polymerase chain reaction for detection of the avian leukosis virus causing so-called fowl glioma [J]. Avian Pathol, 34 (6)：473-479.

Kim Y, Brown T P, 2004. Development of quantitative competitive-reverse transcriptase-polymerase chain reaction for detection and quantitation of *Avian leukosis virus* subgroup J [J]. J Vet Diagn Invest, 16 (3)：191-196.

Kim Y, Gharaibeh S M, Stedman N L, et al, 2002. Comparison and verification of quantitative competitive reverse transcription polymerase chain reaction (QC-RT-PCR) and real time RT-PCR for *Avian leukosis virus* subgroup [J]. Journal of Virological Methods, 2002, 102 (1/2)：1-8.

Landman W J, Post J, Boonstra-Blom A G, et al, 2002. Effect of an *in ovo* infection with a *Dutch avian leucosis virus* subgroup J isolate on the growth and immunological performance of SPF broiler chickens [J]. Avian Pathology, 31 (1)：59-72.

Okazak W, Purchase H G, Critendan L B, 1982. Pathogenicity of *Avian leucosis viruses* [J]. Avian Diseases, 26 (3)：553-559.

Payne F E, Solomon J J, Purchase H G, 1966. Immunofluorescent studies of group-specific antigen of the *Avian sarcoma-leukosis viruses* [J]. Proceedings of the National Academy of Sciences of the United States of America, 55 (2)：341-349.

Payne L N, Brown S R, Bumstead N, et al, 1991. A novel subgroup of *Exogenous avian leukosis virus* in chickens

[J]. Journal of General Virology, 72 (4)：801-807.

Payne L N, Nair V, 2012. The long view：40 years of *Avian leukosis* research [J]. Avian Pathology, 41 (1)：11-19.

Rup B J, Hoelzer J D, Bose H R Jr, 1982. Helper viruses associated with *Avian acute leukemia viruses* inhibit the cellular immune response [J]. Virology, 116 (1)：61-71.

Smith E J, Fadly A, Okazaki W, 1979. An enzyme-linked immunosorbent assay for detecting avian leukosis-sarcoma viruses [J]. Avian Disease, 23 (3)：698-707.

Stedman N L, Brown T P, Brooks R L Jr, et al, 2001. Heterophil function and resistance to Staphylococcal challenge in broiler chickens naturally infected with *Avian leucosis virus* subgroup [J]. Veterinary Pathology, 38 (5)：519-527.

Wang Z, Cui Z Z, 2006. Evolution of gp85 gene of subgroup J *Avian leukosis virus* under the selective pressure of antibodies [J]. Science in China Series C-life Sciences, 49 (3)：227-234.

Weiss R A, Vogt P K, 2011. 100 years of *Rous sarcoma virus* [J]. Journal of Experimental Medicine, 208 (12)：2351-2355.

Zavala G, Dufour-Zavala L, Villegas P, et al, 2002. Lack of interaction between *Avian leucosis virus* subgroup J and *Fowl adenovirus* (FAV) in FAV-antibody-positive chickens [J]. Avian Diseases, 46 (4)：979-984.

第十节　禽呼肠孤病毒感染

一、概述

呼肠孤病毒（*Reovirus*）是呼吸道肠道孤儿病毒（*Respiratory enteric orphan virus*）的简称。禽呼肠孤病毒（*Avian orthoreovirus*，ARV）属于呼肠孤病毒科（Reoviridae）、正呼肠孤病毒属（*Orthoreovirus genus*）。

1954 年，Fahey 和 Crawley 等首次从患慢性呼吸道症状的小鸡呼吸道分离到 ARV，后来由 Peter 等（1976）进一步证实。Olson 等（1957）从自然发生滑膜炎的病鸡体内分离到一种病原，血清学上与鸡毒支原体或滑液囊支原体无关，将该病原命名为"病毒性关节炎因子"，后来 Walker 等（1972）通过电镜观察证实该病原为呼肠孤病毒。随后，有许多国家发现本病，意大利、新西兰、巴西、阿根廷、法国、英国、埃及、荷兰、日本、匈牙利等国家都有暴发的报道。我国从1985年首次报道鸡病毒性关节炎以来，已经在全国各地分离了多个毒株。目前，该病毒在商品禽群中普遍存在。崔治中等（2006）于2003—2004年对国内5个省、直辖市的75个白羽肉鸡场中的1 700余份血清的调查结果表明，ARV野毒在国内感染很普遍。靳继惠等（2014）对2010—2013年19个省、直辖市17 058份鸡血清用ELISA检测，免疫鸡群的阳性率为98.50%，非免疫鸡群的阳性率74.72%。

ARV可感染多种禽类，如鸡、火鸡、鸭、鹅等，并与多种疾病有关，但不感染哺乳动物。感染途径为肠道或呼吸道。感染引起的病症很大程度上取决于宿主年龄、免疫状态、病毒的致病型及感染途径。从病毒性关节炎/腱鞘炎、矮小综合征、呼吸道疾病、肠道疾病、免疫抑制、吸收不良综合征等多种疾病的病鸡组织内均能分离到本病毒。目前，研究最多的疾病是病毒性关节炎，其他疾病与呼肠孤病毒之间的关系仍不是很清楚，因此本节重点介绍鸡病毒性关节炎。鸡病毒性关节炎是一种由不同血清型和致病型ARV引起的有重要经济价值的疾病，可以使用弱毒活疫苗和灭活疫苗来预防。

二、病原

ARV具有典型的呼肠孤病毒形态，无囊膜，呈二十面体对称的双层衣壳结构，其核酸由双层蛋白质衣壳所包裹。衣壳由92个壳粒组成，直径60~80nm，核心直径约45nm，在感染的细胞质中呈晶体状排列。纯化的ARV只含有RNA和蛋白质，平均含量分别为18.7%和81.3%。

ARV的基因组为双链RNA，大小约为23 kb，可分为10个片段。根据SDS-PAGE电泳迁移率的不同，可将这10个RNA节段分为3类，依次为L、M和S。其中大节段L（L1、L2和L3）分子质量为$(2.4\sim2.7)\times10^3$ kDa；中节段M（M1、M2和M3）分子质量为$(1.3\sim1.7)\times10^3$ kDa；小节段S（S1、S2、S3和S4）分子质量为$(0.68\sim1.2)\times10^3$ kDa。除了10个片段以外，还有许多小的富含腺嘌呤的单链核酸，这些小核酸片段的功能目前尚不清楚。不同分离株（包括不同血清型和同型不同毒株）的dsRNA核酸电泳迁移有明显多样性，但与致病力无相关性。

ARV基因组编码的蛋白质也分为3组：λ（大）、μ（中）、δ（小）。已鉴定了14个蛋白。其中的10个结构蛋白分别是λ1（λA）、λ2（λB）、λ3（λC）、μ1（μA）、μ2（μB）、μ2C（μBC）、μBN、δ1（δA）、δ2（δB）、δ3（δC），4个非结构蛋白分别是μNS、P10、P17、δNS。S1基因编码的δC蛋白是ARV的主要蛋白，位于病毒的外壳，含有病毒型特异性中和表面抗原，S1基因还编码与病毒吸附、增殖和合胞体形成有关的蛋白。δB也是一个外壳蛋白，含有群特异性中和抗原决定簇，刺激机体产生保护性的群特异性抗体。δB通过δC作用，提高病毒感染细胞的能力，在ARV的感染和致病机制上有着重要作用。

ARV对热有抵抗力，能耐受60℃ 8~10h，56℃ 22~24h，37℃ 15~16周，22℃ 48~51周，4℃ 36个月以上。ARV不含糖类和脂质，对乙醚不敏感，对氯仿轻度敏感，对2%来苏儿、3%甲醛等有抵抗力，但70%乙醇和0.5%有机碘及5%过氧化氢可灭活病毒。

ARV不能凝集鸡、火鸡、鸭、鹅、人O型、牛、绵羊、兔、豚鼠、大鼠或小鼠的红细胞。

病毒能在鸡胚中培养，其中以卵黄囊和绒毛尿囊膜接种较敏感。病毒也可在禽原代细胞培养物中增殖，如鸡肾细胞、鸭成纤维细胞、火鸡肾细胞。此外，也可在绿猴肾细胞培养物中增殖。初次病毒分离一般选用卵黄囊接种，在接种后3~5d鸡胚死亡，胚体因皮下出血而呈淡紫色。绒毛尿囊膜接种，鸡胚通常在7~8d后死亡，绒毛膜上有隆起的、分散的痘疮样病灶，未死胚胎生长滞缓，肝淡绿色，脾肿大，心脏有病损。鸡源细胞培养物感染呼肠孤病毒后形成合胞体，一般在合胞体形成前细胞内产生空泡，细胞质内有包含体（初期嗜酸性，后变嗜碱性）。

三、免疫学

ARV有2种传播方式，即水平传播和垂直传播。鸡、火鸡和其他鸟类，如鸭、鹅、鸽子、鹦鹉等动物对ARV易感。禽呼肠孤病毒感染引起的病症很大程度上取决于宿主年龄、免疫状态、病毒的致病型及感染途径。鸡感染ARV可引起关节炎、呼吸道疾病、肠道疾病、僵小综合征、传染性腺胃炎、胰腺炎、包含体性肝炎、心包积水、蓝翅病等病症。火鸡的蓝冠病及青年火鸡群高死亡率、传染性滑液囊炎，腱鞘炎、腹泻和结膜炎都与 ARV 有关。番鸭感染 ARV 后表现为步行障碍、腹泻，肝、脾、肾有白色坏死，伴发纤维素性心包炎。ARV 引起的病毒性关节炎/腱鞘炎主要发生于肉鸡，少数蛋鸡也会感染发病。

ARV 的整个复制过程均在细胞质中进行，并与包含体的形成有关。病毒在内质网中成熟并出芽，经细胞溶解而释放。ARV 感染鸡后，最初的复制部位是呼吸道和消化道的黏膜。随后在 24～48h 之内通过病毒血症侵染其他组织，病毒在关节囊、淋巴组织和输卵管滞留的时间比较长。从实验室感染鸡的血液中很少分离到病毒，而在淋巴组织中却很容易分离到，说明 ARV 引起的病毒血症有可能是细胞结合型的。

ARV 感染鸡后，引起脾肿大、淋巴细胞增生和基质细胞数量增多、甚至坏死，法氏囊萎缩、结缔组织增生、异嗜性细胞、淋巴细胞浸润和淋巴空泡出现，最终影响免疫功能，产生免疫抑制，增加感染鸡群对其他病原的易感性，导致多种疾病症候群的发生，甚至加重疾病的病变和死亡。ARV 通过引起鸡的免疫抑制，或者降低了对其他病毒因子的免疫反应或者减少了对植物血凝素（phytohaemagglutinin M，PHA-M）的细胞免疫反应而导致发病。据报道 ARV 疫苗能干扰对马立克氏病疫苗的免疫反应。

ARV 不同毒株间在抗原结构、致病性、细胞培养特性、宿主特异性等方面存在一定差异，可采用血清学方法或根据对鸡的相对致病性进行分类。已鉴定有多种血清型，但由于采用的试验方法不同，对毒株的分型结果也不尽相同，分别有 4 个、5 个或 11 个血清型的报道，可能原因是该病毒有很多抗原亚型，而不是不同血清型。各毒株之间具有共同的沉淀抗原，这些抗原可被琼脂扩散试验和荧光抗体试验检测到。Kawamura 等（1966）用荧光抗体法对日本的 5 个血清型的 ARV 进行了比较，均可产生明显荧光。Slaght 等（1978）用酶联吸附免疫法（ELISA）对 ARV 进行血清型观察，结果发现，同源血清产生较高的抗体滴度，但不管是同源还是异源血清，均可产生明显的抗体反应。然而，病毒的中和抗原具有明显的异源性，一些毒株之间也有一定的交叉中和作用。

ARV 感染后 7～10d 可检测到中和抗体，约在 2 周后出现沉淀抗体。中和抗体持续时间比沉淀抗体长。即使在有高水平循环抗体的情况下，仍有可能发生持续感染，因此抗体保护作用不十分清楚。然而，母源抗体对 1 日龄雏鸡人工或自然感染具有一定的保护作用。抗体的保护作用在很大程度上与血清型同源性、病毒毒力、宿主年龄及抗体水平有关。

四、制品

（一）诊断制品

ARV 的血清学诊断方法多用琼脂扩散试验，因为该病毒具有群特异性抗原。此外还可用 ELISA 试剂盒检测血清抗体。

（二）疫苗

免疫接种是预防本病的主要方法。1 日龄雏鸡对呼肠孤病毒最敏感，2 周龄后逐渐有抵抗力，因此在制定免疫程序时应考虑使 1 日龄雏鸡获得免疫保护。对无母源抗体的雏鸡，可在 6～8 日龄用活苗首免，8 周龄时再用活苗加强免疫，在开产前 2～3 周注射灭活疫苗，一般可使雏鸡在 3 周内不受感染。这已被证明是一种有效的控制鸡病毒性关节炎的方法。将活疫苗与灭活疫苗结合免疫种鸡群，可以达到很好的免疫效果。其他禽类的疾病与呼肠孤病毒的关系不确定，因此目前只有鸡病毒性关节炎弱毒活疫苗和灭活疫苗。弱毒活疫苗通常使用 S1133 株制备，用于雏鸡免疫。灭活疫苗常用强毒制备，用于育成鸡和种鸡的加强免疫。

1. 灭活疫苗 Cessi（1975）从患有腱鞘炎的鸡体内分离到了 ARV，根据它的诊断编码号命名为 S1133 株，随后用该病毒制备成灭活疫苗，对种鸡进行接种。ARV 灭活疫苗对鸡安全无副作用，不足之处是使用剂量大，需要配合佐剂使用。目前，不同血清型 ARV 灭活疫苗广泛用于种鸡免疫，以保证雏鸡体内带有保护性母源抗体，如用禽呼肠孤病毒 Olson WVU2937 株、1733 株、2048 株、S1133 株、3005 株等接种鸡胚成纤维细胞，收获病毒，经甲醛灭活后，再与油佐剂混合乳化制成单价或多价灭活疫苗。

我国批准使用的进口灭活疫苗包括 S1133 株、Olson WVU2937 单价灭活疫苗，S1133＋1733 株、1733＋2048 株二价灭活疫苗。我国用于生产灭活疫苗的毒株为 S1133 株。效力评价方法为疫苗免疫 SPF 鸡后测定中和抗体或进行攻毒。

此外，ARV 还经常与新城疫、鸡传染性支气管炎、传染性法氏囊病病毒等组分制成多联灭活疫苗。

灭活疫苗的效力检验方法通常有以下种：①灭活疫苗免疫后用强毒进行攻毒；②灭活疫苗免疫后测中和抗体；③用禽呼肠孤病毒活疫苗作基础免疫，再免疫灭活疫苗，比较灭活疫苗免疫前后的中和抗体效价升高情况。

2. 弱毒活疫苗 和灭活疫苗相比，弱毒活疫苗诱导的免疫反应持续时间更长。Rau（1980）等将 ARV S1133 株经鸡胚传 73 代得到弱毒株，对种鸡进行接种，使后代雏鸡得到了良好的免疫保护。但是，这种弱毒株对青年鸡的致病性较强，给肉仔鸡接种后不能防止吸收障碍综合征的发生。Vander（1983）等为了得到高度致弱的毒株，将 S1133 毒株接种 SPF 鸡胚传代 235 次，随后再在鸡胚成纤维细胞上，32℃传代 65 次，37℃传代 35 次，获得了有良好免疫保护作用的弱毒株，这种弱毒株毒力相对较弱，可以用于不同年龄鸡的接种。

若 S1133 株弱毒疫苗与马立克氏病疫苗同时免疫，则会干扰马立克氏病疫苗的免疫效果，对火鸡疱疹病毒活疫苗干扰更明显。因此，两种疫苗接种时间应相隔 5d 以上。通常在 7 日龄左右接种禽呼肠孤弱毒苗。如果马立克氏病疫苗效价低，或马立克氏病感染严重，则要慎重使用禽呼肠孤弱毒苗。免疫种鸡是控制病毒性关节炎的一种有效手段。对种鸡群可以使用呼肠孤弱毒疫苗或灭活疫苗，或者联合使用。产蛋时不宜使用弱毒疫苗，以免疫苗毒经蛋传播。先使用弱毒疫苗，再使用灭活疫苗，免疫效果更好。这样既可对 1 日龄雏鸡提供母源抗体保护，又降低了垂直传播的风险。但是，应当注意的是，这种免疫只能抵抗同源血清型的毒株感染。

我国批准使用的进口活疫苗毒株为 S1133 株，国内用于生产的毒株为 ZJS 株。系用毒种接种鸡胚成纤维细胞，收获培养物，加适宜稳定剂，经冷冻真空干燥制成，可用于雏鸡免疫，也可用于种鸡加强免疫。效力评价方法为在鸡胚成纤维细胞培养物上测定每羽份疫苗中的病毒含量。

五、展望

目前，已经有弱毒活疫苗和灭活疫苗用于预防鸡病毒性关节炎，基本控制了 ARV 的流行。作为一种免疫抑制疾病，并能感染鸡、火鸡、鸭、鹅等多种禽类，致病性呈现多样性，血清型各异，有的分离株不能复制出自然发生的病症，ARV 弱毒活疫苗或灭活疫苗免疫过的鸡群仍有时发生病毒性关节炎、吸收不良等症状，因此应重视 ARV 的致病性研究。针对目前国内 ARV 野毒株与疫苗株的抗原性差异研制更为有效的疫苗，对于防控本病具有重要意义。

（杨承槐 李俊平）

主要参考文献

陆承平，2007. 兽医微生物学［M］. 4 版 . 北京：中国农业出版社 .

苏敬良，高福，索勋，2005. 禽病学［M］. 11 版 . 北京：中国农业出版社 .

王明俊等，1997. 兽医生物制品学［M］. 北京：中国农业出版社 .

殷震，刘景华，1997. 动物病毒学［M］. 2 版 . 北京：科学出版社 .

第十一节 鸡产蛋下降综合征

一、概述

鸡产蛋下降综合征（Eggs drop syndrome，EDS）是由鸡产蛋下降综合征病毒（*Eggs drop syndrome virus*，EDSV）引起的、主要侵害产蛋母鸡，引起产蛋量下降、蛋壳异常、蛋体畸形和蛋质低劣的一种病毒性传染病。1976 年由荷兰学者 van Eck 首次报道，并在产蛋母鸡中分离到该病毒。我国 1990 年中国兽医药品监察所首次分离到 EDSV，并命名为 BS 株。

EDSV 的自然宿主可能是家养的鸭和鹅，但火鸡、野鸡、珍珠鸡、鹌鹑均能感染。大量血清学调查结果表明，在蛋鸡、鸭、野鸡、鹅、麻雀肉鸡等多种禽类中检测到 EDS 抗体。从蛋鸡、鸭和鹅等家禽中均分离到该病毒。该病主要是通过被感染的精液和种蛋垂直传播。不同日龄的鸡均能感染 EDSV，在产蛋之前病毒处于潜伏状态，产蛋量达到 50％以上后发病，突然出现产蛋量下降，蛋壳褪色，出现软壳蛋、沙壳蛋和薄壳蛋，连续 2～3 周产蛋率降低 20％～30％，甚至 50％，持续4～10周后一般可出现代偿性恢复，但整个生产周期内很难恢复到正常水平或达到产蛋高峰。水平传播主要取决于鸡群中感染鸡的比例或母鸡与病原接触的频率，当蛋鸡产蛋量达到50％以上时，出现大量的病毒排出，会导致同一鸡群中该病的迅速传播。不同品种的鸡对该病的易感性有一定差异，肉鸡和产褐壳蛋的鸡较产白壳蛋的鸡发病严重。

二、病原

EDSV为腺病毒科，是禽腺病毒属Ⅲ群成员，无囊膜双股DNA，呈二十面体立体对称，大小为76～80 nm，分子质量为$22.6×10^6$ Da。对乙醚和氯仿不敏感，对pH适应范围为3～10，4℃能存活24个月以上，0.5％甲醛和强碱对其具有较好的灭活作用。

（一）血清型

EDSV只有一个血清型，各毒株之间没有毒力上的差异。Todd等用限制性内切酶分析，可分为3组基因型，第1组为欧洲鸡毒株，第2组欧洲鸭毒株，第3组为澳洲鸡毒株。

（二）血凝性

能凝集鸡、鸭、火鸡、鹅、鸽等动物的红细胞，但对兔、猪、绵羊、牛等哺乳动物的红细胞不凝集。EDSV的血凝素有较强的抵抗力，HA滴度在56℃ 16h仅降低4倍，并可维持4d，60℃ 30min不灭活，4℃可长期保持活性不变。

（三）基因组

EDSV的基因组全长为33 kb左右，碱基组成A：G：C：T为27.2：20.7：22.3：29.8。正链上编码蛋白的基因片段有25个（R1～R25），负链上编码蛋白的基因片段有22个（L1～L22）。以DNA复制时间为来划分，分为早期E区（包括E1b、E2a、E2b、E3和E4区）和晚期L区（L1～L5区），早期区编码病毒复制所必需的酶类，晚期区编码五邻体、六邻体等主要结构蛋白，以及DNA结合蛋白、末端前体蛋白等病毒包装蛋白。与其他腺病毒相比，EDSV的E1、E3和E4区基本没有同源性，E1区不存在E1a蛋白编码区，只有明显的E1b区。E3和E4区位置与一

般腺病毒也不相同，不是在VpⅧ基因与纤维蛋白基因之间，而是可能存在于EDSV DNA右末端，E1、E4区为病毒生长必需区，对病毒复制、转化和关闭宿主蛋白合成等起重要作用。E2区与其他腺病毒同源性相对较高，且位置分布也完全一样，编码DBP、pTP、DNA聚合酶（DNA pol）等与病毒复制有关的蛋白基因。除了缺失pV、pIX基因编码区和缺少RGD（五邻体蛋白与细胞整联蛋白αvβ3和αvβ5的结合位点）和LDV（五邻体蛋白与细胞整联蛋白α4β1的结合位点）基因编码区外，与其他腺病毒一样，L区存在主要结构蛋白的基因编码区，L1区编码52/55k晚期结构蛋白和pⅢa，L2区编码五邻体、pⅧ和pX，L3编码pⅥ、六邻体、内肽酶，L4区编码100k蛋白、33k蛋白和pⅧ，L5编码纤维蛋白。

（四）病毒的结构蛋白

1. 52/55k蛋白 由337个氨基酸构成，分子质量为38.2 kDa，其C端为酸性基团的聚集区。在腺病毒感染过程中，它的表达先于其他L区蛋白，与ⅣaⅡ特异性结合，有可能参与病毒粒子的装配及装配以外的过程，如MLP的转录调控和装配过程中病毒DNA与壳粒的识别。

2. pⅢa蛋白 全长575个氨基酸，是壳粒的组成成分，它对病毒粒子的装配及维持病毒粒子结构起着重要作用。在距C端26残基处有一内肽酶Ⅱ型切割位点LL GD'G，为腺病毒pⅢa成熟所必需。

3. 五邻体蛋白 五邻体多肽长为452个氨基酸，构成病毒粒子的12个顶点。此外，在EDSV五邻体的213～226位存在着可能参与结合纤维蛋白的基序HSRLSNLLGIRKR，五邻体内还存在两处巯基内肽酶位点（178位和312位）。

4. pⅧ蛋白 pⅧ蛋白全长为160个氨基酸，内部富含碱性残基，160个氨基酸中竟然含41个碱性残基，可能与它在病毒DNA的装配中充当DNA结合蛋白有关。

5. pX蛋白 pX蛋白长为67个氨基酸，距其N端37氨基酸处存在巯基内肽酶的水解位点，与其他腺病毒的pX比较，N端差异较大，但C端则同源性极高，C端的高保守性提示其C端可能存在重要的功能区。

6. pⅥ蛋白 pⅥ蛋白全长约230个氨基酸，其N端约30位的Ⅰ型内肽酶切点（L、M、I）

XGG'X 和位于其 C 端的Ⅱ型内肽酶切点高度保守，后者的切割将产生长为 11 肽的巯基内肽酶辅助因子，巯基内肽酶辅助因子的氨基酸序列为 GVRYGSQRYCY，据报道，序列中 Cys 对 pⅥ蛋白二聚体的形成和巯基内肽酶的激活是必需的。

7. 六邻体蛋白　六邻体多肽长 910 个氨基酸，分子质量约 120 kDa，它是病毒粒子内最大的蛋白质，其中部和 C 端比较保守，是腺病毒主要的结构蛋白，它与五邻体和纤维蛋白一起构成核壳，决定着病毒粒子的大小，其中含有主要的属和亚属特异性抗原决定簇和次要的抗原决定簇。国内有人把六邻体基因克隆并诱导表达，体外表达的重组蛋白保留了天然蛋白所具有的抗原性。

8. 内肽酶　内肽酶（巯基内肽酶）长 202 个氨基酸，它在腺病毒中较保守，是一种以 Cys 为活性中心的内肽酶，对病毒粒子的成熟及感染力至关重要。

9. 100k 蛋白和 33k 蛋白　100k 蛋白全长 696 个氨基酸，是腺病毒感染后期细胞中含量最多的非结构蛋白，它能与新合成的六邻体多肽结合，使六邻体多肽发生正确卷曲并折叠成同源三聚体，同时它能使六邻体多肽从细胞质内质网转运到细胞核进行病毒粒子的装配。近来的研究表明，100k 蛋白还能与腺病毒晚期的 RNA 结合，以促进病毒蛋白合成，同时抑制宿主细胞蛋白合成。与 100k 的 ORF 部分重叠的 ORF 编码 33k 蛋白的 N 端，33k 蛋白含有一内含子，其完整序列不清楚。

10. pⅧ蛋白　pⅧ多肽长 250 个氨基酸，富含 Pro、Arg、Gly 和 Ser，但不含 Cys，在其 110 位、148 位、178 位各有一个（I、L、M）XGX′GⅡ型水解位点，它是一种六邻体相关的结构蛋白，位于衣壳的内面。在病毒装配过程中，pⅧ蛋白前体须经过病毒编码的蛋白酶切割才能参与形成完整的病毒粒子。

11. 纤维蛋白　纤维蛋白长 585 个氨基酸。从其 N 端至 C 端依次排列，纤维蛋白的 3 个典型结构域为：Ⅰ（尾区：1～35 位）、Ⅱ（柄区：36～436 位）和Ⅲ（顶端球区：437～585 位）。在五邻体基座上只有一个纤维蛋白，纤维蛋白与五邻体在功能上彼此关联，主要作用是识别宿主细胞上的特异性受体而使病毒吸附结合在宿主细胞上。

（五）致病性

用限制性核酸内切酶分析，可将 EDSV 分为三组基因型，但血清型只有一个，没有毒力的强弱之分。病鸡和带毒鸡是本病传染源，主要通过被感染的精液和种蛋垂直传播，感染了该病毒的母鸡产下的蛋，孵化出小鸡后，可以从小鸡的肝脏中分离 EDSV。鸡之间的直接接触和接触到被病毒污染的工具或粪便等，也能发生水平传播。所有年龄的鸡对 EDSV 都易感，但只有产蛋鸡发病。病毒侵入机体后，潜伏在鸡体内，母鸡性成熟前不表现致病性，在产蛋初期，由于应激反应，激素分泌发生变化，导致病毒活化，使母鸡产蛋高峰期出现产蛋下降。EDSV 在感染细胞的核内复制，在试验感染鸡的脾脏、鼻黏膜上皮、输卵管伞部和峡部蛋壳分泌腺等部位，经 HE 染色可见核内包含体。产蛋鸡感染后 7～21d 输卵管峡部蛋壳分泌腺有大量病毒复制，pH 从 6.5±0.3 下降到 6.0±0.3，导致黏膜分泌功能紊乱，黏膜上皮细胞变性、脱落、细胞质内分泌颗粒减少或消失、子宫的腺体细胞萎缩，使钙离子转运发生障碍和色素分泌量减少，同时输卵管内 pH 的降低，酸性环境可以溶解卵壳腺分泌的碳酸钙，使钙盐沉着受阻，从而导致蛋壳形成紊乱而出现蛋壳异常。

三、免疫学

接种成年母鸡，病毒在鼻黏膜发生一定量的复制，形成病毒血症，感染后 3～4d 在全身淋巴组织，尤其是脾和胸腺中复制，感染后 7～20d，在输卵管狭部蛋壳分泌腺中大量复制，并出现快速、严重的炎症反应，表现为巨噬细胞、浆细胞、淋巴细胞和数量不等的异嗜性细胞一起侵及基底膜和上皮。产蛋异常 3d 后，检测不到包含体，但病毒抗原可持续存在 1 周。中和抗体、血凝抑制抗体和沉淀抗体可以在感染后 5～7d 即可检测到，4～5 周达到高峰，免疫球蛋白 IgG 也同期出现，即使有较高的血凝抑制抗体，某些鸡仍能排毒。HI 试验表明，母源抗体的半衰期为 3d，可以提供给小鸡 4 周时间的被动免疫保护。

自然感染的幼龄鸡不表现临床症状，血清中也检测不到抗体，在性成熟前表现为隐性感染，开始产蛋后出现临床症状，血清抗体才转为阳性。日本学者用 Jap-1 株接种产蛋鸡，在接种后 7～9d 各器官均能检测到病毒，但其后又较难检出，在接种后 10～14d，用荧光抗体检测，能在母鸡子宫及输卵管峡部上皮细胞中发现病毒抗原，一直至80d后，感染鸡才开始产畸形蛋和软壳蛋。结果表明EDSV侵入机体后，最初会被免疫系统识别，产生中和抗体，随后病毒会逃逸免疫系统的识别，表现出一种隐性带毒的状态，产蛋过程中应激反应使病毒活化导致母鸡发病。病毒逃逸免疫系统的识别和应急活化机制尚待进一步研究。然而，一旦群鸡在开产前产生了抗EDSV的抗体，整个产蛋期的产蛋情况将不受影响。

四、制品

通过种胚垂直传播是本病的主要传播方式，因此选择健康无病原体污染的种源，对预防该病尤为重要。同时，严格饲养管理，加强隔离饲养，防止外来病原污染，减少应激因素，做好疫苗接种工作和定期抗体水平检测，是预防本病发生的重要措施。

（一）诊断试剂

商品化的诊断试剂有血凝抑制抗原、琼脂扩散抗原、酶联免疫吸附试验（ELISA）抗体或抗原检测试剂盒等。

血凝抑制试验（HI）用于检测鸡群的HI抗体水平，快速简便，易于在基层单位推广应用，具有较高特异性和敏感性。用于监测免疫鸡群的HI抗体水平，以及非免疫鸡群的阳性感染情况。琼脂扩散试验可用来检测抗体的存在，但费时较长，敏感性差，难以定量。间接ELISA试剂盒用于抗体或抗原的检测，具有操作简便、灵敏度高、特异性强和易于推广应用等优点，且适应于大量标本的检测。此外，还有病毒中和试验（VN），胶体免疫金技术，DNA探针技术，PCR诊断技术等，在诊断该病过程中具有快速、准确、特异性强、敏感度高等特点，但对试验条件和操作人员的技术水平要求较高，限制了这些技术在基层的推广应用。

（二）疫苗

由于该病毒没有毒力强弱之分，因此只有EDS灭活疫苗。目前我国批准上市的疫苗包括以AV-127株为代表的进口灭活疫苗和用京-911株，以及HSH23株等国内分离毒株研制生产的灭活疫苗。疫苗用于种鸡和产蛋鸡，在开产前进

行免疫注射，可产生良好免疫力，保证在整个产蛋期抵抗该病的发生。同时我国还批准与新城疫、传染性支气管炎、病毒性关节炎、传染性法氏囊病、脑脊髓炎、禽流感等组分组成的各种二联或多联灭活疫苗，只需在开产前进行一次免疫注射，就能预防多种疾病，这类疫苗深受市场欢迎。

EDSV在鸭胚成纤维细胞和鸡胚肝细胞中生长良好，毒价可达$10^{8.0}$ $TCID_{50}/mL$，制备疫苗时将其接种于8～10日龄易感鸭胚，10^{-2}稀释的毒种每胚接种0.2mL，接种后放37℃继续孵育，弃去72h内的死胚，收获72～120h死亡的和120h感染的活胚胚液，用10%甲醛溶液灭活，甲醛在胚液里的终浓度应达到0.1%，在37℃下灭活，当胚液温度升至37℃后继续作用24h。灭活前胚液的血凝价应≥1：20 000。制苗前应将灭活胚液进行灭活检验，确保病毒100%被灭活。配苗时，用灭活抗原液作为水相，要求每羽份抗原含量达到2 000 HA单位，与乳化剂和油佐剂按适当比例乳化，制成灭活疫苗。该疫苗免疫期为12个月，开产前4周免疫注射1次，2周后可产生HI抗体，4周后抗体达到高峰，可使母鸡在一个产蛋周期内获得免疫保护。疫苗可在2～8℃保存至少12个月。

五、展望

EDSV只有一个血清型，且没有毒力强弱之分，油乳剂灭活疫苗对该病具有良好的保护力。因此，在养殖过程中，只要做好种鸡的免疫接种工作就能有效预防该病的发生。另外，EDSV是禽腺病毒属Ⅲ群的唯一成员，而腺病毒是迄今为止研究最为深入的病毒之一，在体外具有遗传稳定、易制备、纯化、不会整合进宿主基因组等优点，在腺病毒基因组中至少有3处可以作为外源基因的插入位点：E1区、E3区和E4区与ITR之间，使得以腺病毒为病毒载体进行外源基因表达和基因工程疫苗的研究最为热门。随着EDSV全基组序列测定工作的完成，采用EDSV作为载体，与禽类多种病毒抗原重组，制备新型基因工程疫苗有可能成为一个新的研究领域。

（宋　立　李俊平）

主要参考文献

蔡宝祥，2005. 家畜传染病学［M］. 北京：中国农业出

版社.

王明俊等，1997. 兽医生物制品学［M］. 北京：中国农业出版社.

吴国平，2000. 鸡减蛋综合征病毒分子生物学研究近况［J］. 中国预防兽医学报，22（2）：156-158.

曾力宇，金奇，章金钢，等，1998. 鸡减蛋综合征病毒（EDSV）主要蛋白的结构分析［J］. 病毒学报，14（1）：45-54.

Darbyshire J H，Peters R W，1980. Studies on EDS-76 virus infection in laying chickens［J］. Avian Pathology，9（3）：277-290.

第十二节　鸡传染性贫血

一、概述

鸡传染性贫血是 Yuasa 等在 1976 年首先发现并报道的，当时是在鸡马立克氏病肿瘤细胞系 MSB1 细胞上分离到病毒，称之为鸡贫血因子（chicken anemia agent，CAA），随后又正式命名为鸡传染性贫血病毒（*Chicken infectious anemia virus*，CIAV 或简用 CAV）。该病毒为圆环病毒科（Circoviridae）圆圈病毒属（*Gyrovirus*）的唯一一个种。该病在青年鸡群引起的特征性表现为再生障碍性贫血及全身淋巴组织萎缩，同时伴有免疫抑制及继发病毒、细菌或真菌感染。全世界几乎所有养鸡的国家都发现有该病的存在。实际上，早在 1970 年，就有人报道在患有马立克氏病的病鸡中出现了类似的造血组织的损伤。鸡传染性贫血通常在 2～4 周龄的鸡群开始发病，表现为生长迟缓，死亡率通常介于 10%～20%，但偶尔也高达 60%。有时在 6 周龄以上鸡群也可能出现类似的再生障碍性贫血或出血症状，这是否与该病为同一病原引起的疾病目前还不清楚。鸡传染性贫血也给 SPF 鸡场带来很大的经济损失。在许多 SPF 鸡场，开产后往往有一部分鸡出现对 CIAV 抗体；在一些国家，这样的 SPF 鸡群来源的鸡胚不允许用于生产 7 日龄以内雏鸡用的弱毒疫苗，更不允许用于生产人的麻疹或流行性腮腺炎疫苗，我国 SPF 鸡群不允许有 CIAV 抗体。

二、病原

CIAV 是一种无囊膜的呈 20 面体结构的小病毒，直径只有 25～26.5 nm。在 CIAV 感染的 MSB1 细胞的超薄切片中，可显示核内包含体的存在。在少数细胞，从与微管相连的细胞质中可见到少量的病毒粒子。

（一）病毒的基因组和蛋白质组成

病毒粒子中的基因组为单股、负链、环形 DNA，但在感染的细胞内，既有单股也有双股 DNA 的病毒基因组。复制病毒的基因组长度可能分别为 2 298 bp 或 2 319bp，这决定于基因组含有 4 个还是 5 个 21 bp 的同向重复片段。

病毒粒子中的基因组单链 DNA 的互补链用于编码蛋白质，共有 3 个开放阅读框 C1、C2、C3，分别编码 3 个蛋白质，即 52 kDa 的 VP1、24 kDa 的 VP2 和 13 kDa 的 VP3。VP1 是一种作为病毒结构蛋白的衣壳蛋白。VP2 像一种脚木架蛋白，在该病毒装配过程中协助 VP1 有序地形成病毒粒子。VP3 又称为细胞凋亡因子，对鸡的胸腺细胞和成淋巴细胞系的细胞凋亡是一种很强的诱导剂。

（二）病毒对理化因子的抵抗力

CIAV 对外界环境及多种理化因素的抵抗力都非常强。该病毒对乙醚和氯仿等脂溶性溶剂也有很强抵抗力，能耐受 50% 的乙醚和氯仿作用 18h。CIAV 能耐受 90% 丙酮处理 24h，因此有 CIAV 感染的活片虽经丙酮固定，但仍可能有传染性。将肝悬液在 5% 的酚溶液中于 37℃ 2h，也不能将其中的 CIAV 完全灭活。用 0.1mol/L 的氢氧化钠溶液在 15℃ 处理 24h，也只能让 CIAV 部分灭活。常规消毒剂商品，如按规定浓度使用，都不能有效灭活 CIAV，除非显著提高浓度并延长时间。甲醛或环氧乙烷熏蒸不能完全灭活 CIAV。该病毒还能抵抗 pH3 的酸处理 3h，只有用 pH 为 2 的消毒剂处理 SPF 鸡舍才是有效的。

CIAV 也很耐热，70℃ 能耐受 1h，80℃ 耐受 15min。但是，CIAV 污染的生物样品经 100℃ 15min 可将 CIAV 完全灭活。此外，1% 乙醛溶液室温下 10min，0.4% β-丙内酯溶液 4℃ 24h，或 5% 甲醛溶液室温 24h 都能使 CIAV 完全灭活。

（三）病毒的易感宿主及其在体内的复制

鸡是 CIAV 的唯一自然易感宿主，但在鹌鹑血清中也检出了 CIAV 抗体。在鸡体内，CIAV

主要在骨髓的造血细胞及胸腺皮质的 T 细胞前体细胞中复制，并导致相应细胞的凋亡。该病毒也能在其他组织器官中复制，且大多与淋巴细胞相关。

为了分离和复制病毒，可分别选用细胞培养物、鸡胚或雏鸡，但不同毒株差异很大，且通常病毒含量都较低。

1. 细胞培养 一些马立克氏病肿瘤细胞系如 MSB1 和 CU147 细胞可用于分离培养和复制 CI-AV。但随不同的毒株和细胞系的传代系谱不同，差异很大。可根据细胞死亡情况或 PCR 检测结果判断是否有病毒复制。

2. 雏鸡 无母源抗体的 1 日龄雏鸡可用于分离和复制 CIAV。用含有 CIAV 的病料接种的雏鸡可在 12～16d 内呈现贫血及骨髓和淋巴组织的病变，但死亡率并不高。

3. 鸡胚 通过卵黄囊接种后，一些 CIAV 毒株可在鸡胚中复制，在接种后 14d，可在除卵黄囊和绒毛尿囊膜外的胚体检出病毒。有些毒株在接种后 16～20d 引起一些鸡胚死亡，死胚小、出血、水肿。

（四）病毒的抗原性和基因组变异

迄今为止，从不同国家分离到的所有 CIAV 株都属于同一抗原型，尚没有发现明显抗原性差别。不同毒株基因的核酸序列有差异，但这种变异与抗原性或致病性的关系还不清楚。

（五）传播途径

CIAV 既可横向传播，又可通过种蛋垂直传播。在感染 CIAV 后 5～7 周，鸡粪中含有大量病毒，是最重要的传染源，主要经口感染，也可经呼吸道吸入。CIAV 在同一鸡群传播很快，一般只要 2～4 周就可使全群自然感染。但如果在隔离饲养的条件下如笼养时，其横向传播比较慢。

用 CIAV 人工接种血清抗体阴性的产蛋鸡后，或用感染公鸡的精液人工授精后，种蛋中的垂直感染可持续 8～14d。当母鸡产生抗体反应后，则不会再对种蛋产生垂直传播。但对于一个鸡群来说，垂直传播的持续时间则决定于 CIAV 在鸡群中传播的速度及鸡群对 CIAV 产生抗体的整齐度。在 SPF 鸡群，往往是在开始产蛋时才有个别鸡呈现对 CIAV 的血清抗体阳性。在笼养时，当出现少数阳性个体后，其他个体发生抗体阳性的比例

也很低。但鸡群对 CIAV 抗体阳性反应发生的动态，随鸡的品系不同也有很大差别。

还有试验发现，利用巢式 PCR，既能从抗体阴性也能从抗体阳性鸡的性腺和脾脏组织 DNA 中检出 CIAV 特异性 DNA，甚至可以从对 CIAV 抗体阳性已持续了 40 多周的鸡检出 CIAV 特异性 DNA。而且还发现，性腺可检出 CIAV-DNA 的母鸡来源的鸡胚也可能携带 CIAV-DNA，但不一定有 CIAV 复制，然而这些鸡可继续维持传染。这些结果表明，CIAV 可能形成潜在性感染。

（六）致病性

CIAV 对鸡的致病作用与感染的年龄和途径密切相关。随着发生感染的年龄增长，致病作用也减弱。在通过鸡胚先天垂直感染的雏鸡，其致病作用最强。在 10～12d 时就开始出现临床表现和死亡，在 17～24d 时达到高峰。感染鸡精神沉郁、生长迟缓。最特征性的症状是贫血，表现为血细胞压积减少到 27% 以下，并逐渐降至 10%～20%。血细胞计数时，红细胞、白细胞及血小板数显著减少。对 1 日龄鸡人工接种 CIAV 后，这种贫血在接种 3～4d 即可表现出来。在接种后 12～28d，可出现死亡，死亡率最高达 30%，且多与继发性细菌感染或其他病毒感染相关。

单纯 CIAV 感染的鸡的主要病变为再生障碍性贫血。其骨髓萎缩是最典型的病变，骨髓脂肪化，呈黄色或粉红色。另一个特征病变是胸腺萎缩，严重时几乎消失。在严重病例，还会有全身不同部位如皮肤、腿肌和胸肌的不同程度的出血性变化。如果有继发性感染，还会有其他病变，如细菌性心包炎、肝周炎等。并发包含体肝炎病毒感染时出现肝变性。不同毒株的毒力差异一直是禽病学家关心的问题，但迄今为止还没有能显示不同毒株间致病性上有显著差异的确凿试验报告。

三、免疫学

鸡只感染 CIAV 后都能产生特异性抗体反应，但其速度和强度与年龄密切相关。如果给 6 月龄鸡肌内注射 CIAV，在 4～7d 就可产生中和抗体并迅速上升，在接种后 12～14d 时达到较高的水平。但如用同样病毒同样方法接种 1 日龄鸡，要到 3 周后才能显示抗体反应，且滴度上升很慢。口服感染后

抗体反应发生得要比肌肉接种慢。随着抗体滴度的升高，感染鸡组织中病毒量也显著下降。

在鸡群自然感染状态下，一般在8～9周龄时开始出现抗体阳性的鸡只。在18～24周龄时，多数鸡群的大多数都呈现抗体阳性，而且在50周内一直保持着较高的中和抗体水平。

抗体阳性的种鸡通过卵黄囊为雏鸡提供母源抗体，这种母源抗体作为一种被动免疫方式可有效地保护雏鸡在CIAV感染后免于发生贫血等病理表现。这种母源抗体的效果一般可持续3周。而且，呈现抗体阳性的母鸡通常不会再对种蛋形成垂直传播。但是有时来自这些母鸡的种蛋仍会带有CIAV病毒核酸。如果雏鸡群暴发鸡传染性贫血，这可能与相应的种鸡群血清CIAV抗体阳性率很低有关。

CIAV感染也能引发免疫抑制，这也与感染的年龄有关。一般来说，在1～3周龄内的鸡，CIAV感染都有可能短暂地抑制细胞免疫反应，如在感染后7～15d内脾细胞对有丝分裂素的反应性下降、巨噬细胞的吞噬和嗜菌功能下降、IL－1因子下降等。此外，也能使感染鸡对某些疫苗免疫后的抗体反应下降。当CIAV与其他病毒如马立克氏病病毒或网状内皮组织增生病病毒共感染时，更能在免疫抑制上显示协同作用。

四、制品

(一) 诊断试剂

1. 抗体检测用诊断试剂 国内外市场上已有用于检测血清CIAV抗体的ELISA检测试剂盒。国内市场上的商品也都是进口的。这是用特定CIAV抗原包被96孔板后，用于检测鸡血清中的CIAV抗体。可用于流行病学调查，用以判定鸡场（群）中是否有过CIAV感染及感染的普遍性，或判断SPF鸡群是否已有CIAV感染发生。但对CIAV感染引发的临床疾病的诊断意义不大。这是因为血清呈现抗体阳性只表示曾经感染过CIAV，但不能确定何时感染的CIAV。而且，往往对CIAV迅速产生抗体反应的鸡，CIAV感染的致病作用并不大。

2. 病毒检测用试剂 目前国内外市场上都还没有检测病毒用的诊断试剂盒。

(二) 预防制品

我国目前还没有正式注册的疫苗，但市场上已有若干种从国外进口的弱毒活疫苗，且已有一些大型种鸡场在使用。这些弱毒活疫苗对成年鸡是无致病性的，但对雏鸡仍有致病性，只能在13～15周龄使用。但在开始收集种蛋孵化前4周内则禁止使用，避免种鸡在产生足够高中和抗体前将疫苗病毒垂直传播到种蛋。这种疫苗接种种鸡群的目的是使所有种鸡在开产前都能产生中和抗体。这既可为雏鸡提供母源抗体保护雏鸡免于CIAV感染引发的贫血和免疫抑制，也能预防或大大减少种鸡在开产后被CIAV感染后的垂直传播。然而在大多数种鸡场，特别是在地面饲养的种鸡中，大多数种鸡在开产前都已发生CIAV抗体呈现性反应，即已没有必要再额外施加疫苗程序。我们的建议是，在15～16周龄时对鸡群抽样采血测定血清CIAV抗体状态。如果群体中抗体阳性率达到60%，就没有必要再额外免疫。根据流行病学调查显示，当16周龄阳性率达60%时，到23～24周龄时，该群鸡对CIAV抗体阳性率均能达到95%以上。然而，在一些生物安全管理条件很好的种鸡场，特别是笼养的种鸡场，则建议使用疫苗。

五、展望

(一) 参考毒株的选定和标准的建立

为了CIAV的疫苗或检测或致病性研究，都需要标准毒株和标准方法。对CIAV的致病性，目前我国还没有各种参数已确定的标准毒株，也没有重复性好且可量化的标准。只有具备这两个条件才可能比较我国鸡群中CIAV的流行毒株在致病性上是否有显著差异。然而，这又有待于针对CIAV的病毒检测及定量的特异性试剂和方法的建立。

(二) 对CIAV特异性诊断试剂及方法

目前，国内市场上还没有用于检测CIAV的试剂，因此直接从病料或细胞培养中检测CIAV存在很大的难度。利用现代分子生物学技术，已完全可能在近期制备出可商业化的CIAV的特异性的单克隆抗体或单因子血清，并以此建立相应的方法（如荧光抗体反应）检测CIAV抗原。或者可研制CIAV特异性核酸探针直接检测从病料中提取的DNA或其PCR产物做特异性斑点分子杂交。

（三）CIAV 流行毒株致病性强度比较

通常 CIAV 只有感染雏鸡（如 1～3 周龄内）时才呈现其致病作用。然而，由于大多数种鸡群在开产前都由于自然感染或接种了疫苗，因而都已呈现 CIAV 抗体阳性，且可通过母源抗体为 1～3 周龄雏鸡提供母源抗体。因此，CIAV 的自然感染通常不会造成严重的疫病问题。但是，如果在鸡群中出现了对 3 周龄以上鸡也呈现致病作用（如免疫抑制）的强毒 CIAV，则会造成问题。我们应密切关注是否有这样的毒株出现。

（四）发现更适宜于分离培养和复制 CIAV 的细胞或细胞系

现有报道表明，一些 CIAV 毒株可以在马立克氏病肿瘤细胞系（如 MSB1 和 CU147）复制并引起细胞凋亡，但随毒株不同及相应细胞系传代来源不同，差别很大。现在还缺乏一个能让大多数 CIAV 稳定复制的细胞培养系统。为了有效地研究 CIAV 及其致病作用，需要寻找或筛选更好的细胞培养体系。

（五）预防制品

虽然国外已有正式注册的 CIAV 弱毒活疫苗，且已有相应疫苗进入我国市场，并已为一些种鸡场所应用。但是，我国能否或是否需要自行研发或允许这类疫苗注册，取决于 CIAV 感染对我国养鸡业危害的严重性在学术界的认同度。

（崔治中　赵　鹏　李俊平）

主要参考文献

Bhatt P, Shukla S K, Mahendran M, et al, 2011. Prevalence of *Chicken infectious anaemia virus* (CIAV) in commercial poultry flocks of Northern India: A serological survey [J]. Transboundary and Emerging Diseases, 58 (5): 458-460.

Ducatez M F, Owoade A A, Abiola J O, et al, 2005. Molecular epidemiology of *Chicken anemia virus* in Nigerias [J]. Archives of Virology, 151 (1): 97-111.

Eltahir Y M, Qian K, Jin W, et al, 2011. Molecular epidemiology of *Chicken anemia virus* in commercial farms in China [J]. Journal of Virology (8): 145.

Koch G, van Roozelaar D J, Verschueren C A, et al, 1995. Immunogenic and protective properties of *Chicken*

anaemia virus proteins expressed by baculovirus [J]. Vaccine, 13 (8): 763-770.

Li Y, Cui ZZ, Jiang S, Guo H, 2008. Synergic inhibitory effect of co-infection of CAV and REV on immune responses to vaccines in SPF chickens [J]. Journal of Veterinary Medical Science, 28 (11): 1243-1246.

Natesan S, Kataria J M, Dhama K, et al, 2006. Biological and molecular characterization of *Chicken anemia virus* isolates of Indian origin [J]. Virus Research, 118 (1/2): 78-86.

Renshaw R W, Soine C, Weinkle T, 1996. A hypervariable region in VP1 of chicken infectious *Anemia virus* mediates rate of spread and cell tropism in tissue culture [J]. Journal of Virology, 70 (12): 8872-8878.

Yuasa N, Yoshida I, Taniguchi T, 1976. Isolation of a *Reticuloendotheliosis virus* from *chickens inoculated with Marek's disease vaccine* [J]. National Institute of Animal Health Quarterly, 16 (4): 141-151.

Zhang X, Liu Y, Wu B, et al, 2013. Phylogenetic and molecular characterization of *Chicken anemia virus* in southern China from 2011 to 2012 [J]. Scientific Reports, 3 (12): 3519.

第十三节　禽网状内皮组织增生病

一、概述

禽网状内皮组织增生病病毒（*Reticuloendotheliosis virus*，REV）可以感染火鸡、鸡、鸭、鹅、鹌鹑等多种家禽和一些野鸟，并引起不同类型的症状和病变，包括生长迟缓综合征、淋巴组织和其他组织的慢性肿瘤及急性网状细胞增生性肿瘤。该类病毒中最早分离到的是 T 株 REV，是在 1957 年从火鸡内脏淋巴瘤获得的。用其肿瘤浸出液在鸡和火鸡连续传代过程中，其引发肿瘤的主要细胞成分是网状内皮细胞，因而最初称之为网状内皮细胞增生病。后来又陆续分离到的鸡合胞体病毒、鸭传染性贫血病毒及鸭坏死性肝炎病毒都属于类似的反转录病毒，通称禽网状内皮组织增生病病毒。后来从患有不同病变的各种家禽和野鸟分离到更多类似病毒，就不再给予专用名称。

REV 感染对鸡群的最主要危害是造成亚临床感染状态下的免疫抑制，以及由此带来的一系列继发症和并发症。而弱毒疫苗中 REV 的污染又是困扰我国养鸡业的一个重要问题。特别是一些在一周龄内使用的弱毒疫苗，如果污染 REV，造成的免疫抑制最为严重。

二、病原

REV 属于反转录病毒科、正反转录病毒亚科、r-反转录病毒属。

（一）形态大小和抵抗力

REV 为圆球形病毒、直径约 100 nm。成熟的病毒有囊膜，在囊膜表面有许多向外突起的纤突。这些纤突直径约 10 nm，长约 6 nm。本病毒在体外环境中抵抗力很弱，各种常用的消毒剂都能有效地使 REV 灭活。

（二）基因组组成

一般的病毒粒子中的基因组为长度约 9 kb 的单股正链 RNA。每个病毒粒子中有 2 条完全相同的 RNA 分子连接在一起。主要有 3 个基因，即衣壳蛋白基因（*gag*）、聚合酶基因（*pol*）和囊膜蛋白基因（*env*），在基因组上的排列为 5′-*gag-pol-env*-3′。但是，一些急性致肿瘤的病毒的基因组只有 7 kb 左右长，其中部分 *gag* 基因、整个 *pol* 基因和部分 *env* 基因被 0.8～1.5 kb 大小的肿瘤基因 *c-rel* 所取代，成为复制缺陷型病毒。

（三）蛋白质组成

gag 基因编码的结构蛋白有 P 10、P 12、PP 18、PP 20、P 30，为核衣壳的组成。*env* 基因编码的结构蛋白为囊膜蛋白，分为 gp 90 和 gp 20 糖蛋白。其中 gp 90 位于病毒囊膜的表面及感染细胞细胞膜的表面，是引发宿主对病毒产生免疫反应的主要蛋白。gp 20 为跨膜蛋白。

（四）抗原型

到目前为止，在过去 60 年中世界各国分离到的 REV 仍属于同一个抗原型，但它们之间的抗原性仍有一定差异。根据对不同单克隆抗体的反应性和血清交叉病毒中和反应，可把一系列分离株分成不同的亚型，但这一分型的实际意义还不明显。

（五）生长特性

该病毒可以在各种鸟类特别是鸡的细胞培养物上复制，如鸡胚成纤维细胞、鸡肾细胞等。也可以在某些哺乳动物细胞上生长。但是少数有急性致肿瘤活性的复制缺陷型病毒，不能在任何细胞上单独生长复制，只有当有其他 REV 作为辅助病毒存在时，才能复制。REV 在细胞培养物上一般不引起细胞病变，因此很难根据感染细胞的细胞形态变化来判断有无病毒复制。只有少数分离株感染的细胞单层可能出现合胞体或其他轻度细胞病变。因此，对于大多数 REV 分离株来说，必须用抗 REV 的单克隆抗体或单因子血清作荧光抗体反应时，才能显示细胞培养中是否有 REV 感染和复制。

（六）致病性

少数带有 *c-rel* 肿瘤基因的急性致肿瘤性 REV 具有较强的致病性，在接种 1 日龄雏鸡后可诱发肿瘤并引起死亡。这些病毒是复制缺陷型，在自然感染的鸡群，很少有这种病毒流行。大多数 REV 的流行株致病性不强，不会引起急性肿瘤。垂直感染或出壳后不久早期感染的鸡可能发生肿瘤，但通常潜伏期很长，要在 4、5 月龄性成熟后才出现肿瘤。REV 感染鸡诱发的肿瘤可以是 B 淋巴细胞肿瘤，也可以是 T 淋巴细胞瘤，或其他细胞类型的肿瘤，如网状细胞等。REV 对鸡多呈亚临床感染，其致病作用可表现为生长迟缓，在一个鸡群中个体差异很大，有些鸡羽毛发育不全。特别值得注意的是，REV 感染将严重影响免疫器官组织和功能，导致中枢免疫器官胸腺和法氏囊严重萎缩。这将显著抑制感染鸡对其他疫苗免疫后的抗体反应，如对新城疫病毒或 H5、H9 亚型禽流感病毒的弱毒或灭活疫苗免疫后的血凝抑制抗体滴度显著低于正常鸡。由于 REV 早期感染造成了严重的免疫抑制，还使感染鸡常常继发不同的细菌感染，如大肠杆菌、沙门氏菌等，并导致气囊炎、心包炎、肝周炎等，导致死淘率显著升高。REV 对鸡的致病性与感染年龄密切相关。对于垂直感染的雏鸡或出壳后不久就感染 REV 的鸡，其免疫抑制作用和对生长的抑制作用尤为严重。随着年龄的增长，REV 感染造成的免疫抑制或其他致病作用急骤下降。对 3 周龄以上鸡，即使人工接种大剂量 REV，其免疫抑制作用也很轻微，甚至完全检测不出来。不同毒株 REV 的致病性程度有一定差异，但不很显著。

REV 对其他家禽和鸟类也有致病作用。实际上，REV 的致病作用首先是在鸭发现并试验证明的。鸭感染 REV 可引起坏死性肝炎或类似免疫抑制的表现。1 日龄雏鸭对人工接种 REV 非常易感，除了精神沉郁、生长迟缓外，可在 2～4 周内发生急性死亡。死后见肝脏呈现不同颜色的变性、坏死，肝脏显著肿大等表现。不论从鸭分离到的还是从鸡分离到的 REV，对鸭的致病性都很强。火鸡对 REV 也很易感，感染后表现很高的肿瘤死淘率。

除了家禽外，一些野鸟对 REV 也相当易感。例如，REV 感染北美草原野鸡（Prairie Chicken）可造成很高的肿瘤发病率和死淘率，以至美国野生动物界人士担心由于 REV 感染会威胁这个鸟种的存在。

（七）传播途径

REV 既可以横向传播也可以通过鸡胚垂直传播，但对于维持 REV 在种群内的感染或不同地区种群间的感染来说，垂直传播更为重要。由于垂直传播，REV 不仅会在同一种群一代一代传下去，而且也会随种蛋或雏鸡的调运向很远的地区和鸡群传播。REV 的横向传播能力比较弱，且主要在雏鸡阶段容易发生，随着年龄增加，在个体相互间的横向传播性迅速减弱。8 周龄以上鸡群内个体间横向传播就已很弱了。从血清流行病学调查情况看，在自然感染的鸡群中，REV 抗体呈阳性的个体都只有 10% 左右，很少超过 20%，而且随着鸡群年龄增加，REV 抗体阳性率并不一定会明显升高。此外，由于 REV 可通过鸡胚垂直传播，当生产弱毒疫苗用鸡胚或鸭胚作原材料时，不论是用全胚还是用鸡胚成纤维细胞，只要在同一批鸡胚中有一枚被 REV 污染，同批疫苗就被 REV 污染。一旦用污染疫苗免疫鸡群，可使全群感染。如果将被 REV 污染的弱毒疫苗用于雏鸡，就会造成重大危害。如果一个鸡群的 REV 血清抗体阳性率超过 60%，很大可能是由于曾经用过被 REV 污染的某种疫苗。

然而，REV 在鸡群中还可以有另外 2 种特殊的传播途径。一是昆虫如蚊子可以在鸡群内个体间甚至同一鸡场不同鸡群间传播 REV。另一个更为特殊的方式是，某些禽痘病毒野毒株的基因组带有完整的 REV 基因组。而且，这类禽痘病毒感染鸡后，在复制过程中也能同时产生有传染性的 REV 病毒粒子。鉴于 REV 又有这两种特殊的传播途径，从而很难对通常的鸡群实施净化程序。

三、免疫学

REV 感染鸡后，也能诱发鸡的免疫反应，但其发生规律有着与其他病毒显著不同的特点。由于 REV 的垂直感染或出壳后不久的雏鸡感染 REV，均会造成严重的免疫抑制，这不仅抑制感染鸡对其他疫苗或抗原的抗体反应，也会显著抑制感染鸡对 REV 自身的免疫反应。因此，垂直感染了 REV 的雏鸡或在出壳后不久即被 REV 感染的鸡（特别是接种了被 REV 污染的活疫苗，如马立克氏病疫苗），绝大多数终生不产生对 REV 的抗体反应或抗体反应显著滞后，这导致这些鸡可呈现持久的病毒血症甚至终身病毒血症。但是，随着年龄的增长鸡只的免疫功能逐渐成熟，鸡只对 REV 的抵抗力逐渐增强，在感染后大多数鸡均能逐渐产生抗体反应。对于 8 周龄以上鸡，如果人工接种中等剂量的 REV（如 $10^3 \sim 10^5$ TCID$_{50}$），一般均能在 10d 左右产生针对 REV 的抗体，而且抗体滴度可持续 5～6 个月，甚至 24 个月以上。

鸡在感染 REV 后的病毒血症能否长期维持，与抗体反应密切相关。一般来说，根据有无病毒血症（V$^+$ 或 V$^-$）或对 REV 血清抗体是否阳性（Ab$^+$ 或 Ab$^-$），在 REV 感染鸡群中，对 REV 的感染状态可表现为 4 种类型，即 V$^+$Ab$^-$、V$^+$Ab$^+$、V$^-$Ab$^+$、V$^-$Ab$^-$。垂直感染鸡胚孵出的鸡多表现为 V$^+$Ab$^-$，即只有病毒血症而无抗体反应，称之为耐受性感染，且持续相当长时期甚至终生如此。这些鸡如果发育到性成熟，最容易引发下一代的垂直感染。在出壳后感染 REV 的雏鸡，一部分表现为 V$^+$Ab$^-$，另一部分表现为 V$^+$Ab$^+$。随着年龄的增加，V$^+$Ab$^+$ 的比例增加，其中有的再进一步转为 V$^-$Ab$^+$。那些没有被感染的鸡则呈现为 V$^-$Ab$^-$。成年鸡感染 REV 后，往往只表现很短暂的病毒血症（V$^+$），随即转为抗体阳性表现为 V$^-$Ab$^+$。但是，成年鸡特别是进入产蛋期的种鸡如果抗体一直是阴性，对 REV 没有免疫反应，一旦由于某种原因感染了 REV（如蚊虫叮咬或接种了污染 REV 的活疫苗），虽然这些鸡会在 10d 左右产生抗体反应，但也有部分鸡会有一过性病毒血症，这些鸡也是构成 REV 垂直感染的来源。

四、制品

（一）诊断制品

1. 抗体检测用诊断试剂　国内外市场上已有检测 REV 血清抗体的 ELISA 检测试剂盒。国内市场上的商品也都是进口的。这是用特定 REV 抗原包被 96 孔板后，用来检测鸡血清中的 REV 抗体的。可用于作流行病学调查用，用以判定鸡场（群）中是否有过 REV 感染及感染的阳性率，或判断 SPF 鸡群是否已有 REV 感染发生。但对 REV 感染引发的临床疾病的诊断意义不大。这是因为血清呈现抗体阳性只表示曾经感染过 REV，但不能确定何时感染 REV。而且，往往对 REV 产生抗体反应的鸡，REV 感染的致病作用并不大。相反，因早期感染 REV 引发严重免疫抑制及相关继发感染甚至肿瘤的鸡，往往呈免疫耐受性感染，其抗体反而不一定是阳性。

2. 检测 REV 抗原的单克隆抗体　崔治中等在 1980 年研发了针对 REV 囊膜蛋白的单克隆抗体（Cui 等，1986）；目前可供国内使用的有 11B118 和 11B154 两株。当将疑似病料接种鸡胚成纤维细胞培养 3～7d 后，可用该单抗做间接免疫荧光抗体试验（IFA）检测或验证 REV 感染。该单抗可识别目前所有不同禽类来源的 REV。但该单抗还有待商品化，以方便各单位使用。有时用疑似 REV 感染鸡的相应肿瘤块或其他病料做组织触片，也可用 IFA 显示病料中的 REV 抗原。

（二）预防制品

目前，国内外还没有用于预防 REV 感染的疫苗。

五、研究重点

在过去 20 多年中，弱毒活疫苗中 REV 污染在我国不断发生，鸡群 REV 感染问题也越来越引起全国养禽业、疫苗行业和禽病界的高度关注。但总体来说，我国禽病界对 REV 感染的了解还很不全面。如下几方面可作为近期的研究重点，应尽快阐明或加以解决。

（一）鸡群 REV 感染的流行现状

与 2004 年全国性血清流行病学研究结果相比，近几年来对 REV 抗体呈现阳性的鸡群比例显著升高，而且蔓延的地区在扩大。例如，在 2004 年的调查中，东北地区的大多数鸡群经检测对 REV 抗体都是阴性，但近两年的调查中，有一半的鸡群可检测出 REV 抗体。另一方面，REV 抗体阳性率在 50％ 以上的鸡群显著增多。有 80％ 甚至 90％ 个体对 REV 抗体呈现阳性的鸡群也不少见，特别是在小规模的地方品系鸡的商品代蛋鸡群。影响这一变化趋势的流行病学原因，特别是传染来源和途径有待尽快查清，如疫苗污染、昆虫传播及带有 REV 全基因组的禽痘病毒等。

（二）REV 与其他病毒的共感染及其在鸡群临床发病中的作用

通常，REV 对鸡是一种温和病毒，大多只引起亚临床感染和免疫抑制。最近的研究表明，当从不同临床表现病鸡的病料中分离到 REV 时，往往同时有其他病毒的共感染，如马立克氏病病毒、禽白血病病毒、鸡传染性贫血病毒、呼肠孤病毒或某些条件性致病菌。人工感染试验已证明，当 REV 与其他病毒共感染时，所表现出来的致病作用要比单一病毒感染强得多。

（三）弱毒活疫苗生产用 SPF 鸡胚中 REV 感染问题

鸡弱毒活疫苗中 REV 污染问题，不仅是各个鸡场特别关心的问题，也是各个疫苗厂家最担心的问题。要防止疫苗中 REV 污染，必须要保证两点：一是种毒绝对没有 REV 污染，二是生产弱毒疫苗用的 SPF 鸡胚或由此制备的细胞没有 REV 污染。前一点相对好解决，只要做一次就行了，即使检测方法非常复杂也能实现。但要保证弱毒疫苗生产用 SPF 鸡胚没有 REV 污染，则需要长期检测，而且这又涉及生产和提供鸡胚的 SPF 鸡场的检测。目前，对 SPF 鸡场监控的标准方法是：定期抽检鸡群的 10％ 个体血清，用 ELISA 试剂盒检测抗体。凡检测出抗体阳性的个体时，同一鸡舍鸡全群淘汰。但即使严格执行这一条标准，也不能 100％ 地保证提供的种蛋没有 REV 污染。因为这只是抽检，而不是全检。还因为感染鸡的抗体反应总是滞后于病毒血症，在种鸡感染 REV 产生抗体前的一过性病毒血症期间，完全有可能产生垂直感染，即仍会有少数所谓的

SPF 鸡胚已感染了 REV。显然，如果能直接检测病毒感染，并以此作为现行标准的补充，就更能保证 SPF 种蛋质量的可靠性。

（四）直接检出病毒抗原的检测方法

早在 20 世纪 80 年代，笔者在美国农业部禽病和肿瘤研究所工作期间，就研制出一种 ELISA 方法，可直接检测蛋清、血清、细胞培养上清或其他组织样品中的 REV。这一方法曾成功地用于美国某个火鸡育种公司对原种火鸡群的 REV 净化。这一方法及相应试剂曾获美国专利。可惜，由于当时美国没有市场需要，并没有试剂公司应用这一专利。我们将重新开发这一技术。

（五）直接检出病毒核酸的检测方法

在过去十多年中，我们已用 REV 特异性核酸探针进行斑点分子杂交，成功地从鸡和鸭的多种病料中检出 REV 感染。

（六）其他家禽中的 REV 感染状态

这一问题一直为我国禽病界所忽视。实际上，REV 可以感染多种家禽和多种野鸟，而鸭则是 REV 的最常见的自然宿主。REV 最早的 4 个代表株中，有 2 个是来自鸭。对其他家禽 REV 感染状态的流行病学调查，不仅关系到这些家禽的病害问题，也涉及鸡场（群）REV 感染的来源问题。

（七）REV 与其他病毒的自然基因重组

特别是 REV 与马立克氏病病毒或禽痘病毒在感染鸡体内的基因重组。

六、展望

REV 只是由于弱毒活疫苗污染问题才引起我国养禽业和禽病界关注的。随着政府主管部门加强对这一问题的监管，疫苗企业已充分认识到 REV 污染的危害，并已强化了预防措施，REV 污染弱毒活疫苗这一问题会显著减少。但是，由于 REV 在自然界的天然宿主多种多样，蚊子等昆虫可传播 REV，特别是由于一部分鸡痘病毒野毒株携带 REV 的全基因组并传播 REV，REV 将长期存在于鸡群中，特别是气候温暖的地区。因此，养禽业对用于预防控制 REV 的生物制品有

着期望。

（一）直接检测 REV 的诊断试剂盒

1. REV 单克隆抗体试剂盒 虽然在过去 20 多年中，我们已向许多单位提供了针对 REV 的单克隆抗体用于病毒分离鉴定，但一直没有商品化，这不能满足整个养禽业的需求。希望相应试剂盒能在几年内商品化。

2. 直接检测 REV 抗原的试剂盒 相关的所有理论和技术问题都已解决，只有待于相应的生产工艺问题的进一步研发，这将可用于大量血清、蛋清、组织样品中 REV 的检测。

3. 直接检测 REV 核酸的核酸探针分子杂交检测试剂盒 前期实验室研究和应用已有多篇论文发表。只有待于批量生产的标准化。该方法可保证检测的简单化、批量化和特异性。如果再结合 PCR，将可获得极高的灵敏度和特异性。将特别适用于疫苗生产原料和产品中 REV 污染的检测。

（二）预防用疫苗

对于用于预防鸡群 REV 感染的疫苗的必要性，国内禽病学术界还有不同看法。但一些种鸡场生产和销售的雏鸡在客户鸡场不断遇到与 REV 感染相关的免疫抑制性疾病问题，因此这些种鸡场对这种疫苗确有一定的需求。

由于 REV 感染造成的危害仅限于垂直感染或在雏鸡阶段特别是一周龄内感染的鸡群，因此，如果种鸡能通过卵黄为雏鸡提供母源抗体，就有可能预防或降低雏鸡被感染的风险。我们的前期研究也已证明，已适应细胞培养的 REV 接种 16～18 周龄种鸡后仅在部分鸡产生很短暂的病毒血症。所有鸡均在 10～14d 产生很高的抗 REV 抗体，且可持续 6～8 个月以上，直到淘汰时还呈现抗体阳性。从经免疫的种鸡不同时期所产的种蛋中均不能分离到 REV。孵出的雏鸡体内的母源抗体可有效预防 REV 野毒株于 1 日龄接种引发的免疫抑制。

（崔治中）

主要参考文献

Awad A M，Abd El-Hamid H S，Abou Rawash A A，et al，2010. Detection of *Reticuloendotheliosis virus* as a contaminant of fowl pox vaccines [J]. Journal of Poultry Science, 89 (11): 2389 - 2395.

Bagust T J, Grimes T M, Dennet D P, 1979. Infection studies on a *Reticuloendotheliosis virus* contaminant of a commercial Marek's disease vaccine [J]. Australian Veterinary Journal, 55 (4): 153 - 157.

Biswas S K, Jana C, Chand K, et al, 2011. Detection of *fowl poxvirus* integrated with *Reticuloendotheliosis virus* sequences from an outbreak in backyard chickens in India [J]. Veterinaria Italiana, 47 (2): 147 - 153.

Cui Z, Lee L F, Silva R F, et al, 1986. Monoclonal antibodies against *Avian reticuloendotheliosis virus*: identification of strain-specific and strain-common epitopes [J]. Journal of Immunology, 136 (11): 4237 - 4242.

Cui Z, Lee L F, Smith E J, et al, 1988. Monoclonal-antibody-mediated enzyme-linked immunosorbent assay for detection of *Reticuloendotheliosis viruses* [J]. Avian Diseases, 32 (1): 32 - 40.

Cui Z, Sun S, Zhang Z, et al, 2009. Simultaneous endemic infections with subgroup J *Avian leukosis virus* and *Reticuloendotheliosis virus* in commercial and local breeds of chickens [J]. Avian Pathology, 38 (6): 443 - 448.

Diallo I S, Mackenzie M A, Spradbrow P B, et al, 1998. Field isolates of *Fowlpox virus* contaminated with *Reticuloendotheliosis virus* [J]. Avian Pathology, 27 (1): 60 - 66.

Isfort R, Jones D, Kost R, et al, 1992. *Retrovirus insertion* into *Herpesvirus in vitro* and *in vivo* [J]. Proceedings of the National Academy of Sciences of the United States of America, 89 (3): 991 - 995.

Li J, Dong X, Yang C, et al, 2015. Isolation, identification, and whole genome sequencing of *Reticuloendotheliosis virus* from a vaccine against Marek's disease [J]. Journal of Poultry Science, 94 (4): 643 - 649.

第十四节　禽腺病毒感染

一、概述

禽腺病毒（*Fowl adenovirus*，FAdV）呈世界性分布，各年龄段家禽均易感。抗体监测及健康和发病鸡样品中腺病毒的高分离率均证明鸡的腺病毒普遍存在。除可感染鸡外，已从火鸡、鸽、虎皮鹦鹉和野鸭中发现了某些禽腺病毒的血清型。尽管与腺病毒感染有关的病症较多，但研究相对

较为清楚的与家禽有关的是鸡包含体肝炎（inclusion body hepatitis，IBH）、心包积液综合征（hydropericardium syndrome，HPS）和肌胃炎等。很多血清型的毒株都可以引起 IBH，已报到的引起 HPS 的毒株主要属于致病性相对较强的血清 4 型毒株（FAdV - 4），日本等国家报道一些毒株可以引起肌胃炎并成功复制出该病。

鸡包含体肝炎是由禽腺病毒感染引起的一种急性传染病，临床上以肝脏变性坏死、贫血、肌肉出血，以及肝细胞内出现核内包含体等为特征。该病于 1963 年在美国首次报道，感染肉鸡出现坏死性肝炎，肝组织可见有核内包含体。随后被确定是由病毒引起，并怀疑是腺病毒，但认为是一些免疫抑制性病原，如传染性法氏囊病病毒和鸡传染性贫血病毒感染的继发性疾病。1976 年我国台湾地区发生该病，1988 年在大陆也有报道发生该病。到目前为止，澳大利亚、新西兰、英国、德国、法国、加拿大、美国、日本、印度、中国、墨西哥，以及许多南美洲国家都有报道，呈世界性分布，已成为 2～7 周龄肉鸡养殖业中比较常见的一种急性病毒性传染病。该病主要特征是出现临床症状后 3～4d 后突然出现死亡高峰，死亡率 1％～10％，偶尔高达 30％～40％，一般第 5 天停止，但偶尔也持续 2～3 周。病鸡表现为精神沉郁，呈蹲伏姿势，羽毛粗乱。正常情况下，包含体肝炎多见于 3～7 周龄的肉鸡，但早至 7 日龄、晚至 20 周龄也有发生。主要病变是肝脏苍白、质脆、肿胀，肝和骨骼肌有出血点和出血斑。肝细胞内可见有大而圆或者不规则的嗜酸性包含体，周边有明显的苍白晕，偶尔可见有嗜碱性包含体。

心包积液综合征又称心包积液-肝炎综合征，主要是由血清 4 型 FAdV（FAdV - 4）引起的，临床可见心包腔中有淡黄色清亮的积液，肺水肿，肝脏肿胀和变色，肾脏肿大伴有肾小管扩张。心脏和肝脏出现多发性局灶性坏死，伴有单核细胞浸润。在肝细胞中通常有嗜碱性包含体。该病 1987 年首次发现于巴基斯坦卡拉奇（Karachi）安卡拉（Angara Goth）地区，也称为"安卡拉病"，之后在加拿大、印度、中国等也有报道，死亡率一般在 20％～80％，但发病率很低。典型的过程是在 3 周出现死亡，在 4 周和 5 周有 4～8d 的死亡高峰，然后死亡率下降。心包积液综合征也发生在种鸡和产蛋鸡群中，引起的死亡率低。

近年来，中国、日本、加拿大、匈牙利等国

家均有 FAdV 感染增加的报道。不同国家报道的感染毒株血清型和临床表现存在一定的差异。Nakamura 等（2011）对 2009—2010 年分离自日本发病肉鸡群的毒株进行分析发现分离毒株多为血清 2 型，发病鸡剖检表现为包含体肝炎症状，死亡率从 1.2% 到 17.0% 不等。Lim 等（2011）对分离自韩国的 55 株 FAdV 进行了分析，发现 3 株与血清 3 型的 IBH-2A 毒株相关，22 株与血清 4 型的 KR5 毒株相关，11 株与血清 9 型的 764 株相关，18 株与血清 11 型的 1047 株相关，证明 3、4、9 和 11 血清型的毒株是韩国主要流行的血清型。而另一项来自韩国的研究调查了 2007—2010 年分离到的 39 例腺病毒感染临床病例，发现血清型覆盖 4（18 例）、8b（9 例）和 11 型（12 例），其中血清 4 型感染的病例同时表现为心包积液综合征（HPS）和包含体肝炎（IBH），而血清 8b 和 11 型感染只表现 IBH 的特征。另外发病病例中有 51.3% 共感染了鸡传染性法氏囊病毒和传染性贫血病毒。

国内国纪垒等（2012）从山东省共分离到 8 株 I 群禽腺病毒分离株，其中血清 2 型 1 株，血清 8 型 4 株，血清 10 型 3 株。不同血清型的毒株感染健康鸡，均可侵害肝脏，并在肝细胞中形成核内包含体。张坦等（2013）从山西某鸡场疑似包含体肝炎病例中分离得到一例 I 群禽腺病毒，发病鸡群死亡率为 2%～9%，剖检可见肝脏肿大，呈土黄色，质脆，对白羽肉鸡进行动物回归试验可引起攻毒鸡死亡，测序并进行 BLAST 比对发现分离毒株属于基因 D 型同源性最高，具体血清型未确定。何秀苗等（2015）对分离自江苏的一株 FAdV 毒株（FAVI-JS 株）进行了分析，发现在 L、R、ITR 3 个片段上均与血清 1 型同源性最高为 96%。赵静等（2015）于国内首次分离到血清 4 型 FAdV 并初步证实该病毒由国外引种带来，并于 2012—2016 年从国内临床发病的肉鸡或肉种鸡群共分离得到 10 株禽腺病毒，分别来自北京、河北、江苏、内蒙古、山东等地区，其中血清 2 型 3 株，血清 4 型 6 株，血清 8 型 1 株，发病鸡主要表现为 IBH 的症状，部分鸡也有明显的心包积液。

病鸡是该病的主要传染源，可通过水平传播和垂直传播 2 种方式进行传播。水平传播主要通过粪便排出体外，污染环境，一般为直接接触传播。种鸡产蛋期感染后 1～2 周内可经蛋垂直传播。

二、病原

国际病毒分类委员会（International Committee on Taxonomy of Virus，ICTV）将腺病毒科（Adenoviridae）分为 5 个属：哺乳动物腺病毒属（Mastadenovirus）、禽腺病毒属（Aviadenovirus）、富腺胸病毒属（Atadenovirus）、唾液腺病毒属（Siadenovirus）和鮰腺病毒属（Ichtadenovirus）。腺病毒粒子无囊膜，核衣壳直径为 70～90 nm，呈二十面体立体对称。病毒衣壳由 240 个非顶点壳粒（non-vertex capsomer），亦称为六邻体（hexon），以及 12 个顶点壳粒（vertex capsomer），或称五邻体基托（penton base）组成。每个五邻体基托上有一根纤突丝（fiber）突出于病毒表面，共同组成五邻体（Penton）。禽腺病毒 A 型（FAdV-A）、禽腺病毒 C 型（FAdV-C）和火鸡腺病毒 1 型（TAdV-1）含有 2 个纤丝基因，而且每个五邻体基托上的两根纤突长度明显不同，称为 fiber1 和 fiber2。

FAdV 的基因组为双链线性 DNA，每条 DNA 链的 5′端共价连接着一个由病毒基因编码产生的末端蛋白（terminal protein，TP）。基因大小为 43.8～45.6 kb，较哺乳动物腺病毒长 20%～40%，含有一个末端反向重复序列（inverted terminal repetition，ITR）。已报道的 FAdV 的 ITR 长度为 54～95 bp。现阶段，对 FAdV 的复制过程尚缺乏深入研究，而且基因组的结构与其他腺病毒有一定差异，如哺乳动物腺病毒基因组包括早期、中期和后期转录区。早期转录产生的蛋白（如 E1～E4）主要参与调控宿主细胞的转录系统，形成 DNA 复制复合体，以及逃逸宿主天然免疫等；中期（如 IX 和 IVa2）、后期（如 L1～L5）基因编码产物主要与病毒粒子的组装和成熟有关。病毒复制过程中经过复杂的剪切机制可产生约 40 种多肽，其中约 1/3 为病毒粒子的组成成分。根据已完成的病毒基因组信息分析，FAdV 缺乏哺乳动物腺病毒的某些相应的基因，如哺乳动物腺病毒的蛋白 V 和 IX，以及早期转录区的 E1 和 E3 等。某些基因在基因组中的位置与哺乳动物腺病毒也有所不同，但包含后期基因的中心编码区，以及 E2 区与哺乳动物腺病毒相似。此外，FAdV 基因组 3′末端含有几个独特的转录单元，其功能尚不清楚。

FAdV 粒子的组成成分中，蛋白质约占 80.7%，主要是核衣壳六邻体和五邻体。六邻体蛋白为含量最大的结构蛋白，具有群、型和亚型特异性的中和抗原决定簇。属内的成员因为有保守的六邻体蛋白表位，存在有抗原交叉反应，但并不是所有的腺病毒都有共同的抗原。六邻体还具有两个功能性成分：保守的基底区 P1 和 P2 及可变环 L1～L4。L1 环有 FAdV 变异最大的抗原决定簇，除 L3 外，其他环位于六邻体蛋白表面，与宿主免疫反应有关。禽腺病毒纤突可分为 3 部分：氨基（N）端，主要与类似于柯萨奇和腺病毒受体（Coxsackie and adenovirus receptor，CAR）D1 的免疫球蛋白功能区结合；中间区域；构成球状结构的羧基端。

历史上，根据病毒 DNA 限制性内切酶图谱分析（REA），将 FAdV 分为 5 个种，分别用字母 A～E 表示。进一步依据交叉中和试验结果和六邻体蛋白 L 环的进化差异，分为 12 个不同的血清型，即 FAdV-1～FAdV-11，其中的 FAdV-8 包括 FAdV-8a 和 FAdV-8b。每一个血清型包括一个代表株和其他毒株，不同毒株的致病性有所不同。同一血清型的毒株的 DNA 限制性内切酶图谱几乎完全相同，而没有交叉中和反应的毒株没有共同的片段。

近期的 ICTV 病毒分类报告中对禽腺病毒属中病毒种的划分主要依据如下几个方面的结果：①根据病毒 DNA 聚合酶氨基酸序列的距离矩阵分析进化距离（phylogenetic distance）大于 5%～15%；②基因组结构特点，尤其是基因组右侧的末端的基因及其排列特点；③基因组片段长度多态性（RFLP）分析；④宿主范围；⑤致病力；⑥交叉中和试验；⑦病毒的重组能力。已报道的病毒成员见表 27-3。

表 27-3 禽腺病毒属的病毒成员

种 名	代表毒株	简 称
猎鹰腺病毒 A *Falcon adenovirus A*	猎鹰腺病毒 1 型 *Falcon adenovirus 1*	*FaAdV-1*
禽腺病毒 A *Fowl adenovirus A*	禽腺病毒 1 型（CELO 株） *Fowl adenovirus 1*（CELO）	FAdV-1
禽腺病毒 B *Fowl adenovirus B*	禽腺病毒 5 型（340 株） *Fowl adenovirus 5*（340）	FAdV-5
禽腺病毒 C *Fowl adenovirus C*	禽腺病毒 4 型（ON1 株） *Fowl adenovirus 4*（ON1）	FAdV-4
	禽腺病毒 10 型（CFA20 株） *Fowl adenovirus 10*（340）	FAdV-10
禽腺病毒 D *Fowl adenovirus D*	禽腺病毒 2 型（P7-A 株） *Fowl adenovirus 2*（P7-A）	FAdV-2
	禽腺病毒 3 型（75 株） *Fowl adenovirus 3*（75）	FAdV-3
	禽腺病毒 9 型（A2-A 株） *Fowl adenovirus 9*（A2-A）	FAdV-9
	禽腺病毒 11 型（380 株） *Fowl adenovirus 11*（380）	FAdV-11
禽腺病毒 E *Fowl adenovirus E*	禽腺病毒 6 型（CR119 株） *Fowl adenovirus 6*（CR119）	FAdV-6
	禽腺病毒 7 型（YR36 株） *Fowl adenovirus 7*（YR36）	FAdV-7
	禽腺病毒 8a 型（CFA40 株） *Fowl adenovirus 8a*（CFA40）	FAdV-8a
	禽腺病毒 8b 型（764 株） *Fowl adenovirus 8b*（764）	FAdV-8b

（续）

种　名	代表毒株	简　称
鹅腺病毒 *Goose adenovirus*	鹅腺病毒 1 型 *Goose adenovirus 1*	GoAdV - 1
未确定种	鸭腺病毒 2 型 *Duck adenovirus 2*	DAdV - 2
	麦耶氏鹦鹉腺病毒 1 型 *Meyer's parrot adenovirus 1*	
	鸽腺病毒 1 型 *Pigeon adenovirus 1*	PiAdV - 1
	鹦鹉腺病毒 1 型 *Psittacine adenovirus 1*	PsAdV - 1
	火鸡腺病毒 1 型 *Turkey adenovirus 1*	TAdV - 1
	火鸡腺病毒 2 型 *Turkey adenovirus 2*	TAdV - 2

FAdV 的不同型之间毒力差异很大，目前对其毒力决定因子了解甚少。毒力和血清型之间似乎没有明显的相关性，但某些血清型和毒株，或者变异株引起的包含体肝炎的死亡率很高。在自然条件下，有多个血清型的禽腺病毒与包含体肝炎的暴发有关，但大多数为 FAdV D 型和 E 型，包括血清 2、3、6、7、8a、8b、9 和 11 型等。而引起心包积液综合征的主要为禽血清 4 型毒株。

三、免疫学

由于临床健康鸡群中也可能有 FAdV 抗体，许多病毒分离株与疾病之间似乎没有明确的相关性，而且早期的研究发现，腺病毒感染造成的免疫系统损伤往往与一些免疫抑制性疾病，如传染性法氏囊病病毒、鸡传染性贫血病毒和马立克氏病病毒等感染相伴，所以对 FAdV 作为原发性病原始终存在疑问。随着 FAdV 血清 2、4、8 和 11 型强毒株的分离，越来越多的研究证明某些 FAdV 原发感染对鸡具有很高的致死率，并且对免疫系统造成严重损伤。在新西兰、澳大利亚和加拿大的许多自然暴发包含体肝炎的病例中并未检测到其他免疫抑制性病原。将自然病例中分离的 FAdV 试验感染 SPF 鸡引起的病变与自然感染基本相同，表现为肝脏肿大并有多处出血斑，胸腺、胸肌和肠道出血，法氏囊和胸腺萎缩。组织学检查可见法氏囊、胸腺和脾脏淋巴细胞严重缺失，肝脏淋巴细胞和异嗜细胞浸润，细胞中可见有大量的大的嗜碱性核内包含体和中等大小的嗜酸性核内包含体。免疫组织化学染色在盲肠扁桃体基底层上皮细胞、法氏囊上皮和滤泡细胞、胸腺细胞，以及脾脏的红髓和白髓细胞中检测到大量病毒抗原。腺病毒强毒感染对鸡的细胞免疫和体液免疫具有明显的抑制作用。

鸡腺病毒具有共同的群特异性抗原，但不同血清型共同抗原的相同程度有差异。例如，FAdV - 1 病毒对本身的抗血清呈强反应，但 FAdV - 1 抗原不能检查出 FAdV - 2 和 FAdV - 4 的抗体。采用微量滴定荧光抗体试验可以确定滴度上的差异。

禽类感染后 1 周后可产生血清型特异性中和抗体，3 周后滴度达到峰值。病毒感染后，采用双向免疫扩散试验可以检测群特异性抗体，但持续时间短，这也可能与检测方法的敏感性有关。血清中和抗体的产生与排毒停止相吻合。幼雏产生中和抗体的速度较慢，所以排毒时间较长。初次感染后 45d 时，禽类对同一血清型病毒的再感染有抵抗力。

灭活疫苗诱导的血清中和抗体对粪便排毒无影响，但能减少咽部排毒，其原因可能是阻止了病毒从肠道向咽喉部的血源性传播。因此，对病毒再感染有抵抗力可能是由于短期的局部免疫作用，而循环抗体主要阻止病毒侵入内脏器官。循环抗体的产生与排毒停止有明显相关性则很可能是机体同时产生了局部免疫和体液免疫的缘故。

实验证明雏鸡母源抗体在 4 周内消退，对某些血清型 FAdV 感染可能没有保护作用。母源抗体可防止隐性感染病毒的激活，对早期感染有保护作用。

四、制品

（一）诊断制品

大多数 FAdV 感染后首先在消化道和呼吸道增殖，从粪便、胃肠道和呼吸道比较容易分离到病毒。感染鸡的肠上皮细胞或肝细胞中总能够观察到核内包含体也充分表明病毒在这些部位复制。肌内注射感染 FAdV 后，在肝脏、盲肠扁桃体和法氏囊检测到的病毒滴度最高。由于病毒广泛存在于家禽中，在临床健康的鸡群中分离或检测到 FAdV 并不一定引起临床疾病。FAdV 的诊断需要结合病原分离、组织病理学、电镜检查及基因分型。许多常规的病毒分离和鉴定方法，以及分子生物学技术已广泛应用于 FAdV 感染的诊断。

鸡胚、鸡胚肝细胞和肝癌细胞系可用于分离包含体肝炎样品中的 FAdV。病毒感染细胞后可产生典型的细胞病变，如细胞圆缩，形成合胞体和细胞脱落。电镜检查细胞裂解物或超薄切片中的病毒粒子，根据病毒的形态特点能很快做出初步判断。利用荧光素标记的 FAdV 抗血清，对感染细胞进行细胞免疫化学染色可检测感染细胞中的腺病毒抗原。也可对感染的单层细胞和组织切片进行 HE 染色，检查核内包含体，作为 DNA 病毒感染的一种非特异性指征。进一步利用已知血清型的标准参照血清进行病毒中和试验可以鉴定分离毒的血清型。

根据鸡群的临床症状和病理变化可以做出初步诊断，但确诊需要依靠实验室方法。FAdV 血清学检测方法主要有琼脂扩散试验（AGP）和酶联免疫吸附试验（ELISA）等。

双向免疫扩散试验可以检测 FAdV 群特异性抗体，具体操作方法为：采集发病鸡的肝脏组织制成悬液，与 FAdV 阳性血清进行反应，如果在琼脂平板上出现明显的抗原抗体凝集线，即可确定组织病料中存在 FAdV 抗原。间接 ELISA 是最常用的 FAdV 抗体检测方法，也有商品化抗体检测试剂盒。但商品化 ELISA 试剂盒检测的是群特异性抗体，不能区分血清型，鉴于目前国内还没有商品化疫苗使用，检测到抗体时可以说明鸡群感染过 FAdV。由于临床健康禽中腺病毒抗体存在比较普遍，有些禽可能被几种血清型病毒感染，因此对结果的解释应慎重。确定病毒血清型和基因型对于致病力的预测更有意义。

对于 FAdV 的分离一般采用绒毛尿囊膜或卵黄囊接种鸡胚的方法进行，通常尿囊膜接种 5d 后可观察到膜增厚、出现"痘斑"等病变，卵黄囊接种后鸡胚出现死亡，死亡胚体出血。PCR 等分子生物学方法已广泛应用于 FAdV 的鉴定，可以对 FAdV 特异性核酸进行检测从而证实病毒的存在。根据 FAdV 关键结构基因 Hexon 设计特异性引物，可以用于区分 FAdV 的 5 种基因型（A~E），并且可以定位到种内特定的血清型。针对 FAdV 的 DNA 聚合酶基因保守位置设计通用性引物，可以鉴定 I 群 FAdV。

（二）疫苗

FAdV 感染已成为肉鸡的一个重要的病毒性传染病，不仅可引起肉鸡的急性死亡，还可导致鸡的免疫系统损伤，抑制机体的体液免疫和细胞免疫反应。严格的生物安全措施是预防和控制本病发生的关键，而本病流行比较严重的国家，普遍采用感染鸡肝脏匀浆或细胞培养繁殖的病毒制备灭活疫苗来控制本病。因为大多数急性 FAdV 病例可能与垂直感染有关，母源抗体可预防垂直感染和雏鸡早期感染，因此种鸡免疫曾经是预防包含体肝炎的主要方法之一。

巴基斯坦和印度的科研人员等利用试验感染鸡的肝脏匀浆经氯仿抽提和福尔马林灭活制成不加佐剂的疫苗和油佐剂疫苗。10 日龄雏鸡经皮下接种油佐剂疫苗后，在 3、5 和 7 周龄对攻毒有 100% 的保护作用，临床应用试验表明油佐剂疫苗具有很好的保护效果。不加佐剂的灭活疫苗保护效果稍差，建议在 10 日龄和 21 日龄免疫接种 2 次。对 128 个农场的 570 000 只鸡的免疫应用结果表明，免疫鸡因禽腺病毒感染死亡率为 0.77%~3.8%，而未免疫鸡为 11.11%~30%。另一个临床应用试验发现免疫鸡的死亡率为 0.52%，而同一栋鸡舍未免疫鸡的死亡率为 5.34%。用鸡肝细胞和鸡胚繁殖的病毒制备的灭活疫苗也同样有效。每只鸡经皮下免疫接种抗原含量为 $10^{3.5}LD_{50}$ 的疫苗后，人工感染 1mL 肝匀浆毒（$2×10^5LD_{50}$/0.5mL），具有 100% 的保护作用。

Shane 等对墨西哥的 5 种灭活疫苗进行了评价，雏鸡免疫接种后对 $10^{3.5}LD_{50}$ 的腺病毒 DCV-94 的攻击有 100% 的保护作用，没有出现组织学病变。在秘鲁进行的 2 个试验发现商品化的细胞培养病毒灭活油佐剂疫苗的免疫效果比自家苗好。Kim 等报道利用 FAdV-4 制备的油佐剂灭活疫苗免疫 SPF 鸡后第 3 周采用琼扩试验和 ELISA 检测抗体阳性率为 100%（10/10），免疫后 7 周琼扩抗体阳性率显著降低（2/10），但 ELISA 抗体仍然全部为阳性。疫苗免疫后 2 周经静脉接种感染强毒，试验结果表明接种该灭活疫苗不仅对同一血清型病毒有明显的保护作用，而且对血清 8b 和 11 型等有明显的交叉保护作用。种鸡免疫后 3 周琼扩抗体全部为阳性，而且母源抗体对后代雏鸡具有良好的保护作用。有母源抗体的雏鸡对 FAdV-4、8a、8b 和 11 型强毒感染具有明显的抵抗力。也有研究表明，肉种鸡接种鸡传染性贫血病毒和 FAdV-4 2 种疫苗后对雏鸡具有很好的保护作用。而另一个研究证明肉种鸡在第 10 和 17 周接种 2 次 FAdV 血清 8 和 11 型二价自家灭活疫苗后，30～50 周龄所产子代母源抗体对血清 8 型、11 型和 9 型具有良好的保护作用。

有报道称，鸡免疫接种 FAdV 血清 1 型、2 型和 3 型多价弱毒疫苗后对同源强毒具有良好的保护作用。最近的一项研究表明应用成纤维细胞系 QT35 连续传代可使高致病性的 FAdV-4 毒力致弱。1 日龄雏鸡接种该弱毒株没有任何不良反应，21 日龄雏鸡经肌内注射感染同型的强毒未出现死亡，而未免疫接种组死亡率很高。对免疫鸡采用 ELISA 和中和试验只能在部分鸡中检测到很低水平的抗体反应，甚至没有中和抗体的免疫鸡攻毒后也未出现发病症状，但所有免疫鸡在攻毒后抗体反应迅速增强，相比之下，未免疫鸡在攻毒后抗体反应延迟，推测中和抗体可能并非保护强毒感染所必需。

国内目前也在进行 FAdV 疫苗的研发工作，使用的疫苗株主要为血清 4 型毒株，有组织灭活疫苗、细胞灭活疫苗和鸡胚灭活疫苗几种，部分免疫攻毒试验结果表明，灭活疫苗能对血清 4 型毒株产生良好的保护，表现为明显降低死亡率和抑制肝脏内病毒复制，免疫攻毒保护率可达 90% 以上。

五、展望

越来越多的证据表明某些血清或基因型 FAdV 是原发病原，病毒可通过种蛋垂直传播给下一代鸡群，水平传播也是一大问题，加之 FAdV 可能广泛存在，要保持商品鸡群不受感染相当困难，因此接种疫苗进行免疫预防显得极为重要。

国内已有许多科研人员开展了 FAdV 感染的检测和致病机制等研究工作，为确定我国 FAdV 感染的流行病学状况和疾病预防控制奠定了良好的基础。国外的研究已证明 FAdV 的灭活疫苗和弱毒疫苗对相同血清型强毒感染均具有很好的免疫保护效果，因此研究针对国内流行的主要血清型或基因型的弱毒活疫苗和灭活疫苗应作为预防和控制我国 FAdV 感染的重要手段。

FAdV 基因组中具有多个位点可插入外源 DNA 序列而不影响病毒的复制、组织分布和免疫反应，可作为一种疫苗载体来研发用于禽类的疫苗。将传染性法氏囊病病毒（IBDV）VP2 序列插入到 FAdV 病毒载体的试验证明了 IBDV 蛋白的表达并可用于疫苗免疫。表达传染性支气管炎病毒 S1 基因或鸡 γ-干扰素的重组 FAdV 血清型 8 对传染性支气管炎和包含体肝炎具有免疫保护作用。这些研究表明 FAdV 提供了作为疫苗转载工具或者生产重组蛋白载体的可能性。

（赵　静　苏敬良　侯力丹　李俊平）

主要参考文献

国纪坐，刁有祥，薛聪，等，2012. I 群禽腺病毒山东株的分离鉴定及 hexon 基因的克隆与分析 [J]. 中国兽医学报，32（12）：1773-1777.

何秀苗，张科，秦爱建，等，2005. I 群禽腺病毒江苏分离株（FAV I-S）的分离鉴定 [J]. 中国预防兽医学报，27（1）：42-45.

李海英，尹燕博，郭妍妍，等，2010.12 株肉仔鸡包含体肝炎病毒的分离和 PCR 鉴定 [J]. 中国兽医科学，40（7）：722-727.

唐熠，谢芝勋，熊文婕，等，2009. PCR-RFLP 技术对 I 群禽腺病毒 12 个血清型毒株的分型鉴定 [J]. 中国兽医科学，39（10）：886-889.

Johnson M A, Pooley C, Ignjatovic J, et al, 2003. A recombinant fowl adenovirus expressing the S1 gene of infectious *Bronchitis virus* protects against challenge with infectious *Bronchitis virus* [J]. Vaccine, 21 (21/22): 2730-2736.

Kim M S, Lim T H, Lee D H, et al, 2014. An inactivated oil-emulsion *Fowl Adenovirus* serotype 4 vaccine provides broad cross-protection against various serotypes of *Fowl Adenovirus* [J]. *Vaccine*, 32 (28)：3564 - 3568.

King A，Adams M J，Carstens E B，et al，2012. Virus taxonomy classification and nomenclature of viruses [R]. Ninth report of the International Committee on Taxonomy of Viruses. Elservier，MA02451 USA.

Lim T H，Lee H J，Lee D H，et al，2011. Identification and virulence characterization of *Fowl adenoviruses* in Korea [J]. *Avian Diseases*，55 (4)：554 - 560.

Saifuddin M，Wilks C R，1992. Effects of *Fowl adenovirus* infection on the immune system of chickens [J]. Journal of Comparative Pathology，107 (3)：285 - 294.

Zhao J，Zhong Q，Zhao Y，et al，2015. Pathogenicity and complete genome characterization of *Fowl adenoviruses* isolated from chickens associated with inclusion body hepatitis and hydropericardium syndrome in China [J]. Public Library of Science，10 (7)：e0133073.

第十五节　小鹅瘟

一、概述

小鹅瘟（Gosling plague，GP）又称鹅细小病毒病（*Goose parvovirus*，GPV），也称德舍氏病，是由鹅细小病毒引起的雏鹅的一种急性或亚急性败血性传染病。该病是由我国学者方定一在1956年首次发现并命名。此后很多欧美国家均有本病报道。该病主要侵害 3～20 日龄雏鹅，也感染雏番鸭，传播快，发病率和死亡率较高，特征表现为水样腹泻，渗出性肠炎，乃至腊肠样栓塞。日龄越小的雏鹅对本病的易感性越高。10 日龄以内的雏鹅发病率和死亡率常高达 95％～100％；10 日龄以上者死亡率一般不超过 60％，20 日龄以上的发病率低，而 30 日龄以上则极少发病。近年来临床上 25～30 日龄以上雏鹅小鹅瘟也时有发生。流行病学研究发现在珠江三角洲及其附近地区大面积流行的部分毒株的毒力有所增强，制约了国内养鹅行业持续健康发展。

二、病原

GPV 属于细小病毒科、细小病毒亚科、细小病毒属。GPV 病毒粒子呈球形或六角形，无囊膜，二十面体对称，核酸为单股线状 DNA，病毒

直径为 20～22nm。GPV 只有一个血清型，迄今国内外分离到的 GPV 毒株抗原性几乎相同，均为同一血清型；与番鸭细小病毒存在着部分共同抗原，与鸡和哺乳动物细小病毒无抗原相关性。*GPV* 基因组大小约 5 kb，基因组中间为编码区，两端为回文序列形成的发夹结构。基因组编码区含有 2 个主要的开放阅读框，主要编码 2 种非结构蛋白 NS1、NS2 和 3 种结构蛋白 VP1、VP2 和 VP3。

（一）非结构蛋白

GPV 基因组编码 2 种非结构蛋白 NS1 和 NS2。NS1 由 624 个氨基酸组成，NS2 由 459 个基酸组成，两者具有共同的羧基端。GPV NS1 的羧基端有一个富含组氨酸、半胱氨酸的锌指结构，这与在 AAA2、B19 中发现的相一致。NS 蛋白主要参与病毒 DNA 的复制和基因表达的调节。NS2 蛋白同 NS1 蛋白协同作用构成对细胞的毒性，但 NS2 蛋白对细胞毒性作用很小，它主要促进 NS1 蛋白对细胞的毒性作用。NS2 蛋白还可能与病毒 DNA 和蛋白质有效合成及病毒增殖有关。该蛋白还具有抗原性，可以诱导机体产生抗体。研究发现，磷酸化的 NS1 与参与调节启动子活性的细胞因子结合发挥不同的功能。GPV NS1 蛋白还可能通过其保守序列 "GVITGKE" 共价结合复制型 DNA 5′ 末端，具有特异部位的解旋活性。

（二）结构蛋白

GPV 基因组编码 3 种结构蛋白，即 VP1、VP2 和 VP3。三者起始密码子各不相同，但共用同一终止密码子。VP1、VP2 和 VP3 的起始密码子分别位于 2 439 bp 的 ATG 处、2847 bp 的 ACG 处和 3 033 bp 的 ATG 处，其终止密码子均位于 4 635bp 的 TAA 处。VP1、VP2、VP3 具有相同的羧基端，但具有不同氨基末端。其中 VP1 蛋白片段最长，含有 VP2、VP3 的全部氨基酸序列，只是 VP1 的氨基末端比 VP2 长 145 个氨基酸，比 VP3 长 198 个氨基酸。VP1 蛋白多肽氨基酸序列与 VP2、VP3 从肽链 C 端到 N 端方向完全重叠。从结构蛋白的氨基酸序列同源性的分析比较发现鸭 GPV 与番鸭细小病毒的同源性高达 87.7％。研究表明，VP1 蛋白不参与衣壳的形成和子代病毒的输出，可能与宿主细胞的特殊受体作用，是形成感染性病毒粒子必不可少的部分。

VP1 氨基末端独特区内的核内定位信号序列可能参与细小病毒在细胞核内的定位，且该区域内存在的磷脂酶基序与病毒的感染有关。VP3 是主要的结构蛋白，约占总蛋白的 80%，是病毒衣壳的主要成分。VP2 也参与病毒衣壳的形成。VP3 蛋白暴露于病毒粒子表面，内含有 GPV 主要抗原决定簇成分，是病毒刺激机体产生保护性抗体的主要抗原蛋白。VP3 基因的高度保守性，也是目前 GPV 仅有一个血清型的主要原因。

三、免疫学

GPV 主要通过粪-口途径传播。因此，直接接触或者是受病毒污染的饲料、种蛋、用具等机械传播是该病传播的主要方式。鹅和番鸭是 GPV 的自然宿主。另外，GPV 对体外细胞培养物的专一性也很强，可以在鹅和番鸭胚组织培养细胞内增殖，但在鸡胚成纤维细胞、兔肾上皮细胞、小鼠胚胎成纤维细胞、猪的肾上皮和睾丸细胞及 PK-15 细胞上，均未见 GPV 增殖。

该病引起的主要病变在消化道，尤其是小肠部分。死于最急性的病鹅，十二指肠黏膜充血，呈弥散红色，外表附着多量黏液；病程 2d 以上、日龄在 10d 以上的病鹅，肠道常发生特征性病变，在小肠的中段和下段，特别是在靠近卵黄柄和回盲肠的肠段极度膨大，体积比正常的肠段增大 2~3 倍，质地坚实似香肠。将膨大部分的肠壁剪开可见肠壁紧张变薄，肠腔内充塞有一种淡黄色的凝固的栓子状物，将肠道完全梗塞。栓子很干燥，切面上可见中心是深褐色的干燥肠内容物，外面包着厚层的灰白色假膜，由坏死肠黏膜组织和纤维素性渗出物凝固而成。部分病鹅的小肠并不构成典型的凝固栓子，肠道的外观也不显著膨大和坚实，但整个肠腔中充斥黏稠内容物，肠黏膜充血发红，表现急性卡他性肠炎。肝脏肿大，呈深紫红色或黄红色，胆囊极度胀满，充斥暗绿色胆汁；脾脏和胰腺充血，偶见有灰白色坏死点；气囊膜混浊；心脏松弛，有些可见心包炎。

大鹅感染 GPV 呈一过性隐性感染，不表现发病症状，但可带毒、排毒造成病毒的水平或垂直传播。该病发病率和死亡率与母鹅的免疫状况有关。每年全部更换种鹅群一般间隙 2~5 年大流行一次，更换种鹅群每年常有小流行发生。在大流行后，当年余下的鹅群都获得主动免疫，不会在同一地区连续 2 年发生大流行。由于该病主要通过接种母鹅使其后代获得母源抗体的方式来预防，因此母源抗体的水平直接影响到幼雏对本病的抵抗能力。

GPV 感染鹅后的免疫反应主要表现为体液免疫反应，首先出现 IgM，然后主要为 IgG。康复的雏鹅及经过隐性感染的成年鹅，均能产生高水平的病毒中和抗体和沉淀抗体，并能持续较长时间，而且还能将抗体通过卵黄传至后代，使孵出的雏鹅免于发病。以 GPV 抗原反复免疫兔、牛、羊、猪等动物也能产生高水平的病毒中和抗体和沉淀抗体，并能用于 GPV 感染雏鹅的预防和治疗。

四、制品

GPV 对外界环境因素抵抗力很强。该病毒对脂溶剂不敏感，耐热，在 56℃ 3h 或 37℃ 7d 对其感染滴度无影响；病毒粒子在脱氧胆酸钠盐、氯仿、0.5% 酚、乙醚、1:1 000 福尔马林等溶液处理后，仍旧保持其感染性。因此，对 GPV 的防制必须采取预防为主的综合防制措施，在严格卫生消毒、加强饲养管理的基础上，定期检测，做好免疫防控工作。

（一）诊断试剂

包括 GPV 抗原、阳性血清和单克隆抗体。应用超速离心、柱层析等方法获得纯化的 GPV 抗原，包被酶标板建立的 ELISA，可用于检测 GPV 抗体。应用弱毒疫苗及强毒抗原免疫兔或鹅，可制备 GPV 阳性血清，用于中和试验或 ELISA，可检测 GPV 抗原。用纯化的 GPV 抗原免疫小鼠制备单克隆抗体，用于 ELISA，可检测 GPV 抗原。

（二）疫苗

疫苗有小鹅瘟鸭胚化 GD 株活疫苗、小鹅瘟鹅胚化 SYC26-35 株（种鹅）与 SYC41-50 株（雏鹅）活疫苗。

1. 小鹅瘟鸭胚化活疫苗 由鸭胚化弱毒 GD 株（或 21/486 株或 W 株）接种 10~12 日龄鸭胚，37℃ 孵育，收获尿囊液和羊水，加保护剂冻干制成。该疫苗在母鹅产蛋前 20~30d 注射，免疫后在 21~270d 内所产的种蛋孵出的小鹅即可获得本病的免疫力。

2. 小鹅瘟鹅胚化活疫苗　鹅胚化弱毒 SYC$_{26-35}$（种鹅用）与 SYG$_{41-50}$（雏鹅用）接种 12～14 日龄鹅胚，37℃孵育，收获胚尿囊液和羊水，加入适宜保护剂冷冻干燥制成。种鹅用活疫苗，于种鹅产蛋前 15d 注射，母鹅于免疫后 15～90d 内所产种蛋孵出的雏鹅在 30 日龄之内能抵抗小鹅瘟强毒的自然感染和人工感染。雏鹅用活疫苗，适用于未经免疫的种鹅所产雏鹅或免疫后期（100d 后）的种鹅所产雏鹅。雏鹅出壳后 48h 进行免疫，免疫后 9d 能抵抗小鹅瘟病毒的自然感染和人工感染。

（三）治疗用制品

GPV 治疗用制品包括高免血清、高免卵黄抗体。高免血清由 GPV 毒株免疫成年猪、牛、羊等动物，采集免疫动物血清制成。高免卵黄抗体由 GPV 免疫健康产蛋母鸡，收集免疫母鸡所产的蛋，分离纯化卵黄液制成。高免血清、高免卵黄抗体在被动免疫预防和治疗 GP 方面获得了良好的使用效果。

五、展望

目前，GPV 防制中面临的主要问题为雏鹅小鹅瘟发病日龄增大，GPV 毒力增强。虽然目前未发现 GPV 抗原发生较大变异，仅有一个血清型，但在今后的研究中，除了开展家禽 GPV 流行病学调查外，要加强野禽（如天鹅等）中 GPV 的检测，并对 GPV 分离株抗原可能存在的变异、基因重组等进行监测评价，选择合适的疫苗候选株。研制出针对母鹅的更有效更安全的 GPV 疫苗是今后如何提高母源抗体水平、延长其保护效果的关键之一。研制出可不受母源抗体干扰的针对雏鹅的 GPV 疫苗也是防制小鹅瘟的一个思路。另外，在免疫治疗中，除使用高免血清及高免卵黄抗体外，今后也可使用高效价具有中和活性的抗 GPV 病毒单克隆抗体进行治疗和预防。

（叶建强　秦爱建　李俊平）

主要参考文献

方定一，1962. 小鹅瘟介绍［J］. 中国畜牧兽医学杂志.

姜平，2003. 兽医生物制品学［M］. 北京：中国农业出版社.

王明俊等，1997. 兽医生物制品学［M］. 北京：中国农业出版社.

朱海侠，万春和，黄瑜，2011. 鹅细小病毒基因组结构特征研究进展［J］. 中国动物传染病学报，19（1）：82-86.

Shao H，Lv Y，Qin A，et al，2015. Genetic diversity of VP3 of *Goose parvovirus* isolated from Southeastern China during 2012—2013［J］. Molecular Genetics，Microbiology and Virology，30（4）：233-236.

Shao H，Lv Y，Ye J，et al，2014. Isolation of a *Goose parvovirus* from swan and its molecular characteristics［J］. Acta Virologica，58（2）：194-198.

第十六节　鸭　　瘟

一、概述

鸭瘟（Duck plague，DP），又名鸭病毒性肠炎（Duck virus enteritis，DVE），亦称鸭瘟疱疹病毒 1 型（*Anatid herpesvirus* 1，AnHV-1），俗称"大头瘟"，是由鸭瘟病毒（*Duck plague virus*，DPV）引起的，主要侵害鸭、鹅、天鹅等雁形目禽类的一种急性、接触性、败血性传染病。1923 年，Baudet 报道在荷兰家鸭中暴发了一种急性出血性疾病，他认为该病病原是一种只感染鸭而不感染鸡的适应了鸭的鸡瘟病毒。1942 年，Bos 报道无论人工感染还是自然感染，该病病原对鸭均具有高度的特异性。他认为该病不是由鸡瘟病毒引起的，而是鸭的一种病毒病，并首次将该病称为"鸭瘟"。1949 年，在第十四届国际兽医学会上建议采用"鸭瘟"作为法定名称。此后，法国、美国、印度、比利时、英国、泰国和加拿大等国家均报道本病发生。1957 年，我国黄引贤在广州发现并首次报道鸭瘟，随后该病广泛流行于我国华南、华中和华东等养鸭较发达的地区。目前，我国所有养鸭地区均有本病的发生和流行。

DP 的传染源主要是病鸭和病后排毒的康复鸭。DPV 的自然感染仅限于雁形目的鸭科成员（鸭、鹅、天鹅）。水是病毒传播的自然媒介，家鸭暴发 DP 常常与野生水禽共同栖息的水环境有关。DPV 的人工感染途径有口腔、鼻内、静脉、腹腔、肌肉和泄殖腔。家鸭的潜伏期为 3～7d，一旦出现明显症状，通常在 1～5d 内发生死亡，自然感染从 7 日龄到成年种鸭都有发生。DP 的主要病理变化是全身性出血，皮下尤其头颈部弥漫性水肿，坏死（假膜）性咽炎和实质器官严重变性。肝、脾表面和切面有大小不一和数目不等的灰黄色或灰白色坏死灶。肠黏膜呈充血和出血性病变，尤以十二指肠和直肠更为严重。泄殖腔黏膜呈现不同程度的充血、出血、水肿和坏死病变。任何品种、年龄和性别的鸭都能感染 DPV，但发病率和死亡率有一定差异，番鸭、麻鸭、绵鸭的易感性高于外来鸭或杂交鸭，成年鸭的发病率高于幼鸭，其中以产蛋母鸭的死亡率最高，20 日龄内的雏鸭极少流行本病。从我国某些 DP 流行情况来看，DPV 对鸭的致病性有逐年减弱的趋势，对鹅的致病性有所增强。

二、病原

目前，多数学者认为 DPV 属于疱疹病毒科（Herpesviridae）、α 疱疹病毒亚科（Alphaherpesvirinae）的成员。2004 年，国际病毒分类委员会（ICTV）第 8 次报告将 DPV 归属于疱疹病毒科中的未分类病毒。DPV 具有疱疹病毒的典型形态结构，成熟的病毒粒子近似球形，主要由核心、衣壳、外膜和囊膜 4 部分组成。成熟病毒粒子的直径在 83～384 nm，多数只含有 1 个核衣壳，在感染的细胞中也可以见到直径大于 180 nm 的病毒粒子，含有 2 个或者更多的核衣壳。病毒悬液能通过 220 nm 孔径的膜滤器，但感染性病毒不能通过 100 nm 的膜滤器。核酸为线状、双股 DNA。DPV 仅有 1 个血清型，不同毒株的毒力有差异，但都有相同的抗原性。

DPV 在细胞内开始复制时，首先出现直径 35～40 nm 的核心，接着形成直径 95～105 nm 的核衣壳。核衣壳可以在核内获得外膜，通过核内膜获得囊膜；也可以穿过核膜进入细胞质，在细胞质中获得外膜后出芽到细胞质的空泡内获得囊膜，成熟的病毒通过胞吐作用释放到细胞外。

（一）病毒基因组

DPV 的基因组是由线状、双股 DNA 组成的，G+C 含量为 64.3%，是 α 疱疹病毒亚科中 G+C 含量最高的病毒。通过多种核酸内切酶对 DPV 基因组 DNA 进行酶切后，将各种内切酶的酶切片段分子质量累加，得到 DPV 基因组 DNA 的分子质量为 102～184 kb。DPV 具有典型的疱疹病毒基因特征，病毒基因组由相互共价结合的长独特区（unique long region，UL）和短独特区（unique short reigon，US），以及两端的重复序列组成。位于 US 区末端的重复序列称为末端重复序列（terminal repeated sequences，TRS），位于基因组内部的重复序列称为内部重复序列（internal repeated sequences，IRS）。重复序列的数量和长度在不同疱疹病毒中有较大差异。与其他疱疹病毒相比，人们对 DPV 的分子生物学研究进展相对缓慢。1998 年以前，关于 DPV 基因组的研究，主要集中在其 DNA 限制性内切酶分析。直到 1998 年 Plummer 等报道了 UL6 和 UL7 的部分序列后，才真正开始了 DPV 基因组结构的研究。目前的研究多集中在基因组的序列分析、基因氨基酸序列与代表性种属的疱疹病毒的同源基因做序列比对，以及基因编码蛋白在感染细胞的定位等方面，对于基因编码蛋白功能的研究十分有限。近几年，DPV 基因组中的部分基因已被陆续报道，此外也有大量尚未见文献报道的 DPV 基因组序列已经提交 GenBank。至 2007 年，李玉峰等才报道了 DPV 疫苗株全基因组的测序和分析结果，该 DPV 疫苗株基因组大小约为 158 kb，约编码 78 个蛋白。将 DPV 与疱疹病毒科中不同种属疱疹病毒的同源基因进行序列比对，结果表明 DPV 与 α 疱疹病毒的核苷酸和氨基酸同源性较之与 β 疱疹病毒和 γ 疱疹病毒要高，且与 α 疱疹病毒亚科中马立克氏病病毒属的禽疱疹病毒（GaHV - 2、GaHV - 3）和火鸡疱疹病毒（MeHV - 1）的亲缘关系最近。也有研究表明 DPV 的 UL37～UL43 基因（GenBank 登录号为 FJ213607.1）及 UL51 基因与 α 疱疹病毒亚科的单纯疱疹病毒 1 型（HSV - 1）的核苷酸序列同源性较高。因此，多数学者认为 DPV 应归属为 α 疱疹病毒亚科。DPV 基因结果示意图如图 27 - 1 所示。

图 27 - 1　DPV 基因组结构示意图

（二）核衣壳

疱疹科病毒具有的重要特征之一是呈二十面体对称、外观为六角形的衣壳。衣壳加上核心称为核衣壳。在感染宿主的细胞内，DPV 的核衣壳有空心型、致密核心型、双环型和内壁附有颗粒型 4 种形态。DPV 的核衣壳主要在细胞核中完成装配，同时也存在一种在细胞质中的装配途径。核衣壳的形态和类型在细胞核和细胞质中的区别为：在细胞核中的核衣壳常常呈多种形态，处于不同发育阶段；在细胞质中的核衣壳分布更为集中，仅在一个细胞切片上有时可见多达数十个聚集在一起，核衣壳的形态比较一致，主要为空心型和致密核心型。在细胞质中，有时可以见到大量空心型核衣壳，这说明在某些情况下，可能由于细胞质中缺乏足够的 DNA，从而装配出了大量的缺陷性的核衣壳。细胞质中的 DNA 是否来源于细胞核还不清楚。国内外关于 DPV 核衣壳蛋白基因的报道很少，我国文明利用构建的 DPV 基因文库，经比对发现并克隆、鉴定了一种核衣壳蛋白基因，将该基因克隆到原核表达载体 pET32a 中，转化大肠杆菌表达，结果表明表达的重组蛋白具有良好的抗原性。

（三）外膜

疱疹病毒的外膜是一种比较特殊的结构，它相当于其他病毒的基质结构，但比一般的基质厚得多。外膜的功能与基质相似，它一侧与衣壳相连，另一侧通过糖蛋白的细胞质尾巴与一些囊膜成分相连，确保了病毒的完整性。DPV 的核衣壳从细胞核和细胞质中均可以获得外膜。编码 DPV 外膜蛋白的基因有 $UL24$、$UL41$、$UL47$、$UL49$、$UL51$ 等，但到目前为止，大多数外膜蛋白的准确功能还不确定。

（四）囊膜

位于病毒粒子最外层为囊膜，其蛋白质成分由病毒编码，脂质成分来源于宿主。囊膜蛋白为疱疹病毒的主要免疫保护性抗原，含有大量中和性抗原表位，它在病毒结合到细胞膜后与膜的融合及病毒的释放中起重要作用。疱疹病毒的囊膜蛋白均为糖基化蛋白，至少有 11 种糖蛋白（gB、gC、gD、gE、gG、gH、gI、gJ、gK、gL、gM）。目前，对 DPV 基因组结构及其编码蛋白功能的研究还十分有限，研究较多的囊膜蛋白主要有 gB、gC、gH 等。此外，DPV 囊膜表面没有红细胞凝集素，表现在对禽类和哺乳动物的红细胞没有凝集特性和血细胞吸附作用。

1. 糖蛋白 B（gB） gB 在所有疱疹类病毒亚群间具有较高的同源性，是疱疹病毒家族中最

为保守的糖蛋白，含有大量的抗原表位，是病毒的主要抗原之一。DPV 的 gB 由 $UL27$ 基因（gB基因）编码，$UL27$ 基因由 3 003 个核苷酸组成，编码一条由 1 000 个氨基酸残基组成的多肽，多肽分子质量约 113 kDa。同源性分析表明，DPV 的 $UL27$ 基因与 α 疱疹病毒亚科中的马立克氏病病毒属同源性最高。gB 基因经克隆及原核表达后的重组蛋白能够与 DPV 抗血清发生特异性反应，表明重组蛋白具有与天然蛋白相似的反应原性。

2. 糖蛋白 C（gC） gC 作为疱疹病毒的另一种主要抗原，在介导病毒的吸附和释放方面起重要作用，主要介导病毒吸附到含肝素样成分的宿主细胞受体上去，可能以二聚体形式存在感染细胞膜上，与细胞膜上的氨基葡聚糖硫酸乙酰肝素或硫酸软骨素结合，使病毒吸附于宿主细胞膜上并介导病毒感染，但 DPV gC 的功能目前还不清楚。DPV 的 gC 由 $UL44$ 基因（gC 基因）编码，基因全长 1 296bp，编码 431 个氨基酸。与其他疱疹病毒 gC 基因具有较高的同源性，gC 基因进化树分析表明，DPV 与 α 疱疹病毒亚科中禽疱疹病毒亲缘关系较近。gC 基因经克隆及原核表达后的重组蛋白能够与 DPV 抗血清发生特异性反应，表明重组蛋白具有较好的抗原性。

3. 糖蛋白 H（gH） gH 由 $UL22$ 基因（gH基因）编码，基因全长为 2 505 bp，编码 834 个氨基酸。DPV gH 蛋白主要定位于细胞外膜，推测其可能参与病毒与细胞间的融合过程。去除 gH 跨膜区和信号肽而保留 gH 抗原区的 DPV gH 基因片段，在大肠杆菌中可获得有效表达，且重组蛋白能与疫苗免疫的 DPV 阳性血清发生特异性反应，具有较好的抗原反应原性。

（五）与毒力相关的基因

1. dUTPase 基因 脱氧尿苷焦磷酸酶（dUT-Pase）是一种重要的与核酸代谢相关的酶，在生物体中具有双重基本功能：其一，dUTPase 可以减少 dUTP 在 DNA 合成中的插入和错配，从而降低发生突变的频率；其二，dUTPase 的产物为 DNA 的合成提供必需的原料（dTTP）。疱疹病毒编码的 dUTPase 常与病毒细胞嗜性相关，并且与病毒的神经毒性、神经侵袭力相关，疱疹病毒 dUTPase 基因的缺失常可导致病毒从潜伏状态活化的能力降低，目前对 DPV dUTPase 功能的研究还十分有限。DPV 的 dUTPase 基因全长 1 344

bp，编码1个447个氨基酸的多肽。dUTPase基因存在于DPV强毒基因组HindⅢ酶切的Ⅰ片段和SacⅠ酶切的M片段上，其编码的肽链与疱疹病毒的dUTPase有较高的同源性，通过进化树分析表明该肽链与α疱疹病毒编码的dUTPase在遗传上一致，抗原性分析表明该肽链上存在多个抗原表位。与GenBank上其他DPV毒株的同源基因进行比较，表明dUTPase在DPV基因组中高度保守。DPV dUTPase基因表达产物定位于细胞质和细胞核，且定位是一个动态变化过程，这种定位的变化可能是由于蛋白质合成场所与发挥功能场所转变所致，推测DPV dUTPase在细胞质中完成蛋白质合成，然后转移至细胞核发挥其基本生物学功能，以确保病毒DNA的高效合成。

2. TK基因　胸苷激酶（thymidine kinase，TK）是胸腺嘧啶合成补救途径中所必需的酶。TK通过使胸腺嘧啶磷酸化为dTMP，然后继续磷酸化成为dTTP而参予病毒DNA的合成。TK基因是大多数疱疹病毒增殖的非必需基因，也是疱疹病毒的主要毒力基因之一，在神经组织感染及潜伏性感染中具有重要作用。缺失TK基因的毒株在神经细胞中的复制能力极弱，但其免疫原性不改变，因而TK基因成为构建基因缺失致弱疫苗和病毒化学治疗的首选靶基因。DPV的TK基因全长1 077 bp，编码358个氨基酸，含有2个在多数疱疹病毒中的保守结构域：ATP结合结构域（- DGXXGXGK -）和核苷结合结构域（- DRH -），且具有与功能相关的磷酸化位点和氨酰化位点。系统进化树表明，DPV的TK基因更接近α疱疹病毒的TK基因，并且与MDV、ILTV、HVT等禽疱疹病毒的进化关系最近。在不同DPV毒株间，TK基因的核苷酸与氨基酸序列具有很高的同源性，表明该基因在不同DPV毒株间高度保守。

三、免疫学

DP的自然感染途径主要是消化道，其次可通过生殖器官、眼结膜、呼吸道传染。DP的人工感染途径有口腔、鼻内、静脉、腹腔、肌肉和泄殖腔。DPV是一种组织泛嗜性病毒，在感染鸭的血液、心、肝、脾、肺、肾、十二指肠、直肠、法氏囊、胸腺、胰腺、延脑、大脑、小脑、舌、肌肉、骨髓、粪便和食管等均能检出病毒的

DNA。肝、脾脏、法氏囊等器官是病毒侵害的主要靶器官。DPV攻击的主要靶细胞为消化道黏膜上皮细胞和淋巴细胞、网状内皮组织细胞、巨噬细胞、纤维细胞、肝实质细胞、十二指肠的平滑肌细胞。

（一）病毒的分布与免疫病理

DPV可以通过皮下、口服、滴鼻、肌肉等多种方式人工感染鸭，病毒侵入机体后很快分布到多种组织器官并在这些组织器官中增殖，表现出对鸭组织器官具有广泛的嗜性。病毒在鸭体器官的分布时间与接种途径有关，皮下注射是病毒分布到各实质器官速度最快的途径。感染康复鸭可能成为带毒鸭并周期性地向外排毒从而引起家鸭或野生禽类DP的暴发，PCR动态分析结果表明，三叉神经节及外周血淋巴细胞很可能是病毒的潜伏部位。

DPV无论通过何种方式侵入机体，除了在感染部位附近的细胞内定居增殖外，经破损的血管内皮细胞进入血液循环被运送到其他组织器官，在组织细胞内定居增殖，引起机体多种组织细胞的损伤，造成机体的免疫系统、消化系统、神经系统等的严重破坏，导致机体的迅速死亡。同时免疫器官淋巴细胞大量坏死和凋亡，造成淋巴细胞数量的急剧减少，导致机体的免疫抑制而加快死亡。

（二）免疫

无论自然发病还是人工感染的耐过鸭，均可获得坚强的免疫力，对强毒的攻击呈现完全保护。在抗DPV的感染过程中，体液免疫和细胞免疫均参与其中。给健鸭注射免疫鸭的抗血清，可使之获得抵抗DPV强毒感染的坚强免疫力，表明体液免疫在抵抗DPV强毒感染中发挥重要作用。T淋巴细胞是细胞免疫的效应细胞，DP弱毒疫苗免疫鸭能显著增强T淋巴细胞的转化及增加T淋巴细胞总量，同时提高血清抗体的水平，表明DP的免疫保护与细胞免疫和体液免疫均有关。通过病毒中和试验、淋巴细胞游走抑制试验，以及攻毒保护试验对DP疫苗接种后鸭体的免疫反应进行研究，结果也证实了这一观点。

单凭疫苗接种免疫鸭，诱导产生的中和抗体效价较低，但使用强毒攻击时，弱毒疫苗可使鸭体产生明显的血清记忆反应，灭活疫苗对强毒的攻击能够产生完全保护，这可能与机体受到DPV

感染时，在病毒入侵早期主要由细胞免疫发挥主导免疫保护作用，以及同一病毒的不同毒力的毒株间的干扰作用有关。

DP 弱毒疫苗在免疫鸭后迅速产生保护力。DPV 弱毒株给鸭接种后 18h 尚无保护作用，24h 后即出现 70% 的攻毒保护率。同一种病毒的不同毒力、共同抗原性及抗原性相近似的病毒株，以及两种不同病毒之间发生干扰现象已有许多文献报道。推测 DP 疫苗株对强毒株的免疫干扰作用是迅速产生保护力的原因，但是尚未成功从 DP 疫苗接种鸭体内检出干扰素。

野外观察表明，康复鸭能抵抗 DPV 的再次感染。在一项试验研究中，对 DPV 持续感染的鸭，用同源或异源 DPV 病毒株重复感染能导致死亡，但不是全部致死。这取决于感染的途径、初次感染和再感染 DPV 的毒株。

目前，世界各地分离的 DPV 毒株，虽然毒力有差异，但是均具有相同的抗原性，能产生交互免疫。同时，DP 弱毒疫苗接种鸭后能快速产生免疫保护。野外试验表明，灭活疫苗没有弱毒疫苗的效果好，但具有良好佐剂的灭活疫苗也可产生与弱毒苗相当的免疫效果。这些特点为疫苗的研制和应用带来了便利。在 DP 疫情蔓延前，给未发病鸭群紧急接种疫苗，对于控制疫情具有显著作用。

四、制品

（一）诊断制品

目前，国内外尚缺乏商品化的诊断制品，DP 的诊断主要依据各国学者建立的各种实验室诊断方法，一般分为传统的诊断方法和分子生物学方法。传统的诊断方法包括建立在综合分析流行病学、临床症状和病理变化的基础上进行病毒的分离和鉴定。血清学和分子生物学诊断方法有：鸭胚的中和试验、鸭胚成纤维细胞的微量中和试验（SN）、琼脂糖凝胶沉淀试验（AGP）、反向间接血凝试验（RPHA）、酶联免疫吸附试验（ELISA）、聚合酶链式反应（PCR）、微量固相放射免疫试验（Micro-SPRIA）、间接免疫荧光试验（IFA）及原位杂交（ISH）等。这些诊断方法各有优缺点，其中 ELISA 既可检测抗体，又可检测抗原，具有简单、快速、准确的特点，被测样品需要量少和结果容易判断等优点，易于在基层推

广应用，可用于大批样品的检测，是一种适合于对鸭群进行免疫抗体水平检测的快速实用的方法。我国已经有报道，研制出间接 ELISA 检测 DPV 抗体的试剂盒，试验证明该试剂盒具有良好的特异性和敏感性，可用于 DPV 的血清流行病学调查和鸭场免疫抗体水平的检测。

（二）预防制品

国内外用于预防 DP 的疫苗分为活疫苗和灭活疫苗 2 种。有报道的活疫苗包括鸭瘟鸡胚化弱毒疫苗、鸭瘟鸡胚化弱毒细胞疫苗、鸭瘟自然弱毒株疫苗和鹅源性鸭瘟弱毒苗。此外还有与其他制品的联苗，如鸭瘟-鸭病毒性肝炎弱毒二联苗、鸭瘟-禽流感二联灭活疫苗。随着分子生物学的发展，科研工作者也开始致力于基因工程疫苗的研制。目前国内已经批准上市的疫苗包括鸭瘟鸡胚化弱毒疫苗（C-KCE 株）和鸭瘟灭活疫苗（AV1221 株）。

1. 活疫苗

（1）鸭瘟鸡胚化弱毒疫苗　南京药械厂于 1965 年培育成功 C-KCE 弱毒株（又称 AV1222 株），它是将 DPV 通过鸭胚 9 代后，于 9～10 日龄鸡胚绒毛尿囊膜上传代，传至第 8 代始适应于鸡胚，再继续传至 20 余代，毒力减弱，对鸭不致病，而且具有良好的免疫力。此弱毒株安全性好，大剂量注射成鸭后无任何不良反应，但存在对雏鸡的致病性。此弱毒疫苗对 2 月龄以上鸭免疫后 3～4d 产生免疫力，免疫期为 9 个月，雏鸭的免疫期为 1 个月。目前，国内多家生物药厂采用 SPF 鸡胚或鸡胚成纤维细胞生产此种疫苗。

荷兰（1964）已研制出对家鸭不致病的鸡胚化 DPV 毒株，并将致弱的 DPV 免疫鸭，对鸭的致病性完全消失，而免疫原性良好。制备的弱毒苗应用较广，在美国也已使用这种疫苗用于控制商品鸭场的 DP 流行。

（2）鸭瘟鸡胚化弱毒细胞疫苗　大部分是在鸡胚化弱毒疫苗的基础上或通过鸭胚传代后适应鸡胚成纤维细胞研制而成。其检验和使用与鸡胚化弱毒疫苗相同。

苏联的兽医病毒研究所也研制了鸡胚成纤维细胞弱毒"AKV"株，印度亦报道研制成功细胞弱毒疫苗。

2. 鸭瘟灭活疫苗　20 世纪 60 年代初期我国已经报道对该类疫苗进行研制，但一直没有商品

疫苗产品上市。直到 2010 年，由中国兽医药品监察所联合广东永顺生物制药股份有限公司等单位研制成功了"鸭瘟灭活疫苗（AV1221 株）"，并已注册上市。该疫苗系用鸭肝组织毒强毒株（AV1221 株）经 11～12 日龄鸭胚传代后制成鸭胚适应毒，使用易感鸭胚培养病毒，收获感染鸭胚的胚液，经 0.2% 甲醛溶液灭活后，与矿物油佐剂乳化制成的鸭瘟灭活疫苗。对不同品种的鸭使用不同的免疫途径，该疫苗均能诱导产生良好的免疫保护；2 月龄以上成鸭免疫，7d 后产生免疫保护，免疫持续期 5 个月；2 月龄以下雏鸭免疫 2 次，免疫持续期 2 个月。因不受母源抗体干扰，因此在雏鸭上免疫效果比弱毒疫苗更佳。该疫苗丰富了我国水禽疫苗的品种，为水禽用二联或多联灭活疫苗的研制奠定了基础。

3. 联苗及基因工程疫苗 联苗有使用经济方便，打一针可预防多种病的优点，具有良好的经济效益和社会效益。目前，我国尚无注册上市的联苗和基因工程疫苗。程安春（1996）报道，利用鸭瘟鸡胚化弱毒疫苗株（C-KCE 株）和鸭病毒性肝炎鸡胚化弱毒株（QL₇₉ 株）研制了鸭瘟、鸭病毒性肝炎二联苗。中国兽医药品监察所和普莱柯生物工程股份有限公司合作研制了鸭瘟、禽流感（H9 亚型）二联灭活疫苗，中国农业科学院哈尔滨兽医研究所和中国兽医药品监察所合作研制了禽流感（H5 亚型）、鸭瘟二联灭活疫苗。

随着 DNA 重组技术的发展和利用，基因工程疫苗的研究取得了快速发展，其中重组病毒活载体疫苗成为当前新型疫苗的研究热点。DPV 作为疱疹病毒同样具有充当基因工程疫苗载体的条件。

五、展望

目前，DP 防制中存在的问题有：鸡胚化弱毒疫苗存在对雏鸡（非靶动物）的致病性和毒力返强的危险，鸭瘟疫苗预防鹅感染 DP 的免疫效果欠佳。

目前，国内生物药厂生产的鸭瘟疫苗大部分是弱毒疫苗。此类疫苗对鸭的免疫应答效果比较牢固；但是缺点是不稳定，不易于保存和运输，而且存在毒力返强的危险和对雏鸡的安全性问题。受 DPV 感染的耐过鸭可能成为带毒鸭并周期性地向外排毒，污染鸭场；加之 DPV 对外界环境

有较强的抵抗力，可能导致家鸭 DP 的暴发。与鸭瘟弱毒疫苗相比，鸭瘟灭活疫苗虽然有易于保存和运输、使用安全等优点，但不足之处是在灭活过程中可能损害或改变有效的抗原决定簇，免疫期较短。筛选免疫原性良好的种毒作为制苗种毒，优化制苗工艺是可行的手段。

自该病发现以来，DP 的发病和流行趋势出现了一些新的特点，表现为潜伏期有所延长，发病鸭呈现低龄化（最早发病在 7 日龄以内），对鸭的致病力减弱，对鹅的致病力有所增强，导致鸭瘟弱毒疫苗的免疫效果欠佳。我国还没有商品化的鹅用鸭瘟疫苗上市，因此研制鹅用鸭瘟疫苗也是当前的一个课题。

DPV 的分子生物学研究进展较快，目前在病毒基因组结构等方面的研究取得了一定进展。并且成功构建了鸭瘟病毒活载体，为研制重组活载体疫苗奠定了基础。

（范书才 李 虹 李俊平）

主要参考文献

陈普成，柳金雄，曾青华，等，2009. 鸭肠炎病毒 *UL41*、*UL42* 基因的克隆与分析 [J]. 中国预防兽医学报，31 (12)：988 - 990.

程志萍，程安春，汪铭书，等，2008. 鸭瘟弱毒疫苗诱导免疫鸭细胞和体液免疫作用的研究 [C] //中国畜牧兽医学会动物微生态学分会第四届第九次学术研讨会集（下册）.

范书才，李虹，史大庆，等，2009. 鸭瘟灭活疫苗效力试验和安全试验 [J]. 中国预防兽医学报，31 (7)：553 - 557.

黄引贤，1959. 拟鸭瘟的研究 [J]. 华南农学院学报，1：67 - 71.

王君伟，韩先杰，马波. 鸭瘟疱疹病毒转移载体及其制备方法：200410044105.3 [P].

Bos A, 1942. Some new cases of duck plague [J]. Tijdschr Diergeneeskd, 69：372 - 381.

Francisco J S, Pedro J S, Alejandro N G, 2002. Histopathological and ultrastructural changes associated with *Herpesvirus* infection in waterfowl [J]. Avian Pathology, 31 (2)：133 - 140.

Sangeetha V, Sulochana S, Punnoose T K, et al, 1997. Restriction endonuclease analysis of *Duck plague viral* DNA [J]. Journal of Veterinary and Animal Science (India), 28 (2)：86 - 91.

第十七节　鸭病毒性肝炎

一、概述

鸭病毒性肝炎（Duck viral hepatitis，DVH）是由鸭甲型肝炎病毒（*Duck hepatitis A virus*，DHAV）引起的雏鸭高度致死性、传播迅速的病毒性疾病。1945 年，首次在美国发现并报道了此病，但没有分离到病原。1949 年报道在美国长岛发现本病，1950 年分离到病毒，被鉴定为一种微 RNA 病毒，命名为 *Duck hepatitis virus*（DHV）。1953 年后，欧洲、亚洲、非洲等许多养鸭国家相继报道该病。1965 年在英国的诺福克报道发现 2 型 DHV，但由 2 型 DHV 引起的 DVH 在英国以外未见报道。1969 年报道在美国长岛发现一种可使免疫 1 型 DHV 的雏鸭发病和死亡的疾病，通过研究这种病原的特征，将其命名为 3 型 DHV，目前仅在美国发现这种由 3 型 DHV 引起的 DVH。1992 年，Sandhu 等报道发现 1 型 DHV 的变异株，将其命名为 1a 型 DHV，该变异株与 1 型 DHV 呈部分血清学交叉反应。我国在 1963 年由黄均建首次报道发现本病，以后各养鸭地区均有报道流行。近年来，在中国、韩国等地区均报道分离到与 1 型 DHV 无交叉中和反应的新型鸭肝炎病毒（N-DHV）。

本病的发生没有明显的季节性，一年四季均可发生，但以冬春季更易发生。潜伏期为 1～4d。病程短。1 型和新型 DHV 对雏鸭的发病率均可达 100%，而死亡率则各异。小于 1 周龄的雏鸭的死亡率可达 95%，而 1～3 周龄雏鸭的死亡率为 50% 或更低。雏鸭在出现症状后 1～2h 死亡。3 周龄以上的鸭感染后不呈现临床症状，但可能带毒数周，甚至可以长期带毒。病鸭常在出现角弓反张症状后迅速死亡。剖检特点为肝脏肿胀与出血或坏死。该病自 1953 年开始在世界范围内流行，在我国目前同时存在 1 型 DHV 和新型 DHV 流行。是危害养鸭业最严重的疾病之一。

二、病原

DHV 原有 3 个独立的血清型，即 1 型 DHV（DHV-1）、2 型 DHV（DHV-2）和 3 型 DHV（DHV-3），均属微 RNA 病毒。2005 年，在"国际病毒分类委员会（The International Com-mittee on Taxonomy of Viruses，ICTV）第 8 次报告"中，已将 DHV-2 归入星状病毒科星状病毒属，命名为 1 型鸭星状病毒。Todd 等（2009）对星状病毒的开放阅读框 1b 基因（ORF 1b）进行扩增，并对产物进行序列分析和同源性比较后发现，DHV-3 是一种不同于 DHV-2 的星状病毒。2012 年，在 ICTV 第 9 次报告中，对原来的鸭肝炎 6 病毒进行重新分类和命名，即为微 RNA 病毒科（Picornaviridae）禽肝病毒属（*Avihepa-tovirus*）鸭甲型肝炎病毒（*Duck hepatitis A vi-rus*）；并将鸭甲型肝炎病毒分成了 3 个基因型，即鸭甲型肝炎病毒 1 型（原 DHV-1），2 型（台湾新型）和 3 型（中国和韩国新型）（DHAV-1、DHAV-2、DHAV-3），实际上也是 3 个独立的血清型。

DHAV-1 和 DHAV-3 之间无交叉中和反应。此外，国内外也均有报道分离到 DHAV 的变异株。1992 年，Sandhu 利用鸡胚中和试验发现 1 株 DHAV 的变异株，将其命名为 1a 型 DHAV，试验结果表明 DHAV-1 抗血清可以部分中和该病毒；但 1a 型 DHAV 抗血清对 DHAV-1 缺乏中和作用，证明该毒株与 DHAV-1 呈部分血清学交叉反应。2006 年，我国郑献进报道分离到 1 株 DHAV-1 的变异株，其交叉中和试验结果与 Sandhu 报道的 1a 型 DHAV 相似。由于未能获得 1a 型参考毒株，尚不能确定该变异株是否与 1a 型 DHAV 具有抗原同一性，暂称之为 1v 型 DHAV。

DHAV 的病毒粒子很小，呈球形或类球形，直径 20～40 nm，无囊膜，病毒的基因组为单股正链 RNA，衣壳由 VP0、VP1、VP3 3 种结构蛋白构成二十面体对称结构。

（一）病毒基因组

DHAV 具有微 RNA 病毒的典型结构特征，其基因组仅有 1 个开放阅读框（ORF），两端是 5′非编码区（5′ UTR）和 3′非编码区（3′UTR），不含 5′帽子结构，3′UTR 后有 poly（A）尾。DHAV 基因组为 7 690～7 790 nt 组成的单股正链 RNA（＋＋ssRNA），编码一个含 2 249～2 251个氨基酸的多聚蛋白。多聚蛋白在翻译过程中不断被自身编码的蛋白酶水解，分解成 P1、P2、P3 3 种前体蛋白。P1 蛋白进一步分解为 3 种结构蛋白（VP0、VP3、VP1），P2 蛋白分解为

3种非结构蛋白（2A、2B、2C），P3蛋白分解为4种非结构蛋白（3A、3B、3C、3D）。推测DHV全基因组的顺序为5′UTR-VP0-VP3-VP1-2A（2A1-2A2）-2B-2C-3A-3B-3C-3D-3′UTR。也有报道认为2A蛋白由3个不相关的蛋白构成，即2A1、2A2和2A3。N-DHV与DHV-1的基因组结构相似，但基因组比DHAV-1稍长些。

DHAV拥有微RNA病毒基因组的基本结构，但也具有区别于微RNA病毒科其他种属病毒的分子特征，如VP0不能被蛋白酶水解为VP2和VP4；内部核糖体进入位点（Internal ribosome entry site，IRES）与丙肝病毒和猪捷申病毒1型相似；3′UTR是微RNA病毒中最长的，2A蛋白由口蹄疫病毒样2A1和双埃柯病毒样2A2组成，2A2蛋白的N端还含有一个在高等植物和脊椎动物中十分保守的AIG1域。通过对3D核苷酸序列的比对分析表明，DHV应被归属于微RNA病毒科中的一个新属。

（二）病毒衣壳蛋白

DHAV的基因组P1区编码的P1蛋白能够被自身编码的蛋白酶水解为VP0、VP3、VP1 3种结构蛋白，组成病毒的衣壳蛋白。多数微RNA病毒的VP1中最保守的序列是位于βI链C端侧翼的CPRP四肽，然而，该序列位于DHV VP0的对应位置，此特性与双埃柯病毒属的成员相似，表明微RNA病毒不同的衣壳蛋白可能参与一些保守的功能。不同血清型DHAV的抗原性主要与病毒表面的结构蛋白VP1有关。VP1蛋白包含了微RNA病毒的主要抗原位点和细胞膜受体结合位点，能够诱导动物机体产生中和抗体。在微RNA病毒中，衣壳蛋白VP1上有3个保守氨基酸序列RGD（Arg-Gly-Asp），具有与细胞受体结合的功能，是病毒感染细胞的关键。但是在DHAV-3和DHAV-1的VP1基因中未发现RGD序列，DHAV-1相应位置的序列为SGD，而DHAV-3 G株则为SD，这些结果表明DHAV在病毒吸附机制和复制能力方面可能与其他微RNA病毒有所差异。DHAV-1 VP3的N端延伸出一段长约25个氨基酸的序列，其间富含碱性氨基酸，根据其他微RNA病毒VP3的N端的空间位置，这部分序列似乎位于病毒衣壳的内侧，可能在成熟的病毒颗粒中与RNA发生相互作用。

（三）病毒非结构蛋白

DHAV基因组P2区编码3种非结构蛋白，包含2A蛋白、2B蛋白和2C蛋白。其中2A蛋白由2个（2A1、2A2）或3个（2A1、2A2、2A3）不相关的蛋白串联组成。微RNA病毒的P2区蛋白主要参与多聚蛋白的加工及病毒RNA复制。2A蛋白酶除在病毒的起始加工过程中具有重要作用，还对病毒RNA的复制起作用。2B蛋白可以改变细胞膜，增加细胞膜的通透性，这可能对病毒感染晚期病毒粒子的释放具有重要作用。2C蛋白和前体蛋白2BC对细胞内膜的重排、病毒诱导的细胞质囊泡的形成是必需的。2C蛋白还具有ATP酶活性，内含螺旋酶基序，但不具有螺旋酶活性。DHAV的P3区编码4种非结构蛋白，包含3A蛋白、3B蛋白、3C蛋白和3D蛋白。微RNA病毒的P3区蛋白对病毒RNA的复制具有重要作用，可干扰宿主的免疫反应。3A蛋白可以抑制Ⅰ型组蛋白的表达和细胞内膜的转运，可能对病毒逃避宿主的免疫反应具有重要作用，并可能和病毒毒力、宿主范围有关。3B蛋白（即VPg蛋白）是共价结合于正链和负链RNA 5′末端的蛋白引物。3C蛋白是在病毒加工处理过程和RNA复制中产生的重要蛋白，在病毒多聚蛋白的分级加工处理过程中发挥重要作用。3D蛋白是病毒RNA依赖的RNA聚合酶，对VPg尿嘧啶化和病毒RNA合成时RNA链的延伸起作用。每个病毒模板每复制一次，3D有1～2个核苷酸错配，导致突变次数增加和进化率加快，可能增加了病毒种群的适应性。

（四）病毒的非编码区

DHAV基因组的5′UTR长600～653 nt，含有病毒翻译起始所必须的IRES。微RNA病毒5′UTR中IRES共分为Ⅰ、Ⅱ、Ⅲ、Ⅳ 4种类型，至于DHAV-1的IRES究竟是属于Ⅱ型IRES还是Ⅳ型IRES则存在不同推测。推测DHAV-3的5′UTR可能拥有Ⅱ型IRES。破坏IRES的茎环结构（SL）1、2及Ⅲe区的关键性核苷酸，会导致DHAV-1 IRES的功能消失，表明SL1、SL2和Ⅲe区是维持IRES启动内部翻译起始功能的关键性结构域。DHAV的3′UTR在微RNA病毒科基因组中是最长的，314～367 nt，推测有5个茎环结构。在微RNA病毒中，3′UTR与负链 RNA 的合成起始有关，poly（A）则是合成负链 RNA 的模板，其长度与负链 RNA 的合成效率及病毒 RNA 的感染力有关。与 DHAV-1 相比，DHAV-3 的 5′UTR 和 3′UTR 存在广泛的插入现象。

（五）VP1 与抗原变异性及血清型分型

DHAV 的结构蛋白 VP1 包含了病毒的主要抗原位点及细胞膜受体结合位点，能够诱导动物机体产生中和抗体。同时，VP1 基因的核苷酸序列是一个高度可变区，是病毒抗原变异的关键所在。高变区主要集中在 46～64 位、95～149 位、180～194 位和 213～219 位。此外，DHAV-3 的 VP1 与 DHAV-1 相比存在明显的碱基插入或缺失现象。

同血清型的不同 DHAV 毒株，VP1 基因核苷酸序列同源性较高，VP1 变异很小，表明抗原性稳定。不同血清型 DHAV 毒株的交叉中和试验及全基因组序列测定结果表明，主要差异存在于 VP1 基因部分，由于 VP1 中氨基酸位点的变异及碱基的插入或缺失，导致抗原性发生改变，因此不同血清型的毒株间表现为交叉反应性很低或无交叉中和反应。

有研究报道，依据 VP1 基因同源性比较分析，对 DHAV 进行血清型分型的结果与血清中和试验的结果是一致的。因此，VP1 基因核苷酸序列和氨基酸序列同源性比较分析，已成为不同 DHAV 毒株血清型分型的分子生物学基础。这一血清型分型标准主要依据微 RNA 病毒科肠道病毒属血清型分型标准，即核苷酸序列同源性≥75% 和/或推导的氨基酸序列同源性≥88% 的毒株可判定为同一血清型。

尽管依据 VP1 基因同源性的血清型分型方法方便、快捷，但不能分出同一血清型内的不同亚型，且其敏感性和特异性容易受到样品和试验环境的影响。因此，对于 DHAV 的分型，一般先采用依据基因同源性的血清分型方法进行筛选，然后采用中和试验加以验证，并最终以中和试验结果确定病毒的血清型。

三、免疫学

就目前所知，DHAV 的传播方式为水平传播，不发生垂直传播。自然环境下主要通过消化道途径感染，也有研究报道呼吸道在感染过程中起了很重要作用，因为用 DHAV-1 进行气溶胶感染时，可以致死雏鸭。病毒的主要靶器官是肝脏，也可以侵害脾、法氏囊、胸腺、胰、肾、小肠等多种组织。

（一）病毒的分布与免疫病理

DHAV 侵入机体后，随血液很快分布到全身器官组织。经人工感染雏鸭后 2h，可以从肝、脾细胞中检出病毒；感染后 4～6h，可以从肾、胰和肺细胞中检出病毒；感染后 12h 可以从胸腺、法氏囊、哈德腺和肌肉细胞中检出病毒；感染后 24h 可以从心肌细胞中检出病毒，病毒抗原主要存在于上述被感染细胞的细胞质中。

DHAV 在易感组织的细胞中大量增殖，造成组织细胞损伤。对雏鸭攻毒后 3～12h，肝、脾、肾、胰等的组织学病变以变性为主；攻毒后 24h，这些脏器组织呈明显的坏死性病变；攻毒后 72～168h，则出现较为明显的增生性反应。对雏鸭攻毒后 24h，胸腺、法氏囊、哈德腺出现出血、充血等病变，攻毒后 24～96h 病变程度加剧，淋巴细胞坏死、数量显著减少。有学者认为，在雏鸭的发病过程中，免疫细胞的凋亡先于病理损伤的发生。DHAV 强毒株对雏鸭接种后 24h 可以诱导脾、胸腺、法氏囊等免疫器官出现明显的细胞凋亡，细胞凋亡率在 36h 达到高峰，72h 凋亡情况逐渐停止，然后被坏死逐渐替代。

这些研究结果表明，DHAV 一方面直接损伤组织细胞，导致肝、肾等多种组织器官的功能障碍，另一方面由于病毒攻击机体的免疫系统，诱导淋巴细胞凋亡，引起淋巴细胞变性、坏死、数量大量减少，导致机体的免疫功能受到抑制。

（二）主动免疫与被动免疫

感染耐过鸭血清中有中和抗体，可产生坚强的免疫力。用 DHAV 弱毒株免疫雏鸭使其产生主动免疫，可以使雏鸭获得有效保护。也可以给种鸭注射特定病毒株使其产生中和抗体，母源抗体通过卵黄传给雏鸭，使其获得被动免疫。有些毒株需要重复注射才能使鸭产生高水平抗体。给雏鸭注射康复鸭血清或高免血清也可使其获得被动免疫。

免疫种鸭的疫苗包括弱毒疫苗和灭活疫苗，

用作疫苗的毒株是通过鸡胚或鸭胚传代培育的，病毒通过胚体连续传代丧失了对鸭的致病性，但保持了良好的免疫原性。通常认为用鸭胚繁殖病毒制备的灭活疫苗比用鸡胚繁殖病毒制备的灭活疫苗引起的免疫反应强。不论使用何种疫苗免疫，为保证后代雏鸭有足够水平的抗体抵抗强毒攻击，须对种鸭进行2～3次免疫。目前，对种鸭免疫的最适年龄、剂量、途径、病毒株类型和免疫间隔期存在不同看法。

由于DHAV能引起雏鸭急性发病死亡，而DHAV灭活疫苗产生免疫反应较慢，因此多使用鸡胚化弱毒疫苗通过肌肉、皮下、口服等方式免疫雏鸭，使其产生主动免疫。雏鸭免疫后2～7d可产生抵抗力，免疫后10d左右达到最大保护率。一般认为，雏鸭通过卵黄获得的母源抗体，可使其在生命早期面临DHAV侵袭时获得保护。但随母源抗体水平下降，雏鸭对病毒的易感性升高，而此时残留的母源抗体可能会对主动免疫产生干扰。当母源抗体降到一定水平后，对弱毒疫苗免疫影响才非常小，方可产生较为可靠的免疫力。但是也有研究人员对此持不同意见，他们认为用弱毒株免疫雏鸭后，无论易感雏鸭还是有母源抗体的雏鸭都对免疫有反应，有母源抗体雏鸭的免疫应答只稍低于易感雏鸭；还认为母源抗体水平对弱毒疫苗产生保护的速度和程度都无影响；在疫苗保护效力方面，弱毒疫苗免疫的无母源抗体组雏鸭攻毒后的保护率与母源抗体组无明显差异。

DHAV灭活疫苗安全，不存在毒力返强的风险，既可以免疫产蛋种鸭，通过母源抗体被动保护后代雏鸭；由于不受母源抗体干扰，也可以对带母源抗体雏鸭进行灭活疫苗主动免疫，使得在被动免疫下降时，主动免疫上升，从而可以有效地保护易感期的雏鸭（3周龄内）抵抗强毒感染。

血清中和试验结果表明，DHAV-1和DHAV-3之间无血清交叉反应。雏鸭交叉被动保护试验结果表明，用DHAV-3抗血清被动免疫雏鸭，不能抵抗DHAV-1强毒的攻击，用DHAV-1弱毒苗免疫雏鸭也不能抵抗DHAV-3强毒的攻击。上述结果表明DHAV-1和DHAV-3之间不能产生交互免疫力，这可能是导致DHAV-1弱毒苗免疫鸭失败的原因。

研究结果表明，使雏鸭抗DHV有以下4种方法：早期治疗或紧急预防时，可以给雏鸭注射康复鸭或免疫鸭的血清或卵黄抗体；免疫种鸭以保证其后代雏鸭获得高水平的母源抗体；直接用疫苗免疫雏鸭使其产生主动免疫；母源抗体的被动免疫结合疫苗接种的主动免疫以保护整个易感期的雏鸭。

四、制品

由于DHAV对外界的抵抗力很强，在外界环境中能长期存活。一旦鸭群感染，将引起雏鸭急性发病及高死亡率。此外，DHAV还常伴有其他细菌和病毒的并发和混合感染，给养鸭业带来巨大的经济损失。因此，在DHAV的防制工作中必须把预防放在首位。养殖企业应建立综合防控制度，做好疫情监测和疫苗接种工作，同时加强饲养管理，做好环境消毒、保持鸭舍卫生，减少应激因素。

（一）诊断试剂

由于DHAV的发病和流行特点，一般情况下通过临床症状、病理解剖和流行病学等信息可以做出初步诊断，确诊需做病原分离和鉴定。虽然目前我国尚没有批准的诊断制品上市，但是我国学者已经建立了许多诊断方法用于检测DHAV，为DHAV诊断制品的研制奠定了基础。血清学诊断方法主要有中和试验、琼脂扩散试验、凝集试验、荧光抗体技术、酶联免疫吸附试验（ELISA）、胶体金技术等，分子生物学诊断方法有聚合酶链式反应（PCR）、cDNA探针技术等。目前最常用、最可靠的方法仍然是中和试验，但因其操作复杂、费时、成本高，不能用于快速诊断，不适于在基层推广。ELISA法有简便、快速、特异性强等优点，此方法的关键在于单克隆抗体的制备，因此提高抗原纯度，加速单克隆抗体的研发，使之商业化，应用单抗制备成ELISA检测试剂盒用于DHAV的快速诊断，有良好的推广前景。深入进行分子生物学研究，检测病毒的核苷酸序列、基因结构、编码蛋白质的方式等，将基因工程技术应用到免疫学检测方法中，使DHAV的检测更特异、更敏感，这可能是未来用于检测DHAV的重要方法。

（二）预防制品

国内外用于预防DHV的制品有灭活疫苗、弱毒活疫苗和卵黄抗体三大类。在我国，已注册上市的有鸭病毒性肝炎二价（1 型＋3 型）灭活疫苗、1 型鸭病毒性肝炎弱毒活疫苗、1 型鸭病毒性肝炎卵黄抗体和鸭病毒性肝炎二价（1 型＋3 型）卵黄抗体。

1. 灭活疫苗 DHV 灭活疫苗是把经鸡胚或鸭胚培养的 DHAV 加入灭活剂（如甲醛溶液）灭活以后，再加入不同类型的免疫佐剂（如白油）混匀后制得，分为鸡胚组织灭活疫苗和鸭胚组织灭活疫苗 2 种。一般认为鸭胚灭活疫苗比鸡胚灭活疫苗引起的免疫反应强，这可能是由于用鸭胚繁殖的病毒较好地保持了其免疫原性，且收获量高。为了提高灭活疫苗的免疫原性，必须保证疫苗内病毒抗原的含量。国外学者曾报道种鸭免疫 3 次灭活油乳剂疫苗，其后代雏鸭可获得有效保护，同时认为种鸭在 2～3 日龄时用 DHAV-1 活疫苗免疫，在 22 周龄时再用灭活疫苗免疫，比免疫 3 次灭活疫苗的种鸭，可产生更高水平的中和抗体。

中国兽医药品监察所与广东永顺生物制药股份有限公司等单位合作，在国内外首次研制成功了鸭病毒性肝炎二价（1 型＋3 型）灭活疫苗，并已注册上市。该疫苗以经鸭胚传代的强毒 DHAV-1 和 DHAV-3 病毒株作为生产种毒，使用易感鸭胚分别培养 DHAV-1 和 DHAV-3，收获死亡鸭胚的胚液和胎儿，经高速匀浆、过滤、冻融、甲醛溶液灭活后适当混合，并与矿物油佐剂乳化制成。用于预防由 DHAV-1 和 DHAV-3 引起的雏鸭病毒性肝炎。使用疫苗对产蛋前 30～35d 的种鸭进行二次免疫，间隔 3 周，二免后 10～150d 的种鸭所产后代雏鸭的被动保护期为 16d；如果对 6～7 日龄的后代雏鸭使用疫苗进行主动免疫，被动免疫结合主动免疫的免疫持续期在 27d 以上，可以使整个易感期的雏鸭得到有效保护。使用该疫苗对 1～2 日龄无母源抗体的雏鸭进行免疫，7d 产生免疫力，并可使整个易感期的雏鸭得到有效保护。

灭活疫苗具有安全、稳定、免疫不受母源抗体干扰、便于保存及运输等优点。缺点是接种剂量大，种鸭需二次以上免疫；由于产生免疫力较慢，不建议用于无母源抗体雏鸭的主动免疫。

2. 弱毒活疫苗 国外用做疫苗的 DHAV-1 弱毒株是通过鸡胚或鸭胚传代培育的，并且已有 1 型鸭病毒性肝炎弱毒活疫苗上市使用。目前，国内外学者研究最多的是 DHAV 鸡胚化弱毒疫苗，疫苗株是将 DHAV 在鸡胚上连续传代使其失去了对鸭的致病力但保持了良好的免疫原性。DHAV 在鸡胚上所传代次的多少，直接关系着疫苗的品质。传代次数过少，对雏鸭仍有致病力，传代次数过多，又影响其免疫原性。多数文献报道 DHV 在鸡胚上连续传至 64～88 代时失去对雏鸭的致病力，同时安全性和免疫原性较好，能够作为 DHAV 弱毒疫苗的候选毒株。

四川农业大学等单位研制的鸭病毒性肝炎活疫苗已注册上市。该疫苗使用鸡胚化弱毒株作为生产种毒，使用 SPF 鸡胚培养病毒，收获感染鸡胚的尿囊液、胎儿、羊水及绒毛尿囊膜混合研磨，加适宜稳定剂，经冷冻真空干燥制成。用于预防由 1 型鸭甲型肝炎病毒引起的雏鸭病毒性肝炎。使用疫苗免疫注射 1 周龄以内雏鸭，3～5d 产生部分免疫力，7d 产生良好免疫力，免疫期为 1 个月以上。免疫注射产蛋前 1 周成年种鸭可为其子代雏鸭提供鸭病毒性肝炎母源抗体保护，注射后 14d 其子代雏鸭可获得良好被动免疫保护。成年种鸭的免疫期为 6 个月。

弱毒活疫苗的优点是用量小，接种次数少；产生免疫力快，且引起坚强、持久的免疫力。缺点是致弱的 DHAV 进入鸭体后容易发生毒力返强；DHAV 感染后的成鸭虽然不发病，但可以长期带毒和排毒，污染鸭场。由于 DHAV 对外界环境有较强的抵抗力，一旦污染环境很难消除；免疫雏鸭时容易受到母源抗体的干扰而影响免疫力。高温季节疫苗较易失效，需低温贮存。

此外，我国现有的 1 型鸭病毒性肝炎活疫苗不能对在我国同时流行的 3 型鸭甲型肝炎病毒提供免疫保护。

3. 卵黄抗体 国内外防制 DHAV 时多使用高免血清和卵黄抗体。高免血清是最先被采用的；康复鸭的血清中有中和抗体，因此给雏鸭注射康复鸭或免疫鸭的血清可获得被动免疫。虽然免疫雏鸭效果很好，但是其制备程序复杂，易污染，成本高，产量低，不易满足生产需要。卵黄抗体是采用了物理、化学、生物等多重灭活技术，并结合使用酸化法、高速离心、超滤等现代生物技术生产工艺，将蛋黄中的免疫球蛋白进行有效分离纯化制成。

我国已注册使用的制品包括多家企业生产的鸭病毒性肝炎卵黄抗体，其产品有 1 型鸭病毒性肝炎卵黄抗体和鸭病毒性肝炎二价（1 型＋3 型）

卵黄抗体 2 种。

DHV 卵黄抗体是用鸭甲型肝炎病毒接种 SPF 鸡胚，收获死亡鸡胚尿囊液，经甲醛溶液灭活后与矿物油佐剂混合制成油乳剂灭活疫苗，经多次注射健康产蛋鸡，从高免蛋黄中萃取抗体，经灭菌、浓缩制成；或加入适宜稳定剂，经冷冻真空干燥制成。用于紧急预防或早期治疗由 1 型鸭甲型肝炎病毒（DHAV-1 卵黄抗体）或 1 型和 3 型鸭甲型肝炎病毒（DHAV-1+DHAV-3 二价卵黄抗体）引起的雏鸭病毒性肝炎。卵黄抗体注射 1～4 日龄雏鸭时一般为 0.5mL，注射 5 日龄以上雏鸭时剂量加倍。注射后被动免疫保护期为 5～7d。

卵黄抗体对雏鸭 DHV 的预防效果确实，具有见效快、注射部位无残留等优点。不足之处是保护期短，需要多次注射才能使雏鸭安全度过易感期。同时，DHAV 有导致雏鸭急性发病死亡的特点，感染后潜伏期短；DHV 卵黄抗体仅对未出现临床症状的雏鸭表现出较好的预防效果，对出现症状的雏鸭治疗效果并不理想。因此，DHV 卵黄抗体更适宜用于疫区未发病雏鸭群的预防和在鸭场早期发生 DHV 时为发病雏鸭群做紧急预防使用。

此外，由于 DHAV-1 和 DHAV-3 不能产生交叉免疫保护；因此，在鸭群流行的 DHAV 血清型不明时，应使用鸭病毒性肝炎二价（1 型+3 型）卵黄抗体进行紧急预防注射。

4. 其他疫苗 在我国，同时存在 1 型和 3 型鸭病毒性肝炎流行，二者不能产生交叉保护；且 DHV 感染中常伴有其他细菌和病毒的并发和混合感染。这些情况可能是导致部分鸭场免疫 1 型 DHV 弱毒疫苗后，鸭只仍然发病死亡的原因。因此，DHV 联苗或 DHV 多价活疫苗的研制具有实际意义。国内已经有学者致力于这方面的研究，如鸭浆膜炎、鸭病毒性肝炎二联灭活疫苗和鸭瘟、鸭病毒性肝炎二联弱毒活疫苗。鸭瘟、鸭病毒性肝炎二联弱毒活疫苗的试验结果表明，免疫 1 日龄易感雏鸭，5 日龄时能分别抵抗各自强毒攻击，DHV 和鸭瘟病毒（DPV）两株弱毒同时免疫也可以获得分别免疫单苗的效果，分属于两个病毒科的 DHV、DPV 弱毒进入同一鸭体互不干扰对方的增殖，并至少在 2 个月内互不干扰对方的免疫力的产生和维持。

五、展望

目前 DHV 的诊断面临的主要问题是，国内对 DHV 的研究大多还局限于血清学试验阶段，研制简便、快速、特异性的检测试剂盒是迫切问题。ELISA 法具有很多优点，便于在基层使用，但对于抗原的纯度要求高，因此提高抗原纯度及加速单克隆抗体的研发，使 ELISA 检测试剂盒标准化，用于 DHV 的快速诊断，是今后诊断 DHV 的重要趋势。

DHV 弱毒活疫苗能有效刺激机体的免疫系统，激发体液免疫和细胞免疫，且使用较为方便，免疫效果比较可靠。但其致弱程度难以掌握，接种鸭体后，其毒力容易返强，可能成为毒力变异株的一个来源；成鸭感染 DHV 后不发病但长期带毒、排毒，污染鸭场，从而造成雏鸭感染发病；免疫效果受母源抗体影响；疫苗的运输、储存和使用等条件要求较高。目前，国内只有 1 型鸭病毒性肝炎弱毒活疫苗，不能有效预防 3 型鸭病毒性肝炎流行。因此，研制 1 型和 3 型鸭病毒性肝炎二价弱毒活疫苗势在必行。

DHV 灭活疫苗使用安全，性质比较稳定，免疫效果不受母源抗体干扰、易于保存和运输。但现有灭活疫苗使用剂量大（种鸭免疫 1mL，雏鸭免疫 0.5mL），应采用浓缩工艺以提高抗原含量。同时，需研制与鸭浆膜炎、鸭禽流感、鸭瘟等常见鸭传染病疫苗联合的多联灭活疫苗，并使之商品化，可达到一针防多病的目的。

利用基因工程技术，研究推广基因工程疫苗将会有较好前景。研制安全性好的活载体疫苗和抗原含量高的二价基因工程亚单位疫苗将会进一步提高常规疫苗的免疫效果。分子疫苗的研制也可能会发挥较好的市场效应。

（范书才 李 虹 李俊平）

主要参考文献

程安春，汪铭书，陈孝跃，等，1996. 鸭瘟鸭病毒性肝炎二联弱毒苗的研究-规模化养鸭中对种鸭鸭瘟鸭病毒性肝炎免疫程序的研究 [J]. 四川农业大学学报，14（4）：599-603.

范书才，李虹，袁率珍，等，2009. 新型鸭肝炎病毒的分离鉴定 [J]. 中国预防兽医学报，31（10）：770-775.

苏敬良，黄瑜，贺荣莲，等，2002. 新型鸭肝炎病毒的分离及初步鉴定 [J]. 中国兽医科技，(1)：15-16.

袁率珍，范书才，李虹，等，2010. 新型鸭肝炎病毒全基因组序列分析 [J]. 中国预防兽医学报，32 (7)：507-511.

张桂荣，张云影，2011. 雏鸭病毒性肝炎卵黄抗体的研制 [J]. 中国畜牧兽医，38 (10)：142-144.

Kim M C, Kwon Y K, Joh S J, et al, 2007. Recent Korean isolates of *Duck hepatitis virus* reveal the presence of a new geno-and serotype when compared to *Duck heptitis virus* type 1 [J]. Avian Diseases, 152 (11)：540-545.

King A M Q, 2012. Virus taxonomy：Classification and nomenclature of viruses [M]. Amsterdam：Elsevier Academic Press.

Todd D, Smyth V J, Ball N W, et al, 2009. Identification of *Chicken enterovirus-like viruses*, *Duck hepatitis virus* type 2 and *Duck hepatitis virus* type 3 as *Astroviruses* [J]. Avian Pathology, 38 (1)：21-29.

第十八节　番鸭细小病毒病

一、概述

番鸭细小病毒病，俗称"三周病"，是由番鸭细小病毒（*Muscovy duck parvovirus*，MDPV）引起的以腹泻、软脚、气喘为主要症状的一种急性病毒性传染病。该病主要侵害1~3周龄雏番鸭，发病率为27%~62%，病死率为22%~43%。病愈鸭大部分成为僵鸭，给养鸭业造成严重经济损失。

我国是发现和研究番鸭细小病毒病最早的国家。1985年以来，在中国福建的莆田、仙游、福州、福清、长乐和广东、浙江、广西、江西等省的番鸭饲养地区，先后发生以腹泻、软脚和呼吸困难为主要症状的雏番鸭疫病。继我国发现本病后，法国、美国、日本等地相继报道了本病的流行。我国学者程由铨等经病原分离、鉴定，于1988年在国内外首次明确了该病病原是番鸭细小病毒，是细小病毒科细小病毒属的一个新成员。

本病全年均可发生，无明显的季节性，但以冬、春季发病率为高。发病率和死亡率与日龄密切相关，日龄越小，发病率和死亡率越高；随着日龄增长，发病率和死亡率逐渐下降。番鸭是唯一自然感染发病的动物，麻鸭、半番鸭、北京鸭、樱桃谷鸭、鹅和鸡未见发病报道，即使与病鸭混养或人工接种病毒也不出现临床症状。

本病通过消化道和呼吸道传播，病鸭排泄物污染的饲料、水源、工具和饲养员都是传染源，污染病毒的种蛋是孵化场传播本病的主要原因之一。本病潜伏期为4~9d，病程为2~7d。根据病程长短可分为急性型和亚急性型。急性型多见于7~14日龄，主要表现为精神委顿，羽毛蓬松，两翅下垂，尾端向下弯曲，两脚无力，常蹲伏于地，厌食，离群，拉稀，粪便呈白色或淡绿色，并黏附于肛门周围，部分病鸭有流泪痕迹，呼吸困难，喙端发紫；病程一般为2~4d，死前两脚麻痹，倒地，最后衰竭死亡。亚急性型多见于日龄较大的雏番鸭，主要表现为精神委顿，喜蹲伏，两脚无力，行走缓慢，排绿色或白色粪便，并黏附于肛门周围；病程多为5~7d，病死率低，大部分耐过鸭嘴变短，生长发育受阻，成为僵鸭。

二、病原

国际病毒分类委员会（International Committee on Taxonomy of Viruses，ICTV）在2005年出版的病毒分类第8次报告中将番鸭细小病毒从原来的细小病毒属中分离出来，归到细小病毒科依赖病毒属（*Dependovirus*）。

MDPV在电镜下呈实心和空心2种粒子，正二十面体对称，无囊膜，直径20~24 nm（图27-2）。病毒在感染细胞核内复制。病毒在氯化铯密度梯度离心中出现3条带：Ⅰ带为无感染性的空心病毒粒子，浮密度为1.28~1.30 g/cm³；Ⅱ带为无感染性的实心病毒粒子，浮密度为1.32 g/cm³；Ⅲ带为有感染性的实心病毒粒子，浮密度为1.42 g/cm³。

MDPV耐乙醚、氯仿、胰蛋白酶、酸和热；对紫外线敏感。MDPV无血凝活性，对番鸭、鹅、麻鸭、鸡、鸽、牛、绵羊、猪等动物红细胞均无凝集能力。病毒对各种禽胚的致病性不同，对番鸭胚和鹅胚致死率达95%以上，麻鸭胚约40%，在鸡胚中不繁殖。病毒在番鸭胚成纤维细胞和肾细胞培养中经过适应后可以增殖，并产生细胞病变和包含体。

MDPV只有一个血清型。MDPV和小鹅瘟病毒（goose parvovirus，GPV）同属依赖病毒属，在形态、理化特性和基因组大小等方面均很相似，两者高免血清有低度交叉反应。

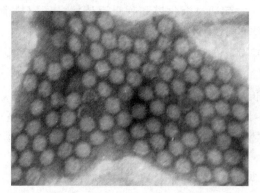

图 27-2　MDPV 负染电镜照片

（一）病毒基因组

MDPV 基因组约 5 kb，为单链、线状 DNA，含有正链 DNA 和负链 DNA 的病毒粒子数目基本相等，即各占 50%，因而在病毒核酸提取过程中，两种极性链很容易发生退火，形成互补的双链 DNA。基因组中含有 2 个主要开放阅读框（ORF），间隔 18 nt，在负链 DNA 上没有明显的 ORF。左侧 ORF 编码 2 个非结构蛋白 NS1 和 NS2，编码二者基因的起始密码子位置不同（位于 MDPV 基因组 548 nt 的第一个 ATG 起始 NS1，位于 1076 nt 的第二个 ATG 起始 NS2），但共用同一终止密码子（位于 2432 nt 的 TAA），它们的氨基酸序列按肽链 C 端到 N 端方向完全重叠，肽链长度大小为 NS1（1 884 bp）＞NS2（1 356bp），分别编码 627 和 451 个氨基酸。右侧 ORF 编码结构蛋白 VP1、VP2 和 VP3，VP 基因相互重叠，VP2 和 VP3 编码基因位于 VP1 基因内部，VP1 和 VP3 起始密码子为 ATG，VP2 起始密码子为 ACG，VP1、VP2 和 VP3 的起始位置分别位于 2450nt、2885nt 和 3044nt，终止密码子（TAA）位点相同，位于 4646～4648 nt，肽链长度大小为 VP1（2 199 bp）＞VP2（1 764 bp）＞VP3（1 605 bp），分别编码 732、587 和 534 个氨基酸。病毒基因组 5′端与 3′端均含有可折回形成双链发夹结构的末端倒置重复序列（inverted terminal repeat，ITR），MDPV 的末端发夹结构在 DNA 复制中起着重要作用。

（二）病毒非结构蛋白

非结构蛋白 NS 是一种多效性调节蛋白，主要参与病毒 DNA 的复制及调节基因的表达。NS 可裂解为 NS1 和 NS2，NS1 为磷酸化蛋白，可能参与病毒对细胞的毒性作用、病毒复制及基因表达，NS1 蛋白还具有与 ATP 结合、ATPase 活性、解旋酶活性等功能；NS2 蛋白对细胞毒性作用很小，能促进 NS1 蛋白对细胞的毒性作用，可能与病毒 DNA 和蛋白质的有效合成及病毒增殖有关。

（三）病毒结构蛋白

MDPV 有 3 种主要结构蛋白（图 27-3），暴露于病毒粒子表面，其分子质量分别为 VP1（85～89 kDa）、VP2（70～78 kDa）和 VP3（56～61 kDa）。

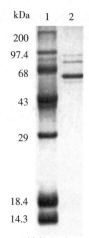

图 27-3　MDPV 结构蛋白 SDS-PAGE 图谱
1. 标准分子质量蛋白
2. MDPV-P 株 Sepharose-4B 柱纯化病毒

1. VP1 蛋白　VP1 含有组成 VP2、VP3 的全部氨基酸序列，由于 VP1 具有这一特殊性而成为研究对象。虽然 VP1 不参与衣壳的形成和子代病毒的释放，但对于形成感染性病毒粒子是必要的。VP1 氨基末端的独特区内富含碱性氨基酸残基，这是许多 DNA 结合蛋白的一个显著特征，推测 VP1 协助病毒或其 DNA 通过核孔转运至细胞核内。

2. VP2 蛋白　VP2 蛋白是病毒表面抗原之一，具有良好的抗原性，能够刺激机体产生中和抗体，是基因工程疫苗的重要候选保护性抗原。VP2 蛋白在 VP1 蛋白缺失的条件下能折叠组装病毒颗粒，与病毒颗粒的细胞核输出有关，还具有一定数目的 B 细胞线性抗原表位。因此，体外重组表达的 VP2 蛋白可被用来检测 MDPV 的特异性抗体。目前，MDPV 国内外分离株的抗原性均非常接近，仅表现为 1 个血清型。

3. VP3 蛋白　VP3 蛋白是病毒的主要衣壳蛋白，约占总蛋白含量的 80%，内含主要抗原决定簇成分，且暴露于病毒粒子表面，能够在感染 MDPV 的雏番鸭体内产生中和抗体。

三、免疫学

病毒主要侵害消化系统和呼吸系统。雏番鸭感染病毒后，心脏变圆，心肌松弛，尤以左心室病变明显；肝脏稍肿大，胆囊充盈；肾脏和脾脏稍肿大；胰脏肿大，表面散布针尖状灰白色病灶；肠道呈卡他性炎症或黏膜有不同程度充血和点状出血，尤以十二指肠和直肠后段黏膜严重，少数病例盲肠黏膜也有点状出血。陈少莺等（2001）对 MDPV 人工感染番鸭的显微和超微损伤研究也表明，发病番鸭各实质器官均有程度不同的病理损伤。肺脏细支气管上皮水肿，微绒毛脱落，肺间质增宽，肺泡壁毛细血管扩张充血，胶原纤维增生，压迫肺泡腔使其狭窄，严重影响肺泡毛细血管的气-血交换，导致机体缺氧。故临床上表现为气喘、喙端发绀及肺脏郁血等变化。心肌细胞萎缩，肌纤维变细，线粒体肿胀和密度减低，肌丝溶解，胶原纤维增生，间质小血管内皮细胞脂滴增多等；由于心肌缺氧，破坏了线粒体的氧化酶系统，三羧酸循环不能顺利进行，ATP 减少，致使心肌能量供应不足，肌细胞萎缩，心肌收缩无力，心功能降低，影响全身血液循环最后导致心衰。综合各器官的病理发生过程，临床上表现的气喘、发绀等症状有其显微和超微结构变化基础。

陈少莺等应用抗 MDPV 特异性单抗介导的免疫荧光试验系统检测了感染鸭各器官组织 MDPV 抗原分布，结果显示，人工感染 MDPV 的未发病鸭与发病鸭各器官中 MDPV 抗原量及其定位不同，雏番鸭人工感染 MDPV 后先在肺脏和哈德腺检出病毒，96h 除脑外其他器官全部阳性；病毒抗原在人工感染未发病鸭各组织中检出率和荧光强度依次为肺脏、哈德腺、胸腺、脾脏、肾脏、肝脏、法氏囊、心脏、胰腺和脑；发病鸭则为脾脏、肝脏、胸腺、心脏、肾脏、胰腺、哈德腺、肺脏、法氏囊和脑；野外送检病死鸭则为肝脏、脾脏、心脏、肾脏和肺脏。表明 MDPV 为器官泛嗜性病毒，尤其对实质器官和细胞免疫中枢（胸腺）等有很强的亲嗜性，同时肝脏、脾脏和心脏检出率最高，是临床诊断的最佳送检病料。从抗原定位范围来看，未发病鸭体内抗原在实质中的荧光较弱且局限于核内，但免疫器官组织（如脾、胸腺、哈德腺）中则较强。未发病鸭肝组织中 MDPV 荧光灶呈散在性分布，主要集中于细胞核；脾脏中的 MDPV 荧光灶分布在被膜下周边部位的细胞核；肾脏则主要在肾小管之间的间质出现 MDPV 荧光灶。而发病鸭肝、脾、心组织中的 MDPV 荧光灶不再局限于个别细胞，呈弥散性或局灶性的强荧光，肾的 MDPV 也不仅见于肾小管之间的间质，而且肾小管上皮也呈现强荧光。由于哈德腺是禽类较发达的局部免疫组织，参与上呼吸道的局部免疫反应，因此，根据这些结果推测，MDPV 进入机体后，首先在上呼吸道组织增殖，随后大量病毒经血液扩散到其他器官并先在细胞核内复制，细胞破裂，大量病毒扩散，损害实质器官（心、肝、脾、肺、肾等）的功能而出现临床症状，可以推断病鸭死于心衰及窒息。

四、制品

良好规范的饲养管理对本病的防制具有一定意义，对种蛋、孵化场和育雏室严格消毒，改善育雏室通风和温湿度等条件，结合预防接种，可杜绝本病的发生和流行。一旦发病，及时隔离、及早确诊和特异治疗，可减少损失。

（一）诊断试剂

由于本病在流行病学、临床症状和病理变化等方面无明显特征，且临床上常与小鹅瘟、鸭病毒性肝炎和鸭疫巴氏杆菌病混合感染，易造成误诊和漏诊，因此本病的确诊须依靠病原学和血清学方法。病毒分离（VI）、中和试验（NT）、荧光抗体试验（FA）、酶联免疫吸附试验（ELISA）、琼脂扩散试验（AGP）、胶乳凝集试验（LPA）、胶乳凝集抑制试验（LPAI）、核酸探针、聚合酶链式反应（PCR）和环介导等温扩增（LAMP）等方法均可用于本病诊断。

我国已经批准的诊断试剂仅有福建省农业科学院畜牧兽医研究所研制的 LPA 和 LPAI 诊断试剂（2000 年获得国家一类新兽药证书）。该试剂具有快速（检查病原 30min 出结果，检测抗体 1.5h 出结果）、特异性强、操作简便和判定直观等优点，适合基层兽医防疫部门及养殖户用于临床诊断、流行病学调查。

（二）活疫苗

我国已经批准的疫苗仅有福建省农业科学院畜牧兽医研究所研制的番鸭细小病毒病活疫苗，现已上市推广应用。疫区注射疫苗后，雏番鸭成活率由未注射前的60%～65%提高到95%以上。该活疫苗系用番鸭细小病毒弱毒P1株接种番鸭胚成纤维细胞培养，收获细胞培养液加适宜稳定剂，经冷冻真空干燥制成的冻干苗。

（三）治疗用制品

免疫种鸭可以给雏番鸭提供一定的母源抗体保护；在疫病流行区域，雏鸭出孵后立即皮下注射高免血清或卵黄抗体，对本病有一定的预防效果；患病鸭及时注射高免血清或卵黄抗体，也可起到一定治疗效果。但至今市场上还没有获得批准的治疗性制品。

五、展望

番鸭细小病毒病是我国最早发现的一种番鸭传染病，经过近20多年的深入研究，国内外对该病的病原学特性、诊断技术和疫苗等研究取得很大进展，MDPV全基因序列测定为构建病毒载体和研制基因工程疫苗打下了基础。但对病原的致病机理、国内外MDPV毒株及其与小鹅瘟病毒之间在分子水平上的差异等还需深入研究。

鉴于高免血清或卵黄抗体或中和性单抗在治疗中的作用，进一步研制抗体类多联免疫制剂，也将有较好的应用前景。

细小病毒科的几种病毒已作为基因的运载工具，使MDPV作为基因工程载体用于禽类疫病的免疫和治疗有望成为可能。

（陈少鸳　陈仕龙　李俊平）

主要参考文献

陈少鸳，胡奇林，程晓霞，等. 雏番鸭细小病毒病显微和超微结构研究 [J]. 中国预防兽医学报，2001，23（2）：104 - 107.

程由铨，胡奇林，陈少鸳，等，2001. 番鸭细小病毒和鹅细小病毒生化及基因组特性的比较 [J]. 中国兽医学报，21（5）：429 - 433.

程由铨，胡奇林，李怡英，等，1996. 番鸭细小病毒弱毒疫苗的研究 [J]. 福建省农科院学报，（2）：31 - 35.

程由铨，胡奇林，李怡英，等，1997. 雏番鸭细小病毒病诊断技术和试剂的研究 [J]. 中国兽医学报，（5）：434 - 436.

程由铨，林天龙，胡奇林，等，1993. 雏番鸭细小病毒的分离和鉴定 [J]. 病毒学报，9（3）：228 - 235.

胡奇林，吴振充，周文谟，等，1993. 雏番鸭细小病毒的流行病学调查 [J]. 中国兽医杂志，19（60）：7 - 8.

张洪勇，金宁一，2003. 细小病毒基因工程载体的研究进展 [J]. 中国兽医学报，23（4）：416 - 416.

张云，耿宏伟，郭东春，等，2008. 鹅和番鸭细小病毒全基因克隆与序列分析 [J]. 中国预防兽医学报，30（6）：415 - 419.

Ji J, Xie Q M, Chen C Y, et al, 2010. Molecular detection of *Muscovy duck parvovirus* by loop-mediated isothermal amplification assay [J]. Journal of Poultry Science, 9（3）：477 - 483.

Le Gall-Reculé G, Jestin V, Chagnaud P, et al, 1996. Expression of *Muscovy duck parvovirus* capsid proteins (VP2 and VP3) in a baculovirus expression system and demonstration of immunity induced by the recombinant proteins [J]. Journal of General Virology, 77（9）：2159 - 2163.

Wang C Y, Shieh H K, Shien J H, et al, 2005. Expression of capsid proteins and non- structural proteins of *Waterfowl parvoviruses* in *Escherichia coli* and their use in serological assays [J]. Avian Pathology, 34（5）：36 - 32.

第十九节　番鸭呼肠孤病毒病

一、概述

番鸭呼肠孤病毒病，俗称番鸭"肝白点病""花肝病""白点病""肝、脾白点病"和"番鸭坏死性肝炎"等，是由番鸭呼肠孤病毒（*Muscovy duck reovirus*，MDRV）引起的以软脚为主要症状的高发病率、高致死率的烈性传染病。该病最早于1950年在南非首次报道了番鸭群发生一种以体况下降、腹泻和生长缓慢为主要临床表现的疫病。1972年法国在国际上首次从患病番鸭中分离到MDRV。随后，以色列（1981年）、意大利（1984年）和德国（1992年）均从发病番鸭中分离到MDRV。

1997年在福建省莆田、福清、福州、长乐和浙江省金华、广东省佛山等地番鸭群先后发生一种以软脚为主要症状，以肝、脾大量白色坏死点

（图27-4），肾脏肿大、出血、表面有黄白色条斑为主要病理变化的传染病，并很快蔓延到全国各地番鸭饲养区。该病主要侵害7～45日龄番鸭，以10～30日龄雏番鸭多发，且日龄越小死亡率越高，发病率为30%～90%，病死率为60%～80%，发病耐过鸭大部分成为僵鸭，严重危害番鸭业的健康发展。我国（2000年）从发病番鸭病料中分离到该病病原后，经理化、生物学、病毒基因组等特性鉴定，明确该病（番鸭"肝白点病"）的病原是一种新的RNA病毒，归属于呼肠孤病毒科正呼肠孤病毒属番鸭呼肠孤病毒。

该病一年四季均可发生，但以冬、春季发病率为高。发病率与日龄密切相关，日龄越小，发病率和死亡率越高。临床上该病只发生于番鸭。病毒人工感染可致死1～2日龄雏鹅，发病率和死亡率分别为40%～60%和25%～30%，能致10%～20%雏半番鸭发病但不死亡，对雏鸡、麻鸭、樱桃谷鸭无致病性。

该病主要通过消化道和呼吸道传播，病鸭排泄物污染的饲料、水源、工具和饲养员都是传染源，污染病毒的种蛋是孵化场传播本病的主要原因之一。本病潜伏期为4～7d，病程为2～14d，死亡高峰期为发病后5～7d。病鸭主要表现为精神沉郁，拥挤成堆，嘶叫，少食或不食，少饮，拉白色、绿色稀便，喜蹲伏，跛行，死前以头部触地，部分鸭头向后扭转，病鸭耐过后生长发育不良，成为僵鸭。近年也有半番鸭和鹅感染的报道。因此，番鸭呼肠孤病毒病已成为目前严重威胁水禽养殖业的主要疫病之一。

图27-4　病死番鸭肝脏大量白色坏死点

二、病原

MDRV为呼肠孤病毒科正呼肠孤病毒属Ⅱ亚群成员，国际病毒分类委员会（International Committeeon Taxonomy of Viruses，ICTV）于2005年出版的病毒分类第8次报告将MDRV更名为禽呼肠孤病毒番鸭分离株。病毒在感染细胞质中增殖并形成包含体，电镜下病毒粒子呈球形或近球形，双层衣壳，直径60～73 nm，正二十面体立体对称，无囊膜（图27-5）。病毒对氯仿、胰蛋白酶、50℃处理1h和3%甲醛处理1h不敏感，对pH3、60℃处理30min和紫外线照射敏感。病毒经卵黄囊、绒毛尿囊膜和尿囊腔接种可致死番鸭胚，病毒经卵黄囊接种可致死鸡胚但经尿囊腔接种鸡胚则无致死性；死亡胚体枕部、颈部、背部出血，部分鸭胚肝、脾白色坏死点，直径约0.5 mm。病毒经适应后能在CEF、MDEF原代细胞和BHK、Vero、AD293T、MD-CK、ST等传代细胞中增殖并产生细胞病变，表现为细胞圆缩、崩解和脱落，病毒不能在PK细胞上繁殖。病毒无血凝活性，不能凝集鸡、鸭、鸽和人O型红细胞。

MDRV只有一个血清型，目前报道的MDRV均为一个基因型。

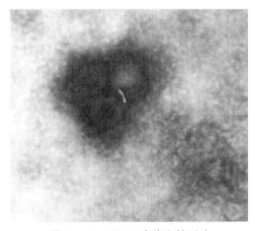

图27-5　MDRV负染电镜照片

（一）病毒基因组

MDRV核酸为dsRNA，由分节段的10个基因片段组成，与禽呼肠孤病毒（Avian reovirus，ARV）相似。根据SDS-PAGE电泳迁移率的不同，可将其分为3组（图27-6）：大片段L组（L1、L2、L3）、中片段M组（M1、M2、M3）、小片段S组（S1、S2、S3、S4）。在SDS-PAGE中，MDRV MW9710株的M2和S1～S4片段的迁移率明显不同于ARV S1133株，而与MDRV法国株（89330株和89026株）的电泳图谱极为相似。

目前已报道 MDRV S 组（S1、S2、S3、S4）、M 组（M1、M2、M3）和 L 组（L1、L2、L3）共 10 个基因片段的序列。MDRV S1 基因全长 1 324 bp，编码 σA 蛋白。S2 基因全长 1 201 bp，编码 σB 蛋白。S3 基因全长 1 191 bp，编码 σNS 蛋白。S4 基因全长 1 124 bp，编码 p10 和 σC 蛋白。M1 基因全长 2 283 bp，编码 μA 蛋白。M2 基因全长 2 155 bp，编码 μB 蛋白。M3 基因全长 1 997 bp，编码 μNS 蛋白。L1 基因全长 3 975 bp，编码 λA 蛋白。L2 基因编全长 3 860 bp，编码 λB 蛋白。L3 基因全长 3 906 bp，编码 λC 蛋白。

4 个 S 组基因在 5′端存在保守的七聚体 GC-UUUUU，3′端存在保守的八聚体 UAUU-CAUC。除 S2 基因的 3′端仅有一个核苷酸差异（UACUCAUC）外，保守的 3′-UCAUC 序列存在于所有正呼肠孤病毒属中，为正呼肠孤病毒属的标志性特征。S1、S2 和 S3 基因为单顺反子，S4 为一个双顺反子包含两个重叠的开放阅读框（ORF1、ORF2）。M1、M2 和 M3 基因均为单顺反子，其 5′端分别为 5′-ACUUUU、5′-UCU-UUU 和 5′-GCUUUU，M 组基因具有与 ARV 相同的 3′保守末端（3′-CUACU），L 组基因 5′末端和 3′末端序列高度保守，均为 5′-GCUUU-UU，UCAUC-3′；这一保守的五聚体在病毒复制过程中起着重要作用。

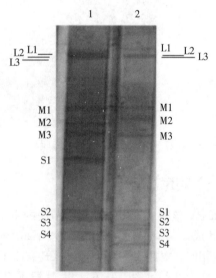

图 27-6　MDRV 基因组 SDS-PAGE 图谱
1. ARV S1133　2. MDRV MW9710

（二）结构蛋白及其功能

MDRV 全基因共编码 11 个蛋白，包括 8 个结构蛋白（λA、λB、λC、μA、μB、σA、σB 和 σC）和 3 个非结构蛋白（μNS、σNS 和 p10）。根据蛋白功能和定位，分为 3 类：①内衣壳蛋白（λA、λB、λC、μA 蛋白和 σA 蛋白）；②外衣壳蛋白（σB、μB、σC 蛋白）；③非结构蛋白（σNS、μNS、p10 蛋白）。目前功能较清楚的 MDRV 结构蛋白仅有 σB 和 σC，其中对 σC 蛋白研究较多；其余蛋白的二级结构与 ARV、哺乳动物呼肠孤病毒（MRV）相应蛋白相似，推测它们具有相似功能。

1. σC 蛋白　σC 蛋白是病毒外壳上最小的结构蛋白，也是决定病毒免疫原性的主要蛋白。结构分析表明 σC 是一种寡聚蛋白，以三聚体活性形式发挥作用，与 ARV 在 N 末端氨基酸序列上存在高度差异，推测具有几个潜在的磷酸化和豆蔻酸化位点，而无 N-糖基化位点。抗原区多位于 σC 的 N 末端，抗原区与病毒的可溶性区相一致，没有跨膜区。关于其功能，国外学者已证明与 ARV 的 σC 蛋白功能相似，是一种病毒吸附蛋白，具有细胞结合活性，能通过对宿主细胞的识别作用启动病毒感染过程，诱导产生型特异性中和抗体。

MDRV σC 蛋白是病毒吸附至宿主细胞特异性受体的结合蛋白，在病毒感染过程中扮演重要角色。最近研究发现，前 B 细胞克隆增强因子（Pre-B cell colony-enhancing factor，PBEF）在类风湿关节炎患者的关节炎症中，是促炎症和有害的介质。以 MDRV MW9710 株原核表达蛋白 pGEX-4T-1-σC 为靶分子，利用噬菌体随机七肽库进行 4 轮亲和筛选后，对整个被选噬菌体集合单链 DNA 进行测序发现，噬菌体展示序列为 CATCCTATTCATCCGCGTCAT，相应的短肽序列为 HPFYSCY，该短肽序列与 MDRV σC 氨基酸序列 N 端一处-P-YS-的氨基酸片段相似，推测 MDRV σC 的模拟抗原表位可能是由该不连续氨基酸片段构成的构象表位；通过 GenBank 的蛋白质检索发现，噬菌体七肽库展示的 MDRV σC 蛋白的构象表位肽段在家鼠、人、猪、鸡源等 PBEF 的肽链上有相似的氨基酸序列，其中该短肽序列在家鼠源 PBEF 上是以独立的亲水性抗原表位方式存在；该结果对深入研究 MDRV σC 蛋白在雏番鸭发病过程促炎症反应中的介导作用提供借鉴，也为探讨 MDRV 其他结构蛋白的构象及功能奠定了基础。

2. σB 蛋白　σB 蛋白是病毒外衣壳的主要组成，也是病毒的群特异性抗原，能诱导产生群特异性中和抗体。σB 蛋白氨基酸序列分析表明该蛋白分别在 N 末端和 C 末端存在一个功能上相互独立的基序，即起到自身稳定作用的 N 末端锌指基序和能与 dsRNA 结合的 C 末端核苷酸结合基序。

3. p10 蛋白　p10 蛋白是"跨膜融合小蛋白"（fusion-associated small trans-membrane，FAST）。p10 蛋白的生物学功能还有待进一步研究。

4. σA 蛋白　构成核蛋白的主要成分。该蛋白能够结合 ssRNA 和 dsRNA，阻断宿主细胞内病毒 dsRNA 依赖性蛋白激酶（PKR）激活，从而阻断依赖于 PKR 的宿主细胞反应，导致干扰素基因不能正常转录，抑制干扰素的合成。

5. σNS 蛋白　该蛋白不构成病毒结构蛋白组分，仅在病毒复制时出现。主要功能为参与 ssRNA 的转录起始与转录调节或病毒的包装机制。MDRV σNS 蛋白具有较高的 α 螺旋结构成分；σNS 基因电荷分布不均匀与蛋白的功能有关，在 σNS 基因的 N 末端 6～29 和 37～63 富含正电荷碱性氨基酸，可与 ssRNA 结合，同时在此区富含丝氨酸，在磷酸化后所带的负电荷可中和碱性氨基酸的正电荷，这是确保病毒粒子在包装前蛋白与 RNA 分离的前提。

6. μNS 蛋白　该蛋白不构成病毒结构蛋白组分，仅在病毒复制时出现。其主要功能为：①建造包含体，μNS 蛋白自身连接形成寡聚体，而且 μNS 蛋白和 1 个或几个细胞内蛋白结合，将细胞内蛋白作为 μNS 蛋白或寡聚体结合的桥梁，形成包含体基质；②μNS 蛋白能和病毒编码的其他蛋白结合，如非结构蛋白 σNS、微管结合核心蛋白 λ1、λ2、σB，以及 RNA 依赖性 RNA 聚合酶 λ3 结合；③μNS 蛋白具有单链 RNA 结合活性，将呼肠孤病毒负链 RNA 聚集在包含体中。因此 μNS 蛋白能够将病毒复制所需成分聚集在包含体中，参与 ssRNA 的转录起始与转录调节或病毒的包装机制。

7. μA 蛋白　病毒内衣壳的次要成分，能与 λA 蛋白相互作用。

8. μB 蛋白　与病毒吸附宿主细胞和转录酶的激活有关。能在感染或转染细胞质内形成包含体，使新合成的 σNS 和 λA 蛋白进入包含体中完成病毒的组装。

9. λA 蛋白　病毒核衣壳的次要成分，位于病毒核心中。

10. λB 蛋白　病毒内衣壳成分，能使感染细胞发生融合形成合胞体，是诱导宿主产生群特异性中和抗体的抗原。

11. λC 蛋白　贯穿病毒内外衣壳层，是病毒的加帽酶，能为病毒 mRNA 5′端加上"帽子"，也是病毒的鸟苷酸转移酶。

（三）抗原变异的分子基础

呼肠孤病毒为分节段 dsRNA 病毒，易发生抗原变异及遗传变异。由于基因交换和基因重组的存在，不同分离株的 dsRNA 电泳图谱存在明显的多样性，其中 S 组基因电泳图谱更具有多态性。林锋强等对近 10 年多分离的 10 株 MDRV 流行株的 S1 和 S4 基因序列分析发现，其与 ARV 形成 2 个大分支；MDRV 分成 2 个小分支：10 个分离株与国内其他 MDRV 分离株同为一支，没有显示毒株的地域差异；另一支为法国株；提示 MDRV 国内株与国外株存在地域差异。

目前已知 MDRV 与抗原相关的蛋白为 μB、σB 和 σC 蛋白。基因序列分析表明我国 MDRV 不同毒株 μB 蛋白基因与 ARV 的核苷酸同源性为 66.3%～69.1%，氨基酸同源性为 75.3%～76.8%；σB 蛋白基因与 ARV 和 MDRV 89026 株的核苷酸同源性分别为 60.3%～64.4% 和 93.1%～93.6%，氨基酸同源性分别为 61.4%～62.0% 和 94.0%～94.3%；σC 蛋白基因与 ARV 和 MDRV 89026 株核苷酸同源性分别为 24%～24.3% 和 93.1%，氨基酸同源性分别为 22.6%～26.7% 和 93.7%。可见，MDRV 国内外不同毒株间的同源性高，而与 ARV 同源性低且抗原性存在较大差异。

三、免疫学

雏番鸭人工感染 MDRV 后能导致免疫器官不同程度损伤，主要表现为脾脏、胸腺和法氏囊中的淋巴细胞变性坏死及数量减少，坏死区单核巨噬细胞浸润；电镜观察进一步证实发病鸭脾脏、胸腺和法氏囊中的淋巴细胞、浆细胞数量减少甚至消失，多为细胞坏死和凋亡所致。原位末端标记技术及免疫组化法对 MDRV 感染后番鸭多种组织的细胞凋亡研究表明，MDRV 可引起肝脏、脾脏、肾脏、肺脏、胸腺、盲肠和法氏囊发生不同程度的细胞凋亡，且 MDRV 诱导细胞凋亡的机制与 FasL 的表达密切相关。

有关研究还发现，MDRV 感染不仅明显降低番鸭免疫学指标，如免疫器官和外周血液中的 T、B 细胞数量增殖功能及 CTL 细胞杀伤活性均显著下降，而且也影响血液中细胞因子 IFN-γ 和 IL-2的分泌水平，而 NK 细胞的杀伤活性却明显提高；MDRV 感染后能降低番鸭流感灭活疫苗的免疫效果，MDRV 感染鸭一次免疫流感灭活疫苗后 HI 抗体效价均明显低于健康对照组，但增加免疫次数能在一定程度上提高 MDRV 感染鸭的 HI 抗体水平。这些结果提示我们在水禽流感防控体系中应重视 MDRV 的免疫抑制问题。

MDRV 强毒可以通过消化道、呼吸道等途径感染番鸭。林锋强等应用 RT-PCR 检测了人工感染 MDRV 强毒后 3～32d 的病毒分布和排毒情况，结果表明，感染 MDRV 的雏番鸭在 28d 内均可从肝、脾等组织中检出病毒 RNA，检出高峰期为感染后 7～14d，并以肝脏组织检出率最高（68.9%），其次为脾脏（62.2%）、心（48.9%）、肾（46.7%）和胰（35.6%）；泄殖腔棉拭子的检出率最低（17.8%）。MDRV 弱毒疫苗株免疫 1 日龄雏番鸭后最早于感染后 4h 即可在脾、血液、心、肝中检出病毒核酸，随后在其他器官如肺、肾、胰腺中检出，3d 后也可从在喉头和泄殖腔棉拭子中检出；MDRV 弱毒进入机体后能迅速分布于免疫器官脾脏和其他组织器官中，一方面诱导产生特异性免疫力，同时也在一定程度上对 MDRV 强毒感染发挥干扰作用。

四、制品

种番鸭净化和疫苗接种是控制该病的重要措施，因此养殖生产中在严格生物安全、卫生消毒、加强饲养管理、减少应激因素的基础上，重视疫苗预防，可减少和控制本病的发生和流行。

（一）诊断试剂

在该病发病早期，结合流行病学、症状及特征性病变可做出初步诊断，但后期应注意与禽霍乱、鸭沙门氏菌病、大肠杆菌病及鸭疫的区别，确诊需借助实验室诊断。病毒分离（VI）、酶联免疫吸附试验（ELISA）、RT-PCR 和荧光定量 RT-PCR 等方法可用于本病诊断，但目前国内外还没有获得批准的诊断试剂。

（二）活疫苗

目前国外尚无预防和治疗该病的生物制品，国内仅有福建省农业科学院畜牧兽医研究所研制的"番鸭呼肠孤病毒病活疫苗（CA 株）"于 2013 年获得国家一类新兽药证书，该疫苗现已上市推广应用。1 日龄雏番鸭接种疫苗后 7d 可抵抗强毒攻击，保护率达 90% 以上。

五、展望

番鸭呼肠孤病毒病是我国近 10 多年来新出现的一种番鸭传染病，由于 RNA 病毒复制时不具有纠错和校对功能，使得病毒变异快，适应能力强，容易跨越种属导致疫病难以控制，引起国内外学者的关注。虽然在该病病原学、全基因扩增克隆表达、σB 和 σC 蛋白结构功能、病理学及免疫抑制机理、诊断技术和疫苗等方面的研究取得较大进展，但对多数蛋白结构功能还处于推测中，对病毒毒力基因，以及对 MDRV 和 ARV 致病性差异的分子机制等还不清楚，对单克隆抗体介导的快速简便适于基层应用的免疫诊断试剂研发还有待加强，同时生产中还缺乏获得批准的诊断试剂，今后应加强对这些问题的深入研究。

（陈少莺　王　劭　李俊平）

主要参考文献

陈少莺，胡奇林，程晓霞，等，2007. 番鸭呼肠孤病毒弱毒株选育的研究［J］. 福建农业学报，22（4）：364-367.

胡奇林，陈少莺，江斌，等，2000. 一种新的番鸭疫病（暂名番鸭肝白点病）病原的发现［J］. 福建畜牧兽医，22（6）：1-3.

胡奇林，陈少莺，林锋强，等，2004. 番鸭呼肠孤病毒的鉴定［J］. 病毒学报，20（3）：242-248.

林锋强，陈仕龙，胡奇林，等，2008. 番鸭呼肠孤病毒弱毒株在免疫番鸭体内的分布及排毒规律［J］. 中国兽医学报，28（11）：1259-1261.

王光锋，王永坤，2003. 鹅源呼肠孤病毒的分离与鉴定［J］. 中国家禽，25（15）：8-10.

吴宝成，陈家祥，姚金水，等，2001. 番鸭呼肠孤病毒的分离与鉴定［J］. 福建农业大学学报，30（2）：227-230.

吴宝成，姚金水，陈家祥，等，2001. 番鸭呼肠孤病毒 B3 分离株感染番鸭的病理组织学研究 [J]. 福建农业大学学报，30（4）：514-517.

Heffels-Redmann U，Muller H，kaleta E F，1992. Structural and biological characteristics of *reoviruses* isolated from Muscovy ducks (*Cairina moschata*) [J]. Avian Pathology，21：481-491.

Kuntz-Simon G，Blanchard P，Cherbonnel M，2002. Baculovirus-expressed *Muscovy duck reovirus* sigmaC protein induces serum neutralizing antibodies and protection against challenge [J]. Vaccine，20（25/26）：3113-3122.

Liu M，Chen X，Wang Y，Zhang Y，et al，2010. Characterization of monoclonal antibodies against *Muscovy duck reovirus* sigmaB protein [J]. Journal of Virology，7：133-140.

附：新型鸭呼肠孤病毒病

一、概述

新型鸭呼肠孤病毒病（俗称"鸭出血坏死性肝炎"、鸭肝脾出血坏死症、鸭多脏器出血坏死病等）是由新型鸭呼肠孤病毒引起多品种雏鸭发生以肝脏不规则坏死和出血混杂、心肌出血、脾脏肿大和斑块状坏死、肾脏和法氏囊出血为主要特征（图 27-7）的急性传染病。该病自 2005 年以来在中国福建省莆田、福州、长乐、福清、漳浦，广东省佛山和浙江等地番鸭、半番鸭和麻鸭群中

流行。我国（2009）从临床疑似病死雏番鸭、雏半番鸭和雏麻鸭肝脾组织中分离到病毒，经病毒形态、理化和生物学特性、动物回归试验、基因组特性及序列分析，首次明确该病病原为呼肠孤病毒，属于呼肠孤病毒科正呼肠孤病毒属，是有别于 MDRV 和 ARV 的一种新型鸭呼肠孤病毒（*Novel duck reovirus*，NDRV）。

该病无明显季节性，一年四季都有发生，以冬春寒冷、潮湿季节发病较多，各品种鸭（如番鸭、半番鸭、麻鸭、天府肉鸭、樱桃谷鸭等）均可发生，并有逐年增加的趋势；该病主要侵害 3~35 日龄雏鸭，尤以 5~10 日龄居多，病程 5~7d，发病率 5%~20%、死亡率 2%~15%（病死率 40%~75%），日龄愈小或并发感染时其发病率和死亡率愈高；临床调查中发现该病与种鸭带毒有较大关系，带毒种鸭培育的鸭苗发病率特别高，给养鸭业造成较大经济损失。

发病初期表现精神委顿、食欲减少或废绝，喙部着地，拉黄白色稀粪，死亡快（多在发病后 24h 内死亡，往往不表现明显临床症状就死亡），且发病日龄越小，死亡率越高。不良应激（如注射、驱赶、打堆等）均会明显增加发病率和死亡率，病愈鸭体重明显减小。剖检病死鸭以肝脏病变最为明显，肝表面有大量不同程度点状或斑状出血或不规则坏死灶相混杂；脾脏色暗可见不规则的坏死灶，有的坏死灶状如肿瘤样、较实、易剥离；心肌出血明显；法氏囊和肾脏也常见出血点；有时胰腺、肠道等也见坏死点。

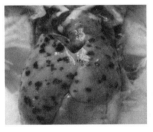

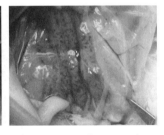

a　　　　　　　　b　　　　　　　　c

图 27-7　NDRV 病死鸭剖检病变

a. 肝脏和心脏出血坏死　b. 脾脏坏死出血　c. 肾脏和法氏囊出血

二、病原

NDRV 在感染细胞质中增殖，呈大量散在、成堆、包含体和晶格状排列，病毒粒子呈球形、正二十面体立体对称、无囊膜、双层衣壳、直径

70 nm 左右（图 27-8）；病毒核酸为 dsRNA，在 SDS-PAGE 中具有禽呼肠孤病毒 10 个 RNA 片段的特征（L1~3、M1~3 和 S1~4），但 M1~3 和 S1~4 片段的迁移率明显不同于 MDRV（图 27-9）；血清交叉中和试验证实 NDRV 与禽呼肠孤病毒（ARV）、番鸭呼肠孤病毒（MDRV）之间的

抗原相关性（R值）均小于0.1，提示3个病毒株之间的抗原性差异较大，交叉保护能力差。

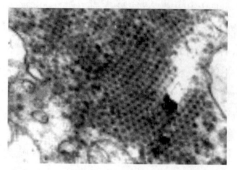

图27-8　NDRV在胞浆中呈晶格状排列

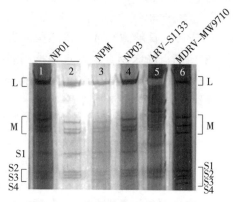

图27-9　病毒核酸SDS-PAGE图谱

NDRV对氯仿、FUDR等不敏感，对胰蛋白酶（0.5%，37℃ 1h）中度敏感，对pH3（37℃ 2h）、紫外线、甲醛和热（50℃ 1h或60℃ 30min）敏感；病毒无血凝活性，不凝集鸡、鸭、鸽和人O型红细胞。NDRV经尿囊腔接种能致死11～12日龄番鸭胚和9日龄鸡胚，禽胚均于接种后3～6d死亡，胚体全身充出血，部分鸭胚肝、脾上有出血斑/点或灰白色坏死灶/点；人工感染1～2日龄雏番鸭、雏半番鸭均能复制出与临床自然发病鸭相同的临床症状和病理变化，并能回收到病毒；病毒能在MDEF、CEF、AD293T、Marc145、VERO、ST、MDCK等多种细胞中增殖并产生细胞病变，具有较广的细胞亲嗜性，接种细胞后24h开始出现CPE，表现为单层细胞聚集成团，形成合胞体等。

目前，NDRV全基因序列已测定完成，其中NDRV编码的σB、σC、λC蛋白基因具有不同于ARV和MDRV的特征，处于单一进化分支；编码μB蛋白的基因与ARV处于同一进化分支；编码σA、σNS、μA和μNS蛋白的基因与MDRV处于同一进化分支；NDRV全序列分析进一步证

实了该病原属于呼肠孤病毒科正呼肠孤病毒属，是有别于MDRV和ARV的一种新型鸭呼肠孤病毒。

三、制品

淘汰带毒种鸭以切断垂直传播，提高鸭群免疫力、减少应激，并以种鸭免疫提高子代母源抗体水平和雏鸭被动免疫力为辅的综合防控模式，能有效控制或净化该病。

（一）诊断试剂

急性病例可根据流行病学、临床症状和病理变化做出初步诊断，非典型病例应与鸭病毒性肝炎等进行鉴别，但确诊需借助实验室诊断。病毒分离（VI）、免疫荧光试验（FA）、RT-PCR、RT-LAMP等方法可用于本病诊断，但目前国内外还没有获得批准的诊断试剂。

（二）疫苗

目前，国内外尚无商品化的预防和治疗用生物制品。应用灭活疫苗免疫种鸭，使其后代含有较高水平母源抗体，可使雏鸭在最易感日龄段抵抗NDRV感染；有母源抗体的雏鸭在7～10日龄或无母源抗体的雏鸭在1～2日龄应用抗体类制剂，对本病有一定预防效果。

（陈少鸢　林锋强　李俊平）

主要参考文献

陈峰，雷雯，张祥斌，等，2013. 免疫鸭群中一株变异型番鸭呼肠孤病毒的分离与特性研究［J］. 中国预防兽医学报，35（8）：618-622.

陈少鸢，陈仕龙，林锋强，等，2009. 一种新的鸭病（暂名鸭出血坏死性肝炎）病原学研究初报［J］. 中国农学通报，25（16）：28-31.

陈少鸢，陈仕龙，林锋强，等，2012. 新型鸭呼肠孤病毒的分离与鉴定［J］. 病毒学报，28（3）：224-230.

陈仕龙，李兆龙，林锋强，等，2012. 新型鸭呼肠孤病毒灭活疫苗的制备及免疫原性分析［J］. 福建农业学报，27（5）：461-464.

陈宗艳，朱英奇，世传，等，2012. 一株新型鸭源呼肠孤病毒（TH11株）的分离与鉴定［J］. 中国动物传染病学报，20（1）：10-15.

袁远华，王俊峰，吴志新，等，2013.1株番鸭源新型鸭

呼肠孤病毒（QY 株）生物学鉴定 [J]. 中国兽医学报，33（8）：1174 - 1178.

Chen Z，Zhu Y，Li C，et al，2012. Outbreak-associated *Novel duck reovirus*，China，2011 [J]. Emerging Infectious Diseases，18（7）：1209 - 1211.

Li Z L，Chen S L，Chen S Y，et al，2012. Development and evaluation of reverse transcription-loop-mediated isothermal amplication method for rapid detection of *Novel Duck Reovirus* [J]. Journal of Animal and Veterinary Advances，11（15）：2756 - 2761.

Wang S，Chen S，Cheng X，et al，2014. L2 segment-based phylogenetic relationships among *Duck reoviruses* from China [J]. Acta Virologica，58（3）：296 - 298.

Yun T，Yu B，Ni Z，et al，2014. Genomic characteristics of a *novel Reovirus* from Muscovy duckling in China [J]. Veterinary Microbiology，168（2/4）：261 - 271.

第二十节　鸭坦布苏病毒病

一、概述

鸭坦布苏病毒病是由坦布苏病毒（*Tembusu virus*，TMUV）引起鸭的生殖、免疫和神经系统等多脏器损伤的传染病。自然条件下，鸭、鹅等禽类对 TMUV 易感，产蛋鸭和鹅的临床症状最明显。病毒主要经蚊虫叮咬、消化道和呼吸道等途径感染传播。该病潜伏期 3～5d，一个养殖区域内，疫情发生后，发展较快，1～2 周内鸭几乎全部发病。产蛋鸭主要症状为精神沉郁，采食量下降，拉绿色稀便，体重减轻，产蛋量急剧下降；雏鸭和商品肉鸭的临床症状以仰翻、侧翻等神经症状和死淘率增加为主。鸭日龄越小，临床症状越明显，死亡率越高。本病一年四季均可发生，没有明显的季节性。发病或病死鸭的卵泡变形、出血或破裂，睾丸萎缩，脾脏早期肿大，后期缩小和色泽变为黑红色。因脾脏等免疫器官的损伤，抵抗力下降，细菌等病原体易继发感染，导致死淘率增加。

1968 年，TMUV 首次在 Sarawak 地区的蚊子体内分离到，曾一度认为家禽可能是病毒的自然宿主。随后，分别于 1982 年和 1992 年在泰国北部地区蚊子体内分离到。1995 年，我国研究人员从石家庄地区发病的康贝尔鸭肝和脾组织中分离到似乎属于黄病毒科的病毒。值得一提的是，

温立斌等于 1995 年从 10 周龄以上发病的康贝尔鸭肝脾组织中分离到似乎属于黄病毒科的病毒，并将该病暂命名为鸭病毒性脑炎。自 2010 年，我国研究人员从华东和华北等地发病鸭和鹅等体内陆续分离到 TMUV 以来，该病已成为养鸭生产中的一种地方流行性疫病，给养鸭业造成明显的经济损失。因此，应当对鸭坦布苏病毒病的预防予以重视。利用分离毒株制备的鸭坦布苏病毒病全病毒灭活疫苗和致弱活疫苗，可以保护鸭不产生或减轻临床症状，维持正常生产性能。

二、病原

鸭坦布苏病毒（DTMUV）为黄病毒科（Flaviviridae）、黄病毒属（*Flavivirus*）、恩塔亚病毒群（Ntaya）的成员。病毒粒子大小为 30～50nm，球形，有囊膜和纤突。病毒可以在封闭群或近交系乳鼠脑、鸡胚、鸭胚、鸭胚成纤维细胞、C6/36（白蚊伊蚊细胞）、BHK - 21（乳仓鼠肾细胞）和 Vero（非洲绿猴肾细胞）细胞上生长。病毒在外界环境中的存活能力较弱，对热、脂溶剂、胰蛋白酶和酸性环境敏感。提纯的病毒囊膜纤突能够凝集 0.25%～0.5% 鹅和鸽的红细胞，但血凝特性不稳定，并有严格的 pH 要求。

（一）病毒粒子结构

细胞外成熟的病毒粒子含有 3 种结构蛋白和 7 种非结构蛋白。结构蛋白分别为囊膜突起糖蛋白（E）、核衣壳蛋白（C）和膜蛋白（M），非结构蛋白分别为 NS1、NS2a、NS2b、NS3、NS4a、NS4b 和 NS5。成熟的病毒颗粒由 90 个 E 蛋白二聚体形成二十面体立体结构，覆盖在病毒表面。

（二）病毒基因组

病毒基因组为单股正链 RNA，裸露的病毒 RNA 有感染性，全长为 10 787 个核苷酸，5′端 95 个核苷酸和 3′端 414 个核苷酸为非编码区。仅含有一个开放阅读框（ORF），编码顺序为 5′UTR-C-PrM-E-NS1-NS2A-NS2B-NS3-NS4A-NS4B-NS5-UTR3′。基因组 5′端约 1/5 的基因编码病毒结构蛋白 C、M 和 E，3′端约 4/5 的基因编码病毒非结构蛋白 NS1、NS2a、NS2b、NS3、NS4a、NS4b 和 NS5。3 种结构蛋白 C、M、E 和 7 种非结构蛋白 NS1、NS2a、NS2b、NS3、NS4a、NS4b、NS5

的长度分别为 360、501、1 503、1 056、681、393、1 857、447、762 和 2 718 个核苷酸。

（三）病毒蛋白的功能

1. E 蛋白　E 蛋白是病毒的重要抗原成分，具有与受体结合、特异性膜融合、决定病毒中和抗体、血凝抑制抗体和补体产生的功能。因此，E 蛋白具有抗原决定簇、嗜神经组织和侵袭性的致病位点，与病毒毒力、致病性和免疫保护密切相关。E 蛋白二聚体由两个反向平行的单体构成，每个单体包含 3 个结构域。结构域Ⅰ与膜融合过程有关，结构域Ⅱ与诱导产生中和抗体和 HI 抗体有关，结构域Ⅲ与受体结合、病毒毒力和诱导产生中和抗体有关。

2. M 蛋白　M 蛋白是病毒的抗原成分，但在病毒致病性方面不起重要作用。

3. C 蛋白　是病毒的抗原成分，但在病毒致病性方面不起重要作用。

4. 非结构蛋白（nonstructural protein，NS）NS 蛋白为病毒的酶或调节蛋白，与病毒复制和合成有关。NS1 蛋白不能诱导产生中和抗体，但诱导产生细胞免疫，诱导产生的 NS1 抗体具有结合细胞表面的抗原和补体、裂解感染细胞的作用，NS3 和 NS5 可能与病毒复制相关。其余非结构蛋白的功能尚需进一步研究。

三、免疫学

病毒感染鸭后，引起出血性卵巢炎或睾丸炎、坏死性脾炎和病毒性脑炎等病变，其中生殖器官、免疫器官和神经组织的病变最为明显。DTMUV 宿主细胞表面的受体类型尚不清楚，体内的内皮细胞和淋巴细胞等为主要靶细胞，病毒也可以在体外的 C6/36 和 BHK‑21 等传代或原代细胞上增殖，这样广泛的组织嗜性提示 DTMUV 的受体类型不止一种。病毒感染鸭后在淋巴细胞和内皮细胞等细胞中增殖，在突破血脑或生殖系统屏障前，出现一个短暂的病毒血症期。感染后 2～3d，血液中的病毒载量最高，血液中 CD4、CD8 淋巴细胞数量和 CD4/CD8 的值开始下降。病毒感染中期，突破血脑屏障，在神经元中复制增殖，引起神经元凋亡和病毒性脑炎。雏鸭的血脑屏障发育尚不完善，病毒更容易突破和侵入脑组织，对神经元的损害越重，出现的神经症状越明显。随

着抗体的产生，可以抑制病毒对细胞膜的吸附和穿入，从而降低病毒对细胞的进一步损害。

诊断技术分为病原鉴定和抗体检测 2 种。对于病原鉴定，通常在鸭坦布苏病毒病症状明显时，采集发病或死亡鸭的血液、脾脏和脑组织，制备的无菌上清液接种鸡胚、鸭胚、鸭胚成纤维细胞、C6/36、BHK‑21、Vero 细胞和 2～4 日龄乳鼠进行病毒分离。利用 RT-PCR、基因序列测定、血凝抑制（HI）试验、中和试验和免疫荧光等方法进行病毒鉴定。抗体检测方法主要有中和、HI 和 ELISA 试验 3 种方法。HI 和 ELISA 方法的敏感性高于中和试验，HI 抗体效价高，易检出。HI 试验具有敏感、简便、成本低和可用于早期诊断的优势，是抗体检测的首选方法。

病毒感染后 4～5d，可以检测出 HI 抗体和 IgM 抗体。HI 抗体产生早的机制可能与早期病毒血症的形成、淋巴细胞和内皮细胞的损伤有关。感染后 10～14d，可以检出 IgG 抗体，HI 抗体可以维持 12 个月以上。灭活疫苗免疫后诱导产生的 HI 抗体效价低于活病毒感染产生的抗体效价，可能与病毒 E 蛋白纤突表面的类脂质覆盖 HA 蛋白或 HA 蛋白的量有关。

病毒感染鸭或鹅造成的经济损失大，在疫情没有流行的地区和地理位置优越的养鸭（鹅）场采取严格生物安全措施可以控制该病，疫情流行地区接种鸭坦布苏病毒病疫苗是有效的措施之一。

四、制品

自 2010 年，我国首次从发病鸭体内分离到 DTMUV 以来，研究人员相继开展研究并研制出疫苗和诊断试剂，但目前尚未有国家批准的商品化诊断制品。

（一）诊断试剂

1. 病毒检测试剂　目前采集疑似发病鸭或鹅的血液、脑组织、脾脏或卵泡膜接种鸡胚、细胞或乳鼠进行病毒分离仍然是常用方法。病毒检测试剂的研究报道主要以检测病毒核酸为主，利用检测病毒核酸的方法对分离的病毒进行进一步确认。谢星星等（2014）利用 TMUV 的多克隆抗体为捕获抗体和抗 NS1 蛋白的单克隆抗体为检测抗体，建立了检测 TMUV 的双抗体夹心 ELISA 方法。韩凯凯等（2014）建立起了检测 TMUV

NS5 基因的 RT-LAMP 方法，其灵敏度是普通 RT-PCR 方法的 100 倍。基于 E 基因的套式 RT-PCR 方法及基于 E 和 NS5 基因的荧光定量 RT-PCR 方法。

2. 抗体检测试剂　抗体检测方法中，常用 HI 试验和 ELISA 方法，HI 试验具有可定性和定量的优点。在制备 HI 抗原所用材料中，小鼠的品种对血凝素的效价有一定影响。利用 C6/36 细胞制备抗原的工艺尽管存在简单、不存在生物安全隐患和不需要特殊设施等优点，但存在敏感性低于鼠脑制备的抗原，半成品和成品保存期短的缺点。利用鼠脑制备 HI 抗原，对毒种的代次有较严格的要求，现尚未见商品化的 HI 抗原。目前，ELISA 抗体检测方法研究主要有 NS1 抗体的 ELISA 方法、E 蛋白抗体的间接 ELISA 方法和阻断 ELISA 方法。刘月焕等利用去除脂蛋白充分暴露病毒 E 蛋白纤突的方法制备出了 HI 抗原，已申请新兽药注册。病毒感染或疫苗免疫鸭后，HI 抗体效价明显高于中和抗体效价，测定中和抗体效价的中和试验不是首选。

（二）疫苗

研究人员就全病毒灭活疫苗、致弱活疫苗、亚单位疫苗和 DNA 疫苗进行了大量的研究工作。DTMUV 比较稳定，尚未有证据表明病毒有变异，不需要使用流行毒株制备疫苗。实验室研究、临床免疫效力和注册复核检验的结果均表明，鸭坦布苏病毒病灭活疫苗和活疫苗均有效。疫苗可以用于不同日龄鸭，疫苗免疫接种 1 次，可以提供不低于 80% 的临床保护，接种 2 次，可以提供不低于 80% 的实验室攻毒保护。亚单位疫苗和 DNA 疫苗接种后，可诱导机体产生免疫反应。

1. 灭活疫苗　制苗用毒种的免疫原性和毒力密切相关，病毒经鸭胚或鸡胚传代后，毒力随着传代次数增加而降低。为保证疫苗的实际免疫效果，应严格控制毒种的代次，并建立基础毒种和生产用种子批。制备疫苗时，利用适宜倍数稀释的毒种经尿囊腔接种 10~11 日龄鸭胚后，在适宜温度下孵化不超过 72h。及时收集尿囊液和胚体，利用 6 日龄 SPF 鸡胚或 10~11 日龄鸭胚进行病毒含量测定，鸭胚对 DTMUV 敏感，鸡胚测定的病毒含量小于鸭胚绒毛尿囊膜接种的测定值。利用鸭胚成纤维细胞或 Vero 细胞等培养病毒，对控制半成品的质量有优势，但存在生产成本偏高

和工艺相对复杂的缺点。福尔马林在保证充分灭活病毒和避免细菌污染等方面有优势。为确保疫苗免疫效力，应尽可能采取适合规模化生产的工艺和设备纯化抗原，去除细胞碎片等异物蛋白。

2. 活疫苗　研究人员采用鸡胚成纤维细胞或鸡胚，通过对分离的病毒株进行连续传代致弱，研制成活疫苗。研究结果表明，分离毒株（FX2010 株）经在鸡胚成纤维细胞上连续传代培养 180 代后，变为一株安全和免疫原性良好的弱毒株（FX2010-180P 株）。关于活疫苗致弱过程中的传代次数、毒力和免疫原性的相关性，目前还没有统一标准。考虑到养鸭场会饲养不同日龄鸭和病毒对小日龄鸭的致病力强等因素，安全检验应使用小日龄雏鸭。临床试验或使用过程中，应密切注意免疫鸭的生产性能变化情况，评价疫苗的安全性和是否存在毒力返强的可能。

3. 其他疫苗亚　单位疫苗和 DNA 疫苗研究方面，研究人员利用鸭病毒性肠炎病毒构建了表达 E 基因的重组病毒，将 E 基因插入载体（pCAGGS），构建成重组质粒。初步的免疫结果证明，基因工程疫苗能够诱导产生免疫反应。

五、展望

坦布苏病毒病暴发和流行以来，为控制疫情的发生和流行，诊断试剂和疫苗成为了研究的重点，并取得了突破性进展。中国农业科学院上海兽医研究所研制的 DTMUV ELISA 抗体检测试剂盒和北京市农林科学院研制的 DTMUV HI 抗原处于注册前期的准备阶段。北京市农林科学院等 4 家单位研发的鸭坦布苏病毒病灭活疫苗（HB株）和齐鲁动物保健品有限公司研发的鸭坦布苏病毒病活疫苗（WF100 株）已经注册。未来各种安全、有效、便于生产和成本低廉的疫苗是研发方向，比较有希望的疫苗有以传代细胞和悬浮培养为主要生产工艺的灭活疫苗、安全有效且遗传稳定的活疫苗、重组病毒和杆状病毒或哺乳动物细胞（如 CHO）表达的 E 蛋白亚单位疫苗。同时也应开展表达 E 基因和 M 基因的重组病毒疫苗、含有 E 基因和 M 基因的嵌合体活疫苗及含 E 基因和 M 基因的重组质粒 DNA 疫苗的研究。在开展上述基因工程疫苗研究过程中，应重点关注疫苗的效力、疫苗免疫的背景和必要性。有的重组病毒疫苗由于载体病毒受到母源抗体干扰或载

体病毒本身的特性使得疫苗应用后不能有效复制，导致不能有效表达目的蛋白而产生不了良好的免疫保护。但是，重组病毒疫苗的应用有广阔的前景，随着疫病净化或根除计划的实施，从免疫预防策略转到监测和根除疫病控制策略后，传统活疫苗会逐渐减少或停止使用，灭活疫苗、重组病毒和表达 E 蛋白的亚单位疫苗可继续发挥作用。嵌合体疫苗免疫后主要产生针对骨架病毒的细胞免疫，表达 E 或 M 蛋白中和抗体的免疫持续期短。目前，重组质粒的 DNA 疫苗一般需要 2 次免疫，效力低于常规疫苗，还可能存在一定程度的食品安全隐患。随着抗体检测技术的逐步完善，DTMUV HI 抗原和 DTMUV ELISA 抗体检测试剂盒有望获得批准，成为商品化的诊断试剂；利用新工艺生产的灭活疫苗和发酵罐培养工艺制备的 E 蛋白亚单位疫苗是很有前景的疫苗。

（刘月焕　林　健　李俊平）

主要参考文献

韩凯凯，李银，黄欣梅，等，2014. 鹅源坦布苏病毒 RT-LAMP 快速检测方法的建立 [J]. 浙江农业学报，26 (1)：29 - 33.

李振华，李小康，郭香玲，等，2013. 鸭坦布苏病毒灭活油乳苗的制备及免疫效力测定 [J]. 中国预防兽医学报，35 (5)：388 - 391.

万春和，施少华，傅光华，等，2011. 鸭黄病毒油乳剂灭活疫苗研制及免疫效果测定 [J]. 养禽与禽病防治，(10)：20 - 22.

谢星星，李银，李祥瑞，等，2014. 检测坦布苏病毒的双抗体夹心 ELISA 方法建立及初步应用 [J]. 畜牧与兽医，46 (5)：24 - 30.

朱丽萍，颜世敢，2012. 鸭坦布苏病毒研究进展 [J]. 中国预防兽医学报，34 (1)：79 - 82.

Cao Z, Zhang C, Liu Y, et al, 2011. *Tembusu virus* in ducks, China [J]. Emerging Infectious Diseases, 17 (10)：1873 - 1875.

Li G, Gao X, Xiao Y, et al, 2014. Development of a live attenuated vaccine candidate against *duck Tembusu viral disease* [J]. Virology, 450 - 451 (1)：233.

Lin J, Liu Y, Wang X, et al, 2015. Efficacy evaluation of an inactivated *Duck Tembusu virus* vaccine [J]. Avian Diseases, 59 (2)：244 - 248.

Ma T, Liu Y, Cheng J, et al, 2016. Liposomes containing recombinant E protein vaccine against *Duck Tembusu virus* in ducks [J]. Vaccine, 34 (19)：2157 - 2163.

Sun L, Li Y, Zhang Y, et al, 2014. Adaptation and attenuation of *Duck Tembusu virus* strain Du/CH/LSD/ 110128 following serial passage in chicken embryos [J]. Clinical and Vaccine Immunology, 21 (8)：1046 - 1053.

Yan P, Zhao Y, Zhang X, et al, 2011. An infectious disease of ducks caused by a newly emerged *Tembusu virus strain* in mainland China [J]. Virology, 417 (1)：1 - 8.

Zou Z, Liu Z, Jin M, 2014. Efficient strategy to generate a vectored *Duck enteritis virus* delivering envelope of *Duck Tembusu virus* [J]. Viruses, 6 (6)：2428 - 2443.

第二十八章 犬猫的病毒病制品

第一节 犬细小病毒病

一、概述

犬细小病毒病是由犬细小病毒（*Canine parvo virus*，CPV）感染幼犬引起的一种急性传染病，以呕吐、出血性肠炎、白细胞减少、心肌炎为主要特征。2～4月龄幼犬易感性最强，发病率为50%～100%，死亡率为0～50%。该病对养犬业和经济动物养殖危害较大。

1977年美国Eugster和Nairn最先从患出血热型肠炎的犬粪便中分离到该病毒，为了与犬极小病毒（FPV）相区别而命名为CPV-2，随后，加拿大、日本、澳大利亚、法国等均报道有此病的发生。1982年10月，国内梁士哲等首次在暴发传染性出血性腹泻的病犬粪便提取物中发现细小病毒颗粒，证实本病在我国的存在；次年，徐汉坤等也报道了本病的流行。CPV-2主要感染犬科动物，但自获得CPV以来，其抗原特性随着时间的推移而发生改变，并且不断出现新的CPV突变株，其宿主谱也不断扩大，目前在世界范围内广泛传播流行。

该病具有高度接触传染性，各种年龄的犬都能感染。成年犬一般只出现感染后的免疫反应，常无可见的临床症状，有时可出现一过性的白细胞减少，但近年来，也常出现严重肠炎并死亡的病例。哺乳的幼犬可从母体获得母源抗体，较少发病，但断奶后的幼犬（尤其是12周龄以下的幼犬）最为易感，严重流行时，可在幼犬群中迅速传播流行。临床表现精神沉郁，有时出现体温升高，脱水，呕吐，排出黏液状或带血的稀便。1岁以内的幼犬还常发生心肌炎，8周龄以内的幼犬死亡率高达70%，1岁以内的幼犬死亡率也达30%。在疾病过程当中发生病毒血症，CPV随粪便、尿、唾液和呕吐物大量排出，污染环境。健康易感犬直接接触病犬，摄入污染的食物、饮水或接触食具、垫草而遭受感染。

二、病原

CPV是细小病毒属成员，为单链小DNA病毒，病毒粒子无囊膜，为等轴对称的20面体，电镜下呈圆形或六边形，直径18～26 nm。核酸由单股DNA组成，约5 000 bp，占整个病毒粒子重量的25%～34%。

通常情况下，CPV对外界的抵抗力很强，对乙醚、氯仿、醇类和去氧胆酸盐有抵抗力，其感染性和血凝性都不受影响。对温度也有一定耐受性。80℃连续加热2h，其感染性和血凝活性大幅下降但未完全丧失，65℃ 30min而不丧失其感染性，低温长期存放对其感染性并无明显影响。在4～10℃存活6个月，37℃存活2周，56℃存活24h，80℃存活15min，在室温下保存3个月感染性仅轻度下降，在粪便中可存活数月至数年。对CPV最有效的消毒剂有福尔马林、β-丙内酯、次氯酸钠、氧化剂等。此外，紫外线也能使其失活。

CPV具有较强的血凝活性。能在4℃下凝集恒河猴和猪的红细胞，这一特性可作为病毒鉴定的参考指标。经福尔马林灭活后，其血凝性几乎

• 867 •

不变。

CPV能在多种不同类型的细胞内增殖，如原代、次代猫胎肾细胞、犬胎肾、脾、胸腺和肠管、水貂肺细胞等。由于病毒复制能力有缺陷，其基因组在感染细胞的染色体复制开始后在细胞核内合成，在实验室中进行病毒传代时常采用同步接毒法。常用F81、CRFK和MDCK等传代细胞分离培养病毒，CPV增殖后可引起F81、CRFK细胞脱落、崩解等特征性细胞病变。病毒在MDCK细胞内能良好增殖，但病变不明显，有时出现圆缩或形成核内包含体。

（一）CPV基因组

CPV基因组为单股负链DNA，是动物病毒中基因组容量最小的，全长5 323 nt。CPV基因组包括2个开放阅读框（ORF），3′端ORF编码非结构蛋白（668个氨基酸），即早期转录的调节蛋白（NS1和NS2）；5′端ORF编码结构蛋白（722个氨基酸），即晚期转录的病毒衣壳蛋白（VP1和VP2）。整个编码区基因是相互重叠的，结构基因和非结构基因有各自独立的启动子区域，即晚期启动子和早期启动子。CPV结构含有TA-TA序列转录起始区和刺激蛋白SP1的结合位点，这些序列的转录激活对于启动子的活性具有重要作用。编码结构蛋白和非结构蛋白的mRNAs共同终止于Poly（A）处，Poly（A）序列下游（40 nt）有TATA序列。CPV基因组另一显著特点是5′端和3′端各有一个发夹样的回纹结构，一般由120～160个碱基组成，但整个发夹结构又被两个短的回纹序列中断，因而末端序列可折成T形或Y形结构，这一结构对病毒的复制十分重要。另外，将CPV的基因组克隆入质粒能够形成感染性分子克隆，转染细胞能够包装出感染性病毒粒子，与原病毒相比较，两者在抗原表达、DNA复制、血凝性及病毒复制方面没有区别，这表明由质粒表达包装的病毒继承了原毒株的生物学特征，可以用这种重组质粒来颠倒CPV基因。

（二）结构蛋白

VP2蛋白是构成衣壳的主要成分，由584个氨基酸组成，位于VP1的C端，VP1蛋白的C端氨基酸和VP2蛋白的N端氨基酸序列相互重叠，且二者终止于同一密码子。CPV粒子表面由60个结构亚单位装配而成，其中VP2占54～55

个，VP1仅占5～6个。VP1和VP2蛋白在病毒感染过程中起着极为重要的作用，缺失VP1或VP2蛋白的突变体均丧失了对宿主细胞的再感染性。VP2基因的N端及该基因上的蛋白转角结构区loop1和loop3是重要的B细胞抗原表位区，可诱导机体产生中和抗体。结构蛋白VP2是由8组反平行的β-折叠链和插入其间的4个环组成。4个环组成病毒衣壳表面的大部分，环3和环4构成围绕单倍体对称轴突起的整个结构。VP1与VP2的序列基本相同，只是VP1的氨基端比VP2多一段氨基酸序列，这段序列中含有T细胞识别表位，能够激发机体产生细胞免疫。此外，成熟的病毒粒子还含有VP3蛋白，VP3是VP2的裂解物，它只在衣壳装配和病毒基因组包装后才出现，其相对量随感染进程发展而增加。

CPV衣壳具有核靶向能力的是VP1蛋白N端的4～13残基，其中Lys6、Arg7、和Arg9对于核靶向能力是重要的。

目前，对于细小病毒的蛋白合成调控机制了解较少。可能起初合成的病毒蛋白是非结构蛋白，这是因为非结构蛋白的转录比结构蛋白的转录出现得早。而且，非结构蛋白对于CPV基因的表达起调控作用。NS1和NS2在翻译合成后均发生磷酸化，而衣壳蛋白在N端形成酰基化，但VP2蛋白在翻译后还可进行磷酸化，并且能够自我组装形成病毒样粒子。

三、免疫学

Meunier等（1981）对犬细小病毒感染的发病机理进行了详尽研究。感染是由病毒侵入所致，最小感染剂量可至100 $TCID_{50}$。选取CPV HI抗体效价低于10的阴性健康犬作为犬细小病毒发病模型，以皮下注射接种或口服接种攻毒后，潜伏期一般3～8d，第3日首次排毒。病毒侵入后的前2d，在口咽部复制，通过血流传播到其他器官，第3～5日出现病毒血症。血清抗体效价与保护力极其相关，被动获得的抗体在足够量时可以完全保护动物。口服CPV后4～5d，临床上才表现出明显的肠炎症状。犬细小病毒病的病理变化主要取决于组织细胞对病毒的易感性。病毒复制主要在肠、淋巴组织和骨髓。细胞必须具有适当的病毒受体，因为并不是所有具备增殖能力的细胞或组织都对病毒易感。细胞在快速增殖期有利于病毒复制，在动物的快速生长期受到感染可加重病理变化和临床症状。CPV 疫苗免疫后，动物体内产生细胞免疫和体液免疫。Senda（1988）研究发现，血清中抗 CPV－2 抗体的滴度可以表示犬的免疫水平。血清的中和抗体水平表示机体中和病毒的能力。

Masayuki 等（1981）报道，CPV－2 中和抗体与 HI 抗体在抗体应答时间、消长规律、效价等方面是平行的。邱薇等（2000）研究发现，CPV－2 中和抗体效价和 HI 抗体效价之间大致存在 1：6 的关系。母源抗体 HI 效价达到 1：80 可对幼犬形成保护。

四、制品

（一）诊断试剂

本病的确诊需要借助实验室诊断技术。近年来，随着分子生物学技术的发展，聚合酶链式反应（PCR）方法、环介导等温扩增（LAMP）技术、核酸探针技术、核酸杂交技术、核酸序列扩增分析已广泛应用到 CPV 的诊断中，大大提高了 CPV 诊断方法的敏感性和特异性。

比较常用的 PCR 技术包括普通 PCR、套式 PCR 和荧光定量 PCR 技术。将 PCR 技术用于 CPV 的检测，并结合测序技术可确定病毒的亚型。将套式 PCR 技术用于 CPV 的检测，其检测灵敏度高于普通 PCR 技术 10 倍以上。将实时定量荧光 PCR 技术用于 CPV 的检测，通过 Taqman 探针，可检测到 100 个拷贝的核酸样品。通过设计 MGP（minor groove binder）区特异性探针可区别疫苗株和野毒株的感染。

该病免疫学检测技术包括 ELISA、胶体金、HA、免疫荧光检测技术、生物条形码检测技术。

目前 CPV 抗体检测常用的方法是 ELISA，此法操作方便快速，成本相对低廉。国内外学者先后建立起竞争 ELISA、双抗夹心 ELISA、Dot-ELISA 及间接 ELISA。吴金石等用蔗糖密度梯度离心和凝胶层析纯化 CPV 作抗原，建立了 CPV 抗体检测 ELISA，其特异性和稳定性良好。Rimmelzwaan 等（1991）分别用间接 ELISA、抗原竞争 ELISA 和 HI 对犬血清中的 CPV 特异性抗体进行了检测，比较结果发现，2 种 ELISA 的特异性和可操作性均比 HI 高。国内外已研制出犬 CPV 酶标诊断试剂盒。

（二）疫苗

防制 CPV 的主要手段是疫苗接种，许多研究人员进行了 CPV 疫苗的研制。可用于 CPV 免疫的疫苗有灭活疫苗、弱毒活疫苗、亚单位疫苗、核酸疫苗及重组疫苗。目前最为常用的是 CPV 弱毒活疫苗。

首先开发研制的用于 CPV 免疫的是 CPV 灭活疫苗。CPV 灭活疫苗接种动物后，能诱导产生抗 CPV 的特异性免疫反应，能抵抗 CPV 强毒的攻击。因为 FPV 和 CPV 存在交叉抗原，用 FPV 灭活疫苗对犬进行免疫接种，也能诱导产生抗 CPV 的免疫反应。但灭活疫苗所诱导的免疫反应持续时间短，血清抗体持续时间不超过 6 个月。为此，许多科研人员又进行 CPV 弱毒活疫苗的研制。

Carmichael 等（1983）将 CPV 的 C－780916 株致弱，接种犬，4d 后就产生抗 CPV HI 抗体，接种犬由粪便排出少量 CPV，能传播给与其接触的犬，起到了扩大免疫的作用。该毒株在犬体内传 5 代后，对犬仍不致病，其生物学特征与原始的致弱毒株一样，可单独应用也可与其他疫苗制成联苗应用，安全性好，不干扰其他病毒的免疫反应。Bass 等（1982）也开发研制了 CPV 弱毒活疫苗，免疫接种犬能诱导良好的抗 CPV 免疫反应，在抗 CPV 抗体阴性的犬体内传 6 代，仍不致病，并且能与其他病毒，如 CDV 疫苗、CAV 疫苗联合应用。用 FPV 弱毒活疫苗对犬进行免疫接种也能诱导机体产生抗 CPV 免疫反应。

幼犬体内抗 CPV 的母源抗体对于幼犬初期抗 CPV 的感染起主要作用。抗 CPV 的母源抗体由母犬胎盘和初乳传给幼犬，经初乳传给幼犬的母源抗体占 90%，母源抗体的半衰期为 9.7d。但是母源抗体是引起 CPV 免疫失败的主要原因。为克服母源抗体的影响，许多科研人员进行了不懈努力。

高滴度的 CPV 弱毒活疫苗能在一定程度上克服母源抗体的影响。用 CPV－2b 的 29－97/40 株免疫接种犬，能在一定程度上克服母源抗体的影响。经鼻内接种也能在一定程度上克服母源抗体的影响。

随着疫苗制备技术的发展，又出现了 CPV 多肽疫苗。CPV 多肽疫苗接种犬也能诱导机体产生抗 CPV 的特异性免疫反应，能够抵抗 CPV 强毒的攻击。CPV VP2 蛋白的 N 端，特别是第 2～21 位氨基酸多肽是制备 CPV 多肽疫苗的首选肽段。然而，Smith 等（1984）用大肠杆菌表达了 CPV 结构蛋白的部分 DNA 片段，与 β-半乳糖苷酶融合表达，用所表达的融合蛋白免疫兔，产生的抗体能够与由感染细胞中提取的 CPV 的结构蛋白结合产生免疫沉淀，但是不能中和 CPV 病毒颗粒。这可能是因为融合蛋白影响了目的蛋白自然构象的形成。

用杆状病毒系统表达 CPV *VP2* 基因，表达的 VP2 蛋白与真正的 VP2 蛋白没有结构和抗原性差异，并且也具有自我装配能力，形成的病毒样颗粒与 CPV 病毒粒子的大小、形状相似，用病毒样颗粒免疫犬，能够诱导犬产生特异性免疫反应，保护犬免受 CPV 的攻击。Langeveld 等（2001）构建了表达 CPV VP2 部分蛋白的重组植物病毒，灭活后接种犬能够诱导机体产生抗 CPV 的特异性免疫反应。Morrison 等（2002）用 CAV-1 为载体构建了表达 CPV *VP2* 基因的重组活病毒，经 RT-PCR 检测证明重组病毒在增殖过程中能够转录 CPV *VP2* 基因。

Jiang 等（1998）构建了表达 CPV VP1 全基因的真核表达质粒（pGT36VP1），免疫接种犬，1 周后出现抗 CPV 抗体，在接种后 2 周达到高峰，能持续 14 周；进行第 2 次免疫接种 1 周内产生记忆反应，免疫犬能够抵抗 CPV 强毒的攻击。

目前，国内应用的犬细小病毒单苗或联苗多为进口产品。犬细小病毒活疫苗，犬瘟热、腺病毒 2 型、副流感、细小病毒病四联活疫苗-犬钩端螺旋体病（犬型、黄疸出血型）二价灭活疫苗-犬冠状病毒病灭活疫苗为美国辉瑞公司产品，犬瘟热、传染性肝炎、细小病毒病、副流感四联活疫苗为英特威公司产品，犬瘟热、腺病毒 2 型、细小病毒病、副流感四联活疫苗-犬冠状病毒病灭活疫苗为美国富道动物保健公司产品。

国内自主研发的犬细小病毒联苗有中国人民解放军农牧大学研发的犬狂犬病、犬瘟热、副流感、犬腺病毒和细小病毒病五联活疫苗，杨凌绿方生物工程有限公司、中国人民解放军第四军医大学研发的犬狂犬病、犬瘟热、副流感、犬腺病毒和细小病毒病五联活疫苗。

（三）治疗用制品

已有的 CPV 治疗类制品为犬细小病毒免疫球

蛋白、犬细小病毒单克隆抗体。

犬细小病毒免疫球蛋白注射液是用犬细小病毒细胞培养弱毒株抗原免疫接种健康关中驴制成的犬细小病毒免疫球蛋白注射液，用于治疗犬细小病毒引起的犬急性出血性肠炎。

犬细小病毒单克隆抗体是利用细胞融合技术，将犬细小病毒免疫 BALB/c 小鼠的脾细胞与 SP2/0 骨髓瘤细胞融合，制备出能分泌抗犬细小病毒单克隆抗体的杂交瘤细胞株，从中培养筛选出特异性的杂交瘤细胞，接种生物反应器进行连续灌流培养，经滤器过滤、超滤浓缩和过滤除菌制成。用于治疗犬细小病毒性肠炎。

五、展望

CPV 感染所造成的疾病是犬的一种重要传染病，其流行对养犬业产生巨大影响，同时也对野生动物生存产生严重威胁。近年来 CPV 基因高度变异，导致抗原变异显著，深入了解 CPV 在野生动物的进化及流行病学将对控制 CPV 的流行起到积极作用。同时需高度关注疫苗及治疗制品的有效性，随着分子生物学的发展，借助基因工程技术研制新型疫苗或对现有疫苗进行改造也已成为该研究领域的重要目标。

（薛青红）

主要参考文献

蔡宝祥，2001. 家畜传染病学［M］. 北京：中国农业出版社.

陈琛，邬静，张海亮，等，2010. 犬细小病毒病诊断与防治情况调查［J］. 湖北农业科学，49（8）：1926-1928.

邱薇，范泉水，李作生，等，2005. 犬细小病毒 VP2 基因的比较及分型研究［J］. 动物医学进展，26（5）：69-72.

王景秋，李祥瑞，徐立新，等，2003. 犬细小病毒性肠炎流行特点［J］. 畜牧与兽医，35（6）：30-31.

颜文卿，吴德峰，戴亚东，等，2006. 犬细小病毒病的病原学研究进展［J］. 动物医学进展，27（1）：48-51.

杨德威，宋延华，2000. 应用套式 PCR 在 MDCK 细胞系中发现犬细小病毒［J］. 华南农业大学学报，21（3）：81-83.

杨厚贵，2011. 犬瘟热的诊断与治疗［J］. 畜禽业（6）：91-92.

祝兴林，何剑斌，赵玉军，等，2004. 犬细小病毒感染的研究现状［J］. 现代畜牧兽医（10）：40-42.

Bass E P, Gill M A, Beckenhauer W H, 1982. Development of a modified live, canine origin parvovirus vaccine ［J］. Journal of the American Medical Informatics Association, 181（9）：909-913.

Carmichael L E, Joubert J C, Pollock R V, 1983. A modified live canine parvovirus vaccine. II. Immune response ［J］. Cornell Veterinary, 73（1）：13-29.

Chinchkar S R, Mohana S B, Hanumantha R N, et al, 2006. Analysis of VP2 gene sequences of *Canine parvovirus* isolates in India ［J］. Archives of Virology, 151（9）：1881-1887.

Jiang W I, Baker H J, Swango L J, et al, 1998. Nucleic acid immunization protects dogs against challenge with virulent *Canine parvovirus* ［J］. Vaccine, 16（6）：601-607.

Langeveld J P, Brennan F R, Martínez-Torrecuadrada J L, et al, 2001. Inactivated recombinant plant virus protects dogs from a lethal challenge with *Canine parvovirus* ［J］. Vaccine, 19（27）：3661-70.

Meunier P C, Glickman L T, Appel M J, et al, 1981. *Canine parvovirus* in a commercial kennel: Epidemiologic and pathologic findings ［J］. Cornell Veterinary, 71（1）：96-110.

Morrison M D, Reid D, Onions D, et al, 2002. Generation of E3-deleted *Canine adenoviruses* expressing canine parvovirus capsid by homologous recombination in bacteria ［J］. Virology, 293（1）：26-30.

Nykky J, Tuusa J E, Kirjavainen S, et al, 2010. Mechanisms of cell death in *Canine parvovirus*-infected cells provide intuitive insights to developing nanotools for medicine ［J］. International Journal of Nanomedicine, 5：417-428.

Rimmelzwaan G F, Groen J, Egberink H, et al, 1991. The use of enzyme-linked immunosorbent assay systems for serology and antigen detection in *parvovirus*, *coronavirus* and *rotavirus* infections in dogs in The Netherlands ［J］. Veterinary Microbiology, 26（1/2）：25-40.

Senda M, Hirayama N, Itoh O, et al, 1988. *Canine parvovirus*: Strain difference in haemagglutination activity and antigenicity ［J］. Journal of General Virology, 69（2）：349-54

Smith S, Halling S M, 1984. Expression of *Canine parvovirus*-beta-galactosidase fusion proteins in *Escherichia coli* ［J］. Gene, 29（3）：263-269.

第二节　犬瘟热

一、概述

犬瘟热（Canine distemper，CD）是由犬瘟热病毒（*Canine distemper virus*，CDV）感染引起的一种急性、高度接触性传染病。犬瘟热最早发现于18世纪后叶。1905年Carré鉴定其病原为病毒，因此本病又称Carré病。我国在1980年分离到CDV病毒。目前，该病在世界各地均有发生。

CDV的自然感染宿主已由传统的犬科（犬、狐、貉等）、鼬科（水貂、雪貂等）及浣熊科扩展到了食肉目所有8个科、偶蹄目猪科、灵长目的猕猴属和鳍足目海豹科等多种动物，是多种动物共患的传染病。该病主要通过直接接触或近距离的飞沫接触传播，发病急，传播迅速，发病死亡率为30%～80%，雪貂高达100%。

CDV主要侵害3～6月龄幼犬，成年犬临床病例较少。犬瘟热潜伏期为3～5d，随后出现双相型发热（即体温两次升高），眼、鼻部有卡他性、黏性或脓性分泌物。第二次发热时出现呕吐、腹泻和呼吸道炎症，有的出现肺炎或神经症状。出现肺炎或神经症状的犬死亡率高达70%～80%。

水貂犬瘟热又称"貂瘟"。2～6月龄水貂发病率较高。主要呈现慢性或急性经过。慢性型的病程2～4周，主要表现为皮肤病变，皮屑大量增多，脚掌肿胀，脚垫发炎变硬，鼻、唇和脚掌部皮肤出现水疱状疹，化脓破溃后结痂，生殖器和肛门肿胀外翻。急性型的病程为3～10d，先出现浆液性而后为黏液性或脓性结膜炎和鼻炎，眼和鼻内排出大量浓稠分泌物；病貂体温升高至40℃以上，很少出现双相型发热，常伴发腹泻和肺炎症状；部分水貂出现皮肤病变，皮屑增多，脚掌肿胀。水貂犬瘟热死亡率为30%～60%，幼貂高达80%～90%。

目前我国CD广泛流行，该病对家养犬、宠物犬、水貂、狐狸、貉等具有较严重的危害性，是犬、水貂等食肉目动物的主要传染病之一。

二、病原

犬瘟热病毒属于副黏病毒科、麻疹病毒属。

该属的成员还包括麻疹病毒（MV）、牛瘟病毒（RPV）、小反刍兽疫病毒（PPRV）、海豹瘟热病毒（PDV）和鲸麻疹病毒（CMV）。病毒粒子直径为 110～550 nm，大多数为 150～350 nm。核衣壳呈螺旋状，外包被脂蛋白囊膜，有纤突，多为圆形或椭圆形。

CDV 只有一个血清型，能感染犬、雪貂和犊牛肾细胞、肺巨嗜细胞、鸡胚成纤维细胞及 Vero 细胞，但毒株（尤其是强弱毒）之间有差异。此外，CDV 病毒能有效感染表达犬瘟热病毒受体信号淋巴细胞激活因子（SLAM）的细胞系且能保持其毒力。病毒的细胞病变主要表现为合胞体、胞浆空泡、细胞圆缩或拉网。病毒对紫外线和乙醚、氯仿等有机溶剂敏感。最适 pH 为 7.0，在 pH5.0～9.0 条件下均可以存活。病毒在 -70℃ 可存活数年，冻干病毒可长期保存。50～60℃ 30min、3‰福尔马林可杀灭病毒。

（一）病毒基因组

CDV 的基因组为单股不分节段、非重叠的负链 RNA，大小约由 15 690 个核苷酸组成。其基因组编码的基因从基因组 3′端到 5′端依次为：3′端前导序列（3′leader sequence）、核衣壳蛋白基因（N）、磷蛋白基因（P）、基质膜蛋白基因（M）、融合蛋白基因（F）、血凝蛋白基因（H）和大蛋白基因（L）6 个互不重叠的结构基因及 5′端尾随序列（5′trailer sequence），V 和 C 两个非结构蛋白基因位于磷蛋白基因（P）内部。负链 RNA 被一个螺旋状的衣壳包裹，主要由 N 蛋白组成，P 蛋白和 L 蛋白也是核衣壳成分。核衣壳呈螺旋状，总长度为 1 000 nm，螺旋直径 15～19 nm，螺旋中心有 5 nm 的孔，螺距 5～6 nm。病毒的囊膜由 H 和 F 2 种糖蛋白组成，二者在病毒的吸附和侵入宿主细胞过程中起桥梁作用，具有中和作用的抗 H 蛋白抗体和抑制细胞融合的抗 F 蛋白抗体，在机体抗 CDV 感染的免疫机制中发挥重要作用。

（二）核衣壳（N）蛋白及其基因

N 蛋白是核衣壳主要组成成分。N、P、L 蛋白与病毒 RNA 一起构成核糖核蛋白复合体（RNP）。N 蛋白基因由 1 683 个核苷酸组成，位于病毒核苷酸的 56～1 738 位，有一个开放阅读框，起始于 53～55 位的 AUG，编码 523 个氨基酸。CDV 的毒力与 N 蛋白密切相关，CDV 的毒力在感染宿主中枢神经系统的持续性感染中具有重要作用。

（三）磷（P）蛋白及其基因

P 蛋白基因由 1 655 个核苷酸组成，位于基因组的 1 742～3 386，编码磷蛋白只有一个开放阅读框，起始于 59～61 位的 AUG，编码 507 个氨基酸。在 P 蛋白基因上还有另外一个开放阅读框，起始于 82～84 位，终止于 604～606 位，编码一个由 174 个氨基酸组成的 C 蛋白。P 蛋白有聚合酶活性。

（四）基质膜（M）蛋白及其基因

M 蛋白基因位于病毒基因组的 3 400～4 841，长约 1 442 个核苷酸，编码区含有 1 个开放阅读框，编码 335 个氨基酸。M 蛋白分子质量为 34 kDa，是病毒粒子中最小的蛋白。M 蛋白在 CDV 的感染中具有重要作用，与细胞膜上的表面糖蛋白、细胞质内的核衣壳结构、病毒的装配和出芽有关。

（五）大（L）蛋白及其基因

L 蛋白基因长 6 573 个核苷酸，开放阅读框起始于 23 位的 ATG，编码 2 161 个氨基酸。L 蛋白分子质量约为 246 kDa。L 蛋白存在一个线性的、不连续的、高度保守的功能区，发挥着重要的聚合酶活性。

（六）融合（F）蛋白及其基因

F 蛋白基因长为 2 205 个核苷酸，位于基因组的 4 845～7 059 位上，含有一个开放阅读框，在阅读框上有 3 个可利用起始密码子，分别位于 86～88、266～268、461～463 位核苷酸。mRNA 翻译的最初产物是 F0 蛋白，分子质量是 62 kDa，在蛋白水解酶的作用下，裂解为 F1 和 F2 蛋白，二者再通过二硫键连接成异种蛋白二聚体。F 蛋白介导囊膜和细胞膜融合，是感染性病毒粒子进入宿主细胞所必需的，并且可能介导病毒感染。

（七）附着或血凝（H）蛋白及其基因

H 蛋白基因由 1 944～1 946 个核糖核苷酸组成，它的 mRNA 5′端 20 个核苷酸的非编码区，3′端非编码区至少含有 100 个核苷酸，在 5′端或

3′端非编码序列中没有发现稳定的茎环结构，仅有一个开放阅读框，起始于 21～23 位的 ATG，编码 604 个氨基酸，分子质量为 84 kDa。

H 蛋白是诱导机体产生中和抗体的主要蛋白之一，是抗 CDV 免疫的重要抗原，抗 CDV H 蛋白单克隆抗体（McAb）具有中和病毒活性。H 蛋白还起到与 CDV 受体 SLAM 识别和结合的关键作用，其变异性较其他基因频繁，因此被认为是致使 CDV 不断变异的重要因素。根据 H 蛋白基因序列构建的系统发生分析表明 CDV 存在亚洲 Ⅰ 型、亚洲 Ⅱ 型、欧洲型、美洲型、北极型 5 个不同基因型，我国流行的 CDV 多属于亚洲 Ⅰ 型。H 蛋白基因的遗传变异可能是近年来暴发 CD 的重要原因。

三、免疫学

当前流行的 CDV 野毒株与弱毒疫苗株在 CPE 类型、抗原性等生物学特性上有所不同，并且在遗传进化关系上属于不同的基因型。CDV 与麻疹和牛瘟病毒具有共同抗原，能够产生交叉免疫。CDV 可同时诱导机体产生细胞免疫和体液免疫，中和抗体能反应机体的免疫状态。强毒感染犬可引起动物免疫抑制，康复犬可能产生终身免疫。试验感染犬 8～9d 血液中出现中和抗体，4 周时抗体效价达到最高。免疫母犬母源抗体主要通过胎盘和初乳传递，仔犬可获得相当于母体血清抗体 77% 的母源抗体，半衰期为 8.5d。中和抗体效价大于 1∶50，可抵抗 CDV 强毒的攻击，当血液中和抗体下降到 1∶20 以下时仔犬较为易感。一般母犬抗体滴度不明确的幼犬初免为 6～8 周龄，二免为 9～11 周龄，以后每 24～36 个月加强一次。

近年来，幼犬接种犬瘟热弱毒疫苗后发生接种性脑炎的病例也偶有发生，广泛统计结果显示，不同疫苗株发生概率有所不同：Rockborn 和 Snyder Hill 株接种后发生率为 0.01%，Onderstepoort 和 Lederle 株接种后发生率为 0.005%。但有报道证实以上弱毒疫苗株与犬腺病毒 1 型或 2 型组成的联苗能使接种幼犬发生脑炎的概率提高，并有可能使幼犬发生免疫抑制。

不同动物（犬、狐、貉、水貂、浣熊、雪貂等）母源抗体的半衰期、抗体免疫保护临界值有所不同，因此在免疫接种时应有所差异。有母源

抗体的仔水貂，在断奶后 8～10d 可接种疫苗，一次免疫可获得至少 6 月的保护期（中和抗体不小于 1∶40）。同样狐狸、貉应用犬瘟热鸡胚弱毒疫苗后，一次免疫可获得至少 10 个月的保护期。有母源抗体的仔雪貂在 6 周内不应接种疫苗。

根据上述研究结果，我们可以通过制定免疫计划，采用疫苗免疫接种方式控制 CD 发生。

四、制品

由于 CDV 宿主较多，传播迅速，对 CD 的控制必须坚持预防为主的方针。目前养殖场主要以疫苗预防为主，而目前针对 CDV 研制的诊断试剂和疫苗主要有以下几种。

（一）诊断试剂

国内外已经批准的诊断试剂有 CD 胶体金检测试纸条，快速而准确，广泛用于基层兽医检测机构进行 CD 的初步诊断。

使用方法：用棉拭子采集患病动物眼、鼻分泌物或尿、粪便加入到适当稀释液体中，取液体在试纸条检测孔滴加 2～3 滴，10min 内判定结果，如为 T 线阳性、C 线阳性，可判定为犬瘟热阳性。

（二）灭活疫苗

Puntoni（1924）采用感染 CDV 的犬脑组织经福尔马林灭活后制备 CDV 灭活疫苗；Laidlow（1928）以 CDV 感染雪貂，剖取脾脏，将其研磨成均匀糊糊状，经福尔马林灭活后，加以适当佐剂制备成 CDV 灭活疫苗。犬接种灭活疫苗后中和抗体滴度低（小于 1∶20），对 CDV 强毒攻击的保护效果不理想。CD 灭活疫苗通常引起体液免疫，很少甚至不引起细胞免疫，而且灭活疫苗产生的抗体滴度随着时间而下降，因此须多次免疫，免疫效果不确实，应用前景受到了限制。

（三）活疫苗

我国批准使用的进口犬瘟热活疫苗毒株包括 Onderstepoort、Snyder Hill、BA5 - Vero 150 等。我国现用于生产犬瘟热活疫苗毒株包括 CDV3 - CL、XN112、CDV - 11、CDV/R - 20/8 株等。

现用于犬或其他动物（狐、貉、水貂）的犬

瘟热疫苗均为弱毒活疫苗，包括鸡胚成纤维细胞活疫苗、Vero 细胞活疫苗和犬用二联苗、四联苗、五联苗和六联苗。

早在 20 世纪 50～60 年代通过鸡胚传代（Lederle 株，1952 年；Onderstepoort 株，1956 年）或犬肾传代细胞（Rockborn 株，1960 年）致弱而培育成功的犬瘟热弱毒活疫苗，时至 50 年后的今天大多依然在全世界广泛应用。但经过半个世纪的临床应用，证实其均存在各种不足之处：鸡胚传代疫苗（Lederle 株和 Onderstepoort 株）对免疫动物具有较高的安全性，但由于基因遗传关系与当前流行 CDV 强毒株存在较大差异，免疫原性欠佳，不能诱导免疫动物产生较高的中和抗体。犬肾传代疫苗（Rockborn 株）能诱导免疫犬产生较高的中和抗体，但其毒力尚未完全致弱，较高免疫剂量能使部分幼犬产生免疫后脑炎症状（PVE）。

1. 水貂犬瘟热活疫苗 20 世纪 60 年代，Cabasso 等最早将鸡胚 CDV 弱毒适应于鸡胚成纤维细胞（CEF），制成鸡胚成纤维细胞弱毒疫苗。中国农业科学院特产研究所等先后在我国研制成功了犬瘟热弱毒活疫苗，用于水貂、狐、貉和犬的免疫。疫苗对断奶后 2 周水貂、狐、貉一次免疫的免疫期可长达 6 个月以上。

2. 多联活疫苗 在我国，吉林省五星动物保健品厂和杨凌绿方生物工程有限公司先后研制生产犬用狂犬病、犬瘟热、犬副流感、犬腺病毒病和犬细小病毒病五联活疫苗。在国外，荷兰英特威（Intervet）、美国辉瑞（Pfizer）和富道（Fort Dodge）及法国梅里亚（Merial）和维克（Virbac）公司分别研制成功犬瘟热、传染性肝炎、细小病毒病、副流感四联活疫苗和犬瘟热、犬腺毒、犬细小病毒病、犬副流感、犬副流感 2 型、犬钩端螺旋体五联和六联疫苗。以上联苗中犬瘟热病毒均采用 Onderstepoort 弱毒株，但不同品牌疫苗中 CDV 含量有所不同。

（四）新型疫苗

1. 重组活病毒载体及嵌合病毒疫苗

（1）痘病毒载体重组活疫苗 以金丝雀痘病毒（*Canarypox virus*）为载体表达 CDV F 和 H 蛋白的重组活病毒载体疫苗（RECOMBITEK®，Merial）现已在美国上市。该疫苗免疫犬后，可刺激动物产生有效的保护性抗体抵抗 CDV 强毒

的感染。由于金丝雀痘病毒不能在哺乳动物体内有效复制，因此该重组活病毒具有良好的安全性。与传统弱毒疫苗相比，该重组疫苗不受免疫动物体内母源抗体的干扰，在动物母源抗体存在的情况下，1 头份的免疫剂量即可以使动物产生有效的免疫力。

（2）腺病毒载体重组活疫苗 以犬腺病毒 II 型（CAV-II）为载体表达 CDV F 和 H 蛋白的重组病毒免疫犬后，病毒可在动物体内有效复制并高效表达 F 和 H 蛋白，能刺激动物产生针对病毒 F 和 H 蛋白的高效价中和抗体。但由于犬腺病毒 II 型复制时产生针对载体本身的抗体，因此该重组活疫苗不能多次免疫动物。

（3）麻疹病毒腺病毒载体重组活疫苗 以麻疹病毒（*Measles virus*）疫苗弱毒株为载体表达 CDV F 和 H 蛋白的重组嵌合病毒通过不同方式（鼻内接种或肌内注射）免疫雪貂后，对雪貂均无病原性，并可诱导动物机体产生良好的细胞免疫和体液免疫，能抵抗致死剂量 CDV 强毒的感染。

2. DNA 疫苗 以 CDV N、H 和 F 基因为靶基因，通过真核表达质粒为载体构建 DNA 疫苗，联合或单独（H 基因）以一定剂量（600～800μg）和接种方式（皮内和肌内注射）经 2～3 次（间隔 2 周）免疫水貂，在末次免疫后 3 周，动物可以产生较高的中和抗体（＞1∶32）和细胞免疫（IFN - λ），能抵抗 CDV 强毒对水貂的感染。

3. 犬瘟热病毒反向遗传修饰疫苗 利用反向遗传学技术，以新城疫病毒（*Newcastle disease virus*）为载体表达 CDV H 和 F 蛋白的重组新城疫病毒 rLa-CDV-F 和 rLa-CDV-H 在小鼠和犬体内都能诱发保护性中和抗体，但单独使用 rLa-CDV-H 的免疫效果优于单独使用 rLa-CDV-F 和两种病毒联合免疫。以我国疫苗生产中应用的 CDV 疫苗株 CDV/R-20/8 的感染性 cDNA 克隆为基础，表达狂犬病病毒（*Rabies virus*）糖蛋白 G 的嵌合病毒 rCDV-RVG，对小鼠和犬都具有安全性。二次免疫接种后，rCDV-RVG 在犬体内能同时激发高水平抗 RV 和抗 CDV 中和抗体，持续 12 个月左右，有望开发为犬瘟热、狂犬病二联苗。以 CDV/R-20/8 为载体表达双 H 蛋白的重组病毒 rCDV-dH 在犬体内激发出的中和抗体滴度比 CDV/R-20/8 株高 2～3 倍。CDV 具有免疫细胞趋向性，因此研究人员将其作为载体表达

SIV 囊膜蛋白，rCDV-SIV 经鼻内免疫雪貂，能够安全诱导雪貂产生抗 SIV 囊膜蛋白的 ELISA 抗体及抗 CDV 中和抗体。

（五）治疗制剂

1. 抗病血清和单克隆抗体　对 CD 病犬最有效的治疗方法是使用高免抗血清或单抗。高免血清可用同源或异源动物制备。同源动物制备的血清（同源血清）治疗效果好，不容易出现过敏反应，异源动物制备的血清（异源血清）治疗效果虽好，但多次使用容易出现过敏反应。针对病毒囊膜蛋白制备的具有中和病毒功能的单克隆抗体因其特异性好、纯度高、过敏反应低等优点在犬瘟热的治疗过程中得到广泛应用。我国已批准犬瘟热病毒单克隆抗体注射液上市。

高免同源血清的制备方法如下：采用 CD 疫苗免疫健康成年犬，先用弱毒疫苗免疫 2 次，再用灭活疫苗免疫 2～3 次，每次间隔 15～20d。当血清抗体效价达 1∶128 以上时，采血，分离血清，分装保存备用。异源血清制备方法相同，只是采用羊、驴、牛或兔免疫。治疗时，每只病犬肌内注射 10～30mL，配合使用抗生素，可有效治疗病犬。抗血清不适宜重复使用，特别是异源血清，以免引起过敏反应。

2. 干扰素　自 1994 年重组猫 ε-干扰素被批准为兽医上第一个用于治疗猫杯状病毒感染的抗病毒制剂以来，已有多个国家应用重组犬 ε-干扰素进行犬细小病毒、CDV 感染的治疗，其治愈率可高达 66.7%。国内已有多个公司研制出注射用重组犬 γ-干扰素。依据 α-干扰素或 γ-干扰素基因序列人工合成或从动物白细胞中克隆得到的基因经过原核或真核表达均可以产生具有免疫增强（α-干扰素）或抗病毒活性（α-干扰素）的干扰素。通常，真核（酵母、昆虫细胞）表达的干扰素生物学活性高于原核表达产物。但由于干扰素在动物体内半衰期较短，因此在治疗过程中需要多次注射。

五、展望

自 20 世纪 60 年代以来，CD 疫苗的广泛应用显著降低了动物患病的风险。但近 10 年来，随着国际贸易更加频繁，世界上多个国家和地区均有易感动物暴发 CD 的报道。由于 CD 为多种动物共患传染病，带毒野生动物跨宿主传播也是世界各地暴发 CD 的重要原因，因此对于野生动物 CD 流行病学的追踪监测及研制针对其有效的口服疫苗显得尤为重要。针对免疫动物频繁暴发 CD 的情况，经典的 CD 弱毒疫苗株能否完全保护免疫动物抵抗不同基因型 CDV 流行株的问题也被提出。因此，借助基因工程技术研制新型疫苗或对现有疫苗进行改造也成为该研究领域的重要目标。

（闫喜军　薛青红）

主要参考文献

田美杰，葛金英，王喜军，等，2012. 表达犬瘟热病毒 H 基因重组新城疫病毒的构建及其免疫原性研究 [J]. 中国预防兽医学报，34（4）：257-261.

王磊，2012. 犬瘟热病毒双血凝素疫苗候选株的研究 [D]. 长春：吉林农业大学.

王喜军，2012. 表达狂犬病病毒 G 蛋白重组犬瘟热弱毒疫苗株的研究 [D]. 北京：中国农业科学院.

Iwatsuki K，Tokiyoshi S，Hirayama N，et al，2000. Antigenic differences in the H proteins of *Canine distemper viruses* [J]. Veterinary Microbiology，71（3/4）：281.

Martella V，Elia G，Buonavoglia C，2008. *Canine distemper virus* [J]. Veterinary Clinics of North America Small Animal Practice，38（4）：787.

Nielsen L，Sogaard M，Karlskov-Mortensen P，et al，2009. Humoral and cell-mediated immune responses in DNA immunized mink challenged with wild-type *Canine distemper virus* [J]. Vaccine，27（35）：4791.

Rouxel R N，Svitek N，Messling V V，2009. A *Chimeric measles virus* with *canine distemper* envelope protects ferrets from lethal distemper challenge [J]. Vaccine，27（36）：4961-4966.

Trine Hammer J，Line N，Bent A，et al，2009. Early life DNA vaccination with the H gene of *Canine distemper virus* induces robust protection against distemper [J]. Vaccine，27（38）：5178-5183.

Zhang X S，Wallace O，Wright K J，et al，2013. Membrane-bound SIV envelope trimers are immunogenic in ferrets after intranasal vaccination with a replication-competent *Canine distemper virus* vector [J]. Virology，446（1/2）：25-36.

Zhao J J，Yan X J，Chai X L，et al，2010. Phylogenetic analysis of the haemagglutinin gene of *Canine distemper virus* strains detected from breeding foxes，raccoon dogs and minks in China [J]. Veterinary Microbiology，140（1/2）：34-42.

第三节　犬腺病毒病

一、概述

犬腺病毒病是由犬腺病毒（*Canine Adenovirus*，CAV）引起的传染性疾病，该病毒能感染大多数哺乳动物及鸟类。CAV 分 2 种血清型，CAV 1 型（CAV-1）即犬传染性肝炎病毒，主要引起传染性肝炎及其他一些疾病；CAV 2 型（CAV-2）即犬喉气管炎病毒，其主要引起呼吸道和肠道疾病。

在临床上，CAV-1 主要引起犬的传染性肝炎和狐狸传染性脑炎。犬不分品种、年龄和性别均可发生，但以刚离乳到 1 岁内幼犬的感染率和死亡率最高。1947 年 Rubarth 最先描述了该病，1959 年由 Kapsenberg 分离获得病毒，称为犬传染性肝炎病毒（*Infectious canine hepatitis virus*，ICHV），即 CAV 1 型；CAV-1 在临床上也能引起狐狸的传染性脑炎，1925 年 Green 在英国的银狐养殖场首次发现此病，此后德国、法国、苏联、挪威、波兰、加拿大等国都对狐狸传染性脑炎的暴发和流行进行了报道。1949 年，Sietopf 和 Cavison 证明狐狸脑炎与犬传染性肝炎的病原相同。

CAV-2 主要感染幼犬引起传染性喉气管炎和肠炎。1962 年，主要引起呼吸道病变（喉气管炎）而非肝炎的腺病毒由 Ditchfield 等分离获得，即 A-26 株，称为犬传染性喉气管炎病毒（即 CAV-2）。后来不断有研究者于犬的腹泻病例中证实了 CAV-2 的存在。

1984 年，夏咸柱等在我国首次分离到 ICHV，证实了我国犬中也有 CAV-1 的感染。1989 年，钟志宏等从患脑炎的狐狸中分离到了 CAV-1。随后，哈尔滨、北京、上海、昆明等地相继分离到该病毒。从犬、狐的临床报告及流行病学研究来看，CAV-2 野毒株感染在我国也比较普遍，我国各地也相继分离到该病毒。

CAV-1 引起犬的肝炎，病毒入侵犬的肝脏，引起肝脏肿大，肝细胞坏死、出血，有时甚至引起休克而导致死亡。感染犬可通过粪便和尿液排出病毒，病毒通过其他犬口腔和鼻传播而感染，不能通过空气传播。入侵的病毒停留在扁桃体。该病的潜伏期为 4～6d。症状主要为：发热、嗜睡、扁桃体炎、腹胀腹痛、食欲减退。有时出现呕吐，有的犬因角膜水肿引起典型的"蓝眼病"；在严重病例中，尤其是幼犬 1～2d 即可引起死亡。发病初期没有死亡的犬能够获得终身免疫。定期进行接种疫苗是预防该病的理想措施。

CAV-2 引起传染性喉气管炎和肠炎，主要症状是干咳，随后出现干呕和仅能咳出少许泡沫，咳嗽引起气管和支气管炎症，部分犬发展为结膜炎、鼻炎和流鼻涕。

CAV-1 和 CAV-2 在我国均存在，除犬和狐狸外，已报道的宿主还包括熊科动物（熊）、浣熊科动物（浣熊）、鼬科动物（水貂、雪貂、臭鼬）等。据国外报道，除以上宿主外，其他众多种类的野生动物也可感染 CAV。目前，我国犬腺病毒病广泛流行，该病对犬、狐狸等动物具有较严重的危害性，是犬、狐狸等动物的主要传染病之一。

二、病原

CAV 属于腺病毒科、哺乳动物腺病毒属。病毒无囊膜，病毒粒子为二十面体，直径为 80～110 nm，由 252 个壳粒组成。

CAV 分 2 种血清型。CAV-1 主要引起传染性肝炎及其他一些疾病；CAV-2 主要引起呼吸道和肠道疾病。CAV 能使感染细胞产生特异性细胞病变，开始时细胞圆缩、折光性增强，逐渐聚集成葡萄串样，最后从瓶壁上脱落。但 CAV 两个成员在细胞培养特性方面仍然存在着明显差别。CAV 对酸、乙醚、热均有一定抵抗力。

（一）病毒基因组

CAV 为单分子线性双链 DNA，长 30～31 kb，两端含有 100～140 bp 的末端反向重复序列（ITR）。病毒基因组分为 4 个主要早期转录区（E1、E2、E3、E4）和 5 个晚期转录区（L1、L2、L3、L4 和 L5）；在病毒的生命周期中，各区具有不同作用，E1 区（E1A 和 E1B）编码蛋白的主要作用是激活病毒其他基因的转录，对相关细胞基因的转录也有明显调控作用；E2 区（E2A 和 E2B）编码的蛋白主要功能是调节病毒 DNA 复制；E3 区的基因产物与病毒在体内逃避宿主免疫系统对受病毒感染的细胞的清除作用有关；E4 区基因产物参与病毒的 DNA 复制、晚期基因表达、RNA 剪切和阻止宿主细胞生物合成等功能有关；晚期基因主要编码病毒的结构蛋白。

（二）末端蛋白（TP）及其基因

在 CAV 基因组每条链的 5′ 端结合着一种大小为 55 kDa 的末端蛋白 TP，其前体 pTP 为 80kDa。该末端蛋白与腺病毒的感染性有关，带有末端蛋白的病毒 DNA 可使其感染性提高 100 倍。

（三）纤突蛋白及其基因

纤突蛋白在病毒吸附到细胞表面受体的感染过程中起着决定性作用，CAV-1 与 CAV-2 纤突基因的不同性预示着两者在毒力和对不同的细胞亲嗜性上存在差异。

（四）末端倒置重复序列（ITR）

ITR 的重复次数和长短随病毒型和株的不同而异，并且与病毒传代次数有关。ITR 在病毒复制过程中具有重要作用。对不同型、株的 ITR 的比较研究发现，其中 9～22 位核苷酸高度保守。每个 ITR 可分为 AT 富集区和 GC 富集区两部分：AT 富集区长 50～52bp，位于病毒 DNA 分子的最末端；GC 富集区长 50～110bp，其同源性较差。

三、免疫学

CAV-2 与 CAV-1 在血清学上既相关但又有明显差别。CAV-1 和 CAV-2 的抗血清能很好地抑制同源病毒的血凝作用，却完全不能阻止异源病毒血凝作用。另外，中和试验和补体结合试验也呈现同源反应滴度比异源交叉反应滴度高的结果。

自然感染犬在 14～21d 出现补体结合抗体和沉淀抗体，10～12 周时到高峰，然后下降，至 12 月时几乎不能检出。康复犬血清中和抗体可维持 66 个月，免疫力坚强而持久。人工感染犬，在 4～5d 时体内即可检出中和抗体，抗体效价可达 1∶（16～500），第 10d 肝脏内病毒明显减少，犬在中和抗体较高（≥1∶500）时，感染后一般不出现症状。

新生仔犬可从初乳中获得母源抗体，母源抗体的半衰期是 8.5d，产后 48h 内母源抗体达 1∶（256～4 096），7 周龄时下降至 1∶20 以下。母源抗体存在可干扰疫苗的免疫。

CAV-1 强毒株和弱毒株都能导致肾的损害，以免疫荧光抗体和超微结构观察，病毒在病毒血症时期，主要位于血管小球皮内，这是由细胞坏死、血管受损、形成微血栓造成的。由于在血管小球沉积大量抗原-抗体复合物，因而仅在接种后第 7 日中和抗体有所增加，接种 14d 之后，从肾小球未检到 CAV-1 病毒，但持续存在于肾小管上皮内，被巨噬细胞、淋巴细胞和浆细胞包围。

自然感染犬的免疫期长达 60 个月之久。自 1954 年 Baker 等倡导使用灭活疫苗以来，许多国家先后研制出弱毒苗和多价苗，研制成的犬腺病毒 1 型细胞弱毒苗免疫效果极佳，接种一个剂量能产生终生免疫，但因其可使部分免疫犬发生所谓的"蓝眼"病变（即出现单眼或双眼的一过性角膜混浊）或肾病，到 1978 年，一个商业性 CAV-2 疫苗株（Vanguard，Norden Laboratories，Lincoln，Neb.）才被选择作为 CAV-1 株的替代品上市，该毒种免疫后未见这些副作用，同时能交替预防犬传染性肝炎，在肌肉或皮下接种后，疫苗病毒分布于呼吸道内，并不患眼病或肾病，只有将疫苗直接注入眼前房才产生对眼的损害。因此，目前各国几乎均以 CAV-2 型弱毒疫苗来预防犬腺病毒病，接种 CAV-2 型弱毒疫苗的动物，产生抗 CAV-2 型抗体，这种抗体也能抵抗 CAV-1 型病毒的感染。

四、制品

（一）诊断试剂

CAV 的实验室诊断方法主要有微量补体结合试验、血凝和血凝抑制试验、中和试验、荧光抗体技术和免疫酶法等。免疫酶法是犬腺病毒病最有价值的商用诊断方法。我国目前尚无批准上市的诊断试剂，随着市场的需求不断上升，基于以上方法的诊断试剂有望上市。

（二）灭活疫苗

人工接种疫苗是防治 CAV-1 感染的根本方法。最初的疫苗是 1947 年 Rubarth 和 Green 等选用感染犬的脏器制作的脏器灭活疫苗，以及 1954 年 Cabasso 等将病毒成功适应犬肾原代细胞而制作的细胞培养灭活疫苗。两种疫苗的免疫试验取得了一定效果，但均存在免疫剂量大、免疫期较短的缺点，限制了灭活疫苗的使用。

（三）活疫苗

1954 年 Fieldseel 等最早进行了本病的弱毒活疫苗研究，此弱毒活疫苗虽能产生有效而持久的免疫力，但接种的动物从尿中排毒，而且排出的病毒经犬传 4 代后可返祖为强毒。后来发现将这种狗肾细胞驯化的弱毒株再经猪肾细胞多次传代后可克服这种返祖现象。随着 CAV-1 弱毒活疫苗的广泛使用，虽然传染性肝炎的发病数量已在犬群中大大减少了，但也发现该弱毒活疫苗会引起犬的蓝眼病和局部间质性肾炎。虽然 CAV-1 和 CAV-2 有交叉免疫作用，但 CAV-1 疫苗不能完全保护 CAV-2 引起的呼吸道疾病；而 Appel 和 Faichild 等的研究均证明用 CAV-2 可排除 CAV-1 免疫后仍感染 CAV-2 的情况。Appel 等更进一步发现 CAV-2 弱毒活疫苗不但能激发体液免疫，而且还可能激发细胞免疫。商业化 CAV-2 疫苗株被选择作为 CAV-1 株的替代品上市后，目前世界上所用的犬腺病毒活疫苗均为 CAV-2 活疫苗。

中国农业科学院特产研究所成功地将 CAV-2 病毒株在 PK15 细胞和 A72 细胞上继代减毒，将其弱毒接种犬肾传代细胞（MDCK）培养制成疫苗，用于预防狐狸脑炎。试验证明，该疫苗安全有效、免疫期可达 6 个月以上。

（四）犬腺病毒病多联活疫苗

由于犬腺病毒病常与犬瘟热等病毒性疾病并发，所以常将其与犬瘟热、副流感、细小病毒性肠炎等弱毒株制成不同弱毒联苗。实验室试验与临床应用中均未发现几个弱毒之间有免疫干扰现象。大量研究表明，犬腺病毒病、犬瘟热和犬细小病毒病三联活疫苗具有长达 36 个月的保护期。

在国内，已批准注册的用于预防犬腺病毒病的疫苗有军事医学科学院军事兽医研究所和陕西绿方生物技术有限公司先后研制成功的犬用狂犬病、犬瘟热、犬副流感、犬腺病毒病和犬细小病毒病五联活疫苗。在国外，荷兰英特威（Intervet）和法国梅里亚（Merial）公司分别研制成功了犬瘟热、传染性肝炎、细小病毒病、副流感四联活疫苗（Nobivac DHPPi）和犬瘟热、犬腺病毒、犬细小病毒病、犬副流感、犬副流感 2 型、犬钩端螺旋体六联苗。

（五）重组活病毒载体疫苗

CAV 不仅具有免疫原性好、遗传性稳定等优点，而且是一种良好的重组活病毒载体。以 CAV 构建表达载体为防控野生动物腺病毒病和其他相关疾病，可谓一举两得。

以 CAV-2 为载体表达犬瘟热病毒 F 和 H 蛋白的重组病毒免疫犬后，病毒不仅可在动物体内有效复制而高效表达 F 和 H 蛋白，刺激动物产生针对犬瘟热病毒 F 和 H 蛋白的高效价中和抗体，而且能产生针对犬腺病毒载体本身的抗体。

通过构建 E3 区部分缺失的包含 CPIV F 基因表达盒的 CAV-2 重组质粒 pCAV-2/CDV-F，脂质体介导重组基因组 CAV-2/CDV-F 与 CAV-2 SY 基因组片段共转染 DK 细胞，获得了表达 CDV-F 蛋白的重组 CAV-2 病毒-CAV-2/CDV-F。Western blotting 试验证实 CAV-2/CDV-F 在 DK 细胞中能够表达具有生物学活性的 CDV-F 蛋白，在体外具有良好的遗传稳定性；重组病毒免疫犬后诱导产生特异的抗 CAV-2 HI 抗体和抗 CDV 中和抗体，为 CAV 多价重组疫苗的研制奠定了基础。

五、展望

目前，犬腺病毒病的防制面临的主要困难有：CAV 的易感动物和宿主动物除犬和狐狸等动物外，还涉及其他众多的野生动物，哺乳动物中具体还有哪些动物是易感动物尚无定论，这给犬腺病毒病的防制带来了很大困难。

鉴于 CAV 弱毒株具有良好的免疫原性与稳定的遗传性，包括 E3 区在内的基因背景已基本查清，国内外正进行以 CAV 弱毒株为载体的狂犬病病毒、细小病毒性肠炎病毒，以及犬瘟热病毒基因重组疫苗的研究。CAV 弱毒作为载体与 HAd5 作为载体相比有两个明显的优点：一是犬科动物对 CAV 均易感，极易经口鼻感染，以其构建载体研制狂犬病等基因重组苗与以 HAd5 为载体的基因重组苗相比，效果可能更好；二是 CAV 对犬科动物来说本身具有免疫原性，其基因非必需片段中插入某种免疫原基因可成为二价基因工程疫苗。因而用 CAV 进行重组活载体苗的研究对犬及野生动物进行腺病和狂犬病的免疫可取得一举两得的作用，而在选取载体时，用CAV－2比CAV－1有更多的优点是显而易见的。因此，以CAV－2为载体的基因重组疫苗可能为今后犬腺病毒病的防制提供更广阔的思路。

（闫喜军　薛青红）

主要参考文献

范泉水，夏咸柱，黄耕，等，1999. 犬Ⅱ型腺病毒的分离鉴定［J］. 中国兽医科学（11）：28－29.

罗国良，闫喜军，钟伟，2008. 狐狸传染性脑炎病原学研究进展［J］. 动物医学进展，29（8）：63－66.

王明俊等，1997. 兽医生物制品学［M］. 北京：中国农业出版社.

夏咸柱，范泉水，2000. 犬Ⅱ型腺病毒自然弱毒株的分离与鉴定［J］. 中国兽药杂志（3）：1－4.

殷震，刘景华，1997. 动物病毒学［M］. 2版. 北京：科学出版社.

中华人民共和国农业部，2001. 中华人民共和国兽用生物制品质量标准［M］. 北京：中国农业科学技术出版社.

Adair B M，1979. Differences in cytopathology between *Canine adenovirus* serotypes［J］. British Veterinary Journal，135（4）：328－330.

Ditchfield J，Macpherson L W，Zbitnew A，1962. Association of *Canine adenovirus*（Toronto A 26/61）with an outbreak of *Laryngotracheitis*（"Kennel Cough"）：A preliminary report［R］. Canadian Veterinary Journal La Revue Veterinaire Canadienne，3（8）：238－247.

Swango L J，Eddy G A，Binn L N，1969. Serologic comparisons of infectious *Canine hepatitis* and toronto A26－61 *Canine adenoviruses*［J］. American Journal of Veterinary Research，30（8）：1381－1387.

Yamamoto T，1966. Some physical and growth characteristics of a *Canine adenovirus* isolated from dogs with laryngotracheitis［J］. Canadian Journal of Microbiology，12（2）：303.

第四节　猫泛白细胞减少症

一、概述

猫泛白细胞减少症又称猫瘟热（Feline infectious enteritis），是由猫泛白细胞减少症病毒（*Feline panleucopenia virus*，FPV）引起的一种以高热、白细胞减少、呕吐、肠炎为特征的疾病。1928年由Verge和Cristofoni首先证明该病是由病毒引起，1957年Bilin等首次成功分离出FPV，1964年Johnson从一只患类似猫传染性肠炎症状的云豹的脾脏分离出该病毒，此后对FPV的研究有了显著进展。我国20世纪50年代初有此病记载，1983年由李刚等从猫体内成功分离出FPV。

FPV在自然条件下可感染猫科、浣熊科和鼬科等多种动物，如虎、豹、狮、家猫、野猫、水貂、浣熊，但以体型较小的猫科动物和水貂最为易感。猫泛白细胞减少症潜伏期为2～9d，主要侵害幼龄猫，临床发病分为特急性型、急性型、亚急性型和不显型。特急性型无临床症状即突然死亡；急性型可于24h内死亡；亚急性型可持续数日到1周，以出现双峰热为特点，病畜第一次体温升高可至40℃以上，持续24h后降至正常体温，隔数日后体温再次升至40℃，同时出现厌食、呕吐、沉郁、出血性肠炎和脱水等症状，病猫多于5～6d死亡，死亡率一般为60%～70%，严重流行时病猫几乎全部死亡，病程超过6d以上的猫，有可能经过较长时间的恢复期后痊愈。

FPV对病兽的造血系统具有明显的破坏作用，在体温开始升高前不久，出现短时间的白细胞增多，第二次发热后，白细胞严重减少。有些情况下，从感染到发病严重时，白细胞数逐渐减少，故名为猫泛白细胞减少症。正常猫血清中白细胞数为15 000～20 000个/mm^3，白细胞数减少到8 000个/mm^3左右时，即可怀疑为本病，5 000个/mm^3以下时表示重症，2 000个/mm^3以下预后不良，以淋巴细胞和中性多核白细胞减少为主。

FPV是细小病毒属病毒中感染范围最宽、致病性最强的一种，在世界多个国家（包括中国）普遍流行。

二、病原

FPV为单股DNA病毒，属细小病毒亚科、细小病毒属成员，病毒粒子为等轴对称的20面体，无囊膜，直径20～24 nm。

（一）病毒基因组

FPV基因组为单链DNA，DNA长约5 000

bp，在 DNA 分子的 3′ 和 5′ 端均有发夹结构。基因组有 2 个主要的开放阅读框（ORF），分别编码非结构蛋白（NS1 和 NS2）和结构蛋白（VP1、VP2 和 VP3）。VP1 和 VP2 及 NS1 和 NS2 是通过同一条 mRNA 分别剪接后翻译形成的。

（二）病毒的衣壳蛋白

FPV 有 3 种结构蛋白，即 VP1、VP2 和 VP3，分子质量分别为 70～90 kDa、62～76 kDa、39～69 kDa。其中，VP2 是构成病毒衣壳蛋白的主要成分，具有血凝活性。VP3 由 VP2 在蛋白酶作用下裂解而来，N 端比 VP2 少 15～20 个氨基酸残基，它只在衣壳装配和病毒基因组包装后才出现。用 X 射线晶体衍射技术对 FPV 衣壳蛋白的分子结构进行的测定显示，FPV 病毒粒子衣壳蛋白是由 60 个 VP1 和 VP2 蛋白分子构成的，其中包括 5～6 个 VP1 分子、54～56 个 VP2 分子，两种蛋白按一定方式进行装配，形成了病毒粒子的衣壳蛋白。

VP2 蛋白是 FPV 衣壳的主要结构蛋白，并且能够自我组装成病毒样颗粒，因此几个碱基和氨基酸的改变就会影响病毒的生物学特征。在体外，FPV 只能感染猫细胞，而犬细小病毒 2 型（CPV - 2）能够感染犬细胞和猫细胞，但是 CPV-2 不能感染猫。这种宿主差异是由 6 个氨基酸的不同引起的，CPV - 2 与 FPV 在 VP2 的第 80、93、103、323、564、568 位氨基酸不同。这些氨基酸在 CPV 和 FPV 是保守的，其中 93N、103A、323N 对 CPV 能在犬体内繁殖是关键的，然而 80K、564N、568A 氨基酸对 FPV 能在猫体内繁殖是关键的。

（三）抗原变异性

FPV 与 CPV 基因组同源性很高，在宿主范围、血凝性和抗原性方面存在很大差别。而造成这种差异的主要原因是病毒粒子 VP2 衣壳蛋白个别氨基酸的突变，VP2 蛋白上第 93 位和 323 位氨基酸残基对于 CPV 感染的宿主范围起重要作用。同样，第 323（D）位是决定 FPV 抗原性、第 323（D）和 375（D）位是决定 FPV 血凝活性的关键位点（表 28 - 1）。

表 28 - 1　FPV 与 CPV VP2 蛋白上决定其宿主范围、抗原性和血凝性的关键位点

病　　毒	宿　　主	抗原性	血凝性
FPV	80（K）、564（N）、568（A）	323（D）	323（D）、375（D）
CPV	93（N）、103（A）、323（N）	93（N）	323（N）、375（N）

三、免疫学

自然感染 FPV 后康复猫血液内的中和抗体水平缓慢持续升高，感染后 8d 开始出现中和抗体，15d 抗体效价可达 1：（16～60），30d 后可达 1：150，耐过后可产生终身免疫。新生幼猫可从初乳中获得中和抗体，这种被动免疫可持续 3～12 周，如幼猫的母源抗体中和效价在 1：30 以上即可经得住强毒的攻击，反之则发病或可能耐过。

欧美和我国猫科动物 FPV 感染较普遍。Addie 等（1998）用层析试纸条从 13 只发病濒死的纯种猫小肠内容物中检测到 FPV，发现这些猫虽然用 FPV 疫苗免疫过，但因环境中含有大量 FPV，仍然会使猫发病。Goto 等（1981）对日本 4 所大学 1973—1979 年收集的 226 份猫血样品进行了 FPV HI 抗体调查，结果表明 58%（130/226）的血清为 FPV 抗体阳性（HI≥1：8），证明 FPV 在此地区的猫群中感染十分普遍。Paul-Murphy 等（1974）对美国加利福尼亚州 58 份 1987—1990 年间收集的美洲狮血清样品进行了 FPV 血清学调查，发现 93%（54/58）血清样品检测到 FPV 抗体，表明 FPV 在美洲狮中感染比较普遍。Roelke 等（2009）对 1978—1991 年间 38 份野生佛罗里达豹血清进行了抗体检测，发现 FPV 抗体的阳性率为 78%，推测此豹生活区域早期曾有过猫泛白细胞减少症的严重流行。我国杨松涛 2006 年对 207 只虎、4 只狮和 23 只猫的 FPV 血清抗体调查表明，虎群抗体阳性率为 58.1%（HI≥1：8）、狮的为 25%、猫的为 26%，说明我国猫科动物 FPV 感染范围也较广。这与细小病毒在环境中较易存活有很大关系。在

自然情况下，发病的比例未见有这么高，原因在于成年猫多为亚临床感染，虽不显症状，但可产生免疫反应。

国内外均研究出灭活疫苗和弱毒疫苗用于预防本病，弱毒疫苗免疫效果优于灭活疫苗。常用的灭活疫苗有 FPV 甲醛灭活疫苗和 BEI（二乙烯亚胺）灭活疫苗。BEI 在灭活过程中主要直接作用于病毒核酸，因此对保护性蛋白的破坏较少，因而优于甲醛灭活疫苗，疫苗 2 次免疫后能诱导动物机体产生对 FPV 的抵抗力，中和抗体可持续达 3～7 年。

美国猫用疫苗咨询委员会报告（2006 年）推荐的 FPV 免疫程序为：幼猫在 6～12 周（依据母源抗体消失的时间）进行首免，每 3～4 周免疫 1 次直到第 16 周，24 个月后再加强免疫一次，之后每 36 个月加强免疫一次，如果成年猫进行首次接种，第 2 次接种间隔时间应该不超过 2 周。疫苗免疫途径多为皮下注射和肌内注射，弱毒疫苗也可通过滴鼻的形式进行免疫接种。FPV 弱毒疫苗可引起胎猫和 4 周龄以内的幼猫小脑发育不全。此外，幼猫血清中的母源抗体也会干扰弱毒疫苗的免疫应答，因此不能对怀孕的母猫和 4 周龄以下的幼猫使用弱毒活疫苗。

四、制品

（一）诊断试剂

国外已经批准的诊断试剂有 FPV 胶体金检测试纸条，快速而准确，广泛用于基层检测机构进行 FPV 的初步诊断。

（二）疫苗

疫苗接种是控制猫泛白细胞减少症流行的有效手段。目前用于 FPV 免疫预防的疫苗大致可分为常规疫苗和新型疫苗 2 类。常规疫苗主要包括灭活疫苗和弱毒活疫苗。目前国内还没有批准生产的 FPV 疫苗。国外有市售的甲醛氢氧化铝胶灭活疫苗、BEI（二乙烯亚胺）氢氧化铝胶灭活疫苗和 BPL（β-丙内酯）氢氧化铝胶灭活疫苗，另外还有多联弱毒活疫苗和灭活疫苗。

FPV 氢氧化铝胶灭活疫苗是用 FPV 种毒同步接种 CRFK 细胞培养，收获病毒液，经甲醛溶液灭活，加入氢氧化铝胶佐剂制备而成。用于断奶后的猫的免疫，免疫期为 12 个月。

FPV 活疫苗是用细胞弱毒株接种于 F81 细胞培养，收获病毒液，加入冻干保护剂后充分混合，定量分装后冷冻干燥而成。

目前美国富道公司（FortDodge）、荷兰英特威（Intervet）、美国辉瑞公司（Pfizer）、美国先灵葆雅（Schering-Plough）和法国梅里亚（Merial）公司已经研制并获准上市了 FPV 多联疫苗。经免疫试验证明，猫泛白细胞减少症、猫鼻气管炎（FHV-1）、猫杯状病毒（FCV）病三联活疫苗各成分间不存在干扰，且免疫力持久，对 FPV 的免疫期可达 7 年，对 FHV 和 FCV 的免疫期为 36～48 个月。其他联苗还有 FPV、FCV、FHV-1、狂犬病四联疫苗，FPV、FCV、FHV-1、猫白血病（FeLV）四联疫苗，FPV、FCV、FHV-1、猫亲衣原体（C felis）四联疫苗，FPV、FCV、FHV-1、C felis、狂犬病五联疫苗，FPV、FCV、FHV-1、C felis、FeLV 五联疫苗。这些疫苗多数为弱毒疫苗和灭活疫苗，免疫途径大多采用注射接种，也有个别为鼻内接种。

Spitzer 等（1996）证实，啮齿类细小病毒与 FPV/CPV 核衣壳基因的重组体在猫细胞系中能够包装。我国杨松涛（2005）用犬腺病毒 2 型构建了 FPV VP2 蛋白的重组活载体疫苗，3 免后 15d，SN 抗体效价可达 1：（128～256），用 FPV 强毒攻击可达 100% 保护。Hu 等（1996）应用貉痘病毒为载体，构建了含有 FPV VP2 蛋白基因的重组痘病毒，用猫抗 FPV 多克隆荧光抗体检测的结果表明，表达的 FPV VP2 蛋白主要存在于痘病毒感染的细胞胞浆中，免疫猫 14d 后用 FPV 强毒进行口服攻毒，免疫猫均未出现临床症状且保持白细胞数不下降。Hu 等（1997）还应用貉痘病毒为载体构建了含有 FPV VP2 和狂犬病病毒（RV）G 糖蛋白基因的双价重组貉痘病毒，通过同源重组得到了能表达 FPV VP2 蛋白和 RV G 蛋白的重组 TK⁻ 痘病毒，将该二价重组病毒皮下接种猫，可诱导机体产生较高的抗 FPV 和 RV 中和抗体，且免疫猫可抵抗 FPV 强毒株的攻击并保持白细胞数不下降。此外，杜莹等（2011）将 FPV VP2 基因克隆到杆状病毒载体中，转染 Sf9 昆虫细胞后，VP2 蛋白得到大量表达，并形成 FPV 病毒样颗粒；免疫小鼠后，可检测到特异性中和抗体，且抗体水平高于 FPV 灭活疫苗诱导的体液免疫应答水平。

五、展望

传统疫苗如灭活疫苗和弱毒活疫苗已能用来有效保护猫免受 FPV 感染，但各有其优缺点。FPV 弱毒活疫苗由于可较快产生免疫力和更好地克服母源抗体干扰，因而可作为首选疫苗，但要注意，弱毒活疫苗会使患有免疫抑制或免疫缺陷的猫发病，且有毒力返祖的危险。灭活疫苗多数加有佐剂，易引起注射部位炎症反应，但使用较安全。基因工程疫苗在安全性、纯度、稳定性上有明显优势，但目前免疫效果没有传统疫苗好，还需克服免疫次数多、免疫期短的缺点，是目前研究的主要方向。

另外，疫苗保护率的高低与疫苗的接种途径、免疫程序、免疫动物的健康状况、饲养环境也有很大关系。FPV 疫苗的主要接种方式为皮下注射和肌内注射。上述两种接种方式比鼻内接种可产生更坚实的保护力和较好的抗母源抗体干扰效果。接种疫苗前要先排除一些不利因素，如母源抗体干扰、先天性的或获得性的免疫缺陷、是否患病、营养状况和免疫抑制，确保对健康猫接种才能使疫苗起到更好的保护作用。幼猫的母源抗体一般在 8～12 周消失，但有个别猫体在 6 周时母源抗体就减弱，有的猫体在 12 周以后母源抗体还持续存在，因此免疫接种前应测定母源抗体是否已经下降至合理水平。即使是接种过疫苗的幼猫，如果饲养环境较差，环境中有大量细小病毒污染物，也容易使猫感染细小病毒。

（闫喜军　薛青红）

主要参考文献

杜莹，2009. 猫泛白细胞减少症病毒 VP2 基因在重组杆状病毒中的表达及其免疫原性研究 [D]. 长春：吉林大学.

杜莹，冯昊，张仁舟，2011. 猫泛白细胞减少症病毒 VP2 基因在昆虫细胞中的表达 [J]. 中国兽医学报，4：461-464.

杜莹，冯昊，张仁舟，等，2011. 猫泛白细胞减少症病毒 VP2 基因在昆虫细胞中的表达 [J]. 中国兽医学报，31 (4)：461-464.

李刚，蔡宝祥，张振兴，1985. 猫泛白细胞减少症病毒的分离与鉴定 [J]. 病毒学报 (4)：60-64, 121.

邱薇，夏咸柱，范泉水，2000. 桂林老虎猫瘟热病毒的分离鉴定 [J]. 中国预防兽医学报，22 (4)：249-251.

夏咸柱，2003. 东北虎重要病毒性疫病血清学调查研究 [J]. 中国兽医学报，23 (4)：68-71.

杨松涛，2006. 猫泛白细胞减少症病毒 VP2 基因遗传进化及其重组蛋白免疫原性研究 [D]. 长春：吉林大学.

杨松涛，夏咸柱，乔军，等，2005. 表达猫瘟热病毒 VP2 蛋白重组腺病毒的构建及其免疫原性研究 [J]. 中国病毒报，6：637-641.

Addie D D, Toth S, Thompson H, 1998. Detection of Feline parvovirus in dying pedigree kittens [J]. Veterinary Record, 142 (14)：353-356.

Goto H, Horimoto M, Shimizu K, et al, 1981. Prevalence of feline viral antibodies in random-source laboratory cats [J]. Jikken Dobutsu, 30 (3)：283-290.

Hu L, Esposito J J, Scott F W, 1996. Raccoon poxvirus feline Panleukopenia virus VP2 recombinant protects cats against FPV challenge [J]. Virology, 218 (1)：248-252.

Hu L, Ngichabe C, Trimarchi C V, et al, 1997. Raccoon poxvirus live recombinant feline Panleukopenia virus VP2 and Rabies virus glycoprotein bivalent vaccine [J]. Vaccine (12/13)：1466-1472.

Paul-Murphy J, Work T, Hunter D, et al, 1994. Serologic survey and serum biochemical reference ranges of the free-ranging mountain lion (Felis concolor) in California [J]. Journal of Wildlife Disease, 30 (2)：205-215.

Richards J R, Elston T H, Ford R B, et al, 2006. The 2006 American association of feline practitioners feline vaccine advisory panel report [J]. Journal of the American Veterinary Medical Association, 229 (9)：1405.

Roelke M E, Brown M A, Troyer J L, et al, 2009. Pathological manifestations of Feline immunodeficiency virus (FIV) infection in wild African lions [J]. Virology, 390 (1)：1-12.

Spitzer A L, Parrish C R, Maxwell I H, 1997. Tropic determinant for Canine parvovirus and Feline panleukopenia virus functions through the capsid protein VP2 [J]. Journal of General Virology, 78 (4)：925-928.

Steinel A, Munson L, Vuuren M V, et al, 2000. Genetic characterization of Feline parvovirus sequences from various carnivores [J]. Journal of General Virology, 81 (2)：345-350.

Yang S, Xia X, Qiao J, et al, 2008. Complete protection of cats against Feline panleukopenia virus challenge by a recombinant Canine adenovirus type 2 expressing VP2 from FPV [J]. Vaccine, 26 (11)：1482-1487.

第二十九章　毛皮动物的病毒类制品

第一节　兔病毒性出血症

一、概述

兔出血症（Rabbit haemorrhagic Disease, RHD）又称兔病毒性出血症，俗称兔瘟。本病是由兔出血症病毒（RHDV）引起兔的一种急性高度接触性传染病。其特征是：呼吸系统和全身实质性组织器官出血、瘀血、水肿；发病急、潜伏期短、发病率和死亡率高，24～48 h 内的死亡率可达 60%～90%，两月龄以内的乳兔有一定抵抗力。病兔经常无任何前期症状，突然倒地呈昏迷状态，死亡前挣扎、抽搐、惊叫，表现出短暂的兴奋，然后猝死，常可见病兔从口鼻中流出鲜血。

本病于 1984 年首先发生于我国江苏无锡、宜兴、江阴等地，随即蔓延到全国多数地区。此后，世界上许多国家和地区相继报道了本病。

RHD 主要通过被分泌物、排泄物污染的饲料、饮水、用具间接传播，也可经直接接触传播，经口腔、皮肤划痕、眼结膜、滴鼻、腹腔等途径人工感染均可复制本病。本病多在冬春寒冷季节流行，夏秋炎热季节则很少发生。3 月龄以上兔的发病率为 95%～100%，2～3 月龄发病率和死亡率均为 80% 左右，1～2 月龄家兔的发病率和死亡率为 50%，1 月龄以内的幼兔很少发病，一旦发病病程较长，一般为 5～7d，呈衰竭性变化。

根据临床症状可分为最急性、急性和慢性型。

最急性型：多见于非疫区或流行初期，无任何前兆或仅表现短暂兴奋，而后卧地挣扎，尖叫而死。

急性型：病程 1～2d，体温升高达 41℃以上，有渴感，眼结膜初期为潮红色，后变为暗紫色。耳潮红，湿热，多数病兔呼吸急促。临死前表现为短时间内突然兴奋、挣扎、倒地，四肢作急速的前后划动，高声尖叫，抽搐死亡。死后呈角弓反张。

慢性型：多见于老疫区或流行末期，潜伏期和病程长，精神不振，采食减少，迅速消瘦，衰弱而死。有的可以耐过，但生长缓慢，发育较差。

二、病原

RHDV 属于杯状病毒科杯状病毒属。病毒粒子直径为 32～36 nm，20 面体立体对称，无囊膜；病毒粒子的衣壳由 32 个圆柱状壳粒构成。

（一）病毒基因组

RHDV 为单股正链 RNA 病毒，基因组长度为 7 437 nt，5′末端没有帽子结构，而是共价结合了与感染性相关的 VPg 蛋白，3′末端结合有 Poly（A）尾。此外，在 3′末端还存在一个占整个基因组三分之一的亚基因组，共同包裹在以主要结构蛋白 VP60 为基础构成的核衣壳中。基因组包含 2 个开放阅读框（ORF）。ORF1 的长度约为 7 034 nt，ORF2 位于 3′末端，与 ORF1 有 17 个核苷酸的重叠，长度为 353 nt，两者覆盖了基因组全长的 99%。其中 ORF1 主要编码非结构蛋白和核衣壳蛋白 VP60，ORF2 主要编码目前功能尚不清楚的 VP12。

（二）病毒蛋白

1. ORF1 编码的蛋白 Wirblich（1996）研究表明，ORF1 编码 6 种非结构蛋白，即 p16、p23、p37 解旋酶，p30、TCP 蛋白水解酶和 RNA 聚合酶。它们按照下列顺序在 ORF1 中排列：NH2 - p16 - p23 - p37 - p30 - VPg - TCP - 聚合酶-Vp60 - COOH。p37RNA 解旋酶和 RNA 聚合酶类似于微 RNA 病毒的 2C 和 3D 蛋白。TCP 蛋白水解酶则类似于微 RNA 病毒的 2A 和 3C 蛋白，TCP 蛋白位于 ORF1 的中心、RNA 聚合酶的上游。

2. ORF2 编码的蛋白 ORF2 存在于 RHDV 的 3′端末尾，共 351 nt，与 ORF1 存在若干核苷酸的重合，编码一个 12.7 kDa 的蛋白，目前此蛋白的功能尚不清楚。

三、免疫学

本病毒在发病期间有一个从细胞核到细胞质的动态过程。从亲代病毒侵入机体细胞到形成子代病毒，有一个不能或极少发现细胞内病毒粒子的"隐蔽期"。接种病毒在 48h 内死亡的家兔，其"隐蔽期"是 12～18h，在此期细胞内无病毒可检测到，接种兔也无临床症状。"隐蔽期"之后，病毒开始在核内复制、装配。成熟的子代病毒首先在细胞核内出现，并在核内大量增殖，临床上病兔表现为精神委顿，采食减少，体温急剧上升。这时细胞核内的病毒含量逐渐达到高峰，这段时间是 6～8h。随着核内病毒数量增加，细胞核变性、破裂，病毒向细胞质扩散，细胞质中开始出现病毒。这时病兔呆滞、废食，体温也开始下降，进入了后期，这时大约是接种后 30h。在濒死阶段，大部分细胞核都受损破裂，此时细胞核中的病毒数量大为下降，甚至接近于零，细胞质中的病毒数量则大为增加。

由超薄切片电镜观察，病毒粒子密集地排列于家兔的肝、脾、肾、肺、支气管、气管和心脏等器官的实质细胞及血管内皮细胞的核内的核中心或核膜孔附近。病毒粒子在各脏器组织出现的数量明显不同，由多到少依次为：血管内皮、肝、脾、肾、肺、气管、心等。从病毒在各器官中分布的数量差异，以及不同组织细胞被损坏的轻重不同，似乎该病毒具有嗜血管内皮及网状内皮的特性。

四、制品

（一）诊断试剂

国内外已开展多种 RHD 诊断技术研究，目前尚在实验室研究阶段，还未有批准的诊断试剂在市场中应用。

（二）疫苗

目前预防 RHD 主要为组织灭活疫苗，在其中加入不同佐剂，如铝胶、矿物油、中药、囊素、蜂胶等，均取得了比较好的效果。人工感染实验动物，如大鼠、小鼠、仓鼠和豚鼠，均不能发病。迄今为止，还未发现一种适合 RHDV 良好生长的传代细胞系。因此，不能在传代细胞中进行病毒繁殖，病毒不能在鸡胚中培养，乳兔的肝、肺、睾丸等原代细胞均不能够繁殖病毒。Vero、MA104、Hela、IBRS - 2、乳兔肾传代细胞等均不能产生规律性的 CPE，经过不同的处理措施如同步接种、胰酶处理、用兔血清代替牛血清等也均未成功。美国梅岛在 1989 年外来病年度报告中指出，国外曾用 60 余种动物的原代细胞和传代细胞培养 RHDV 均未获得成功，因此得出结论认为本病毒不能适应细胞培养。但是国内也曾有过 RHDV 在细胞上传代成功的例子。

王汉中等（1988）报道采用同步接毒的方法，接种 1～8 日龄的乳兔肾（RK）、乳兔肺（RL）等原代细胞后 48～72h 可产生明显的 CPE，血凝效价可增高 5～10 倍，在 RK 和 RL 等原代细胞上传代时，4～8 代细胞最为敏感，传至 14 代后则不表现明显的 CPE，细胞毒经 PEG 浓缩、Sepharose - 4B 柱层析纯化后可在电镜下观察到完整的病毒粒子，回归感染大耳白兔，实验动物在 36～54h 内 100%死亡。

吉传义等（1994）报道在 RK 细胞继代培养过程中，获得一株转化的上皮细胞，定名为杜吉氏兔肾细胞（DJRK）。用 DJRK 细胞培养 RHDV 第 3 代后开始出现规律性细胞病变，24～72h 可见大量细胞变圆、聚集、脱落，部分细胞拉丝呈不规则形态；第 5 代、第 10 代和第 16 代细胞毒回归易感兔能复制 RHD，但病程显著延长呈亚急性过程，发病兔在 5～11d 内死亡，具有典型的 RHD 症状。用灭活的细胞毒接种易感兔，血清中 HI 效价在第 15 天升高到 2^9～2^{12}，攻毒后全部获得保护。DJRK 细胞培养 RHDV 的成功为研制出安全、方便、经济的细胞培养灭活疫苗以取代脏器灭活疫苗创造了条件。

我国现用于生产 RHD 脏器灭活疫苗的毒株包括 AV33 株、皖阜株、CD85-2 株等。

1. 佐剂灭活疫苗 目前使用的组织灭活疫苗均系用发病兔肝脏经 0.4% 的甲醛溶液在 37℃ 下灭活，加入防腐剂和缓冲剂制得。一般在 40~45 日龄首免 2mL，60~65 日龄二免 1mL，以后每个月 1 次，6~8d 产生保护抗体，16~18d HI 抗体滴度达到最高，以后缓慢下降。为了适应市场需要，研究者们尝试了多种免疫佐剂，如铝胶佐剂、油乳剂、蜂胶、中药成分等，发现铝胶佐剂疫苗免疫产生的抗体峰值、免疫期均高于常规疫苗，但免疫初期抗体上升的速度慢于常规疫苗；油乳剂疫苗免疫后抗体上升速度慢但是维持时间长，保质期略长；中药成分，如淫羊藿、黄芪、人参等佐剂成分可以加快抗体产生的速度，维持时间也长，显示出了优良的佐剂性质。

目前国内批准生产的灭活疫苗有兔病毒性出血症、多杀性巴氏杆菌病、产气荚膜梭菌病（A型）三联灭活疫苗（AV33 株＋C57-2 株＋C57-1株）；兔病毒性出血症、巴氏杆菌病二联灭活疫苗（皖阜株＋C51-17 株）；兔病毒性出血症、多杀性巴氏杆菌病二联灭活疫苗（CD85-2 株＋ C51-17 株）；兔病毒性出血症、多杀性巴氏杆菌病、产气荚膜梭菌病（A型）三联灭活疫苗（皖阜株＋C51-17 株＋苏84-A 株）。

2. 基因工程疫苗 利用分子生物学方法表达 RHDV 主要免疫原性物质核衣壳蛋白 VP60 为基因工程疫苗的开发提供了新的方式。Boga（1994）在大肠杆菌中表达了与天然 VP60 极为相似的蛋白质，可诱导产生有效的保护性免疫。Laurent、Soledad Marin、Planna Duran、Sylvie Laurent 等（1994）用杆状病毒-昆虫细胞系统表达了 VP60，经 Western blotting 和 ELISA 试验证实具有良好的抗原性。Boga 等在酵母表达系统中用 PMA91 表达载体表达了 VP60 核衣壳蛋白，试验证实具有良好的免疫原性。Bertagnoli 等（1996）用牛痘病毒哥本哈根株构建了 1 株重组牛痘- RHDV 病毒，表达了 VP60。Fischer 等（1997）以 ALNAC 为基础构建了 1 株重组病毒 vCP309 以表达 VP60，用此表达蛋白免疫机体后产生较高的抗体水平。在国内利用杆状病毒-

昆虫细胞系统研制的 RHDV 昆虫杆状病毒载体灭活疫苗已经进入临床阶段，未来几年将进入市场。

3. 细胞培养灭活疫苗 刘光耀等（2002）重新研究了 RHDV 对 DJRK 细胞的感染特性发现，虽然病毒能够感染 DJRK 细胞，并能在细胞中增殖，病毒接种后 4h 开始进行核酸增殖，在接种后 10h 左右病毒的核酸量迅速增加，到 20h 后到达最大量，但是不能检测到 HA，没有观察到细胞病变，病毒不包装成病毒粒子，没有成熟的病毒粒子释放。因此，DJRK 作为疫苗生产细胞系仍有很多瓶颈要突破。

五、展望

当前困扰 RHDV 研究的最主要瓶颈就是难以获得适合病毒生长繁殖的细胞系。此外，挑选出一株适合于在传代细胞系中生长繁殖的毒株也至关重要，只有具有良好增殖特性的毒株才可能易于在细胞系中生长。目前尚未发现一个适合 RHDV 生长且能满足疫苗生产需要的细胞系。因此，现在的 RHDV 疫苗仍以组织脏器灭活疫苗为主。组织脏器灭活疫苗存在的问题包括：免疫效果不佳、抗体上升速度慢、抗体维持时间短、需要多次免疫注射等，这些因素大大限制了使用范围。未来开发出既安全又有效的疫苗可能是 RHDV 研究工作的主要目标。

（闫喜军 薛青红）

主要参考文献

陈柳，云涛，刘光清，等，2010. 兔出血症病毒衣壳蛋白 VP60 在杆状病毒表达系统中的表达及细胞内定位 [J]. 浙江农业学报，22（2）：135-139.

吉传义，张英，孙智峰，等，1994. 兔出血症病毒接种幼年兔及乳兔的人工感染试验 [J]. 畜牧与兽医（5）：1-3.

刘光耀，2002. 兔出血症病毒部分基因序列的测定及感染 DJRK 细胞的实验 [D]. 南京：南京农业大学.

刘怀然，刘家森，胡迎东，等，2007. 兔出血症病毒 VP60 基因在昆虫细胞中形成病毒样颗粒及其特性 [J]. 中国比较医学杂志，17（8）：448-454.

刘胜江，薛华平，浦伯清，等，1984. 兔的一种新病毒病——兔病毒性出血症 [J]. 畜牧与兽医（6）：253-255.

王芳，胡波，任雪枫，等，2008. 兔出血症病毒衣壳蛋白在昆虫细胞中的表达及对家兔的免疫保护效果 [J]. 畜牧兽医学报，39（10）：1382-1387.

王汉中，孙松柏，罗经，等，1998. 兔出血症病毒灭活疫苗抗病毒机制的研究 [J]. 中国畜禽传染病 (6)：46-48.

Bertagnoli S, Gelfi J, Petit F, et al, 1996. Protection of rabbits against rabbit viral haemorrhagic disease with a vaccinia-RHDV recombinant virus [J]. Vaccine, 14 (6)：506-510.

Boga J A, Casais R, Marin M S, et al, 1994. Molecular cloning, sequencing and expression in *Escherichia coli* of the capsid protein gene from rabbit haemorrhagic disease virus (Spanish isolate AST/89) [J]. Journal of Genernal Virology, 75 (9)：2409-2413.

Boga J A, Martín A J M, Casais R, et al, 1997. A single dose immunization with rabbit haemorrhagic disease virus major capsid protein produced in Saccharomyces cerevisiae induces protection [J]. Journal of Genernal Virology, 778 (Pt 9)：2315-2318.

Fischer L, Le Gros F X, 1997. A recombinant canarypox virus protects rabbits against a lethal *Rabbit hemorrhagic disease virus* (RHDV) challenge [J]. Vaccine, 15 (1)：90-96.

Hukowska-Szematowicz B, Pawlikowska M, Deptula W, 2009. Genetic variability of Czech and German RHD virus strains [J]. Polish Journal of Microbiology, 58 (3)：237-245.

J H, J M, Pr D, 2005. Exposure of rabbits to ultraviolet light-inactivated *Rabbit haemorrhagic disease virus* (RHDV) and subsequent challenge with *Virulent virus* [J]. Epidemiology and Infection, 133 (4)：731-735.

Laurent S, Vautherot J F, Madelaine M F, et al, 1994. Recombinant *Rabbit hemorrhagic disease virus* capsid protein expressed in baculovirus self-assembles into viruslike particles and induces protection [J]. Journal of Virology, 68 (10)：6794-6798.

Muller A, Freitas J, Silva E, et al, 2009. Evolution of *Rabbit haemorrhagic disease virus* (RHDV) in the European rabbit (*Oryctolagus cuniculus*) from the Iberian Peninsula [J]. Veterinary Microbiology, 135 (3/4)：368-373.

OFarnós O, Fernández E, Chiong M, et al, 2009. Biochemical and structural characterization of RHDV capsid protein variants produced in *Pichia pastoris*：Advantages for immunization strategies and vaccine implementation [J]. Antiviral Research, 81 (1)：25-36.

zcampos S, Alvarez M, Culebras J M, et al, Pathogenic molecular mechanisms in an animal f fulminant hepatic failure：*Rabbit hemorrhagic*

viral disease [J]. Journal of Laboratory and Clinical Medicine, 144 (4)：215-222.

Wirblich C, Thiel H J, Meyers G, 1996. Genetic map of the calicivirus rabbit hemorrhagic disease virus as deduced from *in vitro* translation studies [J]. Journal of Virology, 70 (11)：7974-7983.

第二节　兔黏液瘤病

一、概述

兔黏液瘤病（Myxomatosis）是由兔黏液瘤病毒（*Myxoma virus*）引起家兔和野兔的一种高度传染性、高度致死性疾病。病兔表现为全身皮下，特别是面部和身体各天然孔周围皮下水肿、胶样浸润，病死率可达90%～100%。

本病最早于1896年由Sanarelli在乌拉圭的蒙得维亚发现，随后不久该病即传播到巴西、阿根廷、哥伦比亚和巴拿马等国家。到目前为止，已有至少56个国家和地区发生过本病，主要集中在北美洲、南美洲、欧洲和澳大利亚。

在南美洲的大部分地区兔黏液瘤病毒主要流行于棉尾兔属，尤其是林兔；而在智利等国家兔黏液瘤病毒主要的寄存宿主是欧洲野兔（又称穴兔）。北美洲的加利福尼亚株兔黏液瘤病毒主要流行于野生棉尾兔属，尤其是粗尾棉尾兔，并成为引发家兔感染的传染源。在欧洲各国和澳大利亚，欧洲野兔和澳洲野兔（欧洲家兔的后裔）是兔黏液瘤病毒主要宿主。

吸血昆虫是本病的重要传播媒介，主要是蚊（库蚊和按蚊），病毒可在蚊体内存活达7个月之久，此外蚋蝇、蜱、兔蚤和螨等也能携带并传播该病毒。直接与病兔或被污染的饲料、饮水和器具等接触亦能引起感染。

我国目前尚未发现本病，但有研究表明，我国饲养的家兔人工接种黏液瘤病毒的发病率和死亡率均为100%。因此，我国将其列入二类动物传染病。随着我国对国外各种兔产品、原料及种兔等需求量的加大，该病对我国养兔业的潜在威胁日益增加，如果传入，将造成无法估量的危害和经济损失。

二、病原

兔黏液瘤病毒属于痘病毒科（Poxviridae）、

兔痘病毒属（*Leporipoxvirus*）。病毒粒子呈砖形，大小约为 280nm×230nm×75nm，具有核心膜、表面膜和囊膜 3 层套膜。到目前为止，已鉴定出 2 种不同类型的兔黏液瘤病毒，分别是南美型（流行于林兔间）和加利福尼亚型（流行于粗尾棉尾兔），两者均可感染欧洲野兔，并引起兔黏液瘤病。加利福尼亚毒株 MSW 对欧洲野兔的致病性高于南美洲的 SLS 和 Lausanne 毒株。

（一）病毒基因组

兔黏液瘤病毒的基因组为双链 DNA，以强毒株 Lausanne 为例，其基因组全长约 161.8 kb，A/T 含量约为 56.4%，编码 171 个基因。兔黏液瘤病毒基因组由约 2 000 个独立的核酸片段装配而成，因而存在有约 56% 的重复片段。基因组的两端存在长约 11.5 kb 的末端反向重复序列（TIR），其中包含了 2 个拷贝的 12 个基因。有分析表明，基因组的核心部分长约 120 kb，包含高度保守的约 100 个基因，编码了大部分的结构蛋白和功能蛋白。由于兔黏液瘤病毒粒子较大，结构极为复杂，因此其蛋白组成目前仍然不清楚。

（二）病毒编码的免疫调节蛋白

兔黏液瘤病毒编码多种免疫调节蛋白，主要包括毒力因子、病毒编码受体、宿主嗜性和（或）细胞凋亡调节蛋白、巨噬细胞和 T 细胞活性调节蛋白等。这些免疫调节蛋白在兔黏液瘤病毒感染和复制过程中起到极其重要的作用。

1. 毒力因子和病毒编码受体　兔黏液瘤病毒编码的毒力因子和受体是以宿主抗病毒感染和早期炎症反应作为靶目标，是病毒破坏宿主免疫反应的主要手段。病毒编码受体与细胞受体极为相似，并分泌、表达于感染细胞表面，有目的地结合或阻碍细胞外配体，起到下调炎症反应或抗病毒反应的作用。毒力因子通常分泌到细胞外，与宿主免疫相关分子（如细胞因子、炎症趋化因子）类似，但通常较小，且具有相反的生物活性。主要包括：①M-T1，CC-趋化因子抑制物；②M-T2，肿瘤坏死因子受体同系物；③M-T7，γ-干扰素受体同系物；④Serp-1，分泌的丝氨酸蛋白酶抑制剂；⑤黏液瘤生长因子，表皮生长因子受体 erbB 家族的配体。

2. 细胞凋亡调节蛋白　病毒感染细胞的初期，细胞凋亡是宿主限制病毒复制和感染的主要方式。兔黏液瘤病毒编码的免疫调节蛋白可通过抑制半胱氨酸天冬氨酸蛋白酶（Caspases）和线粒体裂解等方式来抑制感染早期宿主细胞的凋亡反应。这类蛋白主要包括 M-T4、M-T5、M11L 和 Serp-2 等。

3. 巨噬细胞和 T 细胞活性调节蛋白　由于巨噬细胞和 T 淋巴细胞在清除病毒中起重要作用，因此兔黏液瘤病毒除分泌毒力因子和受体以抑制宿主抗病毒免疫反应外，其编码的免疫调节蛋白也可直接作用于淋巴细胞，阻止淋巴细胞的活化。

三、免疫学

易感家兔在被带毒昆虫叮咬后，病毒先在局部增殖，并蔓延到引流淋巴结，进一步增殖到较高滴度后，通过被感染的淋巴细胞扩散到较远的组织（如脾脏、睾丸、肺脏、鼻、结膜和皮肤），并进一步引起病毒血症。

病兔的临床症状随毒株和兔种群的不同而不同。目前，已发现 2 种不同症状的兔黏液瘤病，一种是黏液瘤型（经典型），另一种是非黏液瘤型（非经典型）。两者的主要区别在于后者以严重的呼吸性窘迫为特征，而其皮肤症状轻微。

经典型兔黏液瘤病早期临床症状较为明显，眼睑水肿，严重时上、下眼睑互相粘连；口、鼻孔周围和肛门、外生殖器也可见到炎症和水肿，并常见有黏液脓性鼻分泌物。耳朵皮下水肿可引起耳下垂。头部皮下水肿严重时呈"狮子头"状外观。病兔呼吸困难、摇头、喷鼻、发出呼噜声。母兔阴唇发炎水肿，公兔阴囊肿胀。病至后期可见皮肤出血，眼黏液脓性结膜炎，羞明、流泪和耳根部水肿，最后全身皮肤变硬出现部分肿块或弥漫性肿胀。感染动物一般存活 1～2 周，濒死时往往出现肢体末端抽搐。

黏液瘤病毒能明显下调感染细胞表面 CD4 与主要组织相容性复合物（MHC）中 I 类抗原的数量，导致 I 类抗原介导的递呈病毒作用显著降低，严重阻碍细胞介导的对黏液瘤病毒的免疫反应。另外，感染细胞产生的一些具有细胞因子活性的病毒蛋白能从多方面阻断宿主细胞因子网络系统，导致宿主细胞因子分泌紊乱。病兔最终死于机体多器官功能障碍，以及由此引发的呼吸道细菌继发感染。

四、制品

（一）诊断方法

在国际贸易中，兔黏液瘤病尚无指定的诊断方法，典型病例较易诊断，根据临床特征、病理变化，结合流行病学即可做出初步诊断。而对于一些毒力较弱的兔黏液瘤病毒引起的非典型病例，或因兔群具有较高的抵抗力，病情或病变不严重时，则诊断较为困难。可采取病变组织作成切片或涂片进行检测，寻找星状细胞，同时接种家兔、鸡胚或兔肾细胞以分离病毒作出确诊。

（二）疫苗

国外批准使用的兔黏液瘤活疫苗毒株包括MSD、MSD/B、SG33等。

易感兔在感染兔黏液瘤病毒后第14日左右，血清中和抗体含量即可达到很高水平，耐过兔能抵抗兔黏液瘤病毒和兔纤维瘤病毒的再感染，血清抗体可持续存在18个月。

细胞免疫是兔抵抗兔黏液瘤病毒的主要手段，因此现有疫苗均为弱毒活疫苗。使用这些疫苗免疫时存在个体差异大，免疫持续期不定的特点，因此为了获得更好的保护率，经常需要加强免疫。

1. 异源疫苗　由于兔肖普纤维瘤病毒与兔黏液瘤病毒亲缘关系较近，同时具有交叉保护，因此接种兔肖普纤维瘤病毒后，能保护免疫兔抵抗兔黏液瘤病毒的感染，具有一定保护力。但其产生的保护力具有不一致、不稳定、免疫期不定的特点，同时在接种部位仍可产生良性的纤维瘤。在欧洲，一般采取在夏天黏液瘤病传播季节到来之前，用纤维瘤病毒两次（3月或5月）接种家兔，同时在接种时及接种后4d、6d和10d使用可的松以提高兔的免疫力。

2. 同源疫苗

（1）兔黏液瘤病毒MSD弱毒活疫苗　1949年McKercher从暴发于圣地亚哥的兔黏液瘤病例中分离出兔黏液瘤病毒弱毒株MSD，现已被用作疫苗株。免疫后，仅表现出较弱的皮肤反应，免疫期约为9个月。

（2）兔黏液瘤病毒MSD/B弱毒活疫苗　将弱毒株MSD进一步驯化，首先接种鸡胚，连续传161代，然后在兔肾细胞（RK13）中连续传40代，直到完全丧失致病性，从而获得了保持免疫原性的弱毒株MSD/B（Borghi株）。以其作为疫苗免疫兔，不仅对兔安全无害，且能产生良好的免疫力。该疫苗已在意大利等国使用。

（3）兔黏液瘤病毒SG33弱毒活疫苗　兔黏液瘤病毒弱毒株SG33来源于强毒株Lausanne，在33℃条件下，通过兔肾细胞连续传代获得。通过对弱毒株SG33基因组限制性片段长度多态性图谱研究表明，弱毒株SG33基因组缺失约15kb，包括重要毒力基因的一段和部分右侧末端反向重复序列。目前，兔黏液瘤病毒SG33弱毒活疫苗已在法国、比利时和意大利批准使用。除同样表现出较弱的皮肤反应外，其免疫期为接种后的4d到10个月。

3. 其他疫苗　通过基因工程技术有目的地缺失兔黏液瘤病毒的宿主嗜性基因或主要毒力基因，由这种方式获得的弱毒株现已成为兔黏液瘤疫苗的优秀候株，其既可以产生良好的免疫效果，又极大地减弱了疫苗免疫引起的副反应，但其免疫期较短。

五、展望

一般来说，切断蚊、蚤等吸血昆虫媒介，同时对新引进种兔和病兔进行隔离检疫，可有效控制该病的暴发。

由于缺乏有效的治疗方法，因此本病以预防为主。现有活疫苗多存在一定毒力，接种后往往出现皮肤反应，同时疫苗免疫效果受个体差异影响较大，存在免疫失败现象，且免疫期较短。因此，安全、无毒副作用、长效的疫苗是各国科研工作者研究的目标。

（闫喜军　薛青红）

主要参考文献

王明俊等，1997. 兽医生物制品学［M］. 北京：中国农业出版.

殷震，刘景华，1997. 动物病毒学［M］. 2版. 北京：科学出版社.

朱其太，2002. 兔黏液瘤病［J］. 中国动物检疫，19（4）：42-44.

张敬友，张常印，1998. 兔黏液瘤病诊断方法的研究 [J]. 中国兽药杂志（3）：6-9.

Stanford M M, Werden S J, Mcfadden G, 2007. Myxoma virus in the European rabbit: Interactions between the virus and its susceptible host [J]. Veterinary Research, 38 (2): 299-318.

Mónica M, Miguel A R, María J C, et al, 2009. Genome comparison of a *Nonpathogenic myxoma virus* field strain with its ancestor, the virulent Lausanne strain [J]. Journal of Virology, 83 (5): 2397-2403.

Cameron C, Hotamitchell S, Chen L, et al, 1999. The complete DNA sequence of *Myxoma virus* [J]. Virology, 264 (2): 298-318.

Zachertowska A, Brewer D, Evans D H, 2006. Characterization of the major capsid proteins of *Myxoma virus* particles using MALDI-TOF mass spectrometry [J]. Journal of Virological Methods, 132 (2): 1-12.

Cavadini P, Botti G, Barbieri I, et al, 2010. Molecular characterization of SG33 and Borghi vaccines used against *Myxomatosis* [J]. Vaccine, 28 (33): 5414-5420.

Saito J K, Mckercher D G, Castrucci G, 1964. Attenuation of the Myxoma virus and use of the living attenuated virus as an immunizing agent for myxomatosis [J]. Journal of Infectious Diseases, 114 (5): 417-428.

第三节　水貂阿留申病

一、概述

阿留申病（Aleutian disease，AD）是由阿留申病病毒（*Aleutian disease virus*，ADV）感染水貂引起的一种病程缓慢的感染性疾病，病毒侵害单核-巨噬细胞系统，以浆细胞弥漫性增生、γ球蛋白异常升高及持续性病毒血症为特征。1956 年 Harlsough 与 Gorham 在养殖的阿留申基因型（银蓝色系）水貂首先发现该病而命名；1964 年 Porte 与 Larsen 证实所有基因型水貂均可感染该病。

ADV 主要感染鼬科动物，水貂与雪貂常见自然感染，阿留申基因型貂更易感，其临床症状明显，死亡率高；水獭、条纹臭鼬、獾也见感染；浣熊感染后虽没有病症，但体液中可检测到该病毒，可能作为病毒传播的中间宿主。病毒可从体液、尿、粪便溢出，对环境抵抗力强，经飞沫、蚊蝇传播，进入口鼻或通过体液高度接触传播。水貂与雪貂无临床症状排毒普遍，病毒能在环境

消毒不彻底的养殖场重新感染检疫阴性的水貂，感染母貂可经胎盘将病毒传给仔貂，野生水貂的 AD 主要为亲子垂直传播。对不同地区的输入貂组成的貂群，病毒通过多种媒介的扩散形成同一貂场病毒型别多样，甚至同一个体可同时感染不同病毒株、不同毒力的毒株，多株病毒同时感染造成更严重的病理变化。

成年感染水貂与雪貂表现相同的临床症状，渐进性消瘦、精神萎靡、烦渴、煤焦油便、共济失调直至后肢瘫痪、震颤、抽搐；血循中浆细胞增生，血清中出现高浓度的 γ 球蛋白；病貂出现贫血，凝血不良、免疫复合物引发的慢性肾小球肾炎和动脉炎典型症状。3～8 周龄幼貂与成年貂的症状不同，幼貂感染后呈急性肺炎，致死率高。每年秋冬换季期症状显现，病情恶化直至死亡，公貂感染率大于母貂，造成毛皮质量降低；AD 母貂易空怀、流产，产仔数和仔貂成活数低。目前世界各地养殖水貂和野生水貂均有 ADV 感染。该病在国内貂场普遍存在，对流免疫电泳检测抗体阳性率为 40%～80%。

AD 导致巨大的经济损失。迄今尚无有效的疫苗、特异的治疗方法，仅通过检疫控制病毒扩散来防制。水貂中普遍存在的 ADV 持续感染会损伤免疫系统，造成免疫抑制，影响其他疫苗的免疫效果。因此 AD 已成为挑战水貂养殖业健康发展的首要疾病。

二、病原

ADV 为细小病毒亚科（Parvovirinae），新划分的 *Amdovirus* 属（仅有 1 个种，即阿留申病病毒）成员，为单股负链 DNA 病毒。ADV 病毒粒子为 20 面体立体对称结构，直径 20～25 nm，无囊膜。病毒的分子质量为 $(3～5)×10^6$ Da，不完整病毒颗粒在 CsCl 中的浮密度为 1.33～1.38 g/mL，完整病毒粒子为 1.42～1.44 g/mL。对氯仿、乙醇、甲醛等有机溶剂处理有一定的抵抗力，0.2%甲醛处理仍保持抗原性。在干燥环境中可保持活性 24 个月，可耐受 60℃高温。ADV 野毒株难以在传代细胞上分离培养，AMDV-Utah I 的变异株 AMDV-G 株适应在 CRFK 细胞上生长，在细胞培养物中的病毒增殖适宜温度为 31.8℃，接毒后 5～7d 才可收获病毒，表现出自限性复制特征。

（一）病毒基因组

ADV 基因组长约 4.8 kb，其末端呈发卡结构。试验证实基因组 3′ 端有一个唯一使用的转录启动子 promoter（TATA box），转录出一个前体 mRNA，基因组中部和 3′ 端有 2 个 polyA 信号位点；前体 mRNA 经历可变剪接和选择 polyA 信号位点，产生常见的 6 种 mRNA。R1、R1′ 两种长度差异大的 mRNA 编码 NS1；R2 mRNA 是病毒增殖期的主要 mRNA，是一个多顺反子，编码 NS2、VP1 与 VP2，R2′ mRNA 编码 NS2；R3 mRNA 编码 NS3、VP2，R3′ mRNA 编码 NS3 蛋白。基因组共编码非结构蛋白 NS1，衣壳蛋白 VP2、VP1 及小于 10 kDa 的非结构蛋白 NS2、NS3 等约 6 种蛋白，其中 VP2 和 NS1 是病毒的主要免疫原性蛋白。

（二）病毒的衣壳蛋白

ADV 蛋白衣壳由 60 个衣壳粒构成。每个壳粒分别由占 90% 的 VP2 和 10% 的 VP1 构成，VP1 和 VP2 分子质量分别为 89 kDa 和 77.6 kDa。由于 VP2 在壳粒中占绝大部分，使得暴露在病毒粒子表面的主要为 VP2，而且与其他细小病毒类似，在没有 VP1 的参与下，仅靠 VP2 的表达就可以自组装成衣壳。

1. VP2 蛋白　VP2 蛋白是主要的抗原成分，可在动物体内诱导产生高水平抗体。VP2 蛋白毒株间保守抗原表位位于 290～525 aa，易变区线性表位于 230～244 aa。依据 VP2 蛋白易变区线性表位 4 可将病毒分为 3 个分子群。VP2 编码序列约 1 944 bp，约由 647aa 组成，分子质量为 75kDa。VP1 较 VP2，序列氨基端多出 42 aa，分子质量为 85 kDa。VP2 蛋白调控病毒毒力、宿主选择，以 AMDV-G 株的 VP2 序列为参考，强毒株的位点 352V、395Q、434H、491D/E 和 534D 的氨基酸残基是保守的；VP2 序列定位于病毒粒子三重对称轴突起附近和二重对称轴凹槽壁，与病毒在体内的致病力相关。

2. NS1 蛋白　NS1 蛋白为 ADV 感染和复制过程中起作用的多功能蛋白，其功能包括 DNA 复制及病毒与细胞启动子的调节，NS1 编码序列长约 1 923 bp，氨基酸序列 640 aa，分子质量为 72 kDa。其作为病毒粒子在宿主内繁殖时合成的早期蛋白，通过对晚期结构蛋白合成的调控，在病毒的复制过程中起重要作用。NS1 氨基酸序列的中间区段在病毒分子型间是保守的，编码氨基端与羧基端的序列易变，各自的 NS1 编码区的 382～717 nt，编码的 112 氨基酸区段有 4 个易变区，显示病毒高度多样性。依据 NS1 易变区序列分为 3 个分子群，雪貂的病毒自成一群，可用于流行病学调查。

三、免疫学

不同毒株的致病力不同。AMDV-G 株是传代细胞适应毒，对动物不致病；AMDV-Utah Ⅰ、AMDV-K、AMDV-United、AMDV-TR、AD-MV-Far east 是强毒株，对所有色系貂均有致病力，尤其是阿留申色系的病貂可发展为严重的渐进性免疫复合物介导的病症，最终致死。AMDV-Utah I 感染水貂，导致严重的 AD，动物在 6～8 周死亡。ADV-Pullman 弱毒株仅对阿留申色系貂致病。从雪貂分离的一些 ADV 仅对雪貂致病，对水貂不致病。一些低毒力毒株会感染抗体阴性的幼貂引起肺炎并导致死亡。胎儿期感染 ADV 可持续到 6 月龄才出现病症。

AMDV-Utah Ⅰ病毒感染抗体阴性水貂一般在 8～10d 后脾、肝、淋巴结产生大量病毒，病毒主要在淋巴结、脾脏复制；病毒感染貂在 10d 后可通过对流免疫电泳（CIEP）方法能检测到抗病毒抗体，抗体效价在 1～1.5 个月期间快速升高并维持在高水平。用福尔马林灭活的组织苗免疫水貂后，用该毒株攻毒，非阿留申色系貂出现明显 AD 症状，于攻毒后 39d 内死亡，但未免疫的水貂攻毒后 5 个月内很少死亡。活病毒感染貂 10d 后，给貂注射抗 ADV 抗体 IgG，出现肝脏的急性炎症坏死，提示貂场通过制备同源组织苗进行其他传染病应急预防时应避免 ADV 的混入。

在成年貂体内，ADV 主要诱导体液免疫，产生高亲和力病毒结合抗体 IgG，但抗体无中和病毒活性，与病毒形成免疫复合物；IgG 的 Fc 与巨噬细胞和单核细胞相应受体 FcR 作用，增强了巨噬细胞的吞噬能力，增强病毒感染细胞的能力，因此，AD 是由 Fc 介导的抗体依赖性病毒感染增强（ADE）疾病。ADE 导致白细胞介素 IL－10 产生，使辅助 T 细胞 Th1 反应转向 Th2 反应，导致浆细胞增生，主要产生抗体而抑制杀感染细胞的 T 细胞毒性反应，干扰抗病毒免疫的建立，促成 ADV 的持续感染。浆细胞增生引发丙种球蛋白异常增高，病毒与抗体形成感染性的循环免疫复合物以各种方式沉积，造成自体免疫病的发生。而在病毒感染引起的幼貂肺炎中，用抗病毒抗体被动免疫能限制病毒在细胞内的转录与复制，使病毒从自由复制向限制性感染发展。ADV 主要在淋巴系统复制，复制的靶细胞是巨噬细胞、树突状细胞和 B 淋巴细胞。病毒与动物体相互作用的复制方式使其在细胞内自限性复制，诱导细胞凋亡，病毒低水平复制，形成限制性感染。病毒在貂体内的限制性感染与持续感染间的关系仍不明确。

四、制品

由于 ADV 对环境抵抗力强，感染病毒的兽场环境中的 ADV 较难清除。AD 是抗体依赖性病毒感染增强性疾病，目前还未成功研制出有效的疫苗。目前养殖企业控制该病最有效的方法是每年检疫留种群水貂，淘汰病毒抗体阳性貂，逐步净化兽群；同时对环境严格消毒，加强饲养管理。

（一）诊断试剂

对流免疫电泳（CIEP）技术是诊断 ADV 的金标准。我国已批准使用的诊断试剂为阿留申病病毒对流免疫电泳抗原，包括"846"脏器 CIEP 抗原和细胞培养 CIEP 抗原。两种抗原的生产毒株分别为"83 左 01"株和 ADV-G 株。近年来，国外已经尝试建立 ELISA 方法实现对该病的高通量自动化诊断。美国 Avecon Diagnostics 公司开发用于检测雪貂 ADV 的 ELISA 试剂盒，雪貂的血清或唾液都可以作为待测样品，检测靶目标为病毒复制期的非结构蛋白抗体。美国佐治亚大学也研制出用于检测雪貂 ADV 的 ELISA 试剂盒，检测靶目标为病毒衣壳蛋白 VP2。芬兰毛皮饲养者协会已经采用昆虫细胞表达的 ADV VP2 蛋白作为检测抗原，建立了用于检测水貂 ADV 的 ELISA 诊断方法，实现了利用机器人进行自动化检测的目标。中国农业科学院特产研究所研制的以 ADV VP2 蛋白为检测抗原的 ELISA 试剂盒即将进入临床试验阶段。另外，还有直接用于检测病毒的 PCR 试剂的研制，但未见实际应用。

（二）诊断试剂制备

1. ADV "846" 脏器 CIEP 抗原制备　将 ADV "83 左 01"株为材料，接种 3 月龄 CIEP 检测阴性貂，逐日注射环磷酰胺，接种后 10～12d，CIEP 检测为阳性时，扑杀水貂，取肠系膜淋巴结、脾和肝脏等含毒组织。将含毒组织充分研磨，冻融 6 次，按照 2∶1 比例加入 fluorocarbon 抽提抗原，上清液即为含抗原的组分；取上清液，加入饱和硫酸铵溶液，离心收集沉淀，加入生理盐水充分溶解后，用标准血清标定效价，稀释到工作浓度使用。该抗原在室温可保存 180d。

2. ADV 细胞 CIEP 抗原制备　用 ADV-G 株接种长成单层的 CRFK 传代细胞，吸附，用 2% 新生牛血清维持液在 32℃ 下培养 5～7d，当细胞病变达 80% 时，收获毒液；冻融 4 次，裂解细胞，在室温下以 7 000r/min 离心 20min，取上清液，在 4℃ 下以 100 000r/min 离心 60min，取沉淀，加入少量 PBS 溶解，即为抗原原液，标定后即为抗原。

五、展望

通过疫苗预防试验发现，用常规疫苗接种后，用强毒株攻击，会加重病情，而被动免疫也能使感染貂病情加剧，因此 AD 是抗体依赖的病毒感染增强疾病。与未免疫水貂相比，用 VP1/2 铝胶佐剂疫苗免疫，攻毒后会发生严重的 AD。用 NS1 疫苗免疫并攻毒后有轻度病症，显示其有部分保护作用。NS1 DNA 疫苗与 NS1 蛋白联合免疫后攻毒，水貂 CD8$^+$ 细胞数量升高，出现了清除病毒感染的 CTL 反应，显示表达 NS1 蛋白的 DNA 疫苗有部分保护作用。

（闫喜军　薛青红）

主要参考文献

姜平，2003. 兽用生物制品学 [M]. 2 版. 北京：中国农业科学技术出版社.

中华人民共和国农业部，2001. 中华人民共和国兽用生物制品质量标准 [M]. 北京：中国农业科学技术出版社.

Bent A，Soren A，Jesper C，1998. Vaccination with *Aleutian mink disease parvovirus*（AMDV）capsid proteins enhances disease, while vaccination with the major non-structural AMDV protein causes partial protection from disease [J]. Vaccine, 16（11/12）：1158-1165.

Best S M，Bloom M E，2005. Pathogenesis of *Aleutian mink disease parvovirus* and similarities to b19 infection [J].

Journal of Veterinary Medicine Series B-Infectious Diseases and Veterinary Public Health, 52 (7/8): 331-334.

Bloom M E, Race R E, Wolfinbargrr J B, 1980. Characterization of *Aleutian disease virus as a parvovirus* [J]. The Journal of Virology, 35: 836-843.

Castelruiz Y, Blixenkrone-Møller M, Aasted B, 2005. DNA vaccination with the *Aleutian mink disease virus* NS1 gene confers partial protection against disease [J]. Vaccine, 23 (10): 1225-1231.

Cho H J, Ingram D G, 1973. Antigen and antibody in Aleutian disease in mink. II. [J]. Canadian Journal of Comparative Medicine, 37 (3): 217-223.

Porter D D, 1980. The reaction of antibody with the Aleutian disease agent using immunodiffusion and immunoelectrophoresis AE Larsen. Aleutian disease of mink [J]. Advances in Immunology, 29: 261-286.

Qiu J, Cheng F, Pintel D, 2007. The abundant R2 mRNA generated by *Aleutian mink disease parvovirus* is tricistronic, encoding NS2, VP1, and VP2 [J]. The Journal of Virology, 81: 6993-7000.

Scott B H, Suresh M, Mary A M, et al, 2010. Intrinsic antibody-dependent enhancement of microbial infection in macrophages: Disease regulation by immune complexes [J]. The Lancet Infectious Diseases, 10: 712-722.

第四节　水貂病毒性肠炎

一、概述

水貂病毒性肠炎（Mink parvovirus enteritis）是由水貂肠炎病毒（MEV）引起的一种以严重腹泻、呕吐、高热、白细胞减少为特征的高度接触性传染病。

水貂病毒性肠炎于1947年首先发生于加拿大安大略威廉姆地区的一些水貂场。是一种以剧烈腹泻为特征的高度接触性传染病。Schofield等（1949）研究证实本病为病毒性传染病，并予以命名。1952年Wills注意到水貂病毒性肠炎与猫泛白细胞减少症类似，利用血清保护试验确认美国也流行本病。此后，丹麦、瑞典、荷兰、英国、日本和前苏联等国家相继报道有本病。1981年我国姜廷秀等报道引进的水貂发生疑似水貂病毒性肠炎，高云等（1981）分离、鉴定了病原，从而证实该病在我国存在。

在自然条件下，本病仅侵袭水貂，是水貂的三大疫病之一。通常呈地方性流行，发病貂群第二年还将发病。不同年龄和性别的所有基因型水貂均有易感性，但以当年生水貂更易感染，而6～8周龄水貂为最高。幼龄貂群发病率50%～60%，死亡率可高达90%。

在自然条件下，不同品种和不同年龄的水貂均有感染性，但幼貂的易感性更强，病貂的年龄越小，死亡率越高。猫自然条件下可感染MEV，但呈隐性经过；人工接种MEV，接种后出现白细胞减少，并出现轻微的腹泻和呕吐症状。

幼貂常在7～9月发生水貂病毒性肠炎，最晚可发生在12月。成年貂多呈慢性经过或者无症状感染。病貂和耐过貂是主要的传染源，Burger等（1965）报道，病后1个月的水貂，排出的粪便可以感染健康水貂使其发病。Bouillant和Hansen（1965）发现，成年水貂发病后12个月，从粪便中还能排出有致病性的病毒。耐过貂可获得较长时间的免疫力，但在12个月内所排粪便仍带有病毒。MEV可经病貂的粪便、尿液和各种分泌物排毒，主要经过消化道传播。幼貂感染MEV，临床症状发生在暴露感染4～9d后，初期以精神沉郁、昏睡、厌食和呕吐为主；随着疾病的进展，发生水样粪便，通常根据不同胆汁含量而出现黄色、绿色、淡红色、灰色黏膜纤维内容物；后期肠黏膜脱落，出现白色肉样粪便，甚至血便。幼龄貂群发病率50%～60%，死亡率可高达80%。

二、病原

MEV属于细小病毒科、细小病毒亚科、细小病毒属的成员，在同属中还有猫泛白细胞减少症病毒，犬细小病毒，浣熊细小病毒，貉细小病毒和蓝狐细小病毒等肉食兽细小病毒。MEV无囊膜，不含脂质和糖类，结构坚实紧密。病毒直径为20～24 nm，呈20面体立体对称结构，分为实心和空心2种病毒颗粒，无囊膜。病毒粒子在4℃ pH6.4以下可凝集猪、猴红细胞，但是不能凝集兔、鸡、白蹄兔和豚鼠的红细胞。

（一）病毒基因组

MEV基因组为单链DNA，DNA长约5 064 bp，在DNA分子的3′和5′端均有发夹结构。MEV与CPV、FPV的核苷酸序列有很高的同源性，仅5′端非编码区有较大差异。基因组有2个主要的开放阅读框（ORF）：3′端编码结构蛋白（VP1、VP2 和 VP3），以及 5′端编码非结构蛋白（NS1、NS2）。编码 NS 和 VP 蛋白的基因起始于不同的启动子，但是编码 NS 和 VP 蛋白的 mRNA 有共同的 poly（A）。在 MEV 基因组的两侧分别含有一个发卡结构。其中 3′端的发卡结构为"Y"形，含 205 个核苷酸，5′端的发卡结构为"U"形，含 62 个核苷酸。有 3 个重复序列，2 个发卡结构与 MEV 基因组复制密切相关。

（二）结构蛋白

MEV 编码 3 种衣壳蛋白 VP1、VP2 和 VP3。VP2 基因长 1 755 bp，编码 584 个氨基酸，分子质量为 63.5 kDa。VP2 蛋白是病毒衣壳蛋白的主要组成成分，其上存在宿主决定位点和组织趋向性的位点，具有血凝活性。VP2 蛋白免疫原性强。

VP1 蛋白由 727 个氨基酸组成，含有 584 个氨基酸的 VP2 蛋白和 143 个氨基酸的独特区，比 VP2 在氨基端多了一段 15 kDa 的蛋白区域，这段区域折叠在病毒粒子中。VP1 和 VP2 结构蛋白来源于同一个 mRNA 的不同转录。VP1 和 VP2 蛋白在病毒感染过程中起着极为重要的作用，缺失 VP1 或 VP2 蛋白的突变体均丧失了对宿主细胞的再感染性。细小病毒 VP1 和 VP2 均可诱导产生中和抗体。

VP3 系 VP2 翻译后经蛋白酶加工而产生，分子质量为 63 kDa，它只在衣壳装配和病毒基因组包装后才出现，存在于 MEV 全病毒颗粒中。其相对量随着感染进程而增加。

MEV 衣壳蛋白由 60 个 VP1 和 VP2 蛋白分子构成，其中包括 5~6 个 VP1 分子、54~55 个 VP2 分子，两种蛋白按一定方式进行装配，形成了病毒粒子的衣壳蛋白。

（三）非结构蛋白

NS1 基因全长为 2 007 bp，编码 668 个氨基酸。细小病毒 NS1 蛋白是具有多种功能的 DNA 锚定蛋白，它们在体外感染过程中具有重要功能。NS2 与 NS1 为同一 mRNA 剪接而来，共编码 185 个氨基酸。

目前对于细小病毒的蛋白合成调控机制了解较少。可能起初合成的病毒蛋白是非结构蛋白，这是因为非结构蛋白的转录比结构蛋白的转录出现得早。非结构蛋白对于病毒的基因表达起调控作用。NS1 和 NS2 在翻译合成后均发生磷酸化，而衣壳蛋白在 N 端形成酰基化。用非结构蛋白 NS1 可区别灭活疫苗免疫动物和自然感染动物。

（四）抗原变异的分子基础

Tratschin（1982）用 7 个限制性内切酶分别酶切 MEV 和 FPV，发现 2 个毒株的全部位点中只有一个位点不同；用 25 个限制性内切酶比较 MEV 和 CPV，发现产生的 79 个酶切位点中只有 11 个位点不同，86% 的位点是相同的，其中用 HaeⅢ酶切 CPV 和 MEV 只有一个位点不同。由此可见，MEV 与 CPV 和 FPV 具有一定亲缘性，而 MEV 和 FPV 之间的亲缘性更为密切。

在体外，MEV、FPV 和 CPV-2 可感染猫肾细胞或本动物细胞，但 CPV-2 不能感染猫。这种宿主差异是由 6 个氨基酸的不同引起的，CPV-2 与 MEV、FPV 在 VP2 的第 80、93、103、323、564、568 位氨基酸不同。这些氨基酸在 CPV 和 MEV、FPV 中是保守的，其中 93N、103A、323N 对 CPV 能在犬体内繁殖是关键的，然而 80K、564N、568A 氨基酸对 MEV、FPV 能在本动物体内繁殖是关键的。

用血清中和试验可以区分 FPV 和 MEV。MEV 分离株与 FPV 分离株的主要不同点是分离的宿主不同。利用单克隆抗体，可以将 FPLV 和 MEV 区分开，并且可将 MEV 分为 3 个不同的抗原型：MEV-1、MEV-2 和 MEV-3。MEV-1、MEV-2 主要流行于美国、日本、中国和欧洲等国。可用亚型特异性单克隆抗体进行病毒分型。MEV-3 表现出和 MEV-2 相似的血凝抑制特性。MEV-1 型 232、234 位的 aa 为缬氨酸和酪氨酸。MEV-2 型 300 位 aa 为缬氨酸。MEV-1 型和 MEV-2 型有 10 个氨基酸不同。不同血清型之间能产生交叉保护。国内研究资料表明，目前我国以 MEV-1 型流行株为主。

三、免疫学

MEV 主要通过消化道途径感染。病毒在十二指肠的隐窝和空肠中复制。在回肠、结肠和盲肠中少量复制。该病的严重程度直接与上皮细胞隐窝的坏死相关。

Myers 等（1959）的试验提供了病毒在貂体

内分布的一些数据。水貂感染后 7d，测定各脏器病毒滴度为：脾 10^{-5}、小肠 10^{-5}、肝 10^{-2}、肺和肾 10^{-3} 以上。

含病毒最多器官为脾和肠管。水貂在发热出现症状 2d 以内，肠道粪便含毒量最高，此后迅速下降。本病的耐过者可获得较强的免疫力，免疫持续期较长。但在较长时间内体内带毒并通过消化道排毒。

幼貂常在 7 月、8 月和 9 月发生水貂病毒性肠炎，最晚可发生在 12 月。在老龄貂中，常呈现对 MVE 弱的或者是无症状感染。粪-口传播是主要的传播途径。在幼貂中，致死率高达 80%。临床症状发生在暴露感染后的第 4～9d。

MEV 抗原可以刺激水貂产生保护性抗体，抵抗 MEV 对水貂的侵害。可以对种貂进行接种，使仔兽获得保护性母源抗体；也可以接种幼龄水貂，使之获得主动免疫。水貂配种前 30～60d 进行一次免疫接种，母源抗体对仔兽的保护作用可达 6 周。仔貂出生后 60～70 日龄，母源抗体消失，此时对仔貂接种疫苗不会影响免疫效果。

四、制品

（一）诊断试剂

目前国内外还未批准 MEV 诊断试剂上市。正在研制中的 MEV 胶体金检测试纸条，快速而准确，使用方便，有望在基层检测机构推广使用。

（二）灭活疫苗

1. 同源组织灭活疫苗 1952 年，Wills 最早研制了 MEV 疫苗。用福尔马林灭活感染水貂肝脏和脾脏的悬液，在实验室试验和临床试验中，有效控制了致死率。1983 年我国高云等采用福尔马林灭活感染水貂肠内容物和肝脏悬液，制备了 MEV 同源组织灭活疫苗，有效地控制了水貂病毒性肠炎的发生。由于该疫苗需要采用水貂同源组织生产疫苗，容易造成散毒，同时受原料来源和生产工艺限制，因此目前已被细胞灭活疫苗替代。

2. 细胞灭活疫苗 中国农业科学院特产研究所、军事兽医研究所等单位先后成功研制了水貂病毒性肠炎细胞灭活疫苗。目前我国用于制备水貂病毒性肠炎细胞灭活疫苗的毒株包括 MEVB 株、SMPV-18 株等。

（三）多联苗

国外有水貂病毒性肠炎、C 型肉毒梭菌二联灭活疫苗，水貂犬瘟热、病毒性肠炎（活疫苗，灭活疫苗）、C 型肉毒梭菌、假单胞菌属类毒素联苗，水貂犬瘟热、病毒性肠炎（活疫苗，灭活疫苗）、C 型肉毒梭菌联苗。美国先灵葆雅公司生产的水貂犬瘟热、病毒性肠炎、C 型肉毒梭菌类素三联疫苗，其主要成分包括：冻干疫苗为水貂犬瘟热病毒和稳定剂的混合物，液体部分包括灭活的水貂病毒性肠炎病毒猫细胞系培养物与含氢氧化铝佐剂、C 型肉毒梭菌灭活菌苗类毒素。灭活菌苗类毒素的液体用于稀释冻干的犬瘟热疫苗。该三联苗用于 10 周龄以上水貂的免疫接种（小于 10 周龄的水貂常因犬瘟热母源抗体的存在导致犬瘟热的免疫失败）。用于皮下免疫接种，预防水貂犬瘟热、病毒性肠炎和 C 型肉毒梭菌等疾病。应在 6 周龄时接种水貂病毒性肠炎疫苗并在第 10 周后接种该三联苗。在交配季节前一个月再次接种水貂犬瘟热疫苗和 C 型肉毒梭菌菌苗类毒素疫苗。皮下注射，每次注射 1.0mL。

国内开展了水貂病毒性肠炎、出血性肺炎二联灭活疫苗，水貂病毒性肠炎、出血性肺炎、C 型肉毒梭菌毒素三联灭活疫苗研制，即将进入临床试验。

（四）MEV 弱毒活疫苗

Vacek（1977）从感染水貂的组织中分离到 MEV，在水貂中连续传 11 代，取肝、脾脏和小肠制成悬液，离心，取上清液，用于接种原代猫肾细胞培养物，连续传到第 67 代，疫苗株毒力稳定，并且在水貂体内连续传 6 代不发生毒力返强。单独免疫动物或与水貂犬瘟热弱毒活苗和肉毒梭菌类素 C 型疫苗共免疫，都有良好的免疫原性。

中国农业科学院特产研究所将水貂细小病毒疫苗株 MEVB 株第 10 代毒种通过 CRFK 连续传代 61 代，成功培育出了水貂细小病毒 MEVB-61 株弱毒株，该毒株不仅保持良好的免疫原性，且在水貂体内连续传 6 代不发生毒力返强。利用水貂细小病毒 MEVB-61 株弱毒研制了水貂犬瘟热、细小病毒二联活疫苗。

（五）重组衣壳蛋白疫苗

从自然感染 MEV 的水貂粪便中 PCR 扩增出

VP2基因片段，将 VP2基因插入到杆状病毒表达载体，构建重组杆状病毒，在 Sf9 细胞中鉴定 VP2基因的表达产物。表达的 VP2蛋白与野生型的 MEV VP2蛋白大小相同，并且能够被感染貂的恢复期多克隆血清和 MEV 单克隆抗体识别。表达部位在细胞质。VP2蛋白能形成天然的病毒样粒子。与野生型的 6MEV 有相同的血凝性，能够凝集非洲绿猴红细胞，血凝价 10^9 HAU/10^9 Sf9 细胞。用大约 40 000 血凝单位的重组 VP2蛋白加铝胶佐剂免疫水貂，能够产生血凝抑制抗体。同时设立灭活疫苗免疫组对照。一免后 17d 二次免疫，11d 后采血。重组疫苗组的血凝抑制效价更高（HI 抗体滴度达 1 280～10 240），而灭活疫苗免疫组 HI 抗体滴度仅 40～320。攻毒后，免疫水貂不排毒，不表现临床症状。每 10^9 Sf9 细胞能产生 10～20mg 的蛋白。

目前，国内相关科研单位采用杆状病毒表达载体研制了水貂细小病毒颗粒疫苗，加铝胶佐剂免疫水貂后能够产生血凝抑制抗体，攻毒后，水貂不表现临床症状。

（六）治疗制剂

水貂肠炎病毒的治疗报道很少。有的采用抗生素治疗，但是效果不显著。有的研究中用打皮期采血分离的多克隆血清治疗病貂，取得了很好的效果。

五、展望

水貂病毒性肠炎是水貂养殖业的三大疫病之一。目前国内多采用灭活疫苗进行免疫，取得了良好的免疫效果。随着基因工程技术发展和市场的需求，水貂病毒性肠炎的新型疫苗和多联苗是该疫苗发展的主要方向。另外，急需加速相关诊断制品的研发。

（闫喜军　薛青红）

主要参考文献

高云，曲维江，籍玉林，等，1981. 我国水貂、狗犬瘟热病研究 [J]. 特产科学实验，1：18 - 30.

倪佳，2011. 表达水貂肠炎病毒 VP2蛋白的重组杆状病毒的构建及其免疫原性分析 [D]. 北京：中国农业科学院.

闫喜军，张海玲，柴秀丽，等，2007. 水貂肠炎细小病毒结构蛋白 VP2基因的克隆和序列分析 [J]. 特产研究，29（4）：1 - 3.

闫喜军，张海玲，陈涛，等，2008. 肉食兽细小病毒分子流行病学研究 [C] //首届中国兽药大会暨中国畜牧兽医学会动物药品学分会 2008 年学术年会.

Burger D，Hartsough G R，1965. Encephalopathy of mink. II. Experimental and natural transmission [J]. Journal of Infectious Disease，115（4）：393 - 399.

Christensen J，Alexandersen S，Bloch B，et al，1994. Production of *Mink enteritis parvovirus* empty capsids by expression in a baculovirus vector system：A recombinant vaccine for mink enteritis parvovirus in mink [J]. Journal of General Virology，75（1）：149 - 155.

Horiuchi M，Goto H，Ishiguro N，et al，1994. Mapping of determinants of the host range for canine cells in the genome of *Canine parvovirus using canine parvovirus/ Mink enteritis virus chimeric viruses* [J]. Journal of General Virology，75（6）：1319 - 1328.

Hundt B，Best C，Schlawin N，et al，2007. Establishment of a mink enteritis vaccine production process in stirred-tank reactor and wave Bioreactor microcarrier culture in 1 - 10 L scale [J]. Vaccine，25（20）：3987 - 3995.

Lamm C G，Rezabek G B，2008. *Parvovirus* Infection in domestic companion animals [J]. Veterinary Clinics of North America Small Animal Practice，38（4）：837 - 850.

Mochizuki M，Ohshima T，Une Y，et al，2008. Recombination between vaccine and field strains of *Canine parvovirus is* revealed by isolation of virus in canine and feline cell cultures [J]. Journal of Veterinary Medical Science，70（12）：1305 - 1314.

Parrish C R，2010. Structures and functions of *Parvovirus* capsids and the process of cell infection [J]. Current Topics in Microbiology and Immunology，343（1）：149 - 176.

Rivera E，Bo S，1984. A non-haemagglutinating isolate of *mink enteritis virus* [J]. Veterinary Microbiology，9（4）：345 - 353.

Tratschin J D，McMaster G K，Kronauer G，et al，1982. Canine parvovirus：Relationship to wild-type and vaccine strains of feline panleukopenia virus and mink enteritis virus [J]. Journal of General Virology，61（1）：33 - 41.

Vacek I，Lawson K F，Gregg W A，1977. An attenuated mink *Enteritis virus* and its use in a trivalent vaccine：Studies on safety and antigenicity [J]. The Canadian Veterinary Journal，18（11）：301 - 308.

第一节 草鱼出血病

一、概述

草鱼出血病（Grass carp hemorrhage disease，GCHD）是由草鱼呼肠孤病毒（*Grass carp hemorrhage reovirus*，GCRV）引起的、主要侵害当年草鱼鱼种的一种高传染性、高致病性疾病。20 世纪 50 年代我国鱼病工作者就开始对草鱼出血病进行研究，1980 年通过病原的分离、回归感染等试验证明草鱼出血病病原为具有呼肠孤病毒属性的病毒，暂命名为草鱼呼肠孤病毒。1983 年从患出血病的草鱼体内第一次分离出病毒。1995 年，国际病毒分类命名委员会正式将草鱼出血病病原命名为草鱼呼肠孤病毒。

GCRV 可以感染草鱼、青鱼、麦穗鱼、稀有鮈鲫、鲢鱼、鳊鱼等，其中稀有鮈鲫是 GCRV 最为敏感的宿主，实际养殖过程中，主要是感染并危害草鱼和青鱼，而鲢鱼、鳊鱼等可以感染但不发病。GCRV 主要侵染的是 7～15cm 的当年草鱼，发生严重的急性感染后，死亡率高达 60%～90%。本病主要经水平传播，还未有证据表明该病毒可经鱼卵垂直传播。病毒主要经鱼鳃进入鱼体，4d 后发病，5～7d 后表现出明显的出血症状。根据出血部位的不同可将该病分为 3 种类型：红肌肉型、红鳍红鳃盖型和肠炎型。该病在全国草鱼养殖区域均有流行，每年 6 月下旬至 9 月底是主要流行季节，高峰期在 8 月，流行期水温为 25～30℃，具有发病急，传播迅速，且发病季节

长，死亡率高等特点。GCRV 为分节段的双链 RNA 病毒，变异迅速，存在较多的分离株，且不同分离株之间差异较大，不同分离株混合感染的现象经常存在，并常继发细菌感染，导致不典型病例、混合感染病例和继发感染病例越来越多，给草鱼出血病的防控提出了更大的挑战。

二、病原

GCRV 属呼肠孤病毒科（Reoviridae）、水生呼肠孤病毒属（*Aquareovirus*，ARV），是我国分离鉴定的第一株鱼类病毒，是水生呼肠孤病毒属中致病力最强的毒株。病毒粒子具有双层衣壳、无囊膜、立体对称的 20 面体球形颗粒，直径范围为 55～80 nm，主要由蛋白质和核酸组成，还含有少量以糖蛋白的形式存在的糖类，不含脂类。

GCRV 目前还没有进行血清学分型。根据已知所有的 GCRV 分离株基因组带型差异、基因组特征和基因序列差异，可将我国的 GCRV 分为 3 个基因型。同一个基因型不同分离株的基因组带型和基因组特征相似，基因组核苷酸和氨基酸序列同源性均在 85% 以上，而不同基因型分离株的基因组带型和基因组特征相差较大，基因组核苷酸和氨基酸序列同源性均在 60% 以下。不同基因型病毒没有或者只有较弱的免疫交叉保护，而同一基因型的毒株之间有较强的免疫交叉保护效果。同一基因型内又存在强毒株、弱毒株和变异株。

（一）病毒基因组

GCRV 基因组由 11 个 dsRNA 节段组成，不

同基因型的毒株之间，病毒基因组的总分子质量和各节段分子质量均有较大差异，而同一基因型不同毒株之间，基因组的总分子质量差异不大，而各节段分子质量有所差异。以 873 和 GZ1208 为代表的基因 I 型，其基因组全长为 23 759 bp 左右，不同毒株各节段基因组大小基本一致；以 HZ08 和 GD108 为代表的基因 II 型，其基因组全长为24 703～24 707 bp，不同毒株各节段基因组大小也基本一致；以 104 和 HB1007 为代表的基因 III 型，其基因组全长为 23 707 bp 左右。按分子质量大小，11 个节段可分为 3 组，即较大节段（L1、L2、L3）、中等节段（M4、M5、M6）和小节段（S7、S8、S9、S10、S11，也可以表示为 S7～S11）。11 个基因节段共编码 12 条多肽链，其中 7 种为结构多肽，命名为 VP1～VP7；5 种为非结构多肽，命名为 NS1～NS5。各基因组片段与编码多肽的关系是大体一一对应的，除 S8、S9 和 S11 编码的多肽与病毒衣壳中的多肽在分子质量上无完全对应关系，I 型的 S11 和 II 型、III 型的 S7 编码 2 种多肽。GCRV 与其他已知的鱼类呼肠孤病毒无交叉抗原。不同毒株之间也存在抗原性差异。病毒结构蛋白 VP1、VP5、VP6、VP7 的抗血清具有中和效价，VP6 诱导的中和抗体效价最高，可能是主要的中和抗原。

（二）病毒的衣壳蛋白

GCRV 有 7 种成熟的结构蛋白，分别是 VP1～VP7，分子质量分别为 141.4～143.7 kDa、141.5～142.2 kDa、132～135.8 kDa、80.2～80.7 kDa、68.2～68.5 kDa、44.5～48 kDa、29.8～35.5 kDa。VP1、VP3、VP5、VP6 和 VP7 是构成病毒蛋白质双层衣壳的蛋白组分，VP2 和 VP4 是微量结构蛋白。

1. VP1 蛋白　由 S1 基因节段编码，与哺乳动物呼肠孤病毒科（Mammalian orthoreo-viruses，MRV）结构蛋白 λ2 具有较高的同源性，具有一个呼肠孤病毒 L2 保守结构域。构成病毒的钉状突起物，而且 VP1 蛋白可能具有病毒 RNA 转录和甲基化酶活性，主要功能是参与病毒反义链 RNA 的转录和 5′加帽。

2. VP2 蛋白　由 S2 基因节段编码，是一种微量的核衣壳蛋白，与 MRV 结构蛋白 λ3 具有较高同源性，具有 RNA 依赖性 RNA 聚合酶活性。主要功能是合成 GCRV 11 个基因的 mRNA。

mRNA 合成的模板是 ds RNA 中的负链，合成的 mRNA 没有 poly（A）尾巴，但携带完整的病毒 5′和 3′端非编码区。

3. VP3 蛋白　是由 S3 基因节段编码，为病毒的内层核衣壳蛋白，分子间可形成二聚体，每个病毒颗粒的内层核衣壳由 120 个 VP3 蛋白分子构成，与 MRV 结构蛋白 λ1 具有较高同源性。VP3 具有呼肠孤病毒 lambda‑1 超家族保守结构域和锌结合位点，具有核苷三磷酸酶活性，5′三磷酸酶活性和 RNA 解旋酶活性。其主要功能是参与病毒基因组的转录，RNA 合成时双链 RNA 的解链，RNA 加帽和 5′磷酸化。

4. VP4 蛋白　是微量核心组分 I 型毒株的 VP4 蛋白，由 S5 基因节段编码；II 型毒株的 VP4 蛋白由 S6 基因编码。VP4 蛋白可能是一种调节蛋白，在病毒转录和复制过程调节 NTP 酶的活性，与 MRV 的 μ2 蛋白具有较高的同源性。具有一个呼肠孤病毒 Mμ2 超家族保守结构域，具有 NTPase 酶和 RTPase 酶活性，是病毒基因组复制过程中重要的辅助因子，能与 GCRV 非结构蛋白 NS80 相互作用，参与病毒加工场所—包含体的形成。

5. VP6 蛋白　I 型毒株的 VP6 蛋白由 S8 基因节段编码，II 型毒株的 VP6 由 S9 基因编码，与 MRV 的 σ2 蛋白具有较高的同源性，具有一个呼肠孤病毒超家族保守结构域。3D 结构模型研究表明每个病毒含有 120 个 VP6 蛋白分子嵌合在内外层核衣壳之间并通过其相互作用。VP6 对内层核衣壳蛋白 VP3 分子起稳定结构的作用，并能与钉状通道蛋白 VP1 有微弱的相互作用。

6. VP5 和 VP7 蛋白　I 型毒株的 VP5 和 VP7 分别由 S6 基因节段和 S10 基因节段编码，II 型毒株的 VP5 和 VP7 分别由 S5 基因节段和 S11 基因节段编码，VP5 和 VP7 形成异源二聚体分子，组成病毒粒子的外层衣壳。每个完整的病毒粒子含有 200 个 VP5～VP7 二聚体分子，每个二聚体分子都含有 3 个 VP5 和 3 个 VP7 分子。VP5 具有一个呼肠孤病毒 M2 保守结构域，主要功能是介导病毒粒子进入宿主细胞。GCRV 的吸附可通过细胞的内吞作用进入宿主细胞，主要是通过外衣壳蛋白的逐级降解与构象改变，从而促进病毒进入细胞。研究表明经胰蛋白酶和糜蛋白酶处理提纯的病毒粒子比完整的病毒粒子更具侵染性。VP5 控制病毒粒子的跨膜行为，并且酶解产生的 N-端小片段具有在膜上穿孔的功能，协助病毒进入细胞。细胞表面的唾液酸分子可以非特异性地结合病毒粒子促进内吞作用，细胞溶酶体的蛋白酶和吞噬小体的酸解作用促进 GCRV 在细胞内的跨膜运动。VP7 可以结合 ds RNA，与病毒的细胞吸附有关。近年来，研究表明 VP5 可以阻断干扰素作用信号通路，VP7 可以抑制一系列抗病毒基因表达所必须的双链 RNA 依赖的蛋白激酶的活化，进而影响宿主细胞的抗病毒功能。

（三）细胞培养特性

病毒研究离不开细胞，细胞培养分离病毒对研究病毒的生物学特性、致病历程、致病机理和病毒疫苗的研制及生产等具有重要意义。已报道的 GCRV 有 20 多株。研究显示，毒株不同，感染相同细胞的特征不同。不同毒株接种同一细胞，有的毒株可感染细胞产生 CPE，而有的毒株感染细胞并不产生 CPE，但都能在培养细胞中复制。不同毒株在不同细胞中病变也不同。例如，873 株能够引起 CIK、CAB、FHM 和 GCO 产生典型的细胞病变；V 株（越南分离毒株）、HZ08 和 9014 在 CIK、CAB、FHM、GCO、EPC 和 CCO 中不出现细胞病变，V 株盲传 3 代后能检测到病毒粒子；991 在 CIK 和 FHM 细胞系上能很好地增殖，而在 EPC 上不能生长；这些毒株在哺乳动物 BHK、Vero 细胞系上不能生长。不同株 GCRV 感染细胞的能力与其感染鱼体的毒力存在差异，有的毒株（如 873）对培养细胞的感染力较强，但是对鱼体的毒力却较弱，有的毒株恰恰相反（如 861）。另外，GCRV 对培养细胞的特异性往往较对鱼体的特异性差，如 GCRV 不能感染团头鲂但能感染其组织细胞系 BCC。不同类型的 GCRV 毒株感染不同的敏感细胞，均能从其维持液中直接提取到该病毒的核酸。一定浓度的精氨酸处理病毒吸附过程，以及采用细胞和病毒共培养的方法，可提高 GCRV 在 CIK 细胞上的培养滴度。病毒在细胞中增殖都有周期性，从体外培养的 873 增殖情况总体上来看，在体外细胞培养中的最适增殖温度为 28℃，一般感染 12h 后即开始增殖，24～72h 大量增殖，培养细胞出现典型的 CPE，5d 左右达到最大增殖量，此时病毒的滴度最高，以后逐渐趋于平缓。HZ08 接种细胞后，不出现明显 CPE，无法对接毒后的细胞做定性描述。研究人员用 FQ-PCR 对 HZ08 株病毒在不同细胞系中的增殖情况定量分析表明，HZ08 株增殖量最大的细胞是 GSB，增殖量达 8.966×10^6 拷贝/μL，其次是 CIK 细胞和 PSF 细胞。

三、免疫学

GCRV 的危害主要是通过破坏草鱼循环系统，减弱草鱼血管凝血作用，导致体内血清乳酸脱氢酶相对活性的紊乱，这时草鱼的生理功能失调，最终导致各种疾病。此病毒能够破坏草鱼的血液系统降低草鱼的血液缓冲系统功能，草鱼体内生成大量的固定酸，这些固定酸又不能被及时代谢出去，导致草鱼肠道发生病变，减弱其肠道功能，引起草鱼体内出现酸中毒。在多种因素的共同作用下，体内的一些酶活性受到抑制，导致草鱼一些脏器和免疫系统受到较大影响，如草鱼体内白细胞和皮质区淋巴细胞减少、坏死等。草鱼感染 GCRV 出现临床症状后，可导致全身毛细血管内皮细胞受损，血管壁通透性增高引起毛细血管或小血管出血及形成血栓，耗去大量凝血因子，引起出血，使循环血量大为减少。微血栓形成和血液瘀带，阻闭了局部的微循环，使正常代谢发生障碍，导致全身各脏器组织不同程度的变性坏死。

GCRV 主要通过鱼鳃进入宿主体内，绝大部分在感染后 4d 左右发病，5～7d 出现明显临床症状并逐渐进入死亡高峰。电镜观察结果显示，GCRV 能在草鱼肠道、脾网状细胞、血管内皮细胞、肾等组织中进行复制，无外衣壳的未成熟 GCRV 粒子存在于肾脏组织，而成熟的 GCRV 粒子则主要分布于肠道内，在草鱼其他组织中没有观察到相应的病毒颗粒。通过腹腔注射 GCRV 后对草鱼体内各组织器官进行荧光定量检测显示，该病毒在体内广泛分布，在肝、脾、肾、肠和肌肉有较高的 RNA 拷贝数，尤其在肾的复制量达到最大，攻毒 14d 后病毒数量停止增长。GCRV 主要通过胞饮作用进入组织细胞内，随后胞内溶菌酶开始消化病毒粒子的部分衣壳蛋白，使病毒颗粒成为具有多孔状态的亚病毒颗粒。GCRV 亚病毒颗粒转录合成的病毒核酸经过颗粒外层孔道，进入宿主的细胞质内；新生的病毒 mRNA 和反应核心结合为形似环状的聚合体，使之具备反应核心的典型特征，之后正链 RNA 即可开始进行翻译，合成各种病毒蛋白，同时病毒的聚合酶将这些 RNA 催化合成双链 RNA，再和新合成的各种病毒蛋白组装成为新的病毒颗粒。GCRV 感染后主要破坏鱼体的循环系统，扩张血管壁，使得宿主凝血功能下降，抑制血清乳酸脱氢酶同工酶的相对活性，导致患病鱼的生理功能严重失调，从而进一步地加剧病毒对肠道和肾脏的直接作用，从而导致循环系统的严重损坏。该病毒对宿主的免疫系统也具有一定破坏力，然而并不是因为 GCRV 的直接作用，而是该病毒在感染后产生的一些可溶性因子及对血管损伤的影响。不同基因型病毒没有或者只有较弱的免疫交叉保护，而同一基因型的毒株之间有较强的免疫交叉保护效果。

四、制品

由于 GCRV 对环境的抵抗力强，能持久地存在于周围环境中，因此草鱼一旦感染，很难根除，对 GCHD 的防治必须坚持预防为主的方针。养殖户（场）应制定综合性防制措施，在严格卫生消毒措施、加强饲养管理、减少应激因素的基础上，定期检测，做好疫苗接种工作。

（一）诊断试剂

我国目前还没有官方批准上市的草鱼出血病诊断试剂，常用的草鱼出血病诊断方法是病毒分离和 PCR 检测。目前研究的"草鱼出血病"诊断试剂盒均依托核酸扩增技术，包括一步法 RT-PCR"草鱼呼肠孤病毒 GCRV873 湖南株诊断试剂盒""草鱼呼肠孤病毒 GCRV9014 湖北株诊断试剂盒""草鱼出血病 II 型病毒核酸检测试剂盒（恒温荧光法）"。中国水产科学研究院珠江水产研究所也已研制出"草鱼呼肠孤病毒三重 PCR 诊断试剂盒"。

（二）疫苗

我国已经批准的中国水产科学研究院珠江水产研究所研制的草鱼出血病活疫苗（GCRV - 892 株），是至今国内外唯一的低毒力株活疫苗。我国于 1993 年批准的浙江省淡水水产研究所研制的草鱼出血病灭活疫苗，虽已批准注册，但始终未投入生产。其他疫苗均处于实验室研究阶段。

草鱼出血病活疫苗（GCRV - 892 株）的生产毒种为草鱼呼肠孤病毒 GCRV - 892 株。该毒株的原始野毒株是从珠江三角洲发生典型的草鱼出血病的病鱼中分离、筛选到，并能在草鱼体内复制出自然发病的典型症状。在 PSF 细胞中连续传代培养，并在传代过程中进行致弱处理，当病毒在细胞中连续传至第 19 代时，已减弱为弱毒，再继续传至第 39 代，其免疫原性和安全性均相当稳定，最终确定基础毒种的代次范围是 28～32 代，生产毒种的代次范围是 33～35 代，36 代为疫苗的最高代次。草鱼出血病减毒活疫苗免疫效果好、免疫期长。可以对草鱼苗种进行早期疫苗接种，使其在感染前产生主动免疫抗体。

五、展望

草鱼出血病检测试剂盒和疫苗市场需求迫切，急需开发出特异、灵敏、操作简便、适用于基层应用的快速诊断试剂盒；进一步研制新株型疫苗及多联多价疫苗制品及降低疫苗使用成本。

目前，GCHD 防制中面临的主要困难有：GCRV 分离株众多，各分离株差异较大，现有疫苗难以对所有流行毒株提供有效的免疫保护；草鱼出血病和细菌性疾病继发感染或混合感染的现象比较普遍；目前的草鱼出血病疫苗均通过注射进行免疫，注射免疫过程冗繁、操作强度大、技术要求高、技术推广困难，且鱼的捕捞及注射对鱼体均造成较大的损伤和应激等，这极大地限制了草鱼出血病疫苗的使用和推广。

草鱼出血病减毒活疫苗免疫效果好、免疫期长，但传统的传代致弱活疫苗在毒力上存在较大返祖风险，采用基因工程技术，对强毒株进行毒力基因的缺失或突变，制备新型弱毒活疫苗将是 GCHD 疫苗研究的一个重要方向；由于 GCRV 变异株众多，各地变异株的抗原性具有较大差异，特定变异株活疫苗的使用范围和效果势必受到限制，用抗原性差异较大的多个毒株制备活疫苗或灭活疫苗，是扩大疫苗保护范围的有效措施。

草鱼病害较多，其中草鱼出血病、赤皮病、烂鳃病、肠炎病等是草鱼最为常见和严重的疫病。这些疫病的高峰发病鱼龄、发病水温都比较相似，经常因为一种疫病的暴发而导致其他多种疫病并发或继发。疫苗的应用对这些草鱼疫病的防控起到了非常重要的作用。但越来越多草鱼疫苗的研发与使用，同时也会带来免疫接种次数增加，需要投入更多的人力物力和财力，增加了疫苗的使用成本。对鱼体而言，每一次捕捞及注射对鱼体均造成较大的损伤和应激。联合疫苗的研制，将能在较大程度上解决上述问题，不仅可以降低疫苗的使用成本，而且能降低免疫鱼因刺激而导致的死亡。联合疫苗含有两种或多种免疫原（活的、灭活的病原体或者提纯的抗原），用于预防多种疾病或由同一病原体的不同亚型或血清型引起的疾病，可以避免常规免疫多次注射带来的问题。然而和单价疫苗相比，联合疫苗研发的复杂性大大增加，将多种免疫原混合到一起进行免疫时不同免疫原间可能因为物理、化学和免疫学机制而干扰其他免疫原的免疫反应，此外佐剂和防腐剂等非活性成分也可能对联合后的活性成分产生影响。今后联合疫苗的研究中需要重点解决上述问题。制备载体疫苗、核酸疫苗、重组亚单位疫苗等新型疫苗的研究推广是草鱼出血病疫苗发展的重要方向，可能终将取代传统活疫苗，但确保效力将成为考察其质量的最重要指标。

需研究各种免疫途径及其机制，研究抗原进入和与靶器官相结合的方式，尤其是口服和浸泡的免疫方式，减轻草鱼的免疫成本和人力负担。

目前采用注射的方式进行免疫，效率低、成本高。注射方式容易引起鱼体受伤，费时费力，受限较大。口服免疫具有对鱼体无损伤、操作方便、不受时空和鱼体大小的限制等优点，在当前的研究中被认为是有效提高鱼体抵抗力的可行方法，具有重要的应用价值。要研究利用口服免疫的方式，解决疫苗在消化道被胃酸等消化液破坏引起的问题，使疫苗能够经过前消化道而不被破坏并顺利到达相应组织或器官。浸泡免疫吸收率低，需要大量的抗原，免疫效果也欠佳，且疫苗可能会从鳃等部位进入体内，造成相应组织的损伤等问题。但浸泡免疫省时省力，对鱼体刺激相对较小，也不受鱼体大小的限制，简便实用。因此，研究提高浸泡免疫效果的关键技术也是今后工作的重点。

（曾伟伟　黄志斌　王忠田）

主要参考文献

安伟，肖雨，张明辉，等，2015. 鱼类新型口服疫苗的研究概况［J］. 黑龙江畜牧兽医（9）：82-84.
郭帅，李家乐，吕利群，2010. 草鱼呼肠孤病毒的致病机制及抗病毒新对策［J］. 渔业现代化，37（1）：37-42.
李永刚，曾伟伟，王庆，等，2013. 草鱼呼肠孤病毒分子生物学研究进展［J］. 动物医学进展，34（4）：97-103.
王强，汪开毓，2014. 草鱼出血病及其疫苗研究进展［J］. 南方农业（12）：172-175.
He Y, Xu H, Yang Q, et al, 2011. The use of an *in vitro* microneutralization assay to evaluate the potential of recombinant VP5 protein as an antigen for vaccinating against *Grass carp reovirus*［J］. Virology Journal, 8（1）：132-137.
He Y, Yang Q, Xu H, et al, 2011. Prokaryotic expression and purification of *Grass carp reovirus* capsid protein VP7 and its vaccine potential［J］. African Journal of Microbiology Research, 5（13）：1643-1648.
Jiang Y L, 2009. Hemorrhagic disease of grass carp: Status of outbreaks, diagnosis, surveillance and research［J］. The Israeli Journal of Aquaculture, 61（3）：188-197.
Wang Q, Zeng W W, Liu C, et al, 2012. Complete genome sequence of a *Reovirus* isolated from grass carp, indicating different genotypes of GCRV in China［J］. Journal of Virology, 86（22）：12466.

第二节　虹鳟传染性造血器官坏死病

一、概述

虹鳟传染性造血器官坏死病（Infectious hematopoietic necrosis, IHN）是由传染性造血器官坏死病病毒（*Infectious hematopoietic necrosis virus*，IHNV）引起的、主要危害鲑科鱼类稚鱼、幼鱼的高致死性病毒性传染病。IHN最早于20世纪50年代暴发于美国俄勒冈州，后由于鱼卵及商品鱼的流通传到亚洲及欧洲。我国最早是1985年在东北一些虹鳟养殖场发现此病。2006年在我国冷水鱼主养殖区该病发生率持续升高，感染的鱼类包括虹鳟、金鳟、山女鳟、七彩鲑等。据不完全统计，我国因IHN的大规模暴发造成的虹鳟成鱼累积死亡率为20%~30%，鱼苗阶段死亡率可高达100%。

IHNV主要感染鲑科鱼类的幼鱼，发病水温为4~13℃，以水温8~10℃时发病率最高，当水温超过 15℃ 时较少发病。病鱼主要表现为肌肉出血，内脏贫血。体黑，眼突出，腹部肿胀，头部和背鳍之间皮下明显出血，肛门常常拖有一条较粗而长的白色黏液便，肠道内经常含水样、黄色液体，肠系膜出血。急性感染时，死亡率迅速上升，鱼苗嗜睡，移至水体边缘；游动异常，鱼有旋转、闪躲行为。传统认为该病仅感染鱼苗阶段的鲑科鱼，但国内外已有成鱼感染此病的报道，成鱼感染时很少出现行为变化。

感染病毒的鱼病理学表现为肝、脾、头肾、肾造血组织出现广泛性点状坏死。典型病理变化表现为肾小管上皮细胞变性、坏死、脱落，肾间质水肿，造血组织坏死；头肾实质大面积变性、坏死；肠黏膜上皮细胞变性、脱落，黏膜下层聚集大量坏死的嗜酸性颗粒细胞；脾广泛变性、坏死，巨噬细胞浸润；肝细胞变性，坏死并形成局部炎性坏死灶，可在肝细胞质内发现包含体。

二、病原

IHNV 属弹状病毒科（Rhabdoviridae）、诺拉弹状病毒属（*Novirhabdovirus*）。IHNV 病毒粒子含有一条线状、反义、单链 RNA，全基因组长度约为 11 kb；从 $3'$ 端至 $5'$ 端依次包含 N、P（M1）、M、G、NV、L 6 个基因，分别编码病毒核蛋白、磷蛋白、基质蛋白、糖蛋白、非结构蛋白和聚合酶蛋白。到目前为止，GenBank 已经收录了 4 个 IHNV 全基因组序列（GenBank 登录号：X89213、L40883、JX649101 和 KJ421216），为 IHNV 基因组分子生物学研究提供了参考数据。其中 JX649101 和 KJ421216 均为中国分离株，属于同一基因型，但是核酸序列与氨基酸序列均存在差异。目前根据糖蛋白的"中间区域"可将世界范围内的 IHNV 分为 5 种基因型：U型、M 型、L 型、E 型和 J 型，其中 J 型属于亚洲株。研究表明，IHNV 的基因型与流行区域相关而与分离的宿主无关。U 型主要流行于美国北部西海岸和日本，M 型流行于美国和俄罗斯，L型流行于美国，E 型流行于欧洲大陆等，J 型流行于亚洲等。研究发现日本 IHNV 毒株在 80 年代前主要是 U 型，80 年代后才出现新的基因型 J型，随着毒株的不断进化，目前 J 基因型分化为 J Nagano 亚型和 J Shizuoka 亚型。我国 IHNV 分离株均属于 J 基因型，除了 IHNV-BjLL，我国 IHNV 分离株均属于 J Nagano 亚型。

三、免疫学

自然条件下 IHNV 首先通过腮及鱼鳍基部进入鱼体，然后通过血液循环系统先后进入脾脏、肾脏及肝脏等组织器官，严重破坏造血器官，从而导致患鱼的严重贫血及死亡。病毒糖蛋白（glycoprotein，G）是 IHNV 的表面蛋白，其以三聚体的形式存在于病毒表面，IHNV 依靠糖蛋白与细胞表面受体结合介导的内吞作用进入细胞。G 蛋白也是 IHNV 的主要抗原蛋白，并且 G 蛋白与 IHNV 的毒力相关。有文献报道 G 蛋白的 78、218 位氨基酸或 276、419 位氨基酸的突变能够造成病毒毒力的改变；糖蛋白内部存在多个抗原表位，其中包含中和抗原表位，能够刺激宿主产生中和活性抗体，是 IHNV 的保护性抗原。

四、制品

（一）诊断制品

我国已有 IHNV PCR 诊断方法、荧光定量 PCR 诊断方法、可视化 LAMP 诊断方法、免疫学诊断方法及液相芯片检测方法的相关研究，并研制出了 IHNV 巢式 PCR 诊断试剂盒和 LAMP 诊断试剂盒。但是，目前没有注册上市。

（二）疫苗

国外在 IHNV 疫苗研制方面起步较早。IHN 核酸疫苗（Apex-IHN）于 2005 年在加拿大批准上市；美国 IHN 灭活疫苗及核酸疫苗也已商业化使用。目前我国没有商业化的 IHN 疫苗，针对 IHNV 防控技术的研究工作大部分还处在实验室阶段。我国已有包括中国水产科学研究院黑龙江水产研究所在内的多家科研院所开展了 IHN 疫苗的研究，黑龙江水产研究所研制的 IHNV 核酸疫苗经过反复验证，其保护率可达 85% 以上，目前正开展转基因生物安全评价等申报工作。

五、展望

随着我国冷水性鱼类养殖规模的不断扩大、养殖品种的不断增多，IHN 开始呈现越演越烈的趋势。不同区域、不同养殖环境下分离的病毒株病原性等方面的特性具有一定差异，因此，针对我国现行 IHNV 自主研发疫苗是目前解决我国冷水鱼养殖中 IHN 暴发及流行的最主要途径。同时，研发出通过口服或浸泡免疫可取得良好效果的疫苗也是今后需解决的问题。

（卢彤岩　黄志斌　王忠田）

主要参考文献

刘淼，徐黎明，卢彤岩，等，2014. 鱼类传染性造血器官坏死病毒 RT-LAMP 检测方法的建立及应用 [J]. 中国水产科学，21（5）：1065-1071.

徐黎明，刘红柏，徐进，等，2013. 传染性造血器官坏死病病毒高效 RT-PCR 检测方法的建立 [J]. 水生生物学报（6）：1164-1168.

徐黎明，刘红柏，尹家胜，等，2013. 传染性造血器官坏死病毒糖蛋白原核表达及免疫原性分析 [J]. 病毒学报（5）：529-534.

尹伟力，林超，刘宁，等，2015. 传染性造血器官坏死病毒液相芯片检测技术 [J]. 中国动物检疫，32（4）：63-68.

岳志芹，刘荭，梁成珠，等，2008. 实时定量 RT-PCR 检测鱼类传染性造血器官坏死病毒方法的建立与应用 [J]. 水生生物学报，32（1）：91-95.

Jia P, Zheng X C, Shi X J, et al, 2014. Determination of the complete genome sequence of infectious *Hematopoietic necrosis virus*（IHNV）Ch20101008 and viral molecular evolution in China [J]. Infection, Genetics and Evolution, 27：418-431.

Kim W S, Oh M J, Nishizawa T, et al, 2007. Genotyping of Korean isolates of infectious *Hematopoietic necrosis virus*（IHNV）based on the glycoprotein gene [J]. Archives of Virology, 152（11）：2119-2124.

Lorenzen N, Olesen N J, Jorgensen P E, 1990. Neutralization of *Egtved virus* pathogenicity to cell cultures and fish by monoclonal antibodies to the viral G protein [J]. Journal of General Virology, 71（3）：561-567.

Morzunov S P, Winton J R, Nichol S T, 1995. The complete genome structure and phylogenetic relationship of infectious *Hematopoietic necrosis virus* [J]. Virus research, 38（2/3）：175-192.

Nishizawa T, Kinoshita S, Kim W S, et al, 2006. Nucleotide diversity of Japanese isolates of infectious *Hematopoietic necrosis virus*（IHNV）based on the glycoprotein gene [J]. Diseases of Aquatic Organisms, 71（3）：267-272.

第三节　鱼虹彩病毒病

一、概述

根据 2005 年出版的国际病毒分类委员会第 8 版报告（ICTV-8），虹彩病毒科（Family Iridoviridae）主要由 5 个病毒属组成，其中淋巴囊肿病毒属（*Lymphocystivirus*）、蛙病毒属（*Ranavirus*）和肿大细胞病毒属（*Megalocytivirus*）是鱼类及两栖类动物的重要病原。鉴于上述 3 类病毒的宿主都与水栖环境有着密不可分的联系，因此所谓的鱼类和两栖类动物虹彩病毒也称水生虹彩病毒（*Aqua-Iridovirus*）。

（一）淋巴囊肿病毒病

目前已知淋巴囊肿病毒的宿主鱼类包含了 42 个科 125 种海水或半海水养殖鱼类及少量的观赏鱼类。淋巴囊肿病毒（*Lymphocystis disease virus*，LCDV）是最为古老的鱼类病毒性病原之一，早在 20 世纪初期就被发现是导致鱼类病害的重要病毒性病原。LCDV 最早在欧洲发现，随后，亚洲的日本、韩国、中国大陆及中国台湾等主要沿海国家和地区对多种海水养殖鱼类的感染都有大量报道。根据分离的鱼类不同、DNA 内切酶谱及多肽差异，可分为 LCDV-1、LCDV-2 及 LCDV-C（中国株）。LCDV-1 和 LCDV-C 主要感染比目鱼类。淋巴囊肿病毒病的发生具有一定季节性，常发生于春季和夏季温度变化幅度较大的季节交替之际。最直接的环境影响因子是海水温度，最佳感染温度为 15～20℃，水温超过 25℃时发病鱼类则出现自愈现象。有资料报道，近年来从夏季湛江发病的军曹鱼中分离鉴定到 LCDV，可能预示着 LCDV 流行的新趋势。LCDV 感染的鱼类体表往往会出现大量的菜花状囊肿，一般并不直接导致感染鱼类的死亡，但是会损坏鱼类的免疫系统，引起继发性感染；即使最终能够生存下来，也因为丑陋的外观而失去应有的商业价值。

（二）蛙病毒病

蛙病毒是宿主范围最广的虹彩病毒，宿主包括爬行动物（龟、鳖、蛇等），两栖动物（蛙和蝾螈）和鱼类（包括各种淡、海水鱼类）。蛙病毒属的代表种 FV3（Frog virus 3）是蛙病毒中最为古老的一个种，主要感染各种蛙类，同时也能在鱼类、鸟类和哺乳类起源的细胞株中增殖。近年来，我国养殖的鳜鱼、加州鲈、乌鳢、大鲵等养殖鱼类也发生蛙虹彩病毒病，该病可造成养殖鱼类的大量死亡。根据宿主范围、流行病症状及病毒本身的基因组学特征，感染鱼类的蛙虹彩病毒主要代表种包括 EHNV、ECV、SCRV、SGIV 和 GIV 等，国内流行的主要代表种为 SGIV，即石斑鱼蛙虹彩病毒。蛙病毒的敏感细胞十分广泛，在此基础上，蛙病毒的生活史、基因组、功能基因组等得到了深入研究。该病目前在世界范围内广泛流行，但是由于人们更多地把蛙病毒仅仅当作病毒而非鱼类病害来研究，因此，蛙病毒疫苗与免疫研究相对滞后。

（三）肿大细胞病毒病

肿大细胞病毒是广泛引起淡水和海水经济食用鱼、观赏鱼和野生鱼类疾病的重要病原，能够引起感染鱼类靶器官内的细胞异常肿大。20 世纪 80 年代末肿大细胞病毒发现于日本养殖真鲷，其代表种主要有流行于日本养殖真鲷的真鲷虹彩病毒 RSIV 和分离自中国的鳜传染性脾肾坏死病毒（ISKNV）。近年来在东亚、东南亚和澳洲地区，由该类病毒引起的鱼类疾病已呈明显上升趋势，患病鱼的死亡率为 30%～100%。病毒可通过水平和垂直两种途径在仔稚鱼、幼鱼和成鱼间进行传播。发病温度在 25～34℃范围内，且随着温度的升高发病时间缩短。肿大细胞病毒的传播与感染存在温度依赖性。针对 RSIV 的研究发现，在水温低于 18℃时以潜伏的形式存在于条石鲷体内，水温上升的过程中病鱼的累积死亡率增加。感染宿主包括真鲷、海鲈、褐斑鲶、鳜鱼、乌鳢、加州鲈、笋壳鱼、条石鲷、非洲鲫、大黄鱼、马拉巴尔鲶、扁鲨、鲶鱼、罗非鱼、丽丽鱼、红鼓鱼和大菱鲆等。从鱼类病毒病的暴发及其危害情况来看，肿大细胞病毒是目前鱼类虹彩病毒中致病性最强、暴发性最频、流行范围最广和危害最大的鱼类病毒性病原之一，给水产养殖业造成了巨大的经济损失。因此，近年来国内外学者和业界对肿大细胞病毒研究给予了高度重视，在肿大细胞病毒的流行病学分析、分离和全基因组测序、功能基因的研究、蛋白质学及疫苗的研究上取得了一些令人瞩目的成绩。对肿大细胞病毒的研究

已成为当前鱼类病毒病研究的热点和焦点。

二、病原

虹彩病毒是一类 20 面体结构的大 DNA 胞质病毒，直径通常为 120～200 nm，有的直径可达到 300～380 nm，如淋巴囊肿病毒。鱼虹彩病毒有囊膜，对乙醚及非离子去污剂敏感，pH3～10 时稳定，在 4℃ 水中可以存活数年，在 55℃ 30min 以上可被灭活。

鱼类淋巴囊肿病毒可能存在至少 3 个不同的基因型。基因 I 型以 LCDV-1 为代表，基因 II 型以 LCDV-C 为代表，基因 III 型则以分离自韩国岩鱼（rockfish）的淋巴囊肿病毒 LCDV-RF 为代表。根据宿主范围、序列同源性、病毒蛋白特征及 RFLP 特征，蛙病毒主要有 6 个病毒类群组成。之所以称之为不同的病毒类群而非简单的毒种或毒株，是因为该属病毒不同类群间的差异过大，很难简单加以归类。根据感染宿主范围肿大细胞病毒可以分为 3 个基因型，基因 I 型主要感染海水鲈形目鱼类，基因 II 型的感染宿主均为淡水鱼类，基因 III 型的感染宿主主要为鲆鲽鱼类。

（一）病毒基因组

鱼虹彩病毒基因组均高度甲基化，基因组双链 DNA 分子链两端带有同一基因序列，称之为末端过剩（terminal redundancy），而且不同分子的两端是不同的，称之为环状变换（circular permutation），这是虹彩病毒基因组的一个基本共同点。目前已完成 13 株虹彩病毒基因组测序，详细信息见表 30-1。其中，ISKNV 全基因组为 111 362 bp，含有 124 个推测的开放阅读框（ORF），这些 ORF 的编码能力在为 40～1 208 个氨基酸。RSIV 全基因组序列由于被申请了专利保护，仅给出了基因框架，与其他毒株的基因框架相比差别较大。尽管 LYCIV 的全序列已经给出，但没有进行 ORF 的划分，从公开的网络资源检索到的信息显示，LYCIV 的 ORF 有 139 个之多，为肿大细胞病毒 ORF 之最。根据包括 ISKNV、RBIV 和 OSGIV 在内的 9 个公开发表的虹彩病毒基因组全序列，对虹彩病毒的 ORF 进行重新划分并重新作详细注释，对于更好地理解虹彩病毒不同种属间的进化关系及其功能基因研究将很有帮助。

表 30-1　已发表的虹彩病毒的全基因组序列及其基因组特性

病毒	属	基因组大小（bp）	（G+C）含量（%）	ORFs 数量	ORF 大小（aa）	鉴定时间	查阅号
LYCIV	肿大细胞病毒	111760	54	139？	40～1158	2004	AY779031
OSGIV	肿大细胞病毒	112636	54	121	40～1168	2004	AY894343
RBIV	肿大细胞病毒	112080	53	118	50～1253	2004	AY532606
ISKNV	肿大细胞病毒	111362	54.8	124	40～1208	2001	AF371960
RSIV	肿大细胞病毒	112415	53.4	129	？	2002	BD143114
FV3	蛙病毒	105903	55	98	50～1293	2004	AY548484
TFV	蛙病毒	105057	55	106	40～1294	2002	AF389451
ATV	蛙病毒	106332	54	96	32～1294	2003	AY150217
SGIV	蛙病毒	140131	48.64	162	41～1268	2004	AY521625
GIV	蛙病毒	139793	49	120	62～1268	2005	AY666015
LCDV-1	淋巴囊肿病毒	102653	29.1	195	40～1199	1997	L63545
LCDV-C	淋巴囊肿病毒	186247	27.25	240	40～1193	2004	AY380826
CIV	虹彩病毒	212482	28.6	468	40～2432	2001	AF303741

（二）病毒衣壳蛋白

虹彩病毒衣壳是由衣壳亚单位（capsomer）紧密排列为 20 面体的晶格结构构成，衣壳亚单位由分子质量为 48～55 kDa 的称做主衣壳蛋白（major capsid protein，MCP）的单个多肽组成。主衣壳蛋白 MCP 占病毒蛋白的 40%～50%，构成病毒的 20 面体衣壳。虹彩病毒 *mcp* 基因的氨基酸序列是高度保守的，同一属的虹彩病毒 *mcp* 基因编码的氨基酸序列的同源性一般在 90% 以上，而虹彩病毒科不同属之间 *mcp* 基因的氨基酸序列同源性一般为 40%～50%，是进行虹彩病毒分类和演化研究的良好的分子标记。

（三）毒力因子

肿大细胞病毒含有一个类 SOCS（suppressor of cytokine signaling，SOCS）蛋白，命名为病毒性细胞因子信号传导抑制蛋白（vSOCS）。vSOCS 具有抑制鱼体 JAK-STAT 信号通路的功能。研究发现缺失 vSOCS 的病毒突变株毒力明显下降，致病力为野毒株的 20%，该结果揭示 vSOCS 是肿大细胞病毒的重要毒力因子之一。

三、免疫学

肿大细胞病毒 ISKNV 感染鳜脾、肾、肠、肝脏、脑、性腺、心脏等组织器官，其中脾是其感染的靶器官。由于病毒的入侵，使得脾脏细胞受到破坏，失去正常的免疫功能，以至通过淋巴及循环系统扩散到全身器官组织，最后使鱼死亡。有研究发现 ISKNV 可通过与 Jak1 蛋白相互作用抑制其酪氨酸激酶活性，进而抑制 IFN-α 诱导的 Stat1/Stat3 信号通路，从而逃避干扰素抗病毒免疫机制。有研究表明 ISKNV 感染能明显诱发鳜鱼细胞凋亡，推测 ISKNV 可能通过细胞凋亡实现免疫抑制。

四、制品

（一）诊断制品

目前针对鱼类虹彩病毒尚未有规范的商品化的诊断制品，实验室常用 PCR、巢氏 PCR 检测方法。针对牙鲆淋巴囊肿病毒建立了早期诊断技术，研制出早期诊断试剂盒，但未商品化应用。目前已筛选了多个病毒单克隆抗体，为建立血清学检测方法奠定了基础。

（二）灭活疫苗

日本的研究人员借助 RSIV 的敏感细胞系成功研制出抗 RSIV 的全细胞病毒灭活疫苗并成功应用于真鲷的养殖业中。该疫苗对真鲷幼鱼的免疫保护率在 75% 以上。RSIV 疫苗也是亚洲地区成功进行商业化生产和应用鱼类病毒性疾病的疫苗之一。

（三）基因工程疫苗

针对淋巴囊肿病毒、蛙病毒、肿大细胞病毒的结构蛋白开展了免疫抗原的筛选，包括 MCP 及其他推测的囊膜蛋白，通过构建重组亚单位疫苗、DNA 疫苗，以及单价、二价疫苗对不同蛋白的免疫原性进行了初步研究，但免疫保护效果不是很理想，可能与虹彩病毒复杂的抗原表位有关。

五、展望

肿大细胞病毒已是严重威胁我国名优鱼类养殖业的限制性病原之一，对疫苗的需求量很大。近年来，国内中山大学、中国水产科学研究院珠江水产研究所先后建立了肿大细胞病毒敏感细胞系，并在肿大细胞病毒 ISKNV 灭活疫苗研究方面开展了大量工作，在生产应用上获得了较好的免疫保护效果，有望在未来几年获得新兽药证书，实现商品化应用。此外，由于鳜应激反应强，注射接种疫苗难以在鳜养殖中推广应用；而且，由于鳜终生食用活饵，口服免疫途径也不可行，因此浸泡免疫途径是鳜 ISKNV 疫苗实用化的研究方向。

长期以来，蛙虹彩病毒主要威胁我国石斑鱼养殖业，但近年来也在鳜鱼、加州鲈、乌醴、大鲵等淡水名特优鱼类中暴发流行，有流行扩大的趋势。中国科学院南海海洋研究所、中国水产科学研究院长江水产研究所分别开展了石斑鱼蛙虹彩病毒细胞培养灭活疫苗、大鲵蛙虹彩病毒细胞培养灭活疫苗研究，取得了良好的研究进展。淋巴囊肿病毒本身的特殊致病性是疫苗研究的障碍，但近年来国内利用重组 LCDV-C 的主要衣壳蛋白开发出一种口服途径接种的鱼类淋巴囊肿病毒核酸疫苗，制定了淋巴囊肿病毒核酸疫苗规模化生产工艺和质量检验标准，在完成产品转基因生物安全评价，以及疫苗安全性和免疫效果评价分析后，可望获得新兽药证书并投入生产应用。

（付小哲　黄志斌　王忠田）

主要参考文献

何建国，翁少萍，黄志坚，等，1998. 鳜暴发性传染病病原 [J]. 中山大学学报（自然科学版），37（5）：74-77.

刘允坤，孙修勤，黄捷，等，2002. 牙鲆（*Paralichthy-*
solivaceus）淋巴囊肿病毒的分离 [J]. 高技术通讯，6：92-95.

孙修勤，2012. 牙鲆淋巴囊肿病与基因工程疫苗 [M]，北京：科学出版社.

吴淑勤，李新辉，潘厚军，等，1997. 鳜暴发性传染病的研究 [J]. 水产学报，21：50-60.

Ahne W，Bremont M，Hedrick R P，et al，1997. Special topic review：*Iridoviruses* associated with epizootic haematopoietic necrosis（EHN）in aquaculture [J]. World Journal of Microbiology and Biotechnology，13：367-373.

Fu X，Li N，Liu L，et al，2011. Genotype and host range analysis of infectious *Spleen and kidney necrosis virus*（ISKNV）[J]. Virus Genes，42：97-109.

He J G，Deng M，Weng S P，et al，2001. Complete genome analysis of the mandarin fish infectious *Spleen and kidney necrosis iridovirus* [J]. Virology，291（1）：126-139.

Li N，Fu X，Guo H，et al，2015. Protein encoded by ORF093 is an effective vaccine candidate for infectious *Spleen and kidney necrosis virus* in Chinese perch Sinipercachuatsi [J]. Fish and Shellfish Immunology，42：88-90.

Paperna I，Vilenkin M，de Matos A P，2001. *Iridovirus* infections in farm-reared tropical ornamental fish [J]. Diseases of Aquatic Organisms，48（1）：17-25.

Tidona C A，Schnitzler P，Kehm R，et al，1996. Identification of the gene encoding the DNA（cytosine-5）methyltransferase of *Lymphocystis disease virus* [J]. Virus Genes，12（3）：219-229.

第四节　蚕核型多角体病

一、概述

蚕核型多角体病，又称家蚕血液型脓病，是由家蚕核型多角体病毒（*Bombyx mori nuclear polyhedrosis virus*，BmNPV）引起的蚕丝产业的主要病害之一，有文献记载的家蚕血液型脓病可以追溯数千年之前，到目前为止每年家蚕血液型脓病的暴发仍然会给养蚕业生产造成巨大的损失。

家蚕患血液型脓病后的典型症状主要表现为：蚕体肿胀，体色乳白，节间突起，行动狂躁四处乱爬，外表皮易破流出白色脓液，流脓后掉到地上腐败发臭等。血液型脓病在各龄蚕均有发生，一般小蚕感染病毒后 3～4d、大蚕感染病毒后4～6d 发病死亡，感染严重的当龄发病死亡。不同龄期蚕感染不同数量病毒表现的症状有所不同：小蚕感染病毒后一般形成不眠蚕，体壁紧张发亮，呈乳白色，在蚕座上四处爬行，不食叶，不入眠。3～5 日龄蚕感染病毒后形成高节蚕，起缩蚕或斑蚕。在 5 日龄后期、熟蚕、初蛹期感染造成蛹期发病，病蛹体色暗褐或乳白，皮薄易破，经震动即流出脓汁，污染茧层成内印茧，病蛹多数烂死，极少能羽化成蛾。

二、病原

BmNPV 病毒属于杆状病毒科（Baculoviridae）、核型多角体病毒属（Nucleopolyhedronviruses）。BmNPV 是 dsDNA 病毒，病毒粒子呈杆状，大小为 330nm×80nm，外被有囊膜。衣壳及DNA 基因组构成核衣壳，一个囊膜可以包埋一个或多个核衣壳。核衣壳呈圆柱状，衣壳的一端存在可能为病毒感染细胞吸附装置的突起结构；囊膜为一层脂膜，具有典型的膜构造。囊膜外的包含体叫多角体（polyhedron），是在感染细胞中产生的包含和保护病毒粒子的一种高度对称共价交联支撑的稳定蛋白质结晶，一般呈六角形十八面体，偶然形成四面形、三角形或不定形状的多角体，多角体的大小受外界因素的影响，高温或饥饿状态下形成的多角体偏小。包被在多角体内的多角体病毒对不良环境和消毒剂有较强抵抗力。

（一）基因组

到目前为止，NCBI 数据库中已公布了 57 种杆状病毒的基因组序列。BmNPV 全基因组序列在 1999 年完成测定，基因组全长 128 413 bp，含有 136 个开放阅读框。从基因组序列看，BmNPV 与 Autographa californica multinucleocapsidNPV（AcMNPV）亲缘关系最近，有 90% 的相似性，但也缺少一些 AcMNPV 的基因。

（二）感染机理

总体来说，杆状病毒存在 2 种感染方式：经口感染和创伤感染，由出芽型病毒（budded virus，BV）和含体衍生病毒（occlusion derived virus，ODV）分别负责。BV 和 ODV 是杆状病毒在复制过程中产生的 2 种病毒粒子结构，它们在形态结构、蛋白质组成和病毒囊膜的来源上彼此并不相同。最明显的是 BV 含有囊膜糖蛋白（gp64），而 ODV 则不含 gp64 糖蛋白，由此引起2 种病毒粒子在抗原性、感染组织特异性及病毒入侵细胞方式上的差异。2 种病毒粒子在病毒发育过程中产生的时间也不一样，存在一个称为两相生活史的现象。在第一时相，即在接种后 0～24h，杆状病毒核衣壳在细胞核内病毒发生基质（virogenetic stroma，VS）上装配，核衣壳通过核膜出芽时获得囊膜，但是这层囊膜在细胞质中随即消失，当核衣壳继续出芽通过细胞质膜时再次获得囊膜。在这个过程的后期，核衣壳获得了重要的病毒囊膜糖蛋白 GP64/GP67。产生的 BV随后被释放到昆虫血和淋巴中引起整个虫体的感染。在第二时相，约接种 20h 后，BV 的释放量便急剧减少，留在细胞核内的核衣壳被封入核内新装配的囊膜内，形成 ODV，随后被包埋进多角体蛋白基质中，形成多角体。

病毒进入细胞有 2 种不同途径：内吞与融合。ODV 借膜融合完成对宿主细胞的侵入：多角体经口摄入后，在中肠前端碱性消化液内很快即被溶解，从多角体释放出 ODV 病毒粒子通过围食膜与中肠上皮组织的柱状细胞微绒毛膜直接接触（吸着），核衣壳通过膜融合进入细胞质，囊膜留在微绒毛表面，核衣壳沿着微绒毛向细胞质移动，此时能借助于微管（microtubules）的作用，即存在组织特异性细胞骨架的相互作用（tissue-specifc cytoskeletal interactions）。接种后 30min，ODV 进入细胞从而诱导形成 F-肌动蛋白束，单一的核衣壳通常与一条 F-肌动蛋白顶端相逢，多粒包埋的 BmNPV 在细胞质内形成数条 F-肌动蛋白，其数目与感染复制率（multiplicity of infection，MIO）成比例。F-肌动蛋白直接或间接地与主要衣壳蛋白 P39 及感染细胞抽提液中的一个 67kDa 蛋白结合。随后 ODV 的核衣壳通过中肠柱状细胞质趋近细胞核，在核孔复合体（nuclear pore complex）上或者在核被膜内侧释放出病毒基因组 DNA，形成原发感染（primary infection）。

与 ODV 不同，BV 主要通过吸附内吞作用进入细胞：BV 病毒粒子靠质膜内陷而内化（internalization）进细胞内小泡体（intracellular vesicle），2 个或数个小泡体可融合成更大的小泡体称为内吞体或胞内体（endosome）。这种内吞体与细胞质内酸性小泡体如包涵素被覆小泡体（clathrin-coated vesicle）融合，或者通过 ATP 驱动的质子泵使内吞体的 pH 降低（pH5.8 或 5.8 以下），这种酸性 pH 条件激活 BV 的 gp64 受体，促使 BV 囊膜与内吞体膜融合，从而把 BV 病毒核衣壳释放进细胞质内。

病毒入侵中肠以后，第一批被感染的组织是血细胞、气管基质及脂肪体。随后，神经、肌肉、围心细胞、生殖组织及腺体组织都可观察到感染（多角体形成）。某些组织诸如马氏管、唾液腺一般是不被感染的，病毒进入这些组织只有极早期基因表达，而晚期基因不表达。

（三）毒力变化的分子基础

张传溪等比较了 BmNPV 的 6 个病毒株系（BmNPV-Cubic、BmNPV-Guangxi、BmNPV-India、BmNPV-T3、BmNPV-Zhejiang、BomaNPV-S1）的毒力差异和病毒基因组差异。不同株系病毒不同形态的病毒粒子致病性不同。在 BV 毒力方面，Boma S1 株和 T3 株稍比其他株系弱；在多角体的致死率方面，India 株系最高，但 Boma S1 最低。从基因组序列来看，bro 基因数目及 hr 构成是其基因组的最大差异。hr 区中的回文序列总数影响病毒的 DNA 复制，但是相同 hf 区不同回文序列数目对其下游基因的转录似乎不影响。而对各个 ORF 对比发现，差异较大的是杆状病毒非核心基因。基于全基因组的进化分析表明 India 株与其他株亲缘关系较远，但与 Cubic 最近；Guangxi 株与 Zhejiang 株相近；而 Boma Sl 株和 Cubic 株尽管宿主来源不同，但是亲缘关系接近；T3 株处于 Boma S1 株与 Guangxi 株（或 Zhejiang 株）之间。

三、免疫学

昆虫对病毒的免疫性（immunity）从某种程度上来说也可以理解成昆虫对病毒的抗性（resistance）。不同家蚕品系对 BmNPV 的敏感性各不相同，目前对于家蚕抗 BmNPV 的遗传规律分析，各个研究小组的结论也不尽相同，但是普遍认为存在主效基因的控制。2013 年，陈克平研究组对早期筛选到的 BmNPV 高抗品系 NB 进行进一步研究发现，该品系对于抗 BmNPV 性状处于杂合状态，通过 10 多代的抗 BmNPV 系统筛选，

获得一个抗 BmNPV 新品种，遗传分析发现表现出单基因控制的规律。2014 年中国农业科学院蚕业研究所的科研人员也利用抗性家蚕品种 N 和传统育种方法成功培育出具有 BmNPV 高度抵抗性的夏秋用家蚕新品种华康 2 号（HK2）。为了阐明家蚕对 BmNPV 抗性产生的具体机理，众多科学家尝试用大通量组学筛选研究家蚕对 BmNPV 的抗性，利用荧光差异展示 PCR 技术、基因芯片技术、二维电泳结合质谱等技术获得了一些家蚕抗 BmNPV 的差异表达基因和蛋白，比如家蚕胰蛋白酶样丝氨酸蛋白酶（trypsin-like serine protease）、家蚕丝氨酸蛋白酶抑制 5（Bmserpin－5）和家蚕胰凝乳蛋白酶抑制剂 CI－8A（chymotrypsin inhibitor CI－8A）等在添毒后抗性家蚕的中肠和脂肪体表达都显著升高，而在感性品系中则没有，表明与这些因子相关的酚氧化酶级联途径在家蚕抗 BmNPV 的过程中确实起了作用。目前确认的对 BmNPV 有抗病毒作用的家蚕蛋白有家蚕酯酶 1（bmlipase－1）和家蚕丝氨酸蛋白酶 2（B. mori serine protease－2）。但其抗 BmNPV 的具体机制还不清楚，也不能确定它们是否就是经典遗传学所预示的家蚕抗 BmNPV 主效基因。

家蚕与其他昆虫一样，对于外源微生物的免疫清除也可分为识别（recognition）、调节（modulation）、信号传导（signaling）和效应（effection）4 个阶段，对目前发现的对 BmNPV 有抗病毒作用的家蚕蛋白进行具体分析发现，有些蛋白跟家蚕的免疫系统相关。比如：参与免疫识别的 Siglec、家蚕死亡相关蛋白（death associated protein，BmDAP），参与免疫调节的 bmserpin－5、CI－8A 蛋白，参与信号传导的 BmToll10－3、BmSTAT 蛋白，参与效应发生的家蚕还原型辅酶 Ⅱ 氧化还原酶（NADPH-oxidore-ductase-like，BmNOX）、家蚕脂肪酶（bmlipase－1）、家蚕丝氨酸蛋白酶 2（BmSP－2）和多种形式红色荧光蛋白。另外，家蚕抗菌肽类物质如 gloverin、lebocin、attacin 和酚氧化酶酶原前体 2s（prophenoloxidase 2s，proPO 2s）也参与了家蚕对 BmNPV 的最终免疫效应。

细胞凋亡是可遗传的旨在清除损伤的、有害细胞的一种细胞程序性死亡过程，它不仅在维持机体内环境稳定、变态发育等过程中发挥重要作用，也成为机体对病毒侵染的一种有效策略。杆

状病毒是最早发现能诱导和抑制细胞凋亡的病毒之一，其自身编码对细胞凋亡有抑制作用的蛋白，如 p35 和 iap 蛋白，对 AcMNPV 的研究发现 *p35* 基因的缺失会导致宿主细胞凋亡的明显加快，病毒早期蛋白的出现时间延迟，病毒蛋白总的表达量减少，没有晚期蛋白的表达，最终导致 BV 产量的减少和 ODV 的缺失。

四、制品

食下传染是家蚕感染该病的主要方式，其次为创伤感染。目前对本病的治疗尚没有可用的药物，主要依靠用防僵粉或新鲜石灰粉在养蚕季节的连续使用来预防本病的发生。科学的防治原则是：以预防为主，综合防治，早发现、早隔离、早淘汰，切断传染途径。具体措施包括：严格消毒、切断感染源，养蚕前后认真做好蚕室、贮桑室、上蔟室、蚕具及蚕室周围环境的清洁消毒工作；加强饲育管理，严格卫生制度，对蚕户周围的环境卫生及病蚕和带病蚕沙的深埋处理，要用制度来约束，这不仅可以减少病原，而且可以改善生活环境，养成环境卫生清洁的习惯；加强桑园管理、及时防治病虫害，防止带有核型多角体病毒的昆虫咬食桑叶或粪便污染桑叶；选育对家蚕血液型脓病有较高抗性的家蚕品系。

（一）诊断制品

对于本病的诊断可通过肉眼观察、显微镜检、PCR 检测或免疫血清法进行。华南农业大学刘吉平等根据环介导恒温 PCR 技术（LAMP）正在研制开发 BmNPV 检测试剂盒，但尚未批准商品化，而且成本较高。

（二）疫苗

我国尚无批准使用的疫苗。

五、展望

首先，家蚕抗 BmNPV 机制是今后研究的主要方向。目前研究鉴定出来的抗病毒基因或蛋白未进行基因—蛋白或蛋白—蛋白的相互作用试验，没有找到与抗病毒因子相互作用的上下游因子，因此很难详细、清晰地解释家蚕抗病毒的机理。运用多种技术同时从 DNA、RNA、蛋白质水平上进行研究，鉴定家蚕抗 BmNPV 基因或蛋白及其与抗 BmNPV 的相关性；再采用 RNA 干涉、转基因技术对家蚕进行基因操作，改变其对 BmNPV 的抵抗能力，确认这些基因、蛋白的抗病毒功能。另外，需要使用免疫组化、免疫共沉淀，ELISA 等技术探索基因—蛋白、蛋白—蛋白间的相互作用，找到基因或蛋白的上下游作用因子，解释清楚家蚕抗 BmNPV 的详细机制。

其次，目前对于 BmNPV 尚没有治疗药剂，仍停留在预防阶段，每年家蚕血液型脓病的暴发都给蚕农造成重大损失，利用新技术筛选治疗家蚕血液型脓病的绿色环保的新型药物也将是一个重要研究方向。

（唐旭东　王忠田）

主要参考文献

吕鸿声，2008. 昆虫免疫学原理［M］. 上海：上海科学技术出版社.

徐家萍，陈克平，姚勤，等，2005. 利用荧光差异显示技术分离的家蚕抗 NPV 相关基因 s3a［J］. 昆虫学报，48（3）：347 - 352.

许益鹏，2011. 家蚕 NPV 不同株系比较及宿主域差异分子机理［D］. 杭州：浙江大学.

赵远，2007. 家蚕抗核型多角体病毒病的微卫星分子标记筛选、定位及其病毒侵染家蚕中肠组织的差异蛋白质表达图谱研究［D］. 湛江：江苏大学.

Blissard G W, Rohrmann G F, 1991. *Baculovirus* gp64 gene expression：Analysis of sequences modulating early transcription and transactivation by IE1［J］. Journal of Virology, 65：5820 - 5827.

Gomi S, Majima K, Maeda S, 1999. Sequence analysis of the genome of *Bombyx mori nucleopolyhedrovirus*［J］. Journal of General Virology, 80（5）：1323 - 1337.

Nakazawa H, Tsuneishi E, Ponnuvel K M, et al, 2004. Antiviral activity of a serine protease from the digestive juice of *Bombyx mori* larvae against *Nucleopolyhedrovirus*［J］. Virology, 321：154 - 162.

Ponnuvel K M, Nakazawa H, Furukawa S, et al, 2003. A lipase isolated from the silkworm *Bombyx mori* shows antiviral activity against *Nucleopolyhedrovirus*［J］. Journal of Virology, 77：10725 - 10729.

Sagisaka A, Fujita K, Nakamura Y, et al, 2010. Genome-wide analysis of host gene expression in the silkworm cells infected with *Bombyx mori nucleopolyhedrovirus* [J]. *Virus Research*，147：166-175.

第五节 蚕质型多角体病

一、概述

蚕质型多角体病，又称家蚕中肠型脓病。日本学者石森直人早在 1934 年就观察到家蚕质型多角体病，当时该病被看作是呈异常症状的脓病。1950 年，Smith 和 Wyckoff 在灯蛾中肠细胞质内发现形成多角体的病毒病，通过电镜观察，发现本病是由与核型多角体病毒不同的球状病毒所引起。直至 1957 年，通过广泛调查才确认这是一种与核型多角体病不同的疾病，将其命名为质型多角体病（cytoplasmic polyhedrosis）。我国于 1955 年报道本病。

本病的主要特点是病势慢，病程长，具有较长的潜伏期和发病过程（7～12d），属于慢性传染性蚕病。生产中经常在 5 龄第 5、6 天出现暴发性的质型多角体病，这主要是在 3、4 龄感染的结果，而其传染源则是幼蚕期感染的少数病蚕在 3、4 龄粪便中排出的病毒。本病发生的群体症状表现为发育不齐，个体症状有空头、下痢、起缩和尖尾等。

二、病原

质型多角体病毒属呼肠孤病毒科（Reoviridae）。目前把质型多角体病毒按照电泳迁移率的不同分成 14 个电泳型，家蚕质型多角体病毒（*Bombyx mori* cytoplasmic polyhedrosis virus，BmCPV）属Ⅰ型。BmCPV 病毒粒子直径为 50～65 nm，具有 2 层正 20 面体的衣壳，在 CPV 正 20 面体的 12 个顶角上分别有 12 个亚单位，相邻亚单位由 12 根管状结构相连，形成一个球状结构的突起。

BmCPV 不溶于水，但长期在水中可遭到破坏或变质；也不溶于乙醇、乙醚、丙酮等有机溶剂。可溶于碱性溶液，如 NaOH、KOH、Na_2CO_3 等溶液中。包埋在多角体中的 BmCPV 对环境有极强的抵抗力，经数年后仍具有感染性；在野外植物叶子上、鸟粪或土壤里的多角体，持效期长，是长期抑制寄主昆虫种群的重要病原因子。

（一）病毒基因组

BmCPV 的基因组由 10 段 dsRNA 组成，总相对分子质量为 $2.03×10^4$ kDa。1998—2003 年，Hagiwara 等（1998）通过对 BmCPV H 株和 I 株的基因组序列分析表明，片段 1（S1）、片段 2（S2）、片段 3（S3）、片段 4（S4）、片段 6（S6）和片段 7（S7）分别编码病毒的 6 种结构蛋白 VP1、VP2、VP3、VP4、VP6、VP7；片段 5（S5）、片段 8（S8）、片段 9（S9）和片段 10（S10）分别编码病毒的 4 种非结构蛋白 p101（NSP5）、p44（NSP8）、NS5（NSP9）和多角体蛋白。但是，不同研究者对 BmCPV 基因组 dsRNA 编码信息的研究结果并不完全一致。

（1）S10 全长 942 bp，编码含有 248 个氨基酸残基、包裹病毒粒子的多角体蛋白。

（2）S9 全长 1 186 bp，编码具有 320 个氨基酸残基的非结构蛋白 NS5，其分子质量为 36 kDa。H 株和 I 株的 S9 核苷酸序列中有 37 个位点不同，却仅导致了 6 个氨基酸发生变化。NS5 蛋白仅仅在 BmCPV 病毒感染的早期表达，并且在 BmCPV 中具有基因表达调控作用。S9 编码的 NS5 蛋白结构域分析显示，该蛋白在宿主细胞的裂解，以及病毒基因组转录过程中起重要作用。Chen 等（2007）克隆了棉铃虫 CPV（HaCPV）的第 9 片段并表达出了 p36 蛋白。研究发现 p36 可以和 ssRNA 和 dsRNA 结合，但不能结合 DNA。当蛋白质变性，NaCl 浓度不适均会使 p36 与 RNA 的结合活性降低。P36 上的第 1～26 氨基酸，第 154～170 氨基酸及第 229～238 氨基酸是结合 RNA 的重要区域。S9 片段中还发现有核定位序列。

（3）S8 全长 1 328 bp，包含 1 173 bp 的开放阅读框架，编码含有 390 个氨基酸残基的多肽 p44。H 株和 I 株的序列大小和编码产物相同，两者的核苷酸序列与其编码的蛋白质氨基酸序列具有高度的同源性，分别为 98.5% 和 97.9%。该蛋白只在 BmCPV 感染的中肠细胞中表达，而不存在于纯化的病毒粒子或多角体中，所以 p44 为病毒的非结构蛋白。S8 编码蛋白具有与 TIM 桶酶、肽酶、核苷三磷酸水解酶相似的同源结构。推测该蛋白具有转录调控因子和多功能酶的功能。

（4）S7 全长 1 501bp，编码含有 448 个氨基酸残基的多肽 VP7。p50 的抗血清能特异性结合结构蛋白 VP7；S6 全长 1 796bp，编码含有561 个氨基酸残基的多肽 p64，p64 富含亮氨酸和亮氨酸拉链结构，其抗血清能特异性结合病毒结构蛋白 VP4。

（5）S6 全长 1 796bp，编码含 561 个氨基残基的蛋白质 P64。S6 编码蛋白的结构域分析显示，在 253～472 氨基酸残基处有一个 AP 核酸内切酶结构域 AP2Ec，该酶的主要作用是进行核苷酸的切除修复。在 378～462 氨基酸残基处是 RNA 剪接因子结构域 PWI，该因子参与 mRNA 的加工与成熟等重要生物学过程，推测在病毒转录后 mRNA 加工与剪接，以及维持 RNA 复制的忠实性方面具有重要作用。

（6）S5 全长 2 852 bp，编码由 881 个氨基酸组成的推定蛋白 p101，预测分子质量为 101 kDa。同源分析表明 p101 与其他已知序列的蛋白没有实质同源性。p101 蛋白的 219～235 位氨基酸与微 RNA 病毒科的口蹄疫病毒 2A 蛋白酶的同一性和相似性分别达到 82％和 93％，但到目前为止，p101 是病毒的结构蛋白或非结构蛋白还缺乏明确的试验依据。

（7）S4 全长 3 262 bp，在 14～3 190 位置具有一个完整的开放阅读框，编码含 1 058 个氨基酸残基的蛋白质，分子质量为 120 kDa，S4 编码病毒的衣壳蛋白 VP4。VP4 N 端的 75 个氨基酸残基和 BmCPV 多角体蛋白 N 端的 H1 α-helix 均可作为多角体蛋白识别信号，从而引导多角体对外源蛋白的有效包埋。推测 BmCPV 多角体蛋白与 VP4 蛋白之间存在特异性的相互作用，VP4 促进了 BmCPV 多角体对病毒粒子的包装及对外源蛋白的包埋。

（8）S3 全长 3 846 bp，编码含 1 249 个氨基酸残基的蛋白质，分子质量为 140 kDa。序列分析显示，该蛋白与水稻齿叶矮缩病毒（RRSV）的 P1 蛋白具有 47％的相似性，推测 S3 编码病毒的衣壳蛋白 VP3。S3 编码蛋白在 355～357 和 1 220～1 222 氨基酸序列区间，有一个保守基序 RGD。RGD 是一个细胞黏附序列，可以和细胞表面受体结合。推测这两个保守区域在 CPV 感染过程中对识别和结合宿主细胞起重要作用。

（9）S2 全长 3 854 bp，编码含 1 225 个氨基酸残基的蛋白质，分子质量为 142 kDa，该蛋白是 BmCPV 的依赖于 RNA 的 RNA 聚合酶（RdRP）。孙京臣等（2006）应用分段 RT-PCR

方法和分子克隆技术从家蚕质型多角体病毒中国株的 dsRNA 中成功地克隆了 RdRP 基因，该病毒 RdRP 基因的 3 个保守区域：酸性区、核苷酸结合的核心区和催化功能核心区。

（10）S1 全长 4 190 bp，编码含 1 333 个氨基酸残基的蛋白质 VP1，分子质量为 148 kDa。VP1 在细胞中表达的蛋白具有形成病毒外壳的能力，在组装病毒粒子的过程中发挥重要作用。跨膜结构域分析发现在 500～530 个氨基酸残基之间存在着一个疏水区域，该区域可能在病毒粒子感染细胞时，可以与宿主细胞膜形成跨膜结构域，在病毒感染过程中起重要作用。

（二）病原感染机理

BmCPV 主要以食下感染为主，创伤感染的可能性极小。病毒或多角体随桑叶一起食下后，经碱性消化液作用，使多角体溶解释放出病毒粒子，其中一部分可能受红色荧光蛋白（red fluorescent protein，RFP）的作用而失活，随粪便排出。BmCPV 主要感染家蚕中肠的上皮细胞。Tan 等（2003）用敏感宿主家蚕活体添食 BmCPV，观察其入侵过程发现：感染 3h 后，在包括圆筒形细胞、杯状细胞及肌细胞的中肠细胞中均发现有病毒粒子，病毒粒子穿过围食膜，接近中肠圆筒形细胞顶端的微绒毛，病毒是吸附于膜上，然后整个病毒粒子直接穿过微绒毛膜进入微绒毛内，并继续向细胞质移动，中途有些病毒能穿膜进入有膜细胞器如线粒体、内质网等，或进入溶酶体中被降解破坏，病毒粒子最后穿越核双层膜进入核内，开始复制循环。感染后 12h、24h、48h，仅在圆筒形细胞中发现病毒发生基质及子代病毒，而其他中肠细胞中未发现。孙京臣等（2004）用健康的三龄起蚕经口接种 BmCPV 后不同时间取中肠后部固定，在透射电子显微镜下观察，结果发现 BmCPV 被食下 1.5h 后，在中肠上皮组织圆筒形细胞微绒毛之间有病毒粒子存在，6h 后病毒进入微绒毛内，并向细胞质移动，9h 后观察到圆筒形细胞质中有病毒粒子。认为病毒入侵是以整个病毒粒子穿越中肠围食膜，吸附并进入微绒毛，感染圆筒形细胞，随后病毒核心物质进入细胞核，启动复制循环。经过隐潜期后病毒复制，在感染 24h 后，细胞质中形成病毒发生基质，子代病毒开始形成，逐渐增多。感染 48h 后，圆筒形细胞质中的多角体蛋白逐渐沉积并将病毒粒子包埋，最终形成新的多角体。

（三）毒力变化的分子基础

过去所知的 BmCPV 的多角体，外观呈六角形，正 20 面体，1961 年发现四角形的变异系，继而发现三角形的多角体。根据其包含体的形态和在细胞内的形成部位，BmCPV 大致可分为 9 个不同的株（strain），即：A、B、B1、B2、P、C1、C2、I 和 H。A 株能在细胞核内形成不含病毒粒子的多角体；B、B2 和 P 株能在细胞核内形成六角形的、针状的金字塔形甚至无定形的多角体；Cl 株主要在细胞核内形成无定形多角体，而 C2 株在细胞质和细胞核内均可形成无定形的多角体。研究发现有一部分多角体在核内形成，通过电镜观察，形成于细胞质内的多角体，包埋着病毒粒子，但形成于细胞核内的多角体，却没有看到病毒粒子。BmCPV 各株的分化可能是 dsRNA 节段间的遗传重组或个别基因突变的结果。当 BmCPV 两株混合感染家蚕时，两株病毒间发生干扰现象，可在不同细胞内分别形成不同的多角体，而在同一细胞内很少形成两种形状的多角体。一般认为一个细胞被一株 BmCPV 感染后不会对另一株有感染性。

三、免疫学

家蚕对 BmCPV 病抵抗性的作用方式符合加-显性模式，并存在着超显性现象，控制家蚕对 Bm-CPV 病抵抗性的基因不少于 2 个。遗传方差分析结果表明，显性效应大于加性效应，且由母体效应和非母体效应所引起的正反交间差异达极显著水平。邵汝莉等（1981）以感染品种抗 11 和抗病品种 D9 配成杂交材料，连续添毒 4 代，结果发病率下降，茧质有所提高。徐安英等初步对 281 个家蚕品种资源进行了抗 BmCPV 比较试验。281 个蚕品种中，抗性品种占 12.45%，较抗性品种占 32.74%，较感性品种占 33.81%，感性品种占 21%。不同品种间抵抗性差异较大，最高达到千倍以上。不同地理系间抵抗性差异数百倍，其强弱依次为热带多化性品种＞中系二化种＞日系一化种＞中系一化种＞日系二化种＞欧系一化种。

应用电子显微技术对 BmCPV 在宿主细胞内的形态发生和病毒侵染后细胞器的超微病理变化进行研究发现，病毒侵染 9d 后，家蚕中肠上皮细胞的胞质内出现大量病毒发生基质。病毒发生基质不呈网状结构，而是均匀分散的电子致密的细小颗粒。在其周围散在大量的病毒的核心，其中也有装配完全的病毒粒子，病毒粒子上的管状突起也同时向外伸展，宿主中肠上皮细胞的主要细胞器均发生了显著病变。细胞内的线粒体大多数拉长，许多嵴呈纵向排列，有些嵴消失。粗面内质网的腔、囊均有肿胀现象，大量核糖体从粗面内质网上脱落，出现内质网空泡化。细胞内核糖体颗粒增多，且大多数以多聚核糖体的形式分散在细胞质内，次级溶酶体大量增生，积极地进行自体吞噬。被 BmCPV 感染后，家蚕的血液与中肠皮膜的核酸、蛋白质、碳水化合物、游离氨基酸和尿酸均发生变化；血糖量随病势进展较健康蚕急速减少，中肠皮膜上的糖原代谢可能与 Bm-CPV 的增殖过程密切相关；中肠组织的海藻糖酶、蔗糖酶、糖原磷脂酶等活性随着 BmCPV 的感染发生较大变化。感染 BmCPV 的五龄幼虫的红细胞凝集素的活性显著升高。

四、制品

家蚕中肠型脓病在蚕的各龄期都能感染，交叉感染较为严重，当病原、蚕品和外界条件 3 要素都非常适宜该病发生时，就有可能造成这种病害的局部暴发或区域性流行。科学的防治原则是：以预防为主，综合防治，早发现、早隔离、早淘汰，切断传染途径。具体措施包括：严格消毒、切断感染源，养蚕前后认真做好蚕室、贮桑室、上蔟室、蚕具及蚕室周围环境的清洁消毒工作；加强饲育管理，严格卫生制度，对蚕户周围的环境卫生及病蚕和带病蚕沙的深埋处理，要用制度来约束，这不仅可以减少病原，而且可以改善生活环境，养成环境卫生清洁的习惯；加强桑园管理、及时防治病虫害，防止带有质型多角体病毒的昆虫咬食桑叶或粪便污染桑叶；选育对家蚕中肠型脓病有较高抗性的家蚕品系。

（一）诊断试剂

对本病诊断方法较多，包括 ELISA 法、胶乳凝集试验法、单克隆抗体法、定量 PCR 法等。华南农业大学刘吉平等根据 LAMP 技术正在研制开发 BmCPV 检测试剂盒，但尚未在我国注册而商品化，且成本较高。

（二）疫苗

我国尚无批准使用的疫苗。

五、展望

目前对家蚕中肠型脓病没有特效治疗药物，主要还是以预防为主要手段。随着分子生物学的发展，基于 BmCPV 是双链 RNA 病毒，我国一些科研工作者尝试从 RNAi 角度研究 microR-NA 对 BmCPV 的抑制作用，已鉴定了 BmCPV 编码的 microRNA，发现 miR-278-3p 可以通过降低家蚕胰岛素相关肽结合蛋白 2 的表达来抑制 BmCPV 的表达，以 BmCPV 依赖 RNA 的 RNA 聚合酶基因为靶标进行 RNA 干扰能够降低 90% 以上的感染率，发现新的仅针对 Bm-CPV 的 microRNA 同时结合 CRISPR9 基因编辑系统繁育新的抗 BmCPV 家蚕品系是今后值得研究的方向。另外，虽然 BmCPV 的基因组已经得到测定，但由于缺少研究 BmCPV 感染的细胞系，对其基因组编码的具体基因功能还不清楚，其与宿主家蚕的相互关系还存在很大的研究空间。

（唐旭东　王忠田）

主要参考文献

何蕾，2014. 家蚕质型多角体病毒（BmCPV）基因组片段 7（S7）功能的研究 [D]. 湛江：苏州大学.

林伟，徐安龙，杨文利，等，2002. 家蚕质多角体病毒（BmCPV）基因组 dsRNA 片段 V 的全序列测定 [J]. 病毒学报，18（4）：375-377.

孙京臣，陈冬妮，杨艺峰，等，2006. 质型多角体病毒在家蚕体内入侵与复制研究（英文）[J]. 中山大学学报（自然科学版），45（2）：78-82.

钟伯雄，2001. 家蚕细胞质型多角体病毒的核酸结合蛋白 [J]. 蚕业科学，193-196.

Cao G，Meng X，Xue R，et al，2012. Characterization of the complete genome segments from BmCPV~SZ, a novel *Bombyx mori cypovirus* 1 isolate [J]. Canadian Journal of Microbiology，8：872-883.

Chen W，Hu Y，Li Y，et al，2007. Characterization of the RNA-binding regions in protein p36 of *Heliothis armigera cypovirus* 14 [J]. Virus Research，125：211-218.

Hagiwara K，Tomita M，Nakai K，et al，1998. Determination of the nucleotide sequence of *Bombyx mori cytoplasmic polyhedrosis virus* segment 9 and its expression in BmN4 cells [J]. Journal of Virology，72：5762-5768.

Zhao S L，Liang C Y，Hong J J，et al，2003. Genomic sequence analyses of segments 1 to 6 of *Dendrolimus punctatus* cytoplasmic *Polyhedrosis virus* [J]. Archives of Virology，148：1357-1368.

第六节　蚕传染性软化病

一、概述

蚕传染性软化病，又称家蚕病毒性软化病（*Bombyx mori* Flacherie）或空头性软化病，是由家蚕病毒性软化病病毒（*Bombyx mori flacherie virus*，BmIFV）引起的一种传染性蚕病。该病的发生记录较为复杂，早期被认为是细菌或生理不适引起，1926 年法国学者 Paillot 提出家蚕的软化病由病毒所引起。20 世纪 80 年代，日本学者渡部通过采集日本各地的桑螟（*Glyphodes pyroalis*），发现 BmIFV 在其中肠能够慢性增殖。因此，渡部推测桑螟是 BmIFV 的中间宿主（与 BmDNV 相同），是该病毒的野外毒源。BmIFV 与其他昆虫的交叉感染，目前已知的仅有野蚕（*B. mandarina*）与桑螟（*Diaphania pyloalis* Walker），而桑螟是 BmIFV 的中间宿主和主要的传染源。

家蚕病毒性软化病病蚕一般表现为空头、缩小、卒倒和迟眠等外部病征，总体上缺乏典型性，主要是由于蚕体发育阶段和混合感染细菌等的不同表现出的复杂性造成。家蚕病毒性软化病是一种慢性蚕病，病程一般为 5～12d。

二、病原

BmIFV 属于微 RNA 病毒目（Picornavirales）、传染性软腐病毒科（Iflaviridae）、传染性软腐病毒属（*Iflavirus*）。BmIFV 病毒粒子特征与微 RNA 病毒属的病毒相似，病毒粒子呈 20 面体（球状），直径 24～28 nm，沉降系数（S_{20}）=183，氯化铯中的浮密度为 1.375 g/cm³。通过冷冻电镜三维重构 BmIFV 的病毒粒子结构发现 BmIFV 的衣壳直径为 302.4Å，遵循拟 T=3

的 20 面体对称，衣壳为单层，厚度为 15Å，表面光滑致密。

（一）基因组

BmIFV 的基因组为单分子 ssRNA，呈直线状，3′末端有 poly（A）尾巴，5′末端无帽子结构，而基因组病毒结合蛋白与 5′末端基因组共价结合。

1998 年 Bando 等首次构建了 BmIFV 的 cDNA，以 cDNA 为基础测序，确定 BmIFV 的核酸长度为 9 650 个核苷酸（不含 polyA 尾巴）。序列中含有一个 9 255 nts（3 085 个密码子）ORF，ORF 两侧是一个短的 5′- NCR（156 nts）和一个较长的 3′- NCR（239 nts）。2010 年中国株 BmIFV 的全基因组被成功测定，发现除 poly（A）外，基因组全长包含 9 665 个核苷酸。对中国株及日本株病毒全基因组比较分析发现：除 5′和 3′端非编码区的核苷酸数目存在差异外，二者开放阅读框编码的氨基酸数目一致。中国株与日本株 BmIFV 的核酸和氨基酸的同源性均为 99%，其中结构蛋白 VP1、VP3、VP4 与前导蛋白（L 蛋白，Leader protein）的同源性达到 100%。此外，BmIFV 的 5′端也不具有帽子结构，只是共价耦联了一个 VPg 蛋白，而 3′- NCR 尿嘧啶的含量相对较高（37.7%），而且不具有许多真核 mRNA 中典型的多聚腺苷化信号（polyadenylation signal）AAUAAA 结构。

BmIFV 病毒粒子包括 4 个主要的结构蛋白，按分子质量大小以降序命名为 VP1、VP2、VP3、VP4。BmIFV 的大 ORF 中，从 N 端开始，4 个结构蛋白以 VP3、VP4、VPl、VP2 的顺序分布。应用双向电泳发现，除了 4 个主要的衣壳蛋白外，BmIFV 病毒粒子还有 7 个次要蛋白，其中等电点为 6.6 和 6.5 的 2 个多肽均被认为是 VP0，由于 VP0 及其同源结构多肽能与 VP1 和 VP4 的抗血清反应。

（二）感染机理

BmIFV 主要通过食下感染侵入蚕体，创伤感染的可能性极小。病毒粒子通过围食膜感染中肠前部和中部的杯型细胞，细胞质出现特异性小胞体（v-vesicle），附近存在电子致密小体（electron dense body）。感染中期杯型细胞的细胞质和细胞核内出现特异的构造物。感染末期杯型细胞退化，缩小成球状体。一部分跌入肠腔，另一部分被包埋进筒形细胞。

三、免疫学

在蚕品种的抵抗性上，不少学者对其进行了研究，未发现完全抵抗 BmIFV 的蚕品种。井上（1974）对家蚕抵抗 BmIFV 机制的研究认为，BmIFV 对不同家蚕品种的感染率和病毒在体内的增殖速度未见明显差异，但在病症的出现上存在明显差异，由此提出家蚕对 BmIFV 的抵抗机制是一种发病（耐性）抵抗性，并推测家蚕对 BmIFV 的抵抗性主要是通过脱落被感染的杯型细胞，新生细胞具有较强的补充和平衡能力。高温（35～37℃）处理感染 BmIFV 的家蚕后，病毒的增殖受到抑制。根据电子显微镜和荧光抗体法的观察，这种现象的产生主要是高温加快了被感染杯型细胞的脱落和新生细胞的再生，减轻二次感染，以及过高温度对病毒复制进程的影响所致。而低温（16℃）对发病的抑制主要还是对家蚕本身代谢功能的减缓。同一家蚕品种中的雄性个体比雌性的抵抗性要高。

四、制品

（一）诊断制品

本病的发生一般都伴随与 BmDNV 的混合感染，肉眼诊断比较困难。基于血清学的方法可应用酶联免疫吸附法、胶乳凝集试验法和可溶性酶-抗酶法等进行诊断。RNA 水平的检测可以采用反转录结合巢式 PCR 法。

（二）疫苗

我国尚无批准使用的疫苗。

五、展望

家蚕病毒性软化病是危害家蚕的 4 种病毒病之一。目前在该病害的防治方面，日本学者主要从抑制病毒增殖（温度、化学药物）、蚕品种抵抗性和消毒方面进行了研究，但在生产实际中的应用性并不太好。BmIFV 消毒灭活并不十分困难，因此在实际生产中一般强调综合防治的方法，未来可以从 RNAi 的角度步开展对 BmIFV 具有抗性的转基因家蚕的研究。

（唐旭东　王忠田）

主要参考文献

李明乾，2009. 中国株家蚕传染性软化病病毒的全基因组序列分析 [D]. 杭州：浙江大学.

鲁兴萌，陆奇能，2006. 家蚕病毒性软化病的研究进展 [J]. 蚕桑通报，37（4）：1-8.

鲁兴萌，汪方炜，石彦，2002. 对我国养蚕业中传染性软化病的思考 [J]. 蚕桑通报，33（3）：6-8.

苘娜娜，陆奇能，金伟，等，2007. 家蚕传染性软化病病毒（桐乡株）VP1 基因片段的克隆及序列分析 [J]. 昆虫学报，50（10）：1016-1021.

邵汝莉，1981. 家蚕对 CPV 抗病性和茧质的选择效应 [J]. 蚕业科学（3）：155-61.

孙京臣，2004. 家蚕质多角体病毒 RDRP 的基因克隆、表达及定位研究 [D]. 广州：中山大学.

Choi H K，Sasaki T，Tomita T，et al，1992. Processing of structural polypeptides of infectious *Flacherie virus* of the silkworm，Bombyx mori：VP1 and VP4 are derived from VP0 [J]. Journal of Invertebrate Pathology，60：113-116.

Tan YR，Sun JC，Lu XY，et al，2003. Entry of *Bombyx mori* cypovirus 1 into midgut cells *in vivo* [J]. J Electron Microsc（Tokyo），52：485-9.

Vootla S K，Lu X M，Kari N，et al，2013. Rapid detection of infectious *Flacherie virus* of the silkworm，*Bombyx mori*，using RT-PCR and nested PCR [J]. Journal of Insect Science，13（120）：1-9.

第七节　蚕浓核病毒病

一、概述

蚕浓核病毒病最初发现于 1968 年日本长野县，该县蚕业试验场的清水孝夫技师从养蚕户的病蚕中采集到一种"软化病"病毒，经抗性比较、病理组织学观察及病毒抗血清交叉中和反应，初步认为这是一种新的软化病病毒，并将其称为"伊那株"。后根据其细胞病理学、化学及生物学方面的特征认为该病毒应属于细小病毒科，并将其称为浓核病病毒（*Densonucleosis virus*；*Bombyx* DNV）。随后又分别从中国镇江、日本山梨县、长野县伊那和佐久郡和印度分离到了 BmD-NV 的不同株系，命名为伊那株（BmDNV-1）、山梨株和佐久株（BmDNV-2）、中国（镇江）株（BmDNV-3）、印度株（BmDNV-4）、信大株（BmDNV-5）。1999 年潘敏惠等从原西南农业大学分离到一种新的家蚕浓核病毒，命名为 BmDNV-6。到目前为止，在家蚕中已发现 6 种不同株系的浓核病毒。家蚕浓核病毒病是家蚕的四大病毒性疾病之一，每年给蚕桑生产造成巨大的经济损失。

蚕浓核病毒病属于一种慢性病，染病后的家蚕病症比较单一，感染一周后表现为食欲明显，出现软化现象，空头蚕居多，剖检后可发现中肠变成黄白色、充满黄绿色半透明的消化液。BmD-NV-1 病程较短，幼虫在 7d 后死亡，而 BmD-NV-2 和 BmDNV-3 病程较长，在 10~20d 间死亡，少数幼虫可以化蛹。

二、病原

家蚕浓核病毒 BmDNV-1 属于浓核病毒亚科、重复病毒属（*Iteravirus*），其病毒粒子呈球形，直径大约 20 nm，具有 2 次、3 次和 5 次对称轴，其超微结构符合正 20 面体对称模型。在 BmDNV 病毒粒子中，由 25%~35% 的 DNA 和 65%~75% 的衣壳蛋白构成，核衣壳由 60 拷贝的 VP3 蛋白组成。因为没有被膜，所以很少有碳水化合物和脂质，但有少量精胺（spermin）、亚精胺（spermidine）等多胺类物质，多胺类物质与维持染色体的稳定性有关。

（一）病毒基因组

BmDNV 的基因组是单链 DNA，病毒 DNA 或为正链，或为互补的负链，正负链所占比例接近相等，分别包裹在不同的衣壳蛋白中。在适当盐浓度抽提时，正负链在体外可形成 dsDNA。*Iteravirus* 属的病毒（BmDNV-1、BmDNV-5），含有约 5kb 的染色体 DNA，两端有 230 碱基的反向重复序列（ITR），内有 153 个碱基的回文序列（palindrome），形成发夹结构。Bando 等（1995）第一次测定了 BmDNV-1 的基因组序列。Li 等（2001）重新测定了 BmDNV-1 的基因组序列，该序列总长 5 046 bp（GenBank 登录号：AY033435），至少含有 3 个主要的 ORF，ORF1 编码 430 个氨基酸的蛋白，ORF2 编码 887 氨基酸的蛋白，它们位于同一条链上，位于 1 546～4 207核苷酸，最大编码 89 kDa 蛋白。左侧阅读框编码非结构蛋白，右侧阅读框（ORF2）编码结构蛋白。Bando 等（1987）证明了 BmDNV‐2 含有 2 条不同的单链 DNA（VD1：6 542bp；VD2：6 031bp），在末端都具有 ITR，而且 VDl 和 VD2 的最末端有 53 nts 的共同序列。王永杰等（2007）测定了 BmDNV‐3 的全基因组序列，发现 BmDNV‐3 同样含有 2 条不同的单链 DNA（VD1：6 543 bp；VD2：6 022 bp），末端具有 524 nts 的 ITR。

（二）病毒的结构蛋白

BmDNV‐1 和 BmDNV‐5 的结构蛋白由 4 种蛋白构成，BmDNV‐2 由 6 种蛋白构成，小蛋白（40～50 kDa）是主要的病毒结构蛋白。BmDNV‐1 主要蛋白是 VPl，分子质量为 50 kDa，占总蛋白的 65% 左右。其余 3 种，即 VP2、VP3、VP4 分子质量分别是 57 kDa、70 kDa、77 kDa，4 种结构蛋白分子质量合计 250 kDa，远远超过其 5kb 基因组的编码能力。经过蛋白间的相似性比较和全序列测定分析后发现，BmDNV‐1 基因组存在基因重叠现象，如编码 VP2 的 ORF 存在于编码 VP1 的 ORF 中。BmDNV‐2 的 6 种结构蛋白中，4 个（VPl、VP2、VP3、VP4）分子质量较小，约 50 kDa；2 个（VP5，VP6）较大，约为 120 kDa。VPl、VP2、VP3 和 VP4 是主要的结构蛋白，VP5、VP6 在纯化的病毒粒子中含量很少，推测它们可能含有宿主细胞的某些组分。

（三）病毒感染机理

BmDNV 主要感染途径是通过食下传染。当 BmDNV 病毒粒子进入敏感品种的消化道后，可以通过围食膜而侵入圆筒形细胞。病毒粒子将病毒核酸注入细胞内，再侵入细胞核内进行复制。由于 BmDNV 的 DNA 末端具有回文结构，可以直接利用宿主的 DNA 聚合酶自我引发合成病毒 DNA。免疫组化和病毒定量分析发现，细胞的病变在病毒感染后第 4d 出现，并且逐步增加，但在感染后期，病毒量有减少的倾向，这可能是在感染后期含有大量病毒的圆筒形细胞的破坏、脱落造成的。在分子水平上，鲍艳原等（2013）用酵母双杂交技术发现一些宿主蛋白与 BmDNV 的结构蛋白存在相互作用，这些蛋白可能介导了 BmDNV 对家蚕细胞的入侵。

（四）毒力变化的分子基础

不同家蚕品种对浓核病毒的抵抗性差异十分显著。目前认为，家蚕对 BmDNV‐1 型的抗性由 2 个相互独立的基因 nsd‐1 和 Nid‐1 控制，并且它们作用于不同阶段，nsd‐1 作用于病毒进入细胞和细胞核的过程，而 Nid‐1 作用于病毒复制的晚期过程。对 BmDNV‐2 和 BmDNV‐3 的抗性由基因 nsd‐2 和 nsd‐Z 控制，并且这些基因定位于不同染色体上。nsd‐l 在 21 号染色体 8.3cm 处，Nid‐1 则位于 17 号染色体的 31.1cm 处。1998 年 Abe 等通过构建近等基因系进行 RAPD 分析，在距离＋nsd‐1 基因 3.0 cm 处获得了一个分子标记，并且把它转变成了 SCAR 标记。Abe 等（2000）用 700 个随机引物筛选出了 2 个与＋nsd‐2 连锁的 RAPD 分子标记 OPH19R 和 OPP01R，并且将 OPP01R 定位在距＋nsd‐2 基因 4.7cm 处。Ogoyi 等（2003）利用 RFLP 技术第一次获得了＋nsd‐2 连锁图谱，并且将该基因定位在了 17 号染色体上。李木旺和陈克平等（2007，2008）分别用 RAPD 标记进行了研究，通过 150 个引物的筛选，找到 0PH‐071400 与抗浓核病毒的中国（镇江）株（nsd‐Z）基因连锁，并通过 F2 代验证了标记的可靠性。唐旭东等（2005）通过荧光差异显示技术，在抗 DNV 品种的秋丰、高感性品种的华八 35 及其近等基因系 BC6 中初步获得了 20 多个抗性相关特异条带，经过荧光定量 PCR 验证确定了一个特异片段，该基因是一个蛋白激酶 C 抑制因子基因。鲍艳原等（2008）用数字表达谱技术比较了高感和高抗品种家蚕在 BmDNV 感染后的基因表达情况，发现有 11 个基因在高抗品系中明显上调，可能与其抗性相关。

三、免疫学

家蚕食下 Bm DNV 后，病毒粒子进入蚕的消化道，通过围食膜而侵入中肠上皮组织中的圆筒形细胞的细胞核内，从中肠前部与后部开始，逐步向中肠中部扩展。被寄生的圆筒形细胞的细胞核膨大，核质结集成块，而后在集块处形成病毒颗粒。在感染末期，整个细胞核变成浓稠而均一的结构，能被甲基绿浓染或呈强的孚尔根阳性反应。病毒充满细胞核后，核膜破裂，病毒颗粒进入细胞质，最后整个细胞崩溃并脱落至消化管内。随着细胞核的破坏，细胞质出现空泡化并出现对焦宁染料着色性降低的现象。病毒也可到达体腔，并随体液进入全身各组织。但是 BmDNV 除侵染中肠圆筒形细胞外不感染其他组织细胞。

四、制品

BmDNV 在环境中较稳定，在空气中可以存活 25d，埋于土壤中可存活 32～38d，而当病毒与土壤形成混合物时需要 100d 以上才能失活，所以对本病的防治首先在于消除环境中的病原。主要方法有：严格消毒，切断传染途径，在养蚕前，对蚕室、贮桑室、簇室、蚕具及周围环境彻底清洗消毒；严格提青分批，防止蚕座传染；控制桑园害虫，防止交叉传染；加强饲养管理，良桑饱食，增强蚕的体质，提高抗病能力；开展病毒感染和增殖抑制药物的筛选应用，使病毒在感染的早期被清除，防止疾病进一步扩散；选育抗病家蚕品种。

（一）诊断制品

本病的肉眼诊断比较困难，仅作为参考。基于血清学的方法，包括凝胶双扩散、对流免疫电泳、荧光抗体、酶标抗体、斑点酶联免疫法、琼脂糖柱扩散、胶乳凝集试验和可溶性酶-抗酶法等技术，可用于疾病检测和诊断。目前商业化的诊断试剂盒有基于 LAMP 技术的病毒 BmDNV 检测试剂盒。

（二）疫苗

目前我国尚无批准使用的治疗用制品和疫苗。

五、展望

家蚕浓核病毒病是蚕业生产上普遍发生、危害严重的一种传染病，应加强综合防治。目前无治疗药物，筛选治疗家蚕浓核病毒病药物是今后研究的一个方向。同时，家蚕浓核病毒具有独特的基因组结构和复制方式，可以作为研究基因转录、表达调控的基础材料。由于家蚕浓核病毒的

特殊性、高致病力和稳定性，对其进行改造、开发以用作农林害虫生物防治的生物制剂，也可作为今后的一个研究方向。

（唐旭东　王忠田）

主要参考文献

潘敏慧，2005. 家蚕浓核病毒 BmDNV－6 的研究 [D]. 重庆：西南农业大学.

唐旭东，2005. 家蚕抗浓核病毒（中国镇江株）分子标记及相关基因研究 [D]. 湛江：江苏大学.

Abe H, Sugasaki T, Kanehara M, et al, 2000. Identification and genetic mapping of RAPD markers linked to the densonucleosis refractoriness gene, nsd－2, in the silkworm, *Bombyx mori* [J]. Genes Genetic Systems, 75：93－96.

Bando H, Hayakawa T, Asano S, et al, 1995. Analysis of the genetic information of a DNA segment of a new virus from silkworm [J]. Archievs of Virology, 140：1147－1155.

Bando H, Kusuda J, Gojobori T, et al, 1987. Organization and nucleotide sequence of a densovirus genome imply a host-dependent evolution of the *Parvoviruses* [J]. Journal of Virology, 61：553－560.

Bao Y Y, Chen L B, Wu W J, et al, 2013. Direct interactions between bidensovirus BmDNV-Z proteins and midgut proteins from the virus target *Bombyx mori* [J]. FEBS Journal, 280：939－949.

Bao Y Y, Li M W, Zhao Y P, et al, 2008. Differentially expressed genes in resistant and susceptible *Bombyx mori* strains infected with a densonucleosis virus [J]. Insect Biochemistry and Molecular Biology, 38：853－861.

Kaufmann B, EL-Far M, Plevka P, et al, 2011. Structure of *Bombyx mori densovirus* 1, a silkworm pathogen [J]. Journal of Virology, 85：4691－4697.

Li M W, Zhao Y P, et al, 2008. Differentially expressed genes in resistant and susceptible *Bombyx mori* strains infected with a densonucleosis virus [J]. Insect Biochemistry and Molecular Biology, 38：853－861.

Ogoyi D O, Kadono-Okuda K, Eguchi R, et al, 2003. Linkage and mapping analysis of a non-susceptibility gene to densovirus (nsd－2) in the silkworm, *Bombyx mori* [J]. Insect Molecular Biology, 12：117－124.

Wang Y J, Yao Q, Chen K P, et al, 2007. Characterization of the genome structure of *Bombyx mori* densovirus (China isolate) [J]. Virus Genes, 35：103－8.

第三十一章 寄生虫类制品

第一节 球 虫 病

一、概述

球虫病（Coccidiosis）是由细胞内寄生的球虫（*coccidia*）感染所引起的一种寄生原虫病。球虫病呈世界性分布，其危害的动物不仅包括所有家养动物，还危害多种野生动物、鱼类甚至是两栖动物。球虫寄生具有高度的宿主特异性，即每一种球虫只感染特定的宿主；同时，球虫又具有广泛的地理分布性。有球虫学家指出，凡是有鸡的地方就有鸡球虫。球虫病对鸡和兔的危害尤其巨大，高发病率和高死亡率往往给养殖业带来巨大损失。

球虫病的病原主要是艾美耳科（Eimeriidae）4 个属的球虫，即艾美耳属（*Eimeria*）、温扬属（*Wenyonella*）、等孢属（*Isospora*）和泰泽属（*Tyzzeria*）。球虫虫种数量巨大，目前已经确定的艾美耳球虫种已超过 1 000 种，等孢球虫也超过 200 种。其中，感染鸡的艾美耳球虫有 7 种，感染家兔的艾美耳球虫有 11 种。中华人民共和国成立之后几十年来公开发表的调查数据表明，球虫感染普遍存在于我国的家养动物，共计有艾美耳球虫 117 种，等孢球虫 9 种，泰泽球虫 6 种，温扬球虫 4 种。

二、病原

艾美耳科球虫卵囊（oocyst）经口感染其特异性的宿主后，卵囊在消化道内释放出孢子囊（泰泽属则直接释放出子孢子）；在胆汁及胰酶的作用下，孢子囊一端的斯氏体消失，其内的子孢子主动释出并随肠内容物向后移动，在到达特定寄生部位时入侵肠道上皮细胞并在其内进行裂殖生殖（并非所有球虫都寄生于肠道，如斯氏艾美耳球虫和截形艾美耳球虫则分别在兔的肝脏和鹅的肾脏中进行内生性发育）。经过多代裂殖生殖，每一代裂殖子都入侵临近细胞进行下一代繁殖，因此每一个子孢子可产生大量的裂殖子。完成最后一代的裂殖生殖后，裂殖子进一步发育形成大小配子体并分别形成大配子及大量的小配子，小配子进入大配子而完成合子生殖。合子在形成具有保护作用的卵囊壁后最终发育为卵囊，裂解宿主细胞释放并最终随粪便排出体外。卵囊排出体外后在具备一定的温湿环境中完成孢子生殖，形成孢子化卵囊。孢子化的卵囊对其他的同种宿主具有感染性。

通常球虫在宿主体内会进行 2～4 代裂殖生殖，其中，柔嫩艾美耳球虫进行 3 代裂殖生殖，而斯氏艾美耳球虫可能进行多达 6 代的裂殖生殖。正如上文生活史中所描述的，每经过一代裂殖生殖，一个球虫细胞就会产生数十个到数百个的子代裂殖子。据估算，一个柔嫩艾美耳球虫孢子化卵囊最多可能产生 80 万～160 万的后代卵囊。另一方面，球虫卵囊具有厚厚的外壁，这个外壁为卵囊在恶劣的环境中存活提供强大的保护：多种去污剂、甚至是强酸强碱都不能将其灭活；有报道说固定染色处理过的组织切片中的卵囊仍然可以进行发育。因此，球虫的高繁殖力和卵囊的超强环境抗性为其广泛传播奠定了基础。

球虫的致病性有很大的种间差异性。鸡的 7 种球虫中，以柔嫩艾美耳球虫和毒害艾美耳球虫的致病性为最强；兔球虫则以肠艾美耳球虫和黄艾美耳球虫致病性最强。球虫的感染量在很大程度上决定了其致病性，当感染宿主的球虫卵囊数量相对较少时（比如 200 个柔嫩艾美耳球虫卵囊），通常不会引起宿主发病，而是促进机体产生抗球虫免疫力。

通常情况下，通过显微镜观察动物粪便而发现球虫卵囊是诊断动物是否感染球虫的最常见方法。通常情况下，通过球虫卵囊的形态学鉴定可以对大部分球虫鉴定到种。显微镜鉴定所观察的

主要指标为：卵囊形态、大小、有无卵囊残体（oocyst residuum）、有无卵膜孔（micropyle）、有无极帽（polar cap）和卵囊孢子化时间等。各个属球虫孢子化卵囊的结构特征（表 31 - 1）。球虫卵囊在形态和大小上有明显的种间差异。球虫卵囊通常呈圆形、椭圆形、卵圆形和梨形等不同形态，其长和宽之比可用卵形指数来表示（如柔嫩艾美耳球虫的平均大小是 $25\mu m \times 19\mu m$，卵形指数为 1.16，呈椭圆形）。然而，即便是同种球虫的卵囊，其大小也不完全相同，如柔嫩艾美耳球虫卵囊的大小范围为 $(14\sim31)\ \mu m \times (9\sim25)\ \mu m$。因此，需要慎重依据卵囊大小和形态对感染同一宿主的球虫种进行鉴定。

表 31 - 1 常见艾美耳科球虫种及其宿主和寄生部位

属	卵囊结构特征	代表虫种	宿主及寄生部位
艾美耳属 Eimeria	每个孢子化卵囊中含有 4 个孢子囊，每个孢子囊中含 2 个子孢子	柔嫩艾美耳球虫 E. tenella	鸡盲肠
		巨型艾美耳球虫 E. maxima	鸡小肠中段
		堆型艾美耳球虫 E. acervulina	鸡十二指肠
		牛艾美耳球虫 E. bovis	牛小肠及大肠
		斯氏艾美耳球虫 E. stiedai	兔肝脏胆管
		肠艾美耳球虫 E. intestinalis	兔小肠
		截形艾美耳球虫 E. truncata	鹅、肾脏
等孢属 Isospora	每个孢子化卵囊中含有 4 个孢子囊，每个孢子囊中含 2 个子孢子	猪等孢球虫 I. suis	猪小肠
		犬等孢球虫 I. canis	犬小肠
温扬属 Wenyonella	每个孢子化卵囊中含有 4 个孢子囊，每个孢子囊中含 4 个子孢子	菲莱氏温扬球虫 W. philiplevinei	鸭小肠
泰泽属 Tyzzeria	无孢子囊，每个孢子化卵囊中含 8 个裸露子孢子	毁灭泰泽球虫 T. perniciosa	鸭小肠

在裂殖生殖后期阶段，大量虫体的发育和释放造成宿主肠道上皮细胞大量被破坏，使肠道消化吸收机能发生障碍；同时由于肠黏膜的炎性反应和血管的破裂造成大量体液及血液进入肠腔，导致感染动物消瘦、贫血和下痢。另外，崩解破裂的上皮等组织形成的毒性物质在肠道内蓄积而造成机体中毒，动物出现精神萎靡、昏睡等症状。上述症状可以作为球虫病感染与否的临床诊断依据。如果怀疑发生球虫感染而致病，可以进行剖检来检查各个发育期的球虫存在与否来进行诊断。刮取疑似病变部位的肠道黏膜制作涂片进行显微镜检查。在显微镜下可能见到大量呈香蕉状或月牙状的裂殖子或其他形态的球虫虫体（包括裂殖体、配子体和合子），则可判定为球虫感染。

球虫学家 Johnson 和 Ried 于 1970 年发表了关于鸡球虫感染的肠道病变计分的方法，在鸡球虫病的临床诊断中得到广泛应用。现以柔嫩艾美耳球虫（感染后第 6 日）的病变计分及判定标准为例进行说明：

0 分：未见病变；

+1 分：盲肠壁有零星散在的出血斑，肠壁厚度正常，盲肠内容物正常；

+2 分：盲肠内容物含有少量血液，盲肠壁增厚，出血病灶易见；

+3 分：盲肠内含有较多血液或者出现盲肠芯，盲肠壁明显增厚，盲肠变形和萎缩明显；

+4 分：盲肠显著萎缩，病变延伸至直肠，盲肠壁极度肥厚，盲肠内有暗黑色血凝块或盲

肠芯。

　　因此，进行球虫种的鉴定需要结合球虫生物学的不同特征，包括在宿主体内的寄生部位、肉眼可见的病变特征、寄生部位组织（黏膜）抹片中裂殖体的大小，以及上述卵囊的形态学特征。要进行严格的球虫种鉴别诊断，需要通过单卵囊分离技术感染宿主，获得纯球虫培养后来进行。

三、免疫学

　　存在于自然环境或是污染的饲料和饮水中的孢子化卵囊经口吞食后，球虫在宿主机体内完成裂殖生殖和配子生殖过程。绝大部分球虫虫种都寄生于宿主的肠道黏膜，激发宿主产生先天性免疫应答及特异性的体液、细胞和黏膜免疫应答。早期的研究表明，切除法氏囊不影响鸡产生抗球虫免疫保护，切除脾脏的大鼠对球虫的抵抗力大大降低，源自免疫鸡只的淋巴细胞的过继转移可以保护非免疫鸡只，因而得出的结论是细胞免疫在抗球虫感染过程中起主要作用，而抗体所起的作用次之。不过这种说法引起的争议一直未有定论。还需要指出的是，宿主的抗球虫免疫应答机制还因球虫种的不同而有所差别，这为球虫免疫学的研究带来了更多困难。

　　多种淋巴细胞、抗体和细胞因子参与宿主的抗球虫免疫应答。NK 细胞产生的 IFN-γ 在球虫感染早期具有重要的抗感染作用；而球虫感染激活获得性免疫系统后，特异性 IgG 抗体及黏膜 IgA 抗体可以阻止球虫各个发育阶段虫体的入侵并通过调理作用增强吞噬细胞的杀伤作用。特异性的 CD8$^+$ T 细胞在艾美耳球虫感染免疫进程中很可能起双重作用：在初次感染的子孢子入侵过程中，其起着转运细胞的作用；而在再次感染应答中，其为效应性细胞。鸡肠道黏膜中的巨噬细胞在活化后可以产生活性氧和活性氮中间产物，它们能有效杀伤入侵的寄生虫。近来的研究表明，如果母源抗体或者是被动免疫的抗体的量足够大，则完全可以阻止球虫在幼龄鸡体内的增殖发育；不过这种依赖于 IgY 抗体的免疫保护机制还有待深入研究。此外，细胞因子在宿主免疫反应过程中起重要的调节作用，一个明显的例子是用重组表达的鸡 IFN 治疗球虫感染鸡，可以提高增重。

　　研究发现，使鸡小剂量多次感染球虫（所谓的"涓滴免疫"），可以获得明显高于一次大剂量

感染所产生的免疫力。这种保护力随着重复感染而最终能达到限制性感染水平，即达到完全的抗球虫保护。"涓滴免疫"现象成为鸡的球虫病活卵囊疫苗应用的基础。在接种活卵囊疫苗后，疫苗虫株在宿主体内完成其第一个生活周期。此过程中，能刺激机体产生初次免疫应答。随粪便排出的卵囊孢子化后可以再次感染鸡，而且鸡也可以摄取垫料中的田间卵囊。这样卵囊对鸡只的感染出现了时间上的不一致性，形成了持续的重复感染。由于每次感染的卵囊数量较少，这种持续性感染不会引起鸡只发生球虫病，而是使鸡只从不断的再次应答中获得逐渐升高的免疫保护力。要指出的是，这种完全保护只针对同种球虫，而针对其他种球虫的交叉保护力则较小甚至不产生交叉保护。而对于巨型艾美耳球虫来说，不同的地理分离株之间甚至都不能产生交叉保护，表明球虫在免疫原性方面有着其独特性。

四、制品

（一）诊断制剂

　　目前球虫病的诊断主要依据临床症状、动物剖检及实验室显微镜检查来进行。尽管有公司开发了商业化的卵囊漂浮富集试剂盒（BRUNEL MICROSCOPES LTD），但目前还没有专门用于球虫病诊断的商品化诊断制品。

（二）疫苗

　　目前除了鸡球虫病疫苗在田间广泛使用以外，还没有其他动物球虫病的疫苗投入市场应用。自 1952 年第一个用于鸡球虫病预防的球虫苗 Cocci-Vac$^®$ 在美国上市以来，已有多个球虫病活卵囊疫苗在世界范围内投入使用（表 31-2）。球虫病活疫苗将多种鸡球虫（最少为 3 种，多者包含全部 7 种鸡球虫）孢子化卵囊按照一定比例混合并加入悬浮剂和稳定剂而成。目前使用的球虫病活疫苗依据其所含虫株的毒力强弱分为两大类：一种是以强毒株为组成成分的疫苗，如 Coccivac$^®$ 和 Immucox$^®$；另一种是以早熟筛选致弱或是鸡胚传代致弱的球虫虫株为组成成分的疫苗，如 Paracox 系列和 Livacox$^®$。根据其制造工艺，球虫病活卵囊疫苗可以采用雏鸡喷淋、饮水、拌料等多种方式进行群体免疫。近年来以色列还推出了一种以纯化的球虫配子体抗原为主要成分的亚

单位疫苗 CoxABIC，其通过母源抗体给雏鸡提供 抗球虫免疫保护。

表 31 - 2　世界范围内已注册的鸡球虫病疫苗

名　称	是否致弱	生产厂商	注册地及年代
ADVENT®	否	Novus International	美国（2002）
CocciVac® - B	否	Shering Plough Animal Health	美国（1952）
CocciVac® - D	否	Shering Plough Animal Health	美国（1951）
CoxAbic®	纯化抗原	Abic Biological Laboratories	以色列（2002）
Eimeriavax® 4m	是	Bioproterties Pty	澳大利亚（2003）
Hipracox® Broilers	是	Laboratorios Hipra，SA	西班牙（2007）
Immucox® C₁	否	Vetech Laboratories	加拿大（1985）
Immucox® C₂	否	Vetech Laboratories	加拿大（1985）
Imnuner ®Gel-Coc	是	Vacunas Inmuner	阿根廷（2005）
Inovocox®	否	Embrex Inc. and Pfizer	美国（2006）
Livacox® Q	是	Biopharm	捷克（1992）
Livacox® T	是	Biopharm	捷克（1992）
Nobilis® COX-ATM	否	Intervet international	荷兰（2001）
Paracox® - 8	是	Shering Plough Animal Health	英国（1989）
Paracox® - 5	是	Shering Plough Animal Health	捷克（1992）
VAC M®	否	Elanco	美国（1989）

　　尽管目前国内动物球虫病的防治主要依赖抗球虫药，但随着公众对食品健康、药物残留的日渐关注和球虫耐药性的产生，使得应用和开发动物球虫疫苗成为必然。目前我国已经批准使用的进口球虫疫苗主要包括默克动物保健公司生产的 COCCIVAC-B 和 COCCIVAC-D，以及梅里亚动物保健公司生产的球倍灵 Q（LIVACOX Q）和球倍灵 T（LIVACOX T）。国内的佛山正典生物技术有限公司也于 2008 年推出了四价活疫苗（球虫疫苗 COCVAC™）并获得了农业部发放的产品批准文号。

五、展望

　　近来在球虫病快速诊断的研究方面有了不小的进步，尤其是借助分子生物学技术，如 PCR 进行种特异性鉴定有望进入商业化应用。然而现在还存在大规模样品的 DNA 提取技术不成熟、诊断试剂价格高昂等困难。

　　球虫病活卵囊疫苗是动物球虫病疫苗研制的首选。尽管鸡球虫病活卵囊疫苗取得了巨大的成功，但目前还没有针对其他动物球虫病的疫苗投入实际使用。因此开发针对兔及其他家养动物的

球虫病疫苗将是动物球虫病防治的一项重点任务。

　　将球虫疫苗株卵囊作为活载体进行转基因操作，使之表达其他病原的保护性抗原基因，这种转基因球虫免疫可以在预防球虫病的基础上实现对其他动物疫病的免疫保护，达到一苗两用甚至一苗多用的目的，从而为球虫病活卵囊疫苗赋予新的用途。国内有研究团队已在艾美耳球虫的转基因操作方面取得较大进展，有望在开发基于转基因球虫的新型疫苗方面获得巨大成功。

（刘贤勇　索　勋　万建青）

主要参考文献

何国声，陈贵才，2005. 中国畜禽球虫病防治研究进展［M］. 杭州：浙江大学出版社.

索勋，李国清，1998. 鸡球虫病学［M］. 北京：中国农业出版社.

Chandler A C，Read C P，1961. Introduction to parasitology［M］. 10th ed. New York：John Wiley Press.

Peek H，2010. Resistance to anticoccidial drugs：alternative strategies to control *Coccidiosis* in broilers［D］. Utrecht：Utrecht University.

Taylor M A，Coop R L，Wall R L，2007. Veterinary parastology［M］. 3rd ed. Blackwell：Blackwell Publishing.

Wallach M，2010. Role of antibody in immunity and control of chicken *Coccidiosis* [J]. Trends in Parasitology，26（8）：382 - 387.

Yin G，Liu X，Zou J，et al，2011. Co-expression of reporter genes in the widespread pathogen *Eimeria tenella* using a double-cassette expression vector strategy [J]. International Journal for Parasitology，41（8）：813 - 816.

第二节　隐孢子虫病

一、概述

隐孢子虫病（Cryptosporidiosis）是由隐孢子虫（*Cryptosporidium*）寄生于动物胃肠道黏膜上皮细胞引起的一种人兽共患原虫病，是世界范围内一种重要的食源性/水源性疾病。目前，隐孢子虫病已被列为世界最常见的 6 种腹泻病之一。

隐孢子虫对人类致病的报道始于 1976 年。在我国，韩范和祖述宪于 1987 年分别在南京和安徽发现并报道了该病。1993 年 4 月，美国威斯康星州密尔沃基市供水系统发生隐孢子虫事故造成 40.3 万人生病，4 400 人住院，近百人死亡。据美国自来水协会 1999—2000 年统计，美国发生隐孢子虫事故 10 次、英国 21 次、加拿大 4 次、日本 1 次。因此，隐孢子虫已被列为欧美和澳大利亚等国家城市用水和饮用水的监测指标，我国最近在新的水质标准中也将隐孢子虫列为检测指标之一。

隐孢子虫可以感染哺乳类、爬行类、两栖类、鱼类、鸟类及人在内的 260 多种动物。隐孢子虫分布广泛，已发现于 106 个国家的人体感染病例，是急性腹泻（免疫功能正常病人）或慢性致死性腹泻（免疫缺陷病人）的重要致病因素，同时伴随着 HIV/AIDS 的全球流行，以及隐孢子虫病防治缺乏有效的药物和疫苗，隐孢子虫病的重要性显得愈加突出。

动物隐孢子虫病多发生于新生幼畜禽，主要临床症状为精神沉郁、食欲减退、腹痛直至腹泻，并伴有大量卵囊排出，最终造成体重下降和生长发育迟缓。如犊牛感染微小隐孢子虫（*C. parvum*）引起严重腹泻并大量死亡，成年奶牛感染安氏隐孢子虫（*C. andersoni*）后会引起产奶量下降，雏鸡感染隐孢子虫（主要为贝氏隐孢子虫，*C. baileyi*）后会引起免疫力下降。同时当发生其他病原菌与动物隐孢子虫共同感染或继发感染时，则给畜牧业生产带来更大的危害。

二、病原

隐孢子虫在分类上属古虫界（Excavata）、囊泡虫总门（Alveolata）、顶复门（Apicomplexa）、类锥体纲（Conoidasida）、球虫亚纲（Coccidiasina）、真球虫目（Eucoccidiorida）、隐孢子虫科（Cryptosporidiide）、隐孢子虫属（*Cryptosporidium*），同时兼具球虫和簇虫的特征。隐孢子虫卵囊呈圆形或椭圆形，直径 4～8 μm。不同种类的隐孢子虫卵囊大小不一，其在排出体外时已完成孢子化，卵囊内包含 4 个月牙形子孢子，没有孢子囊，但存在一个大残体，残体由无数个颗粒、小泡和一个大空泡组成。隐孢子虫内生发育阶段虫体寄生于动物胃肠道黏膜上皮细胞内（但是在细胞质外）。内生发育过程分为 3 个阶段：裂殖生殖阶段、配子生殖阶段和孢子生殖阶段，其中裂殖生殖阶段和孢子生殖阶段为无性繁殖阶段，配子生殖阶段为有性繁殖阶段。

隐孢子虫命名原则为：①卵囊形态学；②虫体遗传特征；③自然感染或试验感染的宿主特异性；④符合国际动物学术语委员会（International Commission on Zoological Nomenclature，ICZN）的命名规则。自 Tyzzer 于 1907 年首次发现鼠隐孢子虫（*C. muris*）以来，已在人、哺乳动物、禽类、爬行类和鱼类等 240 多种动物体内发现并命名了隐孢子虫有效虫种 27 个，基因型达 70 多种。其中公认的人兽共患种类有：*C. parvum*、*C. hominis*、*C. meleagridis*、*C. muris*、*C. felis*、*C. canis*、*C. suis*、*C. muris* 和 *C. ubiquitum* 等。

一般而言，自然情况下多数隐孢子虫种类具有宿主特异性，同一种宿主拥有相对稳定的寄生种类，同一虫种也只会感染同一种宿主或分类地位相近的宿主。例如，牛源隐孢子虫主要为 *C. parvum*、*C. andersoni*、*C. bovis* 和 *C. Ryanae*；禽源隐孢子虫主要为 *C. baileyi*、*C. meleagridis* 和 *C. galli*。但某些种类比较特殊，如 *C. meleagridis* 能感染免疫抑制病人，导致禽源人兽共患隐孢子虫病。而在一些鸟类的粪便中也检测到主要寄生于哺乳动物的 *C. muris* 和 *C. andersoni* 卵囊。这些表明家畜隐孢子虫病的防治中不仅应当注意家畜特有的寄生虫种，也应当注意一些人兽共患种及一些跨纲传播的隐孢子虫种类。

隐孢子虫卵囊经口进入宿主胃肠道后卵囊脱囊释放出子孢子形成感染。以肠道寄生的 C. parvum 为例。C. parvum 在肠道上皮细胞内大量繁殖，严重时也可能蔓延寄生于胆管、呼吸道等部位。C. parvum 犊牛人工感染试验显示，在感染后 3d 即有隐孢子虫卵囊排出，犊牛粪便呈糊状，严重时出现腹泻症状。组织学观察显示，肠道黏膜上皮细胞肥大、增生，细胞顶端有较多的虫体寄生，肠道病变部位的绒毛萎缩变短甚至消失。C. baileyi 由于主要寄生于禽类气管和法氏囊，会引起雏鸡免疫力下降，若与其他病原菌混合感染或继发感染，会造成雏鸡大量死亡。但对于寄生在胃肠道的隐孢子虫种类，一般主要造成宿主体重下降和生长发育迟缓。

（一）隐孢子虫基因组

目前已对 2 种隐孢子虫完成全基因组测序，分别为 C. parvum 和 C. hominis，C. muris 全基因组测序也已基本完成。以 C. parvum 基因组为例，基因组由 8 条核染色体组成，基因组大小为 9.11mb。目前所检测的大多数复顶门生物都包含了 3 个基因组序列：核基因组、线粒体基因组和顶质体基因组。然而，C. parvum 并非如此，且很有可能所有隐孢子虫也不是这样。有证据显示 C. parvum 存在一个残留的线粒体细胞器，但是并不包含其基因组序列。同时 C. parvum 不含顶质体细胞器，也没有顶质体基因组存在的痕迹。

（二）基因注释

目前对隐孢子虫基因组进行注释比较困难，因为缺少确定的试验性证据来预测、证实和修正基因预测。不像其他顶复门虫种基因组那样，由于具有大量序列表达标签（EST）、微阵列及蛋白组学数据，从而促进了基因组注释，而对隐孢子虫缺少试验性数据及来自许多相关隐孢子虫虫种的比较基因组学数据，使得对隐孢子虫基因组的注释严重受阻，导致很难对基因特性作出评价，如计算内含子的数量和变化范围等。另一方面的困难是一些隐孢子虫文献中缺少虫株标志，而最近研究显示一些虫株与原始虫株间可能存在差异。所有这些问题影响了研究者和数据管理者不能像对待其他虫种一样来对隐孢子虫基因组进行注释。

然而，随着隐孢子虫培养和纯化技术的改进及相关技术的进步，其他隐孢子虫虫种基因组序列及新的大规模试验性数据会相继出现，隐孢子虫基因组注释也会有较大进展。

（三）功能性基因组分析

隐孢子虫功能性基因组分析受阻于虫体细胞内发育阶段纯化的困难，这些局限不能应用于子孢子及来自于子孢子的蛋白质数据。而这些蛋白质数据通过对所预测和假设蛋白质的表达或内含子的剪切来提供证据，从而加强基因组注释。有研究鉴定出 303 个蛋白质，其中 56 个注释为假设的蛋白质，而这 56 个基因的表达信息证明至少部分所假设的蛋白质是真实的。另外，在虫体排出细胞外过程中有 26 种蛋白质数量增加，包括核糖体、代谢酶、热休克蛋白、3 个顶复门特异性蛋白，以及 5 个隐孢子虫特异性蛋白。

三、免疫学

在隐孢子虫发育过程中基本上有 3 类抗原成分：卵囊、细胞外发育和细胞内发育 3 个时期的抗原成分。子孢子和裂殖子的表面蛋白也是重要的潜在有效抗原，原因是这些虫体发育位于肠腔，不被肠道绒毛包裹，易于被吞噬细胞吞噬，从而激起免疫反应。

细胞免疫在抗隐孢子虫感染中起主导作用。T 淋巴细胞在抗隐孢子虫感染中的作用是不容置疑的。多项试验表明，T 淋巴细胞在 C. parvum 免疫中起主要作用，用抗 CD4 或 CD8 淋巴细胞的单克隆抗体处理隐孢子虫感染的新生 BALB/c 小鼠，感染小鼠不能痊愈，直到停止用单抗处理。将免疫鼠或正常鼠的 CD4 细胞和 B 细胞转移给裸鼠，虽不能保护其对 C. parvum 的初次感染，但可使持续性感染的小鼠终止感染。此外，众多的细胞因子在抗 C. parvum 免疫方面也发挥着重要作用。

对体液免疫在抗隐孢子虫感染中的作用，不同研究者之间存在着较大争议。支持者认为免疫球蛋白在抗隐孢子虫感染中起重要作用，支持此观点的研究证据有：①先天性低丙球蛋白缺陷者持续发生隐孢子虫病；②C. parvum 卵囊的排出与犊牛或羔羊粪便中的特异性 IgA 有一定的相关性；感染隐孢子虫后，黏膜 IgA 上升与卵囊排出下降相一致，提示 IgA 在抗隐孢子虫免疫中起重要作用；③中和性抗体在体内或体外抗感染试验中起着一定作用。而有异议者认为：①*C. parvum* 感染可激发机体产生相应的 IgM、IgA、IgG，但抗体水平的高低并不能反映其抗感染能力的强弱；②免疫牛用卵囊攻击后没有出现次级黏膜抗体反应；③持续发生隐孢子虫病的艾滋病患者体内仍有抗 *C. parvum* 的特异抗体，黏液中仍含有免疫球蛋白 IgG、IgA、IgM；④对于应用初乳被动免疫的效果也有不同结果的报道。

根据上述研究成果，我们不难看出提高机体细胞免疫是预防该病的主要环节，而有关体液免疫作用的争议必然会给隐孢子虫病的预防带来极大阻碍。

四、制品

目前，对隐孢子虫病尚无特效治疗药物。硝唑尼特是唯一被批准的用于治疗人隐孢子虫病的药物，但尚未应用于治疗动物隐孢子虫病，而且不少研究资料显示其在治疗动物隐孢子虫病时疗效不明显。但即便如此，大量的研究成果仍然为该病的防治提供了方法和思路。

（一）诊断试剂

1. 抗原检测 由于隐孢子虫细胞内发育阶段虫体纯化困难，所以目前用于检测隐孢子虫抗原的抗体主要集中于卵囊粉碎后或人工表达的卵囊壁抗原和子孢子表面抗原的抗体。建立在该基础上的免疫荧光（IFA）检测技术和酶联免疫吸附试验（ELISA）检测技术具有属特异性，有些有一定的种特异性。目前已有多种商业化检测试剂盒应用于粪便样品和环境样品中隐孢子虫卵囊的检测，同时也有不少研究报道称获得的抗体能够检测到组织中的隐孢子虫虫体。

2. 抗体检测 隐孢子虫被检抗体的主要来源是受感染动物的血清、乳汁和粪便，这些抗体一般具有属特异性。目前已有成熟的酶联印迹法（Western blotting）和酶联免疫吸附试验（ELISA）应用于隐孢子虫流行病学调查研究及实验室检测。

（二）疫苗

目前尚无商业化的隐孢子虫疫苗产品。

隐孢子虫活疫苗研究有一定进展，但由于生产成本高等因素的影响，实用意义不大。

γ射线辐射会影响隐孢子虫活性，这也是目前最有效的减弱隐孢子虫毒力的方法。研究表明，经 5 000krad 以上 γ 射线辐射过的卵囊不能脱囊，经 200krad γ 射线辐射过的子孢子能侵入上皮细胞，但不能发育。动物感染试验显示，γ 射线辐射过的卵囊对小鼠的感染力降低，犊牛经口接种辐射过的卵囊后无卵囊排出。

在隐孢子虫亚单位疫苗研究方面，虽然目前已经分离鉴定了不少隐孢子虫抗原，但研究显示其均不适合进行预防接种，因为接种后均不能有效阻止隐孢子虫感染。同时口服免疫耐受也影响通过口服亚单位疫苗的方式获得肠道的免疫保护。也许将来新的黏膜佐剂可能会给这个问题提供一个解决的办法。

隐孢子虫核酸疫苗是抗隐孢子虫病疫苗研究的一个重要方向。目前国内外常用的隐孢子虫核酸疫苗候选基因多为编码子孢子表面蛋白基因，如 CP23、CP15 和 CP15/60 表面抗原基因。20 世纪 90 年代国外研究将核酸疫苗技术应用于 *C. parvum* 疫苗研制领域，通过对分娩前母羊的接种，证实 *C. parvum* 核酸疫苗（表达 *C. parvum* 子孢子 CP15 和 CP60 表面抗原的质粒 pCMV-CP15/60）可诱发母羊发生免疫应答，在母羊的血清和初乳中有特异性抗体检出。随后国内外在隐孢子虫核酸疫苗方面进行了大量工作。结果显示 DNA 疫苗能够缓解临床症状，减少卵囊排出量，但一般不能完全阻止感染。另外，国内也有研究人员利用编码 *C. andersoni* 卵囊壁蛋白基因构建核酸疫苗 pVAX1-AB，免疫 BALB/c 小鼠，小鼠产生特异性的体液免疫和与之相应的细胞免疫。吉林大学李世杰（2013）制备了 *C. parvum* 黏附相关蛋白 CP966 重组乳酸杆菌口服疫苗，观察了 CP966 重组乳酸杆菌口服疫苗对小鼠的免疫效果，评价了其对犊牛的免疫保护作用。口服免疫小鼠后，能诱发肠道黏膜免疫和体液免疫，肠道中的特异性 SIgA 和血液中的 IgG 含量均显著升高，卵囊排出率平均减少 67.14%，表明 CP966 重组植物乳酸杆菌对犊牛具有一定的免疫保护能力，免疫后可减轻微小隐孢子虫对犊牛的危害。吉林大学郭晓雯（2011）构建 *C. parvum* CP405/CP585 双基因真核共表达 DNA 疫苗，免疫 BALB/c 小鼠，诱导产生了特异性免疫应答，并具有一定的保护作用。中国农业科学院上海兽医研究所秦佩兰构建了隐孢子虫子孢子3个表面蛋白融合基因 CP15 - P23 - CP15/60 和 CpTm，对其制备的亚单位疫苗和核酸疫苗的免疫保护效果进行了观察，减卵率最高可达50.25%，排卵囊持续时间缩短。三价核酸疫苗能明显地诱导小鼠产生特异性免疫应答，对隐孢子虫感染具有较好的免疫保护作用，优于单价疫苗的保护作用。

（三）治疗用品

目前已有不少治疗用制品用于抗隐孢子虫病试验研究。包括高效价免疫初乳、高免血清、卵黄抗体和单克隆抗体等。

1. 抗隐孢子虫高免初乳　高效价免疫初乳（hyperimmune bovine colostrums，HBC）是对乳牛或绵羊在怀孕期应用 *C. parvum* 卵囊或子孢子抗原进行免疫所获得，其初乳含有高滴度的特异性抗体，即高免初乳。从上述初乳中提纯的免疫球蛋白对隐孢子虫病有一定的免疫治疗作用。聚丙烯酰胺凝胶电泳（SDS-PAGE）及酶联印迹法（Western blotting）分析表明，HBC 可识别 40 种以上卵囊和子孢子抗原，识别的 15～25 kDa 子孢子抗原具有较强的免疫原性。

用 HBC 治疗隐孢子虫病的作用机制尚不完全明晰。大多数学者认为 HBC 确实提供部分抗隐孢子虫病的保护力，此保护力是由于初乳中增高的免疫球蛋白（IgG、IgA、IgM）使动物体内循环抗体增高所致。也可能是其他生物活性因子的作用，因为初乳中有 T、B 淋巴细胞、多形核淋巴细胞及辅助因子，以及维生素、乳铁传递蛋白和补体等调节免疫反应的生物活性因子。

在治疗方面，HBC 一般能够降低机体排卵囊量，但不能完全清除隐孢子虫，对肠道黏膜保护作用也不明显。但有不少研究显示，将脱囊后的隐孢子虫子孢子和 HBC 孵育一定时间后，子孢子感染力明显降低。这可能是子孢子表面与感染相关的蛋白遭到封闭的结果。

2. 抗隐孢子虫高免血清　人和其他动物自然感染或试验感染隐孢子虫后产生特异性的血清 IgG、IgA、IgM、IgE 及分泌型 IgA 抗体。感染早期出现的是 IgM、IgA，持续数周后消失，IgG 则在感染第 6d 出现，且在整个感染期维持较高水平。通过人工感染方法可获取抗隐孢子虫高效价免疫血清用于隐孢子虫病的治疗。

研究显示在母羊分娩前 2 个月用 *C. parvum* 免疫接种，抗 *C. parvum* 特异性血清抗体 IgG、IgA、IgM 滴度在羔羊出生时达到最大值。但其对动物隐孢子虫病的治疗效果不一，大多仅能降低机体排卵囊量，不能有效防止隐孢子虫感染。

3. 抗隐孢子虫卵黄抗体　卵黄抗体（egg yolk immunoglobulins，IgY）是禽类 B 淋巴细胞在抗原物质刺激下所产生并沉积在卵黄中的能与抗原发生特异性反应的一种球蛋白，主要是 IgG，是禽类在长期进化过程中形成的用于提高雏禽抵抗力的物质。由于 IgY 的分离与提取技术的成熟，现在，卵黄抗体的研究已成为热点。目前，抗隐孢子虫特异性高免卵黄抗体已用于隐孢子虫病的治疗。

资料显示，已制备的抗隐孢子虫卵黄抗体有抗 *C. parvum* 卵黄抗体、抗 *C. baileyi* 卵黄抗体、抗 *C. andersoni* 卵黄抗体。动物保护试验显示其能在一定程度上缓解临床症状，降低机体排卵囊量，但仍不能完全阻止隐孢子虫感染。

由于 IgY 在疾病的治疗中不存在产生耐药性问题，且生产上产量大，易于获得，成本低廉。因此，IgY 在隐孢子虫病的预防和治疗上的进一步研究将是一个很好的方向。

4. 抗隐孢子虫单克隆抗体　在应用抗体治疗中，选择多克隆抗体可同时抗一些重要的表位，其在新生的或免疫受累的个体中的有效性已证实，如上述高免牛初乳、高免牛初乳免疫球蛋白（HB-CIg）、高免血清（BSC）等均可在动物或人体内产生一定的抗隐孢子虫的作用。但多克隆抗体也有其局限性，如特异性中和抗体含量相对较低、疗效不稳定等。应用单克隆抗体技术生产抗隐孢子虫单克隆抗体（McAb），不仅可用于隐孢子虫病的诊断，还可用于隐孢子虫病的免疫治疗。研究发现，应用隐孢子虫 McAb 治疗小鼠的隐孢子虫感染时，McAb 能降低肠黏膜上的荷虫量，卵囊排出量明显下降，但也不能有效地清除虫体并终止感染。

五、展望

目前，隐孢子虫病防治面临的主要困难有：对隐孢子虫的生活史尚存一定争议，在治疗药物选择方面较为被动；基因注释及功能性基因组学研究滞后，对免疫抗原和药物作用靶点选择方面较为单一；抗隐孢子虫药物及生物制品筛选缺乏统一标准，作用效果缺乏说服力。

从隐孢子虫免疫学研究可以看出，加强宿主细胞免疫是预防隐孢子虫病的关键，而大力发展治疗用抗体，是隐孢子虫病防治一个必不可少的选择。

采取有效措施，降低获得大量隐孢子虫虫体的商业成本和降低母源抗体对活疫苗免疫效果的影响，是推广隐孢子虫弱毒苗和灭活疫苗使用的基础。隐孢子虫亚单位疫苗的研究中需要解决口服免疫耐受的影响，基因工程疫苗和核酸疫苗的研究上则需要更稳定的技术去获得更有效的产品。

隐孢子虫疫苗研发的阻碍还在于，对于疫苗性能的检验需要极易受到隐孢子虫寄生的免疫正常宿主，但这对于隐孢子虫病来说非常困难，因为隐孢子虫主要寄生于幼龄动物，新生动物出生不久即会遭到感染。同时这也造成了疫苗使用的困难：隐孢子虫疫苗的接种时间被限制在一个相当短的时间内。

随着隐孢子虫基因组学研究的深入、免疫学研究的进一步发展，以及疫苗研究相关技术的发展，更多更有效的防治隐孢子虫病的生物制品必然会出现。

（王荣军　张龙现　万建青）

主要参考文献

格日勒图，石泉，王艳霞，等，2010. 应用表达微小隐孢子虫 P23 的重组干酪乳杆菌建立微小隐孢子虫 IFAT 诊断方法 [J]. 畜牧兽医学报，41 (10)：1296-1300.

马超锋，菅复春，宁长申，等，2008. 隐孢子虫病抗体治疗的研究进展 [J]. 中国兽医科学，38 (2)：169-174.

王臣荣，齐萌，李俊强，等，2015. 规模化引种场进口奶牛隐孢子虫种类、基因亚型鉴定及其生物安全评价 [J]. 中国人兽共患病学报，31 (11)：1005-1009.

Bouzid M，Hunter P R，Chalmers R M，2013. *Cryptosporidium* pathogenicity and virulence [J]. Clinical Microbiology Reviews，26 (1)：115-134.

Wang R，Wang H，Sun Y，et al，2011. Characteristics of *Cryptosporidium* transmission in preweaned dairy cattle in henan, China [J]. Journal of Clinical Microbiology，49 (3)：1077-1082.

第三节　梨形虫病

一、概述

梨形虫病过去也被称为焦虫病或血孢子病，

是由顶复门 (Apicomplexa)、孢子虫纲 (Sporozoea)、梨形虫目 (Piroplasmida)、巴贝斯虫科 (Babesiidae) 的巴贝斯属 (*Babesia*) 和泰勒虫科 (Theileriidae) 的泰勒属 (*Theileria*) 的原虫引起，蜱是其传播媒介。梨形虫病是一类季节性很强的地方性流行病，多呈急性经过，发病率高，死亡率大，危害严重。

目前公认的寄生于牛的巴贝斯虫有 7 种，分别是双芽巴贝斯虫 (*B. bigemina*)、牛巴贝斯虫 (*B. bovis*)、卵形巴贝斯虫 (*B. ovata*)、大巴贝斯虫 (*B. major*)、分歧巴贝斯虫 (*B. divergens*)、雅氏巴贝斯虫 (*B. jakimovi*) 和隐藏巴贝斯虫 (*B. occultans*)。我国主要存在前 3 种。寄生于我国水牛的是东方巴贝斯虫 (*B. orientalis*)；寄生于马的巴贝斯虫主要是驽巴贝斯虫 (*B. caballi*) 和马巴贝斯虫 (*B. equi*)，在我国都有存在；寄生于羊的巴贝斯虫，大多数学者认为是 2 个种，即莫氏巴贝斯虫 (*B. motosi*) 和羊巴贝斯虫 (*B. ovis*)，我国可能存在前者；猪巴贝斯虫有陶氏巴贝斯虫 (*B. trutmanni*) 和柏氏巴贝斯虫 (*B. perroncitoi*) 2 种，我国云南和内蒙古曾偶然报道过猪的巴贝斯虫病；犬的巴贝斯虫有 3 种，包括吉氏巴贝斯虫 (*B. gibsoni*)、犬巴贝斯虫 (*B. canis*) 和韦氏巴贝斯虫 (*B. vitalii*)，我国已报道的为吉氏巴贝斯虫。

公认的寄生于牛的泰勒虫有 5 种，即环形泰勒虫 (*T. annulata*)、小泰勒虫 (*T. parva*)、突变泰勒虫 (*T. mutans*)、斑羚泰勒虫 (*T. taurotragi*) 和附膜泰勒虫 (*T. velifera*)；还有致病性弱的 3 种牛泰勒虫存在争议，它们是瑟氏泰勒虫 (*T. sergenti*)、东方泰勒虫 (*T. orientalis*) 和水牛泰勒虫 (*T. buffeli*)；国内还在牦牛体发现过一新种，称为中华泰勒虫 (*T. sinensis*)。目前我国至少存在 3 种能感染牛的泰勒虫，它们是环形泰勒虫、瑟氏泰勒虫和中华泰勒虫，致病性依次递减。羊泰勒虫有 4 种，包括莱氏泰勒虫 (*T. lestoquardi*)、绵羊泰勒虫 (*T. ovis*)、分离泰勒虫 (*T. separata*) 和隐藏泰勒虫 (*T. recondita*)，其中仅莱氏泰勒虫有致病性，我国的羊泰勒虫病病原究竟是哪一种或是新种，尚需进一步确定。

二、病原

(一) 病原形态与传播

梨形虫为单细胞个体，寄生于脊椎动物红细

胞内的虫体表现为多形性，各种形态的虫体都有存在，如梨籽形、圆形、环形、杆形、阿米巴形等，但每一种梨形虫都有其代表性或典型性虫体形态，如寄生在宿主红细胞内的环形泰勒虫典型虫体为环形。梨形虫的大小因种类不同而异。一般而言，泰勒虫比较小，长度小于 $2\mu m$；巴贝斯虫体较大一些，分为两类。一类是较大型的种类，长度超过 $2.5\mu m$，如牛双芽巴贝斯虫和马驽巴贝斯虫（马焦虫），虫体长度大于红细胞半径，典型虫体是成双的梨籽形虫体以其尖端相连成锐角。另一类是小型种类，长度不超过 $2.5\mu m$，如牛巴贝斯虫和马巴贝斯虫（马纳塔焦虫），虫体长度小于红细胞半径，但前者的典型形态为成双的梨籽形虫体以其尖端相连成钝角，而后者的典型形态为4个梨籽形虫体以其尖端相连成十字形。用姬姆萨液染色后，虫体原生质呈浅蓝色，边缘着色较深，中央较浅或呈空泡状无色区，染色质呈暗红色，形成 $1\sim2$ 个团块。可根据虫体大小、排列、染色质团块的数目和位置、典型虫体的形态、各种形态虫体的比例及在红细胞中的部位等，进行虫体种类的观察。

寄生在家畜红细胞内的梨形虫虫体实质上是虫体繁殖过程中的配子体；泰勒科的原虫除寄生于宿主红细胞内之外，还可在宿主的网状内皮系统细胞（包括淋巴细胞、单核细胞、巨噬细胞、组织细胞、内皮细胞等）内寄生，在这些细胞的胞质内形成多核虫体，被称为石榴体或柯赫氏兰体，其实质上是虫体无性繁殖过程中的裂殖体。

一般不同种类的梨形虫病需要不同的蜱来传播，传播方式也不尽相同，蜱传播梨形虫的方式有2种，一是经卵传递，一是经期间（变态过程）传递。

（二）致病性

梨形虫的致病作用主要是由梨形虫虫体及其产生毒素的刺激所造成，常使宿主各器官系统与中枢神经系统之间的正常生理联系功能受到破坏，并引起家畜死亡。另一个致病因素是引起Ⅱ型超敏反应而造成严重的贫血。巴贝斯虫经硬蜱传播进入哺乳动物体内后特异地侵袭红细胞，在红细胞内分裂、繁殖、产生毒素。其主要致病因素包括化学性致病因素和机械性致病因素2种，尤以化学性致病因素更为重要。子孢子和裂殖子进入红细胞都是一种主动侵入过程，首先是虫体与红

细胞膜相接触，然后顶复合体取向于红细胞膜，并释放出顶体内成分，进而使红细胞膜内陷，虫体表膜与红细胞膜融合后进入细胞内。

梨形虫病流行历史悠久。早在 1888 年，Babes 就从罗马尼亚流行的血红蛋白尿病牛的红细胞内观察到了虫体。1893 年，Smith 和 Killborne 在美国也发现了类似疾病，并将病原体命名为牛双芽梨形虫（*Pirosoma bigeminum*），同年，Starcovici 将 *Pirosoma* 改为 *Babesia*，并确认该病是通过硬蜱传播感染，这是人类首次对虫媒病的认识。

梨形虫病在世界上许多地区流行，我国各地也常有发生，且家畜病死率很高，因而常造成畜牧业和国民经济的巨大损失。特别是以对牛危害最为严重，据 FAO 报道，全世界每年遭受巴贝斯虫病威胁的牛多达 10 亿头以上。牛巴贝斯虫病是由蜱传播的血液源性原虫病，其发病急、病程短、死亡率高，我国 30 个省（市、自治区）都有分布，每年导致 25 万头牛死亡，给畜牧业带来巨大经济损失。我国根据《中华人民共和国动物防疫法》将牛和马的梨形虫病列为二类动物疫病。近年来，随着人巴贝斯病病例的增加，梨形虫病的公共卫生学意义也越来越受到关注。

三、免疫学

梨形虫进入哺乳动物宿主体内后，必然会被免疫系统所识别，从而产生一系列的抗感染免疫应答反应。机体主要通过细胞免疫系统和体液免疫系统的相互配合来实现抵抗虫体的侵害。从梨形虫病的流行特点看，自非疫区迁移至疫区的动物较易发病，而在疫区饲养繁殖的动物则经常处于带虫免疫状态，不表现出明显的临床症状。可见梨形虫病具有明显的带虫免疫现象。这种免疫现象是机体防御力和梨形虫虫体之间暂时处于一种"平衡"状态，若是家畜健康状况良好，则这种状态会持续下去；若是家畜健康状况不良或机体防御力下降，就有可能复发。

许多国外学者对巴贝斯虫的免疫机理进行了阐述，认为动物对侵入体内的巴贝斯虫的免疫清除作用以特异性抗体为主，结合于裂殖子顶端的抗体，不但直接阻止其侵入红细胞，还能促进吞噬细胞吞噬虫体。Mahoney（1996）认为感染巴贝斯虫的牛体内的特异抗体应答可持续 4 年之久。

有关抗体对巴贝斯虫的作用机理可归纳为3点：①封闭虫体表面抗原或受体；②中和毒素；③具有免疫调理和参与抗体介导的细胞毒性作用（ADCC）。在抗巴贝斯虫的细胞免疫方面，除了吞噬细胞、辅助性T淋巴细胞的作用外，由非特异性免疫细胞所释放的免疫因子，如肿瘤坏死因子（TNF）、干扰素和单核细胞激活素（Monokines）等，也发挥着重要作用。Moroger（1974）和James（1988）等认为动物对侵入体内的巴贝斯虫的免疫清除作用以特异性抗体为主。

巴贝斯虫表膜结构是介导其识别和侵入红细胞的主要成分，抗表膜抗原的抗体不但能聚集游离状态的裂殖子，还能激活补体和吞噬细胞。巴贝斯虫的保护性抗原主要由两部分组成：一部分为虫体表膜（尤其是顶复合体表膜）抗原，另一部分是由虫体表膜脱落下来的抗原成分，两种抗原共同构成了巴贝斯虫的外抗原。Rietic（1982）证实，在犬巴贝斯虫、马巴贝斯虫、田鼠巴贝斯虫感染的犬、马、鼠的血清内，都可以分离到一种虫体分泌抗原，用这种分泌抗原免疫动物，可取得明显的免疫效果。赵俊龙等（2000）在体外培养东方巴贝斯虫，也获得了分泌性抗原，经对抗体和T淋巴细胞的检查，表明该免疫原诱导产生了体液免疫和细胞免疫反应。Wright（1992）认为，重组DNA技术可商品化大量生产所需抗原；单一抗原组分诱发产生的免疫力不如自然感染所诱发的免疫力强，要诱发产生较高水平的免疫保护力，需要将2个或几个抗原组分合并应用。

张守发等（2002）进行了吉氏巴贝斯虫单克隆抗体制备的研究，用淋巴细胞杂交瘤技术制备杂交瘤细胞株，经间接荧光抗体法筛选和克隆，获得了5株能稳定分泌吉氏巴贝斯虫特异性抗体的杂交瘤细胞株，分别命名为 C_3B_5、M_8B_7、E_9C_5、G_6D_8、H_2A_7。其中，E_9C_5 杂交瘤细胞株分泌的单克隆抗体是一种保护性抗体，具有较强的杀灭虫体作用。

Schetters 等（1995）在其综述中指出，顶复门生物的可溶性虫体产物抗原（SPA）可以在不同细胞器（微粒体、棒状体和致密颗粒）中发现，这些物质由脂类和蛋白质组成，其中一些显示有酶的活性。随着体外培养巴贝斯虫技术的发展，用于研究的SPA逐渐容易得到。通过注射给首次作试验的牛，能保护牛抗巴贝斯虫病，显示出这些抗原的免疫原性。采用多种分离方法，包括超声粉碎、超速离心和不同配基的亲和层析，许多这样的制备物对攻虫后的感染都能诱导有效的保护。他认为从不同种巴贝斯虫制备的可溶性虫体抗原可以激发免疫反应，减轻感染后的临床症状。分子质量为37～44 kDa的分子是从不同种巴贝斯虫体外培养所获的外抗原制备物中的主要成分，并在保护性免疫效应中起主要作用。

影响免疫效果的一个重要因素是虫体抗原的变异，抗原变异（在一种虫体克隆内虫体分子的抗原变化）对保护水平的影响是有限的。已知各种巴贝斯虫都具有株特异性和种特异性抗原决定簇，因此巴贝斯虫株和种之间的抗SPA抗体的交叉反应是很少的。分子研究结果表明，在巴贝斯虫中存在亲缘虫株族，并以此决定交叉保护的程度。它揭示了有些虫株比其他虫株更能诱导抗异源感染的免疫性，选择这类虫株对开发有效的虫苗至关重要。

应用SPA可诱导初试动物的保护作用。犬巴贝斯虫病感染动物痊愈时间与特异性抗体产生的时间相一致。从感染罗氏巴贝斯虫（B. rodhaini）动物血浆提取的SPA免疫动物，取其血清可被动保护其他初试动物。这些动物未发生虫血症，也不出现外周血红细胞数（PCV）降低。这些结果证实SPA至少是从两方面引起免疫：其一，直接影响虫体繁殖；其二，是中和虫体产生的毒素。用粗制SPA免疫动物，使显现感染期缩短，PCV值下降不明显。新近对犬巴贝斯虫病的研究表明，预防临床巴贝斯虫病，与抗虫免疫无关，即与虫苗免疫和攻虫后染虫量降低无关。另外，用不同抗原制备物，可获得类似的抗虫效果。不过，预防临床巴贝斯虫病的虫苗必须含有SPA。以前就发现注射部分纯化的SPA会引起PCV下降。这表明SPA能导致内脏器官充血，这是巴贝斯虫感染过程中的主要病理学反应之一，说明含SPA的虫苗具有的保护性特性主要是刺激动物对这种抗原产生抗体。目前尚不知哪种虫体产生这类病理反应，但从感染后PCV动态曲线看，牛巴贝斯虫、双芽巴贝斯虫和犬巴贝斯虫感染中都有这种情况发生。

几种含有SPA的制备物已被成功地用来保护动物免受再感染，它们包括粗制的体外培养上清液混合物和部分纯化的染虫红细胞碎解物。对这些制备物引起免疫反应的分析和对粗产物的进一步纯化显示，有限的几种抗原分子对于介导保护性反应起到至关重要的作用。保护性反应有两个方面：一方面是对虫体繁殖的影响，另一方面是对病理反应发生的影响。保护性反应看来局限于相应的虫株，分子研究证据表明，它们属于一个抗原家族。

无疑抗体在自然免疫控制巴贝斯虫的感染上起重要作用。用巴贝斯虫免疫牛的血清或初乳对牛巴贝斯虫病被动免疫充分证实了这一点。依赖抗体与补体的协同作用对犬巴贝斯虫感染产生免疫性，是因抗体被动转移给初试犬而授予的保护。另外，用从免疫小鼠提取的脾细胞群，就像B细胞的转移，便可保护动物免受田鼠巴贝斯虫的初次感染。通过免疫供体的T细胞转移的免疫，可防制田鼠巴贝斯虫的重复感染，在这些淋巴细胞的辅助下产生的保护性抗体应答。抗体通过许多效应机制，如对游离虫体或染虫红细胞的调理素作用或干扰虫体穿入新的红细胞来影响染虫量。另外，杀伤细胞协同抗体作用有助于控制牛巴贝斯虫病。感染期虫体产生的外抗原可刺激特异性抗体产生。这些抗体在感染巴贝斯虫后痊愈的动物血清中可测出，而且至少可持续14个月。如此的抗体可阻断导致内脏充血及相关病变的一系列反应。罗建勋（2004）对牛进行双芽巴贝斯虫人工感染，后用间接血凝试验检测抗体，发现感染后10～12d即可检出抗体，20～40d抗体效价达到高峰，直到感染后360d血清仍表现为阳性。

四、制品

（一）诊断制剂

梨形虫病的血清学诊断方法在20世纪60年代初于国外报道。用于梨形虫病诊断的血清学方法主要有补体结合试验（CF）、间接荧光抗体试验（IFA）、间接血凝试验（IHA）、琼脂扩散试验（GD）、毛细管凝集试验（CA）、胶乳凝集试验（LA）、间接放射免疫试验（RIA）、酶联免疫吸附试验（ELISA）、单克隆抗体技术（McAb）、环介导等温扩增技术（LAMP）和聚合酶链式反应技术（PCR）、限制性内切酶片段长度多态性（RFLP）、反向线状印迹杂交技术（RLB）等。其中，间接免疫荧光试验和补体结合试验是FAO检测巴贝斯虫感染的指定方法，前一种主要用于牛、犬和人巴贝斯虫病的诊断，而后一种主要用于马巴贝斯虫病的诊断。

Mahoney（1962）首次把补体结合试验（CF）应用于牛病诊断。一般认为CF具有较高的特异性，在未感染牛中仅有1%～2%的假阳性。CF是基于抗体IgM与抗原的反应，仅能测出几个月内的抗体，主要应用于初次感染的早期诊断。因多数待检动物均为慢性感染，所以该法敏感性较低。因此在发病地区，此法不适合用作流行病学调查。有人将CF与体外培养法和其他血清学试验作过比较研究，发现CF不够灵敏。如血清采自试验感染后14d，ELISA敏感性为98.3%，免疫印迹法为94.9%，间接荧光抗体法为96.6%，而CF只有28.8%。王玉玲等（2002）利用国外生产的抗原、标准阳性/阴性血清和国内生产的溶血素、补体，对国外提供的试验方法加以改良。对出口韩国的2批共268份驴血清进行了检验，检出马巴贝斯虫病抗体反应的有19份，经韩方复检全部合格。

间接荧光抗体试验（IFA）广泛用于巴贝斯虫病诊断。在未感染牛巴贝斯虫的牛中有3%～4%的假阳性，但对有亚临床症状病例，97%～98%测定是正确的，此法对牛巴贝斯虫和双芽巴贝斯虫的交叉反应也最低。适合于技术条件较差的实验室，其试验费用小，所需试剂有商品可供或可以就地制备。该法的不足之处是一次检查样品数有限，操作者易于疲劳，试验结果易受操作人员主观判断的影响。Fujinaca和Minarni（1981）比较了IFA与CF检测血清中牛巴贝斯虫抗体，结果表明IFA比CF更敏感且更有效。

Curnow（1967）用IHA诊断梨形虫病，认为其特异性与敏感性与CF相似。IHA对测定亚临床症状仅有0.5%的假阳性，具有高度可信性。但也有报道指出，此法在测定双芽巴贝斯虫感染地区可信性不够。我国罗建勋（2004）建立了双芽巴贝斯虫病IHA方法，并在疫区进行了一定规模的应用。对贵州、山东、陕西、湖南等地双芽巴贝斯虫流行区2 330份血清样品的检测发现，阳性率为2.50%～54.03%；而来自无双芽巴贝斯虫报道地区的393份血清仅有5份被检测为阳性，假阳性率为1.3%。

用快速凝集试验测定非特定急性感染地区的动物，因其操作简便快速，所以可用于畜群巴贝斯虫病的流行病学调查。Montenegro等（1981）首次利用牛巴贝斯虫体外培养源性抗原致敏胶乳，应用胶乳凝集试验（LA）诊断本病，认为LA简便易行、稳定性好、特异性强，与 IFA 比较，有较高的阳性符合率，各虫种间无任何交叉反应，敏感性高。李全福等（1999）利用体外微气静相培养技术（MASP），进行巴贝斯虫的保种与增殖，其最长传代达 45d，并且虫体繁殖良好，获得了 LA 试验诊断牛巴贝斯虫病的理想效果。

ELISA 是一种非常敏感和有效的方法，与间接荧光抗体法相反，ELISA 结果可客观判读，数据可用计算机处理，一次可检查大批样品，但抗原的质量对测试的敏感性和特异性至关重要。Barry 等（1982）指出，ELISA 与 IFA 有很高的阳性符合率（95%）。

核酸探针可用来检测血液、组织或蜱体内梨形虫的 DNA，其原理是根据克隆的 DNA 片段与目标 DNA 特异性的杂交，进行梨形虫虫种鉴定和鉴别，特异性极高，其敏感性取决于待检样品中目标 DNA 的含量。用于诊断血液中虫体时，DNA 探针的敏感性与显微镜镜检的敏感性相当（$10^{-8} \sim 10^{-5}$）；但与显微镜检查法比较，DNA 探针法花费大、速度慢、需要特殊设备、敏感性也不很高，因此对检测带虫动物并不特别适用。DNA 探针法的主要可用之处在于其特异性高，形态学上不易区分的几种梨形虫由于其流行区相同、血清学上有交叉反应，可用 DNA 探针法进行鉴别。DNA 探针法对腐败分解的动物进行死后诊断，在检测媒介体内虫体和流行病学调查上也有可用之处。吴鉴三等（1998）研究用地高辛标记 C15A 核酸探针，检测牛巴贝斯虫 DNA 的灵敏度为 32 pb，检测探针 DNA 的灵敏度为 0.1 pb；检测其他对照血液原虫（双芽巴贝斯虫、边缘无浆体、瑟氏泰勒虫、伊氏锥虫、卵圆巴贝斯虫）和牛血细胞的 DNA，均未出现非特异性反应。与光敏生物素标记的牛巴贝斯虫 C15A 核酸探针比较，地高辛标记探针能检出 10% 带虫血 0.015 μL，且杂交背景浅，显色深；而光敏生物素标记探针能检出 10% 带虫血 12.5 μL。

在敏感性方面，PCR 技术超过 DNA 探针法。PCR 技术检测是重复扩增待检虫体基因组中特异性 DNA 片段，常规 PCR 方法可检出至少 1 pg 水平的 DNA，采用巢穴 PCR 方法，其敏感性可提高至 1 fg 水平，检查巴贝斯虫的 PCR 方法可检测虫血症在 10^{-9} 水平的血中虫体 DNA，比显微镜检查敏感 100 倍。由于其有较高的敏感性，因此可用于核实其他诊断方法的诊断结果和用于出口

检疫。但 PCR 技术检测会有假阳性结果出现，因此限制了该技术作为常规诊断方法的应用。原因之一是血和其他生物样品中有聚合酶的抑制剂，因此必须研制出相应措施来克服这一问题；另外，已扩增的 DNA 产物气雾剂（amplicon）容易污染操作人员、实验室、设备和试剂并产生假阳性结果，为了避免上述污染，要采用严格的隔离措施，将易引起污染的物品与易被污染的产品严格分开，目前有两种气雾剂消毒技术，一种是酶促的，另一种是光化学性的，有希望在未来的诊断中应用，以防止假阳性的出现。石云良等（2010）建立了二重 PCR 快速检测牛伊氏锥虫和牛巴贝斯虫的方法，可扩增出牛伊氏锥虫和牛巴贝斯虫的特异性条带，大小分别为 213 bp 和 360 bp，最低检出量分别为 4.00 pg 和 0.38 pg。且与牛双芽巴贝斯虫、分歧巴贝斯虫、环形泰勒虫、附红细胞体、巴氏杆菌没有交叉反应。认为这种二重 PCR 方法具有敏感、快速、特异的特点，适用于牛伊氏锥虫和牛巴贝斯虫的流行病学调查。国内熊焕章等（2007）、薛书江等（2007）和吴位琦等（2009）分别建立了马或牛的巴贝斯虫 PCR 诊断技术；赵祥平等（2009）、简子健等（2010）、王玉玲等（2010）又研究了利用巢式 PCR 方法检测马或牛的巴贝斯虫病，均取得了良好的诊断效果。

李群等（2010）研究了环介导等温扩增技术（LAMP）快速检测牛巴贝斯虫（B.bovis）的方法，认为 LAMP 检测体系特异性强，与双芽巴贝斯焦虫（B.bigemina）DNA 等不发生交叉反应；敏感性高，最小检测值为 0.014 fg（相当于 1.58×10^{-3} 虫体拷贝数），为一般 PCR 方法的 1 000 倍。该方法具简单、快速、低成本的特点，可用于 B.bovis 病的现场快速检测。

许应天等（2003）以 EMA-1 基因重组蛋白为诊断抗原，用 ELISA 方法对延边地区马巴贝斯虫病进行了血清学调查。结果表明，该地区马巴贝斯虫病的血清阳性率为 34.2%（38/111），而血涂片染色镜检法阳性率为 13.5%（15/111），两者之间差异极显著（$P < 0.01$）。

杨俊等（2006）用基因重组技术，构建并表达了吉氏巴贝斯虫重组顶膜抗原-1（BgAMA-1），并将 BgAMA-1 作为诊断抗原，建立针对吉氏巴贝斯虫的 ELISA 诊断方法。结果显示，构建的重组表达质粒得以表达，建立的 ELISA 方法在血清学诊断中有较好的特异性。巴音查汗等

（2005）将克隆表达的犬吉氏巴贝斯虫重组 GST-P130kDa，用于血清学诊断。免疫学分析（Western blotting 和 ELISA）结果表明，犬吉氏巴贝斯虫重组 GST-P130 kDa 融合蛋白（rBg GST-P130kDa）能与犬吉氏巴贝斯虫（B. gibsoni）感染血清起反应，且与犬巴贝斯虫（B. canis）无交叉反应。表明重组 rBgGST-P130kDa 融合蛋白具有较强的免疫原性和特异性，可用于吉氏巴贝斯虫病的诊断。简子健等（2011）建立了牛巴贝斯虫 GST-MSA-2c 融合蛋白间接 ELISA 血清学诊断方法，认为重复性好、特异性强、灵敏度高，是国内首次利用重组蛋白抗原建立的牛巴贝斯病血清学诊断方法，为大规模地进行牛巴贝斯虫病的流行病学调查和血清学诊断提供了有效的技术手段。

限制性内切酶片段长度多态性（restriction fragment length polymorphism，RFLP）技术敏感性高，可检测和鉴别组织、血液，以及媒介生物体内感染病原情况，是现在用途很广的生物学研究工具之一。PCR-RFLP 技术是建立在相关病原 PCR 扩增基础上，不同的属和种通过不同的酶内切后电泳条带的不同而得以区分。Gubbels 等（2000）和 Jefferies 等（2007）运用 RFLP 技术，分别成功检测了牛巴贝斯虫（Babesia bovis）和牛泰勒虫（Theileria buffeli）及犬梨形虫（Babesia canis）。2011 年，徐宗可应用 PCR-RFLP 技术来鉴别和诊断羊梨形虫，为梨形虫的流行病学调查、致病机理研究，以及梨形虫的防控提供了有效技术。运用不同的内切酶，PCR-RFLP 能够很容易地鉴定不同虫种间的混合感染，但是工作量比较大。值得一提的是，应用 PCR-RFLP 技术还能够发现新的虫种和新的基因型，不过要和 DNA 测序技术相结合才能最终确定。

反向线状印迹杂交技术（reverse line blot hybridization，RLB），也是近年来应用较多的诊断技术。该技术是以 PCR 和探针杂交为基础的分子诊断方法，最初称为点印迹法或斑点印迹，用于镰状细胞性贫血的诊断，其基本原理是通过设计不同的特异性探针和扩增产物杂交后显影而达到鉴定不同病原的目的。Gubbels 等（1999）采用该技术成功建立了检测牛巴贝斯虫、双芽巴贝斯虫、大巴贝斯虫、分歧巴贝斯虫、小泰勒虫、东方泰勒虫、环形泰勒虫、刚果锥虫、活动锥虫、布氏锥虫、边缘无浆体和反刍兽考德里氏体

（Cowdria ruminantium）等多种病原的方法，并且其敏感性非常高，当染虫率在 10^{-8} 时仍能够检测出来。Aktas 等（2007）运用该方法发现了泰勒虫和巴贝斯虫若干新种。RLB 的敏感性要高于 PCR，且能同时区分病原的属和种，这一特性在流行病学调查上具有重要意义。国内，牛庆丽等（2008）运用反向线性印迹技术对我国四川、辽宁和甘肃境内的羊梨形虫流行情况进行调查，发现我国羊感染泰勒虫的阳性率比较高，且一般为单一虫种感染，而巴贝斯虫感染率比较低。谢俊仁（2011）利用 RLB 方法检测马梨形虫，能同时检测多个 PCR 样品（最多 45 个），不仅能确定动物是否感染马梨形虫，而且能同时区分马属动物感染的梨形虫种类，且能具体鉴别到种或株，为马梨形虫病的分子流行病学调查奠定了坚实的基础。RLB 技术可以同时检测多种病原，因此在血液原虫的应用中尤其广泛。但其操作较为复杂，耗时长，需要从事该研究的专业人员操作，目前暂时还无法在基层推广。

（二）疫苗

1. 灭活疫苗 将感染梨形虫的红细胞用纯化水裂解，离心后收集虫体，再同样对虫体进行裂解，然后冻干制成灭活疫苗，使用前与等量弗氏完全佐剂混合进行免疫接种。

2. 活疫苗 人们最初是将带虫免疫的动物血液作为虫苗直接免疫动物，这就是最初的活虫苗，但这种免疫方法很快被证明是行不通的。应用活虫苗会存在一些缺陷，如有引起不同程度的传染性和发病及传播其他血液病等危险；而且，活虫苗不易保存，因为虫体在离开宿主的条件下，最多只能活 3d；同时存在运输困难的问题。

（1）同源宿主传代致弱疫苗 巴贝斯虫虫苗的研究始于 20 世纪 50 年代，澳大利亚学者 Callow 等利用感染牛巴贝斯虫的血，接种易感去脾犊牛，快速连续传代，最后使虫体毒力减弱至不能使接种动物发病的程度。然后将带虫血作为虫苗接种。这种致弱虫苗在澳大利亚已使用了 20 多年，为该国的养牛业做出了很大贡献。在南非有使用牛巴贝斯虫和双芽巴贝斯虫二联活疫苗的报道，其中双芽巴贝斯虫为分离的低毒株。

（2）异源宿主传代致弱疫苗 将家畜梨形虫在啮齿类动物，如大沙鼠体内进行传代致弱后制备的疫苗。

（3）辐射致弱疫苗 制备弱毒虫体的另一种方法是射线致弱。Pornell（1978）和 Wright（1982）曾分别用^{60}Co 射线照射含虫血液，使虫体的活力减弱，而且不能在被接种动物体和蜱体内繁殖。使其成为非致病性病原，但仍保留免疫原性。国外曾在这方面作了大量的研究工作。

进入 20 世纪 70 年代后，巴贝斯虫病疫苗研究取得的主要突破是由于虫体连续体外培养技术的建立和逐渐成熟。体外培养系统至少可以提供 2 种疫苗材料：裂殖子提取物和从裂殖子表面自然释放到培养基中的可溶性外抗原。因此，人们可以从培养上清液中分离到大量巴贝斯虫外抗原，再配合上皂苷（saponin）等佐剂，制成了培养源外抗原虫苗，开始取代了致弱虫苗。其中以牛巴贝斯虫虫苗和犬巴斯虫虫苗最为成功，目前已有不同类型的商品苗出售。据报道犬巴贝斯虫外抗原商品苗（Pirodog™）保护率为 70%～100%。Schetters 等（1992）认为用来自培养的犬巴贝斯虫外抗原免疫的犬，对攻击感染的急性临床症状也能抵抗，免疫犬自动康复，不需要治疗。1994 年进一步证实由可溶性外抗原引起的保护取决于免疫剂量，而且 PCV（红细胞容积）迅速恢复正常与回忆性体液反应的出现有关。感染后 5d 之前可见免疫犬 PCV 减少最多。研究人员认为疫苗诱导免疫的主要抗病作用是抑制内部器官的充血。

进入 20 世纪 80 年代后，伴随细胞生物学和分子生物学等技术的不断应用，国外又开始研究巴贝斯虫基因工程疫苗。牛巴贝斯虫的宿主保护性抗原（Bv60、Bv225）、双芽巴贝斯虫抗原（P50、P58、P70）、羊巴贝斯虫抗原（Bv601-4）、犬巴贝斯虫抗原（Bv60/P58）的氨基酸组成及基因序列均已分析清楚。其中牛巴贝斯虫的 Bv60 和双芽巴贝斯虫 P58 抗原的体外大量合成方法已经建立。由 2 种重组抗原制备的基因工程疫苗已在澳大利亚进行临床试验（Wright，1992）。研究表明，牛巴贝斯虫的粗提抗原可诱发易感牛获得相当于天然感染后的保护性免疫。将粗抗原进行系列分离，并在成年牛体进行了一系列免疫/攻击试验；然后以单克隆抗体亲和层析法将保护性组分中的抗原纯化，经鉴定，其中有 3 个具有高保护力（减虫率在 95% 以上）。但这 3 个组分都不是免疫显性；将其克隆后，以 β-半乳糖苷酶或谷胱甘肽转移酶（GST）融合蛋白表达；其中 2 个产物即 GST-

12 D$_3$ 和 GST-11 C$_5$ 用于重组疫苗时，其保护率与以前商品供应的致弱活苗相当。

有很多因素可以解释成功的虫苗较少的原因，佐剂的选用首当其冲。弗氏完全佐剂的效果没有皂苷好。同样维生素类佐剂，对诱导犬巴贝斯虫感染后内脏充血的保护性免疫无效。以 Quil A 皂苷为佐剂诱导的保护程度较弗氏完全佐剂和商品级皂苷更强；应用皂苷的另一个优点是，接种虫苗部位的局部反应较其他油基佐剂轻。赵俊龙等（2000）将体外培养获得的东方巴贝斯虫可溶性抗原与等量弗氏完全佐剂混合后，用作疫苗进行疫区免疫保护试验，结果说明由可溶性抗原制备的疫苗具有良好的免疫保护作用。

要想使虫苗商品化，必须使其保护性尽可能广谱。虫苗所提供的保护必须克服基因型不同（不同虫株）和表型不同（一个虫种的不同抗原变种），选择虫株或虫株家族是最有效的手段，尽管对其还需要不断探索。对热带牛的巴贝斯虫病，一种虫苗如果只能保护一种虫体感染，它的市场价值就很有限。由于几种疾病的传播媒介与传播牛巴贝斯虫病的相同，因而要求虫苗对这些病原感染也能提供保护。如果不是这样，农场主将采用杀虫剂来控制传媒，这就使单价虫苗变得多余。因此对热带牛的巴贝斯虫病，需用多价虫苗来保护牛巴贝斯虫和双芽巴贝斯虫的感染。田间试验证明这种多价虫苗具有很大潜力。相反，预防犬巴贝斯虫病、吉氏巴贝斯虫病及牛的分歧巴贝斯虫病，单价虫苗具有较广阔的市场前景，因为这些病原都是单独传播的。

对泰勒虫病应用最广泛的是一种抗环形泰勒虫（T. annulata）的减毒裂殖体细胞培养苗，接种后 20d 即产生免疫力，免疫期为 12 个月，此种虫苗对瑟氏泰勒虫病无交叉免疫保护作用。此苗是用含牛环形泰勒虫裂殖体的牛淋巴样细胞接种适宜培养基培养，用培养物加明胶制成。如我国早已研制出的牛环形泰勒虫裂殖体胶冻细胞苗（活疫苗），对牛的保护率可达 99.5% 以上，用于牛的免疫接种，已取得良好的预防效果。

五、展望

多年来，国内外针对泰勒虫病作了大量研究，取得了可喜的成绩，但泰勒虫病生活史复杂，形态多样，宿主广泛，各抗原的免疫特性和致病分子机制并不相同，这给泰勒虫病准确诊断和有效免疫造成了一定困难。

今后应继续深入研究泰勒虫在不同时期与宿主的互作机制，继续致力于发现能产生强而持久保护性免疫力和足够高水平抗体的抗原，继续探讨分子生物学与免疫学新技术在泰勒虫病防制中的应用。随着分子生物学、生物信息学及基因工程等技术的快速发展，抗原纯化技术、蛋白融合技术的日趋完善，它们将在泰勒虫病诊断、疫苗制备，以及治疗等方面起到重要作用。

（杨晓野　张　伟　万建青）

主要参考文献

简子健，马素贞，沈炯玉，2010. 牛巴贝斯虫巢式 PCR 诊断方法的建立 [J]. 中国兽医学报，30（3）：356-358.

孔繁瑶，2010. 家畜寄生虫学 [M]. 北京：中国农业大学出版社.

李群，王素华，周前进，等，2010. 快速检测牛巴贝斯焦虫 LAMP 方法的建立 [J]. 中国预防兽医学报，32（10）：781-784.

罗建勋，2004. 巴贝斯虫未定种的发现及牛巴贝斯虫病的免疫诊断和药物防治研究 [D]. 南京：南京农业大学.

许应天，梁晚枫，宋建臣，等，2003. 用EMA-1基因重组蛋白对马巴贝斯虫病的血清学调查 [J]. 动物医学进展，24（6）：108-109.

杨俊，周金林，肖兵南，2006. 利用 BgAMA-1 抗原建立吉布森巴贝斯虫的 ELISA 诊断法 [J]. 中国寄生虫学与寄生虫病杂志，24（增刊）：62-64.

赵祥平，王玉玲，侯艳梅，2009. 驽巴贝斯虫病巢式 PCR 检测方法的研究 [J]. 中国动物检疫，26（10）：37-38.

Aktas M, Altay K, Dumanli N, 2007. Determination of prevalence and risk factors for infection with *Babesia ovis* in small ruminants from turkey by polymerase chain reaction [J]. Parasitology Research, 100（4）：797-802.

第四节　弓形虫病

一、概述

弓形虫病是由顶复门、孢子虫纲、球虫目、弓形虫科、弓形虫属的刚地弓形虫（*Toxoplasma gondii*）引起的一种人畜共患病。弓形虫由 Nicolle 和 Manceaux 于 1908 年在突尼斯巴斯德研究所饲养的啮齿类动物刚地梳趾鼠（*Ctenodactylus gondii*）的脾脏单核细胞内首次发现，因其滋养体呈弓形，故命名为刚地弓形虫。

刚地弓形虫可寄生于人、畜、野生兽类、鸟类等所有恒温动物，部分冷血动物也可寄生。主要寄生部位是肌肉和内脏，属胞内寄生性原虫。猫是刚地弓形虫的终末宿主，其他动物是中间宿主（多种哺乳动物和鸟类）。在中间宿主体内为速殖子和包囊，在终末宿主体内为裂殖体、配子体和卵囊。弓形虫病是动物和人最常见的寄生虫病之一，畜间弓形虫感染率可达 10%～50%，其中猫的感染率高达 66.7%；全世界约有 25% 的人受感染，我国人群感染率为 5%～20%。临床上主要表现为流产、早产、死胎及全身乏力疼痛等症状。长期以来，弓形虫病给人类健康及畜牧业带来了巨大危害。

二、病原

弓形虫生活史分为速殖子（滋养体）、包囊（缓殖子）、裂殖体、配子体和卵囊 5 个时期。其中，速殖子与缓殖子是其主要致病阶段。急性感染期的虫体生长繁殖迅速，被称为速殖子，慢性感染期的虫体生长繁殖缓慢，被称为缓殖子或慢殖子，位于包囊内。缓殖子在宿主免疫功能低下时可以活化成为速殖子。

（一）速殖子

长 3.3～8.0 μm，宽 1.5～4 μm，一端稍尖、一端钝圆，核位于中心偏钝圆的一端。游离于细胞外的虫体呈弓形、新月形或香蕉形；寄生于细胞内的虫体呈纺锤状。速殖子多出现在发病急性期，有时在宿主体内许多速殖子簇集在一起，形成"假囊"（pseudocyst）。速殖子革兰氏染色呈红色的网状和轮状结构，在尖端与核之间有颗粒状物；姬姆萨氏或瑞氏染色呈浅蓝色，核呈深蓝色，有颗粒。速殖子抵抗力较弱，在胃蛋白酶中几分钟即被破坏，或经过一次冻融处理即失去感染能力，但在甘油中对低温的抵抗力较强。

（二）包囊

圆形或卵圆形，有较厚的囊膜，直径为 30～50 μm，最大可达 100 μm。囊中的虫体可由几十个至几千个。一般出现于慢性病例，见于脑、肌肉等细胞内繁殖积聚成球状体，自身形成富有弹性的囊壁，囊内虫体称缓殖子。包囊对环境因素抵抗力较速殖子强，在胃蛋白酶中不易被破坏；肉中的包囊在 4℃ 条件下能存活 68d；包囊经50℃ 加热 30min 或 56℃ 15min 后，便丧失活力；虫体在－14℃，24h 失去活力；包囊对高温和低温敏感，经煎、煮、薰、腌或低温冻存可死亡；用巴氏消毒法可杀灭乳中的包囊。

（三）裂殖体

寄生在猫的肠上皮细胞内，是进行无性繁殖的虫体。早期内含多个细胞核，成熟后变圆，直径为 12～15 μm。每个裂殖体内含有 10～14 个香蕉形裂殖子，呈扇形排列，裂殖子长 7～10 μm，宽 2.5～3.5 μm。

（四）配子体

是寄生在猫的肠细胞内并进行有性繁殖的虫体。雄性的为小配子体，圆形，直径 10 μm，色淡，核疏松，成熟后形成 12～32 个小配子；小配子呈新月形，长约 3 μm，有两条鞭毛。雌性的为大配子体，呈卵形或圆形，直径为 15～20 μm；核直径为 5～6 μm，致密，含有着色明显的颗粒。

（五）卵囊

见于猫粪便内，呈卵圆形，有双层囊膜，大小为（10～16）μm×（7.5～11）μm，随粪便刚排出时，内含 1 个约 9 μm 大小的原生质团块。成熟的卵囊内有 2 个孢子囊。每个孢子囊内含有 4 个长形弯曲的子孢子，大小为 8 μm×2 μm，有残体。卵囊的抵抗力很强，在外界环境中可存活100 多日，在潮湿土壤或水中能存活数月至 24 个月以上；酸碱和一般消毒处理无效；而干燥、氨和加热至 55℃ 则能杀灭；含有感染性卵囊的粪便，置于 75～85℃ 热水中便失去感染性。

三、免疫学

弓形虫基因组大小约 80mb，含有 11 条染色体。其基因组在很大程度上是保守的，但在 SAG1、SAG2、SAG3、SAG5 和 B1 等基因位点上的多态性，导致弓形虫表型有很大区别。多重酶切电泳分析、PCR 限制性片段长度多态性分析（PCR-RFLP）和微卫星分型等可将弓形虫的基因型分为Ⅰ型（强毒型）、Ⅱ型和Ⅲ型（弱毒型）3

种典型的基因型。在弓形虫的整个生活史的不同时期有多种抗原存在，如表面抗原 SAG1（P30）、SAG2（P22）、SAG3（P43）、SAG4（P18）、SAG5、BSR4（P36）及 SRS3（P35）；微线体蛋白抗原 MIC1-MIC12、AMA1、SUB1、SUB2；棒状体蛋白抗原 ROP；致密颗粒蛋白抗原 GRA；肌动蛋白解聚因子/丝切蛋白家族（AC 蛋白家族）；基质抗原 1（MAG1）；缓殖子期抗原 1（BAG1）等。近年来，对以下几种抗原研究较多并具有重要意义。

（一）SAG 抗原

SAG1（P30）仅在速殖子阶段表达，是一种重要的膜蛋白。是由 Kasper 等于 1983 年首先分离到的，它含有 336 个氨基酸残基，分子质量约为 30 ku，占虫体总蛋白的 3％～5％。SAG1 的DNA 序列不含内含子，SAG1 蛋白的 N 末端信号肽暴露于表面，有转运作用，C 末端为疏水信号序列，被糖基磷脂酰肌醇（GPI）锚定，进行翻译后修饰。SAG1 基因全长 1 634 bp，具有多态性，不同虫株的 SAG1 序列可能存在差异。在弓形虫入侵过程中，SAG1 蛋白可与宿主细胞表面的葡萄糖胺结合，从而利于虫体的入侵。SAG1能够诱导机体产生免疫应答，并具有很好的抗原性和免疫原性。研究表明，SAG1 对小鼠的 IgG、IgM、IFN-γ、IL-2、IL-4 等细胞因子还具有显著的调节作用。

SAG2（P22）也是速殖子表面的一个抗原，是一种重要的膜蛋白，分子质量为 22 ku，其 N末端信号肽暴露于表面，有转运作用；C 末端具疏水性，可被 GPI 锚定。SAG2 基因不含内含子，且整个基因有 1.36％ 的基因多态性。SAG2 在弓形虫入侵宿主细胞及在其中的繁殖中起着重要的作用。重组 SAG2 抗原具有较好的免疫原性，是研究疫苗的潜在抗原。

SAG3（P43）是存在于弓形虫所有入侵阶段的一个膜蛋白。未成熟的 SAG3 由 385 个氨基酸残基组成，含有一个 N 端信号肽和 GPI。SAG3是参与弓形虫入侵宿主细胞的一个主要分子，介导弓形虫对宿主细胞的识别和黏附，与 SAG1 蛋白有大约 24％ 的相似性，有相似的二级结构，但SAG3 分子质量较 SAG1 大，其分子质量为41.8 ku。SAG3 可通过 SAG3 - HSPGs（硫酸乙酰肝素蛋白聚糖）反应介导对宿主细胞的吸附作用。

SAG4（p18）是另一种重要的表面抗原，该抗原是由 516 个核苷酸编码的大小为 172 个氨基酸的表面蛋白，分子质量为 18 ku。SAG4 蛋白的 N 端疏水区为 27 个氨基酸的信号肽，C 末端疏水区为 GPI 锚定信号。

与 SAG1 家族其他成员一样，SAG5 羧基端的疏水片段可能是 GPI 锚定信号。SAG5 也具有基因型多态性。其可能和虫体与宿主的相互作用、虫体的毒力及宿主的免疫应答有关，因此该区域很可能成为潜在的药物作用靶点。

（二）BSR4 蛋白抗原（P36）

缓殖子结合位点（BSR4）是 SAG1 相关序列家族（SAG1-related sequences，SRS）的重要成员之一。SRS 家族在虫体毒力、侵入宿主细胞及免疫逃避方面有重要作用，SRS 具有潜在的促进缓殖子发育、消除速殖子免疫应答的功能。SRS 家族的一个典型特征是具有 N 端信号肽，从而可以通过 GPI 锚定于细胞表面。通过序列分析，SRS 家族分为 2 个主要的分支，即 SAG1 样序列家族和 SAG2 样序列家族。SRS 家族有超过 160 个 SAG1 相关序列（SRS）蛋白成员，具有速殖子表达的 SAG1 蛋白结构特征。

BSR4 的 1.9-A 晶体结构显示了该结构主要是由负责二聚体形成的 N 末端首尾连接形成的 β 折叠区域组成。BSR4 可与缓殖子特异性的 P36 单克隆抗体反应。

（三）SRS3 蛋白抗原（P35）

SRS3（P35）也属于 SRS 家族。P35 是分子质量约为 35 ku 的弓形虫速殖子表面蛋白，肽链的 C 端具有亲水性。完整的 P35 基因为 1 537 bp，编码 378 个氨基酸。P35 也是通过 GPI 锚黏附宿主细胞，具有较好的免疫原性。研究发现，重组 P35 抗原可用于急性弓形虫感染的检测，因此重组 P35 抗原常被作为区分急性和慢性感染的标志。

（四）微线体蛋白 MIC 抗原

弓形虫微线体蛋白 MIC（microneme protein）是分布于虫体前端棒状体周围的微线体所分泌的黏附因子，与虫体对宿主细胞的识别和结合有关，在虫体入侵宿主细胞早期阶段发挥重要作用。MIC 主要分为两类：一类为具有跨膜性质

的微线体蛋白，包括 MIC2、MIC6、MIC7、MIC8、MIC9、MIC12 等；另一类为不具有跨膜性质的可溶性黏附蛋白，如 MIC1、MIC3、MIC4、MIC5 等。

MIC3 是弓形虫微线体分泌的几种重要蛋白之一，在虫体侵入宿主细胞早期起作用。MIC3 是单拷贝基因，不含内含子。完整的开放阅读框（ORF）编码 359 个氨基酸序列。其疏水性 N 端具有一典型的分泌性蛋白所有的由 26 个氨基酸所组成的信号肽结构。MIC3 是一种排泄分泌抗原，存在于弓形虫速殖子、缓殖子和子孢子等不同时期，持续时间长，可能是弓形虫病诊断和疫苗研制非常有前景的候选分子之一。

MIC8 为 I 型跨膜蛋白，由氨基端胞外区（N 端胞外区）、跨膜区（transmembrane domain，TMD）和羧基端胞质尾区（C-terminal cytosolic tail domain）3 部分组成。弓形虫编码的 MIC8 在速殖子和裂殖子中均可表达，*MIC8* 基因在弓形虫体与宿主细胞形成移动连接时起着决定性作用，当虫体编码的 *MIC8* 基因敲除后，虫体由于不能形成移动连接而无法完成入侵过程，弓形虫 MIC8 是虫体入侵宿主细胞过程中一个必需的入侵因子。MIC8 也是研究弓形虫病诊断抗原及疫苗重要候选片段。

（五）棒状体蛋白抗原（ROP）

弓形虫顶端复合体中的棒状体可释放棒状体蛋白。已鉴定的棒状体蛋白有 10 余种，如 ROP1、ROP2、ROP3 等。

ROP1（*P66*）基因是一个单拷贝基因，全长约 2.1 kb。ROP1 蛋白约 60.5 kDa，其 N 端是富含脯氨酸的酸性结构域，随后是碱性羧基末端区域。弓形虫感染宿主细胞后，ROP1 就出现在纳虫泡膜上，用抗 ROP1 的单抗处理后能抑制弓形虫对宿主细胞的黏附。

ROP2（*P54*）是弓形虫棒状体分泌的另一个重要蛋白，*ROP2* 基因全长 2 234 bp，不含内含子，未成熟的 ROP2 前体蛋白约 66 kDa，成熟的 ROP2 约为 54 kDa。在弓形虫入侵宿主细胞时，由棒状体分泌到宿主胞质中，其羧基端定位于纳虫泡膜上，氨基端以可溶形式游离于宿主胞质中，与宿主的线粒体和内质网的联合有关。它在弓形虫生活史的速殖子、缓殖子及子孢子时期均有表达。研究表明，ROP2 蛋白对弓形虫感染具有一

（六）致密颗粒蛋白抗原（GRA）

弓形虫侵入宿主细胞后形成纳虫泡，此后不久，弓形虫的另一类细胞器-致密颗粒开始释放内容物，即致密颗粒蛋白（如 GRA1～GRA4 和 GRA6 等），其中部分蛋白分布到纳虫泡膜的表面。

GRA1（*P24*）天然蛋白质分子质量为 23 kDa，含有 2 个钙结合域，通过调节钙离子浓度来稳定纳虫泡膜。重组 GRA1 蛋白为折叠构象，适合对其结构、生物化学和疫苗的研究。

GRA2（*P28*）基因全长约 1.3 kb，含有一个长 241 bp 的内含子，其初级翻译产物为一个由 185 个氨基酸组成的多肽，含有 23 个氨基酸长的信号肽，该产物富含丝氨酸和苏氨酸，推测 GRA2 可能是一个糖蛋白。GRA2 可能是与弓形虫毒力相关的一个基因，重组 GRA2 蛋白具有一定免疫原性。

GRA3 为单拷贝基因，GRA3 的 cDNA 序列 N 端有 2 个起始密码子，其开放阅读框含有一个 22 氨基酸的疏水区和一个信号肽。GRA3 蛋白分子质量为 30 kDa，集中于内管网和纳虫泡膜（PVM），其功能可能为虫体获取营养。GRA3 在弓形虫的急性感染期具有重要作用。

GRA4 为单拷贝基因，无内含子，主要在速殖子中表达，翻译产物是一种分子质量为 40 ku 的致密颗粒蛋白。*GRA4* 基因全长 1 536 bp，内含一个 1 038 bp 的开放阅读框架，能编码 346 个氨基酸。GRA4 富含脯氨基（12%），内含一个由 19 个氨基酸残基组成的疏水区域。GRA4 也是良好的抗弓形虫感染疫苗候选抗原。

（七）肌动蛋白解聚因子/丝切蛋白家族（AC 蛋白家族）

AC 蛋白家族是一类肌动蛋白结合蛋白，广泛存在于真核细胞中，其蛋白高级结构非常相似，主要包括 ADF、cofilin 1 和 cofilin 2，它们的氨基酸数量为 113～168 个。肌动蛋白丝的解聚和聚合动力学及其骨架重塑是细胞迁移、黏附、分化等必不可少的因素。AC 蛋白可促进肌动蛋白丝解聚分离，在肌动蛋白丝快速翻转和依赖肌动蛋白的细胞骨架重塑过程中扮演重要角色，可增强肌动蛋白丝翻转，因而被称为肌动蛋白动力学蛋白。AC 蛋白对肌动蛋白的动力学影响及调控机制复杂多样，不仅与肌动蛋白丝，而且与球状肌动蛋白结合，既可促进肌动蛋白聚合也可促进肌动蛋白丝解聚。AC 蛋白家族通过调节微丝翻转重塑细胞骨架，从而影响细胞生长、发育和分化。家族成员 ADF 在寄生虫运动、黏附及入侵宿主过程中起重要作用，因此其成为许多寄生虫疾病候选疫苗研究的热点。

四、制品

（一）诊断试剂

弓形虫感染的常用诊断方法包括临床诊断、病原学诊断、分子生物学诊断和免疫学诊断等方法。传统的病原学诊断方法操作简单，结果可靠，但耗时长，易漏诊，因此临床应用甚少；PCR 法具有敏感、特异、检测迅速等优点；免疫学诊断方法的敏感性高、特异性强、操作简便快速，是弓形虫病诊断和流行病学调查的常用方法。

检测抗弓形虫特异抗体的免疫学诊断方法主要有染色试验（dye test，DT）、间接血凝试验（indirect hemagglutination test，IHA）、酶联免疫吸附试验（enzyme-linked immunosorbent assay，ELISA）、间接荧光抗体试验（indirect fluorescent antibody test，IFA）、亲和素-生物素-酶联免疫吸附试验（avidin-biotin-peroxidase complex-enzyme-linked immunosorbent assay，ABC-ELISA）和免疫胶体金技术（immunocolloidal-gold，ICG）等。

1. 染色试验　染色试验（DT）是弓形虫血清学检测的金标准。该法具有敏感性高、特异性强和重复性好等优点。但由于需要活的速殖子参与试验，而且虫体的保存和制备较困难，操作危险性大，国内已基本不再应用。

2. 间接荧光抗体试验　间接荧光抗体试验（IFA）具有简便、快速、敏感、特异性和重复性好等优点，检测弓形虫表面膜抗原的特异性抗体 IgM 和 IgG。感染后的第 7～8 日，首先出现 IgM，持续数周至数月，如果 IgM 水平升高，提示有近期感染。

3. 间接血凝试验　间接血凝试验（IHA）的原理是建立在抗原与抗体特异性结合形成抗原-抗体复合物的基础上。本法具有操作简便、微量、快速、特异、廉价等特点，适合辅助诊断和大规模拟流行病学调查，也是国内各实验室最常用方法之一。

4. 酶联免疫吸附试验 酶联免疫吸附试验（ELISA）是目前应用最广的诊断技术之一，它利用酶的催化作用和底物放大反应原理，提高特异性抗原-抗体反应检测灵敏度。ELISA可用于检测抗弓形虫的IgM、IgA、IgG、IgE抗体及C抗原（循环抗原）。ELISA操作易自动化，具有高度的特异性和敏感性，简单经济，可用于定性和定量检测。

除以上方法外，还有许多其他快速、敏感、特异的免疫学诊断方法，如PCR-ELISA（polymerase chain reaction-enzyme-linked immunosorbent assay）法、葡萄球菌蛋白A-ELISA（staphylococal protien A ELISA，SPA-ELISA）、免疫吸附凝集试验（immunoadsorption agglutination assay，ISAGA）、斑点免疫金渗滤技术（dot-immunogold filtration assay，DIGFA）、胶体金免疫层析法（colloidal gold immunochromatography assay，GICA），以及免疫印迹技术（immunoblotting test，IBT）和免疫金银染色法（immunogold-silver staining）等，也曾用于弓形虫检测和诊断。

（二）疫苗

1. 灭活疫苗 灭活疫苗虽然安全性较好，但免疫效果不理想，一般需加大剂量和使用频率，且抵抗感染的能力较低，故目前已不再使用。

2. 活疫苗 经紫外线照射、激光照射及改变培养温度等方法培育出的弓形虫弱毒株，进一步制成毒力相对较弱的弱毒疫苗，较少剂量即可诱导产生坚实的免疫力，能够调动动物机体全方位的免疫应答，而且无需使用佐剂，免疫期长，是一种可供选择的有效方法。但致弱的虫株接种机体后，可能会发生毒力返强，而且弓形虫感染中间宿主后在机体免疫力正常时会形成组织包囊，在机体免疫力降低时，包囊活化，存在再次感染的可能。目前，对弓形虫弱毒疫苗的研究主要集中在怎样使其不造成免疫后感染。以弱毒株为基础种子研制的疫苗主要集中在S48速殖子、T-263突变株、Ts-4突变株等。英特威公司以S48速殖子为材料生产的"TOXOVAX"活疫苗，是目前为止世界上唯一经注册的用于弓形虫病免疫的疫苗，已成功地推广应用于免疫预防弓形虫病

引起的母羊流产。

3. 亚单位疫苗 将病原体的保护性抗原基因通过原核或真核表达系统表达纯化后制成的疫苗。亚单位疫苗的研究主要集中于弓形虫速殖子表面抗原，速殖子表膜是虫体与外界环境进行物质交换的界面，也是宿主免疫系统识别并杀伤虫体的主要作用部位。目前，研究的表膜抗原主要是P30蛋白。虽然亚单位疫苗比弱毒疫苗安全，但免疫原性弱，不能被抗原递呈细胞系统（APCS）有效识别、递呈。

4. 核酸疫苗 核酸疫苗是继病原体疫苗、亚单位疫苗之后的第三代疫苗，以DNA疫苗为主。将编码位于真核表达调控元件下的抗原基因质粒DNA（或RNA）直接注射至机体局部组织，质粒DNA在机体局部表达相应抗原蛋白，并以类似自然感染的方式递呈抗原，从而全面诱导特异性体液免疫和细胞免疫应答。弓形虫核酸疫苗尚处于研究阶段，主要集中在表膜抗原（SAG）基因、虫体棒状体蛋白（ROP）基因及致密颗粒基因等。核酸疫苗有其独特之处，但其安全性有待深入研究，如质粒DNA是否会整合到宿主基因组中，给宿主带来某些不良影响。

5. 乳酸菌口服疫苗 用表达抗原基因的重组乳酸菌，以口服方式进行免疫。乳酸菌口服疫苗对弓形虫感染有一定保护性，但效果不是很理想，尚需继续研究。

6. 虫体特异组分疫苗 用免疫化学方法从虫体裂解物、排泄和分泌抗原中提取特定组分作为疫苗，主要作用于宿主的免疫系统，激发宿主产生细胞免疫和体液免疫，来阻止弓形虫的寄生。

五、展望

多年来，国内外针对弓形虫做了大量研究，取得了可喜成绩，但弓形虫生活史复杂，形态多样，宿主广泛，各抗原的免疫特性和致病分子机制并不相同，弓形虫入侵宿主和引起免疫应答机制尚不明确。这给弓形虫病准确诊断和有效免疫带来了很大难度，目前仍然缺乏可靠的诊断方法和预防用疫苗。

今后应继续深入研究弓形虫在不同时期与宿主的互作机制，继续致力于发现能产生强而持久保护性免疫力和足够高水平抗体的抗原，继续探讨分子生物学与免疫学新技术在弓形虫病防制中

的应用。随着分子生物学、生物信息学及基因工程等技术的快速发展，抗原纯化技术、蛋白融合技术的日趋完善，有望发现一些具有强免疫反应性的弓形虫抗原，它们将在弓形虫病诊断、疫苗制备及治疗等方面起到关键作用。

（赵治国　杨晓野　万建青）

主要参考文献

何勇，周鹏，尹创成，等，2010. 弓形虫主要表面抗原的研究进展［J］. 畜牧与兽医，42（5）：95 - 98.

李润花，李雅清，殷国荣，2014. 刚地弓形虫肌动蛋白解聚因子/丝切蛋白家族的研究进展［J］. 中国人兽共患病学报，30（11）：1141 - 1144.

王跃兵，杨向东，杨国荣，等，2012. 弓形虫病研究概况［J］. 中国热带医学，12（4）：497 - 500.

张清国，黄炳成，2010. 弓形虫主要抗原及其疫苗的研究进展［J］. 中国人兽共患病学报，26（7）：683 - 687.

Fazaeli A，Ebrahimzadeh A，2007. A new perspective on and re-assessment of SAG2 locus as the tool for genetic analysis of *Toxoplasma gondii* isolates ［J］. Parasitology Research，101（1）：99 - 104.

Nomura K，Ono S，2013. ATP-dependent regulation of actin monomer-filament equilibrium by cyclase-associated protein and ADF/cofilin ［J］. Biochemical Journal，453（2）：249 - 159.

Robinson S A，Smith J E，Millner P A，2004. *Toxoplasma gondii* major surface antigen (SAG1)：*in vitro* analysis of host cell binding ［J］. Parasitology，128（4）：391 - 396.

Theriot J A，1997. Accelerating on a treadmill：ADF/cofilin promotes rapid actin filament turnover in the dynamic cytoskeleton ［J］. Journal of Cell Biology，136（6）：1165 - 1168.

第五节　锥 虫 病

一、概述

锥虫最早于 1841 年在鱼体内发现，此后又先后在蛙、鼠和家畜体内被检测到。在家畜中，1880 年首次在印度旁遮普邦发病骆驼的血液中发现了伊氏锥虫，并将其引起的疾病称为苏拉病；1885 年在非洲发现了马和牛的类似疾病，即那加那病。1894 年在阿尔及利亚发现了马媾疫锥虫。此后，又相继在家畜中发现了其他种锥虫，并发现有多种锥虫可感染人。家畜的锥虫病主要流行于亚洲、非洲和拉丁美洲。

我国家畜的锥虫病有 2 种，一是伊氏锥虫病，是由伊氏锥虫（*Trypanosoma evansi*）寄生于马、骡、驴、牛、骆驼等家畜体内引起的疾病，又称苏拉病；二是马媾疫，是由锥虫属的马媾疫锥虫（*T. equiperdum*）寄生于马属动物的生殖器官引起的疾病。我国主要流行伊氏锥虫病，可引起骆驼、马、牛等家畜发病，造成家畜日渐消瘦，甚至死亡，对畜牧业的危害相当严重。因此，OIE 将其列为法定报告动物疫病。锥虫病是世界卫生组织致力要控制和消灭的重要人畜共患病之一，目前仍主要靠药物进行防治，迄今尚无可用于临床的锥虫疫苗。

二、病原

寄生于家畜的锥虫属于锥虫科（Trypanosomatidae）、锥虫属（*Trypanosoma*）。目前，世界上共报道了数百种锥虫（其中有些为同物异名），文献中提到的常见锥虫有伊氏锥虫（*T. evansi*）、马媾疫锥虫（*T. equiperdum*）、泰氏锥虫（*T. theileria*）、路氏锥虫（*T. lewisi*）、鸡锥虫（*T. avium*）、布氏锥虫（*T. brucei*）、枯氏锥虫（*T. cruzi*）、罗得西亚锥虫（*T. rhodesiensis*）、刚果锥虫（*T. congolence*）和蓝氏锥虫（*T. rangeli*），国内可见的为前 5 种，其中伊氏锥虫和马媾疫锥虫为优势种。

锥虫为单型性虫体，细长呈卷曲的柳叶状，长 18～34 μm、宽 1～2 μm，平均 24μm×2μm。前端尖，后端钝，中央有一较大的椭圆形核，后端有一点状的动基体，由位于前部的生毛体和后方的副基体组成，鞭毛由生毛体长出。鞭毛与虫体之间有薄膜相连，虫体运动时鞭毛旋转，此膜也随着波动，又称波动膜。经姬姆萨染色后，核和动基体呈深红色，鞭毛呈红色，波动膜呈粉红色，原生质呈淡蓝色。用电镜观察，锥虫体表面有一层厚 15 μm，由糖蛋白构成的表膜覆盖整个虫体和鞭毛。鞭毛深入细胞质部分称为动基体（又称生毛体），呈筒形构造，这种构造类似中心粒，在细胞分裂时起作用。此外，细胞质内尚有高尔基体、内质网、溶酶体、胞质体、脂肪空泡及分泌囊等结构。马媾疫锥虫形态与伊氏锥虫相近。

锥虫的宿主范围很广，能自然感染马、驴、骡、水牛、黄牛、猪、鹿、骆驼、犬、虎等多种动物。马属动物对伊氏锥虫易感性最强，牛、水牛、骆驼较弱。实验动物中，如大鼠、小鼠、豚鼠、家兔、犬和猫等均有易感性，其中以小鼠和犬易感性较强。各种带虫动物是本病的传染源。此外，某些食肉动物（如猫、犬），还有野生兽类、啮齿动物、猪等也可成为本病的保虫宿主。本病由虻及麻蝇、螯蝇、角蝇和血蝇等蝇类性吸血昆虫机械性传播。此外也可经胎盘感染，食肉动物采食带虫动物的生肉也可感染。锥虫病主要发生于热带和亚热带地区，发病季节和流行地区与吸血昆虫的出现时间和活动范围一致，我国南方各省以夏秋季发病最多，每年7～9月流行。

布氏锥虫的生活史主要包括在哺乳动物体内的血流型阶段和在采蝇体内的前循环型阶段，通过分析布氏锥虫体内外的生长和分化系统，可以在基因组水平研究锥虫的基因表达。TIGR采用微阵列分析了400个待检克隆，显示许多基因都可在虫体发育的两个阶段进行表达，大约有100个克隆为低水平的差异表达，其中54个克隆Cy5与Cy3的信号比大于2或小于0.5。207个血流型cDNA克隆中有28个（14%）在血流型中高水平地表达，193个随机剪切的基因组DNA克隆中有26个含有在某一阶段差异表达的基因。如G240克隆编码新的前循环型特异性的基因，在Database内没有明显的配比。相反，G25克隆显然含有在血流型高水平表达的基因，这个基因以前尚未鉴定。随着基因组DNA测序的加速发展，新发现的基因正在不断涌现，无疑将产生大量的有用信息。

在动物锥虫病方面，对伊氏锥虫研究得最多也最深入。锥虫病临床特征为进行性消瘦、贫血、黄疸、高热、心肌功能衰竭，常伴发体表水肿和神经症状等。马、骡、驴等发病后常呈急性经过，若不及时治疗，死亡率可达100%。牛和骆驼感染后大多数为慢性过程，有的呈带虫现象。虫体侵入机体后，经淋巴和毛细血管进入血液和造血器官发育繁殖，产生大量有毒的代谢产物，导致机体产生严重病理损伤，锥虫死亡后释放出的毒素作用于宿主的中枢神经系统，引起机能障碍，如体温升高和运动障碍，当家畜的造血器官-网状内皮系统和骨髓受到损伤后，发生红细胞溶解和再生障碍，导致贫血，同时红细胞溶解游离出来

的血红蛋白大部分积滞在肝脏，转变为胆红素进入血液，引起黏膜和皮下组织黄染。心肌受到侵害，心脏机能发生障碍，毛细血管壁受侵害后可使其通透性增加，出现水肿。肝功能受损，在疾病后期出现低血糖和酸中毒，中枢神经系统受侵害后，患畜常出现精神沉郁，甚至昏迷等症状。

锥虫病的治疗越早越好，且用药量要足。目前常用的抗锥虫药物有萘磺苯酰脲（商品名为纳加诺、拜尔205或苏拉明）、喹嘧胺（商品名为安锥赛）、三氮脒（亦称贝尼尔或血虫净）、氯化氮胺啡啶盐酸盐（商品名为沙莫林）、异甲脒氯化物（锥灭定）、盐酸锥双净；人医上还可选用戊烷脒（Pentamidine）、美拉胂醇（Melarsoprol，MelB）和二氟甲基鸟氨酸（Difluoromethylornithine，DFMO）等。

目前，布氏锥虫和克氏锥虫基因组的测序工作已完成，而伊氏锥虫基因组的测序工作正在进行中。由于布氏锥虫核染色体在有丝分裂期间不浓缩，因此无法采用通常细胞学的方法计算核内染色体的数目。但脉冲场凝胶电泳（PFGE）分离测定显示，布氏锥虫单倍核DNA大小约为35 mb，内含12 000个基因，分离株之间有25%的变异。迄今所检测的布氏锥虫编码蛋白基因中均无内含子，尽管在tRNA基因中已经发现了11个核苷酸的内含子。根据它们在PFGE上的移动，将布氏锥虫核染色体分成大型染色体（1～6 mb）、中型染色体（200～900 kb）和小型染色体（50～150 kb）。大型染色体在核内是双倍体，而中、小型染色体的倍性不定。小染色体（minichromosomes）为线性DNA分子，具有TTAGGC重复序列，主要由内部首尾重复的177 bp重复序列组成，占序列的90%以上。其他小染色体特异性的重复序列是在端粒和177 bp重复序列之间的富含GC或富含AT的序列。一些小染色体端粒与静止VSG基因相连。据报道，由于小染色体内均无具有活性的VSG基因表达位点，这些小染色体VSG基因必须进行染色体内复制或端粒交换后方能表达。已发现两个小染色体（55 kb和60 kb）在一个端粒附近具有rRNA基因启动子。中型染色体（intermediatechromosomes）DNA分子大小为200～900 kb，其数目和大小在虫株间不同，它们很少含有唯一的标记或管家基因，不知道它们是否含有相应独特的重复序列。尽管它们可能具有端粒相连的VSG基因或VSG基因

样序列，但它们不与小染色体特异性 177 bp 重复序列杂交。可能它们也作为端粒相连的 *VSG* 基因，甚至是 *VSG* 基因的表达位点。大型染色体（megabasechromosomes）至少有 11 对，最小的约 1 mb，最大的为 6 mb 以上。

三、免疫学

锥虫虫体包括 2 类抗原，即共同抗原和变异抗原。前者包括结构蛋白、酶类、质膜成分等，它们在感染过程中不发生变异；变异抗原主要指锥虫表面的可变糖蛋白（variant surface glycoprotein，VSG）。对伊氏锥虫来说，主要有以下几类：

（一）变异表面糖蛋白

伊氏锥虫表膜外覆有 12～15 nm 的外壳，即变异表面糖蛋白（VSG）。VSG 分子具有数个抗原决定基，在伊氏锥虫基因组中 VSG 基因有数百之多，碱基数量可达到基因组的 9%，因此 VSG 在锥虫生活史中发挥着重要作用，VSG 的变异潜力极大。

（二）鞭毛囊成分

鞭毛囊为锥虫在其鞭毛伸出部位的表膜形成的一种腔状结构。研究发现，鞭毛囊中含有一些特有的酶和蛋白质。

（三）鞭毛副轴丝蛋白

在伊氏锥虫鞭毛的一侧存在呈细丝、棱格状的特殊结构，即鞭毛副轴丝。研究认为，鞭毛副轴丝蛋白为虫体保守蛋白。

（四）微管相关蛋白

在锥虫的细胞骨架系统表膜下，存在大量微管相关蛋白（microtubue associated proteins，MAPS），为一系列分子质量的重复序列蛋白，具有较好的免疫原性。

（五）循环抗原和分泌排泄抗原

在锥虫感染动物血清中存在虫体可溶性抗原，即循环抗原，包括虫体的分泌排泄（ES）产物和虫体的崩解产物。循环抗原可刺激机体形成团集抗体和保护性抗体，并可干扰特异性细胞毒作用，与抗体形成免疫复合物，其与组织器官形成的强烈的免疫病理损害作用是锥虫的主要致病因素之一，循环抗原对于潜伏期及隐性感染病例具有重要诊断价值。

（六）重复序列蛋白

伊氏锥虫细胞内存在一系列重复序列的蛋白质，其一级结构具有高度重复性和高度保守性，在感染早期即可诱导宿主产生强烈的免疫应答，由于其诱导产生的抗体不能和虫体内部的重复序列蛋白结合，因而不能对虫体产生损害，但却能干扰宿主的免疫机制，从而有利于虫体的生存。这类抗原蛋白可用于伊氏锥虫病的早期诊断。

伊氏锥虫可诱导动物产生明显而持久的特异性免疫应答，其中血清抗体是其主要免疫因素。但截至目前，还没有研制出对伊氏锥虫有较好免疫力的疫苗。其主要原因有 2 个：一是锥虫的抗原变异太快。动物感染锥虫后，可刺激宿主产生补体结合性 IgG/IgM 抗体应答反应，消灭或抑制锥虫的生长发育，由于锥虫的抗原不断变异，致使部分锥虫存活下来，宿主就会多次出现虫血症。如此反复，使宿主呈现长期带虫现象，且这些变异抗原间无交叉反应。二是宿主对锥虫可产生免疫抑制现象。活虫体及其分泌物不断刺激宿主产生非特异性免疫抑制的有丝分裂原，抑制白细胞介素的产生，从而减弱了机体对虫血症的抵抗力。另外，锥虫感染能刺激宿主产生大量的抑制性 T 淋巴细胞，从而引起免疫抑制。所以伊氏锥虫病的免疫防控至今仍未有突破，国内外均无成功的疫苗用于伊氏锥虫病的主动免疫。

四、制品

（一）诊断试剂

1. 抗原检测 目前，血清和脑脊液 CSF 中的锥虫抗原已被用作锥虫病抗原检测对象，常用方法有酶联免疫吸附试验（ELISA），该方法也被用于确定中枢神经系统是否感染并指导疾病的治疗。另外，利用 4 种不同肽组成重组体抗原的 ELISA 法已被用于筛选献血者、流行病学调查和诊断。在原发感染地区，简单和快速卡片间接凝集锥虫病试验（the card indirect agglutination trypanosomiasis test，TrypTect CIATT）已用于检测非洲锥虫患者体内的循环抗原，该方法具有较高的敏感和特异性，且操作简便、快速。目前，已有锥虫循环抗原 ELISA 检测试剂盒上市。在兽医上，水牛伊氏锥虫病免疫胶体金试纸条也已试制成功并得到初步应用。

2. 抗体检测　被检锥虫抗体的主要来源是血液、血浆、血清或脑脊液。可应用的免疫学技术主要有沉淀反应、荧光素标记、酶标记、同位素标记、金标记等几类，每类中又包括许多种技术，每种技术又包含许多种不同的具体方法。目前可应用的方法有间接荧光抗体试验、补体结合试验、琼脂扩散试验、间接免疫荧光抗体试验、酶联免疫吸附试验、斑点-酶联免疫吸附试验、对流免疫电泳、间接血凝试验、玻片凝集试验、卡片凝集反应锥虫病试验、乳胶凝集试验、炭素凝集试验及 PAPS 免疫微球凝集试验等。这些技术主要用于感染动物血清中特异性抗体的检测。

（二）疫苗

目前，化学药物杀虫仍是防治锥虫病的主要手段，但随着给药次数的增多，锥虫渐渐产生了耐药性，导致药物疗效降低，甚至出现单靠药物难以控制锥虫病的情况，因而通过研制锥虫疫苗进行免疫预防，是防治人与家畜锥虫病的一种非常具有潜力的方法，但由于锥虫具有抗原变异逃避宿主免疫的特性，迄今尚没有成功疫苗的报道。

1. 致弱虫苗

（1）辐射致弱　早在 1914 年，Halbestadter 就报道过辐照锥虫可消除其感染性。其后 Dux-baryy（1969—1973）用 Co^{60}-γ 射线致弱罗德西业锥虫，布氏锥虫、刚果锥虫，可对小鼠完全保护，对牛、犬为部分保护力。Wellde（1973）、James 等（1973）、刘俊华等（1982—1983）等都也获得了类似的试验结果。

（2）药物致弱　据报道，用放线菌素致弱的枯氏锥虫和马媾疫锥虫，用黄色素、安锥赛等药物处理的罗德西亚锥虫，均可诱导宿主产生良好免疫力。用某些低浓度药物处理锥虫使其失去感染力后，对实验动物有几乎 100% 的保护力。

（3）传代致弱　用体内传代方法致弱的试验结果都很不理想，如经体外连续转种培养超过 12 个月的布氏锥虫，对小鼠仍表现出与短期保种的锥虫相似的致病性。

（4）多因子致弱　用放线菌素 D、Co^{60}-γ 射线、低浓度抗锥虫药物、抗锥虫高免血清等交互

作用，致弱伊氏锥虫，制成致弱虫苗，免疫小鼠、豚鼠、马、骡等，对同株锥虫的攻击有较强的保护力，但仍没能克服锥虫虫株间的差异问题。

总体来看，弱毒虫体抗原变异程度难以和正常虫株一致，而感染病畜的虫株抗原频繁变异时便失去保护作用，因此各种弱毒苗均未能成为有效疫苗。

2. 亚细胞成分苗

（1）虫体表膜变异糖蛋白苗　表膜变异糖蛋白（VSG）是公认的强免疫原，可激发宿主产生细胞免疫和体液免疫反应，消灭体内锥虫。Lanham 等（1972）从布氏锥虫提取 VSG，以约 9 μg 的蛋白量可使小鼠获得对 5×10^4 个同源锥虫攻击的保护。Cross（1975）用提纯的布氏锥虫 VSG 免疫小鼠，使小鼠获得对 50 条锥虫攻击的特异性保护。Baltz 等（1977）用 3 μg 马媾疫锥虫 VSG 免疫小鼠，可使小鼠获得对虫体攻击的特异性保护。杨汉春（1993）也获得了相似结果。但用 VSG 作疫苗，对含不同 VSG 的锥虫感染无保护作用。

（2）表面非变异蛋白苗　在锥虫的表面抗原中，除变异抗原外，还有少量非变异抗原-锥虫的结构蛋白和功能蛋白，在不同的锥虫群体（不同地理株或不同宿主分离株）和锥虫生活史的不同阶段，均可通过一定的方法分离纯化得到。McLanghlin（1987）用罗德西亚锥虫（T. rhodesiense）鞭毛袋（FP）2 种主要蛋白质免疫小鼠，可部分抵御同一 VAT 或同一母源株不同 VAT 虫体的攻虫感染，免疫保护率可达 60%。Mkunza（1995）以罗德西亚锥虫（T. rhodesiense）FPM 蛋白质作抗原，免疫牛后进行自然感染的免疫保护试验，免疫牛感染率分别为 26%、9% 和 0.9%，与空白对照牛相比有明显免疫保护作用。该疫苗对存在表面抗原变异的锥虫有效，但抗原组分绝对量太少，实际应用价值有限。

（3）可溶性抗原苗　周金林等（1999）用超声裂解的锥虫上清液初免后 35d 攻虫，进行交叉免疫保护试验，结果证实同株锥虫免疫力明显强于异株虫体。蔡建平（1997）以超声粉碎法裂解纯化的不同地理株伊氏锥虫（T. evansi）单克隆群体，提取可溶性抗原免疫小鼠，证实单一抗原免疫对同源株具完全保护作用，对异源株只能延长其潜伏期，具有限的保护作用。用混合抗原免

疫小鼠，以各株伊氏锥虫攻击可获得不同程度保护力。

（4）分泌代谢（ES）抗原苗　谢超等（1966）报道，ES抗原免疫后对同株锥虫有较好保护作用，对异株锥虫攻击亦有一定的抗感染能力，但同样有VSG疫苗的缺点，无法成为有用疫苗。

3. 抗独特型抗体苗　Sacks等（1982）首次针对引起非洲锥虫病的罗德西亚锥虫，研制出具有免疫保护作用的抗独特型抗体。杨汉春等（1995）的试验也获得了类似结果。由于该疫苗局限于对同一VAT感染有保护作用，故很难成为有效疫苗。

4. 基因工程疫苗　通过基因工程技术表达具有免疫保护力的重组蛋白作为疫苗，如Pay（1989）对VSG基因表达位点中的ESA基因进行研究，证实其产物为腺苷酸环化酶。Paindarione（1992）发现，高浓度的抗大肠杆菌表达的重组蛋白抗体，可位于血流型锥虫鞭毛的小量ESAG4产物或相关产物上。此类疫苗还处于前期研究阶段，尚未见实际应用的报道。

（三）治疗用品

目前已有治疗用的生物制品用于抗锥虫病试验研究。包括高免血清、卵黄抗体和单克隆抗体等。

1. 抗锥虫高免血清　在宿主的抗锥虫免疫中，抗体发挥着重要作用，尤其是抗锥虫变异表面糖蛋白抗体。抗体一方面直接作用于虫体，将虫体排出；另一方面发挥着抗体依赖型细胞介导的细胞毒作用。Maakilcsl等（2004）用标记的布氏锥虫在体外先与抗同种锥虫的高免血清孵育一段时间再接种小鼠，发现锥虫很快被清除。Heln等（2004）把高免血清与锥虫孵育一段时间后再加入吞噬细胞，发现9%以上的锥虫被吞噬，据此认为吞噬细胞对锥虫的吞噬需要抗体的参与。另外，刘俊华（1997）等证实用灭活的或活的伊氏锥虫交替免疫家兔制成的高免血清可使锥虫致病力降低。

2. 抗锥虫卵黄抗体　栗利芳进行了鸡源卵黄"抗体库"抗虫效果检测，结果证实攻虫＋抗VSG卵黄"抗体库"治疗组、攻虫＋抗Be-Tat1.19VSG卵黄抗体治疗组，在治疗后短时间内，均可使大鼠血虫量减少或消失，但不能完全阻止感染，而后虫体再次出现，直至虫血症高峰死亡。

3. 抗锥虫单克隆抗体　郭伟光证实用单抗处理锥虫可使其活力丧失以至发生死亡，表明单抗对锥虫感染有一定的抑制作用，但随时间推移，这种作用明显降低，表明单克隆抗体不能有效地清除虫体而终止感染。

五、展望

目前，锥虫已对多种抗锥虫药产生耐药性，这是锥虫病防治难点之一。另外，锥虫具有抗原变异和免疫抑制的特性，使得利用疫苗进行预防的效果微乎其微，且不能持久，这也是对锥虫病进行有效防治的困难之一。

从免疫学的角度看，锥虫疫苗的成功研制将依赖于对锥虫抗原变异规律、感染所引起免疫应答的细胞和体液成分的了解及对能诱导保护性应答抗原的确定，因此明确诱导宿主保护性免疫的机制，以及寻找有效的保护性抗原是锥虫疫苗研制的努力方向。

另外，非变异抗原免疫原性虽好，但难于从虫体中分离到足够的免疫原，这也影响了对此类抗原物质的研究，因此通过基因工程技术大量产生这类抗原也是研制疫苗的有效途径之一。DNA疫苗是近些年发展起来的一种新型疫苗，它既具有重组亚单位疫苗的安全性，又具有减毒活苗高效、持续诱导全方位免疫应答的优点，因此也成为众多学者研究的热点。此外，对树突状细胞苗、细胞因子佐剂、特异性抗体亚型刺激性抗原、T细胞刺激性抗原与多克隆活化因子，以及细胞凋亡等方面的研究，也可为锥虫疫苗的研制工作提供新的思路。

可以考虑将不同的疫苗有机组合使用，有可能取得较好免疫效果。作为控制疾病的方法和作为综合防治措施的一部分，也可尝试与药物和其他防治措施结合应用。

相信随着锥虫基因组学研究的深入和免疫学研究的进一步发展，以及疫苗研究相关技术的进步，在广大研究者共同努力下，在锥虫疫苗的研究上将会有重大进展或突破，从而在锥虫病防治中发挥其重要作用。

（王　瑞　万建青）

主要参考文献

费恩阁，李德昌，丁壮，2004. 动物疫病学 ［M］. 北京：中国农业出版社.

李三强，席守民，马灵筠，2009. 锥虫疫苗研究的现状及展望 ［J］. 中国人兽患病学报，25（8）：815-819.

孟盟，曹池，陈汉忠，等，2011. 水牛伊氏锥虫病免疫胶体金试纸条的研制及初步应用 ［J］. 畜牧兽医学报，42（7）：988-993.

张西臣，李建华，2010. 动物寄生虫病学 ［M］. 北京：科学出版社.

周金林，沈杰，1999. 伊氏锥虫在兔体内和豚鼠体内抗原变异研究 ［J］. 寄生虫与医学昆虫学报，1999，6（6）：6-11.

Costa M M, dos Anjos Lopes S T, 2013. Role of acute phase proteins in the immune response of rabbits infected with *Trypanosoma evansi* ［J］. Research in Veterinary Science, 95 (1): 182-188.

Matheus D B, Aleksandro S D, Camila B O, et al, 2014. Effect of tea tree oil (*Melaleuca alternifolia*) on the longevity and immune response of rats infected by *Trypanosoma evansi* ［J］. Research in Veterinary Science, 96 (3): 501-506.

Maudlin I, Holmes P H, Miles M A, 2004. The *Trypanosomiases* ［M］. Oxfordshire: CABI Publishing.

McLanghlin J, 1987. Trypanosoma rhodesiense: Antifenicity and immunogenicity of flagellar pocked membrane components ［J］. Experimental Parasitology, 64: 1-11.

Mkunza F, Olaho W, 1995. Partial protection against natural trypanosomiasis after vaccination with a flagellar pocket antigen from *Trypanosoma brucei* thodesience ［J］. Vaccine, 13: 151-154.

Sonia T, Nusrat J, Muhammad F Q, et al, 2015. Parasitological, serological and molecular survey of *Trypanosoma evansi* infection in dromedary camels from Cholistan Desert, Pakistan ［J］. Parasites and Vectors, 8: 4-15.

第六节 利什曼原虫病

一、概述

利什曼原虫病是由一类利什曼原虫引起的人兽共患寄生虫病，广泛分布于全世界的热带和亚热带地区，且严重危害人类健康。现在全球估计有 3.5 亿人受到利什曼原虫的威胁，已有 1 200 万个病例。

我国的甘肃、四川、新疆、贵州、山西、内蒙古等地都有此病发生。该病通过白蛉传播，除人类外，犬科动物（狐和狼）也可感染利什曼原虫而成为内脏利什曼病的自然疫源。家犬是内脏利什曼病的主要动物宿主，也是重要的传染源。近几年利什曼病在我国呈上升趋势，特别是宠物犬不断增加，同时也增加了利什曼病的发病概率。

该病可分为 3 个类型：即皮肤型、皮肤黏膜型和内脏型。只有皮肤型能自愈，其他两型的自然感染过程导致严重后果。该病痊愈后能产生稳固的免疫力，为用疫苗防治利什曼原虫病提供了前提条件。

二、病原

利什曼原虫（*Leishmania* spp.）泛指利什曼属的锥虫科原虫，其生活史包括寄生于媒介昆虫白蛉消化道内的前鞭毛体期和寄生于脊椎动物单核吞噬细胞内的无鞭毛体期，能引起严重危害人类健康的内脏利什曼病。无鞭毛体阶段呈卵形或球形，大小通常为（2.5～5.0）μm×（1.5～2.0）μm。在染片中一般只能看到核和动基体，有时可见内纤维遗迹。电镜下，可见鞭毛和毛基体。体外培养和无脊椎动物中可见前鞭毛体，呈纺锤形，大小（14～20）μm×（1.5～3.5）μm。

在旧大陆的传播媒介是一种白蛉属的沙蝇，在新大陆的传播媒介则为沙蝇属（*Lutzomyia*）的沙蝇。利什曼原虫的主要宿主为脊椎动物，常见的感染对象包括蹄兔目、啮齿目、犬科、和人类。目前全世界有 98 个国家报告过利什曼原虫病的病例，每年有 130 万新发病例。在我国流行的是杜氏利什曼原虫（*L. donovani*），它能引起黑热病，又名黑热病原虫。

三、免疫学

杜氏利什曼原虫在巨噬细胞内大量繁殖，使巨噬细胞大量增生和破坏，从而导致肝、脾、淋巴结肿大，脾肿大者最为常见（95%）。体液免疫和细胞免疫起着同样重要的作用。杜氏利什曼原虫（*L. donovai*）入侵体内后，主要在巨噬细胞内生长、繁殖。机体的体液免疫及细胞免疫应答，特别是干扰素 C（IFN C）等细胞因子的产生，在清除细胞内原虫的过程中具有十分重要的作用。

目前已鉴定的能激发保护性免疫的抗原分子有核抗原、前鞭毛体表面的 gp63（蛋白 A）分子、杜氏利什曼原虫的 A2 蛋白、LmSTI1、TSA、LCR1、半胱氨酸蛋白水解酶、杜氏利什曼原虫的 GRP78 等。

细胞免疫是感染康复的关键，Th1 和 Th2 之间的平衡与感染的严重度相关。Th1 细胞偏向分泌 IL-2、IFN-γ，产生保护性免疫；而 Th2 细胞产生的 IL-4、IL-10 使感染加重。因此研究一种体内能释放 IFN-γ 的利什曼原虫疫苗来激发细胞免疫的意义重大。

四、制品

（一）诊断试剂

ELISA 双抗原夹心法检测内脏利什曼病抗体，以标准抗体试剂为对照，可测定抗体的含量，具有定量的意义；用 rK39 抗原包被反应板的 ELISA 间接法检测内脏利什曼病患者血清抗体，特异性显著提高，可用于观察内脏利什曼病抗体的动态变化，借此评价内脏利什曼病药物治疗效果，在疫苗研究中可用于受试动物的免疫状态观察。

（二）疫苗

1. 减毒活疫苗 减毒活疫苗既能诱导细胞免疫也能诱导体液免疫，还能诱导 CD8⁺ 的 CTL 反应。有数据显示，对 BALB/c 鼠腹腔内淋巴结注射多克隆减毒的硕大利什曼原虫（L. major）后，对硕大利什曼原虫感染产生抵抗力。但活疫苗安全性较差，存在着毒力返强的危险，有可能转变成病原体的形式，对动物的应激刺激也较强，并且在制备疫苗的过程中可能有其他病原体的污染。近年来，利用基因敲除、基因过表达及其他理化方法等进行减毒的利什曼原虫活疫苗，有良好的免疫保护潜能。如墨西哥利什曼原虫半胱氨酸蛋白酶基因敲除株对小鼠、金黄地鼠及人的致病力显著减弱，具有减毒活疫苗发展前景；婴儿利什曼原虫热休克蛋白 70-Ⅱ 基因敲除株能产生抗野生型硕大利什曼原虫的交叉免疫保护；杜氏利什曼原虫 p27 蛋白基因减毒株能以硕大利什曼原虫和巴西利什曼原虫攻击感染，亦存在交叉免疫保护。杜氏利什曼原虫中心体蛋白基因缺失株也具有开发抗内脏利什曼病减毒活疫苗的潜力。利什曼原虫庆大霉素减毒株（H 株）免疫试验犬可产生明显保护免疫，保护率达 97.8%。

2. 灭活疫苗 将 DNA 疫苗与 IL-18 质粒共同注射小鼠后，发现 IL-18 能显著提高 CD4⁺、CD8⁺ T 细胞应答和抗原特异性免疫应答及疫苗效能。添加质粒 pVAX/mIL-18 的利什曼原虫灭活疫苗能够有效刺激机体产生抗体，诱导机体产生细胞因子，提高了机体的免疫力，对于抵抗利什曼原虫的感染有一定预防作用。灭活的硕大利什曼原虫（ALM）＋卡介苗（BCG）静脉注射免疫 BALB/c 鼠，能产生对硕大利什曼原虫的抵抗力。

3. 重组活疫苗 利什曼原虫重组疫苗常用的减毒病毒载体是痘病毒、腺病毒，常用的减毒细菌受体是大肠杆菌、酵母菌、沙门氏菌。用减毒的痘苗病毒作为载体表达 gp46PM-2 糖蛋白，加佐剂短小棒状杆菌免疫 BALB/c 鼠，一段时间后再注入 10³ 个有感染力的利什曼原虫，可观测到 BALB/c 鼠脾淋巴细胞增殖，IFN-γ 产生。

4. 亚单位疫苗 已有研究表明以鼠伤寒沙门氏菌表达的硕大利什曼原虫前鞭毛体体表蛋白 gp63 已构建成功，并证明此构建物能稳定地表达这种蛋白，在小鼠体内能诱导其保护性的 Th1 型应答，可以通过保护犬不受感染达到最终控制人内脏利什曼病的目的。

5. 核酸疫苗 利什曼原虫核酸疫苗的研究主要是针对能引起皮肤利什曼病的硕大利什曼原虫，所用的保护性抗原基因有 gp63、LACK、PSA22、gp46、M22 等。DNA 疫苗最初设计目的是用于预防免疫，目前发现也有治疗作用。

尽管某些 DNA 疫苗对利什曼原虫感染有一定的保护作用，但寄生虫的抗原变异和免疫逃避是能获得完全的保护作用的一大障碍，这些问题可以靠多抗原基因的核酸疫苗或通过加 IL-12 佐剂来增强 Th1 反应，或者减少 Th2 反应来解决，值得进一步研究。

白蛉唾液腺中的一些活性成分也被构建成疫苗。如 SP15，约 15 kDa，用它构建的质粒 DNA 疫苗有很强的保护作用，能诱导产生抗 SP15 抗体和迟发性变态反应。因此，此类疫苗有潜在的研究价值。

（三）治疗用品

研究证实，在体内和体外两种情况下，阿奇霉素对硕大利什曼原虫的前鞭毛体和无鞭毛体都有杀伤作用，但具体作用机理尚不清楚。

五、展望

强化关于杜氏利什曼病感染症状、诊断、治疗和流行区域的研究，对于防治杜氏利什曼原虫的再度流行和新疫苗的开发很有价值。核酸疫苗能刺激产生体液免疫和细胞免疫，这将使其在抗原成分更为复杂的寄生虫研究中有可行性。它是近年发展起来的一项新技术，其优越性及在寄生虫研究方面所取得的成就已经引起了人们极大的关注，无疑具有广阔的应用前景，预计不久将会有新的突破。但是，核酸疫苗的历史毕竟很短，还有许多问题有待研究。

迄今为止，控制利什曼病还是建立在治疗干预或者消灭传染媒介白蛉和宿主鼠等啮齿类动物的基础上。基于杜氏利什曼原虫病的复杂性，研究同时用于预防或治疗各型利什曼原虫病的疫苗或药物的结果还不太理想。但随着免疫学和基因工程学的逐步发展，诸如此类的难题必将被突破。

（李军燕　杨晓野　万建青）

主要参考文献

管立人，瞿靖琦，柴君杰，等，2001. rK39 抗原试条法检测家犬内脏利什曼病［J］. 中国寄生虫学与寄生虫病杂志，19（1）：58.

Gupta R，Kumar V，Kushawaha P K，et al，2014. Characterization of glycolytic enzymes-rAldolase and rEnolase of *Leishmania donovani*，identified as Th1 stimulatory proteins，for their immune genicity and immunoprophylactic efficacies against experimental visceral leishmaniasis［J］. Plos One，9（1）：e86073.

Marshall D J，Rudnick K A，McCarthy S G，et al，2006. Interleukin 18 enhances TH1 immunity and tumor protection of a DNA vaccine［J］. Vaccine，24：244-253.

第七节　血吸虫病

一、概述

我国人的血吸虫病是由分体科（Schistosomatidae）、分体属（Schistosoma）的日本分体吸虫（*Schistosoma japonicum*）引起，是一种严重危害人类健康的人兽共患寄生虫病。虫体主要寄生于人和牛门静脉和肠系膜静脉内，是国家卫生部门已规划防治的五大寄生虫病之一。该病可引起人不同程度的损害，甚至造成死亡。对牛也有一定的危害。日本血吸虫病主要流行于亚洲，在我国分布很广，遍及长江沿岸及其以南地区。长江三峡工程的建设对三峡库区血吸虫病传播和流行的影响一直受到人们的关注。

目前，中国血吸虫病现症患者有 67.12 万人，病牛 2.48 万头，受威胁人口 4 000 万以上。全球有 2 亿人受到感染。日本血吸虫寄生在人或宿主动物的血管内，所产虫卵由粪便排出，在水中孵化出毛蚴，感染中间宿主钉螺，在钉螺体内发育成熟后，大量释放出尾蚴，尾蚴钻入人或动物宿主，又发育成为成虫，交配产卵，引起病害。该病的主要病理变化在于沉积在肝脏内的虫卵引起的肉芽肿和纤维化。透明质酸（HA）和层黏连蛋白（LN）是反映肝纤维化程度和纤维化活动性的重要指标。

二、病原

日本血吸虫（*Schistosoma japonicum*）是复殖目（Digenea）、分体科（Schistosomatidae）分体属的吸虫，它与曼氏血吸虫（*S. mansoni*）和埃及血吸虫（*S. haematobium*）均为主要的严重危害人体健康及畜牧业发展的寄生虫。日本分体吸虫为雌雄异体，雄虫粗短，乳白色，长 12～20 mm；雌虫细长，灰褐色，长 15～26 mm，经常处于雄虫的抱雌沟内，呈合抱状态。钉螺为其中间宿主。虫卵椭圆形或接近圆形，大小为（70～100）μm×（50～65）μm，呈淡黄色，卵壳较薄，在卵壳的侧方有一个小刺，卵内含有一个活的毛蚴。

三、免疫学

虫体的抗原成分比较复杂，成虫和虫卵均含有特异性抗原成分，亦包括一些非特异性的蛋白质成分等。血吸虫感染过程中的免疫调节是一个复杂的过程。其在宿主体内童虫、成虫和虫卵的 3 个不同发育阶段所形成的抗原物质均能引起宿主一系列的体液免疫和细胞免疫反应，之后形成肉芽肿。基于血吸虫具有逃避宿主免疫攻击的能力，一些学者提出"抗原伪装"和"抗原模拟"假说、"表面受体"假说。血吸虫在宿主体内发育过程中，其表面不断被更新也可使虫体逃避宿主的免疫攻击。

1. 细胞的调控作用 鼠科动物被日本血吸虫感染后，外周嗜酸性粒细胞增多，IgE 抗体反应显著，肝肠肉芽肿富含嗜酸性粒细胞。

2. 细胞因子的调控作用 Th1 细胞分泌 IL22、IFN-γ、IL212 和 TNF2α 等介导细胞免疫；而 Th2 细胞则分泌 IL24、IL25、IL26、IL23、IL210 等介导体液免疫。一些研究结果表明，IL24 和 IL213 是肉芽肿形成过程中的主要细胞因子，而且都单独参与了单核细胞浸润和纤维化过程。Hirata 等（2001）还通过一系列试验证明了在血吸虫感染模型中，IFN-γ 对于肉芽肿的形成是非必需的；而在注入虫卵的模型中，IFN-γ 通过诱导产生 NO 来调节 Th2 细胞因子。巨噬细胞、Treg 细胞和 IL-17 分泌型淋巴细胞对调节虫卵肉芽肿反应和肝脏的纤维化过程起重要作用。

3. 抗体的调节作用 Cheever 等（1985）的研究表明，抗体反应能够下调肉芽肿形成的程度。Acosta 等（2004）的研究表明，对可溶性虫体抗原（Soluble worm antigen preparation，SWAP）应答产生的 IgE 和 IgA 具有保护机体的作用。

日本血吸虫病的免疫病理是多种调节因子相互协调、相互作用的结果，所以其免疫系统较为复杂，虽然近几年来关于该病的免疫病理研究报道比较多，但是还有许多机理亟待阐明。

四、制品

（一）诊断制剂

1. 免疫学诊断 血吸虫病临床治疗的关键之一是要对感染者进行早期诊断、早期治疗，因此筛选获得具有早期诊断价值的抗原尤为重要。目前研究的抗原主要包括虫体抗原、组分抗原、重组抗原、外分泌抗原。例如，罗庆礼等（2005）将纯化的 26 kDa rSjGST 蛋白用于检测急性血吸虫病人血清中抗 26 kDa rSjGST 蛋白的 IgG 抗体，阳性率可达 96.1%，且具有很高的特异性，曾被认为是最理想的诊断抗原之一；将表达后的 Sj-Ts4 样蛋白作为抗原检测晚期血吸虫病患者血清阳性率高，检测健康人血清假阳性较低，与成虫

抗原效果相差不大；重组表达的 Sj22 蛋白在动物试验中检测特异性为 100%，检测现症血吸虫病人的特异性和敏感性分别为 93.9% 和 57.4%。

研究结果表明，这些抗原在血吸虫病早期诊断中均有一定价值，但在诊断试验的特异性上还有待进一步改善。此外，噬菌体展示肽技术值得关注，一些研究结果表明，噬菌体展示肽技术是寻找和发现具有疾病诊断功能抗原表位的有效方法。

免疫学诊断技术因其较高的敏感性、特异性和实用性，成为当前血吸虫病常用诊断方法。

（1）环卵沉淀反应 据有关研究报道，该法有很高的敏感性和特异性，对评价疗效有一定参考价值。

（2）间接血凝试验（IHA） 2011 年，陈年高等研制的日本血吸虫病 IHA 诊断试剂盒对血吸虫病具有较好的诊断作用，可用于血吸虫病的辅助诊断，适用于疫区大规模人群的血吸虫病现场筛查；姜唯声等（2013）研制的日本血吸虫抗体检测试剂盒（IHA 法）敏感性高、特异性强，适合疫区现场血吸虫病筛查，具有推广应用价值。储言红（2012）研究显示，日本血吸虫 IgG 抗体检测试剂盒有较好的稳定性、可靠性，可适于现场血吸虫病人的筛查。王恩木等（2007）研制的 IHA 试剂盒的稳定性、重现性都很好，且操作方便，用时短，结果判断容易，价格低廉。该试剂盒已被国家卫生部门已确定为全国血吸虫病居民监测点血清学免疫检测试剂盒。

（3）酶联免疫吸附试验（ELISA） 主要有常规 ELISA 法，快速 ELISA 法（F-ELISA），间接 Dot-ELISA 法，双"抗原"夹心 ELISA（NP30 检测试剂盒），微波酶联免疫吸附试验（microwave ELISA）。祝慧萍等（2009）通过诊断试验 Meta 分析，综合评价间接血凝集试验（IHA）和酶联免疫吸附试验（ELISA）对日本血吸虫病的诊断效果，结果表明两种血清学诊断试验（IHA 和 ELISA）对日本血吸虫病的诊断准确度中等，IHA 略高于 ELISA。研究采用基虫体表膜蛋白 Sj14-3-3 蛋白的酶联免疫吸附试验（ELISA）检测急性、慢性日本血吸虫病患者和健康人血清样本的阳性率分别为 91.0%、78.9% 和 0。余传信等（2001，2005）利用血吸虫表膜相关蛋白 23 kDa 蛋白，原核表达获得了 GST-HD 融合蛋白，以此作为抗原检测血吸虫病人血清的阳

性率为 95.55％，检测治疗后 6 个月配对病人血清中 GST-HD，抗体阴转率达 75.0％。证明该表膜相关蛋白具有理想的早期诊断价值。

（4）免疫层析法　用肉眼就可观察到胶体金颜色，这为制备不需要任何仪器的诊断试剂提供了可能。主要方法有胶体化学染料免疫层析法（CDIFA）、胶体染料试纸条法（DDIA）、金标免疫渗透法（DIGFA）。DIGFA 是主要应用微孔膜-硝酸纤维素（nitric acid cellulose，NC）膜作载体的免疫检测技术，操作时先将抗原或抗体点于 NC 膜上，封闭后加待测样品，洗涤后用胶体金探针检测相应的抗原或抗体。蒋守富等于 2009 年研制的斑点免疫金渗滤法试剂盒的敏感性为 92％，特异性为 95.08％，Youden 指数为 0.87，Kappa 值为 0.87，与华支睾吸虫感染者血清交叉反应率为 5％。该试剂盒血清用量少、反应快、敏感性和特异性较高，适用于现场血吸虫抗体检测。王恩木 2010 年研制胶体金、葡萄球菌 A 蛋白试剂盒用于检测日本血吸虫抗体，结果表明该试剂盒具有快速、简便、不需要仪器、敏感性高和特异性强等优点，可广泛用于血吸虫病流行区现场查病。

另外，对于免疫学检测途径的探索，一些学者发现尿液和唾液检测是简便、快速且对人体无任何损害的途径，为血吸虫病的诊断提供新的方向。

2. 分子生物学诊断　科学家还在分子生物学技术方面做了许多尝试，为血吸虫病诊断提供了新手段。常规 PCR 方法可检测血液、尿液及粪便样本，检测的核酸来源于童虫及虫体发育过程中的代谢产物。利用环介导等温扩增技术（loop-mediated isothermal amplification，LAMP）扩增血吸虫尾蚴 DNA，建立了检测尾蚴的方法。余传信等 2011 年制备的日本血吸虫感染性钉螺 LAMP 检测试剂盒可用于血吸虫流行区现场钉螺快速检测，检测时间可由原来的 6h 缩短为 2h，方法的灵敏性与常规 LAMP 法相似。该试剂盒能检测出感染后 1 周的钉螺，能对现场钉螺进行大批量检测，适用于日本血吸虫病流行区感染性钉螺调查。此法具有快速简便，敏感性高，但对于我国存在生产成本高的弊端。此外有研究报道实时荧光定量 PCR 法已经初步应用于血吸虫病患者粪便标本检测，准确性和特异性较好。

目前一些新的技术正蓬勃兴起。如免疫传感

技术中的压电免疫传感器，这种高灵敏度的压电传感装置简单，易于操作；电化学免疫传感器方法，步骤简单、灵敏度高，在血吸虫诊断方面具有很好的应用前景。随着信息技术的不断发展，条形码技术应运而生，此方法方便快捷，省时省力，并能保证数据的准确性。

数十年来，对血吸虫病试验诊断技术的研究尽管已取得了很大进展，但与实际需要还有相当大的差距，到目前为止还没有一种方法能达到理想标准。

（二）疫苗

由于虫源性疫苗虫体来源有限，而且不易保存，其本身的病理损害和安全性受到质疑，限制了它的发展。近十几年，基因工程疫苗和核酸疫苗的研究不断发展起来，这些疫苗相对安全、可靠。

1. 蛋白质疫苗　现阶段蛋白质疫苗中重要的候选抗原分子有磷酸丙酮异构酶（TPI）、谷胱甘肽转移酶（GST）等，如 Sj26-GST 和 Sj28-GST 疫苗均可在鼠和牛等实验动物中引发较高水平的保护力。副肌球蛋白、钙离子激活蛋白激酶、虫膜蛋白，主要有 Sj23 和 Sj22.6。日本血吸虫 Sj23 分别存在于血吸虫尾蚴、童虫、肺期血吸虫及成虫等各期的表膜上，不但可以用于制备血吸虫病候选疫苗，而且可以提供新的特异性诊断抗原。此外还有脂肪酸结合蛋白（FABP），此蛋白不但是有希望的疫苗，而且还是抗血吸虫药物的靶标。信号蛋白 14-3-3 及人工重组的信号蛋白 14-3-3（Sj14-3-3）免疫小鼠后，可获得 26％～37％ 的减虫率。

2. 核酸疫苗　核酸疫苗包括脱氧核糖核酸（DNA）疫苗和核糖核酸（RNA）疫苗。DNA 多价疫苗的免疫协同作用，是提高疫苗免疫保护效果的有效途径。李建国等（2007）用含有日本血吸虫 GST 和 FABP 基因的二价 DNA 疫苗免疫小鼠，获得了较单价 DNA 疫苗更好的免疫保护力。迄今已报道的抗日本血吸虫病 DNA 候选疫苗有 SjTPI、Sj22.6、Sj23、Sj26-GST、Sj28-GST 等。

核酸疫苗能诱导更有效的免疫应答，生产简便，稳定性好，使用安全等。寻找新的有效候选疫苗抗原基因或通过优化组合新抗原分子以提高免疫保护效果，加快多价疫苗的研制步伐，是当前血吸虫病研究的一个重点。

3. 鸡尾酒疫苗　由于血吸虫有免疫逃避机制，单一的疫苗不足以诱导出较强的保护力。所以采用多种具有一定免疫原性的重组抗原混合疫苗（鸡尾酒疫苗），是研制新一代有效疫苗的新途径。混合疫苗包括蛋白（重组蛋白和表位肽）的混合疫苗、DNA 的混合疫苗、蛋白与 DNA 的混合疫苗。混合疫苗集核酸疫苗和蛋白疫苗的优点于一身，众多科学家的研究数据表明，混合疫苗能显著提高动物抵抗力。

单一的 DNA 疫苗可以诱导较强的细胞免疫应答，但往往抗体水平较低，对宿主保护力不足。单一使用蛋白质疫苗，能产生较高的抗体水平，但细胞免疫较差。因此，近些年研究多集中在核酸疫苗和蛋白疫苗联合免疫方面，不仅增强对宿主的免疫保护性，而且在减虫率、减卵率及抗生殖力方面均有理想的效果。

五、展望

数十年来，科学家对血吸虫病的诊断和疫苗做了深入而全面的研究，取得了大量的研究成果，其中某些成果具有很强的现实意义。但由于血吸虫本身的免疫机制极其复杂，除了诊断方法本身的可靠性外，还与周边环境，人员操作及现场应用难易有很大关系。所以，提高诊断方法的准确性和灵敏性及试剂盒的标准化生产，是解决问题的核心所在。血吸虫疫苗方面的研究更是血吸虫病研究的关键。目前，核酸疫苗在疫苗研究中呈现出较好的前景，DNA 疫苗与蛋白疫苗的联合使用，更为血吸虫病疫苗的研究开辟了新途径。因此，鉴定筛选和优化高保护性抗原分子，以及建立更好的动物模型是今后研究的热点和方向。尽管抗日本血吸虫病疫苗研制的难度较大，急需解决问题还很多，但随着基因组学和蛋白质组学的深入研究，相信兽用血吸虫疫苗会在不久的将来问世。

（李军燕　万建青）

主要参考文献

姜唯声，陈年高，黄美娇，等，2013. 日本血吸虫抗体检测试剂盒（IHA 法）的研制与应用［J］. 中国血吸虫病防治杂志，25（6）：594－597.
李建国，张阳德，李罗丝，等，2017. 日本血吸虫 DNA 多价疫苗 SJGST-FABP/ pcDNA3 的构建及其保护性免疫研究［J］. 中国现代医学杂志，17（14）：1709－1716.
谭建蓉，李文桂，覃婷，2015. 日本血吸虫重组 Bb（pGEX-Sj32）疫苗诱导 BALB/c 鼠脾细胞增殖、亚群及细胞因子的动态观察［J］. 南方医科大学学报，35（2）：202－207.
王恩木，许强，张世清，等，2007. 检测日本血吸虫抗体标准化间接血凝试剂盒的研制［J］. 中国病原生物学杂志，2（6）：421－423.
肖邦忠，廖文芳，吴成果，2008. 三峡库区生态变化对血吸虫流行的影响及防治对策研究［J］. 热带医学杂志，8（8）：844－847.
Acosta L P, Mcmanus D P, Aligui G D L, et al, 2004. Antigen-specific antibody isotype patterns to *Schistosoma japonicum* recombinant and native antigens in a defined population in Leyte, The Philippines［J］. American Journal of Tropical Medicine and Hygiene，70（5）：549－555.
Hussein H M, eI-Tonsy M M, Tawfik R A, et al, 2012. Experimental study for early diagnosis of prepatent *Schistosomiasis mansoni* by detection of free circulating DNA in serum［J］. Parasitology Research，111（1）：475－478.
Wen LY, Chen J H, Ding J Z, et al, 2005. Evaluation on the applied value of the dot immunogold filtration assay (DIGFA) for rapid detectionof anti-*Schistosoma japonicum* antibody［J］. Acta Tropica，96（2/3）：142－147.
Xu J, Liu A p, Guo J J, et al, 2013. The sources and metabolic dynamics of *Schistosoma japonicum* DNA in serum of the host［J］. Parasitology Research，112（1）：129－133.

第八节　棘球蚴病

一、概述

棘球蚴病又称包虫病，由带科、棘球属（*Echinococcus*）的中绦期幼虫—棘球蚴引起。已报道的棘球绦虫分为 6 种，其中较为公认的种类是 4 种。一般认为我国主要是细粒棘球绦虫（*E. granulosus*）和多房棘球绦虫（*E. multilocularis*）两种，且前者多见；石渠棘球绦虫（*E. shiquicus*）是我国发现的种类，仅国内有个别报道。因此我国的棘球蚴病病原主要是细粒棘球蚴（*E. cysticercus*）。细粒棘球蚴寄生于绵羊、山羊、黄牛、水牛、骆驼、猪、马等家畜，以及多种野生动物和人的肝脏及肺脏，是一类重要的人兽共患寄生虫，呈全球性分布，尤以放牧牛羊地区为多，家畜中以绵羊、牦牛和骆驼感染率最高，危害较大。

二、病原

（一）病原形态与传播

细粒棘球蚴（E. cysticercus）呈包囊状，一般近似球形，从黄豆大到篮球大，囊内充满无色或微黄色的液体，内含少量蛋白质、脂肪、盐及糖类等。囊壁较厚，不透明，分两层，外层为角质层，内层为生发层（胚层）。由生发层长出砂粒样的小囊，称为生发囊，其内壁上有许多原头蚴（也称为头节，其和成虫头节形态相似）。另外，原头蚴也可由生发层直接长出。这些原头蚴和生发囊部分附着在囊壁生发层上，部分脱落在囊液中，眼观呈细砂状，故称"棘球砂"。寄生在家畜的棘球蚴多数如前述构造；寄生于人的棘球蚴有时大囊内还有小囊（子囊）。小囊内又有小囊（孙囊）。孙囊、子囊与母囊构造一样。但有的棘球蚴囊内没有原头蚴，这种囊称为不育囊，不能感染新的宿主，其出现与中间宿主种类有一定关系，一般在牛体比较多见。

细粒棘球蚴成虫为细粒棘球绦虫，很小，仅有 2～7 mm 长，由头节和 3～4 个节片组成。头节上有 4 个吸盘。成熟节片内有一套雌雄性生殖器官，生殖孔左右不规则交替开口，孕节有子宫主侧支 12～15 对，内充满虫卵。成虫寄生于犬科动物的小肠中，其孕节和虫卵随粪便排至体外，污染草、饲料和饮水。家畜和人吞食虫卵后，六钩蚴钻入其肠壁血管中，随血流到肝肺组织中寄生，经 6～12 个月的生长，成为具有感染性的细粒棘球蚴。犬和其他食肉动物因吞食了含细粒棘球蚴的脏器而受感染，经 40～50d 发育为细粒棘球绦虫。

依据现有的形态生物学标准，以及基因组模式，细粒棘球绦虫至少有 10 个具遗传差异的种群，亦称基因型或株（G1～G10），其中 G1、G2、G5、G6、G7、G8 和 G9 均可感染人。它们在中间宿主特异性、发育率和对人的感染性方面有着诸多差异，搞清这种差异有利于解释其传播方式的不同及疾病的临床与公共卫生意义。G1（羊株）是中国西北和西南民族地区羊、牦牛及人

的主要流行株。此外，在我国西北地区和新疆还有少量的 G6 株（骆驼株）分布。

细粒棘球绦虫成虫的终末宿主包括犬、狼、狐等 20 余种肉食动物；中间宿主除人外，还有绵羊、山羊、牛、猪、驼等家畜，以及野生草食兽和啮齿类动物 60 余种。寄生在犬等终末宿主体内的成虫可达数百至数千条，每个孕节中含 400～500 个虫卵。而每个发育良好的细粒棘球蚴囊内含有多达 200 万个原头蚴，故中间宿主与终末宿主的相互感染是很严重的。

棘球蚴病在世界上分布十分广泛，近 50 多个国家（地区）都有发生，其广泛流行于亚洲、南欧、拉丁美洲、大洋洲等畜牧业发达的国家和地区。主要流行区有亚洲的中国西北及西南部、日本北海道、印度、巴基斯坦、伊朗、土耳其、叙利亚、黎巴嫩、沙特阿拉伯、伊拉克、菲律宾、苏联的阿尔泰和西伯利亚地区；欧洲的匈牙利、南斯拉夫、希腊、保加利亚、意大利、西班牙、葡萄牙、爱尔兰；南美洲的智利、巴西、阿根廷、乌拉圭；非洲的阿尔及利亚、摩洛哥、突尼斯、埃塞俄比亚、埃及；大洋洲的新西兰、澳大利亚等国家和地区。

我国 1905 年在青岛开始发现人棘球蚴病患者，1911 年后陆续发现犬体内的细粒棘球绦虫和猪、羊、牛、马等体内的细粒棘球蚴。我国的细粒棘球蚴病发布遍及 24 个省区，主要流行于西北、西南和东北诸省区，如新疆、青海、甘肃、宁夏、内蒙古、西藏、四川、陕西等地。全国棘球蚴病流行区面积 420 万平方公里，占全国总面积 44%；受威胁人口 5 千万，占全国人口的 3.8%；农牧民为棘球蚴病的高发人群，其次为学生、工人、干部及其他职业人群。马、驴、骡、黄牛、牦牛、犏牛、水牛、骆驼、绵羊、山羊、猪等 11 种有蹄家畜感染棘球蚴病总头数估计为 3 000 万～4 000 万头（只），感染成虫的犬约达 200 万只。全国流行地区平均感染率在 20% 以上，感染强度最高为 375 000 条（青海）。

（二）致病性

细粒棘球蚴的致病作用主要有两个方面：一是其包囊生长过程中，对宿主组织器官的压迫；二是虫体可分泌一些有毒物质，对宿主机体的正常生理功能造成损害。细粒棘球蚴的主要寄生部位为肝脏（90% 以上），其次是肺脏和腹腔，结果

是引起被寄生动物的脏器萎缩与机能障碍。棘球蚴的有毒物质可致宿主剧烈的过敏反应，导致宿主发生呼吸困难、体温升高、腹泻。如果大量囊液短时间内进入血流或体腔，可引发过敏性休克而骤死。有资料报道，人棘球蚴病以慢性消耗为主，患者丧失劳动力，死亡率为 5%～18%。人棘球蚴病在我国很严重，手术病例超过千分之五的省区有新疆、宁夏、青海、西藏、甘肃等地。据不完全统计，1949—1990 年在新疆、宁夏、青海、西藏、甘肃和内蒙古 6 个省（自治区）经手术治疗的棘球蚴病人已达 26 025 例。人棘球蚴病感染率最高的是四川甘孜石渠县，13 岁以上牧区人群感染率高达 67.7%（据 1982 年调查）。家畜棘球蚴病主要表现发育受阻，畜产品减产及脏器废弃，感染病牛平均少产肉 7.2 kg，病羊少产肉 1.15 kg 以上，全国仅绵羊损失就达 5 亿元人民币以上。

三、免疫学

棘球蚴的免疫中，免疫保护和免疫损伤并存，并以细胞免疫为主。细粒棘球蚴抗原成分较多，且在生活史的不同阶段表达特定抗原，特别是在包囊形成前期和后期会诱发宿主产生不同的免疫反应。在虫体侵入期，包囊未形成时，细粒棘球蚴明显激活机体的细胞免疫，对于机体的防御起着重要作用。而在棘球蚴的成囊期，宿主的细胞免疫水平逐渐减弱，这可能是由于原头蚴在成囊过程中，不断分泌具有抑制细胞免疫作用的虫体代谢物或虫体成分所致，它有利于棘球蚴在宿主体内的长期寄生。棘球蚴包囊能使棘球蚴逃避宿主免疫系统的识别，还能防止抗体及其他免疫效应因子向囊内的渗入，使囊内原头蚴得以生存。Smyth 等（1970）报道，绵羊感染细粒棘球蚴后 1 个月，完整的棘球蚴囊角质层与宿主慢性炎症区间有一细胞坏死带，提示棘球蚴囊的毒性产物能破坏与包囊紧密接触的宿主淋巴细胞。另外，Annen（1981）证实，棘球蚴囊液内含有一种热稳定且相对分子量低的细胞毒物质，并推测该物质易于穿过棘球蚴囊壁而进入周围组织，干扰免疫活性细胞功能，可保护包囊长期存活；此外，囊液中还含有蛋白酶，致使由囊壁渗透进入其中的宿主免疫球蛋白被迅速降解而丧失免疫活性。

宿主感染细粒棘球蚴可出现明显的细胞炎性反应。Meeusen 等（1990）报道绵羊感染细粒棘球蚴 3～5d，即可出现巨噬细胞和中性粒细胞的浸润，感染 25～30d 可见白细胞增多，主要是嗜酸粒细胞、淋巴细胞和巨噬细胞升高，所浸润的淋巴细胞主要是 CD4$^+$ 的表现型。巨噬细胞是杀伤原头蚴的主要效应细胞，其杀伤效应可为 γ 干扰素（IFN-γ），以及寄生虫有丝分裂刺激淋巴细胞所产生的细胞因子所调控。体外试验证实，与中性粒细胞相关的抗体可携带杀伤细粒棘球蚴的颗粒，此颗粒与嗜酸性粒细胞结合后，可释放出主要为嗜酸性粒细胞碱性阳离子蛋白（major basic protein，MBP）等物质，分布于虫体表面而杀伤虫体，此机制称为抗体依赖细胞介导的细胞毒作用（antibody dependent cell-mediated cytotoxity，ADCC），其在对棘球蚴的杀伤中占有非常重要的位置。

杜迎春等（2010）用流式细胞仪检测分析了绵羊感染细粒棘球蚴后免疫指标的变化，发现美利奴羊在感染细粒棘球绦蚴过程中，CD4$^+$T 细胞、IgG、IgE、IFN 和淋巴细胞水平均有升高。近年来试验证明，多种效应细胞在棘球蚴病免疫监视中发挥着重要作用。据认为，宿主免疫反应与包囊变性的相关性，可能与 CD4$^+$T 淋巴细胞和 NO 产物有关。CD4$^+$/CD8$^+$ 值的动态平衡反映了机体免疫调控状态和免疫水平，比值降低标志着机体免疫功能抑制，比值升高标志着机体免疫功能增强。感染棘球蚴的小鼠早期以 CD4$^+$ 细胞为主，形成保护性免疫；晚期则逐渐以 CD8$^+$ 细胞为主，使机体呈免疫抑制状态。NO 与寄生虫的作用机制复杂，多数研究者认为宿主机体是通过 NO 作用于寄生虫体内的关键代谢酶，使其失活而发挥抑制和杀伤作用，与抗寄生虫感染密切相关的诱导型一氧化氮合酶（iNOS）主要存在于巨噬细胞中。IFN-γ、TNF-α、IL-1、LPS 等细胞因子或细菌毒素等均能诱导一氧化氮合酶 NOS 合成高水平 NO。

细粒棘球蚴病同其他寄生虫病一样，在 CD4$^+$ 两种细胞类型-Th1 和 Th2 产生的独特型细胞因子的作用下，刺激细胞免疫和体液免疫反应。Th1 细胞型免疫应答由 IFN-γ 介导，Th2 细胞型则可控制抗体介导机制。Th1 细胞分泌 IL-2、IFN-γ，主要激活细胞免疫，并参与迟发型超敏反应；而 Th2 细胞分泌 IL-4、IL-5、IL-6 及 IL-10，主要激活体液免疫，促进抗体的合成，并参与速发型超敏反应。两种细胞通过其分泌的细胞因子抑制对方活化，IFN-γ 抑制 Th2 细胞增生，IL-10 抑制 Th1 细胞因子。IL-10 和 IFN-γ 在棘球蚴病患者中的高水平共同表达，提示棘球蚴感染的免疫应答是由 Th1 和 Th2 共同调节的。在棘球蚴感染过程中，Th1 和 Th2 两种类型的细胞反应始终处于周期性变化之中。可能的解释是取决于寄生虫的生物量和抗原的释放量，即随着棘球蚴感染进入慢性期，抗原大量释放。T 细胞的慢性刺激可能产生以 Th2 为优势的细胞反应；若寄生虫对宿主损害较小或减少抗原释放量，有可能诱发 Th1 细胞的活性。

寄生于不同组织器官的棘球蚴，诱导宿主所产生的抗体类型和抗体水平也存在差异。特异性 IgG 按检出率的高低，依次为肝脏和肺脏；而特异性 IgM 则依次为肺脏和肝脏。然而，在30%的典型病例中，其血清中特异性循环抗体呈阴性，其机制仍未阐明。Craig（1986）认为这是由于宿主体内循环寄生虫抗原与特异性抗体相结合的结果，因为这些血清呈阴性的病例中确能检测出循环抗原和免疫复合物。1991年，Gusbi 等在检测人工感染细粒棘球蚴的绵羊中，发现体内抗体水平呈现周期性波动。而且美洲猴及某些自然感染细粒棘球蚴的患者也呈现出抗体活性周期性下降的结果。这种反应模式可能表明，通过囊液抗原从棘球蚴囊内的周期性释放和/或通过 T 辅助细胞的活性抑制 B 细胞产生抗体，而对细粒棘球蚴感染过程中抗体的产生起调节作用。

Wen 等（1994）报道在血清抗体呈阳性的棘球蚴病患者中，针对囊液抗原的特异性 IgG1 和 IgG4 占优势，这些 IgG 抗体亚型对抗原的识别有差异。比如，IgG1 亚型主要识别抗原5，而 IgG4 亚型则识别抗原 B，这一显著特征已被应用于血清免疫诊断中。由于 IgG4 抗体亚型的过量生成，抗体与抗原的表位结合，竞争 B 细胞上与抗原结合的受体（即抗原阻断），使得寄生虫得以存活。此现象也表现在其他慢性蠕虫感染的疾病中。赵嘉庆等（2005）用抗原免疫法获得抗血清，并用 Westen blotting 和 ELISA 法对其特性进行鉴定。结果显示，制备出的抗血清能识别分子质量为32 kDa、36 kDa、42 kDa、58 kDa、67 kDa，以及88 kDa 以上的细粒棘球蚴天然抗原成分，而对照组血清则不能识别相应的蛋白。ELISA 法测定血清抗体效价均达到 1×10^{-4}，具有良好的特异性

和较高的抗体效价。

在细粒棘球蚴感染的高发区，羊群对其感染具有一定抵抗力，而且这种抵抗力因羊群对虫卵的反复接触次数而异。1993年，Craig 证实，在感染细粒棘球蚴的高发人群中，即使体内没有棘球蚴囊，其血清中也含有抗体。体外实验证实这种血清对棘球蚴有杀伤作用。机体在反复接触虫卵所产生的杀伤机制可能是抗体依赖补体介导的。将初次感染或最近未与虫卵接触的宿主与已对幼虫产生免疫力或与虫卵反复接触的宿主比较发现，二者在幼虫期和发育成囊初期的免疫应答不同。初次感染细粒棘球蚴的患者体内抗体形成相对较慢。

棘球蚴的囊液成分具有结合补体活性，从而保护了原头蚴免受补体介导的溶解作用。补体的作用是防止棘球蚴入侵或限制其在宿主体内生长或控制继发感染。试验证实，细粒棘球蚴原头蚴及成虫在中间宿主的新鲜血清或感染鼠血清中，经一定时间后，可被溶解或导致死亡；若将血清去补体后，抗原头蚴和成虫的作用均被抑制，提示补体参与免疫作用过程。

细粒棘球蚴囊液中含有一些抗原成分，其中包括抗原5、抗原 B、P1 血型抗原等。抗原5（Ag5）在细粒棘球蚴的生活史中有非常重要的作用，它保护幼虫，使之在中间宿主体内生长，并保护原头蚴成功定居于终末宿主体内，发育为成虫。作为一种分泌型蛋白，只有当六钩蚴在中间宿主体内发育出生发囊和原头蚴以后，Ag5 才能被检测到。抗原 B（AgB）是一种耐热的脂蛋白，在沸水中煮15min 依然不会失活，AgB 在寄生虫生物学上的意义现在还没有完全阐明，它似乎与宿主的免疫应答机制有关。P1 血型抗原是包囊液抗原和囊壁提取物中的一种成分，其抗原活性与人红细胞的 P1 抗原相似，该抗原能使患棘球蚴病的 P2 血型患者体内出现高水平的抗 P1 抗体。P1 红细胞抗原和包囊液中的 P1 抗原具有共同的抗原决定簇。但经鉴定，红细胞 P1 受体是糖脂，包囊液 P1 中的活性物质为糖蛋白。可以确定，无论是糖脂还是糖蛋白，决定 P1 活性作用的是其糖基部分。因此强调在使用包囊液抗原时应除去 P1 活性，不会降低敏感性而可提高多种血清学诊断方法的特异性。为了去除 P1 活性，可用抗 P1 血清免疫吸附或用特异的 α-D-半乳糖苷酶破坏 P1 抗原决定簇2种方法来进行。

Gasser 等（1992）在原头蚴的粗提取物中发现了 27 ku 和 94 ku 的 2 种抗原组分，它们对人工感染细粒棘球蚴的犬血清特异性分别为 95％和 62％。另外还有 43 ku、35 ku、20 ku、14 ku 的多肽片段，它们与感染了其他绦虫和线虫的犬血清有交叉反应。Ahmad 等（2001）在水牛肺和肝的囊虫中，均分离到了 F1～F6 6 种水溶性蛋白，它们在不同组织中的含量不同。此外，它们的抗原性也有所不同。在感染后 4d 以内，F1、F2 和 F6 与 IgG 的反应较弱，随着感染时间的延长，IgG 与这些抗原的反应逐渐增强。González 等（2000）用单克隆抗体（MAb 47H．PS）从原头蚴上鉴定出一个抗原组分 P-29。免疫组化研究显示，P-29 存在于原头蚴外壳、顶突和包囊的生发层，但在包囊液和成虫提取物中没有。P-29 中的一些片段与 Eg6（构成 Ag5 抗原表位的一段序列）编码的氨基酸序列相同。通过检测 P-29 和 Ag5 与不同单克隆抗体的交叉反应，比较它们的多肽指纹图谱及诊断价值，证明两者在免疫学上有相关性，但它们是不同的蛋白质。

四、制品

（一）诊断制剂

细粒棘球蚴病的早期诊断具有很重要的意义。囊液抗原、原头蚴抗原和囊壁抗原等天然抗原是用于该病诊断的主要抗原，但存在敏感性和特异性差等缺点。

传统的家畜棘球蚴病诊断，一般是采用变态反应试验进行。即用新鲜细粒棘球蚴囊液，通过无菌过滤（不含原头蚴），给动物颈部皮内注射 0.1～0.2mL，5～10min 后观察皮肤。如出现红斑，直径 0.5～2 cm，并有肿胀即为阳性。进行该项诊断时，应在距注射部位相当距离处用等量的生理盐水同法注射作为对照。为防备诊断时找不到棘球蚴囊液，可预作储备，加 0.5％氯仿密封保存，置冷暗处保存备用。一般认为，由于变态反应所用抗原的质量（抗原种类、制备方法、保存方法和时间）和操作方法，以及结果判断标准等因素的影响，致使其特异性较差。采用变态反应诊断此病的准确性可达 70％。

有的研究者应用单克隆抗体技术诊断棘球蚴病，但仍不能排除其他绦虫蚴所产生的交叉反应。国外已有检测犬粪中成虫的商品试剂盒，其中有

使用单克隆抗体的，也有使用多克隆抗体的。但是多克隆抗体不同批次的特异性与亲和力不同，抗原抗体容易形成格子结构（沉淀反应），特异性低。单克隆抗体则特异性识别单一抗原决定簇，特异性高，抗体均一，有着多克隆抗体无法相比的优势。

许多血清学技术可用于感染检测，但其敏感性和特异性依赖于抗原的质量。合适的抗原材料是提高诊断的关键，而且还取决于虫体和宿主所处的发展阶段。最常用的抗原有囊液、原头蚴或成虫的体壁抽提液及排泄物或分泌物。棘球蚴的囊液成分中含有糖蛋白、脂蛋白、碳水化合物和盐类等。这些物质除部分来自宿主，其余为中绦期幼虫自身的代谢产物。在临床诊断中，囊液粗抗原的敏感性可达 75％～95％，但其特异性不是很高，常与其他绦虫（89％）、线虫（39％）和吸虫（30％）有交叉反应。因此，一般仅用作血清学普查。贾万忠等（1998）认为要解决细粒棘球蚴病免疫诊断中的交叉反应，首先要采用亲和层析方法除去囊液抗原中宿主血清蛋白成分，最大限度地排除其对免疫化学分析的干扰，确定出囊液中特异性和交叉性抗原组分。然后通过 SDS PAGE 制备这些目标抗原，以确定其免疫学特性及其在免疫诊断中的应用价值。

囊液抗原 5（Ag5）是诊断棘球蚴病的一种重要抗原，其诊断价值是通过分析虫体不同成分在早期诊断中的作用而得到证实的。用囊液抗原与棘球蚴患者血清进行免疫电泳试验时，可产生一条沉淀线，将其称为弧 5，而产生该沉淀线的抗原则被称抗原 5（Ag5），Ag5 是一种不耐热的抗原。弧 5 的形成曾被认为是诊断棘球蚴病的"金标准"，但随着研究的深入，发现其他一些寄生虫也可以出现弧 5，尽管如此，Ag5 依然被用于常规的血清学诊断。囊液抗原 B（AgB）是诊断棘球蚴病最重要的抗原，也是目前研究最多的一种抗原。近年来，免疫印迹等检测方法证明了 AgB 的 8 ku 组分是比较可靠的诊断抗原。

Mahmoud 等（2004）从囊壁上提取了一种蛋白-细粒棘球蚴碱性磷酸酶（EgAP），并用 ELISA 和免疫印迹法，对 EgAP 和细粒棘球蚴囊液（HCF）的敏感性和特异性进行了比较。结果显示，ELISA 检测时，EgAP 的敏感性和特异性均为 100％，HCF 为 86.7％和 84％；免疫印迹检测时，EgAP 的敏感性和特异性均为 100％，

HCF 为 100％和 90％。相比较而言，EgAP 的敏感性和特异性均较高，是一种较好的诊断抗原。

Carmena 等（2004）从细粒棘球蚴的原头蚴排泄分泌蛋白中，鉴别出了分子质量为 89 ku 和 74 ku 的 2 种蛋白质，认为具有作为棘球蚴病诊断抗原的潜力。

有人用间接免疫荧光试验（IFA）进行人棘球蚴病的诊断，认为其有较高的特异性和敏感性，但其不能对囊型棘球蚴病和泡型棘球蚴病进行鉴别，而且和囊虫病存在着交叉反应。还有间接红细胞凝集试验（IHA）被认为是一个较好的诊断方法，用棘球囊抗原致敏的经甲醛或戊二醛固定的绵羊红细胞即可用于诊断。据 TodorTodorov 等（2003）报道，致敏的细胞可以在 4℃时保持其诊断活性达 15～18 个月。该方法廉价快速，可对大量血清进行检测，比酶联免疫吸附试验（ELISA）和乳胶凝集试验（LAT）有更好的免疫学诊断价值。为提高临床确诊率，可以和 ELISA 或 LAT 联合使用。间接血凝试验的改进措施主要包括：制备冻干的致敏红细胞和热稳定蛋白抗原，使其与新鲜血细胞具有相同的敏感性和特异性；制备棘球蚴 IHA 冻干抗原和棘球蚴囊壁冰冻切片抗原，该抗原在 −20℃可分别保存 24 个月和 3 个月。

通过对 ELISA、IHA 和免疫印迹技术（IB）的比较，有的学者认为 ELISA 是诊断 CE 和用粗羊囊液（CSHF）作为抗原，对术后病人进行随访的最好血清学诊断方法。间接 ELISA 作为常规使用方法，国内外在应用中又做了大量改进和联合应用，包括 Dot-ELISA，PPA-ELISA，固相小珠 - ELISA，酶联免疫印迹 - ELISA，DD-ELISA，双抗体夹心 ABC-ELISA，双单克隆抗体夹心 - ELISA，单克隆抗体夹心 ABC-ELISA，单克隆抗体 DOT-ABC-ELISA，抗体捕获 ELISA 检测特异性 IgM 等在内的一些方法，它们在敏感性、特异性和实用性方面表现各异，需进一步研究提高。Kaur 曾（1999）用快速 ELISA、标准 ELISA 及 IHA 对多份样品进行比较检测，其敏感性和特异性分别为 82.3％和 100％（快速 ELISA），88.2％和 90.3％（标准 ELISA），70.6％和 100％（IHA），表明快速 ELISA 可取代标准 ELISA。

沉淀反应试验方面，双向凝胶扩散（DDG）或二维双向扩散试验未得到常规应用，其费时长且较难辨认沉淀物。免疫电泳试验（IEP）对抗原和血清的质量要求很高，结果也需 3～4d 方可获得。对流免疫电泳（CIEP）检测棘球蚴病具有敏感性高、重复性好、快速简便等特点，可用于棘球蚴病的检测；在此基础上，经过改进的技术有酶标记抗原对流免疫电泳（ELACIE）和放射对流免疫电泳自显影（RCIEPA）等，二者克服了电泳技术本身不够灵敏的缺点。蛋白质印迹试验（Western blotting）中，抗体是最常用的专一探针，当用抗体作探针时称为免疫印迹（ELIB）。它将 SDS-PAGE、蛋白转印、固相免疫标记三大技术合而为一，不需繁琐的分离提纯过程，能一次检出微量抗原或抗体，在寄生虫病免疫诊断方面的应用日趋成熟。由于 ELIB 技术在分子水平上检测寄生虫抗原或抗体，具有高度的特异性、稳定性和敏感性，被认为可以取代病原学检查，尤其在寄生虫病的急性期和活动期更具有诊断价值。

另外，免疫胶体金技术以胶体金作为标记物，具有操作简单、省事、无毒、无致癌性物质和无需昂贵仪器等特点。固相金斑免疫试验（DIG-FA）以微孔滤膜为固相载体，抗原抗体在膜上结合，渗滤浓缩促进反应，再以胶体金作为指示剂直观显色。郭志宏等利用快速诊断试剂盒对青海棘球蚴病人进行血清学诊断，获得良好效果。冯晓辉等利用粗提的囊液抗原 EgCF、纯化的囊液抗原 AgB、原头蚴抗原 EgP，以及体壁抗原 Em2 作为诊断抗原，研制了固相金斑试剂盒，具有良好的特异性和敏感性。谢贵林等（2015）利用金标免疫层析读数仪判读采用金标免疫层析试纸条检测的 159 份棘球蚴病患者血清和 80 份其他肝脏疾病患者血清，结果显示，金标免疫层析读数仪检测抗细粒棘球蚴抗体的敏感性、特异性和准确性均高于肉眼判读结果。

此外，琼脂扩散试验、琼脂凝胶免疫电泳和单扩溶血试验等也可用于棘球蚴病的诊断。

在人工重组抗原免疫诊断方面，近年来，人们合成了 AgB、Ag5、EpC1、EgTPx 等重组抗原，将其用于诊断，其中某些重组抗原获得了较好的敏感性和特异性。重组抗原 B 的研究表明，AgB 是由一个多基因家族编码的，这个家族至少有 5 个基因型，即 AgB1、AgB2、AgB3、AgB4 和 AgB5，目前的种系发育分析无法区分 AgB3 和 AgB5。有学者推测这 5 种基因型的 AgB 编码了不同的蛋白质，它们的氨基酸序列有 44%～81% 的不同。目前，研究人员只将 AgB1 和 AgB2 进行了克隆，表达成蛋白质，并用于诊断。AgB2 表现出良好的诊断抗原特性，其敏感性和特异性可达 93% 和 99%，甚至优于天然的 AgB。重组 AgB3、AgB4 和 AgB5 的免疫诊断价值还有待进一步研究。Li 等（2003）从细粒棘球原头蚴的 cDNA 文库中筛选出了 EpC1 基因，将其克隆到 pET-41b（＋）载体，表达出了谷胱甘肽 S-转移酶融合 EpC1 蛋白（rEpC1-GST），用免疫印迹法检测囊型棘球蚴病（cystic echinococcosis, CE）患者血清，得到 92.2% 的敏感性和 95.6% 的特异性，高于天然 AgB 的阳性率（84.5%）。Margutti 等（2008）用 CE 病人的 IgG1 筛选细粒棘球绦虫的 cDNA 文库，得到了硫氧还蛋白过氧化物酶（$EgTPx$）基因，表达出 $6×$His-tagged 融合表达蛋白，将其用于检测 CE 血清中的总 IgG。虽然免疫印迹和 ELISA 都有相同的高特异性（92%），但是 ELISA 的敏感性（83%）要高于免疫印迹法（42%）。因此，将重组的 TPx 抗原用于 ELISA 诊断，可以提高诊断的敏感性。Nouir 等（2009）合成了细粒棘球蚴原头蚴重组抗原 P29（rec EgP29），并用 ELISA 和免疫印迹法对 54 个青年囊型棘球蚴病患者的血清进行检测，证实 recP29 对患者的术后监测有一定作用。李洁等（2010）也对细粒棘球蚴 P-29 基因进行克隆、表达和免疫反应性分析。PCR、双酶切和 DNA 测序结果表明，重组质粒 pET-P-29 构建成功。SDS-PAGE 结果显示，重组蛋白 Nus-P-29 的相对分子质量约为 93 000，纯化后的蛋白浓度为 0.78 mg/mL。重组蛋白 Nus-P-29 能被细粒棘球蚴病患者血清识别，具有较强的免疫反应性。李宗吉等（2011）以 rEgmMDH 为重组抗原，应用 ELISA 和 Western blotting 方法，对 4 例手术确诊的囊型棘球蚴病病人血清进行了回顾性检测与分析。结果显示，ELISA 和 Western blotting 方法检测血清阳性率为 92.5%（37/40），表明 rEgmMDH 具有较好的抗原性，可作为囊型棘球蚴病血清学检测的候选诊断抗原。马海梅等（2011）成功克隆到 EgAg B8/3 基因，扩增片段为 207bp，对该抗原分析后，认为具有潜在的抗原表位位点，在对棘球蚴病的免疫诊断上是较好的候选抗原。贾红等（2011）利用 DNA Star 软件对 GenBank 上发表的细粒棘球蚴 EG95 蛋白的

氨基酸序列进行分析，筛选出高度亲水的优势表位区 EG95s，对该区域编码基因进行克隆并表达。以纯化的重组融合蛋白为包被抗原，按常规方法建立检测羊细粒棘球蚴病抗体的间接 ELISA，并对各种条件进行优化。SDS-PAGE 结果表明成功获得了可溶性好、表达效率高、纯化简便的重组融合蛋白 GST-1EG95s 和 HIS-1EG95s，Western blotting 检测结果表明表达产物具有较好的反应原性。间接 ELISA 方法优化结果显示，HIS-1EG95s 作为包被抗原，效果优于 GST-1EG95s。分别对采自新疆的 70 份羊棘球蚴阳性血清和 70 份阴性血清进行检测，结果表明该方法与新西兰 Wallaceville 动物研究中心提供的间接 ELISA 方法符合率为 100%，阻断试验结果显示与其他蛋白无交叉反应，批内变异系数为 3.8%～5.6%，批间变异系数为 5.7%～8.5%，表明该方法特异性强、敏感性高、重复性好，有望为羊细粒棘球蚴病的检测提供快速、简便的手段。冯笑梅等（2002）根据细粒棘球蚴基因片断克隆与序列分析，设计了一对特异性引物，以棘球蚴的囊液、子囊及原头蚴为模板，经 PCR 扩增获得 471 bp 特异性区带。将扩增产物纯化后，用 DIG 标记 DNA，制备成功特异性核酸探针并用于细粒棘球蚴检测。结果表明，PCR 扩增和 DIG（Digoxinum）标记的 DNA 探针斑点杂交，只有细粒棘球蚴出现单一的 471 bp 特异性区带。PCR 的灵敏性为可检出单个原头蚴及 10～100 fg 水平的 DNA。配以 DIG 标记的 PCR 技术在细粒棘球蚴的检测中具有特异、敏感、快速、准确的特点，可为棘球蚴病的早期诊断和流行病学调查提供科学依据。

近年来，国内在动物棘球蚴病诊断方面也取得了可喜成果，很多商品化试剂盒可能即将投入市场。例如，"犬细粒棘球绦虫 ELISA 检测试剂盒"可以从犬粪便中快速检测细粒棘球绦虫抗原；"动物棘球蚴抗体间接 ELISA 检测试剂盒"能够从多种哺乳动物（牛、绵羊、山羊、马、猪等）的血清或血浆中检测棘球蚴抗体。商品化试剂盒的推广将使棘球蚴病的检测更加快速高效，为基层动物防疫部门提供更加方便可行的棘球蚴病检测方法。但需指出的是，它们的特异性和敏感性尚需进一步提高和改进。

（二）疫苗

经过不懈努力，现已在棘球蚴病免疫预防的

研究方面取得了一些成绩，研究出了灭活疫苗、活疫苗、分子疫苗（基因工程重组抗原疫苗、合成肽疫苗、核酸疫苗）等。灭活疫苗和活疫苗在效果和安全性上都各自存在一定问题。而分子疫苗中的基因工程疫苗应答机制简单，前景乐观；合成肽疫苗中的抗原是棘球蚴体的一部分，可大量合成，值得进一步探讨；核酸疫苗安全有效，操作简单，价廉易得，符合最佳疫苗的发展方向。研究疫苗的目的，一是为了控制细粒棘球绦虫对终末宿主犬等肉食动物的感染；二是为了控制棘球蚴对中间宿主绵羊和人等的感染。由于犬的数量比绵羊等中间宿主动物少得多，因此把免疫防治的目标集中于犬上，不失为一种符合实际的新思路。

早期灭活疫苗所用免疫原主要为破碎和粉碎的虫体或组织抗原，以后多用可溶性抗原。早期的研究表明，用虫卵或六钩蚴匀浆免疫后，绵羊可以在一定程度上产生抵抗力。如 Clegg 和 Smith（1978）应用几种方式对犬进行疫苗接种，预防细粒棘球绦虫的感染，但其临床应用效果尚不能令人满意。Aminz-hanov（1980）用原头节抗原皮下接种后，可使犬获得对抗攻击感染的保护作用，但保护率不高。细胞培养方法是获取灭活疫苗抗原的一种途径，值得深入探索。活疫苗包括同种或异种减弱活六钩蚴或原头节作为免疫原的疫苗。Movs-esijan 等（1968）用照射方法致弱的原头蚴经口免疫犬后，可使犬获得一定程度抗攻击感染的保护作用。这些疫苗免疫后虽然能够取得明显的保护效果，但因受到抗原大批量供应及潜在致病危险等因素的限制而难以应用。鉴于灭活疫苗和活疫苗存在的种种缺陷及弊端，目前多朝着鉴定其保护性抗原分子或者保护性抗原分子编码基因，制备亚单位疫苗或者核酸疫苗的方向努力。基因工程重组抗原疫苗的研究基础是确定保护性抗原分子，因此有效抗原分子的筛选及其特性的鉴定至为关键。

20 世纪 90 年代以后，在控制棘球蚴对绵羊的感染方面取得了一定突破。Heath 和 Lightowlers 等于 1993 年宣布研制出了抗细粒棘球绦虫虫卵感染的基因工程疫苗 EG95。该疫苗为六钩蚴抗原，天然抗原相对分子量为 24 500，cDNA 表达产物为 153 个氨基酸，相对分子量为 16 500，表达系统为大肠杆菌，产物为谷胱甘肽转硫酶融合蛋白。人工感染试验证明，对绵羊和山羊的保护率大于 95%。对新西兰、澳大利亚、阿根廷和中国细粒棘球绦虫具有同样的保护效果。两次免疫后，免疫保护时间最少可以持续 1 年以上。该疫苗在体内可诱导补体依赖性溶解活性，使六钩蚴溶解，与体外试验结果一致。该疫苗于 1996 年初，在我国新疆进行了田间试验和区域试验，但从结果评价来看，观点不一。有人认为其对绵羊的防治效果不甚理想，需进一步加以研究。目前国内已生产出了此类商品化疫苗。

五、展望

由于卡介苗的安全性及其免疫佐剂的作用，以卡介苗为载体的重组疫苗研究也日益被科学家们重视。Eg95 抗体和补体作用可直接杀灭六钩蚴，而卡介苗（BCG）进入体内能持续表达棘球蚴特异性抗原，刺激机体产生较强的体液免疫和细胞免疫反应，由此推测，表达 Eg95 抗原的重组 BCG 也将具有较好的治疗作用。国内何莉莉等（2007）构建了含有 BCG 信号肽 Ag85B 和保护性抗原 Eg95 基因序列的细粒棘球绦虫 Eg95 重组分泌型卡介苗 rsBCG-Eg95 疫苗，并进行了试验研究。李文桂等（2007）也通过 RT-PCR 扩增 Eg95 的抗原编码基因，将该基因定向克隆到大肠杆菌-分枝杆菌穿梭表达载体 pBCG，构建了重组 BCG-Eg95 疫苗，但试验显示 rBCG-Eg95 疫苗表达效率较低。免疫印迹显示 rBCG 疫苗表达的 Eg95 抗原可被感染细粒棘球蚴的鼠血清特异识别，说明 rBCG 中表达的重组抗原具特异性。他们也初步研究了 rBCG-Eg95 疫苗的保护力及其免疫机制，证明 rBCG-Eg95 疫苗免疫可诱导 Eg 感染鼠产生 Th1 型细胞免疫反应，可提高宿主抗细粒棘球蚴感染的保护力；且 $CD4^+$ T 细胞亚群可能与细粒棘球绦虫重组 BCG-Eg95 疫苗诱导的小鼠抗 Eg 原头节攻击感染的保护力有关。但上述研究还存在许多有待解决的问题，如重组 BCG 疫苗表达靶抗原的效率、免疫机制、最佳免疫途径、免疫剂量、重组 BCG 疫苗所含的抗生素抗性基因对人体或环境可能造成的危害等。2009 年，周必英等构建了细粒棘球绦虫重组 Bb-Eg95 - EgA31 融合基因疫苗，资料提示细粒棘球绦虫重组 Bb-Eg95 - EgA31 疫苗在免疫早期就可诱导脾淋巴细胞增殖，激发小鼠产生有效的免疫应答。重组 Bb 疫苗的优点有：表达的靶抗原不需纯化，可直接用于免疫接种，免除了蛋白质后处理；单次接种后即可诱导机体产生针对靶抗原的免疫反应；双歧杆菌（bifidobacteria，Bb）本身作为体内的一种益生菌，可增强宿主的免疫力；其成本低廉且便于保存，适于大量生产；特别是对人来说，以Bb为载体的口服疫苗用药更加安全，符合多次重复免疫的要求，更适应未来口服疫苗的发展趋势。郝慧芳等（2007）根据已报道的细粒棘球蚴脂肪酸结合蛋白的基因序列设计引物，进行了 FABP 基因扩增，成功克隆到细粒棘球蚴内蒙古株 FABP 基因，扩增片段为 482 bp；认为细粒棘球蚴脂肪酸结合蛋白有潜在的抗原表位位点，为研究该蛋白的免疫功能及构建 FABP 核酸疫苗提供了可能性。丁聃等（2009）进行了细粒棘球蚴铁蛋白基因的重组、表达、纯化及免疫学特性鉴定。结果显示，分子质量约为 19 kDa 的重组铁蛋白免疫制备的抗血清可识别纯化的重组蛋白及抗原囊液、原头蚴，位置大致相同。ELISA 结果显示，试验组小鼠与对照组小鼠血清中 IgG 的 OD 值有统计学意义（$P < 0.01$），认为细粒棘球蚴重组铁蛋白 Eg. ferritin 具有较好的抗原性及免疫原性，有成为棘球蚴病疫苗候选分子的潜能。Shi 等（2009）用细粒棘球蚴原头蚴重组抗原 P29（recEgP29）免疫小鼠，5 个月后扑杀，以可见包囊的数目来检测其保护力。结果显示免疫组的包囊数目明显少于对照组（0.88：8.13），保护率高达 96.6%，且免疫组的包囊直径也明显小于对照组（0.9：8.1），证明原头蚴重组抗原 P29 具有作为预防体内原头蚴二次感染候选疫苗的潜力。王志昇等（2014）成功构建表达细粒棘球蚴 Eg95 - Eg. ferritin 融合蛋白的重组口服减毒鼠伤寒沙门氏菌活载体疫苗株，为研究棘球蚴病口服基因工程疫苗奠定了基础。现代分子生物学、生物化学和免疫学新技术的发展及其在寄生虫病疫苗研究中的应用，使棘球蚴病疫苗的研制取得了重大进展，基因工程重组抗原疫苗、核酸疫苗和多肽疫苗等新型疫苗在棘球蚴病的防治上均具有极大的潜在应用价值。

一般认为，采用传统的综合防治方法，如卫生宣传教育，定期给犬驱虫和对家畜内脏的适当处理，可使该病发生率降到很小的比例。国际上较成功的防治实践有一个共识：棘球蚴病防治关键在于对犬类的控制，而这种控制又源于人们对病原生活史及致人感染危险因素的了解和对畜牧业造成损失的认识。而防治策略与技术的可行性和可持续性必须与当地的社会经济状况相适应。

（杨晓野 张 伟 万建青）

主要参考文献

杜迎春，白春生，贾斌，等，2010. 细粒棘球蚴感染中国美利奴羊免疫指标的动态变化［J］. 中国人兽共患病学报，26（6）：575 - 578.

孔繁瑶 主编，2010. 家畜寄生虫学［M］. 北京：中国农业大学出版社.

谢贵林，殷军霞，段新宇，等，2015. 金标免疫层析读数仪在棘球蚴病抗体检测中的应用［J］. 中国寄生虫学与寄生虫病杂志，33（03）：211 - 213.

余森海，2008. 棘球蚴病防治研究的国际现状和对我们的启示［J］. 中国寄生虫学与寄生虫病杂志，26（4）：241 - 244.

Ahmad G，Nizami W A，Saifullah M K，2001. Analysis of potential antigens of protoscoleces isolated from pulmonary and hepatic hydatid cysts of *Bubalus bubalis*［J］. Comparative Immunology, Microbiology and Infectious Diseases，24（2）：91 - 101.

Craig P S，1993. Immunodiagrosis of *Echinococcus granulosu*［D］. Provo：Brigham Young University.

Feng X，Wen H，Zhang Z，et al，2010. Dot immunogold filtration assay（DIGFA）with multiple native antigens for rapid serodiagnosis of *Human cystic* and *alveolar echinococcosis*［J］. Acta Tropica，113（2）：114 - 120.

Ferreira A M，Irigion F，Breijo M，et al，2000. How *Echinococcus granulosus* deals with complement［J］. Parasitology Today，16：168 - 172.

Gusbi A，Awan M A G，1991. Experimental infection of Libyan sheep with *Echinococcus granulosus*［J］. Annals of Tropical Medicine and Parasitology，85：433 - 437.

第九节　囊尾蚴病

一、概述

囊尾蚴病也称为囊虫病，主要包括猪囊虫病和牛囊虫病。猪囊虫病（Cysticercosis cellulosae）是由猪带绦虫（*Taenia solium*）的幼虫寄生于猪的肌肉和其他器官，以及人的脑部、内脏、肌肉或皮下所引起的一种具有重要公共卫生意义的人畜共患寄生虫病。该病主要流行于拉丁美洲、非洲和亚洲的部分地区，猪感染该病后，肌肉中可发现猪囊尾蚴，猪肉品质下降，俗称"米猪肉"；而人感染该病后，其危害程度随囊尾蚴寄生部位和寄生数量不同而有很大差异，临床上可分为皮下及肌囊尾蚴病、脑囊尾蚴病和眼囊尾蚴病。

二、病原

猪囊虫病的病原为猪囊尾蚴（*Cysticercus cellulosae*），其成虫为猪带绦虫（*Taenia solium*），又称猪肉绦虫、有钩绦虫或链状带绦虫，在分类学上属带科（Taeniidae）的带属（*Taenia*）。猪和野猪是最主要的中间宿主，犬、猫、骆驼和人也可作为中间宿主，而人是其唯一的终末宿主。

猪带绦虫成虫寄生于人的小肠内，乳白色带状，长2～4 m，偶有更长者。头节近球形，上有4个吸盘和顶突，顶突上有内外两圈小钩，故名有钩绦虫。链体由700～1 000个节片组成，每个节片内具雌雄性生殖器官一套。

成熟的猪囊尾蚴为白色透明、约黄豆大小的椭圆形囊状体，大小为（6～10）mm×5mm，囊内充满液体。囊壁内层有一个向囊内膨大的圆形黍粒大小的乳白色小结，是向内翻卷的头节，与成虫结构相同，上有4个圆形吸盘及顶突和小钩。

猪感染囊尾蚴是由于饲养方式不善，使猪采食了感染猪带绦虫的人粪便中的虫卵所致，包括自体内感染、自体外感染和异体感染。人感染猪带绦虫则是误食囊尾蚴所引起。因此，猪囊尾蚴病的流行主要是由于饲养生猪和人的日常习惯，形成了人粪-猪肉-人的传播环节所致。猪囊尾蚴病不仅危害养猪业，而且也严重威胁着人类健康，世界卫生组织将其列为需要消灭的六大疾病之一，我国也将其列为限期消灭的疾病。

三、免疫学

宿主对囊尾蚴病的免疫与抗其他寄生虫的免疫有许多共同之处，均涉及细胞免疫和体液免疫，是多种免疫细胞和免疫分子共同参与的结果。

在体液免疫方面，宿主感染囊尾蚴后，浆细胞能产生抗囊尾蚴的特异性抗体。血清等体液中可查到抗囊尾蚴 IgG、IgM、IgA、IgE，其中以

IgG为主，其特异性抗体量依次为 IgG＞IgM＞IgA。且感染囊尾蚴后，宿主肥大细胞脱颗粒阳性率升高，循环免疫复合物（CIC）升高，表明 IgG 和 IgE 介导的免疫反应参与宿主的抗囊尾蚴病过程，如 IgE 使肥大细胞释放炎性介质，血管通透性增高，有助于 IgG2a 渗入虫体寄生部位，从而促进嗜酸性粒细胞增加及细胞毒性的激活。

在细胞免疫方面，囊尾蚴感染宿主初期，T细胞起重要的保护作用，B细胞则通过加强T细胞免疫效应起一定作用。在囊尾蚴感染后，宿主外周血嗜酸性粒细胞显著升高，是囊尾蚴变性和损伤的效应细胞。单纯中性粒细胞对囊尾蚴无显著影响，但在 IgG 参与下就会显现出明显的杀伤作用，表明 IgG 依赖的中性粒细胞介导的细胞毒作用（ADCC）在宿主抗囊尾蚴免疫方面也发挥了重要的杀虫效应。

补体方面，宿主感染囊尾蚴后，随着血清中 CIC 水平增高，不断激活补体的经典途径，使该途径的主要成分 C3、C4 持续消耗，含量减少。另外，血清中 B 因子的降低表明补体也可经旁路途径激活后参与抗囊尾蚴免疫。补体经经典途径和旁路途径激活后，产生多种生物活性物质，并增强 ADCC 杀虫作用，从而达到杀伤虫体，保护宿主的作用。

细胞因子方面，感染囊尾蚴宿主血清中 IL-6、IL-8 水平显著升高，继而增强杀伤性 T 细胞、NK 细胞、中性粒细胞、单核巨噬细胞等的增殖、分化及杀伤效应，达到杀伤囊尾蚴的目的。同时，囊尾蚴感染后，宿主外周血中辅助性 T 细胞（Th）和单核细胞（PBMC）功能异常，致使 IL-2 分泌减少，进而抑制了 T 细胞增殖，使宿主细胞免疫功能下降；IFN-γ 分泌减少，使对巨噬细胞的激活作用减弱，机体免疫防御能力下降，另外，IFN-γ 分泌减少，使血清中可溶性细胞间黏附分子-1（sICAM-1）含量降低，细胞表面 LFA-1（CD11/CD18）表达量减少，宿主需要黏附分子介导的细胞免疫、体液免疫也受到影响，成为囊尾蚴逃避宿主免疫反应的原因和机制之一。

四、制品

（一）诊断试剂

囊尾蚴病为一种可引起严重公共卫生问题的人畜共患寄生虫病。多年来，其诊断主要集中于免疫学检测方面，包括抗体检测、抗原检测和免

疫复合物检测等，其检测的灵敏性和特异性随着分子生物学的发展而变得越来越高。用于囊尾蚴病检测的抗原主要包括天然粗制抗原和分离纯化抗原、重组抗原等；抗体则包括多克隆抗体和单克隆抗体等。目前，用于囊尾蚴病诊断抗原的主要候选分子包括扁豆-植物血凝素糖蛋白（GP）抗原家族、T24/T42 蛋白家族、8 kDa 蛋白家族、10 ku 蛋白基因和 cC1 基因，另外还包括 Ts1 基因、Ribosomal 5H 基因、小热休克蛋白 sHSP 基因等，检测方法也各有不同。

然而，目前所见的囊尾蚴病检测试剂盒多为基于 ELISA 的产品，种类繁多，也有基于其他技术的产品，但各种方法都具有各自的优缺点，有些方法的阳性检出率尽管据报道可以达到 100%，但还没有一种检测方法完全适用于各种环境，而多方法联用虽可提高检出率，却增加了检测费用。因此，在囊尾蚴病的实际诊断中，应根据不同的检测目的选用不同的检测方法，以期获得最佳的效果。

（二）疫苗

囊尾蚴病疫苗大体上可以分为以下几种：天然蛋白疫苗、重组疫苗、合成肽疫苗和核酸疫苗。商品化疫苗主要是天然蛋白疫苗，其他疫苗还有待于进一步研究，逐步商业化。研究发现，包括 AgB DNA 疫苗在内的一些疫苗也具有治疗作用，可使囊尾蚴形成包囊，进而钙化失去活性，但其作用机制和不良反应等还有待于继续研究。

1. 天然蛋白疫苗 囊尾蚴病的天然蛋白免疫是将猪带绦虫发育各期的自身组分或分泌蛋白经分离纯化后，接种于动物机体，使其获得保护力。我国农业部批准的猪囊尾蚴灭活疫苗是将囊尾蚴病患猪肌肉中采摘的完整虫体经反复冻融研磨后加油佐剂混合乳化而成，其免疫期为 8 个月。另外，试验表明，猪带绦虫虫卵超声乳化物、囊尾蚴头节蛋白、六钩蚴，以及猪囊尾蚴分泌/代谢产物等作为抗原，都可以达到较为理想的免疫效果。

2. 重组及合成肽疫苗 在重组蛋白疫苗的研制中，将抗原 cC1-GST 和弗氏完全佐剂皮下注射免疫仔猪，在免疫后 6 周，用 2×10⁴ 个猪带绦虫虫卵灌胃进行攻虫，在攻虫 8 周后扑杀，结果表明，免疫组减蚴率为 85.0%；如在首次免疫后 2、4 周，用 cC1-GST 和弗氏不完全佐剂加强免疫 2 次；在末次免疫后 6、12、20 周进行攻虫，

攻虫后 8 周扑杀，免疫组减蚴率分别为 93.0%、84.0% 和 61.0%。另外，基于猪带绦虫囊尾蚴表面的膜结合蛋白构建的 45W 融合蛋白，包括 TSO45W-1A-GST 融合蛋白、45W-4BX-GST 融合蛋白、45W-4BX/CD58-GST 融合蛋白、45W-4BX/18-GST 融合蛋白、45W-2B 融合蛋白和 TSO45-4B 融合蛋白，将其与一定佐剂混合肌内注射免疫仔猪后，免疫组的减蚴率均在 97% 以上，具有较强的免疫原性，使宿主产生良好的保护力。基于扁豆-植物血凝素糖蛋白（GP）抗原构建的 pGEX-T24 重组蛋白在小鼠体内的试验结果显示其免疫原性较好，同时也成功构建了重组产物 pBK-CMV-GP50 抗原。另外，为了应对重组蛋白疫苗可能因各种理化因素对其产生影响而导致免疫效力下降或消失的问题，相关人员进行了合成肽疫苗的研制，可达到一定的免疫效果。

3. 核酸疫苗 囊尾蚴病核酸疫苗是一种将外源基因插入真核表达载体构建成重组质粒后，将其直接注入动物体内而使动物获得免疫的新型疫苗。目前，研究人员已运用 cC1、AgB 等抗原基因，构建出 DNA 疫苗，并且通过试验表明其可起到很好的保护效力。基于 cC1 基因的 pCD-cC1 DNA 疫苗用于仔猪的攻虫试验时，在第一次免疫后 2 周加强免疫一次，在加强后一周用 2×10⁴ 个猪带绦虫虫卵灌胃，在攻击后 90d 扑杀，免疫组减蚴率为 73.0%。在首次免疫后 2、4 周加强免疫 2 次，则在末次免疫后 2 周可达到较高水平，显示该疫苗可有效诱导仔猪的免疫保护效应。同时，基于 cC1 基因的猪囊尾蚴 p3-cC1 疫苗也可刺激仔猪产生保护反应，而基于 AgB 基因的 pcDNA3-AgB 重组质粒也可刺激产生与上述疫苗相当的免疫保护水平。

五、展望

到目前为止，用疫苗进行猪的免疫试验已有很多报道，但还没有关于囊尾蚴疫苗接种人体以预防人体囊尾蚴病的报道。在用于猪囊尾蚴病免疫预防的试验中，囊尾蚴天然蛋白疫苗具有很好的免疫预防效果，天津实验动物中心研制的猪囊尾蚴细胞灭活疫苗（CC-97 细胞系）已于 2006 年经农业部批准注册；而各种重组疫苗、合成肽疫苗和核酸疫苗的免疫效果各有不同，部分疫苗

免疫效果比较理想，前景乐观。

　　基于囊尾蚴病流行病学特点，预防人的囊尾蚴病应以注意饮食卫生为主，同时结合全国性的厕所改建，做到"人有厕所，猪有圈"，切实切断猪囊虫在人和猪之间的感染。

　　总之，在囊尾蚴病的防控中，应以综合防治为主，最大限度地切断其传播途径。在注意饮食及生活卫生和利用药物驱除人体内绦虫感染的同时，对猪接种疫苗，相信在不久的将来一定能达到消灭囊尾蚴病的目标。

（罗晓平　万建青）

主要参考文献

谷俊朝，徐安健，2010. 猪囊虫病诊断性抗原研究进展［J］. 中国热带医学，10（10）：1273-1274.

李雍龙，2008. 医学寄生虫学［M］. 7 版. 北京：人民卫生出版社.

罗恩杰，2008. 病原生物学［M］. 3 版. 北京：科学出版社.

王雪梅，骆江坤，李倩，等，2014. 猪囊尾蚴特异性抗原 cC1 重组耻垢分枝杆菌疫苗的构建与鉴定［J］. 中国血吸虫病防治杂志，26（3）：287-291.

王媛媛，杨小迪，孙新，等，2014. 猪囊尾蚴病重组 DNA 疫苗 pcDNA3.1-TSO45W 在小鼠体内诱导的体液免疫效应［J］. 中国病原生物学杂志，9（3）：242-245.

Román G，Sotelo J，Brutto O D，et al，2000. A proposal to declare *Neurocysticercosis* an international reportable disease［J］. Bull World Health Organ，78（3）：399-406.

Sreedevi C，Hafeez M，Kumar PA，et al，2012. PCR test for detecting *Taenia solium cysticercosis* in pig carcasses［J］. Tropical Animal Health and Production，44（1）：95-99.

第十节　旋毛虫病

一、概述

　　旋毛虫病（Trichinellosis）是一种人兽共患寄生虫病，由毛尾目（Trichurata）、毛形科（Trichinellidae）的旋毛虫属虫体引起。旋毛虫呈全球性分布，可感染人、猪、犬、猫、鼠类等 150 多种哺乳动物，甚至许多海洋动物、甲壳动物都能感染传播本病。旋毛虫病被列为三大人兽共患寄生虫病（旋毛虫病、囊虫病及棘球蚴病）之首。2006 年，欧盟公布的 15 种重要新发与再发性人畜共患病中，旋毛虫病作为惟一食源性寄生虫病名列其中。

二、病原

　　英国学者 Peacock 于 1828 年人体尸检过程中，在肌肉内首次发现旋毛虫包囊；1846 年，Leidy 在猪肉中发现旋毛虫；1881 年，我国在猪肉中首次发现旋毛虫。旋毛虫成虫寄生于小肠，称为肠旋毛虫；幼虫寄生于横纹肌，称为肌旋毛虫。过去认为旋毛虫属内只有一个种，即旋毛形线虫（*Trichinella spiralis*），但现在根据研究报告来看，旋毛虫有 9 个种，12 个基因型。我国至少存在 2 个种类，即猪的 T1 种（*T. spiralis*）及犬的 T2 种（*T. nativa*）。

（一）形态

　　成虫虫体细小，呈线状，虫体前端较细，后端较粗。雄虫长 1.4~1.6 mm，宽 0.04~0.05 mm，尾端具一对钟状的交配叶。雌虫长 3~4 mm，宽约 0.06 mm，阴门开口于虫体前 1/3 处。成熟幼虫自阴门排出。

　　幼虫虫体细长，大小约 $100\ \mu m \times 6\ \mu m$。主要在宿主的横纹肌纤维内寄居，长大后自行卷曲，最后外面形成梭形或柠檬形的包囊，包囊纵轴与肌纤维平行，大小为（0.25~0.5）mm×（0.21~0.42）mm。一个包囊内通常含有 1~2 条卷曲的幼虫，最多 6~7 条。

（二）生活史

　　旋毛虫成虫和幼虫可寄生于同一个宿主，宿主感染时，先为终末宿主，后为中间宿主。成虫寄生于小肠的绒毛间，雌雄虫交配后不久，雄虫死亡；雌虫钻入黏膜深部肠腺中发育，3d 以后产出幼虫。幼虫进入淋巴管，继而进入血循环，随血流被带到全身各处，到达横纹肌后继续发育，幼虫在感染后第 17~20d 开始卷曲盘绕，其外由被寄生的肌肉细胞形成包囊（其中 5 个种拥有这种能力，即 *T. spiralis*、*T. nativa*、*T. britovi*、*T. nelsoni* 和 *T. murrellli*；而 *T. pseudospiralis*、*T. papuae* 和 *T. zimbabwensis* 却不具有这种能力），到第 7~8 周包囊完全形成，此时的幼虫已具有感染性，通常在包囊中形成 2.5 个盘转。包囊在 6～9 个月后开始钙化，但其内的幼虫可保持活力达 11 年之久。宿主因食入含有感染性幼虫的包囊而感染，包囊在宿主胃内被溶解，释出幼虫，幼虫到十二指肠和空肠内，侵入肠道上皮细胞，历经 4 次蜕皮（约两昼夜）即发育为性成熟的肠旋毛虫。

由于其可感染多种动物，长期以来，给畜牧业造成巨大经济损失；人通过食用不熟的肉制品而感染本病，感染旋毛虫的病人出现肠炎、持续性高热、肌肉疼痛、面部浮肿、心肌炎等症状，甚至导致生命危险。因此，防治旋毛虫病是一项重要的公共卫生学课题。

三、免疫学

旋毛虫感染可以导致宿主体内免疫球蛋白 IgE 和 IgG1 升高，结果导致 Th2 免疫应答增强。在肠道期，宿主具有排虫反应，但在成虫排出肠道前就已经产出了新生幼虫，导致一定数量的寄生虫可以在宿主体内继续存活。在肌肉期，旋毛虫可导致宿主肌肉细胞产生炎性反应。旋毛虫感染可以刺激多种淋巴细胞激活和嗜酸性粒细胞增多，从而调节宿主的免疫应答。旋毛虫可以通过调节宿主白细胞功能、免疫复合物的聚集、诱导阻断抗体和抑制补体聚集等，来逃避宿主的免疫应答。

旋毛虫在宿主体内可经历成虫（AD）、新生幼虫（NBL）和肌肉幼虫（ML）3 个不同时期，每一时期均有多种抗原存在。1990 年，国际旋毛虫病委员会（International Commission on Trichinellosis，ICT）通过免疫印迹试验将旋毛虫抗原分为 9 个组，即 8 组肌幼虫抗原（TSL‑1 至 TSL‑8）和 1 组成虫抗原（TSA‑1）。根据旋毛虫抗原对抗体反应的先后顺序，将其分为快反应组抗原（Ⅰ组抗原）和慢反应组抗原（Ⅱ组抗原）。根据抗原的来源部位又可将其分为表面抗原（SA 抗原）、排泄-分泌抗原（ES 抗原）、虫体抗原和杆细胞颗粒相关抗原。

1. 表面抗原（SA 抗原）　当用整个虫体免疫时，宿主能产生抗不同表皮成分的抗体，通过铁蛋白标记共轭体，以及扫描电子显微镜可发现在幼虫和成虫表面有沉淀性抗体。碘标记的表面蛋白能溶于 2％SDS 中，也能在 SDS-PAGE 上分开。不同时期的旋毛虫有分子质量大小不同的抗

原，如新生幼虫（NBL）具有分子质量大小为 20ku、30ku、58ku 和 64 ku 的 4 种主要抗原；一期幼虫（L1）有分子质量大小为 47ku、55ku、90ku 和 105 ku 的 4 种抗原；在二到四期幼虫（L2～L4）的表层有分子质量为 20ku、33ku、40ku 和 56 ku 的表面抗原。研究证实，AD、NBL 和 ML 的 SA 具有期特异性，虫体表面表达的一些蛋白分子在蜕变后可发生质的改变，在某一生长发育期也可发生量的改变。

2. 排泄-分泌物抗原（ES 抗原）　当用免疫血清接种时，发现在 L1 幼虫口腔周围和雌性成虫的口腔、肛门、外阴部位有 ES 物质黏附。用离子交换层析法对 L1 期幼虫的 ES 抗原组成进行测定，发现有 4 种蛋白；而用醋酸纤维薄膜电泳时，只观察到 3 条蛋白带。用 SDS-PAGE 对旋毛虫 ES 抗原成分进行分析，利用兔免疫血清识别抗原，发现 ES 抗原在 L1 和成虫期显著不同。用荧光标记抗体对成虫染色，发现杆状体是 ES 抗原的主要来源。在肌幼虫与成虫肠道里，含有与杆状体分泌物相同的抗原决定簇，用放射性碘标记 ML、AD 和 NBL 的虫体表面蛋白，在体外培养时脱落于培养液中，可能是 ES 抗原的一个来源。研究表明，在 ES 抗原多种蛋白成分中，主要的特异性蛋白成分有 3 种，分子质量分别为 45ku、49ku 和 53ku，占 ES 总蛋白量的 50％以上。

ES 抗原直接暴露于宿主的免疫系统，是诱导宿主产生免疫应答反应的主要靶抗原，也是目前研究最多的抗原，它可刺激机体产生体液免疫和细胞免疫。旋毛虫 ES 抗原是制备检测抗原和免疫抗原的重要靶抗原。

3. 虫体抗原　旋毛虫整个发育阶段的不同时期虫体均具有一定的抗原性。对虫体进行免疫荧光染色发现虫体内部结构，特别是杆状体细胞膜及其他体细胞膜可与 IgA、IgG 相结合，证明存在虫体组织抗原组分。用乙醇沉淀法将旋毛虫幼虫提取物分为两部分，均具有一定的抗原性，其中乙醇可溶部分含蛋白质和碳水化合物，抗原性高度特异。旋毛虫虫体抗原的活性部分位于虫体与宿主相互接触或有物质交换的部位。它们是介导 ADCC 作用的抗体的主要作用靶标。因此近年来人们对这些抗原进行了大量彻底的研究。新生幼虫抗原的分子质量为 20～64 kDa，而肌幼虫的抗原分子质量为 47～105 kDa，成虫抗原的分子

质量为 20～40 kDa。这些抗原属于一类抗原，并由于自身可与其他寄生虫具有杂交性，所以其诊断价值大大降低，相关研究也较少。

4. 杆细胞颗粒相关抗原 旋毛虫后段咽管背侧有一杆状体，它是由圆盘状的杆状细胞构成的，杆细胞内有 α 颗粒或 β 颗粒，这种分泌颗粒就是杆细胞颗粒相关抗原。Despommier 等（1976）用免疫组化染色法证实，杆细胞质内物质具有良好的反应原性和免疫原性。旋毛虫成虫和幼虫期均含有 α 和 β 两型颗粒。两型颗粒之间及其与 ES 抗原之间存在有共同抗原，杆细胞颗粒相关抗原主要有 4 种成分，该抗原为旋毛虫功能性抗原的重要来源。

5. 重组抗原 近年来，研究人员重组表达了一些有意义的抗原。如重组蛋白 rTs-Pt、旋毛虫氨基肽酶（TsAP）、旋毛虫副肌球蛋白（Ts-Pmy）、Ts87 蛋白、组织蛋白酶样 B 蛋白酶（TsCPB）等，其中，TsCPB 在旋毛虫生长全过程中都有表达，成虫期表达量高，也可通过大肠杆菌表达系统表达，可作为检测旋毛虫感染及疗效考核的靶标分子。

另外，目前研究较多的抗原还包括以下几种：

（1）磷酰胆碱（phosphorylcholine，PC）抗原 微生物和寄生虫中都含有 PC 抗原。在幼虫和成虫期，磷酰胆碱除了作为半抗原存在外，还是一个主要的抗原决定簇。含有 PC 的旋毛虫抗原包括在 TSL-4、TSL-8 群中，磷酸胆碱可能是作为虫体的一种内部成分存在，从旋毛虫肌幼虫的提取物中也发现含有磷酸胆碱。抗磷酸胆碱的抗体反应在旋毛虫感染中对宿主不具有保护作用，因 PC 能产生许多交叉反应，在疾病诊断方面有所限制。

（2）43 kDa ES 抗原 1990 年，Gold 等用层析技术分离到了 43 kDa 蛋白，经脱糖基化后，生成一种 32 kDa 的多肽，这种多肽不会被抗自然蛋白质产生的抗体所识别。抗重组蛋白的抗体识别自然纯化蛋白，获得在糖基化和去糖基化后，形成 2 条典型蛋白带。认为不同 C 末端的 43 kDa 蛋白存在不同变异或不同蛋白具有同一免疫原性抗原决定簇。抗 43 kDa 纯化糖蛋白的抗体识别 81～120 mer 和 121～160 mer 非保护性合成肽链，然而其不能识别 40～80 mer 保护性肽链，表明在自然分子该区域的抗原决定簇被碳水化合物所覆盖。由于抗 43 kDa 蛋白的抗体只有在其去糖基化

后才能识别 40～80 肽链，认为碳水化合物能覆盖抗原决定簇某部分，因此糖基化反应通过隐藏功能相关抗原决定簇起作用，能构成一个免疫系统的侵袭机制。

（3）P49 kDa ES 抗原 P49 基因编码的蛋白是旋毛虫 ES 抗原的主要成分，在旋毛虫病的免疫病理、免疫诊断及免疫预防方面具有重要作用。旋毛虫 49 kDa ES 重组蛋白在旋毛虫病检测和预防方面具有潜在应用价值。宋思扬构建了 P49 重组蛋白，Western blotting 分析表明，该重组蛋白 P49 能被鼠旋毛虫病阳性血清特异性识别，而不与正常鼠和兔的阴性血清反应。

（4）P53 糖蛋白抗原 P53 糖蛋白编码基因的开放阅读框共 1 239 bp，编码 412 个氨基酸，理论分子质量为 46.64 kDa，等电点为 8.42。p53 糖蛋白的 1～21 位氨基酸为信号肽序列，其 146～148、279～281、328～330 位氨基酸分别为 3 个潜在的 N-糖基化位点，理论上此蛋白应该是分泌性糖蛋白。Northern blotting 分析表明，p53 糖蛋白基因在旋毛虫肌幼虫和成虫时期都有转录，但大小有差异，分别为 1.4 kb 和 1.3 kb，但 Western blotting 分析表明 p53 糖蛋白抗原在成虫期没有表达，可能的解释是 mRNA 没有翻译，也可能是多个基因编码抗原性不同的 p53 糖蛋白，在寄生虫不同发育期进行差异性表达。多种研究证明，p53 糖蛋白具有很好的抗原性。

（5）丝氨酸蛋白酶抗原 在旋毛虫成虫和肌幼虫的 ES 产物中可检测到蛋白酶活性，丝氨酸蛋白酶是其中主要的蛋白酶。旋毛虫的丝氨酸蛋白酶是糖基化的复杂 N 聚糖。在蛋白中有 4 个 N 端糖基化位点，其中 3 个位于组氨酸和丝氨酸残基附近组成催化中心，糖基化可能影响酶的活性。在丝氨酸蛋白酶的 C 端有 28 个氨基酸的重复成分，但其作用尚不清楚；而脯氨酸丰富区可介导蛋白与蛋白间的相互结合。丝氨酸蛋白酶可能以富脯氨酸重复区影响宿主蛋白间的相互作用。丝氨酸蛋白酶可能与旋毛虫侵入肠上皮细胞有关，一期幼虫定居于肠上皮细胞的胞质内，但幼虫不能穿过基底膜，而丝氨酸蛋白酶也是同时沉积并滞留在被旋毛虫入侵的肠上皮细胞内。从感染宿主肠上皮细胞获得的丝氨酸蛋白酶与肌幼虫 ES 产物中的丝氨酸蛋白酶有所不同，提示宿主细胞能够对丝氨酸蛋白酶进行修饰或选择性保存某种形式的丝氨酸蛋白酶。旋毛虫释放的蛋白酶有助

于降解胞浆或细胞内的蛋白，从而有利于幼虫移动，抗丝氨酸蛋白酶的单抗可抑制幼虫对上皮细胞的入侵。

旋毛虫抗原相当复杂，不同时期的抗原组成及表达量各有不同，不同时期也有其各自的特异性抗原。对旋毛虫不同抗原的深入研究并发掘新的抗原，可为旋毛虫病的活体诊断及免疫预防提供有力支持。

四、制品

（一）诊断制剂

旋毛虫病诊断方法主要有病原检测、免疫学检测和 DNA 检测。病原检测法包括镜检法和消化法，但均检出率较低且不易实施；免疫学检测法有皮内试验、补体结合试验、凝集试验、沉淀试验、对流免疫电泳、间接荧光抗体试验（IFA）、间接血凝试验（IHA）、酶联免疫吸附试验（ELISA）、间接免疫酶染色试验（IEST）等，其中后四者的特异性强、敏感性高，且可用于早期诊断；DNA 诊断法具有灵敏、特异等优点，但容易污染，也易出现假阳性。

1. 皮内试验　利用旋毛虫抗原对宿主作皮内试验，可以产生阳性反应。但皮内试验存在着明显不足，不但有严重的假阳性反应和交叉反应，而且只能检出 60% 的感染，所以近几年来很少使用。

2. 补体结合试验　抗体与抗原反应形成复合物，通过激活补体而介导溶血反应，可作为反应强度的指示系统。并非所有的抗体均能固定补体，所以 CF 只能检出一部分旋毛虫抗体。此外，CF操作复杂、费时费力，而且不同实验室之间的检测结果差异很大。因此，用 CF 诊断旋毛虫病受到了限制。

3. 凝集试验　凝集试验是将可溶性抗原吸附于某些载体表面，然后用吸附抗原的载体颗粒与血清抗体进行间接凝集试验，以检测旋毛虫。目前可用于旋毛虫检测的凝集试验有皂土絮状凝集试验（BFT）、胶乳凝集试验（LAT）和间接血凝试验（IHA）等。其特征是操作简便，反应快速，敏感性高；缺点是容易发生非特异性反应。

4. 沉淀试验　用含有特异性抗体的血清孵育幼虫，可使虫体天然孔周围出现泡沫样或颗粒状沉淀物，此即为环蚴沉淀试验，该试验对诊断早期旋毛虫病非常有用，但对慢性感染则无诊断价值。

5. 对流免疫电泳　事先将抗原在凝胶板中电泳，之后在凝胶槽中加入相应抗体，抗原和抗体双相扩散后，产生肉眼可见的弧形沉淀线。据报道，用纯化的肌幼虫抗原进行对流免疫电泳用于人旋毛虫病的诊断，与 BFT 阳性符合率在 90% 以上。

6. 间接荧光抗体试验　试验较早用于诊断旋毛虫病，初期用全虫作抗原，后来发展为用虫体或带虫肌肉切片作抗原。患者于感染后 2~7 周可出现阳性反应。

7. 间接红细胞凝集试验　试验用冻干致敏绵羊红细胞检测宿主血清中抗体。该方法操作简便，且具有较高的敏感性和特异性，但也会出现部分交叉反应，适用于流行病学调查。

8. 酶联免疫吸附试验　酶联免疫吸附试验（ELISA）已经广泛用于细菌、病毒和寄生虫感染的血清学诊断。目前，旋毛虫 ELISA 诊断方法主要是针对 ES 抗原进行的，此法具有较好的特异性和灵敏性。国外通常将 ELISA 法用于猪宰前旋毛虫病检验。除常规 ELISA 法外，我国研究者还利用 SPA-ELISA、DOT-ELISA 等方法对旋毛虫病进行诊断研究，国内已有旋毛虫 ELISA 诊断试剂盒。现今 ELISA 已广泛应用于旋毛虫病的流行病学调查和临床诊断。

9. 免疫酶染色试验　免疫酶染色试验（IEST）的主要原理是抗体与相应抗原结合后，形成抗原抗体复合物，然而这种复合物在显微镜下是不可见的，如将特异性抗体与酶结合，再通过适当的底物显色，就可使免疫复合物由不可见而成为可见，从而确定组织细胞是否存在某种抗原。IEST 对旋毛虫病特异性抗体的检测具有较好的敏感性和特异性，不需要特殊仪器等优点，且抗原片可长期保存。其缺点是较复杂，不易操作等。

10. 增强化学发光酶免疫染色试验　增强化学发光酶免疫染色试验（ECIA）是近年来的一项新技术，它的原理是与抗体连接的酶能使底物（发光素）产生发光，当在底物中加入增强剂后，可使底物的发光强度增大 2 500 倍。在诊断旋毛虫病时，ECIA 具有与 ELISA 相似的特异性和敏感性，且具有快速、方便等优点，适用于旋毛虫病大规模检测和流行区现场筛选，但价格相对较高。

11. 循环抗原检测　循环抗原是机体受到感

染或免疫时进入宿主血液循环的抗原。循环抗原检测是近年来寄生虫免疫诊断的研究热点之一，该方法已在 10 多种寄生虫病检测中应用，如弓形虫、血吸虫等均有成品试剂盒。国内外学者利用多种方法对旋毛虫循环抗原的检测进行了研究，证实其敏感性较高，值得深入开发。

虽然旋毛虫的检测方法很多，但由于旋毛虫虫体抗原的结构极其复杂，寄生过程中又具有多种免疫逃避手段，利用成分复杂的虫体抗原往往难以取得理想的诊断效果。

（二）疫苗

多年来，研究人员针对旋毛虫不同时期的多种抗原展开了研究，旨在寻找一种或几种免疫原性和保护性较好的抗原，以进一步研制疫苗。在旋毛虫感染过程中，其 ES 抗原直接暴露于宿主的免疫系统，是诱导宿主产生免疫反应的主要靶抗原，所以该抗原是目前研究最多的旋毛虫抗原。但旋毛虫疫苗研制过程困难重重，如旋毛虫生活史相对复杂，各期的抗原种类和表达量有所不同，造成大多数抗原的免疫保护性不强，含有多种抗原的旋毛虫粗抗原具有一定的免疫保护性，但缺乏大量的虫源供疫苗制备等。因此，目前世界上还没有一种旋毛虫疫苗被普遍应用。

五、展望

基于目前诊断和预防中出现的各种瓶颈，国内外学者把视线放在基因工程抗原上，通过构建 cDNA 文库，筛选理想的抗原，预测其抗原表位。探索体外培养旋毛虫完成其整个生活史、应用旋毛虫重组抗原进行诊断和生产疫苗、利用分子生物学手段寻找旋毛虫特异基因进行诊断，以及构建 DNA 疫苗等，是今后旋毛虫病研究的重要方向。

（赵治国　杨晓野　万建青）

主要参考文献

汪明，索勋，孔繁瑶，等，2003. 兽医寄生虫学 [M]. 3 版. 北京：中国农业出版社.

王中全，崔晶，2003 旋毛虫抗原的国际分类和种间的抗原变异 [J]. 中国人兽共患病杂志，19（6）：82-87.

卫海燕，王中全，崔晶，2004. 旋毛虫抗原的结构与功能 [J]. 国外医学寄生虫病分册，31（5）：212-216.

张雅兰，李灵鸽，王莉，等，2014. 旋毛虫氨基肽酶的表达及其血清学诊断价值的研究 [J]. 中国病原生物学杂志，9（1）：60-64.

Despommier D D, Muller M, 1976. The stichosome and its secretion granules in the mature muscle larva of *Trichinella spiralis* [J]. Journal of Parasitology, 62 (5): 775-785.

Liao C, Liu M, Bai X, et al, 2014. Characterisation of a plancitoxin-1-like DNase II gene in *Trichinella spiralis* [J]. PLos Neglected Tropical Diseases, 8 (8): e3097.

Yang Y, Yang J, Gu Y, et al, 2013. Protective immune response induced by co-immunization with the *Trichinella spiralis* recombinant Ts87 protein and a Ts87 DNA vaccine [J]. Veterinary Parasitology, 194 (2/4): 207-210.

Zhang Y, Wang Z Q, Li L, et al, 2013. Molecular characterization of *Trichinella spiralis* aminopeptidase and its potential as a novel vaccine candidate antigen against *trichinellosis* in BALB/c mice [J]. Parasites and Vectors, (6): 246.

Zhao X, Hao Y, Yang J, et al, 2014. Mapping of the complement C9 binding domain on *Trichinella spiralis* paramyosin [J]. Parasites and Vectors (7): 80.

第十一节　肺线虫病

一、概述

家畜肺线虫病主要是由网尾科（Dictyocaulidae）的网尾属（*Dictyocaulus*）和原圆科（Protostrongylidae）的缪勒属（*Mueuerius*）、原圆属（*Proiostrongylus*）、歧尾属（*Bicaulus*）、囊尾属（*Cysiocaulus*）和锐尾属（*Spiculocaulus*）等线虫及后圆科线虫寄生于宿主的呼吸系统所引起，其中以对反刍动物和猪危害最严重。

二、病原

反刍动物的肺线虫包括网尾科（Dictyocaulidae）的网尾属（*Dictyocaulus*）和原圆科（Protostrongylidae）的缪勒属（*Mueuerius*）、原圆属（*Proiostrongylus*）、歧尾属（*Bicaulus*）、囊尾属（*Cysiocaulus*）和锐尾属（*Spiculocaulus*）等属的多种线虫，均寄生于反刍动物的气管、支气管、

细支气管等呼吸系统，能引起宿主以咳嗽、流黏液脓性鼻涕、消瘦为特征的寄生虫病。网尾科线虫较大，称为大型肺线虫，主要有丝状网尾线虫和胎生网尾线虫2种，前者主要寄生于绵羊和山羊，后者主要寄生于牛、骆驼和野生反刍动物。

大型肺线虫主要感染羔羊和犊牛。成年家畜遭受感染后症状较轻微，但可成为带虫者。大型肺线虫中的丝状网尾线虫幼虫发育期间所要求的温度比其他圆线虫幼虫所要求的温度偏低，在4～5℃时，幼虫就可以发育，并且可以保持活力达100d之久。在21.1℃以上时，幼虫活力受到严重影响，而且许多幼虫不能发育至感染期。温度在冰点以下时，感染幼虫仍能生存，即使在−40～−20℃气温下，被雪覆盖着的粪便中的感染性幼虫仍能存活。温暖季节对其生存极为不利，由于粪便迅速干燥，早期幼虫的死亡率极高。因此，本病在高寒湿润和低洼潮湿的地区常呈地方性流行，且常在低湿的牧场和寒冷的季节流行。家畜多在吃草或饮水时摄食感染性幼虫而感染。小型肺线虫幼虫对干燥、低温有显著抵抗力，但对阳光敏感，发育需中间宿主陆地螺和蛞蝓参与，除严冬时软体动物处于休眠期外，几乎全年均可发生感染，4～5月龄以上的羊几乎都有虫体寄生。对羊的感染率及感染强度随年龄增长而增加。饲养管理不当，家畜营养不足，膘情差，抵抗力弱，在自然灾害及牧草缺乏情况下，由于冬春补饲不足，特别是春乏阶段，牲畜瘦弱，较易发生肺丝虫病，严重时可引起动物大量死亡，给畜牧业造成严重的经济损失。

大型肺线虫寄生在羊的气管和支气管内，虫体均为乳白色，呈长细丝状。其中，丝状网尾线虫较长，肠管呈黑线状穿行于体内，口周围有两组乳突，且有侧器。口囊小，宽度约为深度的2倍，底部有一突出的小齿，食管呈圆柱形，后部膨大，神经环位于食管的前1/3处。雌虫长50～100 mm、宽498～647 μm，阴门位于虫体中部附近，子宫为独立的两支，内充满虫卵。尾呈尖圆锥形，肛门距尾端473 μm；雄虫长25～80 mm，宽315～398 μm，交合伞发达，后侧肋和中侧肋合二为一，只在末端稍分开，交合刺为靴形，呈黄褐色，为多孔性结构，左右两支大小相等，长498～587 μm、宽83～99 μm，末端有分支。虫卵呈椭圆形，卵壳薄，无色透明或淡黄色，长120～130 μm、宽50～85 μm。新鲜粪便内的虫卵

已孵化出幼虫（第一期幼虫），长0.5～0.54 mm，头端有一纽扣样突起，尾端较钝。胎生网尾线虫比前者略短，雄虫长24～59 mm，雌虫长32～80 mm。虫卵椭圆形，无色透明，大小为85 μm×51 μm，卵内含一个已发育成形的幼虫，幼虫长0.32～0.4 mm。

小型肺线虫种类很多，其中以原圆属、缪勒属线虫分布最广，危害也最大。这类线虫都比较纤细，长12～28 mm，多呈棕色或褐色。其第一期幼虫较小，尾端纤细。

猪肺线虫病又称猪后圆线虫病，是由后圆科（Metastrongylidae）、后圆属（Metastrongylus）的线虫寄生于猪的支气管和细支气管引起的一种寄生虫病。该病主要危害仔猪，以30～70日龄猪感染率最高，可引起支气管炎和肺炎。猪群的感染率一般为20%～30%，高的可达50%。在我国，本病遍及全国各地，往往呈地方流行性，对仔猪的危害极大。其幼虫和虫卵对外界抵抗力很强，在外界适宜的环境条件下能长期保持活力。虫卵在粪便中可生存6～8个月，越冬能生活5个月之久，在潮湿的土壤中存活达24个月之久，在被土壤覆盖的粪中可存活381d，在−20～−15℃时仍能存活100d，但对高温的抵抗力较弱，40℃2h死亡，60℃时30s即死亡。从蚯蚓体内排出的感染性幼虫在潮湿的条件下，大部分能存活3个月。猪多在采食或拱土时食入感染性幼虫或含感染性幼虫的蚯蚓而受感染。本病的发生与蚯蚓的滋生繁殖和猪采食蚯蚓的机会密切相关，因此，被虫卵污染和有蚯蚓的牧场、运动场、水源都是猪感染的来源。在温暖多雨季节，尤其在土壤肥沃，粪堆污秽不堪的地方，适于蚯蚓滋生和频繁活动，而多发本病。一般夏季最易感染，冬季逐渐下降，春季最低，呈地方性流行。猪后圆线虫病致死率不高，但影响仔猪的生长发育、增重和抗病力，易患其他疾病，且常诱发猪气喘病、副猪嗜血杆菌病、蓝耳病、胸膜肺炎放线菌病、猪肺疫等传染病，严重感染时造成仔猪大批死亡。

我国常见的猪后圆线虫种为长刺后圆线虫（Metastrongylus elongates）和复阴后圆线虫（M. pudendotectus），前者又称为野猪后圆线虫（M. apri），后者又名短阴后圆线虫；此外还有萨氏后圆线虫（M. salmi）。野猪后圆线虫除寄生于猪和野猪外，偶见于羊、鹿、牛和其他反刍兽，亦偶见于人。成虫细长呈丝状，乳白色、灰白色

或灰黄色，口囊较小，口缘有一对三叶状侧唇围绕。食管后部稍膨大而略呈棍棒状，神经环位于食管中部，稍后有颈乳突，排泄孔距颈乳突不远。雄虫较细小，尾部有交合伞，背肋退化，肋有某种程度的融合。交合刺一对，细长，末端有单钩或双钩。雌虫粗大，尾端尖细，2 条子宫并列，至后部融合为阴道，阴门紧靠肛门，前方有一角皮膨大部覆盖，后端有时弯向腹侧。卵胎生。长刺后圆线虫，雄虫体长 11～26 mm、宽 0.16～0.225 mm，交合伞较小，前侧肋大，顶端膨大，中侧肋和后侧肋融合在一起，背肋极小。交合刺两根，细长呈丝状，长 4.0～4.5 mm，末端为单钩，无引器。雌虫长 18～50 mm、宽 0.4～0.45 mm，有一个球形阴门盖，阴道长超过 2 mm，尾长 90 μm，稍弯向腹面。复阴后圆线虫雄虫长 16～18 mm，交合伞较大，交合刺长 1.4～1.7 mm，末端为双钩，有引器。雌虫长 22～35 mm，阴道长不超过 1 mm，尾直，有较大的角质膨大部覆盖着肛门和阴门。萨氏后圆线虫，雄虫长 17～18 mm，交合刺长 2.1～2.4 mm，末端呈单钩形；雌虫长 30～45 mm，阴道长 1～2 mm，尾长 95 μm，稍弯向腹面。

反刍兽肺线虫感染性幼虫移行到肺，可引起细支气管炎、细支气管和动脉周围炎、弥漫性渗出性肺炎，以及由此而引起的肺泡萎缩、肺泡腔扩张及肺泡壁断裂，支气管黏膜混浊、肿胀，并有小出血点，有不同程度的肺肿胀和肺气肿，有大小不等的肺实变区和大量处于不同阶段的变性或钙化的结节，肺门淋巴结肿大、切面多汁、外翻，肠系膜淋巴结慢性增生性淋巴结炎及水肿。肺线虫虫体寄生部位肺表面稍隆起，呈灰白色，触诊有坚硬感。

后圆线虫感染性幼虫或含有感染性幼虫蚯蚓可经口进入猪体内，钻进肠壁及肠淋巴结中，经淋巴循环到心脏，之后移行到大支气管，在感染后的 25～35d，发育为成虫。眼观病变常不显著，可见膈叶腹面有楔状肺气肿区，近支气管增厚、扩张，气肿区有坚实的灰色结节，小支气管周围呈淋巴样组织增生和肌纤维肥大，支气管内有虫体和黏液。

三、免疫学

家畜感染网尾线虫后能产生很强的免疫力，且这种被动免疫力是可以转移的。用同种网尾线虫的幼虫感染康复牛时，第二次感染不能引起发病，只有不成熟的稚虫在肺内生活数月之久，这一过程可能与 IgE 反应积极参与牛再次感染肺线虫后其抗体水平的快速增高有关。但感染牛产生的免疫力有很大差异性，有些牛容易获得免疫力，有些牛不容易获得。足够大量的虫体感染后 11d 内便能产生免疫力，幼虫不能在肺部存活或生长受阻停留在第五期幼虫的状态，在未达到性成熟时便被排出。如在激发感染时用的幼虫数量较多，一些虫体会在肺内成长，但不久也会排出。试验证明，如无重复感染，这种获得性免疫力在 7 个月后会渐渐低落，而且速度相当快，一年以后，与对照组几乎没有区别，会发生种种症状，只是虫体不易成熟，粪便中不能查出幼虫。侵袭性幼虫数量多时，宿主的免疫力会受到破坏。年龄较大的动物抵抗力亦较大。羊对丝状网尾线虫的免疫作用与牛对胎生网尾线虫相同。

迄今为止，未见有关网尾线虫、原圆线虫和后圆线虫基因组的报道，现在有关肺线虫分子生物学的研究主要集中于猪后圆线虫线粒体 DNA coxI 基因作多态性的研究，以反映种群内和群体间的遗传变异，mtDNA 被证实适用于相似种和亚种的鉴定。

四、制品

（一）诊断试剂

目前有关肺线虫免疫学诊断方面的研究较少，几近空白。曾有学者对该虫种进行过数种免疫学诊断方法的研究，但由于种种原因，仍停留在实验室研究阶段，所以对肺线虫的诊断目前仍以传统诊断方法为主。

据报道，目前用于牛羊肺线虫病血清学诊断的方法有补体结合反应和 ELISA 方法。新疆农业大学的王彦对丝状网尾线虫病的免疫学诊断作了探讨性研究，他利用间接 ELISA 法，用制备的各种粗抗原作为诊断抗原检测病羊血清中的抗体，但结果不理想，可能与抗原及交叉感染有关。市场上可见商品化的酶联免疫诊断试剂盒。

猪肺线虫病免疫学诊断方法有皮内变态反应，该方法是以病猪肺气管和支气管内的黏液做抗原，加入 30 倍 0.9% 氯化钠溶液，搅匀，再滴加 3% 醋酸溶液，直到稀释的黏液发生沉淀为止。过滤后再缓缓加入 3% 碳酸氢钠溶液，以中和滤液至中性或微碱性为止，经间歇性消毒后即制成抗原。

猪耳根背面皮内注射抗原0.2mL，5～15min后进行观察。注射部位皮肤肿胀，形状不规则，肿胀凸起面直径超过1 cm者为阳性。此外，也可用虫体抗原作血细胞凝集反应、补体结合反应。

（二）治疗用品

目前用于治疗家畜肺线虫病的制品为牛免疫血清。Jarrett用曾感染50 000～200 000条幼虫并已产生免疫力的牛血清，注射入另一牛腹腔内，连续2d各注射500mL。2d后由静脉管注入4 000条幼虫，30d后与对照组比，免疫组的牛感染虫数较少，说明血清内确有抗体，并可以转移，对继发感染具一定程度的保护作用。Rubin和Weber也证明，实验动物在严重感染时，如接受高剂量的免疫血清能避免死亡。

（三）疫苗

目前用于防治家畜肺线虫病的疫苗有致弱苗和亚单位苗等。

1. 辐射致弱苗　分离肺线虫的感染性幼虫，用X-射线、钴60-γ射线或紫外线辐射致弱，做成减毒活幼虫疫苗使用，疗效显著，且无副作用。已经或曾经商业生产的这种疫苗有牛胎生网尾线虫疫苗和牛羊丝状网尾线虫疫苗。世界上最成功的一个蠕虫活苗就是英国格拉斯哥兽医学院Jarrett等研制的牛胎生网尾线虫X-射线致弱的幼虫虫苗。此外，法国、美国、瑞典和印度等也进行了试验，效果很好，但推广最多的还是英国。这种虫苗在该国预防牛肺线虫病方面起到了主要作用。丝状网尾线虫疫苗自1965年首次报道后，东欧、中东、北亚等许多国家都有生产。

2. 亚单位疫苗　用大量幼虫感染羊，2～4d后宰杀，取其肠系膜淋巴结，用生理盐水提取抗原物质，肌内注射试验羊3次，每次分别为10mL、15mL和25mL，每次间隔8～10d。最后一次注射后14～16d，以300～500条感染性幼虫攻毒，免疫羊可获得完全保护。如用皂化抗原，可增强免疫力。用生理盐水浸制的成虫抗原，也有同样效果。用制备的各种丝状网尾线虫的粗抗原对实验动物进行免疫，可以达到很好的免疫效果，且发现成虫抗原和排泄抗原约有50%的交叉。另据研究发现，寄生在宿主体内的网尾线虫的分泌物可以作为新型疫苗，如其中的乙酰胆碱酯酶（AChE）和胎生网尾线虫的特异性糖类

（如N-acetylglueosamine）。

猪肺线虫免疫预防中，用X-射线处理猪肺线虫的侵袭性幼虫制成疫苗，给猪接种，对预防猪肺线虫病有较好效果。

五、展望

对防治家畜肺线虫病来说，接种致弱幼虫疫苗，虽然可减少家畜体内的幼虫数，对降低易感动物的感染率，起到一定的免疫保护作用。但幼虫的来源很受限制，幼虫的获取、培养和致弱都比较麻烦，所需的工作量很大，这些均成为这类疫苗进一步推广应用的瓶颈。鉴于致弱虫苗的不足，将疫苗接种同其他方法联合应用是目前较为理想的防治方法，以减少荷虫数，降低产卵率，进而减少牧场的家畜再感染。过去认为制备减毒活疫苗困难且价格昂贵，生产和运输也十分困难，然而应用现有技术，这些难题都能被解决。此外，研究表明，免疫成年家畜能减少牧场中虫体的数量，降低幼畜感染的机会，对疫苗的应用研究不应仅局限于幼畜。

同样，使用成虫或幼虫做抗原还存在另一个问题，即虫体抗原是混合抗原，其中存在大量非保护性抗原，因此免疫效果也不理想，将来可在抗原的纯化方面开展工作。

此外，也可在幼虫的制备、寻找合适的幼虫减毒方法、接种途径和疫苗的包装及运输方面展开研究，以解决目前疫苗生产过程中的难题，使肺线虫疫苗更加经济适用。

研究还发现，因网尾线虫的分泌物具有良好的抗原性，可诱导宿主产生强有力的免疫力。可将其作为新型疫苗的候选抗原，加大筛选范围，这一研究方向可为肺线虫疫苗的开发提供思路。

另据资料报道，狍鹿（D. capreolus）的肺线虫第三期幼虫不感染牛，但可刺激牛产生免疫反应，起到抵抗胎生网尾线虫的作用，因此可对其进行深入研究，为用D. capreolus的L3防治牛的网尾线虫提供科学依据。

大力发展诊断和治疗用抗体，也是非常有潜力的研究方向。

随着对肺线虫免疫学研究的深入及相关疫苗技术的发展，更多更有效的防治肺线虫病的生物制品必然会出现。　　　　　　（王　瑞　万建青）

主要参考文献

汪明，索勋，2003. 兽医寄生虫学 [M]. 北京：中国农业出版社.

王彦，岳城，2005. 绵羊丝状网尾线虫病的研究现状 [J]. 动物医学进展，26（2）：40-43.

徐金猷，朱剑英，2003. 羊病防治技术问答 [M]. 北京：中国农业大学出版社.

Joekel D, Hinse P, Raulf M K, et al, 2015. Vaccination of calves with yeast and bacterial-expressed paramyosin from the *bovine lungworm Dictyocaulus viviparus* [J]. Parasite Immunology, 37 (12)：614-623.

Kooyman F N J, Yatsuda A P, Ploeger H W, et al, 2002. Serum immunoglobulin E response in calves infected with the *lungworm Dictyocaulus viviparous* and its correlation with protection [J]. Parasite Immunology, 24 (1)：47-56.

Matthews J B, 2001. Immunisation of cattle with recombinant acetylcholinesterase from *Dictyocaulus viviparous* and with adult worm ES products [J]. International Journal for Parasitology, 31 (3)：307-317.

Ploeger H W, Holzhauer, Uiterwijk M, et al, 2014. Comparison of two serum and bulk-tank milk ELISAs for diagnosing natural (sub) clinical *Dictyocaulus viviparus* infection in dairy cows [J]. Veterinary Parasitology, 199 (1/2)：50-58.

Sharma N, Singh V, Shyma K P, 2015. Role of parasitic vaccines in integrated control of parasitic diseases in livestock [J]. Veterinary World, 8 (5)：590-598.

第十二节 犬心丝虫病

一、概述

犬心丝虫病（Canine filariasis）或犬恶丝虫病，是由犬恶丝虫（*Dirofilaria immitis*）的成虫寄生于犬的右心室、肺动脉内，导致患犬循环系统、呼吸系统和泌尿系统等遭受损害而发生的寄生性线虫病。广泛分布于亚洲、大洋洲、中近东、非洲、南欧及美洲等地，几乎在有蚊子生息之处，均有本病发生。犬群感染率一般为 20%～30%。据资料报道，美国、德国、澳大利亚、日本、新加坡、中国台湾等地犬心丝虫的感染率达40%～60%。某些地区感染率高达 50% 以上，给养犬业带来极大危害。

我国在 1986 年以前，犬的感染率较高，近10 多年来却有明显减少的趋势。但在规模化的养殖场也高达 43.33%。业已确认 63 种蚊子为传播本病的中间宿主。除犬外，猫科动物和其他野生肉食动物，也可作为其终末宿主。偶见寄生于马属动物，海狸，猩猩和人体内。此虫偶尔也寄生于人，引起肺部及皮下结节、病人出现胸痛和咳嗽，应给予高度重视。

二、病原

犬恶丝虫（*Dirofilaria immitis*）为双瓣科、恶丝属的虫种，成虫为乳白色细长粉丝状，头部钝圆。雄虫体长 12～18 cm，末端呈松螺旋状弯曲，有窄的尾翼，有 11 对尾乳突，分为肛前 5 对，肛后 6 对，交合刺 2 根，长短不等。雌虫体长 25～30 cm，尾端直，阴门开口于食管后端，距头端约 2.7 mm。成虫在犬的血液内产生早熟的活动胚胎称为微丝蚴。微丝蚴（Mierofilari）无鞘，体长约 300 μm，直径约 6 μm。微丝蚴进入并寄生在患犬的外周血液循环中，当蚊子等中间宿主吸血时，微丝蚴进入蚊子体内，发育为侵袭性幼虫，犬被微丝蚴阳性蚊子叮咬即可被感染。

该病原主要寄生于犬和猫的右心室及肺动脉等处，引起动物出现食欲不振、循环障碍、贫血、慢性心内膜炎、右心室扩张、呼吸困难及痉挛性咳嗽等症状，严重时出现心力衰竭、便血、尿血、肝硬化和腹水等。除犬、猫外，该虫还可侵害狼、小熊猫、狐、浣熊、狐尾猴和猩猩等 30 多种野生动物。

三、制品

在犬恶丝虫感染的早期，血液中不能检测到微丝蚴（Microfilaria）。同时，在自然感染犬恶丝虫的犬中有 10%～67% 为单性感染，不能产生微丝蚴，这是该病诊断中的一个难点。因此，诊断方法的特异性和敏感性对于临床确诊非常重要。

（一）ELISA 检测

ELISA 是一种特异性强、敏感性高的免疫学诊断技术。研究人员采用犬恶丝虫虫体粗制抗原建立的 dot-ELISA 用于检测犬恶丝虫阳性犬血清和阴性血清，其符合率均为 100%。这与已报道的用犬恶丝虫纯化抗原建立的 ELISA 检测犬恶丝虫病的结果相似。此方法能够检出感染强度较低（1 条犬恶丝虫）的病犬，而且待检样品的用量少。

（二）PCR 检测

PCR 检测方法具有较高的灵敏性和特异性。PCR 检测法可以用于鉴别血液样品中丝虫的遗传物质。检测结果不受丝虫年龄大小和早期感染的影响，能对早期感染进行确认。PCR 检测法的取材量很少，只要有 2 个心丝虫细胞存在时即可检测出来。因此，其在犬心丝虫的诊断上具有良好的应用前景。

上述方法结合原始的诊断方法如微丝蚴检查（临床症状不明显时，很难检出），包括直接涂片法和集虫法，血液检查，X 线检查，心脏检查等，使犬恶丝虫病的早期诊断更加准确。

（三）治疗用品

目前还没有研制出有效疫苗。可用 10% 吡虫啉与 1.0% 莫西菌素的复方制剂进行治疗，对雪貂的治疗效果可达 100%，且没有发现不良反应。

四、展望

做好犬心丝虫病的预防，能提高犬的饲料利用率，降低犬患病率，提高犬的健康水平，延长工作犬使用寿命，减少经济和人力的投入。犬心丝虫病以蚊子为中间宿主，要完全消灭蚊子着实比较困难。因此，最有效的预防办法是杀灭侵入犬体而尚未移行心脏的第 3 期幼虫。

目前已有一些药物可以达到预防目的，但尚无生物制品。本病重在预防，早期发现，尽早采取防治措施，切断传染源和传播途径，治疗或淘汰犬心丝虫阳性犬，建立健康犬群，阻止蚊虫叮咬。随着心丝虫基因组学的不断发展，以及疫苗研究领域取得的突破进展，相信防治本病的生物制品的问世指日可待。

（李军燕　万建青）

主要参考文献

董君艳，谢伟东，娄红军，等，2004. 犬心丝虫病的临床研究 [J]. 畜牧与兽医，36（7）：9-11.

侯洪烈，张西臣，李建华，等，2007. 犬恶丝虫病 ELISA 诊断方法的建立 [J]. 中国病原生物学杂志，2（1）：35-40.

Norma V L，Liliane M V W，Jonimar P P，et al，2015. Chemoprophylaxis of *Dirofilaria immitis*（Leidy 1856）infection at a high challenge environment [J]. Parasites and Vectors，8：523.

Ruiz de Ybáñez M R，Martínez-Carrasco C，Martínez J J，et al，2006. Dirofilaria immitis in an African lion（P anther aleo）[J]. Veterinary Record，158（7）：240-242.

Songkun H，Hayayasaki M，Choliq C，et al，2002. Immunological responses of dogs experimentally infected with *Dirofilaria immitis* [J]. Journal of Veterinary Science，3（2）：109-114.

第十三节　蜜蜂微孢子虫病

一、概述

蜜蜂微孢子虫病又称微粒子病，是一种由蜜蜂微孢子虫的孢子专性寄生于蜜蜂中肠上皮细胞而引起的消化道寄生虫病。此病在成年蜂中广泛流行。微孢子虫是昆虫、鱼类、产毛动物及灵长类（包括人）等动物的寄生病原。目前发现 150 余属，超过 1 200 种。

蜜蜂微孢子虫病是目前世界上流行最广泛的蜜蜂成虫病。蜜蜂微孢子虫是由 Zander 于 1909 年首次从成蜂中肠上皮细胞中发现并鉴定。随着西方蜜蜂的引进，20 世纪 70 年代末至 80 年代初，在我国大部分地区暴发该病。1999 年以来，蜜蜂微孢子虫病又重新席卷我国，尤其是东北和华东地区，如山东、江苏、安徽较为严重。

目前，世界上至少有 14 种微孢子虫可以感染人类。该类微孢子虫可使免疫缺陷病症的患者发生皮肤溃烂，增加患者痛苦，甚至加速死亡。蜜蜂微孢子虫病已对养蜂业，以及人类的身心健康造成严重的危害，但该病的防治还缺乏行之有效的疫苗，因此对蜜蜂微孢子虫病的生物防治显得至关重要。

该病主要发生于成年蜂，包括成年工蜂、蜂王、雄蜂及笼蜂。患病蜜蜂初期症状不明显，严重时由于中肠受到破坏，出现下痢，行动迟缓，萎靡不振，失去飞翔能力，螫刺反应丧失，少数病蜂腹部膨大。而患病蜂王出现新陈代谢紊乱、产卵力下降。最终无力爬行，不久死亡。

二、病原

蜜蜂微孢子虫属于微孢子虫门、微孢子虫纲、微孢子虫目、微孢子虫科、微孢子虫属。包括西方蜜蜂微孢子虫（Nosema apis）和东方蜜蜂微孢子虫（Nosema ceranae）。在蜜蜂体外，孢子虫以孢子的形态存在，孢子呈谷粒状或长椭圆形，大小不一，有很强的蓝色折光，常见孢子游走或抖动。孢子长 5.0～6.0 μm，宽 2.2～3.0 μm。孢子外壳为几丁质，内有双核、液泡和极丝，长 230～400 μm 的极丝以螺旋形式卷曲在液泡里。蜜蜂微孢子虫发育周期可分为：第一卵片发育期、第二卵片发育期、孢子生殖、孢子母细胞及孢子等几个阶段。

微孢子虫对外界环境的抵抗力极强，在直射的阳光下可存活 15～32h，在 4℃放置 36 个月活力不减，在 2%NaOH 溶液中可存活 15min，在 1%的石炭酸溶液中可存活 10min。存在于病死蜂的尸体和粪便中的微孢子虫，由于受到这些有机物的保护，使抵抗力明显增强，可存活 24～60 个月。但反复冻融，可使微孢子虫的活力下降，甚至完全丧失。

三、免疫学

微孢子虫的孢子经消化道进入蜜蜂的中肠上皮细胞，待孢子大量繁殖时宿主症状表现明显。东方蜜蜂微孢子虫孢子在西方蜜蜂体内 2d 从 $3×10^4$ 个增加到 $1.4×10^5$ 个，再经 2d 后可增加到 $1.4×10^6$ 个。组织学观察显示，中肠膨大、乳白色、环纹模糊，失去弹性和光泽。而健康蜜蜂中肠呈褐色，环纹明显并具有弹性和光泽。

蜜蜂微孢子虫感染对蛋白质累积有影响。感染蜜蜂微孢子虫的蜜蜂体内血淋巴中游离氨基酸的数量逐渐减少，除感染阶段外呈酸过少状态，蜂体蛋白质代谢从感染开始就表现为酸过少状态。

蜜蜂对微孢子虫存在着免疫力。产生免疫性的原因，更确切地说抗性来源于蜜蜂机体内部的生物免疫作用。围食膜对潜入上皮细胞的游动细胞有很积极的阻碍作用，以阻止病原体在上皮细胞中生长，并能积极清除被感染的中肠细胞。中肠酪素酶参与蜜蜂中肠围食膜的形成，酶活性大，形成的围食膜抗性大，使孢子不易侵入。反之，酶活性小，孢子易侵入。

根据上述研究成果表明，提高宿主的免疫力是预防本病的核心所在，但昆虫自身复杂的免疫机制给本病的防制带来很大的困难。至今为止无有效的疫苗。

四、制品

（一）诊断制品

免疫学检测　宿主感染微孢子虫后，由于孢子虫蛋白的特异性，在血清中会产生特异性微孢子虫抗体，可利用间接免疫荧光（IFA）抗体法或酶联免疫吸附试验（ELISA）法来检查宿主血清中抗体的相对水平，这种方法相对可靠。研究人员将家蚕微孢子虫的抗血清与蜜蜂微孢子虫进行凝集试验，表明该法不但可以检测孢子虫的存在，而且还具有种间特异性。

免疫学诊断技术已被证明简单、实用、灵敏性高，特别是制成的检测试剂盒，在病原检测、体征诊断等方面已得到充分应用。利用纯净的蜜蜂微孢子虫总蛋白制备兔血清抗体，以期通过 ELISA 方法快速、灵敏地检出蜜蜂微孢子虫。

分子生物学检测　利用多重 PCR 技术检测流行区的蜜蜂微孢子虫种类，明确养蜂疾病发生区蜜蜂微孢子虫病的流行规律，方法快速，简便，灵敏度高。

至今，还没有临床使用的有效疫苗制品问世。

（二）治疗用品

目前，欧盟无批准使用的特效药。但烟曲霉素作为北美洲唯一注册用于防治蜜蜂微孢子虫病的药剂一直被人们使用着且效果很好。不足的是此药中含有抗生素，长期用药会导致宿主产生抗药性，造成环境中药物残留。但即便如此，大量的研究成果仍然为该病的防治提供了方法和思路。防治用品除烟曲霉素外，还有金维他饲料（Vita feed gold）、蜜蜂草药（ApiHerb）、诺兹维特、普罗托非、百里酚、依米丁及酸饲料等。

五、展望

目前，基于昆虫复杂的免疫机制，对于探索蜜蜂微孢子虫病的生物防治方法还存在诸多困难。近年来随着蛋白质组学研究技术发展，有望通过蛋白质图谱等方法进一步对特征性或功能性蛋白进行研究，并建立新的基于蜜蜂微孢子虫蛋白的诊断和分类方法。一直以来，显微镜镜检是普遍使用的微孢子虫检测方法，此法简便易操作，但其具有时间滞后性。一旦检出，蜜蜂已受到大范围感染。因此采用免疫学检测和分子生物学检测方法作为蜜蜂微孢子虫的早期诊断是防制该病的重要环节。大力发展治疗用抗体，结合对蜂群科学的饲养管理，从而提高宿主的自身免疫，是防治蜜蜂微孢子虫病的根本。虽然目前没有行之有效的生物防治方法，但是在蜜蜂微孢子虫病的研究领域正在不断取得突破性进展，因此我们有理由相信在未来一定会研制出科学有效的疫苗。

（李军燕　万建青）

主要参考文献

杜桃柱，姜玉锁，2003. 蜜蜂病敌害防治大全［M］. 北京：中国农业出版社.

秦浩然，李继莲，和绍禹，等，2012. Calcofluor White M2R 与 Sytox Green 双重染色法鉴别蜜蜂微孢子虫［J］. 应用昆虫学报，49（5）：1392-1396.

邱宝利，徐兴耀，牟志美，2002. 核酸分子杂交技术鉴别和检测家蚕微孢子虫的研究［J］. 山东农业大学学报，33：14-18.

万永继，沈佐锐，2005. 微孢子虫归类于真菌的评论［J］. 菌物学报，24：468-471.

周婷，1999. 蜜蜂孢子病防治工作需引起重视［J］. 中国养蜂，50：15-16.

Katherine E, Roberts, William O H, et al, 2014. Immunosenescence and resistance to paraite infection in the honey bee, *Apis mellifera*［J］. Journal of Invertebrate Pathology，121：1-6.

Milbrath M O, Xie X B, et al, 2013. Nosema ceranae induced mortality in honey bees（*Apis mellifera*）depends on infection methods［J］. Journal of Invertebrate Pathology，114（1）：42-44.

第十四节　蚕微粒子病

一、概述

蚕微粒子病（Silkworm pebrine）是由蚕微孢子虫（*Nosema bombycis*）感染蚕引起的一种毁灭性的传染性蚕病。常见家蚕微粒子病和柞蚕微粒子病，被养蚕国家列为蚕种生产的唯一检疫对象。

本病于 100 多年前曾在法国、意大利等国相继流行。19 世纪中叶，微粒子病在欧洲发生大规模的流行，给该地区的养蚕业带来毁灭性打击。我国在 20 世纪 90 年代中，在部分蚕区也曾大面积暴发微粒子病，基于该病原具有胚种传染性，因此给国家和个人都造成严重损失。

家蚕微粒子病在我国古代就有记载。晋代的民歌集《乐府诗集》有"语欢稍养蚕，一头养百增，奈当黑瘦尽，桑叶常不周"；元初《务本新书》（13 世纪 30 年代）载："其母病，则子危"；元王盘撰写的《农桑辑要》（1273）载："若有拳翅秃眉、焦脚焦尾、熏黄赤肚、无毛黑纹、黑身黑头、先出末后生者，拣出不用，止留完全肥好者。"

家蚕原种生产中微粒子病发生主要是由环境病原密度大和与野外昆虫微孢子虫污染桑叶，以及人们消毒意识淡薄等原因造成的。

二、病原

微孢子虫（microsporidia）是一类细胞内专性寄生的单细胞真核生物，几乎可寄生于所有动物。已发现并报道的微孢子虫包括 150 多个属的 1 500 多个种。1857 年，法国首先发现 N.b 是引起家蚕微粒子病的病原，且具有胚种传染性。该病原在分类学上属微孢子虫门、双单倍期纲（Dihapiophasea）、离异双单倍期目（Oisso ciodihapiophasida）、微孢子虫总科（Nosematoidea）、微孢子虫科（Nosematidae）、微孢子虫属（*Nosema*），学名为家蚕微粒子虫。孢子一般为卵圆形，大小（2.9～4.1）μm×（1.7～2.4）μm。群体较整齐，也有异形孢子及大形孢子。孢子表面光滑，淡绿色，有强烈折光及特殊运动性（上下摆动）。位相差显微镜下，孢子为一明显的光滑黑线围成的卵圆形。有的学者根据血清学将感染家蚕的 *Nosema* 属的微孢子虫分为 bombycis 型、M11 型、M12 型。2002 年发现家蚕中肠来源的某些肠球菌（*Enterococcus faecalis*）菌种的外分泌蛋白能够抑制 N.b 孢子的发芽。

已构建的 N.b BAC 文库是国内微孢子虫方面报道的第一个 BAC 文库，该文库的构建将推进 N.b 基因组精细图的构建，以及功能基因的分离和克隆。有研究表明，家蚕微孢子虫的基因组大小为 15.33 mb，包含 18 条染色体。PCR 扩增的 317 bp 的 DNA 片段为 N.b 孢子所特有。对 N.b 基因组测序，获得了 7.8 倍全基因组覆盖度的 WGS reads 序列，4 305 个预测基因，其中发现了一类蓖麻毒素 B 链蛋白家族基因，包含 14 条基因序列。B 链具有凝集素活性，含有 2 个半乳糖结合位点，能与细胞表面含半乳糖的糖蛋白或糖脂结合，通过内陷作用转入细胞内，介导蓖麻毒蛋白（ricin）组成中的 A 链进入细胞质，对 A 链发挥毒性作用具有重要的促进作用。

截至目前，人们利用基因组学对 N.b 的划分作了大量的研究。有结果表明，微孢子虫的核糖体为原核生物型。rRNA 基因以多拷贝串联重复单位的形式存在于基因组上，由转录单位和基因间隔区组成。已知的 Nosema. bombyeis、Nosema. spM11、Vairimorha. spM12 等几种微孢子虫的 5S rRNA 基因长度均为 120 nt 左右。人们相继报道了 23S rRNA 基因的部分序列，测定了 *Nosema apis* 的完整 DNA 序列（包括 SSUrDNA、ITS 和 LSUrDNA），其全长约 4 000 bp。构建的系统发育树表明 *Nosema* 属为异源属，同时也表明微孢子虫与真核生物有较近的起源。近几年的研究表明，通过对家蚕全基因组的分析，充分证明了整个微孢子虫门与真菌而非原核生物存在着更近的亲缘关系。

另外，也有较多对微孢子虫极丝蛋白和孢壁蛋白的研究，极丝蛋白（PTP）由低分子质量的多肽组成，具抗 SDS 解离特性，其 N-端含 22 个氨基酸的信号肽，富含脯氨酸，而且具有较高的保守性。孢壁上的蛋白是最先、最直接与宿主接触的部位，因而在侵染宿主的过程中发挥着重要作用，其中 SWP26 胞壁蛋白能介导 N.b 对宿主细胞的黏附作用。通过研究蛋白与蛋白互作关系，获得了与侵染宿主、稳定孢壁结构及增殖等活动相关的重要蛋白质，为最终阐明 N.b 的侵染机制奠定基础。

三、免疫学

N.b 经口或经胚胎对家蚕造成感染。在研究 N.b 侵染机制时，发现 N.b 孢子经特异性识别孢壁蛋白 SP84 的单抗 3C2 预处理后接种宿主细胞，感染率明显下降。这些结果都表明孢壁蛋白可能参与了 N.b 的感染过程。经 KOH 预处理的 N.b

孢子（LTS）进入 Tn 培养细胞后，根据培养物总蛋白和细胞超微形态出现的变化，推测可能是 Tn 培养细胞吞噬 N.b 孢子后的细胞防御反应结果。

家蚕体内有两类特殊的体液免疫因子可杀灭或抑制外来的异物。一类是以凝集素、原酚氧化酶等为代表的蚕体内本身存在的先天性因子。另一类是抗微生物多肽为代表的经人工或自然诱导后产生的后天性免疫因子。

四、制品

（一）诊断制剂

1. 免疫学检测 已报道的有单克隆抗体法、酶联免疫吸附法、双向免疫扩散法、荧光抗体识别法、凝聚法、多克隆抗体免疫荧光检测（IFA）法、酶标抗体法、LAMP 检测技术。

2. 染色法检测 取 N.b 的悬浮液，经处理，应用荧光染色试剂 Calcofluor White M2R 染色。在荧光显微镜下可见 N.b 孢子被染上强烈的青蓝色荧光，而宿主组织碎片、病毒、细菌等不被染色。该法是一种快速有效鉴别 N.b 的方法。

3. 分子生物学检测 核酸分子杂交技术是比较有应用前景的。目前，研究人员用 PCR 技术合成了一段 317 bp 的 DNA 片段，将其克隆到大肠杆菌 E. coli DH5a 中，并大量制备该片段，用地高辛（DIG）标记成探针，经点杂交和 Southern 杂交检测，发现该片段为 N.b 所特有。但上述技术方法目前还局限于实验室应用。

荧光定量 PCR 检测方法的检测线性范围为 $1\times(10^2\sim10^8)$ 拷贝/mL 的 7 个线性梯度，检测家蚕微孢子虫的敏感度达 1×10^2 拷贝/mL，特异性强，灵敏度高。

（二）疫苗

目前尚未报道有临床应用的有效疫苗。

五、展望

现行母蛾检验在家蚕微粒子病防治中的客观效果是毋庸置疑的。但其质量标准值得商榷。随着蚕业科技工作者对 N.b 检测研究的深入，人们发现至今可以在家蚕上寄生的微孢子虫种类已达 10 种之多。因此对它们的诊断、检测、鉴别也相对复杂起来。如何准确、尽早地检测出由于 N. b 寄生而造成的带毒的蚕卵和蚕蛾，在生产上是至关重要的。

目前研究的难点及重点是，不仅需要一套高效低成本的检测技术与设备，还需要从样品抽样的数量、抽样方法等方面进行研究。在上述研究成果的基础上建立一套蚕桑生产中迫切需要的能够快捷、方便检测 N. b 感染率及进行家蚕幼虫中微粒子病早期诊断的技术。

（李军燕　万建青）

主要参考文献

何永强，吴姗，鲁兴萌，等，2011. 家蚕微孢子虫荧光定量 PCR 检测方法及诊断试剂盒 [J]. 蚕业科学，37（2）：260-265.

金伟，鲁兴萌，2001. 家蚕病理学 [M]. 北京：中国农业出版社.

秦国伟，2014. 家蚕微孢子虫 LAMP 检测技术的建立 [D]. 重庆：西南大学.

向恒，潘国庆，陶美林，等，2010. 家蚕微孢子虫全基因组分析支持微孢子虫与真菌的亲缘关系 [J]. 蚕业科学，36（3）：0442-0446.

浙江大学，2000. 家蚕病理学 [M]. 北京：中国农业出版社.

Carter J E, Odumosu O, Langridge W H, 2010. Expression of a *ricin toxin B* subun it insulin fusion protein in edible plant tissues [J]. Molecular Biotechnology, 44（2）：90-100.

Wu Z L, Li Y H, Pan G Q, et al, 2008. Proteomic analysis of spore wall proteins and identification of two spore wall proteins from *Nosema bombycis*（*Microsporidia*）[J]. Proteomics, 8（12）：2447-2461.

Zhang F, Lu X, Zhu H, et al, 2007. Effects of a novel anti-exospore monoclonal antibody on microsporidial *Nosema bombycis* germination and reproduction *in vitro* [J]. Parasitology, 134（11）：1551-1558.

第十五节　无浆体病

一、概述

无浆体病（*Anaplasmosis*）又称边虫病，是由无浆体属（*Anaplasma*）的各种病原寄生于宿主动物红细胞内引起的一种急性或慢性传染病。

无浆体病主要危害反刍动物，然而新近发现了一种叫嗜吞噬细胞无浆体的病原，对人畜均有较强致病性。本病呈世界性流行，尤以热带、亚热带和温带地区多发。我国也有本病发生，在新疆（1982）、辽宁（1985）、内蒙古（1987），以及西北的陕西、青海、甘肃等省和华南各省都有流行报道。世界动物卫生组织（OIE）将本病列为法定报告传染病。本病也是我国出入境动物检疫疾病之一。

二、病原

无浆体属立克次氏体目（Rickttsiales）、无浆体科（Anaplasmataceae）、无浆体属（*Anaplasma*）。无浆体曾被认为是原虫，被称为边虫，不过由于其大小、形态、生物学特征等均与立克次氏体相似，现已将其归属于立克次氏体，加上它缺乏细胞浆，因此称为"无浆体"，有时也译作微粒孢子虫、无形体等。

常见的致病性无浆体有 4 种，即引起牛和鹿重症感染的边缘无浆体（*Anaplasma marginale*），引起牛轻症感染的中央无浆体（*A. centrale*），引起绵羊、山羊和鹿轻症或重症感染的绵羊无浆体（*A. ovis*）和引起牛轻度感染的尾形无浆体（*A. acudatum*）。在 4 种无浆体中，以边缘无浆体分布最广，在非洲、南美洲、中美洲、北美洲、地中海沿岸、巴尔干半岛、中亚、南亚、东南亚地区、朝鲜半岛和澳大利亚北部等地均有分布。在我国主要见于南方，广东、广西、湖南、湖北、江西、江苏、四川、云南、贵州，以及河南、山东、河北 12 个省区的黄牛和水牛都曾检出边缘无浆体。中央无浆体最早发现于南非，现已扩散至非洲、东南亚、拉丁美洲的一些国家及澳大利亚。绵羊无浆体发现于非洲、法国、西班牙、土耳其、叙利亚、伊拉克、伊朗、中亚地区、俄罗斯和美国，中国西北部的养羊区，如甘肃、青海、宁夏、新疆、陕西北部和内蒙古西部均属病原分布区。1982 年和 1986 年新疆和内蒙古曾先后流行绵羊无浆体病。

易感动物有牛、羊、骆驼、鹿、狷羚、瞪羚、非洲羚羊、非洲旋角大羚羊和猪等。幼龄动物易感性低，1 岁以上发病重，不同品种的易感性也不同。病愈动物可终生带虫，病畜和带虫者是传染源。在自然界，蜱和吸血昆虫是本病的主要传播者，包括血蜱、锐缘蜱、硬蜱、血红扇头蜱等，我国为硬蜱、草原革蜱、亚东璃眼蜱等，吸血昆虫-蚊和蝇等也能传播本病，多为机械传播，也存在生物学传播，牛蜱和草蜱能借助卵传给下代蜱而再传给其他动物体。传播途径主要是通过叮咬经皮肤感染，另外手术器械也可机械传播本病。本病发生有明显季节性和区域性，多发生于夏秋季节吸血昆虫活动频繁的月份。

本病主要引起牛、羊、鹿等家畜发病，呈急性或慢性病程，表现为发热、贫血、黄疸和渐进性消瘦，严重的可以致死。牛死亡率可达80%，绵山羊死亡率达17%，良种奶牛的产奶量降低30%～50%，甚至停止泌乳，体重下降，使畜产品的质量和数量遭受严重损失，是阻碍畜牧业发展的几种主要蜱传播疾病中分布最广的一种。

无浆体严格寄生于啮齿动物、反刍动物及猪等脊椎动物的血液内，主要在红细胞内，每个红细胞内可见1～5个虫体，多数为1～2个。病原在红细胞内的寄生部位是种类鉴定的主要依据，边缘无浆体有80%左右位于红细胞的边缘，中央无浆体则有近90%位于中央或接近中央区域。虫体革兰氏染色呈阴性，姬姆萨氏法染色后为蓝紫色或淡红紫色，呈环状或球状，直径在0.4～1.5 μm，且外有一层膜。在电镜下，无浆体是红细胞内涵物，以一层内膜与胞浆隔开，内含1～10个豆状或椭圆形的初级小体（初体），呈球形，直径0.3～0.4 μm，外包两层膜，为真正的寄生物，是引起感染或带病原状态的单位，即由初级小体侵入红细胞内开始，然后以二分裂法增殖，发育成一个含有多个初级小体的无浆体（包含体）。当成熟的无浆体接触到新的红细胞时，其中的初级小体突破无浆体膜，从红细胞内逸至血浆中，再次侵入新的宿主细胞。无浆体有宿主特异性，在补体结合反应中，具有抗原交叉性。无浆体对理化因素的抵抗力较弱，56℃ 10min，普通消毒剂中很快死亡。耐低温和干燥，血液中的病原体可于-70℃保存48～60个月，在葡萄糖、蔗糖、柠檬酸盐混合液中，可保存350d。在干燥中或4℃以下可长期存活。对广谱抗生素敏感，如四环素族抗生素和砷化物可抑制其生长，但对青霉素、磺胺类药物和链霉素不敏感。

无浆体在阳性蜱吸食健康易感动物的血液时，随唾液进入动物机体，寄生于红细胞内的无浆体在代谢过程中产生的化学毒素及其繁殖时对宿主

细胞机械性的破坏，造成红细胞大量崩解，此外，发生变化的红细胞刺激动物产生自家抗体使红细胞发生免疫性溶血，促使病畜出现高度贫血、黄疸等一系列病理变化。组织学观察显示，肝小叶中心变性、坏死。窦状隙中有嗜中性白细胞浸润，星状细胞肿大、增生，小叶结缔组织有淋巴细胞、浆细胞浸润。脾脏网状内皮细胞活化，脾髓富含血液和含铁血黄素沉着。肺、心脏水肿，轻度出血，有淋巴细胞、中性粒细胞、浆细胞等浸润。患无浆体病的怀孕动物可发生流产，部分病畜因贫血乏氧，极度衰弱而死亡。被感染的野生反刍动物致死率很小，但成年牛可达50%。如有继发感染，可增加其致死率。在我国，绵羊和山羊感染无浆体后常无明显的临床症状。

目前，边缘无浆体全基因组测序工作已经完成。据报道，边缘无浆体具有1个大小为1.2～1.6 mb的环形基因组，其中G＋C含量为49.8%，明显高于立克次氏体目其他生物体平均31%的含量。整个基因组具有较高编码密度（86%），有949个编码序列（CDSs），每个编码序列平均约为1 077 bp，其中有8个编码序列为分离区ORFs的假基因。此外，基因组还包含1个立克次氏体目特有的独立的rRNA操纵子基因。有关中央无浆体和羊无浆体的全基因组尚未见报道，只有零星资料报道膜表面蛋白MSP-5基因和MSP-2基因在种间具有相对保守性，主要抗原蛋白（MAP1）和16S rRNA基因可作为病原分子生物学检测的主要目标基因。

对边缘无浆体全基因组来说，利用Signalp软件预测其中含有163个信号肽编码序列，由Tmpred软件推测每3个编码序列就包含1个跨膜区。但用Psort和Psortb软件仅能各预测出43个和13个外膜蛋白，其中不包括许多已知无浆体外膜蛋白，因此各蛋白在基因组中的详细位置还无法确定。目前已知，边缘无浆体含有13个编码外膜蛋白序列，证实外膜蛋白的2个超家族即是由已知的13个外膜蛋白和新发现的编码序列组成，其中MSP2超家族有56个成员（包括16个假基因），MSP1超家族有6个成员，与预期的基因组大小相符。

三、免疫学

目前，有关无浆体抗原的研究主要集中于外

膜表面蛋白。据资料报道，边缘无浆体具有6种主要膜表面蛋白，即MSP1a、MSP1b、MSP2、MSP3、MSP4和MSP5，统称为MSPs，因其在不同虫株间具有不同程度的保守性，可作为研究边缘无浆体亚单位疫苗的候选抗原。除上述主要外膜蛋白以外，还有21种其他外膜蛋白，主要包括Ⅳ型分泌系统（TFSS）Vir9、Vir10和结合转移蛋白（CTP）等，也能刺激机体产生细胞免疫和体液免疫。此外，有学者从哺乳动物红细胞分离了A. marginale表面复合物pfam01617，从蜱细胞中分离了A. marginale膜蛋白质组AM778，将两者的复合物混合后免疫实验动物，可抵抗高水平的A. marginale感染。

边缘无浆体感染康复的宿主动物可获得部分或完全的免疫力。用药后的免疫力可持续至少8个月。目前，已经认识到的有关无浆体的免疫原理有抗体封闭掉边缘无浆体表面的红细胞接合点，从而阻断红细胞与边缘无浆体初体的结合；抗体或补体，或抗体和补体一起溶解初体；巨噬细胞和（或）T辅助细胞（T helper cells）吞噬初体及感染红细胞，并对红细胞内初体产生杀伤作用。无浆体病的保护性的免疫是体液免疫和细胞介导的免疫应答共同参与的结果，以细胞介导的免疫应答占主导。在与强毒病原的反应中，被攻击动物致敏的淋巴细胞能激活吞噬性的巨噬细胞，反过来巨噬细胞又可致敏淋巴细胞，在IgG的辅助之下，快速清除血液中的受感染的红细胞。中央无浆体的致病力较边缘无浆体弱，但与边缘无浆体有共同抗原。因此，可将这两种无浆体的疫苗用于该病的免疫预防。

四、制品

（一）诊断制剂

1. 抗原检测 目前，用于检测无浆体抗原的抗体主要集中于边缘无浆体膜表面重组MSP的单克隆抗体（MAb），如牛边缘无浆体MSP5单克隆抗体，北京兰伯瑞生物技术有限公司已有商品化的边缘无浆体抗体，在此基础上建立的竞争抑制ELISA（CI-ELISA）方法具有较高的特异性和重复性，可用于流行病学调查研究。此外，补体结合试验也已用于无浆体病的抗原检测。在国外，Ristic（1957）应用荧光素标记的抗无浆体球蛋白来检测可疑带虫血片，同Romanowsky'S

染色法比较，检出率有了很大提高。该方法作为一种研究方法或试验手段，已经广泛应用于牛羊无浆体病或血孢子虫病血清学诊断、流行病学调查、治疗和疫苗接种后效果复查及虫体鉴别等各方面。

2. 抗体检测 无浆体病被检抗体的主要来源是受感染动物的血清。目前，已有补体结合试验（CFT）、毛细管凝集试验、试管凝集试验、卡片凝集试验（CA）、快速凝集试验（RCA）、乳胶凝集试验（LAT）、间接荧光抗体试验（IFAT）、普通ELISA及放射免疫分析法等用于无浆体病的诊断。美国将乳胶凝集试验作为正式诊断方法，OIE推荐用卡片凝集试验诊断牛无浆体病。2002年中华人民共和国国家质量监督检验检疫总局发布的《牛无浆体病的快速凝集检测方法》（GB/T 18651—2002）适用于包括牛在内的多种动物无浆体病的诊断。兰州兽医研究所建立的微量补体结合试验、间接免疫荧光抗体试验，已广泛用于本病的临床诊断及流行病学调查。但在所有血清学诊断方法中，因ELISA敏感性高，适于大量样品的检测，结果判读和分析也已实现自动化，所用器材商品化程度较高，易于实现诊断试剂及试验操作的标准化，是最有应用前景的诊断方法。在诊断试剂研究方面，华中农业大学的姚宝安教授已研制出边缘无浆体快速诊断试剂盒；吴鉴三等应用由国内制备的全套试剂建立了团集凝集试验（CAT），可将其用于检测边缘无浆体病。

（二）疫苗

目前，已有商品化的疫苗应用于无浆体病的免疫预防。主要有以下几种：

1. 灭活疫苗 用死虫抗原对田间免疫接种来说比活苗更为有利，可提高安全性、延长保存期。现已有商品化的疫苗（AnaPlazTM），在美国和南非均有应用。但该疫苗也有许多缺点。由于包含了较多的红细胞组分，在免疫动物时会出现非特异反应，可能使个别新生犊牛发生同种红细胞溶血病，且疫苗制作成本昂贵、难以标准化生产和对一些独特的虫株无交叉保护力，可能因血液中的其他疫病病原污染而导致被免疫动物暴发疾病等。目前，美国正在研究用梯度密度离心技术去除红细胞成分，以减少其副作用。

2. 活虫苗 有致弱边缘无浆体苗和中央无浆体苗。中央无浆体苗的交叉免疫作用可使牛获得对边缘无浆体的免疫力，且可持续数年，接种1～2次可保持终生免疫，但冷藏弱毒苗保护期短，仅7d，运输过程需用液氮。中央边缘无浆体苗在澳大利亚流行区已得到广泛应用，以色列、南非和一些南美洲国家也在一定范围内应用。需要注意的是，注射时最好先接种无红细胞成分的灭活疫苗作基础免疫，然后再用活虫苗，这样既能获得坚强免疫力，又可降低疫苗的不良反应。

3. 基因工程疫苗 美国的AM105和AM106苗能抵抗2个虫株攻毒，2种疫苗都含有中央无浆体和边缘无浆体的抗原决定簇。澳大利亚CSL-Ro Lony Pocket研制的基因工程疫苗进展也较快。该类苗的应用已进入临床试验，可以克服虫苗免疫动物处于带虫状态的缺点。

4. 亚单位疫苗 近年来，随着对 *A. marginale* 膜表面蛋白的深入研究，发现它与虫体的存活、增殖及致病等作用关系密切，并能诱导哺乳动物发生保护性免疫反应，因而它便成了研究 *A. marginale* 亚单位疫苗的候选抗原。Kawasaki 等（2007）将 *A. marginale* MSPs的重组体混合成免疫刺激复合物（ISCOM）接种小鼠，证实该疫苗可作为保护性疫苗抵抗同源性和异源性 *A. marginale* 的感染。目前，还没有亚单位疫苗的商品化产品，但亚单位疫苗将成为一种更为理想的疫苗。

五、展望

加强无浆体病免疫机理研究，了解相关抗原和具有免疫优势的B细胞表位、T细胞表位的鉴定是应用疫苗进行预防无浆体病的关键，而大力发展治疗用抗体，是无浆体病防治的另一选择。在诊断方法方面，目前可用于该病诊断的方法很多，但都同时存在许多优缺点，因而研究方便、可靠、快速的诊断方法也是未来工作中应重点努力的方向之一。此外，现今使用的无浆体疫苗主要是多价灭活疫苗、活虫苗或分离的边缘无浆体初始体组成的亚单位苗，这些疫苗虽能安全、有效地预防这些疾病，但同时存在成本过高，难以标准化生产，具有副作用，或难以保存和运输，可能引发其他血液传播性疾病等缺点，因此有必要采取有效措施，降低获得大量无浆体虫体的商业成本和不良作用，以促进无浆体弱毒苗和灭活疫苗的使用。近年来，以膜蛋白为研究对象研制亚单位疫苗已成为很多学者的研究目标，重组质粒组合后免疫也将成为改善边缘无浆体疫苗免疫效果的有效策略之一，虽然这些疫苗还没有商品化，但却给疾病的防控提出了很好的思路，因此针对他们的研究力度还需加大，相信随着对该病研究的深入，在其防控、致病机理，以及新型疫苗研制等方面将取得突破性的进展，有望在临床生产上发挥重要作用。

（王　瑞　万建青）

主要参考文献

李海辉，2008. 湖南省牛无浆体病调查与分析 [D]. 长沙：湖南农业大学.

马米玲，罗建勋，殷宏，等，2008. 边缘无浆体病诊断方法的研究进展 [J]. 中国兽医科学，38（07）：633-638.

倪宏波，王冰，姜海芳，等，2011. 检测牛边缘无浆体抗体的竞争抑制 ELISA 方法的建立 [J]. 中国预防兽医学报（4）：43-46.

Francy L C, Kelly A B, Forgivemore M, et al, 2015. Reduced infectivity in cattle for an outer membrane protein mutant of *Anaplasma marginale* [J]. Applied and Environmental Microbiology, 81 (6): 2206-2214.

Hairgrove T, Schroeder M E, Budke C M, et al, 2015. Molecular and serological in-herd prevalence of *Anaplasma marginale* infection in Texas cattle [J]. Preventive Veterinary Medicine, 119 (1/2): 1-9.

Hammaca G K, Ku P S, Gallettia M F, et al, 2013. Protective immunity induced by immunization with a live, cultured *Anaplasma marginale* strain [J]. Vaccine, 31 (35): 3617-3622.

Kawasaki P M, Kano F S, Tamekuni K, et al, 2007. Immune response of BALB/c mouse immunized with recombinant MSPs proteins of *Anaplasma marginale* binding to immunostimulant complex (ISCOM) [J]. Research Veterinary Science, 83 (3): 347-354.

Palomar A M, Portillo A, Santibanez P, et al, 2015. Detection of tick-borne *Anaplasma bovis*, *Anaplasma* phagocytophilum and *Anaplasma centrale* in Spain [J]. Medical and Veterinary Entomology, 29 (3): 349-353.

Thomas B H, Thomas M C, Christine M B, et al, 2014. Seroprevalence of *Anaplasma marginale* in Texas cattle [J]. Preventive Veterinary Medicine, 116 (1/2): 188-192.

第十六节　附红细胞体病

一、概述

附红细胞体病（Eperythrozoonosis，EH）又称"红皮病"或"紫皮病"或"类边虫病"，是由附红细胞体（Eperythrozoon）寄生于人和动物的红细胞表面、血浆及骨髓等部位所引起的一种人畜共患的传染性、热性、溶血性疾病，以红细胞压积和血红蛋白浓度降低、白细胞增多、黄疸、贫血、发热为主要临床症状，能感染猪、牛、山羊、绵羊、马、猫、兔、犬、猴、鹿、角马、狐类、骆马等哺乳动物和鸟类及人类。

1928 年，Schilling 和 Dinger 在啮齿类动物中检查到类球状血虫体（E. coccoides）。1934 年，Neitz 等在绵羊的红细胞边缘及周围发现多形态的附红细胞体（E. ovis），同年，Adler 等在牛体中发现类似微生物。1950 年，Splitter 等发现了引起猪贫血、黄疸的猪附红细胞体，命名为猪附红体（E. suis）；1986 年，Puntaric 等发现了人类的附红细胞体病。自 20 世纪 80 年代后，该病作为一种人畜共患的传染病，已有近 30 个国家和地区报告发生该病，日益受到国内外相关学者的关注。附红细胞体病在我国多地也曾流行，对我国畜牧业生产及人的健康都构成严重危害，可造成仔猪和犊牛大量死亡，给养殖户带来很大的经济损失。

二、病原

目前对附红细胞体的分类问题还存在争议。附红细胞体有原虫特征，同时还具有立克次氏体的特点。根据附红细胞体的形态、生物学特性及 1984 年第 8 版《伯吉氏细菌鉴定手册》多数学者倾向于将附红细胞体归属于立克次氏体目（Rickettsiares）、无浆体科（Anap lasmataceae）、附红细胞体属（Eperythrozoon）。近年来，Rikihisa 等（1997）、Neimark 等（2001）和 Messick 等（2002）研究后认为，附红细胞体更接近于巴氏通体属，提议将二者一起分类到支原体科、支原体属。Anonymus（2002）、Neimark 等（2001）和 Messick 等（2002）对附红细胞体进行种系发生学研究后，将其归类为支原体属，并划分为一独立的种，而不是属。上述研究为进一步确立附红

细胞体的类属奠定了基础，但附红细胞体的确切分类尚有待进一步深入研究，多数学者建议应完整测定附红细胞体的基因组序列，然后结合其他生物学特性确定附红细胞体的种属分类地位。

迄今为止，已发现并命名的附红细胞体有 14 种，包括猪的猪附红细胞体（E. suis）和小附红细胞体（E. parvurn）、绵羊的绵羊附红细胞体（E. ovis）、牛的温氏附红细胞体（E. wenyoni）、鼠的球状附红细胞体（E. coccoides）、狗的彼来克洛波夫附红细胞体（E. perekropori）、猫的猫附红细胞体（E. felis）、山羊的山羊附红细胞体（E. hirci）和兔的兔附红细胞体（E. lepus）等，另外还有人附红细胞体（E. humanus）。这些附红细胞体多是根据寄生的宿主来命名的。目前认为猪附红细胞体和绵羊的附红细胞体致病性较强，温氏附红细胞体的致病性较弱，小附红细胞体基本没有致病性。

附红细胞体直径约 1 μm，最大 2.5 μm，具多形性，呈环形、球形、椭圆形、杆形、月牙形、逗点状和串珠状等。虫体多依附在红细胞表面，单个或成团寄生，呈链状或鳞片状，少数游离于血浆中，在镜下可见其以进退、屈伸、多方向扭转等方式作自由运动，而附着于红细胞的虫体即再看不到其运动。革兰氏染色阴性，红细胞呈橘黄色，虫体淡蓝色，中间的核为紫红色，虫体折光性很强，可发出亮晶晶的光彩。经瑞氏染色，640 倍显微镜观察，红细胞呈淡紫红色，虫体天蓝色，附着在红细胞上的虫体，像一轮淡紫色的宝石；姬姆萨染色，虫体为紫红色环状体。

在扫描电镜下，可观察到附红细胞体寄生于红细胞膜上，并不进入红细胞内，附红细胞体大小不一，直径 0.2～2.6 μm，膜为单层结构，无明显细胞器，无核（Landg 等，1987）；形态各异，多为球形，也有纺锤形、短杆状的。在血液中它们可单个、多个或小团块附着在红细胞表面或游离在血浆中。透射电镜下，附红细胞体近似球形，具有完整的形态，边缘密度较大，中间密度小，仅有一层膜包裹，无明显细胞器和细胞核；附红细胞体之间靠其纤维相互缠绕连接成为聚合小体，存在于血浆中或靠纤维连在红细胞上。在高倍电镜下，可观察到附红细胞体内有分布不均的类核糖体颗粒。

附红细胞体的宿主范围广泛，哺乳动物中的啮齿类动物和反刍兽等均易感，常见宿主有鼠类、

猪、山羊、绵羊、牛、马、驴、骡、骆驼、犬、猫、兔、鸡、黑尾鹿、蓝狐、北极狐等。以往人们认为附红细胞体具有很强的宿主特异性，即畜种不同，所感染的附红细胞体也不一样。但有研究结果表明，其宿主特异性是相对的，在动物机体免疫力降低的情况下，附红细胞体有可能在不同种属的动物之间发生感染，即一种附红细胞体可能感染两种动物，也有两种附红细胞体感染一种动物的情况。如将病猪血液经耳静脉注射家兔后，可使家兔感染发病且多呈急性死亡，再将病兔血液接种健康猪也同样感染发病。周向阳也曾报道，接触附红细胞体病犬的 2 名兽医人员及 1 名训导员感染附红细胞体。

附红细胞体呈全球性分布，不同地区的分布不同。亚洲、非洲、北美洲、欧洲及大洋洲均有报道，我国多个省、市、自治区也相继发现该病。以夏秋和冬季气候变化时节多发，目前，对附红细胞体病的传播途径尚不完全清楚。可能的传播方式及途径有接触性传播、血源性传播、垂直传播、媒介昆虫传播等。即可通过摄食血液或含血的物质，如舔食断尾的伤口，打斗或吃被血污染的饲料等直接传播，也可通过吸血昆虫和非生命的媒介间接传播，但交配不能传播该病，对子宫内传播还有争议。

不同家畜及人的附红细胞体病临床症状有所不同，但均会出现高热、贫血和黄疸等主要临床症状。病理组织学观察有弥漫性血管炎症，有浆细胞、淋巴细胞和单核细胞等在血管周围聚集，肺、心、肾等都有不同程度的炎性变化。脑血管内上皮细胞肿胀，有浆液性纤维素渗出，脑软膜充血、出血，大量白细胞积聚。神经细胞核肿胀、坏死、破碎。骨髓增殖。肝脏含铁黄色素沉积，肝小叶有坏死，肝细胞浊肿，空泡变性，有点状出血和坏死灶，中央静脉扩张，水肿，肝窦扩张，叶间胆管扩张。间质性肺炎，脾充血、出血、滤泡纤维素性增生，滤泡消失。

对于附红细胞体病的治疗，国内外学者均有报道，但疗效不一，常用的治疗药物有新胂凡纳明（九一四）、贝尼尔（血虫净）、咪唑苯脲、黄色素（锥黄素）、四环素、长效土霉素、卡那霉素、碘硝酚、苏拉明（纳加诺尔或拜尔 205）等。但人和动物的附红细胞体病所用药物的种类不同。人可用四环素、丁胺卡那霉素、庆大霉素、土霉素等，丁胺卡那霉素疗效优于庆大霉素，青链霉

素效果较差。对动物附红细胞体病的治疗，目前应用较多的药物有贝尼尔、土霉素、黄色素、新胂凡纳明、盐酸咪唑苯脲、氯苯胍等多种药物。

三、免疫学

据现有资料显示，细胞免疫和体液免疫均在附红细胞体的免疫过程中发挥作用。附红细胞体感染后不久，即可引起宿主发生较强的细胞免疫。绵羊感染 E.vois 可检测到脾索网状细胞对被感染细胞的吞噬活性，并可刺激宿主产生保护性抗体，用高免血清进行被动免疫可使潜伏期延长。取感染 E.ovis 的羊脾脏中淋巴细胞与绵羊细胞做玫瑰花环试验，感染羊玫瑰花环阳性率为 $2.8\%\sim15.4\%$，非感染羊为阴性。对患急性附红细胞体病的病猪红细胞免疫功能的研究表明，附红细胞体侵袭红细胞的同时，破坏了红细胞膜表面的受体，红细胞膜表面游离状态的 C3b 受体数量明显减少，红细胞免疫功能低下。柴方红等发现，附红细胞体自然感染发病仔猪的红细胞 C3b 受体花环率、IC 花环率、淋巴细胞转化率、Ea 花环率、EAC 花环率均明显降低，外周血嗜中性白细胞吞噬率及吞噬指数明显降低，说明猪感染附红细胞体后能够降低机体的非特异性免疫力。感染 10d 后，可在宿主体内检测到抗体，两个月时达高峰。另据魏梅雄等报道，附红细胞体与腺病毒、麻疹病毒等有共同抗原存在。但迄今对附红细胞体感染的免疫应答的了解还不十分清楚，给附红细胞体病的预防带来极大阻碍。

目前，对附红细胞体基因组所知甚少，只是对其中的 16S rRNA 基因有较多了解，且已有大量附红细胞体株的 16S rRNA 基因组片段序列。据资料报道，猪附红细胞体的基因组大小为 750 kb 左右或 1.8 mb。但 2009 年上海交通大学的严丽华采用脉冲场凝胶电泳结合 DNA 杂交技术研究了猪附红细胞体的基因组，发现其基因组约为 1.9 mb，与国外学者的研究结果有很大差距，这可能是由于不同地域来源的菌株不同所致。由于目前还无法对附红细胞体进行体外培养，再加上宿主 DNA 的污染及宿主基因组的测序也不完全，限制了对附红细胞体基因组的研究，但随着测序技术的快速发展，大规模高通量测序技术的成熟运用，附红细胞体的基因组测序工作也会在不久的将来完成。

据国外资料报道，通过脉冲场凝胶电泳（PFGE）和限制性酶切片段技术测定的附红细胞体基因组全长约为 745 kb，限制性酶切片段加起来长度范围为 730～770 kb。Southern 杂交表明，16S rRNA 基因在 120 kb Mlu I、128 kb Nru I、25 kb Sac II 和 217 kb Sal I 片段上。Hoelzle（2007）研究又发现两个新基因，即 $MSG1$ 及 $HSPA1$，为猪附红细胞体两个重要表达基因，前者与甘油醛-3-磷酸脱氢酶（GAPDH）高度同源，参与红细胞的黏附，是具有黏附猪红细胞功能的猪附红细胞体膜蛋白；另外一个是具有抗原性的蛋白编码基因。吴志明等在国内首先利用 $M. suis$ 功能性结构基因序列（ORF2）建立 PCR 诊断方法，其研究表明，我国 $M. suis$ 分离株与国外株基因组核苷酸和氨基酸序列存在较大差异。

四、制品

（一）诊断制剂

1. 免疫学检测　目前用于血清学诊断的方法需要预先将阳性血样中 $M. suis$ 和 RBC 分开，以制备抗原来提高检测效价，也可选用单克隆抗体来检测附红细胞体抗原。基于这一方法的检测技术有免疫荧光试验法（IFA）、补体结合试验法（CFT）、酶联免疫吸附法（ELISA）、夹心 ELISA、辣根过氧化物酶标记葡萄球菌 A 蛋白的酶联免疫吸附试验法（PPA-ELISA）和间接血凝试验法（IHA）等。这些方法具有交叉反应低的优点，但与 PCR 相比，敏感性与特异性较差。目前已有上海卡努生物科技有限公司和上海研吉生物科技有限公司推出的羊附红细胞体病（Eperythrozoonosis）ELISA 试剂盒用于抗原或抗体的检测。

附红细胞体病被检抗体主要来源于血清。1986 年，Lang 等成功地将附红细胞体与红细胞分开制备了抗原，极大地推动了附红细胞体病血清学诊断技术的发展。在诊断方面已报道了免疫荧光抗体试验（IFA）、补体结合试验（CFT）、间接血凝试验（IHA）、酶联免疫吸附试验（ELISA）和 Dot-ELISA 等方法。但这些方法多是实验室尝试性方法，主要是由于目前对附红细胞体尚无成熟的体外培养方法，难以获得大量原始抗原，严重阻碍了血清学方法的应用。目前已有延边大学的张守发研制了猪附红细胞体病间接

ELISA 检测试剂盒，并进行了初步应用，阳性符合率为 100%。

2. 分子生物学检测　闫若潜等根据猪附红细胞体的功能性基因 ORF2 序列建立了 $M. suis$ 的 TaqMan 荧光定量 PCR 检测方法，与普通 PCR 方法相比，具有更好的敏感性、特异性和重复性。

（二）治疗用品

目前已有不少治疗用制品可用于抗附红细胞体病试验研究。包括高免血清、卵黄抗体和单克隆抗体等。

1. 抗附红细胞体高免血清　用猪附红细胞体病康复猪的血清注射病猪，按 0.1mL/kg（按体重计），每日 1 次，连用 2 次，有很好的保护力。

2. 非特异性卵黄抗体干粉　非特异性卵黄抗体干粉是用不同抗原免疫产卵母鸡，其体内产生相应抗体并转移累积于卵黄中，经喷雾干燥工艺制备成卵黄抗体干粉，再通过特定工艺与益生菌组合成固体制剂，以充分发挥免疫球蛋白的特异性和非特异性免疫及相应生理促进功能，从而起到对病原体的协同免疫作用，可用于附红细胞体病的紧急治疗和预防。

3. 抗附红细胞体单克隆抗体　以纯化的猪附红细胞体（EH）免疫 BALB/c 小鼠，运用淋巴细胞杂交瘤技术进行细胞融合，经筛选和鉴定后共获得 5 株分泌抗猪附红细胞体单克隆抗体（McAb）的杂交瘤细胞，即 1H1、1H2、3A5、5B1 和 7E11，其单抗亚类鉴定分别属于 IgG2b、IgG1、IgG2b、IgG2b 和 IgG2b。这 5 株 McAb 均能与猪附红细胞体全菌蛋白发生特异性反应，将来不仅可用于附红细胞体的紧急治疗和预防，还可应用于附红细胞体病的诊断。

（三）疫苗

目前尚无商业化的附红细胞体疫苗产品。

张守发、韩瑞明等将制备的 EH 用甲醛灭活后制成疫苗，应用于临床，免疫效果良好。律祥君等（2001）用厌氧法成功地在体外培养增殖了附红细胞体，并用增殖浓缩后的抗原制成附红细胞体疫苗，按 50mL/头注射免疫猪，临床保护期可达 8 个月，抗血液感染期最低可达 6 个月，每年进行两次免疫可减少猪附红细胞体病造成的大量经济损失。郑秀红等将分离的猪附红细胞体抗

原与白油佐剂混合制备亚单位疫苗后免疫 BALB/c 小鼠，证明猪附红细胞体亚单位疫苗对 BALB/c 小鼠具有一定的保护作用。Katharina 等（2007）针对 M. suis 在 RBC 上的靶点 MSG‐1 开发了一种疫苗，能够诱导机体产生强烈的免疫应答，但对猪的保护率较低。

五、展望

从附红细胞体病被发现至今，其已成为一种危害性日益严重的人兽共患传染病，在世界其他国家和我国均陆续报道了附红细胞体病感染的病例，给畜牧业生产带来了很大的经济损失。尽管多年来国内外对此病的研究取得了很大进展，但还需进行更深入的研究与探讨。将来可在 EH 分子病原学研究、传播途径，EH 与宿主细胞的相互作用机制、体内移行路径，EH 跨种间感染与传播中的作用机制，附红细胞体的体外培养条件，预防附红细胞体的疫苗或血清，合理选择和用药，诊断方法的完善和规范，诊断试剂盒的开发，病原分类、代谢及各种附红细胞体之间的相互关系方面展开深入细致的研究，从而为该病快速有效的诊断、治疗及预防奠定基础。总之，EH 作为一种人兽共患病，还有很多的未知领域需要去研究。相信在不久的将来，在各位动物医学界与医学界人士的共同努力下，对 EH 各方面的研究一定会取得突破性的进展，为本病的预防和治疗提供坚实的理论基础和现实依据。

（王　瑞　万建青）

主要参考文献

方满新，潘耀谦，黄东，2009. 哺乳仔猪附红细胞体病的诊治. [J] 动物医学进展，28（6）：82‐85.

孔庆波，2010. 犬附红细胞体病需要研究的问题 [J]. 动物医学进展，31（4）：107‐112.

刘操，王振勇，杨笃宝，等，2010. 猪附红细胞体病免疫调节剂的筛选 [J]. 西北农林科技大学学报（自然科学版），38（5）：13‐17.

刘聚祥，李辉，姜富成，等，2010. 猪附红细胞体病最新研究进展 [J]. 中国动物检疫，27（5）：66‐68.

Hoelzle L E, 2008. *Haemotrophic mycoplasmas*：Recent advances in *Mycoplasma suis* [J]. Veterinary Microbiology, 130：215‐226.

Hoelzle L E, Hoelzle K, Harder A, et al, 2007. First identification and functional characterization of an immunogenic protein in unculturable haemotrophic *Mycoplasmas* (*Mycoplasma suis HspA1*) [J]. Fems Immunology and Medical Microbiology, 49：215‐223.

Hoelzle L E, Hoelzle K, Ritzmann M, et al, 2006. *Mycoplasma suis* antigens recognized during humoral immune response in experimentally infected pigs [J]. Clinical and Vaccine Immunology, 13（1）：116‐122.

Katharina H, Julia G, Mathias R, et al, 2007. Use of recombinant antigens to detect antibodies against *Mycoplasma suis*, with correlation of serological results to hematological findings [J]. Clinical and Vaccine Immunology, 14（12）：1616‐1622.

本著作由金宇生物技术股份有限公司独家赞助！